김성곤의 Professional Engineer Building Electrical Facilities

건축전기설비 기술사

핵심 길라잡이

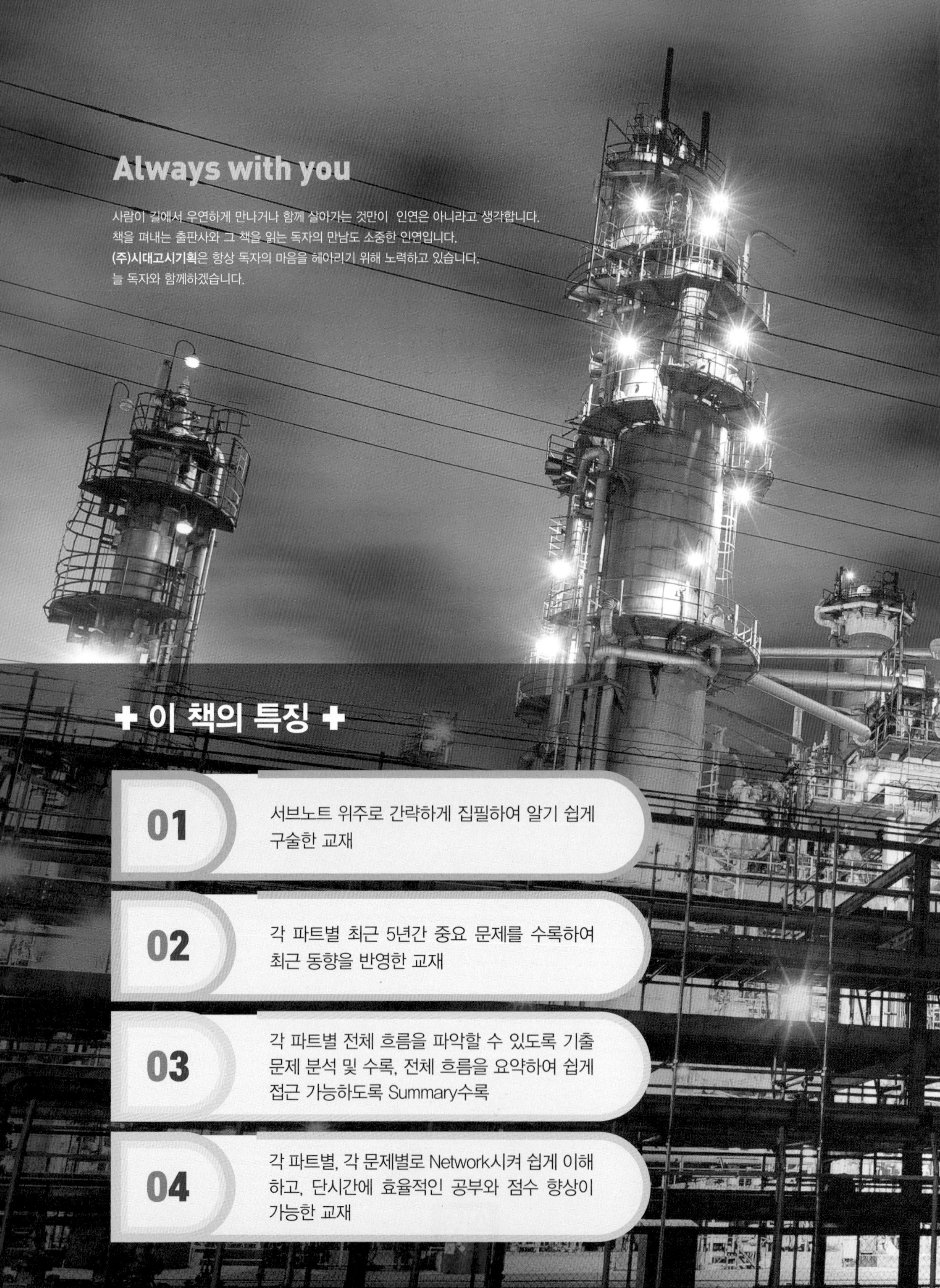

Always with you

사람이 길에서 우연하게 만나거나 함께 살아가는 것만이 인연은 아니라고 생각합니다.
책을 펴내는 출판사와 그 책을 읽는 독자의 만남도 소중한 인연입니다.
(주)시대고시기획은 항상 독자의 마음을 헤아리기 위해 노력하고 있습니다.
늘 독자와 함께하겠습니다.

✚ 이 책의 특징 ✚

01 서브노트 위주로 간략하게 집필하여 알기 쉽게 구술한 교재

02 각 파트별 최근 5년간 중요 문제를 수록하여 최근 동향을 반영한 교재

03 각 파트별 전체 흐름을 파악할 수 있도록 기출 문제 분석 및 수록, 전체 흐름을 요약하여 쉽게 접근 가능하도록 Summary수록

04 각 파트별, 각 문제별로 Network시켜 쉽게 이해하고, 단시간에 효율적인 공부와 점수 향상이 가능한 교재

머리말

최근의 전력기술은 전력설비에 정보통신이 부가되어 효율성, 신뢰성, 안전성 등에 초점을 두고 급속히 발전되어 가고 있으며, 학계와 산업계에서는 IEC, IEEE 등의 기술 접목으로 어느 때보다도 과도기이며 중요한 시점이라고 볼 수 있다. 또한, 에너지 고갈과 지구온난화 및 오존층 파괴 등 환경적 측면에서도 전기기술은 새로운 변화와 발돋움의 기회를 맞고 있다고 할 수 있다.

이러한 상황에서 전기기술사의 역할 역시 점점 확대되어 가고 있으므로 전기기술사는 정보통신 및 새로운 환경에 적응하도록 많은 노력을 기울여야 하고, 더 나아가 전기산업계에서 주도적 역할을 담당해야 할 것이다.

현재의 기술사시험은 기본에 충실해야 할 뿐만 아니라 새로운 시스템과 기술, 글로벌 사회에 따른 표준화된 기술의 도입(IEC, IEEE 등), 이슈가 되는 기술들을 습득해야 하는 3중고에 시달린다고 볼 수 있다. 따라서 기본이 너무 방대하고 어려우면 이로 인해 많은 시간을 투자해야 하는 어려움이 있다.

본서는 기본에 충실하면서도 어떻게 하면 쉽게 건축전기기술사에 접근할 수 있을 것인가에 초점을 두고 다음과 같이 구성하였다.

✚이 책의 특징✚

- 62회에서부터 최근까지 기출문제를 핵심과 목차 순서대로 분석하여 어느 부분에 중점을 두고 공부할 것인가를 알기 쉽게 기술하여 건축전기설비기술사의 길라잡이가 될 수 있게 하였다.
- 각 편당 설비계획의 핵심을 중심으로 문제를 Flow(네트워킹)로 기술하여 효율적으로 공부할 수 있게 하였다.
- 각 문제들을 서브노트 수준으로 쉽게 기술하여 시브노트 만드는 시간을 1~2년 정도 단축할 수 있을 것이다.
- 각 Part별 최근 이슈가 되는 문제들을 수록하여 학습에 도움이 될 수 있도록 하였다.

전기전문가의 꿈을 꾸는 모든 수험자들에게 이 책이 도움이 되기를 바라며, 출간하기까지 여러모로 도움을 주신 지인들과 (주)시대고시기획 회장님과 임직원 여러분들께 감사의 뜻을 전한다.

김성곤

건축전기설비기술사, 소방기술사

건축전기설비기술사 시험안내

● 개 요

전기의 생산, 수송, 사용에 이르기까지 모든 설비는 전기특성에 적합하게 시공되어야 안전하다. 특히 대량의 전력수요가 있는 건물, 공공장소 등에서는 각별한 주의가 요구된다. 이에 건축전기설비의 설계에서 시공, 감리에 이르는 전문지식과 실무경험을 겸비한 전문 인력을 양성할 목적으로 자격제도를 제정하였다.

● 수행직무

건축전기설비에 관한 고도의 전문지식과 실무경험을 바탕으로 건축전기설비의 계획과 설계, 감리 및 의장, 안전관리 등 담당 또한 건축전기설비에 대한 기술자문 및 기술지도

● 시험일정

구 분	필기원서접수 (인터넷)	필기시험	필기합격 (예정자)발표	실기원서접수	실기시험	최종 합격자 발표일
123회	1월 초순	2월 초순	3월 중순	3월 중순	5월 초순	6월 초순
124회	3월 중순	5월 초순	6월 중순	6월 중순	7월 중순	8월 중순
125회	6월 중순	7월 초순	8월 하순	8월 하순	10월 중순	11월 중순

※ 상기 시험일정은 시행처의 사정에 따라 변경될 수 있으니, www.q-net.or.kr에서 확인하시기 바랍니다.

● 시험요강

① 시 행 처 : 한국산업인력공단 (www.q-net.or.kr)

② 관련 학과 : 대학의 전기공학, 전기시스템공학, 전기제어공학, 전기전자공학 등 관련 학과

③ 시험과목 : 건축전기설비의 계획과 설계, 감리 및 의장, 기타 건축전기설비에 관한 사항

④ 검정방법

㉠ 필기 : 단답형 및 주관식 논술형(매 교시당 100분, 총 400분)

㉡ 면접 : 구술형 면접(30분 정도)

⑤ 합격기준(필기 · 면접) : 100점을 만점으로 하여 60점 이상

필기 출제기준

주요항목	세부항목
전기기초이론	• 회로이론 – R, L, C 회로의 전류와 전압, 전력관계 – 전기회로 해석, 과도현상 등 – 밀만, 중첩, 가역, 보상정리 등 – 비정현파 교류 • 전자계 이론 – 플레밍, Amper의 주회적분, 패러데이, 노이만, 렌츠 법칙 등 – 전자유도, 정전유도 – 맥스웰 방정식 등 • 고전압공학 및 물성공학 – 방전현상 – 고체, 액체 및 복합유전체의 절연파괴 – 금속의 전기적 성질, 반도체, 유전체, 자성체 – 전력용 반도체의 종류 및 응용
전원설비	• 수전설비(수변전설비 설계) – 수전방식, 변압기용량 계산 및 선정, 변전시스템 선정 – 수전설비 기기의 선정 등 • 예비전원설비(예비전원설비 설계) – 발전기설비, UPS, 축전지설비 – 조상설비, 전력품질개선장치 등 • 분산형 전원(지능형 신재생 구축) – 분산형 전원의 종류 및 계통연계 • 변전실의 기획 – 변전실 형식, 위치, 넓이 배치 등 • 고장 계산 및 보호 – 단락, 지락전류의 계산의 종류 및 계산의 실례 – 전기설비의 보호 및 보호협조
배전 및 배선설비	• 배전설비(배전설계) – 배전방식 종류 및 선정 – 간선재료의 종류 및 선정 – 간선의 보호 – 간선의 부설 • 배선설비(배선설비설계) – 시설장소 · 사용전압별 배선방식 – 분기회로의 선정 및 보호 • 고품질 전원의 공급 – 고조파, 노이즈, 전압강하 원인 및 대책 – Surge에 대한 보호 • 전자파 장해대책
전력부하설비	• 조명설비 – 조명에 사용되는 용어와 광원 – 조명기구 구조, 종류, 배광곡선 등 – 조명계산, 옥내 · 외 조명설계, 조명의 실제 – 조명제어 – 도로 및 터널조명 • 동력설비 – 공기조화용, 급배수 위생용, 운반 · 수송설비용 동력 – 전동기의 종류, 기동, 운전, 제동, 제어 • 전기자동차 충전설비 및 제어설비 • 기타 전기사용설비 등

필기 출제기준

주요항목	세부항목	
정보 및 방재설비	• I.B(Intelligent Building) – I.B의 전기설비 – LAN – 감시제어설비 – EMS • 약전설비 – 전화, 전기시계, 인터폰, CCTV, CATV 등 – 주차관제설비 – 방범설비 등	• 전기방재설비 – 비상콘센트, 비상용 조명, 유도등, 비상경보, 비상방송 등 – 피뢰설비 – 접지설비 – 전기설비 내진대책 • 반송 및 기타설비 – 승강기 – 에스컬레이터, 덤웨이터 등
신재생에너지 및 관련 법령, 규격	• 신재생에너지 – 태양광, 연료전지, 풍력, 조력 등 발전설비 – 에너지절약 시스템 및 기법 – 2차 전지 – 스마트그리드 – 전기에너지 저장(ESS)시스템 – 기타 신기술, 신공법 관련 – 에너지계획 수립 – 친환경에너지계획 검토 • 관련 법령 – 전기설비기술기준 – 전기설비기술기준의 판단기준 – 전기공사업법, 시행령, 시행규칙 – 전력기술관리법, 시행령, 시행규칙 – 내선규정 – 주택법, 시행령, 시행규칙 – 건축법, 시행령, 시행규칙 – 에너지이용 합리화법, 시행령, 시행규칙 – 정부 고시 등	• 관련 규격 – KS(Korean Industrial Standard) – IEC(International Electrotechnical Commission) – ANSI(American National Standards Institute) – IEEE(Institute of Electrical & Electronics Engineers) – JEM(Japanese Electrical & Machinery Standards) – ASA, CSA, DIN, JIS, KEC 등
건축구조 및 설비 검토	• 구조계획 검토 • 하중 검토 • 설비시스템 검토	• 에너지계획 수립 • 친환경에너지계획 검토
수 · 화력발전 전기설비	• 조명방식 · 기구 선정 및 설계방법, 에너지 절감방법 • 건축구조 및 시공방식, 부하용량, 용도, 사용전압, 경제성, 방재성 등을 고려한 전선로/케이블 설계방법	• 기타 설비설계 관련 사항 • 안전기준에 따른 접지 및 피뢰설비 설계방법 • 정보통신설비 관련 규정 및 설계방법 • 소방전기설비 관련 규정 및 설계방법 • 기타 발전 방재 보안설계 관련 사항

Contents

목 차

1권

제1편 전원설비

2권

제2편 배전 및 전력 품질설비

제3편 부하설비

제4편 반송설비

제5편 정보통신설비

목 차

3권

제6편 방재설비

제7편 에너지설비

제8편 엔지니어링 및 기타

제9편 전기이론설비

김성곤의 Professional Engineer Building Electrical Facilities

건축전기설비 기술사

핵심 길라잡이 1권

김성곤의

건축전기설비기술사

제 1 편 전원설비

전원설비

제 1 장 수변전설비

SECTION 01 수변전설비 계획

001 수변전설비 계획 시 고려사항 34
002 수변전설비의 최신 기술 동향 37
003 전기설비 계획 시 정전대책 및 전원설비의 신뢰성 향상대책 40
004 전기사업법상 전기설비의 종류와 건축전기설비의 기능별 분류 43
005 수변전설비 설계 시 환경대책 1(전기품질 관점) 45
006 수변전설비의 환경대책 2(주위환경 관점) 47
007 전기 관련실의 건축적, 환경적, 전기적 고려사항 50

SECTION 02 수전방식

008 수전방식 59
009 스포트 네트워크 수전회로의 보호협조 68

SECTION 03 변전설비 용량 결정

010 변압기 용량 결정 시 항목별 검토사항 72
011 변압기 용량 결정 시 결정요소(변압기 용량 선정방법) 74
012 계약전력 결정기준 77
013 수용률, 부등률, 부하율 79
014 전기시설의 용량 및 계산(주택건설기준 등에 관한 규정 제40조) 81
015 변압기 용량을 과도하게 설계했을 때 문제점 83

SECTION 04 변전설비 시스템

016 변전설비 시스템 구성 85
017 빌딩 내 수변전설비의 변압기 뱅크 2차 측 모선방식 88

SECTION 05 제어 및 보호방식 결정

018 단락전류 기본이론 90

019 IEC 단락전류 계산방법에 대하여 다음 4가지 전류의 의미와 계산하는 방법 및 차단기 전격 선정과 보호협조의 적용 1) I_k'' 2) I_p 3) I_b 4) I_k 101

020 단락전류를 구하는 FLOW 104

021 수변전설비의 단락용량 경감대책 107

022 계통연계기 112

023 초전도 한류기 114

024 A점과 B점의 단락전류 계산 116

025 다음 그림에서 송전선의 F점에서의 3상 단락전류 및 단락용량을 구하시오 (단, G_1, G_2는 각각 50[MVA], 22[kV], 리액턴스 20[%], 변압기는 100[MVA], 22/154[kV], 리액턴스 12[%], 송전선의 거리는 100[km]로 하고 선로 임피던스는 $Z = 0 + j\,0.6[\Omega/\text{km}]$이다). 119

026 다음 그림과 같은 계통에서 F점에서 단락사고 발생 시 전동기의 과도 리액턴스 (X')에 의한 MF(Multiplying Factor)를 고려하여 단락전류를 계산하시오(단, 전원 측과 선로의 임피던스는 무시한다). 123

027 배전계통 분산전원 연계 시 고장점의 단락용량을 계산하시오. 125

028 다음 그림과 같은 계통의 F점에서 3상 단락과 고장이 발생할 때 다음 사항을 계산하시오(단, G_1, G_2는 같은 용량의 발전기이며 X_d'는 발전기 리액턴스 값). 127

029 그림과 같은 저압회로의 F_1 지점에서 1선 지락전류와 3상 단락전류를 계산하시오 (단, 전원 측 용량 100[MVA]를 기준으로 하고 선로의 임피던스는 무시하며 1선 지락의 고장저항은 5[Ω]이다). 129

030 2선 단락고장과 3상 단락사고의 비 계산 132

031 1선 지락전류 유도 136

032 수전회로의 보호방식 137

033 변압기의 보호방식 141

034 DCR(Different Current Relay)의 오동작 방지대책 145

035 비율차동계전기 비율탭 정정 149

036 보호계전기 152

037 복합계전기 166

038 저압회로의 보호방식 167

039 저압 차단기의 보호협조 169

040 저압회로의 단락보호 173

041 저압회로의 지락보호방식 176

042 GPT 적용 시 CLR의 목적 182

SECTION 06 사용기기의 선정

043 동심중성선 케이블 187
044 초전도케이블 194
045 케이블의 절연과 열화 199
046 수트리 206
047 케이블의 단절연 209
048 케이블손실 211
049 케이블의 시험에 대표적으로 적용되는 항목 8가지 214
050 수변전설비에서 개폐기의 종류 217
051 자동고장구분개폐기(ASS) 218
052 LBS(부하개폐기) 설계 및 시공 시 고려사항 221
053 파워퓨즈 224
054 피뢰기 231
055 피뢰기 정격선정 시 고려사항 241
056 피뢰기 저항 계산 243
057 폴리머 피뢰기 244
058 피뢰기의 단로장치 246
059 SA(서지흡수기) 247
060 SPD 249
061 서지 보호소자 특성 260
062 차단기 원리 263
063 차단기 269
064 차단기의 투입방식과 트립방식 274
065 TRV(Transient Recovery Voltage) 277
066 GCB의 특징과 SF_6가스의 향후 대책 281
067 직류차단기 284
068 CTTS와 ATS에 대하여 비교 설명하시오. 288
069 최근 차단기의 기술 동향 291
070 변류기 293
071 광CT 304
072 계기용 변압기(VT) 306
073 영상 변류기(ZCT) 310
074 변압기의 원리, 종류(절연방식에 따른 분류)별 특성 313
075 변압기 손실과 효율 316
076 변압기 최대 효율조건 318
077 변압기 손실 320

078 변압기 용량 5,000[kVA], 변압기의 효율은 100[%] 부하 시에 99.08[%], 75[%] 부하 시에 99.18[%], 50[%] 부하 시에 99.20[%]라 한다. 이와 같은 조건에서 변압기의 부하율 65[%]일 때의 전력손실을 구하시오(단, 답은 소숫점 첫째자리에서 절상). 321
079 몰드변압기 323
080 아몰퍼스 변압기 326
081 자구 미세화 고효율 몰드변압기 328
082 하이브리드 변압기 330
083 단권변압기 334
084 초전도변압기 336
085 콘덴서형 계기용 변압기(CPD ; Capacitor Potential Device) 339
086 3권선 변압기 341
087 V-V 결선 342
088 역V 결선, 스코트 결선 344
089 1 : 1 변압기(흡상 변압기, Booster Transformer) 설치 이유와 갖추어야 할 특성 346
090 Noise 대책 변압기 349
091 변압기 단락강도 시험방법과 시험전류 351
092 변압기 발주 시 검토사항 및 시험 354
093 변압기 부분방전시험 362
094 변압기의 무부하 시험과 단락 시험방법에 대하여 회로를 그려 설명하고, 변압기 특성(임피던스 전압, 효율, 전압변동률)을 설명하시오. 365
095 변압기 병렬운전 및 통합운전 367
096 정격전압이 같은 A, B 2대의 단상변압기가 있다. A변압기는 용량 100[kVA], 퍼센트 임피던스 5[%]이고, B변압기는 용량 300[kVA], 퍼센트 임피던스 3[%]이다. 이 두 변압기를 병렬로 운전하여 360[kVA]의 부하를 접속했을 때 각 변압기의 부하분담을 구하고, 퍼센트 임피던스가 같은 경우와 비교하시오. 372
097 상용과 발전기 병렬운전 시 조건 374
098 변압기 Tap 조정방법 377
099 변압기 결선의 종류와 특징 379
100 변압기 냉각방식 382
101 변압기 이상현상 및 대책 385
102 변압기 여자돌입전류 388
103 변압기의 보호장치 392
104 변압기 고장 진단방법과 절연 진단방법 394
105 유입 변압기 On-line 진단 397
106 주파수 변화가 변압기에 미치는 영향 399
107 변압기 경제적 운용방식 401

108 임피던스 전압이 변압기 특성에 영향을 주는 요소(변압기 임피던스 전압의 크기 및 구성(다수 변압기의 경우)에 관하여 전력공급설비 설계 시 검토하여야 할 사항에 대하여 설명하시오) 404
109 변압기 이행전압의 종류와 대책에 대하여 설명하시오. 407
110 진상용 콘덴서 410
111 정지형 무효전력 보상장치(SVC) 422
112 출력 15[kW], 효율 85[%], 역률 85[%]인 3상 380[V]용 유도 전동기가 연결된 회로를 역률 95[%]로 개선하기 위해 필요한 콘덴서의 용량[μF]을 구하라. 425
113 3상 배전선로 말단에 유효전력 300[kW], 역률 80[%] 부하가 접속되어 있다. 선로의 저항손을 80[%]로 낮추기 위해서는 부하에 몇 [kvar]의 콘덴서를 접속하면 좋은가?(단, 콘덴서를 접속해도 부하의 유효전력도, 수전단의 전압도 변하지 않는다) 427

SECTION 07 변전실 및 기타

114 변전실 429
115 변전실의 소음대책 433
116 GIS(Gas Insulated Switching 또는 Substation) 435
117 복합절연 C-GIS 1 438
118 복합절연 C-GIS(MOF&PT) 2 440
119 GIS 진단기술 443
120 전자화 배전반(지능형 분전반) 446
121 변전설비 온라인 진단시스템 452
122 변전설비 예방보전 시스템 456
123 LCC(Life Cycle Cost) 460

SECTION 08 건축물별 전기설비 설계의 실제

124 아파트 건축전기설비 설계 시 고려사항 465
125 550세대 고층아파트 단지를 건설하려고 한다. 이 경우 수전설비, 변전설비, 발전설비를 기획하시오(단, 단위세대면적은 108[m^2], 공용시설 부하는 1.8[kVA]/세대로 가정). 468
126 오피스텔 건축전기설비 설계 시 고려사항 471
127 컴퓨터 부하(전산실) 건축전기설비 설계 시 고려사항 474
128 경기장 건축전기설비 설계 시 고려사항 477
129 병원의 건축전기설비 설계 시 고려사항 480
130 특고압수전설비 결선도 484

제 2 장 예비전원설비

SECTION 01 발전설비

131 발전기 설비계획 시 고려사항 490
132 발전기 분류 493
133 발전기 기동방식 비교 497
134 발전기 냉각방식 499
135 디젤발전기와 가스터빈발전기 비교 설명 501
136 건축물 내에 설치되는 비상발전기실(디젤엔진, 공랭식) 설계 시 고려사항 504
137 가스터빈발전기의 구조, 특징, 선정 시 검토사항 및 시공 시 고려사항 507
138 Micro Gas Turbine 509
139 발전기 용량 산정방식 510
140 개정된 소방법 기준 용량 산정방법(소방시설 작동에 필요한 비상 전원 설치 방법 기준에 관한 운영지침) 515
141 소방전원 우선보존형 발전기 519
142 각국의 발전기 용량 산정방식(미국, 일본, 한국) 520
143 건축물의 비상발전기 운전 시 과전압의 발생원인과 대책 523
144 고압 비상발전기 525
145 건축물에서 비상부하의 용량이 500[kW]이고 그중 마지막으로 기동되는 전동기의 용량이 50[kW]일 때의 비상발전기의 출력을 계산하시오(단, 비상부하의 종합효율은 85[%], 종합역률은 0.9, 마지막 기동의 전압강하는 10[%], 발전기의 과도 리액턴스는 25[%], 비상부하설비 중 가장 큰 50[kW] 전동기 기동방식은 직입기동방식이다). 526
146 용량 370[kW], 효율 95[%], 역률 85[%]인 배수펌프용 농형 유도전동기 3대에 다음 조건에 적합하게 전력을 공급하기 위한 변압기 용량과 발전기 용량을 산출하시오. 527

SECTION 02 축전지 설비

147 축전지 설비 529
148 축전지 용량산정 534
149 다음과 같은 조건에서 UPS의 축전지 용량을 계산하고 선정하시오. 537
150 다음 그림과 같이 방전전류가 시간과 함께 감소하는 패턴의 축전지 용량을 계산하시오. 이때 용량 환산시간 K는 다음의 표와 같고 보수율은 0.8로 한다. 538
151 축전지의 자기방전 540
152 축전지 설페이션 현상 541

SECTION 03 UPS 설비

153 UPS 542
154 무정전 전원장치(UPS ; Uninterruptible Power System)의 병렬시스템 선정 549
155 On-line UPS와 Off-line UPS 551
156 다이내믹 UPS(정지형 UPS에서 발전) 554
157 플라이휠(Flywheel) UPS 559
158 UPS 2차 측 회로보호 562

SECTION 04 열병합 설비

159 열병합 발전설비 564
160 열전비 568

제 3 장 접지설비

SECTION 01 접지설계

161 접지의 목적과 종류 570
162 접지설계 시 고려사항 573
163 IEEE std 80 접지설계 개념 577
164 IEC 접지설계 581

SECTION 02 토양특성의 검토

165 대지 파라미터(대지저항률의 영향요인) 585

SECTION 03 소요 접지저항치의 결정

166 대지저항 측정법 589
167 접지설계 시 대지파라미터 측정을 위한 대지구조 해석방법 591
168 접지저항 저감법 594
169 보링공법(수직공법) 598
170 PGS(Perfect Ground System) 공법 603
171 접지저항 측정법 605
172 61.8[%]법칙 609

SECTION 04 접지방식의 결정(목적에 따른)

173 중성점 접지방식 611
174 유효접지와 비유효접지 615
175 유효접지의 조건과 만족범위 617
176 IEC 60364-3 배전계통의 접지방식 619
177 PEN, PEM, PEL 622

SECTION 05 접지방식의 결정(형태에 따른)

178 단독접지와 공용접지 623
179 도심지 대형 건축물의 구조체 접지설계 시 검토사항 625
180 통합·공통접지방식 629
181 등전위 본딩(Equipotential Bonding) 635
182 접지선, 접지봉 646
183 서지 침입 시 접지극의 과도현상과 대책 650

SECTION 06 전위경도 계산

184 접촉전압과 보폭전압 652
185 허용 접촉전압과 허용 보폭전압의 식과 산출 근거 656

SECTION 07 접지의 실제

186 병원 접지시스템 657
187 의료장소의 전기설비의 시설 665
188 Macro Shock 및 Micro Shock 669
189 약전용 접지 671

SECTION 08 접지설계의 최근 동향

190 접지시스템의 최근 동향 674

Professional Engineer Building Electrical Facilities

전원설비

제1장 수변전설비

제2장 예비전원설비

제3장 접지설비

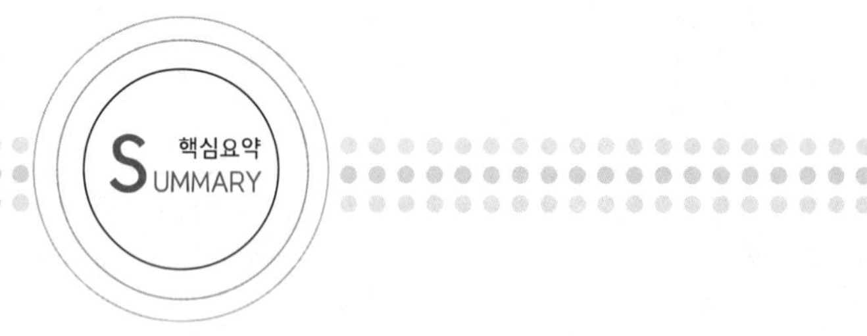

1. 본문에 들어가면서

전원설비는 건축전기설비기술사를 공부하는 데 있어서 가장 중심이며, 중요한 설비로서 수변전설비, 예비전원설비, 접지설비로 구성하였다.

Chapter 01 수변전설비

수변전설비는 한전측에서 고압 및 특고압으로 수전하여 부하측에 필요한 전압으로 바꾸는 변전설비, 계측 및 보호기설비를 위한 변성기설비, 설비 및 케이블을 보호하기 위한 보호기 설비 등 각종 설비의 구성 및 원리, 특성, 종류 등을 공부하는 분야이다.

Chapter 02 예비전원설비

예비전원설비는 수변전설비에서 정전 등 문제 발생 시 법적 및 자위적으로 해결하기 위한 예비전원설비로 발전기설비, 축전지설비, UPS설비 등을 공부하는 분야이다.

Chapter 03 접지설비

접지설비는 방재설비로도 분류할 수 있지만, 이 책에서는 전원설비로 분류하였다. 전기적으로 사용 시, 어떠한 이유로 전기가 누설되었을 때 인간에 대한 안전과 전기를 안정적으로 전기를 공급하기 위한 계통접지 등을 공부하는 분야이다.

2. 전원설비

Chapter 01 수변전설비

SECTION 01 수변전설비 계획

SECTION 02 수전방식

SECTION 03 변전설비 용량 결정

SECTION 04 변전설비시스템

SECTION 05 제어 및 보호방식 결정

1. 단락전류의 개념 및 종류
2. 단락전류의 계산
3. 수전 및 변압기의 보호
4. 보호계전기 및 정정

SECTION 06 사용기기의 선정

1. 케이블
2. 보호기
3. 변성기
4. 변압기
5. 콘덴서

SECTION 07 변전실 및 기타

SECTION 08 건축물별 전기설비 설계의 실제

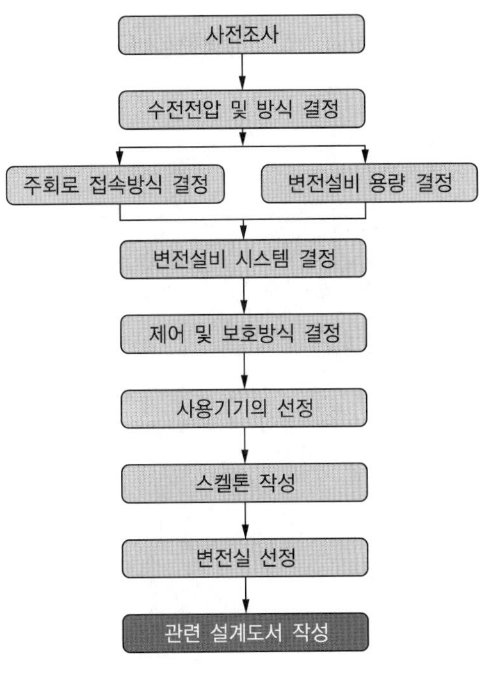

Chapter 02 예비전원설비

SECTION 01 발전설비

SECTION 02 축전지설비

SECTION 03 UPS설비

SECTION 04 열병합설비

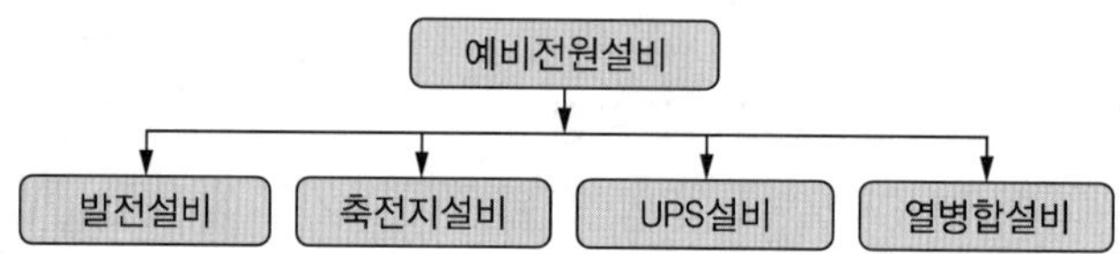

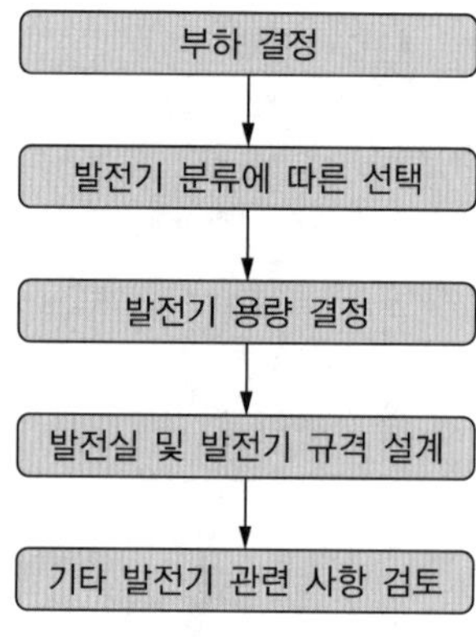

▌발전설비 계획

Chapter 03 접지설비

SECTION 01 접지설계

1. IEEE 접지설계
2. IEC 접지설계

SECTION 02 토양특성의 검토

SECTION 03 소요접지저항치의 결정

1. 대지저항률의 측정
2. 접지저항 저감방법
3. 접지저항의 측정

SECTION 04 접지방식의 결정

1. 목적에 따른 접지방식
2. 형태에 따른 접지방식

SECTION 05 전위경도 계산

1. 보폭전압의 기준
2. 접촉전압의 기준

SECTION 06 접지의 실제

SECTION 07 접지설계의 최근 동향

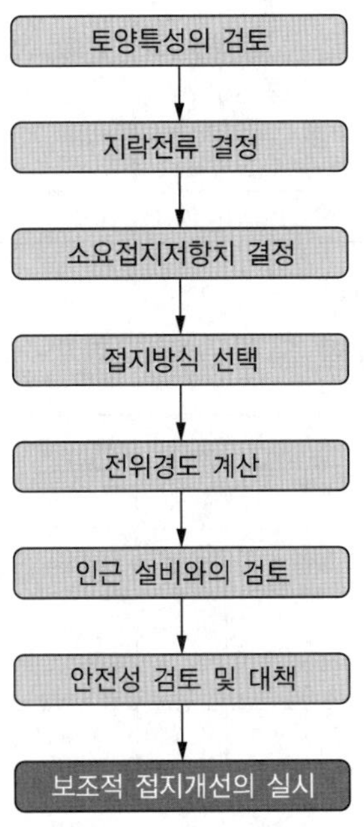

3. 전원설비 출제분석

▎대분류별 출제분석(62회 ~ 122회)

구 분	전 원	배전 및 품질	부 하	반 송	정 보	방 재	에너지	엔지니어링 및 기타					총 계
								이 론	법 규	계 산	엔지니어링 및 기타	합 계	
출 제	565	185	181	24	59	101	158	28	60	86	45	219	1,492
확률(%)	37.9	12.4	12.1	1.6	4	6.8	10.6	1.9	4	5.8	3	14.7	100

▎소분류별 출제분석(62회 ~ 122회)

구 분	제1장 수변전설비												
	계 획	수전방식	용 량	시스템	보 호	기 기						실 제	합 계
						케이블	보호기	변성기	변압기	콘덴서	변전실 및 기타		
출 제	36	6	16	5	81	43	53	32	64	33	25	8	402
확률(%)	6.5	1.1	3	0.6	14.3	7.2	9.3	6	11.5	6	4.3	1.1	70.6

구 분	제2장 예비전원설비					제3장 접지설비							총 계
	발 전	축전지	UPS	열병합	합 계	계 획	토양특성 및 소요 접지저항치	접지방식	전위경도	실 제	최근 동향 및 기타	합 계	
출 제	32	14	21	6	73	7	16	51	4	5	7	90	565
확률(%)	6	2.4	3.7	1.1	13.2	1.3	3	9	0.5	0.9	1.2	16.1	100

4. 출제 경향 및 접근 방향

1) 출제 경향

① 건축전기설비에서 전원설비는 핵심설비로 수변전설비와 예비전원설비, 접지설비로 구성되어 있다.

② 전원설비는 수변전설비 26.9[%], 예비전원설비 4.9[%], 접지설비 6[%]가 출제되어 전체 37.9[%]가량 출제되어 전체 비율 중 제일 높게 출제되는 분야이다.

③ 특히, 수변전설비는 전체 문제(31문제)에서 8문제가량 출제되어 출제비율이 가장 높고, 기본이 되는 분야이므로 반드시 기본원리 및 암기를 철저히 할 필요가 있다.

④ 예비전원설비는 2문제 정도 출제되므로 기본문제를 바탕으로 꾸준한 이해와 암기가 필요한 분야이다.

⑤ 접지설비는 전기설비에서 안전을 담당하는 분야이고 출제비율이 1.9문제가 출제되므로 기본서에 있는 내용 위주로 이해하고 반복해야 한다.

2) 접근 방향

① **수변전설비**

㉠ 수변전설비는 수변전설비 계획, 신뢰도 향상 방안, 최근 동향, 각종 전기와 관련실(변전실, 발전기실, 중앙감시반, EPS실, 축전지실) 등이 중점적으로 출제되고 있다.

㉡ 수전방식의 종류 및 특징, 스폿 네트워크(Spot Network)의 보호 등을 공부할 필요가 있다.

㉢ 변압기 용량에서는 수용률, 부등률, 부하율 및 관계가 중요하고, 최근 공동주택 등 과부하 용량에 따른 문제가 이슈이므로 고민하여야 하며, 변전설비시스템에서는 모선방식, 합리적인 뱅킹방식 등을 정리하여 이해 및 암기해야 한다.

㉣ 전기설비의 보호를 위하여 고장 계산을 공학적으로 정량적인 설계가 필요한 부분으로 고장전류의 산출목적, 고장전류의 종류, 기여전류, 단락전류 계산 및 단락전류 경감대책, 디지털 보호계전시스템, 보호기의 정정 등에서 높은 출제비율을 보이고 있으므로 집중적으로 포인팅한다.

㉤ 사용기기는 케이블(케이블 열화 및 판단, 케이블 손실, 종류, 초전도, 자중케이블 등), 변성기(변류기, 계기용 변압기, 영상변류기), 보호기(파워퓨즈, LA, 차단기, SPD 등), 변압기(변압기의 원리, 벡터도, 손실, 종류. 열화 및 이상현상 등), 콘덴서(역률의 발생, 콘덴서의 구성 및 원리, 역률 개선효과, 과보상 시 문제점, 과보

상 시 대책, 개폐 시 이상현상, 보호 등) 등은 출제비율이 가장 높은 분야이므로 반드시 이해하고, 반복 및 암기하여야 한다.

㉥ 변전실 및 기타의 내용에서는 변전실, GIS, 변전설비의 예방보전과 LCC 등을 공부하고 최근에는 전자화배전반이 추세이므로 이것에 대한 내용 위주로 집중적인 공부가 필요하다.

② **예비전원설비**

㉠ 발전설비는 종류별 특성, 분류, 용량, 보호, 병렬운전 등을 이해 및 정리하고 반복 암기하여야 한다.

㉡ 축전지설비는 축전지 용량 산정 시 고려사항, 충전방식, 이상현상(설페이션, 자기방전, 메모리 현상 등), 용량 계산문제 등을 준비해야 한다.

㉢ UPS설비는 종류(회전형, 정지형, 다이내믹), 보호방식, On-line와 Off-line방식 등을 준비해야 한다.

③ **접지설비**

㉠ 접지설비는 개념, 목적, 설계(IEEE, IEC) 등을 공부하고 토양특성 검토 등을 공부하여야 한다.

㉡ 또한 대지저항 측정법, 접지저항 저감법, 접지저항 측정법 등이 자주 출제되는 부분이므로 준비하여야 한다.

㉢ 접지방식으로는 기기접지와 계통접지(KSC IEC 60364), 단독접지와 공용접지(공통접지와 통합접지), 접지극 설계 등을 공부하여야 한다.

㉣ 전위경도(접촉전압, 보폭전압)은 심실세동전류가 발생하지 않도록 하는 접지설계의 기준전압이 되므로 반드시 개념과 공식, 낮출 수 있는 대책 등을 공부하여야 한다.

㉤ 접지설계의 대표적인 실제(병원접지, 통신접지 등) 및 최근 동향을 공부하여 접지설계의 기준 및 앞으로의 방향성에 대한 명확한 지식을 가질 필요가 있고, 답안지에 어필할 필요가 있다.

Chapter 01 수변전설비

1. 수변전설비 계획

1	63회 25점	수변전실 설계 시 고려해야 할 사항에 대해서 설명하시오.
2	69회 25점	옥내 전기실(수변전실)의 위치 선정에 있어서 건축, 환경 및 전기적 고려사항을 설명하시오.
3	77회 25점	시가지 중심에 고층건물을 건축하고자 하는데, 이 건물 내부에 수전·변전설비를 시설하고자 한다. 변전설비의 설계 시 고려하여야 할 사항에 대하여 설명하시오.
4	78회 25점	공장을 신설하려고 한다. 전력계통 설계 시 고려해야 할 기본설계 방향을 6가지 이상 설명하시오.
5	78회 25점	업무용 건축물의 전기 Shaft(EPS)와 통신 Shaft(구내 통신실) 설계 시 고려사항에 대하여 설명하시오.
6	80회 25점	전기사업법상 전기설비의 정의와 그 종류를 기술하고 건축전기설비를 주요 기능별로 구분하여 설명하시오.
7	80회 25점	발전기실을 설계할 때 건축적, 환경적 및 전기적(발전기실의 면적, 높이, 기초 등 포함) 고려사항을 기술하시오.
8	81회 25점	건축물의 전기설비 설계계획에 대하여 수변전설비, 전력간선 및 동력설비, 조명 및 전열설비에 관하여 기술하시오.
9	81회 25점	수변전설비의 최신 기술 동향에 대하여 기술하시오.
10	83회 25점	초고층 첨단건축물 전기설비의 신뢰도 향상이 더욱 요구되고 있다. 신뢰도 향상을 위한 소프트웨어(시스템 구성 등) 측면과 하드웨어(전기기기 등) 측면에 대하여 각각 설명하시오.
11	83회 25점	도시쓰레기 소각시설의 전기설비를 신뢰성, 안정성 및 환경성 등을 고려하여 설계하고자 한다. 다음에 대하여 각각 설명하시오. 1) 수변전설비 2) 예비전원설비 3) 동력설비 4) 감시제어시스템 설비 5) 환경시스템 설비
12	84회 25점	지하 공간에 설치하는 전기설비의 안전성 및 신뢰성 향상을 위한 방안에 대하여 설명하시오.
13	86회 25점	수변전설계 시 환경대책에 대하여 설명하시오.
14	87회 25점	국제 축구 전용경기장의 무정전에 따른 전원설비의 고품질화 대책에 대하여 설명하시오.
15	87회 25점	최근 급속히 증가하고 있는 대기업 전용의 인터넷 데이터센터(IDC) 건설 시 수변전설비에 대한 신뢰성과 안전성이 많이 요구되고 있다. IDC 수변전설비에 대하여 계획하시오. 1) 규모 : 서버실 10,000[m^2], 지원공용 시설 5,000[m^2] 2) 조건 : 서버실은 [m^2]당 400[VA], 항온 항습기는 서버 전원용량의 50[%]이고 UPS는 정지형임
16	90회 25점	최근 정보통신기기의 사용이 증가하고 있으며 전력품질의 신뢰도와 안정성이 요구되고 있다. 전원설비의 신뢰성 향상을 위해 필요한 사항 및 대책에 대하여 설명하시오.
17	94회 25점	고층건물 내부에 수변전설비 계획 시 고려할 사항
18	95회 25점	지능형 빌딩의 수변전 및 배전설비의 계통 구성 시 전기의 공급 신뢰도와 품질을 높이기 위하여 검토해야 할 사항을 설명하시오.
19	98회 25점	대형 건축전기설비의 분전반 설치와 EPS 설계 시 고려사항에 대하여 설명하시오.
20	103회 10점	중앙감시실(감시 및 제어센터) 설치계획 시 건축, 환경, 전기적 고려사항
21	103회 25점	호텔이나 백화점 등의 전기수용설비에서 정전을 최소화하기 위한 대책을 설계단계와 운용단계로 나누어 설명하시오.
22	104회 10점	염해받을 우려가 있는 장소의 전기설비공사 시 고려사항을 설명하시오.
23	104회 25점	대용량 수용가에서 신뢰도 향상을 위한 수변전설비의 구성방안에 대하여 설명하시오.
24	105회 25점	수전설비의 환경대책
25	106회 10점	수변전설비의 공급 신뢰도에 대한 다음 사항을 설명하시오.

26	109회 25점	변전실의 전기적 고려사항(위치, 구조, 형식, 배치, 면적 등)
27	110회 25점	전기설비의 정전 최소화 대책
28	110회 25점	발전기실의 위치, 면적, 기초 및 높이, 소음 및 진동 대책
29	111회 10점	축전지실의 위치 선정 시 고려사항
30	114회 10점	분전반 설치기준에 대하여 다음 사항을 설명하시오. 1) 공급범위 2) 예비회로 3) 설치높이
31	115회 10점	수변전설비의 옥외형과 옥내형을 선정하는 데 필요한 설계조건을 설명하시오.
32	115회 10점	전기사업법에 의한 자가용 전기설비에서 일반용 전기 설비 범위에는 해당하나 안전 등을 위하여 일반용 전기설비로 보지 않고 자가용전기설비로 보는 대상에 대하여 설명하시오.
33	117회 25점	전기실 및 발전기실의 환기량 계산방법을 설명하시오.
34	119회 10점	주택용 분전반 설치장소 선정 시 고려사항을 설명하시오.
35	119회 25점	고령자를 배려한 주거시설의 전기설비 설계 시 고려사항에 대하여 설명하시오.
36	119회 25점	수변전실 설계 시 고려해야 할 사항에 대하여 설명하시오.
37	120회 25점	발전기실 설계 시 검토해야할 다음 사항에 대하여 설명하시오. 1) 건축적 고려사항 2) 환경적 고려사항 3) 전기적 고려사항 4) 발전기실 구조

SUMMARY 핵심요약

2. 수전방식

1	65회 25점	자가용 전기설비의 예비전원설비로 2회선 수전방식을 채택할 경우 시설방법에 대하여 설명하고 자가발전 예비전원설비와 장단점을 비교 설명하시오.
2	81회 25점	건축물에서 수변전설비의 스폿 네트워크(Spot Network) 방식을 설명하고 특징을 약술하시오.
3	86회 25점	수전설비의 수전방식에 대하여 비교 설명하시오.
4	95회 25점	특고압수용가 수전방식의 종류와 수전인입선 굵기 결정방법에 대하여 설명하시오.
5	100회 25점	스폿 네트워크 수전방식의 구성요소와 동작특성, 장단점 설명하시오.
6	107회 25점	스폿 네트워크 방식의 수전회로의 사고구간별 보호방법과 보호협조에 대하여 설명하시오.
7	117회 25점	스폿 네트워크 수전방식에서 사고구간별 보호방식과 보호협조에 대하여 설명하시오.

3. 변전설비 용량 결정

1	72회 25점	업무용 빌딩에서 변압기 용량의 선정방법과 퍼센트 임피던스(%Z)를 설명하시오.
2	77회 10점	부하율, 수용률, 부등률에 대하여 계산공식을 적고 개념을 간단히 설명하시오.
3	78회 25점	건축물의 변압기 용량 선정 시 고려사항에 대하여 설명하시오.
4	80회 10점	주택건설기준 등에 관한 규정 제40조(전기시설)에는 주택에 설치하는 전기시설의 용량을 기술하고 있다. 이 규정내용을 아는 대로 기술하고 전용면적 160[m^2] 아파트 600세대의 경우 전기시설의 용량은 얼마인지 계산하시오.
5	84회 10점	사용 중인 수변전설비의 적정용량 운전 판단방법을 3가지 이상 설명하시오.
6	88회 10점	주택건설기준 등에 관한 규칙 제12조와 주택건설기준 등에 관한 규정 제40조에서는 수전용량 산출에 대하여 설명하고 있다. 이 규정 내용을 설명하고 또한 부지면적이 60,000[m^2]이고, 전용면적이 120[m^2]인 공동주택이 800세대인 경우, 필요한 수전용량을 계산하시오.
7	90회 10점	수용률, 부하율 및 부등률을 설명하시오.
8	91회 10점	변압기의 용량을 과도하게 설계했을 때 발생되는 문제점에 대하여 설명하시오.
9	102회 25점	변압기 과설계에 대한 변압기 손실과 효율에 대하여 설명하시오.

10	102회 25점	현행 공동주택 변전설비시스템에서 부하용량 추정과 변압기 용량 결정을 위한 수용률 적용의 문제점을 설명하고, 건축전기설비 설계기준(국토해양부)에 의한 변압기 뱅크 구분과 효율적인 운전을 위한 모선구성방법
11	106회 10점	수변전설계에서 변압기 용량산정방법
12	106회 25점	우리나라 공동주택의 변압기 용량산정은 주택법에 의하여 산정되고 있다. 변압기 용량 과적용에 대한 문제점과 대책을 설명하시오.
13	109회 10점	변압기 용량 수용률, 부등율, 부하율
14	109회 25점	건축물 계약전력에서 고압이상 수전 수용가의 계약전력 결정기준과 수전전압 결정방법
15	113회 10점	건축물의 전기설비 중 변압기의 용량 산정 및 효율적인 운영을 위한 수용률, 부등률, 부하율을 각각 설명하고, 상호관계 설명
16	114회 25점	수전설비 용량산정에서 이단강하방식과 직강하방식의 용량산정 방법에 대하여 설명하시오.
17	118회 25점	2.9[kV] 직강압방식의 변압기 용량결정에 대하여 설명하시오. 1) 주변압기 용량 2) 전등 및 동력부하에 대한 변압기 용량 3) 전기용접기에 공급하는 변압기 용량

4. 변전설비 시스템

1	101회 25점	변압기 모선구성방식에 따른 특징과 모선보호방식
2	108회 25점	건축물 내 수변전설비에서 변압기의 합리적인 뱅킹방식
3	112회 25점	변압기 2차 측 모선방식
4	120회 10점	수 · 변전설비 모선방식 중 단일모선방식, 섹션을 가진 단일모선방식, 이중모선방식에 대하여 각각 그림을 그리고 설명하시오.
5	122회 10점	빌딩 내 수변전설비의 변압기뱅크 2차측 모선방식에 대하여 설명하시오.

5. 제어 및 보호방식 결정

		단락전류
1	63회 10점	단락전류 계산 시 사용되는 옴법, 퍼유닛 임피던스법, 퍼센트 임피던스법에 대해서 간단히 설명하시오.
2	66회 25점	3상 교류 발전기에서 2상 단락과 3상 단락을 수식적으로 비교하고 임피던스 변화에 대해 설명하시오.
3	71회 25점	비대칭 전류를 설명하고 비대칭 전류가 포함된 전기회로에서의 차단기 용량 선정에 대하여 설명하시오.
4	77회 25점	단락사고 발생 후 단락전류가 감쇄하는 것을 시간 변화별로 계산하기 위한 방법 중 최근 많이 사용되고 있는 IEC 단락전류계산 방법에 관하여, 다음 4가지 전류의 의미와 계산하는 방법을 설명하고, I_p, I_b, I_k 계산결과를 차단기 정격 선정과 보호협조에 어떻게 적용하는지를 설명하시오. 1) I_k''(Initial Symmetrical Short Circuit Current) 2) I_p (Peak Short Circuit Current) 3) I_b (Symmetrical Breaking Current) 4) I_k (Steady State Short Circuit Current)
5	77회 25점	수변전설비에서 단락전류를 정의하고, 단락용량의 경감대책 5가지 이상을 기술하시오.
6	86회 25점	수전점에서의 단락용량 계산에 대하여 검토항목 및 순서를 나열하고 설명하시오.
7	88회 25점	단락전류의 종류 및 억제대책에 대하여 설명하시오.
8	90회 25점	전력사용설비의 단락전류 종류 및 단락전류 억제대책에 대하여 설명하시오.

9	92회 10점	전력계통의 단락전류 저감대책으로 적용하는 한류형 퓨즈와 한류저항기에 대하여 설명하시오.
10	94회 10점	단락사고 시 전동기 기여전류와 과도 리액턴스를 설명하시오.
11	97회 10점	배전계통에서 고장계산을 하는 이유 5가지를 설명하시오.
12	98회 10점	변압기 등가회로를 그리고 임피던스 전압에 대하여 설명하시오.
13	101회 25점	대칭좌표법을 이용하여 3상 회로의 불평형 전압과 전류를 구하고 1선 지락 시 건전상의 대지전위 상승에 대하여 설명하시오.
14	103회 25점	전력계통에서 3상 단락과 2상 단락 고장전류 비교
15	109회 25점	초전도 전류제한기 조건과 전류 제한형 초전도 변압기
16	112회 25점	단락 시 역률이 저하되는 이유
17	112회 25점	단락전류의 종류와 계산방법
18	113회 10점	불평형 고장계산을 위한 대칭좌표법
19	115회 25점	수변전설비 설계에서 단락전류가 증가할 때의 문제점과 억제대책을 설명하시오.
20	121회 25점	선로에서 단락전류 계산방법을 대칭 단락전류와 비대칭 단락전류로 구분하여 설명하시오.
21	121회 10점	3상 단락고장 시 고장전류계산 목적과 계산순서를 설명하시오.
		지락전류
1	63회 25점	3상 3선식 비접지계통에서의 보호계전방식을 설명하시오.
2	78회 10점	고압계통의 지락사고에 대한 저압설비의 보호방법에 대하여 설명하시오.
3	80회 25점	저압 비접지계통의 지락보호방법에 대하여 기술하시오.
4	90회 25점	비접지계의 지락보호계통 구성방식 및 주요기기 정격에 대하여 설명하시오.
5	91회 10점	비접지 저압회로의 지락보호방식에 대하여 설명하시오.
6	99회 25점	전기설비의 지락보호방식의 종류
7	101회 25점	저압계통 과부하에 대한 보호장치의 시설 위치, 협조, 생략할 수 있는 경우를 설명하시오.
8	103회 10점	비접지 3상 전원계통에서 접지콘덴서를 이용한 지락전류 검출방법과 적용 시 유의사항
9	103회 25점	비접지계통에서 지락 시 GPT를 사용하여 영상전압 검출 등가회로도를 그리고 지락지점의 저항과 충전전류가 영상전압에 미치는 영향을 설명하시오.
10	104회 10점	계전기 동작에 필요한 영상전류 검출방법에 대하여 설명하시오.
11	105회 25점	GPT의 중성점 불안전현상
12	107회 25점	6.6[kV] 비접지 계통에서 1선 지락 시 영상전압 산출식을 유도하고 GPT-ZCT에 의한 선택지락계전기(SGR)의 감도저하현상에 대하여 설명하시오.
13	108회 25점	변압기 2차 사용 전압이 440[V] 이상의 회로에서 중성점 직접접지식과 비접지 계통에 대한 지락차단 장치의 시설방법을 설명하시오.
14	114회 10점	△-Y 변압기 구성에서 1차 측 1선 지락사고 발생 시 2차 측에서 발생되는 상전압과 선간전압의 최저전압에 대하여 설명하시오.
15	115회 25점	전력계통의 지락사고와 관련하여 다음 사항을 설명하시오. 1) 영상전류와 영상전압을 검출하는 방법을 3선 결선도를 그려 설명하시오. 2) 영상 과전류계전기의 정정치를 결정하기 위한 방법을 설명하시오. 3) 영상전압을 이용하여 지락사고 선로를 구분하기 위한 방법을 설명하시오.
16	116회 25점	중성점 직접접지식 전로와 비접지식 전로의 지락보호를 비교하여 설명하시오.
		수전회로보호방식
1	66회 25점	장경 간 터널이나 도시철도의 배전에 활용되는 다음 그림과 같은 π분기 양단급전계통에서의 보호계전 방식 구성을 설명하시오.

2	68회 25점	수전설비의 보호방식(Protection System)에 대해 기술하시오.
3	107회 25점	154[kV]로 공급되는 대용량 수전회로의 모선의 구성과 보호방식에 대하여 설명하시오.
4	111회 25점	수전전력계통에서 보호계전시스템 보호방식별 분류
		변압기의 보호방식
1	74회 25점	차동계전방식 적용 시 유의사항에 대하여 설명하시오.
2	81회 25점	비율차동계전기의 오동작을 방지하기 위한 3가지 방법을 그림을 그리고 설명하시오.
3	83회 25점	변압기 보호(전기적, 기계적)방식을 나열하고 각각 설명하시오.
4	84회 25점	Y-△결선 또는 △-Y 결선의 특별고압변압기에 대한 보호계전방식으로 비율차동계전기가 사용되는 경우에 이 계전기용 변류기(CT ; Current Transformer)는 변압기 결선과 반대가 된다. 이와 같은 이유를 설명하시오.
5	101회 10점	변압기의 보호계전기 중 비율차동계전기에 대하여 각각 설명하시오. 1) 동작원리 2) 동작특성 3) 적용 시 문제점 및 대책
6	106회 25점	수전용 변압기 보호장치에 대하여 설명하시오.
7	113회 25점	변압기 보호용으로 비율차동계전기를 적용할 경우 고려사항
8	121회 25점	전력용 변압기의 보호장치에 대하여 설명하시오.
		보호계전기
1	65회 10점	계전기의 정정(整定 : Setting)과 정정범위(Setting Range)를 설명하시오.
2	65회 25점	아날로그 계전기(Analog Relay)와 Digital 계전기의 특성을 비교 설명하시오.
3	71회 10점	보호계전기를 용도별로 구분하고 5가지 이내로 약술하시오.
4	77회 10점	보호계전기의 신뢰도 향상 방법에 대하여 간단히 요약하여 기술하시오.
5	80회 25점	자가용 전기설비의 보호계전 시스템의 개요, 최근 동향, 보호방식 등에 대하여 설명하시오.
6	81회 25점	디지털 보호계전기의 구성에 대해서 기본구성을 도해하고, 구성요소를 차례대로 나열하고 설명하시오.
7	87회 25점	그림과 같은 수변전단선결선도에서 50/511과 50/512의 보호계전기 정정치를 구하시오. 1) 한전 측은 무시한다. 2) 역률은 0.9이다. 3) 한시 OCR의 탭 : 4, 5, 6, 7, 8, 10, 12[A] 4) 순시 OCR의 탭 : 20~80[A]
8	89회 10점	과전류계전기의 정한시와 반한시 특성에 대하여 설명하시오.
9	94회 25점	수용가 수전설비의 보호계전기(OCR, OCGR, OVGR, OVR, UVR) 정정 시 고려사항과 정정치에 대하여 설명하시오.
10	100회 25점	최근 마이크로 프로세서의 발전으로 디지털 계전기가 널리 보급되고 있다. 디지털 계전기의 설치환경 및 노이즈의 영향 및 대책을 설명하시오.
11	101회 10점	디지털 보호계전기의 특성
12	102회 25점	유도형 지락방향계전기의 시험방식
13	107회 10점	보호계전기의 기억작용에 대하여 설명하시오.
14	107회 25점	디지털 계전기의 노이즈 침입도드와 노이즈 보호대책에 대하여 설명하시오.
15	108회 10점	대형건물에서 고압전동기를 포함한 6.6[kV] 구내 배전계통에 적용한 유도원판형 전류계기의 한시탭 상호 간의 협조시간 간격을 제시하고, 이 간격을 유지하기 위한 시간 협조항목을 설명하시오.
16	108회 25점	대형건물의 구내배전용 6.6[kV] 모선에 6.6[kV] 전동기와 6.6[kV]/380[V]변압기가 연결되어 있다. 6.6[kV] 전동기 부하용 과전류계전기(50/51)와 6.6[kV]/380[V] 변압기의 고압 측에 설치된 과전류계전기(50/51)를 정정하는 방법을 각각 설명하시오.

17	111회 10점	보호계전기의 동작상태(정동작, 오동작, 정부동작, 오부동작)
18	112회 10점	보호계전기 동작시간특성
19	114회 10점	직접접지 계통의 수전반 보호계전기에서 OCR 및 OCGR의 한시탭 정정방법, 동작 시간 정정방법, 순시탭 정정방법에 대하여 설명하시오.
20	115회 10점	변압기용 보호계전기 정정 시 사용하는 통과고장 보호 곡선(Through Fault Protection Curve)을 설명하시오.
21	115회 25점	3상 유도전동기 공급 선로에서 CT(100/5[A])의 2차 측에 50/51 계전기가 연결되어 있다. 50/51 계전기의 정정치와 시간탭 설정방법을 그림으로 설명하시오.
22	121회 25점	디지털 보호계전기의 특성, 기본구성 및 주요 기능에 대하여 설명하시오.

6. 사용기기의 선정

1) 케이블

인입케이블(동심중성선 케이블)		
1	80회 10점	6.6[kV] CV케이블의 해부도를 작도하시고 설명하시오.
2	95회 10점	전력케이블의 내·외부 반도전층의 역할과 특성을 설명하시오.
3	100회 10점	XLPE케이블의 특성에 대하여 설명하시오.
4	109회 10점	건축전기설비 지중전선로 종류
인입케이블(케이블 차폐층 접지)		
5	71회 10점	고압케이블의 차폐층 역할에 대하여 설명하시오.
6	92회 25점	전력케이블에서 차폐층의 설치효과 및 차폐층 접지방법에 대하여 설명하시오.
7	103회 25점	전력케이블에서 시스 유기전압의 발생원인 및 저감대책
8	110회 10점	케이블 차폐층 미접지 시 위험
9	118회 10점	전력선과 통신선 사이에 차폐선을 설치한 경우 통신선에 유도되는 전자유도전압을 구하시오.
인입 케이블(초전도 케이블)		
10	63회 10점	초전도현상에 대하여 설명하시오.
11	69회 10점	초전도케이블의 특징을 설명하시오.
12	78회 25점	초전도 전력케이블에 대하여 설명하시오.
13	92회 25점	초전도 변압기의 초전도 특성, 기술적 특성, 개발효과 및 향후 전망에 대하여 설명하시오.
14	94회 25점	초전도 기술의 개발 동향과 전력 분야에서의 기여 방향을 기술하시오.
15	102회 10점	초전도케이블의 특징
16	115회 10점	초전도케이블에 사용되는 제1종 초전도체와 제2종 초전도체의 특성을 비교 설명하시오.
인입 케이블(케이블의 절연과 열화)		
17	65회 10점	22[kV]급 및 66[kV]급 CV케이블 열화요인과 열화형태를 약술하시오.
18	68회 10점	전력 케이블의 열화측정(진단법)을 5가지 이상 열거하시오.
19	80회 25점	가교폴리에틸렌 전력케이블과 Oil Filled(OF)케이블의 절연방식과 전기적 특성을 설명하시오.
20	83회 25점	전력설비에 많이 사용되는 CV 케이블의 절연열화의 원인, 판정방법, 최신 기술 동향에 대하여 설명하시오.
21	86회 10점	배전용 CV CABLE의 열화과정에 대하여 설명하시오.
22	88회 10점	전력설비에 사용되는 케이블의 열화진단기술에 대하여 설명하시오.
23	90회 10점	전력 케이블의 열화특성(劣化特性)($V_n - t = C$)을 설명하시오.

SUMMARY 핵심요약

24	91회 25점	전력용 케이블의 열화진단방법에 대하여 설명하시오.
25	102회 25점	전로 등의 절연내력 확인방법을 설명하고 시험방법 및 판정기준을 설명하시오.
26	111회 25점	CV케이블의 열화원인과 대책
27	112회 25점	케이블의 수트리 1) 원 인 2) 종류 및 특징 3) 발생 억제
28	122회 25점	전력케이블의 열화 요인과 형태, 방지대책 및 진단방법에 대하여 각각 설명하시오.
29	122회 25점	케이블의 수트리(Water Tre)현상에 대하여 설명하시오.
		인입케이블(케이블 손실)
30	69회 10점	전력케이블의 전기적 특성 중 연피손에 대해 설명하시오.
31	78회 10점	전력케이블의 전기적 특성에서 케이블의 손실인 저항손, 유전체손, 연피손을 간략히 설명하시오.
32	106회 10점	전력케이블 손실
33	122회 25점	배전선로에서 전력손실 정의와 경감 대책에 대하여 설명하시오.
		인입케이블(기타)
34	66회 25점	케이블에 흐르는 충전전류의 발생원인과 문제점 및 미치는 영향에 대해 설명하시오.
35	99회 10점	절연케이블에 표기되는 정격전압
36	101회 25점	케이블에 흐르는 충전전류 1) 발생원인 2) 문제점 및 대책 3) 대 책
37	103회 25점	지중케이블의 고장점 측정법
38	106회 25점	특고압 수전설비 중 지중케이블의 용량 산정방법
39	110회 25점	진행파 원리, 가공선과 케이블의 특성임피던스와 전파속도
40	113회 10점	특고압(22.9[kV–Y])가공선로 2회선으로 수전하는 경우 특고압 중성선의 가선방법
41	114회 25점	154[kV] 지중선로에 사용되는 OF케이블(Oil Filled Cable)과 XLPE케이블 (Cross Linked Polyethylene Insulated Vinyl/PE Sheathed Cable)에 대하여 비교 설명하시오
42	116회 25점	케이블에서 충전전류의 발생원인, 영향(문제점) 및 대책에 대하여 설명하시오.
43	116회 25점	지중케이블의 고장점 추정방법에 대하여 설명하시오.
44	122회 25점	지중전선로에 대하여 시설방식, 지중전선의 종류, 지중함의 시설방법 및 지중전선 상호 간의 접근 시 시설방법에 대하여 각각 설명하시오.

2) 보호기

		보호기(개폐기 종류별 특징)
1	97회 25점	수전설비 인입구에 설치하는 LBS(부하개폐기) 설계 및 시공 시 고려사항
		보호기(자동고장 구분 개폐기(ASS))
2	71회 10점	22.9[kV – Y] 배전계통에 적용되는 고장구간 자동개폐기(ASS ; Automatic Sectioning Switch)에 대한 표준정격별 적용 가능 장소 및 동작특성에 대하여 설명하시오.
3	77회 25점	다음 각 항에 대하여 서술하시오. 1) 전력계통의 전압이 지속적으로 승압되고 있다. 전력손실률 b와 단면적 A, 전압 V, 역률 $\cos\phi$, 전력 P, 고유저항 ρ, 긍장 l과의 관계에 대한 공식을 쓰고 단위를 표현하시오. 2) 한전 배전선로의 재폐로 시스템과 수용가의 수전용 개폐기(ASS)와의 동작 개요에 대하여 간단하게 기술하시오.

		보호기(파워퓨즈)
4	68회 25점	Current Limit Fuse(한류퓨즈)의 종류와 특성을 설명하시오.
5	71회 10점	퓨즈의 특성을 5가지 이내로 약술하시오.
6	78회 25점	Power Fuse 선정 시 고려사항에 대하여 설명하시오.
7	81회 10점	전력용 퓨즈(PF ; Power Fuse)의 용도를 적고, 타 개폐기와 비교하시오.
8	97회 10점	한류퓨즈와 비한류퓨즈의 장단점과 적용조건을 설명하시오.
9	104회 25점	전력퓨즈 선정 시 고려해야 하는 주요 특성에 대하여 종류별로 구분하여 설명하시오.
10	107회 10점	22.9[kV] 계통의 주변압기 1차 측을 PF만으로 보호할 경우 결상, 역상에 대한 보호방안에 대하여 설명하시오.
11	120회 10점	전력퓨즈(Power Fuse)의 종류와 그 기능 및 특징을 설명하시오.
		보호기(차단기)
12	72회 10점	전력차단기에서 다음의 용어 정의를 설명하시오. 1) 정격전압 2) 정격전류 3) 정격차단전류 4) 정격차단시간
13	75회 25점	차단기 용어의 뜻을 설명하시오. 1) 정격전류 2) 정격단시간전류 3) 정격차단시간 4) 정격개극시간 5) 정격투입조작전압
14	92회 10점	전력용 차단기의 정격전압, 정격전류, 정격차단전류, 정격차단시간에 대하여 설명하시오.
15	92회 25점	차단기의 성능을 결정하는 TRV(Transient Recovery Voltage) 유형에 대하여 설명하시오.
16	95회 25점	교류차단기 선정기준에서 TRV의 2파라미터와 4파라미터의 적용기준을 설명하시오.
17	96회 10점	직류고속도 차단기의 자기유지현상과 그 대책
18	96회 25점	특고압차단기 선정을 위한 주요 검토사항
19	98회 10점	직류 고속차단기의 방향성에 따른 종류와 유도분로의 선택특성에 대하여 설명하시오.
20	99회 25점	과부하 차단 시 TRV의 발생현상에 따른 개선대책과 차단기 선정 시 고려사항
21	100회 10점	반도체 GTO 직류차단기의 특징
22	103회 25점	차단기의 투입방식과 트립방식
23	104회 10점	전력용 차단기의 트립프리(Trip Free)에 대하여 설명하시오.
24	106회 25점	고압선로에서 많이 사용되는 VCB를 적용할 때 고려사항과 적용기준을 현재의 기술 발전에 근거하여 설명하시오.
25	109회 10점	저압직류차단장치의 구성방법과 동작원리
26	110회 10점	차단기 회복전압의 종류 및 특징
27	112회 25점	직류차단기 종류와 소호방식
28	117회 25점	가스절연개폐장치(GIS) 등 내부의 절연을 위해 사용하는 SF_6가스의 특성과 환경오염방지를 위한 SF6가스 대체기술을 설명하시오.
		보호기(피뢰기(LA))
29	63회 25점	피뢰기(LA)에 대하여 다음 사항을 설명하시오. 1) 설치목적 2) 구조 및 구성 3) 정격선정 4) 설치 위치 5) Gap Less 피뢰기
30	66회 10점	비선형 저항체를 특성요소로 사용한 피뢰기의 산화아연 소자의 특성을 쓰시오.
31	68회 10점	피뢰기의 공칭 방전전류의 정의에 대하여 설명하시오.

32	74회 25점	절연협조 측면에서 중요한 역할을 하는 피뢰기에 대하여 기술하시오. 1) 기본성능 2) 피뢰기의 위치 선정 3) 피뢰기 정격 결정 시 고려사항 4) 제한 전압 및 정격 전압 5) 방전내량 6) GAPLess 피뢰기의 특징
33	81회 10점	피뢰기의 충격비와 제한전압을 간단히 설명하시오.
34	87회 10점	가공전선로에 서지가 침입할 경우 피뢰기 설치 위치에 따라 피뢰기 제한전압과 방전전류 관계에 대하여 설명하시오.
35	88회 10점	피뢰기의 종류 및 동작특성에 대하여 설명하시오.
36	91회 10점	피뢰기의 정격전압에 대하여 설명하시오.
37	94회 10점	피뢰기의 정격전압 결정 시 고려할 기술적 사항
38	102회 10점	피뢰기의 충격전압비와 제한전압
39	105회 10점	피뢰기의 열폭주 현상
40	109회 10점	피뢰기 공칭방전전류 설명, 설치장소 적용조건
41	111회 10점	피뢰기의 정격전압 및 공칭방전전류
42	115회 10점	피뢰기(Lightning Arrester)가 가져야 할 특성을 설명하시오.
43	116회 10점	피뢰기를 변압기에 가까이 설치해야 하는 이유에 대하여 설명하시오.
44	118회 10점	산화아연형(ZnO) 피뢰기의 열폭주현상에 대하여 설명하시오.
45	120회 10점	피뢰기(LA)의 정격 선정 시 고려사항과 서지흡수기(SA)의 정격에 대하여 설명하시오.
46	121회 25점	피뢰기에 대하여 다음 사항을 설명하시오. 1) 피뢰기의 구비조건 2) 피뢰기의 동작특성 3) 피뢰기의 설치장소 4) 피뢰기와 피보호기기의 최대 유효거리
47	122회 10점	피뢰기(LA)의 단로장치에 대하여 설명하시오.
보호기(서지흡수기(SA))		
48	74회 10점	그림과 같은 선로에서 서지흡수기(SA ; Surge Absorber)의 정격 선정 및 설치 이유에 대해 설명하시오.
49	77회 25점	송전계통에서 발생하는 개폐서지의 발생원인, 해석 및 감소대책에 대하여 기술하시오. 1) 발생원인 2) 해석 및 감소대책
50	98회 25점	몰드 변압기 2차 차단기로 VCB를 사용하여 3.3[kV] 유도전동기 부하에 전력을 공급한다. 변압기 보호용 SA를 다음 계통조건으로 적용할 때 단선도를 작성하고, 각 설비(VCB, SA 등)에 대하여 설명하시오. 1) 22.9/3.3[kV] 3상 몰드 변압기 1,000[kVA](BIL : 40[kV]) 2) VCB의 개폐서지 전압은 정격전압의 3배
51	120회 10점	피뢰기(LA)의 정격 선정 시 고려사항과 서지흡수기(SA)의 정격에 대하여 설명하시오.
보호기(SPD)		
52	88회 10점	건축물에 설치하는 저압 SPD(Surge Protective Device)의 기본적인 요건과 전원장해에 대한 효과에 대하여 설명하시오.
53	93회 25점	저압 SPD의 선정 및 설치 시 고려사항
54	94회 10점	서지보호장치(SPD)의 형식 설명
55	95회 25점	SPD의 선정을 위한 공정(흐름)도를 작성하고 설명하시오.
56	97회 25점	SPD의 설계 시 주요 검토사항
57	99회 25점	SPD의 단자형태와 기능 분류
58	104회 10점	서지 보호기(SPD ; Surge Protective Device)의 에너지 협조에 대하여 설명하시오.
59	107회 10점	저압계통 전기설비 및 기기 임펄스 내압 레벨기준을 설명하시오.

60	110회 10점	SPD 고장 시 전원 공급 연속성과 보호의 연속성 보장을 위한 SPD 분리 위한 개폐장치의 설치방식
61	111회 10점	피뢰시스템 구성요소(피뢰침, 인하도선, 접지극, 서지보호장치(SPD)
62	113회 25점	저압 배전계통에서 SPD의 접속형식과 Ⅰ등급, Ⅱ등급 SPD의 보호모드별 공칭방전전류와 임펄스 전류
		기타(ATS 및 CTTS)
63	118회 25점	ATS(Automatic Transfer Switch)와 CTTS(Closed Transition Transfer Switch)의 특성을 비교 설명하시오.

3) 변성기

		변성기(변류기(CT))
1	65회 10점	과전류 정수와 과전류 강도에 대하여 설명하시오.
2	66회 10점	전류변성기(Current Transformer)의 Knee Point Voltage란 무엇인가?
3	66회 25점	CT 2차 단자 개방 시 현상을 등가회로와 벡터도로 설명하시오.
4	71회 25점	변류기의 과전류 특성(과전류 강도, IPL과 FS, 과전류 정수)에 대하여 설명하시오. 1) IPL : Rated Instrument Limit Primary Current 2) FS : Instrument. Security Factor
5	72회 25점	변류기(CT)의 정격과 종류에 대하여 설명하시오.
6	75회 25점	계기용 변류기의 원리를 설명하시오.
7	78회 10점	변류기의 과전류 강도에 대해 설명하시오.
8	78회 25점	영상전류를 얻기 위한 CT의 결선방법을 설명하시오.
9	84회 10점	이중비 CT의 내부접속도를 그리고 간단히 설명하시오(CT비 100~50/5[A]의 경우).
10	87회 10점	계측기용 CT(Current Transformer)와 보호계전기용 CT의 차이점을 설명하시오.
11	88회 10점	보호계전기용 변류기(Current Transformer)의 소손원인 및 과전류 정수에 대하여 설명하시오.
12	89회 10점	변류기의 과전류 강도, 정격 내 전류, 과전류 정수를 설명하시오.
13	90회 10점	변류기의 2차 개로에 의한 이상현상 및 대책에 대하여 설명하시오.
14	92회 25점	수변전설비에 사용되는 계측기용 CT와 보호용 CT의 성능 및 특성에 대하여 설명하시오.
15	94회 10점	변류기 포화전압의 정의와 포화전압과 부하 임피던스의 관계에 대하여 설명하시오.
16	98회 10점	이중비 CT의 내부 접속도를 간단히 그리고 설명하시오.
17	99회 25점	계기용 변류기의 주요 정격으로 CT계급, 최고전압, 정격전류, 정격부담, 정격내전류, 과전류 강도
18	105회 10점	공심변류기의 구조와 특징
19	106회 10점	변류기 부담의 종류 및 적용
20	108회 10점	CT의 과전류 강도와 22.9[kV]급에서 MOF의 과전류강도적용에 대하여 설명하시오.
21	109회 25점	변류기 이상현상
22	110회 10점	보호용 변류기 25[VA] 5P 20과 C100의 의미
23	114회 25점	계측기기용 변류기와 보호계전기용 변류기의 차이점에 대하여 설명하시오.
24	116회 25점	변류기(CT)의 과전류 정수와 과전류 강도에 대하여 설명하시오.
25	117회 10점	변류기의 포화특성을 설명하시오.
		변성기(계기용 변압기(PT))
26	91회 25점	PT, GPT에서 중성점 불안정현상과 이에 대한 대책에 대하여 설명하시오.
27	103회 10점	콘덴서형 계기용 변압기의 원리와 종류 및 특성

28	116회 25점	접지형 계기용 변압기(GVT) 사용 시 고려사항에 대하여 설명하고, 설치 개수와 영상전압과의 관계에 대해서도 설명하시오.
		변성기(영상 변류기(ZCT))
29	74회 10점	케이블 관통형 영상변류기 설치방법에 대해 설명하시오.
30	75회 10점	영상변류기(ZCT)의 정격에 대하여 기술하시오.
31	110회 25점	영상변류기 검출원리, 정격 과전류 배수, 정격여자 임피던스, 잔류전류 및 시공 시 고려사항
		변성기(기타)
32	71회 10점	계기용 변성기의 절연방식을 분류 설명하시오.
33	86회 10점	특고 수전설비의 PT, CT가 소손되었을 경우 발생되는 현상에 대하여 설명하시오.

4) 변압기

		변압기의 종류별 특징
1	63회 10점	아몰퍼스(Amorphous) 변압기에 대하여 설명하시오.
2	81회 10점	단권변압기의 장점과 단점을 각각 구분하여 기술하시오.
3	89회 10점	변압비(권수비) 1 : 1의 변압기를 설치하는 이유를 설명하고, 이 변압기가 갖추어야 할 특성에 대하여 설명하시오.
4	96회 25점	아몰퍼스 고효율 몰드변압기와 저소음 고효율 몰드변압기 비교 설명
5	97회 10점	변압기 절연방식의 종류를 들고 설명하시오.
6	104회 25점	단권변압기의 구조 및 특징에 대하여 설명하시오.
7	104회 25점	수변전설비에 적용되는 아몰퍼스 변압기의 에너지 절감효과와 고조파 저감효과를 일반변압기와 비교 설명하시오.
8	105회 10점	3권선 변압기의 용도와 특징
9	107회 10점	변압기 2차 측 결선을 Y-지그재그 결선 또는 Δ 결선으로 하는 경우 제3고조파의 부하 측 유출에 대하여 비교 설명하시오.
10	111회 10점	절연변압기
11	114회 25점	변압기 선정을 위한 효율과 부하율 관계를 설명하고, 유입변압기와 몰드변압기의 특성을 비교 설명하시오.
		변압기 시험
12	74회 10점	변압기 단락강도시험 시 ANSI/IEEE와 IEC 규격에 의한 시험전류에 대하여 설명하시오.
13	78회 25점	국제규격(IEEE/ANSI)에 의한 변압기 단락강도의 시험방법에 대하여 설명하시오.
14	84회 10점	변압기의 단락강도시험 시 ANSI / IEEE, IEC규격에 의한 1) 시험방법, 2) 시험전류 계산법에 대해 설명하시오.
15	92회 10점	변압기 공장 입회시험의 방법 및 특성에 대하여 설명하시오.
16	115회 25점	변압기 인증을 위한 공장시험의 종류 및 시험방법을 설명하시오.
17	121회 25점	변압기의 무부하 시험과 단락 시험 방법에 대해서 회로를 그려서 설명하고, 다음의 변압기 특성에 대하여 설명하시오. 1) 임피던스 전압 2) 효 율 3) 전압변동률
		병렬운전 및 통합운전
18	66회 25점	변압기 병렬운전 및 통합운전에 대해 설명하시오.

19	71회 25점	변압기 임피던스 전압의 크기 및 구성(다수 변압기의 경우)에 관하여 전력공급설비 설계 시 검토하여야 할 사항에 대하여 설명하시오.
20	71회 25점	상용전원 계통과 발전기를 병렬운전할 경우의 조건과 각종 제어장치에 대하여 설명하시오.
21	83회 25점	변압기의 병렬운전 시 서로 다른 임피던스의 경우 계산 예를 들어 설명하시오.
22	78회 25점	3상변압기의 병렬운전 시 고려사항에 대하여 설명하시오.
23	84회 10점	변압기의 병렬운전 조건 및 그 이유에 대하여 설명하시오.
24	86회 10점	변압기 병렬운전 조건에서 단상과 3상의 차이점에 대하여 설명하시오.
25	89회 25점	3상 변압기의 병렬운전 조건을 제시하고, 병렬운전이 가능한 각 결선방법의 각 변위(위상각 변위)가 동일함을 설명하시오.
26	103회 25점	3상 변압기의 병렬운전 조건을 제시하고 병렬운전 가능 결선과 각변위가 맞지 않을 경우의 현상
27	112회 25점	변압기 병렬운전 및 붕괴현상
28	112회 25점	변압기 병렬운전을 하고자 한다. 다음 결선에 병렬운전 가능·불가능을 판단하고, 그 이유를 설명하시오. 1) △-Y와 △-Y 2) △-Y와 Y-Y
29	116회 25점	저항과 누설 리액턴스의 값이 (0.01+j0.04)[Ω]인 1,000[kVA] 단상변압기와 저항과 누설 리액턴스의 값이 (0.012+j0.036)[Ω]인 500[kVA] 단상변압기가 병렬운전한다. 부하가 1,500[kVA]일 때 각 변압기의 부하분담 값을 구하시오(단, 지상역률은 0.8이고 2차 측 전압은 같다고 가정한다).
		변압기 결선
30	83회 25점	전력용 변압기의 결선방식에 따른 특성과 장단점을 설명하시오.
31	75회 25점	변압기를 V 결선에서 1대 추가 증설하여 3대로 결선으로 변형하는 경우 부하분담에 대하여 설명하시오.
32	83회 25점	전력용 변압기의 결선방식에 따른 특성과 장단점을 설명하시오.
33	89회 25점	단상 변압기 3대를 △-△ 결선운전 중에 단상 변압기 1대 고장으로 V-V 결선운전을 해야 할 경우 이용률, 출력량 및 각상 전압변동률과 역률관계 그리고 유도전동기에 미치는 영향에 대하여 설명하시오.
34	113회 25점	3상 변압기 병렬운전을 하고자 한다. 다음 결선에 대하여 병렬운전의 가능·불가능을 판단하고 그 이유를 설명하시오. 1) △-Y 와 △-y 결선 2) △-y와 Y-Y 결선
		변압기(변압기 Tap)
35	87회 25점	변압기의 부하 시 탭절환장치 OLTC(On Load Tap Changer)에 대하여 다음을 설명하시오. 1) 동작원리 2) 표준부하 시 탭절환기의 정격 3) 구조
		변압기(변압기 냉각방식)
36	91회 10점	변압기는 철심과 권선에서 발생하는 열에 의해 온도가 상승한다. 이를 냉각하기 위한 냉각방식을 ANSI 규격과 IEC 76 규격에 의해 분류하여 설명하시오.
37	99회 10점	변압기 냉각방식
		변압기(임피던스 전압이 변압기 특성에 영향을 주는 요소)
38	74회 25점	변압기 임피던스 전압의 영향에 대하여 설명하시오.
39	75회 10점	변압기 임피던스 전압이 전기설비에 미치는 영향을 설명하시오.
40	84회 25점	임피던스 전압이 변압기 특성에 미치는 영향을 설명하시오.
41	91회 25점	임피던스 전압이 변압기 특성에 미치는 영향에 대하여 설명하시오.

42	111회 25점	임피던스 전압의 정의, 변압기 특성에 영향을 주는 요소
43	113회 25점	변압기 임피던스 전압(%Z)의 개념과 임피던스 전압이 서로 다른 변압기를 병렬운전할 때 부하분담과 과부하 운전을 하지 않기 위한 부하 제한에 대하여 설명하시오.
		변압기(변압기 이상 현상)
44	90회 25점	PCM(Pulse Code Modulation) 반송전류 차동계전방식의 구성 원리 및 장단점을 설명하시오.
45	103회 25점	변압기 여자돌입전류 발생 메커니즘과 방지대책
46	105회 25점	변압기의 이행전압
47	110회 10점	변압기 여자전류가 비정현파 이유
48	112회 10점	변압기 소음 발생원인 및 대책
49	118회 25점	전력용 변압기에서 발생되는 고장의 종류 및 현상에 대하여 설명하시오.
50	121회 10점	변압기 여자돌입전류의 발생과 그에 따른 보호장치의 오동작 방지에 대하여 설명하시오.
		열화 및 기타
51	63회 25점	변압기 고장원인과 점검방법에 대하여 설명하시오.
52	66회 25점	변전설비 예방보전 중 On-line 진단 System을 중심으로 설명하시오.
53	71회 25점	수변전 계통에 접속되는 변압기, 리액터 등의 철심포화에 기인하는 이상전압에 대하여 설명하시오.
54	84회 25점	유입변압기의 유동대전현상을 설명하시오.
55	86회 25점	현장에서 전력용 변압기의 절연 진단방법에 대하여 설명하시오.
56	90회 10점	유입변압기의 수명에 대해서 설명하고 변압기의 과부하 운전조건과 운전금지 조건에 대하여 설명하시오.
57	94회 10점	전력용 변압기의 누설전류가 설비에 미치는 영향에 대하여 설명하시오.
58	94회 25점	변압기 고장 여부를 진단할 수 있는 방법을 설명하시오.
59	101회 10점	몰드변압기의 열화과정 및 특성
60	110회 25점	변압기 부분방전개념과 부분방전시험
		변압기 기타 설비
61	101회 10점	변압기의 최저 소비효율과 표준 소비효율 설명
62	100회 10점	변압기의 철손과 동손이 동일할 때 최고 효율인 이유를 수식으로 증명
63	105회 25점	변압기 수명과 과부하 운전관계와 과부하 운전 시 고려사항
64	108회 10점	변압기 효율이 최대가 되는 관계식을 유도하시오.
65	111회 10점	변압기 최대 효율조건
66	114회 25점	변압기 선정을 위한 효율과 부하율의 관계를 설명하고, 유입변압기와 몰드변압기의 특성을 비교 설명하시오.
67	116회 10점	변압기의 과부하 운전이 가능한 조건에 대하여 설명하시오.
68	117회 10점	전력용 변압기의 최대 효율조건을 설명하시오. (η : 효율, P : 변압기 용량, $\cos\theta$: 역률, m : 부하율, P_i : 철손, P_c : 동손)
69	117회 10점	변압기의 손실 종류와 손실 저감대책을 설명하시오.
70	118회 10점	변압기의 단절연에 대하여 설명하시오.

5) 콘덴서

1	63회 10점	고압 콘덴서 설비의 내부 고장보호장치에 대해서 설명하시오.
2	66회 10점	STATCOM(정지형 동기 조상기, Static Synchronous Compensator) 적용의 효과를 3가지 이상 열거하시오.
3	68회 25점	SMPS(Switched Mode Power Supply)의 종류 및 역률개선회로에 대하여 설명하시오.
4	72회 10점	무효전력의 의미에 대하여 설명하시오.
5	74회 10점	전력용 콘덴서 자동제어방식의 종류와 특징을 설명하시오.
6	75회 25점	교류회로에서 임피던스의 개념과 진상 또는 지상이 발생하는 이유를 설명하시오.
7	77회 10점	수변전설비 중 콘덴서 설치에 의한 역률 개선원리를 설명하시오.
8	78회 10점	콘덴서 개폐장치에서 요구되는 성능 3가지를 설명하시오.
9	80회 10점	에너지 절약을 위한 역률개선용 진상용 콘덴서(SC ; Static Condenser)회로에 설치하는 직렬리액터(SR ; Series Reactor)와 방전코일(DC ; Discharging Coil)의 설치목적과 전자계 에너지의 관점에서 그 기본원리를 약술하고, 진상용 콘덴서의 설치효과를 나열하시오.
10	83회 10점	역률 개선용 콘덴서를 채용할 때 발생하는 고조파(3, 5고조파) 제거방법을 설명하시오.
11	84회 10점	전력관리를 위한 역률개선용 콘덴서의 적정 용량 산출방법에 대하여 설명하시오.
12	86회 10점	전력계통에서 무효전력의 의의와 영향에 대하여 설명하시오.
13	87회 25점	역률 개선용 콘덴서와 함께 설치하여 전압파형을 개선하는 직렬리액터에 대하여 다음을 설명하시오. 1) 직렬리액터의 설치목적 2) 직렬리액터의 용량 3) 직렬리액터의 고조파에 대한 영향 4) 직렬리액터의 용량과 콘덴서의 단자전압 5) 직렬리액터 설치 시 문제점 및 대책
14	88회 25점	에너지 절약을 위한 역률 개선용 진상콘덴서(SC ; Static Condenser) 회로에 설치하는 직렬리액터(SR : Series Reactor)의 설치효과와 용량을 산정하는 방법에 대하여 설명하시오.
15	89회 25점	콘덴서 투입 시 발생하는 이상현상에 대하여 설명하시오.
16	89회 25점	전동기 등의 유도성 부하에 의해 저하되는 역률을 개선하기 위하여 설치하는 진상용 콘덴서(SC)의 역률 개선효과와 용량 산출방법에 대하여 설명하시오.
17	92회 25점	전력용 콘덴서의 부속기기인 방전장치와 직렬리액터에 대하여 설명하시오.
18	94회 10점	전력용 콘덴서의 개폐현상에 대하여 설명하시오.
19	94회 25점	역률 개선용 콘덴서를 적용할 때 발생하는 고조파 장해에 대한 대책으로 직렬리액터를 사용한다. 직렬리액터를 사용하는 이유를 설명하고 영향이 큰 3, 5 고조파 저감을 위한 직렬리액터의 용량을 산정하시오.
20	95회 10점	전력을 공급함에 있어서 한전에서의 일정 역률 이상을 요구하고 있다. 역률 보상에 따른 이점을 전력회사 측면과 수용가 측면으로 나누어 간략히 설명하시오.
21	95회 10점	병렬 커패시터를 그림과 같이 투입할 경우의 효과에 대하여 전류페이서도와 전압페이서도를 사용하여 설명하시오.
22	95회 10점	전력을 공급함에 있어서 한전에서는 일정 역률 이상을 요구하고 있다. 역률보상에 따른 이점을 전력회사 측면과 수용가 측면으로 나누어 간략히 설명하시오.
23	98회 25점	고압콘덴서 고장 발생 시 사고의 확대와 파급방지를 위한 고장검출방식에 대하여 설명하시오.
24	104회 25점	전력용 콘덴서 개폐 시의 특이사항과 개폐장치에서 요구되는 성능을 설명하시오.
25	105회 10점	열화원인과 대책
26	105회 20점	역률 개선효과
27	109회 10점	직렬리액터의 설치목적, 용량 산정, 설치 시 문제점과 대책
28	109회 10점	전력용 콘덴서의 허용 최대 사용전류
29	110회 10점	콘덴서 내부소자 보호방식
30	112회 25점	전력용 콘덴서의 절연열화 운인 및 대책

31	114회 10점	전력용 콘덴서의 설치 위치에 따른 장단점을 비교 설명하시오.
32	116회 25점	전력용 콘덴서의 내부 고장보호방식에 대하여 설명하시오
33	117회 25점	전력용 콘덴서에서 다음을 설명하시오. 1) 운전 중 점검항목 2) 팽창(배부름) 원인과 대책
34	118회 10점	전력회로에서 직렬 커패시터(Series Capacitor)와 병렬 커패시터(Shunt Capacitor) 적용 시 특성 및 효과에 대하여 설명하시오.
35	120회 10점	전기설비에 역률개선용 전력콘덴서 설치 시 기대효과를 설명하시오.

7. 변전실 및 기타

변전실		
1	71회 10점	변전실 위치 선정 시 고려사항을 5가지 이내로 약술하시오.
2	86회 25점	변전실을 시설할 경우 고려해야 할 다음 사항에 관하여 설명하시오. (변전실의 위치, 구조, 갖추어야 할 설비, 넓이)
3	91회 25점	변전실의 위치 결정, 기기 배치, 건축적인 고려사항에 대하여 설명하고 변전실 면적 계산방법을 설명하시오.
4	95회 10점	건축물의 구내 변전실 위치 선정 시 고려사항 중 변전실의 침수유형에 따른 대책
변전설비 예방보전 및 LCC		
5	80회 25점	최근 초대형 건축물의 증가로 건축물의 유지보수관리가 설계단계부터 매우 중요하게 검토되고 있다. 전기설비의 LCC(Life Cycle Cost)에 대하여 설명하시오.
6	87회 25점	전기기기의 고장 사이클에 대하여 설명하시오.
7	94회 25점	LCC 분석을 통한 경제적인 조명설계 방법
8	95회 25점	수변전설비의 예방보전시스템
9	106회 25점	변전설비의 온라인 진단시스템에 대하여 설명하시오.
GIS 및 배전반		
10	75회 10점	수전설비에 GIS를 적용했을 때 장점을 기술하시오.
11	80회 25점	가스절연개폐장치 진단기술 중 UHF PD(Partial Discharge) 신호측정 기술의 원리를 설명하시오.
12	83회 10점	고전압, 대용량 변전소에 주로 채용되고 있는 GIS(Gas Insulation Substation)에 대하여 특징을 간단히 설명하시오.
13	83회 25점	지능형 수배전반에 대하여 개요, 특징, 시스템의 구성도 및 집중제어 표시장치의 기능을 설명하시오.
14	92회 10점	가스절연개폐기(GIS ; Gas Insulated Switchgear)의 예방진단 기술방법에 대하여 설명하시오.
15	102회 25점	GIS의 설비
16	112회 10점	가스절연개폐기의 장단점
17	117회 25점	가스절연개폐장치(GIS) 등 내부의 절연을 위해 사용하는 SF6가스의 특성과 환경오염방지를 위한 SF6가스 대체 기술을 설명하시오.
18	119회 25점	GIS(Gas Insulated Switchgear) 설비의 개요 및 주요 구성 기기에 대하여 설명하고, 재래식 수전설비에 비하여 GIS의 장점을 설명하시오.
19	121회 25점	전자화 배전반의 구성, 기능, 문제점, 대책 및 진단시스템에 대하여 설명하시오.
절연협조		
20	65회 10점	단절연(Graded Insulation)에 대하여 약술하시오(케이블 절연 중).
21	78회 25점	절연협조와 관련하여 기준충격절연강도(BIL)를 설명하고, 변압기의 BIL을 기술하시오.

22	87회 10점	절연물의 절연협조에서 인가전압의 파두준도와 플래시 오버(Flash Over)하는 시간과의 관계(V-t 곡선)를 설명하시오.
23	103회 25점	절연협조와 기준충격절연강도(BIL)를 설명하고, 절연협조 시 검토사항
24	104회 10점	수전설비의 절연강도 검토 시 내부절연과 외부절연에 대한 개념을 설명하고, 이에 대한 선로 및 변압기 등의 절연협조에 대하여 설명하시오.
25	121회 10점	절연계급과 기준충격절연강도(BIL)에 대하여 각각 설명하시오.
기 타		
26	63회 10점	수변전설비에 적용되는 특별고압 수전설비의 표준 결선도와 특별고압 간이 수전설비의 표준 결선도에 대하여 설명하시오.
27	113회 25점	다음 조건을 적용하여 수전설비 단선결선도를 작성하고, 주요기기 설명

8. 건축물별 건축전기설비의 실제

1	81회 25점	건축물의 전기설비 설계계획에 대하여 수변전설비, 전력간선 및 동력설비, 조명 및 전열설비에 관하여 기술하시오.
2	92회 25점	병원 전기설비 설계 시 고려사항을 설명하시오.
3	98회 25점	객석이 50,000석 이상의 국제경기를 할 수 있는 경기장을 건설하고자 한다. 이에 대한 야간 조명설비, 객석음향설비 및 TV중계설비에 대하여 기본계획을 수립하시오.
4	99회 10점	공연장의 조명설비에 대한 전원설비를 계획하고자 한다. 공연장의 설비 운영에 특수성을 반영하여 계획을 할 때 고려해야 할 사항을 설명하시오.
5	115회 25점	대단위(대지면적 : 약 100만[m^2], 용도 : 종합대학, 자동차공장, 놀이시설, 공항 등) 단지의 구내에 다수의 변전실을 설계하고자 한다. 배전계통에 대하여 설명하고 적합한 계통 구성 방식을 설명하시오.
6	120회 25점	50세대 고층아파트 단지를 건설하려고 한다. 이 경우 수전설비, 변전설비, 발전설비를 기획하시오.
7	121회 25점	공장 설비의 증설로 인하여 정전 작업을 시행하려고 한다. 감전사고 방지를 위한 정전작업 방법에 대하여 설명하시오.

Chapter 02 예비전원설비

1. 발전설비

발전기설계 및 분류		
1	66회 25점	마이크로 가스터빈발전기를 설명하시오.
2	74회 10점	비상발전기 환기량 산출방법 중 디젤엔진에 대하여 설명하시오.
3	78회 25점	건축물 내에 설치되는 비상발전기실(디젤엔진, 공랭식) 설계 시 고려사항을 설명하시오.
4	81회 25점	동기발전기의 병렬운전 조건과 병렬운전 순서를 기술하시오.
5	83회 25점	건축물의 예비전원설비에 가스터빈발전기를 적용하고자 한다. 이때 가스터빈발전기의 구조, 특징, 선정 시 검토사항 및 시공 시 고려할 사항에 대하여 설명하시오.
6	88회 25점	가스터빈발전기의 특징 및 장단점을 설명하시오.
7	90회 25점	예비전원설비로 자가용 발전설비를 설치할 경우 고려사항을 설명하시오.

8	91회 25점	비상발전기 구동원으로서 디젤엔진, 가스엔진, 가스터빈방식에 대하여 발전효율, 시설비, 환경, 기동시간, 부하변동에 따른 속응성, 소방용 비상전원으로 사용 시 고려사항 등에 대하여 각각 비교 설명하시오.
9	96회 25점	발전기 시동방식에서 전기식과 공기식에 대하여 특성, 시설, 관리 및 장단점 비교 설명
10	97회 25점	건축물에 고압용 비상발전기 적용 시 고려사항
11	103회 10점	동기발전기의 병렬운전 조건과 병렬운전법
12	108회 10점	건축물의 비상발전기 운전 시 과전압의 발생원인 및 대책
13	108회 25점	건축물 열병합 발전기와 전력회사 계통과 병렬운전 시 1) 터빈발전기 기기자체에 발생 손상 2) 손상방지 위한 동기투입조건 4가지와 이 조건 불만족 시 문제점
14	114회 25점	자가발전기와 무정전전원장치(UPS)를 조합하여 운전할 때 고려사항에 대하여 설명하시오.
15	119회 10점	2대의 동기발전기가 기전력과 위상이 다른 경우 병렬운전 했을 때 나타나는 현상을 각각 설명하시오.
16	119회 25점	비상용 동기발전기에서 부하가 순수 저항부하, 순수 유도성부하일 때 부하전류에 따른 단자전압의 특성을 각각 식과 그래프를 이용하여 설명하시오.
발전기 용량 선정		
17	63회 10점	건축물의 비상발전기 용량 산정에 대하여 설명하시오.
18	65회 10점	비상발전기에 투입되는 유도전동기 1,000[kVA]를 안정되게 운전할 수 있는 발전기 용량을 설계하시오(단, 발전기 과도 리액턴스 25[%], 가동순간허용전압 강하 25[%]).
19	69회 10점	발전기 용량결정 시 단상부하의 영향에 대하여 설명하시오.
20	69회 25점	R_G계수에 의한 발전기 용량 산정에 대해 설명하시오.
21	83회 10점	자가발전설비의 부하 및 운전형태에 따른 발전기의 용량 산정 시 고려할 사항을 설명하시오.
22	89회 25점	비상용 발전기의 용량 산정방식에 대하여 설명하시오.
23	93회 10점	비상발전기의 출력용량을 결정 시 전동기의 기동특성을 고려한 산정식을 제시하고 설명하시오.
24	101회 25점	건축물에서 소방부하와 비상부하를 구분하고 소방부하 전원 공급용 발전기의 용량 산정방법과 발전기 용량을 감소하기 위한 부하의 제어방법을 설명하시오.
25	113회 25점	P_G방식과 R_G방식
26	116회 10점	소방부하 겸용 발전기 용량 산정 시 적용하는 수용률 기준에 대하여 설명하시오.
27	117회 10점	전기소방설비에서 비상전원의 종류 및 용량에 대하여 설명하시오.
28	119회 10점	건축물의 비상발전기 용량산정에 대하여 설명하시오.
기 타		
29	87회 10점	건축물에 정전이 허용되지 않는 경우 비상발전기의 기동시간이 문제되거나 기동 실패가 일어날 경우를 대비하기 위한 대책을 설명하시오.
30	95회 25점	건축물에 설치하는 비상발전기의 출력전압 선정 시 저압과 고압의 장단점을 비교 설명하시오.
31	96회 25점	비상저압발전기가 설치된 수용가에 발전기 부하 측 지락이나 누전을 대비하여 지락 과전류계전기를 설치하는 경우가 있다. 이때 불필요한 OCGR 동작을 예방할 수 있는 방안에 대하여 설명하시오.
32	102회 25점	비상용 디젤엔진 예비발전장치의 트러블 진단에 대하여 설명하시오.
33	115회 25점	지하 2층에 1,000[kW] 디젤발전기를 설치하였다. 준공검사에 필요한 전기와 건축계적인 점검사항을 설명하시오.
34	118회 25점	건축물에 시설하는 디젤엔진 비상발전기의 보호계전방식에 대하여 설명하시오.

2. 축전지 설비

축전지 용량 선정		
1	63회 25점	변전실 정류기반 설계 시 축전지 용량 산출방법에 대하여 설명하시오.
2	77회 25점	전기실 정류기반 설계 시 축전지 용량 산출방법에 대하여 설명하시오.
3	93회 25점	축전지 및 충전기의 용량 산정을 위한 흐름도를 제시하고 용량 산정방법을 설명하시오.
4	101회 25점	예비전원설비에서 축전지설비의 축전지 용량 산출 시 고려사항
5	112회 25점	축전지 용량 산정 시 고려사항
6	120회 10점	40[W] 120개, 60[W] 50개의 비상조명등이 있다. 방전시간은 30분, 연축전지가 HS형 54셀(cell), 허용최저전압이 90[V]일 때 소요 축전지 용량을 구하시오(단, 부하의 정격전압 10[V], 연축전지 보수율 0.8, 방전시간이 30분일 때의 용량환산시간 K는 축전지 허용최저전압 1.6[V]일 경우 K=1.1, 허용최저전압 1.7[V]일 경우 K=1.2, 허용최저전압 1.8[V]일 경우 K=1.54로 한다).
축전지 방전 충전방식 및 기타		
7	63회 10점	축전지의 균등 충전에 대하여 설명하시오.
8	78회 25점	축전지 설비의 충전방식의 종류 및 각 종류별 특징을 설명하시오.
9	80회 10점	축전지의 자기방전에는 여러 원인이 있다. 원인별로 구분하여 설명하시오.
10	81회 25점	건축물의 예비전원 충전방식을 6가지 이상 들고 설명하시오.
11	98회 10점	축전지 설비의 자기방전의 의미와 원인에 대하여 설명하시오.
12	104회 10점	축전지 이상현상의 대표적인 두 가지 현상을 설명하시오. 1) 자기방전 현상(Self – Discharge) 2) 설페이션(Sulphation)현상
13	109회10점	축전지에서 충방전현상의 메모리 효과
14	116회10점	축전지의 충전방식을 초기 충전과 사용 중의 충전방식으로 구분하여 설명하시오.

3. UPS 설비

1	63회 25점	온라인(On-line) UPS와 오프라인(Off-line) UPS의 동작특성을 설명하시오.
2	65회 25점	무정전전원설비(UPS)의 구성에 따라 분류하고 설명하시오.
3	66회 10점	무정전전원장치를 종류별로 비교 설명하시오.
4	68회 25점	Dynamic UPS의 동작원리 및 시스템 구성에 대하여 설명하시오.
5	69회 10회	직류전원장치의 기술 발전 추세는?
6	75회 25점	공간과 성능면에서 다이내믹 UPS와 정지형 UPS를 비교 설명하시오.
7	75회 25점	비상용 자가발전설비와 UPS를 조합하여 운전할 경우 고려해야 할 사항을 설명하시오.
8	81회 10점	예비전원 설비의 일종인 무정전전원장치(UPS ; Uninterruptible Power System)의 병렬시스템 선정 시 고려사항을 적으시오.
9	86회 25점	무정전전원장치(UPS)의 용량설계 시 고려사항에 대하여 설명하시오.
10	87회 25점	무정전전원장치(UPS) 2차 측 회로의 단락 및 지락사고 보호방법을 설명하시오.
11	88회 25점	UPS(Uninterruptible Power Supply)의 운전방식에서 On-line방식과 Off-line 방식에 대한 내용과 장단점을 설명하시오.
12	91회 25점	무정전전원장치의 용량 산정 시 고려사항을 설명하시오.
13	98회 10점	정류기 용량과 정류기용 변압기의 용량이 다른 이유를 설명하시오.
14	99회 25점	UPS에 공급되는 자가발전설비의 용량선정방법
15	101회 25점	UPS의 운전방식 중 상시상용급전방식(Off-line)

16	102회 10점	무정전전원설비에서 2차회로의 단락보호방식
17	105회 25점	설계 시 고려사항과 축전지 용량 산정 시 고려사항
18	107회 10점	UPS의 2차 측 단락회로의 분리보호방식에 대하여 설명하시오.
19	114회 25점	다음과 같은 무정전전원장치(UPS)의 특성에 대하여 설명하시오. 1) 단일 출력버스 UPS 2) 병렬 UPS 3) 이중버스 UPS
20	118회 25점	무정전전원장치(UPS) 용량설계 시 고려사항에 대하여 설명하시오.
21	122회 10점	무정전전원장치(UPS)용 대용량 축전지 선정에서의 요구사항과 필요조건에 대하여 설명하시오.

4. 열병합설비

1	65회 25점	최근 건설되고 있는 열병합 발전설비의 장단점과 열전비(熱電比)에 따른 터빈(Turbine) 선정기준을 설명하시오.
2	68회 25점	열병합 발전방식의 하나인 CES(Community Energy System)에 대하여 개요를 설명하고 특징을 기술하시오.
3	71회 10점	열병합 발전시스템의 주요 구성을 도식으로 그리고 그 특징을 5가지 열거하시오.
4	81회 10점	열병합 발전설비시스템에서 사용되는 열전비를 설명하시오.
5	83회 10점	구역형 집단에너지사업(Community Energy Supply System)에 대하여 개요, 관련규정 및 사업내용을 설명하시오.
6	104회 25점	소형 열병합 발전설비를 보유한 건물이 있다. 이것을 22.9[kV] 배전계통에 연계하여 운전할 경우 열병합 발전소 측에 예상되는 전력계통 운영상의 기술적인 문제점 및 대책을 설명하시오.

Chapter 03 접지설비

1. 접지설계

1	63회 10점	수변전설비에서 접지설계 시 고려할 사항을 5가지 이상 설명하시오.
2	68회 10점	일반적으로 전기회로나 전기기기의 외함을 접지하는 주요 목적 4가지는 무엇인가?
3	94회 25점	IEEE std 80에 의한 접지설계 흐름도를 제시하고 설명하시오.
4	102회 25점	변전실 접지설계 절차를 제시하고 설명하시오.
5	103회 25점	망상 접지극 설계 시 도체의 굵기와 길이의 영향요소
6	104회 25점	수변전설비의 접지설계 시 고려사항 및 접지저항 저감방법 등에 대하여 설명하시오.
7	115회 25점	접지전극의 설계에서 설계목적에 맞는 효과적인 접지를 위한 단계별 고려사항을 설명하시오.

2. 토양 특성의 검토

1	69회 25점	접지설계 시 대지파라미터 추정을 위한 대지구조 해석방법에 대하여 설명하시오.
2	78회 25점	접지설계 시 대지저항률에 영향을 주는 요인에 대하여 설명하시오.
3	90회 10점	접지설계 시 고려하는 대지저항률의 개념 및 대지저항률에 영향을 주는 요인을 설명하시오.
4	96회 25점	대지저항률에 영향을 미치는 요인
5	108회 25점	대지저항률에 영향을 미치는 요인

3. 소요접지저항치의 결정

		대지저항 측정법
1	74회 10점	대지저항률의 측정방법을 설명하시오.
2	96회 10점	웨너의 4전극법에 의한 대지저항률의 측정법
3	106회 25점	대지저항률 측정에 사용되는 전위강하법 기반인 3전극법과 웨너의 4전극법을 비교 설명하시오.
		접지저항 측정법
4	92회 25점	전위강하법을 이용한 접지저항 측정에서 측정값의 오차가 최소가 되는 조건(61.8[%])에 대하여 설명하시오.
5	104회 10점	접지저항 측정 시, 전위 강하법에 의한 측정방법과 측정 시 유의사항에 대하여 설명하시오.
		접지저항 저감법
6	71회 10점	접지저항 저감재의 구비조건에 관하여 설명하시오.
7	81회 25점	보링접지(심매설접지 : Deep-well-grounding)시설의 설계, 시공절차, 시공 시 고려사항 등에 대하여 설명하시오.
8	91회 25점	밀집된 도심지에서 초고층 빌딩 접지에 따른 접지저항 저감 및 접지 적용방법에 대하여 설명하시오.
9	104회 25점	수변전설비의 접지설계 시 고려사항 및 접지저항 저감방법 등에 대하여 설명하시오.
10	111회 10점	접지극의 접지저항 저감방법(물리적, 화학적)

4. 접지방식의 결정(목적) / 접지방식의 결정(형태)

1	63회 25점	계통 또는 발전기 중성점 접지방식에 대하여 설명하시오.
2	65회 10점	유효접지와 비유효접지를 간략하게 설명하시오.
3	65회 25점	중성점 접지방식의 종류를 들고 특징을 비교 설명하시오.
4	68회 25점	통합접지시스템(공용화 접지설비, 겸용화 접지설비라고도 함)의 구축방안에 대하여 논하시오.
5	69회 25점	수변전설비 설계 시 전기설비기술기준에서 정하는 제2종 접지저항값의 계산에 필요한 기술적 고려사항을 설명하시오.
6	71회 10점	한국산업규격(KS)의 기초 접지극(Foundation Earth Electrode)에 대한 용어를 설명하시오.
7	72회 25점	한국산업규격(KS) 및 국제전기표준회의(IEC)에서 정한 정보통신설비용 등전위본딩(Equipotential Bonding)에 관하여 다음을 설명하시오. 1) 목적 [5점] 2) 적용범위 [10점] 3) 재질 및 형태에 따른 시공방법 [10점]
8	75회 25점	접지의 목적과 방법에 대하여 설명하시오.
9	77회 25점	국내 전기설비기술기준상 $3\phi 4W$ 22.9[kV] 다중접지계통에서 제2종 접지저항값과 제3종 접지저항값이 감전사고 시 인체에 미치는 영향을 최소화시킬 수 있는 대안에 대하여 기술하시오(단, 인체저항 1,000[Ω], 인체 통과 허용전류 30[mA]).
10	78회 10점	중성점 접지방식의 종류를 열거하고, 각 방식별 통신유도장해, 과도안정도의 상대적인 크기 정도를 3단계(높다, 중간, 낮다)로 구분하여 표시하시오.
11	81회 25점	건축물의 접지공사에서 독립접지와 공용접지를 비교하고 시공방법과 장단점을 기술하시오.
12	83회 25점	변압기 중성점 접지방식의 종류별로 특성과 장단점을 설명하시오.
13	84회 10점	중성점 직접 접지방식에서 1선 지락 시 건전상의 전위상승을 설명하시오.
14	88회 25점	수변전설비에서 비접지보호방식과 직접접지보호방식에 대하여 설명하시오.

15	91회 25점	중성점 접지방식 중 직접접지방식과 저항접지방식, 비접지방식에 따른 다음 각 사항을 비교 설명하시오. 1) 지락 시의 건전상 전압 2) 지락전류의 크기 3) 설비의 절연 강도 4) 지락 시의 유도장해 5) 지락보호계전방식 6) 지락 시의 안정도
16	93회 25점	공용접지와 단독접지의 개념, 신뢰도, 전위상승, 경제성 등에 대한 장점과 단점을 설명하시오.
17	94회 25점	KSC IEC 규격에 의한 보호용, 기능용, 뇌보호용 등전의 본딩에 대하여 설명하시오.
18	94회 25점	전기설비기술기준판단기준 공통접지 및 통합접지 시스템의 도입 사유와 판단기준에서 정하는 설치요건을 설명하시오.
19	95회 25점	IEC 분류접지방식(TN, TT, IT)의 특징과 감전방지대책을 설명하시오.
20	95회 10점	직접접지계통에서 NGR(Neutral Grounding Registor) 적용에 대하여 설명하시오.
21	96회 10점	고압계통에서 선로의 충전전류에 따른 접지방식선정에 대하여 설명하시오.
22	97회 25점	인텔리전트 건축물 등에 적용되고 있는 공통접지와 통합접지 방식에 대하여 설명하시오.
23	98회 25점	기설치되어 있는 고압유도전동기(3상 3.3[kV])배선 시스템을 비접직계통에서 저저항 접지계통으로 변경하려고 한다. 비접지계통과 저저항 접지계통의 특성을 설명하고, 저저항 접지계통의 신설 및 보완한 설계내용을 설명하시오.
24	98회 25점	TN계통(저압)의 아래사항을 설명하시오. 1) 간접접촉보호를 위한 전압종류별 최대 차단시간 2) 저압기기 허용 스트레스전압과 차단시간 3) 접지계통별 종류별 고장전압과 스트레스 전압현황(Uf, U1, U2)
25	100회 10점	폭발의 우려가 있는 장소의 고압계통에서 1선 지락 시 저압 측 보호를 위한 저압 접지계통(접지방식)을 선정하고 수식으로 그 이유를 설명하시오.
26	102회 25점	콘크리트 매입된 기초접지극 최소 부피 산정에 대하여 설명하시오.
27	102회 25점	공용접지의 장점을 설명하고, 큐비클식 고압수전설비에서 전위 상승의 영향을 설명하시오.
28	106회 25점	저압계통의 PEN선 또는 중성선이 단선될 때 사람과 기기에 주는 위험성과 대책
29	107회 10점	KS C IEC 60364-5-54에 의한 PEN, PEL, PEM 도체의 요건에 대하여 설명하시오.
30	106회 25점	인텔리전트 빌딩에서 적용하고 있는 공용접지와 통합접지방식에 대하여 설명하시오.
31	63회 25점	건축전기 시설물에 적용되는 접지선 굵기의 산정방법에 대하여 설명하시오.
32	72회 25점	한국산업규격(KS)에서 정한 접지설비에 관한 사항 중 다음을 설명하시오. 1) A형 접지극 및 B형 접지극 2) 접지극의 재질 및 형태에 따른 시공 시 유의하여야 할 점 3) 접지선의 도체재질과 부식 및 기계적 보호 여부에 따른 최소 단면적
33	80회 10점	기초접지극과 자연적 접지전극(또는 구조체 이용 접지극)을 설명하시오.
34	114회 25점	TN계통에서 전원자동차단에 의한 감전보호방식에 대하여 설명하시오.
35	119회 25점	두 개 이상의 충전도체 또는 PEN도체를 계통에 병렬로 접속할 때 고려사항과 병렬도체 사이에 부하전류가 최대한 균등하게 배분될 수 있는 병렬 케이블(L1, L2, L3, N)의 특수 배치에 대하여 그림을 그리고 설명하시오.
36	120회 25회	전력계통에서 중성점 접지방식의 목적과 접지방식별 특징을 설명하시오(단, 단위 세대면적은 108[m^2], 공용시설 부하는 1.8[kVA]/세대로 가정한다).
		접지선, 접지극 선정 및 시공방법
37	83회 25점	접지전극의 과도현상과 그 대책에 대하여 설명하시오.
38	87회 10점	건축물에 접지전극을 시공하고자 한다. 접지전극에 서지가 침입할 경우 접지전극의 과도특성에 대하여 설명하시오.

39	92회 10점	접지설계 시 적용되는 기초접지극(Foundation Earth Electrode)과 자연접지극(또는 구조체 이용 접지극)을 설명하시오.
40	95회 10점	중성선의 기능과 단면적 산정방법
41	96회 10점	접지선 굵기 산정기초를 적용하여 아래 그림에서 변압기 2차 측 중성점 접지선과 부하기기의 접지선 최소 굵기를 산정하시오.
42	98회 25점	접지설비 및 보호도체 선정방법에 대하여 설명하시오.
43	99회 10점	중성선의 단면적 산정 시 고려사항
44	101회 25점	건축물에 시설하는 전기설비의 접지선 굵기 산정방법
45	105회 25점	등전위 본딩의 개념과 감전 등전위 본딩
46	109회 25점	중성점 접지방식 직접접지, 저항접지, 비접지방식
47	110회 10점	KS C IEC60364-4-41 감전보호 근거한 비접지 국부등전위 본딩
48	110회 25점	통합접지의 설치요건과 특징, 건물 기초 콘크리트 시공방법
49	113회 10점	공통, 통합접지의 접지저항 측정방법
50	113회 10점	22.9[kV] 주차단기 차단용량 520[MVA]일 경우 피뢰기의 접지선 굵기를 나동선과 GV전선으로 구분하여 선정
51	118회 25점	건축물에 시설하는 전기설비의 접지선 굵기 산정에 대하여 설명하시오.
52	121회 10점	통합접지 시공 시 감전보호용 등전위본딩의 적용 대상물과 시설 방법에 대하여 설명하시오.

5. 기 타

1	120회 25점	의료용 전기기기를 장착부 사용방법에 따라 구분하고 비상전원의 종류 및 비상전원설비의 세부 요구사항을 설명하시오.

6. 전위경도계산

1	81회 10점	접촉전압과 보폭전압에 의한 위험을 방지하는 방법을 설명하시오.
2	86회 10점	변전소 접지설계 시 검증할 수 있는 접촉전압, 보폭전압과 심실세동전류에 대하여 설명하시오.
3	102회 10점	허용접촉전압의 정의와 계산방법을 설명하시오.
4	112회 25점	매크로쇼크와 마이크로쇼크 대책과 전기설비기술기준판단기준의 제249조 절연감시장치
5	114회 10점	접지설계 시 전위 간섭의 개념과 접지설계 시 유의점에 대하여 설명하시오.

6	118회 25점	다음과 같이 변압기 2차 측 전압 220[V]로 공급되는 전기기기에 지락사고가 발생하였다(단, 변압기 접지저항(R_2)은 5[Ω], 기기의 제3종 접지저항은(R_3) 100[Ω], 인체의 저항(R)은 300 [Ω]으로 한다). 1) 등가회로를 작성하고 접촉전압(V_{touch}) 및 감전전류([mA])를 구하시오. 2) 안전전압 이하로 하기 위한 저항값(R_3)을 구하시오(단, 인체 접촉 시 안전전압은 50[V] 이하로 한다). 3) 제3종 접지저항값(R_3)을 얻기 어려울 경우 필요한 대책을 설명하시오. 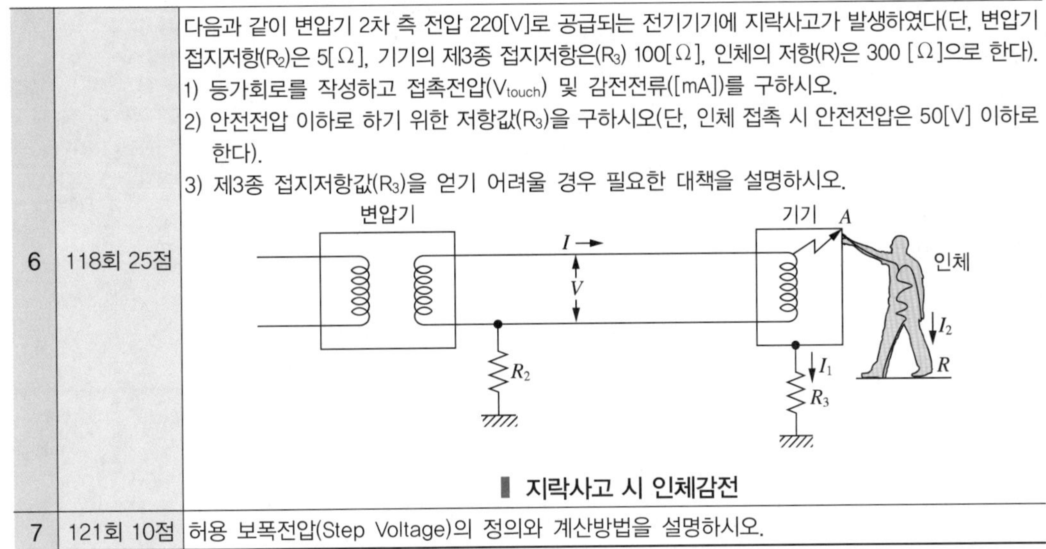 ▌지락사고 시 인체감전
7	121회 10점	허용 보폭전압(Step Voltage)의 정의와 계산방법을 설명하시오.

7. 접지의 실제

1	80회 25점	최근 병원설비는 대형화, 첨단화로 설계되고 있는 추세이다. 이에 따라 매크로쇼크(Macro Shock) 및 마이크로쇼크(Micro Shock)에 대한 방지대책이 매우 중요하게 다루어지고 있다. 이에 대하여 설명하시오.
2	84회 25점	의료시설의 안전을 위해 적용하는 접지방식에 대하여 설명하시오.
3	87회 10점	의료실의 절연변압기 시설방법에 대하여 설명하시오.
4	119회10점	의료장소의 접지계통방식을 간단히 설명하시오.

8. 접지설계의 최근 동향 및 기타

1	87회 25점	건축물에 시공된 접지설비의 유지관리 보수점검에 대하여 설명하시오.
2	98회 10점	저압공급 다선식(단상 3선식 또는 3상4선식)에서 개폐운전 시 중성선을 차단하는 접지계통과 차단하지 않아야 되는 접지계통을 구분하여 설명하고, 차단기 종류와 차단기를 적용하는 이유를 설명하시오.
3	101회 25점	저압 전기설비의 직류 접지계통방식
4	105회 10점	접지시스템 접속방법 중 발열용접과 압착슬리브 용접
5	106회 10점	건축물의 접지공사에서 접지전극의 과도현상과 그 대책
6	106회 25점	교류 1[kV] 초과 전력설비의 공통규정(KS C IEC 61936-1)에서 접지시스템 안전기준에 대하여 설명하시오.

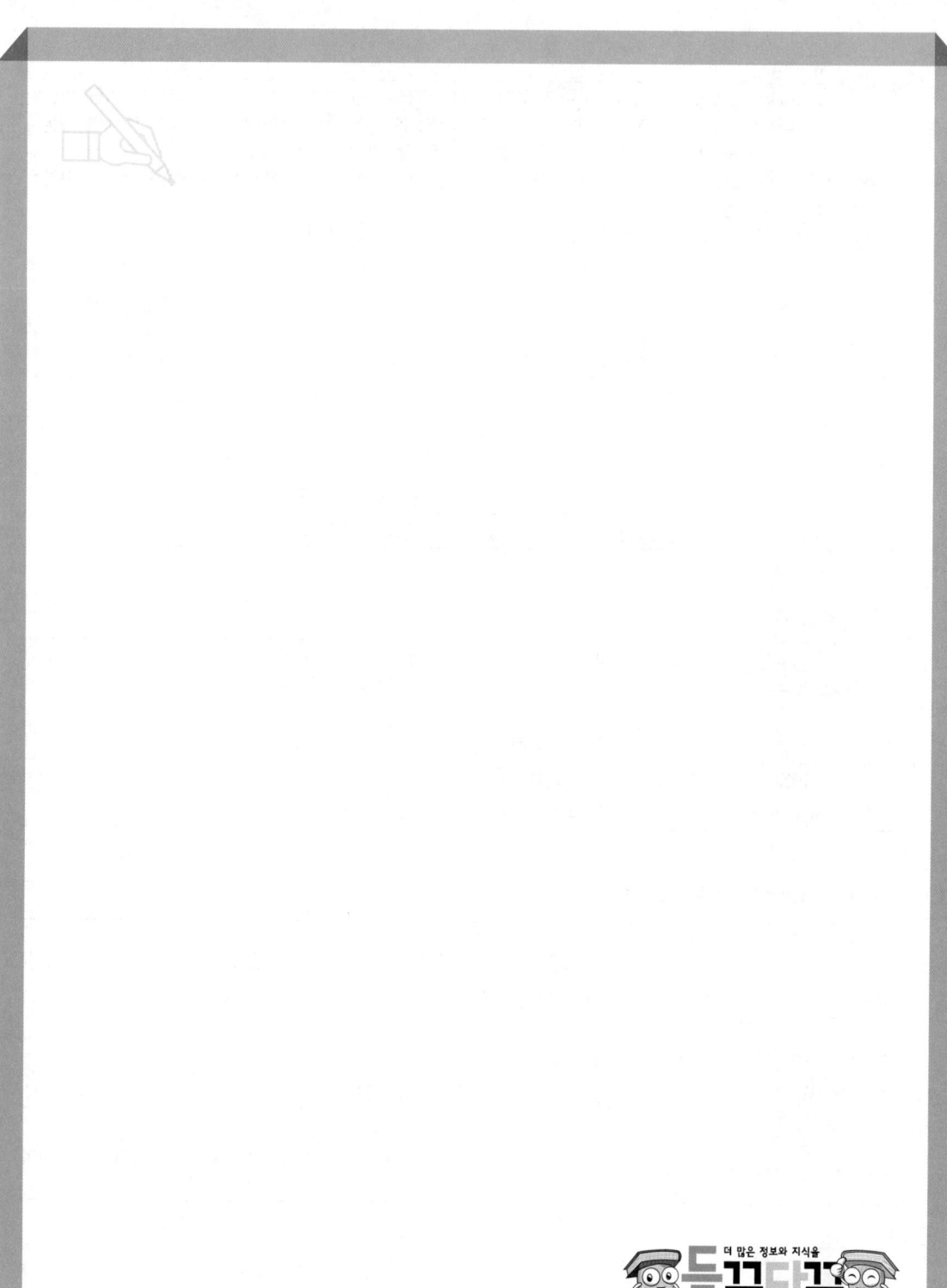

여기서 멈출 거예요? 고지가 바로 눈앞에 있어요.
마지막 한 걸음까지 시대에듀가 함께할게요!

Professional Engineer Building Electrical Facilities

제 1 장

수변전설비

SECTION 01 수변전설비 계획

SECTION 02 수전방식

SECTION 03 변전설비 용량 결정

SECTION 04 변전설비시스템

SECTION 05 제어 및 보호방식 결정

SECTION 06 사용기기의 선정

SECTION 07 변전실 및 기타

SECTION 08 건축물별 전기설비 설계의 실제

SECTION 01

수변전설비 계획

001 수변전설비 계획 시 고려사항

1 개 요

① 수변전설비란 전력사업자로부터 특고압 또는 고압으로 수전한 전력을 부하설비의 종류에 알맞은 전압으로 변성하기 위한 전반적인 설비를 말한다.

② 변압기, 배전반, 각종 안전 개폐장치, 계측장치 등의 수변전장치와 이들을 수납하기 위한 수변전실과 큐비클 등을 통틀어 말한다.

③ 수변전설비 계획은 전원의 안전성, 신뢰성, 경제성 및 최근에는 소음 및 공해 등의 환경성을 종합적으로 판단하여 설계하면 만족하는 설계가 될 수 있다.

2 수변전설비의 계획

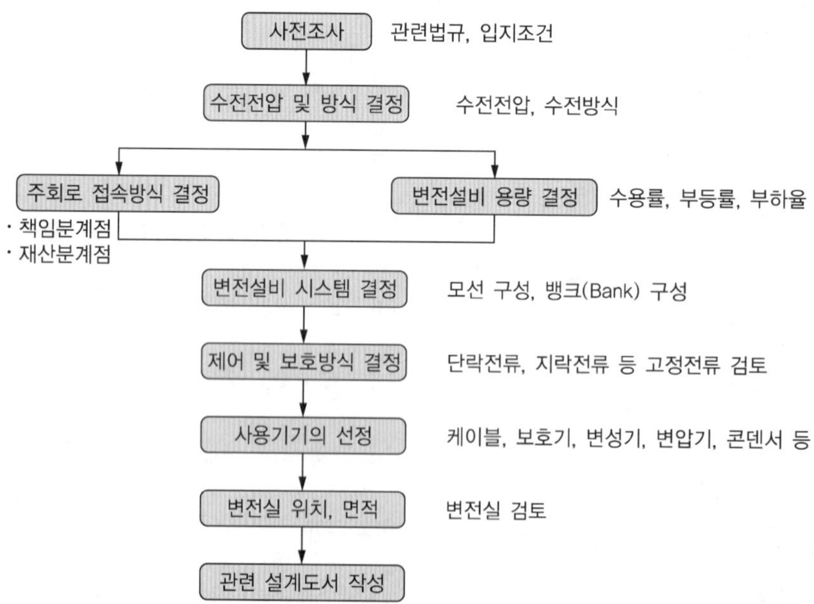

3 수변전설비 계획 시 고려사항

1) 안전성 및 환경성

① **안전성** : 인간과 재산에 대한 안전 고려 설계

② **환경성** : 인간 존중을 위한 환경 평가 계획 수립이 필요

2) 사전조사

입지조건, 관련법규 등을 사전조사하여 설계

3) 수전전압 및 방식의 결정

① 수전전압 결정

수전설비 용량 및 인근 한전의 배전계통을 감안하여 전력회사와 협의하여 결정

② 수전방식 결정

부하의 중요도, 예비전원설비의 유무, 경제성, 한전의 배전계통 등을 감안하여 전력회사와 전기안전공사와 협의 후 결정

4) 주회로 접속방식 결정

전력회사와 재산분계점, 책임분계점을 결정

5) 변전설비 용량의 결정

① 부하설비 조사 및 표준부하밀도에 의한 용량 추정

② 부하군마다 수용률, 부등률, 부하율 등을 감안하여 설비용량 결정

6) 변전설비 System 결정

① **변압기 모선구성** : 부하의 중요도를 감안하여 모선방식을 결정하고, 단일모선과 이중모선으로 구별

② **변압기 구성방식** : 상수, 뱅크수, 회로방식, 결선, 병렬운전 등을 감안하여 구성

7) 제어 및 보호방식 결정

① 전력회사와 배전선의 사고 파급 방지를 위한 보호방식 결정

② 수전회로 보호, 변압기 보호방식, 저압회로 보호방식 등을 결정

8) 사용기기의 선정

피뢰기, 파워퓨즈, 변압기, 계기용 변성기, 콘덴서 등의 주요기기를 선정

9) 변전실, 위치면적, 기기배치

변전실의 적정위치와 면적 그리고 기기를 적당하게 배치

10) 에너지 관련 설비 설계

전원설비, 부하설비 등의 법적 및 전력관리 측면에서의 에너지설비 감안

11) 관련 설계도서 작성

참고정리

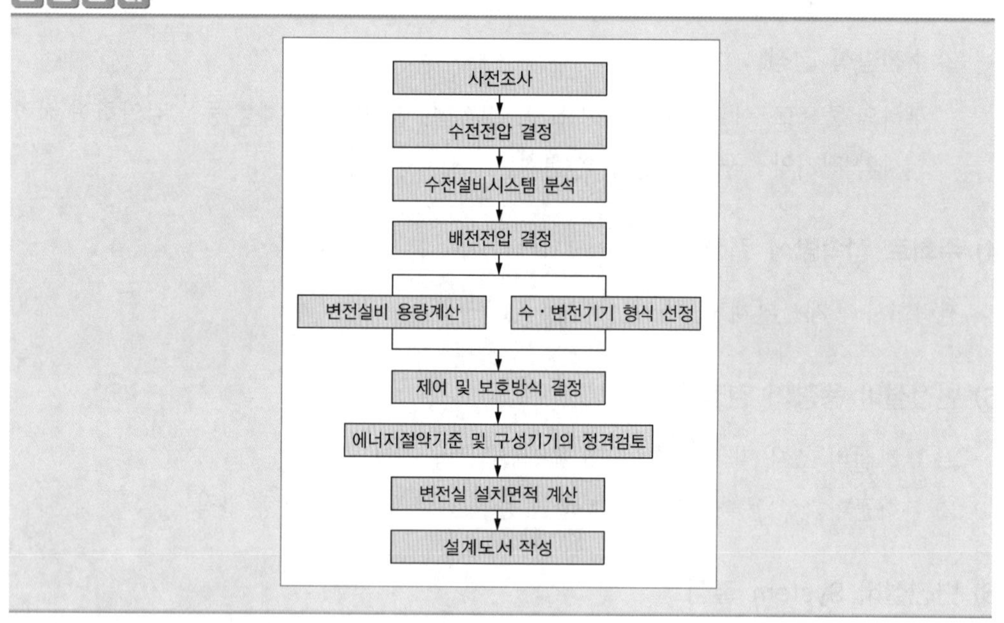

002 수변전설비의 최신 기술 동향

1 개 요

① 수변전설비는 기존에는 전압을 변경하고 부하에 공급하기 위한 최소한의 능력 기능만을 추구하였다.

② 최근에는 건축물의 대형화와 중요부하가 늘어나면서 기존의 변성, 보호의 개념에서 벗어나 안정성, 신뢰성, 유지보수 비용 절감, 기기의 소형화, 환경, 에너지 등의 측면이 부각되면서 수변전설비의 개념이 바뀌고 있다.

2 최신 기술 동향

1) 안전성

① 충전부의 밀폐

Cubicle식 또는 GIS식 수전설비를 채용하고, 충전 부분 간의 이격거리와 보수공간을 확보한다.

② 내진성의 확보

수변전설비, 자가발전설비, 축전지설비 등을 선택함에 있어 내진처리가 된 것을 사용하고, 내진 시공으로 설치하여 지진 시 설비보호

③ 불연화

유입변압기, 차단기, 개폐기 등을 건식, Mold식 또는 SF_6 가스식 변압기, 차단기, 개폐기 등으로 대체하여 사용하여 화재 예방

2) 신뢰성

① 고신뢰도 기기의 사용

GCB, VCB, Mold 변압기, 건식 변압기, Gas 절연 변압기, GIS, 정지형 또는 Digital형 보호계전기를 사용해서 기기의 신뢰성을 높인다.

② **신뢰성이 높은 시스템의 구성**

㉠ 수전방식의 이중화
㉡ 변압기의 다(多)뱅크화 및 예비 뱅크 또는 변압기 확보
㉢ 배전방식의 이중화
㉣ 정전 시에 비상발전기 자동기동 제어
㉤ 무정전 전원장치(UPS) 사용
㉥ 감시제어장치의 Computer화

3) 유지보수 비용의 절감

① **Maintenance Free화(정비가 필요 없는)**

완전 밀폐형 또는 Mold화된 기기의 사용, System의 Automatic Control(자동제어화), Data Logger(데이터 이력 기록기)의 사용 등으로 Maintenance Free화함으로써 보수비용과 인력을 절감한다.

② **신속한 사고대응**

감시제어장치, 외부 진단장치, 자동고장 기록장치 등을 사용하여 사고 시 신속히 대응할 수 있도록 한다.

③ **전천후형 기기 사용**

강판제 Weather Proof형(외부 기상에 영향을 받지 않는) 기기, Metal Clad Switchgear (금속접합개폐기), GIS 등을 사용한다.

④ **보수점검의 용이성**

긴 수명의 기기, 장기 무보수기기를 사용하고, Plug-in형 및 Draw-out Type(인출형) 기기를 사용하고, 자동감지, 제어를 Computer화함으로써 유지보수를 용이하게 한다.

4) 기기의 소형화

① **기기의 소형화**

Cubicle, Mold 변압기, GIS 등을 사용하여 기기 자체의 크기를 축소시킴과 동시에 점유공간을 줄인다.

② **감시제어반의 축소화**

Graphic Panel, LED Display 등을 사용한다.

5) 환경에 대한 배려

① **저소음**

저소음 변압기 사용, GCB, VCB를 사용함으로써 차단음 감소, Cubicle 등으로 방음처리, 건축구조상 방음조치를 취한다.

② **저진동**

방진고무, 방진 Spring, 방진 Mat 등을 사용함과 동시에 저진동기기를 사용한다.

③ **저유화**

유입변압기의 사용 제한이 필요하다.

6) 에너지 절약

① 공조설비 운전합리화, Demand Control, 역률 자동제어, 변압기 대수제어 등을 행한다.
② 에너지 절약형 기기를 사용한다.

7) 건설공기 단축

① Cubicle 및 Pre-fabricated System을 사용함으로써 가능한 한 공장 가공부분을 확대하고, 현장 가공부분을 줄임으로써 현장시공의 공기와 인력을 감소시킨다.
② 소형 경량화된 기기를 사용하고 시공을 기계화함으로써 시공효율을 높인다.

8) 경제성

① 에너지 절약
② 계통 간소화에 의한 설비비 절감
③ 점유면적 및 점유공간의 축소
④ 설치공사비 절감
⑤ 유지보수 비용 절감
⑥ 부속기기류의 삭감

003 전기설비 계획 시 정전대책 및 전원설비의 신뢰성 향상대책

1 개 요

① 최근의 고도 정보화시대와 초고층 및 대단위 건축물의 특성상 24시간 365일 가동이 요구되는 고신뢰성과 안전성의 전원시스템이 필요하다.

② 이러한 시스템은 무정전, 무사고를 통해 전력 공급의 높은 신뢰성 확보를 검토할 필요가 있다.

2 전기설비 계획 시 고려해야 할 정전대책

1) 고장률 저하

① 구성기기 자체의 품질 향상 및 정격 선정

② 하드웨어적인 방법으로 구체화

2) 평균 고장 · 정지시간의 극소화

① 계통구성의 이중화

② 고장제거시간, 제거범위의 최소화

③ 복구시간 단축

3) 고신뢰화 전원시스템 채택

① **수전방식** : 상용, 예비 2회선 수전방식

② 특고 변압기 2대 설치, 1차에 차단기 채택

③ 모선은 2계통

④ 비상발전기는 분할된 모선에 각각 접속하여 공급 가능

⑤ 저압간선의 이중화

⑥ 부하의 용도별 전력 공급 구분

⑦ 순간정전도 허용치 않는 부하는 UPS 설치

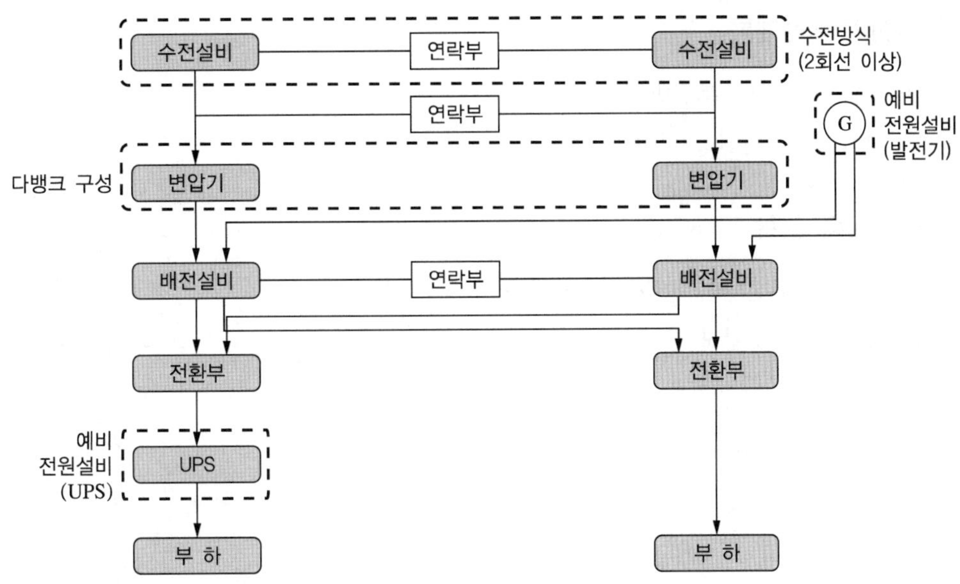

3 전원설비 신뢰도 향상 대책

1) 특고 변압기의 뱅크 구성

① 변압기수는 점검 및 고장 시를 대비하여 2대 이상 설치

② 변압기 임피던스는 2차 측 차단용량 및 전압변동률 검토

③ 변압기 1차 개폐기는 차단기 채택하여 장애 시 해당 변압기만 분리하고 다른 변압기는 운전

2) 비상용 자가발전설비 설치

① 사고 · 정전 시 전력 확보

② 경제성, 신뢰성을 고려하여 비상전원 산정

③ 고신뢰성 요구 시 가스터빈발전기 검토

3) 모선의 계통 구성

① 2계통 모선

② **모선의 연결차단기** : 2대를 직렬로 연결하여 유지 관리

4) 간선의 배전계통

① **저압** : 각 층에 분전반 설치

② **고압** : 2차 변전소 설치

5) UPS설비 설치

① 무정전, 고신뢰화 전원시스템 구축

② 공급 신뢰성 확보

004 전기사업법상 전기설비의 종류와 건축전기설비의 기능별 분류

1 개 요

① 최근 빌딩, 아파트, 공장 등의 건축물이 대형화, 고층화, IB화되어 감에 따라 건물에 대한 쾌적성과 기능성, 에너지 절약성이 강조되고 있다.

② **건축설비 분류** : 기계설비, 전기설비

③ **건축물 전기설비의 분류**

㉠ 기능에 의한 분류 : 전력, 전원, 전원공급설비, 부하설비, 방재, 정보, 반송, 감시제어 설비 등

㉡ 전류에 의한 분류 : 강전류, 약전류 설비

2 전기사업법상 전기설비 종류

1) 전기사업용 전기설비

① 전기사업자가 전기사업에 사용하는 전기설비

② 전기를 생산하여 판매하는 목적으로 설치하는 발전소, 변전소, 송전설비, 배전설비 등

2) 일반용 전기설비

① 한정된 구역에서 전기를 사용하기 위하여 설치하는 소규모의 전기설비

② 저압으로 수전하고 수전용량이 75[kW] 미만(제조업 및 심야전력은 100[kW] 미만)인 설비

③ 저압 10[kW] 미만인 비상용 예비발전기 설비

3) 자가용 전기설비

① 고압 이상으로 수전하여 사용하는 전기설비

② 저압으로 수전하나 수전용량이 75[kW] 이상(제조업 및 심야전력은 100[kW] 이상)인 설비

③ 위험시설에 설치하는 용량 20[kW] 이상의 전기설비

④ 10[kW] 이상인 비상용 예비발전기 설비

3 건축전기설비 기능별 분류

1) 전원설비

① 전기에너지를 변성하여 부하에 전원을 공급하는 설비
② 수전설비, 변전설비, 예비전원설비 등

2) 전력공급설비

① 전원설비에 전기를 공급받아 부하 측에 전기를 전달하는 설비
② 간선 및 분기설비 등

3) 부하설비

① 전기에너지를 소비하는 설비
② 조명설비, 전열설비, 동력설비, 비상동력설비 등

4) 감시제어설비

전원설비, 전력부하설비, 전력공급설비 등을 전반적으로 감시하고 제어하는 설비

5) 반송설비

엘리베이터 설비, 에스컬레이터 설비, 덤웨이터 설비 등

6) 정보통신설비

건축물에서 필요한 정보통신설비로 주차관제설비, TV공청설비, 방송설비, IBS설비 등

7) 방재설비

① 건축물에서 발생하는 화재, 재난을 예방·방지하는 설비
② 자탐설비, 피뢰침설비, 방범설비, 항공장애등 설비 등

8) 에너지 관련 설비

① 건축물 내에서 전원설비, 조명설비, 동력설비 등 에너지 관련 설비
② 신재생설비
③ 스마트 그리드 설비 등

005 수변전설비 설계 시 환경대책 1(전기품질 관점)

1 개 요

① 수변전설비에서의 소음은 관리자의 업무능률 저하 발생, 이상현상 증가에 따른 문제점 증가, 설비에 대한 사전 이상징후를 발견할 수 있다.

② 소음, 진동, 통신선에 대한 유도장해, 고조파에 의한 장해, 코로나에 의한 소음 및 전파장해, 절연유의 누출에 의한 대지 오염, 미관 및 풍경 훼손 등이 발생한다.

2 수변전설비의 설계 시 환경대책

위 각각의 문제점에 대한 대책은 다음과 같다.

1) 소음에 대한 대책

① 저소음 변압기를 사용한다.

② 소음이 많이 나는 공기 차단기(ABB)보다는 GCB, VCB를 사용함으로써 차단음을 감소시킨다.

③ 큐비클 등으로 방음처리를 한다.

④ 건축구조상 방음조치를 취한다.

2) 진동에 대한 대책

① 방진고무, 방진스프링, 방진매트 등을 사용하여 진동이 건물의 다른 부분으로 전달되는 것을 방지한다.

② 저진동기기를 사용한다.

3) 통신선에 대한 유도장해(정전유도 및 전자유도)에 대한 대책

① 통신선과 전력선과의 이격거리를 크게 한다.

② 지락전류를 작게 하거나 지락사고 시에 신속히 차단하도록 한다.

③ 전력선과 통신선의 교차는 직각으로 한다.

④ 부하의 평형을 유지하여 중성점의 발생전압을 작게 한다.

⑤ 전선로의 연가를 충분히 한다.

⑥ 전선을 Cable화한다.

4) 고조파 장해에 대한 대책

① 변압기를 Δ 결선하여 3고조파의 유출을 방지한다.
② 선로에서 코로나가 발생하지 않도록 한다.
③ 전력용 콘덴서의 사용을 억제한다.
④ 인버터, 컨버터 등 전력변환기기의 Pulse 수를 크게 한다. 즉, 3상(6펄스)보다는 6상(12펄스) 또는 12상(24펄스)으로 기기를 제작한다.
⑤ 변환기기에서 발생한 고조파가 외부로 유출되지 않도록 동조필터, 고차수 필터, Active Filter 등을 사용하여 고조파를 제거한다.

5) 코로나에 의한 소음 및 전파장해에 대한 대책

코로나 임계전압을 높여서 코로나 발생을 억제하기 위해서는

① 굵은 전선을 사용한다.
② 복도체 또는 다도체를 사용한다.
③ 선간거리를 크게 한다.

6) 절연유의 누출에 의한 대지 오염에 대한 대책

① 유입변압기보다는 건식 또는 몰드변압기를 사용한다.
② 유입식 전기기기의 경우에는 콘크리트 패드(Concrete Pad) 위에 Oil Pan을 설치하여 만일의 경우 절연유가 누출되더라도 대지에 스며들지 않도록 한다.

7) 미관 및 풍경 훼손에 대한 대책

① 가급적 지중전선로로 설계한다.
② 지상 변전소보다는 지하 변전소를 택한다.
③ 산에 설치하는 철탑 등은 산의 정상에 세우지 말고 7~8부 능선에 설치하며 녹색으로 도색한다.
④ 개방형 수전설비보다는 큐비클형 또는 Metal Clad Switch Gear 및 Gas Insulated Switch Gear 등을 사용한다.

8) 재해 파급의 방지

① 만일의 경우 변전실에서 화재, 폭발 등이 발생한 경우에도 화재가 인근 건물로 파급되는 것을 방지하기 위해서 변전실의 벽은 내화벽, 방화벽으로 설계한다.
② 변전실에 설치되는 문은 갑종 또는 을종 방화문으로 설치한다.

006 수변전설비의 환경대책 2(주위환경 관점)

1 개 요

① 수변전설비의 운전 및 운용 시 내·외부의 환경저해 요인으로 인하여 주변에 영향을 주지 않아야 한다.

② 전기설비에 영향을 받지 않도록 아래 사항의 장해 요인별 세부적인 대책을 수립, 관련 설계자(건축, 기계설비)와 충분한 협의를 거쳐 기획되어야 한다.

2 수변전설비의 환경대책

1) 소음대책

① **기준** : 60[dB] 이하 유지

② **대 책**

㉠ 발전기 : 디젤발전기보다 가스터빈발전기 사용

㉡ 변압기 : 몰드 변압기 사용을 지양하고, 유입 변압기 사용 권장

㉢ 큐비클에 내장

㉣ 자속밀도의 저감, 철심과 탱크 사이에 방진고무 설치, 변압기 탱크 주위에 방음 차폐판 설치, 변압기 둘레에 콘크리트 방음벽 설치 등

2) 진동대책

① **기준** : 진동 방지

② **대책** : 발전기 하부 방진구조, 모터 하부 방진구조

3) 수해대책

① 지하보다 상부층에 설치하고, 설치 높이를 높게

② 침수방지턱 설치

③ 방수구조

4) 지진대책

① 상부보다 하부에 설치하여 수평지진력에 견딜 수 있게 한다.

② 보호레벨에 따라 A급, B급, C급으로 분류하여 높은 보호레벨이 필요한 것은 내진 대책을 세움

5) 온도대책

① 내열기기 설치

② 환기구조

③ 냉방설비

6) 염해대책

① 내염기기를 설치하여 염해에 내성이 있는 기기 설치

② 큐비클에 넣음

③ 옥내에 설치

7) 동물대책

① 쥐, 뱀 등이 침입하지 못하도록 틈새를 막음

② 출입구를 항상 닫힌 상태로 유지

8) 화재대책

① 소화기구 비치

② 화재경보기

③ 가스계 소화설비 구비

④ 각종 방화구획 설치(방화문)

9) 유도장해

접지를 실시하여 유도장해를 방지

10) 유지보수

점검 및 유지보수를 위하여 장비 반입구 설치

구 분	기 준	대 책
소 음	55~60[dB] 미만	• 무소음기기의 선정 • 방음구조
진 동	진동방지	방진구조
수 해	–	• 설치높이를 높게 • 침수방지턱 설치 • 방수구조
지 진	지진 5 이상	내진구조
실 온	40[℃] 미만	• 내열기기 설치 • 환기구조 • 냉방설비
염 해	–	• 내염기기 설치 • 큐비클에 넣음 • 옥내에 설치
동 물	쥐, 뱀, 고양이 등	• 출입구를 막음 • 틈새를 막음
화 재	소방법	• 소화기구 비치 • 화재경보기 • 가스계 소화설비 구비 • 각종 방화구획 설치(방화문)
유도장해	–	접지를 설치하여 전자, 정전유도 방지
유지보수	–	기기의 교환을 위해 반출입구를 고려

007 전기 관련실의 건축적, 환경적, 전기적 고려사항

1 변전실

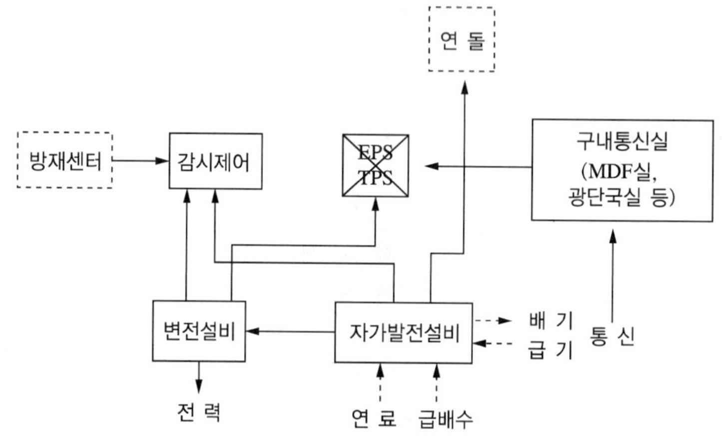

1) 건축적 고려사항

① 장비 반입 및 반출 통로가 확보되어야 한다.

② 장비의 배치에 충분하고 유지보수가 용이한 넓이를 갖고 장비에 대해 충분한 유효높이를 확보하는 공간을 검토한다.

③ 수변전 관련 설비실(발전기실, 축전지실, 무정전 전원장치실)이 있는 경우 이와 가까워야 한다.

④ 수변전실은 불연재료의 구조로 구획하고, 출입구는 방화문으로 한다.

2) 환경적 고려사항

① 환기가 잘되어야 하고 고온 다습한 장소는 피해야 하며, 부득이한 경우는 환기설비, 냉방 또는 제습장치를 설치하여야 한다.

② 화재, 폭발의 우려가 있는 위험물 제조소나 저장소 등의 부근을 피한다.

③ 염해의 우려가 있거나 부식성 가스 또는 유독성 가스가 체류할 가능성이 있는 장소는 피한다.

④ 홍수 또는 물배관 사고 시 침수나 물방울이 떨어질 우려가 없는 위치에 설치하고, 특히 변전실 상부층의 누수로 인한 사고의 우려가 없도록 해야 한다.

⑤ 수변전실에는 가연성 가스, 물, 연료 등의 배관이 시설되지 않아야 한다.

⑥ 수변전실은 내부소음이 외부로 전달되지 않도록 하여야 한다.

3) 전기적 고려사항

① 수전 전원의 인입이 편리한 위치이어야 한다.
② 사용부하의 중심에 가깝고, 간선의 배선이 용이한 곳이어야 한다.
③ 용량의 증설에 대비한 면적을 확보할 수 있는 장소로 한다.
④ 수전 및 배전을 경제적으로 할 수 있는 곳이어야 한다.

4) 변전실 면적

변전실 면적은 계획 시 이를 추정하고 실시 설계 시 확정한다. 동일 용량이라도 변전실 형식, 기기 시방에 따라 큰 차이(일반적으로 30~40[%])가 있으므로 주의한다.

① 변전실 면적에 영향을 주는 요소

㉠ 수전전압, 수전방식
㉡ 변압방식, 변압기 용량, 수량 및 형식
㉢ 설치기기, 큐비클의 종류 및 시방
㉣ 기기의 배치방법 및 유지보수 필요면적
㉤ 건축물의 구조적 여건

② 계획 시 면적의 산정방법

㉠ 계획 단계 시에 현장에 설치되는 기기의 크기를 예상할 수 있는 경우 : 배치에 의함
㉡ 장비 반입, 유지보수, 증설 공간을 감안하여 면적을 산정

③ 계산에 의한 면적 추정

$A = k(\text{변압기 용량}[\text{kVA}])^{0.7}$

k: 특고압 ⇒ 고압 1.7
특고압 ⇒ 저압 1.4
고압 ⇒ 저압 0.98

$A = 3.3\sqrt{\text{변압기 용량}[\text{kVA}]} \times \alpha$

α: 건물면적이 6,000[m²] 미만 2.7
10,000[m²] 미만 3.6
10,000[m²] 이상 5.5

$A = 2.15 \times (\text{변압기 용량}[\text{kVA}])^{0.52}$

5) 변전실의 높이

① 기기의 최고높이, 바닥 트렌치, 무근콘크리트 설치 여부, 천장 배선방법, 여유율 고려
② 폐쇄형 큐비클식 수변전설비가 설치된 변전실인 경우
㉠ 특고압 수전 : 4,500[mm] 이상
㉡ 고압 수전 : 3,000[mm] 이상

6) 변전실의 형식

큐비클, MCSG, GIS

7) 변전실이 갖추어야 할 설비

PF, DS, ASS, LA, MOF, CT, PT, CB, COS, SC, 모선, 접지계통, 계전장치

8) 변전실 배치

① **고층 건물** : 집중식 ,중간식, 분산식
② **큰 공장** : 1차 루프, 1차 단독, 수지식

9) 기기 배치 시 최소이격거리

구 분	앞면 조작, 계측면	뒷면 점검면	열상호간 점검면	기타의 면
특고압반	1,700[mm]	800[mm]	1,400[mm]	–
고압배전반	1,500[mm]	600[mm]	1,200[mm]	–
저압배전반	1,500[mm]	600[mm]	1,200[mm]	–
변압기 등	1,500[mm]	600[mm]	1,200[mm]	300[mm]

2 발전기실

1) 건축적 고려사항

① 장비 반입 및 반출 통로가 확보되어야 한다.
② 장비 배치에 용이하고 유지보수가 용이한 면적을 갖고 장비에 대해 충분한 유효높이와 구조적 강도를 갖도록 한다.

③ 운전 시 소음, 진동을 고려하여 거실부분 및 건축물 코어부에서 가급적 떨어진 위치로 한다.
④ 발전기실의 벽, 기둥, 바닥은 내화구조여야 하고, 출입구는 갑종방화문으로 한다.

2) 환경적 고려사항

① 발전기와 굴뚝 또는 배기관 사이의 길이는 최대한 짧게 하며 길이가 길어지는 경우는 배압을 고려하여 크기를 정한다.
② 급기와 배기덕트는 최대한 짧게 하고, 디젤기관의 라디에이터 냉각방식이나 가스터빈식 발전기인 경우 다량의 공기를 필요로 하므로 외기 도입이 용이한 위치로 한다.
③ 급유 및 통기관의 인출이 용이한 장소로 한다.
④ 수랭식 엔진을 사용하는 경우 냉각수의 보급 및 배수가 쉬운 장소로 한다.
⑤ 발전기실에는 발전기 용도 이외에 가스, 물, 연료 등의 배관이 시설되지 않아야 한다.
⑥ 화재, 폭발, 염해의 우려가 있거나 부식성, 유독성 가스가 체류하는 장소는 피한다.
⑦ 발전설비의 배기관, 배기덕트의 소음이 거실이나 다른 건축물에 영향을 주지 않도록 한다.

3) 전기적 고려사항

① 수변전실과 인접하여 전력 공급이 원활하도록 하는 것이 바람직하다.
② 발전설비의 유지보수 및 안전관리를 고려하여야 한다.

4) 발전기실 면적

① 건축물과 최소이격거리 600[mm](추천 800[mm]) 이상 확보
② 발전기 유지보수 공간 확보
③ 발전장치의 부대시설(냉각계통, 기동장치, 연료계통, 배전반) 등의 면적을 고려
④ 발전기실 면적 계획은 제작회사의 시방을 참조

면적 : $A = 1.7\sqrt{P}[\mathrm{m}^2]$

5) 발전기실 배치

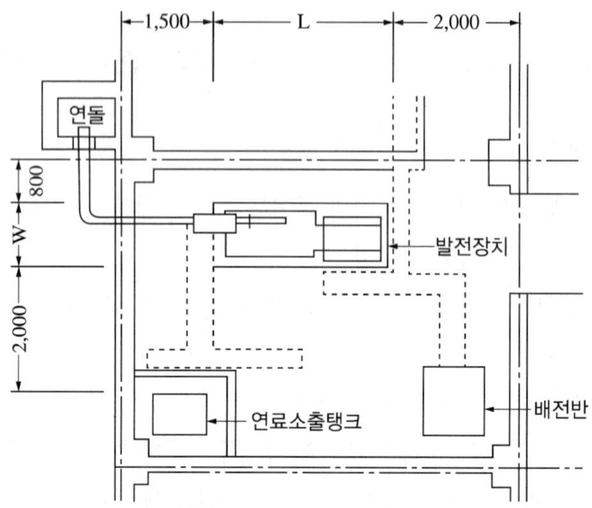

6) 발전기실 높이

① 설치 유지보수가 원활한 높이

② 발전장치 최고높이의 2배 정도

7) 발전기 기초

일반적으로 경험값, 실험값을 기준으로 적용, 발전기 기초는 철근콘크리트로 구축하고 건축구조와 독립된 구조가 바람직함

① 발전기 기초 중량

방진장치가 없는 경우	방진장치가 있는 경우
$W_f = 0.2\,W\sqrt{n}$ W_f: 기초의 중량[ton] W: 발전장치 중량[ton] n : 엔진의 회전수[rpm]	W_f의 30[%] 적용

② 발전기 기초 크기

㉠ 기초의 폭 ≥ 발전장치의 최대부분 폭 + 0.5[m]

㉡ 기초의 길이 ≥ 발전장치의 최대부분 길이 + 0.5[m]

㉢ 기초의 깊이 $FD = \dfrac{\text{중량}[kg] \times (1.25 \sim 2.0)}{\text{밀도}(2{,}403[kg/m^3] \times W[m] \times L[m]}$

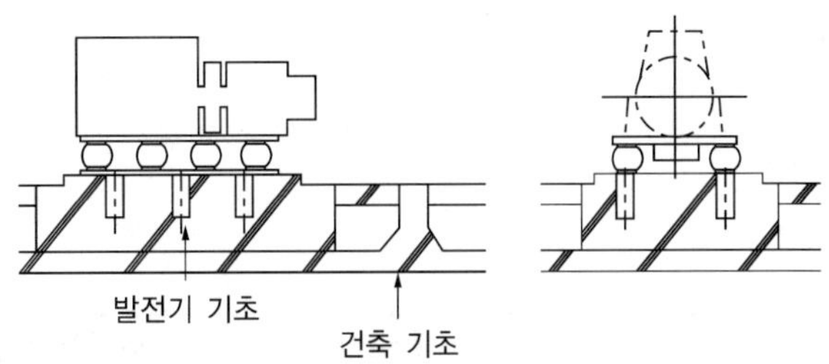

③ 발전기 기초 높이

㉠ 바닥에서 150[mm] 돌출

㉡ 발전기 중량[ton]의 1.5배 이상의 정하중에 견디는 강도(건축구조에서 계산하는 경우)

8) 발전기실 소요 공기량

$$Q = Q_1 + Q_2 + Q_3$$

Q : 총소요 공기량[m^3/min](약 0.5~0.6[m^3/min · PS])
Q_1 : 연소 공기량[m^3/min]
Q_2 : 실온 상승억제 공기량[m^3/min]
Q_3 : 유지보수 인원 필요 공기량(보통 1인당 0.5[m^3/min])

3 축전지실

1) 건축적 고려사항

① 대용량 축전지를 설치하는 축전지실 또는 무정전 전원장치실의 경우는 장비의 집중하중에 견디는 바닥구조로 하여야 한다.

② 충전, 방전 시 가스가 발생할 우려가 있는 종류의 축전지를 설치하는 실의 경우는 가스의 종류에 따라 내산성 또는 내알칼리성 도장을 실시하여야 한다.

③ 축전지는 전도의 우려가 없도록 견고하게 바닥 또는 벽에 지지한다.

2) 환경적 고려사항

① 충전 시 가스 발생이 우려되는 종류의 축전지 설치 시에는 부식 또는 폭발의 농도에 이르지 않도록 유효한 환기설비가 되어야 한다.

② 물의 침입이나 침투가 될 수 없는 장소에 설치한다.

3) 전기적 고려사항

별도의 실로 설치하는 경우 수변전실과 인접하여 설치한다.

4) 축전지실의 면적

실 별	기 기	확보부분	최소이격거리	비 고
전용실	축전지	열상호간	600[mm]	
		점검면	600[mm]	
		기타의 면	1,000[mm]	
	충전기, 큐비클	조작면	1,000[mm]	
		점검면	600[mm]	
		환기구 방향면	200[mm]	
기타실	큐비클	점검면	600[mm]	
		환기구 방향면	200[mm]	
옥외설치	큐비클	-	1,000[mm]	

4 전기 샤프트(Electric Shaft)

1) 건축적 고려사항

① 전기 샤프트(이하 "ES")는 각 층마다 같은 위치에 설치한다.

② ES는 연면적 3,000[m^2] 이상 건축물의 경우 1개 층을 기준으로 하여 800[m^2]마다 설치하며 용도에 따라 면적을 달리할 수 있다.

③ ES의 면적은 보, 기둥부분을 제외하고 산정하며, 기기의 배치와 유지보수에 충분한 공간으로 하고, 건축적인 마감을 실시한다.

④ ES의 점검구는 유지보수 시 기기의 반출입이 가능하도록 하여야 하며 폭 600[mm] 이상으로 한다.

2) 환경적 고려사항

층 바닥과 ES 점검구 하단 사이에 높이 차를 두어 층 침수 시 물이 침투하지 않도록 하여야 한다.

3) 전기적 고려사항

① ES는 공급대상 범위의 배선거리, 전압강하 등을 고려하여 전력부하설비 시설 위치의 중앙에 위치하도록 한다.

② ES는 공급대상 범위에 가능한 한 넓게 면하여 배선의 소통이 원활하게 한다.
③ ES는 현재 장비 이외에 장래의 배선 등에 대한 여유성을 고려하여 산정한다.
④ 약전설비 및 구내통신설비가 설치되는 인텔리전트 빌딩의 경우는 약전 및 통신용 ES의 별도설치를 고려하며 이때 전력배선과는 병행되지 않도록 위치를 선정한다.

4) 전기 샤프트 면적

기기, 케이블 포설 공간, 장래 증설, 유지보수를 위한 공간 필요

① 면적산정

연면적에 대비한 ES면적(1개 층) : 연면적의 0.15[%] 정도

② 기기배치도

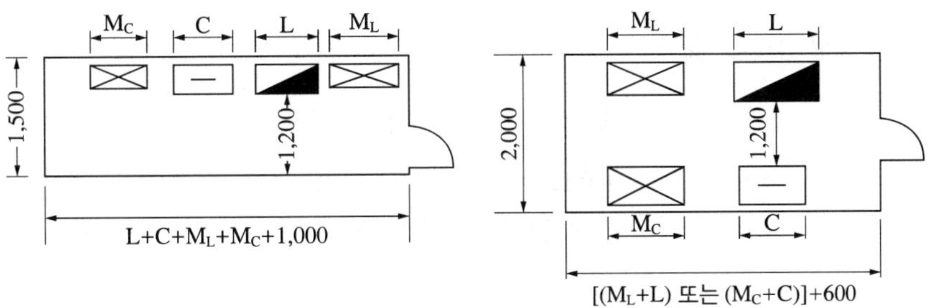

여기서, M_C : 약전, 통신 간선 스페이스　　C : 단자반
M_L : 전력간선 스페이스　　L : 분전반

5 중앙감시실(감시 및 제어센터)

1) 건축적 고려사항

① 건축물 내에 중앙감시실을 설치하는 경우에는 설치된 전력설비, 조명설비, 소방설비, 방범설비, 항공장애등 감시반 등 감시 및 제어는 중앙감시실에서 이루어지게 하여 에너지 절약과 관리비용 절감이 되도록 한다.
② 중앙감시실은 건물의 규모와 시설관리의 효율성을 감안하여 설치하고 근무자의 휴식 공간이 있어야 한다.
③ 방재센터 소방설비 제어실과 겸용하는 경우는 방화구획하여야 하고 지하 1층 또는 피난층에 위치하여야 하며, 기타의 지하층에 위치하고자 하는 경우에는 특별피난계단으로부터 5[m] 이내에 설치로 인접해야 한다.

2) 환경적 고려사항

① 중앙감시실은 침수, 누수의 우려가 없어야 하며 내부에 급배수관을 설치하지 않아야 한다.

② 중앙감시실의 천장높이, 환기, 공조, 조명의 설계기준은 일반적으로 사무실에 준하고, 바닥은 배선과 장비배치의 효율성을 고려하여 액세스플로어를 시설하는 것을 기본으로 한다.

3) 전기적 고려사항

중앙감시실은 수변전실, 발전기실, 중앙기계실과 연계성이 용이한 위치로 한다.

6 구내 통신실

1) 건축적 고려사항

① 건축물에서 구내통신실은 전화교환기를 설치하는 경우는 전화교환기실이며, 교환기를 설치하지 않는 경우는 MDF실(또는 국선단자함실)을 말한다.

② 구내통신실은 배선이 집중되므로 이중바닥(액세스플로어 또는 OA플로어)으로 한다.

2) 환경적 고려사항

① 구내통신실 위치는 습기가 있는 장소, 부식성 가스의 침입이 우려되는 장소는 피하여야 하며, 소음 및 진동의 영향이 작아야 한다.

② 전자교환기실은 규정에 맞게 설계되어야 한다.

3) 전기적 고려사항

구내통신실은 전기배선실(ES)로 배선하기 용이한 위치로 한다.

4) TPS면적 : 초고속 정보통신 건축물의 경우(업무용 건축물)

대 상	구 분	면 적[m^2]	비 고
6층 이상 연면적 5,000[m^2] 이상	1,000 이상	10.2 이상	각 층별 설치 1개소 이상
	800 이상	8.4 이상	
	500 이상	6.6 이상	
	500 미만	5.4 이상	

수전방식

008 수전방식

1 개 요

① 건축물의 대형화, 고층화, 인텔리전트화가 되어 감에 따라 전기설비도 대용량화되어 안전성, 신뢰성이 요구된다.

② 수전방식은 부하의 중요도, 공급의 신뢰도, 예비전원설비의 유무, 경제성 등을 감안하여 수전방식을 채택하는 것이 좋다.

2 수전방식의 종류 및 비교

1) 수전전압에 의한 분류

① **저압수전** : 계약용량 1,000[kW] 미만 1회선 수전

② **고압수전**

계약용량 1,000[kW] 이상 고압수전으로 1회선 수전, 2회선 수전, Loop 수전

③ **특별고압수전**

계약용량 1,000[kW] 이상 특별고압수전으로 1회선 수전, 2회선 수전, Loop 수전, Spot Network 수전

2) 수전방식의 종류

구 분	1회선 수전방식	2회선 수전방식	
		평행 2회선	예비선
결선도	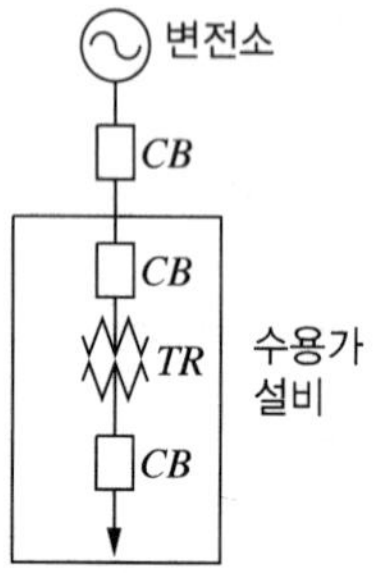 변전소, CB, CB, TR, CB, 수용가 설비	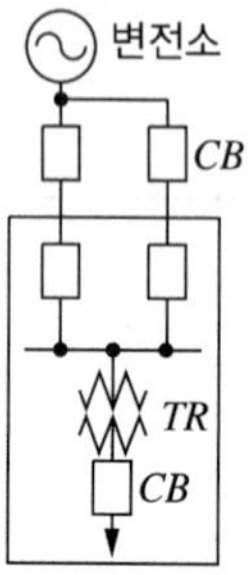 변전소, CB, TR, CB	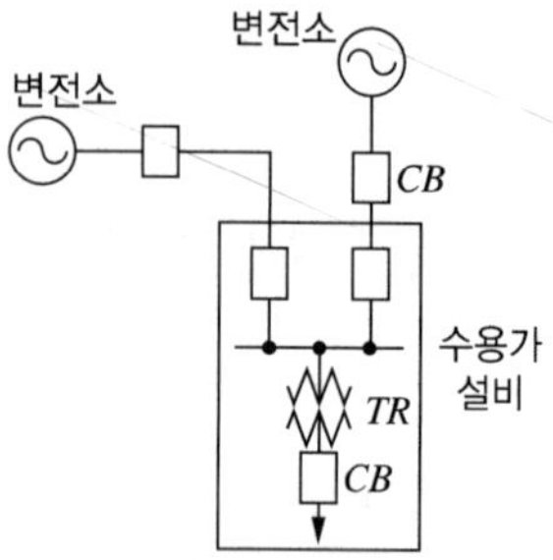 변전소, 변전소, CB, 수용가 설비, TR, CB
경제성	투자비가 가장 적다.	투자비가 높다.	투자비가 높다.
신뢰성	낮다.	높다.	높다.
정전시간	장시간	단시간	단시간
특 징	• 간단하고 경제적이다. • 배전선 사고 시 정전을 면하기 어렵다. • 소규모, 중규모 건축물에 적당하다.	• 신뢰성이 높으나 투자비가 많다. • 한쪽 배전선 사고에 대비할 수 있다. • 보호계전방식이 복잡하다.	• 신뢰성이 높으나 투자비가 많다. • 한쪽 배전선 사고에 대비할 수 있다.

구 분	2회선(Loop 수전방식)	Spot Network
결선도	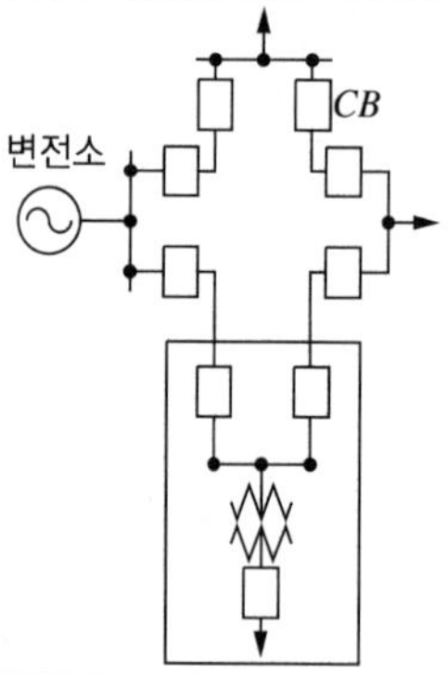 변전소, CB	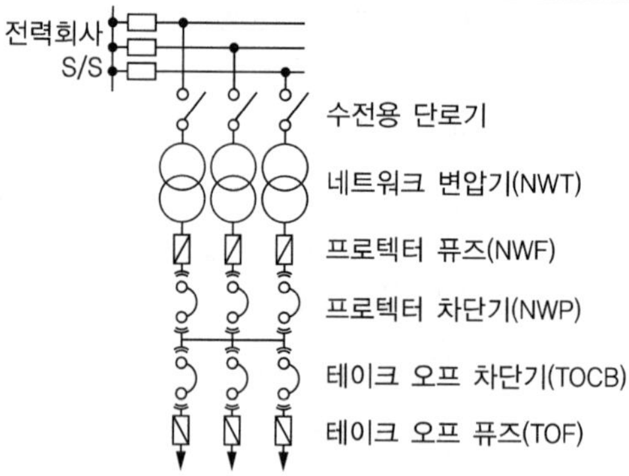 전력회사 S/S, 수전용 단로기, 네트워크 변압기(NWT), 프로텍터 퓨즈(NWF), 프로텍터 차단기(NWP), 테이크 오프 차단기(TOCB), 테이크 오프 퓨즈(TOF)
경제성	중 간	투자비가 가장 높다.
신뢰성	높다.	매우 높다.
정전시간	순 시	거의 없다.
특 징	• 경제적이면서 신뢰성이 높다. • 인근에 Loop 수용가가 없는 경우에는 적용이 곤란하다. • 보호계전방식이 복잡하다.	• 신뢰성이 가장 높고, 투자비도 가장 많다. • 정전시간이 거의 없다.

3 스폿 네트워크(Spot Network)

1) 정 의

① 스폿 네트워크 수전방식은 전력회사의 변전소에서 나온 2~4회선의 네트워크 배전선에 부하개폐기를 통해서 네트워크 변압기를 접속한다.

② 그 변압기의 2차 측은 프로텍터 차단기를 통해서 네트워크 모선에 병렬로 접속하고 네트워크 모선에 분기한 몇 개의 테이크-오프 장치를 거친 간선에 의해서 각각 부하에 전력을 공급하는 방식이다.

2) 스폿 네트워크 운전

① 네트워크 프로텍터는 전원, 배전선, 변압기 등의 고장 시 트립 및 고장 회복 시 재투입이 자동으로 이루어진다.

② 변압기 1대가 고장이 나도 나머지 변압기로 부하를 가동할 수 있는 허용 과부하율을 선정하므로 신뢰도가 높은 방식이다.

③ 네트워크 변압기 용량 $= \dfrac{\text{최대 수용전력}}{\text{수전 회선수} - 1} \times \dfrac{1}{\text{과부하율}(1.3)}$ [kVA]

④ 일반적으로 130[%]의 과부하에 8시간, 연 3회 운전해도 수명에 아무런 지장이 없을 것

3) 스폿 네트워크의 종류

① 저압 스폿 네트워크

3회선 병렬 수전설비일 때 스폿 네트워크 변압기 1대의 용량이 최대 2,750[kVA]이다.

② 고압 스폿 네트워크

3회선 병렬 수전설비일 때 스폿 네트워크 변압기 1대의 용량이 최대 3,500~4,500[kVA]이다.

4) 네트워크 프로텍터의 특성

① 프로텍터 퓨즈, 프로텍터 차단기, 프로텍터 릴레이로 구성

② 역전력 차단

배전선 한 회선에 단락사고가 발생한 경우에, 네트워크 모선을 거쳐 단락이 발생한 회선으로 역전력이 유입될 때 2차 측 프로텍터 차단기를 트립시키는 것을 말한다.

③ **차전압 투입**

어떤 원인에 의해 휴지 상태인 한 회선이 재송전되면 그 회선의 변압기 2차 측 전압과 네트워크 모선 측의 전압 차이를 검출하여 차단기를 투입

④ **무전압 투입**

전 회선이 정전되어 있는 상태에서 1회선이라도 복구되면 그 회선의 프로텍터 차단기를 투입

5) 프로텍터 차단기 오동작의 원인 및 대책

① **자가발전기에 의한 오동작**

㉠ 원인 : 전원 측과 병렬운전 시에 역전력되어 차단기 동작

㉡ 대책 : 자가발전기를 전원 측과 병렬운전을 금지할 수 있는 인터로크 설치

② **진상용 콘덴서에 의한 오동작**

㉠ 원인 : 부하 측 진상용 콘덴서가 경부하 시에 페란티 현상에 의한 모선전압 상승으로 수전단에서 송전단으로 역전력으로 유입되어 차단

㉡ 대책 : 콘덴서를 부하용량에 따라 진상되지 않도록 자동역률제어방식 채택

③ **전동기 회생전력에 의한 오동작**

㉠ 원인 : 대용량 기중기, 승강기의 전동기가 감속운전 시 발전기로 동작하여 역전력 차단

㉡ 대책 : 전동기 감속 시 회생제동을 발전제동방식 채택

④ **순환전류에 의한 방식**

㉠ 원인 : 병렬운전 변압기가 저항분과 리액턴스의 비가 같지 않을 때 변압기 2차 측 위상차로 변압기간의 순환전류에 의한 역전력 차단

㉡ 대책 : 병렬운전 변압기는 동일 특성으로 제작한다.

6) 스폿 네트워크 배전설비의 보호협조

① 프로텍터 퓨즈와 프로텍터 차단기의 보호협조

㉠ 네트워크 배전선에 단락사고 발생 : 배전선 단락사고 발생 → 전력회사 변전소 차단기 동작 → 고장회로 프로텍터 차단기 동작

㉡ 네트워크 TR과 프로텍터 퓨즈 간의 단락사고 : 프로텍터 차단기의 차단 능력 상회 시에 프로텍터 퓨즈 차단

㉢ 프로텍터 퓨즈와 차단기 간의 보호협조 : 거리는 짧고 절연을 강화

② 프로텍터 퓨즈와 테이크-오프 장치의 보호협조

수전설비 2차 측 사고 → 테이크-오프 장치 먼저 차단 완료 → 프로텍터 퓨즈는 열화되지 않아야 한다.

T_1(프로텍터 퓨즈) ≥ T_2(테이크-오프 차단기)

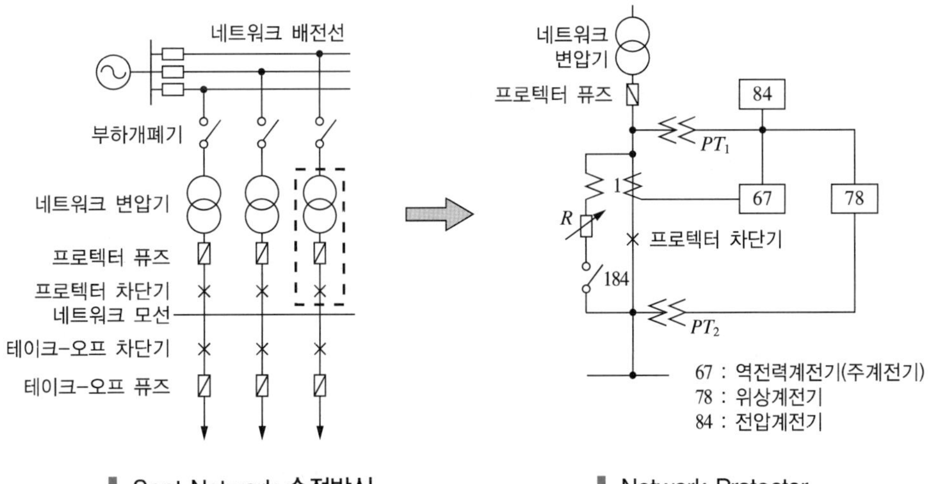

▌Spot Network 수전방식 ▌Network Protector

7) 스폿 네트워크 수전방식의 장단점

① 장 점

㉠ 송전선 1회선 또는 변압기 뱅크의 사고 시에도 무정전 공급이 가능

㉡ 송전선 보수 시에는 한 회선씩 정지하므로 정전이나 부하 제한 없음

㉢ 송전정지 또는 복구 시에 변압기 2차 측 차단기의 개방 또는 투입을 자동으로 할 수 있음

② **단 점**

㉠ 발전기와 병렬운전이 불가

㉡ 투자비가 많이 듬

㉢ 차단기의 펌핑 현상이 일어날 가능성이 있음

③ **특 징**

㉠ 무정전 공급이 가능

㉡ 기기의 이용률이 향상

㉢ 전압변동률이 작음

㉣ 전력손실이 감소

㉤ 부하기기 증가에 대한 적응성이 큼

㉥ 2차 변전소 수량의 감소가 가능

㉦ 전등, 전력의 일원화가 가능

4 스폿 네크워크 배전설비 보호협조

1) Network 배전선에 단락사고 발생

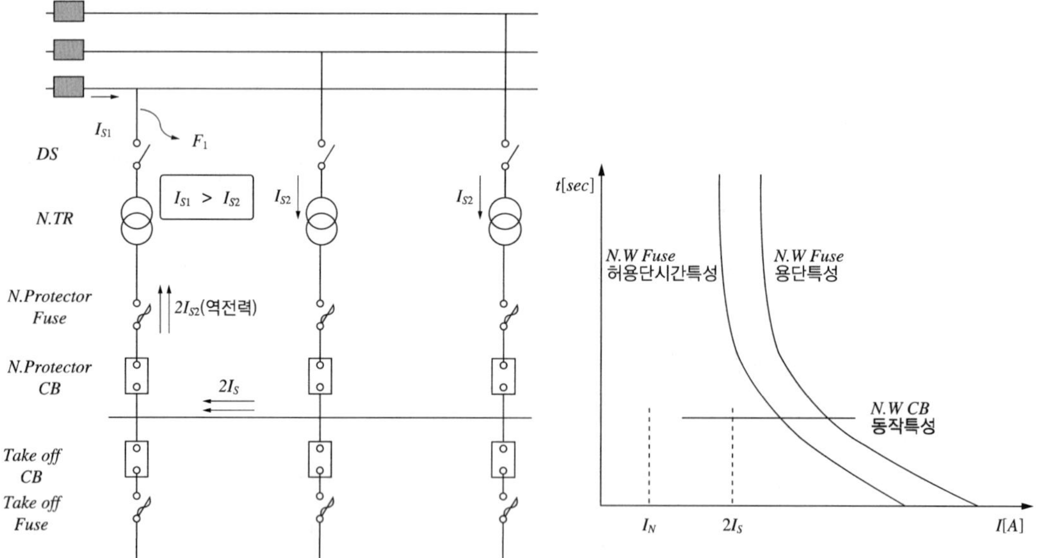

① **고장전류의 흐름**

㉠ 배전선로의 고장전류 : I_{S1}

㉡ N. Protector : 건전회선을 통한 고장전류의 역류 $2I_{S2}$

② **보호협조**

㉠ 변전소 CB는 I_S에 대응하여 과전류 계전기 동작

㉡ N. Protector CB는 역전력을 감지하여 역전력 계전기(67)가 순시 동작

㉢ $2I_{S2}$의 전류에서 N. Protector CB가 Fuse보다 먼저 동작해야 한다.

2) N.TR과 Fuse 사이의 고장

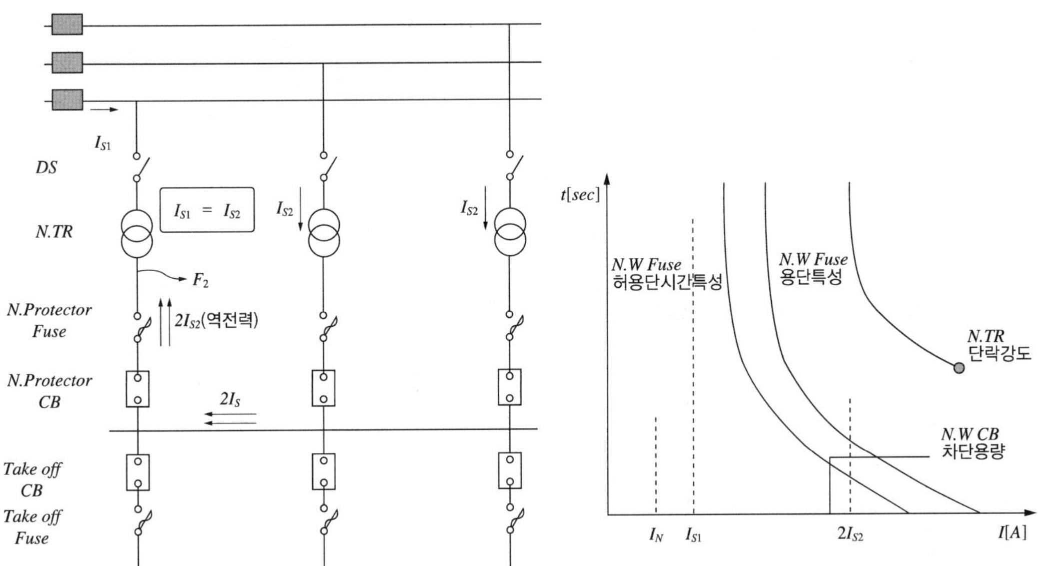

① **N. Protector CB 차단능력 > $2I_{S2}$인 경우**

N. Protector CB가 동작하고 전원 측은 변전소 CB 동작

② **N. Protector CB 차단능력 < $2I_{S2}$인 경우**

N. Protector Fuse가 먼저 차단, 이때 건전회로의 Protector Fuse는 열화되지 않아야 한다.

3) N. Protector Fuse와 N. Protector CB 사이의 고장

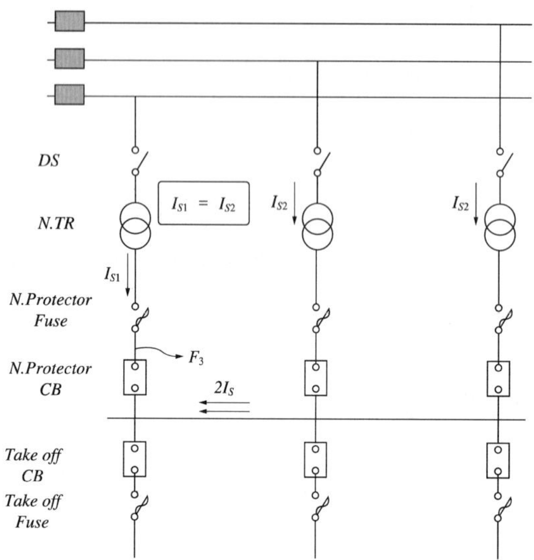

① N. Protector CB 차단능력 > $2I_S$인 경우

전원 측 변전소 CB 및 N. Protector CB에 의해 차단

② N. Protector CB 차단능력 < $2I_S$인 경우

㉠ Protector Fuse에 흐르는 전류는 동일하므로 보호협조가 불가능

㉡ 모선의 절연신뢰도를 높여 사고발생 확률을 낮추는 것이 필요

4) Take-off 장치의 보호협조

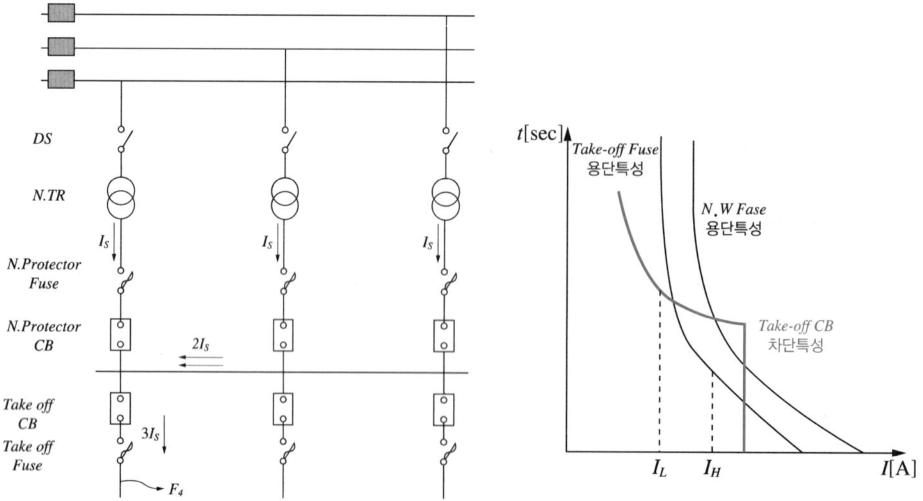

① **저전류 영역**

Take-off CB가 차단

② **대전류 영역**

Take-off Fuse가 차단

③ **보호협조 조건($t_1 \geq t_2$)**

㉠ t_1 : N. Protector Fuse 열화시간

㉡ t_2 : Take-off 장치 동작시간

이 경우 회선에는 모두 I_S가 흐르므로 회선의 Protector Fuse는 열화되지 않아야 한다.

5) Protector Fuse와 전력회사 계전기와의 보호협조

① Protector Fuse가 차단된 경우 전력회사의 과전류계전기가 동작되지 않아야 한다.

② 변전소 OCR 동작시간 여유 ≧ N. Protector Fuse 용단시간

009 스포트 네트워크 수전회로의 보호협조

1 개 요

스포트 네트워크 수전방식은 전력회사의 변전소에서 나온 2~4회선의 네트워크 배전선에 부하개폐기를 통해서 네트워크 변압기를 접속하고, 그 변압기의 2차 측은 프로텍터 차단기를 통해서 네트워크 모선에 병렬로 접속하고, 네트워크 모선에 분기한 몇 개의 테이크오프 장치를 거친 간선에 의해서 각각 부하에 전력을 공급하는 방식이다.

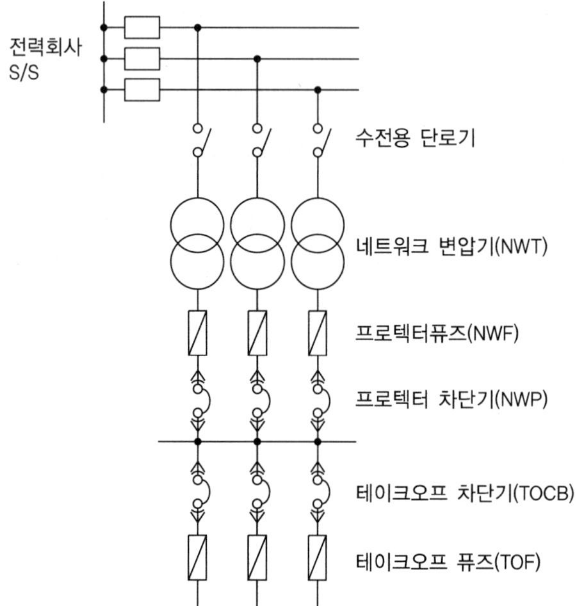

2 스포트 네트워크 수전회로의 보호협조

1) 배전선의 단락사고

① 그림 (a)의 F_1 점에 단락사고가 발생했을 때 사고전류는 화살표 방향으로 흐르고 전원 변전소의 과전류계전기(51) 및 프로텍터 계전기(67)가 동작하여 변압기(T_1)를 회로에서 분리시킨다.

② 이때 프로텍터 퓨즈를 통과하는 전류 $2I_S$는 프로텍터 차단기의 차단용량 이하이므로 프로텍터 퓨즈의 불필요한 용단 또는 열화를 피하기 위하여 프로텍터 차단기를 먼저 차단할 필요가 있다.

③ 즉, 퓨즈의 허용단시간특성 이내에서 차단기를 차단시킨다.

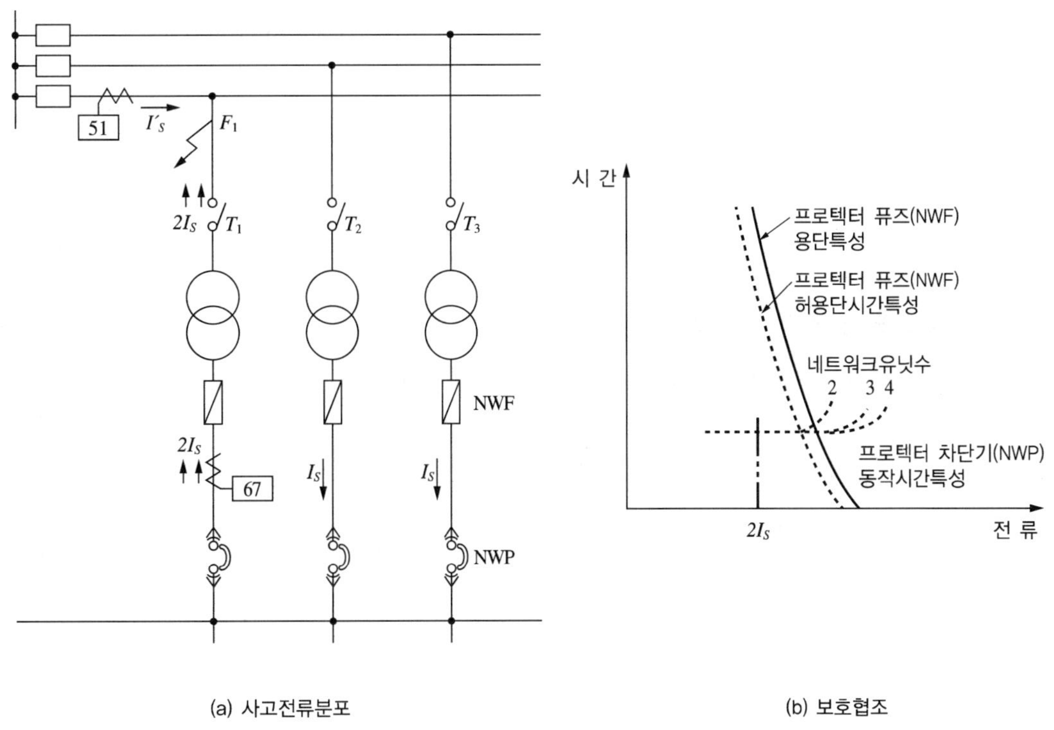

(a) 사고전류분포 (b) 보호협조

▌배전선 단락 사고

2) 변압기와 프로텍터 퓨즈 간의 사고

그림 (a)의 F_2점에 단락사고가 발생했을 때 건전회로와 사고회선의 프로텍터 퓨즈에 흐르는 전류의 비율은 가장 차가 적은 3뱅크의 경우에 약 1 : 2이고 사고회로의 퓨즈만을 선택하는 협조는 그림 (b)의 보호협조이다.

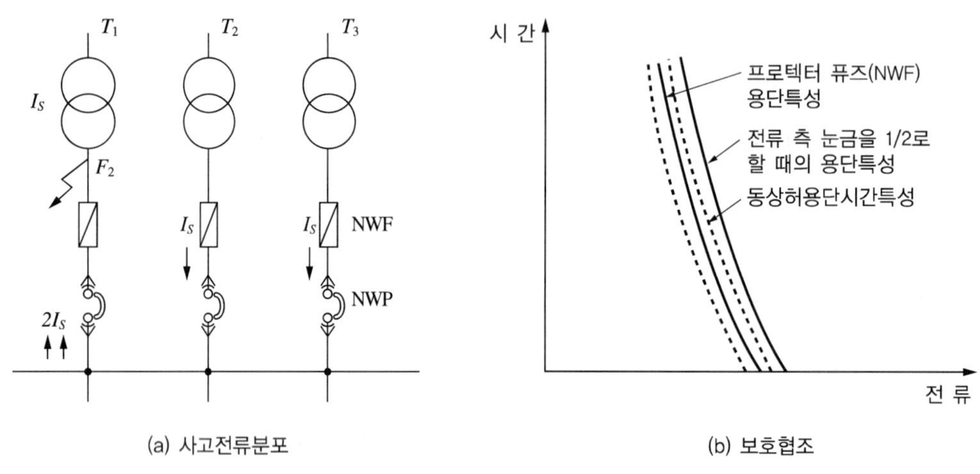

(a) 사고전류분포 (b) 보호협조

▌ 변압기와 프로텍터 퓨즈 간의 사고

3) 프로텍터 퓨즈와 프로텍터 차단기 간의 사고

① 그림에서 F_3점에 단락사고가 발생했을 때의 협조는 곤란해지는데, 프로텍터 퓨즈를 흐르는 전류는 각 회로가 모두 동일하고 퓨즈 상호 간에 선택성을 지니게 한다는 것은 실제적으로 불가능하다.

② 따라서 이런 부분에서는 사고가 발생하지 않도록 가능한 거리를 짧게 하고 절연을 강화시켜야 한다.

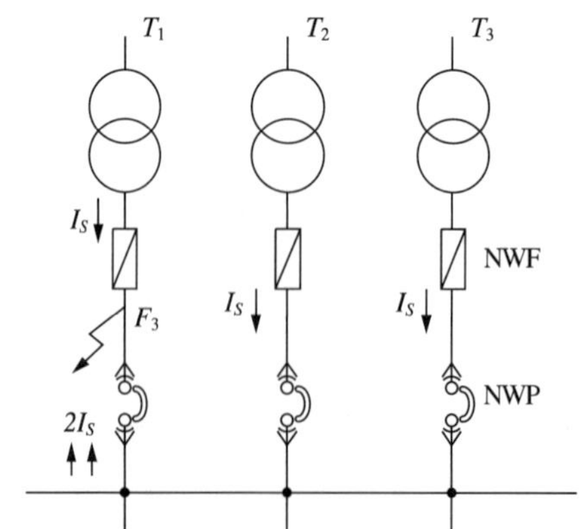

▌ 프로텍터 퓨즈와 프로텍터 차단기 간의 사고

4) 테이크오프 장치와의 보조협조

① 그림 (a)에서 F_4점에 단락사고가 발생했을 때 보호협조 시 저전류 영역에서는 테이크오프 차단기가 동작하고, 대전류범위에서는 테이크오프 퓨즈가 차단한다.

② 그 사이에 프로텍터 퓨즈에도 사고전류가 흐르지만 이것 때문에 프로텍터 퓨즈가 용단 혹은 열화하지 않으려면 프로텍터 퓨즈의 허용단시간전류특성을 상회하지 않는 범위에서 테이크오프 퓨즈를 차단할 필요가 있다.

③ 또한 테이크오프 장치를 차단기만으로 구성할 때는 그림 (b)의 "X" 보호협조의 범위에서 프로텍터 퓨즈와의 협조를 취할 수 없을 가능성이 있으므로 주의해야 한다.

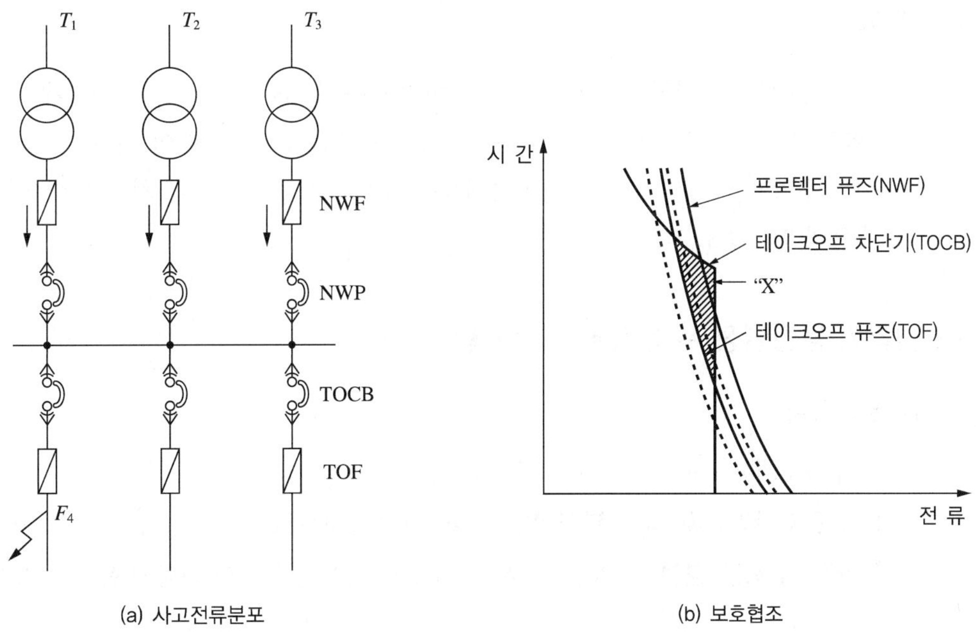

(a) 사고전류분포 (b) 보호협조

▌테이크오프장치와의 보호협조

변전설비 용량 결정

010 변압기 용량 결정 시 항목별 검토사항

1 개 요

① 변압기는 상시 운전되는 고가 기기이며 변경이 용이하지 않으므로 사전에 제반 사항이 충분하고 세밀하게 검토되어야 하며, 가급적 표준품을 선정하여야 한다.

② 또한, 변압기는 안전성 · 신뢰성 · 경제성을 감안하여 채택하는데, 최근에는 소음 및 공해 등의 환경성도 검토대상이 된다.

2 변압기 용량결정 시 항목별 검토사항

1) 부하조사

① 부하조사표(Load List)에 의하여 부하설비 추정

② **표준부하밀도에 의한 부하설비 추정** : 설비용량＝표준부하밀도[VA/m^2]×면적[m^2]

③ **변압기 용량 결정** : 수용률, 부하율, 부등률 등을 감안하여 변압기 용량을 결정한다.

2) 변전방식과 변압기 대수

① **변압기 1대에 의한 배전방식**

㉠ 간단하고 경제적이나, 사고 시 정전 시간이 길어진다.

㉡ 소규모 빌딩, 공장 등에서 많이 채용된다.

② **변압기 2대에 의한 배전방식**

㉠ 단독운전방식과 병렬운전방식이 있다.

㉡ 신뢰도는 향상되나 병렬운전 시 변압기 1대의 과부하율 및 단락용량이 2배로 증가한다.

③ **변압기 3대에 의한 배전방식**

㉠ Spot Network방식은 무정전 공급이 가능하다.

㉡ 고가이며 변압기 과부하율 및 단락전류 증대 고려가 필요하다.

3) 변압기 손실과 효율

① **무부하손(철손)** : 2차 권선을 개방하고 1차에 정격전압을 가할 때 생기는 손실

② **부하손(동손)** : 권선의 저항과 리액턴스에 의해 결정

③ 효율 $= \frac{\text{출력}}{\text{입력}} \times 100\%$

4) 전압변동과 전압강하

① 전압변동과 전압강하는 %임피던스에 의해 결정된다.

② %임피던스 전압이 크면 전압변동과 전압강하가 증가하나, 그 대신 단락용량이 감소한다.

③ 따라서 적정한 %임피던스 선정이 중요하다.

5) 주위온도와 발열량의 파악

① 주위온도는 변압기의 발열량과 부하와의 관계에 영향을 주어 변압기 수명과 손실에 영향을 미친다.

② 변압기 주위온도는 30[℃]에서 1[℃] 내릴 때마다 0.8[%]씩의 과부하를 걸 수 있다.

6) 단락전류 추정과 차단기 선정

① 변압기 용량은 단락전류 추정과 차단기 선정에 영향을 미치므로 감안하여야 한다.

② 변압기 용량이 크면 단락전류 및 차단기 용량이 증가하고, 변압기 용량이 작으면 단락전류 및 차단기 용량이 감소한다.

7) 단락전류 억제대책

변압기의 임피던스 컨트롤에 의하여 단락전류 억제력이 달라지는데, 임피던스 컨트롤은 변압기 구입비와 관계가 있으므로 이를 종합적으로 감안하여 선택하여야 한다.

8) 변압기 병렬운전

부하전류는 용량에 비례하고, $\%Z$에는 반비례하므로 이를 감안하여 변압기 용량을 선정하여야 한다.

9) 변압기 결선

△－△ 결선, Y－Y 결선, △－Y 결선, Y－△ 결선, Y－지그재그 결선 등이 있다.

011 변압기 용량 결정 시 결정요소(변압기 용량 선정방법)

1 개 요

① 변압기는 수변전설비에서 공급되어진 전압에서 필요한 전압으로 변성하여 주는 기기로 가장 중요한 설비라고 할 수 있다.

② 변압기는 부하에 따라 용량이 결정되고 기타 장래증설에 대한 부분도 감안해야 하므로 모든 요소를 검토하고 최적의 변압기 용량이 선정되도록 하여야 한다.

2 변압기 용량 결정 시 항목별 검토사항

① 부하조사

② 배전방식과 변압기 대수

③ 변압기의 손실과 효율

④ 전압변동, 전압강하

⑤ 주위온도와 발열량의 파악

⑥ 단락전류 추정과 차단기 선정

⑦ 단락전류 억제대책

⑧ 변압기 병렬운전

⑨ 변압기 결선

⑩ 고조파

⑪ 부하 불평형

3 용량 결정요소(일반건축물)

1) 부하설비 용량의 추정

① 부하조사표(Load List)에 의한 부하설비 추정

② **표준부하밀도에 의한 부하설비 추정**

설비용량=표준부하밀도[VA/m^2]×면적[m^2]

2) 변압기 용량 결정

① 수용률

㉠ 전등부하 및 동력부하의 설비용량에 수용률을 곱하여 최대 수용전력을 구한다.

㉡ $\text{수용률} = \dfrac{\text{최대 수용전력[kW]}}{\text{총 설비용량[kW]}} \times 100[\%]$

㉢ 최대 수용전력 : 1시간 평균

㉣ 업종별, 건축물의 종류별, 부하별에 따라 달라진다.

㉤ 변압기 과대선정을 방지

㉥ (설비비 증가 + 에너지 낭비) 감소 목적

㉦ 동시에 같은 부류의 부하가 최대가 되지 않는 정도를 나타내는 것

② 부등률

㉠ 산출된 각각의 최대 수용전력에 부등률을 적용하여 합성 최대 수용전력 결정

㉡ $\text{부등률} = \dfrac{\text{각 부하의 최대 수용전력의 합[kW]}}{\text{합성 최대 수용전력[kW]}}$

㉢ 부등률이 클수록 설비의 이용률이 커진다.

㉣ 부하단에서 수전단으로 갈수록 부등률이 커진다.

㉤ 동력부하 간의 부등률은 다른 부하의 부등률보다 크다.

㉥ 동시에 특성이 다른 각 부하가 최대가 되지 않는 정도를 나타내는 것

③ 부하율

㉠ $\text{부하율} = \dfrac{\text{평균 수용전력[kW]}}{\text{최대 수용전력[kW]}} \times 100[\%]$

㉡ 최대 수용전력, 평균 수용전력 : 1시간 평균

㉢ 시간별, 계절별, 부하별에 따라 달라진다.

3) 계약전력의 결정

① 변압기 용량이 결정되면 전력회사와 계약전력 검토

② 한전의 전기공급규정 제20조에서 사용설비에 의한 계약전력과 변압기설비에 의한 계약전력 중에서 선택

③ **사용설비에 의한 계약전력**

구 분	계약전력 환산율[%]	비 고
처음 75[kW]에 대하여	100	계산의 합계치가 1[kW] 미만일 때 소수점 이하 첫째자리에서 반올림
다음 75[kW]에 대하여	85	
다음 75[kW]에 대하여	75	
다음 75[kW]에 대하여	65	
300[kW] 초과분에 대하여	60	

④ **변압기설비에 의한 계약전력**

변압기설비에 의한 계약전력은 한전으로부터 전기를 공급받는 1차 변압기 표시용량의 합계로 한다.

4 설계 시 고려사항

1) 장래증설 용량

변압기 선정 시에는 정보통신 등 각종 설비의 용량증가 패턴에 따른 용량증설계획을 수립해야 한다.

2) 단락전류 계산

전압의 변화 없이 큰 용량의 변압기가 선정될 경우 변압기 2차 측 단락전류가 상승하여 차단기, 변류기, 케이블의 선정이 곤란해지므로 용량을 산정하여 문제가 발생할 경우 이를 분할하여야 한다.

3) 변압기 용량 선정 시 주의사항

추정용량에 수용률, 부등률을 적용하여 표준용량으로 결정해야 한다.

012 계약전력 결정기준

1 개 요

① 계약전력은 고객 전기사용설비를 전력으로 환산한 값으로 정기공급사업자(이하 한전)가 일반 소비자에게 공급하기로 동의한 전력을 말한다.

② 계약전력은 전기사용신청 시 한전에 납부하는 고객 부담 공사비 중에서 기본시설부담금을 산정하는 기준이 될 뿐 아니라 전기요금의 기본요금 계산 시에도 기준이 되는 값이다.

2 계약전력

1) 제19조[계약전력 결정기준]

① 계약전력은 제20조[계약전력 산정] 제①항과 제②항에 따라 산정한 것 중 고객이 신청한 것을 기준으로 결정한다.

② 제①항의 경우 고압 이상으로서 사용설비를 기준으로 신청하는 경우에는 고객과 한전이 협의하여 결정한다. 다만, 현장여건상 사용설비의 조사가 곤란하거나 한전 직원의 출입이 용이하지 않은 경우에는 변압기설비를 기준으로 결정한다.

③ 순수 주거용으로 전기사용을 신청하는 경우에는 제①항과 달리 계약전력을 결정할 수 있다.

2) 제20조[계약전력 산정]

① 사용설비에 의한 계약전력은 사용설비 개별 입력의 한계에 다음 표의 계약전력 환산율을 곱한 것으로 한다. 이때 사용설비 용량이 입력과 출력으로 함께 표시된 경우에는 표시된 입력을 적용하고, 출력만 표시된 경우에는 세칙에서 정하는 바에 따라 입력으로 환산하여 적용한다.

② 다만, 사용설비 1개의 입력이 75[kW]를 초과하는 것이 있을 경우에는 초과 사용설비의 개별 입력이 제일 큰 것부터 하나씩 계약전력 환산율을 100[%]부터 60[%]까지 차례로 적용하고, 나머지 사용설비의 입력합계에는 하나씩 적용한 계약전력 환산율이 끝나는 다음 계약전력 환산율부터 차례로 적용한다.

③ 변압기설비에 의한 계약전력은 한전에서 전기를 공급받는 1차변압기 표시용량의 합

계(1[kVA]를 1[kW]로 본다)로 하는 것을 원칙으로 한다.

계약전력	계약전력 환산율	비 고
처음 75[kW]에 대하여	100[%]	계산의 합계치 단수가 1[kW] 미만일 경우에는 소수점 이하 첫째 자리에서 반올림한다.
다음 75[kW]에 대하여	85[%]	
다음 75[kW]에 대하여	75[%]	
다음 75[kW]에 대하여	65[%]	
300[kW] 초과분에 대하여	60[%]	

013 수용률, 부등률, 부하율

1 개 요

① 건축물별 표준부하밀도에 따라 부하설비를 추정하고 수용률, 부등률을 감안하여 변압기 용량을 선정한다.

② 과거에는 건축물별 표준부하밀도의 기본적인 Data가 없어 실제 부하를 적용하여 변압기 용량을 선정했다.

③ 근래에는 건축물별 표준부하밀도가 정확하여 실제 부하를 사용하지 않고 부하밀도에 의한 용량을 선정해도 크게 오차가 없어 많이 사용한다.

2 수용률, 부등률, 부하율

1) 수용률

① **공 식**

$$\text{수용률} = \frac{\text{최대 수용전력(1시간 평균)[kW]}}{\text{총 설비용량[kW]}} \times 100[\%]$$

② **특 징**

㉠ 변압기 용량을 가장 적정한 용량으로 선정하기 위하여 적용

㉡ 최대 수용전력을 가능한 한 낮게 적용하고 직강식 변압방식일 경우는 수용률만으로 변압기 용량 선정

㉢ 변압기 과대 선정을 막고, (설비비 증가 + 에너지 낭비) 감소 목적

㉣ 부하설비가 한번에 사용되지 않는다는 관점

2) 부등률

① **공 식**

$$\text{부등률} = \frac{\text{각 부하의 최대 수용전력의 합[kW]}}{\text{합성 최대 설비용량[kW]}} \geq 1$$

② **특 징**

㉠ 부하 측에서 전원 측으로 갈수록 부등률은 커지며 동력부하는 다른 부하의 부등률보다 크다.

㉡ 부등률은 2step 변압방식일 때 주변압기에만 적용하며, 직강압방식일 경우라도 여러 수용부하로 이루어진 경우 적용이 가능하다.

㉢ 동시에 각 부하가 최대가 되지 않는 정도를 나타내는 것

㉣ 각 부하군의 특성이 다르므로 특성이 다른 부하군이 한 번에 사용되지 않는다는 관점

3) 부하율

① **공 식**

$$\text{부하율} = \frac{\text{부하의 평균수용전력(1시간 평균)[kW]}}{\text{최대 수용전력(1시간 평균)[kW]}} \times 100[\%]$$

② **특 징**

㉠ 각 단위별(변압기 단위, 수용가 등단위)시기, 전력범위, 기간 등에 따라 그 값이 각각 다르다.

㉡ 부하율을 표시할 때에는 기간, 전력범위 반드시 표시

㉢ 기간이 길수록 부하율은 적어진다.

4) 수용률, 부등률, 부하율의 상호관계 및 변압기 용량 선정 예

① **상호관계**

㉠ $\text{수용률} = \frac{\text{최대 수용전력(1시간 평균)[kW]}}{\text{총 설비용량[kW]}} \times 100[\%]$

㉡ $\text{부등률} = \frac{\text{각 부하의 최대 수용전력의 합[kW]}}{\text{합성 최대 설비용량[kW]}} \geq 1$

㉢ $\text{부하율} = \frac{\text{부하의 평균수용전력(1시간 평균)[kW]}}{\text{최대 수용전력(1시간 평균)[kW]}} \times 100[\%]$

$$= \frac{\text{부하의 평균전력}}{\dfrac{\text{총 설비용량} \times \text{수용률}}{\text{부등률}}} \times 100[\%]$$

② **변압기 용량 선정 예**

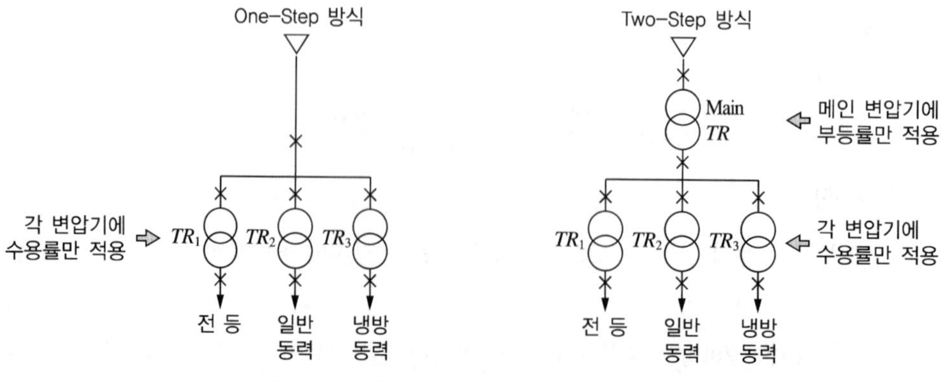

014 전기시설의 용량 및 계산(주택건설기준 등에 관한 규정 제40조)

1 주택건설기준 등에 관한 규정 제40조 내용

① 주택에 설치하는 전기시설의 용량은 각 세대별로 3[kW](세대당 전용면적이 60[m^2] 이상인 경우에는 3[kW]에 60[m^2]를 초과하는 10[m^2]마다 0.5[kW]를 더한 값) 이상이어야 한다.

② 주택에는 세대별 전기사용량을 측정하는 전력량계를 각 세대 전용부분 밖의 검침이 용이한 곳에 설치하여야 한다. 다만, 전기사용량을 자동으로 검침하는 원격검침방식을 적용하는 경우에는 전력량계를 각 세대 전용부분 안에 설치할 수 있다.

③ 주택단지 안의 옥외에 설치하는 전선은 지하에 매설하여야 한다. 다만, 세대당 전용면적이 60[m^2] 이하인 주택을 전체 세대수의 $\frac{1}{2}$ 이상 건설하는 단지에서 폭 8[m] 이상의 도로에 가설하는 전선은 가공선으로 할 수 있다.

④ 제1항 내지 제3항에 규정한 사항 외에 전기설비의 설치 및 기술기준에 관하여는 전기사업법 제67조를 준용한다.

2 공동주택의 단위세대 부하용량 추정의 종류

1) 내선규정에 의한 공동주택의 단위세대 부하용량(내선규정 부록 300-2)

$$P = 40\,[\mathrm{VA/m^2}] \times A\,[\mathrm{m^2}] + C[\mathrm{VA}]$$

여기서, C : 가산부하(500~1,000, 1,000을 채택하는 것이 바람직)

① 계산값이 3[kVA] 미만인 경우에는 3[kVA]로 한다.

② 상기 계산식으로 불충분할 경우에는 그 주택에 사용될 것으로 예측되는 전기사용 기계기구의 용량 합계에 의하여 사용전력을 산정한다.

③ 공용부하설비에 대하여는 추정값에 공용부하설비 용량을 가산한다.

④ 공용부하설비라 함은 공용전등(복도등, 계단등), 비상용 콘센트, 급배수 펌프, 승강기 및 환기용 팬 등을 말한다.

2) 주택법(주택건설기준 등에 관한 규정)에서 규정하는 공동주택의 단위세대 부하용량 추정

① **전용면적 60[m²] 이하** : 3,000[W]

② **전용면적 60[m²] 초과** : 부하용량 $P = 3{,}000 + K \times 500\,[\mathrm{W}]$

여기서, K : $\dfrac{(A-60)}{10}$ → 소수점 첫째 자리에서 반올림

A : 단위세대 전용면적[m²]

③ **공용부하** : 1.5[kW] × 세대수

④ 수용율 100세대 이상은 40[%]

3) 고층 공동주택의 단위세대 부하용량

$$P = 40\,[\mathrm{VA/m^2}] \times A\,[\mathrm{m^2}] + C[\mathrm{VA}]$$

여기서, P : 단위세대 최대 수용전력[VA]

A : 단위세대 전용면적[m²]

C : 가산부하(1,000~2,500)

550세대 이상은 수용율 42[%]

4) 전전압집합주택

$$P = 60\,[\mathrm{VA/m^2}] \times \text{바닥면적}[\mathrm{m^2}] + 4{,}000\,[\mathrm{VA}]$$

7[kVA] 이하는 7[kVA]로 본다.

015 변압기 용량을 과도하게 설계했을 때 문제점

1 개 요

① 변압기에는 항상 100[%] 부하가 걸리는 것이 아니라 수용가의 부하특성에 따라서 부하 용량이 수시로 변동된다.

② 실부하법으로 변압기 용량을 선정할 때는 수용률, 부등률, 부하율 등을 고려하여 최대 부하 용량을 기준으로 변압기 용량을 산정하지만,

③ 설계 시점에서 부하용량의 불확실성과 장래증설에 대한 여유분 등을 고려해서 일반적으로 변압기 용량이 과다하게 설계되는 경우가 많다.

④ 변압기 용량은 그 변압기에 걸리는 평균 부하가 그 변압기가 최대 효율이 되는 용량 부근에서 운전되도록 하는 것이 에너지 절약 측면에서 가장 이상적이다.

2 변압기의 용량을 과도하게 설계했을 때 발생되는 문제점

1) 전력손실 증가

변압기의 최대 효율은 철손과 동손이 같을 때인데 용량을 너무 크게 선정해서 변압기에 걸리는 평균 부하가 변압기의 최대 효율 이하로 항상 운전된다면 최대 효율로 운전되는 것에 비해 전력손실이 증가한다.

2) 단락용량 증가

변압기 용량이 증가하면 변압기 2차 측에서의 3상 단락 시에 단락용량이 증가하여 2차에 설치되는 차단기의 차단용량이 커지게 된다.

3) 설치비 증가

용량이 큰 변압기는 작은 것에 비해 가격이 비싸고, 용량이 커지면 크기도 커져서 변전실 면적도 증가하게 되므로 설치비가 증가하게 된다.

4) 전기요금 증가

전력손실이 증가하면 그만큼 전기요금도 증가된다.

5) 수전전압 문제

10[MVA] 이상 시 22.9[kV]에서 154[kV]로 상향 조정되어 비용이 증가하게 된다.

6) 시설 분담금

시설 분담금이 증액된다.

7) 안전공사 수수료

안전공사 수수료가 증가된다.

변전설비 시스템

016 변전설비 시스템 구성

1 개 요

① 변전설비 시스템은 전압을 변성하여 공급하는 설비로 변경이 용이하지 않으므로 사전에 충분하고 세밀하게 검토되어야 한다.

② 또한 변전설비는 안정성, 신뢰성, 경제성을 감안하여 채택하고, 최근에는 소음 및 공해 등의 환경성도 함께 적극 검토되어야 한다.

③ 변전설비 시스템은 모선의 구성, 변압기 구성 등이 있다.

2 변전설비 시스템 구성

1) 모선의 구성

구 분	One-Step 단일 모선 방식	Two-Step 단일 모선 방식	이중 모선 방식
계통도	TR	TR	TR
장 점	• 공사비가 저렴하다. • 무부하 손실이 적고, 변전실 면적이 적어도 된다.	• 부하증가 변동에 대처가 용이하다. • 공급 신뢰도가 높다.	• 공급 신뢰도가 높다. • 초고층 빌딩, 병원 등에 적합하다.
단 점	• 공급 신뢰도가 낮다. • 부하증설에 대한 변동을 예상하며 설계한다.	• 변전실 면적이 커야 한다. • 무부하 손실이 크고, 공사비가 많이 든다.	• 설치면적이 커야 한다. • 설비구성이 복잡하고, 설비비가 많이 소요된다.

2) 변압기 구성

① 변압기 상수

단상 변압기, 3상 변압기가 존재하고, 요즘은 거의 3상변압기를 많이 사용한다.

② 변압기 뱅크 수

빌딩 내 일반적인 Bank 수 선정기준은 다음과 같다.

㉠ 1,000[kVA] 미만 : 1Bank
㉡ 1,000~2,000[kVA] 미만 : 1~2Bank
㉢ 3,000[kVA] 이상 : 3Bank

③ 변압기 회로방식

1Bank	• 가장 간단하고, 경제적 • 변압기 사고로 정전이 되면, 정전 시간이 길어진다.
2Bank (1차DS, 2차CB)	• 변압기 사고로 일단 전체 정전이 되지만 사고 뱅크를 제거하면 단시간에 운전이 가능 • 1Bank로 전부하가 처리되면 부하제한이 필요
2Bank (1차 CB, 2차 CB)	• 변압기 사고 시 1차 및 2차의 CB를 개방하여 사고 뱅크를 분리하므로 전체 정전이 되지 않는다. • 1Bank로 부하가 처리되면 부하제한이 필요
3Bank 이상	• 1대가 고장이 나도 나머지 2대로 전체 부하를 운전할 수 있다. • 최초로부터 3Bank 이상의 설치는 초기 투자액의 증대를 초래할 수 있다. • 설비구성이 복잡하다.

④ 변압기 결선

Δ－Δ 결선	• 장점 : V결선이 가능하고, 대전류부하에 적합하다. • 단점 : 지락사고 시 선택 차단이 어렵다.
Y－Y 결선	• 장점 : 단절연방식을 채택할 수 있고, 고전압 결선에 적합하다. • 단점 : 지락사고 시 통신선에 유도장해를 준다.
V－V 결선	• 장점 : Δ－Δ 결선에서 1대 고장 시 2대의 변압기로 3상 변성할 때 사용한다. • 단점 : 변압기 이용율은 86.6[%], 출력은 57.7[%]이다.
Δ－Y 또는 Y－Δ 결선	• 장점 : Δ－Δ 결선, Y－Y결선의 장점을 가질 수 있다. • 단점 : 30° 의 위상차가 나며, 1대 고장 시 전원 공급이 불가능하다.
Y－지그재그 결선	1차 측과 2차 측에 중성점이 필요한 경우 제3고조파를 상쇄시키는 결선

⑤ **변압기 병렬운전**

㉠ 1차, 2차 전압이 같아야 한다.

㉡ 임피던스 전압이 같고, 저항과 리액턴스의 비가 같아야 한다.

㉢ 단상 변압기는 극성이, 3상 변압기는 각변위와 상회전이 같아야 한다.

㉣ 부하 분담 시 용량에는 비례하고, $\%Z$에는 반비례한다.

$$\frac{I_A}{I_B} = \frac{(\mathrm{kVA})_A}{(\mathrm{kVA})_B} \cdot \frac{\%Z_B}{\%Z_A}$$

017 빌딩 내 수변전설비의 변압기 뱅크 2차 측 모선방식

1 개 요

변압기 모선 방식은 단일모선, 이중모선, 루프모선 방식으로 구분되며, 설계 시 부하의 중요도, 설비용량, 운용방법에 따라 선정한다.

2 변압기 모선방식의 종류

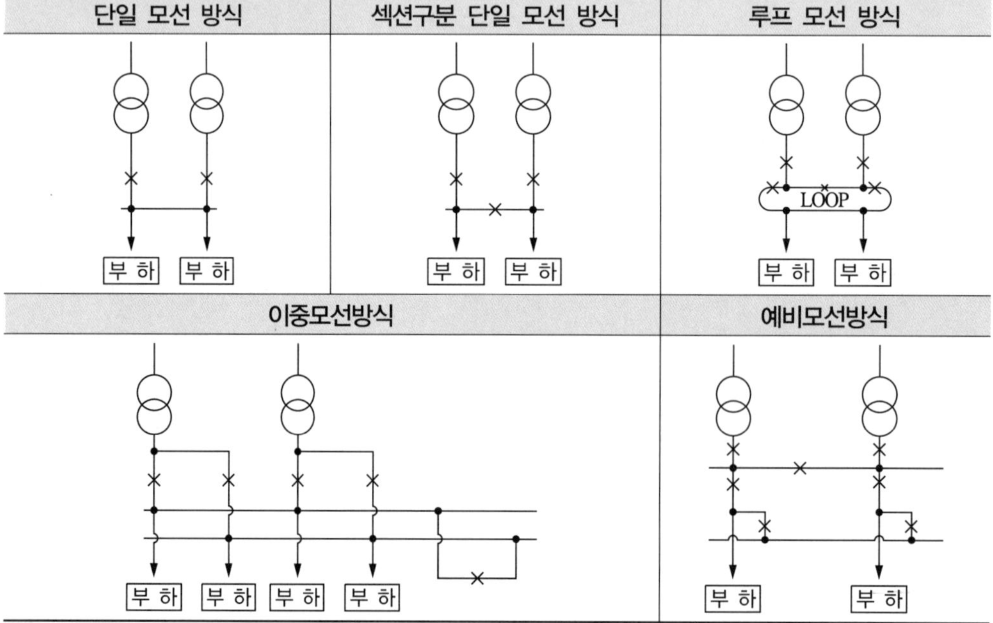

방 식	특 징
단일 모선 방식	• 가장 간단하며 경제적이다. • 모선사고 시에는 모두 정전되고, 모선 점검 시에도 정전이 필요하다.
전환가능 단일모선방식	• 간단해서 경제적이고, 가장 많이 사용된다. • 한쪽 뱅크의 모선 사고 시에도 모선 연락 차단기를 개방하고 건전한 뱅크에서 부하 공급이 가능하다.
루프 모선 방식	• 간단해서 경제적으로도 무리가 없고 높은 공급신뢰도를 가진다. • 변압기의 사고 또는 모선 사고의 경우 보수 점검의 경우에도 운용에 가능하며 신속히 대응이 가능하다. • 루프 모선에 케이블을 사용하면 표준적인 스위치기어 적용이 가능하다. • 중요한 설비계통에서 많이 사용된다.
이중모선방식	• 운용이 예비성이 있으며, 공급신뢰도가 높다. • 주변압기 2차, 모선연락, 공급전선 등의 차단기가 많아지므로 운용 등이 복잡하다. • 스위치 기어에 수납하는 경우에는 모선의 위치와 분리에 주의할 필요가 있으며 특수설계가 되어 비경제적이므로 대규모 설비에서 사용되는 경우가 많다.
예비모선방식	• 일반적으로 비상전원 계통으로 하는 경우가 많고 특수 용도에 사용된다. • 스위치 기어에 수납하는 경우에는 특수설계처리 한다.

제어 및 보호방식 결정

018 단락전류 기본이론

1 단락전류 산출목적

① 차단기와 같은 각종 개폐기류의 차단용량 산출
② 케이블 배선 등의 굵기 결정
③ 보호계전기의 정정 계산
④ 타 회로에 미치는 단락 시의 전압강하
⑤ 계통 안정도에 미치는 영향

2 %임피던스 전압의 의미

① 임피던스 전압은 변압기 2차 측을 단락하고 1차 측에 정격전류가 흐르도록 인가하는 전압으로 변압기 자체 임피던스를 알고자 할 때 사용한다.
② %임피던스란 정상전압과 임피던스 전압의 백분율 비를 말한다.

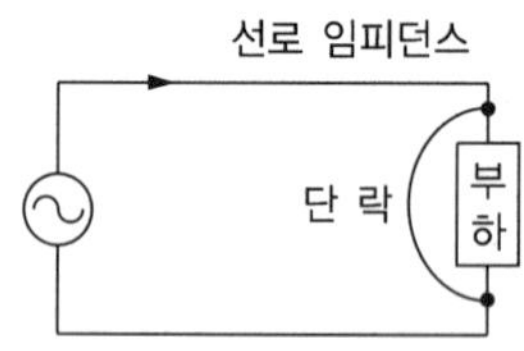

$$\%Z = \frac{V_s}{V_{1n}} \times 100[\%] = \frac{I_{1n} \times Z}{V_{1n}} \times 100[\%]$$

여기서, V_s : 임피던스 전압
V_{1n} : 정격전압
I_{1n} : 정격전류
$\%Z$: %임피던스 전압

3 %Z가 1, 2차 측이 동일한 이유

원 리	권수비
I_1 V_1 N_1 N_2 I_2 V_2	$n = \frac{N_1}{N_2}$

① **1차 측 % 임피던스**

$$\%Z_1 = \frac{I_{1n} \times Z_1}{V_{1n}} \times 100$$

② **2차 측 % 임피던스**

$$\%Z_2 = \frac{I_{2n} \times Z_2}{V_{2n}} \times 100$$

③ **1, 2차 측 전압, 전류, 임피던스 관계**

$$V_{1n} = nV_{2n} \qquad I_{1n} = \frac{I_{2n}}{n} \qquad Z_1 = \frac{nV_{2n}}{\frac{I_{2n}}{n}} = n^2 Z_2$$

상기 식을 대입하여 정리하면

$$\%Z_1 = \frac{I_{1n} \times Z_1}{V_{1n}} \times 100 = \frac{(\frac{I_{2n}}{n})(n^2 Z_2)}{nV_{2n}} \times 100 = \frac{I_{2n} \times Z_2}{V_{2n}} \times 100 = \%Z_2 \text{ 이 된다.}$$

$\therefore \%Z_1 = \%Z_2$

4 기준 MVA의 의미

① 전원 측에서 부하 측 또는 단락점으로 보낼 수 있는 최대 용량으로 변전소의 최대 변압기 용량이나 수전 측을 기준으로 하는 경우 수전 측 최대 변압기 용량으로 결정

② 대부분 전력회사 측에서 수용가 측에 보내는 용량으로 한국에서는 100[MVA], 22[kV] 급을 많이 사용

5 단락전류의 종류

1) 단락현상과 선택

① 단락현상

㉠ 3상 단락

㉡ 2선 단락

㉢ 1선 지락

② 단락의 선택

㉠ 차단기의 용량이나 케이블의 규격을 결정하기 위해서는 최대치가 되는 단락전류를 감안한다. 따라서 직접접지에서는 1선 지락을, 기타 접지방식에서는 3상 단락을 감안한다.

㉡ 계전기의 정정일 때는 최대(3상 단락, 1선 지락)와 2선 단락 시에도 동작하는지를 확인하기 위하여 두 가지 모두 계산이 필요하다.

2) 단락전류의 종류

① 단락전류의 형태

㉠ First Cycle Current

계통의 고장전류 발생 시 $\frac{1}{2}$사이클 시점의 고장전류

㉡ Interrupting Fault Current

차단기가 동작할 수 있는 3~5사이클 후의 고장전류

㉢ Stead State Fault Current

회전기기의 영향이 없는 안정시간(30사이클) 후의 고장전류

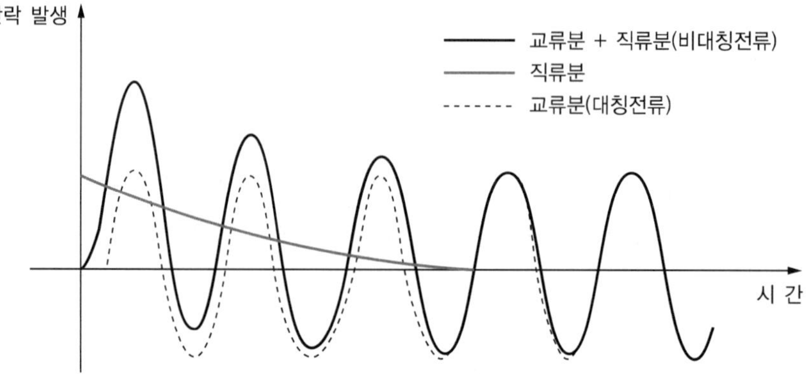

▌ 직류성분의 감쇄와 비대칭 전류

② 단락전류의 종류

㉠ 최대 비대칭 단락전류 실효치(First Cycle Fault Current)=Iasym[rms]

$$I_{as} = \sqrt{\left(\frac{B}{\sqrt{2}}\right)^2 + A^2}$$

- 계통의 고장전류 발생 시 $\frac{1}{2}$사이클 시점의 고장전류
- 모든 회전기는 차과도 리액턴스(X_d'')를 적용
- 케이블 굵기 검토, 변성기 정격 검토, 보호계전기 순시탭 정정에 사용하며, 저압차단기용

㉡ 대칭 단락전류 실효치(Interrupting Fault Current)=Isym[rms]

$$I_s = \frac{B}{\sqrt{2}}$$

- 차단기가 동작할 수 있는 3~8사이클 후의 고장전류
- 발전기는 차과도 리액턴스(X_d''), 기타 회전기는 과도 리액턴스(X_d')를 적용
- 고압 및 특고압 차단기 선정에 사용

㉢ 정상 상태에서의 단락전류(Stead State Fault Current)

- 회전기에 의한 영향이 없어지는 안정된 시간(30사이클) 후의 전류
- 발전기는 과도 리액턴스(X_d')를 적용
- 보호계전기 한시탭 정정에 사용

㉣ 최대 비대칭 단락전류 순시치

- 단락 발생 후 $\frac{1}{2}$사이클에서 최대가 되는 순시값
- 적용 : 직렬기기의 기계적 강도를 검토할 때 사용
- $I_p = I_s \times 2.5$

참고정리

➤ **단락전류의 종류**

❶ 대칭 단락전류

① 대칭 단락전류 실효치

② 교류분만의 실효치

③ ACB, MCCB, Fuse 선정 시 기준전류

❷ 비대칭 단락전류

① 최대 비대칭 단락전류 실효치 : 전선, CT 등의 열적 강도 검토 시

② 최대 비대칭 단락전류 순치 시 : 직렬기기의 기계적 강도 검토 시

③ 3상 평균 비대칭 단락전류 실효치

3) 비대칭 계수(K)

① 정 의

㉠ 비대칭 계수 K 는 전원점에서 단락점까지의 $\dfrac{X}{R}$ 로 시간에 따라 변하며, 단상 최대 비대칭 계수와 3상 평균 비대칭 계수로 구분된다.

㉡ 비대칭 단락전류 $I_p = K \cdot I_s$

여기서, K : 비대칭 계수

I_s : 대칭 단락전류

② 단상 최대 비대칭 계수(K_1)

㉠ Power Fuse와 같이 각상별로 차단하는 기기의 단락전류 구할 때 적용

㉡ 회로의 $\dfrac{X}{R}$ 이 불분명할 경우 K_1값

- 단락점이 전원 측에 가까울 때 약 1.6 적용
- 단락점이 전원 측에서 멀 때 약 1.4 적용

③ 3상 평균 비대칭 계수(K_3)

㉠ ACB, MCCB 등 3상을 동시에 개폐하는 기기의 단락전류를 구할 때 적용

㉡ 회로의 $\dfrac{X}{R}$ 이 불분명할 경우 K_3값

- 단락점이 전원 측에 가까울 때 약 1.25 적용
- 단락점이 전원 측에서 멀 때 약 1.1 적용

6 차단기의 정격

1) 정격전압

① 차단기의 정격전압이란 규정된 조건을 만족하는 개폐동작을 할 수 있는 사용회로의 상한을 말하며 선간전압의 실효치로 나타낸다.

② 정격전압 = 공칭전압 $\times \dfrac{1.2}{1.1}$

③ 즉, 22.9[kV] 차단기의 정격전압은 25[kV]이다.

2) 정격전류

① 정격전압, 정격주파수에서 그 차단기에 온도 상승을 초과하지 않고 연속적으로 흘릴 수 있는 전류의 한도를 말한다.

② 보통은 기동전류나 전압강하의 영향, 기타 안정도를 고려해서 최대 부하전류의 1.2배 정도로 하고, 장차 부하 증가가 예상되는 경우에는 1.5배 정도의 정격전류를 갖는 차단기를 채용한다.

3) 정격차단전류

① 정격 및 규정된 표준동작 책무와 동작상태에서 차단할 수 있는 차단전류의 한도를 말한다.

② 정격차단전류는 차단전류의 교류분 실효치를 나타내나 직류분을 포함해서 차단전류의 한도를 나타내는 경우에는 정격비대칭 전류를 사용한다.

㉠ 정격차단전류 $= \dfrac{X}{\sqrt{2}}$

㉡ 정격비대칭 차단전류 $= \sqrt{\left(\dfrac{X}{\sqrt{2}}\right)^2 + Y^2}$

③ 초고압 회로의 고속차단 시나 발전기 단자에 가까운 회로 등에서 비교적 단시간 차단하는 경우는 직류분을 무시할 수 없으나, 고압회로의 차단기는 직류분의 영향은 거의 없다고 생각해도 되는 경우가 많다.

4) 정격차단용량

차단용량[MVA] = $\sqrt{3}$ × 정격전압[kV] × 정격차단전류[kA]

참고정리

1 표준전압
우리나라에서 사용하고 있는 표준전압에는 공칭전압과 최고전압이 있다.

2 공칭전압
전선로를 대표하는 선간전압을 말하고 이 전압으로써 그 계통의 송전전압을 나타낸다.

3 최고전압
그 전선로에 통상 발생하는 최고의 선간전압으로서 염해대책, 1선 지락고장 시 등 내부 이상전압, 코로나 장해, 정전유도 등을 고려할 때의 표준이 되는 전압

7 단락전류를 산출하는 과정에서 먼저 가정되어야 할 항목

① 2차 간선(Feeder) 단락 가정
② 가장 큰 고장전류인 3상 단락사고를 가정
③ 부하전류가 없는 것으로 가정하고, 3상 단락전류인 이상전류만 있다고 가정
④ 전력회사와 발전기원의 전압은 무부하 시의 전압과 같다고 가정
⑤ 변압기 %임피던스 값은 실제 값을 사용하고, 모를 때는 7.5[%]까지 가정하여 제시
⑥ 동기전동기나 유도전동기를 사고 발생 시 정격운전 가정
⑦ $\frac{X}{R}$ 비를 정확히 모를 때는 상대적으로 높은 값을 가정

$\frac{X}{R}$ 비가 클수록 과도현상이 커지고 단락전류가 커진다. 일반적으로 154[kV]에서는 20, 22[kV]급에서는 4 정도를 예상

⑧ 배전반(Switch Board)이나 분전반(Panel Board)의 모선 임피던스는 무시한다고 가정
⑨ 모든 계산은 정확한 계산이 불가능하므로 약(About)을 전제한다.
⑩ 과도 상태는 X_d''(초기 과도 리액턴스), X_d'(과도 리액턴스), X_d(동기 리액턴스)가 있으며, 대부분 X_d'(과도 리액턴스) 상태를 고려한다.

X_d'는 $\frac{1}{2}$~3사이클 이내이다.

참고정리

➤ 과도 리액턴스

1 X_d'' (초기 과도 리액턴스)

① Sub-Transient Reactance로 단락 발생 직후 전기회로 자체 특성으로 직류성분이 나타나며 이 구간의 리액턴스를 말하며, 단락 후 수 사이클 이내의 값

② 발전기 단자전압, 내부 유도기전력, 여자전류 등 모든 조건이 고장 전과 동일 가정

2 X_d' (과도 리액턴스)

① Transient Reactance로 직류성분이 소멸되고 순수한 대칭성분의 단락전류에서의 리액턴스

② 단락 후 수 사이클에서 2초 이내 값

③ 발전기의 모든 조건이 고장 전과 동일

3 X_d(동기 리액턴스)

① Synchronous Reactance로 단락 후 과도구간이 지나면 대부분 지상성분인 단락전류에 의해서 발전기 내부의 전기자 반작용이 발생하여 단자전압을 급격히 떨어뜨려 정격전류의 2배 미만의 적은 단락전류, 즉 이때의 리액턴스 값

② 발전기의 내부 유도기전력은 동일

8 기여전류의 종류

사고전류의 기본 Source는 전력회사 System, 발전기, 동기전동기, 유도전동기 등이다.

1) 전원 측(Utility)

정상전압과 기준 MVA에 의한 기여전류 공급에 의한 단락전류

2) 동기발전기

[%]9로 적용하여 대부분 정상 전류분의 약 11배 크기의 기여전류 공급에 의한 단락전류

3) 동기전동기

[%]10로 적용하여 대부분 정상 전류분의 약 10배 크기의 기여전류 공급에 의한 단락전류

4) 유도전동기

[%]25로 적용하여 대부분 정상 전류분의 약 4배 크기의 기여전류 공급에 의한 단락전류

기여전류원의 종류와 합

기여전류원	각각의 기여전류 크기	합성 크기
전원 측(Utility)		X_d'' X_d'
동기발전기		
동기전동기		
유도전동기		

9 단락전류 산출 시 $\%Z$ 법을 많이 사용하는 이유

① 한전 측에서 제공하는 선로 조건에서 기준 MVA와 $\%Z$치로 주어지기 때문에 같은 FLOW로 임피던스맵 도식에 적용이 간단

② 기준용량에 $\%Z$ 일치가 용이

③ 선로의 각 전압에 따른 선로 $\%Z$를 바꿀 필요가 없음

④ **임피던스법으로 나타낸 수치를 $\%Z$로 바꾸기가 용이**

$$\%Z = \frac{\text{kVA} \cdot Z}{10V^2}$$

⑤ **$\%Z$로부터 단락전류 및 차단용량의 계산이 용이**

㉠ $I_S = \dfrac{100}{\%Z} \times I_n$

㉡ 차단용량 $= \sqrt{3}$ (3상)정격전압[kV] $\times I_S \times (1.1 \sim 1.6)$(비대칭 계수에 따른 증가계수)

10 단락전류 계산방법

1) 임피던스법

① 옴의 법칙(Ohm's law)

㉠ 옴의 법칙은 단락전원으로부터 고장점까지의 기기, 선로 등의 각 부분의 임피던스를 옴값으로 환산하여 계산

$$I_s = \frac{E}{Z} = \frac{E}{Z_G + Z_T + Z_L}[\text{A}]$$

여기서, E : 상전압　　Z_G : 발전기
Z_T : 변압기　　Z_L : 선로임피던스

㉡ 회로 중 변압기가 있으면 기준전압으로 환산해야 하는 불편이 있음

② %임피던스법

기기, 선로 등의 각 임피던스를 기준용량, 기준전압에 대한 임피던스로 환산하여 옴의 법칙을 적용하여 계산 ⇒ 일반적으로 사용

$$\%Z = \frac{I_n Z}{E} \times 100[\%]$$

$$Is = \frac{E}{Z} = \frac{E}{\frac{\%ZE}{100 I_n}} = \frac{100}{\%Z} \times I_n$$

③ 단위법(Per Unit System)

㉠ $\%Z$값을 한 Per Unit 임피던스로 표시한 것

㉡ 전압, 전류, 전력 등에 어떤 기준량을 정하고 그 기준전압 또는 기준전류에 몇 배인가를 표시하는 방법

$$Z_{[PU]} = \frac{\%Z}{100} = \frac{Z[\Omega]}{Z_{base}[\Omega]}$$

$$I_s = \frac{\text{기준}[\text{kVA}]}{\sqrt{3}\,V[\text{kV}]Z_{[PU]}}[A]$$

2) 클라크좌표법

① 3상 불평형 회로를 α, β, 0 회로로 분해하여 계산 후 합성하는 방식으로 실무에서는 적용하지 않는다.

② **계산방법**

㉠ 각상전류의 합을 0회로전류라 부른다.

㉡ a상에서 유출, b 및 c상으로 등분되어 돌아오는 전류를 α회로 전류라 한다.

㉢ b상과 c상 간을 환류하는 전류를 β회로전류라 한다.

㉣ 이 3가지 전류성분으로 각상전류를 분해해서 3상 불평형의 전압, 전류의 해석을 하는 것을 말한다.

3) 대칭좌표법

3상 불평형 회로 해석을 쉽게 하기 위해서 비대칭회로를 영상, 정상, 역상으로 분해하여 대칭회로로 계산 및 합성하여 해를 구하는 것이다.

① **0-1-2 도메인(영상, 정상, 역상)**

$$V_0 = \frac{1}{3}(V_a + V_b + V_c) \qquad I_0 = \frac{1}{3}(I_a + I_b + I_c)$$

$$V_1 = \frac{1}{3}(V_a + aV_b + a^2V_c) \qquad I_1 = \frac{1}{3}(I_a + aI_b + a^2I_c)$$

$$V_2 = \frac{1}{3}(V_a + a^2V_b + aV_c) \qquad I_2 = \frac{1}{3}(I_a + a^2I_b + aI_c)$$

② **a-b-c 도메인(영상, 정상, 역상)**

$$V_a = V_0 + V_1 + V_2 \qquad I_a = I_0 + I_1 + I_2$$

$$V_b = V_0 + a^2V_1 + aV_2 \qquad I_b = I_0 + a^2I_1 + aI_2$$

$$V_c = V_0 + aV_1 + a^2V_2 \qquad I_c = I_0 + aI_1 + a^2I_2$$

019 IEC 단락전류 계산방법에 대하여 다음 4가지 전류의 의미와 계산하는 방법 및 차단기 정격 선정과 보호협조의 적용
1) I_k'' 2) I_p 3) I_b 4) I_k

1 개 요

전력계통에 있어서 단락전류를 구하는 경우 그 값을 사용하는 목적은 다음과 같다.

① 계통의 차단기, 퓨즈의 선정
② 계전기의 조정
③ 계통의 기계적 강도에 대한 고려
④ 계통의 열적 강도에 대한 고려

2 단락전류의 형태

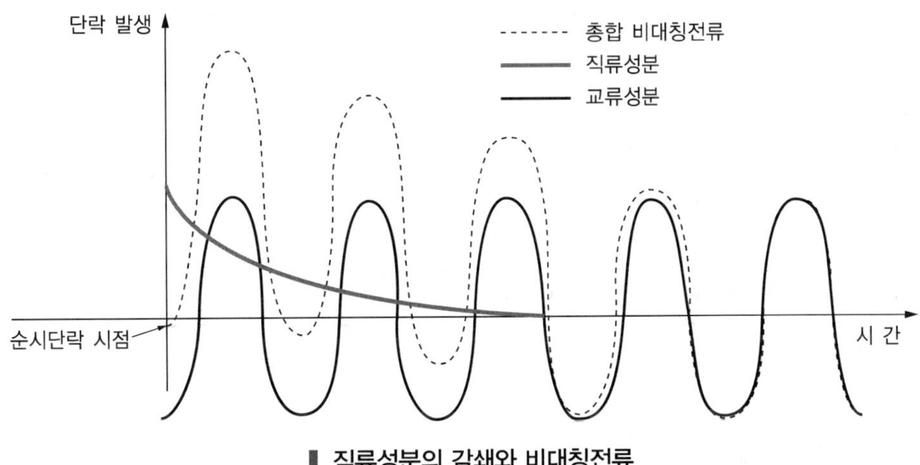

▌ 직류성분의 감쇄와 비대칭전류

3 IEC 60909 계산방법 및 적용

1) I_K''(Initial Symmetrical Short Circuit Current)

① **정의** : 차과도 리액턴스에 의해서 제한되는 초기 대칭 단락전류를 의미한다.
② **계산방법** : 초기 과도전류의 교류 실효치는 다음 식으로 계산한다.

$$I_K'' = \frac{C V_n}{\sqrt{3} \times Z_K}$$

여기서, C : Voltage Factor
V_n : 공칭전압
Z_K : 고장 상태에서의 등가 임피던스

공칭전압[V]		Voltage Factor	
		최대 단락전류	최소 단락전류
저전압	1,000[V] 이하	1.05	1.00
중전압	1[kV] 초과 35[kV] 이하	1.10	1.00
고전압	35[kV] 초과 230[kV] 이하	1.10	1.00

③ **적용** : 초기 과도전류는 고 · 저압의 퓨즈 차단용량을 결정하는 데 사용되고, 또한 다른 계산의 기초가 된다.

2) I_P (Peak Short Circuit Current)

① **정의** : 단락전류의 최대치를 말한다.

② **계산방법** : 초기 과도전류의 최대치는 첫 주파수의 파고치로 다음 식으로 계산한다.

$I_P = \dfrac{\sqrt{2} \times X \times I_K''}{R}$, $\dfrac{X}{R}$: 직류분, $\sqrt{2} \cdot I_K''$: 최대치

③ **적용** : 초기 과도전류의 최대치는 차단기의 투입 정격을 결정하는 데 사용되고, 또한 단락전류에 의한 기계적인 힘을 계산하는 데 적용된다.

3) I_b (Symmetrical Breaking Current)

① **정의** : 차단기 접점이 개극되는 순간에 흐르는 대칭 단락전류를 의미한다.

② **계산방법**

대칭 단락전류의 계산	교류전류의 감쇄원인이 되는 요소
• 동기기의 경우 $I_b = u I_K''$ • 비동기기의 경우 $I_b = u q I_K''$ • 여기서 u 와 q는 교류전류의 감쇄원이 되는 요소	• 각 기기의 단락전류에의 기여도 • $\dfrac{X}{R}$ Ratio • 차단기의 개극시간 • 회전기의 특성에 따라 달라지는 계수

③ **적용** : 차단기의 차단 용량을 계산하는 데 적용한다.

4) I_K (Steady State Short Circuit Current)

① **정의** : 과도 상태가 지난 후에 정상 상태로 되었을 경우에 흐르는 전류를 말한다.

② **계산방법**

㉠ $I_{K-\max} = \lambda_{\max} \times I_{rG}$

㉡ $I_{K-\min} = \lambda_{\min} \times I_{rG}$

여기서, λ : 발전기의 유기전압과 초기 대칭 단락전류 사이의 비율함수(발전기의 종류)

I_{rG} : 발전기의 등급

③ **적용** : 발전기의 단락비 또는 동기 임피던스를 고려하는 데 참고가 된다.

4 단락전류의 종류별 사용

고장전류	사이클	발전기	회전기	전동기	사 용
First 사이클	1/2	–	X_d''	$X_d'' \times (1 \sim 1.2)$	케이블 굵기, 순시 Tap 선정, ACB, PF 선정
Interrupting	3~8	X_d''	X_d'	$X_d'' \times (1.5 \sim 3)$	고압 및 특고압 차단기 용량 선정
Steady State	30	X_d'	–	–	한시 Tap 선정

020 단락전류를 구하는 FLOW

1 개 요

① 단락전류를 구하는 방법으로는 대칭좌표법, 클라크법, %Z법, ohm's법, pu법 등이 있으나, 그중에서 계산이 간략하고 손쉽게 적용할 수 있는 장점 때문에 %Z법이 적용된다.

② 단락전류를 구하는 목적은 전기 계통시스템의 구성을 검토하고 계획하는 데 있어서 그 기계적 및 열적 강도, 기계의 분리 및 안정성, 시스템의 경제성 등을 결정하는 데 이 단락전류가 중요한 기초가 된다.

2 단락전류를 구하는 Flow Chart

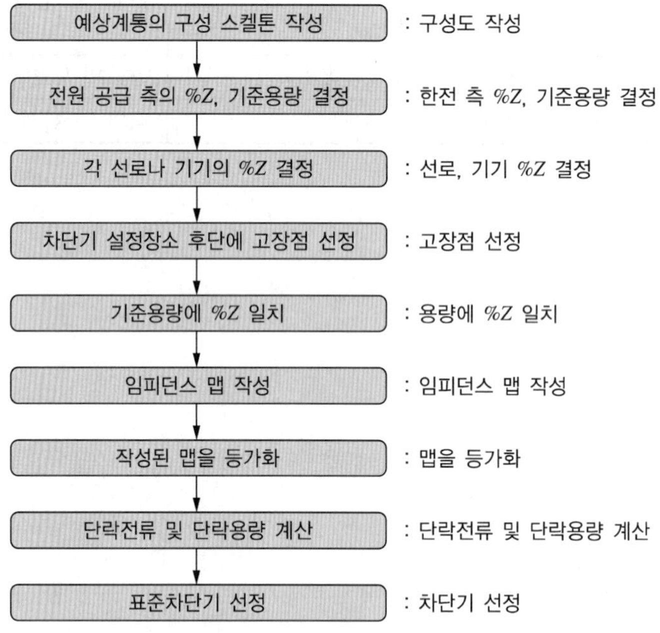

3 각 항목별 특성

1) 예상계통의 구성 스켈톤 작성

수전방식, 배전방식이 표현된 스켈톤을 작성

2) 전원 공급 측의 $\%Z$, 기준용량 조사

전원을 공급하는 측, 즉 한전 측 선로의 임피던스 비율의 크기를 통보받아야 한다.

3) 각 선로나 기기의 $\%Z$ 조사

① 스켈톤이 구체적으로 예시되지 않은 경우 차단기 및 선로의 부속기기들의 $\%Z$들은 무시되고 변압기, 긴 거리의 특고 및 고압측의 선로 임피던스를 가지고 계산

② 선로의 경우 옴의 법칙으로 주어질 수 있으므로 $\%Z$로 치환

$$\%Z = \frac{PZ}{10\,V^2}$$

4) 고장점 선정

차단기의 용량 결정은 단락이 발생하였을 경우 이를 차단・복구하는 데 그 목적이 있으므로 차단기 선정 지점 후단에 고장점을 선정

5) 기준용량에 $\%Z$를 일치

%임피던스법을 사용하면 전압이 다른 것에 대한 부분은 고려하지 않아도 되나, 기준 MVA에 부하 $\%Z$를 일치시켜야 한다.

6) 임피던스 맵 작성

전원 측과 발전기가 병렬운전할 경우 맵을 전원 측과 합치고 단독운전일 경우에는 분리

7) 작성된 맵의 등가화

선정점을 기준으로 직・병렬 합산하여 전체 $\%Z$ 수치를 구한다.

8) 단락전류 및 단락용량 계산

전체 $\%Z$를 가지고 단락전류 및 단락용량을 구한다.

① **단락전류**

$$I_s = \frac{100}{\%Z} \times I_n = \frac{100}{\%Z} \times \frac{\text{기준용량}}{\sqrt{3} \times \text{정격전압}} [\mathrm{A}]$$

② **단락용량**

$$P_s = \frac{100}{\%Z} \times P_n [\mathrm{MVA}]$$

9) 표준차단기 선정

단락전류에 의해 단락용량을 구한 경우 이 수치에 안전율을 고려한 차단용량을 구한 다음 상위계급의 표준차단기를 선정한다.

단락전류 $= \sqrt{3} \times I_s \times k$ (1.1~1.6 : 3상과 단상에 따라 달라짐)

정격전압[kV]	단락전류[kA]	표준차단기 용량[MVA]
7.2	12.5	160
	20	250
	31.5	390
	40	500
24	12.5	520
	20	830
	25	1,000
	40	1,700

021 수변전설비의 단락용량 경감대책

1 개 요

① 수변전설비의 계획 시(설계 시) 단락용량보다 실제 운용 시 단락용량이 증가하는 경우 기존 차단기의 차단용량이 부족하게 되고 사고 시 사고점의 파괴는 물론 2차적인 재해를 유발할 수 있다.

② 따라서 차단기를 비롯한 보호기의 교체는 설치비 증가와 공사기간 등의 문제를 발생시키기 때문에 보호기를 교체하는 대신에 다음과 같은 공사방법으로 단락전류를 억제한다.

2 단락전류의 억제대책

1) 계통 분리

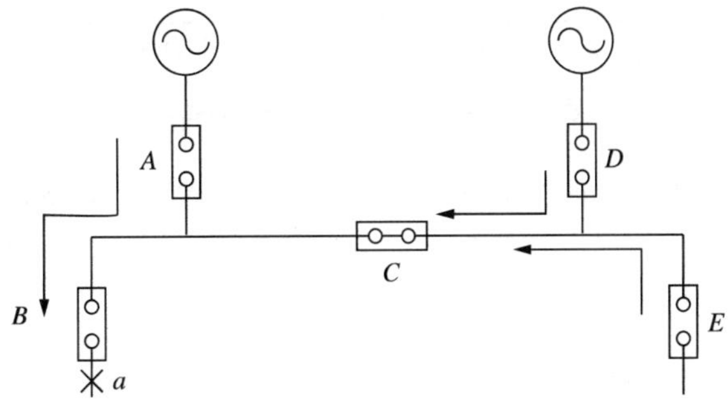

① **원 리**

a점 사고 시 재빨리 C점 차단기를 트립하여 계통을 분리한 후 B점 차단기를 차단하여 기여 전류원을 감소시켜 단락전류를 경감하는 원리

② **특 징**

㉠ 차단기의 단락용량을 크게 하지 않아도 된다.
㉡ 설치비가 싸다.
㉢ 계전기에 의한 동작협조, 인터로크 등의 설치로 회로가 복잡하다.
㉣ 모선 연결 차단기의 차단 후 재병렬 투입이 필요하다.

③ **문제점**

계통 분리가 끝날 때까지 과대한 단락전류가 차단기 및 직렬기기에 흘러 열적, 기계적 파손의 염려가 있다.

2) 변압기의 임피던스 컨트롤

① **원 리**

변압기 주문 제작 시 협의하여 변압기의 임피던스를 증가시켜 단락전류를 억제하는 방식

② **특 징**

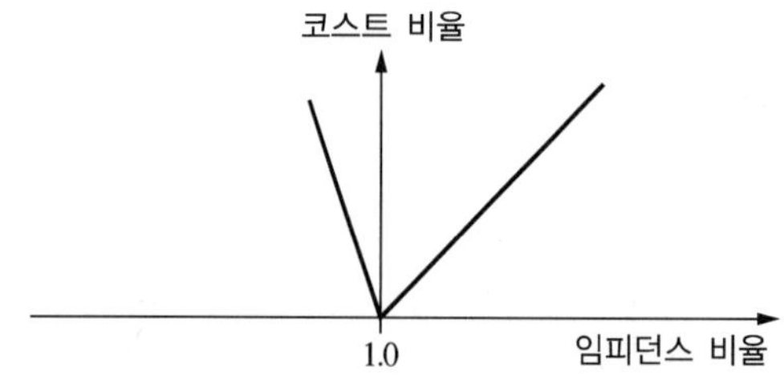

▌ 변압기 임피던스와 코스트(Cost)의 비

㉠ 변압기 가격이 수변전설비에서 차지하는 비중이 높으므로 경제적인 검토가 필요하다.

㉡ 전압변동이 커진다.

㉢ 부하손이 커진다.

3) 한류 리액터

① **원 리**

수전설비 용량 증가 시 차단기를 교체하지 않고 한류 리액터를 설치하여 단락전류를 억제하는 방식

② **특 징**

㉠ 차단기를 그대로 사용하면서 큰 용량에 대응한다.

㉡ 설치면적이 증가한다.

㉢ 운전손실 증가 및 전압강하로 램프의 수명, 전동기의 기동에 악영향을 준다.

③ 대 책

특고압 및 고압회로를 피하고 가급적 저압 분기회로에 설치하는 것이 유리하다.

4) 캐스케이드 보호방식

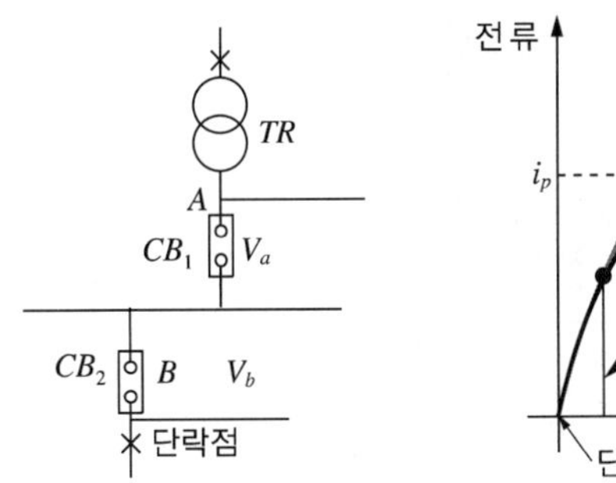

▌캐스케이드 보호방식

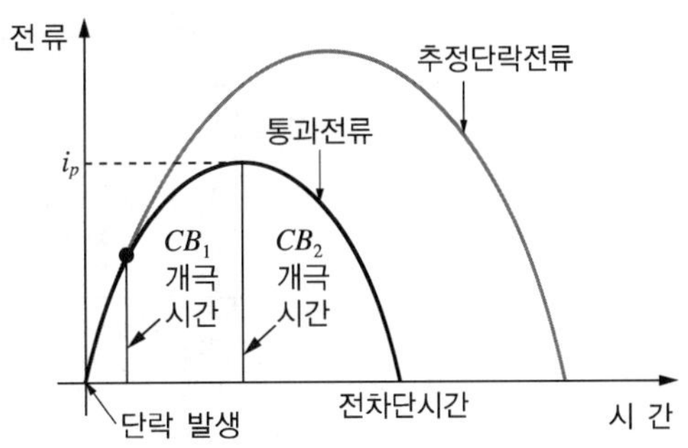

▌캐스케이드 보호방식 차단시간

① 원 리

㉠ 분기회로 차단기(B)의 설치점에서 회로의 단락용량이 분기회로의 차단기(B) 차단량을 초과할 때 주회로 차단기(A)에 의해 후비보호를 행하는 방식이다.

㉡ 단락점에 대하여 CB_1의 개극시간이 동등하거나 짧으면, 단락점의 단락전류는 차단기(B)의 접점에 발생하는 아크뿐만 아니라 A점의 접점에 발생하는 아크로 중첩 분리되어 쌍방 협력하여 차단을 행한다. 따라서 B에 가해지는 에너지를 저감시키는 것이 캐스케이드 보호방식의 원리이다.

② B차단기가 캐스케이드 방식으로 보호되기 위한 조건

㉠ 통과에너지(I^2t)가 CB_2 차단기의 허용값 이하일 것 : 열적 강도 검토

㉡ 통과전류 파고치(I_p)가 CB_2 차단기의 허용값 이하일 것 : 기계적 강도 검토

㉢ CB_2의 전차단 특성곡신과 CB_1차단기의 개극시간 교차점이 CB_2의 차단기의 차단용량 이내일 것

㉣ 부하 측 차단기에 발생하는 아크에너지는 부하 측 차단기 허용치 이하일 것

5) 한류 Fuse에 의한 Back Up 차단방식

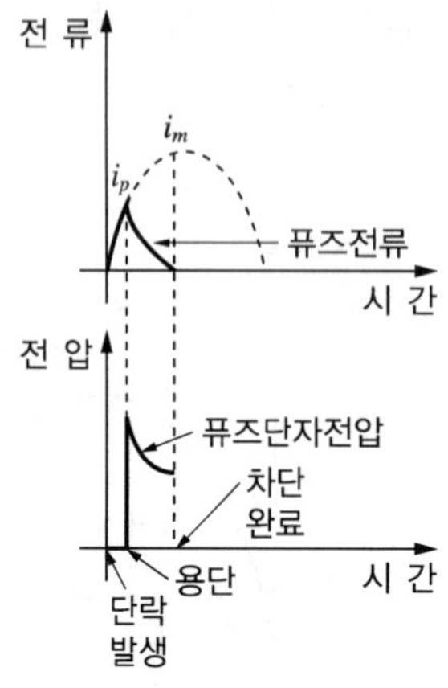

① **전력퓨즈**

전력퓨즈는 차단시간이 빠르고 그 외에 한류를 차단할 수 있다는 점이 특징이다.

② **차단기**

차단기-차단기의 백업차단방식에서는 직렬기기가 통과되는 단락전류에 견딜 수 있느냐의 여부가 문제되는데 이것은 전력퓨즈의 고속 한류 특성을 이용하면, 깨끗이 해결되어 이상적인 백업방식을 행할 수 있다.

6) 계통연계기

▌평상시 임피던스 ▌한류 시 임피던스

① **원 리**

㉠ 계통연계기는 일종의 가변 임피던스 소자(L과 C소자)로 계통에 직렬로 삽입한다.

㉡ 평상시는 낮은 임피던스로 조류를 자유로이 통과시키고, 사고 시에는 높은 임피던스로 단락 시 대전류를 억제하는 방식이다.

② **특 징**

㉠ 대용량의 설비에 적용되며, 유럽에서 많이 사용하는 방식이다.

㉡ 설치비가 비싸다.

7) 저항에 의한 한류방식

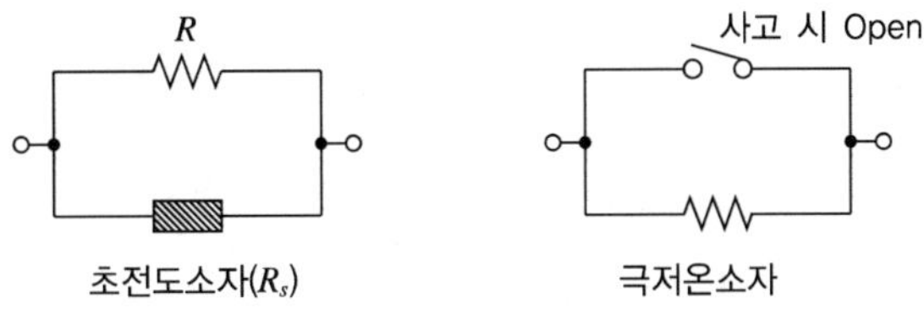

① **초전소자 이용**

상시 $R_s = 0$이고 사고 시 소자에 자계를 주어 상전도로 이행하여 단락전류를 억제하는 방식

② **극저온 소자 이용**

극저온 소자의 발열에 의한 저항 증가로 전류를 억제하는 방식

022 계통연계기

1 계통연계기 구성 및 원리

1) 계통연계기 구성

$|X_L| \simeq |X_C|$일 때

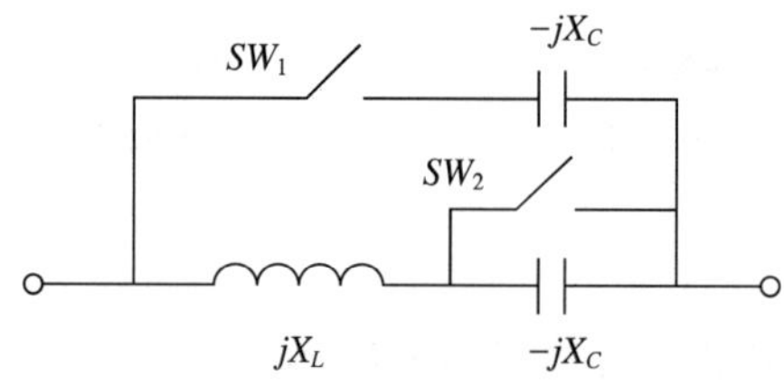

2) 계통연계기 원리

구 분	SW₁	SW₂	임피던스	원 리
상시(정상 시)	off	off	$X_N = jX_L + (-jX_C) = 0$	직렬공진
한류 시(고장 시)	on	on	$X_S = \dfrac{jX_L \times (-jX_C)}{jX_L + (-jX_C)} = \infty$	병렬공진

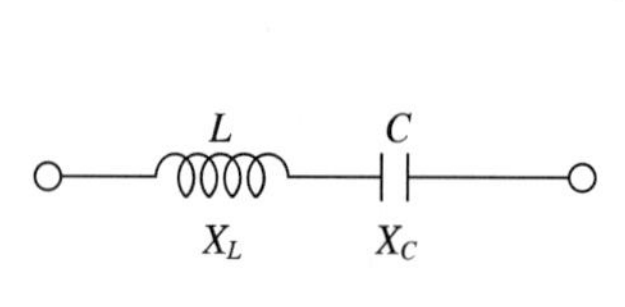

(a) 상시 임피던스

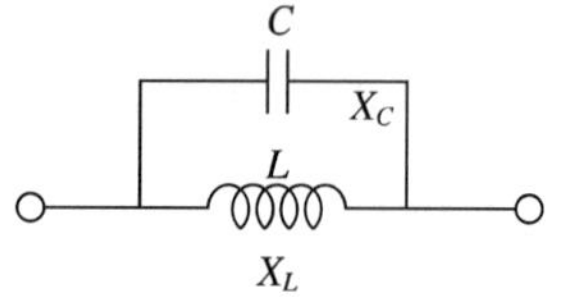

(b) 한류 시 임피던스

2 계통연계기 동작

① $X_L \simeq -X_c$이면 X_N은 작고 X_S는 커진다.

② 사이리스터를 사용하여 평시, 한류 시 두 회로 상태를 변환

③ 스위칭 응답속도는 매우 빨라서 사고 발생 후 1/2사이클 내에 한류동작

④ 단락사고가 차단기에 의해 트리핑되면 연계기는 재빨리 평상시의 회로 상태로 복귀

3 계통연계기 특징

① 단락전류를 억제
② 차단기를 교체하지 않아도 계통용량 증가
③ 평상시는 전력조류를 자유로이 통과(한류 리액터와 다른 점)
④ 정전 횟수가 줄어들어 신뢰도 향상
⑤ 예비 발전기의 여유 발생(변압기의 병렬운전)

4 계통연계기 설치장소

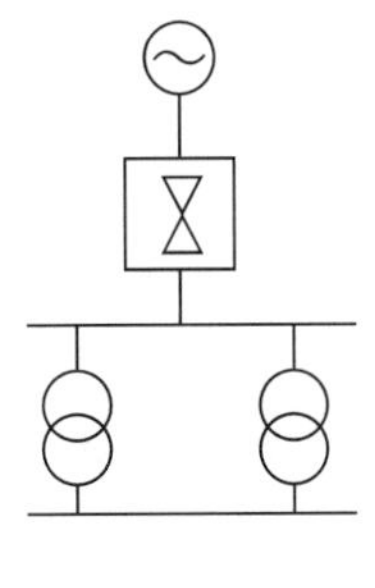

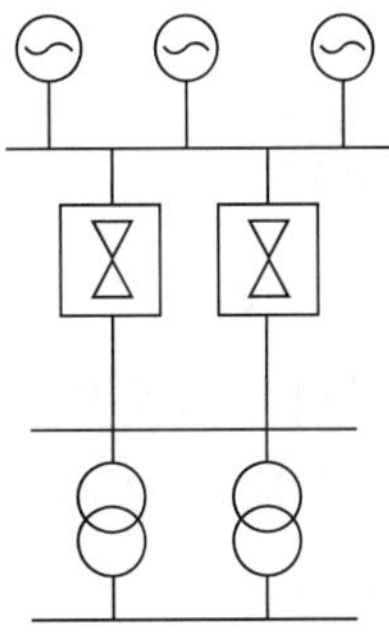

(a) 전력회사의 연계점

(b) 급전피더에 삽입(모선간)

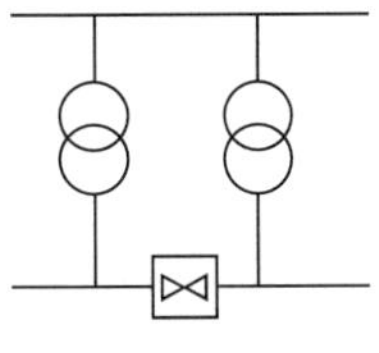

(c) 모선간

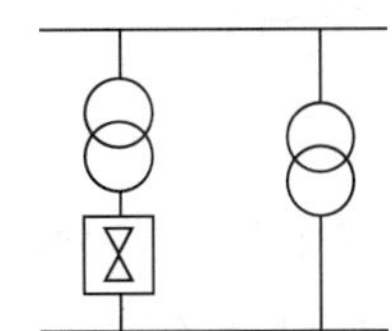

(d) 변압기 2차 측에 직렬로 삽입

023 초전도 한류기

1 초전도 한류기 구성

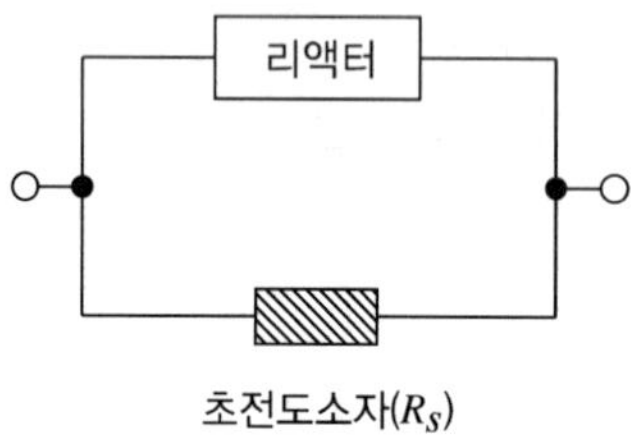

2 초전도 한류기 동작

① 0.1[ms] 내에 감지하여 수 [ms] 이내에 사고전류를 제한
② 영하 196[℃]에서 손실 없이 전류가 흐름
③ 초전도소자의 임계전류값 이상의 전류가 흐르면 초전도 성질을 잃어(Quench) 임피던스가 발생하여 사고전류 제한

3 초전도 한류기 특징

① 선로에 손실 없음
② 1/4사이클 이내에 사고전류를 제한하여 피해를 최소화함
③ 0.5초 이내에 다시 초전도 상태로 복귀함
④ 기존의 기기 교체 없이도 적용이 가능함
⑤ 한류효과가 우수하나 초전도소자가 이상전압에 쉽게 손상될 수 있는 단점이 있음

4 초전도 한류기 종류

1) 저항형

① 초전도체에 고장전류가 흐를 때 초전도성을 잃어 저항이 발생하는 성질을 이용
② 전류가 과도하게 흘러 일정한 값(임계전류)을 넘으면 초전도성을 잃어 저항이 급속하게 발생

2) 포화철심형

① 각각 AC 코일을 감아 선로에 연결하고 반대쪽을 DC 코일로 감아 DC 회로에 연결해 구성

② 상시 : DC 코일에 전류를 인가해 철심이 포화(전류가 잘 흐름)

③ 고장 시 : 철심의 포화를 풀어 AC 코일의 임피던스가 커져 전류를 제한

3) 자기차폐형

① 철심의 1차 측에 AC 코일, 2차 측에 초전도체 설치

② 상시 : 2차 측 초전도체에 흐르는 전류가 적어 초전도 상태를 유지하면서 철심의 자기장이 'Zero'가 되므로 1차 측 코일의 임피던스가 거의 없음

③ 고장 시 : 고장전류가 흐르면 초전도체가 초전도성을 잃어 철심 자기장에 의해 임피던스 발생

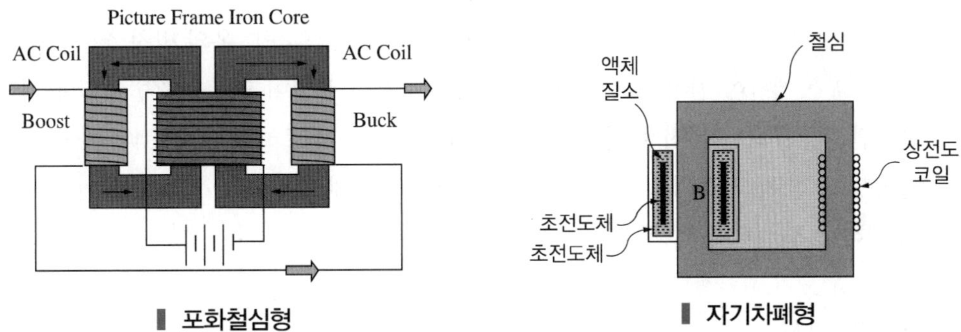

▌포화철심형

▌자기차폐형

5 적 용

현재 이천 변전소에서 운영 중(22.9[kV]/630[A]급)

024 A점과 B점의 단락전류 계산

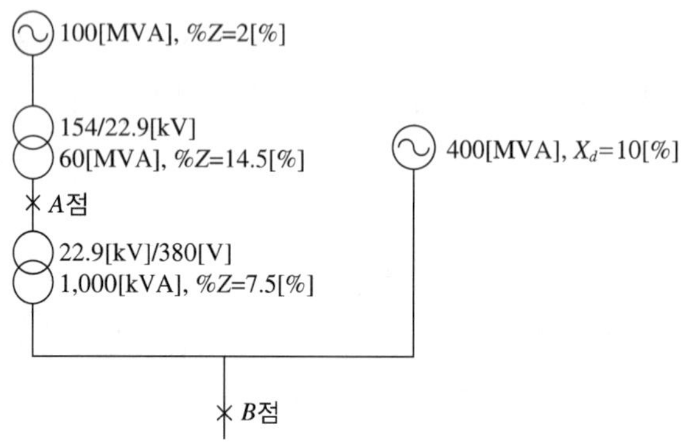

1 개 요

① 단락전류를 구하는 방법으로는 대칭좌표법, 클라크법, $\%Z$법, 옴의 법칙, pu법 등이 있으나, 그중 계산이 간략하고 손쉽게 적용할 수 있는 장점이 있는 $\%Z$법이 적용된다.

② 단락전류를 구하는 목적은 전기계통 시스템의 구성을 검토하고 계획할 때 그 기계적 및 열적 강도 검토, 기계의 분리 및 안정성, 시스템의 경제성 등을 결정하는 데 이 단락전류에 의해서 좌우되기 때문이다.

2 단락전류 계산

1) 전원 공급 측의 $\%Z$, 기준용량 결정

한전 측에서 Data를 통보받는다(주어지면 주어지는 값을 적용하고, 주어지지 않으면 기본적인 100[MVA], $\%Z=2$로 적용하여 계산한다).

2) 각 기기나 선로의 표준 임피던스를 결정

선로의 임피던스는 무시하고, 변압기에 대한 $\%Z$를 예상하면 다음과 같다.

① $\dfrac{154}{22.9}$[kV], 60[MVA]급은 $\%Z$가 14.5[%]

② $\dfrac{22.9\,[\text{kV}]}{380\,[\text{V}]}$, 1,000[kVA]급은 $\%Z$가 7.5[%]

3) 기준용량에 $\%Z$를 일치

① 한전 측에서는 기준용량 100[MVA]에 $\%Z=2$

② 154[kV] 선로의 변압기 $\%Z$를 환산

$$\%Z_{Ta} = \frac{100}{60} \times 14.5 = 24.2\,[\%]$$

③ 22[kV]급의 선로의 변압기 $\%Z$를 환산

$$\%Z_{Tb} = \frac{100}{1} \times 7.5 = 750\,[\%]$$

④ 발전기를 상시 발전기라고 가정하고 $\%Z$를 환산하면

$$\%Z_G = \frac{100}{0.4} \times 10 = 2{,}500\,[\%]$$

4) 임피던스 맵 작성(발전기와 외부 공급전원과의 병렬운전하는 조건)

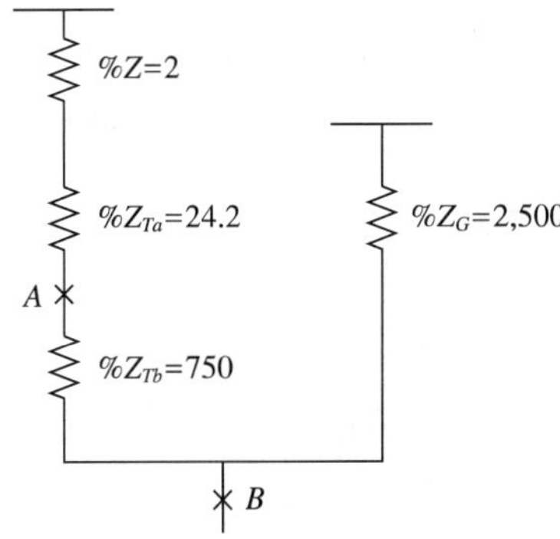

5) 임피던스 맵을 등가화하여 합성 임피던스를 구한다.

① A점의 합성 임피던스

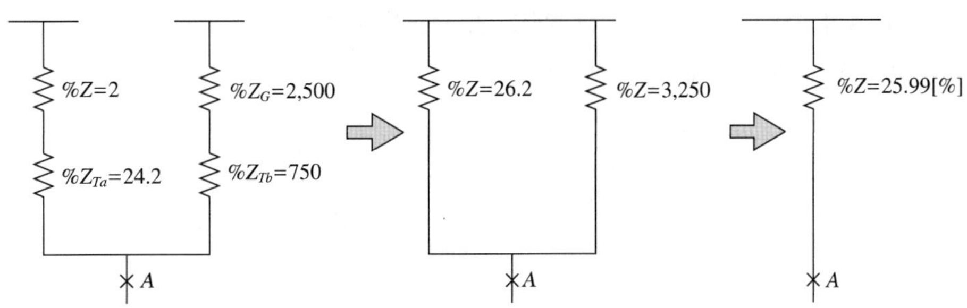

$$\%Z_A = 25.99\,[\%]$$

② B점의 합성 임피던스

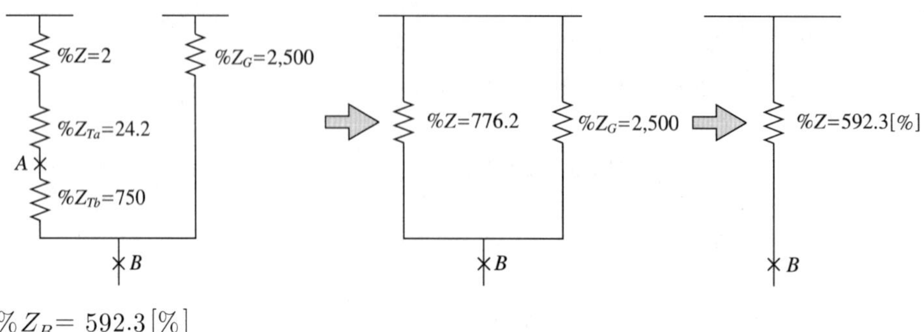

$\%Z_B = 592.3\,[\%]$

6) 단락전류 계산

① A점의 단락전류(I_{sa}) : 22[kV] 선로

$$I_{sa} = \frac{100}{\%Z_A} \times \frac{MVA}{\sqrt{3} \times 22.9} = \frac{100}{25.99} \times \frac{100 \times 10^3}{\sqrt{3} \times 22.9} = 9.7\,[kA]$$

② B점의 단락전류(I_{sb}) : 380[V] 선로

$$I_{sb} = \frac{100}{\%Z_B} \times \frac{MVA}{\sqrt{3} \times 0.38} = \frac{100}{592.3} \times \frac{100 \times 10^3}{\sqrt{3} \times 0.38} = 25.7\,[kA]$$

7) 적용차단기 결정

① A점 적용차단기 용량 : 25.8[kV]급 12.5[kA]

$\sqrt{3} \times 22.9 \times 9.7 = 384.7\,[MVA]$

② B점 적용차단기 용량 : 380[V]급 42[kA]

$\sqrt{3} \times 0.38 \times 25.6 = 16.8\,[MVA]$

8) 차단기 선정

① A점 차단기 : 520[MVA], 24[kV], 12.5[kA]

② B점 차단기 : 380[V], 42[kA]

025 다음 그림에서 송전선의 F점에서의 3상 단락전류 및 단락용량을 구하시오(단, G_1, G_2는 각각 50[MVA], 22[kV], 리액턴스 20[%], 변압기는 100[MVA], 22/154[kV], 리액턴스 12[%], 송전선의 거리는 100[km]로 하고 선로 임피던스는 Z = 0 + j0.6[Ω/km]이다).

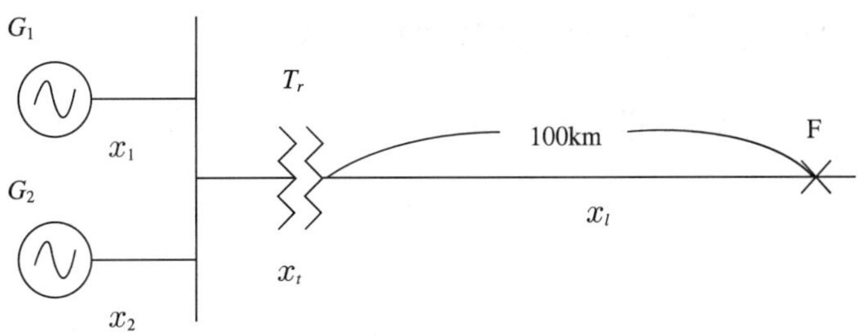

풀이 %Z법

1 기준용량

100[MVA]

2 전원 측

$$\% Z_S = j20 \times \frac{100}{50} \times \frac{1}{2} = j\,20\,[\%]$$

3 변압기

$$\% Z_{TR} = j12\,[\%]$$

4 선 로

$$\% Z_L = \frac{PZ}{10\,V^2} = \frac{100 \times 10^3 \times (j0.6) \times 100}{10 \times 154^2}$$

$$= j25.299\,[\%]$$

5 합성 %임피던스

$$Z_{TOT} = j20 + j12 + j25.299 = j57.299\,[\%]$$

6 단락용량

$$P_s = \frac{P_n}{\%Z} \times 100 = \frac{100}{57.299} \times 100 = 174.523\,[\text{MVA}]$$

$$P_s = \sqrt{3} \times I_s \times V = \sqrt{3} \times 654\,[\text{A}] \times 154\,[\text{kV}] = 174.5\,[\text{MVA}]$$

7 단락전류

$$I_n = \frac{100 \times 10^3}{\sqrt{3} \times 154} = 374.903\,[\text{A}]$$

$$I_s = \frac{374.903}{57.299} \times 100 = 654.292 \angle -90\,[\text{A}]$$

풀이 Sol 단위법(pu)

1 전원 측

$$Z_{S\,pu} = 20 \times \frac{100}{50} \times \frac{1}{2} \times \frac{1}{100} = j0.2\,(\text{기준용량 } 100\,[\text{MVA}])$$

2 변압기

$$Z_{TRpu} = j0.12$$

3 선로

$$Z_{Lpu} = \frac{PZ}{10\,V^2} \times \frac{1}{100} = \frac{100 \times 10^3 \times (j0.6) \times 100}{10 \times 154^2} \times \frac{1}{100}$$

$$= j0.253\,[\%]$$

4 합성 %임피던스

$$Z_{TOT} = j0.2 + j0.12 + j0.253 = j0.573$$

5 단락용량

$$P_s = \frac{P_n}{Z_{pu}} = \frac{100}{0.573} = 174.520[\text{MVA}]$$

$$P_s = \sqrt{3} \times I_s \times V = \sqrt{3} \times 654[\text{A}] \times 154[\text{kV}] = 174.5[\text{MVA}]$$

6 단락전류

$$I_n = \frac{100 \times 10^3}{\sqrt{3} \times 154} = 374.903[\text{A}]$$

$$I_s = \frac{374.903}{0.573} = 654.281\angle -90[\text{A}]$$

풀이 Sol Ω법

1 전원 측

$$Z_{G1} = \frac{10 \times j20 \times 154^2}{50 \times 10^3} = j94.864[\Omega]$$

$$Z_{G2} = \frac{10 \times j20 \times 154^2}{50 \times 10^3} = j94.864[\Omega]$$

$$Z_G = \frac{j94.864 \times j94.864}{j94.864 + j94.864} = j47.432[\Omega]$$

2 변압기

$$Z_{Tr} = \frac{10 \times j12 \times 154^2}{100 \times 10^3} = j28.459[\Omega]$$

3 선 로

$Z_L = j60\,[\Omega]$

4 전체 임피던스

$Z_{TOT} = j47.432 + j28.469 + j60 = j135.901\,[\Omega]$

5 단락전류

$$I_s = \frac{E}{Z} = \frac{154 \times 10^3}{\sqrt{3} \times j135.901} = -j654.240 = 654.240 \angle -90\,[\text{A}]$$

6 단락용량

$P_s = \sqrt{3} \times I_s \times V = \sqrt{3} \times 654.240\,[\text{A}] \times 154\,[\text{kV}] = 174.5\,[\text{MVA}]$

026 **다음 그림과 같은 계통에서 F점에서 단락사고 발생 시 전동기의 과도 리액턴스(X')에 의한 MF(Multiplying Factor)를 고려하여 단락전류를 계산하시오(단, 전원 측과 선로의 임피던스는 무시한다).**

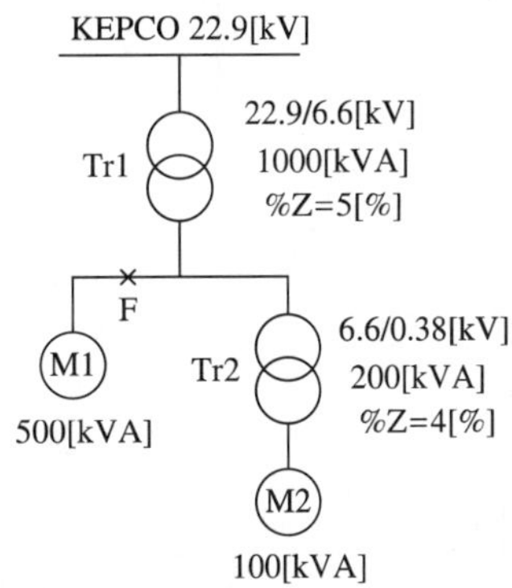

전동기 용량	X''[%]	MF(Interrupting Duty 3~8Cycle)
500[kVA]	17	1.5
100[kVA]	17	3

풀이

1 기준용량

1,000[kVA]

2 퍼센트 임피던스

$$M_1 = 17 \times \frac{1,000}{500} \times 1.5 = 51[\%]$$

$$M_2 = 17 \times \frac{1,000}{100} \times 3 = 510[\%]$$

$$Tr_2 = 4 \times \frac{1,000}{200} = 20[\%]$$

3 임피던스 맵

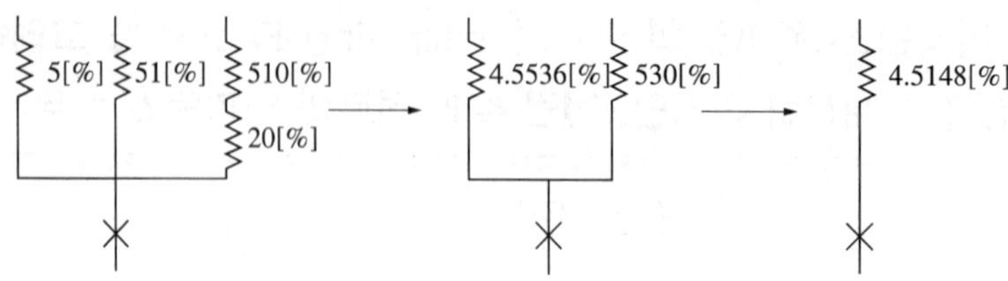

4 단락전류

$$I_n = \frac{1,000}{\sqrt{3} \times 6.6} = 87.477[\text{A}]$$

$$I_s = \frac{84.477}{4.51488} \times 100 = 1,871[\text{A}]$$

5 MF의 의미

1) 회전기의 임피던스

① 차과도 리액턴스(X_d'') → 과도 리액턴스(X_d') → 동기 리액턴스(X_d)

② 크기가 시정수에 따라 늘어남

③ 리액턴스는 늘어나고 단락전류는 줄어듦

2) MF(Multiplying Factor)

단락전류의 시간적 변화에 따른 크기를 계산하기 위해서 지수함수적으로 감쇄하는 방식으로 계산하여야 하므로 매우 복잡하다. 이를 간단히 수치화한 것이 MF이다.

$$MF = \frac{i_s''}{i_s} = \frac{X_d''\text{ 적용 단락전류}}{X_d\text{ 적용 단락전류}}$$

027 배전계통 분산전원 연계 시 고장점의 단락용량을 계산하시오.

1 분산전원 DG_1, DG_2가 모두 회전기인 경우

2 분산전원 DG_1은 회전기, DG_2는 인버터인 경우(인버터 전류 제한치는 정격전류의 1.5배)

단,

설 비	%Z(기준용량)	설 비	%Z(기준용량)
전원 측(Z_S)	12.1+j1.33[%](100[MVA] 기준)	분산전원1(Z_{DG1})	j7(자기용량)
변압기(Z_{TR})	j14.4[%](45[MVA] 기준)	분산전원2(Z_{DG2})	j7(자기용량)
선 로(Z_L)	3.86+j7.42[%/km](100[MVA]기준)		

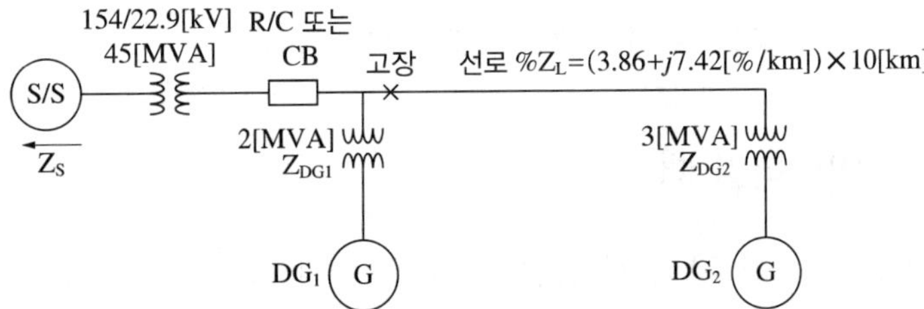

풀이

1 100[MVA] 기준일 때

$$Z_S = 12.1 + j1.33\,[\%]$$

$$Z_{TR} = \frac{100}{45} \times j14.4 = j32\,[\%]$$

$$Z_L = (3.86 + j7.42) \times 10 = 38.6 + j74.2\,[\%]$$

$$Z_{DG_1} = \frac{100}{2} \times j7 = j350\,[\%]$$

$$Z_{DG_2} = \frac{100}{3} \times j7 = j233\,[\%]$$

2 임피던스 맵

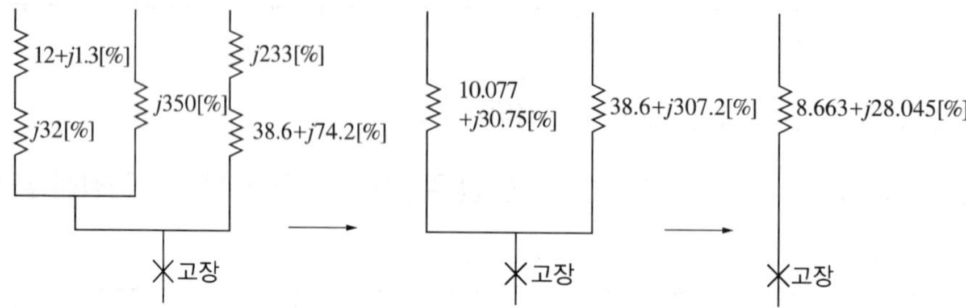

3 모두 회전기일 때

$$P_S = \frac{P_n}{\%Z} \times 100 = \frac{100}{8.663 + j28.045} \times 100$$

$$= 100.549 - j325.511 = 340.686 \angle -72.834[\text{MVA}]$$

4 분산전원 2가 인버터일 때

$P_{DG_2} = 3 \times 1.5 = 4.5[\text{MVA}]$, 정격전류 1.5배로 제한하므로

고장점 전원 측 $\%Z$는 상기 중앙 임피던스 맵에서 $10.077+j30.75[\%]$이므로

$$P_{S1+DG_1} = \frac{100}{10.077 + j30.75} \times 100 = 309.033 \angle -71.856$$

$$P_S = 309.033 + 4.5 = 313.533[\text{MVA}]$$

5 결 론

① 한전계통에 태양광 발전 등 인버터 기반 분산형 전원만 연계되는 경우에는 단락전류값이 억제되어 단락용량에 대한 검토 생략이 가능

② 열병합 발전이나 소수력 발전 동기기 유형 등 비교적 용량이 큰 회전기 형태의 분산형 전원이 연계되는 경우에는 단락용량에 대한 검토가 필요

028 **다음 그림과 같은 계통의 F점에서 3상 단락과 고장이 발생할 때 다음 사항을 계산하시오(단, G_1, G_2는 같은 용량의 발전기이며 X_d'는 발전기 리액턴스 값).**

1 한류리액터 X_L이 없을 경우 차단기 A의 차단용량[MVA]

2 한류리액터 X_L을 설치해서 차단기 A의 용량을 100[MVA]로 하려면 이에 소요될 한류리액터의 리액턴스(X_L) 값

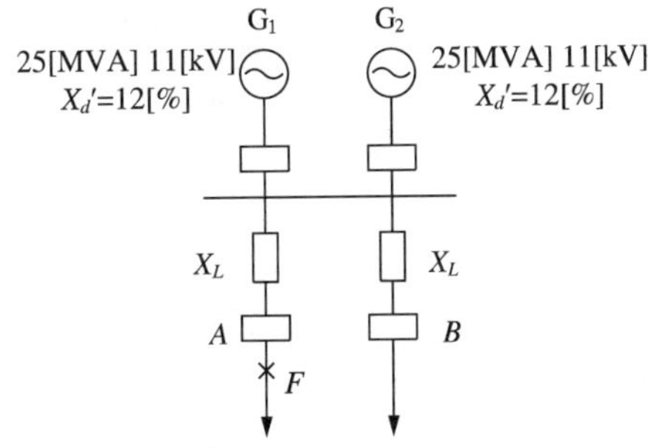

풀이

1 차단기 A의 차단용량

1) 발전기 2대의 병렬 리액턴스

$$X_G = \frac{12 \times 12}{12 + 12} = 6[\%]$$

2) 전원 측 단락용량

$$P_s = \frac{P_n}{\%Z} \times 100 = \frac{25}{6} \times 100 = 416.67[\text{MVA}]$$

그러므로, 차단용량 500[MVA] 선정

2 한류리액터의 리액턴스

$$P_s = \frac{P_n}{\%Z} \times 100$$

차단기 A의 용량을 100[MVA]로 제한해야 하므로

$$100[\mathrm{MVA}] = \frac{100[\mathrm{MVA}]}{6[\%] + \%X_L} \times 100$$

$$\%X_L = 19[\%]$$

$$X_L = \frac{10V^2\%Z}{P} = \frac{10 \times 11^2 \times 19}{25 \times 10^3} = 0.9196[\Omega]$$

029 그림과 같은 저압회로의 F_1 지점에서 1선 지락전류와 3상 단락전류를 계산하시오(단, 전원 측 용량 100[MVA]를 기준으로 하고 선로의 임피던스는 무시하며 1선 지락의 고장저항은 5[Ω]이다).

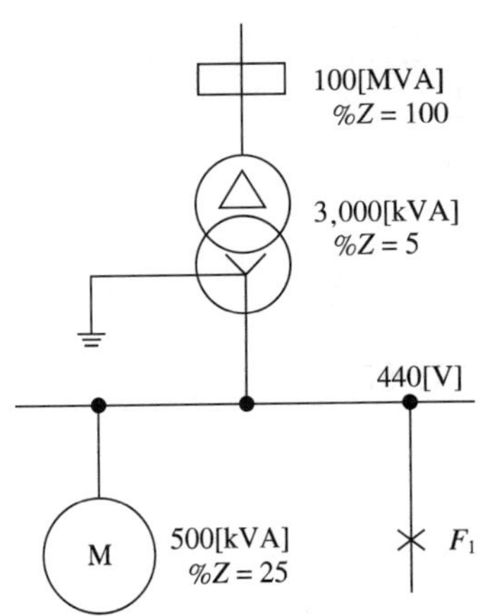

풀이

1 단락전류

$\%Z = \%X$라 가정하면,

1) 전원 측

$$\%Z_S = \frac{100}{100} \times 100 = 100[\%]$$

2) 변압기

$$\%Z_{TR} = \frac{100}{3} \times 5 = 166.67[\%]$$

3) 전동기

$$\%Z_M = \frac{100}{0.5} \times 25 = 5{,}000[\%]$$

4) 임피던스 맵

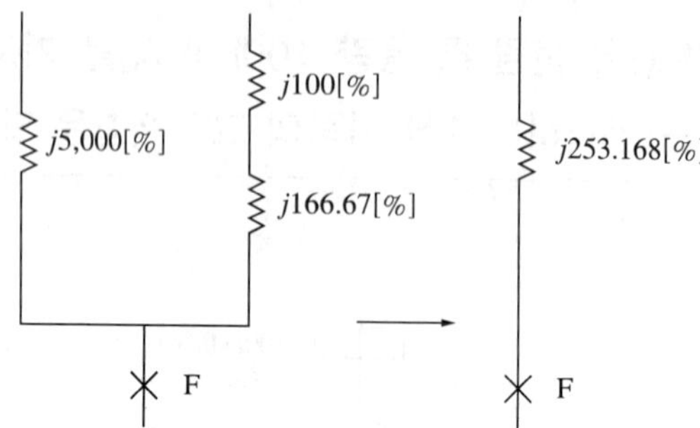

5) 정격전류

$$I_N = \frac{100 \times 10^3}{\sqrt{3} \times 0.44} = 131,215.97\,[\mathrm{A}]$$

6) 단락전류

$$I_S = \frac{131,215.97}{j253.168} \times 100 = 51.83\angle -90\,[\mathrm{kA}]$$

2 지락전류

1) 전원 측

$$\%Z = \frac{PZ}{10\,V^2} \quad \Leftrightarrow \quad Z = \frac{10\,V^2\,\%Z}{P}$$

$$Z_S = \frac{10 \times 0.44^2 \times j100}{100 \times 10^3} = j\,0.0019\,[\Omega]$$

2) 변압기

$$Z_{TR} = \frac{10 \times 0.44^2 \times j5}{3,000} = j\,0.0032\,[\Omega]$$

3) 전동기

$$Z_M = \frac{10 \times 0.44^2 \times j25}{500} = j\,0.0968\,[\Omega]$$

4) 임피던스 맵

정상, 역상 임피던스 $j0.0048[\Omega]$

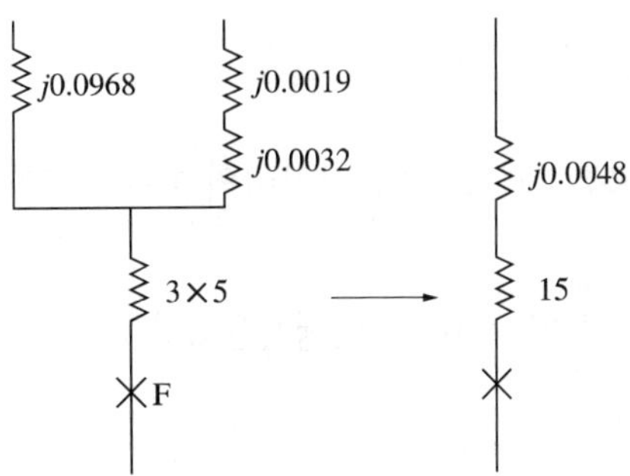

영상 임피던스는 접지된 변압기에만 흐르므로 $j0.0032[\Omega]$

5) 지락전류

$$I_g = \frac{3E_a}{Z_0 + Z_1 + Z_2 + 3R_g}$$

$$= \frac{3 \times \frac{440}{\sqrt{3}}}{j0.0032 + j0.0048 + j0.0048 + 3 \times 5}$$

$$= 50.81 \angle -0.05[\mathrm{A}]$$

030 2선 단락고장과 3상 단락사고의 비 계산

1 개 요

① 수변전설비에서 단락고장 계산은 수변전설비의 계통구성과 차단기 선정 시 중요하게 작용한다.

② 특히 이상사고 중 가장 큰 이상전류가 발생하는 3상 단락사고는 더 많이 검토되므로 이에 대한 이해가 필요하다.

2 2선 단락사고 계산

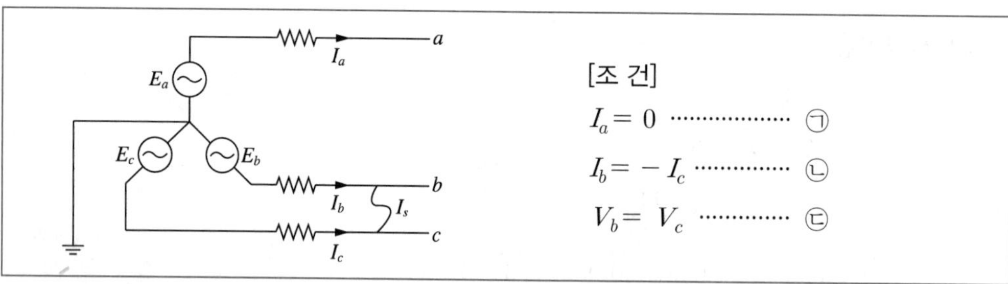

1) 조건 ㉠의 $I_a = 0$와 조건 ㉡의 $I_b = -I_c$ 및 대칭 좌표법에서

$$I_0 = \frac{1}{3}(I_a + I_b + I_c) = \frac{1}{3}(I_b + I_c) = 0$$

$\therefore\ I_0 = 0$ ·· (식 1)

2) 조건 ㉡의 $I_b = -I_c$와 (식 1)에서

① 대칭좌표법에서 $I_a = I_0 + I_1 + I_2$, $I_b = I_0 + a^2 I_1 + aI_2$, $I_c = I_0 + aI_1 + a^2 I_2$

② 조건 ㉡과 (식 1)에서 대칭좌표법을 계산하면

$I_b = -I_c$, $I_0 + a^2 I_1 + aI_2 = -(I_0 + aI_1 + a^2 I_2)$, $(a^2 + a)I_1 + (a^2 + a)I_2 = 0$

$(a^2 + a)(I_1 + I_2) = 0$

$\therefore\ I_1 = -I_2$ ·· (식 2)

3) 조건 ㉢의 $V_b = V_c$에서

$$V_0 + a^2 V_1 + a V_2 = V_0 + a V_1 + a^2 V_2$$

$$(a^2 - a) V_1 = (a^2 - a) V_2$$

$$\therefore V_1 = V_2 \quad \cdots\cdots (식\ 3)$$

4) 교류발전기의 기본식

$$V_0 = -Z_0 I_0, \quad V_1 = E_a(E_1) - Z_1 I_1, \quad V_2 = -Z_2 I_2$$

5) (식 2), (식 3), 발전기의 기본식에서

$$E_a(E_1) - Z_1 I_1 = -Z_2 I_2, \quad E_a - Z_1 I_1 = Z_2 I_1, \quad I_1 = \frac{E_a}{Z_1 + Z_2}$$

6) 2선 단락전류는

$$I_{2s} = I_b = -I_c = I_0 + a^2 I_1 + a I_2 = (a^2 - a) I_1, \quad I_{2s} = \frac{(a^2 - a) E_a}{Z_1 + Z_2}$$

3 3상 단락사고

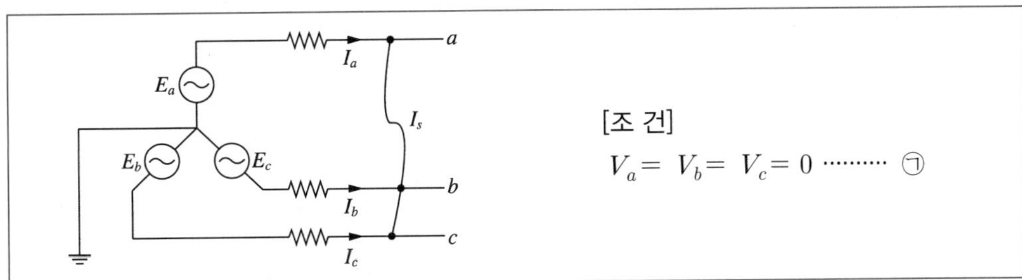

1) 조건 ㉠과 대칭좌표법에서

① 조건 ㉠ : $V_a = V_b = V_c$

② 대칭좌표법

$$V_a = V_0 + V_1 + V_2, \quad V_b = V_0 + a^2 V_1 + a V_2, \quad V_c = V_0 + a V_1 + a^2 V_2$$

③ ①과 ②에서

$$V_0 + V_1 + V_2 = V_0 + a^2 V_1 + a V_2 = V_0 + a V_1 + a^2 V_2 = 0$$

$$V_0 = V_1 = V_2 = 0 \quad \cdots\cdots\cdots \text{(식 1)}$$

2) (식 1)과 발전기의 기본식에서

$$V_0 = -Z_0 I_0, \quad V_1 = E_a - Z_1 I_1, \quad V_2 = -Z_2 I_2$$

$$I_0 = 0, \quad I_2 = 0, \quad I_1 = \frac{E_a(E_1)}{Z_1}$$

3) 3상 단락사고

$$I_{3s} = I_1 = \frac{E_a(E_1)}{Z_1}$$

4 2선 단락과 3상 단락의 비

$$\frac{I_{2s}}{I_{3s}} = \frac{\dfrac{(a^2-a)E_a(E_1)}{Z_1+Z_2}}{\dfrac{E_a(E_1)}{Z_1}} = \frac{(a^2-a)}{2} = \frac{\sqrt{3}}{2} = 0.866$$

참고정리

➤ 대칭좌표법과 발전기의 기본식

1 발전기의 기본식

① 영상분 : $V_0 = E_0 - Z_0 I_0$ → 3상 교류발전기의 유기기전력은 3상 대칭($E_0 = 0$)이므로

$\therefore\ V_0 = -I_0 Z_0$

② 정상분 : $V_1 = E_1 - Z_1 I_1$

③ 역상분 : $V_2 = E_2 - Z_2 I_2$ → 3상 교류발전기의 유기기전력은 3상 대칭($E_2 = 0$)이므로

$\therefore\ V_2 = -Z_2 I_2$

2 대칭좌표법

① 정의 : 3상 불평형회로 해석을 쉽게 하기 위해서 비대칭회로를 영상, 정상, 역상으로 분해하여 대칭회로로 계산 및 합성하여 해를 구하는 것이다.

② a(벡터 오퍼레이터=벡터 연산자)

㉠ 정의 : 주어진 임의의 크기와 위상의 벡터값을 시계 방향으로 120°씩 위상을 변화시켜주는 연산자

㉡ 종 류

- $a = 1\angle 120° = 1\angle -240° = \cos 120° + j\sin 120° = -\dfrac{1}{2} + j\dfrac{\sqrt{3}}{2}$
- $a^2 = 1\angle 240° = 1\angle -120° = \cos 240° + j\sin 240° = -\dfrac{1}{2} - j\dfrac{\sqrt{3}}{2}$
- $a^3 = 1\angle 360° = \cos 360° + j\sin 360° = 1$
- $a + a^2 = -1,\ 1 + a + a^2 = 0$

③ 대칭좌표법

㉠ 0-1-2 도메인(영상, 정상, 역상)

$$V_0 = \frac{1}{3}(V_a + V_b + V_c) \qquad I_0 = \frac{1}{3}(I_a + I_b + I_c)$$

$$V_1 = \frac{1}{3}(V_a + aV_b + a^2 V_c) \qquad I_1 = \frac{1}{3}(I_a + aI_b + a^2 I_c)$$

$$V_2 = \frac{1}{3}(V_a + a^2 V_b + aV_c) \qquad I_2 = \frac{1}{3}(I_a + a^2 I_b + aI_c)$$

㉡ a-b-c 도메인(영상, 정상, 역상)

$$V_a = V_0 + V_1 + V_2 \qquad I_a = I_0 + I_1 + I_2$$

$$V_b = V_0 + a^2 V_1 + aV_2 \qquad I_b = I_0 + a^2 I_1 + aI_2$$

$$V_c = V_0 + aV_1 + a^2 V_2 \qquad I_c = I_0 + aI_1 + a^2 I_2$$

031 1선 지락전류 유도

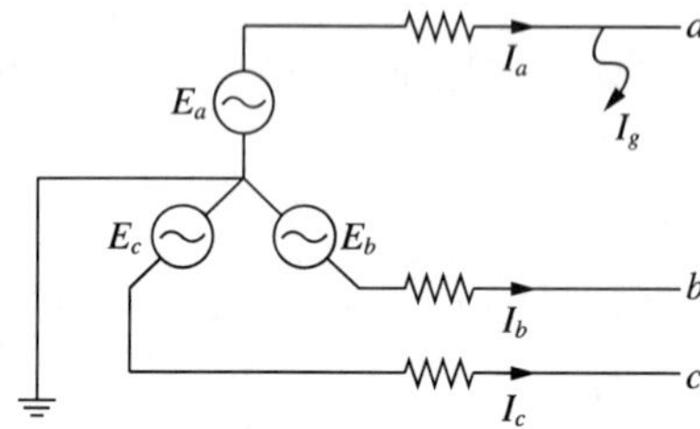

1 단상으로 등가변환

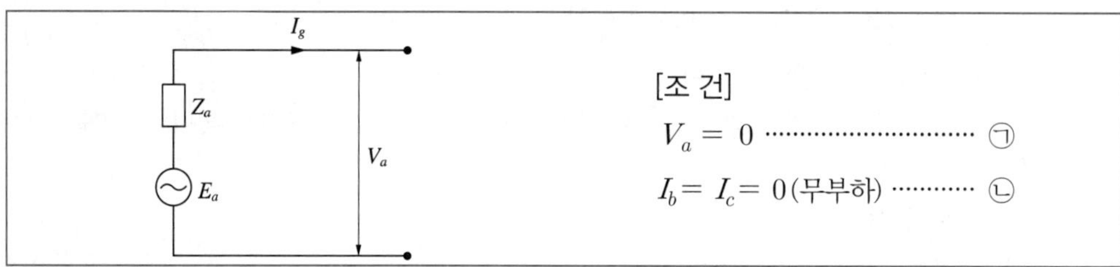

[조 건]

$V_a = 0$ ······························ ㉠

$I_b = I_c = 0$(무부하) ·········· ㉡

2 대칭전류

$$I_0 = \frac{1}{3}(I_a + I_b + I_c) = \frac{1}{3}I_a,\ I_1 = \frac{1}{3}(I_a + aI_b + a^2 I_c) = \frac{1}{3}I_a$$

$$I_2 = \frac{1}{3}(I_a + a^2 I_b + aI_c) = \frac{1}{3}I_a$$

$$I_0 = I_1 = I_2 = \frac{1}{3}I_a$$ ·· (식 1)

3 $V_a = V_0 + V_1 + V_2$ 에 발전기식과 (식 1)을 대입하면

$$V_a = V_0 + V_1 + V_2 = -Z_0 I_0 + E_a - Z_1 I_1 - Z_2 I_2 = 0$$

$$(Z_0 + Z_1 + Z_2)I_0 = E_a$$

$$\therefore\ I_0 = \frac{E_a}{Z_0 + Z_1 + Z_2}$$

4 지락전류

$$I_g = I_a = 3I_0 = \frac{3E_a}{Z_0 + Z_1 + Z_2}$$

032 수전회로의 보호방식

1 개 요

① 수전설비는 수용가가 전력의 공급을 받기 위한 설비이며, 자가용 발전설비를 갖지 않는 수용가에게는 유일한 전력의 공급원이라 할 수 있다.

② 이러한 수전설비는 신뢰성이 무엇보다 중요하며, 특히 수전회로에서의 설비류의 기기를 보호하기 위하여 이상 시 사고전류를 신속하게 정확히 차단하여야 할 것이다.

2 수전회로의 보호방식

1) 방사상 수전회로의 보호

1회선 수전 상용 예비회선 수전회로는 전력회사의 송배전계통의 말단에 위치한다.

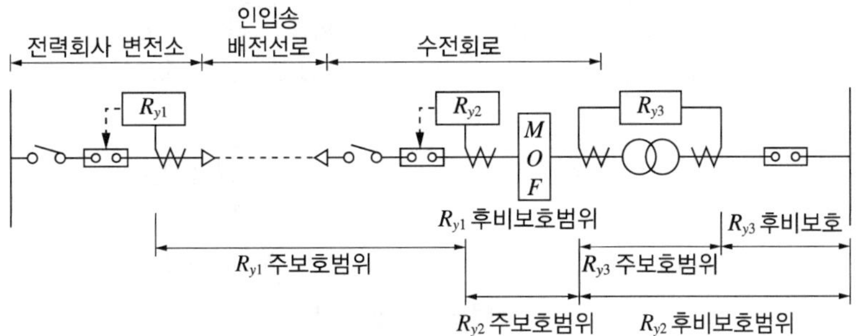

▌방사상 수전회로의 보호

① 전력회사의 송전단(R_{y1})은 인입 송배전 선로의 주보호를 담당하고 또한 수전회로를 후비보호한다.

② 수용가의 수전점(R_{y2})는 수전회로를 주보호하고 변압기 회로의 부하 측을 후비보호한다.

③ 수용가 변압기(R_{y3})는 변압기의 주보호를 담당한다.

④ **계전기의 선정**

일반적으로 방사상회로의 고장전류는 한시차 보호방식을 적용한다.

⑤ **전력회사와 수전단과의 보호협조**

㉠ 수용가 구내에 수전점에서부터 부하 말단까지 몇 개의 구분점이 있고, 구분점마다 계전기가 설치되어 수전점을 향해서 한시차 보호방식을 적용한다.

㉡ 즉, 부하말단에서 수전점에 가까울수록 동작시간을 길게 선정하여 파급효과를 줄이는 보호방식을 선택한다.

2) 병행 2회선 수전방식

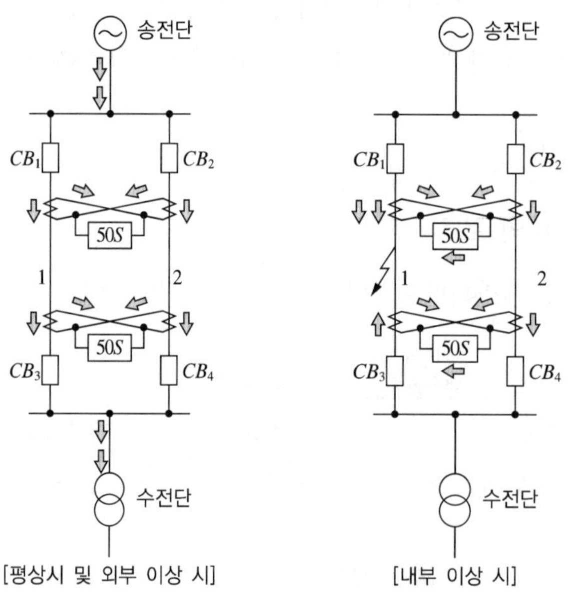

▌전력평형계전방식

① 병행 2회선은 상시 및 회선 외 사고 시에는 평형이 되고, 회선 내 사고 시에는 불평형이 되는 원리를 이용하는 선택보호방식을 사용한다.

② 선택보호방식에는 전류평형형 또는 전력평형형이 사용되나 주로 전력평형형이 많이 사용된다.

3) 루프 수전회로의 보호

루프 수전회로는 전력회사로부터 루프 송전선의 일부를 구성하고 양 수전회로에 각각 전원을 갖는 꼴이 된다. 일반적으로 루프 계통의 보호에는 표시선 계전방식이 사용되는데, 표시선 계전방식의 종류는 다음과 같다.

① **방향비교방식(직류표시선 계전방식)** : 현재에는 거의 사용하지 않는다.

② **전류비교방식(교류표시선 계전방식)** : 차동 보호방식을 송전선의 보호에 적용한 것이다.

㉠ 전류 순환식 : 양단의 변류기 2차 전류에 상당하는 전류가 표시선에 가해지고 상시의 부하전류로 표시선에 환류가 생긴다.

㉡ 전압 방향식 : 양단의 변류기 2차 전류에 상당하는 전압이 표시선에 가해지고 상시의 부하전류로는 환류가 생기지 않는다.

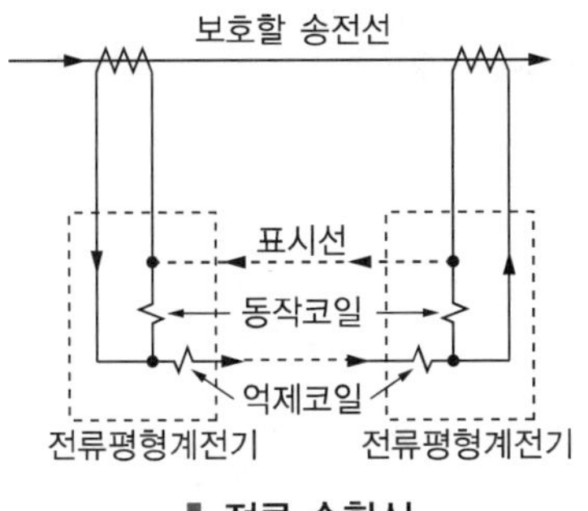

▌전류 순환식

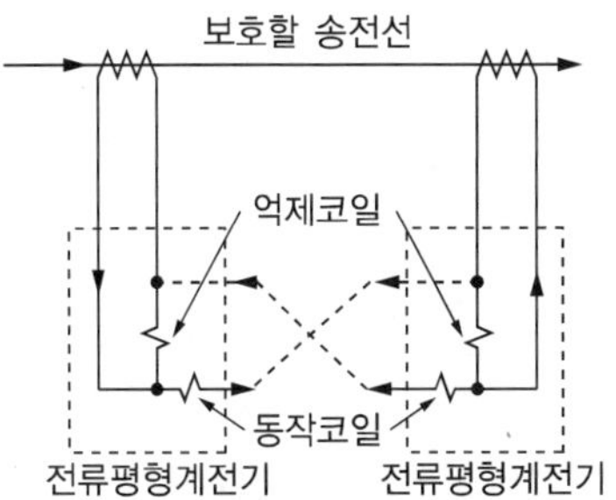

▌전압 방향식

4) Spot Network 보호방식

① **프로텍터 퓨즈와 프로텍터 차단기의 보호협조**

㉠ 네트워크 배전선에 단락사고 발생 : 배전선 단락사고 발생 → 전력회사 변전소 차단기 동작 → 고장회로 프로텍터 차단기 동작

㉡ 네트워크 T_r과 프로텍터 퓨즈 간의 단락사고 : 프로텍터 차단기 차단능력 상회 시에 프로텍터 퓨즈가 차단된다.

㉢ 프로텍터 퓨즈와 차단기 간의 보호협조 : 사고회로의 차단기와 퓨즈에 의해 분리된다.

② **프로텍터 퓨즈와 테이크-오프 장치의 보호협조**

수전설비 2차 측 사고 → 테이크-오프 장치 먼저 차단 완료 → 프로텍터 퓨즈는 열화되지 않아야 한다.

T_1(프로텍터 퓨즈) ≥ T_2(테이크-오프 차단기)

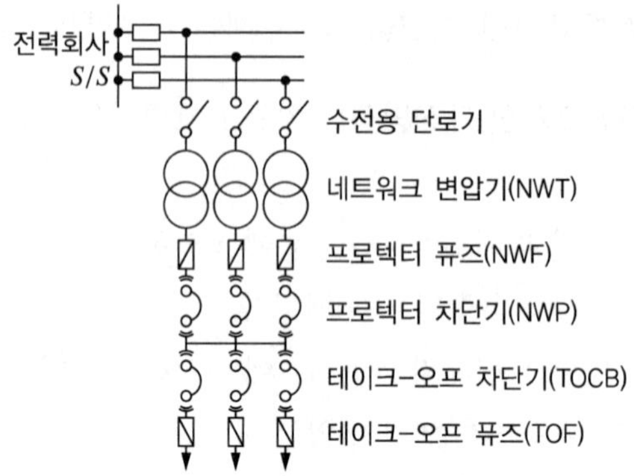

▌Spot Network

033 변압기의 보호방식

1 개 요

① 수전변압기는 자가용 수전설비의 가장 중요한 전기기기이며 그 고장은 부하에 대한 전력 공급의 정지로 조업이 중단되어 경제적 손실이 커진다.

② 또한 변압기의 고장은 수리기간이 타 설비에 비해 각별히 길다는 점에서 조업 중단의 손실이 커진다.

③ 따라서 변압기의 다른 설비에 문제 발생 시 변압기에 영향을 줄일 수 있도록 보호방식이 설계되어야 한다.

- 변압기 보호방식
  - 외부 보호방식 — PF, LA, SA, 보호계전기
  - 내부 보호방식
    - 전기적 보호 — 비율차동계전기, 과전류계전
    - 기계적 보호
      - 경보접점부 유면계, 경보접점부 온도계
      - 가스압 계전기, 방출안전장치
      - 부흐홀츠계전기, 충격압력계전기

2 변압기의 외부 보호방식

1) 파워퓨즈

전로나 변압기 등을 단락전류로부터 보호하기 위하여 사용한다.

2) 피뢰기(LA)

뇌 또는 개폐 등으로 인하여 변압기를 과전압으로부터 보호하기 위하여 사용한다.

3) 보호계전기

과부하 및 지락의 이상 시 변압기를 보호하기 위하여 사용된다.

4) 서지흡수기(SA)

VCB 개폐 시 개폐 서지에 대하여 변압기를 보호하기 위하여 사용된다.

3 변압기의 내부보호방식

1) 전기적인 보호방식

① 비율차동 계전방식

차동보호	• 변압기 1차 측과 2차 측에 변류기를 차동 접속하고 그 차동회로에 과전류계전기를 삽입한 것이다. • 부하전류나 외부 계통사고에 대해 오동작할 수 있다.
비율 차동보호	• 차동보호방식을 개선한 것으로 동작코일에 흐르는 전류에 의해 발생하는 동작력이 억제코일을 통과하는 전류에 의한 억제력의 몇 [%] 정도인가에 따라 *CB*가 동작함 • 통과하는 전류에 대한 차동 전류의 비율 $\dfrac{\text{동작코일(OC)에 흐르는 전류}}{\text{억제코일(RC)에 흐르는 전류}} \times 100[\%] = \text{동작비율}$ • 동작비율은 변압기 보호용으로 25~50[%] 이상으로 함

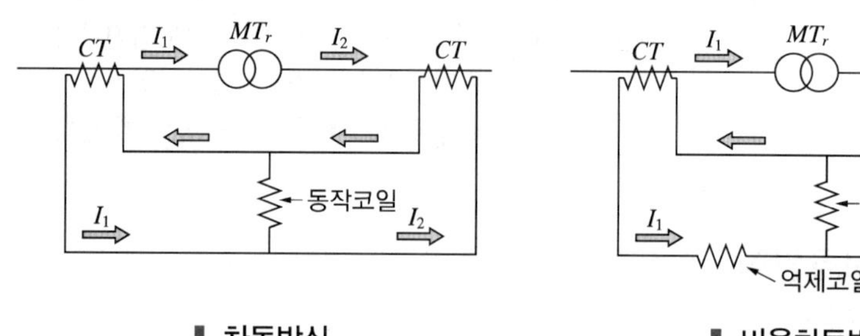

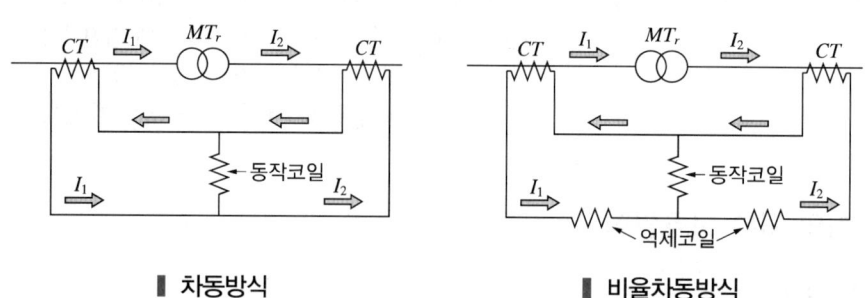

▌차동방식　　▌비율차동방식

② 변압기의 과전류 보호 중 대용량 변압기 단락보호는 비율차동계전기로 동작하지만 5,000[kVA] 이하의 소형변압기 단락보호에는 순시요소부 과전류계전기가 적용된다.

한시요소탭	변압기 정격전류의 150[%] 이상을 목표로 하나 인접보호구간과 협조상 최대량의 것으로 한다.
순시요소탭	변압기 2차 측 단락전류의 1차 측에서 값의 1.5배 또는 정격 1차 전류의 10배 중 큰 값으로 한다.

③ 비율차동계전방식의 문제점(여자돌입전류와 대책)

㉠ 원 인

정상 시의 여자전류는 모두 작아 계전기의 오동작은 없으나 무부하, 무여자 상태인 변압기에 전압을 인가했을 때는 변압기 철심의 자속이 순간적으로 변화하여 큰 여자 전류가 흘러 그 값에 따라 계전기가 오동작할 수 있다.

ⓛ 오동작 방지대책

감도 저하방식	• 돌입전류가 감쇄하는 수 초간 계전기의 동작감도를 낮추어 오동작을 방지 • 간단하고 경제적이며 30[MVA] 이하의 변압기에 채용
고조파 억제방식	차동회로에 설치한 고조파 통과필터와 직렬로 접속한 고조파 억제코일에 의한 억제력이 가해지고 동작코일에는 기본파 통과필터를 통해서 차동회로의 기본파 전류가 흘러서 동작한다.
비대칭 저지법	• 여자돌입전류의 가장 큰 특징은 파형이 반파 정류파형에 가까울 정도로 비대칭이다. • 차동동작계전기 R_{y1}은 정부 각 반파의 전류를 비교하여 그 차이가 어느 정도 이상 크면 동작하여 차단기 트립회로를 개방시킨다. • 사고 시에는 과전류계전기 R_{y1}, R_{y2}가 동시에 동작하여 R_{y1}이 동작해도 차단기의 트립회로가 유지되도록 한다.

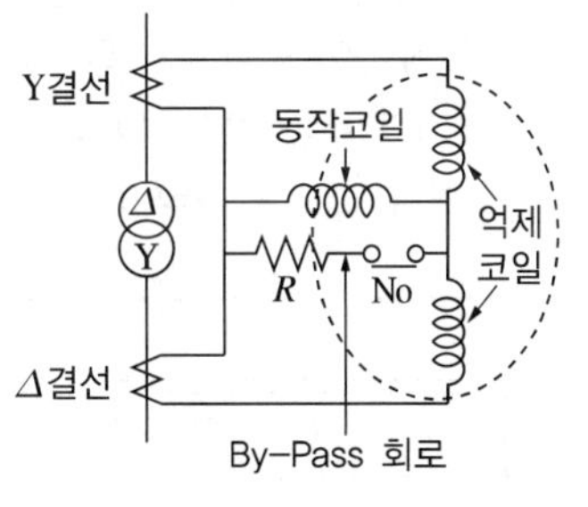

▌감도저하방식

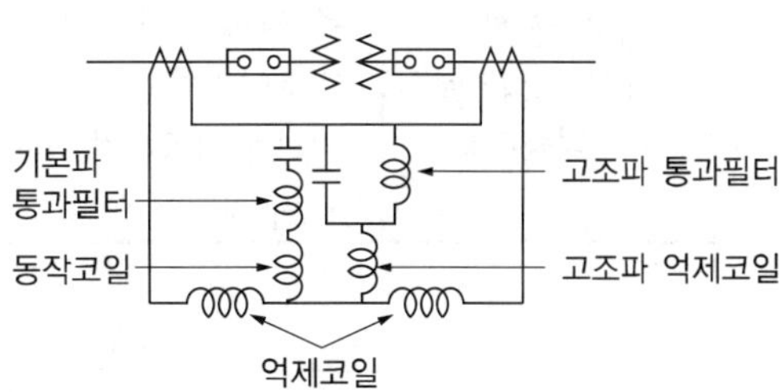

▌고조파 억제방식

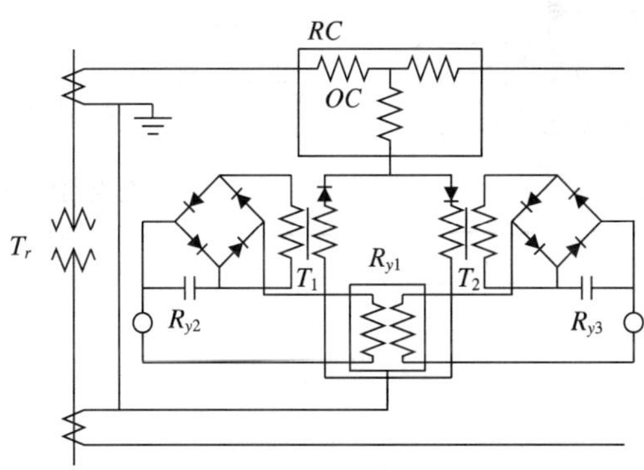

▌비대칭 저지방식

2) 기계적인 보호방식

보호계전기 (유속검출)	• OLTC 유격실에 결함이 발생하는 동안 그 결과가 결함이 생긴 부분으로부터 전달되어 변압기와 탭 절환기를 보호한다. • 콘서베이트의 절연유가 절환기 윗부분에 있는 절연유의 이동에 의해 동작하는데 정격부하 혹은 허용 과부하 상태에서의 탭 전환기 동작 시에는 동작하지 않는다.
부흐홀츠 계전기 (가스 및 유속검출)	변압기 본체와 콘서베이터를 잇는 연락관에 결합하여 변압기 내부의 국부적인 절연 열화에 따라 가스가 발생하면 그 압력으로 동작한다.
충격압력 계전기 (압력검출)	• 유입 변압기 내부 아크에 의해 가스압력이 갑자기 상승하는 것을 감지하기 위해 설치하는 장치 • 용기 내에 압력감지 벨로스, 마이크로 스위치, 등압기 등으로 구성되며 변압기 상부 가스공간에 취부한다.
방출안전장치 (내부 이상압력 방출)	• 변압기 커버에 취부되며 변압기 외함 내에 이상 압력 발생을 막아 주는 장치, 즉 일정 압력 초과 시 방압막이 동작하여 변압기의 폭발을 막아 준다. • 방출안전장치의 구조는 여러 번 동작에도 손상되지 않고 충분히 견디도록 강하게 만들어져 있고 동작부분은 방압막, 압축스프링, 개스킷 및 보호덮개로 구성되어 있다.

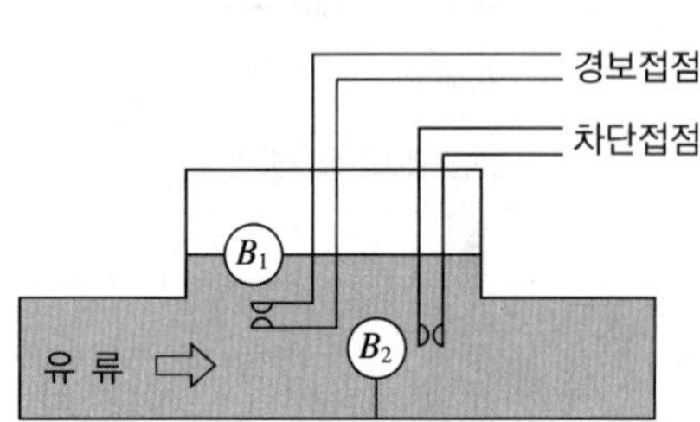

▌부흐홀츠 계전기

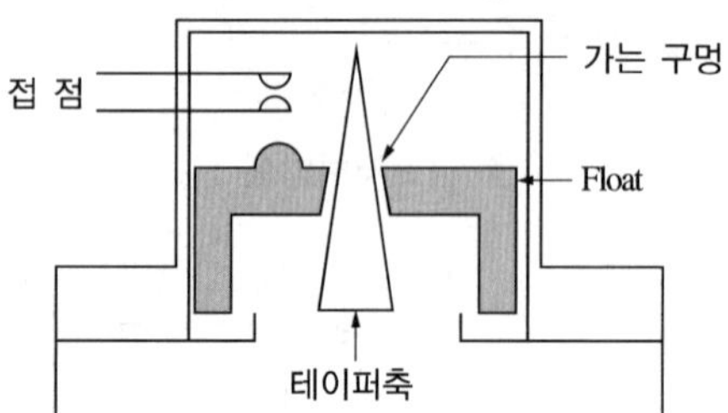

▌충격압력 계전기

034 DCR(Different Current Relay)의 오동작 방지대책

1 개 요

① 발전기 보호방식 중 비율차동 계전기는 계전기를 중심으로 유입전류와 유출전류의 차를 검출하여 기기를 보호하는 방식이다.

② 이러한 비율차동 계전기는 계전기의 오차, 고조파 및 돌입전류, 변압기 결선에 의한 위상차에 의하여 오동작하여 계전기의 신뢰성을 떨어뜨려 부하 측에 정전으로 나타나 인명과 재산상의 손실을 가져올 수 있다.

③ 여기에서는 오동작의 원인을 알아보고 그 대책을 세워 전원설비의 신뢰성을 확보하는 데 그 목적이 있다.

2 비율차동계전기

1) 원 리

비율차동계전기의 원리는 계전기를 중심으로 유입전류와 유출전류의 차를 검출하여 기기를 보호하는 방식이다.

2) 종 류

① **차동보호방식**

변압기 1차 측과 2차 측에 변류기를 차동접속하고 그 차동회로에 과전류차단기를 삽입한 것으로 부하전류나 외부 계통사고에 오동작할 수 있다.

② **비율차동방식**

㉠ 차동보호방식을 개선한 것으로 동작코일에 흐르는 전류에 의해 발생하는 동작력이 억제코일을 통과하는 전류에 의한 억제력을 상회하지 않는 한 동작하지 않는다.

㉡ 통과전류에 대한 차동전류의 비율 : 변압기 보호용 25~50[%]

3) DCR의 적용

① **변압기** : 내부회로의 보호는 5,000[kVA] 이상에 적용

② **발전기** : 대용량 발전기 권선의 단락 및 지락보호에 적용

③ **리액터** : 대용량 리액터의 경우 권선층 간 단락이나 단선, 지락보호에 적용

3 오동작의 원인

1) 오차에 의한 원인

① 보조 CT에 의한 오차
② CT 1차, 2차 특성이 같지 않아 생기는 오차
③ DCR 자체 오차
④ DCR 설치위치에 의한 케이블 포설길이에 따른 오차
⑤ 변압기의 경우 부하 시, 무부하 시 Tap 전환기 운용 시 오차

2) 변압기 여자돌입전류에 의한 원인

무부하·무여자 상태인 변압기에 전압을 인가하면 변압기 철심의 자속이 변화하여 큰 여자돌입전류가 흘러 그 값에 따라 계전기가 동작한다.

3) TR 결선의 Y-Δ 시 1·2차의 30° 위상차로 오동작 발생

4 방지대책

1) 비율특성(Slope)

오차요인에 의한 방지대책으로 DCR을 예민하게 동작하지 않도록 Tap을 설치하여 방지하는 방법

2) 변압기 여자돌입전류에 의한 대책

① 감도저하법

㉠ 돌입전류가 감쇄하는 수 초간 계전기의 동작 감도를 낮추어 오동작을 방지하는 방식
㉡ 간단하고 경제적이며 30[MVA] 이하의 변압기에 채용하는 방식

② 고조파 억제방식

차동회로에 설치한 고조파 통과필터와 직렬로 접속한 고조파 억제코일에 의한 억제력이 가해지고 동작코일에는 기본파 통과필터를 통해서 차동회로의 기본파 전류가 흘러 동작하는 방식

③ **비대칭 저지법**

㉠ 차동계전기 R_{y1}은 정부 각 반파의 전류를 비교하여 그 차이가 어느 정도 나면 동작하여 차단기 트립회로를 개방시킨다.

㉡ 사고 시에는 과전류계전기 R_{y1}, R_{y2}, R_{y3}가 동시에 동작하여 R_{y1}이 동작해도 차단기의 트립회로가 유지되도록 한다.

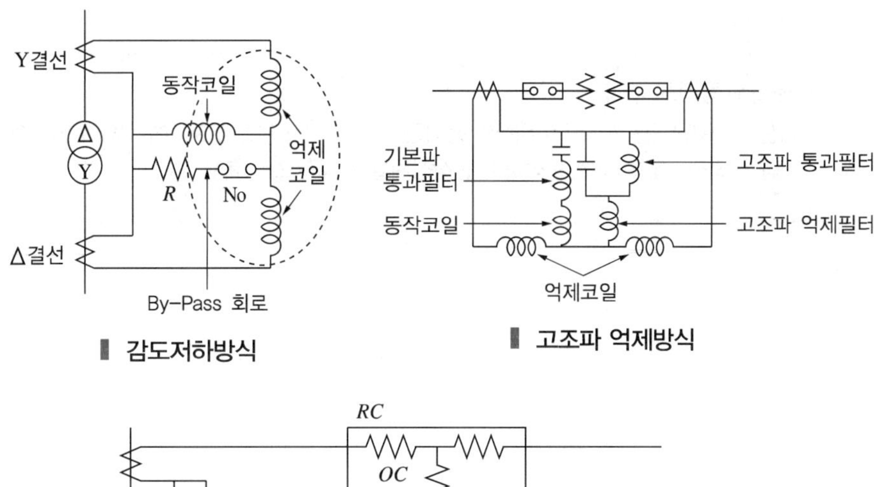

▌감도저하방식

▌고조파 억제방식

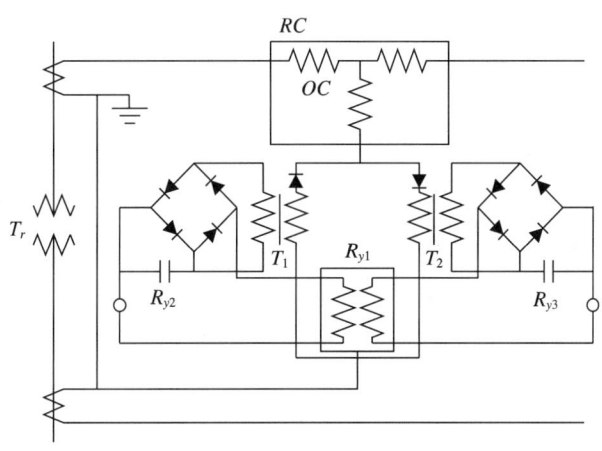

▌비대칭 저지법

3) CT회로의 올바른 결선법

변압기 결선에 의해 발생하는 위상차를 보정하고 결선에 착수하기 전에 Kick법 등으로 극성을 확인하고 Name Plate와 비교한 후 결선한다.

4) DCR 개체시험

① **최소동작 전류시험** : 대개 Tap 정정치의 30[%] 이하에서 동작하는 특성시험

② **비율차동 특성시험** : 일정 비율 이상 시에 동작하는 특성시험

③ Harmonic **특성시험** : 여자돌입전류 및 과도현상에 의한 시험

④ Target(**동작표시기**) **및 순시요소 동작시험** : 동작계전기 판별 특성시험

참고정리

➤ Target(동작표시기)

계전기가 차단기를 개폐하기 위하여 동작한 것을 표시하는데, 주요소에 의하여 기계적으로 동작하거나 트립전류에 의하여 동작하여 동작상태를 표시판으로 표시

035 비율차동계전기 비율탭 정정

다음과 같은 특성을 가지고 있는 수전용 주변압기 보호에 사용하는 비율차동계전기의 부정합 비율치[%]를 구하고, 정정한 비율탭을 정정(Setting)하시오(단, 부정합비를 줄이고자 보조CT를 사용하는 경우 변류비 2 : 1을 사용한다. 오차는 변압기 탭절환 10[%], CT오차 5[%], 여유 5[%]를 고려한다).

구 분	1차 측	2차 측
변압기 권선	2권선 변압기	
전 압	154[kV]	22.9[kV]
변압기 결선	△	Y
변압기 용량	30[MVA]	
CT 배율	200/5	1,200/5
변압기 탭	무부하 탭절환장치부	
Relay Current Tab[A]	2.9-3.2-3.8-4.2-4.6-5.0-8.7	
비율탭	15-25-50	

풀이 Sol

1 변압기 1 · 2차 정격전류

1) $I_{N_1} = \dfrac{30 \times 10^3}{\sqrt{3} \times 154} = 112.47\,[\mathrm{A}]$

2) $I_{N_2} = \dfrac{30 \times 10^3}{\sqrt{3} \times 22.9} = 756.35\,[\mathrm{A}]$

2 CT 1 · 2차 정격전류

1) $I_{CT_1} = 112.47 \times \dfrac{5}{200} = 2.81\,[\mathrm{A}]$

2) $I_{CT_2} = 756.35 \times \dfrac{5}{1,200} \times \sqrt{3} = 5.46\,[\mathrm{A}]$

변압기가 Y 결선이므로 변류기는 Δ 결선이어야 한다.

3 탭 선정

1) CT 1차 측 탭 2.9 선정

2) CT 2차 측 탭 5.0 선정

4 부정합비

1) CT 1・2차측 전류비 $= \frac{2.81}{5.46} = 0.515$

2) CT 정정탭의 비$= \frac{2.9}{5} = 0.58$

3) 부정합비 $= \frac{0.58 - 0.515}{0.515} \times 100 = 12.62[\%]$

5 보조 CT를 사용하여 부정합비 재계산

1) 부정합비는 5[%] 이내가 되어야 하므로 2 : 1 보조 CT를 사용하여 부정합비를 재계산하면

2) CT 1차 측 탭 2.9 선정

CT 2차 측 탭 : $\frac{5.46}{2} = 2.73[\mathrm{A}]$, 그러므로 2.9 선정

3) CT 1・2차측 전류비$= \frac{2.81}{2.73} = 1.029$

4) CT 정정탭의 비$= \frac{2.9}{2.9} = 1$

5) 부정합비$= \frac{1.029 - 1}{1} \times 100 = 2.9[\%]$

6 비율탭 선정

1) 변압기 탭절환 오차 10[%]

2) 부정합비 2.9[%]

3) 변류기 오차 5[%]

4) 기타 오차 5[%]

5) 모두 합하면 22.9[%]

6) 그러므로 25[%]를 선정한다.

036 보호계전기

1 개 요

1) 목 적

① 전기설비의 보호란 전력설비의 이상상태 발생 및 파급을 방지하기 위함이다.

② 단락·지락사고가 거의 대부분이고 발생한 사고를 신속히 검출·제거함으로써 설비의 파괴와 사고의 파급을 최소한으로 줄이고 복구를 용이하게 하기 위하여 각종 보호계전 시스템을 적용하는 것이다.

2) 기 능

① 계통의 사고에 대하여 보호대상물을 완전히 보호하고 각종 계기에 주는 손상을 최소화시킨다.

② 사고구간을 고속도로 선택 차단하여 파급을 최소화시킨다.

③ 불필요한 정전시간을 방지하여 전력계통의 안정도를 향상시킨다.

2 기본기능과 구성

1) 기본기능

① **신뢰성(정확성)** : 이상 시 정확히 검출하여 제거하며 오동작을 일으키지 않는다.

② **선택성** : 선택 차단 및 복구로 정전구간을 최소화하는 기능을 가져야 한다.

③ **신속성** : 이상 시 신속히 동작하여 사고구간을 최소화하는 기능을 말한다.

2) 기본구성

① **검출부** : 보호구간의 고장전류 및 전압을 검출하는 구성부로 CT, VT(PT), ZCT, GPT(GVT) 등의 변성기류 등이 있다.

② **판정부** : 검출된 고장치의 동작 여부를 결정짓는 요소로 반발스프링 억제코일, 전압, 전류법 등이 이에 해당된다.

③ **동작부** : 검출과 판정을 거쳐 작동 지시치에 도달할 경우 접점을 여닫는 구동을 하는 구조로서 가동코일, 가동철심, 유도원판 등이 있다.

3 보호계전기의 적용과 사용기준

1) 적용 시 고려사항

① 대상설비의 위치
② 대상설비의 종류
③ 대상설비의 계통에서 중요도
④ 대상설비의 계통적 상호 협조

2) 적용의 원칙

① 사고 범위의 국한과 공급의 확보(선택성)
② 보호의 중첩과 협조(신뢰성)
③ 후비보호기능의 구비(후비성)
④ 재폐로에 의한 계통 및 공급의 안정화(안전성)

4 보호계전기의 분류

1) 동작구조(원리)별 분류

① **가동 철심형**

플런저형	힌지형	Balance Beam형
가장 먼저 개발된 보호계전기 • 특 징 - 전력소비가 크다(3~20[VA]). - 오차가 크다. - 동작 속도가 빠르다(10~50[ms]). - 구조가 튼튼하고 가격이 저렴하다. • 용 도 고속도형 과전류계전기에 사용	플런저형과 비슷하나 소형으로 할 수 있는 특징이 있으며, 용도로는 순시요소부 과전류계전기나 보조계전기 등에 사용	방향성을 갖지 못하므로 방향계전기와 조합하여 사용

② **유도형**

유도원판형, 유도원통형, 유도원환형 등이 있으며, 유도원환형은 Torque 발생효율이 높아 방향계전기에 많이 사용한다.

③ 가동 코일형(특징)

㉠ 직류에만 응동하는 계전기이다.

㉡ 동작값과 복귀값의 차이가 적다.

㉢ 동작시간 정정변경이 용이하다.

㉣ Torque 발생효율이 낮아 접점 압력 변경이 작다.

④ 정지형

종 류	특 징
트랜지스터형, 전자빔형, 자기증폭기형, 홀효과형이 있으며 트랜지스터형이 많이 사용되고 있다.	• Switching이 고속이다. • 고장전류에 의한 고조파의 영향, Surge에 대한 별도의 대책이 필요하다. • 온도의 영향을 받기 쉽다. • 반한시성을 가진 계전기로는 사용 불가능하다(조합하여 사용).

⑤ Digital형

최근에 고급 수변전설비에 적용되는 계전기로 동작속도가 빠르고 오동작이 없으나 가격이 비싼 결점이 있다.

2) 동작시한별 분류

분 류		특 징
한시 (순시=고속도)	동작시간 전류입력치	• 응동시간에 대하여 특히 고려하지 않는 경우로 정정된 최소 동작치 이상이 되면 즉시 동작한다. • 일정 입력(200[%] 정도)에서 0.2[sec] 이내에 동작한다.
정한시	동작시간 전류입력치	입력의 크기에 관계없이 정해진 한시에 동작한다.

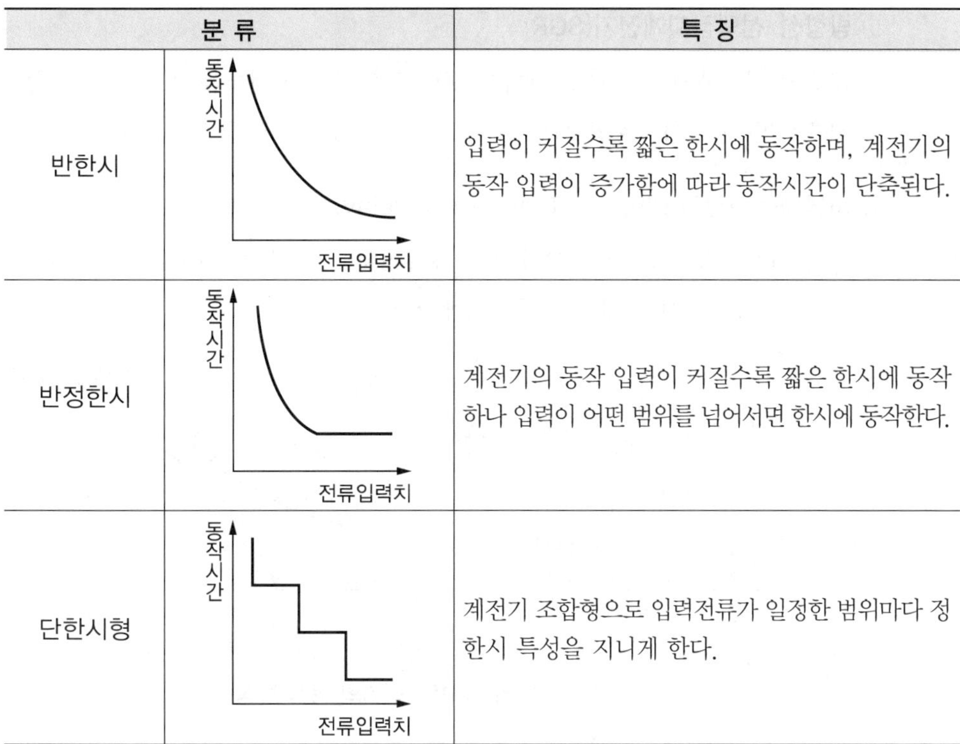

분 류		특 징
반한시	동작시간 / 전류입력치	입력이 커질수록 짧은 한시에 동작하며, 계전기의 동작 입력이 증가함에 따라 동작시간이 단축된다.
반정한시	동작시간 / 전류입력치	계전기의 동작 입력이 커질수록 짧은 한시에 동작하나 입력이 어떤 범위를 넘어서면 한시에 동작한다.
단한시형	동작시간 / 전류입력치	계전기 조합형으로 입력전류가 일정한 범위마다 정한시 특성을 지니게 한다.

3) 보호계전기의 종류

① **과전류계전기(OCR)**

수전단에 가장 많이 채용하는 계전기로 CT에서 검출된 과전류에 의하여 동작하는 계전기

② **과전압계전기(OVR)**

배전선로에서 이상전압이나 과전압 내습 시 PT에서 검출된 과전압에 의하여 동작하는 계전기

③ **부족전압계전기(UVR)**

배전선로에서 순간정전이나 단락사고 등에 의하여 전압강하 시 PT에서 이상 저전압을 검출하여 동작하는 계전기

④ **전력계전기(PR)**

무효전력, 역전력을 검출하여 동작하는 계전기

⑤ **접지계전기(GR)**

배전선로에서 접지고장에 대하여 보호동작을 하는 것으로, 영상전압과 대지충전전류에 의하여 동작하는 계전기

⑥ **방향성 선택접지계전기(SGR)**

비접지 선로에서 OCR과 조합하여 지락에 의한 고장전류를 GPT와 ZCT 등을 이용, 검출하여 한 방향으로만(선로 → 대지) 동작하도록 한 접지계전기

⑦ **비율차동계전기(Diff. R ; Differential Relay)**

변압기나 조상기의 내부 고장 시 1차와 2차의 전류비 차이로 동작하는 계전기로 3,000[kVA] 이상의 대용량 변압기에 채용

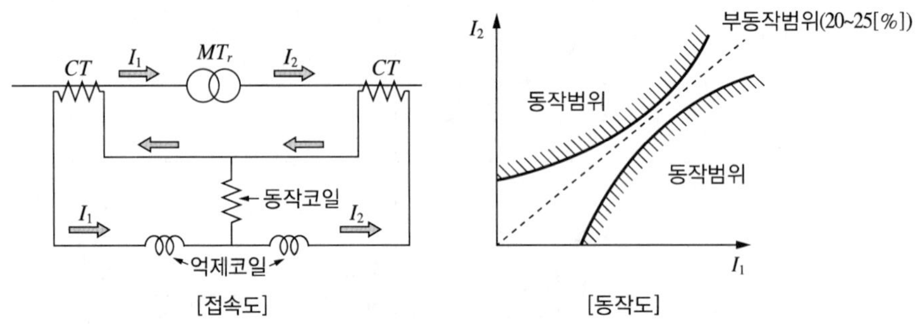

▌비율차동계전기의 동작 특성

5 정지형 계전기

1) 기본구성 및 원리

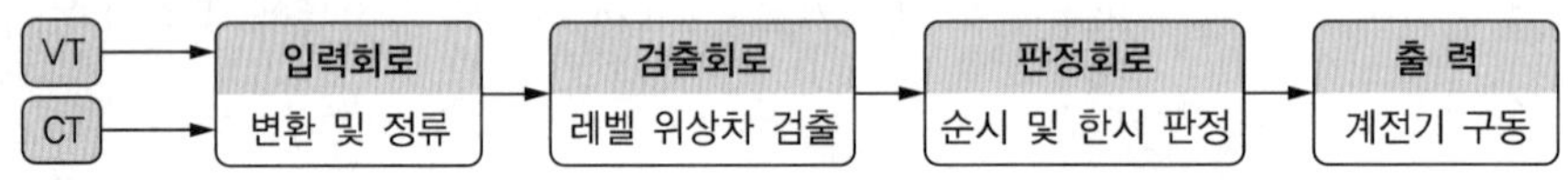

① 정지형 계전기는 반도체 소자, 저항기, 콘덴서 등을 사용한 전자회로로 구성되며

② VT, CT의 2차 전압, 전류를 입력으로 그것의 크기 위상차를 검출하여 판정·동작하는 시스템이다.

2) 종 류

① **정류형 계전기** : 입력 대소를 판정하는 계전기

㉠ 정류형 단입력계전기 : 전압이나 전류만의 입력으로 판정하며, 과전압, 과전류, 부족전압계전기가 이에 해당한다.

㉡ 정류형 복입력계전기 : 전압이나 전류의 상호 연관으로 판정, 판정회로는 단입력계전기와 동일하다.

② **위상검출형 계전기**

둘 또는 그 이상 되는 전기량의 위상차를 검출하여 작동 판정하며, 방향계전기 및 거리계전기에 적용

3) 특 성

① 소비전력이 매우 작다.
② 스위칭이 고속이다.
③ 소형 컴팩트(Compact)화되어 래크에 설치가 가능하다.
④ 진동, 충격에 강하여 내진설계에 적당하다.
⑤ 고조파, 서지, 노이즈에 약하다.
⑥ 온도의 영향을 많이 받는다.

6 디지털 계전기

1) 기본구성 및 원리

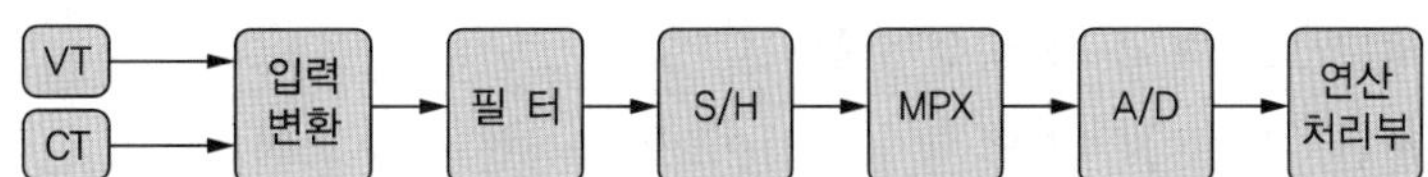

① **기본구성**

㉠ 입력변환부 : VT, CT로부터의 입력을 ±5~10[V]의 전압값으로 변환하는 설비
㉡ 필터 : 높은 주파수 대역의 성분을 제거하거나 중첩에러 방지 역할을 한다.
㉢ S/H(Sample Hold) : 신호값을 일정 시간 간격으로 샘플링하고 A/D 변환이 완료될 까지 데이터를 보전함
㉣ Multiplexer(다중화기) : 신호값을 입력받아 이것을 시분할시켜 다른 장치에 보내주는 설비
㉤ A/D 변환기 : 전압, 전류의 아날로그 신호를 디지털 신호로 변환하는 설비
㉥ 연산처리부, RAM, ROM, 정정치 기억부

- 연산처리부 : Micro Processor Unit으로 ROM에 저장되어 있는 보호계전기의 프로그램을 수행하는 설비
- ROM : 연산처리부에서 수행해야 하는 보호계전 프로그램을 저장하는 설비
- RAM : A/D 변환기에 의한 전압, 전류의 데이터를 임시로 저장하는 설비
- 정정치 기억부 : 계전기 동작에 필요한 정정치를 기억하는 설비

② **동작원리**

㉠ 디지털 릴레이의 기본개념은 샘플링이며 CT에서 얻은 아날로그 전류를 일정 간격으로 디지털 신호로 변환함

㉡ 이들 디지털 변환값은 마이크로프로세스에 입력되어 연산처리를 수행함

2) 종 류

① **연산형 계전기** : 입력량을 주기적으로 샘플링하여 양자화된 디지털량으로 변환 후 프로그램에 의해 연산처리

② **간이 구성 연산형** : 연산형과 동일한 동작원리이고, 회로를 간소화시킨 계전기

③ **계수화** : 입력량을 디지털화하여 계수처리

④ Scanner형

3) 특 성

① 소비전력이 작고 CT, PT의 부담도 줄일 수 있다.

② 소프트웨어에 따라 다양한 보호방식을 구성한다.

③ 소형 컴팩트화하고, 신뢰성이 높다.

④ 자기진단기능, 컴퓨터 연결기능 등이 있어 융통성이 크다.

⑤ 고조파, 노이즈, 서지 등에 대한 대책을 강구해야 한다.

7 보호계전기 서지보호대책

1) 개 요

① 전력계통 설비에서는 이상전압에 대하여 피뢰기의 보호 레벨을 기준으로 하는 절연협조방식이 확립되어 있으나

② 저압 제어회로의 보호에는 피뢰기가 설치되어 있지 않아 불량 동작에 의한 신뢰성 저하뿐만 아니라 부품 소손에 대한 적절한 대책을 세워야 한다.

2) 서지의 발생원

① 내부 서지

㉠ 보호계전기의 개폐

보호계전기의 개폐에 의한 서지로 이상동작 발생 및 부품 소손 가능성이 있다.

㉡ D-D 컨버터의 스위칭 잡음 등

② 외부 서지

㉠ 뇌 서지

외부 낙뢰에 의한 서지 침입에 의한 이상동작 발생

㉡ 사고전류 서지

사고전류(단락, 지락 등)에 의한 이상동작 발생

㉢ 개폐 서지 등

3) 서지의 침입경로

① 접지망의 전위 상승에 의한 서지의 침입

낙뢰 및 피뢰기의 방전전류가 접지계통에 침입하면 접지망의 국부적인 전위 상승으로 서지가 침입한다.

② PT, CT를 통한 2차 회로에 침입

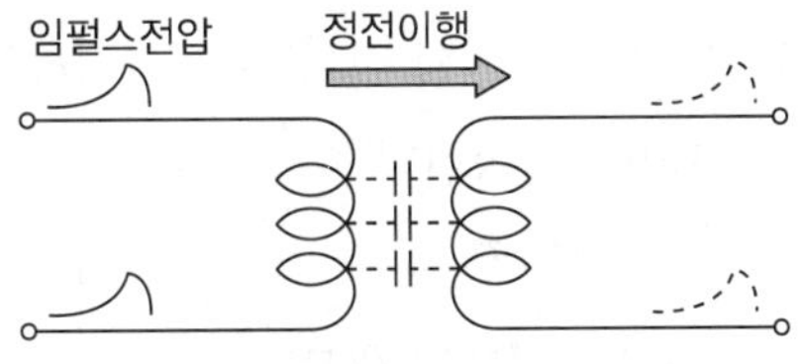

▮ 절연변압기의 정전이행

PT, CT 1차 측에 뇌 및 사고전류에 의하여 계통의 서지가 PT, CT 등의 전자이행으로 2차 회로에 서지가 침입한다.

③ 코일단자회로에서 다른 회로에 침입

CB, DS의 조작코일, 계전기코일 등 코일단자에서 생긴 서지가 계전기에 침입한다.

④ **전자유도에 의한 저압케이블에 침입**

DS, 개폐기 등의 재점호에 의한 진동전류가 흘러서 전자유도작용으로 저압케이블에 서지가 침입한다.

⑤ **제어전원에서의 침입**

D-D 컨버터의 스위칭 잡음, 전원선의 R-L 부하변동에 의한 전압강하 등이 제어전원 회로에 서지가 침입한다.

4) 대 책

① **PT, CT의 정전차폐**

다음 그림과 같이 PT, CT 1차와 2차 권선 간에 정전 차폐판을 설치하여 대지로 접지하여 이상서지를 방지한다.

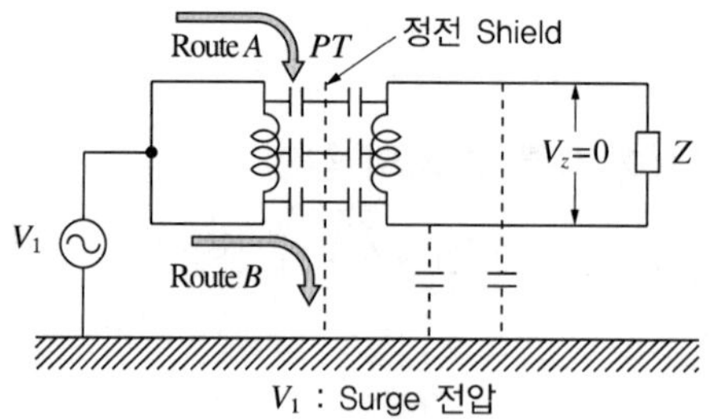

② **라인필터**

라인필터는 제어전원회로의 극 간 및 접지 간에 침입하는 서지를 제거하기 위하여 제어 전원선을 끊고 그 자리에 접속한다.

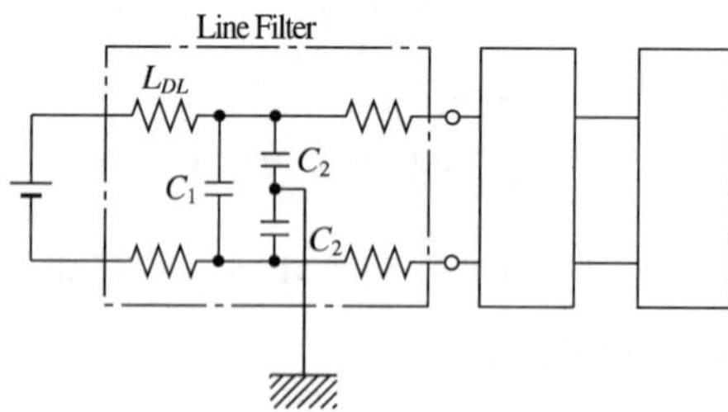

③ **리미터**

CT, PT 입력회로의 극 간에 침입하는 과대한 서지에서 접지회로를 보호하기 위하여 사용한다.

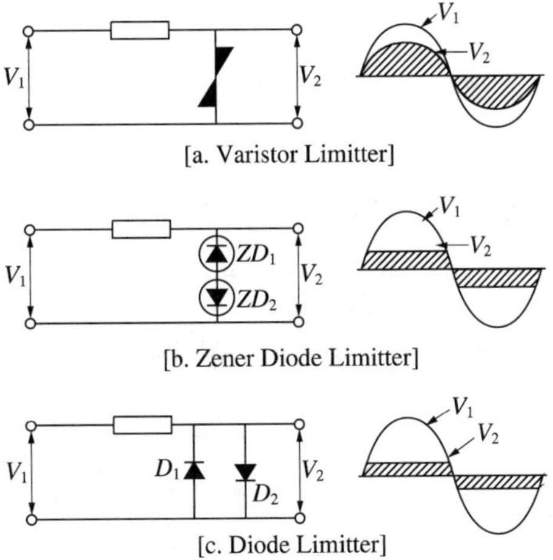

[a. Varistor Limitter]

[b. Zener Diode Limitter]

[c. Diode Limitter]

④ **스파크 킬러**

보호계전기 코일에 인가한 전압을 개방할 때 계전기코일에 축적된 에너지가 방출하면서 높은 서지가 발생하는 것을 방지하기 위하여 코일과 병렬로 스파크 킬러를 접속하여 보호대책을 달성한다.

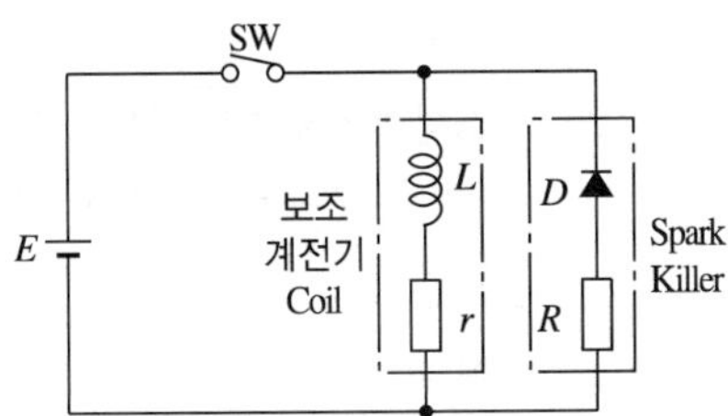

⑤ **배선의 분리**

전선 A나 전선 B의 거리를 크게 하거나 전선 B를 대지에 가깝게 하여 C_A를 적게 하고 C_B를 크게 하여 노이즈 이행을 저감시킨다.

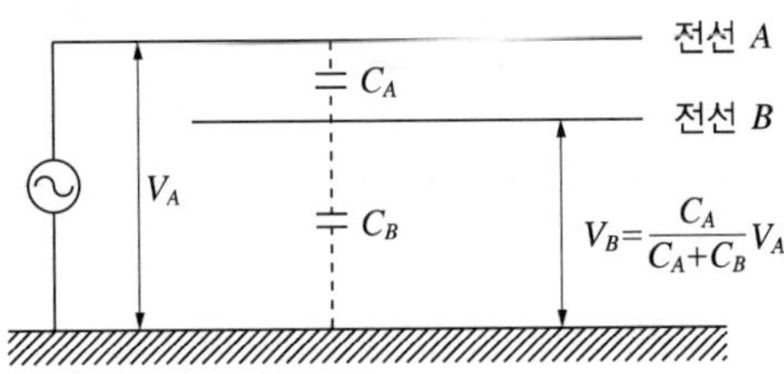

⑥ **접지회로의 강화**

접지모선의 길이 및 전선을 굵게 하여 임피던스를 낮게 한다.

8 아날로그 및 디지털 계전기 특성 비교

구 분	아날로그형		디지털형
	전자기계형	정지형	정지형
입력 전송	아날로그 전송	아날로그 전송	아날로그 전송 및 디지털 전송
입력 전환	권선에 의한 전자유도	• 정류기에 의한 직류 변환 • 리미터에 의한 방형파 변환	아날로그에서 디지털로 변환
사용소자	가동철심, 유도원판, 유도환, 유도원통	트랜지스터, 다이오드 등	마이크로프로세서 등
동작원리 및 검출기능	• 전자력에 의한 기계적 응동 • 기계적·구조적 특성의 제약	• TR의 증폭, 스위칭 작용을 이용해서 합력의 크기/위상 판단 동작 • 다요소 조합에 의거 다각형 특성 실현 가능	디지털 양을 정해진 프로그램에 의거 마이크로프로세서로 계산하여 크기 및 위상을 판단
내환경성	• 잡음 영향이 적음 • 진동에 약함	소세력 신호회로 사용으로 디지털 경우와 동일한 대책 필요	디지털 신호 오부호 발생 방지 대책 필요
변성기 부담	높 음	중 간	낮 음
자동점검 및 상시기능	없 음	없 음	있 음
성 능	저속도, 단일기능	고감도, 고속도	고감도, 고속도, 다기능
신뢰성	낮 음	높 음	높 음
보수성	정기 점검 필요	정기 점검 필요	• 자동 점검기능 있음 • 정기 점검 필요
표준화	곤 란	계전기 특성에 따라 하드웨어가 다름	적용범위 확장성이 큼
장치 규모	대 형	중 간	소 형

9 정 정

1) 정 의

① 보호계전기가 보호할 구간에서 어떠한 이상 상태가 발생하였을 때 이에 적절히 동작하도록 조정장치(Tap, Lever 등)에 의하여 동작 기준치를 정하는 것을 말한다.

② 조정장치로 정정된 동작기준치를 정정치라고 한다.

2) 정정의 원칙

① 보호계전기 Setting은 사고 발생 시에 사고의 근원을 신속히 제거하여 건전부분의 불필요한 차단을 피하기 위하여 고장 시 동작하는 계전기들 상호 간의 협조를 도모하여야 한다.

② 변성기나 차단기의 특성 또한 본래 동작해야 할 주보호계전기 혹은 차단기가 오동작할 경우의 후비보호를 포함하여 검토해야 한다.

③ 사고지점별 단락·지락전류를 정확히 예측계산하여 Setting하여야 한다.

3) 보호계전기별 정정치(22.9[kv-y]에서 유도형 계전기 동작시한 정정방법)

구 분	동작치(Tap) 정정	동작시한(Lever) 정정
과전류 계전기 (OCR)	• 한시요소 정정 탭값 $\dfrac{\text{수전전력[kW]} \times 1{,}000}{\sqrt{3} \times \text{수전전압} \times \text{역률}} \times \dfrac{1}{\text{CT비}} \times \alpha$ 여기서, 역률 : 0.8~0.95 α : 1.3~2.0 • 순시요소 정정 탭값 – 정정치=고압모선 기준 3상 단락전류의 150[%] 정도 – 정정치=한시 정정탭의 500~1,500[%] – 위 정정치 두 가지 중 하나를 선택	• 계전기 설치점의 고장전류(단락전류)를 계산하여 계전기의 p.u배수를 구한다. – 계전기 p.u배수=Ry설치점 고장전류/Ry p.u전류 – Ry p.u전류=Ry Tap값×CT비율 – Ry설치점 고장전류=$\dfrac{100\,I_n}{\%Z}$ • 동작시한 정정값 – 계전기 특성도를 가지고 계전기 p.u배수와 차단기 필요 동작시간과의 관계에서 Lever를 구한다. – 차단기 필요 동작시간은 후비보호장치의 동작시간보다 짧게 결정 – 일반적으로 수전설비에서는 0.6초 이내, 전기공급자 입장에서는 0.5초 이내 차단

구 분	동작치(Tap) 정정	동작시한(Lever) 정정
지락 과전류 계전기 (OCGR)	• 한시요소 정정 탭값 $\frac{\text{수전전력[kW]} \times 1{,}000}{\sqrt{3} \times \text{수전전압} \times \text{역률}} \times \frac{1}{\text{CT비}} \times \alpha \times 30\%$ • 순시요소 정정 탭값 – 정정치=한시정정탭의 500[%]	• 한시레버 정정 – 1선 지락 고장전류에서 0.2초 이하에 정정
지락 과전압 계전기 (OVGR)	• 정격영상전압의 30[%]에 정정 • 정격영상전압이 190[V]일 경우는 63.5[V], 즉 65[V]에 정정	수전모선의 1선 지락 시 0.2초 이하에 정정
과전압 계전기	• 한시Tap : 정격전압의 130[%]에 정정	한시Lever : 정정치의 150[%] 전압에서 2.0초 정도로 조정
저전압 계전기	• 한시Tap : 정격전압의 70[%] 정도에 정정	한시Lever : 정정치의 70[%] 전압에서 2.0초 정도로 조정
방향지락 계전기 (비접지)	• 전압=110[V] 또는 190[V]에 정정 • 전류=1선 지락전류, I_g보다 작은 탭값 • $I_g = \frac{E}{n^2 \times \frac{R}{9}}$ [mA] 여기서, I_g : 1선 지락전류 E : 상전압[V] n : PT권수비 R : 제한저항[Ω]	• 한전표준규격품인 경우 별도 정정 불필요 – 비규격품인 경우 모선 완전지락 시 0.5초 이내 동작하도록 정정

참고정리

➤ **PU(Pick Up) 배수**

계전기 가동부자에서 입력 0에서 가동입력을 가할 시 최종 위치까지 이동하는 것

4) 보호설비별 보호계전기 정정

① 수전회로 · 변압기 보호

단락 보호 정정	• 한시Tap : 수전계약 최대 전류의 150[%]에 정정 • 한시Laver : 수전변압기 중 가장 큰 용량의 변압기 2차 3상 단락전류에 0.6초 이내에 동작하도록 선정 • 순시Tap : 수전변압기 중 가장 큰 용량의 변압기 2차 3상 단락전류의 150~200[%]에 정정

지락 보호 정정	• 한시Tap : 수전계약전력의 30[%] 이하로서 평시부하 불평형전류의 1.5배 이상에 정정 • 한시Lever : 수전보호구간 최대 1선 지락 고장전류에서 0.2초 이하로 선정 • 순시Tap : 후위계전기와 협조가 가능하고 최소치에 정정
부족전압 보호 정정	• 한시Tap : 정격전압의 70[%] 정도에 정정 • 한시Lever : 정정치의 70[%] 전압에서 2.0초 정도로 조정
과전압 보호 정정	• 한시Tap : 정격전압의 130[%]에 정정 • 한시Lever : 정정치의 150[%] 전압에서 2.0초 정도로 조정 수전회로용 보호계전기 정정

② 수전변압기 2차 회로 정정

단락 보호 정정	• 한시Tap : 변압기 2차 정격전류의 150[%]에 정정 • 한시Lever : 변압기 2차 모선 3상 단락전류의 0.4~0.6초에 선정 • 순시Tap : 분기 Feeder 사고에 불필요한 오동작을 하지 않도록 순시 제거
지락 보호 정정	계통접지방식에 따라 다르며 • 직접접지계통의 경우 – 한시Tap : 변압기 2차 정격전류의 30[%] 이하에 정정 – 한시Lever : 수전보호구간 최대 1선 지락 고장전류에서 0.2초 이하에 선정 – 순시Tap : 분기 Feeder 사고에 불필요한 오동작을 하지 않도록 순시 제거 • 저항접지계통의 경우 – 한시Tap : 동일계통에서 단계별로 최대 지락전류의 30[%], 20[%], 10[%], 5[%]

③ 콘덴서 보호계전기 정정

단락 보호 정정	• 한시Tap : 콘덴서 정격전류의 120~130[%]에 정정 • 한시Lever : 돌입전류에 동작하지 않는 최소치에 선정 • 순시Tap : 콘덴서 투입 시 돌입전류에 오동작하지 않는 최소치에 정정
지락 보호 정정	계통접지방식에 따라 다르며 배전선 지락보호계전기 정정과 같으며, 말단부하이므로 오동작하지 않는 최소치에 정정

037 복합계전기

1 개 요

각종 계측기와 계측기능이 집약된 전력보호 감시장치이다.
복합계전기 = Digital Relay + 전자화 배전반

2 구성도

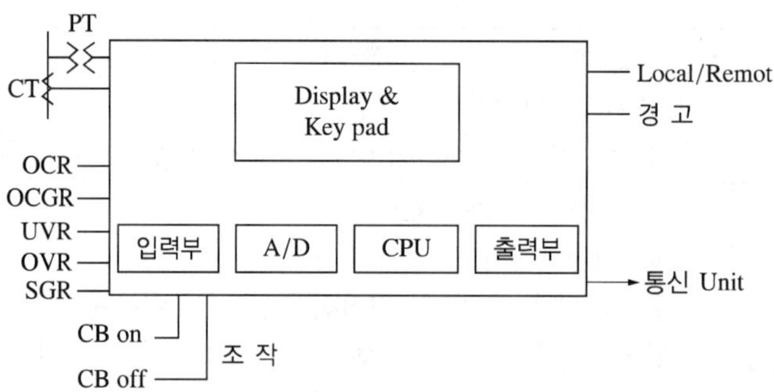

3 복합계전기 기능

① 데이터 통신기능 : 원격통신기능
② 제어기능
③ 자기진단기능
④ 데이터 Logging기능
⑤ 분석기능 : 저장된 데이터를 분석한다.
⑥ 계측기능
⑦ 표시기능
⑧ 보호기능 : 차단기를 트립시키거나 필요한 스위치를 자동으로 On/Off시킨다.

038 저압회로의 보호방식

1 개 요

① 최근 건축물 설비의 규모가 증가함에 따라 저압계통의 용량도 계속 높아지고 있어 고장 시 파급효과가 대단히 증가할 가능성이 있다.

② 저압회로는 회로수도 많은데 경제성을 생각할 때 지나치게 뱅크용량을 키우면 2차 측 단락용량도 증가하게 되어 또 다른 문제점을 야기하므로, 보호방식을 고려하여 적정용량을 선택하여야 할 것이다.

2 저압 배전선로 보호의 개념

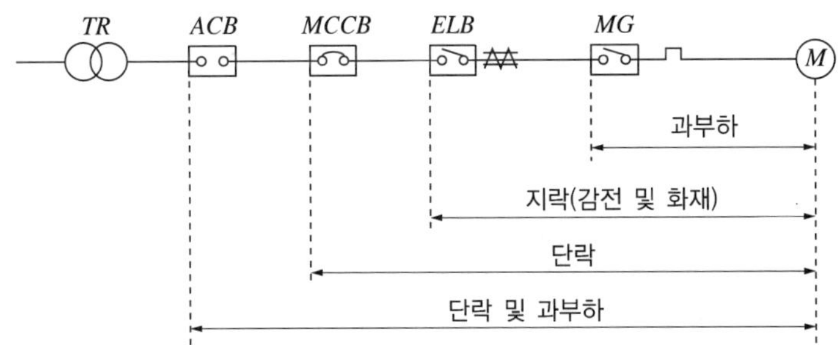

3 저압 배전선로 보호방식

고장전류	보호방식	내 용
과부하 보호, 단락	선택차단방식	• 한시차 보호방식에 의한 고장회로 선택 차단 • 공급신뢰도가 높은 방식
	Cascade방식	• 주회로 차단기로 후비보호하는 방식 • 단락전류가 10[kA] 이상에 적용
	전정격 차단방식	• 각 차단점에 단락용량에 응하는 차단기를 적용하여 후비보호하는 방식 • 경제성이 떨어짐
지 락		• 계통별 접지방식 구성 차이로 일괄 보호방식 적용이 곤란 • 선택차단방식 적용

4 저압배전선로의 단락보호

보호기기	내 용
ACB	• 과전류, 단락전류, 지락전류 보호 가능하나 순시보호 뒤짐 • 최근 순시요소부 제품 공급으로 후비보호 가능
MCCB	• 과전류, 단락 보호 가능 • 순시요소부+한시요소부를 몰드 Case에 내장
퓨 즈	• 한류 특성과 용단 특성을 이용한 단락 보호 • 차단용량이 적은 보호기의 후비보호 가능
전자개폐기	• 부하의 빈번한 개폐 및 과부하 보호용 • 전자접촉기와 열동계전기 또는 EOCR 조합 시도
기 타	과전류차단기

039 저압 차단기의 보호협조

1 개 요

보호협조의 목적은 안전하게 계통 및 기기를 보호하기 위함이며 실제로 설치비용이나 사고 시 전력 공급의 지속성 측면에서 차이가 발생한다.

2 저압차단기 보호협조의 종류

1) 전정격(Fully Rated) 보호

① 모든 차단기들은 최대 단락전류에 대응
② 신뢰성이 높음
③ 분기 차단기의 설치비용이 높음
(비용 : 선택 차단 > 전정격 시스템 > 캐스케이딩)

2) 선택차단(Discrimination) 보호

① 선택차단의 특징

㉠ 사고가 발생하였을 때, $MCCB_2$만 동작하고, $MCCB_3$나 상위의 $MCCB_1$이 동작되지 않는 방식
㉡ 사고회로에 직접 관계되는 보호장치만 동작
㉢ 건전한 회로는 급전을 지속
㉣ 전력 공급의 신뢰성(정전범위 최소화)

② 선택 차단 협조 시 MCCB의 조건

㉠ 주차단기의 트립동작 개시시간이 분기차단기의 전차단 시간보다 길어야 함
㉡ 하부 차단기 동작시간 동안 상부 차단기는 열적·전기적 스트레스를 견딜 것 (I_P와 통과에너지 I^2t)
㉢ 상부영역의 차단기는 하부 차단기보다 더 큰 트립시간 필요
㉣ 시간-전류 트립곡선에서 두 차단기의 교차구간이 없어야함
㉤ 두 곡선 사이에는 충분한 시간 갭이 있어야 함

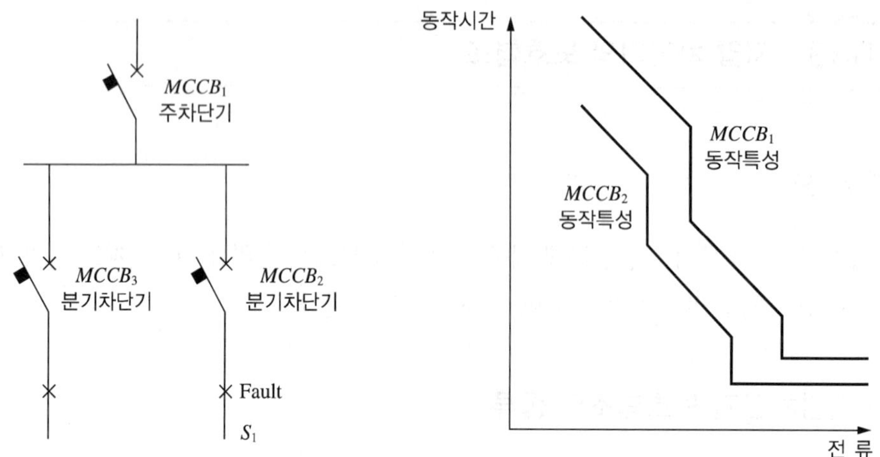

③ **선택차단의 종류**

㉠ 전류 판별법(Current Discrimination)

- 하부 차단기가 상부 차단기보다 낮은 통전전류와 낮은 순시 트립치를 가질 때 구성
- 한류 차단기가 하부 차단기에 사용되면, 판별도는 더욱 향상

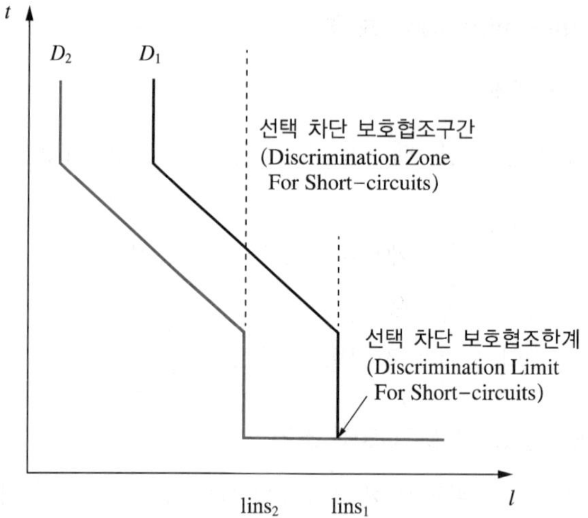

㉡ 시간 판별법(Time Selectivity)

- 동일 사고전류에 대해 상부 차단기가 하부 차단기보다 더 긴 시간 지연
- 상부 차단기는 하부 차단기 동작시간 동안 야기되는 열적·자기적 스트레스에 견딜 수 있어야 함

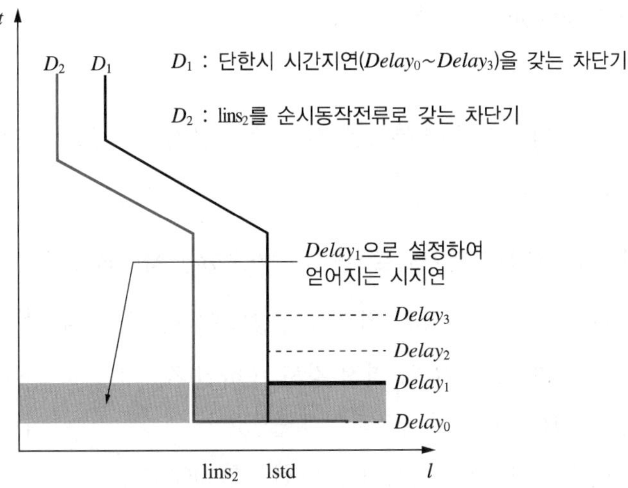

ⓒ 에너지 판별법(Energy-based Discrimination)

- 고장전류 통과 시 아크 소호부 내에 축적되는 에너지 레벨차로 인하여 트립 개시점이 달라지는 것을 이용한 방법(에너지 레벨차는 아크 소호부 내에서 가압된 공기압력으로 측정)
- 순시 동작영역에서는 동작속도가 일정하기 때문에 전류 및 시간 판별법만 가지고 선택보호 가능 여부를 알기 어려우나 에너지 판별법을 이용하여 판정 가능

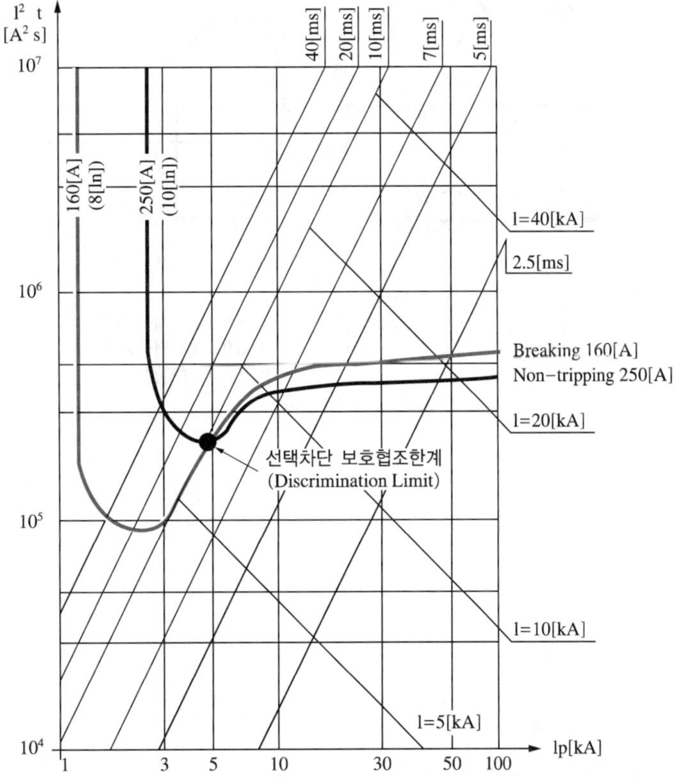

3) 캐스케이딩(Cascading) 보호

① 개 념

부하 측 차단기의 차단용량 부족을 전원 측 차단기가 직렬로 차단하여 부하 측 차단기를 Back-up 보호

② 주차단기($MCCB_1$)와 분기회로차단기($MCCB_2$) 사이의 조건

㉠ 차단전류 Peak치가 $MCCB_2$의 기계적 강도 이하일 것

㉡ 차단 시 I^2t가 $MCCB_2$의 열적 강도 이하일 것

㉢ 주차단기 $MCCB_1$은 개극시간이 빠를 것

㉣ 내구성이 높으며, 한류 특성이 좋은 한류형 MCCB가 유리

㉤ 주차단기 정격은 예상 고장전류치보다 클 것

㉥ 시험을 통해 검증 필요

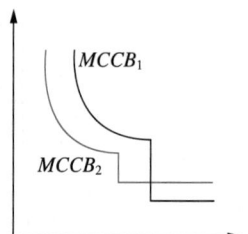

시간

$MCCB_1$

$MCCB_2$

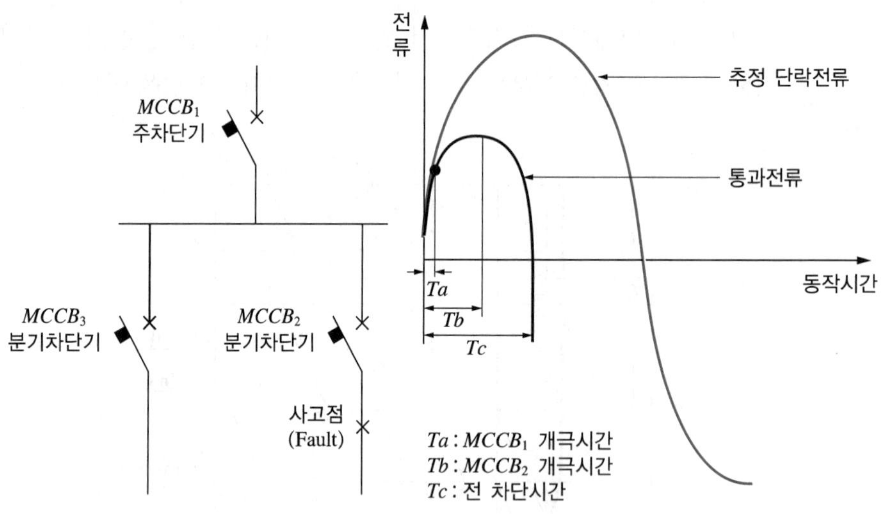

040 저압회로의 단락보호

1 개 요

① 최근 건축물 설비의 규모가 증가함에 따라 저압계통의 용량도 계속 높아지고 있어 고장 시 파급효과가 대단히 증가할 가능성이 있다.

② 저압회로는 회로수도 많은데 경제성을 생각할 때 지나치게 뱅크용량을 키우면 2차 측 단락용량도 증가하게 되어 또 다른 문제점을 야기하므로, 보호방식을 고려하여 적정용량을 선택하여야 할 것이다.

2 저압회로의 보호기 구성

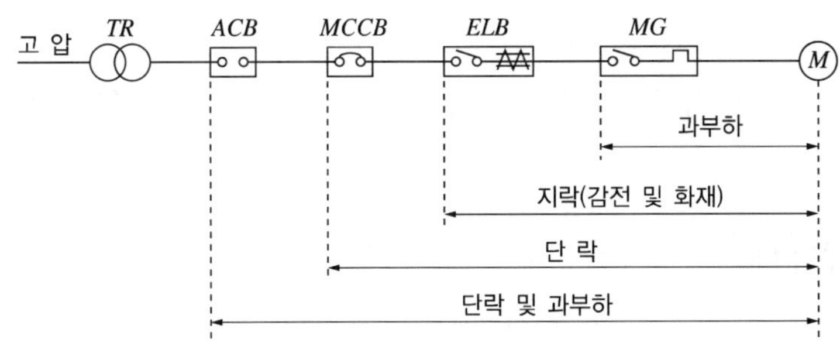

▮ 저압 배전선로 보호

1) 기중차단기(ACB)

① 기중차단기 정격차단전류는 단락 발생 후 $\frac{1}{2}$ 사이클 동안의 단락전류를 기준으로 한 정격차단전류(대칭전류)로 표시한다.

② 기중차단기의 과부하 트립장치에는 순시, 단한시, 장한시의 3가지 특징이 있으며, 보호대상에 따라 이것을 조합해서 사용한다.

③ 순시 트립장치는 주회로에 직렬로 접속된 직렬과전류 트립코일에 의한 전자식 트립장치로 되어 있고, 그 차단시간은 0.03~0.05초 정도로 배선용 차단기보다 길다.

④ 일반적으로 장한시 특성은 0.8배에서 16배까지 조정할 수 있는데 각각의 조합방법에 따라 조정범위가 한정되므로 주의해야 한다.

2) 배선용 차단기(MCCB)

① 배선용 차단기는 전로 보호를 목적으로 한 차단기로서 소호장치, 트립기구 등이 전부 절연물 용기 내에 수납되어 있는 것이 특징이다.
② 그 차단용량은 각 극마다 O-2분-CO의 동작책무로 1회 또는 3상 교류에서 1회 차단 가능한 값으로 규정한다.
③ 트립기구는 과부하 보호용으로서 열동식 또는 전자식 시연트립장치가, 단락보호용으로 전자식 트립장치가 사용된다.
④ 차단기가 콤팩트하게 되어 있고, 차단시간이 빠르며, 후비보호가 되는 기중차단기와 협조면에서 사용하기 쉽다.

3) 저압용 퓨즈

① 사용 중인 전기기기에 과부하나 선간의 단락 등으로 과전류가 흘렀을 때 장치의 일부인 가용체가 녹아서 전류를 차단하여 기기나 설비를 보호한다.
② 저압용 퓨즈는 통형, 플러그퓨즈 등의 포장퓨즈와 판, 고리퓨즈 등의 비포장퓨즈로 구분한다.

4) 전자개폐기(MC)

① 전자개폐기는 전자접촉기와 열동계전기를 조합한 것으로 과부하용으로 사용한다.
② 전자개폐기의 용량은 적용하는 전동기의 부하용량으로 표시하며 정격전류의 10~12배가 된다.
③ 빈번한 개폐의 장소 및 과부하 보호용 또는 전자제어 장치용으로 사용된다.
④ 단락사고 시 후비보호는 MCCB 및 퓨즈 등에 의해 보호된다.

3 과부하 보호조정

1) 변압기

여자돌입전류를 피하여 정격전류의 150~250[%]

2) 배전선

① 보호기의 정격전류로 선정하며 회로의 합계 부하전류의 110~125[%]로 한다.
② 전동기가 회로에 포함 시 동시 기동하는 최대 전동기군을 뺀 부하전류 합계의 125[%]에 기동 최대 전동기의 전류를 더한 값으로 한다.

3) 전동기

전동기 기동전류를 피해서 전동기 정격전류의 120~160[%] 범위에서 조정

4) 저항부하

조명, 전열기 등의 저항부하 보호기 조정은 정격전류의 150~200[%]로 조정

5) 발전기

과부하 내량이 전 부하전류의 150[%]에 1분간이므로 보호기 조정은 전 부하전류의 125~150[%]로 조정한다.

4 저압회로의 보호기 선정원칙

① 과전류는 분기회로마다 보호한다.
② 소전류에 급속차단하므로 부하의 과전류에도 오동작하지 않도록 한다.
③ 보호기의 온도 특성을 고려하고 직렬기기와의 협조를 고려한다.
④ 단락사고 시 후비보호는 MCCB 및 퓨즈 등에 의해 보호한다.

5 저압용 차단기 선정 시 고려사항

① 380[V]급 배선용 차단기의 최소 차단전류는 25[kA], 최대 차단전류는 65[kA]로 선정한다.
② 정격전류 배수를 8~16배로 선정한다.
③ 한류형 차단기 사용 시 S/A 설치를 고려한다.
④ 정격전류 용량에 따라 정격전류 배수를 정정한다.
⑤ 저압개폐기는 400[AF]에서 25~65[kA]까지 생산하고 있다.
⑥ 한류형 차단기는 $\frac{1}{2}$사이클에 차단하고 전압 0점에서 차단한다.
⑦ 비한류형 차단기는 1사이클에 차단하고 전류 0점에서 차단한다.

041 저압회로의 지락보호방식

1 개 요

① 건축물이 대형화되면서 전기설비의 전압이 440[V]급으로 상승되어 저압회로의 지락 사고 시 타 기기에 미치는 범위가 확대되고 인체에 위험한 영향을 끼치게 되었다.

② 따라서 전기설비기술기준에서는 지락사고에 대한 저압회로의 지락보호가 의무화되어 있다.

2 지락보호 목적

1) 감전방지

① 지락에 의해 감전을 방지한다.

② 허용접촉전압 및 인체통과 허용전류는 $I_k^2\ t = 0.0135$ 에서

감전전류$(I_k) = \dfrac{0.116}{\sqrt{t}}$ [A](50[kg] 기준) 이하로 제한하여야 한다.

종 별	접촉 상태	허용접촉전압
제1종	인체의 대부분이 수중에 있는 상태	2.5[V] 이하
제2종	• 인체가 현저하게 젖어 있는 상태 • 금속성 전기기계 장치나 구조물에 인체의 일부가 상시 접촉되고 있는 상태	25[V] 이하
제3종	제1종 및 제2종 이외의 경우로 통상의 인체 상태에 있어서 접촉전압이 가해지면 위험성이 높은 상태	50[V] 이하
특별 제3종	제1종 및 제2종 이외의 경우로 통상의 인체 상태에 있어서 접촉전압이 가해져도 위험이 작은 상태	제한 없음

2) 화재방지

누전화재는 누설전류가 흘러 줄열$(I^2 Rt)$에 의해 발열이 많고 방열이 적을 때 발화된다.

3) 폭발방지

지락에 따른 Spark로 주위의 가연성 가스 존재 시 폭발방지

4) 전기기기의 손상방지

누전의 계속 진행 시 전기기기의 절연이 파괴되어 전기기기의 소손이 진행되므로 지락보호에 의하여 전기기기의 절연파괴방지

3 지락보호 관련 법규

① 전기설비기술기준 및 내선규정
② 산업안전보건법
③ 소방법 시행령

4 저압회로 지락보호방식

1) 보호접지방식

① 전로에 지락 발생 시 접촉전압을 허용치 이하로 억제하기 위한 방식
② 방법은 기계기구의 외함에 접지, 배선용 금속관, 금속덕트 등 저저항으로 접지

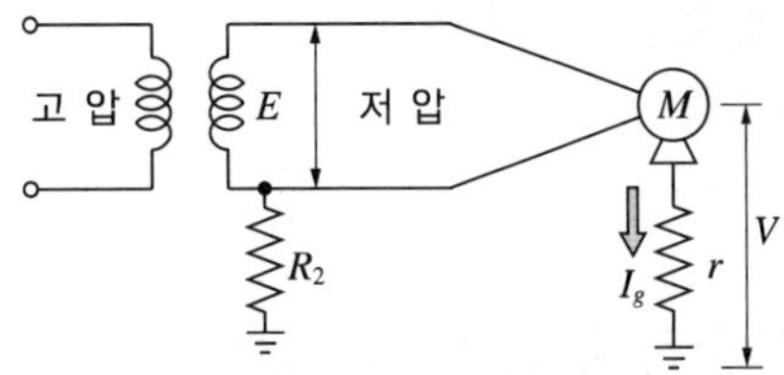

▌지락사고의 상정도

$$E = I_g (R_2 + r)$$

$$V = I_g \cdot r$$

$$r = \frac{V}{E - V} R_2$$

여기서, E : 저압전로의 사용전압[V]
I_g : 지락전류[A]
R_2 : 제2종 접지저항[Ω]
r : 보호접지저항[Ω]
V : 지락점 대지전압[V]

2) 과전류 차단방식

① 접지 전용선을 설치하여 지락 발생 시 MCCB로 전로를 자동 차단

② 전로의 손상 방지가 주목적

3) 누전검출방식

① 전로에 지락이 발생했을 때 발생하는 영상전압 또는 전류를 검출하여 차단하는 방식

② 전류 동작형, 전압 동작형, 전압 및 전류 동작형으로 나누어짐

4) 누전경보방식

① 화재경보에 많이 사용

② 전류 동작형, 전압 동작형(보호접지가 필요)

5) 절연변압기 방식

① 보호대상 전로를 비접지식 또는 단독의 중성점 접지식 전로로 하여 접촉전압을 억제하는 방식

② 수중 조명용, 병원의 수술실 접지 등

5 지락전류 검출

1) 접지계통(직접접지, 저항접지, 다중접지계통)

① Y결선의 잔류회로 이용법

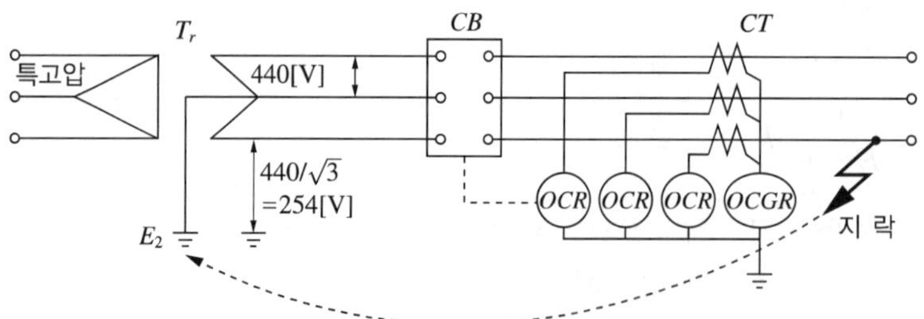

㉠ 검출방식 : CT Y결선의 잔류회로를 이용하여 지락전류를 검출하는 방식으로 가장 흔하게 쓰이며 지락전류의 계산은 제2종 접지선을 이용하는 방식과 동일하다.

㉡ 적용설비 : CT Ratio가 $\frac{400}{5}$ 이하인 비교적 시설용량이 작은 설비

㉢ 특기사항 : CT 오결선 시는 지락 과전류계전기가 오동작하게 된다.

② 3차 권선 CT 사용(영상분로방식)

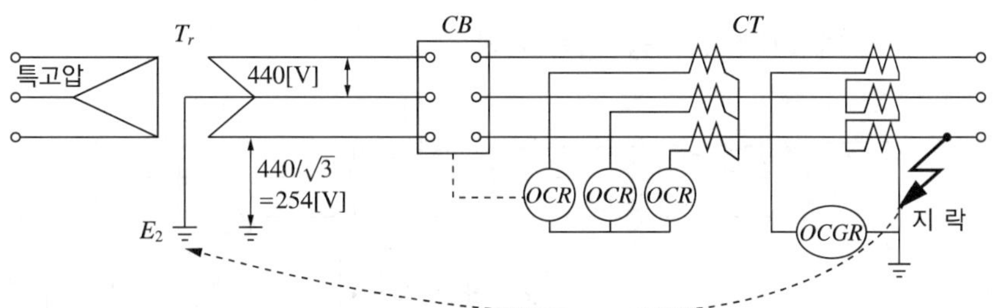

㉠ 고저항 접지계통에서는 접지전류가 진상전류(충전전류)에 비해 적기 때문에 잔류회로에는 전류가 적어 별도로 3차 권선을 두어 오픈델타결선을 하여 영상전류를 얻는다.

㉡ 이때 2차 회로는 잔류회로가 없는 Y결선으로 하여야 한다.

㉢ 고저항접지계통에서는 CT비가 $\frac{300}{5}$(일본은 $\frac{400}{5}$) 이상에 적용한다.

㉣ 2차 결선은 Y결선을 하고 잔류회로로 만들지 않고 계전기 2차 측 1개소를 접지한다.

㉤ 3차 권선은 Δ 권선으로 한다.

㉥ 2차 권선은 정상분과 역상분을, 3차 권선은 영상분을 검출한다.

③ 중성선 CT 사용

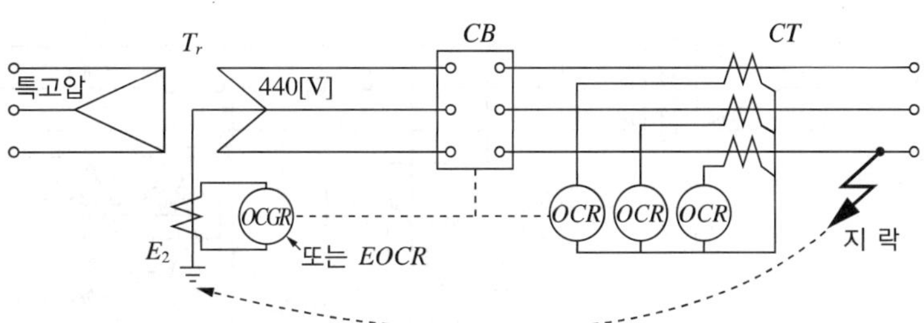

특이사항으로는

㉠ CT_1은 과부하 및 단락보호용, CT_2는 지락보호용으로 한다.

㉡ 타 군 변압기와 2종 접지선을 공용사용하거나 수전설비 일부 접지선을 공통으로 결선하여 사용하는 경우 타 접지선 전류에 의해 영향을 받을 수 있다.

㉢ CT_2의 변류비는 $OCGR$(또는 $EOCR$)의 Tap 범위를 고려하여 $\frac{100}{5}$을 사용한다.

2) 비접지계통의 지락검출방식

① GPT와 $OVGR$ 이용 지락 차단

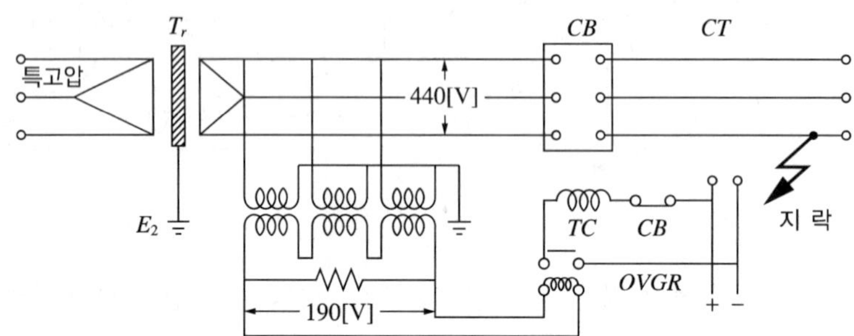

㉠ 검출방식 : 차단기 1차 측에 GPT를 설치하고 차단기 2차 측에 지락이 발생할 경우 지락전류는 GPT로 유입된다. 이 지락전류는 GPT 3차 측에 영상전압을 형성하게 되고 이 영상전압이 $OVGR$ 동작차단기를 차단하게 된다.

㉡ 적용설비 : 부하가 단독부하에 적용이 용이하다.

㉢ 특기사항 : 부하에 다수부하가 있는 경우 어느 한 곳에서 지락이 발생할 경우 건전상의 부하가 정전이 된다.

② GPT와 ZCT 이용 지락차단

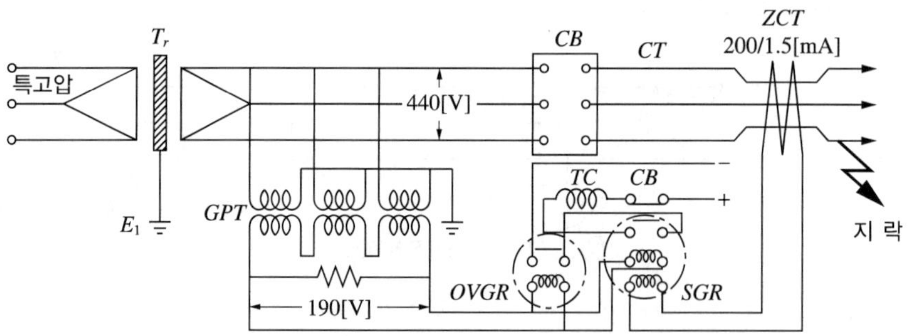

㉠ 검출방식 : 지락 시 영상전압 및 영상전류를 검출 영상전압, 전류 특성에 의해 보호되는 방식

㉡ 적용설비 : 설비 자체가 고신뢰도를 요하는 설비

㉢ 특기사항 : 비접지회로에서 가장 신뢰성이 있는 방식이다.

③ 접지콘덴서와 ELB를 이용한 지락차단

㉠ 검출방식 : 지락 시 접지콘덴서에 흐르는 전류에 의해 보호되는 방식

㉡ 적용설비 : 충분한 지락전류값이 나오지 않는 설비에 적용

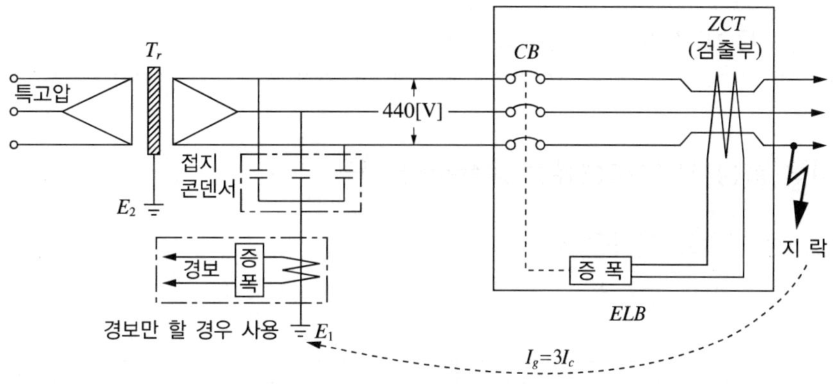

④ GPT **1차 측에** ZCT **이용** $EOCR$**(또는** GR**)를 이용한 지락차단**

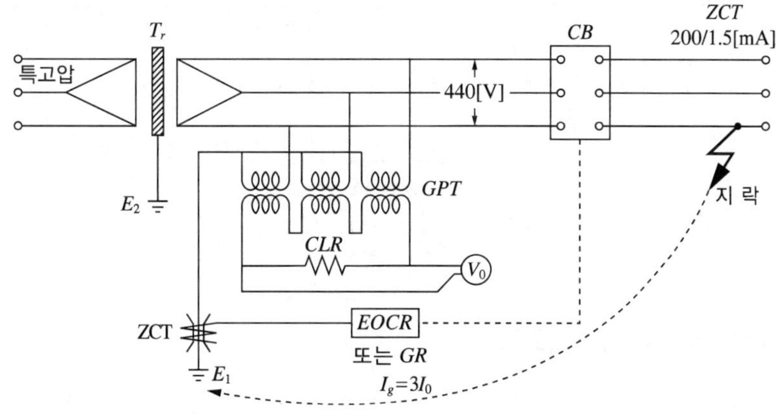

㉠ 검출방식 : 지락 시 GPT 중성점에 흐르는 전류에 의해 보호되는 방식

㉡ 적용설비

- 중요하지 않은 설비에 적용
- 지락 시 GPT 중성점에는 Noise성 전류(고조파 전류, 불평형에 의한 GPT 중성짐 전류 등)

㉢ 특기사항 : 단독설비에 적용이 쉽다.

042 GPT 적용 시 CLR의 목적

1 지락 발생 시 유효전류를 발생하는 역할

1) 비접지회로 지락전류 계통

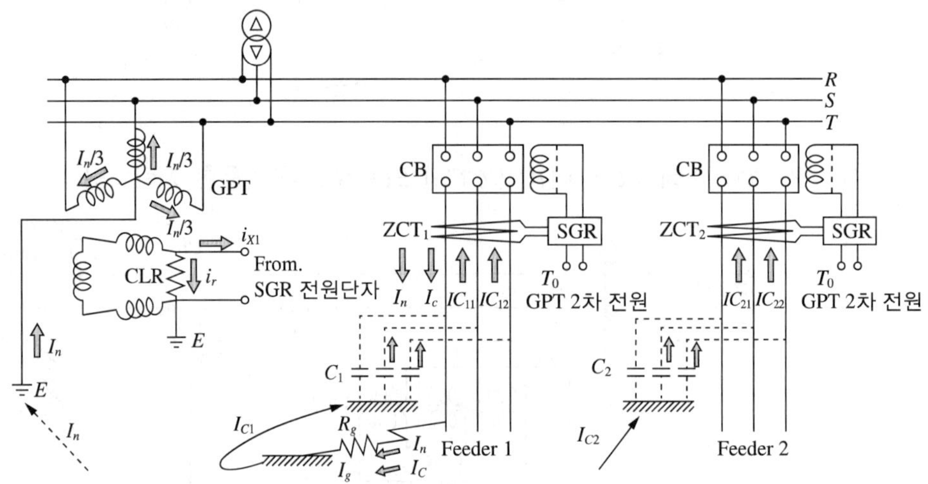

2) 지락전류 시 등가회로도

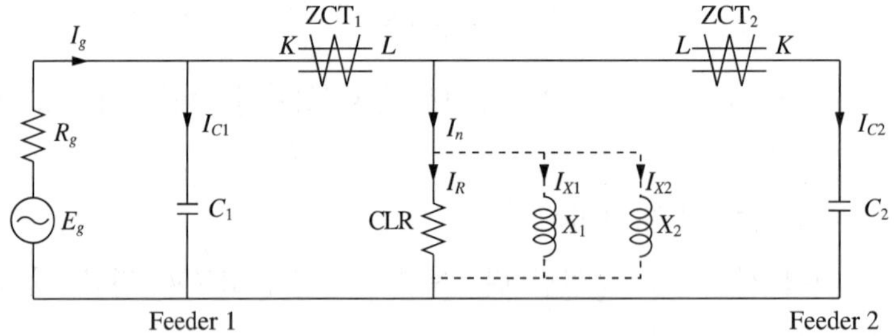

3) CLR 미설치 시 등가회로도 및 지락전류 감지

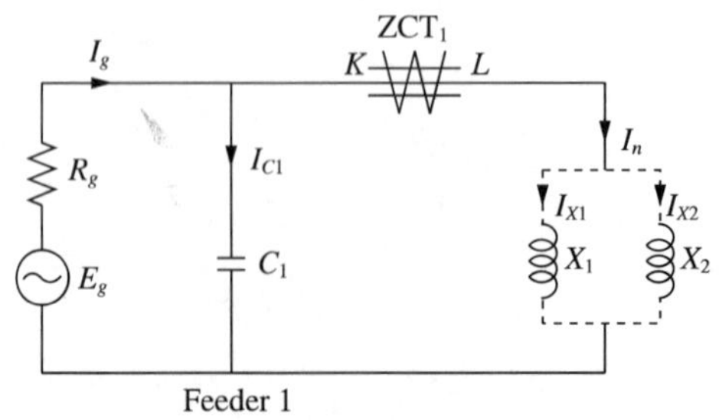

여기서, E_g : 지락점의 전위, R_g : 지락점의 지락저항

ZCT$_1$: 영상변류기, C_1 : Feeder 1 선로 정전용량

I_g : 지락전류($I_{C1}+I_n$)

I_n : GPT에 흐르는 전류($I_{r1}+I_{r2}$)(수십 [mA])

I_{C1} : Feeder 1의 선로 충전전류

I_{X1} : GPT의 여자전류(수십 [mA])

I_{X2} : SGR 전압코일 여자전류(수십 [mA])

ZCT$_1$에 관통하는 전류 = I_n(수십 [mA]이므로 감지 불가)

4) CLR 설치 시 등가회로도 및 지락전류 감지

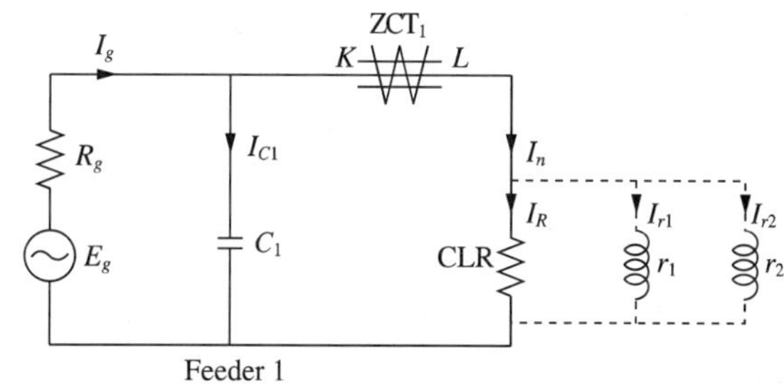

여기서, E_g : 지락점의 전위, R_g : 지락점의 지락저항, ZCT$_1$: 영상변류기

C_1 : Feeder 1 선로 정전용량, I_g : 지락전류($I_{C1}+I_n$)

I_n : GPT에 흐르는 전류($I_{r1}+I_{r2}$)(수십 [mA]), I_{C1} : Feeder 1의 선로 충전전류

I_R : 한류저항기 전류, I_{X1} : GPT의 여자전류(수십 [mA])

I_{X2} : SGR 전압코일 여자전류(수십 [mA])

ZCT$_1$를 관통하는 전류 = I_n($I_n > 200$[mA])

5) 결 론

① CLR이 미설치되어 있고 Feeder 1, Feeder 2 회로가 있는 경우 Feeder 1회로에 지락이 생겼을 경우 Feeder 2 충전전류 I_{C2}의 크기에 따라 Feeder 1회로에 부설된 지락방향계전기(SGR)는 동작이 가능 또는 불가능하게 하는 것이다.

② 또한 ZCT$_2$에 관통하는 전류 I_{C2}는 ZCT$_2$의 극성에 역방향으로 흐르므로 Feeder 2 회로의 지락방향계전기(SGR)는 동작하지 않는다.

③ 결론적으로 GPT 3차 측에 CLR를 부설함으로써 계전기(SGR)를 구동할 수 있는 지락전류(유효전류)가 흐르게 되는 것이다.

2 GPT 3차 오픈 Δ단자 측 제3고조파 발생을 방지하는 역할

1) 고조파 발생

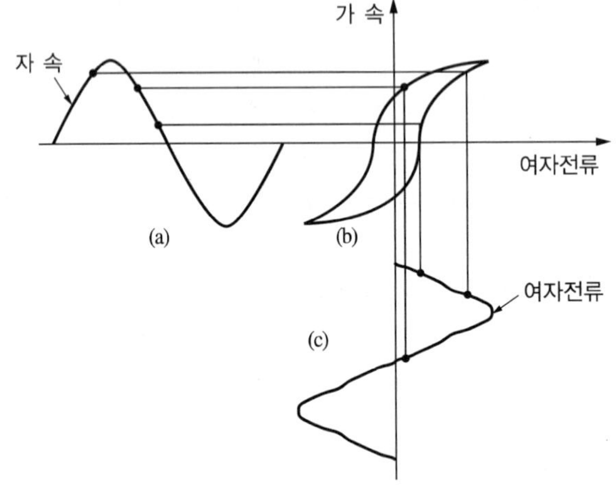

① 변압기류(Tr, PT, GPT 등)의 자화특성은 직선적이 아니고, 히스테리시스 현상이 있기 때문에 변압기에 정현파 교류전압을 인가하는 여자전류는 많은 기수 고조파를 함유한 왜곡파형이 된다.

② 그림에서 (a)와 같은 정현파의 자속을 만들어 내는 여자전류는 (c)와 같은 기수 고조파를 포함한 대칭 왜형파 전류가 된다.

③ 또한, 여자전류는 이 기수 고조파 중에서도 저차의 제3고조파 성분의 비율이 크다.

④ 정현파의 전압을 유기하기 위해서는 자속이 정현파가 될 필요가 있으므로 (c)와 같은 제3고조파를 포함한 여자전류가 필요하다.

2) 제3고조파 발생방지

① 기본파를 100[%]로 봤을 때 제3고조파는 55[%], 제5고조파는 20[%] 정도가 된다.

② 변압기 Δ권선을 둠으로써 제3고조파 전류는 Δ권선 내를 순환하기 때문에 제3고조파 전류는 흡수된다.

③ 제5고조파 이상의 성분은 아주 미량이기 때문에 문제가 되지 않는다.

3 중성점 이상 전위진동, 중성점 불안정 이상현상 억제 역할

1) CLR이 없는 경우

① CLR이 없는 경우 계통의 전위 중성점은 GPT 내부 임피던스 및 케이블 길이에 따른 선로충전용량에 의해 중성점이 결정이 된다.

② CLR이 없는 상태의 회로도이며 선로충전용량의 등가회로는 다음 그림과 같다.

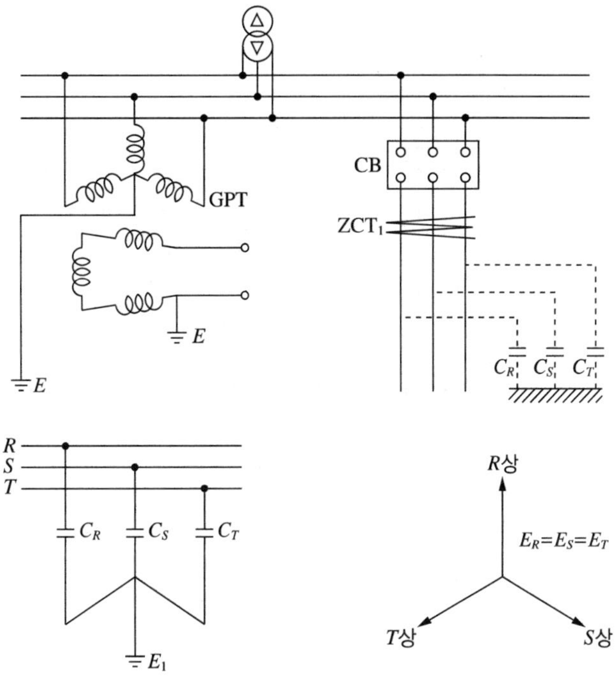

③ 만약 R상에서 지락이 된 뒤 다시 원상복구가 되었다고 한다면, R상의 선로충전용량 $C[\mu\text{F}]$는 상당 기간 동안(수 분 동안) 다른 상(S, T상)에 비해 적다.

④ 이는 선로 각상과 대지 간의 절연이 공기 및 케이블 절연체이기 때문에 R상이 지락이 되면 R상의 선로충전용량 $C[\mu\text{F}]$가 바로 $0[\mu\text{F}]$이 되었다가 지락사고가 제거되거나 지락이 원상복구되면 R상의 선로충전용량이 바로 원상복구되는 것이 아니라 수 분 동안을 거쳐 원상태로 되기 때문이다.

⑤ R의 선로충전용량 $C[\mu\text{F}]$가 변화된 기간 동안 각상의 선로충전용량은 R상에 의해 다르기 때문에 3상 중성점 이동이 불가피하게 된다.

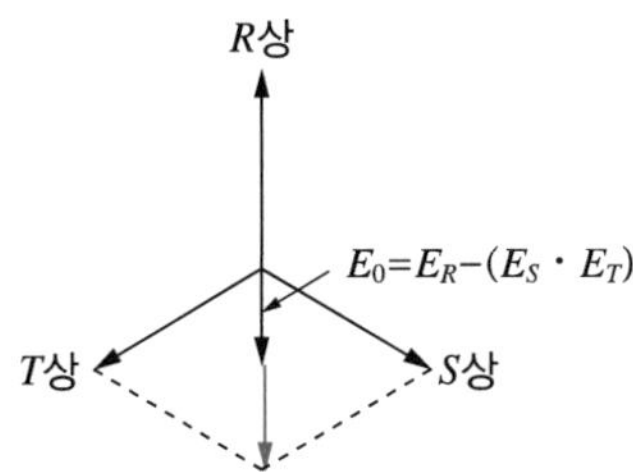

2) CLR이 있는 경우

CLR을 1차로 등가변환하면 그림처럼 선로충전용량 $C[\mu F]$와 병렬회로로 등가변환할 수가 있다.

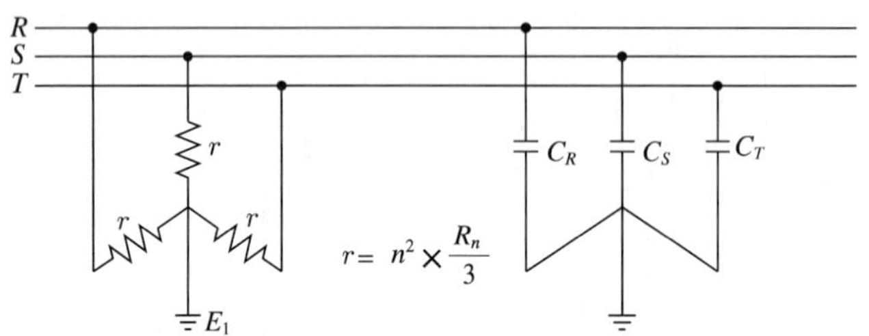

▌CLR 저항(R_n)을 1차 환산한 등가회로

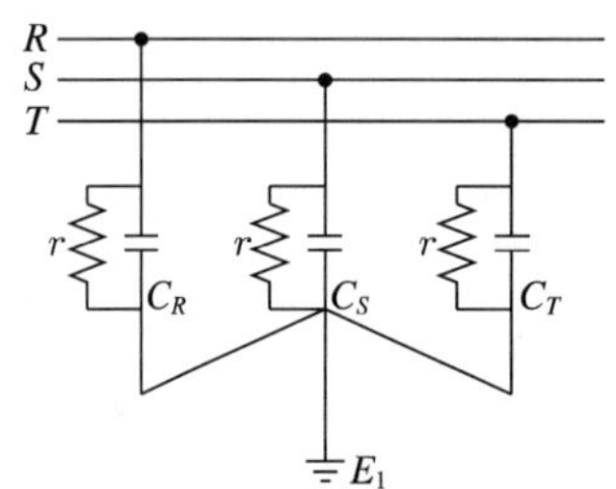

▌각상별 선로용량 등가회로

① 이 등가회로에서 선로충전용량 $C[\mu F]$는 등가변환된 CLR 저항 r보다 아주 작은 값을 가지기 때문에 지락 복구 시(선로충전용량 $C[\mu F]$ 변화) 영상전압은 거의 변화하지 않은 것이다.

② 따라서 CLR를 설비함으로 중성점 이상 전위진동, 중성점 불안정 이상현상을 억제하게 되는 것이다.

사용기기의 선정

043 동심중성선 케이블

1 개 요

① 급속한 경제 발전과 국민생활 수준 향상으로 국내 발전설비는 계속해서 단락용량이 증가하는 추세이고, 지락 및 단락 등 고장전류 증가로 수용가의 인입선로 선정에 관심을 가져야 한다.

② 또한 기존 케이블 경년변화로 인한 열화 등으로 트리열화에 따른 공급 신뢰도 저하로 부하 측의 재산 및 인명의 막대한 손실을 초래할 수 있다.

③ 인입케이블은 CV → CVCN, CNCV → CNCV－W → FR－CNCO, TR－CNCV → FR－CNCO－W, TR－CNCV－W형으로 발전되었는데, 기본 차수층에서 난연성, 트리보호용으로 진화되고 있는 추세이다.

2 구 성

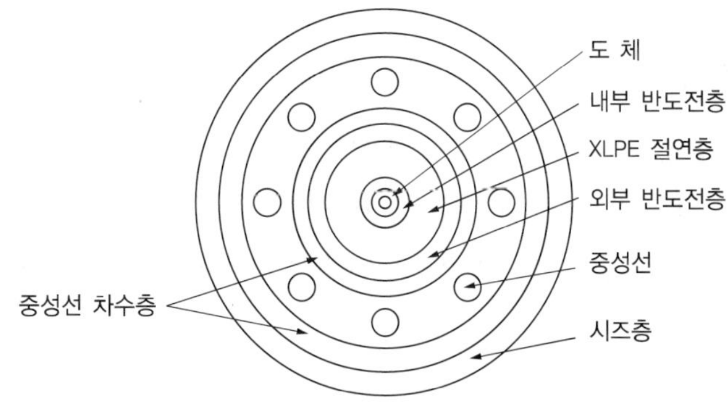

1) 도 체

① KSC 3101에 적합한 연동 소선들을 원형으로 압축성형한다.

② 수밀형(CNCV-W)에서는 소선 틈 사이에 적당한 수밀 컴파운드를 충전한다.

2) 내부 반도전층

① 반도전성 컴파운드를 도체와 동심원상으로 압출성형하며, 대(大)도체의 경우 표면을 평활하게 하기 위하여 도체와 반도전 압출층 사이에 반도전성 테이프 등의 분리재를 사용할 수도 있다.
② 도체면의 전하분포를 고르게 하여 절연체의 절연내력을 향상시킨다.

3) 절연체

① 가교 폴리에틸렌(XLPE)을 내・외부 반도전층과 3중 동시 압출성형하고 건식가교 한다. XLPE(Cross Linked Polyethylene)은 내열, 내오존, 내코로나 등의 특성이 우수하다. 수트리억제형(TR-XLPE ; Tree Retardant Cross-linked Polyethylene)은 가교 폴리에틸렌에 특수한 첨가제를 첨가하여 수트리(Water Tree)현상을 억제할 수 있도록 특성을 개선한 것이다.
② 수트리를 억제할 수 있는 방법에는 절연체 내에서는 Void가 함유하는 물을 흡수하는 친수성기(Hydrophilic Group)를 가지는 첨가제를 절연재료에 첨가하는 방법, 수트리 발생을 억제하기 위한 첨가제로 Organometallic Compound를 첨가하는 방법 등 여러 가지가 있으나 주로 Organometallic Compound를 첨가하는 방법이 사용되고 있다.

4) 외부 반도전층

① 반도전성 컴파운드를 압출성형하며 절연체와는 분리 가능하다.
② 전기력선의 분포를 개선하여 절연체의 절연내력을 향상시킨다.

5) 중성선 차수층

물이 침투하면 흡수하여 자기부풀음 특성을 가지는 테이프를 사용하며(발포성 차수테이프라 한다) 외부 반도전층과 중성선 사이는 전기적으로 연결시키기 위하여 반도전성 부풀음 테이프를 감아 주고, 중성선과 시스 사이는 비도전성 부풀음 테이프를 감아 준다.

6) 중성선

KSC 3101에 적합한 연동선들을 도체 단면적의 $\frac{1}{3}$만큼 동심원형으로 꼬아 붙인다.

7) 시즈

① 일반 케이블에서는 PVC 컴파운드를 압출성형한다.

② 난연성 케이블인 FR-CNCV에서는 무독성 난연수지(Halogen Free Flame Retardant Polyolefin)를 압출성형한다.

참고정리

> **➤ 재료별 특성**
>
> ❶ PVC(염화비닐) : 난연성 우수한 편, 내한성 약함, 연소 시 유독성
>
> ❷ PE(폴리에틸렌) : 가연성, 내한성 및 내수성 우수
>
> ❸ Halogen Free Polyolefin(할로겐 프리 폴리올레핀) : 난연성 우수, 연소 시 저독성

3 동심중성선 CV 케이블의 종류

구조상의 변천과정에 따라 종류와 특징을 기술한다.

1) CVCN

① 한국전력공사 표준규격에서 정한 중성선층의 수밀처리가 되지 않은 동심중성선 CV 케이블을 말한다. 전에는 일반 수용가에 사용되었지만 시설기준의 강화에 따라 근래에는 사용되지 않는다.

② **CVCN** : 동심중성선 가교 폴리에틸렌절연 비닐시스 케이블 XLPE Insulated, Concentric Netutral Conductor And PVC Sheathed Power Cable

2) CNCV

① 한국전력공사 표준규격에서 정한 중성선층의 수밀처리가 된 동심중성선 CV케이블을 말한다. 중성선층 안쪽과 바깥쪽에 발포성 차수테이프(부풀음 테이프)를 사용한 것이다. CNCV는 현재에도 사용되고 있으나 CNCV-W로 대체되고 있다.

② **CNCV** : 동심중성선 가교 폴리에틸렌절연 차수형 비닐시스 케이블 XLPE Insulated, Concentric Netutral Conductor With Water Bolcking Tapes And PVC Sheathed Power Cable

3) CNCV-W

① 중성선층의 수밀처리 외에 도체부분까지 수밀처리한 케이블을 말한다. 도체를 구성하는 원형소선을 압축연선하고, 수밀 컴파운드를 소선 사이에 충전하여 도체에 수분 침투를 방지하는 구조이다.

② CNCV-W : 동심중성선 가교 폴리에틸렌절연 수밀형 비닐시스 케이블

4) FR-CNCO

① CNCV에서 비닐시즈(재질 : PVC)를 무독성 난연시즈로 대체한 것이다. 무독성 난연수지로서 할로겐 프리 폴리올레핀이 사용되고 있다. 근래에 케이블 트레이 배선 시 난연 기준 강화에 따라 많이 사용되고 있다.

② FR-CNCO : 동심중성선 가교 폴리에틸렌절연 폴리올레핀시스 난연 케이블

5) TR-CNCV

① CNCV에서 절연체로 사용되는 가교폴리에틸렌을 수트리 억제형 가교 폴리에틸렌으로 대체한 것이다. 가교폴리에틸렌에 특수한 첨가제를 첨가하여 수트리(Water Tree)현상을 억제할 수 있도록 특성을 개선한 것이다.

② TR-CNCV : 동심중성선 수트리 억제형 가교 폴리에틸렌절연 비닐시스 케이블

6) FR-CNCO-W

① CNCV-W의 시즈를 PVC 대신 할로겐 프리 폴리올레핀을 사용한 것이다. 근래에 많이 사용되고 있다.

② FR-CNCO-W : 동심중성선 가교 폴리에틸렌절연 수밀형 폴리올레핀시스 난연 케이블

7) TR-CNCV-W

① CNCV-W에서 절연체로 사용되는 가교 폴리에틸렌을 수트리 억제형 가교 폴리에틸렌으로 대체한 것이다.

② TR-CNCV-W : 동심중성선 수트리 억제형 가교 폴리에틸렌절연 수밀형 비닐시스 케이블

4 동심중성선 굵기 산정방법(배전규정 참조)

1) 지락전류 계산

$$I_g = \frac{3E}{Z_0 + Z_1 + Z_2}[\mathrm{A}]$$

2) 접지선 굵기 계산

나동선 접지선 굵기 계산

$$A = \sqrt{\frac{8.5 \times 10^{-6} \times t}{\log\left(1 + \frac{\theta}{274}\right)}} \times I_s\,[\mathrm{mm}^2]$$

t : 고장 지속시간(0.5~3초)

θ : 최대 허용온도 상승(주위온도 30[℃] 기준)

GV전선 : 160[℃]

XLPE : 250[℃]

나전선 : 850[℃]

I_s : 고장전류[A]

5 전력케이블의 차폐층 접지

1) 차폐층의 유기전압

① 정전유도

전력케이블과 통신선과의 상호 커패시턴스에 의해 정전적 결합에 의한 정전유도현상 발생

② 전자유도

전력케이블과 통신선과의 인덕턴스에 의한 전자적 결합에 의한 전자유도현상이 발생되어 전력손실, 인체감전이 발생하므로 이를 제거하기 위하여 케이블 종단부에 차폐층 접지

2) 차폐층 설치원리 및 접지방식

① 설치원리

전력케이블과 피유도체 사이에 다른 접지도체가 있으면, 전계 혹은 자계를 약하게 하는 작용을 하는데 이 접지도체를 차폐체라고 하며, 그 효과를 차폐계수 k로 나타낸다.

$$k = \frac{V'}{V}$$

여기서, V' : 차폐도체가 있을 때의 유기전압
V : 차폐도체가 없을 때의 유기전압

② 차폐층 접지방식

양단접지(Solid Bonding)	편단접지	Cross Bonding 접지
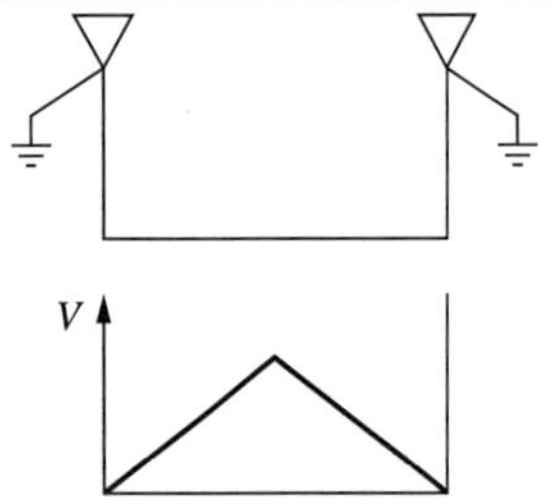 V	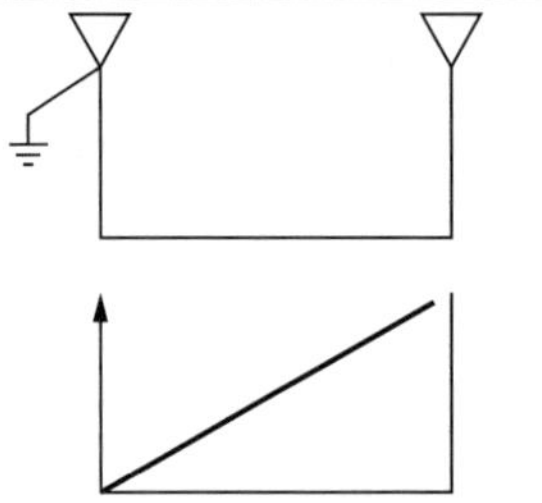	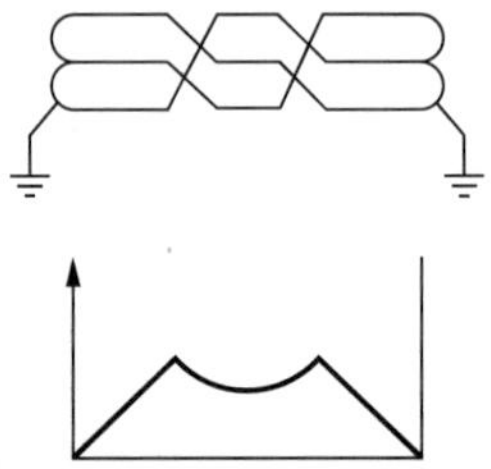
케이블 차폐층을 양쪽에서 접지하는 방식	케이블 차폐층을 한쪽에서만 접지	단심케이블 동일 구간 3분할 접속이 가능한 경우에 적용
특 징		
• 차폐층과 대지 간 순환전류가 발생 • 3심 케이블 : 장거리 선로 (순환전류 적음) • 다심케이블 : 수 백[m] 이상 장거리 선로	• 순환전류가 발생하지 않음 • 양단접지 보완대책으로 적용 • 비교적 단거리 선로에 적용	• 유기전압 합성은 "0" • 대용량 고전압 케이블 적용

3) 효 과

① **상시 유도전압의 제한** : 전력케이블 상시 운전 시 회로의 불평형으로 통신선의 길이 방향으로 생기는 상시 유도전압의 감소

② **상시 유도잡음전압의 제한** : 통신회로 선간에 나타나는 상시 유도잡음전압을 제한하여 통화 품질의 향상, 제어관계 기기의 오동작 방지

③ **이상 시 유도전압의 제한** : 단락, 지락사고 시 어떤 정상 상태에서 다른 이상 상태로 변해가는 과정에서 통신선의 길이 방향으로 생기는 이상 시 유도전압 감소

참고정리

➤ 차폐계수

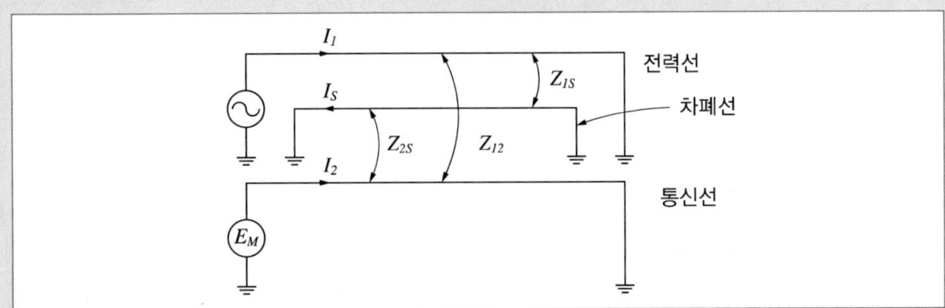

$$E_1 = I_1 Z_1$$

$$E_S = I_S Z_S = I_1 Z_{1S}$$

$$E_M = I_2 Z_2 = -I_1 Z_{12} + I_S Z_{2S}$$

$$= -I_1 Z_{12} + \frac{I_1 Z_{1S}}{Z_S} Z_{2S}$$

$$= -I_1 Z_{12}\left(1 - \frac{Z_{1S} Z_{2S}}{Z_{12} Z_S}\right)$$

$$K_{Shield} = 1 - \frac{Z_{1S} Z_{2S}}{Z_{12} Z_S}$$

차폐선의 자기 임피던스 Z_S가 작을수록 차폐계수가 작아져서 차폐효과가 커지게 된다.

044 초전도케이블

1 개 요

① 초전도현상이란 어떠한 물질이 임의의 온도에 도달 시 물질의 전기적인 저항이 0이 되는 현상을 말한다.

② 초전도 케이블은 초전도 성질을 이용한 저전압, 대전류, 저손실 대용량 및 장거리 송전이 가능하며 대도시 밀집부하 지역에 전력 공급이 효과적으로 사용할 수 있어 앞으로 전기를 사용하는 모든 설비에 폭넓게 사용이 가능하다.

2 초전도 원리(BCS 이론) 및 현상

1) 원 리

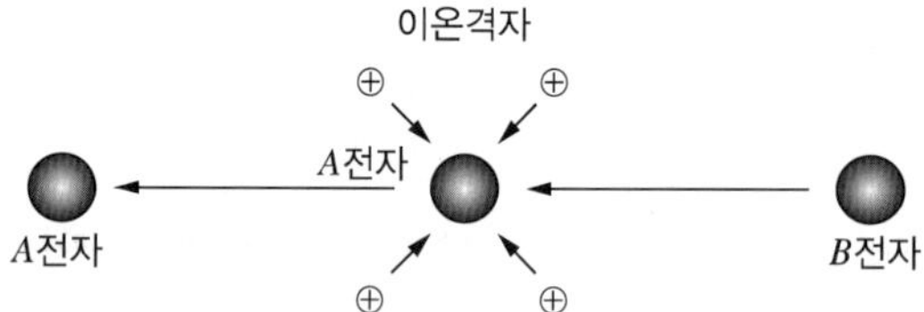

① 초전도체의 임계온도 이하에서 A전자가 지나간 자리에 느린 양이온이 모여 + 영역이 형성된다.

② B전자가 +영역으로 끌려 들어간다.

③ A, B 두 전자가 마치 당기는 것처럼 보이는데 이를 쿠퍼페어라 한다.

④ 임계온도 이하에서 대부분 전자는 쿠퍼페어를 형성하고 같은 방향 및 속도로 이동한다.

⑤ 이온격자진동(포논)과 충돌을 일으키지 않아 전기저항 없이 큰 전류를 흘릴 수 있다.

2) 현상 종류

① 제로저항효과

㉠ 초전도체는 임계온도 이하에서 직류전류에 대해 전기저항이 완전히 "0"이 된다.

㉡ 저항이 없으므로 열이 발생하지 않아 에너지 손실(I^2R)이 없다.

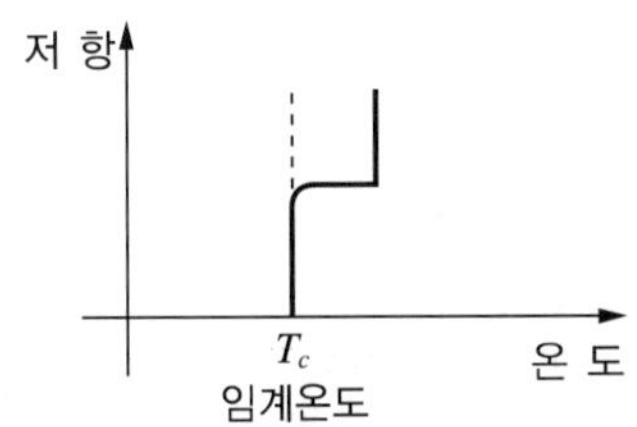

▌ 초전도체의 온도와 저항과의 관계

② **조셉슨 효과**(Josephson Effect)

초전도체 사이에 얇은 절연막을 삽입하여도 쿠퍼페어에 의해 전류를 통과시킬 수 있는 현상

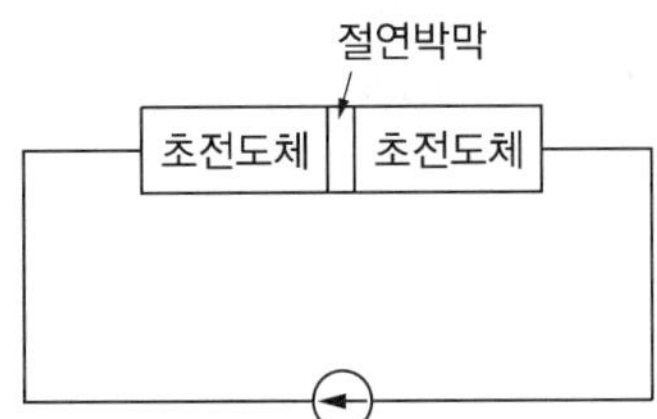

③ **메이스너 효과**(Meissner Effect)

㉠ 일반도체는 외부에서 자기장을 가하면 도체 내부에 자기장이 발생한다.

㉡ 초전도체는 내부 자속밀도가 0이 되는 표면전류(차폐전류)에 의해 외부로 자기장을 밀어낸다.

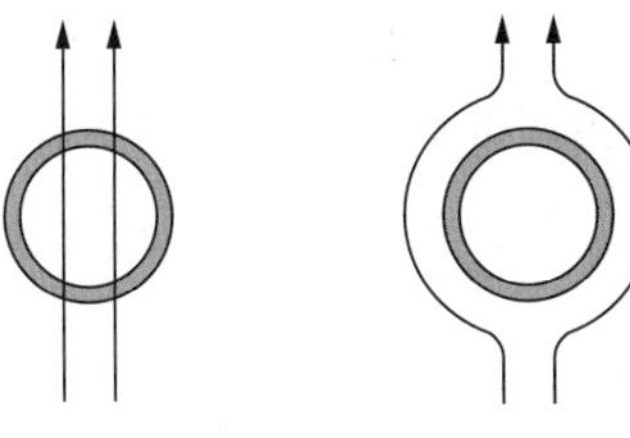

▌ 일반도체　　▌ 초전도체

3) 초전도 유지조건

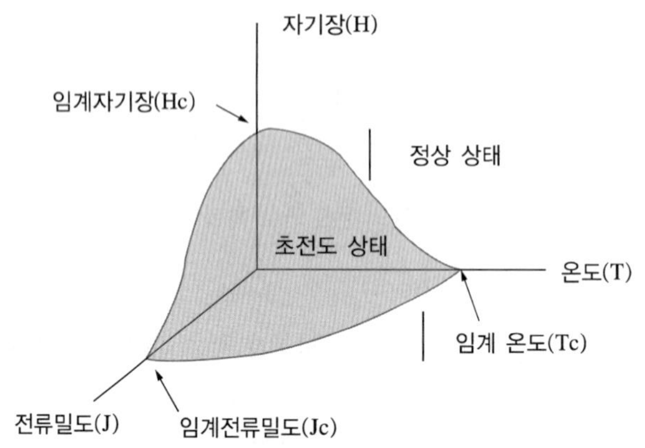

▌임계온도, 임계전류밀도, 임계자기장

4) 초전도체 종류

① 1종 초전도체

㉠ 임계자기장을 경계로 정상 상태와 초전도 상태로의 전이

㉡ 초전도 상태에서 마이스너 효과로 인하여 자기장이 침투하지 못함

㉢ 단원자 초전도체들이 주종

② 2종 초전도체

㉠ 온도 상태에 따라 상부 임계자기장(Hc2)과 하부 임계자기장(Hc1)이 존재

㉡ 하부 임계자기장(Hc1) 이하 : 자기장이 침투하지 못하는 마이스너 효과

㉢ 하부 임계자기장(Hc1) 이상 : 초전도 상태를 계속 유지, 일부 자기장들이 초전도체를 침투

㉣ 상부 임계자기장(Hc2) 이상 : 초전도 상태 상실

㉤ 대부분 혼합물 및 산화물 고온 초전도체들이 이에 속함

㉥ 거의 모두 초전도체 응용에 이와 같은 특성을 가지는 2종 초전도체를 이용

3 초전도의 특성

1) 대용량 저손실

① 기존의 동도체에 비해 50~100배의 대전류 전송이 가능

② 교류손실이 $\frac{1}{20}$배 이하로 작고, 송전용량은 3배 이상 증가

2) 저전압 송전이 가능

① 기존 전력케이블을 송전전압 상승시켜 송전용량이 증가
② 동일 용량 송전 시 대전류를 흘릴 수 있으므로 낮은 전압으로 송전이 가능

3) 송전비용 절감

① 초고압 변전소의 에너지 절감, 송전비용 절감
② 절연레벨의 감소로 송・변전기기의 소형화 및 저가화가 가능
③ 저전압으로 케이블 충전전류 감소하여 보상용 리액터 경감

4) 기존 대비 전력케이블 소형화 가능

절연레벨 감소 및 대전류 송전이 가능하여 소형화가 가능

5) 케이블 관로의 소형화 가능

① 전력구 터널의 직경을 60[%] 정도 작게 할 수 있다.
② 기존 관로나 전력구 활용이 가능하다.

6) 장거리 송전이 가능

저손실 대전류 송전이 가능하여 케이블 허용전류 중 충전전류 비중이 작다.

7) 극저온 관로에 대해서는 냉각시스템과 초열 절연관로가 필요하다.

4 전력분야 기여 방향

① **초전도 케이블** : 액체헬륨 대신 액체질소로 냉매가 가능한 고온 초전도체의 실용화로 전력손실 저감 및 저전압, 대전류, 대용량 송전이 가능
② **초전도 변압기** : 변압기 권선을 초전도체로 사용하며 동손의 획기적으로 줄임
③ **초전도 한류기** : 계통 사고 시 초전도현상으로 사고전류의 제한 또는 제거를 통해 계통의 보호 확보
④ **초전도 발전기 및 전동기** : 전기자권선 및 계자권선을 초전도체로 이용하여 자속의 획기적인 증가 가능
⑤ **초전도 에너지 저장장치** : 초전도 코일에 이론적으로 무한장 전력저장이 가능하다.

5 문제점

① 기계적 유연성 및 도선 제조가 쉬운 선재의 개발
② 임계전류, 임계자계, 임계온도의 향상
③ 교류 송전 시 손실 저감대책 마련
④ 절연체를 설치한 전력케이블로서의 평가

6 결론(향후 전망)

전력분야뿐만 아니라 의료분야(검지설비), 계측분야(검파기 및 측정설비), 운송분야(자기부상열차) 등 개발효과는 앞으로 엄청나며 향후 신성장 미래전략사업으로 국가적으로도 기술개발에 투자하는 등 세계적으로 개발속도가 가속화되고 있다. 상온 초전도에의 개발도 가능할 시점이 다가올 것으로 기대된다.

참고정리

➤ **케이블 종류별 특성**

1 초전도 케이블의 구성

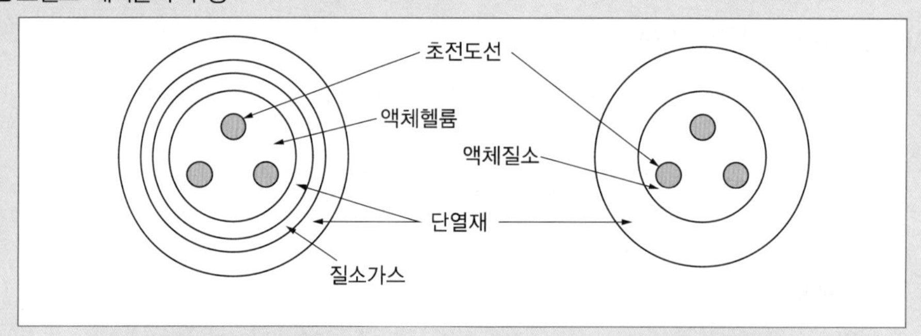

▌ 금속계 초전도 케이블 ▌ 고온 초전도 케이블

2 초전도 케이블 종류별 특성

구 분	금속계 초전도	고온 초전도	OF 초전도
관로설치 가능성	하	상	하
케이블 단면 콤팩트성	중	상	하
냉각 시스템 운용 및 복수	하	중	상

045 케이블의 절연과 열화

1 개 요

① 우리나라의 지중배전용 케이블로서 주로 사용되고 있는 CV 케이블은 운전 실적이 20년에 이르고 있으며, 이러한 CV케이블을 지중에 설치한 후 6~8년이 경과하면 수트리라고 하는 열화현상이 발생한다.

② 즉, 케이블 내부의 수분이 생성 · 잔존 · 침입한 상태에서 장기간 사용하면 절연체 내에 수트리현상이 발생하여 절연 성능이 현저하게 저하된다.

2 요인과 원인

1) 열화요인과 메커니즘

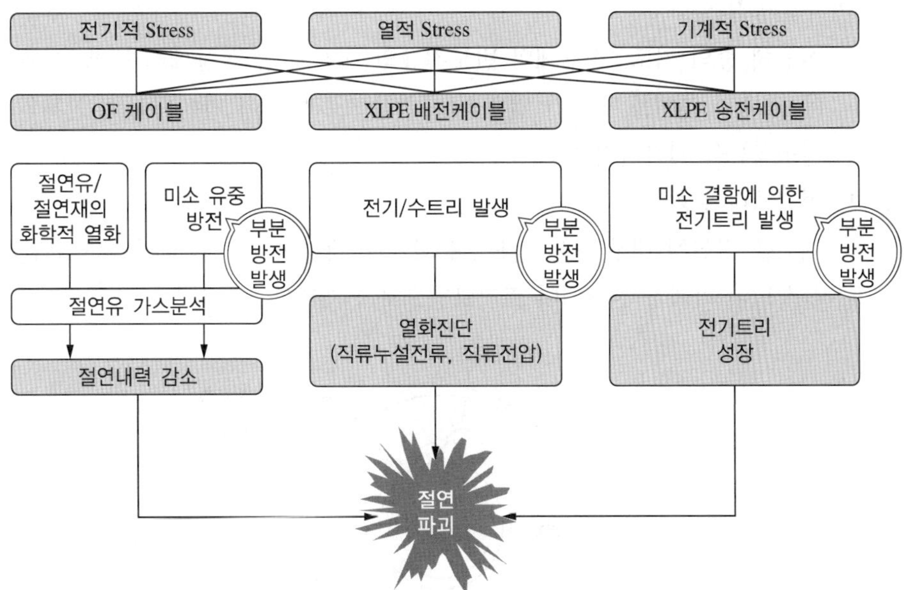

① **전기적 요인**

상시의 운전전압 외에 사고 시의 지속성 과전압, 개폐 서지, 뇌서지 전압 등의 이상전압이 있다. 이들 이상전압이 열화의 동기를 제공한다.

② **열적 요인**

㉠ 열팽창 수축에 의한 차폐동 Tape와 절연체의 계면에 공극에 의한 열화

㉡ 지락, 단락에 수반하는 온도 상승과 과도고온에 의한 열화

③ **환경적 요인**

포설 상태의 Cable에 침입하는 것으로서 물, 황화물, 화학약품류가 있고, 또 단말에서는 자외선, 오존, 오손(염분, 먼지)의 영향이 열화의 원인

④ **기계적 요인**

포설 시 또는 포설 후에 생길 수 있는 굴곡, 측면압력, 충격하중, 외상에 의한 열화

⑤ **기타 요인**

㉠ 동물에 의한 시스가 손상을 받아 그곳으로 수분이 침입하여 열화
㉡ 단말 혹은 접속부 등의 시공 불량에 의해서 공극이 발생하여 수분이 침입하여 열화

2) 열화의 형태

① **전기적인 열화**

㉠ 부분방전 열화
절연체 중의 기포, 절연체와 반도전층의 경계의 공극 등에서 발생한 부분방전에 의해서 케이블 전체가 열화되는 현상으로 방전이 반복되어 절연체의 침심, 절연성능을 저하시킨다.

㉡ 전기트리 열화
케이블 절연체 내부 또는 반도전층과의 경계면에 있어서 국부적인 고전계부가 형성되어 파괴가 진행되어 트리모양으로 전개된다.

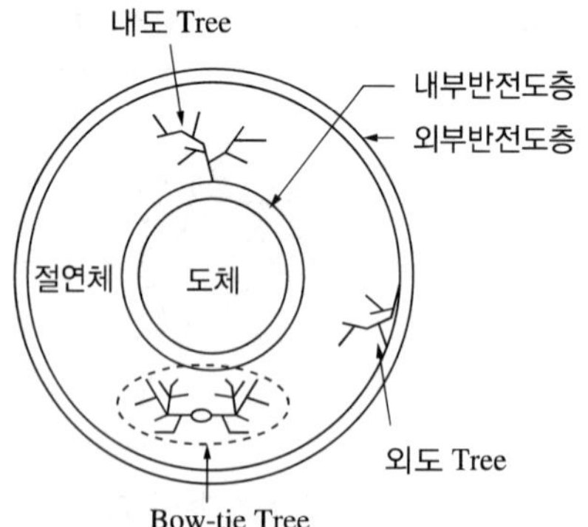

㉢ 수트리 열화

- 내부 및 외부 반도전층과 절연체의 경계에 물이 침투되어 전계가 걸리면서 트리모양으로 성장하여 절연성능이 저하된다.

• 종 류
  - 벤티드 : 반도전층을 기점으로 발생, 내도 트리, 외도 트리
  - 보우타이 트리 : 절연물 내의 이물질, Void 기점으로 발생
• 수트리 열화 특징
  - 수트리는 물과 전계가 동시에 존재하는 조건에서 발생
  - 절연체의 오염물, Void 또는 절연층과 반도전층 사이의 계면의 돌기 등과 같은 결함에 의해서 발생
  - 수분이 건조되어 없어지면 수트리는 사라지고, 수분이 다시 유입되면 재발생
  - 일반적으로 수트리는 전기트리를 유도
• 아크 열화
  개폐기 및 차단기의 개폐 시 아크 방전에 의해서 절연물의 도전성 탄화로의 형성

② **화학적인 열화**

포설상태의 케이블에 황화물, 화학 약품류에 의해서 열화

③ **열적인 열화**

열팽창 수축에 의한 차폐 동테이프와 절연체의 계면에 공극에 의한 열화

④ **트래킹 열화**

충전부분의 절연물 표면에 오손 등으로 인하여 국부적인 전계집중이 발생하게 되어 탄화도전로가 형성되어 지락 또는 단락으로 이어진다.

3) 트리(Tree) 발생원인

① **수트리**

Cable 내에 수분이 존재하면 국부적으로 고전계가 발생되는 그곳으로 응집되어 나무 모양으로 발전하는 Tree를 생성함

② **화학 트리**

황화물이 존재하는 분위기에 포설된 Cable의 경우, 황화물이 PE층을 투과하여 도체인 동과 반응하여 황화동을 만들고 운전 중에 이러한 분자들이 외부로 나가면서 나무 모양의 Tree를 만들어 감

③ **전기 트리**

Cable 내 결격지점에서 부분방전에 의해 부분적으로 절연파괴가 발생하여 나뭇가지 모양으로 진전되는 Tree로, 궁극적으로 Vented Tree가 되면 절연파괴에 이르게 됨

3 열화방지 대책

① 도체와 절연체의 경계면을 매끄럽게 제작한다.
② 케이블의 반도전층을 균일하게 배치한다.
③ 수분이 침투하지 않도록 단말처리를 철저하게 한다.
④ 전계 집중을 완화하기 위해서 Voltage Stabilizer(전압안정화장치)를 첨가한다.
⑤ 제작방법은 건식으로 하고 절연층을 균일하게 제작한다.
⑥ 케이블 포설 시 기계적인 스트레스 및 손상에 주의한다.
⑦ 열화진단 방법(사선지단방법, 활선진단방법)을 적절하게 사용하여 사고를 미연에 예방한다.

4 절연열화 진단법(열화 판정방법)

1) 사선 진단방법

① **절연저항법**

㉠ 절연저항 측정으로 개략적인 열화진단 시 사용, 즉 케이블의 이상 유무 판단 정도
㉡ 전압에 한계가 있고 정밀진단은 미흡함

② **직류고전압 인가법**

㉠ 케이블의 절연체에 직류고전압을 인가하여 검출된 누설전류의 크기 및 시간적인 변화를 측정한다.
㉡ 다음 그림과 같이 이상케이블은 누설전류의 절대치가 크고(㉠), 킥현상(㉡)과 전류가 증가하는 현상(㉢)이 나타난다.
㉢ 직류전압을 사용하므로 소형 장치이다. 선로가 긴 경우에도 적용이 가능하여 취급이 간단하고, 적용성이 우수하다.

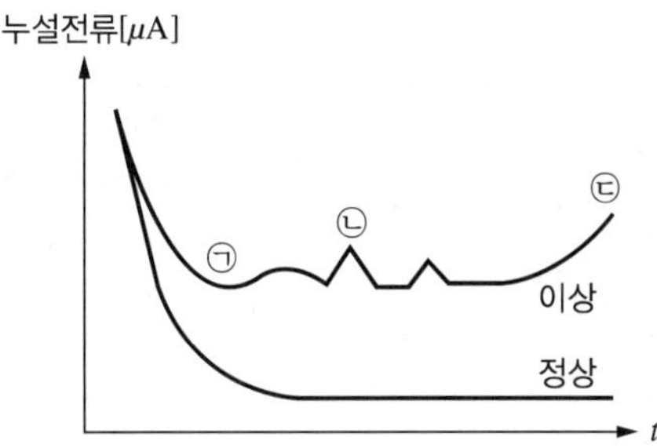

<table>
<tr><th rowspan="2">항 목</th><th colspan="3">판정 기준</th><th rowspan="2">비 고</th></tr>
<tr><th>양 호</th><th>보 통</th><th>불 량</th></tr>
<tr><td>누설전류</td><td>10 이하</td><td>11~50</td><td>50 이상</td><td rowspan="3">직류 30[kV] 인가</td></tr>
<tr><td>성극비</td><td>1 이상</td><td rowspan="3">–</td><td>1 미만</td></tr>
<tr><td>절연저항</td><td>2,000[MΩ] 이상</td><td>–</td></tr>
<tr><td>선간 불평형률</td><td>200[%] 미만</td><td>200[%] 이상</td><td>–</td></tr>
</table>

참고정리

$$\text{성극비(성극지수)} = \frac{\text{전압 인가 후 1분 후 전류치}}{\text{전압 인가 후 10분 후 전류치}}$$

③ **유전 정접법(tanδ법)**

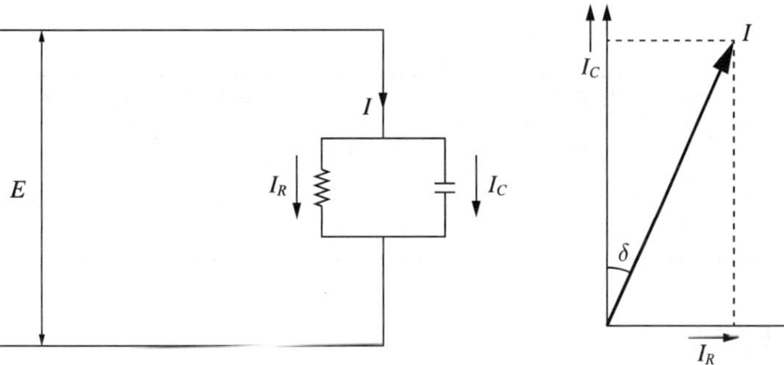

㉠ tanδ법의 의미

- 위의 등가회로에서 $\tan\delta = \frac{I_R}{I_C}$로 나타난다.
- 충전전류에 대한 누설전류(표면저항, 누설저항에 흐르는 전류)의 비

㉡ 절연체에 이상이 발생하거나 수트리가 발생된 경우 tanδ값이 증가하여 열화 상태 추정

㉢ 가장 확실한 방법이지만, 시험설비의 대형화로 제조사에서 국한적으로 사용

㉣ 판 정

2Uo에서 측정한 tan δ	차이값 2Uo에서의 tan δ − Uo에서의 tan δ	판 정
1.2×10^{-3} 이하	0.6×10^{-3} 이하	양 호
1.2×10^{-3} 이상	0.6×10^{-3} 이상	열화됨
2.2×10^{-3} 이상	1.0×10^{-3} 이상	심하게 열화됨

④ 충격전압시험

1.2×50[μs]를 표준 충격전압 파형으로 사용한다. 이와 같은 표준 충격전압 파형을 가지고, 파고치가 해당 기기의 BIL과 같은 크기의 충격파 전압을 충전부와 대지 간에 음양 각 3회씩 인가해서 시험한다.

⑤ 부분방전 시험법

㉠ 부분방전 원리

- 절연체에 교류 상용주파 전압을 인가하여 누설전류의 방전형태를 분석하여 열화를 판단한다.
- 노이즈 문제로 정확한 판정이 곤란하지만, 최근에는 높은 주파수 대역을 사용하여 노이즈 영향을 줄일 수 있는 방법을 적용하고 있다. 이 분야 진단연구가 가장 활발하다.

㉡ 종 류

초음파 검출법	부분방전 검출기에 의한 방법
초음파 센서를 이용해서 미소 코로나에 의한 초음파를 검출하여 코로나 발생 여부를 판단하는 방법	Cable의 절연물 안에 포함된 미소공극(Void) 내에서 미소방전(Corona)이 일어나면, 코로나가 발생하여 고조파를 검출하는 방법

2) 활선 상태 진단방법

① 직류 성분에 의한 케이블 열화 진단법

㉠ 고압 케이블의 절연체에 발생한 수트리(Water Tree) 부에는 정류작용으로 교류 전압 인가 시에 절연체와 차폐층 사이에 직류전류가 흐른다.

㉡ 활선하에서 절연체에 흐르는 전류의 직류 성분을 검출해 열화 상태를 진단하는 것

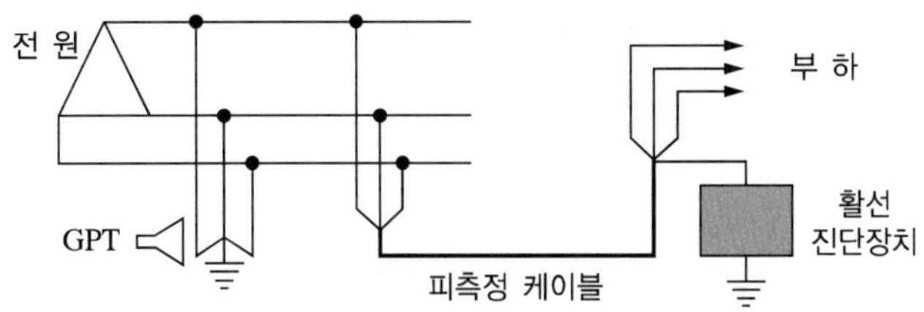

② **직류 중첩에 의한 케이블 열화 진단법**

㉠ 고압 배전선에 수~수십[V]의 직류전압을 중첩한 후 피측정 케이블의 접지회로에 흐르는 전류의 직류 성분을 검출하는 방법이다.

㉡ 직류전압 중첩의 목적은 수트리의 정류작용에 의한 직류 성분을 크게 검출하는 것이다.

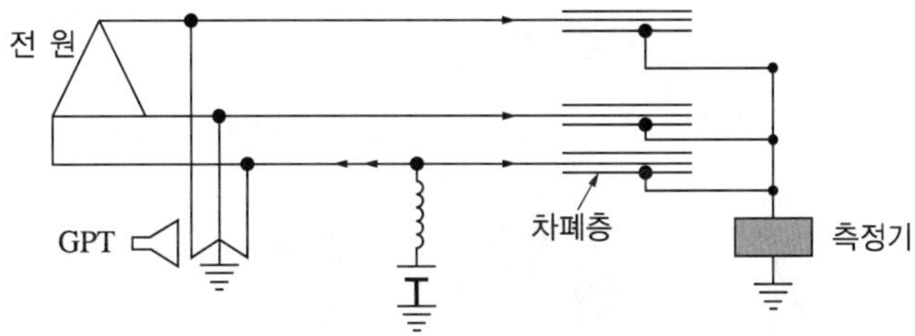

③ **영상전류에 의한 방법**

열화 시 흐르는 영상분을 영상변류기 또는 접지변압기를 통해 검출하는 방식

④ **활선 $\tan\theta$법**

고압 측 분압기에서 전압원 검출, CT에서 케이블접지선 전류를 검출하여 위상차로 $\tan\theta$ 측정

⑤ **열화상 진단법**

적외선 열화상을 이용하여 권선부분의 온도 등을 파악하여 검출하는 간이 방식

5 결 론

1) 열화 발생 시 특성치 변화

① 직류누설의 변화

② 유전완화의 변화

③ 부분방전 발생

2) 위의 특성치 변화를 이용하여 검출, 분석하여 열화를 진단한다.

046 수트리

1 개 념

고체절연물 속에서 수지상의 방전흔적을 남기는 절연열화현상으로 넓은 의미에서 코로나 방전열화의 일종

2 수트리 발생원인

1) 수트리의 형태

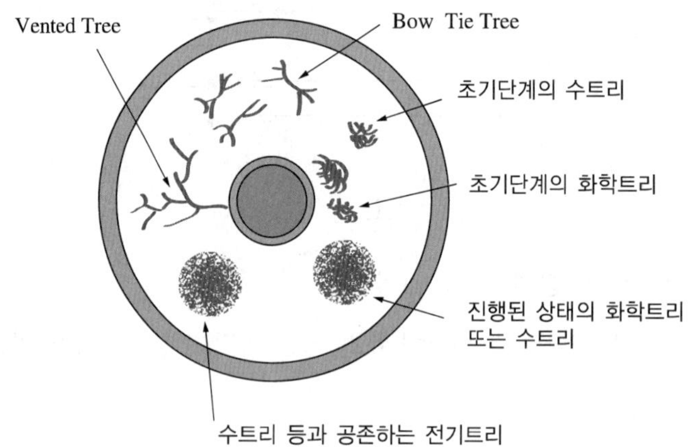

2) 제작과정의 원인

① 고온의 증기를 이용하는 습식가교방법을 사용하는 경우
② 절연체의 내부에 잔유 수분 존재
③ 최근에는 건식가교방법을 사용

3) 외부에서 수분의 침투

① 케이블의 단말처리가 잘못된 경우 : 케이블 내부의 온도 변화에 따른 호흡작용 시 외기의 수분이 케이블 심선을 통하여 침투
② 케이블의 포설장소에 수분이 많은 경우 : 장기간 외부피복을 통하여 수분이 침투

3 수트리 종류 및 특징

1) 수트리 종류

구 분	발생기점	영 향
Vented Tree	반도전층(외부, 내부)	절연열화에 영향
Bow Tie Tree	이물, 보이드	–

2) 수트리 특징

① 물과 전계가 존재하는 곳에서 발생
② 절연재의 오염물, 보이드, 계면의 돌기 등과 같은 결함에 의해 발생
③ 비교적 낮은 전계(6[kV/mm] 이하)에서 발생
④ 수분이 없어지면 사라지고 수분이 있으면 다시 보임
⑤ 전기적 트리 발생을 유도
⑥ 성장속도는 전기트리보다 늦음
⑦ 직류에서 발생이 어려움(고주파에서 촉진)
⑧ 부분방전 없이도 성장 가능
⑨ 발생부에서는 기계적인 왜형(고분자사슬의 풀림)이 생김

4 수트리 발생 억제대책

1) 수트리 발생 억제대책

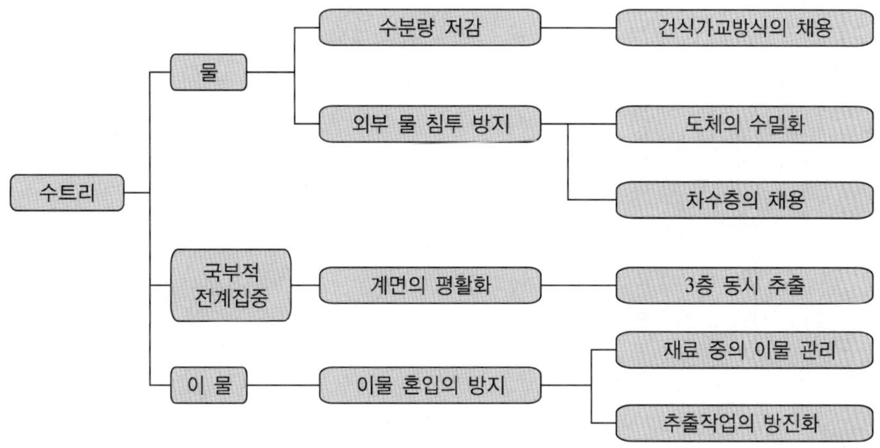

2) 케이블 제작

① 건식가교방식의 케이블 제작

② 절연체 이물 혼입대책 : 원료 관리 철저

③ 3층 동시 압출화 : 내외부 반도전층 절연체를 동시 압출성형

④ 차수층, 수밀도체 제작

3) 케이블 시공

① 케이블의 단말처리를 철저하게 시공

② 물이 발생하지 않는 장소를 선정하여 포설

③ 관로 내 물의 침투 방지

4) 케이블 운영

① 케이블 장기간 사용 시 단말부분의 호흡작용에 의하여 수분 침투

② 케이블의 심선 내에 고압의 열풍을 가하여 수분 축출

③ 유동성 실리콘 절연물질을 압입하는 케이블 큐어를 이용하여 전력케이블 유지

047 케이블의 단절연

1 개 요

케이블의 단절연(Graded Insulation)이란 케이블 절연재료의 절연층을 여러 층으로 나누어 유전율이 다른 절연재료를 사용하는 것을 의미한다.

2 케이블의 단절연

① 동심케이블 절연층의 전속밀도는 내부도체에 가까울수록 커짐
② 단일 절연물 사용 시 도체에 인접한 점의 전위경도가 커져 전체로서의 절연내력이 저하됨
③ 케이블 내부도체에 가까울수록 유전율이 큰 절연재료를 사용

3 케이블 단절연 원리

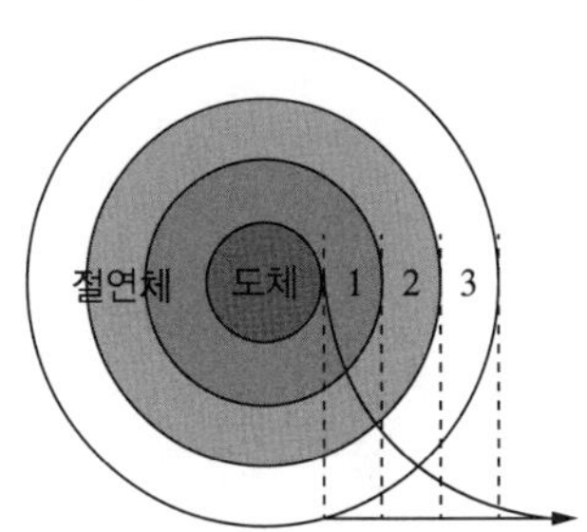

$D = \varepsilon E\,[\mathrm{C/m^2}] \;\Leftrightarrow\; E = \dfrac{D}{\varepsilon}\,[\mathrm{V/m}]$

1번 : $E_1 = \dfrac{D}{\varepsilon_1}$

2번 : $E_2 = \dfrac{D}{\varepsilon_2}$

3번 : $E_3 = \dfrac{D}{\varepsilon_3}$

D : 전속밀도

E : 전계

ε : 유전율

$E_1 > E_2 > E_3$ 이므로

$\varepsilon_1 > \varepsilon_2 > \varepsilon_3$ 의 유전체(절연체)를 사용한다.

참고정리

➤ 유전율과 절연재료

절연재료는 유전율이 작은 재료가 좋고 콘덴서는 유전율이 큰 재료가 좋다. 유전율이 크다는 것은 충전전류가 크다는 것을 의미한다.

$$I_c = \omega CE\ ,\quad C = \varepsilon\frac{S}{d} \quad \Rightarrow \quad I_c \propto \varepsilon$$

여기서, I_c : 충전전류, E : 전압, ε : 유전율, S : 면적, d : 이격거리

충전전류가 커지면 송전전류가 작아져 케이블 효율이 저하된다.

그러므로 대용량의 송전선로(5,000 이상)는 관로기중(Gas Insulated Transmission Line) 케이블을 사용하는데 이는 SF_6가스를 사용하여 절연하는 방식이다.

SF_6가스 절연의 경우 유전율이 공기와 거의 같고 절연내력이 높아 가공 송전선로와 같은 송전용량을 기대할 수 있다.

048 케이블손실

1 저항손(도체손)

① 저항을 가진 도체를 흐르는 전류에 의한 전력손실 또는 브러시의 접촉저항을 통하여 흐르는 전류에 의한 전력손실

② **송전 중 선로의 저항과 부하전류에 의하여 생기는 손실**

$$P_\omega = I^2 R = I^2 \cdot \rho \frac{l}{A} [\mathrm{W}]$$

2 유전체손

1) 개 요

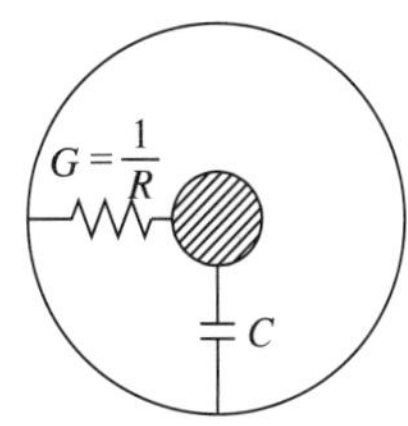

① 케이블의 유전체에서 발생하는 손실로 절연체 전극 간에 교류전압을 인가 시 발생하는 손실

② 전압인가 → 정전용량(C) 발생 → 충전전류 $I_C = \omega cE$ 발생 → 절연열화 I_R

③ 케이블에 전압을 인가했을 때 흐르는 전류는 유전체의 정전용량에 의한 충전전류 I_C와 전압과 동상분인 I_R(누실저항에 의한 전류)로 구성

$$\tan\delta = \frac{I_R}{I_C} \text{에서 } I_R = I_C \cdot \tan\delta = \omega CE \cdot \tan\delta$$

여기서, δ : 유전손실각

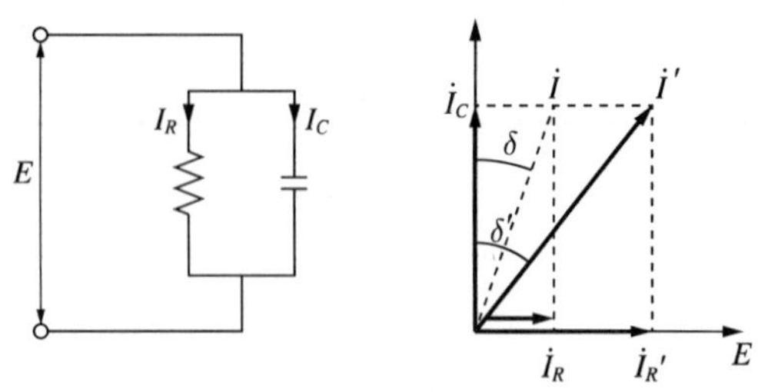

▌유전체손 등가회로

2) 유전체손실

$W_d = E \cdot I_R = E \cdot \omega CE \tan\delta = \omega CE^2 \tan\delta$

3) 대 책

$W_d \propto \tan\delta$이므로 절연물의 절연성이 우수하여 I_R을 줄일 수 있는 물질 사용

3 연피손

1) 개 요

연피 및 알루미늄피 등 도전성의 외피를 갖는 케이블의 경우 발생한다.

2) 연피손의 종류 및 발생원인

① **와전류손**

시스의 근접효과 때문에 발생하는 손실

② **시스회로손**

케이블 도체 전류에서의 전자유도작용에 의해 시스를 접지함에 따라 시스에 전류가 흐르고 시스저항에 의해 발생하는 손실

③ 시스의 저항율이 작을수록, 전류의 크기나 주파수가 클수록, 단심 케이블의 이격거리가 클수록 크게 나타난다.

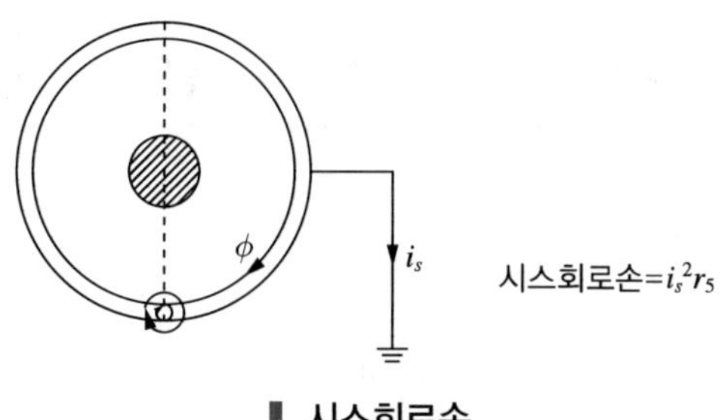

▌시스회로손

3) 대 책

① 연 가

② 시스 자체를 접지(편단, 크로스 본드) → 전위와 전류를 최소화할 수 있는 방법 강구 (최근 한전의 신기술로 지정된 비일괄 공동접지 활용)

③ 케이블의 근접 시공

049 케이블의 시험에 대표적으로 적용되는 항목 8가지

1 절연파괴시험

① 시험전압을 점차로 상승시켜 시료가 파괴될 때의 최소 절연파괴전압을 구하는 시험이다.

② 일반적으로 절연물 고유의 값으로 일정한 파괴전압을 얻는 것은 곤란하다. 이는 코로나 방전 등에 의하여 절연물이 파괴되기 이전에 열화작용을 하기 때문에 고유의 파괴강도보다 낮은 전압에서 파괴되기 때문이다. 따라서 시험방법의 조건에 따라 다른 결과가 나온다.

③ 전압을 0.5~1.0배의 비율로 올리고, 파괴하기까지 전압을 상승시킨다.

④ ①에서 얻어진 전압의 약 $\frac{1}{2}$을 인가하고, 파괴전압의 $\frac{1}{20}$ 이하인 전압마다 단계적으로 상승시키고 일정한 전압을 유지하여 파괴하지 않는 경우 다음 단계의 전압으로 상승시켜 파괴전압을 구한다.

2 충격전압 시험

① 변압기, 애자 등 고전압기기의 절연이 그 기기에 가해질 것으로 예상되는 충격전압에 견디는 정도를 측정하기 위한 시험

② **내충격 전압의 기준**
BIL(기준충격절연강도)를 사용하여 이는 표준 파형 충격전압으로 표현되는 절연 수준이다.

③ **BIL을 결정하는 방법(직류회전기, 건식변압기, 정류기는 제외)**

㉠ 절연계급$(E) = \frac{\text{최고공칭전압}}{1.1}$ (예 154[kV] 경우 $\frac{154}{1.1}$=140[kV])

㉡ 적용 BIL=140×5+50=750[kV](BIL=5E+50)
유효접지에서 BIL 적용은 1단 저감이므로 650[kV] 적용

㉢ 345[kV]에서 BIL=5×$\frac{345}{1.1}$+50=1,618[kV]

유효접지에서 BIL 적용은 2단 저감이므로 1,050[kV] 적용

㉣ 모든 설비는 그 절연수준이 주어진 BIL과 같거나 높아야 한다.

3 절연저항시험

비파괴 시험의 한 종류로서 저전압 시험으로 절연 불량이나 사용 중의 열화 검출 시험방법

① 메거를 통한 양부의 정도 파악

② 500[V] 메거로는 저압기기 측정

③ 1,000[V] 메거로는 고압기기 측정

④ 측정값은 절연거리, 구조, 치수, 형상에 따라 다르므로 신뢰성이 떨어진다.

4 직류시험

① 절연물에 DC 인가 시 흡수전류, 누설전류, 변위전류가 흐른다.

② 이중 흡수전류와 누설전류를 측정하여 절연의 양부를 판정한다.

③ 정격전압의 교류 파고치 또는 그 이상의 DC 전압으로 수분~10분 정도 인가하여 i-t 또는 v-t 변화를 측정한다.

④ 판정기준으로 성극지수(성극비) 사용

$$\text{성극비(성극지수)} = \frac{\text{전압인가 1분 후의 전류}}{\text{전압인가 10분 후의 전류}}$$

⑤ 절연저항은 저전압에서는 거의 일정, 파괴전압에 근접할수록 저하되는 특성을 이용하여 절연의 양부 판단

5 유전정접시험

① 절연물의 유전체 손실에 의한 손실각 $\tan\delta$를 측정

② 측정 시 주의사항

㉠ 측정값은 온도나 습도의 환경조건에 영향을 받는다.

㉡ $\tan\delta$계 사용 시 계기를 고압 측으로 넣을 것(전원변압기나 계기의 리스크 방지를 위해)

㉢ 통상 부분방전시험과 합해서 판단한다.

6 코로나시험(부분방전시험)

절연물 내의 보이드나 크랙을 검지하여 절연의 양부를 판단, 펄스전류 측정 또는 다른 측정 방법

7 기 타

① 클로로프렌 고무 혼합물 및 클로로설폰화 폴리에틸렌 고무 혼합물 내연성 시험
② 비닐 혼합물 및 내연성 폴리에틸렌 혼합물 또는 저독성 난연폴리올레핀 혼합물의 내연성 시험
③ 저독성 난연폴리올레핀 외장 케이블의 난연성 시험
④ 불꽃시험

050 수변전설비에서 개폐기의 종류

1 개 요

① 전로를 개폐하는 개폐장치에는 많은 종류의 것이 사용되고 있으며 그 기능·성능면에서 단로기, 부하개폐기, 교류전자 접촉기, 차단기, 전력퓨즈로 분류할 수 있다.

② 이러한 것들을 선정할 때에는 기능 및 성능을 고려하고 용도에 알맞은 최적의 개폐장치를 선정하여야 한다.

2 개폐기의 종류

종 류	심 벌	기능 및 특징	용 도
단로기	DS	• 무전류 혹은 그것에 가까운 상태에서 안전하게 전로를 개폐하는 개폐기이다. • 단순히 전로의 접속을 바꾸거나 접속 차단을 목적으로 한다.	• 변압기, 차단기 등의 보수점검을 위한 회로 분리용의 목적 • 전력계통 절환을 위한 회로 분리용
부하 개폐기	S	상시부하전류의 개폐는 가능하나 이상 시(과부하, 단락 시)의 보호기능은 없다.	개폐 빈도가 적은 부하 개폐용 스위치
전자 접촉기	MG	• 상시부하전류 또는 과부하전류를 안전하게 개폐할 수 있다. • 부하의 개폐 제어 목적	부하의 동작 제어용 스위치로서 전력퓨즈와 조합으로 콤비네이션 스위치로 사용
차단기	CB	상시부하전류는 물론 단락전류와 같은 사고 시의 대전류도 지장 없이 개폐가 가능하다.	주로 회로 보호용으로 널리 사용
전력 퓨즈	PF	• 파워퓨즈는 전로나 기기를 단락전류로부터 보호하기 위하여 사용하며, 소호방식에 따라 한류형과 비한류형으로 구분 • 파워퓨즈는 차단기+변성기+릴레이의 3가지 역할을 모두 다 수용하는 경제적인 기기이면서 확실하게 동작하는 소형 염가의 기기이다.	전자접촉기와 조합에 의해서 사용

051 자동고장구분개폐기(ASS)

1 개 요

① ASS는 공급 신뢰도 향상과 건전수용가의 불의의 정전사고 방지를 위해서 수용가 구내에 사고를 즉시 자동분리하고 그 사고의 파급 확대 방지의 목적으로 사용한다.

② ASS는 22.9[kV] 1,000[kVA] 이하 특별고압 간이 수변전설비 용량에 대하여 수전용량이 300[kVA]를 초과하는 경우의 인입 개폐기로서 공급변전소의 CB 및 선로의 Recloser와 조합하여 사고 발생 시 정전을 최소화하기 위하여 사용한다.

2 ASS의 정격 및 성능

1) 정 격

① **정격전압** : 25.8[kV]

② **정격전류** : 200[A]

③ **정격차단전류** : 900[A]

④ **최대 과전류 Lock 전류값** : 800[A] 이상 흐를 때 동작 안 함. 무부하 시 Trip

2) 성 능

① 정격전류에서 200회 개폐가 가능하며, 정격전류 이하의 부하전류에 대한 개폐성능은 다음과 같다.

$$\text{개폐허용횟수} = 200 \times \left(\frac{\text{개폐기의 정격전류}}{\text{부하전류}}\right)^2$$

② 무부하 개폐능력은 1,100회 정도이다.

3) 정정(설치 전 확인사항)

① **상 최소 동작전류의 정정**

$$\text{상 최소 동작전류} = \frac{\text{부하용량}[kW]}{\sqrt{3} \times 22.9} \times (2 \sim 3\text{배})$$

② **지락 최소 동작전류의 정정**

통상 최소 동작전류의 50[%]에서 정정

3 특 징

1) 과부하 보호

900[A]의 차단능력을 가지고 있으며, 800[A] 미만의 과부하 및 이상전류에 대해서는 자동차단되어 과부하 보호기능을 가지고 있다.

2) 고장구간의 자동분리

변전소의 CB나 Recloser와 협조하여 1회 순간정전 후 고장구간을 자동분리

3) 개방은 자동 및 수동 개방이며 투입은 수동 투입방식

4) 개폐 조작은 스프링 출력에 의한 구조이므로 확실하고 신속성이 있다.

5) 안전성이 있다.

4 ASS의 동작협조

1) 배전계통에서 Recloser와의 협조

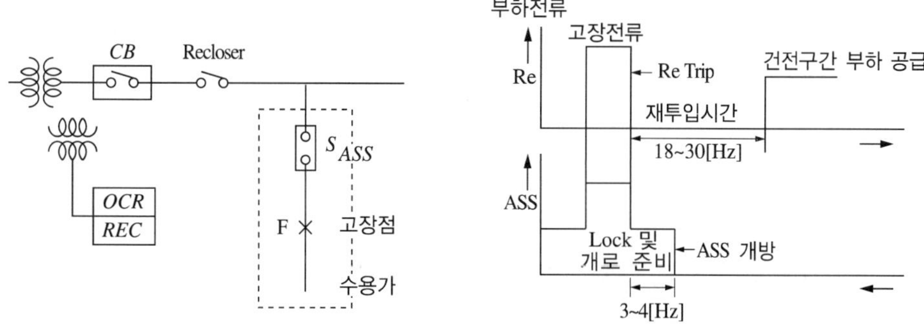

Recloser와 ASS 동작 협조

① 수용가에서 800[A] 이상의 고장전류가 발생하면 한전의 배전선로상에 설치된 Recloser가 이를 감지하여 트립된다.

② Recloser가 Open되어 84~102[Hz]의 개로 준비시간을 거쳐 ASS가 자동으로 트립된다.

③ Trip된 Recloser는 약 120[Hz] 후 재투입되어 배전선로에서 고장 개소의 수용가는 분리시키면서 송전이 가능하다.

2) 한전변전소 CB와의 협조

① 수용가에서 800[A] 이상의 고장전류가 발생하면 변전소 차단기가 트립된다.
② 차단기가 트립되면 ASS는 3~4[Hz]의 개로 준비시간을 거쳐 자동으로 트립된다.
③ 트립된 차단기는 약 18~34[Hz] 후 재투입되어 배전선로에서 고장 개소의 수용가는 분리시키고 송전이 가능하다.

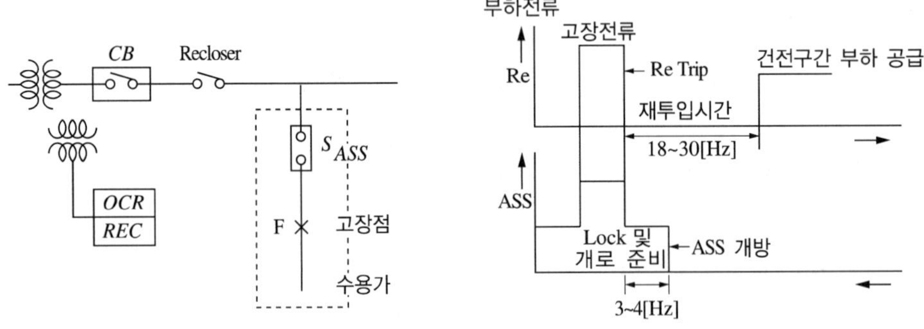

▌ CB와 ASS 동작 협조

5 ASS의 종류

1) 25.8[kV](200[A])

① 배전계통 부하용량 4,000[kVA](특수부하 2,000[kVA]) 이하 분기점
② 7,000[kVA] 이하 수전실 인입구에서 사용

2) 25.8[kV](400[A])

① 배전계통 부하용량 8,000[kVA](특수부하 4,000[kVA]) 이하 분기점
② 낙뢰가 빈번한 지역, 공단지역, 수용가 선로에서 사용

052 LBS(부하개폐기) 설계 및 시공 시 고려사항

1 개 요

① 수전설비의 인입구 개폐기로 많이 사용하며 전력휴즈의 용단 시 결상을 방지하기 위하여 사용(LBS는 어느 한 상의 전력휴즈가 용단될 때 3상 모두 개방되어 결상사고를 방지)

② LBS는 차단기와 같이 단락전류와 같은 대전류의 차단능력은 없지만, 부하전류의 차단을 할 수 있는 동시에 차단기의 기능이 있음

2 LBS 구조

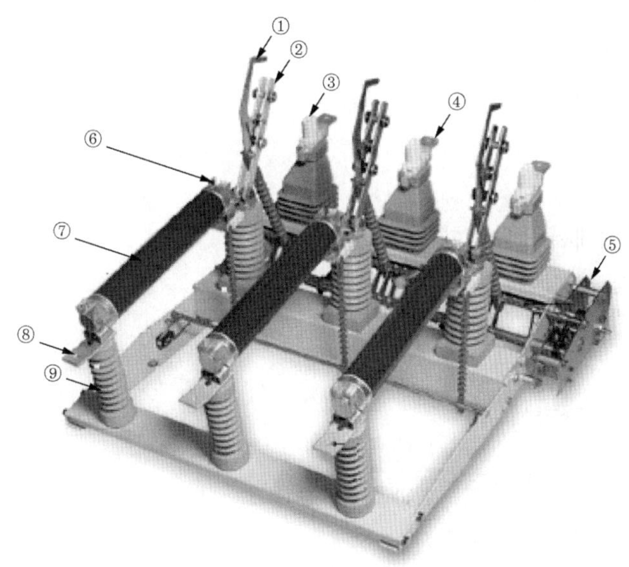

① 아크브레이드	Arcing blade
② 주기동부	Main moving contact
③ 아크소호부	Arc chamber
④ 1차측터미널	Source terminal
⑤ 조작메커니즘	Operation mechanism
⑥ 퓨즈홀더	Fuse holder
⑦ 퓨즈	Fuse
⑧ 2차측 터미널	Load terminal
⑨ 절연지지물	Support insulator

3 LBS 정격

① 정격전압 24[kV]
② 정격전류 630[A]
③ 상용주파내전압 50[kV]
④ 충격내전압 125[kV]
⑤ 정격단시간전류(실효) 20[kA](1초)

4 LBS 특징

1) 기술적 특징

① 기중 절연형으로 차단성능 우수
② 편리한 유지보수
③ 최대 100[A] 퓨즈 적용 가능

2) 안전성

① 활선 상태에서도 안전한 동작 가능
② 확실한 육안 ON–OFF 상태 확인
③ 완벽한 퓨즈 스트라이커 구조

3) 고신뢰성 및 편리성

① 압축공기에 의한 아크 소호능력의 극대화
② 수직 및 수평 설치 기능
③ 거리 조정이 가능한 수동케이블 적용
④ 원방 조작 기능
⑤ 퓨즈 차단 시 경보접점 제공

5 일반 사용환경

① 온도 –25[℃]~40[℃]에서 사용
② 표고는 해발 1,000[m] 이하
③ 습도는 24시간 평균 90[%] 이하
④ 설치 장소 옥내에 설치

6 특수 사용환경에 대한 고려사항

① 특수환경 사용 시 제조사와 협의하에 사용
② 표고, 주위온도를 벗어난 경우
③ 해풍을 심하게 받는 경우
④ 습도가 높은 경우
⑤ 빙설이 심한 경우
⑥ 가연성 가스 체류지역에서 사용하는 경우
⑦ 이상진동, 충격을 받는 장소

7 각종 정격에 대한 고려

① 정격전압, 정격주파수, 뇌임펄스전압
② 정격전류, 정격단시간내전류, 정격투입전류
③ 조작방식, 조작전압
④ 수동 조작 케이블 길이를 선정

8 퓨즈 및 피뢰기에 대한 고려

① 퓨즈 부착형으로 할 것인지 선정
② 피뢰기 내장형으로 할 것인지 선정

9 시공 시 고려사항

① 연결된 부스바에 장력 또는 압력이 가해지지 않도록 한다.
② 부하 개폐기는 OFF 상태에서 설치한다.
③ 퓨즈형은 적정한 용량의 퓨즈를 선정한다.
④ 제어회로 전원의 극성이 바뀌지 않도록 주의한다.
⑤ 설치 후 개폐동작을 확인한다.

053 파워퓨즈

1 개 요

① 파워퓨즈는 일반적으로 전로나 기기를 단락전류로부터 보호하기 위하여 각상에 설치하고 고장전류를 제한함으로써 전력계통을 효과적으로 보호하기 위하여 사용한다.
② 변성기, 계전기, 차단기의 3역할을 하는 차단기로 차단속도가 빠르고, 경제적이다.

2 퓨즈의 역할

1) 부하전류를 안전하게 통전한다(과도전류나 과부하전류에 끊어지지 않을 것).

2) 일정치 이상의 과전류는 차단하여 전로나 기기를 보호한다.

① **단락전류** : 전로에 있어서 부하에 이르는 도중에 혼촉일 때에 흐르는 전류로 정상 시보다도 아주 큰 전류다.
② **과부하전류** : 통상 전류에 대해 수 배 이하의 것이 많으며 부하의 변동이 원인이 된다. 퓨즈로 이것을 보호하도록 하면 수명이 단축되든가, 동작시한의 오차에 의해 결상을 일으키기가 쉬우므로 전력퓨즈에서는 일반적으로 이 보호를 기대하지 않는다.
③ **과도전류** : 변압기의 투입전류, 전동기의 시동전류 등 아주 짧은 시간만 존재하나, 자연히 감쇄하여 없어지는 전류로 전력퓨즈에서는 이것에 열화나 동작하지 않는 정격전류의 정격을 사용할 필요가 있다.

3 종 류

1) 한류형 퓨즈

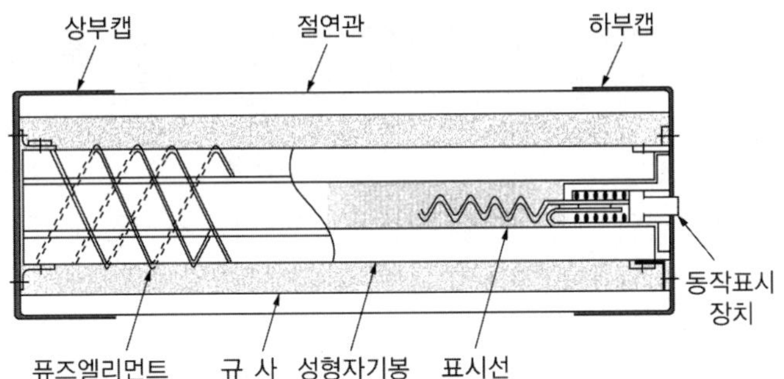

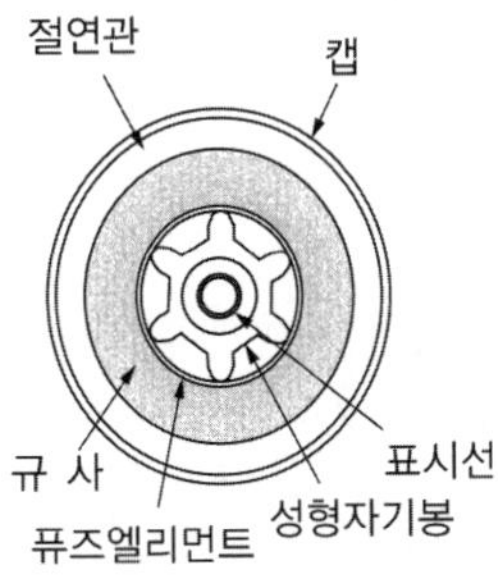

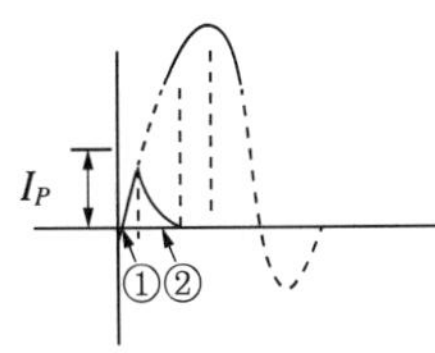

- 용단시간(0.1cycle)
- Arc시간(0.4cycle)
- ① + ② = 전차단시간(0.5cycle 이내에 차단)

※ 한류형과 비한류형의 전차단시간 차는 크지 않으나, 통과전류 파고치 I_P의 차이는 크다.

높은 아크저항을 발생하여 사고전류를 전압 0점에서 강제적으로 한류차단하는 방식으로 특징은 다음과 같다.

① 과전압을 발생한다(∵ 전원전압 + $V'=IR$).

② 소형으로 차단용량이 크고, 최소 차단전류가 있다.

③ 한류효과가 크다.

2) 비한류형 퓨즈

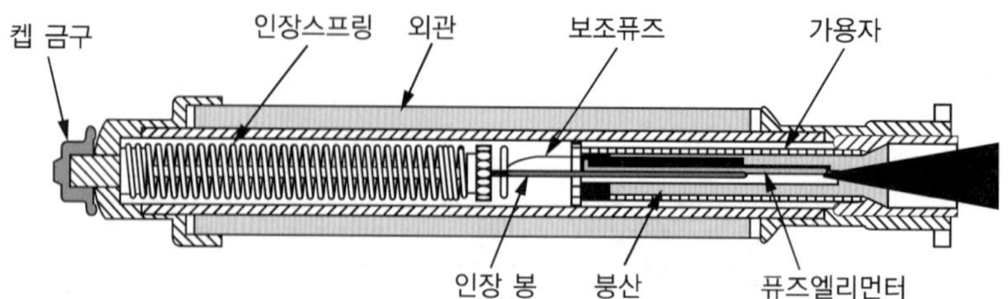

소호가스를 뿜어 전류 0점의 극간의 절연내력을 재기전압 이상으로 높여서 차단하는 방식이다.

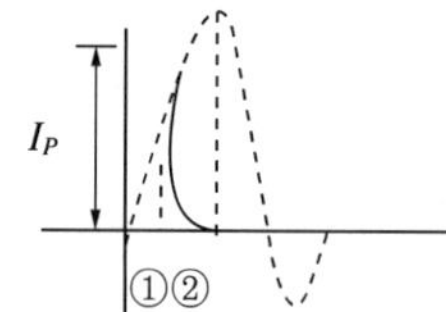

- 용단시간(0.1cycle)
- Arc시간(0.55cycle)
- ① + ② = 전차단시간(0.65cycle 이내에 차단)

① 과전압을 발생하지 않는다.

② 대형이고 한류효과가 적다.

③ 녹으면 반드시 차단한다.

구 분	한류형	비한류형	비 고
동작시간	0.5Cycle 이내	0.65Cycle 이상	한류형 퓨즈의 경우 0.5Cycle 이내(약 80[ms])에 동작한다.
통과전류	사고전류의 10[%] 내외	사고전류의 80[%] 내외	사고전류를 10[%] 이내로 차단해 주므로 계통 및 기기의 손상을 최소화할 수 있다.
차단용량	40[kA] (63Max)	12.5[kA] (20Max)	비한류형 퓨즈는 재질 및 구조상 20[kA]를 넘기 어렵다.
차단 시 폭발음	무	유	한류형 퓨즈는 애관 내에서 용단되므로 차단 시 폭발음이 발생하지 않는다.
소음기 필요 유무	무	유	비한류형 퓨즈는 차단 시 발생되는 폭발음을 최소화하기 위해 옥내 사용 시에는 소음기를 부착하도록 내선규정에서 권고하고 있다.
차단 후 퓨즈개로	개로되지 않음	개로됨	한류형 퓨즈는 용단 직후 퓨즈링크가 홀더로부터 개로되지 않아 ARC의 발생이 없으며 개로 시 발생되는 ARC로부터의 절연거리에 의한 판넬 Size의 확대가 필요없다.
ARC	무	유	한류형 퓨즈는 애관 내에서 ARC를 소호하기 때문에 외부로 ARC의 발생이 없다.

4 파워퓨즈의 특성

1) 일반적 특성

① 허용특성

퓨즈의 정격전류 선정 시 필요하며 퓨즈에 어느 시간 통전하여도 가용체에 열화를 발생시키지 않는 시간과 전류와의 관계를 나타내는 곡선이다.

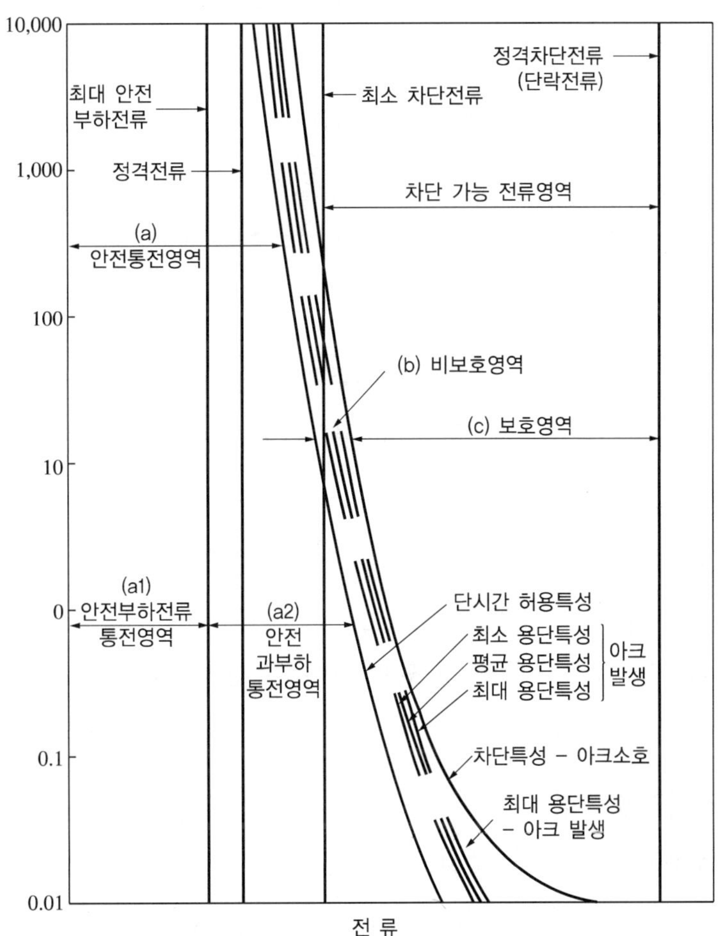

▌ 전력퓨즈의 전류–시간특성

② 용단특성

퓨즈에 과전류가 흐르기 시작하여 가용체가 용단, 아크를 발생하기까지의 시간과 전류의 관계를 나타내는 곡선이다. 최소 용단특성, 평균 용단특성, 최대 용단특성이 있다.

③ **차단특성**

퓨즈에 과전류가 흐르기 시작하여 가용체가 용단, 아크가 소멸하기까지의 시간과 전류의 관계를 나타내는 곡선이다. 이 특성은 차단기와 혼합해서 사용할 경우 보호협조를 검토할 때 사용한다.

④ **한류특성**

㉠ 퓨즈에 과전류가 흐를 때 파고치를 어느 정도까지 제한하는가를 나타내는 것이다.

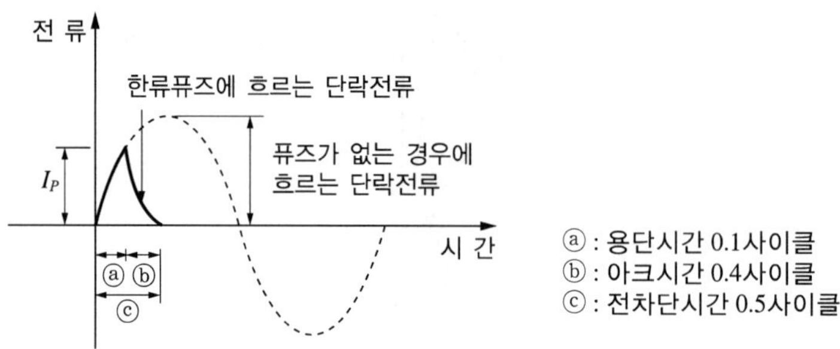

▌ **전력퓨즈의 한류특성곡선**

㉡ 처음 반파에서 차단하고 비한류형이나 차단기와 비교해서 차단전류 파고값도 대단히 낮다.

⑤ I^2t **특성**

I^2t특성은 퓨즈에 전류가 흐르고 있는 일정 기간 중 전류순시치의 2승 적분치를 나타내는 것으로서, 작동 I^2t는 후비보호에 퓨즈를 사용할 때에 열적 응력을 검토할 때 사용한다.

2) 동작시간별 특성

① **0.01초 이상의 동작특성**

안전통전영역(a)	• 최대 안전부하전류 이하의 안전부하전류 통전영역(a_1)과 • 최대 안전부하전류와 단시간허용특성 사이의 안전과부하전류 통전영역(a_2)으로 구분
비보호영역(b)	• 이 영역은 안전통전영역과 보호영역 사이의 영역 • 퓨즈의 오차범위로 손상 및 열화할 수 있음 • 이 영역을 가진 것이 퓨즈의 단점이며 이 범위에서 전류를 흘리지 않는 것이 중요
보호영역(c)	어떠한 경우에도 퓨즈가 동작하여 보호되는 영역

② 0.01초 이하의 동작특성

퓨즈의 단시간 허용 I^2t	• 퓨즈가 열화하지 않는 한계곡선으로 용단특성을 왼쪽으로 20~50[%] 정도 이동한 것 • 과도전류가 크게 되면 I^2t 가 증가하여 단시간 허용 I^2t 보다 크게 되면 단시간에 소멸되는 영역에서도 퓨즈는 용단, 열화할 수 있음
차단 I^2t	• 퓨즈가 차단 완료할 때까지 회로에 유입하는 열에너지로 피보호기 내 I^2t 보다 작은 퓨즈를 사용하면 완전보호

5 파워퓨즈의 장단점

장 점	단 점
• 가격이 싸다. • 릴레이나 변성기가 불필요하다. • 소형 경량이다. • 소형으로 차단용량이 크다. • 보수가 저렴하다. • 고속차단한다. • 현저한 한류특성을 가진다. • 한류형은 차단 시 무소음, 무방출 • 후비보호로서 완벽한 설비이다.	• 고임피던스 접지계통 보호 불가능 • 과도전류, 과부하전류는 보호 불가능 • 동작시간-전류특성 조정 불가능 • 비보호 영역이 있고, 결상이 생김 • 재투입이 불가능 • 한류형은 차단 시 과전압이 발생

6 전력퓨즈의 단점 대책방안

① 전원 측 차단기에 지락 릴레이를 붙여 검출

② 과도전류가 안전통전 상태 내에 들어가도록 큰 정격전류 선정

③ 최소 차단전류 이하에서 퓨즈가 동작하지 않도록 큰 정격전류 선정

④ 사용계획의 용도, 회로특성, 퓨즈의 시간-전류특성을 비교하여 적절한 정격전류 선정

⑤ **용도의 한정** : 퓨즈를 단락사고에만 동작하도록 정격전류 선정

⑥ 동작 시는 전체 상을 교체

⑦ **절연강도의 협조** : 회로의 절연강도가 퓨즈의 과전압치보다 높을 것

7 퓨즈 선정 시 고려사항

① 과부하전류에 동작하지 말 것
② 변압기 여자돌입전류에 동작하지 말 것
③ 전동기 기동전류에 동작하지 말 것
④ 보호기기와 협조를 가질 것

8 용 도

단락보호용

054 피뢰기

1 개 요

① 피뢰기는 뇌 또는 회로의 개폐 등으로 인하여 발생하는 과전압의 파고치가 어느 값을 초과할 경우 방전을 함으로써 과전압을 제한하여 전기시설의 절연을 보호하는 데 목적이 있다.

② 따라서 피뢰기는 이와 같은 이상전압을 제한하고 전력계통의 정상적인 운전에 영향을 주지 않기 위해서는 전력기기에 병렬로 접속되어 이상전압의 발생에 수반하는 이상전류를 피뢰기가 부담함으로써 피보호기기의 절연을 확보하고, 적정전압으로 된 다음에는 계속 흐르는 속류를 단시간에 차단하는 기구를 구비해야 한다.

③ 피뢰기의 종류에는 저항형, 밸브형, 방출형 등으로 대별되며, 전기설비기준에 중요기기의 경우에는 이상충격파로부터 기기 보호를 위해 피뢰기를 설치한다.

2 용 어

1) 정격전압

속류를 차단할 수 있는 최고 상용주파 교류전압(실효값)

2) 제한전압

피뢰기 단자 간에 나타나는 전압

3) 충격파 방전개시전압

피뢰기 단자에 충격파 전압을 가했을 때 방전을 개시하는 전압

4) 상용주파 방전개시전압

실효치로 나타냄, 정격전압의 1.5배 정도

5) 충격비

$$\text{충격비} = \frac{\text{충격파 방전개시전압(파고값)}}{\text{상용주파 방전개시전압(파고값)}}$$

6) 제한전압비

$$\text{제한전압비} = \frac{\text{제한전압(파고값)}}{\text{정격전압(실효값)}}$$

7) 방전내량(내구성 개념)

① 피뢰기를 통해서 대지로 흐르는 전류 : 방전전류(파고값)

② 방전전류의 허용 최대 한도 방전내량

3 피뢰기의 기능

① 이상전압의 침입에 대하여 신속하게 방전특성을 가질 것 : 이상전압 신속 방전

② 방전 후 이상전류 통전 시의 단자전압을 일정 전압 이하로 억제할 것 : 이상전류 통전 시 단자전압 억제

③ 이상전압 처리 후 속류를 차단하여 자동회복하는 능력을 가질 것 : 속류차단

④ 반복동작에 대하여 특성이 변화하지 않을 것 : 반복동작

4 구성요소

1) 특성요소

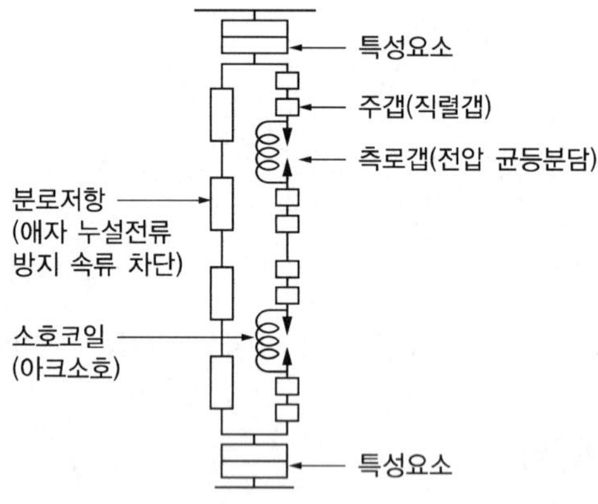

▌ 피뢰기 구성도(갭저항형)

① SiC(탄화규소입자)또는 ZnO를 각종 결합체와 혼합하여 고온속성하면 비저항특성을 지닌다.

② 큰 전압은 저저항값, 낮은 전압은 고저항값으로 속류를 차단한다.

2) 직렬갭(주갭)

① 정상전압은 절연 상태를 유지하고 이상 과전압은 대지로 방전시키는 역할을 한다.
② 즉, 이상과전압을 흡수 및 속류를 차단하는 장치

3) 소호코일

아크 소멸이 목적

4) 측로갭

전압분담 목적

5) 분로저항

외부 자기질에 흐르는 누설전류를 적게 하고, 속류를 차단하는 목적

5 구비조건 및 용어 설명

1) 구비조건

① 상용주파 방전개시전압이 높을 것
② 충격파방전개시전압이 낮을 것
③ 제한전압이 낮을 것
④ 속류 차단능력이 클 것

2) 용 어

① **방전전류** : 갭의 방전에 따라 피뢰기를 통해서 대지로 흐르는 충격전류
② **충격파 방전개시전압** : 피뢰기 단자에 충격전압을 가했을 때 방전을 개시하는 전압
③ **상용주파 방전개시전압** : 피뢰기 단자 간에 상용주파수의 전압을 가했을 때 방전을 개시하는 전압(실횻값)
④ **제한전압** : 피뢰기 방전 중에 피뢰기에 남게 되는 충격전압(즉, 피뢰기가 처리하고 남은 전압)
⑤ **속류** : 방전전류에 이어서 전원으로부터 공급되는 상용주파수의 전류가 직렬갭을 통해서 대지로 흐르는 전류

6 종 류

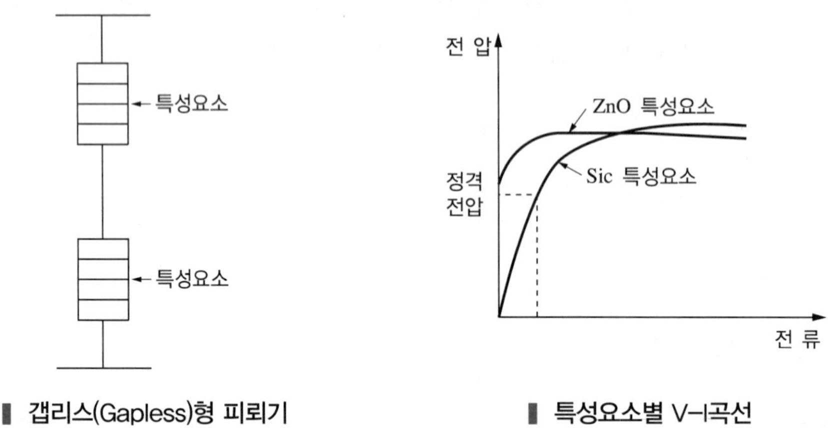

▌ 갭리스(Gapless)형 피뢰기 ▌ 특성요소별 V-I곡선

• 밸브형, 밸브저항형, Gap 저항형, Gapless형 등이 있다.

1) Gap저항형

특성요소(탄화규소입자)와 직렬갭으로 구성된 단위소자를 필요한 개수만큼 쪼개어서 애자 속에 밀봉한 구조의 피뢰기

2) Gapless형

직렬갭이 없고 특성요소(ZnO)만으로 형성되어 있으며 특징은 다음과 같다.

① 직렬갭이 없어 구조가 간단하다.
② 소손 위험이 작고 성능이 뛰어나다.
③ 속류가 없어 빈번한 동작에도 잘 견딘다.
④ 속류에 따른 특성요소의 변화가 작다.
⑤ 직렬갭이 없어 특성요소의 사고 시 지락사고와 같은 경우로 연결될 수 있다.

7 특 성

1) 동작특성

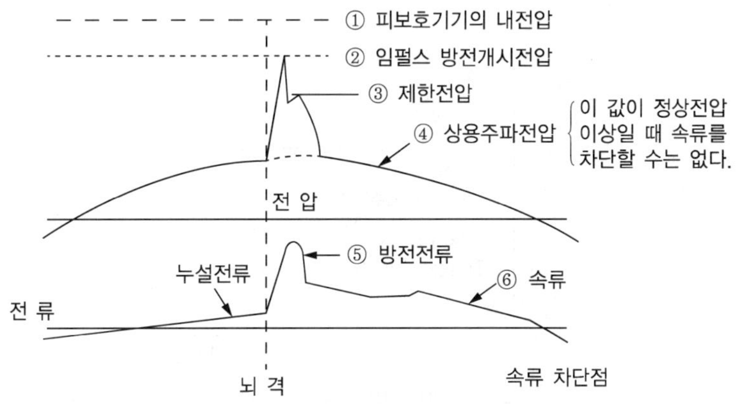

▌Gap Type 피뢰기의 동작곡선

① 상용주파수의 계통전압에 서지가 겹쳐 뇌임펄스 방전개시전압에 도달하면 피뢰기가 방전된다.

② 동시에 방전전류가 흐르고 제한전압이 발생한다.

③ 서지전압이 소멸 후 피뢰기 도통 상태에서 속류가 흐르며, 전류가 0점에서 속류를 차단하고 원상태로 회복된다.

④ 이러한 제반동작이 반사이클 내의 짧은 시간에 이루어진다.

2) 피뢰기의 방전특성

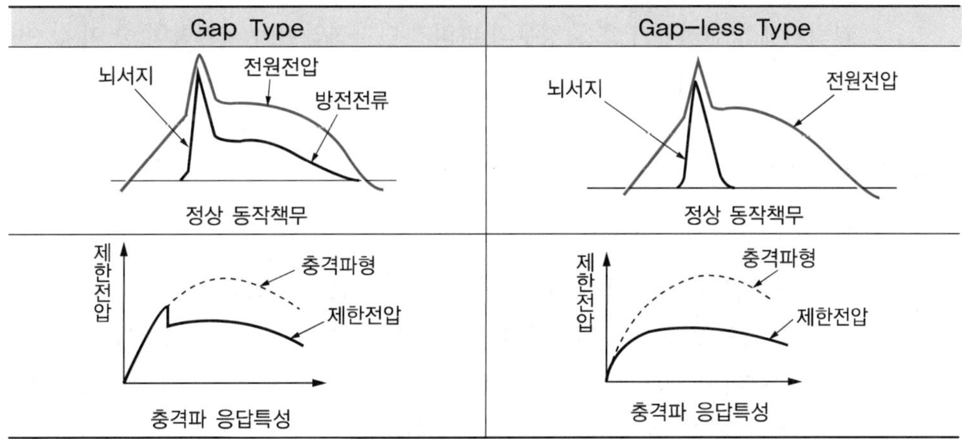

3) 방전내량

피뢰기가 방전했을 때 대전류에 의해 열화, 파괴 등을 초래하는데 이 한도를 방전내량이라 한다.

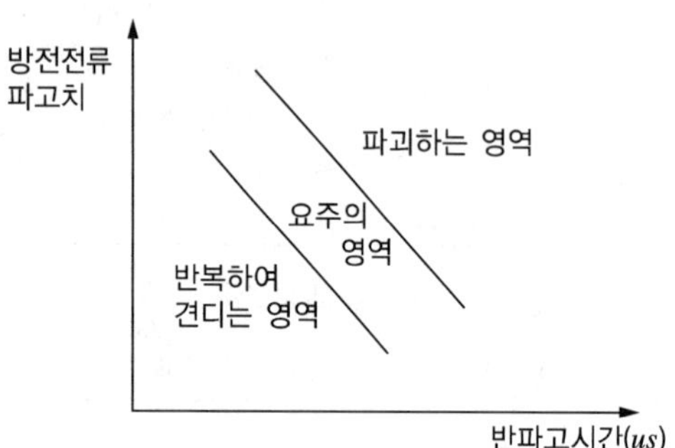

▌ 피뢰기의 방전내량 약식도

4) 보호레벨

피뢰기가 어느 정도의 절연기기까지 보호할 수 있느냐, 과전압을 어느 정도까지 억제할 수 있느냐의 정도로, 방전특성과 제한전압특성으로 결정된다.

① 방전특성

서지전압 등이 피뢰기에 인가된 경우 방전을 개시하는 전압을 말하며, 방전전압 파고값은 정격전압의 1.6~3.6배 범위(충격파 방전개시전압)

② 제한전압특성

피뢰기에 방전전류가 흐를 경우의 피뢰기 단자전압이며 서지방전 중 이 값 이하로 제한하는 전압이다.

5) 열폭주현상

① 정 의

㉠ 산화아연소자(ZnO)에 일정 전압을 인가하면 누설전류가 흐르는데, 이 누설전류에 의하여 발열량이 방열량과 평행을 이루면 피뢰기는 일정 전압에서 안정하다.

㉡ 발열량이 방열량보다 커지면 산화아연소자의 온도는 증가, 소자의 저항이 감소한다. 따라서 누설전류가 증가하게 되는데 이 누설전류의 증가로 피뢰기가 과열되고 파괴에 이르는 현상을 말한다.

㉢ 전압 인가 → 누설전류 발생 → 발열 > 방열 → 누설 증가 → 저항 감소 → 열폭주

② **산화아연소자의 발열곡선**

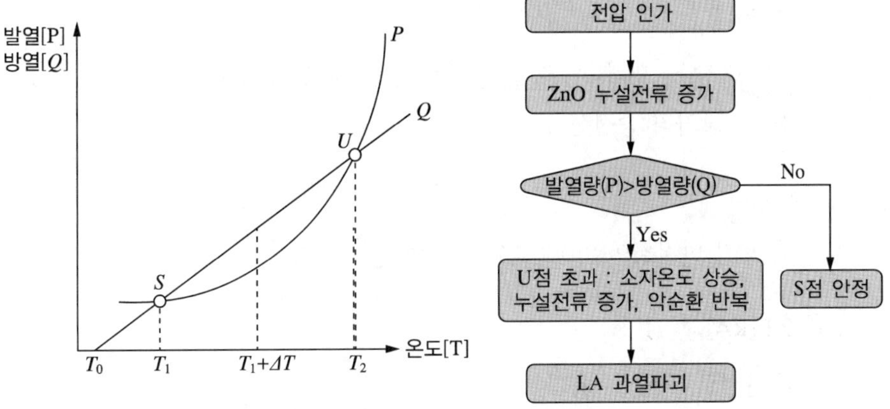

㉠ 발열곡선(P) : 발열량 P는 온도에 비례하고 지수함수적으로 증가

㉡ 방열곡선(Q) : 온도에 대하여 비례적인 증가

㉢ $P=Q$(S점) : 안정

㉣ $P>Q$(U점 초과) : 고장전류에 의한 열적 트리거로 소자온도 증가 → 소자저항 감소 → 누설전류 증가

㉤ $P<Q$(U점 이하)

③ **대책** : 열화상카메라 검사

8 피뢰기의 정격 및 절연협조

1) 정격전압 선정

① **비접지계($\Delta-\Delta$ 결선)**

$$E_r = \text{선로의 공칭전압} \times \frac{1.4}{1.1}$$

② **접지계(Y－Y결선)**

$$E_r = \alpha \beta V_m$$

여기서, E_r : 정격전압[V]

α : 접지계수

β : 여유도

V_m : 최고 허용전압

2) 방전전류검토

① 10[kA]

발 · 변전소, 154[kA] 이상의 전력계통, 66[kV] 계통의 변전소에 3,000[kVA] 초과 장소, 장거리 송전선 등

② 5[kA]

66[kV] 변전소의 3,000[kVA] 이하 장소

③ 2.5[kA]

배전선로, 일반 수용가

3) 피보호기기의 절연강도 검토

① 내용연수 이내에서 대지절연 충격전압에 대한 파괴전압을 기준충격 절연강도 BIL를 하회하지 않을 것
② 내용연수 이내에서 대지절연 개폐서지에 대한 파괴전압은 기준충격 절연강도 BIL의 85[%]를 하회하지 않을 것

4) 지속성 이상전압 검토

① 지속성 이상전압은 지락 고장, 페란티 효과, 자기마찰에 의해 발생
② 피뢰기 설치점에서 최고 허용전압은 1선 지락사고 시 건전상의 상승 대지전압에서 약간의 여유를 두는 것이 좋다.

9 피뢰기의 설치 위치 및 결정

① 기기와 피뢰기가 같은 곳에 있으면 기기에 걸리는 전압은 피뢰기에 걸리는 전압과 동일하지만 거리가 너무 멀면 기기에 걸리는 전압은 피뢰기에서 억제하는 전압(V_P)보다 크게 된다.
② 일반적으로 345[kV]에서는 85[m] 이내, 154[kV]급에서는 65[m] 이내, 66[kV]에서는 45[m] 이내, 22[kV]급 및 22.9[kV]에서는 20[m] 이내가 적당하다.

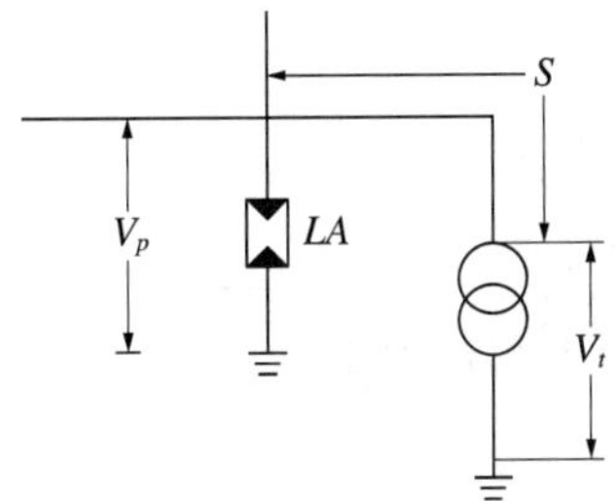

$$V_t = V_P + \frac{2Sl}{V}[\mathrm{V}]$$

여기서, V_t : 보호설비에 걸리는 전압

V_P : 피뢰기의 억제전압

S : 침입파의 파두준두(차폐선로 : 500[kV/μs], 일반선로 : 200[kV/μs])

l : 피뢰기와 보호설비(변압기)와의 거리

V : 서지의 전파속도(차폐선로 : 150[km/ms], 일반선로 : 300[km/ms])

10 피뢰기의 접지선 굵기 선정

$$S = \frac{\sqrt{t} \times I_S}{282}[\mathrm{mm}^2]$$

여기서, t : 고장계속시간[sec]

S : 접지선 굵기[mm^2]

I_S : 낙뢰전류 또는 고장전류[A]

282 : 도체 또는 절연재질에 따라 다른 값을 가짐

11 기 타

1) 피뢰기 설치 위치(=설치장소)

① 발・변전소 또는 이에 준하는 장소의 가공전로의 인입구, 인출구

② 배전용 변압기의 고압 측 및 특별고압 측 가공선로

③ 특고압으로 수전받는 수용가 인입구 가공선로

④ 지중선로와 가공전선로가 접속되는 곳

2) 피뢰기의 시설

① 피보호기의 제1대상은 변압기

② 접지선은 가능한 한 짧게 한다.

③ 피뢰기와 피보호기의 접지선은 연접

3) 피뢰기의 정격전압

전력계통[kV]		피뢰기의 정격전압[kV]	
전 압	중성점 접지방식	변전소	배전선로
345	유효접지	288	–
154	유효접지	144	–
66	비접지	72	–
22	비접지	24	–
22.9	다중접지	21	18

4) 피뢰기 제한전압과 방전전류관계

$$V_a = \frac{2Z_2}{Z_2 + Z_1} V_i - \frac{Z_1 Z_2}{Z_2 + Z_1} i_a$$

$$i_a = \frac{2Z_2 V_i - Z_1 V_a - Z_2 V_a}{Z_1 Z_2}$$

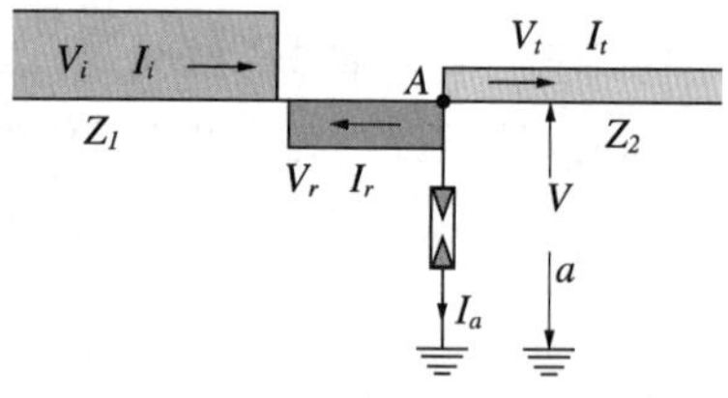

055 피뢰기 정격선정 시 고려사항

1 개 요

뇌 또는 회로개폐 등으로 발생한 충격성 과전압의 서지를 대지에 방전시킴으로써 그 파고치를 제한하여 전기시설의 절연을 보호함과 동시에 계통의 정상상태를 교란하지 않고 원상으로 복귀시키기 위한 장치이다.

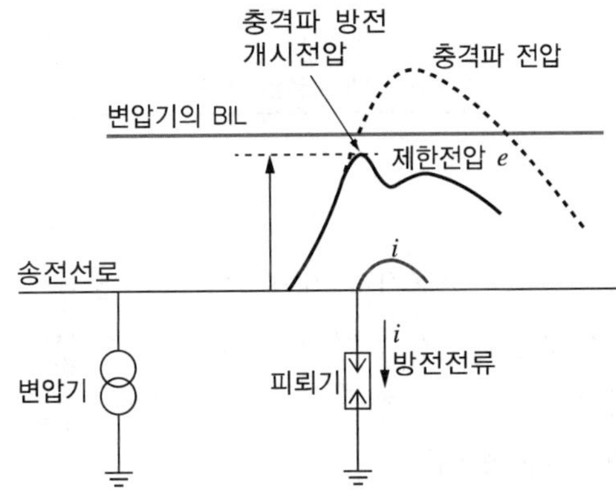

2 피뢰기 선정 시 고려사항

1) 피뢰기의 정격전압

① 피뢰기의 정격전압은 사고 시에도 건전상의 상용주파 최대 대지전압 보다 높아야 한다.

② 피뢰기 정격전압 이상의 교류이상전압이 선로에 발생하면 피뢰기는 속류차단이 되지 않아 과열로 인하여 파괴된다. 그러므로 교류이상전압보다 상회하는 정격전압의 피뢰기를 선정해야 한다.

③ **피뢰기의 정격전압**

전압[kV]	중성점 접지방식	피뢰기정격전압[kV]
345	유효접지	288
154	유효접지	138(144) ( ) ANSI 규정
66	PC접지 또는 비접지	75
22	PC접지 또는 비접지	24
22.9	3상4선식 다중접지	21 또는 18

2) 공칭방전전류

① 갭의 방전에 따라 피뢰기를 통해서 대지로 흐르는 충격전류를 피뢰기의 방전전류, 그 허용최대한을 피뢰기의 방전내량이라 하며 일반적으로 파고값으로 나타낸다.

② 피뢰기에 흐르는 방전전류는 선로 및 발·변전소의 차폐유무와 그 지방의 IKL(연간 뇌우 방전내량)를 참고로 하여 결정한다.

③ **설치장소별 피뢰기 공칭방전전류**

공칭방전전류	설치장소	적용조건
10[kA]	변전소	154[kV] 이상 전력계통, 66[kV] 이상 변전소, 장거리 송전선
5[kA]	변전소	66[kV] 이하 계통, 3,000[kVA] 이하 뱅크에 취부
2.5[kA]	선로, 변전소	배전선로, 일반수용가(22.9[kV] 수전)

3) 피뢰기 위치선정

① 피뢰기의 설치장소와 피보호기가 떨어져 있으면 침입서지의 반사작용에 의하여 피보호기의 단자전압은 피뢰기 방전개시전압보다 높아져서 보호효과가 떨어진다.

② 피뢰기의 설치위치는 가능한 한 피보호기기 가까이 설치한다.

③ **피뢰기의 최대유효이격거리**

선로전압[kV]	유효이격거리[m]
345	85
154	65
66	45
22	20
22.9	20

4) 피뢰기 접속용 도체 굵기

① 기기보호용 피뢰기 대부분은 변전실에 설치되며 접지선은 다음 기준으로 굵기가 선정된다.

② $S = (\sqrt{T} \times I_s)/282$

여기서, S : 접지선의 굵기[mm^2], I_s : 고장전류[A], T : 고장지속시간

056 피뢰기 저항 계산

다음 그림과 같이 파동 임피던스 $Z_1 = 300[\Omega]$, $Z_2 = 200[\Omega]$의 2개의 선로 접속점 P에 피뢰기를 설치하였을 때 Z_1의 선로로부터 파고 $E = 400$[kV]의 전압파가 내습하였다.

선로 Z_2에의 전압 투과파의 파고를 75[kV]로 억제하기 위한 피뢰기의 저항(R)을 계산하시오.

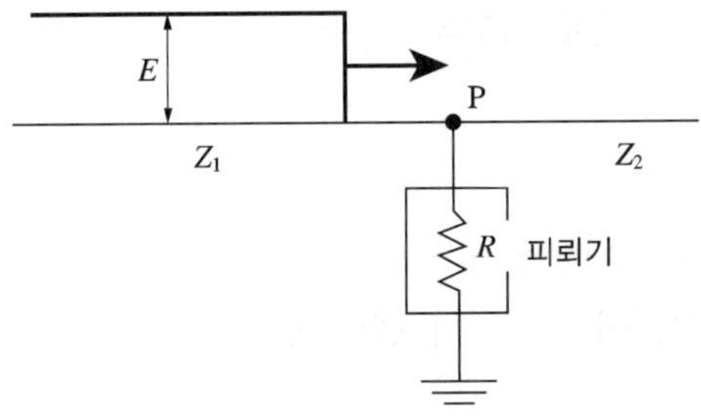

풀이

$$V_t = \frac{2Z_2}{Z_1 + Z_2} V_i - \frac{Z_1 Z_2}{Z_1 + Z_2} I_a$$

$$75 = \frac{2 \times 200}{300 + 200} \times 400 - \frac{300 \times 200}{300 + 200} \times I_a$$

$$I_a = 2.042\,[\text{kA}]$$

$$R_a = \frac{V_t}{I_a} = \frac{75}{2.042} = 36.7\,[\Omega]$$

057 폴리머 피뢰기

1 구 성

1) 단로기

① ZnO 특성요소로 구성

② 과전압 시 신속한 분리로 사고부분을 축소

2) 외 피

① 폴리머하우징이라는 외부절연

② 폭발 시 비산되지 않아 안전하게 설비 및 인명보호

3) 절연행거

피뢰기 설치를 위한 부품, 절연성능 우수

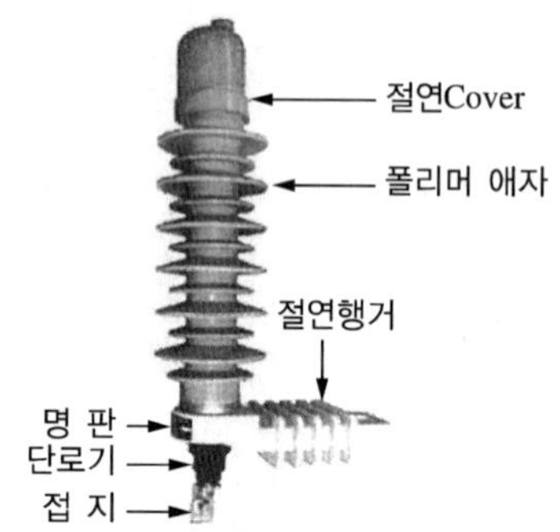

2 특 징

① 보호성능, 장기 노화성능이 우수한 ZnO 소자를 이용

② 낙뢰 및 서지에 대한 응답특성이 좋다.

③ 고장 상태에서 폭발 및 비산되지 않는다.

④ 폴리머 재료 사용으로 소형 및 경량화 가능

⑤ 완벽한 습기차단 가능

3 피뢰기 지락방지원리

누설전류, 즉 상용주파수의 전류가 흐를 때 코일은 낮은 임피던스가 되어 Carbon에 전류가 흘러 피뢰기를 접지로부터 분리하여 지락을 방지한다. 예를 들어 충격파(1.2×50[μs]) 파미부분만 적용해도 상용주파 임피던스는 300배 이상 낮다.

$X_L = 2\pi f L$ 매우 크다. $\left(f = \frac{1}{t} = \frac{1}{50[\mu s]} = 2\times 10^4[\text{Hz}]\right)$

$X_L' = 2\pi f L$ 매우 작다. $(f = 60[\text{Hz}])$

4 피뢰기 지락방지 메커니즘

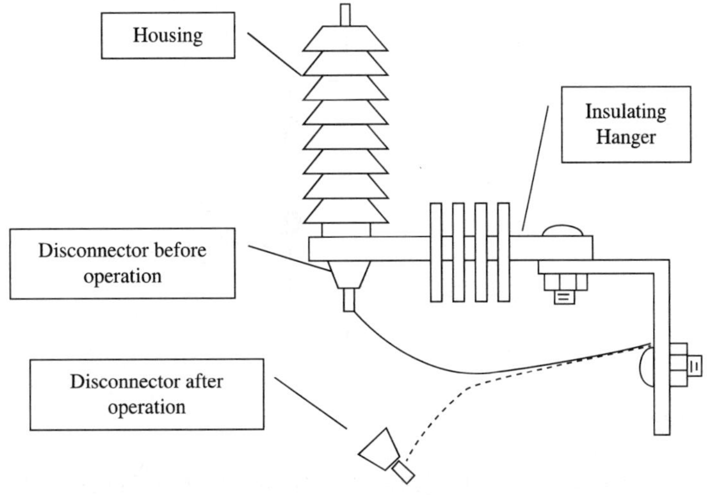

058 피뢰기의 단로장치

1 개 요

① 열화되거나 주변 환경의 수분 및 철도 운행 시 발생되는 쇳가루 등으로 누설전류가 증가하면서 내부 온도가 상승하여 피뢰기가 파손된다.

② 이와 같이 누설전류가 일정값 이상이 되면 피뢰기를 전력계통에서 분리하여 지락사고를 예방할 수 있는 장치가 단로장치이다.

2 단로장치 피뢰기의 구성

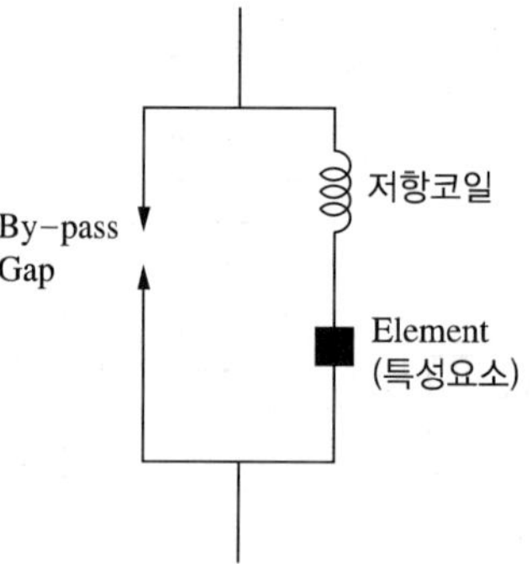

1) 뇌서지 인입 시

뇌서지 등 이상전압이 발생하면 피뢰기가 정상동작할 때 고주파인 방전전류는 코일부의 임피던스가 커지므로 측로 갭(바이패스 갭)을 통하여 흐른다.

2) 피뢰기 자체 고장 시

① 흐르는 계통의 상요주파수의 지락전류는 측로 갭을 통과할 수 없다.

② 즉, 저항코일과 카본 엘리먼트로 흘러서 이를 기화, 플라스틱 하우징을 폭발시켜 동작한다.

③ 따라서 단로장치를 통하여 피뢰기 본체는 대지로부터 분리되게 되며, 눈으로도 식별이 가능하다.

059 SA(서지흡수기)

1 개 요

① 서지흡수기는 피뢰기의 일종으로 선로에서 발생하는 개폐서지, 순간과도현상으로 2차 기기에 악영향을 주는 것을 막기 위하여 설치하는 것이다.
② 건식류의 변압기나 기기 계통의 보호가 주요 대상물이다.

2 설치 위치

보호하고자 하는 기기의 전단에 설치하며 대부분 개폐서지를 발생하는 차단기 후단에 설치 운용한다.

3 설치대상

1) 설치 필요

① VCB+Mold Tr
② VCB+Motor

2) 설치 불필요

① VCB+유입변압기
② OCB+Motor, Tr

4 서지 흡수기 정격

공칭전압	3.3[kV]	6.6[kV]	22.9[kV]
정격전압	4.5[kV]	7.5[kV]	18[kV]
공칭방전전류	5[kA]	5[kA]	5[kA]

5 설치 예

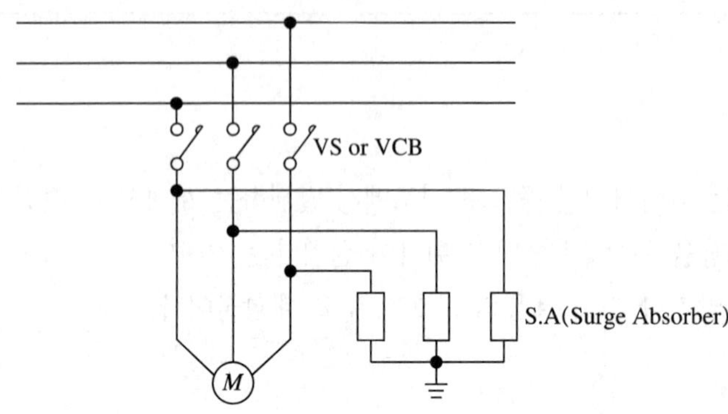

▌SA 설치 위치 예

060 SPD

1 개 요

① SPD(Surge Protective Device)란 저압 배전선 및 전기설비 보호, 통신설비 등의 부근에 낙뢰에 의한 과전압과 설비 내의 기기에서 발생하는 개폐 과전압으로부터 전기설비를 보호하는 것을 목적으로 하고 있다.

② 최근 정보화 시대의 도래로 컴퓨터 등의 전자장비 증가가 불가피하다. 이들은 낙뢰 및 개폐서지 등의 순간적인 과전압에 매우 취약하므로 이에 대한 기술은 매우 중요하다.

2 서지의 정의 및 종류

1) 서지의 정의

급속히 증가 후 서서히 감소하는 전기적 전류, 전압의 과도특성

2) 서지의 종류

① **자연서지** : 직접뢰, 간접뢰, 유도뢰 등의 이상서지

② **개폐서지** : 유도부하 차단 시 발생하는 이상서지

③ **기동서지** : 발전기, 전동기 등의 기동 시 돌입서지

3 서지의 영향

1) 전류형 서지

부품의 과열파괴

2) 전압형 서지

부품의 절연파괴

4 서지환경의 분류

1) 기기에 필요한 정격 및 임펄스 내전압

구 분	설비 인입구	간선 및 분기회로기기	부하기기	특별보호기기
Category	Ⅳ	Ⅲ	Ⅱ	Ⅰ
110[V]	4[kV]	2.5[kV]	1.5[kV]	0.8[kV]
220/380[V]	6[kV]	4[kV]	2.5[kV]	1.5[kV]
SPD 등급		Class Ⅰ	Class Ⅱ	Class Ⅲ

2) SPD 설치등급

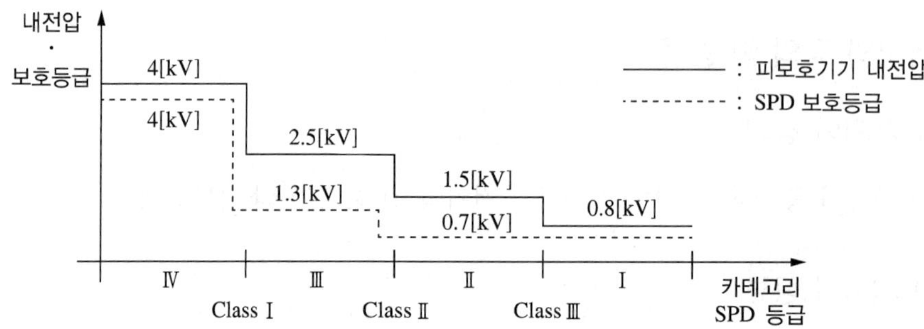

서지로부터 기기를 보호하기 위해서는 정격 임펄스 내전압보다 작은 사양의 SPD 설치가 필요하다.

5 서지대책

공통 접지법	절연방식법	By Pass 법
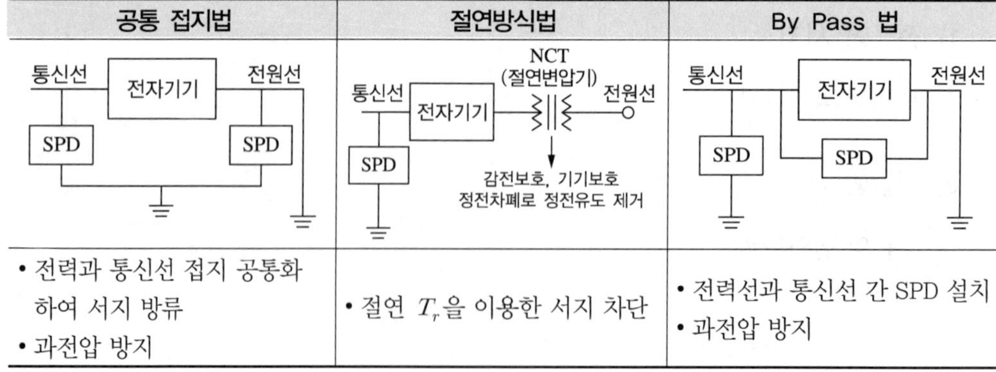		
• 전력과 통신선 접지 공통화 하여 서지 방류 • 과전압 방지	• 절연 T_r을 이용한 서지 차단	• 전력선과 통신선 간 SPD 설치 • 과전압 방지

6 SPD의 분류

1) 사용 용도별

① **직격뢰용** SPD : 전원용, 통신용
② **유도뢰용** SPD : 전원용, 통신용

2) 구조별(포트 수)

1포트 SPD	2포트 SPD
SPD	SPD
• 1단자대(또는 2단자)를 갖는 SPD • 보호할 기기에 서지를 분류하도록 접속	• 2단자대(또는 4단자)를 갖는 SPD • 통신, 신호계통에 적용

3) SPD형 식별

SPD 형식	시험 종류	시험 항목	비 고
Class Ⅰ	등급 Ⅰ 시험	I_{imp} I_n	고피뢰 장소, 직격뢰 보호
Class Ⅱ	등급 Ⅱ 시험	$I_{\max}$ I_n	저피뢰 장소, 유도뢰 보호
Class Ⅲ	등급 Ⅲ 시험	U_{OX}	저피뢰 장소, 유도뢰 보호

여기서, I_{imp} : 임펄스전류시험(10/350[μs] 임팩트전류)
$I_{\max}$: 최대 방전시험(8/20[μs] 임펄스전류)
I_n : 공칭방전시험(8/20[μs] 임펄스전류)
U_{ox} : 개회로시험(Ⅲ등급시험에 대한 저항회로전압)

4) SPD 기능별

① **전압 스위치형** SPD : 서지 인가 시 급격히 임피던스값 변화
② **전압 제한형** SPD : 서지 인가 시 임피던스 연속적 변화
③ **복합형** SPD : 스위치, 제한 기능 모두 가능

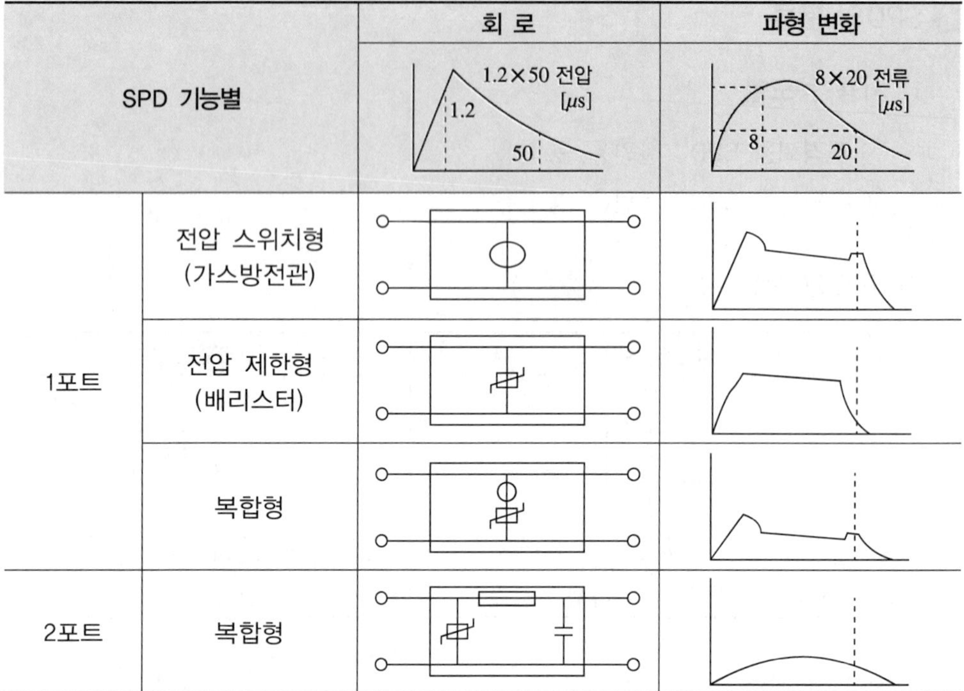

SPD 기능별		회 로 (1.2×50 전압 [μs])	파형 변화 (8×20 전류 [μs])
1포트	전압 스위치형 (가스방전관)		
	전압 제한형 (배리스터)		
	복합형		
2포트	복합형		

7 SPD의 선정

1) 선정 Flow

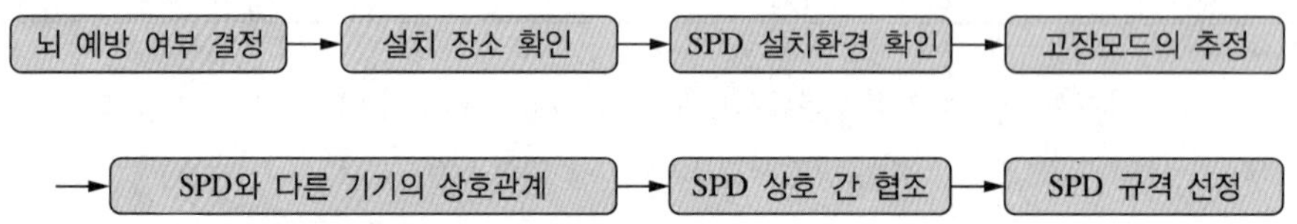

2) SPD 선정

① 뇌 예방 여부 결정

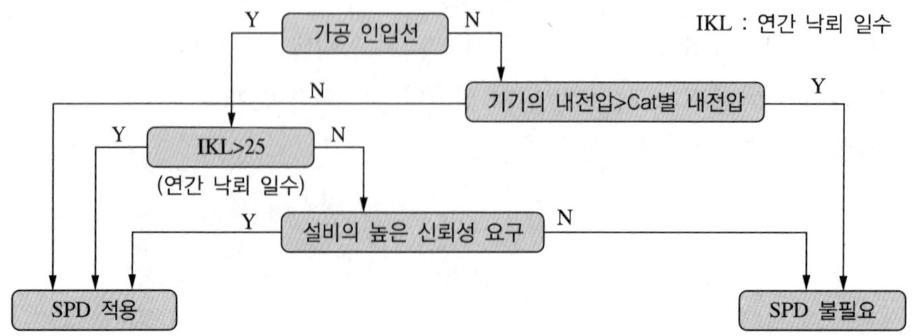

② **설치 장소의 확인**

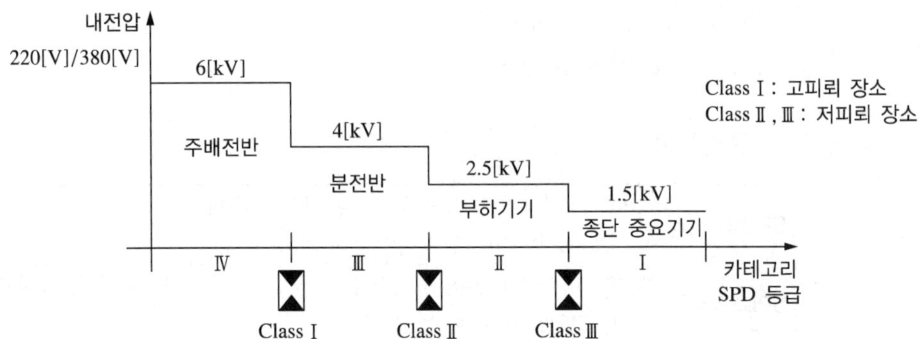

③ **설치환경의 확인**

㉠ SPD는 설치환경의 전압을 고려하여 최대 연속동작전압(V_0 = 저압계통의 상전압) 결정

㉡ SPD는 사고로 인한 순간 과전압(V_{tov})에 견딜 것($V_{tov} < V_0$)

④ **고장모드의 추정**

㉠ 종류 : 단락회로, 개방회로

㉡ 서지와 과전압의 형태에 따라 좌우

㉢ SPD의 최대 방전전류(I_{max}) 고려, 보조장치의 필요성 검토

㉣ $I_{max} > I_n$(공칭방전전류 5[kA], 8/20[μs], 3상(20[kA], 단상(10[kA])

⑤ **SPD와 다른 기기와의 상호관계**

㉠ 보호대상 기기의 서지 내력과 계통의 공칭전압 고려, 전압보호 수준(V_P) 결정

㉡ 정상 시 위험 상태, 타 기기에 영향 없도록 연속동작전류(I_C)결정

⑥ **선정된 SPD와 다른 SPD 간의 협조**

㉠ 에너지 내력에 따라 두 개의 SPD 간에 허용 스트레스를 분담하기 위해 협조 필요

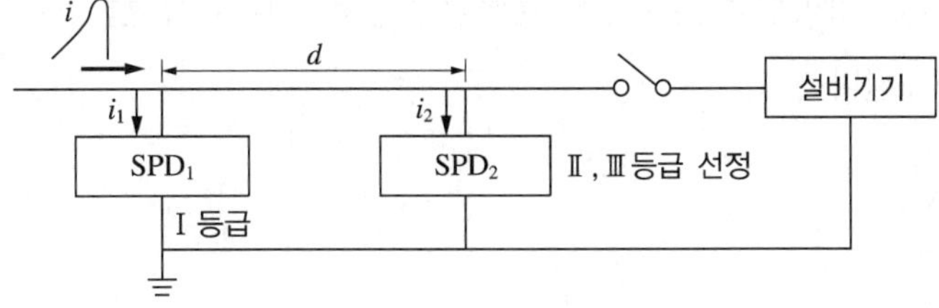

㉡ 2개의 SPD 간 임피던스 고려 i_2값을 허용 레벨까지 감소하기 위해 SPD 선정

㉢ SPD_2의 과도설계를 피할 것

㉣ SPD 간 에너지 협조 확인

⑦ **SPD 규격선정**

SPD의 형식	• Class Ⅰ : 임펄스전류가 부분적으로 전파되는 고피뢰 장소 • Class Ⅱ, Ⅲ : 일반적인 저피뢰 장소
SPD의 정격	SPD 형식에 따른 임펄스전류, 공칭방전전류, 개회로전압, 최대 연속사용전압, 전압보호 수준 등 결정

8 SPD 시설

1) 설치장소

① SPD는 설비 인입구 또는 건축물 인입구와 가까운 장소에 설치할 것

② 건축물 내에 LPZ(뇌보호 영역)가 변화되는 경계점에 SPD를 설치할 것

③ 설비 인입구 또는 그 부근에서 중성선이 보호도체에 접속되어 있는 경우 또는 중성선이 없는 경우에는 SPD를 선도체와 주접지 단자 간 또는 보호도체 간에 설치할 것

2) SPD 설치

① **설치방법**

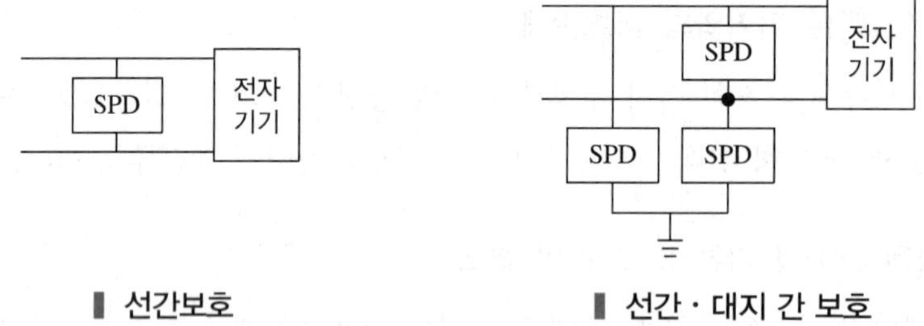

▌선간보호　　▌선간·대지 간 보호

일반적으로 커먼모드 노이즈가 노말모드 노이즈보다 크므로 선간-대지 간 보호가 주로 적용된다.

② **계통구성에 따른 SPD 설치**

SPD 연결구간	TN-C	IT	TN-S (CT1)	TN-S (CT2)	TT (CT1)	TT (CT2)
각상전선-중성선	×	○	△	○	△	○
각상전선-PE선	×	○	○	×	○	×
각상전선-PEN선		×	×	×	×	×
각상전선-각상전선	△	△	△	△	△	△
중성선-PE선	×	×	○	○	○	○

○ : 적용, Δ : 적용 가능, × : 적용 불가
※ CT1 : SPD를 ELB 부하 측에 설치
※ CT2 : SPD를 ELB 전원 측에 설치

③ **진동현상 억제**

㉠ 가능한 기기에 근접 설치

㉡ 보호기기와 SPD의 거리가 먼 경우 V_P의 2배 이상 전압 유도 가능

㉢ 일반적으로 진동은 10[m] 이내 거리에서 발생하지 않는다.

④ **SPD 연결전선**

㉠ 연결전선의 길이는 가능한 짧아야 한다($a+b \le 0.5$[m]).

㉡ 어떠한 접속도 없어야 한다.

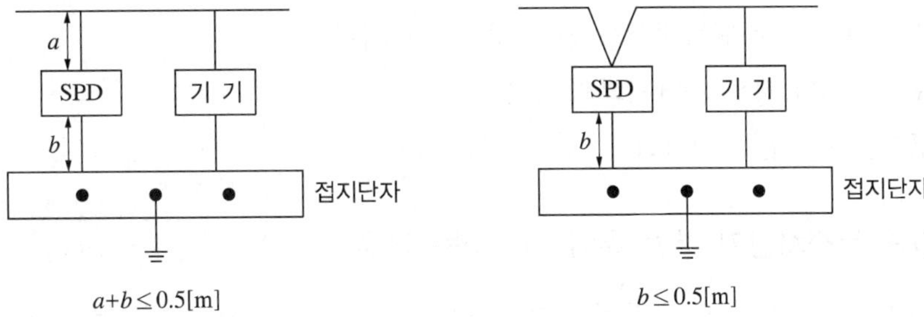

⑤ **접지선의 단면적**

㉠ 설비의 인입구 부근에서 SPD 접지선은 4[mm^2] 이상

㉡ 낙뢰에 대한 보호계통이 있다면 16[mm^2] 이상

⑥ **누전차단기의 추가 보호**

㉠ 내전압이 상당히 낮은 기기

㉡ 인입구에 설치된 SPD와 피보호기기가 상당히 떨어졌을 때

㉢ 뇌 방전과 내부교란의 원인에 의해 구조물 내부에 자계 생성 시

⑦ SPD와 누전차단기(RCD)의 시설

최소 3[kV] 8/20[μs]에 견디는 RCD적용(SPD가 잔류장치의 부하 측에 위치 시)

9 SPD의 보호장치 설치

1) 보호장치 설치

전력 공급우선회로	보호의 연속성 우선	전력 공급 연속성 동시 유지
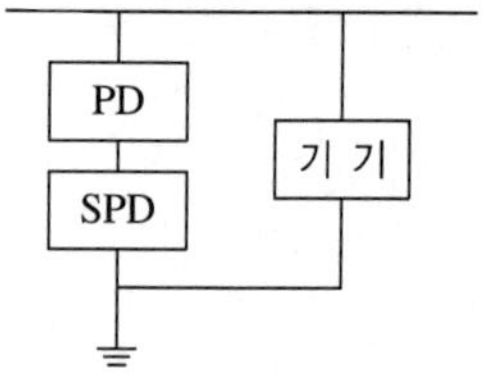 PD / SPD / 기 기	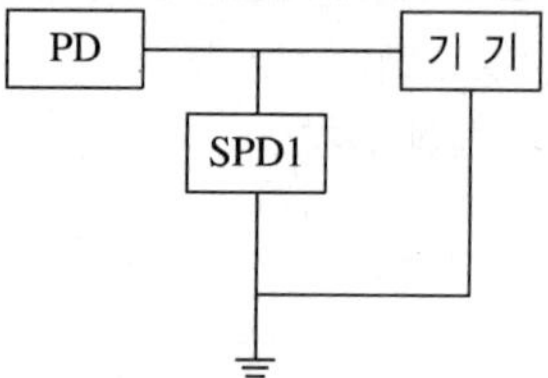 PD / 기 기 / SPD1	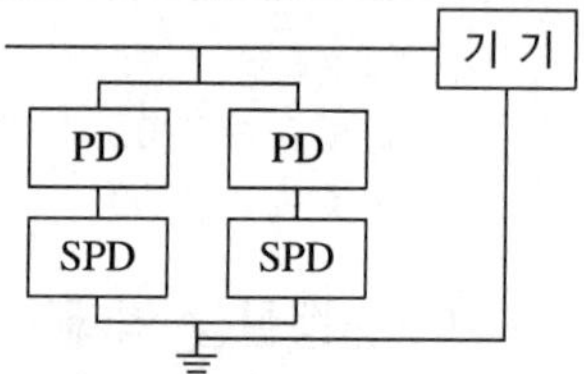 기 기 / PD / PD / SPD / SPD
SPD가 설치된 회로 내 보호장치(PD) 설치	SPD가 설치된 회로의 전원 측 설비 내에 설치	SPD 병렬 설치하고 각각에 PD 설치

2) SPD 보호장치 설치 기준

① 뇌전류가 통과 시 용단, 용착, 오동작하지 말아야 함

② SPD가 고장 시 신속히 회로로부터 분리

③ 퓨즈 사용 시 뇌전류에 대한 용단특성을 검토하여 선정

④ SPD에 흐르는 단락전류를 신속 정확하게 차단

⑤ 보호장치와 상위 차단기와의 협조

⑥ 퓨즈, 차단기, 누전차단기, 전용장치 설치

3) SPD를 누전차단기 부하 측에 설치하는 경우

① SPD에 흐르는 전류에 의해 누전차단기가 동작할 수 있으므로 임펄스 부동작형 누전차단기를 사용한다.

② 방전갭을 사용하지 않고 SPD를 충전선과 접지단자 사이에 직접 접속하면 SPD 고장의 경우 노출 도전성 부분에 위험한 접촉전압이 나타나며 전원 측 배선용 차단기가 동작하지 않는 경우도 있다.

③ SPD 접속형식 CT 1

㉠ 상도체와 주접지단자 또는 보호도체 사이

㉡ 중성선과 주접지단자 또는 보호도체 사이

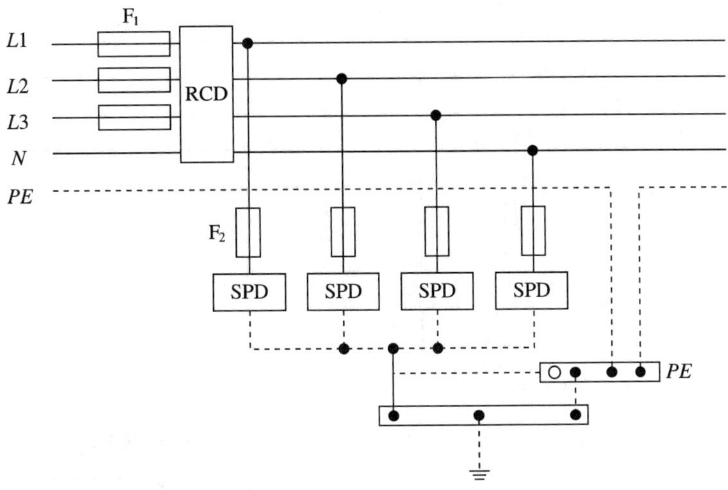

F_1 : 설비의 인입구 보호장치

F_2 : SPD 제조자가 지정한 보호장치

RCD : 누전차단기

4) SPD를 누전차단기 전원 측에 설치할 경우

① SPD 고장 시 계통으로부터 분리하는 상용주파수 전류의 차단능력이 있어야 함

② SPD 전원 측의 전원회로에 배선용 차단기가 있는 경우

배선용 차단기의 동작전류가 보호장치의 동작전류보다 적으면 배선용 차단기가 먼저 동작되므로 보호장치는 유지관리용으로 개폐기능만 있으면 가능함

③ SPD 접속형식 CT 2

㉠ 상도체와 중성선 사이

㉡ 중성선과 주접지단자 또는 보호도체 사이 : 방전갭용 SPD

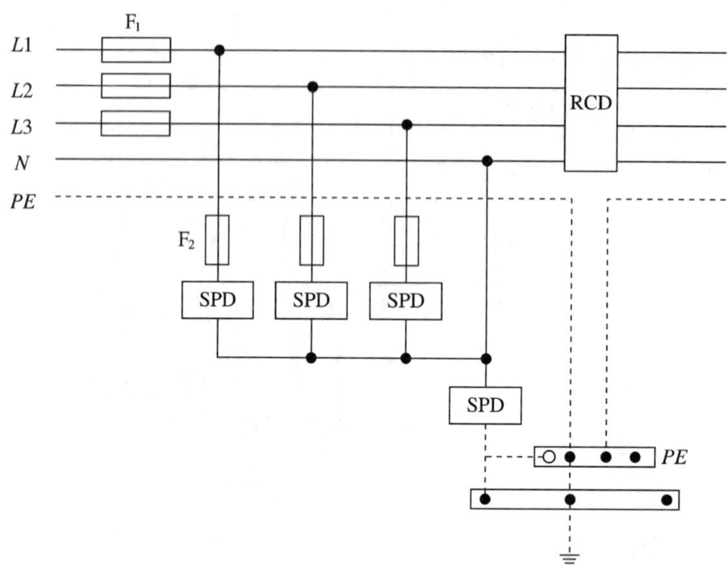

10 임펄스전류, 공칭방전전류

1) I 등급 SPD의 보호모드별 임펄스전류(Iimp)

임펄스전류값은 각 보호모드에 대해 12.5[kA] 10/350[μs] 이상

보호모드	단 상		3상	
	CT_1	CT_2	CT_1	CT_2
각상전선과 중성선 사이	–	12.5[kA]	–	12.5[kA]
각상전선과 *PE*선 사이	12.5[kA]	–	12.5[kA]	–
중성선과 *PE*선 사이	12.5[kA]	25[kA]	12.5[kA]	50[kA]

[비 고]

① CT_1은 누전차단기의 부하 측에 설치하는 경우

② CT_2는 누전차단기의 전원 측에 설치하는 경우

2) Ⅱ등급 SPD의 보호모드별 공칭방전전류(In)

공칭방전전류는 각 보호모드에 대해 5[kA] 8/20[μs] 이상

보호모드	단 상		3상	
	CT_1	CT_2	CT_1	CT_2
각상전선과 중성선 사이	–	5[kA]	–	5[kA]
각상전선과 *PE*선 사이	5[kA]	–	5[kA]	–
중성선과 *PE*선 사이	5[kA]	10[kA]	5[kA]	20[kA]

[비 고]
① CT_1은 누전차단기의 부하 측에 설치하는 경우
② CT_2는 누전차단기의 전원 측에 설치하는 경우

11 SPD의 보조장치

① 고장 시 안전성 확보
② **개방모드** : 동작표시기
③ **단락모드** : SPD분리기

061 서지 보호소자 특성

1 개 요

SPD는 일반적으로 선로에 발생한 과도전류의 전파 경로를 접지로 돌려 소자의 Breakdown 전압으로 과도전압을 한정시키는 역할을 하는 피뢰관과 같은 방류형(Diverting) 소자와 과도전류의 통과를 억제하여 피보호기기에 전파되지 못하게 하는 저항 혹은 인덕터 등의 저지형(Blocking) 소자 및 유입되는 이상 과전압을 소자의 제한전압으로 한정시키는 MOV (Metal Oxide Varistor)나 정전압 다이오드 등의 차단형(Clamping) 소자로 구성된다. 각종 사진을 아래 그림에 나타내었다.

▌보호소자의 종류

MOV	피뢰관	TVS	Inductor
	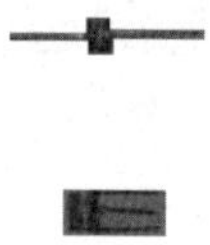		

2 종 류

1) 차단형 소자

① 차단형 소자는 단자에 걸리는 전압이나 부품에 흐르는 전류에 따라 부품의 임피던스가 변하는 비선형특성을 이용한 것으로 Avalanche Diode, Zener Diode 및 SiC나 ZnO 재료를 이용한 Varistor가 있다.

② 현재 사용되고 있는 Varistor는 ZnO를 사용하는 MOV(Metal Oxide Varistor)이며, 상품명으로는 TNR 혹은 ZNR이라 부른다.

③ 차단형 소자는 다음 그림 (a)와 같이 선로의 임피던스가 Z인 회로에 서지전압 V인 전압이 발생한 경우 이 전압은 다음 그림 (b)와 같은 MOV의 비선형 전압-전류 특성으로 인해 제한전압(V_c)로 억제한다.

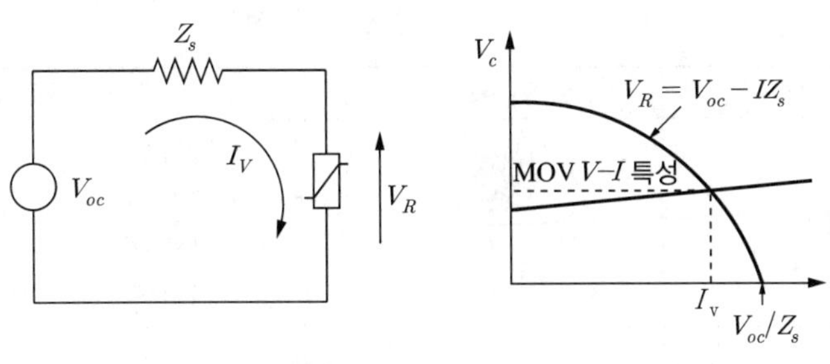

(a) 등가회로 (b) 선로와 MOV의 전압 · 전류 특성

▌Clamp 부품의 과도 전압 억제 원리

④ 차단형 소자는 일반적으로 서지에 대한 동작 시 서지 전류에 이어서 시스템 전류가 흐르는 현상인 속류현상이 일어나지 않는 특징이 있으나 MOV의 경우 소자의 정전용량이 커 고주파 신호회로에는 사용하기 어려운 특징이 있다.

⑤ Avalanche Diode의 경우 에너지 내량은 작으나 제한전압을 낮출 수 있는 특징이 있어 다단 회로로 구성된 보호기의 출력단에 사용하는 것이 좋다.

2) 방류형 소자

① 방류형의 대표적인 소자로 사용하는 피뢰관(Gas Tube Arrester)은 불활성 가스로 채워진 관 내부에 두 전극이 대향하고 있는 구조로 서지 전압이 피뢰관의 불꽃방전전압(Sparkover) 이상이 되면 방전하는 특징이 있어 주로 직류 신호회로 및 직류전압이 Bias된 교류신호 회로에 사용된다.

② 이 소자는 속류가 흐를 수 있으므로 교류 전원회로에 적용할 때는 신중히 고려하여야 한다. 그러나 정전용량이 수 [pF] 이하로 매우 낮으므로 고주파 신호회로에 널리 사용된다.

3) 저지형 소자

저항 또는 인덕터가 주로 사용되며 피보호기기로 유입되는 전류를 억제하고 설비에 가해지는 전압을 작게 하는 효과를 보는 소자이다.

[보호소자 특성]

소 자	외 형	특 성
MOV		• 빠른 응답특성 • 에너지 내량 대 • 대전류 방류 가능 • 누설 캐패시턴스(1 ~ 10[nF])
Avalanche Diode		• 빠른 응답특성 • 제한전압 선택 폭 다양(6.8 ~ 220[V]) • 에너지 내량 적음 • 누설 캐패시턴스(1 ~ 3[nF])
Gas Tube Arrester		• 느린 응답특성 • 대전류 방류 가능 • 동작개시전압 높음(>100[V]) • 매우 적은 누설 캐패시턴스(<2[pF]) • 속류 가능성 있음

062 차단기 원리

1 절연유의 특성(OCB)

기기의 종류	사용목적	요구되는 성질
변압기	절연 · 냉각	점도가 적은 것
차단기	절연 · 소호	응고점이 낮고 인화점이 높으며 아크에 의해 변질되지 않는 것
콘덴서	절연 · 용량 증가	εs(비유전율)가 크고 $\tan\delta$(유전정접)가 작은 것
케이블	절연 · 냉각	점도가 적당하고 $\tan\delta$가 작은 것
애자류	절 연	변압기와 같다.

① 절연내력, 절연저항이 클 것

② 유전체손이 적으며, 비유전율이 용도에 따라 적당한 값을 가질 것

③ 비열 · 열전도율이 크며, 점도가 용도에 따라 적당할 것

④ 인화점이 높고, 응고점이 낮을 것

⑤ 열팽창계수가 적고, 증발에 의한 감소량이 너무 크지 않을 것

⑥ 화학적으로 안정하되, 가열 · 아크 등에 의하여 열화 · 변질되는 일이 적고 기기를 침식하지 않을 것

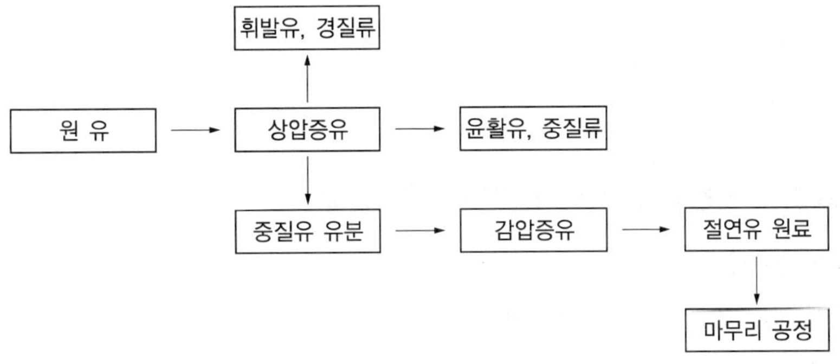

▌ 절연유 제조공정

2 육불화황의 특성(GCB)

1) 특 징

① SF_6가스는 안정도가 높은 불활성 기체로 상온에서 무색무취, 불연, 무독이고 화학적 · 열적으로 안정하며, 공기에 비해 절연강도가 높고 열전도율이 크며, 1기압 −60[℃]에서 액화, 비중은 공기의 약 5배, 비열 0.7배 정도로 기체절연 재료로서 우수한 성질

을 가지고 있다.

② SF_6는 600[℃]를 초과하면 서서히 열분해되어 SF_2, SF_4, SF_{10}과 같은 불화유황을 유리한다. 이들 분해 생성물은 차단기에서 장시간 방전되어진 경우 검출될 수 있으며, 이들 중에서 인체에 유해한 것도 있고 어떤 종류의 금속과 반응을 하지만 상온에서는 Cu, Al강을 침해하지 않는다.

③ SF_6의 절연파괴전압은 SF_6가 가지는 전자 친화력 때문에 공기에 비하여 크며 평행평판 또는 구(球) 갭(Gap)에서는 공기의 2~2.4배의 값을 갖는다.

2) 물리적 · 화학적 성질

① 열전달성이 뛰어나다(공기의 약 1.6배).

② 화학적으로 불활성이므로 매우 안정된다.

③ 무색무취, 무해, 불연성의 가스이다.

④ 열적 안정성이 뛰어나다(용매가 없는 상태에서는 약 500[℃]까지 분해되지 않는다).

3) 전기적 성질

① 절연내력이 높다(평등 전계 중에서는 1기압에서 공기의 2.5~3.5배, 3기압에서 기름과 같은 레벨의 절연내력을 갖고 있다),

② 소호성능이 뛰어나다.

③ 아크가 안정되어 있다.

④ 절연회복이 빠르다.

4) 고압절연에 사용되는 기체가 가져야 할 성질

① 절연강도가 클 것

② 열적으로 안정하고 불연성, 비폭발성, 내염성을 가질 것

③ 부식성, 독성이 없을 것

④ 열전도율이 크고, 건성이 적을 것

⑤ 비점, 융점이 낮을 것

5) 채용 이유

전기적 음성 기체의 방전현상 면에서 특징은 할로겐 원자의 전자 친화력이 커서 공간에 있는 전자가 적어지기 때문에 충돌전자가 계속되는 확률이 작고 초기의 전자 상태가 갭 간의 불꽃방전에서 성장하는 확률이 작다.

3 진공의 특성(VCB)

1) 개 론

① 진공차단기는 전로의 차단이 높은 진공 중에서 동작하는 차단기를 말한다. 즉, 고진공 중에서 소호하는 것이다.

② 이는 높은 진공 중에서는 절연내력은 대단히 높고 또한 금속증기나 전하입자의 확산에 의한 소호작용이 현저하기 때문에, 이러한 특징을 살려서 진공용기 내에서 전류의 개폐, 차단을 행하도록 한 것이 진공차단기이다.

③ 이 진공차단기를 적용할 때는 전류 차단현상(電流零點, 전에서 급히 소멸하는 현상), 고진공도의 유지(밸브의 누설 점검) 및 전극의 내용착성(耐溶着性, 전극의 표면이 맑고 깨끗하기 때문에 기계적으로 용착(溶着)이 쉽다) 등의 문제점이 있기 때문에 이것들을 우선적으로 검토하여 구체적인 대책을 고려하여야 한다.

2) 절연내력

① 대기압의 상태로부터 차츰 압력을 내리면 다음의 그림에서와 같이 최초에는 절연내력이 저하하지만 압력을 계속 내리면 절연내력은 다시 상승한다. 따라서 10^{-4}[Torr] 이하가 되면 거의 일정한 높은 절연내력을 얻을 수가 있으며 진공차단기는 이 영역을 이용하고 있다.

② 진공 중에서의 절연 파괴전압은 전극의 재료 및 표면 상태에 따라 현저하게 다르다. 일반적으로 융점(融點)이 높은 재료 또는 기계적 강도가 큰 재료가 절연파괴전압이 높다.

③ 전극 표면에 돌기가 있으면 전압은 현저하게 저하하므로 이것을 제거하기 위하여 방전처리를 한다. 또한 전극 표면에 기체나 유기물이 부착되어 있으면 비교적 낮은 전압에서 절연파괴가 되기 쉬우므로 전극의 표면을 충분히 깨끗하게 유지하여야 한다.

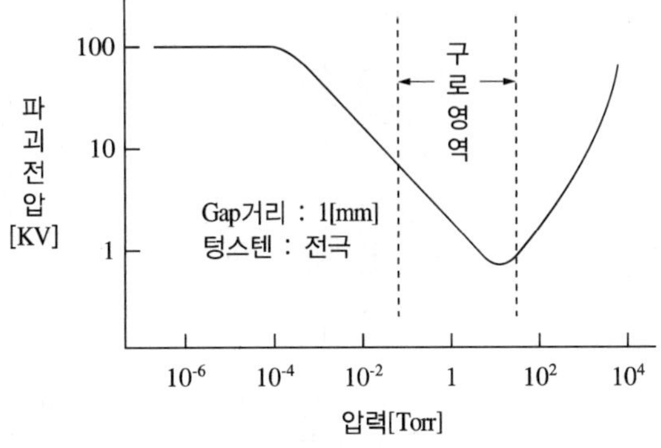

▌ 진공 차단기의 기압과 절연내력

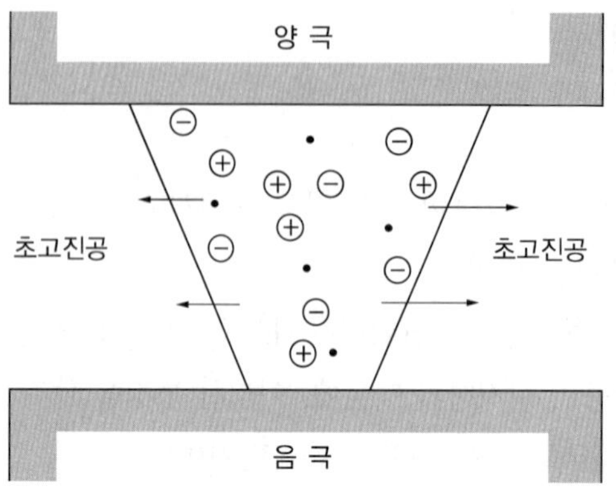

▌ 진공 중의 아크 발생과 소멸

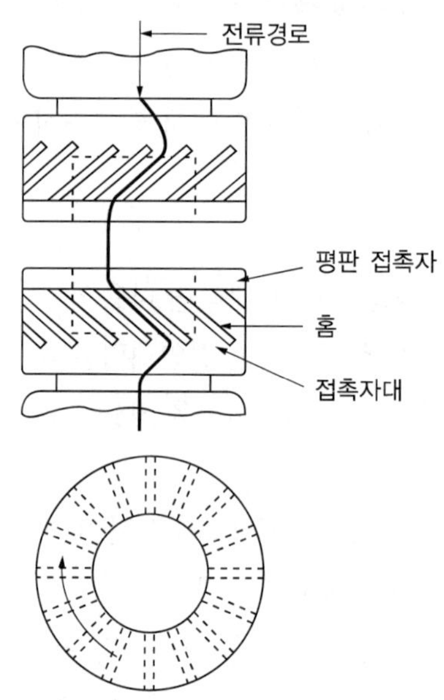

▌ 진공차단기 접촉자의 구조

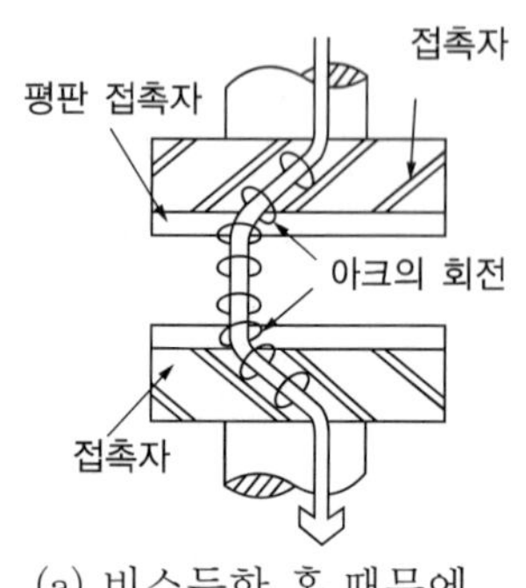

(a) 비스듬한 홈 때문에 아크는 굽어짐

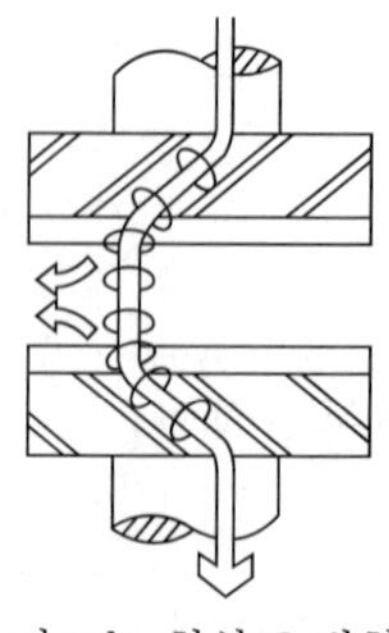

(b) 아크는 화살표 방향의 힘을 받게 됨

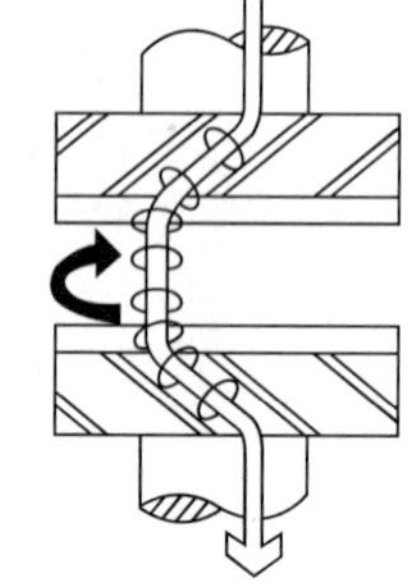

(c) 아크는 화살표 방향으로 구동되어 회전함

▌ 전극의 형상에 따른 소호효과

4 압축공기의 특성(ABB)

개방할 때 접촉자가 떨어지면서 발생하는 아크를 10~30[kg/cm^2]의 강력한 압축공기로 불어 소화하는 차단기이다. 유입차단기처럼 전류의 크기에 의해 소호능력이 변하지 않고 일정한 소호능력을 갖고 있으며, 화재의 위험성이 적고 차단능력이 뛰어나며, 유지보수도 용이하나 별도의 압축공기를 위한 컴프레서 등 부대설비가 필요하다.

5 자계의 특성(MBB)

1) 개 론

① 자기차단기는 Arc를 Arc Shoot와 같은 소(消) Ion장치 중에 구동(驅動)시킬 자기회로를 가지고 있어 대기 중에서 전로의 차단을 시행하는 차단기이다. 즉, 대기 중에서 전자력에 의하여 소호장치 내에 Arc를 구동한다.

② 자기차단기는 일반적으로 3.6~12[kV] 정도의 정격전압을 필요로 하는 기중차단기로서, Arc전압을 올려서 차단시키는 점이 다른 차단기에는 없는 큰 특징이다. 정격전압은 15[kV]까지이고 회로전압 20[kV] 이상에는 적용되지 않는 한계가 있다.

2) 동작원리

자기차단기는 Trip 명령에 따라 주접촉자, Arc접촉자의 순서로 떨어지게 되며 Arc는 Arc Shoot안의 Arc Horn으로 이행(履行)함과 동시에 차단전류에 의하여 자기 취소(磁氣 吹消) Coil 안에 형성된 자계와의 사이의 전자력에 의하여 Arc는 Arc Shoot 중으로 강제로 밀려들어 가며(挿入) V자형의 틈(溝)을 가진 판을 여러 겹으로 쌓은 부분에서 Arc저항의 증대와 강력한 냉각작용을 받아서 차단이 이루어진다.

3) 특 징

① 화재, 폭발의 위험이 없다.
② 차단성능의 저하가 없다.
③ 비교적 보수가 쉽다.
④ 부싱의 측변부착이 쉬워 수평인출이 가능하며 편리하다.
⑤ 비교적 고전압용의 제작이 곤란하다.
⑥ 비교적 제작비가 비싸다.

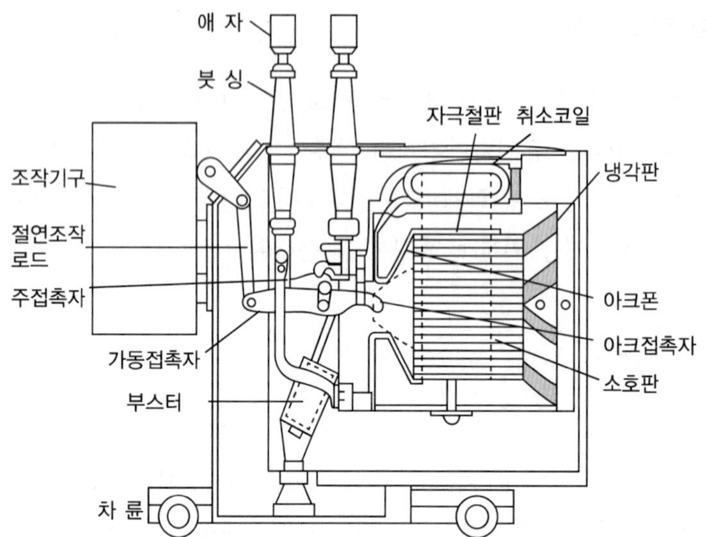
애 자
붓 싱
자극철판
취소코일
냉각판
조작기구
절연조작
로드
주접촉자
아크폰
아크접촉자
가동접촉자
소호판
부스터
차 륜

063 차단기

1 개 요

① 차단기는 통상적인 전류를 개폐하여 기기를 점검 및 보수하고 이상 상태 발생 시 신속히 회로를 차단한다.

② 사고지점으로부터 계통을 분리하여 전기기기 및 전선류를 보호하기 위하여 설치한다.

2 차단기의 용어(정격)

1) 정격전압[kV]

① 차단기의 정격전압이란 그 차단기에 부과할 수 있는 사용회로전압의 상한을 말하며, 일반적으로 선간전압(실효치)으로 나타낸다.

② 사용회로전압보다 큰 정격전압의 차단기를 선정해도 차단기 자체에는 아무런 지장이 없지만, 경제적으로나 외형적으로 이로운 점이 없어서 정격전압의 것을 선정하는 것이 좋다.

2) 정격전류[kA]

① 차단기의 정격전류란 정격전압, 정격주파수 밑에서 규정된 온도 상승한도를 넘지 않고 그 차단기에 접속하여 통할 수 있는 한도를 말한다.

② 차단기는 최대 부하전류 또는 배전선의 전류용량 이상의 정격전류를 선정한다.

3) 정격차단전류[kA]

① 차단기의 정격차단전류란 모든 정격 및 규정된 회로조건 하에서 규정된 표준동작책무와 동작 상태에 따라 차단할 수 있는 지연역률의 차단전류의 한도를 말한다.

② 교류분(실효치)으로 표시하고 비대칭전류를 대칭전류의 1.19배로 하고 있으나 일반적으로 1.25배로 보고 있어 필요한 대칭차단전류를 구할 뿐 일반적으로 문제가 없고 계산으로 구하는 단락전류를 선정하면 된다.

③ 차단기의 차단 순간에 각 극에 흐르는 전류를 차단전류라 하고, 발호 순간의 대칭단락전류로 나타낸다.

4) 정격투입전류[kA]

① 차단기의 정격투입전류란 모든 정격 및 규정된 회로조건 하에서 규정된 표준동작책무와 동작 상태에 따라 투입할 수 있는 투입전류의 한도를 말한다.

② 투입전류의 맨 처음 주파의 순간치를 최대치로 표시한다. 정격투입전류는 정격차단전류의 약 2.5배이다.

③ 실제로 고장(단락) 난 회로를 개폐할 경우 단락전류가 흘러 단락전류에 의한 전자 반발력으로 차단기가 완전히 투입되어도 차단기의 차단동작이 방해를 받아 차단 불능이 되는 경우가 있다. 따라서 이와 같은 사태가 되지 않도록 규정된 것인데 이 차단기가 투입할 수 있는 단락전류(파고치)의 한도를 나타낸 것이다.

④ 정격차단전류가 결정되면 이 값도 자동으로 결정된다.

5) 정격단시간전류[kA]

① 차단기의 정격단시간전류란 그 전류가 정해진 시간 동안(보통 1~2초)에 차단기를 통해도 이상이 없는 전류의 한도를 말한다.

② 그 차단기의 정격차단전류와 같은 수치(실효치)를 표준으로 한다. 정격단시간전류의 최대 파고치는 그 정격치의 2.6배로 한다.

6) 정격차단시간[C/s]

① 차단기의 정격차단시간이란 정격차단전류를 모든 정격 및 규정된 회로조건 하에서 규정된 표준동작책무 및 동작 상태에 따라 차단하는 경우의 차단시간의 한도를 말한다.

② 즉, 차단기가 트립 지령을 받고부터 트립장치가 동작하여 전류차단을 완료할 때까지의 시간을 나타낸다.

③ 정격차단시간은 정격주파수를 기준으로 한 사이클수로 표시한다.

④ 즉, 부하차단을 시작하여 접점이 열리면서 아크가 확 일어났다가 완전 소호되어 아크가 제로가 되어 절연을 완전 회복한 상태를 말한다.

7) 무부하 투입시간

무부하에서 차단기의 투입코일이 동작하여 기계적으로 Latch가 걸려 투입동작이 완료된 상태

8) 개극시간

차단기의 트립코일이 동작하여 주회로접점이 기계적으로 정해진 만큼 완전히 Open된 상태

9) 정격투입 조작전압

① 차단기의 정격투입 조작전압은 차단기의 전기투입 조작장치가 설계되는 투입 조작전압을 말하며, 투입 조작 중에 있는 최대 전류 시의 단자전압으로 표한다.

② 전압으로는 직류 125[V], 교류단상 110[V], 220[V](또는 3상 220[V], 380[V])를 표준으로 한다.

③ 차단기의 전기투입 조작방식은 그의 정격투입 조작전압의 85[%] 이상 110[%] 이하의 투입 조작전압으로 정격투입전류를 지장 없이 투입할 수 있어야 한다.

10) 동작책무

① 차단기는 전력계통에서 사용될 경우 투입-차단-투입(C-O-C)과 같은 동작이 되풀이 되므로, 차단기의 용량도 이들의 일련의 동작책무에 맞는 성능의 한도로서 표현되고 있으며 이들의 값은 별도로 표준규격에서 정하고 있다.

② O-15초-CO

주로 저압차단기의 최대 단락시험의 동작책무로 사용되며, 한 번 차단 후 15초 후에 재투입 및 차단시험을 수행할 수 있는 능력을 확인하는 동작책무임

③ CO-3분-CO-3분-CO

저압차단기의 사용단락시험에 적용되며, 고압차단기에도 역시 적용될 수 있는 재폐로용 차단기의 동작책무임

④ CO-15초-CO

일반 고압차단기에 적용되는 동작책무임

⑤ CO-0.3초-CO-3분-CO

고속 재폐로용 고압차단기에 주로 적용되는 동작책무임

11) 정격차단용량[MVA]

① 차단기의 정격차단용량은 3상 교류인 경우 차단기의 정격차단전류와 정격전압과의 곱에 $\sqrt{3}$ 을 곱한 것이다.

② $P_s = \sqrt{3}\ V_n\ I_s\ [\mathrm{MVA}]$

여기서, P_s : 정격차단용량

V_n : 정격전압[kV]

I_s : 정격차단전류[kA]

③ 차단용량은 전력계통의 규모가 커질수록 커지기 때문에 경제적인 차단기를 사용하려면 정격차단전류를 감소시켜야 한다.

12) 정격과도회복전압(Rated TRV)

차단기가 사고전류를 차단할 때 인가할 수 있는 과도회복전압의 한도. 즉, 과도회복이란 Arc전압이었던 것이 전원전압되려고 일으키는 과도진동현상 및 그 전압을 말한다.

3 종류 및 특성

1) 유입차단기

절연유 중에 소호실을 가진 것으로 소전류 영역에서는 피스톤에 의하여 유류를 뿜어서 소호시키며, 대전류 영역에서는 발생한 아크에 의해 생기는 높은 압력의 가스를 뿜어서 소호시키는 차단기이다.

① Tank형 유입차단기

미국에서 발달하여 탱크 내부의 절연유 중에서 소호하는 차단기이다.

② 소유량형 유입차단기

유럽과 일본 등에서 사용하며, 탱크형에 비해 유량이 $\frac{1}{3}$ 정도이므로 보수작업이 빠른 장점이 있다.

2) 공기차단기(ABB)

① 전로의 차단이 압축공기를 불어 넣어 동작하는 차단기를 말한다.
② 15, 26, 30, 50[kg/cm^2] 등의 압력을 사용한다.

3) 자기차단기(MBB)

① 아크와 직각으로 자계를 주어 아크 슈트 안에 아크를 밀어 넣고 늘어나게 하여 아크 전압을 증대시키고, 냉각하여 소호하는 방식이다.
② 아크를 구동 확대하는 방법으로는 불어 끄기 소호방식과 LOOP 아크방식 등이 있다.

4) 가스차단기(GCB)

① 절연내력과 소호능력이 뛰어난 SF_6가스 중에서 동작하는 차단기

② 12~15[kg/cm^2]의 높은 가스계통에서 2[kg/cm^2]의 낮은 가스계통으로 가스를 뿜어서 소호시키는 것이다.

5) 진공차단기(VCB)

① 절연내력과 차력이 뛰어난 진공 중에서 동작하는 차단기

② 접촉자가 외기로부터 격리되어 있어 화재의 염려가 없어 방재용으로 최근에 많이 사용한다.

4 차단기의 종류별 특성

구 분	OCB	ABB	MBB	GCB	VCB
소호원리	절연유 중에 소호	압축공기 불어 소호	아크의 자계 작용 이용	SF_6가스 중 확산소호	진공 중 확산소호
정격전압[kV]	3.6~300	12~36	3.6~12	36 이상	3.6~36
차단시간 (사이클)	8, 5, 3	5, 3	8, 5	5, 3	5, 3
단락전류	대전류 차단	대전류 차단	대전류 차단	중전류 차단	소전류 차단
연소성	가연성	난연성	난연성	불연성	불연성
보수 및 점검	간단	간단	간단	간단	극히 간단
서지전압	약간 높음	낮음	낮음	매우 낮음	매우 높음
기계적 수명	10,000	10,000	10,000	50,000	50,000
경제성	염 가	중 간	중 간	고 가	고 가

5 최근 차단기의 기술동향

① 높은 안전성의 추구

② 높은 신뢰성의 추구

③ 사용 용이성, 생력화

④ 경제성

⑤ 환경성

⑥ 예방보전기능붙이 차단기

⑦ 전송기능붙이 차단기 등

064 차단기의 투입방식과 트립방식

1 차단기의 투입방식

1) 수동 투입조작

인력에 의해 투입하므로 조작전원이 필요 없으나 위험하다.

2) 스프링 투입조작

수동 스프링 투입조작, 전동 스프링 투입조작방식이 있다.

3) 전기투입조작

구동원에 따라 전동기 구동, 전자 솔레노이드, 조작전원은 직류 및 교류 조작

4) 공기 투입조작

압축공기로 투입조작하는 방식

5) 투입방식 선정 시 고려사항

① 정격투입전류 : 모든 정격 및 규정된 회로 조건에서 투입할 수 있는 투입전류의 한도로 차단전류의 2.5배

② 정격투입 조작전압 : 직류, 교류의 전압 100, 200[V]

2 차단기의 트립방식

1) 과전류 트립방식

① 변류기 2차 전류에 의해 차단기를 트립하는 방식으로 상시 여자식, 순시 여자식 등이 있다.

② **변류기 2차 전류에 의한 트립방식의 종류**

상시 여자방식, 순시 여자방식

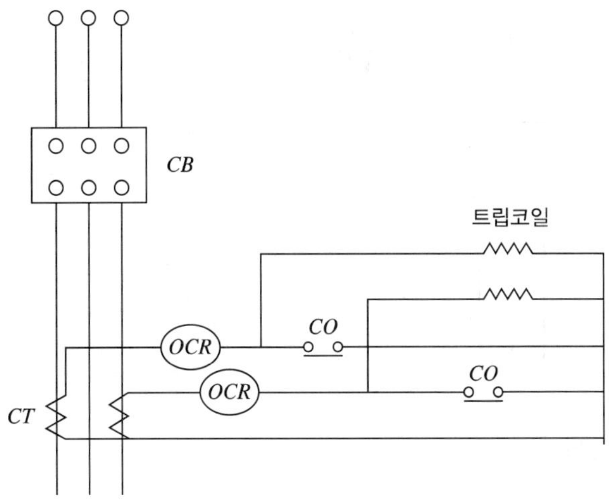

2) 직류전압 트립방식

① 신뢰성이 높으나 직류전원장치가 필요

② 직류 또는 교류전원 사용

③ 직류 트립방식 : 66[V] 이상에서 사용, 신뢰성이 높다.

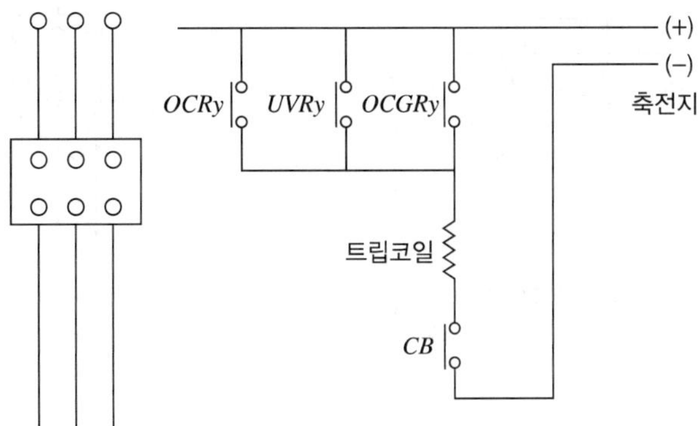

3) 부족전압 트립방식

① 전압강하를 감지하여 트립하고 직접식과 간접식이 있다.

② 전압의 저하에 따라 차단기가 개폐된다.

③ 배선용 차단기의 부족전압 트립성능 조건

㉠ 정격전압의 70[%] 이하 트립

㉡ 정격전압의 85[%]까지 회복되어 재투입 가능

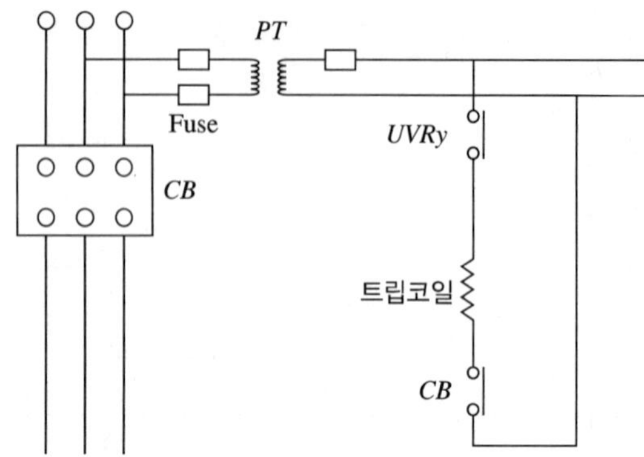

4) 콘덴서 트립방식

① 별도의 콘덴서 장치에 의해 충전된 콘덴서의 에너지로 트립한다.

② 충전된 콘덴서의 에너지로 트립(200[μF] 정도)

③ 콘덴서 트립 전원장치 : 정류기, 콘덴서 등으로 구성

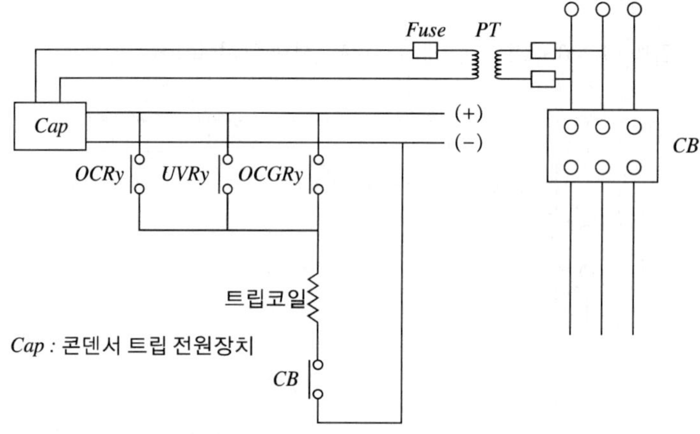

065 TRV(Transient Recovery Voltage)

1 개 요

1) 차단기의 차단 직후 RLC의 특성에 따른 과도진동으로 차단기의 능력을 측정하는 요소이다.

2) 과도진동전압을 재기전압이라 하며 재기전압이 크면 재점호가 발생한다. 재기전압은 유도성 부하 차단 시 가장 크다.

2 TRV의 발생

1) 차단기가 차단되고 고장전류가 "0"이 되는 시점에서 발생되는 TRV는 전원 측 회로의 TRV[V_1], 선로 측 회로의 TRV[V_2]의 전압차[$V_1 - V_2$]로 나타낼 수 있다.

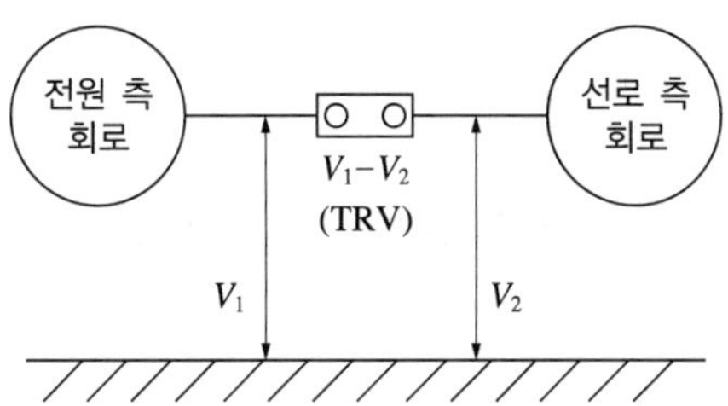

2) 고장전류의 파형과 시간의 변화에 따라 발생된 TRV 파형에 반사파가 중첩되기를 반복하여 진동하는 전압파형을 나타내면 다음과 같다.

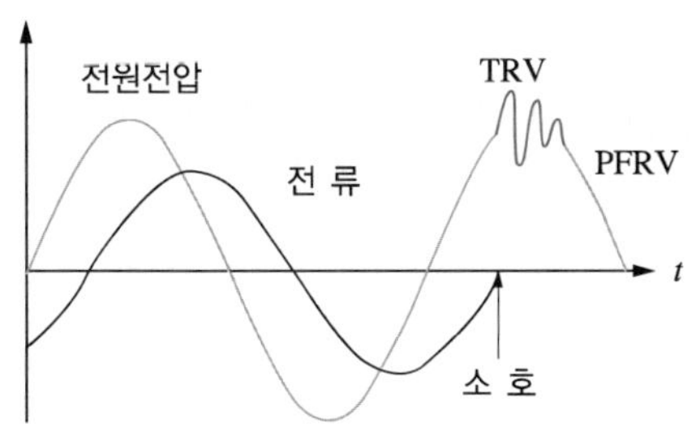

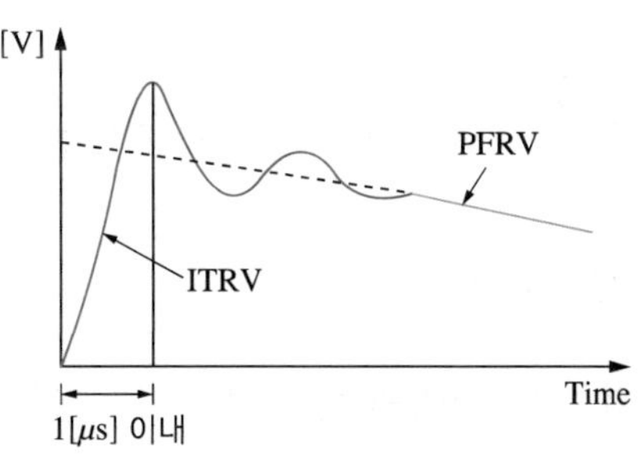

3 용어의 정의

1) 회복전압

차단 직후 양단자 간에 나타나는 전압(TRV+PFRV)

2) 과도회복전압(TRV ; Transient Recovery Voltage)

① 차단기의 차단 직후 RLC의 특성에 따른 과도진동전압
② 차단기의 차단능력에 직접적으로 영향

3) 상용주파회복전압(PFRV ; Power Frequency Recovery Voltage)

TRV 중심을 결정하는 전압

4) 순시과도회복전압(ITRV ; Instantaneous TRV)

① 차단기와 고장점 간에 전압진동에 의해 정해지는 전압
② 차단기의 열적파괴특성에 상당한 영향을 준다.

5) 정격재기전압

차단기가 정격차단전류 또는 그 이하의 전류를 차단할 때 나타날 수 있는 고유 재기전압의 한계

6) 고유회복전압

① 전로의 1점에 있어서 그 전로의 정현파 교류가 자연 영점에서 아크를 발생하지 않고 차단되거나 또는 전로의 과도현상특성에 영향을 주지 않고 차단되었을 경우의 재기전압을 말한다.
② 3상 회로일 때는 최초로 차단된 상의 동상 단자 간의 값으로 나타낸다.

4 TRV의 종류

1) 지수형 TRV(Exponential TRV)

선로가 변압기와 차단기 사이에 존재할 때 차단기 2차 측 사고 시 선로 종단에서 반사되는 반사파에 의해 TRV가 중첩되는 파형

2) 진동형 TRV(Oscillatory TRV)

사고가 변압기 또는 직렬 리액터에 의해 제한되며, 선로가 없거나 서지 임피던스가 없을 때 발생하는 파형

3) 삼각파형 TRV(Triangular TRV)

단거리 선로사고 시 발생하는 파형

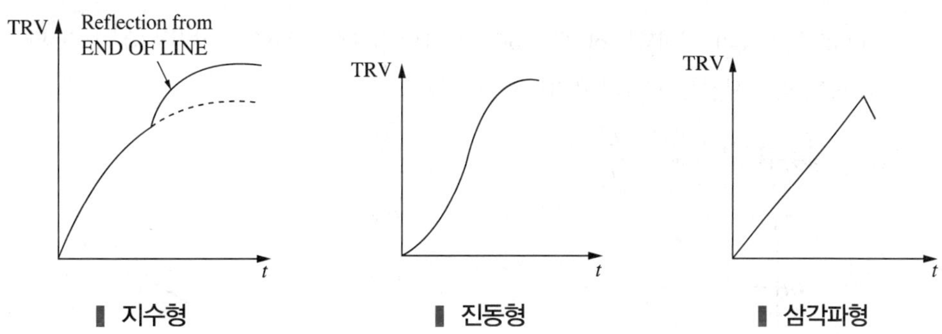

▌지수형 ▌진동형 ▌삼각파형

5 TRV의 개선대책

1) 케이블 포설

버스덕트보다 유전체에 의한 커패시턴스값이 증가하여 파고치에 도달하는 파고시간이 길어지므로 과도회복전압 상승률의 값을 작게 함

2) 케이블 삼각배치

일렬배치보다 삼각배치 시 상승률이 작으며 버스덕트 포설 시보다 상승률이 감소

3) 콘덴서 추가 설치

상승률은 커패시턴스 크기의 증가에 따라 완화되는 특성

6 TRV의 크기와 파형

1) 계통전압, 계통구성, 설비상수, 차단기 설치위치, 고장전류 등에 따라 크기와 파형이 변함

2) 정격과도회복전압은 차단기 정격차단전류 또는 그 이하의 전류를 차단할 때 부과될 수 있는 고유 회복전압의 한도로서 2-parameter법, 4-parameter법의 규약치로 표시함

7 TRV의 2-parameter, 4-parameter의 적용기준

1) 2-parameter법

72.5[kV] 이하 전 단락전류 및 100[kV] 이상의 10[%] 정격단락전류에 적용(매개변수 U_C[파고치], t_2[파고시간])

2) 4-parameter법

100[kV] 이상의 100[%], 60[%], 30[%] 단락전류에 적용(매개변수 U_1[초기 파고치], t_1[초기 파고시간], U_C[파고치], t_2[파고시간])

초기 상승률 $= \dfrac{U'}{t'} = \dfrac{U_1}{t_1}$

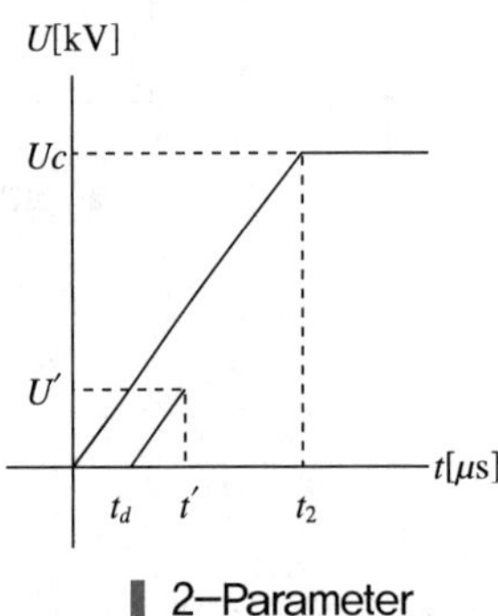

▌2-Parameter

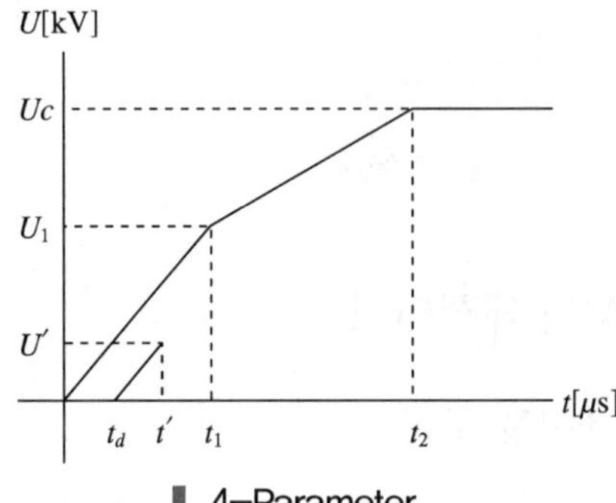

▌4-Parameter

8 차단기 선정 시 고려사항

① 계통의 TRV보다 충분히 큰 차단기를 선정한다.

② TRV분석은 계통의 구성방법, 고장전류의 크기, 변압기 임피던스, 부하의 종류 및 크기 등에 따라 차이가 나므로 정확한 검토가 필요하다.

③ 차단기 선정 시 계통구성 이전에 다양한 경우를 선정하여 시뮬레이션을 통해 위험 부분을 예측해야 한다.

9 결 론

① 전력계통이 크게 증가하고 복잡해짐에 따라 전력계통의 고장 시 발생하는 고장전류 또한 크게 증가하여 차단기가 큰 고장전류를 견디지 못하고 차단에 실패하는 경우도 발생하게 된다.

② 따라서 차단기 및 계통의 모든 전력기기들은 이러한 큰 고장 수준에도 견딜 수 있게 설계되어야 한다.

066 GCB의 특징과 SF_6가스의 향후 대책

1 GCB 구조 및 원리

1) GCB 구조

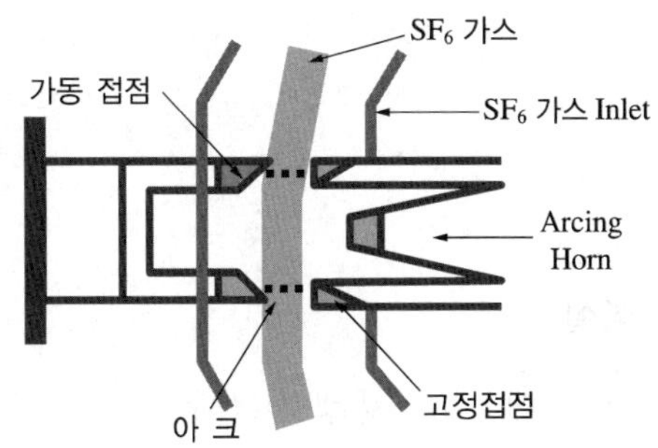

① **조작기구** : 통상 스프링 조작방식

② **탱크에는 흡착제가 봉입** : 수분, 분해가스를 흡착 제거

③ **충전압력** : S/W로 감시

㉠ 압력이 저하되면(4.5[kg/cm^2]) → 경보가 발생

㉡ 최저 보증압력까지 저하(4.0[kg/cm^2]) → 제어회로는 차단

2) GCB 소호원리

차단지령에 의해 트립 동작이 개시되면 절연 조작용으로서 버퍼실린더가 하방으로 고속도로 구동되어 버퍼실린더 내부의 가스는 노즐을 통하여 커넥터 간에 발생된 아크에 분무되어 소호. 가동커넥터는 그 후에도 계속하여 차단 상태까지 이동하여 정지

2 GCB 특징

1) 우수한 차단성능

① 절연내력이 우수

② 소호능력 뛰어남

③ 아크 안정 및 절연회복이 빨라 고전압 대전류 차단에 적합

2) 고신뢰성

근거리 선로 고장, 탈조 차단, 이상지락 등의 가혹한 조건에도 강함

3) 안전성

ACB와 같은 폭발음에 의한 소음공해가 없다.

4) 소형 경량

3 SF_6가스 특징

1) 물리적 · 화학적 성질

① 열전달성(공기의 1.6배, 강제 풍랭 시 4배)
② 불활성 가스
③ 무색무취, 무해, 불연성 가스
④ 열적 특성(500[℃])이 우수

2) 전기적 성질

① 절연내력(공기 2.5~3.5)
② 소호능력 우수
③ Arc가 안정
④ 절연회복이 빠름

4 SF_6 가스의 대체물질

1) SF_6 가스의 환경적 특징

① SF_6는 지구온난화 계수가 CO_2의 23,900배
② 대기 중에 누출될 경우 3,200년을 존재하면서 지구 대기환경에 악영향을 미침

2) SF_6 가스 대체방법

① 친환경 가스 적용방법 : 드라이에어, g3 등
② 진공밸브 활용하는 방법

3) 기술 동향

① ABB사 : 72.5[kV] CO_2 가스 차단기 개발 완료
145[kV] CO_2 가스 차단기에 대해서도 실증

② 현재는 SF_6를 줄이기 위해 혼합가스(SF_6 50[%] + N_2 50[%]) 사용

067 직류차단기

1 개 요

① 직류차단기는 일반적으로 전철용으로 사용되는데, 과전류 검출로부터 수 [ms] 이내에 동작하고 고속동작에 의해 사고전류를 감쇠시켜 차단한다(단락 발생 시 0.02초 정도의 단시간에 자동적으로 차단).

② 직류 고속도 차단기(HSBC ; High Speed Circuit Breaker)라고 불리며, 차단기 자체에 사고전류 검출기능과 차단기능을 동시에 갖는 것이 특징이다.

2 전류 0점 발생 방법

① 역전압 발생 방식

② 역전류 주입 방식

③ 전류 전환 방식

④ 발산전류 진동 방식

3 직류차단기의 종류

① 기중차단기

② 반도체차단기

③ 진공차단기

4 기중차단기

1) 구 조

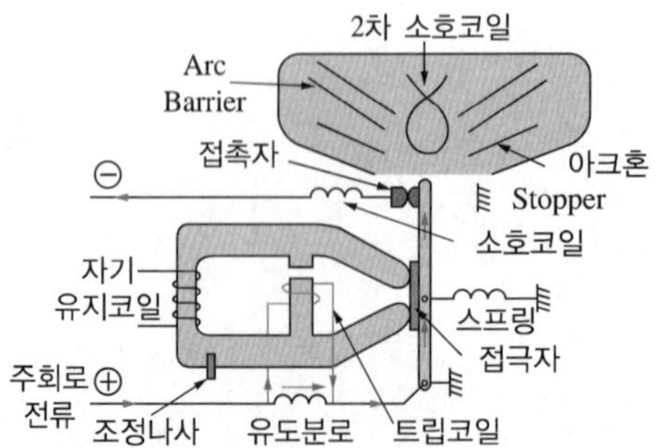

2) 소호방식

① 이상 시 유도분로에 의한 역기전력 발생
② 전류가 트립코일로 흘러 차단 자기유지를 상실
③ 스프링에 의해 접극자와 철심이 분리
④ 소호코일에 의해 고장전류가 제한
⑤ 기중에서 아크 길이를 늘려(아크전압이 높아짐) 냉각하여 한류효과에 의해 차단

3) 특 징

① 구조가 간단
② 대형화
③ 한류효과가 불충분

5 반도체차단기(GTO 사이리스터 차단기)

1) 구 조

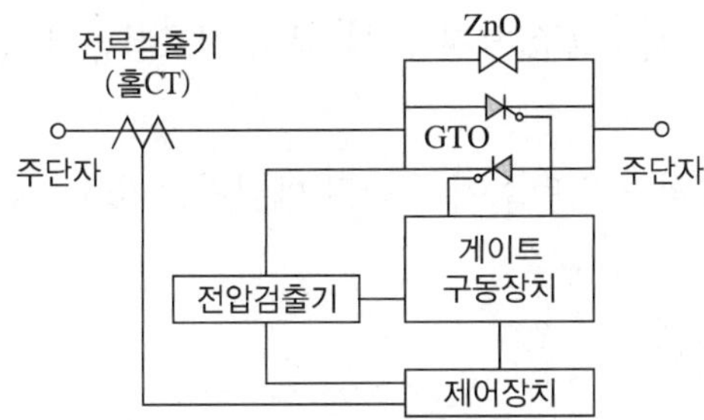

2) 소호방식

① 홀CT가 과전류 검출
② 게이트 구동장치에 의해 게이트 차단
③ 전류를 ZnO로 바이패스
④ ZnO 소자의 한류특성에 의해 최종 차단

3) 특 징

① 기계적 접점 없음
② 수 [ms] 이내에 고속으로 차단
③ 동작 시 소음이 거의 없음

④ 유지보수가 간단
⑤ 전력손실 및 발열의 영향에 대한 대책 필요

6 진공차단기

1) 구 조

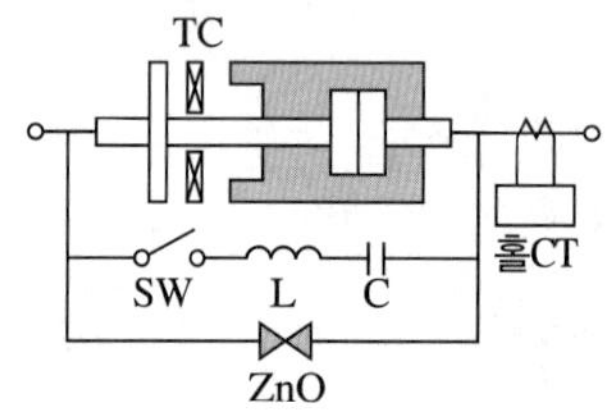

2) 소호방식

① 아크전압이 10~100[V]로 낮아 한류효과 미미
② 진공접점을 개극함과 동시에 스위치(SW)를 투입하여 진공밸브와 병렬로 설치된 콘덴서를 방전
③ 콘덴서에서 방전되는 고주파 진동전류를 주회로전류에 중첩시켜 전류 영점을 발생시킴
④ ZnO는 직류회로의 인덕턴스에 축적된 에너지를 소모시킴

3) 특 징

① 방재성이 우수
② 설치 공간 절약
③ 유지보수 우수 : 단시간 전류 차단으로 인한 부품 마모가 적음

7 직류차단기 특성 비교

항 목	기중차단기	반도체차단기(GTO)	진공차단기
차단원리	아크의 연신냉각에 의한 소호	반도체소자의 소호기능	역전류주입에 의한 소호
차단 시 에너지 처리	소호장치	ZnO 소자	ZnO 소자
정격전압	DC 750/1,500[V]	DC 1,500[V]	DC 750/1,500[V]
정격전류	3~6[kA]	3[kA]	3[kA]/6[kA]
개극시간	4~8[ms]	–	1~2[ms]

참고정리

1 자기유지현상

① 단락사고 시 자기유지코일이 만드는 자계 방향과 같은 방향으로 전류 유입 시 자기유지코일의 전류를 0으로 해도 트립되지 않는 경우를 자기유지현상이라 한다.

② 수동으로 개방하는 경우 유지코일의 전류를 역방향으로 하는 방법이 취해진다.

2 선택특성

유도분로에 흐르는 전류가 어느 정도 이상 커져야 차단기가 트립될 수 있는데 이것을 고속도 차단기의 선택특성이라 하고, 전류가 0점에서 급격히 증가하는 경우와 서서히 증가하는 경우의 동작값의 비를 선택율이라고 한다.

068 CTTS와 ATS에 대하여 비교 설명하시오.

1 개 요

① CTTS란 정전, 기준전압 이하가 되면 예비전원으로 자동전환 무정전 전원 공급을 수행하는 3회로 2스위치를 의미한다.

② 22.9[kV-Y] 접지계통의 지중 배전선로에 사용되는 개폐기이다.

③ 공공기관, 병원, 인텔리전트 빌딩, 군사시설, 수처리시설 등 중요시설에 사용된다.

2 ALTS의 종류(Transfer Switch 절체방식에 따라 분류)

① OTTS : Open Transition Transfer Switch(일반 ALTS)

② DTTS : Delayed Transition Transfer Switch(지연전환 ALTS, Center-off)

③ CTTS : Closed Transition Transfer Switch(무정전 ALTS)

Load on Normal	N— —E L	Load on Normal	N— —E L	Load on Normal	N— —E L
Load Not Connected	N— —E L	Load Not Connected	N— —E L	Sources Paralleled	N— —E L
Load on Emergency	N— —E L	Load on Emergency	N— —E L	Load on Emergency	N— —E L

3 ALTS의 원리

① 정전 시 예비전원으로 자동절환된다(수동절환 가능).

② 주전원이 정상적으로 복구되면 원상태인 상시전원으로 복구된다.

③ 원방조작도 가능하다.

④ 절체 시 순간정전이 발생한다.

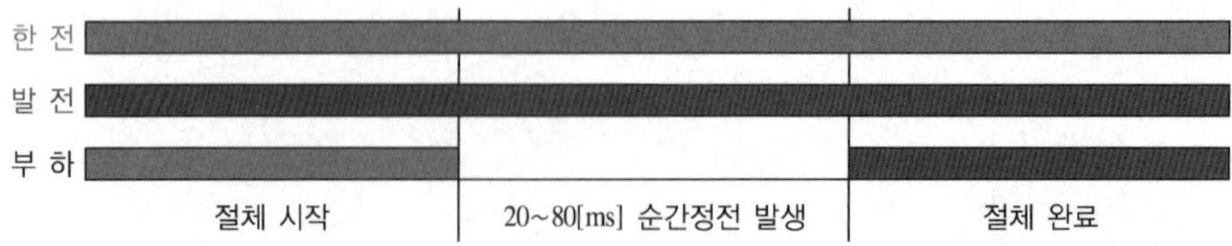

4 ALTS의 특징

1) 중성선 절체방식(선입지절)

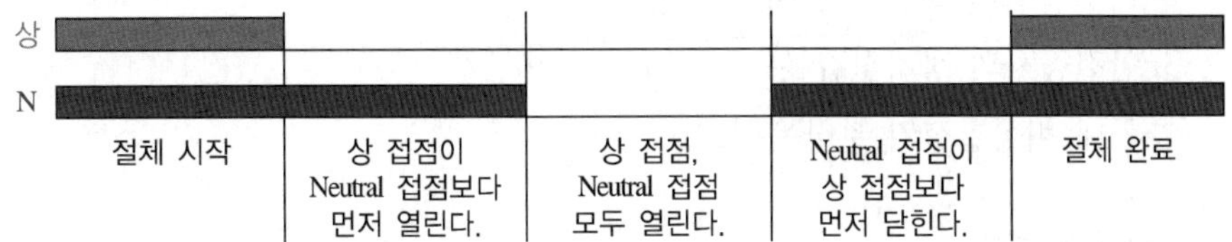

2) 고장전류

① 고장전류는 차단하지 못한다.

② 고장전류 통과 시 차단기 트립시간까지 견딜 수 있어야 한다(0.5초 30Cycle까지).

3) By Pass 기능

수리, 유지보수, 시험 시 By Pass한다.

4) 시간지연 절체기능

① 대용량 모터의 경우 관성에 의해 회전을 하게 된다(전동기 → 발전기).

② 고장전류가 유기되어 차단기가 트립될 수 있다.

③ 2초에서 2분 정도 시간지연 절체가 가능하다.

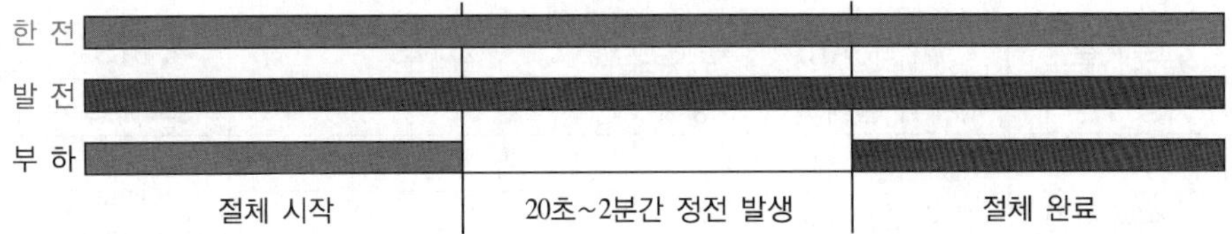

5 CTTS(Closed Transition Transfer Switch)

1) CTTS 원리

무정전 절체기능 : 100[ms] 내에 양전원이 동기화되어 절체된다.

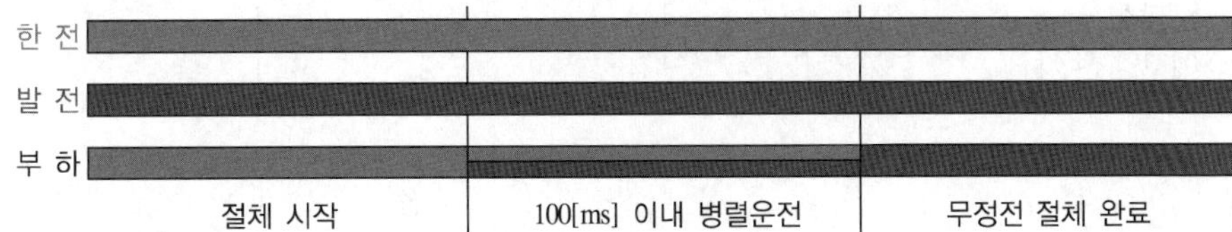

2) CTTS 용도

① 한전 예고정전 시
② 특고압설비 교체공사 시
③ 안전공사의 정기점검 시
④ 구내 비상발전기 부하운전 시

3) CTTS 특장점

① **수명연장(스트레스가 적다)**
㉠ 발전기 : 갑작스런 돌입전류에 의해 발전기 스트레스
㉡ 전동기 : 정전, 복전으로 인한 스트레스
㉢ UPS, UPS축전지 : 순간정전 시 스트레스
㉣ 전산장비 : 정전, 복전으로 인한 Reset
② 비상발전기 실부하운전 시 무정전 절체가 가능하다.
③ Peak-shaving 시 무정전 절체가 가능하다(전력수요 제어).
④ Inverter(UPS용) 고장 시 중요부하 보호가 가능하다.
- By-pass 후 절체 : 순간정전, 주파수 변동에 대처가 가능하다.

6 ATS, CTTS, STS 비교

<table>
<tr><th>구 분</th><th>ATS</th><th>CTTS</th><th>STS</th><th>비 고</th></tr>
<tr><td>동작원리</td><td>기계적 솔레노이드 장치</td><td>–</td><td>반도체 소자</td><td>–</td></tr>
<tr><td rowspan="2">절체시간</td><td rowspan="2">20~90[ms]</td><td>무정전 절체</td><td rowspan="2">4[ms]
(무정전)</td><td>수 동</td></tr>
<tr><td>20~90[ms]
(한전, 발전)</td><td>자 동</td></tr>
<tr><td>사용전압</td><td>저 압</td><td>저압, 고압</td><td>저 압</td><td>–</td></tr>
<tr><td>무정전
절체조건</td><td>해당 없음</td><td>위상차 5도, 주파수 0.2[Hz],
전압차 5[%] 미만</td><td>전압, 위상각,
주파수(자동)</td><td>CTTS
수동절체</td></tr>
<tr><td>한전
불시정전</td><td>정전 발생</td><td>정전 발생</td><td>무정전</td><td rowspan="2">부하전원</td></tr>
<tr><td>한전
예고정전</td><td>정전 발생</td><td>무정전</td><td>무정전</td></tr>
</table>

069 최근 차단기의 기술 동향

1 최근 차단기의 기술 동향

1) 높은 안정성의 추구

① 고압충전부 비노출화, 간소화
② 절연셔터, 보호판 부착

2) 높은 신뢰성의 추구

① 보조 접촉자류의 신뢰성 향상
② 기능의 복잡화, 전자화
③ 간소화
④ 표준화

3) 사용 용이성, 생력화

① Soft한 조작
② 제어회로의 AC/DC 공용화
③ 차단기의 1명 장착화
④ 메인터넌스의 프리화

4) 경제성

① 기기설비의 복잡화, 간소화
② 자원 절약화
③ 장수명화
④ 단납기화

5) 환경성

① 오일리스화
② 불연화, 난연화

6) 예방보전기능붙이 차단기

돌연의 사고가 발생하여 계통을 정지시키기 전에 예지할 수 있는 것은 예지하고, 경고를 사전에 내는 차단기이다.

7) 전송기능붙이 차단기

고도정보화, 무인화에 수반해서 계통의 인텔리전트화가 가능해졌고 신호・전송기술의 급속한 진보로 감시, 제어, 계측 등 정보의 네트워크를 구축

2 차단기의 인텔리전트화

1) 자동 진공차단기

종래의 VCB에 보호기능을 부가하고 신뢰성의 향상을 도모하여 개발한 것이 자동 진공차단기이다.

① OCR의 기능
② 동작협조의 용이화
③ 배선용 차단기 수준의 간단성
④ 신뢰성이 높다.

2) 인텔리전트 진공차단기

종래의 VCB에 보호기능, 예방보전기능, 전송기능을 부가하여 고기능, 고신뢰도화를 실현한 것이 인텔리전트 진공차단기이다.

① **예방보전기능**

㉠ 진공도 저하 감시기능
㉡ 이상온도 상승 감시기능
㉢ 트립헬시 기능

② **전송기능**

전용의 다중신호 전송장치를 탑재하여 이것을 통하여 외부와 정보 교환을 하여 상태감시제어, 보호의 각 기능을 VCB 본체에 집중화

종전형 VCB와 인텔리전트 VCB비교

구 분		종전형 VCB	인텔리전트 VCB
제어 ON/OFF		스위치	운송기능붙이
상태 개/폐로		보조접점	운송기능붙이
예방보전	진공도 감시	없다.	진공도 감시기능/ 운송기능붙이
	이상온도 감시	없다.	진공도 감시기능/ 운송기능붙이
	트립헬시	없다.	진공도 감시기능/ 운송기능붙이

070 변류기

1 개 요

1) 개 념

① 계기, 계전기를 고전압 대전류의 주회로로부터 절연하는 것과 주회로의 전압, 전류를 계기, 계전기의 적당한 입력으로써 변성하는 것이다.

② 이것은 계기, 계전기의 소형화, 표준화를 가능하게 하고 계측보호의 집중화를 용이하게 하는 데 목적이 있다.

2) CT 등가회로와 벡터도

① **등가회로**

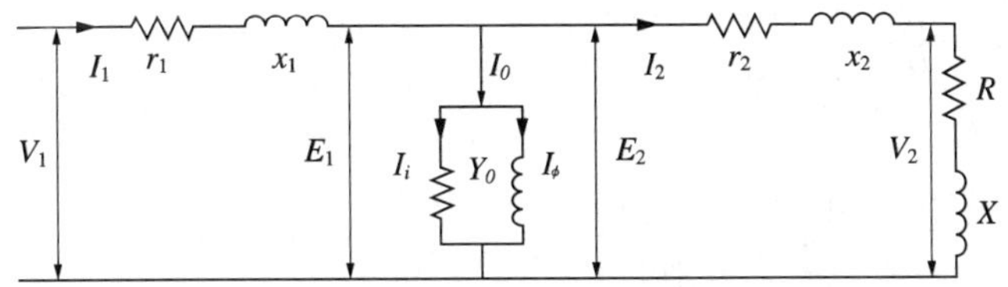

$$I_0 = I_i - jI_\phi$$

$$I_i = I_h + I_e$$

여기서, I_0 : 여자전류

I_ϕ : 자화전류

I_i : 철손전류

I_h : 히스테리시스손을 일으키는 전류

I_e : 와류손을 일으키는 전류

② 벡터도

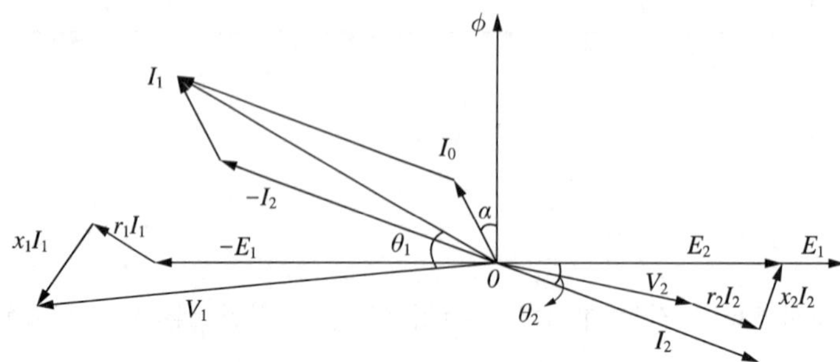

2 변류기 특성

1) 비오차, 위상각

① 비오차

실제 변류비 공칭 변류비가 얼마만큼 다른지를 나타내는 것이다.

$$\varepsilon = \frac{K_n - K}{K} \times 100\,[\%]$$

여기서, ε : 비오차
K_n : 공칭 변압비
K : 실제 변압비

② 위상각

변류기의 1차 전류 벡터와 2차 전류 벡터를 180° 회전시킨 것과의 위상차를 말하는 것으로, 2차 전류 벡터가 앞선 경우를 양으로 본다.

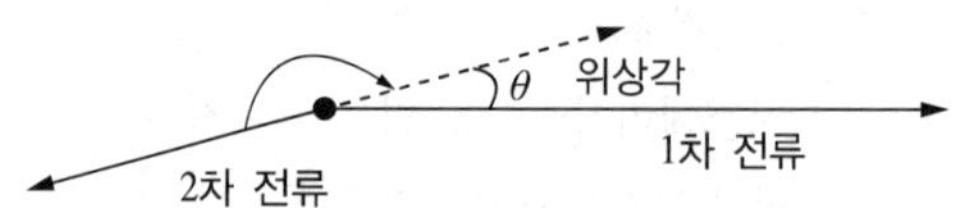

2) CT 계급

계기용 변성기의 정확도(정밀도)를 나타내는 것이다.

계 급	호 칭	용 도
0.1	표준형	특별 정밀 계측용, 계기용 변성기
0.2		시험용의 표준기
0.5	일반 계기용	정밀 계측용
1.0		보통 계측용, 배전반용
3.0		배전반용

3) 최고 전압

① 규정된 조건하에서 특성을 보증할 수 있는 최고의 허용전압

② $\text{최고 전압} = \dfrac{\text{선로의 공칭전압} \times 1.15}{1.1}$

공칭전압	3.3	6.6	11	22
최고 전압	3.45	7.2	11.5	25.8

4) 정격전류

① 정격 1차 전류

정격 1차 전류값은 그 회로의 최대 부하전류를 계산하여 그 값에 여유를 주어 결정한다.

㉠ 수용가 인입회로, 전력용 변압기회로 : 1.25~1.5
㉡ 전동기 부하 : 2.0~2.5

② 정격 2차 전류

CT 2차에 직렬접속되는 정격입력과 일치

㉠ 일반적인 계기, 계전기 : 5[A], 디지털 계전기 : 1[A]
㉡ 원방계측의 경우 2차 배선 부담 때문에 1[A], 0.1[A]의 정격이 바람직하다.

③ 정격 3차 전류

다중접지, 직접접지 계통의 영상전류를 얻기 위하여 사용

㉠ CT정격 1차 전류가 300[A] 이하 : Y결선의 잔류회로 사용
㉡ CT정격 1차 전류가 300[A] 초과 : 3차 권선부 CT 사용

5) 정격부담

① 규정된 조건하에서 특성을 보증할 수 있는 변류기의 권선당 부담을 말한다.

② CT 2차 단자 간에 접속되는 피상전력을 말한다.

부담[VA] = (정격 2차 전류)^2 × 임피던스

$$VA = I_2^2 \times Z_b [\mathrm{VA}]$$

여기서, I_2 : 정격 2차 전류[A]

Z_b : 계전기, 계기, 2차 Cable을 포함한 총부하[Ω]

6) 변류기 표기방법

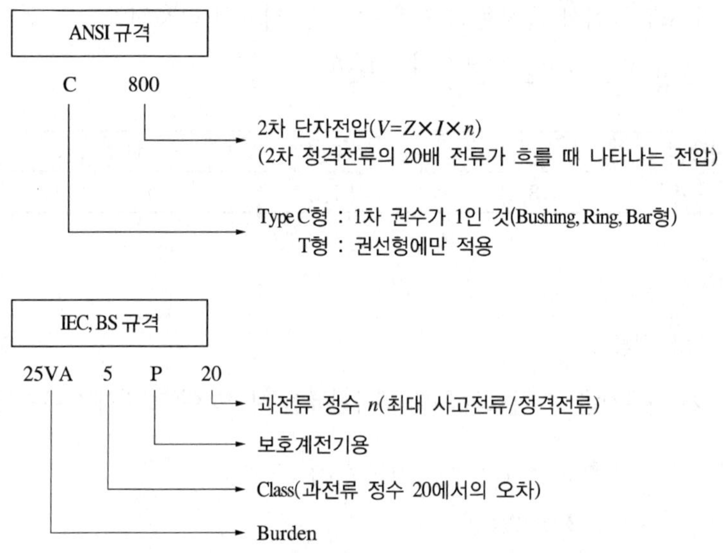

7) 과전류 정수(과전류 특성) – 보호용 CT에만 적용

① 변류기 1차 전류가 정격값을 상회하면 철심에 포화가 생겨 비오차가 매우 늘어난다.

② CT의 정격부담하에서 변성비 오차가 −10[%] 될 때의 1차 전류값과 정격 1차 전류의 비로서, 이를 n으로 하고 과전류 정수라고 한다($5P$ 급 : −5[%], $10P$ 급 : −10[%]).

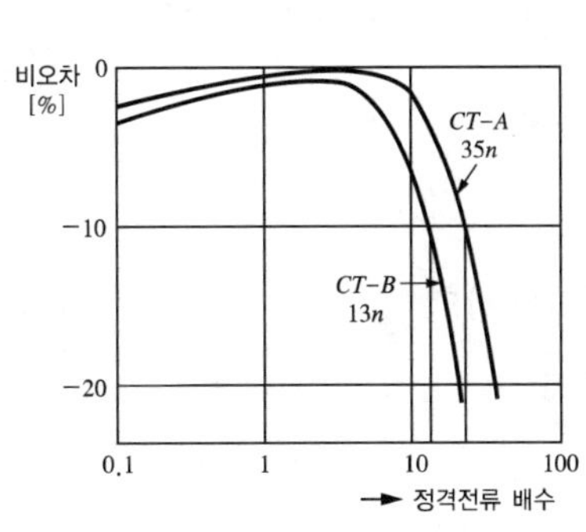

▌과전류 특성곡선

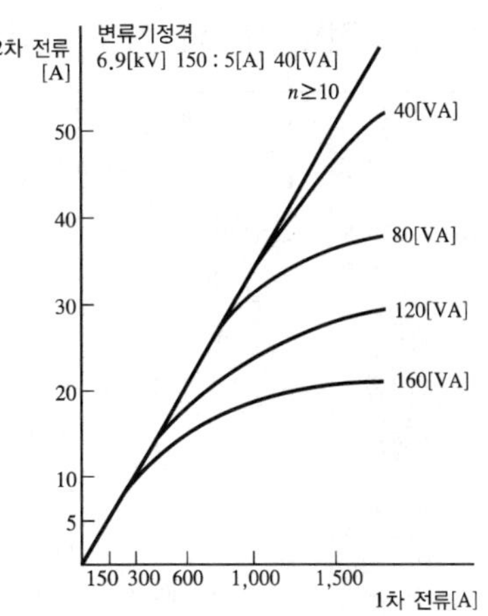

▌과전류 내에서 특성

③ 과전류 정수의 사용부담에 따른 변화

[VA]	정격부담	사용부담		
	40[VA]	25[VA]	15[VA]	10[VA]
n(과전류 정수)	$n' > 10$	$n' > 15$	$n' > 20$	$n' > 25$

$$n' = \frac{\text{변류기 정격부담} + \text{변류기 정격 내부손실}}{\text{변류기 사용부담} + \text{변류기 내부손실}} \times n$$

사용부담이 줄어들수록 과전류 정수가 커지고 특성이 양호해진다.

8) 과전류 강도

① 정 의

CT 권선에 고장전류가 흐를 경우 정격 1차 전류의 몇 배까지 견딜 수 있는가를 정한 것이 정격 과전류 강도이다.

② 정격 과전류 강도

정격 과전류 강도는 표준으로 40배, 75배, 150배, 300배이며, 300배 초과는 별도 주문

변류기의 정격 과전류 강도

정격 과전류 강도	보증하는 과전류
40배	정격 1차 전류의 40배
75배	정격 1차 전류의 75배
150배	정격 1차 전류의 150배
300배	정격 1차 전류의 300배

③ 열적 과전류 강도와 기계적 과전류 강도

열적 과전류 강도	• 과전류에 의한 발열이 모두 도체에 축적된다고 생각하고 1초간 통전한 후의 최종 온도가 A종 절연은 150[℃], B종 절연은 350[℃]를 초과하지 않는 전류한도를 말한다. • $S=\dfrac{S_n}{\sqrt{t}}$ 여기서, S : 통전시간 t초에 대한 열적 과전류 강도 S_n : 정격 과전류 강도 t : 통전시간 • 권선이 과열에 의한 용단에 대한 강도 • 일반적으로 1초(60사이클)의 Steady State Fault Current에 대한 강도
기계적 과전류 강도	• 직류분을 포함한 최댓값에 의한 강력한 전자력에 대한 내력을 말하고, 1차 전류의 2.5배 최대 순시값에 견딜 수 있도록 요구 • $\dfrac{1}{2}$ 사이클의 First 사이클 Fault Current(비대칭 포함)에 의한 강한 전자적으로 권선의 변형에 대한 강도 • 기계적 과전류 강도는 일반적으로 열적 과전류 강도의 2.5배

3 CT 개방 시 이상현상

1) CT의 2차 측 개방 시의 현상

① 1차 측에 전류가 흐르는 상태에서 2차 측을 개방하면 2차 측의 역기전력은 0이 되지 않고, 1차 측의 AT를 소모시키지 못하는 결과, 1차 AT는 전부 여자 AT가 되므로 2차 측 유기전압은 고전압이 되고, 철심은 극도로 포화되어 단파형이 된다.

② 이 경우 2차 유기전압 E_2는 자속 ϕ의 시간적 변화와 2차 권선 N_2에 비례하여 $E_2=-N_2$가 되고, 상당히 큰 첨두파 이상전압이 나타난다.

③ 2차를 개방하면 2차 임피던스는 0이 되므로 $I_2=0$

$$E_1 I_1 = E_2 I_2 \quad \rightarrow \quad E_2 = \frac{I_1 \times E_1}{I_2} = \infty$$

④ 그 결과, 철손은 증대되고 철심은 온도가 상승되어 2차 측에 접속된 계기 및 계전기의 절연파괴현상이 일어나며, 취급자에게도 상당한 위험을 주게 된다.

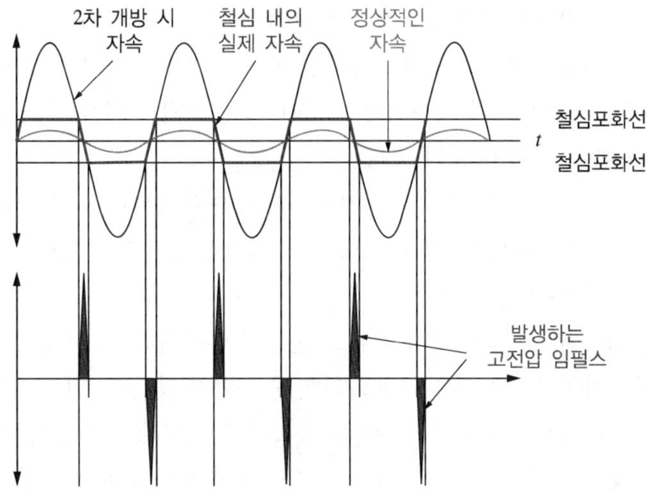

2) CT의 2차 측 개방 방지대책

① CT단자의 볼트를 주기적으로 조여 주어 볼트가 풀리지 않도록 한다.

② 훅크-온 메타를 이용하여 CT 2차 전류를 Check 및 기록하여 2차 전류의 이상 유무를 확인한다.

③ CT 회로 시험 후에는 필히 오결선 여부를 Check한다.

④ 활선 상태에서 CT 2차 회로를 만지는 경우에는 필히 단락 후 만진다(단락단자 이용).

⑤ 될 수 있으면 CT는 사선 상태에서 만진다.

⑥ CT 2차 개방 보호장치(CTOD ; Current Transformer Secondary Open Detector)를 설치

⑦ CT 2차를 개방해도 일정 시간 동안 견딜 수 있도록 제작한다.

4 Knee Point Voltage(포화점, 포화전압)

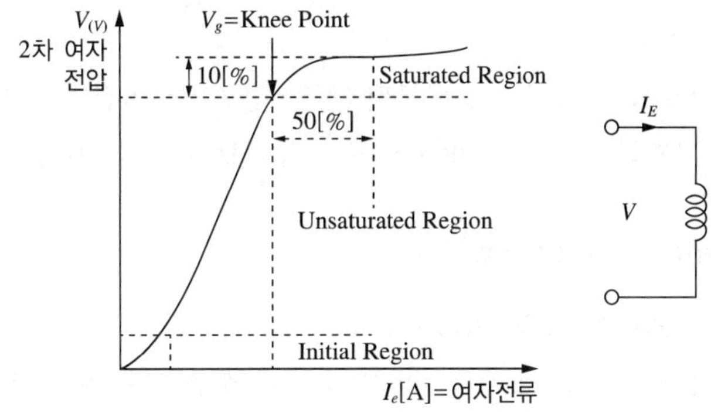

① 변류기의 1차 권선을 개방하고 2차 권선에 정격주파수의 교류전압을 인가하여 2차 여자전류를 측정하면 2차 여자포화곡선이 그려지며 포화되기 직전의 2차 여자전압이 +10[%] 증가할 때 2차 여자전류가 +50[%] 증가되는 점을 포화점이라 하며, 이 전압을 Knee Point Voltage라 한다.

② 이 전압이 높은 특성의 CT를 계전기에 사용하여야 한다. 포화특성시험에서 포화점에서 인가전압을 포화전압이라 하고 이 포화전압이 충분히 높아야 대전류 영역에서 확실한 보호가 가능하다.

③ CT는 1차 전류가 증가하면 2차 전류도 변류비에 증가하나, 한계전류에 도달하면 1차 전류는 증가하여도 2차 전류는 포화하여 증가하지 않는다. 따라서 CT의 포화전압이 높은 것을 선택해야 큰 고장전류에서도 확실한 보호계전기 동작을 기대할 수 있다.

④ 보호방식 중 차동계전방식 또는 Pilot Wire 보호방식 등에서는 양단의 CT 포화특성의 일치가 매우 중요한 요소가 된다.

5 계측기용과 보호계전기용 CT 차이점

구 분	계측기용	보호계전기용
오차계급	0.1, 0.2, 0.5, 1, 3, 5	$5P$, $10P$
과전류에 대한 1차 정격	IPL	정격 오차한도 1차 전류
과전류에 대한 규정	FS	n=5, 10, 15, 20, 30
열적 과전류 강도	계통 고장전류에 견딜 것	계통 고장전류에 견딜 것
기계적 과전류 강도	계통 고장전류의 최대 파고치에 견딜 것	계통고장전류의 최대 파고치에 견딜 것
포화현상	○	×

1) IPL(Rated Instrument Limit Primary Current)

① CT 2차 부담이 정격부담일 때 계측기용 CT의 합성오차가 10[%] 또는 그 이상일 때의 1차 전류의 최솟값

② 계통 고장으로 인한 높은 전류로부터 계측기용 CT에 연결된 계측기 또는 이와 유사한 장치를 보호하기 위하여 합성오차는 10[%]보다 커야 한다.

2) FS(Instrument Security Factor)

① 정격 1차 전류와 IPL과의 비(FS = IPL)

② CT 1차 측에 계통 고장 시 계측기용 CT 2차 측에 연결된 계측기 또는 이와 유사한 장치는 FS값이 작을수록 안전하다.

③ FS값은 특별히 정해진 바는 없으나 계측기용일 경우 5 또는 10 이하

6 CT 정격

1) 전 압

CT의 절연등급을 설정(600[V], 2,500[V], 5,000[V], 8,700[V], 15,000[V] 등)

2) 1차 전류정격(등급)(Primary Ampere Rating)

연속 전류정격 : CT가 설치된 전류회로의 전류정격과 동일하거나 그 이상이어야 함

3) 등급요소(Rating Factor)

CT가 정격온도를 초과하지 않으면서 지속적으로 운전할 수 있을 때의 최대 1차 전류를 결정하기 위해서 CT의 Primary Ampere Rating에 곱하는 요소

4) Thermal Short-time Rating

CT가 2차 측 권선이 단락되어 있고 정격온도를 초과하는 권선이 없을 경우에 1초 동안 흘릴 수 있는 Symmetrical RMS 1차 전류

5) Mechanical Short-time Rating

CT의 2차 측이 단락되어 있을 경우 기계적 손상을 받지 않고 흘릴 수 있는 최대 전류

6) Relaying Accuracy Rating

① CT가 어느 정도의 전압을 정상 전류에 20배에 달하는 전압을 출력회로에 전달할 수 있는지를 나타낸다.

② 일반적으로 릴레이는 CT의 정격전류의 몇 배에 해당되는 전류에 동작하기 때문에 Relaying Accuracy는 높은 과전류 시의 Accuracy를 참조하여야 한다.

7) 계기용 변성기의 계급

계기용 변성기의 정확도를 나타내는 것으로 정격부담하에서 정격주파수의 정격전류 또는 정격전압을 가했을 때의 비오차의 한도를 나타낸다.

계 급	호 칭	중요 용도
0.1급	표준용	계기용 변성기 시험용의 표준기 또는 특별 정밀 계측용
0.2급		
0.5급	일반 계기용	정밀 계측용
1.0급		보통 계측용, 배전반용
3.0급		배전반용

7 CT의 종류

1) 절연구조에 따른 분류

① **몰드형 CT**

절연재료로 합성수지 등을 사용하여 권선 또는 전체를 절연한 CT로 저압 및 6.6[kV], 22.9[kV]에 많이 사용한다.

② **유입형 CT**

절연유를 절연재료로 사용한 것으로 애자형, 탱크형 등의 고전압(22.9~345[kV]) 옥외용에 많이 사용한다.

③ **가스형 CT**

절연유 대신 SF_6 Gas를 사용한 것으로 최근 GIS설비용으로 많이 사용되고 있다.

2) 권선형태에 따른 분류

① **권선형 CT**

1차, 2차 권선이 모두 한 철심에 감겨 있는 구조

② **관통형 CT**

1차 권선을 계통 케이블로 이용하고 이를 원형 CT철심 중심부로 통과시키고 원형 철심에 2차 권선이 균일하게 감겨 있는 구조

③ **Bushing CT**

관통형 CT의 일종으로 부싱 내의 도체를 CT의 1차 도체로 사용

④ **3차 권선부 CT**

CT의 1차 전류가 300[A]가 넘는 비접지 또는 고저항 접지계통에서 충분한 영상전류

를 얻기 위하여 사용하고, 2차 권선에는 정상전류를 3차 권선에는 영상전류를 얻을 수 있다. 3차 권선비는 $\frac{100}{5}$[A]이다.

3) 특성에 따른 분류

① **계측기용(Metering CT)**

㉠ 평상시 정상부하 상태에서 사용하며 정확도 위주

㉡ 사고 시 포화되어 계측기 및 회로 보호

② **계전기용(Relaying CT)**

㉠ 사고 시 사고전류에도 포화되지 않는 특성 필요(=Knee Point Voltage↑)

㉡ 사고 시 보호계전기 동작

㉢ μ' 높을 것

071 광CT

1 개 요

CT의 경우 자속포화로 인하여 CT의 크기가 커지거나 오차가 증가하는데 광소자(Faraday소자)를 이용하여 입사파와 통과파의 회전각을 측정하여 전류의 크기를 측정하는 CT를 의미한다.

2 광CT의 구성 및 원리

1) 광CT의 구성

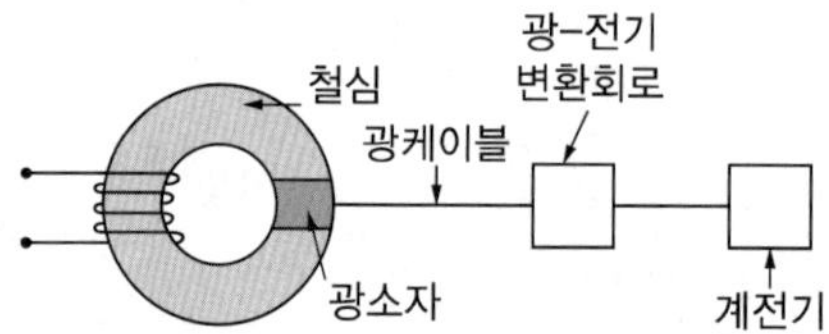

2) 광CT의 원리

① 철심의 일부에 3~5[cm] 정도의 공극을 만들어 광소자를 넣고 광소자에 빛을 조사하면 빛이 자속의 크기에 따라 편광 또는 회절하는데 회절하는 정도를 감지하여 측정한다.

② 신호를 광-전기 변환장치로 변환하여 전기신호로 출력한다.

3 광CT의 측정원리

① 광학 매질은 자기장에 의해 광학적 특성이 변화하는 자성체이다.

② 도체 주변에 자기장이 형성된다.

③ 광학매질(Faraday소자)은 전기-광학효과에 의해 자신을 통과하는 선형 편광의 진동축을 회전한다.

④ 회전각 θ를 측정해서 전류의 크기를 측정한다.

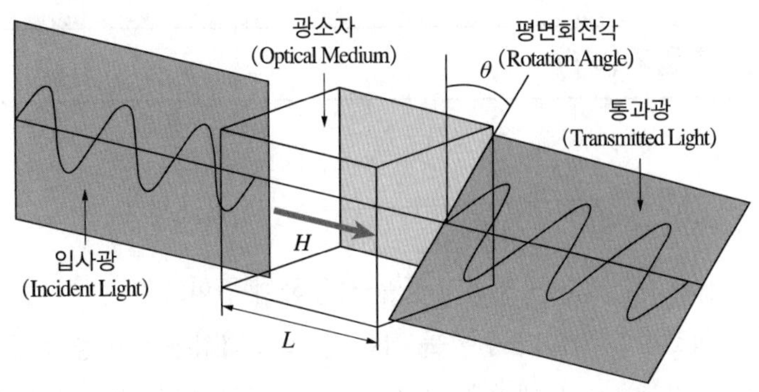

4 광CT의 장점

① 자속포화, 잔류자속, 비선형성의 문제가 없다.

② 센서가 광섬유이므로 고전압에서도 절연 시설물의 필요성이 크게 감소한다.

③ 경량, 소형이다.

④ 응답특성이 빠르다.

⑤ 측정범위가 넓다.

⑥ 2차 측을 개방해도 안전하다.

⑦ 광신호로 바뀐 뒤에는 어떠한 전기적인 유도장해도 받지 않는다.

072 계기용 변압기(VT)

1 개 요

① 일반적으로 계측이나 보호용 계전기 등을 사용하여 주회로의 전압, 전류를 계측 제어하기 위하여 주회로의 전압이나 전류를 작은 값으로 변성해서 사용할 필요가 있다.

② 그러기 위하여 전압용으로 계기용 변압기(VT), 전류용으로 변류기(CT)를 전력 수급용으로 계기용 변압·변류기를 사용하는데, 이것을 계기용 변성기라 한다.

③ VT란 어떤 전압 값을 이에 비례하는 전압값으로 변성하는 계기용 변성기이다.

2 원 리

① 1차 권선, 2차 권선과 이것들을 결합하는 철심으로 구성되어 있으며 원리는 변압기와 동일하다.

$$\text{권수비}(n) = \frac{\text{1차 권선수}}{\text{2차 권선수}}$$

② 1차 측의 전압, 전류, 임피던스값을 2차 측으로 환산하려면 $\frac{1}{n}$, n, $\left(\frac{1}{n}\right)^2$을 곱해서 구할 수 있다.

3 분 류

사용목적에 따른 분류	상수에 따른 분류
접지형, 비접지형	단상, 3상

4 특 성

1) 비오차

실제 변류비와 공칭 변류비가 얼마만큼 다른지를 나타내는 것이다.

$$\varepsilon = \frac{K_n - K}{K} \times 100\,[\%]$$

여기서, ε : 비오차

K_n : 공칭 변압비

K : 실제 변압비

2) 위상각

1차 전압 벡터에 대해 180° 회전시킨 2차 전압 또는 3차 전압의 벡터가 이루는 각을 분으로 나타내는 것

5 계기용 변압기 정격

1) 정격전압

① **정격 1차 전압** : 공칭전압(3.3[kV], 6.6[kV], $\frac{22.9}{\sqrt{3}}$[kV] 등)

② **정격 2차 전압** : 110[V], $\frac{110}{\sqrt{3}}$[V](100[V], 150[V], $\frac{190}{\sqrt{3}}$ 등)

2) 정격부담

계기용 변성기(PT, CT)의 용량을 정격 2차 부담이라 한다. 정격 2차 전압하에서 부하로 소비되는 피상전력[VA]으로 표시한다. 변류기(CT)의 부하는 직렬로 접속하지만, PT(변압기)의 부하는 병렬로 접속한다.

계 급	정격부담
0.1, 0.2급(표준용)	10, 15, 25[VA]
0.5급(정밀 계측용, 일반용)	15, 50, 100, 200[VA]
1.0 또는 3.0급(일반용)	15, 50, 100, 200, 500[VA]

6 극성 및 단자 표시

변압기의 극성은 감극성이 표준이다.

① **단상 PT** : 1차 측 단자기호(U, V), 2차 측 단자기호(u, v), 중성점(n)

② 직병렬 접속의 계기용 변압기 1차 권선을 직병렬 접속하고, 2차 권선을 직병렬 접속한다.

③ **3상 계기용 변압기** : 1차 측(U, V, W), 2차 측(u, v, w), 중성점(1차 : O, 2차 : o)

④ **배열** : 2차 측에서 보아 왼쪽으로부터 U, V, W 및 u, v, w, a, b, c, d의 순서로 배열한다.

7 접지 및 퓨즈 설치, 제품의 표시

1) 접 지

혼촉 방지 및 2차 회로 유기전압현상 방지를 위해 PT의 2차 측을 2차 중성선 또는 1차 단자를 접지한다. 접지 시 일반적인 주의사항은

① 2차 접지 금지
② 변압기의 단자 측보다는 계전기의 장치 측에서 실시
③ 내선규정에서는 7,000[V] 이상은 제1종 접지, 7,000[V] 미만은 제3종 접지 실시

2) VT의 퓨즈

① VT의 1차 측과 2차 측에는 퓨즈를 설치하여야 한다.
② 그 목적은
  ㉠ 1차 측 : VT의 고장이 선로에 파급 금지하기 위한 것으로 COS나 PF 사용하고 0.5[A]나 1[A] 사용
  ㉡ 2차 측 : 오접속 및 부하의 고장 등으로 인한 2차 측 단락 시 VT의 보호용으로 사용하는데 정격부담[VA]별 3[A], 5[A], 10[A] 등이 사용된다.

3) 제품의 표시

① 계기용 변압기, 0.2급, $\frac{6.6[kV]}{110[V]}$, 15[kVA], 60[Hz]
② 명칭, 계급, 절연계급, 정격 1차 전압/정격 2차 전압, 정격부담, 정격주파수 표시가 된다.

8 변압기의 이상현상(중성점 불안정 현상)

1) 원 인

① 계통이 비접지계통일 경우 VT 접지할 경우
② 계통이 접지계통일 경우 일시적인 계통분리현상으로 비접지계로 된 경우

③ 계기용 변성기의 2차 부담이 극히 적은 경우

  ㉠ 계통에 갑자기 전압인가 또는 복구(사고)와 같은 충격에 의한 계통 혼란
  ㉡ 차단기, 퓨즈의 용단, 단선 시

2) 불안정 현상 시 문제점

① 철공진을 일으켜 중성점에 과도진동현상 발생

② VT의 대지전압 높아져 철심에 자기포화현상 발생

③ 포화로 인한 돌입전류로 다른 상의 대지전압을 상승시켜 다시 포화되어 진행

3) 대 책

적절한 부담대책을 세운다.

073 영상 변류기(ZCT)

1 개 요

① 전력계통의 중성점이 저항접지 또는 직접접지계통인 경우에는 CT를 사용하여 쉽게 잔류회로를 구성해서 쉽게 지락전류를 검출할 수 있다.

② 비접지계통 및 고저항 접지계통에서는 지락전류가 극히 작으므로 [mA] 단위의 영상전류를 검출하기 위해서 3상을 일괄하여 영상 변류기를 사용하여 지락전류를 검출한다.

③ 계전기에 필요한 영상전류를 얻는 방법으로써 변류기 3대를 사용한 Y회로의 잔류회로 혹은 3차 영상분로방식이 있다.

2 영상 변류기의 정격

1) 정격 1차 전류

정격 1차 전류는 일반 CT와 같다. IEC에서 추천하는 값은 10, 15, 20, 30, 50, 75[A]이다.

2) 정격 영상전류

정격 영상 1차 전류는 200[mA]를 표준으로 하고, 정격 영상 2차 전류는 1.5[mA]를 기준으로 한다.

3) 영상 2차 전류의 허용오차

① 영상 2차 전류의 오차를 적게 하려면 여자 임피던스가 커야 한다.

② 여자 임피던스가 증가하려면 철심이 커지고 가격이 상승한다.

③ 정격 여자 임피던스에 따른 허용오차

계 급	정격 여자 임피던스	정격 영상 2차 전류
H급	$Z_0 > 40\,[\Omega]$, $Z_0 > 20\,[\Omega]$	1.2~1.8[mA]
L급	$Z_0 > 10\,[\Omega]$, $Z_0 > 5\,[\Omega]$	1.0~2.0[mA]

4) 정격과 전류 배수

① 영상 변류기 철심이 포화하지 않는 영상 1차 전류의 범위를 나타내는 수치이다.

② 표준 값으로 $-n_o$, $n_o > 100$, $n_o > 200$로 정의하고 있다.

㉠ $-n_o$는 계전기가 정격 영상전류 이하에서 동작하는 경우에 사용한다.

㉡ $n_o > 100$는 영상 1차 전류 20[A] 정도까지를 고려할 때 사용하며, 100배가 흘러도 오차는 없다.

㉢ $n_o > 200$는 이상(異相)지락 시를 대상으로 할 때 사용한다.

5) 잔류전류

철심을 개재시킨 1차 도체와 2차 권선 사이의 전자적 불균일로 발생한다.

정격 1차 전류	잔류전류의 한도
400[A] 이상	영상 1차 전류 100[mA]에서 영상 2차 전류치
400[A] 이하	영상 1차 전류 100[mA]에서 영상 2차 전류치의 80[%]

3 영상전류 검출법

영상전류 검출법은 비접지계통과 직접, 저항, 다중접지계통의 영상전류 검출법이 다르다.

1) 비접지 계통의 영상전류 검출법

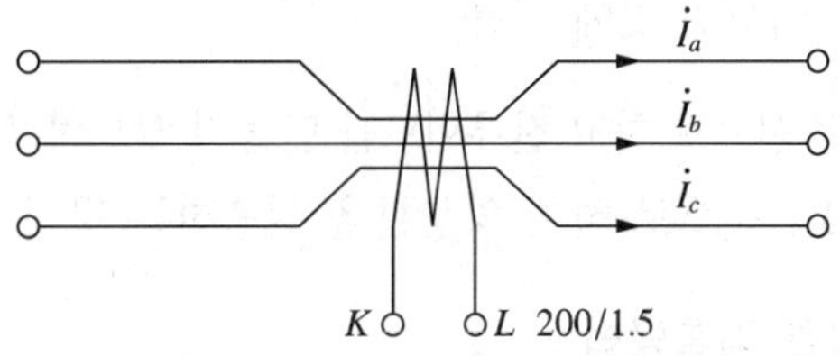

ZCT에 흐르는 전류 $I_n = \dfrac{I_a + I_b + I_c}{3} = \dfrac{3I_0}{3} = I_0$

2) 저항접지, 직접접지, 다중접지 계통의 영상전류 검출법

① Y결선의 CT 잔류회로 이용법

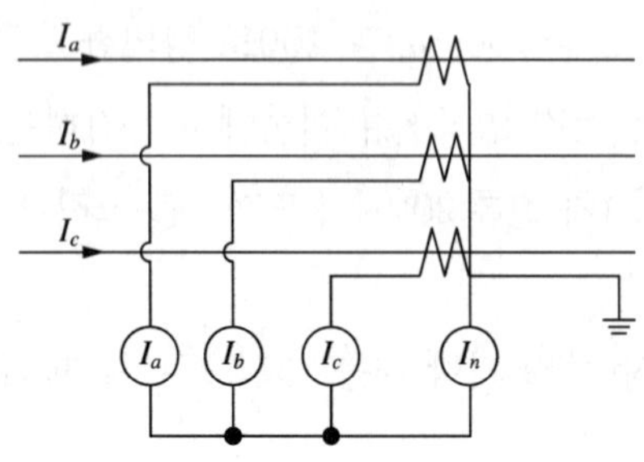

㉠ 저항접지계통에서 CT비 $\frac{300}{5}$ 이하에서 채용

㉡ 배전반 측에서 계전기 1차 측에 접지

② 3권선 CT 사용

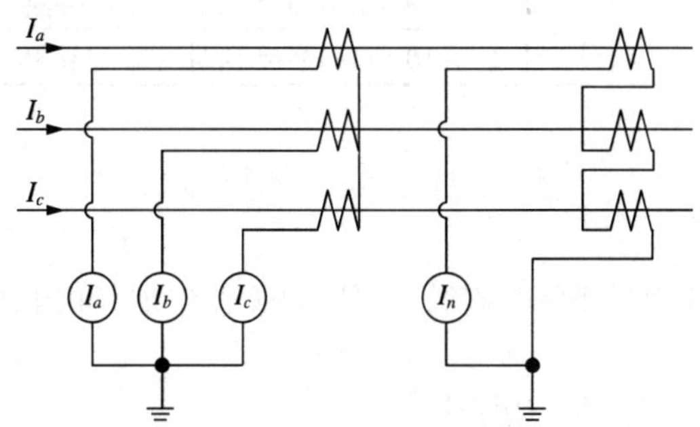

㉠ CT비가 $\frac{400}{5}$ 이상인 곳에 사용

㉡ 2차 권선은 Y결선으로 하고 잔류회로를 만들지 않으며 정상분, 역상분을 검출한다.

㉢ 3차 권선은 Δ 결선으로 하여 영상분을 검출하는 방식

③ 중성선 CT에 의한 검출방법

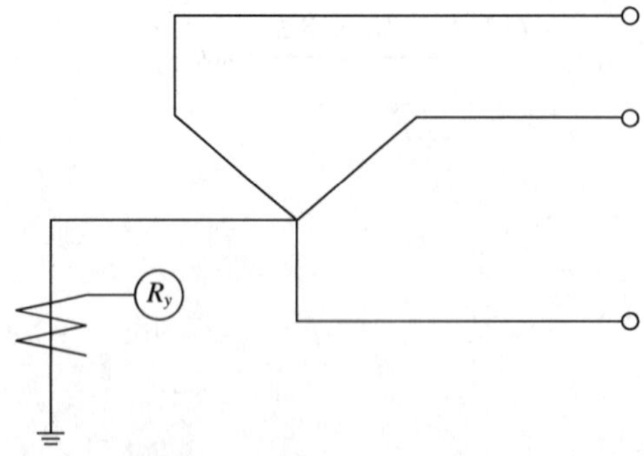

이 밖에도 보조 CT를 이용하는 방법 등이 있다.

074 변압기의 원리, 종류(절연방식에 따른 분류)별 특성

1 개 요

① 변압기는 전기사업자에게 특고압 또는 고압으로 수전한 전력을 수용가에게 필요한 전압으로 변성하여 설비이다.

② 변압기는 수변전설비에서 가장 중요한 설비 중의 하나로서 건식, 유입, 몰드 등의 종류가 있으며, 변압기 선정 시에는 건축물의 특성에 따라 세밀하게 검토되고 설치되어야 하는 설비이다.

2 변압기 원리

1) 개 념

① 앙페르의 오른나사법칙

② 패러데이 : $e = -L\dfrac{di}{dt} = -N\dfrac{d\phi}{dt}$

③ 렌츠 "−" 역기전력 : 자속 방향 결정

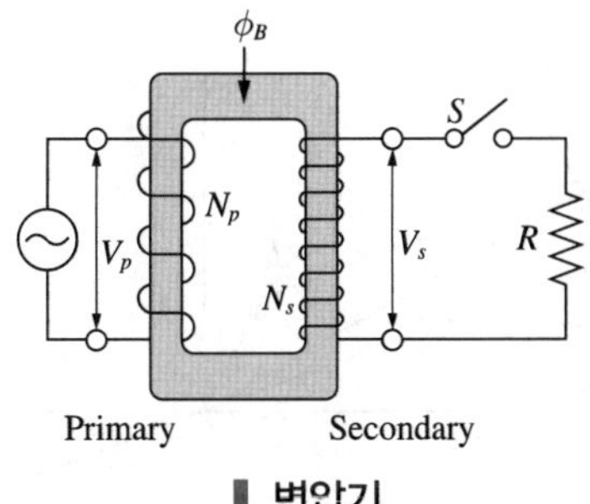

▌변압기

④ 성층 철심에 권선 n_1(1차 측)과 n_2(2차 측)를 감고 1차에 전류를 흘리면 1차 권선에 흐르는 전류에 의해 1차 측 철심에 자속이 발생하고 이 자속은 철심을 통해 2차 권선을 쇄교한다.

⑤ 2차 권선의 내부에 있는 철심에서는 1차 권선에 의한 자속의 변화를 방해하는 방향으로 자속이 발생하고, 이 자속에 의해 2차 권선에 기전력이 발생하여 전류가 흐르게 된다.

⑥ 1차 전압에 대한 2차 전압은 권선수에 비례하고, 1차 전류에 대한 2차 전류는 권선수에 반비례하는 변압비가 발생한다.

$$\frac{V_1}{V_2} = \frac{N_1}{N_2},\ \frac{I_1}{I_2} = \frac{N_2}{N_1}$$

2) 등가회로

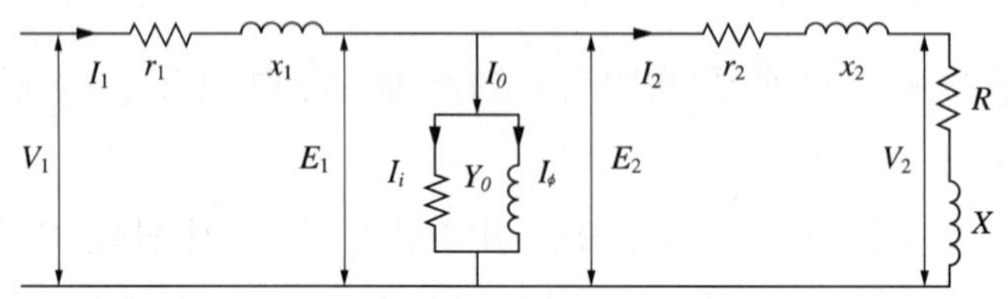

$$I_0 = I_i - jI_\phi$$

$$I_i = I_h + I_e$$

여기서, I_0 : 여자전류

I_Φ : 자화전류

I_i : 철손전류

I_h : 히스테리시스손을 일으키는 전류

I_e : 와류손을 일으키는 전류

3) 벡터도

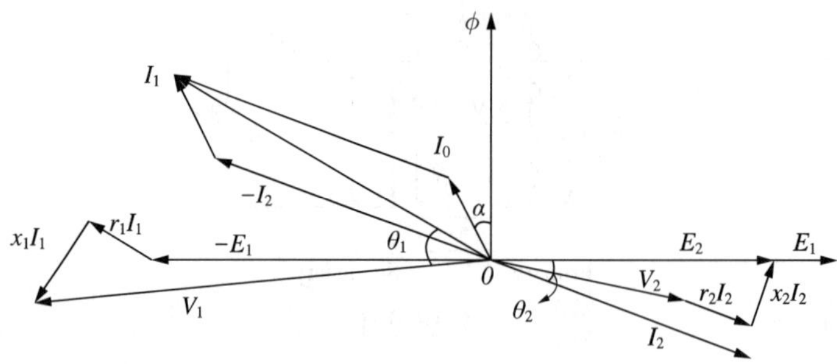

3 변압기의 종류별 분류

1) 유입변압기

① 절연유로 광유를 사용하며 100[kVA] 이하의 주상 변압기에서 1,500[MVA] 대용량까지 제작되며, 신뢰성이 높고 가격이 저렴하며, 용량과 전압의 제한이 적어 가장 많이 사용된다.

② 최근에는 시대적인 요구로 무부하손을 감소시킨 저손실 변압기도 제작되고 있다.

2) H종 건식변압기

① 절연유를 전혀 사용하지 않아 난연성 비폭발성의 특징이 있어 화재 예방을 중요하게 생각하는 건축물, 즉 지하철 구내, 병원 등에서 많이 사용된다.

② **특 징**

㉠ 절연유를 사용하지 않아 화재 위험이 적다.
㉡ 절연강도가 낮다.
㉢ 옥외용으로는 적합하지 않다.

3) 가스절연변압기

① SF_6 가스를 사용한 변압기로서 건식 변압기보다 높은 절연계급까지 실용화, 5,000[kVA] 이상의 22[kV] 이상 변압기로의 적용이 늘고 있다.

② **특 징**

㉠ 건식변압기보다 절연계급이 높다.
㉡ 보수가 간단하다.
㉢ 내열, 내수성이 우수하다.
㉣ 옥외용 및 방재용 변압기로 적당하다.

4) 몰드변압기

① 고압 및 저압 권선을 모두 에폭시 몰드로 하는 고절연방식을 채택한 변압기이다.

② 몰드변압기는 최근에 가장 많이 사용하는 변압기로 난연성, 절연의 신뢰성 향상 등의 특징이 있다.

구 분	유 입	건 식	가 스	몰 드
옥외용	적 합	부적합	적 합	부적합
옥내용	적 합	적 합	적 합	적 합
절연강도	매우 높음	낮 음	높 음	높 음
연소성	가연성	난연성	난연성	난연성
가 격	낮 음	보 통	높 음	높 음
보수점검	까다로움	용 이	보 통	용 이
손 실	보 통	나 쁨	좋 음	좋 음
환경성	나 쁨	적 합	나 쁨	적 합

075 변압기 손실과 효율

1 변압기 손실의 종류

1) 부하손

① 동손(=부하손=저항손)
② 와류손 : 값이 적어 저항손에 포함
③ 표유부하손 : 값이 적어 저항손에 포함

2) 무부하손

① 철손 : 히스테리시스손, 와류손
② 무부하 시 동손 : 계산이 가능하나 값이 작아 무시
③ 유전체손 : 고압의 경우 일부 계산
④ 표유부하손 : 대용량 변압기의 경우 고려

2 변압기 손실

1) 동손(=부하손=저항손)

$$P_c = K(I_1^2 r_1 + I_2^2 r_2)$$

여기서, K : 표피효과에 의한 실효저항 증가율

2) 철 손

히스테리시스손 : $P_h = \sigma_h \cdot f \cdot B_m^{\ n}$ [W/kg] $n = 1.6 \sim 2$ 정도

와류손 : $P_e = \sigma_e (K_f \cdot f \cdot t \cdot B_m)^2$ [W/kg]

여기서, σ_h : 히스테리시스손 계수
σ_e : 와류손 계수
K_f : 파형률
f : 주파수
t : 두께
B_m: 자속밀도

3) 표유부하손

① 대용량 변압기의 경우 상판의 발열문제 발생

② 부싱부분에 비자성체 재료인 스테인레스판, 알루미늄판 설치

4) 변압기의 손실비

$$\text{손실비} = \frac{\text{전부하동손}}{\text{무부하손(철손)}}$$

3 변압기 손실에 대한 개선 방향

권선 개선	재료 : 초전도체 방법 : 단권변압기
철심 개선	재료 : 아몰퍼스 형태 : 철심 두께 얇게

4 변압기 효율

1) 실측효율

$$\eta = \frac{P_2}{P_1} \times 100\,[\%]$$

여기서, P_1 : 입력

P_2 : 출력

2) 규약효율

$$\eta = \frac{\text{출력}}{\text{출력} + \text{손실}} \times 100\,[\%] = \frac{\text{입력} - \text{손실}}{\text{입력}} \times 100\,[\%]$$

3) 전일효율

부하가 변동할 경우 효율을 종합적으로 계산하기 위해서 전일효율을 사용

$$\eta = \frac{\text{1일의 출력전력량}}{\text{1일의 출력전력량} + \text{1일의 손실전력량}} = \frac{P_d}{P_d + P_i \times 24 + P_{cd}}$$

P_i : 철손

P_{cd} : 1일간의 동손

076 변압기 최대 효율조건

1 전류기준(I_2)

1) 규약효율을 적용하면

① $\eta = \dfrac{\text{출력}}{\text{출력} + \text{손실}} \times 100\,[\%]$

$$\eta = \frac{VI_2\cos\theta}{VI_2\cos\theta + P_i + P_c} \times 100\,[\%]$$

$$= \frac{VI_2\cos\theta}{VI_2\cos\theta + P_i + I_2^2 R} \times 100\,[\%]$$

② 분모, 분자를 I_2로 나누어 주면

$$= \frac{V\cos\theta}{V\cos\theta + \dfrac{P_i}{I_2} + I_2 R} \times 100\,[\%]$$

여기서, P_i : 철손, P_c : 동손(I^2R)

2) 분모가 최소일 때 효율이 최대가 되므로

$$f(I_2) = V\cos\theta + \frac{P_i}{I_2} + I_2 R$$

$f'(I_2) = -\dfrac{P_i}{I_2^2} + R = 0$이면 최솟값이 되므로

$\therefore\ P_i = I_2^2 R$

2 부하율기준(m)

1) $\eta = \dfrac{\text{출력}}{\text{출력} + \text{손실}} \times 100\,[\%]$

2) $\eta = \dfrac{mP\cos\theta}{mP\cos\theta + P_i + m^2 P_c} \times 100\,[\%]$

여기서, P : 변압기용량, P_i : 철손, P_c : 동손, m : 부하율

분모, 분자를 m(부하율)로 나누어 주면

$$\eta = \frac{P\cos\theta}{P\cos\theta + \frac{P_i}{m} + mP_c} \times 100[\%]$$

3) 분모가 최소일 때 효율이 최대가 되므로

$$f(m) = P\cos\theta + \frac{P_i}{m} + mP_c$$

$f'(m) = -\frac{P_i}{m^2} + P_c = 0$이면 최솟값이 되므로

$$\therefore\ m = \sqrt{\frac{P_i}{P_c}}$$

077 변압기 손실

500[kVA] 변압기, 손실이 80[%] 부하에서 53.4[kW], 60[%] 부하에서 33.6[kW]일 때 손실과 최고 효율을 구하시오.

1 이 변압기의 40[%] 부하율에서 손실[kW]을 구하시오.

2 최고 효율은 부하율이 몇 [%]일 때인가?

풀이

1 40[%]일 때 손실

$P_l = P_i + m^2 P_c$

$P_{80} = P_i + 0.8^2 P_c = 53.4[\text{kW}]$

$P_{60} = P_i + 0.6^2 P_c = 33.6[\text{kW}]$

$P_c = 70.7[\text{kW}]$

$P_i = 8.15[\text{kW}]$

$P_{40} = 8.15 + 0.4^2 \times 70.7 = 19.46[\text{kW}]$

2 최고효율

최고효율은 철손과 동손이 같을 때이므로 부하율 m은

$P_i = m^2 P_c$

$8.15 = m^2 \times 70.7$

$m = 0.34$

078 변압기 용량 5,000[kVA], 변압기의 효율은 100[%] 부하 시에 99.08[%], 75[%] 부하 시에 99.18[%], 50[%] 부하 시에 99.20[%]라 한다. 이와 같은 조건에서 변압기의 부하율 65[%]일 때의 전력손실을 구하시오(단, 답은 소숫점 첫째자리에서 절상).

풀이

1 전력손실의 계산

$P_l = P_i + m^2 P_c$

$P_i + P_c = 5{,}000 \times (1 - 0.9908) \times 1 = 46$ ………… (1)

$P_i + 0.75^2 P_c = 5{,}000 \times (1 - 0.9918) \times 0.75 = 30.75$ ………… (2)

$P_i + 0.5^2 P_c = 5{,}000 \times (1 - 0.9920) \times 0.5 = 20$ ………… (3)

2 부하율이 65[%]일 때 전력손실

65[%]는 50[%]와 75[%] 사이이므로 식(2), 식(3)을 연립하여 푼다.

$P_c = 34.4$

$P_i = 11.4$

$P_l = 11.4 + 0.65^2 \times 34.4 = 25.934$

$\therefore$ 26[kW]

참고정리

식(1), 식(2)를 연립하여 풀면 다음과 같이 약간의 오차가 발생하나 미미하다.

$P_c = 34.8571$

$P_i = 11.1429$

$P_l = 11.1429 + 0.65^2 \times 34.8571 = 25.87$

$\therefore$ 26[kW]

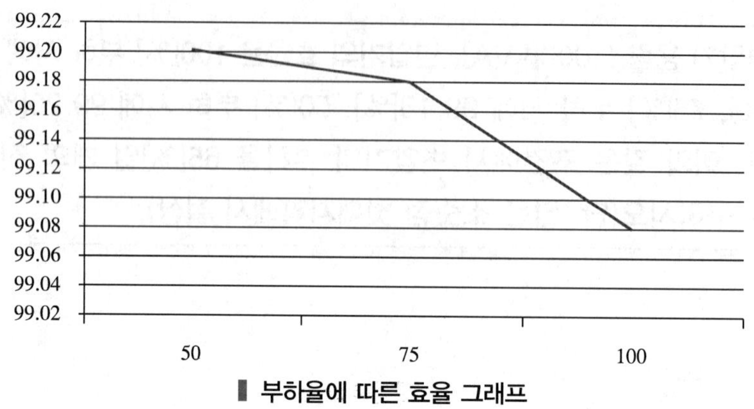

▌부하율에 따른 효율 그래프

079 몰드변압기

1 제작방법의 종류

1) 진공 주형법

① 원 리

금형을 이용하여 진공 상태에서 절연하는 것으로 1차, 2차 코일에 각각 권선, 철심에 동심상으로 분리 배치하는 것

② 특 징

㉠ 냉각효과가 우수하다.
㉡ 사고 발생 시 1차, 2차 코일의 단독 교체가 가능하다.
㉢ 온도 변화 및 과부하 시 크랙 발생 가능성이 작다.
㉣ 내습성 및 내절연성이 우수하다.
㉤ 외관이 미려하다.
㉥ 가격이 비싸다.

2) 함침법

① 원 리

미리 권선 주위에 클래스 클로스 등을 감아서 수지를 함침하는 방법

② 특 징

㉠ 금형을 사용하지 않아 설계가 용이하다.
㉡ 에폭시수지 층이 얇아 내습성, 내절연성이 약하다.
㉢ 주형방식에 비해 전기적 강도가 약하다.
㉣ 권선 표면 오염 시 보수점검이 다소 곤란하다.
㉤ 기포와 이물질의 혼입 가능성이 크다.
㉥ 권선 사고 시 1차, 2차 코일의 단독 교체가 불가능하다.

2 특 성

1) 강한 권선구조

① 권선은 내열성이 강한 유리섬유로 보강하고 에폭시수지로 고진공하에서 주형 제작
② 주형된 권선은 단락에 의한 전자기계력에 강하고 단락강도가 큼

2) 높은 절연내력

권선 표면은 에폭시수지 층으로 고절연내력이 있다.

3) 방재형

① 에폭시수지는 무기물의 충진제가 혼입
② 권선 내부에 아크가 발생해도 발화하지 않고 화재 발생 시 자기소화의 난연성이 있다.

4) 안정적인 절연성능

① 물리적・전기적 특성이 우수하다.
② 주위의 습기, 먼지 등에 영향이 없다.

5) 컴팩트화, 보수점검의 간편화

① 컴팩트한 진공주형으로 권선 제작
② 유입변압기에 비해 중량, 크기가 축소되어 보수가 용이
③ 설치공간이 $\frac{1}{3}$로 감소

3 몰드변압기 장단점

1) 장 점

① 소형이고 반입이 용이하다.
② 단시간 과부하 내량이 크다.
③ 난연성, 효율이 좋다.
④ 관리가 용이하다.
⑤ 내습성, 내구성이 강하다.
⑥ 장시간 정지 후 사용이 가능하다.

⑦ 폭발의 위험이 없다.

2) 단 점

① 가격이 고가
② 소음이 유입식에 비하여 크다.
③ BIL이 유입식에 비하여 낮다.
④ 폐기 시 환경문제가 크다(재사용 어려움).
⑤ 크랙 발생, 먼지, 염해 시 보수가 어렵다.
⑥ 접촉 시 감전의 위험이 있다.
⑦ 옥내에서만 사용이 가능하다.
⑧ 내부고장 시 고장 확인이 어렵다.

080 아몰퍼스 변압기

1 아몰퍼스 변압기 개요

규소 강판 대신 철, 붕소, 규소 등을 혼합한 비정질 자성재료인 아몰퍼스 메탈을 철심의 자성재료에 적용한 변압기

2 아몰퍼스 변압기 특성

1) 무부하손 감소(철손 감소)

① 철손을 $\frac{1}{3} \sim \frac{1}{4}$로 저감

② **히스테리시스손 감소** : 히스테리시스 면적을 작게 하여 손실을 감소시킴

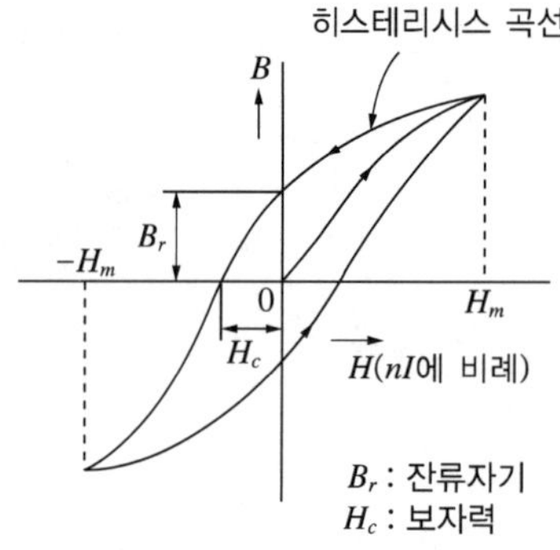

※ 히스테리시스손

- 철심 속에 자속이 통할 때 자기분자 상호 간에 발생되는 마찰손실
- 히스테리시스 루프 면적에 비례함

③ **와류손 감소**

㉠ 자성재료의 두께(0.03[mm] 이하)가 얇으므로 와류손이 경감

※ 와류손

- $P_e = \sigma_e (K_f \cdot f \cdot t \cdot B_m)^2$ [W/kg]
- 와류손은 철심 두께에 비례함

㉡ 무부하손이 작으므로 발열량이 작음

㉢ 손실 절감에 의한 변압기 운전보수비 절감 및 수명 연장

2) 부하율 낮은 곳에 유리

① 철손이 낮아지므로 부하율이 낮은 곳에서 유리

② 주상 변압기로 주로 사용

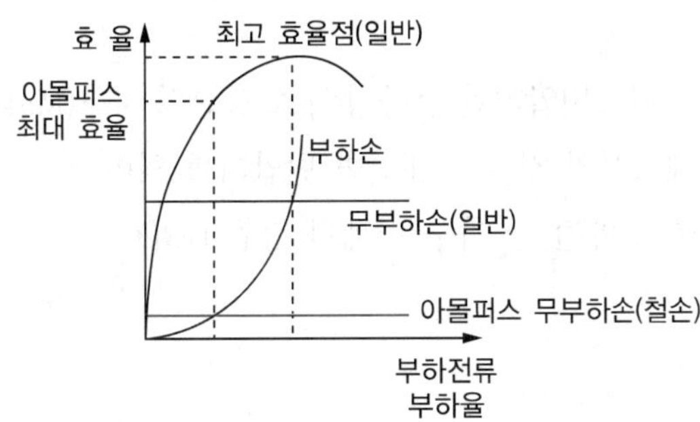

3) 아몰퍼스 변압기의 단점

① 아몰퍼스 메탈 전량 수입 : 생산업체(Allied Signal, G.E, 히타치)

② 재활용 불가

③ 온도특성에 따라 자기특성이 저하 : 150[℃] 이하에서 사용

④ 철심 두께 0.025[mm] 정도

⑤ 점적률이 높아 치수가 커짐

⑥ 충격에 약함

⑦ 자왜현상이 큼

⑧ 변압기 소음으로 인한 민원 발생

⑨ 고가의 변압기

081 자구 미세화 고효율 몰드변압기

1 개 요

① 자구 미세화 고효율 몰드변압기란 방향성 규소 강판의 자구(Magnetic Domain)를 물리적인 방법으로 미세화시켜 철손을 개선한 변압기를 의미

② 규소강판 → 아몰퍼스 메탈 → 자구 미세화 강판 HGO

2 자구 미세화 방법

1) 자구 미세화

방향성 규소 강판의 자구(Magnetic Domain)를 물리적인 방법으로 미세화

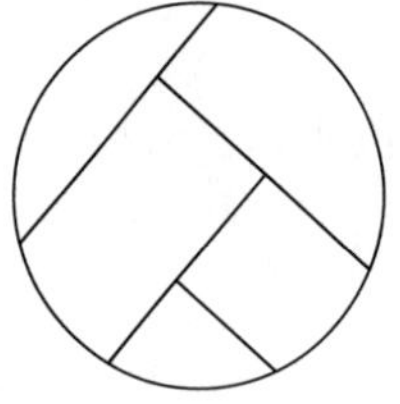

일반 규소 강판

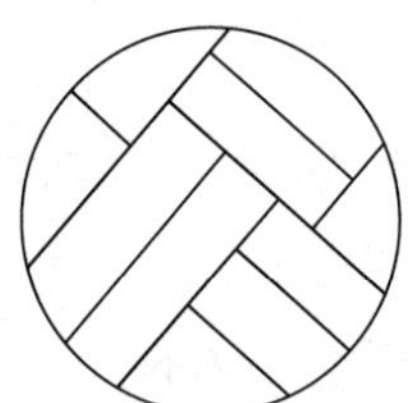

자구 미세화 강판

2) 자구 미세화 방법

① 레이저 처리

② 기어드롤에 의한 기계적 처리

③ 화학적 Etching 방법

3 자구 미세화 고효율 몰드변압기 특성

① 부하손실 30[%] 절감

② 무부하손 50[%] 절감

③ KSC규격 대비 30[%] 이상의 저소음(50[dB] 이하)

④ 20[MVA]까지 대용량 제작 가능

⑤ 과부하 내량 증가로 고조파 대비용 변압기로 사용 가능

⑥ 부하변동이 심한 설비의 전원 공급용으로 적합 : 전철 급전선, 압연설비

⑦ 유지보수가 용이
⑧ 재사용이 가능
⑨ 국내 생산

4 자구 미세화 고효율 몰드변압기 적용분야

① 대용량 전력이 필요한 장소 : 대규모 공장(대용량)
② 조용한 환경을 필요로 하는 장소 : 아파트, 고층 빌딩(저소음)
③ 화재 예방이 중요시되는 장소 : 지하가, 지하철(유입이 아님)
④ 수질오염 등 내환경성이 요구되는 장소 : 수력발전소(유입이 아님)

5 변압기별 비교

구 분	자구 미세화	아몰퍼스	규소 강판	비 고
철 손	50	25	100	100[%] 부하조건
동 손	70	95	100	
부하율	30[%] 이상	30[%] 이하	100[%]	
고조파	K-factor 7 상시운전 가능	불 가	불 가	
소 음	53	70	65	KS규격 : 70
가 격	150	200	100	
과부하운전	115[%] 연속운전 가능	100[%]	100[%]	
제작용량	20[MVA]	5,000[kVA]	30[MVA]	

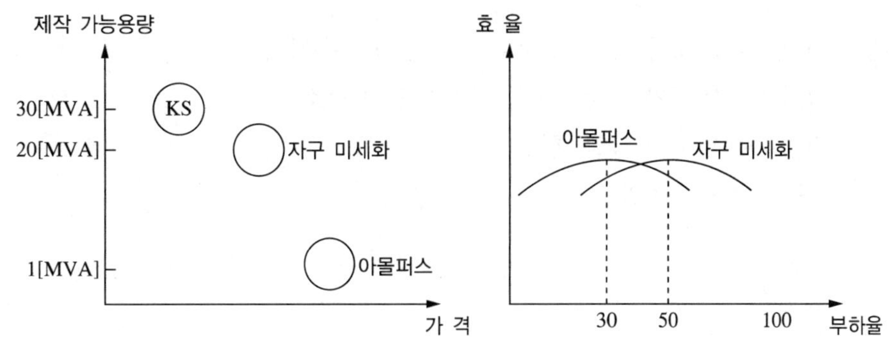

082 하이브리드 변압기

1 개 요

① Zigzag 권선을 6조의 다중 권취법으로 하여 변압 기능 + 고조파 감쇄 + 불평형 개선의 1석 3조 기능을 갖는 변압기를 의미

② 일반 변압기에 비해 고효율·저손실·저소음 기능을 향상시킴

2 변압기의 발전과정

구 분	KS표준 변압기	아몰퍼스 변압기	저소음 고효율 변압기	하이브리드 변압기
코 어	규소 강판	아몰퍼스 코어	자구 미세화	아몰퍼스, 자구 미세화
기 능	변압기능	철손 감소	동손, 철손 감소	고조파, 불평형 개선, 역률 향상

3 하이브리드 변압기 필요성

1) 고조파 증가

분산형 전원의 증가, 전력변환기기의 증가, OA기기의 증가 → 고조파 증가 → 전력품질 저하 → 효율 감소, 고조파로 인한 각종 문제 발생

2) 고조파로 인한 문제

① 콘덴서 : 실효치 증가, 단자전압 상승, 실효용량 증가

② 변압기 : 동손 증가, 철손 증가, 변압기 출력 감소

③ 발전기 : 댐퍼 권선 과열, 헌팅 발생

④ 케이블 : 중성선 과열

4 하이브리드 변압기 구성

1) 권선법 / 벡터도

① Zigzag 권선을 6조의 다중 권취법으로 하되 각상에서 정방향과 역방향의 권선비를 갖고 권선을 u상 → w상 → v상 순으로 반복 권취

② 각상의 자속이 교변하는 과정에서 동차수 고조파를 상호 상쇄시키는 원리

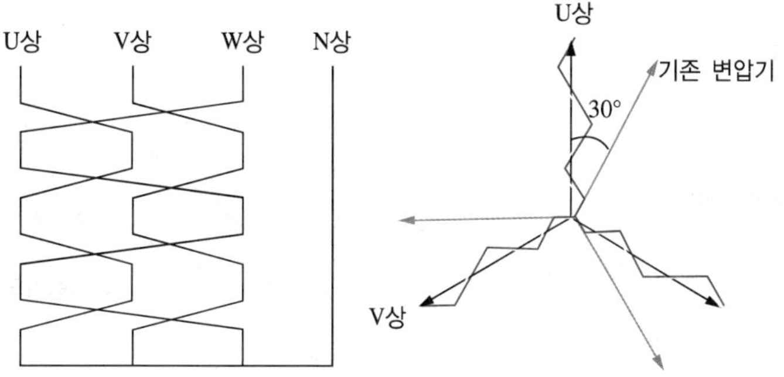

2) 외형도

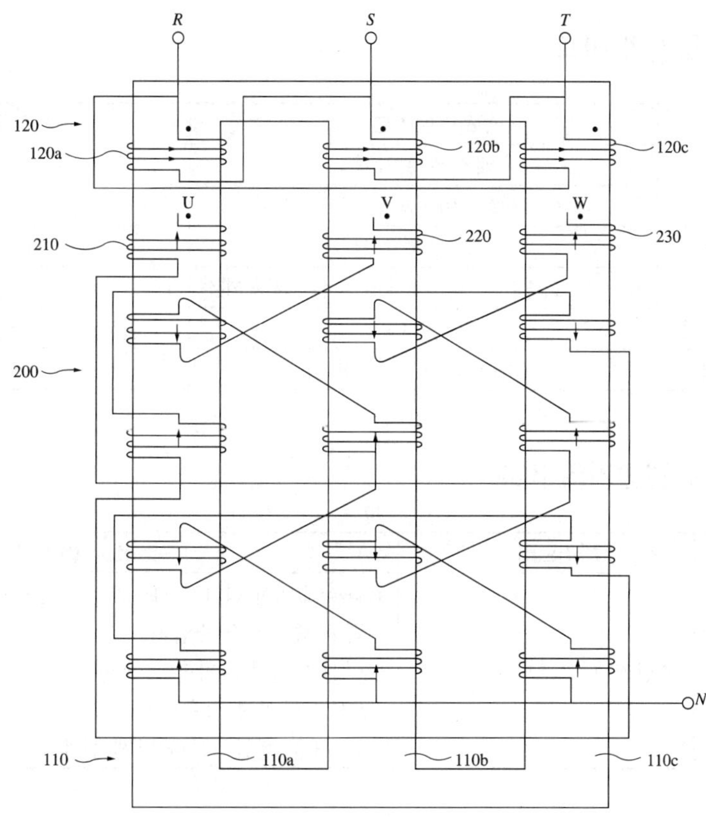

5 하이브리드 변압기 효과

1) 고효율 저손실

① 고조파를 70[%] 정도 감소(5, 7, 11 고조파 감쇄)
② 불평형률을 40[%] 정도 감소
③ 손실이 6[%] 정도 감소

2) 소음 개선

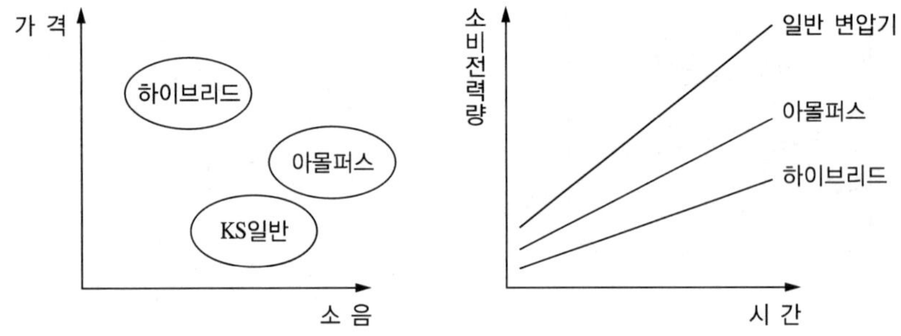

6 기존 변압기와 비교

구 분	하이브리드	기존 변압기
용 도	배전용 변압기	배전용 변압기
철 심	자구 미세화, 아몰퍼스, 규소 강판	자구 미세화, 아몰퍼스, 규소 강판
권선법	지그재그 권선	일반 권선
기 능	변압기, 고조파 감쇄, 불평형 개선, 역률 개선	변압기
고조파 예방	자체로 예방	필터, K-factor 변압기 사용
가 격	고가(제품이 5[%] 커짐)	저 가

7 K-factor 변압기와 비교

구 분	하이브리드	K-factor 변압기
용 도	변압기 + 고조파 감쇄기능	고조파에 의한 변압기 권선의 온도 상승에도 견딜 수 있도록 내력을 증가시킨 변압기 △권선 : 권선 굵기를 굵게 함 Y권선 : 중성점 접속부를 300[%]로 설계 %Z : 표준 변압기보다 낮게 설계

8 지그재그 권선 변압기와 비교

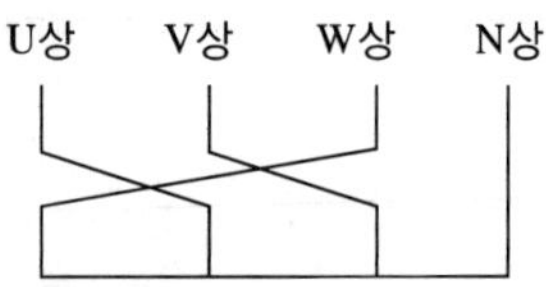

지그재그 권선 변압기 특징
• 영상 고조파 및 기계력 감소효과
• 지그재그 권선은 불평형 개선 및 손실 감쇄효과가 미미함

9 결 론

1) 다기능성

① 변압기능 + 고조파 감쇄 + 불평형 개선의 1석 3조 기능을 갖는 변압기

② 일반 변압기에 비해 고효율・저손실・저소음 기능을 향상

2) 친환경성

전력 품질을 개선시켜 전력손실을 줄임으로써 에너지 절약 및 탄소 배출을 억제

3) 공간 절약

변압기와 고조파 필터가 융합된 일체형 제품으로서 설치공간을 최소화

083 단권변압기

1 개 요

단권변압기는 1차, 2차 양회로에 공통된 권선 부분을 가진 변압기로 승압기, 기동보상기 계통의 연결 등에 사용한다.

2 단권변압기의 용량

1) 2권선 변압기와 단권변압기 비교

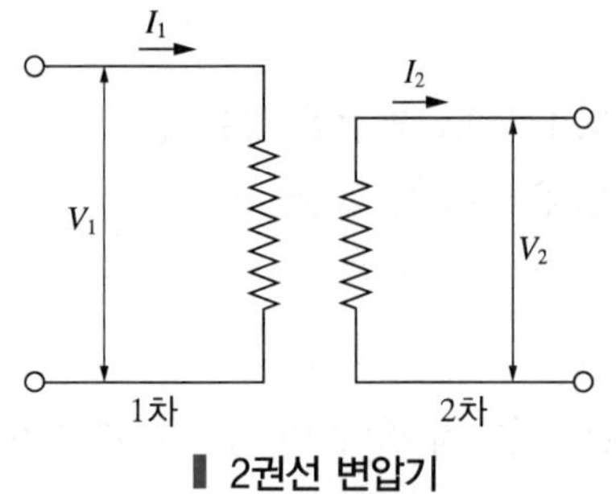

▌2권선 변압기

직렬권선
I_1
I_2
V_1
V_2
분로권선
I_2-I_1

▌단권변압기

① **2권선 변압기 자기용량**

$$P_S = P_L = V_1 I_1 = V_2 I_2$$

여기서, P_S : 자기용량, P_L : 선로용량

② **단권변압기의 자기용량**

$$P_S = P_L = (V_1 - V_2) I_1$$

③ **자기용량과 부하용량의 비**

$$\frac{P_S}{P_L} = \frac{(V_1 - V_2)I_1}{V_2 I_2} = \frac{(V_1 - V_2)I_1}{V_1 I_1} = 1 - \frac{V_2}{V_1}$$

3 단권변압기 장단점

1) 장 점

① 권선이 생략되므로 중량, 가격이 감소한다.

② 분로권선에는 1차와 2차의 차전류가 흘러서 동손이 작다.

③ 효율이 높다(1, 2차 전압차가 가까울수록 경제적임).

④ %Z가 $\left(1-\dfrac{E_1}{E_2}\right)$배 작으므로 전압변동률이 작다.

⑤ 자기용량 $P_S = P_n\left(1-\dfrac{E_1}{E_2}\right)$이므로, 작은 용량의 변압기로 큰 부하를 걸 수 있다.

2) 단 점

① 임피던스가 작으므로 단락전류가 크다.

② 열적·기계적 강도를 크게 해야 한다.

③ 충격전압은 직렬권선에 걸리므로 적절한 절연설계가 필요하다.

④ 저압 측도 고압 측과 같은 절열수준이 필요하다.

⑤ 초고압 계통에서는 1차, 2차 모두 중성점 직접접지계통이어야 한다(지락전류 감소 목적으로 Floating시키는 경우 중성점에 피뢰기를 설치해야 한다).

4 주요 용도

① 가정용 소형 승압기(Booster)

② 실험용 슬라이닥

③ 전력 계통 변압기 : 단상 3권선 단권변압기 3대 YY△ 결선

084 초전도변압기

1 개 요

초전도 권선을 통해 변압기 동손을 감소하여 효율을 극대화한 변압기

2 초전도변압기 구조

① 기본 구조는 일반 변압기와 크게 다르지 않음
② 초전도 권선을 냉각시키기 위한 극저온용기 안에 초전도 권선을 설치 후 액체질소로 냉각
③ 냉각효율 측면에서 철심은 상온 유지

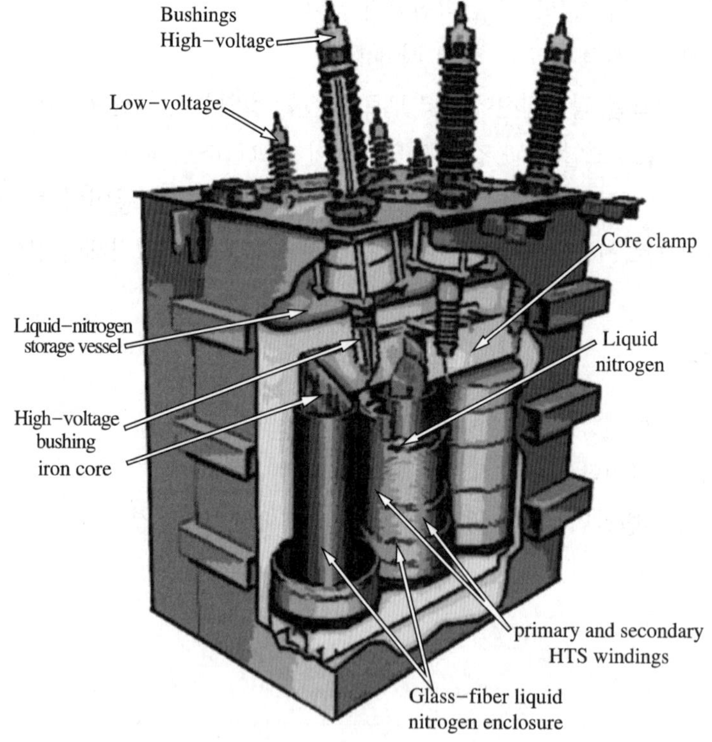

3 초전도변압기 개발효과

① 변압기 전력손실이 획기적으로 감소
② 변압기 수명 증가
③ 30[MVA] 이상 변압기가 경쟁력이 있음

4 초전도변압기 특징

1) 변압기 손실

동손이 0이 되고 나머지 손실은 그대로 발생

2) 냉각방식

① **액체질소 순환방식** : 액체질소를 순환시키는 방식으로 구조가 복잡하다.
② **액체질소 비순환방식** : 액체질소를 순환시키지 않고 지속적으로 공급하는 방식
　㉠ 구조가 간단하나 냉각손실이 큼
　㉡ 대용량 변압기에 적합

3) 변압기 무게(30[MVA] 용량을 기준)

① 일반 유입 변압기 30[ton]
② 순환방식 초전도 변압기는 24[ton]
③ 비순환방식의 경우 16[ton]

4) 전류특성

① 임계전류에 의해 제한을 받음
② 극저온에서 적용할 초고압기기 개발 필요

5 초전도 변압기 장점

1) 효율 상승

동손이 감소하여 효율이 상승

2) 부피 감소

냉각장치 등의 부대시설이 증가하나 동량을 20~100배 정도 줄일 수 있어 부피가 감소한다.

3) 친환경

① SF_6, 절연유 대신 질소 사용

② 화재 위험이 감소하고, SF_6 사용 감소로 친환경적임

4) 과부하 내량이 큼

① 절연열화가 안 됨 : 변압기 수명이 증가

② 200[%] 과부하에서도 양호한 특성

6 향후 전망

① 초전도변압기는 일반 변압기가 가지고 있는 용량과 수명의 한계를 극복할 수 있다.

② 향후 기술개발에 의해 초전도변압기가 상용화되면 전력계통의 신기원을 이룩할 수 있다.

③ 초전도 선재의 경우 대량화가 진행되면 경제성 문제도 해결될 수 있다.

085 콘덴서형 계기용 변압기(CPD ; Capacitor Potential Device)

1 개 요

콘덴서형 계기용 변압기란 철심형 변압기의 경우 전압이 높아지면(66[kV] 이상) 크기가 커져서 고가로 되므로 콘덴서를 이용해서 전압을 분압하도록 한 계기용 변압기

2 CPD 구성 및 원리

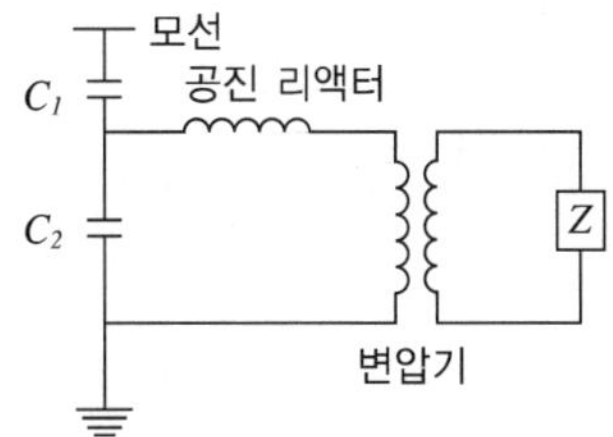

철심에 권선을 감아서 변압기 형태로 사용하는 전압변성기는 고전압(66[kV] 이상)이 될수록 크기가 커져서 고가로 되므로 콘덴서를 이용해서 전압을 분압하도록 한다.
공진 리액터와 $C_1 + C_2$를 공진시켜 오차를 최소화한다.

3 CPD 종류

1) CCPD(Coupling Capacitor Potential Device) 결합콘덴서형

변성특성이 뛰어남

2) BCPD(Bushing Capacitor Potential Device) 부싱형

① 경제적이나 2차 부담이 적어야 한다.
② 대지 간 정정용량을 이용한다.

3) 공진 리액터 접속위치에 따른 분류

① 1차 리액터형
② 2차 리액터형
③ 누설 변압기형

4 CPD 특성

① 공진용 리액터를 탭에 의해 조정 : 탭 조성 시 과도현상이 수반

② 고조파 함유가 높을 경우 정확한 측정이 곤란하다.

③ 시스템이 복잡하다.

④ 변압기 권선 및 공진 리액터의 저항분을 작게 하여 CPD 특성을 개선한다.

086 3권선 변압기

1 3권선 변압기의 구조

1개의 철심에 3개의 권선이 감긴 형태이다.

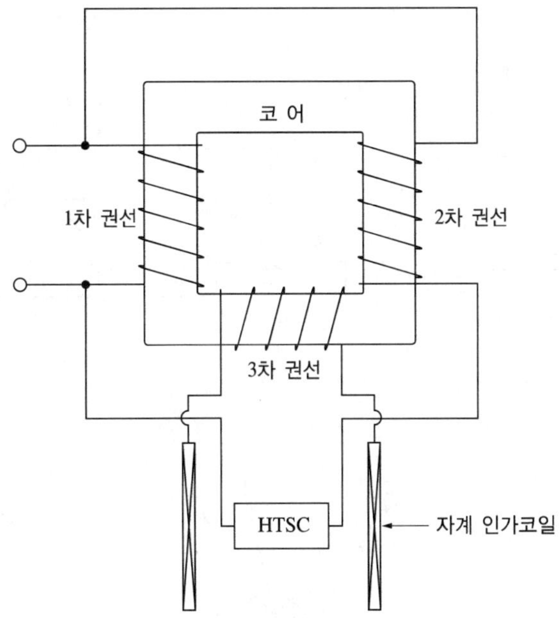

2 3권선 변압기 용도 및 특징

① 영상 고조파 제거 : 3차 권선에 △결선하여 고조파가 유출되는 것을 방지

② 발전소 내 전력 공급용으로 설치

③ 2종 전원 필요시 설치(2대 변압기 설치 못하는 경우)

④ 전압이 다른 두 계통에서 수전하여 3차 전력 공급 시 설치

⑤ 유도장해 경감용으로 설치

⑥ 전압변동 경감대책용으로 설치

⑦ Y-Y 결선으로 절연비를 경감하고자 할 때 설치

⑧ Y-Y 결선으로 위상차를 없게 할 때 설치

⑨ Y 결선으로 중성점 접지하여 전위를 안정화시킬 필요가 있을 때 설치

⑩ 2차 권선에 유도성 부하가 있는 경우 3차 권선에 진상용 콘덴서를 설치하면 1차 회로의 역률을 개선

087 V–V 결선

1 개 요

단상 변압기 2대를 이용하여 3상 전압으로 변환하기 위한 결선법

2 V–V 결선도

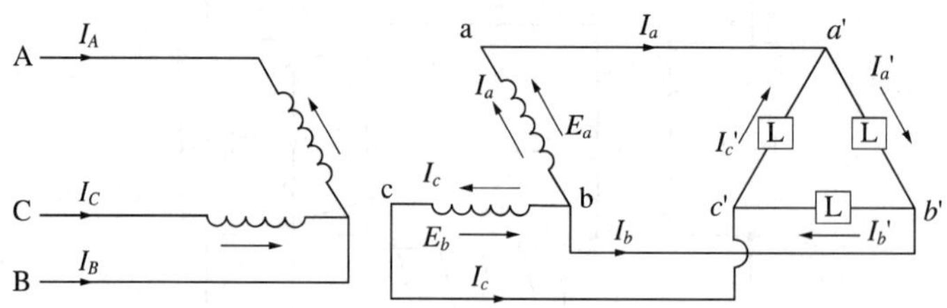

3 V–V 벡터도

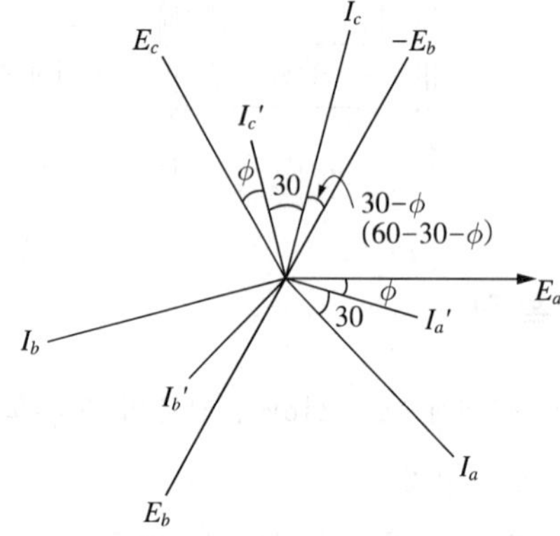

4 V–V 결선 변압기에 걸 수 있는 부하용량

1) 평형 3상 전압 인가 시

$E_{ba} = E_{ca} = E_{bc} = E$

$I_a = I_b = I_c = I$이면

2) 변압기 용량

$$
\begin{aligned}
P &= P_{ab} + P_{bc} = E_a I_a \cos(30+\phi) + E_b I_c \cos(30-\phi) \\
&= EI(\cos(30+\phi) + \cos(30-\phi)) \\
&= \sqrt{3}\, EI\cos\phi
\end{aligned}
$$

3) 변압기 출력

$$\frac{P_V}{P_\triangle} = \frac{\sqrt{3}\, EI\cos\phi}{3\, EI\cos\phi} = 0.577$$

4) 변압기 이용률

$$\frac{P_V}{P_\triangle} = \frac{\dfrac{\sqrt{3}\, EI\cos\phi}{2}}{\dfrac{3\, EI\cos\phi}{3}} = 0.866$$

5 전압변동률과 역률관계

평형 3상 부하에 있어서 V결선 뱅크의 전압변동률은 상마다 다르고 역률(θ는 역률각)에 따라 변화한다.

$$\varepsilon_{ab} = \frac{IR\cos(30+\theta) + IX\sin(30+\theta)}{E}$$

$$\varepsilon_{bc} = \frac{IR\cos(-30+\theta) + IX\sin(-30+\theta)}{E}$$

$$\varepsilon_{ac} = \varepsilon_{ab} + \varepsilon_{bc}$$

6 V-V 결선이 유도전동기에 미치는 영향

① 각상의 전압강하가 다르기 때문에 유도전동기에는 불평형 3상 전압이 가해진다.

② 정상전류 이외에 역상 및 영상전류가 흐른다.

③ 역상전류는 역방향 토크를 발생시킨다.

④ 영상전류는 전동기 온도를 상승시킨다.

088 역V 결선, 스코트 결선

1 역V 결선

b상 코일의 b'점을 중성점에 접속하는 대신 b점을 중성점에 접속하면 2상의 전원으로 3상의 전원을 얻을 수 있다.

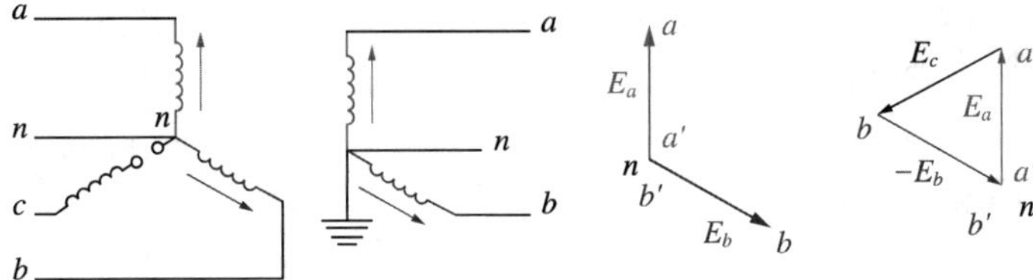

2 스코트 결선

Scott 결선변압기는 변성비가 다른 단상변압기 2대를 이용하여 3상 전원을 Vector각이 90°인 2개의 단상 전원으로 출력되도록 한 변압기

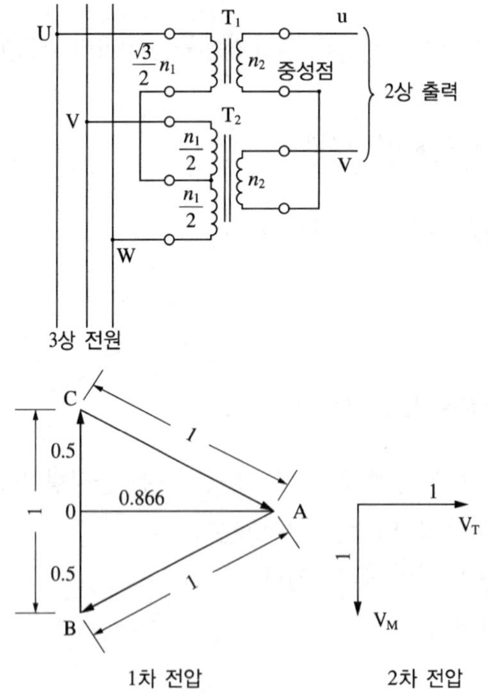

① Tr. 1에는 1차 측 권수비 $\frac{\sqrt{3}}{2}n_1$에 결선

② Tr. 2에는 1차 측 권수비 $\frac{n_1}{2}$에 결선

089 1 : 1 변압기(흡상 변압기, Booster Transformer) 설치 이유와 갖추어야 할 특성

1 1 : 1 변압기를 사용하는 이유

1) 송전선로의 정전용량이 너무 큰 경우

송전선로가 길어 정전용량이 너무 크면 경부하 시 발전기 자기여자현상 등이 발생해서 모선전압이 상승하는 등의 문제가 발생하므로 이를 방지하기 위해서 일종의 리액터로 사용하는 것이다.

2) 단락용량을 감소시키기 위한 경우

전원의 단락용량이 너무 커서 차단기의 차단용량 등에 문제가 있을 때 적용해서 변압기 임피던스에 의해 단락용량을 경감시킨다.

3) 절연변압기로 사용하는 경우

① 병원, 수영장 등에서 감전사고를 예방하기 위해서 비접지 절연변압기를 사용한다.
② 절연변압기는 1차에 침입하는 노이즈 및 서지가 2차로 이행되는 것을 억제하는 효과도 있다.

4) 3배수 고조파 유출을 방지하기 위한 경우

변압기를 Δ-Y 또는 Y-Δ 결선하면 부하 측에서 발생한 3배수 고조파는 Δ 결선 내를 순환하고 전원 측으로 유출되지 않는다.

5) 전기철도에서 흡상 변압기를 사용하는 경우

① 교류전기철도에서는 다음 그림과 같이 25[kV] 단상으로 한 선은 급전선에 접속되고 다른 한 선은 레일에 접속된다.
② 레일은 대지와 절연이 되어 있지 않기 때문에 귀로전류가 레일만 따라 흐르지 않고 일부는 대지로 유출된다.

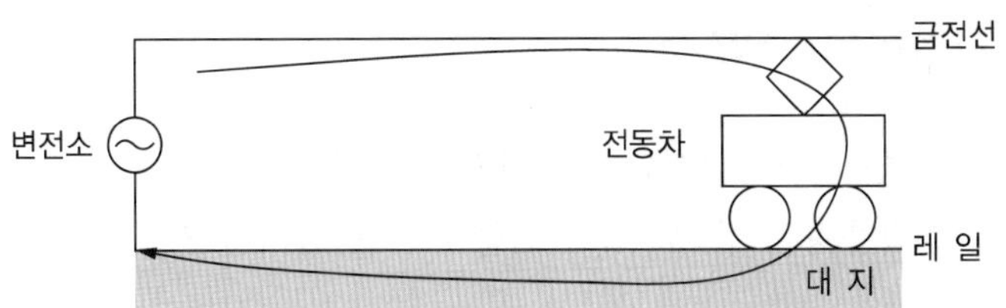

전식, 감전, 유도장해

③ 전류가 대지로 누출되면 대지전위가 상승하여 인근 기기에 악영향을 주고 감전의 위험도 있으므로 1 : 1 변압기를 사용한다.

④ 1 : 1 변압기는 1차에 흐른 전류만큼 2차에도 전류가 흘러야 하기 때문에 레일에 흐르는 전류를 강제로 부급전선으로 끌어올리는 역할을 하는데 이런 변압기를 흡상변압기라고 한다.

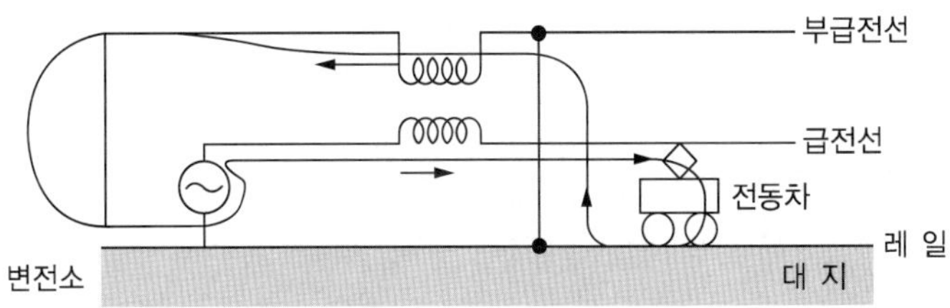

6) 공항의 항공등화용으로 사용하는 경우

① 항공등화는 장거리에 걸쳐서 설치되기 때문에 병렬로 사용 시 말단에서는 전압강하 때문에 정전류형의 직렬방식으로 한다.

② 다음 그림에서 CCR(Constant Current Regulator)는 정전류 공급장치로 전류의 크기는 보통 6.6[A]이고 용량은 2차에 걸리는 부하에 약간의 여유를 두어 선택한다.

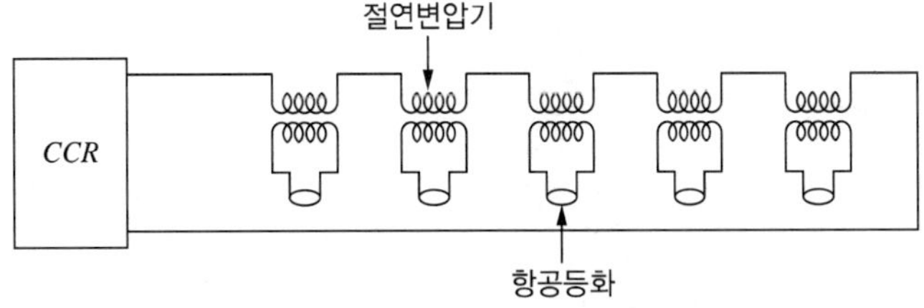

③ 직렬회로에 사용되는 변압기는 권수비 1 : 1의 절연변압기로 정상 상태에서는 자기적으로, 불포화이나 2차 회로가 개로된 상태에서는 1차 회로의 안전성을 위해 자기적으로 포화상태가 되도록 하며, 2차 회로 단락 시에는 무부하 상태가 된다.

2 1 : 1 변압기가 갖추어야 할 특성

① 임피던스 중에 저항분이 작아 전력손실이 작아야 한다.

② 송전선로용 또는 단락용량을 경감시키기 위한 1 : 1 변압기는 저항이 작고 리액턴스는 커야 한다.

③ 절연변압기, 항공등화용 변압기, 흡상변압기, 고조파 유출을 방지하기 위한 변압기는 % 임피던스가 작아 전압강하가 작아야 한다.

④ 1, 2차 코일의 혼촉이 발생하지 않아야 한다.

090 Noise 대책 변압기

1 절연변압기(Insulating Transformer)

일반 트랜스(General Transformer)

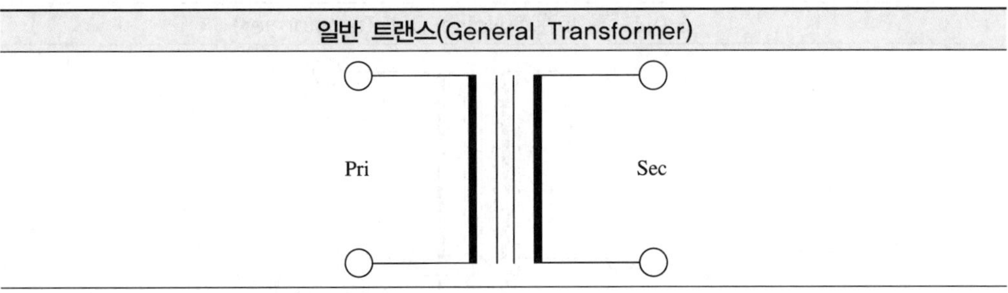

Common Mode, Normal Mode 노이즈 모두 통과

① 권선비가 1 : 1인 복권변압기

② 1, 2차코일 사이가 절연되어 있어 1차 측의 전압, 전류가 2차 측에 직접적으로 전도되는 것을 방지하고 있다.

③ EMC 용품으로는 부적합한 변압기

2 실드변압기(Electrostatic Shielded Transformer)

1차 차폐트랜스(Primary Shield Transformer)

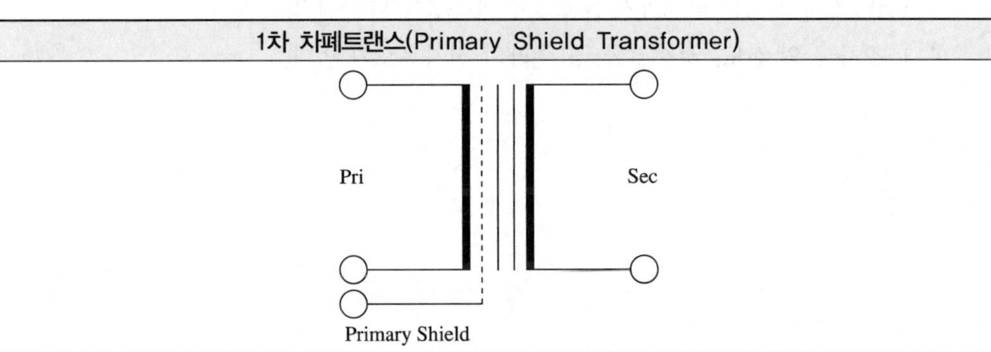

Normal Mode 노이즈는 통과 / Common Mode 노이즈의 고주파는 통과
비교적 저주파수 영역은 방지

① 절연변압기의 구조에 추가로 코일 사이와 변압기 외부에 정전 차폐판을 감아서 1차 측의 전압, 전류에 포함되어 있는 고주파 노이즈가 분포 정전용량을 통해 2차 측에 전달되는 것을 방지하고 있다.

② Pulse 성의 Normal Mode Line Noise에 대해서는 차폐능력이 없어, 노이즈 입력 시 후단의 기기에 치명적일 수 있다.

③ EMC 용품으로는 엄밀히 부적합한 변압기

④ 1차, 2차 간의 전도 및 정전결합이 없다.

3 노이즈 차폐 변압기(Noise Cut Transformer)

노이즈 컷 트랜스(Noise Cut Transformer)

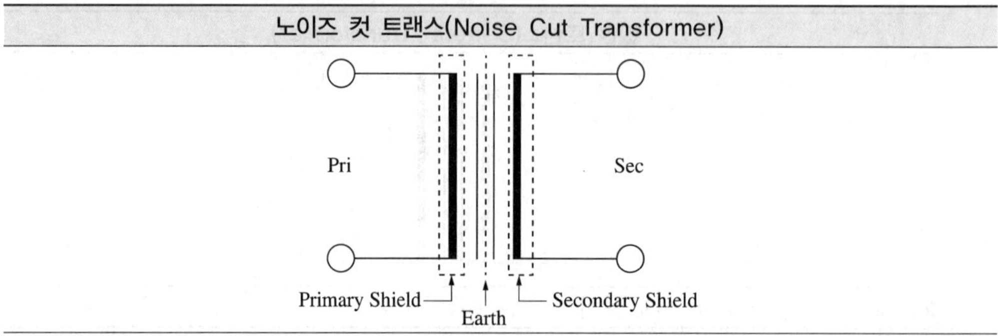

Normal Mode, Common Mode 노이즈 모두 Cut Out

① 처음부터 노이즈 방지용으로 개발된 EMC용 변압기

② 절연변압기의 구조에 추가로 코일과 변압기 외부에 다중의 정전 차폐판을 설치하고 특히, 코어와 코일의 재질과 형상을 고주파의 자속이 코일 상호적으로 쇄교 하지 않도록 만들어 분포 정전용량 및 전자 유도에 의한 노이즈의 전달을 방지하고 있다.

③ 정전, 전자결합 및 전자유도 현상에 대한 대책을 고려한 다중 실드 구조로서 VLF ~ VHF 까지의 넓은 범위에서 Noise 감쇠특성을 나타낸다.

④ 1 · 2차 간의 전도, 정전결합, 고주파의 전자유도가 없다.

091 변압기 단락강도 시험방법과 시험전류

1 ANSI/IEEE에 의한 시험방법

1) 시험전류

변압기 대칭단락 시험전류는 변압기 정격전류, 일정 Tab에서의 변압기 임피던스 Z_t, 변압기가 결선된 계통의 임피던스 Z_s를 기준으로 다음과 같이 계산한다.

$$I_{\text{test}} = \frac{I_r}{Z_t + Z_s} \text{ [A]}$$

여기서, I_r : 일정 탭에서의 정격전류(실효치)

Z_s : 계통 임피던스(pu)(일반적으로 무시)

Z_t : 상기 탭에서의 변압기 임피던스(pu)

2) 시험지속시간

① 시험시간은 0.25초로 하되 장시간 시험전류는 다음 식으로 계산된 시간으로 한다.

② 시험지속시간$(t) = \dfrac{1,250}{I^2}$ [sec]

여기서, $I = \dfrac{I_{\text{test}}}{I_r}$

3) 시험방법

위의 식에 의해서 계산된 시험전류를 각상에 2회씩 총 6회 통전한다. 이 중 1회는 장시간 전류시험을 실시한다.

2 IEC에 의한 시험방법

1) 시험전류

IEC에서도 대칭단락 시험전류는 변압기 정격전류, 일정 Tab에서의 변압기 임피던스 Z_t, 변압기가 결선된 계통의 임피던스 Z_s를 기준으로 다음 식으로 계산한다.

$$I = \frac{U}{\sqrt{3}\,(Z_t + Z_s)}$$

여기서, I : 대칭단락전류(실효치)
U : 시험되는 탭과 권선의 정격전압[kV]
Z_t : 시험되는 탭과 권선의 단락 임피던스[Ω/상]
Z_s : 계통의 단락 임피던스

$$Z_t = \frac{Z_t \times U_r^2}{100 \times S_r}$$

여기서, Z_t : 기준 온도에서의 임피던스
U_r : 탭의 정격전압
S_r : 변압기의 정격용량[MVA]

$$Z_s = \frac{{U_s}^2}{S}$$

여기서, U_s : 계통의 정격전압[kV], S : 계통의 단락용량[MVA]

2) 시험지속시간

시험시간은 변압기 정격출력이 2,500[kVA] 이하인 경우 0.5초로 하고, 2,500[kVA] 초과하는 경우 0.25초로 한다.

3) 시험방법

시험횟수는 각상에 3회씩 총9회로 한다.

3 결 론

① ANSI/IEEE와 IEC 규격에 의한 대칭단락 시험전류로 열적 강도를 비교한 경우, 그 결과는 동일하다.

② 변압기 단락강도시험은 비대칭단락 시험전류에 의한 기계적 강도까지 함께 검토되는 것이 바람직하다.

③ I^2t의 합은 ANSI/IEEE가 IEC에 비해 훨씬 크기 때문에 보호계전기 세팅 시에는 ANSI POINT($I^2t=1,250$)를 활용하고 있다.

참고정리

1 ANSI(American National Standard Institute) : 미국표준협회
2 IEEE(Institute Electrical and Electronics Engineers) : 전기전자공학 국제전문가
3 IEC(International Electrotechnical Commission) : 국제전기표준회의

092 변압기 발주 시 검토사항 및 시험

1 개 요

① 변압기 검토사항이란 변압기 기획설계가 완료된 후 시방서 작성에 관련된 사항을 검토하는 것이다.

② 발주 시 검토사항은 관리적 측면에서 관리할 사항과 기술적 측면에서 검토할 사항으로 분류된다.

㉠ 관리적 측면에서 검토할 사항

- 예상 소요예산
- 납기일자
- 변압기 지급방법 : 관급, 사급
- 발주방법 : 수의 계약, 최저 입찰, 종합 입찰 등

㉡ 기술적 측면에서 검토사항

설치조건, 적용 규격, 상수 등

2 변압기 발주 시 기술적 검토사항

① **설치조건**

주위온도, 습도, 기압, 표고 등 설치되는 주위조건에 따른 검토 필요

② **적용규격**

KS, ESB(한전규격) 등

③ **상 수**

단상, 3상

④ **정격용량**

표준용량으로 선정, 냉각방식

⑤ **전 압**

1·2차 전압명기, 1차 측 Tap 전압 선정

⑥ **결 선**

Y－Δ 결선 구분, 고・저압 혼촉방지판 부착 여부 등

⑦ **주파수**

50[Hz], 60[Hz]

⑧ **전압절환방식**

NLTC, OLTC 중 선정

⑨ **부하조건**

㉠ 연속 또는 단시간 정격 여부

㉡ 부하의 성격 및 내용 명기(기동부하 크기 등)

⑩ **벡터도**

1차, 2차 간에 각변위가 지정된 경우 명기

⑪ **수 량**

발주 수량 명기

⑫ **전기적 특성**

㉠ %임피던스 별도 요구기능

㉡ 병렬운전 변압기 명판 첨부

⑬ **온도 상승**

적용 규격에 따름

⑭ **부싱의 인출방법**

접속케이블, 버스덕트 구조, 접속도 명시

⑮ **절연유 열화 방지방식**

밀폐형, 개방형, 질소밀봉식, 다이어프램 컨서베이터식

⑯ **Base**

하부 Base, Foundation 명기

⑰ **도 장**

Munsell No로 지정

⑱ **취부 부속품**

사용 용도 필요에 따라 명기

3 변압기시험

① **구조 및 외관시험**

변압기 부품, 취부 및 외관의 상태 및 치수

② **여자돌입전류 및 무부하시험**

저압 측에 정격주파수, 정격전압을 가해서 철손과 여자전류 측정

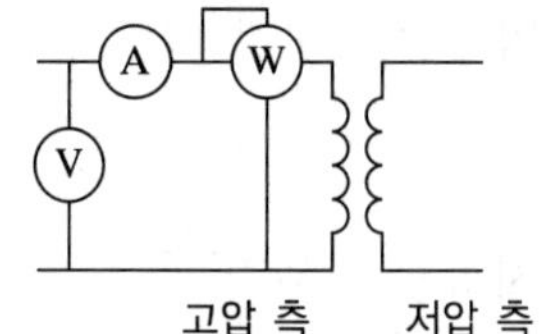

③ **임피던스 전압 및 단락시험**

㉠ 변압기의 단락전류를 알기 위하여 사전에 행하는 변압기 임피던스를 알기 위하여 정격전류가 흐르도록 인가하는 전압을 임피던스 전압이라 한다.

㉡ 단락시험

정격주파수의 전원을 사용하여 정격전류가 흐르게 되는 전압(임피던스 전압)을 가하고, 그때 전력계의 지시로부터 임피던스 와트를 측정한다.

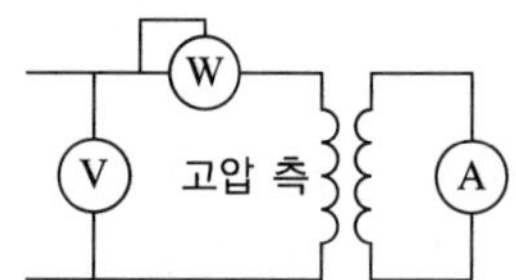

④ **상용주파 내전압 시험**

㉠ 권선과 대지 간, 권선 간에 절연강도시험

㉡ 시험전압을 1분간 가하여 절연파괴시험

⑤ **절연유 시험**

시료 채취 → 절연내력시험, 산가도시험

⑥ **권선의 저항시험**

권선의 저항 측정

⑦ **권선비시험**

1차, 2차 권선비 확인 시험

⑧ **각변위시험**

㉠ 위상차 Kick법을 이용하여 각변위 시험

㉡ 변압기 결선을 확인하기 위한 시험

㉢ 각변위시험을 통해 극성 확인이 가능

⑨ **유도 절연내력시험**

1차, 2차 코일의 절연상태를 파악하는 시험으로 정격전압×2배

⑩ **충격전압 시험**

㉠ 1.2×50[μs] 인가하여 절연 상태 확인

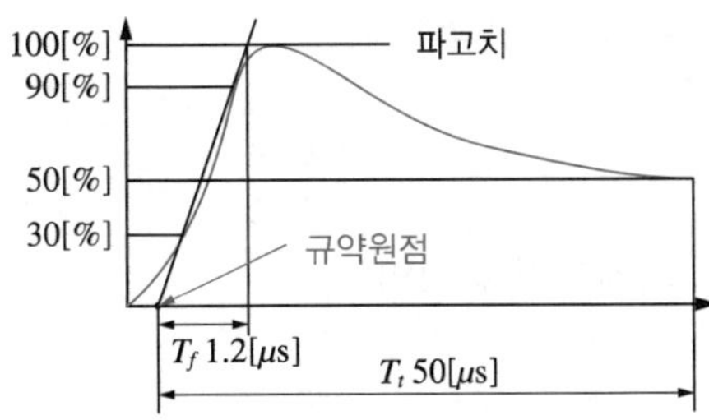

파두장

전압파는 30~90[%]까지의 시간×1.67

전류파는 10~90[%]까지의 시간×1.25

파미장

규약원점에서 50[%]로 감쇄할 때까지의 시간

파두준도

파고치를 파두장으로 나눈 것

㉡ 50~70[%] 정도의 낮은 충격파를 가한 후 전파(Full Wave)를 가한다.

㉢ 해당 기기의 BIL과 같은 크기의 충격파전압을 충전부와 대지 간에 음양 각 3회씩 인가하여 변압기의 이상 유무는 접지선에 흐르는 전류의 파형을 분석해서 판별한다.

⑪ **온도상승시험**

변압기 각종 손실을 공급하여 포화시킨 후 규정치 이내 온도 상승 확인

㉠ 실부하법

- 소용량 변압기에 사용
- 물저항기, 금속저항기 등이 사용

㉡ 반환부하법

두 대 이상의 동일 정격의 변압기가 있는 경우

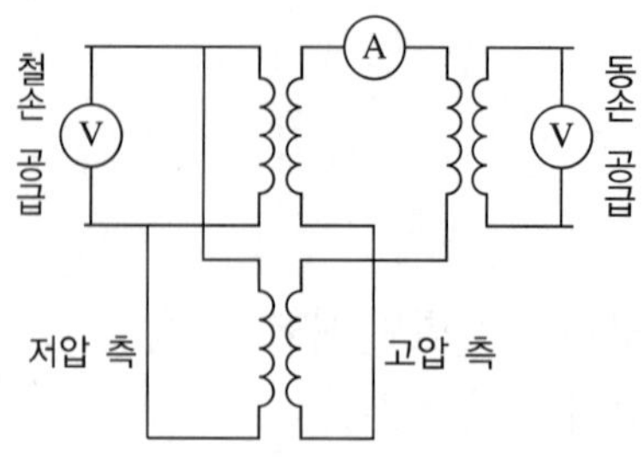

㉢ 등가부하법

단락시험과 같이 결선하고 유도전압조정기로 등가전류를 흘림

$$I_{eq} = I_N \times \sqrt{\frac{\text{동손} + \text{철손} + \text{표유부하손}}{\text{동손}}} \ [\text{A}]$$

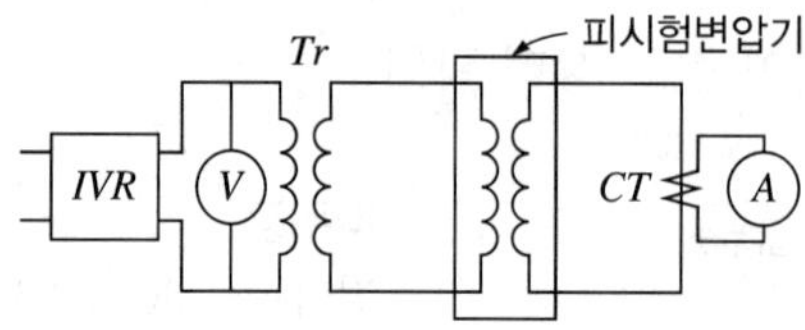

⑫ 극성시험

① 직류전원으로 전압 인가하면 순간적으로 지침이 움직임

② 정방향이면 감극성

③ 대부분의 변압기는 감극성을 사용

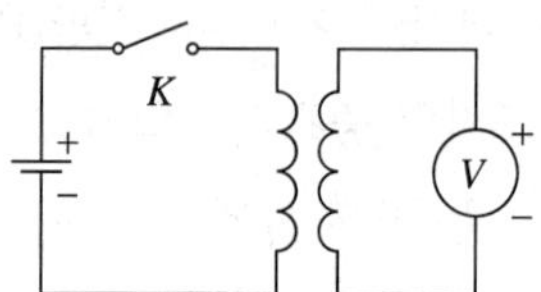

⑬ 유도 내전압시험

㉠ 유도 내전압시험

각 상의 권선 간, 층 간, 턴 간, 탭 간, 단자 간의 절연강도시험

㉡ 시험방법

- 시험전압은 일반적으로 고압 권선을 개방한 상태에서 저압 권선에 인가하여 규정 시험전압을 유기시킨다.
- 시험주파수 100~500[Hz]를 사용한다.
- 자기포화 방지를 위해 높은 주파수를 사용한다($\because \phi \propto \frac{E}{f}$).

㉢ 시험시간

- 시험 전압의 주파수가 정격주파수의 2배 이하인 경우에는 1분으로 하고, 2배를 초과하는 경우 다음 식에 의해 산출한다.

$$T = 120 \times \frac{\text{정격주파수}}{\text{시험주파수}} [\text{sec}]$$

⑭ **유전정접시험(비파괴시험)**

① 쉐링 브리지를 이용하여 측정

② 절연 상태가 양호하면 피측정기기는 완전한 콘덴서가 된다(전류 위상이 90° 앞섬).

③ 열화가 발생하면 전류의 위상이 90° 이하가 되므로 R_a, C_a를 가변하여 측정한다.

④ $\tan\delta = 2\pi f C_a R_a$가 된다.

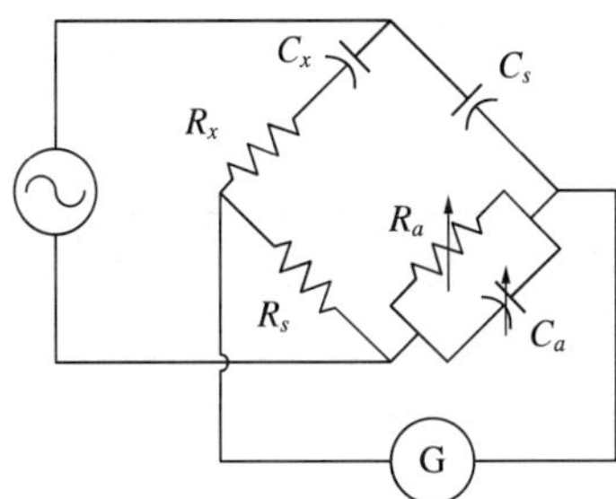

여기서, R_x, C_x : 측정하고자 하는 저항과 정전용량
R_a, C_a : 가변저항과 정전용량
R_s, C_s : 표준저항과 정전용량

⑮ **부분방전시험**

㉠ 전기적 측정법

- 부싱을 이용하는 방법
- 중성점 접지선을 이용하는 방법
- 기기 외함접지선을 이용하는 방법

㉡ 전자파 측정법

- 부분방전에 의한 전자파를 안테나에 의해 검출
- 직접 센서를 설치 불필요 : 운전 중 설치가 용이
- 전자파 도달시간의 차를 구함으로써 측정
- 노이즈에 의한 검출감도가 낮음

㉢ 음향 측정법

- 부분방전에 의한 초음파 검출
- 탱크 외벽에 피에조효과 소자(PZT)를 이용한 AE(Acoustic Emission) 센서를 취부
- CT를 이용한 전기적 측정법과 조합하여 이용

⑯ **상회전시험**

3상 변압기에 적용하는데, 상회전계를 이용하여 측정

⑰ **절연내력시험**

IEC규격은 표에 의한 전압을 권선과 대지 간에 1분간 가함

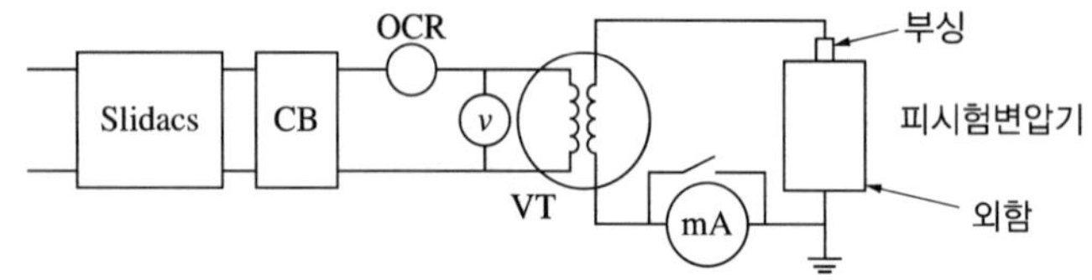

최고전압	시험전압
3.6	10
7.2	20
24	50
72.5	140
145	275
170	325

⑱ **권선의 저항 측정**

㉠ 전압강하법으로 측정

㉡ 온도계수가 크므로 A, B, E종 절연변압기는 75[℃], F종 변압기는 115[℃]를 기준으로 환산

⑲ **절연저항 측정**

메가 테스터로 권선 간, 권선과 대지 간의 절연을 측정

⑳ **절연유 시험**

㉠ 산가도 측정

- 절연유 5[mL]에 산성추출액 5[mL]를 넣고 수산화칼륨을 넣어 측정
- 절연유 1[g]의 산성을 중화하는 데 필요한 수산화칼륨(KOH)의 [mg]수로 표시

산가도	판 정
0.02 이하	양 호
0.2 ~ 0.4	요주의
0.4 이상	불 량

㉡ 절연내력 시험방법

- 절연유를 담은 통에 지름 12.5[mm]의 2개의 구를 20[mm] 담가 간격을 12.5[mm] 띄워서 측정
- 3[kV/sec]의 비율로 전압을 상승시켜 Breaker가 동작했을 때의 전압

시험전압 (절연파괴 전압)	판 정
30[kV]	신 유
20[kV]	양 호
15~20[kV]	요주의
15[kV] 미만	교 체

4 결 론

발주 입고된 변압기는 사양 변경이 불가능하여 발주 전에 가능한 한도 내 모든 사항을 사전에 철저한 검토 필요

093 변압기 부분방전시험

1 개 요

① 부분방전이란 절연체에 절연이 파괴되어 국부적으로 일어나는 방전현상이다.

② 변압기 고체절연이 열화되거나 불순물, 수분이 혼입되어 임계치 이상이 되면 부분방전이 발생한다.

2 변압기 부분방전

① 변압기 열화에 의한 절연파괴는 부분방전의 발생을 수반하는 경우가 많음

② 실시간 절연 이상을 점검 가능

③ 부분방전 측정은 외부 노이즈의 영향을 받기 쉽기 때문에 노이즈 대책 필요

3 변압기 열화원인

① **전기적 열화** : 과전압, 서지, 부분방전, 줄열, 순환 시 마찰 정전기(절연유)

② **열적인 열화** : 지락, 단락, 온도 상승, 외부열

③ **기계적 열화** : 진동, 충격, 외상, 굴곡, 접착부 박리, 권선 체결력 저하, 철심 모서리 결손

④ **환경적 열화** : 직사광선, 염해, 결로

⑤ **생물적 열화** : 부싱의 절연파괴

4 부분방전의 개념

돌기와 공극에 의해 전계집중 → 내부 커패시턴스 차이 발생 → 커패시턴스 성분이 큰 쪽으로 전하 집중 → 임계전압이 넘으면 부분방전 발생

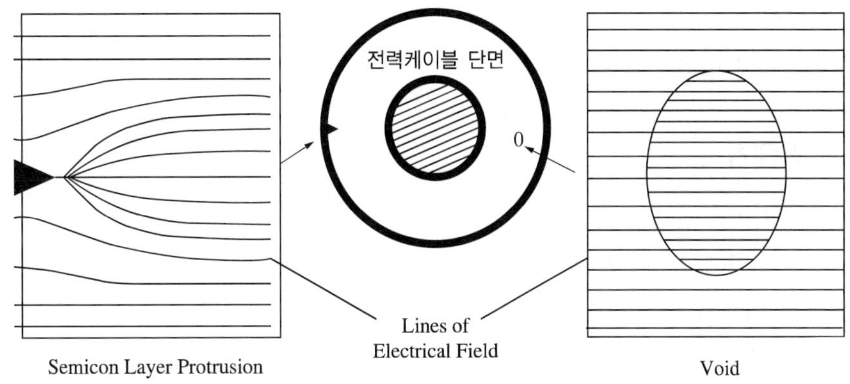

5 부분방전의 종류

구 분	종 류	특 징
내부방전	보이드 전기트리	절연물 내부 보이드에서 발생(고체절연체 내부의 지속적인 방전은 트리 형성)
외부방전	코로나 연면방전	• 비균질 기체 절연계에서 발생 • 이종 절연물들의 경계면에 발생 • 전계 중 도전성 물질과 전극 사이에서 발생

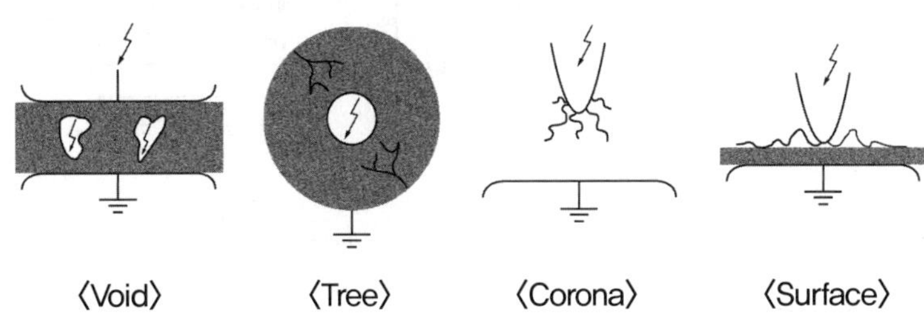

6 변압기 부분방전시험의 종류

1) 전기적 측정법

① 부싱을 이용하는 방법

② 중성점 접지선을 이용하는 방법

③ 기기 외함접지선을 이용하는 방법

2) 전자파 측정법

① 부분방전에 의한 전자파를 안테나에 의해 검출

② 직접 센서 설치 불필요(운전 중 설치가 용이)

③ 전자파 도달시간의 차를 구함으로써 측정

④ 노이즈에 의한 검출감도가 낮음

3) 음향 측정법

① 부분방전에 의한 초음파를 검출

② 탱크 외벽에 피에조효과 소자(PZT)를 이용한 AE(Acoustic Emission) 센서를 취부

③ CT를 이용한 전기적 측정법과 조합하여 이용

7 변압기 부분방전 온라인 측정방법

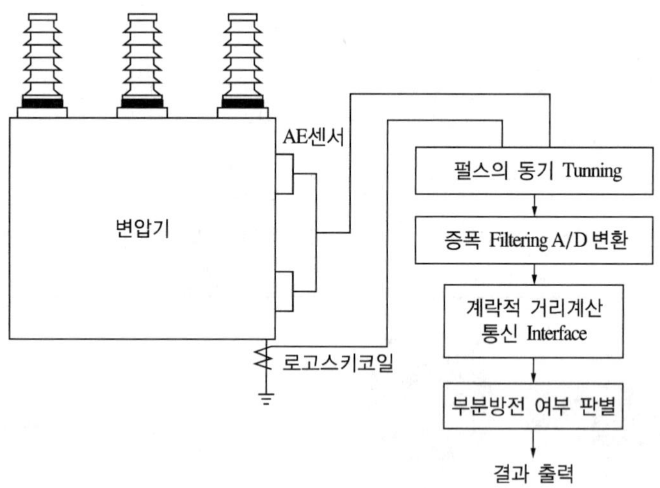

8 부분방전시험 판단기준

기기 외함접지선 이용 시	
유입식	• 10[pC] 이하 적합 • 10[pC] 초과 요주의
건 식	• 50[pC] 이하 적합 • 50[pC] 초과 요주의

094 변압기의 무부하 시험과 단락 시험방법에 대하여 회로를 그려 설명하고, 변압기 특성(임피던스 전압, 효율, 전압변동률)을 설명하시오.

1 변압기의 무부하 시험과 단락 시험방법

1) 변압기 무부하 시험

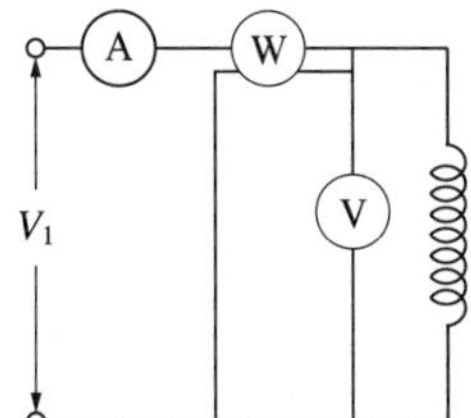

그림과 같이 전압계, 전류계, 전력계를 결선하고, 정격전압 V_1을 인가하면 $V_1 \simeq E_1$이고, 전력계에 나타나는 값은 히스테리시스손실과 와류손이 대부분이고, 무부하 전류 I_0가 1차 권선의 저항에 흘러서 발생하는 대단히 적은 동손이 포함되어 있다.

2) 변압기 단락 시험방법

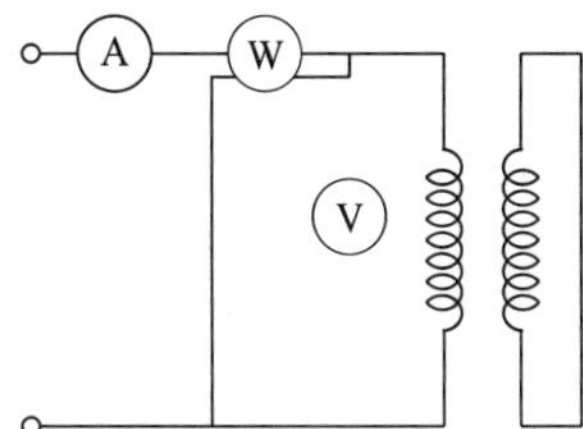

정격주파수의 전원을 사용하여 정격전류가 흐르게 되는 전압(임피던스 전압)을 가하고, 그때 전력계의 시시로부터 임피던스 와트를 측정한다.

2 변압기 특성

1) 임피던스 전압

변압기의 임피던스 전압이란 변압기 2차 측(저압 측)을 단락하여 1차 측에서 정격 주파수의 저전압을 인가하여 정격전류를 흘려보냈을 때의 1차 측 전압을 말한다.

2) 효 율

① 변압기 손실에서 무부하 손은 변압기의 리액턴스성분과 관계되며, 부하손은 부하전류에 의한 저항손이 대부분이다. 따라서 %임피던스 전압은 저항성분과 리액턴스성분으로 구성되므로 변압기 무부하손과 부하손의 비에 관계됨을 알 수 있다.

② 효율 $\eta = \dfrac{mP\cos\theta}{mP\cos\theta + P_i + m^2 P_c} \times 100[\%]$

여기서, m : 부하율, $P_i + m^2 P_c$: 전손실, $m = \sqrt{\dfrac{P_i}{P_c}}$: 최대효율 조건

③ 임피던스 전압이 작으면 부하손이 작아져 손실비가 작아지고, 반대로 임피던스 전압이 큰 경우에는 손실비가 커진다.

3) 전압변동률

① 변압기의 전압변동률은 전부하 시와 무부하 시의 2차 단자전압의 변동 정도를 나타내 주는 것으로, 이 값이 크면 부하의 증감에 따라 2차 전압의 변동이 큰 것을 의미한다.

② 변압기 2차 단자전압은 정격부하를 접속하면 무부하일 때에 비해 다소 감소한다.

③ 전압변동률 $\varepsilon = \dfrac{\text{무부하전압} - \text{2차 측 정격전압}}{\text{2차 측 정격전압}} \times 100 = \dfrac{V_{20} - V_{2n}}{V_{2n}} \times 100[\%]$

5) 임피던스가 다른 변압기의 병렬운전

① 임피던스가 다른 2대 변압기의 부하분담

2대의 변압기 T_1, T_2의 임피던스를 각각 Z_1, Z_2라 하고 전부하를 P라고 하면 변압기 각각에 걸리는 부하분담은 다음과 같다.

$$P_{T1} = \frac{Z_2}{Z_1 + Z_2} \times P, \quad P_{T2} = \frac{Z_1}{Z_1 + Z_2} \times P$$

② 용량과 %Z가 다른 여러 대의 변압기를 병렬로 운전하는 경우

㉠ 정격용량과 %임피던스가 서로 다른 변압기를 여러 대 병렬운전할 때 걸 수 있는 합성 최대 부하는 각 변압기 용량의 합계가 되지 않는다.

㉡ 예를 들어 A, B, C 3대 변압기의 용량이 P_a, P_b, P_c이고, 그 각각의 자기용량 기준 임피던스가 Z_a, Z_b, Z_c인 경우에 합성 최대 전력은 다음과 같다.

- Z_a가 가장 작은 경우 $P_{\max} \leq Z_a\left(\dfrac{P_a}{Z_a} + \dfrac{P_b}{Z_b} + \dfrac{P_c}{Z_c}\right)$
- Z_b가 가장 작은 경우 $P_{\max} \leq Z_b\left(\dfrac{P_a}{Z_a} + \dfrac{P_b}{Z_b} + \dfrac{P_c}{Z_c}\right)$
- Z_c가 가장 작은 경우 $P_{\max} \leq Z_c\left(\dfrac{P_a}{Z_a} + \dfrac{P_b}{Z_b} + \dfrac{P_c}{Z_c}\right)$

변압기 대수가 4, 5, … N개인 경우도 같은 요령으로 계산할 수 있다.

㉢ 따라서 임피던스 전압강하와 용량이 각기 다른 다수의 변압기를 병렬운전하고자 할 때 걸 수 있는 최대 전력을 P_m이라고 하면 P_m은 각 변압기 개개의 정격용량의 합계보다 작아진다. 즉,

$$P_m < P_a + P_b + P_c$$

가 되므로 위의 식에 의해서 걸 수 있는 합성 최대 전력을 계산해서 합성용량을 산정해야 할 것이다.

2 변압기의 통합운전

1) 목 적

① 변압기의 통합운전은 변압기를 효율적으로 운전하여 변압기의 손실을 절감하기 위한 운전방식이다.

② 변압기의 병렬운전 대수가 최소가 되도록 필요시 변압기를 정지하여 운전하는 것을 말한다.

2) 변압기의 통합운전 조건

① 신뢰성 유지

변압기의 통합운전 중에 고장이 발생하여도 전력 공급 신뢰도를 유지할 수 있어야 한다.

② 과부하운전 조건 만족

통합운전시간이 변압기의 단시간의 과부하운전 조건을 만족하여야 한다.

③ 손실 경감

변압기 전체의 손실을 충분하게 경감할 수 있어야 한다.

3) 변압기 손실의 최소화를 위한 부하조건과 변압기 대수

① 변압기 n대의 병렬 임피던스 Z_n[%/kVA]

$$Z_n = \frac{1}{\frac{P_1}{\%Z_1} + \frac{P_2}{\%Z_2} + \dots + \frac{P_n}{\%Z_n}}$$

여기서, P_1, P_2, P_n : 변압기 용량

$\%Z_1$, $\%Z_2$, $\%Z_n$: 변압기 %임피던스

n : 변압기 운전 대수

② 변압기 n대 운전 시의 전력손실(W_n)은 다음과 같다.

$$W_n = \sum_{n=1}^{n} \left[P_{in} + P_{cn} \left(\frac{Z_n}{\%Z_{1n}} \times P \right)^2 \right]$$

③ 변압기 $n-1$대 운전 시의 전력손실의 식은 다음과 같다.

$$W_{n-1} = \sum_{n=1}^{n-1} \left[P_{in} + P_{cn} \left(\frac{Z_{n-1}}{\%Z_{1n}} \times P \right)^2 \right]$$

여기서, P_{in} : n대 운전 시 변압기의 철손

P_{cn} : n대 운전 변압기 100[%] 부하 시의 동손

Z_{1n} : 변압기 n의 %임피던스

④ 상기 식에서와 같이 변압기 n대를 운전하는 것보다 운전 중에서 임의의 1대를 정지하여 $(n-1)$대로 운전 시 전력손실이 적어지는 조건은 $W_n > W_{n-1}$이다. 즉,

$$\sum_{n=1}^{n}\left[P_{in}+P_{cn}\left(\frac{Z_n}{\%Z_{1n}}\times P\right)^2\right] > \sum_{n=1}^{n-1}\left[P_{in}+P_{cn}\left(\frac{Z_{n-1}}{\%Z_{1n}}\times P\right)^2\right]$$

096 **정격전압이 같은 A, B 2대의 단상변압기가 있다. A변압기는 용량 100[kVA], 퍼센트 임피던스 5[%]이고, B변압기는 용량 300[kVA], 퍼센트 임피던스 3[%]이다. 이 두 변압기를 병렬로 운전하여 360[kVA]의 부하를 접속했을 때 각 변압기의 부하분담을 구하고, 퍼센트 임피던스가 같은 경우와 비교하시오.**

풀이 Sol

1 각 변압기의 부하분담

1) 변압기 병렬운전

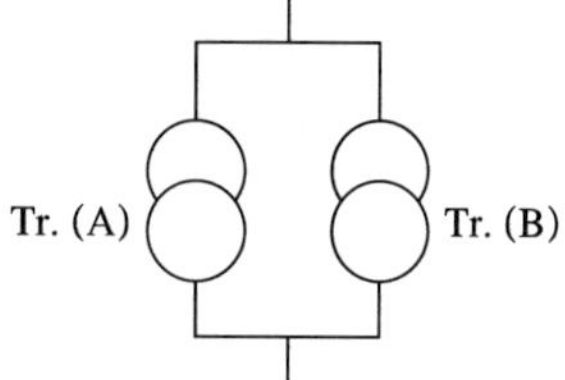

2) 변압기 합성 용량

$$P_{\max} \le \%Z_B \times \left(\frac{P_A}{\%Z_A} + \frac{P_B}{\%Z_B}\right) = 3 \times \left(\frac{100}{5} + \frac{300}{3}\right) = 360\,[\mathrm{kVA}]$$

3) 변압기 임피던스

$$Z = \frac{10\,V^2 \times \%Z}{P}$$

$$Z_A = \frac{10\,V^2 \times \%Z_A}{P_A} = \frac{10 \times V^2 \times 5}{100} = 0.5\,V^2\,[\Omega]$$

$$Z_B = \frac{10\,V^2 \times \%Z_B}{P_B} = \frac{10 \times V^2 \times 3}{300} = 0.1\,V^2\,[\Omega]$$

4) 부하분담

$$P_A = \frac{Z_B}{Z_A + Z_B} \times P = \frac{0.1}{0.1 + 0.5} \times 360 = 60[\text{kVA}]$$

$$P_B = \frac{Z_A}{Z_A + Z_B} \times P = \frac{0.5}{0.1 + 0.5} \times 360 = 300[\text{kVA}]$$

2 두 변압기 퍼센트 임피던스가 같은 경우($\%Z_A = \%Z_B = 3[\%]$)

1) 변압기 합성 용량

$$P_{\max} \le \%Z_B \times \left(\frac{P_A}{\%Z_A} + \frac{P_B}{\%Z_B}\right) = 3 \times \left(\frac{100}{3} + \frac{300}{3}\right) = 400[\text{kVA}]$$

2) 변압기 임피던스

① $Z_A = \dfrac{10V^2 \times \%Z_A}{P_A} = \dfrac{10 \times V^2 \times 3}{100} = 0.3V^2[\Omega]$

② $Z_B = \dfrac{10V^2 \times \%Z_B}{P_B} = \dfrac{10 \times V^2 \times 3}{300} = 0.1V^2[\Omega]$

3) 부하 분담

① $P_A = \dfrac{Z_B}{Z_A + Z_B} \times P = \dfrac{0.1}{0.1 + 0.3} \times 400 = 100[\text{kVA}]$

② $P_B = \dfrac{Z_A}{Z_A + Z_B} \times P = \dfrac{0.3}{0.1 + 0.3} \times 400 = 300[\text{kVA}]$

3 결 론

각 변압기 용량비(100 : 300)대로 부하가 분담되므로 400[kVA]까지 부하를 걸 수 있다.

097 상용과 발전기 병렬운전 시 조건

1 개 요

① 병렬운전이란 2대 이상의 발전기를 동일 모선에 접속시켜 공통의 부하에 전력을 공급하는 방식을 말한다.

② 병렬운전의 목적은 전력을 필요로 하는 부하에 정전 없이 정격의 전압을 안정하게 공급하기 위함이나 현실적으로 다음과 같은 경우에도 사용한다.

㉠ 발전기 1대의 용량으로 부족한 경우

㉡ 부하의 변동이 심한 경우

㉢ 부하의 증감에 따라 예비가 필요한 경우

㉣ 발전기의 무리한 운전을 피하고 효율을 향상시키고자 할 경우

2 발전기 운전의 안정영역

① 전력계통에 연결된 발전기가 동기운전을 하기 위해서는 모든 발전기가 같은 속도로 회전하여야 한다.

② 만약 임의의 발전기가 가속되어 회전자의 위치(δ)가 처음 위치보다 앞섰을 경우 이를 회복시키려는 힘이 작용하게 된다.

③ 발전기 압력이 일정하고 δ가 증가했을 경우 발전기의 전기적 출력(P)이 증가되고 이 증가분에 상당하는 만큼 회전체의 축적에너지를 방출해서 회전체 자신은 감속할 필요가 있다.

④ 따라서 동기운전이 되기 위해서는 $\dfrac{dP}{d\delta} > 0$이어야 한다.

⑤ 이 $\dfrac{dP}{d\delta}$의 값을 그 발전기의 동기화력(Synchronizing Power)이라 하며, 이것은 발전기의 운전 상태, 계통의 부하특성 등 여러 가지 요소에 의해서 영향을 받게 되지만 위 식의 조건을 만족하는 출력 상태가 발전기의 안정영역이다.

3 병렬운전

1) 전압의 크기가 동등하고 불평형이 아닐 것

① 병렬운전 중 기전력의 크기가 다를 때에는 이 기전력의 차에 의한 전압 때문에 양 발전기 간에 무효전류가 흐른다.

② 이 무효전류는 기전력이 작은 발전기에는 증자작용을 하여 전압을 높이고, 기전력이 큰 발전기는 감자작용을 하여 전압을 낮추어, 발전기의 단자전압이 같아지도록 작용한다.

③ 무효 순환전류가 흐르면 손실이 증가하고 발전기의 온도 상승을 초래한다.

④ 따라서 투입 시 전압차를 10[%] 이내로 하며, 전원 측보다 약간 높게 하여 투입하는 것이 좋다.

2) 기전력의 주파수가 같을 것

① 발전기의 기전력 간 위상(주파수)이 틀리면 위상차에 의한 차 전압에 의해서 동기화 전류가 흐른다.

② 이 전류는 위상이 늦은 발전기의 부하를 감소시켜서 회전속도를 빠르게 하고, 위상이 빠른 발전기에는 부하를 증가시켜서 속도를 느리게 하여 발전기 간의 위상이 같아지도록 한다.

③ 즉, 기전력의 크기가 달라지는 순간이 반복하여 생기게 되므로, 무효횡류가 양 발전기 간을 상호로 주기적으로 흐르게 되어 난조의 원인이 되며 심하면 탈조까지 될 수 있다.

3) 기전력의 파형이 같을 것

양 발전기의 실효치가 같고 위상이 같아도 파형이 틀리면 각 순간의 순시치가 달라지므로 양 발전기 간에 무효횡류가 흐른다. 이 전류는 전기자 동손실을 증가시키고 과열의 원인이 된다.

4) 상회전 방향이 같을 것

어느 순간에 단락 상태로 되는 것으로, 병렬운전 중에는 발생되지 않으나 시운전 시의 처음 병입을 한 번 하는 것으로 충분하다.

4 발전기 운전 시 고려사항

1) 발전기의 무여자운전

① 발전기가 무여자로 운전되면 발전기는 과속되고 유도발전기로 운전하려고 한다.

② 이 가속화는 터빈 조속기 특성에 의한 부하 감소, 전기자 전류 증가 및 발전기 저전압의 원인이 되고, 다량의 회전자 전류를 수반한다.

③ 계자권선과 회전자 몸체를 흘러 극히 짧은 시간에 과열 상태가 되며 부하 운전 중에 발전기 계자회로가 개방되면 권선의 유도현상으로 권선에 과전압이 유기된다.

2) 발전기의 이상전압 운전

① 발전기는 정격전압의 ±5[%] 범위 내에서 정격 출력을 낼 수 있으며 발전기가 과여자(저역률) 운전 시 출력은 전압 감소에 비례하여 감소되어야 한다.

② 부족여자 운전 시는 발전기 출력을 전압 감소의 제곱에 비례하여 감소시켜야 한다.

098 변압기 Tap 조정방법

1 개 요

① 일반적으로 1차 전선의 Turn 수를 조정하여 원하는 2차 전압을 얻기 위한 장치이다.

② **Tap 조정의 목적**

㉠ 수전단의 계층전압에 의해 원하는 2차 전압이 높거나 낮아짐으로, 이를 정격 상태로 조정

㉡ 전력의 경제적 운영

㉢ 특별한 경우에 강제적으로 2차 전압 조정하여 사용할 경우

2 Tap 조정방법

1) 무전압 Tap 변환기(NLTC ; Non Load Tap Changer)

① 변압기에 전압을 인가하지 않은 상태, 즉 변압기의 사용을 정지한 상태에서 Tap 조정이 가능한 장치를 말하며, 일반적으로 모든 배전급 변압기에서 주로 사용한다.

② **특 징**

㉠ 정지 상태에서 Tap 변환장치를 조정하고, 정전 후에 작업이 가능하다.

㉡ 중요한 부하에 적용이 곤란하고, 일반적인 부하에 적용한다.

2) 부하 시 Tap 변환기(OLTC ; On Load Tap Changer)

변압기를 여자 및 2차 측 부하를 건 상태에서 Tap 조정이 가능한 장치를 말하며, 일반적으로 유입식 대용량 전력변압기에 적용되는 설비이다.

① **직접식**

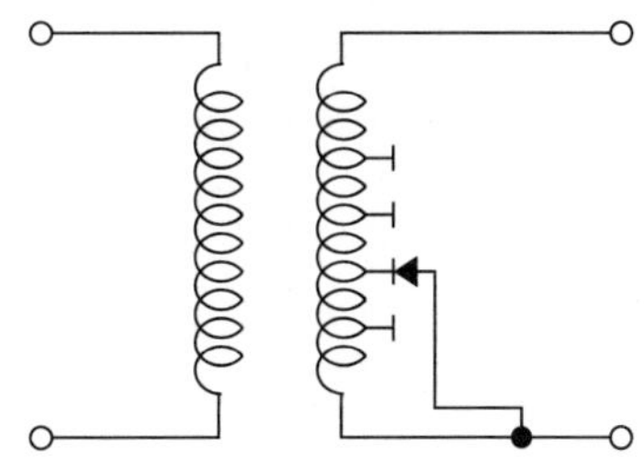

㉠ 구조가 간단하다.

㉡ 손실이 최소가 된다.

㉢ 선로의 절연계급, Tap 전류에 대응한 변환기 필요

② **간접식**

㉠ 독립회로식

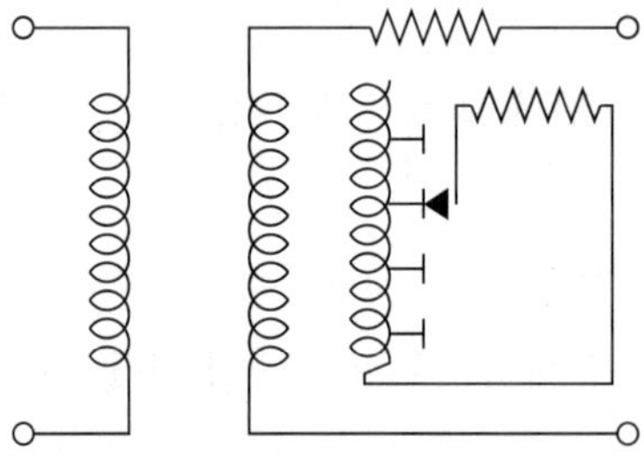

- 전류에 관계없이 Tap 변환기를 사용하고, 선로의 절연계급에 관계없이 사용
- 구조가 복잡하고 대형화되며, 손실이 증가

㉡ Tap 권선 공용식

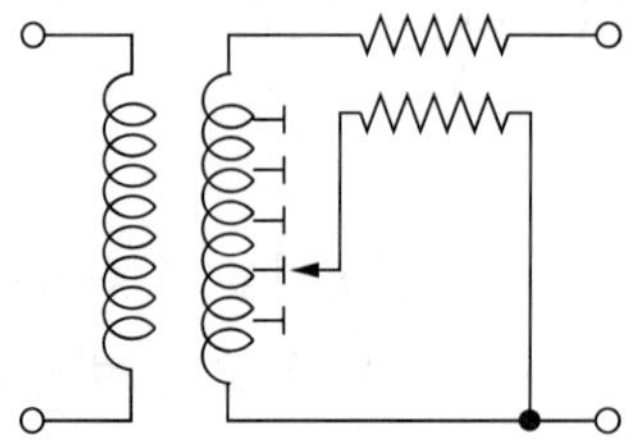

- 선로전류보다 저감된 전류의 Tap 변환기 사용 가능
- 선로의 절연계급에 대응한 변환기 필요
- 구조가 복잡하고 대형화

099 변압기 결선의 종류와 특징

1 개 요

① 변압기 결선은 변압기 수전방식, 병렬운전, 중성점 접지방식, 부하 요구전압방식, 전력 공급자의 요구에 따라 달라진다.

② 변압기 결선방식에는 $\Delta-\Delta$ 결선방식, Y-Y 결선방식, Δ-Y 결선방식, Y-Δ 결선방식, V-V 결선방식, Y-지그재그 결선방식 등이 있다.

2 변압기 결선의 종류

1) $\Delta-\Delta$ 결선방식

① 결선법

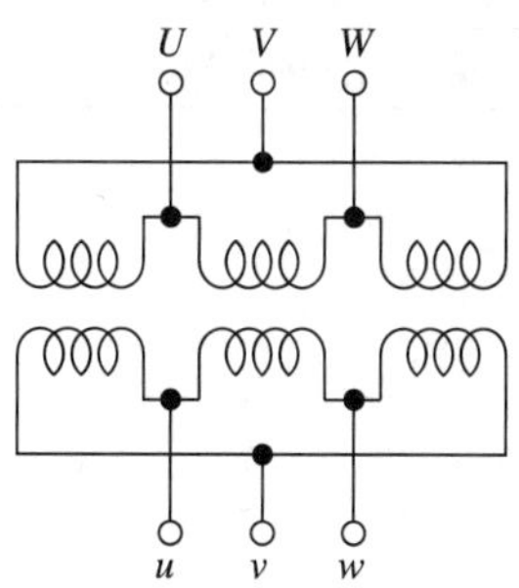

② 특 징

장 점	• 단상변압기로 3상 Δ 결선 시 1대 고장 시 V 결선하여 3상 공급 가능 • 대전류에 적합한 결선방식(각각의 상전류가 선전류의 $\frac{1}{\sqrt{3}}$ 이 된다)
단 점	• 제3고조파가 Δ 결선 내에 순환 • 지락사고 시 선택 차단이 곤란
적 용	75[kV] 이상, 저전압 대전류 중성점이 필요 없는 곳에 사용

2) Y-Y 결선

① 결선법

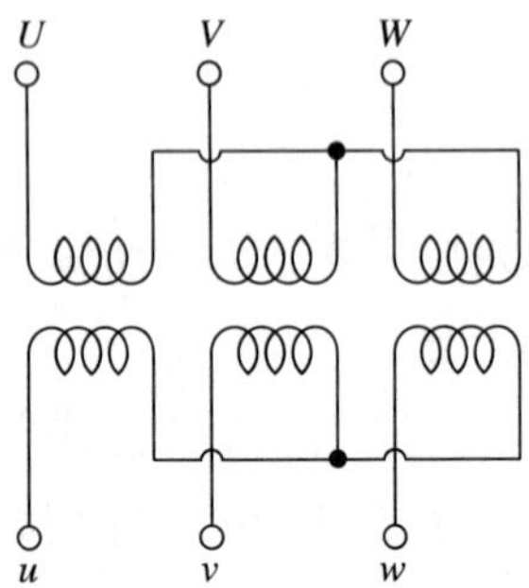

② 특 징

장 점	• 단절연방식을 채택할 수 있어 절연비가 적게 든다. • 고전압 결선에 적당(상전압이 선간전압의 $\frac{1}{\sqrt{3}}$)
단 점	지락사고 시 통신선에 유도장해를 준다.
적 용	50[kVA] 이하로 중성점이 필요한 곳

3) V-V 결선

① 결선법

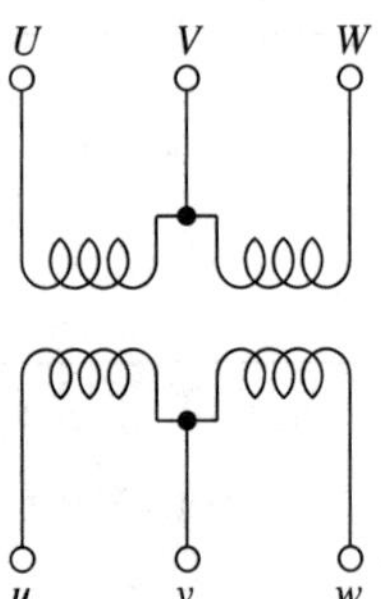

② 특 징

㉠ $\Delta-\Delta$ 결선에서 1대 고장 시 V 결선이 가능

㉡ 변압기 이용율이 86.6[%], 출력은 57.7[%]로 떨어진다.

㉢ 3상 부하의 $\sqrt{3}$ 배의 설비용량이 필요

4) Δ-Y, Y-Δ 결선

① Δ-Y 결선

승압용 변압기에 적당하고, 75[kVA] 이상으로 중성점이 필요한 곳에 적당

② Y-Δ 결선

강압용 변압기에 적당하고, 75[kVA] 이상으로 중성점이 필요 없는 곳에 적당

③ 30° 위상 차이가 1차와 2차에 생겨서 1대 고장 시 전원 공급이 불가능

5) Y-지그재그 결선

1차 측과 2차 측에 중성점이 필요한 경우 제3고조파를 상쇄시키는 결선

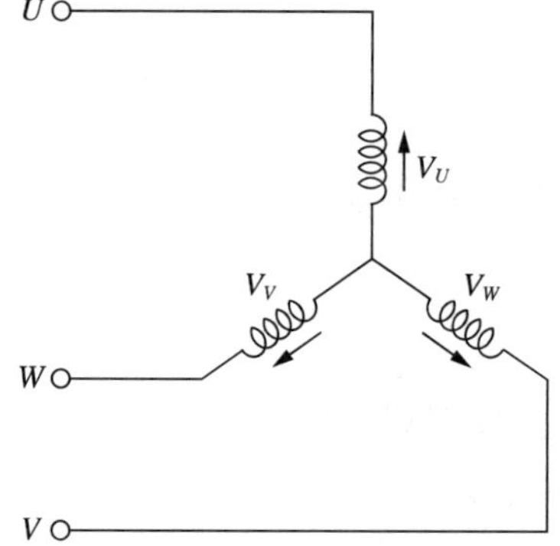

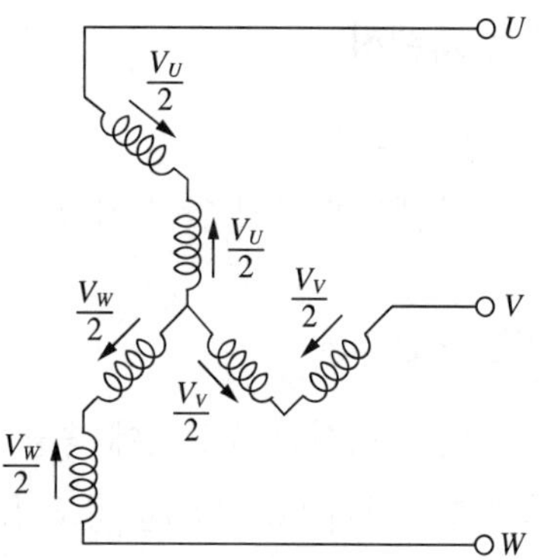

100 변압기 냉각방식

1 국내의 냉각방식

1) **건식 자랭식** : 소용량 변압기 적용

2) **건식 풍랭식**

① 권선하부에 풍도 설치, 방열효과 향상
② 500[kVA] 이상에 채용하면 경제적

3) **유입 자랭식**

① 보수가 간단
② 권선철심의 발생 열이 기름의 대류에 의해 방열

4) **유입 풍랭식**

① 유입 자랭식의 방열기에 송풍, 방열효과 증대
② 자랭식보다 20~30[%] 정도 용량 증가 가능

5) **유입 수랭식**

① 냉각관을 배치, 펌프로 물을 순환시켜 기름을 냉각시킨다.
② 냉각수 질이 좋지 못하면 관이 부식되고, 보수가 어렵다.

6) **송유 자랭식** : 탱크본체와 방열기 탱크 사이의 접속관로에 송유펌프 설치, 기름을 강제 순환

7) **송유 풍랭식**

① 송유자랭식의 방열기에 송풍기 설치 한 것
② 30[MVA] 이상의 대용량에 채택
③ 펌프 및 송풍기 입력은 전손실의 약 50[%] 정도

8) 송유 수랭식

Unit 쿨러를 탱크 주위에 설치하는 방식

2 ANSI, IEC 규격

1) 개 요

① 변압기의 용량은 온도 상승에 따라 결정되므로 같은 변압기라도 냉각장치의 성능에 따라서 20[%] 정도 용량 증감이 가능하다.

② 그러므로 각 건축물의 특성에 맞는 변압기를 선정하여 신뢰성·경제성·효율성 등을 상승시켜 변압기 선정에 고려할 사항이 된다.

2) 변압기 냉각방식(IEC)

① 1234의 4가지 문자로 구성

㉠ 첫 번째 글자

변압기 내부 냉각매체 물질로서

- A : Air(공기)
- O : Oil(광유 ; 절연유로 인화점이 300[℃] 이하인 것)
- K : 난연성 절연유로 인화점이 300[℃] 이상인 것
- G : Gas(가스)

㉡ 두 번째 글자

내부 냉각매체의 순환방식으로,

- N(Natural) : 자연순환방식
- F(Forced) : 강제순환방식
- D(Direct Forced) : 직접강제순환방식

㉢ 세 번째 글자

외부 냉각매체 물질로서

- A : Air(공기)
- W : Water(물)

㉣ 네 번째 글자

외부 냉각매체의 순환방식으로서

- N(Natural) : 자연순환방식
- F(Forced) : 강제순환방식

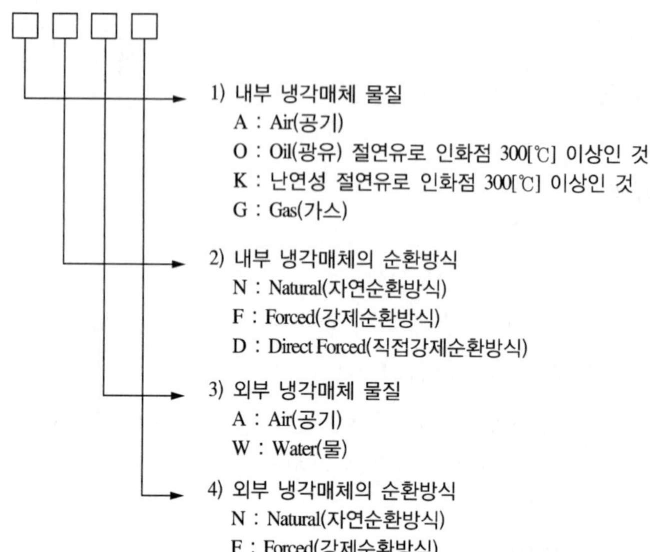
1) 내부 냉각매체 물질
A : Air(공기)
O : Oil(광유) 절연유로 인화점 300[℃] 이상인 것
K : 난연성 절연유로 인화점 300[℃] 이상인 것
G : Gas(가스)
2) 내부 냉각매체의 순환방식
N : Natural(자연순환방식)
F : Forced(강제순환방식)
D : Direct Forced(직접강제순환방식)
3) 외부 냉각매체 물질
A : Air(공기)
W : Water(물)
4) 외부 냉각매체의 순환방식
N : Natural(자연순환방식)
F : Forced(강제순환방식)

② 상기에서 보는 바와 같이 변압기 냉각방식은 내부 냉각매체, 외부 냉각매체, 순환방식에 따라 구별할 수 있다.

3) 변압기 냉각방식 표기원칙(IEC, ANSI)

종 류	IEC, BS, JIS	ANSI
건식 자랭식	AN	GA
건식 밀폐자랭식	ANAN	AA
건식 풍랭식	AF	AFA
유입 자랭식	ONAN	–
유입 수랭식	ONWF	OW
유입 풍랭식	ONAF	OA
송유 자랭식	OFAN	–
송유 수랭식	OFWF	OW
송유 풍랭식	OFAF	FOA

※ 합성유인 경우에는 LNAN, 가스인 경우에는 GNAN이다.
※ 강제적으로 도위하는 경우는 ODAN이다.

101 변압기 이상현상 및 대책

1 개 요

① 변압기의 이상현상에는 여러 가지가 있지만 그중에서도 소음 및 진동, 여자돌입전류 등이 있으며 이들을 감안하여 변압기 선정 및 적용하여야 한다.

② 변압기의 소음 및 진동은 철심의 변형과 볼팅이 헐거워짐으로써 접촉저항의 증가로 온도가 높아지고 발열될 수 있으며, 무부하 투입 시 발생하는 여자돌입전류는 변압기 보호장치의 오동작 등 좋지 않은 결과를 가져올 수 있다.

2 소음 및 진동

1) 원 인

① 철심의 자왜현상

② 철심의 이음새, 성층 간에 작용하는 자기력에 의한 진동

③ 권선의 전자력에 의한 진동(반발, 흡입)

④ 냉각용 팬, 송유펌프 등에 의한 소음

2) 대 책

① **자속밀도의 저감** : 약 2~3[dB] 저감

② **철심과 탱크 사이에 방진고무설치** : 약 3[dB] 저감

③ **변압기 탱크 주위에 방음차폐판 설치** : 약 10[dB] 저감

④ **변압기 둘레에 콘크리트 방음벽 설치** : 약 30[dB] 저감

⑤ 큐비클에 내장 등

3 여자돌입전류

1) 개 념

① 변압기 투입할 때 무전압에서 일거에 전전압으로 여자 시 여자돌입전류가 흘러 계전기가 오동작할 수 있다.

② 여자돌입전류는 철심재료, 투입 시 전압위상, 변압기 잔류자기위상, 크기는 다르지만 정격전류의 수 배~10배 정도, 계속시간은 0.5~수 초에서, 장시간에서는 10초 이상의 것도 발생한다.

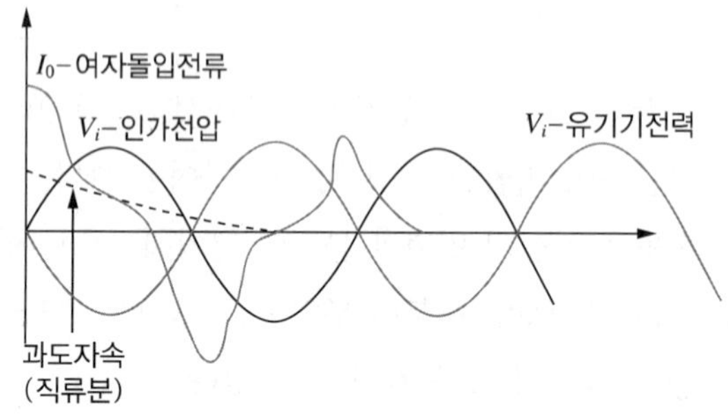

2) 오동작 방지방법

① 감도저하식

변압기 투입 시 순간적으로(0.2초) 비율차동계전기 감도저하시키는 방법

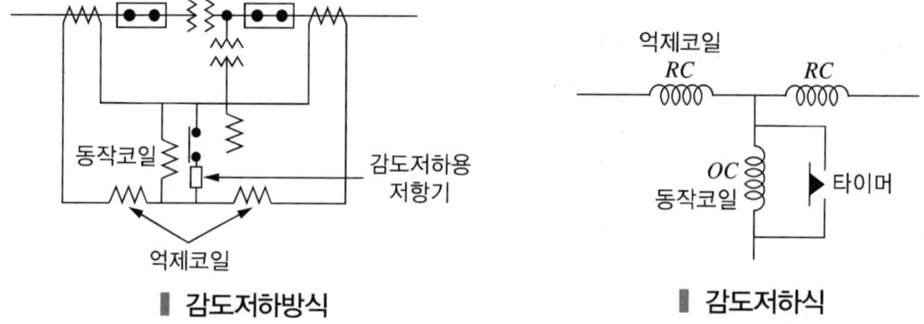

▌감도저하방식 ▌감도저하식

② 고조파 억제식

기본파에 대해 고조파 함유량 15~20[%] 이상 포함되면 억제코일 동작 : 계전기가 동작하지 않는 방법

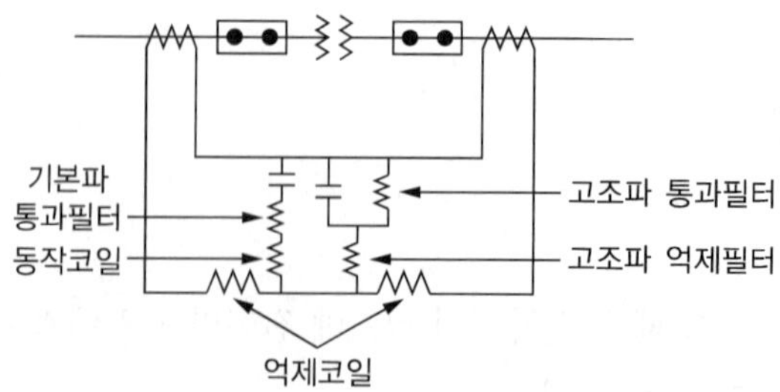

③ **비대칭 저지법**

㉠ 여자돌입전류의 가장 큰 특징은 파형이 반파 정류파형에 가까울 정도로 비대칭이라는 점이다.

㉡ 차동동작계전기에 의해 각 반파의 전류를 비교하여 그 차이가 어느 정도 이상 크면 동작하여 차단기 트립회로를 개방시킨다.

㉢ 사고 시에는 과전류계전기 2개가 동시에 동작하여 차동동작계전기가 동작해도 차단기의 트립회로가 유지되도록 한다.

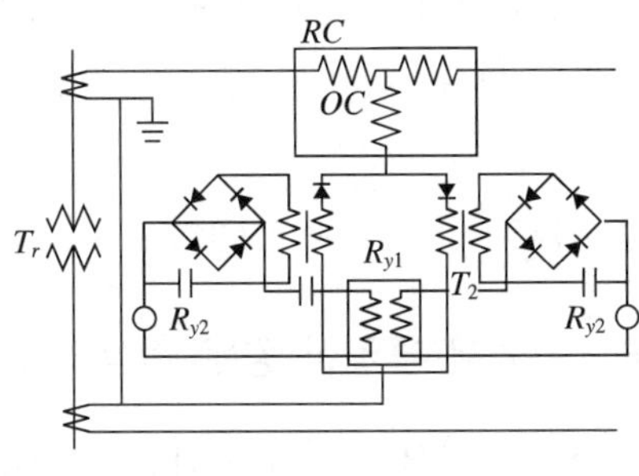

비대칭 저지법

102 변압기 여자돌입전류

1 개 요

① 변압기의 1차, 2차 중 어느 한 단자를 개방하고(무부하 상태), 나머지 단자에 전압을 인가했을 때 순간적으로 흐르는 큰 충격전류를 여자돌입전류라 한다.

② 그 크기는 인가전압의 위상, 변압기 철심의 잔류자속에 따라 달라지며, 때로는 정격전류보다 더 큰 전류가 흐르기도 한다.

2 여자돌입전류 발생 메커니즘

1) 인가전압의 위상이 파고치에서 투입할 경우(철심의 잔류자속은 "0")

여자전류는 누설 리액턴스의 영향으로 전압의 위상보다 늦은 0에서 시작하여 전압파형과 같은 정현파로 변화하며 안정된 상태를 유지

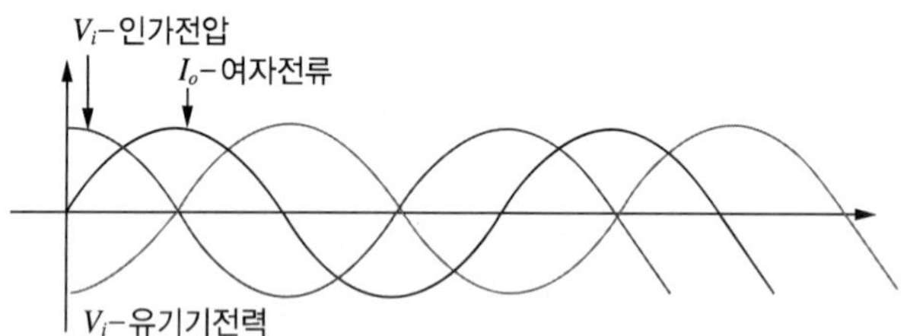

▮ 인가전압의 위상이 파고치일 때 전원을 투입할 경우 여자전류와의 위상차

2) 인가전압의 위상이 0에서 투입할 경우(철심의 잔류자속은 "0")

① 전류의 위상이 전압의 위상보다 늦으므로 전압의 위상이 0에서 인가되면 철심의 자속은 0 상태에서 순간적으로 파고치(ϕ_m)까지 도달해야 한다.

② 또한, 전압이 $V_o \rightarrow V_m \rightarrow V_o$ 변화하는 반주기 동안 자속은 $\phi_o \rightarrow \phi_m \rightarrow \phi_o \rightarrow \phi_m$ 및 직류성분의 합성치로 변화하여 변화폭은 $2\phi_m$으로 변한다.

③ 이 과정에서 철심이 포화하고, 이 자속을 만들기 위하여 여자전류가 급증하여 큰 여자돌입전류가 발생한다.

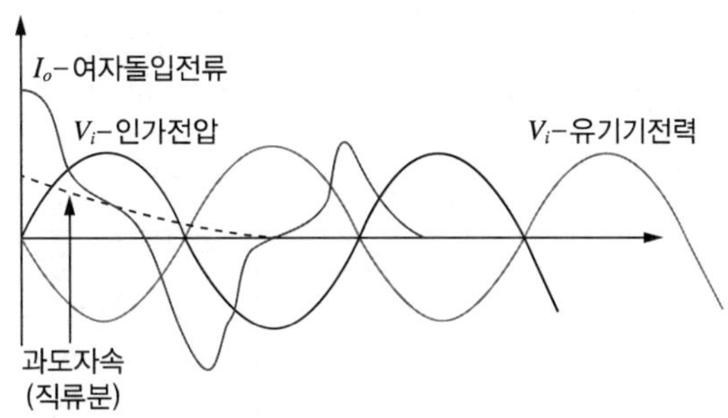

▌ 인가전압의 위상이 0일 때 전원을 투입할 경우 여자전류와의 위상차

3 돌입전류의 원인(요인)

① 인가전압의 위상이 0에서 투입한 경우
② 전원(계통) 임피던스가 작은 경우
③ 철심에 잔류자속이 있을 경우
④ 냉간압연 철심 또는 저압 측에서 여자하는 경우

4 돌입전류 조파분석

조파성분	제2고조파	제3고조파	기 타
기본파에 대한 백분율	63[%]	27[%]	5[%]

5 돌입전류의 영향

① 변압기 회로 투입 시 계전기의 오동작
② 퓨즈 투입 시 용단
③ 반복 시 절연열화

6 돌입전류 대책

1) 계전기 오동작 방지대책

① 비율차동계전기

감도저하식, 고조파 억제식, 비대칭 저지법으로 오동작 방지

감도 저하방식	• 돌입전류가 감쇄하는 수 초간 동작감도를 낮추어 오동작 방지 • 간단하고 경제적이며 30[MVA] 이하의 변압기에 채용
고조파 억제방식	차동회로에 설치한 고조파 통과필터와 직렬로 접속한 고조파 억제코일에 의한 억제력이 가해지고, 동작코일에는 기본파 통과필터를 통해서 차동회로의 기본파 전류가 흘러서 동작한다.
비대칭 저지법	• 여자돌입전류의 가장 큰 특징은 파형이 반파 정류파형에 가까울 정도로 비대칭이다. • 차동동작계전기 R_{y1}은 정부 각 반파의 전류를 비교하여 그 차이가 어느 정도 이상 크면 동작하여 차단기 트립회로를 개방시킨다. • 사고 시에는 과전류계전기 R_{y1}, R_{y2}가 동시에 동작하여 R_{y1}이 동작해도 차단기의 트립회로가 유지되도록 한다.

② OCR

한시레버를 정정 Tap치의 10배 전류에서 동작시간 0.2초 정도면 적정

③ ASS

간이 설비보호장치는 후비보호장치의 재폐로 시 발생하는 돌입전류보다 오동작을 방지하기 위하여 0.5초, 1초 등 2가지 동작 억제시간을 구비

④ MCCB

MCCB의 전류-시간 특성곡선과 돌입전류의 크기, 지속시간 등을 검토하여 별도의 대책 강구

2) 퓨즈 투입 시 용단

퓨즈를 투입할 때는 무부하 투입보다는 부하 투입을 검토

103 변압기의 보호장치

1 변압기 보호장치

1) 고장 정도에 따른 분류

① 변압기 사고 발생 시

㉠ 변압기 자체 사고를 최소한으로 억제

㉡ 사고가 타 부분으로 파급되는 것을 방지

② 변압기 이상 시 이상검출

5,000[kVA] 이상 : 비율차동 계전기 설치

2) 특고변압기 의무보호장치

① **뱅크용량 5,000[kVA] 이상** : 변압기를 전로로부터 자동차단하는 장치

② **1,000[kVA] 미만** : 경보장치

③ 송유풍랭식, 송유자랭식, 유압펌프 및 송풍기 정지 시 경보장치 설치

2 변압기 보호

1) 권선보호

① 과전류계전기

② 차동계전기

③ 비율차동계전기

2) 권선의 지락 보호

① **영상차동 계전방식** : 영상과전류 계전기 사용

② **방향지락 계전방식** : 변압기 방향의 지락사고 검출

③ **영상전압 계전방식** : GPT+OVGR

3) 과부하 보호

과부하 보호계전방식 : OCR, 한시 계전기, 반한시 계전기

4) 과열에 의한 보호

① 등가온도계전기 사용
② 저항온도계 사용
③ 다이얼온도계 사용
④ 냉각수, 변압기유

5) 기계식 보호장치

① 부흐홀츠계전기
② 충격압력계전기

104 변압기 고장 진단방법과 절연 진단방법

1 개 요

① 변압기의 절연 진단방법은 파괴시험과 비파괴시험으로 나누어 생각할 수 있다.

② 파괴시험에는 절연내력시험과 충격파시험이 있고, 비파괴시험에는 유전정접 시험이 있다.

③ 유입변압기의 경우에는 절연유를 시험하여 절연 상태를 진단하기도 한다.

2 전력용 변압기의 절연 진단방법

1) 절연내력시험

① IEC 규격에 의하면 변압기 절연내력시험의 전압은 다음 표의 전압을 권선과 대지 간에 1분간 가하도록 되어 있다.

계통 최고 전압[kV]	시험전압[kV]
3.6	10
7.2	20
24	50
72.5	140
145	275
170	325

② 절연내력시험을 하기 위해서는 슬라이닥스와 PT를 사용하고, 회로보호용으로 OCR과 CB를 다음 그림과 같이 결선한다.

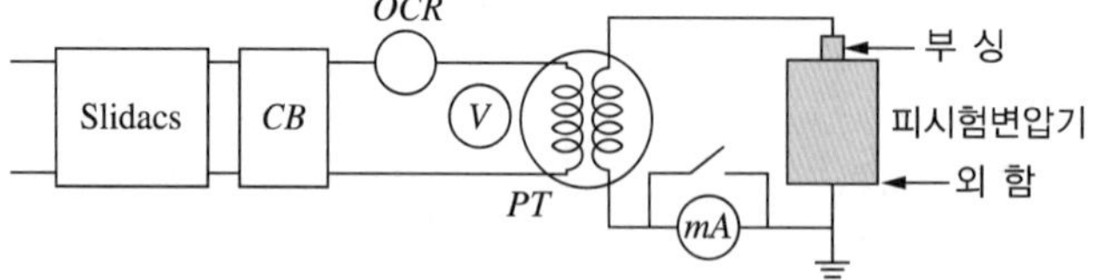

③ 만일 시험 중에 변압기가 절연파괴되어 OCR에 전류가 흐르면 OCR은 CB를 Trip 시켜 회로를 보호한다.

2) 충격파시험

① 변압기의 내 충격전압 특성을 확인하기 위해서 충격파시험을 행한다. 충격시험 표준 충격파형은 $1.2 \times 50[\mu s]$이다.

② 처음부터 100[%]를 가하지 않고 먼저 50~70[%] 정도의 낮은 충격파를 가한 후 이상이 없을 때 전파(Full Wave)를 가한다.

③ 충격시험을 하기 위한 장비로는 충격파 발생기(IWG ; Impulse Wave-Generator)와 오실로스코프가 있다.

3) 유전정접시험

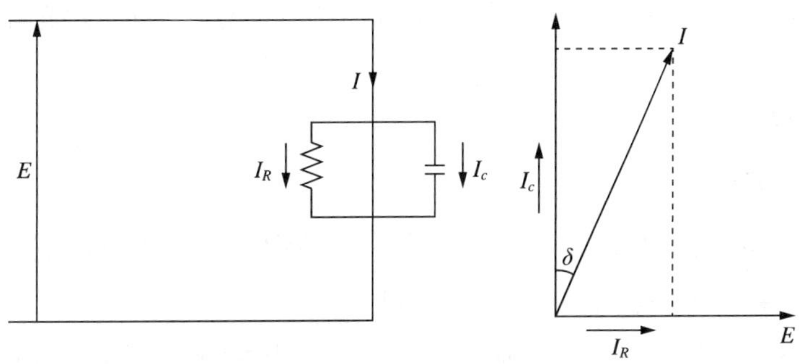

① 위의 그림과 같은 쉐링 브리지를 이용한 tanδ 측정기로 피측정기기의 tanδ를 측정한다.

② 절연 상태가 양호하면 피측정기기는 완전한 콘덴서로 되어 전류가 전압보다 위상이 90° 앞서야 한다. 그러나 절연이 열화될수록 이 위상각은 90°보다 작은 각으로 변해간다.

③ tanδ의 값은 온도에 따라 크게 변화한다(Mold Tr은 부적합).

$$\tan\delta = \frac{I_R}{I_C}$$

4) On-line 진단법

① **초음파센서**

변압기에 절연열화가 생겨 부분방전이 일어날 때 발생하는 전자파를 부분방전 진단용 초음파센서로 탐사함으로써 열화개소를 검지하는 방법이다.

② **On-line 가스분석기**

가스분석기의 센서를 유입변압기의 Drain Valve에 설치하고, 분석기를 통해 컴퓨터에서 상시 감시・진단할 수 있는 장비로 여러 대의 변압기를 한 대의 컴퓨터로 진단할 수 있는 장점이 있다.

③ **고주파 잡음에 의한 애자열화 진단방법**

변압기에 절연열화가 생겨 발생하는 전자파를 탐사함으로써 열화개소의 검지가 가능해진다.

④ **변압기의 절연유 열화센서(PCS ; Porous Ceramic Sensor)**

PCS는 변압기의 열화 정도를 전기 사용 상태에서 자동감시하여 절연유의 열화 측정과 예측이 가능하도록 한 것이다. 이에는 주로 초음파센서가 사용된다.

5) 절연유시험

① **산가도 측정**

㉠ 절연유의 산가도는 기름 1[g] 중에 포함되는 산성성분을 중화하는 데 요하는 수산화칼륨(KOH)의 [mg]수로 표시한다.

㉡ 측정방법은 시료유 5[cc]에 산 추출액을 일정량을 넣고 혼합한 후에 중화액(KOH)을 주입해 가면서 중화시켜 용액이 청색에서 적갈색으로 변화했을 때 중화액의 사용량이 산가도를 나타낸다.

㉢ KS 규격에서 신유의 경우 산가도는 0.02 이하로 되어 있다. 산가도가 0.2~0.4이면 요주의 상태이며 0.4 이상이 되면 불량이다.

② **절연유의 내압시험**

㉠ 절연유를 장시간 사용하면 산화 생성물, 수분, 먼지 등이 혼입해서 절연내력이 저하한다.

㉡ 시험방법은 지름 12.5[mm]의 구상 전극을 갭이 2.5[mm] 되도록 유중에 20[mm] 깊이에 담그고 전압을 3[kV/s]의 비율로 상승시켜 가다가 절연이 파괴되어 Breaker가 동작했을 때의 전압을 읽는다.

㉢ 절연파괴 전압은 신유의 경우 30[kV] 정도, 사용 중인 기름의 경우는 20[kV] 이상이면 양호하고, 15~20[kV]이면 요주의, 15[kV] 미만이면 교체해야 한다.

6) 음향, 진동

7) GIS, Mold는 X-Ray 촬영

105 유입 변압기 On-line 진단

1 On-line 진단방법

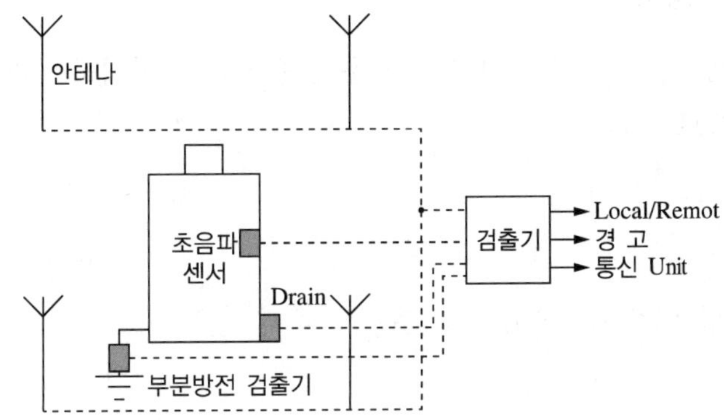

2 On-line 가스분석

① 가스분석기를 Drain Valve에 설치
② 가연성 가스 분석 : 700[ppm] 이상이면 표시
③ 한 대의 컴퓨터로 여러 대의 변압기 진단 가능

3 부분방전 측정

1) 특 징

① 이상 발생을 순시에 검출 가능한 이점이 있음
② 노이즈 영향 : 연속적 측정이 필요

2) 전기적 측정

부분방전 검출기 이용(고주파 CT) : 펄스 파형을 검출

3) 전자파 측정

① 전자파 안테나에 의해 측정
② 4개의 안테나 설치 도달시간 차를 측정하여 분석

4) 음향에 의한 방법

① 탱크 외벽에 피에조 소자를 이용하여 초음파 측정

② 노이즈 문제가 있음 : 부분방전 검출기(고주파CT) 함께 이용

5) 부분방전 허용치

① 공장시험은 기준이 정해져 있으나 운전 중 시험은 정해져 있지 않음

② 종합적으로 판단

4 부싱의 진단

33[kV] 이상 운전 중 부싱의 $\tan\delta$를 측정

5 부하 시 탭 절환장치 진단

절환 시 아크에 의한 접점 마모 → 구동토크 증가 → 토크와 전동기 전류 측정 → 절환 판단

6 주파수 응답 해석(FRA ; Frequency Response Analysis)

변압기의 주파수 특성을 분석하여 진단하는 방법

106 주파수 변화가 변압기에 미치는 영향

1 개 요

변압기란 철심과 권선을 가지고 교류전압을 받아 전자유도작용에 의해 전압 및 전류를 변성하여 다른 회로에 동일 주파수의 교류전압을 공급하는 장치

2 변압기 원리

원 리	권수비
I_1 V_1 N_1 N_2 I_2 V_2	$a = \dfrac{N_1}{N_2} = \dfrac{V_1}{V_2} = \dfrac{I_2}{I_1}$

$$E_1 = N_1 \frac{d\phi}{dt} = \frac{2\pi}{\sqrt{2}} f N_1 \phi_m \text{ [V]}$$

3 주파수 변화가 변압기에 미치는 영향(60[Hz] → 50[Hz])

1) 자속밀도 변화 : $\frac{6}{5}$으로 증가

$$E = 4.44\, f\, N \phi I_m \propto f\, B_m \;\Rightarrow\; B_m = \frac{E}{f} \;\Rightarrow\; \frac{B_{m50}}{B_{m60}} = \frac{\frac{E}{50}}{\frac{E}{60}} = \frac{6}{5}$$

2) 히스테리시스손 증가

$$P_h = \sigma_h\, f\, B_m^{\,n} \text{ [W/kg]}, \quad n = 1.6 \sim 2 \text{ 정도}$$

$$\left(\frac{50}{60}\right) \times \left(\frac{60}{50}\right)^{1.6-2.0}$$

3) 와전류손 일정

$P_e = \sigma_e (K_f \cdot f \cdot t \cdot B_m)^2$ [W/kg]

4) 온도 상승

히스테리시스손 증가분만큼 상승

5) 출력 및 전압변동률 감소

① 무부하손 증가로 출력 감소
② 내부 임피던스 감소로 전압 변동률 감소

6) 소음 증가

자속밀도 증가로 소음 증가

7) 용량 감소

$\frac{5}{6}$로 감소

8) 가격 상승

용량 감소에 따른 가격 상승

4 주파수 변화에 따른 변압기 적용방법

① 주파수 변환장치 적용
② UPS에 의한 주파수 변환
③ 용량은 주파수 변환에 따라 부하에 공급

107 변압기 경제적 운용방식

1 개 요

① 변압기는 전기기기 중에서 비교적 효율이 높은 기기이지만 항상 전력회로에 연결되어 있으므로 부하와 관계없이 항상 일정량의 무부하손이 소비되고 있다.

② 따라서 신뢰성, 안전성, 경제성, 환경성과 더불어 경제적인 변압기 운영방식에 대해서 설명하기로 하겠다.

2 변압기의 경제적인 운용방식

1) 부하 종류에 따른 변압기의 특수성

부하 종류	문제점	영 향	대 책
정류기	고조파 발생	• 소음 증가 • 과부하운전 • 절연 노화	• 정류기용 변압기 설치 • 고조파 차단장치 설치
아크로	• 아크로 전위 상승으로 이상파형 발생 • 대전류 통전	• 과열에 의한 소손 • 소음 증가	노용 변압기 사용
유도로	• 대전류 통전 • 부하 불평형 발생	• 과열에 의한 소손 • 소음 증가	노용 변압기 사용

2) 변압기 구성 및 대수 결정

① 변압기 최소 소요용량의 표준용량 선택

㉠ $\text{변압기 최소 소요용량} = \dfrac{\text{최대 부하량[kW]}}{\text{역률} \times \text{기기효율}} \times \text{증가 예상량}$

㉡ 변압기 표준용량 중 최소 소요용량에 가장 근접한 큰 용량을 선정

② 변압기 뱅크 구성방법 결정

㉠ 단상 변압기보다 3상 변압기 사용하여 경제적, 설치면적 축소, 신뢰성 향상

㉡ 가장 효율이 되는 뱅크 구성방법 모색

③ 변압기 최고 효율점의 용량 선정

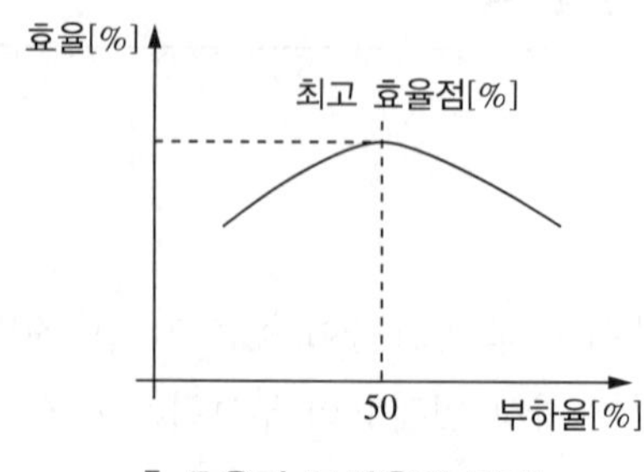

▌효율과 부하율의 관계

일반적으로 부하율이 45~55[%]일 경우가 가장 효율이 좋다.

3) 변압기의 적정한 용량 선정

① 부하조사표(Load List) 및 표준부하밀도에 따라 부하용량을 추정한다.

② 수용률, 부하율, 부등률을 감안하여 변압기용량을 결정한다.

㉠ 부하율 $= \dfrac{\text{부하의 평균전력(1시간 평균)[kW]}}{\text{최대 수용전력(1시간 평균)[kW]}} \times 100[\%]$

$= \dfrac{\text{부하의 평균전력}}{\dfrac{\text{총설비용량} \times \text{수용률}}{\text{부등률}}} \times 100[\%]$

㉡ 수용률 $= \dfrac{\text{최대 수용전력}}{\text{총설비용량}} \times 100[\%]$

㉢ 부등률 $= \dfrac{\text{각각의 최대 전력}}{\text{합성 최대 전력}} \geq 1$

③ 따라서 올바른 변압기 산정으로 손실을 최소화할 필요가 있다.

4) 변압기의 경제적인 구매

① 고자속 규소 강판인 유입변압기를 사용하면 20~25[%]의 에너지 절감

② 저손실, 난연성, 유지보수가 용이한 몰드변압기를 사용하면 에너지 절감을 가져올 수 있다.

③ 아몰퍼스 변압기를 설치하면 $\dfrac{1}{5} \sim \dfrac{1}{6}$의 손실을 저감할 수 있다.

5) 변압기의 경제적인 운전

① 부하관리 계획

부하율의 개선	최대 전력관리
최대부하 발생요인을 찾아서 그 원인이 되는 생산 상황, 작업방법의 개선, 부하의 일부를 다른 시간대로 이동하는 방법으로 개선	Peak Cut, Peak Shift, 자가발전기동, Demand Control 등으로 최대 전력을 관리하여 전력요금 경감

② 역률관리 계획

역률 개선방법	역률 개선효과
• 진상용 콘덴서 설치 • 동기조상기에 의한 방법 • 정지형 무효전력 보상장치 등이 있다.	• 전력손실 감소 • 설비용량의 여유도 증가 • 전압강하율의 감소 • 전력요금의 경감 등이 있다.

③ 전압 관리계획

㉠ 적정전압의 유지 : 기기의 효율은 정격전압에서 사용할 때 가장 좋다.

㉡ 전압 변동의 최소화 : 전원 측 리액턴스를 낮게 한다.

④ 효율적인 변압기의 병렬운전 선택

⑤ 효율적인 변압기의 냉각방식 선택

6) 변압기의 경제적인 유지 및 보수

변압기의 수명에 대한 LCC를 감안하여 관리 교체주기를 잡아 경제적인 운용이 되도록 한다.

108 임피던스 전압이 변압기 특성에 영향을 주는 요소(변압기 임피던스 전압의 크기 및 구성(다수 변압기의 경우)에 관하여 전력공급설비 설계 시 검토하여야 할 사항에 대하여 설명하시오)

1 개 요

① 임피던스 전압은 변압기 2차 측을 단락하여 1차 측에 정격전류가 흐르도록 인가하는 전압으로 변압기 자체 임피던스를 알고자 할 때 사용된다.

② %임피던스 전압은 정상 전압과 임피던스 전압 강하분의 백분율 비를 말한다.

$$\%Z = \frac{V_s}{V_{1n}} \times 100 = \frac{I_{1n} \times Z}{V_{1n}} \times 100[\%]$$

2 %임피던스 전압이 변압기 특성에 미치는 영향

1) 변압기 무부하손과 부하손의 비(손실비)

① 변압기의 무부하손은 철손으로서 변압기의 리액턴스 성분과 관련되며, 부하손은 동손으로서 주로 저항 성분과 관련된다.

② 따라서 $\%Z$는 저항 성분과 리액턴스 성분으로 구성되어 있으므로 변압기의 무부하손과 부하손의 비와 관련되어 있음을 알 수 있다.

③ 또한 변압기는 무부하손과 부하손이 동등하게 될 때 최고의 효율점이므로 이에 따라 용량을 산출하면 경제적인 변압기 선택을 할 수 있다.

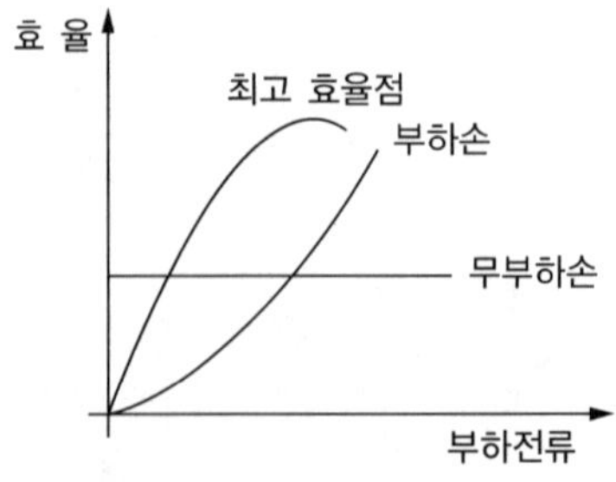

▮ 손실에 따른 최고 효율점의 조건

2) 전압변동률(ε)

① 전압변동률은 $\varepsilon = \dfrac{E_s - E_r}{E_r} = \dfrac{I(R\cos\theta + X\sin\theta)}{E_r} \fallingdotseq P\cos\theta + Q\sin\theta$

$$P = \frac{I \cdot R}{E_r} \quad Q = \frac{I \cdot X}{E_r}$$

여기서, E_s : 송전단전압
E_r : 수전단전압
P : [%]저항강하
Q : [%]리액턴스강하

② 따라서 %임피던스 전압은 $\%Z = \sqrt{P^2 + Q^2}$ 이므로 %임피던스 전압은 전압 변동률과 관련된다.

3) 계통의 단락용량

① 단락용량 계산법에는 대칭좌표법, 클라크법, 옴의 법칙, $\%Z$법, P_u 법 등이 있으나, 이 중에서 계산이 간략하고 손쉽게 적용할 수 있는 장점 때문에 $\%Z$법이 많이 사용된다.
② 단락용량을 구하는 것은 전기계통 시스템의 구성을 검토하고 계획하는 데 있어서 그 기계적 및 열적 강도 검토, 기계의 분리 및 안전성, 시스템의 경제성 등을 결정하는데 이 단락전류에 의해서 좌우된다.
③ 주로 사용되는 $\%Z$법에 의해 단락전류 및 단락용량을 계산하면

$$I_s = \frac{100 \times I_n}{\%Z}, \quad P_s = \frac{100 \times P_n}{\%Z} \text{ [MVA]}$$

여기서, I_s : 단락전류
I_n : 정격전류
P_s : 단락용량
P_n : 정격용량

④ 따라서 단락용량이 $\%Z$와 관련됨을 알 수 있다.

4) 변압기 병렬운전

① **변압기 병렬운전 조건**

㉠ 1차, 2차 전압이 같아야 한다.

㉡ 임피던스 전압이 같고 저항과 리액턴스의 비가 같아야 한다.

㉢ 단상변압기는 극성이, 3상 변압기는 각변위와 상회전이 같아야 한다.

㉣ 부하분담 시 용량에는 비례하고, $\%Z$에는 반비례한다.

$$\frac{I_A}{I_B} = \frac{[\mathrm{kVA}]A \times \%Z_B}{[kVA]B \times \%Z_A}$$

여기서, I_A, I_B : 변압기 부하전류

$[\mathrm{kVA}]A$, $[\mathrm{kVA}]B$: 변압기용량

$\%Z_A$, $\%Z_B$: 변압기 %임피던스

② 따라서 변압기 병렬운전에서 부하분담은 $\%Z$와 관련됨을 알 수 있다.

5) 단락 시 권선에 작용하는 전자기계력

① 단락전류가 흐를 때 권선 상호 간, 권선과 철심 상호 간에 전자기계력이 발생하는데 이 단락전류는 임피던스 전압에 따라 값을 달리한다.

② 따라서 %임피던스 전압은 전자기계력과 관련됨을 알 수 있다.

$$F = 2 \times 10^{-7} \times \frac{I_1 \cdot I_2}{r^2} [\mathrm{N/m}]$$

3 결 론

① 동일 용량의 변압기의 %임피던스 전압을 증가시키면 부하손이 커지고 전압변동률이 커지나 그 대신에 단락용량이 작아진다.

② 따라서 변압기 및 차단기 선정 시 %임피던스 전압은 손실, 전압 변동률, 단락용량 등과 관련되어 대단히 중요한 요소라고 할 수 있다.

109 변압기 이행전압의 종류와 대책에 대하여 설명하시오.

1 개 요

① 변압기 1차 측에 가해진 서지가 정전적 또는 전자적으로 2차 측으로 이행하는 현상으로 변압기 2차 측 권선 및 기기 절연에 영향을 준다.

② 전압비가 큰 변압기에 대해서는 이행전압이 2차 측의 BIL을 상회할 우려가 있으므로 보호장치가 필요하다.

2 변압기 이행전압의 종류

1) 정전 이행전압

양 권선과 2차 권선의 대지 간의 정전용량으로 분압되어 생기는 전압

2) 전자 이행전압

패러데이 법칙에 의해 생기는 전압

3) 2차 권선 고유 진동전압

2차 권선에 생기는 고유 진동전압

3 정전 이행전압

1) 단상변압기의 정전 이행전압

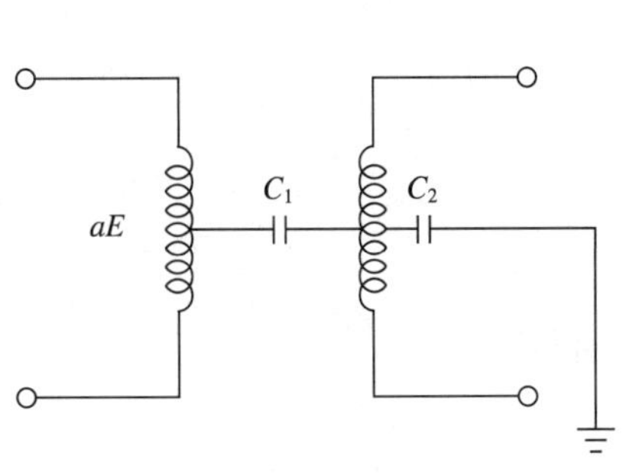

▌ 등가회로

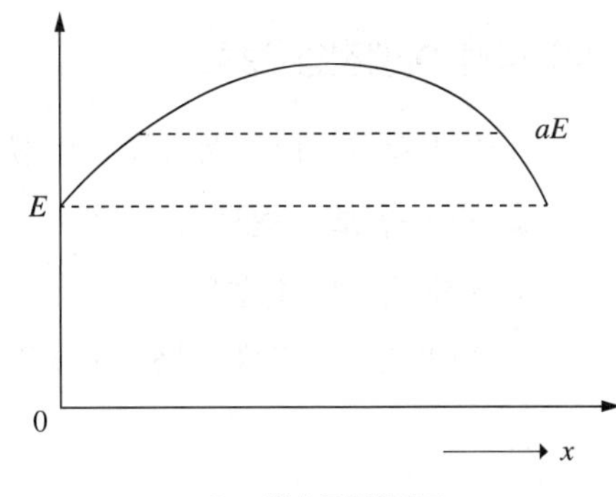

▌ 내부 전위분포

$$e_2 = \frac{C_1}{C_1 + C_2}\ \alpha E$$

여기서, C_1 : TR 1, 2차 권선 간의 정전용량

C_2 : TR 2차 권선의 대지 정전용량

α : TR 구조에 따라 정해진 정수(1.3~1.5)

E : 내부 전위분포에서 양단자전위

αE : 평균치

3) 3상 변압기 정전 이행전압

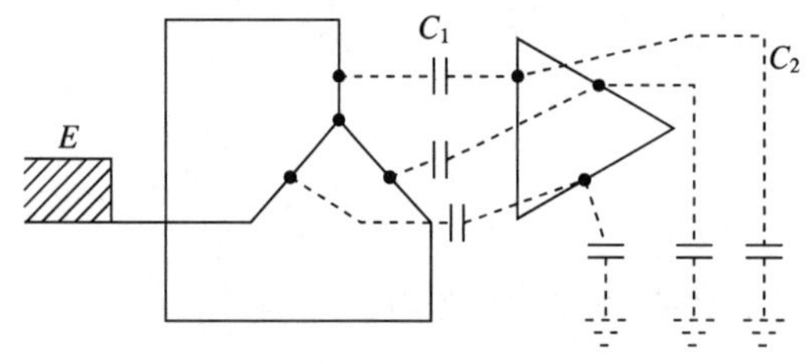

▌Y－△변압기 정전용량회로

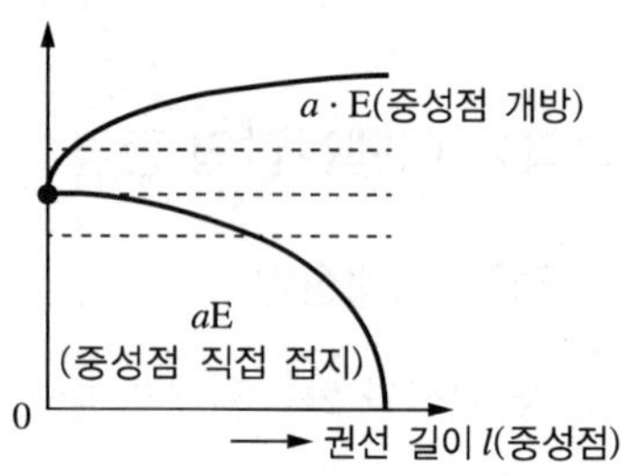

▌내부 전위분포

$$e_2 = \frac{1}{2}\frac{C_1}{C_1 + C_2}E$$

여기서, C_1 : 고·저압 간의 정전용량

C_2 : 저압 측 대지 정전용량

① 1차 권선의 내부 전위분포

② 중성점 비접지 : 상승

③ 중성점 접지 : 0전위

4) 정전 이행전압 보호

① 2차 측 피뢰기, 서지흡수기 설치

② 2차 측 보호 콘덴서 설치

③ 2차 측 BIL을 높임

④ 변압기 고·저압 권선 간 정전차폐를 시행

4 전자 이행전압

1) 단상 변압기의 전자 이행전압

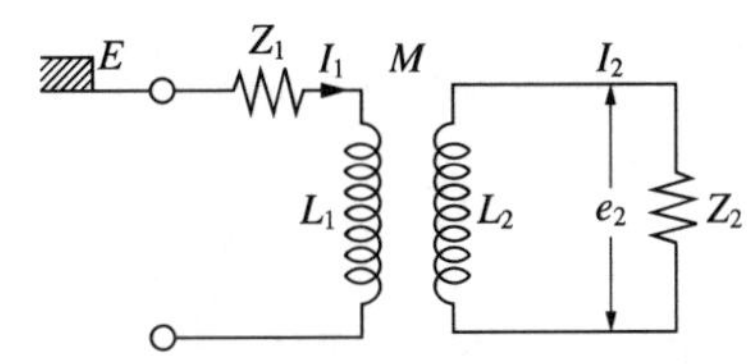

▌단상변압기 전자 이행전압 기본회로

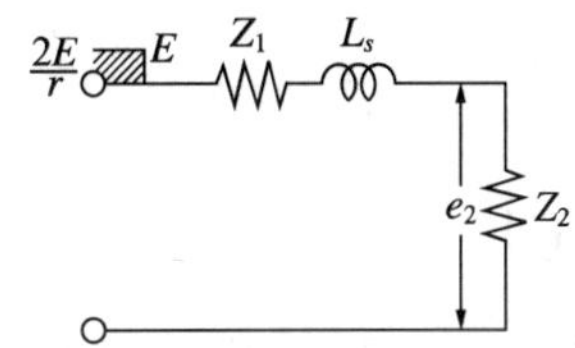

▌등가회로

$$e_2 = \frac{E}{r}\frac{Z_2}{Z_1 + Z_2}\left(1 - e^{-\frac{Z_1 + Z_2}{L_s}t}\right)$$

r : 권선비
E : 1차 측 서지전압 파고값
Z_1 : 1차 권선 측 서지 임피던스
Z_2 : 2차 권선에 접속된 임피던스 환산값
L_s : 변압기의 권선 임피던스 ($L_s = L_1 + L_2 - 2M$)

2) 3상 변압기의 전자 이행전압

① **영상전압**

㉠ 1차 △ 결선, Y 비접지인 경우 발생하지 않음
㉡ 2차 △ 결선인 경우 발생하지 않음

② **정상 역상전압**

$$V_{a2} = V_{12} + V_{22}$$

$$V_{b2} = a^2 V_{12} + a V_{22}$$

$$V_{c2} = a V_{12} + a^2 V_{22}$$

3) 전자 이행전압 보호

전자 이행전압은 대체로 권선비대로 이행하므로 특수한 경우가 아니면 보호장치는 생략한다.

110 진상용 콘덴서

1 개 요

1) 콘덴서 원리

① 전력부하는 R과 X_L에 의하여 $\cos\theta$만큼 위상차가 발생하고 이를 역률이라 한다.

$$\cos\theta = \frac{유효전력}{피상전력} = \frac{P}{S} = \frac{I^2R}{I^2Z} = \frac{R}{Z}$$

② 부하에 X_C를 접속하면 I_L과 I_C가 서로 상쇄되어 역률이 개선된다.

2) 콘덴서 용량

$$Q_C = P(\tan\theta_1 - \tan\theta_2) = P\left(\sqrt{\frac{1}{\cos^2\theta_1} - 1} - \sqrt{\frac{1}{\cos^2\theta_2} - 1}\right)[\mathrm{kVA}]$$

2 콘덴서의 구성요소

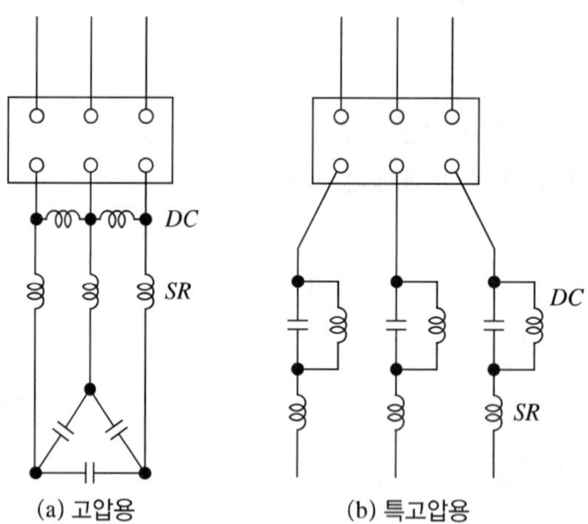

(a) 고압용 (b) 특고압용

1) 방전코일(Discharge Coil)

① **설치목적** : 콘덴서 개방 시 전하가 잔류하면서 일어나는 위험을 방지하고 투입 시 걸리는 과전압을 방지하기 위한 목적

② **용량** : 고압은 5초 이내 50[V] 이하 방전하고, 저압은 3분 이내 75[V] 이하로 방전의 용량이어야 한다.

2) 직렬리액터(Series Reactor)

① **설치목적** : 고조파 발생을 억제하기 위한 목적

② **용량 산출**

제5고조파를 유도성으로 하기 위한 것	제3고조파를 유도성으로 하기 위한 것
$5\omega L > \frac{1}{5\omega C} \rightarrow \omega L > \frac{1}{25\omega C} = 0.04\frac{1}{\omega C}$ 따라서 4[%]의 직렬리액터가 필요하나 주파수 변동이나 경제적인 측면에서 6[%]의 직렬리액터 기준으로 선택하면 된다.	$3\omega L > \frac{1}{3\omega C} \rightarrow \omega L > \frac{1}{9\omega C} \fallingdotseq 0.11\frac{1}{\omega C}$ 따라서 11[%]의 직렬리액터가 필요하나 주파수 변동이나 경제적인 측면에서 13[%]의 리액터가 적당하다.

3 콘덴서 설치방법

구분	수전단 모선에 집합설치	부하 측에 분산설치	수전단 모선과 부하 측에 분산설치
결선도	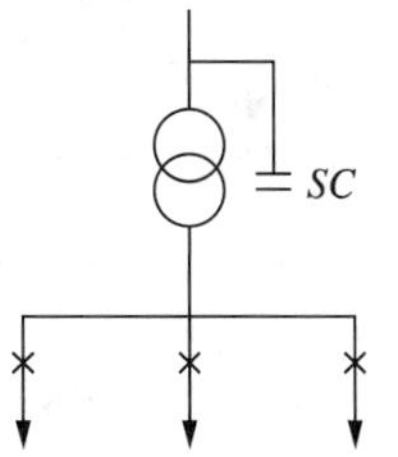 SC	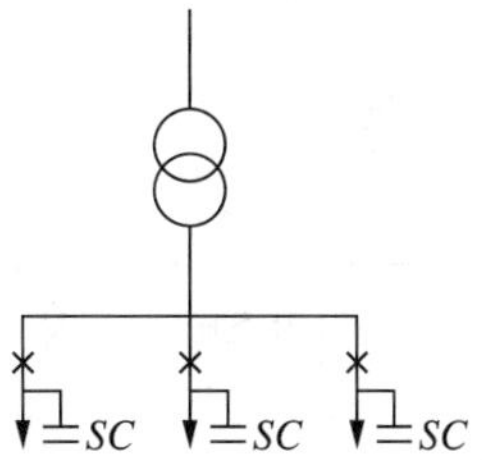 SC SC SC	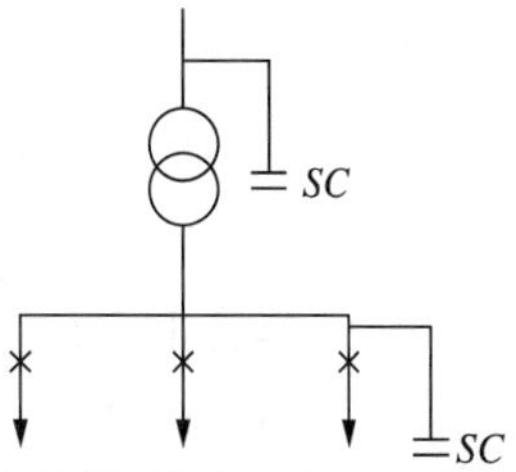 SC SC
특징	• 경제적이며 유지관리가 용이 • 무효전력 변화에 신속한 대응이 가능 • 역률 개선효과는 떨어진다.	• 가장 이상적이고 효과가 크다. • 비용이 많이 들고 면적이 필요하다.	수전단 모선의 단점을 보완하는 방법

4 역률 개선방법과 개선효과

1) 개선방법

① **발전기**

발전기는 자동역률조정기를 내장하고 있어 발전기 출력 허용범위 내에서 여자전류를 조정하여 단자전압 유지 및 지상, 진상 무효전력을 조정하여 역률을 제어한다.

② 동기조상기

동기전동기를 계통에 접속하여 여자전류를 조정하여 계통의 전압과 역률을 조정한다.

㉠ 연속제어가 가능하다.

㉡ 회전기기로 전력손실 및 건설비가 비싸다.

③ 전력용 콘덴서

부하와 병렬로 진상용 콘덴서를 설치하면 콘덴서에 흐르는 전류 I_C 가 회로에 흐르는 I_L보다 위상이 앞서기 때문에 서로 상쇄되어 역률이 개선된다.

㉠ 동기조상기와 비교하여 전력손실 및 건설비가 싸다.

㉡ 연속제어가 불가능하며 큰 돌입전류가 발생한다.

④ SVC(Static Var Compensator) : 정지형 무효보상전력장치

TSC(Thyristor Switched Condenser)	TCR(Thyristor Controlled Reactor)
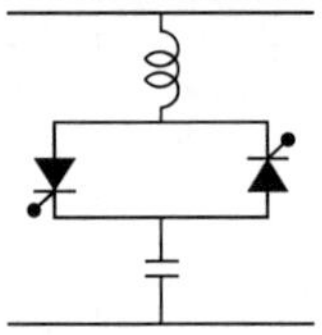	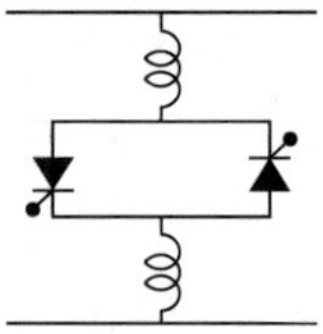
• 콘덴서 뱅크를 양 방향성 사이리스터를 이용하여 개폐하는 방식 • 다단계 제어가 가능하고, 고조파 발생이 적으나 연속제어가 불가능한 방식	• 사이리스터를 사용하여 리액터의 전류를 조정하여 무효전력을 제어하는 방식 • 비교적 연속제어가 가능하나 고조파 발생 및 유도성 부하 보상 시 손실이 증가
SVG(Static Var Generator) 또는 SCC(Self Commuted Converter)	
• 자려식 컨버터를 보상전원으로 하고 계통과 연계하여 진상과 지상으로 조정하는 방식으로, 직류 측 부하에 콘덴서를 사용하는 전압형과 리액터를 사용하는 전류형이 있다. • 이는 컨버터와 결합하여 출력전압을 조정함으로써 콘덴서와 리액터 두 가지 기능을 동시에 수행할 수 있다. 임피던스 배후전압(V_i)을 자려 인버터로 발생시키고 무효전력을 출력한다.	

⑤ STATCON(Static Condenser) : 정지형 콘덴서

㉠ 원리 : GTO 사이리스터와 직류충전용 콘덴서를 구성하여 PWM방식을 이용하여 전압, 전류의 크기와 위상을 신속하게 조절하여 진상, 지상 무효전력까지 연속적으로 세밀한 제어를 하는 콘덴서이다.

㉡ 특 징

- 지상~지상무효전력까지 연속적인 제어가 가능하다.
- 기계적인 동작부가 없어 조작 신뢰도가 높고 잡음 및 소음이 적다.

- 대용량의 전력용 콘덴서나 리액터가 필요하지 않아 설치면적이 작다(SVC의 70[%]).
- 단시간이지만 에너지 저장능력이 있고, 유효전력 보상이 가능하다.

2) 개선효과

① 전력손실의 감소

㉠ 선로손실의 감소

- 전력 : $P_{W1} = \sqrt{3}\ VI\cos\theta$[kW], 정격전류 : $I = \dfrac{P}{\sqrt{3}\ V\cos\theta}$[A]에서
- 전력손실 : $P_\ell = 3I^2R = 3\left(\dfrac{P}{\sqrt{3}\ V\cos\theta}\right)^2 R$[kW]로 역률이 높아지면 전류가 감소하여 손실이 경감된다.

㉡ 변압기의 손실 감소

$P_\ell = I^2R$[kW]로 손실이 감소된다.

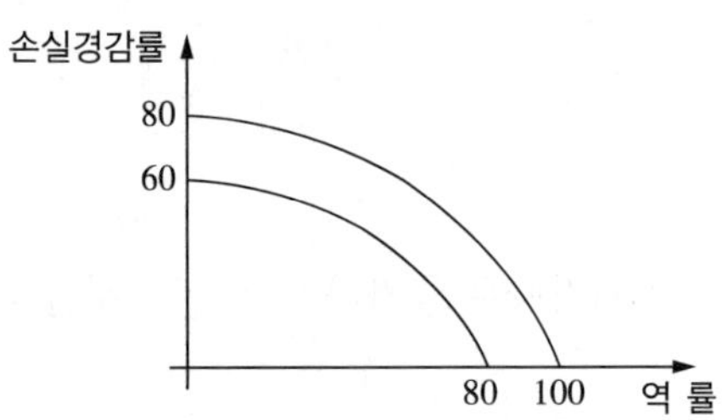

▌역률 개선에 의한 손실 경감율

② 설비용량의 여유도 증가

㉠ 역률이 개선되면 부하전류가 감소하여 같은 설비에서도 설비용량에 여유가 생긴다.

㉡ 즉, 변압기용량을 늘리지 않고도 부하 증설이 가능하다.

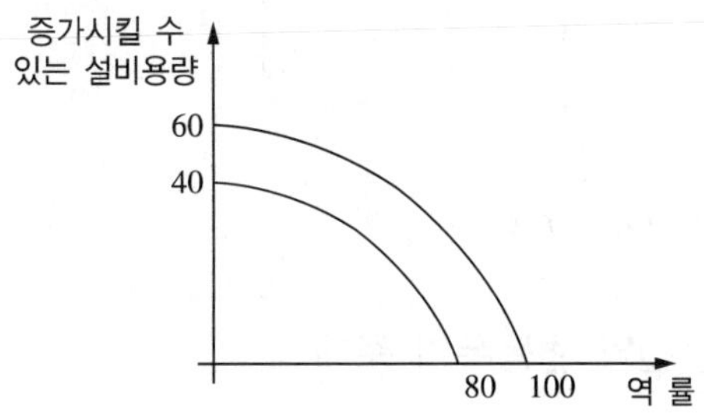

▌역률 개선에 의한 부하 증가율

③ **전압강하율 감소**

역률이 개선되어 전류가 감소하면 삽입모선의 전압을 상승시키는 효과가 있어 상승값만큼 전압강하가 억제된다.

$$V = \frac{Q_c}{Q_{rc}} \times 100[\%]$$

여기서, Q_c : 삽입 콘덴서 용량[kVA]
Q_{rc} : 콘덴서가 삽입된 모선의 단락용량[kVA]

④ **전력요금의 경감(한전의 전기공급규정에 의해)**

㉠ 고객의 역률이 90[%]에서 60[%]까지 미달하면 기본요금의 매 1[%]당 0.2[%]씩 할증을 한다.

㉡ 고객의 역률이 90[%]에서 95[%]까지 초과하면 기본요금의 매 1[%]당 0.2[%] 할인을 적용한다.

5 과보상 시 문제점

1) 송전손실의 증가

① 역률을 개선하면 손실 저감량은 증가하지만, 콘덴서를 과보상하면 손실 저감량이 작아진다.

② 즉, 손실 저감량이 (-)되어 도리어 손실이 증가하는 결과를 초래한다.

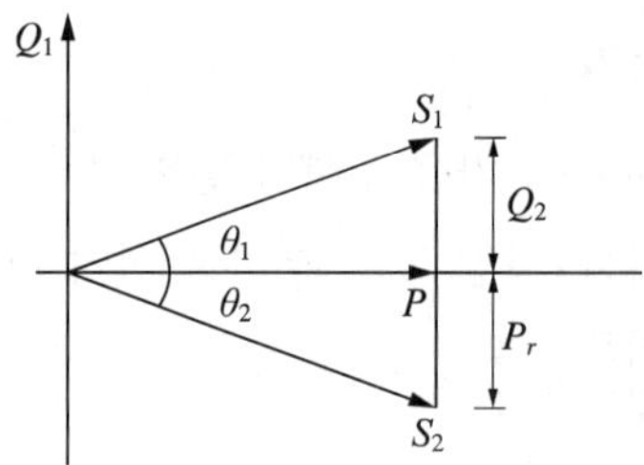

$$Q_2 = Q_1 - P_r = Q_1 - P\tan\theta_1$$

2) 모선전압의 과상승(전압 변동폭의 증대)

① **선로의 전압강하**

$$V = E_s - E_r = I(R\cos\theta + X\sin\theta)$$
$$= RP_L + XQ_L[\%] = RP_L + X(Q_L - Q_C)$$

② 즉, 콘덴서를 설치하면 전압강하를 억제시키는 작용이 있는데 경부하 시에 과보상하면 도리어 모선전압이 과상승하여 자체의 과부하 및 부하에도 영향을 준다.

3) 고조파 왜곡의 증대

야간의 경부하 시에 콘덴서를 삽입한 채로 사용하면 고조파 왜곡이 커서 콘덴서의 고장 및 다른 기기의 손상 및 오동작을 초래한다.

6 역률 자동제어방식

1) 회로도

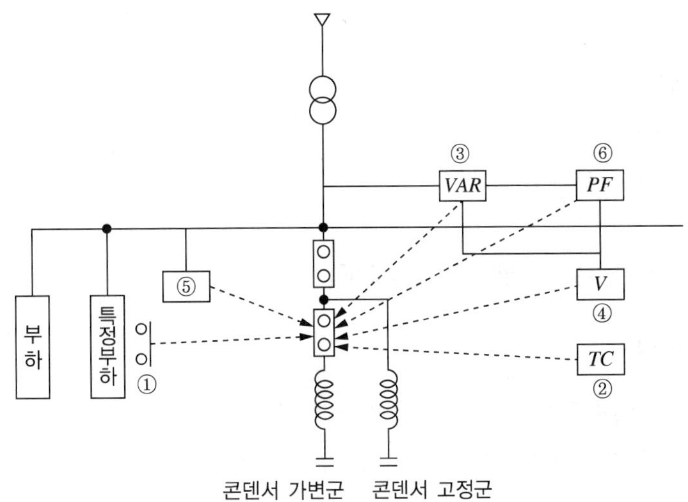

▌ 역률 자동제어 회로도

2) 자동제어방식

번호	제어방식	적용부하 무효전력 변동 패턴	특 징
①	특정부하 개폐신호에 의한 제어	무효전력 일정부하	개폐기 접점수만으로 간단히 작동하며, 가장 저가
②	프로그램 제어	일일 부하변동 패턴 일정부하	• ①의 방식 다음으로 저가 • 타이머는 다양한 종류가 시판, 조합 가능
③	무효전력 제어	모든 변동부하	• 모든 변동부하에 적용 가능 • 순간적인 부하변동에 추종하지 않게 고려해야 함

번호	제어방식	적용부하 무효전력 변동 패턴	특 징
④	모선전압 제어	전원임피던스가 커서 전압변동이 큰 계통	• 전압강하 억제가 주목적(역률 개선은 부수적인 목적으로 일반적이 아님) • 전력회사에 주로 실시
⑤	부하전류 제어	전류크기와 무효전력의 관계가 일정한 곳	말단부하의 역률 개선에 적합
⑥	역률 제어	모든 변동부하	같은 역률에서도 부하 크기에 따라 무효전력이 다르므로, 이것에 대한 판정회로가 필요하며, 일반에게 채택되지 않음

3) 수 동

① 수동 Off

② Timer 제어

③ 개폐 시 동시 제어

7 콘덴서의 잔류전하와 개폐 시 과도현상

1) 개폐 시 현상

① 투입 시 돌입전류가 크고, 모선전압강하 발생

② 차단 시 과전압 및 유도기의 자기여자현상 발생

2) 방전코일 설치

설치목적	설치용량
콘덴서 개방 시 전하가 잔류하면서 일어나는 위험을 방지하고 투입 시 걸리는 과전압을 방지하기 위해	고압은 5초 이내 50[V] 이하 방전하고, 저압은 3분 이내 75[V] 이하로 방전의 용량이어야 한다.

3) 콘덴서 개폐 시 과도현상

① 투입 시 현상과 대책

㉠ 돌입전류 발생

구 분	내 용
원 인	• 직렬리액터가 설치되어 있지 않을 때 • 병렬뱅크에 직렬리액터가 없을 때 • 전원 단락용량이 클 때 • 콘덴서에 잔류전하가 존재할 때
영 향	계전기, 계기의 소손, 오동작
대 책	직렬리액터 설치

$I_{max} = I_c \times (1 + \sqrt{\frac{X_c}{X_L}})$배(최대 돌입전류는 일반적으로 5배)

$f_1 = f \times \sqrt{\frac{X_c}{X_L}}$배(일반적으로 4배)

㉡ 모선전압강하

구 분	내 용
원 인	X_S, 모 선, X_L, X_C 모선의 전압강하 $\Delta V = \frac{X_S}{X_S + X_L} \times 100[\%]$
영 향	사이리스터 변환기의 동작 실패 가능, 일시적 단락
대 책	리액턴스(X_L)를 수전 측 리액턴스(X_S)에 비하여 문제가 되지 않을 만큼 증가

② 개방 시 현상 및 대책

㉠ 재점호에 의한 과전압

구 분	내 용
원 인	개방 시 개폐기 극간 전압 상승률이 높아 재점호가 발생하고 처음에는 3배, 다음 재점호 시 5, 7, 9배 순으로 과전압 발생
대 책	• 차단속도 빠르고 절연회복이 빠른 개폐기 설치 • 진공차단기, 가스차단기, MCB 전자개폐기 등

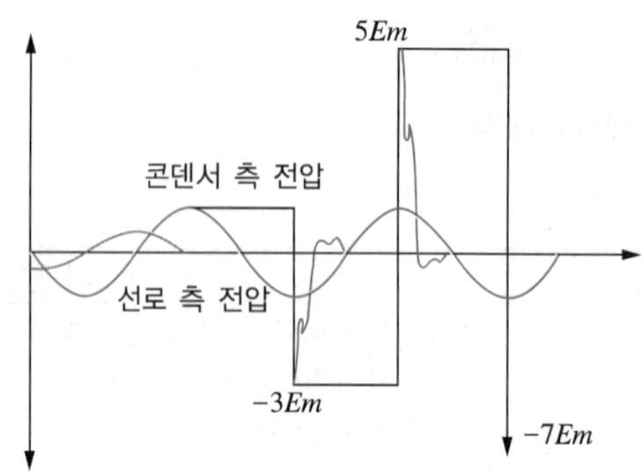

㉡ 유도기의 자기여자현상

구 분	내 용
원 인	CB / CB / M / SC CB_2를 개방하면 콘덴서 단자전압이 이상하거나 장시간 감쇄하지 않는 현상
대 책	• 콘덴서의 용량은 전동기의 여자용량보다 적게 한다. • 전동기의 여자용량은 전동기 정격의 25~50[%]

8 콘덴서의 열화원인과 대책 및 보호방식

1) 열화원인별 대책

① 온 도

구 분	내 용
원 인	주위온도 상승이 최고 온도 46[℃], 일평균 35[℃], 연평균 25[℃] 초과 시 수명 단축
대 책	• 발열기기(변압기 등)와 200[mm] 이상 이격 • 복수설치 시 100[mm] 이상 이격 상부설치 300[mm]

② 전 압

구 분	내 용
원 인	정격전압의 최고 115[%], 일평균 110[%] 초과 시 수명 단축
대 책	• 앞선 역률이 없도록 한다. • 유도전동기 여자용량 이하로 콘덴서 설치 • 완전히 개방 후 재투입 • 개로 시 재점호 방지용 차단기(VCB, GCB) 사용

③ **전 류**

구 분	내 용
원 인	• 고조파전류, 돌입전류에 의한 과전류로 수명단축 • 정격전류의 135[%] 이내
대 책	• 직렬리액터 설치 • 용량 : 제5고조파는 6[%], 제3고조파는 13[%] 사용

2) 고압 진상콘덴서의 보호방식

콘덴서 내부소자가 파괴되면 과전류에 의하여 내부 아크열, 절연유 분해로 내압이 상승하고 결국 용기나 부싱이 파괴된다.

① **한류퓨즈에 의한 보호방식**

소자파괴에서 단락전류 발생 시 이를 차단하는 방식으로 한류효과가 있고, $\frac{1}{4}$ 사이클 정도에서 차단한다.

㉠ 선정 시 고려사항

- 콘덴서 정격전류의 1.5배 이상의 전류를 통전 가능
- 콘덴서 정격전류의 70배 전류가 0.002초간 흘러도 용단되지 않을 것
- PF의 최대 차단 I^2t < 콘덴서 케이스 내 I^2t

㉡ 용량 : PF의 보호는 콘덴서 정격용량 50[kvar] 이하에 적합

② **보호용 접점방식**

콘덴서 소자의 절연파괴 시 내압 상승에 따른 용기 변형은 압력스위치 또는 마이크로 스위치로 검출하여 차단기 개방

㉠ Lead Cut 보호방식(내압식 보호용 접점방식)

콘덴서 절연파괴 시 내부 압력이 상승하게 되어 외함이 변형을 일으켜 보호장치가 동작하는 방식

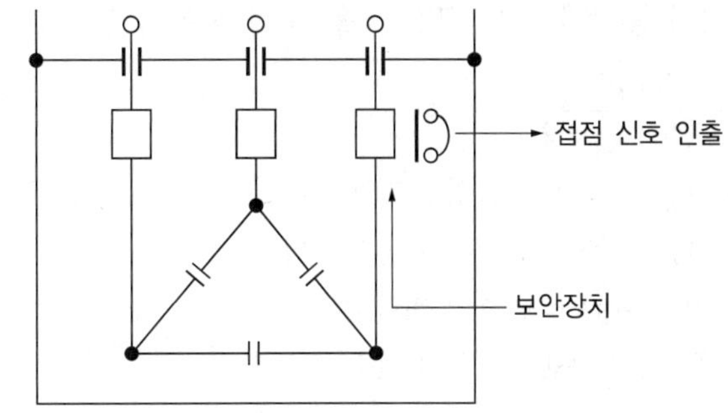

㉡ ARN Switch 보호방식(마이크로 스위치 보호방식)

콘덴서 외함의 팽창변위를 검출하여 고장을 판별하는 방식이다.

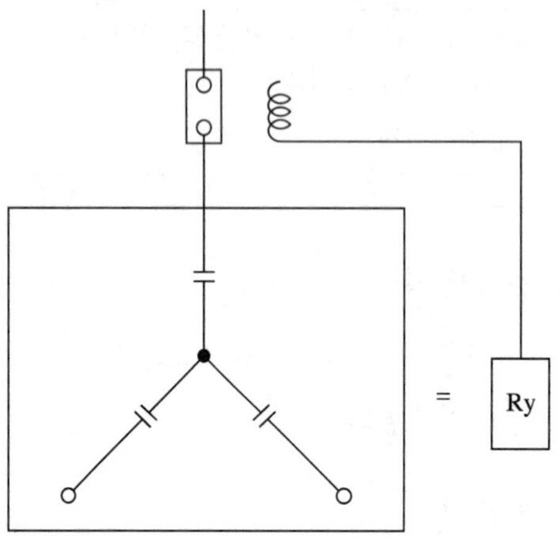

③ **중성점 전위 검출방식**

상기 방식은 내부소자 1개 사고 시 검출이 불가능하며, 이를 보완한 것이 중성점 전위 검출방식으로 더블스타방식이 있다.

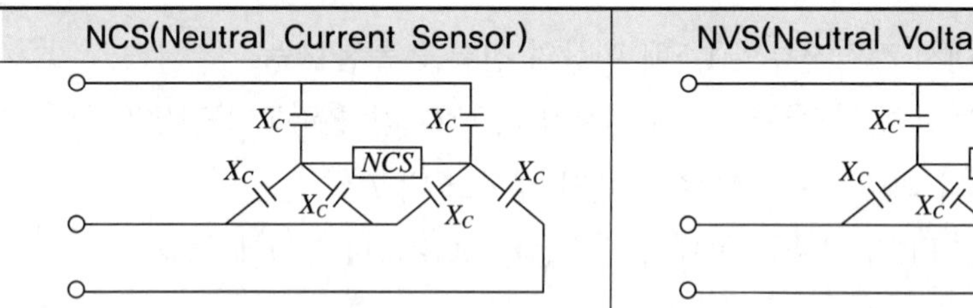

NCS(Neutral Current Sensor)	NVS(Neutral Voltage Sensor)
Y 결선한 콘덴서 2조를 병렬로 결선하여 콘덴서 1개 소자 고장 시 중성점에 불평형 전류를 검출하여 고장회로 제거	단일스타 결선에 보조저항을 병렬로 결선하여 보조 중성점을 만들어 중성점이 불평형 전압을 검출하여 고장점을 분리하는 방식

④ **Open Delta 보호방식**

㉠ 각상의 방전 코일 2차 측을 Open Delta로 결선한 것으로 일반적으로 22.9[kV] 계통에 적용

㉡ 보호계전기가 동작한 경우 고장 상을 직접 찾아야 함

$$V_{RY}=\frac{3V_C}{3P(S-1)+2}$$

여기서 V_{RY} : 고장 시 불평형 전압

V_C : 방전코일 2차 측 정격 전압

P : 콘덴서뱅크 외부 병렬수

S : 단기콘덴서 내부 직렬수

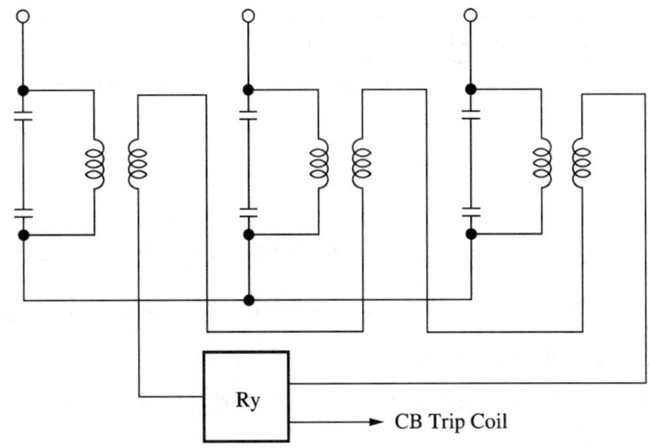

⑤ **전압 차동보호방식**

㉠ Open Delta 보호방식과 같은 전압 검출방식으로 절연처리의 이점으로 인하여 특별고압(6.6[kV]~22.9[kV])에 적용

㉡ 콘덴서 내부소자 1개만 고장 나도 고장전압이 검출되므로 안정운전이 가능하다.

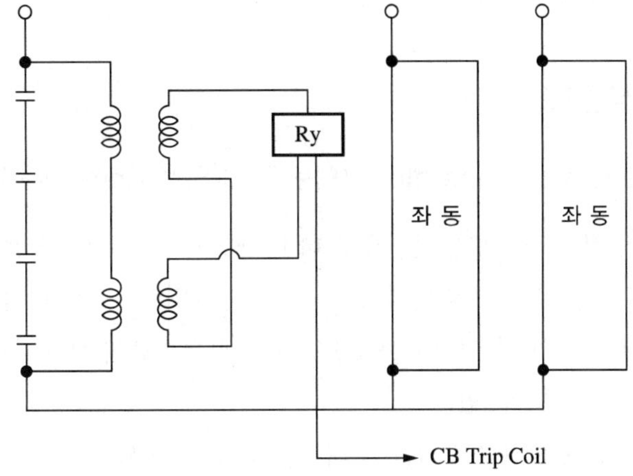

111 정지형 무효전력 보상장치(SVC)

1 개 요

① 파워일렉트로닉스 소자기술의 발달로 정지형의 무효전력 보상장치가 다양하게 개발되고 있으며, 고속 정밀한 전압 및 무효전력 제어가 가능하고 보수가 용이한 정지형 무효전력 보상장치가 사용되고 있다.

② SVC는 사이리스터를 이용하여 병렬 콘덴서와 리액터를 신속하게 접속, 제어(0.04초)하여 무효전력 및 전압을 제어하는 장치이다.

③ SVC는 처음에는 아크로나 제철소의 압연설비로 인한 전압변동(Flicker)을 보상하기 위해 개발되었으나, 대용량화가 추진됨에 따라 계통 안정화를 위해 송전선로에도 적용하게 되었다.

④ SVC의 특징은 응답특성이 빠르며, 조작에 제한이 없고, 신뢰성이 높으며, 유지보수가 간단하고, 조작성이 뛰어나다는 점에 있다.

2 종류별 특성원리

1) SVG(Static Var Generator) 또는 SCC(Self Commuted Converter)

① 자려식 컨버터를 보상전원으로 하고 계통과 연계하여 진상과 지상으로 조정하는 방식으로 직류 측 부하에 콘덴서를 사용하는 전압형과 리액터를 사용하는 전류형이 있다.

② 이는 컨버터와 결합하여 출력전압을 조정함으로써 콘덴서와 리액터 두 가지 기능을 동시에 수행할 수 있다.

③ 임피던스 배후전압(V_i)을 자려 인버터로 발생시키고 무효전력을 출력한다.

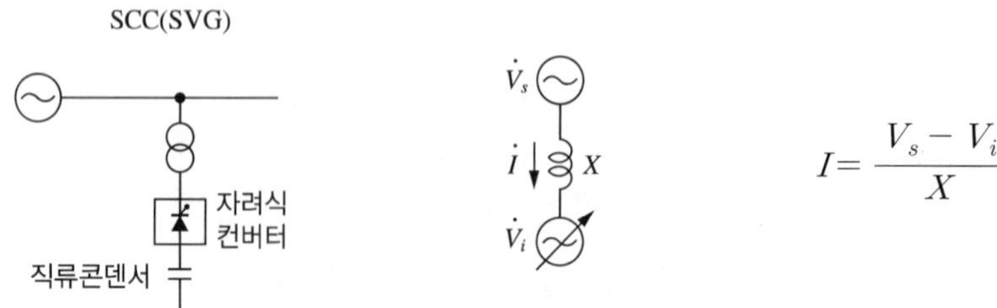

2) TCR(Thyristor Controlled Reactor)

① 리액터의 전류를 사이리스터 점호각으로 제어하는 것으로 반사이클마다 리액터의 전류조정이 가능하며, 아크로의 플리커 대책으로 개발되었고 대용량 장치에 적합한 방식이다.

② 근래에는 계통 안정화용 설비로 주목받고 있으며 고조파 전류 발생문제는 진상 콘덴서를 필터로 구성하여 해결할 수 있다.

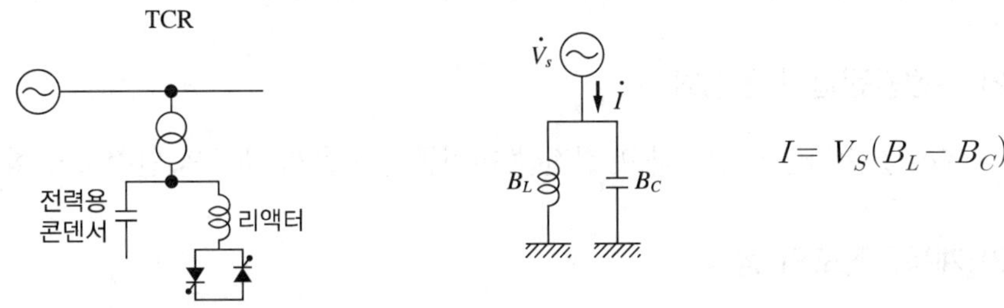

③ 또한 고임피던스 변압기를 사용하는 방법을 TCT(Thyristor Controlled Transformer) 방식이라 부른다. 리액터의 서셉턴스를 사이리스터 제어장치로 조정하여 고정콘덴서와 조합시켜 무효전력을 출력한다.

3) TSC(Thyristor Switched Capacitor)

① 사이리스터 스위치를 사용하여 과대한 돌입전류 없이 제어하는 방법으로 고조파를 발행시키지 않고 진상분만 소비한다.

② 복수의 콘덴서 뱅크를 사이리스터 스위치로 On/Off 하여 콘덴서의 서셉턴스를 단계적으로 조정하여 무효전력을 출력한다.

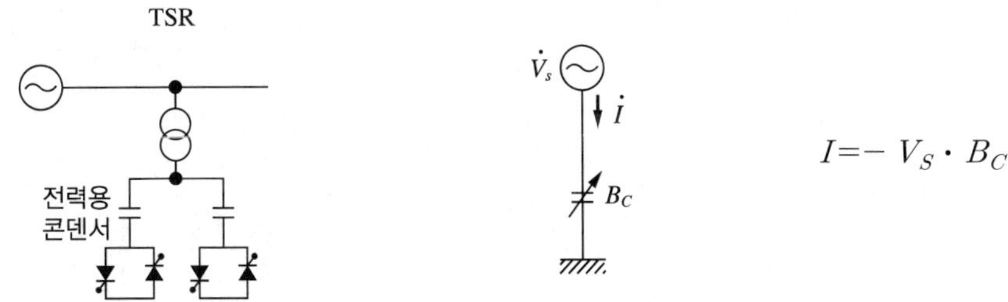

3 특징(효과)

1) 변동부하에 의한 플리커 억제

① 부하의 무효전력이 변동하여 전압플리커가 발생하는데 SVC(Static Var Compensator)는 부하의 역극성으로 동작하여 무효전력의 변동폭을 "0"으로 만들어 전압플리커를 억제한다.

② 따라서 변동부하에 가까운 지점에 설치하는 것이 바람직하다.

2) 수전단전압의 안정화

SVC를 수전단에 설치하고 정전압 제어를 함으로써 계통의 안정도가 향상된다.

3) 계통안정도의 향상

① 교류계통은 송수 양단의 전압 상차각에 따라서 전력을 수수하고 있지만 송전선이 장거리화되면 위상각이 증대하여 탈조, 난조에 이르기 쉽다.

② 그러나 중간점의 전압을 SVC에 의하여 유지하면 과도안정도가 대폭 향상된다.

③ 따라서 이 시스템을 중간 조상설비라고 부르고 대용량 TCR 실용화 이후 그 적용 사례가 계속 늘어나고 있다.

112 **출력 15[kW], 효율 85[%], 역률 85[%]인 3상 380[V]용 유도 전동기가 연결된 회로를 역률 95[%]로 개선하기 위해 필요한 콘덴서의 용량[μF]을 구하라.**

풀이

1 Y 결선 시

1) 유도 전동기의 입력용량

$$\eta = \frac{P_{out}}{P_{in}}$$

$$P_{in} = \frac{P_{out}}{\eta} = \frac{15}{0.85} = 17.65\,[\text{kW}]$$

2) 콘덴서 용량

$$Q = P(\tan\theta_1 - \tan\theta_2)$$

$$= 17.65 \times (\tan 31.788 - \tan 18.195) = 5.137\,[\text{kVA}]$$

$$\theta_1 = \cos^{-1}0.85 = 31.788^\circ$$

$$\theta_2 = \cos^{-1}0.95 = 18.195^\circ$$

3) Y 결선 시 콘덴서 용량

선전류 $I_C = \omega CE$

$$Q = 3EI_C = 3\omega CE^2 = wCV^2$$

$$C = \frac{Q}{2\pi f V^2} = \frac{5.137}{2 \times 3.14 \times 60 \times 380^2} \times 10^9 = 94.36\,[\mu\text{F}]$$

2 Δ 결선 시

Δ결선 시 콘덴서 용량

$Q = 3EI_C = 3\omega CE^2 = 3wCV^2$

$$C = \frac{Q}{3 \times 2\pi f V^2} = \frac{5.137}{3 \times 2 \times 3.14 \times 60 \times 380^2} \times 10^9 = 31.45\ [\mu\text{F}]$$

3 결 론

① Δ 결선을 하면 Y 결선 한 경우보다 소요 콘덴서 용량은 $\frac{1}{3}$로 줄어듦

② 콘덴서 절연에 문제가 없는 한 Δ 결선으로 하는 것이 경제적임

113 3상 배전선로 말단에 유효전력 300[kW], 역률 80[%] 부하가 접속되어 있다. 선로의 저항손을 80[%]로 낮추기 위해서는 부하에 몇 [kvar]의 콘덴서를 접속하면 좋은가?(단, 콘덴서를 접속해도 부하의 유효전력도, 수전단의 전압도 변하지 않는다)

풀이

1 저항손

$P_{l1} = 3I_1^2 R$

$P_{l2} = 3I_2^2 R$

2 개선 후 80[%]로 손실 감소 시 전류

$P_{l2} = 0.8 P_{l1}$

$3I_2^2 R = 0.8(3I_1^2 R)$

$I_2 = \sqrt{0.8}\, I_1$

3 전력 및 역률

$P_1 = \sqrt{3}\, V I_1 \cos\theta_1$

$$\cos\theta_1 = \frac{P_1}{\sqrt{3}\, V I_1} = 0.8$$

$P_2 = \sqrt{3}\, V I_2 \cos\theta_2 \quad (P_1 = P_2)$

$$\cos\theta_2 = \frac{P_2}{\sqrt{3}\, V I_2} = \frac{P_2(=P_1)}{\sqrt{3}\, V(\sqrt{0.8}\, I_1)} = 0.8 \times \frac{1}{\sqrt{0.8}} = 0.8944$$

$\theta_1 = \cos^{-1} 0.8 = 36.87^\circ$

$\theta_2 = \cos^{-1} 0.8944 = 26.57^\circ$

4 콘덴서 용량

$$Q = P(\tan\theta_1 - \tan\theta_2)$$

$$= 300 \times (\tan 36.87 - \tan 26.57) = 75\,[\text{kvar}]$$

변전실 및 기타

114 변전실

1 개 요

① 변전실은 전력사업자로부터 특고압 또는 고압으로 수전한 전력을 부하의 종류에 알맞은 전압으로 변성하기 위하여 변압기, 배전반, 각종 안전 개폐장치 등을 수용하는 장소를 말한다.

② 변전실은 전기 및 건축물의 냉난방, 급수, 소방시설 등을 가동·공급하는 데 없어서는 안될 중요한 설비이기 때문에 사전에 건축물에 맞게 세밀하게 검토 및 설계, 시공되어야 한다.

2 변전실의 건축적인 고려사항

1) 일반적인 고려사항

① 기기에 대하여 충분한 높이를 가져야 한다. 고압은 보 하단에서 3[m] 이상, 특고압은 보 하단에서 4.5[m] 이상 필요하다.

② 바닥하중은 변압기, 콘덴서 등의 중량물에 견딜 수 있는 500~1,000[kg/m^2]가 필요하다.

③ 바닥에는 케이블 피트 등을 케이블의 크기 및 수량에 따라 폭과 넓이를 결정

④ 완전한 방화구획으로 하고 출입문은 갑종 또는 을종 방화문으로 하며, 문의 폭과 넓이는 기기의 반출입에 지장이 없어야 한다.

2) 각 설비별 건축적 고려사항

① 변압기실

㉠ 유입변압기의 경우 타실과 격리하여 화재 시 방화구획이 될 수 있도록 한다.

㉡ 벽, 문, 창 등은 방음, 방화구조로 한다.

㉢ 기기 반입구, 배열 등 충분한 넓이와 높이를 취한다(벽 0.4[m] 이상, 천장 1~1.5[m] 이상).

㉣ 견고한 기초의 내진장치 설치

② **모선 및 차단기실**

㉠ 다른 설비와 격절

㉡ 분출유의 배기구 설치

㉢ 기기 반출 및 작업의 충분한 공간 설치

③ **배전반실, 감시 제어실**

㉠ 공기 환기, 조명, 음향 등 쾌적한 환경 조성

㉡ 운전조작, 감시제어에 지장이 없는 충분한 공간 확보

④ **축전지실**

㉠ 배전반에 가까운 곳에 설치

㉡ 일광의 직사를 피할 수 있는 장소에 설치

㉢ 실내 마감은 내산성

㉣ 배수, 환기에 주의

⑤ **발전기실**

㉠ 엔진기초는 건물기초와 관계없는 장소

㉡ 충분한 넓이와 높이 확보

㉢ 기기 반출 및 반입이 용이한 장소

㉣ 배기관의 소음, 매연에 지장이 없는 장소

㉤ 방수 및 배수를 충분히 검토하여 설치

㉥ 충분한 환기시설 필요

3 변전실의 위치 배치 시 고려사항

1) 위치 선정 시 고려사항

① 기기의 반·출입에 지장이 없어야 한다.

② 부하의 중심이고 배전이 편리한 장소이어야 한다.

③ 외부로부터 송전선의 인입 및 인출이 용이한 장소이어야 한다.

④ 염해, 유독가스 등의 발생이 적어야 한다.
⑤ 지반이 좋고 침수, 기타 재해의 염려가 없어야 한다.
⑥ 종합적으로 경제적이어야 한다.
⑦ 화재 및 폭발의 염려가 없어야 한다.

2) 배치 시 고려사항

배치 시는 배전전압, 부하분포밀도, 간선의 경제성 등을 고려하여 배치하고, 공장은 평면적으로, 빌딩은 입체적 배치가 중요하다.

① 빌딩 변전실(입체적 배치)

㉠ 집중식 : 1개의 변전실을 설치하여 전 전력을 부하에 전력을 공급하는 방식
㉡ 중간식 : 상하, 중간층에 변전실을 배치하여 부하에 전력을 공급하는 방식
㉢ 분산식 : 수 개소에 변전실을 배치하여 부하에 전력을 공급하는 방식

② 공장 변전실(평면적 배치)

㉠ 나무가지형 1차식 : 메인 변전실과 나머지 변전실이 하나의 선로로 구성하는 방식
㉡ 1차 단독식 : 메인 변전실에서 직각의 변전실로 전력을 공급하는 방식
㉢ 1차 루프식 : 메인 변전실에서 각각의 변전실로 Loop를 연결하여 전력을 공급하는 방식

4 빌딩 변전실의 면적

1) 면적설계 시 고려사항

① 수전전압 및 수전용량
② 수전전압 강압방식
③ 콘덴서 용량 및 수량
④ 큐비클과 분전반의 수량
⑤ 기기 배치 및 보수를 위한 공간 등

2) 변전실 면적 산출식

① $S_1 = 3.3\sqrt{P} \times \alpha\,[\mathrm{m}^2]$

여기서, P : 설비용량[kVA],

α : 건물면적(6,000[m²] 미만 : 2.66, 10,000[m²] 미만 : 3.55, 10,000[m²] 이상 : 5.5)

② $S_2 = KP^{0.7}[\mathrm{m}^2]$

여기서, K(특고 → 고압 : 1.7, 특고 → 저압 : 1.4, 고압 → 저압 : 0.98)

P : 설비용량[kVA]

③ $S_3 = 2.15\,P^{0.52}[\mathrm{m}^2]$

④ 면적 결정

변전실 면적 결정은 어느 방식이든 대부분 큰 방식으로 기존 건물의 변전실 면적을 참고로 적용하는 것이 바람직하다.

5 변전실 재해대책

구 분	기 준	대 책
소 음	55~60[dB]	방음구조
진 동	–	방진구조
수 해	–	• 설치높이를 높게 • 침수방지턱 설치 • 방수구조
지 진	지진 5 이상	내진구조
실 온	40[℃] 미만	• 내열기기 설치 • 환기구조 • 냉방설비
염 해	–	• 내염기기 설치 • 상자에 넣는다. • 옥내에 설치
동 물	쥐, 뱀, 고양이 등	• 출입구를 막는다. • 틈새를 막는다.
화 재	소방법	• 소화기구 비치 • 화재경보기 • 각종 방화문
유도장해	–	접지를 설치하여 전자, 정전유도 방지
고 장	–	기기의 교환을 위해 반·출입구 고려

115 변전실의 소음대책

1 개 요

소음, 환기 등의 환경문제는 전기설비의 안전성, 신뢰성, 경제성과 더불어 계획설계 시 가장 중요한 요소로 반드시 변전설비 설계 시 검토되어야 한다.

2 소음 발생원인 및 대책

1) 변압기

원 인	대 책
• 철심의 자왜현상 • 철심의 이음새, 성층 간에 작용하는 자기력에 의한 진동 • 권선의 전자력에 의한 진동 • 냉각용 팬, 송유펌프 등에 의한 소음	• 자속밀도의 저감 : 약 3[dB] 저감 • 철심과 탱크 사이에 방진고무 설치 : 약 3[dB] 저감 • 변압기 탱크 주위에 방음차폐판 설치 : 약 10[dB] 저감 • 변압기 둘레에 콘크리트 방음벽 설치 : 약 30[dB] 저감 • 큐비클에 내장 등

2) 비상용 발전기

원 인	대 책	
• 엔진 가동음 • 배기음 • 환기팬 • 쿨링타워	배기음에 대한 대책	배기관에 소음기를 부착하면 약 110~65[dB] 정도 저감이 가능
	기계음에 대한 대책	• 콘크리트 벽의 실내에 설치하면 기계음 감소 • 가스터빈을 설치하면 소음 감소

① 소음기 종류

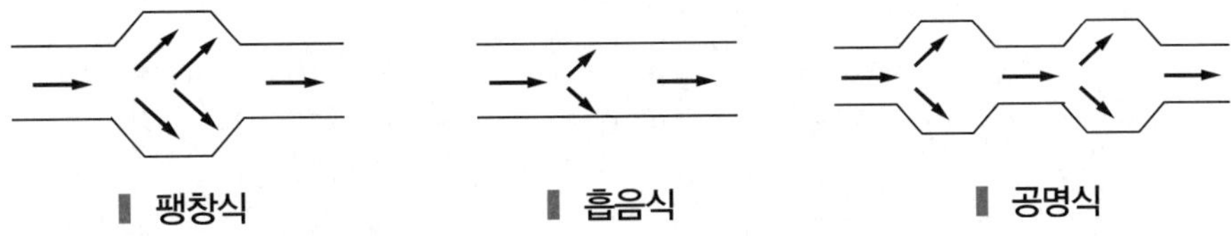

▮ 팽창식 ▮ 흡음식 ▮ 공명식

② 소음기 설치 시 고려사항

㉠ 15[m]마다 익스펜션 조인트를 설치하여 열팽창에 의한 비틀림이 없도록 한다.

㉡ 연도까지의 거리를 짧게 하고 굽힘 개소를 적게 한다.

㉢ 단열공사 실시

③ 기계음에 대한 대책

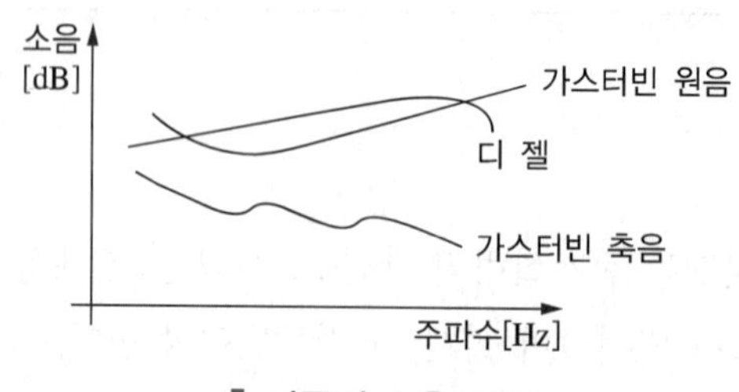

▌기종별 소음 레벨

㉠ 콘크리트 벽의 실내에 설치하면 기계음 감소

㉡ 가스터빈을 설치하면 소음 감소

3) 차단기

원 인	대 책
• 차단기 투입 및 차단기 기구에서 발생하는 기계음 • 공기 차단 등 배기에 의한 소음	• 가스 차단기, 진공 차단기 설치하여 대책 • 큐비클에 내장 • 차단기는 개폐 빈도가 적어 간헐적이므로 커다란 문제가 되지는 않는다.

116 GIS(Gas Insulated Switching 또는 Substation)

1 개 요

① 건축물의 대형화, 고층화에 따른 전력부하의 증가로 기존의 22.9[kV]에서 154[kV] 이상의 고전압 수용으로 확대되는 추세이다.

② 따라서 GIS는 모선, 개폐장치, 변압기 1차 측을 SF_6 가스로 충진 밀폐하여 변전소의 면적을 축소하고 고신뢰도화가 가능한 GIS설비가 확대되어질 전망이다.

2 GIS설비가 필요한 곳

① 변전설비의 가격보다 소요면적 축소나 안전성이 요구되는 장소

② 공해지역이나 해안지역

③ 공급규정에 의한 용량이 10[MVA] 이상의 수용설비 수용가

3 GIS의 구성도

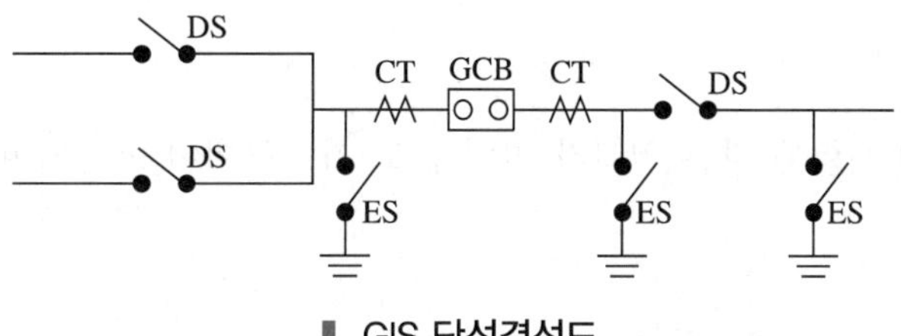

GIS 단선결선도

1) 모 선

단일모선, 이중모선

2) GCB(차단기)

접촉자는 허용온도 상승(65[K])을 초과하지 않는 범위 내에서 정격전류와 통전

3) 단로기(DS)

전동조작에 의해 구동되며 원방 및 수동조작이 가능

4) 접지개폐기(ES)

수동조작에 의해 구동되며 적절한 위치에 설치되며, 선로개방 시 DS와 조합하여 사용하며 접지를 함으로써 보수점검 시 안전 확보

4 GIS의 특징

1) 장 점

① 설비면적의 Compact화

절연내력이 우수하여 일반설비에 비해 약 10[%] 축소 가능

② 밀폐형 기기로 보수, 점검이 간소화

③ 안전성

불연성에 의한 화재위험 감소 및 비노출에 의한 안전성 향상

④ 고신뢰성

SF_6가스 밀폐화에 따른 열화가 거의 없고 가스구획이 구분되어 사고 방지

⑤ 경제성

고가이나 토지 가격이 높을수록 경제성이 높고, 공장에 조립이 가능하여 설치기간이 대폭 감소

2) 단 점

① 설치비가 고가
② 한랭지에 액화 방지장치 필요
③ 사고 시 대형사고 유발이 가능
④ 고장 시 조기·임시 복구 불가능

5 적용 시 고려사항

1) 시공 시 고려사항

① 시험 시 장소와 설치공간 현장과 가깝도록 설계
② 조립 시 먼지에 대한 방지관리
③ 기초는 수평유지가 중요하며 지반침하 및 내진대책 고려

2) 운전 시 고려사항

운전 시 특별한 관리를 하지 않으나 가스압, 수분량, 가스누설 등의 확인이 필요

3) 사고 시 고려사항

① 고장 발생 시 임시 복구, 조기 복구가 불가능하므로 장시간 운전 정지
② 따라서 긴급 복구가 가능하도록 한다.

117 복합절연 C-GIS 1

1 개 요

① SF_6 가스를 사용하면 안정성과 신뢰성이 높아지나 SF_6 가스가 감축대상 온실가스이므로 규제대상이 된다(감축대상 온실가스 : SF_6, CO_2, CH_4, N_2O, HFCs, PFCs 등 6종).

② 복합절연 C-GIS는 SF_6 가스의 사용을 최소화한 친환경 제품이다.

2 복합절연 GIS 특징

1) 구 조

충전부를 SF_6 가스 절연방식의 GIS와 고체절연방식인 GIS를 병행하여 설치

2) 유지보수 편리

Tank 내에 설치하였던 MOF&PT를 고체절연 접속부를 이용하여 외부에 설치

3) 설치면적 최소화

MOF반과 PT반 총2PANEL → MOF&PT반의 1PANEL로 축소

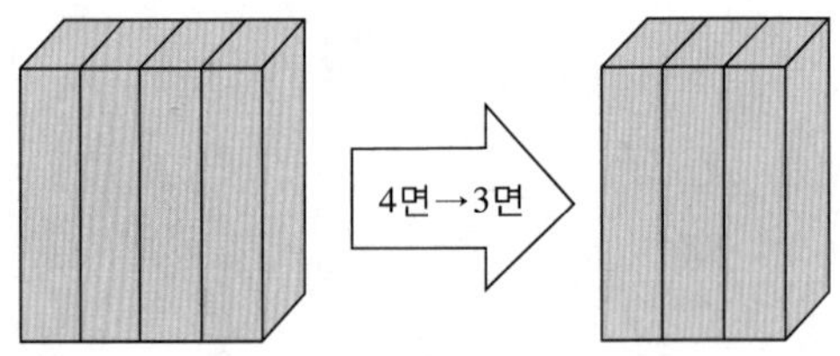

3 복합절연 GIS 구성

1) SF_6 가스절연 GIS

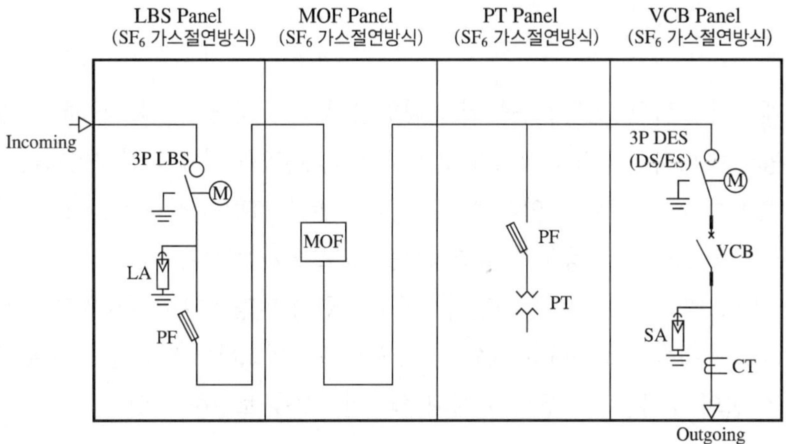

2) 복합절연 GIS

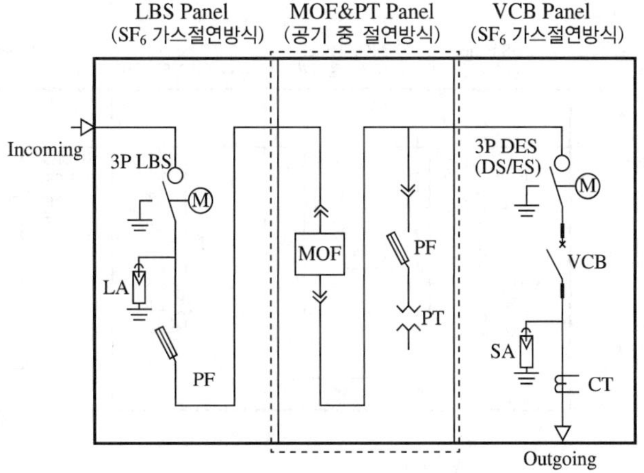

4 결 론

복합절연 C-GIS는 SF_6 가스의 사용을 최소화, 설치공간을 축소, 유지보수를 편리하게 한 신개념의 GIS설비이다.

118 복합절연 C-GIS(MOF&PT) 2

1 개 요

① 전력계통의 원활한 전력공급을 위해 다양한 형태의 개폐장치를 제공하고 있다.

② 절연방식에 따라 가스절연개폐장치(GIS)와 고체절연방식의 복합절연개폐장치를 제공하고 있으며, 이 중 복합절연개폐장치는 MOF반과 PT반을 하나의 Panel로 축소시키고 고체절연 Busbar를 사용하여 절연성능을 확보가 가능하다.

③ 복합절연 MOF&PT Panel은 SF_6 가스를 배제한 친환경적인 개폐장치로 축소형 구조를 통한 설치면적을 최소화하고 있으며, 기존 GIS와 비교하여 저렴한 초기 투자로 경제적이며 이전의 개폐장치와 동일한 신뢰성과 안정성을 보장하고 있다.

2 구 성

1) 기존 GIS

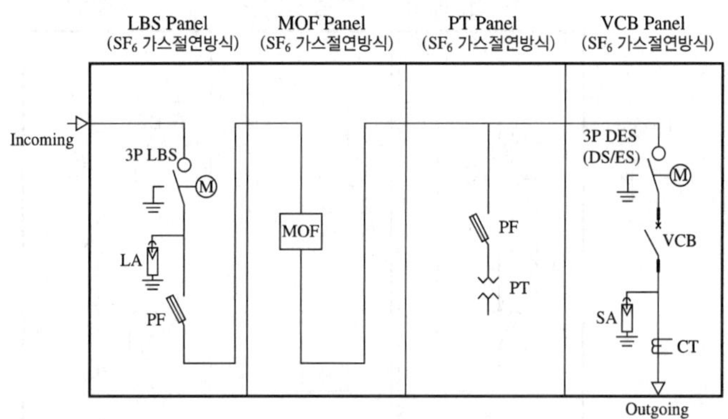

2) 복합절연 GIS

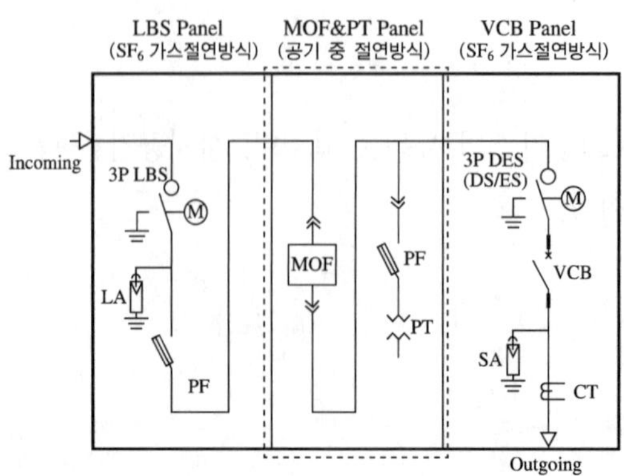

3 특 징

1) 안정성 및 친환경성

충전부를 SF_6 GAS 절연방식의 GIS와 고체절연방식인 GIS를 병행으로 설치하여 SF_6 가스를 최소화한 친환경 제품으로 안정성 및 친환경성을 향상시켰다. 기후변화협약에 따른 온실가스 감축에 부합하는 친환경 제품이다.

※ 감축대상온실가스 : SF_6, CO_2, CH_4, N_2O, HFCs, PFCs 6종

2) 기술 직접 제품

기존 Tank 내에 설치하던 MOF&PT를 고체절연 접속부를 이용하여 외부에 설치함으로써 불편하던 유지보수를 개선하였다.

3) 설치면적 최소화

기존 가스절연개폐장치(C-GIS) MOF반과 PT반 총 2Panel을 MOF&PT반의 1 Panel로 구성한 축소형 구조로서 설치소요 면적이 최소화 되어 경제적 효과가 크다.

4) 복합절연방식 구성

부하개폐기(LBS)와 진공차단기(VCB)는 기존 SF_6 가스 절연방식이며 MOF&PT를 한 판넬의 고체 절연방식으로 구성하여 사고발생 또는 유지보수 시 이를 손쉽게 할 수 있는 신개념 제품이다.

4 기존제품과 비교

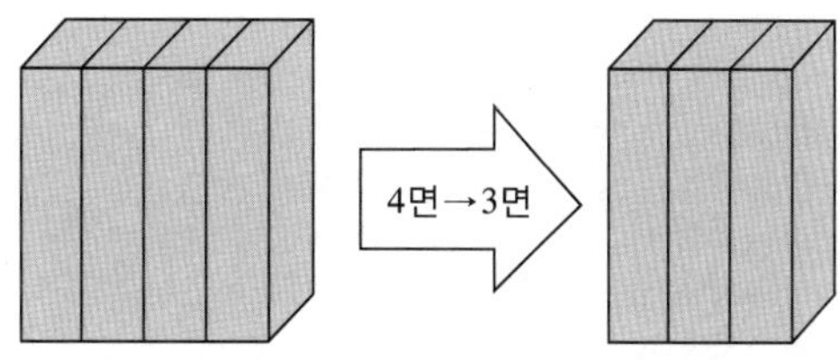

구 분	기존 C-GIS(4면 구성)	복합절연 C-GIS(3면 구성)
정 격	25.8[kV] 12.5[kA]/25[kA] 630[A]/1,250[A]	
절연매질	SF_6 GAS(0.07[MPaG])	SF_6 GAS방식(LBS, VCB반)&기중절연방식(MOF&PT)
DIMENSION	W2,400×D1,200×H2,100 (LBS+MOF+PT+VCB) 4면 구성	W1,800×D1,200×H2,100 (LBS+MOF&PT+VCB) 3면 구성
특 징	• 충전부 완전 밀폐형 구조로 인체사고방지 • 가스구획 격벽 설치로 사고 파급 방지 • 활선 유무 육안 확인 가능 • 부품의 표준성으로 생산 리드 타임 감소	• 기존 MOF, PT반을 1면으로 구성 • 고체절연 Busbar 적용으로 기중절연방식 • MOF&PT를 육안식별 가능 • 유지보수 용이 • 기기조합에 따른 축소형 구조(MOF+PT) 1면 구성

119 GIS 진단기술

1 개 요

① 건축물의 대형화, 고층화에 따른 전력부하의 증가로 기존의 22.9[kV]에서 154[kV] 이상의 고전압 수용으로 확대 추세이다.

② 따라서 GIS는 모선, 개폐장치, 변압기 1차 측을 SF_6가스로 충진 밀폐하여 변전소의 면적을 축소하고 고신뢰도화가 가능한 GIS설비가 확대될 전망이다.

2 GIS의 구성도

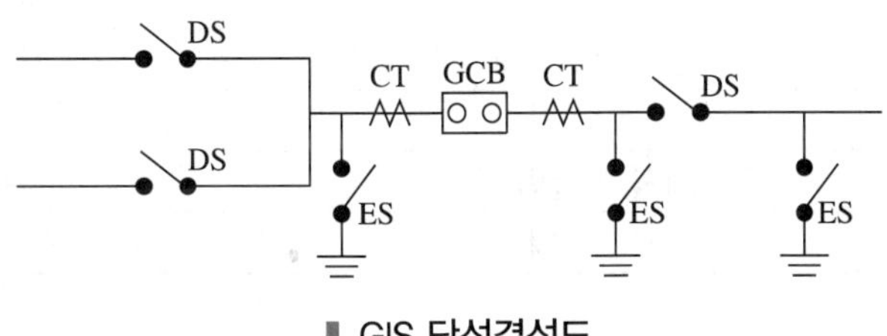

▌GIS 단선결선도

1) 모 선

단일모선, 이중모선

2) GCB(차단기)

접촉자는 허용온도 상승(65[K])을 초과하지 않는 범위 내에서 정격전류와 통전한다.

3) 단로기(DS)

전동조작에 의해 구동되며 원방 및 수동조작이 가능하다.

4) 접지개폐기(ES)

수동조작에 의해 구동되며 적절한 위치에 설치, 선로개방 시 DS와 조합하여 사용하며 접지를 하므로 보수점검 시 안전이 확보된다.

3 GIS 진단기술

사고항목	초기현상	검출기술
절연성능	코로나 방전	코로나 검출기
	이상음	코로나 마이크
	가스압 저하	압력센서
	가스 중 수분증가	하이크로 미터
	가스분해	자동 및 가스검지관
	절연저항 저하	절연저항계
통전성능	온도상승 증대	온도센서
	주회로저항 증대	주회로 저항계
	가스압 상승	압력센서
	전극소모 증대	X선 촬영장치
기계적 성능	개극시간 증대	저속 구동법
	전극소모 증대	저속 구동법
	동작회수 과다	동작회수기
	구동계의 마찰력 증대	저속 구동법
	구조 변형	X선 촬영장치

1) 부분방전 검출

① 가스 절연기기의 절연파괴는 처음 국부적인 미소 코로나부터 시작하여 절연이 서서히 열화하고 최종적으로 전로방전으로 확대된다.

② GIS는 정격가스압 및 상시 운전상태에서 부분방전이 없는 상태를 기준으로 설계되므로 미소 코로나를 검출하여 절연성능을 확인하거나 절연의 열화정도를 예지하는 것이 대단히 중요하다.

③ 미소 코로나를 검출하는 방법으로 절연스페이서법, 유피전극법, 전자커플링법, GPT법, 진동검출법 등이 있다.

2) 초음파검출

① 절연성능을 저하시키는 원인으로 탱크 내에 도전성 이물이 존재하는 경우 이물이 탱크 내의 벽면에서 상용주파수 전계에 의해 운동하게 된다.

② 이때 운동하는 이물이 탱크에 출동하여 미약한 초음파가 발생하게 되는데 이 초음파에 의한 탱크의 탄성파를 시찰하면 이물의 검출이 가능하다.

③ 초음파검출의 원리는 초음파센서로 탱크 외벽에서 얻어진 전기신호를 증폭기를 통하여 파고치 지시회로에 연결, 검출신호의 최대치를 표시한다.

3) SF_6 가스 성분분석

① 가스절연기기 내의 가스성분을 분석하는 것은 가스 순도, 가스 중 잔유수분량을 측정하는 외에 내부의 코로나방전으로 발생하는 분해가스를 분석함으로써 내부절연계의 이상 유무를 예측할 수 있다.

② 특히, 내부아크를 수반하는 고장이 발생한 경우 다량의 분해가스가 발생되므로 고장범위를 판정할 수 있다.

③ 분해가스에 대한 간편한 측정장치로 가스검지관이 있으며 가스성분을 정밀하게 측정하는 방법으로, 기기 내의 가스를 채집, 시험실 내의 가스분석기(Gas Chromato Graphy)로서 분석하는 방법이 있다.

4) X선 촬영

① 가스절연기기를 분해하지 않고 내부의 구조적 상태를 판별하는 방법이다.

② 동일한 강도의 X선을 기기에 조사하면 구조에 따라 X선의 흡수차가 발생하여 투과후의 X선량은 부위에 따라 변화한다.

③ 이 투과 X선을 촬영하여 기기내부의 파손, 볼트 이완, 접촉부 및 개극 상태, 접촉자의 소모 상태, 핀의 장착상태 등을 진단할 수 있다.

5) 저속구동법

① 저속구동법이란 개폐기기의 구동계 외부에서 저속도로 조작하여 기계계의 외부진단을 행하는 방법이다.

② 그 원리는 운전을 정지한 개폐기기의 운동계를 통상조작 시의 1/100 정도 저속으로 구동하여 이때의 구동력과 스트로크를 측정하는 것이다.

③ 이때 측정된 구동력은 거의 동작부의 마찰력을 나타내므로 내부이상이 있는 경우 이들이 구체적으로 존재하는 위치와 정도를 검출할 수 있다.

120 전자화 배전반(지능형 분전반)

1 개 요

① 전자화 배전반은 CPU(Micro－Processor)를 이용하여 모든 기능을 집약한 것으로 계전, 제어, 계측기능 등이 일체화된 Digital형 집중원방 감시제어장치이다.

② 주회로를 제외한 모든 부분을 전자화하여 설비의 간소화 및 통합감시제어 시스템을 달성하여 신뢰성과 안정성 및 생력화를 달성하기 위한 목적을 가지고 있다.

2 구 성

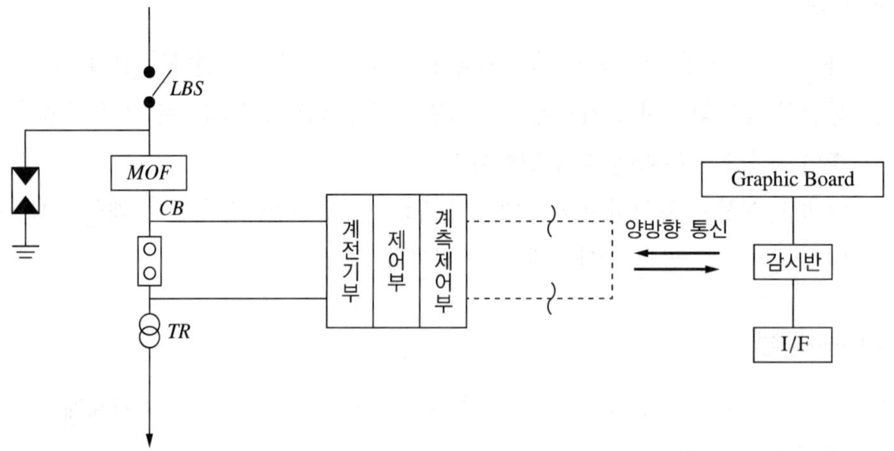

▌전자화 배전반의 구성도 예

1) DIPM(전력보호감지장치)

① **계전기부** : OCR, OCGR, OVR, UVR 등 전기량 검출

② **제어부** : CB, ON/OFF 등

③ **계측, 계량부** : V, A, Pf, kW, VAR 등

2) 감시반

① 전체를 총괄하는 주컴퓨터로 모든 결과와 정보 출력

② 집중원방 제어기능은 Real Time 처리

3) I/F처리

① 운영자와 컴퓨터와의 연결장치
② CRT, 프린터, 경보장치 등

4) 전송장치

① 디지털 전송장치
② 모뎀, 교환기 등

3 기 능

1) 데이터 통신기능

원격 통신이 가능하다.

2) 제어기능

Local Control 및 Remote Control이 가능하다.

3) 자기진단기능

① 자기진단(Self-diagnosis) 프로그램을 이용해서 자체의 고장상태를 스스로 판단할 수 있는 기능
② 운전 중 발생한 모든 사고, 정전, 저전압, 과전류 등의 상태와 그것이 발생한 시각을 기록하는 기능

5) 분석기능

저장된 데이터를 토대로 계통에 대한 각종 분석을 할 수 있다.

6) 계측기능

전압, 전류, 전력, 전력량, 최대전력, 유효전력, 무효전력, 역률 등을 계측한다.

7) 표시기능

각종 계측치와 분석된 자료를 표시한다.

8) 보호기능

차단기를 트립시키거나 필요한 스위치를 자동으로 On/Off시킨다.

9) 원방감시기능

각종 전력계통, 차단기, 보호계전기 등의 원방감시기능

10) 원격제어기능

무인운전이 가능한 차단기의 원격투입 및 트립 조작기능, 변압기의 전압조정 등을 행하는 기능

11) 원격계정 및 자동기록기능

일보, 월보의 측정기록 및 사고 시 자동기록기능

12) 자동경보의 기능

전력계통의 이상사고 화재 및 보안사고를 분석하여 경보하는 기능

4 기존 배전반과의 비교

구 분	전자화 배전반	기존 배전반
기본구성	디지털 계전기	아날로그 계전기
안전성	전자식은 자동 충격에 안전	진동, 충격에 오동작 가능
신뢰성	높다.	낮다.
측정오차	정 확	부정확
시스템 설계	배선 간단, 변경이 용이	배선 복잡, 변경 어려움
유지 및 보수	간단, 반영구적	고장 빈도가 높고, 보수기간이 길
경제성	배전반이 많을수록 경제적	배전반이 많을수록 비경제적
입력전송	디지털 변환전송 (A/D → Ry)	아날로그 전송 (→ Ry)

5 문제점 및 대책

1) 고조파 억제

① **문제점**

설비의 과열 및 소손의 문제점

② **대 책**

㉠ 고조파가 보호계전기를 오동작시키고 각종 계기의 오차를 증대시킨다.

㉡ 변압기의 경우 △결선하고, 고조파 부하에 수동 필터와 능동 필터를 사용한다.

㉢ 전력용 콘덴서는 직렬리액터를 설치하여 고조파를 억제한다.

2) Noise에 대한 대책

① **문제점**

전기 및 전자시스템 설비의 오동작, 설비의 소손 등

② **대 책**

㉠ 차폐케이블을 사용하여 케이블의 양단을 접지하고 유도전압을 차단시켜 오・부동작을 방지한다.

㉡ 고전압 전원과 충분히 이격하여 제어케이블의 Noise 방지와 유도전압 통로를 최소화한다.

㉢ 제어선로 접지

- 제어케이블의 접지에는 편단접지와 양단접지가 있는데 편단접지는 정전유도에 의한 Noise 침입 방지에 효과적이고, 양단접지는 전자유도에 의한 Noise침입방지에 효과가 크다.
- 제어선로에 정전유도와 전자유도로 유도되는 Noise방지를 위하여 양단접지를 실시한다.

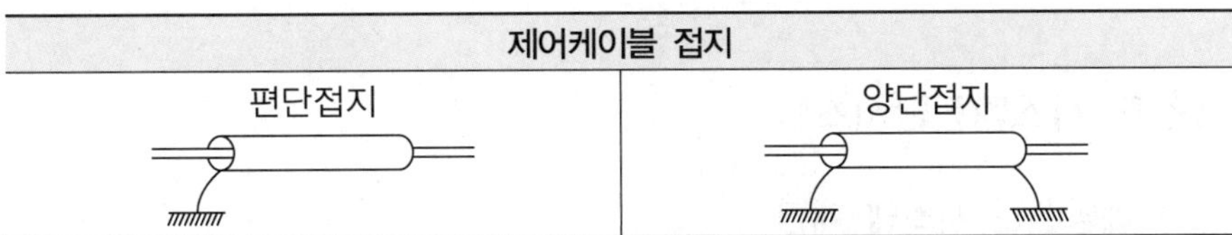

㉣ 계전기 자체의 접지 : 디지털 계전기는 자체복수 접지를 할 경우 외부 Noise 전류가 접지점의 한쪽으로 흘러 들어와 다른 접지점으로 흘러 나가기 때문에 계전기는 일점 접지를 시행한다.

㉤ 외부 Noise 중 차단기, 단로기 등에 의한 개폐 서지와 계통사고에 의한 접지점의 전압상승을 방지하기 위하여 피뢰기를 설치하여 변전소 내부의 접지저항을 저감한다.

㉥ Twist Pair선은 신호선의 불균형에 의한 Noise 침입을 방지하고 평형도를 높이기 위한 것으로 Normal Mode에 의한 Noise 침입 및 발생 억제에 효과가 크다.

㉦ 제어케이블 분리 포설 : 디지털 계전기에 연결되는 신호선, 제어선에는 근접병행 포설된 전력제어 케이블로부터 Noise가 이행된다. 이 경우 Noise 발생이 우려되는 다른 선로와 분리하여 포설하여야 한다.

3) 서지에 대한 대책

① 문제점

설비의 절연파괴 및 소손, 설비의 오동작 등

② 대 책

㉠ 외부서지를 방지하기 위한 피뢰기와 개폐서지를 방지하기 위한 SA를 설치한다.

㉡ 디지털계전기는 서지에 약한 단점을 가지고 있으므로 회로에 제너다이오드를 넣어서 서지에 강한 회로를 구성한다.

㉢ 접지저항이 높으면 낙뢰 또는 개폐서지 전압이 커져서 보호계전기의 오・부동작이나 소손의 원인이 된다.

4) 적정 온・습도 유지

① 문제점

디지털보호계전기는 온・습도에 매우 민감하여 오・부동작의 원인이 된다.

② 대 책

항온 및 항습장치로 적절한 온도와 습도를 유지

6 진단 시스템진단시스템

1) 예방진단 시스템 개념

예방진단 시스템은 전력을 끊고 점검하는 것이 곤란한 전원설비를 사용 중인 마이크로 컴퓨터를 이용하여 내용연수의 향상, 사고 및 기능저하 손실을 예방하고, 항상 안전하고 고신뢰성을 가지게 하기 위하여 온라인에 의한 자동점검과 예방진단에 유효하다.

2) 온라인 진단법

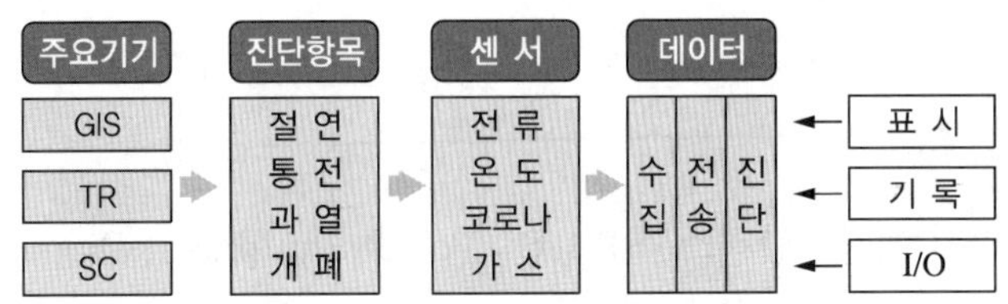

예방진단시스템 개념도

3) 진단시스템의 효과

① **설비에 대한 신뢰도 확보** : On-line, Real Time 감시
② **설비진단 능력의 확보** : 고도진단능력으로 대책 균일화, 고신뢰도화
③ **관리업무의 성력화** : 원격감시 등 업무의 성력화, 효율화

4) 진단시스템 설계

① 감시진단시스템 선정
② 센서 선정
③ 통신매체 선정
④ 데이터 처리장치 선정
⑤ 통신규약 선정
⑥ 운영체계 선정
⑦ 관리 S/W선정
⑧ 하드웨어 DDC, DCS 설치수량 선정

121 변전설비 온라인 진단시스템

1 개 요

① 전력설비 온라인 예방진단시스템(PDPS ; Power Equipment Diagnosis & Preventive System)은 주요한 전력설비의 기능이나 성능을 상시 감시하고 고장 및 사고를 미연에 방지하고자 각 기기별 이력 및 DB관리로 효율적인 전력설비 관리를 지원하는 시스템이다.

② 이 시스템은 크게 전력설비에 적용되는 센서부분과 현장기기의 Date를 취득하여 상위 서버로, 전송하는 데이터 취득장치(DAU)와 취득된 정보를 바탕으로 설비의 효율적인 관리 및 사고방지를 지원하는 진단 HMI로 구성된다.

2 기능(=필요성) 및 구비조건

1) 기 능

항 목	설 명
On-line 감시 진단	• 초고압 GIS/TR 및 배전급 설비 등 각 전력 설비에 대한 실시간 상태 감시 • 진단 항목별 상세 정보제공 • 실시간 상태 정보 및 이상유무 이벤트 알람 표시
운전자 편의 지원	• 감시화면 편집 및 통신장치 On-Line 설정 • 필터링 기능을 이용한 이력 조회 • Excel 기반의 다양한 보고서 작성
예방진단 분석	• Neural Network 알고리즘 기반의 PD진단 • 다채널 비교 및 실시간 트랜드를 이용한 PD분석 진단 • 상 별 온도차 및 온도 변화량에 따른 배전반 건전성 진단

2) 구비조건

① 기기 내부에 이상 징후를 초기에 정확하게 발견할 수 있을 것

② 많은 기기를 대상으로 할 것

③ 가능한 기기를 정지하지 않고 활선하에서 측정이 가능할 것

④ 외부에서 간략한 방법으로 측정할 수 있을 것

3 구성 및 원리

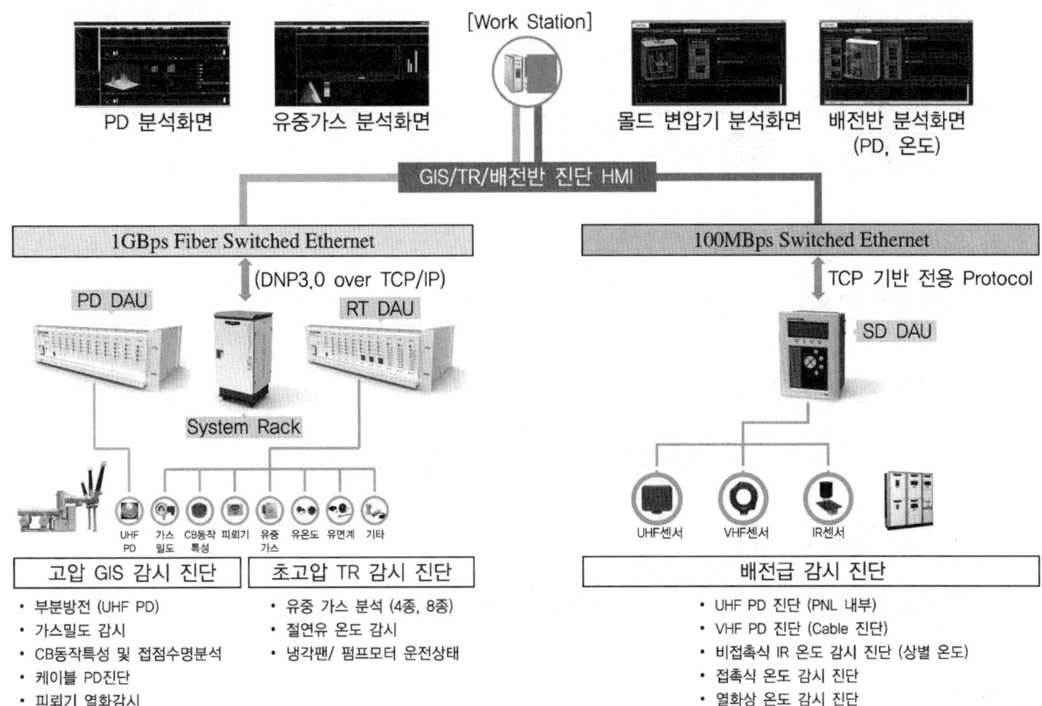

▌ 초고압 GIS/Tr, 배전급 설비 진단 HMI

항 목		설 명
진단시스템 Station		상시 Monitoring 및 데이터 이력관리
데이터 취득장치	PD DAU	초고압 GIS/TR 설비의 PD 센서에서 취득된 신호를 상위 시스템에 전송
	RT DAU	초고압 GIS/TR 설비의 진단센서에서 취득된 신호를 상위 시스템에 전송
	SD DAU	배전반/몰드 TR 설비의 진단센서에서 취득된 신호를 상위 시스템에 전송
센서류	UHF PD 센서	GIS/TR/배전반 내부에서 발생한 부분방전 신호를 조기 검출
	가스밀도센서	GIS 가스 밀도의 저하 및 누기를 모니터링
	피뢰기 누설전류	피뢰기에 흐르는 3고조파전류를 분석하여 열화 판정
	CB 동작감시센서	CB(차단기)의 동작특성 및 접점 수명 분석
	유중가스분석	변압기 유중가스를 실시간 분석하여 이상 여부 조기 진단
	권선/절연유 온도	변압기 권선/절연유 온도를 비교 분석하여 과부하 및 이상 여부 판단
	IR 온도센서	배전반 내부에서 발생되는 온도를 측정하여 이상 여부 판단

1) 변압기 절연유 진단 시스템

① 현재는 내압, 산가도 측정하여 열화 판단

② 향후는 활선 온라인 예측 시스템으로 변화(TOID 시스템)

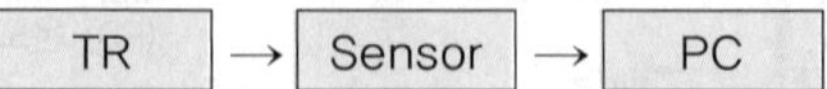

2) 부분방전 진단 시스템

고압기기 절연물 내 미소코로나 측정하여 판단

3) 전자파 진단 시스템

부분방전 시 전자파 발진에 의한 검출진단 시스템

4) 고조파 검출 시스템

부분방전 시 고조파 발생이 의한 검출진단 시스템

4 특 징

① 변전설비의 운전 및 열화 감시진단

② 다이내믹한 화면 제공으로 조작 및 감시 용이

③ 실시간 데이터 및 그래프를 이용한 실시간 트렌드 분석

④ 진단 알고리즘을 이용하여 분석, 진단한 결과를 운영자에게 제공

⑤ 이력 트렌드 및 이벤트를 대용량 DB에 저장 및 관리

⑥ 다양한 보고서 지원

⑦ Web기반 예방진단 기능 제공

5 예방보전 도입 시 도입 효과

1) 설비의 진단능력 향상

컴퓨터를 이용한 시스템으로 고도의 진단능력 기대

2) 설비의 신뢰성 향상

온라인, Real Time 감시에 의해 종래의 시간 기준형보다 높은 신뢰성 확보

3) 보수 업무의 생력화

기기 상태의 원격감시 및 원격제어, 일보 및 월보의 자동기록으로 생력화 효율화를 도모

122 변전설비 예방보전 시스템

1 개 요

① 변전설비의 보전이란 항상 변전설비를 사용과 가동이 가능한 상태로 유지하고, 고장이 나거나 결함이 발견될 경우 이를 회복하는 모든 처리와 제반활동을 말한다.

② 따라서 전기설비의 보전 목표는 신뢰성, 생산성, 경제성 등을 높이는 데 있다.

2 LCC(Life Cycle Cost)

1) 정 의

Life Cycle Cost(이하 LCC)는 기획단계에서 장래비용의 발생상황을 정확히 판단하여 Total Cost의 Control을 가능하게 하는 것이 LCC의 기본이다.

2) LCC 진행 분석

① 노화현상 분석

㉠ 물리적 노화 : 시설물 기기의 성능 저하로 작동 불능 등의 상황이 빈번하거나 상황이 발생할 때

㉡ 경제적 노화 : 시설물의 운영전력비 및 보수유지비 증대 등의 Cost 증대 야기와 경제적 가치의 하락을 야기시키는 노화의 원인

㉢ 사회적 노화 : 시설물의 Old Model 및 사회적 주위 분위기에 조화되지 못하는 노화의 원인

② 수명의 판단

㉠ 내용연수 기간과 고장률과의 관계 : 우발 고장기간이 지나 마모 고장기간에 들어서면 고장률이 급격히 증가한다.

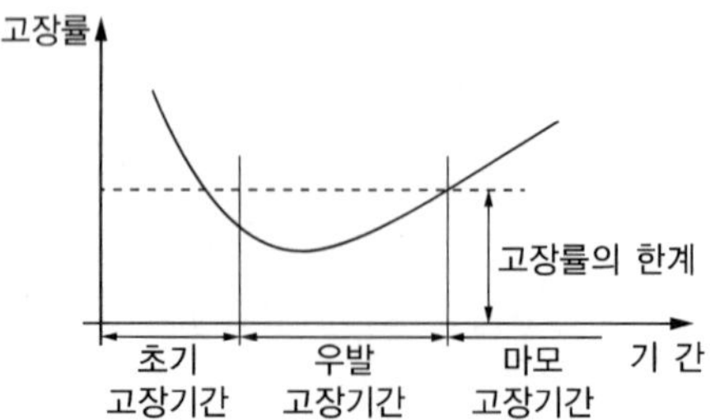

㉡ 고장률과 신뢰도와의 관계 : 고장률과 신뢰도는 반비례적인 관계를 가진다.

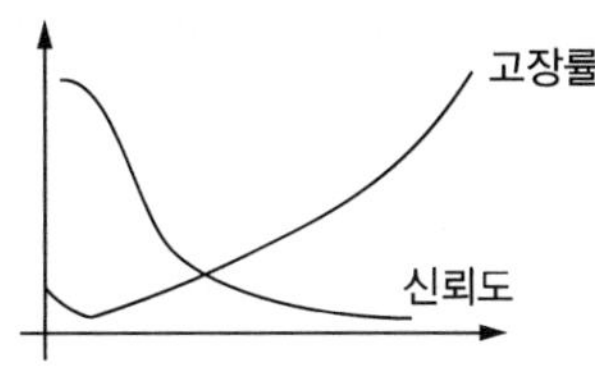

㉢ 총비용, 운용관리비용, 초기 투자비용과의 관계

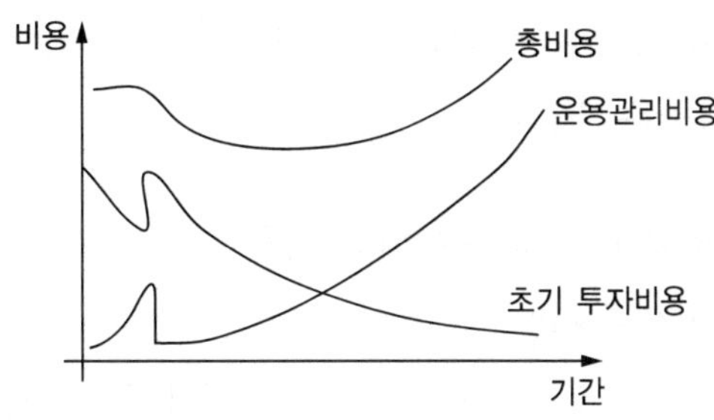

3 변전설비 종류 및 비교

1) 종 류

① **예방보전** : 경제성과 생산성 등 고려한 중점설비의 부분

② **사후보전** : 비중점설비의 보전

③ **생산보전** : 예방보전+사후보전

2) 보전방식의 비교

구 분	예방보전	사후보전	생산보전
비 용	많 음	적 음	많은 편
사고 피해	적 음	많 음	적은 편

4 보전방식의 도입효과

1) 설비의 진단능력 향상

컴퓨터를 이용한 시스템으로 고도의 진단능력 기대

2) 설비의 신뢰성 향상

On-line, Real Time 감시에 의해 종래의 시간 기준형보다 높은 신뢰성 확보

3) 보수업무의 생력화

기기 상태의 원격감시 및 원격제어, 일보 및 월보의 자동기록으로 생력화 효율화를 도모

5 변전설비 예방보전 시스템

1) 시간계획보전(Schedule Maintenance)

① 예정된 시간계획에 입각한 예방보전
② 시간계획보전이란 수변전기기가 고장이 나기 전에 일정한 룰에 의해서 교환하거나 점검, 수리하는 것

2) 상태감시보전(Condition Maintenance)

① 항상 상태를 감시하는 예방보전
② 상태감시보전이란 전기설비의 사용 전, 사용 중의 동작 상태를 확인하여 어느 시점에서 등장값과 경향을 비교 감시하는 것을 말한다.

3) 정기보전

① 시간계획보전의 하나로서 예정된 간격으로 기기를 신품으로 교환하는 것이다.
② 고장이 보전주기 도중에 생겨도 신품으로 교환하여도 변경주기는 동일하다.

4) 경시보전

① 시간계획보전의 하나로서 변전기기가 예정된 누적 동작을 하였을 때 기기를 신품으로 교환하는 것을 말한다.
② 고장이 보전주기 도중에 생겨 신품으로 교환하여도 변경주기는 동일하다.

5) 정기점검

① 계획에 따라 점검주기를 정하고, 고장 징후를 발견하여 고장과 결함을 발견하는 것을 말한다.
② 설비의 정지까지도 행하고 시험검사를 정밀하게 실시

6) 정기수리

① 계획에 따라 일정 주기마다 변전기기를 정지하여 수리 및 교환을 시행하는 것을 말한다.
② 정기수리를 단시간에 시행하면 Shut Down 시간이 길어진다.

6 예방진단기술의 구비조건(이상기기를 활선하에서 측정)

① 기기 내부에 이상 징후를 초기에, 그리고 정확하게 발견할 수 있을 것

② 많은 기기를 대상으로 할 것

③ 가능한 기기를 정지하지 않고 활선 하에서 측정이 가능할 것

④ 외부에서 간략한 방법으로 측정할 수 있을 것

123 LCC(Life Cycle Cost)

1 개 요

① Life Cycle Cost(이하 LCC)는 기획단계에서 장래비용의 발생상황을 정확히 판단하여 Total Cost의 Control을 가능하게 하는 것이 LCC의 기본이다.

② LCC는 설계, 시공, 유지관리에 따른 설비의 최적의 시기를 찾아내어 리모델링함으로써 신뢰도와 경제성, 사회성 등을 달성하기 위한 목적이 있다.

2 LCC의 개념

1) 적용목적

① 시설 노후화, 내용연수 마감에 대한 대책
② 고장 다발, 성능 저하에 대한 대책
③ 에너지 절감 추진
④ 안정성 향상에 대한 대책
⑤ 관리 및 안전의 최적화 추진
⑥ 성능 저하에 따른 기능의 향상
⑦ 의장의 쇄신
⑧ 체적의 축소 향상

2) 경제성 분석

① LCC를 이루는 항목

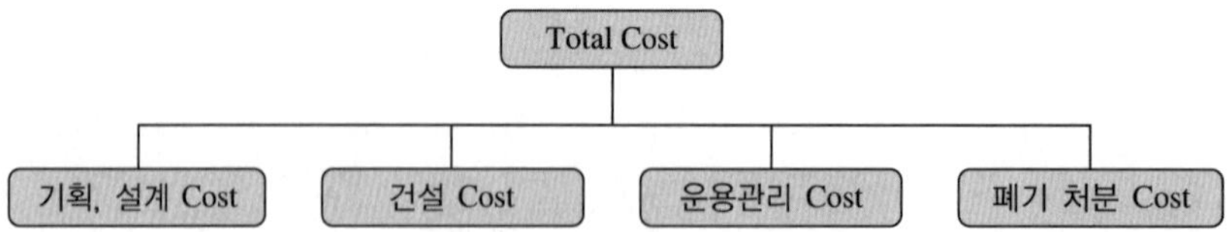

순이익 = 수익 − 비용 = 수익 − (초기 투자 + 유지보수 운영비) = 수익 − LCC

② **건축전기설비의 Life 사이클 연수 조건**

㉠ 물리적 조건 : 내구력, 기능 작동의 한계 파악 등

㉡ 경제적 조건 : 운용유지 보수비의 증대 등

㉢ 사회적 조건 : Old Fashion, Old Model 등

3) 도입절차 순서(Flow Chart)

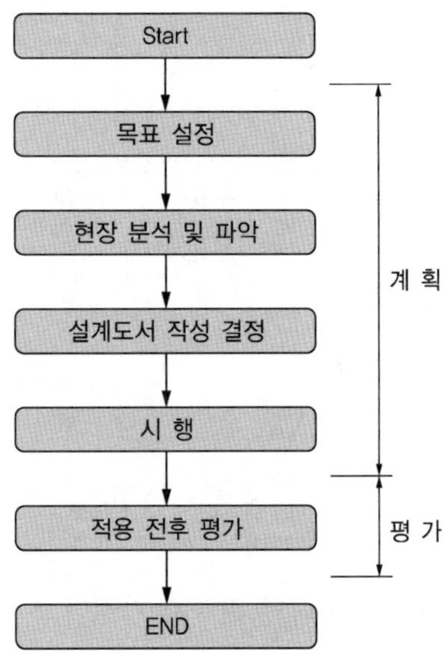

3 LCC 진행 분석

1) 노화현상 분석

① **물리적 노화**

시설물 기기의 성능 저하로 작동 불능 등의 상황이 빈번하거나 상황이 발생할 때

② **경제적 노화**

시설물의 운영전력비 및 보수유지비 증대 등의 Cost 증대 야기와 경제적 가치의 하락을 야기시키는 노화의 원인

③ **사회적 노화**

시설물의 Old Model 및 사회적 주위 분위기에 조화되지 못하는 노화의 원인

2) 수명의 판단

① 내용연수 기간과 고장률의 관계

우발 고장기간이 지나 마모 고장기간에 들어서면 고장률이 급격히 증가한다.

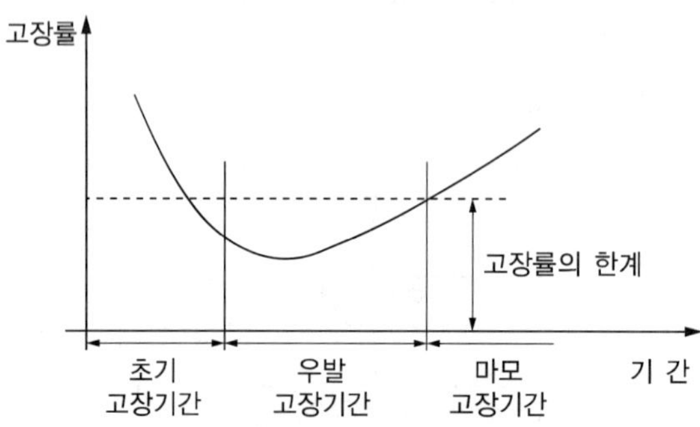

② 고장률과 신뢰도의 관계

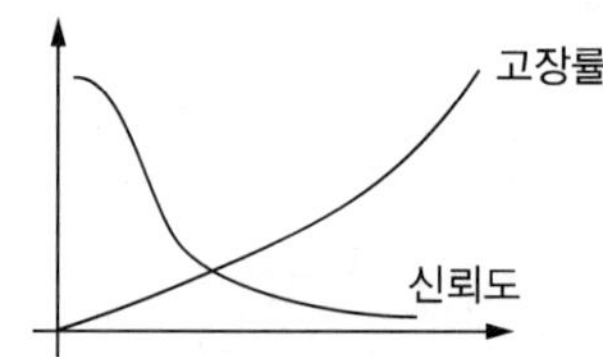

고장률과 신뢰도는 반비례적인 관계를 가진다.

③ 총비용, 운용관리비용, 초기 투자비용과의 관계

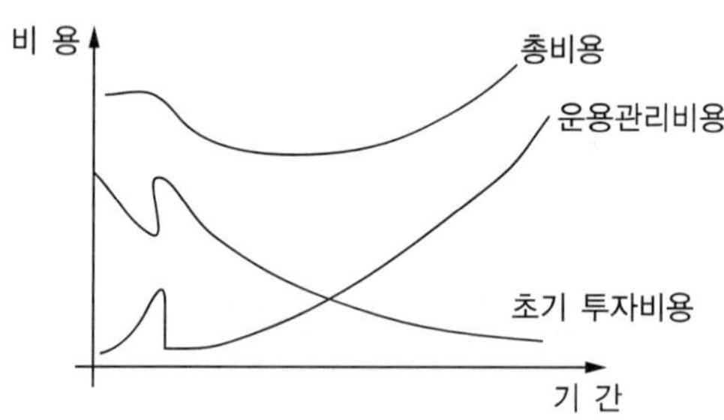

4 LCC의 건축전기설비 적용

1) 건축전기설비 내용 연한 파악

구 분	설비내용	법정 상각 연수
수변전설비	차단기, 큐비클, 변압기, 분전반, 주간선 등	18~20
	축전지 설비	7

구 분	설비내용	법정 상각 연수
비상발전설비	발전기	18~20
	축전지 설비	7
조명기구	형광등 기구, 백열등 기구	18~20
방재설비	수신반, 중계기류, 간선	18~20
	감지기류	5
반송설비	엘리베이터	17
	에스컬레이터	15

2) LCC에 의한 Building Modernization의 적용

① 개 념

LCC에 의한 건축물의 갱신이나 전면 보수를 Building Modernization이라 하며, 이는 물리적 요인, 경제적 요인, 사회적 요인에 따른 갱신뿐만 아니라 적극적인 기능 향상 또는 용도 변경까지 포함한 갱신을 말한다.

② Modernization의 적용 시 고려사항

㉠ 갱신 또는 보수 여부 판단
㉡ 내용연수와 갱신 사이클
㉢ 에너지 절약 대책
㉣ NEW미디어 대응 여부 : OA, BAS, CATV 등

③ 적용 내용

㉠ 단열시공, 새시 교환 등 에너지 절약 대책
㉡ 조명방식 개선, 기구교환에 의한 조명효과 상승 및 Grade Up화
㉢ 중앙감시설비의 Grade Up화 및 표준화에 의한 관리, 안전의 최적화
㉣ OA화 또는 공조능력 향상에 따른 전기설비의 증설
㉤ 에너지 절약기기 또는 시스템의 채용
㉥ 실내환경의 개선
㉦ 공해대책에 따른 에너지 전환

④ Modernization의 적용 판단

LCC에 의한 수명 적정 판단 시기 결정

⑤ Modernization의 적용효과

㉠ 건물의 이미지 증대
㉡ 안전성 향상
㉢ 에너지 경비 절감
㉣ 실내환경의 개선 등

건축물별 전기설비 설계의 실제

124 아파트 건축전기설비 설계 시 고려사항

1 개 요

① 아파트는 사람이 직접 기거하는 주거공간, 휴식 공간으로서 안락함과 편안함을 추구하는 데 목적이 있다.

② 따라서 안정적인 전력 공급에 의한 공용설비의 원활한 운영에 중점을 두어야 할 것이다.

2 수변전설비의 계획

1) 건축개요

① **세대수** : 500세대 고층형이며, 계단형이다.

② **단위면적 계산** : 전용면적 85[m^2]

③ 공용부하는 세대당 1.5[kVA/세대]

2) 변압기 용량 결정

① **세대 변압기 용량**

㉠ 40[VA/m^2] × 85[m^2] + 1,000 = 4.40[kVA]

㉡ 4.4 × 500세대 = 2,200[kVA]

㉢ 수용률 적용 : 내선규정에 46[%] 적용

2,200[kVA] × 0.42 = 924[kVA]

㉣ 일반적으로 1,500[kVA] 이하는 1BANK 구성이나 사고범위 파급 등을 고려하여 여기에서는 2BANK 구성한다.

㉤ 1,000[kVA]이므로 500[kVA] × 2대로 한다.

② **공용 변압기 용량**

㉠ 1.5[kVA] × 500세대 = 750[kVA]

㉡ 3ϕ 750[kVA] × 1대로 한다.

3) 수전방식

① 공용주택에서는 1회선 수전방식을 선택한다.

② 분기점에서 수전점까지 예비선로를 포설한다.

4) 변압방식

Two-step방식과 One-step방식 등이 있으나 공동주택을 감안하여 One-step방식을 선정

5) 변압기

저손실, 고효율, 난연성, 유지보수 등에 용이한 몰드 TR 선정

3 발전기 설계계획

발전기 용량은 공용부하와 거의 일치하게 750[kVA]×0.8 = 600[kVA]×1대로 선정하고 비상용이므로 디젤 발전기를 사용한다.

4 기타 아파트의 전기설비

1) 전력공급설비

① 주분전반은 지하실에, 기타 분전반은 중간층의 적합한 장소에 설치

② 세대 분전함이 20평 미만은 전등, 전열 각 1회로로 하고, 20평 이상은 전등, 전열, 에어컨 1회로 한다.

2) 통신 및 약전설비

① **전화설비**

㉠ 초고속 인터넷 등 고도 정보통신설비 서비스 수용 가능한 설비 포설

㉡ 등급 : 1등급, 2등급, 3등급, 준3등급 등

㉢ MDF실내에 광단국 시설을 수용할 수 있는 면적 확보

② **인터폰설비**

㉠ 안내실과 각 세대 간에 모자식 인터폰설비

㉡ 관리실, 기전실, 경비실 등에 상호식 인터폰설비

③ **TV공청설비**

㉠ 모든 기기 및 장비에 쌍방향 시스템 적용

㉡ 지상파 TV, 위성 TV, 케이블 TV, 사주 방송 등을 설치

④ **방송설비**

㉠ 방송앰프 등을 관리실에 설치하여 동별 및 전체 방송이 가능하도록 하고, 소방시설 기준에 의거 수신반과 연동하여 비상방송을 한다.

㉡ 스피커는 세대당 1[W] 출력의 매입형으로 하고, 공용부 및 지하 주차장은 3[W] 또는 10[W] 출력의 칼럼형으로 한다.

3) 방재설비

① **소방전기설비**

㉠ 자탐설비 : 감지기, 발신기, 음향장치, 수신기 등

㉡ 경보설비 : 비상경보설비, 비상방송설비 등

㉢ 피난설비 : 유도등, 유도표지, 비상조명등 설치

㉣ 소화활동설비 : 비상콘센트설비, 무선통신설비

② **기타 방재설비**

㉠ 피뢰설비

㉡ 항공장애등설비

㉢ 주차관제설비

㉣ 홈 오토 및 무인경비 시스템

125 **550세대 고층아파트 단지를 건설하려고 한다. 이 경우 수전설비, 변전설비, 발전설비를 기획하시오(단, 단위세대면적은 108[m^2], 공용시설 부하는 1.8[kVA]/세대로 가정).**

1 개 요

① 아파트는 사람이 직접 기거하는 주거공간, 휴식공간으로서 안락함과 편안함을 추구하는 데 목적이 있기 때문에 안정적인 전력공급에 의한 공용설비의 원활한 운영에 중점을 두어야 한다.

② **설계 시 고려사항**

㉠ 전기설비의 신뢰성, 안정성, 경제성

㉡ 유지보수, 조작·취급의 간편성, 장래증설 고려

㉢ 전압변동, 친환경성, 에너지절약 등

2 설계 조건

① **세대수** : 550세대

② **면적** : 108[m^2]/세대

③ **공용시설 부하** : 1.8[kVA]/세대

3 수변전설비 설계

1) 변압기 용량선정

① **용량 추정(주택건설기준규정 제40조 전기시설)**

㉠ 세대 부하

- 전용면적 60[m^2] 이하 : 3,000[W]
- 전용면적 60[m^2] 초과 : 부하용량 $P = 3{,}000 + K \times 500$[W]

여기서, $K = \dfrac{A-60}{10}$: 소수점 첫째자리에서 반올림

$$P = 3{,}000 + \left(\frac{A-60}{10}\right) \times 500 = 5{,}500[\text{VA}] = 5.5[\text{kVA}]$$

- 세대부하 추정

(5.5[kVA]/세대) × 550세대 = 3,025[kVA]

㉡ 공용부하

(1.8[kVA]/세대) × 550 = 990[kVA]

② **용량 결정**

㉠ 세대부하 용량결정 : 내선규정 수용율 40[%] 적용

- 용량 결정 : 3,025[kVA] × 0.4 = 1,210[kVA]
- 변압기 결정
  - 1,500[kVA] 이하는 1BANK 구성이나 사고파급 등을 고려하여 2BANK로 구성한다.
  - 1,210[kVA]이므로 1,500[kVA]로 용량을 결정하고 750[kVA] × 2BANK로 구성한다.

㉡ 공용부하 용량 결정

990[kVA]이므로 1,000[kVA] 뱅크로 적용

2) 수전방식

① 3상 4선식 22.9[kV]/1회선을 수전한다.

② FR CNCO-W(동심 중성선 가교 폴리에틸렌 수밀형 폴리올레핀시스 난연 케이블) 주회선과 예비회선을 포함하여 2회선

3) 강압방식

Two-Step 방식과 One-Step 방식이 있으나 공동주택과 경제성을 감안하여 One-Step 방식을 선택한다.

4) 변압기

저손실, 고효율, 난연선, 유지보수 등이 용이한 몰드 TR 선정

4 발전설비 설계 계획

1) 발전기 용량 결정

① PG1 ~ PG3에서 큰 값으로 산정하고, 소방법에 대한 용량을 감안하여 선정한다.

② 간이추정식으로 구하면

(총부하설비[kVA]×역률)×0.3(IB 인증조건)=2,500[kVA]×0.8×0.3=600[kW]

발전기 용량 결정 750[kW]

2) 발전기 종류 결정

비상용 및 경제성 등을 감안하여 디젤발전기를 선택

5 수변전설비 스켈톤 작성

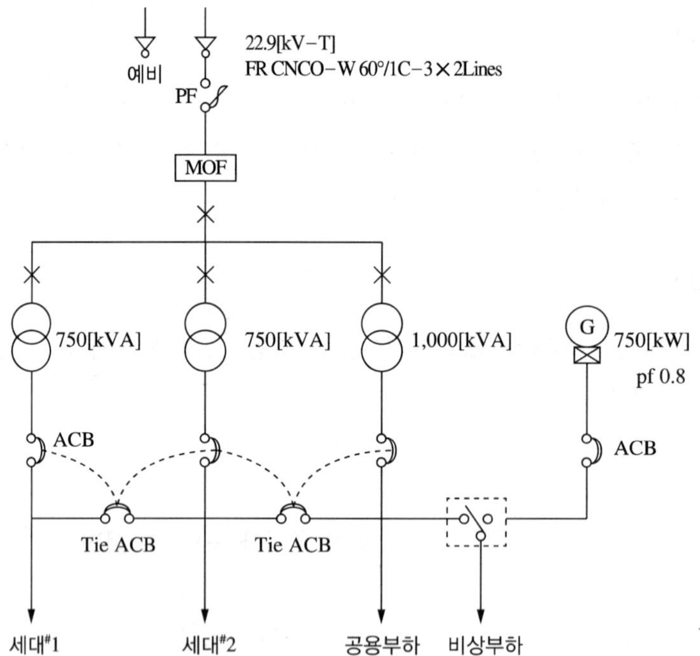

126 오피스텔 건축전기설비 설계 시 고려사항

1 개 요

① 최근 도시의 대형 오피스 빌딩은 대형화, 고층화, 인텔리전트화가 되어 감에 따라 조명, 동력부하 등이 증가하는 추세이며 고품질 전력의 공급이 요구되고 있다.

② 따라서 안정적인 전력 공급에 의한 공용설비의 원활한 운영에 중점을 두어야 할 것이다.

2 수변전설비의 계획

1) 건축 개요

① **연면적** : 30,000[m^2]

② **규모 추정** : 지하 5층, 지상 25층 정보의 빌딩

2) 변압기 용량 추정

부하밀도는 조명 35[VA/m^2], 동력 60[VA/m^2], 냉방동력 35[VA/m^2]

① **조명부하** : 35[VA/m^2] × 30,000[m^2] = 1,050[kVA]

② **동력부하** : 60[VA/m^2] × 30,000[m^2] = 1,800[kVA]

③ **냉방동력** : 35[VA/m^2] × 30,000[m^2] = 1,050[kVA]

3) 변압기 용량 결정

수용률은 조명 75[%], 동력 50[%], 냉방동력 85[%] 적용한다.

부하 종류	계 산	기기 선정
조멍부하	1,050[kVA] × 0.75 = 787.5[kVA]	1,000[kVA] 몰드 Tr 1대 선정
동력부하	1,800[kVA] × 0.5 = 900[kVA]	1,000[kVA] 몰드 Tr 1대 선정
냉방동력부하	1,050[kVA] × 0.85 = 892.5[kVA]	1,000[kVA] 몰드 Tr 1대 선정
주변압기용량	$P=\dfrac{787.5+900+892.5}{1.10}=2{,}345.5$[kVA]	2,500[kVA] 몰드 Tr 1대 선정

4) 수전방식

① 본선+예비회선 방식 또는 평행 2회선 중에서 채택

② 공급변전소에서 공급경로는 전용선로로서 가능한 한 최단거리의 지중화 공급으로 신뢰성을 높인다.

5) 변압방식

Two-step방식과 One-step방식 등이 있으나 고압부하 사용과 부하 증설에 대한 대처가 용이한 Two-step방식 선정

6) 변압기

저손실, 고효율, 난연성, 유지보수 등에 용이한 몰드 Tr 선정

3 예비전원설비계획

1) 자가발전설비

비상용 사용 시 디젤발전기나 가스터빈발전기 사용이 검토되나 경제성과 비상용으로 검토 시에는 디젤발전기 사용이 편리하다.

2) 축전지설비

비상용 DC 및 제어용 축전지와 자가발전설비 기동용 축전지설비 사용 검토

3) 무정전 전원장치설비

전산설비나 자동제어 등 중요한 부하설비에 무정전 전원장치 설치 검토

4 기타 전기설비

1) 전력공급설비

① 주분전반은 지하실에 기타 분전반은 중간층의 적합한 장소에 설치

② 전력간선의 전압강하 3[%] 이내 간선 선정

2) 통신 및 약전설비

① 전화설비

㉠ 1층 EPS실에 MDF 설치 : 음성용, 데이터용
㉡ 각 층에 IDF설치 : 음성용, 데이타용

② 인터폰설비

㉠ 유지보수용 상호식 인터폰설비
㉡ 비상용 엘리베이터 상호식 인터폰 설비설치

③ TV공청설비

모든 기기 및 장비는 쌍방향 시스템을 적용

④ 방송설비

㉠ 방송앰프 등을 관리실에 설치하여 동별 및 전체 방송이 가능하도록 하고 소방시설 기준에 의거 수신반과 연동하여 비상방송을 한다.
㉡ 스피커는 세대당 1[W] 출력의 매입형으로 하고, 공용부 및 지하 주차장은 3[W] 또는 10[W] 출력의 칼럼형으로 한다.

3) 방재설비

① 소방전기설비

㉠ 자탐설비 : 감지기, 발신기, 음향장치, 수신기 등
㉡ 경보설비 : 비상경보설비, 비상방송설비 등
㉢ 피난설비 : 유도등, 유도표지, 비상조명등 설치
㉣ 소화활동설비 : 비상콘센트설비, 무선통신설비

② 기타 방재설비

㉠ 피뢰설비
㉡ 항공장애등설비
㉢ 주차관제설비
㉣ 홈 오토 및 무인경비 시스템

127 컴퓨터 부하(전산실) 건축전기설비 설계 시 고려사항

1 개 요

컴퓨터 부하설비는 정전으로 인하여 정보 데이터 처리, 파일 시스템 등의 손실 등 고도 정보통신에 악영향을 주므로 전원설비는 다음의 조건을 만족하는 것이 좋다.

① 신뢰성이 높을 것
② 무정전 보수가 높을 것
③ 장래의 부하 증설에 대비할 수 있을 것
④ 컴퓨터 부하설비는 고조파 발생으로 인하여 전원의 품질에 신경을 쓸 것
⑤ 전기설비의 환경성이 좋을 것

2 수변전설비의 계획

1) 부하조사

① 준공 시 가동장비부하에 추후 3년, 6년, 9년 단위의 도입장비계획에 따른 예상부하 조사
② 전산센터의 부하밀도는 전등 30[VA/m^2], 동력 100[VA/m^2], 냉방동력 60[VA/m^2]로 하며, 전 부하용량은 190[VA/m^2]이다.

2) 수전방식

① 본선+예비회선 방식 또는 평행 2회선 중에서 채택
② 공급변전소에서 공급경로는 전용선로로서 가능한 한 최단 거리의 지중화 공급으로 신뢰성을 높인다.

3) 변압방식

Two-step방식과 One-step방식 등이 있으나 고압부하 사용과 부하 증설에 대한 대처가 용이한 Two-step방식 선정

4) 변압기

저손실, 고효율, 난연성, 유지보수 등에 용이한 몰드 Tr 선정

3 예비전원설비계획

1) 자가발전설비

가스터빈발전기 사용 검토 : 양질의 전원 및 환경, 소음 문제 해결

2) 축전지설비

비상용 DC 및 제어용 축전지와 자가발전설비 기동용 축전지설비 사용 검토

3) 무정전 전원장치설비

전산설비나 자동제어 등 중요한 부하설비에 무정전 전원장치 설치 검토

4 기타 전기설비

1) 전력공급설비

① 주분전반은 지하실에 기타 분전반은 중간층의 적합한 장소에 설치
② 전력간선의 전압강하 3[%] 이내 간선 선정

2) 통신 및 약전설비

① 전화설비

㉠ 1층 EPS실에 MDF 설치 : 음성용, 데이터용
㉡ 각 층에 IDF설치 : 음성용, 데이터용

② 랜설비

빌딩 컴퓨터 상호 간 랜을 연결하는 랜설비

③ 인터폰설비

㉠ 유지보수용 상호식 인터폰설비
㉡ 비상용 엘리베이터 상호식 인터폰설비 설치

④ TV공청설비

모든 기기 및 장비는 쌍방향 시스템을 적용

⑤ **방송설비**

㉠ 방송앰프 등을 관리실에 설치하여 동별 및 전체 방송이 가능하도록 하고 소방시설 기준에 의거 수신반과 연동하여 비상방송을 한다.

㉡ 스피커는 세대당 1[W] 출력의 매입형으로 하고, 공용부 및 지하 주차장은 3[W] 또는 10[W] 출력의 칼럼형으로 한다.

3) 방재설비

① **소방전기설비**

㉠ 자탐설비 : 감지기, 발신기, 음향장치, 수신기 등

㉡ 경보설비 : 비상경보설비, 비상방송설비 등

㉢ 피난설비 : 유도등, 유도표지, 비상조명등 설치

㉣ 소화활동설비 : 비상콘센트설비, 무선통신설비

② **기타 방재설비**

㉠ 피뢰설비

㉡ 항공장애등설비

㉢ 주차관제설비

㉣ 홈 오토 및 무인경비 시스템

128 경기장 건축전기설비 설계 시 고려사항

1 개 요

① 경기장으로서 경기와 종합행사 기능을 만족시키고 각종 수익시설 및 문화행사에 효율적으로 대응할 수 있는 시스템을 구성하는 데 그 목적이 있다.

② 설계 방향은 안전성, 신뢰성, 경제성, 환경성 등을 만족하고 기능성 및 유지보수성 등을 모두 만족시키는 설계가 필요하다.

2 수변전설비의 계획

1) 부하조사 : 40,000석 HDTV 기준

① **조명용 BANK** : 25[VA/m^2] × 40,000석 = 1,000[kVA]

② **동력용 BANK** : 20[VA/m^2] × 40,000석 = 800[kVA]

③ **전광판 BANK** : 500[kVA]

④ **중계방송용 BANK** : 500[kVA]

⑤ **경기장 조명 BANK** : 2,000[lx] 기준 2,000[kVA]

⑥ $수전용량(P) = \dfrac{4,800}{1.15(부등률)} = 4,173.91\,[\text{kVA}]$

따라서 주변압기는 2,500[kVA] × 1대, 2,000[kVA] × 1대의 몰드 Tr 선정

2) 수전방식

① 본선+예비회선 방식 또는 평행 2회선 중에서 채택

② 공급변전소에서 공급경로는 전용선로로서 가능한 한 최단거리의 지중화 공급으로 신뢰성을 높인다.

3) 변압방식

Two-step방식과 One-step방식 등이 있으나 고압부하 사용과 부하 증설에 대한 대처가 용이한 Two-step방식 선정

4) 변압기

저손실, 고효율, 난연성, 유지보수에 용이한 몰드 Tr 선정

3 예비전원설비계획

1) 자가발전설비

가스터빈발전기 사용 검토 : 양질의 전원 및 환경, 소음 문제 해결

2) 축전지설비

비상용 DC 및 제어용 축전지와 자가발전설비 기동용 축전지설비 사용 검토

3) 무정전 전원장치설비

전산설비나 자동제어 등 중요한 부하설비에 무정전 전원장치 설치 검토

4 통신 및 약전설비

1) 전화설비

① 경기장의 정보화에 부응하고 이용자에게 효율적인 정보 서비스를 제공하기 위하여 디지털식 전자교환기를 설치

② 한시적인 다량의 회선 사용량을 감안하여 국선 1,500P, 내선 3,000P 정도로 확보하여야 한다.

2) 인터폰, CATV, 전기시계설비

① 건물 계통에 모자식, 대화 운영관리실에 상호식 인터폰 설치

② CATV 및 위성방송 수신이 가능하도록 쌍방향 시스템 구축

③ 경기장, 운영관리실 및 공용 장소에 전기시계 설치

3) LAN설비

대회 시 각종 데이터의 수집, 분석, 전송 등을 관리하기 위하여 설치되는 전산장비 구축

4) 동시통역설비

① 인터뷰실 2개소에 동시통역설비 구축

② 미디어 휴게실에 개별 방송이 가능한 음향장치 설치

5 특수설비

1) 경기장 조명

① 야간 경기 시 최소한 1,500[lx] 이상의 조도를 확보하여야 한다.

② 정전에 대비하여 1,500[lx]의 $\frac{2}{3}$ 인 1,000[lx]의 조도를 확보할 수 있는 비상조명장치가 필요하다.

③ 조도 균제도는 평균 조도와 최소 조도비가 일반 경기에서는 2 : 1 이하가 이상적이다.

④ 글레어를 방지하기 위해서는 시선의 30° 범위 내에 강한 빛이 없도록 설치 위치를 선정한다.

⑤ 연색성은 $Ra \geq 70$ 이상, 색온도가 4,000[K] 이상

2) 경기장 음향설비

① 캐노피(관중석 천정)는 흡음성능이 있는 재질로 하여 흡음율을 높인다.

② 그라운드나 관중석의 음압분포가 균등하도록 한다.

③ **명료도** : Time Delay Unit를 사용하여 스피커 간의 소리 전달에서 발생하는 시차를 같게 한다.

④ 경기장 음향설계 시 CAD 시뮬레이션 검토 후 이를 시공한다.

3) 전광판

① 최소 가시거리, 최대 가시거리 및 관중석의 높이에 따라 전광판의 크기와 해상도를 결정하고 가시각도로 120~130° 이내로 한다.

② 기록 위주, 영상 위주의 거리 전광판을 설치하고 영화, 음악회 등 문화행사도 감안하여 설계한다.

③ 전광판 작동요원과 중앙통제실을 직통 인터폰으로 연결한다.

4) TV 중계

① TV 중계 방송을 위한 전원설비 확보

② 주관 방송서 및 개별 방송사의 방송을 위한 케이블 트레이 시설

③ TV 중계 방송용 카메라 및 배선 설치는 주관 방송사에서 시행

129 병원의 건축전기설비 설계 시 고려사항

1 개 요

① 병원 전기설비는 인명에 대한 안전도가 가장 중요하고 전원의 고신뢰도가 요구된다.

② 병원 전기설비는 수변전설비, 예비전원설비, 조명설비, 정보통신설비, ME기기설비, 반송설비로 구분된다.

③ **병원전기설비 구비조건**

㉠ 무정전 전기공급이 가능한 고신뢰성 전원 공급 필요

㉡ 무정전 유지보수가 높을 것

㉢ 장래의 부하 증설에 대비할 수 있을 것

㉣ 컴퓨터 부하설비는 고조파 발생으로 인하여 전원의 품질에 신경을 써야 한다.

㉤ 전기설비의 환경성이 좋을 것

2 수변전설비의 계획

1) 부하조사

① 준공 시 가동장비부하에 추후 3년, 6년, 9년 단위의 도입장비 계획에 따른 예상부하 조사

② 병원의 부하밀도는 전등 47[VA/m^2], 동력 64[VA/m^2], 냉방동력 48[VA/m^2]로 하며, 전 부하용량은 159[VA/m^2]이다.

2) 수전방식

① 본선+예비회선방식 또는 평행 2회선 중에서 채택

② 공급변전소에서 공급경로는 전용선로로서 가능한 한 최단거리의 지중화 공급으로 신뢰성을 높인다.

3) 변압방식

Two-step방식과 One-step방식 등이 있으나 고압부하 사용과 부하 증설에 대한 대처가 용이한 Two-step방식을 선정할 수 있으나 현장의 여건에 맞게 설계할 필요가 있다.

4) 변압기

건식 변압기를 많이 사용한다.

3 예비전원설비계획

1) 예비전원설비 용량

법적인 요구사항 충족+병원의 특수부하용량을 공급할 수 있는 충분한 용량을 선정

2) 병원만의 특수부하

수술실, 분만실, 중환자실, 집중치료실, 방사선 진단실, 심전도 검사실 등

3) 예비전원설비 종류

① 자가발전설비

가스터빈발전기 사용 검토 : 양질의 전원 및 환경, 소음 문제 해결

② 축전지설비

비상용 DC 및 제어용 축전지와 자가발전설비 기동용 축전지설비 사용 검토

③ 무정전 전원장치설비

전산설비나 자동제어 등 중요한 부하설비에 무정전 전원장치 설치 검토

4 기타 전산설비 전기설비

1) 전력공급설비

① 주분전반은 지하실에, 기타 분전반은 중간층의 적합한 장소에 설치
② 전력간선의 전압강하 3[%] 이내 간선 선정

2) 조명설비

① 병원의 특수성을 감안하여 환자의 입장, 내방객의 입장, 진료자의 입장을 모두 감안한 조명계획 수립
② 환자의 입장에서는 마음의 안정을 가질 수 있는 차분한 조명과 눈부심이 없는 조명
③ 내방객의 입장에서는 쾌적하고 깨끗한 분위기를 연출할 수 있는 조명 요구
④ 진료자의 입장에서는 진찰에 필요한 충분한 조도 확보 및 연색성이 좋은 광원 선택

3) 통신 및 약전설비

① 전화설비

㉠ 1층 EPS실에 MDF 설치 : 음성용, 데이터용
㉡ 각 층에 IDF 설치 : 음성용, 데이타용

② 랜설비 : 빌딩, 컴퓨터 상호 간 랜으로 연결하는 랜설비

③ 인터폰설비

㉠ 유지보수용 상호식 인터폰설비
㉡ 비상용 엘리베이터 상호식 인터폰설비 설치

④ TV공청설비

모든 기기 및 장비는 쌍방향 시스템을 적용

⑤ 방송설비

㉠ 방송앰프 등을 관리실에 설치하여 동별 및 전체 방송이 가능하도록 하고 소방시설 기준에 의거 수신반과 연동하여 비상방송을 한다.
㉡ 스피커는 세대 당 1[W] 출력의 매입형으로 하고, 공용부 및 지하 주차장은 3[W] 또는 10[W] 출력의 칼럼형으로 한다.

4) 방재설비

① 소방전기설비

㉠ 자탐설비 : 감지기, 발신기, 음향장치, 수신기 등
㉡ 경보설비 : 비상경보설비, 비상방송설비 등
㉢ 피난설비 : 유도등, 유도표지, 비상조명등 설치
㉣ 소화활동설비 : 비상콘센트설비, 무선통신설비

② 기타 방재설비

㉠ 피뢰설비
㉡ 항공장애등설비
㉢ 주차관제설비
㉣ 홈 오토 및 무인경비 시스템

5) ME기기설비

① 컴퓨터를 이용한 의료용 기기 사용 증가로 전원의 신뢰성과 양질의 전원 요구
② 각종 노이즈 제거에 대한 대책 수립
③ 다양한 전원 공급 요구에 부응하는 전기설비계획(전압, 주파수 등) 필요
④ 접지간선의 연속성

6) 반송설비

① 승객용, 환자용 E/V설비 설치
② 덤웨이터설비 설치
③ 에어 슈트
④ 벨트 콘베어 설치계획

130 특고압수전설비 결선도

1 개 요

특고압수전설비 단선결선도는 정식수전방식(제1방법, 제2방법, 제3방법)과 간이수전방식으로 구분한다.

2 특고압수전설비 단선결선도의 구분

1) **정식수전방식(제1방법)** : CB 1차 측에 CT를, CB 2차 측에 PT를 시설하는 경우

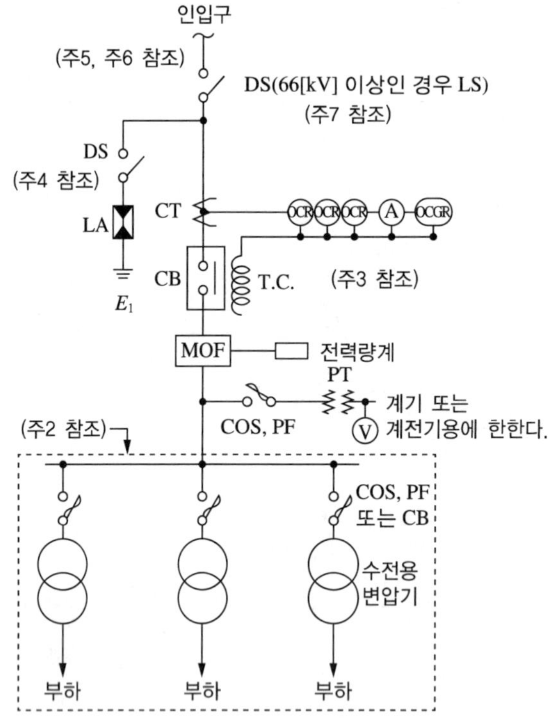

주 1) 22.9[kV-Y] 1,000 [kVA] 이하인 경우는 간이수전설비에 의할 수 있다.
2) 결선도 중 점선 내의 부분은 참고용 예시이다.
3) 차단기의 트립전원은 직류(DC) 또는 콘덴서방식(CTD)이 바람직하며, 66[kV] 이상의 수전설비는 직류(DC)이어야 한다.
4) LA용 DS는 생략할 수 있으며, 22.9[kV-Y]용의 LA는 Disconnector(또는 Isolator) 붙임형을 사용하여야 한다.

5) 인입선을 지중선으로 시설하는 경우에 공동주택 등 사고 시 정전피해가 큰 경우는 예비 지중선을 포함하여 2회선으로 시설하는 것이 바람직하다.
6) 지중인입선의 경우에 22.9[kV-Y] 계통은 CNCV-W케이블(수밀형) 또는 TR CNCV-W(트리억제형)을 사용하여야 한다. 다만, 전력구·공동구·덕트·건물구내 등 화재에 우려가 있는 장소에서는 FR CNCO-W(난연)케이블을 사용하는 것이 바람직하다.
7) DS 대신 자동고장구분개폐기(7,000[kVA] 초과 시는 Sectionalizer)를 사용할 수 있으며, 66[kV] 이상의 경우는 LS를 사용하여야 한다.

2) 정식수전방식(제2방법) : CB 1차 측에 CT와 PT를 시설하는 경우(CB 1차 측의 변압기 설치는 10[kVA] 이하의 경우에 적용 가능)

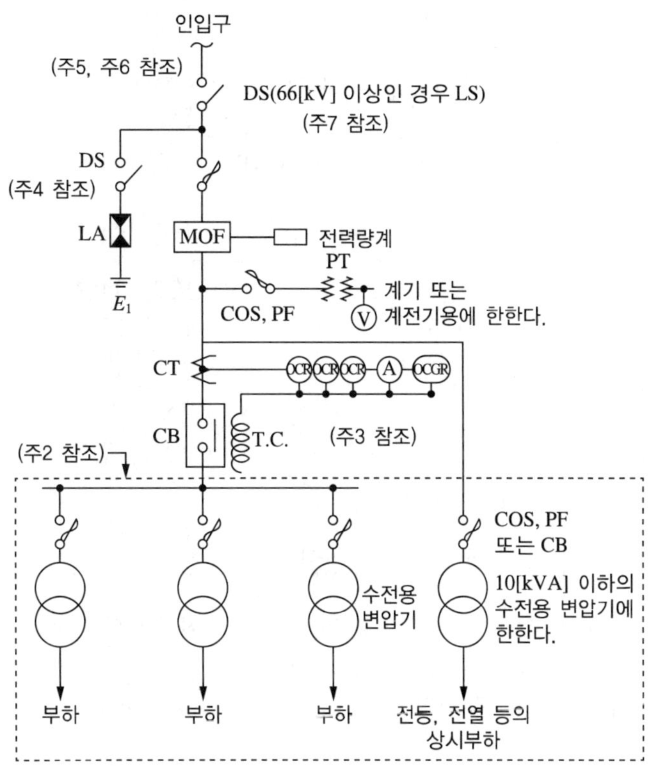

주 1) 22.9[kV-Y] 1,000 kVA] 이하인 경우는 간이수전설비에 의할 수 있다.
2) 결선도 중 점선 내의 부분은 참고용 예시이다.
3) 차단기의 트립전원은 직류(DC) 또는 콘덴서방식(CTD)이 바람직하며, 66[kV] 이상의 수전설비는 직류(DC)이어야 한다.
4) LA용 DS는 생략할 수 있으며, 22.9[kV-Y]용의 LA는 Disconnerctor(또는 Isolator) 붙임형을 사용하여야 한다.
5) 인입선을 지중선으로 시설하는 경우에 공동주택 등 사고 시 정전피해가 큰 경우는 예비 지중선을 포함하여 2회선으로 시설하는 것이 바람직하다.

6) 지중인입선의 경우에 22.9[kV-Y] 계통은 CNCV-W케이블(수밀형) 또는 TR CNCV-W(트리억제형)을 사용하여야 한다. 다만, 전력구 · 공동구 · 덕트 · 건물구내 등 화재의 우려가 있는 장소에서는 FR CNCO-W(난연)케이블을 사용하는 것이 바람직하다.

7) DS 대신 자동고장구분개폐기(7,000 [kVA] 초과 시는 Sectionalizer)를 사용할 수 있으며, 66[kV] 이상의 경우는 LS를 사용하여야 한다.

3) 정식수전방식(제3방법) : CB 1차 측에 PT를 CB 2차 측에 CT를 시설하는 경우

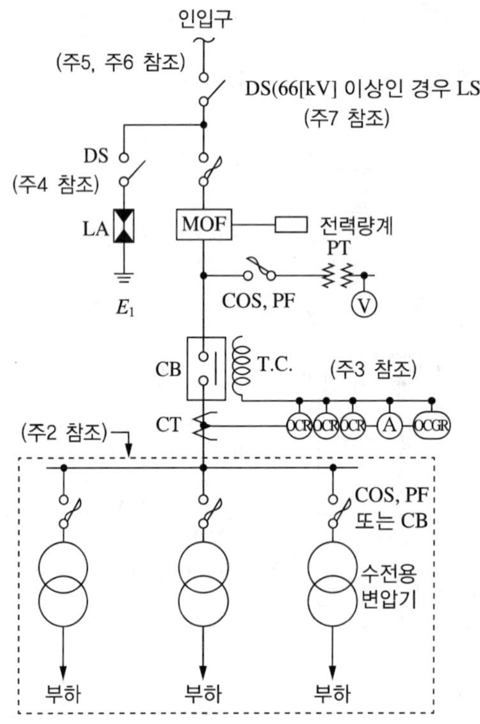

주 1) 22.9[kV-Y] 1,000[kVA] 이하인 경우는 간이수전설비에 의할 수 있다.

2) 결선도 중 점선 내의 부분은 참고용 예시이다.

3) 차단기의 트립전원은 직류(DC) 또는 콘덴서방식(CTD)이 바람직하며, 66[kV] 이상의 수전설비는 직류(DC)이어야 한다.

4) LA용 DS는 생략할 수 있으며, 22.9[kV-Y]용의 LA는 Disconnerctor(또는 Isolator) 붙임형을 사용하여야 한다.

5) 인입선을 지중선으로 시설하는 경우에 공동주택 등 사고 시 정전피해가 큰 경우는 예비 지중선을 포함하여 2회선으로 시설하는 것이 바람직하다.

6) 지중인입선의 경우에 22.9[kV-Y] 계통은 CNCV-W케이블(수밀형) 또는 TR CNCV-W(트리억제형)을 사용하여야 한다. 다만, 전력구 · 공동구 · 덕트 · 건물구내 등 화재의 우려가 있는 장소에서는 FR CNCO-W(난연)케이블을 사용하는 것이 바람직하다.

7) DS 대신 자동고장구분개폐기(7,000 [kVA] 초과 시는 Sectionalizer)를 사용할 수 있으며, 66[kV] 이상의 경우는 LS를 사용하여야 한다.

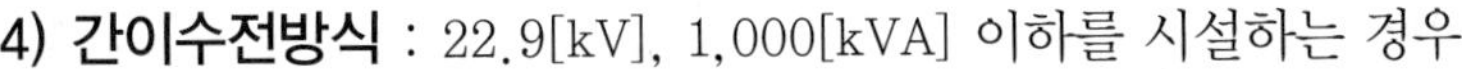

4) 간이수전방식 : 22.9[kV], 1,000[kVA] 이하를 시설하는 경우

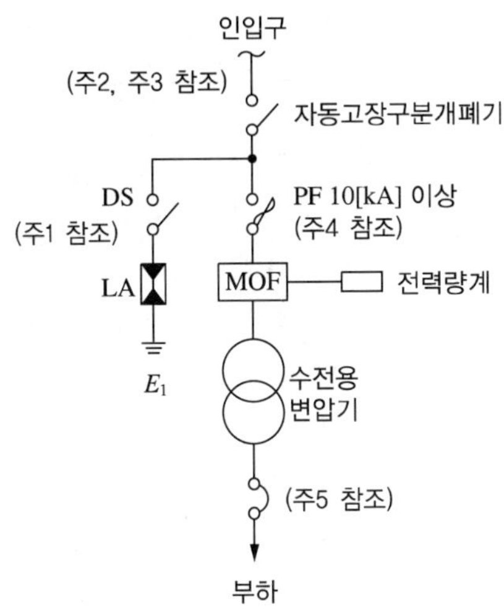

주 1) LA용 DS는 생략할 수 있으며, 22.9[kV-Y]용의 LA는 Disconnerctor(또는 Isolator) 붙임형을 사용하여야 한다.

2) 인입선을 지중선으로 시설하는 경우에 공동주택 등 사고 시 정전피해가 큰 경우는 예비 지중선을 포함하여 2회선으로 시설하는 것이 바람직하다.

3) 지중인입선의 경우에 22.9[kV-Y] 계통은 CNCV-W케이블(수밀형) 또는 TR CNCV-W(트리억제형)을 사용하여야 한다. 다만, 전력구 · 공동구 · 덕트 · 건물구내 등 화재의 우려가 있는 장소에서는 FR CNCO-W(난연)케이블을 사용하는 것이 바람직하다.

4) 300[kVA] 이하인 경우는 PF 대신 COS(비대칭 차단전류 10[kA] 이상)를 사용할 수 있다.

5) 특고압 간이수전설비는 PF의 용단 등의 결상사고에 대한 책임이 없으므로 변압기 2차 측에 설치되는 주차단기에는 결상계전기 등을 설치하여 결상사고에 대한 보호능력이 있도록 함이 바람직하다.

여기서 멈출 거예요? 고지가 바로 눈앞에 있어요.
마지막 한 걸음까지 시대에듀가 함께할게요!

Professional Engineer Building Electrical Facilities

제 2 장

예비전원설비

SECTION 01 발전설비

SECTION 02 축전지 설비

SECTION 03 UPS 설비

SECTION 04 열병합 설비

SECTION 01

발전설비

131 발전기 설비계획 시 고려사항

1 개 요

① 건축물 또는 구내에서 원동기로서 내연기관 또는 터빈을 이용, 발전장치를 구동하여 전력을 생산하는 설비를 말한다.

② 건축 및 소방법에서 요구하는 예비전원설비 외에 상용전원의 일부 부하를 발전설비로 공급하여 건축물의 자위상 또는 임대 건축물의 신뢰성 측면에서도 예비전원설비는 중요하게 부각되는 설비이다.

2 발전기 설비계획

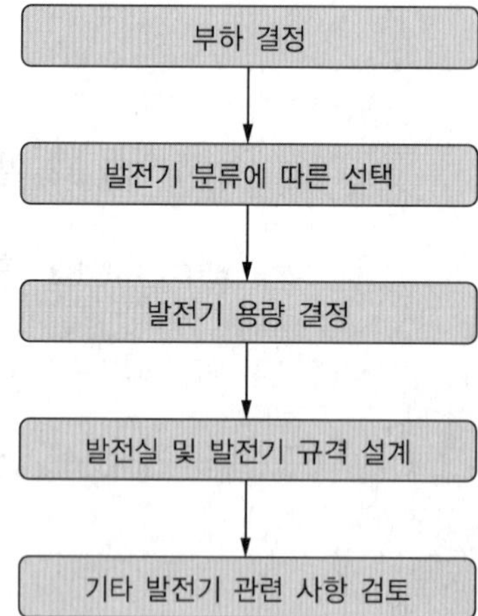

1) 부하 결정

① 보안상 필요한 부하

㉠ 자위상 필요한 부하

㉡ 법규(소방법, 건축법, 의료법 등)에서 필요한 부하

② 영업상 필요한 부하

2) 발전기의 분류 선택

① 부하기능에 의한 분류

비상용, 상용, Peak-cut용, 열병합용

② 엔진구동방법에 의한 분류

디젤엔진형, 가솔린엔진형, 가스터빈엔진형

③ 설치방법에 의한 분류

고정 거치형, 이동형

④ 시동방식에 의한 분류

전기식 시동형, 공기식 시동형

⑤ 냉각방식에 따른 분류

공랭식, 수랭식

⑥ 회전수에 의한 분류

저속형, 고속형

⑦ 운전방식에 따른 분류

단독운전, 병렬운전

3) 발전기 용량 산정

① 일반부하용에 해당되는 경우의 용량 산정방법

㉠ 수용 부하운전 시 용량

발전기 용량[kVA] = 부하의 입력 합계 × 수용률

㉡ 기동 부하전류 중 최대 기동용량

$$\text{발전기 정격[kVA]} = \frac{1}{\text{허용전압강하} - 1} \cdot X_d'' \cdot \text{시동[kVA]}$$

여기서, X_d'' : 발전기 과도 리액턴스(0.2~0.25), 허용전압강하 : 0.2~0.25

② 소방 비상부하용에 해당되는 경우의 용량 산정

㉠ $P_{G1} \sim P_{G3}$ 계산하여 가장 큰 것을 선택

㉡ $R_{G1} \sim R_{G4}$ 계수를 계산하여 용량 산정

4) 발전기 규격 : 최소치

① 발전실 넓이

넓이$=1.7\sqrt{P}\,[\text{m}^2]$

여기서, $P=\dfrac{\text{kW}\times 1.36}{\text{효율}}\,[\text{HP}]$

② 발전기 기초 산출

㉠ 기초의 폭 : 발전장치의 최대 부분의 폭+0.5[m]

㉡ 기초의 길이 : 발전장치의 최대 부분의 길이+0.5[m]

㉢ $FD=\dfrac{\text{중량}\,[\text{kg}]\times(1.25\sim 2.0)}{\text{밀도}\,(2{,}403\,[\text{kg/m}^3])\times W[\text{m}]\times L\,[\text{m}]}$

③ 발전실 소요 공기량

$V=P\times 0.6\,[\text{m}^3]$

5) 기타 발전기 설치 시 고려사항

① 발전기 기동에 따른 대책을 강구하여야 한다.

② 발전기 제어반은 주차단기, 보호계전기류, 자동전압조정장치, 각상별전압, 전류계측장치, 정전 및 상용전원 복구에 따른 자동운전 및 절체신호장치, 기타 계측기를 구비한다.

③ 발전기 제어반에 냉각수 순환 펌프 제어반을 내장한다.

④ Dry Area는 급배기로 구분되어야 한다.

⑤ 제어용 Line 및 충전기 전원공급을 하여야 한다.

⑥ Oil 주입구 자물쇠 설치 및 Oil탱크 설치 시, Main Tank 설치 시 10시간 이상 연료량 확보 및 500[L] 이상 용량 설치 시 방화구조벽 및 방화사 설치

⑦ Exhaust Pipe 배기관 15[m] 이상 시 Expansion Joint 설치 및 배기관 20[m] 초과 시 단열시공

⑧ 배기덕트는 두께 0.8[mm] 이상의 아연도금 철판 사용

⑨ 소음기준은 주거지역(주간 : 50[dB], 야간 : 45[dB]), 준주거지역(주간 : 55[dB], 야간 : 45[dB])

132 발전기 분류

1 발전기 용도(기능)에 따른 분류

1) 비상용 발전기

건축물에 상용 전원이 정지되었을 경우 비상용 전원을 필요로 하는 중요시설에 전원을 공급하기 위한 발전장치

2) 상용 발전기

자체 발전기 설비로 평상시 및 비상시 전원을 공급하는 발전장치

3) Peak-cut용 발전기

부하 중 짧은 첨두부하를 대체하여 전력을 분담하기 위하여 설치되는 발전기

4) 열병합용 발전기

열병합 발전을 위한 폐열회수 발전장치를 갖추고 발전에서 발생한 폐열 등을 회수하는 발전방식

2 엔진구동 방법에 따른 분류

1) 디젤엔진형

① 주요구성

기동장치, 실린더, 냉각장치, 필터장치, 배기장치 등으로 구성

② 사용연료 : 등유, 경유, 중유

③ 엔진의 동작행정

흡입 → 압축 → 폭발 → 배기의 맥동 4행정

④ 특 징

㉠ 비상전원의 사용 빈도가 작고, 비상전원의 중요도가 중시되지 않는 부하설비에 사용

㉡ 냉각수 확보가 용이한 곳
㉢ 장시간 가동 및 저압발전방식 채택 설비
㉣ 저렴한 초기 투자 Cost에 의한 비상전원 확보

2) 가솔린엔진형

① 주요구성

기동장치, 실린더, 냉각장치, 필터장치, 배기장치 등으로 구성

② 사용 연료

가솔린(휘발유)

③ 엔진의 동작행정

흡입 → 압축 → 폭발 → 배기의 맥동 4행정

④ 특 징

㉠ 소용량 발전설비
㉡ 저효율, 저토크의 특징을 가지는 소용량 발전기의 엔진으로 사용

3) 가스터빈엔진형

① 주요구성

압축기, 연소기, 터빈 등의 세 가지 주요구조로 구성

② 사용 연료

등유, 경유, 중유, LNG, LPG, 천연가스 등 사용연료의 폭이 넓다.

③ 엔진의 동작행정

흡입 → 압축 → 연소 → 팽창 → 배기의 연속회전 행정

④ 특 징

㉠ 비상전원의 의존도가 높고, 양질의 전원을 요구하는 설비가 있을 시 적당
㉡ 냉각수 확보가 어렵고, 진동방지용 별도기초가 어려운 장소
㉢ 열병합 발전설비 시스템 채택이나 Peak-cut과 겸용 부하설비일 때
㉣ 공해문제가 대두되는 장소
㉤ 건축물을 현대화할 경우

3 설치방법에 따른 분류

1) 고정 거치형

① 거의 모든 중규모 이상의 발전기가 이에 해당
② 대부분 냉각수 설비 및 기초설비가 필요

2) 이동형

① 200[kVA] 미만의 소용량 발전기 대부분이 이에 해당
② 자동차에 의한 이동형이며 공기냉각방식을 채택하는 발전장치

4 시동방식에 따른 분류

1) 전기식 시동형

엔진용 구동모터에 의한 방식으로 DC 24[V] 축전지에 접속시킨 구동모터와 피니언 기어를 연결시켜 엔진기관의 플라이 휠기어를 맞물리게 하여 기동시키는 형태를 말한다.

2) 공기식 시동형

① 최저 10[kg/cm^2] ~ 최고 30[kg/cm^2]의 공기압을 압축시켜 기동 시 공기탱크의 압축된 공기로 6회 이상 연속 가동이 가능하도록 한 기동형태
② 설치면적과 설치비용이 전기식 시동형에 비하여 고가인 관계로 특별한 용도 이외에는 많이 사용하지 않는다.

5 냉각방식에 따른 분류

1) 공랭식

보통 발전기 용량 500[kVA] 이하의 소용량인 경우에 적용하는 방식으로 대부분 엔진기관 전단에 달린 라디에이터 방식

2) 수랭식

보통 발전기 용량 500[kVA] 이상의 중대형 용량인 경우에 적용하는 방식으로 순환식, 냉각탑 순환식, 방류식 등이 있다.

6 회전수에 따른 분류

1) 저속형

대부분 회전수가 900[rpm] 이하에 적용하며, 소음과 진동이 작으며, 몸체가 커지며 가격과 설치면적이 커지는 단점이 있다.

2) 고속형

대부분 회전수가 1,200[rpm] 이상에 적용되며, 몸체가 작아 가격 및 설치면적이 작아지는 이점이 있으나 소음과 진동이 커지는 단점이 있다.

7 운전방식에 따른 분류

1) 단독운전

하나의 발전기로 부하에 전력을 공급하는 발전설비

2) 병렬운전

2대 이상의 발전기를 병렬로 연결시켜 부하에 전력을 공급하여 신뢰성을 높일 수 있는 발전설비

133 발전기 기동방식 비교

1 개 요

① 발전기 기동방식에는 전기식 기동방식과 공기식 기동방식이 있다.
② 일반적으로 비상용은 전기식, 상용의 경우는 공기식을 사용한다.

2 시동방식에 따른 분류

1) 전기식 기동

엔진용 구동모터에 의한 방식으로 DC 24[V] 축전지에 접속시킨 구동모터와 피니언 기어를 연결시켜 엔진기관의 플라이휠 기어를 맞물리게 하여 기동하는 방식

2) 공기식 기동

① 공기탱크에 공기를 압축시켜 압축된 공기를 이용하여 5회 이상 연속 기동이 가능하도록 한 방식
② 설치면적과 설치비용이 고가인 관계로 방폭 등의 특별한 용도 이외에는 사용하지 않는 방식

3 발전기 기동방식 비교

비교항목		공기 기동방식		전기 기동방식 (셀모터 방식)
		실린더 내 취부방식	에어모터 방식	
1	필요한 부속기기	공기압축기, 공기탱크, 분배밸브, 기동밸브	공기압축기, 공기탱크, (감압밸브), 링기어, 에어모터	충전기, 축전지, 링기어, 셀코터
	에너지원	고압공기	저압공기	직류(축전지)
2	에너지원의 재생	공기압축기에 의하여 용이하게 보급 가능(1시간 이내)	공기압축기에 의하여 용이하게 보급 가능(1시간 이내)	축전지의 충전시간 필요
3	기동토크	크다. (고압공기 사용)	작다.	작다.
4	구조적 제약	실린더헤드에 기동밸브 설비 때문에 공간 면에서 제약	실린더헤드의 구조는 간단	실린더헤드의 구조는 간단
5	설치 장소의 제약	별로 없음	별로 없음	폭발성 분위기

비교항목		공기 기동방식		전기 기동방식 (셀모터 방식)
		실린더 내 취부방식	에어모터 방식	
6	기동조작	5실린더 이하의 기관은 기동 위치로 터닝 필요	어떤 위치에서든지 기동이 가능	어떤 위치에서든지 기동이 가능
7	원격기동 (자동)	6실린더 이상의 기관에서 가능	실린더에 관계없이 가능	실린더에 관계없이 가능
8	저온기동 성능	약간 뒤떨어 짐	우수하다.	축전지의 용량이 커지므로 한계
9	기동 실패	거의 없음	교합(맞물림) 실패로 일어날 가능성이 있으나 치합력이 전기모터 방식보다 커서 비교적 적다.	교합(맞물림) 실패로 일어날 가능성이 있다.
10	보 수	거의 필요 없음	거의 필요 없음	축전지 유지관리에 주의
11	공기탱크 용량	소 형	크다.	없 음
12	기동 시 소음	작다.	크다.	작다.
13	용 도	선박용, 육상용 중대형 기관	선박용	비상용

134 발전기 냉각방식

1 개 요

발전기 냉각방식은 계통구성과 각 방식별 특징을 분석하여 적절한 방식으로 선정한다.

2 발전기 냉각 시스템 계통 구성

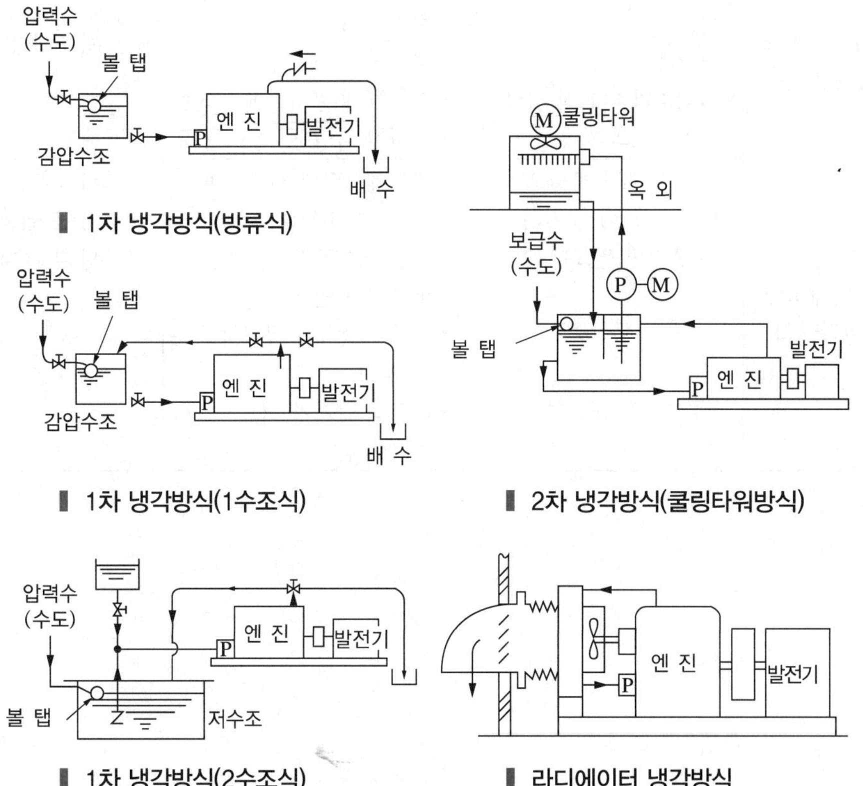

▮ 1차 냉각방식(방류식)

▮ 1차 냉각방식(1수조식)

▮ 2차 냉각방식(쿨링타워방식)

▮ 1차 냉각방식(2수조식)

▮ 라디에이터 냉각방식

3 발전기 냉각 시스템 비교

구 분	장 점	단 점	필요수량
1차 냉각방식 (방류식)	• 냉각수 계통이 간단하고 설비비가 적음 • 신뢰성 우수	• 급수량이 다량으로 필요 • 단수 시 발전장치 정지	원동기 1[PS]/시간당 약 30~40[L] 필요
1차 냉각방식 (수조식)	• 수돗물 단수 시에도 수온 상승 한도까지 운전 가능 • 운전경비가 저렴	• 비교적 큰 물탱크 설치가 필요 • 물탱크 등 설치면적을 포함해 비용이 많이 듦	순환 수량의 3~5[%]의 보급수가 필요
2차 냉각방식 (쿨링타워)	• 냉각수 소비량이 적고, 수돗물 단수 시에도 장시간 운전 가능 • 설비비가 비교적 저렴 • 설치장소의 자유성	• 급수펌프 및 냉각탑 팬의 동력이 필요 • 쿨링타워 소음 발생 • 먼지가 많은 장소에 부적합 • 겨울철 결빙방지설비 필요	보급수는 계절에 따라 다름
라디에이터 냉각방식	• 냉각수 배관 불필요 • 냉각수 소비가 거의 없음(보충수만 필요)	• 라디에이터팬 전력 소비(엔진 출력의 5~10[%]) • 대용량은 고가 • 배풍처리 필요 • 지하실 설치 시 공기처리 문제 발생 • 다량의 급기가 필요 • 소음이 큼	• 보급수 거의 불요 • 공기량은 원동기 PS/시간당 약 100[m^3] 필요

135 디젤발전기와 가스터빈발전기 비교 설명

1 개 요

빌딩, 공장 등 모든 전기설비에서 상용전원이 정전되었을 때 미치는 영향이 대단히 크므로 자위상 최소한의 보안전력을 확보하기 위하여 예비전원설비를 시설한다.

2 디젤발전기와 가스터빈발전기의 비교

1) 일반적 특성

구 분	가스터빈(1축식)	디 젤
경제성	디젤의 2~3배	-
냉각수	불필요	필 요
소 음	80~90[dB]	105~115[dB]
진 동	진동이 거의 없다.	진동 방지대책 필요
작동원리	연속 회전운동	왕복 맥동운동
출력 특성	흡입공기의 온도가 높으면 출력 감소 및 수명에 악영향	주변 여건에 영향이 별로 없음
체적, 중량	경량(디젤의 1/2배)	무겁고, 체적이 크다.

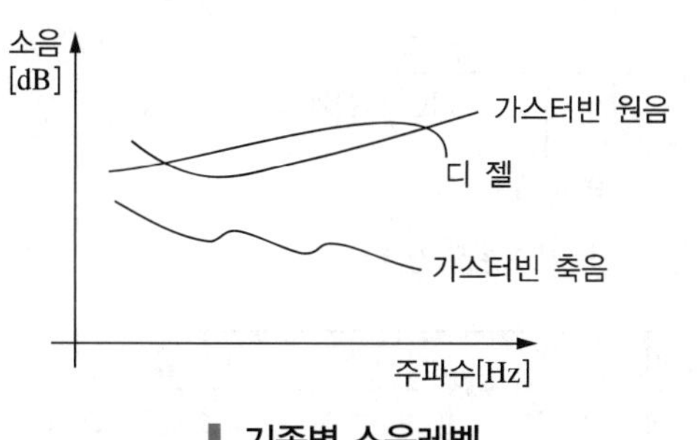

▌ 기종별 소음레벨

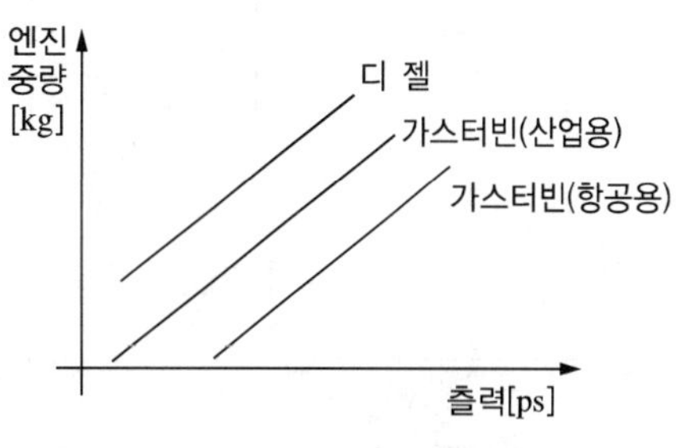

▌ 엔진 중량 비교

2) 연료특성

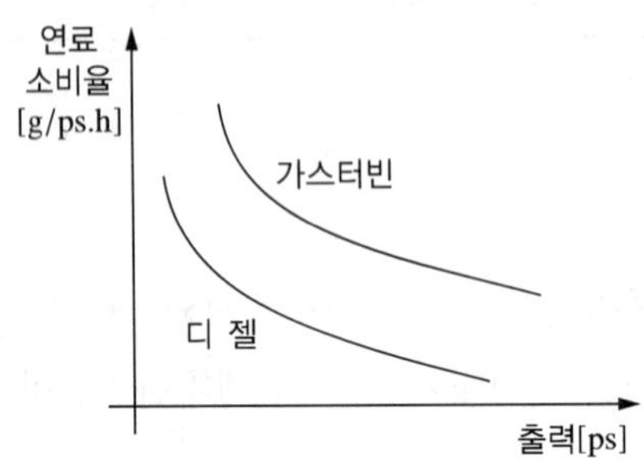

▌ 연료 소비율 비교

구 분	가스터빈	디 젤
사용 연료	등유, 경유, 중유, LNG 등	등유, 경유, 중유
연료 소비율	디젤의 2배 소비	150~200[g/ps·h]

3) 급배기 특성

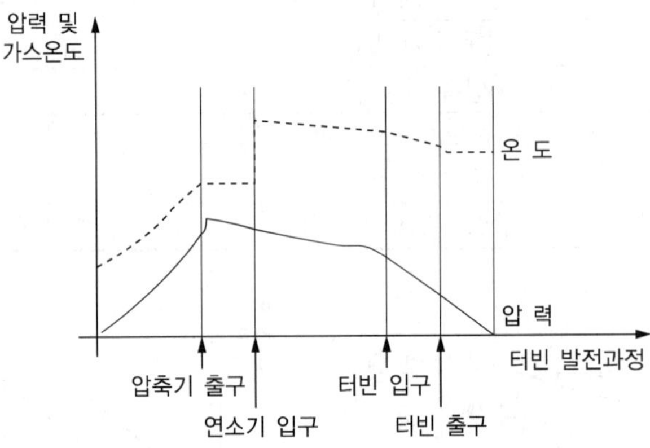

▌ 터빈 발전과정에 따른 압력, 가스온도 변화

구 분	가스터빈	디 젤
급배기장치	별도의 급배기장치 필요	배기 시 소음기 설치
배기 단열 시공	별도의 단열 대책 필요	기본 단열로 가능
환경오염(SO_X, NO_X)	낮다.	높다.

4) 전기적 부하 특성

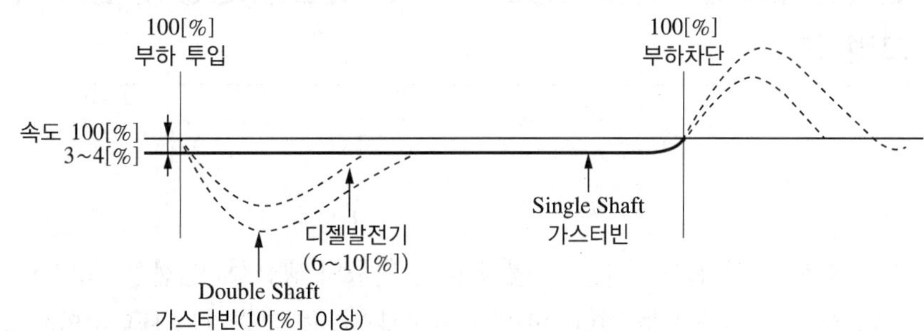

▌ 전부하 투입, 차단 시 속도 변동 특성 비교

구 분	가스터빈	디 젤
과도전압 변동률	±4[%]	±20[%]
전압 변동률	±1.5[%]	±4[%]
주파수 변동률	±0.4[%]	±5[%]
기동시간	20~40초(대개 40초)	5~40초(대개 8~10초)
부하 투입	100[%] 투입 가능(1축식)	단계별 투입

3 발전기 엔진 선정 및 적용

1) 디젤엔진이 유리한 곳

① 비상전원의 사용 빈도가 적고, 비상전원의 중요도가 중시되지 않는 설비
② 냉각수 확보가 용이한 곳
③ 장시간 가동 및 저압발전방식 채택설비
④ 저렴한 초기 투자 COST에 의한 비상전원 확보

2) 가스터빈엔진이 유리한 곳

① 비상전원의 의존도가 높고, 양질의 전원이 요구되는 설비
② 냉각수 확보가 어렵고, 진동방지용 별도 기초가 어려운 장소
③ 열병합 발전 시스템 채택이나 Peak-cut 겸용 부하설비
④ 공해문제가 대두되는 장소
⑤ 건축물을 현대화할 경우

136 건축물 내에 설치되는 비상발전기실(디젤엔진, 공랭식) 설계 시 고려사항

1 개 요

① 공장이나 빌딩 내의 전기설비는 그 공장 또는 건물의 생산성, 안전성, 보안성 측면에서 매우 중요한 기능을 가지고 있다. 만일 전력회사로부터 공급받는 상용전원이 정전될 경우, 공장은 치명적인 경제적 손실을 초래할 수 있다.

② 일반 건물의 경우에도 엘리베이터, 조명, 급배수펌프, HVAC 등의 돌발적인 정지로 인해서 큰 재해를 야기할 수 있다.

③ 더욱이 병원의 수술실에서 중환자 수술을 하는 도중 정전이 된다면 이는 환자의 생명과 직결되는 일이다.

④ 이러한 재난이나 위험을 방지하기 위해서 정전 시에 디젤엔진, 가솔린엔진, 가스터빈엔진 등을 원동기로 하여 구동되는 발전기를 가동시켜 기능상 필요한 최소한의 전력을 공급하는 것이 비상발전설비이다.

2 디젤엔진 비상발전기 설계 시 고려사항

1) 발전기 용량

① 정전 시 발전기가 전력을 공급해야 할 모든 부하를 검토한다.

② 소방 관련법 및 건축법 시행령에 의해서 요구되는 각종 비상용 전원과 산업현장에서 필수적인 부하의 출력과 그 효율을 고려한다.

2) 발전기 대수

① 1대로 단독운전을 할 것인지 아니면, 2대 이상으로 병렬운전을 할 것인지를 결정한다.

② 병렬운전 시에는 각 발전기의 전압 및 주파수가 같아야 함은 물론이고 동기투입장치가 있어야 한다.

3) 회전수

① 고속형(1,200[rpm] 이상)은 체적이 작고 설치면적도 작아서 경제적이나, 소음 및 진동이 크고 수명이 짧다.

② 저속형(900[rpm] 이하)은 전압 안정도가 좋고 소음 및 진동이 작고 수명이 긴 장점이 있으나 가격이 비싸다.

③ 고속기는 소용량, 고압에 유리하고, 저속기는 장기 운전, 저전압에 유리하다.

4) 기동방식 및 기동에 요하는 시간

① 기동에는 보통 전기식과 압축공기식의 두 가지가 사용되는데 전기식은 고속의 예열식에, 압축 공기식은 중고속의 직접 분사식에 많이 채용된다.

② 기동시간은 일반적으로 10초 이내로 하고 있다.

5) 환경공해 문제

① 소음 및 진동에 대한 대책

㉠ 소음기를 사용하고, 방음 커버로 차음하며 방음벽을 설치한다.

㉡ 또한 방진고무, 방진 스프링을 사용하고, 발전기 설치용 콘크리트 패드와 바닥 본체 사이에 완충재를 삽입하여 발전기 진동이 건물의 다른 부분으로 전달되는 것을 방지한다.

② 대기오염 방지대책

유황분이 적은 연료를 사용하여 SOx의 발생을 줄이고 배기가스 중의 NOx를 분리, 제거하는 탈질장치를 고려한다.

6) 열효율 및 연료 소비량

열효율이 높아서 같은 출력이라도 연료 소비량이 작은 것을 선정한다.

7) 설치 장소 및 발전기실의 크기

① 발전기 설치에 요하는 면적은 대략 $1.7\sqrt{P}$ [m^2](P는 원동기의 마력 수)로 계산하는데 이에 충분한 면적이 확보되어야 한다.

② 실내(지하실 등)에 설치할 때는 유지보수용 크레인 등을 설치할 수 있도록 층고가 5[m] 정도는 돼야 한다.

③ 바닥의 기초는 엔진의 진동에 충분히 견딜 수 있어야 한다.
④ 연료 및 냉각수 배관을 고려한다.
⑤ 환기가 잘되는 장소여야 한다.
⑥ 기기의 반·출입이 용이한 장소를 택한다.

8) 냉각방식

① 디젤엔진의 경우 냉각방식은 수랭식으로 단순 순환식, 냉각탑 순환식, 방류식 및 라디에이터(Radiator)식 등이 있다.
② 라디에이터 방식은 소용량기에 사용되고 대용량기가 되면 냉각탑 순환식을 쓰며, 냉각수의 다량 보급이 가능한 경우에는 방류식을 채용한다.

9) 건축 분야와의 관계

① 발전기실은 중량물의 운반, 설치, 유지보수가 용이한 구조이어야 한다.
② 천장의 높이는 Overhead Crane의 설치와 배기관의 설치높이 등을 고려하여 충분한 높이가 확보되어야 한다.
③ 출입구 및 통로는 기기의 반·출입에 지장이 없어야 한다.
④ 엔진-발전기의 기초는 건물 기초와 관계없는 장소를 택하고 공통대판과 엔진 사이에는 고무 또는 스프링으로 제작된 진동흡수장치(방진장치, Vibration Absorber)를 설치해서 진동이 건물의 다른 부분으로 전달되지 않도록 한다.
⑥ 배기관은 주위에 소음공해를 야기하지 않는 위치에 설치한다.

10) 부속기기의 위치

① 배전반은 발전기 단자 측에 가깝고, 엔진의 운전 측으로부터 배전반의 계기들을 모두 볼 수 있는 위치에 설치하고, 주위에 보수점검을 위해 필요한 공간을 확보할 것
② 공기압축기는 공기탱크 부근에 설치하고 분해 조립을 할 수 있는 스페이스를 확보할 것
③ 연료탱크의 밑면은 연료펌프로부터 1[m] 이상 높게 설치할 것
④ 소음기를 천장에 매다는 경우는 천정과 소음기 사이에 방열장치를 설치할 것
⑤ 고층 건물의 경우 배기관은 일반 보일러용 연도에 연결하는 경우와 배기관을 옥상까지 연장시키는 경우가 있는데 거리가 긴 경우에는 배압을 고려하여 관경을 정할 것
⑥ 환기장치를 천장 가까이 설치하고 그 반대쪽 바닥 가까이에 흡기구를 설치할 것
⑦ 냉각수 탱크는 엔진의 펌프 측에 설치할 것

137 가스터빈발전기의 구조, 특징, 선정 시 검토사항 및 시공 시 고려사항

1 가스터빈발전기의 구조

① 가스터빈발전기는 다음 그림의 단순사이클과 같이 발전기, 콤프레서, 연소기, 가스터빈, 연료공급장치, 배기장치 등으로 구성된다.

② 가스터빈의 배기가스는 통상 500[℃] 이상의 고온이므로 그대로 대기 중으로 방출하면 열손실이 대단히 커진다.

③ 재생사이클에서는 다음 그림의 재생사이클과 같이 배기가스의 열로 연소기에 들어가기 전의 공기를 배기가스와 열교환하여 예열함으로써 연소기에 투입되는 연료의 양을 저감시켜서 열효율을 높이는 방법을 이용한다.

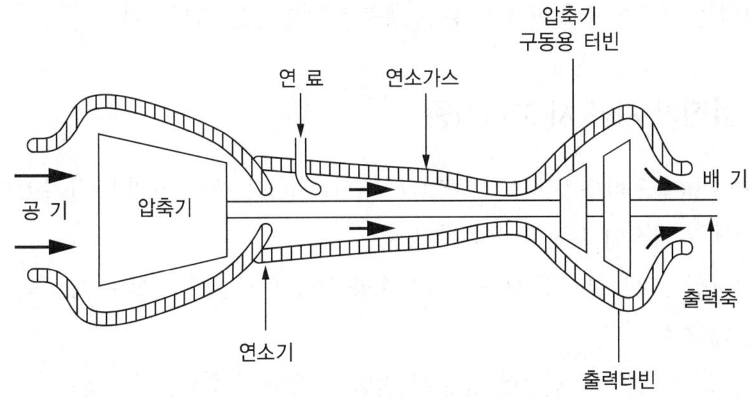

2 가스터빈발전기의 특징

① 가스터빈엔진은 디젤엔진에 비해 열효율이 떨어지고 가격이 비싼 단점을 가지고 있으나, 소음이 작고, 냉각수가 필요 없으며, 회전속도가 균일해서 발전되는 전기의 품질과 신뢰성이 높은 장점을 가지고 있다.

② 압축기, 연소기, 터빈, 연료공급장치, 배기장치 등으로 구성된다.

③ 사용연료의 제한 없이 중유, 경유, LNG, LPG 등 어느 것이나 사용할 수 있다.

④ 흡입 → 압축 → 연소 → 팽창 → 배기의 동작행정으로 회전속도가 연속적이다.

⑤ 보통 1,000[kW] 이상의 대용량에 사용된다.

⑥ SOx나 NOx 등의 공해물질의 배출이 디젤엔진보다 적다.

⑦ 소음 및 진동이 작다.
⑧ 가격은 디젤엔진의 2~4배 정도로 비싸다.
⑨ 열효율은 디젤엔진에 비해 떨어진다.
⑩ 동일 용량에 대해서 체적 및 중량은 디젤엔진에 비해 작다.

3 가스터빈발전기 선정 시 검토사항

① 전압 변동률, 주파수 등의 전기 품질과 신뢰도를 검토한다.
② 진동, 소음, 대기오염 등의 환경 관련 문제를 고려한다.
③ 적정한 사용연료를 검토한다.
④ 폐열을 난방 등에 이용하는 방안을 검토한다.
⑤ 초기 설치비, 유지보수비, 발전 단가 등을 종합적으로 검토하여 LCC(Life Cycle Cost)가 최소가 되도록 경제성을 검토한다.
⑥ 잉여전력을 전력회사에 판매할 경우 계통 연계방안을 검토한다.

4 가스터빈발전기 시공 시 고려사항

① 발전기 설치에 요하는 면적은 대략 $1.7\sqrt{P}\,[\mathrm{m}^2]$($P$는 원동기의 마력 수)로 계산하는데 이에 충분한 면적이 확보되어야 한다.
② 실내(지하실 등)에 설치할 때는 유지보수용 크레인 등을 설치할 수 있도록 층고가 5[m] 정도는 돼야 한다.
③ 바닥의 기초는 엔진의 진동에 충분히 견딜 수 있어야 한다.
④ 연료 배관을 고려한다.
⑤ 환기가 잘되는 장소여야 한다.
⑥ 기기의 반출입이 용이한 장소를 택한다.
⑦ 급기 및 배기를 원활히 수 있도록 해야 한다.

138 Micro Gas Turbine

1 정 의

가스터빈과 발전기, 제어장치가 하나의 패키지로 된 일축구조의 출력 100[kW] 이하인 가스터빈발전시스템을 말한다.

2 구성도

압축기, 연소기, 터빈, 발전기 재생 열교환기, 인버터 등

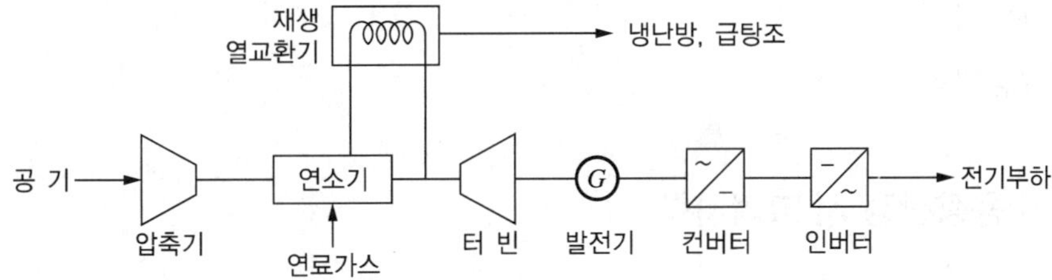

3 특 징

1) 공기베어링 방식

윤활유 계통 불필요, 소형, 유지보수 용이

2) 인버터 사용

발전기 고주파 교류전력 발생 → 직류화 → 60[Hz] 교류 변환

3) 재생사이클 채용

① 배기가스 연도로 증기 생산 → 가스터빈+증기터빈 발전 가능

② 열효율 향상

139 발전기 용량 산정방식

1 개 요

① **발전기 용량 산정은 일반부하용과 소방부하용 용량 산정방식이 있다.**

② **일반부하용 용량 산정방식**

㉠ 전부하운전(수용 부하용량)을 고려한 경우

㉡ 부하 중 용량이 가장 큰 전동기의 기동을 고려한 경우

③ **소방부하용 용량 산정방식**

㉠ P_G 방식

㉡ R_G 방식

2 발전기 용량산정 시 고려사항

1) 단상부하 감안

발전기에 단상부하를 접속 연결하면 발전기의 부하에 $\sqrt{3}$ 배의 부하를 접속한 것과 같이 되어 부하용량의 이용률이 줄어든다.

① **이상현상**

㉠ 전압의 불평형 : 전압의 불평형이 되어 양질의 전원 공급이 어렵다.

㉡ 파형의 찌그러짐 현상 : 정현파형이 왜곡파형이 되어 비양질의 전원 공급 발생

㉢ 이상진동의 원인 : 이상진동의 원인이 되어 발전기 수명에 악영향을 끼친다.

② **대 책**

㉠ 3상이 평형을 이루도록 부하를 골고루 분배하여 설계 및 운영

㉡ 불평형률을 10[%] 이내로 유지

$$불평형률 = \frac{각상\ 단상부하의\ 최대와\ 최소의차}{총부하설비의\ 용량 \times 1/3} \times 100[\%]$$

㉢ 스콧 변압기 설치

2) 감전압 시동기 감안

① 전동기 기동 시 감전압 시동을 채택하면 시동 돌입전류가 감소하여 발전기 용량이 줄지만 토크도 같이 감소하게 된다.

② 전동기가 충분한 속도에 도달하기 전에 감전압으로 전환하면 순시전압강하를 발생하므로 전환되는 시간 설정을 충분히 검토하여야 한다.

3) 고조파 부하 감안

① **원 인**

㉠ 사이리스터 UPS, MOTOR

㉡ 인버터 승강기

㉢ 축전지 충전장치

② **영 향**

㉠ 전기의 손실 및 온도 증가의 원인

㉡ 전기의 댐퍼권선의 온도 상승, 손실 증가

㉢ 자동전압조정기의 불안정

③ **대 책**

㉠ 부하 측 정류상수 증가

㉡ 리액터 설치하여 공진

㉢ 고조파 필터 설치

㉣ 발전기 용량을 부하보다 2배 이상 크게 설치

3 일반부하 발전기 용량 산정방식

1) 수용 부하운전 시 용량

발전기 용량[kVA] = 부하의 입력 합계 × 수용률

2) 기동 부하전류 중 최대 기동용량

$$\text{발전기 정격[kVA]} = \frac{1}{\text{허용 전압강하} - 1} \cdot X_d'' \cdot \text{시동[kVA]}$$

4 소방부하용 용량 산정방식

1) P_G 방식

① P_{G1}

㉠ 정격운전 상태에서 부하설비의 가동에 필요한 발전기 용량[kVA]

㉡ $P_{G1} = \dfrac{\Sigma P_L}{\eta_L \times \cos\theta_L} \times \alpha$ [kVA]

여기서, ΣP_L : 부하의 합계[kW]

α : 수용률, 부하율을 고려한 계수

η_L : 부하의 종합효율(불분명한 경우 0.85 적용)

$\cos\theta_L$: 부하 역률(0.8 적용)

② P_{G2}

㉠ 부하 중 최댓값(시동 [kVA])을 갖는 전동기를 시동할 때의 허용 전압강하를 고려한 발전기 용량[kVA]

㉡ $P_{G2} = P_m \times \beta \times C \times X_d'' \times \dfrac{1-\Delta V}{\Delta V}$

여기서, P_m : 가장 큰 전동기 출력[kW]

β : 전동기 출력 1[kW]에 대한 시동[kVA](7.2)

C : 시동방식에 따른 계수

X_d'' : 발전기 과도 리액턴스[%]

ΔV : 발전기 부하로 P_m 을 투입할 때 허용 전압강하율[%]

(일반적으로 0.25 이하, 비상용 승강기 : 0.2 이하 적용)

③ P_{G3}

㉠ 부하 중 최댓값을 갖는 전동기 또는 전동기군을 기동 순서상 마지막으로 시동을 할 때 필요한 발전기 용량

㉡ $P_{G3} = \dfrac{\sum P_L - P_m}{\eta_L} + P_m \times \beta \times C \times \cos\theta_L \times \dfrac{1}{\cos\theta_G}$

여기서, P_{fm} : P_m전동기 시동 시 역률(0.4)

$\cos\theta_G$: 발전기 역률(0.8)

④ P_{G4}

㉠ 부하 중 고조파를 감안한 경우

㉡ $P_{G4} = P_{G1} + P_c \times (2.0 \sim 2.5)$

여기서, P_c : 고조파 발생부하[kW]

⑤ **P_G 방식 선정 시 고려사항**

㉠ $P_{G1} \sim P_{G3}$ 중 가장 큰 값을 선택

㉡ 고조파에 대한 부분 미반영(P_{G4}는 임시적 개념)

㉢ 신규 모터 기동에 의한 β, C 계수값이 없다.

2) R_G방식

발전기 용량 $= R_G$계수 $\times K$

여기서, R_G 계수[kVA/kW]

K : 부하출력 합계[kW]

① R_{G1}

㉠ 정상부하 출력계수

㉡ $R_{G1} = 1.47 \times D \times S_f$

여기서, D : 부하 수용률

S_f : 불평형 전류에 의한 선전류 증가계수

② R_{G2}

㉠ 허용 선압강하 출력계수

㉡ $R_{G2} = \dfrac{1 - \Delta V}{\Delta V} \times X_d{}' \times \dfrac{K_s}{Z_m} \times \dfrac{M_2}{K}$

여기서, K_s : 시동계수

Z_m : 시동 임피던스

M_2 : 최대 부하출력[kW]

K : 부하출력 합계[kW]

ΔV : 허용 전압강하

③ R_{G3}

㉠ 기저부하 출력계수

㉡ $R_{G3} = 0.98d + \left(\dfrac{K_s}{1.5Z_m} - 0.98d\right) \times \dfrac{M_3}{K}$

여기서, M_3 : 최대 부하출력[kW]

d : 기존 부하수용률

④ R_{G4}

㉠ 허용 역상전류 출력계수

㉡ $R_{G4} = \dfrac{1}{K_{G4}} \times \sqrt{K_1}$

여기서, K_{G4} : 허용역상전류 출력계수(0.15)

K_1 : 고조파 계수

⑤ **R_G 방식 선정 시 고려사항**

㉠ $R_{G1} \sim R_{G4}$ 중 가장 큰 값을 선택

㉡ R_G 값이 실용상 바람직한 범위는 $1.47D \le R_G < 2.2$

㉢ $R_{G2} \sim R_{G3}$ 에 의하여 과대한 R_G값이 산출된 경우에는 기동방식을 바꾸어 실용상 범위에 맞춘다.

㉣ R_{G4}가 크게 산출될 경우에는 특별한 발전기를 선정하여 실용상 범위에 맞춘다.

5 결 론

① P_G방식은 일본의 내연력협회(NEGA)에서 유도전동기 기동계급이 폐지되고, 고조파 발생부하의 증가, 비상용 추가 등의 사유로 실측과 연구를 통하여 R_G 방식인 NEGA C 201로 개정되었다.

② 따라서 우리나라에서의 R_G방식은 의미가 없는 용량 산정방식이므로 우리나라 실정에 맞는 건축물별 데이터를 확보하여 용량 산정방식을 선택하여야 할 것이다.

140 개정된 소방법 기준 용량 산정방법(소방시설 작동에 필요한 비상전원 설치방법 기준에 관한 운영지침)

1 배 경

① 상용전원 차단 시 비상전원을 공급하는 비상용 자가발전설비에서 소방용과 정전용 두 가지 부하 겸용으로 사용하는 경우

② 정전 및 소방시설 작동 시 비상전원 용량이 정상부하에 미치지 못하는 경우가 발생하여 화재 시 소화 및 경보설비 미작동으로 화재진압이나 초기 피난이 어려운 상황 발생 가능성 제기에 따른 법 개정이다.

2 개정된 소방법 기준 용량 산정방법

1) 전용의 정전용 및 소방용 발전기를 별도 설치하는 경우

① 정전부하 용량을 만족하는 전용의 정전용 발전기를 설치

② 전용의 소방용 발전기를 별도 설치

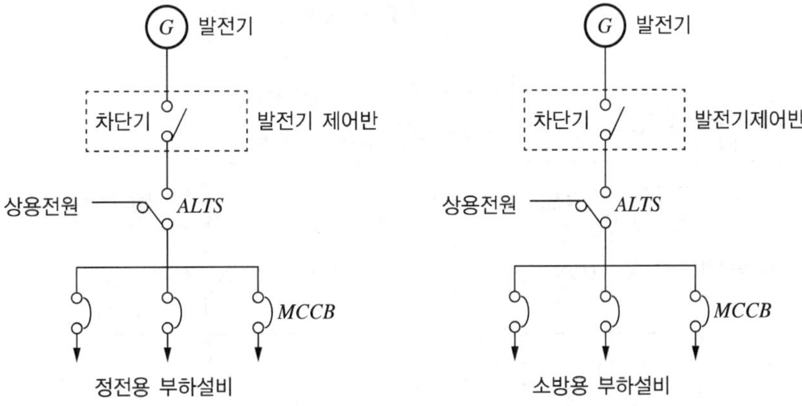

▌전용부하 발전기 용량

2) 합산 부하 비상전원 용량 발전기를 설치하는 경우

모든 부하를 만족하는 합산 용량의 정전 및 소방 겸용 발전기를 설치

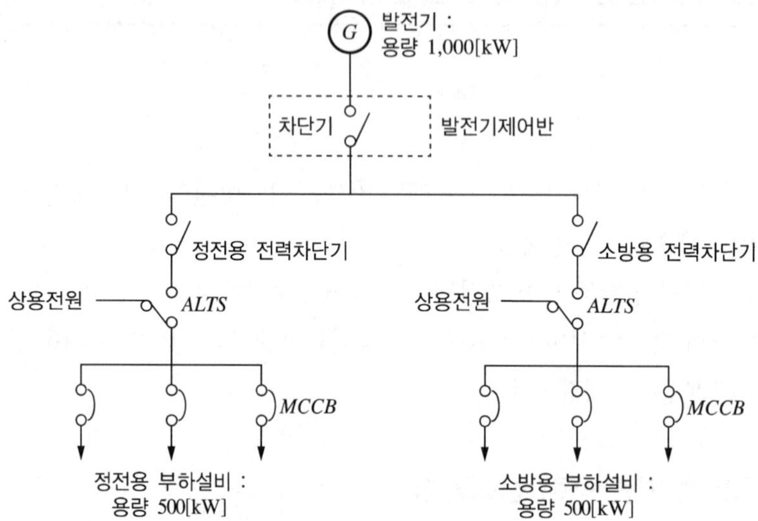

▌ 합산부하 비상전원 용량 발전기

3) 소방전원 우선 보존형 발전기를 설치하는 경우

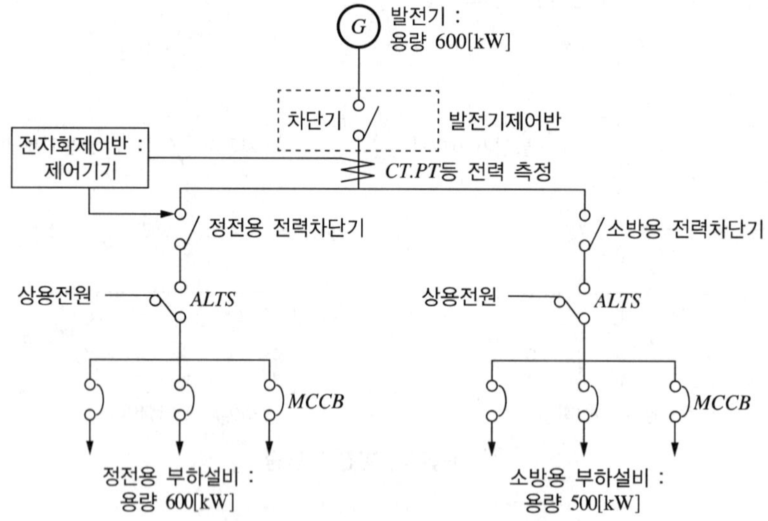

▌ 소방전원 우선 보존형 발전기 설치

① 정전용과 소방용 중 더 큰 한쪽의 부하를 만족하는 발전기를 설치
② 소방전원 우선 보존형 제어기를 구비한 발전기로서 정격부하를 초과하면 단수 또는 복수개의 정전용 차단기를 제어하는 성능을 한국기계전기전자시험연구원에서 인증 받은 제품으로 설치
③ 기존 발전기 개선의 경우 발전기 정격부하를 초과하면 정전용 차단기를 차단하는 제어기로 교체하고 과부하시험기로 작동 여부 확인

3 소방전원 우선 보존형 발전기 시스템 종류

1) 일괄제어방식

① 개 념

화재와 정전이 발생하여 소방부하와 일반 비상부하에 발전기의 전원이 동시에 투입되어 발전기가 과부하되면 소방전원 보존용 Controller에서 Signal이 발생하여 비상부하용 주차단기를 일괄 차단하여 발전기에는 소방부하만 남게 한다.

② 특 징

㉠ 소방전원 우선 보존형 발전기에서는 시스템이 간단하고 신뢰성이 높은 방식
㉡ 비용이 적게 소요
㉢ 정밀한 제어가 불가능

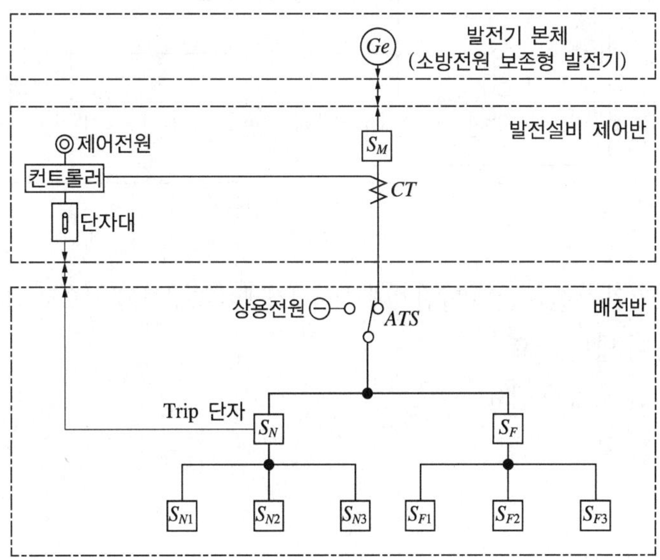

2) 순차제어방식

① 개 념

㉠ 화재와 정전이 발생하여 소방부하와 일반 비상부하에 발전기 전원이 동시에 투입되어 발전기가 과부하되면, 소방전원 보존용 Controller에서 1차 Signal이 발생하여 선정된 비상부하의 1단계 부하(일반 비상부하 중에 시급성이 가장 작은 부하)를 차단하고, 지속적인 감시 상태에서 소방부하가 증가하여 발전기가 다시 과부하되면 Controller에서 2차 Signal이 발생하여 비상부하의 2단계 부하를 차단한다.

㉡ 이런 방법으로 소방부하가 증가됨에 따라 단계별로 중요도가 낮은 순서부터 비상부하를 순차적으로 차단하여 발전기가 과부하로 정지되는 것을 방지하고 소방부하에 비상전원 공급을 유지하도록 한다.

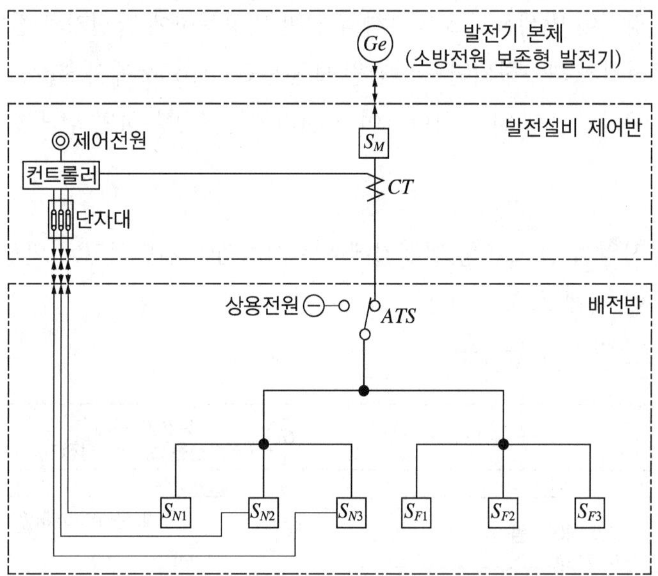

② 특 징

㉠ 소방전원 우선 보존형 발전기에서는 시스템이 복잡한 방식으로 신뢰성이 떨어진다.

㉡ 비용이 많이 소요

㉢ 정밀한 제어가 필요

141 소방전원 우선보존형 발전기

1 개 요

① 소방전원 보존형 발전기는 소방 및 비상부하 겸용 비상발전기이다.

② 화재 시 과부하일 경우 비상부하 일부, 전부를 제어장치로 자동차단하여 소방부하에 비상전원을 연속적으로 공급하는 자가발전설비이다.

2 소방전원 보존형 발전기의 제어방식

구 분	일괄제어방식	순차제어방식
결선도	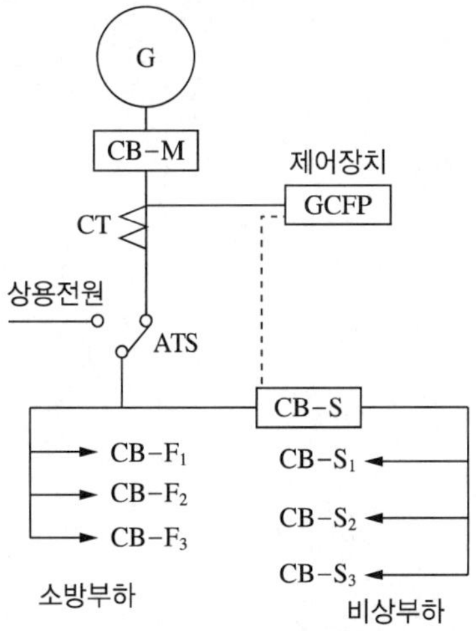 G, CB-M, 제어장치, GCFP, CT, 상용전원, ATS, CB-S, CB-F1, CB-F2, CB-F3, CB-S1, CB-S2, CB-S3, 소방부하, 비상부하	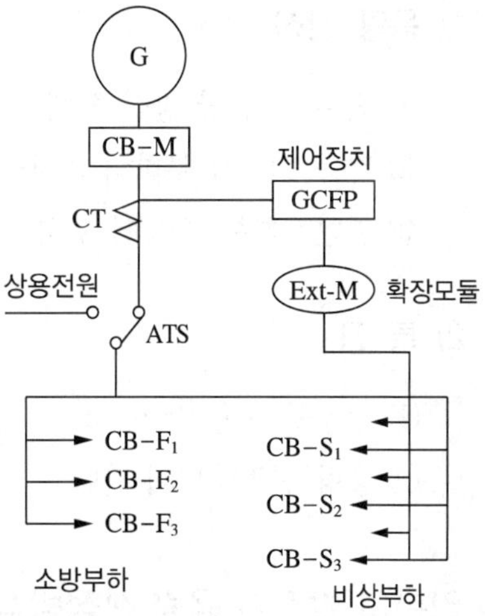 G, CB-M, 제어장치, GCFP, CT, 상용전원, Ext-M, 확장모듈, ATS, CB-F1, CB-F2, CB-F3, CB-S1, CB-S2, CB-S3, 소방부하, 비상부하
개 념	• 화재 시 과부하에 도달할 경우 비상부하를 일괄 제어하는 방식 • 제어장치에서 비상부하를 차단시켜 정상적으로 소방부하 운전 가능	• 화재 시 과부하에 도달할 경우 비상부하를 순차적으로 제어 • 제어장치에서 별도로 확장모듈(Ext-N)을 설치하여 과부하 시 순차적으로 비상부하를 판단
특 징	• 시스템이 간단하고 신뢰성이 높다. • 비용이 저렴하다. • 일반 및 비상부하 사용률이 떨어진다.	• 일반 및 비상부하 사용률이 높아진다. • 시스템이 복잡하고 소방부하 신뢰성이 떨어진다. • 경제성이 떨어진다.
적 용	중·소규모 건축물	대규모 건축물

142 각국의 발전기 용량 산정방식(미국, 일본, 한국)

1 개 요

① 최근 전동기 기동방식이 인버터 제어방식 등으로 사용되고 있고, 기동법이 바뀌어 기존의 발전기 용량 산정법으로는 맞지 않는 현상이 발생하고 있다.

② 또한 산업의 발달로 인한 기기의 고조파 발생 및 역상전류를 고려한 발전기 용량 산정방법이 요구되고 있다.

2 미국의 발전기 용량 산정방식

1) 용량 산정

① 전 부하 합산 방식 선택

② 전동기는 각 부하의 125[%] 부하 적용

③ 일반부하는 100[%] 부하 적용

2) 특 징

① 수용률 적용 안 함

② 용량 산정방법이 간단

3 일본의 발전기 용량 산정방식

1) P_G방식

① 용량 산정

㉠ P_{G1} : 정격부하 상태에서 발전기 용량 산정

㉡ P_{G2} : 부하 중 최대 전동기의 허용전류를 고려한 발전기 용량

㉢ P_{G3} : 부하 중 Base Load가 있는 상태에서 전동기가 기동하는 경우 발전기 용량

② 특 징

㉠ 미국의 발전기 용량을 저감시키기 위한 방법으로 용량 산정방법 탄생

㉡ 직접 용량을 구한다.

㉢ P_{G1}, P_{G2}, P_{G3} 중 가장 큰 값을 선택한다.

㉣ 신규 모터 기동방식 계수값이 없어 직입 기동 및 $Y-\Delta$ 기동법에만 가능하다.

㉤ 고조파 발생분에 대한 부분 미반영

㉥ 일본의 내연력협회에서 위와 같은 이유로 공식적으로 폐기

2) R_G 방식

① 용량 산정

㉠ R_{G1} : 정격부하의 출력계수

㉡ R_{G2} : 허용 전압강하 출력계수

㉢ R_{G3} : 단시간 과전류 내력 출력계수

㉣ R_{G4} : 허용 역상전류 출력계수

㉤ 발전기 출력계수 R_G 를 결정하는 방법

- $R_G = \max(R_{G1},\ R_{G2},\ R_{G3},\ R_{G4})$
- R_G 값의 실용상 범위 : $1.47D \le R_G < 2.2$
- R_{G2}, R_{G3}값이 크게 산출될 경우는 기동방법을 변경하여 실용상 범위에 만족하도록 유지
- R_{G4}값이 크게 산출될 경우에는 승강기 제어방식을 변경하여 실용상 범위에 만족하도록 유도

㉥ 발전기 정격 출력의 결정

- $G = R_G \cdot K$
- 표준정격 95[%] 범위 이내면 선정

② 특 징

㉠ 고조파 발생분이나 역상전류 등 모두 고려한 것

㉡ 신규 모터 기동방식에 적용

4 한국의 발전기 용량 산정방식

1) 용량 산정 및 특징

① 현재 일본의 P_G방식 적용 중

② 1983년 일본의 내연력협회에서 폐기된 방식

③ 일본의 R_G 방식은 한국만의 Data 부족으로 거의 사용 안 함

④ 신규 모터 기동방식 및 고조파분에 대한 미반영

2) 개선 방향

① 미국 방식의 용량 산정방식 채택

② 한국 실정의 Data 구축 노력이 필요

③ 국제화 추세에 동참 노력이 필요

④ 기능에 요구되는 발전기 용량 산정이 바람직함

143 건축물의 비상발전기 운전 시 과전압의 발생원인과 대책

1 과전압의 발생원인

1) AVR 노후로 인한 소손

① AVR 내부 부품의 경년열화와 제어정밀도가 저하

② 전력전자소자가 소손되어 여자전류 제어 불능

2) AVR 오결선 및 진동

① AVR의 오결선

② 진동에 의한 AVR 전압 검출라인의 단선, 탈락, 파손, 조정 불량, 접촉 불량

3) 고조파나 비선형 부하에 의한 전압 왜곡

① 고조파에 의해 파형이 왜곡되면 조정전압과 감시전압 사이에 차이가 발생

② 발전기 : 파형의 정류된 평균값을 감지하여 응답

③ 계기 : 실횻값(RMS)에 응답

4) 사이리스터 위상 제어 불능

① AVR의 사이리스터가 위상각을 제어

② 사이리스터가 제어 불능이 되면 1차 측 최대 전압이 여자기에 공급되므로 발전기 전압 상승

5) 진상부하 시 전기자 반작용

회전자의 계자자속 방향과 전기자 전류자속 방향이 축에 대해 같은 방향으로 합성

6) ATS 절체 시 전기적 위상차 발생

① 발전기 단자전압과 부하의 잔류전압의 위상차가 180°일 경우

② 순간 최대전압 760[V]의 전압이 부하에 가압되고, 상전압도 440[V]가 발생하게 된다.

7) ATS N상이 선입지절 불능

① 상용전원에서 비상용 전원으로 절체 시

② ATS가 4극인 경우 중성선은 전압극보다 먼저 투입되고 개방 시는 늦게 개방되어야 함

2 발전기 과전압 사고 예방대책

1) 고조파나 비선형 부하에 의한 과전압 발생대책

① AVR을 최신 모델로 교체
② AVR 전원 측에 절연변압기 설치
③ EMI 필터의 설치
④ 보조권선(특수권선)형 발전기 사용
⑤ 영구자석 발전기(PMG)로 사용
⑥ 발전기 기동 전에 비선형 부하의 차단

2) 자동전압조정기(AVR)의 점검

3) 발전기 무부하운전 시 정상 출력 확인 후 부하운전 실시

4) 진상부하(콘덴서)에 의한 과전압 발생대책

① 콘덴서 부하 설치 유무 확인
② 역률보상용 콘덴서는 ATS 전단(한전 측)으로 설치 변경 또는 부하회로에서 분리
③ 발전기 기동 전에 콘덴서 회로차단기 개방

5) ATS 절체 시 과전압 사고 예방대책

① ATS의 3상 동기 절체기기로 개선
② ATS의 위상 동기 절체기기로 개선

6) 과전압 보호계전기의 설치

① 계전기가 반한시형인 경우 정지형 과전압보호계전기(최소 동작시간 0.2초)로 교체
② 정한시형인 디지털 계전기(최소 동작시간 0.04초)로 교체
③ 과전압검출장치가 내장된 자동전압조정기(AVR)의 사용

144 고압 비상발전기

1 개 요

비상발전기는 부하의 전압, 전력손실, 용량 등을 종합적으로 고려하여 발전기의 전압을 선정한다.

2 고압 발전기 설치기준

① 발전기 가까운 곳에 개폐기, 과전류차단기, 전압계, 전류계를 시설해야 한다.
  ㉠ 각 극에 개폐기 및 과전류차단기를 설치할 것
  ㉡ 전압계는 각상의 전압을 각각 읽을 수 있도록 시설할 것
  ㉢ 전류계는 중성선을 제외한 각상의 전류를 읽을 수 있도록 시설할 것
② 발전기의 철대, 금속제 외함 및 금속 프레임 등은 접지해야 한다.

3 저압, 고압 발전기의 비교

구 분	저압 발전기	고압 발전기
장 점	• 별도의 변압기 필요 없다. • 초기 설치비가 저렴 • 유지보수가 용이 • 소용량 근거리 배선에 적합	• 원거리이면 전류가 작으므로 전력손실이 적다. • 대용량 원거리 배선에 적합
단 점	• 원거리이면 손실이 크다. • 용량이 크면 전선이 굵어 배선비가 많다.	• 별도의 변압기 필요 • 초기 설치비가 비싸다. • 유지보수가 어렵다. • 고압 차단기를 사용해야 한다. • 각종 계측, 보호계전 시스템이 복잡하다.

145 **건축물에서 비상부하의 용량이 500[kW]이고 그중 마지막으로 기동되는 전동기의 용량이 50[kW]일 때의 비상발전기의 출력을 계산하시오(단, 비상부하의 종합효율은 85[%], 종합역률은 0.9, 마지막 기동의 전압강하는 10[%], 발전기의 과도 리액턴스는 25[%], 비상부하설비 중 가장 큰 50[kW] 전동기 기동방식은 직입기동방식이다).**

풀이

P_{G3} 방식을 적용하면

$$P_{G3} \geq \left(\frac{\sum P_L - P_m}{\eta_L} + P_m \times \beta \times c \times X_d{}'' \times \frac{1-\Delta V}{\Delta V}\right) \times \frac{1}{\cos\theta}[\text{kVA}]$$

$$\geq \left(\frac{500-50}{0.85} + 50 \times 7.2 \times 1 \times 0.25 \times \frac{1-0.1}{0.1}\right) \times \frac{1}{0.9}$$

$$= 1{,}488.235\ [\text{kVA}]$$

146 용량 370[kW], 효율 95[%], 역률 85[%]인 배수펌프용 농형 유도전동기 3대에 다음 조건에 적합하게 전력을 공급하기 위한 변압기 용량과 발전기 용량을 산출하시오.

〈조 건〉

- 각 전동기 역률은 95[%]로 개선
- 리액터 기동방식(Tap 65[%])으로 시동계수 β×c : 7.2×0.65
- 전동기 기동 시 역률 : 21.4[%]
- 전동기 기동 시 전압 변동률 : 5[%]
- 변압기 %임피던스 : 6.0[%]

풀이

1 조 건

유도전동기 2대가 동시에 기동하여 펌프를 동작한 다음, 유도전동기 1대가 나중에 기동하여 펌프를 동작한다고 가정한다.

2 발전기

PG_3 방식을 적용하면,

$$PG_3 = \left[\frac{\sum P_L - P_m}{\eta_L} + (P_m \times \beta \times c \times P_{fm})\right] \times \frac{1}{\cos\phi}$$

$$= \left[\frac{1{,}110 - 370}{0.95} + (370 \times 7.2 \times 0.65 \times 0.214)\right] \times \frac{1}{0.95}$$

$$= 1{,}210\,[\text{kVA}]$$

3 변압기

1) 전동기 2대 기동 시 전력

$370[kW] \times 2 = 740[kW]$

$(\phi = \cos^{-1} 0.95 = 18.195°)$

$P_1 = 740[kW]$

$Q_1 = \frac{740}{0.95} \times \sin 18.195 = 243.228[kVar]$

2) 전동기 1대 기동 시 전력

$370[kW] \times 1 = 370[kW]$

$(\phi = \cos^{-1} 0.214 = 77.643°)$

$P_2 = 370[kW]$

$Q_2 = \frac{370}{0.214} \times \sin 77.643 = 1,688.917[kVar]$

3) 변압기 용량

① $P_{TR} = \sqrt{(P_1 + P_2)^2 + (Q_1 + Q_2)^2} = \sqrt{1,110^2[kW] + 1,932.145^2}[kVar]$

$= 2,228.292[kVA]$

② 전동기 기동 시 전압 변동률이 5[%]이므로 변압기에 여유를 주어 계산

$\therefore P_{TR} = 2,228.292 \times \frac{6}{5} = 2,674[kVA]$

SECTION 02 축전지 설비

147 축전지 설비

1 개 요

① 축전지 설비는 예비전원설비에서 가장 신뢰성이 높고 환경성 때문에 사용이 급증하는 추세이다.

② 축전지 설비는 크게 연축전지와 알칼리 축전지로 나누어지는데 건축물의 특성과 부하의 특성에 맞게 선택하여 설계 및 시공되어야 할 것이다.

2 종류별 구성

1) 연축전지

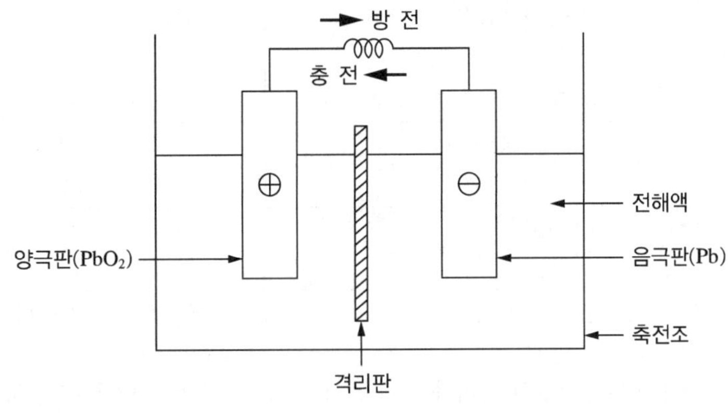

▌연축전지 구조

① **극 판**

㉠ 극판의 종류로는 플랜터식, 페이스트식, 클래드식 등이 있다.

㉡ 격자 : 극판에서 활성물질 유지 및 충 · 방전 역할

㉢ 활성물질 : 양극(PbO_2), 음극(Pb)

② **격리판** : 극판 간의 일정한 간격을 유지하여 단락 방지

③ **전해액** : 양극과 음극 사이에 도체의 역할을 하며 H_2SO_4와 증류수를 혼합하여 농도 조절

④ **축전조 및 뚜껑** : 합성수지제, 에보나이트제 사용

⑤ **방폭 비산장치** : 수명의 말기에는 수분이 분해되어 산소와 수소가 발생하여 축전지 외부로 탈출하는 것을 방지하는 장치

2) 알칼리 축전지

① **포켓식**

㉠ AM형 : 표준형

㉡ AMH형 : 급방전형

② **소결식**

㉠ AHS형 : 초급 방전형

㉡ AHH형 : 초초급 방전형

3 종류별 특성 비교

구 분	연축전지	알칼리 축전지
화학반응식	$PbO_2 + 2H_2SO_4 + Pb$ 방전 ↕ 충전 $PbSO_4 + 2H_2O + PbSO_4$	$2NIOOH + 2H_2O + Cd$ 방전 ↕ 충전 $2NI(OH)_2 + Cd(OH)_2$
공칭전압	2.0[V/cell]	1.2[V/cell]
공칭용량	10시간율	5시간율
수 명	• CS형 : 10~15년 • HS형 : 5~7년	12~20년
특 징	• AH당 단가가 낮다. • 부식가스 발생 • 충·방전전압의 차이가 적다. • 전해액의 비중에 의해 충·방전 상태를 확인할 수 있다. • 축전지 필요 셀수가 적어도 된다.	• 고율방전 특성이 좋다. • 극판의 기계적 강도가 작다. • 과방전, 과전류에 강하다. • 부식성 가스가 발생하지 않는다. • 보존이 용이하다. • 저온특성이 좋다.

4 축전지 용량 산정

1) 부하 종류 결정

비상용 조명부하, 감시제어용 부하, 차단기 투입부하 등의 부하조사 및 결정

2) 방전전류의 결정

$$방전전류 = \frac{부하용량[VA]}{정격전압[V]}$$

3) 방전시간 결정

① **법적인 전원 공급** : 30분 이상

② **발전기 설치 시** : 10분 이상

4) 방전시간(t)과 방전전류(A)

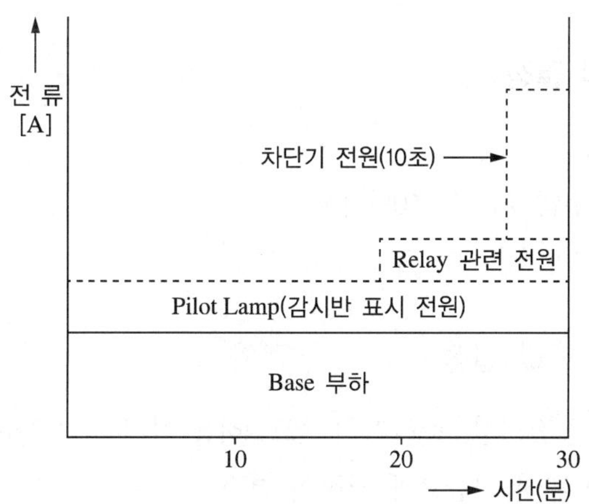

▮ 방전전류(A) – 방전시간(t)의 부하특성곡선

① 방전전류(A)의 예상 부하특성곡선 작성

② 방전 말기에 가급적 큰 전류가 사용되도록 그래프 작성

5) 축전지 종류의 결정

연축전지, 알칼리 축전지 등 전지의 특성과 부하의 특성을 종합적으로 감안하여 종류 결정

6) 축전지 셀수 결정

표준 셀수로 부하에서 필요한 전압이 110[V]라면

연축전지	알칼리 축전지
2[V/cell] × 54[cell] = 108[V]	1.2[V/cell] × 86[cell] = 103.2[V]

연축전지는 54[cell], 알칼리 축전지는 86[cell] 정도로 알칼리 축전지 셀수가 크다.

7) 허용 최저 전압 결정

부하에서 필요한 최저 전압에 축전지에서 부하까지 전압강하를 고려한 셀당 전압을 말한다.

$$V = \frac{V_a + V_c}{n}$$

여기서, V : 허용 최저 전압[V/cell], V_a : 부하의 허용 최저 전압[V]
V_c : 부하와 축전지 사이 전압강하, n : 직렬접속 Cell수

8) 최저 전지온도의 결정

① **한랭지** : −5[℃]
② **옥외 큐비클 수납 시** : 5~10[℃]
③ **옥내 설치 시** : 5[℃]

9) 용량 환산시간 'K'값 결정

용량 환산시간은 방전시간, 축전지의 온도, 허용 최저 전압으로 정해지며, 축전지 표준 특성곡선 및 용량 환산 시간표에 의하여 결정

10) 용량 환산 공식의 적용

$$C = \frac{1}{L}[K_1 I_1 + K_2(I_2 - I_1) + K_3(I_3 - I_2) + \cdots][\text{Ah}]$$

여기서, C : 25[℃]에서 정격방전율 용량[Ah]
L : 보수율
K_1, K_2 : 용량 환산시간
I_1, I_2 : 방전전류[A]

5 충전방식

1) 초기 충전

미충전 상태의 축전지에 전해액을 주입시켜 처음으로 행하는 충전방식

2) 사용 중 충전

① 보통충전

필요시 표준 시간률로 소정의 충전을 행하는 방식

② 급속충전

비교적 단시간에 일반적인 충전전류의 2~3배 전류로 충전하는 방식

③ 부동충전

정류기에 축전지와 부하를 병행하여 접속하여 평상시 부하전류를 정류기가 부담하고, 순간적인 대전류 필요시나 전원 측 전기가 끊겼을 때 전원을 공급하는 방식

④ 균등충전

장시간 사용에 따른 충전으로 각 전지 간에 전압이 불균일하게 될 때 과충전하는 방식으로 일반적으로 1~3개월에 1회 충전하는 방식

⑤ 세류충전

자기방전량만을 항상 충전하는 방식이다. 특징으로는

㉠ 충전기가 항상 완전 충전 상태에 있다.
㉡ 정류기의 용량이 적어도 된다.
㉢ 축전지의 수명에 좋은 영향을 준다.

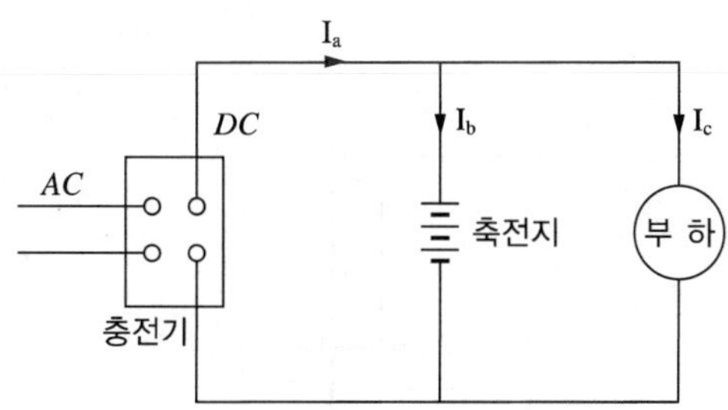

▌부동충전방식 구성 및 특징

148 축전지 용량산정

1 축전지 용량 공식

$$C = \frac{1}{L}[K_1 I_1 + K_2(I_2 - I_1) + K_3(I_3 - I_2) + \cdots][\mathrm{Ah}]$$

여기서, C : 25[℃]에서 정격방전율 용량[Ah]　　L : 보수율

K_1, K_2 : 용량 환산시간　　I_1, I_2 : 방전전류[A]

2 축전지 용량산정 예

1) 방전전류가 일정한 경우

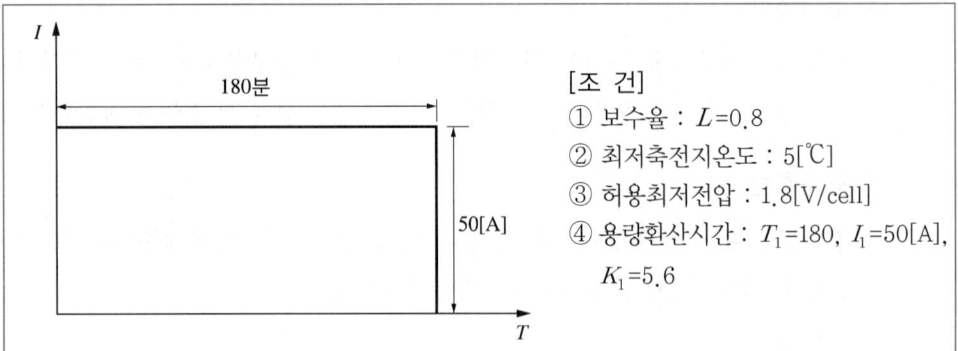

I
180분
50[A]
T
[조 건]
① 보수율 : L=0.8
② 최저축전지온도 : 5[℃]
③ 허용최저전압 : 1.8[V/cell]
④ 용량환산시간 : T1=180, I1=50[A],
K1=5.6

풀이

$$C = \frac{1}{L} \times KI = \frac{1}{0.8} \times 5.6 \times 50 = 350[\mathrm{Ah}]$$

2) 방전전류가 시간의 경과에 따라 증가하는 경우

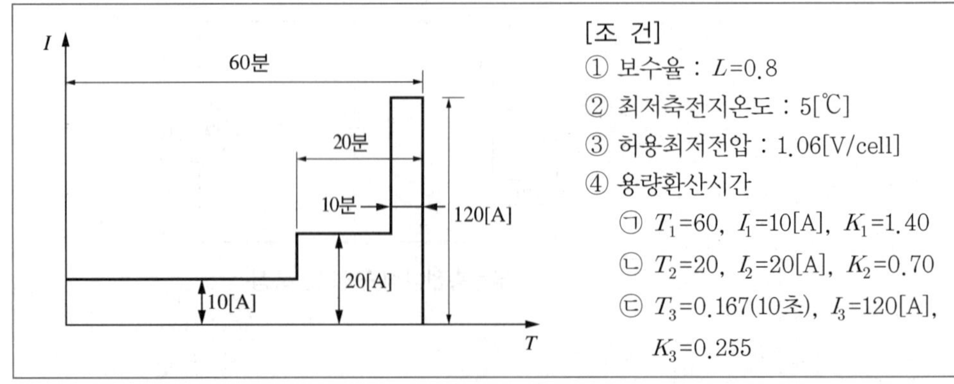

I
60분
20분
10분
120[A]
20[A]
10[A]
T
[조 건]
① 보수율 : L=0.8
② 최저축전지온도 : 5[℃]
③ 허용최저전압 : 1.06[V/cell]
④ 용량환산시간
㉠ T1=60, I1=10[A], K1=1.40
㉡ T2=20, I2=20[A], K2=0.70
㉢ T3=0.167(10초), I3=120[A],
K3=0.255

풀이 Sol

$$C = \frac{1}{L}[K_1 I_1 + K_2(I_2 - I_1) + K_3(I_3 - I_2)]$$

$$= \frac{1}{0.8}[1.4 \times 10 + 0.7(20 - 10) + 0.255(120 - 20)]$$

$$= 58.13[\mathrm{Ah}]$$

3) 방전전류가 시간의 경과에 따라 감소하는 경우

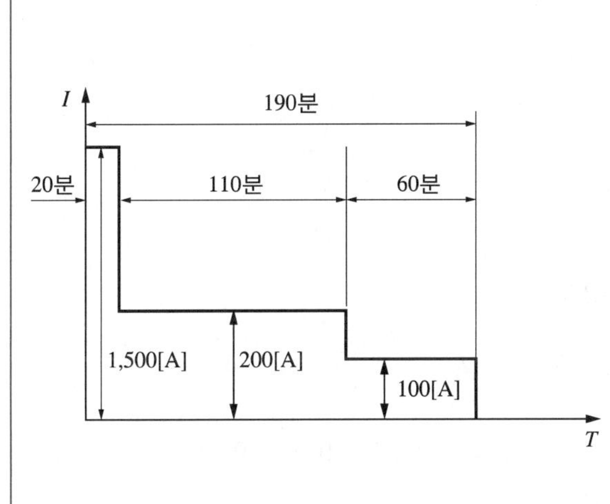

[조 건]

① 보수율 : L=0.8

② 최저축전지온도 : 5[℃]

③ 허용최저전압 : 1.7[V/cel]

④ 용량환산시간

시간(분)	K
20	2.00
60	2.75
110	3.8
130	4.3
170	5.1
190	5.5

풀이 Sol

다음의 3가지 방법에서 제일 큰 용량을 산정

1. 첫 번째 방법

[조건]

L=0.8

I=1,500[A], T=20[분], K=2.00

$$C = \frac{1}{L}K_1 I_1 = \frac{1}{0.8}[2.0 \times 1{,}500] = 3{,}750[\mathrm{Ah}]$$

2. 두 번째 방법

[조 건]

L=0.8

I_1=1,500[A], T_1=130분, K_1=4.3

I_2=200[A], T_2=110분, K_2=3.8

$$C=\frac{1}{L}[K_1I_1+K_2(I_2-I_1)]=\frac{1}{0.8}[4.3\times1,500+3.8(200-1,500)]=1,888[\mathrm{Ah}]$$

3. 세 번째 방법

[조 건]

L=0.8

I_1=1,500[A], T_1=190분, K_1=5.5

I_2=200[A], T_2=170분, K_2=5.1

I_3=100[A], T_3=60분, K_3=2.75

$$C=\frac{1}{L}[K_1I_1+K_2(I_2-I_1)+K_3(I_3-I_2)$$

$$=\frac{1}{0.8}[5.5\times1,500+5.1(200-1,500)+2.75(100-200)]$$

$$=1,681.25[\mathrm{Ah}]$$

4. 세 가지 방법 중 최대용량인 3,750[Ah] 선정

149 다음과 같은 조건에서 UPS의 축전지 용량을 계산하고 선정하시오.

[조 건]

- UPS 용량 : 100[kVA], 부하역률 : 80[%], 인버터 효율 95[%], 컨버터 효율 : 90[%]
- 축전지 종류 : MSB(2[V]), 축전지 방전종지전압 : 1.75[V/cell]
- 축전지 직렬 수량 : 180개, 정전 보상시간 : 60분, 주위온도 25[℃]

Type[AH]	정전 보상시간(분)					
	10분	20분	30분	40분	50분	60분
MSB300	454	340	250	214	187	166
MSB400	606	454	333	285	250	222
MSB500	757	568	416	347	312	277
MSB600	909	681	500	428	375	333
MSB700	1,060	795	583	500	437	389
MSB800	1,212	909	666	571	500	444

풀이 Sol

1 방전전류

$$I = \frac{P \times pf}{E_f \times n \times \eta} [A]$$

$$I = \frac{100 \times 10^3 \times 0.8}{1.75 \times 180 \times 0.95 \times 0.9} = 297 [A]$$

2 용량 환산시간 계수

$$K = \frac{축전지용량}{방전전류} = \frac{700}{389} = 1.8$$

3 축전지 용량

$$C = \frac{1}{L} \times K \times I = \frac{1}{0.8} \times 1.8 \times 297 = 668.25 [Ah]$$

150 **다음 그림과 같이 방전전류가 시간과 함께 감소하는 패턴의 축전지 용량을 계산하시오. 이때 용량 환산시간 K는 다음의 표와 같고 보수율은 0.8로 한다.**

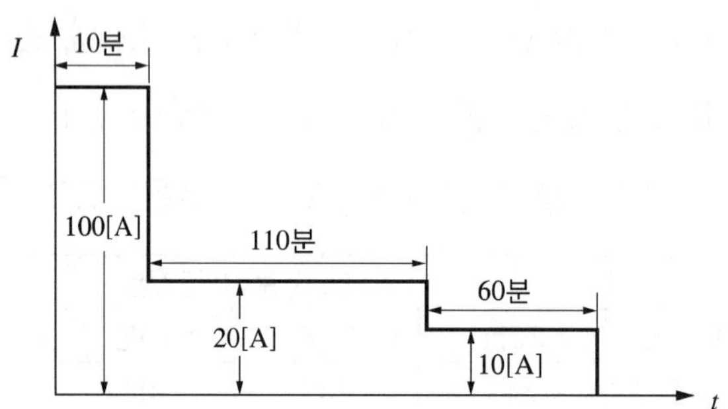

시간(분)	10	20	30	60	100	110	120	170	180	200
K	1.30	1.45	1.75	2.55	3.45	3.65	3.85	4.85	5.05	5.30

풀이

다음 3가지 방법에서 제일 큰 용량을 선정한다.

1. 첫 번째 방법

[조 건]

L=0.8, I=100[A], T=10분, K=1.3

$$C=\frac{1}{L}K_1I_1=\frac{1}{0.8}[1.3\times 100]=162.5[\mathrm{Ah}]$$

2. 두 번째 방법

[조 건]

L=0.8

I_1=100[A], T_1=120분, K_1=3.85

I_2=20[A], T_2=110분, K_2=3.65

$$C=\frac{1}{L}[K_1I_1+K_2(I_2-I_1)]=\frac{1}{0.8}[3.85\times 100+3.65(20-100)]=116.25[\mathrm{Ah}]$$

3. 세 번째 방법

[조 건]

L=0.8

I_1=100[A], T_1=180분, K_1=5.05

I_2=20[A], T_2=170분, K_2=4.85

I_3=10[A], T_3=60분, K_3=2.55

$$C=\frac{1}{L}[K_1 I_1+K_2(I_2-I_1)+K_3(I_3-I_2)$$

$$=\frac{1}{0.8}[5.05\times 100+4.85(20-100)+2.55(10-20)]$$

$$=114.37[\text{Ah}]$$

4. 세 가지 방법 중 최대 용량인 162.5[Ah] 선정

151 축전지의 자기방전

1 자기방전의 의미

축전지에 축적되어 있던 전기에너지가 사용하지 않는 상태에서 저절로 없어지는 현상을 말한다. 원인은 일반적으로 온도가 높거나 전해액에 불순물이 포함되어 있기 때문이다.

2 자기방전의 원인

1) 온 도

온도가 높을수록 자기방전량이 증가한다. 대개 25[℃]까지는 직선적으로 증가하고 온도가 그 이상이 되면 가속적으로 증가한다.

2) 불순물

은, 구리, 백금, 바륨, 니켈, 안티몬, 염산, 질산 등의 불순물이 양극 또는 음극 표면에 접착되어 있으면 자기방전이 현저하게 증가한다.

3 자기방전의 특성

① 연축전지는 알칼리 축전지에 비해 자기방전량이 많다.
② 오래된 축전지는 새 축전지에 비해 자기방전량이 많다.
③ 연축전지는 전해액의 비중이 클수록 자기방전량이 증가한다.
④ 자기방전량은 일반적으로 20[%] 정도이다.

4 자기방전량

$$\text{자기방전량} = \frac{C_1 + C_3 - 2C_2}{T(C_1 + C_3)} \times 100[\%]$$

여기서, C_1 : 방치 전 만충전 용량[AH]
C_2 : T기간(일) 방치 후 충전 없이 방전한 용량[AH]
C_3 : C_2와 같이 방전 후 만충전하여 방전한 용량[AH]

152 축전지 설페이션 현상

1 개 요

축전지를 방전상태로 지속적으로 방치하면 극판이 백색으로 변하거나 표면에 백색반점이 생기는데 이를 황산화 현상이라고 한다. 황산화 작용으로 극판이 하얗게 불활성 물질로 덮이는 현상이다.

2 원 인

① 방전상태로 오래두거나 충전부족 상태로 장시간 사용한 경우
② 전해액 부족으로 극판이 공기 중에 노출된 경우
③ 비중이 과다하거나 불순물이 많은 경우

3 문제점

① 충전 시 전압 상승이 빠르고 가스 발생이 심하다.
② 비중이 저하되고 충전용량이 감소한다.
③ 완충되어도 용량이 회복되지 않는다.

4 대 책

① 축전지를 장시간 방치하지 않고, 정기적으로 충전을 시행한다.
② 부동충전, 세류충전 등 자기방전시스템을 구비한다.
③ 방전정도가 가벼울 경우 20시간 과충전한다.
④ 회복이 안 될 경우 충·방전을 수회 반복하고, 방전할 때 비중을 1.05 이하로 한다.

SECTION 03

UPS 설비

153 UPS

1 개 요

① 선로의 정전 시나 입력전원에 이상 상태 발생 시 정상적이고 양질의 전원을 공급하는 설비이다.

② 최근 고도의 정보통신설비와 정보화 기기 등의 사용이 급증하고, 방재기능의 강화로 양질의 전원이 요구되어지면서 급속도로 보급되고 있다.

2 UPS의 구성

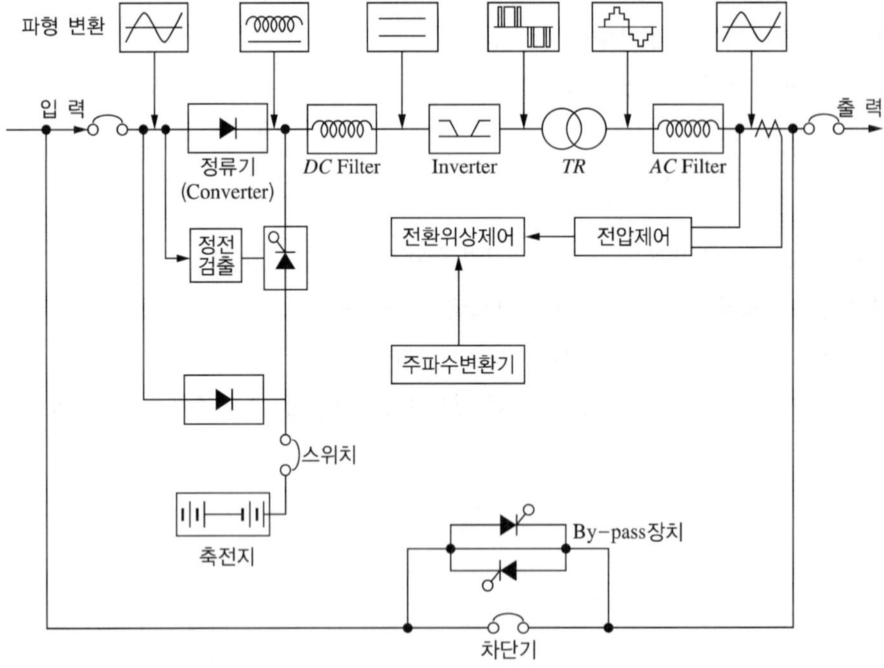

▌UPS의 구성도

1) 컨버터(정류기)

교류 입력전압을 직렬로 변화시키는 역할을 하는 설비

2) 축전지

상용전원의 정전, 순간의 전압 저하 시 순간적인 직류전원을 공급하는 역할

3) AC/DC 필터, DC/AC 필터

DC 필터는 정류기에서 변환된 직류를 평활하게 하고 AC 필터는 정현파의 AC 전원을 만든다.

4) 인버터

부하에 필요로 하는 양질의 AC 전원으로 변환

3 UPS의 분류

1) 급전방식에 따른 분류

① 연속 사용방식

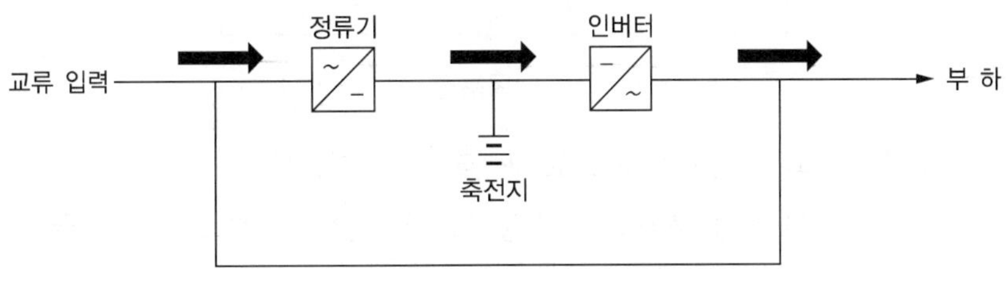

▌연속 사용방식

정 의	• 정상 시에는 정류기와 인버터를 거쳐 공급, 축전지는 부동 충전 • 이상 시에는 축전지의 방전에 의하여 인버터를 거쳐 AC 전원 확보
특 징	• 전원 품질이 우수 • 무순단이므로 어떤 부하에도 적용 가능

② 대기방식

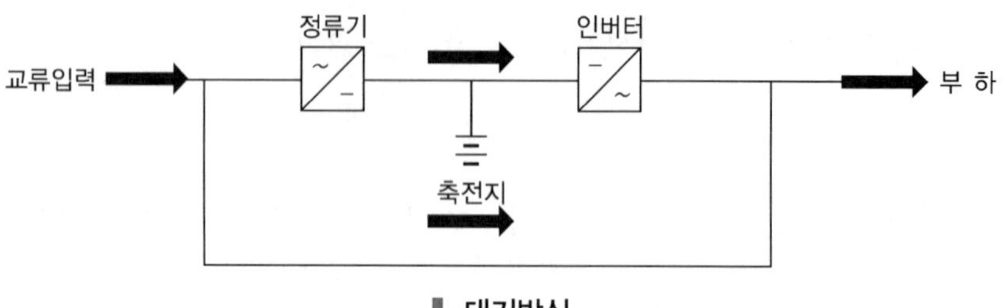

▌대기방식

정 의	• 정상 시에는 상용전원의 By-pass회로에 의한 전원 공급 • 정전 시에는 인버터 측 축전지로 전환하여 출력
특 징	• 전원 품질은 입력과 동일 • 순간정전 발생, 순간정전 허용부하에 적합

2) 접속방식에 따른 분류(UPS 운영방식)

① 단독운전(단일 모듈방식)

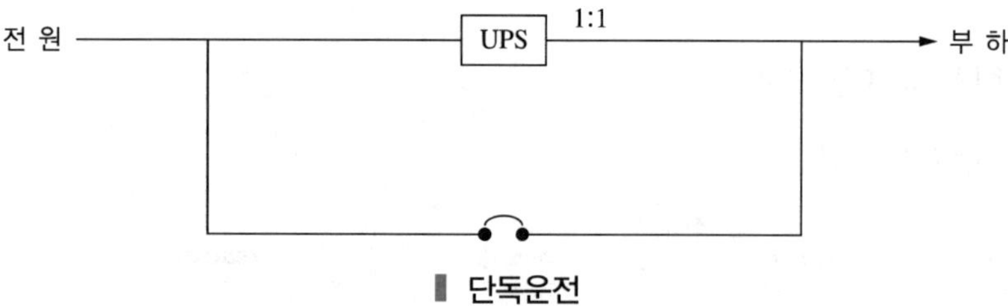

▌단독운전

㉠ 1대의 UPS와 바이패스 회로로 구성된 단일 시스템

㉡ 만약 UPS 이상 시 자동 또는 수동으로 상용 전원부하로 전원 공급

② 병렬운전(병렬 운영 방식)

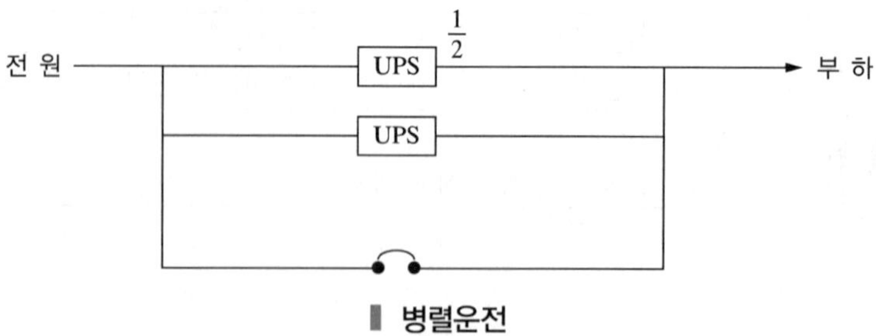

▌병렬운전

㉠ 2대 또는 2대 이상의 UPS가 바이패스와 병렬로 연결되는 시스템

㉡ UPS 용량의 합계는 필요한 전력량에 비하여 같거나 조금 크다.

③ 예비 병렬운전(병렬 Stand-by 운용방식)

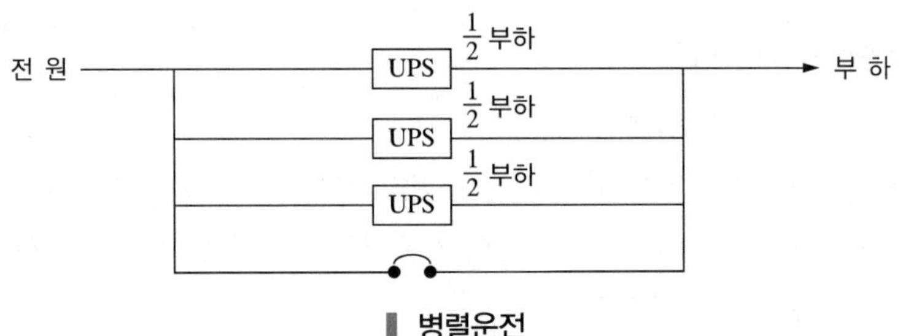

▌병렬운전

㉠ 총필요전력량을 수 대의 UPS로 균등 분할하여 사용하고 1대 더 여유 있게 연결하는 방식

㉡ 만약 1대가 고장 시에도 전체 시스템에 영향을 주지 않고, 계속하여 운전이 가능

4 설치 시 고려사항

1) 설치장소

① 옥내 설치가 바람직

② 옥외 설치 시 방수형, 특수시방으로 한다.

③ 화재 등이 발생할 염려가 적은 장소로서 일반전기실과 같은 불연성 장소

④ 부하에 가까운 위치에 설치

⑤ 바닥을 방진도장하여 먼지가 UPS 내부에 들어가지 않도록 한다.

⑥ 소, 중형은 큐비클에, 대형은 랙에 설치한다.

2) 타 시설물과의 관계

① **전면 측 거리** : 1~1.5[m]

② **배면 측 거리** : 0.5~1[m]

3) 실온, 환기

① 동작실온 0~40[℃]가 일반적이나 UPS의 신뢰성의 중요를 감안하여 연간 25[℃]의 실온을 유지하는 것이 좋다.

② 공조 설치작업 및 용량은 발열량에 따라 결정

③ 적당한 면적의 환기구 설치 및 공조 필요

④ UPS 장치 중 축전기는 수소를 발생하기 때문에 위험농도 이하 유지가 필요

5 정격용량 산정

1) 용량 선정 시 고려사항

① 부하용량을 충분히 만족할 것

② 부하 기동 시(기동 돌입전류) UPS 출력한계치를 초과하지 않게 선정

③ 순차 기동 시 나중에 투입한 부하의 기동전류에 의해 출력전압 변동이 먼저 투입한 부하의 허용값을 넘지 않을 것

④ 장래부하 증설에 대한 고려 필요

⑤ 가급적 표준용량 산정

⑥ 출력주파수 변동 폭이 부하의 허용범위 이내이어야 한다.

⑦ 정류기 부하가 많은 경우에는 고조파분이 많으므로 UPS 용량에 10~20[%] 정도의 여유가 있어야 한다.

⑧ 과도용량이 특히 큰 부하에 대해서는 한류장치를 부가하도록 한다.

2) 축전기 용량 선정

① **용량 선정 결정조건**

㉠ 방전전류

㉡ 방전시간

㉢ 방전종지전압

㉣ 축전지액 온도(납축전지의 경우 1[℃] 변화에 용량 1[%] 변화)

② **방전전류 계산**

$$I = \frac{P_o \times 10^3 \times P_f}{e_f \times n_s \times \eta_{\text{inv}} \times k} [\text{A}]$$

여기서, P_o : UPS 출력[kVA]

P_f : 부하역률

e_f : 방전종지전압[V/cell]

n_s : 축전기 직렬연결 개수

η_{inv} : 인버터의 역변환(직류 → 교류) 효율

k : 컨버터의 부하율에 결정되는 효율

3) UPS 용량 산정방식

① 정상부하에 의한 산정

$$P_1 \geq K_1 \sum P_{n1}$$

여기서, K_1 : 여유율(일반적으로 1.0~1.2 적용)

P_{n1} : 1단원 투입 시 부하 정상전력[kVA]

② 부하 기동용량에 의한 선정

$$P_2 \geq K_1 \sum P_{n1} + P_{Pn}$$

여기서, P_{Pn} : 최후로 투입하는 부하의 돌입 전력

③ 부하 기동 시 전압 변동에 의한 산정

$$P_3 \geq \frac{P_{P1}}{L}$$

여기서, P_{P1} : 1단계 투입 시 부하 돌입전력

L : 전압 변동 10[%] 이내에 부하급변 허용계수(0.2~0.5)

4) UPS와 전원과의 관계(비상발전기와)

① 고조파 발생

입력 측에 설치된 정류기에 의해 발생하고 고조파가 전원 측으로 흘러나옴

② 고조파 영향

자가발전기 가동 시 자가발전 계통에 헌팅현상 발생으로 온도가 국부적으로 상승하여 열 발생

③ 대 책

㉠ 발전기 용량을 UPS 용량의 2.5~3배 이상으로 선정

㉡ 부하가 발전기 전체 부하의 50[%] 이하가 되도록 조정

6 결 론

① 무정전 전원장치는 컨버터와 인버터로 구성되어 있어 고조파를 발생시키는 원인이 되므로 간선의 굵기 선정, 변압기 용량 선정, 차단기 동작특성을 결정할 때 제작사와 충분한 협의를 거쳐서 결정하여 전원 공급 중단 상태가 발생치 않도록 하여야 한다.

② 건축물 설비의 종류 및 부하특성에 따라 UPS를 설계, 시공, 운영하여야 할 것이다.

154 무정전 전원장치(UPS ; Uninterruptible Power System)의 병렬 시스템 선정

1 무정전 전원설비의 운전방식의 종류

1) 단독운전방식

① 상시 운전방식(연속 사용방식)

UPS를 상시 운전하다가 UPS 내부에 고장이 났을 때만 상용 전원으로 절환하는 방법

② 비상시 운전방식(대기방식)

상시에는 UPS를 운전하지 않고 있다가 정전 시에만 운전하는 방식이다.

2) 병렬운전방식

① 대기운전방식

두 대의 UPS를 한 대는 상용, 다른 한 대는 예비기로 운전하는 방식인데 이는 상시 운전되고 있는 UPS는 한 대뿐이므로 독립운전방식이라고 볼 수도 있다.

② 동시운전방식

여러 대의 UPS를 병렬로 동시에 운전하여 부하에 전력을 공급하다가 1대가 고장 나면 고장 난 UPS를 회로에서 분리하고, 건전한 나머지가 전 부하에 급전하는 방식인데 이 방식이 진정한 의미의 병렬운전방식이라고 할 수 있다.

2 무정전 전원설비의 병렬운전 시스템 선정 시 고려사항

1) 출력용량의 여유가 있어야 한다

병렬운전되고 있던 UPS 중에서 1대가 고장 나면 나머지 UPS들이 그 부하를 분담해야 하므로 용량에 여유가 있어야 한다.

2) 출력전압의 크기가 같아야 한다

병렬운전되는 모든 UPS의 출력전압이 동일하지 않으면 UPS 간에 순환전류가 흘러서 무효전력이 증가한다. 따라서 출력전압의 제어편차를 최소화해야 한다.

3) UPS의 출력 임피던스의 크기가 같아야 한다

UPS의 내부 임피던스가 같지 않으면 부하전류의 크기에 따라서 출력전압에 차이가 발생해서 순환전류가 흐르게 된다.

4) UPS의 출력 임피던스 저항과 인덕턴스의 비가 같아야 한다

UPS의 출력 임피던스는 저항보다 인덕턴스가 훨씬 크다. 이때 저항과 인덕턴스의 비가 같지 않으면 전압과 전류에 위상차가 생겨서 순환전류가 흐르게 된다.

5) 출력전압을 동기화시켜야 한다

UPS 간의 출력전압이 동기화되지 않으면 최악의 경우 단락사고까지도 이를 수 있다.

6) 적절한 부하분담이 이루어져야 한다

병렬운전되는 UPS 간에 부하가 적절하게 분담되기 위해서는 출력전압, %임피던스 등이 동일해야 한다.

7) 출력파형이 정현파이어야 한다

출력파형에 고조파가 포함되어 있으면 고조파 순환전류가 발생해서 UPS를 과부하시키게 된다.

8) 정격이 같아야 한다

정격전압, 전압 조정범위, 정격역률, 단시간 과부하정격, 전압 변동률, 파형 왜곡률, 과도전압 변동률, 전압 불평형률 등 모든 정격이 동일해야 한다.

155 On-line UPS와 Off-line UPS

1 UPS의 구성

1) 인버터(Inverter)부

직류전원을 교류전원으로 변화하는 과정부분으로 Battery의 직류전원을 반도체소자(IGBT, Transistor, FET 등의 소자)로 변환하여 교류전원으로 만든다.

2) 컨버터(Converter)부

인버터부와 반대로 교류전원을 직류전원으로 변화하는 과정부분으로 입력전원의 교류를 반도체(SCR, Diode)로 정류하여 Battery를 충전하는 동시에 인버터부에 전원을 공급한다(On-line방식에 사용함).

3) 절체 스위치(Static Switch)

상용전원(By-pass 전원)에서 인버터로 전환하는 과정에서 출력의 끊어짐이 없도록 하기 위해 반도체를 Switch로 사용한다(주로 SCR 등을 사용).

4) 동기 절체

① 인버터의 고장이나 임의 조작에 의해 입력전원으로 절체하는 경우에 서로의 동기(위상차)를 맞추어야만 절체용 반도체 및 부하에 무리가 가지 않으며 절체를 할 수가 있다.

② 절체시간이 짧은 전원장치가 좋으며 일반적인 절체시간은 4[msec](0.004초), 2[msec], 무순단(끊어짐이 없다 : 최근 제품) 등이 있다.

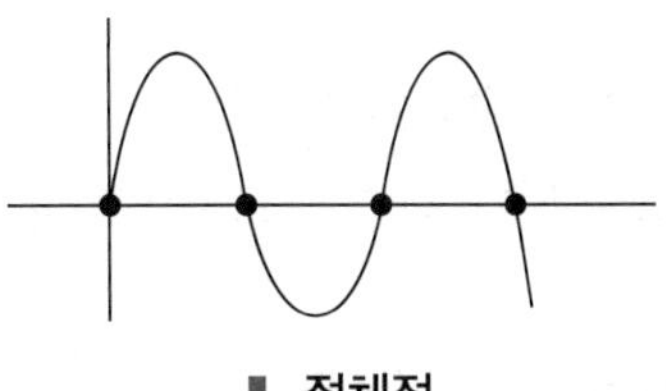

▌ 절체점

5) Back-up 시간

① 정전이 되어서 Battery를 사용하여 정전보상하는 시간을 말한다.

② 일반적인 시간은 10분, 30분, 1시간, 2시간, 5시간, 8시간 등이 있으며 이외는 주문이나 사용자에 따라 세분화하거나 시간을 연장하는 경우도 있다.

2 On-line UPS

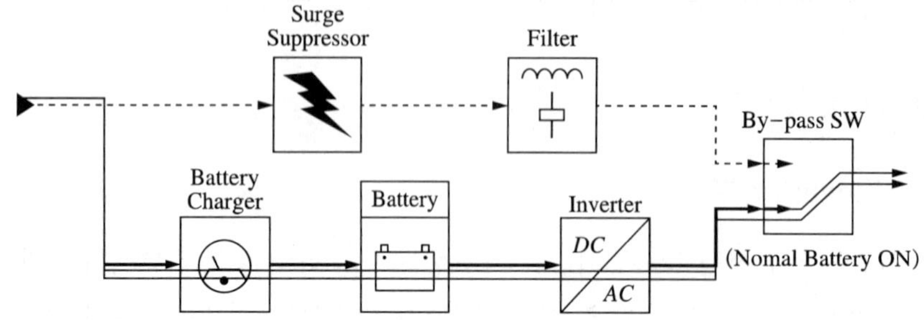

1) 정 의

정상적인 교류 입력전원을 공급받아 내장된 Battery 충전 및 인버터를 상시 동작시켜서 비상시에 무순단으로 전력을 공급하는 방식으로, 현재에는 주로 이 방식을 사용한다.

2) 장 점

① 입력전원의 정전 시 무순단(끊어짐이 없는)이므로 입력과 관계없이 안정적으로 전원을 공급한다.

② 회로 구성에 따라 양질의 전원을 공급한다.

③ 입력전압의 변동에 관계없이 출력전압을 일정하게 공급한다(자동전압 조정 : AVR 기능).

④ 입력의 서지, 노이즈 등을 차단하여 출력전원을 공급한다.

⑤ 출력단락(Short), 과부하(Over Load) 등에 대한 보호회로가 내장되어 있다.

⑥ 출력전압을 일정범위(±10[%]) 내에서 조정할 수 있다.

3) 단 점

① 회로 구성이 복잡하여 기술력이 요구된다.

② 효율이 Off-line보다 낮다(전력 소모가 많다).

③ 외형 및 중량이 커진다.

④ 대체로 가격이 비싸다.

4) 사용 장소

① 중대형 UPS에 적용

② 대형 전산실, 공장 자동화의 전원 공급 등 양질의 전원이 필요한 경우

③ 정주파수가 필요한 장비에 사용

3 Off-line UPS

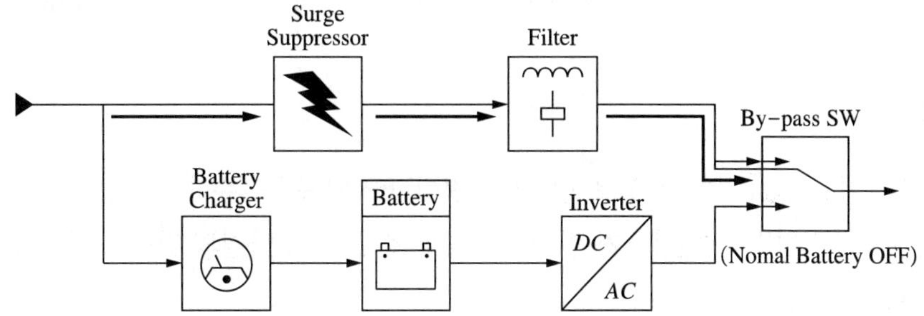

1) 정 의

정상 시 교류입력전원을 사용하다가 정전되거나 입력전원이 허용치보다 낮을 경우에 인버터(UPS)를 사용하는 방식이다.

2) 장 점

① 입력전원 정상 시에는 효율이 높다(전력 소모가 작다).
② 회로 구성이 간단하여 내구성이 높다(잔고장이 적다).
③ On-line에 비해 가격이 싸다.
④ 소형화가 가능하다.
⑤ 정상 동작 시(상용 입력 시)에는 전자파(노이즈 포함) 발생이 적다.

3) 단 점

① 정전 시에 순간적인 전원의 끊어짐이 발생한다(일반적인 PC에서는 문제가 없다).
② 입력의 변화에 따라 출력이 변화한다(전압 조정이 안됨).
③ 입력전원과 동기가 되지 않아 정밀급 부하에 적합하지 않다.

4) 적용 장소

① UPS가 보편화되기 이전에 소용량 및 중용량에 사용되었던 방식
② 현재는 주로 소용량의 UPS에 사용되는 방식

5) 라인 인터렉티브(Line Interactive) : 인버터 프리 휠링 다이오드 통해 충전

156 다이내믹 UPS(정지형 UPS에서 발전)

1 개 요

① 무정전 전원장치(UPS)는 상용전원의 정전이나 전압 변동, 주파수 변동, 예고 정전 또는 예고 없는 정전 등 전원장애가 발생하였을 때 순단 없이 양질의 전원을 부하에 공급하는 교류전원 공급장치이다.

② Static UPS는 전력용 반도체 소자의 용량 한계 등으로 중소 용량에 주로 적용되고 있으며 대용량에서는 병렬시스템을 구성하여 적용하고 있으므로 시스템과 제어회로가 복잡한 단점이 있다.

③ Dynamic UPS 시스템은 Static UPS에 Motor/Generator를 조합한 형태로 구성되어 있다. 정상 상태에서는 Motor와 Generator에 의해 양질의 전원을 부하에 공급하는 장치로서 전력용 반도체 소자의 스위칭에 의한 Static UPS의 출력파형과 비교하면 상대적으로 고조파 함유율이 적은 양질의 전원을 얻을 수 있다. 또한, 과도응답특성이 Motor/Generator 등 회전기의 관성력을 이용하므로 매우 양호하다.

④ 공항, 반도체 공장, 원자력 발전소 등 매우 높은 신뢰성을 요구하는 장소에 주로 적용되고 있다.

2 구 성

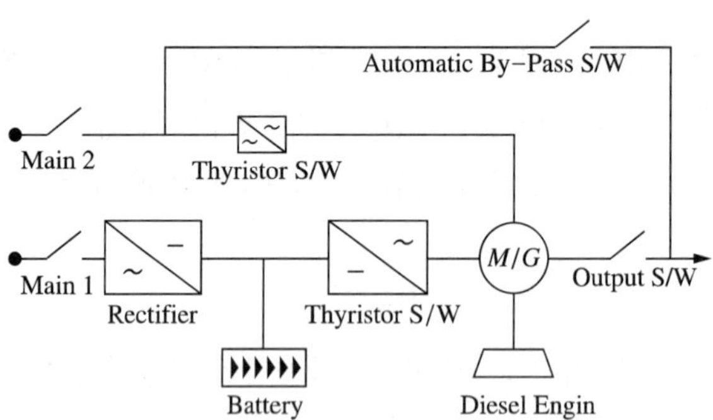

1) 정류부

① Dynamic UPS 시스템의 정류부는 Static UPS 시스템과 같이 AC를 DC로 변환하여 인버터에 DC 전원을 공급함과 동시에 축전지를 충전하는 역할을 하는 순변환장치이다.

② 정류부는 Thyristor를 이용한 6펄스 자연전류방식이 가장 많이 사용되고 있으나 입력

측 고조파의 저감과 대용량화를 위해서는 12펄스 방식이 사용된다. 그리고 고조파 저감뿐만 아니라 입력 역률을 높이기 위해 펄스폭 변조(PWM)방식이 사용되기도 한다.

③ 정류기 출력단에는 축전지가 연결되어 있으므로 DC 출력전압을 항상 일정하게 유지해야 하고 리플 함유율이 적어야 한다.

2) 인버터부

① 일반적인 Static UPS 시스템에서 인버터는 Filter를 포함하며 DC를 AC로 변환하여 정전압, 정주파수를 갖는 교류출력을 부하에 공급한다.

② Dynamic UPS 시스템에서는 단지 Motor/Generator부의 보조전원 역할만을 한다.

③ 따라서 Static UPS 시스템은 인버터부 출력용량이 부하용량으로 되지만, Dynamic UPS 시스템에서는 인버터 출력용량은 정전 시 Diesel Engine이 정상속도에 도달하는 시간까지만 Motor/Generator에 전원을 공급하면 되므로 부하용량보다 작게 설계할 수도 있다.

3) Static 스위치부

① Static 스위치부는 Thyristor 스위치와 Magnetic Contactor로 구성되어 있으며 시스템 상태에 따라 자동적으로 절체되므로 최소 운전조건만 만족하면 시스템은 부하에 순단 없이 양질의 전원을 공급할 수 있다.

② 일반적으로 Static 스위치의 절체시간은 최대 순단 허용시간인 0.25사이클(약 4.1[ms]) 이내에서 동작을 완료해야 한다.

③ 따라서 Static 스위치로 가장 많이 사용되고 있는 것은 절체 시간이 가장 짧고 제어가 간단한 Thyristor 스위치를 주로 사용하며 Magnetic Contactor와 Thyristor를 함께 사용하는 경우도 있다.

4) Motor/Generator부

① Dynamic UPS 시스템에서 Motor/Generator부는 가장 중요한 부분으로서 부하에 양질의 AC 출력전원을 공급하기 위한 장치이다.

② Motor 권선으로부터 들어온 에너지는 Damper Cage에서 고조파를 흡수한 후 전자기적인 변환과 손실 없이 자기적 연결로 즉시 Generator 권선으로 전달된다. 이것은 곧 주전원과 부하 측을 전기적으로 완전히 분리시킬 수 있음을 나타낸다.

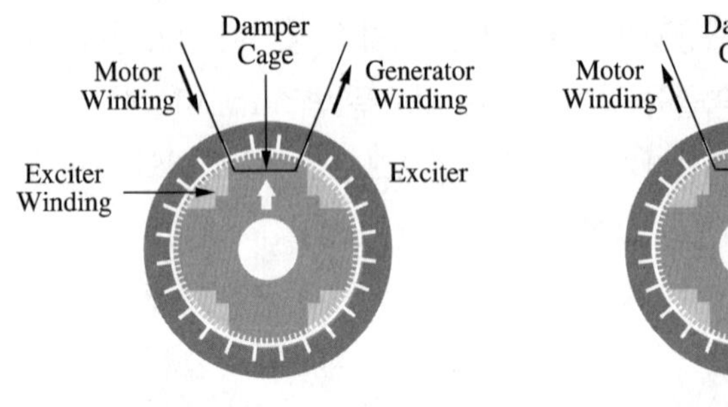

▌ 순방향 에너지 전달　　▌ 역방향 에너지 전달

③ 부하전류 및 부하역률에 관계없이 부하 측으로부터 유입되는 고조파 전류와 무효전류 등이 Damper Cage에서 흡수된 후 전원 측으로 전달되는 것을 나타낸다. 이것은 입력 측 왜율을 2[%] 이하로 줄일 수 있으며 입력역률도 1이 가능하다.

④ 또한 입력 측 이상전압이 유입될 때에도 Damper Cage에서 이를 완전히 흡수함으로써 부하 측에 일정한 출력전압을 공급할 수 있도록 설계되어 있다.

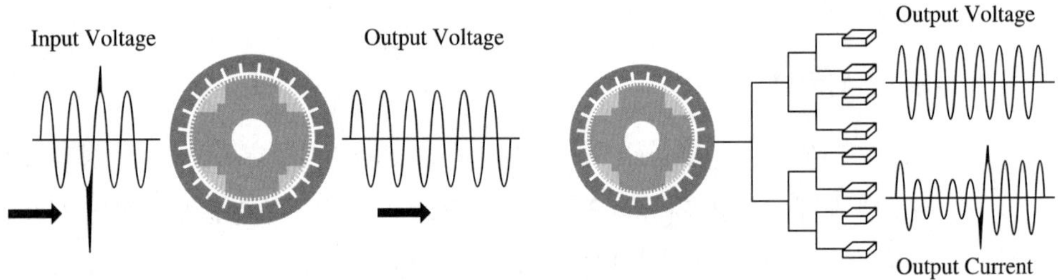

▌ 입력 측 Surge 전압에 대한 부하 측 전압파형　　▌ 부하 급변 시 출력파형(50[%]step)

⑤ Dynamic UPS 시스템은 50[%] 부하 급변 시 전압 변동률은 ±5[%] 이내이며, 100[%] 불평형 부하가 가능하다.

⑥ 또한 부하의 종류에 관계없이 시스템을 적용할 수 있으므로 매우 이상적이다.

3 정지형 UPS와 다이내믹 UPS의 특성 비교

1) 출력전압 파형

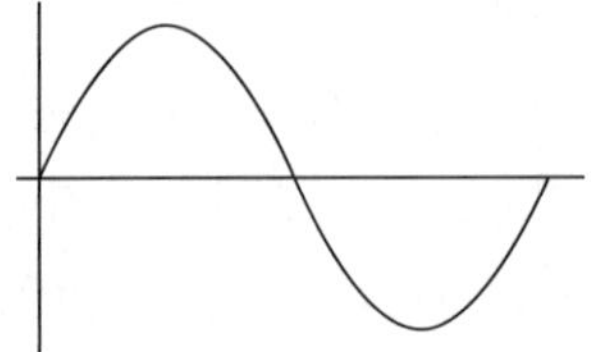

▌ Dynamic UPS Output Wave

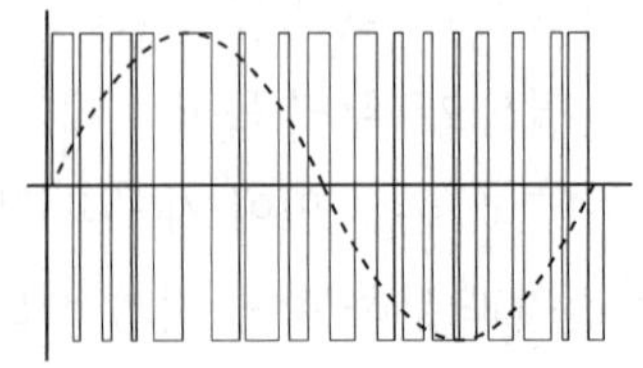

▌ Static UPS Output Wave

① 출력 측 고조파가 다이내믹 UPS에서는 Damper Cage에서 완전 흡수하므로 완전한 정현파 형태를 나타내지만 Static UPS의 출력은 시스템에서 발생되는 고조파를 AC 필터에 의해 필터링한 파형으로 정현파 형태에 가깝게 나타남을 보여 주고 있다.

② Diesel Engine 적용 시 시스템에 이상이 발생하면 보조전원으로 사용하는 축전지 기능을 Diesel Engine이 담당하게 된다. 그러나 Diesel Engine은 정상속도까지 도달하는 데 걸리는 시간이 10~20초 정도로 Diesel Engine이 기동하는 시간 동안만 축전지가 전원을 공급하면 된다.

③ 이것은 동일 시스템 용량을 기준으로 Static UPS에 적용되는 축전지 용량보다 적게 적용할 수 있으므로 초기 투자비용은 Static UPS 시스템에 비해 높지만 대용량의 경우 장기간 운전 시 소요되는 유지비 등을 고려하면 오히려 경제적일 수 있다.

2) 시스템 구성

① Dynamic UPS의 가장 큰 특징은 회전기기, 즉 Motor/Generator를 포함하는 것이며 또한 Diesel Engine을 적용함으로써 상용전원 정전 시 부하 측에 일정한 전원을 지속적으로 공급할 수 있도록 구성되어 있다. 일반 빌딩이나 중소 공장 등 중요 시설에 비상용 발전기 역할을 할 수 있다.

② Static UPS는 보조전원으로 축전지를 사용하고 있지만 유지보수 비용이 많이 소요되며 장시간 운전을 필요로 하는 경우에는 그만큼 추가비용이 증가하게 된다.

③ Dynamic UPS의 또 다른 특징은 회전기기의 관성력을 이용함으로써 과도응답 특성이 양호하다.

구 분	Dynamic UPS 시스템	Static UPS 시스템	비 고
정류부	Thyristor 방식	Thyristor 방식	정전압 제어
인버터부	Thyristor/IGBT 방식	IGBT 방식	PWM 제어
스위치부	• Thyristor 스위치 • Magnetic Contactor 스위치	Thyristor 스위치	Automatic By-pass
Filter부	별도의 Filter 없음	AC Filter	M/G가
부하전원	Motor/Generator	Inverter	Filter
보조전원	• Static UPS(기본) • Battery(Static UPS 보조전원) • Power Bridge(Battery 기능)	Battery(기본)	사용자 선택 가능
기 타	• 비상용 발전기 기능 • 용도에 따른 시스템 구성	단시간 운전	(Option)

3) 특성 비교

① Dynamic UPS의 가장 큰 특징은 Motor/Generator와 Diesel Engine 등 회전기기를 포함하는 것이며, 회전기기의 관성력을 이용함으로써 과도현상이나 부하 단락사고 시 UPS 시스템의 출력특성이 크게 영향을 받지 않으므로, 부하 측에 연결된 기타 다른 부하에 미치는 영향이 거의 없다.

② Dynamic UPS 시스템은 부하 단락 시 정격전류의 14배까지 100[ms] 이내에서 차단할 수 있도록 설계되어 있으므로, 출력 측에 여러 부하가 동시에 연결되어 있을 경우 단락 측 부하만 차단하고 기타 부하에는 안정적으로 전원을 공급할 수 있도록 되어 있다.

구 분	다이내믹(Dynamic) UPS	정지형(Static) UPS
효 율	95[%]	89~93[%]
평균 고장 간격	600,000[h]	80,000[h]
파왜형율(THD)	1.5[%] 이하	3[%] 이하
출력 과부하 내량	110[%] 1시간, 150[%] 2분	125[%] 10분, 150[%] 1분
출력과도 특성	50[%] 급변 시 ±5 이내	75[%] 급변 시 ±10[%]/−5[%] 이내
불평형 허용율	100[%] 허용	50[%] 불평형 시 3[%] 이내
소 음	• 정상동작시 : 80[dB] 이하 • 정전 시 : 105[dB] 이하	• 정상동작시 : 70[dB] 이하 • 정전 시 : 70[dB] 이하
전기적 절연	M/G에 의해 완전 절연	TR에 의해 부분 절연
역류 고조파	M/G에 의해 완전 차단	별도의 대책 필요
단락전류 보호	정격전류×14배(10[ms] 이내)	별도의 대책 필요
시스템 예상 수명	25년	10년

4 결 론

① 산업의 발달과 고도 정보화사회로 변화하는 시점에서 Static UPS 시스템은 OA 기기 및 기타 전원설비에 있어서 매우 중요한 역할을 담당해 왔으며 앞으로도 그 필요성은 더욱 증가할 것으로 판단된다.

② 그러나 부하용량 증가와 적용범위의 확대 및 완벽한 신뢰성이 요구되는 장비에 Dynamic UPS 시스템의 사용이 증가하고 있으며 그에 대한 관심도 높아지고 있다.

③ Dynamic UPS 시스템은 기존의 Static UPS 시스템의 신뢰성 및 기술과 비상용 발전설비 기술을 접목함으로써 보다 완벽한 형태의 전원설비 시스템으로 부각되었다.

④ 공항의 관제설비, Intelligent 빌딩, 컴퓨터에 대한 대형 네트워크 시스템 및 각종 산업분야에 이르기까지 신뢰성이 요구되는 곳으로 그 적용범위가 점점 확대되고 있다.

157 플라이휠(Flywheel) UPS

1 개 요

① Flywheel 및 발전기 시스템은 디젤발전기, Genstart, Flywheel UPS로 구성되어 있으며, 상용전원 단전 시 및 불안정 시 발전기가 정상적인 전원을 공급할 수 있을 때까지 Flywheel UPS가 부하에 비상전원을 공급해 주는 UPS이다.

② Flywheel의 뛰어난 순간정전 보호능력과 무한의 백업타임을 가진 발전기와의 완벽한 조합으로 최고의 신뢰성을 가진 연속전력시스템이다.

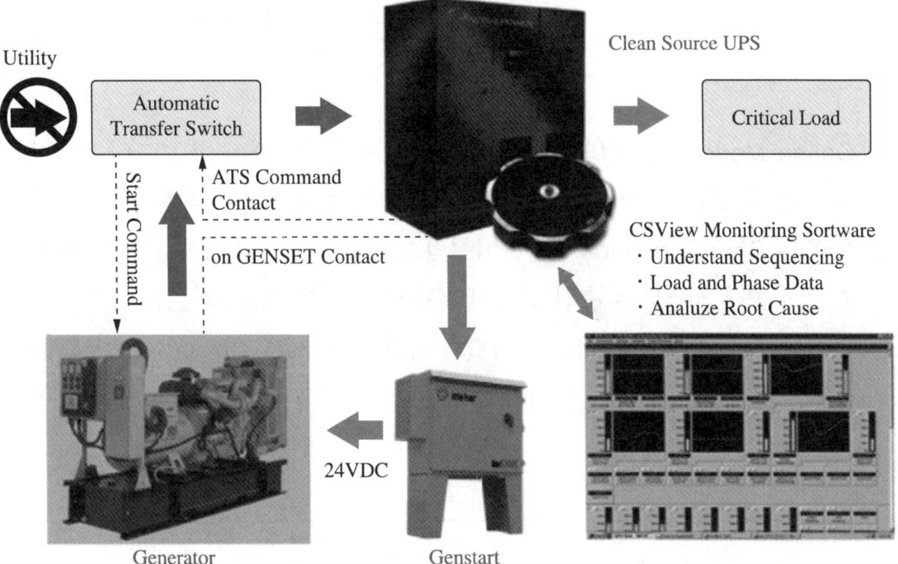

2 구성과 동작

1) 평상시

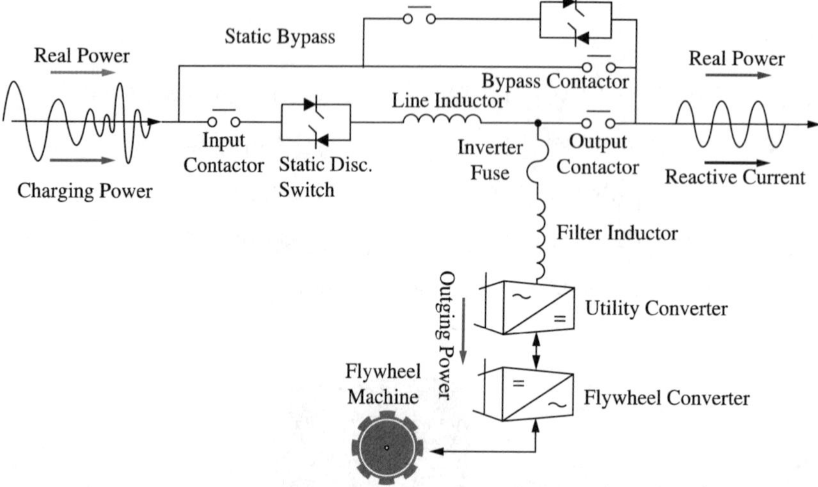

① Online Mode : 시스템의 기본적인 동작모드로 시스템이 이 모드일 경우 부하는 보호되며 시스템은 부하에 전원을 공급하기 위하여 방전할 준비가 되어있는 상태이다.

② Online Charging Mode : 플라이휠의 회전속도가 4,000[rpm]에 도달되었을 때 이 모드로 전환 시스템은 충전 상태이고 충분히 방전 가능하다.

③ Online Standby Mode : 플라이휠의 회전 속도가 7,700[rpm]에 도달되었을 때, 시스템은 Online Standby 상태로 전환된다.

2) 정전 시

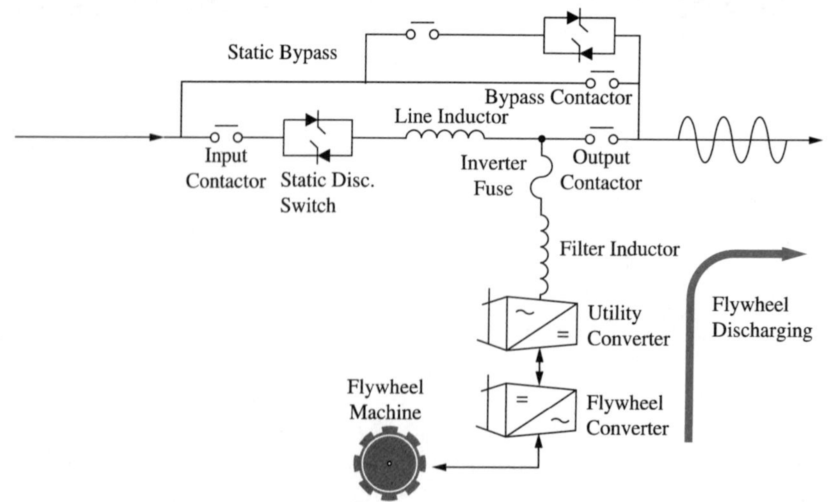

발전기에서 가동되어 공급될 때까지 플라이휠 기계와 정지형 UPS를 거쳐 부하에 공급한다.

3 특 징

① 성능저하가 없는 긴 수명(20년 수명 보장)
② 첨단장비에 고품질의 전원공급(고조파 원천 차단)
③ 고효율과 적은 설치 공간으로 전기료, 건축비 및 유지비 절감
④ 유지보수가 간편함(원격 감시)
⑤ 친환경제품으로 유해물질의 배출이 없고 CO_2 감소 효과
⑥ 충전이 빠르며 충·방전 횟수의 한계가 없음
⑦ 추후 용량 증설이 용이함(250[kVA] 단위)

158 UPS 2차 측 회로보호

1 개 요

① UPS는 상용전원의 전기 품질을 양질의 전원으로 바꾸어 중요 부하에 정전 없이 전원을 공급해 주는 장치

② UPS는 신뢰성이 중요

2 UPS 2차 회로 단락사고 보호

1) 바이패스 이용

① UPS가 고장전류를 검출 → 상용전원으로 바이패스

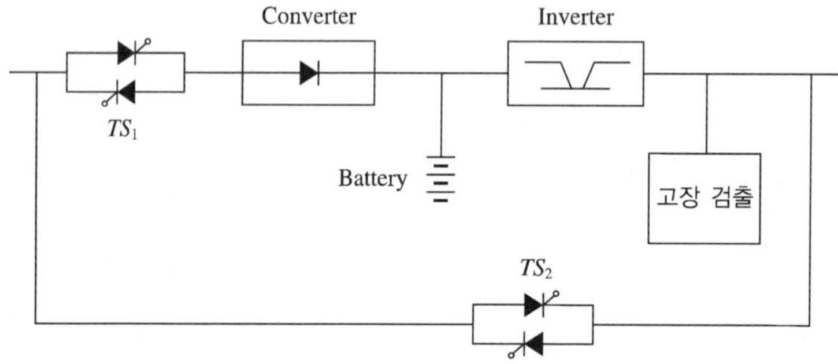

② 특 징

㉠ 무순단 전원 공급이 가능

㉡ 정전 등이 발생하여 전원에 이상이 있을 경우 활용 불가

㉢ 동기화가 필요

2) 단락회로의 분리

① MCCB 이용 : 차단시간이 수 Cycle로 길다.

② 한류형 퓨즈에 의한 분리 보호 : 기동전류 또는 돌입 전류에 의해 차단되지 않도록 고려해야 한다.

③ 사이리스터를 이용한 분리 : CT를 이용하여 부하전류를 검출 → 고장전류가 흐르면 사이리스터로 차단시간이 빠르다.

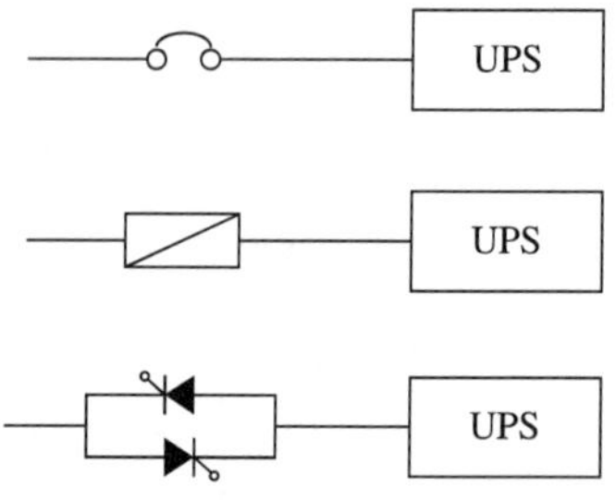

3 UPS 2차 회로 지락사고 보호

① 분기회로가 여러 개인 경우 분기회로마다 SGR을 설치하여 지락회로를 선택 차단

② 검출방식 : ZCT, GPT, SGR

③ **차단기에 의해 차단**

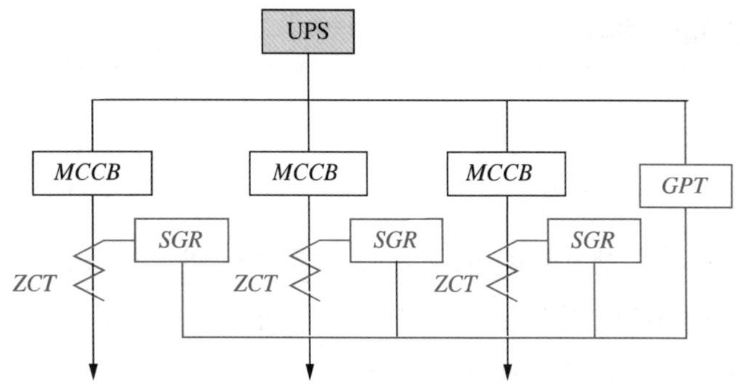

▌ UPS 지락 사고 보호 단선도

SECTION 04

열병합 설비

159 열병합 발전설비

1 개 요

① 전력과 열을 동시에 생산하고 이용하는 고효율 종합 에너지 공급시스템을 말한다.

② 기존의 발전기에서 폐열되는 열을 이용하여 냉난방 온수시스템으로 변환하여 에너지 효율을 극대화할 수 있는 시스템을 말한다.

2 열병합 발전설비 시스템 구성 및 효율

1) 구성도

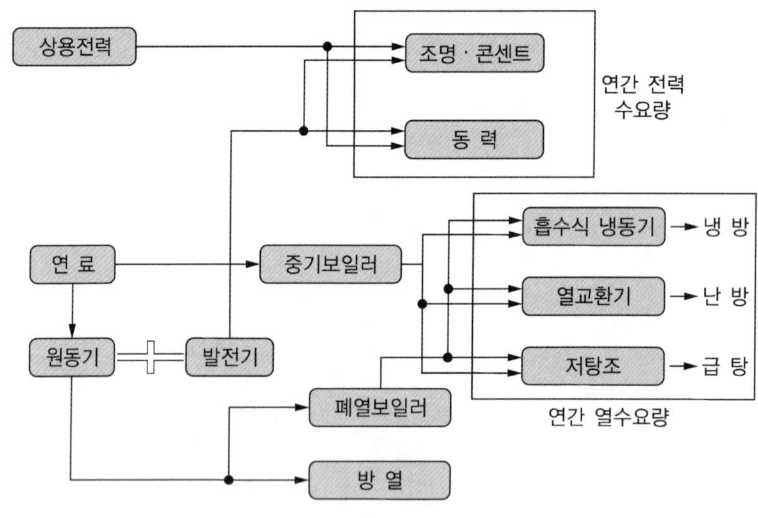

▮ Cogeneration의 구성도

① **원동기**

디젤엔진, 가스엔진, 가스터빈엔진, 연료전지 등이 있다.

② **폐열보일러, 증기보일러 등**

2) 효 율

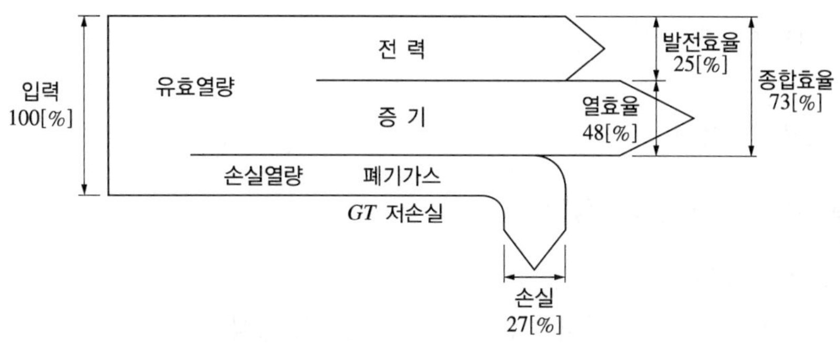

▮ 에너지 이용효율(가스터빈 열병합발전 시스템)

① **발전효율** : 약 25[%]

② **증기효율** : 약 48[%]

③ **손실** : 약 27[%]

3 장단점(특징)

1) 장 점

① 전력과 열에너지를 동시에 생산하며 배열을 효과적으로 이용함으로써 종합에너지 이용효율이 향상(총효율 75~90[%])

② 분산형 전원으로 하절기 Peak-cut용으로 이용 가능하여 안정된 전력 수급에 기여

③ 원격지 전력 송전에 의한 설비비 및 송전손실비용을 줄임

④ 전력 자체 생산으로 계약전력 감소로 전력요금 저감 및 전력회사 역판매 시 전력판매 수입 가능

⑤ 전력 수급대책의 하나로 민간의 열병합 발전 참여에 의한 전력회사 자체의 신규 발전설비 소요를 감소시킬 수 있음

⑥ 청정연료인 도시가스 이용 시 이산화탄소 억제 및 환경공해 문제에 기여

2) 단 점

① 투자비가 비교적 크고 시설단위가 전력회사의 기존 발전설비에 비해 매우 작으며 화석연료를 주로 사용함으로써, 향후 연료비의 불확실성, 규모의 비경제에 따른 사업 참여 위험성이 있음

② 열 및 전력수요의 비율이 적절치 않거나 수요 변동의 불확실성이 클 경우 에너지 이용 효율에 의한 이득이 투자비의 자본 회수 소요를 초과할 가능성이 있다.
③ 유지보수비용 증가

4 전력계통과의 연계

1) 전력계통과의 연계 시 장점

① 시스템의 효율 향상
② 예비전력 확보 등 전원의 이중화에 의한 신뢰성 향상
③ 전원 품질 향상
④ 시스템의 단순화

2) 계통연계 시 주의사항

① 적정시스템의 운전방식 채택
② 운전시간의 계획
③ 시스템의 전기회로 구성
④ 계통연계상의 제어문제

5 열병합 시스템의 열전비

1) 정 의

① 열전비란 열과 전기를 동시에 생산하는 집단에너지 발전시설(열병합 발전소)에서의 열 생산용량에 대한 전력 생산용량의 비를 말한다.
② 집단에너지사업법에서는 열과 전기를 동시에 생산하는 시설의 열 생산용량이 전기 생산용량보다 커야만(열전비 1 이상) 집단에너지 발전시설로 규정하고 있다.

2) 열전비 공식

$$열전비 = \frac{열연료소비량}{전력연료소비량}$$

6 구역형 집단에너지 사업

1) 정 의

① 집단에너지 사업이란 집단에너지사업법에 의하여 일정한 지역의 소규모 집단에너지 공급시스템 또는 구역형 집단에너지 공급시스템이다.

② 통상 가스엔진 또는 가스터빈 등의 열병합 발전설비 가동 시 전력 생산과정에서 발생하는 고온의 배기가스 열을 폐열회수장치를 통하여 증기 또는 온수 형태로 회수하여 일정한 구역에 전기 및 냉난방에너지를 공급관리하는 사업을 말한다.

2) 법적인 개념

현행 집단에너지사업법에 의하여 가열하거나 냉각한 물, 증기, 기타 열매체를 열수송관으로 공급하되 열 생산량이 시간당 3,000만[kcal] 이상인 것으로 표현

3) 사업전망

① 열병합 발전사업보다 유리해진 사업환경

연면적 5,000평 이상의 복합건물 보일러 5톤 이상의 백화점, 호텔, 병원 등의 사업성이 충분하고 투자 회수기간은 약 4~5년 정도로 단기간에 가능

② 에너지 효율성 우수

㉠ 통상 엔진발전기와 가스발전기는 발전효율이 30~40[%]이고 고온의 배기가스 열손실이 필연적으로 수반

㉡ 폐열보일러 회수장치를 부착하여 증기 또는 온수형태로 회수하여 온열 또는 흡수식 냉동기를 설치하여 냉열을 인근 건물에 공급하여 에너지 효율이 75~90[%] 가능

4) 집단에너지 사업 추진 시 문제점

① 현재 3,000만[kcal] 이상을 500만[kcal] 이상으로 관계 법령을 재정비하여 집단에너지 사업 허가기준 완화 필요

② 전기 직판매 등 특정 전기사업제도 마련

③ 열병합 발전소와 중복 투자로 국가자원 낭비

④ 사업영역에 의한 마찰

⑤ 집단에너지 고시지역 지정으로 지역 침범이 불가하다.

160 열전비

1 정 의

① 열에너지 수요와 전기에너지 수요의 비를 말하며, 열병합 발전시스템 선정 시 중요한 요소이다.

$$열전비 = \frac{공정\ 사용\ 증기량[Ton/h]}{공정\ 사용\ 전력량[MWh]}$$

② 열/전기의 수요량에 따라 열병합 발전시스템의 효율이 크게 달라지므로 경제성 평가의 중요요소가 된다.

2 열병합 발전시스템 선정 시 열전비의 검토

1) 열병합 발전시스템

① 산업체, 건축물 등에서 필요한 열, 전기에너지를 보일러 가동 및 한전의 전력 수전에 의존하지 않고 자체 발전시설을 이용하여 일차적으로 전력을 생산하고 이차적으로 배출되는 열을 회수하여 이용하는 발전시스템

② 기존의 발전방식보다 30~40[%]의 에너지 절감효과를 얻을 수 있으며 보통 가스터빈, 가스엔진 발전을 이용 열병합 발전시스템 구축

2) 열병합 발전시스템의 열전비

구 분	열전비
가스엔진	50/30=1.7
가스터빈	50/25=2.0

3) 건축물 용도별 열전비

용 도	열전비	용 도	열전비
호 텔	1.5~2.5	사무실	0.4~0.9
병 원	2.5~3.0	유흥장	1.7~1.8
스포츠센터	2.0~2.5	음식점	2.0~2.5

Professional Engineer Building Electrical Facilities

제 3 장

접지설비

SECTION 01 접지설계

SECTION 02 토양 특성의 검토

SECTION 03 소요 접지저항치의 결정

SECTION 04 접지방식의 결정(목적에 따른)

SECTION 05 접지방식의 결정(형태에 따른)

SECTION 06 전위경도 계산

SECTION 07 접지의 실제

SECTION 08 접지설계의 최근 동향

SECTION

01 접지설계

161 접지의 목적과 종류

1 개 요

① 접지란 어떠한 전기적인 대상물을 대지에 낮은 저항으로 연결하는 것으로 이상전류 발생 시 대지로 방류시켜 인축 및 설비에 악영향을 방지하기 위한 설비이다.

② 접지의 종류에 따라 목적이 조금씩 달라지는데 접지설비의 종류로는 기기접지, 계통접지와 특수목적을 가지고 있는 접지 등이 있다.

2 접지설비의 종류별 목적

1) 기기접지

① 정 의

비충전 금속부분을 미리 대지에 접속하여 놓는 것을 말한다.

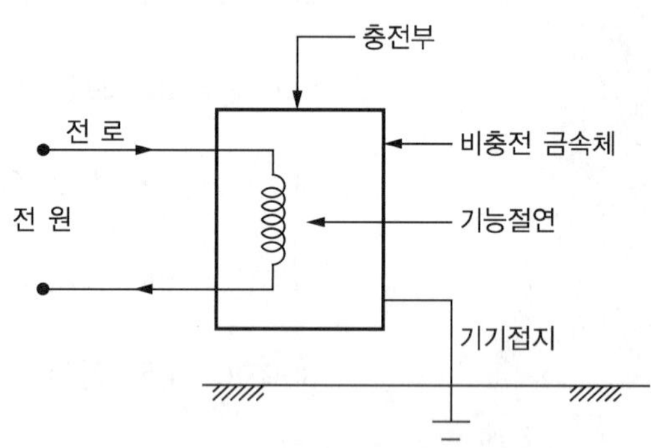

▌기기접지의 개념

② 목 적

㉠ 인축에 대한 감전방지

㉡ 건축물, 시설물에서 지락 고장전류를 흘릴 수 있는 전류용량의 확보

㉢ 과전류 보호계통의 적절한 동작에 필요한 낮은 임피던스의 접지 고장전류에 대한 귀로의 형성

2) 계통접지(System Grounding)

① **정 의**

전력계통을 적당한 지점에서 대지에 접속하는 것을 말한다.

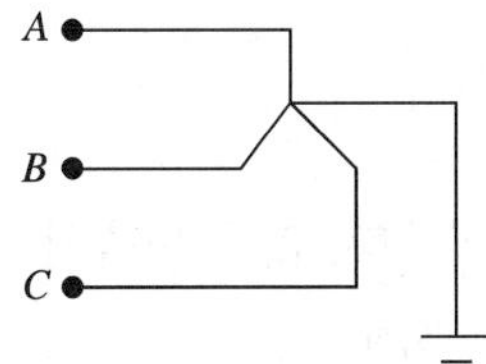

② **목 적**

㉠ 이상전압 발생 억제
㉡ 전로의 대지전압 저감
㉢ 절연 레벨 저감
㉣ 보호계전기 동작 확보

3) 특수목적용 접지

① **기준접지(SRG ; Signal Reference Grid)**

지능형 건물(IBS)에서 각 층에 사무자동화기기 등 접지도선 포설형태의 문제 때문에 전위의 안정한 기준점을 설정하기 위한 접지

② **유도장해 방지접지**

전력선이 통신선에 인접 시 정전유도작용으로 통신선에 높은 전압이 유도되는 것을 방지하기 위하여 유도장해 저감을 위해 차폐선이나 통신케이블의 시스접지를 한다.

③ **지락 고장 검출용 접지**

㉠ 전력선의 지락 고장 시 보호계전기를 신속, 정확하게 동작하도록 시설하는 접지
㉡ 전로에 시설된 누전경보기, 누전차단기의 확실한 동작을 도모하기 위하여 전원 변압기 2차 측에 시설하는 접지

④ **뇌재해 방지용 접지**

뇌격전류를 안전하게 방류시키기 위한 접지로 피뢰침 설비가 대표적이다.

⑤ 정전기 장해 방지용 접지

정전기는 두 물질이 마찰하는 등 여러 가지 원인으로 발생할 수 있고, 이러한 정전기의 전격, 폭발 등이 발생할 수 있으므로 접지하여 중화시키기 위하여 설치하는 접지

⑥ 회로기능용 접지

대지귀로 회로접지라고 하며 전기, 전자회로의 기술적 측면 등 대지를 회로의 일부로 사용하기 위해 접지하는 설비

⑦ 등전위접지

동일한 전기설비로 구성되어 있지 않은 노출된 도전성 부분의 등전위화를 목적으로 1점에 전기적으로 접속하는 설비

⑧ 잡음 방지용 접지

전자기기의 동작으로 발생하는 고조파 등 잡음원의 에너지를 대지로 방출시키기 위한 접지

162 접지설계 시 고려사항

1 개 요

① 접지란 어떠한 전기적인 대상물을 대지에 낮은 저항으로 연결하는 것으로 이상전류 발생 시 대지로 방류시켜 인축 및 설비에 악영향을 방지하기 위한 설비이다.

② 강전용 접지는 주로 보안목적용으로 평상시 접지계에 전류가 흐르지 않는 것을 말한다.

③ 약전용 접지는 주로 회로기능용으로 사용하며 평상시 접지계에 전류가 흐르는 것을 말한다.

2 접지의 목적

① 인축의 감전 방지

② 화재 및 폭발 방지

③ 전기회로의 절연파괴 방지에 따른 신뢰도 향상

④ 계통회로전압, 보호계전기의 확실한 동작의 안정

⑤ 전위의 등전위화

⑥ 낙뢰, 서지, 고압선 단락사고 시 전압 상승 억제

3 접지설계 시 고려사항

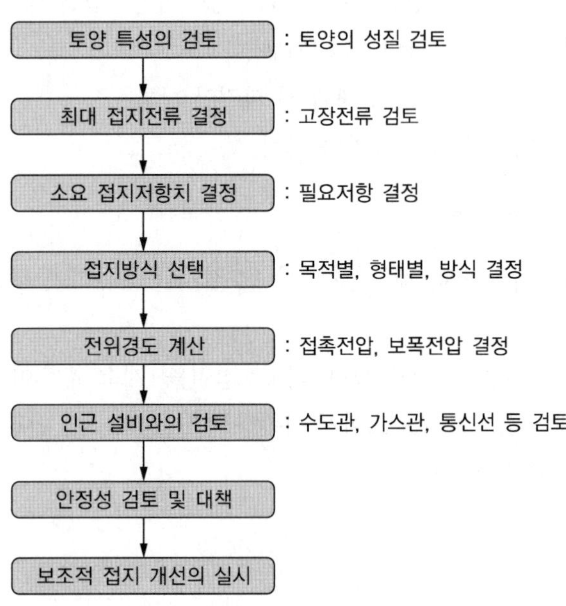

1) 토양특성의 검토

흙의 고유저항은 흙의 종류, 수분의 양, 온도이며 그 밖에 이온화시키는 물질의 함유량에 따라 달라지므로 설계 및 시공 시 실측을 한다.

2) 최대 접지전류의 결정

① 계통의 지락사고 시 변전소의 접지를 통해서 대지로 흐르는 접지전류의 최댓값
② 접지전류 중 40[%]는 가공지선으로, 60[%]는 구내 접지계를 통한다.

3) 소요 접지저항치 결정

① 접지선, 접지극의 도체저항
② 접지전극의 표면과 대지 사이의 접촉저항
③ 접지전극 주위의 토양저항 등
④ 이 중에서 토양의 저항이 제일 중요하며, 접지저항의 목표치는

$$R = \frac{1,500 \sim 2,000}{I_g}\,[\Omega]$$

여기서, I_g : 최대 지락전류

4) 접지방식 선택

① 접지의 목적에 따른 분류

㉠ 계통접지 : 대지전위 상승, 지락사고 검출, 이상전압을 억제하는 목적
㉡ 기기접지 : 감전사고 예방 및 기기 보호
㉢ 피뢰기접지 : 낙뢰 및 회로 개폐 시 과전압 방류
㉣ 약전접지 : 회로의 기능 유지가 목적

② 접지형태의 따른 분류

㉠ 단독접지 : 기기접지, 계통접지, 뇌보호접지를 분류하여 개별적으로 접지하는 것을 말한다.
㉡ 공용접지 : 기기접지, 계통접지, 뇌보호접지를 1개소 혹은 여러 개소에 시공한 접지극에 개개의 설비기기를 모아서 접속하는 것을 말하며, 연접접지, 일점접지, 건축구조체 접지 등이 있다.

③ **접지공사에 의한 분류**

㉠ 제1종 접지공사
㉡ 제2종 접지공사
㉢ 제3종 접지공사
㉣ 특별 제3종 접지공사

④ **접지공법별 분류**

접지동봉, 접지동판, 매설지선, 메시전극, 대상전극 등이 있다.

5) 전위 경도의 계산

보폭전압, 접촉전압 한계 이하가 되어야 한다.

① **보폭전압**

㉠ 접지를 실시한 구조물에 고장전류가 흘렀을 때 접지전극 근처에 전위가 생기는데 이때 양측의 다리에 걸리는 전압을 말한다.
㉡ IEEE에서는 접지전극 부근의 대지면의 2점 간(양다리) 거리 1[m]의 전위차를 말한다.

$$E_{\text{step}} = I_b(2R_f + R_b) = \frac{157 + 0.94\,\rho_s}{\sqrt{t}}$$

② **접촉전압**

㉠ 작업자가 대지에 접촉하고 있는 발과 다른 신체 부분과의 사이에 인가되는 전압을 말한다.
㉡ IEEE에서는 구조물과 대지면거리 1[m]에서의 접촉 시 전압차를 말한다.

$$E_{\text{touch}} = I_b\left(R_h + R_b + \frac{R_f}{2}\right) = \frac{157 + 0.24\,\rho_s}{\sqrt{t}}$$

6) 인근 설비와의 검토

수도관, 가스관 등의 공용설비와 충분한 이격거리 검토

7) 안전성 검토 및 대책

① 작업원, 운전원에 대한 대책
② 보호망, 보호철책에 대한 접지 신뢰도 향상

8) 보조적인 접지 개선의 실시

① 접지저항을 낮게 하기 위하여 접지봉을 길게 하고, 접지판을 추가 설치
② 전위 경도를 개선하기 위하여 자갈, 아스팔트, 콘크리트 등의 고저항 실시
③ 지락전류의 일부를 가공 지선으로 분류

163 IEEE std 80 접지설계 개념

1 개 요

① 노출되는 장소에 인적인 안전의 최소 기준으로 노출되는 인적자원이 접촉전압, 보폭전압이 안전기준을 만족시켜야 한다.

② 안전기준 만족을 위한 접지

$$I_g \cdot R_g (GPR) < E_{\text{touch}}$$

2 접지설계 시 Flow Chart

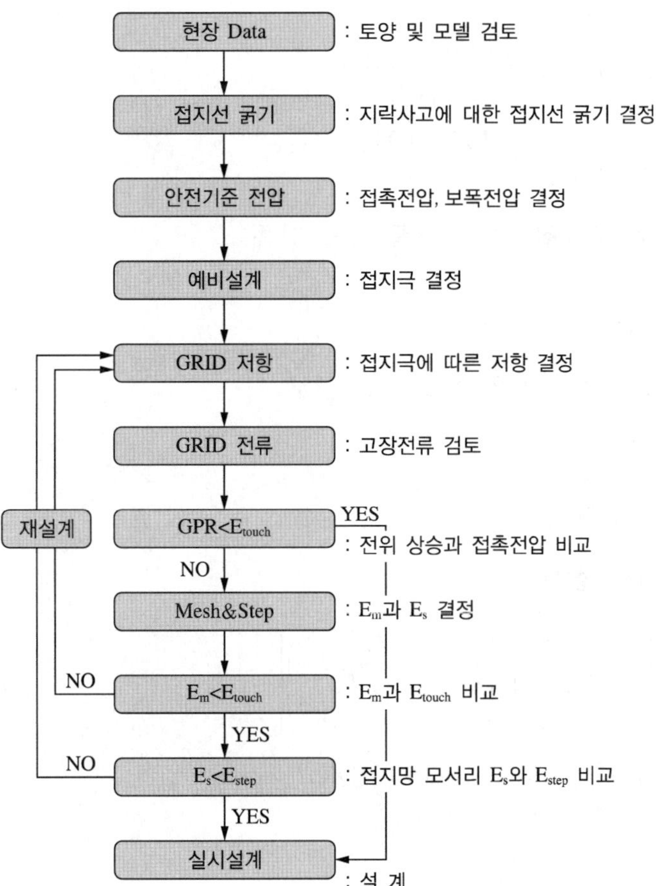

1) 현장 Data

① 토양 특성을 조사한다.

② 접지의 예상 모델을 검토한다. 즉 GRID, 매설지선, 접지봉, 단독, 병용 등

③ **데이터의 Table 완비** : 면적(A), 고유저항(ρ)

2) 접지선의 굵기 결정

① **계통의 사고전류 계산** : $I_g = 3I_0 = \dfrac{3E}{Z_0 + Z_1 + Z_2 + [3R_g(\text{지락점 전위 고려 시})]}$

② **접지사고 노출시간 예상** : $t_c = 0.1 \sim 0.5$초

③ **접지선 굵기 산정** : $A\,[\mathrm{mm}^2]$ = 접지선, 접지봉 관련 참조

3) 안전기준전압 산정(70[kg] 1인 기준)

① **접촉전압** : $E_{\text{touch70}} = \dfrac{157 + 0.24\,\rho_s}{\sqrt{t_s}}$

② **보폭전압** : $E_{\text{step70}} = \dfrac{157 + 0.94\,\rho_s}{\sqrt{t_s}}$

③ **안전기준전압** : 접촉전압, 보폭전압을 만족

4) 예비 설계 실시

① GRID 간격, 매설 깊이 산정

② 접지봉 수량(n)

5) 접지저항(R_g) 계산

① GRID(메시) 접지

$$R_g = \rho\left[\frac{1}{L} + \frac{1}{\sqrt{20A}}\left(1 + \frac{1}{1 + h\sqrt{\dfrac{20}{A}}}\right)\right]$$

여기서, ρ : 평균적인 대지 저항률[$\Omega \cdot$m]

L : GRID 길이[m]

h : GRID 깊이[m]

A : 메쉬 접지전극 포설 단면적[m^2]

② **봉접지**

$$R_g = \frac{\rho}{2\pi l} \ln \frac{2l}{r}$$

여기서, l : 봉의 길이
r : 봉의 반지름

6) 최대 전류 계산

① GRID에 흐르는 전류를 구한다.

② $I_g = 3I_0 \times D_f \times S_f = 0.5 \sim 0.75\, I_g$

여기서, S_f : 계통 확장계수(1.0~1.5)
D_f : 감쇄계수

7) 접지망의 전위 상승과 최대 허용 접촉전압과의 비교 판정

$I_g \cdot R_g(GPR) < E_{\text{touch}}$

① GRID에 사고 시 생성되는 전압을 구한다($GPR = I_g \times R_g$).

② 만족($GPR < E_{\text{touch}}$)되면 실시설계

③ 만족되지 않으면($GPR > E_{\text{touch}}$) 파라미터 조정

8) 접지망의 최대 메시전압 및 최대 E_s

① 접지선 길이 증가

② 그리드의 총저항 감소

③ I_g=동일

$$E_m = \frac{\rho \cdot K_m \cdot K_i \cdot I_g}{L}$$

$$E_s = \frac{\rho \cdot K_s \cdot K_i \cdot I_g}{L}$$

여기서, K_m, K_s : 메시간격계수
K_i : 메시보정계수
L : 도체 길이

9) 메시전압과 접촉전압의 비교 및 판정($E_m < E_{touch}$)

① 수정된 접촉전압 검토

② $E_m > E_{touch}$ 불만족 : 재설계

③ $E_m < E_{touch}$ 만족 : 다음 단계

10) $E_s < E_{step}$

여기서, E_s : 접지망 모서리점과 외측 대각선 방향으로 1[m] 떨어진 점 사이의 전위차

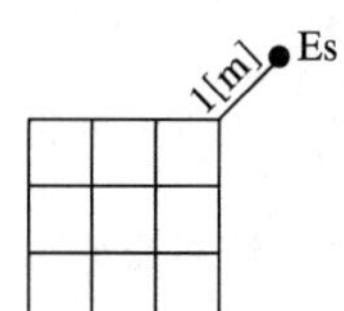

① 수정된 보폭전압 검토

② $E_s < E_{step}$ 만족 : 실시설계

③ $E_s > E_{step}$ 불만족 : 재설계

11) 실시설계

3 결 론

안전접지 설계를 위해서는 정상 상태 및 사고전류를 대지에 안전하게 통전하여 사람이 접지 설계 근처에서 전기적 충격의 위험에 노출되지 않도록 하는 것이 IEEE 접지설계의 목표이다.

164 IEC 접지설계

1 개 요

① IEC 접지는 안전기준을 만족할 때까지 접지설계를 지속하여야 한다.

② 등전위접지(통합접지)는 모든 것을 만족하는 접지설계로 보고 있으며, 등전위접지가 아니면 EPR(대지전위 상승)과 기준 접촉전압과 보폭전압을 감안하여 만족할 때까지 접지가 지속되어야 설계가 완료되는 시스템을 가지고 있다.

2 IEC접지설계

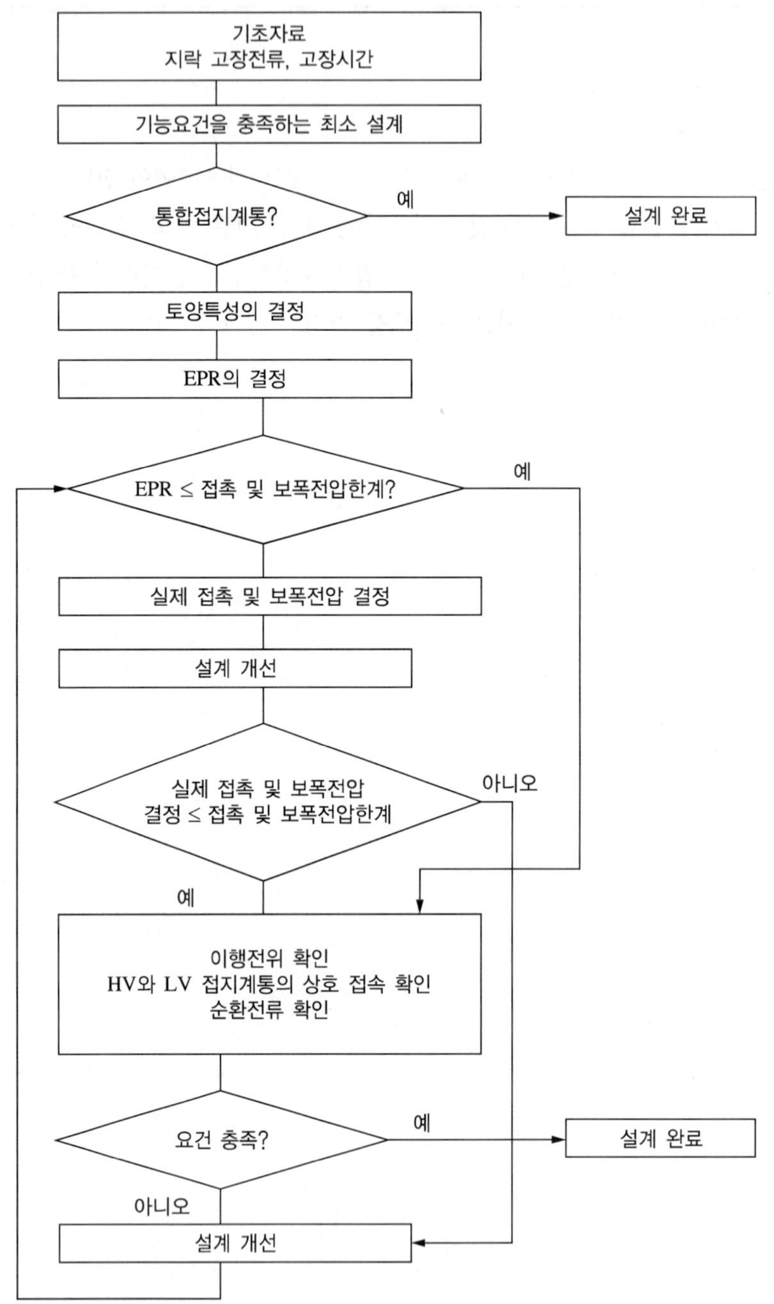
기초자료
지락 고장전류, 고장시간
기능요건을 충족하는 최소 설계
통합접지계통?
예
설계 완료
토양특성의 결정
EPR의 결정
EPR ≤ 접촉 및 보폭전압한계?
예
실제 접촉 및 보폭전압 결정
설계 개선
실제 접촉 및 보폭전압
결정 ≤ 접촉 및 보폭전압한계
아니오
예
이행전위 확인
HV와 LV 접지계통의 상호 접속 확인
순환전류 확인
요건 충족?
예
설계 완료
아니오
설계 개선

1) 기초자료

지락전류, 고장 지속시간을 검토

2) 최소 설계

① 기능요건 충족 최소 시스템 설계

② 접지시스템 재료의 기계적 강도, 열적 강도 검토, 기계적 손상에 대한 고려

3) 통합접지 시스템

통합접지 시스템인지 검토하여 통합접지 시스템이면 설계 완료

4) 토양 특성의 결정

① 접지설계 대상 장소의 토양의 대지저항률 결정

② 계절에 따른 변동계수를 적용

5) EPR의 결정

① 대지전위 상승 결정

② 고전압, 저전압 공통 접지계통이 서로 가까운 경우의 EPR

㉠ HV와 LV 접지계통의 상호 연결

㉡ HV와 LV 접지계통의 분리

③ 어떠한 경우에도 LV 설비 안에서의 접촉, 보폭 전도 충격에 대한 허용전압은 충족되어야 함

〈저전압 및 고전압 접지계통의 상호 접속에 근거한 EPR 제한의 최소 요건〉

LV 계통 유형	요 건
TT	$t_F \leq 5$[s]의 경우 EPR $\leq$ 1,200[V]
	$t_F > 5$[s]의 경우 EPR $\leq$ 250[V]
TN	EPR $\leq X \times U_T$*
* PEN 또는 저전압의 중성선이 HV 접지계통에서 접속되었다면 X의 값은 1이어야 한다.	
비 고 X의 전형적인 값은 2이다. PEN 도체를 대지에 추가 접속한 경우에 X보다 높은 값이 적용될 수 있다. 어떤 토양구조에 대해서는 X값은 5 이하이다.	

6) EPR< E_{touch}

EPR과 최대 허용 접촉전압 크기 비교

7) 실제 접촉, 보폭전압 결정

① 실제 접촉, 보폭 전압의 최대 예상 접촉, 보폭전압 결정

② 계산식이나 시뮬레이션을 사용

8) 설계 개선

$E_m < E_{touch}$

$E_s < E_{step}$

최대 예상 접촉, 보폭전압과 최대 허용 접촉, 보폭전압의 비교 판정

9) 이행전압 순환전류 확인

① 전도전압(이행전압)

② 순환전류

③ 고, 저압 접지계통의 상호 접속

10) 요건 충족

① 요건을 충족하는 검토

② 요건을 충족하지 않으면 설계제원을 수정하고 다시 검토

11) 설계 완료

3 KS C IEC 61936 특징

① 2011년 전기설비기술기준에 IEC 공통, 통합접지가 도입

② 접지설계 대상이 통합접지시스템(글로벌 접지시스템)일 경우 설계 완료함

③ 감전보호지표로 보폭전압과 접촉전압을 기준으로 한 허용 접촉전압을 기준

④ 접지저항을 중요시하나 접지저항 자체를 접지설계의 판단기준으로 적용하지 않음

토양특성의 검토

165 대지 파라미터(대지저항률의 영양요인)

1 개 요

① 접지란 어떠한 전기적인 대상물을 대지에 낮은 저항으로 연결하는 것으로 이상전류 발생 시 대지로 방류시켜 인축 및 설비에 악영향을 방지하기 위한 설비이다.

② 낮은 저항으로 연결시키기 위해서는 접지선, 접지극도 중요하지만 토양의 저항률이 크게 작용하기 때문에 토양의 저항률과 관계되는 요소의 파악이 무엇보다 중요하다.

2 대지저항률의 일반적인 사항

① 접지저항은 대지저항률에 따라 크게 좌우된다.

② 대부분의 토양은 완전히 건조된 상태에서는 전기를 거의 통하지 않는다. 그러나 사막의 모래를 제외하면 토양이 완전히 건조된 상태로 존재하는 것은 거의 없다.

③ 토양에 수분이 함유되면 저항률이 낮아져서 도체가 되는데 도체가 된다고 해서 금속과 같은 양도체가 되는 것이 아니라 불양도체가 된다.

④ 토양은 같은 종류라고 하더라도 수분 함량, 온도, 포함되어 있는 화학물질 등에 따라 고유저항이 크게 변화하기 때문에 어떤 종류의 토양의 고유저항이 얼마라고 정확하게 말하기는 곤란하다.

3 대지저항률에 영향을 주는 요인

1) 토양의 종류

토양의 대지저항률은 진흙, 점토, 모래, 암반 순으로 높아진다.

분 류	진 흙	점 토	모 래	암 반
고유저항[Ω · m]	80~200	150~300	200~500	10,000~100,000

안심Touch

2) 수분 함량

① 토양의 고유저항에 가장 큰 변화를 주는 요소는 수분 함량이다.

② 모래에 섞인 토양의 수분 함량에 따른 고유저항의 변화는 다음과 같다.

수분 함량[%]	2	6	10	16	20	24	28
고유저항 [Ω·m]	1,800	380	220	130	90	70	60

3) 온 도

① 모든 물질의 저항률은 온도에 따라 변화한다. 일반적으로 온도 상승에 따라 저항이 커지는데, 온도가 상승하면 저항이 작아지는 부저항 특성을 가진 물질도 있다.

② 온도의 변화에 따라 물질의 저항이 얼마나 크게 또는 작게 변화되는가를 나타내는 것이 물질의 온도계수이다.

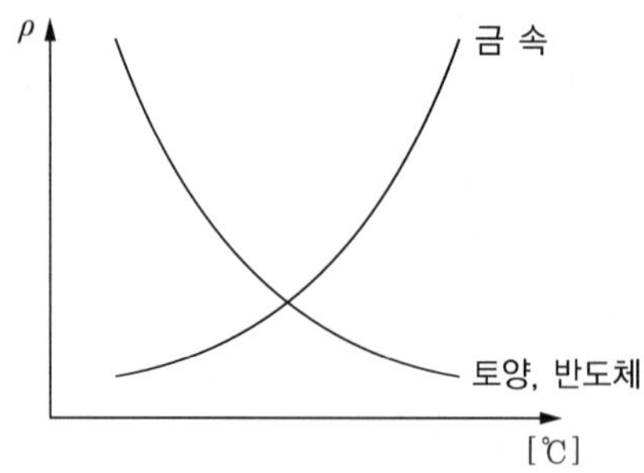

$$R_2 = R_1[1+\alpha_1(t_2-t_1)]$$

③ 수분을 15[%] 함유한 점토의 온도에 따른 대지저항률의 변화

온도[℃]	20	10	0	−5
대지저항률[Ω·m]	72	99	130	790
비 율	1.0	1.4	1.8	11.0

4) 계절에 따른 변화

① 접지저항은 계절에 따라 크게 변동하는데, 이 변화는 토양의 함수량과 온도의 변화가 상호작용하여 발생한다.

② 접지봉의 접지저항의 연간 변화 그래프

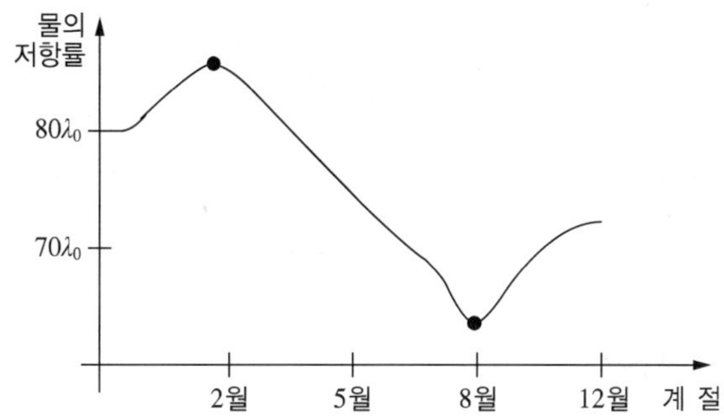

5) 화학물질

① 토양 속에 수분과 함께 전해질의 화학물질이 포함되어 있으면 저항률이 크게 감소하는데 이런 특성을 이용한 것이 접지저항의 화학적인 저감제이다.

② 물질이 전해된다고 하는 것은 분자가 +이온과 −이온으로 분리되는 것을 말한다. 예를 들어 NaCl(염화나트륨)이 Na^+이온과 Cl^-이온으로 분리되는 것을 전해되었다고 한다.

6) 해수의 영향

① 바닷물의 고유저항은 전해질인 소금(염화나트륨 : NaCl)이 있기 때문에 토양에 비해 매우 작으며 포함되어 있는 염분의 양에 따라 크게 변화한다.

② 바닷물의 고유저항은 0.1~0.5[Ω]으로 작기 때문에 해변가에서 해수가 침투되어 있는 지역의 대지저항률은 매우 낮아지게 된다.

7) 암석의 영향

① 암석 자체는 거의 절연물에 가까우나 대부분의 경우 많은 미세한 틈과 구멍을 가지고 있기 때문에 그 속에 수분을 포함해서 약간의 도전성을 가진다.

② 암석에 흑연(C), 동(Cu), 철광석(Fe) 등과 같은 도전성 광물이 포함된 경우에는 저항률이 크게 감소된다.

4 대지저항률의 분류

분 류	대지저항률의 범위	해당 지역
저저항률 지역	$\rho < 100$	연안의 저지대
중저항률 지역	$100 \le \rho < 1,000$	내륙의 평야지대
고저항률 지역	$1,000 \le \rho$	산악, 고원, 암반지대

5 대지저항률의 적용, 특성, 측정방법

적 용	특 성	측정방법
• 접지공사 • 통신선의 유도장해 예측 계산 • 전자파의 전파 예측 계산	• 접지저항의 결정 • 전위분포 특성 결정	• 위너 4전극법 • 전기탐사법 • 보링법 등

6 대지저항률의 일반사항

1) 고유저항

고유저항이란 물질이 가지고 있는 고유한 저항특성을 의미하며, $1[m^3]$의 저항 크기를 고유저항이라 한다.

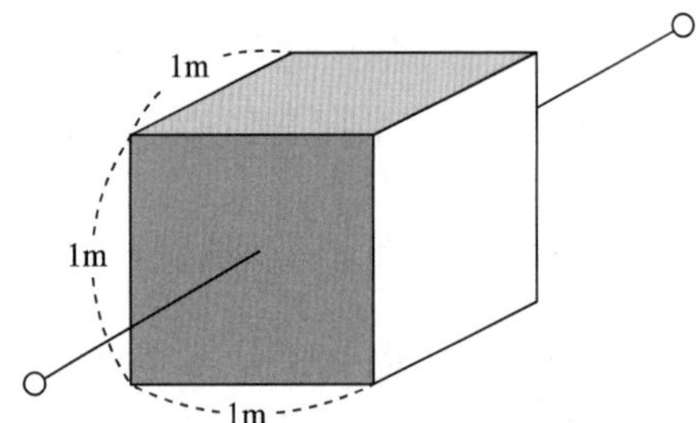

2) 반구상의 접지극의 접지저항

$$dR = \rho \frac{l}{A} = \rho \frac{dx}{2\pi x^2}$$

$$R = \frac{\rho}{2\pi} \int_r^{\infty} x^{-2} dx = \frac{\rho}{2\pi r} [\Omega]$$

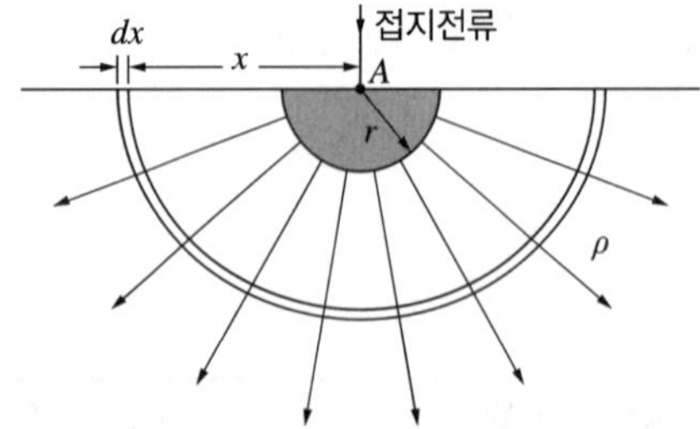

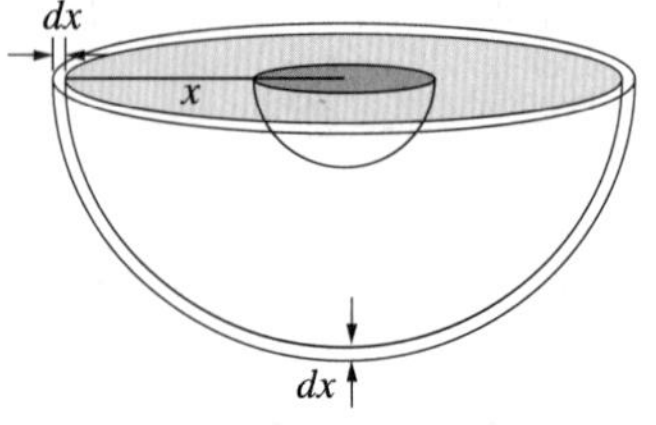

대지저항률 $\rho = 2\pi r R [\Omega \cdot m]$가 된다.

소요 접지저항치의 결정

166 대지저항 측정법

1 개 요

① 접지란 어떠한 전기적인 대상물을 대지에 낮은 저항으로 연결하는 것으로 이상전류 발생 시 대지로 방류시켜 인축 및 설비에 악영향을 방지하기 위한 설비이다.

② 접지설계는 토양특성을 검토하고 최대 고장전류를 결정하여 그것에 따른 소요접지 저항치를 결정, 접지방식을 선택을 한 다음 전위경도를 검토하고 인근 설비와의 검토 및 대책을 세워 나가는 일련의 과정을 통하여 접지를 설계한다.

③ 대지저항 측정법에는 2전극법, 4전극법, 간이 측정법 등을 사용하는데 4전극법이 정확도가 우수하고 간편하여 많이 사용한다.

2 대지저항 측정법

1) 2전극법

① 측정방법

㉠ 균일한 토질이 아닌 토양의 대지저항률을 현장에서 개략적으로 측정하는 방법

㉡ 축전지의 정극성(+) 단자는 미소전류계를 경유하여 하나의 전극에 접속하며, 부극성(−) 단자는 다른 전극에 접속하여 측정한다.

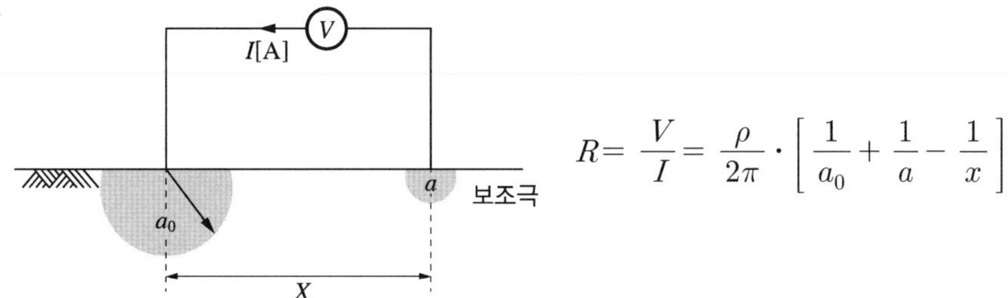

$$R = \frac{V}{I} = \frac{\rho}{2\pi} \cdot \left[\frac{1}{a_0} + \frac{1}{a} - \frac{1}{x} \right]$$

만약, $a \ll a_0$, x가 되도록 측정회로를 구성하면 대지저항률 ρ는

$\rho = 2\pi a \cdot \dfrac{V}{I}$로,

측정용 소형의 보조전극의 반경과 측정전류 및 전압에 의해서 대지저항률이 산출된다.

② **특 징**

㉠ 짧은 시간에 대지저항을 계측할 수 있다.

㉡ 정확성이 낮고 토양의 국부적인 위치의 대지저항률만을 측정하는 단점

2) Wenner 4전극법

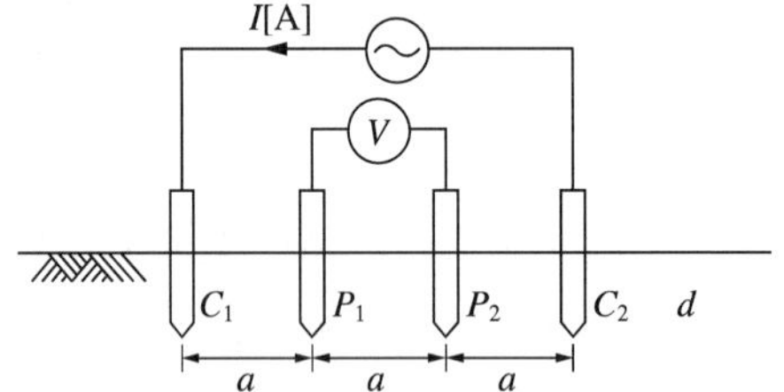

① 4개의 전극(C_1, P_1, P_2, C_2)을 일정한 등간격(a)으로 설치하여 C_1, C_2에 전류를 흘리고, P_1, P_2의 전압을 측정하여 R 값을 측정한다.

② $\rho = 2\pi a R$, $R = 2\pi a \dfrac{V}{I}$에 수식을 대입하여 토양의 고유저항을 측정한다.

여기서, ρ : 토양의 고유저항[Ω·m]

a : 전극의 간격[cm], $R = \dfrac{V}{I}$[Ω]

3) 간이 측정법

① 접지저항이 접지전극 주변의 대지저항률에 비례하는 관계를 이용한 것

② 길이와 반경을 알고 있는 봉형 접지전극을 설치하고 이 접지전극의 접지저항을 측정하여 대지저항률을 이론적으로 산출하는 방법

③ 봉형 접지전극의 접지저항을 측정하면 그 값으로부터 대지저항률을 역으로 산출하는 것이다.

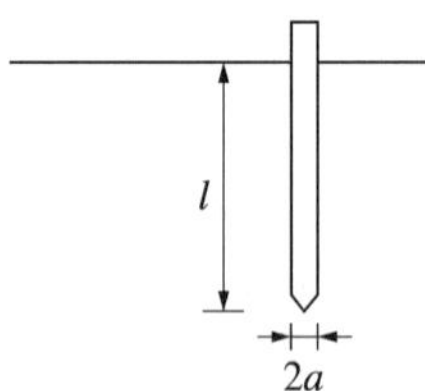

$$R = \frac{\rho}{2\pi l} \ln \frac{2l}{a}, \quad \rho = \frac{2\pi l R}{\ln \dfrac{2l}{a}}$$

167 접지설계 시 대지파라미터 측정을 위한 대지구조 해석방법

1 지하부분의 지질에 관한 정보를 파악하는 방법

① Boring이 일반적이나 비용이 막대하므로 전기탐사가 많이 사용된다.

② 대지파라미터란 수평 다층 구조의 대지에서 지층의 두께와 그 대지저항률을 말한다.

③ 대지파라미터를 추정하는 방법에는 접지저항 역산법, 전기검층법, $\rho - a$곡선법 등이 있다.

2 접지저항 역산법

1) 직접적인 방법

$$\rho = \frac{2\pi LR}{\ln\left(\frac{8L}{D}\right) - 1} [\Omega \cdot \mathrm{m}]$$

여기서, R : 예측 계산에 의한 접지저항[Ω]

p : 해당 깊이에 있어서의 등가 대지저항률[Ω·m]

L : 보링시설 깊이[m]

D : 보링 직경[m]

2) 간접적인 방법

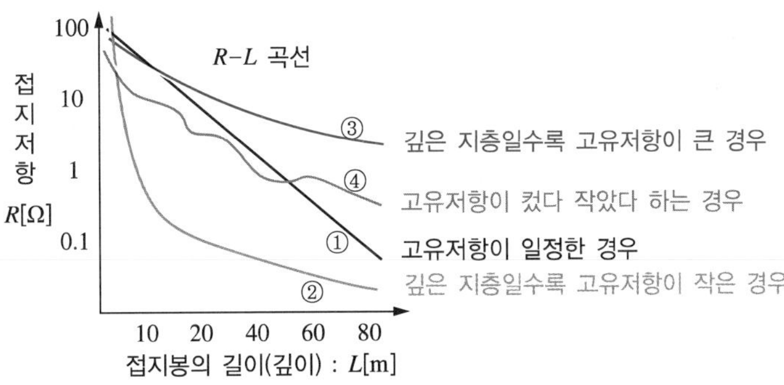

접지봉을 깊이 박을수록 접지저항이 작아지지만 수평 다층 구조의 경우는 그 값이 일정치가 않다.

3 전기검층법

① 전기검층은 지질 조사에서 반드시 실행되는 항목으로 조사결과로 접지저항을 예측하는 데 활용

② Wenner의 4전극법을 수직으로 한 것

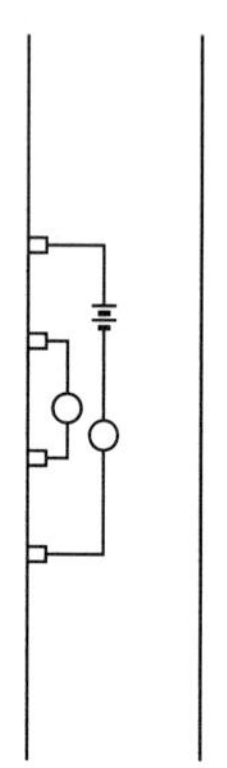

4 $\rho - a$곡선법

1) $\rho - a$곡선법

① Wenner의 4전극법에 의한 대지저항률 ρ와 전극 간격 a의 관계를 그래프로 그려서 대지변수를 추종하는 방법

$$\rho = 2\pi a R$$

② 대지를 수평 2층 구조라 가정하고 해석

2) 해석방법

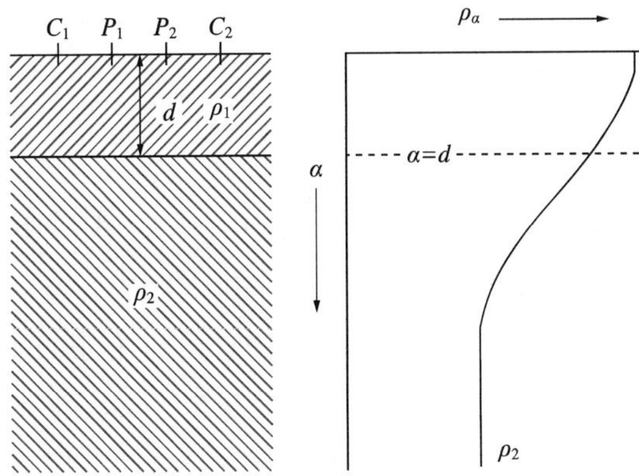

ρ_a : 종합 대지저항률

ρ_1 : 첫 번째 층의 저항률

ρ_2 : 두 번째 층의 저항률

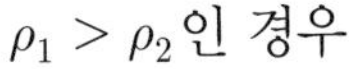

$\rho_1 < \rho_2$ 인 경우

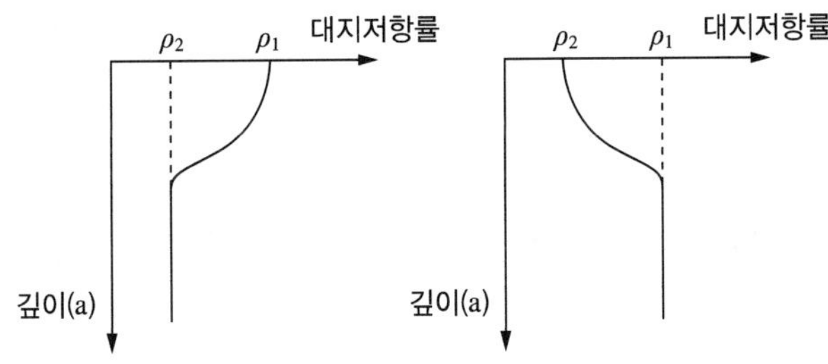

168 접지저항 저감법

1 개 요

① 접지란 어떠한 전기적인 대상물을 대지에 낮은 저항으로 연결하는 것으로 이상전류 발생 시 대지로 방류시켜 인축 및 설비에 악영향을 방지하기 위한 설비이다.

② 낮은 저항으로 연결시키기 위해서는 접지선, 접지극도 중요하지만 토양의 저항률이 크게 작용하기 때문에 토양의 저항률과 관계되는 요소의 파악이 무엇보다 중요하다.

③ 접지저항을 낮추는 방법에는 물리적인 저감방법과 화학적인 저감방법이 있다.

2 물리적인 저감방법

1) 수평공법

① 접지동봉

㉠ 접지동봉 치수 확대, 병렬접속하여 접지저항을 저감

㉡ 매설깊이를 깊게 한다.

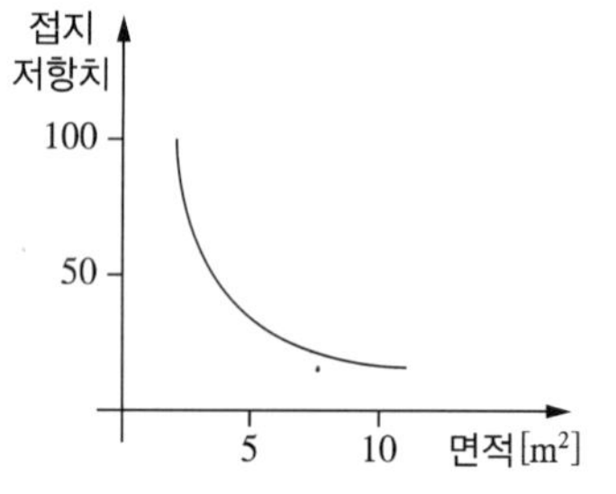

▌ 접지동봉 치수에 따른 저항 변화

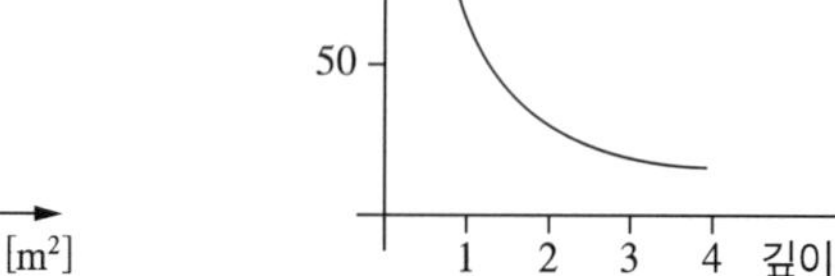

▌ 매설깊이에 따른 저항 변화

② 매설지선공법

㉠ 접지극의 길이를 길게 하는 공법으로, 일반적으로 30[m] 전후가 저감효과가 크다.

㉡ 송전선의 철탑, 소규모 발전소, 피뢰기 등에 적용하는 방식이다.

③ 평판접지공법

㉠ 매설 시 표면저항값의 증가에 주의하여야 하며, 직렬 시공이 효과적

㉡ Size의 종류로는 가로×세로 300×300, 600×600, 900×900[mm^2]의 크기

④ **대상전극공법**

띠접지라고 하며 매설지선공법과 도전성 저감재료로 도포하여 접지저항을 낮추는 방법

⑤ **다중접지 시트**

㉠ 알루미늄박과 특수유리를 3매 겹쳐서 만든 것

㉡ 가볍고 유연성이 좋아서 토양에 적응하기 쉽고 접촉저항이 낮은 것이 특징이다.

⑥ **메시공법**

㉠ 나동선 50[mm^2] 이상을 그물 모양으로 한 것으로 한 변의 길이가 수백 미터되는 것도 있다.

㉡ 대규모 발전소, IBS 빌딩에 적용

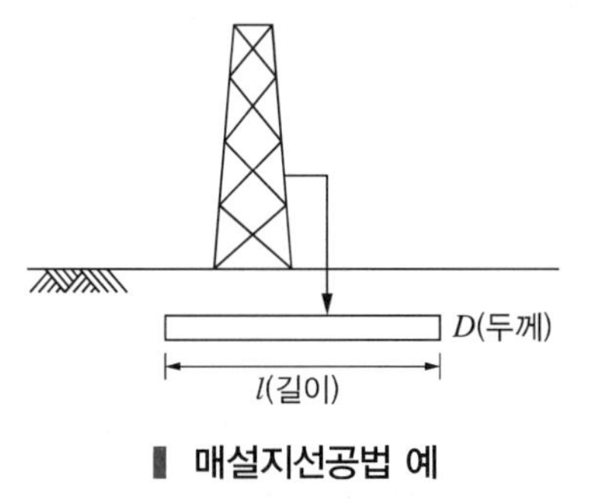

▌ 매설지선공법 예

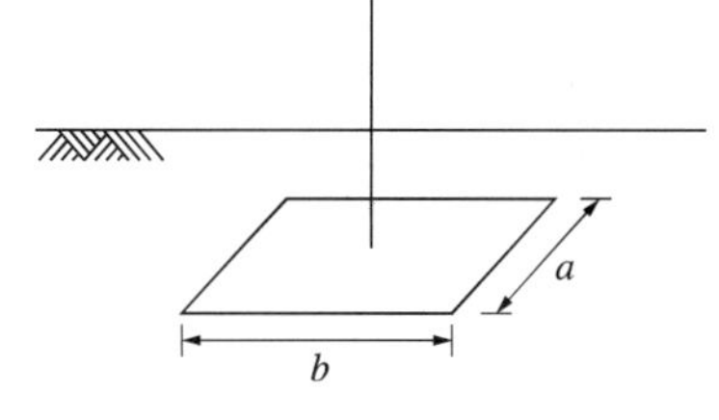

▌ 평판접지극공법 예

▌ 다중접지 시트

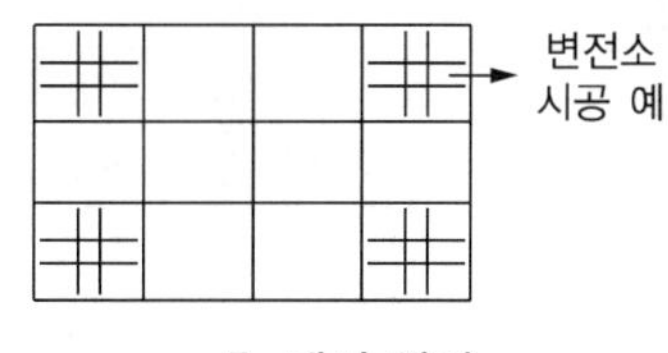

▌ 메시 접지

2) 수직공법(보링공법)

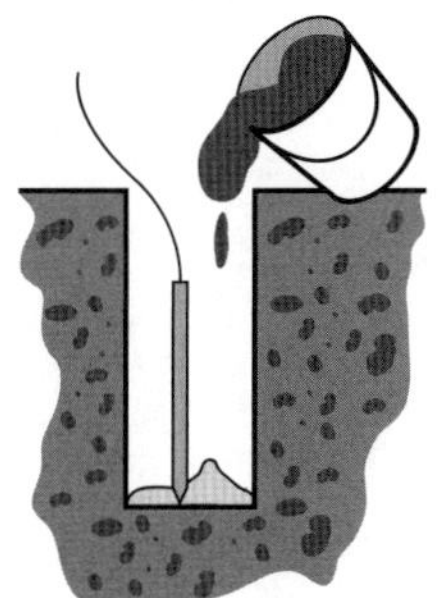

▌ 보링공법 상세 도면

① 고유저항은 토양의 깊이, 조밀도, 수분 함유율 등에 따라 달라지므로 대지를 분석한 후 장비를 이용하여 보링(Boring)한다.
② 일반적으로 시공깊이는 1공당 암반 지층이 발견되는 시점까지 파도록 하며 보링의 직경은 100~200ϕ 정도로 한다.
③ 전극의 설치는 접지봉 2~3개를 나동선과 연결하거나 미리 성형한 고강도 접지봉을 구멍에 넣은 후 빈 공간에 하이퍼스를 물과 혼합하여 흘려 놓는다.
④ 시공부지가 협소하거나 대지의 고유저항이 높은 경우에 주로 사용한다.

3 화학적 저감법

1) 조 건

① 저감효과가 영구적일 것
② 접지극 부식이 없을 것
③ 공해가 없을 것
④ 경제적이고 공법이 용이할 것

2) 종 류

① **화학적 저감제** : 화이트 아스론, 티코겔, 케미어스 등

구 분	화이트 아스론	티코겔
성 분	주재(소석고)+ 도전성 보조제(염화칼슘)	주재(규산소다)+경화제(소석고) +경화촉진제(황산수소나트륨)
외 관	백색분말	• 규산소다(반투명 액체) • 황산수소나트륨(백색분말) • 소석고(백색분말)
고유저항	12[Ω・cm]	50~60[Ω・cm]
사용방법	20~30[L] 물+10[kg] 아스론 혼합 사용	12[L] 물+5[kg] 티코겔 성분을 혼합 사용

② **도전성 저감제** : 시멘트계 저감제

3) 저감제 주입법

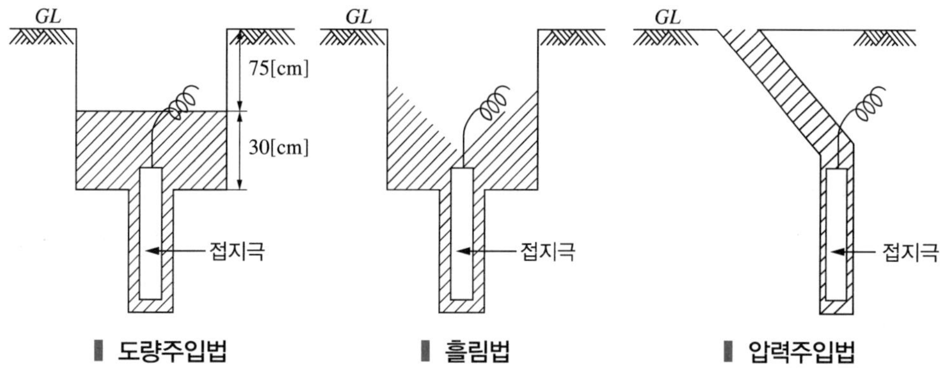

▌도량주입법 ▌흘림법 ▌압력주입법

4) 저감제 특징

① 고유저항을 화학적으로 저감하는 방법

② 염, 암모니아, 탄산소다 등을 주변에 혼합하여 사용

③ 처음에는 효과가 있으나 1~2년 후면 효과가 없다.

169 보링공법(수직공법)

1 개 요

① 보링접지는 물리적 방법의 하나이며, 심타공법(수직공법)의 하나이다.

② 접지극을 지표면에 매설하지 않고, 보링으로 구멍을 뚫어서 그 속에 접지극을 설치한다.

2 특 징

① 일반적으로 깊을수록 대지저항률이 낮아지는 경향이 있어 접지저항값을 급격히 낮출 수 있음

② 타 접지방식에 비하여 제한된 환경에서의 저저항접지 확보가 용이

③ 공사비가 고가이므로 설계 시 공법의 타당성 검토와 최적의 보링깊이를 산정하는 것이 필요

④ 대지는 보통 수평 다층 구조이나 해석의 편의성을 위해 수평 2층 구조로 해석

3 설계순서

① 기준 접지저항선정

② 계절 변동 고려

③ 소요 접지저항 결정

④ 사전조사 필요 여부 결정

⑤ $\rho-a$곡선 작성

⑥ 대지파라미터 작성

⑦ 접지공사 방법 선정

⑧ 설계도면 및 사양서 선정

4 보링접지의 설계

1) 대지저항률 측정

① Wenner 4전극법을 사용 : $\rho = 2\pi aR[\Omega \text{m}]$

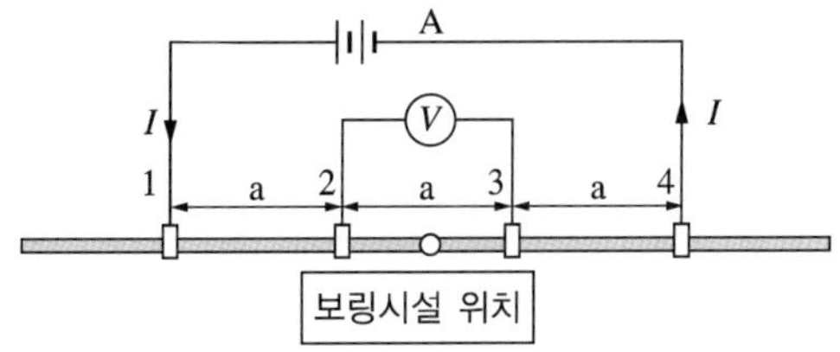

② 지중깊이 a까지를 평균적인 대지저항률로 함

③ 대지저항률의 측정 위치는 보링시설 위치를 중심으로 좌우 대칭으로 a값을 측정

④ $\rho - a$곡선 분석을 위하여 7회 이상 측정 데이터를 수집

2) 보링깊이 추정

① 보링깊이의 산정은 $\rho - a$곡선을 분석하여 가장 낮은 값 지점에서 보링깊이를 산정

② 접지저항 예측 계산 : 설계 차원에서의 보링깊이를 추정

$$R = \frac{\rho}{2\pi L}\left[\ln\frac{8L}{D} - 1\right]$$

R : 예측 계산에 의한 접지저항[Ω]

p : 해당 깊이에 있어서의 등가 대지저항률[Ω・m]

L : 보링시설깊이[m]

D : 보링 직경[m]

5 대지저항률 해석

① 대지구조 해석은 컴퓨터 프로그램을 이용하여 수치 해석적 방법을 활용 : 신뢰성, 인력 절감

② Wenner의 4전극법에 의한 대지변수를 추종방법

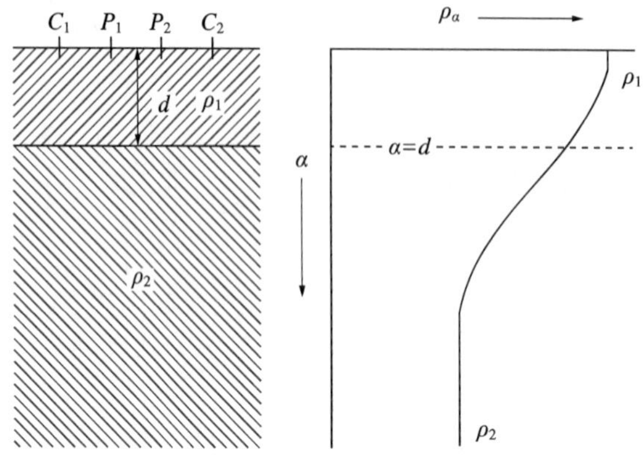

ρ_a : 종합 대지저항률

ρ_1 : 첫 번째 층의 저항률

ρ_2 : 두 번째 층의 저항률

$\rho_1 > \rho_2$인 경우　　　　$\rho_1 < \rho_2$인 경우

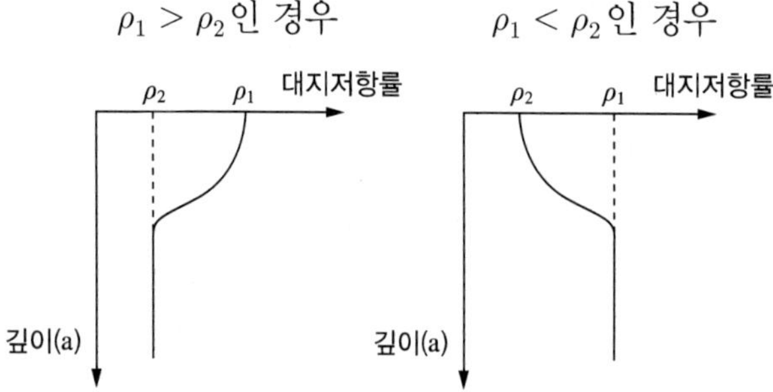

6 보링공법의 종류

1) 고강도 접지봉을 이용하는 공법

일반적인 방법

2) 고강도 원통형 접지봉 공법

① 보링 후 원통형 접지봉 삽입

② 저감제 투입 전 흙 되메우기(확산 대비)

③ 압축공기를 이용하여 접지저감제 투입

④ 매설 표지판 설치

3) 고강도 접지판을 이용하는 공법

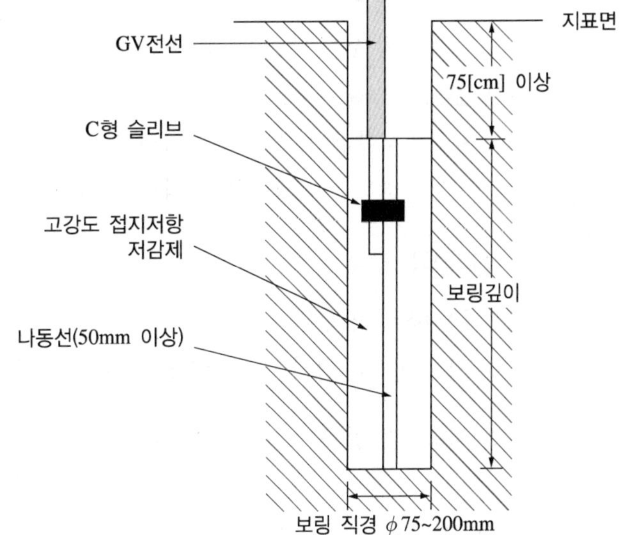

① 폭 50[cm], 깊이 75[cm]의 홈을 판다.
② 접지판에 GV전선을 용융 접속후 흙으로 되메우기 (비주입식)
③ 저감제 투입구로 접지저항 저감제 투입 후 흙으로 되메우기(주입식)

4) PGS 공법

① 매설 표지판 설치
② PGS 관리 외함 설치
③ 산간, 낙도 등에 사용 가능

7 보링공사방법

1) 사전조사

① 지하매설물 조사
② 복수 접지극 설치 시 대지를 충분히 확보
③ 보링기계 설치 가능 조사
④ 부지 소유자, 시설 관할관청 등과 협의

2) 보링접지의 시설절차

① 보링기계 설치

㉠ 보링기 로드의 연결 높이를 고려
㉡ 보링작업에 따른 지반 붕괴에 대한 고려
㉢ 보링시설 위치에 지하 매설물 여부 고려

② 보링작업

㉠ 지하매설물 조사
㉡ 지하매설물 여부를 감시하며 작업

㉢ 접지전극의 투입이 가능하도록 공간을 유지
- 가능한 최소 직경
- 환경에 따라 보링의 강도를 높여야 할 경우에 직경을 확대하여 실시

㉣ 접지저항을 수시로 측정·확인 : 설계저항값을 만족하면 보링작업을 중단

㉤ 설계깊이 도달 시
- 설계저항값이 조금 모자라면 만족할 때까지 계속 보링
- 설계저항값이 많이 모자라면 재설계

③ **접지전극 시설**

㉠ 접지전극을 투입

㉡ 지표면으로 접지전극 단자를 인출할 수 있도록 조치

④ **마무리** : 홀 공간에 접지 저감제를 투입

8 보링접지의 시공 시 고려사항

① 접지공사에 사용되는 접지선, 접지전극, 부속자재와 시공방법은 규격에 적합해야 한다.
② 접지선이 외상을 받을 우려가 있는 경우 금속관, 합성수지관 등에 넣는다.
③ 피뢰침, 피뢰기용 접지도선은 노출 시공을 원칙으로 한다.
④ 충진재는 고강도 시멘트형으로 90[kgf/cm^2] 이상의 압축강도가 원칙이다.
⑤ 접지극은 내부식성, 내전식성을 갖는 재료를 사용해야 한다.
⑥ 대지전위 상승의 영향이 없는 지역에 설치한다.
⑦ 접지극과 접지선으로 완전히 접속되어야 한다.

170 PGS(Perfect Ground System) 공법

1 개 요

① 접지저항 저감방법

$$R_{rod} = \frac{\rho}{2\pi L}\left[\ln\frac{8L}{D} - 1\right]$$

㉠ L을 크게 한다.

㉡ D를 크게 한다.

㉢ ρ를 작게 한다.

② L, D를 크게 하는 것은 경제적으로 불리함, ρ를 작게 하는 것이 경제적임

③ 이에 개발된 것이 PGS 공법이다.

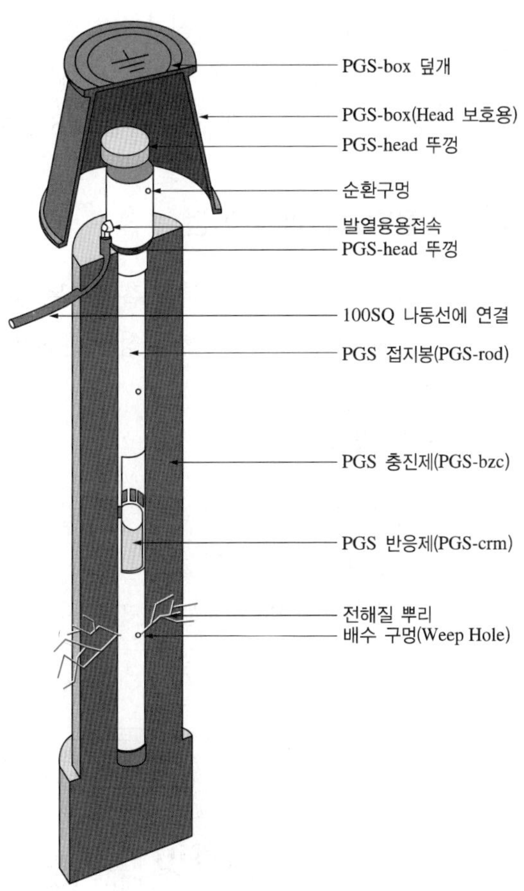

2 PGS 구조

① 접지선 : 나동선

② PGS 접지봉 : 내부에 PGS 반응제

③ PGS 충진제

④ PGS 반응제

⑤ 순환 구멍, 배수 구멍

3 접지저항의 저감원리

① PGS 반응제와 공기 중의 수분이 화학반응

② 알칼리성 전해질을 생성

③ 충진제와 주변의 토양에 방출

④ 주변 토양의 저항률을 낮춤

⑤ 접지면적을 확대

⑥ 접지저항을 저감

4 PGS 시공방법

① 컴퓨터 Simulation으로 대지 고유저항률을 분석
② 접지봉의 길이, 보링의 깊이, 보링 직경을 산출, 충진제 및 반응제 물량을 산출
③ 보링한 구멍에 PGS 접지봉 삽입
④ 충진제를 PGS 접지봉 주변에 되메우기 작업
⑤ PGS 접지봉 Head의 투입구에 PGS 반응제를 투입

5 보링접지공법과 차이점

① 충진제와 반응제의 수분을 흡수하는 성질
② 화학적 반응에 의한 알칼리성 이온전해질을 지속적으로 대지에 공급하는 점이 다름

6 PGS의 장점

① 대지와 접촉되는 단면적이 타 공법에 비교하여 확대
② 경제성과 시공의 편리성
③ 지하매설물이 있을 때는 L, T형 사용
④ 경년변화 및 내구성이 높음

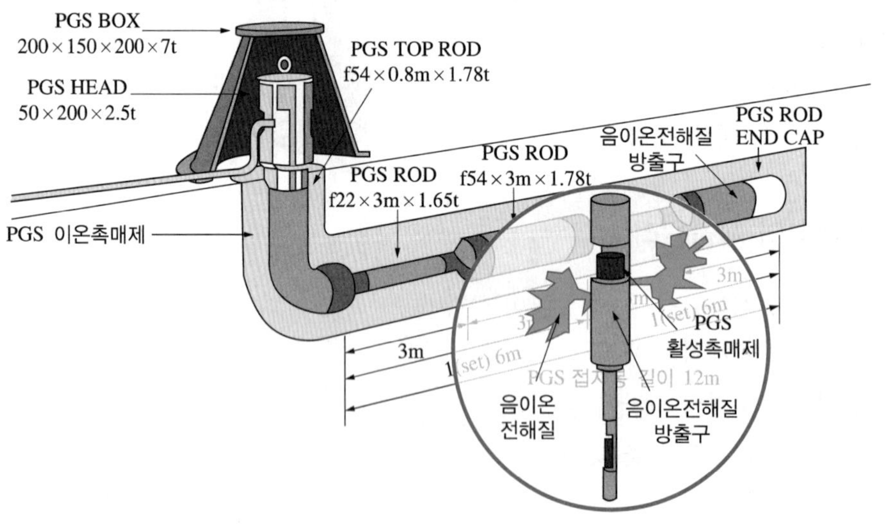

171 접지저항 측정법

1 개 요

① 접지란 어떠한 전기적인 대상물을 대지에 낮은 저항으로 연결하는 것으로 이상전류 발생 시 대지로 방류시켜 인축 및 설비에 악영향을 방지하기 위한 설비이다.

② 접지설계는 토양특성을 검토하고 최대 고장전류를 결정하여 그것에 따른 소요 접지저항치를 결정, 접지방식을 선택을 한 다음 전위경도를 검토하고 인근 설비와의 검토 및 대책을 세워 나가는 일련의 과정을 통하여 접지를 설계한다.

③ 접지저항 측정방법에는 전위강하법, 클램프-온 미터법 등이 있다.

2 종 류

1) 전위강하법

① **정 의**

하나의 전극에 접지전류 I[A]를 유입하면 접지전극의 전위가 주변의 대지에 비하여 V[V]만큼 높아지는데, 이때 전위 상승값과 접지전류의 비 $\frac{V}{I}$[Ω]을 그 접지전극의 접지저항으로 한다.

② **측 정**

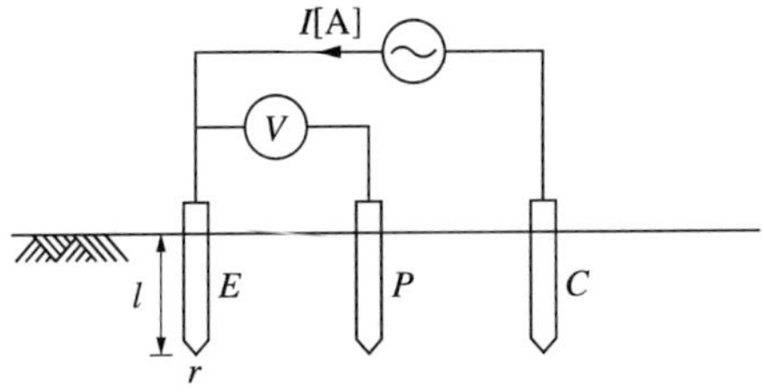

㉠ E, C 간에 전원을 이어서 전류를 흘리고 EP 간의 전압을 측정하여 $R=\frac{V}{I}$를 구한다.

㉡ $\rho=\dfrac{2\pi lR}{\ln\dfrac{2l}{r}}$, $R=\dfrac{\rho}{2\pi l}\cdot\ln\dfrac{2l}{r}$에 수식을 대입하여 토양의 고유저항을 측정한다.

여기서, ρ : 토양의 고유저항[Ω·m], l : 전극의 길이[m]
r : 접지전극의 반경[m], R : 접지저항[Ω]

③ **특 징**

㉠ AC 전원 사용

㉡ DC 사용 시 전기 화학작용으로 인하여 부식되는 단점이 있다.

2) 간편화된 전위강하법

① 일반적인 전위강하법은 접지저항 측정 시 많은 노력과 시간이 필요하다.

② 간편화된 전위강하법은 저항분포곡선에서 수평부분으로 추정되는 중간부분에만 분석하는 방법으로 다음과 같은 절차로 측정한다.

㉠ 측정하려는 접지체를 접지대상과 완전히 분리

㉡ 접지체가 설치되어 있지 않은 방향을 선정

㉢ 접지체 크기의 2배 이상으로 C극과의 거리를 설정, P극의 위치는 접지체와 C극 간 길이의 40[%], 50[%], 60[%] 되는 지점으로 이동하면서 각 접지저항 $R_{40\%}$, $R_{50\%}$, $R_{60\%}$를 측정한 뒤 다음 식으로 계산된 오차가 5[%] 이내일 경우 평균값인 R_A를 접지저항값으로 간주한다.

㉣ 만일 오차가 5[%]를 넘어서는 경우 S의 거리를 측정접지체로부터 더욱 멀리 띄워 측정과정 반복

㉤ 측정대상 접지체의 깊이와 규모를 정확히 알 수 없는 경우에 이 측정법을 적용하는 것이 적합

$$R_A = \frac{R_{40\%} + R_{50\%} + R_{60\%}}{3}$$

$$\text{오차} = \frac{R_{60\%} - R_A}{R_A} \times 100[\%]$$

3) 61.8[%]법

① 이 측정방법은 대지 비저항이 균일한 장소에서 적용할 수 있다.

② 61.8[%]법은 전위강하법을 이용하여 접지저항을 측정할 때 전류 보조극의 거리를 접지체로부터 C로 하고 전압보조극의 거리를 C의 61.8[%]로 하여 측정된 접지저항값을 측정값으로 결정

③ 대지 비저항이 균일하지 않다면 측정치에 많은 오차가 발생할 수도 있지만 한 번의 측정으로 정확한 접지저항값을 얻을 수 있는 장점이 있다.

3 클램프–온 미터법

1) 측정기의 원리

① MGN(Multi–Grounding Neutral) 전력시스템이나 통신케이블의 경우처럼 다중 접지된 시스템의 경우 다음 그림과 같은 회로로 모델링될 수 있다.

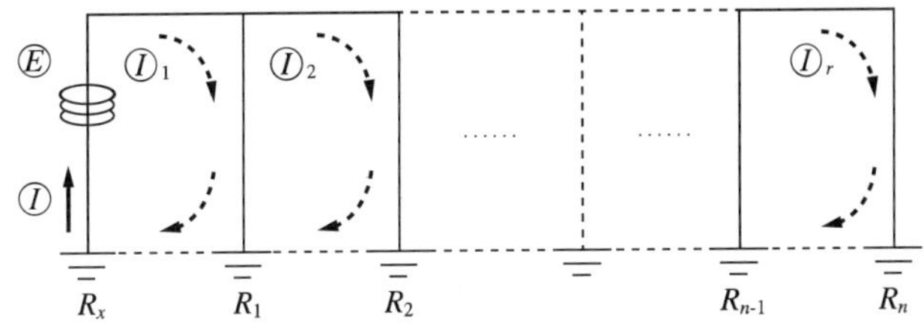

▌클램프–온 미터 방식의 접지저항 측정원리

② 회로에 전압을 걸어주면 전류가 흐르는데, 이때 특수한 변류기를 사용하여 흐르는 전류를 측정할 때 전류와 전압과의 관계에서 저항을 구해낸다.

$$\frac{E}{I} = R_x + \frac{1}{\sum_{k=1}^{n} \frac{1}{R_k}}, \quad R_x \gg \frac{1}{\sum_{k=1}^{n} \frac{1}{R_k}}$$

따라서, $\frac{E}{I} = R_x$ 라는 식이 성립된다.

2) 특 징

① 다중 접지된 통신선로에서만 적용할 수 있다.

② 접지체와 접지대상을 분리하지 않을뿐더러 보조 접지극을 사용하지 않기 때문에 빠르고 간편한 측정방법이다.

③ 접지선을 연결해야 측정이 가능하므로 자동적인 유지보수가 이루어진다.

④ 도로에서 사용할 경우 각 피더 케이블의 본딩 상태를 대략 점검할 수 있다. 즉, 선로의 본딩이나 접지 상태가 불량할 경우 측정결과가 모국 접지저항보다 훨씬 크게 나타난다.

4 콜라우시 브리지법

1) 측정방법

① R_1의 접지저항을 측정하고자 할 경우 보조 전극 R_2, R_3를 10[m] 이상 이격하여 측정한다.

② R_{12} : 본 접지극과 보조 접지극 저항

③ R_{31} : 본 접지극과 보조 접지극 저항

④ R_{23} : 보조 접지극 상호 간의 저항

2) 접지저항 계산

$$R_1 + R_2 = R_{12}$$
$$R_2 + R_3 = R_{23}$$
$$R_3 + R_1 = R_{31}$$

$$R_1 = \frac{1}{2}(R_{12} + R_{31} - R_{23})$$

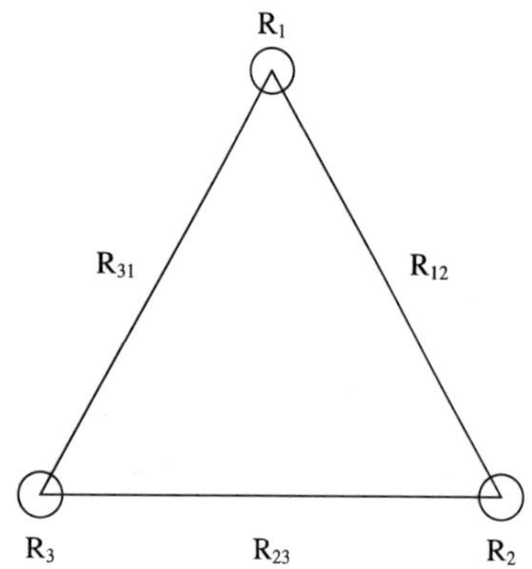

172 61.8[%]법칙

1 개 요

전위강하법으로 측정할 경우 보조 접지전극 P는 EC 간격 사이의 61.8[%] 지점에 설치하여야 정확한 측정이 가능하다.

2 전위강하법 구성

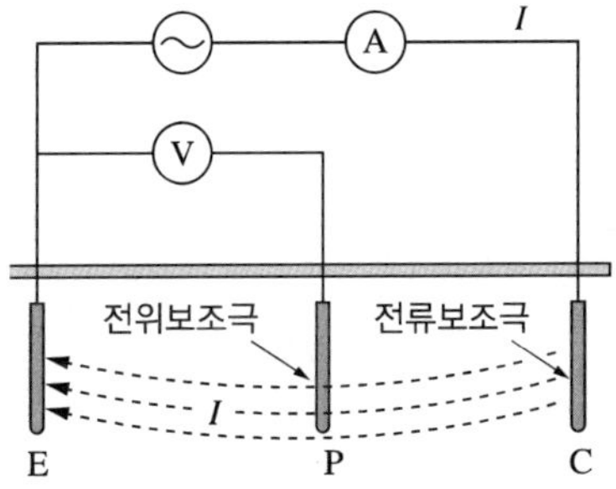

3 수식적 증명

1) E 전극에서 전류 I가 유입하는 경우 전위차

$V_1 = E$ 와 P 전압(E기준에서 전압)

$$V_1 = \frac{\rho I}{2\pi r} - \frac{\rho I}{2\pi P}$$

2) C 전극에서 전류 I가 유출하는 경우 전위차

$V_2 = E$ 와 P 전압(C기준에서 전압)

$$V_2 = \frac{\rho I}{2\pi C} - \left(-\frac{\rho I}{2\pi(C-P)}\right)$$

3) E, P 전극 간의 전위

$$V = V_1 + V_2 = \left(\frac{\rho I}{2\pi r} - \frac{\rho I}{2\pi P}\right) + \left[-\frac{\rho I}{2\pi C} - \left(-\frac{\rho I}{2\pi(C-P)}\right)\right]$$

4) 접지저항

$V = \dfrac{\rho I}{2\pi r}$ 이면 측정값이 참값과 같다.

∵ 반구형의 접지저항은 $R = \dfrac{\rho}{2\pi r}$ 이므로,

상기 식으로부터

$- \dfrac{\rho I}{2\pi P} - \dfrac{\rho I}{2\pi C} - \dfrac{\rho I}{2\pi (P-C)} = 0$ 이어야 한다.

$- \dfrac{1}{P} - \dfrac{1}{C} - \dfrac{1}{(P-C)} = 0$

$\dfrac{P^2 + CP - C^2}{PC(P-C)} = 0$

근의 공식을 적용하면

$P = \dfrac{-C \pm \sqrt{C^2 + 4C^2}}{2} = 0.618C$

SECTION 04

접지방식의 결정 (목적에 따른)

173 중성점 접지방식

1 개 요

① 중성점 접지방식에는 비접지, 직접접지, 저항접지, 소호 리액터 접지가 있다.

② **중성점 접지에 영향을 미치는 요소에 대한 평가로 가장 적합한 접지방식 선택 필요성**

㉠ 가스절연 설계
㉡ 통신선 유도장해
㉢ 보호계전기 동작
㉣ 차단기의 차단용량 선정
㉤ 피뢰기 동작
㉥ 계통의 안정도 향상 등

2 중성점 접지목적

1) 대지전압 상승 억제

지락 고장 시 건전상 대지전압 상승 억제 및 전선로와 기기의 절연 레벨 경감이 목적

2) 이상전압 상승 억제

뇌, 아크지락, 기타에 의한 이상전압 경감 및 발생 방지의 목적

3) 계전기의 확실한 동작 확보

지락사고 시 지락계전기의 확실한 동작 확보

4) 아크지락 소멸

소호 리액터 접지 시에서 1선 지락 시 아크지락의 신속한 아크 소멸로 송전 지속

3 중성점 접지방식

1) 비접지방식

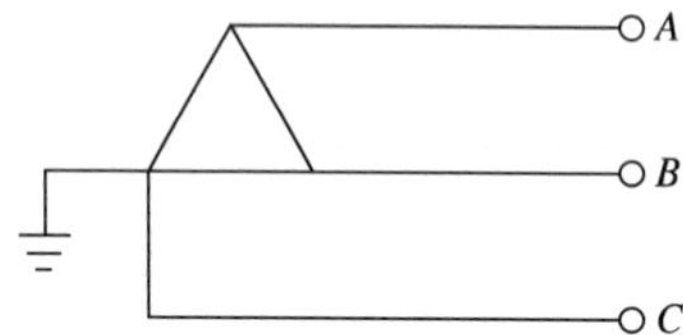

① **정 의**

중성점을 접지하지 않는 방식으로 저전압 단거리 선로에 한정하는 방식

② **장 점**

㉠ 1선 지락사고 시 지락전류가 작아 그대로 송전 가능
㉡ 주요변압기를 $\Delta-\Delta$ 결선할 수 있어 고장 및 점검 수리작업 시 V 결선 전환하여 송전 가능

③ **단 점**

㉠ 고전압 장거리 선로 적용 시 간헐 아크지락에 의한 이상전압 발생
㉡ 절연 레벨이 높아져 기기 및 선로의 절연비 상승

④ **적 용**

㉠ 단거리 소내 전원
㉡ 정전을 피해야 하는 장소

2) 직접접지 방식

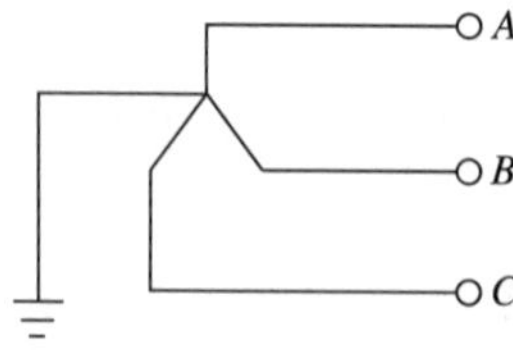

① **정 의**

중성점을 금속선으로 직접접지하는 방식으로 접지계수가 80[%] 이하의 접지방식

② **장 점**

㉠ 1선 지락 시 건전상 대지전압 상승이 낮다 : 기기의 절연 레벨 경감 가능

㉡ 개폐서지의 값을 저하 : 피뢰기 책무 경감 및 정격전압의 낮은 피뢰기 사용 가능

㉢ 변압기 중성점은 항상 영전위 부근에 유지 : 단절연 가능하여 변압기, 부속기기 중량 및 가격 저하 가능

㉣ 1선 지락사고 시 지락전류가 크다 : 접지계전기 동작 확실한 장점

③ **단 점**

㉠ 지락전류가 저역률의 대전류이다 : 과도안정도가 나빠진다.

㉡ 지락사고 시 통신선에 전자유도장해 발생 : 평상시 불평형 전류 및 변압기의 제3고조파로 유도장해 발생

㉢ 지락전류의 기기에 대한 충격이 커서 손상을 초래

㉣ 계통사고의 대부분이 1선 지락사고이므로 차단기가 대전류를 차단할 기회가 많다.

3) 저항접지방식

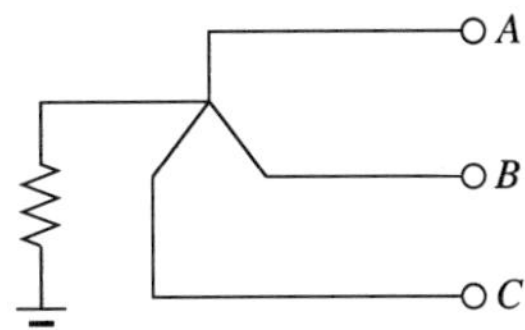

① **정 의**

중성점을 저항으로 접지하는 방식으로 30[Ω] 이하의 저저항접지와 100~1,000[Ω] 정도의 고저항접지로 구분된다.

② **장 점**

㉠ 비접지방식에 비해 건전상 전압 상승이 작다.

㉡ 직접 접지방식에 비해 1선 지락전류가 작아 유도장해가 작다.

③ **단 점**

㉠ 접지저항이 작으면 1선 지락사고 시 지락전류가 커져 유도장해가 커진다.

㉡ 접지저항이 너무 크면 지락전류가 작아져 계전기 동작이 곤란하다.

㉢ 비경제적으로 국내에서는 적용을 하지 않는다.

4) 소호 리액터 접지방식

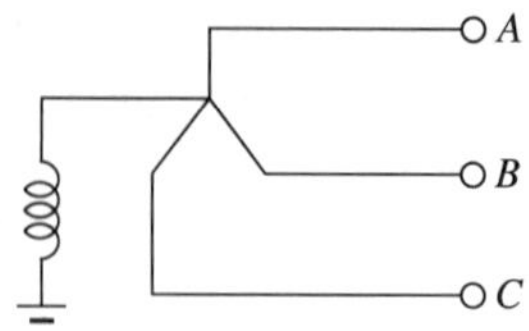

① **정 의**

변압기 중성점을 선로의 대지 정전용량과 공진($Y = \omega L - \frac{1}{\omega C} = 0$)하는 리액터를 통해서 접지하는 방식

② **장 점**

㉠ 1선 지락 시 지락전류가 최소로 전자유도장해가 적다.
㉡ 1선 지락 시에도 송전이 가능하고 과도안정도가 최대

③ **단 점**

㉠ 설치비가 고가
㉡ 접지계전기 동작이 곤란

4 중성점 접지방식 비교

구 분	비접지	직접접지	고저항접지	소호 리액터 접지
지락사고 시 건전상 전압 상승	크다.	작다.	약간 크다.	약간 크다.
절연 레벨	감소 불능	감소 가능	감소 불능	감소 불능
애자 개수	최 고	최 저	–	–
변압기	전절연	단절연 가능	전절연	전절연
과도안정도	크다.	최소(고속 차단, 고속도 재폐로 방식으로 향상이 가능)	크다.	크다.
지락전류	작다.	최 대	중간 정도	최 소
1선지락 시 유도장해	작다.	최 대	중간 정도	최 소
보호계전기 동작	곤 란	가장 확실	확 실	불가능

174 유효접지와 비유효접지

1 중성점 접지의 목적

① 송전계통에 있어 각상의 대지전위를 낮추어 사용기기 및 선로의 절연 Level, 절연 자재비의 경감을 위하여 설치한다.

② 고장 시에는 보호계전기를 확실하게 동작시켜 고장선로를 선택 차단하며 지락 시 Arc 전류를 신속히 소멸시키는 등의 목적으로 중성점 접지를 하고 있다.

2 중성점 접지 종류

1) 비접지

중성점을 접지하지 않는 방식(절연변압기와 인체 접촉 시 감전의 위험이 없는 기기 등)

2) 직접접지

저항이 Zero에 가까운 도체로 중성점을 접지하는 방식

3) 저항접지

중성점을 적당한 저항치로 접지시키는 방식

4) 리액턴스 접지

저항접지방식과 마찬가지로 고장전류를 제한시켜 과도안정도를 향상시킬 목적으로 수용되었던 방식

5) 소호 리액터 접지

중성점을 송전선로의 대지 정전용량과 공진하는 Reactor를 통하여 접지하는 방식

3 접지 계수(α)

① 1선 지락사고가 발생하였을 경우 고장점에서의 건전상 대지전압이 달할 수 있는 최고의 실효치를 사고 제거 후의 선간전압으로 나누어 [%]로 표시한 값

② $\text{접지계수} = \dfrac{\text{고장 중 건전상 최대 대지전압}}{\text{최대 선간전압}}$

③ 접지계수는 피뢰기의 정격전압 선정 시 필요

4 유효접지와 비유효접지

1) 유효접지(Effective Grounding)≒직접접지

① 1선 지락 고장 시에 건전상의 전압상승이 계통전압(선간전압)의 (0.65~0.81) $\sqrt{3}\,E$ 초과하지 않는 접지계

② 1선 지락 시의 건전상의 전압 상승이 계통전압(선간전압)의 75[%]를 초과하지 않는 접지계

2) 비유효접지

① 1선 지락사고 시 다른 건전선로 2상의 대지전압이 상전압에서 선간전압까지 상승하는 접지계= $\sqrt{3}\,E$

② 즉, 1선 지락 시의 건전상 전압상승이 75[%]를 초과하는 계통을 말한다.

3) 유효접지와 비유효접지와의 비교

구 분	비접지	직접접지
지락사고 시 건전상 전압 상승	크다.	작다.
절연 레벨	감소 불능	감소 가능
애자 개수	최 고	최 저
변압기	전절연	단절연 가능
과도안정도	크다.	최소(고속 차단, 고속도 재폐로 방식으로 향상이 가능)
지락전류	작다.	최 대
1선 지락 시 유도장해	작다.	최 대
보호계전기 동작	곤 란	가장 확실
검출방식	GPT, SGR, ZCT, GC + ELB	Y결선

175 유효접지의 조건과 만족범위

1 유효접지의 조건

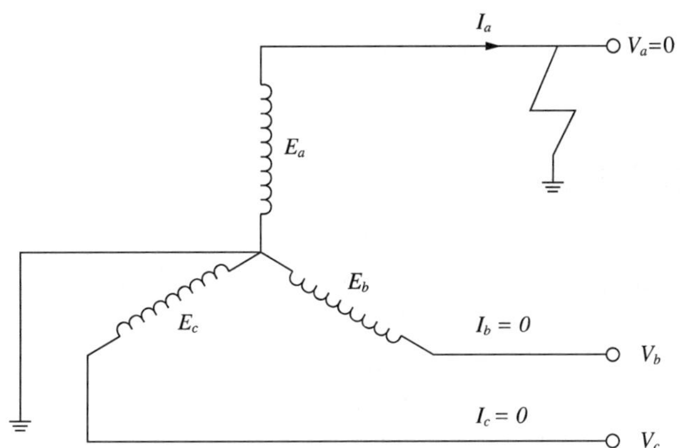

1) 1선 지락 시 이상전압

$$I_0 = I_1 = I_2 = \frac{E_a}{Z_0 + Z_1 + Z_2}$$

$$I_a = I_0 + I_1 + I_2 = \frac{3E_a}{Z_0 + Z_1 + Z_2}$$

$$\begin{aligned} V_c &= V_0 + a V_1 + a^2 V_2 \\ &= -I_0 Z_0 + a(E_a - I_1 Z_1) + a^2(-I_2 Z_2) \\ &\quad [I_0 = I_1 = I_2,\ \ E_a = I_0(Z_0 + Z_1 + Z_2) \text{를 상기식에 대입}] \\ &= \frac{(a-1)Z_0 + (a - a^2)Z_2}{Z_0 + Z_1 + Z_2} E_a \end{aligned}$$

2) 유효접지 조건 _C상을 기준

$$V_c = \frac{(a-1)Z_0 + (a - a^2)Z_2}{Z_0 + Z_1 + Z_2} E_a \le 1.3 E_a$$

다음 조건을 상기 식에 대입하면

$Z_0 = R_0 + jX_0$

$Z_1 = R_1 + jX_1 = jX_1 \quad (R_1 \ll X_1)$

$$Z_2 = R_2 + jX_2 = jX_1 \quad (R_1 \ll X_1, \quad X_1 = X_2 : \text{정지기이기 때문})$$

$$V_c = \frac{(a-1)(R_0 + jX_0) + (a-a^2)\, jX_1}{R_0 + jX_0 + j2X_1} E_a$$

$$= \frac{(a-1)\left(\dfrac{R_0}{X_1} + j\dfrac{X_0}{X_1}\right) + (a-a^2)\, j}{\dfrac{R_0}{X_1} + j\dfrac{X_0}{X_1} + j2} E_a \le 1.3E_a$$

2 유효접지 조건의 만족범위

$\dfrac{R_0}{X_1}$ 에 대한 $\dfrac{X_0}{X_1}$ 의 값을 그래프에 나타내면,

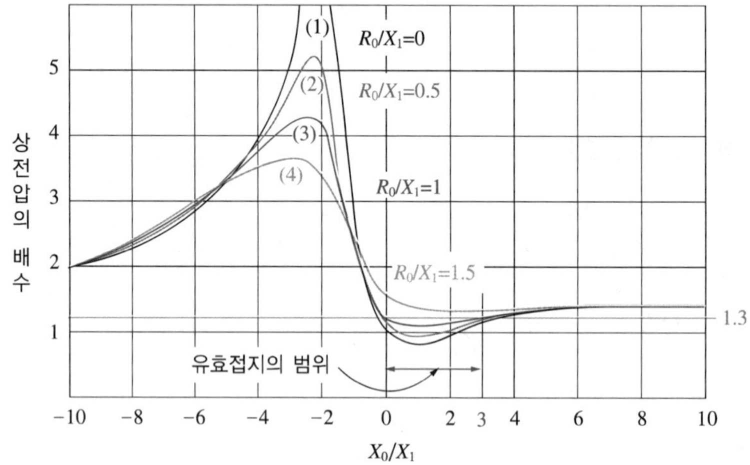

위 그래프에서 유효접지 조건은 $\dfrac{R_0}{X_1} \le 1$, $0 \le \dfrac{X_0}{X_1} \le 3$를 만족해야 한다.

176 IEC 60364-3 배전계통의 접지방식

1 문자의 의미

1) 첫 번째 문자

전력계통의 중성점(또는 한 상)과 대지의 관계

① **T** : 대지와 직접 연결(라틴어 Terra)
② **I** : 대지와 연결하지 않거나 고저항을 통해서 접지(Isolate)

2) 두 번째 문자

설비에 노출된 도전성 부분과 대지의 관계

① **T** : 노출된 도전성 부분을 직접 대지와 연결(Terra)
② **N** : 노출된 도전성 부분을 중성점에 연결(Neutral)

2 TN 계통방식

1) 정 의

TN 계통은 발전기 혹은 변압기의 중성점(N)을 접지하고 기기의 보호접지(Protective Earth)를 이 중성점과 같이 연결하는 방식

2) 분 류

TN 계통은 중성점(N)과 보호접지(PE)가 연결된 지점에 따라서 3가지로 나뉜다.

① **TN-S** : 보호접지(PE)와 중성점(N)은 변압기나 발전기 근처에서만 서로 연결되어 있고 전 구간에서 분리되어 있는 방식(Separate)
② **TN-C** : 보호접지(PE)와 중성점(N)은 전 구간에서 공통으로 사용됨. 거의 사용되지 않는 방식(Combined)
③ **TN-C-S** : 보호접지(PE)와 중성점(N)은 어느 구간까지는 같이 연결되어 있다가 특정구간(건물의 인입점 등)부터 분리된 방식. 중성선 다중접지 방식과 비슷하며 영국에서는 PME(Protective Multiple Earthing), 호주에서는 MEN(Multiple Earthed Neutral)이라고도 불림

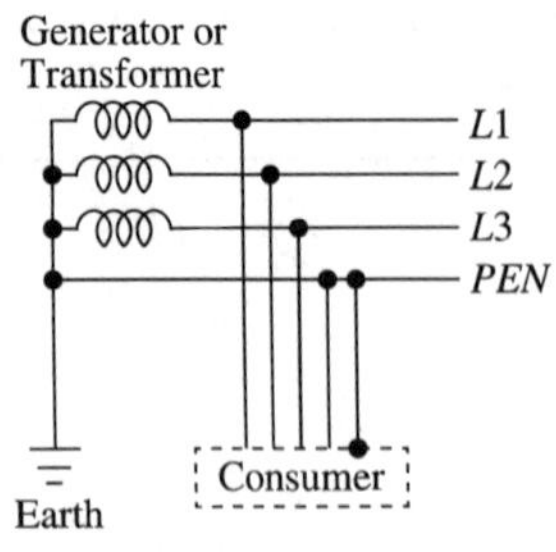

▌TN－C 방식

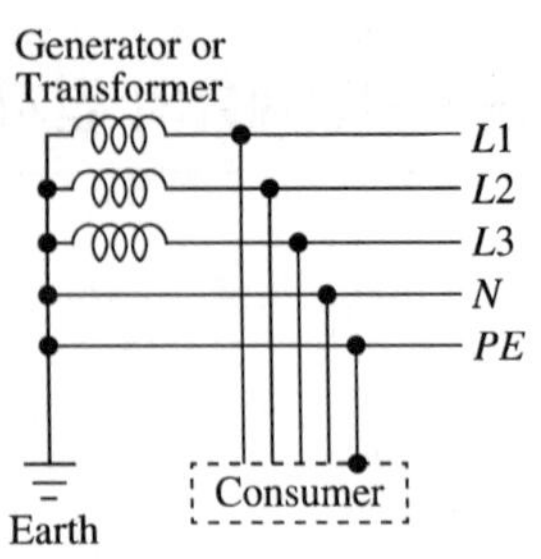

▌TN－S 방식

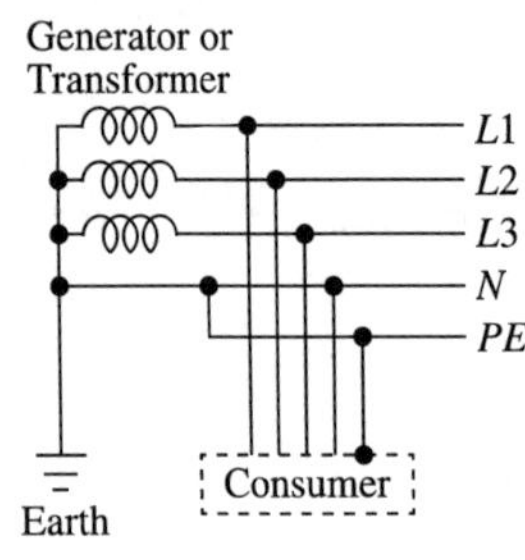

▌TN－C－S 방식

3) 지락보호 : 과전류차단기

3 TT 계통방식

1) 정 의

TT 계통은 발전기나 변압기의 접지극과는 별도로 각 수용가에서 접지극을 설치하여 접지하는 방식

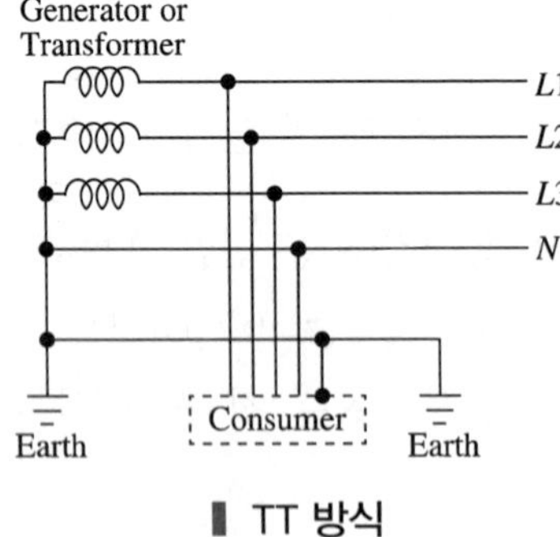

▌TT 방식

2) 특 징

① TN 계통에 비해 노이즈 신호 등의 유입을 차단할 수 있는 장점이 있다.

㉠ TN 계통은 여러 가지 전자기기들이 접지극을 공유함으로써 접지극을 통하여

노이즈 신호 등이 유입되어 다른 전자기기 등에 악영향을 끼칠 수 있다.

㉡ TT 계통은 접지극을 따로 설치하므로 노이즈 유입을 차단할 수 있다.

② **중성점 전위상승의 영향을 받지 않는다.**

㉠ TN 계통은 상불평형이나 중성선 단선으로 중성점 전위상승이 생긴다.

㉡ TT 방식은 영향을 받지 않고 전기기구의 함체와 대지 간 등 전위 유지가 가능한 장점이 있다.

③ 국내에서 많이 사용하는 방식이다.

TT 방식

접지공사의 종류	접지저항	접지선 굵기[mm^2]
제1종 접지공사	10[Ω] 이하	6 이상
제2종 접지공사	$150/I_g(300/I_g,\ 600/I_g)$	16 이상(6 이상)
제3종 접지공사	100[Ω] 이하	2.5 이상
특별 제3종 접지공사	10[Ω] 이하	2.5 이상

※ 1종 접지 : 고압 및 특고압의 전기기의 철대, 외함 등의 접지
※ 2종 접지 : 고압 및 특고압전로와 저압전로를 결합하는 변압기의 중성점 또는 단자 등의 접지
※ 3종 접지 : 300[V] 이하의 저압 전기기계 기구의 철대, 외함 등의 접지
※ 특별 3종 접지 : 300[V]를 초과하는 저압 전기기계 기구의 철대, 외함 등의 접지

3) 지락보호 : 과전류차단기 또는 ELB

4 IT방식

① **정의** : IT 계통은 전원이 접지되어 있지 않거나 높은 임피던스로 접지되며, 수용가에서는 별도의 접지극을 설치하는 방식

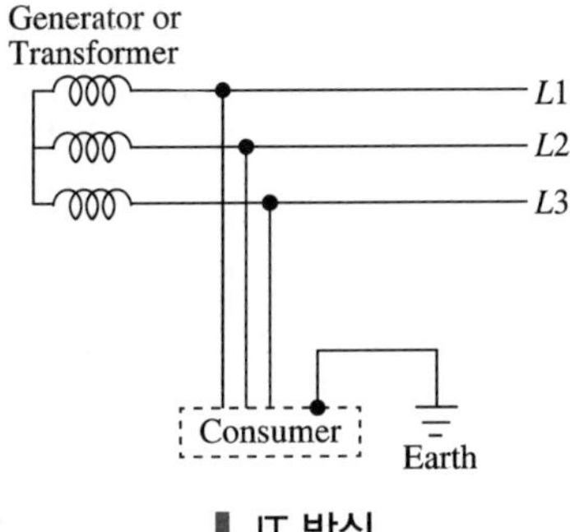

▌IT 방식

② **특징** : 1점 지락 시 기기의 프레임 접지저항 낮게 보호, 2점 지락 시 대책을 강구

177 PEN, PEM, PEL

1 PEN

Conductor for Both Protective Earthing Conductor and Neutral Conductor, 보호도체와 중성선을 겸한 도체

2 PEM

Conductor for Both Protective Earthing Conductor and Mid-point Conductor, 보호도체와 중간선 기능을 겸한 도체

3 PEL

Conductor for Both Protective Earthing Conductor and Line Conductor, 보호도체와 전압선을 겸한 도체

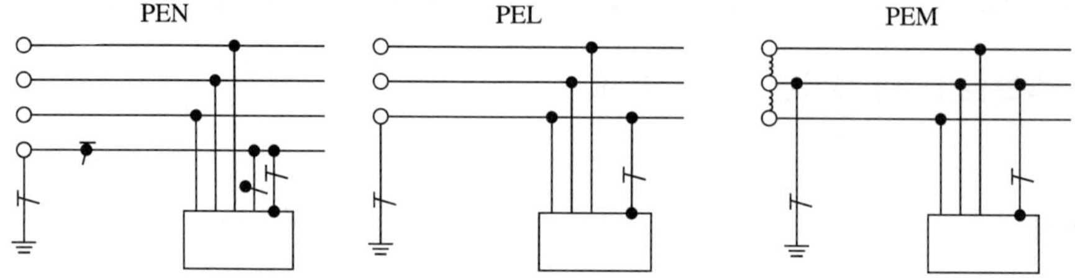

접지방식의 결정(형태에 따른)

178 단독접지와 공용접지

1 개 요

① 접지란 어떠한 전기적인 대상물을 대지에 낮은 저항으로 연결하는 것으로 이상전류 발생 시 대지로 방류시켜 인축 및 설비에 악영향을 방지하기 위한 설비이다.

② 접지설계는 토양특성을 검토하고 최대 고장전류를 결정하여 그것에 따른 소요 접지저항치를 결정, 접지방식을 선택을 한 다음 전위경도를 검토하고 인근 설비와의 검토 및 대책을 세워 나가는 일련의 과정을 통하여 접지를 설계한다.

③ 접지의 분류는 목적에 따른 분류, 공사에 따른 분류, 접속 형태에 따른 분류 및 접지공법별 분류로 구분되어지나 대표적인 접속 형태에 따른 분류로 설명하면 다음과 같다.

2 단독접지(독립접지)

1) 정 의

기기접지, 계통접지, 뇌보호접지를 분류하여 개별적으로 접지하는 것을 말한다.

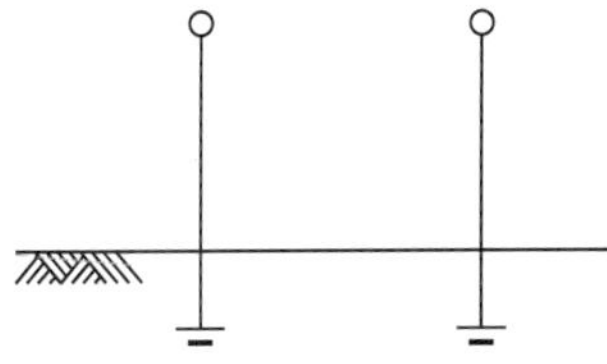

▌단독접지(독립접지)

2) 특 징

장 점	단 점
• 충분한 이격거리가 주어지면 다른 접지의 전위 영향을 주고받지 않는다. • 컴퓨터 등 전산기기의 정상 가동 목적이 크다. • 전로의 노이즈를 피할 수 있다.	• 제한된 면적에서 효과를 얻으려면 시공 시 어려움이 많다. • 접지저항값을 얻으려면 고가의 시설비가 필요하다.

3) 독립접지의 이격거리 영향요소

① 발생하는 접지전류의 최댓값
② 전위 상승의 허용값
③ 그 지점의 대지저항률

4) 적용장소

피뢰기, 피뢰침 설비, 통신용 설비

3 공용접지

1) 정 의

① 기기접지, 계통접지, 뇌보호접지를 1개소 혹은 여러 개소에 시공한 접지극에 개개의 설비를 모아서 접속하여 접지를 공용하는 설비를 말한다.
② 접지를 연접하는 것, 접지선을 한 점에 모으는 것, 건축 구조체에 접지선을 잇는 것 등이 있다.

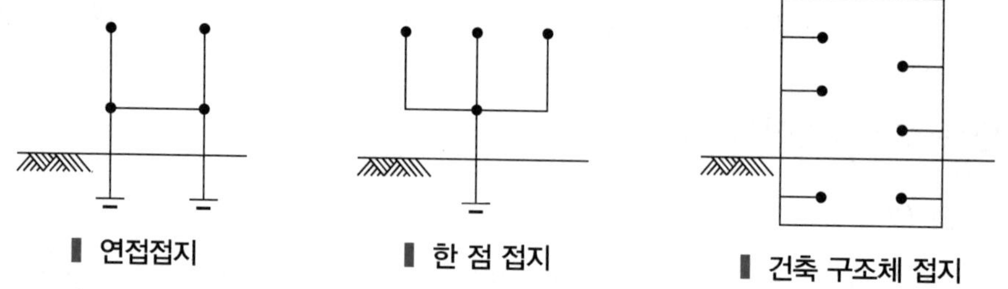

▌연접접지 ▌한 점 접지 ▌건축 구조체 접지

2) 특 징

장 점	단 점
• 합성저항의 저감 효과 • 접지극의 신뢰도 향상 • 접지극의 수량 감소 • 철근, 구조물 등을 연접하고 거대한 접지전극 효과	• 계통전압 이상 발생 시 유기전압 상승 • 다른 계통에 사고 파급 • 다른 기기 선로에 악영향

3) 적용 장소

① 3종 접지공사의 대부분 전기 설비기기
② 일반기기 및 제어반 등에 적용한다.

179 도심지 대형 건축물의 구조체 접지설계 시 검토사항

1 개 요

① 최근의 건축물의 고층화, 도심지 집중에 다른 접지공사 면적 확보의 어려움이 점점 증가하고 있다.
② 이러한 건축물에서는 접지저항 확보가 어려우므로 건물 구조체 접지에 대한 적용이 법제화되었고 앞으로 많은 연구가 진행될 거라고 생각한다.

2 접지 형태(접지전극)의 분류

1) 인공접지

① 봉형 접지전극의 병렬 배치
② 망상 접지전극 등 다른 종류의 접지전극을 조합하여 사용

2) 자연접지

건축물 구조체 및 금속제 수도관 등을 이용하여 대지에 매설된 도전성 물체를 접지전극으로 대용한 것

3 건축물 구조체 접지방식

1) 정 의

별도의 접지전극을 설치하지 않고 건축물 구조체의 일부인 철골, 철근을 접지전극으로 이용하는 설비이다.

2) 조 건

① 구조체는 반드시 도전성일 것
② 요구되는 접지저항값 이하일 것

3) 종 류

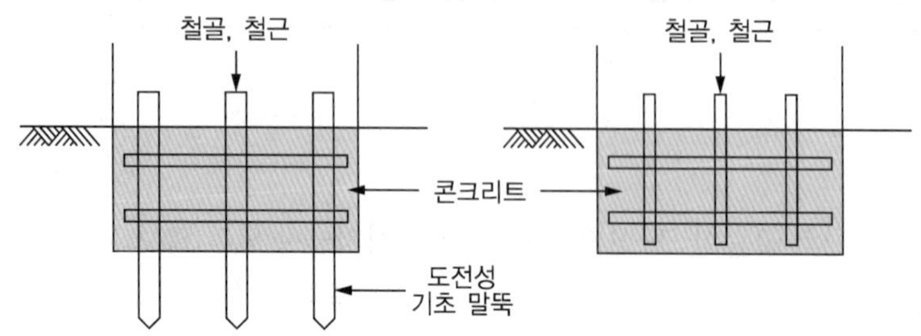

▌ 기초 말뚝이 대지에 매입된 경우 ▌ 기초 말뚝이 콘크리트에 매입된 경우

① 철골, 도전성 기초 말뚝이 대지에 매입된 경우

② 철골, 철근이 콘크리트에 매입된 경우

4) 콘크리트 전기저항률 영향인자

① 시멘트, 모래, 자갈의 배합비

② 흡수율

③ 수 질

④ 주위환경

⑤ 온도, 습도, 계절적 변동

5) 건축물 구조체 전기적 특성

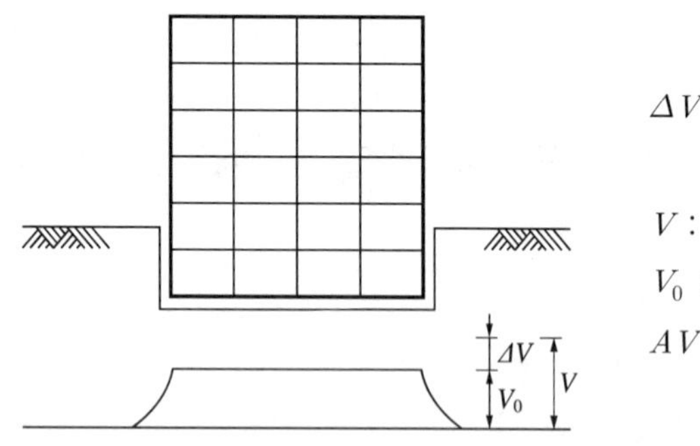

$\Delta V = V - V_0$

V : 낙뢰 시 대지전위 상승

V_0 : 빌딩의 전위 상승

ΔV : 외곽의 대지전위

▌ 건축물 구조체의 전기적 케이지와 전위 상승 개념

① **낙뢰가 건축물의 구조체에 입사한 경우** : 뇌격전류는 구조체를 통하여 대지로 흐른다.

② 구조체의 접지저항이 작으면 전위 상승도 낮아져 전위 상승의 파급이 없다.

③ 구조체 접지는 인공접지에 비해 접지저항값이 대단히 낮다.

④ 대지와의 접촉면적이 넓으므로 접지 임피던스도 낮은 고주파 영역에서도 양호한 전기적 특성을 가진다.

⑤ 도심지나 산간지역의 면적이 제한되어 있는 장소에서는 구조체 접지전극 활용이 바람직하다.

6) 건축물 구조체 접지저항 계산방법

① 등가표면적 치환법

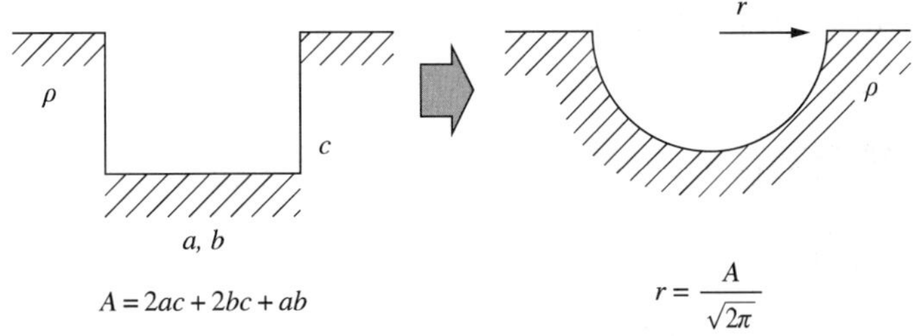

$$R=\frac{\rho}{2\pi r}=\frac{\rho}{\sqrt{2\pi A}}\,[\Omega]$$

② 등가 체적 치환법

㉠ 건축물의 지하구조를 반구형 접지극으로 간주하여 구하는 방식

㉡ 반구의 체적은

$$V=\frac{2}{3}\pi r^3\,[\mathrm{m}^3]$$

$$r=\sqrt[3]{\frac{3V}{2\pi}}=0.7816\times\sqrt[3]{V}\,[\mathrm{m}]$$

$$R=\frac{\rho}{2\pi r}=\frac{\rho}{2\pi\times0.7816\times\sqrt[3]{V}}=0.2\times\frac{\rho}{\sqrt[3]{V}}\,[\Omega]$$

$$V=(0.2\times\frac{\rho}{R})^3\,[\mathrm{m}^3]$$

(단, V : 구의 체적[m^3], r : 구의 반지름[m])

③ 형상계수법

㉠ 건축물의 지하구조의 형상계수를 이용하는 방법

㉡ 건축물 지하구조의 저항은

$$R=\frac{K\times\rho}{L}\,[\Omega]$$

여기서, L : 지하구조의 가로, 세로, 깊이 중 가장 긴 변[m]
K : 형상계수로서 깊이와 세로 비, 가로와 세로 비 등에 따라 결정되는 값 (0.15~0.45정도의 값)

④ **결 론**

㉠ 콘크리트에 매입된 기초접지극을 통한 접지저항 계산 시 간편한 계산법인 등가체적법을 주로 사용

㉡ 등가치환법에 의한 접지저항의 계산이 다른 계산방법에 비하여 다소 낮게 계산되므로 이를 고려해야 한다.

4 건축물 구조체 문제점

① 대규모 구조체의 접지저항 측정이 곤란
② 도심지에서 접지저항 실측이 불가능
③ 기초공사 전 접지공사로 공사 완료 후 저항값 측정 곤란
④ 대규모 접지저항 측정은 전위강하법 채용
⑤ 저항값이 작아 외부 영향을 받기 쉬우며 오차 발생 확률이 높다.
⑥ 이론적 추정값과 접지저항 추정값이 상당한 차이 발생

180 통합 · 공통접지방식

1 정 의

1) 공통접지

등전위가 형성되도록 고압 및 특고압 접지계통과 저압 접지계통을 공통으로 접지하는 방식

2) 통합접지

전기, 통신, 피뢰설비 등 모든 접지를 통합하여 접지하는 방식을 말하며, 건물 내의 사람이 접촉할 수 있는 모든 도전부가 등전위를 형성하여야 함

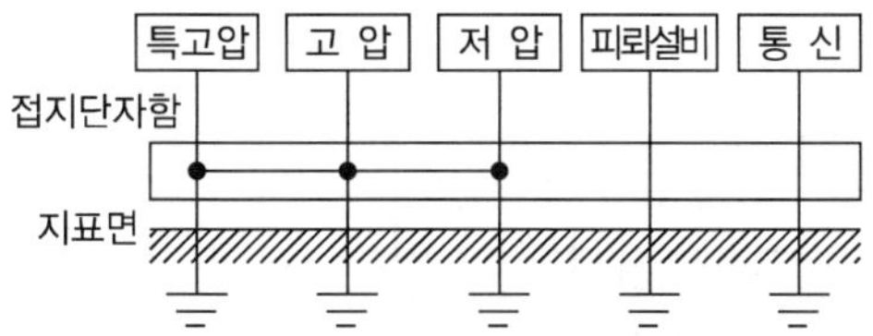

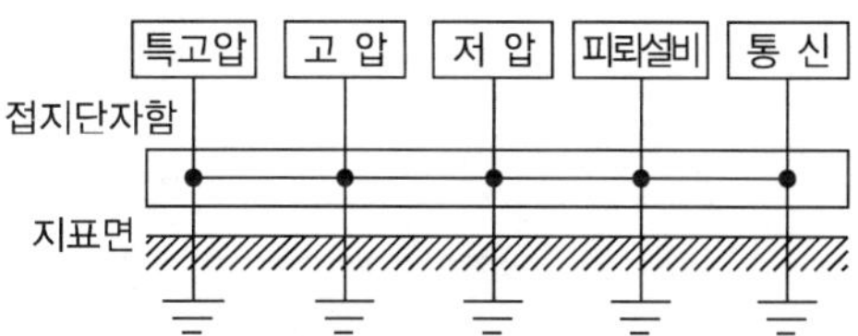

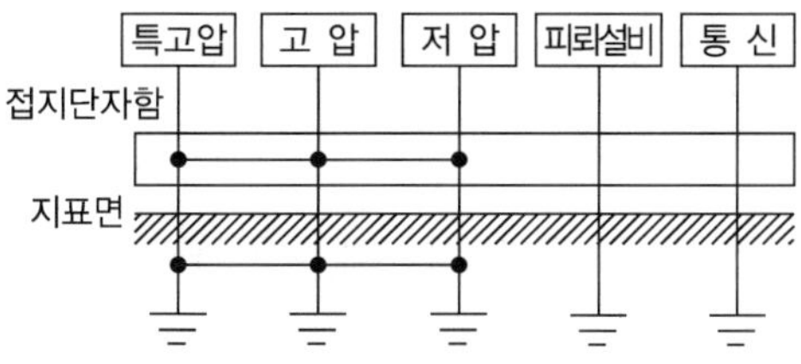

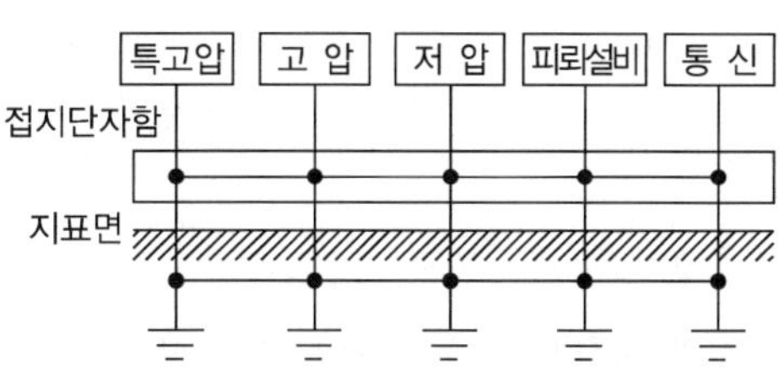

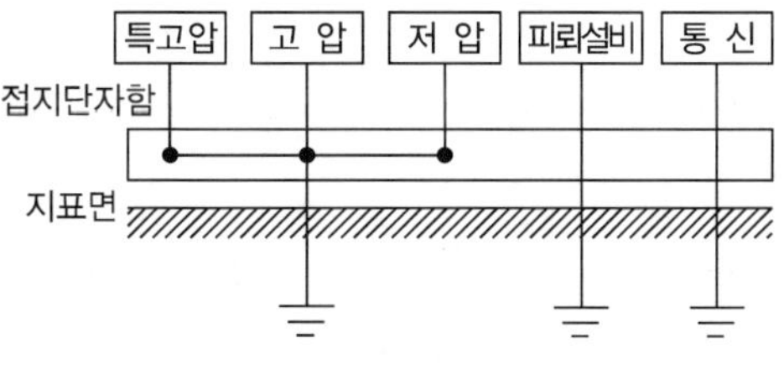

▌공통접지 예

▌통합접지 예

2 접지저항값

공사계획신고 설계도서(접지계산서 및 설계도)의 접지저항 값이 다음 중 어느 하나에 해당되는 경우에는 공통·통합 접지저항값으로 인정

① 특고압 계통 지락사고 시 발생하는 고장전압이 저압기기에 인가되어도 인체 안전에 영향을 미치지 않는 인체 허용 접촉전압값 이하가 되도록 한 접지저항값인 경우
② 통합접지방식으로 모든 도전부가 등전위를 형성하고 접지저항값이 10[Ω] 이하인 경우

3 공통·통합 접지저항값 검사

1) 공통·통합 접지저항 측정방법

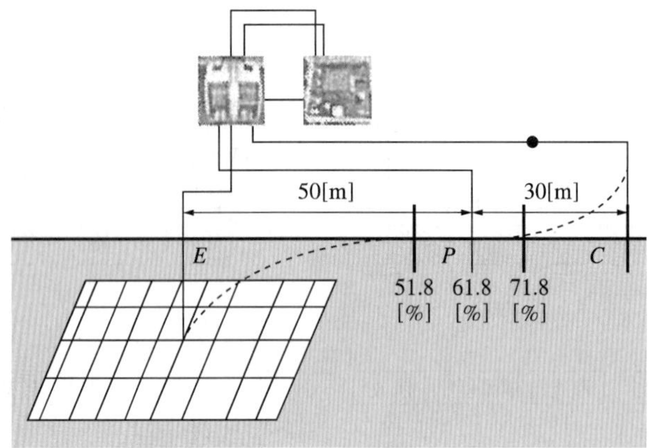

보조극(P, C)은 저항구역이 중첩되지 않도록 접지극 규모의 6.5배 이격하거나, 접지극과 전류보조극 간 80[m] 이상 이격하여 측정

2) 공통·통합접지 부분검사 실시

① 공사계획신고확인증에 공통·통합 접지공사에 대하여 접지공사 중이나 접지공사가 완료된 때 부분검사를 신청하도록 안내
② 부분검사(공통·통합 접지공사에 대한 중간검사)는 접지저항 또는 대지저항률을 측정하고 공통·통합 접지공사가 신고한 공사계획에 적합한지 확인
③ 부분검사를 받지 않고 전기수용설비 전체 공사가 완료된 후에 사용 전 검사를 신청하여 주변 여건으로 접지저항 측정이 어려운 경우에는 감리자료(접지저항 측정값, 대지저항률 측정값, 접지극 재료, 형상, 접속방법, 깊이 등)와 사진 등 증빙자료를 제출 받아 접지저항 측정검사 갈음

4 등전위 본딩 확인 및 전기적 연속성 측정법

① 공통·통합 접지공사를 하는 경우에는 사람이 접촉할 우려가 있는 범위(수평 방향 2.5[m], 높이 2.5[m])에 있는 모든 고정설비의 노출 도전성 부분 및 계통 외 도전성 부분은 등전위 본딩을 하여야 함(관련 근거 : 전기설비기술기준의 판단기준 '1. 전기설비' 제19조 제6항)

② 다음과 같은 등전위 본딩의 전기적 연속성을 측정한 전기저항값이 0.2[Ω] 이하일 것

㉠ 주접지단자와 계통 외 도전성 부분 간

㉡ 노출 도전성 부분 간, 노출 도전성 부분과 계통 외 도전성 부분 간

㉢ TT 계통인 경우 주 접지단자와 노출 도전성 부분 간

㉣ TN 계통인 경우 중성점과 노출 도전성 부분 간

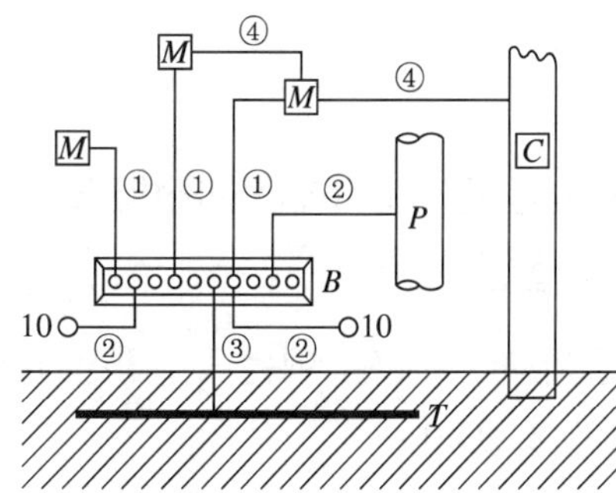

①: 보호도체(PE)
②: 주등전위 본딩용 전선
③: 접지선
④: 보조 등전위 본딩용 전선
M : 전기기기의 노출 도전성 부분
C : 철골, 금속덕트 등의 계통 외 도전성
B : 주접지단자
P : 수도관, 가스관 등 금속배관
T : 접지극
10 : 기타 기기
(예 정보통신 시스템, 뇌보호 시스템)

5 접지선 및 보호도체 및 등전위 본딩 도체 단면적

1) 접지선 및 보호도체 단면적

$S = \dfrac{\sqrt{I^2 t}}{k}$ 이상, 차단 시간 5초 이하에 적용

설비의 상도체 단면적 S[mm²]	보호도체 최소 단면적 S_P[mm²]
$S \leq 16$	S
$16 < S \leq 35$	16
$S > 35$	$S/2$

2) 등전위 본딩 도체

① 주등전위 본딩 도체 단면적

재 질	단면적[mm^2]	낙뢰보호계통을 포함하는 경우 단면적[mm^2]
구 리	6	16
알루미늄	16	25
강 철	50	50

② 보조 등전위 본딩 도체 단면적

구 분	기계적 보호 있음	기계적 보호 없음
전원케이블의 일부 또는 케이블 외함으로 구성되어 있지 않은 경우	2.5[mm^2/Cu] 16[mm^2/Al]	4[mm^2/Cu] 16[mm^2/Fe]

6 SPD 시설기준

1) 통합 접지계통의 건축물 내에 시설되는 저압 전기설비에는 과전압으로 인한 전기설비 보호를 위해 다음과 같이 SPD를 시설할 것

① 22.9[kV-Y] 계통으로 수전하는 건축물의 저압 배전반에는 공칭방전전류(I_n) 5~20[kA] 용량의 Ⅱ등급 이상 SPD를 시설할 것

② 분전반 등 기타 장소에는 그 장소에 적정한 SPD를 시설할 것(권장사항)

2) SPD 보호장치(MCCB, 누전차단기, 퓨즈 등) 시설기준

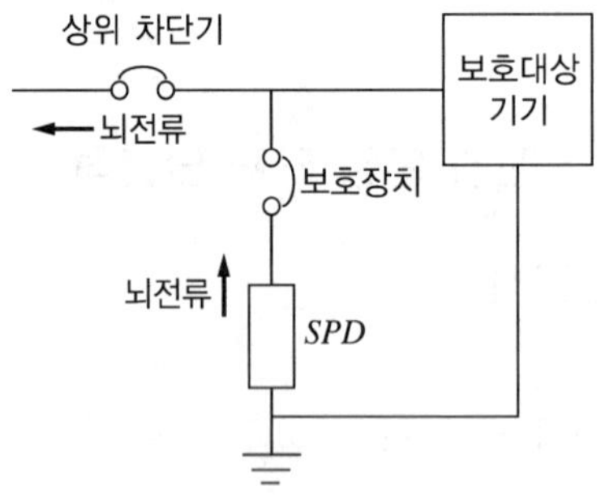

① 단락고장으로 상정되는 SPD에 흐르는 단락전류를 확실하게 차단할 수 있는 보호장치를 시설할 것

② Ⅰ등급 SPD용 보호장치의 정격은 일반적으로 대용량을 시설할 것

③ SPD를 누전차단기 부하 측에 설치하는 경우 SPD에 흐르는 전류로 누전차단기가 동작할 수 있으므로 임펄스 부동작형 누전차단기를 시설할 것
④ SPD를 누전차단기의 전원 측에 설치하는 경우에는 SPD가 고장을 일으킬 때 확실히 계통으로부터 분리할 수 있는 차단능력을 가진 보호장치를 시설할 것

3) SPD 연결도체 길이 및 접지선 단면적

① SPD 연결도체의 길이는 상전선에서 SPD와 SPD에서 주접지단자(또는 보호선)까지 50[cm] 이하일 것
② Ⅰ등급 SPD는 접지선 단면적이 16[mm^2](구리) 이상, 기타 SPD는 접지선 단면적이 4[mm^2](구리) 이상의 것으로 시설할 것

4) SPD는 국내외 표준에 따라 다음 중 어느 하나의 국내 공인시험기관의 인증제품 사용(권장사항)

① 산업표준화법에 따른 KS 표시제품
② 전기용품안전관리법에 따른 KC마크 임의 인증제품
③ 국가표준기본법에 따른 KAS 인증(예 V－체크마크)제품

7 TN 계통에서 전원 자동차단에 의한 감전보호방식

1) 과전류차단기에 의한 감전보호방식

고장루프 임피던스에서 고장전류를 확인하고, 과전류차단기의 보호조건(차단시간)을 확인하여 규정된 차단시간 내에 전원을 자동차단하는 전류－시간특성의 배선용 차단기를 시설할 것

2) 누전차단기에 의한 감전보호방식

① 콘센트 회로에 접속되는 코드 길이를 특별히 정할 수 없고 고장 임피던스 크기를 제시할 수 없는 경우에는 누전차단기에 의한 보호가 바람직함
② TN－C 계통에는 누전차단기(누전 전용)를 사용할 수 없음

③ TN-C-S 계통의 TN-S에서 누전차단기를 사용하는 경우에 기기 보호도체는 누전차단기 전원 측에 접속할 것. 또한 다음 그림의 C점에서 단락고장이 발생한 경우에 기기와 계통 외 도전성 부분 간에 접촉전압 U_t가 발생하기 때문에 계통 외 도전성 부분에는 주등전위 본딩을 할 필요가 있음

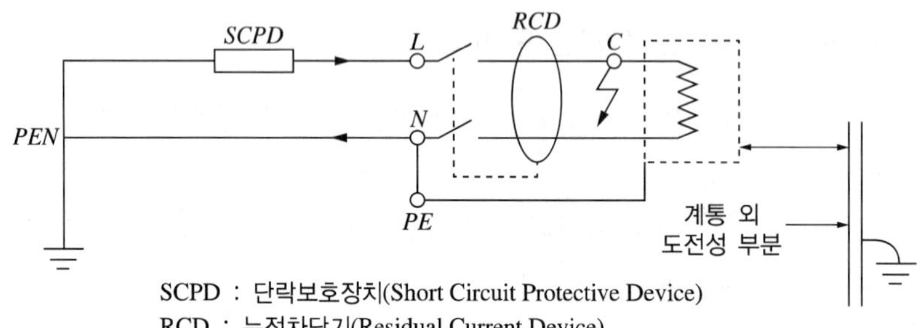

SCPD : 단락보호장치(Short Circuit Protective Device)
RCD : 누전차단기(Residual Current Device)

181 등전위 본딩(Equipotential Bonding)

1 개 요

① 등전위 본딩이란 건축물 내의 각종 도전성 부분 간을 접속하여 건축물을 하나의 등전위로 함으로써 전위차에 의해 발생될 수 있는 전기사고를 예방하기 위한 전기적 접속을 말한다.

② **IEEE(미국전기전자학회)**

㉠ 등전위를 이루기 위하여 도전성 부분을 전기적으로 연결하는 것

㉡ 전로를 형성시키기 위하여 금속부분을 연결하는 것

③ **등전위 본딩의 분류**

분 류	감전 보호용 (KSC IEC-60364)	뇌 보호용 (KSC IEC-62305)	기능용
대상설비	저압선로설비	피뢰설비	전자 · 통신설비
역 할	• 접촉전압 저감 • 계통 고장루프 임피던트 저감	• 과도전압 및 불꽃 방전 방지 • EMC 대책	• ERP(기준전위) 확보 • EMC 대책
종 류	주, 보조, 비접지 국부적 등전위 본딩	• LPS, SPM(LPMS)	• Star, Mesh, 조합형

2 등전위 본딩 설치대상

공통·통합 접지공사를 하는 경우 접촉할 우려가 있는 범위(수평방향 2.5[m], 높이 2.5[m])에 있는 모든 고정설비의 노출 도전성 부분 및 계통 외 도전성 부분

3 등전위 본딩의 개요

1) 개 요

노출 도전성 부분 상호 간, 노출 도전성 부분과 계통 외 도전성 부분 간 및 다른 계통의 도전성 부분 간을 실질적으로 등전위로 하는 전기적 접속을 말한다.

2) 역 할

① **저압전로설비** : 주로 감전보호
② **정보통신설비** : 주로 기능보증, 전위 기준점 확보, EMC 대책
③ **피뢰용(뇌보호)설비** : 주로 과전압 보호, 불꽃방전 방지, EMC 대책

3) 구 성

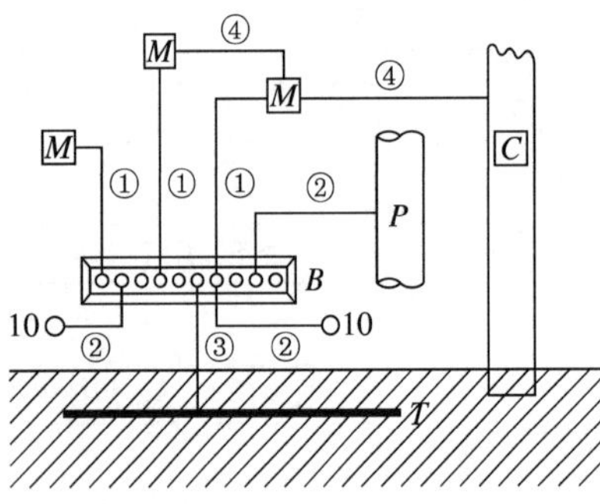

①: 보호도체(PE)
②: 주등전위 본딩용 전선
③: 접지선
④: 보조 등전위 본딩용 전선
M : 전기기기의 노출 도전성 부분
C : 철골, 금속덕트 등의 계통 외 도전성
B : 주접지단자
P : 수도관, 가스관 등 금속배관
T : 접지극
10 : 기타 기기
(예 정보통신 시스템, 뇌보호 시스템)

3 감전보호용 등전위 본딩

1) 정 의

① 동시 접근 가능한 도전성 부분 간 동시에 접촉하더라도 위험한 접촉전압이 발생되지 않게 하기 위한 도전성 부분 간의 전기적 접속

② 주 등전위 본딩, 보조 등전위 본딩, 비접지 등전위 본딩으로 구분

2) 주등전위 본딩

① 금속체 수도관, 가스관 등 계통 외 도전성 부분을 주접지단자에 접속 등전위 영역 형성
② 등전위 영역 내 노출 도전성 부분, 계통 외 도전성 부분 간의 접촉전압을 작게 하여 건물 내 모든 금속체 부분을 등전위하여 인체 감전 위험을 방지
③ 저압전로 설비에서 가장 중요

3) 보조 등전위 본딩

① 설비 또는 일부에서 자동차단 조건 불만족 시
② 동시에 접근 가능(Arm's Reach 내)한 고정설비의 노출 도전성 부분, 계통 외 도전성 부분 등을 접속하는 것

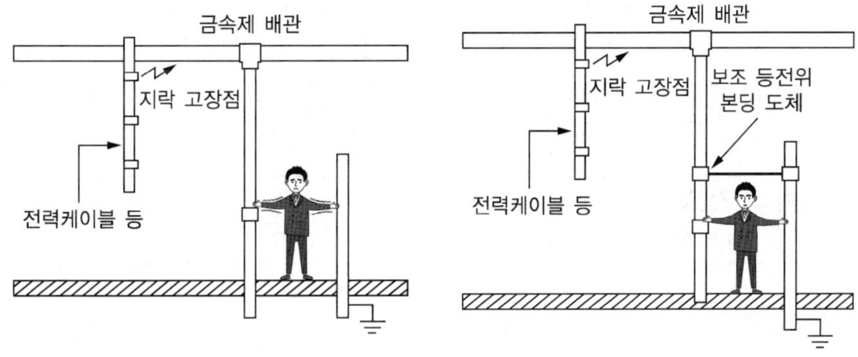

▌보조 등전위 본딩의 예

4) Earth Free(비접지) 등전위 본딩 국부적 등전위 본딩

① 전원 자동차단에 의한 보호가 불가능한 경우, 보호접지가 없는 경우 보호수단
② 대지 절연된 공간에서 동시에 접촉 가능한 노출 도전성 부분, 계통 외 도전성 부분 설치

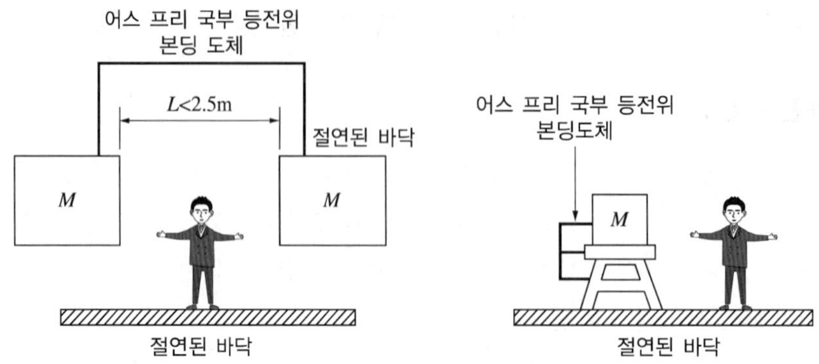

▌어스 프리 국부 등전위 본딩의 예

5) 저압 전원계통의 등전위 본딩

① TN 계통

㉠ 전기설비의 노출 도전부와 계통 외 도전부는 주등전위 본딩에 접속해야 한다.

㉡ 고장 시 전원의 자동차단 시간이 최종단 회로가 32[A] 이하인 경우 표에 규정된 시간을 넘거나 최종단 회로가 32[A]를 초과하는 회로 또는 분전반의 회로에서 5초를 넘는 경우 보조 등전위 본딩을 해야 한다.

공칭대지전압(V)	$50 < V_0 \leq 120$	$120 < V_0 \leq 230$	$230 < V_0 \leq 400$	$400 < V_0$
차단시간(초)	0.8	0.4	0.2	0.1

② TT 계통

㉠ 전기설비의 노출 도전부 및 계통 외 도전부는 전기적으로 접속하고 접지해야 한다.

㉡ 동일한 보호장치에 의해 총괄적으로 보호하는 모든 노출 도전부를 공통의 접지 전극에 보호도체로 접속해야 한다.

㉢ 분기회로 차단기의 정격전류가 32[A] 이하인 경우 고장 시 전원의 자동차단 시간이 표에 규정된 시간을 초과하거나 분기회로 차단기의 정격전류가 32[A]를 초과 또는 분전반의 회로에서 최대 차단시간이 1초를 넘는 경우 보조 등전위 본딩을 해야 한다.

공칭 대지전압(V)	$50 < V_0 \leq 120$	$120 < V_0 \leq 230$	$230 < V_0 \leq 400$	$400 > V_0$
차단시간(초)	0.3	0.2	0.07	0.04

4 피뢰등전위 본딩

1) 피뢰등전위 본딩

① 등전위화

㉠ 구조물 금속부분

㉡ 금속제 설비

㉢ 내부 시스템

㉣ 구조물에 접속된 외부 도전성 부분과 선로

② 등전위 본딩 상호 접속

㉠ 자연적 구성부재를 통한 본딩

㉡ 전기적 연속성이 제공되지 않는 장소의 경우 : 본딩도체

㉢ 본딩도체로 직접 접속이 적합하지 않은 장소 : SPD

㉣ 본딩도체로 직접 접속이 허용되지 않는 장소 : ISG(절연방전갭)

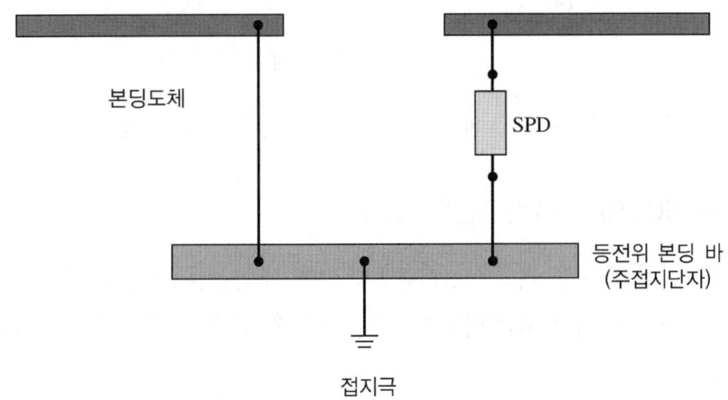

2) 금속제 설비에 대한 피뢰등전위 본딩

① 피보호 구조물과 분리된 외부 피뢰시스템의 경우

피뢰등전위 본딩을 지표면에만 설치

② 피보호 구조물과 접속된 외부 피뢰시스템의 경우

㉠ 지하 부분이나 지표면 부근의 장소

㉡ 본딩용 도체는 쉽게 점검할 수 있도록 설치

㉢ 본딩용 바는 접지 시스템에 접속

㉣ 대형 건축물(높이 20[m] 이상)에서는 두 개 이상의 본딩용 바를 설치

㉤ 절연 요구조건이 충족되지 않은 장소의 피뢰등전위 본딩 접속은 곧게 연결

③ **본딩도체의 최소 단면적**

㉠ 뇌전류 대부분을 흘리는 본딩도체 Cu:16 Al:25 Fe:50

㉡ 뇌전류 일부를 흘리는 본딩도체 Cu:6 Al:10 Fe:16

3) 외부 도전성 부분에 대한 피뢰등전위 본딩

① 외부 도전부는 보호대상 건축물의 인입구 근방에 등전위 본딩

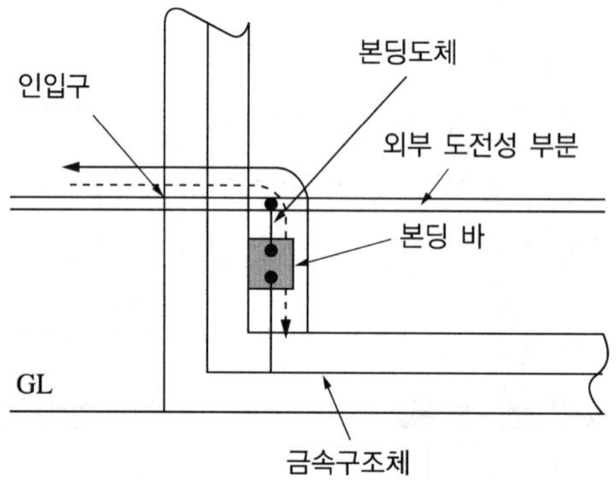

② 본딩도체는 외부 도전부에 흐르는 뇌격전류에 견디는 굵기

4) 내부시스템에 대한 피뢰등전위 본딩

① 피뢰등전위 본딩은 반드시 금속제 설비에 대한 피뢰등전위 본딩에 따라 시설

② 내부시스템 도체가 차폐되어 있거나 금속관 내에 배선된 경우 : 차폐층과 금속관을 본딩

③ 내부시스템도체가 차폐되어 있거나 금속관 내에 배선되지 않은 경우 : 내부시스템 도체는 SPD로 본딩

④ TN계통에서 PE, PEN은 피뢰시스템에 본딩

5) 피보호 구조물에 접속된 선로에 대한 피뢰등전위 본딩(인입설비)

① 전원선과 통신선은 외부 도전성 부분에 대한 피뢰등전위 본딩에 따라 시설

② 각 선의 도체는 본딩

③ 충전선은 SPD를 통해 본딩 바에 접속

④ TN 계통에서 PE, PEN은 본딩 바에 접속

⑤ 본딩 바는 접지시스템에 접속

⑥ 전원선이나 통신선이 차폐되어 있거나 금속관 내에 배선된 경우

㉠ 차폐층과 금속관을 본딩

㉡ 케이블 차폐층과 금속관의 등전위본딩은 구조물 인입점 근방에서 해야 함

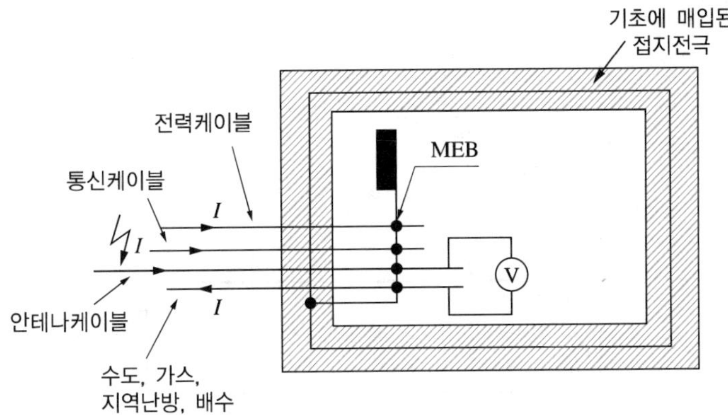

5 전기전자 시스템의 등전위 본딩(=기능용 등전위 본딩)

1) 접지와 본딩의 목적

① 낙뢰 또는 개폐 과도과전압으로 전기전자 시스템의 전위 기준점 확보가 목적

② 전자시스템의 보호를 위한 접지와 본딩을 설치

2) 접지본딩 시설

① EMC(전자파 양립성)와 밀접하게 관계

② 일반적으로 5[m]의 메시폭을 가진 3차원 구조물처럼 구성

③ 구조물과 구조물 내부 금속체의 다중 접속이 필요

3) 피뢰구역 경계에서의 본딩

① LEMP가 전기전자 시스템에 영향을 미치지 않도록 한다.

② LPZ를 설정하고 LPMS을 시설

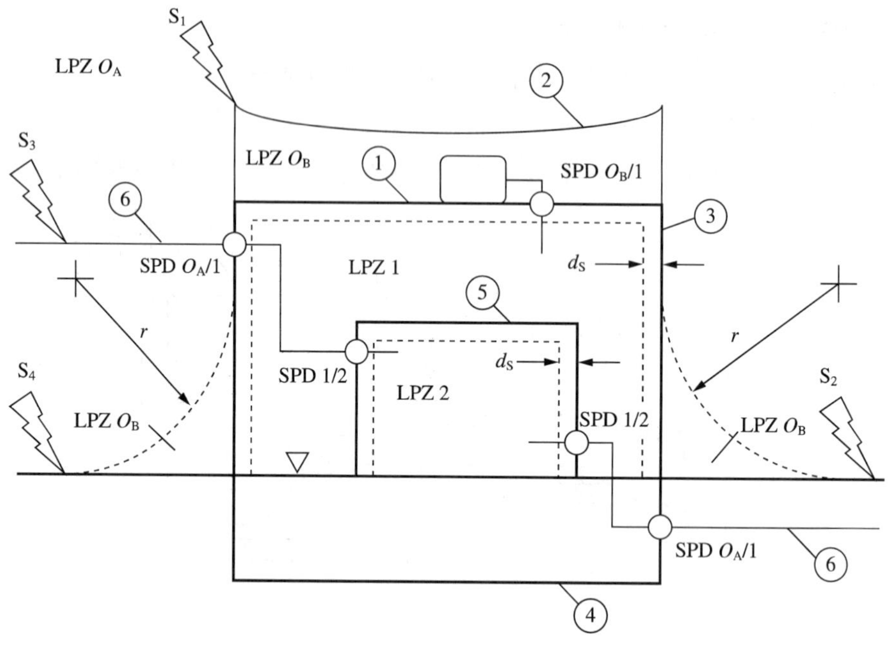

① 구조물(LPZ 1의 차폐)
② 수뢰부시스템
③ 인하도선시스템
④ 접지시스템
⑤ 방(LPZ 2의 차폐)
⑥ 구조물에 접속된 인입설비
▽ 대지표면
○ SPD에 의한 뇌등전위본딩

S_1 구조물 뇌격
S_2 구조물 근처 뇌격
S_3 구조물에 접속된 인입설비 뇌격
S_4 구조물에 접속된 인입설비 근처 뇌격
r 회전구체 반지름
d_s 매우 강한 자계에 대한 안전거리

4) 기능용 등전위본딩 시스템이 적용되는 기기 및 설비

① 접지귀로가 있는 데이터 통신기기 및 데이터 처리설비
② 건축물 내부의 정보통신에 사용되는 직류전원의 공급망
③ 전화 자동교환설비, LAN 설비
④ 화재경보시스템 및 침입경보시스템

5) 전원계통의 전자기적 영향

① TN-C 계통

부하불평형 시 PEN에 전류가 흐르기 때문에 전자계 영향에 민감한 설비는 피한다.

② TN-S 계통

전위차가 발생하지 않아 적합한 방식이다.

6) 본딩망

① 본딩도체는 50[mm^2]의 동도체(KS C IEC 603464-5-548, 상용주파수)

② 전위차를 최소로 하고 본딩망을 서로 접속하여 접지시스템과 등전위 본딩을 구축

③ 스타형, 메시형이 기본형

구 분	방사형(스타형)	메시형
특 징	• 1점에 집중시켜 등전위화 • 외부 잡음이 없다. • 보수점검이 용이 • 등전위화가 어렵다. • 직류전원의 기기의 경우 유효	• 기기를 서로 연결하여 면적에 의한 등전위화 • 외부 잡음 영향 • 접지계가 복잡함 • 등전위화가 쉽다.
기본계	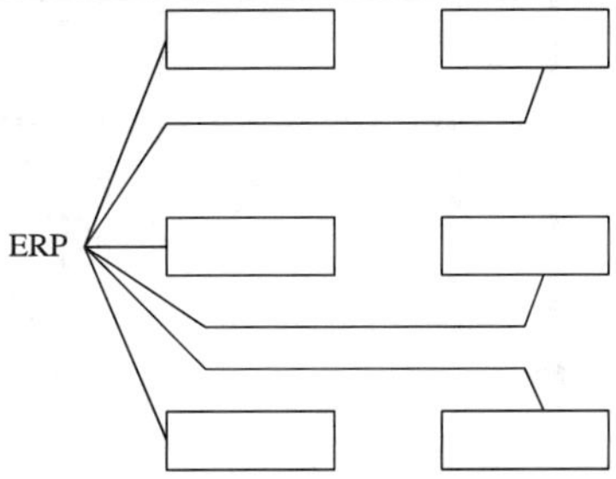 ERP	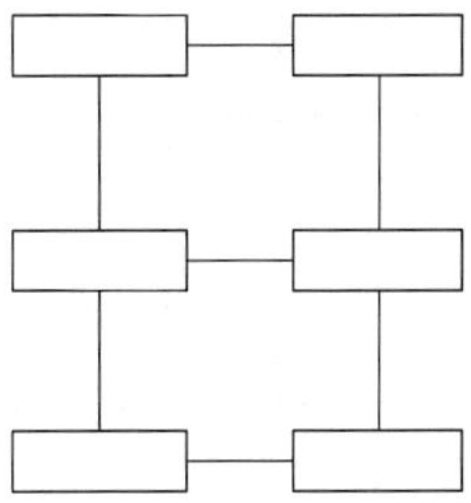
통합 본딩망	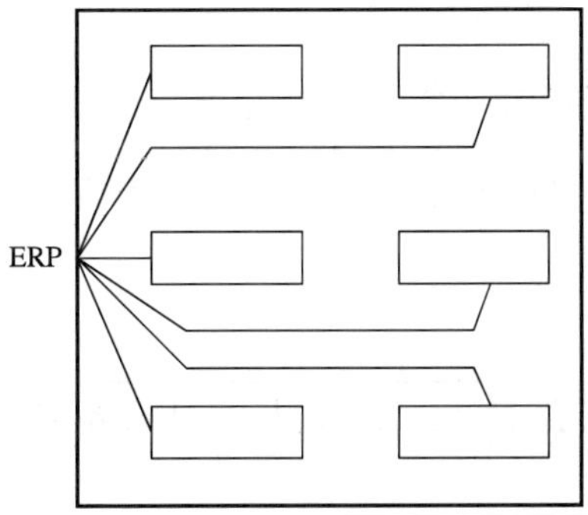 ERP	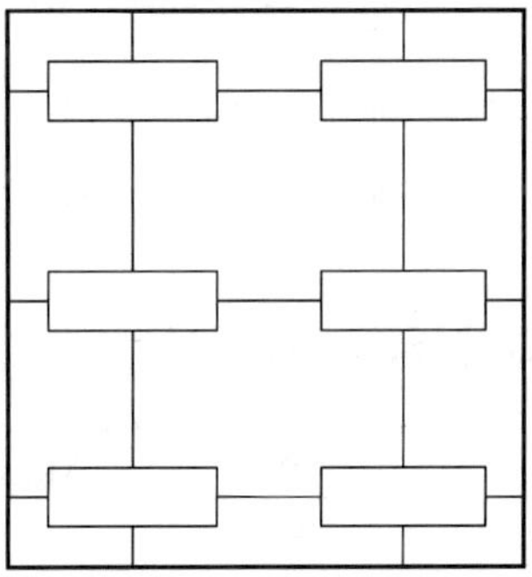

7) 등전위 본딩을 위한 구조물 보강봉을 이용한 방식

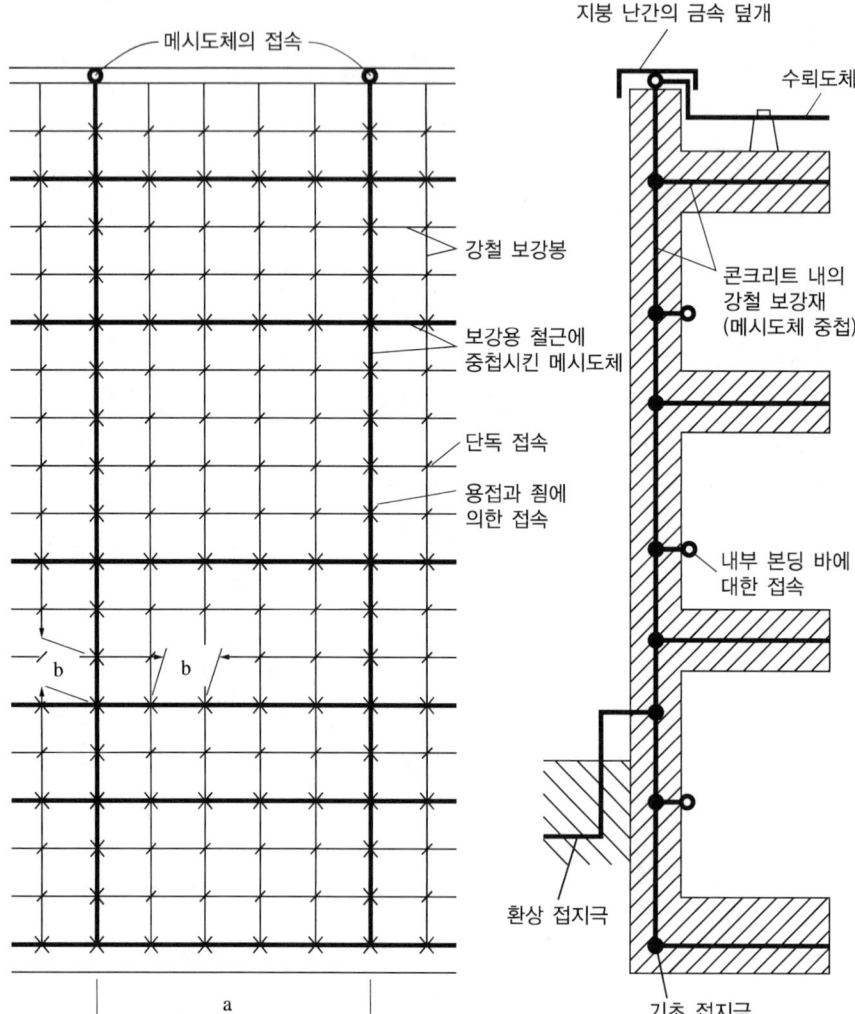

메시도체의 접속
강철 보강봉
보강용 철근에
중첩시킨 메시도체
단독 접속
용접과 죔에
의한 접속
b
b
a
지붕 난간의 금속 덮개
수뢰도체
콘크리트 내의
강철 보강재
(메시도체 중첩)
내부 본딩 바에
대한 접속
환상 접지극
기초 접지극

a : 메시도체를 중첩시키는 5[m]의 전형적인 거리

b : 메시도체를 보강재에 접속하는 1[m]의 전형적인 거리

8) 본딩용 도체 선정

재 질	뇌전류 일부를 흘리는 본딩도체	뇌전류 대부분을 흘리는 본딩도체
동	6[mm^2]	16[mm^2]
알루미늄	10[mm^2]	25[mm^2]
철	16[mm^2]	50[mm^2]

9) 기준접지 바

① 본딩은 낮은 임피던스로 가장 짧은 경로를 통해 접지시스템에 접속

② 기준접지 바는 내식성을 가지며 안전하게 전류를 흘릴 수 있어야 한다.

182 접지선, 접지봉

1 접지선

1) 선정 시 고려사항

① 전류용량
② 기계적 강도
③ 내구성
④ 계통접지와 공용접지하는 경우 전원 측 차단기와의 협조
⑤ 단락전류 통전 시 열축적
⑥ 접지선의 온도 상승

2) 접지선 굵기 산정방법

① 국내 산정방법

㉠ 온도 상승 및 전류에 의한 접지선 굵기(내선규정)

$$\theta = 0.008\left(\frac{I}{A}\right)^2 t$$

여기서, θ : 동선의 온도 상승[℃]
I : 통전전류[A]
A : 전선의 단면적[mm^2]
t : 통전시간[s]

- 통전전류 I 의 조건 : 전원 측 과전류차단기 정격전류의 20배
- t 의 조건 : 20배의 전류를 0.1초 이내 자동차단
- 동선의 온도 상승 $\theta = 130$[℃]
  접지선 기저온도 : 30[℃]
  접지선의 최고 온도 : 160[℃]
- 온도 상승 및 전류용량에 의한 접지선 굵기

$$\theta = 0.008\left(\frac{I}{A}\right)^2 t \quad \rightarrow \quad 130 = 0.008\left(\frac{20\,I_n}{A}\right)^2 \times 0.1$$

$$\therefore\ A = 0.049\,I_n$$

㉡ 나동선의 굵기 산정

$$A = \sqrt{\frac{8.5 \times 10^{-6} \times t}{\log_{10}\left(\frac{T}{274}+1\right)}} \times I_s\ [\mathrm{mm}^2]$$

여기서, t : 고장시간[s]

I_s : 고장전류[A]

T : 접지선 용단에 대한 최고 허용온도 상승

㉢ IV전선 : $A = 9.4 I_s \sqrt{t}$ 단, I_s[kA]

㉣ 피뢰기 접지선 : $A = \frac{\sqrt{t}}{282} \times I_s\ [\mathrm{mm}^2]$

㉤ 접지공사에 따른 접지선의 굵기

구 분	접지선의 굵기
제1종 접지공사	6[mm^2] 이상
제2종 접지공사	16[mm^2] 이상(고압 및 특고압 가공전선로와 전로와 저압전로를 변압기에 의해 결합 시 6[mm^2] 이상)
제3종 접지공사	2.5[mm^2] 이상
특별 제3종 접지공사	

② ANSI/IEEE 80

$$A = I \sqrt{\frac{\frac{t_c\, \alpha_r\, \rho_r \times 10^4}{TCAP}}{\ln\left[1+\left(\frac{k_o + T_m}{k_o + T_a}\right)\right]}}$$

여기서, A : 도체 단면적[mm^2]

I : 접지도체에 흐르는 전류[kA]

t_c : 전류 통전시간, 고장 지속시간

α_r : 기준온도 20[℃]에서의 저항온도계수

ρ_r : 기준온도 20[℃]에서의 도체의 고유저항[$\mu\Omega$/cm^3]

α_o : 기준온도 0[℃]에서의 저항온도계수

$TCAP$: 열용량계수[J/cm^3 · ℃]

K_o : $1/\alpha_o$ 또는 $(1/\alpha_r) - T_r$[℃]

T_a : 주위온도[℃]

T_m : 최대 허용온도[℃]

③ IEC 60364-5-54

$$A = \frac{I\sqrt{t_c}}{k}$$

여기서, A : 도체 단면적[mm^2]

t_c : 전류 통전시간, 고장 지속시간[s]

k : 접지도체 재질(GV 50°, BC 120°)

I : 접지도체의 흐르는 전류[A], 최대 1선 지락전류[kA]

3) 설치기준

① 접지선은 지하 75[cm] 이상의 깊이에 매설할 것

② 접지선을 철주, 기타의 금속체를 따라서 시설하는 경우 접지극을 철주의 밑면으로부터 30[cm] 이상의 깊이에 매설하는 경우 이외에는 접지극을 지중에서 금속체로부터 1[m] 이상 떼어 매설할 것

③ 접지선에는 절연전선, 캡타이어 케이블 또는 케이블을 사용할 것

④ 접지선의 지하 75[cm]로부터 지표상 2[m]까지의 부분을 합성수지관 또는 이와 동등 이상의 절연효력 및 강도를 가지는 몰드로 덮을 것

⑤ 접지선과 접지전극의 접속은 부식에 주의

⑥ 접지선의 길이를 가능한 짧게 함

⑦ 접지선은 녹색을 표시

⑧ 접지선에서 접지전극 사이에 접지 시험단자 설치, 유지 보수 시 접지저항 측정에 용이하도록 설치

2 접지극

1) 선정 시 고려사항

① 부식되지 않는 재료

② 접지전극과 접지선의 확실한 접속

③ 매설깊이 75[cm] 이상

2) 설치장소

물기가 있고 가스, 산 따위로 부식이 생기지 않는 장소

3) 크 기

① **동봉** : 직경 8[mm] 이상, 길이 0.9[m] 이상

② **동판** : 두께 0.7[mm] 이상, 면적 900[m^2] 이상

4) 매설방법

① 수평매설

② 수직매설

5) 설치기준

① 매설 장소는 토질이 균일한 장소, 습기가 많은 장소, 가스 및 산 등에 의해 부식 염려가 없는 장소에 설치

② 접지선을 지중에서 금속체로부터 1[m] 이상 이격하여 매설

③ 매설 깊이는 75[cm] 이상으로 하되 동결층 초과 깊이로 한다.

④ 시설 후 관리상 접지전극의 위치를 표시하는 것이 바람직

⑤ 접지전극(주전극) 외에 보조 접지극(추정용)을 설치하여 접지저항 측정 시 편리하도록 할 것

183 서지 침입 시 접지극의 과도현상과 대책

1 주파수에 따른 접지극 특성

1) 상용주파 영역

단순한 저항으로 해석

2) 고주파 영역

리액턴스의 영향이 크기 때문에 임피던스로 해석

3) 접지 임피던스

① 접지 임피던스 $= \dfrac{\text{접지극에 걸리는 전압}}{\text{접지극에 흐르는 전류}}$

② 접지 임피던스는 접지극의 형상, 포설방식, 포설면적 등에 따라 달라진다.

③ 접지 임피던스는 서지의 전류파형 및 대지저항률에 따라 달라진다.

2 서지 침입 시 접지극의 특성

1) 서지파형의 특성

① 서지 침입 시 대지전위는 수 [μs] 동안 급격히 증가 후 서서히 감소

② $\dfrac{dv}{dt}$, $\dfrac{di}{dt}$가 상승 시에 매우 크다.

2) 서지의 파형이 접지 임피던스에 미치는 영향

① 정전용량이 큰 경우 $I_c = C\dfrac{dv}{dt}$ [A]

→ 순간적인 대전류가 흐른다.

② 유도성 리액턴스가 큰 경우 $e = -L\dfrac{di}{dt}$ [V]

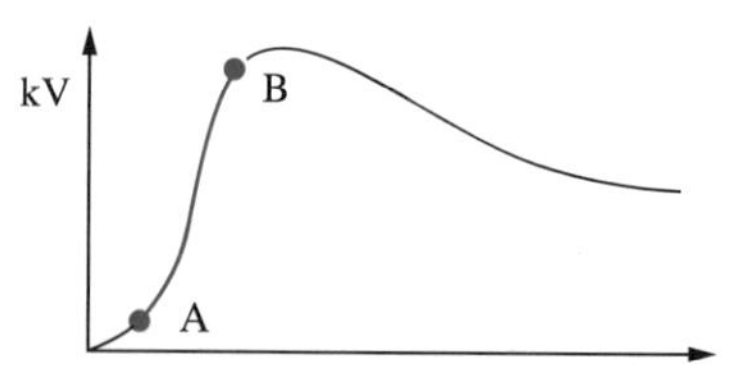

→ 역기전력이 커짐 → 전류를 방해 → 접지극의 임피던스가 매우 커진다.
(상기의 이유로 피뢰침의 인하도선은 금속관에 넣지 않는다)

3 접지전극의 과도현상에 대한 대책

① 서지임피던스를 감소시켜서 과도접지전위 상승을 억제하는 것이 주안점

② 망상접지극 : 유효거리 내 면적이 넓을수록 임피던스가 감소

③ 주접지망의 서지 유입점 근처에 보조 접지망 설치

㉠ 보조 접지망은 주접지망과 같거나 더 굵은 것을 사용

㉡ 보조 접지망은 망상보다 방사상으로 하는 것이 효과적임

㉢ 간격은 좁을수록 효과적임

㉣ 보조 접지망의 반경은 대지저항률이 클수록 넓게 한다.

대지저항률	100[Ωm]	500[Ωm]	1,000[Ωm]
보조망의 반경	10[m]	20[m]	40[m]

전위경도 계산

184 접촉전압과 보폭전압

1 개 요

① 접지설계는 토양특성을 검토하고 최대 고장전류를 결정하여 그것에 따른 소요 접지 저항치를 결정, 접지방식을 선택한 다음 전위경도를 검토하고 인근 설비와의 검토 및 대책을 세워 나가는 일련의 과정을 통하여 접지를 설계한다.

② 고장전류에 대한 인체에 접촉 및 보폭에 의한 접촉 시 어떠한 영향을 미치는가를 검토하는 장이다.

2 접지설계

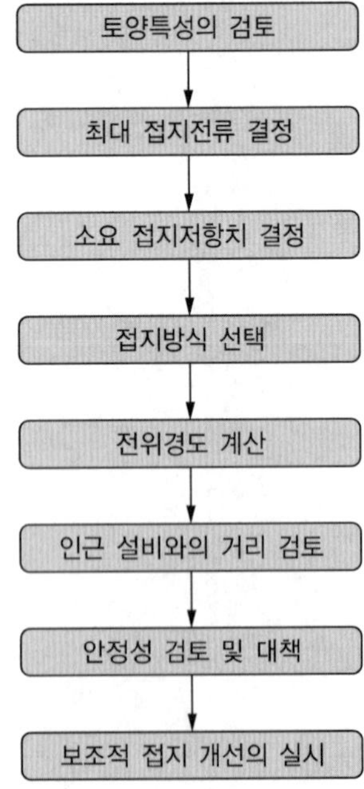

3 인체의 저항 및 감전 시 인체의 생리적 현상

1) 인체의 저항

① 인체의 피부저항은 약 3,000[Ω] 정도이며, 인가전압이 높아지면 약 500[Ω]으로 감소하기도 한다.

② 피부의 습기 정도에 따라 피부저항은 크게 변화하는데 피부가 땀에 젖은 경우는 건조한 경우에 비해서 1/12 정도, 물에 젖은 경우는 1/25 정도 감소하고, 접촉면적에 따라서도 피부저항은 감소한다.

2) 인체의 생리적 현상

구 분	전류범위	현 상
감지전류	1[mA]	전압 인가 시 단지 자극만을 느끼며 전기가 통하는 것을 감지할 수 있는 정도의 전류
가수전류	7~8[mA]	전압 인가 시 자력으로 충전부로부터 인체를 이탈시킬 수 있는 한계 범위
불수전류	10~15[mA]	전압 인가 시 근육 경련현상으로 자력으로 이탈할 수 없게 된다.
심실세동 전류	50~100[mA]	전압 인가 시 심장이 맥동을 하지 못하고 불규칙적으로 세동하여 혈액의 순환이 곤란해진다.

※ 가수전류 : 이탈전류 또는 고통한계 전류, 불수전류 : 교착전류 또는 마비한계 전류

4 전위경도

1) 접촉전압

① **정 의**

㉠ 사람이 대지 위에 서서 대지전위가 상승된 기기 외함에 접촉했을 때 사람의 발과 손 사이에 발생하는 전압

㉡ 건축물과 대지 간 길이는 1[m]의 전위차

② **접촉전압(낮음)**

$$E_{touch\ 70kg} = I_i\left(R_h + R_b + \frac{R_f}{2}\right) = \frac{157 + 0.24\rho_s}{\sqrt{t}}$$

여기서, E_{touch} : 접촉전압[V], I_i : 몸통으로 흐르는 전류,
R_h : 접촉된 팔의 저항, R_b : 몸의 저항,
R_f : 다리에 걸려 있는 저항, ρ_s : 대지 고유 저항,
t : 통전시간[s]

③ 접촉전압의 종류로는 일반적으로 허용접촉전압과 위험접촉전압으로 구분되며 우리나라에서는 허용접촉전압의 한계치를 별도로 규정하고 있지 않으나, 독일은 65[V], 스위스 50[V], 영국에서는 40[V]로 정하고 있다.

2) 보폭전압

① **정 의**

㉠ 접지전극 부근의 지표면에 생기는 전위차로서 인체에 걸리는 전위차는 지표면상에 사람이 발로 접근할 수 있는 2점 간(보통 1[m])의 전위차의 최대치를 말한다.
㉡ 접지전극 부근 대지면 두 점 간의 길이 1[m]의 전위차를 말한다.

② **보폭전압**

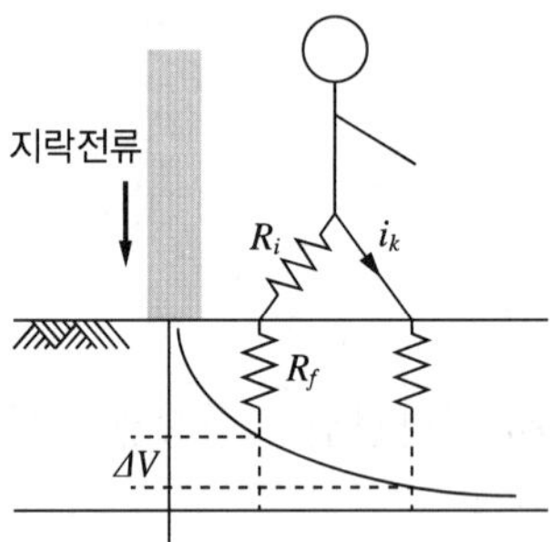

$$E_{step\ 70kg} = I_k(2R_f + R_b) = \frac{157 + 0.94\rho_s}{\sqrt{t}}$$

여기서, E_{step} : 보폭전압[V], I_k : 몸통으로 흐르는 전류[A]
R_f : 다리에 걸리는 저항, R_b : 몸통에 걸리는 저항
ρ_s : 토양의 고유저항, t : 인체에 흐르는 시간[s]

5 대 책

1) 전위경도 감소

① 접지극을 깊게 매설한다.

② 접지극을 병직렬로 많이 연결한다.

③ 망형 접지극을 사용하고 접지망의 밀도를 높고 넓게 포설한다.

④ 고장전류를 제한하기 위하여 직접접지보다는 중성점 저항접지방식의 채택이나 한류리액터 설치 등을 고려한다.

2) 접촉저항 증가

① 작업자가 쉽게 접촉할 우려가 있는 설비의 표면을 절연하고 작업면에 절연체를 포설하여 접촉저항을 최대한으로 증가하는 것이 필요하다.

② 변전소의 경우 대지면의 접촉저항을 증가시키기 위하여 부지의 표면을 자갈로 포설하거나 아스팔트 포장을 실시할 수 있으며 구내의 배수처리를 철저하게 함으로써 습기가 차지 않도록 조치한다.

185 허용 접촉전압과 허용 보폭전압의 식과 산출 근거

1 50[kg] 기준 허용 접촉전압, 보폭전압

$$R_b = 1{,}000,\quad R_f = 3\,C_s\,\rho_s$$

$$E_{step} \le (R_b + 2\,R_f) \times \frac{0.116}{\sqrt{t}} = (1{,}000 + 6\,C_s\,\rho_s) \times \frac{0.116}{\sqrt{t}}$$

$$= \frac{116 + 0.696\,C_s\,\rho_s}{\sqrt{t}}\,[\mathrm{V}]$$

$$E_{touch} \le (R_b + \frac{R_f}{2}) \times \frac{0.116}{\sqrt{t}} = (1{,}000 + 1.5\,C_s\,\rho_s) \times \frac{0.116}{\sqrt{t}}$$

$$= \frac{116 + 0.174\,C_s\,\rho_s}{\sqrt{t}}\,[\mathrm{V}]$$

여기서, E_{touch} : 접촉전압

E_{step} : 보폭전압

R_f : 한쪽 발의 저항

R_b : 접촉저항

C_s : 표토층 두께, 반사계수, 표토층 대지저항률 등에 결정되는 요소

ρ_s : 대지표면 고유저항률

2 70[kg] 기준 허용 접촉전압, 보폭전압

$$R_b = 1{,}000\quad R_f = 3\,C_s\,\rho_s$$

$$E_{step} \le (R_b + 2\,R_f) \times \frac{0.157}{\sqrt{t}} = (1{,}000 + 6\,C_s\,\rho_s) \times \frac{0.157}{\sqrt{t}}$$

$$= \frac{157 + 0.94\,C_s\,\rho_s}{\sqrt{t}}\,[\mathrm{V}]$$

$$E_{touch} \le \left(R_b + \frac{R_f}{2}\right) \times \frac{0.157}{\sqrt{t}} = (1{,}000 + 1.5\,C_s\rho_s) \times \frac{0.157}{\sqrt{t}}$$

$$= \frac{157 + 0.24\,C_s\rho_s}{\sqrt{t}}\,[\mathrm{V}]$$

접지의 실제

186 병원 접지시스템

1 개 요

① 최근 ME 기기들의 급속한 증가로 ME 기기의 접지에 대한 철저한 대책이 요구된다.

② 의료설비는 일반 전기설비와 달리 누설전류가 0.1[mA] 이하인 값으로 접지방법과 개소 선정이 제한되어야 한다.

③ 여기에서는 병원 접지의 법적 기준, 일반 건축물과의 비교 설계 시 고려사항에 대해 알아 보겠다.

2 병원과 일반 건축물과의 비교

분 류	병 원	일반 건축물
누설전류 원인	외부 도체의 정전용량	기기고장이나 절연물의 열화
누설전류 크기	0.1[mA] 이하	수십 [mA] 이상
누설전류 발생 시	환자는 마취 체력 저하로 치명적	위험경보 처리 가능

3 의료설비의 감전

1) 의료설비의 감전 메커니즘

① 누설전류

보통 기기는 절연물 열화에 의한 누설전류가 흐르나 의료기기의 마이크로 쇼크나 매크로 쇼크는 잘 절연된 정상기기라도 외부도체의 정전용량 때문에 누설전류를 야기시킨다.

② **감 전**

㉠ 일반적 통상적인 감전은 심장에서 떨어져 있고 스스로 위험을 제거할 수 있다.

㉡ 의료설비의 감전은 심장의 지근에 있어 미약한 전류에도 심실세동의 위험이 있고, 환자의 체력이 쇠약하고 마취 등으로 부자유스러워서 치명적인 결과 초래

2) 감전의 종류

① **마이크로 쇼크**(Micro Shock)

㉠ 전류의 유입, 유출점의 어느 한쪽이 심근에 접하거나 가까운 거리에 있는 경우의 쇼크

㉡ 최소 감지전류=수 10[μA] 채용 전류값

② **매크로 쇼크**(Macro Shock)

㉠ 수술자, 환자, 보조원에게 누설전류가 심리적 악영향을 주고 2차적 장해를 일으킬 수 있는 전류의 쇼크

㉡ 최소 감지전류=1[μA]로 설정

③ **감지전류**

인체에 흐르는 전류가 1[mA]를 초과하면 자극 감지

④ **경련전류**

도체를 잡은 상태에서 전류를 증가시키면 5~20[mA] 영역에서 경련이 일어나고 도체를 놓을 수 없는 상태

⑤ **심실세동전류**

㉠ 인체에 통과전류가 수 10[mA]에 달하고, 경과시간이 길면 심장의 경련을 일으켜 심장이 멈추는 전류치

㉡ 50[mA]로 수초에 발생하고, 100[mA]에는 즉시 발생할 수 있는 값이다.

4 의료용 접지

1) 등전위 접지

① Micro Shock에 대한 안전대책

② **환자의 점유장소** : 수평 2.5[m], 바닥 높이 2.5[m]

③ **접지 개소** : 표면적 0.02[m^2] 이상, 길이 20~30[cm] 이상의 수도관, 금속관 등

2) 보호접지

① Macro Shock에 대한 안전대책
② 의료기기, 전기기기, 금속제 외함에 행하는 접지
③ 대개 0.1[Ω]의 전기저항으로 규정한다.

3) 정전기 방지용 접지

① 마찰 등에 의한 정전기 축적 방지
② 등전위 접지와 병행
③ **접지 개소** : 수술대, 환자용 승강기의 Push Button

4) 잡음 방지용 접지

① **정 의**

내・외부의 강한 전계 침입으로 인하여 기록 측정, 검사장해, 통신기기 장해로 인한 기능 저하를 막기 위한 접지

② **종 류**

전자실드룸	• 수동차폐 : 외부로부터 도래하는 전자파가 실내로 침입하는 것을 방지하는 차폐 • 능동차폐 : 실내에서 발생하는 전자파가 외부로 누출되는 것을 방지하는 차폐
실드 종류	• 전자실드 : 자계를 발생하여 유기하는 발생체로부터 잡음을 실드하는 방법 • 정전실드 : 정전기를 유기하는 전하로부터 영향을 실드
잡음방지용 접지의 종류	• 전자기기의 차폐, 외함접지 • 변압기나 안정기 철심의 접지 • 전자기기의 전원회로에 적용된 필터의 접지 • 도전성의 모든 물체와 장치를 서로 접속하여 접지

③ **접지개소**

심전도실, 뇌파 검사실, 초음파실 등

5 수술용 접지

1) 비접지 배선

① **수술실 전원** : 절연변압기를 통해 공급, 지락전류 제한(정전 예방)

② **절연 변압기** : 단상 250[V] 2선식 10[kVA]

③ **절연 감시 장치** : 임피던스를 계측 및 감시, 표시등과 경보장치 구비, 누설전류 5[mA], 절연저항 50[kΩ] 시 경보

2) 도전성 접지

① 수술실에 유기될 수 있는 누설전류 및 정전기를 신속 방류

② 금속망 설치 간격 최소 30[cm] 이하, 동판 두께 0.2[mm] 이하, 동선 굵기 1.6[mm] 이상

3) Shield 차폐

① 내외부의 강한 전계 침입에 의한 ME기기 기능 저하 방지

② 뇌파실, MRI실 등

6 전격에 대한 인체의 반응

Micro Shock	Macro Shock	감지전류	경련전류	심실세동전류
10[μA]	0.1[μA]	1[mA]	10[mA]	50[mA]에서 수초
심장 지근거리	심장 원거리	자극을 느낌	근육 부자유	심장 경련 멈춤

7 병원 접지대상 부하

의료실	의료용 접지		비접지
	보호접지	등전위 접지	
흉부수술실, 심장검사실	○	○	○
집중치료실	○	○	△
흉부 이외 수술실	○	△	○
중환자실, 회복실, 분만실	○	△	△
진통실, 일반 병실	○	×	×

8 의료장소의 접지시설 기준

1) 적용범위

환자와 의료진의 안전을 도모하기 위하여 의료장소의 저압설비에 적용한다. 주로 종합병원, 개인 병원과 치과, 건강관리소와 작업장 내 의료실에 해당된다.

2) 의료장소별 접지계통 시설

① 의료장소의 구분

㉠ **구역 0** : 일반병실, 진찰실, 검사실, 처치실, 재활치료실 등 장착부를 사용하지 않는 의료장소는 구역 0으로 구분한다.

㉡ **구역 1** : 분만실, MRI실, X선 검사실, 회복실, 구급처치실, 인공투석실, 내시경실 등 장착부를 환자의 신체 외부 또는 심장 부위를 제외한 환자의 신체 내부에 삽입시켜 사용하는 의료장소는 구역 1로 구분한다.

㉢ **구역 2** : 관상동맥질환 처치실(심장카테터실), 심혈관조영실, 중환자실(집중치료실), 마취실, 수술실, 회복실 등 장착부를 환자의 심장 부위에 삽입 또는 접촉시켜 사용하는 의료장소는 구역 2로 구분한다.

② 의료장소별로 접지계통

㉠ 구역 0은 TT 계통 또는 TN 계통을 적용할 것

㉡ 구역 1은 TT 계통 또는 TN 계통을 적용할 것. 다만, 전원 자동차단에 의한 보호가 의료행위에 중대한 지장을 초래할 우려가 있는 의료용 전기기기를 사용하는 회로에는 의료 IT 계통을 적용할 수 있다.

㉢ 구역 2는 의료 IT 계통을 적용할 것. 다만, 이동식 X-ray 장치, 정격출력이 5[kVA] 이상인 대형 기기용 회로, 생명유지장치가 아닌 일반 의료용 전기기기에 전력을 공급하는 회로 등에는 TT 계통 또는 TN 계통을 적용할 수 있다.

㉣ 의료장소에 TN 계통을 적용할 때는 주배전반 이후의 부하계통에서는 TN-C 계통으로 시설하지 말 것

3) 의료장소의 보호설비 시설

① 구역 1 및 구역 2의 의료 IT 계통

㉠ 전원 측에 이중 또는 강화절연을 한 의료설비용 절연변압기를 다음과 같이 시설하고 그 2차 측 전로는 접지하지 말 것

- 의료설비용 절연변압기는 함 속에 설치하여 충전부가 노출되지 않도록 하고 의료장소의 내부 또는 가까운 외부에 설치할 것
- 의료용 단상 또는 3상(상전압) 절연변압기의 2차 측 정격전압은 교류 250[V] 이하로 하며 정격출력은 3[kVA] 이상 10[kVA] 이하로 할 것
- 3상 부하에 대한 전력 공급이 요구되는 경우 의료용 3상 절연변압기를 사용할 것
- 의료설비용 절연변압기의 과부하 및 온도를 지속적으로 감시하는 장치를 적절한 장소에 설치할 것

㉡ 의료 IT 계통의 절연 상태를 계측 또는 감시하는 장치

- 의료 IT 계통의 절연저항을 계측 또는 지시하는 절연감시장치를 시설하여 절연저항이 50[kΩ] 이하일 경우 표시되고, 음향설비로 경보를 발하도록 할 것
- 위의 표시설비 및 음향설비는 적절한 장소에 시설하여 의료진에 의하여 지속적으로 감시될 수 있도록 할 것
- 위의 표시설비는 정지시키거나 차단시킬 수 없는 구조이어야 하며, 정상일 때는 녹색, 절연저항 또는 누설전류가 위에 규정된 값에 도달할 때는 황색 또는 적색으로 표시되도록 할 것
- 수술실 등의 내부에 설치되는 위의 음향설비가 의료행위에 지장을 줄 우려가 있는 경우는 경보를 정지시킬 수 있는 구조일 것

㉢ 의료 IT계통의 분전반은 의료장소의 내부 혹은 가까운 외부에 시설하여야 한다.

㉣ 의료 IT 계통에 접속되는 콘센트는 TT 계통 또는 TN 계통에 접속되는 콘센트와 혼용을 방지하기 위하여 적절하게 구분 표시하여야 한다.

② **구역 1과 구역 2의 의료장소에서 교류 125[V] 이하 콘센트를 사용하는 경우는 KS C 8329에 따른 의료용 콘센트를 사용하여야 한다.**

③ **구역 1과 구역 2의 의료장소에서 무영등 등을 특별저압(SELV 또는 PELV) 회로로 시설하는 경우의 공칭전압은 교류 실횻값 25[V] 또는 직류 비맥동 60[V] 이하로 하여야 한다.**

4) 누전차단기 시설

의료장소의 저압전로에는 인체 감전보호용 누전차단기(정격 감도전류 30[mA] 이하, 동작시간 0.03초 이내)를 설치할 것

① 의료 IT 계통의 전로

② TT 계통 또는 TN 계통에서 전원 자동차단에 의한 보호가 의료행위에 중대한 지장을 초래할 우려가 있는 회로에 누전경보기를 시설하는 경우
③ 의료장소의 바닥으로부터 2.5[m]를 초과하는 높이에 설치된 조명기구의 전원회로
④ 건조한 장소에 설치하는 의료용 전기기기의 전원회로

5) 의료장소의 의료용 전기기기 접지시설

① 의료장소마다 그 내부 또는 근처에 주접지단자를 설치할 것
② 의료장소 내에서 사용하는 모든 저압설비 및 의료용 전기기기의 노출 도전부는 보호선에 의하여 주접지단자에 다음과 같이 각각 접속할 것
　㉠ 콘센트 및 의료용 전기기기의 접지단자 보호선은 주접지단자에 직접 접속할 것
③ 구역 2의 의료장소에서 환자환경(환자가 점유하는 장소로부터 수평 방향 2.5[m], 의료장소의 바닥으로부터 2.5[m] 높이 이내의 범위) 내에 있는 계통 외 도전부와 저압설비 및 의료용 전기기기의 노출 도전부, 전자기장해(EMI) 차폐선, 도전성 바닥 등은 다음과 같이 등전위 접속을 할 것
　㉠ 계통 외 도전부와 저압설비 및 의료용 전기기기의 노출 도전부 상호 간을 접속한 후 이를 주접지단자에 접속할 것
　㉡ 한 명의 환자에 대한 환자환경 내의 등전위 접속에 사용하는 주접지단자는 동일한 것을 사용한다. 다만, 계통 외 도전성 부분으로서 표면적이 0.02[m^2] 이하인 것은 등전위 접속을 하지 않아도 된다.
　㉢ 등전위 접속선은 ㉡의 보호선과 동일 규격 이상의 것으로 선정할 것

▌ 의료장소의 바닥 위 2.5[m] 이내의 범위

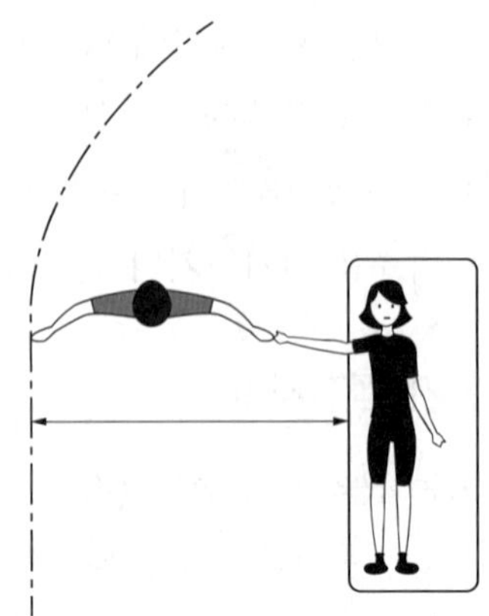

▌환자가 점유하는 장소로부터 수평거리 2.5[m] 이내의 범위

④ 접지선은 다음과 같이 시설하여야 한다.

㉠ 주접지단자에 접속된 접지선의 단면적은 보호선 중 가장 큰 것 이상으로 할 것

㉡ 철골, 철근 콘크리트 건물에서는 철골 또는 2조 이상의 주 철근을 접지선의 일부분으로 활용할 수 있다.

⑤ 보호선, 등전위 접속선 및 접지선은 450/750[V] 일반용 단심 비닐절연전선으로 절연체의 색은 녹/황색의 줄무늬 또는 녹색의 것을 사용할 것

6) 의료장소의 비상전원시설

상용전원 공급이 중단될 경우 의료행위에 중대한 지장을 초래할 우려가 있는 저압설비 및 의료용 전기기기는 다음 표에 따라 비상전원을 시설하여야 한다.

비상전원 분류

구 분	비상전원 시설		
	절환시간 0.5초 이하	절환시간 0.5초 초과 15초 이하	절환시간 15초 초과
저압설비 및 의료용 전기기기	생명유지장치 또는 구역 1 및 구역 2 의료장소의 수술등, 내시경, 수술실 테이블, 기타 필수 조명	생명유지장치 또는 구역 2의 의료장소에 최소 50[%]의 조명, 구역 1의 의료장소에 최소 1개의 조명	병원 기능을 유지하기 위한 기본 작업에 필요한 조명 또는 그 밖의 병원 기능을 유지하기 위하여 중요한 기기 및 설비

187 의료장소의 전기설비의 시설

1 의료장소의 구분(=의료용 전기기기의 장착부의 사용방법에 따라 구분)

① 일반병실, 진찰실, 검사실, 처치실, 재활치료실 등 장착부를 사용하지 않는 의료장소 : 그룹 0

② 분만실, MRI실, X선 검사실, 회복실, 구급처치실, 인공투석실, 내시경실 등 장착부를 환자의 신체 외부 또는 심장 부위를 제외한 환자의 신체 내부에 삽입시켜 사용하는 의료장소 : 그룹 1

③ 관상동맥질환 처치실(심장카테터실), 심혈관조영실, 중환자실(집중치료실), 마취실, 수술실, 회복실 등 장착부를 환자의 심장 부위에 삽입 또는 접촉시켜 사용하는 의료장소 : 그룹 2

2 의료 장소별 접지계통

① **그룹 0** : TT 계통 또는 TN 계통

② **그룹 1** : TT 계통 또는 TN 계통. 다만, 전원자동차단에 의한 보호가 의료행위에 중대한 지장을 초래할 우려가 있는 의료용 전기기기를 사용하는 회로에는 의료 IT 계통을 적용할 수 있다.

③ **그룹 2** : 의료 IT 계통. 다만, 이동식 X-레이 장치, 정격출력이 5[kVA] 이상인 대형 기기용 회로, 생명유지 장치가 아닌 일반 의료용 전기기기에 전력을 공급하는 회로 등에는 TT 계통 또는 TN 계통을 적용할 수 있다.

④ 의료장소에 TN 계통을 적용할 때에는 주배전반 이후의 부하 계통에서는 TN-C 계통으로 시설하여서는 안 된다.

3 의료장소의 안전을 위한 보소설비

1) 그룹 1 및 그룹 2의 의료 IT 계통은 다음과 같이 시설할 것.

① 전원 측에 KS C IEC 61558-2-15에 따라 이중 또는 강화절연을 한 비단락 보증 절연변압기를 설치하고 그 2차 측 전로는 접지하지 않아야 한다.

② 의료용 절연변압기는 함 속에 설치하여 충전부가 노출되지 않도록 하고 의료장소의 내부 또는 가까운 외부에 설치하여야 한다.

③ 의료용 절연변압기의 2차 측 정격전압은 교류 250[V] 이하로 하며 공급방식 및 정격출력은 단상 2선식, 10[kVA] 이하로 하여야 한다.

④ 3상 부하에 대한 전력공급이 요구되는 경우 의료용 3상 절연변압기를 사용하여야 한다.

⑤ 의료용 절연변압기의 과부하 및 온도를 지속적으로 감시하는 장치를 적절한 장소에 설치하여야 한다.

⑥ 의료 IT 계통의 절연상태를 지속적으로 계측, 감시하는 장치를 다음과 같이 설치하여야 한다.

㉠ KS C IEC 60364-7-710에 따라 의료 IT 계통의 절연저항을 계측, 지시하는 절연감시장치를 설치하여 절연저항이 50[kΩ]까지 감소하면 표시설비 및 음향설비로 경보를 발하도록 하여야 한다.

㉡ 의료 IT계통에서 절연감시장치와 절연고장 위치 탐지장치를 설치하는 경우에는 KS C IEC 61557-8, KS C IEC 61557-9에 적합하도록 시설하여야 한다.

㉢ ㉠, ㉡의 표시설비 및 음향설비를 적절한 장소에 배치하여 의료진에 의하여 지속적으로 감시될 수 있도록 하여야 한다.

㉣ 표시설비는 의료 IT 계통이 정상일 때에는 녹색으로 표시되고 의료 IT 계통의 절연저항이 ㉠, ㉡의 조건에 도달할 때에는 황색으로 표시되도록 할 것. 또한 각 표시들은 정지시키거나 차단시키는 것이 불가능한 구조이어야 한다.

㉤ 수술실 등의 내부에 설치되는 음향설비가 의료행위에 지장을 줄 우려가 있는 경우에는 기능을 정지시킬 수 있는 구조로 하여야 한다.

⑦ 의료 IT 계통의 분전반은 의료장소의 내부 혹은 가까운 외부에 설치하여야 한다.

⑧ 의료 IT 계통에 접속되는 콘센트는 TT 계통 또는 TN 계통에 접속되는 콘센트와 혼용됨을 방지하기 위하여 적절하게 구분 표시하여야 한다.

2) 의료장소의 전로에는 정격 감도전류 30[mA] 이하, 동작시간 0.03초 이내의 누전차단기를 설치할 것(다만, 다음의 경우는 제외)

① 의료 IT 계통의 전로

② TT 계통 또는 TN 계통에서 전원자동차단에 의한 보호가 의료행위에 중대한 지장을 초래할 우려가 있는 회로에 누전경보기를 시설하는 경우

③ 의료장소의 바닥으로부터 2.5[m]를 초과하는 높이에 설치된 조명기구의 전원회로

④ 건조한 장소에 설치하는 의료용 전기기기의 전원회로

4 의료장소와 의료장소 내의 전기설비 및 의료용 전기기기의 접지시설

① 접지설비란 접지극, 접지도체, 기준접지 바, 보호도체, 등전위 본딩도체를 말한다.

② 의료장소마다 그 내부 또는 근처에 기준접지 바를 설치할 것. 다만, 인접하는 의료장소와의 바닥 면적 합계가 50[m^2] 이하인 경우에는 기준접지 바를 공용할 수 있다.

③ 의료장소 내에서 사용하는 모든 전기설비 및 의료용 전기기기의 노출도전부는 보호도체에 의하여 기준접지 바에 각각 접속되도록 하여야 한다.

㉠ 콘센트 및 접지단자의 보호도체는 기준접지 바에 직접 접속할 것

㉡ 보호도체의 공칭 단면적은 제19조제5항의 표 19-3에 따라 선정할 것

④ 그룹 2의 의료장소에서 환자환경(환자가 점유하는 장소로부터 수평방향 2.5[m], 의료장소의 바닥으로부터 2.5[m] 높이 이내의 범위) 내에 있는 계통 외 도전부와 전기설비 및 의료용 전기기기의 노출도전부, 전자기장해(EMI) 차폐선, 도전성 바닥 등은 등전위 본딩을 시행하여야 한다.

㉠ 계통외도전부와 전기설비 및 의료용 전기기기의 노출도전부 상호 간을 접속한 후 이를 기준접지 바에 각각 접속할 것

㉡ 한 명의 환자에게는 동일한 기준접지 바를 사용하여 등전위본딩을 시행할 것

㉢ 등전위 본딩도체는 제3호 "나"의 보호도체와 동일 규격 이상의 것으로 선정할 것

⑤ 접지도체는 다음과 같이 시설하여야 한다.

㉠ 접지도체의 공칭단면적은 기준접지 바에 접속된 보호도체 중 가장 큰 것 이상으로 할 것

㉡ 철골, 철근 콘크리트 건물에서는 철골 또는 2조 이상의 주철근을 접지도체의 일부분으로 활용할 수 있다.

⑥ 보호도체, 등전위본딩도체 및 접지도체의 종류는 450/750 [V] 일반용 단심 비닐 절연전선으로서 절연체의 색이 녹/황의 줄무늬이거나 녹색인 것을 사용하여야 한다.

5 의료장소의 전기설비 비상전원시설

1) 절환시간 0.5초 이내에 비상전원을 공급하는 장치 또는 기기

① 0.5초 이내에 전력공급이 필요한 생명유지장치

② 그룹 1 또는 그룹 2의 의료장소의 수술등, 내시경, 수술실 테이블, 기타 필수 조명

2) 절환시간 15초 이내에 비상전원을 공급하는 장치 또는 기기

① 15초 이내에 전력공급이 필요한 생명유지장치

② 그룹 2의 의료장소에 최소 50[%]의 조명, 그룹 1의 의료장소에 최소 1개의 조명

3) 절환시간 15초를 초과하여 비상전원을 공급하는 장치 또는 기기

① 병원기능을 유지하기 위한 기본 작업에 필요한 조명

② 그 밖의 병원기능을 유지하기 위하여 중요한 기기 또는 설비

188 Macro Shock 및 Micro Shock

1 개 요

① 병원에서의 접지는 일반 건물의 접지와 미소한 전류에 흐름에도 위험할 수 있어 접지 방법과 개소 선정 등에 더 많은 부분을 감안하여 설계하여야 한다.

② 특히 0.1[mA]의 매크로 쇼크와 10[μA]의 마이크로 쇼크에 대한 대책까지 검토하여야 병원에서 어느 정도 설계가 되었다고 할 수 있다.

2 병원과 일반 건축물의 특징 비교

분 류	병 원	일반 건축물
누설전류 원인	외부 도체의 정전용량	기기 고장이나 절연물의 열화
누설전류 크기	0.1[mA] 이하	수십 [mA] 이상
감전 시	환자의 마취, 체력 저하로 인해 치명적	위험경보처리 가능

3 Macro Shock 및 Micro Shock

1) 전격에 대한 인체의 반응

환 자		기 준	일반인	
Micro Shock	Macro Shock	감지전류	경련전류	심실세동전류
10[μA]	0.1[mA]	1[mA]	5~20[mA]	50~100[mA]에서 수 초
심장 지근거리	심장 원거리	자극을 느낌	근육 부자유	심장경련 멈춤

2) Macro Shock

① 사람들의 심리적인 영향이나 2차 장애를 일으키는 쇼크

② 의료설비에서는 Macro Shock 대책으로 0.1[mA]를 목표로 한다.

③ Micro Shock보다는 심장 원거리를 기준으로 한다.

3) Micro Shock

① 전류의 유입점, 유출점의 어느 한쪽에 심근을 접하고 있을 때 일어날 수 있는 쇼크

② 의료 설비에서는 Micro Shock 대책으로 10[μA]를 목표로 한다.

③ Macro Shock보다는 심장 근거리를 기준으로 한다. 따라서 병원에서는 환자에게 어떤 형태로든 전위차에 가해져서 극히 작은 전류라도 환자의 몸을 통해 흐르는 것을 방지해야 한다.

4 Macro Shock 및 Micro Shock 대책

1) 의료용 접지

접지 방식	내 용
보호접지	• Macro Shock에 대한 안전대책 • 접지 개소 : 의료기기, 전기기기 금속체 외함 • 간선 : IV 14[mm^2], 분기선 : IV 5.5[mm^2] 이상
등전위접지	• Micro Shock에 대한 대책 • 접지 개소 : 표면적 0.02[m^2], 길이 20[cm] 이상 수도관, 금속관 • 환자 점유장소 수평 2.5[m], 바닥 높이 2.5[m] 이내
정전기 방지용 접지	• 마찰 등에 의한 정전기적 축적방지, 등전위 접지와 병행 • 접지 개소 : 수술대, 환자용 승강기의 Push Button
잡음방지용 접지	• 노이즈 등에 의한 기록 측정 및 검사장해 방지 • 접지 개소 : 심전도실, 뇌파 검사실, 초음파실 등

2) 수술용 접지

접지방식	내 용
비접지 배선	• 수술실 전원 : 절연변압기를 통해 공급, 지락전류 제한(정전 예방) • 절연변압기 : 정격용량 7.5[kVA] 이하(보통 5[kVA] 사용), 2차 측 300[V] 이하, 120/380[V] 2종류 공급 • 절연 감시장치 : Z계측, 표시등과 경보
도전성 접지	• 수술실에서 유기될 수 있는 누설전류 및 정전기 신속 방류 • 금속망 설치 간격 최소 30[cm] 이하, 동판 두께 0.2[mm] 이상, 동선 굵기 1.6[mm] 이상
실드 차폐	내외부의 강한 전계 침입으로 인한 각종 ME 기기의 기능 저하 방지 64[dB] 이상의 성능 필요(뇌파실, MRI실 등)

189 약전용 접지

1 개 요

① 건물이 대형, 복잡, 첨단화되면서 정보화 설비가 도입되고 약전계통에 노이즈 등의 문제가 발생하여 파급효과 커져 큰 문제를 야기시킨다.

② **약전접지의 정의** : 회로의 기능 유지

③ **약전접지의 분류**

㉠ 기준전위 확보접지 : 1점 접지

㉡ 장애제거용 접지 : 노이즈 방지 접지

㉢ 위험방지 접지

2 약전접지의 종류

1) 기준 전위 확보 접지

① 시스템을 안정시키기 위한 접지

② 컴퓨터, 전자기기 등의 기준전위 확보

2) 전도성 노이즈 방지 접지

① **전원라인용 접지**

㉠ 고조파가 전원으로 침입 시 오동작 원인

㉡ 대책 : 라인필터 설치

② **서지 제거** : LA, SA, SPD, 저저항접지

3) 방사성 노이즈 방지접지

① **EMI에 의한 노이즈 방지접지** : 건물 전체나 방을 실드룸으로 구성

② **정전기 방지용 접지**

㉠ Acess Floor의 전도성 타일 사용

㉡ 접지선 10[mm^2] 이상으로 접지

4) 종합적 노이즈 방지접지

공간의 방사성 노이즈, 선로를 통하는 서지 등 종합적 노이즈 방지접지 필요

3 약전 접지의 시공

1) 독립접지

타접지극과 20[m] 이상 이격

2) 1점 접지

기기 간 접지를 기준전위 유지

3) 건축물 구조체 이용

건축물 구조체 이용하여 등전위화

4 접지방식 문제점 대책

1) 문제점

① **공용접지** : 평상시 노이즈 발생 우려
② **독립접지** : 낙뢰 발생 시 서지 전위차에 의한 절연파괴 위험

2) 대 책

① **평상시** : 독립접지가 이상적
② **낙뢰 시** : 공용접지가 이상적
③ Earth Master를 설치, 완벽 보호

5 OA용 시스템 접지 예

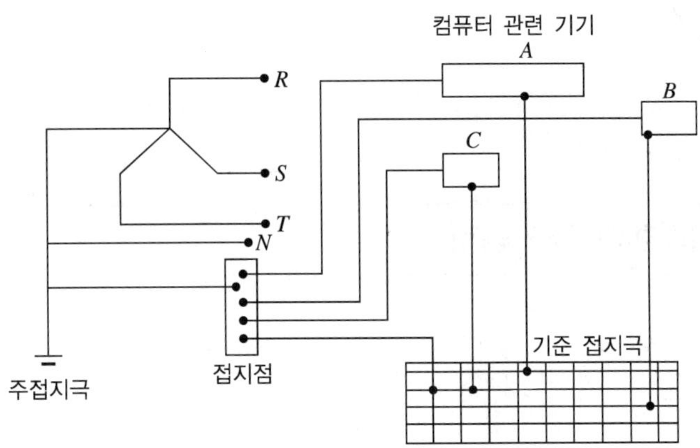

접지설계의 최근 동향

190 접지시스템의 최근 동향

1 개 요

① 과거 접지설비는 뇌전류와 정전기 방지 및 인체 보호 등의 대책으로 시설되었으나 최근에는 전력전자 소자 사용의 확대로 EMI 제어대책의 일환으로 접지의 목적도 다양화되고 있다.

② 접지설비는 전기저항, 정전용량, 인덕턴스 등의 성분을 갖고 있으며, 이들 성분의 크기에 따라 접지의 특성에 큰 차이가 생기게 된다.

2 접지설비 개념 변화의 흐름

1) 최근의 접지 동향

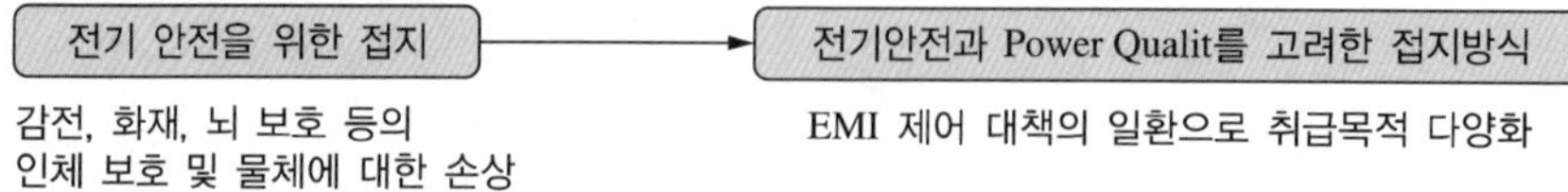

2) 접지 시스템

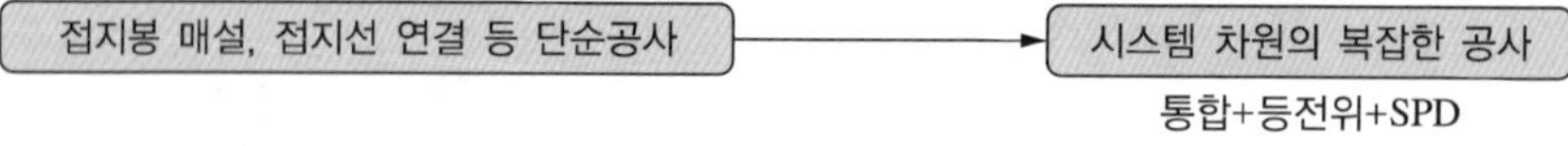

3) 접지관련 기준

전기설비기술기준의 판단기준, 내선규정 등 → NEC, IEEE 등 해외규정 도입

3 접지시스템의 임피던스 특성

1) 임피던스 변화

① 기준접지

㉠ 전기기기(컴퓨터, 통신기기 등)는 어떠한 전자환경에서도 정상적인 가동이 이루어져야 한다. 이를 위하여 고주파 영역에서도 전위 변동을 최소화해야 한다.

㉡ 이를 위하여 기준접지(SRG)를 하며, 주로 컴퓨터실 등을 망상접지를 하여 사용한다. 즉, 어떤 주파수 영역에서도 임피던스가 거의 일정하게 유지된다.

2) 임펄스 임피던스

① 차단기 동작이나 계통 고장 시 주파수 영역에서의 성질상 대지가 갖는 비선형성 때문에 상용 주파수 외에 고주파 혹은 저주파의 전류가 발생하게 된다. 이때 급준파 전류에 대한 순간전위 상승의 비를 "임펄스 임피던스 혹은 서지 임피던스"라고 한다.

② 급준파 전류는 수[MHz]에 이르는 고주파도 존재하므로 진행파의 개념으로 해석된다.

③ 결국 급준파의 경우는 임펄스 임피던스 값이 면적에 반비례하여 저감되지 않으며, 유기전압은 $V = L\frac{di}{dt}$ 가 된다. $\frac{di}{dt}$ 가 상당히 큰 값이 되어 유기전압도 매우 큰 값이 된다는 사실에 주의해야 한다.

4 NEC/IEEE에서 요구하고 있는 접지시스템

1) 기존 접지방식이 대응하기 어려운 접지 수요 형태

① 빌딩의 오토메이션화 및 인텔리전트화
② 방송국, 통신 기지국, 통신 교환국사
③ 반도체 공장
④ 병원설비
⑤ 플랜트 설비

2) 최근 접지기술의 동향

① 환경성 및 안정성 향상
② IEC에서는 접지시스템과 밀접한 관계가 있는 등전위 본딩을 강조
③ 전위차 최소화를 위해 상호 본딩

④ 빌딩 내의 접지 간선계통은 통합, 인프라화되어 접지 수요에 신속한 대응
⑤ 서지 임피던스 저감이 요구되는 경우는 침상봉, XIT 접지극 등 특수한 시공법으로 저감

3) 통합 접지시스템의 효용성

① **안정된 기준 접지** : 전위차 극소화 및 부동전위 억제
② **인프라화되는 전력계통** : 구내의 접지 간선계통도 통합, 인프라화되어 용도별로 접지 간선계통을 구분시킬 필요가 없으며, 접지 수요에 대해 신속한 대응, 계통관리 능력 향상 등을 도모할 수 있다.

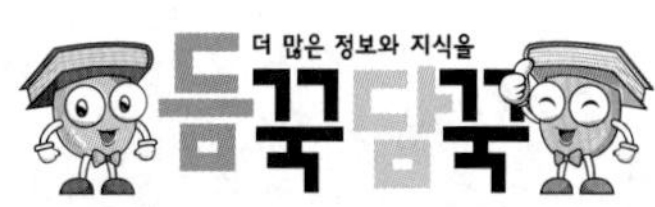

여기서 멈출 거예요? 고지가 바로 눈앞에 있어요.
마지막 한 걸음까지 시대에듀가 함께할게요!

여기서 멈출 거예요? 고지가 바로 눈앞에 있어요.
마지막 한 걸음까지 시대에듀가 함께할게요!

Professional Engineer Building Electrical Facilities

김성곤의

건축전기설비 기술사

핵심 길라잡이 1권

명장명품을 위하여 (주)시대고시기획

발행일 2021년 1월 5일(초판인쇄일 2019 · 9 · 10)
발행인 박영일
책임편집 이해욱
편저 김성곤
발행처 (주)시대고시기획
등록번호 제10-1521호
주소 서울시 마포구 큰우물로 75 [도화동 538 성지B/D] 9F
대표전화 1600-3600
팩스 (02)701-8823
학습문의 www.sidaegosi.com

정가 **76,000**원

ISBN
979-11-254-8153-9

2021 합격의 공식 시대에듀
최 / 신 / 개 / 정 / 판

김성곤의 Professional Engineer Building Electrical Facilities

건축전기설비 기술사

김성곤(건축전기설비기술사 · 소방기술사) 편저

핵심 길라잡이

이 책의 구성 2권

- 제2편 배전 및 전력 품질설비
- 제3편 부하설비
- 제4편 반송설비
- 제5편 정보통신설비

합격도 취업도 한 번에 성공!

(주)시대고시기획이 여러분을 응원합니다.

profile

편·저·자·약·력

■ 김성곤

경상대학교 전기공학과 졸업
과학기술대학교 안전공학과 대학원 졸업

전기공사협회 외래교수
폴리텍대학 외래교수
경민대학교 외래교수
소방학교 및 한국소방안전원 외래교수
한국교육공제회 전국 국립대학 연구소 건설 자문위원
김앤장 법률사무소 안전 자문위원

[저서]

건축전기설비기술사 핵심 길라잡이, 소방기술사 핵심 길라잡이 외 다수

Book Master :

시대 고시 기획 도서구입 및 내용문의 1600-3600

책 출간 이후에도 끝까지 최선을 다하는 시대고시기획!
도서 출간 이후에 발견되는 오류와 바뀌는 시험정보, 기출문제, 도서 업데이트 자료 등을 홈페이지 자료실 및 시대북 통합서비스 앱을 통해 알려 드리고 있습니다. 또한, 도서가 파본인 경우에는 구입하신 곳에서 교환해 드립니다.

편집진행 윤진영 | 표지디자인 조혜령 | 본문디자인 심혜림

합격의 공식 시대에듀

김성곤의 Professional Engineer Building Electrical Facilities

건축전기설비 기술사

핵심 길라잡이 2권

김성곤의

건축전기설비기술사

2권

제 2 편 배전 및 전력 품질설비

제 3 편 부하설비

제 4 편 반송설비

제 5 편 정보통신설비

배전 및 전력 품질설비

제 1 장 배전설비

SECTION 01 배전설계 계획

001 배전설계 계획(전력간선설비 설계 순서) 14

SECTION 02 배전방식

002 저압 옥내배전방식(결선도, 공급전력, 선전류, 전선 단면적, 전압강화, 배전손실 등 비교 설명) 17

003 직류 송전방식과 교류 송전방식의 비교 19

SECTION 03 간선과 분기회로

004 간선의 분류(종류) 21

005 분기회로 선정 24

006 분기회로 계산 29

SECTION 04 배선방식 결정

007 저압옥내배선의 종류 30

008 케이블 부설방식(간선의 부설방식) 34

009 OA 배선방식 35

010 셀룰러덕트 37

011 버스덕트 전력케이블 또는 Bus Duct 설계 시 기계적 강도의 기술적 고려사항 39

012 케이블 트레이 43

013 케이블 트렌치 공사 48

SECTION 05 간선 계산

014 간선의 크기를 결정하는 요소(간선 계산) 50
015 케이블 단락 시 기계적 강도 53
016 선로정수의 구성요소 4가지 56
017 전기설비에서 배선의 표피효과와 근접효과 58
018 배전전압을 결정하는 요소 60
019 전압 변동 계산방법 4가지 62
020 전압강하 65
021 직류 2선식 전압강하계산식 유도 67
022 다음 그림을 이용하여 전압강하식 유도 68
023 절연전선의 허용전류(KS C IEC 60364-5-52) 70

SECTION 06 보호방식 결정

024 배선용 차단기 73
025 누전차단기 76
026 수전설비의 저압선로 보호방식 84
027 코로나 86

제 2 장 전력 품질설비

SECTION 01 고조파

028 고조파 90

SECTION 02 서지 및 노이즈

029 서지의 원인과 대책 109
030 차단기의 개폐 서지 1 114
031 차단기의 개폐 서지 2 118
032 노이즈 122

SECTION 03 전자파 및 유도장해

033 전자파 126
034 건축물 내의 통신선로에 발생하는 유도장해의 원인과 대책 설명 131

SECTION 04 전압 변동

035 선로의 전압 변동 135
036 순시 전압강하의 원인과 방지대책 139
037 플리커 현상 및 대책 142

SECTION 05 정전기

038 정전기 144
039 제전기 151
040 대규모 수용가 계통에서 과도 불안정의 발생원인과 영향 153

SECTION 06 전력 품질의 실제 및 기타

041 전력 품질 향상 157
042 전기사업법상 전기의 품질기준과 유지방법 163

부하설비

제 1 장 조명설비

SECTION 01 조명설비의 이론

001 조명의 용어 178
002 명시론 184
003 연색성, 색온도, 시감도, 순응, 균제도 186
004 편한 시각의 평가 191
005 좋은 조명의 요건 193
006 눈부심(Glare) 196
007 눈부심의 평가방법 201
008 열방사 3가지 법칙 203
009 원소의 주기율표 205
010 루미네선스 208
011 방전등의 발광메커니즘과 방전원리 210

SECTION 02 조명기기

012 백열전구 217
013 할로겐 전구 221
014 HID램프 224
015 초정압 방전램프(UCD ; Ultra Constant Discharge Lamp) 228
016 제논 램프 231
017 삼파장 램프 233
018 T5 236
019 냉음극 형광램프(CCFL ; Cold Cathode Florecent Lamp) 238
020 외부전극 형광램프(EEFL ; External Electrode Fluorescent Lamp) 241
021 무전극 램프 243
022 LED(=무기발광 다이오드) 247

023 LED의 조광제어 253
024 DALI 프로토콜 258
025 LED 백색구현 261
026 사무실에 사용되는 LED조명의 색온도에 대하여 설명하시오. 263
027 OLED(=유기발광다이오드) 265
028 CDM 램프 267
029 코스모폴리스 램프 269
030 조명용 광원의 종류 270
031 탄소나노튜브(CNT ; Carbon Nano Tube) 274
032 수중 조명등 276
033 재래식 안정기(자기식 안정기)와 전자식 안정기 279
034 옥내조명기구 282
035 점멸장치와 타임스위치 287
036 방폭형 조명기구의 구조와 종류, 폭발위험장소의 등급 구분 289

SECTION 03 조명의 설계

037 건축화 조명의 종류 291
038 전반 조명설계 296
039 조명설계 300
040 조명률에 영향을 주는 요소 304
041 자연채광 306
042 자연채광의 종류 310
043 조도계산방법의 종류(3배광법과 ZCM법) 313
044 조도측정방법 316
045 조명설비에서 조명제어방식 319

SECTION 04 조명의 실제

046 도로조명 322
047 도로조명 설계 시 조명기구 배치를 위한 교차로와 횡단보도 328
048 터널조명 332
049 터널조명에서 설계 시의 고려점, 설계속도와 시인거리 336
050 도로터널 조명설계기준(국토교통부)에서 L20 및 터널 조명제어 방법 341
051 터널조명 설계 시 플리커 현상의 원인과 대책 345
052 주택조명 347
053 학교조명 350

054 병원조명 설계 355
055 전시조명 358
056 백화점 조명 362
057 경기장 조명 366
058 경관조명설계 368
059 빛공해 방지법(조명환경 관리구역의 분류기준, 조명기구의 범위, 빛방사 허용기준) 377
060 광고조명의 조명방식과 설치기준 및 휘도측정방법 379

제 2 장 동력설비

SECTION 01 전동기의 종류별 원리
061 직류전동기의 원리와 특징, 속도제어방식 384
062 BLDC(Brushless DC) 모터 388
063 동기 발전기 390
064 동기 발전기 병렬운전 조건 및 병렬운전 순서 396
065 동기 전동기 400
066 동기기의 이상현상 401
067 유도전동기 1 403
068 유도전동기 2 405

SECTION 02 전동기의 제어 및 기타
069 유도전동기의 기동방식 409
070 유도전동기의 속도제어 413

SECTION 03 전동기 운전
071 전동기 제동법과 역전법 418
072 전동기의 효율적 운용방안 및 제어방식 420

제 3 장 콘센트설비

SECTION 01 콘센트설비

073 콘센트 설치 시 유의사항 424

074 단상 접지극부 리셉터클(콘센트) 시스템 426

반송설비

제 1 장 엘리베이터 설비

001 엘리베이터의 기본 436
002 엘리베이터 설계 시 고려사항 439
003 E/V설계 및 시공 시 고려사항 443
004 MRL 449
005 엘리베이터의 구성과 안전장치 450
006 군 관리 방식 455
007 엘리베이터의 설계(대수, 용량, 교통량) 457
008 엘리베이터의 소음 원인과 대책 462
009 더블 덱(Double Deck) 엘리베이터 464
010 (초)고층용 엘리베이터 설계 시 고려사항 466

제 2 장 에스컬레이터 설비

011 에스컬레이터 설계 및 시공 시 고려사항 472
012 에스컬레이터의 설비구성 및 안전장치 477

제 3 장 수평보행기 설비

013 수평보행기(무빙워크) 480

정보통신설비

제 1 장 정보통신설비

SECTION 01 정보통신설비의 이론

001 정보통신망 분류 488
002 정보통신설비의 전송신호설비 493
003 광케이블의 종류와 특징 498
004 통합배선 시스템 501
005 LAN 설비(=근거리 통신망) 504
006 LAN의 구성요소 509
007 펄스부호 변조방식(PCM ; Pulse Code Modulation) 512

SECTION 02 TV 공청설비

008 TV 공청설비 514
009 CATV 설비 520
010 디지털 방송 524

SECTION 03 주차관제설비

011 주차관제설비 1 527
012 주차관제설비 2 532
013 주차관제 시스템에서 RFID 시스템 536
014 주차관제 시스템에서 영상센서 방식 538
015 주차관제 시스템에서 초음파 센서 540

SECTION 04 방송설비

016 방송설비(PA설비) 542
017 실내 음향설비설계 552
018 건축물에 설치되는 구내방송설비 556

SECTION 05 IBS 설비

019 IBS설비(지능형 빌딩 시스템 설비) 558
020 중앙감시제어설비(BAS ; Building Automation System) 564
021 통합자동제어설비 567
022 PLC(Programmable Logic Controller) 568
023 SCADA(SUPERVISORY Control And Data Acquisition) 572
024 원격검침(AMR ; Automatic Meter Reading) 574
025 공동주택 세대별 계량기의 원격검침설비 설계 시 고려사항에 대하여 설명하시오. 578
026 지능형 검침인프라(AMI ; Advanced Metering Infrastructure) 1 581
027 지능형 검침인프라(AMI) 2 584
028 전력선 통신(PLC ; Power Line Communication) 588

SECTION 06 정보통신 인증제도

029 정보통신 인증제도 592
030 지능형 홈네트워크 설비 설치 및 기술기준 601

SECTION 07 정보통신설비의 실제 및 기타

031 병원 정보전달 시스템 605
032 호텔 정보전달 시스템 608
033 호텔 객실관리 설비 610

Professional Engineer Building Electrical Facilities

배전 및 전력 품질설비

제1장 배전설비

제2장 전력 품질설비

1. 본문에 들어가면서

배전설비는 전원설비에서 부하설비로 전기를 이동시키는 데 필요한 설비이고, 품질설비는 전기설비를 사용하는 데 있어서 양질의 전기를 생성, 공급, 사용하는 데 목적이 있는 설비이다.

Chapter 01 배전설비

배전설비는 부하종류에 따른 배전 및 배선설비, 간선의 크기 결정, 보호설비 등을 공부하는 분야이다.

Chapter 02 전력 품질설비

품질설비는 고조파, 서지 및 노이즈, 유도장해 및 전자파, 전압 변동, 정전기 등을 공부하는 설비이다.

2. 전원설비

Chapter 01 배전설비

SECTION 01 배전설계 계획

SECTION 02 배전방식

SECTION 03 간선과 분기회로

SECTION 04 배선방식

SECTION 05 간선 계산

SECTION 06 보호방식

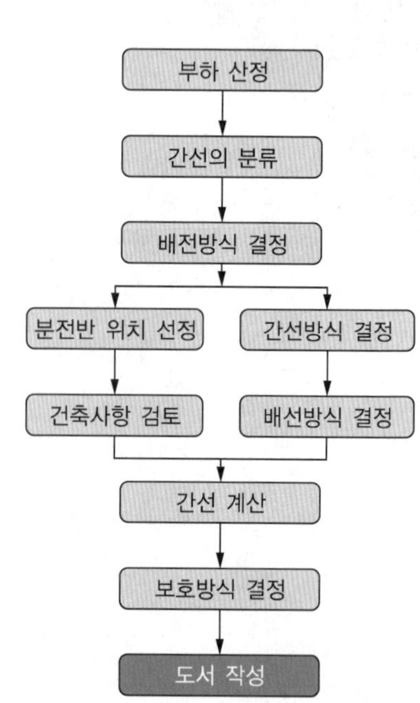

Chapter 02 전력 품질설비

SECTION 01 고조파

SECTION 02 서지 및 노이즈

SECTION 03 전자파 및 유도장해

SECTION 04 전압 변동

SECTION 05 정전기

SECTION 06 전력 품질의 실제 및 기타

전력품질설비
- 고조파
- 서지 및 노이즈
- 전자파 및 유도장해
- 전압 변동
- 정전기
- 실 제

3. 배전 및 품질설비 출제분석

▎대분류별 출제분석(62회 ~ 122회)

구 분	전 원	배전 및 품질	부 하	반송	정 보	방 재	에너지	엔지니어링 및 기타					총 계
								이 론	법 규	계 산	엔지니어링 및 기타	합 계	
출 제	565	185	181	24	59	101	158	28	60	86	45	219	1,492
확률(%)	37.9	12.4	12.1	1.6	4	6.8	10.6	1.9	4	5.8	3	14.7	100

▎소분류별 출제분석(62회 ~ 122회)

구 분	배전설비								품질설비							총계
	계획	배전	간선	배선	계산	보호	기타	합계	고조파	서지 및 노이즈	전자파 및 유도장해	전압 변동	정전기	실제 및 기타	합계	
출 제	8	6	6	18	25	24	4	91	39	10	12	14	5	14	94	185
확률(%)	4.3	3.2	3.2	9.7	13.5	13	2.2	49.2	21.1	5.4	6.5	7.6	2.7	7.6	50.8	100

4. 출제 경향 및 접근 방향

1) 출제 경향

① 배전설비 및 품질설비에서는 건축전기설비 전체 범위 중에서 12[%] 정도로 총4문제가 출제되고 있다.

② 배전설비는 5.6[%](1.73 문제)가 출제되므로, 배전설비, 간선계산 등을 준비해야 된다.

③ 품질설비에서는 6.0[%](1.8 문제)가 출제되므로 각 품질설비별로 서브노트를 만들고 이해 및 암기가 필요하다.

2) 접근 방향

① 배전설비는 배전설비(직류와 교류, 전기방식별 특성), 배선설비(OA 배선방식, 케이블트레이, 버스덕트, 플로어 덕트, 금속관 등), 간선 계산(간선 계산 시 고려사항, 전압강하 및 전압 변동, 표피효과 및 근접효과 등), 보호기 및 보호방식 등을 공부하여야 한다.

② 품질설비는 가장 많이 출제되는 것이 고조파(고조파가 기기에 미치는 영향, K-factor, 영상고조파, 고조파 대책, 고조파가 역률에 미치는 영향 등)이고 준비를 폭넓게 깊이 준비하여야 한다. 또한 서지 및 노이즈, 전자파 및 유도장해, 전압 변동(선로의 전압 변동, 순시전압강하, 플리커 등)을 기본적인 문제 위주로 준비하여 이해 및 암기하여야 한다.

Chapter 01 배전설비

배전설계 계획		
1	65회 25점	계단식 아파트의 간선설계에 대하여 설명하시오.
2	77회 25점	간선계획 시 고려사항을 쓰고, 간선 굵기의 결정요소에 대하여 설명하시오.
3	94회 10점	전력간선 굵기 산정의 흐름도를 제시하시오.
4	101회 25점	전력간선의 종류를 사용목적에 따라 분류하고 설계순서 및 설계 시 고려사항을 설명하시오.
5	107회 25점	건축물의 전력간선 설계순서에 대하여 설명하시오.
6	119회 25점	건축물 배선설비의 선정과 설치에 고려할 외적 영향에 대하여 10가지만 설명하시오.
7	120회 25점	전력간선의 굵기 산정 흐름도를 제시하고 굵기를 선정하기 위한 고려사항을 설명하시오.
배전방식		
1	86회 25점	저압 옥내배전방식에 대하여 설명하시오(결선도, 공급전력, 선전류, 전선단면적, 전압강하, 배전손실 등).
2	97회 25점	건축물에서 교류배전방식과 직류배전방식의 장단점
3	101회 25점	건축물 전기설비에서 배전전압 결정방식과 선정 시 고려사항
4	106회 25점	수용가 구내 설비에서의 직류배전과 교류배전의 특징을 비교하고, 직류배전 도입 시 고려사항에 대하여 설명하시오.
5	118회 25점	교류배전과 직류배전의 특성을 비교하고, 직류 배전시스템 도입을 위한 고려사항에 대하여 설명하시오.
6	119회 10점	직류송전의 장단점을 비교하여 설명하시오.
7	119회 10점	1.5[kV] 이하 직류 가공전선로의 시설방법에 대하여 설명하시오.
간선과 분기회로		
1	74회 25점	분기회로에 대한 전기설비기술기준을 설명하고 분기회로 설계 시 고려하여야 할 사항을 열거하시오.
2	92회 25점	간선설비에서 간선방식, 간선도체 종류, 간선부설방식, 간선 굵기의 결정요소를 설명하시오.
3	95회 25점	건축전기설비에서 분기회로의 용량 산정방식
4	102회 10점	저압전동기용 분기회로의 과전류차단기에 대하여 다음 사항을 설명하시오. 1) 과전류차단기의 시설　　2) 과부하보호장치와 보호협조
5	114회 10점	저항 용접기 및 아크 용접기에 전원을 공급하는 분기회로 및 간선의 시설방법에 대하여 설명하시오.
배선방식 결정		
1	66회 10점	지중 배전선로에 적용하는 합성수지 파형전선관(파상형 경질 폴리에틸렌 전선관)을 설명하시오.
2	66회 25점	플로어 덕트 배선에서 전선규정과 부속품 선정에 대해 쓰고 매설방법 및 접지에 대한 환경적 특기사항에 대해 논하시오.
3	68회 25점	케이블트레이 배선의 설계 시 적용되는 전선의 종류와 기타 난연대책에 대하여 상술하시오.
4	69회 25점	전력케이블 또는 BUS DUCT설계 시 기계적 강도의 기술적 고려사항을 설명하시오.
5	72회 10점	셀룰러 덕트(Cellular Duct) 공사 시 주의사항에 대하여 설명하시오.
6	74회 10점	MI Cable에 대하여 설명하시오.
7	83회 10점	케이블 부설방식의 종류에 대하여 설명하시오.
8	90회 10점	케이블 시공방식 중 케이블 트레이(Cable Tray) 시공방식에 대하여 설명하고 케이블트레이(Cable Tray) 시공방식과 행거(Hanger) 및 클리트(Cleat) 시공방식을 비교 설명하시오.
9	93회 25점	초고층 빌딩의 대용량 저압수직간선의 구비조건들을 제시하고 알루미늄 파이프 모선과 절연 부스덕트 방식 비교 설명

10	99회 25점	대전류 용량을 가지는 전력간선(케이블, 버스덕트)의 단락 시 단락전자력과 단락기계력의 계산방법
11	104회 25점	이중바닥(Access Floor) 내의 케이블 배선방법에 대하여 설명하시오.
12	105회 10점	전력간선 배선 부설방식 종류 및 특징
13	106회 25점	버스덕트 시스템의 구성 및 설계, 공사 시 유의사항에 대하여 설명하시오.
14	107회 25점	플로어 덕트 배선에서 전선규격과 부속품 선정, 매설방법, 접지에 대한 특기사항을 설명하시오.
15	116회 10점	교류회로에서 전선을 병렬로 사용하는 경우 포설방법에 대하여 설명하시오.
16	118회 10점	폴리에틸렌전선관(CD)의 특징, 호칭 및 성능에 대하여 설명하시오.
17	118회 25점	케이블 트랜치 시공 시 고려사항에 대하여 설명하시오.
18	122회 10점	옥내배선공사의 케이블 트렌치 공사 시설기준에 대하여 설명하시오.
간선계산		
1	72회 25점	대용량 동력설비의 간선규격 선정방법을 설명하시오.
2	78회 25점	전압강하에 의한 케이블의 규격을 선정하는 방법에 대하여 설명하시오.
3	83회 10점	전압강하 계산에 있어서 정식계산식과 약식계산식을 들고 비교 설명하시오.
4	84회 10점	건물의 전력계통에서 간선에 대하여 설명하고, 간선의 굵기를 결정짓는 요소에 대하여 설명하시오.
5	86회 10점	교류도체 실효저항에 대하여 설명하시오.
6	87회 10점	전압변동률과 전압강하율에 대하여 설명하시오.
7	93회 10점	케이블 포설조건이 전압강하에 미치는 영향
8	94회 10점	전력간선 굵기 산정의 흐름도 제시
9	97회 10점	전력간선의 전압강하 계산에서 간이계산식과 정식계산식의 차이점을 들고 설명하시오.
10	99회 10점	국토교통부 건축전기설비설계기준에서 정의된 간선의 크기를 결정하는 주요 요소 5가지와 간선계산을 할 때 주요 요소 3가지를 서술하시오.
11	100회 10점	수용가 설비에서 설비 인입구와 부하점 사이의 전압강하 허용기준
12	102회 10점	전선 허용전류의 종류별 적용
13	102회 25점	교류도체의 실효저항 계산 시 적용하는 표피효과계수와 근접효과계수에 대하여 설명하시오.
14	106회 10점	전압강하에 관한 벡터도를 그리고 기본식을 설명하시오.
15	106회 10점	도체의 근접효과에 대하여 설명하시오.
16	107회 10점	선로정수를 구성하는 요소를 들고 설명하시오.
17	115회 25점	표피효과는 케이블에 영향을 준다. 표피효과와 표피 두께는 주파수와 재질의 특성에 의하여 어떻게 결정되는지 설명하시오.
18	117회 10점	3상4선식 공급방식의 전압강하 계산식에서 전선의 재질이 구리(Cu), 알루미늄(Al)인 경우 k값을 각각 구하시오(k : 계수, A : 전선의 단면적[mm^2], L : 전선 길이[m], I : 전류[A]). $e = \dfrac{k \times L \times I}{1{,}000 \times A}$[V]
19	119회 25점	단거리선로의 옴법 전압강하 계산식을 등가회로 및 벡터도를 그려서 설명하고 옥내 배선 전압강하 계산식을 설명하시오.
20	120회 10점	직류 2선식의 전압강하 계산식 $e = \dfrac{0.0356LI}{S}$[V]을 유도하시오(단, L : 전선의 길이[m], I : 전류[A], S : 전선의 단면적[mm^2], 도체는 연동선으로 한다).

21	120회 25점	케이블 단락 시 기계적 강도에 대하여 다음 사항을 설명하시오. 1) 단락 시 기계적 강도 계산의 필요성 및 강도 계산 프로세스 2) 열적 용량 3) 단락 전자력 4) 3심 케이블 단락 기계력
22	121회 10점	전기설비에서 배선의 표피효과와 근접효과에 대하여 설명하시오.
23	121회 10점	전기설비 기술기준 및 판단기준에서 정하는 옥내 저압간선의 시설 기준에 따라 다음을 설명하시오. 1) 간선에 사용하는 전선의 허용전류 2) 간선으로부터 분기하는 전로에서 과전류 차단기를 생략할 수 있는 조건
24	121회 25점	다음 그림을 이용하여 아래 사항을 설명하시오. 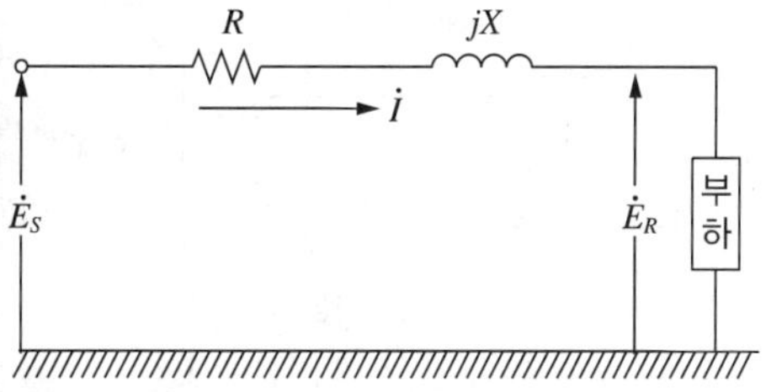 R, jX, i, $\dot{E}_S$, $\dot{E}_R$, 부하 E_S : 송전전압(대지전압) E_R : 수전전압(대지전압) I : 선로전류[A] R : 선로 1[m]당의 저항[Ω] X : 선로 1[m]당의 리액턴스[Ω] θ : 역률각 L : 선로길이[m] 1) 벡터도를 이용하여 전압강하식을 유도 2) 3상 4선식 전압강하 계산식 $e=\frac{0.0178LI}{A}$[V]을 유도(단, A는 전선단면적 [mm²])
		보호방식 결정
1	63회 25점	누전차단기의 설치목적, 종류, 설치장소, 설치방법에 대하여 설명하시오.
2	66회 25점	Cascade 보호방식에 대해 설명하시오.
3	68회 25점	변압기 2차가 Y결선된 220/380[V] 3상 4선식 일점접지방식에서 220[V] 전로에 누전차단기를 채용하는 경우의 문제점을 설명하시오.
4	69회 25점	저압간선을 보호하기 위한 과전류 차단기 시설에 대하여 굵은 간선에 직접 접속하는 가는 선들의 경우를 중심으로 설명하시오.
5	72회 25점	배선용 차단기 단락보호협조방식을 설명하시오.
6	74회 25점	저압전로의 지락차단장치시설기준 중 감전방지용 누전차단기 선정방법에 대하여 설명하시오.
7	78회 10점	저압간선을 분기하는 경우 과전류차단기의 시설에 대하여 설명하시오.
8	83회 10점	누전차단기의 구성도를 그리고, 설치장소 및 트립 시 조사방법을 간단히 설명하시오.
9	84회 25점	저압전로의 지락보호방식에 대하여 다음 사항을 설명하시오. 1) 저압전로의 지락보호(누전차단기의 동작원리 – 회로도 및 설명) 2) 누전차단기를 설치해야 하는 장소 3) 감선방시대책
10	86회 10점	수전설비의 저압선로보호방식에 대하여 설명하시오.
11	88회 25점	저압차단기에 대한 종류 및 배선용차단기(MCCB ; Molded Case Circuit Breaker)의 차단협조에 관하여 설명하시오.
12	89회 10점	저압회로에 사용하는 단락보호기의 종류와 특징을 설명하시오.
13	99회 25점	내선에 사용되는 누전차단기의 원리에 대하여 설명하고, 누전차단기의 설치장소, 선정에 따른 누전차단기의 종류와 동작특성 설명
14	101회 10점	병렬도체의 과부하와 단락보호방법 설명
15	104회 25점	뱅크용량 500[kVA] 이하의 변압기로부터 공급하는 저압전로에 시설하는 배선용 차단기의 차단용량 선정기준을 설명하시오.

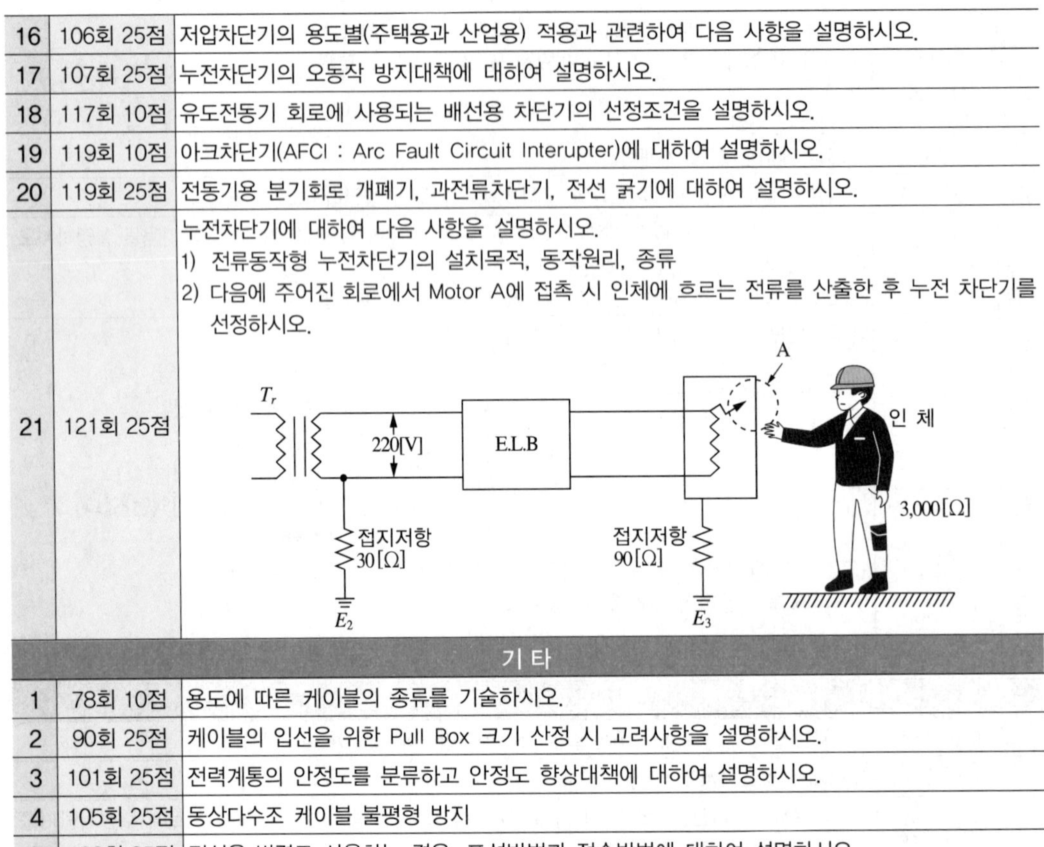

16	106회 25점	저압차단기의 용도별(주택용과 산업용) 적용과 관련하여 다음 사항을 설명하시오.
17	107회 25점	누전차단기의 오동작 방지대책에 대하여 설명하시오.
18	117회 10점	유도전동기 회로에 사용되는 배선용 차단기의 선정조건을 설명하시오.
19	119회 10점	아크차단기(AFCI : Arc Fault Circuit Interupter)에 대하여 설명하시오.
20	119회 25점	전동기용 분기회로 개폐기, 과전류차단기, 전선 굵기에 대하여 설명하시오.
21	121회 25점	누전차단기에 대하여 다음 사항을 설명하시오. 1) 전류동작형 누전차단기의 설치목적, 동작원리, 종류 2) 다음에 주어진 회로에서 Motor A에 접촉 시 인체에 흐르는 전류를 산출한 후 누전 차단기를 선정하시오.

기 타		
1	78회 10점	용도에 따른 케이블의 종류를 기술하시오.
2	90회 25점	케이블의 입선을 위한 Pull Box 크기 산정 시 고려사항을 설명하시오.
3	101회 25점	전력계통의 안정도를 분류하고 안정도 향상대책에 대하여 설명하시오.
4	105회 25점	동상다수조 케이블 불평형 방지
5	122회 25점	전선을 병렬로 사용하는 경우, 포설방법과 접속방법에 대하여 설명하시오.

Chapter 02 전력 품질설비

1. 고조파

1	63회 25점	전원계통에 유입되는 고조파를 억제하기 위한 수동필터와 능동필터의 원리를 비교 설명하시오.
2	65회 25점	인텔리전트 빌딩의 고조파 발생에 대한 대책을 설명하시오.
3	66회 10점	종합 고조파 왜형률(THD)을 설명하시오.
4	69회 10점	교류계통 고조파 성분에 의한 통신유도계수 TIF(Telephone Influence Factor)에 대해 설명하시오.
5	71회 25점	고조파가 전기설비 및 기기에 미치는 영향, 장해의 형태에 대하여 설명하시오.
6	72회 10점	고조파가 전력용 변압기에 미치는 영향과 대책에 대하여 설명하시오.
7	75회 10점	3상 평형배선에서 4심 케이블의 고조파 전류 환산계수에 대하여 설명하시오.
8	80회 10점	인버터 제어방식에 의한 전동기를 사용하는 경우는 주파수 변환에 의한 고조파가 발생한다. 이때 발생하는 고조파에 의한 전기설비의 오동작을 방지하기 위해 설치하는 노이즈 필터용 접지에 대하여 고려할 사항을 쓰시오.
9	84회 25점	고조파가 전력용 변압기에 미치는 영향과 대책에 대하여 설명하시오.

10	86회 25점	22.9[kV－Y] 3상 4선 배전방식에서 중성선 영상고조파 전류의 영향에 대하여 설명하시오.
11	87회 25점	고조파 왜형률을 나타내는 전류 THD(Total Harmonics Distortion)와 전류 TDD(Total Demand Distortion)의 차이점을 설명하시오.
12	89회 25점	수용가에서 전류고조파 왜형률을 평가할 경우에 고려하여야 할 역률과의 상관관계를 설명하시오.
13	90회 25점	최근 정지형 전력변환기기(Static Power Converters)에 의해 전력 품질을 저해하는 고조파의 발생이 증가하고 있다. 다음에 대해서 설명하시오. 1) 고조파의 정의 2) 고조파의 발생원 3) 고조파의 측정방법 4) 수동형 전력필터(Passive Power Filter)와 능동형 전력필터(Active Power Filter)의 특징
14	94회 25점	배전설비 간선의 고조파 전류의 발생원인, 영향, 대책
15	94회 25점	K－factor 적용 변압기와 허용 용량계수를 적용하여 산출 예를 들어 설명하시오(와전류는 Pu＝13, K－factor＝20).
16	95회 25점	고조파의 발생에 따른 영향에 대하여 10가지를 들고 설명하시오.
17	98회 25점	고조파 발생원이 많은 수용가에서 역률을 개선하는 방법
18	100회 10점	K－factor가 13인 비선형부하에 3상 750[kVA]몰드 변압기로 전력을 공급하는 경우 고조파 손실을 고려한 변압기 용량을 계산하시오(단, 와류손의 비율은 변압기 손실의 5.5%이다).
19	100회 10점	고조파와 노이즈를 비교 설명하시오.
20	101회 10점	유도전동기의 출력에 영향을 미치는 고조파 전압계수(HVF ; Harmonic Voltage Factor)
21	101회 25점	고조파가 전동기에 미치는 영향과 대책에 대하여 전동기 종류별로 설명하시오.
22	102회 10점	3상 평형 배선의 상전류에 고조파가 포함되어 흐르는 경우 4심 및 5심 케이블에 고조파 전류에 대한 보정계수 적용
23	102회 25점	고조파 K－factor
24	103회 10점	전원계통에서 고조파 억제 수동필터와 능동필터
25	103회 10점	전기수용설비에서 3상 4선식 배전방식에서 중성선의 과전류현상과 영상고조파 전류의 영향
26	103회 25점	비선형부하가 연결되어 있는 회로에서 역률을 계산하는 방법
27	104회 10점	표피효과에 대하여 설명하고, 표피효과가 전기 및 통신케이블의 도체에 미치는 영향에 대하여 설명하시오.
28	107회 10점	고조파를 발생하는 비선형 부하에 전력을 공급하는 변압기의 용량을 계산하는 K-factor로 인한 변압기 출력 감소율(THDF)에 대하여 설명하시오.
29	114회 25점	인버터 제어회로를 운전하는 경우 역률 개선용 콘덴서의 설계 및 선정 방안에 대하여 다음 사항을 설명하시오. 1) 인버터 종류 및 역률 개선용 콘덴서 설치 개념 2) 콘덴서 회로 부속기기 및 용량 산출 3) 직렬리액터 설치 시 효과 및 고려사항
30	115회 10점	변압기의 K-factor에 대하여 설명하시오.
31	115회 10점	3고조파 전류가 영상전류가 되는 이유에 대하여 설명하시오.
32	116회 25점	고조파가 전력용 변압기와 회전기에 미치는 영향과 대책을 설명하시오.
33	119회 25점	고조파에 대한 다음사항을 설명하시오. 1) 고조파의 정의 2) 고조파 발생 원리 3) 3상 평형 배선의 상전류에 고조파가 포함되어 흐르는 경우 4심 및 5심 케이블 고조파전류의 보정계수 4) 보정계수 적용 시 고려사항
34	121회 10점	전기설비에서 영상분 고조파가 콘덴서에 미치는 영향을 설명하시오.

2. 서지 및 노이즈

1	65회 10점	차단기의 개폐 서지(Surge) 억제방법을 열거하시오.
2	68회 25점	자동화설비에 대한 서지(Surge) 및 Noise 경감대책을 논하시오.
3	74회 10점	건축물 내부의 정보통신설비에 침입하는 서지의 경로와 대책을 약술하시오.
4	74회 25점	차단기의 투입 또는 차단 시 부하조건에 따라 아래와 같은 개폐 서지(Surge)현상이 발생한다. 이를 기술하시오. 1) 재점호 2) 전류 절단 3) 투입 서지(Surge)에 대하여 기술하시오.
5	97회 25점	차단기의 개폐 과전압에 대한 저압 전기설비의 보호방법에 대하여 설명하시오.
6	106회 25점	뇌 이상전압이 전기설비에 미치는 영향에 대하여 설명하시오.
7	115회 25점	개폐 서지는 뇌 서지보다 파고값이 높지 않으나 지속시간이 수 [ms]로 비교적 길어 기기 절연에 영향을 준다. 개폐 서지의 종류와 특성을 설명하시오.

3. 전자파 및 유도장해

1	66회 25점	최근 OA 기기의 도입으로 건축물에 문제가 되는 전자파에 대하여 발생원인, 침입경로, 영향, 종류 및 대책에 대하여 아는 바를 쓰시오.
2	71회 25점	통신선 유도장해를 최소화하기 위한 효율적 지락보호방안을 계통접지 방식별로 구분하여 설명하시오.
3	75회 25점	건축물에서 EMC(Electromagnetic Compatibility)와 EMI(Electro Magnetic Interference)에 대하여 설명하시오.
4	81회 25점	전자파의 종류를 분류하고, 각각의 성질에 관하여 기술하시오.
5	83회 10점	건축물의 EMC(Electromagnetic Compatibility) 대책을 설명하시오.
6	86회 10점	전자기기에 대한 전자파 억제대책에 대하여 설명하시오.
7	88회 25점	전자 실드룸의 용도와 원리를 설명하고, 이와 관련한 전원설비, 배선, 조명, 접지 등에 대하여 설계상 고려할 사항을 간단히 설명하시오.
8	90회 10점	전자파 장애(EMI ; Electromagnetic Interference)가 전기설비의 전기배선에 미치는 영향과 대책을 설명하시오.
9	92회 25점	전자기장의 인체에 대한 영향 및 대책에 대하여 설명하시오.
10	96회 10점	전기잡음 중에서 정전유도잡음과 전자유도잡음을 설명하시오.
11	107회 25점	EMC, EMI, EMS에 대하여 설명하시오.
12	118회 25점	건축물의 EMC(Electro Magnetic Compatibility) 대책을 설명하시오.
13	120회 25점	전력선에 의한 통신유도장해의 발생원인과 대책에 대하여 설명하시오.

4. 전압변동

		전압 변동 및 계산방법 4가지
1	86회 25점	건축물의 대형화, 부하의 다양화 등으로 인한 전압 변동에 대한 검토가 매우 중요하다. 전압 변동의 계산방법에 대하여 상세하게 설명하시오.
2	88회 25점	페란티 현상의 발생원인 및 문제점과 대책에 대하여 설명하시오.
3	90회 25점	전압 변동 시 전기설비에 미치는 영향을 설명하고 전압 변동 개선방법을 설명하시오.
		순시전압강하
4	66회 10점	순시전압강하의 원인과 강하대책을 설명하고 순시전압강하 억제를 위한 설계 시공 시 고려사항을 기술하시오.
5	83회 25점	순시전압강하의 방지대책을 전력 공급자 측면과 수용가 측면에서 설명하고, 순시전압강하 방지를 위해 사용되는 기기에 대하여 설명하시오.
6	97회 25점	대규모 수용가 계통에서 과도 불안정(정전 등 전압강하 시)의 발생원인과 그 영향에 대하여 5가지 이상 설명하시오.
7	100회 25점	유도전동기 기동 시 발생하는 순시전압강하의 계산방법
8	102회 25점	순시전압강하의 원인과 문제점을 분석하고 이에 대한 대책을 설명하시오.
9	119회25점	순시전압강하(Voltage Sag)에 대한 정의, 원인 및 대책을 설명하시오.
10	122회 10점	전력계통의 전원외란(Power Disturbance) 중 순시전압강하(Voltage Sag)와 전압변동의 발생원인과 영향에 대하여 설명하시오.
		플리커 현상
11	91회 10점	플리커의 정의 및 경감대책에 대하여 설명하시오.
12	92회 25점	대용량 수용가의 플리커(Flicker) 문제를 해소하기 위한 SVC(Static Var Compensator) 설계절차에 대하여 설명하시오.
13	119회10점	플리커(Flicker) 정의 및 경감대책에 대하여 설명하시오.

5. 정전기

1	75회 25점	정전기의 발생방법과 인체에 대한 충격방지에 대한 대책을 병원을 중심으로 설명하시오.
2	81회 25점	반도체 공장에서 반도체소자의 정전기 방전(Eltctrostatic Discharge)에 의한 장해 제어대책을 열거하고 설명하시오.
3	93회 10점	정전기의 발생을 유발하는 정전기의 대전 종류 5가지를 제시하고 설명
4	120회 25점	빌딩에서의 정전기 발생원인과 방지대책에 대하여 설명하시오.

6. 전력품질의 실제 및 기타

1	66회 10점	전력 품질 개선장치의 종류를 용도별로 3가지 이상 열거하시오.
2	71회 25점	향후 전원 품질의 향상을 위한 과제(접전 등)와 이에 따른 대책에 대하여 기술하시오.
3	72회 25점	전력 품질을 나타내는 지표와 품질 저하현상들에 대하여 설명하시오.
4	74회 25점	전력 공급 시 경제적 배전을 위하여 배전전압이 중요한 검토항목이 되는 이유를 기술하시오.
5	81회 10점	저압계통의 제어전원 측 Sag 대책용인 DPI(Voltage－Dip Proofing Inverters)의 구성 및 동작원리에 대하여 설명하시오.
6	84회 25점	전원계통에서 나타나는 전원외란(Disturbance)의 종류와 특성에 대하여 설명하시오.
7	86회 25점	대형 건축물에서 전력 품질의 문제점과 대책에 대하여 설명하시오.

8	90회 10점	전력 품질의 기준요소 및 영향을 설명하시오.
9	92회 10점	건축물에서 구내 배선(3상 4선식과 단상 3선식)의 선로전류 불평형에 의한 전력손실을 설명하시오.
10	93회 25점	전력 품질의 신뢰도를 향상시킬 수 있는 장치를 제시하고 설명하시오.
11	100회 25점	전력 품질을 나타내는 지표와 품질 저하현상을 설명하시오.
12	115회 10점	한국전력의 전력 품질 3대 지표에 대해서 설명하시오. 1) 전 압 2) 주파수 3) 정전시간
13	117회 25점	불평형 전압이 유도전동기에 미치는 영향에 대하여 설명하시오.
14	122회 10점	전기사업법령에서 정한 전기의 품질기준과 이를 유지하는 방법에 대하여 설명하시오.

Professional Engineer Building Electrical Facilities

제 1 장

배전설비

SECTION 01 배전설계 계획

SECTION 02 배전방식

SECTION 03 간선과 분기회로

SECTION 04 배선방식 결정

SECTION 05 간선 계산

SECTION 06 보호방식 결정

배전설계 계획

001 배전설계 계획(전력간선설비 설계 순서)

1 개 요

① 간선이란 건물 내의 전력계통 중 인입점, 발전기 또는 축전지 등의 전원에서 변압기 또는 배전반 사이를 접속하는 배전선로와 배전반에서 각 전등분전반, 동력분전반에 이르는 배전선로를 말한다.

② 간선은 전력 공급범위 면에서 분기회로를 포함하기 때문에 공급 신뢰도가 중요하며 간선의 허용전류, 간선의 허용전압강하, 전선의 기계적 강도, 장래부하 증설이나 고조파 전류 등에 대한 것도 고려하여야 한다.

2 전력간선설비 설계

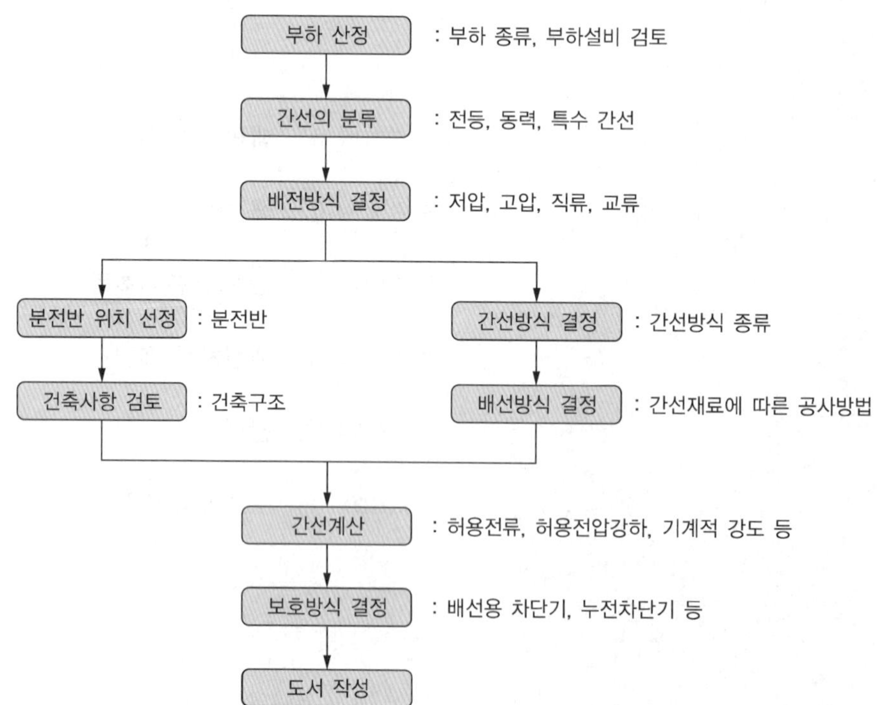

1) 부하 산정

① 부하설비 파악

부하 명칭, 부하 설치장소, 부하용도, 상수, 전압 등을 파악한다.

② 부하설비 검토

부하의 운전상황(연속, 불연속 등), 부하의 중요도, 비상전원 필요성(소방부하, 정전 비상부하 등), 부하의 수용률 검토

2) 간선의 분류

① **전등간선** : 상용 조명간선과 비상용 조명용 간선
② **동력간선** : 상용 동력간선과 비상용 동력간선
③ **특수용 간선** : 전산용 간선, OA 간선, 의료기기 간선 등

3) 배전방식 결정

① 부하설비의 종류, 규모, 분포상황 및 변전설비와의 관계 검토 후 선정

② 배전방식

㉠ 전압 : 고압배전, 저압배전
㉡ 전기성질 : 직류배전, 교류배전(단상 2선식, 단상 3선식, 삼상 3선식, 삼상 4선식)

4) 간선방식

① 간선 한 개당 전력 공급 분전반 수량은 부하의 용도별, 중요도, 용량별 구분에 의한다.
② 간선방식 종류는 개별방식, 나뭇가지식, 병용방식으로 구분한다.

5) 배선방식 결정

간선의 배선방식은 간선의 재료에 따른 공사방법을 말하며, 배관을 사용하는 배선방법, 트레이를 사용하는 케이블 배선, 구리 또는 알루미늄 도체를 이용하는 버스덕트 배선으로 분류한다.

6) 분전반

① 분전반은 매입형, 반매입형, 노출 벽부형과 전기 전용실에 설치 가능한 자립형이 있으며 건물의 크기, 용도에 따라 선정한다.

② 분전반은 점검과 유지보수를 고려한 위치에 설치하여야 하며 매입형일 경우는 건축물의 구조적인 강도를 검토하고, 건축적으로 블록벽 또는 경량벽에 설치하는 경우 건축 설계자와 협의 조정한다.

7) 간선계산

① 간선 크기(계산)를 결정하는 요소 : 전선의 허용전류, 전압강하, 기계적 강도, 연결점의 허용온도, 열방산 조건

② 간선 크기(계산) 고려사항 : 장래 예비 사용 또는 증설에 대한 여유율, 부하의 수용률

③ 간선에 있어서 수용률은 간선 비용과 직접 관계되므로 공장, 공동주택 등에서는 이를 적용하지만 장래에 용량 증가가 예상되는 건축물에서는 이를 고려하거나 적용하지 않음

8) 보호방식 결정

① 간선의 전원 측에 과전류차단기를 설치하여 간선을 과부하전류 및 단락전류로부터 보호한다(배선용 차단기).

② 저압간선을 분기하는 경우 분기하는 지점에는 분기간선 보호용 과전류차단기를 설치하여야 한다(누전차단기).

③ 판단기준 제41조 지락차단장치 시설

배전방식

002 저압 옥내배전방식(결선도, 공급전력, 선전류, 전선 단면적, 전압강화, 배전손실 등 비교 설명)

전기방식	단상 2선식	단상 3선식	3상 3선식	3상 4선식
결선도	I_1 E	I_2 E E	I_3 E E E	I_4 E E V E
공급전력 전선총량	$P = EI_1$ $V = 2S_1L$	$P = 2EI_2$ $V = 3S_2L$	$P = \sqrt{3}\,EI_3$ $V = 3S_3L$	$P = 3EI_4$ $V = 4S_4L$
선전류	I_1 100[%]	$I_2 = \frac{I_1}{2}$ 50[%]	$I_3 = \frac{I_1}{\sqrt{3}}$ 57.7[%]	$I_4 = \frac{I_1}{3}$ 33.3[%]
전선의 단면적	S_1 100[%]	$S_2 = \frac{2}{3}S_1$ 66.7[%]	$S_3 = \frac{2}{3}S_1$ 66.7[%]	$S_4 = \frac{1}{2}S_1$ 50[%]
전압강하	$e_1 = 2I_1R_1$ $= 2\frac{I_1\rho L}{S_1}$ 100[%]	$e_2 = I_2R_2$ $= \left(\frac{I_1}{2}\right)\frac{\rho L}{S_2}$ $= \left(\frac{I_1}{2}\right)\frac{\rho L}{\frac{2}{3}S_1}$ $= \left(\frac{3}{4}\right)\left(\frac{I_1\rho L}{S_1}\right)$ $= \frac{3}{8}e_1$ 37.5[%]	$e_3 = \sqrt{3}\,I_3R_3$ $= \sqrt{3}\left(\frac{I_1}{\sqrt{3}}\right)\frac{\rho L}{S_3}$ $= I_1\frac{\rho L}{\frac{2}{3}S_1}$ $= \left(\frac{3}{2}\right)\frac{I_1\rho L}{S_1}$ $= \frac{3}{4}e_1$ 75[%]	$e_4 = I_4R_4$ $= \left(\frac{I_1}{3}\right)\frac{\rho L}{S_4}$ $= \left(\frac{I_1}{3}\right)\frac{\rho L}{\frac{1}{2}S_1}$ $= \left(\frac{2}{3}\right)\left(\frac{I_1\rho L}{S_1}\right)$ $= \frac{1}{3}e_1$ 33.3[%]

전기방식	단상 2선식	단상 3선식	3상 3선식	3상 4선식
배전손실	$Q_1 = 2I_1^2 R_1$ $= 2I_1^2 \frac{\rho L}{S_1}$ 100[%]	$Q_2 = 2I_2^2 R_2$ $= 2\left(\frac{I_1}{2}\right)^2\left(\frac{\rho L}{S_2}\right)$ $= \left(\frac{I_1^2}{2}\right)\left(\frac{\rho L}{\frac{2}{3}S_1}\right)$ $= \left(\frac{3}{4}\right)\left(\frac{I_1^2 \rho L}{S_1}\right)$ $= \frac{3}{8}Q_1$ 37.5[%]	$Q_3 = 3I_3^2 R_3$ $= 3\left(\frac{I_1}{\sqrt{3}}\right)^2 \frac{\rho L}{S_3}$ $= I_1^2 \frac{\rho L}{\frac{2}{3}S_1}$ $= \left(\frac{3}{2}\right)\frac{I_1^2 \rho L}{S_1}$ $= \frac{3}{4}Q_1$ 75[%]	$Q_4 = 3I_4^2 R_4$ $= 3\left(\frac{I_1}{3}\right)^2 \frac{\rho L}{S_4}$ $= \left(\frac{I_1^2}{3}\right)\frac{\rho L}{\frac{1}{2}S_1}$ $= \left(\frac{2}{3}\right)\frac{I_1^2 \rho L}{S_1}$ $= \frac{1}{3}Q_1$ 33.3[%]

003 직류 송전방식과 교류 송전방식의 비교

1 직류 송전방식

1) 장 점

① 절연계급을 낮출 수 있다.
② 송전효율이 좋다.
③ 안정도가 좋다.
④ 유도장해가 작다.
⑤ 전압, 주파수가 다른 두 교류 계통을 연계할 수 있다.

2) 단 점

① 교류에서와 같이 전류의 영점이 없음으로 직류전류의 차단이 곤란하다.
② 일단 전류로 변환된 후에는 승압 및 강압이 곤란하다.
③ 인버터, 컨버터 등 교직변환장치들의 신뢰성과 보수가 문제가 된다.
④ 교직변환장치에서 발생하는 고조파를 제거하는 설비가 필요하다.
⑤ 변환장치는 유효전력의 50~60[%] 정도의 무효전력을 소비하므로 이를 공급하기 위한 무효전력 보상 설비비가 비싸다.

2 교류 송전방식

1) 장 점

① 전압의 승압 및 강압이 용이하다.
② 회전자계를 쉽게 얻을 수 있다.
③ 일관된 운용을 기할 수 있다.

2) 단 점

① 표피효과 때문에 전선의 실효저항이 증가하고 손실이 커진다.
② 직류방식에 비해 계통의 안정도가 저하한다.
③ 페란티 현상, 자기여자현상 등의 이상 상태가 발생한다.
④ 인근 통신선에의 유도장해가 크다.

⑤ 주파수가 서로 다른 계통은 연계가 불가능하다.

3 결 론

이상의 장단점으로 볼 때 직류 송전방식은 500~700[km] 이상의 장거리 대전력 수송, 해저 케이블, 계통 간의 비동기 연계 또는 주파수가 서로 다른 두 계통의 연계 등에 유리하고 그 외의 경우에는 교류방식이 유리함을 알 수 있다.

간선과 분기회로

004 간선의 분류(종류)

1 개 요

1) 간선의 정의

① 전력계통 중 인입점, 발전기 등의 전원에서 배전반, 변압기에 이르는 배전선로
② 배전반에서 각각의 전등분전반, 동력제어반에 이르는 배전선로를 포함한다.

2) 간선 결정 시 고려사항

① 전선의 허용전류
② 전선의 허용전압강하
③ 전선의 기계적 강도
④ 장래부하 증설 및 변경에 대비
⑤ 부하특성(인버터 등)에 대한 고조파

2 간선의 종류

1) 사용목적에 따른 분류

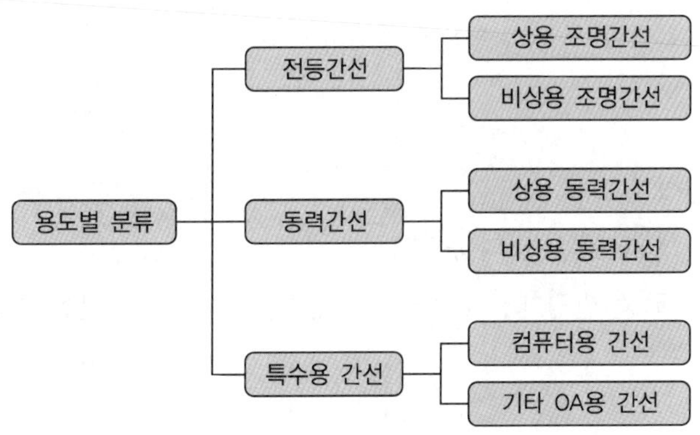

① **전등간선**

㉠ 상용 조명간선 : 조명기구 및 콘센트에 전력을 공급

㉡ 비상용 조명간선 : 관계법령(소방, 건축)에 의한 전력 공급과 정전 시 업무용으로 전력 공급

② **동력간선**

㉠ 상용 동력간선 : 공조설비, 급배수 및 위생설비, 특수기계설비에 전력 공급

㉡ 비상용 동력간선 : 관계법령(소방, 건축)에 의한 전력 공급과 정전 시 업무용으로 전력 공급

③ **특수용 간선**

중요도가 높은 것으로 대형 전산용 간선, OA 기기용 간선, 의료기기 간선 등

2) 배전 방식에 따른 분류

① 부하설비의 종류, 규모, 분포상황 및 변전설비와의 관계 검토 후 선정

② **저압간선**

㉠ 단상 3선식 220/110[V]

㉡ 3상 3선식 380[V] 또는 220[V] : 동력간선

㉢ 3상 4선식 380/220[V] : 동력 및 전등간선

㉣ 단상 2선식 110[V] : 1993년 이후 에너지 절약대책에 따라 공급이 중단되었으나 자가발전설비의 전산기기 전원용으로 일부 사용하는 곳 있음

③ **고압간선**

3상 3선식(3.3[kV], 6.6[kV]) : 한 건물에 2개소 이상의 2차 변전실 설치 시 간선으로 사용하며 고압 전동기 전원으로 사용

④ **특고압간선**

㉠ 3상 3선식 22[kV] : 비접지식

㉡ 3상 4선식 22.9[kV] : 다중접지식

㉢ 적용 : 초고층 빌딩에서 154[kV] 수전할 경우 2차 변전실 간선으로 적용

3) 간선방식에 따른 분류

종 류	정 의	계통도	특 징
나뭇가지식	전체 분전반을 하나의 간선으로 사용하는 방식	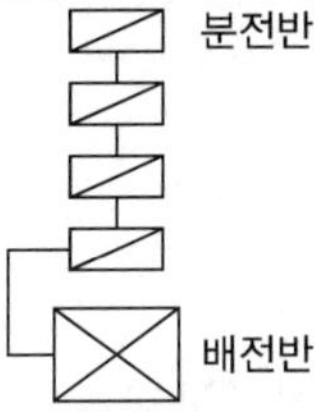 분전반 배전반	• 부하가 감소함에 따라 전선의 굵기 감소 • 굵기가 변경되는 장소에 차단장치 필요 • 신뢰도가 낮고 1개소 사고 시 전체 파급 • 경제적이다. • 소규모 빌딩에 적용
평행식 (개별방식)	배전반에서 각각의 분전반에 간선을 사용하는 방식	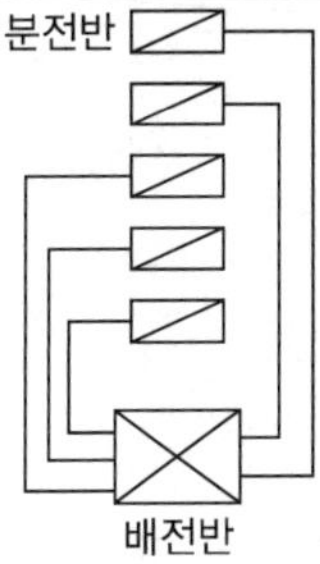 분전반 배전반	• 전압강하 평균화 • 사고 파급효과 축소 • 설치비가 비싸다. • 큰 용량의 부하, 분산부하에 단독으로 배선하는 방식으로 대규모 건물에 적합
나뭇가지 평행식	집중부하 중심 부근에 분전반을 설치하고 분전반에서 각각의 부하에 배선하는 방식	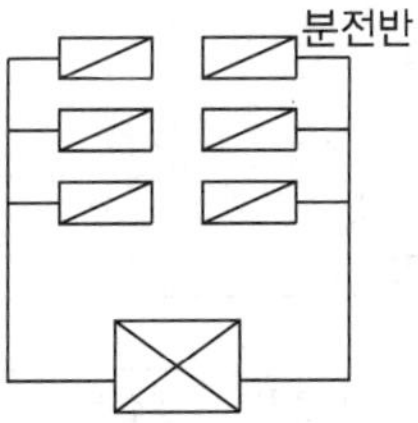 분전반	• 나뭇가지식과 평행식을 병행한 방식 • 일반적으로 많이 사용하는 방식
Loop식	배전반과 분전반을 Loop로 연결하여 사고 시 Fail Safe 개념의 간선방식	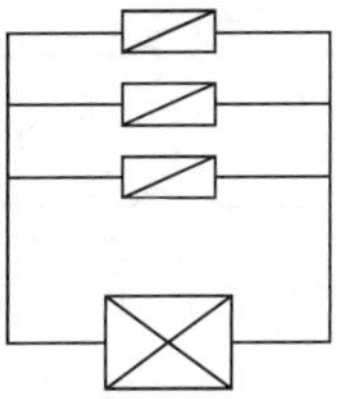	• 공급 신뢰도가 가장 높으며 중요한 부하에 채용 • 설치비가 가장 비싸다. • 선로사고 시 즉시 대체가 가능

005 분기회로 선정

1 개 요

1) 정 의

저압 옥내간선으로부터 분기 과전류보호기를 거쳐 전등 또는 콘센트에 이르는 배선을 말한다.

2) 목 적

① 전기기기의 안전한 사용
② 고장 시 사고 파급효과 축소
③ 신속한 복구를 위함

3) 구성도

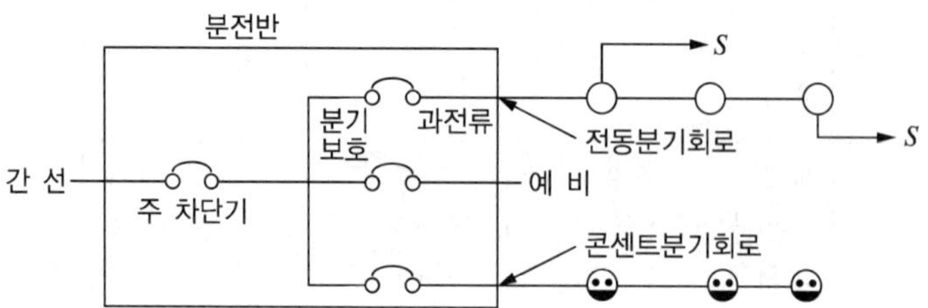

2 분기회로

1) 분기회로의 종류

분기회로는 회로를 보호하는 분기 과전류차단기의 정격전류에 따라 15[A] 분기회로, 20[A] 배선용 차단기 분기회로, 20[A] 분기회로(퓨즈), 30[A] 분기회로, 40[A] 분기회로, 50[A] 분기회로로 분류된다.

2) 분기회로의 용량 산정방식

① 분기회로의 표준 부하용량 산정방식

$$\text{표준부하 용량} = PA + QB + C[\mathrm{VA}]$$

여기서, P : 표준부하 바닥면적[m^2]
A : 표준 부하밀도[VA/m^2]
Q : 부분적인 표준부하 바닥면적[m^2]
B : 표준 부하밀도[VA/m^2]
C : 가산하여야 할 부하[VA]

② 건축물 종류별 표준부하

건축물 종류	표준부하
공장, 사찰, 교회, 극장 등	10[VA/m^2]
학교, 기숙사, 병원, 호텔 등	20[VA/m^2]
아파트, 주택, 사무실, 상점 등	30[VA/m^2]

③ 부분적인 표준 부하밀도(별도로 계산하여야 하는 부하)

건축물 종류	표준부하
복도, 계단, 창고, 화장실 등	5[VA/m^2]
강당, 관람석 등	10[VA/m^2]

④ 가산하여야 할 부하

㉠ 주택, 아파트 : 500~1,000[VA]
㉡ 상점 진열장 : 폭 1[m]마다 500[VA]
㉢ 옥외 : 광고등, 네온사인, 전광 사인은 해당 부하
㉣ 무대조명, 영화관 등의 특수 전등조명은 해당 부하

3) 분기회로수의 산정

내선규정에 의한 분기회로 산정방식

① **100[V] 분기회로수** : 부하설비 용량 ÷ 1,650[VA]
② **200[V] 분기회로수** : 부하설비 용량 ÷ 3,300[VA]
단수가 나오면 절상, 대형 전기기계·기구는 별도의 회로로 구성

4) 분기회로의 수구

분기회로별 최대 수구수

<table>
<tr><th>분기회로의 종류</th><th>수구의 종류</th><th colspan="2">최대 수구수</th></tr>
<tr><td rowspan="4">15[A] 분기회로
20[A] 배선용
차단기 분기회로</td><td>전등수구 전용</td><td colspan="2">제한하지 않으나, 정격 소비전력이 공칭전압 220[V]는 3[kW], 공칭전압 110[V]는 1.5[kW] 이상인 냉방기기, 취사용 기기 등 대형 전기기계 · 기구를 사용하는 경우 콘센트는 1개로 함</td></tr>
<tr><td rowspan="2">콘센트
전용</td><td>주택 및
아파트</td><td>제한하지 않음</td></tr>
<tr><td>기 타</td><td>110[V] 회로에는 10개 이하, 220[V] 회로에는 15개 이하, 미용실, 세탁소 등에서 업무용 기계 · 기구를 사용하는 콘센트 1개를 원칙으로 하고 동일 실내에 설치하는 경우에 한하여 2개까지로 한다.</td></tr>
<tr><td>전등수구와
콘센트 병용</td><td colspan="2">전등수구는 제한하지 않음</td></tr>
<tr><td rowspan="2">20[A] 분기회로
30[A] 분기회로
40[A] 분기회로
50[A] 분기회로</td><td>대형 전등
수구 전용</td><td colspan="2">제한하지 않음</td></tr>
<tr><td>콘센트
전용</td><td colspan="2">2개 이하</td></tr>
</table>

5) 분기회로 전선의 굵기 산정

분기회로의 전선 굵기

<table>
<tr><th rowspan="2">분기회로의 종류</th><th colspan="2">분기회로 일반</th><th>분기점에서 하나의
수구에 이르는 부분</th></tr>
<tr><th>구리전선의 굵기(mm²)</th><th>라이팅 덕트</th><th>구리전선의 굵기(mm²)</th></tr>
<tr><td>15[A]</td><td>2.5(1.5)</td><td>15[A]</td><td>-</td></tr>
<tr><td>20[A]
배선용 차단기</td><td>2.5(1.5)</td><td>15[A] 또는 20[A]</td><td>-</td></tr>
<tr><td>20[A]
퓨즈</td><td>4(1.5)</td><td>20[A]</td><td>2.5(1.5)</td></tr>
<tr><td>30[A]</td><td>6(2.5)</td><td>30[A]</td><td>2.5(1.5)</td></tr>
<tr><td>40[A]</td><td>10(6)</td><td></td><td>4(1.5)</td></tr>
<tr><td>50[A]</td><td>16(10)</td><td></td><td>4(1.5)</td></tr>
<tr><td>50[A] 초과</td><td>해당 과전류차단기의 정격전류 이상의 허용전류를 가지는 것</td><td></td><td></td></tr>
</table>

분기회로에 접속하는 전구선 또는 이동전선의 굵기는 단면적 0.75[mm^2] 이상으로 하고, 그 부분을 통과하는 부하전류 이상의 것을 사용하여야 한다.

6) 분기회로의 개폐기 및 과전류차단기의 시설

① 분기회로에는 저압옥내간선과의 분기점에서 전선의 길이가 3[m] 이하의 장소에 개폐기 및 과전류차단기를 시설하여야 한다. 다만, 간선과의 분기점에서 개폐기 및 과전류차단기까지의 전선에 그 전원 측 저압옥내간선을 보호하는 과전류 차단기 정격전류의 55[%](간선과의 분기점에서 개폐기 및 과전류차단기까지의 전선길이가 8[m] 이하일 경우에는 35[%]) 이상의 허용전류를 갖는 것을 사용할 경우에는 3[m]을 초과하는 장소에 시설할 수 있다.

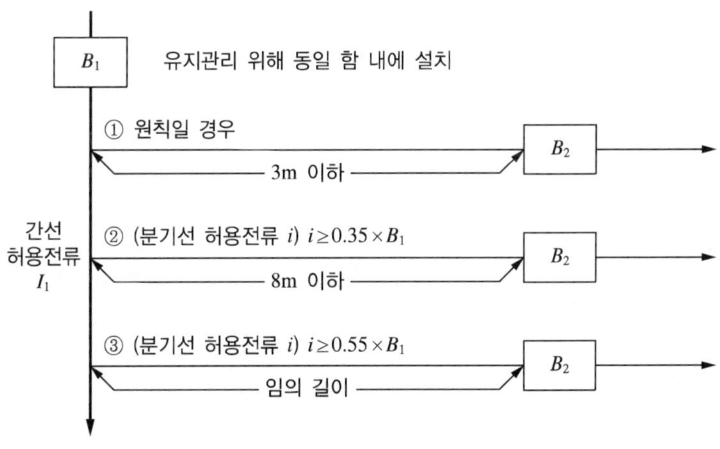

▌ 분기회로의 개폐기 및 과전류차단기의 부착

② 분기회로의 과전류차단기로 플러그퓨즈와 같이 안전하게 바꿀 수 있고, 절연저항 측정이 쉬운 것을 사용할 경우는 특별히 필요한 때를 제외하고 개폐기를 생략할 수 있다.

③ 정격전류가 50[A]를 초과하는 하나의 전기 사용 기계・기구에 이르는 분기회로를 보호하는 과전류차단기는 그 정격전류가 그 전기 사용 기계・기구의 정격전류를 1.3배 한 값을 초과하지 않는 것이어야 한다.

④ 주택의 분기회로용 과전류차단기는 배선용 차단기를 사용하는 것이 바람직하다.

7) 분기회로 구성의 고려사항

① **전등, 콘센트는 별개의 회로로 구분** : 소형 주택 제외

② 전선의 길이는 전선의 전압강하와 시공을 고려하여 약 30[m] 이하로 하고, 분기회로 전선 굵기도 8[mm^2] 이하, 배관의 굵기는 28[mm] 이하로 적용

③ 임대 건물이나 정확한 부하 산정이 곤란한 경우

㉠ 사무실, 상점 : 36[m^2]마다 1회로

㉡ 복도, 계단 : 70[m^2]마다 1회로

㉢ 같은 방향, 같은 방의 수구는 가급적 같은 회로로 구성

㉣ 같은 S/W로 점멸

㉤ 복도, 계단은 같은 회로로 구성

㉥ 습기가 있는 장소의 수구는 가급적 별도 회로 구성

006 분기회로 계산

1 개 요

① 분기회로는 전기설비의 기본이 되는 매우 중요하고 기본적인 회로로 중요하게 다루어져야 하며 사고 시 다른 분기회로나 간선에 영향을 주지 않도록 구성한다.

② 또한, 유지보수가 용이하고 편리하여야 하며 특히 경제적인 설계가 되어야 한다.

2 분기회로 계산

우선, 설비부하용량을 구한다.

P_1 : (주택부분의 바닥면적) : 120[m^2]

P_2 : (점포부분의 바닥면적) : 50[m^2]

Q : (창고의 바닥면적) : 10[m^2]

A_1 : (주택부분의 표준부하) : 30[VA/m^2]

A_2 : (점포부분의 표준부하) : 30[VA/m^2]

B : (창고의 표준부하) : 5[VA/m^2]

C_1 : (주택에 대한 가산 VA 수) : 1,000[VA]

C_2 : (쇼케이스 폭 3[m]에 대한 가산 VA수)
: 900[VA]로 되어 설비부하 용량은 다음과 같다.

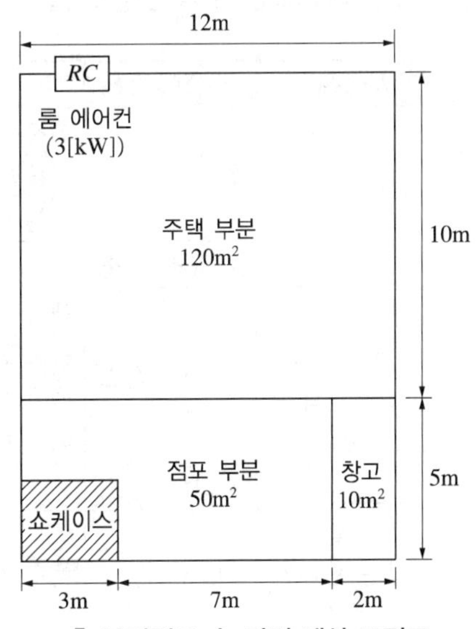

▌분기회로 수 결정 계산 조건도

$(P_1A_1) + (P_2A_2) + (QB) + C_1 + C_2$

$= (120[m^2] \times 30[VA/m^2]) + (50[m^2] \times 30[VA/m^2])$

$+ (10[m^2] \times 5[VA/m^2]) + 1,000[VA] + 900[VA]$

$= 7,050[VA]$

① **사용전압이 220[V]인 경우** : 설비부하 7,050[VA]를 3,300[VA]=2.14가 되어 단수를 절상하면 3회로가 된다. 또한 그 밖에 3[kW]의 룸 에어컨이 설치되어 있으므로 별도로 1회로를 추가하면 합계 회로수는 4회로가 된다.

② **사용전압이 110[V]인 경우** : 설비부하 7,050[VA]를 1,650[VA]로 나누어 회로수를 구한다. 7,050[VA]÷1,650[VA]=4.27이 되어 단수를 절상하면 5회로가 된다. 또한 그 밖에 3[kW]의 룸 에어컨이 설치되어 있으므로 별도로 1회로를 추가하면 합계 회로수는 6회로가 된다.

배선방식 결정

007 저압옥내배선의 종류

1 저압옥내배선의 시설장소별 공사의 종류(전기설비기술기준의 판단기준 제180조)

사용전압	사용장소	400[V] 미만인 것	400[V] 이상인 것
전개된 장소	건조한 장소	애자사용공사, 합성수지 몰드공사, 금속몰드공사, 금속덕트공사, 버스덕트공사 또는 라이팅 덕트 공사	애자사용공사・금속덕트공사 또는 버스덕트공사
	기타의 장소	애자사용공사, 버스덕트공사	애자사용공사
점검할 수 있는 은폐된 장소	건조한 장소	애자사용공사, 합성수지 몰드공사, 금속몰드공사, 금속덕트공사, 버스덕트공사, 셀룰라덕트공사 평형보호층 공사 또는 라이팅 덕트공사	애자사용공사・금속덕트공사 또는 버스덕트공사
	기타의 장소	애자사용공사	애자사용공사
점검할 수 없는 은폐된 장소	건조한 장소	플로어덕트공사 또는 셀룰러덕트 공사	

2 옥내배선의 종류

1) 애자사용공사

① 절연전선을 애자로 지지하여 천장, 벽, 천장 내부에 설치하는 공사방법이다.

② 목조건물, 문화재, 공장 등에서 사용되었으나 근래에는 거의 사용하지 않는 방식이다.

2) 목재몰드 공사

목재에 홈을 파서 그 속에 절연전선을 넣고 뚜껑을 덮는 공사방법으로, 거의 사용하지 않는 방식이다.

3) 경질비닐관 공사

① 무거운 압력이나 충격을 받을 염려가 없는 장소에 실시하는 공사방법으로, 아파트 등에서 많이 사용하는 방식

② 특 징

㉠ 전기 절연성이 우수하고 누전의 위험이 없다.
㉡ 가볍고 가공이 쉽고 공사비가 저렴하다.
㉢ 내식성이 좋아 부식성 가스, 용액 등을 발산하는 화학공장 배선공사에 적합하다.
㉣ 온도 변화에 따라 신축성이 크므로 배관 접속 시 주의

4) 금속관 공사

① 절연전선을 금속관에 넣어 시설하는 공사방법이다.

② 특 징

㉠ 단락으로 인한 화재 위험 없음
㉡ 외부로부터 손상을 받을 염려 없음
㉢ 접지가 완벽
㉣ 모든 시설 장소에 적용 가능

5) 금속몰드 공사

① 절연 전선을 금속몰드(두께 0.5[mm] 이상) 속에 넣어 시설하는 공사방법으로, 주로 기존의 금속관 공사의 증설에 사용

② 특 징

㉠ 조명기구 설치와 배선을 동시에 할 수 있으며, 증설이나 배관 교환 유지관리 편리
㉡ 공장, 창고, 주차장 등의 Line 조명에 적용
㉢ 조명기구 위치 임의 선정 및 변경이 가능

6) Flexible Conduit(가요전선관) 공사

유연성이 좋아 전동기와 같이 진동이 있는 기기 등에 이르는 짧은 배선이나 승강기용 배선으로 사용

7) 금속덕트 공사

① 전선을 금속덕트 내에 넣어 시설하는 공사방법이다.

② **특 징**

㉠ 최소 규격은 폭 5[cm] 이상, 두께 1.2[mm] 이상

㉡ 많은 전선을 경제적으로 포설하는 데 사용

㉢ 증설 및 변경이 용이

8) Bus Duct 공사

① 철재 덕트 속에 나동대를 절연하여 설치하는 공사방법으로 초고층 빌딩, 공장 등의 대전류 저압 배전반 부근 및 간선에 적합한 공사방법이다.

② **특 징**

㉠ 선로 정격전류 1,000[A] 이상이 경제적

㉡ 최근에는 콤팩트화한 제품 생산

㉢ 수직 설치 시 인장하중 때문에 적당한 간격으로 견고히 지지할 것

9) Floor Duct 공사

① 콘크리트 바닥 속에 플로어 덕트를 설치하여 사용하는 공사방법이다.

② **특 징**

㉠ 용도 변경에 대응이 용이

㉡ 사용전압 300[V] 이하로 한정

10) Cellular Duct 공사

① 건축 바닥면에 사용하는 Deck Plate의 일부를 이용하는 공사방법이다.

② **특 징**

㉠ 다른 배관공사에 비해 배선 공간이 크다.

㉡ 배선 인출 위치 이동, 변경이 편리하다.

㉢ 장래부하 증설 위치 변경이 가능한 시스템

㉣ 사용전압 300[V] 이하로 한정되며, 사용전선은 3.2[mm]를 넘는 동선은 연선을 사용한다.

11) OA Floor 공사

① Access Floor 대신 간이 형식으로 높이 30[mm] 이내의 Floor 설치

② 특 징

㉠ 플로어 내부에 배선공사를 시행하는 방식

㉡ 내부 배선 변경이 쉽고, 복잡한 구성에 적합하다.

008 케이블 부설방식(간선의 부설방식)

1 케이블 부설 시 고려사항

① 증설 대비 경제성을 고려한 부설방식 선정
② 용도에 맞는 부설방식 적용(아파트, 빌딩의 방폭지역)
③ 수직 간선은 반드시 EPS실을 확보하여 부설

2 케이블 부설방식(간선의 부설방식)의 종류

종 류	시설방법	특 징
Free Access Floor 방식	바닥에 FAF를 400~500[H] 높이로 이중바닥을 형성하여, 하부를 배선통로로 사용	• 배선용량이 크다. • 가변성이 우수하다. • 건물 층고에 영향
Floor Duct	슬라브 내에 금속제 덕트를 매설하는 방식 • 2way : 전열, 전화 • 3way : 전열, 전화, OA	• 배선 변경이 용이 • 배선 수용량 한계
셀룰러덕트	철골 Deck Plate에 홈을 이용하여 배선을 수납하는 방식	• 배선 변경이 용이 • 건축과 협의하여 진행
트렌치덕트	슬라브 내에 대형의 배선덕트를 매설하여 배선하는 방식	• 배선 변경이 용이 • 배선 수용능력이 크다.
전선관	건물전체에 전선관을 매설하여 배선하는 방식	• 시공이 용이 • 경제적인 방식 • 배선 수용량 한계
케이블 트레이	천장과 벽에 금속제 사다리를 설치하고 그 위에 케이블을 포설하는 방식	• 화재 보안대책 필요 • 포설이 적으면 비경제적
금속덕트	슬라브 내에 금속덕트 매설	• 전선 증설 및 변경 용이 • 습기, 부식장소 곤란

009 OA 배선방식

1 개 요

① 배선수납방식의 선정은 요구 성능, 배선방식, 경제성의 검토가 필요하다.

② OA 배선방식의 종류로는 Free Access, Floor Duct, 셀룰러덕트 등이 있다.

2 OA배선방식

1) 간선용량 선정 시 고려사항

① OA 기기의 급속한 증가에 따라 간선용량을 크게 한다.

② 고조파의 영향을 고려하여 대전력계통과 분리시킨다.

③ 전압 변동률을 감안하여 여유 있게 설계한다.

④ 신뢰도가 높은 전산센터 등에서는 간선형식을 이중으로 하거나 Loop 방식에 따라 배전계획을 세운다.

2) 전용간선 Shaft

① 필요성

양질의 전력 공급의 필요성에 의하여 우려되는 설비사고, 유도장해 침입의 저감, 증설 및 보안 및 방재성을 위한 전용 샤프트화를 고려해야 한다.

② 전용 Shaft 채용 시 고려사항

㉠ 습기 및 물의 침투 방지 : 구조적으로 EPS실의 바닥을 높인다.

㉡ 방재구조 : 갑종방화문, 불연재 구조로 마감하여 밀폐한다.

㉢ 보안구조 : 불필요한 외부인들의 출입저지장치

㉣ 작은 동물로부터 침입 방지구조 : 틈새를 없게 한다.

3) 배선방식

인텔리전트 빌딩의 등급, 규모 및 상황을 고려하여 경제성, 유지보수, 증설, 여유, 변경, 적응성 및 배선수를 고려하여 결정하여야 한다.

① Free Access

㉠ 바닥에 600×600형의 Free Access Floor를 400[H], 500[H] 높이로 마루를 형성하여 하부를 배선통로로 이용하는 것으로 최근 200[H]형의 얇은 Free Access Floor도 사용된다.

㉡ OA 배선, IB 배선에 가장 유연성이 있으며, 증설・차폐・변경 등에 유리하며, 대용량의 OA 배선 및 전기배선수납에 용이하다.

㉢ 천장고가 Free Access의 높이를 감안하여야 하며, 기존 낮은 천장의 빌딩에는 채용이 곤란하다.

㉣ 비용이 많이 소요된다.

② Floor Duct

㉠ 건축구조물 콘크리트 타설 시 덕트를 매입하는 방식으로 비교적 시공이 간단하고, 중용량의 OA 배선수납에 적합하다.

㉡ 천장고에 영향을 주지 않는다.

③ 셀룰러덕트

㉠ 철골구조의 건물로 바닥의 Deck Plate 홈을 이용하는 방법으로 건축구조의 강도저하 없이 배선을 수납하는 공사방식으로 경제적이다.

㉡ 시공이 간단하고 중용량의 OA 배선 및 전력배선에 적합하다.

④ OA 플로어 공사

㉠ Access Floor 대신 간이형식으로 높이 30[mm] 이내의 플로어에 설치하여 사용한다.

㉡ 플로어 내부에 배선공사를 시행하는 방식

㉢ 내부 배선 변경이 쉽고, 복잡한 구성에 적합

010 셀룰러덕트

1 셀룰러덕트 공사의 의미

① 건축공법에서 바닥에 데크 플레이트를 사용한 경우, Deck Plate 일부를 전선 통로로 이용해서 배선하는 방법이다.

② 다음 그림과 같이 인서트 캡을 이용하여 전선을 인출한다.

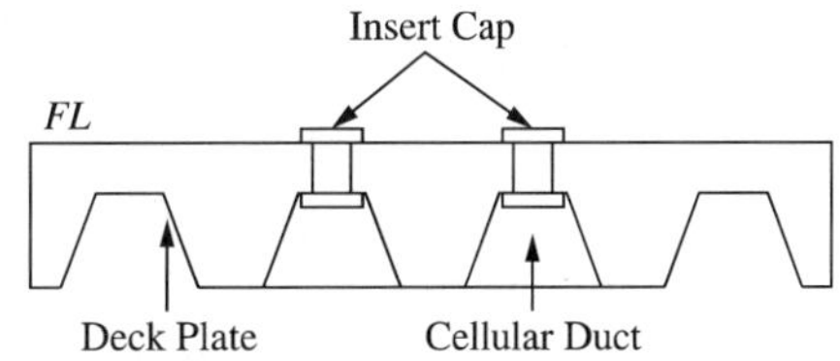

2 셀룰러덕트 공사 시 주의사항

① 전선은 절연전선을 사용하고 동선의 지름이 3.2[mm]를 초과하거나 알루미늄선의 지름이 4[mm]를 초과하는 경우에는 연선을 사용해야 한다.

② 셀룰러덕트 내에서는 전선을 접속하지 말아야 한다.

③ 사용전압은 400[V] 이하로 한다.

④ 시설장소는 점검할 수 있는 은폐장소 또는 점검할 수 없는 은폐장소로서 콘크리트 바닥 내에 매설되는 부분에 설치해야 한다.

⑤ 셀룰러덕트는 제3종 접지공사를 해야 한다.

3 셀룰러덕트의 시설방법

① 덕트 상호 및 덕트와 조영물의 금속구조체, 부속품 및 덕트에 접속하는 금속체와는 견고하고 전기적으로 완전하게 접속할 것

② 덕트 및 부속품은 물이 고일 수 있는 낮은 부분이 없도록 시설할 것

③ 덕트에 설치한 전선 인출구는 바닥 마감면에서 돌출되지 않도록 하고, 물이 침입하지 않도록 밀봉할 것

④ 덕트의 종단부는 막을 것

⑤ 셀룰러덕트에서 외부로 전선을 인출하는 부분은 금속관, 합성수지관, 금속제 가요전선관, 플로어덕트 또는 케이블 배선으로 할 것

⑥ 셀룰러덕트 관통부분에서 전선이 손상될 우려가 없도록 시설할 것

⑦ 셀룰러덕트와 다른 배선방법을 상호 접속할 때는 배선방법 상호의 접속부분을 쉽게 점검할 수 있도록 할 것

011 버스덕트 전력케이블 또는 Bus Duct 설계 시 기계적 강도의 기술적 고려사항

1 개 요

① 버스덕트는 금속제의 덕트 중에 적당한 간격으로 절연물에 의해 지지된 나도체를 수납하는 구조의 덕트이다. 전력을 전송하는 배선공사방법으로 대전류 전송에 적합하며, 적용 시에는 경제성을 검토하여야 하며, 일반적으로 1,000[A] 이상일 경우 경제성이 있다.

② 전력케이블 또는 Bus Duct 설계 시 기계적 강도의 기술적 고려사항에 있어서는 단락전류, 신축, 자중, 진동 등을 고려해야 하는데 이들에 대해 상술하면 다음과 같다.

2 버스덕트의 구조

1) 구 조

버스덕트는 금속제의 덕트 중에 적당한 간격으로 절연물에 의해 지지된 나도체를 수납하는 구조이다.

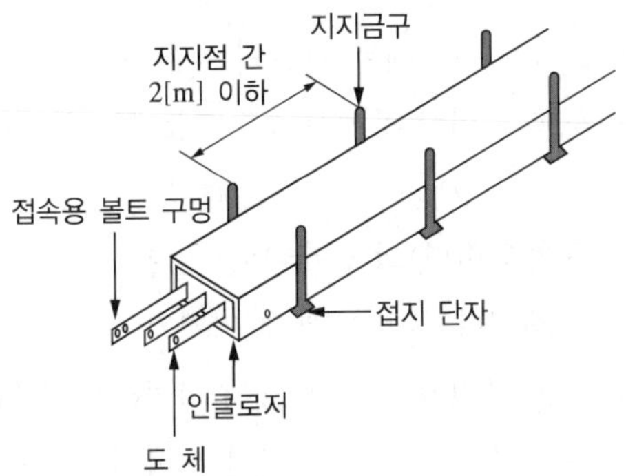

2) 적용장소

공장, 빌딩의 비교적 대전류가 흐르는 옥내 간선

3 버스덕트의 종류

명 칭	형 식		비 고
피더 버스덕트	옥내용	환기형	도중에 부하를 접속하지 아니한 것(간선용)
	옥외용	비환기형	
플러그 인 버스덕트	옥내용	비환기형	도중에 부하 접속용으로 꽂음 플러그를 만드는 것
트롤리 버스덕트	옥내용/옥외용		도중에 이동부하를 접속할 수 있도록 트롤리 접촉식 구조로 한 것

4 설계 시공 시 고려사항

1) 시설장소의 제한

버스덕트는 옥내의 건조한 장소로서 노출장소/점검 가능한 은폐장소에 한하여 시공할 수 있다. 단, 옥외용 버스덕트를 사용하는 경우에는 사용전압 400[V] 미만일 때에 한하여 옥측 또는 옥외에 시설할 수 있다.

2) 시설방법

① 덕트 상호 간 및 전선 상호 간은 견고하고 전기적으로 완전하게 접속할 것
② 덕트를 조영재에 붙이는 경우에는 덕트의 지지점 간의 거리를 3[m](취급자 이외의 자가 출입할 수 없도록 설비한 곳에서 수직으로 붙이는 경우에는 6[m]) 이하로 하고 견고하게 붙일 것
③ 덕트(환기형의 것을 제외한다)의 끝 부분은 막을 것
④ 덕트(환기형의 것을 제외한다)의 내부에 먼지가 침입하지 아니하도록 할 것
⑤ 습기가 많은 장소 또는 물기가 있는 장소에 시설하는 경우, 옥외용 버스덕트를 사용하고 버스덕트 내부에 물이 침입하여 고이지 아니하도록 할 것
⑥ 버스덕트의 배선이 마룻바닥 또는 벽을 관통하는 경우에는 버스덕트를 관통부분에서 접속하지 않을 것

3) 접 지

① 저압 옥내배선의 사용전압이 400[V] 미만인 경우에는 덕트에 제3종 접지공사를 할 것
② 저압 옥내배선의 사용전압이 400[V] 이상인 경우에는 덕트에 특별 제3종 접지공사를 할 것

5 버스덕트 설계 시 기계적 강도

1) 단락전류에 의한 영향

① 단락전류로 발생하는 열에 의한 도체의 열팽창

㉠ 케이블에 단락전류가 흐르면 Joule 열이 발생하여 도체 및 절연물의 온도를 상승시키고 종국에는 대기 중으로 발산된다.

㉡ 단락 전류가 흐르는 시간이 수 초 이내인 경우에 발생하는 열은 거의 순간적으로 도체의 온도를 상승시키는 데 모두 소비되므로 이러한 온도 상승에 의해 도체가 열팽창하게 되어 기계적 응력을 발생시키게 된다.

② 단락전류에 의한 전자력

㉠ 서로 인접한 두 개의 도체에 전류가 흐르면 전자기력에 의해 전류의 방향이 같으면 흡인력, 반대이면 반발력이 발생하는데, 이로 인해 발생하는 힘의 크기는 다음 식으로 주어진다.

$$F = K \times \frac{{I_m}^2}{D} \times 2.04 \times 10^{-8}\,[\mathrm{kg/m}]$$

여기서, K : 케이블 배치에 따른 계수, I_m : 전류의 파고치[A],
D : 케이블 중심 간의 간격[m]

㉡ 이 전자력이 케이블 상호 간에 작용하게 되므로 이를 고려하여 스페이서의 간격과 강도를 결정해야 한다.

㉢ 특히, 3심 케이블의 경우에는 비틀림 모멘트가 발생하여 Sheath에 손상이 가거나 차폐테이프가 절단될 우려가 있으므로 주의해야 한다.

2) 케이블 및 덕트의 신축에 의한 영향

① 케이블의 열팽창에 의한 축력

㉠ 수평으로 부설된 케이블이 온도 변화에 의해 팽창 수축을 할 때는 다음 식으로 표시되는 축력이 발생한다.

$$F = EA\alpha t\,[\mathrm{kgf}]$$

여기서, E : 도체의 종탄성 계수[kg/cm^2], A : 도체의 단면적[cm^2],
α : 선팽창 계수[℃$^{-1}$], t : 온도 변화[℃]

㉡ 이러한 축력에 의해서 케이블이 수평 방향으로 밀리면서 버스덕트 또는 다른 케이블과의 마찰력이나 구속력이 반력으로 작용한다.

② **버스덕트의 신축**

버스덕트의 길이가 길어지면 도체와 덕트의 열팽창 계수의 차이로 인해 이상응력이 발생할 수 있으므로 적당한 길이마다 Expansion Joint를 설치해야 한다.

3) 케이블의 자중

수직으로 부설된 케이블의 길이가 길어지면 케이블 자체의 무게가 커지므로 적당한 간격으로 고정용 금속구 또는 Cleat 등을 사용해서 벽면에 견고히 지지해야 한다.

4) 건축물과 버스 덕트의 진동에 의한 영향

① 버스덕트의 진동주기와 건물의 진동주기가 같거나 비슷하면 공진현상에 의해서 진동의 폭이 확대될 수 있으므로 적절한 간격으로 Spring Hanger를 설치한다.
② 케이블의 진동을 방지하기 위해 케이블을 Cleat로 고정한다.

012 케이블 트레이

1 개 요

케이블 트레이는 케이블이나 전선관을 지지하기 위하여 어떠한 방향이나 높이로 설치할 수 있고, 시공 후에도 변화, 철거 및 크기의 조절이 가능하도록 금속재료로 결합된 구조물을 말한다.

2 케이블 트레이의 종류

1) 사다리형(Ladder Type)

같은 방향의 양측면 레일을 여러 개의 가로대(Rung)로 연결한 조립금속구조로 설치가 용이하고 통풍이 원활하여 어떠한 수직면에서도 설치가 가능하므로 최대의 능률로 이용할 수 있다.

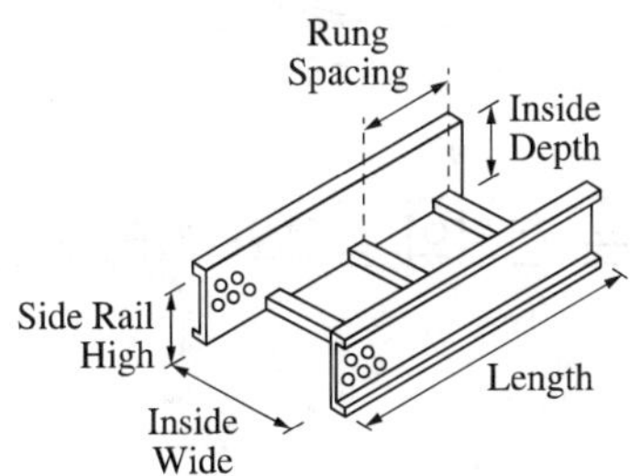

2) 바닥 밀폐형(Solid Bottom Type)

일체식 또는 분리식 직선 방향 측면 레일에서 바닥에 개구부가 없는 조립금속구조로서 케이블 보호에 탁월하며 필요 개소에는 뚜껑을 설치한다.

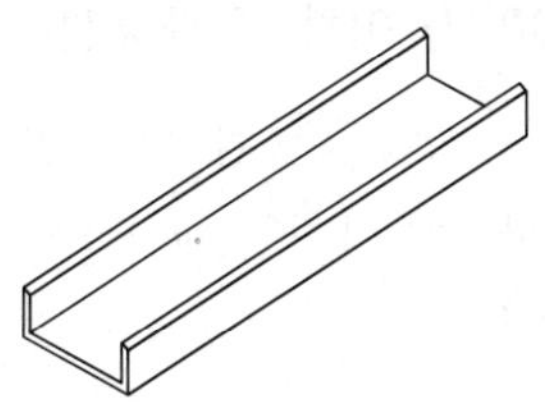

3) 트러프형(Trough Type)

일체식 또는 분리식 직선 방향 측면 레일에서 바닥에 통풍구가 있는 조립금속구조이다.

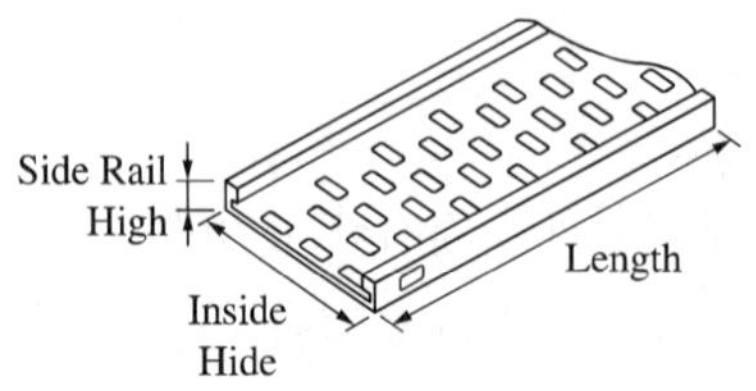

4) 채널형(Channel Type)

바닥 통풍형, 바닥 밀폐형 또는 바닥 통풍형 및 바닥 밀폐형 복합 채널 부품으로 구성된 조립금속구조로서 주케이블 트레이로부터 말단까지 연결되어 단일 케이블을 설치하는 데 사용된다.

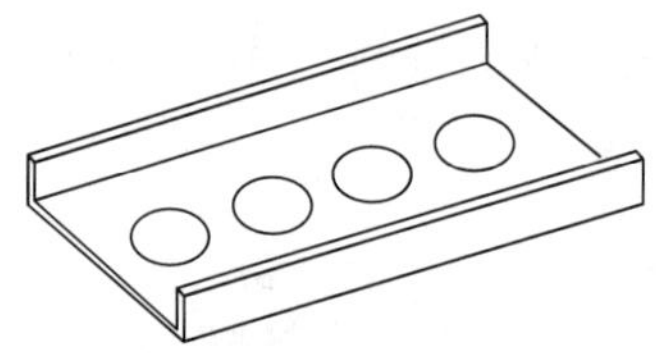

3 케이블 트레이에 사용하는 전선의 종류와 기타 난연대책

1) 사용하는 전선의 종류

① 저압 옥내배선

케이블 트레이 내 시설하는 케이블은 연피케이블, 알루미늄피 케이블과 사용전압에 따라 난연성 시험방법에 합격한 난연성 케이블을 사용하거나, 기타 케이블(연소방지 조치) 또는 금속관이나 합성수지관 등에 넣은 절연전선을 사용하여야 한다.

② 고압 및 특별고압(35,000[V] 이하) 옥내배선

케이블 트레이 내 시설하는 케이블은 연피케이블, 알루미늄피 케이블과 사용전압에 따라 난연성 시험방법에 합격한 난연성 케이블을 사용하거나, 기타 케이블(연소방지 조치)을 사용하여야 한다.

2) 난연대책

① 난연도료에 의한 예방

케이블 트레이에 포설되어 있는 케이블의 외피에 난연도료를 도포하여 주위에 화재 발생 시 화재의 확산을 최소화 또는 막을 수 있도록 한다.

② 방화벽 설치에 의한 예방

케이블을 통과하는 바닥이나 피트(Pit) 내에서 케이블 파이프, 케이블 트레이가 통과하는 바닥, 또는 슬라브벽과 케이블과의 사이는 난연판넬로 방화차단벽을 설치하고 그 사이를 방화봉합제로 채우는 방법과 실리콘 폼(Silicon Form), 밀폐제 또는 몰타르 등으로 방화벽을 설치하는 방법으로 화재의 확대를 방지한다.

③ 케이블 방재

지중 전선에 화재가 발생한 경우 화재의 확대방지를 위하여 케이블이 밀집 시설되는 개소의 케이블은 난연성 케이블을 사용하여 시설하는 것을 원칙으로 하며, 부득이 일반 케이블로 시설하는 경우에는 케이블에 방재대책을 강구하여 시행하는 것이 바람직하다.

4 케이블 트레이 시공방식과 행거 및 클리트 시공방식

1) 시공방식

① 케이블 트레이 종류

㉠ 사다리형
㉡ 통풍 트러프형
㉢ 통풍 채널형
㉣ 바닥 밀폐형

② 사용 가능 전선

㉠ 연피케이블
㉡ 알루미늄피 케이블
㉢ 난연성 케이블
㉣ 연소방지조치한 케이블
㉤ 금속관 혹은 합성수지관 등에 넣은 절연전선

③ **시공방법**

㉠ 트레이 내 전선 접속
- 사람의 접근이 용이할 것
- 측면 레일 위로 전선이 나오지 않도록 할 것
- 절연처리될 것

㉡ 케이블의 고정
- 수평 포설 이외의 케이블은 케이블 트레이 가로대에 견고히 고정할 것
- 트레이 구간에서 금속관, 합성수지관 등으로 옮겨가는 개소에는 케이블 압력이 가하여 지지 않도록 지지할 것

㉢ 저압 케이블과 고압 또는 특고압 케이블은 동일 트레이 내 시설하지 말 것

㉣ 방화구획의 벽, 마루, 천장 등을 관통하는 경우에는 개구부에 연소방지조치를 할 것

㉤ 별도로 방호를 필요로 하는 배선부분은 불연성의 커버 등을 사용할 것

2) 케이블 트레이와 행거 및 클리트 방식 비교

구 분	트레이	행거, Cleat
전선수	다량 수용	소량 수용
케이블 처리방법	Tie로 간단하게 지지	지지 개소마다 전용 행거, 클리트 사용
확장성	증설이 용이	증설이 곤란
화재 위험성	발열 축적, 온도 상승	열축적이 없다.
경제성	케이블이 많을수록 유리	케이블이 적을수록 유리
유지보수성	간 단	상대적으로 어렵다.

5 케이블 트레이 시설방법(전기설비기술기준판단기준 제194조)

① 수평으로 포설하는 케이블 이외의 케이블은 케이블 트레이의 가로대에 견고하게 고정

② 저압 케이블과 고압 또는 특고압 케이블은 동일 케이블 트레이 내에 시설하여서는 안 된다.

③ 케이블이 케이블 트레이 계통에서 금속관, 합성수지관 등 또는 힘으로 옮겨가는 개소는 케이블에 압력이 가하여 지지 않도록 지지하여야 한다.

④ 별도로 방호를 필요로 하는 배선부분은 필요한 방호력이 있는 불연성의 커버를 사용하여야 한다.

⑤ 케이블 트레이가 방화구획의 벽, 마루, 천장 등을 관통하는 경우는 개구부에 연소방지시설 등 적절한 조치를 하여야 한다.

⑥ 금속제 케이블 트레이 계통은 기계적 및 전기적으로 완전하게 접속하여야 하며 저압 옥내 배선의 사용전압이 400[V] 미만인 경우는 금속제 케이블 트레이에 제3종 접지공사, 사용전압이 400[V] 이상인 경우는 특별 제3종 접지공사를 하여야 한다.

6 케이블 트레이를 기기접지용 도체로 사용할 경우 시설방법

1) 탄소강 또는 알루미늄 케이블 트레이는 다음 조건 부합 시 접지용 보호도체로 사용

① 모든 케이블 트레이 부분과 부속재, 바닥 밀폐형 케이블 트레이의 단면적, 사다리형이나 트러프형 케이블 트레이의 양측면 레일의 단면적이 표시되어 있어야 한다.
② 케이블 트레이의 비통전 금속부는 전기적인 연속성과 가능한 고장전류를 안전하게 흘릴 수 있는 용량의 단면적을 필수적으로 확보한다.
③ 나사, 접촉점, 접촉 표면에는 비도전성 페인트 에나멜 또는 이와 유사한 도료로 도장되었을 때는 제거되거나 도전성 부속재로 접속되어야 한다.

2) 케이블 트레이는 포설된 케이블의 사용전압에 따라 접지한다. 고압 이상의 경우 제1종 접지공사, 사용전압이 400[V] 이상인 경우 특별 제3종 접지공사, 400[V] 미만인 경우 제3종 접지공사로 접지하며 임의의 개소에서 접지저항을 측정했을 때 모든 개소는 규정치 이하가 되어야 한다.

3) 금속제 케이블 트레이는 기계적, 전기적으로 완전하게 접속되어야 한다. 연결부분은 접지 본딩을 사용하여 전기적으로 연속되도록 하며 접지 본딩은 동 또는 기타 내식성 있는 재료로서 동편조선, 동대, 전선을 사용할 수 있다.

4) 접속부의 전기도통시험

① 시험견본 2개의 측면 레일과 연결 부품을 사용하여 기계적 접속장치로 구성
② 시험견본에 DC 30[A]의 전류를 흐르게 한 후 연결지점 양쪽 150[mm] 사이에서의 저항을 측정한다. 이 저항치는 시험견본에 흐르는 전류량과 전압강하로부터 측정하여 0.00033[Ω] 이하가 되어야 한다.

013 케이블 트렌치 공사

1 개 요

옥내배선공사를 위하여 바닥을 파서 만든 도랑 및 부속설비를 말하며, 수용가의 옥내 수전설비 및 발전설비 설치장소에만 적용한다.

2 케이블 트렌치 설치기준

1) 케이블 트렌치 시설기준

① 케이블 트렌치 내의 사용 전선 및 시설방법은 한국전기설비규정을 준용한다. 단, 전선의 접속부는 방습 효과를 갖도록 절연 처리하고 점검이 용이하도록 할 것

② 케이블은 배선 회로별로 구분하고 2[m] 이내의 간격으로 받침대 등을 시설할 것

③ 케이블 트렌치에서 케이블 트레이, 덕트, 전선관 등 다른 배선공사 방법으로 변경되는 곳에는 전선에 물리적 손상을 주지 않도록 시설할 것

④ 케이블 트렌치 내부에는 전기배선설비 이외의 수관·가스관 등 다른 시설물을 설치하지 말 것

2) 케이블 트렌치 구조기준

① 케이블 트렌치의 바닥 또는 측면에는 전선의 하중에 충분히 견디고 전선에 손상을 주지 않는 받침대를 설치할 것

② 케이블 트렌치의 뚜껑, 받침대 등 금속재는 내식성의 재료이거나 방식처리를 할 것

③ 케이블 트렌치 굴곡부 안쪽의 반경은 통과하는 전선의 허용곡률반경 이상이어야 하고, 배선의 절연피복을 손상시킬 수 있는 돌기가 없는 구조일 것

④ 케이블 트렌치의 뚜껑은 바닥 마감면과 평평하게 설치하고 장비의 하중 또는 통행 하중 등 충격에 의하여 변형되거나 파손되지 않도록 할 것

⑤ 케이블 트렌치의 바닥 및 측면에는 방수처리하고 물이 고이지 않도록 할 것

⑥ 케이블 트렌치는 외부에서 고형물이 들어가지 않도록 IP2X 이상으로 시설할 것

3) 케이블 트렌치가 건축물의 방화구획을 관통하는 경우 관통부는 불연성의 물질로 충전(充塡)하여야 한다.

4) 케이블 트렌치의 부속설비에 사용되는 금속재는 한국전기설비규정에 따른 접지공사를 하여야 한다.

간선 계산

014 간선의 크기를 결정하는 요소(간선 계산)

1 개 요

1) 간선의 정의

① 전력계통 중 인입점, 발전기 등의 전원에서 배전반, 변압기에 이르는 배전선로이다.

② 배전반에서 각각의 전등분전반, 동력제어반에 이르는 배전선로를 포함한다.

2) 간선결정 시 고려사항

① 전선의 허용전류

② 전선의 허용전압강하

③ 전선의 기계적 강도

④ 장래부하 증설 및 변경에 대비

⑤ 부하특성(인버터 등)에 대한 고조파

2 간선 크기 결정요소

1) 허용전류

① **상시 허용전류** : 정격부하 한도 내에서 상시 흐르는 허용전류, 주위온도 30[℃] 이상일 때 온도 보정계수, 전선관 내 다수 배선일 때 전류 감소 계수를 적용

② **순시 허용전류** : 기동전류가 큰 전기기기 동작 시 0.5초 이내 최대 허용할 수 있는 순시전류

③ **단락 시 허용전류** : 단락, 지락사고 시 고장전류가 2초 이내 통전 가능한 허용전류

④ **간헐 부하 허용전류** : 간헐 부하 On/Off 시 허용전류 고려

2) 허용전압강하

① 정상적인 허용전압강하

㉠ 정상적인 허용전압강하

$$e = \left(\frac{V_s - V_r}{V_r}\right) \times 100[\%]$$

여기서, V_s : 송전전압, V_r : 수전전압

㉡ 내선규정에 의한 전압강하

구 분	60[m] 이하	60~120[m]	120~200[m]	200[m] 초과
자가 수전설비에서 공급	3[%]	5[%]	6[%]	7[%]
전기사업자로부터 공급	–	4[%]	5[%]	6[%]

㉢ 전압강하 영향 : 공급전압이 1[%] 떨어지면 백열전구는 3[%] 광속 저하, 형광등은 1~2[%] 저하, 유도전동기 토크 2[%] 감소, 전열기 2[%] 발생 열량 감소

㉣ 내선규정에서는 인입선 1[%], 간선 1[%], 분기회로 2[%]로 규정

㉤ 전압조정 : 변압기 Tap 조정, 전압조정기, 3권선 변압기 채용, 직병렬 콘덴서 설치, 동기조상기, 분로 리액터 등으로 변동 무효전력 보상

② 순시전압강하

㉠ 선로사고 발생 시 보호계전기가 사고를 검출하여 차단기가 동작, 선로를 분리할 때까지 사고점을 중심으로 한 대폭적인 전압강하현상

㉡ 정상 전압의 30[%] 이상, 0.07초(3사이클) 이상 발생 시 문제점

㉢ 유도전동기 기동 시 순시전압강하 허용한도 : 발전기의 경우 20[%], 전력계통은 15[%]가 적당

3) 기계적 강도

통전 시의 열신축, 지진, 단락 시의 전기적·기계적 능력 등에 의한 간선의 단락, 진동, 신축, 발열 등을 검토하여야 한다.

① 단 락

통전에 의해 발생하는 줄열에 의한 간선의 열적용량과 단락 시 도체 상호 간의 단락 전류에 의한 단락 전자력을 고려

② **신 축**

온도 변화에 따른 간선의 신축을 고려

③ **진 동**

건물의 진동과 공진이 되지 않도록 하고 클리트, 스프링 행거 등으로 고정

④ **지지금구류 및 케이블 근접 부재의 발열**

철재 주위에 열방산이 나쁠 때 200~300[mm] 이상 간격 유지

015 케이블 단락 시 기계적 강도

1 개 요

① 간선의 크기를 결정하는 요소에는 허용전류, 허용전압강하, 기계적 강도 등을 감안하여야 한다.

② 단락 시 발생하는 전자력 및 기계력이 크기 때문에 반드시 사전에 검토되어야 한다.

2 기계적 강도의 계산 필요성

케이블이나 버스덕트를 전선로에 포설하여 통전할 경우 열신축, 진동 및 단락의 경우에 기계적인 응력이 가해진다. 따라서 기계적 응력을 계산 또는 예측하여 케이블의 종류선정, 포설방법 및 고정하여야 하기 때문에 검토되어야 한다.

3 강도계산 프로세스

① 단락허용전류 계산

$$S^2K^2 \geq I^2t,\ I = \frac{SK}{\sqrt{t}}$$

여기서, S : 케이블 단면적[mm^2]

K : 케이블 절연물의 열적용량 계수(CV 143)

I : 단락전류[A]

t : 단락 고장시간[sec]

② 단락전자력 계산

$$F = K \times 2.04 \times 10^{-8} \times \frac{I_m^2}{D}\,[\text{kg/m}]$$

여기서, K : 케이블 배열에 따른 정수(삼각배열 $K = 0.866$)

I_m : 단락전류 최댓값(비대칭)[A]

D : 케이블 중심 간격[m]

③ 신 축

Cable에 전류가 흐르면 도체는 발열하고 온도가 상승하며, 온도 상승으로 도체는 팽창계수에 따른 신장이 생긴다.

④ **진 동**

진동에 의한 건물과의 공진 검토

⑤ **지지금구 및 케이블 근접부속품 발열**

⑥ **포설 시 케이블에 가해지는 힘**

연속(상시) 허용장력, 측압

4 열적용량

① 충전에 의한 줄열은 도체의 온도를 상승시킴과 동시에, 외기 온도와의 차이는 절연물을 통하여 외부로 발산된다.

② 수초 이하의 단락전류로 도체에 발생된 열은 도체온도를 상승시키는 데 모두 소비된다.

S^2K^2(케이블열적용량)$\geq I^2t$(차단기동작 열정용량)

5 단락전자력

① 케이블의 경우 두 개의 케이블 도체에 전류가 흐르면 전자력에 의해 도체 상호 간에 힘이 작용한다. 즉 전류가 같은 방향으로 흐르면 흡인력, 반대 방향이면 반발력이 된다.

② 이때의 케이블 전자력은 다음과 같다.

$$F = K \times 2.04 \times 10^{-8} \times \frac{I_m^2}{D} [\text{kg/m}]$$

여기서, K : 케이블 배열에 따른 정수(삼각배열 K=0.866)

I_m : 단락전류 최댓값(비대칭)[A]

D : 케이블 중심 간격[m]

6 3심 케이블 단락기계력

① 케이블에 단락이 생기면 다음 식에 의하여 기계력이 생기고 3심 케이블에서 축 방향장력과 비틀림 모멘트가 발생한다. 따라서 3심 케이블은 트리플렉스형을 사용한다.

② **3심 케이블 단락 장력**

$$T = \frac{3rFP\sqrt{(2\pi r)^2 + P^2}}{(2\pi r)^2}[\text{kg}], \quad Q = \frac{3rF\sqrt{(2\pi r)^2 + P^2}}{2\pi}[\text{kg} \cdot \text{m}]$$

여기서, T : 축방향 장력[kg]

F : 전자력[kg/m]

P : 피치[m]

r : 케이블 중심간격[m]

Q : 비틀림 모멘트[kg · m]

016 선로정수의 구성요소 4가지

1 저 항

1) 직류 도체저항

$$r_o = \frac{10^3}{58 \times S \times \sigma} \times K_1 \times K_2 \times K_3 \times K_4 [\Omega/\text{km}]$$

여기서, S : 도체의 단면적[mm^2], σ : 도전율,
K_1 : 소선의 연입률, K_2 : 분할도체 및 다심케이블 집합의 연입률,
K_3 : 압축성형에 따른 가공경화 계수, K_4 : 최대 도체저항계수

2) 온도계수

도체가 금속이기 때문에 저항에는 온도계수가 있고 통전에 의하여 온도가 상승하면 저항이 커진다.

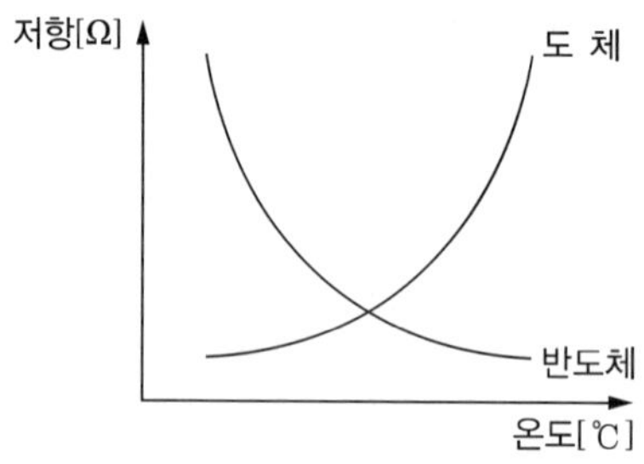

▌ 저항과 온도 변화와의 관계

3) 교류도체 실효저항

r = 직류저항(1 + 표피효과계수 + 근접효과계수)

① **표피효과**

㉠ 도체에 전류가 흐르면 자속에 의한 기전력으로 전류밀도는 내부로 들어갈수록 작아지고 위상각도 늦어진다.

㉡ 이러한 경향은 주파수의 증가 시 더욱 심하여 전류는 거의 표면에 집합한다.

㉢ 이러한 현상을 표피효과라 하며 표피효과 때문에 도체의 단면적은 실효적으로 축소되는 결과가 나타난다.

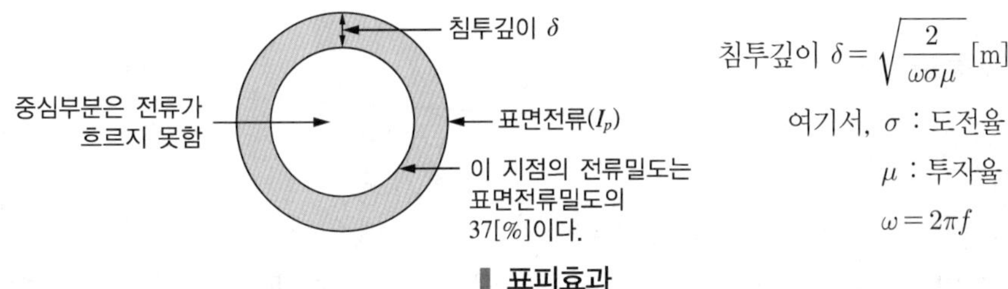

▌표피효과

② **근접효과**

도체가 평행 배치될 때 양 전류의 상호작용에 의해 2개의 선이 서로 가깝거나 먼 부분의 전류밀도가 증가하는 현상

2 인덕턴스

① 도체에 흐르는 전류가 변화하면 자속의 변화에 의해 기전력이 발생하는데, 전류의 변화에 대한 자속의 변화를 나타내는 비례정수를 인덕턴스 L[H]이라 한다.

$$e = -L\frac{di}{dt} = -N\frac{d\phi}{dt} \text{ 로서 } \therefore L = \frac{d\phi}{di}$$

② 송배전선로의 인덕턴스(작용 인덕턴스)

$$L = L_e + L_e' = 0.05 + 0.4605\log\frac{D}{r}[\text{mH/km}]$$

3 정전용량

① 도체와 도체 사이 또는 도체와 대지 사이에 전하 Q로 인해 나타나는 전압과의 비례정수를 정전용량 C라 함[F]

② **송배전선로 정전용량(작용 정전용량)**

$$C = C_s + 3C_m = \frac{0.02413}{\log\frac{D}{r}}[\mu\text{F/km}]$$

4 누설 콘덕턴스

선로에서 대지로 흐르는 누설전류에 대한 선로정수이고, 대용량에 적용

017 전기설비에서 배선의 표피효과와 근접효과

1 표피효과(Skin Effect)

1) 정 의

도체에 교류가 흐를 때 교번자속에 의한 기전력에 의해 도체 내부의 전류밀도는 균일하지 않고 전선 바깥으로 갈수록 커지는 경향이 있는데 이를 표피효과라고 한다. 도체 단면적은 실효적으로 축소되는 결과를 초래한다.

2) 원 인

① 전류가 일정한 상태에서 전선 단면적 내의 중심부일수록 전류가 만드는 전자속과 쇄교하므로 같은 단면적을 통과하는 자력선 쇄교수가 커져 인덕턴스가 증가하여 전류의 흐름을 방해하기 때문이다.

② 중심부일수록 위상각이 늦어져 전류가 도체 외부로 몰리게 된다.

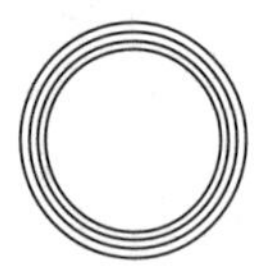

▌고주파에 의한 전류밀도 분포

3) 영향을 주는 요소

① 침투깊이 $\delta = \dfrac{1}{\sqrt{\pi f \mu \sigma}}$ (침투깊이가 작다는 것은 표피효과가 크다는 의미)

② 주파수, 전선단면적, 도전율, 투자율이 클수록 증가하고 온도에 반비례한다.

4) 개선대책

① 가공선 – 복도체, 지중선 – 분할도체를 사용한다.

② 중공연선을 사용한다.

2 근접효과(Proximity Effect)

1) 정 의

도체가 평행배치될 때 양전류의 상호작용에 의해 2개의 선이 서로 가깝거나 먼 부분의 전류밀도가 증가하는데 이를 근접효과라 한다.

2) 현 상

① 표피효과는 근접효과의 일종으로 1가닥의 도체인 경우에 나타나는 현상인데 비해, 근접효과는 2가닥 이상의 평형도체에서 볼 수 있는 현상이다. 주파수가 높을수록, 도체가 근접배치될 수록 현저하게 나타난다.

② 양도체에 같은 방향의 전류가 흐를 경우 바깥쪽의 전류밀도가 높아지고, 그 반대인 경우에는 가까운 쪽의 전류밀도가 높아진다.

전류 동일방향	전류 반대방향

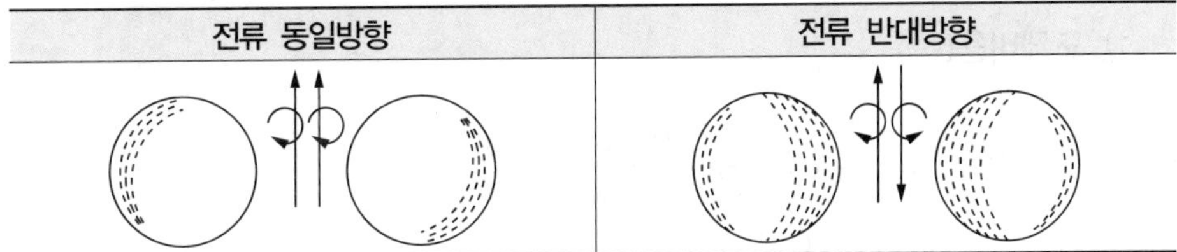

3) 영향을 주는 요소

① 사용 주파수가 높아지면 높아질수록 증가한다.
② 양 도체 간에 간격이 좁으면 좁을수록 증가한다.
③ 양 도체 간에 근접 면적이 크면 클수록 근접효과는 더 심해진다.

4) 대 책

① 사용 주파수를 낮출 것
② 절연 전선을 사용할 것
③ 양 도체 간의 간격을 넓힐 것
④ 양 도체 간의 단면적을 작게 할 것

018 배전전압을 결정하는 요소

1 개 요

① 3상 전력 $P=\sqrt{3}\ EI\cos\theta$ 높은 전력을 확보하기 위해서는 전류 또는 전압을 크게 하거나 역률을 좋게 유지하는 것이 필요하다.

② 역률을 좋게 하는 경우 최대 100[%]로 한계가 있다.

③ 전압을 높이는 경우는 절연재료, 지지애자 가격 상승, 차단기, 변압기 등의 절연계급 상승이 필요하다.

2 배전전압 결정 3요소

1) 도체비용(M)

$$M=\alpha\beta Il=\alpha\beta\left(\frac{P}{\sqrt{3}\ E\cos\theta}\right)l$$

P, $\cos\theta$, l가 일정하면 $M\propto\ \alpha\beta/E$ ………………………………………… ①

여기서, α : 전압의 차이에 따른 가격 변동계수

β : 도체 사이즈에 따른 전류밀도 변화계수

l : 배전선로 길이[m]

전 압	200[V]	400[V]	3[kV]	6[kV]	20[kV]	70[kV]
가격[%]	100	100	110	120	200	500

2) 전력손실(W_L)

$$W_L=I^2\,r\,l=\left(\frac{P}{\sqrt{3}\ E\cos\theta}\right)^2 rl$$

P, $\cos\theta$, r, l가 일정하면 $W_L\propto\dfrac{1}{E^2}$ ………………………………………… ②

여기서, r : 도체의 단위길이당 저항[Ω/m]

3) 전압변동률(ε)

$$\varepsilon = \frac{Il(r\cos\theta + x\sin\theta)}{E} \times 100[\%]$$

$$= \left[\frac{P}{\sqrt{3}\ E\cos\theta}\left(r\cos\theta + x\sqrt{1-\cos^2\theta}\right) \cdot \frac{l}{E}\right] \times 100[\%]$$

r, $\cos\theta$, l, P, x 가 일정할 경우 $\varepsilon \propto \dfrac{1}{E^2}$ .... ③

4) 따라서

①, ②, ③에서 $M \propto \alpha\beta/E$, $W_L \propto \dfrac{1}{E^2}$, $\varepsilon \propto \dfrac{1}{E^2}$ 임을 알 수 있다.

즉, 배전전압 E에 따라서 도체 비용, 전력손실, 전압변동이 변화하고 결정된다.

3 결 론

① 전력손실, 전압변동률은 전압의 제곱에 반비례하므로 전압을 높이면 줄어들게 된다.

② 도체비용은 전압에 반비례하나 α, β의 영향을 받는다.

α의 영향	전압이 변해도 가격 변동계수(α)는 변하지 않는 영역이므로 선로의 길이가 길 때 배전전압을 높이는 것이 유리하다.
β의 영향	전선 사이즈에 따라 허용전류, 단면적은 비례하지 않는다. 도체가 가늘면 효율 증가, 굵으면 효율이 감소하므로 도체비용은 적정한 β값에 의해 결정되는 바, 경제적인 설계를 위해선 적정 β값이 필요하다.

019 전압 변동 계산방법 4가지

1 개 요

① 전압 변동으로 인한 영향으로는 전력손실, 생산성 저하, 제품의 불균일, 전기기기의 수명 저하 등이 있으므로 전선 사이즈, 전압, 변압기 용량, 변압기 탭 등을 적정하게 선정하여 전압강하를 억제하여야 한다.

② 전압 변동의 계산은 배전계통에서 매우 중요한 것으로 선로의 저항, 인덕턴스, 정전용량의 크기가 필요하다.

③ 보통 전압 변동 계산 시 특별한 경우가 아니면 정전용량은 고려할 필요가 없고 저항과 인덕턴스만을 고려한다.

④ 전압 변동 계산방법으로는 임피던스법, 등가저항법, %임피던스법, 암페어미터법 등이 있으며, 이 중에서 임피던스법과 등가저항법은 변압기를 포함하지 않는 간단한 회로에서 사용하며, %임피던스법은 변압기를 포함한 복잡한 회로에서 사용하고 선로가 긴 배전선, 케이블의 경우에는 암페어미터법을 사용하면 편리하다.

2 전압 변동 계산방법

1) 임피던스법

전원전압과 부하 측 전압과의 차이로 구하는 방식

$$E_s = \sqrt{(E_r \cos\theta + IR)^2 + (E_r \sin\theta + IX)^2} \quad \cdots\cdots ①$$

여기서, E_s : 전원전압[V]

E_r : 부하 측 전압

I : 부하전류[A]

R : 회로의 저항

θ : 부하각($\cos\theta$: 역률, $\sin\theta$: 무효율)

X : 회로의 인덕턴스

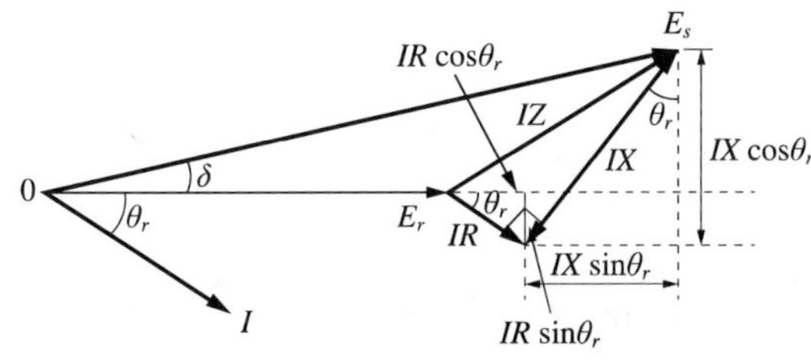

▮ E_r을 알고 있을 때 전압 강하 계산 Vector도

배전방식에 따라 정해지는 정수 K	
단상 2선식	$K=2$
단상 3선식	$K=1$
삼상 3선식	$K=\sqrt{3}$
삼상 4선식	$K=1$

① $E_s=(E_r+IR\cos\theta+IX\sin\theta)+j(IX\cos\theta-IR\sin\theta)$

허수부 $j(IX\cos\theta-IR\sin\theta)$는 실수부에 비하여 너무 작아 ≒0으로 놓으면

$E_s=E_r+IR\cos\theta+IX\sin\theta$가 된다.

전압강하를 정리하면 $\triangle E=E_s-E_r=IR\cos\theta+IX\sin\theta$가 되고

배전방식에 따라 전압강하를 정리하면 다음과 같다.

$\therefore \triangle E \fallingdotseq KI(R\cos\theta+X\sin\theta)$ ……………………………………………… 임피던스법

2) 등가저항법

전원전압 E_s 는

$E_s=(E_r+IR\cos\theta+IX\sin\theta)+j(IX\cos\theta-IR\sin\theta)$ ………….. ②

② 식에서 j항은 E_s, E_r에 비해 작아서 무시할 수 있으므로 전압강하

$\Delta E=E_s-E_r=I(R\cos\theta+X\sin\theta)$ ……………………………………… ③

③ 식에서 $R_e=R\cos\theta+X\sin\theta$와 같으므로 등가저항 R_e는 전선의 굵기, 배치, 부하의 역률에 따라 정해진다. 그러므로 전압강하

$\Delta E=I\cdot R_e\cdot l$ ……………………………………………………………………… 등가저항법

여기서, I : 부하전류[A],

R_e : 단위길이당 등가저항[Ω/km], l : 배전선 길이[km]

3) %임피던스법

$$\text{전압강하율 } \varepsilon = \frac{E_s - E_r}{E_r} \times 100 = \frac{I(R\cos\theta + X\sin\theta)}{E_r} \times 100$$

$$= \frac{3E_r I(R\cos\theta + X\sin\theta)}{(\sqrt{3}E_r)^2} \times 100 = \frac{T(R\cos\theta + X\sin\theta)}{(\sqrt{3}E_r)^2} \times 100$$

$$= \frac{T(R\cos\theta + X\sin\theta)}{10 \times (\text{kV})^2} \quad \cdots\cdots ①$$

$$R = \%R \times \frac{10(\text{kV})^2}{T_B}, \quad X = \%X \times \frac{10(\text{kV})^2}{T_B} \quad \cdots\cdots ②$$

여기서, kV : 선간전압[kV]

T_B : 3상 기준용량[kVA]

식 ②를 식 ①에 대입하면

$$\varepsilon = \frac{P\%R + Q\%X}{(\text{기준 kVA})}$$

여기서, P : $T\cos\theta$

Q : $T\sin\theta$

4) 암페어미터법

① 전압강하의 개략값을 알기 위하여 암페어미터 표나 도표를 이용하는 방법으로 암페어미터란 1[V]의 전압강하에 대한 전류[A]와 배전의 긍장과의 곱을 말한다.

② **전압강하**

$$\Delta E = K(r\cos\theta + x\sin\theta)I \cdot L$$

r, x : 배선길이당 저항, 리액턴스[Ω/m]이므로 전압강하 $\Delta E = 1[\text{V}]$라 하면

$$IL = \frac{1}{K(r\cos\theta + x\sin\theta)}[\text{A} \cdot \text{m}] \quad \cdots\cdots \text{암페어미터법}$$

020 전압강하

1 직류회로

$$\Delta e = 2 \cdot L \cdot I \cdot R$$

여기서, Δe : 전압강하[V]
L : 전선 1본 길이[m]
I : 선로의 전류[A]
R : 전선의 저항[Ω/m]

2 교류회로

1) 정상 상태 시 전압강하

$$\Delta e = E_S - E_R = K_D(R\cos\theta + X\sin\theta) \cdot I \cdot L\,[\mathrm{V}]$$

여기서, Δe : 전압강하[V]
E_s : 전원 측 전압[V]
E_R : 부하 측 전압[V]
K_D : 배전방식에 따른 계수
R : 전선저항[Ω/m]
X : 전선 리액턴스[Ω/m]
θ : 역률각
I : 선로의 전류[A]
L : 전선 1본의 길이[m]

배전방식에 따른 K_D값

배전방식	K_D	배전방식	K_D
직류 2선식	2	교류 단상 3선식	1
직류 3선식	1	교류 3상 3선식	$\sqrt{3}$
교류 단상 2선식	2	교류 3상 4선식	1

2) 실용(간이) 전압강하식

$$e(e') = \frac{K17.8LI}{1,000A}\,[\mathrm{V}]$$

여기서, e : 선간 전압강하[V]

e' : 한 개의 상선과 중성선간의 전압강하[V]

K : 전압강하계수(단상 2선식 : 2, 3상 3선식 : $\sqrt{3}$, 단상 3선식 및 3상 4선식 : 1)

L : 전선 1본의 길이[m]

I : 부하전류[A]

A : 전선의 단면적[mm^2]

3) 허용전압강하

저압 배전선에서의 허용전압강하는 간선과 분기회로에서 각각 표준전압의 2[%] 이하로 한다. 그렇지만 전기 사용장소 안에 설치된 변압기에서 공급하는 경우의 간선은 3[%] 이하로 할 수 있다. 변압기 또는 인입점에서 부하까지 거리가 60[m]가 넘는 경우는 다음 표를 참조한다.

변압기 2차(또는 인입점)에서 최원단 부하까지의 거리[m] (전선의 길이)	허용전압강하 기준[%]	
	구내에 설치된 변압기에서 공급 시	전기사업자로부터 저압으로 직접 공급 시
60 초과 120 이하	5(이하)	4(이하)
120 초과 200 이하	6(이하)	5(이하)
200 초과	7(이하)	6(이하)

021 직류 2선식 전압강하계산식 유도

1 유 도

$$R = \rho\frac{l}{S} = \frac{1}{58(\text{연동선 고유저항})} \cdot \frac{1}{0.97(\text{도전율})} \cdot \frac{l}{S} = 0.0178\frac{l}{S}$$

$$e = IR = I \cdot \rho\frac{l}{S} = 0.0178l\frac{I}{S} = \frac{17.8lI}{1{,}000S}$$

여기서, R : 저항　　ρ : 고유저항　　l : 도선의 길이

S : 도선의 단면적　　e : 전압강하　　I : 전류

2 전기방식별 전압강하

전기방식	계 수	전압강하	전압강하
단상 2선식 직류 2선식	2	$e=2IR$	$e=\frac{35.6lI}{1{,}000S}$
3상 3선식	$\sqrt{3}$	$e=\sqrt{3}\,IR$	$e=\frac{30.8lI}{1{,}000S}$
단상 3선식 직류 3선식 3상 4선식	1	$e=IR$	$e=\frac{17.8lI}{1{,}000S}$

022 다음 그림을 이용하여 전압강하식 유도

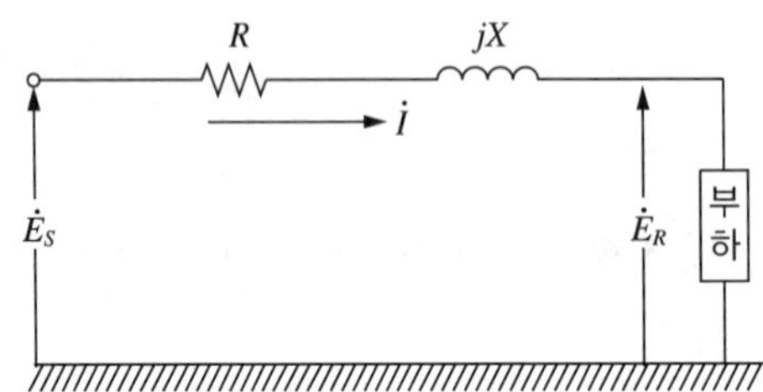

여기서, E_S : 송전전압(대지전압)　　E_R : 수전전압(대지전압)

I : 선로전류[A]　　R : 선로 1[m]당의 저항[Ω]

X : 선로 1[m]당의 리액턴스[Ω]　　θ : 역률각

L : 선로길이[m]

1 벡터도를 이용하여 전압강하식을 유도

① 위의 그림에서 $\dot{E}_S$와 $\dot{E}_R$는 각각 송전단과 수전단의 중성점에 대한 대지전압이다. 지금 $\dot{E}_R$를 기준 벡터로 잡아 주면 그림 2의 벡터도로부터 송전단 전압은 다음 식으로 구해진다.

$$\dot{E}_S = \dot{E}_R + \dot{I}\dot{Z} = \dot{E}_R + \dot{I}(\cos\theta_R - j\sin\theta_R)(\dot{R} + j\dot{X})$$

$$= (\dot{E}_R + \dot{I}R\cos\theta_R + \dot{I}X\sin\theta_R) + j(\dot{I}X\cos\theta_R - \dot{I}R\sin\theta_R)$$

$$\dot{E}_S = \sqrt{(\dot{E}_R + \dot{I}R\cos\theta_R + \dot{I}X\sin\theta_R)^2 + (\dot{I}X\cos\theta_R - \dot{I}R\sin\theta_R)^2}$$

② 한편, $\sqrt{\ }$ 내의 제2항은 제1항에 비해 훨씬 작기 때문에 이 항을 무시하면 $\dot{E}_S \fallingdotseq \dot{E}_R + (R\cos\theta_R + X\sin\theta_R)$이 된다.

(여기서, $\dot{E}_S$, $\dot{E}_R$는 각각 송・수전단의 대지전압(상전압)이다)

③ 따라서, 선로 임피던스에 의한 전압 강하는 다음과 같이 된다.

전압강하 = $\dot{E}_S - \dot{E}_R = \dot{I}(R\cos\theta_R + X\sin\theta_R)$

(여기서, $\dot{E}_S$, $\dot{E}_R$는 각각 송・수전단의 대지 전압(상전압)이다)

④ 따라서, 만일 선간 전압(V_S, V_R)으로 식을 세우고 싶으면 상기식의 양변을 $\sqrt{3}$ 배 해주면 된다. 즉, $V_S = V_R + \sqrt{3}\,I(R\cos\theta_R + X\sin\theta_R)$

2 3상 4선식 전압강하 계산식 $e=\frac{0.0178LI}{A}$[V]을 유도(단, A는 전선단면적 [mm^2]임)

1) 유 도

$$R=\rho\frac{L}{S}=\frac{1}{58(\text{연동선 고유저항})}\cdot\frac{1}{0.97(\text{도전율})}\cdot\frac{L}{S}=0.0178\frac{L}{S}$$

$$e=IR=I\cdot\rho\frac{L}{S}=0.0178L\frac{I}{S}=\frac{17.8LI}{1,000S}$$

여기서, R : 저항　　ρ : 고유저항　　L : 도선의 길이
　S : 도선의 단면적　　e : 전압강하　　I : 전류

2) 전압강하계수를 고려한 전압강하

전기방식	계 수	전압강하	전압강하
단상 2선식 직류 2선식	2	$e=2IR$	$e=\frac{35.6LI}{1,000S}$
3상 3선식	$\sqrt{3}$	$e=\sqrt{3}\,IR$	$e=\frac{30.8LI}{1,000S}$
단상 3선식 직류 3선식 3상 4선식	1	$e=IR$	$e=\frac{17.8LI}{1,000S}$

023 절연전선의 허용전류(KS C IEC 60364-5-52)

1 정 의

전선의 단면적에 맞추어 허용온도 범위에서 안전하게 흘릴 수 있는 전류의 최대 한도

2 허용온도

절연물의 종류에 대한 허용온도

절연물의 종류	허용온도[℃][a,d]
• 염화비닐(PVC)	70(전선)
• 기교폴리에틸렌(XLPE)과 에틸렌프로필렌고무혼합물(EPR)	90(전선)[b]
• 무기물(PVC 피복 또는 나전선으로 사람이 접촉할 우려가 있는 것)	70(시스)
• 무기물(접촉에 노출되지 않고 가연성 물질과 접촉할 우려가 없는 나전선)	105(시스)[b, c]

a. 부록 500-2의 최대 허용전선 온도는 부속서 A에 제시된 허용전류값을 기초로 하였으며, IEC 60502와 IEC 60702에서 발췌한 것이다.
b. 전선이 70[℃] 이상의 온도에서 사용될 경우는 이 전선에 접속된 기기가 접속부에서 이러한 온도에 적합한지 확인해야 한다.
c. 무기절연케이블은 케이블의 정격온도, 종단 접속부, 환경조건 및 기타 외부 영향에 따라 더 높은 운전온도가 허용될 수도 있다.
d. 공인인증을 받았을 경우에 전선 또는 케이블은 제조사 규격에 따른 허용온도범위에 있어야 한다.

3 허용전류 및 허용온도 요소

1) 감소계수

① 복수회로의 감소계수는 최대 허용온도가 같은 절연전선이나 케이블의 복수회로에 적용된다.

② 최대 허용온도가 다른 케이블이나 절연전선을 포함한 복수회로의 경우에 해당 복수회로 내의 모든 케이블이나 절연전선의 허용전류는 복수회로 중 가장 낮은 허용온도의 것을 기준으로 하여야 한다.

2) 부하전선수

① 복수회로의 전류가 평행 상태인 경우 중성선은 부하전선수에서 제외된다.

② 전선의 굵기는 가장 큰 상전류로 하여야 한다. 중성선은 어떤 경우에도 허용온도에 적합한 단면적을 가져야 한다.

3) 병렬전선 사용

① 병렬로 사용하는 각 전선의 굵기는 구리 50[mm^2] 이상 또는 알루미늄 70[mm^2] 이상이고, 동일한 도체, 동일한 굵기, 동일한 길이여야 한다.

② 공급점 및 수전점에서 전선의 접속은 다음 각 호에 의하여 시설하여야 한다.

㉠ 같은 극의 각 전선은 동일한 터미널러그에 완전히 접속할 것

㉡ 같은 극인 각 전선의 터미널러그는 동일한 도체에 2개 이상의 리벳 또는 2개 이상의 나사로 헐거워지지 않도록 확실하게 접속할 것

㉢ 기타 전류의 불평형률을 초래하지 않도록 할 것

③ 병렬로 사용하는 전선은 각 전선에 퓨즈를 시설하지 말아야 한다(공용 퓨즈는 시설할 수 있다).

4) 토양의 열저항률

① 지중케이블의 허용전류는 열저항률을 2.5[$k \cdot m/W$]로 기준한 것이다.

② 토양의 열저항률이 2.5[$k \cdot m/W$]보다 큰 장소에서는 허용전류를 적절히 감소시키거나 케이블의 주위 토양을 매우 건조한 토양의 재료로 바꿔야 한다.

③ 토양의 열저항률이 2.5[$k \cdot m/W$]와 다른 경우에 대한 보정계수는 규정에 따른다.

5) 전선 굵기가 다른 복수회로

① 전선관, 케이블 트렁킹 또는 케이블 덕트에서 다른 굵기의 절연전선 또는 케이블이 포함된 케이블의 경우 감소계수는 다음 식과 같다.

$$F = \frac{1}{\sqrt{n}}$$

여기서, F : 복수회로 감소계수, n : 복수회로 내의 다심케이블 또는 회로수

② **케이블 트레이** : 복수회로에 다른 굵기의 절연전선 또는 케이블이 포함되어 있는 경우 ①의 복수회로 계산방법을 사용하는 것이 바람직하다.

6) 주위온도

① 주위온도를 허용전류에 감안하여 적용하여야 한다.

② 공기 중의 절연전선 및 케이블은 공사방법과 상관없이 30[℃]를 기준

③ 매설 케이블은 토양에 직접, 또는 지중 덕트 내에 설치 시는 20[℃]를 기준

④ 전선 또는 케이블의 사용장소의 주위온도가 기준 주위온도와 다른 경우는 규정에 따른다.

⑤ 보정계수는 태양 또는 기타 적외선 방사로 인한 온도 상승의 증가에 대해서 고려하지 않는다.

7) 공사방법 A~F 설비

기 호	설치방법
A1	• 단열벽 안의 전선관에 시공한 절연전선 또는 다심케이블 • 단열벽 안에 직접 매입한 다심케이블 • 몰딩 내부의 절연전선 또는 다심케이블 • 처마 및 창틀 내부의 전선관 안의 단심케이블 및 다심케이블
A2	단열벽 안의 전선관에 시공한 다심케이블
B1	• 목재 또는 석재 벽면의 전선관에 시공한 절연전선 또는 다심케이블 • 목재 벽면의 케이블 트렁킹에 시공한 절연전선 또는 단심케이블 • 빌딩 빈틈에 시공한 단심, 다심케이블 • 석재벽 안 전선관의 절연전선 또는 단심케이블
B2	• 목재 또는 석재 벽면의 전선관에 시공한 다심케이블 • 빌딩 빈틈에 시공한 단심, 다심케이블 • 석재벽 안 전선관의 다심케이블
C	• 목재 벽면의 단심, 다심케이블 • 막힘형 트레이에 포설한 단심, 다심케이블 • 석재벽에 직접 시공한 단심 또는 다심케이블
D	• 지중 안의 전선관이나 덕트 안에 시공한 단심 또는 다심케이블 • 지중 안에 직접 매설한 단심, 다심케이블
E	• 기중의 다심케이블 • 환기형 트레이, 브래킷, 금속망에 포설된 다심케이블 • 사다리에 포설된 다심케이블
F	• 단심케이블로 자유 공기와 접촉 • 환기형 트레이, 브래킷, 금속망에 포설된 다심케이블 • 사다리에 포설된 단심케이블
G	• 기중 개방의 단심케이블 이격 • 애자 위의 나선 또는 절연전선

※ A의 단열벽 : 외벽이 내후성이고 내벽은 목재나 목재성 재질로 구성된 것을 말함
※ B, C의 석재(또는 석조) : 벽돌, 콘크리트, 석조 및 이와 유사한 것(단열벽은 제외)을 포함
※ 막힘형 트레이 : 구멍이 차지하는 비율이 표면적의 30[%] 미만
※ 환기형(또는 통풍형) 트레이 : 구멍이 차지하는 비율이 표면적의 30[%] 이상
※ 사다리 지지 : 케이블을 지지하는 금속부분이 설계면적의 10[%] 미만
※ 클리트와 행거 : 케이블 주위의 공기 흐름이 충분히 자유롭고 전체 길이를 따라 간격을 두어 케이블을 지지하기 위한 케이블 지지재

보호방식 결정

024 배선용 차단기

1 개 요

① 개폐기구, 트립장치, 소호장치, 접점, 단자 등을 절연물의 용기 내에 일체로 조립한 것이며, 통상 사용 상태의 전로를 수동 또는 절연물 용기 외부의 전기조작장치 등에 의하여 개폐할 수 있고, 또 과부하 및 단락 등일 경우 자동적으로 전로를 차단하는 기구를 말한다.

② 배선용 차단기는 교류 600[V] 이하, 직류 250[V] 이하의 저압 옥내전로의 보호에 사용되는 외부가 Mold Case로 구성된 기기

③ 흔히 자동차단기, Auto Breaker, 브레이커 등 다양한 용어로 불리는데, 이 제품의 정식 명칭은 한글로는 배선용 차단기, 영문으로는 MCCB(Molded Case Circuit Breaker)이다.

2 저압회로의 이상현상

1) 과부하, 단락

① 설정된 부하 이상의 전류가 흐를 때, 전선에 열이 발생되고 계속되는 과전류 인가 시에는 화재가 발생될 가능성이 있다.

② 선간 단락이 일어난 경우에는 순간적으로 회로가 Short 되면서 선로에 대전류가 흐르며 이로 인해 하위단의 각종 부하기기 손상 및 선로 화재 등 매우 위험한 상태로 전개될 수 있다.

2) 지 락

① 지락이라 함은 선로 중 어느 한 상이 대지(지면)와 접촉된 경우이다. 이 경우, 매우 큰 전류가 대지로 흐르게 되어 사고로 전개된다.

② 지락사고 발생 시 이를 조기에 진단하지 못하고, 계속적으로 지락전류가 대지로 흐를 경우, 인체가 감전될 수 있는 매우 위험한 상황이 된다.

3) 결 상

① 단상의 경우에는 어느 한 상이 끊어지면 결과적으로 회로구성이 되지 않기 때문에 전류가 흐르지 않지만, 3상 회로의 경우에는 3상 회로 중 어느 한 상이 끊어지더라도 전류가 흐를 수 있는 회로 구성이 가능하다.

② 선로의 하위단에 설치된 부하는 필요한 전류를 끊어진 선로가 아닌 다른 선로에서 공급을 받게 된다. 이것은 선로 입장에서 보면 기준 전류치 이상의 전류가 인가되는 것으로 결과적으로는 과열이 발생하게 된다.

③ 결상은 전기회로에서 나타나는 사고 중 가장 빈번하며, 각종 보호기기들도 결상에 대한 보호기능을 가지고 있다.

3 배선용 차단기의 종류

1) 열동식

바이메탈을 가열하여 바이메탈의 변형에 의하여 동작하는 것으로 직렬식(소용량에 적용), 병렬식(중·대용량에 적용), CT식(교류 대용량에 적용)이 있다.

2) 열동 전자식

열동식과 전자식의 두 가지 동작요소를 갖고 과부하 영역에서는 열동식 소자가 동작하고, 단락 시에는 전자식 소자에 의해 단시간에 동작하는 차단기이다.

3) 전자식(電磁式)

전자석에 의해 동작하는 것으로 동작시간이 길다.

4) 전자식(電子式)

변류기(CT)를 설치하여 CT의 2차 전류를 연산하여 연산결과에 의해 소전류 영역에서는 장시한, 대전류 영역에서는 단시한, 단락전류 영역에서는 순시에 동작하는 차단기이다.

4 특징(배선용 차단기와 퓨즈의 차이점 중심)

① 과전류로 차단되었을 때 그 원인을 제거하면 즉시 재투입이 가능하고 반복 사용이 가능하다.

② 접점의 개폐속도가 일정하고 빠르다.

③ 과전류가 1극에만 흘러도 각극이 동시에 트립하므로 결상이 생기지 않는다.

④ 동작 후 복구 시 교환시간이 걸리지 않고 예비품이 불필요하다.

⑤ 개폐기구를 겸할 수 있다.

025 누전차단기

1 개 요

1) 정 의

① 사람이 쉽게 접촉할 우려가 있는 장소이고 사용전압이 60[V]를 넘는 저압의 금속제 외함 및 전기기기에 감전사고 및 전기화재를 방지하기 위하여 누전차단기를 설치하여야 한다.

② 보호기로는 배선용 차단기, 누전차단기 등이 대표적이며, 과부하 또는 단락 시에는 배선용 차단기가 적당하고, 누전 또는 감전 시에는 누전차단기가 적당하다.

2) 목 적

① 감전보호

② 누전화재 보호

③ 전기설비 및 전기기기의 보호

④ 기타 다른 계통으로의 사고 파급방지

2 누전차단기의 구조 및 원리

1) 구 조

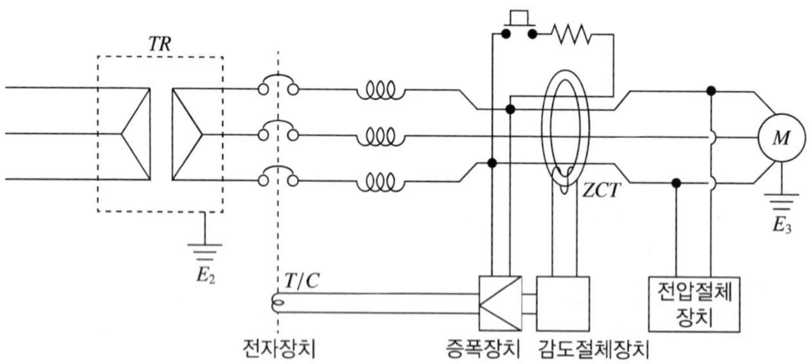

▌누전차단기의 구성도(예)

① **과전류 트립장치**

선로에 과전류가 흐를 때 검출하여 트립

② **누전트립장치**

ZCT를 이용, 미소한 전류를 검출하여 트립

③ **개폐기구**

투입, 트립을 행하는 레버 메커니즘

④ **소호장치**

부하 차단 시 나오는 Arc를 소호시키는 장치

⑤ **Test Button**

누전의 차단특성을 시험하기 위하여 차단기의 이상 유무를 판단하여 사고를 사전에 방지하는 장치

2) 작동원리

① **단상 누전경보기**

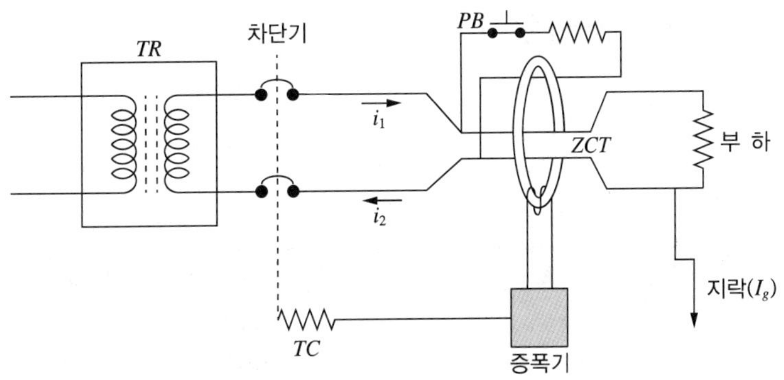

▌단상 누전경보기

㉠ 평상시

$i_1 = i_2$, $\phi_1 = \phi_2$이므로 ZCT에서 발생하는 자속은 0이므로 동작하지 않는다.

㉡ 누전 발생 시

- $i_1 = i_2 + i_g$가 되고 영상변류기의 자속은 $\phi_1 = \phi_2 + \phi_g$가 된다.
- 자속(ϕ_g)으로 유기전압 발생하여 유기전압은 계전기를 통하여 증폭하여 개폐기를 차단시킨다.

② 3상 누전차단기

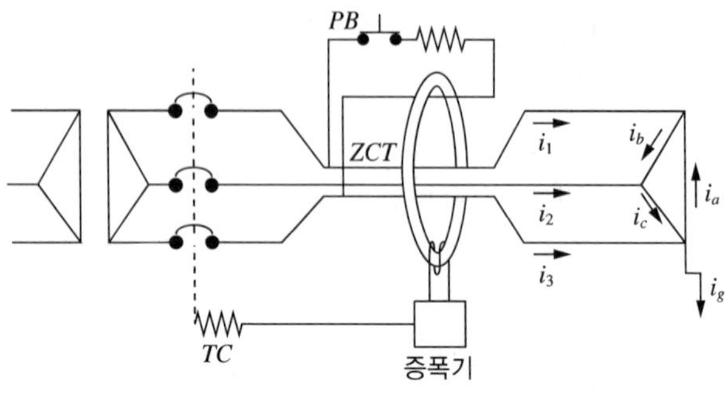

▌3상 누전차단기

㉠ 평상시

$i_1 = i_b - i_a,\ i_2 = i_c - i_b,\ i_3 = i_a - i_c \quad \therefore i_1 + i_2 + i_3 = 0$

㉡ 누전 발생 시

- $i_1 = i_b - i_a,\ i_2 = i_c - i_b,\ i_3 = i_a - i_c + i_g \quad \therefore i_1 + i_2 + i_3 = i_g$가 된다.
- 누설전류(i_g)에 의해 영상 변류기에서 자속(ϕ_g)을 발생시키고 유기전압은 계전기를 증폭하여 개폐기를 차단시킨다.

3 분 류

1) 동작별 분류

전류 동작형	전압 동작형
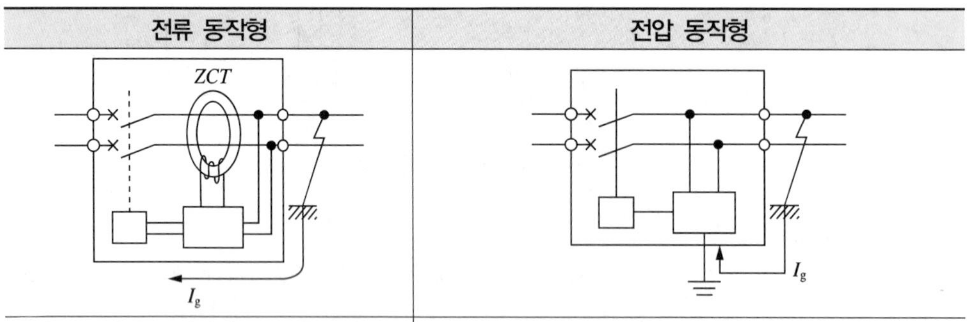	
• 전류 동작형은 지락전류를 직접 검출하는 영상변류기(ZCT)를 사용한 방식 • 전로에 접속하는 것만으로도 기능이 작용하기 때문에 시공성이 좋으며 현재는 대부분 이 방식을 채택하고 있다.	• 전압 동작형은 전용의 접지선을 갖고 지락사고가 발생한 경우 대지를 경유해서 그 접지선에 복귀하는 지락전류를 전압적으로 검지하여 동작하는 것이다. • 초기의 누전차단기는 이와 같은 방식을 사용하고 있었으나 시공성이 우수한 전류 동작형이 보급됨에 따라 점차 자취를 감추었다.

2) 정격감도별 분류

구 분		정격감도전류[mA]	동작시간
고감도형	고속형	5, 10, 15, 30	정격감도전류에서 0.1초 이내
	시연형		정격감도전류에서 0.2초 초과, 2초 이내
	반한시형		정격감도전류에서 0.2초 초과, 1초 이내
중감도형	고속형	50, 100, 150, 300	정격감도전류에서 0.1초 이내
	시연형		정격감도전류에서 0.2초 초과, 2초 이내

3) 전압 및 극수에 의한 분류

단상 2선식(2극), 단상 3선식(3극), 3상 4선식(4극)

4) 동작시간에 의한 분류

고속형(0.1초), 시연형(0.1 ~ 2초), 반한시형(0.2초 초과 ~ 1초 이내)

4 선정 시 고려사항

1) 최소 동작전류

정격감도전류의 50[%] 이상일 때 동작

2) 감전보호용 누전차단기 선정

정격감도전류 30[mA] 이하, 0.03초 이내의 고감도형 누전차단기 선정

3) 저압전로이고 감전보호용 누전차단기

전류 동작형

4) 인입구 장치에 시설하는 누전차단기

전류 동작형의 충격파 부동작형

5 뇌 임펄스에 대한 부동작 시험

1) 부동작 시험 사유

① 뇌서지나 개폐 서지에 의하여 오동작하지 않는 높은 신뢰성이 요구

② 따라서 KS C 4613에서 뇌전압 성능 및 부동작 시험법이 명시

2) 시험전압, 시험방법

① 시험전압

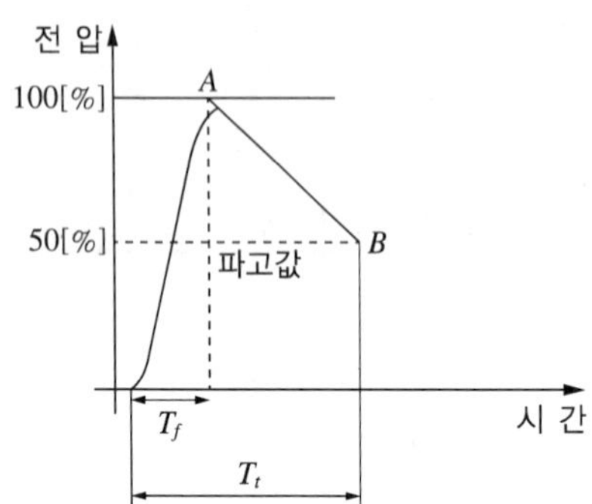

▌충격파 전압파형

뇌 임펄스 시험전압 파형

시험전압[kV]	파 형	
파고값[kV]	파두값[μs]	파미값[μs]
7	0.1~1.5	32~48

② 시험방법

뇌 임펄스 부동작 시험은 정격전압을 가하고, 폐로 상태에서

㉠ 닫힘 위치로 하여 다른 극단자 사이

㉡ 각 충전부와 외함 사이에 표에 표시된 뇌 임펄스 전압을 정, 부 각각 1분 간격으로 3회 인가하여 동작하지 않아야 한다.

6 누전차단기 시설장소

1) 60[V]를 초과하는 저압의 금속제 외함을 가지는 전기기계・기구에 전기를 공급하는 전로에 지기가 발생하였을 때 전로를 자동으로 차단하는 장치를 시설하여야 한다(사람이 접촉하기 쉬운 장소).

2) 누전차단기 시설대상(기술기준)

① 특고압, 고압전로의 변압기에 결합되는 대지전압 300[V]를 초과하는 저압전로

② **주택의 옥내에 시설하는 전로의 대지전압이 150[V]를 넘고 300[V] 이하인 경우** : 저압전로의 인입구에 설치

③ **화약고 내의 전기공작물에 전기를 공급하는 전로** : 화약고 이외의 장소에 설치

④ Floor Heating 및 Load Heating 등으로 난방 또는 결빙방지를 위한 발열선 시설인 경우

⑤ 전기온상 등에 전기를 공급하는 경우

⑥ 풀용, 수중 조명등, 기타 이에 준하는 시설에 절연변압기를 통하여 전기를 공급하는 경우(절연변압기 2차 측 사용전압이 30[V]를 초과하는 것)

⑦ **대지전압 150[V]를 넘는 이동형, 가반형 전동기기를 도전성 액체로 인하여 습기가 많은 장소에 시설하는 경우** : 고감도형 누전차단기 설치

7 누전차단기 시설방법

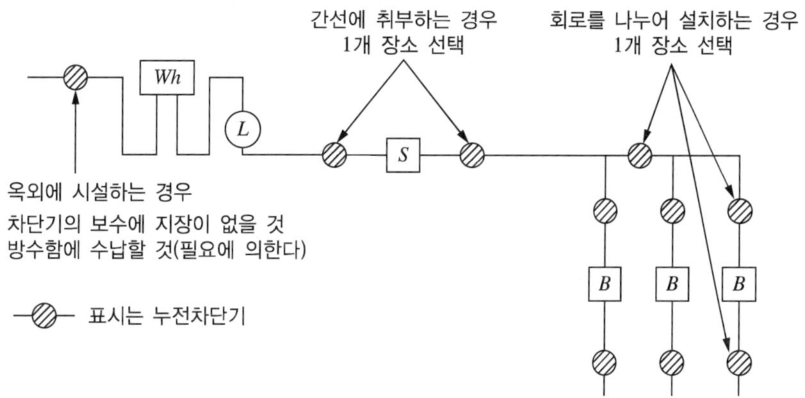

① 누전차단기는 인입선 시설점에서 부하 측에 설치하는 것을 원칙으로 한다.

② 원칙적으로 해당기기에 내장 또는 배·분전반 내에 설치할 것

③ 누전차단기의 정격전류용량은 해당 전로의 부하전류 이상의 값일 것

④ 누전차단기 등의 정격감도전류는 보통 상태에서는 동작하지 않도록 설정

⑤ 옥외 전로에 사용하는 누전차단기는 방수함 내에 설치

⑥ 조작전원이 필요한 경우에는 전용회로로 하고 과전류차단기 설치(15[A])

⑦ ZCT를 케이블의 부하 측에 시설할 경우 접지선은 관통시키지 말고, 전원 측에 설치 시에는 반드시 접지선을 ZCT에 관통시킬 것(ZCT 참고)

⑧ 접지선은 ZCT에 관통시키지 않을 것

⑨ 서로 다른 2회선 이상의 배선을 일괄하여 ZCT에 관통하지 않을 것

8 누전차단기 선정 예

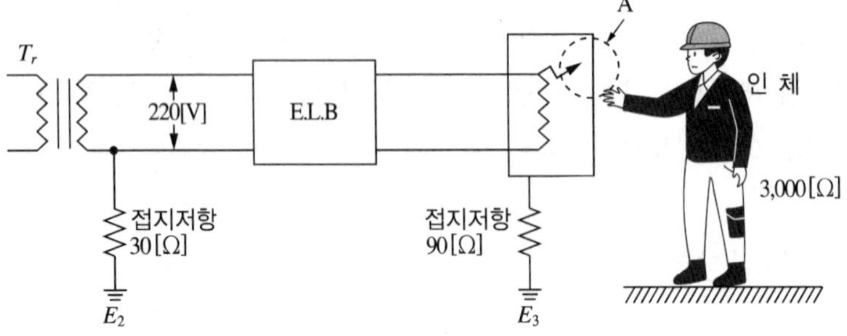

1) 등가회로도

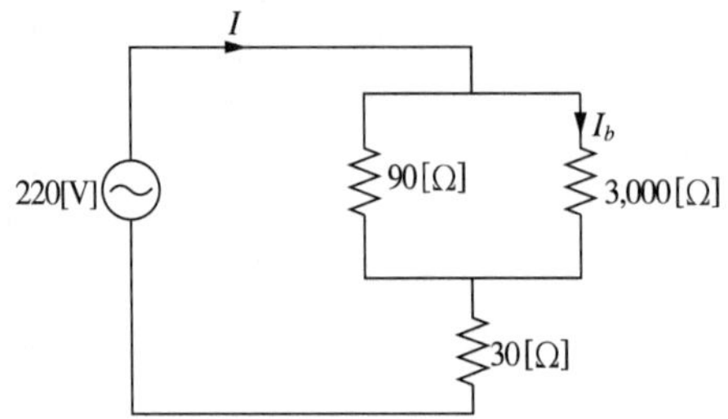

2) 인체에 흐르는 전류 산출

① 전체 전류

$$I = \frac{220}{30 + \dfrac{90 \times 3,000}{90 + 3,000}} = 1.87[\text{A}]$$

② 인체에 흐르는 전류

$$I_b = \frac{90}{90 + 3,000} \times 1.87 = 54.47[\text{mA}]$$

3) 누전차단기 선정

① 표준차단기

구 분		정격감도전류[mA]	동작시간
고감도형	고속형	5, 10, 15, 30	정격감도전류에서 0.1초 이내
	시연형		정격감도전류에서 0.2초 초과, 2초 이내
	반한시형		정격감도전류에서 0.2초 초과, 1초 이내
중감도형	고속형	50, 100, 150, 300	정격감도전류에서 0.1초 이내
	시연형		정격감도전류에서 0.2초 초과, 2초 이내

② 감전보호용 차단기

고감도형으로 고속형을 선택해야 하므로 인체에 흐르는 전류 $I_b = 54.47[\mathrm{mA}]$이므로 선택은 30[mA]에 0.03초 이내에 동작하는 차단기 선택

026 수전설비의 저압선로 보호방식

1 저압 배전선의 단락 및 지락 보호

1) 단락 보호

① **ACB** : 최근 순시요소부 제품 공급
② **MCCB** : 한시요소부, 순시요소부를 Mold Case에 내장
③ Fuse 등에 의해 보호 적용 시 보호협조에 유의

2) 지락 보호

① ELB(누전차단기)
② ZCT와 누전 Relay와 조합하여 누전경보기 설치

3) 저압회로의 보호협조

① **전정격 차단방식** : 선택차단방식, 비선택차단방식
② 캐스케이드 보호방식 적용

2 단락 보호방식

1) 선택차단방식

사고전류 차단 시 동작시간에 차이를 두어 사고회로만 선택차단

2) 캐스케이드 보호방식

사고전류 차단 시 분기차단기 차단용량 부족을 주차단기가 직렬로 차단하여 분기 차단기를 Back-up 보호(차단전류 10[kA]를 초과하는 경우 1회 적용)

3) 전정격 차단방식

각 차단점에서 단락전류 이상의 정격으로 후비보호하는 방식으로 경제성이 떨어진다.

3 지락 보호방식

1) 보호 접지방식

기계・기구 외함, 배선용 금속관 등을 저저항으로 접지하여 지락 발생 시 발생 접촉 전압을 허용값 이하로 억제하는 방식

2) 과전류 차단방식

① 접지 전용선을 설치하여 지락 발생 시 단락회로를 형성케 하여 배선용 차단기에 의해 전로를 자동 차단하는 방식

② 전로의 손상 방지가 주목적

③ 수중 조명용 절연변압기, 병원 수술실 접지 등에 적용

4 지락차단장치 시설방법

① 2차 측 Y 결선 시 중성점 접지하고 ELB 설치

② 2차 측 △ 결선 시 GPT와 OVGR 설치(영상전압 검출방식)

③ 2차 측 △ 결선 시 접지형 콘덴서와 ELB 설치(영상전류 검출방식)

④ GPT , ZCT를 이용한 OVGR과 SGR을 직렬연결하여 방향성을 갖게 하는 방식 → 비접지식 오동작 방지

5 지락 보호협조

① 감도전류와 동작 시한요소에 의해 동작협조를 취하여 보호협조

② 고・저압 간의 지락 보호협조는 변압기 권선으로 접지계통이 분리되기 때문에 생각하지 않아도 된다.

027 코로나

1 개 요

① 코로나는 공기와 같은 중성유체 속의 높은 전위의 전극으로부터 발생하는 주로 지속적인 전류에 의한 반응으로, 유체가 전극 주위에 플라스마를 형성하도록 이온화되는 반응이다.

② 생성된 이온은 결국 낮은 전위인 주변 지역에 전하를 넘겨주거나 재결합하여 중성 기체 분자를 형성한다.

③ 전선 주위의 공기절연이 국부적으로 파괴되어 낮은 소리나 엷은 빛을 내면서 방전하게 되는 현상을 코로나 또는 코로나 방전이라고 한다.

2 파열극한 전위경도

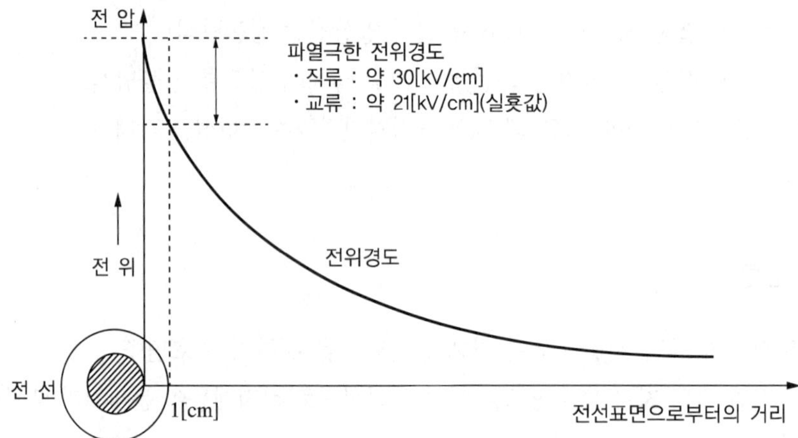

1) AC

21[kV/cm] (실횻값 $= \dfrac{\text{최댓값}}{\sqrt{2}} = \dfrac{30}{\sqrt{2}} = 21.2$[kV])

2) DC

30[kV/cm]

3 코로나의 문제점

① **전력손실(코로나 손실)**

F.W.Peek식

$$P = \frac{241}{\delta}(f+25)\sqrt{\frac{d}{2D}}(E-E_0)^2 \times 10^{-5}\,[\text{kW/km/라인}]$$

여기서, E : 전선의 대지전압[kV]
E_0 : 코로나 임계전압[kV]
f : 주파수[Hz]
d : 전선의 지름[cm]
D : 선 간 거리[cm]
δ : 상대공기밀도

② 코로나 잡음

③ 오존에 의한 전선의 부식

④ 통신선의 유도장해

4 코로나 방지대책

① 코로나 임계전압을 크게 한다.

$$E_0 = 24.3 m_0 m_1 \delta d \log_{10}\frac{D}{r}\,[\text{kV}]$$

여기서, δ : 상대공기밀도($\delta = \frac{0.386b}{273+t}$)
m_0 : 전선의 표면계수
m_1 : 기후에 관한 계수
r : 전선의 반지름[m]
D : 선 간 거리[m]

② 전선의 지름을 크게 한다.

③ 복도체를 사용한다.

④ 가선 금구를 개량한다.

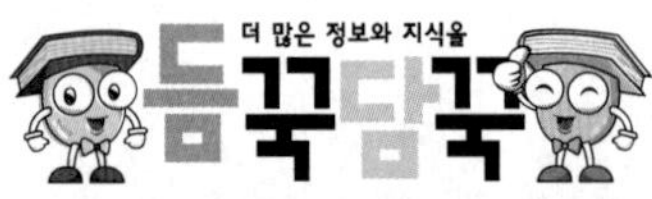

여기서 멈출 거예요? 고지가 바로 눈앞에 있어요.
마지막 한 걸음까지 시대에듀가 함께할게요!

Professional Engineer Building Electrical Facilities

제 2 장

전력 품질설비

SECTION 01 고조파

SECTION 02 서지 및 노이즈

SECTION 03 전자파 및 유도장해

SECTION 04 전압변동

SECTION 05 정전기

SECTION 06 전력 품질의 실제 및 기타

SECTION 01

고조파

028 고조파

1 개 요

① 고조파는 기본주파수에 대해 2배, 3배, 4배와 같이 정수의 배에 해당하는 물리적 전기량을 말한다.

② 고조파는 정수배 주파수에 의하여 기본 정현파가 파형이 찌그러지는 왜곡된 파형이 되어 전원 측으로 유입되어 설비에 악영향을 끼치는 이상현상을 말한다.

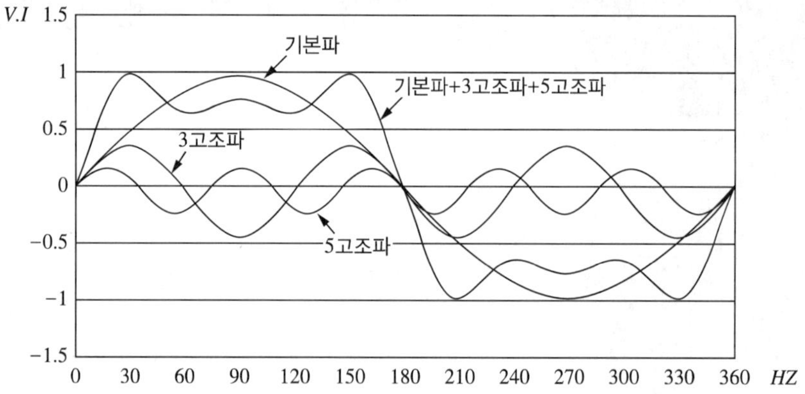

③ 이러한 고조파는 최근 변환기의 사용이 늘면서 모든 전기설비에 영향을 끼쳐 소손, 열화, 불량 전원 양산 등의 영향으로 반드시 제거하여야 할 이상전원이다.

2 고조파 용어

1) 전압 총합 왜형률(VTHD ; Voltage Total Harmonic Distortion)

기본파 전압 대비 고조파 전압의 함유율로 고조파 전압 규제치의 판단 기준값으로 사용한다.

$$V_{THD}=\frac{\sqrt{V_2^2+V_3^2+V_4^2+\cdots}}{V_1}\times 100[\%]=\frac{\text{고조파 전압 실효치}}{\text{기본파 저압 실효치}}\times 100[\%]$$

$$=\frac{\sqrt{\sum_{n=2}^{n}V_n^2}}{V_1}\times 100[\%]$$

2) 전류 총합 왜형률(ITHD ; Current Total Harmonic Distortion)

기본파 전류 대비 고조파 전류의 함유율을 말한다.

$$I_{THD}=\frac{\sqrt{I_2^2+I_3^2+I_4^2+\cdots}}{I_1}\times 100[\%]=\frac{\sqrt{\sum_{n=2}^{n}I_n^2}}{I_1}\times 100[\%]$$

3) 전류 총수요 왜형률(ITDD ; Current Total Demand Distortion)

최대 부하 전류 대비 고조파 전류의 함유율로 고조파 전류 규제치의 판단 기준값으로 사용한다.

$$I_{TDD}=\frac{\sqrt{I_2^2+I_3^2+I_4^2+\ldots.}}{I_P}$$

4) 등가방해전류(EDC ; Equivalent Disturbing Current)

전력계통에서 발생한 고조파는 인접해 있는 통신선에 영향을 주며, 통신선에 영향을 주는 고조파 전류의 한계를 등가방해전류(EDC)로써 규제하고 있다.

$$EDC=\sqrt{\sum_{n=3}^{n}\left(S_n^2\times I_n^2\right)}\,[\mathrm{A}]$$

여기서, S_n : 통신유도계수, I_n : 영상고조파전류

5) 고조파 전류 보정계수

① 정 의

고조파 성분이 얼마나 있느냐에 따라서 상전류, 중성선 케이블 규격을 구하기 위하여 기본파에 여유율을 감안하여 선정하기 위한 것이다.

② 케이블에 고조파 전류가 흐르면

㉠ 케이블이 이상 가열된다.

㉡ 3배수 고조파는 영상전류가 되어 중성선에 흘러서 중성선이 가열된다.

㉢ OCGR을 오동작시키기도 한다.

③ 보정계수 적용

㉠ 보정계수는 제3고조파 전류를 기준으로 계산하고 제9, 15조파 등의 고조파 성분이 10[%] 이상 포함되어 있는 경우에는 낮은 보정계수를 적용한다.

㉡ 상전류가 중성선 전류보다 클 때는 상전류를 고려해서 케이블 규격을 정한다.

㉢ 중성선 전류가 상전류보다 클 때는 중성선 전류를 고려한다.

㉣ 4심 케이블의 중성선은 상도체와 같은 단면적과 재질로 한다.

㉤ 고조파 전류 보정계수

상전류에 포함된 제3고조파 성분	보정계수	
	상전류를 고려	중성선 전류를 고려
0~15[%]	1.0	−
15~33[%]	0.86	−
33~45[%]	−	0.86
45[%] 이상	−	1.0

6) K-factor

① K-factor란 고조파 전류의 영향을 고려하여 설계한 변압기를 말한다.

② ANSI/IEEE에서는 부하가 고조파 전류를 발생하는 경우 변압기의 과열을 방지하기 위하여 변압기의 용량을 저감시키는 계산식과 Factor가 기술되어 있다.

③ K-factor 적용방법

㉠ 설치된 변압기의 부하전류 중 고조파 함유량을 직접 실측 및 평가하여 변압기가 과열되지 않는 허용 부하율을 결정하여 용량을 저감시키는 방법

㉡ 설계단계부터 K-factor를 고려하여 변압기를 설계하는 방법

④ UL 1562-1994에도 명기되어 있으며, 고조파에 대한 변압기의 능력을 표시하는 표준척도로 사용되고 있다.

3 고조파 발생과정과 발생원

1) 발생과정

① 상용 주파수인 정현파 전류를 전원에서 공급하는 것에 비하여 부하가 방형파 전류를 필요로 하게 된다.

② 사인파와 방형파의 차이에 상당하는 전류가 전원 측으로 흘러들어 전원 측 정현파와 합성되어 고조파 전류의 형태를 만들게 되는 것이다.

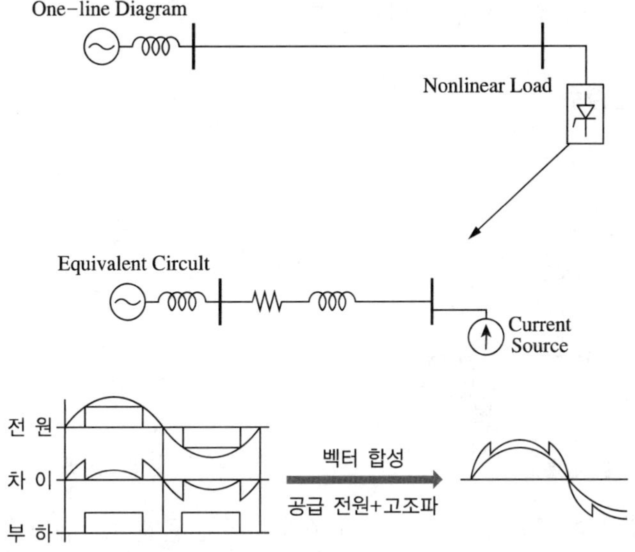

발생원	주된 회로 방식	품 명
전력용 변환장치 전기로/용접기	정류기	• Inverter(VVVF) • 무정전 전원장치(UPS, CVCF)
	교류 위상 제어	• Heater 제어 • 교류 아크로/용접기
	전파정류 콘덴서 평활	• 무정전 전원장치 • OA 기기(PC, 프린터 등) • 전자식 전구형 형광등
기 타	유도기기의 여자전류	변압기/전동기

2) 발생원인

① 고조파 전류의 발생은 대부분 전력 전자소자를 사용하는 기기에서 발생한다.

② **종 류**

㉠ 변환장치(인버터, 컨버터, 무정전 전원장치(UPS), 정류기, VVVF 장치 등)

㉡ 아아크로, 전기로
㉢ 형광등
㉣ 회전기기
㉤ 변압기
㉥ 과도현상에 의한 것 등

③ 형광등, 회전기기, 변압기, 과도현상 등은 순간적으로 발생되고 크기도 작아 큰 문제는 없으나, 변환장치 및 아크로, 전기로는 고조파 크기가 크고 지속적이기 때문에 다른 기기나 선로에 주는 영향이 대단히 크다.

3) 고조파 유출경로

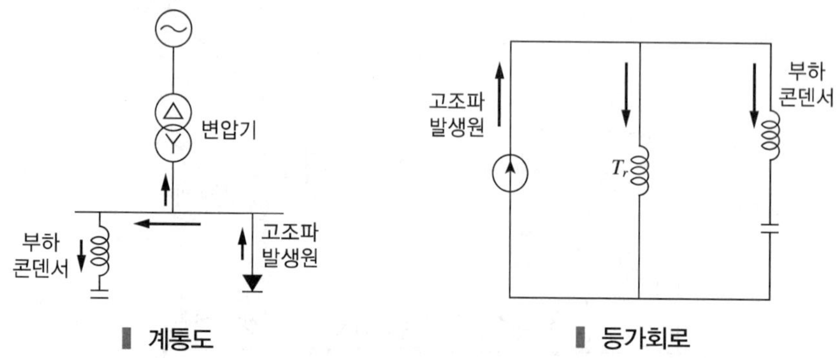

▌계통도　　▌등가회로

전원 임피던스 > 콘덴서 임피던스 : 고조파 전류는 콘덴서로 유입
전원 임피던스 < 콘덴서 임피던스 : 고조파 전류는 전원으로 유출

4 고조파 영향

1) 변압기

① 변압기 과열

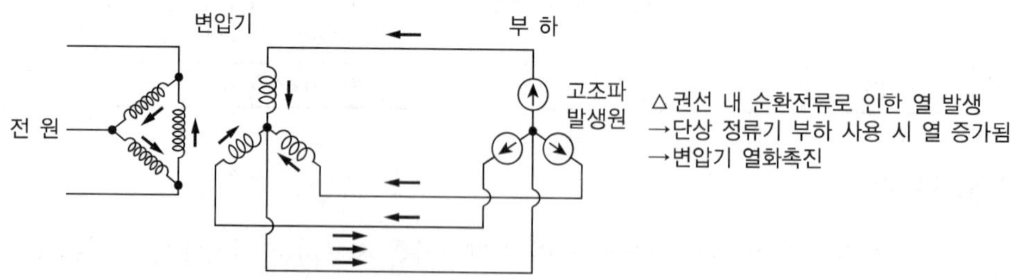

㉠ Δ권선 내 순환전류로 인한 열 발생으로 변압기 열화 촉진

㉡ **동손 증가** : $E_c = \dfrac{W_c}{W_{c1}} \times 100\,[\%]$

여기서, W_c : 기본파 포함 고조파 성분 동손, W_{c1} : 기본파 동손

㉢ **철손 증가** : $E_i = \dfrac{W_i}{W_{i1}} \times 100\,[\%]$

여기서, W_i : 기본파 포함 고조파 성분 철손, W_{i1} : 기본파 철손

고조파 전류에 의해 히스테리시스 손실 및 와전류 손실이 증가

㉣ **변압기 권선온도 상승** : $\Delta\,\theta_o = \Delta\,\theta_1 \times \left(\dfrac{I_e}{I_1}\right)^{1.6}$

여기서, I_1 : 기본파 전류
$\Delta\,\theta_1$: 기본파 전류에 의한 권선온도 상승
$\Delta\,\theta_0$: 유입변압기의 온도 상승
I_e : 고조파 전류를 포함한 등가전류

② **변압기 출력 감소**

㉠ **단상 변압기 출력감소** : $THDF = \dfrac{\sqrt{2}\ I_{\rm rms}}{I_{\rm peak}}$

여기서, THDF ; Transformer Harmonics Derating Factor(변압기 고조파 부하경감 요소)

㉡ **3상 변압기 출력감소** : $THDF = \sqrt{\dfrac{P_{LL-R}(pu)}{P_{LL}(pu)}} \times 100\,[\%]$

여기서, $P_{LL-R}(pu) = 1 + P_{EC-R}(pu)$
$P_{LL}(pu) = 1 + P_{EC-R}(pu) \times K-factor$
P_{EC-R} : 와전류

2) 발전기 과열 및 Hunting 발생

① **발전기 과열**

㉠ 댐퍼봉 및 단락 동판에 고조파에 의한 발전기 역상전류 발생

㉡ 역상 회전자계의 자속이 댐퍼 권선회로와 쇄교

㉢ 댐퍼 권선손실이 증가하여 발전기 출력이 저하

㉣ **고조파 전류에 의한 등가역상 전류** : $I_{2eq} = \sqrt{\sum\left(\sqrt[4]{\dfrac{v}{2}} \times I_v\right)^2}$

여기서, v : 6의 배수, I_v : 고조파 전류, I_{2eq} : 등가 역상전류

② Hunting 발생

비상용으로 절체 시 전압왜형률이 증가되어 전원 품질 저하, 과열 및 Hunting의 원인

3) 콘덴서

① 역률 저하

비선형 부하는 고조파에 의한 무효 전력분에 의하여 역률이 저하된다.

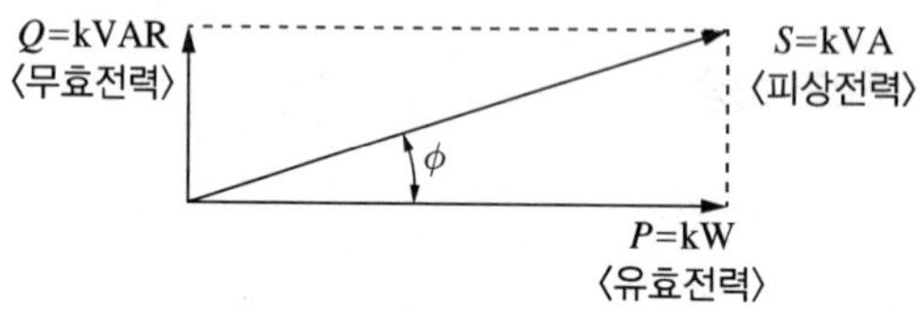

▮ 선형 부하

$$\text{PF}=\frac{P}{S}=\frac{kW}{kVA}=\cos\phi$$

$$s=\sqrt{P^2+Q^2}$$

$$kVA=\sqrt{kW^2+kVAR^2}$$

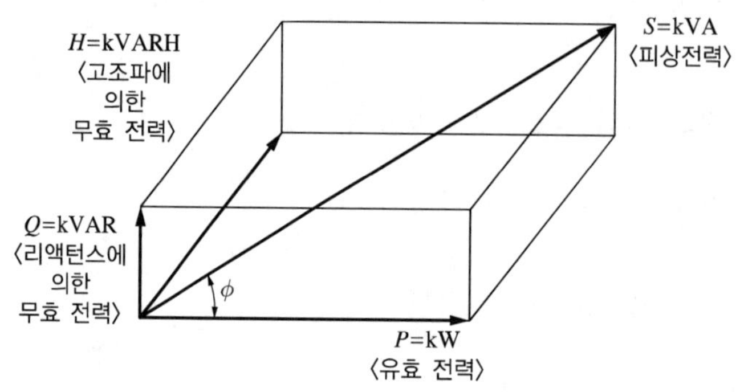

▮ 비선형 부하

$$\text{PF}=\frac{P}{S}=\frac{kW}{kVA}$$

$$S=\sqrt{P^2+Q^2+H^2}$$

$$kVA=\sqrt{kW^2+kVAR^2+kVAR_N{}^2}$$

② **콘덴서 과열 및 소손**

㉠ 실효치 전류가 증가하여 콘덴서 과열 : 고조파 전류는 임피던스가 낮은 콘덴서로 유입되어 과열 및 소손된다.

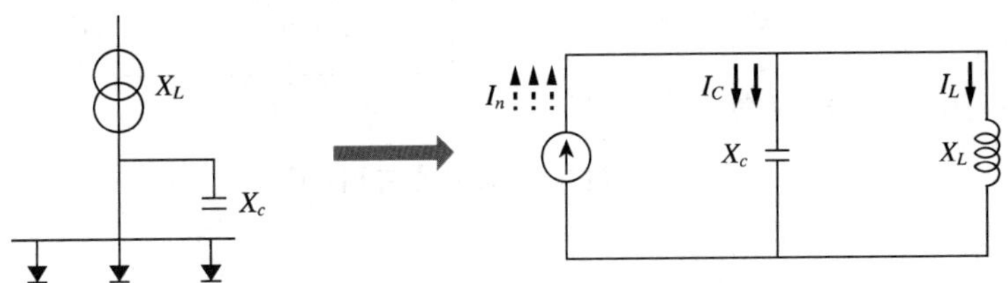

$X_C = 1/(2\pi f C) \propto 1/f$

$X_L = 2\pi f L \propto f$

㉡ 콘덴서 단자전압 상승 : 고조파 유입 시 콘덴서 단자전압이 상승하여 콘덴서 내부 소자나 층 간 절연 및 대지 절연파괴를 유발한다.

$$V = V_1 \left(1 + \sum_{n=2}^{n} \frac{1}{n} \times \frac{I_n}{I_1}\right)$$

㉢ 콘덴서 실효용량 증가 : 고조파 유입 시 콘덴서 실효용량 증대로 유전체 손실이 증가하고 내부소자의 온도 상승이 커져서 콘덴서의 열화를 촉진한다.

$$Q = Q_1 \times \left[1 + \sum_{n=2}^{n} \frac{1}{n} \times \left(\frac{I_n}{I_1}\right)^2\right]$$

4) 직·병렬 공진

패 턴	분류의 영상	콘덴서 임피던스
(A) 일반적 조건	I_n, X_O, I_{on}, X_c, X_L, I_{cn}	유도성 $_nX_L - \frac{Xc}{n} > 0$
(B) 직렬공진	I_n, X_O, X_c, X_L	$_nX_L - \frac{Xc}{n}$
(C) 고조파 확대 (병렬공진)	I_n, X_O, I_{on}, X_c, X_L	용량성 $-nXo \fallingdotseq nX_L - \frac{X_C}{n} < 0$

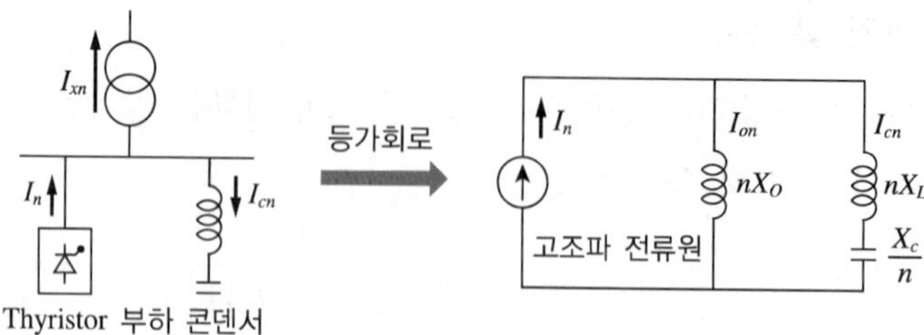

▌병렬공진 및 고조파 전류의 확대

$$\text{전원 측 } I_{on} = \frac{nX_L - \frac{X_C}{n}}{nX_O + \left(nX_L - \frac{X_C}{n}\right)} \cdot I_n$$

$$\text{콘덴서 측 } I_{cn} = \frac{nX_O}{nX_O + \left(nX_L - \frac{X_C}{n}\right)} \cdot I_n$$

5) 영상분 고조파에 의한 영향

① 영상분 고조파 증가

㉠ 선형 부하

$$\begin{aligned} I_{N1} &= I_{R1} + I_{S1} + I_{T1} = I_m \sin\omega t + I_m \sin(\omega t - 120°) + I_m \sin(\omega t - 240°) \\ &= I_m \sin\omega t + I_m [\sin\omega t \cos 120° - \cos\omega t \sin 120°] \\ &\quad + I_m [\sin\omega t \cos 240° - \cos\omega t \sin 240°] \\ &= 0 \end{aligned}$$

㉡ 비선형 부하

$$\begin{aligned} I_{N3} &= I_{R3} + I_{S3} + I_{T3} = I_m \sin 3\omega t + I_m \sin 3(\omega t - 120°) + I_m \sin 3(\omega t - 240°) \\ &= I_m \sin 3\omega t + I_m [\sin 3\omega t \cos 360° - \cos 3\omega t \sin 360°] \\ &\quad + I_m [\sin 3\omega t \cos 720° - \cos 3\omega t \sin 720°] \\ &= 3I_m \sin 3\omega t \end{aligned}$$

㉢ 따라서 평형 부하이고, 선형 부하일 때 중성선에 흐르는 전류는 중성선에서 벡터합이 되어 "0[A]"가 되고, 평형 부하이고 비선형 부하일 때 중성선에 흐르는 전류는 영상 고조파(3, 9, 15차) 전류가 중성선에서 위상이 동일하여 벡터합이 아닌 스칼라합이 되어 중성선에 과전류가 흐른다.

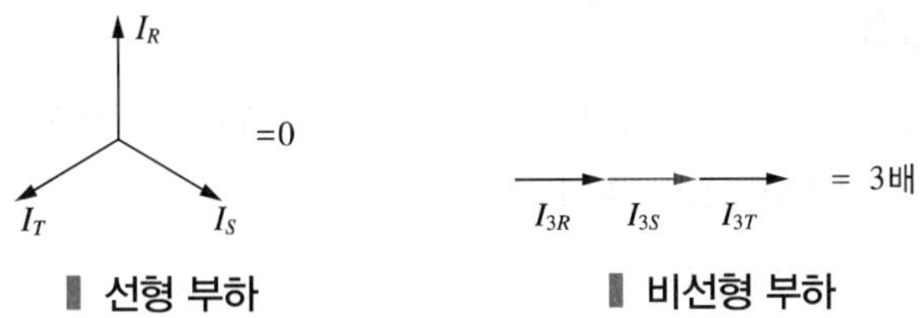

▮ 선형 부하 ▮ 비선형 부하

② **케이블 과열**

㉠ 전류 증가 : 중성선에 기본파 전류는 존재하지 않으나 각상의 300[%]에 달하는 3차 영상 고조파 전류는 존재하여 중성선 과열

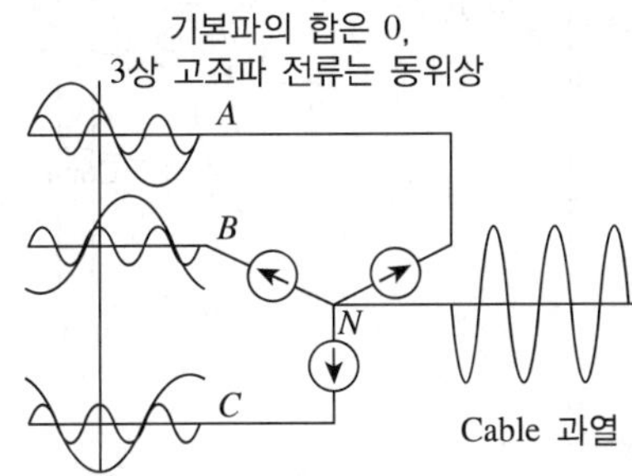

㉡ 교류 도체저항 증가 : 제3고조파는 기본파의 3배인 180[Hz]의 주파수 성분

교류저항 : $R_{AN}= R_D \times (1+\lambda_s+\lambda_p)$

여기서, R_D : 직류 도체저항, λ_s : 표피효과계수, λ_p : 근접효과계수

㉢ 교류는 주파수에 따라 표피효과 상승으로 교류 도체저항 증가로 케이블의 발열이 발생

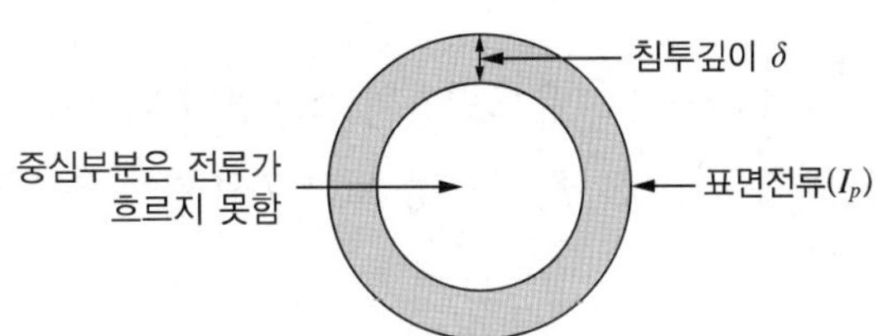

침투깊이 $\delta=\sqrt{\dfrac{2}{\omega\sigma\mu}}$ [m]

여기서, σ : 도전율, μ : 투자율, $\omega=2\pi f$

③ **대지전위 상승**

㉠ 중성선에 3고조파 전류가 많이 흐르면 중성선과 대지 간의 전위차는 중성선 전류와 중성선 리액턴스의 3배의 곱

$V_{N-g} = I_n \times (R + j3\omega L)$

㉡ 고조파에 의한 주파수 및 전류가 증가하여 큰 전위차 발생 및 기기 오동작

④ **통신선의 유도장해(TIF)**

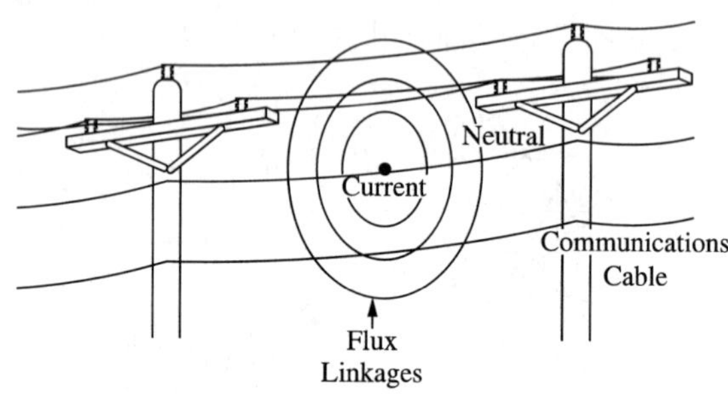

$$V_{TIF} = \frac{\sqrt{\sum_{h=1}^{H} (T_h \times Z_h \times I_h)^2}}{V_1}$$

여기서, V_1 : 기본파 상전압(상－중성선 : rms), I_h : 각 차수별 고조파 전류

Z_h : 고조파 차수별 임피던스, T_h : 차수별 유도장해 가중계수(TIF)

H : 5,000[Hz]

⑤ **OCGR 오동작**

㉠ 구동토크

㉡ $T = K\omega \phi_1 \phi_2 \sin\theta - KS$(유도원판의 스프링의 억제력)

㉢ 고조파가 있을 경우 ω 증가하여 구동 토크 T 증가로 유도원판형 계전기 동작하여 차단기 오동작

⑥ **ELB/MCCB/ACB 오동작**

ELB 오동작	ACB 및 MCCB 동작
• ELB에 흐르는 전류 $I_{rms} = \sqrt{I_1^2 + I_3^2 + I_5^2 + \dots}$ • 누설전류 : $I_g = 2\pi f CV \propto f$ • 고조파 많으면 누설전류 증대, ELB 오동작	ACB나 MCCB가 동작전류의 피크치를 감지하여 동작할 경우 고조파가 함유되면 피크치가 높아져 오동작함

6) 계측기/계기 오차 증가

① 전압 및 전류의 유효 자속이 기본파에 고조파 성분이 중첩되어 비선형 특성을 가지므로 측정오차가 발생하며, Digital인 경우 고조파 성분을 충분하게 분석하지 않으면 측정오차 발생

② 계측기의 오차 변화 한계는 JIS C 1216에 제3고조파가 10[%] 함유 시의 기준이므로 10[%]를 초과 시 오차는 더욱 커진다.

③ 지시계기의 오차 변화 한계는 JIS C 1102에 제3고조파가 15[%] 함유 시의 기준이므로 15[%]를 초과할 경우 오차는 더욱더 커짐

7) 소음 및 진동발생

5 고조파 관리기준

1) 고조파 총합 왜형률

① **고조파 총합 왜형률(THD ; Total Harmonic Distortion)**

전압(전류) THD는 다음 식에서와 같이 고조파 전압(전류) 실효치와 기본파 전압(전류) 실효치의 비로서 나타내며, 고조파 발생의 정도를 나타내는 데 사용된다.

$$V_{THD} = \frac{\sqrt{V_2^2 + V_3^2 + V_4^2 + \dots + V_n^2}}{V_1} \times 100\,[\%]$$

여기서, V_1 : 기본파 전압

$V_2,\ V_3,\ \cdots,\ V_n$: 각 차수별 고조파 전압

$$I_{THD} = \frac{\sqrt{I_2^2 + I_3^2 + I_4^2 + \dots + I_n^2}}{I_1} \times 100\,[\%]$$

여기서, I_1 : 기본파 전류

$I_2,\ I_3,\ \cdots,\ I_n$: 각 차수별 고조파 전류

② **등가방해전류(EDC ; Equivalent Disturbing Current)**

전력계통에서 발생한 고조파는 인접해 있는 통신선에 영향을 주며, 통신선에 영향을 주는 고조파 전류의 한계를 등가방해전류(EDC)로써 규제하고 있다.

$$EDC = \sqrt{\sum_{n=1}^{n} (S_n^2 \times I_n^2)}\ [\mathrm{A}]$$

여기서, S_n : 통신유도계수, I_n : 영상고조파 전류

③ **총합 수요 왜형률(TDD ; Total Demand Distortion)**

각차 고조파 제곱의 루트 합을 기본파 전류(15~30분간 값 중 최대치)로 나눈 값을 말한다.

$$I_{TDD} = \frac{\sqrt{I_2^2 + I_3^2 + I_4^2 + \dots + I_n^2}}{I_{1PEAK(15\ \mathrm{or}\ 30\mathrm{min})}} \times 100\,[\%]$$

2) 국가별 관리기준

① IEEE

㉠ THD

Bus Voltage at PCC	Individual Voltage Distortion[%]	Total Voltage Distortion THD[%]
69[kV] and Below	3.0	5.0
69,001[kV] through 161[kV]	1.5	2.5
161,001[kV] and Above	1.0	1.5

㉡ TDD

$SCR = I_{SC}/I_L$	Individual Harmonic Order(Odd Hamonics)					
	<11	11≤h<17	17≤h<23	23≤h<35	35<h	TDD
<20	4.0	2.0	1.5	0.6	0.3	5.0
20~50	7.0	3.5	2.5	1.0	0.5	8.0
50~100	10.0	4.5	4.0	1.5	0.7	12.0
100~1,000	12.0	5.5	5.0	2.0	1.0	15.0
>1,000	15.0	7.0	6.0	2.5	1.4	20.0

② 국 내

㉠ 한국전력공사 전기공급약관 기준(THD, EDC)

전 압	계 통	지중 선로가 있는 S/S에서 공급하는 고객		가공 선로가 있는 S/S에서 공급하는 고객	
	항 목	전압 왜형률[%]	등가방해 전류[A]	전압 왜형률[%]	등가방해 전류[A]
66[kV] 이하		3.0	–	3.0	–
154[kV] 이상		1.5	3.8	1.5	–

㉡ KS C 무정전 전원장치(THD)

구 분		전류THD[%]				
		무부하	25[%] 부하	50[%] 부하	75[%] 부하	100[%] 부하
UPS입력 (1차)	단 상	15[%] 이하				
	삼 상					
UPS출력 (2차)	단 상	5[%] 이하				
	삼 상					

㉢ KS C 형광램프용 전자식 안정기(THD)

구 분	전류 THD[%]
低 고조파 함유량	20[%] 이하
高 고조파 함유량	30[%] 이하

6 대 책

1) 변환기의 다펄스화

$$I_h = kn \cdot \frac{I_1}{n},\ n = mp \pm 1$$

단, I_h : 고조파 크기, kn : 고조파 저감계수,
n : 고조파차수, I_1 : 기본파,
m : 상수(1, 2, 3, ⋯), p : 펄스수

① 펄스수가 증가하고 상수(m)가 증가하면, 고조파 차수(n)가 증가하고 고조파 크기는 감소한다.

② 고조파 전류 억제방법 중 가장 좋은 방법이나 변압기 대수 증가, 사이리스터 소자수 증가로 설치공간과 비용이 크게 증가하므로 다른 고조파 대책과 종합적인 검토가 필요하다.

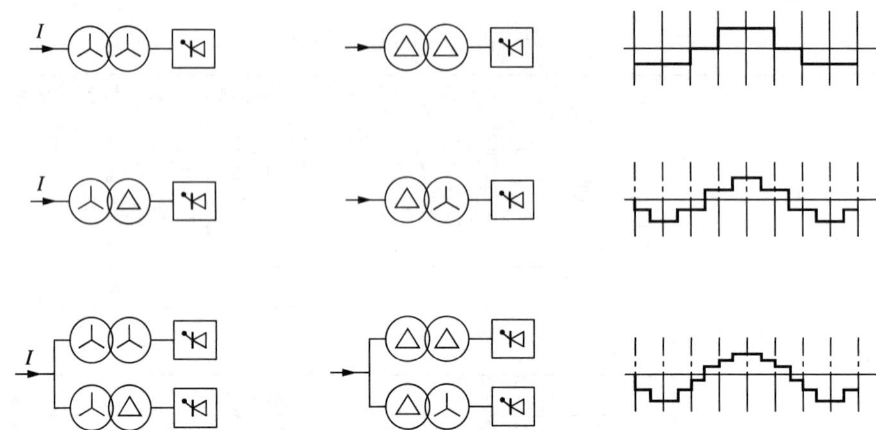

▌3상 정류기의 교류 측 전류파형

2) 단락용량의 증대

① %임피던스가 상승하면 단락용량이 감소하여 고조파 성분을 증가시킨다.

② %임피던스가 낮으면 단락용량이 증대하여 고조파 성분이 감소한다.

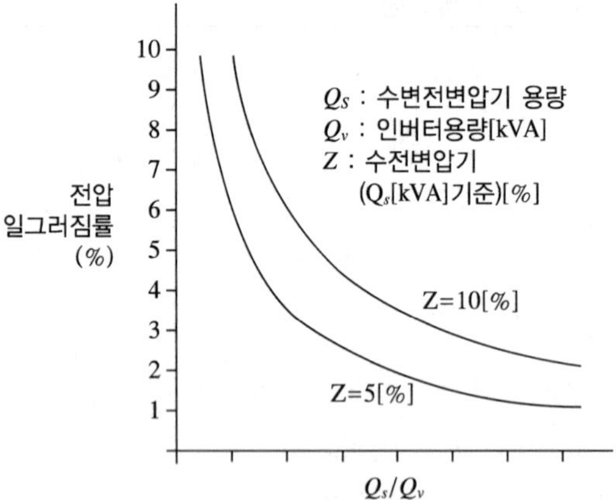

3) 기기용량 선정 시 고려사항

① 고조파 부하가 많을 경우 중첩, 표피효과에 의해 I^2R 증가하여 손실이 증가한다.

② 변압기 용량 증가

㉠ 용량을 2 ~ 2.5배로 하거나, 발주 시 K-factor 고려하여 고조파를 저감할 필요가 있다.

㉡ K-factor : 고조파의 영향에 대하여 변압기가 과열 없이 전원을 안정적으로 공급할 수 있는 능력

③ 발전기 용량 증가

고조파 등가 역상전류에 의한 발전기 용량 추가 필요

4) 교류 리액터 설치

① 3고조파 공진 리액터 설치

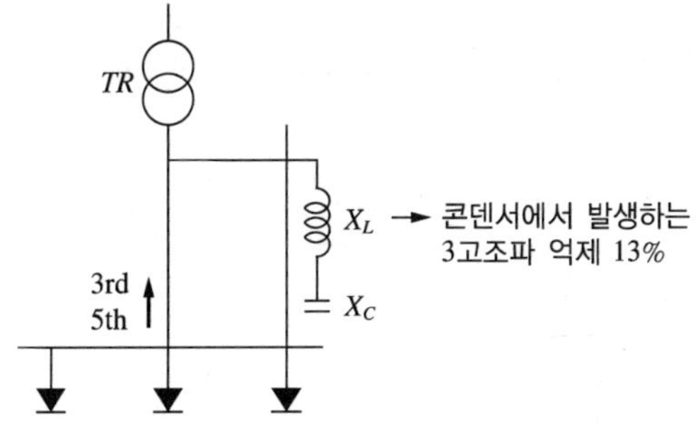

TR 2차 측에서 제3, 5고조파가 발생

제3고조파에 공진하는 L값

$$3\omega L = \frac{1}{3\omega C}$$

$$\omega L = 0.11 \cdot \frac{1}{\omega C}$$

즉, 11[%]임

합성 리액턴스를 유도성으로 하기 위하여 13~15[%]로 함

※ L값은 계통의 고조파 차수에 따라 변함

② **5고조파 공진 리액터 설치**

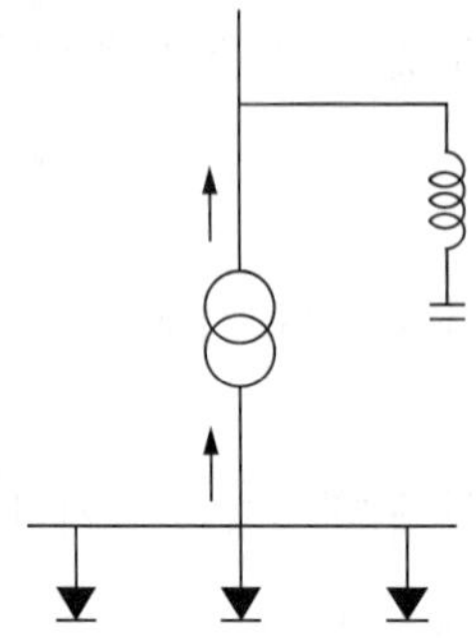

TR 2차 측에서 제3, 5고조파가 발생하여 △권선을 통과하면서 제5고조파만 존재

제5고조파에 공진하는 L값

$$5\omega L = \frac{1}{5\omega C}$$

$$\omega L = 0.04 \cdot \frac{1}{\omega C}$$

즉 4[%]임

합성 리액턴스를 유도성으로 하기 위하여 여유 있게 6[%]로 함

5) 필터의 설치

① **수동필터**

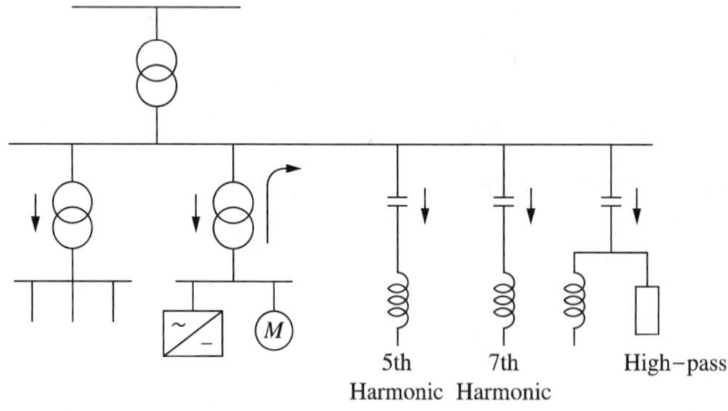

㉠ 부하단 근처에 저임피던스 회로(L-C 동조필터, 고차수 필터)를 설치하여 고조파 전류가 그 회로에 흡수되게 한다.

㉡ 부하에서 발생하는 고조파의 종류 및 크기를 측정하여 차수별 Passive Filter를 설계한다.

② 능동필터

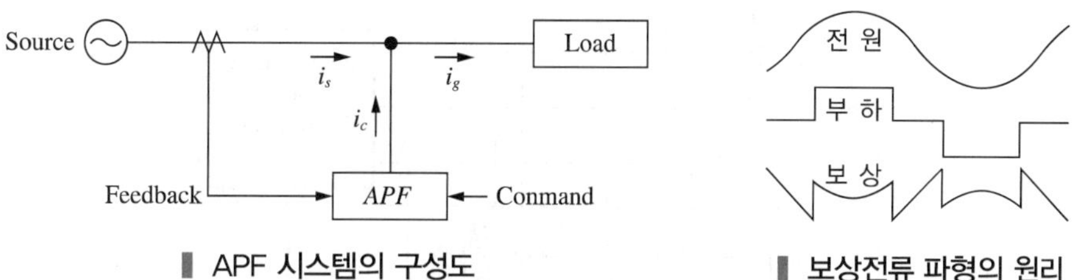

▌ APF 시스템의 구성도 ▌ 보상전류 파형의 원리

부하에서 발생하는 고조파 전류의 크기 및 차수를 검출하여 역고조파를 발생시켜 상호 상쇄시켜 정현파 구현

6) 전자장치 설치

① **중성선 영상 고조파 전류 저감장치**(ZED ; Zero Harmonic Eliminating Device)

영상 임피던스가 낮은 장치를 부하 말단에 설치하여 영상 고조파 전류를 전원계통과 분리하여 저감시킴

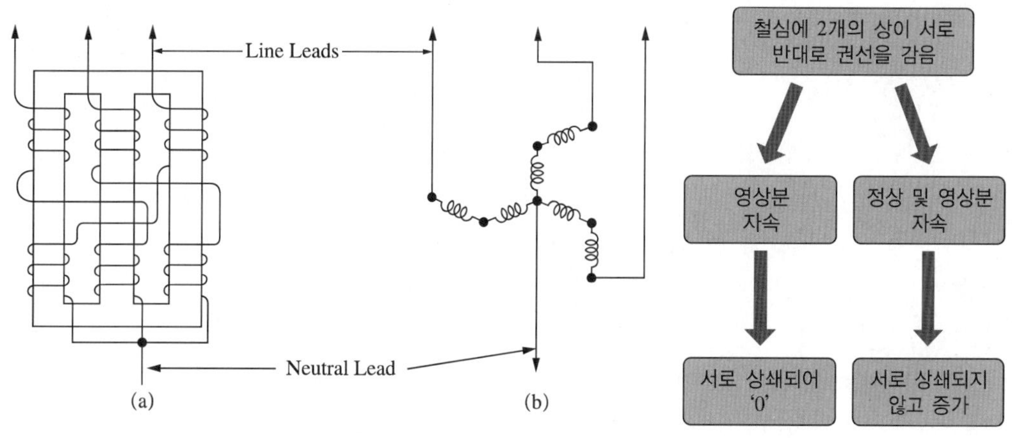

▌ 구성도

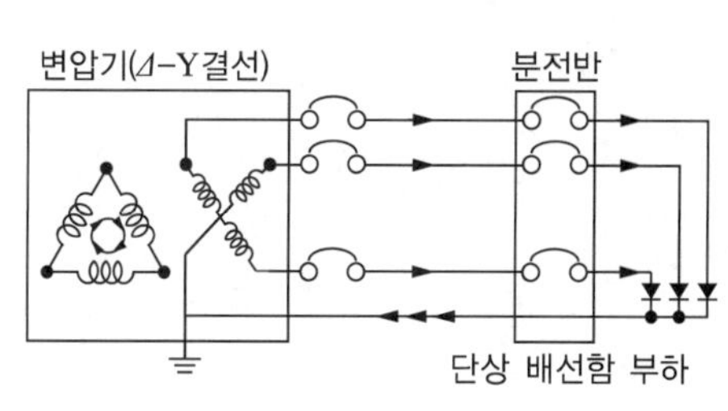

▌ 설치 전

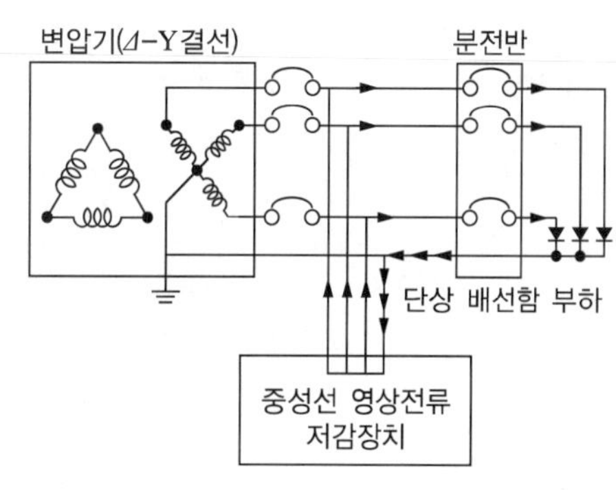

▌ 설치 후

② 능동형 중성선 영상 고조파 전류 저감장치(Active ZED)

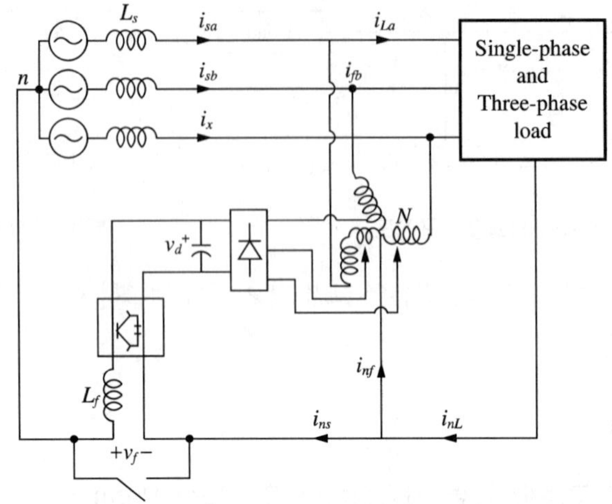

중성선에 흐르는 전류를 검출하여 기본파(불평형) 전류만 흐르도록 IGBT에서 제어

서지 및 노이즈

029 서지의 원인과 대책

1 개 요

① 최근 자연 발생으로 서지(Surge)가 지속적으로 증가하여 서지 및 노이즈 발생 비율이 높아지고 있다.

② 또한 부하 측에서는 자동설비에 따른 전력소자 사용으로 조그마한 서지 및 노이즈에도 많은 영향을 받을 수밖에 없는 환경이 조성되어 있다.

③ 한 번의 서지 및 노이즈가 부하 측에 영향을 주어 그 파급효과가 경제적 손실이 크게 발생하므로 이에 대한 대책을 세워나가야 할 것이다.

④ 선로 이상전압은 스위치 개폐 등에 의한 내부 Surge와 낙뢰 등으로 인한 외부 Surge로 나누어질 수 있다.

㉠ 외부 Surge : 뇌 서지(유도뢰, 직격뢰)

㉡ 내부 Surge : 개폐 서지, 지락 서지, 상용주파 서지, 철심포화 서지

2 서지의 발생원인

1) 자연 발생에 의한 Surge

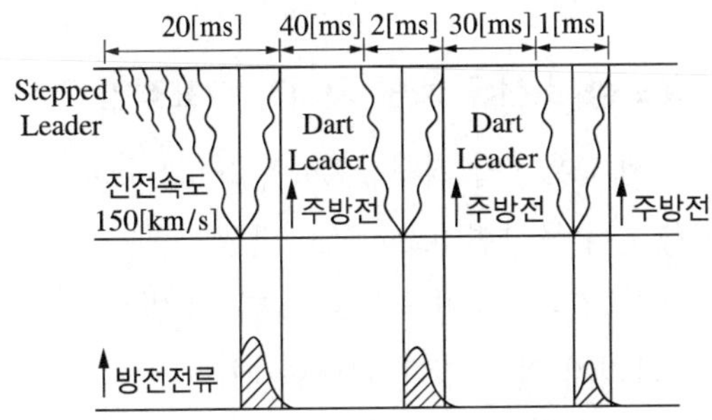

▌Lightning Mechanism & Ground Current

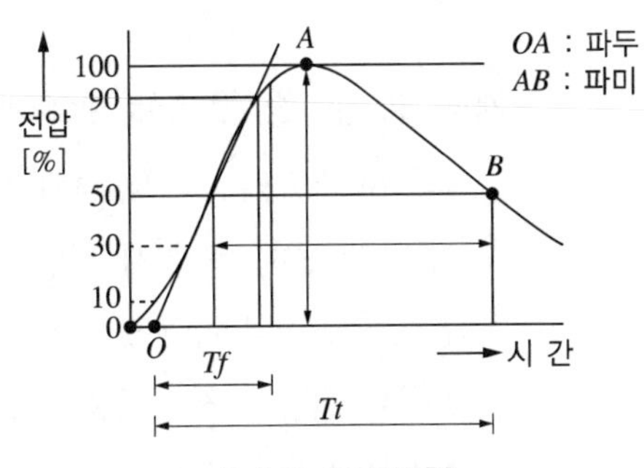

▌IEC 표준파형

① **뇌운의 전위경도는 대략 100[MV] 정도**

㉠ ⊕뇌운 크기 : 9~12[km],

㉡ ⊖뇌운 크기 : 500[m]~10[km]

② 뇌운 발생은 선택접촉설, 수적분열설, 빙점대전설 등이 발표되고 있다.

③ 뇌운의 종류 - 열뢰(상승기류), 계뢰(한랭, 온랭전선), 우뢰(태풍, 저기압)

④ 낙뢰 발생과 뇌임펄스 전압의 표준파형(IEC)

⑤ **뇌서지 종류**

㉠ 직격뢰 : 직격뢰는 뇌운으로부터 직접 발생하여 대지로 방사한 대단히 강력한 전자력선으로 구조물 또는 피뢰침에 직접 뇌격하는 것으로써 약 200[kA] 이상의 뇌전류를 가지고 있다.

㉡ 간접뢰 : 송전선 및 통신선로에 낙뢰가 뇌격하여 선로를 통하여 서지가 전도하는 것

㉢ 유도뢰 : 낙뢰지점의 근접한 곳에 매설된 전원선, 통신선, 접지 등의 도체를 통하여 서지가 전도되는 것

2) 개폐 Surge

개폐기, 차단기 On/Off 시 발생하는 Surge

① 뇌 Surge에 비해 파고값은 높지 않지만, 지속시간 길어서 기기절연에 영향

② **개폐 Surge의 종류**

㉠ 무부하 선로 개폐 Surge : 투입 Surge, 차단 시 재점호 Surge

㉡ 유도성 소전류 차단 Surge : 전류절단, 반복 재점호, 유발절단 Surge

㉢ 고장전류 차단 Surge : 지락, 단락 Surge

㉣ 3상 비동기 투입 Surge : 3상의 비동기 투입 Surge

③ **개폐 Surge 중 무부하 개폐 서지와 유도성 소전류 차단 서지가 대표적임**

㉠ 무부하 개폐 Surge : 무부하 선로 투입 시 교류전압 최댓값 Em의 2Em Surge 전압이 발생하며, 차단 시 절연 회복이 충분치 못하면 3Em 서지 발생

㉡ 유도성 소전류 차단 Surge : 무부하 여자 전류, 지연 소전류 차단 시 발생

- 전류 절단 서지 : 전류의 영점을 기다리지 않고 강제 차단할 때
- 반복 재점호 서지 : 극 간 절연 회복의 상태에 따라 점호, 소호가 반복될 때
- 유발 절단 서지 : 3상 전류 차단 시 각상의 전류 절단 위상이 다를 때 발생

3) 지락 Surge

선로의 1선 지락, 2선 지락사고 시 과도현상에 의한 중성점 전위 상승으로 이상전압이 발생(선로와 대지 간 전압 상승)

4) 기동 Surge

전동기 인버터 등의 작동 중에 발생하는 Surge

5) 정전기에 의한 Surge, 핵에 의한 Surge

3 서지의 침입경로

서지는 전기기기의 입력선, 전원선, 출력선, 접지계통, 공중파 등으로 침입하는데, 다음 그림은 서지와 노이즈의 침입경로와 그 비율을 표시한 것이다.

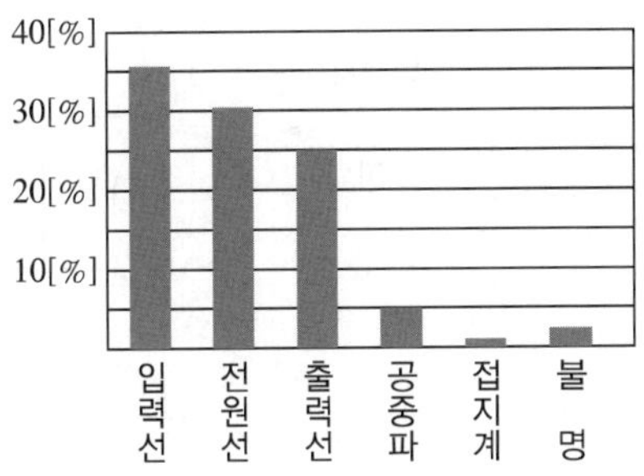

4 서지 및 노이즈의 대책

1) 서지의 대책

서지전압에 의해서 민감한 전자장비가 파손되는 것을 막기 위해서는 등전위 접지와 보호장치를 적용시켜야 한다.

① 외뢰 서지 보호

㉠ 회전 구체법에 의한 피뢰침설비를 하여 뇌차폐
㉡ 피뢰기의 설치
㉢ 등전위화 접지

② **내뢰 서지 보호**

㉠ 내전압 성능(BIL)이 낮은 건식의 기기(Mold 기기) 등에는 서지 옵서버 설치

㉡ 보호장치의 적용 : 서지전압 보호장치는 지정된 동작범위 이내에서 동작하는 한 전자장비에 위험을 야기하지 않는 레벨까지 이상현상을 억제시키는 것이다.

㉢ 복합 보호회로의 적용 : 위 표에서 개별 보호소자의 장점을 활용하여 적용한 회로

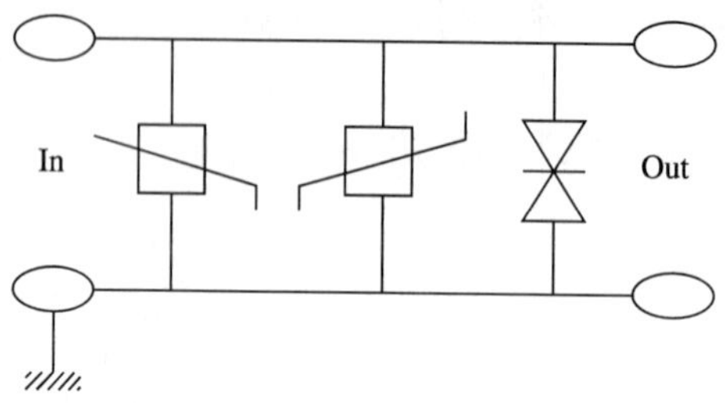

㉣ 등전위화 : 뇌서지의 침입 시 전위가 상승하여도 기기 외함과 전원의 상대 전위차는 보호장치의 제한전압 정도의 낮은 전위를 유지할 수 있다.

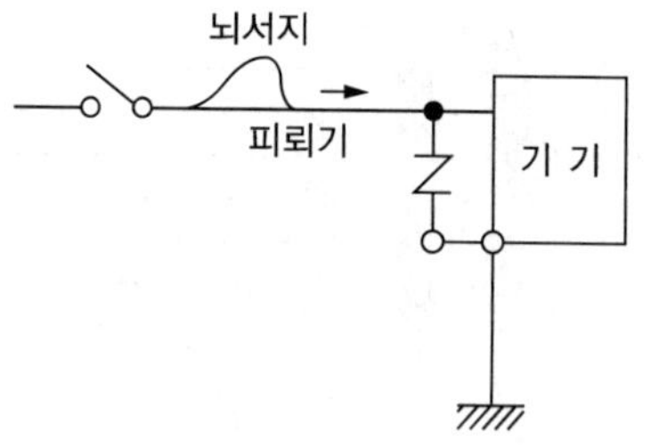

▌ 등전위화

㉤ 보호장치와 절연트랜스의 조합

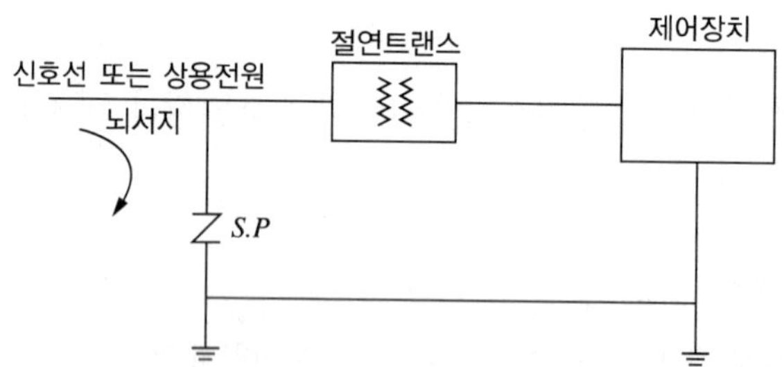

▌ 피뢰기 등의 보호장치와 절연트랜스를 조합한 대책

ⓗ 접지설비의 서지임피던스 저감

- 뇌 서지에 의한 접지저항값이 높으면 그 점의 전위 상승이 높아지며, 특히 뇌 서지의 고조파 성분이 많으므로 접지저항보다도 접지 임피던스로 영향이 매우 크다.
- 대지전위 상승에 의한 기기의 손상방지와 인체의 보안상으로도 서지접지저항 값을 낮출 필요가 있다. 접지전극의 형상과 접지선의 굵기와 배선에 따라 서지접지저항값을 감소시킬 수 있다.

030 차단기의 개폐 서지 1

1 개폐 서지의 발생원인

1) 개폐 서지의 종류

개폐 서지	종 류
무부하 선로 개폐 서지	• 투입 서지 • 차단 시 재점호에 의한 서지
유도성 소전류 차단 서지	• 전류 절단에 의한 서지 • 반복 재점호에 의한 서지 • 유발 절단 서지
고장 전류 차단 서지	• 지락 서지 • 단락 서지
3상 비동기 투입 서지	철공진 이상전압

2) 무부하 투입 서지

① 수전단 개방에 따른 반사에 의해 발생

② 전압 크기는 $2E$보다 작으므로 특별히 문제가 되지 않음

입사파 E_i

반사파 E_r

$2E_m$

$$E = E_i + E_r \le 2E_i$$

$$E_r = \frac{Z_2 - Z_1}{Z_2 + Z_1} E_i \fallingdotseq E_i (Z_2 \gg Z_1 \text{ 이면})$$

여기서, Z_1 : 선로 특성 임피던스

Z_2 : 선로 종단 특성 임피던스

3) 재점호에 의한 서지

무부하 충전선로 차단 시 절연회복이 충분하지 못하면 차단 순간 접점 사이에 다량의 이온으로 인해 아크가 발생

4) 전류절단에 의한 서지

① 전류 0점이 아닌 곳에서 차단 시 발생

② 역기전력에 의한 차단시간이 짧아지면 서지가 발생 $e=-L\dfrac{di}{dt}$ [V]

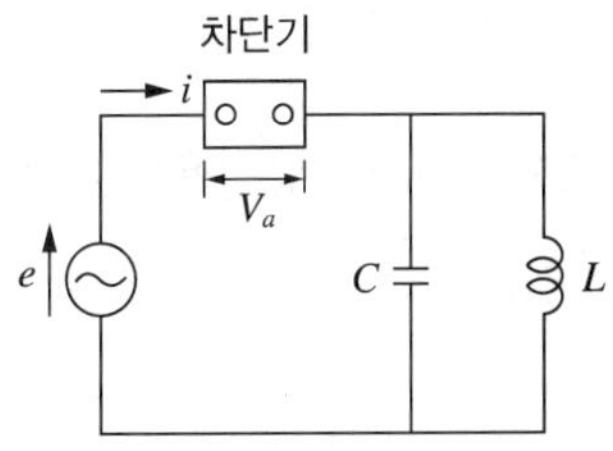

▌유도성 소전류 등가회로

▌유도성 소전류 차단파형

L,C 공진에 의한 설명

$V=\sqrt{\dfrac{L}{C}}\,I\ \ (\dfrac{1}{2}CV^2=\dfrac{1}{2}LI^2)$

커패시턴스에 의한 에너지와 인덕턴스에 의한 에너지가 공진을 일으켜 고전압이 유기됨

5) 반복 재점호에 의한 서지

극간 절연회복 상태에 따라 점호, 소호가 반복될 때 발생(최대 5~6배)

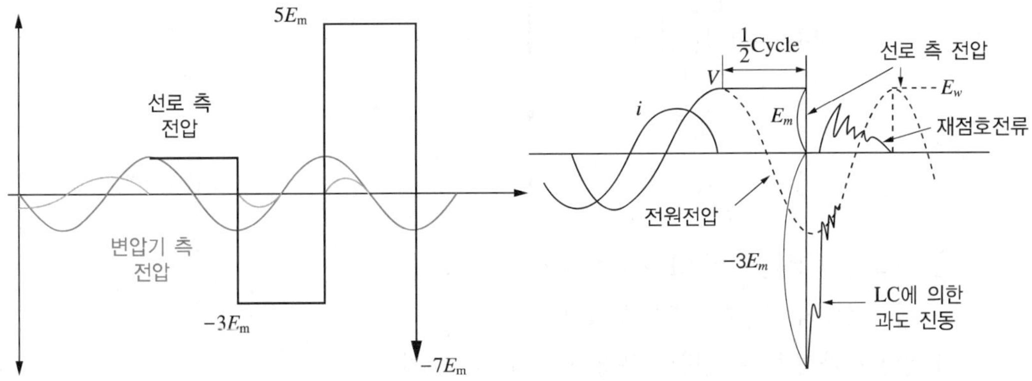

6) 비동기 투입에 의한 서지

① 투입 시 시간 차가 발생하여 최대 3배 서지 발생

② 한 상이 먼저 투입되면 변압기 2차 측에 정전유도로 인한 서지 발생

7) 고속도 재폐로에 의한 서지(지락, 단락 차단 서지)

① 잔류 전하에 의해 서지 발생

② 고속도 재폐로 방식의 경우 1회 정도 재점호 서지 발생

8) 철공진 이상전압

회로가 단선 상태가 되면 변압기의 여자 임피던스와 선로의 정전용량이 공진을 일으켜 이상전압 발생

2 개폐 서지에 대한 보호방법

1) 전류재단에 의한 서지

① 차단기 2차 측에 SA를 설치한다.

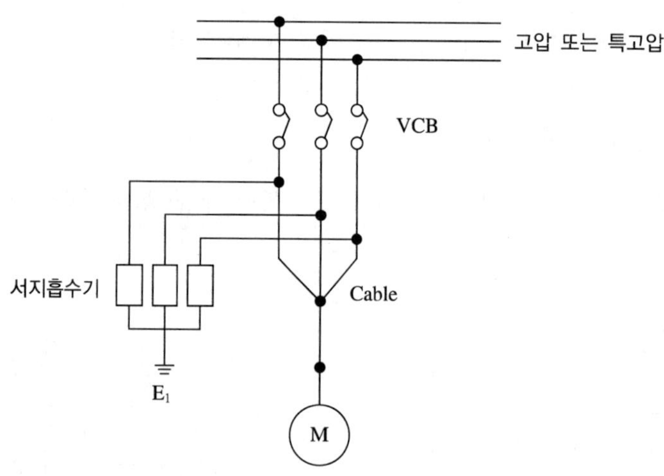

② 저압기기 전원 측에 SPD를 설치한다.

③ 여자전류의 경우에는 DS로 차단한다.

④ 변압기와 병렬로 적당한 용량의 콘덴서를 설치

2) 재점호에 의한 서지

① 차단기 2차 측에 SA를 설치한다.

② 저압기기 전원 측에 SPD를 설치한다.

③ 병렬로 적당한 용량의 저항, 콘덴서를 설치(콘덴서는 서지 완화, 저항은 고주파 전류 제한)

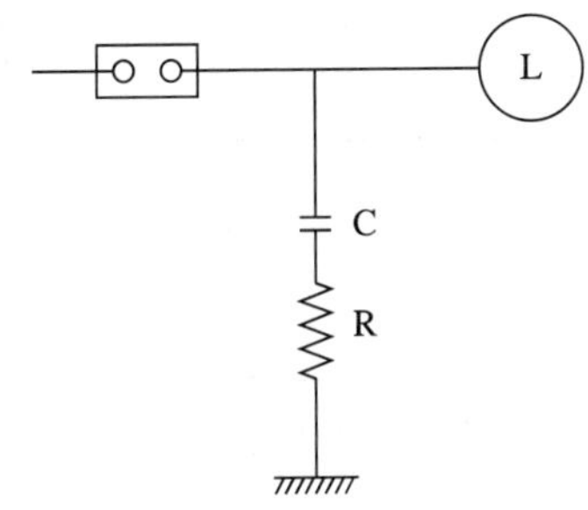

3) 비동기 투입에 의한 서지

① 동기 투입계전기를 사용하여 투입

② 저압 측 피뢰기 설치

③ 저압 측에 접지콘덴서 설치

4) 고속도 재폐로에 의한 서지

① HSGS(High Speed Ground Switch)로 잔류전하를 즉시 방전

② 중성점 접지를 해서 잔류전하를 대지로 방전

③ 아크에 의한 이온 소호시간 경과 후 재투입

④ 투입저항을 사용해서 2단 투입방식을 채용

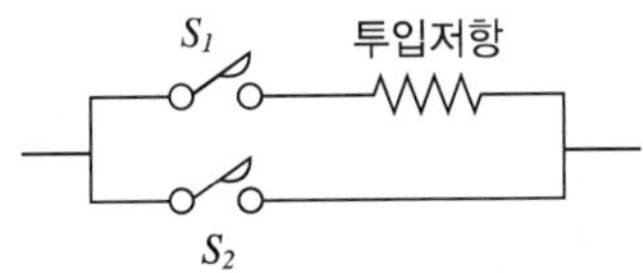

5) 결상에 의한 서지(철공진 이상전압)

결상계전기를 사용해서 결상 시 차단기 트립

031 차단기의 개폐 서지 2

1 개 요

① 차단기의 설치목적은 사고 시 신속히 전류를 차단하여 계통을 분리하여 전기설비를 보호하고 안전성을 확보하기 위한 것이다.

② 개폐 서지는 뇌서지에 비하여 파고값은 낮으나, 지속시간이 길어 기기절연에 악영향을 끼친다.

2 서지의 원인

1) 직류차단

① 직류는 전류 0점이 없어 차단 시 전류 절단에 의한 서지가 발생한다.

② 아크전압이 회복전압보다 크기 때문에 전류를 감소시켜 차단 원리를 이용한다.

③ 대 책

㉠ 고속차단(HSCB) 이용하여 차단

㉡ 차단점 접촉자 간 바리스터(ZNR) 삽입

2) 교류차단

① 무부하 선로의 개폐 서지

㉠ 투입서지

과도현상에 의한 전압이 정반사되어 최대 2배 발생 콘덴서 투입 시 돌입전류가 발생

㉡ 차단서지

충전전류 차단 시 재점호에 의해 3~3.5배 서지 발생

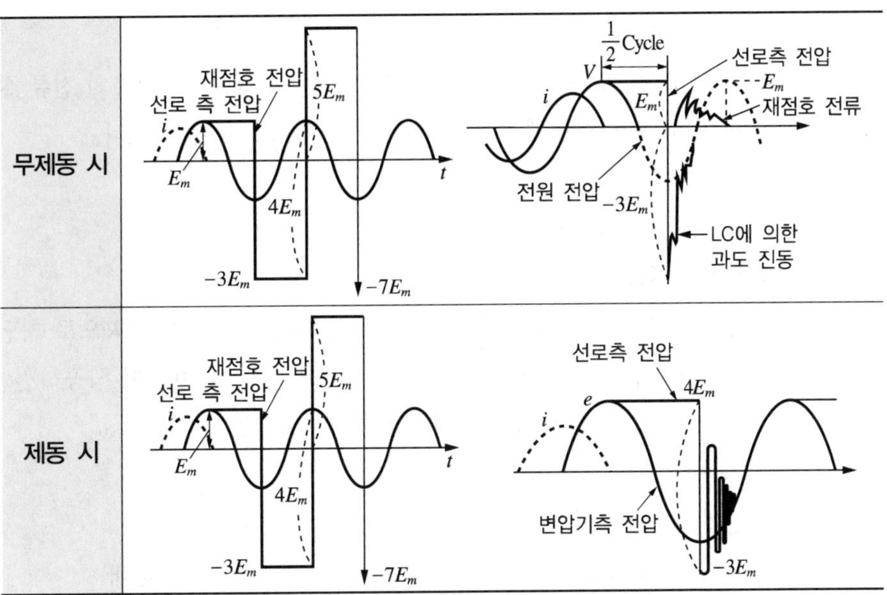

㉢ 대 책

- 차단속도를 빠르게 하여 재점호 방지
- 저항 차단방식 적용
- LA, SA 설치하여 대책 마련

② **유도성 소전류 차단서지**

㉠ 전류절단서지

전류 0점이 아닌 곳에서 차단할 때 발생

$$e = -L\frac{di}{dt}[\mathrm{V}],\ f = \frac{1}{2\pi\sqrt{LC}}[\mathrm{c/s}]$$

유도성 소전류 등가회로	유도성 소전류 차단파형
차단기, i, V_a, e, C, L	A, I_0, 전류파형, 전압파형, E_0, e, $v=e+E_0$

㉡ 반복 재점호 서지

전류절단서지에 차단기 극간 절연회복이 안 되면 짧은 시간 발호와 소호를 반복적으로 발생하면서 서지가 최대 5~6배 발생한다.

㉢ 유발 절단 서지

3상 전류 차단 시 전류 0점이 아닌 상도 차단되어 큰 전류의 전류 절단 서지가 발생하나 실제 회로에서는 거의 무시할 정도로 문제가 없다.

㉣ 대 책

LA, SA 설치하여 서지 차단

③ **고장전류 차단**

㉠ 전극 간의 소호력에 의한 절연회복 능력과 재기전압 강약으로 차단 유무 결정

㉡ 재기전압은 차단 능력 측정의 중요요소가 되는데 차단이 성공하면 회복전압으로 차단 실패 시에는 재점호(재발호)가 되는 전압이다.

㉢ 용 어

- 아크전압 : 아크 발생 중 접촉자 간 발생하는 전압
- 회복전압 : Recovery Voltage 상용주파로 안정된 상태
- 재점호 : 재기전압에 의해 절연파괴 시 발생

㉣ 대 책

중성점 저항접지방식을 채택한다.

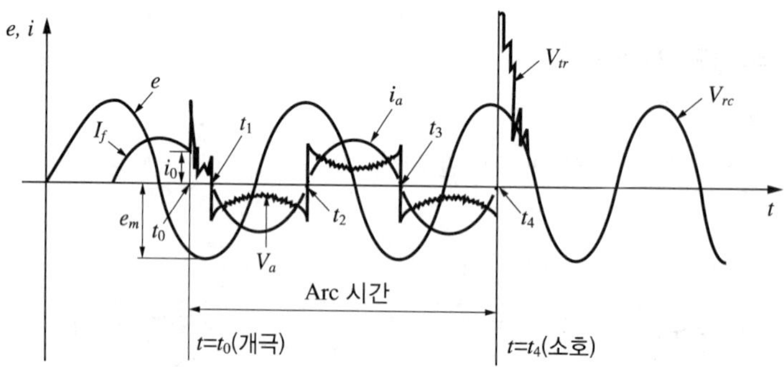

교류 회로 차단 메커니즘

④ **3상 비동기 투입 시 개폐 서지**

㉠ 3상이 동시에 투입되지 않고 순차적으로 투입 시 발생하며 최대 3배 이상이 발생하는데, 재점호가 거의 없고 BIL 이내 파고값이므로 큰 영향이 없다.

㉡ 대 책

변압기 2차 측에 병렬로 콘덴서를 설치하고, LA설치

⑤ 고속 재폐로 시 개폐 서지

㉠ 고속 재폐로 시 선로의 잔류전하 영향으로 재점호 발생

㉡ 대 책

- 선로 측에 분로 리액터 설치
- HSGS(High Speed Ground Switch) 설치
- 차단 후 충분한 시간 후 재투입

032 노이즈

1 개 요

① 최근의 서지 및 노이즈 발생은 이상 기후와 자연발생에 의한 서지가 지속적으로 증가하여 서지 및 노이즈 발생 비율이 높아지고 있다.

② 또한 부하 측에서는 자동설비에 따른 전력소자 사용으로 작은 서지 및 노이즈에도 많은 영향을 받을 수밖에 없는 환경이 조성되어 있다.

③ 한 번의 서지 및 노이즈가 부하 측에 영향을 주어 그 파급효과로 인해 경제적 손실이 크게 발생하므로 이에 대한 대책을 세워 나가야 할 것이다.

2 노이즈의 원인

① 노이즈의 발생원인은 크게 방전현상(낙뢰, 정전기, 아크, 전로의 개폐). 부하 동요, 전로의 무접점 개폐(인버터, 전자개폐기), 전파 수발신 등으로 나눌 수 있는데, 특히 전자파 장해로 EMI(Electromagnetic Interference 전자파 교란, 즉 기기로부터 발생하는 노이즈)가 매우 중요한 문제이다.

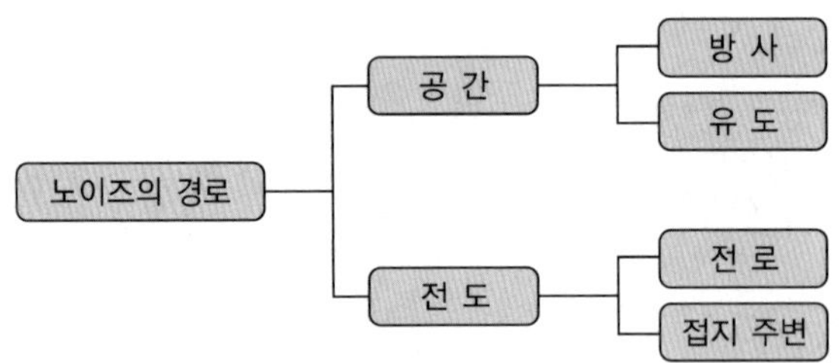

② 노이즈의 경로는 전도적인 노이즈와 방사적인 노이즈로 대별된다.

3 노이즈 대책

1) 노이즈 발생 억제

구 분	C－R법	다이오드법	배리스터법
형 태	R, R_y, C	(+), (−), 다이오드, R_y	배리스터, R_y
특 징	• AC, DC 동시 이용 가능 • 복귀시간을 지연시킴 • 콘덴서가 서지를 흡수하기 때문에 내압에 주의	• DC만 이용 • 다이오드의 역내전압은 회로진압의 2~4배, 부하 전류 이상을 이용	• AC, DC 동시 이용 가능 • 복귀시간을 지연시킴

서지전압은 다음 공식으로 구할 수 있는데 수백 [V]에서 수천 [V]가 될 경우가 있다.

$e = L \times di/dt$

여기서, e : 전압, L : 코일 인덕턴스, i : 전류, t : 시간

2) 노이즈 침입방지

① 노이즈 컷 트랜스

일반 절연트랜스는 1차와 2차 간의 부유 정전용량의 결합으로 인하여 고주파 노이즈는 2차 측에 전달된다. Normal Mode(차동성분), Common Mode(동상성분) 노이즈를 2차 측으로 전파를 방지하기 위한 목적으로 노이즈 컷 트랜스를 설치한다.

종 류	Common Mode Noise			Normal Mode Noise		
	고조파	저대역 노이즈	고대역 노이즈	고조파	저대역 노이즈	고대역 노이즈
절연 트랜스	저지한다.	약간 저지한다.	전달한다.	전달한다.	전달한다.	전달한다.
실드 트랜스	지지한다.	저지한다.	약간 저지한다.	전달한다.	전달한다.	전달한다.
노이즈 컷 트랜스	저지한다.	저지한다.	저지한다.	전달한다.	전달한다.	전달한다.

② **Common Mode Noise(동상성분)**

㉠ 전원선과 접지선 사이에 유도되는 노이즈를 Common Mode Noise라 한다.

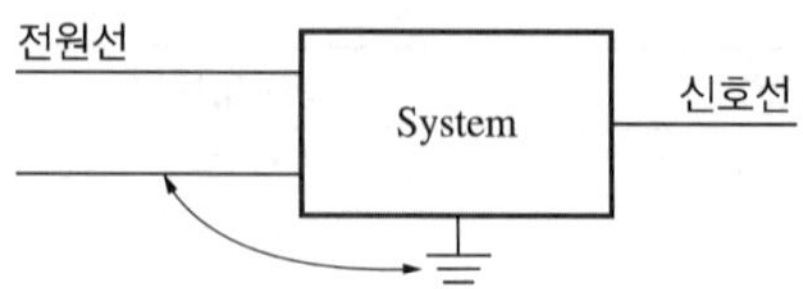

㉡ Common Mode Chock 설치

㉢ 전원선과 신호선과의 이격

㉣ 실드케이블 사용

㉤ 금속관 배선

㉥ 금속체로 기기 차폐

㉦ 배선은 교차로 직교해서 배선

㉧ 신호선 광케이블 사용

③ **Normal Mode Noise(차동성분)**

㉠ 전원선 간에 나타나는 노이즈를 Normal Mode Noise라 한다.

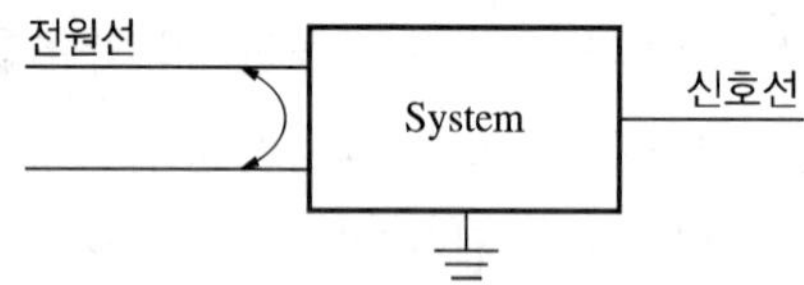

㉡ Nomal Mode Chock 설치

㉢ 잡음원과 시스템 사이를 차폐하여 상호 정전용량을 감소시킨다.

㉣ 트위스트 케이블 사용

㉤ 전원선과 신호선과의 이격

㉥ 신호선 광케이블 사용

㉦ 적정 습도를 유지하여 정전기 발생을 억제한다.

④ **기타 방지대책**

과전압 보호소자(배리스터, 제너다이오드), 노이즈 필터 설치 등

⑤ **접 지**

㉠ 노이즈는 고주파이기 때문에 '표피효과'가 강하고 주파수가 높은 전류는 접지선의 단면 전체에는 흐르지 않고 접지선의 표면 부근에만 흐를 수 있다. 그러므로 접지선은 최대한 짧고 굵게 하여 임피던스를 가능한 적게 유지한다.

㉡ 신호선, 접지선은 루프를 만들지 않는다.

㉢ 접지회로에는 가능한 전류가 흐르지 않도록 한다.

㉣ 1[MHz] 이하는 1점 병렬접지로 가능하나 전자시스템이 있는 곳은 다점 접지시스템으로 하여야 한다.

3) 설비의 내력 증가

기기의 노이즈 내량을 증가시키는 것이다.

전자파 및 유도장해

033 전자파

1 개 요

① 전자파(Electro－Magnetic Wave)는 그림과 같이 전파(電波)와 자파(磁波)가 서로 90° 의 각을 가지고 공간을 퍼져 나가는 파형이다.

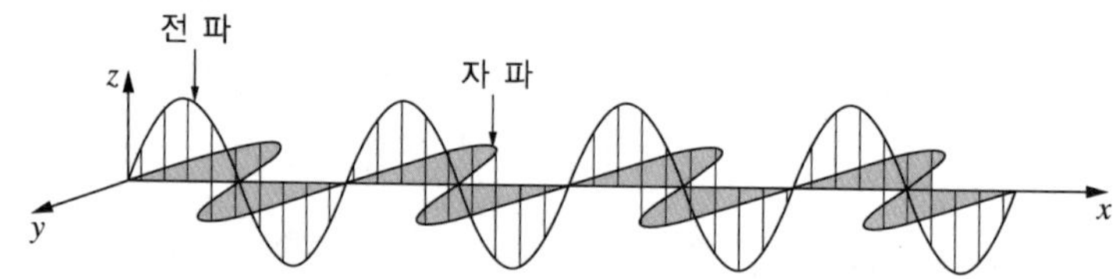

② 전자파는 그 파장에 따라서 각기 특유한 성질을 가지고 있는데, 이들을 구별하여 방송파, 적외선, 가시광선, 자외선, X선, γ선, 우주선 등으로 부르고 전자파로서 전달되는 에너지를 방사라고 한다.

0.001[nm]	0.006[nm]	10[nm]	380[nm]	760[nm]	5,000[nm]	
우주선	γ선	x선	자외선	광선	적외선	방송파

③ 전자파의 파장을 λ, 진동수를 f, 속도를 c라 하면 $\lambda f = c$의 관계가 성립하는데, 여기서 $c = 10^8$[m/sec]로 광속이다.

2 전자파 용어

1) 전자파 장해(EMI ; Electro Magnetic Interference)

자연현상이나 전기기기가 얼마만큼의 전자파를 발생하면 다른 통신설비 또는 컴퓨터 등에 전자파 장해를 끼칠 수 있는가 하는 정도를 말하는 것

2) 전자파 내성(EMS ; Electro Magnetic Susceptibility)

기기가 이러한 전자파에 얼마나 민감하게 반응하는가 하는 정도를 말하는 것

3) 전자파 적합성(EMC ; Electro Magnetic Compatibility)

전자파를 발생시키지도 않고 내성도 지녀야 함을 말하는데, EMI와 EMS 양자를 모두 포함해서 말하는 것

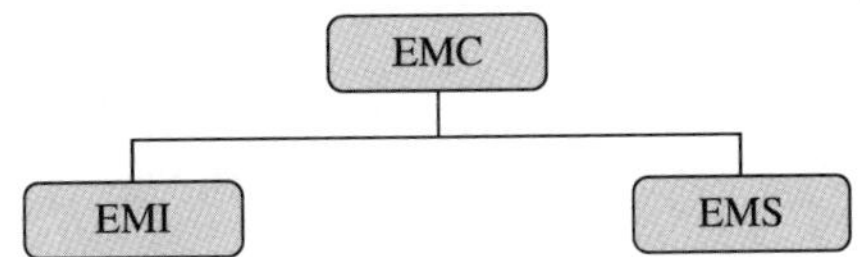

3 전자파 원인

1) System의 고직접화나 Network화 영향

한 System의 신호가 다른 System에 간섭되어 문제 발생

2) 상호 EMI(Electromagnetic Interference, 전자파장해)와 편측 EMI

전자파는 복잡하게 혼재되어 있는 것이 일반적이다.

4 전자파 영향

1) 설비의 기능 저하, 소자소손

2) Memory 소자의 오동작

3) 신호선, 전원선으로 유입된 고조파에 의한 오동작

4) 전자파, Noise에 의한 오동작

① 생산 품질의 저하
② 각종 산업재해
③ 설비의 손상

5) 자동화 설비의 오동작

① 자동제어의 오동작
② 일반 자동화설비 오동작

6) 생체에 영향

① **열적 작용** : 신체 내의 온도 상승, 조직 외 국소 가열
② **자극 작용** : 신경근육세포 자극으로 인한 근육의 수축 또는 불수현상

5 전자파 대책

1) 차폐에 의한 대책

노이즈는 전원선에 침입하는 전도노이즈와 공간을 전파하는 방사노이즈가 있으나 차폐 가능한 노이즈는 방사노이즈이다.

① **자기차폐**

고투자율을 가진 재료를 사용해서 자기저항이 작은 자기차폐 부분에 자력선을 통하여 효과

② **전자파 차폐**

금속 하우징이나 Plastic 하우징의 표면에 도전성 도표를 도포하는 법과 하우징에 사용되는 플라스틱 자체에 도전성을 부여하는 방법

2) 흡수에 의한 대책

① **전자파 흡수체**

전자파를 반사시키지 않고 내부에서 흡수하여 열에너지로 바꾸어 감쇄하는 것으로 저항손실형, 자기손실형, 복합형이 있다.

② **전자파 암실**

전자파 차폐 시의 내부에 전자파 흡수체를 장치하여 실내·외의 전자파의 차폐뿐 아니라 차폐실 내부의 발생 전자파가 벽면에서 반사하지 않고 흡수됨

3) 접지에 의한 대책

정전기 및 전자파 장해 방지를 위한 등전위 접지 실시

① **안전접지**

충전부의 절연파괴로 인한 누전 등으로 감전사고 방지를 위한 것

② **신호접지**

신호커먼(Signal Common)을 공통 전위를 주어 동작의 안정화를 꾀함

4) 와이어링에 의한 대책

① **정전결합에 의해 유도되는 전자파 장해대책**

㉠ 전원선과 통신선의 정전결합(C)에 의해서 발생한다.

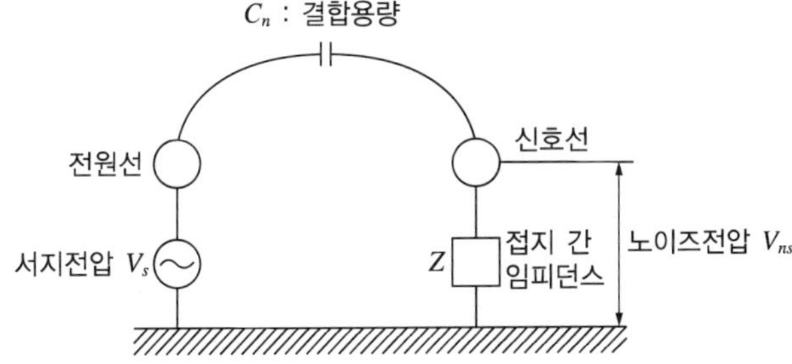

㉡ 저감법

- 선간의 유전율 감소
- 도선길이를 감소
- 물리적으로 밀접한 회로 간의 전압 차이를 감소
- 신호원 Z와 부하의 Z를 감소

② **전자결합에 의해 유도되는 NOISE 장해대책**

㉠ 전원선과 통신선과의 상호 인덕턴스(M)에 의해서 발생

㉡ 저감법

- 거리를 이격한다.
- 구간을 짧게 한다.
- 금속관에 넣는다.
- Twist Pair 케이블을 사용한다.

5) 필터의 설치

① 전원선을 따라오는 노이즈를 방지하기 위해 사용되는 필터는 전원라인필터이며, 보통 전원 주파수를 통과대역으로 하고 고주파 노이즈를 제거하는 저역통과필터(Low Pass Filter)가 사용된다.

② 전원필터에는 보통 차폐실용 필터와 일반 전자기기용 필터가 있는데 차폐실용은 14[kHz]~3[GHz]에서 80~100[dB]의 감쇄특성을 가지는 것이 많다.

③ 이에 비해 전자기기용 필터는 150[kHz]~30[MHz]의 주파수 대역에서 감쇄특성을 가지는 필터가 많이 사용되고 있다.

034 건축물 내의 통신선로에 발생하는 유도장해의 원인과 대책 설명

1 개 요

① 송전선 또는 전기철도의 트롤리선 등에 의해 생기는 통신선 및 인체에 끼치는 장해로, 정전기유도와 전자기유도의 2종류가 있다.

② 정전기유도는 고전압에 의한 정전기장에 원인이 있으며, 전력선과 통신선 간의 상호 정전용량에 의해 발생한다.

③ 전자기유도는 대전류(大電流)에 의한 자기력선속의 변화가 원인이고, 전력선과 통신선 간의 상호 인덕턴스에 의해 발생한다.

④ 어느 경우나 통신선 등에 기전력이 생겨 잡음을 발생시키거나 작업원이 감전될 위험성이 있다.

2 유도장해의 원인

1) 유도장해에는 정전유도, 전자유도 및 고조파유도가 있다

① 정전유도 : 전력선과 통신선과의 상호 정전용량에 의해 발생

② 전자유도 : 전력선과 통신선과의 상호 인덕턴스에 의해 발생

③ 고조파유도 : 고조파의 유도에 의한 잡음장해

2) 정전유도

정전유도전압은 송전선과 통신선과의 상호 정전용량을 통하여 전력선의 전압에 의하여 통신선에 유도되는 전압을 말한다.

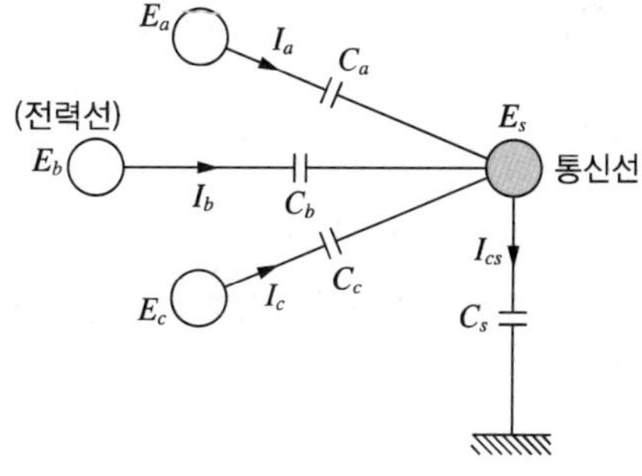

▌정전유도

$I_a = j\omega C_a(E_a = E_s)$, $I_b = j\omega C_b(E_b = E_s)$

$I_c = j\omega C_c(E_c = E_s)$, $I_{cs} = j\omega C_s E_s$

$I_a + I_b + I_c = I_{cs}$ 이므로

$j\omega C_a(E_a - E_s) + j\omega C_b(E_b - E_s) + j\omega C_c(E_c - E_s) = j\omega C_s E_s$

$$\therefore E_s = \frac{\sqrt{C_a(C_a - C_b) + C_b(C_b - C_c) + C_c(C_c - C_a)}}{C_a + C_b + C_c + C_s} \times E$$

정전유도전압은 고장뿐만 아니라 평상시에도 발생한다.
또한, 정전유도전압은 주파수 및 양 선로의 평행길이와는 관계가 없고, 전력선의 대지전압 $E\left(\frac{V}{\sqrt{3}}\right)$에만 비례한다. 따라서, 연가를 충분히 하여 $C_a = C_b = C_c$가 되면 정전유도전압을 0으로 할 수 있다.

3) 전자유도

전자유도전압은 송전선에서 발생한 자속이 통신선에 쇄교함으로써 통신선에 전압을 유도하는 작용으로, 평상시에는 송전선의 3상 평형 전류에 의하여 발생하는 자속이 대부분 상쇄되므로 매우 적다. 그러나 송전선에 1선 지락사고가 발생해서 큰 영상전류가 흐르면 통신선과의 전자적인 결합에 의해서 통신선에 커다란 전압, 전류를 유도하게 되어 통신용 기기나 통신종사자에게 손상 또는 위해를 끼칠 수 있다.

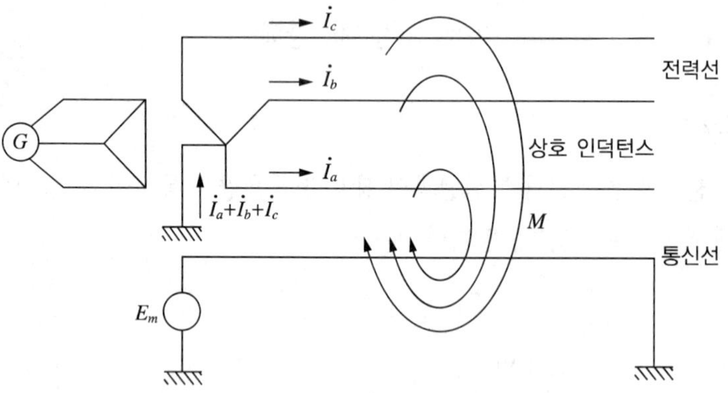

$E_m = -j\omega Ml(I_a + I_b + I_c) = -j\omega Ml(3I_0)$

여기서, M : 전력선과 통신선 사이의 상호 인덕턴스[H/km]
l : 병행길이[km]
I_0 : 영상전류[A]

3 유도장해 경감대책

1) 전력선 측 대책

① 송전전로를 통신선으로부터 멀리 이격시킨다.
② 중성점의 접지저항값을 크게 한다(기유도전류의 억제).
③ 고속도 지락보호 계전기 채택(고장 지속시간 단축)
④ 송전선과 통신선 사이에 차폐선 가설
⑤ 철탑의 정상부분에 가공지선을 시설한다.

2) 통신선 측 대책

① 통신선의 도중에 중계코일 설치(병행길이의 단축)
② 연피 통신케이블 사용(M의 저감)
③ 통신선에 우수한 피뢰기 설치(유도전압을 강제적으로 저감)
④ 배류코일, 중화코일 등으로 통신선을 접지해서 저주파수의 유도전류를 대지로 흘려 준다(통신 잡음의 저감).
⑤ 통신선에 광섬유(Optical Fiber) 케이블을 설치한다.

3) 실제적용

① **수전설비**

㉠ 피뢰기 : 지락, 스위치 개폐 등의 피크값을 방류하여 큰 전원 잡음 방지
㉡ 차단기 : 개폐 서지가 작은 것 사용

② **비상전원설비**

㉠ 자가발전설비 : 같은 용량의 경우 과도 리액턴스가 작고 단시간 과전류 내력, 허용 역상전류가 큰 것 사용
㉡ UPS : 출력의 고조파 성분이 작은 것으로 부하 중심에 설치

③ **전력용 변압기** : 통신, 약전용 변압기 별도 분리 설치

④ **정보기기의 전원용 간선설비**

㉠ 회로 : 별도 간선회로 사용
㉡ 전선 : 가급적 굵은 것을 사용, 케이블은 다심케이블 사용, 버스덕트는 낮은 임피던스 사용

㉢ 관로 : 금속관로 사용

㉣ 배선경로 : 일반 간선과 이격하여 설치

⑤ **정보기기의 전원용 분기회로**

㉠ 전원선 : 신호선에 Twist Pair선 사용

㉡ Common Mode Choke 설치

㉢ Noise Cut Trans 설치

- 전원선의 노이즈는 변압기 1차, 2차 권선 정전용량을 통하여 2차 권선에 침입한다.
- 1차, 2차 권선 간을 정전 Shield 설치

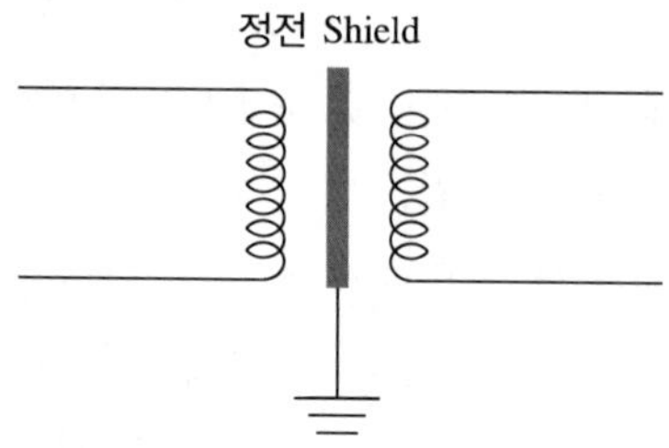

㉣ Noise Filter 설치 : 전원선과 접지선으로 구성된 3선식이 적합하다.

㉤ 과전압 보호소자 설치

- 병렬소자 : 전원회로에 사용하고, Varister, Zener Diode, Arrestor 설치
- 직렬소자 : 신호선에 사용하고, 인덕터, 저항기 사용

⑥ **고조파 발생기기**

㉠ 방전등기구 : 고조파 발생이 적은 것 사용

㉡ VVVF, 정류기, 변환기 등은 별도의 간선으로 분리 구성

⑦ **유도전동기**

감전압 기동설비를 사용하여 기동 전류값을 억제시킨다.

전압 변동

035 선로의 전압 변동

1 개 요

① 최근 정보화 및 고도화 사회로 진전됨에 따라 공급전압에 대한 고객으로부터의 질적 요구가 점점 높아지고 있다.

② 최근의 풍력발전설비와 같은 분산형 전원의 보급 확대 및 여러 요인에 의해 전압 변동 등 전력 품질에 대한 영향도 우려되고 있다.

③ 여기에서는 배전계통의 전압변동의 원인과 영향 대책에 대하여 알아보기로 하겠다.

2 전압 변동원인

1) 정상전압 변동

수전전압의 강하와 구내 배전선로의 거리가 길고 전압이 낮을 때 발생하는 전압 변동을 말한다.

2) 순시전압 변동

중부하기기 또는 유도전동기 등의 운전으로 인한 일시적 전압 변동을 말한다.

3 전압 변동 관리법적 기준

1) 전기사업법

표준전압에 맞게 유지해야 하는 값이 전기사업법 제26조와 동법 전기사업법 시행규칙 제44조에 전압 및 주파수 규정에 있음

표준전압	유지해야 하는 값
100[V]	110[V] 상하 6[V]를 넘지 않는 값
200[V]	220[V] 상하 20[V]를 넘지 않는 값

2) 전력 품질 확보에 관한 계통연계 기술 요건 가이드라인

① 전력 품질 확보에 관한 계통연계 기술 요건 가이드라인에 상시 및 순시전압 변동대책

② 전기사업법 시행규칙에서 제18조 전기의 품질기준에서 전기사업자와 전기신사업자는 표준전압, 표준주파수 및 허용오차의 범위에서 유지되도록 하여야 한다.

표준전압	허용오차
110[V]	110±6[V]
220[V]	220±13[V]
380[V]	380±38[V]

4 전압변동 영향

1) 정상전압 변동

① 전력손실 발생

② 생산성 저하 및 제품의 불균일

③ 전기기기의 수명 저하

2) 순시 전압 변동

① 전등의 깜박임 또는 소등

② 전동기의 정지현상 유발

③ 전자 개폐기의 개방

5 대 책

1) 전압 변동 발생

전압 변동은 주로 무효 전력 변동에서 기인한 것으로 전원의 리액턴스를 X_s, 무효전력의 변동분을 $\Delta V = X_s \cdot \Delta Q$ 라 하면 전압 변동은 $\Delta V = X_s \cdot \Delta Q$ 로 표시되며, ΔV 를 작게 하는 방법이 대책이 될 수 있다.

2) 대 책

① X_s(전원 측 리액턴스)를 작게 한다.

㉠ 직렬콘덴서의 설치 : 전압 변동이 문제가 되는 모선에서 전원 측으로 직렬콘덴서를 삽입하여 전압 변동을 억제한다. 이때의 전압 변동 $\Delta V = \Delta Q \cdot (X_s - X_c)$이므로 $\Delta Q \cdot X_c$ 만큼 전압 변동이 개선된다.

㉡ 선로 임피던스의 감소 : 배전용 변압기 용량을 크게 하여 전원 임피던스를 작게 한다.

㉢ 직렬콘덴서 삽입

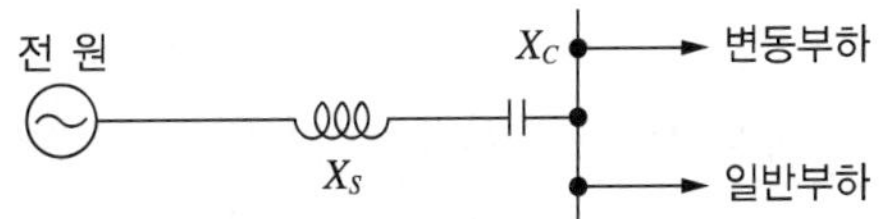

㉣ 3권선 보상변압기에 의한 방법 : 3권선 변압기의 누설 임피던스를 등가회로에 의해 각 권선에 분해하는 방법으로 리액턴스를 줄인다.

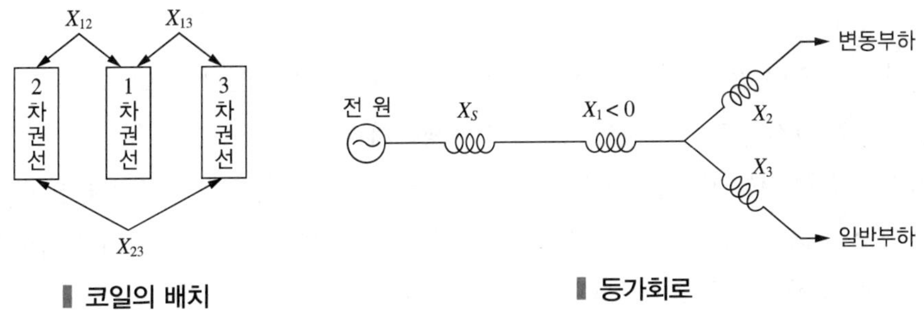

▌코일의 배치　　　▌등가회로

② 전압을 직접 조정하는 방법

㉠ 탭변환기

변압기의 탭을 조정하여 전압을 승압 또는 강압시킨다.

㉡ 유도전압조정기

유도전압조정기를 사용하여 부하에 필요한 전압으로 변성시킨다.

③ 변동 무효 전력을 보상하는 방법

㉠ 병렬콘덴서

대부분의 부하는 유도성 리액턴스 성분으로 이것은 전압 변동을 크게 하므로 부하와 병렬로 콘덴서를 설치하여 용량성 리액턴스를 보완하여 변동 무효 전력을 보상하는 방법

㉡ 동기조상기

동기조상기를 설치하여 부하의 변화에 따라 용량성 및 유도성 리액턴스를 보상하여 상황에 대처하는 방식

㉢ 분로 리액터

부하가 경부하 시에는 오히려 용량성 리액턴스가 증가하여 선로손실, 전압강하, 페란티 현상 등의 문제점이 발생하기 때문에 분로 리액터를 설치하여 무효 전력을 보상하는 방법을 쓰기도 한다.

6 결 론

① 전압 변동은 직접기기를 손상하는 경우도 있으나 대부분 설비의 정지나 제품의 불량, 종업원의 안전사고 등 2차적 문제점이 발생하게 된다.

② 따라서 전압 변동에 대한 문제는 전기를 공급하는 자는 물론 전기를 사용하는 자, 쌍방 간 대책이 요구되는 중요한 문제로 전압변동의 질적인 평가기준을 도입한 서비스 랭크 제도 등의 제도적 확립이 필요한 시기라 본다.

036 순시 전압강하의 원인과 방지대책

1 개 요

① 최근의 전원선로에서는 서지 등 순시 전압강하를 일으키는 요소가 많이 늘어나 있고, 부하 측에는 자동화로 전력전자소자 등의 사용이 급증하여
② 공장의 제조업, OA 사무실에 영향을 주어 제품의 불량 및 메모리 손실 등의 문제를 야기시킬 수 있기 때문에 순시 전압강하의 원인과 문제점을 파악하고 그것에 따른 대책을 세우는 과정은 중요하다.
③ 순시 전압강하란 0.07초 내에서 2초 정도로 전압이 현저히 감소되는 현상으로 통상 2초 이내에 원래 상태로 복구되는 것을 가리키며, 전압강하의 비율은 50~70[%]이며 100[%]인 경우도 있다.

2 순시 전압강하의 원인과 교란

① **사고정전** : 단락, 지락, 낙뢰 등 선로의 사고의 인한 순간정전
② **작업정전** : 보수 및 정기작업 또는 사고 복구작업 등으로 인한 정전
③ **전압강하** : 전동기 및 중부하기기의 사용, 장거리 선로의 사용으로 인한 전압강하
④ **상간전압 불평형** : 부하의 불평형으로 상간전압 불평형에 의한 순시 전압강하
⑤ **플리커** : 단상 중부하, 용접기 등의 사용으로 플리커로 인한 순시 전압강하
⑥ **고조파 원인** : 직류부하 증가로 변환기의 고조파로 인하여 야기되는 노이즈 성분의 선로 침입으로 전압강하
⑦ 분산형 전원 병입

3 순시 전압강하가 선로에 미치는 영향

① **제조업** : 순시 전압강하로 조업 중단 및 제품 불량 발생
② **일반 사무실** : OA 기기의 메모리 소실, 프린터의 정지, 조명의 깜빡임 발생
③ **대형 컴퓨터** : 전체 온라인 정지, Main CPU 정지

④ 순시 전압강하로 영향이 생기는 범위

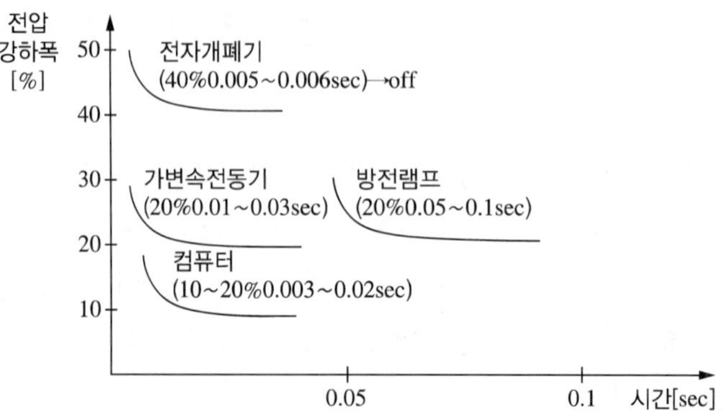

4 선로 교란 상태 및 순시 전압강하 방지대책

1) 절연변압기

전원에서 발생하는 Common Mode Noise에 의한 서지 감쇄

2) 전압조정기

고/저전압 방지

3) Line Conditioner

절연변압기와 전압조정기를 합한 것으로 노이즈 및 서지, 고/저전압, Sag/Surge 등을 방지

4) 정지형 UPS

서지, 고/저전압 방지, 주파수 변화 등의 이상상태 방지

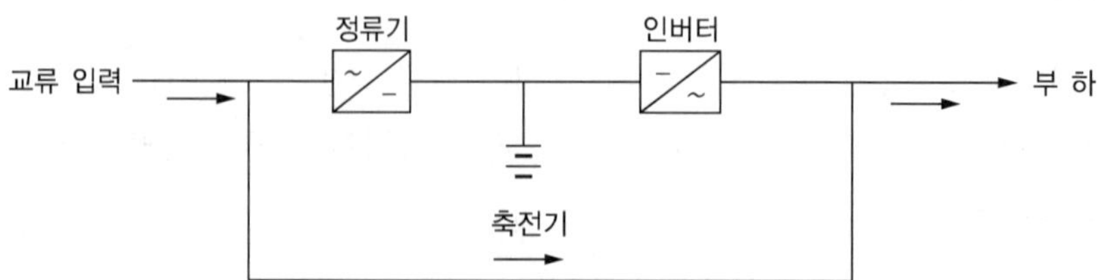

5) 다이내믹 UPS

서지, 고/저전압 방지, 주파수 변화 등 이상상황의 품질을 더욱 개선시킬 수 있음

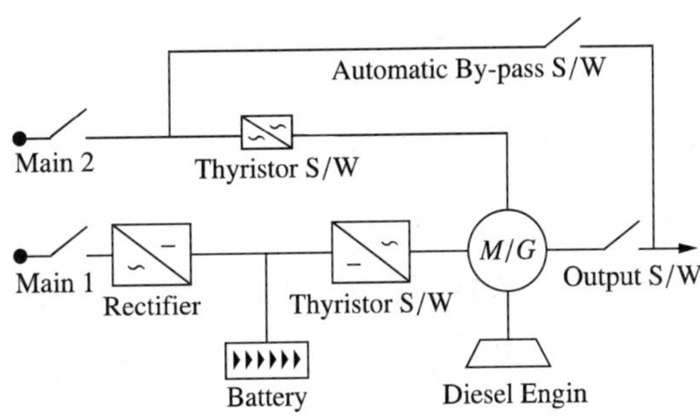

037 플리커 현상 및 대책

1 개 요

① 전압강하, 즉 불규칙한 전원 공급에 의해 정현파의 크기가 변화되는 것으로, 이로 인해 조명기구(형광등, 백열등) 등이 깜빡거리는 현상

② 플리커로 인해 사람들은 불쾌감과 불안감을 느끼게 되므로 이를 방지하기 위한 대책이 요구되고, 플리커 발생의 원인과 대책을 알고 적용하여야 할 것이다.

2 플리커 현상 및 특성

① 플리커 현상은 Sag가 반복되는 현상을 말하며 그 크기는 ANSI 규정에서 0.9~1.1[PU]로 정하고 있다.

② 무효 전력의 소비가 클 경우 부하에서 플리커가 발생하게 된다.

③ 같은 크기의 전압 변동이라도 깜빡임의 시각적인 감도는 그 변동주기에 따라 달라지는데 10사이클로 환산한 전압 변동을 기준으로 한다.

④ 즉 교류전압은 100[V]에서 99[V]까지 1초에 10회 변한 것을 1[%] 플리커라고 한다.

3 플리커 기준

① 플리커가 2[%] 이하이면 별도의 대책을 세우지 않아도 무방하다.

② 플리커가 2~2.5[%]이면 조건부로 사용이 가능하다.

③ 플리커가 2.5[%] 이상이면 플리커에 대한 대책을 강구하여야 한다.

4 전압 플리커의 발생원인

① **아크, 기기의 운전, 정지의 반복** : 전기로, 아크로, 용접기 등

② **뇌에 의한 영향** : 직격뢰, 유도뢰 등

③ **전동기의 빈번한 운전, 정지** : 압연기, 반송기계 등

④ **개폐기의 개폐동작** : 변압기 여자돌입전류 등

⑤ **전력전자기기(SMPS)의 고속 스위칭** : 인버터 등

⑥ **고장 시의 대전류 및 그 차단** : 단락, 지락사고 등

5 플리커의 영향

① 조명의 깜빡거림, 전동기의 회전수 변화, 과열 등
② 지락계전기의 오동작, 기기 및 회로의 소손
③ 변압기 보호용 퓨즈 용단
④ 인버터 2차 측 전동기의 절연 열화, 가열
⑤ **차단기(VCB) 트립 시** : 몰드변압기에 서지 전압 인가

6 플리커 대책

1) 아크로 직렬 리액터(SR) 삽입

부하 변동 중, 특히 무효분을 억제 즉 리액터를 비직선형의 가포화 리액터로 하여 아크로 단락 시에 있어서 전류의 급증을 억제한다.

2) 동기조상기와 완충 리액터의 병용

아크로 발생하는 전류 변동분을 동기기에 공급하고 계통으로부터 전류 변동분의 유입을 억제하는 방법

3) 전원 임피던스가 작은 상의 계통에서 수전한다.

4) 3상 전원에 단상 부하를 접속할 때는 부하 불평형이 최소가 되도록 한다.

5) 변압기 용량을 크게 하고 굵은 전선을 쓰며, 부하 말단에 콘덴서를 설치하는 등의 방법으로 전압 변동을 최소화한다.

6) 정지형 무효전력 보상장치(SVC) 설치

정지형 무효 전력 보상장치를 설치하여 부하의 무효 전력 변동을 억제한다.

SECTION 05 정전기

038 정전기

1 개 요

① 정전기 발생은 주로 2개의 물체가 접촉할 때 본래 전기적으로 중성 상태에 있는 물체에서 정(+) 또는 부(-)로 극성 전하가 과잉되는 현상이다. 이 과잉현상을 정전기라 하고 발생한 정전기가 물체상에 축적이 되는 것을 대전이라 한다.

② 정전기는 전기집진기, 정전복사기, 정전도장기 등 실생활에 유용하게 사용되기도 한다.

③ 전격에 의한 Spark, 전자회로의 파손, 화재 및 폭발의 원인이 될 수 있으므로 발생 및 재해에 주의해야 한다.

2 정전기의 발생 메커니즘

1) 일함수와 전하분리

① 일함수

물질 내부의 자유전자는 물체에 빛, 열, 마찰 등 외부에서 물리적 힘을 가하면, 이 자유전자는 입자 외부로 방출되는데 이때 필요한 에너지를 일함수라 한다.

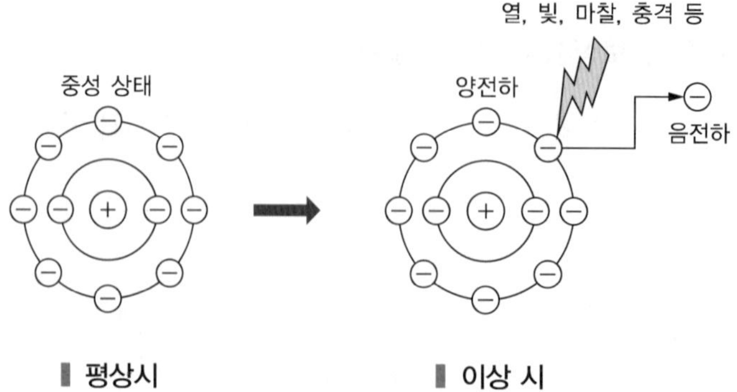

▮ 평상시 ▮ 이상 시

② **전하분리**

전하의 이동으로 일함수가 높은 표면은 (+)로, 낮은 금속표면은 (−)로 대전하여 전기 2중층을 형성하여 전하가 분리되는 상태

2) 정전기의 발생 영향요소

① **물체의 특성**

정전기 발생은 대전서열 중에서 가까운 위치에 있으면 작고, 멀리 있으면 크다.

② **물체의 표면 상태**

표면이 거칠면 정전기 발생이 쉽고 수분 및 기름 등에 오염되었거나 부식 시에도 정전기 발생에 영향을 준다.

③ **물체의 이력**

정전기 발생은 처음에 접촉 및 분리가 일어날 때 최고가 되고 접촉 및 분리가 반복됨에 따라 적어진다.

④ **접촉면적 및 접촉압력**

접촉면적이 크고 압력이 크면 정전기 발생이 커진다.

⑤ **분리속도**

분리속도가 커지면 전하분리에 주어지는 에너지가 커져서 정전기 발생이 커지는 경향이 있다.

3) 정전기 대전현상(=원인)

① **마찰대전**

물체에 마찰할 때 일어나는 대전현상

② **박리대전**

접촉되어 있는 물체가 벗겨질 때 전하분리가 일어나는 현상

③ **유도대전**

대전물체 가까이에 절연체가 있을 때 정전유도를 받아 대전물체와 반대의 극성이 절연체에 나타나는 현상

④ **분출대전**

액체류, 분체류가 단면적이 작은 개구부에서 분출될 때에 마찰력에 의하여 발생하는 정전기

⑤ **적하대전**

고체 표면에 부착되어 있는 액체류가 비산해서 분리되고 많은 물방울이 될 때에 새로운 표면을 형성하여 정전기 발생

⑥ **침강대전**

⑦ **충돌대전**

액체, 분체가 충돌할 때 빠르게 접촉, 분리되면서 일어나는 정전기

⑧ **비말대전**

비말(물보라)은 공간에 분출한 액체류가 비산해서 분리되고 많은 물방울로 될 때 새로운 표면을 형성하여 정전기 발생

⑨ **유동대전**

액체가 파이프 내에서 이동할 때에 발생하는 정전기

4) 대전에 따른 물리적인 현상

① **역학현상**

㉠ 전하 분리에 의해서 물체가 대전하면 여러 형태의 역학현상이 나타난다.

㉡ 정전기의 전기적 작용인 쿨롱의 법칙 힘에 의하여 대전물체 주위에 있는 먼지, 종이 조각 등 가벼운 물체를 끌어 붙이거나 반발한다. 이를 번스타인 효과라 한다.

㉢ $F = \dfrac{q_1 \times q_2}{4\pi\varepsilon_o r^2} = 9 \times 10^9 \times \dfrac{q_1 \times q_2}{r^2}$ [N]

여기서, F : 두 전하 사이에 작용하는 힘
q_1, q_2 : 전하량[C]
r : 두 전하 사이 거리[m]

② **방전현상**

㉠ 전하분리에 의해 정전기가 발생하면 그 주위의 매질 중에 전계가 형성되는데 전계의 크기는 전하의 축적에 의하여 더불어 상승한다.

㉡ 한계값에 도달하면 매질은 전기에 의해 절연성을 잃고 도전성이 되어 중화되기 시작한다.

㉢ 이 현상을 방전현상이라 하고 빛과 소리를 수반한다.

③ **정전유도 현상**

대전물체 가까이에 절연된 도체가 있으면 절연된 도체의 표면상에 대전물체의 전하와 반대 극성의 전하가 나타나는 현상이다.

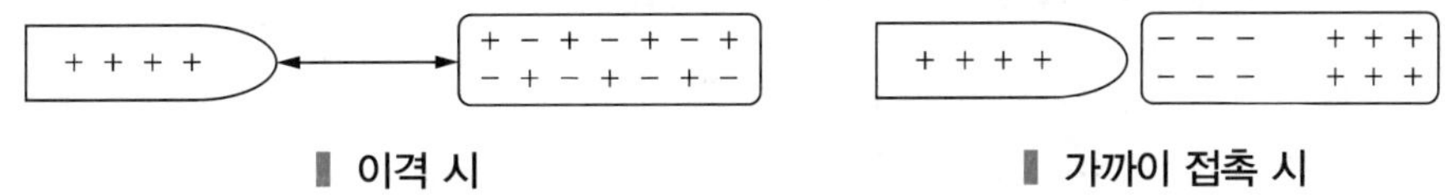

▌이격 시　　▌가까이 접촉 시

5) 정전기의 방전현상

① **불꽃방전**

㉠ 방전거리가 짧고 평등전계에 가까울 경우 절연이 파괴되어 방전하는 것을 불꽃방전이라 한다.

㉡ 전극 사이의 한 점에서 전계강도가 공기의 절연내력인 3[kV/mm]의 값일 때 발생

② **코로나 방전**

㉠ 대전물체 가까이에 곡률반경 1~2[mm] 이하의 도체가 있을 때 일어나는 국부방전

㉡ 미약한 발광과 파괴음을 수반

③ **스트리머 방전(뇌성방전)**

㉠ 기체방전에서 방전로가 긴 줄을 형성하면서 방전하는 현상으로 번개와 같이 수지 모양의 발광을 한다.

㉡ 비교적 강한 파괴음과 발광을 동반한다.

④ **연면방전**

도체에 밀착한 수 [mm] 이하의 얇은 필름 시트 등이 매우 강한 대전 상태가 되는 조건일 때 발생

3 정전기 재해 및 장해

1) 전격의 원인

① 근육의 급격한 수축 등의 신체적 손상
② 전격에 의하여 신체 균형을 잃고 높은 장소에서 추락, 전도 등 2차적 재해
③ 전격에 의한 공포감, 불쾌감 유발

2) 전자기기 등의 오동작 및 파손의 원인

① 정전기에 의한 전력기기 등의 오동작 발생
② 정전기에 의한 전력기기의 반도체의 파손 발생

3) 폭발(화재)의 원인

가연성 물질이 공기 등과 혼합해서 폭발한계 내에 있을 때 화재 및 폭발이 발생할 수 있다.

4 정전기 방지대책

1) 도체의 대전 방지대책

① 접지 및 본딩

㉠ 접지는 발생한 전기를 대지로 누설시켜 물체에 정전기가 축적되는 것을 방지하는 것
㉡ 접지저항은 1×10^6 이하이면 족하나 실제 적용은 100[Ω] 이하로 접지가 가능

② 배관 내 유속의 제한

정전기의 대전량은 유속의 1.75승에 비례하므로 저장탱크 주입구의 주입속도는 1[m/s] 이하이어야 한다.

③ 정치시간

정치시간이란 도체에 대전된 전하량이 자연적으로 방전하는 시간을 말하며, 대전방지 효과와 직접적인 연관이 있다.

2) 부도체의 대전방지

① 가 습

공기 중의 상대습도를 높여 65~70[%] 정도면 물체 표면의 흡수량이 증가하여 전기 전도의 향상으로 전하의 소멸이 쉬워진다.

② 대전방지제 이용

대전방지제를 바르거나 내부에 혼입하면 표면에 이온성을 가져와 대전방지효과가 있다.

③ 제전기에 의한 대전방지

㉠ 전압인가식 제전기 : 7,000[V]의 고전압에 의한 이온 발생으로 정전기를 중화

㉡ 자기방전식 제전기 : 제전대상 물체에 정전에너지를 이용하여 제전에 필요한 이온을 발생시켜 중화

㉢ 방사선식 제전기 : 방사선 동위원소 등으로부터 나오는 방사선의 전계작용을 이용하여 제전에 필요한 이온 생성

3) 인체의 대전방지

① 대전방지화

㉠ 구두 바닥의 저항률을 낮추어 인체에서 발생하는 정전기를 방전

㉡ 정전기 방지용 신발의 규격

- 1종 – 1[MΩ] ~ 1[GΩ](착화에너지가 0.1[mJ] 이상인 곳 : 메탄, 프로판)
- 2종 – 100[KΩ]~10[MΩ](착화에너지가 0.1[mJ] 이하 : 수소, 아세틸렌 취급)

㉢ 대전된 정전기가 제전사를 통해 도전성 고무(신발 바닥)을 거쳐 근본적으로 Ground된 철판 위에 사람이 있을 때 인체에 정전기가 방전됨

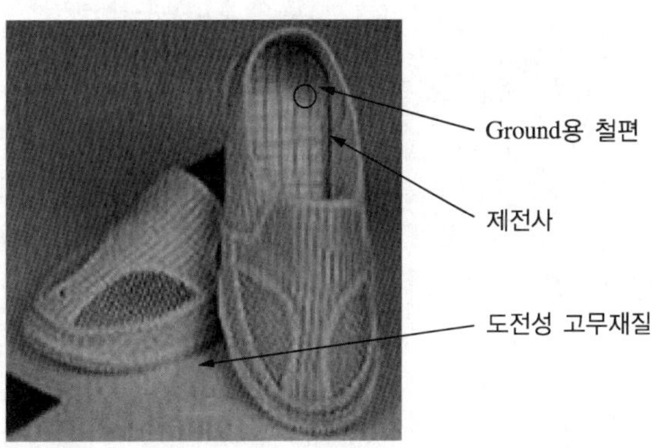

② **대전방지 작업복**

화학섬유 중간에 일정한 간격으로 도전성 섬유를 짜 넣은 것으로서 폭발위험 분위기 장소에 이용

③ **손목접지대**

손목에 가요성이 있는 밴드를 차고, 밴드는 도선을 이용하여 접지선에 연결하여 제전하는 방식

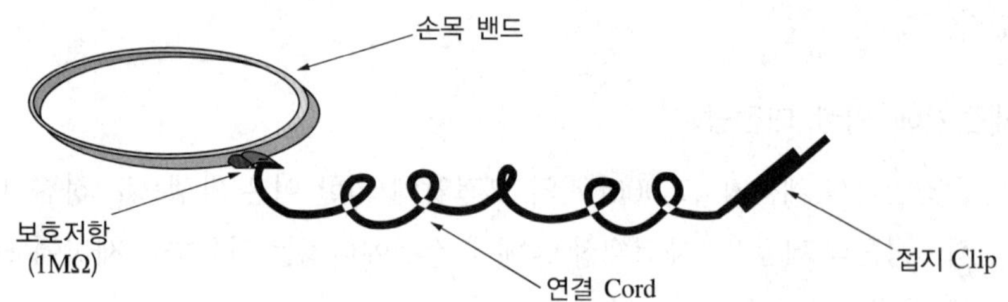

039 제전기

1 전압인가식 제전기

1) 이온 생성의 원리

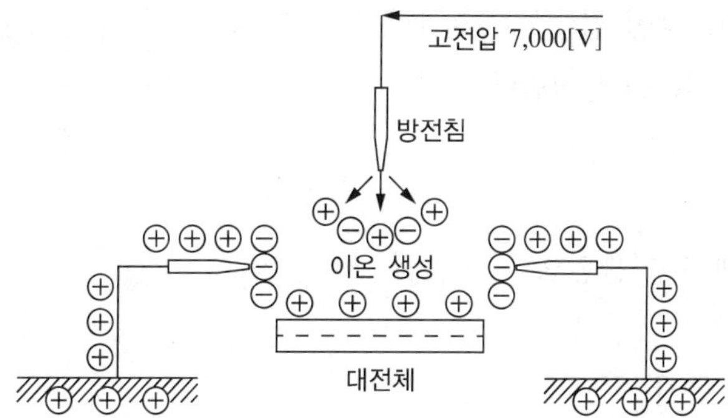

① 제전전극에는 7,000[V] 이상의 고전압을 인가하여 침상전극에서 코로나 방전에 의하여 이온이 생성

② 생성된 ⊕이온과 ⊖이온이 대전되어 대전체를 중화시키고 남아 있는 ⊖이온이 접지에 의해 중화되어 제전되는 원리를 이용

③ 제전기에 사용되는 고압전원은 교류방식과 직류방식이 있는데 주로 교류방식을 사용

2) 특 징

① 제전능력이 우수

② 기종이 다양

③ 경비가 많이 소요된다.

3) 사용 예

필름, 종이 등의 표면 대전물체

2 자기방전식

1) 이온 생성원리

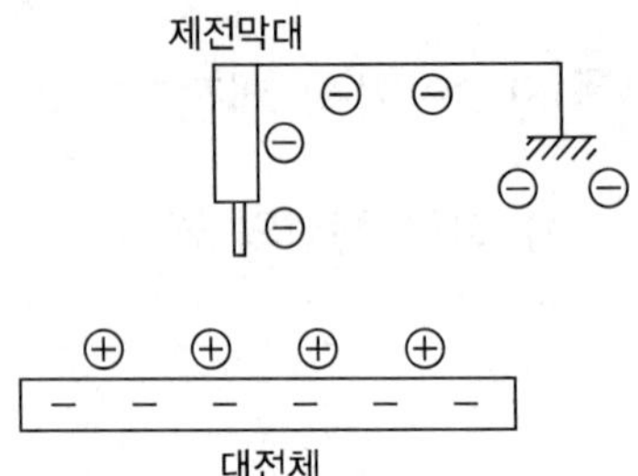

① 자기방전식 제전기는 제전대상 물체의 접지에서 유도정전현상에 의한 이온을 생성, 중화하여 제전한다.

② 전계를 침상도체에 집중시켜 전계에 의해 기체를 전리시켜서 이온을 생성한다.

2) 특 징

① 이온 생성에 전원 불필요

② 취급이 간단

③ 제전능력이 중간

3 방사선식 제전기

1) 이온 생성원리

방사선의 등위원소로부터 방사선의 파장에 의한 전리작용을 이용하여 제전에 필요한 이온을 만들어 내는 것을 말한다.

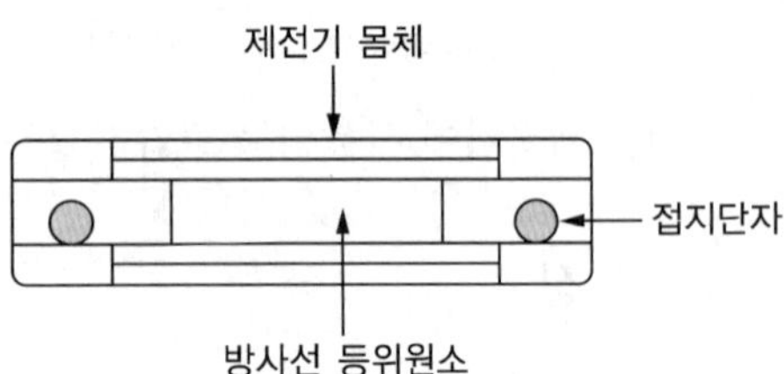

2) 특 징

① 제전기 자체가 점화원이 될 수 있다.

② 제전능력이 가장 떨어진다.

3) 사용 예

탱크에 저장되어 있는 가연성 물질 제전

040 대규모 수용가 계통에서 과도 불안정의 발생원인과 영향

1 정태안정도

1) 정태안정도

정상적인 운전 상태에서 서서히 부하를 증가시켜 갈 경우 안정 운전을 계속할 수 있는 정도를 의미한다.

2) 출력에 따른 안정도

① 송전전력 : $P = \frac{EV}{X}\sin\delta$

여기서, E : 수전단 전압, V : 송전단 전압, X : 리액턴스

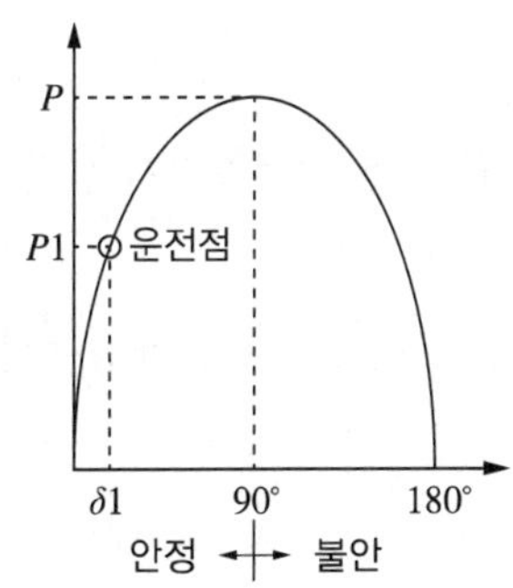

② E, V, X가 일정할 때 P가 증가하면 δ가 증가

③ δ가 90°를 넘게 되면 불안정해진다.

2 과도안정도

1) 과도안정도

부하의 갑작스런 변화, 계통의 사고 등으로 계통에 충격이 가해졌을 때 계속 운전을 할 수 있는 정도를 과도안정도라 한다(수 초 이내).

2) 과도안정도 조건

① 송전전력 : $P = \frac{EV}{X}\sin\delta$

② 고장기간 동안 : V=0이 되어 P=0이므로 $P \ll PT$가 되어 발전기는 가속된다.

③ 고장 제거 후

㉠ P>PT이면, 발전기 감속하여 안정

㉡ P<PT이면, 발전기 가속하여 불안정

여기서, PT : 발전기 출력, E : 일정 시

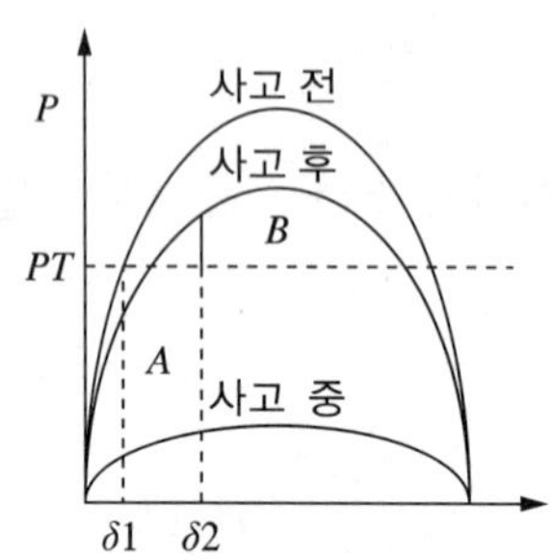

3 동태안정도

1) 동태안정도

① 컴퓨터, 전력전자기술 등을 응용한 전력기기 정밀제어로 과도안정도를 개선하여 안정도 한계 근접 운전이 가능하다.

② 과도안정도 이후 정상상태로 이행하는 과정에서 제어설비의 부적절한 동작이 불안정을 초래한다.

2) 동태안정도 운전

송전전력 $PT = P = \dfrac{EV}{X}\sin\delta$

여기서, PT : 발전소 조속기 입력제어

E : 발전소 여자기 전압제어

V : 송전계통의 조상설비 및 수용가의 전압제어 특성

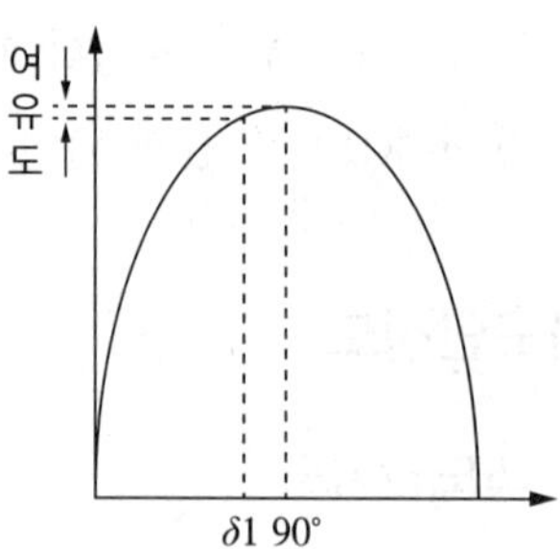

4 전압안정도

1) 전압안정도

장거리 대용량 송전계통의 송전전력 증가 시 계통전압 붕괴현상을 의미한다.

2) 전압안정도 저하의 메커니즘

① 송전전력 P증가
② 전압 V저하
③ (계통 측)전력설비 성능 저하, (수용가 측) 부하전류 증가
④ 전압 V가 저하하는 과정이 되풀이되어 전압안정도가 불안정해진다.

5 저주파 진동

1) 저주파 진동

대용량 발전기의 속응성 여자기 적용으로 제동토크가 감소하여 작은 외란에도 발전기 동요가 지속되는 현상을 의미한다.

2) 동요 억제방안

계통 안정화 장치(Power System Stabilizer)를 운영한다.

6 과도불안정의 발생원인과 영향

1) 단락사고

절연열화에 의해 절연이 파괴돼 단락사고가 발생

2) 지락사고

수목 접촉 및 절연이 파괴되어 지락사고 발생

3) 단선사고

선로의 단선, 불확실한 투입, 퓨즈의 용단 등으로 단선사고 발생

4) 기동전류

전압 플리커, Sag 등이 발생

5) 2회선 중 1회선 차단

회선사고 발생 시 수전단의 일부 부하를 제한하여 과도불안정 현상이 발생

7 안정도 향상대책

1) 계통의 직렬 리액턴스 감소

① 발전기 출력식에서 $P = \frac{EV}{X}\sin\delta$ 리액턴스 감소 시 안정도가 향상된다.

② 발전기 변압기 리액턴스를 감소시킨다.

③ 직렬 콘덴서로 선로 리액턴스 보상한다.

④ 복도체를 사용한다.

2) 전압 변동의 억제

① E, V 변동이 적으면 안정도가 향상된다.

② 탭조정기를 사용하여 전압변동을 최소화한다.

③ 유도전압조정기를 사용하여 전압 변동을 최소화한다.

④ 발전기 속응 여자방식을 채택한다.

⑤ 계통을 연계한다.

⑥ 중간 조상방식을 채용한다.

3) 사고 시 계통에 주는 충격의 최소화

① 적당한 중성점 접지방식을 채용한다.

② 고속 차단하여 사고를 신속히 제거한다.

③ 재폐로 방식을 채용한다.

4) 고장 중 발전기의 기계적 입력과 전기적 출력 차이 최소화

① 초고속 조속기를 사용한다.

② 초고속 스팀밸브를 사용한다.

③ TCBR(Thyrister Controlled Braking Resister) 등을 사용하여 발전기 회로에 직렬로 삽입한다.

전력 품질의 실제 및 기타

041 전력 품질 향상

1 개 요

① 전기 품질이 강조되는 이유는 정보통신기기 및 컴퓨터는 물론 각종 산업기기 가전제품 등이 복잡하고 정밀한 전자회로로 구성되어 조그만 전압 변동이나 정전사고에도 전자회로가 오작동하거나 파괴될 수 있기 때문이다.

② 앞으로 상업의 고도 정밀화 및 생활수준 향상에 따른 전기 품질에 대한 국민적 욕구는 갈수록 증대될 것이기 때문이다.

③ 또한, 지구온난화 및 오존층 파괴 등에 의한 환경 변화로 자연 서지의 증가 및 차단성능이 좋은 속류 차단 시 발생하는 서지 등 서지의 원인 또한 증가하고 있다.

④ 따라서 앞으로 서지의 원인 증가, 서지로 인한 충격파에 약한 반도체의 증가 등으로 전력 품질의 문제점은 지속적으로 증가될 것이다.

2 전력품질 지표

1) 국내(전기사업법 제18조 전기품질의 유지)

① 전압 유지율

표준전압 및 허용오차

표준전압	허용오차
110[V]	110[V]의 상하로 6[V] 이내
220[V]	220[V]의 상하로 13[V] 이내
380[V]	380[V]의 상하로 38[V] 이내

② 주파수 유지율

표준주파수 및 허용오차

표준 주파수	허용오차
60[Hz]	60[Hz]의 상하로 0.2[Hz] 이내

③ 정전시간 및 정전횟수

2) 국 외

한국의 품질 지표 이외에도 다음과 같은 사항을 지표로 고려하고 있다.

① Surge(임펄스)

② Swell(과도전압)

③ Sag(순간 저전압)

④ Harmonic(고조파)

⑤ 전압 불평형

⑥ Flicker

3 전력 품질 저하현상

1) 순시 전압강하(Voltage Sag)

① 공급자 측 전력계통의 낙뢰, 지락 발생, 차단기의 재폐로 동작으로 발생

② 수용가 측 사고, 작업 정전, 상간 전압불평형, Flicker, 고조파에 의해 발생

③ 일반적으로 정상 전압 30[%] 이하, 3사이클 이상 발생 시 부하에 영향을 준다.

④ 기기별 품질 저하현상

㉠ 전자기기 : 0.1초 이내 오동작

㉡ 전자개폐기 : 0.01초 이내 개방

㉢ 가변속 전동기 : 0.02초 이내 정지

㉣ HID 램프 : 0.05초 이내 소등

㉤ 컴퓨터 설비 : CPU 정지 및 Data 손실

2) 정 전

① 전력설비의 상태는 운전 상태와 정지(정전) 상태로 나눌 수 있고, 정지 상태에서는 보수 등을 위한 계획적 정지와 사고정지가 있다. 전력 품질 저하현상에서 고려대상은 사고정지(정전)이다.

② 정전의 원인은 다양하게 존재하고, 정전으로 인한 피해는 수용가에 있어서 치명적이므로 수전방식, 모선방식, 고조파 대책, Noise 대책 등을 마련하여 정전을 예방해야 한다.

3) Flicker 현상

① 불규칙적으로 발생하는 저주파의 전압 변동을 말하며, 일반적으로 Flicker는 여러 정현파가 합성된 것으로 주파수 변동에 따라 눈에 주는 깜박임 정도가 달라지므로 시감도와 함께 검토할 필요가 있다.

② 발생원인으로는 간헐적 부하 사용, 전기로 및 아크로 사용, 저항용접기 사용, X-ray, CT 촬영기 사용 등이 있다.

③ 부하에 미치는 영향으로는 전력손실, 전압강하 증가, 고조파 발생기기의 열화 촉진, 계전기 오동작 및 소손 등을 들 수 있다.

4) Surge

정상전압의 10[%] 이상으로 돌발 상승하는 것을 말한다.

5) 과전압 및 저전압

과전압은 정상전압의 6[%] 이상 상승하는 것, 저전압은 정상전압의 13[%] 이하로 떨어지는 것을 말한다.

6) 고조파

① 고조파는 60[Hz] 파형에 들어 있는 기본파의 정수배 주파수를 갖는 것으로 최근 반도체 소자를 사용한 전력기기의 대량 보급과 전력설비의 자동화에 따라 고조파의 발생이 점차 증가하고 있는 추세이다.

② 고조파의 발생원인은 변압기의 여자전류, OA 기기 입력부 비선형 부하, 전력변환장치, 형광램프 전자식 안정기, 유도로, 용접기 등이 있다.

③ 고조파의 영향은 전력설비 과열 소손, 변압기 출력 감소, 중성선 전류 증대, 계통공진, 역률 저하, 전력손실 증대, 기기 오동작, 계측기 오차 증대 등이 있다.

7) 과도전압 및 Notch 현상

4 전력 품질

1) 평균 정전시간의 최소화 대책

① 부하단위별 2계통 공급

② 보호계전방식의 적절한 시스템 및 보호협조의 확실

③ 비상용 자가발전설비 설치

④ 무정전 전원장치 설치

2) 부하의 중요도별 전력공급 구성방법

부하용도	부하 예	간선의 이중화	비상용 자가발전설비	UPS
순간정전 불허부하	대형 컴퓨터 부하	○	○	○
정전 후 단시간 내에 전력 공급 필요부하	방재부하, 컴퓨터용 공조열부하, UPS실의 공조, 보안용 부하	○	○	×
모선 점검 시에도 전력 공급 필요부하	일반부하 I (공용부의 공조, 조명)	○	×	×
정전 시 계속 운전 필요 모선 점검 시 정기 가능 부하	일반부하 II (일반 공조, 조명등)	×	○	×
모선 점검 시 정지 가능 부하	일반부하 (비 중요부하)	×	×	×

3) 전력품질의 현상과 대책

현 상	발생원인	영 향	대 책
정전 순간정전 (0.7~2초) 단시간정전 (2초~1분) 장시간정전 (30분 이상)	• 전력계통 단락 • 전력 공급설비 불량 • 근접 수용가 • 설비 불량 등	• 업무용 빌딩 : 업무운용 마비 • 공장 : 생산 마비 • 병원 : 수술 등의 작업 마비 등	• 밀폐기기 채용(가스절연형) • 비상용 발전설비 도입 • 무정전 전원장치 채용 • 수·배전방식의 2중화 • 열화진단, 자동점검
순간전압 강하 0.07~2초 정도 지속	• 근접 수용가 부하변동 전력계통 고장 • 전력 공급설비 불량 등	• 컴퓨터 등의 정지 • 반도체 사용 제어 전동기 정지 • 전자개폐기 개로 • 고압방전등 소등	• 무정전전원장치 채용 • 자동 정지, 자동 재시동 제어 • 축전지 백업화보 등
전압 변동	• 부하 변동, 사고 • 돌입전류, 계통 절체 등	• 유도전동기 토크 저하 • 부하전류 증가, 온도 상승 • 전자기기 부동작, 조도 저하 등	• 기기 임피던스의 저감 • 변압기 탭절환 조정 • 진상 콘덴서로 무효전력 조정 • SVC 등의 채용

현 상	발생원인	영 향	대 책
이상전압	• 직격뢰 · 유도뢰 개폐 서지 • 고장 시 과도 이상전압	• 기기 절연파괴 • 저압측에의 이행 서지 • 약전기기 파괴 등	• 피뢰기 채용 • 절연내력강화 • 서지 보호대책
고조파	UPS, VVVF, 회전기 등	• 각종 계전기 오동작 • 정밀전자기기 동작 불량 • 기기손상 및 가열, 잡음	• 고조파 발생원의 억제 • 고내량 고조파 • 고조파 필터의 도입
전자장애	• 전력선, 신호선에서의 전도 • 전자방사, 전자환경성	• 전자파 잡음, 전원전압 변동 • 피해자인 동시에 가해자 • 전자 방해작용(EMI)	• 기기 허용 방해 레벨의 적정화 • 전자 차폐대책의 도입
전기화재	• 전로나 기기 등의 절연 열화 • 누전기기 폭발 등	인명 및 설비 피해	소화설비, 불연화, 난연화 기기 채용, 밀폐기기 채용, 세정, 옥내 설치, 방청제 도포
설치환경	소음, 진동, 염진해 등	• 거주자에 영향 • 절연 저하, 금속 부식 등	방음장치, 방진장치 채용, 밀폐기기 채용, 세정, 옥내 설치, 방청제 도포

4) 무정전화를 고려한 고신뢰도 전원시스템 구성 예

① 수전방식

㉠ 루프수전, 상용 예비선수전, 스폿네트워크 수전방식 중 선택

㉡ 계량용 PCT는 2PCT 또는 1PCT 바이패스 방식 중 선택

② 특고 변압기

㉠ 2대로 하고 1차 개폐기는 차단기 채용

㉡ 몰드화, 난연화, 가스절연화, 컴팩트화 고려

③ 주 회로 모선

2계통으로 하고 모선 연락차단기 2대 직렬

④ 간선 배전계통

대규모 시설 - 고압 배전계통 구성

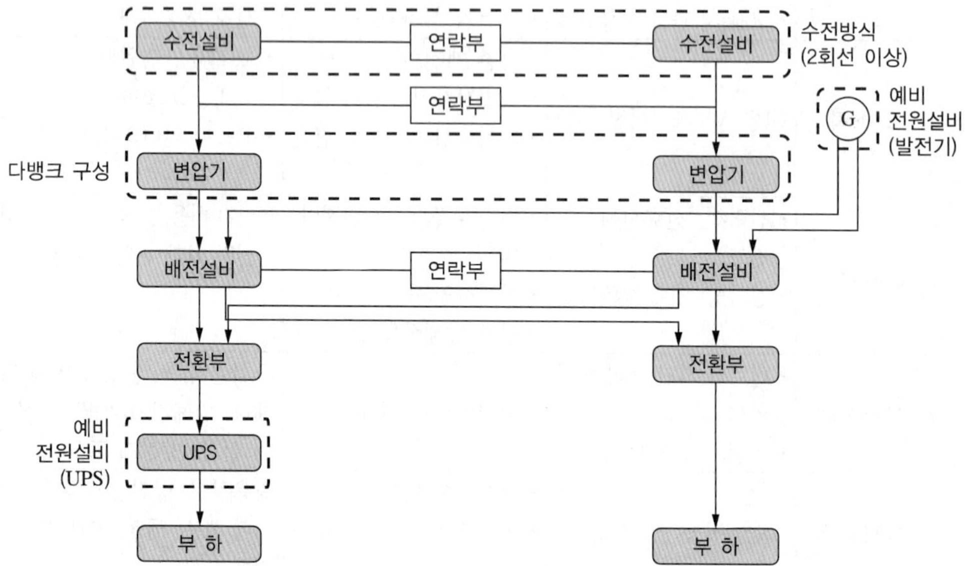

042 전기사업법상 전기의 품질기준과 유지방법

1 전기의 품질기준

1) 표준전압 및 허용오차

표준전압	허용오차
110[V]	110[V]의 상하로 6[V] 이내
220[V]	220[V]의 상하로 13[V] 이내
380[V]	380[V]의 상하로 38[V] 이내

2) 표준주파수 및 허용오차

표준주파수	허용오차
60[Hz]	60[Hz] 상하로 0.2[Hz] 이내

3) 비 고

1) 및 2) 외의 구체적인 품질유지 항목 및 그 세부기준은 산업통상자원부장관이 정하여 고시한다.

더 많은 정보와 지식을
듣꾹담꾹

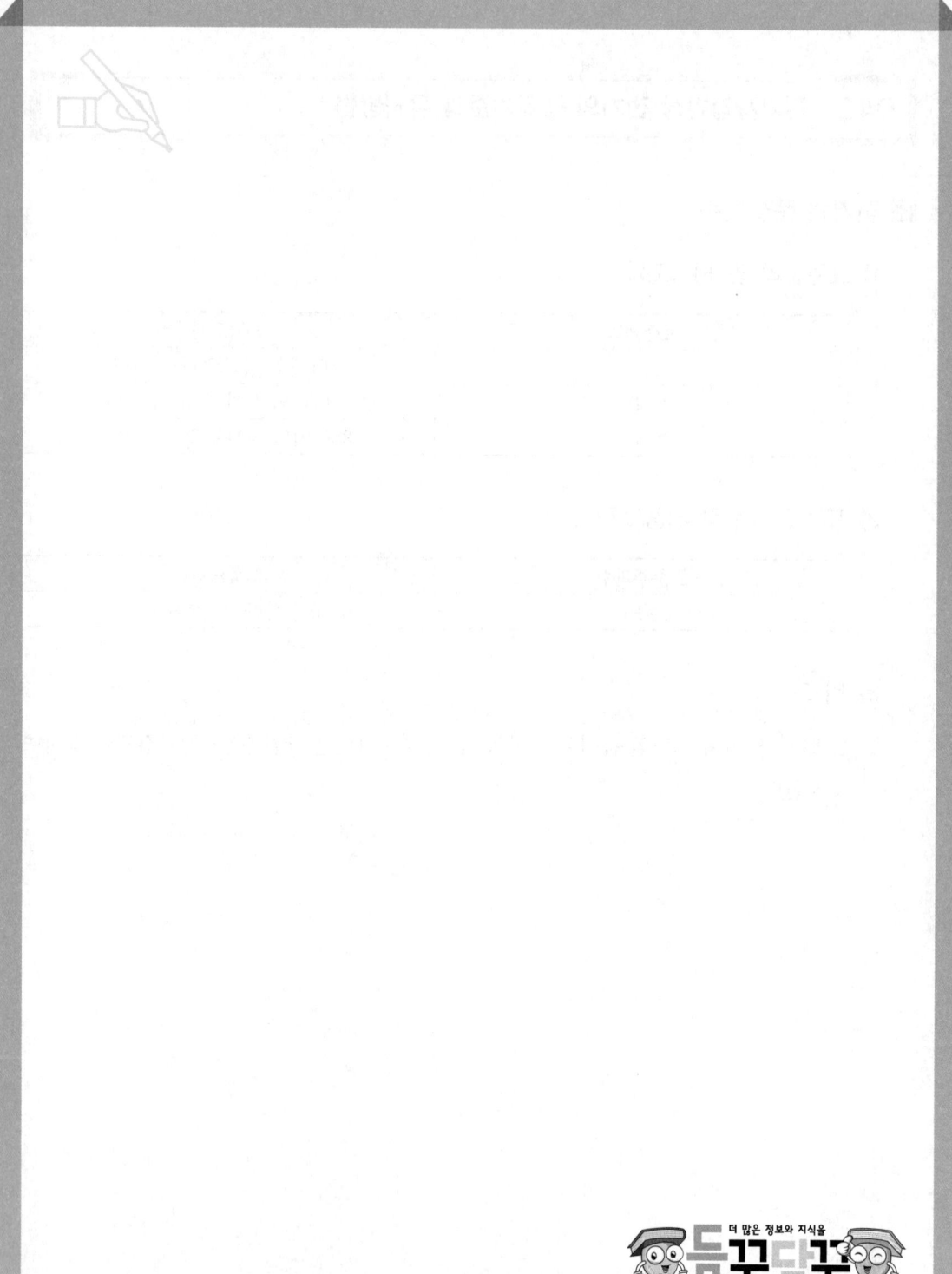

Professional Engineer Building Electrical Facilities

부하설비

제1장 조명설비

제2장 동력설비

제3장 콘센트설비

1. 본문에 들어가면서

부하설비는 전원설비과 배전설비를 거쳐 공급받아 전기를 사용하는 설비이다. 부하설비는 크게 조명설비, 동력설비, 콘센트 설비로 구성되어 있다.

Chapter 01 조명설비

조명설비는 조명의 이론, 조명의 광원, 조명의 설계, 조명의 실제 등으로 구성되어 있다.

Chapter 02 동력설비

동력설비는 직류기설비, 동기기설비, 유도전동기 등을 공부하는 설비이다.

Chapter 03 콘센트 설비

2. 부하설비

Chapter 01 조명설비

SECTION 01 조명설비의 이론

SECTION 02 조명기기

1. 광원
2. 조명기구
3. 안정기

SECTION 03 조명의 설계

SECTION 04 조명의 실제

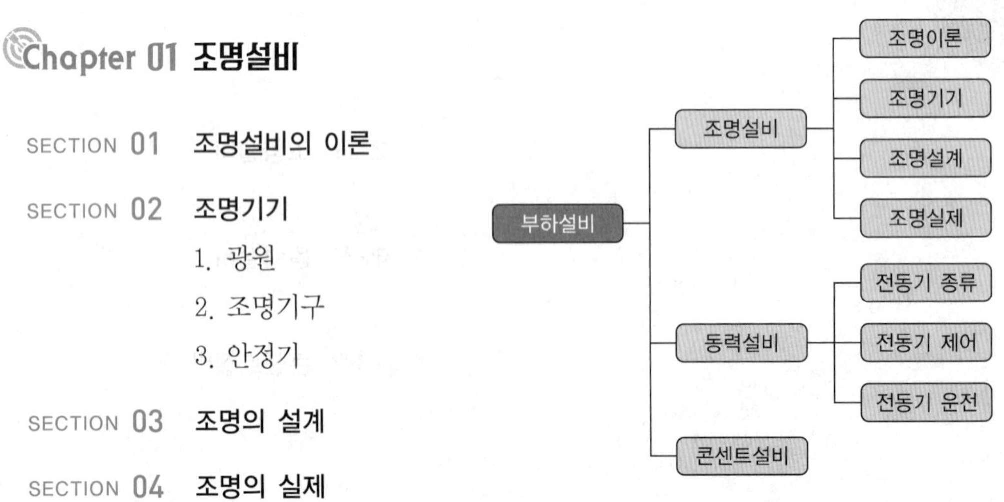

Chapter 02 동력설비

SECTION 01 전동기의 종류별 원리

SECTION 02 전동기의 제어 및 기타

SECTION 03 전동기 운전

Chapter 03 콘센트 설비

SECTION 01 콘센트 설비

3. 부하설비 출제분석

▎대분류별 출제분석(62회 ~ 122회)

구 분	전 원	배전 및 품질	부 하	반 송	정 보	방 재	에너지	엔지니어링 및 기타					총 계
								이 론	법 규	계 산	엔지니어링 및 기타	합 계	
출 제	565	185	181	24	59	101	158	28	60	86	45	219	1492
확률(%)	37.9	12.4	12.1	1.6	4	6.8	10.6	1.9	4	5.8	3	14.7	100

▎소분류별 출제분석(62회 ~ 122회)

구 분	조명설비						동력설비					콘센트	총 계
	이 론	기 기	설 계	실 제	기 타	합 계	직류기	동기기	유도기	기 타	합 계		
출 제	30	39	20	44	8	141	4	3	27	1	35	5	181
확률(%)	16.6	21.5	11	24.3	4.4	77.9	2.2	1.7	14.9	0.6	19.3	2.8	100

4. 출제 경향 및 접근 방향

1) 출제 경향

① 부하설비는 건축전기설비에서 12% 정도로 총4문제가 출제되고 있다.

② 조명설비는 9.4%가 출제되어 3~4문제가 출제되므로 단위별 중요한 포인트를 가지고 공부하여야 한다.

③ 동력설비는 2%가 출제되어 1문제 이하가 출제되나 기본적인 문제들을 기준으로 한정하여 준비할 필요가 있다.

2) 접근 방향

① 조명설비는 조명의 이론(조도 및 광도 등의 이론, 좋은 조명의 조건, 연색성 및 색온도, 눈부심 등), 광원(LED, OLED, CNT 등 최근 광원 위주), 설계(전반조명설계, 3배광법과 구역공간법), 실제(경관조명, 터널조명, 학교조명, 미술관 및 박물관 조명 등) 등을 핵심 위주로 공부할 필요가 있다.

② 동력설비는 직류기의 구성 및 원리, 특징, 속도제어 및 제동법, 동기기의 이상현상(안정도, 자기여자현상, 난조, 전기자 반작용 등), 유도기(회전원리, 기동법, 속도제어법, 제동법) 등을 준비할 필요가 있다.

Chapter 01 조명설비

1. 조명설비의 이론

1	63회 10점	스테판 – 볼츠만의 법칙(Stefan–Voltzmann Law)을 설명하시오.
2	63회 25점	명시조명과 분위기 조명의 차이점에 대하여 설명하시오.
3	65회 10점	루미네선스(Luminescence)의 종류를 설명하시오.
4	68회 10점	조명설계 시 고려하는 균제도를 설명하시오.
5	68회 25점	조명설계 시 눈부심현상의 억제대책을 설명하시오.
6	71회 25점	편한 시각의 평가에 관하여 설명하시오.
7	72회 10점	조명설비에서 순응(Adaptation)에 대하여 설명하시오.
8	72회 25점	눈부심의 원인과 대책에 대하여 설명하시오.
9	74회 10점	퍼킨제 효과(Purkinje Effect)에 대하여 기술하고, 응용되는 분야 또는 기구에 대하여 설명하시오.
10	78회 10점	평균연색 평가수(Ra) 및 특수연색 평가수(R15)에 대하여 설명하시오.
11	90회 10점	광원을 위한 광발생(光發生)의 종류 세 가지를 들고 설명하시오.
12	91회 10점	조명의 질이 작업 능률에 미치는 영향에 대하여 설명하시오.
13	91회 10점	건축물의 조명설계 시 눈부심 방지대책에 대하여 설명하시오.
14	92회 25점	광원의 색온도(Color Temperature) 결정방법과 조도와의 관계에 대하여 설명하시오.
15	94회 10점	광원의 특성을 평가할 때 사용하는 연색성 평가지수(CRI)에 대하여 설명하시오.
16	95회 10점	광원의 시감도를 설명하시오.
17	97회 10점	시각순응에 대하여 설명하시오.
18	97회 10점	눈부심의 손실에 대하여 설명하시오.
19	99회 10점	조명용어 중 균제도, 광속발산도, 휘도를 설명하시오.
20	101회 10점	조명용어 중 순응과 퍼킨제 효과를 설명하시오.
21	105회 10점	눈부심 평가방법과 순간적인 시력장애 발생에 대해 설명하시오.
22	108회 10점	휘도(Brightness : B)와 광속발산도(Luminous emittance : R)를 설명하고, 완전확산면에서 그 휘도와 광속발산도와의 상호 관계를 설명하시오.
23	109회 10점	광원의 연색성 평가
24	111회 10점	조명용어(방사속, 광속, 광량, 광도, 조도)
25	112회 25점	눈부심 1) 원인 및 영향 2) 빛손실 3) 종류 및 대책
26	114회 25점	KS C 0075에 의한 광원의 연색성 평가와 연색성이 물체에 미치는 영향에 대하여 설명하시오.
27	115회 25점	명시조명과 분위기 조명의 특징을 구분하고, 우수한 명시조명 설계를 위하여 고려할 사항을 설명하시오.
28	115회 10점	루미네선스(Luminescence) 개념과 종류를 설명하시오.
29	116회 10점	파센의 법칙(Paschen's Law)과 페닝효과(Penning Effect)에 대하여 설명하시오.
30	117회 10점	다음 용어를 설명하시오. 1) 퍼킨제 효과(Purkinje Effect) 2) 균제도
31	117회 25점	글레어(Glare)의 종류와 평가방법에 대하여 설명하시오.
32	119회10점	순응, 퍼킨제 효과의 개념 및 응용에 대하여 설명하시오.
33	122회 10점	조명설비 용어 중 시감도(Luminosity Factor), 순응(Adaptation), 퍼킨제(Purkinje) 효과에 대하여 설명하시오.

2. 조명기기

광원의 종류		
1	65회 25점	최근 상용화되고 있는 무전극 전구에 대하여 설명하시오.
2	68회 10점	T5(초절전형) 형광램프에 대하여 설명하시오.
3	68회 25점	발광방법을 분류하여 설명하고, LED 램프의 발광원리, 구조, 특징을 기술하시오.
4	71회 25점	무전극 램프 종류를 구분하고 설명하시오.
5	72회 25점	정보기기용 광원 시스템의 종류와 그 특징을 서술하시오.
6	75회 10점	냉음극 형광램프(CCFL, Cold Cathode Fluorescent Lamp)와 외부전극 형광램프(EEFL, External Electrode Fluorescent Lamp)의 구조, 원리, 동작 등을 비교 설명하시오.
7	77회 25점	방전등(放電燈)의 점등원리를 약술하고, 방전등을 종류별로 분류하여 특성을 설명하시오.
8	78회 25점	전반조명으로 폭넓게 사용되는 형광램프의 흑화현상의 유형을 설명하시오.
9	80회 25점	에너지 절약효과가 뛰어난 LED(Light Emitting Diode) 광원의 특성과 조명시스템의 설계 시 고려할 사항 및 형광램프와 비교하여 효과적인 조명제어가 가능한 이유를 설명하시오.
10	81회 25점	최근 절전을 위해 도심 가로등에 고효율 HID 램프 및 안정기를 설치하고 있는데, 기존의 일반형과 비교하여 설명하시오.
11	81회 25점	방전(放電 : Discharge)현상에 대해 설명하고, 형광등을 제외한 방전등 중에서 5종류의 예를 들어 원리, 특징 등을 적으시오.
12	83회 10점	차세대 신기술광원인 OLED(Organic Light Emitting Diodes)에 대하여 설명하시오.
13	86회 10점	무전극 형광램프의 구조와 특성에 대하여 설명하시오.
14	87회 10점	최근에 많이 적용되고 있는 CDM(Ceramic Discharge Metal Halide) 조명램프의 특징에 대하여 설명하시오.
15	88회 25점	조명설비에서 좋은 조명의 요건을 설명하고, 이와 관련 하여 LED(Light Emitting Diode) 광원의 동특성(전류-전압특성, 전류-온도특성)에 대하여 설명하시오.
16	89회 25점	긴 수명과 낮은 소비전력 등의 많은 장점으로 인해 최근 각광 받고 있는 LED(Light Emitting Diode) 광원의 발광원리와 특징에 대하여 설명하시오.
17	90회 25점	플라스마 광원시스템(Plasma Lighting System), 무전극 형광등, LED 광원의 구동전원과 장단점을 각각 설명하고, 에너지 절약을 위한 각 광원의 고려사항을 설명하시오.
18	91회 10점	LED(Light Emitting Diode)의 장단점을 설명하고, LED조명과 전통조명(형광등, 백열등)을 비교 설명하시오.
19	91회 25점	최근 가로등이나 보안등에 새로운 광원으로 적용되고 있는 세라믹 메탈램프 계열인 코스모폴리스(Cosmopolis) 램프의 특성 및 적용 시 이점(利點)에 대하여 설명하시오.
20	93회 10점	LED관련 인증제도
21	93회 25점	발광원리에 따른 광원을 분류하고 할로겐램프에 대하여 설명하시오.
22	94회 25점	LED의 광발생과 관련된 직접 천이형 반도체의 빛에너지와 발광파장의 상관관계를 나타내고 백색광을 출력하기 위한 각종 방안의 장단점을 설명하시오.
23	100회 25점	광원에서의 LED와 OLED의 특성
24	102회 25점	LED 광원의 특성과 조광제어방법
25	103회 25점	건축전기설비(국토교통부)에 의한 조명설비설계 시 광원의 평가사항
26	104회 25점	최근의 LED(Light Emitting Diode) Dimming 제어기술과 적용에 대하여 설명하시오.
27	105회 10점	LED의 램프 발광원리와 특징
28	105회 25점	LED의 DALI 프로토콜 광원의 조광기술

29	106회 10점	백색 LED 광원을 사용한 도광식 유도등에 대하여 설명하시오.
30	106회 25점	LED 광원에서 백색 LED를 실현하는 방법(종류별 발광원리)에 대하여 설명하시오.
31	111회 25점	할로겐 전구(원리 및 구조, 특성, 용도, 특징)
32	112회 10점	LED와 OLED의 비교
33	114회 25점	건축물 조명제어에서 조명제어 시스템으로 이용되는 주요 프로토콜(Protocol)에 대하여 설명하시오.
34	118회 25점	건물 조명제어와 관련된 주요 프로토콜에 대하여 설명하시오.
안정기		
35	92회 10점	형광등 안정기의 최근 동향에 대하여 설명하시오.
조명기구		
36	80회 10점	PLS(Plasma Lighting System) 조명기기에 대하여 설명하시오.
37	71회 10점	공조 조명기구에 관하여 약술하시오.
38	120회 25점	방폭형 조명기구의 구조와 종류, 폭발위험장소의 등급구분에 대하여 설명하시오.
39	121회 10점	사무실에 사용되는 LED 조명의 색온도에 대하여 설명하시오.

3. 조명의 설계

건축화 조명		
1	65회 10점	코브(Cove) 조명 방식을 설명하시오.
2	80회 25점	최근 건축물의 대형화, 고급화로 건축화 조명의 중요성이 크다. 종류를 들고 조명방식 및 적용에 대하여 설명하시오(10가지 이상).
3	109회 25점	건축화조명(종류별 조명방식, 특징, 설계 시 고려사항)
VDT		
4	69회 25점	사무실 조명의 명시성 향상을 위한 조명 요건을 들고 VDT(Visual Display Terminal) 작업에 효과적인 조명 방안에 대하여 설명하시오.
5	87회 25점	업무용 빌딩의 좋은 조명의 조건을 들고, VDT(Visual Display Terminal) 조명에 대하여 설명하시오.
전반조명설계		
6	63회 25점	옥내 전반조명 설계방법에 대하여 설명하시오.
7	71회 25점	전반조명설계의 흐름을 설명하고 그 안에 나오는 용어를 설명하시오.
8	83회 25점	실내조명 설계 시 에너지 보존법칙을 응용한 광속법(Lumen Method)을 이용하여 조명설계를 하려고 한다. 광속법에 의한 설계순서에 따라 정리하고 과정별로 설명하시오.
9	84회 25점	좋은 조명의 조건 및 일반적인 조명설계의 순서를 열거하고 각각에 대하여 설명하시오.
10	90회 25점	옥내조명설비 설계 시 고려할 사항을 설명하시오.
11	95회 10점	조명설계절차 흐름도 작성
12	97회 10점	자연채광 시스템의 종류 및 설계 시 고려사항
13	98회 10점	건축물 조명설계 시 보수율의 구성요인에 대하여 설명하시오.
14	102회 10점	조명률에 관련되는 요소
15	103회 10점	건축물에서 구역공간법으로 평균조도를 계산하기 위하여 적용되는 공간비율
16	103회 10점	옥내조명의 조도계산 시 적용하는 감광 보상률과 광손실률
17	106회 10점	조도계산 시 광손실률에 대하여 설명하시오.
18	111회 25점	전반조명 설계순서 및 항목별 검토사항
19	111회 25점	자연채광과 인공조명설계

20	112회 10점	조명설계에서 조명시뮬레이션의 입력데이터와 출력 결과물
21	117회 10점	휘도측정방법(KS C 7613)에 대하여 다음을 설명하시오. 1) 측정 목적 2) 측정기준점의 높이 및 측정 휘도각 3) 각 작업에서의 눈의 위치
22	119회 25점	조명설비설계에 대하여 아래의 내용을 설명하시오. 1) 전반조명설계(광속법) 절차 2) 명시적 조명과 장식적 조명 비교 3) 평균조도 계산방법 중 3배광법과 ZCM(구역공간법) 비교

4. 조명의 실제

1	63회 25점	학교조명 설계방법에 대하여 쓰시오.
2	65회 25점	건축물의 경관조명에 대하여 설계 시 고려사항을 설명하시오.
3	65회 25점	주상복합 건축물의 조명설계 시 고려사항을 설명하시오.
4	66회 25점	도로터널 조명설계의 경우 경계부 노면기준 조도의 결정요소인 적용 야외 휘도의 추정 방법과 야외휘도의 변화에 따른 조명제어를 고려한 설계방안에 대하여 설명하시오.
5	66회 25점	경관조명과 관련하여 방해광(Obstructive Light)을 설명하시오.
6	69회 25점	도로조명 설계 시 조명기구 배치를 위한 교차로와 횡단보도에 대하여 기술적인 사항을 기술하시오.
7	71회 25점	도로터널 조명 설계기준(국토교통부)에 언급된 L20의 정의 및 추정계산 방법과 L20 및 터널입구부 도로환경 요인의 다양한 실시간적 변화에 대해 운전자의 안전을 확보하고 전력에너지의 불필요한 낭비를 억제하기 위해 필요한 터널조명제어 구성방안에 대해 기술하시오.
8	72회 25점	광해(光害)의 종류와 그 광해를 고려한 경관조명방식에 대하여 서술하시오.
9	74회 25점	미술관 조명설계의 기본계획을 설명하시오.
10	75회 25점	경관조명 시 광해대책을 경기장 조명을 중심으로 설명하시오.
11	75회 25점	박물관이나 미술관의 조명설계 시 조명에 의한 전시품의 노화와 방지대책을 설명하시오.
12	77회 10점	도심지 초고층 주상복합건물의 옥탑층 경관조명 설계 시 고려사항을 설명하시오.
13	77회 25점	박물관, 미술관 등의 전시조명을 기획 설계 시 고려사항을 설명하시오.
14	83회 25점	최근 초대형 빌딩의 증가에 따라 도시환경의 개선이 요구된다. 이를 위한 경관조명의 구성 및 설계방법에 대하여 설명하시오.
15	83회 25점	도로 가로등 설비의 설치목적, 기대효과, 도로조명기준, 광원의 선정, 조명기구의 선정, 제어회로 구성 등에 대하여 설명하시오.
16	86회 25점	골프장(Golf Course) 조명에 대하여 설명하시오.
17	87회 25점	터널과 지하차도 조명설계 시 순응에 대하여 설명하시오.
18	88회 10점	최근 도시환경 개선 관점에서 시행되고 있는 경관조명의 구성요소와 조명방법에 대하여 설명하시오.
19	88회 25점	무대조명설비의 전원용량을 산정하는 경우 다음과 같이 구분하여 설명하시오. 1) 부하설비 용량 산정기준 2) 수용률 3) 여유율 4) 무대조명 단위 면적당 전원용량
20	90회 10점	도심하천(천변, 교량 등을 모두 포함)에 대한 친환경 경관조명 설계 시 고려할 사항에 대하여 설명하시오.
21	92회 25점	학교조명 설계 시 다음 사항에 대하여 설명하시오. 1) 설계요건 2) 칠판 조명 3) 교실 조명 4) 강당 및 기타 시설조명

22	94회 25점	최근 개정된 터널조명의 기준에 대하여 개정 전·후의 사항을 비교 설명하시오.
23	96회 10점	병원의 조명계획
24	100회 25점	건축물에서의 경관조명의 요건
25	101회 25점	터널조명 설계 시 터널구간별 노면휘도 선정방법
26	103회 10점	터널조명 설계 시 플리커 발생의 원인과 대책
27	103회 25점	옥외조명을 계획할 때 "인공조명에 의한 빛공해 방지법"과 관련하여 다음 내용을 설명하시오. 1) 조명환경 관리구역의 분류기준 2) 조명기구의 범위 및 빛 방사 허용기준
28	104회 25점	박물관, 미술관 등에 적용하는 전시조명에 대한 조명의 조건, 광원 및 조명기구의 선정, 설계 시 고려사항에 대하여 설명하시오.
29	106회 25점	백화점 조명계획과 관련하여 주요 요소별 설계 및 시공방법에 대하여 설명하시오.
30	107회 25점	KS C 3703 터널조명 표준에 의한 기본부 조명과 출구부 조명에 대한 설계기준을 설명하시오.
31	108회 25점	초고층 빌딩에 적합한 조명시스템의 필요조건에 대하여 설명하시오.
32	109회 10점	KS C 3703터널조명기준 휘도대비계수를 설명하고, 휘도대비 계수의 비에 따른 터널조명방식
33	109회 25점	가로등 및 보안등 광원 및 배광방식의 종류
34	110회 25점	대형교량의 야간경관 조명설계
35	112회 25점	빛공해 방지법 주요내용
36	113회 10점	도로조명의 기능과 운전자에 대한 휘도기준
37	113회 25점	1000 병상 이상 대형병원의 조명설계
38	115회 25점	프로시니엄 무대(액자무대 : Proscenium Stage)를 가진 공연장에 설치하는 무대조명기구를 배치구역별로 설명하시오.
39	116회 25점	골프장의 야간조명계획 시 고려사항에 대하여 설명하시오.
40	117회 25점	옥내운동장(KS C 3706) 조명기구 배치방식에 대하여 설명하시오.
41	117회 10점	주상복합건축물의 경관조명 설계 시 고려사항과 설계절차에 대하여 설명하시오.
42	118회 25점	도로조명(KS A 3701)과 터널조명(KS C 3703)에서 다음 사항에 대하여 설명하시오. 1) 도로조명 등급 및 조명기구 배치방법 2) 터널 기본부, 출구부 및 접속부 조명 설치방법
43	120회 25점	광고조명의 조명방식과 설치기준 및 휘도측정방법에 대하여 설명하시오.
44	121회 25점	학교조명 설계 시 고려해야 할 사항에 대하여 설명하시오. 1) 일반 교실 2) 급식실 3) 다목적 강당
45	121회 10점	터널조명 설계 시 플리커(Flicker) 발생 원인과 대책에 대하여 설명하시오.
46	122회 25점	터널조명의 설계기준 중 설계속도와 정지거리, 경계부 조명, 이행부 조명, 기본부 조명, 비상조명 및 유지관리 요건에 대하여 각각 설명하시오.
47	122회 25점	인공조명에 의한 빛공해 방지법에 대하여 설명하시오.

5. 조도계산 및 기타

1	66회 10점	조도계산에 적용하는 입사각 여현의 법칙을 설명하시오.
2	66회 25점	조명설비에서 전력[W]으로부터 조도[Lux]까지의 에너지 변환을 설명하시오.
3	78회 10점	조도계산식을 쓰고, 각 변수에 대해 설명하시오.
4	83회 10점	조도계산에서 구역공간법(ZCM법)을 설명하시오.

5	88회 25점	조도계산 시 사용되는 실지수에 대하여 설명하고 광속감소의 원인과 감광보상률에 대하여 설명하시오.
6	92회 10점	실내 조명설비에 있어서 LLF(Light Loss Factor)에 대하여 설명하시오.
7	104회 10점	점광원에서 피조면에 입사하는 조도값을 구하는 방법 중 입사각 코사인(여현)법칙에 대하여 설명하시오.
8	104회 25점	루버(격자) 천장으로 되어 있는 곳에서 평균 조도계산방법을 설명하시오.

Chapter 02 동력설비

1. 전동기의 종류별 원리

전동기의 종류		
1	66회 10점	유도전동기에 적용되는 배선용 차단기의 선정조건을 설명하고 유도전동기 특유의 고려사항과 부하상태에 따른 고려사항을 쓰시오.
2	69회 10점	3상 유도전동기의 정격과 온도상승의 관계에 대하여 설명하시오.
3	78회 10점	동기기의 난조방지에 대하여 설명하시오.
4	88회 25점	직류전동기의 동작원리와 특징 및 속도제어방법에 대하여 설명하시오.
5	100회 25점	건축물에서 동력설비를 분류하고 설계순서와 부하용량 산정 시 고려사항
6	106회 25점	동기전동기의 원리 및 구조와 기동방법, 특징에 대하여 설명하시오.
7	121회 25점	동기전동기의 토크와 부하각 특성 및 안전운전 범위에 대하여 설명하시오.

2. 전동기의 제어 및 기타

전동기의 기동방식		
1	77회 25점	단상 유도전동기를 기동방법에 따라 분류하여 설명하시오.
2	78회 25점	유도전동기의 기동방식 및 각 방식별 특징을 설명하시오.
3	104회 10점	전기설비에서 사용되는 유도전동기의 단자전압이 정격전압보다 낮은 경우 발생하는 현상에 대하여 설명하시오.
4	109회 25점	단상 유도전동기 원리 및 기동방법
5	110회 10점	전동기 기동방식 선정 시 고려사항
6	113회 10점	소방 펌프용 3상 농형 유도전동기를 Y-△ 방식으로 기동하고자 한다. Y-△ 기동방식이 직입(전전압) 기동 방식에 비해서 기동전류 및 기동토크가 1/3 감소함에 대해 설명하시오.
7	115회 25점	단상 유도전동기에서 분상전동기의 기동토크를 최대로 하기 위한 보조회로의 저항을 구하시오(단, 주권선의 임피던스는 $Z=R+jXm$이다).
8	119회 25점	3상 유도전동기에 대하여 다음의 내용을 설명하시오. 1) 기동방식 선정 시 고려사항 2) 농형 유도전동기 기동법 3) Y-△기동법 적용 시 비상전원겸용 전기저장장치에 미치는 영향 및 대책
전동기의 속도제어방식		
9	71회 25점	3상유도 전동기의 속도제어에 대하여 설명하시오.
10	77회 10점	유도전동기의 속도제어방법을 5가지 이상 설명하시오.

11	81회 10점	3상 유도전동기의 속도제어방식을 설명하시오.
12	88회 10점	전동기의 속도제어시스템에 대한 중요한 성능평가 지표에 대하여 설명하시오.
13	99회 10점	직류전동기의 속도를 제어하고자 한다. 직권전동기 및 분권전동기의 속도제어방식 3종류 기술
14	101회 10점	2차 여자에 의한 권선형 유도전동기의 속도제어와 역률개선의 원리 설명

3. 전동기 운전

전동기의 제동법과 역전법		
1	65회 25점	3상 유도전동기의 특징, 가동 및 제어방법을 설명하시오.
2	89회 10점	건축물의 동력설비로 사용되는 전동기의 제동방법 중 전기적 제동의 종류와 특징에 대하여 설명하시오.
3	94회 10점	동력설비를 사용하는 3상 유도전동기를 신속하게 정지시킬 때나 속도를 일정속도로 제한하기 위한 전기적 제동방법에 대하여 설명하시오.
4	108회 25점	전동기의 제동방법에 대하여 종류를 들고 설명하시오.

4. 기 타

1	75회 10점	전기기기에 있어서 절연등급에 대하여 설명하시오.
2	87회 25점	건축물에 시설하는 전동기의 효율적 운용 방안 및 제어 방식에 대하여 설명하시오.
3	96회 10점	전동기에서 과부하율의 의미를 설명하고 고부하율이 1.0과 1.15의 차이점을 설명하시오.
4	97회 25점	모터의 보호를 1) 모터 기동특성 2) 열적 보호 3) 정지회전자 보호 4) 단락보호 등의 입장에서 설명하고 TCC(Time Current Characteristic) 곡선을 그려서 설명하시오.
5	107회 25점	전압불평형이 유도전동기에 미치는 영향에 대하여 설명하시오.
6	109회 25점	저압 유도전동기의 보호방식 및 보호방식 선정 시 고려사항
7	109회 25점	전동기 정격(정의, 선정 시 고려사항, 명판 표시하는 정격사항, 정격의 종류)
8	119회 10점	유도전동기의 명판에 표시된 전압보다 인가전압이 10[%], 90[%] 일 때의 전동기 기동토크, 기동전류, 슬립, 온도상승에 대하여 설명하시오.
9	120회 25점	3상 유도전동기 결상 시 역상전류가 흐르는 것을 증명하고, 결상과 역상의 원인 및 영향과 유도전동기의 보호방식에 대하여 설명하시오.
10	122회 25점	전동기의 보호장치 및 보호방식에 대하여 설명하시오.

Chapter 03 콘센트 설비

1	71회 10점	인체가 물에 젖은 상태에서 전기기구를 사용하는 장소에 콘센트를 시설하는 방법에 대하여 기술하시오.
2	74회 25점	단상 접지극부 리셉터클(콘센트) 시스템에 대하여 기술하시오.
3	97회 25점	건축물에서 콘센트 설계방법과 콘센트의 위치 및 설치방법에 대하여 설명하시오.
4	103회 10점	욕실 등 인체가 물에 젖은 상태에서 전기기구를 사용하는 장소에 콘센트를 시설하는 방법에 대하여 설명하시오.
5	114회 10점	병원전기설비 시설에 관한 지침에서 다음 사항을 설명하시오. 1) 의료장소의 콘센트 설치 수량 및 방법 2) 콘센트의 전원 종별 표시

Professional Engineer Building Electrical Facilities

제 1 장

조명설비

SECTION 01 조명설비의 이론

SECTION 02 조명기기

SECTION 03 조명의 설계

SECTION 04 조명의 실제

조명설비의 이론

001 조명의 용어

1 조명의 측광단위(광속, 광도, 조도, 휘도)

조명 단위(측광단위)
조명은 "광속, 조도, 광도, 휘도, 색온도, 연색성.. 광 효율 등..."
의 개념을 사용하여 스펙을 나타냄

광속(Luminous flux)
광원으로부터 나오는
가시광선의 총량

단위 : 1 lumen(lm)

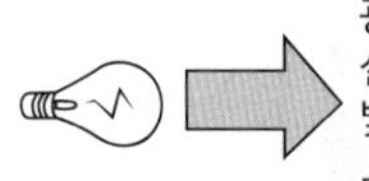

광도(Light Intensity)
설정된 방향에서의
빛의 양.

단위 : candela
(cd 칸델라)

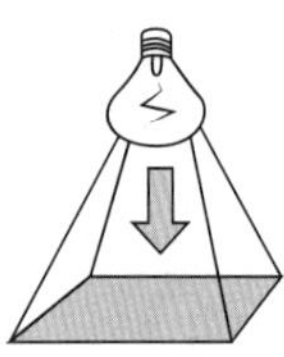

조도(Illumination)
평균 조도는 단위면적당
광속의 양

단위 : Lux럭스(= $\frac{\text{lumen}}{\text{m}^2}$)

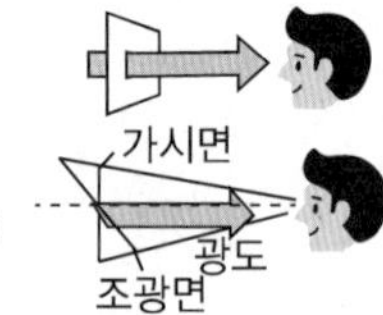

휘도(Luminance)
눈에 의해 감지되는 표면의
밝기

단위 : 1candela/m^2
(cd/m^2)

휘도는 표면의 크기와 표면에서 반사되는 광도
에 따라 달라짐

▌조명의 측광단위

1) 조명 단위(측광단위)

조명은 광속, 조도, 광도, 휘도, 색온도, 연색성, 광효율 등의 개념을 사용하여 스펙을 나타냄

① **광속(Luminous Flux)**

㉠ 광원으로부터 나오는 가시광선의 총량

㉡ 단위 : 1(lumen)[lm]

② **광도(Light Intensity)**

㉠ 설정된 방향에서의 빛의 양

㉡ 단위 : 칸델라(candela)[cd]

③ **조도(Illumination)**

㉠ 평균 조도는 단위면적당 광속의 양

㉡ 단위 : 럭스(Lux)[lx] = [lm]/[m^2]

④ **휘도(Luminance)**

㉠ 눈에 의해 감지되는 표면의 밝기

㉡ 단위 : 1(candela/m^2)[cd/m^2], [nt]

㉢ 휘도는 표면의 크기와 표면에서 반사되는 광도에 따라 달라짐

2 광 속

1) 정 의

① 복사속을 시감도에 따라 측정한 값으로 광원으로부터 발산되는 빛의 양으로 표현한다.

② 기호는 F, 단위는 루멘[lm]을 사용한다.

2) 공 식

$$F = \frac{dQ}{dt}[\text{lm}]$$

여기서, dQ : 광량

dt : 시간[h]

3 광 도

1) 정 의

① 광원에서 어떤 방향에 대한 단위 입체각 당 광속이다. 즉, 빛의 세기를 말한다.

② 기호는 I, 단위는 [cd : 칸델라]를 사용한다.

2) 공 식

$$I = \frac{dF}{d\omega}\ [\mathrm{cd}]$$

여기서, dF : $d\omega$ 내의 광속[lm]
$d\omega$: 미소입체각

4 조 도

1) 정 의

① 단위면적당 입사광속이다. 즉, 어떤 면 위의 한 점의 밝기를 나타낸다.
② 조도의 기호로는 E, 단위로는 [Lux, lx : 럭스]로 나타낸다.

2) 공 식

$$E = \frac{dF}{dA}\ [\mathrm{lx}]$$

여기서, dA : 미소 면적[m^2]
dF : dA 에 입사하는 광속[lm]

3) 거리 역제곱의 법칙

조도는 광원의 세기에 비례하고 거리의 제곱에 반비례

$$E = \frac{I}{r^2}\ [\mathrm{lx}]$$

4) 입사각여현의 법칙

어떤 면 위의 임의의 한점에서 조도는 광원의 광도와 $\cos\theta$에 비례하고 거리의 제곱에 반비례한다.

$$E = \frac{I}{r^2}\cos\theta\ [\mathrm{lx}]$$

5) 평면상의 조도(점광원)

① 법선조도 $E_n = \dfrac{I}{r^2}\ [\mathrm{lx}]$

② 수평면 조도 $E_h = \dfrac{I}{r^2}\cos\theta$

③ 수직면 조도 $E_v = \dfrac{I}{r^2}\sin\theta$

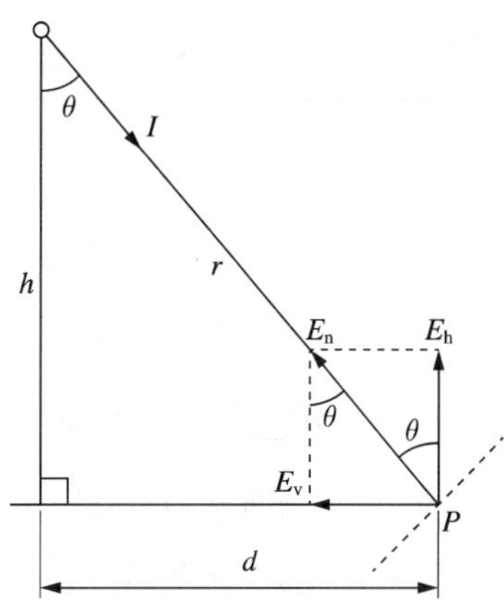

5 휘 도

1) 정 의

① 발광면의 어떤 방향에서 본 단위 투영 면적당 그 방향의 광도로서 광원의 빛나는 정도를 말한다. 즉, 눈부심의 정도이다.

② 휘도의 기호로는 B_θ , 단위로는 [cd/m^2, nt]로 나타낸다.

2) 공 식

$$B_\theta = \frac{I_\theta}{S_\theta}\ [\text{cd/m}^2]$$

여기서, I_θ : 어느 방향의 광도

S_θ : 어느 방향에서 본 겉보기 면적

6 광속발산도

1) 정 의

① 발광면의 단위면적당 발산광속이다.

② 광속발산도의 기호로는 R, 단위는 [lm/m^2]이다.

2) 공 식

$$R = \frac{dF}{dA}[\mathrm{lm/m^2}]$$

여기서, dF : dA 에 발산하는 광속[lm]
dA : 미소면적[m^2]

7 반사율, 투과율, 흡수율

1) 정 의

물체에 F[lm]의 광속이 입사하면 그중 일부들이 F_ρ로 반사, F_τ로 투과되며, 또 다른 일부는 물체에 흡수 F_α가 되는데, 이때의 반사율을 ρ, 투과율을 τ, 흡수율을 α라고 하면 $\rho + \tau + \alpha = 1$ 또는 $F = F_\rho + F_\tau + F_\alpha$가 된다.

2) 공 식

① **반사율** : $\rho = \frac{F_\rho}{F} \times 100[\%]$

② **투과율** : $\tau = \frac{F_\tau}{F} \times 100[\%]$

③ **흡수율** : $\alpha = \frac{F_\alpha}{F} \times 100[\%]$

여기서, F_ρ : 반사광속, F_τ : 투과광속
F_α : 흡수광속, F : 입사광속

8 발광효율과 전등효율

1) 정 의

복사속에 대한 광속의 비율을 그 광원의 발광효율이라 하고, 전 소비전력 P에 대한 전 발광광속 F의 비율을 전등효율이라 한다.

2) 공 식

① **발광효율** : $\varepsilon = \frac{F}{\phi}[\mathrm{lm/W}]$

② **전등효율** : $\eta = \dfrac{F}{P}$ [lm/W]

여기서, F : 광속[lm]

ϕ : 복사속[W]

P : 전 소비전력[W]

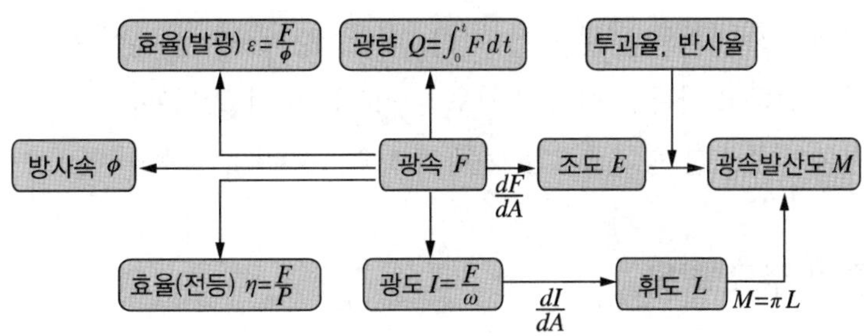

▌ 측광량 상호 간의 관계

002 명시론

1 개 요

① 조명에서의 명시론(明視論)은 심리, 시각, 생리적인 부분이 중요하다. 따라서 조명의 선택은 편하고 안락한 시각에 기초하므로 눈의 피로부분에 아주 중요한 영향을 끼친다.
② 명시론의 주요한 항목으로는 물체의 보임, 눈부심, 밝음의 분포가 있다.

2 명시론의 주요 항목

1) 물체의 보임

① 밝 음

빛이 있으면 물체가 잘 보이고, 빛이 없으면 물체가 잘 보이지 않으므로 적당한 조도가 확보되어야 물체를 잘 볼 수 있다.

② 물체의 크기

조도가 확보되어 빛이 있더라도 크기가 너무 작으면 보이지 않는다.

③ 대 비

빛이 있고 물체의 크기가 있더라도 배경의 밝음과 보려는 물체의 밝음의 비가 차이가 나지 않으면 물체가 잘 보이지 않는다.

④ 시 간

밝음, 크기, 대비가 충분하다 해도 물체가 너무 빠른 속도로 움직인다면 눈으로 볼 수 없다.

2) 눈부심

① 정 의

시야 내의 어떠한 고휘도 물체로 인해 고통, 불쾌, 눈의 피로나 시력의 일시적 감퇴를 초래하는 현상을 말한다.

② 원 인

㉠ 고휘도 광원 : 고휘도 광원에 의한 눈부심으로 보려고 하는 물체의 문제 야기

㉡ 반사 및 투과면 : 휘도가 반사하거나 투과하여 시야에 들어오면, 보려고 하는 물체에 시력저하 야기

㉢ 순응의 결핍 : 밝은 곳에서의 명순응과 어두운 곳에서의 암순응에서 순응의 결핍으로 물체의 시력저하

㉣ 눈에 입사하는 광속의 과다 : 눈에 입사하는 높은 광속에 의한 시력저하

㉤ 시선 부근에 노출된 광원 : 시선 부근에 광원으로 인하여 물체의 시력저하

㉥ 물체와 그 주위 사이의 고휘도 대비

㉦ 눈부심을 주는 광원을 오랫동안 주시할 때

③ **눈부심의 종류**

㉠ 감능 글레어 : 보는 눈과 시대상물 사이에 밝은 광도의 광원이 있을 때

㉡ 불쾌 글레어 : 여러가지 원인에 의하여 불쾌한 느낌의 감정이 있을 때

㉢ 직시 글레어 : 높은 휘도의 광원을 직시할 때

㉣ 반사 글레어 : 높은 휘도의 광원이 밝은 면을 비추어 그 밝은 면을 볼 때

3) 밝음의 분포

① 시야 내가 고르게 밝으면 눈의 피로가 발생하지 않으나, 고르지 않으면 정도의 차이에 따라 눈부심과 눈의 피로, 권태가 일어난다.

② **작업대상물의 광속발산도**

실내를 기준으로 최대 광속발산도는 3배 이하로, 최소 광속발산도는 $\frac{1}{3}$ 이상을 허용한다.

003 연색성, 색온도, 시감도, 순응, 균제도

1 연색성

1) 정 의

① 빛의 분광 분포 특성이 색의 보임에 미치는 효과를 연색성이라 하며, 태양광선 밑에서 본 것보다 색의 보임이 멀어질수록 연색성이 떨어지며, 동일한 색이라도 조명하는 빛에 따라 다르게 보인다.

② 연색성 평가법에는 CIE 평가법과 KS광원 연색성 평가법이 있다.

2) 연색성 평가법

① 스펙트럼 밴드방법

시험광원의 가시부의 분광 분포를 6~10개 정도의 스펙트럼 밴드로 나누어 연색성이 좋은 기준광원의 분광 분포와 비교하여 연색성을 수량화하는 방법

② 시험색 방법

시료광원의 색온도에 따라 기준광원을 정하고 그 기준광원과 시료광원이 물체색을 조명하고 시료광원과 기준광원의 색의 차이로부터 연색성을 수량화하는 방법

3) 램프의 연색성과 용도와의 관계(적용 연색지수)

연색성 등급	연색평가수 Ra 범위	광원색 느낌	사용장소
1	$Ra \geq 85$	서늘함	도장, 인쇄공장
		중 간	점포, 병원
		따뜻함	호텔, 레스토랑
2	$70 \leq Ra < 85$	서늘함	백화점, 사무실
		중 간	온난한 기후의 백화점, 사무실
		따뜻함	추운 기후의 백화점, 사무실
3	$Ra < 70$	–	연색성을 중요하게 여기지 않는 실내
S(특별)	특별한 연색성	–	특별한 용도

참고정리

➤ CIE 평가법(시험색 방법)

1 정 의

시료광원의 색온도에 의한 선정할 수 있는 기준광원을 정하고, 그 기준광원과 시료광원의 규정한 시험색에 조명했을 때 색의 차이에서 연색성 평가수를 정한다.

2 시료광원 채취 시 기준광원

① 색온도 5,000[K] 이하 : 완전반사체

② 색온도 5,000[K] 초과 : CIE에서 정한 합성주광

③ 색온도 5,300[K] 이하의 백색형광등 램프 : 완전반사체

2 색온도(Color Temperature)

1) 정 의

흑체의 어떤 온도에서의 광색과 어떤 광원의 광색이 동일할 때 그 흑체의 온도를 가지고 그 광원의 광색을 표시하며, 이를 "색온도"라 한다.

2) 조도와 색온도에 대한 일반적 느낌

조도[lx]	3,000[K] 이하 따뜻하다.	광원색의 느낌 중간	5,000[K] 이상 서늘하다.
≤ 500	좋은 느낌	중 간	서늘한 느낌
500~1,000	↑	↑	↑
1,000~2,000	한가한 느낌	좋은 느낌	중 간
2,000~3,000	↓	↓	↓
≥3,000	부자연스러운 느낌	한가한 느낌	좋은 느낌

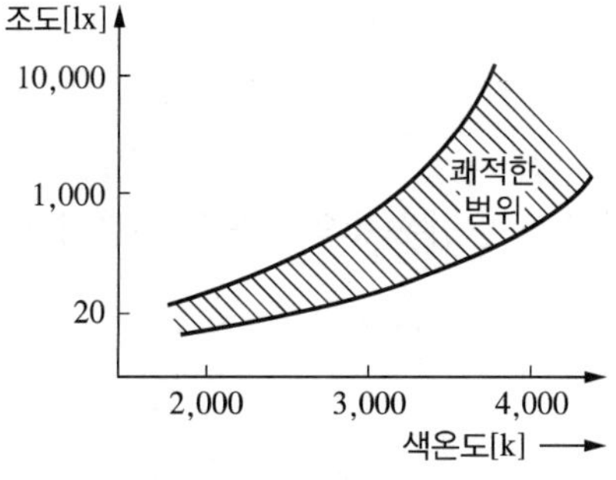

▌ 색온도에 의한 쾌적곡선

3) 색온도의 예

① 정육점의 붉은색 형광등 사용
② 과일가게 위에 백열전구 사용

3 시감도(Luminous Efficiency)

1) 정 의

① 사람의 눈이 빛을 느끼는 가시광선 영역은 380~780[nm]파장 범위이며, 주파수 540×10^{12}[Hz] 진공 중 파장 555[nm]에서 최대 시감도를 갖고 있다.
② 임의의 파장대에서 방사속을 눈으로 느낄 때 그 정도를 시감도라 한다.
③ 파장 555[nm]에서의 시감도를 "1"로 하여 다른 파장에 대한 시감도의 비를 "비시감도"라 하고, 파장대별로 방사속 크기를 말한다.

2) 비시감도 곡선

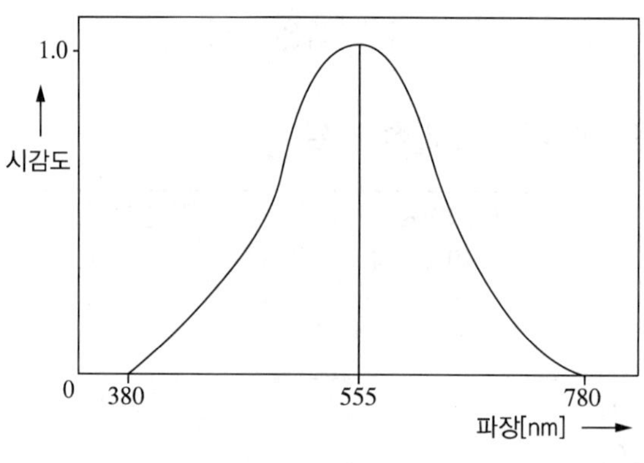

▌비시감도 곡선

4 순 응

1) 정 의

눈에 들어오는 빛이 소량인 경우 눈의 감도는 대단히 커지며, 그 반대인 경우 눈의 감광도는 떨어진다.

2) 종 류

① **명순응** : 밝은 곳으로 나오는 경우의 순응 소요 시간은 2~3분 정도
② **암순응** : 어두운 곳에서의 순응으로 소요 시간은 20분 정도

3) 퍼킨제 효과

① **명순응된 눈의 최대 비시감도** : 555[nm]

② **암순응된 눈의 최대 비시감도** : 510[nm]

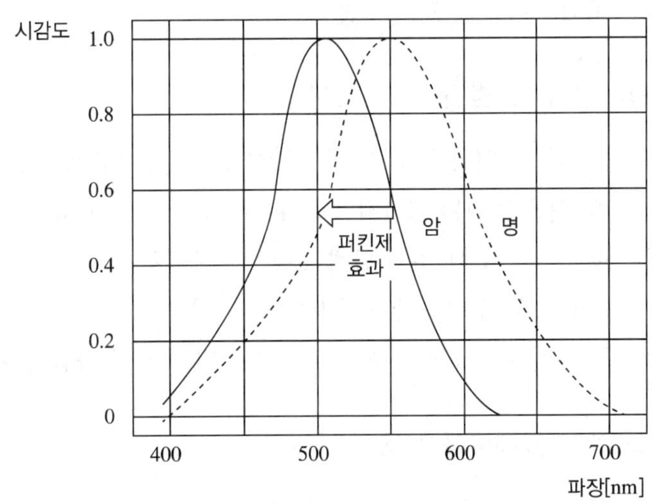

▌비시감도 곡선

5 균제도

1) 정 의

① 작업 대상물의 수평면상에서 조도가 고르지 못한 것을 표시하는 척도

② 조명에서 조도의 균일한 정도의 의미

③ 피로도가 적은 이상적인 광환경 조성을 위해 조도가 균일하게 되도록 고려해야 한다.

2) 균제도 표현

① 균제도 $E_1 = \dfrac{\text{수평면상의 최소조도(lx)}}{\text{수평면상의 평균조도(lx)}} = \dfrac{E_{min}}{E_{ave}}$

$$E_2 = \dfrac{\text{수평면상의 최소조도(lx)}}{\text{수평면상의 최대조도(lx)}} = \dfrac{E_{min}}{E_{max}}$$

② E_1, E_2 값이 1이면 완벽한 조도 분포를 의미한다. 즉, 균제도를 1로 한다는 것은 현실로 불가능하여 일반적으로 1 : 3 정도를 적용한다.

3) 균제도 측정 시 작업대상물의 높이

① **특별히 지정되지 않은 경우** : 바닥 위 85[cm]

② **앉아서 하는 작업** : 바닥 위 40[cm]

③ **복도, 옥외** : 바닥면 또는 지면

4) 균제도의 평가 및 범위

① E_1, E_2의 값이 1이면 조도 분포가 완전 균일함을 의미한다.

② 균제도의 허용 범위는 일반적으로 $E_1 \geq 0.3$, $E_2 \geq 0.15$ 등의 값이 주어져 있지만, 균제도를 무조건 좋게 하기 위해 조명기구 배치를 검토하는 것은 비경제적이므로 방의 용도에 따라 적정한 값을 선정한다.

③ 예를 들면, 사무실의 경우 E_1이 0.7 이상되는 것이 바람직하다.

5) 조명설계에서 균제도의 적용

① 사무실에서의 전반조명에 의한 균제도 E_1은 0.7 이상되도록 하는 것이 좋다.

② 교실의 흑판 조명균제도 E_1은 1/3 이상

③ 경기장에서의 균제도 E_2는 1/3 이상

④ 미술관 조명에서 균제도 E_2는 1/3 이상

⑤ 수영장 조명에서 균제도 E_2는 1/3 이상

⑥ 지하철 역사 조명에서 균제도 E_2는 1/3 이상

⑦ **도로 조명에서의 균제도**

장 소	최소조도/평균조도(E_1)	최소조도/최대조도(E_2)
고속도로	1/5 이상	1/10 이상
교통량이 많은 도로	1/7 이상	1/14 이상
교통량이 적은 도로	1/10 이상	1/20 이상

004 편한 시각의 평가

1 개 요

① 작업 시나 비작업 시 얼마나 편안하게 오랫동안 조명을 지속하더라도 긴장감 및 피로감을 해소할 수 있느냐가 조명설계의 목적이다.
② 그런 의미에서 편한 시각의 평가는 중요한데, 편한 시각의 평가 요소는 시력, 대비감도, 긴장, 눈을 깜박이는 도수, 심장고동, 안구 근육의 수축 등이다.

2 조도와 편한 시각의 평가

1) 시 력

조도가 증가할수록 시력은 증가하고, 조도가 저하하면 시력은 떨어진다.

2) 대비 감도

대비 감도를 분별할 수 있는 능력으로 조도가 증가함에 따라 대비 감도도 증가

3) 긴 장

긴장은 피로와 밀접한 관계를 가지고 있으며, 조도가 증가함에 따라 긴장의 상태는 감소하고, 조도가 감소함에 따라 긴장상태는 증가

4) 눈을 깜박이는 도수

무의식적인 행동으로 나타나며, 조도가 증가할수록 눈의 깜빡임 도수는 감소하고, 조도가 감소할수록 눈의 깜빡임 도수는 증가

5) 심장고동

조도가 감소함에 따라 심장고동이 감소하고, 조도가 증가하면 심장고동은 증가

6) 안구 근육의 수축

조도가 증가함에 따라 안구 근육 수축이 감소하고 조도가 증가하면 안구 근육 수축이 증가

3 조도에 따른 편한 시각의 평가 실험 결과

구 분	10[lx]	100[lx]	1,000[lx]
시 력	100[%]	증가(130[%])	증가(170[%])
대비 감도	100[%]	증가(280[%])	증가(450[%])
신경근육의 긴장도	63[g]	감소(54[g])	감소(43[g])
눈의 깜빡이는 도수	100[%]	감소(77[%])	감소(65[%])
심장고동	10[%] 감소	–	감소(2[%])
안구근육의 수축	23[%] 감소	–	감소(7[%])

005 좋은 조명의 요건

1 개 요

① 조명의 합리적인 설계는 경제적 설계와 직결되는 것은 아니다.

② 조명의 합리적인 설계는 건축물이 추구하는 바에 따라서 달라지게 되는데, 분위기에 Focus를 맞추는 게 있는가 하면 실리적 조명에 Focus를 맞추기도 한다.

③ 따라서 가장 합리적인 설계는 건축물이 추구하는 목적에 따라 분위기 조명과 명시적 조명을 비교하여 검토, 적용하여야 좋은 설계라고 할 수 있다.

2 좋은 조명의 요건

좋은 조명의 조건	분위기 조명(장식적 조명)		명시적 조명(실리적 조명)	
	심리적 상태 주안점	등급 점수	업무능력 향상 주안점, 피로 경감 주안점	등급 점수
조 도	건축물의 목적에 따라 설계 필요	5	경제적 부분의 한도 내에서 조도가 높은 것이 좋다.	25
광속발산도	계획된 미에 따라 밝고 어둠의 비 필요	20	밝음의 차이가 나지 않는 것이 좋다.	25
정반사	계획된 눈부심은 관심의 대상 가능	0	눈부심이 없도록 하여 업무 능력을 개선하는 것이 중요하다.	10
그림자	인위적 그림자도 필요	0	그림자가 없는 것이 좋다.	10
분광 분포	건축물의 용도에 따라 색광 필요	5	자연 주광에 가까운 것이 좋다.	5
미적 효과	계획된 미의 배치 필요	20	미적인 효과보다는 심플한 배열이 좋다.	5
심리적 효과	조명의 목적에 따라 다른 감각 필요	40	맑은 날의 옥외주광형태의 조명이 좋다.	10
경제적 효과	경제적 부분도 중요하지만 목적물의 목표가 중요	10	전등효율이 높은 것이 좋다.	10

3 명시조명의 조건

1) 조 도

① 조도를 높이면 명시조건은 충족시킬 수 있지만 설비비는 증가한다.

② 조도를 높이면 유지관리비 증가 및 눈부심이 발생할 우려가 있다.

③ 용도에 알맞은 적정한 조도선정(KS A 3011)이 필요하다.

2) 휘도분포(광속발산도 분포=밝음의 분포)

① 시야 내 광속발산도의 분포가 고르지 못하면 물체의 보임이 나빠지고 대상물을 보는 데 피곤함을 느낌

② **시야 내 광속발산도 한계**

주위환경	사무실, 학교	공 장
작업면과 그 주위(책상면과 책)	3 : 1	5 : 1
작업면과 떨어진 면(책과 바닥면)	10 : 1	20 : 1
조명기구와 그 부근(천장과 주위 벽면)	20 : 1	50 : 1
통로 내 각 부분(보통 시야 내의 밝고 어두운 곳)	40 : 1	80 : 1

3) 눈부심

① **영향** : 불쾌감, 피로감, 사고유발, 시환경 저해

② **원인** : 고휘도 광원, 시선 부근 노출광원, 반사 및 투과, 눈의 입사광속 과다 등

③ **대책** : 저휘도 광원, 간접조명방식, 루버 및 글로브 채용, 글레어 존 피함

4) 그림자(그늘)

① 작업자와 광원, 작업면과 물체 위치가 나쁘면 그림자 발생

② 가장 밝은 곳과 어두운 곳의 광속발산도 비가 2 : 1~6 : 1 범위 이상적

5) 분광 분포

① 일반적으로 사람의 눈은 주광에 적응되어 주광색이 가장 좋음

② 장파장 광원은 따뜻한 느낌을 주고, 단파장 광원은 시원한 느낌을 줌

6) 심리적 효과

① 밝은 날, 옥외환경과 비슷한 느낌이 이상적임
② 실내 마감 밝기의 순서는 천장 > 벽 > 바닥의 순서가 이상적임

7) 미적 효과

① 기구는 장식이 없는 단순한 것이 좋고, 배열도 단순한 기하학적 배열이 좋음
② 조명기구의 의장(Design)은 건축물의 양식과 조화를 이룰 것

8) 경제성

① 단순한 염가가 아닌 건축물의 특성에 맞게 설계되어야 함
② 조명기구와 램프는 효율이 좋고 유지관리가 용이한 설비를 사용할 것

006 눈부심(Glare)

1 개 요

① 눈부심이란 건축물의 광원이 직접 또는 간접적으로 빛이 눈으로 입사하여 불쾌한 심리적 상태나 업무에 지장을 초래하는 현상을 말한다.

② 이러한 눈부심은 작업능률의 저하 및 부상과 재해의 원인이 되기도 한다.

2 눈부심의 원인

① **고휘도 광원**

고휘도 광원에 의한 눈부심으로 보려고 하는 물체의 문제 야기

② **반사 및 투과면**

휘도가 반사하거나 투과하여 시야에 들어오면 보려고 하는 물체에 시력저하 야기

③ **순응의 결핍**

밝은 곳에서의 명순응과 어두운 곳에서의 암순응에서 순응의 결핍으로 물체의 시력저하

④ **눈에 입사하는 광속의 과다**

눈에 입사하는 높은 광속에 의한 시력저하

⑤ **시선 부근에 노출된 광원**

시선 부근에 광원으로 인하여 물체의 시력저하

⑥ **물체와 그 주위 사이의 고휘도 대비**

⑦ **눈부심을 주는 광원을 오랫동안 주시할 때**

3 눈부심의 종류

1) 감능 글레어

보는 대상물 주위에 고휘도 광원이 있는 경우 망막 앞에 어떤 휘도를 갖는 광막 커튼이 발생하여 보는 대상물의 식별하는 능력을 저하시키는 현상

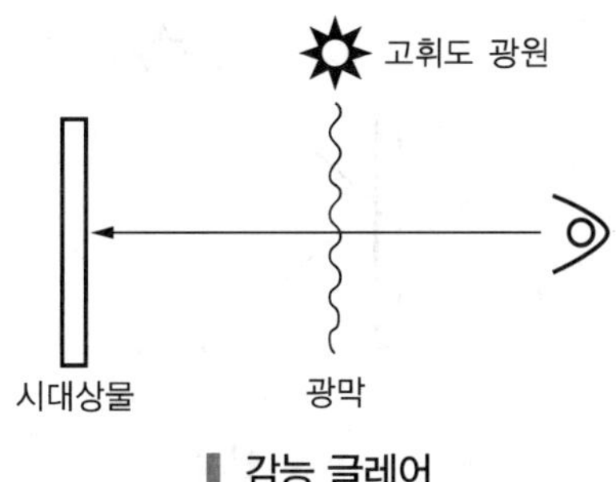

▌감능 글레어

2) 불쾌 글레어

① 시야 내에 대상물보다 현저하게 밝은 부분이 있으면, 그 때문에 대상물을 보기 힘들어진다. 그 휘도가 더욱 높아지면 단순히 보기 힘들어지는 것뿐만 아니라 그 존재가 불쾌하게 된다.

② 이 경우 반드시 "눈부심"이 동반되는 것은 아니나 불쾌하여 시 대상물(Visual Object)을 보기 어려워지므로 이를 불쾌 글레어(Discomfort Glare)라고 한다.

③ 즉, 심한 휘도 차이로 눈의 피로, 불쾌감을 느껴서 시력에 장애를 받는 것을 말한다.

④ 눈부심을 일으키는 휘도의 한계

㉠ 항상 시야 내에 있는 광원 : 0.2[cd/cm^2]

㉡ 때때로 시야 내에 있는 광원 : 0.5[cd/cm^2]

3) 직시 글레어

휘도가 높은 광원을 직시하였을 때 나타나는 현상으로 불쾌 글레어와 상호 관계를 갖는다.

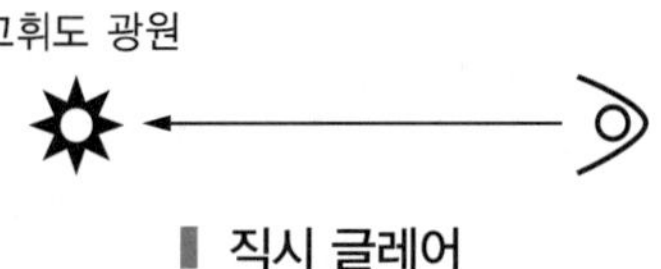

▌직시 글레어

4) 반사 글레어

① 고휘도 광원에서의 빛이 물질의 표면에서 반사하여 눈에 들어왔을 때 일어나는 현상
② 반사면이 평평하고 광택이 있는 면의 경우, 즉 정반사율이 높은 면일수록 강하게 나타난다.

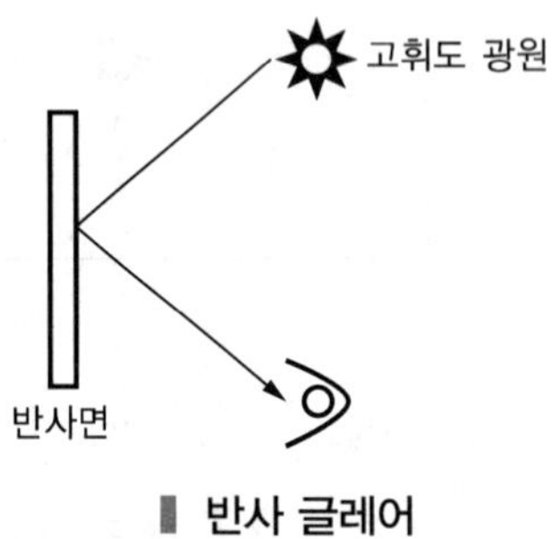

▮ 반사 글레어

4 눈부심에 의한 영향(문제점)

1) 눈부심이 오래 지속되는 경우 피로, 권태 촉진 및 시력 저하

오랫동안 작업을 해야 하는 공간에서는 피로, 권태를 촉진하고 눈이 나빠지는 원인이 될 수 있다.

2) 작업능률의 저하

직간접적 눈부심으로 지속적, 장시간 작업을 요하는 곳에서 작업의 능률을 떨어뜨릴 수 있다.

3) 부상 및 재해의 원인

위험한 작업을 요하는 곳에서의 눈부심은 큰 부상이나 재해의 원인이 될 수 있다.

4) 눈부심에 의한 손실

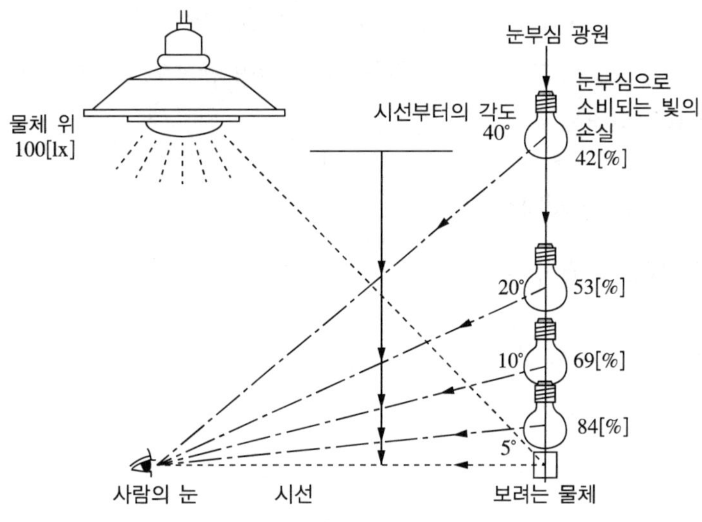

▌눈부심에 의한 빛의 손실

5 눈부심의 방지대책

1) 조명기구의 방지대책

① 보호각 조정

직사광이 광원으로부터 나오는 범위. 즉, 보호각의 대소를 조정하여 직사광을 차단하여 휘도를 줄이는 방법

② 보호 루버 등 설치

우유 빛 루버나 프리즘 루버 등을 사용하여 하단에 부착하는 것은 광원으로부터 휘도를 근본적으로 방지하는 방법

③ 수평에 가까운 방향에 광도가 작은 배광기구 사용

시선에서 ±30° 범위는 글레어 Zone으로 조명기구 높이 검토

2) 조명방식에 의한 방지대책

① 반간접 조명이나 간접 조명 방식을 채택한다.

② 건축화 조명을 적용한다. 건축을 이용한 조명방식으로 간접적인 조명방식이 많기 때문에 글레어를 축소할 수 있다.

3) 광원에 의한 방지대책

휘도가 낮은 광원 선택

007 눈부심의 평가방법

1 개 요

① 눈부심이란 건축물의 광원으로부터 직간접적으로 빛이 눈으로 입사하여 불쾌한 심리적 상태나 업무에 지장을 초래하는 현상을 말한다.

② 이러한 눈부심은 작업능률의 저하 및 부상과 재해의 원인이 되기도 한다.

2 눈부심 평가방법

1) CIE TC-4.1 추천법

① GL(European Glare Limited)법을 간략화하여 CIE(국제조명위원회)가 추천한 방법이다.

② 조명기구의 의한 글레어 정도를 3단계로 나누고, 이것과 많은 사람이 이용할 실험에서 얻은 글레어 감각을 척도화한 것을 대응시키고 있다.

[조명기구의 질적 등급과 글레어 척도 G]

질적 등급	글레어척도 G의 값
Ⅰ	1.15
Ⅱ	1.5
Ⅲ	2.2

[G의 값과 글레어 감각의 대응]

G의 값	글레어 감각
0	눈부시지 않다.
1	극히 약간 눈 부시다는 느낌
2	약간 눈부시다는 느낌
3	눈부시다.
4	심하게 눈부시다.

2) VCP법

① VCP법(Visual Comfort Probabilty)은 많은 주관평가 실험을 바탕으로 유도된 BCD(Borderline Between Comfort and Discomfort), 즉 불쾌한 글레어를 느끼기 시작하는 광원의 휘도를 바탕으로 한다.

② VCP 값 산출과정

㉠ 다수의 광원에 대한 불쾌 글레어지수 M의 값으로 바꿔 놓는다.

㉡ M의 값에서 불쾌 글레어 정도를 나타내는 DGR(Discomfort Glare Rating)을 구한다.

㉢ DGR의 값에서 불쾌하지 않다고 판단하는 사람의 비율. 즉, VCP를 구한다.

③ 이상과 같은 산출과정을 거쳐 얻어진 VCP의 값에 의해 불쾌 글레어의 정도를 평가하는 방법으로, 북미조명학회의 추천법이다.

④ 개개의 광원에 의한 불쾌 글레어지수 M은 다음 식에 의해 구할 수 있다.

$$M = \frac{0.502L_s \cdot Q}{P \cdot L_B^{0.44}}$$

여기서, L_s : 광원의 휘도[cd/cm²]

Q : $20.4\omega^2 + 1.52\omega^{0.2} - 0.075$

ω : 광원의 크기가 관측자의 눈에 대하여 이루는 입체각

P : 광원의 위치에 의한 지수

L_B : 시야의 휘도[cd/m²]

⑤ 개개의 광원에 의한 불쾌 글레어지수 M_i와 DGR의 관계는 다음 식과 같다.

$$DGR = \left(\sum_{i=1}^{n} \cdot M_i\right)^a$$

여기서, $a = n^{-0.0914}$, n은 $M_i \geq 5.0$이 되는 광원의 수

⑥ DGR에서 VCP를 얻는다.

3) GI법

① GI(Glare Index)는 영국조명학회가 1961년에 정한 방법이다.

② 조명시설의 불쾌글레어 정도를 나타내는 글레어 인덱스는 다음 식으로 구한다.

$$G = 10\log\left[0.24\sum\frac{L_s^{1.6} \cdot \omega^{0.8}}{L_b} \cdot \frac{1}{P^{1.6}}\right]$$

여기서, L_s : 광원의 휘도[cd/m²]

L_b : 배경휘도[cd/m²] : 글레어 광원을 제외한 전 시야에 의한 관측자의 눈의 위치에 주어지는 연직면 조도와 동일한 연직면 조도가 생기는 균일한 시야의 휘도

ω : 광원의 크기가 관측자의 눈에 대하여 이루는 입체각

P : 광원의 위치에 의한 지수

[글레어 인덱스와 글레어의 정도]

글레어 인덱스	글레어 정도
28	A 참을 수가 없다.
22	B 불쾌하다.
16	C 허용할 수 있다.
10	D 간신히 느낀다.

008 열방사 3가지 법칙

1 개 요

① 모든 물체는 온도를 상승시키면 연속적인 방사스펙트럼을 방사하는데 이를 온도방사라고 한다.

② 온도방사 법칙은 절대온도와 방사에너지, 분광방사, 파장과 관계하는 정도에 따라 스테판-볼츠만 법칙, 플랭크의 방사법칙, 윈의 변위법칙이 적용된다.

③ 백열전구, 할로겐 전구가 대표적인 온도방사법칙을 이용한 광원인데, 필라멘트의 온도방사이론에 의한 열방사 광원으로서 온도방사법칙의 적용을 받는다.

2 온도방사법칙

1) 스테판-볼츠만 법칙

① 절대온도와 전방사에너지의 관계법칙으로 전방사에너지는 절대온도의 4승에 비례한다.

② $S = \sigma T^4$ [W/m^2]

여기서, σ : 상수(5.68×10^{-8}[W/m^2·K^4])

T : 절대온도[K]

③ **응 용**

㉠ 백열전구에 높은 전압을 가해 필라멘트의 온도를 높이면 전방사에너지가 높게 방사되어 효율이 높아지고 밝아진다.

㉡ 백열전구의 텅스텐필라멘트를 융점 부근까지 많이 높이는 이유이지만, 필라멘트의 온도를 높이면 필라멘트의 증발이 빨라져 광속이 저감되고 수명이 단축된다.

2) 플랭크의 방사법칙

① 절대온도와 분광 방사와의 관계법칙으로 절대온도에 따른 분광 방사는

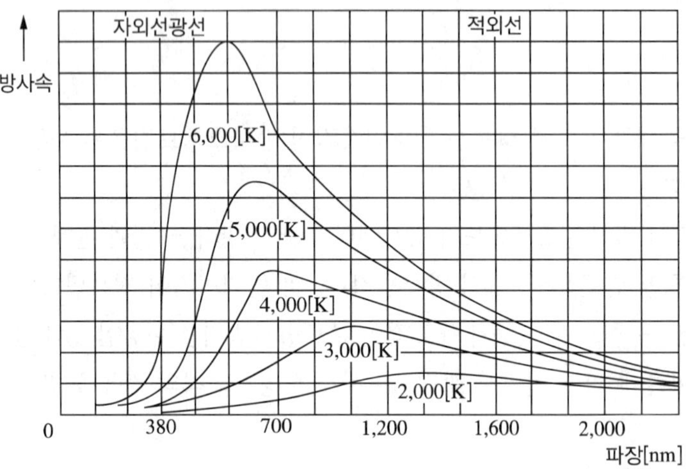

▌흑체의 분광 방사곡선

$$S_\lambda = \frac{C_1}{\lambda^5} \times \frac{1}{e^{C_2/\lambda T} - 1} [\mathrm{W} \cdot \mathrm{m}^{-3}] \qquad C_1 = 3.714 \times 10^{16} [\mathrm{W} \cdot \mathrm{m}^2]$$

$$C_2 = 1.438 \times 10^{-2} [\mathrm{m} \cdot \mathrm{deg}]$$

③ **응 용**

㉠ 백열전구의 온도를 상승시키면 색온도가 증가하면서 분광 방사속이 증가한다.

㉡ 백열전구 및 할로겐 전구의 온도를 상승시키면 연색성이 개선되어 색감의 표현이 좋아진다.

㉢ 백열전구보다 할로겐 전구의 필라멘트 온도가 높은데 할로겐 전구가 일반 백열전구보다 연색성이 좋은 이유이기도 하다.

3) 윈의 변위법칙

① 절대온도와 파장과의 관계법칙으로 온도가 상승하면 파장이 짧아진다. 파장이 짧으면 더 멀리 보낼 수 있고 직진성을 가지는데, 이것을 에너지가 크다고 한다.

② $\lambda_m \cdot T = 2.876 \times 10^{-6} [\mathrm{nm} \cdot \mathrm{deg}]$

③ **응용** : 필라멘트의 온도를 높여 조도를 높이는 효율을 달성할 수 있지만 필라멘트가 그 열에 견딜 수 있어야 하고, 또한 휘도를 제어하기 위한 조명기구의 역할이 필요하다.

009 원소의 주기율표

1) 원자번호=양성자의 수=전자의 수
원자의 질량수=양성자의 수+중성자의 수

2) 가로줄=족=최외각전자의 개수

3) 세로줄=주기=전자껍질

4) 알칼리 금속

① 주기율표의 1족 가운데 수소를 제외한 나머지 화학 원소
② 반응성이 매우 강하며, 산소나 물, 할로겐 원소 등과 격렬히 반응한다.
③ 알칼리 금속은 대체로 은백색을 띠며, 매우 무르고 밀도가 낮은 고체이다.
④ 물과 반응하여 강한 염기(-OH) 수산화물을 생성한다.
⑤ 알칼리 금속은 모두 가장 바깥의 원자 껍질에 1개의 전자만 가지고 있다.
⑥ 반응성이 매우 뛰어나 공기 중에 방치하면 빠른 속도로 반응이 일어나고 표면의 은백색 광택이 사라진다.
⑦ 강력한 반응성으로 인해 항상 취급에 주의하여야 한다.

5) 알칼리 토금속

① 주기율표의 2족 원소에 해당한다.
② 알칼리 토금속은 은색을 띠면 무르고 밀도가 낮다.
③ 알칼리 금속처럼 물과 격렬한 반응을 하지는 않지만 결합하여 염기성 수산화물을 생성한다.

6) 전이금속, 전이원소

① 주기율의 3족~12족 원소에 해당한다.
② 전이금속이라는 이름은 원소들을 분류하던 초기에 원자번호 순으로 원소를 나열하면 이 원소들이 전형원소에서 전형원소로 전이되는 중간단계 역할을 한다고 하여 붙여진 이름이다.

※ **전형원소** : 원자번호 1~20, 31~38, 49~56, 81~88

7) 할로겐

① 주기율표 17족에 해당한다.

② 원자의 최외곽전자 껍질에는 전자가 7개 존재하기 때문에 다른 원소로부터 전자를 하나 받아 음이온이 되기 쉽다.

③ 특히 최외곽전자 껍질에 전자를 1개 소유하는 1족 원소와 격렬하게 반응하여 염을 생성한다.

④ 이 원소들은 대부분 독성이 강하므로 기체를 직접 흡입하거나 접촉하지 않도록 주의하여야 한다.

8) 비활성 기체 또는 불활성 기체

① 주기율표의 18족 원소를 말한다.

② 최외곽전자가 모두 차 있는 이러한 원소들은 전자를 주거나 받기 힘들기 때문에 화학결합을 하기 어렵다.

9) 비금속

① 전기음성도가 높아, 결합 시 다른 원자로부터 원자가 전자를 받아들이는 성질이 있다.

② 비금속원소는 대부분 주기율표의 오른쪽 위를 차지한다. 수소는 예외적으로 금속이 왼쪽 위에 자리하고 있으나, 비금속의 성질을 띤다. 비금속은 전도체인 금속과는 달리 부도체이거나 반도체이다.

③ 비금속은 금속에게 전자를 받아 이온 결합을 하거나 다름 비금속과 공유 결합을 한다.

④ 비금속의 산화물은 산성이다. 금속 원소가 80여 종류가 되는데 비해 비금속은 12종류밖에 되지 않는다.

표기법:
원자 번호
기호
원소명(국문)
일반 원자량
표준 원자량

주기 \ 족	1A	2A	3B	4B	5B	6B	7B	8B	8B	1B	2B	3A	4A	5A	6A	7A	8A	9A
1	1 **H** 수소 1.008 [1.0078, 1.0082]	2																2 **He** 헬륨 4.0026
2	3 **Li** 리튬 6.94 [6.938, 6.997]	4 **Be** 베릴륨 9.0122											5 **B** 붕소 10.81 [10.806, 10.821]	6 **C** 탄소 12.011 [12.009, 12.012]	7 **N** 질소 14.007 [14.006, 14.008]	8 **O** 산소 15.999 [15.999, 16.000]	9 **F** 플루오린 18.998	10 **Ne** 네온 20.180
3	11 **Na** 소듐 22.990	12 **Mg** 마그네슘 24.305 [24.304, 24.307]											13 **Al** 알루미늄 26.982	14 **Si** 규소 28.085 [28.084, 28.086]	15 **P** 인 30.974	16 **S** 황 32.06 [32.059, 32.076]	17 **Cl** 염소 35.45 [35.446, 35.457]	18 **Ar** 아르곤 39.948
4	19 **K** 포타슘 39.098	20 **Ca** 칼슘 40.078(4)	21 **Sc** 스칸듐 44.956	22 **Ti** 타이타늄 47.867	23 **V** 바나듐 50.942	24 **Cr** 크로뮴 51.996	25 **Mn** 망가니즈 54.938	26 **Fe** 철 55.845(2)	27 **Co** 코발트 58.933	28 **Ni** 니켈 58.693	29 **Cu** 구리 63.546(3)	30 **Zn** 아연 65.38(2)	31 **Ga** 갈륨 69.723	32 **Ge** 저마늄 72.630(8)	33 **As** 비소 74.922	34 **Se** 셀레늄 78.971(8)	35 **Br** 브로민 79.904 [79.901, 79.907]	36 **Kr** 크립톤 83.798(2)
5	37 **Rb** 루비듐 85.468	38 **Sr** 스트론튬 87.62	39 **Y** 이트륨 88.906	40 **Zr** 지르코늄 91.224(2)	41 **Nb** 나이오븀 92.906	42 **Mo** 몰리브데넘 95.95	43 **Tc** 테크네튬	44 **Ru** 루테늄 101.07(2)	45 **Rh** 로듐 102.91	46 **Pd** 팔라듐 106.42	47 **Ag** 은 107.87	48 **Cd** 카드뮴 112.41	49 **In** 인듐 114.82	50 **Sn** 주석 118.71	51 **Sb** 안티모니 121.76	52 **Te** 텔루륨 127.60(3)	53 **I** 아이오딘 126.90	54 **Xe** 제논 131.29
6	55 **Cs** 세슘 132.91	56 **Ba** 바륨 137.33	57-71 란타넘족	72 **Hf** 하프늄 178.49(2)	73 **Ta** 탄탈럼 180.95	74 **W** 텅스텐 183.84	75 **Re** 레늄 186.21	76 **Os** 오스뮴 190.23(3)	77 **Ir** 이리듐 192.22	78 **Pt** 백금 195.08	79 **Au** 금 196.97	80 **Hg** 수은 200.59	81 **Tl** 탈륨 204.38 [204.38, 204.39]	82 **Pb** 납 207.2	83 **Bi** 비스무트 208.98	84 **Po** 폴로늄	85 **At** 아스타틴	86 **Rn** 라돈
7	87 **Fr** 프랑슘	88 **Ra** 라듐	89-103 악티늄족	104 **Rf** 러더포듐	105 **Db** 두브늄	106 **Sg** 시보귬	107 **Bh** 보륨	108 **Hs** 하슘	109 **Mt** 마이트너륨	110 **Ds** 다름슈타튬	111 **Rg** 뢴트게늄	112 **Cn** 코페르니슘	113 **Nh** 니호늄	114 **Fl** 플레로븀	115 **Mc** 모스코븀	116 **Lv** 리버모륨	117 **Ts** 테네신	118 **Og** 오가네손

57 **La** 란타넘 138.91	58 **Ce** 세륨 140.12	59 **Pr** 프라세오디뮴 140.91	60 **Nd** 네오디뮴 144.24	61 **Pm** 프로메튬	62 **Sm** 사마륨 150.36(2)	63 **Eu** 유로퓸 151.96	64 **Gd** 가돌리늄 157.25(3)	65 **Tb** 터븀 158.93	66 **Dy** 디스프로슘 162.50	67 **Ho** 홀뮴 164.93	68 **Er** 어븀 167.26	69 **Tm** 툴륨 168.93	70 **Yb** 이터븀 173.05	71 **Lu** 루테튬 174.97
89 **Ac** 악티늄	90 **Th** 토륨 232.04	91 **Pa** 프로트악티늄 231.04	92 **U** 우라늄 238.03	93 **Np** 넵투늄	94 **Pu** 플루토늄	95 **Am** 아메리슘	96 **Cm** 퀴륨	97 **Bk** 버클륨	98 **Cf** 캘리포늄	99 **Es** 아인슈타이늄	100 **Fm** 페르뮴	101 **Md** 멘델레븀	102 **No** 노벨륨	103 **Lr** 로렌슘

010 루미네선스

1 개 요

① 온도 방사 이외 발광을 총칭하는 것으로서 물체가 온도 복사에 의하여 발광하지 못하는 약 500[℃] 이하의 온도에서 자극에너지를 흡수하여 그의 일부 또는 전부를 빛의 에너지로서 발광하는 현상을 말하며, 냉광(Cold Light)이라고 하며, 여기에는 반드시 자극이 필요하다.

② 루미네선스에는 인광, 형광의 2종류가 있는데, 인광은 자극이 제거된 후에도 일정기간 발광을 하는 것이고, 형광은 자극이 지속하는 동안만 발광하는 것을 말한다.

③ 루미네선스의 종류에는 전기 루미네선스, 방사 루미네선스, 열 루미네선스, 음극선 루미네선스, 초 루미네선스, 화학 루미네선스, 생물 루미네선스 등이 있다.

2 루미네선스

1) 전기 루미네선스(Electric Luminescence)

① 기체 또는 금속 증기 내에 방전에 따르는 발광현상

② 대전입자 상호간 또는 원자나 분자 등의 충돌에 의해 발광하는 현상

2) 방사 루미네선스(Photo Luminescence)

① 어떤 화합물이 외부의 방사를 받아서 원래의 파장보다 긴 파장의 발광을 하는 현상

② 형광등의 경우 방전되는 자외선이 형광체를 발광시켜 가시광선을 방출하는 데 이용

3) 열 루미네선스(Thermal Luminescence)

① 물체를 가열하면 중성의 원자가 자유전자가 되고 그 자유전자가 원자의 궤도에 내려앉을 때 강한 방사를 하는 것을 말한다.

② 산화아연의 가열, 가스맨틀이 해당

4) 음극선 루미네선스(Cathode Ray Luminescence)

① 음극선(전자빔)이 물체를 충돌할 때 생기는 발광

② 음극선을 이용한 오실로스코프, TV브라운관

5) 초루미네선스(Pyro Luminescence)

① 원소주기율표에서 1족의 알칼리 금속, 2족의 알칼리 토금속 등의 휘발성 원소(매우 강한 반응성 원소) 또는 그 염류를 가스 불꽃에 넣을 때 금속 증기가 발광하는 현상
② 염색 반응에 의한 화학 분석, 스펙트럼 분석, 발염 아크 등

6) 화학 루미네선스

황인이 산화할 때 발광하는 것으로써 화학 반응에 의하여 직접 생기는 발광이다.

7) 생물 루미네선스

① 개똥벌레, 발광어류, 야광충 등의 발광을 말한다.
② 반딧불의 경우 루시페린이라는 발광물질이 같은 세포 내에 있는 루시페라아제라고 하는 발광효소의 작용으로 물로써 산화하게 되는데 이때 발광하는 현상

8) 마찰 루미네선스

물질의 마찰에 의해 원자에서 자유전자가 진행이 되고 자유전자가 원자에 내려앉을 때 발광

9) 결정 루미네선스

불화나트륨(Na_2F_2), 황산나트륨(Na_2SO_4) 등이 용액으로부터 결정(結晶)되는 순간 발광

참고정리

1 결정(結晶)

① 고체원자나 이온들이 규칙적으로 배열하고 있는 고체상태의 물질을 결정이라고 한다.
② 한편, 구성 원자나 이온들이 불규칙하게 배열된 고체를 비결정질이라고 한다.
③ 대부분의 고체는 결정이며, 유리·아교 등은 비결정질이다.
④ 결정은 그것을 구성하는 입자와 화학 결합의 종류 등에 의하여 이온 결정, 금속 결정, 공유 결정, 분자 결정 등으로 나눌 수 있다.

2 음극선(陰極線)

① 음극선(陰極線, 또는 전자빔)은 두 금속 전극(음극, (Cathode) 또는 음극 단자와 양극(Anode), 또는 양극 단자)가 진공의 유리관 안에 떨어져 있고, 두 단자 사이에 전위차가 있을 때, 진공관 안에서 관찰되는 전자들의 흐름이다.
② 이 현상은 1869년 독일의 과학자 Johann Hittorf에 의해 발견되었고, 1876년 Eugen Goldstein에 의해 음극선(영어 : Cathode Rays, 독일어 : Kathodenstrahlen)이라는 이름이 붙여졌다. 전자들은 음극선의 성분으로 처음 발견되었다. 1897년 영국의 물리학자 Joseph John Thomson은 이 흐름이 이전까지 알려지지 않았던 음전하를 갖는 입자들로 구성되었다는 것을 밝혔고, 이 음전하를 갖는 입자들은 전자라고 이름 붙였다.

011 방전등의 발광메커니즘과 방전원리

1 개 요

① 방전등이란 루미네선스를 이용한 발광원리를 적용한 광원이며 루미네선스 발광에는 반드시 전기적 자극이 필요하다.

② **방전등의 종류**

㉠ 저압방전램프 : 형광램프, 저압나트륨 램프

㉡ 고압방전램프

- 고압수은 램프 : 수은램프, 형광수은램프, 메탈할라이드 램프
- 고압나트륨 램프

㉢ 초고압 방전램프

2 방전등 기본원리

1) 원자의 에너지 흡수 및 방사

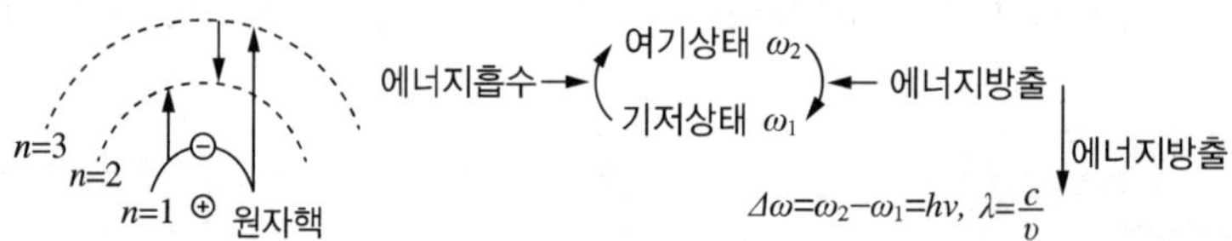

2) 공진, 여기, 전리 전압

① **공진전압**

전자가 제1궤도의 기저상태 이외의 안정궤도 위에 있는 상태를 여기상태라 하고, 기저상태에서 다음의 에너지가 높은 여기상태($n=1 \rightarrow n=2$)로 올리는데 필요한 최소 에너지의상당 전압을 "공진전압" 또는 "공진에너지"라 한다.

② **여기전압**

제2 또는 그 이상의 여기상태($n=3$ 이상)로 올리는 데 필요한 최소 에너지를 "여기전압" 또는 "여기에너지"라 한다.

③ **전리전압**

전자를 원자로부터 완전히 튀어나가게 하는 데 필요한 최소 에너지를 "전리전압" 또는 "전리에너지"라 한다.

3) 원자와 전자의 비탄성 충돌

① 운동에너지를 어떤 값 이상 가진 전자, 원자, 분자가 다른 분자나 원자에 충돌하면 자신이 가지고 있던 에너지가 다른 원자 내의 전자에 주어져 여기 또는 전리현상이 나타나게 되는 현상을 비탄성충돌(Inelastic Collision)이라 하며, 제1종 충돌과 제2종 충돌이 있다.

② **제1종 충돌**

운동에너지를 가지고 있는 전자가 중성원자를 충격하여 여기시키거나 전리시키는 것을 말하며, 이때 여기된 원자는 오랫동안 그 상태를 유지하기 못하고 빛을 방사하면서 기저상태로 돌아간다.

(a) (전자+운동에너지)+중성분자
=양이온+(전자+운동에너지)

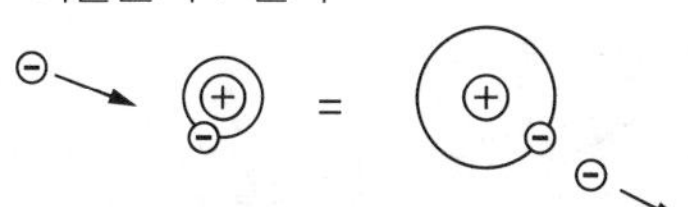

(b) (전자+운동에너지)+중성분자
=여발분자+전자

▌제1종의 충돌

(d) 전자+여발분자
=중성분자+(전자+운동에너지)

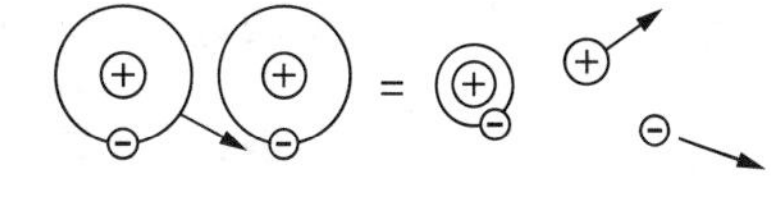

(e) 2여발분자=중성분자+양이온+전자

▌제2종의 충돌

③ **제2종 충돌**

여기원자가 전자나 다른 여기원자를 충격하여 큰 에너지를 얻거나 여기원자를 전리시키는 것을 말하며, 이 경우는 여기된 원자 자신은 빛을 방사하지 못하고 다른 여기원자를 전리시킨 후 자신은 원궤도로 복귀한다.

4) 수소 스펙트럼과 준안정 상태

① 원자의 기저상태 → 공진, 여기, 전리상태 : 에너지 흡수

② 공진, 여기, 전리상태 → 내부의 낮은 에너지 준위 : 에너지 방출

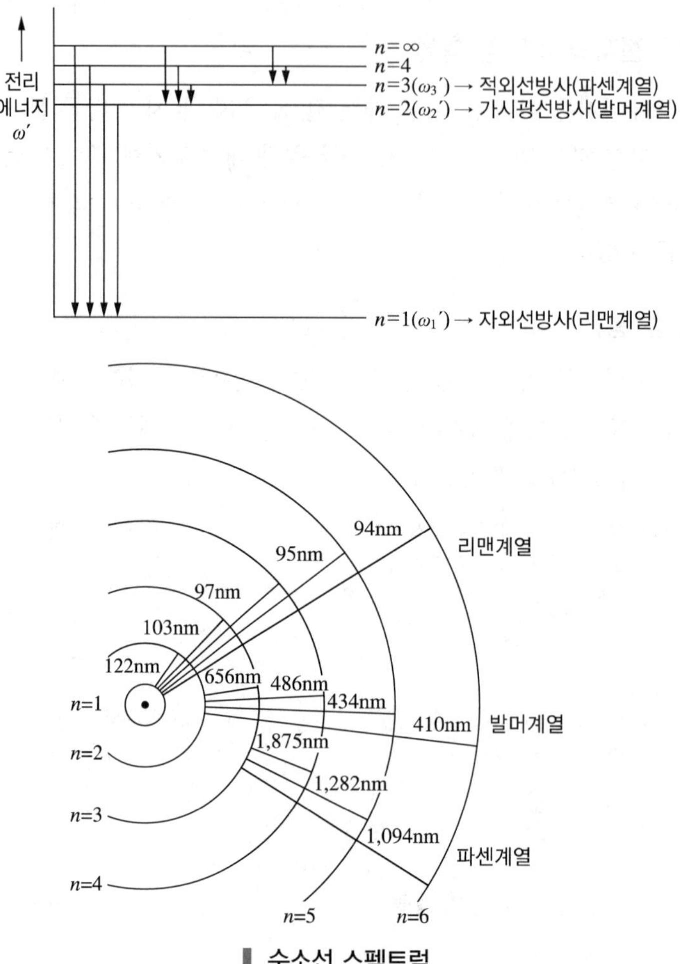

▌수소선 스펙트럼

3 방전등의 방전 개시원리

1) 음극의 전자 방출

① 열전자 방출

음극의 재료가 고온이 되어 전극표면 및 그 표면 부근에 있는 전자가 분자의 열운동에 의하여 튀어나오는 현상을 말한다.

② **전계전자 방출**

음극에 관 전압을 걸어주면 전계가 걸리고 이때 전자가 튀어나오는 현상을 말한다.

2) 자속방전

① 외부 자극에 의한 전자 방출이 중지되어도 스스로 지속되는 방전으로 방전등은 대부분 자속 방전이 수반된다.

② 초기 전자 방출은 광전효과 또는 우주선에 의하여 자연적으로 생성

③ **자속방전 개시조건**

$$\gamma(e^{\alpha d}-1)\geq 1$$

여기서, γ : 2차 전자 방출계수
α : 전자의 충돌전리계수
d : 전극 간의 거리

㉠ γ : 2차 전자 방출계수
- +이온이 음극에 충돌하여 2차 전자를 방출하는 계수
- 영향요소 : 이온의 종류, 음극의 표면상태에 따라 달라진다.

㉡ α : 전자의 충돌 전리계수
- 전자가 1[cm] 진행하는 데 충돌하여 전리하는 계수
- 영향요소 : 기체의 종류, 압력, 전계에 영향

㉢ d : 전극 간의 거리

3) Glow방전과 Arc방전

① **Glow방전**

전계 전자 방출에 의한 방전, 즉 음극강하의 강한 전계에 가속된 양이온이 음극에 충돌하면서 음극으로 전자가 방출되어 방전하는 것을 말한다.

② **Arc방전**

㉠ Glow 방전에 의하여 방전전류가 증가하면 양이온의 충격에 의한 음극의 가열로 음극으로부터 전계전자 방출이 아닌 열전자 방출이 이루어지고

㉡ 음극강하가 급격히 작아져(전류가 급격히 증가) 기체의 전리전압이 되면서 방전의 최종 형식을 이루게 되는 것이다.

③ **Glow방전에서 Arc방전으로의 이행과정**

㉠ Townsend 방전 : 전자가 급속히 늘어나 자속방전에 의해 방전을 유지하고 문턱 전압에 이르게 하는 방전

㉡ Glow방전 : 전계에 의한 양이온이 가속을 받아 음극에 충돌 시 전자 방출

㉢ Arc방전 : 양이온의 충격에 의한 음극의 가열에 의해 열전자 방출

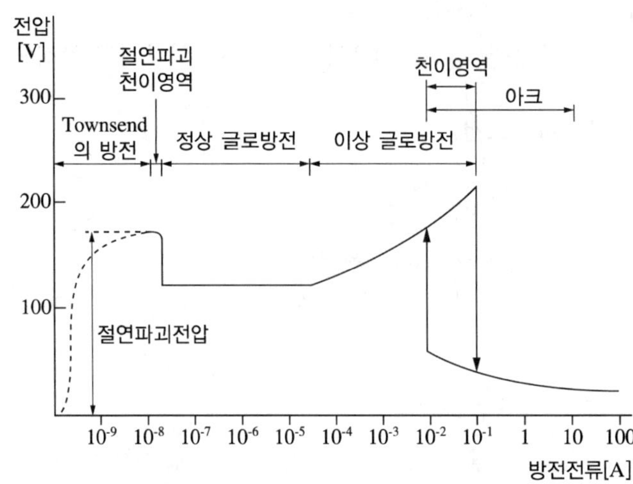

④ **Glow방전과 Arc방전의 차이**

구 분	Glow방전	Arc방전
기 압	저기압	고기압
전 류	소전류	대전류
전 압	고전압	저전압
원 리	전계전자 방출	열전자 방출

4 적용법칙

1) 페닝효과(Penning Effect)

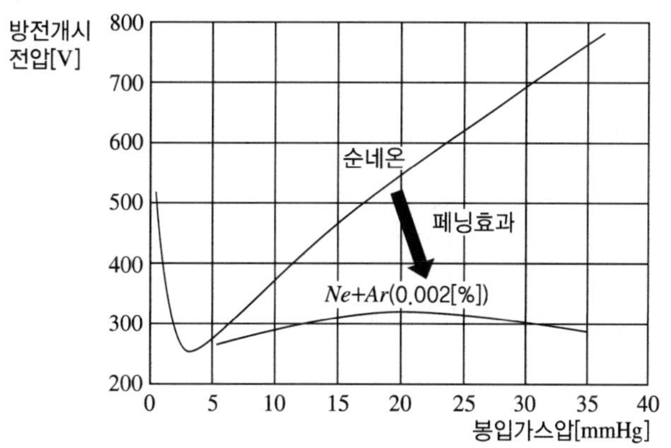

① 수은이나 불활성 기체와 같이 준안정 상태를 형성하는 기체에 극히 적은 양의 아르곤을 혼입하면

② 혼합기체의 전리전압이 원기체의 준안정상태의 여기전압보다 낮아져 방전 전압이 낮아지므로 기동이 용이하게 되는 효과를 말한다.

2) 파센의 법칙(Paschen's Law)

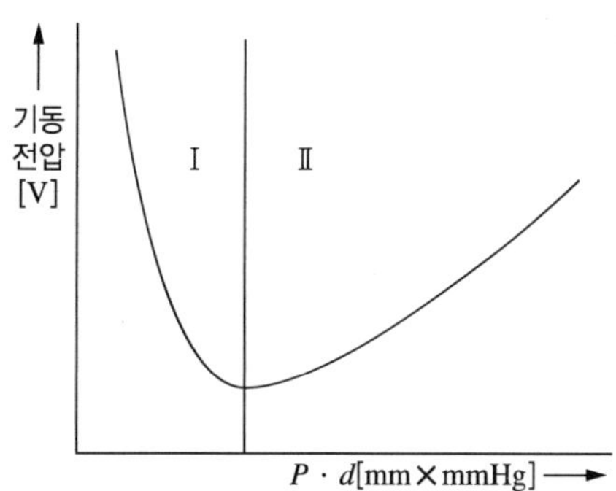

① Ⅱ영역에서 방전개시에 필요한 전압(V_s)은 전극 간의 거리(d)와 방전관 내부기압(p)에 비례한다는 법칙

② 방전개시전압

$$V = \frac{BPd}{\ln\left[\dfrac{APd}{\ln\left(\dfrac{1}{r}+1\right)}\right]}[V] \propto kPd$$

여기서, A, B : 기체의 종류에 따라 결정하는 상수

α : 전자의 충돌전리계수

P : 관 내의 봉입압력[nmhg]

d : 관의 길이(m)

r : 2차전자방출계수

SECTION 02 조명기기

012 백열전구

1 구성과 원리

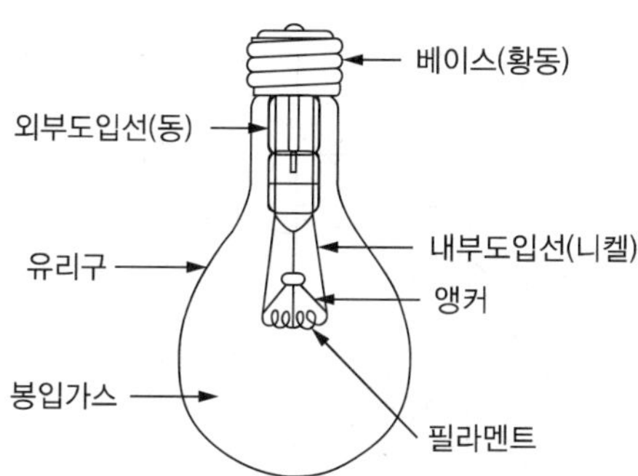

1) 유리구 : 소다석회유리, 붕규산유리
2) 베이스 : $E26$(일반조명), $E39$(300[W] 이상)
3) 앵커 : 필라멘트지지, 몰리브덴선
4) 도입선 : 내부도입선, 외부도입선
5) 필라멘트 : 텅스텐, 2중 코일
6) 봉입가스 : 질소와 아르곤의 혼합가스
7) 게터 : 텅스텐의 산화방지

1) **베이스** : 전구를 소켓에 끼우는 부분

2) **도입선**

① **외부도입선** : 선팽창률이 유리와 같은 듀밋선 사용
② **내부도입선** : 니켈도금, 몰리브덴선 사용

3) **배기관**

유리구 안의 공기를 외부로 뽑아내고, 가스주입 및 밀폐하기 위한 목적

4) **앵 커**

필라멘트를 유리구 안에 고정하기 위한 것

5) **필라멘트**

열에 잘 견디는 텅스텐선을 사용하고 빛을 내는 부분

2 백열전구의 특성

1) 에너지 특성

① 진공 전구

입력에 대한 방사에너지는 가시방사 7[%], 적외방사 86[%], 기타 손실 7[%]

② 가스입 전구

입력에 대한 방사에너지는 가시방사 10[%], 적외방사 72[%], 기타 손실 18[%]

2) 전압특성

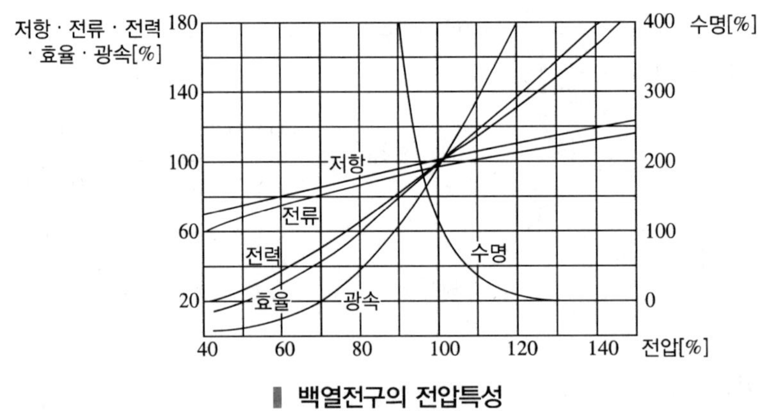

▌백열전구의 전압특성

전압의 높이에 따라 백열전구의 특성들(저항, 전류, 전력, 효율, 광속, 수명 등)이 어떻게 변화되는가를 나타내는 특성곡선

3) 동정곡선

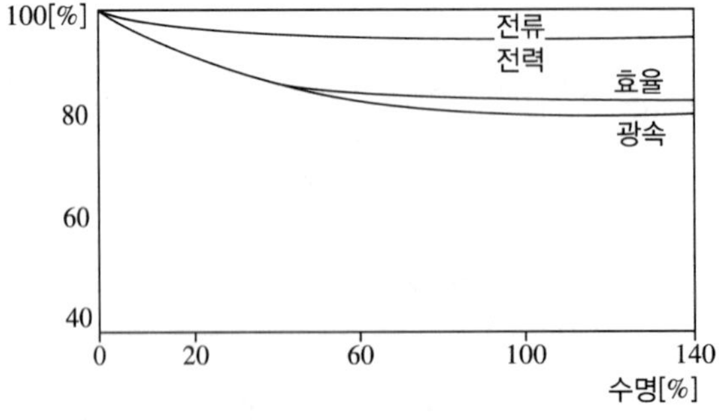

백열전구의 수명에 따라 광원의 특정한 특성들(전류, 전력, 효율, 광속 등)이 어떻게 변화되는가를 나타낸 특성곡선

4) 수 명

백열전구는 전압을 높이면 급격히 수명이 줄어드는 특성이 있다.

$$L\eta^{\alpha} = \beta$$

여기서, L : 수명
η : 효율
α : 수명지수
β : 수명정수

① 전구의 수명이란 필라멘트가 단선될 때까지의 점등시간을 말한다.
② 전구의 수명을 좌우하는 요소는 전구의 효율, 필라멘트의 성질과 모양(굵기, 굵기의 균일도, 길이, 코일의 지름 및 피치 등), 봉입가스 성분의 순도, 입력전력, 사용상태 및 전구의 품질 등이다.
③ 정상적으로 제작된 전구의 수명은 효율에 관계하며, L을 수명, η을 효율이라 하면,

$$L\eta^{\alpha} = \beta$$

여기서, L : 수명
η : 효율
α : 수명지수로 보통 6.8~7.2
β : 수명정수

5) 주위온도 영향

① 수명에 대하여 진공전구에서는 200[℃]까지는 영향이 없고 260[℃]에서 약 12[%] 감소
② 가스든 전구에서는 100[℃]에서 40[%], 200[℃]에서 60[%] 정도로 감소

6) 점멸의 영향

점멸횟수에 의해 점멸 시 과도 전류로 수명감소

① 점멸횟수가 많아지면 수명이 짧아지며, 굵은 필라멘트일수록 이 영향이 크다. 점등의 순간에 과도 전류가 흐르기 때문이다.
② 일반전구에서는 비점등 시의 필라멘트의 저항은 점등 시의 백열된 경우의 저항에 비해 약 1/13~1/16배로서 대단히 작으며, 점등의 순간에는 규정전류보다 대단히 큰 과도 전류(약 10배)가 흐른다.

③ 이 현상을 전류의 지나친 흐름이라고 한다. 이 현상은 대단히 짧으므로 실용상 고려할 필요는 없다.

3 백열전구의 특징

① 점광원에 가깝고, 조광이 유리하다.
② 연색성이 좋아 색감이 좋다.
③ 점등이 간단하고 방전등과 달리 바로 점등된다.
④ 빛의 크기를 제어하는 조광이 연속적으로 가능하여 방전등보다 쉽다.
⑤ 전등효율이 낮고, 수명이 1,000~1,500[h]로 짧다.
⑥ 열선 방사가 높다.

013 할로겐 전구

1 개 요

① 할로겐 전구란 봉입 가스에 미량의 할로겐족(원소주기율표상 7족) 가스를 첨가한 백열 전구를 말한다.

② 백열전구는 발열체를 전류에 의한 백열 상태로 가열하고 거기에서 방사되는 광을 이용한다. 보통 백열전구는 고융점(3,400°)의 텅스텐 필라멘트가 사용되고 있다.

③ 그렇지만 전구가 점등되면 텅스텐 필라멘트는 증발하게 되고, 증발한 텅스텐 증기는 유리관 벽에 붙게 되어 흑화 현상을 유발하게 되며 약 20[%] 정도의 빛을 감소시키며 결국에는 가늘어진 필라멘트가 끊어져 수명을 다하게 되는 것이다.

④ 할로겐은 이러한 텅스텐의 증발을 억제하여 밝기를 오랫동안 유지하며 수명 또한 길어지게 하는 것이다.

⑤ **할로겐 재생 사이클**

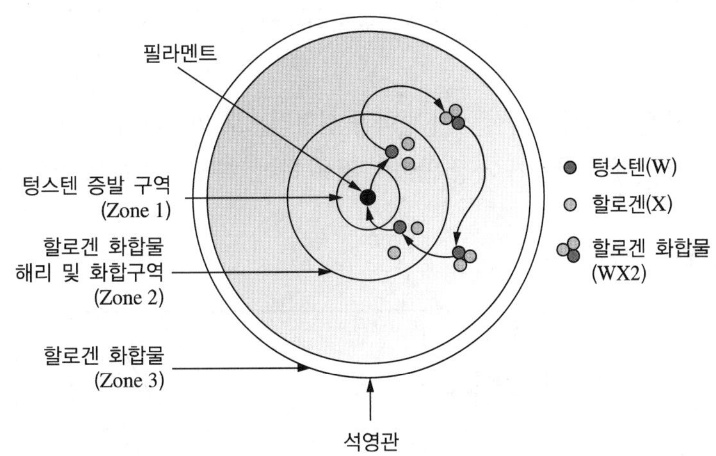

㉠ 필라멘트에서 증발한 텅스텐($ZONE_1$)은 할로겐 가스와 결합($ZONE_2$)하여 할로겐 화합물을 이룬다. 이 텅스텐 화합물은 250° ~ 1,400°($ZONE_3$) 사이에서 그 상태를 유지한다. 전구의 관벽의 흑화를 막기 위해서 전구가 약 250° 이상을 유지하여야 한다.

㉡ 텅스텐 화합물이 열대류에 의해 필라멘트에 가까이 접근하게 되면 필라멘트의 열에 의해 텅스텐과 할로겐 가스로 분리되며 텅스텐은 필라멘트에 다시 재결합하게 된다.

㉢ 자유로워진 할로겐 가스는 다시 처음과 같은 반응을 반복하게 된다. 이러한 사이클을 할로겐 사이클이라고 한다.

㉣ 그래서 할로겐 사이클이 전구의 수명과 밝기를 증가시킬 수는 있으나, 할로겐 램프도 결국에는 수명을 다하고 끊어진다.

㉤ 이것은 필라멘트의 온도가 전부분이 모두 일정하지 않기 때문이다. 필라멘트의 온도가 높은 부분은 증발이 많고 상대적으로 온도가 낮은 부분은 증발이 서서히 일어난다. 그래서 필라멘트의 온도가 높은 부분은 점점 더 가늘어지고 결국에는 수명을 다하게 된다.

2 특 성

1) 분광 분포 특성

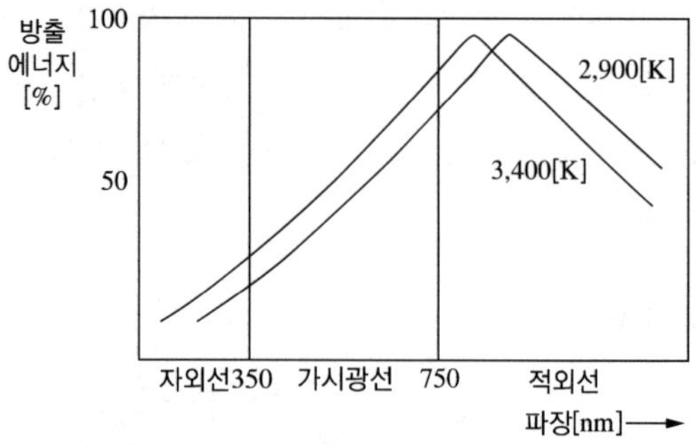

가시광선 영역에서 방사에너지 변화가 선형적으로 변화하여 광원에 대한 안정성이 높고, 적외선 부근에서 방사가 가장 많아 가정용 히터, 복사기용 등의 열원으로 많이 사용한다.

2) 전압 변동 특성

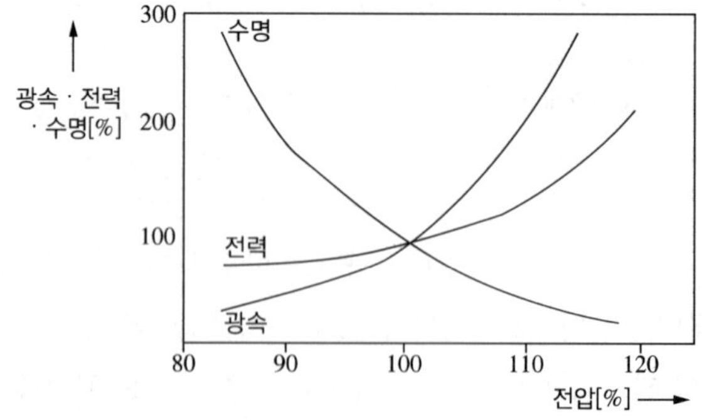

3) 동정곡선(=광속유지율)

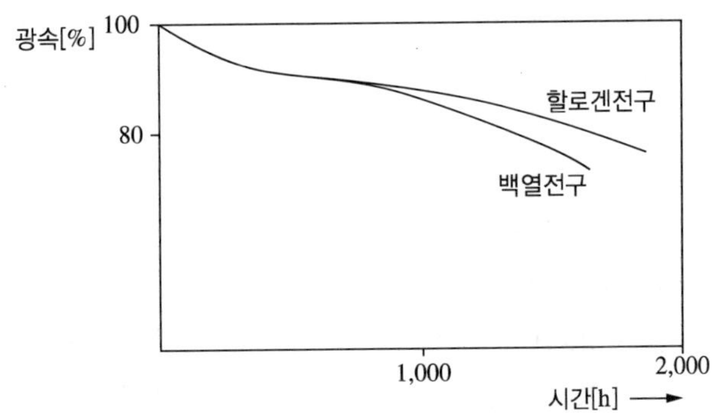

시간에 따른 광속변화가 백열전구에 비하여 광속 저하가 작은 장점이 있다.

3 특 징

1) 일정한 광출력(전광속)

할로겐 사이클에 의해서 관 벽의 흑화가 생기지 않기 때문에 광출력이나 색온도가 감소하지 않는다.

2) 긴 수명

할로겐 사이클에 의해서 일반 백열전구보다 더욱더 긴 수명을 가지며, 또 같은 수명일지라도 더욱더 높은 색온도를 가질 수가 있다.

3) 콤팩트한 사이즈

관 벽의 온도를 250° 이상으로 유지하기 위하여 필라멘트와 관벽의 거리가 가까워야 한다. 이것은 같은 전력일 때 일반 백열전구보다 약 1/200 정도 작은 체적으로 만들 수 있다.

4) 강한 열 충격성

고온에 견디기 위하여 석영 유리를 사용함으로 열 충격에 강하다.

4 적용장소

① 자동차용, 비행기 활주로 조명용, 복사기용, 히터용

② 대형할인점, 백화점 등의 스포트라이트

014 HID램프

1 개 요

① HID램프란 High Intensity Discharge Lamp의 약어로 일반적으로 고휘도 광원 또는 고압방전 램프라고 한다.

② 고압방전(1기압 이상, 400[℃] 이상) 램프들은 고효율, 고휘도, 별도의 점등장치를 갖는 광원으로 고천장의 옥내 조명, 옥외 조명, 가로등 조명으로 많이 사용한다.

③ HID램프의 종류로는 고압수은 램프, 고압 나트륨 램프, 메탈할라이드 램프 등이 있다.

2 고압수은램프

1) 구 성

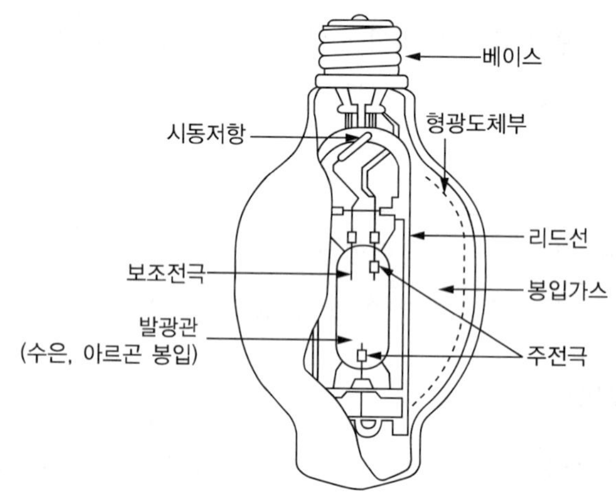

▌고압수은 램프의 구조

① 발광관 양단에 산화물 피복전극 및 시동용 보조전극 설치

② 수은 증기압을 1기압 정도로 유지하기 위하여 발광관 온도를 400[℃] 유지하여야 하는데 발광관 외부에 외관을 씌워 양단 사이를 배기하거나 적당한 가스를 봉입하여 열의 전도를 막는다.

③ **발광관 재질** : 석영관 또는 내열경질유리 사용

2) 점등원리

① 수은 램프는 수은증기 중의 방전을 이용한 것으로 미량의 아르곤을 혼입하여 Penning 효과를 이용하여 기동을 용이하게 함
② 처음에 보조전극과 주전극 사이에 Glow방전이 일어나면서 전계 전자 방출을 시작하면 수은을 증발시키면서 적당한 압력에 도달
③ 정격상태 증기압에 도달하려면 수분이 걸리고 보조전극이 고저항으로 되고 Glow방전이 소멸되면서 관내의 전류가 증가하여 아크 방전으로 이행하여 정상 점등

3) 시동특성

시동이 시작되어 4분이 경과하면 광도, 전력, 전압이 증가하고 전류는 감소되면서 시동된다.

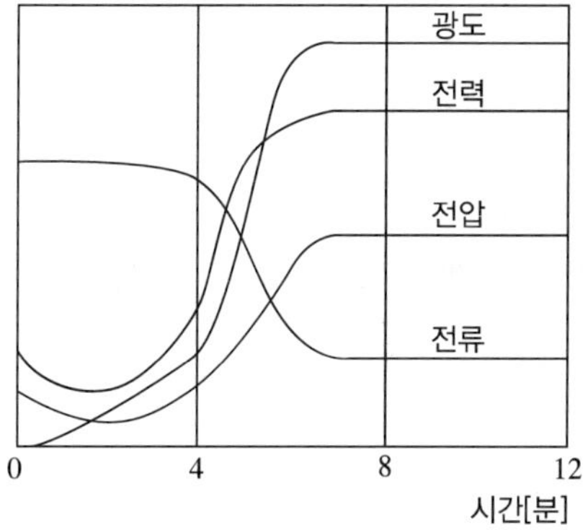

▌ 고압수은 램프의 시동특성

4) 특 징

① 수명이 길다.
② 연색성이 나쁘다.
③ 비용이 저렴하다.

3 나트륨 램프

1) 구 성

① **발광관** : 내열성과 나트륨 증기에 견딜 수 있는 유리관 사용
② **전극** : 산화물을 칠한 텅스텐 이중 코일
③ 고체 나트륨 소량과 보조기체로 아르곤 봉입
④ 발광관 온도를 정해진 값으로 유지하기 위하여 외관 설치가 필요

2) 점등원리

① 기본적인 램프 원리는 고압수은 램프와 동일
② 기동 후 나트륨이 충분히 증발하여 정상적인 방전상태에 도달하면 약 10분이 소요되어 고압수은 램프보다 약간 길다.

3) 특 징

① 효율이 극히 우수
② 투과력이 우수하여 안개지역, 공항조명, 야간시 도로조명에 적합

4 메탈할라이드 램프

1) 구 성

① 고압수은 램프의 연색성 및 효율을 개선하기 위하여 고압수은 램프에 금속 또는 금속 할로겐 화합물을 혼입한 것
② 금속할로겐 화합물의 불순물 때문에 시동전압은 일반 수은 램프보다 2차 전압으로 300[V]가 필요하다.

2) 점등원리

기본적인 원리는 고압수은 램프와 동일하다.

3) 특 징

① 분광 분포도

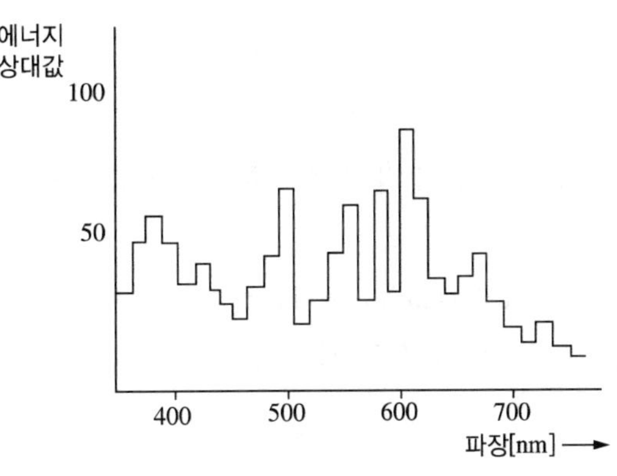

▌분광 분포도

② 고휘도 배광제어가 용이

③ 연속스펙트럼을 방사하여 연색성이 좋다.

④ 광속이 높고 수명이 길다 : 6,000[h]

⑤ 효율이 높다 : 75~105[lm/W]

⑥ 용량은 175~1,000[W]

5 HID 램프의 특성비교

구 분	고압수은 램프	메탈할라이드	나트륨 등
수명[h]	10,000	6,000	6,000
광질 및 특성	• 광색은 청백색으로 차가운 느낌 • 수명이 길 • 약 1/2의 밝기로 조광 가능 • 연색성이 나쁨	• 연색성이 좋음 • 컬러 TV용 광원으로 적합 • 수평점등해야 함	• 589~589.6[nm] D 선으로 효율이 대단히 우수 • 2,200[K]의 황백색 • 연색성 불량으로 실내 조명 불가능
용 도	• 높은 천장에 사용 • 투광조명에 사용 • 도로조명	• 연색성 중요한 높은 천장 • 연색성이 중요한 옥외조명 • 내부 조명에 사용	• 터널조명 • 공항조명 • 도로조명, 가로등 조명

015 초정압 방전램프(UCD ; Ultra Constant Discharge Lamp)

1 개 요

① 최근 조명용 광원은 조명의 질 개선과 효율성 향상에 의한 에너지 절감을 기반으로 발전하고 있다.

② UCD(Ultra Constant Discharge Lamp)는 기존의 램프와 달리 2개의 램프가 1조로 조합된 이중램프 점등방식으로 광범위하게 적용되고 있다.

2 구조 및 원리

1) 점등원리

발광관 내부에 안전한 방전을 위해 극소량의 수은과 제논(Xe) 등이 포함된 혼합물의 기중 방전(형광등 방전원리)으로 발광하는 고휘도 방전램프

2) 구 조

구조는 발광관, 유리구, 전극 등으로 구성

구 분	종 류
발광관의 재질	석영 발광관, 세라믹 발광관
정격램프 전력별 구분	50[W] 이하, 50[W] 초과 100[W] 이하, 100[W] 초과 150[W] 이하
사용장소별	옥내용, 옥외용
안정기	내장형, 일체형, 독립형

① 이중관 단열성 압력유지 + 수은과 제논가스의 기중 방전

② 이중램프 점등방식

③ **지능형 안정기** : 이중점등 + 20,000[V] 전압 + 과전류 등 이상 시 차단

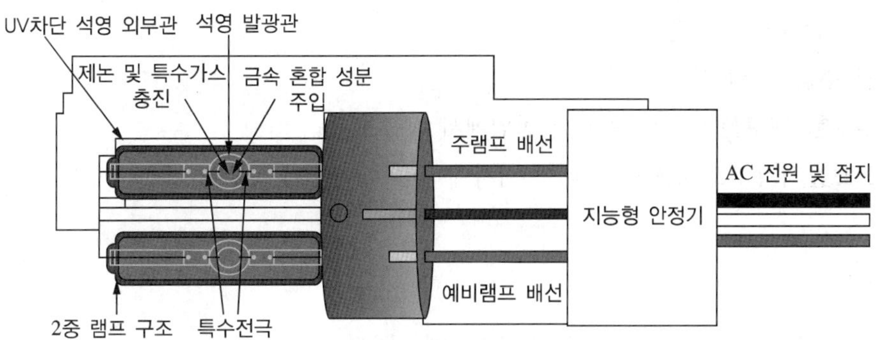

3 특 징

① **이중램프 점등방식** : 예비용 램프 적용

② **친환경 램프** : 초극소량의 수은만 함유

③ 순간점등 및 재점등 시 즉시 발광

④ **고연색성** : $R_a = 90$ 이상(8파장대의 자연광으로 시인성 우수)

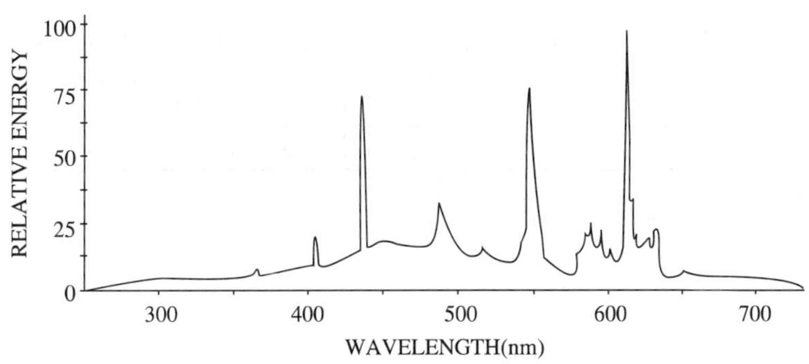

▌일반 메탈할라이드 램프

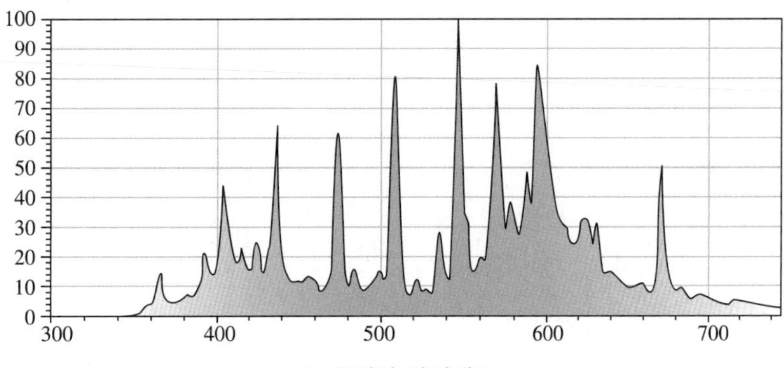

▌초정압 방전램프

⑤ 유해광선(UV) 차단램프
⑥ **긴 수명** : 2만 시간 이상
⑦ **우수한 내구성** : -50~80[℃] 범위에서 점등 가능
⑧ **고효율기기** : 고효율 인증 대상 기자재 반영

4 적 용

가정용, 산업용, 특수용 조명 등 광범위하게 적용

5 램프별 특성비교

구 분	효율 [lm/W]	연색성[Ra]	수명[h]	사용온도	점등속도	환 경	가 격
형광등	37	60	3,000	-20~50[℃]	즉 시	중금속	저 가
일반 방전등	68	65	8,000	-20~50[℃]	8~15분	중금속	저 가
무전극 형광등	70	83	30,000	-20~50[℃]	즉 시	중금속	고 가
LED	60	70	50,000	-20~50[℃]	즉 시	친환경	최고가
UCD	97	80	20,000	-50~80[℃]	즉 시	친환경	중저가

016 제논 램프

1 구성 및 원리

① 제논 램프는 제논가스 중의 방전을 이용하지만 아크의 형태로부터 쇼트아크램프와 롱아크램프로 분류된다.

② 고압 제논 램프는 발광 관부가 더 가늘고 긴 것을 많이 사용하며, 내부에 봉입하는 제논가스의 압력은 1~10기압 정도이다.

③ 제논 램프를 기동하려면 기동 시에만 높은 전압을 가할 수 있는 특별한 기동장치가 필요하여 안정기 외에 펄스 트랜스를 사용하여 기동을 용이하게 한다.

④ 제논 가스 속에서 일어나는 방전에 의한 발광을 이용한 램프로 각종의 광원(光源) 중에서 자연광에 가장 가까운 빛을 낸다. 석영관(石英管) 속에 한 쌍의 전극을 넣고 이 전극 사이에 방전이 일어나게 한다.

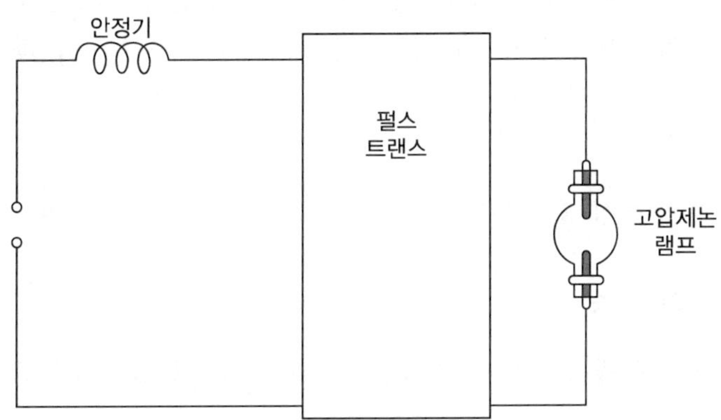

▌고압 제논 램프의 점등회로

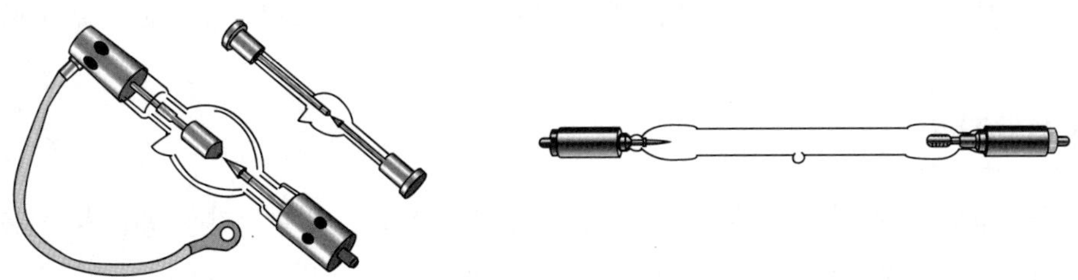

2 특 성

1) 자연 주광에 가깝다.

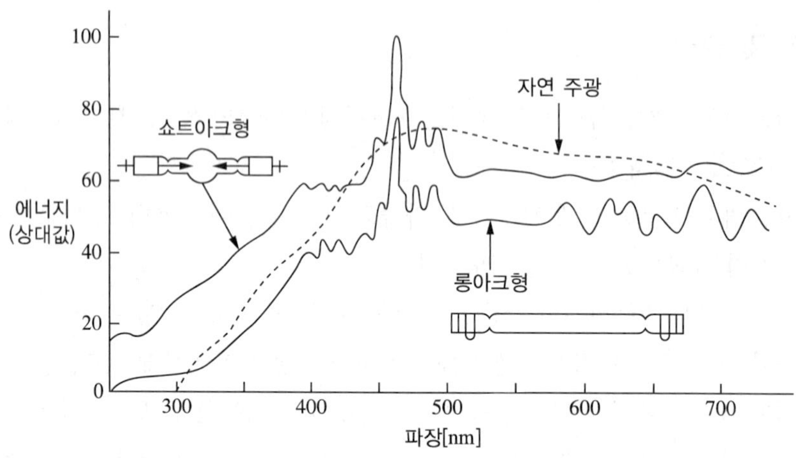

▮ 고압 제논 램프의 분광 분포

제논 램프의 분광분포는 그림에서 나타내는 바와 같이 자외선 영역으로부터 가시광선 영역에 걸쳐서 균등한 연속 스펙트럼과 근적외부에 강력한 선스펙트럼으로 되어 있다.

2) 색온도가 일정

자연 주광과 동정 중 색온도는 거의 일정(약 6,000[K])하고 휘도도 매우 높다.

3) 순시점등이 가능

점등과 동시에 광출력은 안정되고, 소등 후 순시점등도 가능한 특징을 갖고 있다.

4) 효율이 낮다.

전등효율이 16~27[lm/W]로 백열전구보다 높으나 고압방전램프보다 많이 떨어진다.

3 사용장소

화재경보기, 카메라, 비상활주로, 나이트클럽, 영사기, 광학기기용 광원 등 사용되며, 또 자연광에 가까우므로 천연색 영화촬영용의 광원으로 사용

017 삼파장 램프

1 점등원리

① 일반 조명용 형광램프는 형광체로 할로린산 형광체를 주로 사용하여 적색부분의 발광이 적어 연색성이 나쁘다.

② 이 연색성을 보완하기 위하여 희토류 형광체를 대신하여 사용하여 효율과 연색성을 개선하여 청색, 녹색, 적색 빛을 조합하여 효율이 좋은 백색의 빛을 얻는 램프이다.

2 삼파장 형광램프 형광체 도포법

1) 일층 도포법

램프 내부의 유리면에 희토류 형광체를 도포하는 것으로 도포량이 많아(2.3[g]) 원가 상승의 원인이 된다.

2) 이층 도포법

① 램프 내부의 유리면에 첫째 층은 할로린산 칼슘 형광체로 도포하고, 제2층은 희토류 형광체로 도포하는 것

② 일층 도포법에 비하여 밝기와 연색성에 큰 차이가 없으며, 경제적이다.

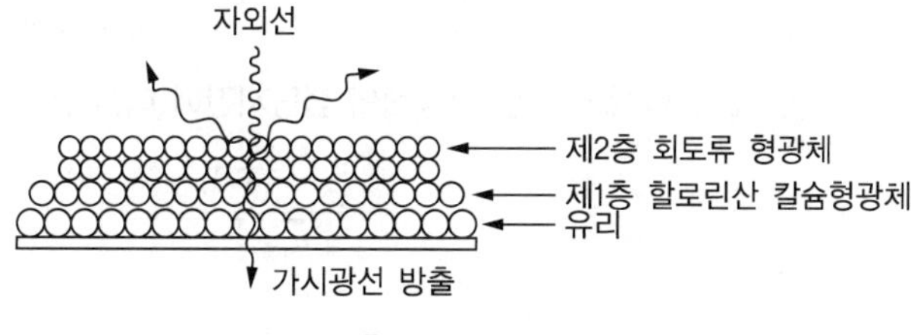

▌이층 도포법

3 특 성

1) 분광 분포 특성

일반용 형광램프는 한 개의 파장을 이용하는 선스펙트럼인데 반하여 삼파장 형광램프는 3개의 파장을 이용한다.

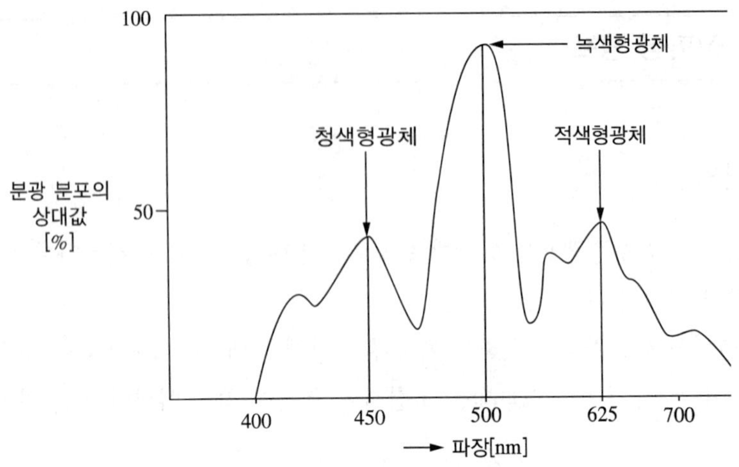

▌ 삼파장 형광램프와 일반 형광램프의 분광 분포도 비교

2) 광속유지율

삼파장 형광램프는 희토류 램프의 수명이 다 될 때까지 광속저하가 작다.

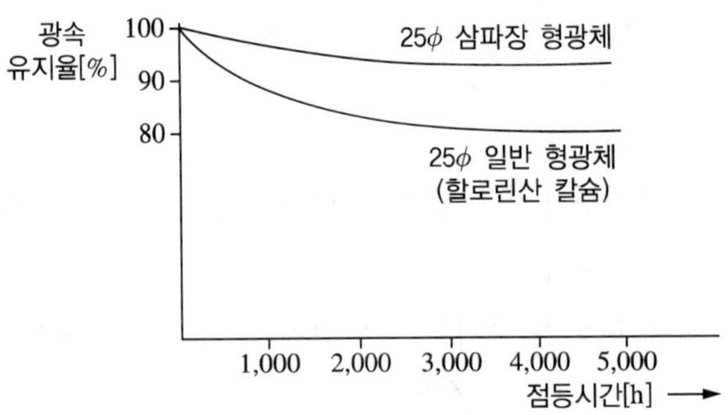

▌ 삼파장과 기존 형광체의 점등시간에 대한 유지율 곡선

4 삼파장 형광램프의 특징

① 동일 규격의 일반 램프보다 약 10[%] 정도 더 밝아서 가장 밝은 형광램프라고 할 수 있다.
② 같은 조도하에서 일반 형광램프보다 약 40[%] 정도 밝게 느껴진다.
③ 연색성이 좋다. 연색지수가([Ra]) 일반 램프는 63인데 비해 84로 높아, 색상이 보다 아름답고 자연적이며 선명해 보인다.
④ 산뜻하고 생생한 분위기를 만든다.
⑤ 약 10[%]의 절전효과로 전기요금을 절약할 수 있다.
⑥ 가격이 비싸다(일반 형광램프보다 수 배 비싸다).

018 T5

1 개 요

① 직관형광램프는 최고의 효율과 기구의 소형화를 실현하도록 설계한 관경 16[mm]의 형광램프이다.

② 이 램프는 적절한 전극 예열조건을 갖는 전용의 전자안정기와 조합하여 동작하고, 에너지 절약과 기구설계의 자유도를 높이려는 시장의 요구를 만족시킬 수 있는 램프이다.

2 특 징

1) 관경의 세관화

① 기구의 효율 향상(T8 대비+5[%])

② 기구의 슬림화가 가능

2) 관길이의 최적화

Modular Ceiling System에 설치가 가능

3) 효율 향상

전등효율이 96[lm/W]로 (T8 대비 12.5[%], T10 대비 30[%])

4) 35[℃]에서 최대 광출력

실내조명에서 효율 향상(광속 14[W]에서 1,250[lm], 28[W]에서 2,790[lm])

5) 긴 수명

높은 경제성(기존 대비 1.5배 긴 수명) → 8,000시간 이상

6) 환경친화성

저수은 폐기물 감소로 환경 친화적 램프

7) 고주파 점등

전용 전자안정기 사용으로 높은 에너지 절약 가능

8) 색온도

3,000~6,500[K]

9) 연색성 평가지수

Ra 85

10) 발열이 적다.

램프 점등 시 발열이 감소되어 냉방에너지 절약

11) 전용의 안정기 사용

램프는 기존의 등기구나 안정기와 조합하여 사용할 수 없고 전용의 전자안정기를 사용해야 한다.

3 사용장소

1) 집기 등 국부 장소

2) 천장 전반조명

019 냉음극 형광램프(CCFL ; Cold Cathode Florecent Lamp)

1 원 리

① CCFL은 냉음극 형광램프(Cold Cathode Florecent Lamp)의 약자로서 초자관과 이 양끝에 전극이 붙어 있으며, 내부에는 일정량의 수은과 Ar과 Ne의 혼합 가스가 들어 있다.

② 또한 초자관 내부 표면은 형광체로 도포되어 있다. 초기 시동 개선을 위해 형광체에 소량의 알루미나를 첨가하기도 한다.

③ 즉, 초자관이 가늘고 전극이 다른 점 빼고는 FL과 동일한 구조와 원리를 가진다.

④ 램프의 양 전극에 고전압을 인가하면, 전극으로부터 전계에 의한 전자 방출이 일어난다. FL의 필라멘트를 데워서 옥사이드를 방출하고, 이 옥사이드로부터 전자가 방출되는 것과는 차이가 있다.

⑤ 냉음극이라고 하는 이유는 열에 의한 전자 방출이 아니고 전계에 의한 전자 방출 방식이므로 열이 불필요하여 붙여진 것이다.

⑥ CCFL(냉음극 형광램프)의 동작원리는 정규 글로 방전 영역에서 동작하는 형광램프이고, 내면에 형광체를 도포한 유리관 내 희토가스와 미량(수 [mg])의 수은을 봉입하고 있다.

⑦ 램프양단의 전극 간에 고전계(고주파)를 가해 저압의 수은증기 중에서 글로 방전을 시켜, 방전에 의해 여기된 수은이 자외선(253.7[nm])을 발생해 그 자외선이 형광체를 여기 한다.

⑧ 여기된 형광체 원자가 저에너지 준위에 돌아올 때 에너지 차이에 상당하는 파장의 빛이 방출되어 형광체원자 고유의 빛을 발한다.

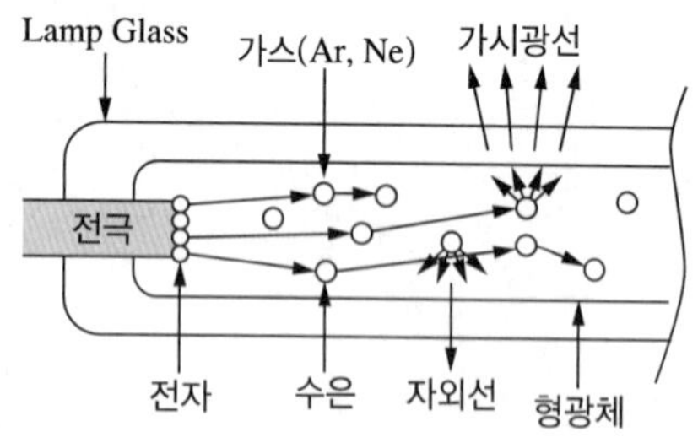

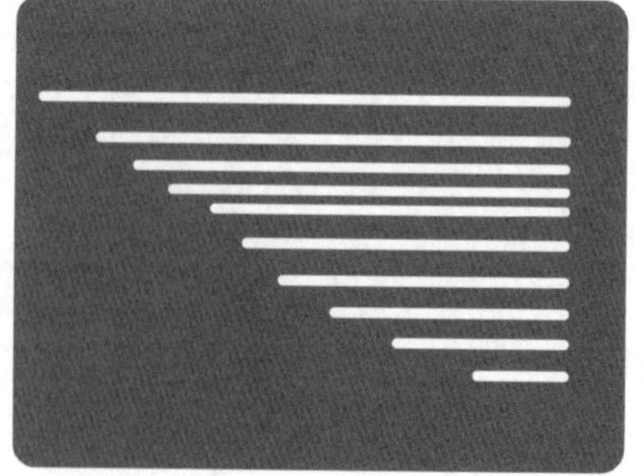

2 장단점

1) 장 점

① 소형화 및 경량화

㉠ 램프의 직경 : 1.6[mm]부터 3.0[mm]까지

㉡ 램프의 길이 : 50[mm]부터 575[mm]까지

㉢ 무게의 경량화 : 예를 들면 ϕ 1.8[mm]×58[mm] 길이 1개당 무게는 불과 0.18[g]

② 긴 수명

CCFL의 수명은 6[mA]에서 50,000시간까지 가능

③ 전력소모 감소

새로운 전극을 사용함으로써 기존의 형광램프에 비해 전력 소모를 10[%] 줄일 수 있다.

④ 뛰어난 휘도 및 색상

㉠ 고효율 및 고휘도의 장점과 콤팩트한 사이즈로 인하여, CCFL은 LCD, 액정 TV와 같은 액정 디지털 기기에 설치되는 백라이트로서 가장 이상적인 부품이 됨

㉡ 냉음극형광램프는 자연광과 같은 따뜻한 색조는 물론 높은 연색성(녹색, 청색 및 붉은색)을 나타냄

⑤ 다양한 형태

㉠ 고객이 요구하는 사양에 따라서 직경, 길이의 선택은 물론이고 모양도 직선형 이외에 “L” 이나 “U” 타입의 생산도 가능함

㉡ 이런 다양한 제품의 형태는 복사기, 스캐너 및 게임기에 설치하기에도 아주 이상적

2) 단 점

① 램프를 동작시키기 위해서는 점등용 Inverter 회로가 필요하다.

② 구조상 효율이 70[%] 이상 나오질 않는다.

③ 구동전압이 높으므로 외부에 전기적 잡음을 발생시키고 높은 습도에 내부구조의 발열이 발생된다.

④ 형광램프 특성상 내부에 수은을 사용하므로 환경에 위해를 준다.

3 용 도

① LCD의 전형적인 광원으로서 최적합
② 안정적인 조도 및 광도로 인하여 팩스기에 적합
③ 복사기 및 스캐너용으로 적합
④ 온라인 및 오프라인 게임기에 이용
⑤ 저휘도 윤곽용 조명 디자인에 적합
⑥ 기타 출력표시 장치에 광범위하게 이용

구 분	FL	CCFL	EEFL	비 고
전 압	LOW	MED	HIGH	전극의 이차 전자 방출
수 명[h]	5,000	60,000	100,000	–
전 류	MED	HIGH	LOW	CCFL ; Capacitor 연결 (인버터 출력단)
병렬구동방식	NO	NO	YES	–
표면 휘도 [cd/m^2]	600~700	1,000~1,200	1,200~1,500	–
광효율	80[lm/W]	50[lm/W]	90[lm/W]	–
발 열	발열로 인한 열 손실이 크다.	발열로 인한 열손실 있음	냉열구조	–

020 외부전극 형광램프(EEFL ; External Electrode Fluorescent Lamp)

1 구조 및 원리

① EEFL이란, 외부전극 형광램프(External Electrode Fluorescent Lamp)로 밀폐된 유리관에 가스를 봉입한 뒤 램프 양 끝에 전극을 형성하여 전극이 가스 방전공간에 노출되지 않고도 가스 방전 동작을 실시하여 플라스마(Plasma)를 형성시키는 구조를 가지는 형광램프다.

② 관 내부에서 일어나는 가스 방전현상은 일반 램프와 같으나 유리관 자체가 유전체로 작용하기 때문에 방전을 유도하기 위해 인가하는 외부전압에 앞선 방전으로 인하여 발생하는 공간전하들의 축적에 의한 벽전하가 더해져 전압이득이 발생하게 된다.

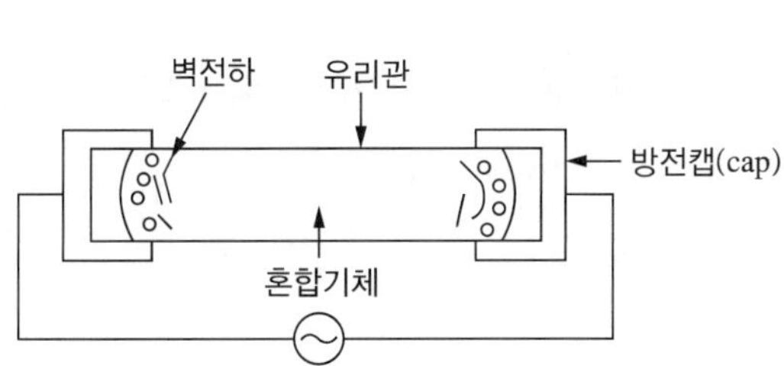

▌EEFL 조명 구조

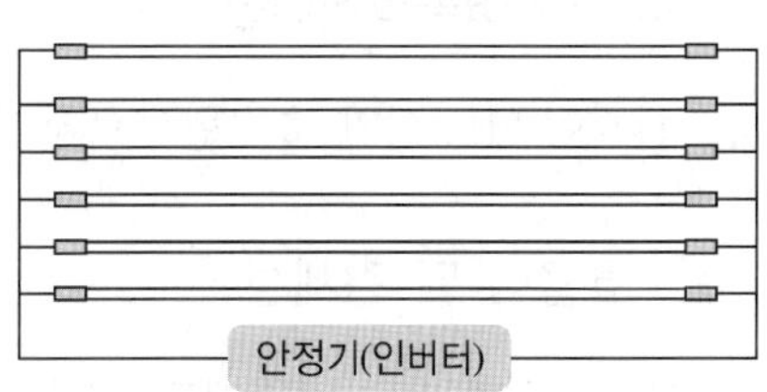

EEFL 조명 구조 : 등수에 상관없이 점등용 인버터 1개가 소요된다.

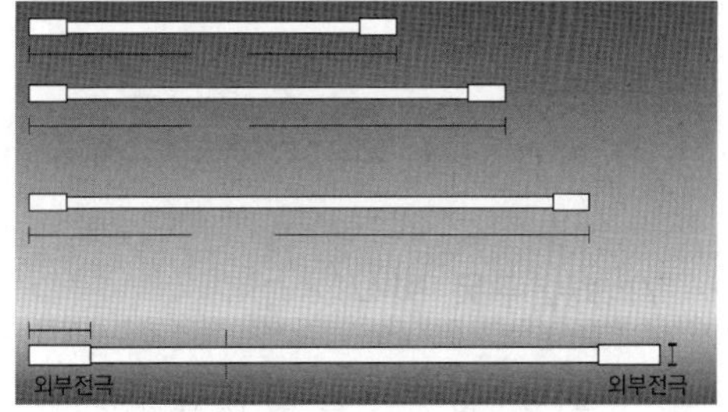

▌EEFL Lamp 구조

2 특 징

1) 긴 수명

평균수명 100,000시간으로 긴 수명의 특성

2) 저전력 특성

형광등 대비 30[%] 이상 낮은 소비전력으로 절전효과 기대

3) 친환경

최소의 수은 함유 및 긴 수명으로 각종 유해물질, 폐기물 최소화

4) 다양한 어플리케이션

관경이 8[mm]인 슬림형으로서 협소한 공간, 동선 확보가 중요함

5) 고효율성 및 경제성

① 긴 수명(일반 형광램프 수명의 5배 이상, 기타 램프의 3배 이상, 유지보수 필요 없음)
② 고효율성 및 경제성(전력 소모 기타 램프대비 60[%] 이하)

6) 냉열관

관 자체에서 열이 발생되지 않기 때문에 사진, 필름, 기타 상품에 손상을 입히지 않음

7) 병렬구동 방식

① 형광등과 같은 내부 전극형 램프는 방전 시 전압강하가 커서 여러 개의 관을 한 개의 구동 장치로 동시에 구동시키기가 대단히 어렵다.
② EEFL은 근본적으로 전압강하가 매우 작으므로 다수의 관을 한 개의 구동장치로 동시 동작시키는 것이 가능함

021 무전극 램프

1 구조 및 원리

① 1차 코일에 고주파를 인가하면 자기장이 코일 주위에 발생하게 되는데 이 자기장이 2차 회로에 해당하는 방전관을 통과하게 되면 패러데이의 원리에 의해 2차 회로에 기전력이 발생하게 된다.

② 발생한 기전력에 의해 방전관 내에 전자가 가속되어 플라스마가 발생하게 되며, 플라스마에서 나온 자외선은 유리관 내부에 도포된 형광체를 자극하여 가시광선을 방출하게 된다.

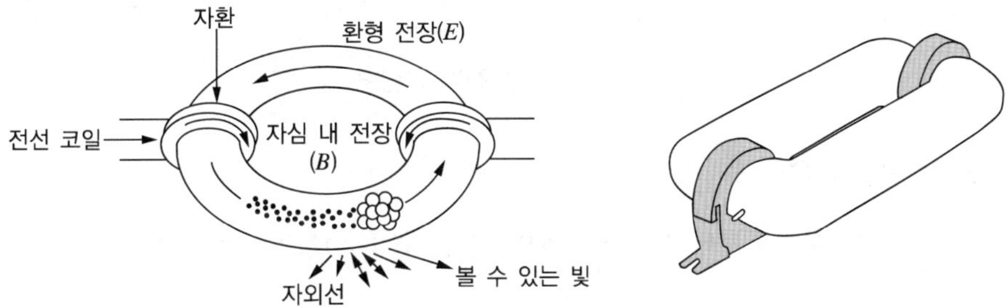

2 종 류

1) 자계 결합형 방전램프

유도결합형(ICP ; Inductively Coupled Plasma) 방전램프라고도 하며, 일반 조명용도로서 실용화되어 있는 무전극램프다. 1차 코일 중의 교류전류에 의해 이것에 대응하는 교류자계가 코어와 주변공간에 발생함을 이용한다(수십[kHz]~수백[MHz]).

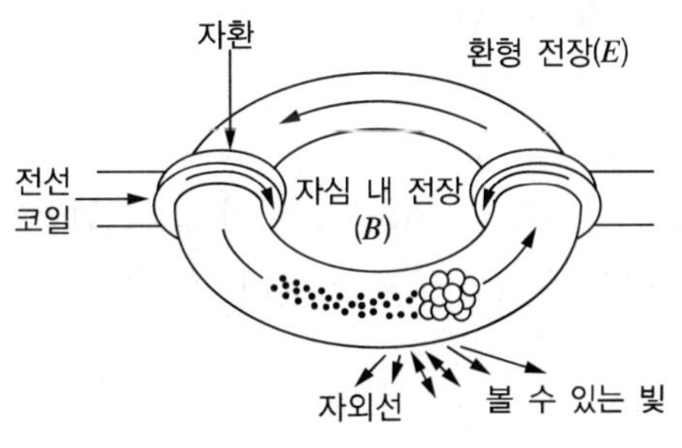

▍자계 결합형

2) 전계 결합형 방전램프

용량 결합형(CCP ; Capacitively Coupled Plasma) 방전램프라고도 하며, 방전관 외부에 한 쌍의 전극을 놓고 전극 간에 고주파(수 백[kHz]~수[MHz]) 전계를 걸어 방전을 발생시킨다.

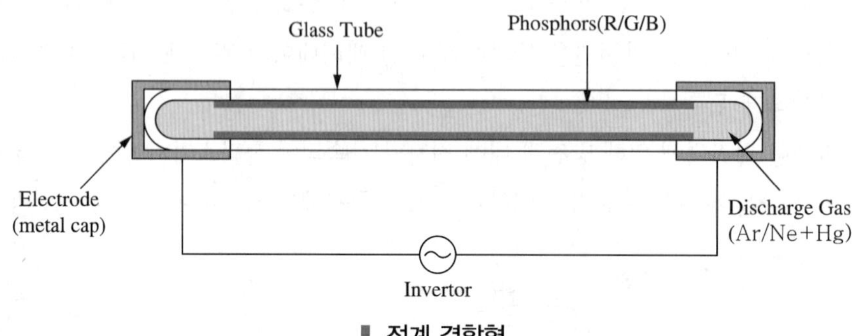

▌전계 결합형

3) 초고주파 방전램프

① 마그네트론으로부터 마이크로 웨이브(2.45[GHz])를 발생하여 도파관을 통해 공진기에 전달된다.

② 공진기 내 강한전계가 형성되어 Bulb 내 불활성 기체와 금속화합물 방전되어 연속적으로 빛을 발하는 플라스마 상태가 유지되어 방전

3 장단점

1) 장 점

① **고효율**

고효율 램프(64~80[lm/W])

② **장수명**

㉠ 일반수명 : 10만 시간(초기 광속 대비 55[%]까지)

㉡ 실효수명 : 6만 시간(초기 광속 대비 70[%]까지)

③ **고연색성** : 86Ra

④ 즉시점등 및 재점등

⑤ 열방사가 적다.

2) 단 점

① 가격이 비싸다.

② **노이즈 대책 필요**

㉠ 무전극 램프는 고주파 점등이므로 전자파에 의해 타 기기에 영향을 준다.

㉡ 노이즈 단자전압에 대한 대책이 필요하며, 노이즈의 발생원인인 램프나 점등회로 부근에 접지를 확실히 할 필요가 있다.

㉢ 고주파 노이즈는 조명기구의 표면에 전파하므로 표면에서 접지를 하면 효과적이다.

4 기타 램프와의 특성 비교

구 분	삼파장 무전극 램프 시스템	메탈할라이드 램프	나트륨 램프
수 명	100,000시간	12,000시간	24,000시간(고압)
연색성	86[Ra], 삼파장	65[Ra]	28[Ra], 단파장
색상 연출	부드럽고 자연스러운 색상 연출	차갑고 창백한 색상 연출	노란색 단색으로 획일적 색상 연출
점등성(점등시간/재점등시간)	즉시점등 및 재점등 가능 (0.01초/0.01초)	즉시 점등 및 재점등 불가 (8분 이하/10분 이하)	즉시 점등 및 재점등 불가 (8분 이하/10분 이하)
장치 중량	1[kg] 내외	6[kg](400[W] 기준)	6[kg](400[W] 기준)
램프 발열	80~90[℃] (내구성, 안전성, 효율 증대)	300~400[℃] (높은 열로 기구의 빠른 파손)	300~400[℃] (높은 열로 기구의 빠른 파손)
화재/폭발 위험성	낮 음	높 음	높 음
눈부심	면광원으로 잔상발생이 없어 눈부심 없음	점광원으로 잔상발생이 있어 눈부심 심함	점광원으로 잔상발생이 있어 눈부심 심함
전압변동에 따른 조도 변화	정전압 회로 사용으로 조도의 변동 없음	전압 변동에 따라 수시로 조도 변동 (램프 수명 감소)	전압 변동에 따라 수시로 조도 변동 (램프 수명 감소)
광속저하	느 림	빠 름	빠 름
색상 균일도	균 일	매우 불균일	불균일
투과율	보 통	낮 음	높 음
해충 집중도	보 통	높 음	낮 음
농작물 과성장	낮 음	낮 음	높음(야간에 소등 필요)

5 최근 동향

① 무전극 램프는 현재까지 상용화된 광원 중에서 가장 긴 수명의 광원으로서 그 핵심 부품인 안정기가 국산화되면서 터널과 같은 공공시설을 중심으로 수요가 증가하는 추세이다.

② 무전극 램프는 특수전구와 초고주파 방전을 일으키는 안정기를 합친 가격이 상당히 고가이나, 평균수명이 1만 시간 이하인 형광등이나 나트륨 램프 및 메탈하이라이트 램프에 비해 고효율, 긴 수명인 점과 이에 따른 교체비용의 절감 등을 고려하면 오히려 경제적이다.

022 LED(=무기발광 다이오드)

1 구성 및 작동원리

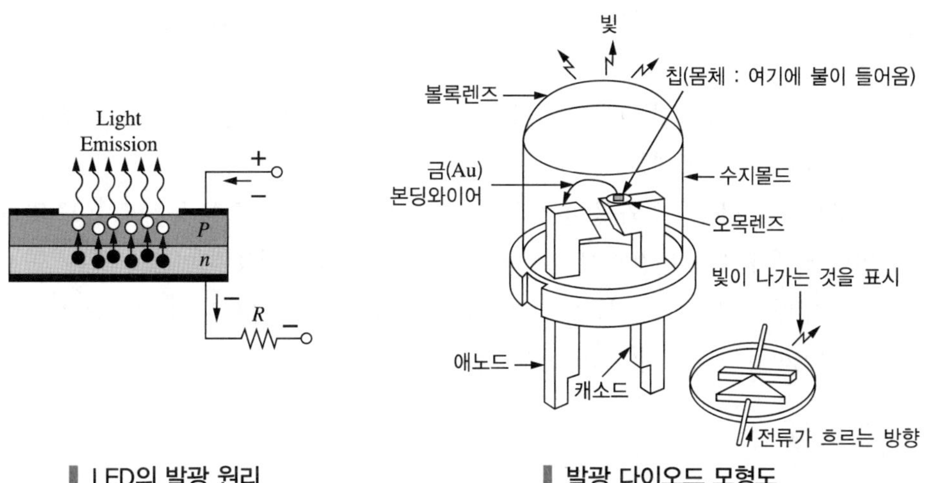

▌LED의 발광 원리 ▌발광 다이오드 모형도

① Light Emitting Diode의 약자이며 흔히 발광 다이오드라고 불리기도 한다.

② LED는 화합물 반도체 특성을 이용해서 전기 신호를 적외선 또는 빛으로 변환시켜 신호를 보내고 받는 데 사용하는 반도체의 일종이다.

2 특 징

1) 장 점

① 소형 경량화 및 슬림화를 할 수 있다.

② CCFL 대비 1.5배 이상이며 동작전압 및 온도 특성이 맞으면 수명은 배가 된다.

③ 점등용 Inverter회로가 필요 없음

④ 휘도에 비해 전력이 작게 들어간다.

⑤ 저전압으로 동작하여 소비전력이 작아진다.

2) 단 점

① LED는 온도 및 동작전압에 의하여 수명이 반감된다.

② 정전기나 전기적 충격에 약하다.

3 조명기구 설계 시 고려해야 할 주요 특징

① 구조적으로 기존의 광원과는 달리 작은 점광원으로서 유리전극, 필라멘트 및 수은(Hg)을 사용하지 않아 매우 견고하고, 수명이 길며, 환경친화적이다.

② 광학적으로 선명한 단색광을 발광하여 연색성이 나쁜 반면, 색을 필요로 하는 조명기구에 적용 시 빛 손실이 매우 적고 시인성이 향상되며, 지향성 광원으로써 등기구 손실을 줄일 수 있다.

③ 전기적으로 특정전압 이상에서 점등을 시작하고 점등 후에는 작은 전압변화에도 민감하게 전류와 광도가 변화한다.

④ 온도상승 시 허용 전류와 광출력이 감소하고 많은 열이 발생하는 등 주위 온도 및 동작온도 변화에 대해 매우 민감하게 동특성이 변화한다. 만약 허용치 이상의 전류가 흐를 경우 수명이 대폭 감소하고 성능이 크게 저하되므로 적절한 열처리 장치(Heat Sink)와 전류를 제어하는 구동장치(Ballast)를 필요로 한다.

4 LED 특성

1) 전기적 동특성

① 구동전압-전류 특성(IF-VF 특성)

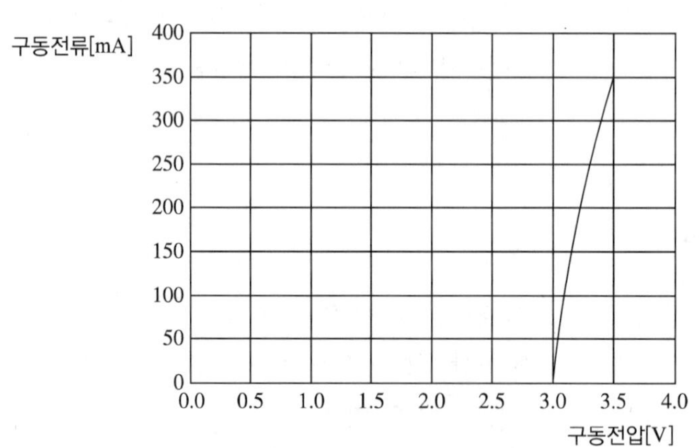

▌구동전압-전류 특성

LED에 인가되는 전압에 대한 전류의 변화특성으로, 저항소자와는 달리 LED는 일정 전압이 인가될 때까지 전류가 흐르지 않다가 임계전압 이상에서는 작은 전압변화에 대해 급격히 전류가 변화하는 특성을 가지고 있다.

② **구동전류-광출력 특성**

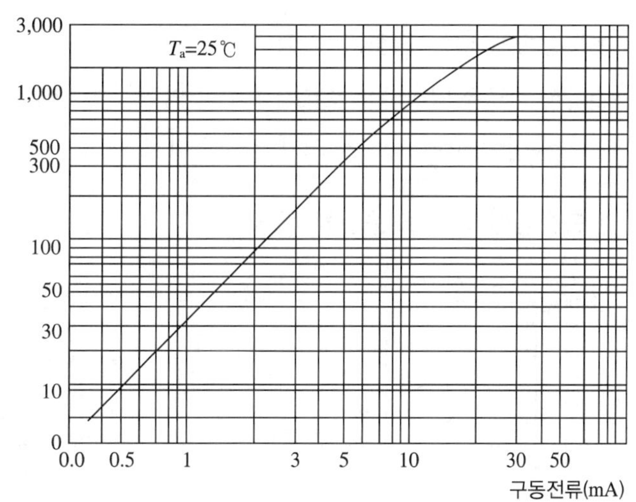

▌ 구동전류와 광출력특성

㉠ LED에 흐르는 순방향 전류에 대한 광도의 변화특성으로 정격 허용전류 내에서는 전류와 광도는 서로 비례한다.

㉡ 그러나 허용전류보다 큰 전류가 흐를 경우 열 손실로 직선성이 없어지며, 이는 발광효율의 저하 및 소손 등 수명단축의 원인이 될 수 있어 각별한 주의를 요한다.

③ **조광제어 특성**

㉠ LED의 광출력은 위의 그림에서 보듯 정상동작 범위 내에서 순방향 전류의 크기에 비례하여 넓은 범위에서 조광이 가능하며, 이는 정전압 상태에서 펄스폭 변조(PWM) 방법으로 구현할 수 있다.

㉡ 즉, 입력 정전압을 일정 주파수 이상으로 펄스폭을 조절함으로써 깜박거림 없이 시각적인 조광효과를 얻을 수 있으며, 디지털 기술과 접목하여 전기적으로 쉽게 구현할 수 있어 널리 사용되고 있다.

④ **LED 드라이버(Ballast)**

㉠ LED 드라이버는 LED에 흐르는 전류의 흐름을 조절하는 것으로 방전램프의 안정기(Ballast)와 유사한 기능을 수행한다.

㉡ LED 드라이버는 LED 조명기기의 조명 성능과 수명을 좌우할 수 있는 중요 장치로써 LED 어레이의 배열구조, 동작조건 및 조명환경 등을 고려하여 설계해야 한다.

2) 열적 동특성

① 온도상승에 따른 광출력 특성

순방향 전류를 일정하게 흐르게 하고 주위 온도변화에 대한 광도의 변화특성으로 온도가 상승함에 따라 광도가 크게 감소한다.

② 온도상승에 따른 허용전류 특성

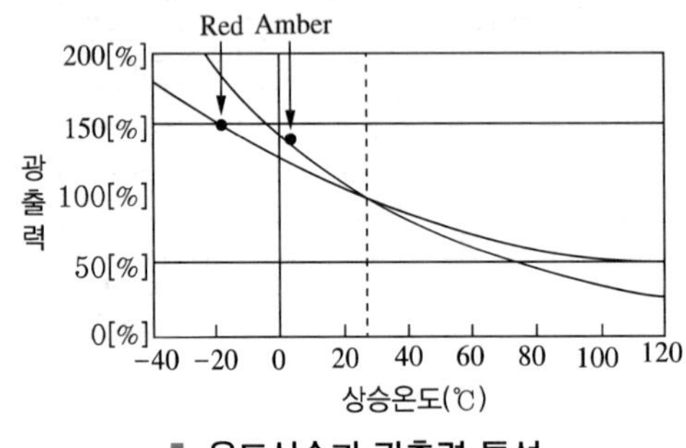

▮ 온도상승과 광출력 특성

▮ 온도상승과 허용전류 특성

㉠ 주위 온도변화에 대한 허용 순방향 전류의 변화특성으로 주위온도가 높을수록 열저항이 클수록 허용전류가 크게 감소한다.

㉡ 따라서 LED 램프의 안전운전과 효율 및 수명 향상을 위해 동작온도 상승을 억제하는 적절한 방열장치의 부착이 요구된다.

③ 온도와 구동전압에 따른 전류 특성

㉠ 온도 상승에 따른 정전류 운전에 필요한 구동전압의 변화를 보여 주고 있다. 온도가 1[℃] 상승 시 약 2[mV]가 감소해야 정전류 운전이 가능하다.

㉡ 만약 정전압원인 SMPS(Switching Mode Power Supply)로 구동할 경우 온도상승에 따라 전류가 크게 증가하여 LED의 허용전류 범위를 벗어나 수명에 영향을 주게 된다.

㉢ 이러한 특성으로 LED 조명기구는 설치장소와 주위 환경에 따라 조명성능이 크게 변화하고 심할 경우 소손될 수 있으므로 조명기구 설계 시 적절한 전류제어장치(Ballast)와 방열처리장치(Heat Sink)를 신중히 고려해야 한다.

④ 온도상승에 따른 스펙트럼 변이 특성

㉠ LED의 발광 파장은 접합부의 온도에 의해 전이하며, LED에 흐르는 전류의 변화는 접합부 온도에 영향을 끼친다.

㉡ 즉, 구동전류제어에 의한 조광제어 시 접합부온도 변화에 따른 색 변이가능성이 있다. 이때 빨강, 노랑의 AlGaInP LED는 파랑, 녹색, 백색의 InGa LED보다 더 큰 스펙트럼 전이를 갖는다. 이에 따라 백색을 생성하기 위해 다양한 색상의 LED를 혼합하여 사용 시 문제가 발생될 수 있다.

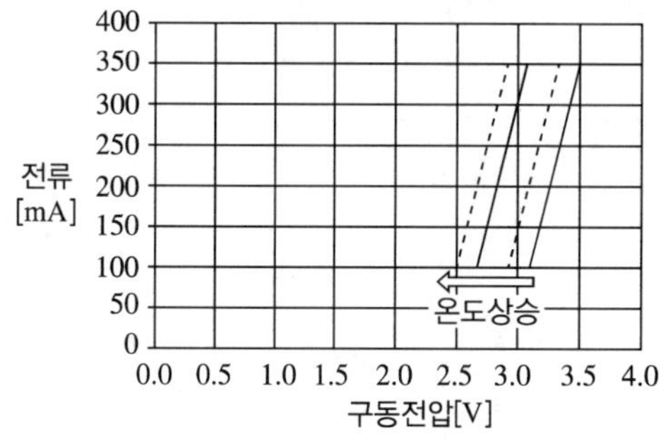

▌정전류 운전을 위한 주위 온도와 구동전압 특성

광도
2
1
0
Amber
Temp −20℃
+25℃
+85℃
1
파장[nm]

▌온도상승과 스펙트럼 변이

5 LED 조광제어

1) 구성 및 원리

센서 → 조광관리기 → 조광제어기 → 드라이버 → 모듈

① **센서** : 동작조도 등을 감지하는 부분

② **조광관리기** : 센서에서 받은 신호를 이용하거나 자체 프로그램 운용에 의한 제어신호를 LED 조광제어기에 전송

③ **LED 조광제어기** : 조광관리기에서 받은 신호에 의해 조도 및 색상에 대한 제어신호를 LED 드라이버에 전송

④ **LED 드라이버** : LED조광제어기에서 받은 신호에 의해 전압 전류제어

⑤ **LED 모듈** : 1개 이상의 LED 소자로 구성된 모듈

2) 조광제어방식

① 재실감지 방식

② **동작감지하는 방식**

㉠ 독립장치 제어방식

㉡ 구역조광 제어방식

③ **중앙조광 제어방식**

㉠ 중앙에서 전체 건물의 조광을 네트워크 이용 제어하는 방식

㉡ DALI-System

- 컨버터
  - 역률 95[%] 이상, 왜형률 30[%] 이상
  - 전자파 장애 감소 대책
- MOCVD : 유기화학 금속 증착 장비
  - 수량 14.11
  - 약 400여대
  - SS · 150, 서울 10, CG : 140
- SMPS 2차 출력이 높은 이유
  - 50~70[V]
  - 콘덴서 용량이 120에 비해 작다(원가 절감).

023 LED의 조광제어

1 개 요

① LED는 Light Emitting Diode의 약자이며 흔히 발광 다이오드라 불린다.

② LED는 화합물 반도체 특성을 이용해서 전기신호를 적외선 또는 빛으로 변환시켜 신호를 보내고 받는 데 사용하는 반도체의 일종이다.

2 조광제어 구성 및 원리

센서 → 조광관리기 → LED의 조광제어기 → LED의 드라이버 → 모듈

① **센서** : 동작 조도 등을 감지하는 부분

② **조광관리기** : 센서에서 받은 신호를 이용하거나 자체 프로그램 운영에 의한 제어신호를 LED 조광제어기에 전송

③ **LED 조광제어기** : 조광관리기에서 받은 신호에 의해 조도 및 색상에 대한 제어 신호를 LED 드라이버에 전송

④ **LED 드라이버** : LED 조광제어기에서 받은 신호에 의해 전압 및 전류를 제어

⑤ **LED 모듈** : 1개 이상의 LED 소자로 구성된 모듈

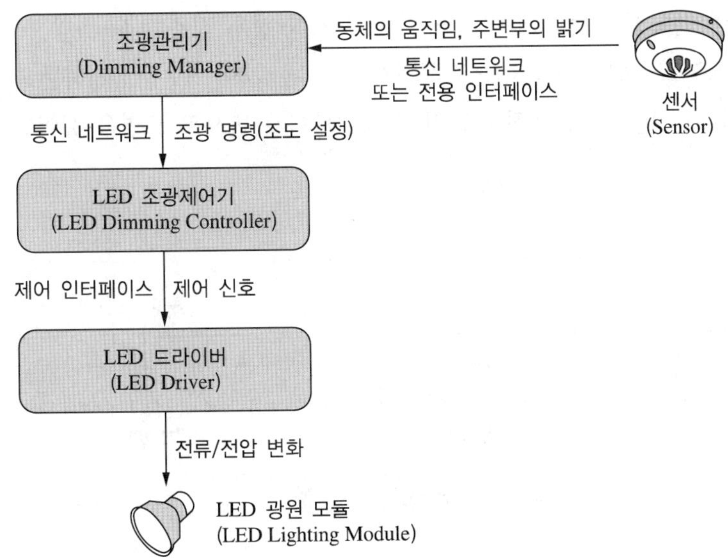

3 조광제어방식

1) 독립장치 제어방식

① 조명 기구별로 조광제어장치를 부착하고 외부제어장치의 도움 없이 독립적으로 조광제어를 수행하는 방식이다.

② 다음 그림은 각각 독립적으로 동작하는 LED 센서 등을 사용하여 건물 복도에 설치된 LED 조광시스템의 예를 보인 것이다.

③ 각각의 LED 조명기구는 부착된 센서의 신호에 따라 독립적으로 동작한다.

④ 따라서 보행자의 움직임에 따라 순차적으로 조명이 켜지게 된다.

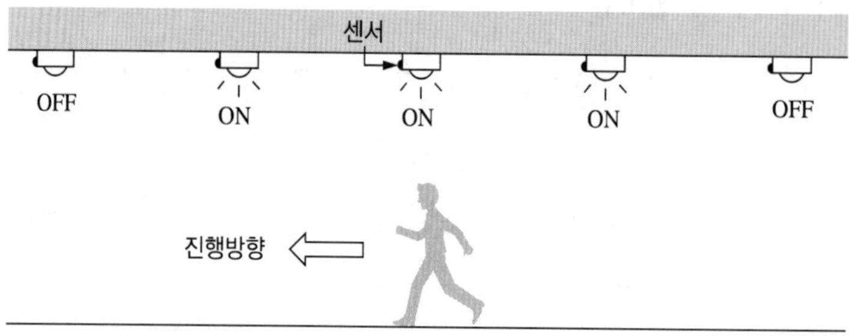

2) 구역조광 제어방식(지역제어방식)

① 구역 조광 관리기 또는 지역 조광 관리기를 기반으로 다수의 LED 조명기기를 연동하여 조명을 제어하는 방식이다.

② 조명기기들 간의 연속적인 동작에 대한 제어가 필요한 경우 적용할 수 있다.

③ 연결된 다수의 LED 조명모듈을 순차적으로 동작시키기 위한 제어 정보를 유지하는 Scene 데이터베이스를 조광관리기에 내장하고 센서 데이터를 기반으로 조명을 제어한다.

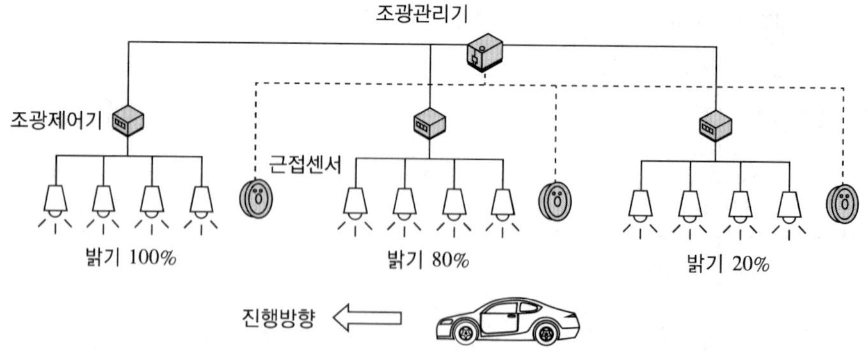

3) 중앙조광 제어방식

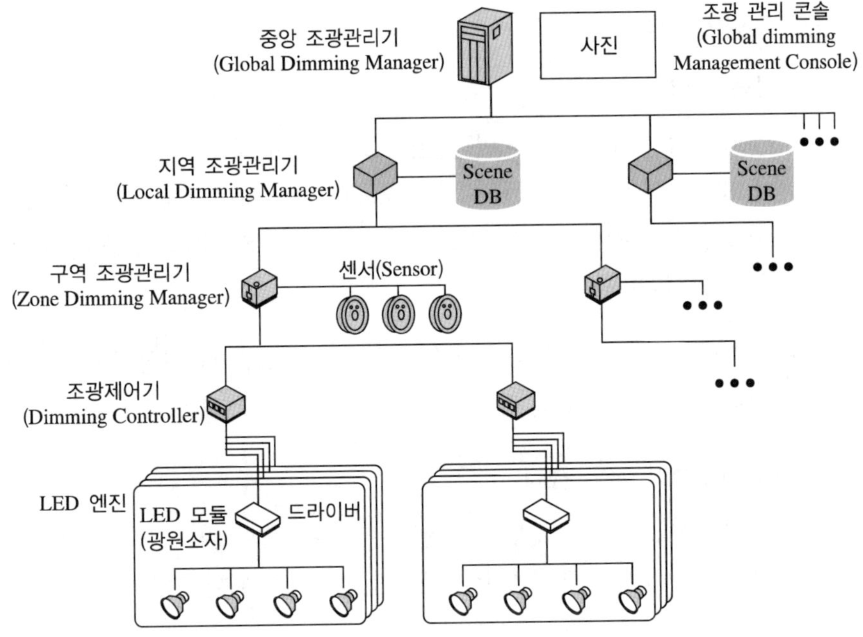

① 조광관리기를 계층적으로 구성한 방식이다.

② 이러한 대규모 응용에서는 조광관리기를 구역(Zone), 지역, 중앙 조광 관리기로 계층적으로 구분하여 구축한다.

③ 중앙집중 제어방식의 장점은 조광시스템의 전반적인 동작 상황을 한 곳에서 관리 및 모니터링할 수 있다는 것이다.

④ 구역 조광관리기(ZDM ; Zone Dimming Manager)은 가장 작은 범위에서 센서를 사용하여 동체의 움직임을 관리한다.

⑤ 지역 조광관리기(LDM ; Local Dimming Manager)은 중규모의 범위를 관리하는 조광관리기이다.

⑥ 중앙 조광관리기(CDM ; Central Dimming Manager)는 조광시스템 전체를 관리하기 위한 용도이다.

4 특 징

1) LED 조명의 장점

① 저전력 소비

㉠ LED 조명은 기존 광원에 비해 전력 효율이 매우 좋고 저전력으로 동작이 가능하다.

㉡ 소비 전력이 일반 형광등의 1/2 이하 수준으로 알려져 있는데, 네온등이나 형광등이 40[%] 정도의 조명 효율을 가지는 것에 비해 LED 조명은 80[%] 이상의 조명 효율을 제공한다.

② 수명이 길다 : 광원의 수명이 기존 조명장치에 비해 5배 이상 길다. 현재는 5만 시간 이상의 수명을 제공한다.

③ 빛의 지향성이 매우 높다

㉠ 광원의 모든 방향으로 빛이 산란되는 기존 광원에 비해 빛의 지향성이 매우 높다.

㉡ 우수한 지향성은 특히 의료기기나 실험기기를 위한 조명장치로 매우 적합하다.

④ 내구성이 좋다.

㉠ LED 칩은 일반적으로 에폭시 플라스틱 수지로 포장되기 때문에 형광등과 같은 유리를 사용한 기기보다 내구성이 훨씬 뛰어나다.

㉡ 따라서 조명 기기에 대한 유지보수 비용을 줄일 수 있다.

⑤ 환경 친화적 : 기존의 형광등 또는 네온등은 수은과 납 성분이 포함된 반면 LED는 이러한 성분이 없고 또한 동작 중에 CO_2와 같은 가스 및 자외선 또는 유해 전자파를 배출하지 않는다.

⑥ 광색이 뚜렷하고 색 재현성이 우수 : RGB LED 조합에 따른 색온도 및 연색성의 동적인 제어가 가능하다.

⑦ 소형화 및 경량화

㉠ 광원 및 전체 조명시스템의 소형화, 경량화, 박형화가 가능하다.

㉡ 반도체를 사용하므로 광원의 크기가 매우 작고, 따라서 작은 공간에도 조명기기 및 제어장치를 설치할 수 있다.

⑧ **점 · 소등이 빠르다**

㉠ 점등과 소등 동작이 수 나노초에 이루어지므로 기존의 조명기기에 비해 매우 빠른 동작이 가능하다.

㉡ 고속의 반복 동작 및 펄스(Pulse) 동작이 가능하다.

⑨ **자외선 파장대 방출이 없다**

㉠ LED 조명의 경우, 자외선을 방출하지 않기 때문에 조명장치가 벌레를 꾀지 않는 것으로 알려져 있다.

㉡ 일반적인 상용 LED 조명장치는 벌레들이 좋아하는 파장대인 400~320[nm]에 해당하는 자외선을 거의 방출하지 않는다.

⑩ **조명기구의 발열량이 적다**

㉠ 조명기구 전체적으로는 발열량이 적다.

㉡ 기존의 조명장치에 비해 인가되는 전력의 많은 부분이 빛으로 방출되기 때문에 기기에서 발생하는 열이 줄어들게 된다.

2) LED 조명의 단점

① **가격이 비싸다 :** 조명용 LED칩 수율이 60[%] 수준으로 아직 낮고 높은 재료비로 인해 기존 조명 소자에 비해 가격이 비싸다는 점이다.

② **주변 부속품이 고가 :** LED 조명기를 구성하는 주요 부품 중에서 특히 방열시스템을 비롯한 주변 부품의 값이 고가이다.

③ **단색 파장의 빛을 발산**

㉠ LED는 단색 파장의 빛을 발산하는 소자를 사용하기 때문에 다양한 스펙트럼의 빛을 발생하지 않는다.

㉡ 따라서 물체의 색감을 드러나게 하는 연색성이 좋지 않고 비교적 차가운 느낌을 주는 경향이 있다.

④ **빛의 확산이 어렵다**

㉠ LED 조명은 기존 조명과 달리 빛이 확산되지 않는다.

㉡ LED의 경우 광원에서 방출된 빛은 일정한 방향으로만 진행하는 속성이 있다. 따라서 방출된 빛을 산란시켜 줄 부가적인 반사장치들이 필요하게 된다.

024 DALI 프로토콜

1 개 요

① 조명제어 분야의 새로운 기술인 DALI (Digital Addressable Lighting Interface) 프로토콜은 유럽지역에서 사용하는 조명제어 프로토콜로서 조명기구(안정기 단위)마다 Address를 부여하여 독립적인 기능을 갖게 됨으로 용도 및 구획 변경 없이 프로그램으로 간단하게 변경할 수 있으며 점·소등 제어 및 시밍 제어가 가능하다.

② 조명제어 프로토콜 DMX512(방송용 무대장치, 무대조명), DALI(일반조명)으로 분류된다.

③ DALI(Digital Addressable Lighting Interface)란 버스구조를 제공하는 한 쌍의 전선을 연결하여 디지털로 제어하기 위한 프로토콜을 말한다.

2 구성 및 원리

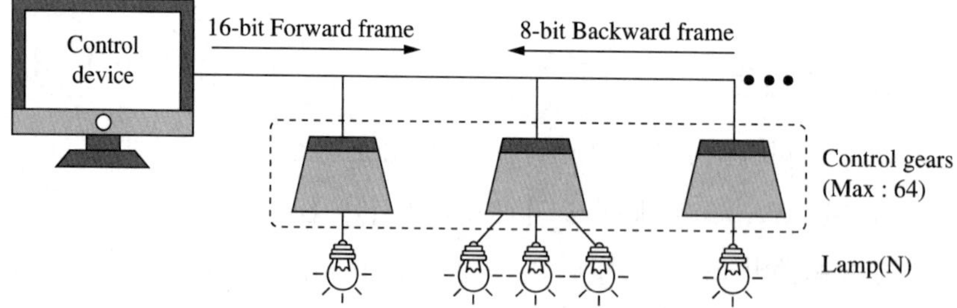

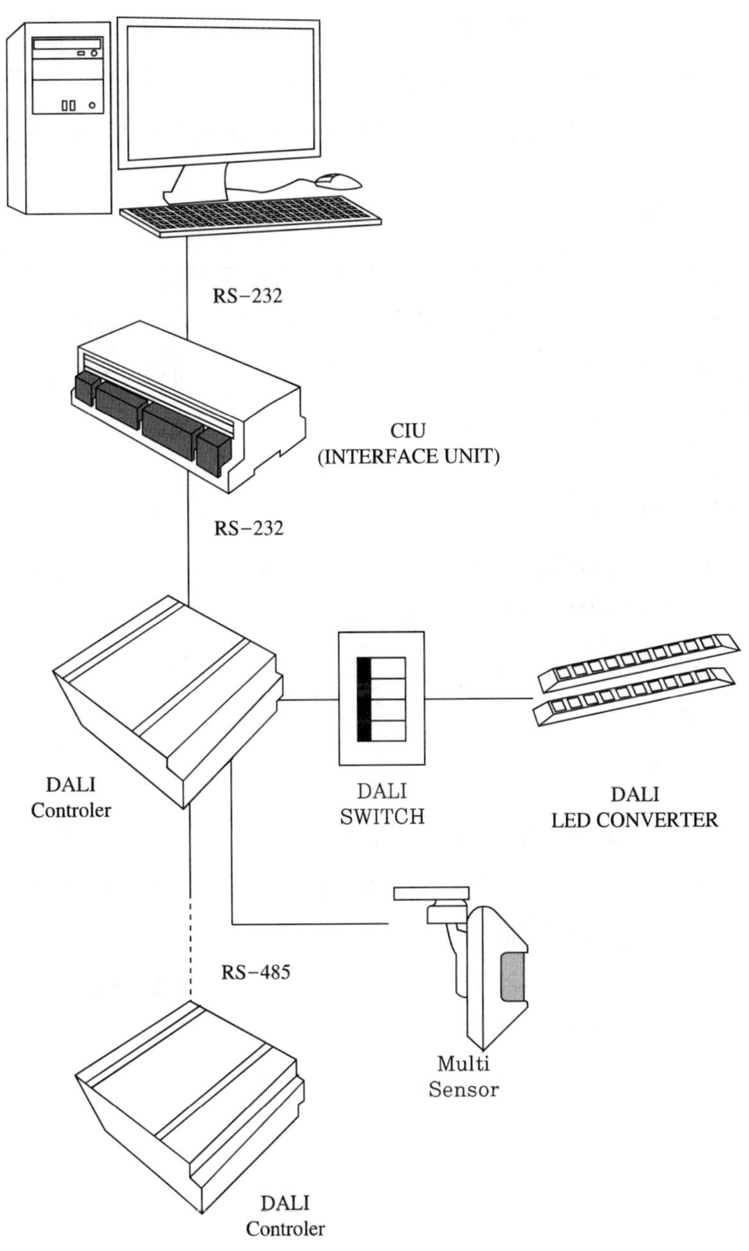

1) Control Device와 Control Gear

① DALI시스템에는 Control Device와 Control Gear라는 두 가지 장치가 있다. Control Device는 명령을 보내는 장치이고 Control Gear는 이 명령을 수신하여 이에 따라 램프를 직접 제어하는 역할을 수행한다. 하나의 DALI시스템에서 Control Device는 하나만 존재하고 Control Gear는 최대 64개가 연결 가능하다.

② DALI용 드라이버는 자체에 광출력과 Fade Time, 액세스가 가능한 주소와 그룹에 대한 파라미터가 저장되게 된다. DALI제어기가 드라이버로부터 받는 정보는 현재 조명상태와 광원의 출력 레벨 그리고 램프와 안정기의 상태에 관한 것이다.

2) DALI Interface

Control Device와 Control Gear는 인터페이스에 연결되는데 2개의 와이어로 구성되어 DALI 고유의 전기적 특성을 가진다. DALI인터페이스는 허용되는 높은 수준과 낮은 수준의 전압을 정의하는데 높은 수준은 9.5[V]에서 22.5[V] 사이, 낮은 수준은 −6.5[V]에서 +6.5[V] 사이로 정의된다.

3) Master-Slave 구조

DALI 시스템에서 DALI 인터페이스는 2선을 Control Device와 다수의 Control Gear가 공유하는 버스형태로 구성되기 때문에 무분별한 프레임 전송에 따른 프레임 충돌로 인한 데이터 손실을 방지하기 위해 논리적으로 마스터-슬레이브 구조를 가진다.

3 특 징

① 조명기구별 BALLAST 제어 기능(조명기구별 점·소등 및 시밍 제어)
② Multi-Sensor와 연동되어 외부 주광에 의한 조도 혹은 재실 여부를 감지하여 자동으로 조명을 점·소등하므로 에너지 절감 효과
③ DALI Ballast 사용 시 Feed Back 진단 기능으로 안정기 및 램프 이상 유무를 감시실에서 자동으로 확인되어 보다 향상된 서비스 정보를 제공
④ DALI 프로토콜에 의해 개발된 제품과 호환 가능

025 LED 백색구현

1 개 요

① LED가 단순한 디스플레이 용도에서 일반조명으로 적용 영역이 확대될 수 있었던 것은 백색 LED의 개발이 가능했기 때문이다.

② 백색 LED의 구현은 90년대 중반 일본 니치아 화학에 의해 청색 LED가 개발되면서 가능하게 되었다.

③ 기존에 개발되어 있던 적색(Red), 청색(Blue), 녹색(Green)이 추가되면서 빛의 3원색의 혼합이 가능해졌기 때문이다. 빛의 3원색을 합하면 백색이 만들어지는 원리이다.

2 LED 백색 구현 방법

1) Color Mixing(R, G, B LED 혼합)

적색(Red), 청색(Blue), 녹색(Green)의 혼합으로 백색을 구현하는 방법

Red+Green+Blue LEDs

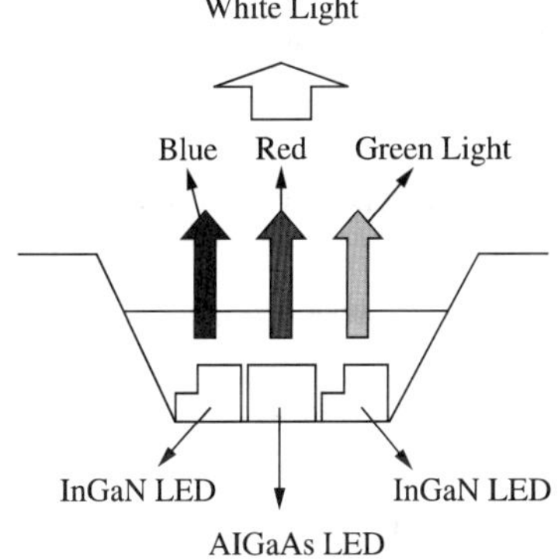

① 연색성이 우수하다.

② 각 컬러칩마다 동작전압이 불균일하다는 단점이 있다.

③ 다양한 연출을 필요로 하는 특수조명에 적합하다.

4 사무실에서 사용되는 LED조명의 색온도

① 색온도의 세계적인 추세에 따르면 가정용은 4,000[K] 이하, 사무실용은 5,000~6,000[K]의 영역

② 보통 6,500[K] 정도가 에너지 효율이 좋고, 업무에 대한 집중도를 높임

③ 조명의 물리량(색온도 · 조도)의 변화에 따라 느껴지는 피로도 관계

㉠ 5,200[K]의 400[lx]에서 가장 낮은 피로도를 보였으며, 시간의 경과에 따른 피로도 증가율은 색온도 5,200[K]의 평균조도 600[lx]에서 가장 낮게 나타난다.

㉡ 따라서 사무공간에서 작업자의 피로도를 고려한 조명환경은 색온도 5,200[K], 조도 범위 400~600[lx] 정도가 적합한 것으로 나타난다.

㉢ 또한, 시간경과 > 색온도 > 조도 순으로 피로도 평가에 영향을 주고 있음이 검증되었다.

027 OLED(=유기발광다이오드)

1 구조 및 원리

1) 구 조

① 유기 EL 디스플레이는 유리 기판상에 양극, 3층의 유기막(홀수송층, 발광층, 전자수송층), 음극을 순서에 적층해 구성한다.

② 유기분자는 에너지를 받으면 여기상태가 되었다가 원래의 기저상태로 돌아오면서 그때 빛을 방출한다.

③ 유기 EL소자에서는 전압을 걸면 양극으로부터 주입된 홀(+)과 음극으로부터 주입된 전자(−)가 발광층 내에서 재결합하여 유기분자를 여기하여 발광한다.

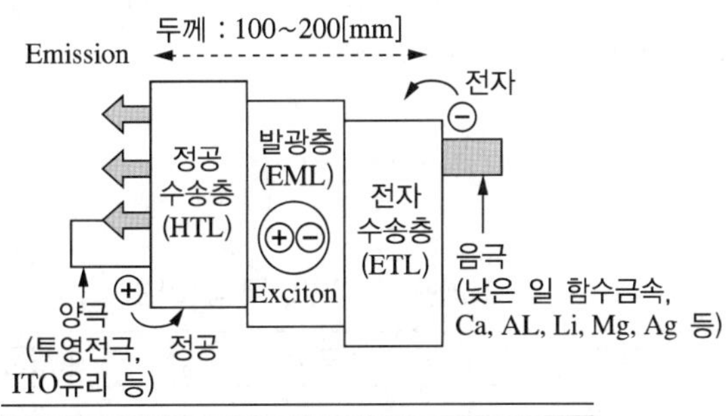

2) 원 리

① 전원이 공급되면 전자가 이동하면서 전류가 흐르는데 음극에서는 전자(−)가 전자수송층의 도움으로 발광층으로 이동하고 상대적으로 양극에서는 Hole(+)이 홀수송층의 도움으로 발광층으로 이동한다.

② 유기물질인 발광층에서 만난 전자와 홀은 높은 에너지를 갖는 여기자를 생성하게 되는데 이때 여기자가 낮은 에너지로 떨어지면서 빛을 발생한다.

③ 발광층을 구성하고 있는 유기물질이 어떤 것이냐에 따라 색깔이 달라지게 된다.

2 특 징

① **자체 발광형** : LCD와 큰 차이점은 자체 발광형이라는 것이다. 소자 자체가 스스로 빛을 내는 것으로 어두운 곳이나 외부의 빛이 들어올 때도 시인성이 좋은 특성을 가진다는 것이다.

② **넓은 시야각** : 시야각이란 화면을 보는 가능한 범위로서 일반 브라운관 텔레비전같이 바로 옆에서 보아도 화질이 변하지 않는다.

③ **빠른 응답속도** : 동화상의 재생 시 응답속도의 높고 낮음이 재생 화면의 품질을 좌우한다. LCD의 약 1000배 수준

④ **초박, 저전력** : 백라이트가 필요 없기 때문에 저소비 전력(약 LCD의 $\frac{1}{2}$배 수준)과 초박형(LCD의 $\frac{1}{3}$ 수준)이 가능하다.

⑤ **간단한 공정구조** : 제조공정이 다른 디스플레이에 비해 간단하다. 제조설비비가 저렴하다.

⑥ 저온에서도 안정적인 구동이 가능하다.

3 각 광원과의 비교

조명용 광원별 특성 비교

구 분	OLED	LED	형광등	백열등
종 류	면광원	점광원	선광원	원광원
광원효율 (lm/W)	50	100	100	20
연색성	>80	80	80~85	100
수명(시간)	>20,000	100,000	20,000	1,000
Dimmable	Yes, Efficiency Increase	Yes, Efficiency Increase	Yes, Efficiency Decrease	Yes, But Much Lower Efficacy
Safety	None to Date	Very Hot	Contains Hg	Very Hot
Noise	No	No	Yes	No
단가($)	20	100	10	1
기 타	다양한 형태 등기구화 효율 우수	고휘도 (신호등, 자동차, BLU 등)	저렴한 가격	저렴한 가격

028 CDM 램프

1 구조와 동작원리

1) 세라믹 램프(CDM Lamp) 램프의 구조

① 세라믹 방전 메탈헬라이드(CDM ; Ceramic Discharge Metal Halide) 램프는 종래의 고압수은램프 또는 메탈헬라이드 램프를 변형하여 만든 것이다.

② 세라믹 관 내에는 수은, 아르곤 및 금속 할로겐 화합물(금속 헬라이드)이 봉입되어 있다.

2) 동작원리

① 동작 시 관벽온도는 930[℃] 이상이 되고, 세라믹 관 내에서 방전이 이루어진다.

② 메탈헬라이드 램프의 관벽온도가 250~850[℃]인 것에 비하면 상당히 더 높은 관벽온도이고, 메탈헬라이드 램프의 발광관이 석영유리인데 비해서 발광관이 도자기(陶瓷器)재질로 되어 있다는 점이 메탈헬라이드 램프와 다른 점이다.

③ 높은 관벽온도로 인해서 발광관 내의 금속 헬라이드가 부분적으로 증발되어 플라스마를 형성하고, 금속원자와 아이오딘(요오드)로 분해된다.

④ 금속원자에 전자가 충돌하면 여기상태로 되었다가 다시 안정상태로 되돌아 갈 때 잉여에너지를 빛으로 발산한다.

⑤ 광색은 약간의 푸른 빛이 있으나, 자연 주광에 가깝다.

2 CDM 특성

1) CDM 램프의 연색성

연색성지수(CRI ; Color Rendering Index)는 금속 헬라이드의 조성성분에 따라 달라지는데 96[Ra]까지 될 수 있다.

2) CDM 램프의 효율

① CDM 램프는 발광효율이 80~120[lm/W]로, 백열전구에 비해 동일한 광속을 내는데 $\frac{1}{5}$ 정도의 전력 밖에 소비하지 않는다.

② 다른 대부분의 HID 램프보다 광속유지율이 우수하다.

③ 램프규격 75, 150, 250[W]

④ 수은램프에 비해 수명은 1.5배 길다.

⑤ 소비전력은 수은등에 비해 38[%] 절감

⑥ 발광효율 120[lm/W]

⑦ 연색성 지수(CRI ; Color Rendering Index) 95[Ra]

⑧ 수명 말기까지 광속유지율 80[%]

029 코스모폴리스 램프

1 Cosmopolis의 어원

① Cosmopolis라는 말은 Cosmos(우주)라는 말과 Polis(도시)라는 말이 합성된 것으로 "우주도시" 또는 "국제도시"를 의미한다.

② Philips사에서 세라믹 램프를 Philips CosmoPolis라는 상표명으로 출시하면서 Cosmopolis라는 말이 마치 친환경, 고효율, 고연색성, 저탄소, 녹색에너지 조명시스템으로 인식되었다.

2 최근 조명시스템에서 추구하는 경향

① **에너지절약** : 고효율

② **친환경적** : 수은 감소, 저탄소배출

③ 높은 연색성

④ 긴 수명

⑤ 유지보수비의 절감

⑥ 높은 광속유지율

⑦ 고급스럽고 기분에 맞는 높은 조명품질

3 Cosmopolis 램프의 특징

① 발광효율이 높아서 다른 조명램프에 비해 탄소배출량이 적고, 에너지 사용량 및 유지보수비가 절감된다.

② 다른 램프의 광속유지율은 3년 사용 후에는 60[%]까지 떨어지기도 하지만 Cosmopolis 램프는 3년 후에도 90[%]의 광속을 유지한다.

③ 타 램프에 비해 수명이 길다.

④ 가로등의 경우 타 광원에 비해 등의 배치간격을 넓게 할 수 있다.

⑤ 램프크기가 타 램프에 비해 작다.

⑥ 연색성이 높은 백색광원이고, 색상 유지율이 높다.

030 조명용 광원의 종류

1 광원의 분류

1) 자연광원

주광(태양광)=직사광선+천공광(적외선(45[%])+자외선(5[%])+가시광선(50[%]))

2) 인공광원(조명용 광원)

① **온도복사에 의한 백열 발광** : 백열등, 할로겐등
② **온도방사(화학반응)에 의한 연소발광** : 섬광등
③ 루미네선스에 의한 방전발광
㉠ 저압 방전등 : 형광등(저압수은등), 저압나트륨등
㉡ 고압 방전등 : 고압수은등(형광수은등, 메탈할라이드등), 고압 나트륨등
㉢ 초고압 방전등 : 제논등, 초고압 수은등
④ **일렉트로루미네선스에 의한 전계발광** : EL램프
⑤ **반도체 이용 광원** : LED, OLED
⑥ **유도방사에 의한 레이저 발광** : 레이저 광원

2 조명용 광원의 종류별 특징, 용도

1) 백열전구

① **특 징**
㉠ 텅스텐 필라멘트 온도 복사에 의한 발광
㉡ 배광 용이, 연색성 우수, 안정기 불필요, 제조 간단, 저렴, 저효율, 고발열, 짧은 수명
② **용도** : 전반조명, 국부조명, 분위기 조명, 욕실조명, 악센트 조명

2) 형광등

① **특 징**
㉠ 저압 수은등의 일종, 수은 증기 여기 → 자외선 발생 → 형광체 자극 → 가시광선 발광
㉡ 효율이 좋음, 연색성 좋은 편, 안정기 필요, 수은 함유
② **용도** : 전반조명, 국부조명, 분위기 조명(간접조명)

3) 수은램프

① **특징** : 수은 증기 중의 방전현상 이용

② **용도** : 저압 수은등(형광등, 살균등), 고압 수은등(투광조명, 도로조명, 수목조명)

4) 메탈할라이드 램프

① **특 징**

㉠ 고압 수은램프에 금속할로겐 화합물 혼입 효율 및 연색성 개선

㉡ 고효율, 연색성 우수, 장수명, 시동전압 높음

② **용도** : 경기장, 체육관 조명, 연색성 중시 고천장 조명, 공원 조명, 광장조명

5) 나트륨 램프

① **특 징**

㉠ 나트륨 증기 중의 방전현상 이용, 황색 D선(589[nm])이용 투시성 우수

㉡ 효율 우수, 긴 수명, 저연색성

② **용도** : 도로, 터널, 항만표시등, 검사용 조명 등

6) 제논 램프

① **특 징**

㉠ 주광에 가장 가까운 광원, 저효율, 시동전압 높음, 고가

㉡ 고휘도, 발광부 작음

② **용도** : 투광용, 영사기용 광원

7) 무전극 형광램프

① **특 징**

㉠ 램프 외부 전극에 고주파 전압인가 → 전자유도 현상 → 봉입가스 여기 발광

㉡ 긴 수명, 고연색성, 효율 우수, 친환경(저수은), 즉시 점등, 조광 용이, 플리커 없음

㉢ 고주파 사용으로 EMI대책 필요, 가격 고가

② **용도** : 주차장, 터널, 공원, 보안 등, 비상등, 체육관, 연색성 중시 고천장 조명등

8) CCFL(냉음극 형광램프)

① **특 징**

㉠ 전극 구조 외에 형광등과 동일, 전극에 고압인가 전계전자 방출에 의한 발광

㉡ 저전력, 저발열, 고휘도, 초슬림, 긴 수명

② **용도** : 복사기, 스캐너, 광고 패널, 유도등

9) EEFL(외부 전극 형광램프)

① **특 징**

㉠ 외부 전극 방전관에 고주파 전압인가 전계전자 방출에 의한 발광

㉡ 저전력, 저발열, 고휘도, 초슬림, 긴 수명, 1개 인버터로 다수 램프 병렬구동

② **용도** : CCFL 사용 분야 대체 적용 가능

10) CNT(탄소나노튜브) 광원

① **특 징**

㉠ CNT의 우수한 전계전자 방출특성 이용

㉡ 장수명, 친환경(무수은), 고효율, 순시점등, 초슬림

② **용도** : LCD, 일반광원

11) LED 광원

① **특 징**

㉠ 반도체 소자로서 P,N접합부의 전자와 정공의 결합에 의해 발광

㉡ 긴 수명(반영구적), 순시점등, 친환경(무수은), Full Color

② **용도** : 휴대폰, 자동차, 신호등, 전광판, 항공장애등, 경관조명, 유도등, 일반광원

12) OLED

① **특 징**

㉠ 유기물질에 전류 통전 시 빛을 발광하는 현상을 이용, 유기물질에 따라 다양한 빛 색깔

㉡ Full Color, 자체발광형, 휘도/색순도 우수, 친환경(무수은), 응답속도 빠름, 시야각 넓음

② **용도** : 휴대폰, 디스플레이 광원, 일반광원

13) 초고주파 방전 광원 시스템

① **특 징**

㉠ 고주파 발전기에 의해 마이크로 웨이브 발생 → 램프 내 불활성가스 이온화 → 플라스마 발생 → 금속 화합물 빛 방출

㉡ 고효율, 고연색성, 긴 수명, 광속유지율 우수, 친환경(저수은), EMI 대책 필요, 고가

② **용도** : 공장, 가로등, 경관조명, 투광조명, HID램프 대체 가능

031 탄소나노튜브(CNT ; Carbon Nano Tube)

1 개 요

① 탄소나노튜브는 탄소끼리 육각형으로 결합하여 원통형 튜브구조를 이룬 탄소동소체의 일종이며, 철, 다이아몬드, 구리, 섬유 등 기존 산업용 소재를 대체할 수 있는 소재이다.

② 탄소나노튜브는 머리카락의 10만분의 1밖에 되지 않는 굵기에 철보다 100배 강하면서도 높은 탄성력과 인장력, 열전도율, 전기전도율을 가진 신소재이다.

③ 하나의 튜브로 이루어진 단일벽(SW ; Single Walled), 두 개의 튜브가 겹쳐진 이중벽(DW ; Double Walled), 3개 이상의 튜브로 구성된 다중벽(MW ; Multi Walled) 등으로 구분된다.

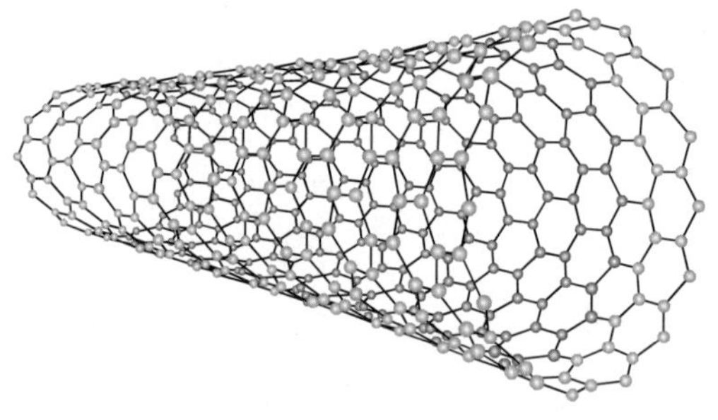

2 구성 및 원리

FED는 Field Emission Display의 약자로서 전계방출 음극에서 방출되는 전자로 형광체를 여기 및 전리시켜 발광

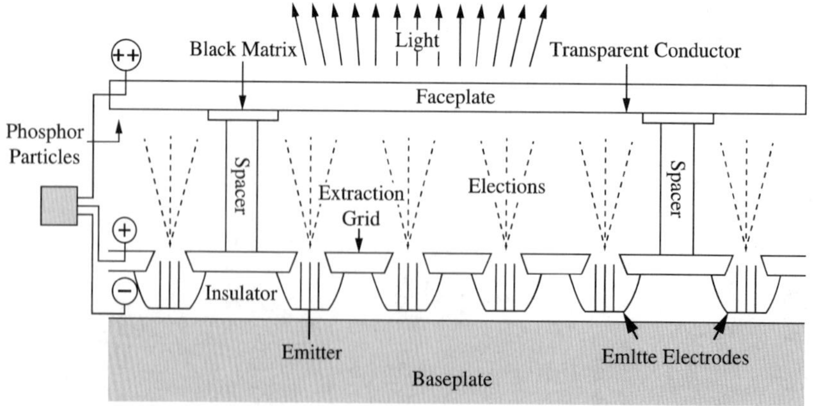

▮ 탄소나노튜브광원 발광원리

3 특 징

① 전계발광 디스플레이는 휘도가 높고 시야가 넓은 브라운관 TV의 장점에 초박막형 디자인이 가능하다는 장점을 보유
② 탄소나노튜브는 기계적 강도가 높고 전기전도도가 우수하여 다량의 전류를 흘려 보낼 수 있어 전계발광 디스플레이의 소재로 개발
③ 12,000[cd/m^2]의 높은 휘도
④ LED에 비하여 가격의 경쟁력
⑤ 무수은으로 환경친화적
⑥ 대형화, 양산성 등은 문제점

디스플레이용 BLU 특성 비교

항 목	CCFL	LED	CNT
휘도[cd/m^2]	9,000	8,500	12,000
균일도[%]	75~80	85	90
색재현성[%]	92	105	92
수명[hr]	30,000	50,000	35,000
가 격	낮 음	비 쌈	낮 음
친환경성	수은 포함	무수은	무수은

4 응용분야

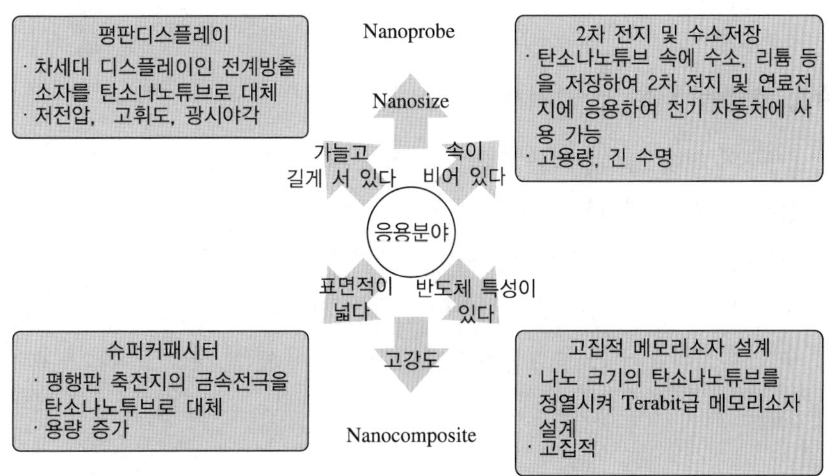

▌탄소나노튜브의 응용분야

032 수중 조명등

1 개 요

① 수중 조명등은 수영장, 분수대, 연못 등에 사용된다.
② 수영장에서는 사람이 물에 젖은 상태로 맨발로 있을 때가 많아 인체 저항이 감소하고 발과 대지저항도 극히 작다. 또한 수중 조명등은 수면하에 설치하기 때문에 지락 위험이 매우 높아진다.
③ 이에 수중 조명등의 기본적인 설치 개념은 감전에 대한 안전대책이다.

2 수중 조명 등기구의 구조 및 시설

1) 수중 조명등 시설

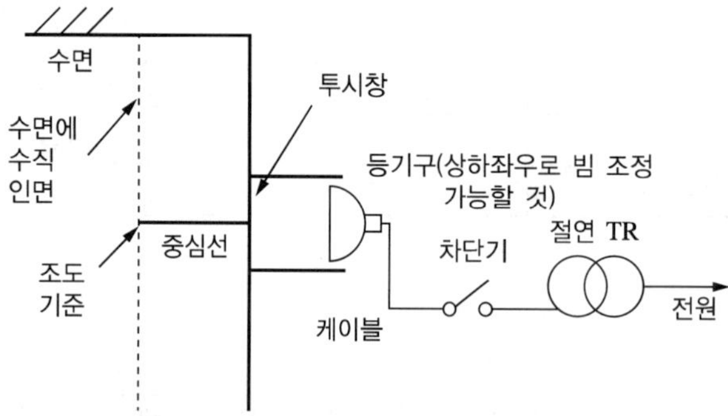

2) 수중 조명등 시설 시 고려사항

① 1기구의 최대 정격수심을 초과하지 않도록 할 것
② 정격용량을 초과하는 전구를 사용하지 말 것
③ 이동전선을 조이는 경우에는 완전하고 확실하게 할 것
④ 잇달아 접속하는 경우에는 적합한 기구를 사용할 것
⑤ 수중 전용의 기구는 수면상에 노출하여 시설하지 말 것

3 수중 조명등 설치

1) 수중 조명등 전원장치

① 절연변압기 1차 측 : 400[V] 미만

② 절연변압기 2차 측 : 150[V] 이하

③ 절연변압기 2차 측은 접지하지 말 것

④ 교류 5,000[V]의 시험전압 : 권선과 권선, 철심과 외함 사이에 인가 시 1분간 견딜 것

2) 수중조명등 2차 측 배선 및 이동전선

① 절연변압기 2차 측 배선은 금속관 배선을 사용할 것

② 이동전선은 $2mm^2$ 이상의 다심 클로로프렌 캡타이어 케이블을 사용할 것

③ 이동전선과 배선은 꽂음 접속기를 사용할 것

④ 꽂음 접속기는 물이 스며들지 않는 금속박스에 넣어 시설할 것

⑤ 수중 조명등의 용기, 금속제 외함 및 배선에 사용하는 금속관과 접지선과의 접속에 사용하는 꽂음 접속기의 1극은 전기적으로 완전히 접속할 것

3) 개폐기 및 과전류 차단기

절연변압기 2차측 전로에는 개폐기 및 과전류 차단기를 각 극에 시설할 것

4) 접 지

① 절연변압기 2차측 사용전압이 30[V] 이하인 경우 금속제 혼촉 방지판을 설치하고 1종 접지공사를 할 것

② 개폐기, 과전류 차단기 및 누전차단기 외함, 용기 및 방호장치의 금속제 부분에는 특별 3종 접지를 할 것

5) 누전차단기

절연변압기 2차측 사용전압이 30[V] 초과인 경우 누전차단기를 설치한다.

4 수중 조명등의 용기

① 조사용 창은 유리 또는 렌즈, 기타 부분에는 녹슬지 않도록 견고하게 제작한 것일 것
② 적합한 접지용 단자를 설치한 것일 것
③ 조명등의 나사 접속기 및 소켓은 자기제의 것일 것
④ 2000[VAC]의 전압을 1분간 가해서 이에 견디는 것일 것
⑤ 최대 용량, 최대 정격수심의 물속에서 정격전압으로 30분간 점등 · 30분간 소등하는 조작을 6회 반복했을 때 이상이 없을 것

033 재래식 안정기(자기식 안정기)와 전자식 안정기

1 개 요

① 형광등은 저압수은 증기로 밀폐된 관의 양단에 있는 전극을 방전시켜 점등시키는 램프이다.

② 처음에 방전을 개시하기 위해서는 고전압을 걸어 줄 필요가 있고 일단 방전이 시작되면 급격히 전류가 증가하게 된다(부저항 특성).

③ 형광등에 사용되는 안정기는 점등 시에는 고전압을 걸어 주고, 점등 후에는 과전류가 흐르지 않도록 전류를 적절하게 조절하여 주는 역할을 하는 것이 안정기이다.

2 재래식 안정기

1) 원 리

① 재래식 안정기는 철심에 구리를 감는 일종의 변압기를 사용하는 것

② 스위치를 투입하면 형광등 양단에 패러데이 법칙에 따른 전압이 걸려 전계전자 방출에 의한 Glow방전 발생

③ 양극의 전극의 가열로 열전자 방출에 의한 Arc방전 발생

④ 시동램프의 짧은 시간의 끊김과 동시에 패러데이 법칙에 따라 순간적으로 높이 유도된 전압으로 높은 전계전자 방출로 램프 점등

2) 특 징

① 소음이 심하다.

② 자체 손실이 12~14[VA]로 심하다.

③ 불빛이 상용주파수 60[Hz]로 어른거려 눈의 피로 증대

④ 열이 많이 발생하는 단점

⑤ 고조파 및 노이즈에 강한 장점

3 전자식 안정기

1) 원 리

전자식 안정기는 여러 가지 반도체를 사용하여 상용 주파수(60[Hz])를 고주파 변환회로를 사용, 20~60[KHz]의 고주파로 점등하는 안정기를 말한다.

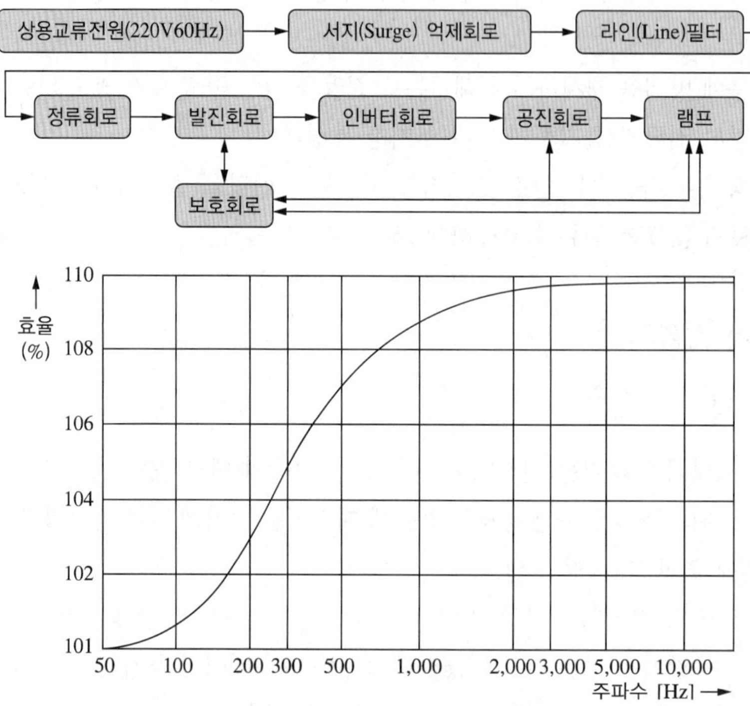

▌동작주파수에 따른 램프의 발광효율

① **서지 억제회로** : 자연에 의해 발생하는 서지전압(낙뢰)과 외부전원에 의해 인가되는 서지전압으로부터 안정기 회로를 보호하는 회로

② **라인필터** : 모든 전자기기에는 EMI(전자파장해)가 발생하는데 이것을 억제함으로서 EMI규정에 위배되지 않도록 함과 동시에 타 전자기기에 미치는 악영향을 최소화한다.

③ **정류회로** : 상용교류전압(220[V] 60[Hz])을 직류전압으로 변환시켜 주는 회로

④ **발진회로** : 상용교류전압(220[V] 60[Hz])을 고주파변환 신호전압으로 만들어 주는 회로

⑤ **인버터회로** : 발진회로에서 생성된 고주파신호를 입력직류전압을 고주파전압(구형파)으로 변환시켜 주는 회로

⑥ **공진회로** : 인버터회로에서 발생된 고주파전압(구형파)을 L(코일), C(콘덴서)필터를 통하여 정현파로 변환시켜 주는 회로

⑦ **보호회로** : 램프 수명 말기 시 램프의 과도한 전류를 감지하여 안정기가 파손되지 않도록 보호해 주는 회로

2) 특 징

① 고효율 설비로 전력소모가 약 25[%] 정도로 절감효과 크다.
② 소형 경량이므로 등기구 적용이 편리하다.
③ 순간 점등하여 점등시간이 짧아진다.
④ 과전류가 작아 수명이 증가하고, 플리커 현상이 없다.
⑤ 재래식 안정기에 비하여 초기 투자비가 높다.
⑥ 서지 등 외부에 의하여 고장이 잦고 고조파 장해를 발생한다.

4 전자식 안정기와 재래식 안정기 비교

구 분	자기식 안정기	전자식 안정기
제어방법	아날로그 제어	디지털 제어
효 율	< 90[%]	> 90[%]
역 률	75~90[%]	> 93 [%]
점등/재점등 시간	길다.	짧다.
램프보호기능	없다.	다양한 보호기능
입력 안정성	입력파워에 영향을 받음	입력파워에 영향을 받지 않음
램프수명	상대적으로 짧다.	상대적으로 길다.
하드웨어	크고 무겁다.	상대적으로 작다.
메탈램프	Snake 있다.	없다.
트랜스 소음	크다.	작다.
파고율 (수명에 영향)	크다(1.7 이상). 수명이 짧다.	작다(1.2 이하). 수명이 길다.

5 전자식 안정기의 문제점

① 컨버터 사용으로 고조파 함유율이 높다.
② 외부의 요인에 의한 전압변동 및 서지의 전압에 약함
③ 순간 점등으로 높은 피크전압에 의한 전계전자 방출에 의해 램프 흑화현상이 발생하여 수명저하
④ 진동에 약해 지하철 등에 사용 시 수명저하

034 옥내조명기구

1 개요(광원으로부터 발산 빛 제어요소)

① **굴절과 반사** : 공기 중 진행 빛이 밀도가 큰 물질에 들어가면 그 경계면에서 방향이 달라진다.

② **곡면에 의한 굴절, 반사** : 프리즘, 렌즈 등 곡면에 따라 빛의 굴절과 반사를 이용하면 빛을 집광할 수 있다.

③ **빛의 산란과 확산** : 매질의 경계면에 따라 빛이 산란, 확산하게 된다. 확산 반사면은 균등한 휘도가 된다.

④ **투과와 흡수** : 어떤 매질에 광속이 입사하면 경계면에서 일부가 반사하고 일부는 흡수한다.

2 조명기구의 필요성

1) 빛의 제어

조명기구는 광원으로부터 나오는 빛을 제어하여 효과적인 배광과 램프의 휘도, 눈부심의 감소 등 조명에 도움이 되는 장치

2) 램프보호

외부의 충격에 견디게 할 수 있는 보호 목적

3) 조명기구의 조건 만족

① 광학적 기능을 충분히 살릴 것

② 제작과 사용이 쉽고 튼튼하고 모양이 좋을 것

③ 조립, 가설, 운반, 청소, 광원의 교환 등이 쉬울 것

④ 밀폐형 기구의 경우에는 내 용적을 충분히 하여 온도 상승으로 인한 램프 수명이 짧아지거나 절연이 저하하는 것을 방지

3 조명기구의 구조

1) 광학적 부분

① 정 의

배광을 제어하는 부분으로 조명기구의 기능상 중요한 부분이며 재료로는 유리, 플라스틱, 금속 등을 사용

② 재료 선택 시 주의 사항

㉠ 반사율, 투과율, 확산성 검토
㉡ 강도, 내구성, 습기, 약품에 의해 변하지 않는 재질 선택
㉢ 쉽게 더러워지지 않고 청소하기 쉬운 자재 선택

2) 전기적 부분

소켓, 전선, 스위치, 램프 등 전기를 공급하는 부분으로 방전등용의 것은 안정기, 기동장치 등의 부속품 포함

3) 기계적 부분

광학적 및 전기적 부분을 지지하고 보호하며 기능을 완전하게 하는 부분으로 일반적으로 금속 및 플라스틱 사용

4 조명기구의 기능

1) 배 광

조명기구에서 첫째의 기능으로 확산성의 것과 비확산성의 것으로 분류

2) 보호각

광원이 갓으로 차단되어 직사광이 나오지 않는 방향을 말하며, 일반적으로 수평방향으로부터 각도는 15~20° 정도

3) 기구효율

$$\eta = \frac{F}{F_o}$$

여기서, F : 기구로부터 나오는 광속, F_o : 전광속

4) 휘도 축소기능

직사광에 의한 눈부심 축소기능

5 조명기구의 배광

1) 광원의 배광

① 광도의 분포를 배광이라 하는데 광도는 광원의 종류, 형태, 구조, 방향에 따라서 달라진다.

② 어떤 방향으로 어느 만큼의 광도가 분포되어 있는지 알고, 이를 적당히 이용하므로 적절한 조명을 실시할 수 있다.

2) 배광곡선

① **수직 배광곡선** : 수직면 위 각 방향의 광도 분포

② **수평 배광곡선** : 수평면 위 각 방향의 광도 분포

6 조명기구의 종류(=배광곡선에 의한 조명기구를 분류하고 설명)

조명기구	직 접	반직접	전반확산	반간접	간 접
백열등 기구	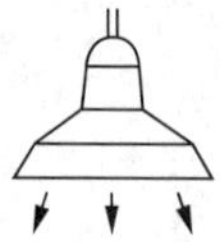	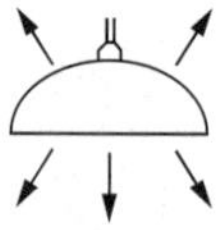	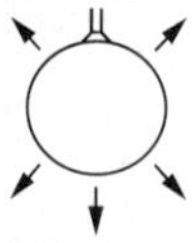	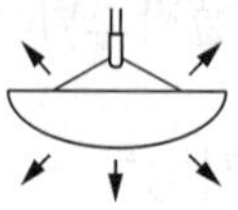	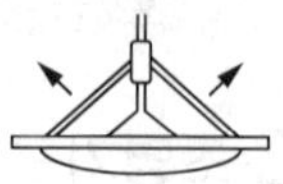
형광등 기구			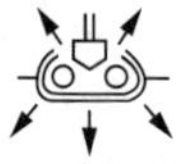	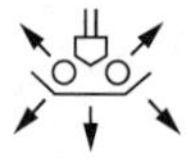	
배광 곡선	0~10[%] 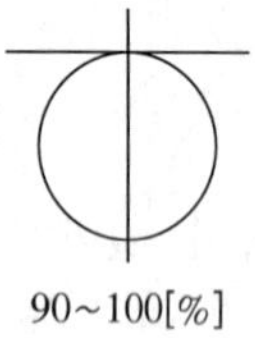 90~100[%]	10~40[%] 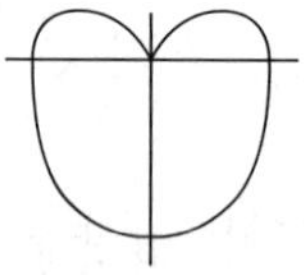 60~90[%]	40~60 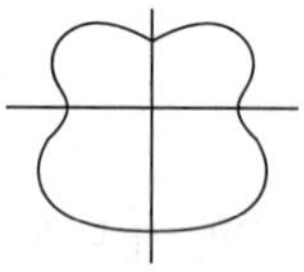 [%] 40~60[%]	60~90 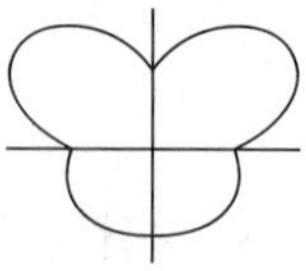 [%] 10~40[%]	90~100 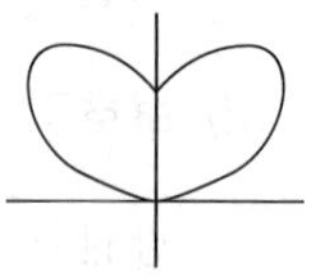 [%] 0~10[%]

1) 직접 조명기구

① **정 의**

발산 광속을 90~100[%] 아랫방향으로 향하게 하여 작업면을 직접 조명하는 방식

② 특 징

㉠ 작업면에서 높은 조도를 얻을 수 있다.

㉡ 주위와의 심한 휘도차가 발생하고 짙은 그림자와 반사 눈부심이 있다.

③ 설치 시 주의 사항

㉠ 눈부심이 작업자 눈에 들어오지 않도록 15~25° 정도의 차광각이 필요하다.

㉡ 설치 높이가 높은 곳은 빛을 집중하는 기구를 적용하고 설치 높이가 낮은 곳은 빛을 분배시키는 기구를 적용하는 것이 합리적이다.

2) 반직접 조명기구

① 정 의

발산광속을 아랫방향으로 60~90[%] 직사되고 윗방향으로 10~40[%]의 빛을 천장이나 윗벽 부분에 반사하여 반사광이 작업면의 조도를 증가시키는 방식이다.

② 특 징

㉠ 하면 개방형이며 갓은 젖빛 유리나 플라스틱 사용

㉡ 주로 일반 사무실이나 주택의 조명기구로 사용

3) 전반 확산 조명기구

① 정 의

수평 작업면 위의 조도는 기구로부터 직접 쪼이고 윗방향으로 향한 빛이 천장이나 윗벽 부분의 반사광을 이룬다.

② 특 징

㉠ 광원의 휘도를 감소시켜 눈부심을 느끼지 않는다.

㉡ 고급사무실, 상점, 주택, 공장에 주로 사용

4) 반간접 조명기구

① 정 의

발산광속이 60~90[%]가 윗방향으로 향하여 천장, 윗벽 부분에 발산되고 나머지 부분이 아랫방향으로 향하는 조명기구

② **특 징**

㉠ 세밀하게 오랫동안 하는 작업에 적당

㉡ 간접 조명기구보다는 떨어지지만 부드러운 빛을 감상할 수 있다.

5) 간접 조명기구

① **정 의**

거의 모든 광속(90~100[%])이 윗방향을 향하여 발산하며, 천장 및 윗벽 부분에서 반사되어 방의 각 부분으로 확산시키는 기구

② **특 징**

㉠ 직사 현휘가 일어나지 않는다.

㉡ 천장과 윗벽 부분이 밝은 색이어야 하며 빛이 잘 확산하도록 광택이 없는 마감이어야 한다.

㉢ 확산성이 좋고 낮은 휘도를 얻을 수 있다.

㉣ 설치비와 경상비가 많이 든다.

③ **적용 장소**

대합실, 입원실, 회의실 등

035 점멸장치와 타임스위치

1 법적근거

판단기준 제177조(점멸장치와 타임스위치 등의 시설)

2 조명등 점멸장치의 설치기준

1) 가정용 전등은 등기구마다 점멸기를 설치한다.

2) 국부 조명설비는 그 조명대상에 따라 점멸한다.

3) 옥내에 시설하는 전반 조명기구는 부분조명이 가능하도록 전등군으로 구분하여 점멸한다. 다음은 예외로 한다.

① 조명 자동제어설비를 설치한 경우
② 동시에 많은 인원을 수용하는 장소(극장, 영화관, 강당, 대합실, 주차장 등)
③ 창측 전등을 별도로 점멸하는 경우
④ 광천장, 간접조명을 위해 전등을 격등 회로로 시설하는 경우
⑤ 건축물의 구조가 창문이 없는 경우
⑥ 공장의 경우 연속공정으로 한 줄에 설치된 전등을 동시에 점멸해야 하는 경우

4) 가로등, 보안등

① 주광센서를 설치하여 주광에 의해 자동 점멸토록 한다.
② 타이머를 사용하거나 집중 제어하는 경우 제외한다.

5) 고압방전등은 효율이 70[lm/W] 이상의 것을 사용한다.

6) 객실수가 30실 이상인 숙박업소 객실의 조명전원은 타임스위치 또는 자동, 반자동 점멸이 가능한 장치를 설치한다.

3 타임스위치 시설기준

① 숙박업소 객실 입구등은 1분 이내에 소등될 것

② 일반주택 및 아파트 현관등은 3분 이내에 소등될 것

036 방폭형 조명기구의 구조와 종류, 폭발위험장소의 등급 구분

1 방폭형 조명기구

① 방폭형 조명기구란 가연성 가스, 증기, 분진 등의 물질이 외부의 열적 화학반응에 의해 폭발하는 상황을 방지할 수 있는 구조를 말한다.

② 일반적으로 조명기구는 폭발의 3대 조건(가연물, 산소, 점화원) 중 점화원인 열원, 전기적인 불꽃, 기계적인 불꽃을 복합적으로 내포하고 있는 설비로서 위험물질 제조공장 또는 창고 등에서 사용된다.

2 방폭형 조명기구의 구조와 종류

1) 구 조

① **안정기 분리형(Separated Ballast Type)**

외관상 램프부와 안정기부를 상호 격리시킨 형태로서, 주로 일본에서 개발되었고 현재 국내에서도 제작되고 있다.

② **안정기 내장형(Integral Ballast Type)**

동일한 기구 내에서 램프부와 안정기부를 단일화시킨 형태로서, 미국 및 유럽 등지에서 개발되었다. 국내에서도 10년 전부터 안정기 내장형을 사용하여 왔으며, 유지보수가 쉽고 안전성이 높다.

2) 종 류

① **내압방폭형 등기구**

점화원을 격리하는 가장 일반적이고 널리 알려진 조명기구이며 표면온도가 올라 갈 수 있는 위험기구로, 특징은 다음과 같다.

㉠ 외함의 표면온도가 주위 가연성 가스를 점화시키지 않을 것

㉡ 내부에서 폭발한 경우 그 압력에 견딜 것

㉢ 폭발 시 화염이 외부로 유출되지 않을 것

② **안전증 방폭등기구**

실제 사용 시 또는 사고 시 전기적인 불꽃이 발생하지 않고 온도가 상승 또한 폭발하한치 이하가 되도록 안전을 증가시킨 상태로 특수한 격리장치가 없어도 방폭이 가능

하도록 한 조명기구이다. 특징은 다음과 같다.

㉠ 표면온도는 기구 내에 온도가 가장 높은 램프의 표면온도를 기준으로 한다.

㉡ 외부의 가스나 분진의 유입 방지와 내부의 불꽃이 외부로 유출되지 않도록 개스킷을 사용하여 전폐구조로 한다.

㉢ 내부 폭발 시 용기는 그 압력에 결코 견딜 수 없다.

③ **분진 방폭형 등기구(보통, 특수)**

안전증 방폭등기구와 동일한 성격을 가지고 있으나, 허용온도 상승 한도를 초과하지 않도록 한 구조이다.

3 폭발위험장소의 등급

구 분	IEC	NEC	JIS
지속적인 위험 분위기 (일반적으로 연간 1,000시간 이상)	Zone 0	Division 1	0종 장소
통상 상태에서의 간헐적 위험 분위기 (연간 10~1,000시간)	Zone 1		1종 장소
이상 상태에서의 위험 분위기 (연간 0.1~10시간)	Zone 2	Division 2	2종 장소

① **Zone 0(지속적인 위험 분위기)**

폭발성 Gas 혹은 Vapor가 폭발 가능한 농도로 계속 존재하는 지역 및 Tank의 내부, Pipe Line 혹은 Equipment의 내부 등

② **Zone 1(통상 상태에서의 간헐적 위험 분위기)**

Normal 운전조건에서 폭발성 가스의 농도가 위험수준에 이를 수 있는 지역 혹은 Maintenance, Repair 등으로 인해 폭발성 가스가 위험수준 이상으로 자주 존재할 수 있는 지역

③ **Zone 2(이상 상태에서의 위험 분위기)**

㉠ 이상 상태, Emergency Condition에서 폭발성 가스가 존재할 수 있는 지역

㉡ 인화성·휘발성 액체나 가스가 다루어지거나 처리 또는 사용되지만, 위험물이 일반적으로 닫힌 용기 혹은 닫힌 시스템 안에 갇혀 있기 때문에 오직 사고로 인해 용기나 시스템이 파손되는 경우 혹은 설비의 부적절한 운전의 경우에만 위험물이 유출될 가능성이 있는 지역

조명의 설계

037 건축화 조명의 종류

1 개 요

① 건축화 조명이란 건축과 조명이 일체화되는 것, 즉 건축의 일부가 광원화되어 장식뿐만 아니라 건축의 중요한 부분이 되는 조명설비를 말한다.
② 건축화 조명은 건축설계자와 조명설계자가 처음부터 상호 협의하에 설계에 임해야 한다.
③ 건축화 조명은 천장을 이용한 건축화 조명과 벽면을 이용한 건축화 조명으로 구분된다.

2 건축화 조명의 종류 및 특성

1) 광천장 조명

① 정 의

천장면에 확산 투과제(메틸아크릴 수지 등)를 붙이고 천장 내부에 광원을 배치하여 조명하는 방식

② 특 징

㉠ 천장 전면이 낮은 휘도의 광천장이 되므로 부드럽고 깨끗한 조명이 된다.
㉡ 고조도(1,000~1,500[lx])가 필요한 장소(1층 홀, 쇼룸)에 주로 사용

③ 설계 시 고려사항

㉠ 발광면의 휘도 차이로 밝음이 얼룩지면 보기 싫어지므로 램프의 배열을 고려한다.
㉡ 천장 내부에 보, 덕트에 의해 그늘이 지지 않도록 고려하고 특히 보 등으로 그늘이 질 경우 보조 조명이 필요하다.

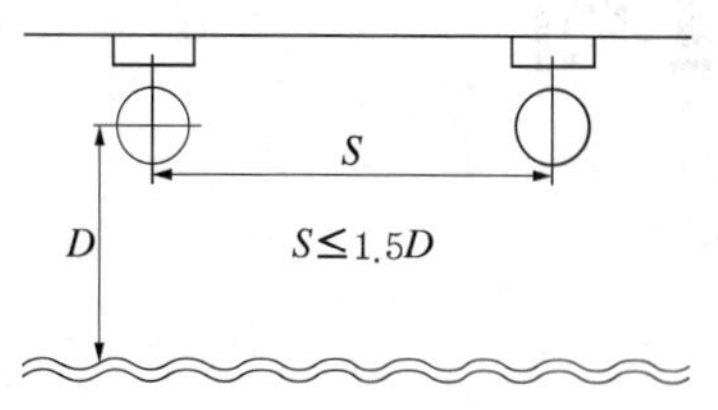

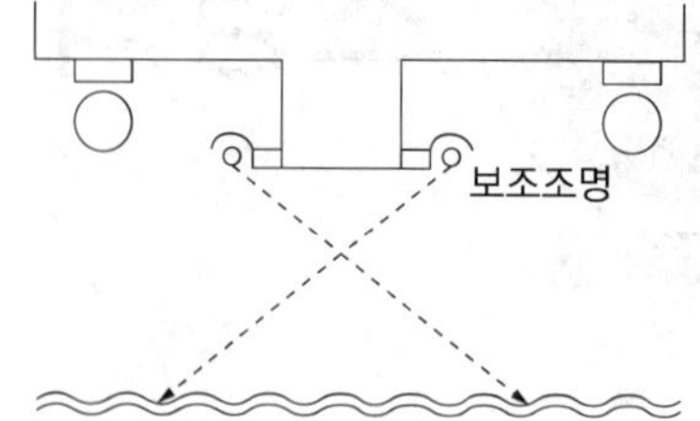

2) 루버 조명

① 정 의

천장면에 루버판을 부착하고 천장 내부에 광원을 배치하여 조명하는 방식

② 특 징

㉠ 천장 전면이 직사 현휘가 없는 낮은 휘도의 광원이 되므로 밝은 직사광을 얻고 싶은 경우 좋다.

㉡ 부드러운 조명방식

③ 조명설계 시 고려사항

㉠ 루버면에 휘도의 얼룩짐이 일지 않도록 하고 램프가 직접 눈에 들어오지 않도록 루버와 램프 사이의 거리, 보호각에 주의

㉡ 보호각 45°일 때 $S \leq D$로 보호각 30°일 때 $S \leq 1.5D$로 설계

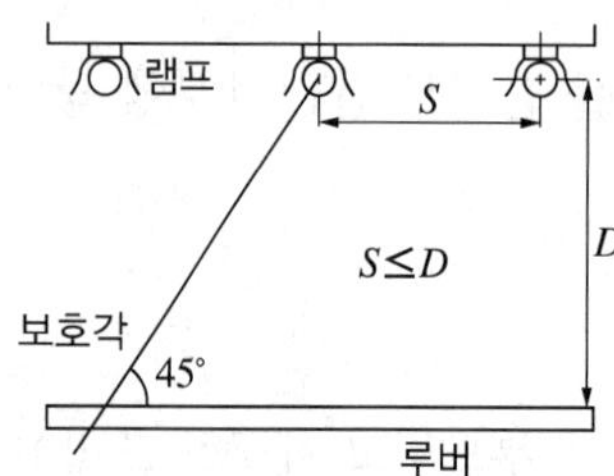

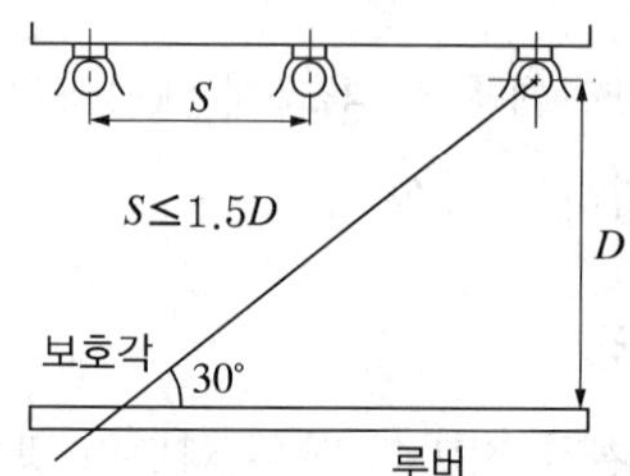

3) Down Light 조명

① 정 의

천장에 작은 구멍을 뚫어 그 안에 광원을 매입하고 빛을 아래로 투사시키는 조명방식으로 천장면이 어둡게 된다.

② 특 징

㉠ 건축공간을 유효하게 이용

㉡ 장식조명으로 이용하고 배치에 따라 분위기 변화

㉢ 등간격 배치, Random한 배치 방법이 있다.

4) Coffer 조명

① 천장면을 둥글게 또는 사각으로 파내어 그 안에 조명기구를 배치하는 방식

② 등기구는 천장면에 매립하고 코퍼의 중앙에 반간접조명의 효과를 내기 위한 기구를 매다는 등의 방법이 있다.

③ 천장이 높은 은행의 영업실, 빌딩의 홀, 백화점의 층 등에 사용한다.

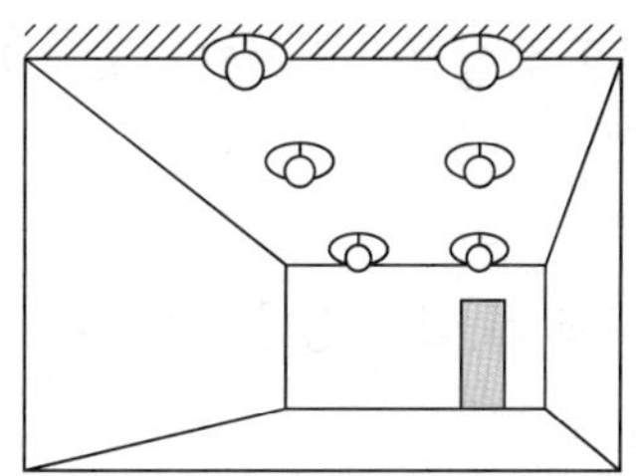

5) Troffer 조명

① **정 의**

천장 매입형의 Troffer 조명방식으로 사무실에 많이 쓴다.

② **종 류**

하면 개방형, 하면 확산형, 반매입형 등이 있다.

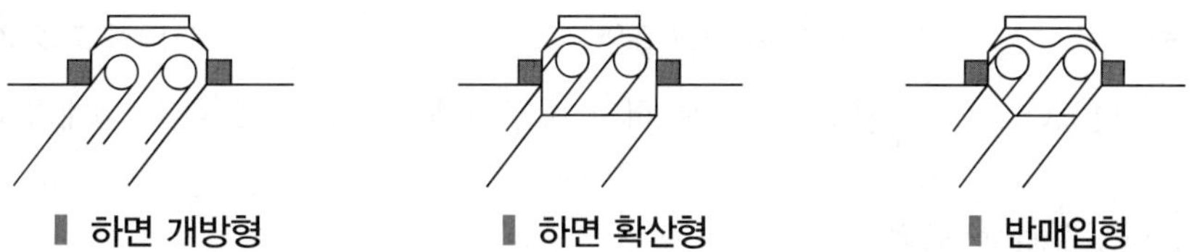

▮ 하면 개방형 ▮ 하면 확산형 ▮ 반매입형

6) Line Light 조명

① 천장 매입형 Troffer 조명방식의 일종, 형광등의 효과적 조명방식이다.

② 종류로는 횡방향, 종방향, 대각선방향, 장방형 등이 있다.

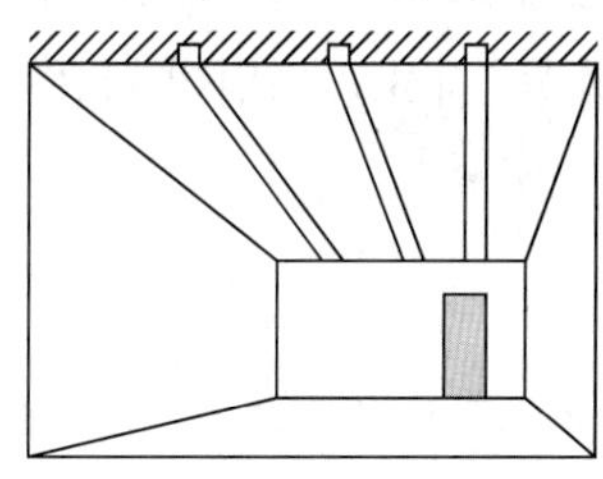

7) Cove 조명

① 정 의

천장면에 램프를 감추고 코브의 벽, 천장면을 이용하여 간접조명으로 만들어 그의 반사광으로 채광하는 조명방식

② 특 징

㉠ 천장과 벽이 2차 광원면이 되므로 반사율, 확산성이 높아야 한다.
㉡ 효율면에서는 가장 뒤떨어지나 부드럽고 차분한 분위기가 된다.

③ 설계 시 주의 사항

㉠ 코브의 치수는 방 크기 및 천장 높이에 따라 결정해야 한다.
㉡ 천장면의 균일한 조명

- 한쪽 코브일 때 : 마주보는 천장 구석을 향한다. $H = (1/4)S$
- 양쪽 코브일 때 : 천장 중앙면을 향한다. $H = (1/6)S$

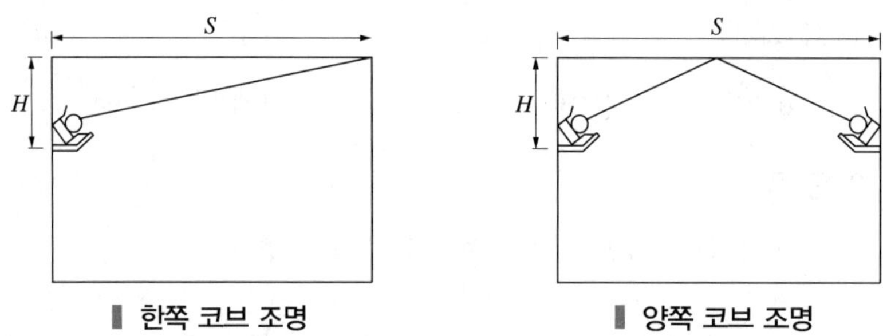

▮ 한쪽 코브 조명　　▮ 양쪽 코브 조명

㉢ 램프가 노출되지 않도록 하고 방구석에서 램프가 보이지 않게 한다.

8) Sky Light 조명

천장의 일부를 플라스틱 등으로 돔을 만들어 자연채광을 하며 야간에는 인공조명을 실시

9) Corner 조명

① 천장과 벽면과의 경계에 조명기구를 배치하여 천장과 벽면을 동시에 조명하는 방식
② 호텔의 큰 객실, 지하철, 지하도 조명에 사용

10) Cornice 조명

① 천장과 벽면과의 경계에 홈을 만들고 그 내부에 조명기구를 배치하여 아래 벽면을 조명하는 방법이다.

② 벽면이 벽화, 붉은 벽돌, 천연돌 등으로 되어 있으면 효과가 좋다.

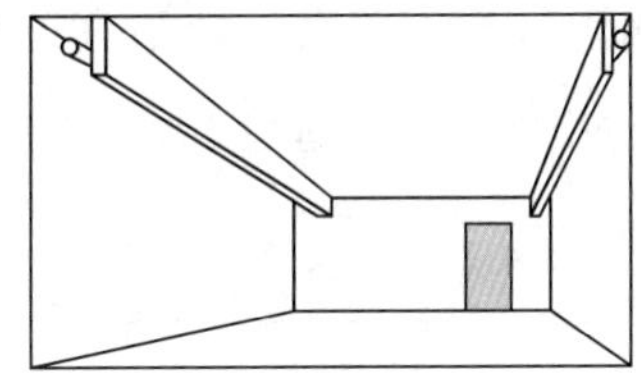

11) 인공창 조명

지하철, 자연광이 들어오지 않는 실내에 주간에 창으로부터 채광하는 느낌을 주도록 하는 조명방식

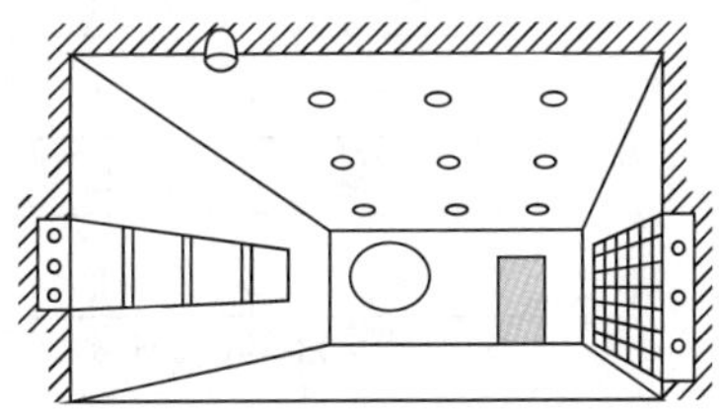

12) 밸런스 조명

① 벽면을 밝은 광원으로 조명하는 방식으로 숨겨진 램프의 직접광이 아래쪽 벽, 커튼, 위쪽 천장면에 비추는 조명방식

② 분위기 조명으로 아늑하고 쾌적한 분위기를 연출하며 호텔 객실에 주로 사용

③ 실내면은 흰색으로 마감하여 반사율을 높이고 밸런스 판은 목재, 금속판 등 투과율이 낮은 재료를 사용한다.

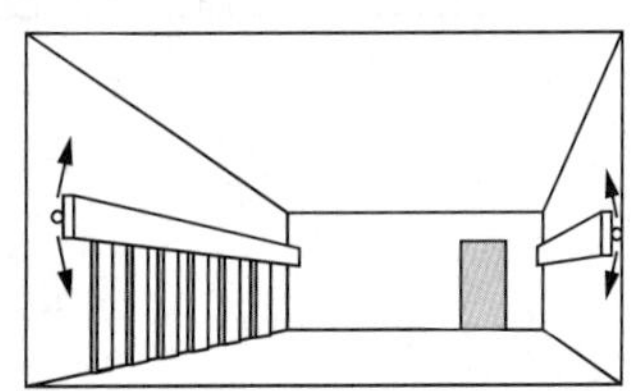

038 전반 조명설계

1 개 요

전반 조명설계는 에너지 불변의 법칙을 응용한 광속법(Lumen Method)을 이용하여 방전체에 균일한 조도를 얻기 위한 목적으로 설계 Flow는 다음과 같다.

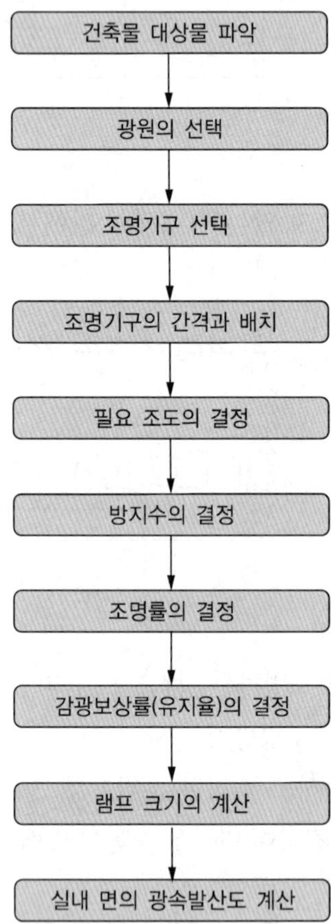

2 전반 조명설계

1) 대상물의 파악

① 건축물의 조건조사

목적 및 성격, 건축물의 내부 구성, 자연채광, 입지조건, 주위환경

② 각 Space 조사

사용목적, 방의 치수 및 구조, 채광창, 마감재, 설비 배치상태 등 검토

③ 좋은 조명의 요건

명시조명과 분위기조명 연출방식 선택

2) 광원의 결정

① 광원 선택 시 고려사항

㉠ 연색성, 눈부심, 광질 및 밝기, 광색 등
㉡ 유지 보수를 감안한 수명 및 경제성 검토
㉢ 조명 목적 부합 여부 검토

② 사용장소에 따른 적용

㉠ 옥내 조명 : 백열등, 형광등, 수은등, 할로겐 전구 등
㉡ 옥외 조명 : 고압 수은 램프, 나트륨 램프, 메탈할라이드 램프 등

3) 조명기구의 선택

① 작업 목적, 환경, 경제성 등을 종합적으로 검토하여 선정

② 눈부심 방지

㉠ 프리즘, 반사갓 등으로 산란시켜 휘도의 크기를 축소시키는 조명기구 선택
㉡ 기구의 각 부분, 기구와 주위 사이의 휘도비는 3 : 1 이하 유지

4) 조명기구의 간격과 배치

① 광원의 종류, 층고 등을 감안하여 배치
② 실내의 조건, 가구배치 상태, 타 설비와의 배치 등을 감안하여 배치

5) 필요조도의 결정

작업의 종류, 방의 특징에 따라 KS A 3011에 규정된 조도표를 적용하되 기준조도가 없는 것은 유사한 기준 적용

6) 방지수(실지수)의 결정

① 조명률을 결정하기 위하여 결정하는 것으로 방의 높이가 높을수록 방지수는 감소하고 방의 높이가 낮을수록 방지수는 증가한다.

② 방지수 $= \dfrac{XY}{H(X+Y)}$

여기서, X, Y : 방의 폭 및 길이

H : 작업면 위의 광원의 높이 또는 천장까지의 높이

7) 조명률의 결정

① 조명률을 결정하기 위해서는 반사율을 감안하여야 한다.

② 방 내부의 반사율은 다음의 값 이상을 유지하는 것이 좋은 광 환경을 이룬다.

㉠ 천장의 반사율 : 80[%] 이상

㉡ 벽면의 반사율 : 50~60[%] 이상

㉢ 바닥의 반사율 : 15~30[%] 이상

8) 유지율(감광보상률의 결정)

① 조도의 감소를 예상하여 소요 전광 속에 대한 여유율을 적용하는 것

② 조도감소 이유

㉠ 전구 필라멘트의 증발 및 유리구 내면의 흑화 등 자체 램프에 따른 발광 광속 감소

㉡ 조명기구의 먼지축적

㉢ 실내 반사면의 먼지축적

③ 감광보상률과 유지율의 관계

㉠ 감광보상률 $D= \dfrac{1}{M}$

여기서, M : 유지율

㉡ 미국에서는 유지율을 적용하여 조명계산

9) 광원의 크기 계산

① 평균조도를 얻기 위한 광원의 양 결정

② 광원의 수

$$N = \frac{AED}{FU}$$

여기서, N : 광원의 수(개) A : 방의 면적[m^2]
E : 평균 수평면 조도[lx] D : 감광보상률
F : 광원 1개당 광속 U : 조명률

10) 실내 면의 광속발산도 계산

① 방계수$\left(\frac{Z(X+Y)}{2XY}\right)$와 조명방식에 따라 작업대상물과 작업면과의 광속 발산도 계산

② 설계 조건에 대한 전반적인 검토로 최적의 보임조건을 도출하는 부분

③ 허용치 한계 = 3 : 1~7 : 1 이하

039 조명설계

1 설계 순서

① 조명설비 설계 순서는 일반적으로 다음과 같이 이루어진다.

② 조명설계 시 건축전기설비기술사(자) 또는 조명디자이너와 협조한다.

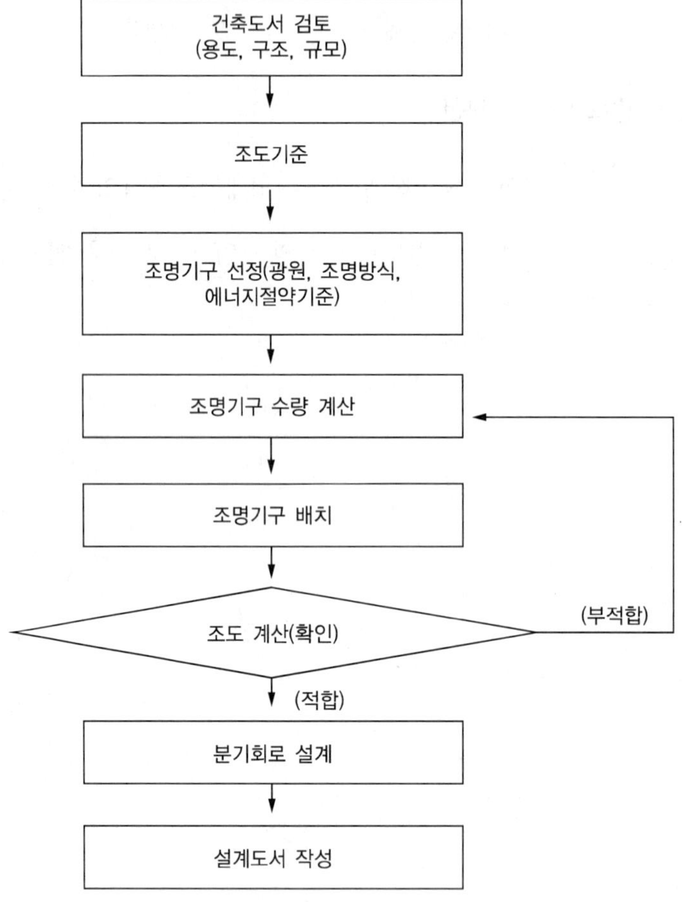

2 조명의 요건

① 조명은 목적에 따라 명시적 조명과 장식적 조명으로 구분 된다.

② 좋은 조명의 조건은 일반적으로 조도, 휘도분포, 눈부심, 그림자, 분광분포 및 연색성, 순응, 주간 인공조명(PSALI), 배치와 의장성, 경제성을 고려한 설계가 좋은 조명의 요건이 된다.

3 조도기준 설정

1) 조도기준

① 조도기준은 작업능률, 안전성, 눈의 생리적 현상, 조명장소, 용도 등을 고려한다.

② 시작업면이 정해지지 않은 경우 다음을 기준으로 한다.

㉠ 일반작업 : 바닥 위 85[cm]

㉡ 바닥작업 : 바닥 위 40[cm]

㉢ 복도, 옥외 : 바닥면

2) KS A 3011(조도기준)에 의해 선정

4 조명방식

1) 조명기구 배광에 따른 조명방식

직접조명방식, 반직접조명방식, 전반확산조명방식, 반간접조명방식, 간접조명방식

2) 조명기구 배치에 따른 조명방식

전반조명방식, 국부조명방식, 국부적 전반조명방식, TAL조명방식

3) 건축화 조명

광천장 조명, 코브 조명, 다운라이트 조명, 루버 조명, 코너 조명, 코니스 조명, 밸런스 조명, 공조형 조명, 광창 조명, 광량 조명

5 광 원

1) 광원의 평가

효율, 광색, 색온도, 연색성, 동정 특성, 수명, 휘도, 플리커, 시동 및 재시동 시간을 고려한다.

2) 광원의 종류

① **일반조명**

㉠ 할로겐 전구, 형광램프, 수은 램프, 메탈할라이드 램프, 고저압 나트륨 램프, 무전극형광 램프

㉡ LED : 현재 광범위하게 사용되고 있다.

② **산업용 광원**

㉠ 자외선 : 살균 램프, 블랙 라이트 램프
㉡ 적외선 : 적외선전구

6 조명제어

① 점멸장치 : 건축물의 용도, 조명의 위치에 적합한 점멸방식을 채택한다.
② 조광 설비 : 용도에 맞도록 단계별 조정이 가능하도록 한다.
③ 조명 제어
㉠ 자동제어 : 넓은 구역을 제어할 때 효과적이다.
㉡ 수동제어 : 수동제어 장치는 조작이 쉬워야 한다.

7 조명기구

1) 재 료

① 광학적 부분 : 반사판재료, 투과재료
② 전기적 부분 : 전기 부품, 기구의 구조적 부분의 재료

2) 형태(디자인)

조명 디자이너, 건축 디자이너, 전기 설계자와 협의하여 디자인한다.

3) 구 조

① 조명기구의 구조는 기능성, 미적, 유지 보수를 고려한다.
② 설치장소에 따라 습기, 물, 폭발, 물리적, 화학적 조건을 고려한다.

8 에너지절약 설계기준

1) 고효율 광원의 선정

램프의 출력(W)이 큰 광원을 선정한다.

2) 고효율 조명기구의 선정

기구효율 및 조명률을 고려하여 조명기구를 선정한다.

3) 조명시스템

부분점멸, 일괄소등, 인체감지 점멸, 자동소등, 스케줄제어 등을 고려한다.

9 조도계산

1) 조도계산

$$E = \frac{FUN}{AD} = \frac{FUNM}{A}[\mathrm{lx}]$$

E : 조도[lx] F : 광속[lm] U : 조명률 N : 조명기구 수량

A : 면적[m^2] D : 감광보상률 M : 보수율($M = \frac{1}{D}$)

2) 조명률

$$조명률 = \frac{피조면에\ 도달하는\ 광속\ [\mathrm{lm}]}{램프의\ 전발산\ 광속\ [\mathrm{lm}]} \times 100[\%]$$

3) 방지수

$$방지수 = \frac{바닥면적 + 천장면적}{벽면적}$$

방지수	5.0	4.0	3.0	2.5	2.0
기 호	A	B	C	D	E

4) 보수율(M)

① 조도계산 시 조도감소를 예상하여 전광 속에 여유를 주는 것을 의미한다.

② $M = M_1 \times M_2 \times M_3 \times M_4$

M_1 : 램프 노화에 따른 계수

M_2 : 기구 노화에 따른 계수

M_3 : 램프, 조명기구 오염에 따른 계수

M_4 : 실내면 오염에 따른 계수

10 콘센트아웃렛 설비

① 적합한 용량의 콘센트아웃렛을 선정한다.

② 건축물의 구조, 가구의 배치, 예상 통로, 설치, 높이 등을 고려한다.

③ 대기전력 차단장치 설치를 고려한다.

040 조명률에 영향을 주는 요소

1 조명률 정의

① 조명률이란 광원의 전광속이 피조면(작업면, 바닥면)에 도달하는 유효광속의 비율
② U=작업면에 입사하는 광속/램프의 전광속

2 조명률의 영향 요소

1) 조명기구의 배광

협조형 조명기구가 광조형 조명기구보다 직접비가 크고 조명률이 높다.

2) 기구효율

① $\eta = \dfrac{F}{F_o}$

여기서, F : 기구로부터 나오는 광속
F_0 : 전광속

② 동일배광 조명기구를 사용 하였을 때 기구 효율이 높은 조명기구가 조명률이 높다.

3) 실지수

① 방지수 $= \dfrac{XY}{H(X+Y)}$

여기서, X, Y : 방의 폭 및 길이
H : 작업면 위의 광원의 높이 또는 천장까지의 높이(H↑ → 방지수 감소 → 조명률↓)

② **천장과 실지수와의 관계** : 천장이 낮을수록 실지수가 커지며, 천장이 높을수록 실지수는 낮아진다.
③ 실지수가 클수록 조명률이 높다.

4) 조명기구의 설치 간격과 설치 높이와의 비(S/H 비)

실지수가 같고 동일 배광 조명기구를 사용할 때 S/H 비가 클수록 조명률이 높아진다.

5) 실내 표면의 반사율

실내 표면의 반사율이 높을수록 조명률이 높아진다.

3 조명률 계산법

① **3배광법** : 현재 잘 사용하지 않음
② **구역공간법**(ZCM) : 미국조명학회 추천방법
③ **영국구대법**(BZM) : 영국조명학회 추천방법
④ CIE**법** : 국제조명위원회 추천방법

041 자연채광

1 개 요

① 태양광 채광시스템은 자연광 유입이 어려운 실내에 여러 가지 시스템을 이용하여 부족한 자연광을 도입하는 채광시스템이다.

② 태양광 채광시스템은 지구온난화를 방지하고 에너지 절약을 위한 다양한 태양에너지 활용시스템의 하나로 앞으로 건축 분야에서 시스템의 도입 및 확대가 크게 기대되는 자연에너지 활용 시스템이다.

태양광 채광시스템의 개요

태양광 채광의 종류	
자연형 채광(고정방식)	**설비형 채광(추미+구동방식)**
주광조명(Daylighting) • 창 • 반사 루버 • 광선반 • 프리즘 라이트	태양광채광(Sunlighting) • 반사거울방식 • 프리즘방식 • 프리즘 · 거울방식 • 렌즈 · 광섬유방식

2 자연채광의 구성

▮ 태양광 채광시스템의 구성

1) 추미 및 채광부

센서나 프로그램에 의해 태양광을 추적하고 빛을 채광하는 설비

2) 전송부

채광된 빛을 실내로 전송하는 설비

3) 산광부

실내 공간에 전송된 태양광을 산란하는 설비

태양광 채광시스템의 종류 및 특성

채광방식 \ 전송방식	공중전송	덕트	2차 반사거울	광섬유
반사거울	○	○	○	
프리즘(광파이프)	○	○		
프리즘 · 거울	○	○	○	
렌즈 · 광섬유				○

3 종 류

1) 반사거울 시스템

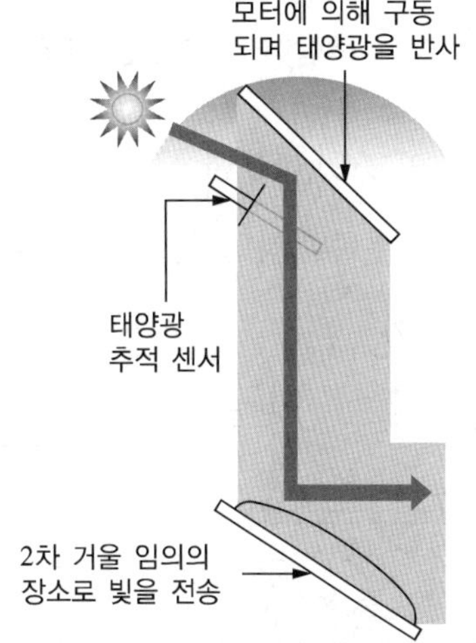

▌ 시스템 개념도

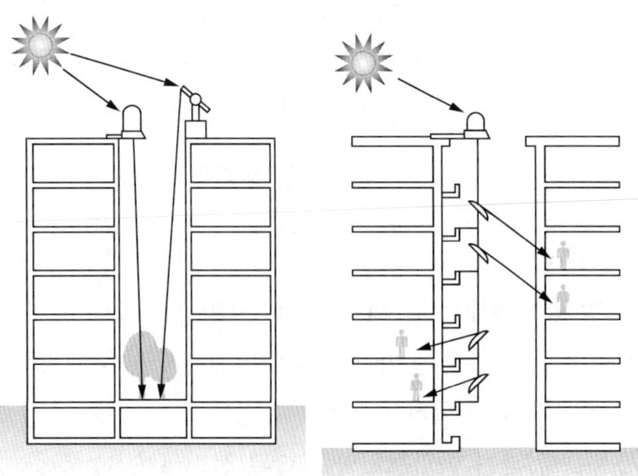

▌ 시스템의 적용 개념도

1) 반사거울 시스템

① 반사거울 시스템은 평면 또는 곡면의 반사거울을 이용하여 태양광을 전달하는 방식이며 2차 반사거울이 필요하다.

② 빛의 직진성을 이용하여 공중전송 방식으로 빛을 전달한다.

③ 정밀한 조사위치의 조절이 어려워 전송거리는 30[m] 이내이다.

2) 프리즘, 광파이프 시스템

① 프리즘 시스템

㉠ 반사거울 시스템은 태양고도에 따라 채광량의 변화가 발생하여 이를 보완한 시스템이 프리즘 시스템이다.

㉡ 2장의 평판 프리즘을 조합하여 수집된 자연광을 바로 밑으로 굴절시킬 수 있는 채광시스템이다.

㉢ 비교적 채광량이 큰 장점이 있다.

㉣ 우천이나 담천공 시 부족한 자연광을 보완하기 위하여 조광기능을 부착할 수 있다.

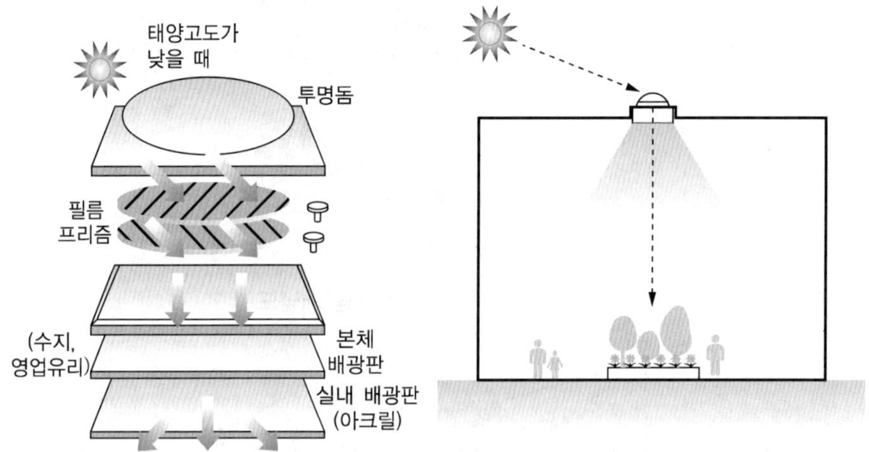

▌ 시스템 및 적용 개념도

② 광파이프 시스템

㉠ 프리즘 방식과 형태는 같으나 유입된 자연광을 실내로 바로 사입하는 시스템

㉡ 자외선을 차단할 수 있는 아크릴 돔에 의해 태양광을 채광하고 고반사율의 유도관을 통하여 실내로 유입하는 방식

㉢ 자연통풍을 위하여 환기장치와 통합된 선스코프(Sunscope) 시스템도 있다.

3) 렌즈/광섬유 시스템

① 태양광을 집광하기 위하여 볼록렌즈를 사용하여 집광하고 광섬유로 전송하는 시스템
② 렌즈는 항상 태양과 정면을 향하도록 제어되기 때문에 태양고도의 변화와 관계없이 항상 일정한 전송효율을 얻을 수 있다.
③ 전송거리의 제약이 거의 없다.
④ 설계의 자유도가 높다.
⑤ 전송공간이 작고 채광성능이 우수하나 광섬유 가격이 비싼 것이 단점이다.

042 자연채광의 종류

1 개 요

① 태양광 채광시스템은 자연광 유입이 어려운 실내에 여러 가지 시스템을 이용하여 부족한 자연광을 도입하는 채광시스템이다.

② 태양광 채광시스템은 지구온난화를 방지하고 에너지 절약을 위한 다양한 태양에너지 활용시스템의 하나로 앞으로 건축분야에서 시스템의 도입 및 확대가 크게 기대되는 자연에너지 활용 시스템이다.

2 자연채광의 특징

① 친환경적인 광원 : 에너지 사용이 Zero이다.
② 사고 위험 경감 : 누전, 화재, 폭발, 스파크가 없는 조명이다.
③ 생육광원 : 조명이 생물에 필요한 광원이다.
④ 방재기능 : 점등 실패가 없는 광원이다.
⑤ 조도변화 : 날씨에 의해 조도가 변화가 있다.
⑥ 생산성 : 자연채광에 가장 안정감을 나타내므로 생산성 향상에 기여한다.

3 자연채광의 종류

1) 전통적인 방법

① 스카이 라이트형
② 경사지붕형
③ 수직창에 의한 채광

2) 광덕트형 자연채광

① 가장 대표적인 채광장치이다.
② 집광부, 도광부, 산광부로 구성된다.
③ 경제적이므로 많이 사용된다.
④ 환기형으로 제작이 가능하다.
⑤ 대용량 채광에 유리하다.

3) 광파이프형 자연채광(프리즘 방식)

① 파이프에 빛전달 필름을 넣어 물이 흐르듯 빛을 흘려 전달하는 방식이다.
② 광원 가까운 곳에 적은 빛, 광원 먼 곳에 많은 빛을 전달한다.
③ 여러 층에 사용이 가능하다.

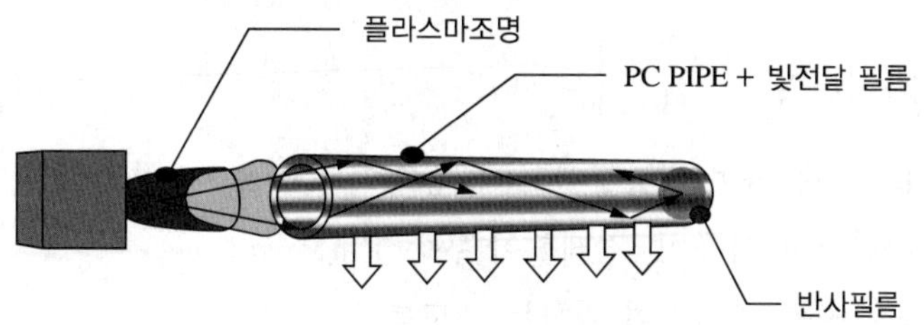

4) 하이브리드 자연채광

① 다기능 자연채광 장치로 실내 환기, 야간의 가로등, 주간 자연채광을 할 수 있는 시스템이다.
② 자연환기는 연돌효과를 이용하여 에너지 손실이 없다.
③ 낮에는 자연채광을 하고 밤에는 LED등을 설치하여 보안등 기능을 한다.

5) 광섬유 자연채광

① 광섬유를 이용하는 방법이다.
② 집광부, 도광부, 산광부로 이루어진다.
③ 집광렌즈, 추적장치(광센서, GPS), 광감지센서, 동력장치 등으로 구성된다.
④ 100[m] 이상 설치 가능하다.
⑤ 감쇄율이 0.06[%/m]로 매우 작다.
⑥ 설계가 자유롭다.

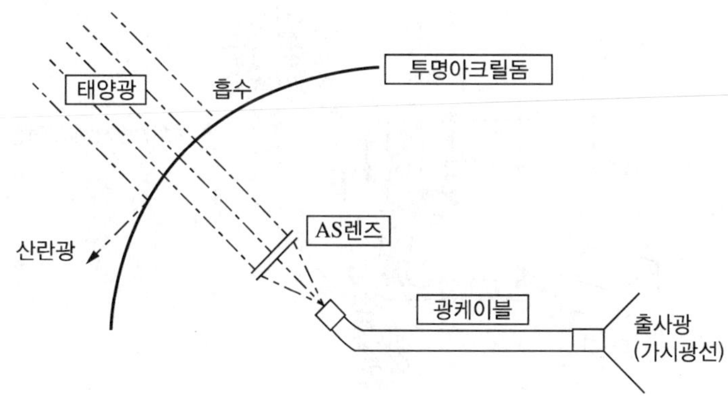

6) 방탄유리형 자연채광

① 광덕트의 돌출 문제를 보완하여 집광부를 평평하게 설치하는 방식이다.

② 보행의 불편을 최소화 한다.

③ 광덕트와 설치 방법이 같다.

7) 광선반형 자연채광

① 선반형태를 이용하여 태양광이 실내 깊숙이 들어올 수 있도록 설계한 것

② 구조가 간단하고 시공 및 경제성이 우수하다.

③ 태양광의 각도를 조절하여 원하는 조도를 얻을 수 있다.

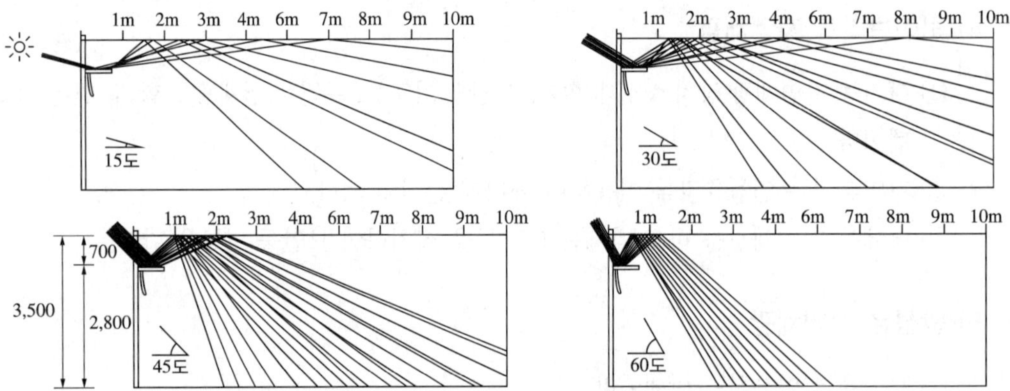

8) 태양동력형

① 태양을 추미하면서 원하는 장소에 태양광을 보내는 채광장치

② 가장 능동적인 방법으로 여러 층의 채광이 가능하다.

③ 다수의 HRS이 필요하다.

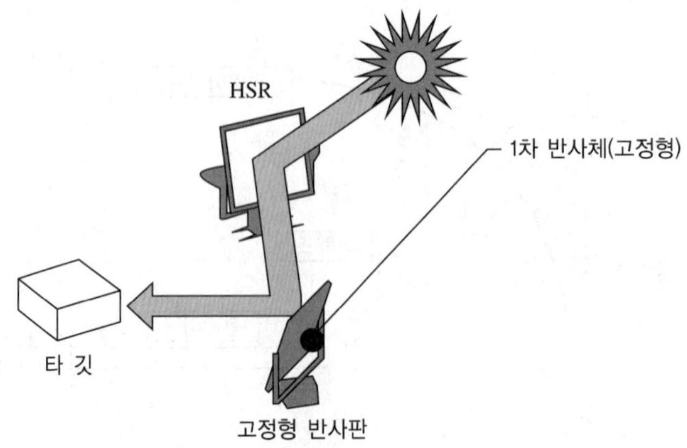

043 조도계산방법의 종류(3배광법과 ZCM법)

1 광속법에 의한 조도계산

1) 실내 전체에 균일한 조도를 얻기 위한 방법이 전반조명이며 일반적으로 광속법에 의해 조도를 계산한다.

2) 광속법은 광속이 작업면 위에 균일하게 분포되어 소요되는 수평면 평균조도에 대한 광원의 수를 구하는 것으로 조명기구의 배광, 방의 형상, 천장, 벽, 바닥의 반사율 및 광원의 동정곡선, 조명기구, 실내면 오염 등을 고려한다.

3) 조도계산 방법의 종류

① 광속법(작업면에서의 평균조도를 구하는 방법)

㉠ 3배광법 : 한국, 일본에서 주로 사용
㉡ ZCM법(구역 공간법) : 유럽, 북미에서 주로 사용
㉢ 기타 : BZM법(영국 구역법), CIE법, LITG법(독일), UTE법(프랑스)

② 축점법(각 점에서의 조도값 계산법)

㉠ 해석적 방법

- 기하학적 공간에서 특정의 광분포를 가진 조명기구가 제공하는 광속의 전달 과정을 수식으로 풀어서 계산하는 것을 말한다.
- 정확도가 높고 복잡한 것이 특징이다.

㉡ 입자 추적법

- 조명기구에서 나오는 빛을 입자로 생각하고 그 입자의 경로를 추적하여 면에 도달하는 광속을 계산하는 방법
- 매우 정확하고 결과가 다양하여 응용범위가 넓다. 그러나 계산기간이 긴 것이 단점이다.

2 3배광법과 ZCM법 비교

구 분	3배광법	ZCM(구역공간법)
개 요	광원의 전광속이 균일하게 분포 및 소요되는 수평면 평균조도에 대한 광원의 수를 구하는 방식	① ZCM(구역공간법)은 천장의 반사율과 바닥의 반사율, 벽의 반사율에 대해 실질적인 유효반사율을 계산하여 조명률을 계산하는 방법 ② 천장의 반사율과 등기구 설치 면적에 가상 천장공간을 만들어 유효반사율을 구하고 ③ 바닥의 반사율에 작업면을 판단한 가상바닥 공간을 만들어 유효반사율을 구한 뒤 이용율을 구하는 방식
실지수/ 공간비율	① 방의 크기에 따른 빛의 이용정도 ② 하나의 공간으로 계산 ③ 실지수$(R) = \dfrac{XY}{H(X+Y)}$ X : 방의 폭[m] Y : 방의 너비[m] H : 작업면에서 광원까지 높이[m]	① 방을 천장(C_{CR}), 방(R_{CR}), 바닥(F_{CR}) 공간비율 3가지로 구분 ② 공간비율 $(CR) = \dfrac{5H(X+Y)}{XY}$
반사율/ 유효반사율	반사율 일정, 실지수표에서 산정	ρ_{ce}, ρ_{fe}, ρ_w를 이용률표에서 산정, 보간법, 보정계수 이용
조명률/ 이용률	① 조명률(U) $=\left(\dfrac{\text{작업면 입사광속}}{\text{광원의 전광속}}\right)\times 100[\%]$ ② 하나의 공간을 기준으로 U값 계산	① 이용률(CU) $=\left(\dfrac{\text{작업면 입사광속}}{\text{광원의 전광속}}\right)\times 100[\%]$ ② 방을 3개의 공간을 기준으로 CU값 계산
보수율/ 광손실률	① 보수율(M) : 장래의 조도감소를 예상하여 소요 광속에 여유를 주는 계수 ② $M = M_e \times M_r \times M_d \times M_w$ M : 보수율, M_e : 램프노화 M_r : 조명기구 노화 M_d : 램프, 조명기구 오염 M_w : 실내오염 ③ 보수율에 영향을 주는 요소 ㉠ 광원의 종류 ㉡ 조명기구의 형상, 재질 ㉢ 사용장소, 유지 보수 상태 ④ 보수율 ㉠ 형광램프 : 0.5~0.75 ㉡ 백열기구 : 0.7~0.75	① 광손실률(LLF) : 장래의 조도감소를 예상하여 소요전광속에 여유를 주는 계수로서 회복 가능 요인과 회복 불가능 요인으로 구분 ② LLF : 회복가능 요인 × 회복 불가능 요인 ③ 회복가능요인(보수, 청소, 교체, 도색 등) ㉠ 램프수명 계수(LBO) ㉡ 램프광속 오염계수(LLD) ㉢ 램프기구 오염계수(LDD) ㉣ 실내면 오염계수$(RSDD)$ ④ 회복 불가능 요인(보수나 수선 등으로 개선되지 않는 요소) ㉠ 조명기구 주위 온도 계수(LAT) ㉡ 공급전압계수(LV) ㉢ 안정기 계수(BF) ㉣ 조명기구 표면열화 계수(LSD)

<table>
<tr><th>구 분</th><th>3배광법</th><th>ZCM(구역공간법)</th></tr>
<tr><td>조도계산</td><td>$E=\frac{FUNM}{A}=\frac{FUN}{AD}$
여기서, E : 조도[lx]
A : 조명면적[m^2]
D : 감광보상률
F : 등기구 1개 광속[lm]
U : 조명률
N : 조명기구 수량
M : 보수율$\left(=\frac{1}{D}\right)$</td><td>$E=\frac{F\cdot CU\cdot N\cdot LLF}{A}$[lx]
여기서, CU : 이용률[lx]
LLF : 광손실률</td></tr>
<tr><td>기구배치</td><td>등기구 배치간격 높이 일정</td><td>관계 없음</td></tr>
<tr><td>특 징</td><td>① ZCM법을 일본의 실정에 맞게 변형 한 것
② 오차가 큼</td><td>① 미국의 조도계산법
② 오차가 작음
③ 국내 Data 미비</td></tr>
</table>

3 결 론

① 국내 3배광법과 ZCM법 두 가지 방법을 혼용하여 사용하고, 장소에 적합한 방법을 선택하여 적용하고 있다.

② ZCM법은 국내 Data부족으로 외산 자재 사용 및 Data를 이용하고 있다.

044 조도측정방법

1 목 적

① KS A 3011(조도기준), KS A 3701(도로), KS C 3703(터널) 적합여부 판정
② 실제측정조도와 설계조도와 비교
③ 광원의 열화, 조명기구, 천장, 벽 오손으로 조도저하 상황 파악하여 조명의 보수, 개선에 필요한 데이터 확보

2 조도 측정기의 종류(KS C 1601 조도계)

① **맥베드 조도계** : 측정범위 10~250[lx], 필터 사용 시 0.1~25,000[lx]
② **광전관 조도계** : 10^{-4}~10[lx]
③ **광전지 조도계** : 0.1~300[lx], 필터 사용 시 0.1~30,000[lx]

3 조도측정 기준 및 고려사항

1) 측정기준

구 분	실 내	실 외
조도측정 작업면의 높이	• 일반 : 바닥 위 80~85[cm] • 방 : 바닥 위 40[cm] • 복도, 계단 : 바닥면	• 도로 : 노면 15[cm] 이하 • 운동장, 경기장 : 지면

2) 측정 시 고려사항

① **측정 전 확인사항**

㉠ 전원(전압, 주파수) 점등상태
㉡ 광원의 형식, 크기, 점등 연속시간
㉢ 조명기구 상태, 조명방식
㉣ 광원의 조명기구에 부착 상태
㉤ 외부광 입사 유무, 청소상태, 반사율 등 환경조건

② **측정 시 유의사항**

㉠ 램프의 광출력 안정화 확인 : IL 5분, FL 5분, 방전등 30분 이상 점등

㉡ 측정자 위치, 복장 등이 측정에 영향 주지 않을 것

㉢ 측정 높이, 수광면 위치, 방향 설정

㉣ 옥외주광 입사 방지(주간 조도 측정 시)

4 조도 측정방법(KS C 7612)

1) 단위구역이 좁은 장소

E_i : 구석점 조도 E_g : 중심점 조도 E_m : 변중점 조도

측정법	측정점	평균조도 계산식	적 용
1점법	○1	$E_o = E_g$	• 조도 균제도 좋은 장소 • 단위 구획을 아주 작은 단위로 측정 시
4점법	1○---○1 1○---○1	$E_o = 1/4\Sigma E_i$	• 조도구배 완만한 장소 • 전반 조명장소
5점법 (1)	1○---○1 ○8 1○---○1	$E_o = 1/12(\Sigma E_i + 8E_g)$	• 조도 균제도 나쁜 장소 • 비교적 많은 장소로 많은 구역으로 분할하여 측정하지 않는 경우 • 실 중앙에 조명기구 있는 경우
5점법 (2)	1 --○-- 1 ○ ○2 ○ 1 --○-- 1	$E_o = 1/6(\Sigma E_m + 2E_g)$	
9점법	4 1○--○--○1 4○ ○16 ○4 1○--○--○1 4	$E_o = 1/36$ $(\Sigma E_i + 4\Sigma E_m + 16E_g)$	격심한 조도변화 장소

2) 평균조도 계산 : 단위구역이 연속적인 넓은 장소

① **4점법 평균조도**

$$E = \frac{1}{4MN}(\Sigma E_{\square} + 2\Sigma E_{\triangle} + 4\Sigma E_{\bigcirc})$$

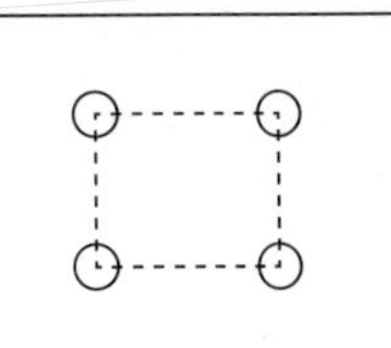

▌4점법

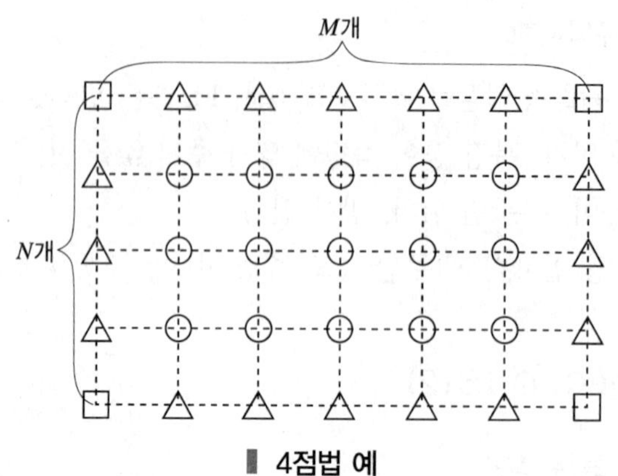

4점법 예

② **5점법 평균조도**

$$E = \frac{1}{6MN}(2\Sigma E_{\square} + \Sigma E_{\triangle} + 2\Sigma E_X)$$

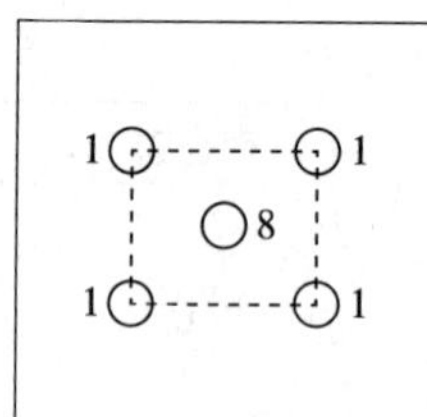

5점법

여기서, $E_{\square}$: 구석점 조도

$E_{\triangle}$: 가장 자리점 조도

E_0 : 내점 조도

E_X : 중심점 조도

3) 측정 후 확인사항

① **측정조건 기록**

㉠ 조명조건 : 전원, 광원, 기구

㉡ 조명방법 : 조도계, 측정자

㉢ 판정조건

② **측정결과 기록** : 측정값 데이터화

045 조명설비에서 조명제어방식

1 개 요

건축물에서 조명설비는 전체 소비 전력의 약 30[%]의 큰 비중을 차지하고 있으며 건축물의 대용량화, IB화에 따른 조명설비의 효율적인 감시제어, 쾌적한 조명환경, 에너지 절감을 위해 고기능의 조명 감시제어 시스템 도입이 요구된다.

2 조명제어의 목적

① **이용자의 편리성** : 손쉬운 조작 및 제어

② **유지관리 용이성** : 효율적인 감시제어, 유지관리 용이, 인력절감

③ **에너지 절약** : 불필요한 전력사용, 조도선정, 점등시간 절감

④ **쾌적한 조명환경 연출**

3 조명설비 에너지 절약 시 검토항목

1) 에너지 절약 정책

① 에너지 이용 합리화법

② 건축물 에너지 절약 설계기준

③ 건축물 에너지 효율등급 인증제도

④ 지능형 조명 자동제어 시스템 지원제도 등

2) 조명설비의 에너지 절약요소

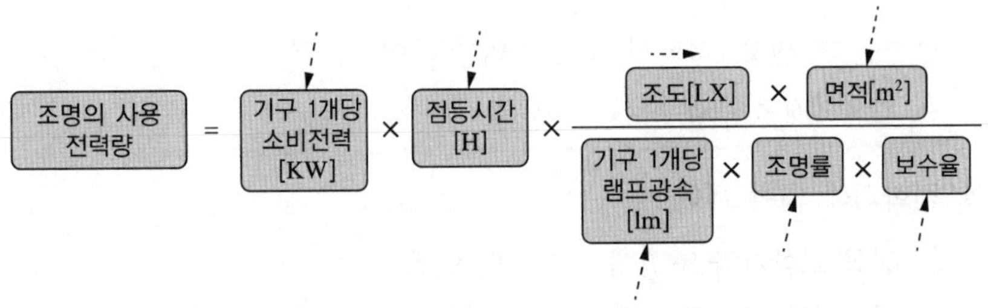

그림에서 화살표 방향은 조명에너지를 절감하기 위한 대책으로 높여야 하는 요소, 낮추어야 하는 요소를 나타내는 것임

4 조명제어 방식

1) 제어방법에 따른 분류

① 점멸제어(On/Off Control)

초기 입력조건에 따라 On/Off제어

② 조광제어(Dimming Control)

㉠ 조명기구 출력광속을 Dimmer를 이용 연속제어
㉡ 필요조도를 일정하게 유지가능
㉢ 전압제어, 전류제어, 위상제어

2) 제어시스템에 따른 분류

① 자연채광을 고려한 방식

㉠ 개방루프(Open Loop)방식
- 조광용 센서 실외(창문)에 설치
- 자연광의 레벨만으로 조명기구 출력제어

㉡ 폐루프(Closed Loop)방식
- 조광용 센서 실내(천장)에서 설치
- 작업면에 유입되는 자연광과 인공광을 감지, 조명기구 출력제어

② 타임스케줄에 의한 제어

㉠ 1일 24시간 규칙적인 시간스케줄 제어
㉡ 점멸제어(전체 점등, 전체 소등, 부분 소등), 조광제어

③ 재실자 감시제어

㉠ 초음파 센서, 적외선 센서에 의한 제어
㉡ 인체감지 상태에 따라 On/Off 제어

④ 전화기에 의한 제어

㉠ 전화 교환기와 조명제어 시스템 연동
㉡ 전화기로 지정된 조명회로 점소등 제어, 시간예약 제어가능

⑤ 수동조작 제어

자동조명제어 계통으로부터 분리되어 임의로 수동조작이 가능할 것

5 조명제어 시스템의 구성

1) 구성도

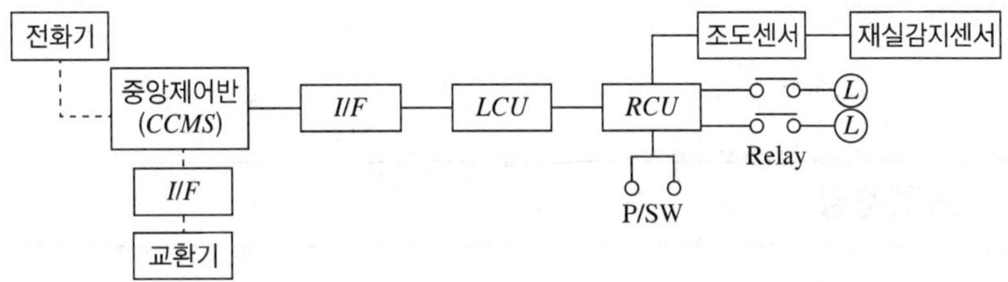

2) 구성요소

① **중앙제어장치**(CCMS ; Central Control & Monitoring System)

프로그램에 의한 제어, 사용상태, 고장상태 모니터링

② **분산제어장치**(LCU ; Local Control Unit)

CCMS와 RCU 신호 송수신

③ **릴레이 구동장치**(RCU ; Relay Control Unit)

LCU와 Relay 신호 송수신

④ **프로그램 스위치**

스위치에 고유번호를 부여하여 제어범위 설정, 점소등 신호 LCU 전송

6 조명제어 시스템 설계 시 고려사항

① 조명효과 유지, 적정조도의 유지, 과도한 조명제어 지양
② 건물규모, 용도에 적합한 제어방식 선정
③ 조작전원의 신뢰성 확보, 증설변경에 대한 유연성
④ 고효율 기자재 채용

SECTION 04

조명의 실제

046 도로조명

1 개 요

① 도로조명은 도로변과 그 부근에 존재하는 물체에 충분한 빛을 주어 보행자나 차량운전자의 보임을 확실하게 해야 한다.

② 사고, 범죄 등에 대한 위험이 없고 안전하고 쾌적하게 통행할 수 있도록 하기 위함이며 부수적으로 도로 미관 향상 및 상업 활동에 기여하는 데 있다.

2 도로조명 설계 조건

① 운전자의 보임의 조건인 조도 및 광분포, 눈부심 개선

② 도로의 이용률 향상

③ 고른 휘도 분포

④ 속도에 따른 적정한 조도유지 필요

⑤ 사고 및 범죄 예방

⑥ 쾌적하고 안전한 차량통행

⑦ 도시 미관의 향상으로 도시 경쟁력 강화

3 도로조명 설계

1) 소요조도 결정

도로조명의 조도는 차량의 속도가 빠를수록 조도가 높아야 하며, 각 도로별 소요조도는 다음 표와 같다.

① 도로 및 교통의 종류에 따른 도로조명 등급

도로 종류		도로조명 등급
고속도로 자동차 전용도로	상하행선이 분리되고, 교차부는 모두 입체교차로로, 출입이 완전히 제한되어 있는 고속의 도로	M_1, M_2, M_3
주간선도로 보조간선도로	• 상하행선 분리도로 • 고속의 도로	M_1, M_2
	• 주요한 도시 교통로 • 국 도	M_2, M_3
국지도로	• 중요도가 낮은 연결도로 • 지방 연결도로 • 주택지역의 주접근도로	M_4, M_5

② 보행자에 대한 도로조명 기준

야간보행자 교통량	지 역	수평면조도	연직면조도	
교통량 많은 도로	주 택	5	1	연평균 일교통량(AADT) 25,000대가 교통량이 많고 적음의 기준
	상 업	20	4	
교통량 적은 도로	주 택	3	0.5	
	상 업	10	2	

③ 운전자에 대한 도로조명 휘도기준

조명등급	평균노면휘도 (최소 허용값) [cd/cm²]	휘도 균제도(최소 허용값)		TI[%] 최대 허용치
		종합균제도(U_0) L_{min}/L_{avg}	차선축 균제도(U_1) L_{min}/L_{max}	
M_1	2.0	0.4	0.7	10
M_2	1.5	0.4	0.7	10
M_3	1.0	0.4	0.5	10
M_4	0.75	0.4	–	15
M_5	0.5	0.4	–	15
임계치 증분(TI) : 도로조명에 따른 불능 글레어 기준				

2) 광원의 선정

도로조명에 사용되는 광원으로는 메탈 할라이드 램프, 나트륨 램프, 코스모폴리스 램프 등이 사용

종 류	광질 및 특성
고압나트륨 램프	고효율, 투과력 우수, 연색성 나쁨
메탈할라이드 램프	연색성 우수, 가격이 비싸다.
콤팩트 메탈할라이드 램프	연색성 우수, 광속유지율 높음
무전극 형광램프	연색성 우수, 장수명
LED 램프	연색성 떨어짐, 에너지 절감, 장수명, 투과력 약함
코스모폴리스 램프	연색성 우수, 에너지 절약, 장수명, 가격이 비싸다.

3) 조명기구의 선정 및 종류

① 조명성능 달성 여부, 눈부심 제한, 빛공해 방지, 효율 등을 고려하여 선택한다.

② 조명기구의 컷오프 분류

구 분	풀 컷 오프형[cd]	컷 오프형[cd]	세미 컷 오프형[cd]
수직각 80°	100	100	200
수직각 90°	0	25	50

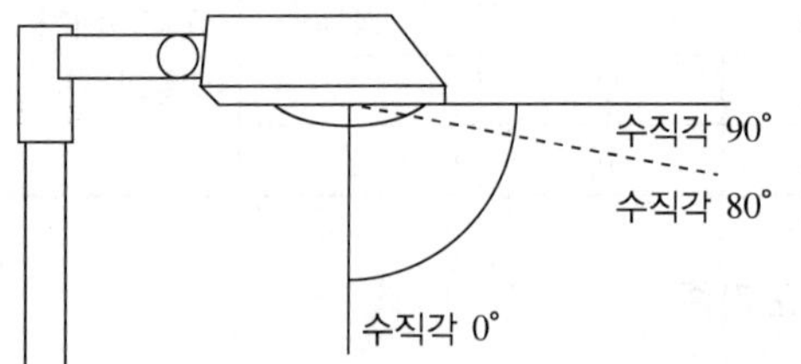

각 광도값은 광원 광속의 1,000[lm]당 광도값[cd]로 계산

▮ 조명기구 컷 오프 분류의 각도 기준

㉠ 풀 컷 오프형 기구

조명기구 배광 분포상의 수직각 90° 또는 그 이상에서 발생하는 1,000[lm]당 광도가 0[cd]가 되는 조명기구이다. 수직각 80°에서의 광도는 1,000[lm]당 100[cd] 이하가 되며, 매우 엄격한 상향광의 제한으로 눈부심과 산란광에 의한 빛공해를 억제하도록 한 기구이다.

㉡ 컷오프형 기구

조명기구 배광 분포상의 수직각 90° 또는 그 이상에서 발생하는 1,000[lm]당 광도가 25[cd]가 되는 조명기구이다. 수직각 80°에서의 광도는 1,000[lm]당 100[cd] 이하가 되며, 풀 컷 오프형보다는 수직각 90° 방향 또는 그 이상의 광도 제한을 다소 완화한 배광이다.

㉢ 세미 컷 오프형 기구

조명기구 배광 분포상의 수직각 90° 또는 그 이상에서 발생하는 1,000[lm]당 광도가 50[cd]가 되는 조명기구이다. 수직각 80°에서의 광도는 1,000[lm]당 200[cd] 이하로 제한된다.

4) 조명기구의 배치방법

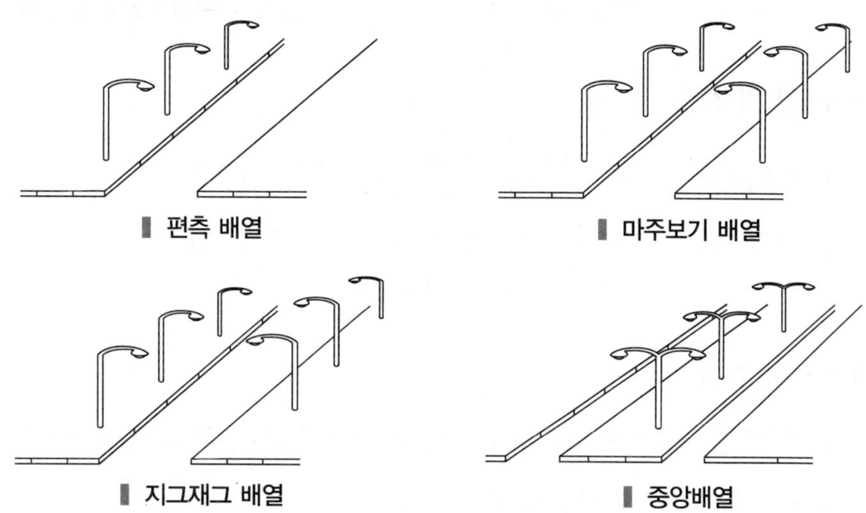

▌편측 배열 ▌마주보기 배열

▌지그재그 배열 ▌중앙배열

① **직선도로**

㉠ 편측식 : 폭이 넓은 도로에서는 밝고 어둠의 편차가 심하기 때문에 간이도로, 폭이 좁은 도로(6~8[m])에 주로 사용

㉡ 지그재그식 : 8~20[m] 정도의 시가지 도로에 적용

㉢ 마주보기식 : 중요한 도로, 차량의 통행이 많거나 속도가 빠른 도로, 밝게 할 필요가 있는 도로에 적용

㉣ 중앙배열식 : 중앙분리대가 있는 중요한 도로, 차량 통행이 많고 속도가 빠른 도로에 적용

구 분	편측식	지그재그식	마주보기식	중앙배열
용 도	• 지방도로 • 간이도로	• 일반도로 • 시가지 도로	• 교통량이 많은 도로 • 빠른 도로	중앙분리대가 있는 빠른 도로

② **곡선도로** : 곡선의 곡률반경이 작을수록 조명기구 간격이 좁아져 직선배치보다 설치 등수가 많아진다.

③ **교차로**

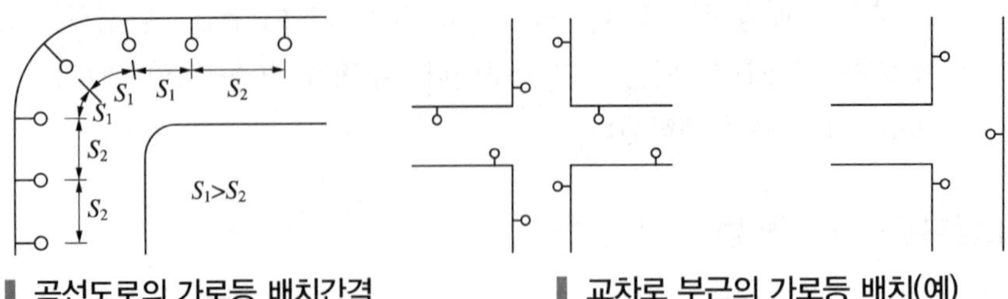

▌곡선도로의 가로등 배치간격　　▌교차로 부근의 가로등 배치(예)

5) 조명률의 선정

① 조명률$(U)=\dfrac{\text{작업면에 입사하는 광속}(Fa)}{\text{광원의 전광속}(F)}\times 100[\%]$

② 해외에서는 조명률을 포함한 성능데이터 제공이 의무화

③ 국산 제품은 조명률 데이터 확보가 어려움

6) 보수율 결정

① 보수율은 조명의 광출력 저하를 예상하여 여유율을 주는 보정계수이다.

② $MF = LLMF \times LSF \times LMF \times (RSMF)$

여기서, $LLMF(Lamp\ Lumen\ Maintenance\ Factor)$: 램프광속유지계수
$LSF(Lamp\ Survival\ Factor)$: 램프수명계수
$LMF(Luminare\ Maintenance\ Factor)$: 조명기구유지계수
$RSMF$: 방표면 유지계수(터널에 관련됨)

7) 도로조명의 계산

① **조명계산식**

$$F = \frac{SKWL}{UN}$$

여기서, F : 관원 1개의 광속[lm]　K : 평균조도 환산계수
W : 도로의 폭[m]　S : 경간[m]　D : 감광보상률
U : 조명률　N : 광원의 개수　L : 기준휘도

② **광원의 크기(F)와 경간(S) 관계**

㉠ 광원을 크게 하면 경간이 길어져 기구수가 감소하므로 경제적이나 조도의 얼룩짐이 커지고 균제도가 나빠진다.

㉡ 광원의 용량을 적게 하면 얼룩짐은 적어지나 기구 수의 증가로 건설비가 많이 든다.

③ **균제도**

구 분	최소조도/평균조도	최소조도/최대조도
고속도로	1/5 이상	1/10 이상
교통량이 많은 일반도로	1/7 이상	1/14 이상
교통량이 적은 일반도로	1/10 이상	1/20 이상

4 도로조명 설계 시 고려사항

① 전기공급방식은 단상 2선식 220[V], 3상 4선식 380[V]

② 허용전압강하 : 6[%] 이하

③ 접지 : 분전함 및 가로등주는 제3종 단독접지 및 회로별 연접접지

④ 누전차단기 설치 및 접지저항 검토

⑤ **에너지 절약대책 강구 필요** : 전등효율 70[lm/W] 이상의 광원을 사용

⑥ 주위환경과 조화를 검토하여 미관을 고려

⑦ 평균노면휘도와 휘도 균제도

⑧ 타 공정과의 간섭사항 검토

047 도로조명 설계 시 조명기구 배치를 위한 교차로와 횡단보도

1 일반적인 도로조명의 조명기구 배치, 배열

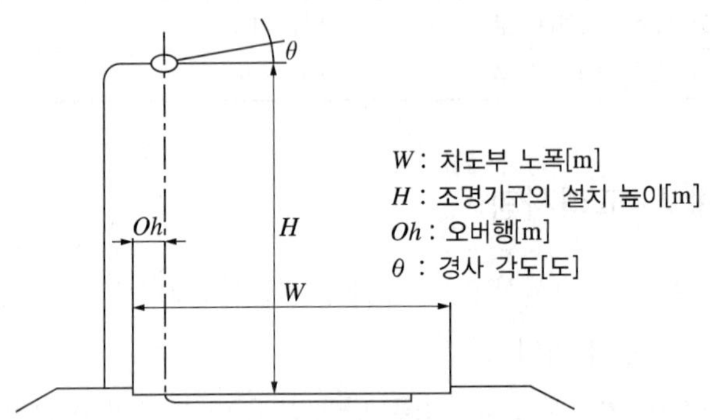

1) 조명기구의 설치 높이(H)

① 조명기구의 설치 높이(H)는 원칙적으로 10[m] 이상으로 한다.

② 노폭이 동일하고 연속되는 도로의 조명기구 설치 높이(H)는 일정하게 하는 것을 원칙으로 한다.

2) 조명기구의 배열

① 조명기구의 배열은 도로의 단면구조, 차도부분 노폭(W), 조명기구의 배광 등에 따라 편측 배열, 지그재그 배열, 마주보기 배열 중에서 적당한 것을 사용하는 것으로 한다.

② 도로의 단면구조 및 차도부분 노폭(W)에 따라서는 이들을 조합하여도 된다.

3) 조명기구의 오버행(Oh)

① 조명기구의 오버행(Oh)은 가능한 짧게 하는 것이 바람직하다.

② 연속되는 도로의 조명시설에서 오버행은 일정하게 하는 것을 원칙으로 한다.

4) 조명기구의 경사각도(θ)

조명기구의 경사각도(θ)는 원칙적으로 0° 이상 5° 이하로 한다.

5) 조명기구의 간격(S)

조명기구의 간격은 그 설치 높이(H), 배열에 따라 표에 나타낸 종합 균제도(U_o) 및 차선축 균제도(U_l)의 기준을 만족시킨다.

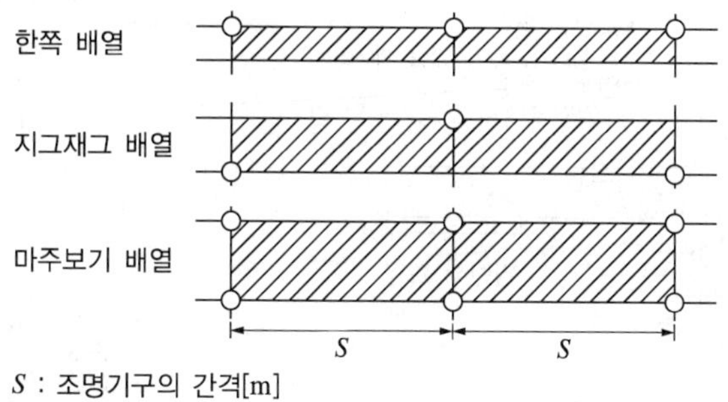

S : 조명기구의 간격[m]

2 일반부의 곡선부

1) 조명의 일반적 기준

조명기구의 배치, 조명기구의 간격(S)을 제외한 조명의 기준은 직선부에 준하는 것으로 한다.

2) 조명기구의 배열 및 간격(S)

① 곡선부에서 조명기구의 배열은 여기에 연속되는 직선부의 조명기구 배열에 따르고, 또한 조명기구의 간격(S)은 그 곡률반경에 따르며 직선부의 간격에 비례하여 축소한다.

② 곡률반경이 매우 작은 곡선부 또는 급격한 굴곡부에서는 조명기구의 간격(S)을 축소하는 것과 함께, 조명기구의 배열 때문에 그 급격한 곡선부 또는 굴곡부의 존재, 도로 선모양의 변화 상태에 대한 판단 착오가 일어나지 않도록 주의한다.

3 특수한 곳(교차로, 횡단보도 등)

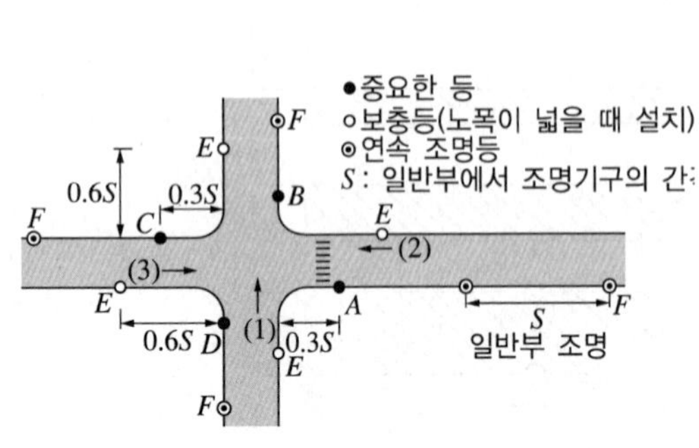

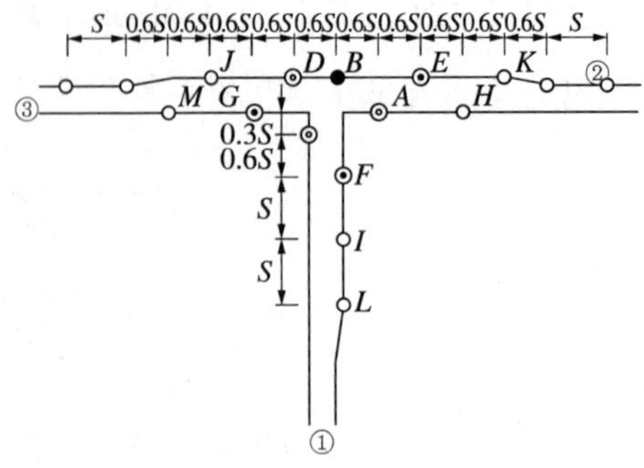

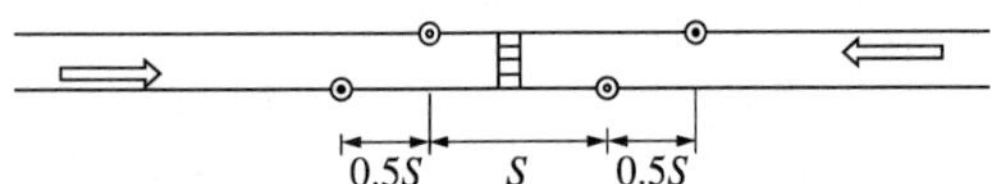

⊙ 중요
⊙ 보충(차도 노폭이 넓을 때)
S : 일반부 조명기구의 간격[m]

1) 교차점, 합류점과 분류점

① 교차점, 합류점과 분류점 부근에서 조명기구의 배치와 배열은 일반도로의 설계를 기본으로 방향변환 자동차의 조명, 교차점 확인, 교차점 일시정지 및 진행되는 자동차의 조명이 필요하다.

② 또한, 선모양 구조가 복잡한 교차점 또는 합류점과 분류점의 조명기구의 배치와 배열에 있어서는 이들에 접근하는 자동차의 운전자가 이들의 선모양, 진행방향, 교통신호 등을 오인하지 않도록 배치검토를 해야 한다.

2) 횡단보도

① 횡단보도의 조명은 횡단보도에 있는 사람의 하반신 50[cm] 이상을 50[m]전방에서 운전자가 식별할 수 있어야 한다.

② 횡단보도 전방 35[m] 이상의 노면이 밝은 것이 좋다.

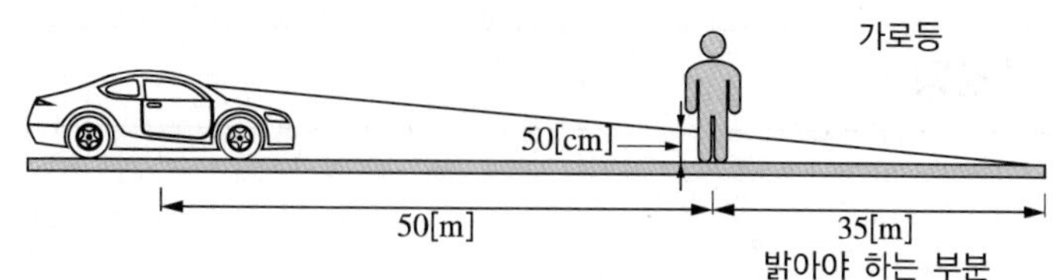

③ 밝은 노면을 배경으로 하는 사람의 실루엣 효과를 높이기 위해서 횡단보도 직전에는 조명기구를 설치하지 않는 것이 좋다.

④ 일반부에 연속 조명이 없는 경우에는 횡단보도 부근의 보행자를 용이하게 확인하기 위해서 횡단보도 전방 측 35[m] 이상의 노면을 밝게 하는 조명이 필요하다.

⑤ 일반부에 연속 조명이 있는 경우에는 횡단보도 전후 35[m] 범위를 일반부보다 밝게 조명한다.

048 터널조명

1 개 요

① 터널조명의 설치기준은 터널의 길이가 25[m] 미만인 경우는 조명을 필요로 하지 않으며, 25~50[m]미만은 야간조명만이 필요하고, 50[m] 이상인 경우에는 주간조명과 야간조명을 모두 실시한다.

② 터널조명은 도로조명과 큰 원칙적인 면에서 동일하지만 터널만이 가지고 있는 특이한 문제가 있으므로 이런 점을 감안하여야 한다.

2 터널에서 특이한 문제점

1) 터널입구

① Black Hole 효과

낮에 조명이 불완전한 터널의 입구에 자동차 접근 시 터널이 검은 굴, 검은 테두리로 보이는 현상으로 터널의 길이가 길어서 생기는 현상으로 터널 내부의 휘도가 극히 낮기 때문이다.

② Black Frame 효과

터널 내 단면이 상세하게 보이지 않는 현상으로 터널길이가 짧은 터널에서 생기는 현상으로 터널 내부 휘도가 극히 낮기 때문이다.

③ 휘도 순응의 지연

운전자가 터널 안에 있는 장애물을 식별하기까지 시간 경과가 필요하며 이를 순응의 지연이라 한다.

2) 터널 내부

① 자동차 배기가스에 의한 관찰자의 시계 저하

터널이 긴 경우 배기가스 축적에 의한 현상

② 명 암

자동차의 유리, 차체, 보닛 등의 명도가 차의 진행과 함께 주기적으로 변동(Flicker)하여 명암을 운전자에게 준다.

3) 터널출구

① **출구 White Hole 효과**

낮에 자동차가 터널출구에 접근 시 출구가 흰 굴처럼 보이는 현상

② **출구 Black Hole 효과**

야간에 자동차가 터널 출구에 접근 시 출구가 검은 굴로 보이는 현상

③ **순응의 지연**

운전자가 터널 밖에 장애물을 식별하기까지 시간경과를 말하며, 터널 내부에서의 휘도 순응보다는 훨씬 가볍다.

3 터널 조명설계

1) 사전조사

① 터널의 단면, 선형, 설계속도, 환기설비의 유무, 교통량 등
② 운전자의 위치에서 본 터널입구, 출구 부근의 야외 휘도
③ 접속 도로의 단면, 설계속도, 노면의 종류, 입구의 시계거리

2) 터널의 길이와 조명설비의 종류

용 도	종 류	터널길이[m]			
		25 미만	25~50 미만	50~200 미만	200 이상
주간용	입구조명	–		○	○
	내부조명	–	○	○	○
	출구조명	–		○	○
야간용	내부조명	○	○	○	○
	출구조명	–	–	○	○
비상용	내부조명	–	–	○	○

3) 터널입구 조명설계

① **Black Hole, Black Frame 효과의 방지**

터널입구의 어느 정도 길이에 충분히 높은 휘도 부여

② **휘도 순응의 지연 완화**

터널 입구의 어느 정도 길이에 충분히 높은 휘도를 부여하고 내부로 갈수록 서서히 휘도를 감소시켜 터널내부의 조명과 연결

③ **입구조명곡선**

터널 출구가 보이지 않는 경우의 입구 조명은 경계부, 이행부, 기본부로 나누어 조도 선정

4) 주간의 터널 내부 조명설계

① **광 원**

주로 나트륨 램프를 사용하며 간혹 형광등을 사용하기도 한다.

② **조명기구 설치높이**

노면, 벽면의 휘도분포, 글레어 방지, 조명기구의 오손방지 등을 고려하여 측면에서 설치 위치는 높을수록 좋으나 건축한계를 고려하여 4[m] 전후에 설치

③ **설치간격과 배열방식**

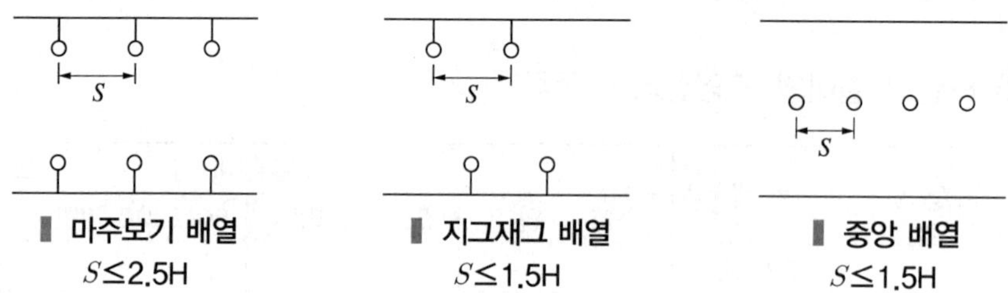

▌마주보기 배열 $S \leq 2.5H$

▌지그재그 배열 $S \leq 1.5H$

▌중앙 배열 $S \leq 1.5H$

여기서, S : 설치간격
H : 조명기구 설치높이

④ **노면, 벽면의 휘도**

가능한 한 높고 균일한 것이 바람직

5) 야간의 내부 조명설계

주간의 터널 내부의 조명설계와 동일하나 운전자의 순응속도가 저조하므로 노면, 벽면의 휘도는 주간보다 낮추어도 무방

6) 출구조명설계

터널 입구 50~70[m] 전방에 출구부 야외휘도의 1/10 정도가 되도록 한다.

7) 비상용 조명설계

정전 시, 비상시를 대비하여 전원을 2계통으로 받거나, 비상 전원 장치를 설치하여 일부분의 광원이라도 점등방법 개선

4 터널조명 설계 시 고려사항

① 입구 부근의 시야 상황
② 구조조건
③ 교통상황
④ 환기 상황
⑤ 유지관리
⑥ 부대시설의 상황

049 터널조명에서 설계 시의 고려점, 설계속도와 시인거리

1 개 요

① 도로에 있어서 터널의 조명은 야간 이외에 주간에 오히려 중요하다고도 할 수 있다.

② 일반적으로 길이 25[m] 이하의 터널은 조명시설을 하지 않으며, 25~50[m]의 터널은 야간 조명을 길이 50[m] 이상인 터널에서 주야간 조명으로 시설한다.

③ 이에 대한 설계 시 고려사항으로는 기능적 및 구간적 구성에 대한 내용을 열거하면 다음과 같다.

2 설계 시 고려사항

1) 기능적 고려사항

① 시각적 고려사항

㉠ 주간에 있어서 문제점

진입 전의 상황	조명이 충분하지 않은 터널의 입구는 긴 터널의 경우 Black Hole, 짧은 터널의 경우 Dark Frame현상이 생긴다.
진입 직후의 상황	밝은 도로에서 어두운 터널에 진입 시 일정한 시간이 경과할 때까지 터널의 내부 상태를 보기 힘들다.
내부에서의 상황	터널 내부는 자동차의 배기가스, 먼지 등으로 인하여 전조등이나 내부 조명기구의 빛이 흡수되거나 산란되어 일시적인 시력 장애를 초래한다.
출구에서의 상황	긴 터널의 경우는 출구부에서 외부가 고휘도가 되므로 White Hole과 휘도 순응지연으로 불쾌 눈부심, 거리착각 현상 등이 발생할 수 있다.

㉡ 야간에 있어서의 문제점

내부에서의 상황	배기가스, 먼지 등에 의한 조명기구나 전조등의 빛이 흡수되거나 산란되어 일시적인 시력장애 초래
출구에서의 상황	출구 개구부는 주간과는 반대로 Dark Hole 현상이 발생하여 도로의 형태나 장애물 식별이 어렵다.

② **조명기구의 배치 및 기구**

㉠ 등기구 배열과 간격

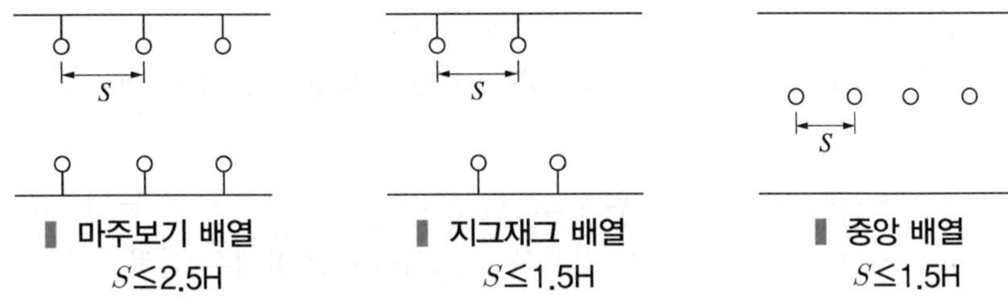

▌ 마주보기 배열 $S \le 2.5H$ ▌ 지그재그 배열 $S \le 1.5H$ ▌ 중앙 배열 $S \le 1.5H$

여기서, S : 설치간격

H : 조명기구 설치높이

㉡ 조명광원 : 매연, 먼지에 대한 투과력이 가장 좋고, 터널 벽면 및 도로에 대한 표식성 그리고 광원의 효율이 우수하며, 수명이 긴 나트륨, 코스모폴리스 등을 사용한다.

㉢ 조명기구

- 배광 특성이 우수하고 눈부심이 적도록 외면의 발광면적을 크게 하고 도로 측 연직면 80도 이상의 광도를 차단한다.
- 기구의 효율이 높고, 절연성이 좋아야 한다.
- 기계적인 강도가 유지되어 진동, 충격에 의한 이완 및 파손이 생기지 않을 것

2) 구간적 구성에 대한 고려 사항

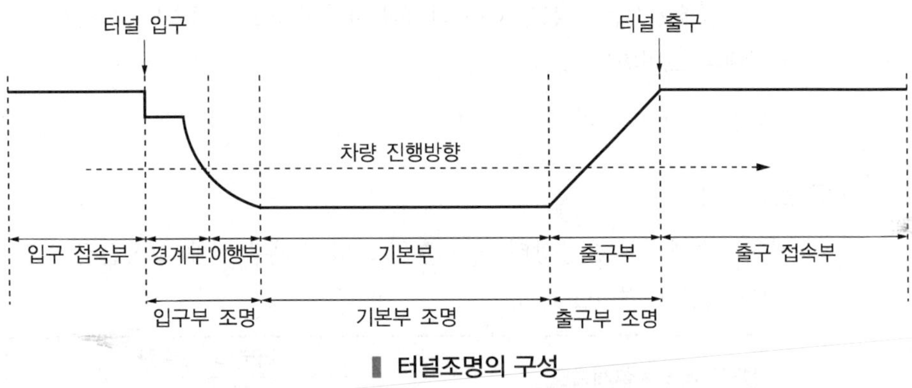

▌ 터널조명의 구성

① **입구 접속부 조명**

㉠ 야간조명을 실시하는 도로에서 터널 입 출구 부근 설치(KS A 3701 원칙)

㉡ 조명 없는 도로 운전속도 50[km/h] 이상, 터널 야간조명 1[cd/cm^2] 이상 시 터널 입구의 기상상태가 다른 경우 입구부에 야간조명 설치

② **입구부 조명**

㉠ 목적 : 휘도의 급격한 변화에 대한 순응 결핍을 보완하는 조명

㉡ 경계부 조명 : 경계부 노면휘도[L_{th}]

- 20° 원추형 시야 내의 하늘 비율을 실제 사진 또는 예시된 데이터를 이용하여 선정
- 시야 내 밝기 및 설계속도를 고려하여 경계부 평균 노면휘도 선정
- 터널길이, 교통량, 반사율을 고려하여 조절계수 선정
- 경계부 평균노면휘도와 조절계수를 곱하여 경계부 노면휘도 L_{th}결정

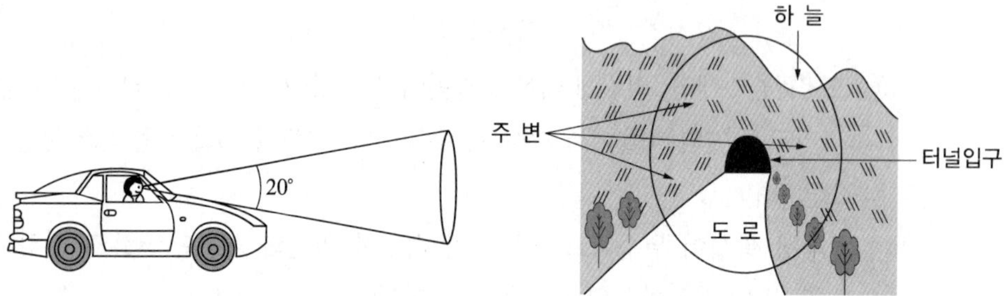

- 경계부 조명수준 : 정지거리의 절반 시점부터 선형적으로 감소하여 경계부 종단에서는 $0.4[L_{\mathrm{th}}]$까지 감소시킴(경계부 길이≥정지거리 SD)

㉢ 이행부 조명

- 경계부가 끝나는 지점에서 시작하여 운행시간 t[sec]에 따라 단계별로 감소해 최종단계에서는 기본부 휘도의 2배 미만이 되도록 한다.
- 이행부 노면휘도(L_{tr})

$$L_{tr} = L_{th}(1.9 + t)^{-1.4}$$

③ **기본부 조명**

㉠ 목적 : 정상적인 순응상태 도달 후의 조명 기본부 전체 일정간격 조명

㉡ 기본부 평균노면휘도[L_{in}]

정지거리 SD(설계속도)	터널의 교통량		
	적 음	보 통	많 음
160[m](100[km/h])	7	9	11
100[m](80[km/h])	5	6.5	8
60[m](60[km/h])	3	4.5	6

④ **출구부 조명**

㉠ 목적 : 터널 출구로 진출하는 운전자의 명순응을 돕기 위한 조명

㉡ 출구부 조명

- 출구부 조명에 의한 주간 휘도를 정지거리(SD) 이상 구간에 걸쳐 증가시킴
- 출구부 전방 20[m] 지점의 휘도가 기본부 휘도의 5배가 되도록 단계별 상승

⑤ **출구접속도로 조명**

㉠ 야간 조명을 실시하는 도로에서 터널 출구 부근 설치(KSA 3701 원칙)

㉡ 조명 없는 도로 운전속도 50[km/h] 이상 시 터널야간 조명 1[cd/cm^2] 이상 시 터널 입출구의 기상상태가 다른 경우 출구부의 기상상태가 다른 경우 출구부에 야간 조명설치

⑥ **정전 시 조명**

터널 주행 중에 갑자기 정전이 되었을 경우 이때를 대비하여 기본조명의 일부를 비상전원에 의한 조명설비를 설계하거나 그 계통의 전원공급을 통한 정전 방지 설비를 시설하여야 한다.

3) 조명계산

① **조명 계산식**

$$FUNM = SWE = SWKL$$

여기서, F : 광원의 광속[lm]
S : 조명기구의 간격[m]
W : 차도폭[m]
K : 평균 조도환산계수
L : 노면휘도[cd/m^2]
N : 조명기구의 간격 S 내의 기구수 대칭 배열은 2, 지그재그배열 및 중앙배열은 1
U : 조명률
M : 보수율

② **평균 조도 환산계수**

평균 조도 환산계수 값은 콘크리트 노면에서는 13[lx/cd/m^2], 아스팔트 노면에서는 18[lx/cd/m^2]을 원칙으로 한다.

③ **보수율**

규정에 있는 표에 따른다.

3 설계속도와 시인거리

① 조명설계에 사용되는 설계속도는 터널 본체의 설계에 사용되는 설계속도와 다른 경우도 있다.

② 고속도로의 터널에서는 안전성과 경제성을 감안하여 일반적으로 규제속도가 조명설계의 설계속도를 사용되고 있다.

③ 설계속도와 시인거리의 값을 나타낸다.

설계속도 V[km/h]	100	80	60	40
시인거리 l[m]	160	110	75	40

050 도로터널 조명설계기준(국토교통부)에서 L20 및 터널 조명제어 방법

1 조명제어의 목적

① 터널 내 원활한 교통소통 및 사고예방에 필요한 최소휘도를 제공하고 터널입구 상황 변화에 유연하면서도

② 적극적인 대응으로 불필요한 전력 낭비의 억제로 에너지 절약을 도모하기 위한 목적을 가지고 있다.

2 L20

1) 정 의

도로터널 입구에서 운전자가 최소 제동시인 거리 전방에 도달했을 때 운전자의 20° 원추형 시야 내에 보이는 경관의 야외 휘도를 말한다.

2) L20 추정계산

① 등고선이 포함된 주변지도 터널 및 접속도로의 종단면도 및 평면도

② 터널입구 최소 제동시인거리 전방에서 20° 시야 내에 주변경관을 고려하여 스케치 한다.

③ 암반, 녹지, 하늘 등으로 구분한 운전자의 20° 시야 내에 공간 점유율을 구한다.

④ KS C 3703에 의한 구분 항목별 휘도를 적용하여 L20을 계산한다.

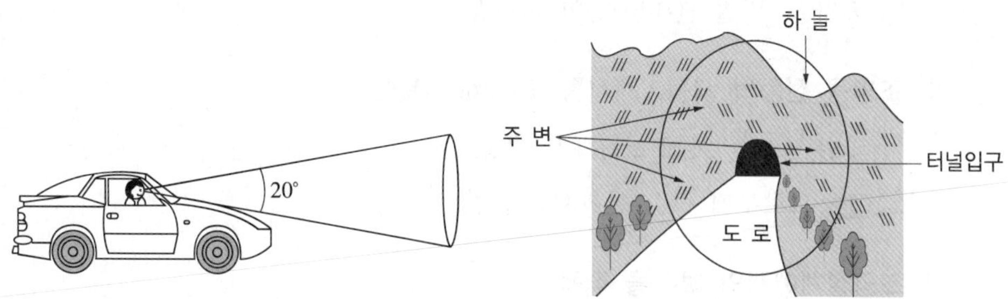

$$L20 = AL_S + BL_R + CL_E + DL_T$$

여기서, L_S : 하늘의 휘도

A : 하늘의 면적비율

L_R : 도로의 휘도

B : 도로의 면적비율

L_E : 주변의 휘도

C : 주변의 면적비율

L_T : 터널 입구의 휘도

D : 터널 입구의 면적비율

여기서, $A + B + C + D = 1$

3 터널 조명제어

1) 조명제어에 영향을 주는 요소

① 야외휘도

㉠ 날씨에 따른 야외휘도 변화 : 쾌청한 날씨, 구름이 약간 있는 맑은 날씨, 구름 낀 날씨, 어두운 날씨

㉡ 주간의 야외휘도 변화 : 터널의 위치와 관련된 여명, 황혼에서의 야외 휘도 및 태양의 위치에 따른 입출구부 휘도 차이

② 심야의 교통량

㉠ 평상시 심야 교통량

㉡ 휴가철, 명절 연휴의 심야 교통량

③ 조명용 전등의 시동, 재시동, Dimming특성

㉠ 주간 날씨 변화에 적극대응 지장요소

㉡ 전등으로부터 광량 선형제어 곤란

④ 조명설계에서의 보수율 적용

광원의 열화특성 보상설계(초기 노면휘도 과다)

⑤ 유지보수

기구청소, 광원교체, 벽, 천장면 청소

2) 조명제어 구성(=조명제어 요소변화 검출방법)

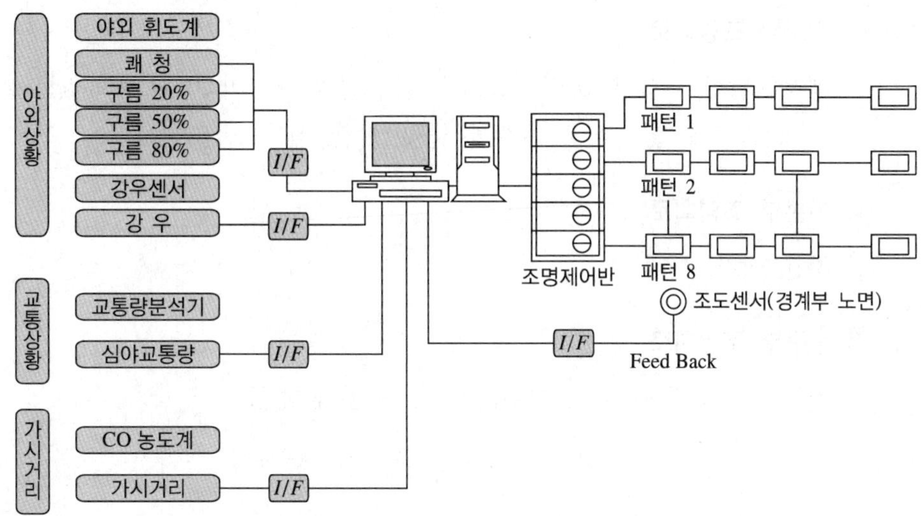

① 야외 휘도계 및 제어 분석기

㉠ 설치방법 : 설계기준에 따른 속도별 제동거리에서의 운전자 20° 시야에 맞추어 설치, 날씨 및 환경에 따른 전면유리 오염 방지안 강구

㉡ 검출 및 제어용 신호출력

- 실시간 야외 휘도의 4~20[mA] 신호출력
- 야외 휘도 출력의 4단계 구분 신호출력

② 강우계

우천여부 검지 및 출력

③ 교통량 분석기

터널 내 설치 CCTV 카메라를 이용 On Screen Detector에서 차량속도, 분당 차량수 등을 검지

④ 노면조도 분석기

㉠ 터널 내 설치 CCTV카메라를 이용 실시간 노면조도 자료 검출

㉡ 경계부 노면조도 자료 검출 이행부 연계제어

⑤ CO농도계

3) 조명제어방법

① 입구부 조명회로

쾌청한 날씨, 구름이 20[%] 정도 있는 맑은 날씨, 구름이 50[%] 정도 있는 날씨, 구름이 80[%] 정도 있는 날씨, 어두운 날씨, 야간, 심야

② 기본부 조명회로

주간, 야간, 심야

③ 출구부 조명회로

쾌청한 날씨, 흐린 날씨, 어두운 날씨, 야간, 심야 등

051 터널조명 설계 시 플리커 현상의 원인과 대책

1 터널조명의 플리커

① 일련의 광원으로부터 빛이 비교적 짧은 주기로 눈에 들어올 경우, 정상적이 아닌 자극으로서 느끼는 현상이다.

② 플리커는 차량운전 시 주광 스크린(차양, 비차양) 또는 설치된 조명기구들에 의해 생성된 휘도가 공간적으로 주기적인 변화로 나타나고 이러한 변화는 시각적인 피로감과 사고의 원인이 되기도 한다.

③ 플리커로 인한 시각적 불안감의 정도는 차량의 주행속도와 조명기구의 배치간격에 달려 있다. 플리커의 주파수(발생 빈도)는 주행속도([m/s]단위)를 조명기구 간의 간격으로 나누면 구할 수 있다(예를 들어 속력이 60[km/h](=16.6[m/s])이고 조명기구 간격이 4[m]일 때, 플리커 주파수는 16.6/4 = 4.2[Hz]이다).

④ 일반적으로 플리커 효과는 주파수가 2.5[Hz] 이하와 15[Hz] 이상에서는 무시할 수 있으나, 4 ~ 11[Hz] 사이에 있는 주파수가 20초 이상 지속되는 경우, 별개의 대책이 마련되어 있지 않으면, 불안감이 일어날 수 있다.

2 터널조명 플리커 원인

터널 내에서 일어나는 플리커에 의한 불쾌감은 다음과 같은 요인들이 특정영역으로 들어가 4 ~ 11[Hz] 사이에 있는 주파수가 20초 이상 지속되는 경우 발생한다.

① 자동차 전면 윈도우의 차광각

② 대쉬보드의 구조, 색채

③ 자동차의 주행속도와 조명기구의 배광, 설치각도로 생기는 주파수, 명암의 비와 명과 암이 교번되는 시간의 비

3 터널조명 플리커 대책

① **램프를 $\frac{1}{3}$씩 3상 접속** : 120° 위상이 다른 전원으로 점등시켜 빛 혼합

② **2등용 회로 사용** : 방전전류 위상을 교대로 변화시킴

③ 플리커에 의해 불쾌감이 없도록 명암의 휘도비, 시간비, 주파수 관계 설정

[플리커에 의한 불쾌감을 피하는 경우의 세 가지 요인]

명암 휘도비	피하여야 할 주파수[Hz]	피하여야 할 명암 시간율[%]
50	3.5 ~ 17	5 ~ 62
40	4.0 ~ 16	6 ~ 59
30	4.5 ~ 14.5	7 ~ 56
20	5.0 ~ 12.5	9 ~ 51
10	-	15 ~ 40

④ 설계속도에 따른 적정 조명기구 간격 설정

[플리커 방지를 위한 피하여야 하는 조명기구 간격]

설계속도 V[km/h]	조명기구 간격 S[m]
100	1.5 ~ 5.6
80	1.2 ~ 4.4
60	0.9 ~ 3.3
40	1.6 ~ 2.2

052 주택조명

1 개 요

① 주택조명은 휴식공간이면서 작업성을 부여하여야 하고, 장시간 사용하는 장소와 단시간 사용장소로 구분하여야 하며, 명시적 조명과 분위기 조명 모두가 요구되는 특징을 가지고 있다.
② 입주자의 취미, 가족 구성사항을 고려하여 설계해야 한다.

2 광원설치 시 고려사항

1) 점등시간이 긴 장소, 높은 조도를 요구하는 장소

형광등을 주로 사용하되 가급적 삼파장 형광램프 사용

2) 점등시간이 짧은 장소, 순시 점등이 필요한 장소, 따뜻한 기분이 필요한 곳

백열전구, 할로겐 전구 사용

3 명시적 조명과 분위기 조명 설계 시 고려사항

1) 명시적 조명

공부방, 서재, 주방 등

2) 분위기 조명

거실, 응접실, 침실, 식당 등

4 각 실별 설계 시 검토사항(주안점)

1) 현 관

① **조명방법**

전반조명과 확산조명 방법

② **점등시간 조정할 수 있도록 타이머 계획**

③ **아파트 현관**

Time스위치 또는 원적외선에 의한 점등방식 채택

④ **단독주택 현관**

㉠ 등기구는 방수형으로 하고 벌레, 먼지가 들어가지 않도록 밀폐형 기구 사용
㉡ 점등은 실내에서 할 수 있도록 하고, 자동점멸기 설치 검토

2) 정 원

① 아름다움과 연색성을 고려하여 백열등, 메탈할라이드 램프 사용
② 등기구는 주두형이 좋으며 Pole의 높이는 낮을수록 좋다.
③ 실내에서 점, 소등 가능하도록 계획하고 자동점멸기 설치하는 것도 검토

3) 거 실

① **분위기적 면의 설계**

㉠ 아늑한 분위기 조성을 위하여 전반조명, 간접조명을 이용하여 50[lx] 정도의 밝기 유지
㉡ 필요에 따라 높은 조도가 필요한 것은 국부조명 설치
㉢ 밸런스 조명, 다운라이트 조명, 스폿 조명 등을 이용하여 분위기 조명 검토

② **기구선정**

㉠ 전반조명 : 천장 등기구, 벽부 브래킷
㉡ 간접조명 : 탁상스탠드, 다운라이트 조명

4) 침 실

① **조명방법** : 전반조명+국부조명. 화장대, 침대 상단은 국부조명 적합
② **조명기구** : 탁상스탠드, 밸런스 조명
③ **침대용 전등위치** : 침대에 누웠을 때 눈부심이 없어야 하며 누워서 전등을 점 · 소등 할 수 있는 위치에 스위치 설치 필요

5) 욕 실

① 방습형 전구 사용
② **조도기준** : 약 50~100[lx]
③ **조명기구** : 거울 위 벽부로 계획

6) 주 방

① **조명방법** : 명시조명 만족을 위한 전반조명과 국부조명의 조리대 조명 필요

② **조도기준** : 100[lx] 정도

③ **광원** : 전구와 형광등을 혼용하여 사용하고, 형광등만 사용 시에는 삼파장 형광램프 사용

7) 식 탁

① **조명방법** : 분위기 조명의 악센트 조명 필요

② **등기구** : 반사갓이 있는 펜던트형 적합

③ **광원** : 연색성을 고려한 전구 또는 삼파장 형광램프 사용

8) 공부방

① **조명방법** : 전반조명과 국부조명 혼용

② **전반조명** : 전구와 형광등 혼용 사용

③ **국부조명** : 삼파장 형광램프 사용

053 학교조명

1 개 요

① **조명의 목적** : 시작업에 대한 충분한 밝음을 주고 질적으로 우수한 조명으로 밝은 환경과 학습에 대한 충분한 명시조명을 실시하는데 도움이 되는 목적의 조명설계이다.

② **좋은 조명의 조건**

㉠ 쾌적한 학습이 가능한 적당한 조도

㉡ 시야 내에 눈부심이 없을 것

㉢ 실내 전반에 대한 균일한 조도 분포

2 부분별 조명설계 계획

1) 일반교실

① **설계 시 주안점**

㉠ 주간 채광에 대한 고려 필요

주광의 이용측면에서 점멸 구분을 창측과 내측 구분하여 설치

㉡ 실내 전반을 균일한 조도로 유지

균형도＝최소조도≥(1/3)×평균조도

눈부심 방지를 위하여 칠판과 조명기구는 직각 배치

㉢ 실내 마감재는 광택이 없고 밝은 색을 사용하여 빛의 이용도를 높일 것

② **조명방식**

효율이 좋은 형광등을 이용한 반직접 조명방식 및 전반확산 조명방식 채택

2) 특수교실

① **제도실, 컴퓨터실**

㉠ 상세한 시작업이 필요하므로 1,000~1,500[lx] 정도의 고조도 필요

㉡ 손, 머리 등의 그림자가 없도록 광원의 위치 선정에 주의

② **과학실(실험실)**

㉠ 그룹별 작업이 많으므로 작업대별 조명기구를 배치하고 손, 머리 등의 그림자가 생기지 않도록 주의

㉡ 현미경, 정밀기기 사용을 위한 국부조명 실시

㉢ 고연색성의 형광램프 채택 : 색 관찰대비

③ **어학실습실**

칸막이로 인하여 어둡지 않도록 조명기구 배치에 주의

④ **미술실**

㉠ 연색성이 우수한 형광램프 사용

㉡ 모델 설치대에는 스포트라이트 등에 의한 국부조명 계획

⑤ **시청각실**

㉠ 슬라이드, 영화, OHP 사용에 따른 조광계획 수립

㉡ 창에 설치된 커튼의 개폐, 조명의 원격조작이 가능하도록 계획

3) 칠판조명

① **조명의 조건**

㉠ 학생 측 조건

- 칠판에서 받는 반사 눈부심이 없을 것
- 칠판 조명용 광원이 직접 눈에 들어오지 않을 것

㉡ 교사 측 조건

- 칠판 사용 시 눈부심이 없을 것

㉢ 학생, 교사의 공통조건

- 연직면 조도가 높고 보기 쉬울 것
- 칠판 조도가 되도록 균일할 것

② **조명방식**

연색성이 좋은 형광램프를 이용한 국부조명 실시

③ **칠판 조명기구의 위치선정**

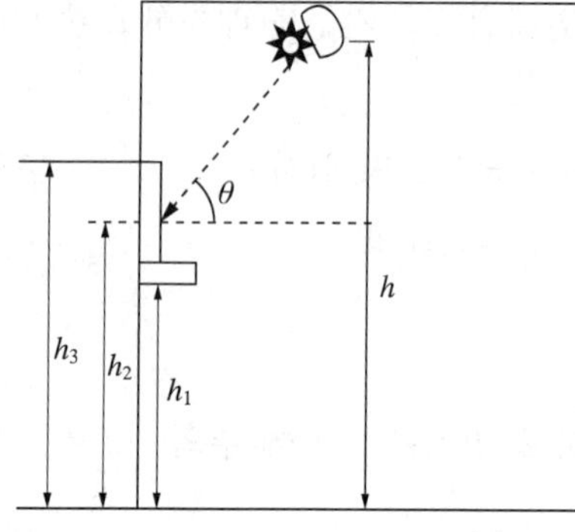

h : 바닥에서 등기구까지 높이[m]
h_3 : 칠판상단높이 : 2.0[m]
h_2 : 칠판중앙높이 : 1.4[m]
h_1 : 칠판하단높이 : 1.0[m]
θ : 55° 이상

H[m]	2.2	2.4	2.8	3.0
L[m]	0.6	0.7	0.85	1.0

여기서, H : 밑바닥에서부터 램프높이
L : 칠판면에서 램프까지 거리

4) 복도 및 계단

일반 교실에 비하여 너무 어둡지 않게 되도록 교실의 약 $\frac{1}{3}$ 정도의 조도 필요

5) 체육관(강당시설)

① 설계 시 고려사항

㉠ 학교 체육관은 다수집회장소, 스포츠 시설 이용으로 300~750[lx] 조도로 시설
㉡ 투광기 이용 전반조명방식과 높은 천장에서의 전구 교환대책 강구
㉢ 튀어 오르는 볼에 대한 램프 보호대책 필요

② 광원 및 조명방식

메탈할라이드와 할로겐 램프 또는 백열전구를 조합하여 사용하고 전반 조명방식 채택

6) 급식실

① 일반사항

㉠ 급식실의 조명은 작업능률 향상과 식품위생 안전을 도모하기 위해 알맞은 밝기의 조도를 갖춰야 한다.
㉡ 식재료 검수 시 정확한 이물질 확인과 작업 도중 안전사고를 예방할 수 있는 것이 중요하다.

② 학교급식법 및 시행규칙에서는 조리실 조명의 조도를 200[lux] 이상으로 규정하고 있다. 다만, 선별 및 검사구역 작업장 등은 육안 확인에 필요한 조도인 540[lux]를 유지해야 한다. 그러나 급식실 전체를 일정하게 밝힐 수는 없으므로 중요한 작업 부분에는 국부 조명시설로 필요한 밝기를 확보해야 한다.

③ 또한, 자연채광을 위해 창문 면적은 바닥 면적의 1/4 이상이 되도록 해야 한다. 그러나 자연채광이 곤란한 경우를 위해 인공 조명시설을 갖출 수 있다. 이때는 효과적으로 실내를 점검 및 청소할 수 있고 작업에 적합한 밝기여야 한다.

④ 배기후드 안쪽에 보조등을 설치해 조도를 확보해야 한다. 이때 보조등의 응축수가 식품에 직접 떨어지지 않도록 설치해야 한다.

⑤ 조명등의 위치도 중요하다. 식품을 취급하는 작업대 바로 위에 조명 장치를 달면 밝겠지만 먼지 등이 떨어질 수 있으므로 비껴서 설치하는 것이 바람직하다. 이때 조명기구는 흔들림이 없도록 고정하고 단순한 형태로 내부식성 재질을 사용해야 한다.

⑥ 특히, 천장의 전등은 물과 가스로부터 안전한 방수·방폭등이어야 하며 함몰형으로 설치해야 한다. 소등을 위한 스위치는 관리실에 모아서 설치해 관리하기 쉽게 하고 콘센트와 스위치는 필요한 위치를 사전에 계획해야 한다.

⑦ 자외선 살균기 내의 살균등 또한 비산 방지를 위한 보호장치를 해야 한다. 그러나 이때 살균효과가 떨어질 수도 있으므로 자외선이 통과하는 재질의 커버링을 사용하는 것이 효율적이다.

⑧ 급식소 앞 계단, 통로 등에도 적정한 조명을 설치해야 한다. 산업안전보건기준에 관한 규칙 제21조(통로의 조명)에는 '사업주는 근로자가 안전하게 통행할 수 있도록 통로에 75[lux] 이상의 채광 또는 조명시설을 해야 한다. 다만, 갱도 또는 상시 통행을 하지 아니하는 지하실 등을 통행하는 근로자에게 휴대용 조명기구를 사용하도록 한 경우에는 그러하지 아니하다.'라고 명시되어 있다.

3 학교조명 설계요건

1) 조 도

① KS A 3011(학교조도기준)

적용장소	기준조도	
강당, 급식실, 식당	F	200
교실(칠판), 제도실(일반), 컴퓨터실(일반)	G	400
도서열람실, 제도실(정밀), 컴퓨터실(정밀)	H	1,000

② **학교보건법 시행규칙 제3조**

㉠ 조도(인공조명)

- 책상면 기준 300[lx] 이상
- 인공조명에 의한 눈부심 없을 것
- 최대, 최소 조도비 3 : 1 넘지 않을 것

㉡ 채광(자연조명)

- 주광률(실내조도/옥외수평조도) 5[%] 이상(최소 2[%] 미만되지 않을 것)
- 최대, 최소 조도비 10 : 1을 넘지 않을 것
- 바깥 반사물에 의한 눈부심이 없을 것

2) 광 원

저휘도, 고조도 광원, 연색성을 고려하여 삼파장 32[W] 형광등 사용

3) 조명기구 배열 및 배치

① 매입형 32[W]×2, 루버나 커버 부착형

② **배열, 배치 예**

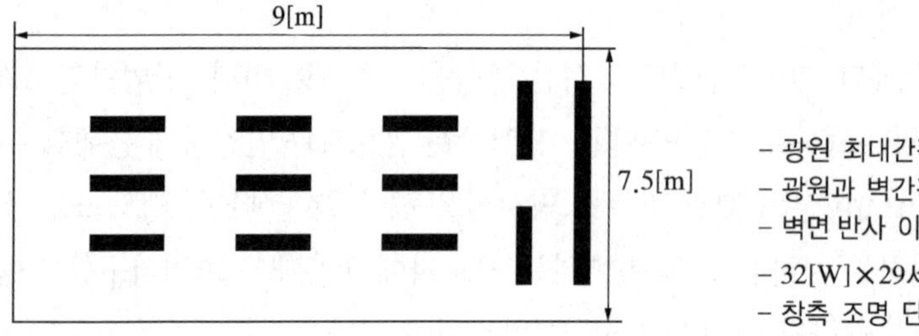

4) 눈부심 원인 및 대책

① **직시 글레어**

광원이 직접 눈에 들어오는 경우 광원의 위치 고려

② **반사 글레어**

책상 위의 반사에 의해 발생 : 무반사 책상면 선정

054 병원조명 설계

1 개 요

① 병원조명에는 진료자 측, 환자 측, 방문자 측 등이 각각 다른 입장이므로 종합적인 조명계획이 필요한 장소이다.

② 설계 시 검토사항으로는 조도, 빛의 질, 눈부심, 연색성 등에 대한 것이 있으며 특히 정전으로 환자의 생명에 직접적인 영향을 미치는 수술실 등은 비상전원에 의한 조명확보가 필수적이다.

2 설계 시 고려 사항

1) 관련자들의 조명 목적

① 환자의 입장

㉠ 누워 있는 상태에서 눈부심이 없어야 하며 심야의 진료나 진찰 시 다른 환자에게 장애가 되지 아니하도록 한다.

㉡ 심리적 안정감을 가질 수 있도록 차분한 조명이 요구된다.

② 진료자 측의 입장

㉠ 진료에 필요한 조도 확보

㉡ 진료 시 그림자 발생 방지

㉢ 연색성을 고려한다.

③ 방문자(외래진료, 면회자 등) 측의 입장

㉠ 쾌적하고 깨끗한 분위기 연출

㉡ 병원의 특징을 전파할 수 있는 조명

2) 광원의 선정

① 병원은 대단히 복잡한 기능을 갖는 시설이므로 조도, 광색, 눈부심, 광질 등 모든 조명기술을 종합적으로 활용하여야 한다.

② 백열전구는 암실과 화장실, 형광등은 일반사무실, 외래진료실 및 기타 일반장소, 삼파장 형광등은 연색성이 요구되는 곳, 고압 방전등(메탈할라이드, 수은 등)은 외등에 사용된다.

3) 점멸계획

① 각 실의 용도에 적합하도록 동선을 고려하여, 점멸계획을 수립한다.

② 2개소 점멸, 조도 단계별 점멸, 일반, 비상조명을 구분하여 점멸, 구역별 점멸 등

4) 설계조도(KS A 3011)

장 소	조 도[lx]
시기능 검사실	1,500
수술실	1,000
진료실, 처치실, 구급실, 분만실, 소수술실	500
육아실, 기록실	200
회복실, 화장실	100
암실, 비상계단	50

3 각 실별 조명설계

1) 외래진료실

① 환자의 입장에서는 차분하고 편안한 기분을 느낄 수 있는 조명이 진료자의 입장에서는 진료에 필요한 충분한 밝기 및 연색성 요구가 필요하다.

② 실내 전반을 밝게 하고 진료 침대에 손그늘이 생기지 않도록 기구를 배치한다.

③ 현관과 통로는 눈부심이 없는 조명기구를 선택하여야 한다.

④ 진찰실은 진단에 필요한 150~300[lx] 정도의 충분한 조도 및 연색성이 좋은 광원을 선정하여야 한다.

㉠ 안과의 암실, X선 투과실 : 형광등은 소등 후 잔광이 있으므로 백열전구 사용

㉡ 환자의 위를 향하는 곳 : 조명기구 위치와 눈부심에 대한 충분한 배려가 필요

㉢ 스크린 및 커튼 등으로 칸막이를 하는 경우가 많으므로 조도 분포를 충분히 고려한다.

2) 검사실

① 연색성을 고려하여 효율이 떨어지더라도 질을 중요시하는 광원채택과 환자의 안전과 편안한 분위기 조성이 필요하다.

② 설계 시 고려사항으로는 방사선실은 단계별로 조도를 조절할 수 있는 조광계획이 필요하고, 뇌파검사실과 심전도실은 미소전류를 측정하는 곳으로 Shield Room 처리

3) 수술실

① 밀폐된 장소에서 긴장감 있는 작업으로 인한 피로를 경감할 수 있는 조명 필요
② 조명기구로는 확산성이 좋은 커버를 사용하고, 먼지나 부품이 떨어지지 않는 구조의 것을 사용

③ **설계 시 고려사항**

㉠ 전반조명 : 500[lx] 이상
㉡ 램프 : 형광등 주로 사용
㉢ 스위치 : 가급적 실외에 설치하되 실내에 설치 시 1.2[m] 이상 높이에 설치
㉣ 형광등 안정기로 전자식 안정기 채택 시 수술실 밖에 안정기 설치
㉤ 무균수술실 : 밀폐형 조명기구를 사용하고 천장재와의 틈도 밀폐
㉥ 정전대책 : 100[%] 점등이 가능하도록 무정전 전원장치(UPS)를 통하여 전원 공급

④ **수술실 국부조명**

㉠ 무영등 사용
㉡ 조도 : 20,000~100,000[lx]
㉢ 조도 및 조도범위 조정 가능한 구조
㉣ 연색성이 좋고 배광 얼룩이 없을 것

4) 병 실

① **설계조건**

㉠ 누워 있는 환자에게 눈부심이 없는 기구 및 조명방식을 선택
㉡ 회진 및 침대에서의 독서를 위한 충분한 밝기가 필요하며, 다른 침대 환자에게 영향을 주지 않는 기구 선택

② **조명방식**

㉠ 전반조명 : 반간접 조명, 간접 조명방식 채택
㉡ 간접조명 : Bed Light 설치, 점·소등은 침대에서 가능하도록 설치

055 전시조명

1 개 요

① 박물관의 전시조명은 전시된 실물에 대한 감상의 즐거움과 쾌적한 관람 분위기를 조성하고, 전시유물의 손상을 최소화하여 전시와 보존 목적을 달성하는 데 그 목적이 있다.

② 관람객에게 작품을 정확하게 나타내고 작자의 의도 및 예술성을 충분히 표현할 수 있어야 한다.

③ 위의 명시 조건을 만족하고 전시물 감상에 적당한 분위기를 연출하여야 하며, 전시자료의 보존을 위한 빛에너지의 조사량을 제한하여야 한다.

2 박물관 조명기획 시 고려사항

1) 조도와 광량

① **전시유물의 손상 최소화를 위한 광량의 제한**

광량(Q)=FH[lm·h]

㉠ 빛에 대단히 민감한 전시물 : 120,000[lm·h]

㉡ 빛에 비교적 민감한 전시물 : 480,000[lm·h]

② **손상계수** : 방사되는 빛의 양. 즉 빛에 의한 손상이나 변퇴색은 조사된 빛의 양에 비례

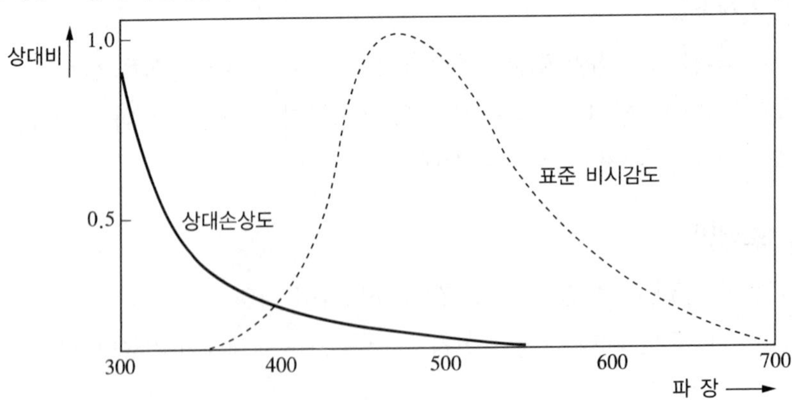

③ **UV(자외선) 흡수 Filter 설치** : 400[nm] 이하의 파장이 전시물에 손상을 주므로 자외선 차단 필터 설치

④ 광량의 최소화를 위해 조도를 낮게 유지하고, 전시물에 시선이 집중될 수 있도록 실내 전반 조도는 전시물보다 낮게 50~100[lx] 정도로 한다.
⑤ 박물관 조도기준을 맞추기 위해 국부조명도 허용이 되나 이때에는 방사조도로 인한 온도와 습도 변화에 방지대책 필요
⑥ 광원은 퇴색방지용 형광등(자외선 투과율 1[%] 이하) 또는 다이크로익 미러 할로겐 전구, 적외선 반사막 할로겐 전구를 사용하되 저전압형 채택
⑦ 진열장 내에는 온도와 습도주의

2) 휘도분포

① 눈의 순응상태가 낮을수록 대상물을 밝게 느끼므로 눈의 순응상태를 낮춘다.
② 전시실 입구에서 내부로 들어올수록 휘도를 낮춰 자연스러운 휘도 순응을 유도한다.
③ 시야 내의 고휘도 광원이나 실외로 향하는 밝은 창을 설치하지 않는다.
④ 전시실 전반조명은 낮추고 조도 균제도를 높인다.
⑤ 전시물과 주변의 휘도 분포를 1/2~1/3 정도로 유지한다.

3) 연색성

작품의 색채를 충분히 보여주어야 하는 미술품에서는 평균연색 평가수(Ra)가 90 이상인 광원 사용

4) 조도 균제도

0.75 이상이 되도록 조명기구의 배광과 위치 결정

5) 눈부심

① 전시실의 글레어는 불쾌 글레어이다. 고휘도 광원은 반사와 투과에 의한 글레어 방지 필요
② 전시실 눈부심의 원인으로는 액자, 진열창의 유리를 통해 광원의 반사가 눈에 들어오는 경우, 진열장에 빛이 투영되는 경우, 외부 자연주광이 진열장에 투과되는 경우 등이 있다.

6) 색온도

① 조도 레벨이 낮은 전시조명에서는 색온도가 낮은 따스한 느낌의 광색의 색온도와 심리적으로 쾌적한 조명 필요

② 보존을 위한 색온도로 일반적으로 3,000~4,000[K]가 필요하고, 자연광의 영향을 받는 곳은 색온도가 높은 광원을 사용하며, 자연광의 영향이 없는 곳은 색온도가 낮은 광원을 사용한다.

7) 빛의 방향성과 확산성

① 확산광의 조명은 입체감을 잃게 되고 지향성이 강한 집광은 심한 그늘이 발생하므로 최대와 최소 휘도비를 6 : 1 이내로 유지해야 한다.

② 즉, 전시물에 적당한 음영효과가 있어야 하므로, 확산성과 지향성이 있는 광을 적절히 혼용하여 사용한다.

3 광원과 조명기구

1) 광 원

① 전시조명용 광원의 조건

㉠ 전방사 에너지 중 가시광선 비율이 높고 색온도가 낮고 연색성이 높을 것
㉡ 장시간 사용 시 색온도 변화가 없을 것
㉢ 400[nm] 이하 파장의 방사 에너지를 차단할 수 있고 안정성이 높을 것
㉣ 단시간 사용, 정격상태가 아닌 경우에도 안정성이 있을 것

② 광원의 종류

㉠ 반사형 전구, 할로겐 전구, 퇴색방지용 형광램프, 일반 형광램프, 메탈할라이드 램프 등이 전반, 국부조명으로 사용

㉡ 형광램프는 순 천연색계의 형광램프를 사용하며, 특히 자외선에 의해 퇴색하는 것이 많으므로 390[nm] 이하의 단파장측을 제거한 무자외선 형광등을 사용하고, 형광램프용 안정기는 열경화성 콤파운드를 사용하여 안정기가 이상온도로 상승 시에도 전시물이 손상되지 않도록 한다.

㉢ 입체적 전시물에는 전구의 스트라이트를 사용하면 작품 고유의 아름다움을 강조할 수 있다. 그러나 전구를 케이스 내에 설치하는 것은 내부의 온도상승, 즉 습도의 저하를 유발하여 전시물을 퇴색, 변질시키므로 유의하여야 한다. 반사형 전구 및 할로겐 전구를 사용한다.

㉣ 고압 방전등은 천장이 높은 공간의 조명에 적합하며 고출력의 메탈할라이드 램프를 사용한다.

2) 조명기구

① 개 요

자연채광은 기후, 계절, 시간에 따라 변화하고 조절이 자유롭지 못한 단점이 있어 최근 미술관은 주광색 형광등과 백열등을 병용하여 자연광을 배제한 조명이 대부분이다.

② 전시조명기구의 요건

㉠ 진열장 조명기구는 진열장과 일체형으로 제작 시설하며 국부조명 이외에는 전시실에 노출시키지 않는다.

㉡ 외관이 단순하며 색상이 화려하지 않은 것

㉢ 직사 현휘나 반사에 의한 눈부심이 없는 것

㉣ 광원 방사열의 확산이 용이할 것

㉤ 램프 교체 등 유지관리가 용이할 것

③ 전시조명기구의 예

㉠ 최근의 전시조명에 사용되는 램프는 조사열(照射熱)을 크게 제거한 색선별 반사판이 있는 적외선 반사막(反射膜)이 붙은 할로겐 전구를 사용하고 있다.

㉡ 이 램프의 구조는 다음 그림과 같으며, 종래의 할로겐램프에 비해 적외선의 약 40[%]를 감소시킨 램프와 적외선을 뒤쪽으로 투과시키는 반사경과의 조합으로 구성되며, 열선(熱線) 잔존율은 불과 10[%] 정도이다.

㉢ 또한 비교적 규모가 작은 경우에는 전시조명만으로도 만족하지만 규모가 큰 전시실의 경우에는 다운라이트 등의 전반조명을 필요로 할 수 있다.

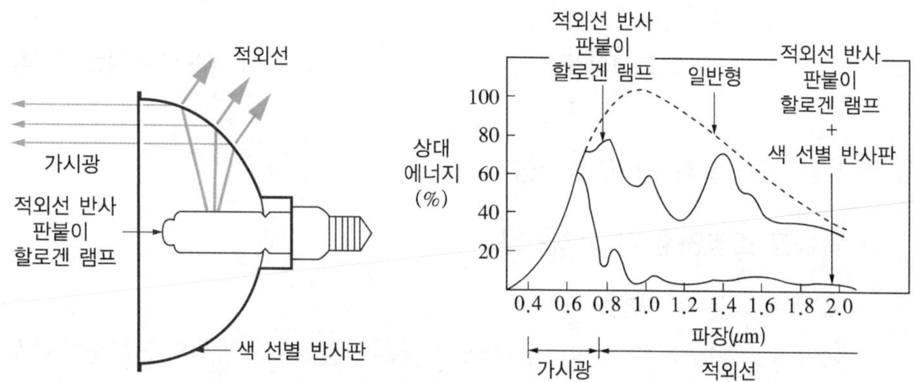

▮ 색선별 반사판 붙이 적외선 반사막이 있는 할로겐 전구의 구조 및 에너지 분포

056 백화점 조명

1 개 요

① 백화점 조명은 구매 욕구를 일으키는 상품진열 및 진입 동선의 분위기 조명이 가장 중요한 부분이다.

② 매장의 전반 조명기구는 형광등을 주체로 하는 경우가 많다. 매장 내부의 안내조명이나 스포트 조명은 건물이 준공된 후에 계획되는 경우가 많기 때문에 기초가 되는 천장의 조명기구는 매입형의 커버로 눈부심을 억제하고 조도는 1,000[lx] 정도로 하는 것이 많다.

③ 질적으로 향상된 소비자의 욕구를 충족시키기 위해서 진입동선의 리듬 있는 분위기 조명이 구매 욕구를 불러일으키고 상품을 돋보이게 한다.

④ 진입 동선의 분위기 조명으로 백화점의 이미지를 강하게 고객에게 어필하고, 상품을 돋보이게 할 수 있는 악센트 조명과 쾌적한 분위기를 제공하고 구매충동을 야기하여 판매량을 증가시키는 데 목적이 있다.

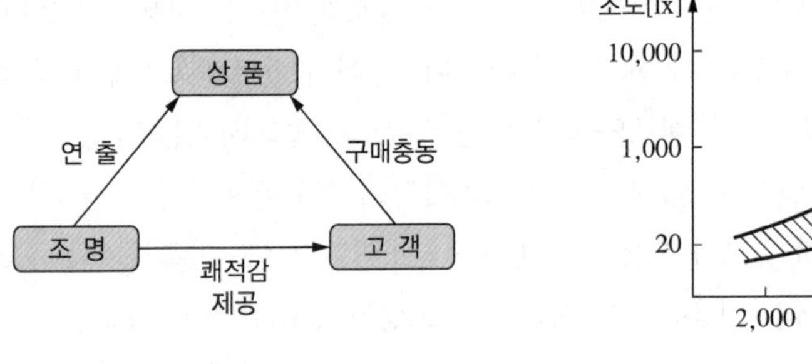

▮ 조명의 목적

▮ 색온도에 의한 쾌적곡선

2 백화점 조명설계 시 고려사항

1) 백화점 조명연출 시 고려사항

① 눈에 띄는 조명연출

② 양복, 양장, 화장품, 식품 등 색채가 많은 상품에서는 광원의 연색성이 매우 중요하다.

㉠ 온색계 상품에 전구를 사용하면 색채가 산뜻해 보인다.

㉡ 한색계 상품에 형광등을 사용하면 선명하게 보인다.

③ 밝고 부드러운 확산광 조명과 입체감, 질량감을 주는 직접광을 병용하여 설치한다.

④ 상품이 단순한 경우 비교적 낮은 조도라도 무방하고, 상품이 복잡하면 높은 조도가 필요하다.
⑤ 고객이 광원으로부터 받는 눈부심이 없어야 한다.
⑥ 적외선(전구) 및 자외선(형광등)은 상품 퇴색의 원인이 되므로 적외선 및 자외선이 적은 램프를 사용하는 것이 바람직하다.
⑦ 조명제어(기후, 시간)를 계획하고, 조광을 고려한다.

2) 매장의 배선계획

① 매장은 항상 사회의 요구를 받아들여 장식이 바뀌지므로 기둥, 벽, 바닥에 충분한 콘센트를 설치할 필요가 있다.
② 바겐세일이나 특별세일 등의 매장에는 회로단위가 아니고 간선단위로 분전반을 설치하고, 동력분전반도 계획하는 것이 바람직하다.
③ 분전반의 분기회로는 50[A] 정도로 하고 매장단위로 세분화하는 회로구성이 매장의 장식교환에도 대응하기 편리하다.

3) 전원계획

① 일반 상업시설과 마찬가지로 옥상광고탑에 대한 투광조명이나 벽면의 광고조명, 네온사인에 대한 전원공급도 중요하다.
② 또한 옥상에는 아동유원지나 놀이시설을 설치하는 경우가 많으므로 이 시설들의 전원계획을 배려하여야 한다.

4) 운용상의 계획

① 백화점에서는 낮의 영업시간에 비해 개점 전 1시간 정도와 폐점 후의 1시간 정도에 대해서는 넓은 매장의 조명을 소수의 전등만을 점등하거나 조광하여 조명에너지의 저감을 계획하여야 한다.
② 또한 전원용량을 적당히 분할하여 변압기 뱅크의 운전방식을 검토하여야 한다.

5) 비상조명

백화점은 불특정다수가 이용하는 시설이므로 건축물의 구조에 대해 숙지되지 않은 이용자가 대부분이므로 정전으로 인한 혼란을 방지하기 위해 비상전원으로 순시 절체가 가능하도록 구성하여 상용 전원의 정전 시에도 영업에 지장이 발생하지 않도록 수 시간 동안 안정된 전력을 공급할 수 있어야 한다.

3 백화점 내부조명

1) 판매장의 전반 조명

① 가능한 한 효율이 좋은 조명으로 하는 것이 좋다.
② 간단히 변경할 수 없으므로 장래성을 고려하여 설계 · 적용한다.
③ 천장을 이용한 파라보릭이나 다운라이트 조명의 간략한 조명으로 한다.

2) 진열창 조명

① 진열창은 백화점의 얼굴이므로 충분한 매력이 있어야 한다.
② 밝기를 백화점 내 전반조명보다 2~4배 정도 높게 조도를 유지한다.
③ 진열창 전체를 고조도로 느낌이 부드러운 형광등으로 조명하고, 악센트 조명으로 할로겐 전구를 사용한다.
④ 이러한 조명으로 상품에 활기를 주고 고객의 시선을 끌도록 한다.

3) 진열장 조명

① 조명설계 시 고려사항

주변 조도의 2배 이상 조도가 필요하고 아래쪽이 어둡지 않도록 하위부 1/3 정도의 곳을 목표로 조명

② 종 류

㉠ 양복, 양장의 진열장 : 연색성이 좋은 광원 선정, 수직으로 진열된 상품은 주직면 조도가 부족하지 않도록 Spot Light, Down Light, Stage Light로 보완
㉡ 양품진열장 : 연색성을 고려하고 악센트 조명 필요
㉢ 서가 : 침착하고 밝은 느낌의 조명이 필요하고 서가의 도서에는 수직면 조도에 유의한다.

4) 진열함 조명

매장 내 전반조명의 3~4배 조도가 필요하고 진열함 자체에 조명등을 설치하는 경우 관형전구, 형광등을 설치하되 반사갓 사용으로 눈부심을 제거한다.

5) 진열대 조명

① 상품의 전시와 함께 고객이 직접 손으로 선택하는 경우가 많으므로 손그늘이 생기지 않게 한다.

② 상품을 강조하는 집중조명의 경우 전반조명보다 3~6배 밝기로 Spot Light, Down Light로 조명

4 백화점 외부 조명

1) 전기 Sign 조명

① 직사 Sign

㉠ 광원이 직접 눈에 들어오게 조명을 계획하는 것
㉡ 사용광원은 네온관, 사인전구(발광다이오드)

② 반사 Sign

㉠ 광원이 직접 눈에 들어오지 않도록 피조면을 밝게 돋보이는 것
㉡ 사용광원은 네온관, 수은램프, 형광등, 반사형 램프 등

③ 투명 Sign

㉠ 반투명 유리 또는 플라스틱으로 광원을 덮은 것
㉡ 사용광원은 네온관, 수은램프, 형광등, 반사형 램프

2) 가로조명

① 주변 분위기와 조화되도록 조명기구를 배치하고 온화한 분위기와 악센트를 줄 수 있는 나트륨 램프를 사용
② 조명기구는 주두형 또는 현수형으로 의장을 한다.
③ 높이는 5~6[m](잔디 등은 1.2[m])

057 경기장 조명

1 개 요

① 스포츠 조명은 경기의 대상물이 경기자와 관객에게 잘 보이도록 대상물과 그 배경이 되는 그라운드나 스탠드와의 휘도를 적당히 하는 것이다.

② 스포츠 대부분은 수평면 조도보다 수직면 조도가 중요하며 옥외 조명으로는 투광조명방식이 적용된다.

2 경기장 조명의 핵심

① 조도분포는 최대, 최소 조도의 비가 3 : 1을 초과하지 않는 것이 바람직하다.

② 조도는 KS A 3011과 IES(북미조명학회)을 기준으로 하는 규정된 조도 이상의 조도가 필요하다.

③ 눈부심이 없는 기구배치가 되어야 한다(기구의 높이가 높을수록 눈부심은 감소하며 실내경기장의 경우 6[m] 이상, 야구경기장의 경우 10[m] 이상이 필요하다).

3 경기장 조명설계 시 고려사항

1) 사용시간과 점등전압

① 경기장 조명의 특성은 연간 사용시간이 짧다는 점이고 특히 옥외 경기장 조명은 계절과 기후의 영향으로 사용시간이 짧아진다.

② 따라서 경제적인 점등방법은 실제 전압보다 높은 전압으로 점등하는 것을 고려하여야 한다.

2) 사용시간과 과전압 특성

연간 사용시간	점등전압	광 속	소비전력	수 명
500 이상	정격전압	100	100	100
200~500	5[%] 이하 과전압	177	108	50
200 이하	10[%] 이하 과전압	235	116	30

3) 광원의 선정

경기장 조명용 광원은 색온도가 중요하므로 백열전구+메탈할라이드 또는 백열전구+할로겐 전구를 적절하게 배합하여 사용

4) 기구의 선정

① 필요조도 확보를 위한 빔 각도를 선정하여 경제적인 선택이 되도록 하고, 투광기로서 근거리에서 원거리(150~200[m])도 조명할 수 있는 것

② 투광기의 형태는 빔의 넓이에 따라 협각형의 원거리용과 광각형의 근거리용 선정

5) 조명률 및 감광보상률

① **조명률** : 피조면 중앙은 100[%]로 조명하고, 피조면 둘레는 50[%]로 조명한다.

② **감광보상률** : 개방형의 경우는 1.8를 적용하고, 밀폐형의 경우는 1.5를 적용한다.

6) 투광기의 지향(조명효과를 좌우하는 중요한 요소)

① **측면방향** : 빔의 위쪽 끝이 상대 관객석에 들어가지 않도록 조정

② **평면방향** : 설계치의 수평면 조도가 얻어질 수 있는 수평지향 방향을 결정한다.

③ **지향 방법의 종류**

㉠ 제1방법 : 투광기의 조성, 조분에 의한 광축을 경기장면 마크 위로 향하게 하는 방법

㉡ 제2방법 : 도면에서 수직·수평 지향각도를 계산한 후 그대로 가설하는 방법

㉢ 제3방법 : 마크한 지향점 부근에 Obserber를 세운 후 투광기를 쳐다보면서 조수로부터 전구 필라멘트가 반사경 구경 중심에 오도록 조정하는 방법

7) 경기장의 조도기준

① 공식, 국제 경기장 : TV중계를 감안하여 1,500[lx] 정도

② 일반경기장 : 보통 150~300[lx], 야구장 : 300~700[lx]

③ 관람석 : 15~30[lx]

058 경관조명설계

1 개 요

① 경관조명은 빛과 경관을 합성한 말로서 빛에 의해 아름답게 표현되는 경치라고 할 수 있다.
② 도시의 경관조명은 야간에 도시를 빛으로 장식하고 미화해서 아름답게 하며 시민통행의 안전과 도시의 치안을 향상시켜 도시의 품위를 높여 도시문화의 척도가 되고 있다.
③ 근래 경제 성장을 이루고 있는 각국에서는 도시의 경쟁력 향상을 위하여 점차 도시경관의 중요성에 대한 인식이 확산되고 있는 추세이다.

2 경관조명의 목적

① 역사적인 건조물, 도로, 교량, 광장, 공원 등에 야간도시 경관의 연출효과 극대화
② 사람과 차량 등의 안전 확보
③ 상업 활동 조성
④ 도시경쟁력 강화

3 경관조명의 종류

1) 건축물의 투광조명

① 건조물의 조명은 야간의 도시경관을 돋보이게 하는 중요한 요소로 주간의 경관을 해치지 않고 건조물 자체를 조명하여 주간과는 다른 입체감, 미적 효과를 강조한다.
② 역사적, 종교적으로 중요한 건조물, 상징탑, 기념탑 등의 건조물에는 본래의 모습을 바르게 표현해야 하는데, 특히 색체와 입체감의 표현에 주의하고 조화와 격조를 높이도록 하는 것이 좋다.
③ 상업용 빌딩에서는 존재감을 나타내고 미적 효과를 강조하여야 하므로, 빛과 그림자를 함께 사용하여 효과를 얻는다.

2) 광장의 조명

① 역전광장, 버스 터미널, 사찰광장, 시가지 광장, 건물 앞 광장 등이 있는데 역이나 버스터미널 광장 등은 사람이나 차량의 흐름이 많으며 랜드마크적인 장소인 경우가 많아 광장 전체를 조명하거나 거리의 상징성을 표현한다.

② 시가지 광장은 도시공간의 휴식의 장으로 공원적 성격이 강하여 보행자의 조명이 기본이다. 공개 광장과 조명이 복잡화되고 있다.

3) 분수조명

① 분수는 물에 친숙한 사람의 마음을 평온하게 할 수 있고, 사람이 쉬는 광장, 공원 등에 설치되어 있다.

② 분수의 조명은 분수의 연출을 맡는 형상에 맞춰 효과적으로 행하는 것이다. 물이 크게 변동하는 경우에는 투과광의 확산효과를 이용하여 빛이 반짝이는 것을 활용하는 효과적인 조명이 자주 행하여진다.

4) 가로의 조명

① 도로, 가로, 지하도 등의 조명 목적은 보행자가 안전하게 보행할 수 있고 가로에서의 범죄방지, 사고재해의 방지를 위해서 적절한 밝기를 확보하는 것

② 건축물의 색채, 보행자의 복장, 안색 등이 자연에 가까운 상태로 보일 수 있는 연색성이 좋은 광원을 사용하고, 조명기구, 등주가 거리의 경관에 조화되고 정연하게 배열되어 통일성을 갖도록 하여 가로 전체의 인상을 향상시켜야 한다.

5) 공원조명

① 공원의 조명은 그 공원이 갖는 특징을 시각 환경의 시점으로부터 받아들여 천공, 식재, 지면 등과의 조화를 고려하면서 계획을 진행한다.

② 공원은 산책, 휴식, 오락 등의 행동을 하는 장이며, 경기의 광장으로 활용하기도 한다.

③ 공원의 조명은 야간의 범죄방지, 안전확보는 물론 공원에 들른 사람들에게 쉬는 편안한 분위기를 제공할 수 있는 계획이 중요하며 그러기 위해서는 안전 확보를 위하여 명시조명을 고려해 어두운 인상을 갖지 않게 하기 위한 5[lx] 이상의 밝기가 요구된다.

④ 환경이 좋은 조명의 확보가 주체이므로 식재를 아름답게 보이도록 광원의 연색성의 검토, 수목의 그림자, 밝기의 농담으로 깊이의 느낌을 준다.

6) 교량조명

① 도시의 야경을 개선하고 여행자에게 아름다움을 인식시켜 줌

② 도시공간 속에서 지역을 대표하는 상징물로서의 역할

③ 빛으로 장식함으로써 시민통행의 안전성 향상

4 경관 조명기법

1) 조명기법에 의한 분류

① 직접투광

㉠ 투광기로 대상물을 직접 조명하는 방법

㉡ 근대건축이나 역사적 건조물, 탑의 형태나 전체 모습, 그늘이 강조된다.

② 발 광

㉠ 일루미네이션 장식의 조명을 설치하는 방법

㉡ 탑의 외형, 구조가 강조된다.

③ 투과광

㉠ 실내조명에서 창밖의 야경을 연출하는 경우 활용하는 방법

㉡ 고층건물이나 현대 건축물의 높이와 위용감을 표현한다.

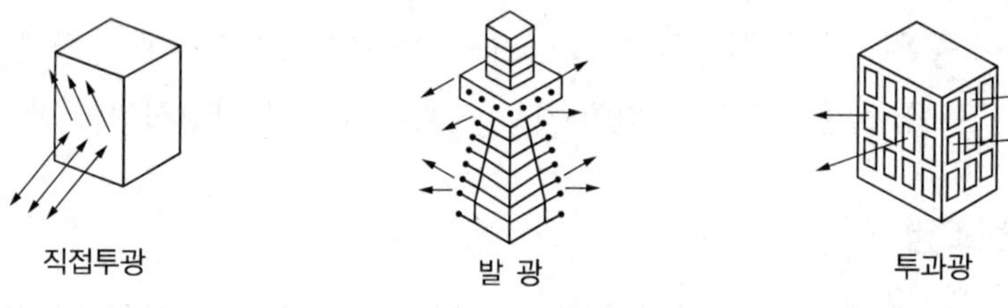

▌ 조명기법에 따른 분류

2) 조명기구 설치방법에 따른 분류

① 지면에서 빛을 투사하는 방법

② 도로 등에 폴을 써서 설치하는 방법

③ 건물 자체에 설치하는 방법

④ 인접 건물에 설치하는 방법

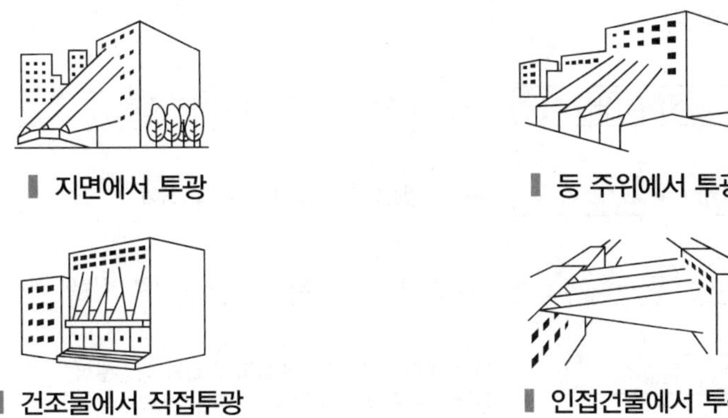

조명설치방법에 따른 분류

3) 조명방식에 따른 분류

① 전반조명

㉠ 대상물을 전체적으로 조명하는 방식

㉡ 건물의 인지도를 높이고 전반적인 안정감을 제공한다.

② 부분조명(=국부조명)

㉠ 대상물의 특정 부분을 조명하는 방식

㉡ 특정한 부분을 강조할 때 사용된다.

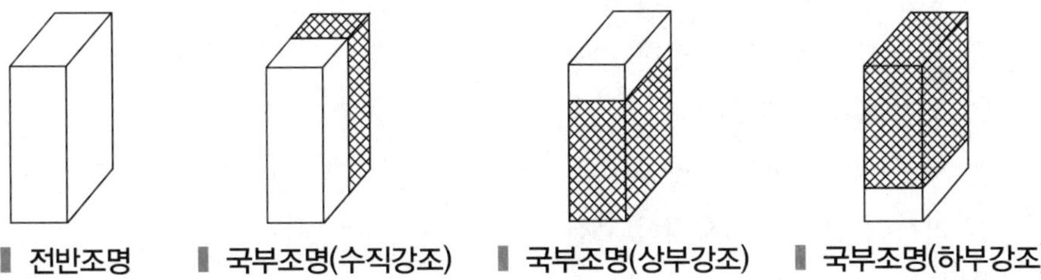

5 조명계획절차

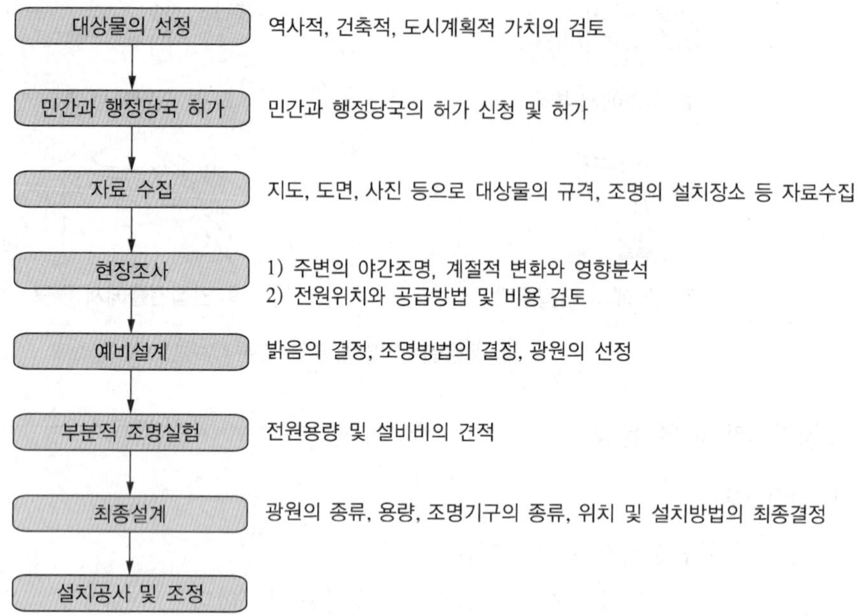
대상물의 선정
역사적, 건축적, 도시계획적 가치의 검토
민간과 행정당국 허가
민간과 행정당국의 허가 신청 및 허가
자료 수집
지도, 도면, 사진 등으로 대상물의 규격, 조명의 설치장소 등 자료수집
현장조사
1) 주변의 야간조명, 계절적 변화와 영향분석
2) 전원위치와 공급방법 및 비용 검토
예비설계
밝음의 결정, 조명방법의 결정, 광원의 선정
부분적 조명실험
전원용량 및 설비비의 견적
최종설계
광원의 종류, 용량, 조명기구의 종류, 위치 및 설치방법의 최종결정
설치공사 및 조정

6 경관조명의 계획(설계)

1) 경관조명의 계획 시 고려사항

① 공공시설에 대한 이해와 친밀감을 향상
② 야간 도시생활을 활성화
③ 상업 활동의 진흥
④ 시민생활 문화의 다양화
⑤ 역사적 건물의 역사의식 고취
⑥ 도시의 자연환경 인식 향상
⑦ 관광산업 진흥
⑧ 교통 흐름의 이해

2) 설계 시 요건의 조사와 계획순서

① 주변 환경의 밝음
② 대상물의 형상과 크기
③ 대상물 표면의 재질 및 색

④ 보는 사람, 대상물, 조명기구의 위치관계
⑤ 기대하는 조명효과
⑥ 대상물의 경년적 변화 및 자연생태계와의 관계
⑦ 주간의 미관
⑧ 안정성과 보수성
⑨ 사용 광원에 따른 조도조절
⑩ 주변 환경조건

3) 조명의 요건

① 조도의 결정

㉠ 필요 조도는 조명대상물 표면의 마감상태(재료반사율)와 배경이 되는 조명 환경의 밝기에 따라 설정된다.

㉡ 대상물을 조명에 의하여 주위로부터 부각시키기 위해서는 대상물의 면은 주위에 비하여 밝게 하는 것이 필요하다

② 광원의 종류와 선정

㉠ 광원에는 여러 가지 종류가 있으며, 각각의 색온도와 연색성 등이 다르다. 대상물 표면재료의 색채, 마감의 정도 등에 따라 최적의 것을 선택할 필요가 있다.

㉡ 광원 선정의 요령 : 광원 선정의 요령은 광속, 효율, 수명, 동정 특성, 광색(색온도), 연색성 및 색채 효과 등을 고려하여야 하며, 경관조명에서는 특히 조명 대상물의 색채효과를 중요시하여야 한다.

램프종류	효 율	연색성	색온도	수 명	색채효과	
					강조색	약화색
할로겐 램프	낮다.	우 수	낮다.	짧다.	적, 주황	청
고압 수은램프	높다.	약간 낮다	낮다.~ 높다.	대단히 길다.	황, 녹, 청	적, 주황
메탈할라이드 램프	수은램프 보다 높다.	높다.	높다.	길다.	황, 녹, 청	적
고압나트륨 램프	대단히 높다.	낮다.	낮다.	대단히 길다.	주황, 황	황색계를 제외한 색

램프의 종류	적용범위
할로겐 램프	소형으로 손쉽게 사용할 수 있고, 황색, 적색 등을 아름답게 눈에 띄게 하므로, 휴식광장이나 산책로에 적당하다. 수명이 짧으므로, 높이 1[m] 전후의 정위치 조명이나 투광기가 소형으로 되므로 간판조명에 적합하다.
고압수은 램프	수목, 잔디의 녹색을 선명하게 눈에 띄게 하기에는 적당한 광원이다. 수명이 길며 보수도 쉬워서 일반적으로 널리 사용된다.
메탈할라이드 램프	고효율과 연색성도 우수하므로, 사람들이 많이 왕래하는 광장, 도로, 유원지, 박람회장, 산책도로 등에 적당한 광원이다.
고압나트륨 램프	일반형은 고효율, 장수명, 경제성이나 보수성을 중요시하는 차량교통이 많은 광장 등에 적절한 광원이다. 고연색형은 전구에 가까운 광색으로 연색성이 우수하므로 메탈할라이드 램프와 같이 사람 왕래가 많은 장소에 적당한 광원이다.

㉢ 표면색과 광원 : 대상물의 색채에 따른 적합광원은 다음 표와 같다. 백색계통의 마감색의 경우는 광원색으로 보이게 하는 것이 가능하므로, 계절감이나 시간의 변화를 연출하는 것도 가능하다.

벽면의 마감색	광 원	
백, 적, 오렌지 계통	백열전구, 할로겐 램프, 고압 나트륨 램프	제논 램프 메탈할라이드 램프
백, 청, 녹 계통	수은 램프, 형광수은 램프	

③ **조명기구의 종류와 선정**

㉠ 건축물, 탑의 조형미와 경관미를 밤하늘에 부각시키는 경관조명에는, 일반적으로 투광조명방식이 사용되며, 이러한 조명방식에는 보통 투광기가 사용된다. 투광기는 여러 가지 종류가 있으며, 투광기의 외관 구조, 사용광원 및 용량, 배광특성 등이 다르다. 대상물의 구조 및 마감색, 대상범위와 소요조도, 위치관계를 고려하여 최적의 조명기구를 선정한다.

㉡ 기구의 선정 요령 : 투광기의 선정은 설치장소나 주위환경, 조명대상물, 피조면의 형상, 넓이에 따른 조명의 질, 경제성, 도시경관 등을 충분히 고려하여야 한다. 투광기의 형태는 일반적으로 환형투광기와 각형투광기의 두 종류로 대별된다.

㉢ 투광기의 종류

- 광각형 배광의 투광기 : 넓은 범위에 낮은 조도로 조명할 경우나 근거리로부터 조명하는 경우
- 협각형 배광의 투광기 : 좁은 범위에 높은 조도로 조명할 경우나 원거리에서 조명하는 경우

④ **조명기구 배치상의 유의점**

㉠ 주간의 경관 : 조명기구와 배관·배선이 될 수 있는 대로 눈에 잘 보이지 않도록 하여 주간의 경관을 해치지 않는 배치를 고려하여야 한다.

㉡ 눈부심 : 부근의 건물과 주거의 거주자, 보행자, 자동차의 운전자 등에 유해한 눈부심을 주지 않도록 하여야 한다.

㉢ 보수와 조정 : 보수의 면에서 최초 설치 시의 조명효과가 유지되도록 한다. 이 경우 보수의 작업성과 낙엽, 적설 등에 대한 대책을 고려하여야 한다.

7 경관조명의 광해

1) 정 의

① 경관조명이란 공간의 아름다움을 빛으로 실현하고 쾌적한 생활과 풍요로움을 제공하는 것이다.

② 경관조명을 설계할 때에는 아름다운 경관창조, 공간인지 및 유연성 확보 등도 중요하지만 반드시 광해에 대한 대책이 고려되어야 한다.

③ 환경과 조화를 이루지 못하고 주변에 대해 배려하지 못하면 교통 및 안전에 대한 방해가 될 뿐 아니라 동식물에도 영향을 미치고 사람에게도 불쾌감을 주어 밤하늘을 오염시키는 결과도 초래할 수 있다.

2) 광해의 영향

① **동식물에 대한 영향**

㉠ 농작물 : 야간조명에 영향이 큰 농작물에는 발육에 영향을 끼친다(벼 등).

㉡ 식물 : 식물의 생태에 영향을 주어 성장이 미비하여 곤충 등의 번식 실패, 가로수 등도 영향을 받는다(버드나무 등).

㉢ 포유류, 파충류 : 야행성이 있는 것은 생식기에 문제가 발생할 수 있다.

㉣ 조류 : 교외 지역의 도시화에 따른 조류 생식의 문제가 발생할 수 있다.

㉤ 곤충 : 광에 유인되는 주광성의 종자 등에 인류의 피해 발생과 종의 소멸이 우려된다.

② **주거환경에 미치는 영향**

㉠ 잘못된 경관조명은 거실 안으로 새어 들어와 광으로 인하여 수면방해나 글레어 발생

㉡ 도로에서의 잘못된 경관조명은 교통안전 방해나 불쾌감을 유발한다.

③ **천공에 미치는 영향**

㉠ 천공으로 새어나가는 광은 먼지에 산란되고 난반사되어 천체 관측을 방해한다.
㉡ 지구온난화 요소발생
㉢ 효과적이지 못한 경관조명은 에너지 낭비

3) 광해 대책

① **조명기구의 제한**

㉠ 경기장 조명과 같은 옥외 조명은 광원의 중심과 전등 갓 선이 만나는 부분이 수평 또는 그것 이하로 향하도록 설치
㉡ 옥외에서의 투광기는 수평 이하로 향해 있다고 판단되는 경우 외에는 사용하지 않는 것이 좋다.
㉢ 건축물, 간판등 등 조명하는 경우 아래에서 위로 투광기 사용제한
- 광원은 상단에 설치하여 수평 이상으로 빛이 비치지 않는 설계의 조명 기구 사용
- 미관상 등 필요성이 있는 경우를 제외하고 옥외 조명에는 천체 관측에 방해되는 등기구 사용 자제

② **광원의 제한**

㉠ 가능한 한 투광등 사용제한
㉡ 용도에 따라 필요한 최소한의 광량을 발산 광원 사용
㉢ 광원의 배광 곡선이 수평방향 위쪽으로 최소가 되도록 한다.

③ **사용시간의 제한**

㉠ 경관조명의 점등시간을 가능한 최소화 한다. 오후 10시 이후부터 익일 일출까지는 소등하는 것이 바람직하다.
㉡ 계절별로 경관조명의 점등시간을 최단으로 조종하여 점등한다.

059 빛공해 방지법(조명환경 관리구역의 분류기준, 조명기구의 범위, 빛방사 허용기준)

1 조명환경 관리구역의 분류기준

1) **제1종 조명환경관리구역** : 과도한 인공조명이 자연환경에 부정적인 영향을 미치거나 미칠 우려가 있는 구역

2) **제2종 조명환경관리구역** : 과도한 인공조명이 농림수산업의 영위 및 동물·식물의 성장에 부정적인 영향을 미치거나 미칠 우려가 있는 구역

3) **제3종 조명환경관리구역** : 국민의 안전과 편의를 위하여 인공조명이 필요한 구역으로서 과도한 인공조명이 국민의 주거생활에 부정적인 영향을 미치거나 미칠 우려가 있는 구역

4) **제4종 조명환경관리구역** : 상업활동을 위하여 일정 수준 이상의 인공조명이 필요한 구역으로서 과도한 인공조명이 국민의 쾌적하고 건강한 생활에 부정적인 영향을 미치거나 미칠 우려가 있는 구역

2 조명기구의 범위

① 안전하고 원활한 야간활동을 위하여 다음 각 목의 어느 하나에 해당하는 공간을 비추는 발광기구 및 부속장치
   ㉠ 도로법에 따른 도로
   ㉡ 보행안전 및 편의증진에 관한 법률에 따른 보행자길
   ㉢ 도시공원 및 녹지 등에 관한 법률에 따른 공원녹지
   ㉣ 그 밖에 특별시·광역시·특별자치시·도 또는 특별자치도의 조례로 정하는 옥외 공간

② 옥외광고물 등 관리법에 따라 허가를 받아야 하는 옥외광고물에 설치되거나 광고를 목적으로 그 옥외광고물을 비추는 발광기구 및 부속장치

③ 다음 각 목의 어느 하나에 해당하는 건축물, 시설물, 조형물 또는 자연환경 등을 장식할 목적으로 그 외관에 설치되거나 외관을 비추는 발광기구 및 부속장치
   ㉠ 건축법에 따른 건축물 중 연면적이 2,000m^2 이상이거나 5층 이상인 것
   ㉡ 건축법 시행령에 따른 숙박시설 및 위락시설

㉢ 교 량
㉣ 그 밖에 해당 시 · 도의 조례로 정하는 것

3 빛 방사 허용기준

1) 도로의 조명기구

구 분 / 측정기준	적용시간	기준값	조명환경관리구역				단 위
			제1종	제2종	제3종	제4종	
주거지 연직면 조도	해진 후 60분 ~ 해뜨기 전 60분	최댓값	10 이하			25 이하	[lx] ([lm/m²])

2) 보행자길의 조명기구

① 점멸 또는 동영상 변화가 있는 전광류 광고물

구분 / 측정기준	적용시간	기준값	조명환경관리구역				단 위
			제1종	제2종	제3종	제4종	
주거지 연직면 조도	해진 후 60분 ~ 해뜨기 전 60분	최댓값	10 이하			25 이하	[lx] ([lm/m²])
발광 표면 휘도	해진 후 60분 ~ 24 : 00	평균값	400 이하	800 이하	1,000 이하	1,500 이하	[cd/m²]
	24 : 00 ~ 해뜨기 전 60분		50 이하	400 이하	800 이하	1,000 이하	

② 그 밖의 조명기구

구 분 / 측정기준	적용시간	기준값	조명환경관리구역				단 위
			제1종	제2종	제3종	제4종	
발광 표면 휘도	해진 후 60분 ~ 해뜨기 전 60분	최댓값	50 이하	400 이하	800 이하	1,000 이하	[cd/m²]

3) 공원녹지의 조명기구

구 분 / 측정기준	적용시간	기준값	조명환경관리구역				단위
			제1종	제2종	제3종	제4종	
발광 표면 휘도	해진 후 60분 ~ 해뜨기 전 60분	평균값	5 이하	5 이하	15 이하	25 이하	[cd/m²]
		최댓값	20 이하	60 이하	180 이하	300 이하	

060 광고조명의 조명방식과 설치기준 및 휘도측정방법

1 조명방식

1) 내조형

광고물 내부에 광원(형광등, LED 등)이 설치되어 광고물 전면인 확산면(플렉스 원단, 아크릴 등)을 투과한 빛이 방출되어 글자·도형 및 배경면을 포함한 면 전체가 발광하는 방식으로 내부 발광형이라고도 한다.

2) 외조형

발광하지 않는 소재로 구성된 광고물 외부의 상단이나 하단부에 조명을 설치하여 직접 광고물을 비추는 방식이다.

3) 자체 발광형

글자나 도형 요소를 LED나 네온관 등의 광원으로 구성하여 광원 자체가 노출되어 발광하는 방식이다.

4) 채널 레터형

인디비주얼 레터 사인이라고도 하며 입체 글자·도형에 LED 등의 광원을 내부에 설치하여 글자·도형 자체에서 빛이 나오는 방식이다.

5) HALO형

LED 등의 광원을 입체 글자·도형의 측면 또는 배면에 설치하여 광원이 입체 글자·도형의 배경이 되는 면을 비추어 글자·도형을 실루엣으로 보이게 하는 방식이다.

2 설치기준 및 휘도측정방법

1) 조명방식 및 조명기구 선정

옥외광고물 조명시설의 계획 및 설계, 설치 단계에서 효율성 확보 및 빛 공해 방지를 위하여 다음 각 호에서 정하는 휘도기준, 측정 및 평가기준을 확보하고, 이를 만족하는 조명방식 및 조명기구를 선정한다.

① 옥외광고물에 대한 발광표면 휘도기준은 표 1, 표 2에 따르며, 표 1, 표 2에 부합되는 조명방식 및 조명기구를 사용하여 빛 공해를 최대한 억제하도록 한다.

② 표 1, 표 2에 대한 빛 공해의 측정 및 평가기준은 환경분야 시험・검사 등에 관한 법률에 따른 빛 공해 공정시험기준에서 정하는 바에 따른다.

표 1. 일반광고 조명의 빛 방사 허용기준(인공조명에 의한 빛 공해 방지법 시행규칙)

<table>
<tr><th rowspan="2">구 분
측정기준</th><th rowspan="2">적용시간</th><th rowspan="2">기준값</th><th colspan="4">조명환경관리구역</th><th rowspan="2">단 위</th></tr>
<tr><th>제1종</th><th>제2종</th><th>제3종</th><th>제4종</th></tr>
<tr><td>발광표면 휘도</td><td>해진 후 60분 ~ 해뜨기 전 60분</td><td>최댓값</td><td>50 이하</td><td>400 이하</td><td>800 이하</td><td>1,000 이하</td><td>[cd/m^2]</td></tr>
</table>

표 2. 점멸 또는 동영상 변화가 있는 전광류 광고물의 빛방사허용기준

<table>
<tr><th rowspan="2">구 분
측정기준</th><th rowspan="2">적용시간</th><th rowspan="2">기준값</th><th colspan="4">조명환경관리구역</th><th rowspan="2">단 위</th></tr>
<tr><th>제1종</th><th>제2종</th><th>제3종</th><th>제4종</th></tr>
<tr><td>주거지 연직면 조도</td><td>해진 후 60분 ~ 해뜨기 전 60분</td><td>최댓값</td><td colspan="3">10 이하</td><td>25 이하</td><td>[lx]
([lm/m^2])</td></tr>
<tr><td rowspan="2">발광표면 휘도</td><td>해진 후 60분 ~ 24:00</td><td rowspan="2">평균값</td><td>400 이하</td><td>800 이하</td><td>1,000 이하</td><td>1,500 이하</td><td rowspan="2">[cd/m^2]</td></tr>
<tr><td>24:00 ~ 해뜨기 전 60분</td><td>50 이하</td><td>400 이하</td><td>800 이하</td><td>1,000 이하</td></tr>
</table>

2) 설치방법

① 광고조명의 설치 시 지역특성, 공간의 생활특성 및 문화적 특성을 고려하고, 주거지역이나 타 건축물 등에 빛 공해를 일으킬 수 있는 방향으로는 설치를 지양한다.

② 자체발광형 조명방식의 사용은 지양한다.

③ 광고물 조명기구가 설치되는 높이, 조명기구와 주거지 사이의 거리, 빛의 방향 등을 고려하여 글레어, 산란광, 침입광을 유발하지 않을 조명방식 및 조명기구를 사용한다.

④ 광고조명의 조사대상과 조사각도를 분명히 정하여 목표물 밖으로 빛이 누출되지 않도록 제어한다.

⑤ 외조형 조명방식에서는 상향 조사를 금하고, 광고물의 위쪽에 조명기구를 설치하여 하향으로 광고물을 조명해야 하며, 광원이 운전자나 보행자의 시야에 직접 보여서는 안 된다.

⑥ 내조형 및 채널레터형 조명방식에 있어서 휘도기준을 초과할 가능성이 높은 백색계통의 밝은 색상의 사용을 지양한다.
⑦ 환경적으로 민감한 장소에서는 누출광을 잘 제어할 수 있는 조명기구를 선정하거나 차광판을 설치한다.
⑧ 필요 이상의 조명에 의한 에너지 낭비가 없도록 하고 고효율 광원의 사용으로 에너지를 절약한다.
⑨ 점멸 또는 동영상 변화가 있는 전광류 광고물은 휘도기준을 초과할 가능이 높은 백색계통의 영상을 자제하고, 백라이트를 낮추어 휘도 및 조도 기준을 만족할 수 있도록 한다.

더 많은 정보와 지식을
듣꾹담꾹

Professional Engineer Building Electrical Facilities

제 2 장

동력설비

SECTION 01 전동기의 종류별 원리

SECTION 02 전동기의 제어 및 기타

SECTION 03 전동기 운전

전동기의 종류별 원리

061 직류전동기의 원리와 특징, 속도제어방식

1 직류전동기의 원리 및 구성

1) 작동원리

① 다음의 그림에서 코일변 ①, ②에는 반시계방향으로 코일을 회전시키려는 힘 F가 작용하고 있다.

② 플레밍의 왼손법칙에서 힘 F에 의하여 코일이 90° 회전했을 때 브러시와 정류자의 작용에 의해 코일에 흐르는 전류의 방향이 반대로 되고 이 코일에는 다시 동일한 방향의 힘 F가 계속해서 작용하여 코일은 반시계방향으로 회전을 계속하게 된다.

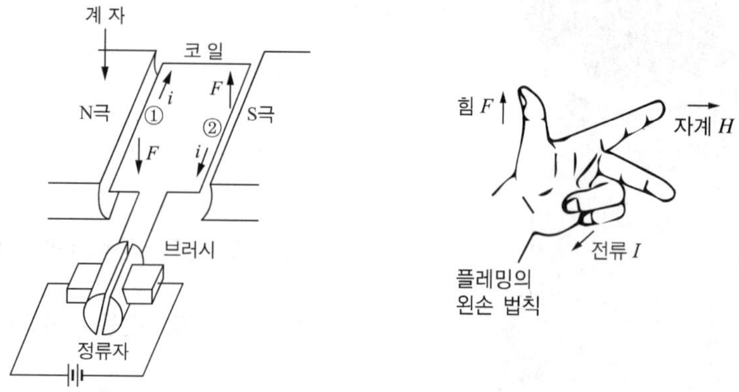

2) 구 성

① **계자** : 계자철심과 계자권선으로 이루어져 전자석을 만들고, 자속(자계)을 만들어 내는 역할을 한다.

② **전기자** : 전기자 철심과 전기자 권선으로 이루어져 있으며, 전류를 공급해 주는 역할을 한다.

③ **정류자** : 교류를 직류로 변환하여 전기자 권선에 전류를 공급한다.

④ **브러시** : 외부 전력을 정류자에 기전력을 공급해 주는 역할을 한다.

2 직류전동기의 특징

① 광범위한 속도제어가 용이하며 속도제어를 하는 경우에도 효율이 좋다.
② 기종 및 가속 Torque를 임의로 선택할 수 있어 Torque 효율이 좋다.
③ 유도전동기에 비해 고가(高價)이다.
④ 정류자와 Brush가 있기 때문에 정기적인 점검 및 보수가 필요하다.
⑤ 정류자를 갖고 있기 때문에 고속화나 고전압화에 제한이 있다.
⑥ 광범위하고 높은 정밀도의 속도제어가 가능하며, 여자 방식에 따라 다른 특성이 나타나기 때문에 부하에 대한 적응성이 뛰어나다.
⑦ 기동 Torque가 커서 가변속제어나 큰 기동 Torque가 요구되는 용도에 사용된다.
⑧ 구조가 복잡하고 유지보수의 측면에서 불리하다.

3 직류전동기의 종류와 특성

구 분		구 조	속도 및 토크 특성	특 징
타여자전동기		F A	• 속도특성 $N \fallingdotseq K_1[V/\phi]$[rpm] • 토크특성 $T = K_2\phi I_a$(N.m)	• 세밀하고 광범위한 속도제어 • 워드-레오너드 방식, 일그너 방식
자여자 전동기	직권 전동기	F A	• 속도특성 $N \fallingdotseq K_3[V/I_a]$[rpm] • 토크특성 $T = K_4\, I_a^{\,2}$(N.m)	• 기동 토크가 가장 크다. • 전차, 크레인 등에 사용
	분권 전동기	F A	• 속도특성 $N = K_5[V - I_a - R_a]$[rpm] • 토크특성 $T = K_6\phi\, I_a$(N.m) $= k_6 I_a$ (ϕ일정 시)	• 유도전동기와 특성이 비슷 • 공작기계, 컨베이어 등에 사용
	복권 전동기	F A F	• 가동복권 : 직권, 분권, 전동기와 중간특성 • 차동복권 : 부하증가 시 자속이 상쇄되어 감소하여 속도저하 보상	• 속도 변동이 크다. • 절단기, 분쇄기, 권상기 등에 사용

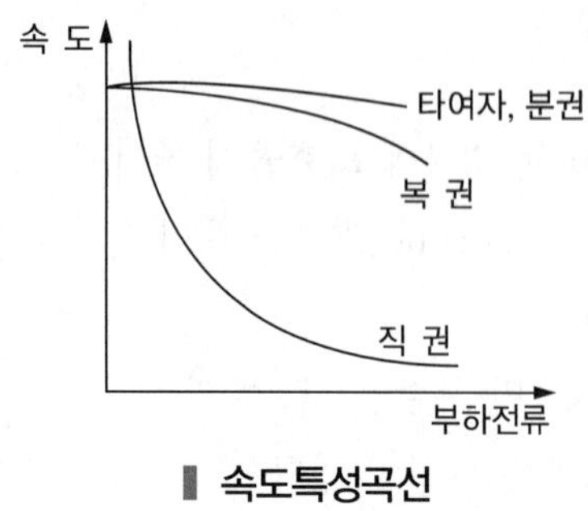

▮ 속도특성곡선

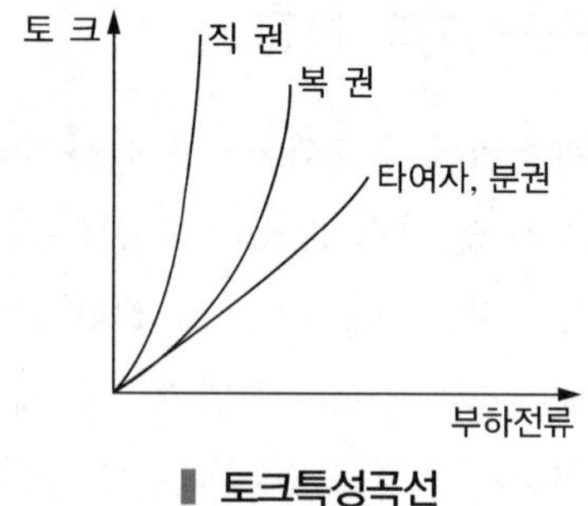

▮ 토크특성곡선

4 직류전동기 속도제어방식

$$N = \frac{V - I_a R_a}{K\phi},\ E = K\phi N,\ E = V - I_a R_a$$

1) 저항에 의한 속도제어

① 원 리

전기자 저항의 값을 조절하여 속도를 조절하는 방법이다.

② 특 징

㉠ 저항 증가 시 동손이 증가하여 열손실이 증가한다.

㉡ 효율이 떨어진다.

2) 계자에 의한 속도제어

① 원 리

㉠ 계자에 형성된 자속의 값을 제어하여 속도를 제어하는 방법

㉡ 타여자의 경우 타여자 전원의 값을 조절하여 자속의 수를 증감할 수 있다.

㉢ 자여자 분권의 경우는 계자에 설치된 저항의 값을 변화하여 흐르는 계자 전류의 값을 조절할 수 있다.

② 특 징

㉠ 계자 저항에 흐르는 전류가 적어 전력손실도 적다.

㉡ 조작이 간편하다.

㉢ 세밀하고 안정된 제어가 가능하다.

㉣ 제어의 폭이 좁다는 단점이 있다.

3) 전압에 의한 속도제어

① 원 리

전압의 값 V가 증가하여 속도를 제어하는 방법

② 특 징

설비의 비용이 많이 드는 단점

③ 종 류

㉠ 워드－레오너드 방식 : 부하의 변동이 거의 없을 경우(정부하) 사용하는 방법
㉡ 일그너 방식 : 부하의 변동이 심할 경우 사용하며 부하의 변동에 영향을 받지 않기 위해 무거운 쇠 추(플라이 휠)를 설치하여 사용하는 방식으로, 부하의 변동이 심한 대용량 압연기나 승강기 등에 사용
㉢ 직・병렬 제어법 : 정격이 같은 전동기를 직・병렬로 접속하여 전동기에 인가되는 전압을 단계적으로 나누어 속도를 제어하는 방법이며, 직류직권 전동기의 속도제어를 위해 사용하는 방식
㉣ 초퍼 제어법 : 반도체 사이리스터를 이용하여 직류전압을 직접 제어하는 방식으로 전기철도의 속도제어를 할 때 많이 사용

062 BLDC(Brushless DC) 모터

1 개 요

① DC 모터는 제어 편리성에도 불구하고 브러시로 인해 구조가 복잡하다.
② BLDC는 DC 모터에서 브러시를 없애 효율을 향상시킨 모터이다.

2 BLDC 구성 및 원리

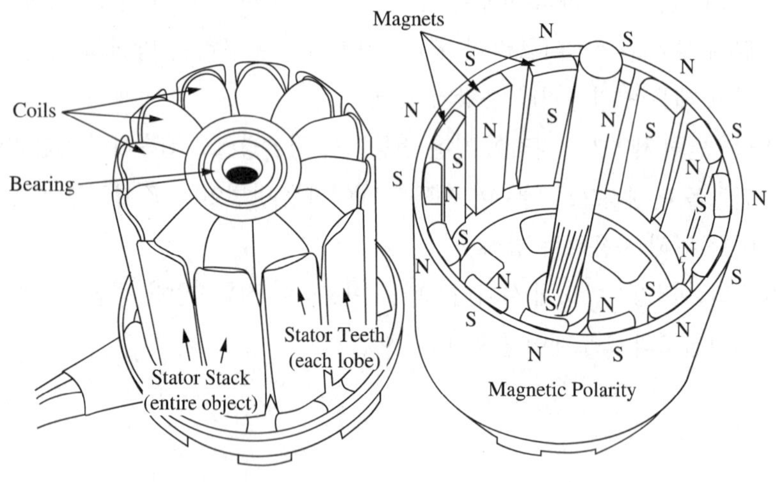

BLDC 모터 구조

1) 코 어

① 3쌍의 코일 뭉치로 구성되며 연속적인 회전을 위해서 120° 위상차를 두고 전류가 흐른다.
② 인버터(PWM방식)에 의해 전류를 흘려 주어 회전자(캔)를 회전시킨다.

2) 캔

영구자석을 사용함으로써 전류를 흘릴 필요가 없어 효율이 향상된다.

3) 인버터(PWM 방식)

① 주파수를 변조하여 속도를 조정한다.

② 순차적으로 120° 위상차를 만들어 전류를 흘려 준다.

4) 홀 센서(Hall Sensor)

영구자석의 위치에 따라 전류를 흘려 주어야 하므로 Hall CT로 위치를 추적한다.

5) ESC(변속기)

홀 센서가 없는 BLDC 모터의 경우 전기적 특성을 활용하여 자석의 위치를 추정한 후 속도를 제어한다.

3 BLDC 특징

① 브러시가 없고, 영구자석을 사용하므로 효율이 향상된다.
② 고속화 및 유지보수가 용이하다.
③ 소형화가 가능하고 전기적, 기계적 노이즈가 작다.
④ 인버터 등 부대장치가 많아 비용이 증가한다.
⑤ 모터에 영구자석을 사용하므로 저관성화에 제한이 있다.

063 동기 발전기

1 동기 발전기의 원리 및 구조

1) 동기기의 구조

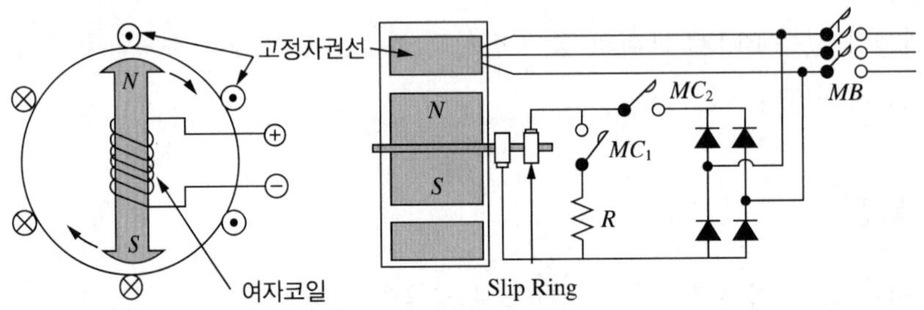

① 고정자 : 3상의 계자권선이 감겨져 있다.

② 회전자 : 여자코일에 의해 전자석이 된다.

③ 슬립링 : 여자코일에 직류전압을 가해 주는 장치

④ 정류기 : 교류에서 직류를 변환하는 장치

2) 동기속도

① 회전자가 여자되어 회전 시 고정자에 전압을 유기하여 발전한다.

② 동기속도 : $n_s = \dfrac{2f}{P}$ [rps], $N_s = \dfrac{120f}{P}$ [rpm]

여기서, n_s, N_s : 동기속도, P : 극수, f : 주파수

3) 동기기 출력 및 동기화 조건

① $P = VI\cos\phi[\text{W}] = \dfrac{VE}{X}\sin\delta[\text{W}]$

여기서, V : 단자전압, E : 역기전력, X : 리액턴스, δ : 상차각

② 동기운전 조건 $\dfrac{dP}{d\delta} > 0$이 되어야 한다.

4) 동기 발전기의 유기 기전력

1상 유기 기전력 $E = 4.44K_\omega f W\phi[\text{V}]$

여기서, W : 1상의 전권수, K_ω : 권선계수, f : 주파수, ϕ : 1극당의 자속 수[Wb]

Y 결선 시 단자전압 : $V = \sqrt{3}E$

5) 회전자에 의한 동기기 분류

① 회전 전기자형 : 특별한 경우가 아니면 거의 쓰이지 않는다.
② 회전 계자형 : 일반적으로 회전 계자형을 사용한다.
㉠ 계자 권선 : 저압, 소요전력이 작음, 인출도선이 2개
㉡ 전기자 권선 : 고압, 대용량 전류, 인출도선 4개, 결선이 복잡함
㉢ 종류 : 돌극형과 비돌극형이 있다

2 전기자 권선법

1) 집중권

매 극 매상의 코일을 한 슬롯에 집중하여 감은 것

2) 분포권

㉠ 매 극 매상의 코일을 2개 이상의 슬롯에 분산하여 감은 것
㉡ 장점 : 고조파 제거, 누설 리액턴스 감소, 과열방지
㉢ 단점 : 유기 기전력 크기 감소

3) 전절권

코일 피치를 자극피치와 같게 감은 것

4) 단절권

㉠ 코일 피치를 자극피치보다 짧게 감은 것
㉡ 장점 : 고조파 제거, 동량 절감, 크기가 작아짐
㉢ 단점 : 유기 기전력 크기 감소함

3 전기자 반작용

1) 전압과 전류가 동상인 경우

① 자속이 한쪽으로 치우치는 편자작용을 한다.
② 자속이 왜곡되어 고조파가 발생한다.

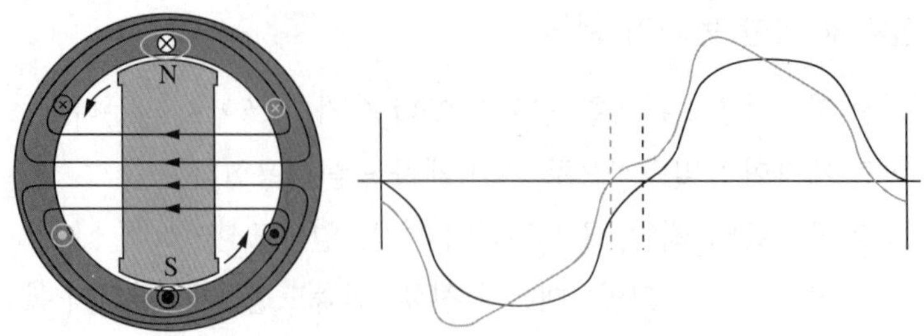

2) 전류가 전압보다 90° 늦은 경우

① 전기자 자속에 의해 감자작용을 한다.

② 낮아진 전압을 보상하기 위해 AVR이 계자전류를 증가시킨다.

③ 계자회로에 과부하를 주의해야 한다.

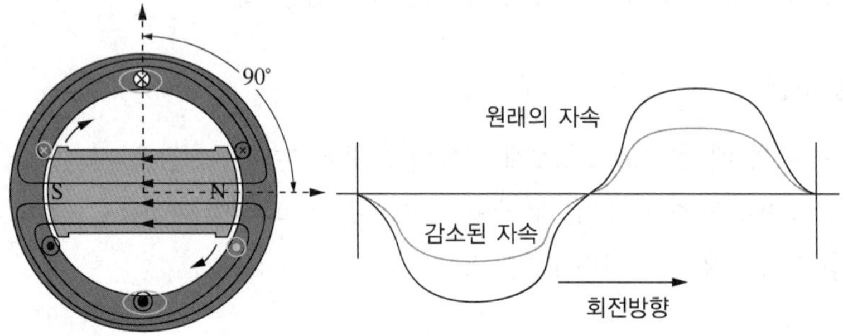

3) 전류가 전압보다 90° 앞선 경우

① 전기자 자속에 의해 증자작용을 한다.

② AVR이 계자전류를 감소시킨다.

③ 발전기 운전이 불안정하므로 단락비를 크게 한다.

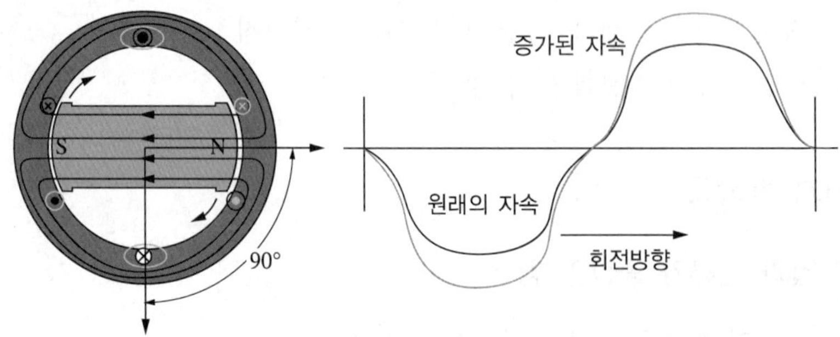

4 발전기 내부 리액턴스

1) 고장전류

무부하 시 단자 간에 고장이 발생했을 때 고장전류를 시간에 따라 그래프를 그리면 다음과 같다.

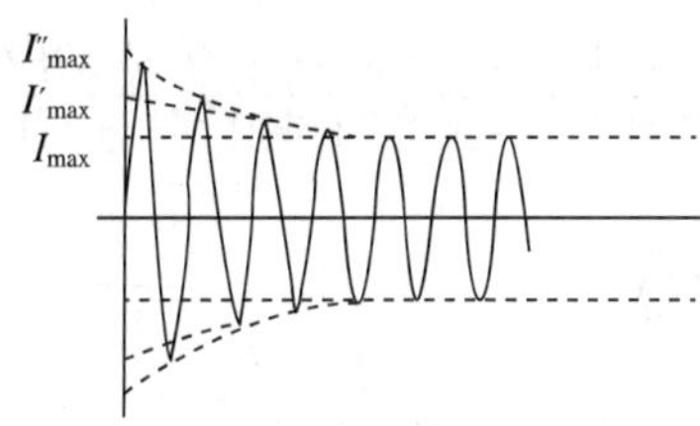

2) 발전기 내부 리액턴스

① 발전기 내부 전압의 최대치를 E_{max} 라고 하면

㉠ 차과도리액턴스 : $X_d'' = \dfrac{E_{max}}{I_{max}''}$

㉡ 과도리액턴스 : $X_d' = \dfrac{E_{max}}{I_{max}'}$

㉢ 동기리액턴스 : $X_d = \dfrac{E_{max}}{I_{max}}$ 가 된다.

② 발전기 설계에서 이들의 관계는 $X_d'' < X_d' < X_d$가 된다.

5 자기여자 현상

1) 자기여자 현상

무부하, 경부하 송전선로를 충전할 경우 발전기 단자 전압이 상승하는 현상

2) 자기여자 현상 방지법

① 발전기 2대 이상 병렬 운전한다.
② 단락비가 큰 발전기를 채용한다.
③ 충전전압을 낮게 한다.
④ 수전단에 변압기를 접속한다.
⑤ 수전단에 리액턴스를 병렬로 접속한다.
⑥ 수전단에 동기조상기를 접속하여 부족여자로 운전한다.

6 단락비(K_s)

1) 단락비의 정의

① 무부하 발전기를 3상 단락했을 때의 단락전류와 발전기의 정격용량에 따른 정격전류의 비를 발전기의 단락비(Short Circuit Ratio)라 한다.

② $K_s = \dfrac{\text{무부하 시 정격전압을 유지하기 위해 인가하는 여자전류}}{\text{3상 단락 시 정격전류를 유지하기 위해 인가하는 여자전류}}$

2) 단락비가 큰 기기(철기계)

① $K_s = \dfrac{1}{Z_s[\text{pu}]}$ 이므로 동기 임피던스가 작다.

② 전기자 반작용 현상이 작다.

③ 공극이 크다.

④ 계자 기자력이 크다.

⑤ 기계치수가 커진다.

⑥ 철손이 크다.

⑦ 값이 비싸다.

⑧ 출력이 크다.

⑨ 선로 충전용량이 크다.

⑩ 과부하 내량이 크다.

⑪ 안정도가 증진된다.

7 동기 발전기 병렬운전 조건

① 기전력 크기가 같을 것 ≠ 무효순환 전류가 흐른다.

② 기전력 위상이 같을 것 ≠ 유효순환 전류(동기화 전류)가 흐른다.

③ 기전력 주파수가 같을 것 ≠ 유효순환 전류가 흐른다.

④ 기전력 파형이 같을 것 ≠ 고주파 무효순환 전류가 흐른다.

⑤ 기전력 상회전 방향이 같을 것 ≠ 과대돌입 전류가 흐른다.

8 동기기의 무효전력

1) 동기발전기

계전전류(I_f) 증가 → 전압 증가 → 지상 → 무효전력 공급

2) 동기조상기

계전전류(I_f) 증가 → 전압 증가 → 진상 → 무효전력 공급

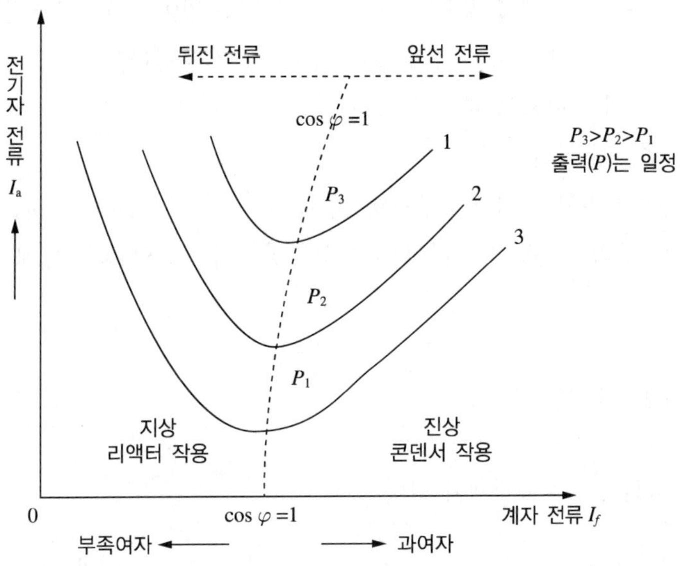

064 동기 발전기 병렬운전 조건 및 병렬운전 순서

1 개 요

① 병렬운전이란 2대 이상의 발전기를 동일 모선에 접속하여 공통의 부하에 전력을 공급하는 방식을 말한다.

② 병렬운전의 목적은 전력을 필요로 하는 부하에 정전 없이 정격의 전압을 안정하게 공급하기 위함이나 현실적으로 다음과 같은 경우에도 사용한다.

㉠ 발전기 1대의 용량으로 부족한 경우

㉡ 부하의 변동이 심한 경우

㉢ 부하의 증감에 따라 예비가 필요한 경우

㉣ 발전기의 무리한 운전을 피하고 효율을 향상시키고자 할 경우 등에 병렬운전을 사용한다.

2 발전기 운전의 안정영역

① 동기운전 조건 $\frac{dP}{d\delta} > 0$이어야 한다.

② $\frac{dP}{d\,\delta}$의 값을 그 발전기의 동기화력(Synchronizing Power)이라 한다.

③ $\frac{dP}{d\delta} = \frac{d}{d\delta}\left(\frac{VE}{X}\sin\delta\right) = \frac{VE}{X}\cos\delta > 0$

$\cos\delta > 0$이려면

$-\frac{\pi}{2} < \delta < \frac{\pi}{2}$이어야 한다.

④ 그림과 같은 범위에서 발전기 운전의 안정영역이 된다.

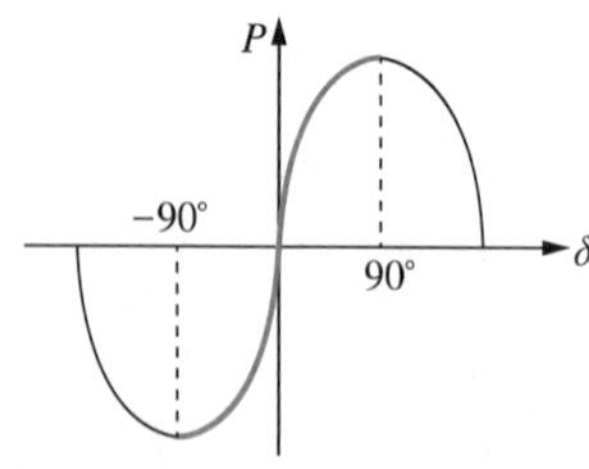

3 발전기 병렬운전조건

1) 기전력의 파형이 같을 것

발전기의 파형이 다르면 무효순환전류가 흘러 발전기 손실 증가 및 과열이 된다.

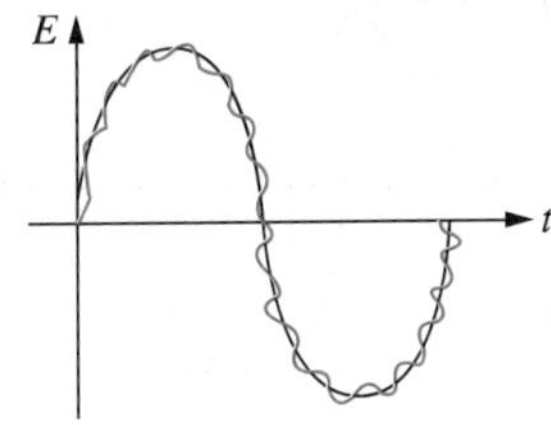

2) 기전력의 크기가 같을 것

① 투입 시 전압차는 10[%] 이내로 하며 전원측보다 약간 높게 투입하는 것이 좋다.

② 기전력의 크기가 다르면 무효횡류가 흐른다.

③ 전압이 큰 쪽은 역률이 나빠지고, 작은 쪽은 역률이 개선된다.

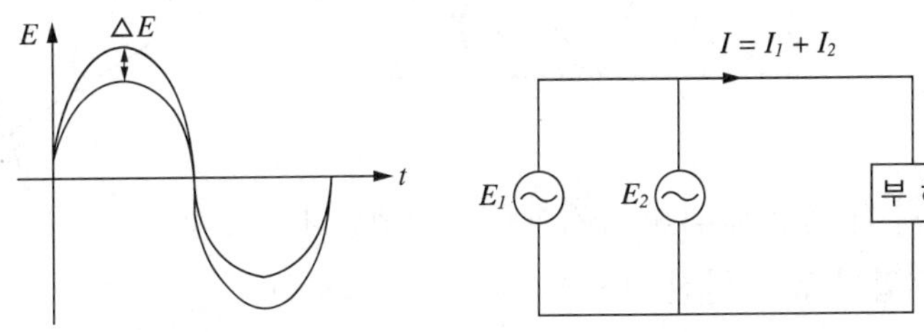

④ 무효횡류가 흘러 역률이 변하는 원리

㉠ E_1이 E_2보다 크면($E_1-E_2=E$) 전압 E에 의해 90° 위상이 뒤지는 I_c가 발생한다.

㉡ I_c에 의해서 E_1측은 역률이 원래보다 지상이 되고, E_2측은 역률이 원래보다 진상이 된다.

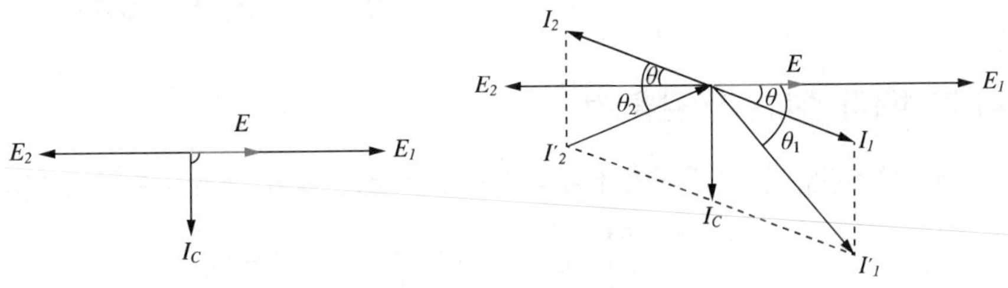

3) 위상이 같을 것

① 위상이 다르면 유효순환 전류가 흐른다.

② 위상이 반대가 되면 단락과 같다.

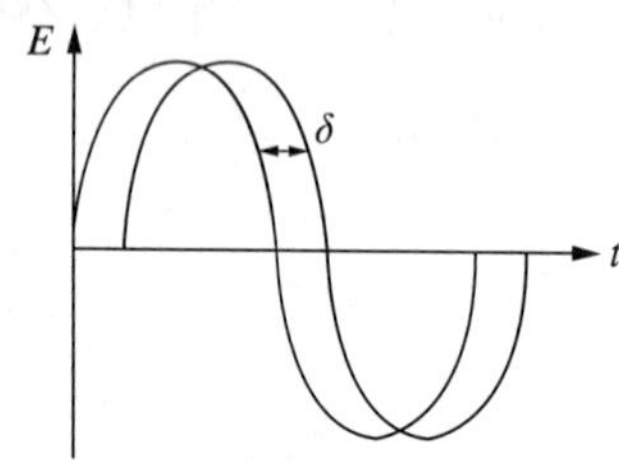

③ 유효순환 전류가 흐르는 원리

E_1과 E_2가 δ만큼 위상이 발생하면 $E_1 - E_2 = E_s$ 이 된다.

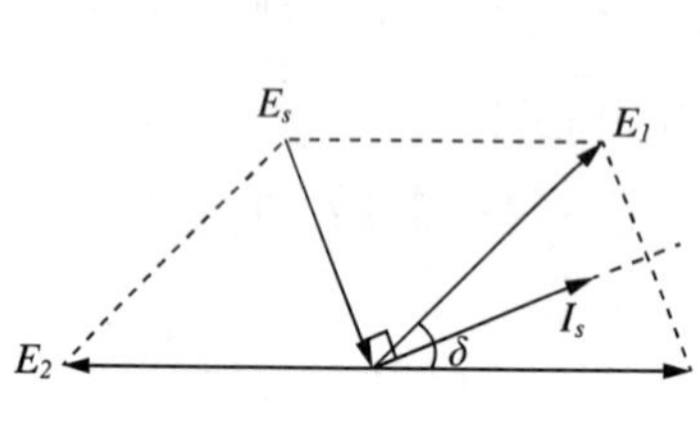

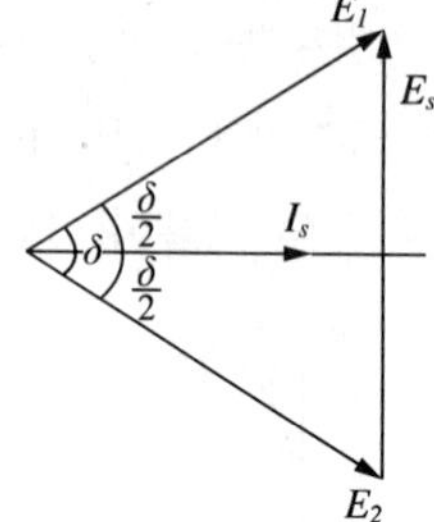

④ 유효순환 전류에 의해 동기화력이 발생한다.

㉠ 전압이 높은 발전기(P_1)

$$P_1 = E_1 I_s \cos\frac{\delta}{2} = E_1 \frac{E_1}{Z_s} \sin\left(\frac{\delta}{2}\right)\cos\left(\frac{\delta}{2}\right) = \frac{E_1^2}{2Z_s}\sin\delta \qquad [유출]$$

㉡ 전압이 낮은 발전기(P_2)

$$P_2 = E_2 I_s \cos\left(-\frac{\delta}{2}\right) = E_2 \frac{E_2}{Z_s} \sin\left(-\frac{\delta}{2}\right)\cos\left(-\frac{\delta}{2}\right) = -\frac{E_2^2}{2Z_s}\sin\delta \qquad [유입]$$

4) 기전력의 주파수가 같을 것

유 · 무효전류가 양 발전기에 주기적으로 흐르게 되어 난조의 원인이 된다.

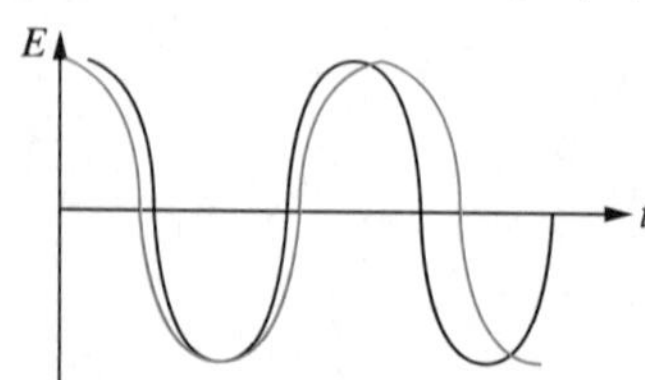

4 발전기 병렬운전 순서

① 발전기를 정격 운전 속도로 상승
② 계자 차단기 투입
③ 정격주파수, 정격전압으로 동기화
④ 주 차단기 투입
⑤ 전압조정기 자동 절환
⑥ 전력 수요 변동에 따른 대응운전

5 발전기 투입 시 고려사항

① 동기검출기를 이용하여 투입
② 동기화하여 투입하는 것이 이상적이나 실제로 전압, 위상, 주파수를 약간 높게 하여 투입한다($V_g > V_s$, $\delta_g > \delta_s$, $f_g > f_s$).
③ 계전전류(I_f) 증가 → 전압 증가 → 지상 → 무효전력 공급

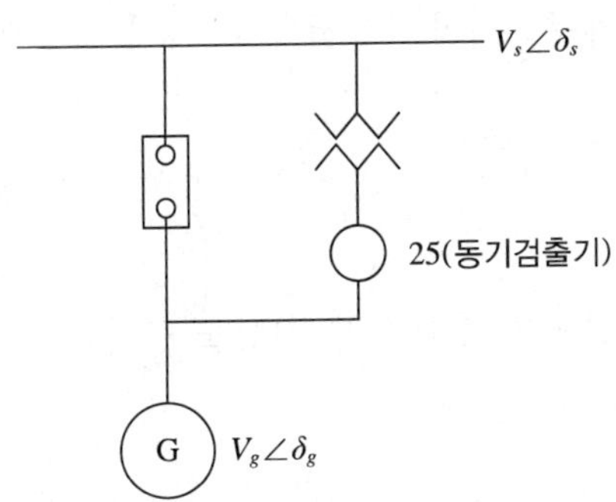

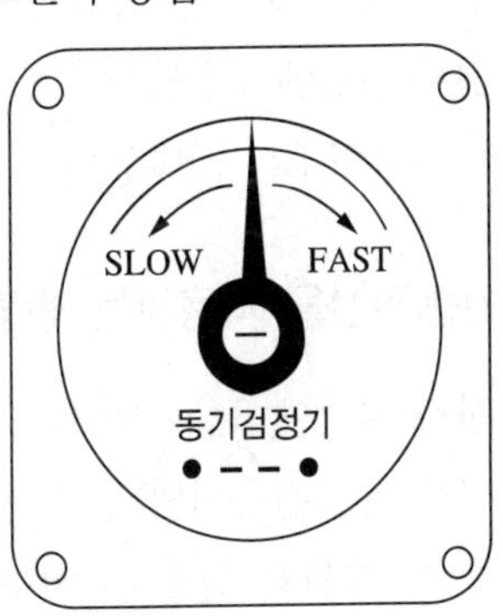

065 동기 전동기

1 동기 전동기의 특징

장 점	단 점
• 속도가 일정하다. • 역률조정 가능하고 역률 100[%]에서 운전 • 효율이 우수하다. • 기계적으로 튼튼하다.	• 기동토크가 작다. • 속도제어 어렵다. • 직류여자기가 필요하여 설비가 복잡하다. • 난조가 일어나기 쉽다. • 고가이다.

2 동기전동기 기동방법

1) 제동권선을 이용하여 유도전동기로 기동하는 방법

① 가장 많이 사용하는 방법이다.

② 고정자 권선에 3상 전압을 인가하여 제동권선이 유도전동기의 2차 도체 역할을 한다.

③ 직류여자회로는 개방한다.

2) 3상 기동권선을 사용하는 방법

① 회전자 자극에 3상 권선을 감고, 슬립링을 통해 외부 저항을 연결한다.

② 권선형 유도전동기와 같은 방법으로 기동한다.

③ 큰 기동 토크를 얻을 수 있다.

3) 기동용 보조전동기로 기동하는 방법

① 별도의 유도전동기를 통해 기동하는 방법이다.

② 유도전동기는 극수가 2극 적은 것을 써야 한다.

4) 저주파 기동법

① 저주파 저전압 전원을 인가하여 기동한다.

② 동기화한 후 전압 주파수를 서서히 올려 기동하는 방법이다.

066 동기기의 이상현상

1 자기여자 현상

1) 정 의

① 무부하로 운전하는 동기 발전기를 장거리 송전선로 등에 접속한 경우 선로의 충전용량(진상 전류)에 의한 전기자 반작용(증자작용)이나 무부하 동기 발전기의 잔류자기로 인하여 송전선로에 충전전류가 흐르게 된다.

② 미소 전압 발생 시 송전선로의 정전 용량 때문에 흐르는 진상전류에 의해 발전기가 스스로 여자되어 전압이 상승하는 현상

2) 발생원인

정전용량에 의한 진상전류

3) 방지대책

① 동기조상기 설치

② 분로리액터 설치

③ 발전기 및 변압기의 병렬 운전

④ 단락비를 크게 할 것

2 난조현상

1) 정 의

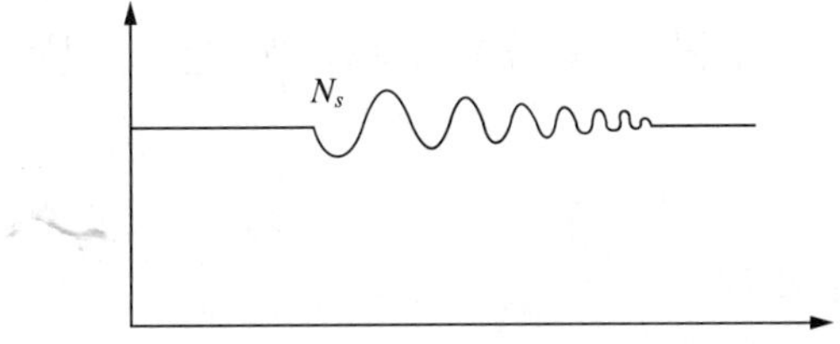

발전기의 부하가 급변하는 경우 회전속도가 동기속도를 중심으로 진동하는 현상

2) 발생원인

① 부하 변동이 심한 경우
② 관성모멘트가 작은 경우
③ 조속기가 너무 예민한 경우
④ 계자에 고조파가 유기된 경우

3) 방지대책

① 계자의 자극면에 제동권선 설치

동기기의 회전자 또는 계자 자극 표면에 슬롯을 파고 단락권선(제동권선) 설치 즉, 유도 전동기의 농형 권선과 같은 권선을 두어 자극에 슬립이 생겼을 때 난조에 의해 발생하는 슬립 주파수의 전류가 이 권선에 흘러 진동을 제동하는 역할을 한다.

② 관성모멘트를 크게 할 것(Fly Wheel 설치)

플라이 휠을 붙이면 전동기의 자유진동 주기가 길어져 난조 발생을 억제한다.

③ 조속기의 성능을 너무 예민하지 않도록 할 것

동기 발전기의 경우 조속기의 감도를 너무 예민하지 않게 한다.

④ 고조파의 제거(단절권, 분포권)

3 안정도

1) 정 의

불변부하 또는 극히 서서히 증가하는 부하에 대하여 계속적으로 송전할 수 있는 능력을 정태안정도와 계통에 갑자기 고장사고와 같은 급격한 외란이 발생하였을 때에도 탈조하지 않고 새로운 평형상태를 회복하여 송전을 계속할 수 있는 능력을 말한다.

2) 대 책

① 단락비를 크게 할 것
② 동기임피던스(리액턴스)를 작게 할 것
③ 관성모멘트를 크게 할 것(회전자의 플라이 휠 효과를 크게 할 것)
④ 조속기의 동작을 신속하게 할 것
⑤ 속응 여자 방식을 채용할 것

067 유도전동기 1

1 개 요

① 유도전동기는 기동전류가 크고 역률이 낮은 단점이 있으나 구조가 간단하고 운전이 용이하며, 가격이 저렴하여 널리 사용되고 있다.

② 가장 많이 범용적으로 사용하는 유도전동기의 특성을 알아보면 다음과 같은 특징들을 가지고 있다.

2 유도전동기의 원리 및 구성

1) 회전원리(아라고 원판)

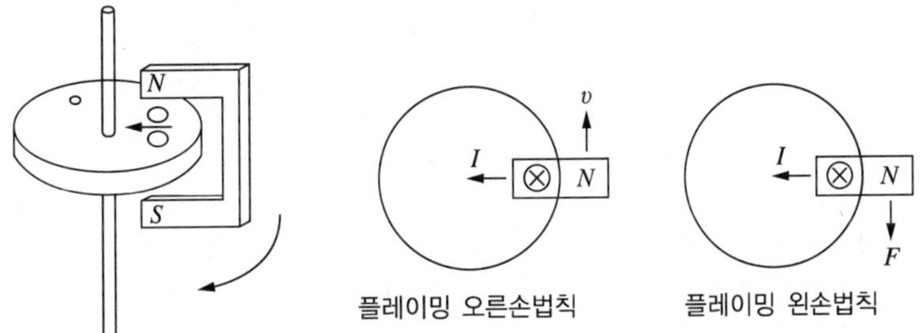

2) 회전 자기장의 발생

① 단상 유도전동기

구 조	고정자와 회전자(1조 구성)
원 리	고정자 권선에 전류를 흘림 → 교번자계 발생 → 기동장치에 의한 회전

② 3상 유도전동기

구 조	고정자와 회전자(3조 구성)
원 리	고정자 권선에 전류를 흘림 → 회전자계 발생 → 회전자계에 의한 회전

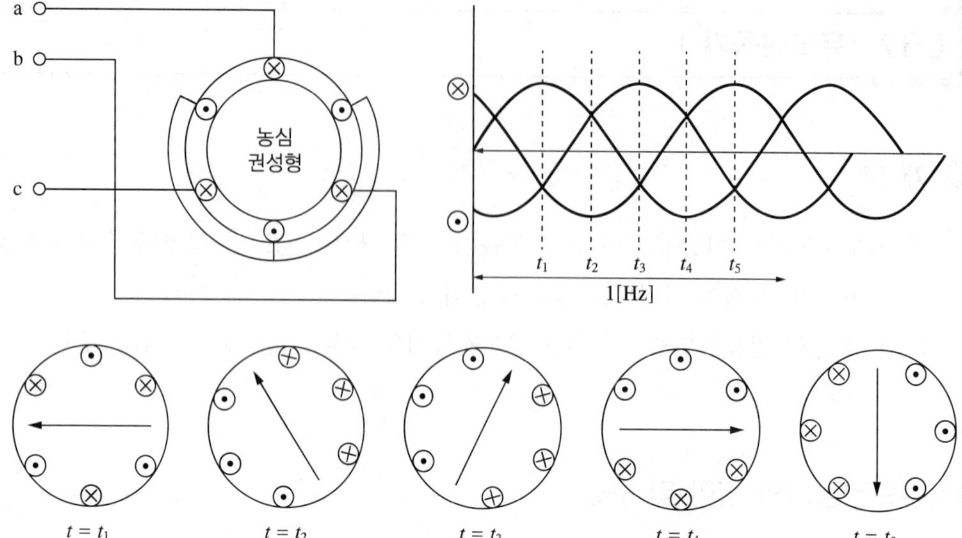
a
b
c
농심
권성형
t_1 t_2 t_3 t_4 t_5
1[Hz]
$t = t_1$
$t = t_2$
$t = t_3$
$t = t_4$
$t = t_5$

068 유도전동기 2

1 개 요

① 유도전동기는 기동전류가 크고 역률이 낮은 단점이 있으나 구조가 간단하고 운전이 용이하며, 가격이 저렴하여 널리 사용되고 있다.

② 가장 많이 범용적으로 사용하는 유도전동기의 특성을 알아보면 다음과 같은 특징들을 가지고 있다.

2 농형 유도전동기 구성 및 원리

1) 구 성

① **고정자** : 전기자 권선이 감겨져 회전자계를 인가한다.

② **회전자** : 회전자계가 회전자와 쇄교하면, 아라고 원판의 원리에 의해 화살표 방향과 같이 맴돌이 전류가 흘러 토크를 발생시킨다.

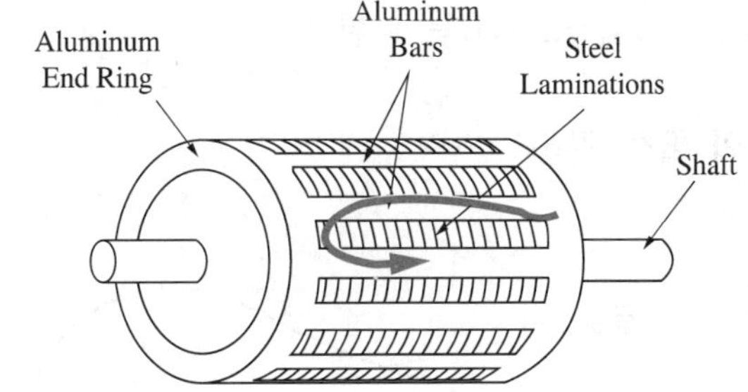

2) 아라고 원판의 원리

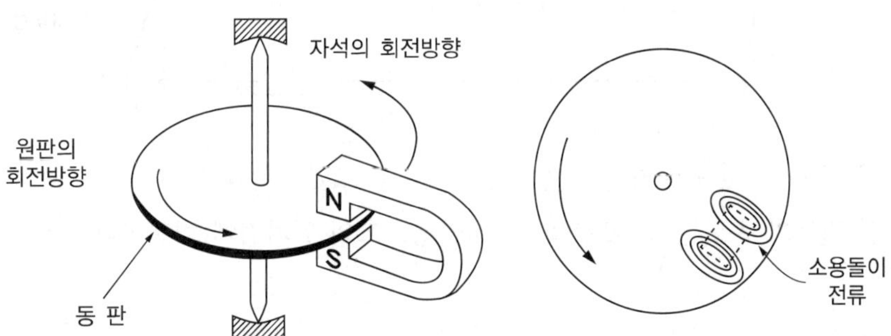

① 그림과 같이 자석을 회전시킬 때
② 자속이 도체를 통과하고
③ 도체에 기전력 발생한다(플레밍의 오른손 법칙).
④ 원판에는 와전류(소용돌이 전류)가 발생하고
⑤ 와전류와 자속의 상호 작용(플레밍의 왼손법칙) 때문에
⑥ 회전방향으로 도체(동판)가 회전(회전 자계)하게 된다.
⑦ 동판은 자석보다 느린 속도로 회전한다(자속이 도체를 통과하지 않으면, 유도기전력이 발생되지 않기 때문이다).

3) 유도전동기 속도

① 유도전동기 속도 $N = \frac{120f}{P}(1-s)[\mathrm{rpm}]$

② 슬립 $s = \frac{N_s - N}{N_s}$

N_s : 동기속도, N : 속도, P : 극수, f : 주파수, s : 슬립

③ 유도전동기는 고정자에 흐르는 전류와 회전자가 쇄교해야 하므로 슬립이 필연적으로 발생하고 동기속도보다 늦게 된다.

4) 유도전동기의 특성 곡선

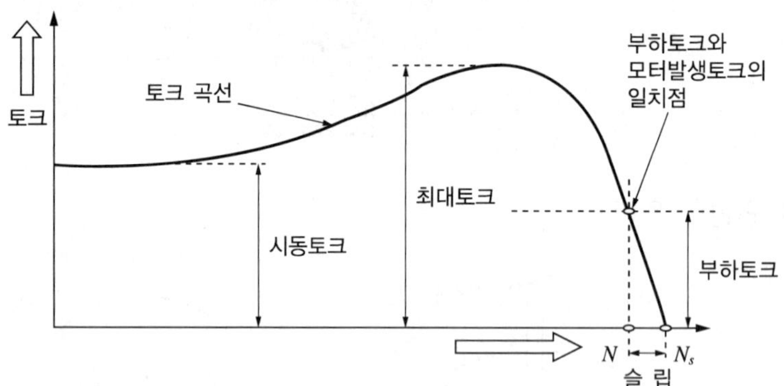

① 시동 시 토크가 작다.
② 전동기 속도는 부하토크와 모터발생토크의 일치점에 회전한다.

5) 유도기의 토크 곡선

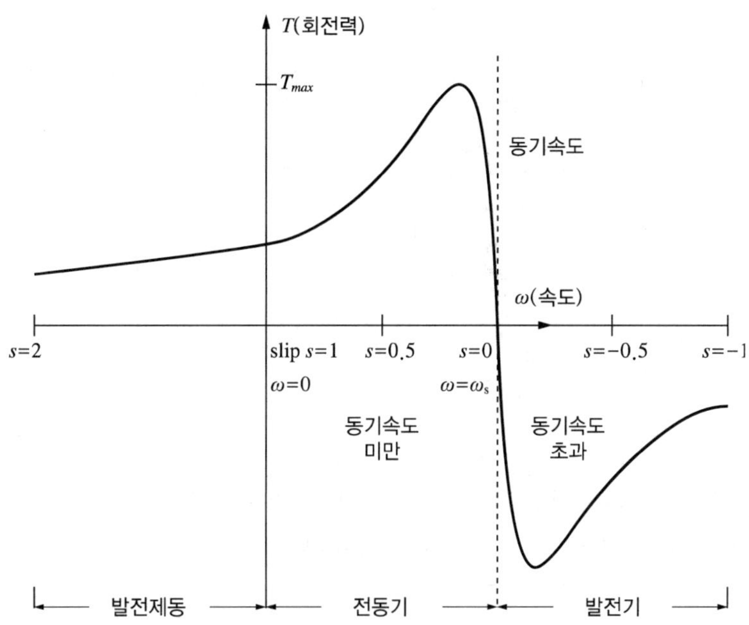

3 회전자계

1) 단상 유도전동기

구 조	고정자와 회전자(1조 구성)
원 리	고정자 권선에 전류를 흘림 → 교번자계 발생 → 기동장치에 의한 회전

2) 3상 유도전동기

① 3상 유도전동기 회전자계

구 조	고정자와 회전자(3조 구성)
원 리	고정자 권선에 전류를 흘림 → 회전자계 발생 → 회전자계에 의한 회전

② 회전자계 원리

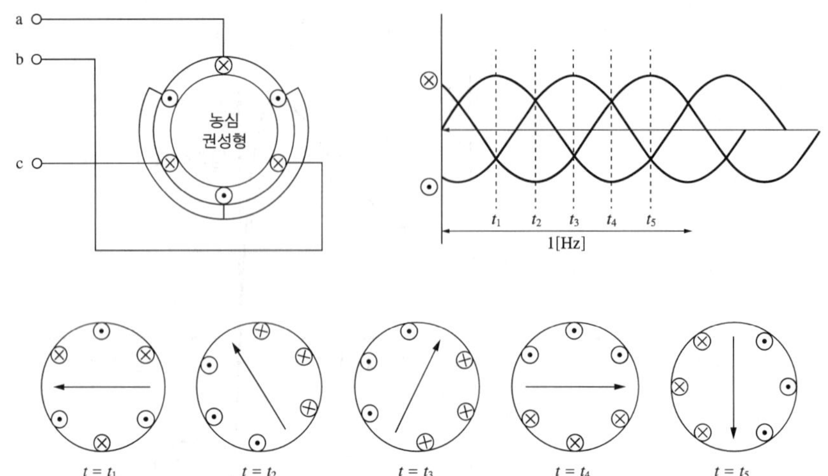

㉠ 1상의 전류를 1[A]라 하면, 1[A]가 만드는 자속이 1[AT]이 되고 1상의 자속은 1[H]가 되어, 1.5[H]의 회전자계가 발생한다.

	$I_a$sin(90)	[H]
90°	$I_b$sin(90+240)	−0.5[H]
	$I_c$sin(90+120)	−0.5[H]
	$I_a$sin(150)	0.5[H]
150°	$I_b$sin(150+240)	0.5[H]
	$I_c$sin(150+120)	−[H]
	$I_a$sin(210)	−0.5[H]
210°	$I_b$sin(210+240)	[H]
	$I_c$sin(210+120)	−0.5[H]

	$I_a$sin(270)	[H]
270°	$I_b$sin(270+240)	0.5[H]
	$I_c$sin(270+120)	0.5[H]
	$I_a$sin(330)	−0.5[H]
330°	$I_b$sin(330+240)	−0.5[H]
	$I_c$sin(330+120)	[H]

㉡ 벡터도

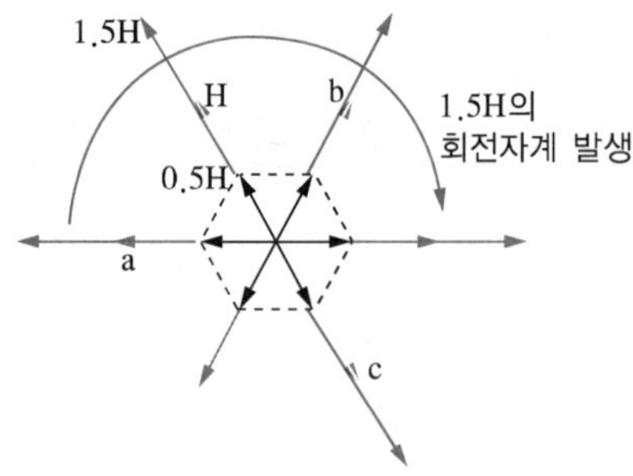

전동기의 제어 및 기타

069 유도전동기의 기동방식

1 유도전동기의 기동방식 선정 시 고려사항

1) 전압변동의 허용치에 대한 시동 시 전압강하 확인

① 전동기 단자에서 허용전압 강하는 시동 시에 10[%], 정상 시 변동을 포함해서 15[%] 한도로 하는 것이 좋다.

② 시동 시의 전압강하가 허용치를 넘을 때는 감압시동을 하거나, 변압기 용량을 증가시키거나, 전압변동을 꺼리는 부하를 다른 뱅크로 하는 등의 대책을 세운다.

2) 부하소요 토크에 대한 시동 시 토크 확인

시동 시 조건에서 부하 토크를 알고 그것을 상회하는 토크를 발생시킬 수 있는 시동방식을 선정한다.

3) 전동기 및 시동기의 시간 내량 확인

① 시동기는 각각 시간 내량을 갖고 있으므로 시동시간이 그 내량 이내인 것을 확인하여야 한다.

② **기동시간**

$$t = \frac{GD^2(n_2 - n_1)}{375\,T}$$

여기서, t : 기동시간[sec]

GD^2 : 플라이 휠 효과

n_1 : 기동 초기 회전수

n_2 : 기동 완료 시 회전수

T : 평균기동토크[N · m]

③ **기동방식별 시간 내량**

㉠ 직입기동 : 전자접촉기만으로 시동 내량이 결정되며 약 15초 이내

㉡ Y-△기동 : $t = 4 + 2\sqrt{P}$[sec]로 약 15초 이내

여기서, P : 전동기 용량[kW]

㉢ 리액터, 콘돌퍼 기동 : $t = 2 + 4\sqrt{P}$[sec]로 표준으로 1분 정격 리액터 또는 단권 변압기 사용

④ 기타 부하특성, 사용환경, 경제성 등을 종합적으로 고려하여 기동방식을 선정한다.

2 기동방식

1) 단상 유도전동기

① **분상기동**

주권선과 보조권선이 있는데 보조권선에 가는 선을 감고(저항 R 크게), 주권선의 코일(L 성분이 크게)을 설치하여 교번자계 발생하여 기동하는 방식

② **반발기동**

회전자 권선의 전부 혹은 일부를 브러시를 통하여 단락시켜 기동하는 방식

③ **반발유도형**

반발 기동형의 회전자 권선(기동용)에 농형 권선(운전용)을 병렬로 설치하면 각 권선에서 발생하는 합성 토크로 기동하는 방식

④ **콘덴서 기동형**

진상용 콘덴서의 90° 앞선 전류에 의한 회전자계를 발생시켜 기동하는 방식

⑤ **영구 콘덴서 기동형**

기동 시나 운전 시 항상 콘덴서를 기동권선과 직렬로 접속시켜 기동하는 방식

⑥ **셰이딩 코일형**

자극에 슬롯을 만들어 단락된 셰이딩 코일을 끼워 넣어 기동하는 방식

⑦ **모노 사이클형**

각 권선에 불평형 3상 전류를 흘려 기동하는 방식

2) 3상 유도전동기

① 농 형

구 분	회로도	원리 및 특징	적 용
직입 기동	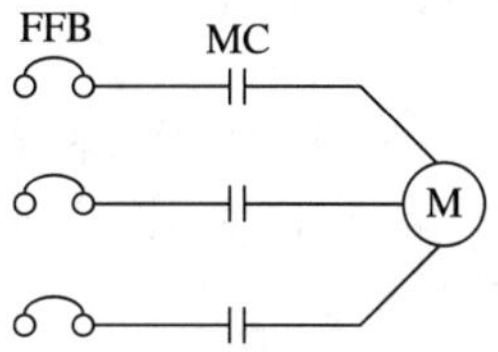 FFB MC M	• 원리 : 정격전압을 직접 가하여 기동하는 방식 • 특 징 - 기동방법이 간단하다. - 설치비가 저렴하다.	15[HP] ×0.746 =11[kW] 이하의 소용량에 적용
Y-△ 기동	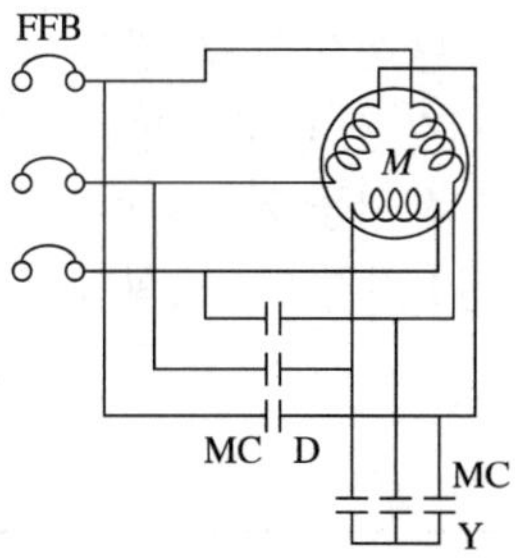 FFB M MC D MC Y	• 원리 : 1차 권선을 Y접속하여 기동하고 일정시간 경과 후 △측으로 전환하여 운전하는 방식 • 특 징 - 기동전류가 적다(직입 전류의 1/3, 기동 토크도 1/3 감소). - 비교적 기동장치가 간단 - 별도의 기동장치 필요 - 전자 개폐기, 릴레이의 보수가 필요	15~30[HP] 중소규모에 적용 30[HP] × 0.746 =22.4[kW]
리액터 기동 (Kusa 기동법)	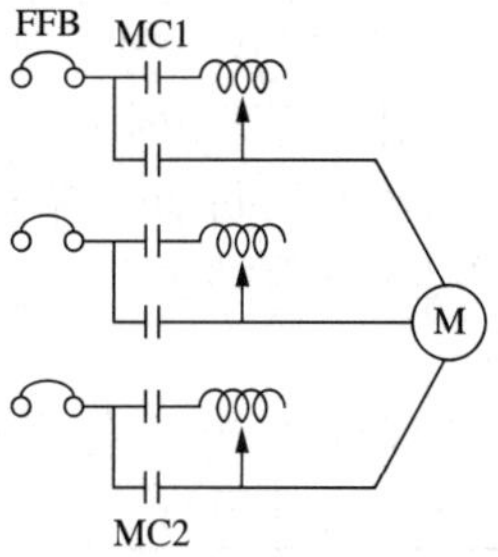 FFB MC1 M MC2	• 원리 - 리액터를 고정자 권선과 직렬로 삽입하여 단자 전압을 저감하여 시동하고, 일정시간 경과 후 리액터를 단락하여 전전압으로 시동하는 방식 - 일반적으로 리액터의 크기는 전동기 단자 전압의 정격인 50~80[%] 되는 값을 선택 • 특 징 - 기동전류가 정격전류의 2~3배 - Tap절환으로 기동전류, 기동토크 조절 가능	50[HP] 이상

구 분	회로도	원리 및 특징	적 용
기동보 상기법 (콘돌퍼 기동법)	FFB MC1 ... M ... MC2	• 원리 : 3상 단권 변압기로 정격전압의 50~80[%]의 전압에서 기동하고, 기동 후 전 부하 속도에 도달하면 단락시켜 전원 전압을 인가하는 방식 • 특 징 – 배전선에 기동에 의한 영향을 주지 않는다. – 기동보상기 사용으로 인한 전력 소모로 효율이 나쁘다. – 별도의 기동장치 제작 및 유지보수가 필요	50[HP] 이상의 중, 대규모 용량
직렬 저항법	FFB MC1 R R R M MC2	• 원리 : 직렬저항을 고정자 권선과 직렬로 삽입하여 단자전압을 저감하여 시동하고 일정시간 경과 후 저항을 단락하여 전전압으로 시동하는 방식 • 특징 : 시동기의 저항손실이 크다.	소형에만 적용

② **권선형**

구 분	회로도	원리 및 특징	적 용
2차 저항 기동 (권선형)	M	• 원리 : 유도전동기의 비례추이 특성을 이용한 기동법으로 회전자 슬립링에 가변저항(가변 임피던스)을 접속하여 저항값을 속도가 증가함에 따라 낮추면서 기동하는 방식 • 특 징 – 2차 저항으로 금속 저항기를 주로 사용 – 대형은 액체 저항기 사용	전용량 가능

070 유도전동기의 속도제어

1 유도전동기 속도제어 관련식

1) 농형 유도전동기

$N = \frac{120f}{P}(1-s)$[rpm]에서 P(극수), f(주파수), s(슬립)를 이용하여 속도제어

여기서, N : 회전속도
f : 주파수
P : 극수
s : 슬립

2) 권선형 유도전동기

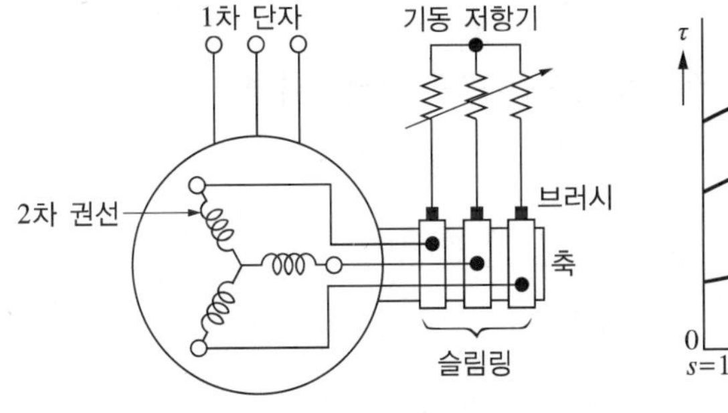

▌권선형 유도 전동기 2차 저항 기동

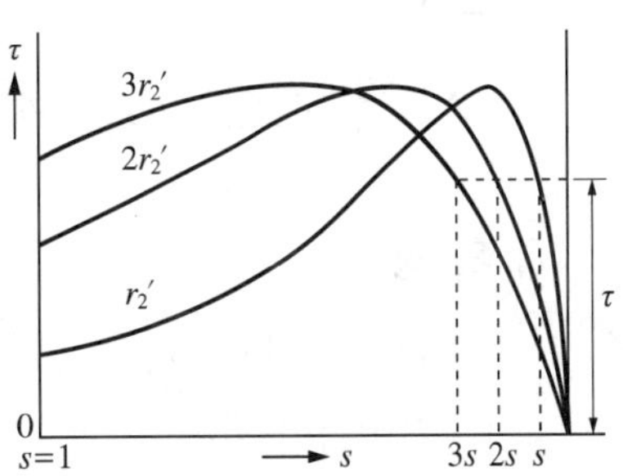

▌토크의 비례추이

$$N = \frac{120f}{P}(1-s) \qquad \tau = \frac{60P_2}{2\pi N_s} = \frac{60}{2\pi N_s} \cdot \frac{{V_1}^2 \cdot \frac{{r_2}'}{s}}{\left(r_1 + \frac{{r_2}'}{s}\right)^2 + (x_1 + {x_2}')^2} [\text{N} \cdot \text{m}]$$

$$\frac{r^2}{s} = \frac{r^2 + R}{s'}$$

① R(외부 2차 저항)을 증가시키면 s'(슬립)가 증가하고, τ(토크)를 증가시켜 기동한다.

② R(외부 2차 저항)을 감소시키면 s'(슬립)가 감소하고, 점차 토크가 감소하게 되어 N(속도)을 증가시켜 정격속도에 도달할 수 있다.

2 농형 유도전동기 속도제어 방식

1) 1차 전압제어

① **원 리**

㉠ 슬립이 일정한 경우 $\tau \propto V^2$가 된다.

㉡ V_1에서 V_2로 전압을 낮추면, N_1에서 N_2로 속도가 감소한다.

② **특 징**

㉠ 1차 전압조정은 변속도 특성이다.

㉡ 소용량으로 가감속도 전동기에 사용

㉢ 감속할수록 회전자 저항손이 커져서 효율이 나쁘다.

2) 극수 변환법

① **원 리**

$N \propto \dfrac{1}{P}$이므로 고정자 권선의 극수를 바꿔 결선하여 속도를 제어하는 방식

② **특 징**

㉠ 제어가 간단하다.

㉡ 단속적인 제어

3) 1차 주파수 제어

$N \propto f$이므로 주파수를 증가시켜 회전수를 제어할 수 있는 방식으로 주파수를 변환시킬 때는 전압도 비례하여 변화시켜야 한다.

4) 전자 커플링

① **원리** : 전동기와 부하 사이에 커플링을 두어 속도를 제어하는 방식

② **특징** : 감속 시 손실로 발생 효율이 나쁘다.

5) 종속법

극수가 다른 전동기를 전기적, 기계적으로 접속시켜 전체 극수 변환

3 권선형 유도전동기 속도제어

1) 2차 저항제어

① **원 리**

㉠ 2차 회로에 가변저항을 삽입하여 저항 변화에 의해 속도-토크 특성의 비례추이 이용

㉡ 비례추이는 2차 저항 r_2를 m배하여 동일 토크를 발생시키는 슬립은 ms가 되어 속도는 감소

② **특징** : 저항에서의 손실로 효율이 낮음

2) 2차 여자법

① **원리** : 회전자 권선에 유기되는 2차 기전력 SE와 같은 슬립주파수의 전압 E_c를 인가

② 2차 전류 $I_2 = \dfrac{(SE \pm E_c)}{r_2}$에서 $SE \pm E_c$에 의한 속도제어

4 인버터 속도제어

1) 원 리

상용 교류 전원을 직류로 변환 후 다시 임의의 주파수와 전압의 교류로 변환하여 유도전동기의 속도를 제어하는 방식

2) 특 징

장 점	단 점
• 광범위한 속도제어가 가능하다. • 정밀제어가 가능하다. • 조작이 간단하다.	• 고조파 장해 대책이 필요하다. • 전류가 증가하여 온도가 상승한다.

5 유도전동기 보호방식

1) 전동기 손상원인, 보호 항목

① **전동기 손상원인**

㉠ 과열에 의한 손상방지 : OCR, 온도 검출기

㉡ 습기에 의한 절연 불량 : 누전보호(누전차단기)

㉢ 윤활 불량, 진동 : 정기점검, 초대형기 보호에 적용

② **보호항목**

㉠ 과부하 보호
㉡ 단락보호
㉢ 결 상
㉣ 과전압, 부족 전압
㉤ 반상 및 불평형 보호

2) 유도전동기 보호방식

① **과부하, 구속부하**

㉠ 유도전동기는 과부하 구속에서 온도가 상승하는데, 정격전류에서 구속까지 전류를 흘렸을 때 허용온도에 이르기까지 시간을 열특성이라 한다.
㉡ 허용시간은 범용 E종 전동기 : 15~20[sec]이고, 수중 펌프용은 5[sec]이다.

② **단락보호**

㉠ 전동기 권선의 단락 및 배전회로의 단락사고 때, 정격의 수십 배의 전류가 흐른다.
㉡ 회로의 전선, 제어기기 및 전원을 보호함과 동시에 계통의 파급방지를 위해 회로를 차단
㉢ 보호기기는 배선용차단기, 퓨즈

③ **결상보호**

㉠ 결상인 채 시동하면 시동 토크가 없이 단상 구속되고 4~7배 전류가 흘러 전동기가 소손되므로 회로를 차단한다.
㉡ 결상원인
- 1상 퓨즈 용단
- 배전계통 접촉불량(단자풀림)
- 1선 단선

㉢ 보호기기는 2E, 3E계전기

④ **과전압, 부족전압 보호**

㉠ 과전압보다 부족전압이 문제가 되며, 온도 상승의 원인이 되므로 정격상태에서의 운전이 바람직하다.

㉡ 전압변동

- 단시간 전압변동 : ±10[%] 이내
- 전자접촉기 : −15[%], +10[%] 범위 내 동작

㉢ 보호기기는 전압계전기

⑤ 반상 및 불평형 보호

㉠ 반상보호 : 전동기 역전에 의한 기계의 고장을 방지

㉡ 불평형 보호

- 배전계통이 V 결선 시 단상 부하를 사용하면 전압 불평형이 있을 경우 불평형이 심하다.
- 전압 2~3[%] 불평형이 되면 전류 불평형은 20~30[%]가 된다. 따라서 권선이 과열, 정격출력으로 운전할 수 있다.

㉢ 보호기기는 2E, 3E 계전기

⑥ 누전보호

㉠ 권선의 열화 등으로 감전방지 및 화재 방지가 주목적이다.

㉡ 보호기기는 누전계전기, 누전차단기, 정지형 보호계전기

SECTION 03

전동기 운전

071 전동기 제동법과 역전법

1 개 요

① 전동기나 부하의 플라이 휠 효과로 인하여 전동기의 전원을 차단해도 회전체에 축적된 운동에너지가 마찰 등 손실로 흡수될 때까지 회전을 계속하게 된다.
② 기동 및 운전, 정지가 빈번한 경우 작업 능률 향상을 위해 전동기의 제동이 필요하다.
③ 전동기의 제동은 부하 측에서의 에너지를 흡수하면서 운전하는 상태를 말한다.

2 제동방법 선정 시 고려사항

① 전기적 제동방법은 기계적 마찰은 없으나 감속에 따라 제동력이 약해짐에 유의
② 기계적 제동방법은 저속도 영역의 제동에 유리, 정지 후에도 제동토크를 유지할 수 있으나 브레이크의 마찰과 발열에 유의
③ 신속한 정지를 위해 전기적 제동과 기계적 제동을 병용하는 것이 좋다.
④ 정기적인 점검 및 조정이 필요하다.

3 전동기 제동방식

1) 전기적 제동법

① 발전제동

전동기 전기자 회로를 전원에서 차단하는 동시에 계속 회전하고 있는 전동기를 발전기를 동작시켜, 이때 발생되는 전기자의 역기전력을 전기자에 병렬 접속된 외부 저항에서 열로 소비하여 제동하는 방식

② 회생제동

전동기의 전원을 접속한 상태에서 전동기에 유기되는 역기전력을 전원 전압보다 크게 하여 이때 발생하는 전력을 전원 속에 반환하여 제동하는 방식(전기기관차)

③ **역상제동**

전기자 회로의 극성을 반대로 접속하여 그때 발생하는 역토크를 이용해 전동기를 급제동시키는 방식

④ **단상제동(권선형)**

1차 측 두 단자를 합쳐 다른 한 개 단자와의 사이에 단상 교류를 걸어 전동기의 회전과 역방향의 토크를 발생시켜 제동하는 방식

⑤ **와전류 제동**

전동기축 끝에 구리판 또는 철판을 부착하여 생긴 와전류손에 의해 에너지를 흡수하여 제동

2) 기계적 제동법

① **무여자 작동 브레이크**

㉠ 브레이크 제동 시 스프링 또는 추의 힘을 이용하는 방식
㉡ 늦출 때에는 전자석을 이용하고 정전 시에도 제동이 가능 : 안전강조 시

② **전자 브레이크**

제동 시나 늦출 때 모드 전자석 이용 : 제어 강조 시

4 역전법

1) 직류전동기

① 직류전동기를 역전시키고자 할 경우에는 계자 또는 전기자회로 중 한쪽의 극성을 반대로 하여 접속하면 된다.
② 전기자 권선의 결선을 바꿀 경우는 보상권선도 바꾸어야 한다.
③ 복권 전동기의 경우는 계자 회로의 극성을 바꿀 시 분권선, 직권선도 함께 바꾸어야 한다.

2) 유도전동기

① **3상의 경우** : 3상 중 2선의 접속을 바꾸어 접속한다.
② **단상의 경우** : 보상권선의 접속을 바꾸어 준다.

072 전동기의 효율적 운용방안 및 제어방식

1 개 요

① 건축전기설비 계통에서 에너지 손실이 가장 큰 부분은 동력설비 계통으로, 전동기의 효율적인 운영을 통한 에너지 절약이 중요한 문제로 부각되고 있다.
② 전동기의 효율적 운영 및 제어방식에 대하여 살펴보면 다음과 같다.

2 전동기의 효율적 운용

1) 고효율 전동기의 채용

부하가 일정하고 연간 5,000시간(1일 14시간 정도 사용) 이상 사용할 때 적용하면 효율적 운용이 가능하다.

$$\text{효율}(\eta) = \left(\frac{\text{출력}}{\text{입력}}\right) \times 100\,[\%] = \frac{\text{입력} - \text{손실}}{\text{입력}} \times 100\,[\%]$$
$$= \frac{\text{입력} - (\text{동손} + \text{철손})}{\text{입력}} \times 100\,[\%]$$

① 철손의 저감 대책

철심재료의 고품질화, 철심두께의 적정화로 철손저감

② 동손의 저감 대책

권선 점유율의 적정화, 권선 직경의 적정선정

③ 전동기에 적합한 냉각 방식 채택으로 온도 상승을 억제

2) 적합한 전동기의 선정(전동기 정격용량)

① 생산설비에서 적용되는 전동기는 각종 설비와 적정한지를 검토하고 전동기에 걸리는 부하 상태
② 부하의 시간적 변화상태 등을 검토하여 부하와 사용조건에 적합한 전동기를 선정한다.

3) 효율적 운전

생산설비 중에서 경부하로 변하는 전동기 중 일부가 정지할 때 운전 스케줄을 작성, 효율적 운전을 하면 에너지 절약 효과를 높일 수 있다.

4) 전동기의 적정관리

① 전동기의 일상점검, 정기점검, 정밀점검을 통하여 좋은 효율로 운전할 수 있도록 조건을 갖출 것

② 특히 부하기기의 운전상태, 공급전압, 소음, 진동 등을 측정하여 체크리스트를 작성

5) 회전수 제어에 의한 에너지 절약

제곱 저감 토크 부하의 속도제어에 인버터 방식을 적용한다.

6) 전원의 안정화

① 정격전압의 유지

전기설비기술기준에서 전압의 범위는 ±10[%] 이내로 유지되어야 하고, 정격전압이 유지되지 않으면 전동기의 토크 및 전부하 효율이 감소하므로 전압을 유지하여야 한다.

② 전압의 불평형 방지

불평형 시 출력 및 회전수의 저하, 동손의 증가, 전동기 효율의 저하 등이 유발되므로 불평형을 방지할 것

7) 극수 변환 전동기 채용

극수 변환 전동기는 정출력 특성과 정토크 특성 및 저감토크 특성이 있으며, 고속 운전 시 슬립이 적기 때문에 에너지 절약 효과가 있다.

8) 고저항 농형유도전동기 채용

일반 농형 유도전동기보다 회전자 저항이 크며, 다음과 같은 특징이 있다.

① 기동토크가 20~30[%] 정도 크고 기동전류는 10~20[%] 감소되어 전원 용량을 줄일 수 있다.

② 2차 저항이 크기 때문에 운전 시 슬립이 증가하여 운전 특성이 나쁘다.

③ 기동 시 손실이 적어 기동 빈도가 높고 단속적 첨두부하에 적합하다.

3 제어방식

1) 전동기 기동방식 선택

① 전동기 기동방식은 전전압기동, Y-△기동, 리액터 기동, 기동보상기법, 직렬저항법 등이 있다.

② 전동기의 용량과 기타 종합적인 검토 후 가장 적합한 전동기 기동방식을 검토하여 적용한다.

2) 전동기 속도제어 방식

① 농형유도 전동기 속도제어 방식은 1차 전압, 주파수 제어법과 극수제어법 등이 있고, 권선형 유도전동기 속도제어 방식은 2차 저항제어, 2차 임피던스 제어법 등이 있다.

② 최근에 VVVF(인버터 제어) 제어방식은 가격이 고가인 것이 결점이나, 제어가 원활하고 용이하며, 에너지 절약이 30~70[%] 가능하여 적용하면 효율성이 크다.

3) 전동기의 제동법과 역전법

① 전동기의 제동법은 발전제동, 회생제동, 역상제동, 단상제동, 와전류제동의 전기적 제동법과 무여자 작동 브레이크법과 전자브레이크의 기계적 제동법이 있다.

② 부하의 알맞은 제동법을 선택하고 일반적으로 전기적 제동법과 기계적 제동법을 겸용한다.

Professional Engineer Building Electrical Facilities

제 3 장

콘센트설비

SECTION 01 콘센트설비

SECTION 01

콘센트설비

073 콘센트 설치 시 유의사항

1 개 요

① 콘센트는 고정되지 않은 전기설비의 전원 공급용으로 설치되며, 소용량에 적용된다.

② 콘센트는 다목적용이므로 설치개수가 많을수록 편리하지만 설치비, 보수비가 많이 든다.

③ 콘센트 이용률은 일반사무실은 10~15[%], OA용 사무실은 25[%], 종합병원 25[%], 정도가 되며, 따라서 설치위치는 사용자 측의 의견을 충분히 반영하도록 하여야 한다.

2 콘센트 설치 시 유의사항

1) 콘센트 설치높이

① 일반적으로 바닥 위 0.3[m] 전후

② 욕실, 화장실 등은 0.8[m] 높이에 방수형 커버가 있는 것 설치

③ 룸 에어컨, 환풍기, 팬코일 유닛 등의 기계설비용 소형기기용은 사용이 편리한 높이에 설치한다.

2) 콘센트 설치위치

① 입구의 문, 기구, 계기 등의 후면에 오지 않도록 할 것

② 기둥에 설치 시 칸막이할 때 지장이 없는 위치에 선정

③ 문 옆에 설치 시 문으로부터 0.2[m] 이격 설치

④ 콘센트 상부 벽면은 활용할 수 있도록 하고 스피커, 스위치 등이 있을 경우 일직선상에 배치

3) 콘센트 종류

1구용, 2구용, 3구용, 10[A], 15[A], 20[A] 등의 여러 종류가 있으며, 사용목적에 적합하게 선정한다.

4) 동일구 내에 다른 전압 공급방식에서는 플러그 종류를 구별하여 사고를 사전방지한다.

5) 콘센트 설치 수량

① **엘리베이터 홀, 복도** : 청소기용으로 10~15[m]당 1개소 설치
② **일반사무실** : 플로어 콘센트를 6×6[m]당 4개소 설치, 벽면에 설치 시 6×6[m]당 2~4개 설치. 단, OA기기 집중 배치 시는 별도 개수를 산정한다.
③ **주택의 주방** : 벽면에 2구용 콘센트 최소 1개 이상 및 전열용으로 별도 20[A] 콘센트 설치

6) 습기가 많은 장소(세탁실, 보일러실)

접지형 콘센트 설치 및 일반콘센트와 회로 분리

7) 주 택

콘센트 2구용이 원칙이나 에어컨, 세탁기, 냉장고 등은 1구용을 적용한다.

074 단상 접지극부 리셉터클(콘센트) 시스템

1 전기설비 기술기준의 판단기준(제170조)

① 저압 콘센트는 접지극이 있는 것을 사용하여 접지하여야 한다.

② 욕실 등 인체가 물에 젖어 있는 상태에서 물을 사용하는 장소에 콘센트를 시설하는 경우에는 다음 각 호에 의해 서설해야 한다.

㉠ 전기용품 및 생활용품안전관리법의 적용을 받는 인체감전 보호용 누전차단기(정격감도 전류 15[mA] 이하, 동작시간 0.03초 이하 전류 동작형의 것에 한한다) 또는 절연변압기(정격 용량 3[kVA] 이하인 것에 한한다)로 보호된 전로에 접속하거나, 인체감전보호용 누전차단기가 부착된 콘센트를 시설해야 한다.

㉡ 콘센트는 접지극이 있는 방적형 콘센트를 사용하여 접지해야 한다.

2 접지극부 콘센트의 안전성

① 접지극이 없는 경우에 절연이 파괴되어 충전부가 비충전부에 접촉되면 누전되는 전류가 모두 인체를 통해서 대지로 흘러가게 되므로 감전사고의 위험이 크다.

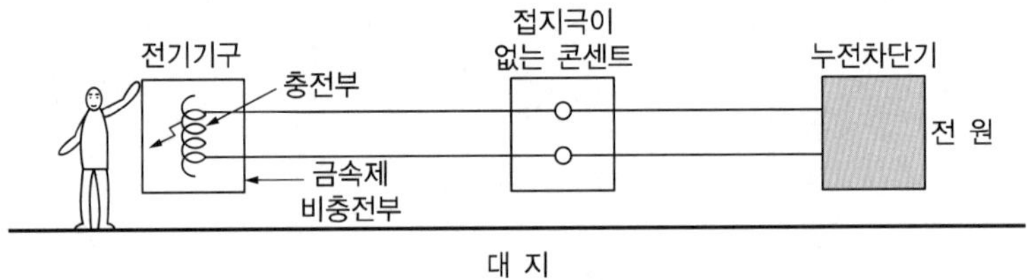

② 특히 누전차단기는 감도전류 이상의 누설전류가 흘러야 동작하는데 인체와 대지를 통해서 흐르는 전류는 크지 않기 때문에 사람이 감전되어 있는 상태에서도 누전차단기가 동작하지 않을 수도 있으므로 위험성이 더욱 커진다.

③ 그러나 다음 그림과 같이 접지극이 있고 이 접지극이 전기기구의 금속제 외함에 접속되어 있으면 기기 내부에서 누전이 되어도 인체저항 약 1,000[Ω]에 비해 접지선의 저항은 1[Ω] 미만이므로 인체를 통해서 흐르는 전류가 극히 작게 되어 감전의 위험이 매우 작아진다.

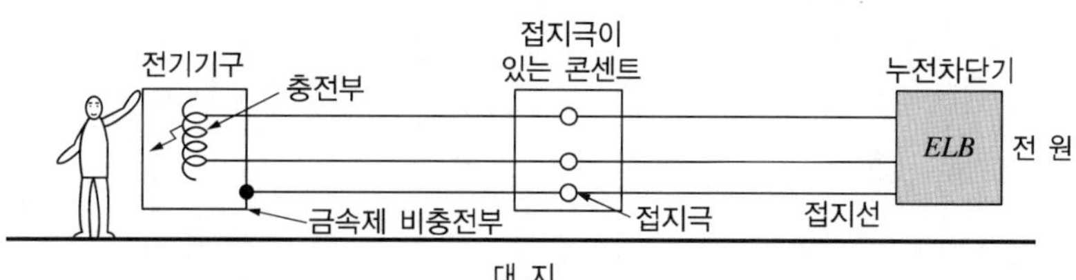

④ 또한 누전 시 접지선을 통해 흐르는 전류가 커서 누전차단기를 신속히 동작시켜 위험을 더욱 감소시킨다.

3 GFCI(Ground Fault Circuit Interrupter)

① 접지극부 콘센트의 하나로 GFC가 있다. GFCI는 아래의 그림과 같이 생긴 것으로, 누전이 될 경우 전기를 곧바로 차단시키는 장치이다.
→ 분전반에서 MCCB 또는 ELB가 동작하는 것을 기다리지 않고 자신이 직접 차단하는 회로를 내장하고 있는 콘센트이다.

② GFCI에는 대개 전기를 제공하는 단자가 설치되어 있는데, 욕실의 헤어드라이어나 전기로 작동되는 월풀, 혹은 주택 외부에 노출된 전기 단자 등 쉽게 누전되기 쉬운 전기기기가 위치한 곳에 사용한다.

③ 만일 물에 젖은 손으로 헤어드라이어를 사용하던 중, 전기가 누전이 되면 두꺼비집의 전기 차단기가 작동해 전원을 끊게 된다.
→ 실제로는 전기 차단기가 작동하기까지 수십 분의 1초 사이에 이미 사용자는 감전되어 사망할 수 있으므로 이를 방지하기 위해 전원 플러그 자체에 아예 전기 차단기를 설치하는 것이다.

④ 북미의 경우 욕실 등에 GFCI를 설치하는 것은 법으로 제정된 강제 규정사항이다.

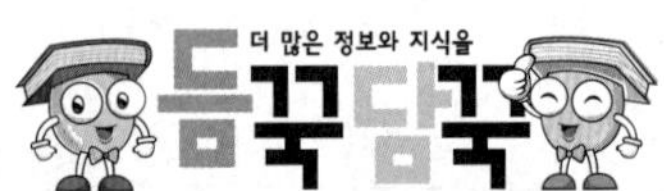

여기서 멈출 거예요? 고지가 바로 눈앞에 있어요.
마지막 한 걸음까지 시대에듀가 함께할게요!

Professional Engineer Building Electrical Facilities

반송설비

제1장 엘리베이터 설비

제2장 에스컬레이터 설비

제3장 수평보행기 설비

1. 본문에 들어가면서

반송설비는 건축전기설비에서 건축물의 사람이나 화물을 상부로 실어 나르는 설비로 부하 설비에서 가장 효율적인 운영이 가능한 설비이다.

Chapter 01 엘리베이터 설비

승강로를 따라 상하로 이동하여 사람이나 화물을 실어 나르는 부하설비이다.

Chapter 02 에스컬레이터 설비

계단 형태의 스텝을 따라 경사로를 따라 사람이나 화물을 실어 나르는 부하설비이다.

Chapter 03 수평보행기(무빙워크) 설비

공항이나 지하철, 대형 할인점 등에서 상품을 담은 카트와 사람을 경사로를 함께 움직일 수 있는 무빙워크 설비로 나눌 수 있다.

SUMMARY 핵심요약

2. 반송설비

Chapter 01 엘리베이터 설비

Chapter 02 에스컬레이터 설비

Chapter 03 수평보행기 설비

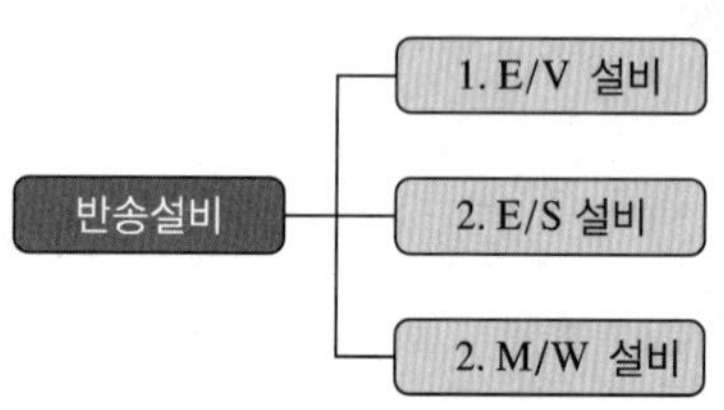

3. 반송설비 출제분석

❙ 대분류별 출제분석(62회 ~ 122회)

구 분	전 원	배전 및 품질	부 하	반 송	정 보	방 재	에너지	엔지니어링 및 기타					총 계
								이 론	법 규	계 산	엔지니어링 및 기타	합 계	
출 제	565	185	181	24	59	101	158	28	60	86	45	219	1,492
확률(%)	37.9	12.4	12.1	1.6	4	6.8	10.6	1.9	4	5.8	3	14.7	100

❙ 소분류별 출제분석(62회 ~ 122회)

구 분	엘리베이터 설비	에스컬레이터 설비	수평보행기 설비	총 계
출 제	21	2	1	24
확률(%)	87.5	8.3	4.1	100

4. 출제 경향 및 접근 방향

1) 출제 경향

① 반송설비는 엘리베이터 설비, 에스컬레이터 설비, 무빙워크설비로 1.8% 출제율이다.

② 엘리베이터설비는 엘리베이터 설계 시 고려사항, 초고층 엘리베이터 설계 시 고려사항, 군관리방식 등이 기본문제이다.

③ 에스컬레이터 설비 및 무빙워크 설비는 설계 시 고려사항 등을 이해하고 반복학습하면 된다.

2) 접근 방향

엘리베이터 설비는 기본문제(엘리베이터 설계 시 고려사항)와 최근 동향(MRL, 초고층 엘리베이터, DOUBLE DECK, 군관리방식 등)을 준비하면 문제가 없다.

Chapter 01 엘리베이터 설비

엘리베이터 구성		
1	72회 25점	건축물에 로프식 엘리베이터를 설치할 경우 엘리베이터의 구조, 건축설비 등 건축적 고려사항에 대하여 설명하시오.
2	75회 25점	엘리베이터 설비계획의 기본요소에 대하여 설명하시오.
3	80회 25점	엘리베이터의 주요 안전장치의 종류를 쓰고, 초고층 빌딩에서 재해발생 시 대피수단(피난설비)으로 사용하는 경우의 문제점과 필요성에 대하여 약술하시오.
4	84회 25점	고층건물의 대표적인 반송설비로 사용되는 로프식 엘리베이터의 기본 구성과 안전장치에 대하여 설명하시오.
5	89회 10점	다중 이용 시설의 전기응용설비로 광범위하게 사용되는 로프식 엘리베이터의 구성과 대표적인 안전장치에 대하여 서술하시오.
엘리베이터 운전방식		
1	87회 25점	엘리베이터의 일주시간(RTT : Round Trip Time)의 개념을 그림으로 설명하고 계산식을 기술하시오.
2	90회 25점	엘리베이터 설계 시 고려사항과 엘리베이터 운영형태 중 Single Deck 및 Double Deck 방식을 비교 설명하시오.
엘리베이터 설계		
1	65회 25점	최근 건설되고 있는 초고층 대형 건축물에서의 엘리베이터 설계 시 전기적, 건축적 고려사항을 설명하시오.
2	83회 25점	최근 건축물의 초고층화로 인하여 엘리베이터의 중요성이 매우 커지고 있다. 엘리베이터의 교통량 계산 시 사전검토사항과 대수 산정과정에 대하여 설명
3	83회 25점	엘리베이터 설비의 전동기 용량 결정에 사용되는 오버밸런스(Over Balance)율
4	86회 25점	고속 엘리베이터의 소음원인과 대책
5	89회 25점	건물의 고층화가 진행됨에 따라 사용이 확대되고 있는 로프식 엘리베이터 구동전동기의 소요 동력을 산출
6	94회 25점	일반적으로 사용하는 승강설비인 로프식 엘리베이터의 전동기용량을 산정하기 위한 방안
7	96회 25점	고속엘리베이터의 방음대책으로 소음의 종류와 대책, 전기설비에서 검토해야 할 사항
8	101회 10점	엘리베이터 교통량 계산순서를 설명
9	105회 10점	30층 이상의 건축물 엘리베이터 설계 시 고려사항과 군관리 방식
10	114회 25점	엘리베이터 설치 시 다음 사항을 설명하시오. 1) 엘리베이터 가속 시의 허용전압강하 2) 엘리베이터 수량과 수용률의 관계 3) 전원변압기 용량선정 방법 4) 전력간선 선정 방법 5) 간선보호용 차단기 선정방법 6) 인버터제어 엘리베이터 설치 시 검토사항
11	115회 10점	승강기의 효율 향상에 사용되는 회생제동 장치의 원리와 설치 제한 사항에 대하여 설명하시오.
12	118회 10점	승강기의 설계순서와 배치결정에 대하여 설명하시오.
엘리베이터 제어방식		
1	63회 10점	교류 엘리베이터의 회생운전
2	122회 10점	엘리베이터의 속도제어방식의 종류와 특성에 대하여 설명하시오.

Chapter 02 에스컬레이터 설비

1	72회 25점	에스컬레이터 안전장치 종류별 기능과 건물 측의 안전시설에 대하여 설명하시오.
2	98회 25점	건축전기설비의 에스컬레이터의 안전장치

Chapter 03 수평보행기 설비(무빙워크 설비)

1	84회 10점	에스컬레이터, 수평보행기(Moving Walker)의 안전장치를 열거하고 설명하시오.

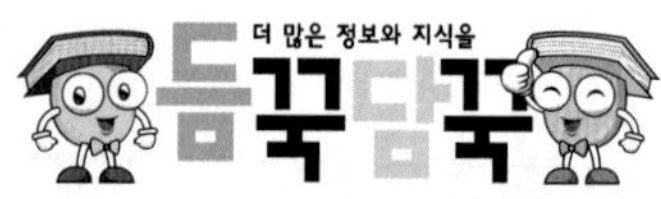

여기서 멈출 거예요? 고지가 바로 눈앞에 있어요.
마지막 한 걸음까지 시대에듀가 함께할게요!

Professional Engineer Building Electrical Facilities

제 1 장

엘리베이터 설비

001 엘리베이터의 기본

1 개 요

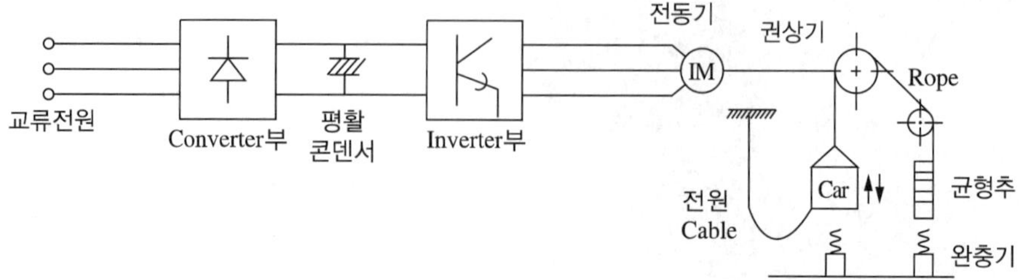

① 고층 건물의 각 층에 설치하여 사람이나 화물이 이동할 수 있도록 만든 승강 장치를 말한다.

② 최근에는 기계실 없는 엘리베이터, 인공지능 엘리베이터 등 기존의 단점을 많이 보완한 엘리베이터 등이 출시되고 있다.

2 설치기준

1) 일반용(승객용) 승강기

구 분	6층 이상 거실 면적[m²]에 따른 대수	
	3,000[m²] 이하	3,000[m²] 초과
관람, 영업, 의료, 집회시설	2대	$\frac{\text{6층 이상 거실면적[m}^2\text{]} - 3,000[\text{m}^2]}{2,000[\text{m}^2]} + 2$
전시장, 업무, 동·식물원, 숙박위락시설	1대	$\frac{\text{6층 이상 거실면적[m}^2\text{]} - 3,000[\text{m}^2]}{2,000[\text{m}^2]} + 1$
공동주택, 연구, 기타 시설, 교육	1대	$\frac{\text{6층 이상 거실면적[m}^2\text{]} - 3,000[\text{m}^2]}{3,000[\text{m}^2]} + 1$

2) 비상용 승강기

$$\text{설치대수 } N = \frac{\text{31[m] 초과층 중 최대층 바닥면적} - 1,500[\text{m}^2]}{3,000} + 1$$

3 엘리베이터의 분류

1) 용도에 따른 분류

승용, 화물용, 인・화용, 침대용, 자동차용, 비상용, 장애자용, 전망용 등

2) 속도에 따른 분류

구 분	초고속도형	고속도형	중속도형	저속도형
속도 및 적용	• 210~540[m/min] 이상 • 30층 이상 건축물	• 120~180[m/min] 이상 • 15~30층 건축물	60~105[m/min] 정도	45[m/min] 이하 속도

3) 전원에 의한 분류

교류 엘리베이터, 직류 엘리베이터

4) 감속기 유무에 따른 분류

기어드 엘리베이터, 기어리스 엘리베이터

5) 동력 매체를 운행시키는 방법에 의한 분류

로프식 엘리베이터, 유압식 엘리베이터

4 엘리베이터 운전방식

1) 단식자동 방식

① 승강장의 목적층 호출신호에 의해 자동으로 출발하고 정지하는 승객 자신이 운전하는 조작방식이다.
② 이 방식은 운전 중 다른 호출신호가 있어도 운전 종료까지 응답하지 않는다.

2) 승합전자동 방식

① 목적층의 버튼과 승강장의 호출신호에 의해 출발 및 정지하는 조작방식이다.
② 승객 자신이 운전하는 전자동 엘리베이터로서 누른 순서에 관계없이 각 호출에 따른다.

3) 전자동 군관리방식(全自動 群管理方式)

① 3~8대에 적용되며 연속적으로 변화하는 건물 전체의 교통 정보를 엘리베이터 전용 컴퓨터가 종합 분석하여 적절한 교통 상태를 판단하고 판단된 교통 상태에 대응할 수 있는 적절한 운전 상태를 선택하는 방식이다.

② 각 엘리베이터에 운전 명령을 내림으로써 교통이 혼잡할 때에는 교통수요를 신속하게 처리하고 교통이 한산할 때에는 대기 시간을 단축시켜 주는 편리한 방식이다.

③ 중소빌딩에서부터 초고층 빌딩에 이르기까지 광범위하게 사용한다.

5 엘리베이터의 최근 동향

1) 리니어 모터 엘리베이터

① 기계실 없는 로프리스 방식

② 성 에너지화, 저소음화, 중·저층 빌딩 적용

2) 퍼지 엘리베이터

① 군관리 시스템 퍼지이론 도입, 4대 이상 엘리베이터 1개 버튼 사용

② 승객대기 시간 최소화, 전력소모량 최소화

002 엘리베이터 설계 시 고려사항

1 개 요

최근 인구의 도시 집중화, 건축물의 대형화와 고층화로 건축물 내의 수직 교통수단인 승강기의 중요성이 더욱 커지고 있다.

2 엘리베이터 설계 시 고려사항

① 대상건축물의 교통수요량에 적합
② 대기시간은 평균 운전 간격 이하가 되게 한다.
③ 운용에 편리한 배열, 배치를 건축물의 중심부에 설치
④ 출입층이 2개층인 경우 각각 교통수요 이상
⑤ 교통수요량이 많은 경우 출발 기준층이 1개층으로 계획
⑥ 군관리 운전의 경우 동일군 내의 서비스층을 같게 함
⑦ 초고층, 대규모 빌딩의 경우 서비스 그룹의 분할을 검토

3 설계순서

1) 설치 대수 결정

① 속도 결정
② 수량 결정
③ 정원 결정

2) 운영계획

① 서비스층 결정
② 배치 결정
③ 운전방식 결정

3) 전원설비계획

① 구동방법 결정
② 전원용량계산
③ 간선계산

4 설치 대수 결정

1) 속도 결정

구 분	저속도형	중속도형	고속도형	초고속형
속도[m/min]	45 이하	60~105 이하	120~180	210~540
적 용	병원 침대용, 5층 이하	6~15층	16~30층	30층 초과

2) 설치 대수 결정

① 건축법

건축물의 용도, 규모에 따른 설치 대수 결정

㉠ 승객용(일반용)

구 분	6층 이상 거실 면적[m²]에 따른 대수	
	3,000[m²] 이하	3,000[m²] 초과
관람, 영업, 의료, 집회시설	2대	$\dfrac{6층\ 이상\ 거실면적[m^2]-3{,}000[m^2]}{2{,}000[m^2]}+2$
전시장, 업무, 동·식물원, 숙박위락시설	1대	$\dfrac{6층\ 이상\ 거실면적[m^2]-3{,}000[m^2]}{2{,}000[m^2]}+1$
공동주택, 연구, 기타 시설, 교육	1대	$\dfrac{6층\ 이상\ 거실면적[m^2]-3{,}000[m^2]}{3{,}000[m^2]}+1$

㉡ 비상용(높이 31[m] 넘는 건축물 의무설치)

- 각층 바닥면적 중 최대 바닥면적이 1,500[m²] 이하인 건축물은 1대 이상
- 각층 바닥면적 중 최대 바닥면적이 1,500[m²]를 넘는 건축물에는 1대에 1,500[m²]를 넘는 매 3,000[m²]마다 1개씩 가산한 대수 이상 설치

$$설치대수\ N=\frac{31[m]초과층\ 중\ 최대층\ 바닥면적-1{,}500[m^2]}{3{,}000}+1$$

참고정리

8인승 이상 15인승 이하 승강기는 1대 승강기, 16인승 이상 승강기는 2대의 승강기로 본다.

② **계산식(수송 인원에 따른 설치 대수 : 용도 및 규모와는 무관)**

$$설치\ 대수\ N = \frac{P_m}{P_1}[대]$$

여기서, P_m : 최대 5분간 수요량[M(건물인구)× $\phi\left(\frac{1}{3} \sim \frac{1}{10}\right.$: 이용에 따른 계수$\left.\right)$]

P_1 : 1대당 5분간 수송능력

$$P_1 = \frac{5[\text{min}] \times 60[\text{sec}]}{RTT} \times r[인/5\text{min}]$$

여기서, RTT : 일주시간[sec]

r : 승객수(정원의 80[%])

③ **정원결정**

1인당 65[kg]으로 정원 산출

5 운용계획

1) 서비스 층 결정

① 각 서비스존은 10~15층 정도로 구분

② 존별 승강기 수량은 가능한 8대 이내

③ 대규모 지하층 경우 기준층까지 별도의 셔틀 존 구성

2) 배치의 결정

① 일렬배치, 대면배치, 일렬 코브 배치

② 교통 동선의 중심배치, 그룹별 배치(4대 이하), 군 관리 방식(여러 대)

3) 운전방식

단독운전, 군 관리 운전

6 전원설비계획

1) 구동방법 결정

교류 엘리베이터, 직류 엘리베이터

2) 변압기 용량

$$P_t \geq (\sqrt{3} \times V \times I_r \times N \times D_{fe} \times 10^{-3}) + (P_c \times N)[\text{kVA}]$$

여기서, V : 정격전압[V], I_r : 정격전류[A]
N : 수량[대], D_{fe} : 수용률
P_c : 제어용 전력[kVA]

3) 허용전압강하

$$e = \frac{(34.1 \times I_a \times N \times D_{fe} \times L \times K)}{1{,}000A}$$

여기서, 34.1 : 도체 온도가 50[℃]일 때 저항계수(동도체 전선)
I_a : 가속전류(최대 전류)[A]
L : 전선의 길이[m]
K : 전압강하계수(역률 및 전선 굵기에 따른 계수)
A : 전선의 단면적[mm^2]

4) 전선의 허용전류

$$I_t = (K_m \times I_r \times N \times D_{fe}) + (I_c \times N)[\text{A}]$$

여기서, K_m : 1.25($I_r \times N \times D_{fe} \leq 50A$), 1.1($I_r \times N \times D_{fe} > 50A$)
I_c : 제어용 부하 정격전류

5) 전동기 용량

$$P_m = \frac{L \times V \times F}{6{,}120\eta}$$

여기서, L : 정격하중[kg]
V : 정격속도[m/min]
F : 균형추 계수
η : E/V 계수

6) 차단기 용량

$$I \geq K_{m2} \times [(I_r \times N \times D_{fe}) + (I_c \times N)]$$

여기서, K_{m2} : 22[kV]급 이하 전동기 사용 및 인버터 제어 시
(기어드식 : 1.25, 기어리스식 : 1.5)

003 E/V설계 및 시공 시 고려사항

1 개 요

① E/V는 건축물의 수직 운반 수단으로 이용되는 반송설비로서 건축물의 규모에 따라 설치를 의무화하고 있다.

② **설치규정** : 건축법 제57조 제1 · 2항, 시행령 제89 · 90조의 비상용 승강기 설치 의무대상

2 E/V설계 및 시공 시 고려사항

1) 전기적 고려사항

① 변압기 용량

$$P_t \geq (\sqrt{3} \times V \times I_r \times N \times D_{fe} \times 10^{-3}) + (P_c \times N)[\text{kVA}]$$

여기서, V : 정격전압[V]
I_r : 정격전류[A]
N : 수량[대]
D_{fe} : 수용률
P_c : 제어용 전력[kVA]

② 허용전압강하

$$e = \frac{(34.1 \times I_a \times N \times D_{fe} \times L \times K)}{1{,}000A}$$

여기서, 34.1 : 도체 온도가 50[℃]일 때 저항계수(동도체 전선)
I_a : 가속전류(최대전류)[A]
L : 전선의 길이[m]
K : 전압강하계수(역률 및 전선 굵기에 따른)
A : 전선의 단면적[mm^2]

③ 전선의 허용전류

$$I_t = (K_m \times I_r \times N \times D_{fe}) + (I_c \times N)[\text{A}]$$

여기서, K_m : 1.25($I_r \times N \times D_{fe} \leq 50A$), 1.1($I_r \times N \times D_{fe} > 50A$)

④ **전동기 용량**

$$P_m = \frac{L \times V \times F}{6{,}120\eta}$$

여기서, L : 정격하중[kg]
V : 정격속도[m/min]
F : 균형추 계수
η : E/V 계수

⑤ **차단기 용량**

$$I \geq K_{m2} \times [(I_r \times N \times D_{fe}) + (I_c \times N)]$$

여기서, K_{m2} : 22[kV]급 이하 전동기 사용 및 인버터 제어 시
(기어드식 : 1.25, 기어리스식 : 1.5)

⑥ **고조파 저감 대책**

㉠ 대부분 E/V는 인버터 제어 : 고조파 발생에 의한 대책이 필요
㉡ 뇌서지 유입 시 제어회로가 유입되지 않도록 한다.

2) 건축적 고려사항

① **E/V 설치규정 : 건축법 제57조**

㉠ 승용 E/V : 6층 이상 건축물, 건축물 용도, 규모에 따른 대수 산출
㉡ 비상용 E/V : 높이 31[m]가 넘는 건축물 의무설치, 최대층 바닥면적에 따른 대수 산출

② **평균 대기시간**

㉠ 오피스, 호텔 : 40초
㉡ 병원 : 60초
㉢ 아파트 : 90초 이하

③ **승강로**

㉠ 적재하중 → 바닥면적 산출 → 승강로(카 바닥면적의 1.2배 이상)
㉡ 화물용 : 1[m^2]당 250[kg], 승용 1인당 65[kg] 산정

④ **진동의 영향(Sway Effect)**

㉠ 원 인

- E/V 가동 시 저층부에서는 로프의 진동범위가 적게 나타나지만 고층부로 올라갈수록 로프의 진동수가 커지고 주파수가 증가한다.
- 그 결과 로프가 Hoist Way를 치게 되면 로프가 손상이 되어 E/V 안전에 영향을 준다.

㉡ 대 책

- 이동식 로프 가이드 설치
- 빌딩의 고유 진동수에 대한 주기, 크기, 조건 기재

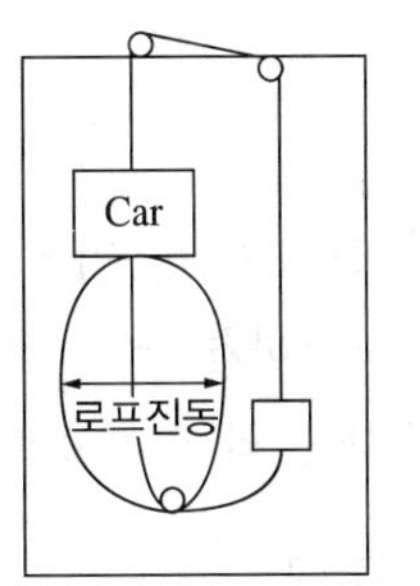

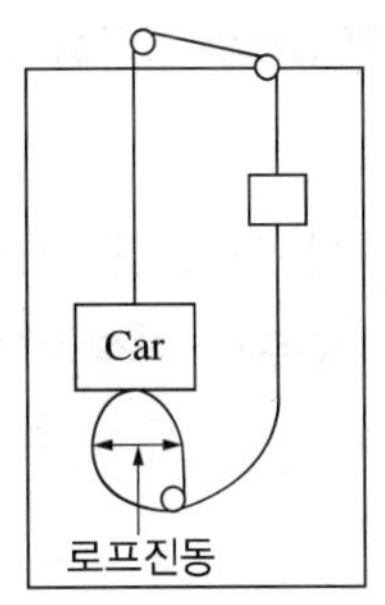

▌ **건물의 진동과 로프의 진동(예)**

⑤ Piston Effect

㉠ 원 인

540[m/min]의 초고속으로 운행되고 운행거리도 길면 승강로 내 바람의 이동이나 충격이 발생한다.

㉡ 대 책

- 바람의 이동이나 충격을 완화하기 위하여 승강로 최상층, 중간 및 최하층에 공기 충격 흡수(완화)공간을 설치
- 카를 유선형으로 제작하여 Piston Effect 효과 축소

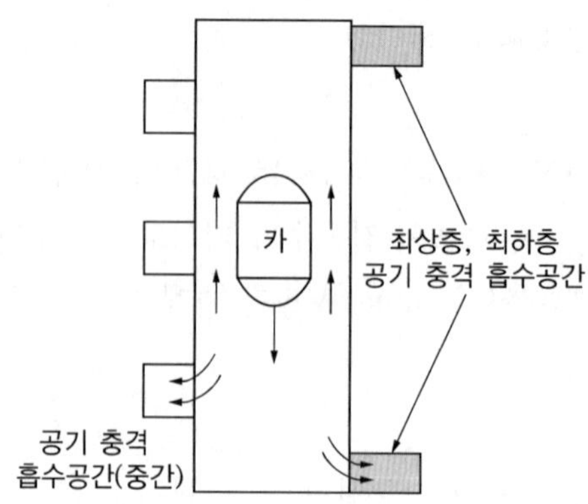

▌승강로 내 공기 충격 흡수공간 설치

⑥ **굴뚝의 영향(Stack Effect)**

㉠ 정 의

기계실 창문이 열려 있을 때, 1층 현관문이 열려 있으면 공기는 E/V 열린 문을 통하여 1층부터 최상층까지 도달하게 되어 심하면 문이 닫히지 않거나 저층부에서 화재 발생 시 고층 거주자 등의 질식사고가 발생할 수 있다.

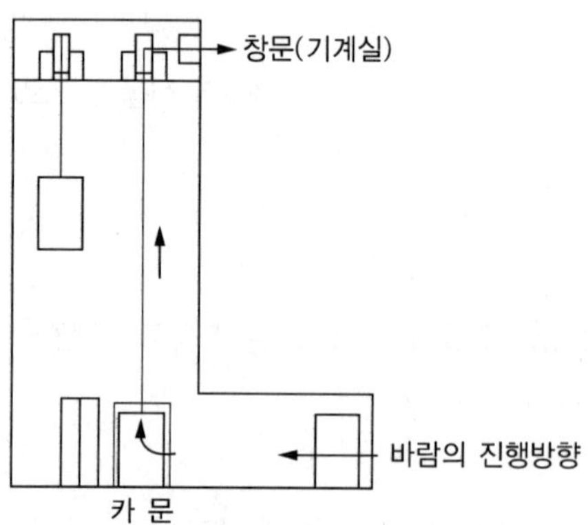

▌승강로의 Stack Effect

㉡ 대 책

- 현관문을 이중문 또는 회전문으로 할 것
- 엘리베이터 기계실의 창문을 닫힌 상태로 유지 또는 크기를 최소화할 것

⑦ **승강로 및 기계실의 소음영향**

㉠ 고속 주행에 의한 소음으로 승객과 거주자에게 불쾌감 유발

㉡ 적절한 방음 설치

- 공기 마찰음 : 승강로와 본체의 틈을 크게 한다.

- 협부 통과음 : 요철제거, 경사판 및 막음판 설치
- 돌입음 : 1.5~1.8[m^2]의 통풍구 설치
- 기계실 내 기기음 : 흡음판 설치

⑧ **기타 건축적 고려사항**

㉠ 기계실 바닥은 하중에 견딜 수 있는 충분한 구조로 설치
㉡ 기계실 천장 중앙에 기기 반입을 위한 훅설치
㉢ 기계실 발열량에 대한 대책수립 : 용량에 맞는 냉방장치 설치
㉣ 기계실 면적은 승강로 면적의 2배 확보
㉤ 기계실 층고는 최소한 2[m] 이상 확보
㉥ 기계실의 기기 반입을 위하여 바닥 콘크리트 타설 시 임시 개구부 설치
㉦ 지진발생 시 견딜 수 있는 내진설계

3) 시공 시 고려사항

① 기계실 바닥은 하중에 견디도록 설계
② **기계실 발열량에 대한 대책** : 벽 양쪽에 갤러리 창 또는 냉방설치
③ 장비 인입구를 감안하여 시공
④ 기계실 면적은 승강로 면적의 2배, 층고 2[m] 이상

4) 안전장치

① **전기적 안전장치**

㉠ 이상 검출 장치
- 도어 스위치 : 도어가 완전히 닫힌 후 이동
- Final 리밋 스위치 : 카가 최상층, 최하층을 넘지 않도록 급정지
- 과속도 검출 : 정격속도 초과 시 정지시킴

㉡ 승객 구출 장치 : 구출 안전장치, 정전 시 자동 착상 장치

② **전자 브레이크**
③ **조속기** : 일정속도 초과 시 안전장치 작동
④ **종단층 감속, 정지 스위치** : Slow Down S/W
⑤ **완충기** : 엘리베이터 추락 시 충격완화

⑥ **도어 인터로크 스위치**

운전 중 승강기 문이 열리지 않게 하는 스위치

3 E/V 최근 동향

1) 리니어 모터 사용

① 간단한 직선운동, 에너지 세이빙, 소음 적음
② 승강로 카운터에 설치 → 옥상 기계실 불필요 → 높이 규제 완화
③ 자기부상열차, 공장 자동화에 널리 이용하고 있는 리니어 인젝션 모터 Tubular 형이 적당

2) Fuzzy E/V

① 군 관리 방식에 Fuzzy 이론 도입
② 승객 대기시간 최소화, 전력사용량 최소화

3) 제어방식

인버터 제어의 벡터제어

004 MRL

1 정 의

MRL은 Machine Room Less의 약어로, 엘리베이터를 움직이는 모터와 드라이버의 공간, 즉 기계실을 없앤 엘리베이터를 말한다.

2 특 징

1) 장 점

① 건축물 내부 공간의 효과적 이용
② 건축공사의 편리성과 공기 단축으로 비용 절감
③ **전기에너지 절감효과** : 고효율 모터 이용
④ 건물 하중부문의 부담 감소
⑤ 건축 디자인의 다양화와 고도제한 등 법규로부터 자유로움

2) 단 점

① 엘리베이터의 가격이 다소 비싸다.
② 유지보수가 어렵다.

3 공간 및 전기에너지 비교

구 분		MRL E/V	로프식 E/V	유압식 E/V	비 고
공 간	승강로 면적[m^2]	15.6	15.6	16	승객용 8인승 속도 60[m/min] 5개 층
	기계실 면적[m^2]	0	7.0	6.3	
	총면적[m^2]	15.6	22.6	22.3	
전기 에너지	전동기용량[kW]	3.7	4.5	18.5	20층 이상 건물에 적용 시
	한달전력량[kWh]	200	220	730	

005 엘리베이터의 구성과 안전장치

1 개 요

① 고층 건물의 각 층에 설치하여 사람이나 화물이 이동할 수 있도록 만든 승강장치를 말한다.

② 기타의 반송설비와는 달리 고층을 수직으로 이동하여 사람이나 화물을 수송하는 설비이므로 그에 대한 승객의 보호차원으로 안전장치가 중요하다.

2 엘리베이터의 구성

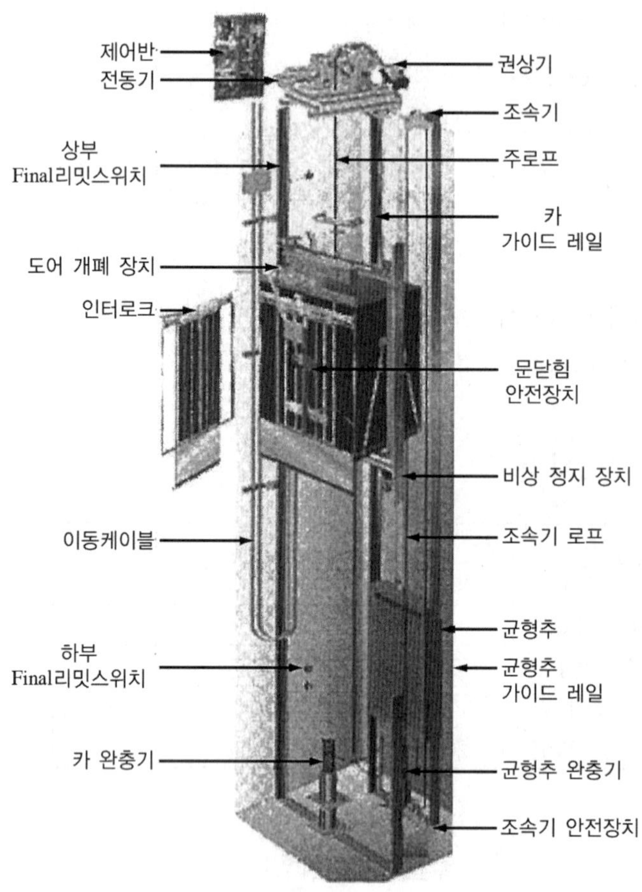

1) 제어반

① 교류(VVVF)방식, 직류(워드 – 레오너드)방식의 모터 컨트롤 방식에 따라 분류되며, 다양한 리밋 스위치, 센서 신호에 의한 제어 신호, 안전장치 등을 내장을 하고 있다.
② 엘리베이터의 모든 기능에 관한 신호를 받고 신호를 주는 곳으로서 사람의 머리와 같은 기능을 하는 곳이다.

2) 전동기(Drive Motor)

전기를 공급받아 제어반의 신호에 따라 권상기에 동력을 공급하는 것이다.

3) 권상기(Traction Machine)

① 주로프가 달린 도르래를 회전시켜 카를 구동하는 기계장치
② 권상기는 조속기와 결합하여 엘리베이터의 강력한 안전장치이다.

4) 조속기(Governor)

① 엘리베이터가 비정상적으로 빨라지는 경우 전동기의 전원을 차단하여 브레이크를 작동시키고 계속 속도가 상승하면 비상정지장치(Safety Device)를 작동시킨다.
② 조속기 로프는 주로프와 분리되어 있으며 비상장치의 작동에 영향을 준다.

▮ 모터와 권상기

▮ 조속기

5) 주로프(Hoist Ropes)

카와 균형추를 매달고 권상기 도르래의 회전운동을 직선운동으로 바꾸어 카에 전달한다.

6) 가이드 레일

① 카와 균형추의 수직운동을 안내하고 수평운동을 최소화하는 작용 및 편심하중에 의한 카의 기울어짐을 방지하며, 비상 정지 장치를 이용하여 카를 멈추고 붙잡아준다.

② 일반적으로 T형 370[N/mm^2]급 강철 사용

▌주로프　　▌가이드 레일

7) 균형추(Count Weight)

① 카와 반대쪽에 위치하여 카의 균형을 유지하는 추를 말한다.

② 일반적으로 정격하중의 45~55[%] 정도가 된다.

8) 상, 하부 Final 리밋 스위치

카가 최상부 혹은 최하부를 지나치면 카의 운행을 강제적으로 정지시키는 스위치

▌상, 하부 리밋 스위치

9) 완충기(Buffer)

① 카가 어떤 원인으로 최하층을 통과하여도 정지하지 않고 피트바닥으로 계속 강하할 때, 그 충격을 완화하기 위하여 설치한다. 충돌 시 카나 균형추의 운동에너지를 저장하거나 흡수하는 원리

② 속도 60[m/min] 이하는 스프링형, 속도 60[m/min] 이상은 유압형을 사용한다.

10) 문의 안전장치

① 자동문에 의한 승객의 부상을 방지하기 위해 문의 측면 선단에 이물질 검출장치를 부착하여 그 동작에 따라 닫히는 문을 정지시켜 반전되도록 한다.

② 가동 테두리의 세이프티 슈 이용, 광선빔과 수광등 이용, 한쪽 테두리에 전자계 센서 이용 등의 종류가 있다.

③ 현재는 모터의 이상 전류검출 감지도 가능하다.

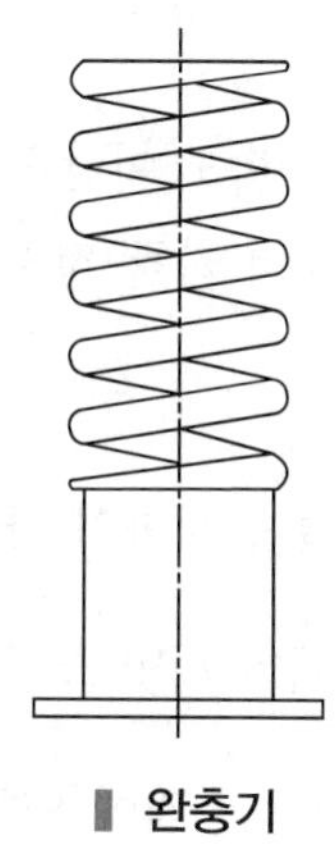

▌완충기

3 엘리베이터의 안전장치

1) 전기적 안전장치

① 정전 시 자동 착상 장치

운행 중 정전으로 인하여 카가 정지된 경우 카 내 승객을 구출하는 장치로 가장 가까운 층으로 자동주행 후 정지하여 승객을 구출하는 장치

② 과속도 검출장치

카가 정해진 속도보다 과속운전되면 카를 급정지시키는 장치로서 조속기 혹은 최종 리밋이 동작하기 전에 이상을 검출하여 카를 정지하는 장치

③ 역상, 결상 보호 장치

공급 전압이 역상 또는 결상이 되면 카를 자동으로 정지시키는 계전기

④ 기타 과전류 계전기, 도어 리밋 스위치 등의 전기적 안정장치가 있다.

2) 기계적 안전장치

① 출입문 잠금장치

카가 목적 층에 도착하여 카도어가 열린 경우 이외에는 홀 Door가 열리지 않도록 잠그는 장치이다.

② 전자 브레이크

권상기에 설치되어 스프링의 힘으로 브레이크 드럼을 눌러 제동하는 장치

③ **조속기**

조속기는 엘리베이터가 정상 속도 이상으로 운행 할 때 전동기의 전원을 자동차단하고 강제 정지 장치를 작동시켜 카를 정지시키는 장치이다.

④ **과적방지 장치**

적정 하중 이상이 되면 이를 감지하여 카의 과중량 출발을 하지 못하게 한다.

⑤ 기타 기계적 안전장치로는 극한 리밋 스위치, 끼임 방지장치, 추락 방지판 등이 있다.

⑥ 승강장 도어 이탈 방지장치는 충격에 의한 탈락을 방지한다.

3) 기타 최근의 안전장치 및 기타 안전장치

① **로프 브레이크**

㉠ 가버너와 달리 급상승 시의 안전장치로 엘리베이터의 급상승 시 최종 선택의 안전장치로 자동으로 전원을 차단한다.

㉡ 모터에 연결된 차체를 이용하여 강제 브레이크를 걸어 카를 급정지시키는 장치이다.

② **방범용 감시카메라**

③ **방범 운전 장치**

방범 운전으로 스위치를 전달하면 각 층에 강제 정지

④ **성폭행 예방장치**

카 내에 내부 벽면에 일정 이상의 강한 충격이 가해지면 경보신호와 경보음을 발한 후 카가 기준층으로 이동하여 정지한 후 문을 개방하는 장치

⑤ **고장 이력 검출장치(ES 동일)**

006 군 관리 방식

1 적 용

이용 상황이 1일 중 크게 변화하는 사무실, 빌딩 등에서의 수 대의 엘리베이터가 설치되어 있는 경우 이용 상황에 따라서 수 대인 엘리베이터 상호 간을 유기적으로 운전하는 군 관리 방식이 사용

2 종 류

1) 전자동 군 관리 방식

출퇴근 등의 일시적 교통수단의 피크가 발생하지 않는 건축물 등에 적용하는 방식으로 평상시 교통 수요 변동에 대응할 수 있도록 3~5대의 엘리베이터에 적용하는 경제적인 운전조작 방식이다.

2) 피크서비스 전자동 군 관리 방식

출·퇴근 등의 일시적 교통수단의 피크가 발생하는 단일회사의 전용 건축물, 중전용 건축물 등에 적용하는 방식

3) 예약안내 전자동 군 관리 방식

즉시 예약하여 대기시간의 단축 등의 효과를 갖도록 운전 조작하는 방식

4) 기타 최신 인공지능 군 관리 방식

일정기간(6개월~1년)동안 운전하는 Data를 축적, 저장 된 Data에 따라 운전하여 효율성을 기할 수 있는 운전 방식

3 군 관리 방식의 효과

1) 인건비 절약

관리자, 운전비의 인건비 절약

2) 기기 수명이 길어짐

1뱅크 중의 엘리베이터의 부하율, 즉 승객의 수, 시동횟수, 운전 총거리 등이 균일화되고 보수상의 수명이 길어진다.

3) 승객의 대기시간이 감소

승객의 대기시간이 군 관리 방식을 적용하지 않는 경우보다 대폭 감소한다.

4) 러시아워 해소

아침, 저녁의 러시아워가 자동적으로 해소되며, 중간층의 대기시간이 하루 종일 같아진다.

4 군 관리 방식의 운전상황 구분

구 분	이용상황	운전상태
출근 시	올라가는 승객이 많고, 상층에 승객이 적을 경우	• 전 엘리베이터를 상하층으로 나누고 각각 서비스하는 층을 분담하여 신속하게 운전한다. • 출발간격과 반전간격을 단축하여 운전한다.
퇴근 시	거의 모두 내려가는 승객이고, 만원으로 기준층으로 수송하는 일이 많은 경우	• 전 엘리베이터를 상하층으로 나누고 일시적으로 어떤 곳의 호출에 편중되면 상호 협조하고 같은 시각에 운전이 종료되도록 관리한다. • 출발시각을 한층 짧게 한다.
평상시	승강객이 거의 같은 수치이며, 교통량이 평균인 경우	• 기준층에서 1대만 선발준비를 하고 다른 것은 도어를 닫고 있고, 선발엘리베이터가 출발하면 2대, 3대가 순차적으로 출발한다. • 출발간격은 약간 길어진다.
편승 시	상승객이 많을 때	출근 시와 같은 방법으로 운행
편강 시	하강객이 많을 때	퇴근 시와 같은 방법으로 운행
점심 시간	식당에 있는 층이 특히 혼잡할 때	점심시간에는 승객이 식당에 모이므로 기준층을 식당에 있는 층으로 변경하고 점심시간의 혼잡을 해소한다.
한산한 시간	야간, 휴일과 같이 교통량이 적을 경우	• 전부가 기준층에서 대기하고, 출발은 호출이 있을 때까지 대기한다. • 3분 이상 호출이 없으면 전동기를 끄고 쉰다.

007 엘리베이터의 설계(대수, 용량, 교통량)

1 개 요

① 고층 건물의 각 층에 설치하여 사람이나 화물이 이동할 수 있도록 만든 승강 장치를 말한다.

② 기타의 반송설비와는 달리 고층을 수직으로 이동하여 사람이나 화물을 수송하는 설비이므로 사전에 건축물에 부합하는 엘리베이터를 충분히 검토하고 설계하여야 만족하는 설계가 될 것이다.

2 엘리베이터의 설계

1) 대수 산정

① 적재하중과 정원의 산출

카 바닥면적		적재하중
승 용	1.5[m^2] 이하	1[m^2] 당 370[kg]
	1.5~3.0[m^2]	(카 바닥면적−1.5)×500+550[kg]
	3.0[m^2] 초과	(카 바닥면적−3.0)×600+1,300[kg]
승용 이외 E/V		1[m^2]당 250[kg]

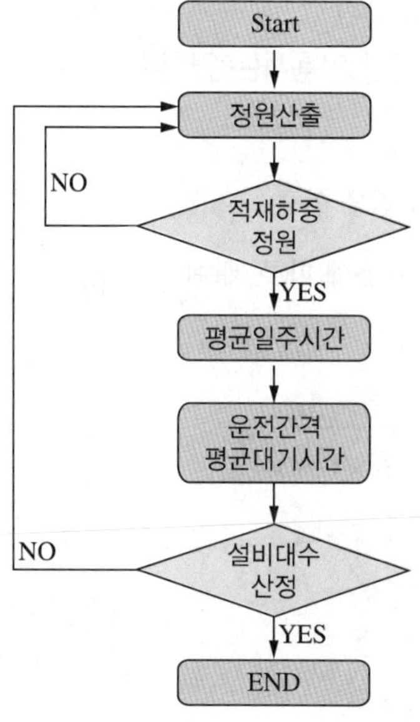

1인당 65[kg]으로 하여 최대정원 산출

② 평균 일주시간

㉠ 러시아워에 카가 기준층을 출발하여 원층으로 다시 돌아와 문을 열 때까지의 시간

㉡ 평균 일주시간

$RTT = \Sigma(Tr + Td + Tp + Tl)$

여기서, Tr : 주행시간[sec]

Td : 일주 중 도어 개폐시간[sec]

Tp : 일주 중 승객 출입시간[sec]

Tl : 일주 중 손실시간[s]

③ 운전간격과 평균 대기시간

㉠ 운전간격 $I = \dfrac{\text{평균 일주시간}}{\text{1뱅크 운전 중의 대수}}$

㉡ 사무실, 빌딩, 호텔은 40초 이하, 병원 60초 이하, 아파트 90초 이하의 운전간격이 바람직하다.

㉢ 평균 대기시간 = 운전간격 $\times \dfrac{1}{2}$: 짧을수록 좋다.

④ 설비대수 산정

㉠ 5분간 운반하는 인원수

$$P = \frac{60 \times 5 \times 0.8 \times \text{정원}}{\text{평균 일주시간}} = \frac{60 \times 5 \times 0.8 \times C}{T}$$

㉡ 러시아워 시 5분간 이용하는 인원수

- $Q = \phi \times M$

여기서, M : 건물 인구

ϕ : 이용에 따른 계수$\left(\dfrac{1}{3} \sim \dfrac{1}{10}\right)$

㉢ 설비대수(N)

$$N = \frac{Q}{P} = \frac{\phi \times M}{60 \times 5 \times 0.8 \times \dfrac{C}{T}}$$

2) 엘리베이터의 각종 용량산정

① 변압기 용량

$$P_t \geq (\sqrt{3} \times V \times I_r \times N \times D_{fe} \times 10^{-3}) + (P_c \times N)[\mathrm{kVA}]$$

여기서, V : 정격전압[V]
I_r : 정격전류[A]
N : 수량[대]
D_{fe} : 수용률
P_c : 제어용 전력[kVA]

② 허용 전압강하

$$e = \frac{(34.1 \times I_a \times N \times D_{fe} \times L \times K)}{1,000A}$$

여기서, 34.1 : 도체 온도가 50℃일 때 저항계수(동도체 전선)
I_a : 가속전류(최대 전류)[A]
L : 전선의 길이[m]
K : 계수

③ 전선의 허용전류

$$I_t = (K_m \times L_r \times N \times D_{fe}) + (I_c \times N)[A]$$

여기서, K_m : $1.25(I_r \times N \times D_{fe} \leq 50A)$, $1.1(I_r \times N \times D_{fe} > 50A)$
I_c : 제어용 부하 정격전류

④ 전동기 용량

$$P_m = \frac{(L \times V \times F)}{6,120\eta}$$

여기서, L : 정격하중[kg]
V : 정격속도[m/min]
F : 균형추 계수
η : E/V 계수

⑤ 차단기 용량

$$I \geq K_{m_2} \times [(I_r \times N \times D_{fe}) + (I_c \times N)]$$

여기서, K_{m2} : 22[kV]급 이하 전동기 사용 및 인버터 제어 시
(기어드식 : 1.25, 기어레스식 : 1.5)

3 일주시간(RTT ; Round Trip Time)

1) 정 의

엘리베이터가 출발 기준층에서 승객을 싣고 출발하여 각층에 서비스한 후 출발 기준층으로 되돌아와 다음 서비스에 대기하기까지의 총시간

2) 일주시간(RTT ; Round Trip Time)

$$RTT = \Sigma(Tr + Td + Tp + Tl)$$

여기서, Tr : 주행시간[s]
Td : 일주 중 도어 개폐시간[s]
Tp : 일주 중 승객 출입시간[s]
Tl : 일주 중 손실시간[s]

① 주행시간(Tr)

Tr = 전속주행시간 + 가속주행시간 + 감속주행시간[s]

② 일주 중 도어 개폐시간(Td)

$$Td = td \times F(s)$$

여기서, td : 1개 층 도어 개폐시간[sec]
F : 예상정지층수

③ 일주 중 승객출입시간(Tp)

$$Tp = tp \times r(s)$$

여기서, tp : 승객 1인당 출입시간[sec]
r : 엘리베이터 승객수[인]

④ 손실시간(Tl)

$$Tl = 0.1 \times (Td \times Tp)[s]$$

4 교통량

1) 교통량 계산순서

① 교통량(러시아워 5분간 이용객 수)을 설정
② 건물의 종류나 규모를 감안하여 E/V의 기본사항을 가정
③ E/V의 운행방식 가정
④ 소요 대수를 구한다.
⑤ 평균 운전 간격을 계산하여 서비스 기준을 초과 시 재검토

2) 교통량(Rt)

$$Rt = Q \times \phi$$

여기서, Q : 건물인구
ϕ : 집중률

3) 교통량 계산 방법

구 분	계산 방법	시뮬레이션 방법
계산방식	공식에 의한 이론계산으로 수작업으로 계산	컴퓨터 시뮬레이션 프로그램을 이용하여 실제상황과 같은 조건에서 계산
평가척도	서비스의 양	서비스의 질
결과치 (Output)	• 5분간 수송능력 • 왕복주행시간 • 평균 운전시간	• 5분간 수송능력 • 왕복주행시간 • 평균 운전시간 • 평균 대기시간, 평균 주행시간 • 평균 목적층 도달시간 • 로비 대기승객 수
장 점	수작업 결과값 산출용이	실제상황과 같은 오차 적음
단 점	• 오차가 큼 • 그룹운전방식 대응이 난해	입력데이터가 불확실한 경우 결과값에 악영향

008 엘리베이터의 소음 원인과 대책

1 개 요

① 승강기는 수직으로 이동하면서 사람이나 물건을 운반하는 반송설비로서 편리한 설비이지만 여러 가지 원인에 의해서, 소음으로 인한 민원이 발생하고 있다.

② 승강기 소음은 본체 내 소음과 승강로 주변소음으로 구분할 수 있고, 그것을 다음과 같이 분류할 수 있다.

2 소음 원인과 대책

1) 승강기 본체 내 소음

① 공기 마찰음

㉠ 정의 : 승강기 운행으로 카 본체와 공기의 마찰에 의해 발생하는 마찰음을 말한다.

㉡ 대책 : 단독승강기는 120[m/min], 2대 설치된 승강로 180[m/min]를 넘는 속도의 경우는 길이 1.4배 이상 등으로 승강로와 본체의 틈을 크게 설치한다.

② 협부 통과음

㉠ 정의 : 승강로에서 건축적인 부분이 매끄럽지 못하여 생기는 마찰음을 말한다.

㉡ 대책 : 승강로의 요철을 없애든지, 요철에 경사판 또는 막음판을 4~8° 각도로 설치하여 통과음을 축소한다.

③ Draft 돌입음

㉠ 정의 : 엘리베이터 상하 운동 시 공기의 흡입이 좁은 틈을 통과할 때 생기는 소음

㉡ 대 책

- 통풍구 설치(1.5~1.8[m^2])
- 승강로의 기본면적보다 40[%] 확장 필요 : 엘리베이터 150[m/min] 속도 이상일 경우

④ 기계실 내 기기음

㉠ 정의 : 기계실 릴레이 동작, 모터와 권상기 등의 소음 발생

㉡ 대 책

- 기계실 천장, 벽, 루프 구멍 등 흡음재 설치
- 기계실 바닥 콘크리트를 150[mm] 이상 설치

2) 승강로 주위 소음

① **승강로에서 소음**

㉠ 원인 : 승강로에서 일어나는 소음

㉡ 대 책

- 계단 등 공유 공간을 주위에 설치
- 승강로 벽을 이중 또는 두껍게 설치

② **드래프트 소음**

㉠ 원인 : 공기의 흡입에 의한 소음

㉡ 대 책

- 건축물 출입구에 이중문 또는 회전문을 설치하여 외기 차폐
- 엘리베이터 기계실에 공기조절 장치 설치 등 고려

③ **기계실 소음**

㉠ 환기설비 등 급배기구 방음대책

㉡ 출입구 밀폐

㉢ 기계실 격리

④ **ETT(중앙철심) 케이블**

009 더블 덱(Double Deck) 엘리베이터

1 개 요

① 빌딩의 고층화 대규모화로 인해 빌딩 내 수직 이동 인구 증가와 더불어 엘리베이터 점유 면적도 증가한다.

② 더블 덱 엘리베이터는 하나의 승강로에 2대의 카를 설치하므로 수송능력 증대는 물론, 건물 점유 면적도 축소할 수 있으므로 초고층 빌딩의 셔틀용으로 채용하는 것이 효과적이다.

2 주요특징

1) 승강로 소요면적 축소

1대분의 승강로에 2대의 카를 설치할 수 있으므로 일반 엘리베이터 대비 승강로에 소요되는 면적을 축소할 수 있다.

2) 2배의 수송능력

① 상하 2개의 카를 이용할 수 있으므로 수송 승객은 일반 엘리베이터 대비 2배가 된다.

② 출근 시 집중되는 승객을 일시에 대량 수송이 가능하므로 로비의 혼잡 해소에 크게 기여할 수 있다.

3) 승객 대기시간 단축

① 카는 건물의 2개층에 동시에 정지하게 되므로 정지하는 숫자는 일반 엘리베이터 보다 1/2로 감소한다.

② 이는 곧 로비층에서 엘리베이터를 기다리는 승객의 대기시간을 단축하는 효과를 기대할 수 있다.

3 건축적 검토사항

1) 탑승층 안내 표시

① 로비에서 탑승층이 홀수층과 짝수층으로 구분되므로 입주사별 탑승층 및 이동 동선 안내 표지판을 설치하여야 한다.

② 이동 동선 계획은 다음과 같이 고려할 수 있다.

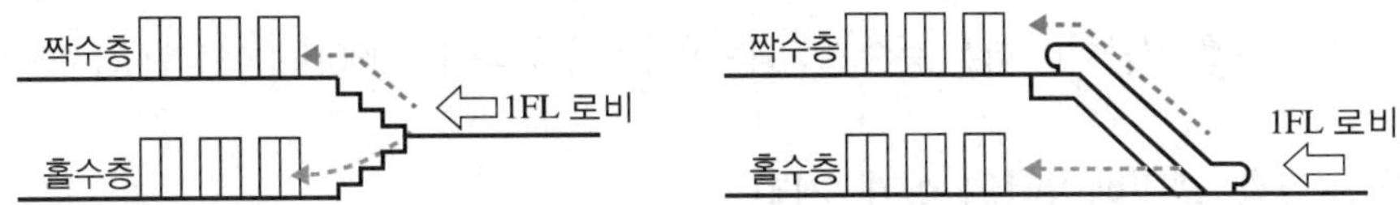

2) 운행 방식에 따른 오버헤드 높이 또는 피트깊이 확보

① 더블 덱의 운행(운전) 방식은 더블운전(Double Car Operation)과 싱글운전(Single Car Operation)으로 구분된다.

② 싱글운전의 경우에는 상부 또는 하부의 1대로만 운행하므로 최상층 또는 최하층 서비스를 위해서는 오버헤드 또는 피트 깊이를 1개 층 여유 있게 확보할 필요가 있다.

더블운전(홀짝운전)

층	운행층	등록가능층	
18층(최상층)		상 부	짝수층
17층		하 부	홀수층
16층		상 부	짝수층
15층		하 부	홀수층
2층 Lobby		상 부	짝수층
1층 Lobby		하 부	홀수층

[참 고]
사전 지정된 홀수층 또는 짝수층만 운행할 수 있으며, 상호 이동은 불가하다.

싱글운전(하부 카 전층)

층	운행층	등록가능층	
		높이 추가 필요	
18층(최상층)		하 부	전 층
17층		하 부	전 층
16층		하 부	전 층
15층		하 부	전 층
2층 Lobby		하 부	전 층
1층 Lobby		하 부	전 층

[참 고]
상기와 같이 "18층 서비스를 위해 하부 카를 이동"시켜야 하므로 오버헤드는 1개 층이 추가로 확보되어야 한다.

010 (초)고층용 엘리베이터 설계 시 고려사항

1 개 요

1) 초고층의 정의

① 고층 건물이라 함은 층수가 30층 이상이거나 높이가 120[m] 이상인 건축물을 의미한다.

② 초고층 건물이라 함은 층수가 50층 이상이거나 높이가 200[m] 이상인 건축물을 의미한다.

2) 초고층 엘리베이터의 설계 기법

① 서비스 구간을 분할하는 Zoning기법

② 로비를 건물의 중간에 설치하는 Sky Lobby방식

3) 초고층 엘리베이터의 첨단 시스템

① 목적층 사전등록 시스템

② 더블 데크 엘리베이터

③ 트윈 엘리베이터

④ 초고속 엘리베이터

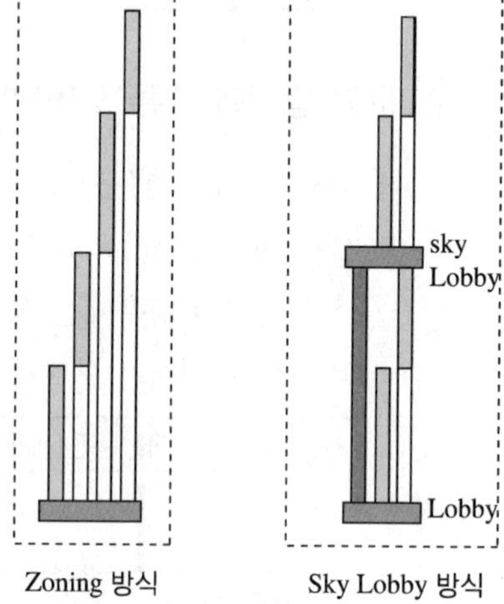

Zoning 방식　　Sky Lobby 방식

2 서비스 층의 분할 시 고려사항

1) 서비스 존 구분

① 초고층 빌딩의 경우는 피난안전구역을 설정하고 서비스 존을 구분한다.

② 서비스 존은 10~15개 층으로 구분한다.

2) 서비스 존별 엘리베이터 수량은 8대 이하로 한다.

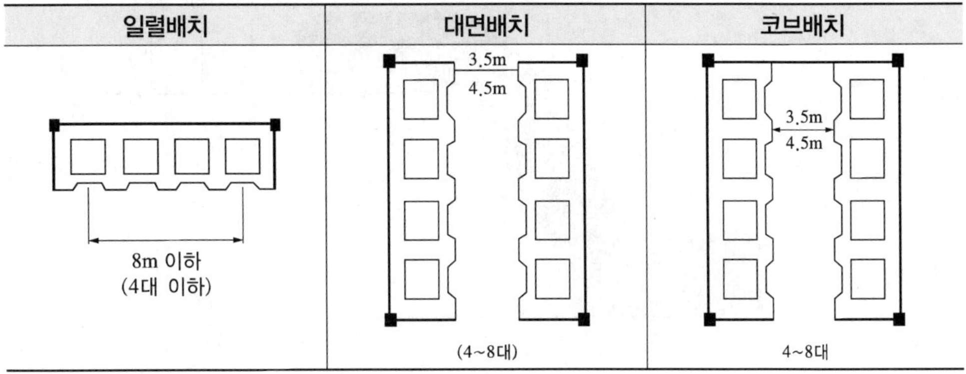

3) 출발 기준층은 1개 층으로 한다.

초고층 빌딩의 경우는 2개층도 가능하다(명확한 안내표지를 설치한다).

4) 호텔의 경우

① 불특정 승객을 고려하여 40층 이하는 1개 존으로 구성한다.

② 부대시설은 전용 엘리베이터 설치를 검토한다.

3 지하층 서비스와 출발 기준층 선정

1) 지하층이 대형인 경우나 지하주차장이 설치된 경우

서비스는 출발 기준층까지 별도의 셔틀 존으로 구성한다.

2) 지하층이 지하철, 지하도와 연결되어 2개의 출발 기준층으로 되는 경우

① 피크타임 시에는 출발 기준층을 1개 층으로 지정한다.

② 보행 동선용 에스컬레이터를 설치한다.

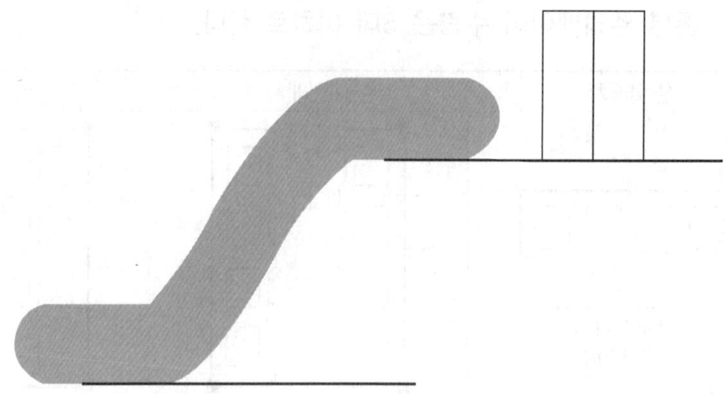

4 속도 선정기준

① 출발 기준층에서 최상층까지 30초 이내로 한다.

② 속도는 건축물의 용도, 성격, 서비스 등급 등에 따라 정한다.

③ 사무용 건축물은 경제성 위주로 선택한다.

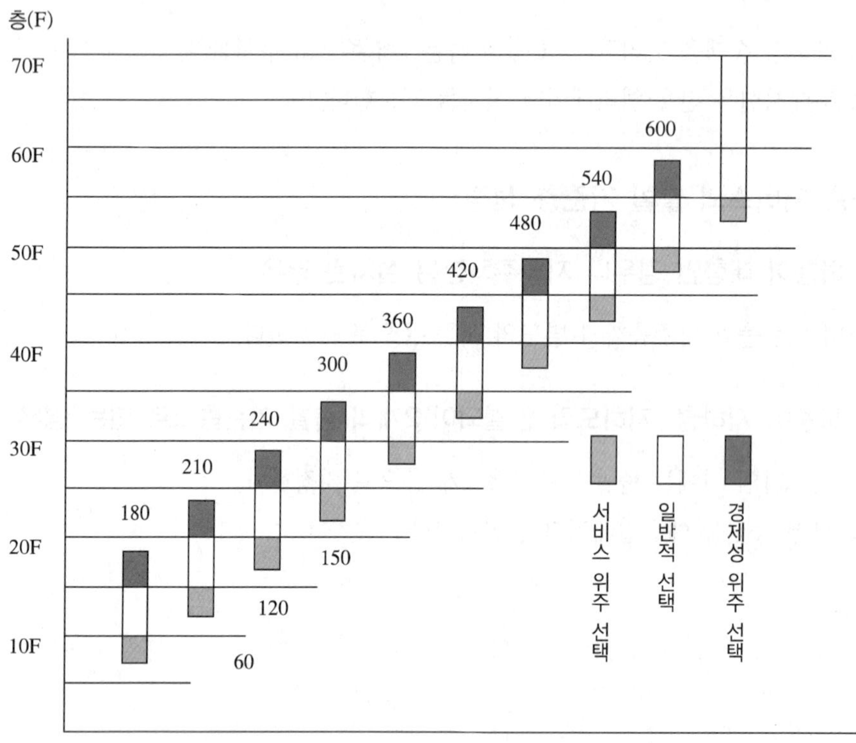

5 기계실 없는 승강기

① 고도제한지구 또는 건축물의 미관 향상 등의 고려 시 적용한다.
② 제어반이 설치되는 최상층, 최하층 출입문 측면의 장소에 대한 사전 검토한다.

6 피난용 승강기

① 준 초고층 건축물 또는 초고층 건축물에는 피난전용 승강기를 설치한다.
② 정전 시 별도의 예비전원설비를 설치한다.
　㉠ 초고층 건축물의 경우에는 2시간 이상 공급해야 한다.
　㉡ 준 초고층 건축물의 경우에는 1시간 이상 공급해야 한다.
③ 상용전원과 예비전원의 공급을 자동 또는 수동으로 전환할 수 있어야 한다.
④ 전선관 및 배선은 고온에 견딜 수 있는 내열성 자재를 사용한다.
⑤ 각종 기기는 방수 조치를 한다.
⑥ 종합방재실과 연락이 가능한 통신시설 및 CCTV를 설치한다.
⑦ 피난용량은 피난안전구역 수용인원의 125[%]를 20분 내에 수송할 수 있어야 한다.

7 건축적 고려사항

① Building Sway : 진동에 대한 데이터를 받아 각 단계별 감속운전을 실시
② Rope Sway : 이동식 로프가이드 설치, 연신율 및 파단강도가 높은 로프 사용
③ Wind Effect : 서비스층 분할, 셔틀존 구성, 풍압흡수 공간 설치
④ Stack Effect : 회전문, 이중문 설치
⑤ 승강로 침하 : 슬라이딩 볼트로 고정
⑥ 진동감쇄장치 설치
⑦ 내진 대책

8 결 론

① 건물의 용도에 따라 거주자 또는 방문자의 동선을 파악하여 엘리베이터가 서비스해야 하는 성능을 추정한다.
② 철저한 분석을 통해 효율적인 엘리베이터 선택 및 배치가 중요하다.

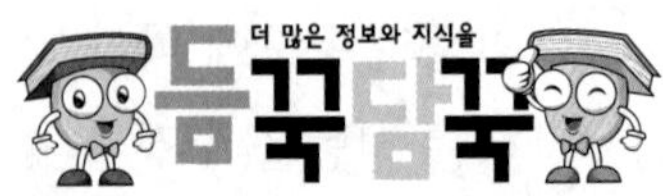

여기서 멈출 거예요? 고지가 바로 눈앞에 있어요.
마지막 한 걸음까지 시대에듀가 함께할게요!

ㄴ 경사각 : 30도 이하, 정격속도 30[m/min] 이하

ㄷ 핸드레일과 스텝판 동일속도 유지

ㄹ 전동기 1대 용량 50[kW] 초과 시 고압전동기 고려

ㅁ 배선은 손상될 우려가 없도록 할 것(배관배선, 금속몰드, 케이블 배선 등)

7) 전력설비 용량계산

① **배전계통** : 동력용 전원 3상 380[V]

조명용 전원 : 단상 220[V]

② **TR용량**

$P_t = 1.25\sqrt{3} \times V \times I_N \times N \times 10^{-3}[\mathrm{kVA}]$

ㄱ 전동기 연속 정격전류에 대해 충분한 열적 내량을 가질 것

ㄴ 전동기 기동전류에 대하여 전압강하율은 5[%] 이하

③ **동력선 허용전류**

$$I_a = \frac{K_1(I_M + I_L)}{\alpha_1 + \alpha_2}[\mathrm{A}]$$

여기서, K_1 : 허용전류계수$(I_M + I_L) \le 50[\mathrm{A}]$: 1.25, $(I_M + I_L) > 50[\mathrm{A}]$: 1.1

α_1 : 주위온도 감소계수

α_2 : 배선조건 감소계수

④ **전압강하**

$$e \le \frac{34.1(I_{st} + I_M + I_L)L}{1{,}000A}[\mathrm{V}]$$

여기서, I_{st} : 전동기 기동전류

I_M : 전동기 용량합계 전류

I_L : 전동기 용량 이외 합계 전류

L : 선로 길이

A : 인입선 크기[mm^2]

⑤ 배선용차단기 정격전류

$I_f \leq 3 \times (\Sigma I_M + \Sigma I_L)$[A] 또는 $I_f \leq 2.5 I_a$

여기서, I_a : 전선의 허용전류

⑥ 동력전동기 용량

$$P_M = \frac{270\sqrt{3}\, HS \times 0.5\, V}{6{,}120\eta}$$

여기서, H : 계단높이

S : 계단폭[m]

V : 운행속도[m/분]

η : 효율

012 에스컬레이터의 설비구성 및 안전장치

1 개 요

① 에스컬레이터는 경사를 갖는 계단식, 평면식으로 된 컨베이어로서 계단은 체인에 수십 개의 발판을 붙여서 레일로 지지한다.

② 이 체인을 트러스의 위쪽 구동용 대차와 아래쪽 종속용 대차 간에 걸어서 구동용 대차에 전동기를 직결한 웜 감속기로 구동하는 단거리 및 대량 수송에 적합한 운반설비를 말한다.

2 에스컬레이터의 구성 및 안전장치

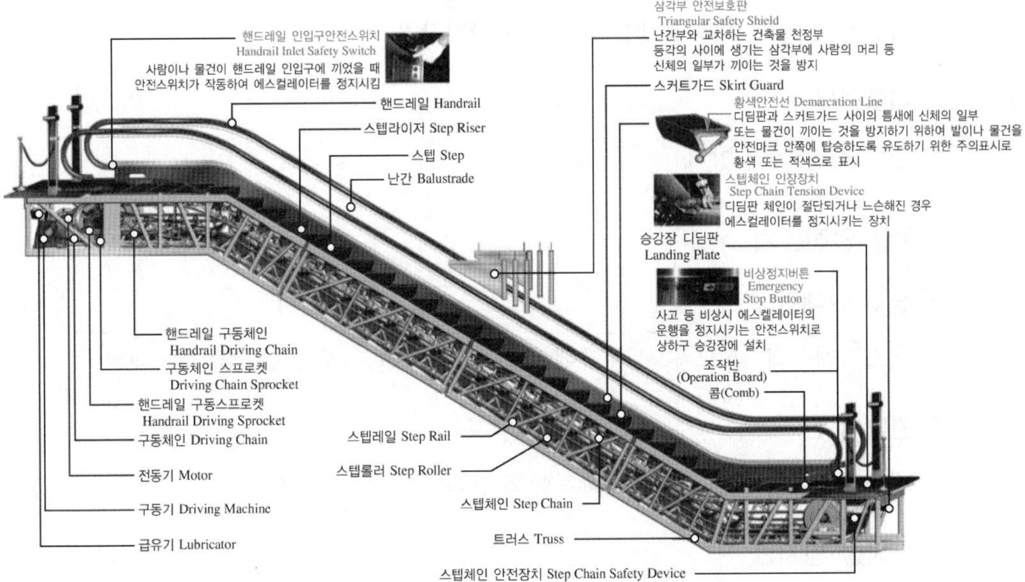

1) 전기적 안전장치

① **구동체인 스위치**

구동체인이 끊어질 경우 작용(에스컬레이터 서서히 정지)

② **스텝체인 스위치**

스텝체인이 늘어난 경우 작동

③ **스텝주행 스위치**

스텝 간 이물질이 낀 경우 작동

④ **스커트가드 스위치**

스커트와 스텝 간 이물질이 낀 경우 스커트 가드 패널에 일정 압력 이상이 가해져서 동작

⑤ **전자제동 스위치**

동력이 끊어질 경우 동작

⑥ **과전류 스위치**

전동기에 과부하 전류가 흐를 시에 동작

⑦ **역전감지 스위치**

과부하로 인한 역전 운행을 막아주는 안전장치

⑧ **디플렉터**

옆면 신발 끼임 방지

2) 건축물 안전장치

① **삼각 안내판**

에스컬레이터 간 교차 시 협각에 머리 등이 끼이는 것을 방지하는 안내판

② **칸막이 판**

에스컬레이터와 플로어 Plate 사이에 간격이 있을 경우 설치

③ **낙하물 방지판**

에스컬레이터 상호 간 또는 에스컬레이터와 플로어 Plate 사이에 간격이 있을 경우 설치

④ **셔터 안전장치**

에스컬레이터 상부의 셔터가 닫혔는데도 에스컬레이터 운행 시 작동

⑤ **난간 설치**

상층부의 플로어 Plate 부근의 승강부 주위에 설치하여 추락방지

Professional Engineer Building Electrical Facilities

제 3 장

수평보행기 설비

013 수평보행기(무빙워크)

1 개 요

① 공항이나 지하도 등에서 사용되며 한 쌍으로 존재하는 컨베이어 벨트를 사용하여 움직이는 보행로 모양의 기계장치를 말한다.

② 탑승자는 자동길 위에서 걷거나 서 있을 수 있다.

2 구 조

① 수평보행기의 경사도는 12° 이하로 하여야 한다.

② 디딤면이 고무제품 등 미끄럽지 않은 구조일 경우에는 경사도를 15° 이하로 할 수 있다.

③ 구조는 에스컬레이터와 동일하다.

3 안전장치

구조상 에스컬레이터와 경사각도만 다를 뿐 안전장치도 동일하다.

Professional Engineer Building Electrical Facilities

정보통신설비

제1장 정보통신설비

1. 본문에 들어가면서

① 정보통신설비는 건축전기설비에서 일반전력설비와 통신을 접목하여 효율을 높이는 IBS 설비, 주차관제, 방송설비 등과 고유한 통신설비로 나눌 수 있다.
② 최근 이슈가 되고 있는 IT, ICT 등 제4차 산업혁명의 기초가 되는 유비쿼터스의 지능형 검침인프라(AMI), 스마트 그리드 등이 정보통신설비에 해당된다.
③ 향후 건축전기설비도 정보통신이 융합되는 추세가 가속화될 것으로 보이기 때문에 이 분야는 점차 출제 비율이 높아질 것으로 기대된다. 또한, 이 설비는 융합적인 차원뿐만 아니라 에너지 효율 달성 및 절약 차원에서도 중요하게 부각될 것으로 예상되므로, 앞으로 유심히 보고 준비하여야 할 것이다.

2. 정보통신설비

3. 정보통신설비 출제 분석

대분류별 출제 분석(62회 ~ 122회)

구 분	전 원	배전 및 품질	부 하	반 송	정 보	방 재	에너지	엔지니어링 및 기타					총 계
								이 론	법 규	계 산	엔지니어링 및 기타	합 계	
출 제	565	185	181	24	59	101	158	28	60	86	45	219	1,492
확률(%)	37.9	12.4	12.1	1.6	4	6.8	10.6	1.9	4	5.8	3	14.7	100

소분류별 출제 분석(62회 ~ 122회)

구 분	정보통신설비							합 계
	기 본	TV	주차관제	방 송	IBS	정보통신인증제도	실 제	
출 제	9	2	5	5	27	4	7	59
확률(%)	15.3	3.4	8.5	8.5	45.8	6.8	11.9	100

4. 출제 경향 및 접근 방향

① 정보통신설비는 건축전기설비에서 4[%] 정도 출제되어 기본 1.5문제 출제율을 보이고 있으나 최근에 많이 변화가 있는 설비이다.

② 정보통신설비는 정보통신기술사와 업역문제 등으로 홍역을 겪어 출제율이 낮았으나, 전력설비의 효율화, 집적화, 에너지화 등으로 인하여 거스를 수 없는 영향으로 출제 비율이 점차 높아지고 있다.

③ 따라서 정보통신설비는 수변전설비의 예방보전시스템, 중앙감시시스템, 스마트 그리드, 분산전원 등 건축전기설비의 모든 분야에서 전력설비와 정보통신설비는 함께 공유하여야 하고, 향후 제4차 산업혁명에 따른 급속한 전력설비의 변화가 있을 것으로 기대된다.

Chapter 01 정보통신설비

1. 정보통신설비의 기본

1	65회 10점	광섬유 케이블 중 POF(Plastic Optical Fiber)에 대해 약술하시오
2	69회 25점	구내 유선 LAN(Local Area Network) 구성에 있어서 변조방식, 전송매체(전선, 케이블) 네트워크 구조에 대해 설명하시오.
3	71회 25점	근거리 통신망(Local Area Network)에 대하여 설명하시오.
4	74회 25점	광환경설계에 있어서 고려해야 할 사항에 대하여 설명하시오.
5	94회 10점	PCM(Pulse Code Modulation)의 표본화 정리에 대하여 설명하시오.
6	94회 25점	건축물 정보통신설비의 전송매체에 대하여 설명하시오.
7	95회 25점	통합 배선시스템 구축 시 검토사항을 설명하시오.
8	104회 10점	근거리 통신망(LAN)의 구성을 Hardware와 Software로 구분하여 설명하시오.
9	110회 25점	신호전송(UTP, 동축, 광케이블의 구조 및 특징, 종류)

2. TV 공청설비

1	68회 10점	CATV용 Head End의 용도를 설명하시오.
2	71회 10점	CATV 설비의 전송선로 계획에 대해서 약술하시오.

3. 주차관제설비

1	86회 10점	재차관리시스템에 대하여 설명하시오.
2	88회 25점	주차관제 및 주차 유도설비시스템의 차량 검지방식 중 초음파센서방식과 영상센서방식에 대하여 동작원리 및 장단점을 비교하여 설명하시오.
3	96회 25점	인력 절감을 위한 주차관제 설비
4	109회 25점	주차관제의 구성요소와 설계 시 고려사항
5	120회 25점	주차관제설비의 신호제어장치와 차체 검지기를 각각 분류하고 이에 대하여 설명하시오.

4. 방송설비

1	68회 10점	방송설비 설치 시 실내 마감재의 TL이 40[dB]라고 한다. 이때의 TL 40[dB]는 무엇을 의미하는가?
2	99회 10점	국토교통부 건축전기설비 설계기준에서 정의된 실내음향설비에 대한 설계 순서를 6단계로 나누어 간략히 설명하시오.
3	102회 10점	음향설비설계 시 잔향에 대한 고려사항
4	106회 25점	구내 방송설비에서 스피커의 종류별 적용과 BGM 방송 수신기준의 사무실 스피커 배치방법
5	118회 25점	비상방송설비의 장애 발생원인 및 성능 개선방안을 설명하시오.
6	122회 25점	건축물에 설치되는 구내방송설비에 대하여 다음 사항을 설명하시오. 1) 스피커 종류 및 배치방법 2) 사무실에 스피커배치(BGM방송 수신기준) 방법 3) 공연장, 강당, 체육관에 스피커 배치 방법

5. IBS설비

IBS 설비		
1	71회 10점	지능형 빌딩(Intelligent Building)의 정보미디어 기능과 환경적 측면에서 고려할 사항을 약술하시오.
2	74회 25점	인텔리전트 빌딩 전원설비의 신뢰도 향상대책을 설명하시오.
3	84회 25점	정보화 빌딩(IBS)의 구성요소 및 기능에 대하여 설명하시오.
4	86회 25점	지능형 빌딩시스템(IBS)에 있어 일반적인 설계조건에 대하여 설명하시오.
5	87회 25점	지능형 건축물 인증심사기준(Intelligent Building Certification)에 의거 건축물의 인증등급을 판정받고자 할 경우 전기설비분야에서 고려하여야 할 내용에 대하여 설명하시오.
6	87회 25점	Intelligent Building에 있어서 전기설비의 고신뢰화 방안에 대하여 설명하시오.
7	90회 25점	차세대 전력설비를 위한 상태 감시진단시스템(Condition Monitoring Diagnosis System)을 설계하고 기대효과를 설명하시오.
8	92회 25점	IB(Intelligent Building)의 개념, 필요성, 구성요소 및 특성에 대하여 설명하시오.
9	101회 25점	지능형 빌딩시스템(IBS)에 시스템의 기능과 전기설비의 설계조건
10	106회 25점	주택에 적용되는 최근의 일괄 소등 스위치와 융합기술에 대하여 설명하시오.
11	108회 10점	빌딩제어시스템의 운용에 필요한 가용성(Availability), MTBF(Mean Time Between Failure), MTTR(Mean Time To Repair) 및 상호관계를 설명하시오.
12	108회 25점	건축물의 전기설비를 감시제어하기 위한 전력감시제어 시스템의 구성 시 PLC(Programmable Logic Controller), HMI(Human Machine Interface), SCADA(Supervisory Control And Data Acguistion)을 사용하고 있다. 각 제어기의 특징과 적용 시 고려사항에 대하여 설명하시오.
13	108회 25점	건축물의 전력감시제어시스템에서 운전 중 고장이 발생한 경우에 전체 공정의 중단 없이 연속적으로 운전할 수 있도록 하는 이중화 시스템에 대하여 설명하시오.
14	113회 25점	건축전기설비 자동화시스템의 제어기로 많이 사용되고 있는 PLC(Programmable Logic Controller)에 대하여 구성요소, 설치 시 유의사항
15	115회 10점	사물인터넷(Internet of Things)을 설명하고 전력설비에서의 적용 현황을 설명하시오.
16	119회 25점	건축물 내의 통합자동제어설비에 대하여 설명하시오.
17	120회 25점	인텔리전트빌딩(Inteligent Building)에 대하여 다음 사항을 설명하시오. 1) 정의 및 건물에너지 절약을 위한 요소 2) 구비조건 3) 경제성
BAS설비		
18	91회 10점	빌딩 자동화는 빌딩 내 각종 설비들에 대해 중앙감시 및 통합제어를 통한 효율적인 빌딩 기능의 향상을 위한 것이다. 각 설비별 제어대상을 간단히 설명하시오.
19	105회 25점	SCADA 시스템
20	121회 10점	통합자동제어설비의 설계순서 및 제어방법에 대하여 설명하시오.
전력선 통신설비 및 검침		
21	72회 10점	전력선 통신(PLC)의 이점과 기술상의 문제점에 대하여 설명하시오.
22	78회 25점	통합 감시제어시스템에서 사용하는 DCS 시스템과 PLC 시스템을 비교 설명하시오.
23	93회 25점	국제표준화기구(ISO)에 등록된 전력선통신(PLC)방식의 구성과 특징 및 응용분야에 대하여 설명하시오.
24	103회 25점	원격검침의 구성과 기능, 설계방법
25	105회 25점	전력선통신
26	120회 25점	공동주택 세대별 각종 계량기의 원격검침설비 설계 시 고려사항에 대하여 설명하시오.
27	122회 10점	공동주택 세대별 원격검침설비 기기 구성 및 기능, 전송선로 구성 및 배선에 대하여 각각 설명하시오.

6. 정보통신 인증제도

1	63회 25점	공동주택에 적용되는 초고속정보통신건물인증제도에 대하여 설명하시오.
2	72회 25점	초고속정보통신건물인증제도 중 공동주택특등급인증에 대한 다음 내용을 설명하시오. 1) 특등급 신설목적 2) 특등급과 1등급의 차이점 3) 특등급을 적용한 집중 구내 통신실부터 세대 내 인출구까지의 배선시스템 계통도 작성
3	78회 10점	주택 정보화의 핵심요소인 홈네트워크 설비의 기능 및 설비구성에 대하여 설명하시오.
4	117회 25점	구내 통신신로설비의 구성 및 업무용 건물의 구내 통신선로설비 설치기준을 설명하시오.
5	122회 25점	지능형 홈네트워크 설비 설치 및 기술기준 내용 중 다음 사항을 설명하시오. 1) 예비전원이 공급되어야 하는 홈네트워크 필수 설비 2) 홈네트워크 사용기기 설치기준

7. 정보통신설비의 실제 및 기타

정보통신의 실제		
1	63회 25점	호텔 객실관리 전기설계 시, 특히 정보통신 및 에너지 절약과 관련하여 설명하시오.
2	74회 25점	병원 정보 전달 시스템에 대하여 설명하시오.
3	107회 25점	에너지 절약과 합리적인 경영을 위하여 호텔의 객실관리 전기설비에 대하여 설명하시오.
유비쿼터스		
4	80회 10점	최근 전력 IT(Information Technology)분야 등에서 다양하게 적용되고 있는 유비쿼터스 컴퓨팅(Ubiquitous Computing)의 주요기술과 적용 시 고려사항을 기술하시오.
기타		
5	68회 25점	동시통역설비의 동작 개요, 방식, 구성기기를 들고 설명하시오.
6	80회 25점	광센서 중 포토커플러(Photo-coupler)의 구조와 원리, 종류에 대하여 기술하시오.
7	81회 10점	2002년 월드컵 개최 도시에 시범 설치되었던 지능형 교통체계(ITS ; Intelligent Transport Systems) 사용이 현재는 국가계획에 의거 전국적으로 확대 추진 중에 있다. ITS에 대하여 간략히 설명하시오.

Professional Engineer Building Electrical Facilities

제 1 장

정보통신설비

SECTION 01 정보통신설비의 이론

SECTION 02 TV 공청설비

SECTION 03 주차관제설비

SECTION 04 방송설비

SECTION 05 IBS설비

SECTION 06 정보통신인증제도

SECTION 07 정보통신설비의 실제 및 기타

정보통신설비의 이론

001 정보통신망 분류

1 개 요

① 정보통신망의 구성요소는 크게 데이터 전송계, 데이터 처리계로 나누어지고, 전기통신설비의 집합체인 전송장치. 단말장치, 정보처리시스템 등의 정보통신망과 정합장치, 주장치 등의 정보처리의 컴퓨터 등을 통틀어 정보통신이라 한다.

② 정보통신의 목적은 데이터의 효율적인 관리 및 저장과 상호 간 정보 교환에 있다.

2 정보통신망의 구성요소

통신망은 단말장치, 전송회선, 정보처리시스템으로 구성되어 있다.

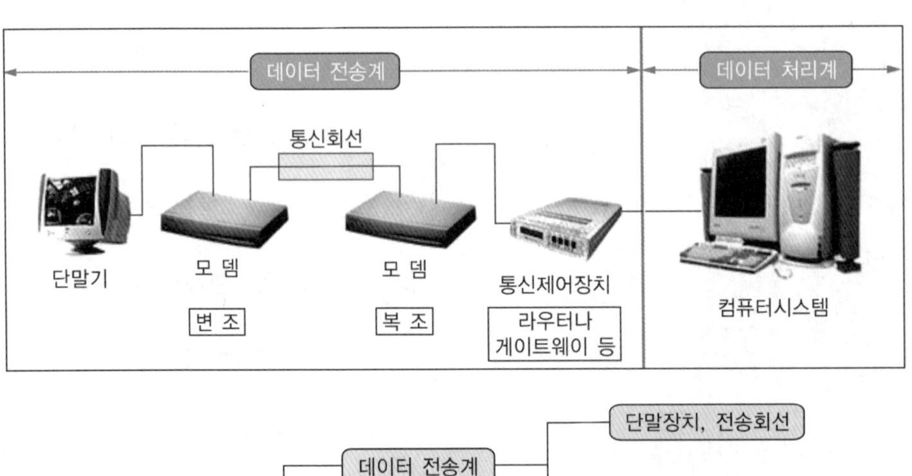

1) 단말장치

① 정 의

가입자가 이용할 수 있도록 통신회선을 연결하여 컴퓨터에 접속하는 장치를 총칭하는 것으로서, 원격지로부터 데이터 입출력을 가능하게 하는 것을 말한다.

② 기 능

㉠ 입력기능 : 데이터를 컴퓨터에 입력하는 기능
㉡ 출력기능 : 컴퓨터에서 처리된 결과를 출력하는 기능
㉢ 통신기능 : 데이터의 입출력을 제어하는 컴퓨터와 통신하는 기능

2) 데이터 전송회선

① 정 의

㉠ 단말장치에서 변환된 전기신호를 상대 측에 전송하는 기능이 있다.
㉡ 신호를 전파시키는 전송매체와 파형 변환이나 변복조, 다중화, 송수신 등을 행하는 각종 장치로 구성

② 전송회선

㉠ 전송매체

- 유선 전송매체 : UTP, STP, 동축케이블, 광케이블 등
- 무선 전송매체 : 위성 통신이나 지상 마이크로파 통신 등

㉡ 데이터 회선 종단장치

- 모뎀 : 아날로그 통신회선에 사용하는 단말장치
- DSU(Digital Service Unit) : 디지털 회선에 적용

㉢ 통신제어장치(CCU ; Communication Control Unit)
데이터 전송계와 데이터 처리계 사이에 위치하여 양자를 결합하는 장치

3) 정보처리시스템(=데이터 처리계)

① 하나의 컴퓨터시스템으로 통신회선을 통해서 전송된 데이터를 처리 및 저장하는 중앙처리장치
② 기억장치와 입출력장치로 구성

3 정보통신망의 분류

1) 정보의 성질에 의한 분류

① 전화망

㉠ 음성통신을 서비스하기 위하여 구성된 통신망으로, 전기통신망에서 최대 규모이고 전 세계적인 규모를 갖는 거대한 네트워크

㉡ 이 망은 300~4,000[Hz] 대역의 음성주파수 전달을 목적으로 하기 때문에 음성 이외의 정보 전송은 부적합

② 부호통신망

㉠ 문자, 숫자, 기호 등의 정보를 부호화하여 전달하는 통신망

㉡ 가입 전산망 : 공중 정보망이나 가입자의 다이얼 조작을 상대 가입자에게 접속하여 직접 통신하는 텔렉스망의 가입 전산망을 말한다.

㉢ 데이터 통신망 : 정보처리설비와 데이터 전송 단말설비를 통신회선으로 연결하여 정보 전달을 주목적으로 하는 통신망

③ **화상통신망 :** 화상정보의 전달을 목적으로 하는 통신망 수신화상의 기록 보존 여부에 따라 영상통신망과 화상기록통신망으로 분류

2) 전송형식에 의한 분류

① 아날로그 전송방식

㉠ 신호가 주기적이면서 진폭의 모양이 연속적인 신호방식으로 음성정보와 같이 아날로그 정보를 전송하기 위한 망을 말한다.

㉡ 송신 측에서 생성된 정보를 그대로 수신 측에 전달하고, 접속하는 방식으로 단순하고, 정보에 대한 감쇄가 크다.

② 디지털 전송방식

㉠ 신호가 주기적이면서 진폭의 모양이 불연속적인 신호방식으로 음성 및 비음성 정보를 디지털화하여 전송하는 방식

㉡ 정보의 보존 및 재생이 양호하며, 신뢰도가 높아 정보통신에 유리

3) 전송처리방식에 의한 분류

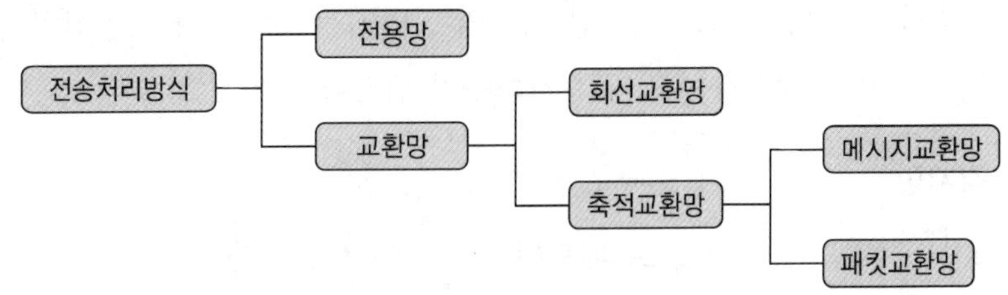

① 전용망

접속방식을 교환 접속이 아닌 고정 접속을 하는 것으로서 각 기업체의 본사와 지사 또는 이해관계가 있는 정보원 간의 전용통신망을 사용하여 신속한 통신을 하는데 적합한 방식

② 축적교환방식에서 패킷 교환방식

정보를 일정 크기의 블록으로 나누고, 블록마다 수신인을 붙여서 보내는 망을 말한다.

③ 회선교환방식

송신할 데이터가 있을 때마다 물리적인 통신경로를 설정하여 데이터를 전송하는 방식

4) 망구성 형태에 따른 분류

① 버스형(Bus형)

1개의 통신회선에 여러 대의 단말장치를 접속하는 방식

② Ring형(=고리형, =Loop형)

컴퓨터와 단말기 간의 연락을 서로 이웃하는 단말들끼리만 연결하는 방식

③ 성형(=Star형)

중앙에 컴퓨터나 교환기가 있고, 그 주위에 단말장치를 분산시켜 연결시킨 형태

④ 망형(=Mesh형)

최상위층인 총괄국 간과 같은 중요한 국 간 또는 통신량이 많은 전화국 간 등에 사용

⑤ **트리형(=Tree형)**

중앙에 컴퓨터가 있고 일정한 지역의 단말기까지는 하나의 통신회선으로 연결시키며, 그 다음 단말기는 이 단말기로부터 연장하는 형태

⑥ **격자망**

2차원적인 형태의 망으로 네트워크 구성이 복잡하다.

002 정보통신설비의 전송신호설비

1 개 요

① 정보통신이란 데이터 전송계의 데이터 처리계와 전기통신설비의 집합체인 전송장치, 단말장치, 정보처리시스템 등의 정보통신망과 정합장치, 주장치 등의 정보처리의 컴퓨터 등을 통틀어 정보통신이라 한다.

② 정보통신의 목적은 데이터의 효율적인 관리 및 저장과 상호 간 정보교환의 목적을 가지고 있으며, 전송신호매체에는 UTP, STP, 동축케이블, 광케이블 등이 있다.

2 UTP케이블

1) UTP케이블

① 차폐가 없는 두 줄의 도선을 꼬아놓은 케이블로써 자계에 의한 유도기전력이 서로 상쇄되어 어느 정도의 잡음 내성이 있다.

▌UTP　▌FTP　▌STP

② **특성과 성능에 따른 분류**

㉠ Category 1 : 전화 시스템에 사용된 기본적인 꼬임쌍선이다. 품질수준은 전화통신(음성)의 경우에는 우수하지만, 데이터 통신(저속 데이터 통신을 제외)에는 부적절하다.

㉡ Category 2 : 다음으로 높은 등급으로서 음성 및 4[Mbps]까지의 디지털 데이터 전송에 적절하다.

㉢ Category 3 : 피트당 최소 세 번 꼬아주어야 하며, 10[Mbps]까지의 디지털 데이터 전송에 사용할 수 있다. 10BASE－T 네트워크에서 사용되며, 대부분 전화 시스템의 표준 케이블이다.

㉣ Category 4 : 역시 피트당 최소 세 번 꼬아주어야 할 뿐만 아니라 16[Mbps]까지의 전송률이 가능하려면 다른 조건들도 반드시 만족해야만 한다.

㉤ Category 5 : 100[Mbps]까지의 데이터 전송에 사용한다. 현재 대부분이 이 카테고리를 사용한다.

㉥ Category 5e : 최대 1[Gbps]의 속도로 데이터를 전송할 수 있다. 대역폭은 Cat.5와 동일한 100[MHz]이다.

㉦ Category 6 : 최대 250[HMz]의 전송대역 성능과 1[Gbps] 속도로 인터넷 네트워크에 많이 사용된다.

- 피복을 벗기면 4개의 페어와 내부의 십자 모양의 개재로 구성되어 있다.
- 내부 십자형 개재는 페어 간의 간섭을 막을 수 있고, 외부 전자파 장애를 최소화할 수 있게 제작되어 있다.
- 가정용보다는 회사의 서버나 전산망, IT 계열 업체 등에 많이 활용

㉧ Category 6e Cable : 최대 10[Gbps]의 속도와 500[MHz]의 대역폭으로 데이터를 전송할 수 있다.

㉨ Category 7 : 4개의 개별 실드 처리된 STP에 적합하며, 최대 10[Gbps]의 속도와 600[MHz]의 전송을 위해 설계되었다.

2) FTP(Foil Screened Twist Pair Cable)

실드처리는 되어 있지 않고, 알루미늄 은박이 4가닥의 선을 감싸고 있는 케이블이다. UTP에 비해 절연 기능이 탁월하여 공장배선용으로 많이 사용

3) STP : 차폐 꼬임쌍선 케이블(Shielded Twisted-Pair ; STP)

① STP 케이블은 전선들이 은박지와 구리로 만들어진 피복으로 보호되어 있다는 것 말고는 UTP 케이블과 같고, 케이블에 흐르는 데이터를 보호하기 위해서 사용한다.

② STP 케이블은 공장과 같이 소음이 심한 곳이나 고압전류가 흐르는 곳, 강한 충격의 우려가 있는 곳 등에서 사용하고, 일반 사무실에서는 UTP 케이블만으로도 충분히 사용할 수 있다.

3 동축케이블

1) 구조 및 원리

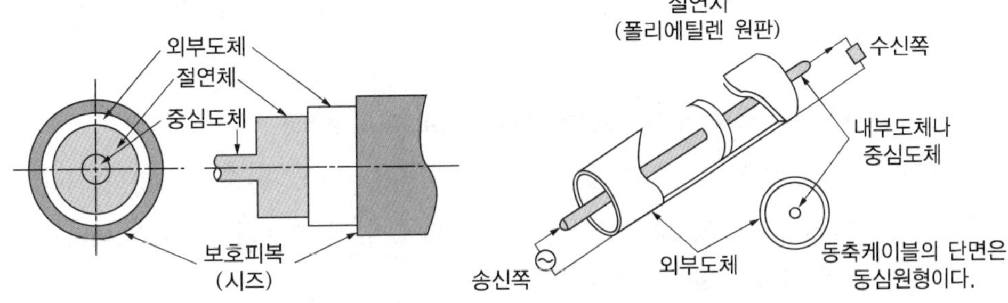

① 원통형 외부도체와 그 중심에 놓인 내부도체 및 이 둘을 일정한 간격으로 유지시키는 절연체로 이루어진다.

② 중심도체를 외부도체로 둘러싼 구조로 외부의 전자계가 외부도체에 의하여 차단되는 구조

③ 전송속도는 수십[Mbps]로 UTP보다 훨씬 더 멀리 전송되고, 더 많은 단말장치를 연결할 수 있고 더 높은 처리능력이 있다.

2) 특 징

① 주위상태의 변화에 대하여 안정적이고 잡음의 영향이 없다.

② 주위상태에 따라 전송손실이 증가하는 일이 없다.

③ 수명이 길며, 안전성 및 작업성이 뛰어나다.

④ 평형 Feeder, 광섬유 케이블에 비해 손실이 크다.

⑤ 1.5[km]마다 중계기가 필요하다.

3) 표기방식

5C－2V, 5D－2V

여기서, 5 : 외부도체 내경
C : 임피던스(75[Ω])
D : 임피던스(50[Ω])
2 : 절연방식(2 : 폴리에틸렌 충진, F : 발포폴리에틸렌, B : 폴리에틸렌 바론)
V : 외부도체 및 외부피복(V : 일중편조, W : 이중편조+PVC, E : 일중편조+PE)

4 광섬유 케이블

1) 구조 및 원리

① 유리나 플라스틱으로 만들어진 가는 섬유로, 반사 또는 굴절에 의해 전반사를 통해 광에너지 전파

② **코어나 클래드로 구성(진공중 1기준 1.4~1.5 정도)**

㉠ 코어 : 클래딩보다 굴절률이 높으며, 이것을 통해 빛을 전파하기 위한 목적

㉡ 클래딩(클래드) : 코어보다 굴절률이 낮으며, 빛의 전파를 외부로부터 보호·격리하기 위한 목적

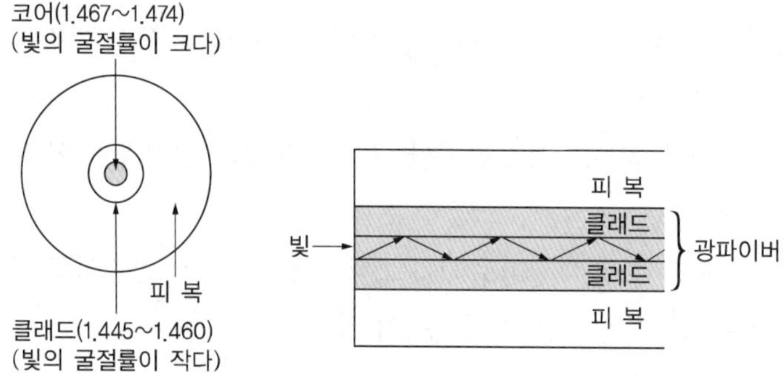

2) 광섬유 종류와 구조

광파이버의 종류		구 조	코어의 직경	전송대역(아래대역에서/1[km] 전송가능)
싱글모드 광파이버		클래드, 코 어, 굴절률 분포	5~15[μm]	10[GHz/km] 이상
멀티모드 광파이버	스텝 인덱스형	클래드, 코 어, 클래드, 굴절률 분포	40~100[μm]	10~50[MHz/km]
	클래드 인덱스형	클래드, 코 어, 굴절률 분포	40~100[μm]	수백[MHz/km]~수[GHz/km]

① **싱글 인덱스형**

㉠ 코어지름(5~15[μm])이 작고 접속이 어렵다.

㉡ 10[GHz]로 전송대역이 넓다.

㉢ 초고속 전송

② **스텝 인덱스형**

㉠ 코어지름(40~100[μm])이 크고 접속이 쉽다.

㉡ 10~50[MHz/km]로 전송대역이 중간

㉢ 굴절률이 높다.

③ **클래드 인덱스형**

㉠ 코어지름(40~100[μm])로 크고 접속이 쉽다.

㉡ 수백[MHz/km]~수[GHz/km]로 전송대역이 좁다.

㉢ 굴절률이 낮다.

3) 특 징

① 광섬유는 G[비트/sec] 이상 매우 폭넓은 주파수 대역 신호를 전송할 수 있다.

② 한 가닥의 광섬유는 보강피복을 합해도 직경은 0.4[mm] 정도로 동축케이블의 약 30분의 1 굵기에 불과하다.

③ 광섬유는 빛의 감쇄량이 적어 장거리 전송 시에도 중계기를 적게 설치해도 되는 장점이 있다.

④ 공중에는 전동차, 자동차 등과 공장으로부터 생긴 잡음 등이 있는데, 광섬유는 전기를 통하지 않기 때문에 잡음에 의한 방해를 받지 않는다.

⑤ 광섬유 통신은 누화현상이 낮아서 통화에 대한 보안성이 높다.

003 광케이블의 종류와 특징

1 개 요

① 광섬유 케이블은 유리나 플라스틱으로 만들어진 가는 섬유로, 반사 또는 굴절에 의해서 광에너지를 전파한다.

② 광섬유는 저손실, 광대역성 등의 특성이 있으며 코어와 클래딩으로 구성이 되어 있다.

2 분 류

1) 재료에 따른 분류

① 석영계 광섬유

㉠ 코어와 클래드에 석영계 광섬유 사용

㉡ 광섬유에 입사된 광은 코어와 클래드의 경계면에서 전반사를 반복하여 전파한다.

② 다성분 광섬유

㉠ SiO_2에 Na_2O, B_2CO_3, K_2O 등의 산화물을 포장한 유리섬유

㉡ 석영계보다 제조비용이 적고 저손실, 광대역 실현이 가능하다.

③ 플라스틱 광섬유

㉠ 코어와 클래드에 플라스틱을 사용

㉡ 유연성, 코어 직경에서 뛰어나다.

㉢ 짧은 거리의 응용분야에서 저렴한 비용으로 활용

④ 특수 광섬유

입력된 광 신호를 증폭하는 능동적인 기능을 수행하므로 광섬유의 손실을 최소화

2) 굴절률 분포에 따른 분류

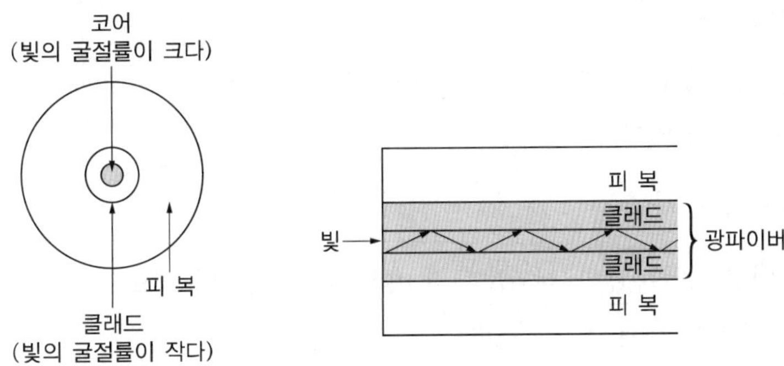

광파이버의 종류		구 조	코어의 직경	전송대역 (아래대역에서/ 1[km] 전송가능)
싱글모드 광파이버		클래드 / 코 어 / 굴절률 분포	5~15[μm]	10[GHz/km] 이상
멀티 모드 광파 이버	스텝 인덱스 형	클래드 / 코 어 / 클래드 / 굴절률 분포	40~100[μm]	10~50 [MHz/km]
	클래드 인덱스 형	클래드 / 코 어 / 굴절률 분포	40~100[μm]	수백 [MHz/km]~ 수 [GHz/km]

① **언덕형(인덱스형)**

코어와 클래드의 경계면에서 코어의 굴절률이 천천히 변해 가는 광섬유로 계단형보다 전송대역이 높다.

② **계단형**

코어와 클래드의 경계면에서 코어의 굴절률이 급격히 변해 가는 광섬유

3) 전파모드에 따른 분류

① 단일모드

코어를 지나는 광의 전파모드가 하나로, 직경이 작고 고속 광대역이며, 접속이 어려운 단점이 있다.

② 다중모드

코어를 지나는 광의 전파모드가 여러 개로, 직경이 크고 협대역성이며, 접속이 용이한 장점이 있다.

3 광섬유의 특징

1) 장 점

① 저손실
② 광대역성
③ 무유도성
④ 자원이 풍부
⑤ 심선이 가늘다.
⑥ 경량이다.

2) 단 점

① 고도의 접속기술을 요한다.
② 급격(급준)한 휨에 약하다.
③ 분기나 결합이 동선보다 어렵다.
④ 전력전송이 어렵다.
⑤ 광케이블 고장 시 복구시간이 길다.
⑥ 파단고장이 발생한다.
⑦ 변조장치가 필요하다.

004 통합배선 시스템

1 개 요

① 기술의 급속한 발전에 따라 음성, 비음성을 교환할 수 있는 정보통신망의 DPBX와 컴퓨터를 주축으로 하는 정보처리의 LAN의 도입으로 통합배선이 일반화되었다.

② 통합배선 시스템은 정보통신망과 정보처리를 유기적으로 통합하기 위하여 기본통신용 배선, 데이터 통신용 배선, 영상배선 등을 통합하여 실어 나르는 시스템을 말한다.

2 구성요소

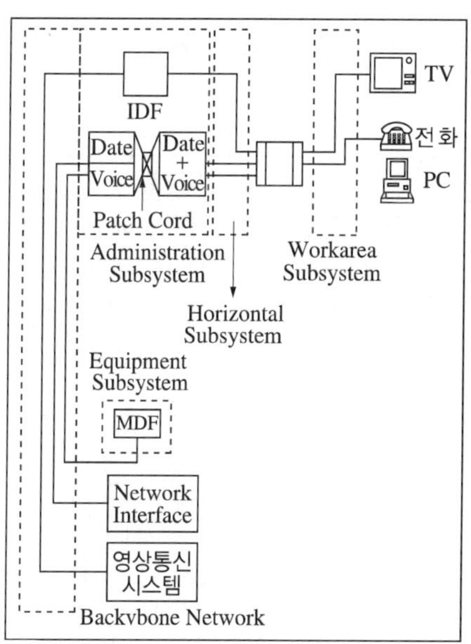

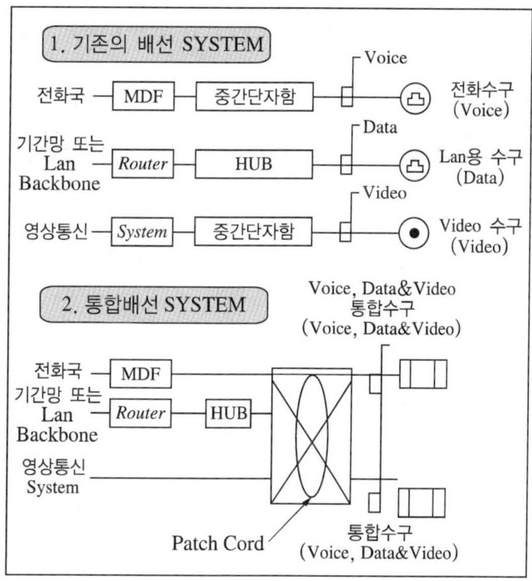

1) 단말기 배선(Workarea Subsystem)

① 자신의 전화나 PC 단말 또는 TV 등에서 바닥 Outlet까지 연결하는 시스템

② 전화기나 컴퓨터 및 TV와 같은 OA용 터미널에서 말단 수구(System Box)까지 연결하는 시스템으로 사용자의 단말 형태에 따라 여러 종류의 변환용 Adapter를 연결하여 구성한다.

2) 수평배선(Horizontal Subsystem)

① IB Shaft 내의 IDF에서 Outlet까지 연결하는 수평 배선 시스템

② 주전송 매체로는 UTP(Unshielded Twisted Pair) 케이블을 사용한다. 이외에도 STP(Shielded Twisted Pair) 케이블이나, 동축케이블, 고발포 동축 케이블, RCX 케이블 및 광케이블을 사용한다.

③ 포설 시 Cable을 보호하고 배선 방법이 용이하며 가격이 저렴한 측면에서 Cable Tray를 설치하여 시공한다.

3) Administration Subsystem

① IB Shaft 내의 IDF를 구성하는 Patching 시스템

② IDF(Intermediate Distribution Frame)로서 Backbone과 수평 배선을 연결하는 역할을 해 주며 또한 Patch Cord를 이용하여 Data와 Voice를 각 말단 수구로 분배하는 역할을 한다.

구 분	Direct Connection 방식	Sub IDF 방식
개 요	배선 체계가 MDF, IDF, Outlet순으로 구성된 장치	배선 체계가 MDF, IDF, Sub IDF, Outlet 순으로 구성된 방식으로 Sub IDF는 일종의 소규모 IDF이며, 설치 위치는 OA Floor의 바닥 혹은 벽 측의 FCU (Fan Coll Unit) Box에 취부한다.
구성도	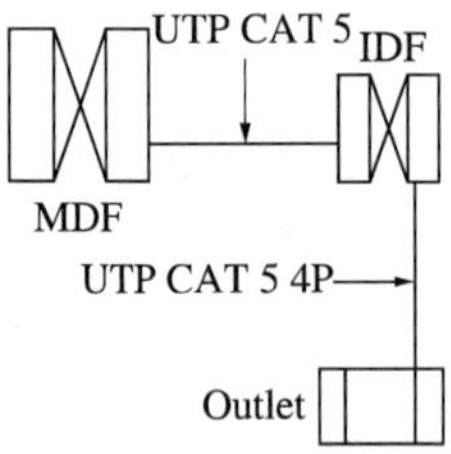 UTP CAT 5 IDF MDF UTP CAT 5 4P Outlet	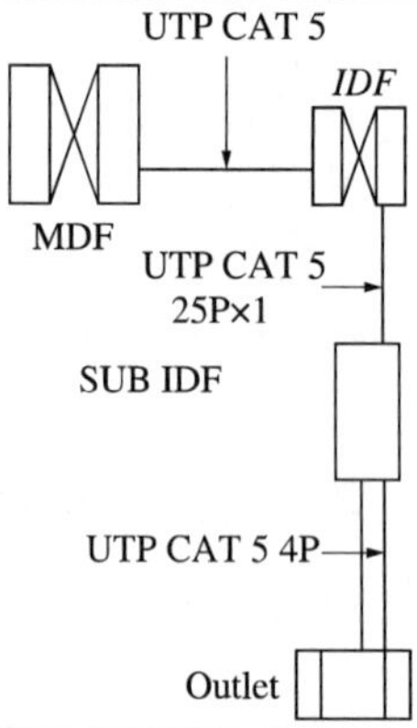 UTP CAT 5 IDF MDF UTP CAT 5 25P×1 SUB IDF UTP CAT 5 4P Outlet
장 점	접속 Point를 줄여 Category 5 UTP Cable을 사용하는 고속 Network 구성 시에도 전송 효율이 떨어지지 않는다.	IDF와 Sub IDF 간의 접속 시 Bulk Cable(25 Pairs)을 사용함으로써 수평배선 Cable 설치가 수월하다.

구 분	Direct Connection 방식	Sub IDF 방식
단 점	수평배선(IDF→Outlet)을 전부 단선(4P UTP Cable)을 사용함으로써 Cable 설치 및 유지 보수가 난해할 수 있으나 바닥에 Cable Tray를 설치하여 설치 및 유지보수를 용이하게 할 수 있다.	Management Point 즉, 유지 보수 시 관리 대상이 늘어나며 Category 5 UTP Cable을 사용하는 고속 Network(100[Mbps] 이상)를 구성할 경우 접속 Point를 늘릴수록 전송효율이 떨어진다.

4) 수직간선(Backbone Subsystem)

① IB Shaft 내의 수직간선 Cabling 시스템

② 각 건물의 MDF실에서 각 층의 IDF까지 Data 부분은 광케이블, Voice 부분은 Cat.3의 다중 케이블, 영상 통신 부분은 동축케이블, 비상방송은 HIV 전선 등을 사용하여 구성한다.

5) Equipment Subsystem

① 통신실 내 집결되는 Voice 및 Data Cable을 정리하는 MDF 시스템

② 건물 내의 정보처리 장비가 설치되어 있는 장소에서, 각 층에 산재해 있는 장비들 간에 상호 연결을 할 수 있도록 하는 시스템이며, 또한 배선 설비가 가장 집중적으로 배치되고 관리되는 곳으로 가장 중요한 곳의 하나이다.

㉠ Data용 Equipment Room

- 각 건물의 통신용 EPS가 설치된 층에 장비를 설치한다.
- 각 장비 간의 접속용 Adapter는 장비 제공업자가 설치하는 것을 기본으로 한다.
- 각 Switching HUB와 HUB 간의 연결은 UTP CAT.5로 한다.

㉡ Voice용 Equipment Room : 전 층의 Voice망이 집중되어 있는 곳으로, 대량의 단자대가 필요하여 Room의 활용 및 단자반의 용이한 관리를 위해 집중 단자반용 MDF(Main Distribution Frame)를 이용한다.

3 특 징

① 배선 통합 관리 기능을 유기적, 통합적으로 접속하는 기반 구조

② 환경 변화에 대응하는 서비스의 확장성 및 경제성

③ 정보 통신 및 정보처리 기능 보유

④ 빌딩과 제반 통신 설비에 대응하는 기능 및 구조로 통합화

005 LAN 설비(=근거리 통신망)

1 개 요

① LAN은 빌딩, 공장, 학교 등과 같은 한정지역(통상 2km의 영역) 내에 컴퓨터 및 주변기기 등을 통신망으로 연결·구축하여 데이터 통신기능을 제공하는 설비이다.

② LAN은 통신 사업자가 운영하는 전용선을 이용하여 인터넷과 같은 외부망에 연결되는데, 컴퓨터 데이터 정보 외에 음성, 영상 등의 다양한 형태의 멀티미디어 정보를 고속으로 전송할 수 있도록 한다.

③ LAN은 동축케이블이나 광케이블의 통신매체로 연결되므로 전송특성이 좋고 전송거리가 짧으므로 전송에러가 낮아 신뢰성 있는 정보를 전송할 수 있다.

2 근거리 통신망의 분류

1) 통신망 구조에 따른 분류

구 분	Bus형	Ring형	Star형	Mesh형	Tree형
구 조					
정 의	1개의 통신선에 여러 대의 단말장치를 접속하는 방식	컴퓨터와 단말기 간의 연락을 서로 이웃하는 단말기들끼리 연결하는 방식	중앙에 컴퓨터나 교환기가 있고 그 주위에 단말장치를 분산시켜 연결하는 방식	최상위층인 총괄국 간과 같은 중요한 국 간 또는 통신량이 많은 전화국 간 등에 사용	중앙에 컴퓨터가 있고 일정한 지역의 단말기까지는 하나의 통신회선으로 연결하고 단말기에서 단말기로 연장하는 방식

구 분	Bus형	Ring형	Star형	Mesh형	Tree형
특 징	• 주로 근거리 통신망에 적용 • 회선이 하나이므로 구조가 간단 • 한 노드의 고장 시 그 노드에만 영향이 있고, 다른 노드에는 영향이 없다. • 단말장치의 증설이나 삭제가 용이 • 1개의 메인 통신선 두절 시 통신이 어렵다.	• 통신장애 시 융통성을 가질 수 있다. • 근거리 통신망에 주로 사용 • 고장 발견이 용이	• 단말기 고장 시 고장 지점 발견 용이 • 통화량 처리 능률이 높다. • 중앙컴퓨터 고장 시 전체로 파급효과가 크다. • 회선 교환방식에 적합	• 단말기와 단말기 간 통신회선을 연결 • 통신회선이 가장 많이 필요 • 통신회선 장애 시 다른 경로로 통신 가능	• 같은 신호를 다수의 노드로 분배하는 단방향 전송에 적합 • CATV 망 등에 많이 사용

2) 전송매체에 의한 분류

① UTP케이블

차폐가 없는 두 줄의 도선을 꼬아놓은 케이블로써 자계에 의한 유도기전력이 서로 상쇄되어 어느 정도의 잡음 내성을 갖고 있다.

② 동축케이블

㉠ UTP보다 훨씬 더 멀리 전송되고, 더 많은 단말장치 연결과 더 높은 처리능력이 있다.

㉡ 중심도체를 외부도체로 둘러싼 구조로, 외부의 전자계가 외부도체에 의하여 차단되는 구조

㉢ 전송속도는 수 10[Mbps]

③ 광케이블

㉠ 유리나 플라스틱으로 만들어진 가는 섬유로 반사 또는 굴절에 의해 전반사를 통해 광에너지 전파

㉡ 코어나 클래딩으로 구성

- 코어 : 클래딩보다 굴절률이 높으며, 이것을 통해 빛을 전파하기 위한 목적
- 클래딩 : 코어보다 굴절률이 낮으며, 빛의 전파를 외부로부터 보호・격리하기 위한 목적

구 분	UTP	동축케이블		광섬유케이블
		베이스밴드	브로드밴드	
용 도	저속통신망	단거리중저속 디지털 통신망	장거리통신망	장거리고속망
전송 거리	1[km] 이내	3[km] 이내	300[km] 이내	300[km] 이내
전송 속도	1~10[Mbps]	3~50[Mbps]	150~400[Mbps]	5~10[Gbps]
통신망 구조	성형, 버스형, 링형	버스형, 링형	버스형	버스형, 링형
특 징	• 저비용 • 기존시설에 적용 • 잡음에 약함	• 저비용 • 접속이 용이 • 잡음에 강함	• 고비용 • 접속이 어려움 • RF모뎀 사용	• 고비용 • 접속이 어려움 • 전송의 고신뢰성

3) 전송방식에 의한 분류

① 베이스 밴드방식

㉠ 호스트로부터 전송케이블에 데이터를 보낼 때 디지털 신호를 사용하여 전송하는 방식이다.

㉡ 이 방식에서 전송케이블은 단일 채널로 사용되며 사용자 시스템은 간단한 기능의 트랜시버를 통해 전송케이블에 접속된다.

㉢ 사용자 시스템에서 전송한 데이터는 양방향으로 전송된다.

② 브로드 밴드 방식

㉠ 호스트로부터 전송케이블에 데이터를 보낼 때 아날로그 신호를 사용하여 전송하는 방식이다.

㉡ 이 방식은 기존의 CATV 망의 전송방식을 그대로 이용하는 것으로 전송케이블은 다중채널로 사용될 수 있다.

㉢ 사용자 시스템은 모뎀을 통해 전송케이블에 접속된다.

③ 캐리어 밴드 전송

브로드밴드 전송방식의 한 종류로서 데이터를 아날로그 신호로 전송하지만 전송매체를 단일채널로 사용하는 방식을 말한다.

구 분	베이스밴드 방식	브로드밴드 방식	캐리어밴드 방식
신호형태	디지털 신호	아날로그 신호	아날로그 신호
채널수	단일채널	다중채널	단일채널
전송거리	10[km] 이내	10[km] 이상	10[km] 이내
망 구성 형태	버스형, 링형	버스형, 트리형	버스형, 링형
전송방향	양방향 통신	단방향 통신	양방향 통신
응용 분야	중소규모 데이터 전송	대규모 멀티미디어 전송	중대규모 데이터 전송

4) 매체 접속방식에 의한 분류

① CSMA/CD(경쟁방식)

㉠ 정의 : 각 호스트들이 전송매체에 경쟁적으로 데이터를 전송하는 방식이며, 전송된 데이터는 전송되는 동안에 다른 호스트의 데이터와 충돌할 수 있다. 토큰 패싱 방식에 비해 구현이 비교적 간단하다.

㉡ 동작원리

- 데이터를 전송하고자 하는 스테이션은 전송매체가 비어 있는지 검사한다.
- 전송매체가 비어 있으면 데이터 전송을 시작하고, 사용 중이면 일정시간 대기 후 새로운 시도를 시행한다.
- 데이터를 전송하는 동안에는 충돌이 발생하는지를 검사한다. 충돌이 감지되면 데이터 전송을 즉시 중단하고, 충돌신호를 전송한다.
- 임의의 일정한 시간을 대기 후 재전송을 시도하는데, 충돌재발 방지를 위한 대기 프로토콜에 의해 실시된다.

② 토큰 패싱 방식

㉠ 빈 토큰이 링을 따라 순환한다.

㉡ 데이터를 전송하고자 하는 호스트는, 빈 토큰을 확보한 후에 토큰의 비트패턴을 변경하여 사용 중 토큰으로 만들어, 데이터와 함께 데이터 프레임에 기입하여 링에 전송한다.

㉢ 송신 호스트는 자신이 송신한 데이터가 링을 순환하여 돌아오면 링에서 데이터 프레임을 제거한다.

㉣ 데이터 전송 확인 후 빈 토큰을 링에 방출시킨다.

3 LAN설비의 특징

① **연결성** : 다양한 통신장치와의 연결
② 높은 신뢰도
③ 확장 및 재배치 용이
④ 다양한 DATA처리 : Data, Voice, Video
⑤ 광대역 전송 매체의 사용으로 고속통신
⑥ 네트워크 내의 어떤 기기 간에도 전송이 가능
⑦ 매우 낮은 에러율
⑧ 통합적인 정보처리 능력

4 LAN의 도입효과

1) 분산처리의 실현

현재의 집중 처리 방식에서 업무별 분산 처리가 가능

2) 통합된 Network 관리

모든 컴퓨터 자원이 하나의 Network에 연결되므로 전체 망 관리가 간단하고 용이해짐으로 기기의 추가, 이동에 따른 대응이 편리

3) 고속의 데이터 전송

고속의 양질 데이터 전송이 가능

4) 자원의 공유

고가의 주변장치, S/W, 자료의 공유가 가능

5) 효과적인 시스템 이용

저가의 PC를 이용하여 각종 Host를 Access하며 파일 전송에 의한 데이터 교환 가능

6) PC간 통신(PC-LAN)

PC를 연결하여 데이터의 전송 및 파일 서버의 프로그램, 프린터, 주변기기를 공유

006 LAN의 구성요소

1 Hardware

1) 전송매체(Medium)

각 Node간의 물리적 Channel을 형성하는 요소로서 Twisted Pair, Coaxial Cable Fiber Optic 등이 사용된다.

① Twisted Pair Wire

㉠ 두 줄의 전선을 꼬아놓은 케이블이다. 자계에 의한 유도를 받아도 각 루프마다 기전력을 서로 없애주기 때문에 어느 정도의 잡음 내성이 있다.

㉡ 전송속도 : 수 100[bps]~1[Mbps]

② Coaxial Cable(동축 케이블)

㉠ 전송속도 : 1[Mbps]~수십[Mbps]

㉡ 장거리 전화, 케이블 TV, TV 안테나와 TV, 비디오 등을 설정하는 데 사용된다. 이중연선과 광섬유의 중간 기능을 제공한다.

③ Fiber Optic(광섬유)

㉠ 유리 또는 플라스틱으로 만든 얇은 섬유를 사용하는 것으로, 모든 정보가 빛의 형태로 바뀌어 전송/수신된다.

㉡ 상당히 높은 가격과 뛰어난 배선 기술이 필요한 것이 단점이지만, 잡음이 적고 전송속도가 빠르기 때문에 주로 고속 전송이 필요한 네트워크나 충격이 발생할 우려가 있는 곳에서 많이 사용한다.

2) WIRING 장비

① NIC(Network Interface Card)

일반적으로 PC의 확장 SLOT 내에 장착하는 보드로써, 데이터가 워크스테이션 또는 서버로부터 네트워크로 또는 네트워크에서 컴퓨터로 이동하기 위한 정보통로의 역할을 수행한다. 8 Bit, 16 Bit Channel을 가진 것이 있으며 3COM, Intel, Novell Card, 대만제 LAN Card가 주로 사용된다.

② HUB

㉠ 10BASE－T에서 사용되는 네트워크 케이블 집중장치로, 허브는 Twisted Pair Cable을 Star Topology로 연결시켜 클라이언트와 접속시키는 장치이다.

㉡ 허브는 전송 중 깨진 수신 신호를 복원하여 다른 포트에 송신하고, 신호의 충돌 검사를 행하는 리피터의 기능을 수행한다.

③ Transceiver

10BASE5 Backbone Cable과 PC를 연결하기 위한 Cable로서, 전송속도 10[Mbps]에 대한 송수신 Cable 상에 발생하는 충돌 검출 기능이 있음

④ Repeter

거리가 증가할수록 감쇄되는 신호를 재생시키는 장치로 서로 분리된 동일 LAN에서 거리를 연장하거나, 접속되는 Segment의 수를 증가시키기 위한 장치.

⑤ Bridge

동종의 Network를 연결하는데 사용되는 고속의 스위치 장치 Repeater와 유사하나 기능상 차이점으로는 Filtering, Forwarding을 통하여 Network에 대한 Traffic을 감소시키는 효과를 가지고 있다.

⑥ Router

LAN과 LAN을 연결하거나 LAN과 WAN을 연결하기 위한 Internetworking 장비 최적의 경로를 설정하는 Routing 기능이 존재 Internet Protocol에 따라 정의 방법이 다르다.

⑦ Gateway

두 개의 컴퓨터 네트워크를 연결시켜 주는 시스템으로, LAN 과 LAN 사이의 데이터 중계를 담당하는 통신 서버를 일컫는다.

⑧ Network Server

디스크에 담겨있는 S/W 및 데이터를 공유할 수 있게 해 주며 프린터의 사용, 디스크의 백업 등과 같은 자원의 공유를 가능하게 해 준다.

2 Software

1) NOS(Network Operating System)

복수의 어플리케이션으로부터 동시에 서비스를 요청받아 Network 자원을 효율적으로 사용할 수 있도록 보안기능, 신뢰성, 관리기능을 내포하고 있는 File Server에 장착되며, Network를 구성하는데 있어서 가장 큰 비중을 차지한다.

2) Peer-to-Peer(P2P) 방식의 NOS

PC가 공유자원의 서버가 되면서 동시에 클라이언트의 역할을 수행한다.

3) Client-Server 방식의 NOS

전용 서버와 클라이언트(단말)로 구성

4) NMS(Network Management System) : 네트워크 관리 시스템

Network 전체에 대한 관리기능을 제공하는 S/W 및 H/W로 구성되며, Network상태의 논리적인 Map 제공 및 Line, Node의 장애 표시 기능, Performance Management 기능 등을 가지고 있다.

5) RDBMS(Relation Database Management System)

LAN을 기반으로 하는 관계형 데이터베이스 관리 시스템으로 Client-Server 방식으로 MS-SQL Server, Netware SQL, Gupta SQL, IngreS, Oracle, Informix, Sybase 등이 있다.

6) E-Mail

① LAN에 연결된 PC에서 우편업무 기능을 수행하는 것으로써 문서의 송수신, 메시지 전송, 게시판 기능을 갖춘 Network상에서 구현되는 S/W

② LAN 공급 업체가 독자적으로 개발하거나, S/W 개발 협력업체를 통하여 개발 공급하고 있으며 국내의 경우는 조직구조나 결재라인, 문서형식 등이 정형화되어 있지 않기 때문에 주문 생산에 의존하고 있는 형편이다.

007 펄스부호 변조방식(PCM ; Pulse Code Modulation)

1 정 의

PCM은 아날로그 형태의 신호를 디지털 형태로 변경하여 신호를 보내는데, 표본화와 양자화 그리고 부호화 등의 3단계의 과정을 거친다.

2 변조과정

1) 표본화

① PAM(Pulse Amplitude Modulation)을 이용한다.

② 주어진 아날로그 신호를 나이퀴스트 기준에 따라 표본화한다.

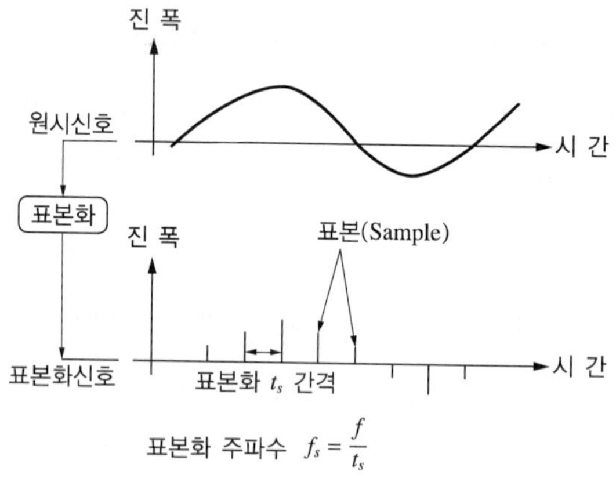

2) 양자화

① 표본화된 수치들을 반올림하여 정수로 만든다. 선형 양자화와 비선형 양자화의 두 가지 방법이 있다.

② 선형은 신호 진폭의 각 스탭 사이즈가 균등하고, 비선형은 균등하지 않다.

③ 버려진 소수점 값들에 의해 신호가 왜곡 되는데 이를 양자화 잡음이라고 한다.

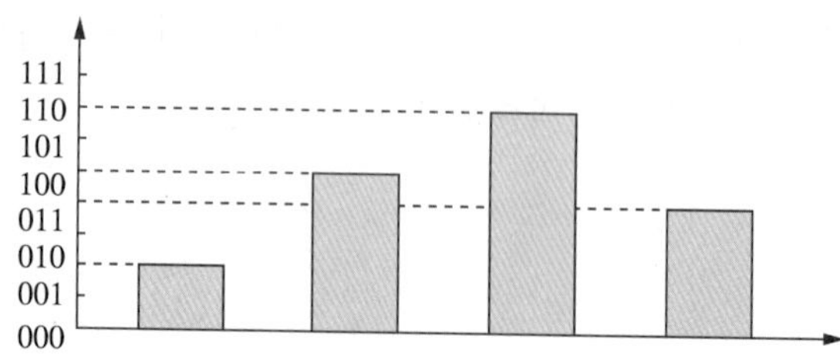

3) 부호화

① 양자화 값을 2진 디지털 부호로 바꾸는 것을 말한다.

② 정량화된 진폭의 크기를 2진수로 바꾸어서 7비트로 표현한다. 마지막 8번째 비트는 부호를 표시한다.

3 PCM의 장점

① 잡음에 강하다.

② 전송 중 코딩된 신호를 효과적으로 재생

③ 신호 대 잡음비를 개선하기 위하여 채널 대역폭의 증가를 효과적으로 바꿀 수 있다.

④ 동일한 포맷으로 공통된 네트워크에서 다른 디지털 데이터와 합칠 수 있다.

⑤ TDMA 시스템에서 신호를 빼거나 삽입하기 쉽다.

4 PCM 동작과정

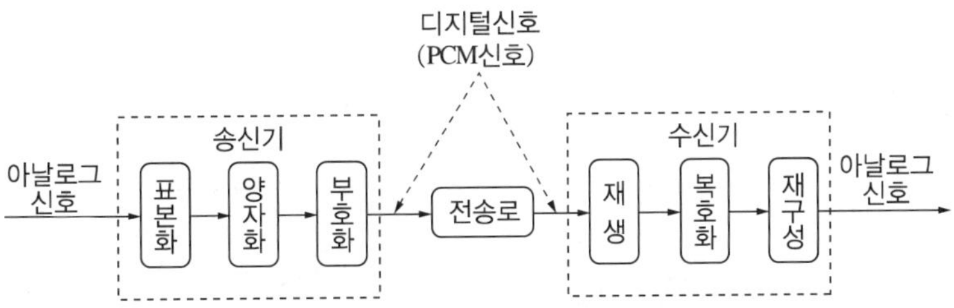

표본화	• 연속적인 신호를 일정한 시간 간격으로 검출하는 단계 • 샤논의 법칙 : 최고 주파수의 2배 이상의 주파수로 채집되면 이는 원래의 신호가 가진 모든 정보를 포함함 • 표본화에 의해 검출된 신호 : PAM, 아날로그 형태 • 표본화 회수 : 최고 주파수×2 • 표본화 간격 $= \frac{1}{\text{표본화 횟수}}$
양자화	• PAM 신호를 유한개의 부호에 대한 값으로 조정하는 과정 • 양자화 잡음 : 표본 측정값과 양자화 파형과의 오차 • 양자화 레벨을 세밀하게 하면 양자화 잡음이 줄지만, 데이터의 양이 많아지고 전송 효율이 낮아짐
부호화	양자화 된 PCM펄스의 진폭 크기를 2진수로 표시하는 과정
복호화	수신된 디지털 신호(PCM)를 PAM신호로 돌리는 단계
여파화	PAM신호를 원래의 입력신호인 아날로그 신호로 복원하는 단계

SECTION 02

TV 공청설비

008 TV 공청설비

1 개 요

① TV공청설비는 건물 옥탑에 안테나 1개를 설치하고 양질의 전파를 수신하여 직접 또는 증폭기를 통해서 여러 대의 TV 수상기에 TV 전파를 배분해서 시청하는 설비이다.

② 또한 난시청 지역의 해소 일환으로 비롯되어 TV에 의한 정보전달 시스템으로 발전한 CATV시스템이 있다.

③ 여기에서는 일반적인 건축물에 적용되는 TV 공청설비에 대하여 설명하면 다음과 같다.

2 구성 및 원리

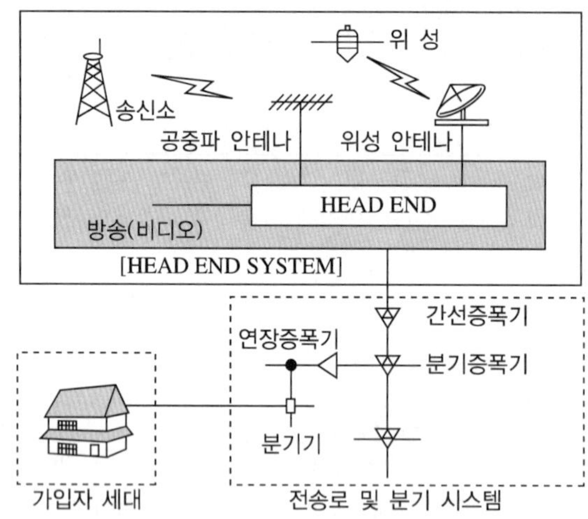

▌CATV 시스템의 구성

1) 안테나

① 수신하려는 TV 전파에 대하여 VHF대용, UHF대용, 위성방송용 등의 안테나 등이 있다.

② 안테나는 각 대역 내에서 각 주파수 전용이나, 조합하여 광대역으로 사용한다.

③ 공청설비의 질은 안테나의 수신 전파에 따라 정해지므로 주의하여 설계하고, 시공하여야 한다.

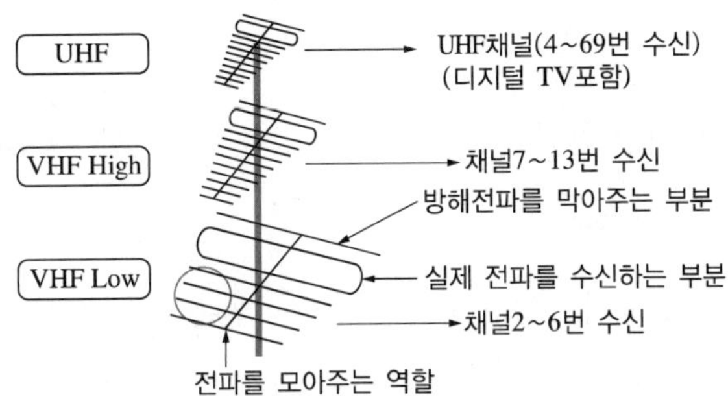

2) 혼합기

① 서로 다른 2종 이상의 주파수대 전파를 하나로 혼합 또는 분파하는 것으로 VHF와 UHF전파를 혼합하여 하나의 전송선로에 통합할 때 사용한다.

② VHF만을 통과시키는 저주파 통과 필터와 UHF만을 통과시키는 고주파 통과 필터 통합으로 구성되어 있다.

3) 수신점 장치(Head End)

① TV신호 프로세서 장치

TV수신 안테나 출력을 시스템에 적합하도록 조정 및 제어하는 장치

② 채널 변환기

간선 이후의 전송손실을 줄이기 위하여 UHF 수신채널을 VHF로 변환하는 장치

③ 수신 증폭기

수신된 방송파를 적정레벨로 높이는 장치이다.

④ 혼합장치(Mixer)

여러 출력을 혼합하여 간선에 신호를 전송하는 설비이다.

4) 증폭기

① 증폭기는 수신한 전파를 적정레벨로 높이기 위한 것이다.
② 증폭기에는 분배 손실을 보상하는 분배용 증폭기와 전송선로의 손실을 보상하는 간선용 증폭기가 있다.
③ VHF와 UHF를 분리 증폭하는 것과 VHF 전용 증폭기가 있다.

5) 분기기, 분배기, 직렬유닛

① 분기기

신호레벨이 강한 간선에서 필요한 양 만큼의 신호를 분기하는 기기이다.

② 분배기

입력신호를 균등하게 분할함과 동시에 라인분할로 생기는 임피던스 저하를 일으키지 않도록 임피던스 정합도 하는 기기이다.

③ 직렬유닛(정합기)

분기, 분배, 정합 기능을 아웃렛 박스에 들어가는 크기로 정리한 기기이다.

6) 전송선

① 안테나로 수신된 전파를 각 기기에 연결하는 것으로 TV 수상기까지 전달하는 것을 말한다.
② 중심도체가 외부도체의 중심에 오도록 하고 그 사이에 절연체를 끼웠으며, 두 도체의 중심축이 일치된 동축케이블을 사용한다.
③ 최근에는 높은 광대역을 가지고 있는 광섬유 케이블의 사용이 늘어나고 있다.

7) 방송위성

방송위성은 지상국으로부터 위성으로 발사된 TV 프로그램 신호를 수신하여 증폭기를 통과한 후 다시 지상의 각 가정에 설치되어 있는 파라보릭 안테나를 거쳐서 직접 수신할 수 있는 위성방송이다.

3 종 류

1) MATV(Master Antenna Television)

대형 마스터 안테나와 여러 개의 TV 수상기를 결부시킨 TV 방송의 공동수신 시스템. 아파트, 빌딩, 호텔 등의 TV 방송을 공동으로 수신할 때 사용한다.

2) SMATV(Satellite Master Antenna Television)

① 위성 마스터 안테나 텔레비전 방식

② 아파트, 호텔 등 빌딩 옥상에 주안테나를 설치하고 위성에서 보내는 신호를 수신하여 빌딩 내의 희망가구에 분배하는 공동수신 시스템, MATV보다 규모가 작다.

3) CATV(Cable Television, Community Antenna Television)

CATV는 방송국에서 가입자에게 케이블을 통해 방송 프로그램을 전송하는 통신시스템을 말한다.

4 설치 시 고려사항(=안테나 설치장소의 결정)

1) 양질의 전파 수신 장소

① 건축물의 옥상 내에서도 전파 그늘이나 반사파 등의 영향이 없는 곳을 선정한다.

② 전파 그늘 지역에는 고스트 장해와 약전계 장해가 발생하여 스노(Snow) 현상을 수반하게 된다.

2) 전계 강도 차가 작고 변동이 작은 장소

전계 강도 차가 작고 변동이 작은 양질의 장소를 선택하여 안테나를 설치한다.

3) 고스트가 적은 장소

① 고스트 장해에 의해서 희망파와 반사파의 진폭비, 위상차 등의 물리량을 조사해야 한다.

② 고층빌딩의 외벽재료에 금속재, 철근 콘크리트, 석재 등이 사용되므로 반사파를 고려해야 한다.

4) 잡음원에서 떨어진 장소

TV 전파는 외부 전파 등에 영향을 주고받을 수 있으므로 타 전파잡음에서 떨어질수록 좋은 수신이 가능하다.

5) 설치가 쉽고, 전기적, 기계적 영향이 적은 장소

① 피뢰침의 보호범위 내에 있고, 피뢰설비와 등전위 본딩을 할 것
② 강전의 가공선과는 원칙적으로 3[m] 이상 이격할 것
③ 설치강도는 순간 최대풍속 40[m/s]에 견딜 수 있는 구조일 것

6) 건축물의 미관을 고려할 것

5 전파장해요인 및 대책

1) 반사파에 의한 Ghost 현상

① 종 류

㉠ 단순 Ghost : 반사파가 1개 인 것
㉡ 복잡한 Ghost : 반사파가 2개 이상인 것
㉢ 부극성 Ghost : 위상차가 90°~270°
㉣ 정극성 Ghost : 희망파와 반사파의 위상차가 90° 이내

② 대 책

㉠ 안테나의 설치 위치를 이동하여 직접파의 수신감도를 높임
㉡ 고이득 지향성이 높은 찬넬 전용 안테나를 사용

2) Snow 현상

① 정 의

약전계 지역에서 일어나는 현상으로 화면에 눈이 내리는 것 같이 되어 화면이 뚜렷하지 못함

② 대 책

㉠ 고이득 찬넬 전용 안테나 사용
㉡ 안테나 위치를 높게 잡음

ⓒ 수신전계강도가 높은 지점을 찾아 Master안테나를 설치하여 MATV 또는 CATV 방식 채택

3) Fading 현상

① **정의** : 전계의 변동으로 전파의 강도가 변하는 현상

4) Flutter 현상

① **정의** : 전파가 전하는 경로 또는 전계가 강한 지점에 빠른 이동물체(비행기, 자동차, 전철)가 지나갈 때 화면이 어른거리는 현상

② **대책** : 수직 지향성이 좋은 안테나를 사용한다.

5) 기상 기후에 의한 영향

천둥, 번개 등에 의한 영향을 말한다.

6) 차폐장해 현상

① **정의** : 빌딩 반사, 빌딩 그늘 현상이 나타나는 것

② **원 인**

㉠ 직사파 차단 → Snow 현상과 Noise 발생

㉡ 반사파 증가 → Ghost 현상

③ **범 위**

㉠ 빌딩이 높을수록, 안테나가 빌딩에 가까울수록 전파 장해는 커진다.

㉡ 전파방향에 따른 광학적 투영, 반사는 빌딩 그늘은 높이의 5~8배, 반사는 수백[m]~수[km]

④ **대 책**

㉠ 그 늘

- MATV나 CATV 방식 채택
- 안테나 성능 증가, 높이, 방향 조절

㉡ 반 사

- 빌딩의 상향 반사로 피해 경감
- 외벽처리를 전파 흡수형 타일 등의 마감 공법 채택

009 CATV 설비

1 개 요

① CATV(Cable Television, Community Antenna Television)는 방송국에서 가입자에게 케이블을 통해 방송 프로그램을 전송하는 통신시스템을 말한다.

② 원래는 난시청 지역의 해소를 위하여 고안된 시스템이 자체방송 시스템으로 발전되었고 또 이것이 쌍방향 시스템으로 발전되어 정보공유의 시스템으로 발전하였다.

2 구성 및 원리

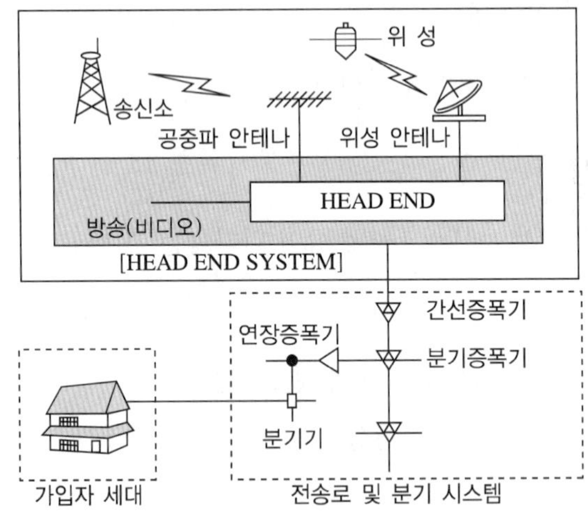

▌CATV 시스템의 구성

1) 센터계

① 공중파의 양호한 수신 및 재송출, 자체 신호의 편집 및 제작 송출, 각 신호의 집합과 상향정보의 종합처리 등의 다양한 기능을 수행한다.

② 안테나(마스터)에 의해서 수신되는 신호, TV카메라 신호 VTR, 컴퓨터들로부터의 각종 신호를 전송로에 송출하기 위한 모든 설비

③ 수신점 설비, 헤드 엔드, 방송 설비 및 기타 설비로 구성된다.

2) 전송로 분배계

① 헤드 엔드에서 송출된 신호를 각 가입자의 단말기까지 전송하기 위한 통로에 해당되는 것
② CATV 시스템의 규모, CATV 시스템의 적용대상 가입자의 분배 밀도, 헤드 엔드의 위치와 지형적 조건 등에 따라 구성방법이 달라지므로 일률적으로 결정되지 않는다.
③ 중계 전송망으로 간선, 분배선, 간선증폭기, 분배증폭기 등으로 구성된다.

3) 단말계

① 외부에서의 위험전압의 유입을 막는 보안기, 임피던스 정합기, 복수 단말장치와 연결하기 위한 단말 분기기, TV 수상기, 컨버터 등 서비스 종류에 따라 다양한 종류가 있다.
② 단말계는 가입자 설비로서 컨버터, 홈 터미널, TV 수상기, PC 등과 외부에서의 이상전압의 유입 방지를 위한 보안기 등으로 구성된다.

3 CATV의 종류

1) 재송신용 CATV 시스템

① 선명한 화질과 공중파 방송을 녹화 및 재송신을 함으로써 가입자의 TV 수상기까지 전송하는 것을 말함

② 재송신용 CATV 시스템 종류

㉠ 벽지 난시청 대책용 CATV시스템
㉡ 도시 난시청 대책용 CATV시스템
㉢ 빌딩 공공 수신 CATV시스템

2) 자체방송 CATV 시스템

① 자체방송 프로그램을 제작, 방송하며 지역문화 향상과 프로그램 제작 산업의 활성화

② 자체방송 CATV 시스템 기능

㉠ 자체 제작프로그램 제공
㉡ 타 지역 TV방송 수신 제공
㉢ CCTV(폐쇄회로 TV)

3) 쌍방향 CATV 시스템

① 제1단계 쌍방향 CATV

방송국에서 송출하는 여러 프로그램 중 자기가 원하는 것을 선택시청이 가능한 단계

② 제2단계 쌍방향 CATV

가입자가 방송센터의 컴퓨터와 대화하는 단계

③ 제3단계 쌍방향 CATV

가입자가 마이크로프로세서를 갖춘 각종 계측기. 즉 전력계, Gas Meter, 연기감지기 및 보안장비 등을 방송센터의 컴퓨터가 원격 감시할 수 있으며 사고 발생 시에는 자동적으로 소방서나 경찰서 등에 연락하는 시스템을 갖춘 단계

④ 제4단계 쌍방향 CATV

㉠ 가입자 장비에 RAM이 추가되어 중앙 컴퓨터가 데이터 서비스를 할 수가 있으며, 전자우편, 전자신문, 상품정보, 홈뱅킹, 홈쇼핑, 예약 등의 각종 정보 송수신에 이용되는 단계 이상과 같은 4단계 쌍방향 CATV 시스템은 발전단계를 구분한 것

㉡ 향후 영상전화 등 교환 시스템을 이용하여 영상전송을 포함하는 종합통신 기능을 구성하여 종합 단말기로서 뉴미디어로 시행할 수 있는 효과가 있다.

4 CATV의 효과

1) 지역정보화의 초석이 되는 뉴미디어 역할을 담당

이제까지는 중앙에서 만들어진 정보가 전국에 일방적으로 보급되었던 것에 비해 지역 자체 내에서 정보가 생성되거나 유통된다. 그리고 타 지역과 연계 또는 보급시키는 능력을 갖추게 됨으로써 지역정보화를 실현할 수 있게 된다.

2) 지역주민 간의 유대감 강화

이웃사람이 누구인지도 모르는 현 실태에서 그 지역 내의 여러 가지 뉴스를 전달해 주고, 각종 행사, 축제, 운동회 등을 생중계해 줌으로써 자기 지역에 대한 관심을 높이고, 지역주민 간의 유대감을 만들어 주는데 기여할 것이다.

3) 주민들의 정치의식 함양을 도모

① 이제 본격적으로 지방자치가 안착되는 시점에, CATV는 이에 커다란 기여를 할 것이다.

② 지방의회 선거 과정과 개표과정, 회의 광경 등을 생중계하여 의원들의 태도나 진행을 지켜보고 특정사안에 대한 여론을 형성하여, 주민들의 정치적 관심을 북돋울 것이 분명하다.

4) 지역 간의 격차를 없애고 지방의 균등한 발전을 이루는데 기여

정확하고 신속한 정보의 교류는 문화적인 격차뿐만 아니라 경제적인 격차까지도 좁혀 줄 것으로 기대된다.

5) 광고효과를 높일 수 있다.

시청자의 속성을 쉽게 구분할 수 있어 이에 적절한 채널을 선택하는 매체전략이 용이해져 광고의 효과가 배가 된다. 스포츠용품은 스포츠채널을 선택하고, 성인용 제품은 뉴스채널을 선택하는 등 시장의 세분화와 광고의 차별화가 쉽게 이루어진다.

5 일반방송과 CATV의 비교

구 분	일반방송	CATV
서비스 지역	광역성	협소성
서비스 대상	불특정 다수	가입자
제공서비스	공중파 방송	공중파, 자주방송, 정보통신
전송매체	자유공간(무선)	동축, 광섬유
전송품질	상대적 불리	우 수
전송형식	단방향	쌍방향
채널용량	소채널	다채널
정보통신서비스	상대적 불리	상대적 유리
방송국 규모	대규모	소규모
요 금	시청료	시청료, 가입료
주요구성기기	방송국	유선방송국, 전송로, 컨버터
채널제한	없 음	있 음
사업지역	공역단위	지역단위

010 디지털 방송

1 개 요

① 디지털 방송의 경우 음성과 영상 신호를 모두 컴퓨터상에서 사용하는 0과 1같은 기호 문자로 변환하여 디지털 신호로 전송해 주면

② 수신기가 이를 받아들여 해독하여 TV로 전해 줌으로써 아날로그 신호에 비해 많은 장점을 가지고 있는 것으로서 방송의 디지털화는 선택이 아닌 필수적인 사항으로 국내에도 2012년 12월부터 디지털 방송이 시작되었다.

2 압축규격과 변조방식

1) 압축규격

① 압축규격은 전세계적으로 MPEG 규격을 사용하고 있다.

② MPEG는 국제 표준화 기구(ISO)와 국제전기기술위원회(IEC)에서 음향의 압축 및 다중화에 관한 표준을 제정한 것이다.

③ 현재 디지털 방송의 경우는 기존의 MPEG에서 더욱 더 높은 비트율로 압축을 하기 위한 MPEG2 방식을 기반으로 하고 있다.

2) 변조방식 종류 및 특징

구 분	ATSC(8-VSB)	DVB-T
사용국가	미국, 캐나다, 한국	유 럽
정 의	8-VSB(잔류 측 대역변조)	COFDM (직조 주파수 다중변조)
장단점	• 잡음에 강하다. • 효율성이 우수하다. • 피크 대 전력비가 높다. • 데이터 전송률이 높다. • 경제적이다. • 이동 중 수신특성이 좋지 않다.	• 주파수 효율 특성이 좋다. • 이동 중 수신특성이 좋다.

3 특 징

① **고화질, 고품질 방송**

잡음과 화면의 겹침 현상을 줄이고, 전송과정에서 발생한 신호 오류를 자동수정이 가능하여 고화질, 고품질 방송이 가능하다.

② **많은 정보량 전송이 가능**

기존 아날로그는 1채널(6[MHz]) 전송이 가능하나 디지털 TV는 3~5채널 전송이 가능하다.

③ 편집, 저장 가공이 가능하고 유연하게 조정이 가능하다.

④ 디지털화된 다른 통신과 연계가 가능하여 인터넷+TV, 음성+인터넷, 음성+인터넷+TV 등이 가능하다.

⑤ 모든 계층이 정보에 쉽게 접근이 가능하다.

⑥ 압축하여 복원하는데 화면이 깨지거나 방송 속도가 1초 정도 느리다.

⑦ 기존의 아날로그 방식에 비하여 셋톱박스가 필요하다.

4 디지털 시청 방법 5가지

1) 공중파 안테나 이용(아파트 등 공시청 안테나 포함)

공중파 방송(MBC, KBS 1, 2, EBS, SBS 등)만을 볼 수 있는 시청 방식으로 별도의 장비나 비용 없이 공중파(지상파) 방송을 볼 수 있는 방법이다.

2) 각 지역 케이블 사업자 등이 운영하는 단순 유선 방송 서비스

① 가장 일반적인 TV 시청방식이다. 일단 기본적인 케이블 채널도 시청이 가능하면서도 가격이 상대적으로 저렴하다는 장점이 있다.

② 일반 아파트의 경우 공청 안테나 단자에 연결했을 때 기본적으로 유선 방송이 나오는 곳도 많다.

3) 케이블 방송 with STB

① STB라고 해서 옛날 VTR과 비슷하게 생긴 별도의 박스 형태의 장비가 추가된 방송 서비스이다.

② 기본적으로 디지털 방송이 기본이며 유선 방송에 비해 훨씬 더 많은 케이블 채널과 함께 데이터 방송 이용이 가능하다.

③ 또한 기존 SD급 화질에서 최근 HD급 화질로 시청이 가능한 HD STB에 대한 공급이 이루어지면서 좀 더 좋은 화질로 TV 시청이 가능하다. 하지만, 상품별로 가격대가 상대적으로 높은 단점이 있다.

4) 위성을 이용한 위성 방송 with STB

① 국내에서 위성을 이용한 방송 서비스를 할 수 있는 사업자는 스카이라이프(Skylife)가 유일하다.

② 위성을 이용한 방송 청취를 위해서는 위성을 수신할 수 있는 위성안테나(접시)와 그 신호를 변환할 수 있는 STB가 별도로 필요하다.

5) IPTV(쿡TV, Broad & TV, myLGTV) with STB

방송신호를 가정에서 이용하고 있는 인터넷 회선을 통해 전송하여 이를 방송신호로 다시 변환해 주는 STB를 거쳐 방송을 시청하는 방식이다.

참고정리

➤ VSB(잔류 측파대 변조방식)

진폭 변조 방식 중 SSB와는 달리, 한 쪽 측파대를 완전히 제거하지 않고, 그 일부분을 잔류시키고 그 나머지를 제거하여 전송시키는 변조방식

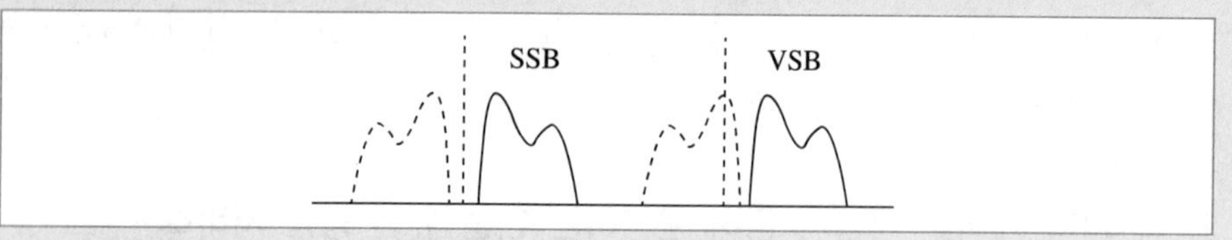

➤ MPEG(압축규격)

1. MPEG1 : 최초 비디오, 오디오 표준
2. MPEG2 : 디지털 TV
3. MPEG3 : HDTV(MPEG2로 귀속)
4. MPEG4 : MPEG2 확장
5. MPEG7 : 멀티미디어 콘텐츠 기술
6. MPEG21 : 미래표준 멀티미디어 프레임 워크

SECTION 03

주차관제설비

011 주차관제설비 1

1 개 요

① 주차관제 장치는 주차장을 이용하는 차량을 안전 또는 효율적으로 유도함과 동시에 주차장 운영에 필요한 설비를 자동화하고자 하는 것이다.

② 주차관제 설비는 신호제어장치, 재차표시장치, 주차요금 표시장치, 기타 보조장치 등으로 구성되어 있다.

③ 과거 수동적인 주차관제 설비에서 자동적인 주차관제방식으로 발전되었고, 현재는 RF카드 인식 방식, 영상 차번호 인식방식 등으로 발전되어 왔다.

④ 또한 주차장 진입 시 구역별 주차현황 표시와 빈 주차 공간으로 자동 유도하는 지능형 자동 주차 유도 시스템(초음파식)도 대형 건축물인 경우에 적용되고 있다.

2 주차관제 시스템 구성

1) 신호제어 시스템

① 감지장치

㉠ 디딤판식 : 차고의 출입구에 디딤판을 설치하고 차량을 검지하는 장치

㉡ 광전관식

- 투광기와 수광기를 이용하여 광전관으로 차량을 검지하는 장치
- 주차장 내의 조명을 이용하여 광전자 검출기로 차량을 검지하는 장치

㉢ 초음파식 : 자동차용 통로, 벽, 천장 등에 발음기와 수음기를 설치하여 음파의 반사를 이용해 차량을 검출하는 방식

㉣ RF방식 : RFID 시스템은 전자파를 이용한 원격인식 시스템으로 고속 이동체(차량)에 부착된 RFID Tag에 대하여 인식하는 시스템이다.

㉤ 영상번호 인식 방식 : 고속화상 처리기(Image Processor)를 이용하여 문자의 식별을 영상화하여 차량번호를 인식하는 방식

② **중앙 감시반**

㉠ 주차장에 출입하는 차량대수를 계수하여 디지털로 표시하기 때문에 항상 각 층의 입차, 재차, 출차 대수를 파악할 수 있다.

㉡ 차량이 만차가 되었을 때에는 층별 만차등과 입구 만차등에 주차가능 여부의 상태를 알려주는 기기로써 차량 소통에 안전을 기하는 내부 제어장치이다.

③ **장내 경보등**

주차장 내에 차량이 진입할 경우 검지기로부터 신호를 받아 장내에 있는 차량 및 보행자가 주의하도록 부저음 및 경보등이 구동되어 사고를 미연에 방지함은 물론이고, 원활한 차량 소통을 하게 한다.

④ **출차 주의등**

주차장에서 차량이 외부로 나올 때에 차로 주변에 있는 보행자 또는 차량에게 차가 나오고 있음을 알려 사고를 미연에 방지함은 물론 차량소통을 원활하게 하며 별도의 주차 요원 없이 자동으로 검지기에 의해 출차중임을 알린다.

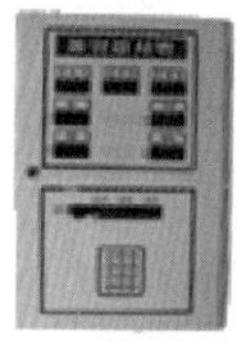

▮ 중앙 감시반

▮ 장내 경보등

▮ 출차 주의등

⑤ **차량 유도등**

주차장 내부의 입·출구 진행로에 설치하여 주차장 내에서의 안전 운전과 신속한 차량 소통이 이뤄지도록 차량을 유도하는 기기이다.

⑥ **진입 금지등**

주차장 내부의 RAMP 또는 차로에서 차량 이동 반대쪽 차선에서 항상 적색신호등을 점등하여 운전자에게 진행금지 차선을 알려줘 차량 충돌을 사전에 방지하고 원활한 소통을 목적으로 하는 신호등이다.

2) 재차관리 시스템

① 입구 만차등

㉠ 중앙 감시반으로부터 각 층별의 주차 가능 대수 또는 주차대수 데이터를 수신하여 입구 만차 부에 디지털로 표시한다.

㉡ 운전자에게 보다 정확한 주차장 정보를 제공하여 차량의 주차 가능한 층을 유도해 주는 만차등이다.

② 층별 만차등

㉠ 중앙 감시반으로부터 각 층의 주차 가능 대수 또는 주차 대수 데이터를 수신하여 디지털로 표시하고

㉡ 운전자에게 보다 정확한 주차장 정보를 제공하여 주차가능 여부를 알려주는 신호 유도등이다.

3) 주차요금정산 시스템

① 주차카드 발행기

㉠ 마그네틱 방식과 바코드 방식 등이 있다.

㉡ 주차장 입구에 설치되는 기기로 자동 또는 수동으로 주차권을 발행하거나 정기권을 판독하며 액정표시 안내문과 안내방송을 통해 주차장을 이용하는 운전자에게 주차장 이용에 편리함을 제공한다.

② 차량번호 인식카메라

㉠ 첨단 영상기술을 이용하여 차량의 번호 영상을 데이터화하고 차량의 입차 시와 출차 시의 번호 영상데이터를 비교한다.

㉡ 모든 차량의 입·출차 영상, 시간 등의 관련 데이터 조회가 가능하고, 차량번호를 사전 등록하여 자동으로 출입을 통제하므로 보안을 포함한 다각적 기능을 갖춘 시스템이다.

③ **사전무인 요금정산기**

㉠ 주차를 마친 운전자가 차량에 탑승하기 전에 주차 요금을 계산하는 무인정산기

㉡ 유효 주차권이 투입되면 단계별 안내 방송에 따라 누구나 쉽게 사용할 수 있으며, 신용카드 및 교통카드, 지폐와 동전으로 계산하고 영수증을 발급한다. 이 장비는 컴퓨터와 통신을 연결하여 단독으로도 운영이 가능하다.

④ **중앙관리 컴퓨터**

㉠ 주차장 운영의 효율성을 극대화하기 위한 기기로 주변 기기들의 원격 조정 기능을 수행한다. 주차장 내의 정기권의 동작 상황을 모니터를 통해서 확인, 감시한다.

㉡ 모니터와 요금표시기에 주차요금 및 거스름돈이 표시되어 징수원과 고객에게 동시에 요금을 알려 준다.

㉢ 모든 지불이 끝나면 자동 차단기가 Open되고 정기권, 특수권, 할인권 등을 발행, 판매, 관리 및 독취 기능도 수행하고, 출입대수, 티켓별 분류 카운팅 및 저널프린트 인쇄기능도 있다.

3 주차관제 설계 시 검토사항

1) 주차관제 설비의 종류 선정

① **감지방식의 선정**

루프코일 방식, RF카드 방식, 영상센서 번호인식 방식 등 선택

② **주차요금시스템 선정**

수동식, 마그네틱 방식, 바코드 방식

③ **요금정산 시스템 선정**

수동식, 출구 무인정산, 사전 무인정산 등

2) 주차장의 규모, 주차 대수 선정

3) 주차 차량의 회전율 및 출입구 상황 파악

4) 장내 유도방향

5) 부근의 도로상황 및 교통 영향 평가에 따른 외부의 교통흐름 정도를 파악

6) 주차관제 시스템의 투자에 대한 경제적인 효과 분석

4 기대효과

① 최소의 인원으로 주차장 관리 및 운영 효율성 증대
② 원활한 주차장 교통소통 유지
③ 방범 출입통제와 연동으로 입주민의 건축물 출입용이
④ 건물 용도에 따른 입·출차 방식 적용으로 주차장 사용 편의성 증대

012 주차관제설비 2

1 개 요

① 주차관제 장치는 주차장을 이용하는 차량을 안전 또는 효율적으로 유도함과 동시에 주차장 운영에 필요한 설비를 자동화 하고자 하는 것이다.

② 주차관제 설비는 차량검지장치, 신호등, 유도등, 제어반, 만차 표시설비, 주차관제 설비 등으로 구성된다.

2 주차관제 설계 시 검토사항

① **주차관제 설비의 종류 선정**

㉠ 감지방식의 선정

㉡ 주차요금 시스템 선정

㉢ 요금정산 시스템 선정

② 주차장의 규모, 주차대수 선정 : 법규, 영업성

③ 전기자동차의 전원공급설비 설치에 대한 사항을 검토

④ 주차 차량의 회전율 및 출입구 상황 파악

⑤ 장내 유도방향

⑥ 부근의 도로상황 및 교통 영향 평가

⑦ 주차관제 시스템의 투자에 대한 경제적인 효과 분석

3 관제설비

1) 유도등

입구, 출구, 주차방향을 알 수 있도록 설치한다.

2) 신호등

① 차량검출장치에 의하여 동작되도록 회로를 구성한다.

② 신호등의 종류

신호등의 종류	특 징
단색 신호등	• 주의등으로 사용 • 차량검출장치에 의해 점멸
2색 신호등	• 적색, 청색의 등화 • 차량의 정지와 통행의 신호로 사용
황색 회전등	• 일반적으로 일방통행의 출구에 사용 • 건축물 내부 주차장에서 광범위한 안전등으로 사용
문자식 신호등	• 문자에 의해 정지, 통행의 사인을 표시 • 건축물 내에서만 사용

4 차량검출장치

1) 루프코일 방식

차량통과 시 인덕턴스 변화를 검출하여 신호제어기에 차량을 통보하는 방식

2) 적외선 빔 방식

① 차량 통과 시 빛의 차광을 검출하여 차량을 검지하는 방법

② 신호제어기의 설치 시 투광기와 수광기를 2조씩 설치하여 검지순서에 따라 입·출차 방향을 알 수 있도록 구성한다.

③ 차량검출장치의 신호를 검출하여 신호등을 동작시키거나 제어반으로 통보한다.

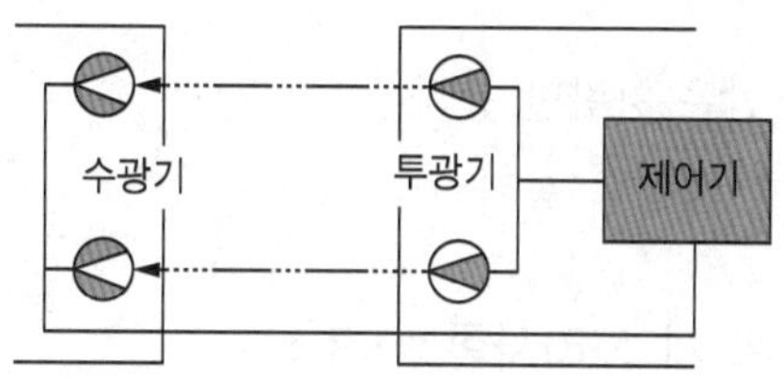

3) 디딤판 방식

자동차가 디딤판을 지나갈 때 차량을 검출하는 방식

4) 광전자 방식

주차장 내의 조명을 이용하여 광전자 검출기로 차량을 검지하는 장치

5) 초음파 방식

전자유도현상, 자왜현상, 압전현상 등을 이용해서 발생한 초음파로 차량을 검출하는 방식

6) RF방식

Tag, Reader기를 이용하여 차량을 검지하는 방식

7) 영상번호인식 방식

고속 화상 카메라를 이용하여 문자를 식별, 영상화하여 차량 번호를 인식하는 방식

5 제어반 및 주차정보 표시

1) 제어반

차량의 주차상태를 계수하여 운전자에게 정보 제공

2) 주차정보 표시

① 만차 표시등
② 층별 만차 표시
③ 주차 구역별 공차 정보 표시

6 출입제한설비

1) 출입제한설비 목적

① 사전에 허가를 받은 차량만 통과
② 주차권을 발행한 차량을 통과

2) 출입제한설비 설계 시 고려사항

① 게이트는 입구 및 출구에 설치한다.
② 허가받은 차량 인식과 요금부과장치에 의해 동작한다.
③ 주차권 발행기는 차량검지장치 또는 수동버튼에 의하여 동작한다.
④ 출입허가 차량인식장치는 리모컨 스위치, RFID, 센서확인방식, 번호인식장치 등을 사용한다.
⑤ 요금정산은 수동 요금계산방식과 자동 요금정산장치에 의한 방식이 있다.

7 기대효과

① 주차장 관리 및 운영 효율성이 증대
② 원활한 주차장 교통소통 유지
③ 방범 출입통제와 연동으로 입주민의 건축물 출입 용이
④ 건물 용도에 따른 입출자 방식 적용으로 주차장 사용 편의성 증대

013 주차관제 시스템에서 RFID 시스템

1 개 요

① RFID시스템은 전자파를 이용한 원격인식 시스템으로 고속 이동체(차량)에 부착된 RFID Tag를 인식하는 시스템이다.

② 구성으로는 RF Reader와 RF Tag으로 이루어지며 RF Reader는 주차관제 시스템에 연동하며 RFID Tag는 차량에 부착하여 사용한다.

③ RFID 인식을 통한 정기주차차량의 관리와 아파트의 입주자 차량의 확인 및 출입통제의 용도로 사용된다.

2 RFID 시스템 구성 및 동작원리

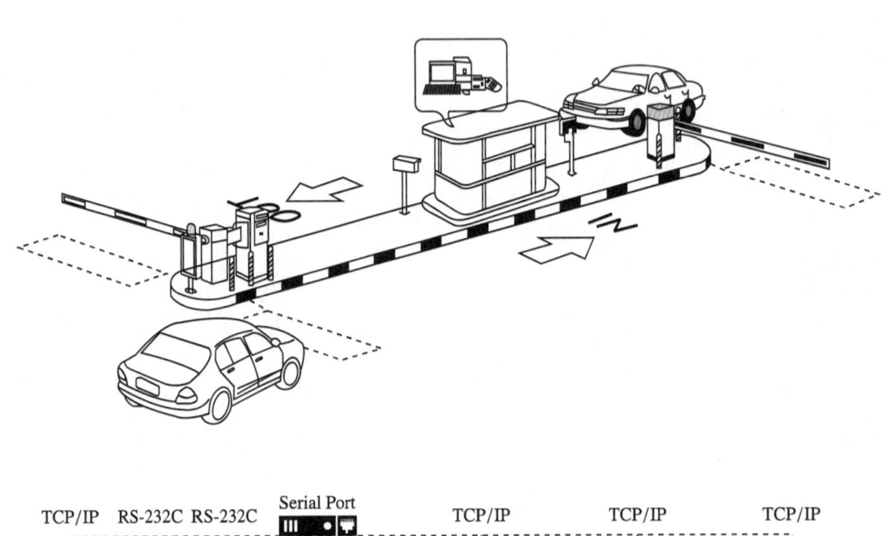

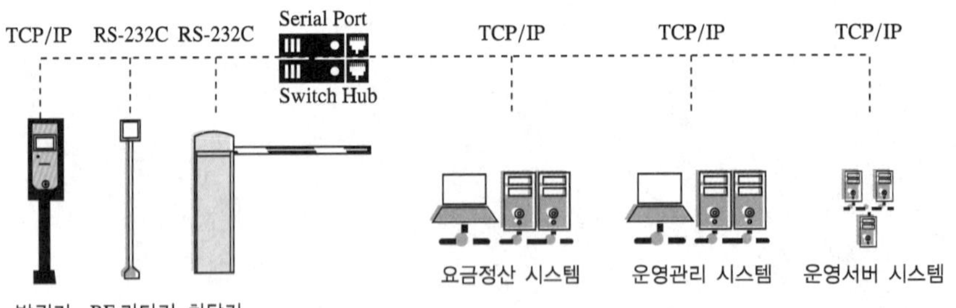

1) 입차 시

① 입차 시 RF 카드를 부착한 차량이 진입하여 RF리더에 0~4[m] 근접하면 RF리더에서 인식한 후 차량 차단기를 Open한다.

② 차량 차단기가 Open된 상태에서 차량이 입차 Loop Coil을 지나가면 차량차단기는 자동으로 Close 된다.

2) 출차 시

① 출차 시에는 입차 시 인가된 차량만 진입하였기 때문에 Loop Coil을 이용하여 차량 차단기를 Open, Close시켜 준다.

② 즉, 차량이 출차 1차 Loop Coil을 지나가면 차량차단기는 자동으로 Open되고, 출차 2차 Loop Coil을 지나가면 차량차단기는 자동으로 Close 된다.

3 특 징

1) 주차관제의 무인화 실현

① RF무선인식 기술을 응용하여 차량 데이터를 자동 인식하여 빠르고 편리한 입・출차

② 주차공간 이용 상황을 감시반에 실시간 전송하여 일괄 관리가 가능

2) 입차에서 출차까지 완전 자동화 실현

① RFID로 검출된 차량정보가 컴퓨터로 전달, 각종 출입통제 디바이스를 컨트롤

② 자동 입・출차 시스템, 요금 자동정산 시스템

3) 고객서비스의 향상

① 효율적인 입・출차 관리를 통한 스피드 패스 서비스로 고객만족도 향상

② 주차관리원은 사람과 차량의 안전 확인에 전념

4) 주차 관리인건비의 절감으로 수익률 상승

① 안내원 없이 차량을 원활하게 주차공간으로 유도 가능

② 각종 표시등에 의해 주차장 내의 안전 주행 확보 가능

014 주차관제 시스템에서 영상센서 방식

1 정 의

① 고속화상 처리기(Image Processor)를 이용하여 문자의 식별을 영상화 하여 차량의 번호를 인식하는 방식이다.

② 영상센서 방식의 구성은 촬상부, 조명부, 차량검지 연동부, 화상인식 처리부 등으로 구성되어 있다.

2 영상센서 방식 구성

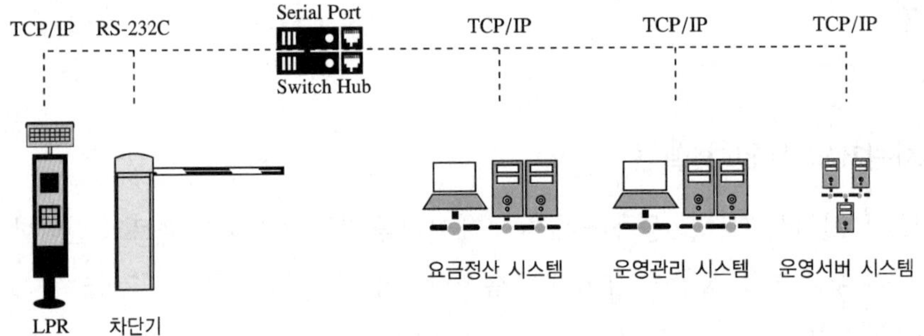

1) 촬상부

CCD 카메라로 구성되어 있으며 차량의 접근을 자동 감지

2) 조명부

차량의 전면 번호판 부분을 집중 조명하여 CCD 카메라가 양질의 화상을 유지하도록 설치, 차량 운전자의 눈부심을 고려

3) 화상인식 처리부

CCD 카메라에 포착된 영상신호를 화상 Memory에 입력 후 고속으로 화상처리기와 프로그램에 의하여 차량번호를 추출해 주컴퓨터나 요금 계산소에 전송

3 특 징

① 임베디드 프로그래밍 소프트웨어
② 연속촬영 방식으로 이미지를 촬영 및 판독
③ 차량 판독 처리 시간 0.1초 이내
④ 향후 번호판 변경 시 하자기간 동안 변경된 번호판에 대하여 호환성 유지를 위한 지원
⑤ 이미지 관리 컴퓨터와 LAN으로 연결되어 인식된 차량정보 및 영상정보를 송신
⑥ 연속촬영 방식으로 판독 오식률 최소화

4 장단점

1) 장 점

① 출입 차량 영상검색 가능
② 정기권 도용 불가
③ 차량 훼손 여부 영상 확인

2) 단 점

주간과 야간, 기상 조건의 영향으로 오검지 우려

015 주차관제 시스템에서 초음파 센서

1 개 요

① 초음파를 이용한 차량검지 센서가 각각의 주차구역 천장에 설치되어 차량의 존재 유무를 검출하고 차량 통행로 천장에 설치된 구조이다.

② 주차 신호등을 점등함으로서 운전자가 빈 주차공간을 쉽게 확인하고 주차할 수 있는 주차장 자동안내 시스템이다.

2 초음파 센서의 원리

① 초음파 센서란 초음파를 만들어 송출하고 반사되어 돌아오는 시간차를 계산하면 거리계가 되고, 단지 수신량의 변화나 세기를 비교검출하면 물체의 유/무 탐지기가 된다.

② 초음파의 발생·검출을 크게 나누면 전자유도현상, 자왜현상, 압전현상 중 하나를 이용한다. 일반적으로 이들은 동일구조로 초음파의 발생과 감지가 가능하며 이것을 합쳐서 초음파 센서라 한다.

③ 초음파 센서는 음파의 메아리현상을 이용한다. 음파를 발생시키는 Emitter 부분이 있어 음파가 되돌아온 시차를 분석하여 물체의 유무를 감지한다.

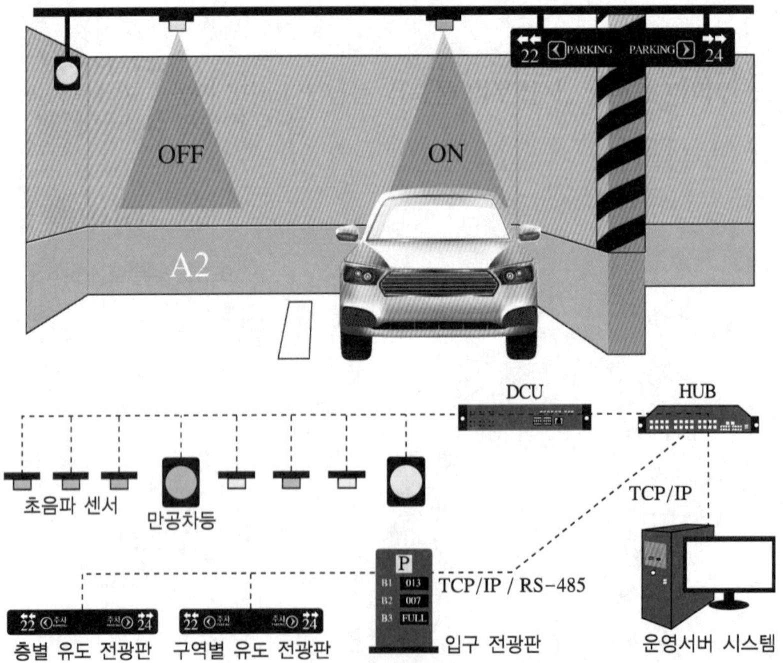

3 특 징

① 빈 주차공간을 찾는 운전자가 쉽게 인지
② 주차장 내부를 배회하는 차량이 감소되어 주차장 내부의 배출가스가 감소
③ 관리컴퓨터 설치 시 장기주차차량 확인 및 다양한 통계자료를 산출
④ 주차 유도원 배치 없이 자동유도 실현으로 인건비 절감
⑤ 주차수용능력 120[%] 활용
⑥ 장기 방치차량 색출 가능

4 장단점

1) 장 점

① 빈 주차 공간 자동 유도
② 구역별 주차현황 표시

2) 단 점

① 공기의 이동이 심한 곳은 불가
② 옥상, 옥외에는 원칙적으로 사용불가
③ 고가이다.

방송설비

016 방송설비(PA설비)

1 개 요

① PA시스템이라고도 하며 이것은 공중에서 연설한다는 뜻이다. 확성설비는 소리를 크게 하여 정보를 정확히 먼 곳으로 전달하거나 경우에 따라서는 음량조건을 보정하는 역할을 하기도 한다.

② 시스템의 구성으로는 마이크로폰, 증폭기, 스피커로 구성되며, 레코드 플레이어, 라디오 튜너, 차임, 믹서, 효과기 등이 있다.

2 구성 및 성능규정

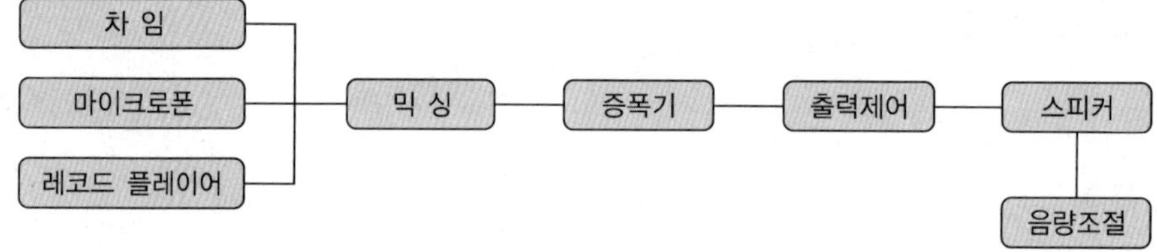

1) 마이크로폰

① 정 의

음을 전기신호로 변환해서 증폭기로 보내는 기기로 형태나 성능에 따라서 분류

② 종 류

㉠ 동전형(Dynamic Type)

- 영구자석의 전자 유도작용으로 음성출력을 얻는 것
- 특성이 우수하고 가격이 저렴하여 널리 사용된다.

㉡ 정전형(Condenser Type)

- 음압에 의한 정전용량 변화를 이용하여 출력을 얻는 것
- 특성이 가장 우수하나 가격이 비싸 우수한 성능을 요구하는 홀 등의 음향설비용으로 사용되며 건축설비에는 잘 사용되지 않는다.

㉢ 리본형(Ribbon Type)

구조가 섬세하므로 취급 시 주의가 필요하다.

㉣ 압전형(Crystal Type)

- 구조가 간단하고 감도가 높다.
- 고온, 고습도에 약하고 높은 임피던스로 인하여 마이크로폰의 코드를 길게 할 수 없는 결점이 있어 사용되지 않는다.

③ 성능규정요소

㉠ 감 도

- 어느 정도의 작은 음까지 수음이 가능한 여부를 판단하는 것으로 마이크로폰을 향하여 일정한 음(1,000[Hz])을 가했을 때 출력되는 신호의 크기[dB]로 표시한 것이다.
- 마이크로폰이 출력단자에 1[V] 전압을 가했을 때 0[dB]로 하고 있다.

㉡ 주파수 특성

- 증폭기 입력에 일정 레벨의 저음(저주파수)에서 고음(고주파수)을 연속적으로 가해서 출력레벨을 1[kHz] 0[dB]로 하고 다른 주파수와의 레벨차[dB]를 측정하여 표시한 것이다.
- 광범위하고 평탄한 것이 좋다.

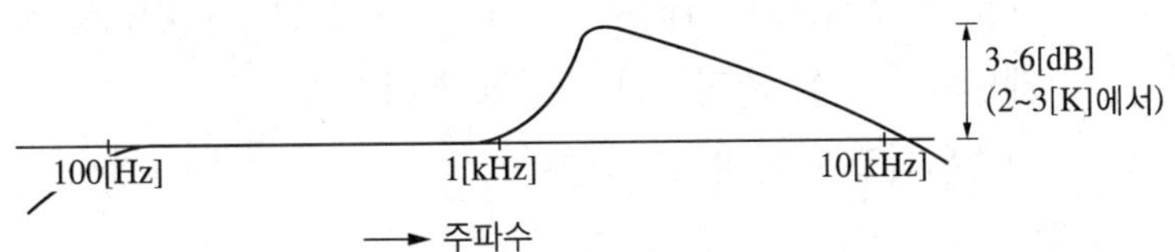

㉢ 지향성

- 마이크로폰 방향으로의 감도 차이를 표시하는 것
- 무지향성, 단일지향성, 양지향성이 있으며 각종 용도에 맞는 성질을 선택한다.

2) 증폭기

① 정 의

㉠ 확성설비에서 중심이 되고 입력 기기에서 음성신호를 증폭하고 컨트롤하는 부분으로 PA시스템에서 중추역할을 하고 있으며, 각종 음성신호를 컨트롤하므로 선정 시 주의해야 한다.

㉡ 혼합회로(Mixer), 조절회로(Pre Amp), 전력증폭기(Power Amp)로 구성되어 있다.

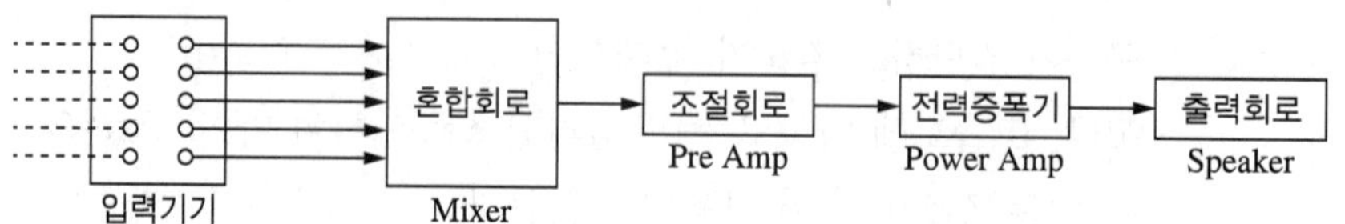

② 성능규정 요소

㉠ 정격출력

- 엔진의 마력과 비교되는데 증폭기의 전력 증폭 역량을 말하며, 그것에 접속되는 스피커의 와트 수[W]와 관계가 있고 정격출력과 스피커 와트 수가 일치하면 바람직하지만, 정격출력이 정해져 있어 실용상 다음 식에 적용
- 증폭기의 정격출력 ≥ 스피커의 와트 합계 수
- 정전압 방식 : 전력증폭기의 출력이 증폭기 고유의 정격출력값에 관계없이 정격출력 시에 일정한 전압(100[V] 등)이 되도록 출력 임피던스로 계산한 방식이다.

㉡ 주파수 특성

- 증폭기 입력에 일정레벨(정격출력의 1/5)의 저음(저주파수)에서 고음(고주파수)으로 연속적으로 가해서 출력레벨을 1[kHz] 0[dB]로 하고 다른 주파수와의 레벨차 [dB]를 측정하여 표시한 것이다.
- 광범위하고 평탄한 것이 좋다.

㉢ 왜형률

- 증폭기를 통한 출력파형과 동일하고 순수한 정현파형을 역상으로 가하면 증폭기의 출력 파형의 변화만큼 출력되는데 이것과 출력파형과의 비를 말한다.
- 왜형률이 작을수록 좋은데, 일반적으로 증폭기에 표시된 정격출력은 출력 50[W], 1[kHz]에서 변형률 3[%] 이하

㉣ S/N비

- 증폭기의 증폭도를 규정 이득까지 올려서 발생하는 잡음 전압과 정격출력 전압의 비를 데시벨로 절대치로 표시한 것이다.
- S/N비=정격출력 전압/잡음 전압[dB]
- S/N비는 그 값이 클수록 증폭기 성능이 좋다.
- 마이크로폰의 경우 S/N비는 50[dB] 이상

㉤ 명료도

- 음성이 어느 정도 올바르고 확실하게 들리는가를 나타내는 것이다.
- 명료도=$96 \times k_\ell \times k_n \times k_r \times k_s$[%]

여기서, k_ℓ : 음성의 평균 음압레벨(60~80[dB]에서 최대)

k_n : 소음상태에 따른 정수($k_n < 1$)

k_r : 잔향시간에 따른 정수($k_r < 1$)

k_s : 실내 형태에 따른 정수($k_s < 1$)

3) 스피커

① 정 의

증폭기에서 받은 전기신호를 음성신호로 변환시키는 장치

② 종 류

㉠ Cone Type Speaker(콘형 : 천장형)

- 주파수 특성이 좋다.
- 음질이 좋다.

㉡ Horn Type Speaker(혼형 : 휴대용)

- 능률이 좋고, 대출력이다.
- 지향성이 좋다.

㉢ 다이너폰(콘형 스피커+리플렉스폰)

옥외 사용이 가능하다.

㉣ 콘형(음질)+혼형(대출력과 능률이 좋다)

③ 성능 규정요소

㉠ 임피던스

- LOW 임피던스 스피커 : 증폭기에 소수의 스피커를 연결할 때 사용하며, 증폭기와 스피커 사이가 가까울 경우 적합
- HIGH 임피던스 스피커 : 증폭기에 다수의 스피커를 연결할 때 사용하며, 증폭기와 스피커 사이가 먼 경우에 적합

㉡ 정격입력 : 스피커에 연속적으로 신호를 가해도 파손되지 않고 이상음이나 변형이 발생되지 않는 최대 입력전력을 말한다.

㉢ 출력음압 레벨

- 스피커의 출력음 크기를 나타내는 것으로서 단위는 [dB]로 표시된다. 즉, 스피커 1[W]의 입력전압을 가해서 스피커에서 1[m] 떨어진 위치에서 얻을 수 있는 음압을 말한다.
- 출력 음압 레벨이 높을수록 능률이 좋다.

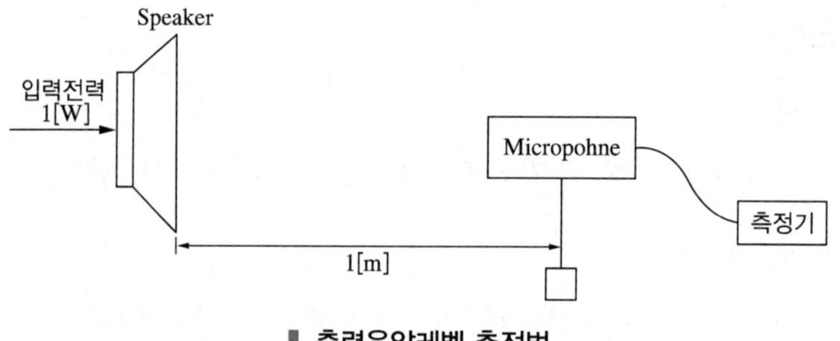

출력음압레벨 측정법

㉣ 주파수 특성

- 증폭기 입력에 일정레벨의 저음(저주파수)에서 고음(고주파수)으로 연속적으로 가해서 출력레벨을 1[kHz] 0[dB]로 하고 다른 주파수와의 레벨차 [dB]를 측정하여 표시한 것이다.
- 로빈슨-다드슨의 등감곡선에서 광범위하고 평탄한 것이 좋다.

㉤ 지향성

- 스피커 정면과 수음점 각도에 의한 음압 레벨의 변화를 나타내는 것이다.
- 음압레벨은 스피커 정면축상이 가장 높으며, 주파수가 높을수록 지향성이 좋아진다.

3 PA시스템 기능

① 입력기기에서 믹싱이 가능
② 증폭기 출력을 자유롭게 선택하고, 추가할 수 있어야 한다.
③ 출력 방식은 정격출력 시에 일정한 전압(100[V])이 되도록 출력 임피던스로 계산한 방식의 정전압 방식을 사용
④ 스피커 회선을 선택할 수 있어야 한다.
⑤ 스피커 가까이에서 각각의 스피커 음량을 조절할 수 있어야 한다.
⑥ 신뢰도가 높고, 명료도가 좋아야 한다.

4 음향설계 Flow

1) 기본계획

① 건물의 배치 및 실의 배치 감안계획
② 내·외부 잡음 대책

2) 기본설계

① 차음 방진설계
② 실내 음향설계
③ 전기 음향설계

3) 실시설계

구체적인 방송설비 설계

4) 시 공

설계에 따른 시공업체에서 시공하고 음향심의 확인(현장조사)

5) 준 공

소리의 크기와 명료도 등 음향을 측정

5 PA시스템 기본

1) 음의 기본적 성질

① 음 파

㉠ 공기 속을 진행하는 공기 입자의 소밀한 진동파를 "음"이라 한다.

㉡ 공기 중에서 소밀한 부분을 만들어 일정한 파가 되어 전달되는 소리를 "음파"라 한다.

② 음속, 주파수

㉠ 음 속

- 공기 중에서 음의 전파속도를 말한다.
- 상온 15[℃]에서 음속은 약 340[m/s]

㉡ 주파수

- 1초 간에 소밀한 파가 일어나는 횟수
- 사람이 들을 수 있는 주파수의 가청주파수 범위 : 20~20,000[Hz]

③ 음 압

소리전달파의 압력변화

2) 로빈슨-다드손의 등감 곡선

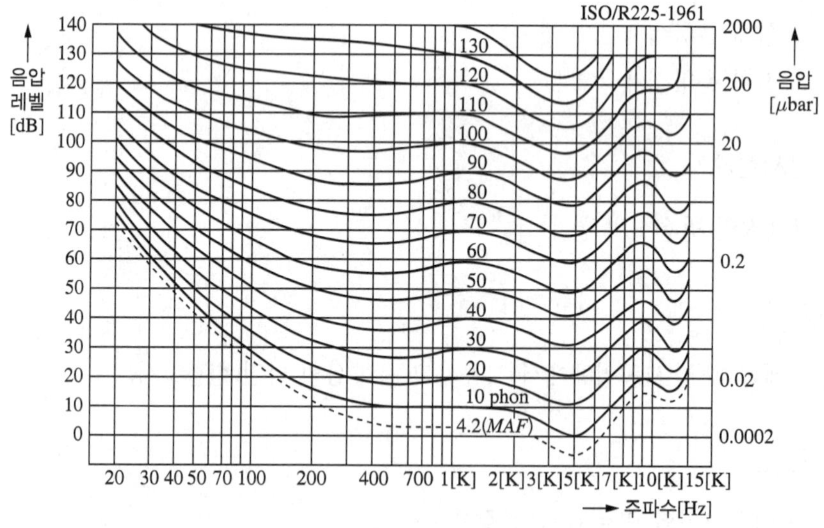

▌Robinson-Dadson 등감곡선

① **정 의**

폰과 데시벨의 관계를 나타내는 곡선이다.

② **폰과 데시벨의 차이**

㉠ Phon : 음의 크기를 감각적 기준으로 나타낸 것

㉡ 데시벨 : 음의 크기를 물리적 크기로 나타낸 것

③ **음압레벨(SPL : Sound Pressure Level)**

㉠ 등감곡선에서와 같이 주파수 1,000[Hz]일 때 폰과 데시벨을 나타내는 것

㉡ SPL=20log(P/0.0002)[dB]

여기서, P : 음압레벨 측정점에서의 음압

0.0002 : 주파수 1,000[Hz]에서 사람이 들을 수 있는 최소 가청 한계

④ **사람이 들을 수 있는 음의 세기**

0~120[dB]이고, 3,000~4,000[Hz]에서 사람의 귀의 감도가 가장 좋다.

3) 명료도와 잔향

① **명료도**

㉠ 정 의

음성이 어느 정도 올바르게 확실히 들리는가를 나타내는 것이다.

㉡ 명료도

$96 \times k_l \times k_n \times k_r \times k_s [\%]$

여기서, k_l : 음성의 평균 음압레벨(60~80[dB]에서 최대)

k_n : 소음상태에 따른 정수($k_n < 1$)

k_r : 잔향시간에 따른 정수($k_r < 1$)

k_s : 실내 형태에 따른 정수($k_s < 1$)

② **잔 향**

㉠ 정 의

실내원의 음을 급히 끊었을 때 음이 뚝 그치지 않고 차츰 감쇄해 가는 현상

㉡ 잔향시간(T)

반사음의 감쇄 정도가 직접음보다 60[dB] 감쇄하는 시간을 말한다.

$$T = \frac{0.162\,V}{Sa}[\mathrm{s}]$$

여기서, T : 잔향시간[s]

V : 방의 용적[m^3]

S : 흡음대상 총면적[m^2]

a : 방의 평균 흡음률

4) 실내에서의 음의 전파

① 음의 반사, 투과, 흡수

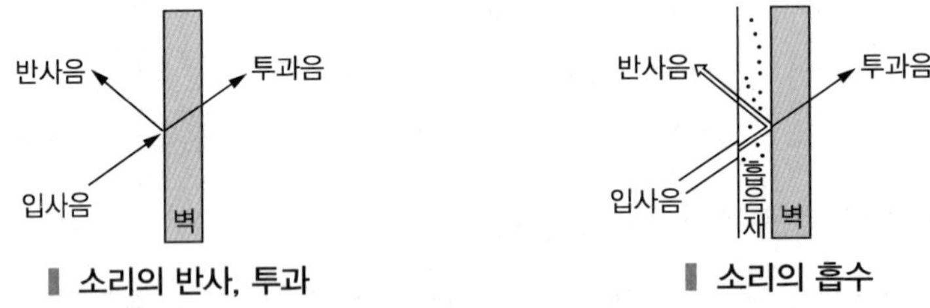

▌소리의 반사, 투과 ▌소리의 흡수

② 직접음과 반사음

㉠ 직접음 : 원음에서 직접 귀에 전해 오는 음

㉡ 반사음 : 바닥, 마루, 천장, 벽 등에서 반사되는 음

③ 확산음

이상적인 상태로 실내 음의 에너지 밀도가 같고 전체 방향의 음의 강도가 같은 것

④ 옥외에서의 음의 전파

㉠ 바람의 영향 : 음의 풍속이 큰 쪽에서 작은 쪽으로 구부러져 전달

㉡ 온도의 영향 : 음파는 고온쪽에서 저온쪽으로 구부러져 전달

㉢ 장애물의 영향 : 주파수가 낮은 경우 장해물을 통과, 높으면 장해물 뒤쪽으로 전달되지 못한다.

5) 정전압 방식

① 정 의

㉠ 전력증폭기의 출력이 그 증폭기 고유의 정격 출력값에 관계없이 정격 출력 시에 일정한 전압(100[V] 등)이 되도록 출력 임피던스로 계산한 방식을 말한다.

㉡ 정전압 방식에서 증폭기 출력

증폭기 정격출력 ≥ 스피커 출력의 합계($W_1 + W_2 + W_3 + \cdots\cdots + W_n$)

② **특 징**

㉠ 스피커 배선의 거리와 선직경에 의한 전력 전송 손실이 적다.

㉡ 여러 개의 스피커를 작동할 수 있다.

㉢ 출력 배분을 임의로 조절할 수 있다.

017 실내 음향설비설계

1 개 요

① 실내 음향설비 설계 시 고려해야 할 사항은 방해하는 소음을 제어하여 말은 명쾌하게 들을 수 있어야 한다.

② 음악은 아름답고 풍요롭게 울려야 하며 음향분포가 좋고 반향 등의 잔향이 없어야 한다.

2 전기음향설비의 종류

전기음향설비	실내음향설비	구내방송설비
		강당 음향설비
		공연장 음향설비
		동시통역설비
		실내경기장 음향설비
		기 타
	실외음향설비	실외 방송설비
		실외경기장 음향설비
		기 타
	특수음향설비	방송국 음향설비
		기 타

3 설계순서 및 검토

① 음향설비의 대상, 범위설정

② 대상 실내의 검토

③ 실내 음향기기의 선정 및 배치

④ 잔향에 대한 계획

⑤ 모형실험 또는 컴퓨터 시뮬레이션

⑥ 배선설계

4 실내음향 대상의 각 부분에 대한 검토

1) 단면의 형태

① 천 장

천장에서 반사음은 직접음을 보강한다.

② 발코니

발코니 하부의 음향에 대해 특별히 주의한다.

③ 바 닥

흡음률의 영향이 크기 때문에 앞좌석에 의해 직접음이 차단되지 않도록 주의한다.

2) 평면 형태

① 음원에서 멀어지면 확산 또는 흡음된다.
② 측벽 면은 후면 벽의 곡면에서 반향의 위험이 많으므로 확산 또는 흡음된다.

3) 반사판

① 흡음되는 에너지를 반사해서 유효한 반사음을 보내는 설비
② 반사판은 반사음의 지연시간을 줄이는 목적이며 반사 특성을 검토한다.

4) 확산체

① 실내음의 확산을 보강할 목적으로 설치한다.
② 벽이나 천장에 설치한다.
③ 확산체는 불규칙성이 있을수록 좋으며 넓은 주파수 범위의 확산이 요구된다.

5 실내음향의 특징

1) 학교 교실

① 학생의 수가 100인 이하인 경우는 직사각형, 100인이 넘으면 홀 형태로 한다.
② 시청각 설비가 설치된 경우에는 뒷벽은 흡음처리한다.

2) 실내 체육관

① 실내 부피가 매우 크고 객석 수가 주변에 있으므로 잔향시간이 매우 길다.
② 건축적인 흡음설비로 잔향시간을 단축해야 한다.
③ 바닥 면이 항상 반사면이 되므로 과흡음은 고려할 필요가 없다.
④ 실내 면들의 형태는 평행면과 구형을 피하고 반향을 고려한 형태로 한다.

3) 극 장

① 시각적인 요구가 음향적 요구보다는 크다.
② 육성에 의한 대사의 명료도, 효과 음향, 음악적 요소도 중요하여 잔향시간을 검토한다.
③ 전기음향설비의 은폐 여부를 검토한다.

4) 콘서트 홀

① 무대의 음향에 대한 건축적인 단면, 평면, 확산체, 반사판을 검토한다.
② 객석에서 무대로 전해지는 소음에 대해서도 검토한다.

5) 다목적 홀

① 공중파 방송, 공연, 콘서트, 연회 등의 다목적으로 사용되는 홀은 사용빈도에 따라 설계한다.
② 공중파 방송을 목적으로 하는 경우에는 잔향시간을 단축해야 한다.

6 잔향 설계

1) 최적 잔향 시간 결정

① 잔향시간

㉠ 반사음의 감쇄 정도가 직접음보다 60[dB] 감쇄하는 데 걸리는 시간을 의미한다.

$$-60\,[\mathrm{dB}] = 20\log\frac{1}{1{,}000}$$

㉡ 잔향시간은 Sabine의 식으로부터 구한다.

$$T = \frac{0.162\,V}{S\,\alpha}\,[\mathrm{s}]$$

V : 방의 용적 $[\mathrm{m}^3]$
S : 방의 총흡음 면적 $[\mathrm{m}^2]$
α : 방의 평균 흡음률

② 잔향시간의 능동 제어기 설치를 검토한다.

2) 실내의 체적 산정

1인당 점유면적 [0.6m^2] 정도이며, 천장 높이를 고려하여 다음 표의 체적 이내로 한다.

종 류	1인당 실내 체적[m^3]	비 고
음악연주 홀	8~10	최댓값
오페라, 다목적 홀	6~8	
극장, 영화관	4~5	

3) 흡음설계

사람의 흡음력이 매우 크기 때문에 만원과 공실의 경우 산정하여 그 차이를 작게 한다.

4) 흡음시설 배치

① 객석 뒷면의 흡음성을 고려한다.

② 주파수 특성 고려하여 재료 및 구조를 선택한다.

③ 마이크로폰 주변은 흡음성으로 한다.

④ 불규칙적으로 배치하는 것이 흡음력이 커진다.

7 모형실험 또는 컴퓨터 시뮬레이션

1) 모형실험

실험 종류	모형크기	내 용
수평파법	1/50 정도	2차원적 파동 상황에 한정되어 사용
광선법	1/50~1/200 정도	소리 대신 빛을 이용
초음파법	1/8~1/30 정도	음압분포, 반향, 잔향파형을 선정해 실내 형태를 검토

2) 컴퓨터 시뮬레이션

① 기하학적 수치계산에 의한 설계지원시스템은 음선법(Ray Tracing)과 영상법(Image Method)으로 구분하여 사용한다.

② 파동론에 의한 음향해석은 복잡한 유한 요소나 경계적분 방정식을 사용해서 큰 공간의 해석에 사용한다.

018 건축물에 설치되는 구내방송설비

1 스피커 종류 및 배치방법

1) 스피커 종류

① **콘형 스피커**

진동판이 직접 진동하여 음을 반사시키는 형태로서 단일형, 콘형 스피커 몇 개를 직선 배열한 컬럼형, 음향용으로 복수배치 형태인 프로시니엄형(Proscenium) 스피커를 사용하고 주로 옥내에 사용한다.

② **혼형 스피커**

진동판의 진동이 공간 매개 기구인 혼을 통하여 음을 방사시키는 형태로서 효율이 높으며, 주로 옥외와 체육관 등 대출력 요구 장소에 사용한다.

2) 배 치

① **집중방식**

스피커를 한 방향 또는 한 곳의 장소에 모아 설치하는 것으로서 원음의 방향과 같아 방향성이 좋지만, 원거리에서는 음향이 작아지고 잔향이 많으면 명료도가 떨어진다.

② **분산방식**

천장이 낮고, 면적이 넓고, 소음레벨이 높은 경우와 집중배치로 음향 전달이 어려운 경우, 방향성이 특별히 요구되지 않은 경우에 설치한다.

③ **집중 및 분산방식**

방향성 효과는 집중방식으로 얻게 하고 원거리 장소와 음압이 작은 장소는 분산배치 방식으로 한다. 다만, 먼 곳의 분산배치 스피커의 음향이 집중배치 스피커의 음향보다 빨라져 음의 방향성과 이중성이 나타날 우려가 있는 경우에는 시간지연장치를 사용한다.

2 사무실에 스피커 배치방법(BGM방송 수신기준)

① 콘형 스피커의 음향커버 범위(반정각 60°기준) 이내에 사람의 귀 높이를 1[m] 정도로 하여 배치 간격을 산정한다.

㉠ 스피커 배치는 다음 그림 참고

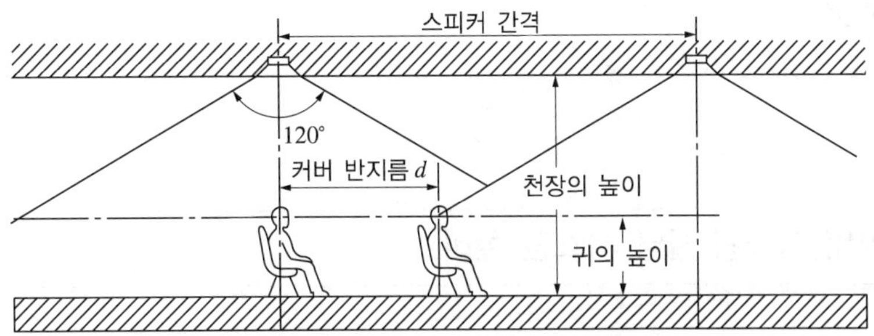

㉡ 설계 시 스피커 1개가 담당(커버)하는 면적은 다음의 표를 참조

용 도	천장의 높이[m]	스피커 간격[m]	스피커 1개 담당면적 [m^2]
BGM방송	2.5 이하	5	25 이내
	2.5 ~ 4.5	6	36 이내
	4.5 ~ 15	9	81 이내
안내방송		9 ~ 12	81 ~ 144

② 사무실의 벽으로부터 1[m]까지는 음향 담당(커버) 범위에서 제외한다.

③ 일반 안내방송처럼 방송이 짧은 경우에는 음량을 높일 수 있으므로 간격을 넓혀서 설치한다.

3 공연장, 강당, 체육관의 스피커 배치

① 집중배치를 기준으로 스피커 성능, 설치위치에 따른 잔향시간, 소음레벨 등을 고려한다.

② 스피커 배치는 일반적으로 주음향장치로서 무대 전면 상부의 프로시니엄 스피커, 무대 측면의 스테이지 사이드 스피커가 사용되며, 보조 음향장치로서 무대 전면 좌석 커버를 위한 스테이지 프런트 스피커와 공연자를 위한 스테이지 모니터 스피커를 설치한다.

③ 중앙에 무대나 경기장이 있는 경우는 일반적으로 천장 중앙에 아레나(Arena)형 스피커를 설치한다.

④ 대형 스피커가 설치되는 경우에는 충분한 건축물 구조적인 검토와 설치하는 구조물과 와이어로프의 하중 검토를 해야 한다.

SECTION 05

IBS 설비

019 IBS설비(지능형 빌딩 시스템 설비)

1 개 요

① 인텔리전트 빌딩은 최근의 빌딩시스템과 정보통신 시스템, 양질의 건축 재료와 구조 등을 갖고 경제성이 종합적으로 고려된 장래의 정보화를 완벽하게 대응할 수 있는 유연성을 가진 빌딩을 말한다.

② 인텔리전트 빌딩은 첨단 정보빌딩이라고 불려지는데 정보통신 시스템, 사무자동화 시스템, 빌딩자동화 시스템 등이 건축 환경과 유기적으로 통합되어 쾌적한 환경에서 사무 능률을 극대화함과 동시에 건설과 관리면에서 경제성을 추구할 수 있는 시스템을 말한다.

2 필요성

① 집무환경의 쾌적성 확보로 인한 능률향상
② 통신, OA, 시스템에 의한 오피스 업무의 효율화, 고부가 가치화 획득
③ 정보를 보다 경영전략으로 이용하여 생산성을 확대
④ 기술혁신에 의한 금융산업의 급속한 변화에 충분한 대응
⑤ 통신, OA 시스템의 공용화에 따른 비용의 절감
⑥ 고객에 대한 서비스의 향상과 회사 이미지의 고양
⑦ 고도 국제 산업화에 대비
⑧ 빌딩 기능의 자동화, 충실화

3 IBS 구성(IBS 기능)

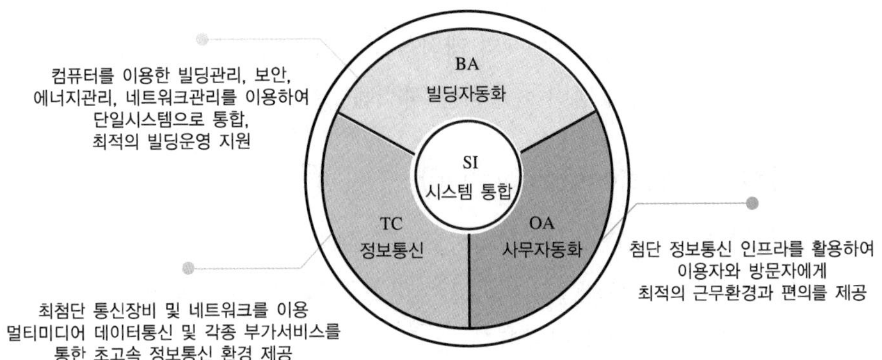

1) 고도통신망의 구축(TC ; Tele Communication)

① 빌딩 내 네트워크를 통하여 통신을 편리하게 제어하는 주장비로서 빌딩의 신경조직 역할을 하는 시스템을 말한다.

② 음성, 데이터, 영상으로 구분되며 각기 특성에 따라 별도의 네트워크를 구성하여 상호 인터페이스를 통해 정보 교류가 이루어진다.

2) 사무자동화의 적용(OA ; Office Automation)

① 소프트웨어적 측면 OA

회사 자체의 전산실에서 제작되는 회사 경영에 관련된 중요 사안으로 외부인의 접근이 불가능하며 별도의 보안관리 대상 항목이다.

② 하드웨어적 측면 OA

IB 설치를 공급하는 업체에서 제공되는 사무지원 시스템으로 광화일, E-Mail 등과 같은 단말에서 정보를 가공 처리하는데 지원되는 시스템

3) 빌딩자동화 시스템(BA ; Building Automation)

① 빌딩에 설치되는 각종 설비를 원활하게 운영하기 위해 전자 센서와 제어 장비를 이용하여 신속하고 정확한 제어를 함으로써 사무환경의 쾌적함과 각종 재난을 예방하는 빌딩의 기초 시스템을 말한다.

② 기능상 분류

㉠ 빌딩관리 시스템 : 쾌적한 사무실 환경을 확보하고 효율적인 시설관리를 위한 시스템

ⓒ 시큐리티 시스템 : 방재, 방범 등의 기능을 강화하여 거주자 및 시설의 안전성을 확보하는 시스템

ⓒ 에너지 절약 시스템 : 거주자의 쾌적성을 손상하지 않고 설비기기의 고효율화를 도모하여 에너지의 낭비를 줄이는 시스템

4) 시스템 통합(SI ; System Integration)

① 시스템 통합은 BA, TC, OA를 설치하고 이를 보다 편리한 방법으로 운영할 수 있도록 서로의 인터페이스 부분을 정의하고 서비스를 결정하는 것을 말한다.

② 빌딩제어와 통신 간의 인터페이스

③ 사무자동화와 자동제어의 인터페이스를 통해 사무 환경을 쾌적하게 하고 빌딩관리에 편리함을 제공한다.

5) 건축 환경(Amenity)

① IB를 도입하기 위한 건축물의 기본 환경으로서 사무 환경을 쾌적하게 해주는 건축 요소이다.

② 층고, 바닥의 배선 수납방식, 공간구성 방법 등 기본적인 건축사항의 첨단화를 통해 BA, OA, TC, SI가 손쉽게 설치하고 운영될 수 있도록 하는 기본시설이다.

4 특 성

1) 생산성

정보통신과 OA 결합으로 각종 업무의 자동화, 전산화를 통해 24시간 업무가 가능하여, 사람과 기계가 공존하는 공간을 모듈화로 운영하여 생산성의 향상을 기할 수 있다.

2) 융통성

향후 조직이나 업무체계의 빠른 변화와 통신기술의 진화, 새로운 단말기의 설치, 사무실 이전 설치 등의 운영을 유연하게 운영함으로서 융통성을 확보할 수 있다.

3) 독창성

건물은 회사의 얼굴로서 이미지 향상의 역할이 크고, 그 회사의 심벌을 나타낼 수 있는 독창적이고 건축 예술성이 함축된 첨단 정보 빌딩이다.

4) 효율성

자동화 기술에 의한 최적 제어를 통하여 중앙 집중 감시제어로 인력 절감을 도모할 수 있다.

5) 안정성

자동화 기술과 운영기술을 갖추어 사고, 정전, 화재 등의 비상시에 거주자 및 이용자의 인명, 자산, 시설의 안전을 도모할 수 있다.

6) 편리성

사무자동화기기 등을 사용하기 쉽게 배치하여 효율적으로 사용할 수 있다.

7) 신뢰성

자기진단 기능으로 장애에 대한 피해를 최소화하고 신속히 회복할 수 있다.

8) 쾌적성

아트리움, 휴게실 등 쾌적한 환경의 편의 시설을 최대한 확보, 운용하여 업무 수행 중 누적되는 스트레스를 해소하고 자유롭게 창조적인 작업을 할 수 있다.

5 IBS의 일반적 설계 조건

1) 수변전 설비

① 2회선 또는 예비회선 수전방식 또는 Spot Network 수전방식으로 한다.
② 변압기 고장 시 즉시 예비 변압기로 By-pass 할 수 있도록 한다.
③ 변압기는 고효율 Mold 변압기를 사용한다.
④ 디지털 보호계전기 및 감시제어반을 설치한다.
⑤ 접지는 공통접지(등전위접지)로 한다.

2) 예비전원 설비

① 충분한 용량의 비상발전기를 구비한다.
② 순간 정전 또는 단시간 정전에 대비하여 UPS를 설치하고 축전지는 긴 수명, 무보수 Type을 사용한다.

3) 배전설비

① 배전반은 GIS(Gas Insulated Switchgear)로 한다.

② 간선과 분기선에서의 전압강하를 최소로 하여 전압 안정도를 높이고 손실을 최소화한다.

③ 인입 및 주요 간선은 2중화한다.

④ 화재 및 연소를 방지하기 위해서 내화 케이블 및 내화 버스덕트를 사용한다.

⑤ 안전을 고려하여 콘센트는 GFCI(Ground Fault Current Interrupter) 타입 또는 ELB를 내장한 것을 사용한다.

4) 조명설비

① 사무실 조도는 600~1,000[lx]로 한다.

② 고효율 Lamp 및 조명기구를 사용한다.

③ LED lamp를 최대한 활용한다.

④ 에너지 절약을 위해 주간에는 자연조명을 최대한 활용한다.

5) 동력설비

① 고효율 전동기를 사용한다.

② 고기능의 Digital 감시제어 System을 적용한다.

6) 정보통신설비

① 초고속 통신을 위해 광케이블을 설치한다.

② 건물의 수명 기간 중에 기술의 발전으로 새로 개발되는 첨단 정보통신 기기들의 추후 설치가 가능하도록 추가배선 및 기기설치 공간에 여유를 둔다.

③ 통신망에 Noise가 침입하지 못하도록 차폐, 필터링 및 접지한다.

7) 방재설비

① 종합방재센터를 구비한다.

② 자동 화재탐지설비, 경보설비, 도난방지설비(Intrusion Alarm System), 피뢰설비 등을 완벽하게 구비한다.

8) 기타 조건

① 최대한 Energy Saving System으로 설계해야 한다.

② 고조파나 전자파 장해 등에 의해서 예기치 못한 기능장해가 발생할 수 있으므로 이들에 대한 대책을 강구한다.

③ 설비계통 간에 정보의 상호교환이 이루어지므로, 모든 설비가 자체만의 자동화가 아니라 종합적인 자동화가 이루어지도록 해야 한다.

④ 현대에는 Computer 및 다중통신 기술의 발전에 따라 Intelligent Building의 종합방재센터에서는 Computer 한 대로 빌딩 자동화, 사무자동화 및 정보통신 기능과 더불어 화재경보 기능까지 모두 처리할 수가 있으므로 통합적 건물관리 System을 구축하는 것이 바람직하다.

참고정리

➤ 새로운 개념의 IBS구성(기능)

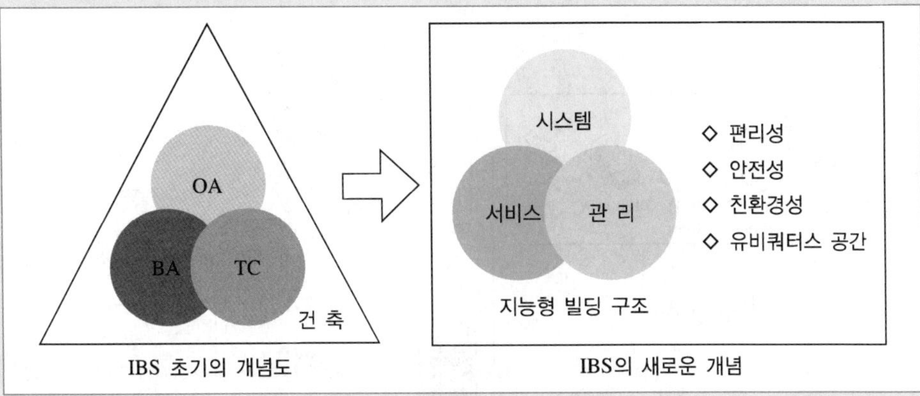

1 편리성
시설을 편리하게 사용할 수 있도록 자동화되고 스마트한 시스템을 말한다.

2 안전성
시설이 편리하더라도 인간 및 재산상의 안전성 확보가 최우선

3 친환경성
건축물에서 사용하는 건축자재의 순환구조(설치 ▶ 철거 ▶ 재사용)가 될 수 있도록 환경성을 감안하여 설계 및 공사 필요

4 유비쿼터스 공간
언제 어디서나 통신이 가능한 공간(유무선)을 구현하여 원활한 정보통신이 가능하도록 만들어 정보에 대한 빠른 소통 필요

020 중앙감시제어설비(BAS ; Building Automation System)

1 개 요

① 빌딩자동화시스템은 건물 내에 설치된 각종 설비(냉난방, 난방기, 열원기기 등) 및 장치 등을 자동으로 제어하여 유기적으로 결합 운영하는 것을 말한다.

② 빌딩의 효율적인 관리와 빌딩의 안전성을 확보하고 빌딩 내 거주자의 쾌적한 근무 환경을 제공해 주는 총체적 시스템을 말한다.

③ 빌딩에 관련된 모든 설비를 통합하여 운영하므로 통합된 빌딩 자동화 시스템이라고도 한다.

2 BAS시스템 구성

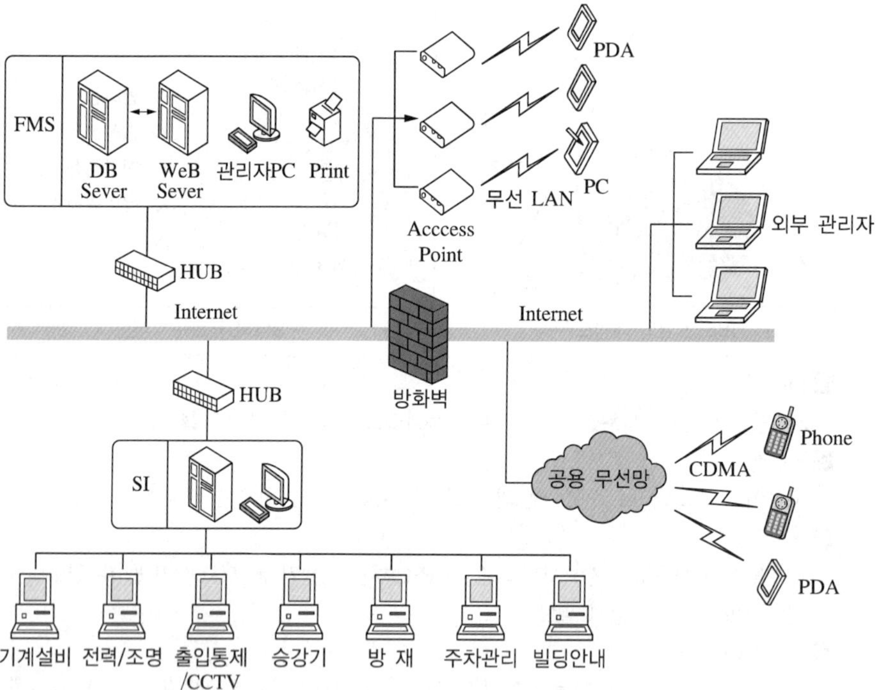

1) 기계설비

냉난방 및 환기시스템, 위생설비 시스템 등 기계설비를 효율적으로 관리하기 위한 감시 제어 설비를 말한다.

2) 전력/조명설비

전력자동제어, 조명자동제어 등 전기의 수전, 공급 상황을 실시간으로 모니터링이 가능하고 제어할 수 있는 설비와 각 실에 있는 조명을 제어하여 불필요한 조명을 소등하므로 에너지 사용을 효율적으로 관리하기 위한 설비를 말한다.

3) 출입통제, 방범설비

빌딩에 출입하는 사람을 통제 및 제어하여 기업의 정보누설을 방지하고, 사용시설물의 도난을 방지하기 위한 종합적인 Security 시스템을 말한다.

4) 반송설비

엘리베이터설비, 에스컬레이터설비, 무빙워크설비 등의 반송설비의 가동상황을 파악하고, 제어하여 중앙감시반에서 효율적인 관리를 하기 위한 시스템을 말한다.

5) 방재설비

자동화재탐지설비 등의 경보설비와 소화설비 등의 방재설비를 모니터링하고 제어하여 화재를 미연에 방지하고, 화재 시에는 초기에 대피하고, 초기 소화가 이루어질 수 있도록 하기 위한 시스템을 말한다.

6) 주차관리 시스템

각 층별 주차상황을 실시간 감시하고, 안전요원에게 정보를 공유하여 시스템을 극대화하기 위한 설비를 말한다.

7) 빌딩안내 시스템

3 BAS 특징

1) 인력절감과 관리의 효율화

① 소수 정예 요원으로 건물 설비운영

② 데이터를 활용하여 사전에 인지하고 대처함으로써 질 높은 관리 실현

2) 최적환경 유지 및 향상

① 안정적인 전력의 공급 및 유지로 건축물의 안전한 환경제공

② 재실자에게 적절한 조명을 제공하여 쾌적하고 편리한 환경제공

3) 에너지 절약

① 높은 효율로 운전 가능하여 에너지 절약 가능

② 전력제어와 조명제어 등을 통한 에너지 절약

4) 안전의 확보

① 정전, 화재 시 통합관리 체제로 피해를 최소화

② 방범, 방재의 통합관리로 인한 안전의 확보

5) 건물이용자의 편리성 향상

021 통합자동제어설비

1 개 요

① 통합자동제어설비는 건축물의 구내에 설비된 각종 시스템을 자동으로 운전하여 건축물 내부의 쾌적성을 유지 관리할 수 있도록 설계한다.
② 건물자동제어설비는 전기설비 자동제어, 기계설비 자동제어, 중앙시스템으로 구성되며, 일반적으로 선로의 구성과 이를 위한 장비로 구성한다.

2 설계순서

① 건물자동제어 대상과 범위 선정
② 제어동작 방식의 결정
③ 단말장치 및 현장제어장치의 결정
④ 중앙시스템의 결정
⑤ 배선 네트워크 설계

3 제어방법

① 자동제어 동작방법은 온/오프(On/Off)동작, 비례(P)동작, 적분(I)동작, 미분(D)동작 등을 선정한다.
② 온/오프(On/Off)동작은 목표값과 측정값의 차이값(제어편차)에 따라 조작량을 온/오프(On/Off) 하는 것으로 2위치 제어라고 한다. 다만, 주기적 사이클링으로 응답속도가 빨라야 하는 경우에는 사용하지 않는다.
③ 비례동작(P 동작, Proportional Action)은 목표값과 측정값의 차이값(제어편차) 크기에 따라 조작부를 제어한다. 다만, 정상 오차를 수반한다.
④ 적분동작(I 동작, Integral Action)은 목표값과 측정값의 차이값(제어편차) 때문에 생긴 면적(적분값)의 크기에 비례하여 조작부를 제어하는 것으로 잔류편차가 없는 제어방식이다.
⑤ 미분동작(D 동작, Derivative Action)은 목표값과 측정값의 차이값(제어편차)이 검출될 때 편차가 변화하는 속도에 비례하여 조작부를 제어하는 것으로, 잔류편차가 커지는 것을 방지하는 제어방식이다.

022 PLC(Programmable Logic Controller)

1 개 요

① 릴레이, 타이머, 카운터 등의 기능을 LSI, 트랜지스터 등의 반도체 소자로 대체시켜 시퀀스를 제어한다.

② 프로그램을 작성하고, 이용하여 각종 제어 구현이 가능하다.

2 기 능

① **수치연산**

수치 데이터를 이용하여 덧셈, 뺄셈, 곱셈, 나눗셈 등의 연산을 수행하는 제어기능이다.

② **아날로그 입력**

아날로그 입력 모듈을 이용하여 전압, 전류, 온도 등의 아날로그 양을 수치 데이터로 변경하는 기능이다.

③ **위치제어기능**

펄스열을 출력하여 서보・스테핑 모터를 제어하여 서보・스테핑 모터에 연결된 기구부의 이동을 제어하는 기능이다.

④ **통신기능**

각종 통신 모듈을 이용하여 외부 장비와 데이터를 교환하는 기능이다.

⑤ **고속 펄스열 입력 계수 기능**

고속으로 On/Off를 반복하는 펄스열을 입력 받아 계수하는 기능이다.

3 구성 및 원리

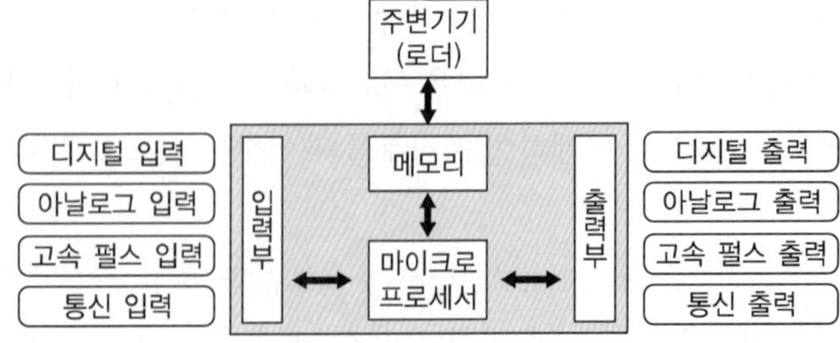

1) 입력부

① **개 념**

㉠ 외부 기기를 접속하고, 접속된 기기와의 신호교환을 통하여 제어를 구현

㉡ 접속된 외부 기기로부터 입력되는 신호에 따라 입력, 출력 또는 PLC 내부 데이터를 프로그램에서 지정한 방법으로 가공하여 출력

㉢ 입력신호의 종류로는 스위치, 센서 등으로부터 On/Off 신호를 입력받는 디지털 입력, 온도, 전압, 전류 등의 아날로그 신호를 입력받는 아날로그 입력, 통신 기능을 이용한 입력 등 다양한 종류의 입력신호가 존재

② **구비조건**

㉠ 외부 기기와 일치된 전기규격

PLC 내부는 DC 5[V]를 사용하지만, 외부기기는 DC 24[V], AC 110[V], AC 220[V] 사용하므로, 외부 기기에서 사용하는 전기 규격을 내부 신호로 변환해야 한다.

㉡ 노이즈 차단

접속된 외부 기기에서 발생할 수 있는 노이즈를 차단하여 PLC 오동작을 방지한다.

㉢ 입력 상태 표시

입력 신호의 On/Off 상태를 표시하여 동작 상태 정보를 사용자에게 제공한다.

㉣ 외부 기기 접속의 용이성

외부 기기와 편리하게 접속이 가능하다.

2) 마이크로 프로세서

사용자가 작성한 프로그램을 해석하여 프로그램에서 지정된 메모리에 저장된 데이터를 읽고 프로그램에서 사용된 명령어의 지시에 따라 데이터를 가공한 후 프로그램에서 지정된 메모리 영역에 그 결과를 저장

3) 메모리

① **RAM**

데이터를 읽고 쓰기 위한 접근 속도가 빠른 반면, 전원이 차단되면 저장하고 있는 데이터를 상실하는 특성이 있다.

② **ROM**

전원이 차단되어도 저장된 데이터가 유지되는 장점이 있는 반면, 접근속도가 느리고, ROM에 있는 데이터를 쓰기 위해서는 별도의 장치가 필요하다.

4) 출력부

① 조건 및 데이터를 입력받아 프로그램에서 지정한 방법으로 연산을 수행하여 연산의 결과를 만들고 만들어진 결과를 접속된 부하에 출력하여 제어가 가능하다.

② PLC가 데이터를 출력하는 방법은 On/Off의 비트 신호를 출력하여 부하의 On/Off를 제어하는 디지털 출력, 정해진 범위의 수치 데이터를 전압 또는 전류의 아날로그 신호로 변환하여 출력하는 아날로그 출력, 통신을 이용하여 외부 장비에 데이터를 전달하는 통신 출력 등이 있다.

5) PLC Software

① 개 념

입력되는 신호에 따라 사용자가 작성한 프로그램대로 데이터를 처리하는 역할을 한다.

② 기 능

㉠ 사용자가 원하는 데이터 처리를 위한 프로그램 작성 및 디버깅

㉡ 각종 파라미터를 이용하여 PLC의 기본적인 운전방법 설정

㉢ PLC의 운전제어

㉣ PLC의 운전 상태 확인

㉤ PLC의 운전데이터 입력 및 확인

③ 구 조

㉠ 파라미터

PLC의 기본적인 동작 방법을 지정

㉡ 프로그램

사용자가 원하는 데이터 처리 방법을 작성

㉢ 모니터링

프로그램 작성 후 적용 시 정상적인 동작 여부를 확인하기 위해 필요한 시운전 과정

④ 특 징

㉠ 직렬처리

- 프로그램 순서에 따라 메모리에 저장되어 있는 변수의 데이터를 읽어 연산을 하고 그 결과를 변수에 저장한다.
- 프로세스가 변수의 데이터를 읽거나 쓸 때 1개의 변수만 접근하기 때문에 PLC 프로그램은 직렬처리된다.

㉡ 접점 사용의 무제한

- PLC의 접점은 상태 정보를 데이터 메모리에 저장해 놓고, 프로그램에서 필요할 때 상태를 읽어 프로그램에 반영한다.
- 프로그램 내에서 동일 접점을 몇 번 사용하던지 그 수에 제한이 없다.

㉢ 흐름의 제한

- PLC에서 프로그램의 해석 순서는 좌측에서 우측으로, 위에서 아래로 진행된다.
- 두 개 이상의 라인으로 작성된 프로그램 간 상하 방향으로 프로그램이 흐르는 것은 금지하고 있다.

023 SCADA(SUPERVISORY Control And Data Acquisition)

1 개 요

① SCADA 시스템은 'SUPERVISORY Control And Data Acquisition'으로 발전소, 철도, 항만과 같은 사회기반시설이나 산업체의 공장을 제어하는 산업제어시스템을 감시하고 제어하는 시스템이다.

② SCADA 시스템은 통신 경로상의 아날로그 또는 디지털 신호를 사용하여 원격장치의 상태정보 데이터를 원격소장치로 수집, 수신, 기록, 표시하여 중앙제어시스템이 원격장치를 감시 제어하는 시스템을 말한다.

③ 발전・송배전 시설, 석유화학 플랜트, 제철공정 시설, 공장 자동화 시설 등 여러 종류의 원격지 시설 장치를 중앙집중식으로 감시 제어하는 시스템을 말한다.

2 구성 및 원리

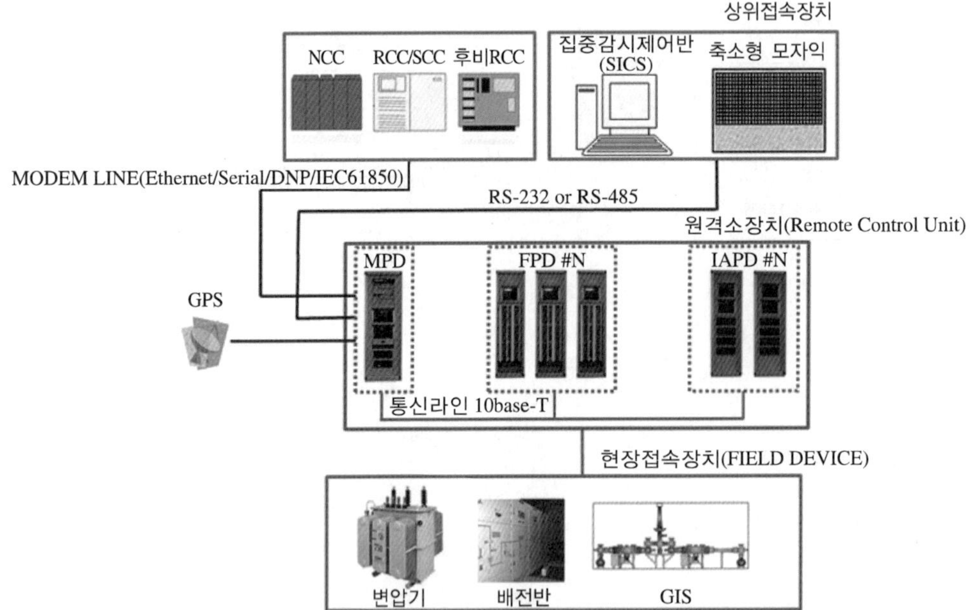

1) HMI(Human Machine Interface)

인간과 기계가 소통하는 장치로 기계 제어에 사용되는 데이터를 인간이 쉽게 인지할 수 있도록 변환하여 보여 주어 관리자가 HMI를 통하여 시스템을 감시하고 통제할 수 있다.

2) 감시시스템(Supervisory)

자료를 수집하고 장치를 제어하기 위한 실질적인 명령을 전달하는 시스템이다.

3) 원격단말기(RTU ; Remote Terminal Unit)

센서와 직접 연결되어 센서의 신호를 컴퓨터가 인식할 수 있는 디지털 데이터로 방호 변환하고 변환된 데이터를 감시시스템에 전달한다.

4) 통신시설

떨어져 있는 구성요소들이 서로 데이터를 교환할 수 있도록 하는 통신망이다.

3 특 징

① 컴퓨터를 통한 감시, 제어, 계측기능
② 주·예비 설비 간 자동절체
③ 실시간 데이터 취득 및 감시에 의한 사고 시 긴급대처기능
④ Event 및 보고서 관리
⑤ 시스템 운영의 신뢰성, 안정성 확보를 위한 설비 및 네트워크 이중화

4 기대효과 및 적용분야

① 전력설비 감시 및 제어분야
② 상·하수도 관련 수 처리 분야
③ 물류 및 원격제어감시 분야
④ 수 처리 설비 및 환경 분야
⑤ 교통신호 감시 및 제어 분야

024 원격검침(AMR ; Automatic Meter Reading)

1 개 요

① 원격검침(AMR ; Automatic Meter Reading)시스템은 유틸리티(가스, 전기, 열, 온수, 수도 등)를 공급하는 공급자가 수요자의 유틸리티 사용량을 원격에서 자동으로 검침하기 위해 설치하는 시스템을 말한다.

② 기존의 인력에 의한 검침에 따른 검침효율 및 정확성 등을 개선하기 위해 제안된 방법이며, 검침 이외의 다양한 분야로의 확대를 꾀하고 있다.

2 원격검침 구성

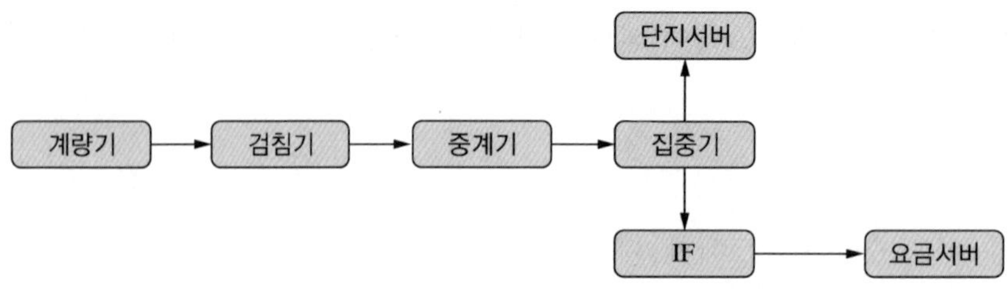

▌원격검침시스템 구성도

1) 계량기

전기·가스·수도 등의 사용량을 계측하는 기기(전기계량기, 가스계량기, 수도계량기 등)

2) 검침기

계량기의 사용량 수치 데이터를 검침센터로 송신하는 기기

3) 중계기

전송기와 집중기 사이에서 중계기능을 하는 구성품으로, 거리를 연장하여 실내·외 설치가 가능하다.

4) 집중기

집중기(Concentrator)는 검침 데이터 및 상태정보를 수집하고 이를 서버에 전송하며 대량 데이터 수집·관리 기능을 한다. 실내·외 전주 또는 벽면에 설치할 수 있다.

5) 검침망

가정 및 상가의 검침기와 검침 센터에 위치한 검침시스템 간 통신회선을 제공하는 서비스(유선·무선 통신망)

6) 검침 시스템

검침 정보를 수집, 관리하고 검침 정보를 사용자나 다른 업무 시스템에 제공하며, 검침기와 검침망 관리

7) 인터넷 빌링 시스템

전자고지 및 전자지불

3 검침망의 분류(원격검침 기술)

원격검침기술	주요 내용	적용 분야
유선방식(전용선방식)	RS-485 RS-232	신규공동주택 (전기/가스/수도)
무선방식	424[MHz] 2.4[GHz]	기존공동주택 및 단독주택 (전기/가스/수도)
전력선 통신방식	표준없음	기존 및 신규주택 (전기/가스)

1) 유선방식

① 신호선을 이용하여 검침 데이터를 원격지로 전송하는 방식을 유선 또는 전용선 방식 원격검침이라 한다.

② 유선 검침에서 주로 사용되는 통신 표준은 RS-232 또는 RS-485이며, 주로 RS-485 방식이 주류를 이루고 있다.

2) 무선방식

① 기존 주택은 신규 주택과 달리 경제성, 미관 등 다양한 요인으로 유선 방식의 원격검침을 설치하기 어려운 경우가 많다.

② 이 경우 무선방식 원격검침 시스템이 매우 유용하게 활용되어 기존 주택 및 단독주택에서는 대부분 무선원격검침을 이용하고 있다.

③ 국내에서 원격검침에 활용되고 있는 주파수 대역은 424[MHz]와 2.4[GHz]이다.

3) 전력선 방식

① 전력선 통신 기술은 가정 내에서 필수적으로 설치하는 전력선을 통하여 통신 네트워크를 구성하여 데이터를 송수신하는 기술이다.

② 수 [kbps]의 저속 전력선 통신에서 현재 수십 [Mbps] 이상의 속도를 가지는 고속의 전력선 통신 기술이 개발된 상태이나 잡음, 확성 등 몇 가지 문제점을 가지고 있어 아직 활성화된 상태는 아니다.

4 주요기능

① 각 계량장치로 자동 원격 검침원 사용량을 자동검침 기록, 보관, 요금청구서 자동발행 등

② 공용부에너지 사용량을 세대별, 평형별 비례 배분하여 요금계산서를 발행

③ 사용자별 우선 순위를 부여하여 시스템 보안 및 운영에 안정성을 확보하여 검침원 데이터를 보관 관리하여 필요한 양식으로 보고서 작성

④ 관리 인력의 최소화

⑤ 에너지 절감 및 과학적 분석이 가능

⑥ 수변전 설비의 효과적인 관리

5 적용효과

1) 관리의 효율성

검침데이터를 통해 고지서 및 영수증 발행이 자동으로 이루어져서 관리 효율을 높임

2) 신뢰성 확보

기존의 수동 검침과 공용부 요금 재분배 과정에서 발생했던 오류를 없애 입주자나 관리자 간의 신뢰성 확보

3) 인건비 절감

원격지에서 검침된 데이터를 통해 고지서 발행이 자동으로 이루어져 최소의 관리 인원으로 실시간 적극적인 관리가 가능

4) 방범효과

검침원을 가장한 범죄를 예방하여 범죄로부터 입주자 보호

025 공동주택 세대별 계량기의 원격검침설비 설계 시 고려사항에 대하여 설명하시오.

1 개 요

① 원격검침(AMR ; Automatic Meter Reading)시스템은 유틸리티(가스, 전기, 열, 온수, 수도 등)를 공급하는 공급자가 수요자의 유틸리티 사용량을 원격에서 자동으로 검침하기 위해 설치하는 시스템을 말한다.

② 기존의 인력에 의한 검침에 따른 검침효율 및 정확성 등을 개선하기 위해 제안된 방법이며, 검침 이외의 다양한 분야로의 확대를 꾀하고 있다.

③ 원격검침설비는 계량기, 원격검침장치, 전송선로, 중앙처리장치로 구성되어 있다.

2 원격검침설비 설계순서

① 원격검침설비 대상과 범위를 선정

② 시스템과 전송방식을 결정

③ 원격검침장치 위치를 결정하고 설치방법을 결정

④ 중앙관제장치에서 조작 장소 및 정보서비스 연계성 결정

⑤ 기기의 배치 결정 및 배선설계 결정

3 원격검침설비 설계 시 고려사항

1) 세대 원격검침장치(Home Control Unit)

각 계량기(전기, 가스, 수도, 온수, 난방)의 모든 데이터값을 디지털 또는 펄스 신호로 받아 적산하여 사용량을 표시하고, 일반적으로 사용량 데이터를 저장하여 중앙관제장치에 전송하며 다음과 같은 기능을 갖는 기기로 구성

① **단독형 구성기기**

원격검침장치 단독으로 구성되어 원격검침장치의 기능을 수행하며, 분전반, 전기 계량기함, 통신 단자함, 전용 단자함 등에 설치한다.

② **전력량계와 일체형 구성기기**

전자식 전력량계와 일체로 구성되어 원격검침장치의 기능을 수행하며, 전력 계량함에 설치한다.

③ **비디오폰 겸용기기**

홈 오토메이션설비, 비디오폰 등과 일체로 구성되어 원격검침장치의 기능을 수행한다.

2) 중계장치 (Distribution Control Unit)

각 세대 원격장치로부터 중앙관제장치에 송출되는 사용량 데이터신호를 받아서 중계하는 장치이다.

3) 주 제어장치 (Master Control Unit)

세대 각 유닛으로부터 전송된 데이터신호를 종합 처리하여 중앙관제장치로 송출하는 장치이다.

4) 원격자동검침서버

세대 각 유닛으로부터 전송된 데이터를 분석 연산하여 사용량의 적산, 청구서 발행 등의 업무를 자동 전산처리하고, 데이터를 분석하여 검침 오류, 계통 이상 등 관련 설비 이상 유무를 확인하며, 시설물 관리에 필요한 각종 데이터를 기록 보관하는 역할을 수행할 수 있도록 일반적으로 다음과 같이 구성된다.

① 중앙처리장치(CPU)
② 모니터(VDT, 예 : CRT, LCD, PDP, LED 패널 등)
③ 프린터
④ 소프트웨어
　㉠ 시간대별 사용량 데이터 수신・데이터베이스 처리 및 저장
　㉡ 요금계산 및 내역 조회
　㉢ 청구서 발행
　㉣ 기 타
⑤ 무정전전원장치(UPS)

5) 전송선로 구성 및 배선

① 전송선로 구성

이용방식	시스템	비 고
통신망 이용방식	건축물 내에 있는 근거리통신망(LAN)을 이용하여 세대 원격장치부터 중앙관제장치까지 신호를 전송	LAN의 일부로 구성
전용선 이용방식	원격검침 전용 전송선로를 구성하여 신호전송	전용회로 구성
전기선 이용방식	기존의 전기선을 이용하여 신호전송의 일부 구간 및 전부를 담당하는 전력선통신방식	전력용 통신방식

② 배 선

㉠ 전기 배선과는 가능한 한 이격하고 별도의 루트로 한다.

㉡ 사용 전선은 전자유도장해 발생을 억제하기 위해 트위스트페어케이블이나 광케이블을 사용한다.

026 지능형 검침인프라(AMI ; Advanced Metering Infrastructure) 1

1 개 요

① AMI는 스마트그리드의 스마트미터를 기초로 최종 소비자와 에너지 공급자 간의 수요반응(DR)을 통해 적극적으로 에너지 절약을 할 수 있는 인프라이다.

② 수요 측 전력자원을 통합관리하고, 이에 대한 효율적인 운용 및 배분을 통하여 전력회사와 소비자의 효율적 에너지 사용이 가능하도록 정보 및 서비스를 제공하는 시스템을 말한다.

2 구성 및 원리

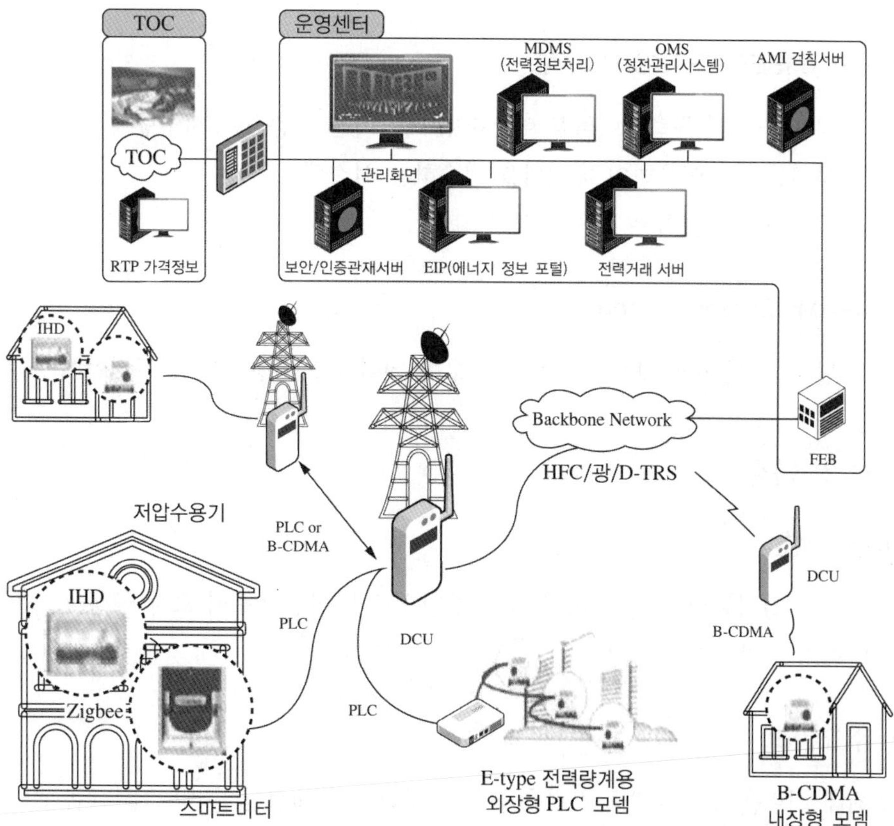

1) 스마트미터(Smart Meter)

① 시간대별 사용량을 측정하여 그 정보를 송신할 수 있는 기능의 저압 전자식 계량기
② 단방향 기능의 표준형 및 E-Type과 양방향 기능의 G-Type의 종류가 있다.

2) 데이터 집중장치(DCU ; Data Concentrator Unit)

① 각종 말단 Meter에서의 검침 데이터를 서버까지 연결하는 중계 장치
② 수십에서 수백가구의 말단 스마트미터 에너지 사용자의 에너지 사용 정보를 수집 및 전력회사를 전송하는 장치

3) 전력선 통신

기존의 전력선을 이용하여 전송하는 망

4) HFC/FIBER/D-TRS/CDMA

① 광케이블 및 동축케이블을 이용하여 데이터를 전송하는 시스템
② 무선통신을 이용하여 데이터를 전송하는 시스템
③ 데이터를 전송하는 전송방식 시스템

5) K-AMI Server System

각 단말 및 데이터 집중장치 등에서 오는 데이터를 저장, 기록, 표시할 수 있는 설비

3 기능 및 특징

1) 원격검침

개인이 검침하던 것을 설비의 자동 검침으로 변경함으로써 오차 발생 가능성이 작고 인건비 절약이 가능하다.

2) 수요관리

최대 전력을 낮추고 평균전력을 높여서 부하율을 개선할 수 있는 시스템

3) 전력소비 절감

4) 전기품질 향상 등 다양한 융복합 서비스 제공

전력선에 양방향 통신이 가능해져 검침 외 정보서비스 제공 가능

4 구축 로드맵

1단계(2010~2012)	2단계(2013~2020)	3단계(2021~2030)
AMI 기반기술 확보 • 지능형 홈 전력관리 시스템 • AMI 인프라 구축 및 상품	AMI 시스템 구축 • 지능형 전력관리 상용화 • 소비자 중심 전력 거래	양방향 전력거래 활성화 • 제로에너지 홈/빌딩 • 융복합 서비스 보편화

▌AMI 구축 단계별 목표

1) 1단계(2010~2012년) : AMI 기반기술 확보

① 상호호환성을 고려한 AMI와 스마트 미터 개발 및 표준화

② 지능형 In-Home 디바이스 개발

③ EMS 기술개발 및 통신망 표준화

2) 2단계(2013~2020년) : AMI 시스템 구축

① 지능형 전력관리 사용화

② 소비자 중심 전력거래 개발

3) 3단계(2021~2030년) : 양방향 전력거래 활성화

① 제로에너지 홈/빌딩

② 융복합서비스 보편화

5 AMI 문제점

① 소비자 DR 관련 기술 및 인프라 미흡

② AMI를 수용할 요금제도가 없어 시장 형성 없음

③ 낮은 전력요금 체계로 수요 낮음

④ 표준에 대한 인식부족으로 적극적인 대처 미흡

⑤ 일부 기술 분야를 제외하고는 표준 경쟁력이 미흡하며, 기술 개발과 표준화의 연계 미흡

⑥ AMI 국내산업 표준의 미정립, 관련 기술의 빠른 변화 등은 사업화에 있어 위험 요소로 작용

027 지능형 검침인프라(AMI) 2

1 개 요

① 지능형 전력량계(Smart Meter)를 통해 소비자와 전력회사 간 양방향 통신 인프라를 구축하는 지능형 전력망(Smart Grid) 구현의 핵심 시스템이다.

② 전력 수요자의 데이터를 실시간으로 관리하고 고객에게 전력 사용정보를 제공함으로써 에너지 관리 및 사용 효율을 높이는 시스템이다.

2 AMI 기능

1) 기본기능

① 수요관리
② 실시간 검침
③ 정전관리
④ 배전자동화(분산전원을 위해)
⑤ 전기차 충전 인프라
⑥ 마이크로 그리드

2) AMI 추가기능

① 웨어러블 기기 기반의 위치 확인 시스템 : 치매노인 관리
② 전력사용량 분석 앱을 통한 독거노인 신변이상 확인
③ 전력 ICT 융복합 기반의 추가적 사업모델 기반
※ 활성화를 위한 실시간 요금제 필수

3 AMI 구성

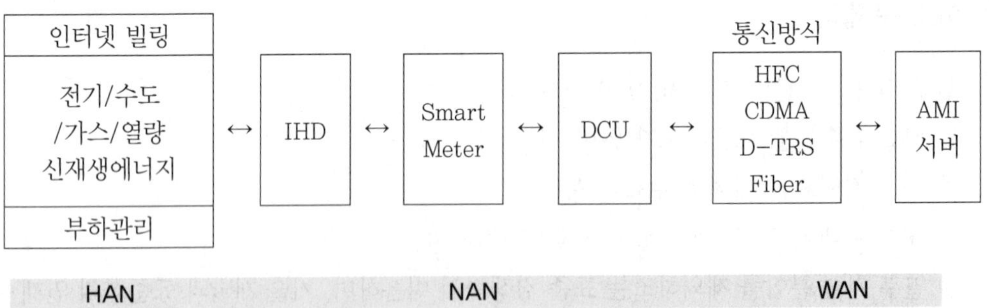

1) Smart Meter : 디지털 전력량계

① E-type : 7[kW] 이하에서 사용되며 1시간 간격으로 유효전력량을 측정한다.
② G-type : 8 [kW] 이상에서 사용되며 15분 간격으로 유효, 무효, 역률, 최대 수요전력 등을 측정한다.
③ S-type : 100[kW] 이상에서 사용되며 15분 간격 유효, 무효, 역률, 최대 수요전력 등을 측정한다.

2) IHD(In-Home Display) : 홈 디스플레이 장치

① 스마트 그리드에서는 에너지와 결합하여 IHD로 불리고 있다.
② 고객의 전력 사용량 및 다양한 정보를 제공한다.

3) DCU(Data Concentration Unit) : 데이터 수집장치

고객의 전력 수요 데이터를 수집하고 전기 사용 정보를 제공하는 장치이다.

4) 검침 프로그램(IHD, SM, DCU)

DCU로부터 전력 수요 데이터를 수집하고, 빌링 시스템과 연계하여 요금고지 및 사용 정보를 제공한다.

4 AMI 통신기술

1) AMI 네트워크 구조

① HAN : Home Area Network
② NAN : Neighborhood Area Network
③ WAN : Wide Area Network

2) WAN

① Fiber : 광케이블 망을 이용하는 방식
② HFC(Hybrid Fiber Coaxial Cable) : 광동축 혼합망
③ D-TRS(Digital Trunked Radio System) : 디지털 무선통신 시스템
④ CDMA(Code Division Multiple Access) : 다중접속 분할 방식으로 통화품질이 좋고 통신비밀이 보장된다.

3) 국산 KS 광대역 PLC

① 가공선로의 대부분 지역에 적용한다.

② 최대 속도 24[Mbps]이다.

4) HPGP(HomePlug Green Phy)

① IEEE 표준을 기반

② 미국 퀄컴사가 주도하는 HomePlug Alliance의 광대역 PLC기술이다.

③ 최대 속도가 10[Mbps]이며, 수신감도가 높아 신호손실과 노이즈가 많은 지중구간에 적합하다.

5) Wi-SUN(Wireless Smart Utility Network)

① IEEE 표준에 기반

② 900[MHz] 대역을 활용한 근거리무선통신기술

③ 동경전력 AMI통신망 전체 70[%]에 사용되는 기술로 선정되어 사용된다.

6) Zigbee

① IEEE 표준에 기반

② 근거리무선통신 기술로 2.4[GHz] 대역을 사용한다.

③ 안전성이 검증되었다(기기간 호환성, 인증체계 확립, 시장 활성화).

④ 2.4[GHz] 대역을 함께 사용하는 와이파이, 블루투스 기술과의 상호간섭 문제가 존재한다.

7) LTE(Long Term Evolution)

① 검침서버에서 고객수용가까지 1 : 1 직접통신이 가능하다.

② 설치, 유지보수 측면에서 유리하다.

③ 통신사에 요금을 지불하는 문제로 경제성 저하된다.

④ 도서, 산간지역, 통신 음영지역에 제한적으로 적용할 수 있다.

5 AMI 구축 로드맵

① 1단계(2010~2012) : AMI 기반기술 확보

② 2단계(2013~2020) : AMI 시스템 구축

③ 3단계(2021~2030) : 양방향 전력거래 활성화

6 AMI 문제점

① AMI는 관심에 비해 발전 수준이 미흡하다.
② 소비자 DR 관련 기술 및 인프라 미흡하다.
③ 낮은 전력 요금 체계로 수요 낮다.
④ 호환성, 특허문제, 기술적 문제 등이 존재한다.
⑤ 사업의 연속성이 결여된다.
⑥ 통신 기술발전 속도가 매우 빠르다.

7 AMI 적용 및 개선사항

① 소프트웨어 기능의 알고리즘을 개선
② 전력사용량, 최대수요전력, 고조파, 위상, 역률 등 고객의 전력품질 관리서비스
③ 하드웨어 분야는 CPU 및 메모리 성능을 향상
④ 낙뢰보호, 방수성능 등을 개선
⑤ 향후 기능 확장이 가능하도록 설계
⑥ 정보보안기능 : 서버와 DCU구간에 암호모듈을 적용

8 결 론

① 한국은 스마트그리드에 상당한 기술력을 보유 및 무선 통신 분야에서 비교 우위가 있다.
② 지속적인 발전을 위해 사업의 연속성이 중요하다.
③ 규모의 경제가 되지 않기 때문에 국제적 협력을 통하여 표준화에 선도적 역할이 필요하다.

028 전력선 통신(PLC ; Power Line Communication)

1 정 의

① 전력선 통신(Power Line Communication, 이하 PLC)이란 전력선을 매개체로 음성과 데이터를 수백[kHz]~수십[MHz] 이상의 고주파 신호에 실어 통신하는 기술을 말한다.

② 기존의 전력 공급선을 통신망으로 활용하여 각 가정의 정보 가전기기 등을 연결하는 데 활용한다.

2 전력선 통신 원리

① 전력 주파수는 60[Hz]의 교류주파수로 가전제품은 전력변환기를 통해 직류로 바꿔 이용

② 통신신호를 고주파 신호로 바꿔 보내고 고주파 필터를 이용해 따로 분리한 신호 수신

③ 전력선을 타고 온 통신신호는 변압기 주변에 설치된 라우터와 집안 모뎀을 통해 전력과 통신신호가 분리

④ 전력선 통신원리는 전력주파수(60[Hz]) 이외의 주파수대역에 통신신호를 실어 송수신

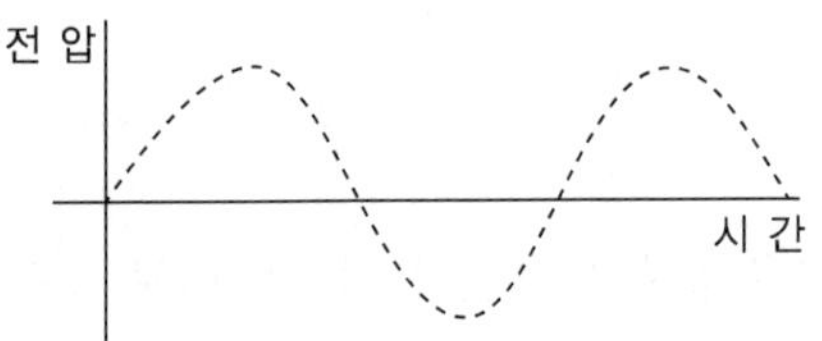

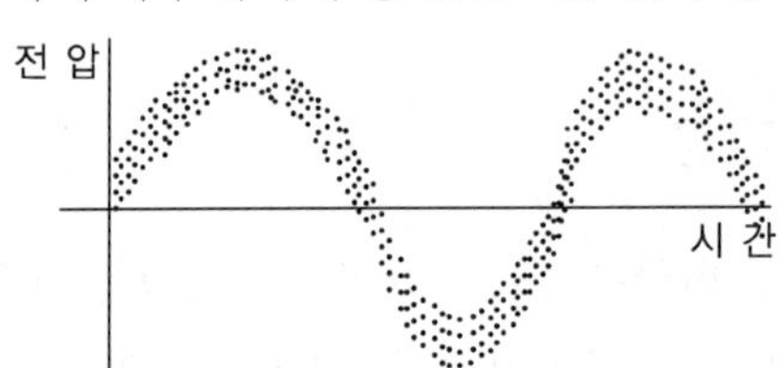

3 전력선 통신 구성

1) 장 치

① Modem

전력선에서 통신 신호만 골라내어 PC 또는 통신기기에 주거나 보낼 데이터를 고주파 신호로 만들어 전력선에 실어주는 역할을 함

② Coupler

옥내의 분전반 전력량계를 By - Pass하여 통신신호를 배분하는 장비

③ Router

인터넷망 연결 위해 전주에 설치되는 장비로 상용 Router 활용 가능

2) 통신방식

① 협대역 방식

FM, FSK(Frequency Shift Keying), QPSK 등

② 스펙트럼확산 통신방식

DS-SS(Direct-Sequence Spread-Spectrum), FH(Frequency-Hopping), OFDM 등

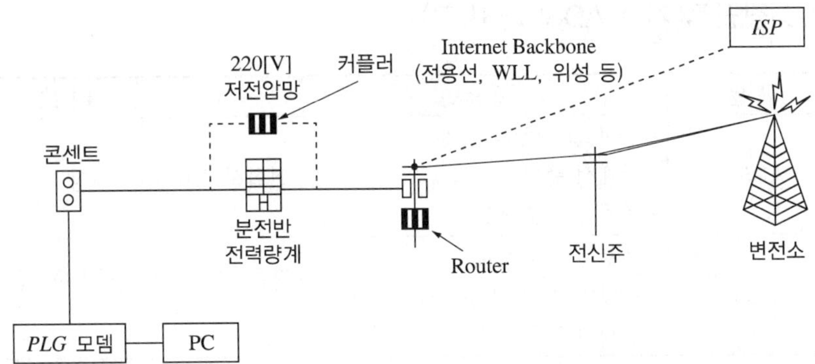

4 PLC 분류

1) 적용망에 따른 분류

① Access Network : 22.9[kV] 고속 통신

② Home Network : 220[V] 저속 · 중속 · 고속 통신

2) 사용전압에 따른 분류

① 저압(220[V]) PLC

고속 인터넷, 홈 네트워크, 통합원격검침, 조명제어, 신호제어 등 단거리용

② 고압(22.9[kV]) PLC

배전자동화, 부하감시, 부하제어 등 장거리용

3) 통신속도에 따른 분류

구 분	주파수 대역	통신속도	주요 용도
저속 PLC	10~450[kHz]	1[Kbps]	음성통신, 전기기기제어, 홈네트워크 등
고속 PLC	450[kHz] 이상	1[Mbps]	멀티미디어, 통신, 제어 등

5 PLC 장단점(기존 ADSL과 비교)

구 분	특 징	비 고
ADSL	• 전화 및 고주파 통신 • 경제성 중간 • 설치공사 불필요	전화선로에 따라 영향
PLC	• 선로설치 불필요 • 광범위, 안정적 통신망 • 경제성 양호	잡음처리, 통신채널 변화 등 고난도 기술개발 필요

6 PLC 기술상 문제점

1) 신호레벨 유지 어려움

부하/임피던스 전원품질을 위해 Ripple 레벨제한으로 S/N 확보가 어렵다.

2) 전기, 전자 기기에 의한 잡음이 최소인 최적주파수 대역 선정이 어렵다.

① 변압기 등 전기기기의 광범위한 사용으로 잡음 유입원이 다수 존재

② 저주파 대역에서는 감쇄는 작으나 잡음이 크고, 고주파 대역에서는 잡음은 작으나 감쇄가 크다.

3) 통신 매체 공유방식 및 배선문제

① 전기저항과 전력용량은 규정되어 있지만, 특성 임피던스 및 전파 정수와 같은 통신선로 내 긴요한 선로 정수는 규정되어 있지 않음

② 특정주파수의 반송파가 항상 양호한 전송 특성을 보장하지 않는다.

4) 전력 통신선의 법제규제

① **반송주파수** : 10~450[kHz]

② **송신출력** : 10[W] 이하

③ 전력선 통신의 상용화를 위해서는 법적으로 규제하는 해결이 필요하다.

7 PLC 응용분야

1) 저속 PLC

홈 오토메이션의 조명제어, 가스밸브제어, 전원차단 등 단순제어

2) 고속 PLC

① **원격검침**

전기, 가스, 수도 등 유틸리티에 해당하는 미터 자료를 PLC 통신 기술을 활용하여 자동으로 읽어 집산, 처리하는 시스템

② **직접부하제어**

전력사가 미리 계약해 둔 고객의 부하를 직접 제어

③ **배전자동화**

약 20~30[km] 떨어진 곳에 설치된 자동화 개폐기, 리클로저의 원격제어, 감시 및 계측

④ 고속 홈 네트워크

⑤ 전력선을 이용한 전화통화

⑥ 공장 자동화 시스템

정보통신 인증제도

029 정보통신 인증제도

1 개 요

① 일정 기준 이상의 구내 정보통신 설비를 갖춘 건물에 대해 초고속 정보통신 건물 및 홈네트워크 건물인증을 부여함으로써, 구내 정보통신 설비의 고도화를 촉진시키고 관련 서비스를 활성화하고자 시행하는 제도이다.

② 초고속 정보통신 서비스의 원활한 이용을 위해 정부가 일정 기준 이상의 구내 정보통신 설비 요건을 갖춘 건물을 심사하여 인증해 주는 제도이다.

2 대상건물

① **공동주택** : 20세대 이상

② **업무시설, 오피스텔** : 연면적 3,300[m^3] 이상

③ 단, 홈 네트워크 등급은 공동주택에 한함

3 인증등급 구분 및 표시

1) 등급 구분

① **초고속 정보통신 건물** : 특등급, 1등급, 2등급 및 3등급

② **홈 네트워크 건물** : AA, A, 준 A

2) 등급 표시

해당 등급의 엠블럼(인증마크) 및 인증 명판 부착

4 인증신청

1) 신청인

건축물의 건축주, 공사시공자 또는 건축소유자

2) 신청시기

① **예비인증** : 건축허가관청의 건축허가를 받은 후
② **본인증** : 건물(구내 통신시설)의 완공 시
③ 예비인증을 통과한 건축물은 예비인증 신청서상의 건축물 준공 예정일 이내에 본인증을 반드시 신청하여야 함

3) 신청접수 기관

건축물 소재지 관할 체신청

5 인증심사

1) 처리 기간

신청서 접수 후 20일 이내

2) 심사 기준

배선·배관설비, 통신실 환경 등 구내 정보통신 기반시설 등

3) 심사합격 시

① 해당등급의 엠블럼(인증마크) 부착 허용
② 정보통신부장관 명의의 인증 필증 및 인증 명판 교부
③ 인증 명판 제작비용 및 엠블럼 부착비용은 신청인 부담으로 함

6 예비인증

① 분양의 효율성 제고를 위해 인증등급을 사전에 예고하고자 할 경우, 건물 완공 전에도 예비인증 신청가능
② 구내 정보통신설비 설계 도서에 대한 서류심사를 통해 예비인증 여부 결정

③ 예비인증된 건물에 대해서는 각종 광고 및 견본주택에 해당 등급의 엠블럼을 사용할 수 있음

④ 다만, 건물 완공 후 최종심사에서 인증 여부 및 인증등급이 달라질 수 있음을 고객에게 고시하여야 함

⑤ 신청 건축물에 대한 설계 도서를 사전검토하여 등급별 심사기준 적합 여부 확인 검증

7 초고속 정보통신 건물 인증 심사기준

1) 정보통신 인증제도

심사항목				요 건	심사방법
배선설비	배선방식(세대 내)			성형 배선	설계 도서 대조심사
배선설비	케이블	구내 간선계		광케이블 8코어(최소 SMF 6코어) 이상 + 세대당 Cat.3 4페어 이상	배선설비 성능등급 대조심사 (구내 간선/건물 간선/수평 배선)
배선설비	케이블	건물 간선계		세대당 광케이블 4코어(최소 SMF 2코어) 이상 + 세대당 Cat.3 4페어 이상	배선설비 성능등급 대조심사 (구내 간선/건물 간선/수평 배선)
배선설비	케이블	수평 배선계	세대 인입	광케이블 4코어(최소 SMF 2코어) 이상 + 세대당 Cat.3 4페어 이상	배선설비 성능등급 대조심사 (구내 간선/건물 간선/수평 배선)
배선설비	케이블	수평 배선계	댁내 배선	인출구당 Cat.5e 4페어 이상 + 세대 단자함에서 거실 인출구까지 광 1구 이상	배선설비 성능등급 대조심사 (구내 간선/건물 간선/수평 배선)
배선설비	접속자재			배선케이블 성능등급과 동등 이상으로 설치	배선설비 성능등급 대조심사 (구내 간선/건물 간선/수평 배선)
배선설비	세대 단자함			광선로 종단장치(FDF), 디지털방송용 광수신기, 접지형 전원시설이 있는 세대 단자함 설치, 무선 AP 수용 시 전원콘센트 4구 이상 설치	설계도서 대조심사 및 현장 확인
배선설비	인출구	설치대상		침실, 거실, 주방(식당)	설계도서 대조심사 및 현장 확인
배선설비	인출구	설치개수	침실 및 거실	실별 4구 이상(2구씩 2개소로 분리 설치), 거실 광인출구 1구 이상	설계도서 대조심사 및 현장 확인
배선설비	인출구	설치개수	주방(식당)	2구 이상	설계도서 대조심사 및 현장 확인
배선설비	인출구	형태 및 성능		케이블 성능등급과 동등 이상의 8핀 모듈러잭(RJ45) 또는 광케이블용 커넥터	설계도서 대조심사 및 현장 확인
배선설비	무선 AP			세대 단자함에서 무선 AP까지 Cat.5e 4페어 이상	
배관설비	구 조			성형 배선 가능 구조	설계 도서 대조심사 (배관설비 설치 요건은 별표 7 참조)
배관설비	건물간선계			단면적 1.12[m^2](깊이 80[cm] 이상) 이상의 TPS 또는 5.4[m^2] 이상의 동별 통신실 확보	설계 도서 대조심사 (배관설비 설치 요건은 별표 7 참조)
배관설비	예비배관	설치구간		구내 간선계, 건물 간선계	설계 도서 대조심사 (배관설비 설치 요건은 별표 7 참조)
배관설비	예비배관	수 량		1공 이상	설계 도서 대조심사 (배관설비 설치 요건은 별표 7 참조)
배관설비	예비배관	형태 및 규격		최대 배관 굵기 이상	설계 도서 대조심사 (배관설비 설치 요건은 별표 7 참조)

심사항목			요 건	심사방법
집중 구내 통신실	위 치		지 상	현장실측으로 유효면적 확인 (집중구내통신실의 한쪽 벽면이 지표보다 높고 침수의 우려가 없으면 “지상 설치”로 인정)
	면 적	~300세대	12[m^2] 이상	
		~500세대	18[m^2] 이상	
		~1,000세대	22[m^2] 이상	
		~1,500세대	28[m^2] 이상	
		1,501세대~	34[m^2] 이상	
	출입문		폭 0.9[m], 높이 2[m] 이상(문틀 외측 치수)의 잠금장치가 있는 방화문 설치 및 관계자 외 출입통제 표시 부착	
	환경 · 관리		• 통신장비 및 상온/상습 장치 설치 • 전용의 전원설비 설치	
구내 배선 성능	구내 간선계		광선로 채널성능 이상	측정 장비에 의한 실측확인
	건물 간선계		광선로 채널성능 이상	
	수평 배선계	세대 인입	광선로 채널성능 이상	
		댁내 배선	채널성능 Cat.5e 이상	
도면관리			배선, 배관, 통신실 등 도면 및 선번장	보유 여부 확인
디지털 방송	배 선		헤드 엔드에서 세대 단자함까지 광케이블 1코어 이상 설치(SMF 설치 권장)	현장 실측
	방송설비 설치장소 및 면적		집중 구내 통신실 면적 + 3[m^2] 추가 단, 방재실에 설치할 경우 제외	
	방송공동수신 안테나 시설의 질적 수준 등		• 주파수대역 : 54~2,150[MHz] • 출력레벨(75[Ω] 연결 시, 디지털채널(VSB)) : 45~75[dBμV] • 영상반송파대 잡음비(디지털 채널(VSB)) : 22[dB] 이상 • 공시청 형식승인 제품 사용 여부	현장 확인 측정 장비에 의한 실측 확인
	디지털 방송 수신품질		디지털 방송 수신가능(지상파 DTV 시청 시 채널당 2분 동안 블록 에러 또는 프레임에러 발생 상태 관측하여 에러 발생하지 않음)	현장 확인 (동당 1~3세대 측정)
에프엠 (FM) 라디오	지하주차장		에프엠(FM) 라디오 방송신호가 양호하게 수신 가능	현장 확인 (수신 여부)
	댁 내		거실의 직렬단자에는 별도의 에프엠(FM) 라디오 방송용 출력단자 설치(분배기 가능)	

주1) 구내 간선계 광케이블 8코어(최소 SMF 6코어) 이상 중 최소 SMF 6코어 이상은 초고속인터넷사업자가 사용할 수 있도록 확보하여야 한다.

주2) 디지털 방송을 위한 전송선로는 구내 간선계, 건물 간선계, 수평 배선계(세대 인입)의 통신용 광케이블을 사용할 수 있다.(기존의 특등급 공동주택에서 예비 광케이블을 활용하여 디지털 방송 수신환경 설치를 추가로 설치할 경우 재인증 가능)

주3) 거실 광인출구 1구는 SMF 1코어 이상 또는 MMF 2코어 이상을 포설하여야 한다.

주4) 무선 AP는 선택사항이며, 적용 시에는 TTA로부터 IEEE 802.11n 이상의 성능을 만족하는 시험 성적서를 제출. 또한, PoE 방식일 경우에는 IEEE 802.3af 시험 성적서를 제출

2) 홈 네트워크건물 인증기준

<table>
<tr><th colspan="3" rowspan="2">심사항목</th><th colspan="3">요 건</th><th rowspan="2">심사방법</th></tr>
<tr><th>AA 등급</th><th>A 등급</th><th>준 A 등급</th></tr>
<tr><td colspan="3">등급구분 기준</td><td>심사항목(1) +
심사항목(2) 중
9개 이상</td><td>심사항목(1) +
심사항목(2) 중
6개 이상</td><td>심사항목(1)</td><td>–</td></tr>
<tr><td colspan="3">배선방식</td><td colspan="3">성형 배선</td><td>–</td></tr>
<tr><td rowspan="10">심사항목(1)</td><td>배 선</td><td>세대 단자함과 홈 네트워크 월패드 간</td><td colspan="2">Cat.5e 4페어 이상</td><td>–</td><td rowspan="3">설계도면 대조심사 및 육안검사</td></tr>
<tr><td>예비배관</td><td>세대 단자함과 홈 네트워크 월패드 간</td><td colspan="2">16[C] 이상(세대 단자함과 홈네트워크 월패드와의 배선 공유 시 22[C] 이상)</td><td>–</td></tr>
<tr><td>설치공간</td><td>블로킹 필터</td><td colspan="2">• 3상 4선식 : 150[mm]×200[mm]×60[mm]
• 단상 2선식 : 70[mm]×160[mm]×60[mm]</td><td>–</td></tr>
<tr><td>면 적</td><td>집중 구내 통신실 면적</td><td colspan="2">2[m^2]</td><td>–</td><td>현장 실측으로 유효면적 확인</td></tr>
<tr><td colspan="2">통신 배관실(TPS)</td><td colspan="3">• 출입문은 외부인으로부터 보안을 위하여 폭 0.7[m], 높이 1.8[m] 이상(문틀 외측 치수)의 잠금장치가 있는 출입문으로 설치하고 관계자 외 출입통제 표시부착
• 외부 청소 등에 먼지, 물 등이 들어오지 않도록 50[mm] 이상의 문턱 설치. 다만, 차수관 또는 차수막을 설치하는 때에는 그러하지 아니함</td><td rowspan="2">설계도면 대조심사 및 육안검사</td></tr>
<tr><td colspan="2">단지 서버실</td><td colspan="3">• 별도의 공간을 확보할 경우 3[m^2] 이상
• 이중바닥 방식으로 설치하고, 출입문은 외부인으로부터 보안을 위하여 폭 0.7[m], 높이 1.8[m] 이상(문틀 외측 치수)의 잠금장치가 있는 방화문 설치 및 관계자 외 출입통제 표시부착</td></tr>
<tr><td rowspan="2">폐쇄회로 TV 장비</td><td>배 선</td><td colspan="3">• 전선 : UTP Cat 5e 4P×1 이상
• 구간 : CCTV의 DVR 또는 WEB 변환기에서 단지네트워크장비(워크그룹스위치)까지</td><td rowspan="4">설계도면 대조심사 및 육안검사</td></tr>
<tr><td>기기설치</td><td colspan="3">• 공용부에 CCTV 또는 Web 변환기가 설치되어 있고, 월패드에 CCTV를 볼 수 있는 사용자인터페이스(UI) 기능이 있어야 함</td></tr>
<tr><td rowspan="2">가스밸브 제어기
(고시 : 가스감지기)</td><td>배 선</td><td colspan="3">• 전선 : UTP Cat.5e 4P×1 이상
• 구간 : 월패드 또는 홈 게이트웨이와 가스밸브 제어기 또는 자동확산 소화기
• 전력선 제어일 경우 배선 심사를 하지 않고 전력선 모뎀의 설치 유무를 확인</td></tr>
<tr><td>기기설치</td><td colspan="3">• 가스감지기, 가스제어기, 가스밸브 차단기가 설치되어 있어야 함. 단, 설비가 자동확산 소화기와 연동 시 기기설치는 생략가능</td></tr>
</table>

<table>
<tr><th colspan="3" rowspan="2">심사항목</th><th colspan="3">요 건</th><th rowspan="2">심사방법</th></tr>
<tr><th>AA 등급</th><th>A 등급</th><th>준 A 등급</th></tr>
<tr><td rowspan="10">심
사
항
목
(1)</td><td rowspan="2">조명 제어기</td><td>배 선</td><td colspan="3">• 전선 : UTP Cat.5e 4p×1 이상
• 구간 : 월패드 또는 홈게이트웨이와 조명제어 스위치
• 전력선 제어일 경우 배선 심사를 하지 않고 전력선 모뎀의 설치 유무를 확인</td><td rowspan="18">설계도면
대조심사
및
육안검사</td></tr>
<tr><td>기기 설치</td><td colspan="3">조명제어 스위치가 설치되어 있어야 함</td></tr>
<tr><td rowspan="2">난방 제어기</td><td>배 선</td><td colspan="3">• 전선 : UTP Cat.5e 4P×1 이상
• 구간 : 월패드 또는 홈게이트웨이와 난방 제어기 또는 온도조절기
• 전력선 제어일 경우 배선 심사를 하지 않고 전력선 모뎀의 설치 유무를 확인</td></tr>
<tr><td>기기 설치</td><td colspan="3">난방 제어기가 설치되어 있어야 함</td></tr>
<tr><td rowspan="2">현관방범 감지기 (고시 : 개폐감지기)</td><td>배 선</td><td colspan="3">• 전선 : UTP Cat.5e 4P×1 이상
• 구간 : 월패드 또는 홈 게이트웨이와 현관방범 감지기</td></tr>
<tr><td>기기 설치</td><td colspan="3">현관문에 현관 방범감지기가 설치되어 있어야 함</td></tr>
<tr><td rowspan="2">주동현관 통제기 (고시 : 주동출입시스템)</td><td>배 선</td><td colspan="3">• 전선 : UTP Cat.5e 4P×1 이상
• 구간 : 주동현관통제기(인터폰)와 단지네트워크 장비(워크그룹 스위치)까지</td></tr>
<tr><td>기기 설치</td><td colspan="3">주동현관에 자동문과 인터폰이 설치되어 있어야 하며, 또한 인터폰에는 카드 리더기도 설치되어 있어야 함</td></tr>
<tr><td rowspan="2">원격검침 전송장치 (고시 : 원격검침시스템)</td><td>배 선</td><td colspan="3">• 전선 : UTP Cat.5e 4P×1 이상
• 구간 : 원격검침 전송장치와 계량기간</td></tr>
<tr><td>기기 설치</td><td colspan="3">원격검침 전송장치와 계량기가 설치되어 있어야 하고, 공용부에 원격검침용 서버가 설치되어 있어야 함</td></tr>
<tr><td rowspan="8">심
사
항
목
(2)</td><td rowspan="2">침입 감지기</td><td>배 선</td><td colspan="3">• 전선 : UTP Cat.5e 4P×1 이상
• 구간 : 월패드 또는 홈 게이트웨이와 침입감지기</td></tr>
<tr><td>기기 설치</td><td colspan="3">세대 또는 베란다 외부에 침입감지기가 세대별 1개소 이상 설치되어 있어야 함</td></tr>
<tr><td rowspan="2">환경 감지기</td><td>배 선</td><td colspan="3">• 전선 : UTP Cat.5e 4P×1 이상
• 구간 : 월패드 또는 홈 게이트웨이와 환경감지기</td></tr>
<tr><td>기기 설치</td><td colspan="3">환경감지기는 세대 내에 1종 이상 설치되어 있어야 함</td></tr>
<tr><td rowspan="2">차량 통제기</td><td>배 선</td><td colspan="3">• 전선 : UTP Cat.5e 4P×1 이상
• 구간 : 차량 통제기/(인터폰)와 단지네트워크장비(워크그룹스위치)</td></tr>
<tr><td>기기 설치</td><td colspan="3">차량통제기가 설치되어 있어야 하고 주차서버 및 주차용 인터폰이 설치되어 있어야 함</td></tr>
<tr><td rowspan="2">전자경비 시스템</td><td>배 선</td><td colspan="3">• 전선 : UTP Cat.5e 4P×1 이상
• 구간 : 전자경비 시스템과 단지네트워크 장비(워크그룹스위치)</td></tr>
<tr><td>기기 설치</td><td colspan="3">경비실 또는 관리실에 전자경비 시스템이 설치되어 있을 것</td></tr>
</table>

<table>
<tr><th colspan="3" rowspan="2">심사항목</th><th colspan="3">요 건</th><th rowspan="2">심사방법</th></tr>
<tr><th>AA 등급</th><th>A 등급</th><th>준 A 등급</th></tr>
<tr><td rowspan="14">심사항목(2)</td><td rowspan="2">무인택배 시스템</td><td>배 선</td><td colspan="3">• 전선 : UTP Cat.5e 4P×1 이상
• 구간 : 택배서버와 단지 네트워크장비(워크그룹스위치)</td><td rowspan="12">설계도면 대조심사 및 육안검사</td></tr>
<tr><td>기기 설치</td><td colspan="3">• 공용부에 택배서버가 설치되어 있고, 월패드에 택배 도착용 사용자 인터페이스(UI) 기능이 있어야 함
• 택배함 수량은 소형주택(60[m^2] 이하)의 경우 세대수의 최소 10~15[%], 중형주택(60[m^2] 초과) 이상은 세대수의 최소 15~20[%] 정도 설치되어야 함</td></tr>
<tr><td rowspan="2">욕실폰</td><td>배 선</td><td colspan="3">• 전선 : UTP Cat.5e 4P×1 이상
• 구간 : 월패드 또는 홈 게이트웨이와 욕실폰</td></tr>
<tr><td>기기 설치</td><td colspan="3">욕실폰은 1개 이상의 욕실에 설치되어 있을 것</td></tr>
<tr><td rowspan="2">주방 TV</td><td>배 선</td><td colspan="3">• 전선 : UTP Cat.5e 4P×1 이상
• 구간 : 월패드 또는 홈 게이트웨이와 주방 TV</td></tr>
<tr><td>기기 설치</td><td colspan="3">주방에 주방 TV가 설치되어 있을 것 (모니터 포함 설치되어 있어야 함)</td></tr>
<tr><td rowspan="2">에어콘 제어</td><td>배 선</td><td colspan="3">• 전선 : UTP Cat.5e 4P×1 이상
• 구간 : 월패드 또는 홈 게이트웨이와 실외기
• 전력선 제어일 경우 배선 심사를 하지 않음</td></tr>
<tr><td>기기 설치</td><td colspan="3">• 에어콘이 빌트인 되어 있고 세대는 월패드에 에어콘 제어용 사용자 인터페이스(UI) 기능이 있어야 함
• 전력선 제어의 경우 월패드와 에어콘실외기에 전력선 모뎀이 설치되어 있을 것</td></tr>
<tr><td rowspan="2">일괄소등 제어</td><td>배 선</td><td colspan="3">• 전선 : UTP Cat.5e 4P×1 이상
• 구간 : 월패드 또는 홈 게이트웨이와 일괄소등 스위치 또는 세대 분전반의 일괄소등 릴레이</td></tr>
<tr><td>기기 설치</td><td colspan="3">세대 현관 출입구 주위에 일괄소등 스위치가 설치되어 있거나 또는 세대 분전반에 일괄 소등 릴레이가 설치되어 있을 것</td></tr>
<tr><td rowspan="2">디지털 도어락</td><td>배 선</td><td colspan="3">• 전선 : UTP Cat.5e 4P×1 이상
• 구간 : 월패드 또는 홈 게이트웨이와 디지털 도어록
(만일, 문열림 방식이 무선일 경우 배선은 심사하지 않음)</td></tr>
<tr><td>기기 설치</td><td colspan="3">• 세대 현관문에 디지털 도어록이 설치되어 있어야 하며, 무선의 경우는 문열림이 가능한 무선 모듈이 부착되어 있거나 문열림 동작을 확인할 수 있어야 함
• 유선 방식의 경우 현관문에 힌지가 설치되어 있어야 함</td></tr>
<tr><td rowspan="2">엘리베이터 호출 연동제어</td><td>배 선</td><td colspan="3">• 전선 : UTP Cat.5e 4P×1 이상
• 구간 : 엘리베이터 연동서버와 단지네트워크장비(워크그룹스위치)</td><td></td></tr>
<tr><td>기기 설치</td><td colspan="3">• 공용부에 엘리베이터 연동 서버가 설치되어 있을 것
• 세대 호출방식의 경우 월패드에 엘리베이터 호출용 사용자인터페이스(UI) 기능이 있어야 하고, 로비 호출용일 경우 로비에 호출 연동장치가 설치되어 있을 것</td><td></td></tr>
</table>

심사항목			요 건			심사방법
			AA 등급	A 등급	준 A 등급	
심사항목 (2)	주차위치 인식시스템	배 선	• 전선 : UTP Cat 5e 4P×1 이상 • 구간 : 주차차량 위치인식 서버와 단지네트워크장비(워크그룹 스위치)			설계도면 대조심사 및 육안검사
		기기 설치	공용부에 주차 위치인식용 서버가 설치되어 있어야 하며, 지하 주차장에 차량위치를 파악할 수 있는 장비가 설계도면과 동일하게 설치되어 있어야 함			
	현관도어 카메라	배 선	• 전선 : UTP Cat.5e 4P×1 이상 • 구간 : 월패드 또는 홈 게이트웨이와 현관도어 카메라			
		기기 설치	세대 현관문 외부에 현관카메라가 설치되어 있어야 함			
	홈 뷰어 카메라	배 선	• 전선 : UTP Cat.5e 4P×1 이상 • 구간 : 월패드 또는 홈게이트웨이 또는 세대 통신 단자함에서 홈뷰어 카메라			
		기기 설치	세대 내에 홈 뷰어용 카메라가 설치되어 있어야 하고, 공용부에 홈 뷰어 제어용 서버가 설치되어 있어야 함			
	예비전원장치		• 정전을 대비하여 무정전 전원장치 또는 발전기에 의한 비상 전원이 자동 절체시스템에 의해 공급 • 공용부 : 집중구내통신실, 통신배관실, 단지서버실, 방재실의 홈 네트워크 설비(홈네크워크 관련 서버, 주동출입시스템, MDF실 백본, 방화벽, 각 동 워크그룹스위치) • 세대부 : 세대 통신단자함 또는 홈 게이트웨이와 월패드			–
	대기전력 차단장치	배 선	• 전선 : UTP Cat.5e 4P×1 이상 • 구간 : 월패드 또는 홈게이트웨이에서 대기전력 차단장치			설계도면 대조심사 및 육안검사
		기기 설치	세대 내에 대기전력 자동 차단콘센트 또는 대기전력 차단 스위치가 설치되어 있어야 함			
	월패드와 데이터통신이 가능한 홈 분전반	배 선	• 전선 : UTP Cat.5e×1 이상 • 구간 : 홈 분전반과 월패드			
		기기 설치	• 홈 분전반 내부 또는 댁내 부하의 이상상태(과전류, 누설전류, 아크)를 감지하고 차단기를 차단할 수 있으며, 월패드와 데이터 통신이 가능한 분전반이 설치되어 있어야 함 • 홈 분전반은 댁내에 설치된 접촉 불량 감지 콘센터와 통신이 가능하여야 함			

주1) 집중구내 통신실 면적 $2[m^2]$는 초고속 정보통신건물 인증심사 기준에 명시된 집중구내 통신실 면적에 추가하여야 함
주2) 전력선은 '전기설비기술기준의 판단기준이 정하는 전선규격(HIV) 이상'을 말함
주3) 전력선 방식을 적용할 경우에만 블로킹필터 설치공간을 확보함
주4) 단지 서버실을 설치하지 않고, 단지서버를 집중구내통신실이나 방재실 내에 설치할 수 있음. 다만, 집중구내통신실에 설치하는 경우는 보안을 고려하여 폐쇄회로 텔레비전(CCTV)을 설치
주5) 조명제어기 및 일괄 소등제어를 무선으로 적용할 경우 배선심사는 제외하고 작동 여부를 확인
주6) 차량통제기의 인터폰은 문제발생 시 관리자와 통화할 수 있는 설비임
주7) 세대 내 기기 수량을 1개 이상 설치하는 경우 월패드 또는 홈게이트웨이와 첫 번째 기기까지만 배선을 심사한다.
주8) 대기전력 차단장치의 자동 차단콘센트는 배선 심사를 제외한다.

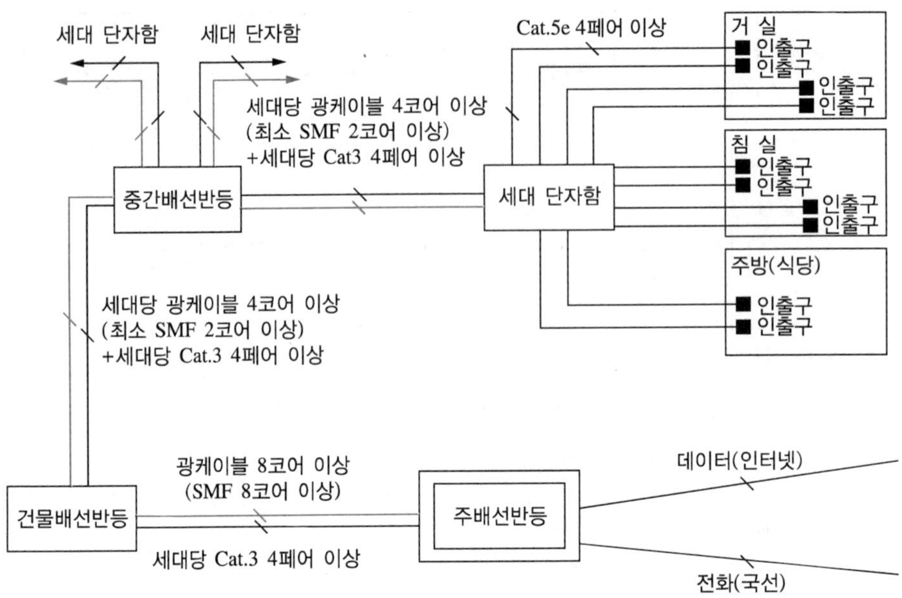

▮ 배선시스템 예시도(동별 통신실 적용사례)

주1) 상기 예시도는 인증심사기준이 아니며, 민원인의 이해를 돕기 위하여 작성된 것임

주2) 건물 간선계에는 간선용 Multi–pair 케이블(25페어 단위의 UTP Cat.3 케이블, 12코어 광케이블 중 최소 SMF 6코어 이상)을 설치하며, 건물배선반등에 FDF를 설치하고 2개 이상 사업자 설비 등이 수용될 수 있도록 별표 7의 요건에 따라 설치한다.

주3) 세대 단자함은 0.2[m^2] 이상(깊이 8[cm] 이상)의 크기로 설치하여야 한다.

030 지능형 홈네트워크 설비 설치 및 기술기준

1 목 적

이 기준은 주택법 제2조제13호와 주택건설기준 등에 관한 규정 지능형 홈 네트워크 설비의 설치 및 기술적 사항에 관하여 위임된 사항과 그 시행에 관하여 필요한 사항을 규정함을 목적으로 한다.

2 홈 네트워크 필수설비

1) 공동주택이 다음 각 호의 설비를 모두 갖추는 경우에는 홈 네트워크 설비를 갖춘 것으로 본다.

① 홈 네트워크망

㉠ 단지망

㉡ 세대망

② 홈 네트워크 장비

㉠ 홈 게이트웨이(단, 세대단말기가 홈 게이트웨이 기능을 포함하는 경우는 세대단말기로 대체 가능)

㉡ 세대단말기

㉢ 단지네트워크장비

㉣ 단지서버(지능형 홈 네트워크 설비 설치 및 기술기준 제9조제4항에 따른 클라우드 컴퓨팅 서비스로 대체 가능)

2) 홈 네트워크 필수설비는 상시전원에 의한 동작이 가능하고, 정전 시 예비전원이 공급될 수 있도록 하여야 한다. 단, 세대단말기 중 이동형 기기(무선망을 이용할 수 있는 휴대용 기기)는 제외한다.

3 홈 네트워크 설비의 설치기준

1) 홈 네트워크망

홈 네트워크망의 배관·배선 등은 방송통신설비의 기술기준에 관한 규정 및 접지설비·구내통신설비·선로설비 및 통신공동구 등에 대한 기술기준에 따라 설치하여야 한다.

2) 홈 게이트웨이

① 홈 게이트웨이는 세대단자함에 설치하거나 세대단말기에 포함하여 설치할 수 있다.

② 홈 게이트웨이는 이상전원 발생 시 제품을 보호할 수 있는 기능을 내장하여야 하며, 동작 상태와 케이블의 연결 상태를 쉽게 확인할 수 있는 구조로 설치하여야 한다.

3) 세대단말기

세대 내의 홈 네트워크 사용기기들과 단지서버 간의 상호 연동이 가능한 기능을 갖추어 세대 및 공용부의 다양한 기기를 제어하고 확인할 수 있어야 한다.

4) 단지 네트워크장비

① 단지 네트워크장비는 집중구내통신실 또는 통신배관실에 설치하여야 한다.

② 단지 네트워크장비는 홈 게이트웨이와 단지서버 간 통신 및 보안을 수행할 수 있도록 설치하여야 한다.

③ 단지 네트워크장비는 외부인으로부터 직접적인 접촉이 되지 않도록 별도의 함체나 랙(Rack)으로 설치하며, 함체나 랙에는 외부인의 조작을 막기 위한 잠금장치를 하여야 한다.

5) 단지서버

① 단지서버는 집중구내통신실 또는 방재실에 설치할 수 있다. 다만, 단지서버가 설치되는 공간에는 보안을 고려하여 영상정보처리기기 등을 설치하되 관리자가 확인할 수 있도록 하여야 한다.

② 단지서버는 외부인의 조작을 막기 위한 잠금장치를 하여야 한다.

③ 단지서버는 상온·상습인 곳에 설치하여야 한다.

④ 제①항부터 제③항까지의 규정에도 불구하고 국토교통부장관과 사전에 협의하고, 국가균형발전 특별법 따른 지역발전위원회에서 선정한 단지서버 설치 규제특례 지역의 경우에는 클라우드 컴퓨팅 발전 및 이용자 보호에 관한 법률 따른 클라우드 컴퓨팅서비스를 이용하는 것으로 할 수 있으며, 다음의 사항이 발생하지 않도록 하여야 한다.

㉠ 정보통신 보안 문제

㉡ 통신망 이상 발생에 따른 홈 네트워크 사용기기 운영 불안정 문제

6) 홈 네트워크 사용기기

홈 네트워크 사용기기를 설치할 경우, 다음의 기준에 따라 설치하여야 한다.

① 원격제어기기는 전원공급, 통신 등 이상상황에 대비하여 수동으로 조작할 수 있어야 한다.

② 원격검침시스템은 각 세대별 원격검침장치가 정전 등 운용시스템의 동작 불능 시에도 계량이 가능해야 하며 데이터값을 보존할 수 있도록 구성하여야 한다.

③ **감지기**

㉠ 가스감지기는 LNG인 경우에는 천장 쪽에, LPG인 경우에는 바닥 쪽에 설치하여야 한다.

㉡ 동체감지기는 유효감지반경을 고려하여 설치하여야 한다.

㉢ 감지기에서 수집된 상황정보는 단지서버에 전송하여야 한다.

④ **전자출입시스템**

㉠ 지상의 주동 현관 및 지하주차장과 주동을 연결하는 출입구에 설치하여야 한다.

㉡ 화재발생 등 비상시, 소방시스템과 연동되어 주동현관과 지하주차장의 출입문을 수동으로 여닫을 수 있게 하여야 한다.

㉢ 강우를 고려하여 설계하거나 강우에 대비한 차단설비(날개벽, 차양 등)를 설치하여야 한다.

㉣ 접지단자는 프레임 내부에 설치하여야 한다.

⑤ **차량출입시스템**

㉠ 차량출입시스템은 단지 주출입구에 설치하되 차량의 진・출입에 지장이 없도록 하여야 한다.

㉡ 관리자와 통화할 수 있도록 영상정보처리기기와 인터폰 등을 설치하여야 한다.

⑥ **무인택배시스템**

㉠ 무인택배시스템은 휴대폰・이메일을 통한 문자서비스(SMS) 또는 세대단말기를 통한 알림서비스를 제공하는 제어부와 무인택배함으로 구성하여야 한다.

㉡ 무인택배함의 설치 수량은 소형 주택의 경우 세대수의 약 10~15[%], 중형 주택 이상은 세대수의 15~20[%]로 정도 설치할 것을 권장한다.

⑦ **영상정보처리기기**

㉠ 영상정보처리기기의 영상은 필요시 거주자에게 제공될 수 있도록 관련 설비를 설치하여야 한다.

㉡ 렌즈를 포함한 영상정보처리기기장비는 결로되거나 빗물이 스며들지 않도록 설치하여야 한다.

7) 홈 네트워크 설비 설치공간

① 세대단자함

㉠ 접지설비 · 구내통신설비 · 선로설비 및 통신공동구 등에 대한 기술기준에 따라 설치하여야 한다.

㉡ 세대단자함은 별도의 구획된 장소나 노출된 장소로서 침수 및 결로 발생의 우려가 없는 장소에 설치하여야 한다.

㉢ 세대단자함은 500 × 400 × 80[mm](깊이) 크기로 설치할 것을 권장한다.

② 통신배관실

㉠ 통신배관실은 유지관리를 용이하게 할 수 있도록 하여야 하며 통신배관을 위한 공간을 확보하여야 한다.

㉡ 통신배관실 내의 트레이(Tray) 또는 배관, 덕트 등의 설치용 개구부는 화재 시 층간 확대를 방지하도록 방화처리제를 사용하여야 한다.

㉢ 통신배관실의 출입문은 폭 0.7[m], 높이 1.8[m] 이상(문틀의 내측치수)이어야 하며, 잠금장치를 설치하고, 관계자 외 출입통제 표시를 부착하여야 한다.

㉣ 통신배관실은 외부의 청소 등에 의한 먼지, 물 등이 들어오지 않도록 50[mm] 이상의 문턱을 설치하여야 한다. 다만, 차수판 또는 차수막을 설치하는 때에는 그러하지 아니하다.

③ 집중구내통신실

㉠ 집중구내통신실은 방송통신설비의 기술기준에 관한 규정에 따라 설치하되, 단지네트워크장비 또는 단지서버를 집중구내통신실에 수용하는 경우에는 설치 면적을 추가로 확보하여야 한다.

㉡ 집중구내통신실은 독립적인 출입구와 보안을 위한 잠금장치를 설치하여야 한다.

㉢ 집중구내통신실은 적정온도의 유지를 위한 냉방시설 또는 흡배기용 환풍기를 설치하여야 한다.

정보통신설비의 실제 및 기타

031 병원 정보전달 시스템

1 개 요

① 병원의 정보전달 시스템은 급변하는 정보통신에 능동적으로 대처하고 인간존중에 부합하는 쾌적성을 높여야 한다.

② 환자에게는 양질의 서비스를 제공하고 의료진에게는 최적의 의료 환경, 경영자에게는 효율적인 관리에 따른 경제성에 그 목적이 있다.

2 병원정보전달 시스템의 목적

① **양질의 의료서비스 제공** : 환자 정보의 신속한 파악, 대기 진료시간의 최소화, 환자 중심의 서비스 제공

② **업무환경개선** : 신속하고 효율적인 자료제공, 편의성, 신뢰성, 경제성 추구

③ **합리적인 병원의 경영** : 운영, 관리 효율화, 병원의 경쟁력 강화

④ 비용절감

3 첨단의료 정보 시스템(HIS ; Hospital Information System)의 구성

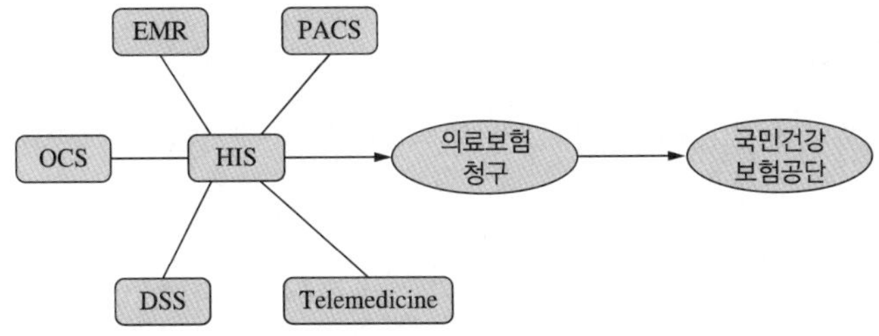

1) OCS(Order Communication System, 처방전달 시스템)

① 환자의 진찰 자료 및 의학 정보를 해당하는 진료부서로 전달

② 환자 등록에서 치료 종료까지(진료, 검사, 처방, 투약, 수납) 전산화

2) EMR(Electronic Medical Record, 전자의무기록)

① 환자의 진단기록을 전산 데이터화하여 저장
② 환자의 대기시간, 진료시간 단축 및 업무효율 향상

3) PACS(Picture Archiving & Communication System, 의료영상 시스템)

① 각종 의료영상 정보(엑스레이, MRI, CT)를 저장 · 전송 및 검색
② 필름 분실문제 해소, 대기 진료시간 단축, 종합화상 진단 및 회의 가능

4) DSS(Decision Support System, 의사결정 시스템)

병원의 기획활동, 사업계획, 재무계획 및 통제와 같은 관리적 의사 결정과 임상적 의사 결정에 필요한 정보를 제공하는 시스템으로 경영자 정보 시스템

5) Telemedicine(원격진료)

① 초고속 인터넷망을 통한 원격진료 대비 인프라 구축
② PACS 시스템 운영 네트워크 구축

4 병원기능 정보전달 시스템

1) 너스 콜 설비

① 병실과 간호사실 간의 호출 표시
② BED, 화장실, 샤워실 등에서 호출 가능

2) 페이징 시스템

구내 교환설비에 접속하여 병원 내 근무자에게 호출 또는 메시지 전달

3) 환자감시 시스템

심박, 호흡, 혈압, 체온 등 생체신호 상시 모니터링

4) 다자간 인터폰설비

① 다자간 통화가능 업무효율 향상
② 방재 센터, 구내 통신실, 간호사실, 당직자실 등

5) VMS(Voice Mail Service)

부재 중 음성메시지 저장 및 착신가능

5 일반기능 정보 시스템

1) CATV

병원 내 필요한 영상 서비스 제공(공청방송, 홍보, 교육영상 등)

2) CCTV

주요환자 감시, 이상 발생 시 신속대처, 방범용, 주차장 관제용

3) 전관방송 시스템

① 전체 및 구역별 방송
② 근무자, 환자의 휴식을 돕기 위한 재생음악(BGM) 방송
③ 재난 시 비상방송

4) 통합방법 시스템

① 출입통제 및 침입경보, 침입통보
② One Card System(RFID)

5) 주차관제 시스템

6 병원정보전달 시스템 계획 시 고려사항

① 통합 배선 시스템 구축 : 장래 증설 여유 확보
② 비상전원 설비확보
③ 등전위 접지, 통합접지, 본딩, 정전기, 노이즈, 차폐
④ 의료자료 DB구축
⑤ 서지보호대책
⑥ 전력품질개선

032 호텔 정보전달 시스템

1 개 요

호텔산업의 국제화, 대형화됨에 따라 대고객 서비스의 증진, 호텔의 관리, 경영의 효율성 증대 측면에서 호텔정보 시스템(HIS ; Hotel Information System)의 필요성이 늘어날 것으로 기대한다.

2 호텔정보 시스템(HIS)의 목적

① 호텔 경영에 대한 종합적인 정보제공
② 불필요한 자료와 과정의 제거, 호텔운영의 효율성 향상
③ 개선된 고객 서비스를 제공
④ 비용의 절감

3 호텔정보 시스템의 구성

4 호텔정보시스템의 기능

1) 프런트 오피스 시스템

① 호텔 고객이 제일 먼저 접하고 떠날 때까지 안내 기능
② 객실상황을 실시간으로 파악하는 기능
③ 고객요구에 신속하게 대응
④ 호텔 이용 시 발생하는 금전적인 문제처리

담당업무	내 용
예 약	객실, 업장 고객의 예약, 등록, 변경, 조회, 삭제
프런트 데스크	고객객실 배정, 체크인, 체크아웃, 고객관리
하우스 키핑(객실관리)	객실청소상태, 고객정보관리
교환실	모닝콜, 음성사서함 서비스
Night Auditor	당일 매출집계

2) 업장관리 시스템(POS ; Point Of Sale, 판매시점관리)

① 객실의 부대시설을 여러 개의 단말기를 통해 중앙처리 장치(CPU)와 접속

② **효율적인 업장관리**

담당업무	내 용
주 방	고객주문 자동전달, 레시피 관리
레스토랑	• 객실정보 영수증 구분처리, 영수증 발급 • 고객신상정보에 따른 서비스 제공

3) 백오피스 시스템

① 호텔의 모든 영업활동을 지원하는 시스템

② **호텔 특성에 따라 고유한 형태로 구축**

담당업무	내 용
인사, 급여	직원의 인사, 급여 등 관리
경리, 회계	매입, 매출, 여신업무
원가관리	비용분석
고객관리	고객정보관리, 의사결정
시설관리	호텔시설관리

4) 인터페이스 시스템

각각의 독립된 시스템을 온라인으로 연결하여 상호 정보교환

담당업무	내 용
전화요금 산출	객실고객 전화사용내역 및 요금산출
EMS(에너지 관리)	객실전열, 냉난방용 에너지 자동관리
VMS(음성사서함)	호텔상품안내, 음성메시지 전달
DLS	객실통제 시스템
미니바	객실 내 냉장고 사용내역 및 요금산출
경영분석	객실영업, 실적관리

033 호텔 객실관리 설비

1 개 요

호텔 객실관리 설비는 객실의 서비스, 도난방지, 에너지절약, 합리적인 경영을 위한 설비로 객실 설비, 중간서비스 설비, 중앙 및 프런트 설비로 구성된다.

2 호텔 객실관리 설비 설계

① 서비스의 규모를 상정한다.
② 객실별 관리 대상을 설정한다.
③ 프런트에서 관리해야 할 대상을 설정한다.
④ 통신방식에 따른 배선시스템 및 호텔관리 프로그램을 선정한다.

3 객실 설비

1) 객실 설비

각각의 기능을 할 수 있는 최적의 위치에 설치한다.

2) 객실제어기(Control Box)

① 패널 형태로 내부의 현관 입구주변(예 옷장, 창고 등)에 설치한다.
② 객실 내 설치기기의 기능을 제어하고 기능에 대한 사항을 중앙 설비로 전달한다.

3) 객실 온도제어기

① 객실 내 온도를 제어하는 기능으로 객실 내 가구 및 내장 재료에 영향이 없는 곳에 설치한다.
② 객실제어기를 통해 중앙 및 프런트 설비에 연결한다.
③ 기본제어 : 팬코일 유닛, 온돌 밸브 등
④ 중앙제어 : 예열 및 예랭 운전, 체크인 시 강제운전, 이상 온도 시 경보 및 운전정지

4) 객실 전기에너지 제어 장치

① 객실 내 전기에너지 제어는 키 센서(Key Sensor)를 사용한다.
② 객실제어기를 통해 중앙 및 프런트 설비에 연결한다.
③ 재실 시에만 전기 에너지가 소비되도록 한다.
④ 상시 전원이 필요한 시설은 전기 에너지 제어설비에서 제외한다.
⑤ 키 센서와 도어록 시스템을 일치시키는 경우에는 건축설계자와 협조한다.

5) 객실 내 상황 표시설비

① 재실 유무표시 장치 설치한다.
② 차임벨 스위치에는 입구 인디케이터 또는 방해금지 표시가 가능토록 검토한다.
③ 프런트 데스크에서 보낸 메시지 표시를 받을 수 있도록 설치한다.
④ 비상시 프런트에 연락 가능한 비상호출 스위치를 설치한다.

6) 기타 설비

① 객실 내에는 리모콘을 통하여 객실 내에 설치된 기기(TV, 조명등, 온도제어기)를 동작 또는 정지시키는 설비를 검토한다.
② 입구등은 타임스위치로 제어한다.

4 중간 서비스 설비

1) 중간 서비스 설비

각 층의 서비스실(메이드 룸)에서 객실을 관리(청소, 비품 등)하기 위한 FIP(Floor Indicator Panel)설비이다.

2) FIP(Floor Indicator Panel) 설비

① 중앙에 설치하는 CIP(Central Indicator Panel)과 연결된다.
② 프런트 데스크에서 객실의 공실 여부를 판단하도록 정보를 제공한다.
③ 각 층 서비스실(메이드 룸)에 설치한다.

5 중앙 및 프런트 설비

1) 중앙 및 프런트 설비

① 각 층 객실의 상태를 파악하여 각 실에 대한 서비스를 시행한다.

② 객실에 대한 영업 및 에너지 분석을 수행하는 시스템을 설치한다.

2) 키 랙(Key-Rack) 설비

① 키 랙은 객실의 키를 수납하는 것이다.

② 공실(체크 인 · 아웃)상태를 표시한다.

③ 키의 수납 상태에 따라 CIP 및 FIP에 객실의 재실 유무를 표시한다.

④ 메시지 표시 기능 및 비상호출 표시등의 부가를 검토한다.

3) CIP(Centeral Indicator Panel)

① 각 층 객실의 서비스 상태(공실 여부, 청소 유무 등)를 알 수 있도록 하는 것으로 프런트 데스크 또는 사무실에 설치한다.

② 각 층에 설치하는 FIP(Floor Indicator Panel)과 연결된다.

4) 중앙처리 설비

① **중앙처리 설비**

㉠ 컴퓨터 시스템으로 구성된다.

㉡ 키 랙, CIP, 예약관리 시스템으로부터 정보를 받아 호텔 객실관리 업무를 수행한다.

② **하드웨어**

중앙처리장치, 기억장치(HDD, CD ROM, DVD 등), 입력장치, 출력장치로 구성된다.

③ **소프트웨어**

서비스관리시스템, 에너지관리시스템, 경영(예약)관리시스템을 도입한다.

6 배선설비

① 간선의 경우 ES 내부에 설치한다.

② 객실까지 지선은 배선 변경이 용이한 공법을 검토하고, 유지보수 및 증설을 고려한다.

③ 배선은 통신장애가 없도록 한다.

(주)시대고시기획 소방시리즈

시리즈	도서명	판형/가격
소방시설관리사	소방시설관리사 1차	4×6배판 /53,000원
	소방시설관리사 2차 점검실무행정	4×6배판 /30,000원
	소방시설관리사 2차 설계 및 시공	4×6배판 /30,000원
위험물기능장	위험물기능장 필기	4×6배판 /38,000원
	위험물기능장 실기	4×6배판 /35,000원
소방설비기사 · 산업기사[기계편]	소방설비기사 기본서 필기	4×6배판 /33,000원
	소방설비기사 과년도 기출문제 필기	4×6배판 /25,000원
	소방설비산업기사 과년도 기출문제 필기	4×6배판 /25,000원
	소방설비기사 기본서 실기	4×6배판 /35,000원
	소방설비기사 과년도 기출문제 실기	4×6배판 /27,000원
소방설비기사 · 산업기사[전기편]	소방설비기사 기본서 필기	4×6배판 /33,000원
	소방설비기사 과년도 기출문제 필기	4×6배판 /25,000원
	소방설비산업기사 과년도 기출문제 필기	4×6배판 /25,000원
	소방설비기사 기본서 실기	4×6배판 /36,000원
	소방설비기사 과년도 기출문제 실기	4×6배판 /26,000원
소방안전관리자	소방안전관리자 1급 예상문제집	4×6배판 /19,000원
	소방안전관리자 2급 예상문제집	4×6배판 /15,000원

소방기술사

도서명	판형/가격
김성곤의 소방기술사 핵심 길라잡이	4×6배판 /75,000원

소방관계법규

도서명	판형/가격
화재안전기준(포켓북)	별판 /15,000원

* 도서 가격은 변동될 수 있습니다.

Professional Engineer Building Electrical Facilities

김성곤의

건축전기설비 기술사

핵심 길라잡이 2권

(주)시대고시기획 시대교육(주)	고득점 합격 노하우를 집약한 최고의 전략 수험서
	www.sidaegosi.com
시대에듀	자격증 · 공무원 · 취업까지 분야별 BEST 온라인 강의
	www.sdedu.co.kr
이슈&상식	한 달간의 주요 시사이슈 논술 · 면접 등 취업 필독서
	매달 25일 발간
	외국어 · IT · 취미 · 요리 생활 밀착형 교육 연구
	실용서 전문 브랜드

발행일 2021년 1월 5일(초판인쇄일 2019 · 9 · 10)
발행인 박영일
책임편집 이해욱
편저 김성곤
발행처 (주)시대고시기획
등록번호 제10-1521호
주소 서울시 마포구 큰우물로 75 [도화동 538 성지B/D] 9F
대표전화 1600-3600
팩스 (02)701-8823
학습문의 www.sidaegosi.com

정가 **76,000**원

ISBN
979-11-254-8153-9

2021 합격의 공식 시대에듀
최/신/개/정/판

김성곤의 Professional Engineer Building Electrical Facilities

건축전기설비 기술사

김성곤(건축전기설비기술사 · 소방기술사) 편저

핵심 길라잡이

이 책의 구성 3권

- 제6편 방재설비
- 제7편 에너지설비
- 제8편 엔지니어링 및 기타
- 제9편 전기이론설비

3권

profile

편·저·자·약·력

■ 김성곤

경상대학교 전기공학과 졸업
과학기술대학교 안전공학과 대학원 졸업

전기공사협회 외래교수
폴리텍대학 외래교수
경민대학교 외래교수
소방학교 및 한국소방안전원 외래교수
한국교육공제회 전국 국립대학 연구소 건설 자문위원
김앤장 법률사무소 안전 자문위원

[저서]
건축전기설비기술사 핵심 길라잡이, 소방기술사 핵심 길라잡이 외 다수

Book Master :

도서구입 및 내용문의
1600-3600

책 출간 이후에도 끝까지 최선을 다하는 시대고시기획!
도서 출간 이후에 발견되는 오류와 바뀌는 시험정보, 기출문제, 도서 업데이트 자료 등을 홈페이지 자료실 및 시대북 통합서비스 앱을 통해 알려 드리고 있습니다. 또한, 도서가 파본인 경우에는 구입하신 곳에서 교환해 드립니다.

편집진행 윤진영 | 표지디자인 조혜령 | 본문디자인 심혜림

합격의 공식 시대에듀

김성곤의 Professional Engineer Building Electrical Facilities

건축전기설비 기술사

핵심 길라잡이 3권

김성곤의

건축전기설비기술사

3권

제 6 편 방재설비

제 7 편 에너지설비

제 8 편 엔지니어링 및 기타

제 9 편 전기이론설비

방재설비

제 1 장 방재설비

SECTION 01 소방설비

001 열전현상 10
002 누설 동축케이블 12
003 케이블 화재 및 대책 14
004 건축전기설비 설계기준에서 정하는 공동구 전기설비의 설계기준과 공동구에 설치되는 케이블의 방화대책에 대하여 설명하시오. 17
005 전기화재의 원인과 대책 21
006 자탐의 비화재보 24
007 감지기 27
008 일반 감지기와 아날로그 감지기 비교 30
009 내화, 내열 배선의 공사방법, 사용 시 Block Diagram 32
010 방재센터 37
011 초고층 및 지하연계 복합건축물의 방재실 설치기준 39
012 누전경보기 41
013 가스누설 경보기 45
014 비상조명등 48
015 비상콘센트 설비 52
016 무선통신 보조설비 55
017 소방설비용 비상전원 58

SECTION 02 방범설비

018 방범설비 1 60
019 방범설비 2 64
020 노외주차장 구조의 설계기준에서 조명, 경보장치, 방범설비의 기준 68

SECTION 03 피뢰설비

021 피뢰설비 69
022 KS C IEC 62305-1 구조물의 손상과 손실 유형 78
023 KS C IEC 62305-2 리스크 관리 81
024 피뢰시스템 KS C IEC 62305-3의 구조물의 물리적 손상 및 인명 위험 대책 84
025 피뢰시스템(KS C IEC 62305-4 구조물의 전기전자 시스템) 92
026 IEC 62305-5 인입설비 뇌보호 95

SECTION 04 방식설비

027 전기방식설비 98
028 이종금속의 접촉에 의한 부식의 발생원인과 방지대책에 대하여 설명하시오. 105

SECTION 05 방폭설비

029 방폭전기설비 107
030 본질안전 방폭구조 113

SECTION 06 항공설비

031 공항조명설계 115
032 항공등화의 전기회로 구성방식 및 전원공급장치 118
033 항공장애등 120

SECTION 07 내진설비

034 전기내진설비 1 128
035 건축전기설비의 내진설비 2 132

SECTION 08 감전설비

036 감 전 137
037 KS C IEC 60364 건축전기설비 안전보호 142
038 기본보호, 고장보호, 특별 저압에 의한 보호(KS C IEC 60364-4-41) 144

SECTION 09 **비상용 엘리베이터 설비**

039 비상용 엘리베이터 149
040 피난용 엘리베이터 152
041 보호등급(IEC-60529에 의한 외함 보호 등급과 표기방법) 155
042 전기 집진장치 158
043 IEC 전압밴드 161
044 전기울타리의 시설방법 및 전원장치 162

에너지설비

제 1 장 건축물의 에너지설비

SECTION 01 전원설비

001 수변전설비의 에너지 절약 설계방안 176
002 전력관리 측면에서의 에너지 절약대책 179
003 수용가 공정개선에 의한 전력제어 방법(=첨두부하제어=수요관리=부하율 관리) 182
004 Demand Control 방식 184

SECTION 02 동력설비

005 동력설비의 에너지 절약방안 188
006 전동기설비의 에너지 절약방안 191
007 VVVF(인버터) 속도제어방식 194
008 PAM과 PWM 198
009 전력용 반도체 201

SECTION 03 조명설비

010 조명설계의 에너지 절약대책 208
011 Lighting Control 시스템 212

SECTION 04 건축물 에너지 실제

012 대형건물의 에너지 절약 시 고려사항 214

제 2 장 신재생에너지 설비

SECTION 01 신에너지

013 신재생에너지의 개념 및 종류 220
014 연료전지 223

SECTION 02 재생에너지

015 태양광 설비 1 226
016 태양광 설비 2 230
017 태양전지 모듈 선정 시 고려사항 233
018 태양광 발전설비설계 239
019 태양광 발전 파워컨디셔너(PCS) 242
020 풍력에너지 246
021 건축물 구내 및 옥상 등에 설치한 풍력 발전설비 252
022 풍력발전시스템의 낙뢰 피해와 피뢰대책 254
023 풍력발전설비의 검사사항 256
024 해양에너지 발전 259
025 에너지 하베스팅 261

제 3 장 에너지 국가정책

026 에너지 절약을 위한 국가 및 공공기관의 각종제도(=에너지 관련 국내의 각종 제도) 268
027 에너지 절약 설계에 관한 기준(국토교통부 고시)=인허가 과정 중 에너지 절약 계획서 271
028 녹색건축물 인증기준 274
029 공공기관 에너지 이용 합리화 추진에 관한 규정 278
030 에너지 이용 합리화법 282
031 에너지 진단 운용규정 업무 시 고려사항 283
032 대기전력 차단장치 286
033 신재생 에너지 공급의무화 제도 (RPS ; Renewable Portfolio Standard) 290
034 에너지 효율등급 인증제도 293
035 BEMS(Building Energy Management System) 295
036 제로 에너지 빌딩 299

037 신·재생에너지설비의 지원 등에 관한 지침의 태양광설비 시공기준에서 태양광 모듈의 제품, 설치용량, 설치상태 302

제 4 장 신개념 에너지

038 스마트 그리드(Smart Grid) 304
039 마이크로 그리드 (Micro Grid) 311
040 전기자동차 전원공급설비 314
041 전기자동차의 충전방식의 종류 318
042 V2G(Vehicle to Grid) 319
043 전력저장장치 323
044 ESS의 제어기술 327
045 이차전지를 이용한 전기저장장치의 시설 329
046 전기설비기술기준 및 판단기준의 ESS의 안전강화 332
047 리튬이온 축전지 334
048 리튬이온 전지의 ESS로 사용할 경우 안전의 문제점과 대책 339
049 SMES(초전도 에너지 저장장치) 345
050 초고용량 커패시터 347
051 이차전지 349
052 압축공기 에너지 저장장치(CAES) 351
053 분산형 전원 354
054 분산형 전원 배전계통 연계 기술 기준 362

엔지니어링 및 기타

제 1 장 엔지니어링 설비 및 기타

SECTION 01 엔지니어링

001 전기설계 프로그램의 종류 374
002 전기설계도서 및 인허가 종류와 절차 378
003 실시설계 381
004 건축전기설비의 감리업무 385
005 가치공학(VE ; Value Engineering) 390
006 건설관리(CM ; Construction Management) 394

SECTION 02 기 타

007 건축전기설비(IEC 60364)의 적용대상, 적용 제외 기기 및 설비, 적용시설 397

제 9 편

전기이론설비

제 1 장 전기이론설비

SECTION 01 전기이론의 기초 – 법칙

001 암페어의 오른나사법칙(Right Handed Screw Rule) 404
002 플레밍의 법칙(Fleming's Law) 405
003 키르히호프 법칙(Kirchhoff's Law) 406
004 쿨롱의 법칙(Coulomb's Law) 407
005 비오-사바르의 법칙(Biot-Savart's Law) 408
006 줄의 법칙(Joule's Law) 409

SECTION 02 전기이론의 기초 – 회로소자

007 전류(I ; Current) 410
008 전압, 전위(V, Electric Potential) 412
009 수동소자, 능동소자 413
010 저항(R, Resistance) 414
011 도전율(Conductivity) 416
012 임피던스(Z, Impedance) 417
013 리액턴스(X, Reactance) 418

SECTION 03 전기이론의 해석

014 전압원, 전류원 419
015 선형 회로, 비선형 회로 420
016 회로망의 재정리 421
017 수동소자(R, L, C)의 페이저 해석 425
018 순시값, 평균값, 실횻값 429
019 교류 순시전력 431
020 최대 전력 전달 433

021 유도결합 회로로(Inductively Coupled Circuit) 436
022 평형 3상 회로 438
023 비정현파 교류 441
024 공진현상 444
025 필터회로 446
026 과도 현상 448
027 연가(Transposition) 453
028 페란티 현상 454
029 코로나(Corona) 456
030 단락 전자력 458
031 전력계통의 안정도 459
032 이상전압 및 대책 463
033 역률(Power Factor) 464
034 전력(Power) 466
035 무효전력(Reactive Power) 467
036 동기발전기의 병렬운전 조건과 병렬운전 순서 468
037 동기전동기 기동방법 472
038 변압기 구성 및 원리 473
039 상전류 / 선전류 474
040 변압기 손실과 효율 476
041 변압기 최대 효율 조건 478
042 변압기 병렬운전 482
043 병렬운전 변압기의 순환전류 484
044 통합운전방법 486
045 특수변압기 종류 487
046 V-V결선 490
047 하이브리드 변압기 492
048 단권변압기 496
049 초전도 변압기 498
050 콘덴서형 계기용 변압기(CPD ; Capacitor Potential Device) 501
051 3권선 변압기 503
052 유도전동기 505
053 단상유도전동기의 기동방식 509
054 반도체(Semi-conductor) 511
055 정전유도(Electrostatic Induction) 513
056 전자유도(Electromagnetic Induction) 514

057 유전율(ε, Dielectric Constant, Permittivity) 515
058 전기회로와 자기회로 516
059 자기여자현상(Self Excitation) 517
060 자기유도 1(Magnetic Induction) 518
061 자기유도 2(Self Induction) 519
062 상호유도(Mutual Induction) 520
063 여자전류(Exciting Current) 521
064 자기 히스테리시스(Magnetic Hysteresis) 522
065 패러데이의 전자유도법칙(Faraday's Law of Electromagnetic Induction) 523
066 변위전류(Displacement Current) 524
067 맥스웰 방정식(Maxwell's Equations) 525
068 특성 임피던스(Characteristic Impedance)[=파동 임피던스, 서지 임피던스] 526
069 발전기식 527
070 전압강하(Voltage Drop) 529
071 시정수 530
072 단위법(Per Unit)/ 퍼센트 임피던스법(%Z) 531
073 열전효과(Thermo-electric Effect) 532
074 핀치효과, 홀효과, 스트레치 효과 533
075 플라스마(Plasma) 534
076 소음레벨(Noise Level) 535
077 신뢰도 537

Professional Engineer Building Electrical Facilities

방재설비

제1장 방재설비

1. 본문에 들어가면서

① 건축전기설비에서 방재설비는 크게 소방방재설비와 일반방재설비로 구분할 수 있다.

② 소방방재설비는 화재에 대비한 자탐설비와 케이블화재 등에서 주로 출제되고 있다.

③ 일반방재설비는 낙뢰 및 피뢰설비, 내진설비, 방폭설비, 전기방식, 항공 관련 설비, 감전설비, 비상용 및 피난용 엘리베이터 설비 등의 출제비율이 높은 분야이다.

2. 방재설비

Chapter 01 방재설비

SECTION 01 소방설비

SECTION 02 방범설비

SECTION 03 피뢰설비

SECTION 04 방식설비

SECTION 05 방폭설비

SECTION 06 항공설비

SECTION 07 내진설비

SECTION 08 감전설비

SECTION 09 비상용 엘리베이터 설비

방재설비
- 1. 소방설비
- 2. 방범설비
- 3. 방식설비
- 4. 방폭설비
- 5. 항공설비
- 6. 내진설비
- 7. 감전설비
- 8. 비상용 엘리베이터 설비

3. 방재설비 출제분석

▎대분류별 출제분석(62회 ~ 122회)

구 분	전 원	배전 및 품질	부 하	반 송	정 보	방 재	에너지	엔지니어링 및 기타					총 계
								이 론	법 규	계 산	엔지니어링 및 기타	합 계	
출 제	565	185	181	24	59	101	158	28	60	86	45	219	1,492
확률(%)	37.9	12.4	12.1	1.6	4	6.8	10.6	1.9	4	5.8	3	14.7	100

▎소분류별 출제분석(62회 ~ 122회)

구 분	방재설비										합 계
	소 방	방 범	피 뢰	방 식	방 폭	항 공	내 진	감 전	비상용 E/V	기 타	
출 제	28	7	26	8	5	7	9	5	1	5	101
확률(%)	27.7	6.9	25.7	7.9	5	6.9	8.9	5	1	5	100

4. 출제 경향 및 접근 방향

① 방재설비는 건축전기설비에서 6.5[%] 정도가 출제되어 기본적으로 매회 2문제 정도가 출제되고 있는 설비이다.

② 최근 국내 이슈가 안전에 대한 손실로부터 인명 및 재산피해를 최소화해야 하는 정책들이 쏟아져 나오고 있고, 이것은 앞으로도 지속적으로 진행될 것으로 보여 출제 비율이 조금씩 상승할 가능성이 크다.

③ 또한 최근 기상이변에 따라 연간 낙뢰일수가 10년 전보다 지속적으로 증가하고 있고, 설비의 효율화로 정보통신이 많이 사용되고 있어 그 악영향이 지속적으로 증가할 것으로 생각되는바 방재설비에 대한 부분도 건축전기설비에서 차지하는 비중이 높을 것으로 예상된다.

Chapter 01 방재설비

1. 소방설비

1	65회 25점	케이블 화재 확대 방지대책에 대하여 설명하시오.
2	68회 25점	전력케이블 관통부(방화벽 또는 벽면 등)의 화재 방지대책과 공법을 설명하시오.
3	69회 25점	난연성 CV 케이블의 난연성능을 입증할 수 있는 시험방법에 대하여 설명하시오.
4	69회 10점	피난설비 중 휴대용 비상조명등 설치장소와 시설기준을 설명하시오.
5	72회 25점	누전경보 시스템의 구성과 동작원리를 설명하시오.
6	74회 25점	누전화재 경보기의 설치장소 및 시설방법을 설명하시오.
7	74회 10점	무선통신 보조설비의 적용범위와 설치기준에 대하여 설명하시오.
8	75회 25점	호텔을 대상으로 화재에 대한 방재대책을 설명하시오.
9	84회 10점	소방 설비용 비상전원의 설치대상 및 구비조건을 설명하시오.
10	92회 10점	자동화재탐지설비에서 감지기를 분류하고, 동작원리를 설명하시오.
11	92회 25점	케이블의 발화원인과 방지대책에 대하여 설명하시오.
12	94회 10점	무선통신 보조설비의 방식 3가지를 설명하시오.
13	98회 10점	전기설비 트래킹 현상에 의한 절연열화에 대하여 설명하시오.
14	101회 10점	고체 유전체의 트리잉(Treeing)과 트래킹 현상을 설명하시오.
15	105회 25점	공동구 케이블 방화대책
16	108회 25점	비상콘센트설비에 대한 설치 대상, 전원설비 설치기준 및 비상콘센트 설치방법에 대하여 설명하시오.
17	110회 25점	내화배선과 내열배선의 종류, 공사방법, 적용개소와 케이블방재
18	111회 25점	케이블 화재방지대책
19	113회 25점	누전화재 경보기를 설명하고, 누전화재 경보기를 설치해야 할 건축물의 종류와 시설 방법
20	113회 25점	전력 케이블의 화재 원인과 대책
21	114회 10점	전기 절연의 내열성 등급에 대하여 KS C IEC 60085에 따른 상대 내열지수, 내열 등급을 기존의 절연등급과 비교하시오.
22	114회 25점	전선 이상온도 검지장치에 대하여 다음 사항을 설명하시오. 1) 적용범위 2) 사용전압 3) 시설방법 4) 검지선의 규격 5) 접 지
23	116회 25점	소방시설용 비상전원수전설비에 대하여 설명하시오. 1) 특별고압 또는 고압으로 수전하는 경우의 설치기준 2) 전기회로 결선방법
24	117회 25점	자동화재탐지설비 중 화재수신기 종류와 화재감지기 중 불꽃감지기, 아날로그식감지기, 초미립자감지기를 설명하시오.
25	118회 10점	고체 유전체의 트리잉(Treing) 및 트래킹(Tracking) 현상에 대하여 설명하시오.
26	119회 10점	소화활동설비용 비상콘센트설비의 설치 기준에 대하여 설명하시오.
27	119회 25점	건축물의 화재 시 확산방지가 중요하다. 다음을 설명하시오. 1) 방화구획재(Fire Stop) 종류 및 특성 2) 내화구조 3) 난연케이블(Flame Retardant Cable), 내열케이블(Heatprof Cable)
28	120회 10점	열(熱)과 전기(電氣)가 상호 연관되는 열전효과의 개요와 3가지 효과에 대하여 설명하시오.

29	120회 25점	자동화재탐지설비의 비화재보 종류와 원인 및 대책에 대하여 설명하시오.
30	121회 25점	건축전기설비 설계기준에서 정하는 공동구 전기설비의 설계기준과 공동구에 설치되는 케이블의 방화대책에 대하여 설명하시오.

2. 방범설비

1	66회 25점	호텔 객실에 설치하는 Card Key Ststem을 설명하시오.
2	80회 10점	노외주차장의 구조와 설계기준(주차장법 시행규칙 제6조)에는 조명 및 경보장치와 방범설비를 설치하도록 되어 있다. 관련기준을 아는 대로 기술하시오.
3	88회 10점	주차장법 시행규칙에서 정한 지하실 또는 건축물 주차장인 경우, 전기 및 방범 설비시설 기준에 대하여 설명하시오.
4	92회 25점	도난방지와 예방을 목적으로 하는 방범설비의 필요조건 및 종류, 검출기 분류에 대하여 설명하시오.
5	100회 25점	건축물에서 도난방지와 예방을 목적으로 하는 방범설비의 필요조건 및 종류, 검출기의 분류
6	115회 25점	방범설비의 구성시스템 중 침입 발견설비를 설명하시오.
7	120회 10점	주차장법 시행규칙에서 정하는 노외주차장의 조명설비와 CCTV 설치기준에 대하여 설명하시오.

3. 피뢰설비

1	65회 10점	충격전압 파형의 표준파형 표시법을 설명하시오.
2	72회 25점	뇌보호시스템(雷保護, System)에 수뢰부 시스템(Air-Termination System)의 배치방법을 설계하는 3가지 방법을 기술하시오.
3	72회 25점	뇌보호시스템(Lightning Protection System)의 설계 및 시공단계에서 다음 분야별 담당자와 협의하여야 할 사항들을 상세히 기술하시오. 1) 건축 · 토목 분야의 설계자 및 시공자(5점) 2) 소방 · 안전 분야의 설계자 및 시공자(5점) 3) 정보통신설비의 설계자 및 시공자(5점) 4) 건축기계 설비 분야의 설계자 및 시공자(5점) 5) 전력 · 통신 · 가스 · 상하수도 등의 공공사업자(5점)
4	74회 25점	KSC IEC 61024-1에 따른 뇌보호 시스템의 선정절차에 대하여 기술하시오.
5	80회 10점	피뢰설비에 관한 신국제규격(IEC 62305 : Protection Against Lightning)은 Part 1 ~ Part 5로 구분하여 정의하고 있다. Part별 주요내용을 간략하게 설명하시오.
6	83회 10점	초고층 건축물에 대한 피뢰설비 기준강화 등을 위해 건축법 시행령에 근거한 건축물의 설비기준 등에 관한 규칙 제20조 피뢰설비의 내용에 대하여 설명하시오.
7	84회 10점	건축물의 피뢰설비 KS C IEC 62305의 인하도선 시스템에 대하여 설명하시오.
8	84회 25점	최근 건축물 피뢰설비 규격의 동향 및 국내 관련 법령에 대하여 설명하시오.
9	86회 10점	IEC-60364 낙뢰에 대한 전자환경의 카테고리별 제한전압을 설명하시오.
10	88회 25점	KSCIEC 62305 규정에 준한 내부 피뢰 시스템에 대하여 설명하시오.
11	91회 25점	변전소의 절연협조를 검토함에 있어서 고려해야 할 전력계통에 발생하는 과전압의 주된 것으로, 1) 뇌 과전압 2) 개폐 과전압 3) 단시간 과전압 등이 있다. 각각 그 발생 원인에 대하여 설명하시오.
12	93회 25점	건축물의 설비기준 등에 관한 규칙 제20조(2010.11.05.시행)의 피뢰설비에 관한 내용을 설명하시오.
13	95회 25점	전기설비와 통신설비에서 발생되는 낙뢰 피해의 형태와 대책을 설명하시오.
14	96회 25점	뇌전자 임펄스(LEMP) 보호대책시스템(LPMS)과 설계에 대하여 설명하시오.

15	98회 25점	KS C IEC 62305(Part 3 외부피뢰 시스템)에 의거하여 대형 굴뚝을 낙뢰로부터 보호하기 위한 대책에 대하여 설명하시오.
16	99회 25점	대형 굴뚝을 낙뢰로부터 보호하기 위한 피뢰설비 시설에 대하여 고려할 사항 설명
17	100회 25점	뇌방전 형태를 분류하고 뇌격전류 파라미터의 정의와 뇌전류의 구성요소
18	103회 25점	KS C IEC 62305-4부 구조물 내부의 전기전자 시스템에서 말하는 LEMP에 대한 기본보호대책(LPMS)의 주요내용을 서술하고, 그 중 본딩 망을 설명하시오.
19	104회 25점	KS C IEC 60364 감전보호대책에서 다음 사항에 대하여 설명하시오. 1) 기본보호와 고장보호 보호대책 2) 전기량 제한값을 통한 보호대책
20	106회 25점	KS C IEC 62305에 규정된 피뢰시스템(LPS)에서 다음 사항에 대하여 설명하시오. 1) 적용범위 2) 외부뇌보호시스템 3) 내부 뇌보호시스템
21	107회 25점	KS C IEC 62305-1 피뢰시스템에서 규정하는 뇌격에 의한 구조물과 관련된 손상의 결과로 나타날 수 있는 손실의 유형을 설명하고 이를 줄이기 위한 보호(방호) 대책에 대하여 설명하시오.
22	108회 25점	전기·전자설비를 뇌서지로부터 피해를 입지 않도록 하기 위한 뇌서지 보호시스템의 기본 구성에 대하여 설명하시오.
23	111회 10점	피뢰시스템 구성요소(피뢰침, 인하도선, 접지극, 서지보호장치(SPD)
24	112회 10점	규약표준 충격전압파형
25	112회 25점	철근콘크리트 구조물 62305자연적 구성부재 1) 자연적 수뢰부 2) 자연적 인하도선 3) 자연적 접지극
26	114회 25점	피뢰시스템 설계 시 고려사항과 설계흐름도에 대하여 설명하시오.

SUMMARY 핵심요약

4. 방식설비

1	69회 25점	Electron-Chemical Protection(전기방식)의 시설기준을 설명하시오.
2	75회 10점	건축물의 전기방식(電氣防蝕)에 대하여 설명하시오.
3	86회 25점	항만시설, 지하구조물 등 부식방지에 대한 대책이 매우 중요하다. 시설물의 전기방식(防蝕)의 개요, 현상, 방지대책 등에 대하여 설명하시오.
4	102회 25점	전기방식의 원리와 유전양극(희생양극)방식의 설계 시 고려사항
5	109회 25점	건축전기설비매설구조물(부식현상 및 대책, 전기방식의 종류 및 특징)
6	112회 25점	접지전극 부식형태 구분하고 이종 금속결합에 의한 부식원인 및 대책
7	116회 10점	전기방식 중에 희생양극법에 대하여 설명하시오.
8	121회 25점	이종(異種) 금속의 접촉에 의한 부식의 발생 원인과 방지대책에 대하여 설명하시오.

5. 방폭설비

1	65회 25점	건축전기설비에 고려되어야 할 방폭전기설비의 종류를 들고 설명하시오.
2	80회 25점	전기설비에 의한 재해예방을 위한 방폭구조의 종류와 방폭전기배선의 선정원칙 및 본질안전회로 배선 시의 고려사항을 설명하시오.

3	84회 25점	방폭전기설비에 있어서 다음 사항에 대하여 설명하시오. 1) 화재 및 폭발방지의 기본대책 2) 방폭구조의 종류 3) 위험장소의 분류 4) 방폭전기 배선
4	102회 10점	방폭전기설비의 전기적 보호
5	111회 25점	방폭원리 및 방폭구조
6	116회 25점	분진위험장소에 시설하는 전기배선 및 개폐기, 콘센트, 전등설비 등의 시설방법에 대하여 설명하시오.

6. 항공설비

1	66회 10점	모든 공항에 필수적으로 설치하여야 하는 진입각 지시 등의 설치목적, 구조와 설치기준 및 배선방법에 대하여 간략히 쓰시오.
2	66회 25점	활주로 항공등화의 전기회로 구성방식 및 전원 공급장치를 설명하시오.
3	80회 10점	김포공항으로부터 10km에 위치한 곳에 높이 180m인 쓰레기 소각장 굴뚝을 설치할 경우 항공장애등과 주간장애표지 설치에 관하여 아는 대로 간단히(설치기준, 설치신고기관) 기술하시오.
4	93회 25점	항공장애등 설비와 관련하여 다음 사항을 설명하시오. 1) 항공장애등 설치대상 2) 항공장애등의 종류와 성능 3) 항공장애등의 설치방법 4) 항공장애등의 관리
5	96회 25점	항공법 시행규칙에서 정한 항공장애등과 주간장애표지시설의 설치기준
6	98회 10점	항공장애표시등과 항공장애주간표지 설치기준에서 설치하지 않아도 되는 조건에 대하여 설명하시오.
7	122회 25점	공항시설법령에 의한 항공장애 표시등에 대하여 다음 사항을 설명하시오. 1) 장애물 제한 표면 2) 항공장애 표시등 설치대상 및 제외 대상 3) 고광도 항공장애 표시등의 종류와 성능 4) 설치방법

7. 내진설비

1	63회 25점	전기설비의 내진설계에 있어서 설계 시점에서 유의하여야 할 주요사항을 설명하시오.
2	77회 25점	최근에 빈번히 발생하는 지진에 대비한 전력시설물의 내진설계방법 중 다음에 대하여 각각 설명하시오. 1) 수변전설비의 내진설계(변압기, 가스절연개폐장치, 보호계전기) 2) 예비전원설비 등의 내진설계(자가발전설비, 축전지설비, 엘리베이터 설비)
3	86회 25점	국내 내진설계기준을 들고 전력설비에 대한 내진대책을 설명하시오.
4	90회 25점	최근 지진 발생빈도가 증가하고 있다. 이에 대비한 수변전설비(변압기, 배전반, 배선 등)에 대한 내진대책을 설명하시오.
5	92회 10점	수・변전설비에서 축전지 내진설계에 대하여 설명하시오.
6	98회 25점	건축전기설비의 내진설계에 있어서 설계 시점에서 유의하여야 할 사항에 대하여 설명
7	105회 25점	내진설계 개념 및 내진대책
8	116회 25점	최근 지진으로 인한 사회 전반적으로 예방대책이 요구되는 시점에서, 전기설비의 내진대책에 대하여 설명하시오.
9	120회 10점	건축전기설비에 대한 내진설계 목적과 개념도를 설명하시오.

8. 감전설비

1	83회 25점	전기설비의 안전대책 중 감전의 메커니즘과 방지대책에 대하여 설명하시오.
2	94회 25점	인체의 감전현상을 표현하기 위한 인체 임피던스의 전기적 등가회로를 나타내고 감전의 과정과 방지대책을 설명하시오.
3	109회 25점	여름철 장마 가로등 감전사고의 안전대책
4	112회 25점	KS C IEC 60364-4-41 감전보호체계
5	116회 25점	KS C IEC 60364-4에서 정한 특별저압전원(ELV ; Extra-Low Voltage)에 의한 보호 방식에 대하여 설명하시오.

9. 비상용 엘리베이터 설비

1	97회 25점	비상용 엘리베이터에 대한 사항을 설명하시오. 1) 설치를 요하는 건물(설치대상 건물) 2) 설치대수와 배치방법 3) 비상용 엘리베이터의 구조 및 기능
2	120회 25점	엘리베이터 운전방식, 설치계획 시 고려할 사항 및 승용승강기의 설치기준에 대하여 설명하시오.

10. 법 규

1	120회 10점	전기설비기술기준의 판단기준에 의거 전기울타리의 시설 방법 및 전원장치에 대하여 설명하시오.
2	120회 10점	건축전기설비(IEC 60364) 적용시설, 적용대상, 적용제외 기기 및 설비에 대하여 설명 하시오.

11. 기타설비

1	69회 25점	Road Heating 설계 시공 시 고려사항에 대해 설명하시오.
2	77회 10점	전선의 이상온도 감지장치의 시설기준과 활용방안을 설명하시오.
3	86회 25점	전기설비의 재해원인과 예방대책에 대하여 설명하시오.
4	90회 25점	건축전기설비 중 건축물 내 방재설비(防災設備)에 대하여 설명하시오.
5	100회 25점	전기집진장치
6	114회 25점	전선 이상온도 검지장치에 대하여 다음 사항을 설명하시오. 1) 적용범위 2) 사용전압 3) 시설방법 4) 검지선의 규격 5) 접 지
7	118회 10점	KS C IEC 60529에서 설명하는 전기기기 외함 보호등급(IP)에 대하여 설명하시오.

Professional Engineer Building Electrical Facilities

제 1 장

방재설비

SECTION 01 소방설비

SECTION 02 방범설비

SECTION 03 피뢰설비

SECTION 04 방식설비

SECTION 05 방폭설비

SECTION 06 항공설비

SECTION 07 내진설비

SECTION 08 감전설비

SECTION 09 비상용 엘리베이터 설비

SECTION 01 소방설비

001 열전현상

1 개 요

① 2종류의 서로 다른 도체를 폐회로로 만들고 접합부 B, C를 각각 다른 온도 T_1, T_2로 하면 회로에 전류가 발생하는데 이를 열전효과라 한다.

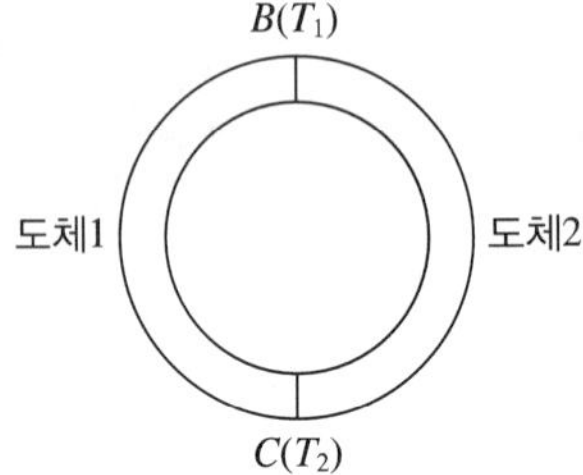

② 전기현상과 열 현상의 양자와 관련된 열전효과의 종류는 제베크 효과, 펠티어 효과, 톰슨효과가 있다.

2 종 류

1) 제베크 효과(Seebeck Effect)

접합부 B, C를 상이한 온도 T_1, T_2로 유지하면 A, D 사이에 전위차가 발생하는 것을 말한다.

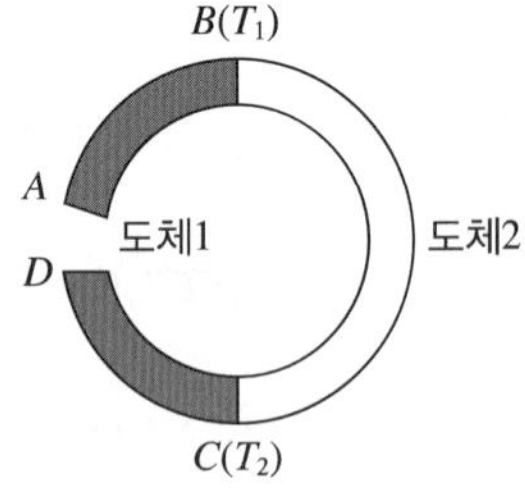

제베크 효과

2) 펠티어 효과

서로 다른 금속체를 접속시킨 회로를 일정한 온도로 유지하면서 A, D 간에 전지를 넣어 $A \rightarrow B \rightarrow C \rightarrow D$로 전류를 흘리면 B점에서는 열의 흡수, C점에서는 열의 발생이 발생한다.

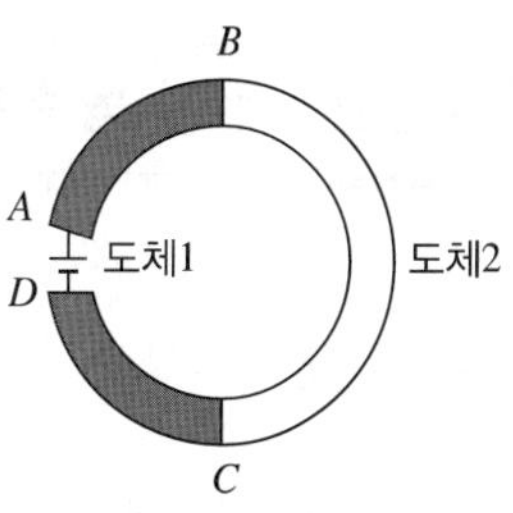

▮ 펠티어 효과

3) 톰슨 효과

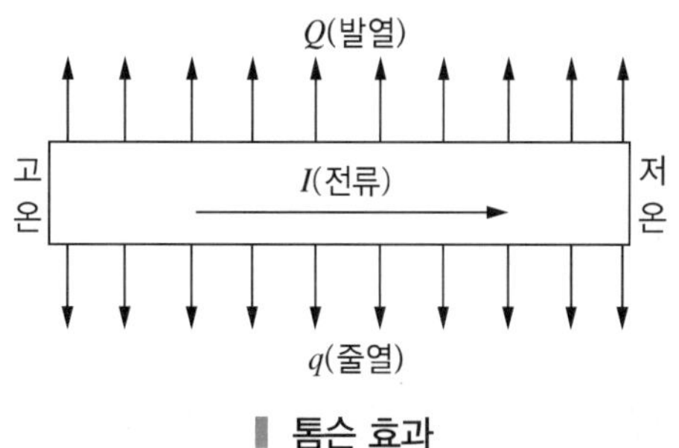

▮ 톰슨 효과

① 동일한 금속에서 부분적인 온도차가 있을 때 전류를 흘리면 발열 또는 흡열이 일어나는 현상을 말한다.

② **부(−) Thomson 효과** : 만약 고온에서 저온부로 전류 → 흡열 예 Pt, Ni, Fe

③ **정(+) Thomson 효과** : 만약 고온에서 저온부로 전류 → 발열 예 Cu, Sb

3 응용감지기

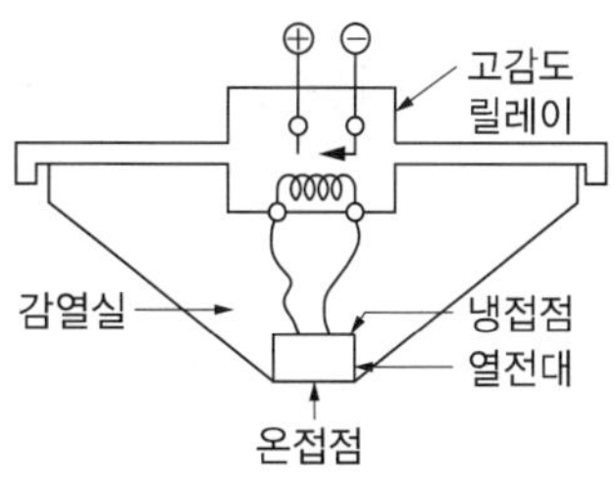

▮ 열전대식 감지기

002 누설 동축케이블

1 개 요

① 동축 케이블의 외부 도체에 일정한 간격으로 슬롯을 만들어 미약한 전파를 발생시키는 케이블이다.

② 누설 동축 케이블의 가장 큰 특징은 Grading을 할 수 있다는 점이다. 케이블을 포설하면 시스템 손실(전송 + 결합손실)이 발생하는데 결합 손실을 줄여 유효 서비스 길이를 늘일 수 있는 것이 장점이다.

2 결합손실과 전송손실

1) 결합손실

케이블의 내부 전송 전력과 일정거리가 떨어진 안테나에 수신되는 수신전력의 비율을 말한다.

2) 전송손실

케이블의 길이 방향으로 신호가 전달되면서 신호의 세력이 감쇄되는 양을 말한다.

3 Grading

① 케이블의 전송 손실에 의한 수신 레벨의 저하폭을 작게 하기 위하여 결합손실이 다른 누설 동축케이블을 단계적으로 접속하는 것을 말한다.

② Grading 방법

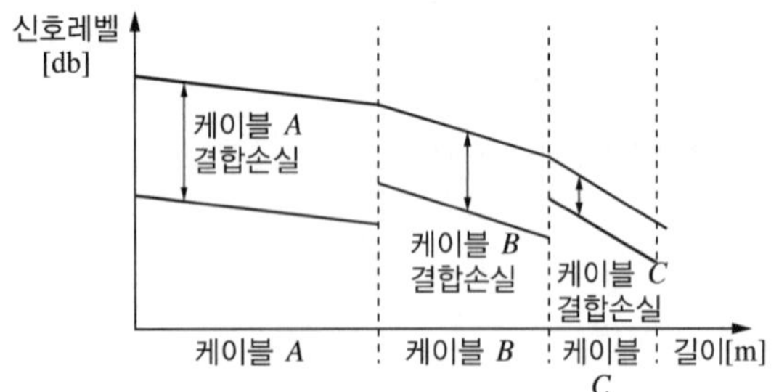

전송손실 : $A < B < C$
전송손실 : $A > B > C$

㉠ A구역에는 전송손실이 제일 작고 결합손실이 제일 큰 케이블을 포설한다.
㉡ B구역에는 전송손실이 A구간 보다는 크고 C구간 보다는 작게 한다.
결합손실은 A구간보다는 작고, C구간 보다는 큰 손실의 케이블을 포설한다.
㉢ C구역에는 전송손실이 제일 크고, 결합손실이 제일 작은 케이블을 포설한다.
㉣ 이와 같이 Grading을 하면 처음의 신호레벨과 말단에서의 신호레벨이 차이가 없게 된다.

4 누설동축 케이블의 의미

$LCX-FR-SS-20D-146$

여기서, LCX : 누설동축 케이블(Leaky Coaxial Cable)
FR : 내열성(Flame Resistance)
SS : 자기지지(Self Supporting)
20 : 절연체 외경[mm]
D : 특성 임피던스(50)
14 : 사용 주파수(1 : 150[MHz], 4 : 450[MHz])
6 : 결함 손실 표시(6[dB])

003 케이블 화재 및 대책

1 개 요

① 건물의 대형화, 고층화에 따른 케이블이 고전압화, 대형화, 다양화되어 감에 따라 케이블이 발화원이 될 가능성이 커지고 있다.

② 최근에 지하 대형 케이블들의 노후화로 절연이 열화되었고, 이러한 케이블들의 화재는 대단위 정전이 발생하고 정전으로 인한 지역의 업무마비 등으로 사회적 파장을 가져올 수 있다.

2 케이블의 연소특성

① 착화가 용이

전기적 에너지에 의해 가연물과 점화원이 함께 존재함에 따라 쉽게 착화될 수 있다.

② 유독가스 및 연소생성물 다량 방출

플라스틱류의 케이블에 의하여 화재 시 다량의 유독가스가 발생하여 피난을 어렵게 하거나 소화활동을 어렵게 한다.

③ 연소열이 매우 높다.

대형 케이블은 일단 연소가 시작되면 연소 방출량이 많고 화재 성장속도가 빠른 특징을 가지고 있다.

④ 연소속도가 빠르다.

케이블의 연소는 연소열이 높고, 열방출률이 높아 연소속도가 빠르게 진행이 된다.

⑤ 화점 파악이 힘들다.

케이블은 고체성 화재의 심부성 화재이고, 공기가 통하지 않는 밀폐된 공간에서의 화재로 정확한 화점 파악이 힘들어 소화 활동이 어렵다.

⑥ 소화기에 의한 소화가 어렵다.

연소열이 크고, 화재성장속도가 빠르기 때문에 소화기로는 화재 진압이 힘들다.

⑦ 화재지속시간이 길고, 화재하중이 크다.

화재지속시간이 길고, 화재하중이 커서 화재가혹도가 크다.

3 케이블 화재원인

1) 줄열에 의한 케이블 자체 발화

① 단락, 지락, 과부하에 의한 절연체의 온도 상승

② 열적 경과에 의한 발화

③ 전기 스파크에 의한 발화

④ 접속부 과열에 의한 발화

2) 외부에 의한 발화

① 공사 중 용접 불꽃에 의한 발화

② 케이블의 방화

③ 케이블에 접속되어 있는 기기류의 과열 등

4 케이블 화재 방지 대책

1) 케이블 보호기기의 설계 적정화

① 보호기기의 적정화

차단기, 퓨즈 등 보호기의 적정한 설계 필요

② 케이블 규격의 적정화

허용전류, 허용전압강하, 기계적 강도 등을 감안한 케이블 규격의 적정 설계

③ 배선방법의 검토

통풍이 잘되지 않는 밀폐된 배선방법보다 통풍이 잘되는 배선방법 사용

2) 고난연 케이블

내열전선, 내화전선 사용

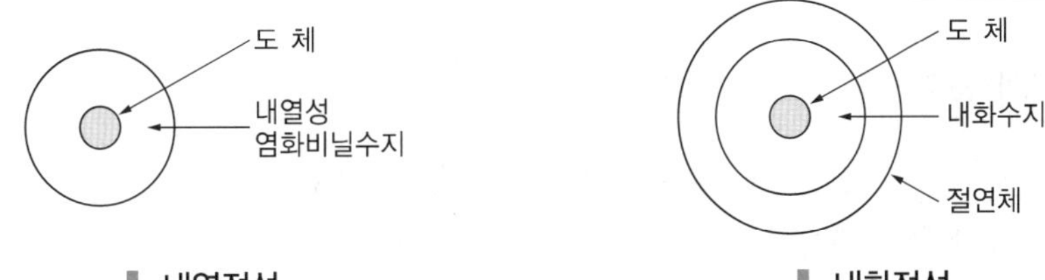

▌내열전선　　▌내화전선

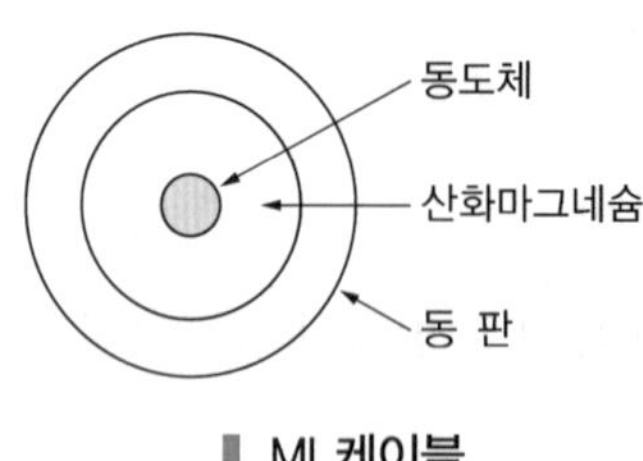

▌MI 케이블

3) 케이블 관통부 방화방법

① **케이블 랙 벽관통** : 케이블 랙 주위를 내열 Seal로 빈틈없이 메운다.
② **전선관의 벽관통** : 관통 부위에서 앞뒤로 약 1[m]를 불연재료로 도료 처리
③ **분전반** : 배선이 관통하는 부분을 내열판과 내열 Seal로 처리

4) 기설 케이블 난연화 처리

① 연소방지용 도료 표면에 발라 난연성 피복 형성

② **방화 테이프 감기**

단선케이블 주위에 방화테이프를 감아 내열처리

③ **연소방지용 시트 설치**

케이블 위에 방화시트 설치

5) 케이블 선로의 화재 감지

① 정온식 감지선형 감지기 설치
② 광센서 감지선형 감지기 설치

6) 케이블의 점검 및 보수

① 정전상태 및 활선상태에서 열화진단 진행
② 열화진단 등 이상 상태 발생 시 빠른 보수 진행

7) 화재의 조기발견, 초기 소화

① 화재의 조기발견을 위한 광센서 감지기 등을 사용
② 초기 소화가 가능하도록 자동식 소화설비 설치

004 건축전기설비 설계기준에서 정하는 공동구 전기설비의 설계기준과 공동구에 설치되는 케이블의 방화대책에 대하여 설명하시오.

1 공동구 전기설비 설계기준

1) 전원설비

① 공동구 내의 부대시설(조명, 배수, 환기 및 기타 시설)에 전원을 공급하기 위한 설비

② 상용전원 정지 및 공동구 대돌발사고(화재, 폭발, 선로의 단선 및 기타)에 따른 정전 시를 대비하여 비상전원설비를 갖춘다.

③ **분전반**

㉠ 외함은 1.5[mm] 두께 이상의 스테인리스강판으로 한다.

㉡ 방진・방수(IEC 60529의 IP32) 구조로 한다.

④ 케이블 지지 간격은 1.2[m] 이하로 한다.

2) 조명설비

① 공동구 내의 작업 및 대피에 필요한 조명을 확보하는 데 목적이 있다.

② 작업원이 공동구 내에서 점검 또는 작업 중 갑자기 정전되면 공동구 내부가 어두워져 작업 및 대피가 곤란해지므로, 이를 방지하기 위하여 예비용으로 비상전원을 연결할 수 있다.

③ **최소 조도확보**

㉠ 전기실・발전기실(공동구 내부 설치 시) : 100 ~ 200[lx]

㉡ 환기구・교차구 및 분기구 등 주요부분 : 100[lx]

㉢ 공동구 일반부분 : 15[lx]

㉣ 출입구 계단 : 40[lx]

④ **조명기구**

㉠ 광원은 형광램프형식의 고효율램프를 사용한다.

㉡ 조명기구 및 전원설비

- 방수형・방진형 및 내식성의 기구는 작업 및 보행에 지장이 없는 위치에 설치하고, 작업보도가 양열인 경우에는 조명기구를 서로 엇갈리게 설치한다.
- 가스밸브 등 가스가 누출 및 누적되어 폭발할 가능성이 있는 장소에는 방폭형을 적용한다.

3) 비상전원설비

① 무정전전원장치(UPS)

㉠ 무정전원장치는 공동구 내 화재 등 비상사태로 인하여 공동구 내 정전상황이 발생하는 경우에 비상발전기의 전원공급 개시 및 비상발전기 가동정지 후 일정 시간 동안 비상전원을 공급하기 위한 시설이다.

㉡ 공동구는 즉시 대처가 곤란한 점을 고려하여 60분 이상 비상전원을 공급할 수 있도록 시설한다.

㉢ 무정전원장치는 옥내 설치를 원칙으로 하되, 옥외 설치 시에는 단열 및 냉난방시설을 갖춘 배전실 내부에 설치하여야 한다.

② 비상발전설비

㉠ 비상발전설비는 공동구 내 화재 등 비상사태로 인해서 공동구 내 정전상황이 발생하는 경우 조명설비, 제연설비 등의 방재설비에 비상전원을 공급하기 위한 발전시설이다.

㉡ 본 설계기준에 언급되지 않은 사항은 옥내소화전설비의 화재안전기준(NFSC 102)의 규정에 따라 설치한다.

4) 중앙감시 및 제어설비

① 공동구 내의 설비시스템의 감시, 각종 설비의 자동운전과 공동구에 관한 자료의 기록, 보관 및 분석을 행하는 설비이다.

② CCTV는 공동구에 설치되는 카메라, 관리실에 설치되는 모니터 및 녹화장치로 구성한다.

③ 정전 시에도 최소 1시간 이상 기능을 유지할 수 있도록 무정전전원장치에 의하여 비상전원을 공급한다.

④ 공동구 내 설치간격은 100 ~ 200[m]를 표준으로 하되 공동구의 높이와 CCTV의 성능을 감안하여 설치간격을 선정한다.

⑤ 방진 · 방수형 커버를 설치한다.

⑥ CCTV 설비는 공동구 내에서 발생된 모든 비상 신호(자동화재탐지설비, 소화기 등)와 연동하여 비상 신호의 발신구역의 카메라 및 모니터가 자동으로 활성화되어 집중감시가 이루어지도록 한다.

5) 기타시설

① 피난 및 대피시설
② 무선통신설비
③ 공동구 출입감시시스템
④ 소방전기시설
⑤ 자동제어설비

2 공동구 케이블의 방화대책

1) 공동구 화재의 특징

① 밀폐공간으로 지상의 자연조건이 배제되어 불안정, 불안한 심리 증폭을 유발하며 지상과 격리되어 이성적 판단이 곤란하고 시각적 감각이 급속히 저하된다.
② 케이블 외장 재료인 폴리에틸렌, 폴리염화비닐, 합성고무 등으로 인한 고열, 농연, 유독성 가스가 발생한다.
③ 환기구의 한정된 설치로 연기, 열 방출이 되지 않아 지하 공간 내 체류한다.

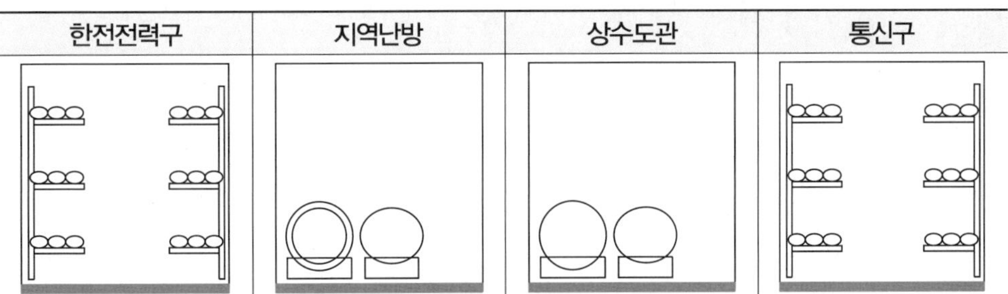

지하공동구의 종류별 표준모델

2) Cable 방화대책

① **신설 Cable**
㉠ 선로설계 적정화, 케이블 난연화
㉡ 소화설비 배치, 화재 감지시스템 설치
㉢ 관통부 방화조치(내화등급별 밀봉)

② **기설 Cable**
㉠ 난연성 도료 도포, 방화테이프, 방화 Sheet
㉡ 화재 감지기 설치(정온식 감지선형)

③ **Cable 부설경로**

㉠ 케이블 처리실 전 구간 난연처리

㉡ 전력구(공동구) 난연처리 : 수평 20[m]마다 3[m], 수직 45° 이상은 전량

㉢ 외부 열원 대책: 차폐 이격 등

④ **연소방지 도료의 도포 및 방화벽**

㉠ 연소방지 도료 도포방법

- 도료를 도포하고자 하는 부분의 오물을 제거하고 충분히 건조시킨 후 도포할 것
- 도료의 도포두께는 평균 1[mm] 이상으로 할 것

㉡ 연소방지도료는 대상 부분의 중심으로부터 양쪽 방향으로 칠하며, 전력용 케이블의 경우에는 20[m], 통신케이블의 경우에는 10[m] 이상으로 한다.

㉢ 방화벽의 설치기준

- 내화구조로서 자립하여 설 수 있는 구조로 한다.
- 방화벽에 출입문을 설치하는 경우에는 방화문으로 한다.
- 방화벽을 관통하는 케이블·전선 등에는 한국산업표준에서 내화충전성능을 인정한 구조의 화재 차단재(Fire Stop)로 틈새 주위를 마감한다.
- 방화벽의 위치는 분기구 및 환기구 등의 구조를 고려하여 설치한다.

005 전기화재의 원인과 대책

1 개 요

① 전기화재란 전기 에너지를 열원으로 발생하는 화재를 전기화재라 한다.
② 도체에 전류가 흐르면 줄열이 발생하며 공간상에 전압이 내전압을 초과하면 불꽃을 수반하는 방전이 발생한다.
③ 발열작용 및 방전현상이 전기화재 발생의 주원인이라 할 수 있다.

2 전기화재 메커니즘

1) 줄열에 의한 발화

① 줄열(Q) = $0.24I^2RT$가 상승하여 발열이 방열보다 클 때 화재 발생
② 이상현상 시 전류의 증가, 저항의 증가, 시간의 경과에 따라 줄열이 상승하여 화재가 발생한다.

2) SPARK에 의한 발화

① 주위에 가연성 가스와 공기가 연소범위이고 체류할 때 발생
② 전기적, 기계적 마찰에 의하여 스파크 발생

3) 발열기구에 의한 발화

① 주위의 가연물이 존재하고 발열기구의 발열에 의하여 발생
② 발열이 방열보다 클 때 화재 발생

3 전기화재 발생원인

1) 과전류에 의한 발화

① 전선에 전류가 흐르면 줄열의 법칙에 의하여 열이 발생하는데 과전류에 의하여 발열과 방열의 평형이 깨지면 발화의 원인으로 작용한다.
② **줄의 법칙** : $Q = 0.24I^2RT$[cal]
③ 비닐전선의 경우 200 ~ 300[%]의 과전류에서 피복이 변질되고 500 ~ 600[%] 정도에서 붉게 열이 난 후 용융한다.

2) 단락에 의한 발화

① 전선 또는 전기기계에 전기적, 기계적인 원인에 의하여 단락이 발생하면 저압옥내 배선의 경우 1,000[A] 이상의 단락전류 발생
② 단락에서 발생한 스파크로 주위의 인화성 물질 착화
③ 단락 시 절연된 전선의 주위의 인화성 물질에 접촉, 착화
④ 불완전 단락 시 발생하는 열에 의하여 전선 피복의 연소

3) 지락에 의한 발화

① 전선 및 케이블류 등이 단선되어 대지로 전류가 통하게 되는 것을 지락이라 한다.
② 금속체 등에 지락 시 스파크로 인한 발화
③ 목재 등에 전류가 흐를 때 발열하여 발화

4) 누전에 의한 발화

① 전선이나 전기기기의 절연이 파괴되어 전류가 대지로 흐르는 것을 말한다.
② 통상적으로 누설전류 500[mA] 이상일 때 누전에 의한 화재 발생

5) 접속부 과열에 의한 발화

① 전기적 접촉 상태가 불완전할 때 접촉 저항에 의한 발열
② 전선과 전선, 전선과 단자 등의 도체에 있어서 접촉상태가 불완전하면 특별한 접촉저항을 나타내어 발열

6) 스파크에 의한 발화

① 스위치의 On, Off 시 스파크에 의한 발화, 스파크는 Off 시 더 심한 것이 특징이다.
② 공장 등에서의 모터 스위치를 끊을 때 발생하는 스파크가 부근에 부착된 티끌에 착화하는 경우 발화

7) 절연열화 또는 탄화에 의한 발화

배선기구의 절연체 등이 시간의 경과에 따라 절연성이 저하되거나 탄화되어 발열 또는 누전현상을 일으킨다.

8) 열적 경과에 의한 발화

열발생 전기기기를 방열이 되지 않는 장소에서 사용할 경우 열의 축적에 의한 발화

9) 정전기에 의한 발화

정전기 스파크에 의하여 가연성 가스에 인화하여 화재 및 폭발의 위험성이 있다.

10) 낙뢰에 의한 발화

① 순간적으로 7만[A] 이상의 전류가 흘러 절연이 파괴 또는 화재의 원인이 된다.
② 고압배전선에 낙뢰하여 주상변압기 및 변전실의 PT를 소손시킬 수 있다.

4 방지대책

1) 설계 시

전기사업법, 전기설비기술기준, 전기용품 안전관리법 등에서 규정에 적합한 전기기기, 케이블, 보호기 등을 선정

2) 시공 시

설계에 준하여 시공이 이루어져야 하고 설계변경 시에도 규정에 적합한 기기, 케이블, 보호기 등을 시공

3) 유지보수 시

① **점검강화** : 일일점검, 월별점검, 분기점검, 연간점검 등 전기기기의 절연상태, 케이블의 절연열화상태, 보호기의 동작상태 등을 사전 점검하여 예방
② **리모델링 시** : 리모델링 시 법령에 알맞게 설계, 시공 관리
③ **보호기** : 이상 현상에 알맞은 보호기 선택 필요한데, 단락 발생 시의 배선용 차단기, 지락이나 누전 시 감전예방방지를 위하여 누전차단기 설치
④ **접지상태 점검** : 접지 및 본딩 상태를 미리 점검하여 이상 현상 시 사고 영향 최소화
⑤ 열발생 기구와 가연물의 이격거리 유지와 열 발생 기구의 열축적 최소화 필요

006 자탐의 비화재보

1 개 요

① 화재 발생 시 오보에 의한 신뢰성 저하는 비화재보와 실보가 있다.

② 비화재보는 화재가 아닌 요인에 의해서 자탐설비가 동작하여 신뢰성이 저하되는 것을 말하며, 실보는 화재인데도 화재가 아닌 걸로 동작을 하지 않는 오보이다.

③ 이러한 오보로 인하여 유지관리 시 신뢰성은 저하되어 실제 화재 시에 대응은 떨어질 수 밖에 없고 대형의 화재로 진행되어 많은 인명피해와 재산상의 손실을 가져온다.

2 자탐설비 선정 시 고려사항

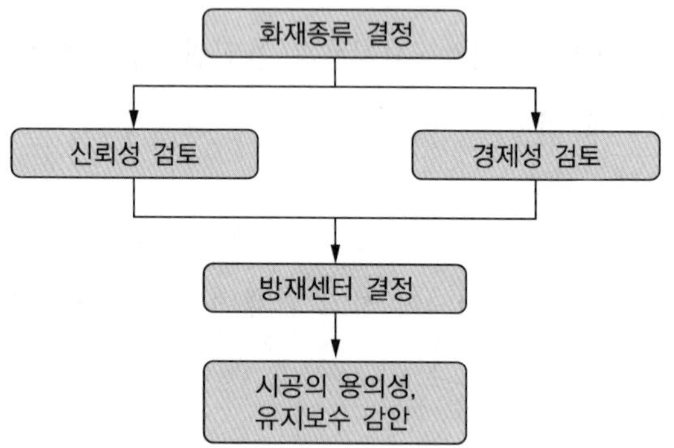

3 비화재보 원인

1) 인위적인 원인

① 공사 중 먼지, 분진 원인

② 자동차 배기가스

③ 조리에 의한 열, 연기

④ 흡연에 의한 연기 변화

2) 기능상 원인

① 모래, 먼지 등의 분진
② 조리실 증기
③ 벌레의 침입
④ 감도변화, 결로 등의 원인
⑤ 부품의 불량 등

3) 설치상의 원인

① 부적합한 장소
② 감지기 설치 후 환경 변화
③ 배선 및 감지기의 시공상 부적합

4) 유지상의 원인

청소불량 등 유지상의 원인

5) 환경적 요인

① 온도 및 풍압의 이상에 따른 비화재보
② 습도 및 기압의 이상에 의한 비화재보

4 대 책

1) 감지기 대책

① 화재의 종류에 따른 적응성 감지기 설치는 기본
② 신뢰성 확보를 위하여 특수감지기 설치 필요

2) 수신기 대책

① 축적형 중계기 및 수신기 설치 및 축적 부가장치 설치하여 신뢰성 확보
② 인텔리전트 수신기 설치

3) 배선대책

① 일반적인 송배선식의 배선방식 지양
② Loop 배선 및 Network 배선을 실시하여 신뢰성 확보

4) 전원의 신뢰성 확보

① 자탐설비의 예비전원 확보로 신뢰성 확보

② 일반 축전지 설비보다 UPS(무정전 전원장치)를 사용하여 무정전이면서 양질의 전원 확보 필요

5) 유지관리 대책

① 정기, 임시 점검 철저 및 청소관리 철저

② 공조 설비 등의 환경적 부분의 관리

5 결 론

① 비화재보의 잦은 발생은 유지관리상 신뢰성 저하로 실제 화재 시 적응성이 떨어져 대형의 인명 및 재산상의 손실을 가져 올 수 있다.

② 따라서 원인을 파악한 후 그것에 따른 비화재보 대책을 세워 자탐 설비의 설비 극대화가 필요할 것이다.

007 감지기

1 개 요

① 감지기는 화재 시 발생하는 연소생성물(열, 연기, 불꽃 등)을 감지하고, 수신기로 화재 신호를 전송하여 관계자 및 거주자에 피난이 조기에 이루어지도록 하는 설비이다.
② 감지기는 열감지기, 연기감지기, 복합식 감지기, 다신호식 감지기, 특수감지기 등이 있다.

2 감지기의 기능

1) 센서기능

열 및 연기 등의 변화를 감지하는 기능

2) 판단기능

화재인지 아닌지 판단하는 기능

3) 발신기능

감지된 신호를 수신기 및 중계기에 보내는 기능

3 감지기 종류

1) 열감지기

구 분	원 리
차동식 스포트형	일국소의 주위온도가 일정한 온도 상승률 이상 시 동작
차동식 분포형	광범위한 열 효과의 누적에 의하여 주위온도 일정 상승률일 때 동작
정온식 스포트형	한정된 장소의 주위온도가 일정한 온도 이상이 되었을 때 동작
정온식 감지선형	부분적인 장소의 주위온도가 일정한 온도 이상이 되었을 때 동작
보상식 스포트형	정온식과 자동식의 성능을 함께 가져서 비화재보의 성능을 향상시킨 것

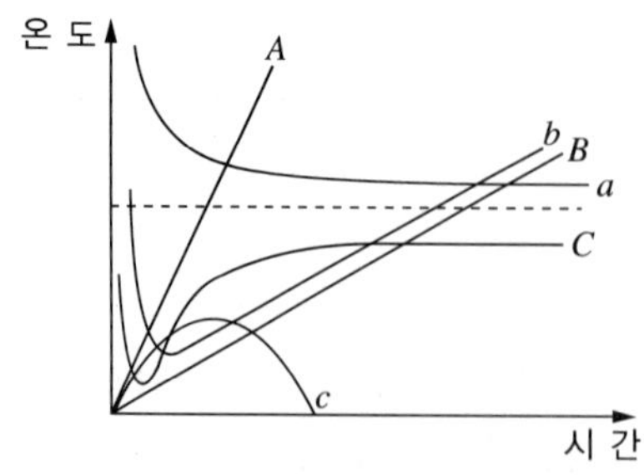

A : 급격한 온도상승
B : 완만한 온도상승
C : 일시적 온도상승(주방)
a : 정온식
b : 차동식
c : 보상식

▌열감지기 동작특성곡선

2) 연기감지기

구 분	원 리
이온화식 감지기	연기의 입자 변동에 의하여 이온전류 변화 검출
광전식 감지기	연기의 입자 변동에 의하여 광전소자 센서

3) 복합식 감지기

하나의 감지기에 특성이 서로 다른 2가지의 원리를 이용

4) 다신호식 감지기

감지원리는 동일하나 감도가 서로 다른 2가지 이상의 신호를 발하는 감지기

5) 특수감지기

① 정 의

특수한 장소에 적응성이 있는 감지기

② 설치장소

㉠ 지하층, 무창층으로서 환기가 잘되지 않는 장소
㉡ 실내 면적이 40[m^2] 미만의 장소
㉢ 감지기 부착면과 실내 바닥 사이의 층고가 2.3[m] 이하인 곳

③ **특수감지기**

㉠ 축적방식의 감지기
㉡ 복합형 감지기
㉢ 다신호 방식의 감기기
㉣ 불꽃 감지기
㉤ 아날로그 방식의 감지기
㉥ 광전식 분리형 감지기
㉦ 정온식 감지선형 감지기
㉧ 분포형 감지기

008 일반 감지기와 아날로그 감지기 비교

1 개 요

① 기존의 감지기는 On/Off 접점 신호로서 감지기에서 감지, 판단, 발신 기능을 지니며, 수신기에서는 화재 신호를 수신하여 대응되는 신호를 송출하였다.
② 아날로그 감지기는 연속적인 상황의 자료를 수신기에 발신만을 담당하고 수신기에서는 신호를 연산, 판단하여 비화재보를 줄여 신뢰도를 높였다.

2 일반감지기

1) 동작원리

정해진 온도, 농도에 도달하면 접점이 동작하여 수신반에서 즉시 경고

2) 특 성

① 종 류

열식의 차동식, 정온식, 연기식의 이온화식, 광전식 등이 있다.

② 시공방법

600[m^2]당 1개의 경계구역으로 특정구역별 화재신호 감시

③ 수신반 회로수는 경계구역별 회로수
④ 비화재보 발생이 높고, 가격이 저렴하다.

3 아날로그 감지기

1) 동작원리

온도, 농도를 항상 감지하여 아날로그 신호를 송출하고 수신기의 프로그램에 의해 단계적인 경보를 발생한다.

2) 특 성

① 종 류

스포트형 열감지기, 이온화식 및 광전식 연기 감지기

② 시공방법

감지기 하나가 1회로이며 고유번호가 부여되며, 각각 수신기에 연결되어 수신지역이 많아진다.

③ 수신반 회로수는 감지기별 1회로이므로 대용량 수신반이 필요

④ 비화재보 발생률이 낮으나 가격이 비싸다.

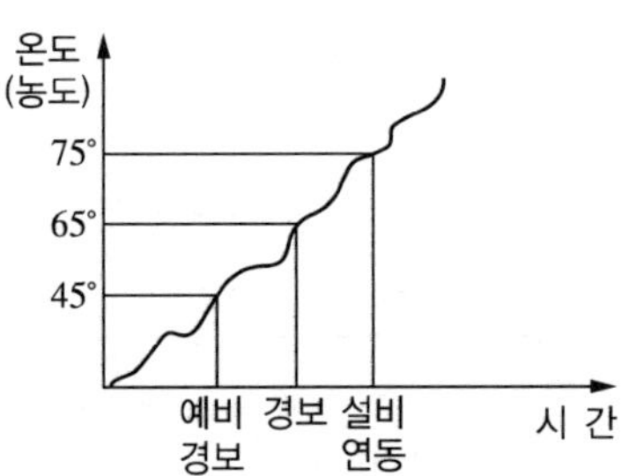

▮ 온도에 따른 경보 설비

009 내화, 내열 배선의 공사방법, 사용 시 Block Diagram

1 개 요

① 화재의 원인별로는 전기화재 > 방화 > 담뱃불 > 불장난으로 전기화재가 원인이 가장 높다.

② 따라서 전기화재의 원인을 분석하고 줄이는 대책이 필요한데 더구나 케이블에 대한 화재의 영향이 크므로 줄이는 대책이 필요하다.

2 내열, 내화배선 공사방법

1) 내화배선

① 공사방법 기준

사용전선의 종류	공사방법
• 450/750[V] 저독성 난연 가교 폴리올레핀 절연 전선 • 0.6/1[kV] 가교 폴리에틸렌 절연 저독성 난연 폴리올레핀 시스 전력용 케이블 • 6/10[kV] 가교 폴리에틸렌 절연 저독성 난연 폴리올레핀 시스 전력용 케이블 • 가교 폴리에틸렌 절연 비닐시스 트레이용 난연 전력 케이블 • 0.6/1[kV] EP 고무절연 클로로프렌 시스 케이블 • 300/500[V] 내열성 실리콘 고무 절연전선 (180[℃]) • 내열성 에틸렌-비닐 아세테이트 고무 절연 케이블 • 버스덕트(Bus Duct) • 기타 전기용품안전관리법 및 전기설비 기술기준에 따라 동등 이상의 내화성능이 있다고 주무부장관이 인정하는 것	• 금속관 · 2종 금속제 가요전선관 또는 합성 수지관에 수납하여 내화구조로 된 벽 또는 바닥 등에 벽 또는 바닥의 표면으로부터 25[mm] 이상의 깊이로 매설하여야 한다. 다만 다음 각 목의 기준에 적합하게 설치하는 경우에는 그러하지 아니하다. – 배선을 내화성능을 갖는 배선전용실 또는 배선용 샤프트 · 피트 · 덕트 등에 설치하는 경우 – 배선전용실 또는 배선용 샤프트 · 피트 · 덕트 등에 다른 설비의 배선이 있는 경우에는 이로부터 15[cm] 이상 떨어지게 하거나 소화설비의 배선과 이웃하는 다른 설비의 배선 사이에 배선지름(배선의 지름이 다른 경우에는 가장 큰 것을 기준으로 한다)의 1.5배 이상의 높이의 불연성 격벽을 설치하는 경우
내화전선	케이블공사의 방법에 따라 설치하여야 한다.

② **성능기준**

내화전선의 내화성능은 버너의 노즐에서 75[mm]의 거리에서 온도가 750±5[℃]인 불꽃으로 3시간 동안 가열한 다음 12시간 경과 후 전선 간에 허용전류용량 3[A]의 퓨즈를 연결하여 내화시험 전압을 가한 경우 퓨즈가 단선되지 아니하는 것. 또는 소방청장이 정하여 고시한 소방용전선의 성능인증 및 제품검사의 기술기준에 적합할 것

2) 내열배선

① **공사방법기준**

사용전선의 종류	공사방법
• 450/750[V] 저독성 난연 가교 폴리올레핀 절연 전선 • 0.6/1[kV] 가교 폴리에틸렌 절연 저독성 난연 폴리올레핀 시스 전력용 케이블 • 6/10[kV] 가교 폴리에틸렌 절연 저독성 난연 폴리올레핀 시스 전력용 케이블 • 가교 폴리에틸렌 절연 비닐시스 트레이용 난연 전력 케이블 • 0.6/1[kV] EP 고무절연 클로로프렌 시스 케이블 • 300/500[V] 내열성 실리콘 고무 절연전선(180[℃]) • 내열성 에틸렌-비닐 아세테이트 고무 절연 케이블 • 버스덕트(Bus Duct) • 기타 전기용품안전관리법 및 전기설비 기술기준에 따라 동등 이상의 내화성능이 있다고 주무부장관이 인정하는 것	• 금속관 · 금속제 가요전선관 · 금속덕트 또는 케이블(불연성덕트에 설치하는 경우에 한한다) 공사방법에 따라야 한다. 다만, 다음 각 목의 기준에 적합하게 설치하는 경우에는 그러하지 아니하다. – 배선을 내화성능을 갖는 배선전용실 또는 배선용 샤프트 · 피트 · 덕트 등에 설치하는 경우 – 배선전용실 또는 배선용 샤프트 · 피트 · 덕트 등에 다른 설비의 배선이 있는 경우에는 이로부터 15[cm] 이상 떨어지게 하거나 소화설비의 배선과 이웃하는 다른 설비의 배선 사이에 배선지름(배선의 지름이 다른 경우에는 가장 큰 것을 기준으로 한다)의 1.5배 이상의 높이의 불연성 격벽을 설치하는 경우
내화전선 · 내열전선	케이블공사의 방법에 따라 설치하여야 한다.

② **성능기준**

내열전선의 내열성능은 온도가 816±10[℃]인 불꽃을 20분간 가한 후 불꽃을 제거하였을 때 10초 이내에 자연소화가 되고, 전선의 연소된 길이가 180[mm] 이하이거나 가열온도의 값을 한국산업표준(KS F 2257-1)에서 정한 건축구조부분의 내화시험방법으로 15분 동안 380[℃]까지 가열한 후 전선의 연소된 길이가 가열로의 벽으로부터 150[mm] 이하일 것. 또는 소방청장이 정하여 고시한 소방용전선의 성능인증 및 제품검사의 기술기준에 적합할 것

사용전선	내열배선 공사방법	내화배선 공사방법
내화전선, MI케이블 (내열배선은 내열전선)	케이블 공사방법	
450/750 2종 비닐절연전선 가교 폴리에틸렌, 절연 비닐외장 케이블, 클로로프렌 외장케이블, 버스덕트, 알루미늄 피복 케이블	**수납방법**	
	전선, 케이블을 금속관, 금속제 가요 전선관, 금속덕트 등에 수납 공사	전선, 케이블을 금속관, 금속제 가요 전선관, 금속덕트 등에 수납하여 내화구조의 벽, 바닥에 25[mm] 이상 깊이 매설
	구획된 실내 설치방법	
	• 타배선이 없는 경우 내화성능의 배선샤프트, 피트, 덕트에 설치 • 타배선이 있는 경우 – 이격 : 15[cm] 이상 – 불연성 격벽설치 타배선 직경의 1.5배 이상의 높이	• 타배선이 없는 경우 내화성능의 배선샤프트, 피트, 덕트에 설치 • 타배선이 있는 경우 – 이격 : 15[cm] 이상 – 불연성 격벽설치 타배선 직경의 1.5배 이상의 높이

3 배선 사용 시 Block Diagram

1) 옥내소화전 배선

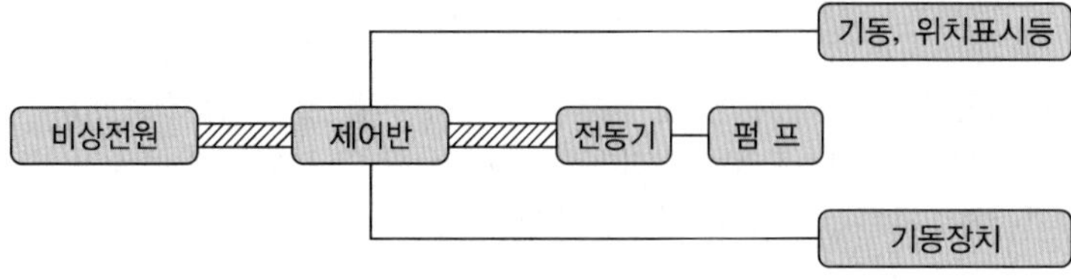

2) S/P배선

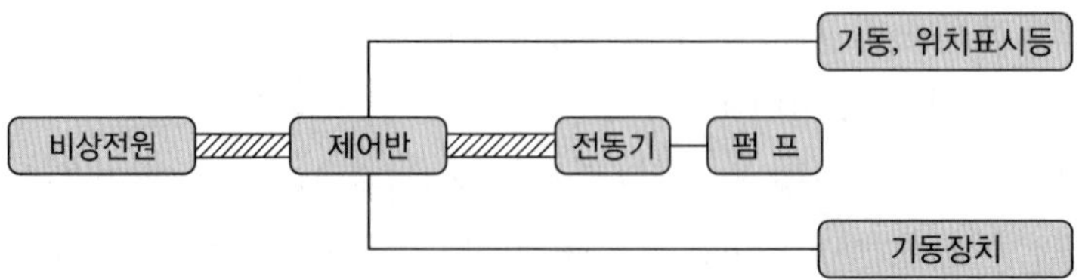

3) CO_2 가스계 소화설비

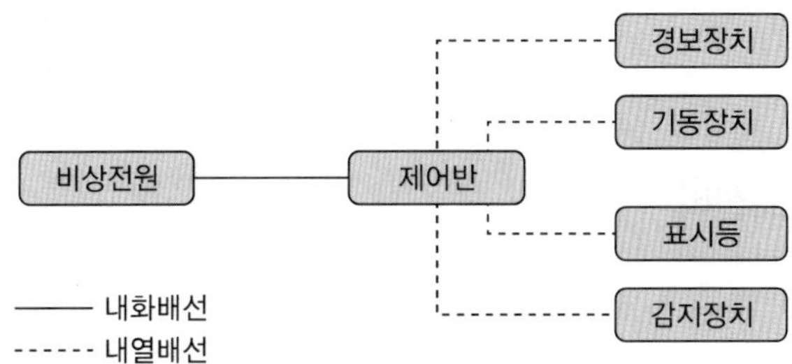

4) 비상콘센트 설비

5) 자탐설비

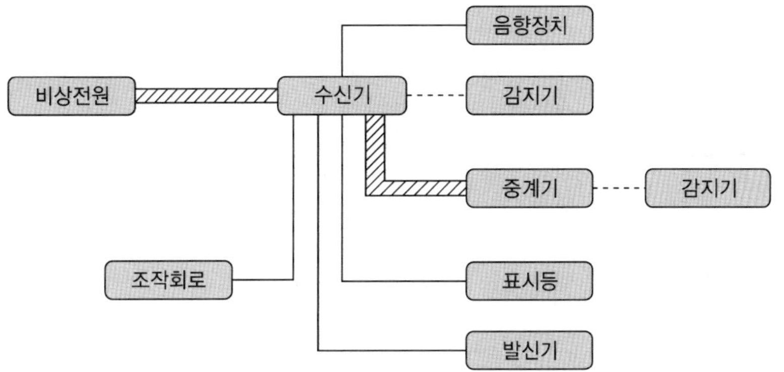

6) 방송설비

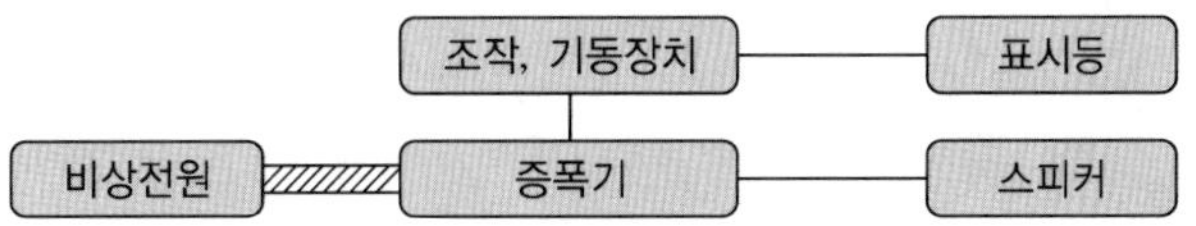

7) 유도등 설비

8) 무선통신보조설비

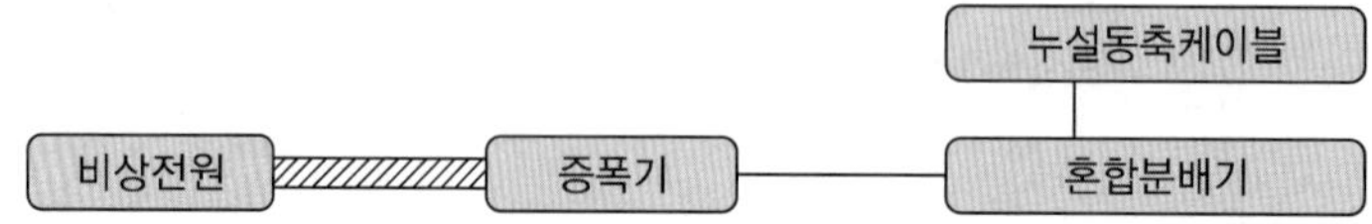

010 방재센터

1 개 요

① 평상시는 일상의 재해예방에 필요한 방재설비의 점검 및 유지관리, 방재훈련 등을 포함한 방재관리를 행한다.

② 재해 발생 시 소방관서에 통보, 초기 피난, 초기 소화를 가능하도록 하는 설비를 말한다.

2 방재센터 설치기준

① 높이 31[m]를 초과하여 비상용 E/V의 설비가 의무화된 고층 건축물

② 각 구조의 평면적 합계가 1,000[m^2]를 넘는 지하가

③ 기타 중앙감시 시스템이 필요한 대규모 건축물

3 방재센터의 기능

① 재해 정보를 신속하게 입수할 수 있을 것

② 정보의 확인수단 및 정확성의 향상을 기할 수 있을 것

③ 관리자의 특별한 작업을 필요로 하지 않을 것

④ 재해 발생 지시는 간단, 명료할 것

⑤ 피난유도에 있어서 타설비보다 효과적일 것

4 방재센터 설치 시 고려사항(= 방재센터 위치선정과 구조)

① 방재센터에서 원활한 소방진화 통제 및 24시간 방재설비를 감시할 수 있고, 또한 편리한 기기 배치의 내부 구조일 것

② 빌딩관계자 및 외부 소방대의 접근이 용이

③ 내부는 불연재료로 마감하고, 외부와 통하는 출입문이 2개 이상

④ 비상용 E/V, 피난 계단의 이용이 용이한 위치

⑤ 옥외 소방대와 연락 및 지휘통제가 용이한 위치

⑥ 피난층으로 직접 통하는 위치

5 종합방재 시스템 문제점

① 방재설비에 고액투자
② 불특정 다수인을 제어 하는 것을 대상
③ 재해 자체의 정성화, 정량화가 어렵다.

6 방재센터 관리 시설현황

1) 소화설비의 작동상황 및 감시반

각 소화설비의 작동 및 감시

2) 소화활동설비의 작동상황 감시반

거실 및 부속실 제연설비의 작동 및 감시

3) 경보설비

자탐설비 및 비상 방송설비 작동 및 감시

4) 비상용 엘리베이터의 작동 및 감시

5) 방화문, 방화셔터 감시 및 제어

6) 수변전설비, 비상전원설비 감시 및 제어

011 초고층 및 지하연계 복합건축물의 방재실 설치기준

1 개 요

① 초고층 건축물이란 층수가 50층 이상 또는 높이가 200[m] 이상인 건축물을 말한다.

② 지하연계 복합건축물이란 층수가 11층 이상이거나 1일 수용인원이 5천명 이상인 건축물로서 지하부분이 지하역사 또는 지하도상가와 연결된 건축물이다.

③ 건축물 안에 건축법에 따른 문화 및 집회시설, 판매시설, 운수시설, 업무시설, 숙박시설, 위락(慰樂)시설 중 유원시설업(遊園施設業)의 시설 또는 대통령령으로 정하는 용도의 시설이 하나 이상 있는 건축물을 말한다.

④ 이 법은 초고층 및 지하연계 복합건축물과 그 주변지역의 재난관리를 위하여 재난의 예방·대비·대응 및 지원 등에 필요한 사항을 정하여 재난관리체제를 확립함으로써 국민의 생명, 신체, 재산을 보호하고 공공의 안전에 이바지함을 목적으로 한다.

2 종합방재실의 설치기준

① 초고층 건축물 등의 관리주체는 법 제16조 제1항에 따라 다음 각 호의 기준에 맞는 종합방재실을 설치·운영하여야 한다.

㉠ 종합방재실의 개수 : 1개

㉡ 종합방재실의 위치

- 1층 또는 피난층. 다만, 초고층 건축물 등에 특별피난계단이 설치되어 있고, 특별피난계단 출입구로부터 5[m] 이내에 종합방재실을 설치하려는 경우에는 2층 또는 지하 1층에 설치할 수 있으며, 공동주택의 경우 관리사무소 내에 설치할 수 있다.
- 비상용 승강장, 피난 전용 승강장 및 특별피난계단으로 이동하기 쉬운 곳
- 재난정보 수집 및 제공, 방재 활동의 거점(據點) 역할을 할 수 있는 곳
- 소방대(消防隊)가 쉽게 도달할 수 있는 곳
- 화재 및 침수 등으로 인하여 피해를 입을 우려가 적은 곳

㉢ 종합방재실의 구조 및 면적

- 다른 부분과 방화구획(防火區劃)으로 설치할 것. 다만, 다른 제어실 등의 감시를 위하여 두께 7[mm] 이상의 망입(網入)유리(두께 16.3[mm] 이상의 접합유리 또는 두께 28[mm] 이상의 복층유리를 포함한다)로 된 4[m^2] 미만의 붙박이창을 설치할 수 있다.
- 제2항에 따른 인력의 대기 및 휴식 등을 위하여 종합방재실과 방화구획된 부속실(附屬室)을 설치할 것
- 면적은 20[m^2] 이상으로 할 것
- 재난 및 안전관리, 방범 및 보안, 테러 예방을 위하여 필요한 시설·장비의 설치와 근무 인력의 재난 및 안전관리 활동, 재난 발생 시 소방대원의 지휘 활동에 지장이 없도록 설치할 것
- 출입문에는 출입 제한 및 통제 장치를 갖출 것

㉣ 종합방재실의 설비 등

- 조명설비(예비전원을 포함한다) 및 급수·배수설비
- 상용전원(常用電源)과 예비전원의 공급을 자동 또는 수동으로 전환하는 설비
- 급기(給氣)·배기(排氣) 설비 및 냉방·난방 설비
- 전력 공급 상황 확인 시스템
- 공기조화·냉난방·소방·승강기 설비의 감시 및 제어시스템
- 자료 저장 시스템
- 지진계 및 풍향·풍속계
- 소화 장비 보관함 및 무정전(無停電) 전원공급장치
- 피난안전구역, 피난용 승강기 승강장 및 테러 등의 감시와 방범·보안을 위한 폐쇄회로텔레비전(CCTV)

② 초고층 건축물 등의 관리주체는 종합방재실에 재난 및 안전관리에 필요한 인력을 3명 이상 상주(常住)하도록 하여야 한다.

③ 초고층 건축물 등의 관리주체는 종합방재실의 기능이 항상 정상적으로 작동되도록 종합방재실의 시설 및 장비 등을 수시로 점검하고, 그 결과를 보관하여야 한다.

012 누전경보기

1 개 요

① 전선의 피복이나 전기기기의 절연물이 열화되어 전류가 금속체를 통하여 대지로 흘러 들어가는 현상을 누전이라 한다.

② 누전에 의하여 열적 경과에 의해서 발열하거나 불꽃 발생에 의하여 가연성 가스에 폭발할 수 있다.

③ 따라서 누전 경보기는 누전에 따른 화재를 방지하기 위해 설치하는 장치이다.

2 설치대상

① 내화구조가 아닌 500[m^2] 이상 소방대상물

② 내화구조가 아닌 계약전류 용량이 100[A] 초과인 소방대상물

3 구성 및 작동원리

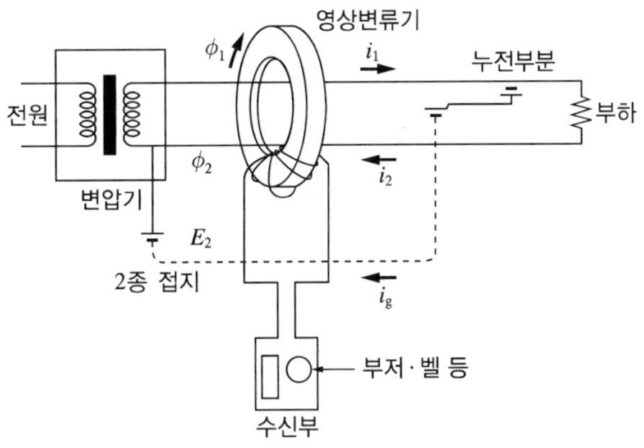

1) 구 성

① ZCT(영상변류기)

회로에서 발생한 누설 전류를 검출하는 장치

② 수신기

검출된 누설 전류를 수신하여 계전기를 통하여 증폭 음향장치로 경보 신호를 발한다.

③ **차단기**

수신기에서 수신한 신호를 입력하면 자동차단

④ **음향장치**

㉠ 음량은 1[m] 떨어진 곳에서 90[dB] 이상

㉡ 사용전압 80[%]에서 경보음 발생 가능

㉢ 수신기와 별도 설치

⑤ **증폭기**

유기 전압을 증폭하는 장치, 수신기에 내장

2) 작동원리

① **단상 누전경보기**

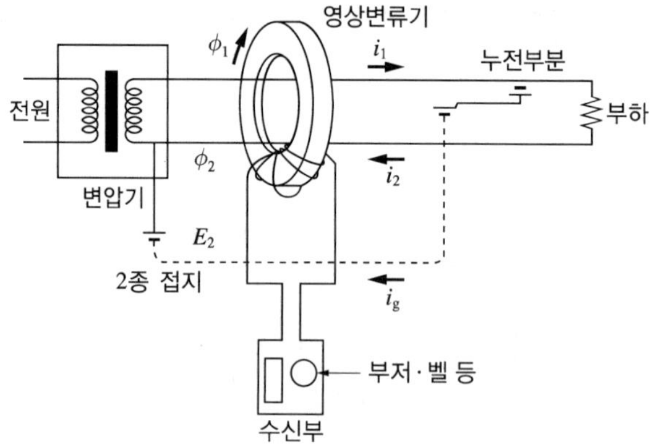

㉠ 평상시

- $i_1 = i_2$, $\phi_1 = \phi_2$ 이므로
- ZCT에서 발생하는 자속은 0이므로 동작하지 않는다.

㉡ 누전 발생 시

- $i_1 = i_2 + i_g$가 되고 영상변류기의 자속은 $\phi_1 = \phi_2 + \phi_g$가 된다.
- 자속(ϕ_g)으로 유기전압 발생
- 유기전압은 계전기를 통하여 증폭되어 릴레이 동작, 경보를 발한다.

② 3상 누전 경보기

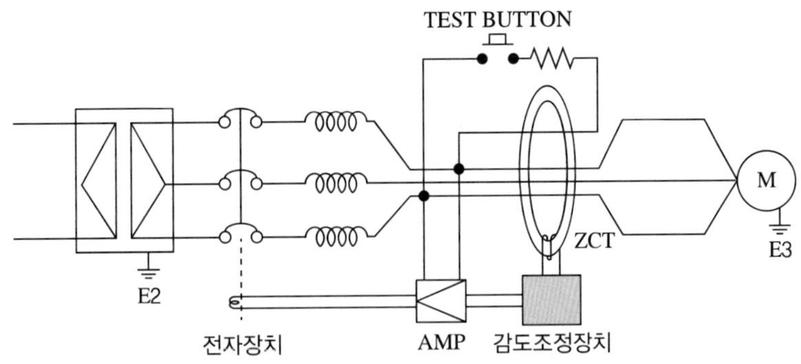

㉠ 평상시

$i_1 = i_b - i_a,\ i_2 = i_c - i_b,\ i_3 = i_a - i_c \qquad \therefore\ i_1 + i_2 + i_3 = 0$

㉡ 누전 발생 시

$i_1 = i_b - i_a,\ i_2 = i_c - i_b,\ i_3 = i_a - i_c + i_g \qquad \therefore\ i_1 + i_2 + i_3 = i_g$가 된다.

누설전류(i_g)에 의해 영상 변류기에서 자속(ϕ_g)을 발생시키고 유기전압이 발생한다. 유기전압은 계전기를 증폭하여 경보를 발하고 차단한다.

4 설치기준

1) 설치방법

① 정격전류가 60[A]를 초과하는 경우는 1급 누전 경보기 설치

② 정격전류가 60[A] 이하인 경우는 1급 및 2급 누전경보기 설치

③ 정격전류가 60[A]를 초과하는 전로가 분기하여 60[A] 이하로 되는 경우 2급 누전 경보기를 1급 누전 경보기로 본다.

2) 수신기

① 옥내의 점검이 편리한 장소에 설치

② 가연성 증기, 먼지 등이 체류할 우려가 있는 장소에는 차단기구를 가진 수신기를 설치, 이때 차단기구는 안전한 곳에 설치

③ **수신기 설치제외 장소**

㉠ 가연성 증기, 먼지, 가스 등이나 부식성 증기, 가스 등이 다량으로 체류하는 장소
㉡ 화학류의 제조, 저장, 취급하는 장소
㉢ 습도가 높은 장소
㉣ 온도가 급격히 변하는 장소
㉤ 대전류 회로, 고주파 발생 회로 등에 의해 영향을 받을 우려가 있는 장소

④ **음향장치**

㉠ 수위실 등 상시 사람이 근무하는 장소에 설치
㉡ 음량과 음색은 다른 기기의 소음과 명백히 구별

3) 전 원

① 전원은 분전반으로부터 전용회로, 각 극에 개폐 및 15[A] 이하의 과전류 차단기 설치
② 다른 차단기에 의해 전원이 분기되지 않아야 한다.
③ 전원의 개폐기에는 누전 경보기용임을 표시한 표지 설치

013 가스누설 경보기

1 개 요

① 가스누설 경보기는 가연성 가스 또는 불완전 연소가 누설 되는 것을 탐지한다.
② 소방대상물의 관계자나 이용자에게 경보하여 가스 누출로 인한 피해를 방지하기 위한 설비이다.

2 설치대상

1) 설치대상

다중이용업소로서 가스 시설을 사용하는 주방 또는 난방시설이 있는 장소

2) 설치제외대상

자동식 소화기를 설치 할 경우에는 그러하지 아니한다.

3 구성 및 작동원리

1) 구 성

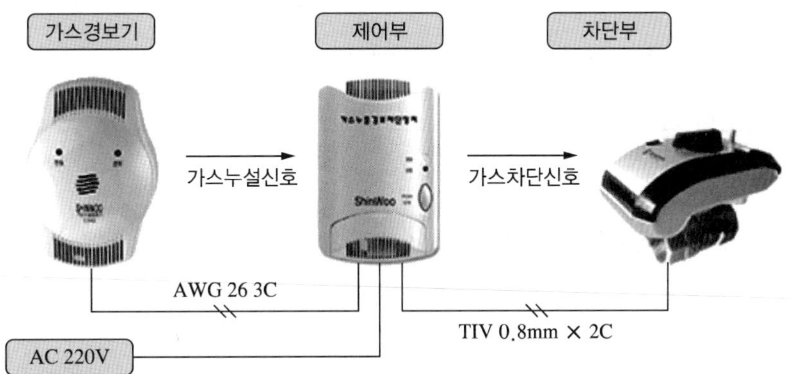

2) 작동원리

① 감지기에서 가스를 탐지하여 중계기, 수신기로 전달
② 수신기에서 가스 탐지를 수신하여 음향을 발하고 가스차단 장치로 가스를 차단한다.

4 분 류

1) 검지방식에 따른 분류

구 분	반도체식	접촉 연소식	기체 열전도식
구성 및 작동원리	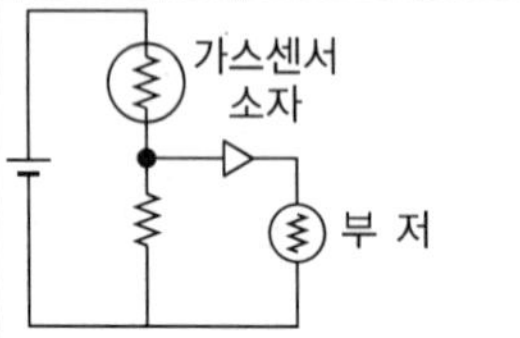 가스센서 소자 / 부 저 반도체에 가스가 접촉하면 전기저항이 감소하는 원리 이용	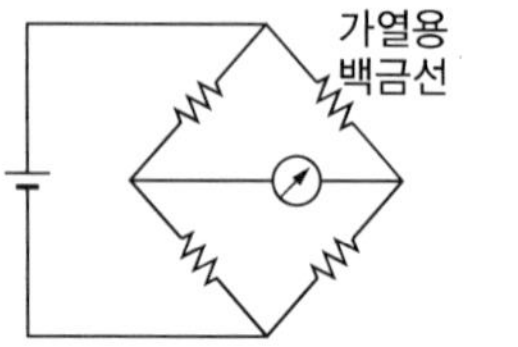 가열용 백금선 • 백금선의 온도에 따라 저항 변화를 이용 • 저항 변화 시 휘트스톤 브리지 불평형으로 지시계 측정	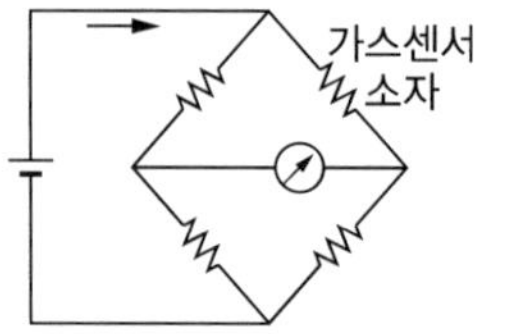 가스센서 소자 • 가스센서소자에 따라 저항 변화 이용 • 저항값 변화하여 브릿지 회로의 불평등 전압측정
동작시간	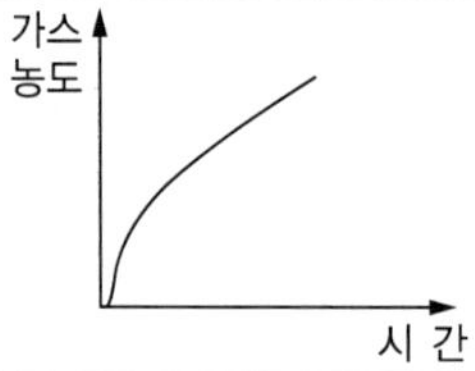 가스 농도 / 시 간	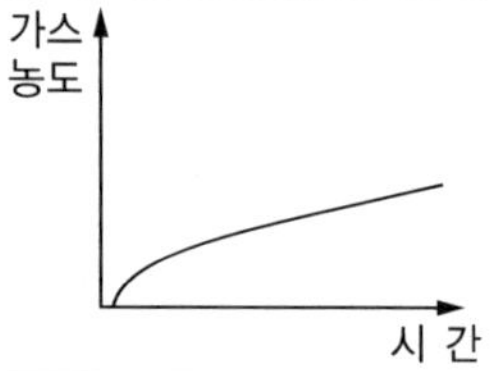 가스 농도 / 시 간	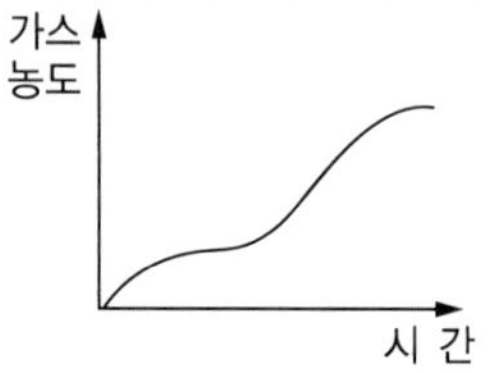 가스 농도 / 시 간
형 태	즉시경보형	경보지연형	즉시경보 + 경보지연형
특 징	• 감도특성이 좋다. • 안정성이 좋다. • 소형화 가능 • 대량생산 가능	• 가스농도에 비례하여 출력전압 직선적 증가 • 충격에 약하다. • 감도가 저하	• 가스 농도 비례 출력전압 직선증가 • 경제적 • 안전성이 높다. • 산소 없이도 측정가능

2) 구성방식 종류

① **단독형**

㉠ 하나의 본체에 검지기와 경보부가 같이 구성

㉡ 사용장소 : 가정의 주방, 소형의 주방

② **분리형**

㉠ 검지부와 경보부가 분리되어 있고, 검지기는 가스 저장실에 경보부는 경비실이나 중앙 감시반에 설치

㉡ 사용장소 : 접객업소, 대단위 음식점, 가스저장소 등

5 설치기준

① 가스가 체류하기 쉬운 장소에 설치
② 수분, 증기가 접촉할 우려가 없는 곳에 설치
③ 주위 온도가 40[℃] 이상이 될 우려가 없는 곳에 설치
④ 분리형은 사람이 상주하는 곳에 설치
⑤ 검지기는 연소기로부터 4[m] 이내에 설치하고 LPG는 바닥으로 부터 0.3[m] 이내에 설치하고, LNG는 천장으로부터 0.3[m] 이내 설치
⑥ LNG는 0.6[m] 이상 돌출된 보가 존재할 시에는 보 안쪽에 설치
⑦ LNG는 천장에 흡기구가 있으면 그 부근에 설치

6 설치 제외 장소

① 출입구 부근 등 외부의 기류가 빈번하게 유통하는 곳
② 환기용 흡입구로부터 1.5[m] 이내 장소
③ 가스 연소기 폐가스에 접촉하기 쉬운 장소
④ 기타 가스누설을 유효하게 탐지할 수 없는 장소

014 비상조명등

1 개 요

① 비상조명등은 화재 발생으로 조명이 소등되면 자동으로 점등되어 원활하고 안전하게 피난 및 대피를 할 수 있도록 한 설비이다.

② 비상조명등에는 고정용, 휴대용이 있고, 고정용에는 예비전원 내장형과 비내장형이 있다.

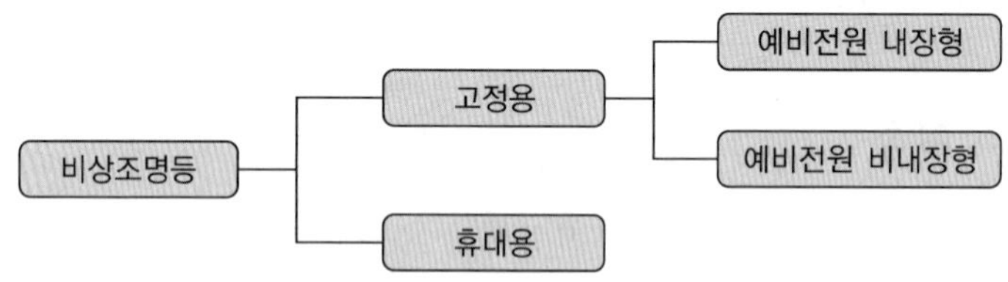

2 비상조명등 설치기준

1) 고정용 비상조명등

① 설치대상 및 면제대상

㉠ 설치대상

- 지하층을 포함하는 층수가 5층 이상인 건축물로서 연면적 3,000[m^2] 이상
- 위항 이외의 지하층 또는 무창층의 바닥면적이 450[m^2] 이상
- 지하가 중 터널길이가 500[m] 이상인 것

㉡ 제외기준

- 1층 또는 피난층으로서 복도 또는 통로, 개구부를 통하여 피난이 용이하거나 숙박시설로서 복도에 비상조명등 설치 시
- 거실 각 부분으로부터 하나의 출입구에 이르는 보행거리가 15[m] 이내
- 의원, 경기장, 아파트, 기숙사, 의료시설 등

② **설치기준**

㉠ 소방대상물의 각 거실로부터 지상에 이르는 복도, 계단 등에 설치

㉡ 조도는 비상조명등의 각 부분의 바닥에서 1[lx] 이상

㉢ 비상조명등을 유효하게 작동시킬 수 있는 용량의 축전지 내장

㉣ 예비전원을 내장하지 않는 비상조명등의 비상전원

- 점검에 편리하고 화재 및 침수 등의 재해가 없는 곳에 설치
- 상용전원이 전력공급 중단 시 자동으로 절환이 가능할 것
- 비상전원 장소는 다른 장소와 방화구획 설치
- 비상전원을 실내에 설치 시 실내에 비상조명등 설치

㉤ 비상전원은 비상조명등을 20분 이상 유효하게 작동시킬 수 있는 용량

2) 휴대용 비상조명등

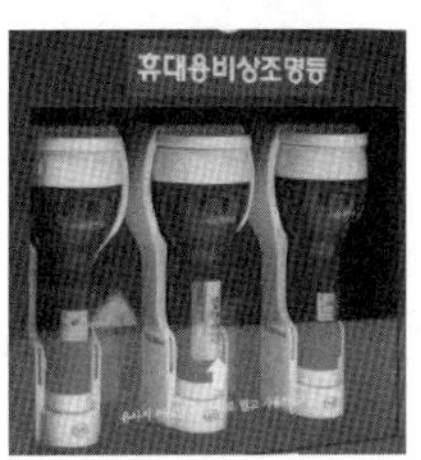

① **설치대상 및 면제대상**

㉠ 설치대상 : 백화점, 대형 할인점, 지하역사, 지하상가, 영화상영관, 숙박시설 등

㉡ 면제대상 : 1층, 피난층으로서 복도, 통로, 개구부 등을 이용하여 피난이 용이한 경우

② **설치기준**

㉠ 장소기준

- 숙박시설, 다중이용업소 객실, 영업장 안 : 구획된 실마다 1개 이상 설치(1[m] 이내)
- 백화점, 할인점, 쇼핑센터 등 : 보행거리 50[m]마다 3개 이상 설치
- 지하상가, 지하역사 : 보행거리 25[m]마다 3개 이상 설치

㉡ 설치기준

- 어둠속에서 위치 확인이 가능할 것
- 사용 시 자동 점등 구조
- 외함은 난연성일 것
- 건전지 사용하는 곳은 방전 방지하고, 충전식 배터리 상시충전
- 20분 이상 사용 가능한 용량 이상일 것
- 설치 높이는 0.8[m] 이상 1.5[m] 이하일 것

3 비상용 조명등 성능기준, 설계 시 고려사항

1) 성능기준

① **점등성능**

즉시 점등의 백열전등, 형광등의 래피드식 사용

② **내열성능**

기능 유지를 위해 배선은 내열배선, 등기구는 불연재료 사용

③ **광학적 성능**

최소한의 조도를 유지할 수 있는 광속기능

④ **비상전원**

20분 이상 용량

⑤ **자동전환**

상용전원에서 비상시 자동으로 비상전원이 절환되고 복귀 시 자동복구

2) 설계 시 고려사항

① 등기구 배치

피난동선을 위하여 최적의 위치, 장소에 설치

② 등기구의 형상

설치장소, 목적을 위하여 등기구 형상, 광원 종류 선정

③ 조 도

경년 변화에 따른 광속의 감소를 고려하여 최저 1[lx] 이상 유지

④ 점등방식

상용, 예비전원의 겸용이나 예비전원 전용방식 결정

⑤ 예비전원 선정

예비전원의 내장형, 별도 예비전원 방식 결정

⑥ 배선방식 결정

내열, 내화배선 방식, 매립방식 선택

015 비상콘센트 설비

1 개 요

① 화재 발생 시 소방대가 소화 활동에 필요한 전원을 전용으로 공급받을 수 있는 설비를 비상콘센트 설비라고 한다.

② 화재 시 소화에 유일한 전원이기 때문에 정밀하게 검토하여 설계 및 시공, 유지관리가 되어야 한다.

2 설치대상

① 지하층의 층수가 3층 이상이고 지하층의 바닥면적의 합계가 1,000[m^2] 이상인 것은 전 층

② 층수가 11층 이상인 건축물 중 11층 이상

③ 지하가 중 터널로서 길이가 500[m] 이상인 것

3 구 성

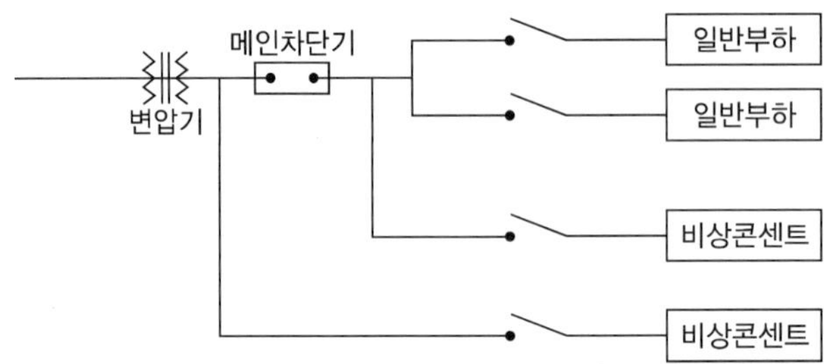

상용전원, 비상전원, 배전반, 콘센트, 보호함으로 구성

4 설치기준

1) 전원 및 콘센트

① 전 원

㉠ 상용전원회로의 배선은 저압수전인 경우에는 인입개폐기의 직후에서 고압수전 또는 특고압수전인 경우에는 전력용변압기 2차 측의 주차단기 1차 측 또는 2차 측에서 분기하여 전용배선으로 할 것

㉡ 지하층을 제외한 층수가 7층 이상으로서 연면적이 2,000[m^2] 이상이거나 지하층의 바닥면적의 합계가 3,000[m^2] 이상인 특정소방대상물의 비상콘센트설비에는 자가발전설비 또는 비상전원수전설비를 비상전원으로 설치할 것. 다만, 둘 이상의 변전소에서 전력을 동시에 공급받을 수 있거나 하나의 변전소로부터 전력의 공급이 중단되는 때에는 자동으로 다른 변전소로부터 전력을 공급받을 수 있도록 상용전원을 설치한 경우에는 비상전원을 설치하지 아니할 수 있다.

㉢ 제2호에 따른 비상전원 중 자가발전설비는 다음 각 목의 기준에 따라 설치하고, 비상전원수전설비는 소방시설용비상전원수전설비의 화재안전기준(NFSC 602)에 따라 설치할 것

- 점검에 편리하고 화재 및 침수 등의 재해로 인한 피해를 받을 우려가 없는 곳에 설치할 것
- 비상콘센트설비를 유효하게 20분 이상 작동시킬 수 있는 용량으로 할 것
- 상용전원으로부터 전력의 공급이 중단된 때에는 자동으로 비상전원으로부터 전력을 공급받을 수 있도록 할 것
- 비상전원의 설치장소는 다른 장소와 방화구획 할 것. 이 경우 그 장소에는 비상전원의 공급에 필요한 기구나 설비외의 것(열병합발전설비에 필요한 기구나 설비는 제외한다)을 두어서는 아니 된다.
- 비상전원을 실내에 설치하는 때에는 그 실내에 비상조명등을 설치할 것

② 비상콘센트 전원회로

㉠ Pull Box는 두께 1.6[mm] 이상 철판, 방청도장

㉡ 회로당 비상콘센트는 10개 이하

㉢ 각층에 전압별로 전원회로 2 이상이 되도록 설치할 것

㉣ 용량은 단상 220[V] 1.5[kVA] 이상 용량과 3상 380[V] 3[kVA] 이상 용량 필요

㉤ 주배전반에서 전용회로로 할 것

㉥ 개폐기에는 "비상콘센트"라는 표지

㉦ 콘센트마다 배선용 차단기 설치

㉧ 각층에 콘센트가 분기될 경우 분기용 배선용 차단기를 보호함에 설치

③ 비상콘센트 플러그 접속기 및 설치기준

㉠ 배 치

- 아파트 또는 바닥면적이 1,000[m^2] 미만인 층은 1개의 계단출입구에서 5[m] 이내
- 바닥면적이 1,000[m^2] 이상인 층 각 계단의 출입구에서 5[m] 이내에 설치

㉡ 수평거리

지하가 또는 지하층의 바닥면적의 합계가 3,000[m^2] 이상은 25[m] 이내이고 기타는 50[m] 이내

㉢ 3상은 접지형 3극 플러그 접속기를 사용하고 2상은 2극 플러그 접속기를 사용

㉣ 바닥으로부터 1 ~ 1.5[m] 이하의 위치에 설치

㉤ 칼받이의 접지극에는 접지공사 실시

④ **절연저항, 절연내력 기준**

㉠ 절연저항은 전원부와 외함 사이를 500[V] 절연저항계로 측정하여 20[MΩ] 이상일 것

㉡ 절연내력은 전원부와 외함 사이를 실효전압 1,000[V]를 가한 상태에서 1분 이상 견뎌야 한다.

2) 배 선

① 전원회로 배선은 내화배선으로 하고 기타 배선은 내화 및 내열 배선으로 한다.

② 내화 및 내열 배선 기준은 설치기준에 따름

3) 보호함

① 쉽게 개폐할 수 있는 문을 설치할 것

② 보호함 표면에 “비상콘센트” 표지 설치

③ 보호함 상부에 적색의 표시등 설치

016 무선통신 보조설비

1 개 요

① 소방대가 효과적으로 소방 활동을 하기 위하여 무선통신을 사용하는데 지하가 또는 지하층에는 전파의 반송 특성이 나빠진다.

② 따라서 방재센터 또는 지상에서 소화활동을 지휘하는 소방대원과 화재지역에서 소화 활동을 하는 소방대원간의 원활한 무선통신을 위한 설비가 "무선통신 보조설비"이다.

2 설치대상

① 지하층수가 3층 이상이고 바닥면적 합계가 1,000[m^2] 이상인 것은 전 층

② 지하층의 바닥면적의 합계가 3,000[m^2] 이상인 것

③ 지하가로서 연면적 1,000[m^2] 이상

④ 지하가 중 터널로서 길이가 500[m] 이상인 것

3 구성 및 종류

1) 구 성

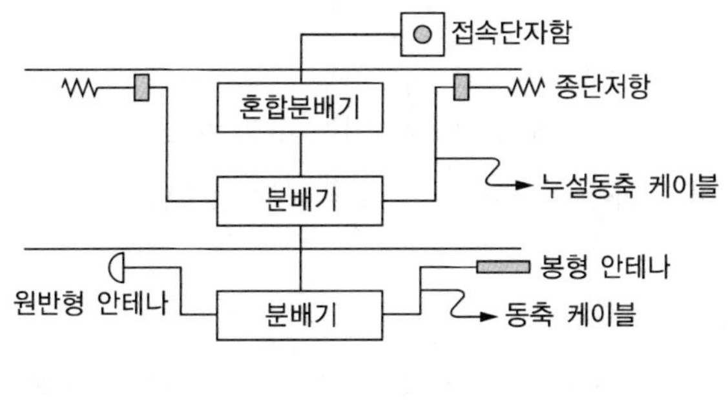

▌무선통신 보조설비 계통도

접속단자함, 분배기, 증폭기, 누설동축케이블, 동축케이블, 안테나, 종단저항 등

2) 종 류

① 누설동축 케이블 방식

누설동축 케이블과 종단 저항을 사용하는 방식으로 케이블 자체가 안테나 역할을 하는 방식

② 공중선(안테나) 방식

동축케이블과 원반형 안테나, 봉형 안테나 사용하여 안테나에서 전파를 발송하는 방식

③ 혼합방식

누설동축 케이블 방식과 공중선 방식을 혼합하여 사용하는 방식

4 구성별 설치기준

1) 무선기기 접속단자함

① 소화 활동에 용이한 장소나 수위실 등 상근하는 장소에 설치
② 0.8[m] 이상 1.5[m] 이하의 높이에 설치
③ 보행거리 300[m] 이내마다 설치
④ "무선기기 접속단자"라는 보호함을 설치하고 표지 설치

2) 분배기 등

① 임피던스는 50[Ω]으로 할 것
② 먼지, 습기, 부식 등에 의해 기능에 지장이 없을 것
③ 점검에 편리하고 화재로 인하여 피해가 없는 장소에 설치

3) 증폭기 등

① 전원은 전기가 정상적으로 공급되는 축전지 또는 교류저압 옥내간선으로 하고, 전원까지의 배선은 전용으로 할 것
② 증폭기 전면에 주회로 전원의 정상 여부를 표시하는 표시등 및 전압계 설치
③ 비상전원이 부착된 것으로 하고, 비상전원 용량은 무선통신설비를 30분 이상 작동시킬 수 있는 용량일 것
④ 무선이동 중계기를 설치하는 경우에는 전파법에 따라 형식검정과 형식등록 제품 사용

4) 누설동축 케이블

① 인접한 금속관으로부터 전계의 복사 또는 특성이 현저하게 저하되지 않는 장소에 설치

② 고압전선으로부터 1.5[m] 이상 이격 설치

③ 누설동축 케이블 끝 부분에는 무반사 종단저항 설치

④ 불연 또는 난연성일 것, 습기에 변질되지 않고 노출 설치 시 피난 및 통행에 지장이 없도록 할 것

⑤ 임피던스는 50[Ω]으로 하고 이에 접속하는 분배기 등에도 적합한 임피던스값으로 할 것

⑥ 소방전용 주파수대에서 전파의 전송 복사에 적합한 것으로서 소방전용일 것

⑦ 화재로 소실되더라도 케이블 본체가 떨어지지 않도록 4[m] 이내마다 금속제나 자기제 지지금구를 고정할 것

⑧ 누설동축 케이블과 공중선 방식 또는 공중선 방식과 누설 동축 케이블 방식 혼용 사용

017 소방설비용 비상전원

1 개 요

① 설치목적

소방설비는 상용전원의 정전 중에 화재가 발생하거나 정전되면 소화, 경보, 피난에 막대한 지장을 초래하여 매우 위험하게 된다.

② 설치대상

㉠ 소화설비　㉡ 소화활동설비　㉢ 경보설비
㉣ 피난설비　㉤ 건축 관련 설비　㉥ 소화용수 설비 등

③ 설치면제

㉠ 2 이상의 변전소에서 동시에 전력을 공급받을 경우
㉡ 한 변전소에서 전원공급이 정지될 경우 자동적으로 타변전소에서 전기를 공급받는 경우

2 수전결선도 및 내용

1) 고압 또는 특별고압 수전의 경우

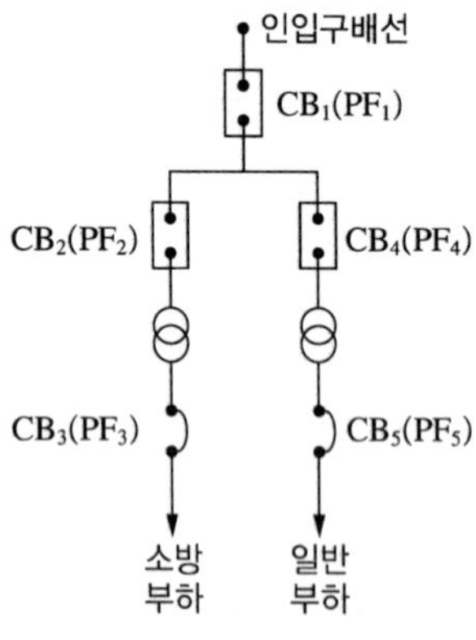

▌전용의 전력용 변압기에서 소방부하 전원 공급

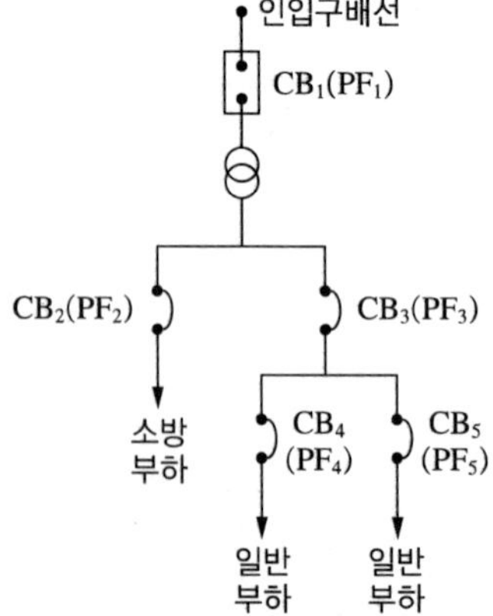

▌공용의 전력용 변압기에서 소방부하 전원 공급

① 전용의 전력용 변압기에서 소방부하에 전원 공급의 경우

㉠ 일반회로의 과부하 또는 단락사고 시 CB_1이 CB_4, CB_5보다 먼저 차단되어서는 아니 된다.

㉡ CB_2가 CB_4보다 동등 이상의 차단용량일 것

② 공용의 전력용 변압기에서 소방부하에 전원 공급의 경우

㉠ 일반회로의 과부하 또는 단락사고 시 CB_1이 CB_3, CB_4, CB_5보다 먼저 차단되어서는 아니 된다.

㉡ CB_2가 CB_3보다 동등 이상의 차단용량일 것

2) 저압으로 수전하는 경우

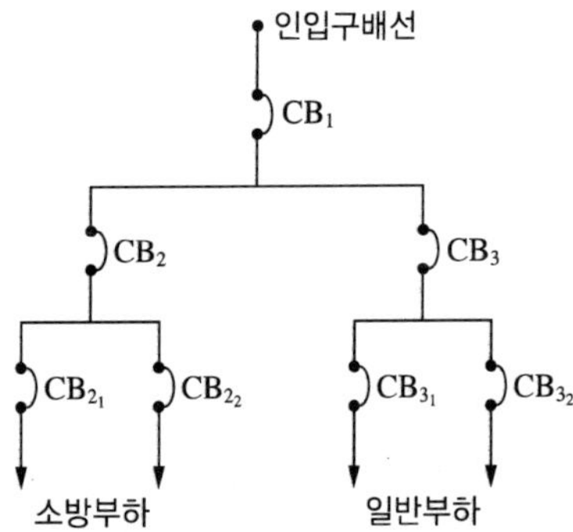

① 일반회로의 과부하 또는 단락사고 시 CB_1이 CB_3, CB_{3_1}, CB_{3_2}보다 먼저 차단되어서는 아니 된다.

② CB_2가 CB_3보다 동등 이상의 차단용량일 것

SECTION

02 방범설비

018 방범설비 1

1 개 요

1) 정 의

① 방범설비란 무인 경비를 목적으로 침입방지, 침입발견, 침입통보 설비로 구성된다.

② 방범의 필요성, 정도, 건물의 용도에 따라 여러 가지 감지 장치가 조합되어 설치되고 있다.

2) 방범설비의 필요 요건

① 쉽게 침입할 수 없도록 침입 저지기능

② 침입 시 신속하고 정확한 검출이 기능

③ 검출된 장소의 확실한 전송 기능

④ 정보의 적절한 판단 및 피해의 최소화 기능

⑤ 경제적이며 설치 및 유지관리의 용이한 기능

2 방범 설계 시 고려사항

① 방범의 목적 및 대상을 선정

② **시스템 기능의 검토** : 경고 및 위협형, 밀폐 및 배제형, 기계식 및 유인관리 병용 등

③ **경계구역(Zone)의 설정** : 건축주변 부지, 건물외곽(출입구), 특정부분의 존을 설정

④ 방문자 또는 침입자 출입 Process 구성

⑤ 다른 설비와의 연동검토(소방설비 등)

3 방범설비

1) 침입방지설비

① 전기쇄정 장치

쇄정장치에는 기계적 쇄정과 전기적 쇄정이 있으며, 전기적 쇄정은 문에 전기 조작용 자물쇠(AC110, AC220[V]) 채용하여 제어반에서 전기 신호로 개폐하기 위한 것이다.

② 입퇴실 관리장치

㉠ ID카드 : 입구 카드리더에 정보를 판독하고 개방 여부 판단

- 자기카드 방식, 커맨드 키방식, IC 카드 방식
- 삽입식, 접촉식, 터치식

㉡ 텐키방식 : Ten Key 비밀번호를 눌러 개방, 번호변경 가능, 간단한 입실제어에 이용

㉢ ID 카드와 텐키 병용방식 : 중요실 입실규제

㉣ 기타 : 음성 판별, 지문인식, 통제인식 방법 등

2) 침입발견설비

① CCTV설비

㉠ 정의 : 주로 취약지역에 감지카메라설치, 비상콜 시스템과 연동하여 모니터로 무단출입, 각종 불법 행위, 화재 발생 등 비상상황 감시제어

㉡ 구성도

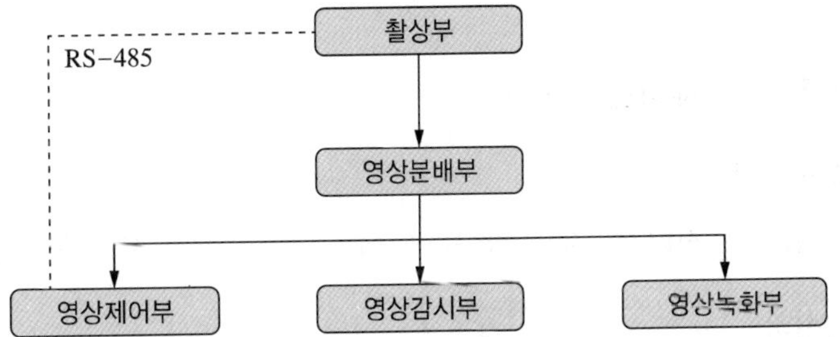

② 음성감지 Microphone 장치

경계구역 내의 음성을 감시실 모니터 스피커로 청취 또는 녹음하기 위한 설비

③ Emergency Call(비상벨)

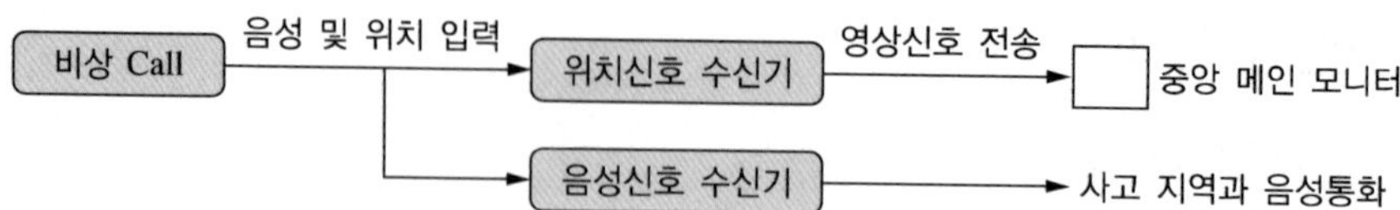

④ **단말검출장치(Sensor)**

㉠ 특수기계 스위치

- 마그네틱 스위치
- 경도 스위치
- 전동 스위치
- 스냅 액션 스위치
- 압력 스위치
- 박막 테이프

㉡ 빔식 검출기

가시광선, 적외선, Micro Wave, Laser 같은 것을 투광기～수광기 빔 형태로 발사시켜 차단 시 검출

㉢ 공간방어형 검출장치

- 초음파 감지기
- 레이더형 감지기
- 열선 감지기

3) 방범연락 및 제어반

① **연락설비**

전화(전용 전화선, 자동 전화), 인터폰, 비상벨 및 사이렌설비, 확성장치 등

② **제어반**

㉠ 상태표시 및 모니터 장치

- 상태표시반
- 지도식 또는 CRT 방식, 침입방지설비 동작에 따라 표시 및 경보
- 모니터 장치 : CCTV 모니터용 TV수상기로 시야확보, 청음 스피커

㉡ 제어장치

출입통제 원격해제 및 복구, 이상상태 자동, 수동복구, 기타 그룹별, 시간별, 개별제어

㉢ 기록장치

프린터, 비디오덱 또는 디지털식 자기디스크 기록장치 등

019 방범설비 2

1 방범설비의 설계 3요소

① 출입통제설비는 침입을 방지할 목적으로 설치한다.

② 침입발견설비는 사람의 감시에 의한 것과 센서 등에 의한 자동감지설비 등을 설치한다.

③ 침입통보설비는 침입이 발견된 경우 방범관리자에게 알림, 경보설비를 작동, 경찰관서에 연락하여 격퇴하게 한다.

2 방범설비 구성

<table>
<tr><td rowspan="3">출입통제 설비</td><td colspan="3">텐키방식 설비</td></tr>
<tr><td colspan="3">카드인식 설비(자기카드, IC카드)</td></tr>
<tr><td colspan="3">인체인식 설비(음성, 지문, 홍채)</td></tr>
<tr><td rowspan="13">침입발견 설비</td><td rowspan="2">인력감시</td><td colspan="2">폐쇄회로 TV(CCTV)설비</td></tr>
<tr><td colspan="2">청음설비(집음 마이크)</td></tr>
<tr><td rowspan="11">자동감시</td><td rowspan="5">점방어형</td><td>마그넷 스위치</td></tr>
<tr><td>리밋 스위치</td></tr>
<tr><td>진동 감지기</td></tr>
<tr><td>파손 감지기</td></tr>
<tr><td>매트 스위치</td></tr>
<tr><td rowspan="3">선방어형</td><td>테이프 감지기</td></tr>
<tr><td>빔식 감지기</td></tr>
<tr><td>광케이블 감지기</td></tr>
<tr><td rowspan="3">공간방어형</td><td>초음파 감지기</td></tr>
<tr><td>전파 감지기</td></tr>
<tr><td>열선감지기</td></tr>
<tr><td colspan="4">침입통보설비(방범설비제어반)</td></tr>
</table>

3 출입통제설비

1) 종 류

① **단독형** : 전기 잠금장치, 인식장치, 제어기로 구성

② **중앙제어시스템** : 제어반과 단독형의 설비로 구성

2) 인식장치

① 텐키방식

누른 번호와 미리 입력된 번호가 일치하는 경우 열림신호를 보냄

② 카드인식장치

㉠ 카드 신호와 카드리더에 입력된 신호가 일치하는 경우에 동작
㉡ 자기(마그넷)카드, IC카드가 사용되고 읽히는 방법에 따라 삽입식, 접촉식, 근접식이 있다.

③ 인체인식방식

지문, 손바닥무늬, 홍채, 목소리 등으로 판단한다.

④ 설치방법

㉠ 단독 또는 다른 방식과 조합하여 설치한다.
㉡ 비바람에 노출되지 않고, 눈에 잘 띄지 않는 장소로 통제 대상 출입구의 가까이에 설치한다.

4 침입발견설비

1) 폐쇄회로 텔레비전(CCTV) 설비

① 제어기, 녹화장치 포함한다.
② 장소, 용도에 따라 적합한 선정한다.
③ 파괴하기 어려운 위치에 설치한다.

2) 청음설비(집음 마이크)

경계지역의 소리를 청취하고 녹음하는 시스템으로 금고 내부, 야간감시에 사용한다.

3) 점(Point)방어형 감지설비

① **마그넷 스위치** : 문, 창문 개폐상태를 감지
② **리밋 스위치** : 문, 창문 셔터의 개폐상태를 감지한다. 기계적 수명이 짧다.
③ **진동감지기** : 유리창이나 금고 등의 표면에 설치한다.
④ **파손감지기** : 유리창 부분에 사용한다.

4) 선(Line)방어형 감지설비

① **테이프 스위치** : 테이프의 접촉압력에 의해 동작한다. 난간, 담장 등에 사용한다.
② **빔식 감지기** : 투광기와 수광기로 구성되며, 담장, 창문 등에 사용한다.
③ **광케이블 감지기** : 케이블 진동 또는 절단 시 광파의 변화에 따른 주파수 변화를 감지한다.

5) 공간(Space)방어형 감지설비

① **초음파감지기** : 도플러효과로 동작한다. 옥외 설치가 곤란하다.
② **전파감지기** : 극초단파를 방사하고 반사파를 검출한다.
③ **열선감지기** : 적외선(열선)을 감지한다. 온도변화 및 직사광선에 오동작할 수 있다.

5 침입통보설비

1) 침입이 발견된 경우

자체경보의 실시와 외부 경찰관서에 연락한다.

2) 방범설비 제어반 구성요소

상태표시 및 모니터장치, 제어장치, 기록장치, 연락장치로 구성된다.

3) 상태표시 및 모니터장치

침입발견설비의 동작에 따라 표시하고 표시와 함께 경보가 발생한다.

4) 제어장치

① 출입통제설비를 원격으로 해제 및 복구 가능
② 화재경보 신호에 따라 일괄 해제가 가능
③ 이상 상태 표시의 자동 및 수동 복구 기능
④ 그룹별 제어, 시간별 제어, 개별제어 등을 실시한다.

5) 기록장치

설비의 작동 상태를 자동으로 기록하고 녹화, 녹음은 하드 디스크에 기록한다.

6) 연락장치

미리 녹음된 메시지를 수동 및 자동으로 미리 정해진 장소(경찰서, 경비회사 등)에 연락한다.

7) 방범설비 제어반

상시 사람이 근무하는 장소(수위실, 경비실, 숙직실 등)에 설치하고 방재센터가 설치된 경우는 방재센터에 설치한다.

020 노외주차장 구조의 설계기준에서 조명, 경보장치, 방범설비의 기준

1 조명설비

자주식 주차장으로서 지하식 또는 건축물식 노외주차장에는 벽면에서부터 50[cm] 이내를 제외한 바닥면의 최소 조도(照度)와 최대 조도를 다음 내용과 같이 한다.

① **주차구획 및 차로** : 최소 조도는 10[lx] 이상, 최대 조도는 최소 조도의 10배 이내
② **주차장 출구 및 입구** : 최소 조도는 300[lx] 이상, 최대 조도는 없음
③ **사람이 출입하는 통로** : 최소 조도는 50[lx] 이상, 최대 조도는 없음

2 경보장치

노외주차장에는 자동차의 출입 또는 도로교통의 안전을 확보하기 위하여 필요한 경보장치를 설치하여야 한다.

3 방범설비

주차 대수 30대를 초과하는 규모의 자주식 주차장으로서 지하식 또는 건축물식 노외주차장에는 관리사무소에서 주차장 내부 전체를 볼 수 있는 폐쇄회로 텔레비전(녹화장치를 포함한다) 또는 네트워크 카메라를 포함하는 방범설비를 설치·관리하여야 하되, 다음 사항을 준수하여야 한다.

① 방범설비는 주차장의 바닥면으로부터 170[cm]의 높이에 있는 사물을 알아볼 수 있도록 설치하여야 한다.
② 폐쇄회로 텔레비전 또는 네트워크 카메라와 녹화장치의 모니터 수가 같아야 한다.
③ 선명한 화질이 유지될 수 있도록 관리하여야 한다.
④ 촬영된 자료는 컴퓨터보안시스템을 설치하여 1개월 이상 보관하여야 한다.

SECTION 03

피뢰설비

021 피뢰설비

1 개 요

1) 정 의

보호하고자 하는 대상물에 근접하는 뇌격을 확실하게 흡인하여 안전하게 대지로 방류시켜 건축물, 인축 및 설비류 등을 보호하기 위한 설비이다.

2) 설치목적

① 낙뢰의 영향으로부터 특정 공간을 보호하기 위한 시스템
② 낙뢰의 영향으로부터 인축, 설비 및 건축물 등을 보호하기 위하여 사용되는 모든 시스템을 말한다.

3) 뇌보호 시스템 구성

① 외부 뇌보호 시스템

직격뢰(측격뢰 포함)로부터 보호하기 위한 설비 피뢰설비

② 내부 뇌보호 시스템

보호 범위 내에서 뇌격전류에 의한 전자기적 영향을 감소하기 위해서 외부 뇌 보호 시스템에 추가되는 모든 조치 등

2 낙뢰의 성질

① 뇌운의 전위 경도는 대략 100[MV] 정도. ⊕ 뇌운 크기는 9 ~ 12[km], ⊖ 뇌운은 500[m] ~ 10[km]
② 뇌운 발생은 선택접촉설, 수적분열설, 빙점대전설 등이 발표되고 있다.
③ 뇌운의 종류-열뢰(상승기류), 계뢰(한랭, 온랭전선), 우뢰(태풍, 저기압)

④ **낙뢰 발생과 뇌임펄스 전압의 표준파형(IEC)**

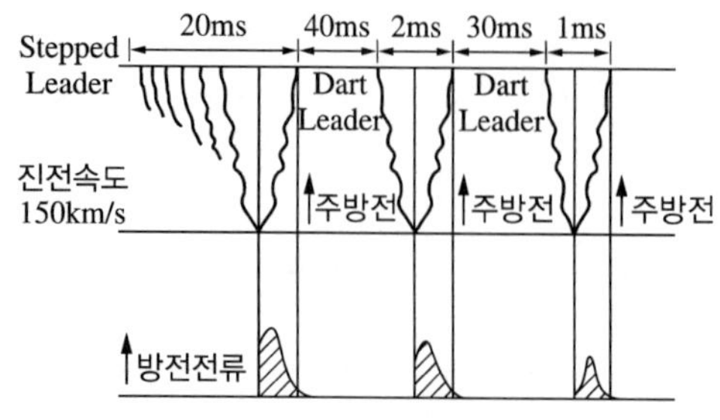

Lightning Mechanism & Ground Current

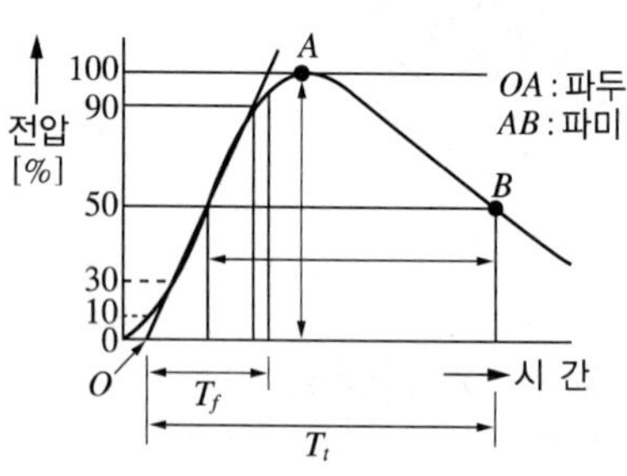

IEC 표준파형

㉠ 파두길이(T_f) : 1.2[us]

㉡ 파미길이(T_t) : 50[us]

5) 뇌서지 종류

① **직격뢰**

직격뢰는 뇌운으로부터 직접 발생하여 대지로 방사한 대단히 강력한 전자력선으로 구조물 또는 피뢰침에 직접 뇌격하는 것으로써 약 200[kA] 이상의 뇌전류를 가지고 있다.

② **유도뢰**

낙뢰가 피뢰침의 접지극을 통하여 방전하는 경우 정보통신 설비의 접지극을 통해 뇌전류가 역류하여 정보통신설비로 들어온다.

③ **간접뢰**

피뢰침으로 유입된 낙뢰가 대지로 방전하는 동안 전원선과 교차하는 지점에서 유도되어 전원선을 따라 Surge가 정보통신설비에 들어온다.

3 관련규정 및 설치기준

1) 관련규정

① 건축물의 설비기준 등에 관한 규칙 제20조 : 낙뢰우려 높이 20[m] 이상 건축물
② 산업안전보건기준에 관한 규칙 제326조 : 화학류 또는 위험물 저장 및 취급시설물
③ 위험물 안전관리법 시행규칙 제3장 제28조 : 제조소 기준 지정수량 10배 이상 취급 저장소

④ 방송통신설비기술기준에 관한 규정 : TV수신 안테나
⑤ 방송통신설비의 기술기준에 관한 규정 : 벼락 또는 강전류 전선관의 접촉 등에 의해 이상전류, 전압이 유입될 우려가 있는 통신설비

2) 설치기준(건축물의 설비기준 등에 관한 규칙 제20조)

① 피뢰설비 대상

낙뢰의 우려가 있는 건축물 또는 건축물 높이가 20[m] 이상인 경우

② 설치기준

㉠ 피뢰레벨

- 한국산업표준이 정하는 피뢰레벨 등급에 적합한 피뢰설비
- 위험물 저장 및 처리시설 : 레벨 Ⅱ 이상, 일반건축물 : 레벨 Ⅳ 이상

㉡ 돌 침

- 건축물의 맨 윗부분으로부터 25[cm] 이상 돌출하고 지지
- 설계하중에 견딜 수 있는 구조

㉢ 수뢰부, 인하도선 및 접지극의 최소 단면적

피복이 없는 동선기준 50[mm^2] 이상이거나 동등 이상 성능

㉣ 건축물의 인하도선 대용

- 전기적 연속성
- 건축물 구조체의 최상단부와 지표 레벨 간 전기저항 0.2[Ω] 이하

㉤ 측벽보호(측면 수뢰부 설치)

- 60[m] 초과(h > 60[m])
  60[m] 초과하는 건축물은 상부 20[%] 이상을 보호공간으로 지정하여 설계 및 시공한다.

- 150[m] 초과(h > 150[m])
  150[m] 초과하는 건축물은 상부 120[m] 이상의 상부에는 피뢰설비 설치

- 건축물 외벽이 금속부재(커튼월 구조, 알루미늄 섀시창 등)로 마감된 경우에는 전기적 연속성 보장, 피뢰설비 레벨등급 접합설치, 인하도선에 연결한 경우에는 측면 수뇌부가 설치된 것으로 본다.

ⓑ 접 지

환경오염 유발 시공방법, 물질 사용금지

ⓢ 금속제 인입설비의 등전위 본딩

건축물의 설치하는 금속배관(급수, 난방, 가스 등) 및 금속제 설비는 등전위 본딩바(MET ; Main Earth Terminal)에 접속

ⓞ 통합접지공사 및 SPD설치

- 접지극 공용 통합접지공사 : 전기설비, 건축물의 피뢰설비, 통신설비
- 서지보호기기(SPD) 설치 : 낙뢰 과전압으로부터 전기설비 보호

ⓩ 기타 피뢰설비와 관련사항은 한국산업표준에 적합, 설치할 것

4 낙뢰 시스템

1) 수뢰부 시스템

① 정 의

낙뢰를 포착할 목적으로 피뢰침, 망상도체 등과 같은 금속 물체를 이용한 외부 피뢰 시스템 일부

② 종 류

㉠ 보호각법

- 높이별로 보호각을 달리하여 보호레벨을 적용하는 방식
- 보호각법은 기하학적 한계가 있어 h가 회전구체 반경 r보다 큰 경우는 적용할 수 없다.

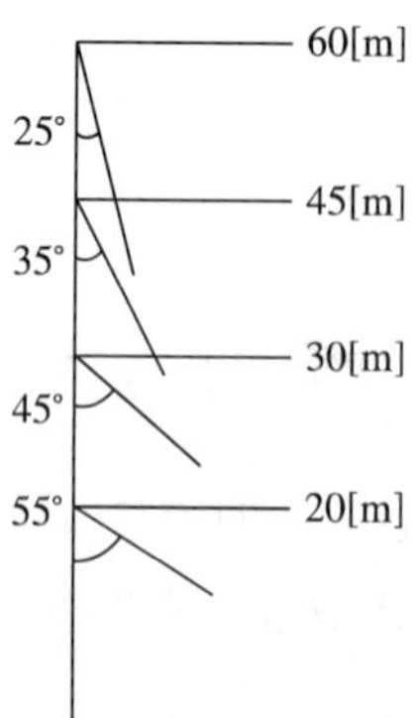

보호레벨	20[m]	30[m]	45[m]	60[m]
I	25	×	×	×
II	35	25	×	×
III	45	35	25	×
IV	55	45	35	25

㉡ 회전구체법

- 보호레벨에 따라 회전구의 크기를 다르게 적용
- 회전구체법은 보호각법이 제외된 구조물의 일부와 영역의 보호공간을 확인하는데 사용한다.

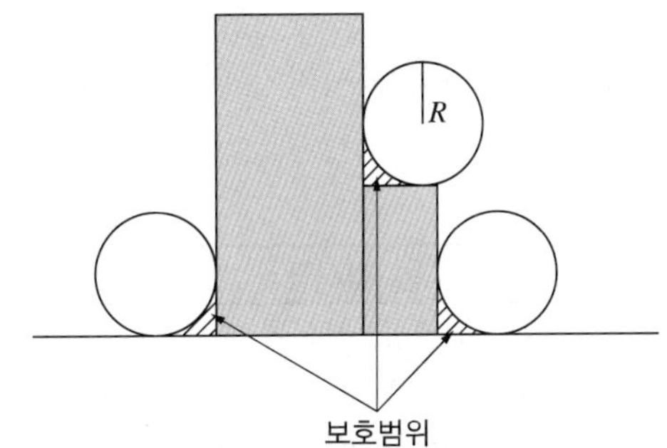

보호등급	R(회전구체 반경[m])
I	20
II	30
III	45
IV	60

㉢ 메시법

- 건축물 상단에 그물 모양 형태로 시설하여 낙뢰 보호
- 평탄한 면의 보호를 목적으로 하는 경우 사용하며 메시법은 전체 표면을 보호하는 것으로 간주한다.

2) 인하도선

① 뇌격전류를 수뢰부에서 접지시스템으로 흐르게 하는 시설물을 말한다.

② 구성방식

㉠ 직접배선방식 : 구조물 내・외 배관, 배선

㉡ 철구조체 이용 : 전기적 연속성 유지 0.2[Ω] 이하

③ **고려사항**

㉠ 다수의 병렬전류통로 형성(2조 이상 설치)

㉡ 전류통로 최단거리 유지

㉢ 구조물의 도전성 부분 등전위 본딩

㉣ LPS레벨별 인하도선, 수평환도체 간격

LPS 레벨	Ⅰ	Ⅱ	Ⅲ	Ⅳ
간격(m)	10	10	15	20

3) 접지시스템

① 뇌격전류를 대지로 흘려 방출시키기 위한 피뢰시스템 일부

② **접지시스템**

구 분	A형 접지극	B형 접지극
종 류	접지봉, 방사형	환상접지극, 기초 접지극
특 성	• 돌침, 수평도체 뇌보호 시스템에 적용 • 독립된 뇌보호 시스템에 적용	• 메시 뇌보호 시스템에 적용 • 비독립 뇌보호 시스템에 적용

5 KS C IEC 62305 피뢰 시스템

1) 목 적

피뢰설비는 구조물내의 인체, 설비, 시설물을 뇌로부터 보호하는 것을 원칙으로 한다.

2) 적용범위 및 제외대상

① **적용범위**

㉠ 사람은 물론 설비 및 내용물을 포함하는 구조물

㉡ 구조물에 접속된 인입 설비

② **제외대상**

㉠ 철도시스템

㉡ 자동차, 선박, 항공, 항만시설

㉢ 지중 고압선로

㉣ 구조물에 연결되지 않은 배관, 전력선 또는 통신선

3) IEC 62305

① IEC 62305-1 제1장 -일반원칙

㉠ 건축물 내의 인체, 설비, 인입설비 등의 뇌보호의 일반적 사항

㉡ 뇌방전 유형에 따른 뇌격전류 분석

㉢ 낙뢰에 의한 손상의 분류 및 영향, 손실의 유형

- 건축물과 설비 손상원인 구분[S_1, S_2, S_3, S_4]
- 이때 발생하는 손상유형
  - D_1 : Etouch, Estep에 의한 인체 상해
  - D_2 : 물리적 손상
  - D_3 : LEMP에 의한 전기, 전자 시스템 손상
- 손상에 의해 발생되는 손실 유형
  - L_1 : 인명손실
  - L_2 : 공공시설 손실
  - L_3 : 문화유산 손실
  - L_4 : 경제적 손실

㉣ 보호대책

- 인명피해 경감 대책 : 절연, 등전위, 물리적 제한
- 전기, 전자시스템 물리적 손상의 경감대책 : SPD, 자기차폐, 최적의 배선경로 선택
- 설비에 대한 경감대책 : SPD, 케이블 차폐

② IEC 62305-2 제2장 -리스크 관리

㉠ 손실, 유형에 따른 위험도 구분(R_1, R_2, R_3, R_4)

㉡ 위험도 성분(R_X)의 합으로 이루어짐

$$R_X = N \times P \times L$$

단, R : 위험도 성분
N : 연간 위험한 낙뢰 발생횟수
P : 손실 발생확률
L : 총손실

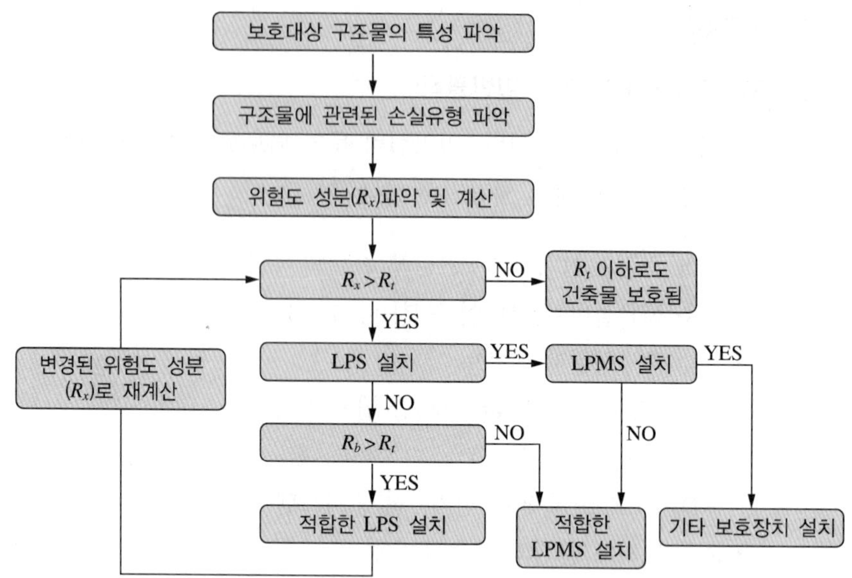

㉢ 허용 위험도(R_t)

$R_1 \sim R_4 \leq R_t$ 만족해야 하고, 국가적인 특성에 맞게 조정해야 한다.

③ **IEC 62305-3 제3장 구조물과 인축에 대한 물리적 손상 대책**

㉠ 구조물과 인축에 대한 물리적 손상대책(보호) LPS

㉡ 수뢰부 시스템

- 건축물 높이에 상관없이 적용
- 60[m] 이상 건축물 : 상위 20[%] 부분에 수뢰부를 설치하여 측뢰 보호
- 120[m] 초과 건축물 : 120[m] 이상 모든 부분에 수뢰부를 설치하여 측뢰보호
- 보호범위 : 보호각법, 회전구체법, 메시법 적용

㉢ 인하도선 시스템

- 인하도선 및 수평환도체 간격 : 보호레벨에 따라 다름
  Ⅰ, Ⅱ : 10[m], Ⅲ : 15[m], Ⅳ : 20[m]
- 건축구조체의 전기저항 0.2[Ω]이하 시 전기적 연속성 인정 : 인하도선 대용가능

㉣ 접지 시스템

- 접지극
  - A형 접지극 : 방사상, 수직, 판상 접지극(전력시스템으로 구성된 건축물 적용)
  - B형 접지극 : 환상, 망상, 기초, 구조체 접지극(전기, 전자 시스템으로 건축물 적용)

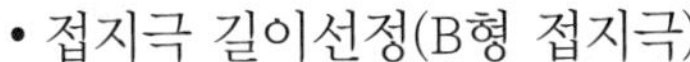

• 접지극 길이선정(B형 접지극)

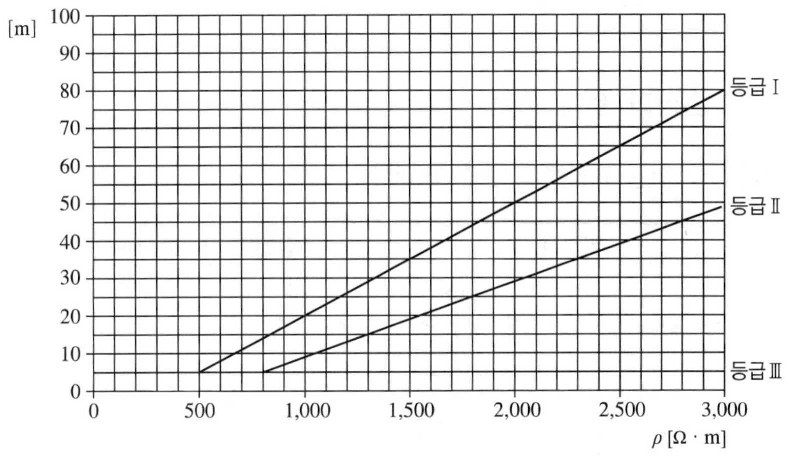

▌LPS 레벨 각 접지극의 최소 길이

ⓜ 재료별 최소 치수

보호등급	재 료	수뢰부[mm]	인하도선[mm]	접지극[mm]
Ⅰ ~ Ⅳ	Cu	50	50	50
	Al	50	50	-
	Fe	50	50	80

④ **IEC 62305-4 제4장 구조물 내 전자기시스템의 피뢰대책**

㉠ 뇌전자계 임펄스(LEMP)로부터 구조물 내부의 전기, 전자 시스템의 영구적인 고장 위험을 줄일 수 있는 보호대책시스템

㉡ LMPS 기본 피뢰대책

• 접지계 : A형, B형 접지극(B형 접지극 추천)

• 본딩계 : 전위차, 자계줄임, 직접본딩 또는 SPD를 통한 본딩

• 자계차폐와 배선
공간차폐, 내외부 선로의 차폐방법 제시

• 협조된 SPD의 설치

⑤ **IEC 62305 Part 5 : Services**

금속도체 통신선로, 광섬유 통신선로, 금속배관, 전원선 등에 대한 보호방법이 기술

022 KS C IEC 62305-1 구조물의 손상과 손실 유형

1 구조물의 손상과 손실 유형

1) 뇌격점에 따른 구조물의 손상과 손실

뇌격점		손상원인	손상유형	손실유형
구조물		S1	D1 D2 D3	L1, L4(1) L1, L2, L3, L4 L1(2), L2, L4
구조물 근처		S2	D3	L1(2), L2, L4
구조물에 접속된 선로		S3	D1 D2 D3	L1, L4(1) L1, L2, L3, L4 L1(2), L2, L4
접속선로 근처		S4	D3	L1(2), L2, L4

주(1) 단지 동물의 피해가 유발될 수 있는 손실
주(2) 폭발의 위험이 있는 구조물과 병원 또는 내부시스템의 고장이 즉각적으로 인명에 위험이 되는 구조물에 해당되는 손실

2) 뇌격점의 위치

① S1 : 구조물 뇌격

② S2 : 구조물 근처의 뇌격

③ S3 : 구조물에 접속된 선로 뇌격

④ S4 : 구조물에 접속된 선로 근처 뇌격

3) 뇌격에 의한 손상의 유형

① D1 : 감전에 의한 인축의 상해

② D2 : 뇌전류의 영향에 의한 물리적 손상(화재, 폭발, 기계적 파괴)

③ D3 : LEMP(Lightning Electromagnetic Impulse)로 인한 내부시스템의 고장

4) 손상의 결과로 나타날 수 있는 손실의 유형

① L1 : 인명손실(영구상해 포함)
② L2 : 공공 서비스 손실
③ L3 : 문화유산의 손실
④ L4 : 경제적 가치의 손실(구조물과 그 내용물의 손실)

2 구조물의 손상유형

1) 구조물 직격뢰

① 외측 접촉전압 보폭전압
② 위험한 불꽃
③ LEMP

2) 구조물 근처 뇌격

① LEMP

3) 인입설비 직격뢰

① 내측의 접촉전압
② 불꽃방전
③ 전도성 과전압

4) 인입설비 근처 뇌격

① 유도성 과전압

3 보호대책

1) 감전에 의한 인축 상해 줄이는 보호 대책

① 노출 도전성 부분의 적절한 절연
② 메시 접지 시스템을 이용한 등전위화
③ 물리적 제한과 경고표시
④ 뇌등전위 본딩

2) 뇌전류의 영향에 의한 물리적 손상 보호 대책

① 적합한 수뢰부, 인하도선, 접지극 시스템 구축
② 피뢰 등전위 본딩
③ 외부 시스템으로부터 전기적 절연

3) LEMP로 인한 내부 시스템의 고장 보호 대책

① 접지 및 본딩대책
② 자기 차폐
③ 선로의 포설경로
④ 전연 인터페이스
⑤ 협조된 SPD 시스템

023 KS C IEC 62305-2 리스크 관리

1 개 요

KS C IEC 62305-2에서는 낙뢰에 대한 위험성 평가기법과 건축물 및 설비에 대한 위험요소 평가방법 등이 기술되어 있다.

2 위험성

1) 구조물에서 평가될 위험성

① R_1 : 인명의 손실위험성
② R_2 : 공공설비의 손실위험성
③ R_3 : 문화유산의 손실위험성
④ R_4 : 경제적 가치의 손실위험성

2) 인입설비에서 평가될 위험성

① R_2 : 공공설비의 손실위험성
② R_4 : 경제적 가치의 손실위험성

3 구조물의 위험 요소

1) 구조물 직격뢰에 기인한 구조물의 위험 요소

① 외측 접촉전압과 보폭전압
② 위험한 불꽃
③ LEMP

2) 구조물 근처 뇌격에 의한 구조물의 위험 요소

① LEMP

3) 인입설비 직격뢰에 의한 구조물의 위험 요소

① 내측의 접촉전압

② 불꽃방전

③ 전도성 과전압

4) 인입설비 근처 뇌격에 의한 구조물의 위험 요소

① 유도성 과전압

4 구조물의 보호대책을 선정하는 절차

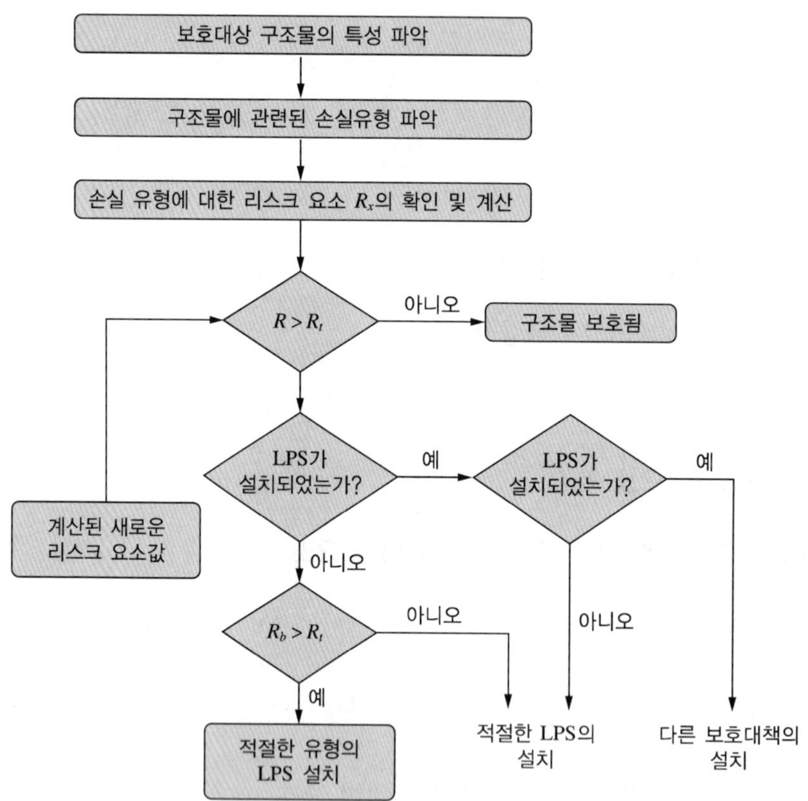

여기서, R_b : 위험 요소 (구조물 직격뢰에 의한 구조물의 물리적 손상)

R : 위험성

R_t : 허용위험성

5 구조물에 대한 위험 요소의 평가

1) 위험도 성분 R_X

$$R_X = N_X \times P_X \times L_X$$

여기서, N_X : 연간 위험한 사건의 횟수
P_X : 구조물에 대한 손상의 확률
L_X : 총합 손실

2) 구조물 직격뢰에 의한 위험 요소의 평가(S1)

① 인축에 대한 상해에 관련된 요소(D1)
② 물리적 손상에 관련된 요소(D2)
③ 내부시스템의 고장에 관련된 요소(D3)

3) 구조물 근처 뇌격에 의한 위험 요소의 평가(S2)

① 내부시스템의 고장에 관련된 요소(D3)

4) 구조물에 접속된 인입선로 직격뢰에 의한 위험 요소의 평가(S3)

① 인축에 대한 상해에 관련된 요소(D1)
② 물리적 손상에 관련된 요소(D2)
③ 내부시스템의 고장에 관련된 요소(D3)

5) 구조물에 접속된 인입선로 근처 뇌격에 의한 위험 요소의 평가(S4)

① 내부시스템의 고장에 관련된 요소(D3)

024 피뢰시스템 KS C IEC 62305-3의 구조물의 물리적 손상 및 인명 위험 대책

1 개 요

① 보호하고자 하는 대상물에 근접하는 뇌격을 확실하게 흡인하여 안전하게 대지로 방류시켜 건축물, 인축 및 설비류 등을 보호하기 위한 설비이다.

② IEC 62305에는 IEC 62305-1 제1장의 일반원칙, IEC 62305-2 제2장의 리스크 관리, IEC 620305-3 제3장의 구조물과 인축에 대한 물리적 손상 대책, IEC 620305-4 제4장의 구조물 내 전자, 전기시스템의 피뢰대책으로 구분된다.

2 보호등급(피뢰시스템 레벨, LPL ; Lightning Protection Level)

① 피뢰시스템의 특성은 보호대상 구조물의 특성과 고려되는 피뢰 레벨에 따라 결정

② **건축물의 중요도, 위험도, 경제성 등을 고려한다.**

보호레벨	건물의 종류	건축물의 형태
Class Ⅰ	환경적으로 위험한 건물	화학공장, 원자력 공장, 생화학 실험실
Class Ⅱ	주변에 위험한 건축물	정유공장, 주유소, 군수 작업장
Class Ⅲ	위험을 내포한 건축물	전신전화국, 발전소
Class Ⅳ	일반 건축물	주택, 농장, 학교, 병원

3 수뢰부 시스템

1) 종 류

돌침, 수평도체, 메시도체 개별 또는 조합사용

2) 배 치

① 구조물의 모퉁이, 뾰족한 점, 모서리(특히 용마루)에 배치

② **보호각법** : 간단한 형상의 건물에 적용

③ **메시법** : 구조물 표면이 평평한 경우에 적합

④ **회전구체법** : 모든 경우에 적용 가능

3) 보호각법

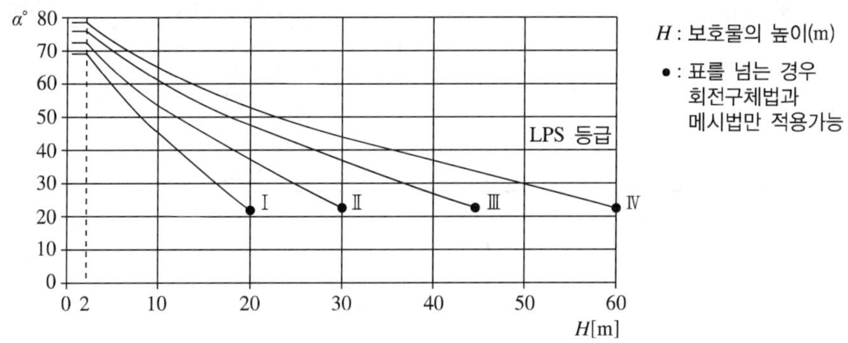

높이 H가 2[m] 이하인 경우 보호각은 불변이다.

3) 회전구체법

① 반경이 r인 회전구체를 굴렸을 때 닿지 않는 부분이 보호공간이 됨

② 회전구체 반경 r은 피뢰시스템 보호레벨에 따라 다름

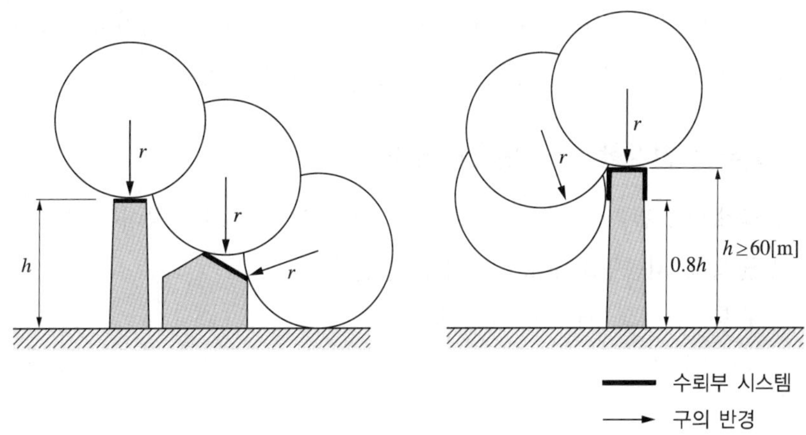

4) 메시법

① 뇌격전류가 항상 최소 2개 이상의 금속 루트를 통하여 대지에 접속되도록 구성

② 수뢰도체는 가능한 짧고 직선경로로 한다.

③ 지붕마감재가 불연재이면 표면에 설치할 수 있으나 물이 괼 수 있는 최대 높이로 한다.

5) 보호범위

보호등급	메시방식	회전구체 반지름	보호각법
Ⅰ	5×5[m]	20[m]	그래프 참조
Ⅱ	10×10[m]	30[m]	
Ⅲ	15×15[m]	45[m]	
Ⅳ	20×20[m]	60[m]	

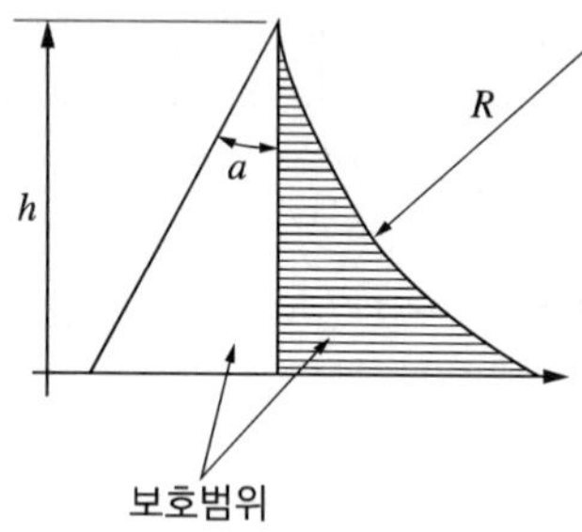

6) 측뢰보호

① 60[m] 이상의 구조물은 상위 20[%] 부분에 수뢰부를 설치하여 보호

② 120[m] 넘는 모든 부분은 수뢰부를 설치하여 보호

7) 수뢰부로 간주할 수 있는 건축부재

① **금속판** : 전기적 연속성, 내구성, 절연재로 피복되지 않아야 함

② **금속제 지붕구조재료** : 트러스, 철근 등

③ 홈통, 장식재, 레일 등 금속제 부분

④ 금속제 관

4 인하도선

1) 인하도선 설치 목적

수뢰부 시스템과 접지시스템을 연결하여 뇌격전류를 안전하게 접지 시스템으로 흐르게 한다.

2) 인하도선 시설

① 독립형인 경우

㉠ 돌침형 : 돌침 기둥마다 1조 이상 설치
㉡ 수평도체 : 각 말단마다 1조 이상 설치
㉢ 메시도체 : 지지점마다 1조 이상 설치

② 독립형이 아닌 경우

㉠ 최소 2조 이상 같은 간격으로 설치한다.
㉡ 일정간격으로 수평 환상도체로 연결한다.

3) 이격거리

① 독립형인 경우

㉠ 안전거리를 이격한다.
㉡ 최단거리로 설치한다.
㉢ 루프가 되지 않도록 설치한다.
㉣ 전기적 연속성을 0.2[Ω] 이하로 유지한다.

② 독립형이 아닌 경우

㉠ 불연재 벽 : 표면 또는 내부

㉡ 가연성 벽

- 온도 상승 위험이 없는 경우 : 표면에 설치
- 온도 상승 위험이 있는 경우 : 100[mm] 이격하여 설치
- 충분한 확보가 안 되는 경우 : 100[mm^2] 이상 도체를 설치

4) 인하도선, 수뢰도체, 피뢰침으로 간주하는 건축부재

① 전기적 연속성(0.2[Ω] 이하)과 내구성이 있는 금속 시설물

② 건축물의 금속제 구조체 및 상호접속 강재

③ 금속제의 벽재, 테두리 레일, 장식 벽의 보조 구조재

④ 철골구조, 금속 구조체, 철근을 인하도선으로 이용하는 경우 수평환도체는 생략

5) 시험단자 설치

인하도선과 접지시스템은 항상 폐로상태이고 측정 시 공구로 개방 가능한 시험단자를 설치한다.

6) 도체설치 간격

보호등급	인하도선	수평환도체
Ⅰ	10[m]	10[m]
Ⅱ	10[m]	10[m]
Ⅲ	15[m]	15[m]
Ⅳ	20[m]	20[m]

5 접지 시스템

1) 접지 시스템

① 뇌격전류를 대지로 흘려 방출시키기 위한 피뢰시스템 일부

② **접지 시스템**

구 분	A형 접지극	B형 접지극
종 류	접지봉, 방사형	환상접지극, 기초 접지극
특 성	• 돌침, 수평도체 뇌보호 시스템에 적용 • 독립된 뇌보호 시스템에 적용	• 메시 뇌보호 시스템에 적용 • 비독립 뇌보호 시스템에 적용

2) 접지극

① A형 접지극

㉠ 판상 접지극, 수직 접지극, 수평 접지극이 있다.

㉡ A형 접지극의 시설

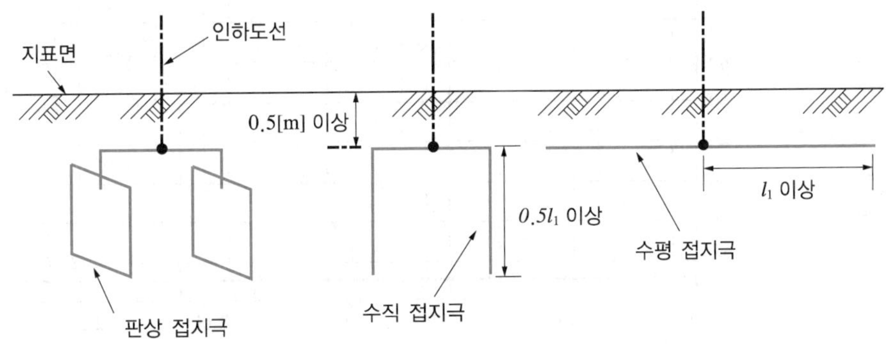

② B형 접지극

㉠ 환상 접지극, 건물 접지극(기초 접지극)이 있다.

㉡ B형 접지극의 시설

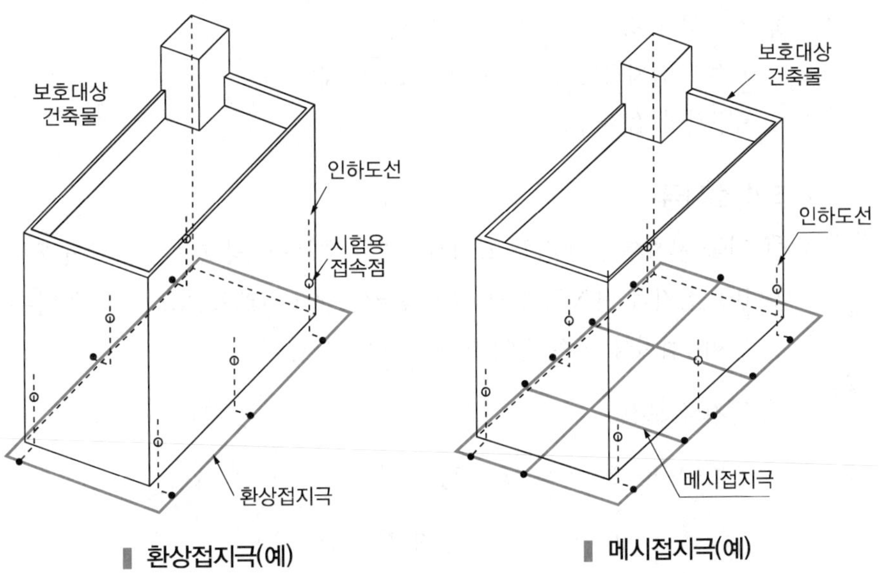

▮ 환상접지극(예)　　▮ 메시접지극(예)

3) 보호등급에 따른 접지극 최소 길이

보호레벨, 대지저항률에 따라 달라진다.

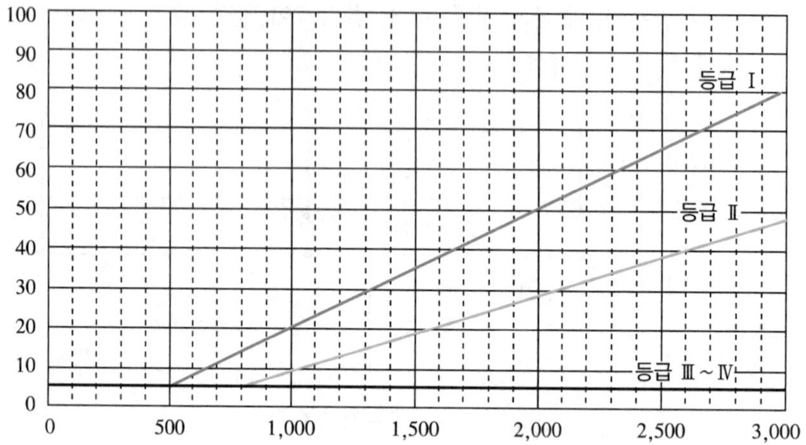

4) 접지극의 형태 및 보강

① A형 접지극

㉠ 인하도선을 1개 이상의 독립된 접지극에 접속한다.

㉡ 접지극 보강

- 수직 접지극 $0.5l$(최소 길이가 l일 때)
- 방사상 접지극 l

② B형 접지극

㉠ 건물 지하부는 대지하고 접하고 있기 때문에 양호한 접지극이 된다.

㉡ B형 접지극 면적의 평균 반지름 r은 상기 그래프(보호등급에 따른 접지극 최소 길이) 접지극 최소 길이 이상이어야 한다.

㉢ 접지극 보강

$r \leq l$이면, $L_T = l - r$(수평 접지극)

$$L_V = \frac{(l-r)}{2}\text{(수직 접지극)}$$

※ 평균 반지름 r

$A \times B = r^2 \times \pi$　A, B는 건물 접지극의 가로, 세로길이

$$r = \sqrt{\frac{AB}{\pi}}$$

6 기 타

1) 재료별 치수

보호등급	재 료	수뢰부	인하도선	접지극
Ⅰ ~ Ⅳ	Cu	50[mm]	50[mm]	50[mm]
	Al	50[mm]	50[mm]	-
	Fe	50[mm]	50[mm]	80[mm]

2) 접촉전압과 보폭전압에 의한 인축 상해에 대한 보호대책

① 접촉전압

㉠ 다음 조건 중 1개를 만족하면 허용레벨 이하로 낮아진다.

- 인하도선 3[m] 이내에 사람이 없을 것
- 10개의 인하도선 시스템을 갖춘 곳
- 인하도선 3[m] 이내에서 지표층 접촉저항이 100[kΩ] 이상

㉡ 위 조건 불만족 시

- 노출 인하도선 절연(100[kV], 1.2/50[μs] 임펄스 전압에 절연)
- 인하도선 접촉을 물리적 제한 또는 경고문

② 보폭전압

㉠ 다음 조건 중 1개를 만족하면 허용레벨 이하로 낮아진다.

- 인하도선 3[m] 이내에 사람이 없을 것
- 10개의 인하도선 시스템을 갖춘 곳
- 인하도선 3[m] 이내에서 지표층 접촉저항이 100[kΩ] 이상

㉡ 위 조건 불만족 시

- 메시 접지극 시스템 이용한 등전위화
- 인하도선 접촉을 물리적 제한 또는 경고문

3) 피뢰등전위 본딩

① 피뢰설비의 접지극, 모든 금속제 부분 등전위 본딩바에 접속

② 본딩하지 않는 경우 이격 및 확실한 절연

025 피뢰시스템(KS C IEC 62305-4 구조물의 전기전자 시스템)

1 개 요

① 보호하고자 하는 대상물에 근접하는 뇌격을 확실하게 흡인하여 안전하게 대지로 방류시켜 건축물, 인축 및 설비류 등을 보호하기 위한 설비이다.

② IEC 62305에는 IEC 62305-1 제1장의 일반원칙, IEC 62305-2 제2장의 리스크 관리, IEC 620305-3 제3장의 구조물과 인축에 대한 물리적 손상 대책, IEC 620305-4 제4장의 구조물 내 전자, 전기시스템의 피뢰대책으로 구분되어진다.

2 뇌전자계 임펄스(LEMP ; Lightning Electromagnetic Impulse)에 의한 장해

① 전자, 정보 통신 시스템 소손

② 오동작 및 메모리 소손

③ 통신선, 신호선 노이즈

④ 전기전자기기 기능정지, 생산성 저하, 품질 저하 등

3 뇌전자계 보호시스템(LPMS ; Lightning Protection Measure System)의 계획

뇌전자계 보호시스템의 계획의 순서는
위험분석 → LPZ 구분 → LPMS 계획 및 설계 → LPMS 설치 및 시공 → LPMS 적합성 확인

1) 뇌보호영역(LPZ ; Lightning Protection Zone)

① 구조물의 각 구역별 뇌 위험 정도에 따라 LPZ 영역으로 구분된다.

② 뇌보호영역 각 공간별 장비 내력에 상응하는 대책을 세운다.

뇌보호영역 LPZ		특 징
LPZ_0	LPZ_{0A}	뇌방전 위험에 직접적 노출된 위험 영역
	LPZ_{0B}	뇌방전 직접 위험이 뇌보호 시스템에 의해 보호되는 영역
LPZ_1		경계부에 본딩 또는 SPD 설치로 서지전류 및 LEMP 영향이 LPZ_0보다 제한되는 영역
LPZ_2		경계부에 본딩 또는 SPD 설치로 서지전류 및 LEMP 영향이 LPZ_1보다 제한되는 영역

③ LPZ 구분의 개념도

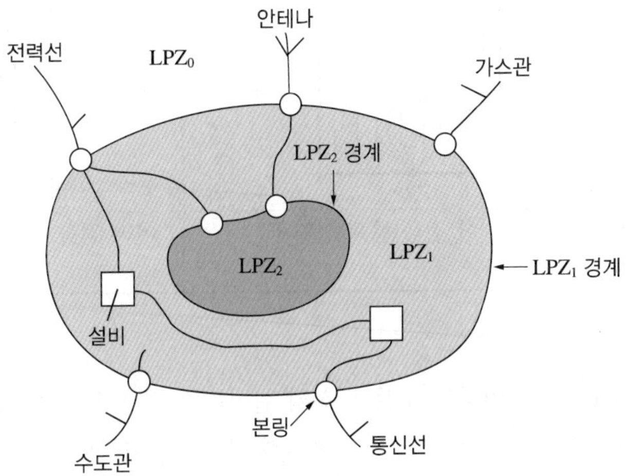

2) 뇌전자계 보호시스템(LPMS)에 의한 보호

① 접지와 본딩

㉠ 접지계(뇌격전류 분산) + 본딩계(전위차, 자계 줄임)

㉡ 접지계

- A형 접지극
  방사상 접지극, 수직 접지극, 판상 접지극 : 전력시스템만 보호 시 적합
- B형 접지극
  환상 접지극, 메시 접지극, 기초 접지극, 구조체 접지극 : 전자시스템 보호 시 적합

㉢ 본딩계

㉠ 저임피던스 본딩망 구성

성상 배치	망상 배치
S_s / FRP	M_m
• 모든 선로의 한 점을 통해 인입 • 소규모	• 여러 점을 통해 인입 • 대규모

㉣ 본딩바

- LPZ에 인입하는 모든 도전성 설비는 직접 또는 SPD 통해 본딩바에 접속한다.
- 저 임피던스로 가급적 짧게 설치(0.5[m] 이하)

② 자기차폐와 배선

㉠ 공간차폐 : 전자계, 유도 서지를 저감하기 위해 공간 차폐물 설치

㉡ 내부선로배선 : 내부 선로 루프면적 최소화, 케이블 차폐, 케이블 덕트, 금속외함

㉢ 외부선로배선 : 케이블 차폐, 케이블 덕트

③ SPD의 동작 협조

㉠ 전원선, 통신선은 보호전압, 용량, 설치위치 등을 고려 상호 협조된 SPD사용

㉡ SPD 보호거리

SPD의 유효 보호레벨 $\frac{U_p}{f} = U_p + \Delta u(v)$

단, U_p : SPD보호레벨

Δ_u : 전압강하분

㉢ 장비와 SPD 최대거리 $L_p = \left(U_\omega - \frac{U_p}{f}\right)/25$

단, U_ω : 장비 임펄스 내전압[V]

㉣ $\frac{U_p}{f} \leq \frac{U_\omega}{2}$ 인 경우 피보호기와 SPD가 10[m] 이하인 경우는 무시

④ 절연 인터페이스

상 케이블, 절연 TR, 포터 커플러

026 IEC 62305-5 인입설비 뇌보호

1 개 요

① IEC 62305-5에서는 통신선로, 전원선로, 배관선로와 같은 서비스 시스템의 뇌보호 대책 설계 및 시공에 대한 정보를 제공한다.
② 보호대상은 선로장비, 선로단말장치와 같이 구조물 외부에 있는 장비를 대상으로 한다.
③ 멀티플렉서, 파워앰프, 광통신유닛, 단말장치, 차단기, 과전류 보호장치, 미터, 제어장치 안전장치 등이 대상이 된다.

2 서비스 시스템의 구성

1) 통신선로

① 지중 또는 가공케이블
② 차폐 또는 비차폐케이블
③ 절연지 또는 합성수지 절연 케이블

2) 전원선로

① 지중 또는 가공케이블
② 차폐 또는 비차폐케이블

3 금속도체로 구성된 통신선로 대책

1) 간접뇌 대책

① 가공선로를 지중선로로 대체
② 차폐케이블 사용 : 차폐계수가 0이면 완전차폐, 1이면 비차폐
③ SPD(Surge Protective Devices)의 사용
㉠ 차폐케이블과 비차폐케이블의 접속점에 설치
㉡ 건물의 인입점에 설치
㉢ 가공선로와 지중선로의 연결점에 설치
㉣ 절연내력이 다른 케이블의 접속점에 설치
㉤ 통신선로와 선로에 연결된 장비의 접속부에 설치

2) 직격뢰 대책

① **지중선로**

㉠ 전기도금된 차폐선
㉡ 뇌보호용 케이블
㉢ 금속관
㉣ 케이블 덕트

② **가공선로**

㉠ 금속지지선
㉡ 지중선로로 대체
㉢ 비금속성 전송시스템(광케이블, 무선장치)로 교체

4 광케이블로 구성된 선로의 보호대책

① 비금속체 케이블로 교체
② 고장전류에 대한 내성이 우수한 케이블 선정
③ 차폐선 사용(지중 케이블용)
④ 지지선 사용(가공 케이블용)
⑤ 선로를 따라 금속 외장을 접지(가공 케이블용)
⑥ 금속요소에 SPD 사용

5 전원선로에 대한 보호대책

1) 대상선로

① MV(Medium Voltage) 선로 : 1 ~ 100[kV]
② LV(Low Voltage) 선로 : 1,000[V] 이하

2) 보호대책

① 가공 대신 지중으로 설치
② 차폐 케이블을 이용
③ SPD 사용
④ 뇌보호용 금속 지지선 사용

3) MV 선로의 직격 및 간접뇌에 대한 보호대책

① 다른 구조물보다 높고 길기 때문에 낙뢰에 더욱 노출되어 있음

② SPD 사용이 확실한 보호대책이며 다음 위치에 설치한다.

㉠ 주상 변압기의 1차 측
㉡ 가공선로와 지중 케이블 간의 연결부
㉢ 설비의 입력단자

4) LV 선로의 보호대책

① 직격뢰 : 저압 선로는 높이가 낮고 근거리이고, 도시에 위치하므로 비교적 안전
② 간접뢰 : 저압 선로는 접지된 중선선이 있으므로 어느 정도 보호
③ 구조물 내부의 시스템 보호를 위해서는 보호 협조된 SPD가 요구된다.

④ SPD 양단간 보호되는 경우

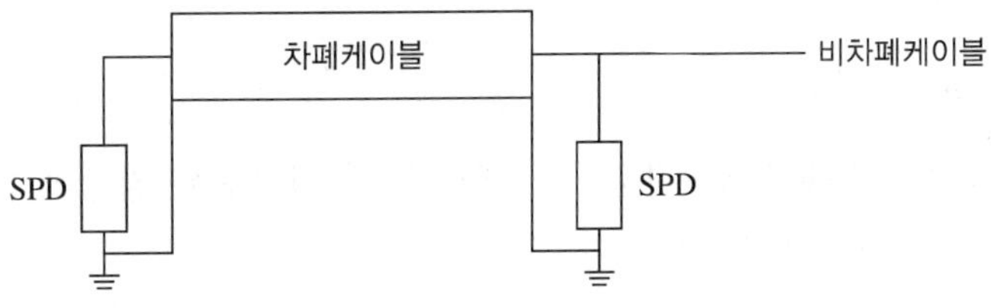

⑤ SPD 양단간 보호되지 않는 경우

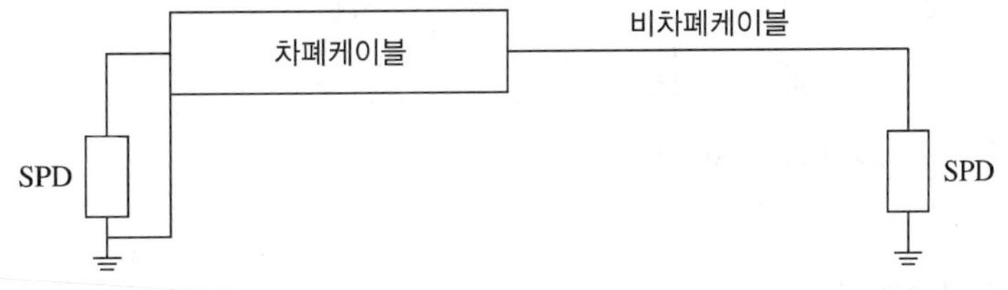

6 결 론

인입설비 보호를 위해서는 가공선로보다는 지중선로로 포설하고, 차폐선 사용 및 등전위 본딩을 하며 이종 케이블의 접속부 및 민감한 전자기기에 SPD를 설치하는 것이 설비의 안정적인 운용에 효과적이다.

SECTION 04 방식설비

027 전기방식설비

1 개 요

1) 부식의 정의

에너지 준위가 높은 물질에서 에너지 준위가 낮은 화합물로 되돌아가는 과정에서 물질 자체가 변질되거나 혹은 물질의 특성이 변질되는 것을 부식이라 한다.

2) 부식의 종류

① 습 식

㉠ 전식 : 누설전류, 간섭 등의 인위적인 직류전류 발생에 의해 양극부, 음극부가 형성되어 부식이 발생

㉡ 자연부식 : 토양, 박테리아, 이종 금속 등 자연적인 전위차에 의하여 양극부와 음극부가 형성이 되어 부식이 발생한다.

② 건 식

㉠ 고온가스에 의한 부식

㉡ 비전해질에 의한 부식

2 부식의 메커니즘

1) 부식의 조건

① 양극 또는 양극부 존재

② 음극 또는 음극부 존재

③ **전해질** : 전류를 운반할 수 있는 매체 필요

④ **전위차 발생** : 전로를 형성하는 힘

2) 메커니즘

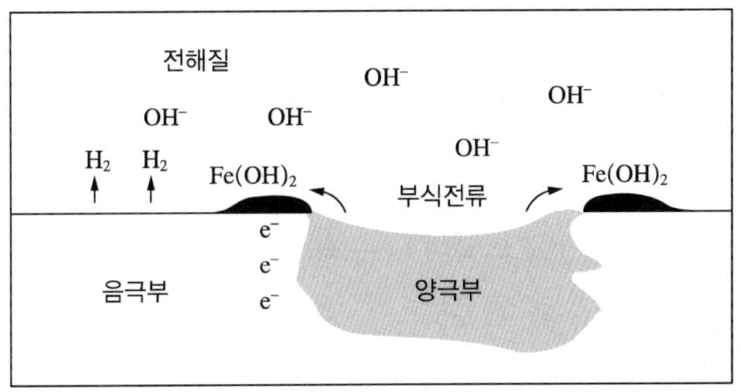

▌ 철(Fe)이 부식전류에 의한 부식하는 과정

- 양극부(Anodic Area) : 금속이온과 전자로 분리

  $Fe \rightarrow Fe^{++} + 2e^{-}$

- 음극부(Cathodic Area) : 수소가스 발생

  $H_2O + \frac{1}{2}O_2 + 2e^{-} \rightarrow 2OH^{-}$

- 전해질(Electrolyte)

  $Fe + H_2O + \frac{1}{2}O_2 \rightarrow Fe^{++} + 2OH^{-} \rightarrow Fe(OH)_2$ (산화제1철)

  $4Fe(OH)_2 + O_2 + 2H_2O \rightarrow 4Fe(OH)_2$ (산화제2철)

3 부식의 원인 및 종류

1) 부식의 원인

① 내적인 요인

㉠ 금속의 조직 : 금속을 조직하는 결정 상태에 따라 부식이 촉진된다.

㉡ 가공의 영향 : 냉간 가공은 금속의 결정구조를 변화시켜 부식이 촉진

㉢ 열처리의 영향 : 열처리 시 잔류응력에 의하여 부식이 발생이 쉬워진다.

② 외적인 요인

㉠ 용존산소량 : 물 속에 산소가 존재 시 금속의 부식 가능성이 커진다.

㉡ 용해성분 : 물 속에 가수분해된 염기류에 의하여 부식이 촉진된다.

㉢ 유속 : 유속이 빠를수록 부식이 촉진된다.

㉣ 온도 : 약 80[℃]까지는 온도가 올라갈수록 부식이 증가된다.

㉤ pH : pH 4 이하에서는 피막이 용해되어 부식이 증가된다.

2) 부식의 종류

① **전 식**

외부 전원에서 누설된 전류에 의해서 부식

② **선택부식**

황동의 탈아연 현상에 의하여 금속의 부식이 발생

③ **간극부식**

금속체 간 또는 금속과 비금속 간의 틈새에서 부식발생

④ **입계부식**

금속의 경계, 입자 간 경계에서 선택적 부식

⑤ **찰과부식(마찰부식)**

경계면에서 상호 미끄러지면서 마찰에 의해서 생기는 부식

⑥ **갈바닉 부식(전위차 부식)**

금속 간, 극 간의 전위차에 의해 부식이 발생

4 전기 방식법

1) 희생 양극법

① **원 리**

㉠ 이종 금속간의 전위차를 이용하여 방식전류를 얻는 방법

㉡ 피방식 구조물보다 이온화 경향이 큰 금속을 전해질 내에서 전기적으로 연결하면, 이온화 경향이 큰 금속이 양극, 피방식 구조물은 음극이 되어 방식전류가 양극에서 전해질로 전해질에서 음극으로 흐른다.

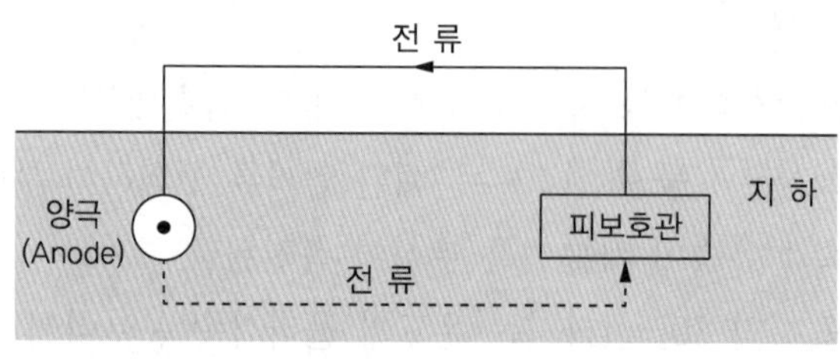

▌희생양극법

② **장 점**

㉠ 간단한 방식이다.

㉡ 다른 매설 금속체에 대한 간섭이 없다.

㉢ 과방식의 염려가 없다.

③ **단 점**

㉠ 효과범위가 좁다.

㉡ 장거리 피방식 구조물에는 비용이 고가이다.

㉢ 소모되므로 일정 기간 후 보충 필요

㉣ 전류조절이 곤란하다.

2) 외부전원법(Impressed Current System)

① **원 리**

㉠ 직류전원장치를 전해질 내에 설치한 전극에는 +, 피방식 구조물에는 -극을 접속한 후 전압을 가하여 방식전류를 얻는 방법

㉡ 전원을 외부에서 얻기 때문에 큰 전류를 흘릴 수 있어 대형의 피방식 구조물에 적합하다.

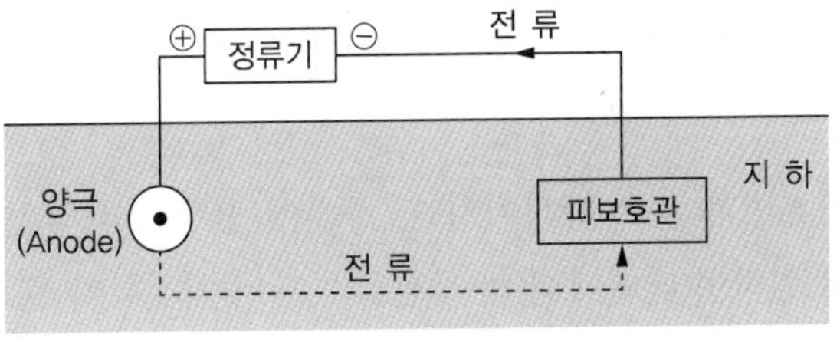

▌외부 전원법

② **장 점**

㉠ 효과 범위가 넓다.

㉡ 장거리의 피방식 구조물에는 양극의 수가 적게 된다.

㉢ 전극의 소모가 매우 적고 전류전압 조정이 용이

③ **단 점**

㉠ 초기 투자비가 크다.

㉡ 다른 매설물에 간섭을 준다.

㉢ 전원이 필요하다.

3) 직접배류법(Directed Drainage System)

① **원 리**

㉠ 전철의 누설전류가 상당히 경미한 곳에 적용한다.

㉡ 피방식 구조물의 누설전류 유출 부분과 전철레일을 직접 접속하여 누설전류가 전해질을 통하지 않고 바로 전기적 경로로 통하게 하여 부식방지

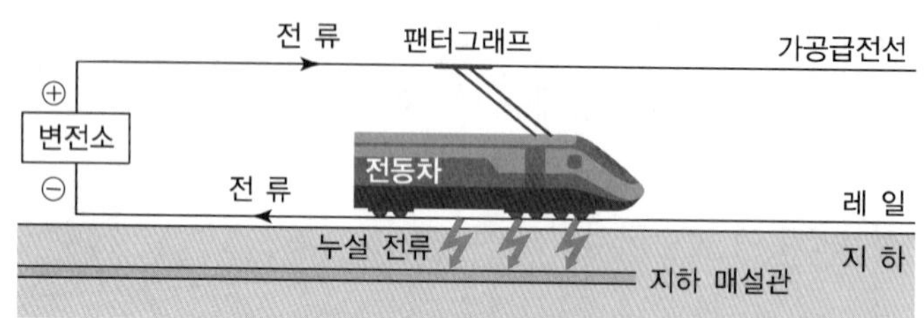

직접배류법

② **특 징**

㉠ 가장 낮은 비용으로 전식 효과 방지

㉡ 레일 전압이 높거나 없을 때 피방식 구조물이 무방식 상태가 되므로 실제적으로 거의 적용하지 않는 방법이다.

4) 선택배류법(Polarized Drainage System)

① **원 리**

직접배류법과 같은 방식이지만, 중간에 전차 부하의 변동, 변전소 부하의 분담변화 등으로 인하여 레일에 대해 저전위가 되어 역전류가 흐르는 것을 방지하기 위해 다이오드를 설치하여 부식을 방지하는 방법이다.

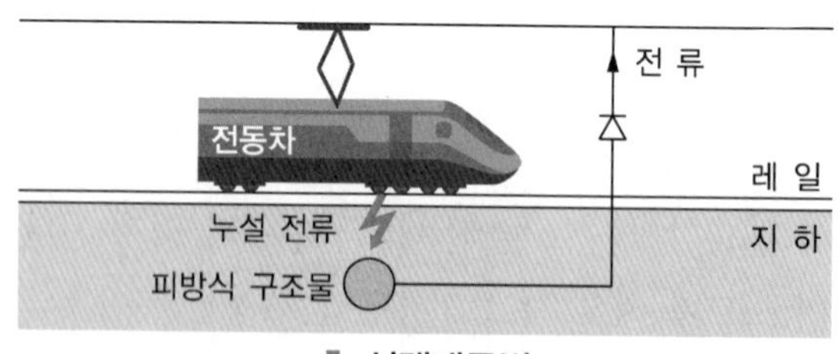

선택배류법

② **장 점**

㉠ 전철의 전류 이용으로 유지비가 저렴

㉡ 전철 운행 시에도 자연부식이 방지

③ **단 점**

㉠ 다른 매설 금속체에 대한 간섭을 고려해야 한다.

㉡ 전철의 위치에 따라 효과범위가 제한된다.

㉢ 전철의 휴지기간에는 전기방식의 효용이 없다.

5) 강제배류법(Forced Drainage System)

① **원 리**

직류전원장치에 의해 레일에 강제적으로 배류한 것으로 선택배류법 + 외부전원법을 합한 것과 같다.

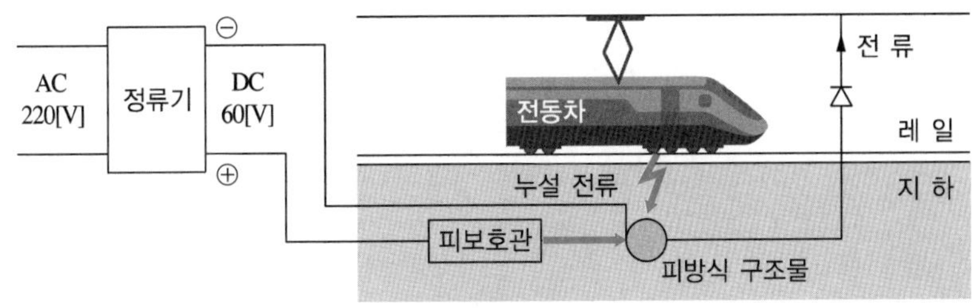

▌ 강제 배류법

② **장 점**

㉠ 효과범위가 넓다.

㉡ 전압-전류 조정이 쉽다.

㉢ 외부 전원법에 비해 값이 저렴

㉣ 전철 휴지기간에도 방식

③ **단 점**

㉠ 타매설물에 강한 간섭을 준다.

㉡ 과방식을 검토해야 한다.

㉢ 전철 신호장해 검토

㉣ 전원이 필요하다.

5 결 론

① 부식은 전위차가 형성되지 않게 유지 관리하는 대책이 필요하다.

② 건축물의 특성, 설비의 특성, 주변 환경 등을 종합적으로 검토하여 가장 합당한 방법을 선택하여 부식을 방지하여야 한다.

028 이종금속의 접촉에 의한 부식의 발생원인과 방지대책에 대하여 설명하시오.

1 개 요

① 금구류와 전차선 및 조가선 등을 지지하기 위해서 부득이하게 두 종류의 금속이 접촉할 수가 있다. 이러한 두 가지 이종금속이 접촉하고 있는 개소가 염분 등 전해질의 용액에 접촉하면 그곳에 국부전지가 형성되어, 그 용액 중에서 금속의 전극 전위에 따라서 마이너스(−) 전위가 높은 금속이 양극으로 되어 용액 중에서 용해하여 부식한다.

② 접촉 부식량에 의한 부식량은 그 경우의 부식 전류량과 비례 관계이고, 그 원인은 전극의 전위차다.

③ 전극 전위차가 큰 금속, 즉 전위열에서 금속 상호 간에 서로 떨어져 있는 정도가 크면 접촉 부식이 심해진다.

④ 예를 들면, 알루미늄과 동이 조합된 알루미늄의 부식량은 철과 동이 조합된 경우의 철의 부식량보다 커진다.

⑤ 실제로는 각종 금속체는 표면에 산화 피막이 형성되거나, 표면이 부식으로 생성된 생성물로 피막되는 복잡한 현상을 나타내고 있는 경우가 많아, 반드시 전위차에 비례하지는 않지만 원칙적으로는 이와 같은 경향을 나타낸다.

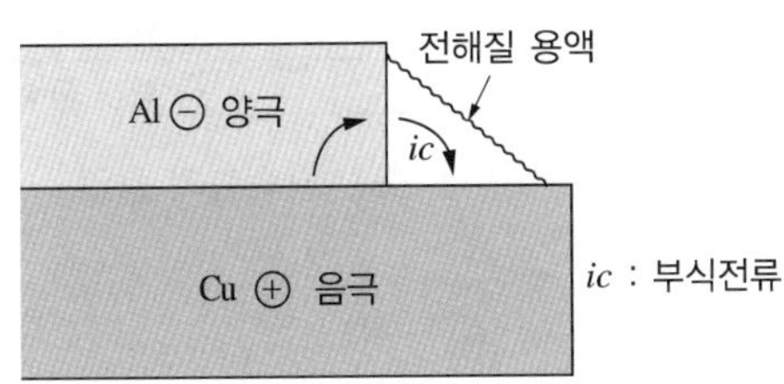

▌국부 전지 작용

2 이종금속의 접촉부식 원인

1) 수분의 부착, 온도의 영향

① 이종금속의 접촉부식은 국부전지작용(일종의 전기분해작용)이기 때문에 수분이 없으면 부식은 절대 발생하지 않지만, 대기 중에 노출되어 있으므로 수분의 부착이나 온도에 영향을 받게 된다.

2) 부식 환경의 영향(염수 : 해안지구, 아황산수 : 공해지구)

부착수분의 성질, 예를 들면 염수(해안 지방), 아황산 수(공해 지대) 등에 따라 물의 도전성은 높아지고, 그 농도에 따라 부식은 상당히 빨라진다.

3) 온도조건(20[℃]를 넘으면 2배 빠르다)

온도가 높으면 부식이 빨라지고, 온도가 20[℃] 높아지면 부식속도는 약 2배가 된다. 연간 기온이 높은 개소 또는 전류 등에 의하여 온도가 상승하는 개소는 주의가 필요하다.

4) 분진의 부착

분진이 부착되면 습기를 먹고, 분진의 성분이 습기에 용해된다.

3 부식의 방지방법

① 이종금속 접촉부위는 수분이 모이지 않는 구조로 한다.
② 이종금속 간 절연한다.
- 국부전지의 전류를 차단시킴으로써 부식을 방지한다.

③ 중간금속을 삽입한다.
- 중간금속을 삽입함으로써 이종금속 상호의 전위차를 감소시켜 부식을 감소시킨다.

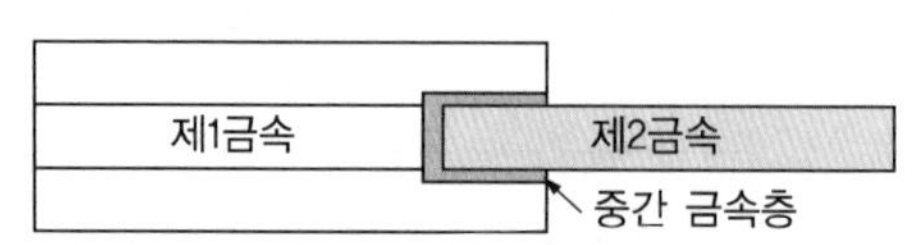

▮ 중간 금속층의 삽입

④ 전극 전위가 상호 접근된 것을 선정한다.
⑤ 접촉면적을 작게 한다.

[상대 전위와의 부식정도]

상대 전위차	부식 측 금속의 부식정도	부식정도
0 ~ 0.2	거의 부식되지 않는다.	A
0.2 ~ 0.8	약간의 부식이 진행된다.	B
0.8 ~ 1.2	심하게 부식된다.	C
1.2 이상	조합이 불가능하다.	D

SECTION

05 방폭설비

029 방폭전기설비

1 개 요

① 방폭전기설비는 가스 폭발이 발생하지 않도록 보통의 전기설비와는 다른 설계로 제작된 것인데, 폭발이 발생하기 위해서는 물적조건인 연소범위와 에너지 조건인 최소 발화에너지가 필요한 것을 에너지 조건인 최소 발화에너지를 조정하고 격리하여 폭발을 방지하는 방식이다.

② 폭발성 가스나 인화성 액체를 취급하는 장소에서는 방폭전기 설비를 구비하여야 한다.

③ 방폭전기설비는 가스와 분진에 의한 것이 있으며 여기에서는 가스에 대한 방폭전기에 대한 설명이다.

2 폭발의 기본조건 및 방폭이론

1) 폭발의 조건

① 가연성 물질의 종류

② 폭발 분위기 조성

③ 최소 착화에너지 이상의 점화원

2) 방폭이론

전기설비로 인하여 화재 및 폭발을 방지하기 위해서는 위험 분위기 생성확률과 점화원으로 되는 확률의 곱이 0이 되도록 하여야 한다.

① 위험분위기 생성방지

㉠ 가연성 물질의 누출방지

㉡ 가연성 물질의 방출방지

㉢ 가연성 물질의 체류방지

② **전기설비의 점화원 억제**

㉠ 현재적 점화원 : 정상적인 동작 상태에서 점화원이 될 수 있는 것으로서 전동기 정류자, 슬립링, 고온부 전열기 등을 억제

㉡ 잠재적 점화원 : 이상 상태에서 점화원이 될 수 있는 것으로서 단락, 지락, 아크 등

3 방폭구조의 종류

1) 내압 방폭구조

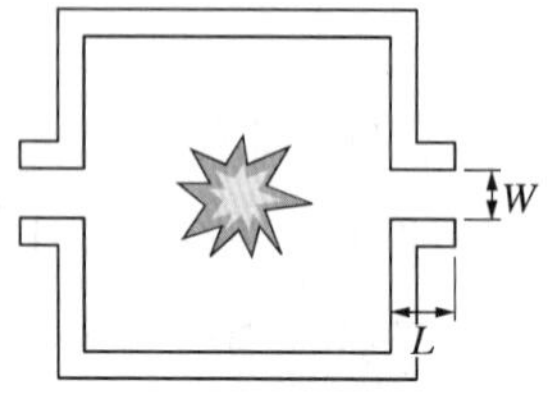

① **원 리**

전기기기의 점화원이 특별한 용기 내에 주위 폭발성 가스와 접촉하지 않도록 격리하는 것이다.

② **대상기기**

전기기기의 접점류, 개폐기, 변압기, 전동기 등

③ **사용 장소** : 1종, 2종

④ **최대 안전틈새에 의한 폭발등급**

최대 안전틈새	0.9 이상	0.5 ~ 0.9 미만	0.5 이하
폭발등급	II_A	II_B	II_C
가스종류	아세톤	에탄올	수 소

2) 유입방폭구조

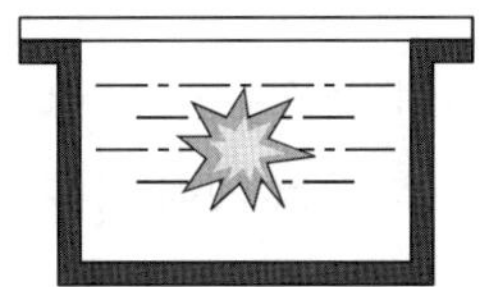

① **정 의**

전기기기의 점화원이 되는 부분을 기름 속에 넣어 주위 폭발성 가스와 격리하여 접촉하지 않도록 하는 방식이다.

② **대상기기**

전기기기의 접점류, 개폐기류, 변압기, 전동기 등

③ **사용 장소** : 1종 장소, 2종 장소

3) 압력방폭구조

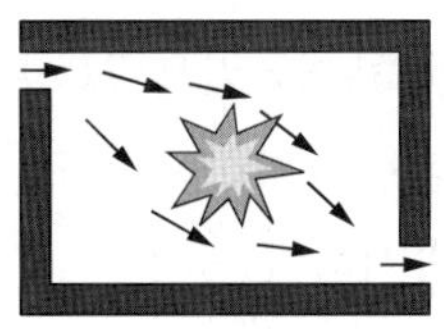

① **정 의**

점화원이 되는 부분을 용기 속에 넣고 신선한 공기 및 불활성 가스 등의 보호기체로 압입하여 내부와의 압력을 유지하여 폭발성 가스가 침입하지 못하도록 하는 방식

② **대상기기**

전기기기의 접점류, 개폐기, 변압기, 전동기 등

③ **사용 장소** : 1종 장소, 2종 장소

4) 안전증 방폭구조

① **정 의**

이 방식은 엄밀하게 말하면 방폭구조가 아니며 과열 또는 전기불꽃을 일으키기 쉬운 부분의 구조를 일반적인 기구보다 절연 및 온도상승 등의 점을 엄중하게 하여 방폭구조를 하는 방식이다.

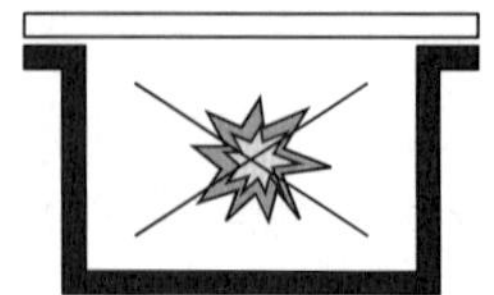

② **대상기기**

안전증 접촉단자, 안전증 변압기, 안전증 측정계기

③ **사용 장소** : 1종 장소, 2종 장소

5) 본질안전 방폭구조

① **정 의**

폭발성 가스가 점화되어 폭발을 일으키는 데에는 불꽃에 대한 최소한의 점화에너지가 주어져야 한다는 개념에 기초하고 있고, 위험지역에서 점화원이 최소발화에너지 이하로 유지해야 하는 방식이다.

② **대상기기**

측정 및 제어장치, 미소전력회로 등

③ **사용 장소** : 0종 장소, 1종 장소, 2종 장소

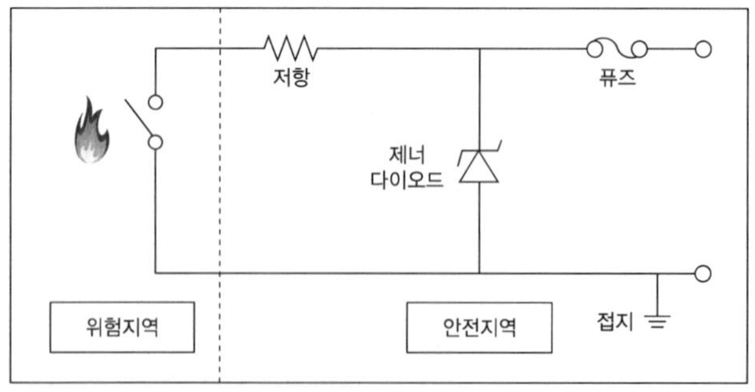

6) 비점화 방폭구조(Non-Sparking Type : η)

① **정 의**

정상적인 동작 상태에서 주변의 폭발성 가스 또는 증기에 점화시키지 아니하고 점화시킬 수 있는 구조를 말한다.

② **대상기기**

제어기기, 차단기, 전열기, 개폐기류 등

③ **사용 장소** : 2종 장소

7) 몰드방폭구조(m)

① **정 의**

폭발성 가스 또는 증기에 점화시킬 수 있는 전기불꽃이나 고온의 발생부분을 콤파운드(에폭시)로 밀폐시킨 구조를 말한다.

② **사용 장소** : 1종, 2종 장소

8) 충전 방폭구조(Powder Filling Type : q)

① **정의** : 점화원이 될 수 있는 부분을 용기내부에 적합한 위치에 고정시키고 그 주위에 충전물질을 충전

② **대상기기** : 전자회로, 변환기, 보호용 퓨즈

③ **사용 장소** : 1종, 2종 장소

4 위험장소의 구분

1) 위험장소의 분류

구 분	지속적인 위험 분위기	통상 상태에서 폭발 분위기	이상 상태에서 폭발 분위기
한국, 일본	0	1	2
IEC	ZONE 0	ZONE 1	ZONE 2
미 국	Division 1		Division 2

2) 폭발가스의 발화도에 따른 분류

온도[℃]	450[℃] 이하	300[℃] 이하	200[℃] 이하	135[℃] 이하	100[℃] 이하	85[℃] 이하
국내, IEC 기준	T1	T2	T3	T4	T5	T6
가스 예	아세톤	에탄올	가솔린	아세트 알데하이드	이황화탄소	–

3) 방폭구조의 표시방법

방폭구조	내 압	유 입	압 력	안전증	본질안전	특 수
한국, 일본	d	O	p	e	Ia, Ib	S
국제(IEC)	Exd	Exo	Exp	Exe	Exia, Exib	Exs

5 방폭기기 선정 시 고려사항

1) 가연성 가스 또는 증기의 위험특성

최대 안전틈새 또는 최소 점화전류 적절하게 대응

2) 방폭전기기기의 특징

전기기기의 종류, 대상기기의 종류를 적절하게 선정

3) IEC의 표준 환경 조건

① **압력** : 80 ~ 110[kPa]
② **온도** : −20 ~ 40[℃]
③ **표고** : 1,000[m] 이하
④ **상대습도** : 45 ~ 85[%]

4) 온도 상승에 영향을 주는 외적인 조건

주위온도, 냉각매체의 온도 및 유량

5) 전기적인 보호

6) 방폭전기기기의 표시등

030 본질안전 방폭구조

1 개 요

① 방폭설비는 가스 폭발이 발생하지 않도록 보통의 전기설비와는 다른 설계로 제작하는 것이다.

② 폭발을 방지하기 위해서는 물적 조건인 연소범위를 생성되지 않게 하거나 점화원에 의한 에너지 조건인 최소 발화에너지를 만족하지 않아야 하는데 에너지의 조건을 가지고 폭발을 방지하는 방법이다.

2 본질안전 방폭구조

1) 정 의

위험지역을 최소 발화에너지 이하로 유지하여 폭발을 방지하는 것으로 폭발성 가스가 점화되어 폭발을 일으키는 데에는 불꽃에 의한 최소한의 점화에너지가 주어져야 한다는 개념에 기초하고 있다.

2) 대상기기

측정 및 제어장치, 미소전력회로 등

3) 사용 장소

0종 장소, 1종 장소, 2종 장소

4) 종 류

① Zener Barrier 방식

㉠ 원 리

전기적 수위를 낮추는 저항과 제너다이오드, 전류를 차단하는 퓨즈에 의해 폭발을 방지하는 설비이다.

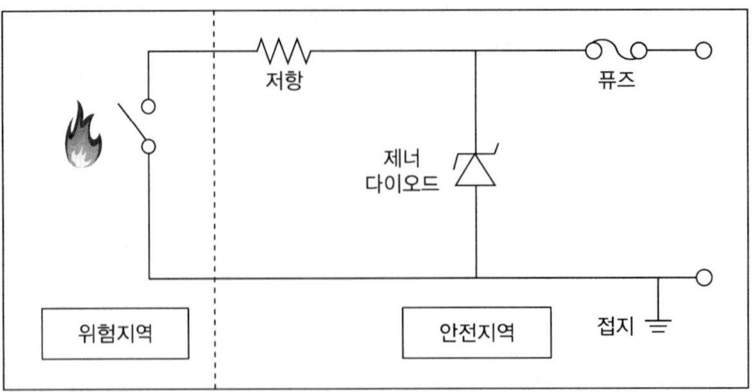

㉡ 장단점

- 구조가 간단하다.
- 가격이 저렴하다.
- 접지의 제약을 받는다.
- 퓨즈의 단선 시 사용이 어렵다.

② Isolater Barrier 방식

㉠ 원 리

절연변압기를 사용하여 위험지역에 들어가는 전기에너지를 절연하여 통제하는 방식

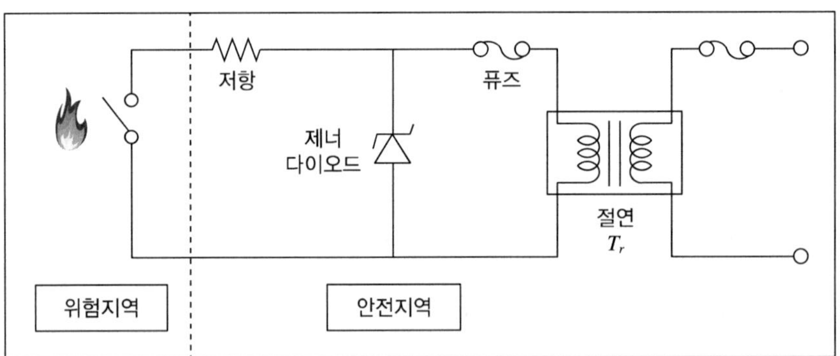

㉡ 장단점

- 구조가 복잡하다.
- 가격이 비싸다.
- 안정적인 방식이다.

SECTION

06 항공설비

031 공항조명설계

1 개 요

공항은 국가의 얼굴로서 보안상 대단히 중요한 시설이다. 따라서 공항의 전기설비는 정전으로 인해 시설이 마비되지 않도록 철저한 전력공급 계획과 긴급사고 시에도 짧은 시간에 신속하게 복구될 수 있도록 계통의 이중화 등으로 계획하여야 한다.

1) 공항조명의 구성

① **항공기 조명**

㉠ 충돌방지등

비행 중 다른 비행기와의 충돌을 방지하기 위한 조명등으로 매분 40 ~ 100회 섬광하는 백색등으로 4,000[cd] 광도

㉡ 항공등

위치등이라 하며 부등광임, 항공기 우측은 적색, 좌측은 녹색, 후방은 백색

㉢ 착륙등 및 텍시등

야간 착륙 시 착륙등을 점등하며 접지 후 지상주행 때는 착륙등을 소등하고 텍시등을 점멸

㉣ 계기등

조종실의 계기를 조명

㉤ 객실조명

항공기 객실 내 조명인 돔 라이트로 전체 조명

② 비행장 조명

③ 항공장애등으로 구성되어 있다.

2 비행장조명설계 시 고려사항

① 조명 전용의 변전실 설치
② 조명 자동제어 감시반 설치
③ 전력계통(수·변전설비, 제어설비, 배전선로, 회로분리)의 이중화
④ 예비전원설비

3 항공조명(= 비행장 조명)

1) 공항조명의 목적

① ICAO(International Civil Aviation Organization : 국제민간항공기구) 규격과 항공법, 시행규칙에 의하여 조명공사를 시행한다.
② 주야간 및 어떠한 기상상태하에서도 항공기가 안전하게 이착륙할 수 있는 유도기능을 갖도록 하는 것이 비행장 조명의 목적이다.

2) 비행장 조명시설의 종류

① 이착륙 조명시설

㉠ 정 의

공항 조명 중 가장 중요하며, 진입 조명과 활주로 조명으로 분류된다.

㉡ 고려사항

- 활주로의 존재를 확실히 알 수 있도록 적당한 조도 유지
- 조종사의 보임 조건이 좋을 것
- 고른 휘도분포(조도 균제도 1/5 이상으로 계획)
- 전압강하 대책(고압 간선으로 공급)
- 안개에 대비한 광원선정

㉢ 종 류

- 진입조명 : 진입등, 진입등대, 진입각 지시등, 진입로지시등, 활주로 방향 지시등
- 활주로 조명 : 활주로등, 활주로말단등, 활주로말단 식별등, 활주로 중심선등, 접지대등, 활주로 말단 보조등, 활주로 거리등

② **유도조명**

유도로등, 유도로 중심선등, 유도 안내판, 스포트 번호등

③ **지시신호 조명**

풍향등, 지향 신호등, 교통신호등, 착륙 방향 지시등

④ **위치 표시시설**

비행장등대

⑤ **비상용 조명**

비상용 활주로등

3) 입출국 대기실

① 충분한 조도를 유지하고 눈부심이 없으며 고른 조도분포가 되어야 한다.
② **조도** : 평균 500[lx] 정도
③ **조명방식** : 건축화 조명(광 천장, 라인라이트, 루버천장조명)
④ **조명기구** : 고조도 저휘도 반사갓을 사용하여 눈부심 억제
⑤ 안내소, 티켓장소, 환전소, 안내 표지판 등에는 악센트 조명
⑥ 입구부분에는 명도순응의 완화부 기능이 있을 것
⑦ **사용광원** : 삼파장 형광램프

4) 외부조명

① **택시 승강장**

도로안내, 교통안내판을 밝게 계획

② **조명기구**

현수형으로 의장을 하고 높이는 5 ~ 6[m] 정도

032 항공등화의 전기회로 구성방식 및 전원공급장치

1 전원 공급장치

항공 등화에 필요한 전력은 1차전원과 2차전원으로 구분된다. 1차전원이라 함은 일반적으로 말하는 상용 전원을 말하고 2차전원이라 함은 예비전원을 의미하는데, 이들 각각의 설치 방법은 다음과 같다.

① 1차 전원

㉠ 공항의 전력은 대규모로 상호 연계되어 공급의 신뢰도가 높은 배전계통으로부터 수전한다.

㉡ 주요 비행장의 경우는 2계통에서 독립된 배전선로로부터 수전한다. 즉, 서로 다른 변전소로부터 각각 별도의 배전선로를 통해서 전력을 공급받는 방식으로 상시에는 A변전소로부터 전력을 공급 받고 A변전소 또는 A변전소로부터의 배전선로에 고장이 발생했을 때는 B변전소로부터 전력을 공급받는 방식이다.

② 2차 전원

㉠ 2차 전원으로는 신뢰성과 효율성이 있는 UPS, 연료전지, 태양전지, 발전기 등이 사용된다.

㉡ 발전기 구동용 원동기는 디젤엔진, 가스터빈 엔진, 가솔린 엔진이 사용되고, 엔진의 기동장치로는 압축 공기식보다는 주로 축전지가 사용된다.

2 항공 등화의 결선방식

① 항공등화는 장거리에 걸쳐서 설치되어야 하기 때문에(활주로 하나의 길이가 보통 2 ~ 4[km]) 여기에 전기를 공급하는 전기회로는 일반적인 병렬방식으로 하면 말단에 가서는 전압강하 때문에 곤란하여, 정전류형의 직렬방식으로 한다.

② 직렬방식인 CCR(Constant Current Regulator)은 정전류 공급장치로 전류의 크기는 보통 6.6[A]이고, 용량은 2차에 걸리는 부하에 약간의 여유를 두어 선택한다.

③ 직렬회로에 사용되는 변압기는 권수비 1 : 1 의 절연 변압기로, 정상상태에서는 자기적으로 불포화이나 2차회로가 개로 된 상태에서는 1차회로의 안전성을 위해 자기적으로 포화상태가 되도록 하며, 2차회로 단락 시에는 무부하상태가 된다.

④ 활주로에는 동일한 종류의 등이 다수 설치되는 경우가 많기 때문에 격등 회로 방식을 사용한다. 격등 회로란 등을 하나씩 건너뛰면서 서로 다른 CCR로 전력을 공급하여 만일 하나의 CCR이 고장 나더라도 전체적인 소등을 방지하기 위한 것이다.

⑤ 직렬회로에 사용되는 케이블은 주로 10[mm^2]가 사용된다.

⑥ 항공등화에 사용되는 광원은 주로 할로겐 램프가 사용되며, 항공등화의 종류와 요구되는 광도에 따라 45[W], 100[W], 175[W], 200[W], 300[W], 500[W] 등이 사용된다.

⑦ 활주로에 매입되는 항공등화는 변압기, 안정기 및 램프를 직경 305[mm], 깊이 600[mm]의 통에 넣어 매립한다.

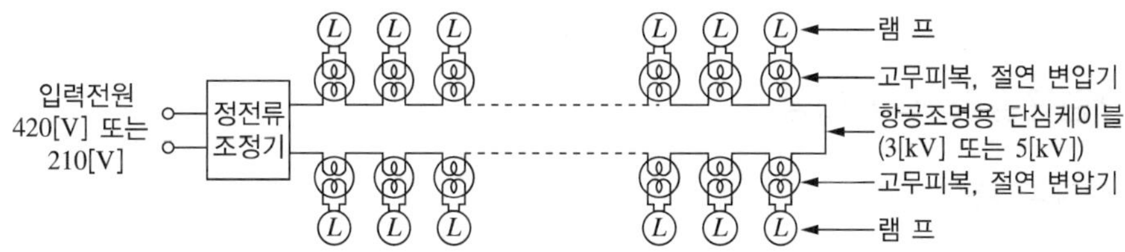

직렬배선회로

033 항공장애등

1 개 요

① 항공장애등은 비행중인 조종사에게 지상 장애물 존재를 알리기 위해 구조물에 설치하는 등화설비를 의미한다.

② 설치규정 및 예외 규정이 있으므로 설계 시 관할 시·도지사 및 지방항공청장과 협의하여야 한다.

2 관련규정 및 설치대상

1) 관련규정

공항시설법 제36조 및 시행규칙 제28조

2) 항공장애등 설치대상

구분	설치대상
장애물 제한 구역 내	• 60[m] 이상 구조물 • 항공기 항행안전 저해 우려 구조물
장애물 제한 구역 외	• 150[m] 이상 일반구조물 • 60[m] 이상 특수구조물
항공로상	60[m] 이상 건조물
비행장 주변 진입로 이외	45[m] 이상 건조물

※ 60[m] 이상의 특수구조물
굴뚝, 철탑, 기둥, 골조 형태, 건축물 위의 철탑, 송전탑, 가공선을 지지하는 탑, 계류기구, 풍력터빈

3) 항공장애등 설치제외 대상

① 항공기 운행 지장 없는 경우

② 자연 장애물의 차폐면보다 낮은 경우

③ 등 대

④ 비행장 이동 지역 내 설치물

⑤ 항공장애표시등이 설치된 물체 보다 같거나 낮은 경우(반경 45[m] 이내)

⑥ 항공장애표시등이 설치된 물체의 장애물 차폐면보다 낮은 경우(1/10구배 이하이고 반경 600[m] 이내)

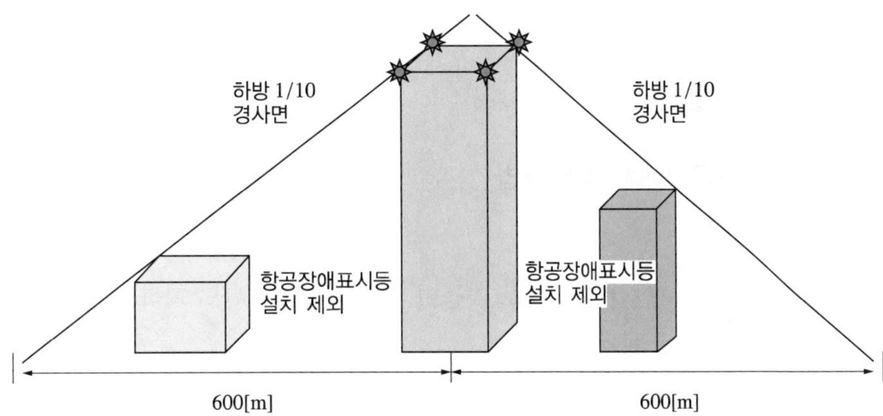

3 항공장애등의 종류와 성능

성 능 / 종 류	색 채	신호형태 (섬광주기, 분당섬광/[fpm])	배경휘도별 최고광도		
			500[cd/m²] 이상(주간)	50–500 [cd/m²](박명)	50[cd/m²] 미만(야간)
저광도 A형태 (고정장애물)	붉은색	고 정	비해당	비해당	10
저광도 B형태 (고정장애물)	붉은색	고 정	비해당	비해당	32
저광도 C형태 (이동장애물)	황색/청색	섬광 (60 ~ 90[fpm])	비해당	40	40
저광도 D형태, 지상유도차량	황 색	섬광 (60 ~ 90[fpm])	비해당	200	200
중광도 A형태	흰 색	섬광 (20 ~ 60[fpm])	20,000	20,000	2,000
중광도 B형태	붉은색	섬광 (20 ~ 60[fpm])	비해당	비해당	2,000
중광도 C형태	붉은색	고 정	비해당	비해당	2,000
고광도 A형태	흰 색	섬광 (40 ~ 60[fpm])	200,000	20,000	2,000
고광도 B형태	흰 색	섬광 (40 ~ 60[fpm])	100,000	20,000	2,000

저광도 : 수평면 아래 10°

중광도 : 수평면 아래 3°

고광도 : 수평면 아래 3 ~ 7°

4 항공장애등 설치방법

1) 굴뚝에 항공장애등 설치방법

① 설치위치

연기 등으로 인한 오염으로 기능이 저하되는 것을 최소화하기 위해 정상보다 1.5 ~ 3[m] 아래에 설치한다.

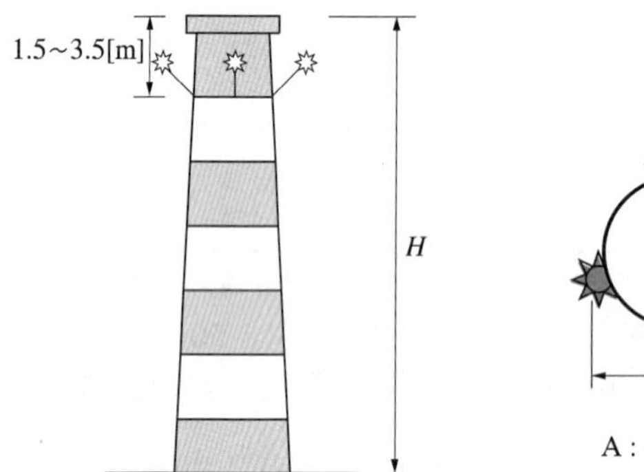

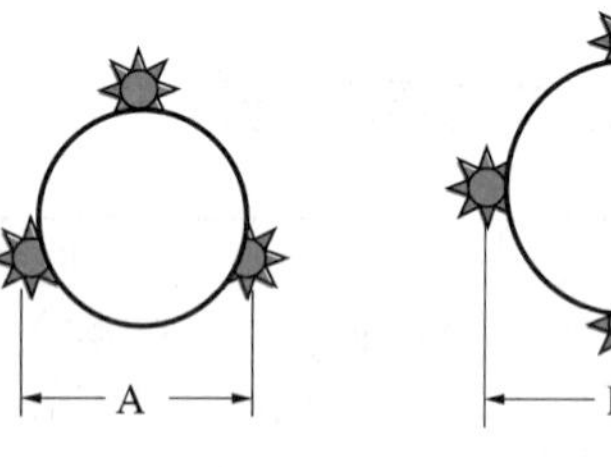

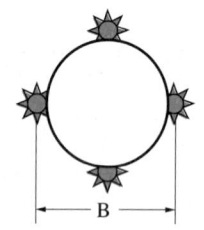

② 굴뚝 직경에 따른 설치 개수

㉠ 6[m] 이하 : 3개 이상

㉡ 6 ~ 31[m] 이하 : 4개 이상

㉢ 31 ~ 61[m] 이하 : 6개 이상

㉣ 61[m] 초과 : 8개 이상

2) 저광도 항공장애 표시등의 설치 방법

① 저광도 항공장애표시등의 설치 간격은 45[m] 이내여야 한다.

② 다른 물체에 의해 가려지는 경우를 대응하는 위치에 설치한다.

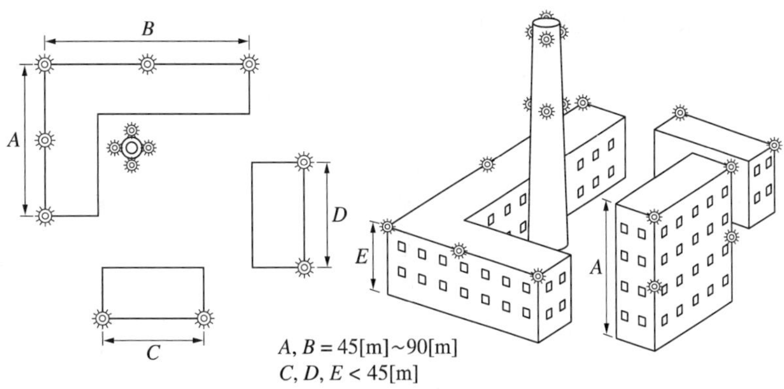

▌ 항공장애표시등의 설치방법

3) 계류기구에 설치하는 중광도 A형태 항공장애 표시등

① 정상, 측면부분, 4.6[m] 하단에 설치

② 전체 높이가 105[m]를 초과할 경우에는 105[m]마다 등간격으로 설치

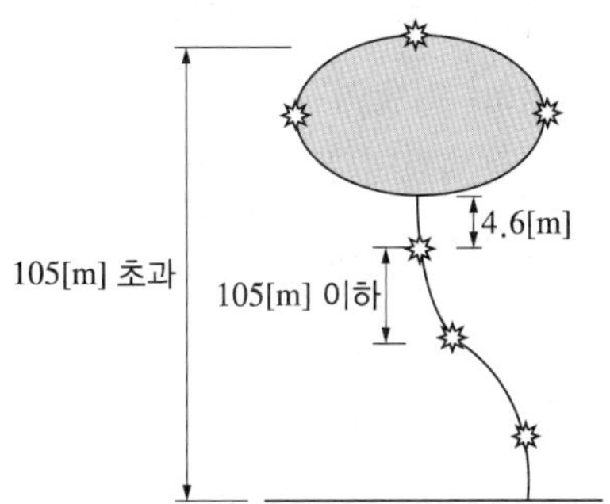

▌ 계류기구에 설치하는 중광도 A형태 항공장애표시등의 위치

4) 풍력터빈에 항공장애등 설치방법

① 2개 이하의 풍력터빈에 항공장애등 설치방법

㉠ 터빈 상부에 2개의 중광도 A B C형태 표시등을 설치한다.

㉡ 주간 A형, 야간 중광도 B, C형 설치 운용하는 경우

- 조종사에게 눈부심을 주는 경우
- 부근에 천연기념물로 보호하는 동식물이 서식하고 있는 경우
- 인구밀집 지역에서 수면방해 등을 발생시킬 수 있는 경우

② 2개 이상의 풍력터빈의 집단에 표시등을 설치할 경우

㉠ 집단의 경계가 잘 나타나도록 하여야 한다.

㉡ 동시에 섬광하도록 해야 한다.

▮ 풍력 터빈에 표시등 설치

③ **3개 이상의 풍력터빈이 있는 풍력발전단지**

㉠ 2개 이하의 풍력터빈 표시등 설치 방법에 따라 설치한다.

㉡ 설치간격은 900[m] 이내이다.

㉢ 풍력발전단지의 전체적인 윤곽이 잘 나타도록 설치한다.

풍력터빈의 위치	항공장애등 설치
능선 등을 따라 선형으로 배열된 경우	• 직선 각각의 끝단에 설치 • 일부 구간의 각 끝단에 설치
공간 내에 집중적으로 집단을 형성하고 있는 클러스터형	바깥쪽 경계에 설치
사각형 모양으로 일정 간격으로 떨어져 격자형으로 배열된 경우	각각의 모서리에 설치
인근에 소수의 풍력터빈이 존재하는 경우	소수의 풍력터빈도 하나의 집단으로 간주하여 설치

5 항공장애등 설치기준

1) 장애물제한구역 안에 있는 장애물

① 장애물제한구역 안에서 물체가 광범위하게 확산되어 있지 않고, 그 높이가 지표 또는 수면으로부터 45[m] 미만인 항공장애표시등 설치대상 고정물체에는 저광도 B형태의 항공장애표시등을 설치하여야 한다.

② 장애물제한구역 안에서 군집된 수목 또는 건물이 광범위하게 확산되어 있거나 물체의 높이가 45[m] 이상인 경우에는 중광도 B형태의 항공장애표시등을 설치하여야 한다.

③ 이동지역 내에서 항공기를 제외한 차량이나 기타 이동물체에는 다음과 같이 항공장애표시등을 설치하여야 한다.

㉠ 비행장 이동지역 내에서 운행하는 비상용 차량 또는 보안용 차량에는 저광도 C형태의 청색 섬광장애표시등

㉡ 비행장 이동지역 내에서 운행하는 일반 차량이나 기타 이동물체에는 저광도 C형태의 황색 섬광장애표시등

㉢ 비행장 이동지역 내에서 운행하는 지상유도차량(Follow-me Car)에는 저광도 D형태의 황색 섬광장애표시등

2) 장애물제한구역 밖에 있는 장애물

① 장애물제한구역 밖에서 물체가 광범위하게 확산되어 있지 않고, 그 높이가 지표 또는 수면으로부터 60[m] 이상 150[m] 미만인 장애표시등의 설치대상이 되는 고정 물체에는 저광도 B형태 항공장애표시등을 설치하여야 한다.

② 장애물제한구역 밖에서 군집된 수목 또는 건물이 광범위하게 확산되어 있거나, 그 높이가 150[m] 이상인 물체(항공기 항행안전을 해칠 우려가 있다고 지방항공청장이 인정한 경우에는 90[m] 이상의 물체)에는 중광도 A형태 항공장애표시등을 설치하여야 한다.

③ 지표 또는 수면으로부터 높이가 150[m] 이상인 물체로서 항공학적 검토 및 위험평가에 의하여 주간에 그 물체를 식별하는 데 항공장애표시등의 설치가 필수적이라고 지방항공청장이 인정하는 다음 각 호와 같은 물체에는 고광도 A형태 항공장애표시등을 설치하여야 한다.

㉠ 구조상 표지의 설치가 불가능한 물체

㉡ 배경색으로 인하여 표지의 식별이 어려운 물체

㉢ 부근의 오염이나 기후특성 등으로 인하여 표지의 식별이 어려운 물체

④ 공중선 및 케이블에는 다음과 같이 고광도 B형태의 항공장애표시등을 설치하여야 한다.

⑤ 주간 시정이 5,000[m]보다 낮거나 야간에 계류되는 계류기구에는 중광도 A형태의 항공장애표시등을 설치해야 한다.

⑥ 제5항의 규정에도 불구하고 계류기구에 물리적으로 항공장애표시등 설치가 불가능한 경우, 그 계류기구는 평균 160[lx] 이상의 밝기로 조명되어야 한다.

⑦ 풍력터빈에는 중광도 A형태 항공장애표시등을 설치해야 한다. 다만, 중광도 A형태 항공장애표시등이 항공기 조종사에게 눈부심을 주거나 환경에 심각한 피해가 있다고 판단되는 경우에는 중광도 B형태 항공장애표시등을 설치할 수 있다.

6 항공장애등의 관리

① 보수, 청소 등 청결상태 유지
② 건축물, 식물 등의 물체에 항공장애등 기능 지장 시 즉시 제거
③ 부득이한 운용중지, 기능저해, 운용재개, 기능복구 시 즉시 지방항공청장, 시・도지사에게 통보
④ 고장 시 지체 없이 복구하고 예비품으로 여분의 전구, 퓨즈 비치
⑤ 주간시정 5,000[m] 미만, 야간에 항상 점등(고광도 장애등은 주간만 점등)
⑥ 장애등 운용을 감시할 수 있는 시각, 청각 감시기 설치

7 항공장애등 시설방법(내선규정 3350절)

1) 분기회로

항공장애등에 공급하는 회로는 전용분기회로로 하여야 한다.

2) 배 선

① 금속관, 합성수지관, 케이블배선으로 시설
② 케이블은 손상될 우려가 없도록 시설
③ 피뢰침의 접지선과 1.5[m] 이격할 것
④ 배선은 등기구 내에 직접 도입 또는 리드선과 등기구 밖에서 접속할 것

3) 등기구 및 점멸장치

① 등기구는 견고하게 설치할 것
② 점멸장치는 견고한 금속제 방수함 속에 넣고 철탑 등에 시설할 경우 3 ~ 5[m] 사이에 시설하거나 취급자 이외의 사람이 조작할 수 없도록 자물쇠 장치로 시설

4) 송전선의 철탑에 장치

① 전선은 전용의 절연변압기를 사용하여 다른 전로와 구분할 것
② 절연변압기는 1종 접지를 할 것
③ 철탑에 배선, 기기 부착 시 일방적인 하중을 가하지 말 것

8 장애물 제한 표면

1) 개 념

항공기의 안전운항을 위하여 공항 또는 비행장 주변에 장애물(항공기의 안전운항을 방해하는 지형·지물 등을 말한다)의 설치 등이 제한되는 표면으로서 대통령령으로 정하는 구역을 말한다.

2) 장애물 제한표면의 구분

① 수평표면
② 원추표면
③ 진입표면 및 내부진입표면
④ 전이(轉移)표면 및 내부전이표면
⑤ 착륙복행(着陸復行)표면

SECTION 07 내진설비

034 전기내진설비 1

1 개 요

① 지진의 프로세스는 지진발생 → 횡파, 종파 내습 → 건물의 파손, 붕괴 → 진화, 인명구조의 순으로 진행이 된다.

② 최근 우리나라에 지진은 빈번하고 강력하게 일어나 지진에 대한 건물구조, 주위환경 조성, 설비적 대책 등이 필요하다.

2 내진대상

1) 내진대상 건축물

① 층수가 2층 이상인 건축물

② 연면적 200[m^2] 이상

③ 국가적 문화유산으로 국토교통부 장관이 정하는 것

2) 내진대상 전기설비

① 수변전 설비

② 자가발전 설비

③ 축전지 설비

④ 간선 및 동력 설비

⑤ 조명 설비

⑥ 약전 설비

3 내진분류

1) 건축구조체별 내진분류

① 진도 3 ~ 4의 지진에는 무피해

② 진도 5의 지진에는 다소의 피해는 있지만 복구하여 사용이 가능

③ 진도 6의 지진에는 건축물 손상이 발생하지만 인명에는 피해가 없을 것

2) 전기설비의 내진 중요도 분류

① A종

지진 시 건물의 피해를 줄이고 인명보호에 가장 중요한 역할을 하는 비상용 설비, 비상용 발전기, 비상용 승강기 등

② B종

지진 시 2차 피해를 줄일 수 있는 일반용 설비로 변압기, 배전반, 분전반 등

③ C종

지진 시 대체로 피해를 적게 받는 설비로 조명, 콘센트, 동력 설비 등

4 구조물과 설비의 지진응답 예측적용

1) 수평지진력

$$Fh = K \cdot W = Z \cdot I \cdot K_1 \cdot K_2 \cdot K_3 \cdot W$$

여기서, Fh : 수평지진력
Z : 지역계수(0.7, 0.8, 0.9, 1.0)
I : 중요도 계수
W : 기기의 중량[kg]
K_1 : 건물의 지진응답계수
K_2 : 설비의 지진응답계수
K_3 : 기준진도

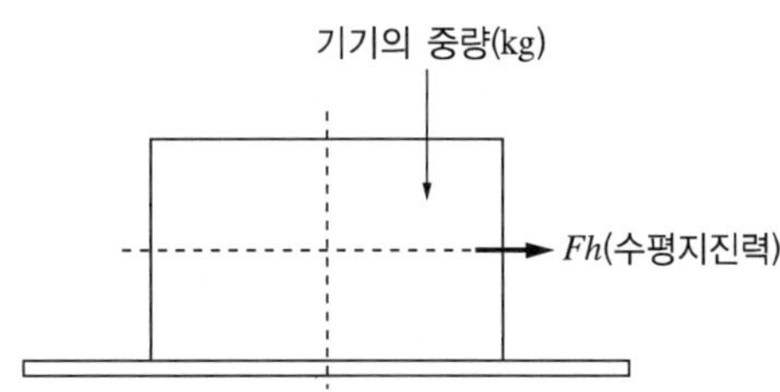

2) K_1 값(건물의 지진응답계수)

① 건물에 지진이 내습할 경우 건물 상하층부가 크게 흔들리고 저층부로 갈수록 적게 흔들리는데 이점을 설계에 반영한 것이 K_1 값이다.

② 즉, 그림의 X의 값이 클수록 K_1값은 커지고 수평지진력에 의한 피해는 커진다.

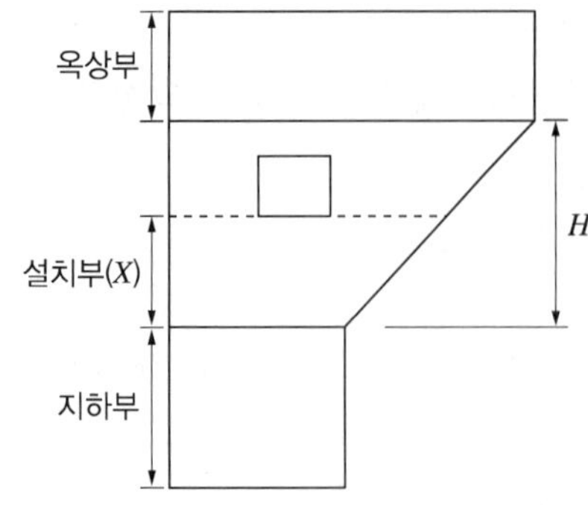

$K_1 = \frac{3}{10}$ 이상

$K_1 = 1.0 + (7/3)(X/H)$

$K_1 = 1.0$

5 지진 시 재해 원인

1) 직접적인 원인

① 정전기로 인한 화재

② 자연발화

③ 전기관련 설비 파손에 의한 화재

④ 가스 등 가연성 가스의 유출로 인한 화재 및 폭발

⑤ 휘발유, 석유 등 가연성 액체의 유출로 인한 화재 및 폭발

2) 간접적인 원인

① 소방대의 진화 능력부족

② 소방시설의 변형 및 파손

③ 기온, 풍속, 풍량 등의 기후 변화 원인

④ 소방 차량의 접근 곤란

6 대 책

1) 도시계획 및 건축계획

① 건물 간의 인동거리 확대

② 건물 사이에 공간 및 녹지 조성

③ 내진구조 설계

④ 내장재의 불연화, 준 불연화 사용

2) 설비적 계획

① 장비의 적정 배치

전기적 설비(변압기, 발전기 등)의 옥상보다는 건물, 건물보다는 지하에 설치하는 것이 중요하다.

② 공진방지

전기적 설비중 배관, 케이블, 트레이 등을 지진 시 건물과 공진이 발생하지 않도록 벽에 고정설비로 고정

③ 사용부재의 강도 확보

전기적 설비의 강도를 확보하여 지진 시 파손 되지 않도록 하여 점화원 역할을 하지 않도록 하여야 한다.

④ 기능보전

㉠ 지진 중 중요한 전기적 설비는 운전이 가능
㉡ 지진감지기 동작 시 전기적 설비의 자동운전은 정지하고, 일정시간 경과 후 운전 재개 가능
㉢ 자동적으로 전기설비의 운전이 가능할 것
㉣ 전기설비의 점검 및 확인이 용이할 것

7 결 론

① 근래의 급격한 기후변화로 이상기온, 기압, 지진들이 늘어나고 있는 추세이다.
② 지진은 자연재해라고 말할 수 있지만, 사전에 충분하게 검토하고 설계하면 인명 및 재산상의 손실을 최소화할 수 있을 것이다.
③ 국가적인 홍보, 교육, 자위소방대, 조직 등으로 지진발생 시 대처능력을 극대화할 수 있어야 할 것이다.

035 건축전기설비의 내진설비 2

1 개 요

① 최근 지진 빈도가 크게 늘었을 뿐만 아니라 강도도 강해져 피해 또한 매우 심각하다. 한반도 역시 지진의 안전 지대는 아니어서 이에 대한 대책이 반드시 필요하다.

② **내진 대책 목적**

㉠ 인명 안전 확보

㉡ 재산보호

㉢ 설비기능유지

2 관련 근거

1) 건축법 제48조 동법 시행령 제32조

2) 건축구조 설계기준 0306절(국토교통부)

3) 내진설계대상(건축법 시행령 제32조)

① 층수가 2층 이상 건축물

② 연면적 200[m^2] 이상 건축물

③ 건물높이 13[m] 이상 건축물

④ 처마높이 9[m] 이상 건축물

⑤ 기둥과 기둥 사이의 10[m] 이상 건축물

⑥ 국토교통부령으로 정하는 지진 구역 안의 건축물

⑦ 국토교통부령으로 정하는 국가적 문화유산 보존가치 건축물

3 건축전기설비 내진등급 구분

① **B등급** : 기본 적용[할증계수 1.0]

② **A등급** : 방진장치 부착기기(발전기, 변압기)[할증계수 1.5]

③ **S등급** : 방진장치 없는 기기(방진과 무관)[할증계수 2.0]

4 내진설계방법

1) 등가정하중법

① 70[m] 이하 구조물로서 일반적인 경우에 적용

② 설치장소에 따라 근사적으로 설계지진력 결정

③ $F_P = 0.6 S_{DS}\left[1+2\left(\frac{Z}{H}\right)\right] W_P$

여기서, F_P : 설계지진력($0.45 \cdot S_{DS} \cdot W_P \le F_P \le 2.4 \cdot S_{DS} \cdot W_P$)

S_{DS} : 단주기 설계스펙트럼 가속도

W_P : 기기운전중량[kgf]

Z : 건물 밑면과 기기가 설치된 슬라브 높이

H : 건물 밑면과 지붕층 평균 높이

2) 동적 해석법

① 70[m] 초과, 21층 이상, 6층 이상 비정형 건축물에 적용

② 각층의 응답가속도 최댓값 G_f[m/s^2] : 설계 스펙트럼 곡선적용

③ **수평방향 설계지진력**

$$F_P = \alpha_H \cdot W_P \qquad \alpha_H = \left(\frac{G_f}{g}\right) K_f \cdot D_{ss}$$

여기서, α_H : 수평방향설계 지진 가속도 계수

G_f : 응답가속도

g : 중력가속도

K_f : 기기응답배율(방진유무 1.5 ~ 2.0)

D_{ss} : 설비의 구조특성계수(1.0, 1.5, 2.0)

④ **수직방향 설계지진력**

$$F_V = \alpha_V \cdot W_P$$

$$\alpha_V = \frac{1}{2}\alpha_H$$

5 정착방법 및 배관 지지방법

1) 정착방법

① 앵커볼트

건축물에 앵커볼트로 기기를 고정하는 설비

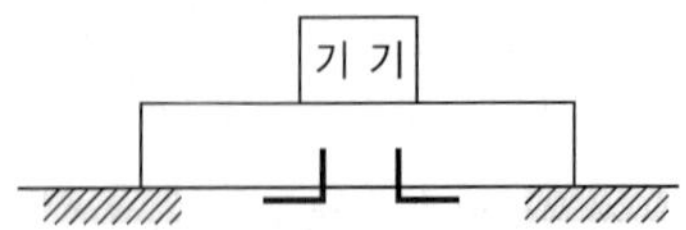

② 기 초

구조체와 결합되는 부재료

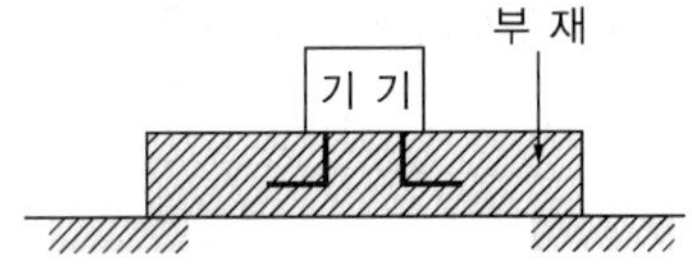

③ 상단, 배면지지

자립형 기기 추가지지 하여 내진성을 증가하는 방법

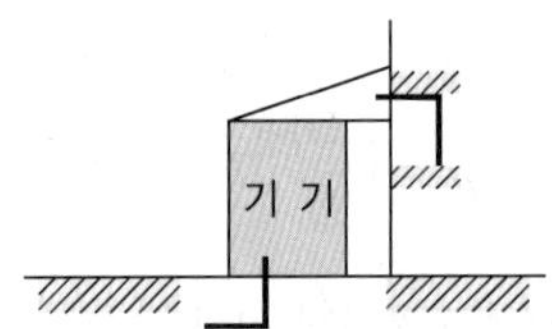

④ 스토퍼

방진고무, 고정, 철물 등으로 고정

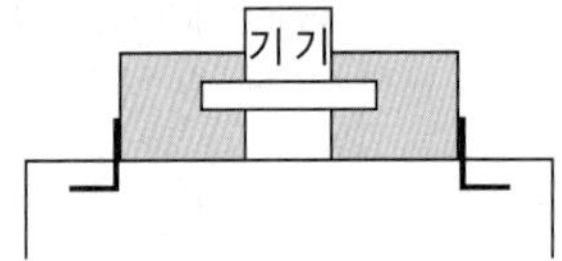

⑤ 받침대

기기와 건축물 사이 받침 프레임 설치

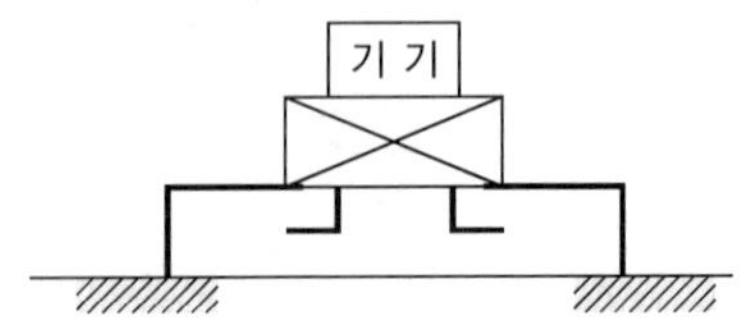

2) 배관지지방법

설치장소	전기배선	
	내진등급 S	내진등급 A, B
상층 및 옥상, 옥탑	12[m] 마다 S_A종 설치	12[m] 마다 A, B종 설치
중간층, 1층, 지하층	12[m] 마다 A, B종 설치	자중만 지지

6 전기설비 내진대책

1) 변압기

① 기초볼트의 적정하중, 내진 스토퍼, 방진 패드설치
② 가요성 접속재 및 배선여유
③ 앵커링 및 가대 Frame 고정

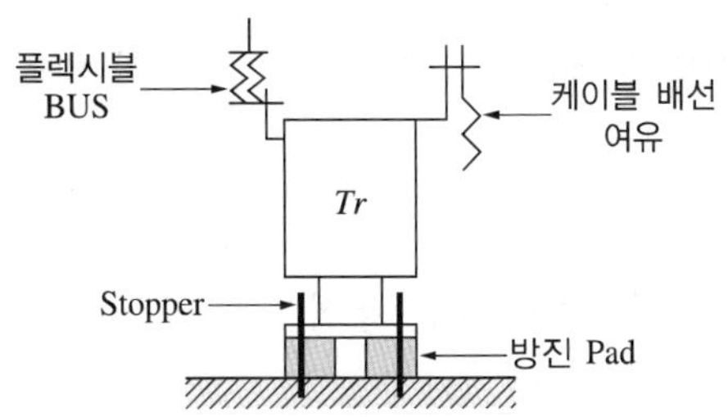

2) 발전기

① Con'c 기초
② 방진 스프링, Pad, 고무
③ 연료, 배연, 냉각수 배관, 변위흡수 가요관
④ 유류탱크 보관
⑤ 제어반 앵커링

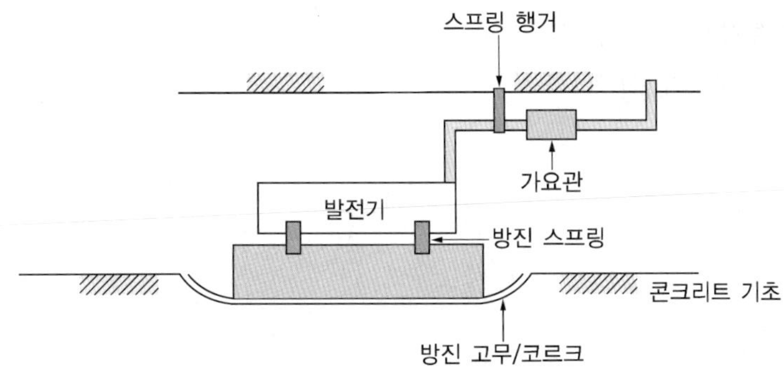

3) 배전반

① 부스바 접속부 장공 Hole
② **TR 등 진동기기의 접속** : 플렉시블 BUS-Bar 접속
③ Channel Base 앵커링
④ **상부** : 건축물의 기둥이나 보에 고정

4) 보호 계전기

① 디지털 릴레이 사용 및 타 계전기와 조합
② 이중화

5) 간 선

① Bus Duct : 익스펜션 조인트, 스프링 행거 설치
② **전선관, 케이블 트레이** : 일정 구간 플렉시블 처리

6) 축전지 설비

① **앵글 프레임** : 관통볼트 또는 용접
② **축전지 상호 간 틈** : 내진가대
③ **축전지 인출선** : 가요성 접속재, S자형 배선

7) 승강기 설비

① 지진관제 운전
② 로프, 케이블 걸림 방지 설계

8) 기 타

① **조명기기** : 추락, 낙하방지
② 앵글 보강대 설치

SECTION 08

감전설비

036 감 전

1 개 요

① 감전은 인체에 전류가 흐르기 시작하면 호흡정지, 심실세동에 의한 사망 및 화상 등 재해가 발생하며 이는 인체를 통과하는 전류의 크기와 시간, 전류의 인체 통과경로, 전원의 종류, 주파수 및 파형에 의해서 영향을 받는다.

② 감전은 인체에 전압이 인가되었을 경우가 아니라 전류가 인체를 통과하여 흐를 때 발생하는 현상으로 2차적 재해가 더욱더 많이 발생한다.

2 통전전류와 인체와의 관계

1) 통전전류와 인체의 반응

환 자		기 준	일반인	
Micro Shock	Macro Shock	감지전류	경련전류	심실세동전류
10[μA]	0.1[mA]	1[mA]	5~20[mA]	50~100[mA] 수초
심장 지근거리	심장 원거리	자극을 느낌	근육 부자유	심장 경련 멈춤

① Micro Shock

㉠ 전류의 유입점, 유출점의 어느 한쪽에 심근을 접하고 있을 때 일어날 수 있는 쇼크

㉡ 의료 설비에서는 Micro Shock 대책으로 10[μA]를 목표로 한다.

㉢ Macro Shock보다는 심장 근거리를 기준으로 한다. 따라서 병원에서는 환자에게 어떤 형태로든 전위차가 가해져서 극히 작은 전류라도 환자의 몸을 통해 흐르는 것을 방지해야 한다.

② Macro Shock

㉠ 사람들의 심리적인 영향이나 2차적 장애를 일으키는 쇼크

㉡ 의료설비에서는 Macro Shock 대책으로 0.1[mA]를 목표로 한다.

㉢ Micro Shock 보다는 심장 원거리를 기준으로 한다.

③ **감지전류**

전압인가 시 단지 자극만을 느끼며 전기가 통하는 것을 감지할 수 있는 정도의 전류를 말하며 보통 1[mA] 정도를 말한다.

④ **경련전류**

㉠ 가수전류(이탈전류 또는 고통한계전류) : 전압인가 시 자력으로 충전부로부터 인체를 이탈시킬 수 있는 한계 범위를 말하며 7 ~ 8[mA] 정도가 된다.

㉡ 불수전류(교착전류 또는 마비한계전류) : 전압인가 시 근육경련 현상으로 자력으로 이탈할 수 없게 되는 전류 보통 10 ~ 15[mA] 정도가 된다.

⑤ **심실세동전류**

전압인가 시 심장이 맥동을 하지 못하고 불규칙적으로 세동하여 혈액의 순환이 곤란해지고, 심하면 심장이 멈추는 전류를 말하는데 보통 50 ~ 100[mA] 정도가 된다.

2) 인체의 허용전류한계

① **달지엘(Dalziel)의 감전사고 위험도**

㉠ 달지엘은 심실세동을 일으키지 않고 안전하게 통전하는 전류의 한계를 다음 실험식으로 제안하고 있다.

$$I^2 t = k$$

$$I = \frac{k}{\sqrt{t}}$$

단, k는 비례상수로서 몸무게에 비례하고, $k_{50} = 0.116$, $k_{70} = 0.165$값이 된다.

㉡ 몸무게 50[kg]인 사람을 기준한 인체 허용전류가 통용되고 있다.

$$I = \frac{0.116}{\sqrt{t}} [\mathrm{A}]$$

- 위 식은 57.4[kg]의 양이 확률 0.5[%]가 사망하는 한계치로서 IEEE에서 채택하고 있다.
- 작용시간이 1초이면 한계치는 116[mA] 정도가 된다.

② **코펜(Koppen)의 감전전류의 안전한계**

㉠ 코펜은 심실세동을 일으키지 않고 안전하게 통전하는 전류의 한계를 결정하는 실험식으로 상수 k의 값을 50으로 제안하고 있다.

㉡ $IT = k$일정

단, I : 인체 통과전류[mA], T : 통전시간(초), k : 상수

- 1초 동안 통전 시 안전전류의 한계를 50[mA]로 제안하고 있다.

3 전격(감전)의 원인(= 인체의 감전 형태)

① 충전부에 직접 접촉하는 경우
② 낙뢰에 의한 감전
③ 절연열화, 손상, 파손 등에 의해서 누전된 전기기기의 외함에 접촉하는 경우
④ 잔류전하가 남아 있는 콘덴서, 고압 케이블 등에 접촉하는 경우
⑤ 지락전류 등이 흐르고 있는 도체 부근에서 발생하는 대지전위 경도에 의한 감전
⑥ 고압 송전선의 정전유도 또는 전자유도 전압에 의한 감전
⑦ 정전회로의 오조작 또는 자가용 예비 발전기의 기동에 의한 역송전에 의해서 감전

4 감전으로 인체의 영향(전격현상과 전격위험인자)

1) 감전에 의해 사망에 이르는 3가지 주요 메커니즘

① 심장부의 통전에 의한 호흡기능의 정지
② 뇌의 호흡중추신경 통전에 의한 호흡기능의 정지
③ 흉부의 통전에 의한 흉부수축 및 질식

④ **2차적 재해에 의한 사망**

㉠ 전격에 의한 전도 및 추락
㉡ 전류가 장시간 인체에 통전되면 체온의 상승 또는 화상
㉢ 아크에 의한 화상 및 시력의 손상

2) 감전에 영향을 주는 요인

① **통전전류의 크기**

㉠ 통전전류의 크기는 감전 시 전격에 가장 큰 영향을 주는 요인이다.

㉡ 감전시간과 비례하여 영향력이 증가하고 인체에 10[mA] 이상 통전 시 감전으로 인한 상해가 발생할 수 있다.

② **전원의 질**

㉠ 전원은 직류보다 교류가 더 위험하고 교류의 주파수가 높은 경우보다 저주파 영역에서 더욱더 위험하다.

㉡ 감전되는 전압의 크기에 의한 영향보다는 통전되는 전류에 의한 위험이 더 중요하고 전압이 높아질수록 직접적인 위험보다는 쇼크로 인한 2차 재해가 더 위험하다.

③ **통전경로**

㉠ 감전사고 시 인체를 통한 전류의 유출입 통로는 경로에 따라 내부저항이 달라진다.

㉡ 가장 위험한 것은 심장을 통하여 감전통로가 형성되는 경우에 발생한다.

④ **인체의 조건**

인체의 저항은 인체로 흐르는 전류를 결정하기 때문에 중요하고, 남자보다는 여자가 노인보다는 어린이가 위험하다.

⑤ **통전시간**

인체로 통전되는 시간이 증가함에 따라 인체에 열에너지의 축정으로 내부조직의 괴사가 진행이 되고 신경회로의 손상으로 사망 가능성이 커진다.

5 감전의 방지대책

1) 기기의 안전성 확보

① 전기설비의 외함을 법규정에 적합하게 접지를 시행한다.

② 충전부를 절연화하거나 큐비클 등을 밀폐화하여 안전성을 확보한다.

③ 누전차단기 등의 보호기를 시설하여 감전 시 차단기능을 확보한다.

④ 기능절연(기기의 기능에 필요한 절연)과 보호절연(감전방지 절연)의 2중 절연으로 안전성을 확보한다.

⑤ 병원이나 수분이 많은 곳은 절연용 변압기를 사용하여 지락 시 지락전류를 줄여 안전성을 확보한다.

2) 점 검

① 전기설비의 절연저항 측정 등 일정기간마다 점검을 실시한다.

② 점검에 따른 일정기간별 정비를 철저히 한다.

3) 교육 및 기타

① 위험한 곳은 전문가만 출입이 가능하도록 한다.

② 안전교육을 실시한다.

③ 주위의 수분 조건에 따라 달라지는 안전전압 이하의 사용기기를 사용한다.

037 KS C IEC 60364 건축전기설비 안전보호

1 개 요

KS C IEC 60364의 적용대상은 공칭전압이 교류 1,000[V] 또는 직류 1,500[V] 이하의 전압으로 주파수는 50[Hz], 60[Hz], 4,000[Hz], 특별목적에 따른 주파수에 해당된다.

2 감전보호(KS C IEC 60364-4-41)

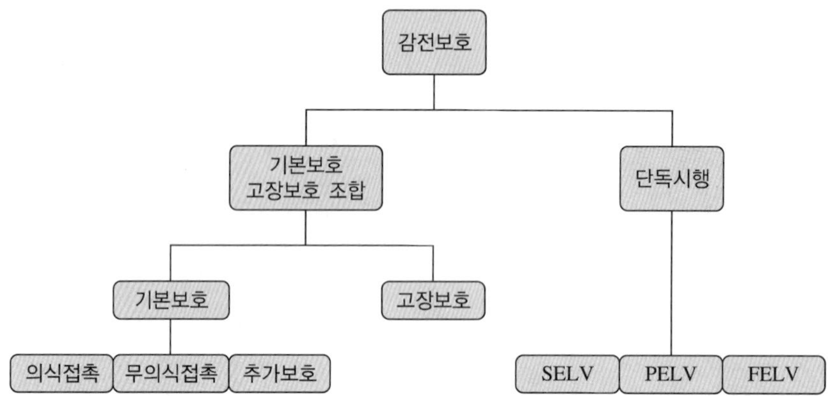

1) 기본보호

① 충전부 절연에 의한 보호(의식접촉 보호)

② 격벽 또는 외함에 의한 보호(의식접촉 보호)

③ 장애물에 의한 보호(무의식접촉 보호)

④ 손의 접근 한계 외측 시설에 의한 보호(무의식접촉 보호)

⑤ 누전차단기에 의한 추가 보호(추가보호)

2) 고장보호

① 전원의 자동차단에 의한 보호(TN, TT, IT 계통)

② Ⅱ급 기기의 사용 또는 그와 동등한 절연에 의한 보호

③ 비도전성 장소에 의한 보호

④ 비접지 국부 등전위 접속에 의한 보호

⑤ 전기적 분리에 의한 보호

3) 특별 저압에 의한 보호(전기량 제한값을 통한 보호)

① 비접지회로에 적용하는 SELV 계통

② 접지회로에 적용하는 PELV 계통

③ 기능상 ELV를 사용하는 경우에 적용하는 FELV계통

3 과전류에 대한 보호(KS C IEC 60364-4-43)

① 과부하에 대한 보호

② 단락에 대한 보호

4 과전압에 대한 보호(KS C IEC 60364-4-44)

038 기본보호, 고장보호, 특별 저압에 의한 보호 (KS C IEC 60364-4-41)

1 기본보호

1) 충전부의 절연(의식접촉 보호)

① 충전부가 파손되어도 제거되지 않는 절연물로 피복한다.

② 공장조립 기기의 절연은 규정에 적합해야 한다.

③ 열적, 기계적, 전기적, 화학적 스트레스에 충분히 견디는 것일 것

2) 장벽 또는 밀폐함에 의한 보호(의식접촉 보호)

① 기기를 밀폐함에 넣어 인체와의 접촉을 방지

② 콘센트, 플러그 의식 접촉 방지

③ 밀폐함은 충분한 강도, 내구성을 지녀야 한다.

④ 장벽과 밀폐함은 적절한 이격거리를 위해 견고히 고정해야 한다.

㉠ 열쇠, 공구사용 개방

㉡ 전원 차단 시에만 개방

㉢ 격벽을 이중으로 한다(중간 격벽은 열쇠 또는 공구로 개방)

3) 장애물에 의한 보호(무의식접촉 보호)

무의식중에 충전부에 접촉하는 것만을 방지한다.

4) 손이 닿지 않는 장소에 설치하는 방법(무의식접촉 보호)

수평거리 2.5[m], 높이 2.5[m]에 설치하여 손이 닿지 않도록 한다.

5) 누전차단기에 의한 추가보호

① 보호효과를 증강시키기 위한 목적으로 사용한다.

② 단독보호 수단으로는 인증되지 않는다.

2 고장보호

1) 전원의 자동차단에 의한 보호

① 전원의 차단

교류 50[V](실횻값)를 초과하는 전압이 발생한 경우 전원을 자동 차단한다.

② 보호접지와 등전위 접속

㉠ 전원 자동차단에 의한 보호를 실행할 경우 보호 접지 및 등전위 접속을 한다.
㉡ 자동차단 조건을 만족하지 못하는 경우 보조 등전위 접속을 한다.

③ 계통 보호

TN, TT, IT계통의 보호가 있음

2) Ⅱ급 기기의 사용 또는 그와 동등한 절연에 의한 보호

① 이중 절연 또는 강화 절연을 갖는 전기기기를 사용한다.
② 종합절연을 갖는 전기기기의 공장 조립품을 사용한다.
③ 절연 외함(IP2X)은 기계적 전기적 스트레스에 견디어야 한다.
④ 절연 외함은 보호선 접속은 안 된다.

3) 비도전성 장소에 의한 보호

① 도전성 부분은 사람이 동시에 접촉하지 않도록 배치한다.
② 보호선을 시설하지 않아야 한다.
③ 설비는 고정되어야 한다.
④ 외부 전위가 인입되지 않도록 보호조치가 되어야 한다.
⑤ 절연성 바닥 및 벽이 있는 장소에 설치한다.

4) 비접지 국부 등전위 접속에 의한 보호

① 등전위 접속선은 동시에 접근 가능한 모든 노출 도전성 부분과 계통 외의 도전성 부분은 상호 접속한다.
② 대지에 직접 전기적을 접속해서는 안 된다.
③ 위험한 전위차에 노출되지 않도록 주의한다.

5) 전기적 분리에 의한 보호

① **전원은 절연 변압기를 사용한다.**

㉠ 전기적으로 분리된 회로의 전압은 500[V] 이하이어야 한다.

㉡ 분리된 회로의 충전부는 다른 회로 또는 대지와 접속하지 않아야 한다.

② 단일장치에 공급하는 경우 다른 회로의 보호선 또는 노출 도전성 부분에 접속하지 않아야 한다.

3 특별 저압에 의한 보호

1) IEC 전압 구분

전압 구분	AC(실효치)	DC
High Voltage(HV)	1,000[V] 초과	1,500[V] 초과
Low Voltage(LV)	50 ~ 1,000[V]	120 ~ 1,500[V]
Extra Low Voltage(ELV)	50[V] 미만	120[V] 미만

2) Safety Extra-Low Voltage(SELV)

① 지락을 포함한 단일 고장 상태에서도 전압이 ELV를 초과하지 않는 전기 시스템을 의미한다.

② 안전절연변압기에 의해 회로가 분리되어 있다.

③ 전원 공급 : 독립된 전원(안전절연변압기, 축전지 등)이다.

④ 비접지 계통이다.

⑤ 회로 전압이 AC 25[V], DC 60[V] 초과 시 격벽, 외함 등으로 절연해야 한다.

3) Protected Extra-Low Voltage(PELV)

① 지락을 제외한 단일 고장 상태에서도 전압이 ELV를 초과하지 않는 전기 시스템을 의미한다.

② Power Supply를 가진 컴퓨터가 그 대표적인 예이다.

③ 안전절연변압기에 의해 회로가 분리되어 있다.

④ 전원 공급 : 독립된 전원(안전절연변압기, 축전지 등)이다.

⑤ 등전위 접속에 의한 주등전위 접속을 실시한다.

⑥ 회로 전압이 AC 25[V], DC 60[V] 초과 시 격벽, 외함 등으로 절연해야 한다.

4) Functional Extra-Low Voltage(FELV)

① FELV

㉠ 회로의 일부에서 ELV를 사용하는 경우에 해당한다.

㉡ 단상전파 정류회로가 대표적 예이다(AC 100[V] → DC 90[V]).

㉢ SELV, PELV에 관한 요구 사항 모두가 적합하지 않을 때에 해당한다.

② **직접 접촉예방**

㉠ 격벽 외함에 의한 보호를 한다.

㉡ 1차측 회로 내압시험에 견딜 수 있는 절연을 한다.

③ **간접 접촉예방**

㉠ 전원의 자동차단에 의한 보호

㉡ 전기적 분리에 의한 보호

5) SELV, PELV, FELV비교

기 호	전 원	회 로	접지와 보호도체와의 관계
SELV	안전절연 변압기 동등한 전원	구조적 분리 있음	• 비접지 회로 • 노출도전성 부분은 대지 및 보호도체와 접속되지 않는다.
PELV			• 접지회로 허용 • 노출 도전성 부분 접지
FELV	안전전원이 아닌 것	구조적 분리 없음	• 접지회로 허용 • 노출 도전성 부분은 1차측 회로의 보호도체에 접속 • 보호도체가 있는 회로로 접속하는 것은 허용

6) 회로도

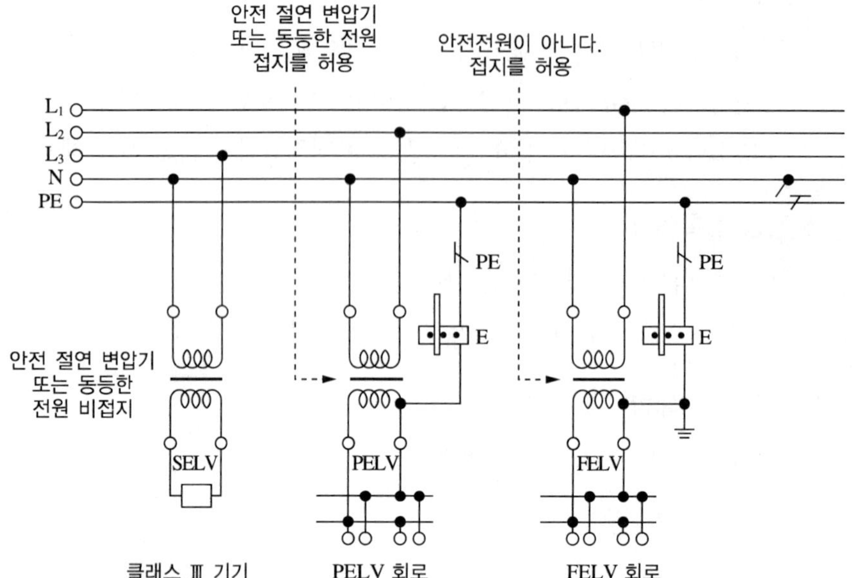
안전 절연 변압기
또는 동등한 전원
접지를 허용
안전전원이 아니다.
접지를 허용
L1
L2
L3
N
PE
PE
E
PE
E
안전 절연 변압기
또는 동등한
전원 비접지
SELV
PELV
FELV
클래스 Ⅲ 기기
PELV 회로
FELV 회로

비상용 엘리베이터 설비

039 비상용 엘리베이터

1 개 요

① 일정규모 이상의 건축물에서는 건축물의 화재 시 소방관의 진화 목적으로 설치한다.

② 평상시 일반운전에서 소방(비상) 운전으로 전환할 경우에는 각층 승강 로비에서의 호출에는 응하지 않는다.

2 설치대상

1) 설치대상

① 높이 31[m]를 초과하는 건축물에는 승용 승강기 외에 비상용 승강기를 추가로 설치하여야 한다.

② 높이 31[m]를 넘는 건축물에는 다음의 내용을 기준으로 대수 이상 비상용 승강기 설치

㉠ 높이 31[m]를 넘는 각층의 바닥면적 중 최대 바닥 면적이 1,500[m^2] 이하인 건축물에는 1대 이상

㉡ 높이 31[m]를 넘는 각층의 바닥면적 중 최대 바닥 면적이 1,500[m^2] 넘는 건축물에는 1대에 1,500[m^2]를 넘는 매 3,000[m^2] 이내마다 1대씩 가산한 대수 이상

③ 2대 이상의 비상용 승강기를 설치하는 경우에는 화재 시 소화에 지장이 없도록 일정한 간격을 두고 설치

2) 설치제외 대상

① 높이 31[m]를 넘는 각층을 거실 외의 용도로 쓰는 건축물

② 높이 31[m]를 넘는 각층의 바닥면적의 합계가 500[m^2] 이하인 건축물

③ 높이 31[m]를 넘는 층수가 4개층 이하로서 해당 각층의 바닥면적의 합계 200[m^2] 이내마다 방화구획으로 구획한 건축물

3 비상용 엘리베이터 설치기준

1) 승강기 기준

① **일반기준**

승용 승강기 구조에 적합할 것

② **통화장치**

외부에 연락할 수 있는 통화장치 설치

③ **예비전원** : 상용전원 차단 시 예비전원으로 전환

㉠ 60초 이내 자동, 수동 전환 가능

㉡ 2시간 이상 작동가능

④ **예비조명**

정전 시 2[m] 떨어진 수직면상 2[lx] 이상

⑤ **운행속도**

60[m/min]

⑥ **소방스위치**

㉠ 소방운전은 피난층, 관리실 등에서 카의 위치에 관계없이 피난층(1층) 호출 스위치 설치

㉡ 비상시 소화활동 전용으로 전환하는 1차 소방스위치

㉢ 승강기 문이 개방되어도 승강시킬 수 있는 2차 소방 스위치

2) 승강장 구조 기준

① **구 획**

개구부, 창, 출입구 제외 해당 건축물 다른 부분과 내화구조의 바닥, 벽으로 구획

② **출입문**

각층의 내부와 연결할 수 있게 하고, 갑종 방화문 설치

③ **조 명**

채광이 있는 창이나 예비전원에 의한 조명설비

④ **보행거리**

피난층의 승강장 출입문으로부터 도로 또는 공지에 이르는 거리를 30[m] 이하

⑤ 내장재벽이나 반자가 실내에 면하는 부분의 마감재료는 불연재료

⑥ **바닥면적**

비상용 승강기 1대당 6[m^2] 이상

⑦ **배연설비**

노대 또는 외부로 열리는 창, 배연설비 중 하나 선택 설치

⑧ **표 지**

비상용 승강기 표지설치

3) 승강로 구조 기준

① 다른 부분과 내화구조 구획
② 승강로는 전 층을 단일구조로 연결 설치

040 피난용 엘리베이터

1 개 요

① 피난용 승강기는 화재 시에 대피를 위해 사용 가능하도록 조건을 갖춘 승강기를 말한다. 화재 시 승강기의 승강로는 굴뚝효과를 일으키는 핵심적인 부분이다.

② 그 결과 연기를 흡입해서 상층부로 이동시키게 되어 고층건물의 인명피해를 확대하게 된다.

③ 따라서 피난용 승강기는 연기와 열에 탑승객들이 노출되지 않도록 보호하기 위한 구조적, 설비적 요소들이 보강이 되어야 한다.

2 피난용 승강기 필요성과 일반용 승강기 문제점

1) 피난용 승강기의 필요성

① 초고층 건물의 건물

② 심층지하공간의 건물

③ 장애인

④ 노유자 시설

2) 일반용 승강기의 문제점

① 승강장에서 기다림의 문제

② 화재층 정지 가능성

③ 도어가 닫히지 않거나 작동불가 가능성

④ E/V Shaft의 연기침입

⑤ 정전 가능성

⑥ 수송능력이 작다.

3 피난용 승강기 설치대상

① 고층건축물에는 법 제64조 제1항에 따라 건축물에 설치하는 승용승강기 중 1대 이상을 제30조에 따른 피난용승강기의 설치기준에 적합하게 설치하여야 한다.
② 제1항에 따라 고층건축물에 설치하는 피난용승강기의 구조는 승강기시설 안전관리법으로 정하는 바에 따른다.

4 피난용 승강기 설치기준

1) 피난용승강기 승강장의 구조

① 승강장의 출입구를 제외한 부분은 해당 건축물의 다른 부분과 내화구조의 바닥 및 벽으로 구획할 것
② 승강장은 각 층의 내부와 연결될 수 있도록 하되, 그 출입구에는 갑종 방화문을 설치할 것. 이 경우 방화문은 언제나 닫힌 상태를 유지할 수 있는 구조이어야 한다.
③ 실내에 접하는 부분(바닥 및 반자 등 실내에 면한 모든 부분을 말한다)의 마감(마감을 위한 바탕을 포함한다)은 불연재료로 할 것
④ 예비전원으로 작동하는 조명설비를 설치할 것
⑤ 승강장의 바닥면적은 피난용승강기 1대에 대하여 6[m^2] 이상으로 할 것
⑥ 승강장의 출입구 부근에는 피난용승강기임을 알리는 표지를 설치할 것
⑦ 승강장의 바닥은 100분의 1 이상의 기울기로 설치하고 배수용 트렌치를 설치할 것
⑧ 건축물의 설비기준 등에 관한 규칙 제14조에 따른 배연설비를 설치할 것
⑨ 화재예방, 소방시설 설치・유지 및 안전관리에 관한 법률 시행령 제15조[별표 5]에 따른 소화활동설비(제연설비만 해당한다)를 설치할 것

2) 피난용승강기 승강로의 구조

① 승강로는 해당 건축물의 다른 부분과 내화구조로 구획할 것
② 각층으로부터 피난층까지 이르는 승강로를 단일구조로 연결하여 설치할 것
③ 승강로 상부에 건축물의 설비기준 등에 관한 규칙 제14조에 따른 배연설비를 설치할 것

3) 피난용승강기 기계실의 구조

① 출입구를 제외한 부분은 해당 건축물의 다른 부분과 내화구조의 바닥 및 벽으로 구획할 것

② 출입구에는 갑종 방화문을 설치할 것

4) 피난용승강기 전용 예비전원

① 정전 시 피난용승강기, 기계실, 승강장 및 폐쇄회로 텔레비전 등의 설비를 작동할 수 있는 별도의 예비전원 설비를 설치할 것

② ①에 따른 예비전원은 초고층 건축물의 경우에는 2시간 이상, 준초고층 건축물의 경우에는 1시간 이상 작동이 가능한 용량일 것

③ 상용전원과 예비전원의 공급을 자동 또는 수동으로 전환이 가능한 설비를 갖출 것

④ 전선관 및 배선은 고온에 견딜 수 있는 내열성 자재를 사용하고, 방수조치를 할 것

041 보호등급(IEC-60529에 의한 외함 보호 등급과 표기방법)

1 개 요

① IP(International Protection) 보호 등급이란 일반적으로 해당 기기의 내,외부의 접촉과 먼지 또는 물, 외부의 충격으로부터 보호하는 능력을 말한다.
② 이에 국제보호등급(IP)에서 스트레인 및 부하에 저항하는 능력을 규정하고 있다.
③ 보호 등급은 IEC 529, IEC 34-5(IEC 60034-5) 규정에 의해 등급을 규정하고 있다.

2 표시방법

그 표시 방법은 I P □ ○ 으로 규정하며, □ 는 방진(고체)에 대한 등급 규정이며, ○ 는 방수(액체)에 대한 등급 규정이다. 등급 분류 방법 및 시험 방법은 다음과 같다.

□ : 분체 방지 보호 계급	○ : 물의 침입에 대한 보호 계급
0 : 보호 없음	0 : 비보호
1 : 직경 50[mm] 이상 고체	1 : 수직 낙하에 대한 보호
2 : 직경 12[mm] 이상 고체	2 : 15° 이하 낙하에 대한 보호
3 : 직경 2.5[mm] 이상 고체	3 : 60°까지 보호 및 분무에 대한 보호
4 : 직경 1[mm] 이상 고체	4 : 튀긴 물에 대한 보호(모든 방향의 물방울 차단)
5 : 방진(운전 지장 없음)	5 : 모든 방향의 분사에 대한 보호
6 : 내진(완전 밀폐)	6 : 모든 방향의 강한 분사에 대한 보호
	7 : 표준화 압력, 시간에 대한 침수 보호(15[cm] ~ 1[m])
	8 : 연속적인 침수 보호(제품공급자와 사용자 간의 합의)

3 방진(고체)에 대한 등급 분류(□, 첫 번째 번호)

IP 표시	방진(고체 및 인체)에 대한 보호 형식		
	보호 정도		시험 조건
IP0□		없 음	없 음
IP1□		손의 접근으로부터의 보호	직경 50[mm] 이상의 고형물체가 침투되지 않을 것(손에 닿는 정도)
IP2□		손가락의 접근으로부터의 보호	직경 12[mm] 이상의 고형물체가 침투되지 않을 것(손가락 크기 정도)
IP3□		공구, 전선 등의 크기로부터의 보호	직경 2.5[mm] 이상의 고형물체가 침투되지 않을 것(손가락 크기 정도)
IP4□		공구, 전선 등의 크기로부터의 보호	직경 1.0[mm] 이상의 고형물체가 침투되지 않을 것(손가락 크기 정도)
IP5□		먼지로부터의 보호	동작을 방해하는 분진이 침투되지 않을 것
IP6□		먼지로부터 완벽하게 보호	분진의 침투로부터 완전하게 보호될 것

4 방수(액체)에 대한 등급 분류(○, 두 번째 번호)

IP 표시	방진(고체 및 인체)에 대한 보호 형식		
	보호 정도		시험 조건
IP		없 음	없 음
IP○1		수직으로 떨어지는 물방울로부터의 보호	200[mm]의 높이에서 3 ~ 5[Liter/분]의 물방울을 10분간 떨어뜨린다.
IP○2		수직의 15° 정도 들이치는 물방울로부터의 보호	200[mm]의 높이에서 15° 범위로 3 ~ 5[Liter/분]의 물방울을 10분간 떨어뜨린다.
IP○3		수직의 60° 정도 들이치는 물방울로부터의 보호	200[mm]의 높이에서 60° 범위로 10[Liter/분]의 물방울을 10분간 뿌린다.
IP○4		모든 방향에서 분사되는 물로부터의 보호	300 ~ 500[mm]의 거리에서 모든 방향으로 10[Liter/분]의 물을 10분간 뿌린다.
IP○5		모든 방향에서 쏟아지는 물로부터의 보호	3[m]의 거리에서 모든 방향으로 12.5[Liter/분], 30[kPa]의 물을 3분간 쏟아 붓는다.
IP○6		모든 방향에서 강력하게 쏟아지는 물로부터의 보호	3[m]의 거리에서 모든 방향으로 100[Liter/분], 100[kPa]의 물을 3분간 쏟아 붓는다.
IP○7	15[cm] 1[m]	15 ~ 100[cm] 깊이의 물에 잠겨도 보호	물속 1[m] 아래에 30분간 담금
IP○8	1[m]	장시간 침수되어 수압을 받아도 보호	물속에 있어도 문제가 없는 장비(사용자와 생산자의 협의에 의함)

042 전기 집진장치

1 개 요

전기식 집진기는 석탄, 미분탄, 경유, 벙커C유 등을 연소시키는 화력발전소에서 주로 사용된다.

2 전기 집진장치 구조 및 원리

1) 전기 집진장치 구조(건식)

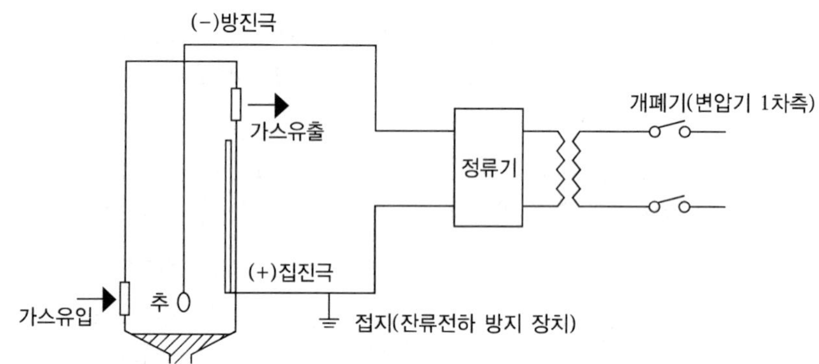

① 코로나 방전하는 방전극(-극)
② 대전된 입자를 모으는 집진극(+극)
③ 직류 고전압 공급 전원 및 제어 장치
④ 분진을 호퍼로 털어 내리는 추타 장치
⑤ 회수한 분진의 재처리 설비

2) 동작원리

① 30 ~ 60[kV]의 직류전압을 인가하면 코로나 방전에 의하여 가스 중의 분진은 음전하로 대전되어 양극의 집진극으로 끌려 간다.
② 집진극에 포집된 분진은 추타 장치에 의해 호퍼로 모아 분진을 처리한다.

3 전기 집진장치 설치기준

① 변압기의 1차 측 전로에 개폐기를 설치한다.
② 전기 집진장치 설비는 취급자 이외에 출입을 제한한다.

③ **전선시설**

㉠ 전선은 케이블을 사용한다.
㉡ 케이블 손상우려 장소에는 적당한 방호장치를 하여야 한다.
㉢ 케이블 피복에 사용하는 금속체는 1종 접지공사를 하여야 한다.

④ 변압기 2차 측 전로에 잔류전하 방전장치를 설치하여야 한다.
⑤ 전선을 가연성 가스등이 있는 곳에 설치 시 착화 또는 발화하지 않도록 시설하여야 한다.
⑥ 이동 전선은 사람에게 위험을 줄 우려가 없어야 한다.
⑦ 특고압 전기설비는 원칙적으로 옥측, 옥외 설치를 금지한다. 단, 충전부에 사람이 접촉할 우려가 없도록 시설한 경우에는 예외로 한다.

4 전기 집진장치 특징

1) 장 점

① 미세한 입자 0.01[μm]까지 집진 가능하다.
② 연도 가스압력손실이 적다.
③ 유지보수가 용이하다.
④ 고온, 고압에서도 사용이 가능하다.

2) 단 점

① 추타 시 재비산할 가능성이 크다.
② 폭발성, 가연성 가스에 적용할 수 없다.
③ 가스 유속이 3[m/s] 이하로 설비가 대형이다.
④ 집진성능이 분진의 농도크기의 저항에 따라 달라진다.
⑤ 점착성을 갖는 분진에는 적용이 곤란하다.
⑥ 역전리 현상, 공간전하 효과에 의해서 집진 성능이 떨어진다.

5 전기 집진장치 분류

1) 분진제거 방법에 따른 분류

① 습식 : 먼지를 물로 세정하는 방식
② 건식 : 추타장치에 의한 기계적 충격으로 자유낙하에 의한 분진을 제거하는 방식
③ 하이브리드 : 상부건식, 하부습식으로 이루어진 방식

2) 가스흐름에 따른 분류

① 수직방식 : 집진율이 높고 설치면적이 작다.
② 수평방식 : 대용량 가스처리에 유리하다.

3) 대전형식에 따른 종류

① 1단 방식 : 대전부, 집진부를 같이 설계한 방식
② 2단 방식 : 대전부, 집진부를 분리 설계한 방식

6 전기 집진장치 건식과 습식의 비교

구 분	건 식	습 식
분진제거	추타에 의해 제거	물로 세정
기 동	즉시 가능	15분 후 가능 정도
유지보수	구동부가 복잡	배관점검이 필요
설 치	용 이	오수피트, 배관 필요
취 급	분체로 취급 어려움	취급 용이

043 IEC 전압밴드

1 밴드 Ⅰ : 특정조건에서 감전보호를 하는 경우의 설비

2 밴드 Ⅱ : 가정용, 산업용, 공업용 설비에 공급하는 설비

3 주파수가 60[Hz], 교류 1,000[V] 이하, 직류 1,500[V] 이하

(U는 공칭전압)

밴 드	접지계통		비접지 (선간)
	대 지	선 간	
Ⅰ	$U \le 50$	$U \le 50$	$U \le 50$
Ⅱ	$50 < U \le 600$	$50 < U \le 1000$	$50 < U \le 1000$

밴 드	접지계통		비접지 (선간)
	대 지	선 간	
Ⅰ	$U \le 120$	$U \le 120$	$U \le 120$
Ⅱ	$120 < U \le 900$	$120 < U \le 1,500$	$120 < U \le 1500$

044 전기울타리의 시설방법 및 전원장치

1 전기울타리 시설방법(전기설비기술기준의 판단기준)

전기울타리는 다음에 따르고 견고하게 시설하여야 한다.

① 전기울타리는 사람이 쉽게 출입하지 아니하는 곳에 시설할 것.

② 전기울타리를 시설한 곳에는 사람이 보기 쉽도록 KS C IEC 60335-2-76 "가정용 및 이와 유사한 전기기기의 안전성-제2-76부 : 전기 울타리의 개별 요구사항"에 따라 적당한 간격으로 경고표시 그림 또는 글자로 위험표시를 시설 할 것.

③ 전선은 인장강도 1.38[kN] 이상의 것 또는 지름 2[mm] 이상의 경동선일 것.

④ 전선과 이를 지지하는 기둥 사이의 이격거리는 2.5[cm] 이상일 것.

⑤ 전선과 다른 시설물(가공 전선을 제외한다) 또는 수목 사이의 이격거리는 30[cm] 이상일 것.

2 전기울타리에 전기를 공급하는 전기 울타리용 전원 장치는 KS C IEC 60335-2-76에 적합한 것을 사용하여야 한다.

3 전기울타리용 전원 장치 중 충격 전류가 반복하여 생기는 것은 그 장치 및 이에 접속하는 전로에서 생기는 전파 또는 고주파 전류가 무선설비의 기능에 계속적이고 또한 중대한 장해를 줄 우려가 있는 곳에는 시설하여서는 안 된다.

4 전기울타리에 전기를 공급하는 전로에는 쉽게 개폐할 수 있는 곳에 전용 개폐기를 시설하여야 한다.

5 전기울타리용 전원 장치에 전기를 공급하는 전로의 사용전압은 250[V] 이하이어야 한다.

Professional Engineer Building Electrical Facilities

에너지 설비

제1장 건축물의 에너지 설비
제2장 신재생 에너지 설비
제3장 에너지 국가정책
제4장 신개념 에너지

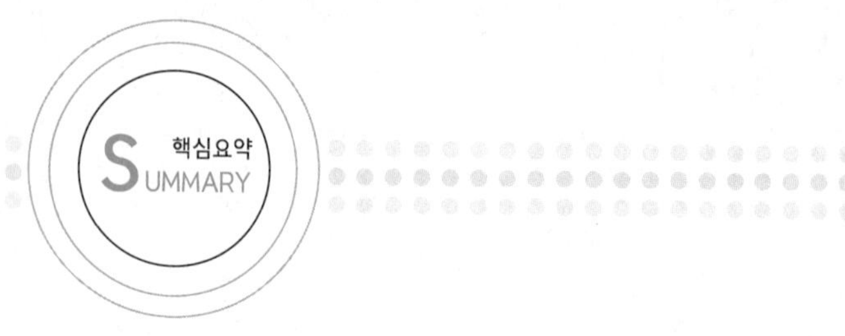

1. 본문에 들어가면서

① 건축전기설비에서 에너지 관련설비는 최근의 환경문제, 에너지 고갈에 따른 높은 관심으로 출제비중이 지속적으로 높아지고 있는 분야이다.

② 건축물에 적용하는 에너지설비는 전원에너지, 동력에너지, 조명에너지, 건축물의 에너지 실제 등으로 구성되어 있고 중요한 설비이므로 관심이 필요한 설비이다.

③ 신재생 설비의 에너지설비는 연료전지설비, 태양광설비, 풍력설비 등으로 분류할 수 있고정부 각 관련부처들들에서도 에너지 관련 정책들이 매번 변하면서 바뀌고 있다.

④ 또한 새로운 개념의 에너지설비(스마트 그리드, 분산전원설비 증가)들이 최근 에너지 트렌드로 출제비율이 높아지고 있는 부분이다.

2. 에너지설비

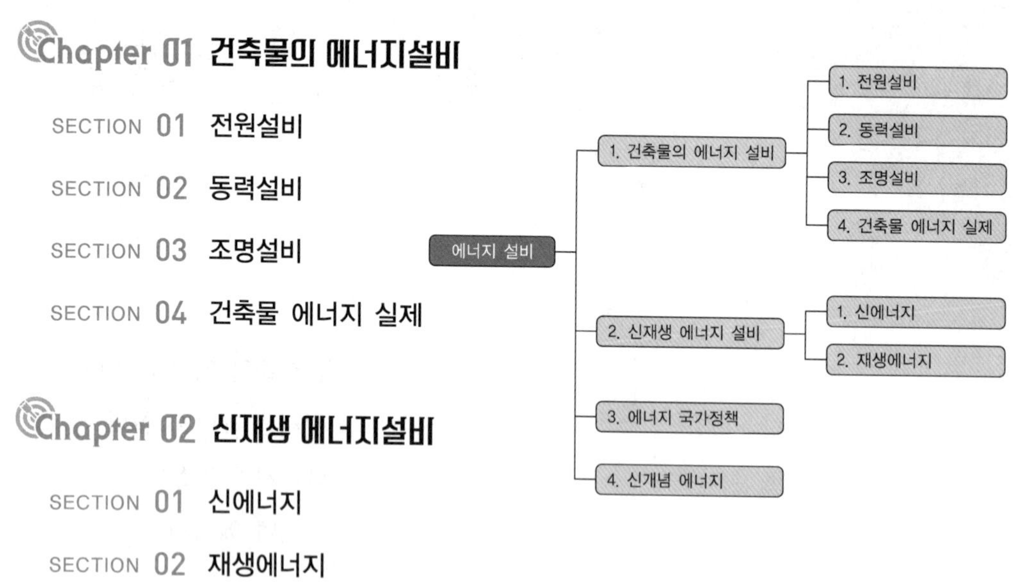

Chapter 03 에너지 국가정책

Chapter 04 신개념 에너지

3. 에너지설비 출제분석

❙ 대분류별 출제분석(62회 ~ 122회)

구 분	전 원	배전 및 품질	부 하	반 송	정 보	방 재	에너지	엔지니어링 및 기타					총 계
								이 론	법 규	계 산	엔지니어링 및 기타	합 계	
출 제	565	185	181	24	59	101	158	28	60	86	45	219	1,492
확률(%)	37.9	12.4	12.1	1.6	4	6.8	10.6	1.9	4	5.8	3	14.7	100

❙ 소분류별 출제분석(62회 ~ 122회)

구 분	건축물 에너지					신재생설비					정 책	신개념	총 계
	전 원	동 력	조 명	실 제	합 계	연료전지	태양광	풍 력	기 타	합 계			
출 제	10	14	5	13	42	9	35	9	4	57	22	37	158
확률(%)	6.3	8.9	3.2	8.2	26.6	5.7	22.2	5.7	2.5	36	13.9	23.4	100

4. 출제 경향 접근 방향

① 에너지설비는 건축전기설비에서 10.5% 정도가 출제되어 기본적으로 매회 3문제 정도가 출제되고 있는 설비이다.

② 최근 5년 전후로 생각하면 매회 4문제 이상이 출제되고 있는 부분으로 앞으로도 지속적으로 출제될 것으로 보여 충분한 이해와 준비가 필요한 부분이다.

Chapter 01 건축물의 에너지 설비

		전원설비
1	72회 25점	수변전설비에서 에너지 절약방안을 제시하시오.
2	75회 10점	경부하와 첨두부하의 격차를 줄이기 위한 부하관리방안을 설명하시오.
3	78회 25점	대전력 수용가의 입장에서 본 전력분야의 에너지 절감을 위한 방법 및 절감방안에 대하여 설명하시오.
4	92회 25점	에너지 절약을 위한 수용가의 최대수요 전력 제어방법을 설명하시오.
5	96회 10점	전력제어설비 장치에 사용되는 부품 중에서 알루미늄 전해 콘덴서의 사용온도와 수명과의 관계에 대하여 설명하시오.
6	99회 25점	빌딩 내 전력시스템 제어방식을 종류별로 설명하시오.
7	101회 25점	업무용 빌딩의 첨두부하 제어방식(종류별)
8	107회 25점	전력설비 관리개념을 3단계로 나누어 설명하고 전력자산의 운영정책 입안 시 고려할 사항을 기술적 측면과 경제적 측면으로 나누어 설명하시오.
9	110회 25점	부하율 과다, 부하율 개선관련 변압기의 효율적 관리방안
10	110회 25점	하절기 피크전력 제어 위한 최대 수요전력제어
11	111회 25점	수변설비 설계 시 에너지 절약방안
		동력설비
1	63회 10점	냉각수 펌프의 전동기의 회전수를 이용하여 속도조절시 전동기의 회전수와 출력, 펌프유량, 압력(수압)과의 관계를 설명하시오.
2	63회 25점	PWM 인버터에 의한 유도전동기의 VVVF제어에 대하여 설명하시오.
3	66회 25점	2승저감 토크부하(Fan, Blower)를 가지는 유도전동기의 운전을 VVVF방식으로 505 감속운전하는 경우의 에너지 절약효과에 대하여 설명하시오.
4	74회 25점	유도전동기를 인버터로 가변속 운전하는 VVVF 보호에 대하여 설명하시오.
5	77회 10점	전력용반도체의 종류인 Thyristor, TRIAC, SSS, IGBT 4가지를 각각 그림 기호를 그리고 간략히 설명하시오.
6	80회 25점	유도전동기의 속도제어시스템에 사용되는 다음 세 가지 요소에 대하여 설명하시오. 1) 전압형과 전류형의 인버터 특성 2) 폐루프 VVVF속도제어시스템의 구성도 3) 제어원리 및 효과
7	81회 25점	다음 전력용 반도체 소자에 대하여 각각 기호를 그리고 동작원리를 설명하시오. 1) SCR 2) GTO 3) TRIAC 4) SSS 5) POWER MOSFET 6) IGBT
8	84회 10점	동력설비로 사용되는 유도전동기의 속도제어를 위한 인버터 구성과 원리에 대하여 간략히 설명하시오.
9	88회 10점	고효율 전동기의 특징을 설명하시오.
10	88회 25점	PWM 인버터의 구성, 제어효과 및 장점에 대하여 설명하시오.
11	89회 10점	최근 전동기 구동을 위한 인버터 등의 전력변환장치에 널리 사용되고 있는 전력용 반도체 IGBT소자의 특징에 대하여 설명하시오.

12	92회 25점	인버터의 회로소자 특성 및 기술현황에 대하여 설명하시오.
13	95회 25점	전동기설비의 에너지 절약설계방안
14	100회 25점	인버터의 원리, PWM인버터의 구조 및 에너지 절감효과
15	104회 25점	전력용 인버터 선정 시 주의사항 및 보호방법에 대하여 설명하시오.
16	106회 10점	유도전동기 벡터 인버터 제어의 원리와 구성에 대하여 설명하시오.
17	113회 25점	인버터 시스템 적용 시 고려사항을 인버터와 전동기로 구분하여 설명
18	113회 25점	동력설비의 에너지 절감 방안을 전원공급, 전동기, 부하사용측면에서 각각 설명
19	116회 25점	VVVF(Variable Voltage Variable Frequency) 와 VVCF(Variable Voltage Constant Frequency)의 원리, 특징 및 적용되는 분야에 대하여 설명하시오.
20	122회 10점	전력반도체 중 IGCT(Integrated Gate Commutated Thyristor)에 대하여 설명하시오.
		조명설비
1	65회 25점	조명설비의 에너지 절약 설계방안을 들어 설명하시오.
2	80회 25점	사무실용 30층 빌딩 전기공사를 설계하려고 한다. 전기에너지 절약방안을 항목별로 기술하시오.
3	93회 25점	초고층 빌딩의 조명설계 시 에너지 절약을 위한 조명기구의 배치방법과 조명제어 방법에 대하여 설명하시오.
4	97회 25점	건축물에서의 조명제어와 가로등에서의 조명제어 시스템에 대하여 종류를 들고 설명하시오.
5	98회 25점	대형건축물의 에너지 절약을 위한 조명제어
		건축물 에너지 실제
1	63회 25점	심야전력 공급방안 중 저압계량, 모자계량 방식에 대하여 설명하시오.
2	63회 25점	건축전기설비설계 시 에너지 절약을 위하여 전원설비, 광원 조명기구, 조명제어, 동력설비 및 기타 설비별로 적용기술을 열거하고 설명하시오.
3	66회 25점	심야전력을 이용한 온돌배선 공사방법을 설명하시오.
4	68회 25점	귀하가 설계한 건축물의 전기설비 중 설비별로 에너지이용합리화 사례를 들고 설명하시오.
5	68회 25점	최근 수요관리와 에너지질 절약 목적으로 활용되고 있는 일체형 수변전시스템에 대하여 논하시오.
6	69회 25점	건축전기설비 설계 시 고려할 수 있는 에너지 절약방안에 대하여 설명하시오.
7	69회 25점	지구 온난화에 있어 전기공급면과 전기사용면에서의 대책을 설명하시오.
8	77회 25점	전기설비의 효율적 운용을 통한 에너지 절약방안 중 변압기 및 전동기의 운용방안에 대하여 설명하시오.
9	78회 10점	조명기기, OA기기 등의 대기전력 절감대책에 대하여 설명하시오.
10	84회 25점	건축물 전기설비 설계 시 에너지 절약 설계기준 의무사항과 그 외 고려할 수 있는 에너지 절약방안에 대하여 설명하시오.
11	91회 25점	빌딩에서 소모되는 에너지를 절약하기 위하여 제어되는 주대상은 공조설비와 전력설비이다. 이들의 에너지 절약을 위해 수행되는 주요 제어기능(각 6가지 이상)을 설명하시오.
12	92회 25점	건축물의 수전설비와 동력설비의 에너지 절감대책 설명하시오.
13	107회 25점	전력설비 관리개념 3단계, 전력자산의 운영정책 입안 시 고려사항을 기술적 측면과 경제적 측면
14	107회 25점	에너지 절약과 합리적 경영 호텔객실관리 전기설비
15	119회 25점	그린 데이터 센터에서 전기설비의 효율을 높이기 위한 구축 방안에 대하여 설명하시오.

Chapter 02 신재생 에너지 설비

1. 신에너지

1	65회 25점	연료전지에 대하여 설명하시오.
2	69회 25점	연료전지의 원리를 그리고 설명하시오.
3	77회 25점	발전용 연료전지의 기술현황과 응용기술에 대하여 설명하시오. 1) 연료전지의 원리 2) 연료전지시스템의 구성과 특징 3) 연료전지의 종류
4	93회 25점	연료전지의 전해질에 따른 종류를 제시하고 발전효율에 대하여 설명하시오.
5	94회 10점	연료전지의 일반적인 특징과 가정용으로 사용 시 시스템 구성을 설명하시오.
6	95회 25점	연료전지의 스택에서 모노폴라스택을 설명하시오.
7	111회 25점	연료전지설비의 보호장치, 비상정지장치, 모니터링설비
8	114회 25점	연료전지 발전에 대하여 설명하시오.
9	120회 25점	연료전지 발전설비의 정의와 시스템 구성요소의 각 기능에 대하여 설명하시오.

2. 재생 에너지

태양광설비		
1	63회 10점	계통연계형 태양광 시스템의 기본구성을 설명하시오.
2	69회 25점	건물용 태양광 발전시스템의 도입 이유를 설명하시오.
3	69회 25점	태양광 발전설비에 대한 서지보호기의 설치회로도(저압수전의 수용가인 경우)를 그리고 설명하시오.
4	81회 10점	태양광 발전시스템의 종류를 들고 간단히 설명하시오.
5	84회 25점	신재생에너지 설비 중 태양광 발전 시스템의 설계 시 전기적으로 고려해야 할 사항을 상세히 설명하시오.
6	86회 10점	태양광 발전시스템의 파워컨디셔너(인버터)의 기능과 회로방식에 대하여 설명하시오.
7	88회 25점	태양광 발전설비에 사용되는 태양전지의 종류와 특징에 대하여 설명하시오.
8	88회 25점	태양광 발전설비를 보호하기 위한 피뢰설비 및 뇌서지 대책에 대하여 설명하시오.
9	90회 25점	태양광(독립형)과 LED 광원을 이용하여 가로등을 설계하고자 한다. 다음 항을 설명하시오. 1) 시스템 구성도 2) 구성요소 및 특성 3) 문제점 및 대책
10	91회 10점	업무용 건물에 100[kW] 태양광 발전설비를 설치하여 이용 시 연간 에너지 절감비용과 개략적인 온실가스 저감에 대하여 설명하시오.
11	91회 25점	태양광 발전시스템 서지보호장치의 종류와 특성을 기술하고 설치방법, 동작협조 및 적용에 대하여 설명하시오.
12	93회 10점	태양광 발전(PV ; PHOTO VOLTAIC)에서 최대전력점(MPP)을 설명하시오.
13	95회 10점	태양광 모듈의 특성 중 FF(Fill Factor)를 설명하시오.
14	95회 25점	태양광 전기의 간이 등가회로를 구성하고 전류-전압 곡선을 설명하시오.
15	96회 25점	건물일체형 태양광 발전시스템을 등급별로 분류하고 특징과 설계, 시공 시 고려사항 설명하시오.
16	96회 25점	태양광 발전시스템의 어레이 설치방식별 종류 및 특징에 대하여 설명하시오.
17	98회 10점	태양광 발전시스템에서 태양전지 어레이 설치 완료 후 어레이 검사방법에 대하여 설명하시오.
18	98회 25점	지붕형 태양광 발전설비 설계순서
19	99회 10점	태양광 발전의 독립형 전원시스템용 축전지 설계순서와 다음 조건을 만족하는 납축전지 용량계산(단, 1일 소비전력량 5[kWh], 부조일 : 10일, 보수율 : 0.8, 방전심도 : 65[%], 축전지 개수 : 50개)

20	99회 25점	주택용 계통연계형 태양광 발전설비의 시설기준
21	100회 25점	조력발전의 원리, 특징, 발전방식
22	101회 10점	태양전지 모듈 선정 시 고려사항
23	101회 25점	태양광발전시스템의 구성과 태양전지패널 설치방식의 종류 및 특성
24	102회 25점	태양광발전설비 설계절차를 작성하고 조사자료 항목과 고려사항
25	105회 10점	태양광설비 전력계통 연계 시 인버터의 단독운전방지기능
26	105회 25점	태양광설비 전력변환장치(PCS = 인버터)의 회로방식
27	106회 25점	태양전지 모듈에 설치하는 다이오드와 블로킹 다이오드의 역할에 대하여 설명하시오.
28	106회 25점	태양광 발전에 이용되고 있는 계통형 인버터의 관하여 설명하시오.
29	108회 10점	태양광 발전설비 시공시 태양전지의 전압-전류 특성곡선에 대해서 설명하고, 인버터 및 모듈의 설치기준에 대해서 설명하시오.
30	108회 10점	연면적 10,000[m^2], 단위에너지사용량 231.33[kWh/m^2 yr], 지역계수 1, 용도별 보정계수 2.78, 단위에너지생산량 1,358[kWh/kW yr], 원별 보정계수 4.14인 교육연구시설의 최소 태양광 설치용량[kW]을 구하시오.
31	109회 25점	수상태양광설비(발전계통의 구성요소, 수위 적응식 계류장치, 발전설비 특징)
32	110회 10점	태양전지 모듈 설치 시 발전에 영향요인 3가지 기술하시오.
33	114회 25점	태양광 인버터(PCS)에서 Stage 및 인버터의 종류와 특징에 대하여 설명하시오.
34	118회 25점	태양광발전용 인버터 Topology 구성방법을 설명하시오. 1) MIC(Module Integrated Converter) 2) String 3) Central
35	119회 25점	태양전지의 최대 전력점과 효율에 대하여 설명하시오.
36	122회 10점	신 · 재생에너지설비의 지원 등에 관한 지침의 태양광설비 시공기준에서 태양광 모듈의 제품, 설치용량, 설치상태에 대하여 설명하시오.
		풍력설비
1	69회 25점	풍력 발전장치를 풍차의 종류에 따라 분류하고 설명하시오.
2	93회 10점	도시형 풍력발전시스템의 설치 시 고려할 기술적 사항
3	95회 10점	풍력발전설비의 TSR(Tip Speed Ratio)를 설명하시오.
4	95회 25점	풍력발전설비에서 기어드형과 기어리스형의 장단점을 설명하시오.
5	99회 25점	해상풍력 제어시스템의 제어요소 중 정상한계 내에서 통제하고 유지해야 할 항목을 10가지 이상 기술하시오.
6	105회 25점	풍력발전용 발전기 선정 시 고려사항과 풍력터빈 정지장치
7	116회 25점	해상풍력발전의 전력계통 연계방안을 내부전력망(Array Cable or Inter Array), 해상변전소(Offshore Substation) 및 외부전력망(Transmission Cable or Export Cable)으로 구분하여 설명하시오.
8	120회 25점	풍력발전설비의 다음 사항을 설명하시오. 1) 구성요소 2) 비상정지 및 안전장치 검사 사항 3) 전력변환장치의 검사 사항
9	122회 25점	풍력발전시스템의 구성 및 발전원리를 설명하고, 전력계통에 연계 시 미치는 영향과 대책에 대하여 각각 설명하시오.
		기 타
1	90회 10점	신재생 에너지 발전의 종류를 들고 설명하시오.
2	121회 10점	신재생에너지의 단독운전 시 문제점과 방지 대책에 대하여 설명하시오.

Chapter 03 에너지 국가정책

1	71회 25점	전기기기의 고효율화는 현시점에 반드시 시행하여야 하는데, 현재 시행하고 있는 보급제도 중 3가지를 선택하여 기술하시오.
2	86회 25점	2009년 3월 15일부터 확대 시행되는 대형 건축물의 신재생 에너지 설치 의무화 제도를 설명하시오.
3	87회 25점	건축물 설계 시 인허가 과정 중 에너지 절약계획서의 제출이 의무화되어 있는데 전기설비 부문 설계기준 중 다음 사항을 설명하시오. 1) 수변전설비 2) 조명설비 3) 전력간선 및 동력설비
4	89회 25점	에너지 이용합리화법에 의한 에너지 관리 진단을 실시하여야 하는 대상과 전기에너지 부문 진단사항 및 효과에 대하여 설명하시오.
5	89회 25점	건축물의 효율적인 에너지 관리를 위한 에너지 절약 설계에 관한 기준 중 다음 사항에 대하여 설명하시오. 1) 에너지 절약 계획서를 제출하여야 하는 대상 2) 전기설비부문 에너지절약 설계에 관한 기준의 의무사항 3) 신재생에너지설비부문 에너지절약 설계기준의 의무사항
6	90회 25점	녹색에너지 설계기준 중 다음 내용을 설명하시오. 1) 녹색에너지 가족운동(GEF 운동 Ⅲ) 2) 녹색에너지 적용기준 3) 녹색에너지 설계적용 예
7	91회 10점	정부에서 추진중인 전력산업분야의 에너지절감정책에 대하여 설명하시오.
8	91회 25점	온실가스 감축에 따른 기후협약에 대하여 전력산업계의 대응방안을 설명하시오.
9	91회 25점	공공 청사 신축시 적용할 수 있는 전기에너지 절약방안(법적 요건, 내용, 특성)에 대하여 설명하시오.
10	93회 10점	기후변화 협약에 따른 에너지 문제와 친환경 건축에 대한 사회적 요구에 그린빌딩 도입이 확산되고 있다. 그린빌딩의 도입배경 및 개념에 대하여 설명하시오.
11	93회 25점	건축물의 에너지 절약설계기준(국토교통부 고시 제2017-881호)에 의한 다음 사항을 설명하시오. 1) 대기전력의 정의 2) 대기전력의 종류 3) 대기전력의 차단장치 4) 대기전력 차단장치 설치 의무사항
12	99회 10점	신재생에너지 공급의무화제도
13	101회 10점	건축물에서 대기전력차단장치의 설치기준과 시설방법
14	103회 25점	녹색인증제도의 도입목적과 운영방안, 정부정책
15	105회 25점	에너지 절약설계기준의 의무사항, 권장사항
16	108회 25점	녹색건축물 조성 지원법에서 규정하는 에너지 절약계획서 내용 중 다음에 대하여 설명하시오. 1) 전기부문의 의무사항 2) 전기부문의 권장사항 3) 에너지절약계획서를 첨부할 필요가 없는 건축물
17	109회 25점	BEMS(건물에너지 관리시스템)
18	111회 25점	지능형 건축물 인증제도
19	113회 25점	건물에너지관리시스템(Building Energy Management System)의 개념, 필요성, 공공 기관 의무화, 설치 확인
20	115회 10점	ESCO(Energy Service Company)의 주요 역할과 계약제도의 종류를 설명하시오.

21	116회 25점	정부에서는 태양광발전산업을 장려하기 위하여 2018년 REC(Renewable Energy Certificate) 가중치를 개정하고, 발전차액지원제도(FIT ; Feed-In Tariff)를 한시적으로 도입하기로 결정하였다. 이에 대하여 설명하시오.
22	117회 25점	건물에너지관리시스템(BEMS)을 설명하시오.
23	121회 10점	에너지 이용 합리화를 위한 기본계획을 설명하시오.

Chapter 04 신개념 에너지(스마트 그리드 및 분산형 전원설비)

1	66회 10점	초전도 에너지 저장장치(SMES ; Superconducting Magnetic Energy Storage) 원리와 특징을 설명하시오.
2	80회 10점	신재생 에너지를 이용하여 연계발전 운전을 하고자 한다. 단독발전운전방식으로 운전되는 경우의 문제점과 그 방지대책을 간단히 기술하시오.
3	83회 25점	분산형 신재생에너지의 계통연계 방법을 설명하시오.
4	88회 10점	전력산업의 녹색성장전략인 지능형 전력망(SMART GRID)에 대하여 설명하시오.
5	89회 25점	신재생에너지(분산전원)를 전력계통에 연계하는 경우에 고려하여야 할 사항에 대하여 설명하시오.
6	90회 25점	현재의 전력망에 IT기능을 접목한 스마트 그리드 시스템과 연계 가능한 스마트 세대분 전반(적산시스템)의 특징과 기능을 설명하시오.
7	92회 25점	분산형 전원의 장단점을 기술하고 단점에 대한 대책을 설명하시오.
8	93회 10점	분산형 전원을 전력계통에 연계하여 운전할 때 분산형 전원을 전력계통으로부터 분리되어야 할 경우에 대하여 설명하시오.
9	93회 25점	신재생 에너지를 이용한 분산형 전원의 종류를 제시하고 발전전력방식과 계통연계형태에 대하여 설명하시오.
10	95회 10점	하절기 수요관리(DSM)를 위한 분산전원 5종류를 들고 설명하시오.
11	99회 10점	스마트 에너지 관리시스템의 필요성
12	99회 25점	전력계통에 연계하는 분산형 전원의 용량에 따른 연계방법을 구분하고, 순시전압변동 허용기준에 대하여 설명하시오.
13	99회 25점	스마트 그리드 구축계획상 5대분야별 실행 로드맵과 이행을 위한 정책과제
14	100회 25점	전기자동차의 전원공급설비
15	102회 10점	전기자동차의 충전장치 및 부대설비
16	102회 25점	전력공급설비에서 에너지 저장설비의 필요성과 설비조건 및 종류, 저장원리 설명
17	103회 25점	초전도 에너지 저장장치(SMES)의 원리, 에너지 저장시스템 적용 및 응용분야
18	104회 25점	마이크로 그리드(Micro Grid)에 대하여 설명하시오.
19	104회 25점	전기저장장치(EES ; Electrical Energy Storage System)에 적용되는 전지의 원리와 장단점을 설명하시오.
20	105회 25점	분산형전원 계통연계한전기준
21	105회 25점	ESS의 초고용량 커패시터
22	106회 10점	분산형 전원 배전계통 연계 시 순시전압 변동요건에 대하여 설명하시오.
23	107회 25점	HVDC의 컨버터의 전류형과 전압형에 대하여 장단점, 향후 발전전망에 대하여 설명하시오.
24	108회 25점	전기설비 판단기준 제283조에 규정하는 계통을 연계하는 단순 병렬운전 분산형전원을 설치하는 경우 특고압 정식수전설비, 특고압 약식 수전설비, 저압수전 설비별로 보호장치 시설방법에 대하여 설명하시오.
25	109회 10점	에너지저장장치용 전력변환장치 분류

26	110회 25점	스마트 그리드 구현기술과 V2G
27	111회 25점	전기차 전원설비
28	112회 10점	수요자원(DR) 거래시장
29	112회 25점	분산형 전원을 배전계통에 연계 시 고려사항
30	112회 25점	에너지 저장장치의 출력과 용량구분, 전력계통의 활용 분야
31	113회 10점	전력수요관리제도(DSM ; Demand Side Management)에 대해서 설명하시오.
32	114회 10점	하이브리드(Hybrid) 분산형 전원의 정의와 ESS 충·방전방식에 대하여 설명하시오.
33	115회 10점	분산형 전원을 한국전력공사 계통에 연계할 때 고려하여야 할 사항을 설명하시오.
34	115회 25점	축전지 에너지저장장치(ESS ; Energy Storage System)를 전기 계통에 도입하고자 할 때, ESS를 가장 효율적으로 활용하기 위한 3가지 용도를 설명하고, 각각의 경제성을 B/C(Benefit/Cost) 측면에서 비교하여 설명하시오.
35	116회 25점	분산형 전원 배전계통 연계기술기준에 의거하여 한전계통 이상 시 분산형 전원 분리시간(비정상전압, 비정상주파수)에 대하여 설명하시오.
36	117회 25점	에너지저장장치(ESS)의 화재 원인과 방지대책을 설명하시오.
37	117회 25점	스마트 그리드의 필요성과 특징, 구현하기 위한 조건 및 핵심기술을 설명하시오.
38	118회 10점	수요반응(DR ; Demand Response)의 의미와 국내에서 시행하고 있는 요금제도를 설명하시오.
39	118회 10점	수소자동차 저장식 충전소 설계 시 전기적으로 고려해야 할 사항을 설명하시오
40	118회 25점	분산형 전원 계통연계용 변압기의 결선방식에 대하여 설명하시오.
41	119회 10점	전기저장장치(ESS) 화재 원인 및 안전강화 대책 발표(2019. 06. 1)에 따라 20[kWh]를 초과하는 리튬·나트륨·레독스플로우 계열의 이차전지를 이용한 전기저장장치 사용 전 검사 시 2019. 06. 20부터 적용된 추가 검사 항목 중 공통사항을 설명하시오.
42	119회 25점	전기자동차 전원공급설비 설계 시 아래사항에 대하여 설명하시오. 1) 전원공급설비의 저압선로 시설 2) 전기자동차 충전장치 및 방호장치 시설
43	121회 25점	제로 에너지 빌딩(Zero Energy Building)의 다음 사항에 대하여 설명하시오. 1) 제로 에너지 빌딩의 개념 및 조건 2) 제로 에너지 빌딩의 적용기술 3) 제로 에너지 빌딩의 기대효과
44	122회 25점	리튬이온 전지(Li-ion Batery)의 동작원리와 특징 및 전기에너지 저장장치(ESS)에 사용할 경우 안전대책에 대하여 각각 설명하시오.
45	122회 10점	분산형 전원의 배전계통연계 목적과 연계기술기준에 대하여 설명하시오.
46	122회 10점	전기자동차(EV) 충전방식에 대하여 설명하시오.
47	122회 25점	전기사업용 전기에너지 저장장치(ESS)의 사용 전 검사 시 수검자의 사전제출 자료 및 사용 전 검사항목에 대하여 각각 설명하시오.
48	120회 10점	V2G(Vehicle to Grid)의 도입 배경과 정의에 대하여 설명하시오.
49	121회 25점	전기설비기술기준 및 판단기준에서 정하는 ESS(Energy Storage System)의 안전강화를 위한 사항에 대하여 설명하시오.
50	122회 10점	전기설비기술기준의 판단기준에서 정의하는 이차전지를 이용한 전기저장장치의 제어 및 보호장치 시설기준을 설명하시오.

Chapter 05 기 타

1	112회 10점	에너지 하베스팅
2	122회 10점	에너지 하베스팅(Harvesting)과 압전에 대하여 다음 사항을 설명하시오. 1) 에너지 하베스팅 개념과 흐름도 2) 압전의 구성 및 원리 3) 기존발전과 압전발전 비교 4) 압전효과 5) 기술동향

여기서 멈출 거예요? 고지가 바로 눈앞에 있어요.
마지막 한 걸음까지 시대에듀가 함께할게요!

Professional Engineer Building Electrical Facilities

제 1 장

건축물의 에너지 설비

SECTION 01 전원설비

SECTION 02 동력설비

SECTION 03 조명설비

SECTION 04 건축물 에너지 실제

SECTION

01 전원설비

001 수변전설비의 에너지 절약 설계방안

1 개 요

① 최근 에너지 설계 및 신재생에너지는 환경적인 측면이나 에너지 수요관리 측면에서도 중요하다.

② 에너지 설비 중에서 전기의 메인설비에서의 중요성은 에너지를 총괄하는 부분에서 설계 시 중요하고 세밀하게 관리되어야 한다.

2 수변전설비의 에너지 절약 설계

1) 수변전설비의 적정위치 선정

수변전설비의 위치는 전압강하, 전력손실, 건설비, 보수성에 영향을 미치므로 다음의 조건에 만족하는 장소를 선정할 필요가 있다.

① 부하 중심점에 가깝고 배전에 편리한 장소
② 전원인입과 구내 배전선의 인출이 편리한 장소
③ 장래 증설을 대비한 공간 확보가 가능한 장소
④ 기기의 반출입이 편리한 장소
⑤ 수해나 염해의 피해가 적은 장소
⑥ 고온이나 습기가 많은 장소를 피할 것
⑦ 폭발물이나 가연성 물질이 저장된 장소를 피할 것
⑧ 부식성 가스나 먼지가 없는 장소
⑨ 진동이 없고, 지반이 견고한 장소
⑩ 침수의 염려가 없는 장소

2) 변압기 종류 및 용도의 적정 선정

① 유입 변압기

절연유로 광유를 사용하며 100[kVA] 이하의 주상 변압기에서 1,500[kVA] 대용량까지 제작되며 신뢰성이 높고 가격이 저렴하며 용량과 전압의 제한이 적어 가장 많이 사용된다.

② H종 절연건식 변압기

내약품성, 내열성, 내구성이 좋아 화재에 유의하여야 할 빌딩, 지하철의 구내, 병원 등에 적용한다.

③ 가스절연 변압기

보수가 간편하고 방재화의 장점이 있다.

④ 몰드변압기

난연성, 소형, 경량, 유지보수 장점, 고효율의 특성이 있어 많이 사용한다.

3) 고효율 변압기의 채택

① 용량과 효율과의 관계는 용량이 증가할수록 효율이 증가한다.

② 동일용량의 경우 절연계급이 낮은 변압기가 효율이 증가한다.

③ 변압기 무부하 손실은 대부분 철손이 차지하므로 고자속 밀도와 규소강판을 사용하면 효율을 증가시킬 수 있다.

④ 기존의 규소강판 대신 아몰퍼스 합금을 사용하면 무부하손(철손)을 기존변압기의 $\frac{1}{5}$로 줄일 수 있다.

⑤ 하이브리드 변압기 사용 시 고조파 방지, 에너지 손실 절감

4) 변압기의 적정용량 산정

① 변압기용량 ≥ 합성 최대 부하 = (설비부하의 합계 × 수용률)/부등률

② 수용률 = (최대 수용전력/설비용량) × 100[%]

③ 부등률 = (각각의 최대 수용전력의 합/합성 최대 수용전력)

5) 변압기 운전방식을 고려한 전력 절약계획

① 운전대수 제어

복수대의 변압기를 설치하여 부하의 변동에 따라 가장 효율이 좋게 되는 쪽(통합 운전)으로 조합하여 운전하고 나머지는 차단하는 방식

② 소용량 변압기로 교체

대・소용량 변압기 2대를 설치하여 부하 상태에 따라 변압기 교체 사용

6) 수전전압 강압 방식의 선정

① 2단 강압방식(TWO STEP)

㉠ 대규모 공장, 대형 빌딩에서 사용
㉡ 특고압 → 고압, 고압 → 저압으로 강압하는 방식

② 1단 강압방식(ONE STEP)

㉠ 일반적인 규모의 수전설비에 적용
㉡ 특고압 → 저압으로 직접 강압하는 방식
㉢ 대규모 건축물 및 고압부하 사용 시를 제외하면 1단 강압방식이 에너지효율에 유리

002 전력관리 측면에서의 에너지 절약대책

1 개 요

전력관리 측면에서 에너지 절약을 위한 착안사항으로는 부하관리계획, 역률관리계획, 전압관리계획으로 나누어 생각할 수 있다.

2 전력관리측면 에너지 절약

1) 부하관리계획

① 부하율의 개선

㉠ 부하율 $= \dfrac{\text{기간 중의 평균전력}}{\text{기간 중의 최대전력}} \times 100[\%]$

㉡ 부하율 개선방법 : 최대 전력 발생요인을 찾아서 그 원인이 되는 생산적인 상황의 개선, 부하의 일부를 다른 시간대로 이동하는 방법으로 개선

㉢ 부하율 개선효과
- 수전설비용량 감소로 설비비 및 전력기본요금 절감
- 변압기, 배선 등의 손실감소
- 최대 전력저하로 변압기 용량 여유 발생

② 최대 전력관리

㉠ 계약전력 : 수용률을 적절히 산정하여 최대 전력을 조정함으로써 계약전력 조정

㉡ 최대 전력의 관리방법
- 수용전력계의 설치 : Peak Cut, Peak Shift, 자가발전기 가동, Program Control 등으로 최대전력 관리
- 최대 전력의 억제(Demand Control) : 단시간 정지시킬 수 있는 설비를 미리 선택하여 수요전력 초과 염려가 있는 경우 일시 정지함으로서 최대 전력 억제

2) 역률관리계획

① 구내 역률을 높일 것

부하의 종합역률이 낮으면 선로 전압강하, 설비의 유효한 이용 불가능, 전력손실 증가 등으로 전력 요금이 높아지므로 부하에 병렬콘덴서를 사용하여 역률 개선

② 역률개선 효과

㉠ 전력요금의 경감
㉡ 변기, 배전선의 손실경감
㉢ 설비용량의 여유도 증가
㉣ 전압강하의 개선

3) 전압관리계획

① 적정전압의 유지

㉠ 기기의 효율은 정격전압에서 사용할 때 가장 좋다.
㉡ 적정 전압유지 방법
- 부하 시 탭변환 변압기 사용
- 적정 회로 전압 선정
- 적정한 전원분할 계획

② 전압변동의 최소화

㉠ 변압기 용량을 충분히 할 것
㉡ 배전선의 굵기를 충분히 할 것
㉢ 간선 분할을 적절히 할 것
㉣ 배선 말단에 콘덴서 설치로 무효전력 억제

③ 전압 불평형의 시정

㉠ 불평형 발생 원인
- 큰 단상부하
- 3상 불평형 부하

ⓛ 불평형 발생 결과

- 역상전류가 흐르고 역상 토크 발생
- 동손 및 철손 증가
- 온도 상승, 소음 상승
- 효율저하

ⓒ 대 책

- 가장 불평형이 작은 결선 방법 사용 : 단상 3선식
- 단상 결선 시 부하 분담 개선

3 결 론

① 전력관리 측면에서의 에너지 절약 적용기술을 요약하면

② 역률관리에서는 진상용 콘덴서 설치, 콘덴서 설치위치는 가급적 말단에 분산적용, 역률 자동제어 장치 적용하므로 에너지를 극대화할 수 있다.

③ 부하관리 측면에서의 에너지 절약은 수용전력계를 설치하여 전력을 관리하고, 최대 전력 억제(Demand Control) 장치를 설치하여 개선한다.

④ 전압관리 계획에서는 전기부하 설비에 알맞은 정격전압을 공급하여 에너지를 절약할 수 있다.

003 수용가 공정개선에 의한 전력제어 방법(= 첨두부하제어 = 수요관리 = 부하율 관리)

1 개 요

수용가 공정개선에 의한 전력제어 방법으로는 설비부하의 Peak Cut, Peak Shift, 자가 발전기에 의한 Peak 제어, 설비부하의 Program 제어, Cogeneration System의 적용, 터보냉동기 대신 가스 흡수식 냉온수기 채택 등이 있다.

2 수용가 공정개선에 의한 전력제어방법

1) 설비부하의 Peak Cut

목표전력을 설정하여 목표전력을 초과하는 경우 일부 부하를 차단하여 피크치를 날리는 것을 말한다.

2) 설비부하의 Peak Shift

어느 시간대에 부하가 급증하는 것을 막기 위하여 일부 부하를 다른 시간대로 옮겨 최대 전력을 억제하는 전력관리 방식으로 심야전력을 이용하는 빙축열시스템 및 야간을 이용한 전기보일러 등이 이에 해당한다.

3) 자가 발전기에 의한 Peak 제어

일부 부하를 별도의 자가 발전기로 운전하거나 전력회사 전력계통과 병렬운전을 하여 부족전력을 보충 운전하는 가장 일반적인 전력관리 방식을 자가 발전기 운전 Cost와 전력회사 수전 Cost와 비교하여 경제성을 검토한다.

4) 설비부하의 프로그램제어

프로그램을 미리 설정하여 최대 전력이 목표전력을 초과할 경우, 프로그램에 따라 순차적으로 정지시키는 방법으로서 Demand Control이 이에 해당한다.

5) Cogeneration System의 적용

① 가장 적극적인 피크 차단 방법으로 폐열의 이용률을 높이고, 한전단가가 낮고, 발전단가가 낮아야 만족하는 설계가 될 수 있다.
② 수전용량이 큰 대형건물 등에 유효하나 한전단가가 높아 사용률이 떨어진다.

6) 터보냉동기와 가스 흡수식 냉온수기 사용 검토

한전단가와 가스를 열원으로 사용하는 흡수식 냉온수기의 가스 사용 요금을 검토 및 현장의 여건에 따라 사용 검토

7) 신재생 설비 사용 검토

신에너지(연료전지, 수소에너지, 중질잔사유화 등), 재생에너지(태양열, 태양광, 풍력, 지열, 해양, 폐열, 바이오, 소수력 등) 수용가에서 검토, 설치하여 부하율 관리 필요

8) 에너지 저장장치

2차 전지, 초전도 에너지 저장장치 등을 수용가에 설치하여 부하율 관리

004 Demand Control 방식

1 개 요

① Demand Control 방식이란 자가용 전기설비 수용가에서 전력의 효율적인 이용을 목적으로 계약전력의 초과가 예측될 때에 자동적으로 부하를 제어할 수 있는 시스템을 말한다.

② 이 장치는 전력의 사용 상태를 감시하고 경보, 기록 및 부하제어 지령을 발하고 전력의 초과가 예측되는 정도에 대응하여 5 ~ 8단계까지 자동제어 되는 것으로 제어 대상 부하는 단시간 정지해도 장해가 적은 것을 선택하여야 한다.

2 Demand Control 방식

1) 구 성

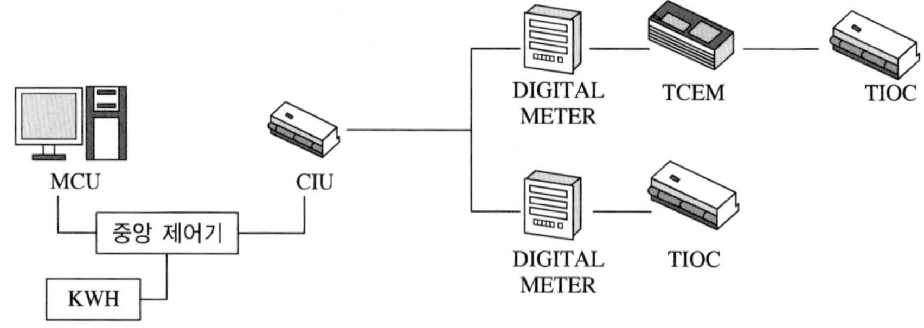

① Main Control Unit(MCU)

㉠ 전력상태를 수집, 감시, 제어명령을 수행하는 메인 컨트롤 설비이다.

㉡ 제어 회로수에 따라 하나의 통신선에 병렬로 RTU를 연결하여 사용하고 프로그램 설정이 가능한 독립 제어장치

② Communication Interface Unit(CIU)

RS-232/485 통신을 사용하는 제어 시스템 간의 통신 거리를 확장하거나 통신 선로의 분기가 필요한 경우 사용하는 RS-232/485 통신용 컨버터 및 RS-485 중계기

③ **디지털 집중 변환제어장치(TCEM)**

㉠ 재래식 방식의 각종 변환장치(T/D)와 중계장치의 통신기능을 일체형 계측장치에 내장한 디지털집중 변환장치이다.

㉡ 수배전반의 내부에 취부하며 시운전 및 유지보수의 편의를 위해 LOCAL DISPLAY 기능과 ELECTRO-MECHANICAL COUNTER를 내장하고 있다.

④ **터미널 입출력 장치(TIOC)**

㉠ 디지털 입출력 장치로서 현장의 감시 포인트의 데이터를 RS-485 통신 방식으로 CPU에 전송하여 표시한다.

㉡ 필요에 따라 출력 포인트를 현장 장치로 내보내 On/Off 제어한다.

2) 원 리

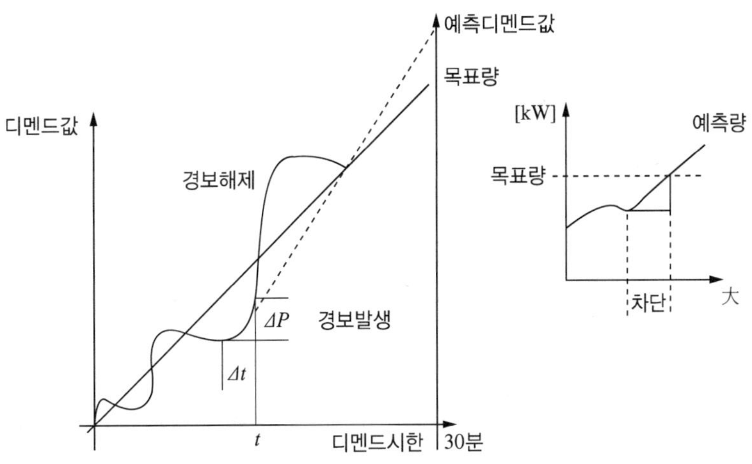

▌디멘드값과 시한의 관계 동작도

현재의 전력과 그 증가량의 경향에 따라 디멘드값을 예측하여 예측값이 목표량을 초과하지 않는 범위까지 5 ~ 8회로까지 부하를 차단하여 목표전력 이하로 컨트롤한다.

3) 기 능

① **경보기능**

㉠ 디멘드 초과 예측경보

제1단계 경보 : 주의 촉구, 제2단계 경보 : 부하 차단

㉡ 고부하 경보 : 임의의 5분간 평균 디멘트 값이 목표 디멘트 값의 110, 120, 130[%]를 초과하면 경보 발생

㉢ 한계경보 : 돌발적인 부하에 의해 한계 디멘드에 도달 시 경보가 발생하며 전부하 제어회로(5 ~ 8회로) 전체 차단

② **표시기능**

현재전력, 예측전력, 조정전력, 나머지 시간, 경보표시 등의 기능이 있다.

③ **차단기능**

일정한 목표치에 도달 시 차단할 수 있는 기능

④ **연산기능**

일정한 목표예상치를 연산하여 차단할 수 있는 기능

⑤ **기 타**

원격제어, 전력 모니터링, 역률제어, 기록 기능 등

4) 제어 순위선택 방식

① **우선순위 방식**

차단 부하의 중요도를 감안하여 미리 순위를 정하여 그 순서에 따라 차단하는 방식

② **사이클릭 방식**

차단 부하의 순위를 윤번순으로 하여 균등하게 부하를 차단하는 방식

5) 효 과

① 전력을 유효하게 사용
② 전기요금 절약이 가능
③ 계약전력 저하가능
④ 부하율 향상

6) 방식의 적용

적용부하의 선정은 단시간 정지해도 수용가의 생산품질 또는 안전이나 위생상의 지장을 초래하지 않는 부하를 대상으로 적용

① 일반적인 제어대상 부하
② 냉방설비
③ 공기압축기 또는 펌프
④ 간헐 가동설비
⑤ 자가발전설비와 교체할 수 있는 설비
⑥ 단시간 정지가 가능한 설비

SECTION 02

동력설비

005 동력설비의 에너지 절약방안

1 개 요

① 최근 건축물의 높은 에너지 소비율, 온실가스 배출량 증가, 건물의 노후화, 에너지 과다 사용으로 에너지 소비량 증가

② 전체 에너지 소비 중 동력설비가 60 ~ 70[%]로 많이 사용되므로 이에 대한 고효율 기기 도입, 적정시스템 설계 및 운영관리를 통한 에너지 절약이 필요하다.

③ 따라서 고효율기기사용, 효율적 운영 및 제어, 적정한 유지보수 및 관리로 전력수급의 안정, 전력요금 및 비용절감, 온실가스 감축과 환경대책에 기여할 수 있다.

2 에너지 절약의 목적(필요성)

① 고효율 기기의 선정 및 보급

② 효율적인 운영 및 제어

③ 적절한 유지보수 및 관리

④ 전력비용 절감으로 원가 절감

⑤ 전력수급의 안정화

⑥ 온난화 대책에 기여하여 환경성 제고

3 동력설비의 에너지 절감 시 사전검토 항목

1) 정부의 에너지 절약 대책

① 에너지이용합리화법, 건축물 에너지 절약 설계기준, 전력수요 관리사업 지침

② 고효율 기자재 인증제도, 보급촉진규정, 건축물 에너지 효율등급 인증제도

③ 자발적 협약(VA), ESCO사업 등에 포함되어 있는 동력설비의 에너지 절감시책을 충실히 반영하여야 한다.

2) 동력설비의 검토항목

구 분	검토항목
부하 전동기	부하토크, 회전속도, 운전방식, 부하율, 효율개선, 역률개선
결합방식	슬립손실저감, 증감속도와 손실저감

3) LCC측면에서 검토

LCC측면에서 에너지 절약 극대화 방안 계획, 설계단계에서부터 검토하여 VE 실시한다.

4 동력설비의 에너지 절감

1) 전동기설비의 에너지 절약

① 고효율 전동기 채용

㉠ 600[V] 이하 3상 유도 전동기에 고효율 전동기 사용
㉡ 손실 20 ~ 30[%] 저감되고, 효율 4 ~ 10[%] 향상
㉢ 고효율 유도전동기의 생산판매 의무화 : 0.75[kW] 이상

② 효율적 운전

㉠ 공회전 방지는 2 ~ 3배 전력소모(불필요 시는 정지) 방지
㉡ 경부하 운전 방지 : 약 80 ~ 90[%] 부하 시 효율이 최대
㉢ 전압 불평형 방지, 동력설비 전용간선 필요

2) 반송설비의 에너지 절약

① **인버터 방식 채용** : 1회 왕복 시 약 50[%] 절전효과
② **군 관리 방식 채용** : 여러 대의 필요 없는 가동을 최소의 가동으로 최대 효과 기대
③ **격층 운행** : 격층 운행 시 약 10[%] 절감
④ 에스컬레이터, 수평보행기는 평상시 정지, 인체 감지 후 작동하는 가동 시스템 운영

3) VVVF(인버터 방식) 에너지 절약

① 가변전압 가변주파수 장치로 전압과 주파수를 변환시켜 전동기 속도제어 방식
② 2승 저감토크 부하인 펌프, 팬, 블로어에서 절감 효과 우수
③ 인버터 방식 적용 시 30 ~ 70[%] 에너지 절감 효과 기대
④ 고조파, 전동기 온도상승, 전원의 맥동현상 등에 대한 대책이 필요

4) 역률개선 에너지 절약

① 적정한 용량의 콘덴서 설치

② 설치방법은 모선 측 설치, 부하 측 설치, 모선 + 부하 측 분산 설치가 있으나 적합한 장소에 맞게 선택하여 설치

③ 역률개선 시 변압기, 배전선 손실 저감, 전압강하 경감, 전력요금 경감, 설비용량의 여유증가 등을 가져올 수 있다.

5) 공조설비의 에너지 절약

① 고효율 냉동기, 가스 직화식 흡수식 냉동기 채용

② 냉동기 대수 분할 필요, FCU 대수 제어 필요

6) 심야전력 이용설비 채용

① 심야시간대(23 : 00 ~ 09 : 00) 심야전력 기기(축열식, 축랭식) 냉난방기기 사용 시 별도로 계량기를 설치하여 전기요금 할인 혜택

② **빙축열 시스템 채용** : 심야 시간대 냉동기 가동 축열조에 얼음을 저장하여 주간의 피크 시간대 축열조에서 냉방 부하에 공급

7) 운용관리 측면에서 에너지 절약

① **BAS 적용**

냉난방 및 전력 시스템을 총괄 감시하고 제어하여 가장 효율이 있는 최적 운전을 하여 에너지를 절약한다.

② **수요관리**

동력설비의 최대전력 수요관리(Peak-Cut, Peak-Shit 등)하여 에너지 절약

006 전동기설비의 에너지 절약방안

1 전동기설비의 에너지 절약 방안

1) 부하의 특성과 용도에 알맞은 적정한 용량의 것을 선택

부하특성에 알맞은 전동기의 용량을 선택하여 과설계로 인한 초기 투자비와 운용전력비가 증가 되거나, 저설계로 인하여 부하 측 용량부족에 의한 문제가 발생하지 않도록 적절한 설계 필요

2) 3.7[kW] 이상의 전동기에는 기동장치 설치

일정용량 이상의 전동기에는 기동장치를 설치하여 직입기동에 의한 과전류로 변압기 및 케이블 등이 증가되지 않도록 설계

3) 효율이 좋은 전동기 채택

① 현 황

㉠ 우리나라 전체 전력 사용량 중 3상 전동기가 소모하는 비중이 40[%]에 이를 만큼 고효율 전동기의 사용이 국가 에너지 저감 대책을 위한 시급한 과제로 떠오르고 있다.

㉡ 고효율 전동기는 전압 600[V] 이하의 3상 유도전동기를 말하고, 표준전동기보다 20 ~ 30[%] 정도 전력손실을 줄이고 효율은 3 ~ 18[%] 정도 높다.

㉢ 적은 전력량을 사용하면서도 운전효율이 높으며, 내구성이 뛰어나 운전시간이 길어 경제성이 뛰어난 장점을 가지고 있다.

② 특 징

㉠ 효율의 극대화로 우수한 절전효과 : 철심, 권선의 최적설계 및 고급자재 사용으로 손실을 표준대비 20 ~ 30[%] 저감시켜 수전설비 및 전력 소비량의 절약이 가능

㉡ 낮은 온도상승으로 권선수명 연장 : F종 절연 채택, Service Factor 1.15를 적용하여, 온도상승에 여유를 확보함으로써 권선의 절연수명, 즉 전동기 수명을 연장

㉢ 높은 경제성 : 손실이 적은 절전형으로 표준전동기보다 제품비용은 상승되나 운전 중 Cost가 낮으므로 초기 상승비용을 단기간에 회수 가능할 뿐만 아니라 운전시간이 길어질수록 경제성이 높아짐

㉣ 저소음화 : 풍손 저감을 위한 외부팬 형상 및 구조변경으로 통풍음, 전자음이 작아져 표준전동기 대비 3 ~ 8[dB] 정도 소음이 작아짐

㉤ 높은 호환성 : 대부분의 용량이 표준전동기와 외형치수가 동일하여 기존 전동기와 호환성을 유지할 수 있다.

③ 적용 부하

㉠ 가동률이 높고 연속운전이 되는 곳

㉡ 정숙운전이 필요한 곳(저진동, 저소음)

㉢ Peak부하가 걸리는 곳(여름철 공조용)

㉣ 전원용량이 작고, 설비증가가 제한된 곳

4) 유도전동기 속도제어 방식은 VVVF방식 채택

① 원 리

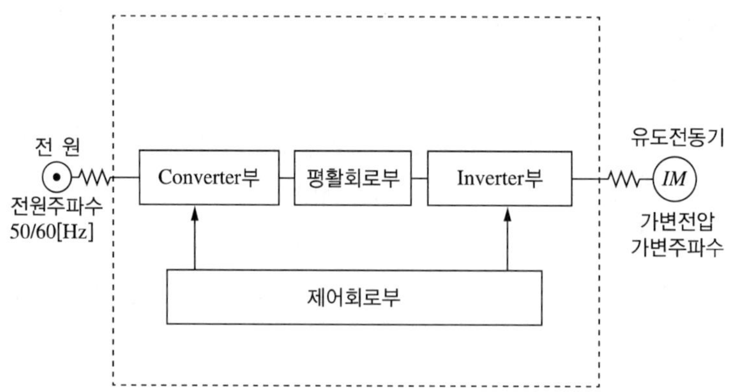

② 특 징

㉠ 속도제어 용이 : 주파수를 가변하여 모터 속도제어가 용이하다.

㉡ 에너지 절감 : 전기에너지를 30 ~ 70[%]까지 절약이 가능하다.

㉢ 제동의 용이 : 기계적 정지 장치인 브레이크 없이 전기적으로 모터 정지가 가능하다.

㉣ 품질 생산성 향상 : 제조라인 등에서 부하에 따른 최적의 속도제어를 구현하여 증/감속 운전으로 품질 및 생산성에 기여

㉤ 기동 시 충격완화 : 상용전원 기동 시 모터 정격의 5 ~ 6배 정도 기동전류 스트레스가 없다.

㉥ 환경의 쾌적성 : 공조기 등은 속도제어에 의해 온도조절을 하여 쾌적한 환경 제공

ⓢ 순시정전 보상 : 순시정전 보상기능으로 정지가 없는 모터 운전이 가능

ⓞ 전원 역률 및 효율 : 전파정류 회로가 존재하여 위상지연이 없으므로 진상 콘덴서의 설치가 불필요하며, 효율은 95[%] 이상

5) 경부하 운전, 공회전 방지를 위한 스위치와 검출계, 전류계 설치

경부하 운전 및 무부하 운전에 대하여 검출하거나 스위칭하여 에너지 절감

6) 전동기 가동 시에만 콘덴서가 연결되도록 회로 구성

7) 작업에 지장이 없는 경우 전동기 가동시간을 야간시간대로 이동하여 값싼 심야 전력을 이용하고, 피크치의 관리 필요

8) 부하의 크기에 따라 대수 제어

전동기를 분할하여 효율이 높은 방향으로 운전

007 VVVF(인버터) 속도제어방식

1 개 요

① 종전의 전동기 속도제어방식은 유량에서는 조절 밸브, 풍량에서는 댐퍼제어방식이 많았다.

② 최근 현장에서 부하용량의 시간적 변화에 대하여 회전속도를 가변 제어하는 인버터 방식이 에너지 절감 및 환경적인 측면에서 많이 적용되고 있다.

2 인버터 개념

1) 변환원리

인버터의 원리는 전력용 반도체(Diode, Thyristor, Transistor, IGBT, GTO 등)를 사용하여 상용 교류전원을 직류전원으로 변환시킨 후, 다시 임의의 주파수와 전압의 교류로 변환시켜 유도전동기의 회전속도를 제어하는 것이다.

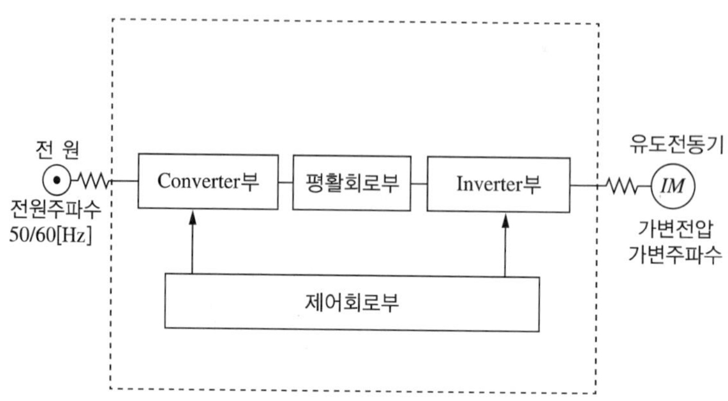

2) 인버터 방식의 분류

① 회로구성에 따른 분류

전류형	전압형	
	PAM	PWM
• 정류부 : 전류를 AC→DC가변 • 인버터 : 주파수 가변	• 정류부 : 전압을 AC→DC 가변 • 인버터 : 주파수 가변	• 정류부 : 전압을 AC→DC 가변 • 인버터 : 전압과 주파수 가변
대용량에 사용	초기 기술이며 현재는 단종	최근 대부분 사용

② 인버터 스위치 소자에 따른 분류

구 분	MOSFET	GTO	IGBT	SCR
용 량	소용량 (5[kW])	초대용량 (1[MW] 이상)	중대용량 (1[MW] 미만)	대용량
스위칭 속도	15[kHz] 초과	1[kHz] 이하	15[kHz] 이하	수백 [Hz] 이하
특 징	고속 스위칭	대전류 고전압에 유리	대전류 고전압에 유리	전류형 인버터에 사용

③ 제어방식에 따른 분류

구 분	스칼라 컨트롤 인버터		벡터 컨트롤 인버터
	V/F 제어	SLIP 주파수 제어	
제어대상	전압과 주파수의 크기만 제어		전압의 크기와 방향을 제어하고, 주파수의 크기만 제어
가속특성	• 급가속 및 감속 운전에 한계성 • 4상한 운전 시 0 속도 부근에서 Dead Time이 있음 • 과전류 억제능력 떨어짐	• 급가속 및 감속 운전에 한계성 • 연속 4상한 운전가능 • 과전류 억제능력 중간	• 급가속 및 감속운전에 한계가 없음 • 연속 4상한 운전가능 • 과전류 억제능력이 큼
속도제어	1 : 10	1 : 20	1 : 100
속도검출	불가능	속도검출	속도 및 위치검출
토크제어	불가능	일부 적용	적용가능
범용성	전동기 특성 차이에 따른 조정 불필요	전동기 특성 차이에 따른 설정 필요	전동기 특성차이에 따른 설정 필요

3) 인버터 사용 시 에너지 절감

① **V/F 패턴** : 고효율 인버터의 V/F 패턴은 2승 저감 패턴으로 인버터의 속도를 낮추게 되면 전력이 2승 저감 형태로 감소하게 된다.

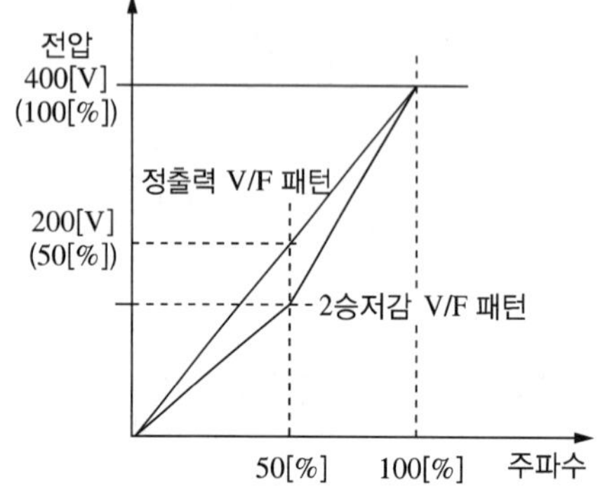

주파수[Hz]	속도감소율	에너지 감소율
60	0[%]	0[%]
55	8.3[%]	20[%]
50	16.7[%]	27[%]
회전수 10[%] 감소 시 소비전력은 27[%] 절감		
회전수 20[%] 감소 시 소비전력은 49[%] 절감		

② **에너지 절감원리 인버터 사용 시 에너지 절감 원리**

㉠ 상용전원으로 운전하는 팬, 펌프, 블로어는 부하에 따라 댐퍼나 밸브로 유량을 조정하여도 댐퍼나 밸브로 인한 손실 때문에 전력은 크게 감소하지 않으나, 전동기 회전수를 제어하면, 전력은 회전수의 3승에 비례해서 감소한다.

㉡ 전력과 회전수의 관계는

$P = \gamma QH \propto N^3$

즉, 인버터로 전동기 속도 제어 시에는 전력이 전동기 속도의 3승에 비례하여 절감된다.

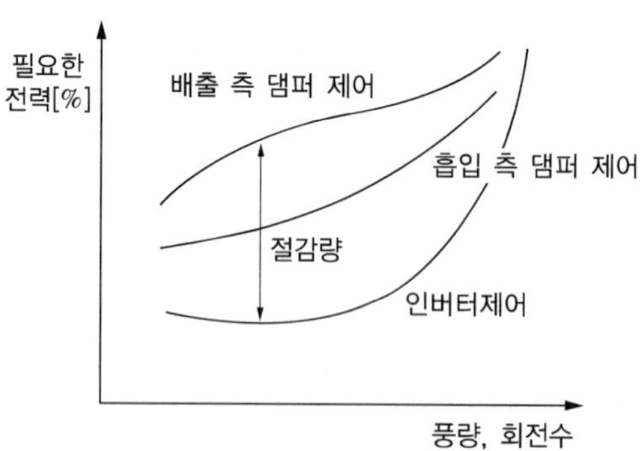

▮ FAN의 운전특성

3 인버터 적용 시 특징

1) 장 점

① 속도제어 용이

주파수를 가변하여 모터 속도제어가 용이하다.

② 에너지 절감

전기에너지를 30 ~ 70[%]까지 절약이 가능하다.

③ 제동의 용이

기계적 정지 장치인 브레이크 없이 전기적으로 모터 정지가 가능하다.

④ 품질 생산성 향상

제조라인 등에서 부하에 따른 최적의 속도제어를 구현하여 증/감속 운전으로 품질 및 생산성에 기여한다.

⑤ 기동 시 충격완화

상용전원 기동 시 모터 정격의 5 ~ 6배 정도의 기동전류 스트레스가 없다.

⑥ 환경의 쾌적성

공조기 등은 속도제어에 의해 온도조절을 하여 쾌적한 환경을 제공한다.

⑦ 순시정전 보상

순시정전 보상기능으로 정지 없는 모터 운전이 가능하다.

⑧ 전원 역률 및 효율

전파정류 회로가 있어 위상지연이 없어 진상 콘덴서 설치가 불필요하며, 효율은 95[%] 이상이다.

2) 단 점

① 비용이 고가

초기 설치비용이 많이 소요되어 투자비가 높다.

② 고조파 발생

기본파 이외에 고조파 발생으로 전원 측, 부하 측으로 유입되어 손실, 열화, 오차 발생으로 문제점 노출

008 PAM과 PWM

1 개 요

① 인버터의 원리를 보면 컨버터부에서는 들어오는 교류전기를 +극과 -극을 나눈다.
② 그리고 평활 콘덴서에서 나누어진 +극과 -극을 평평하게 만드는 역할을 한다.
③ 인버터부에서는 +극과 -극을 순차적으로 스위칭 방식으로 교류를 생성한다.

2 PAM의 구성 및 원리

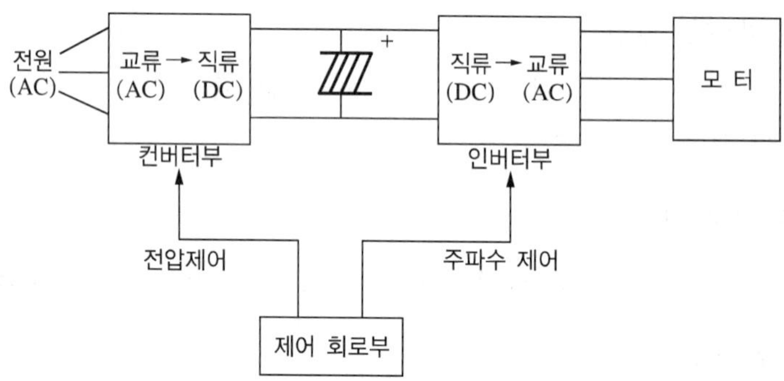

① 컨버터부

컨버터부에서는 교류전압을 직류전압으로 변환 시 다이오드 대신에 SCR 또는 GTO소자를 사용하여 전압높이를 변화시킨다.

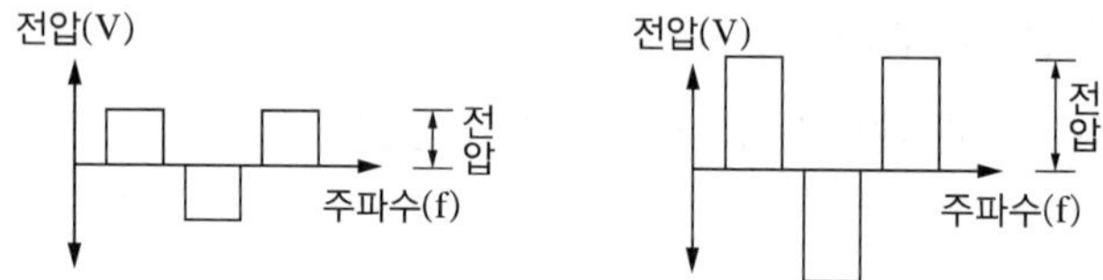

② 인버터부

인버터부에서는 주파수를 변화하여 제어한다.

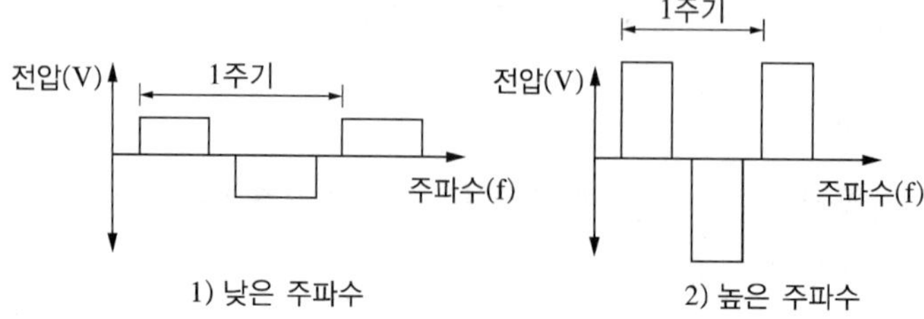

3 PWM의 구성 및 원리

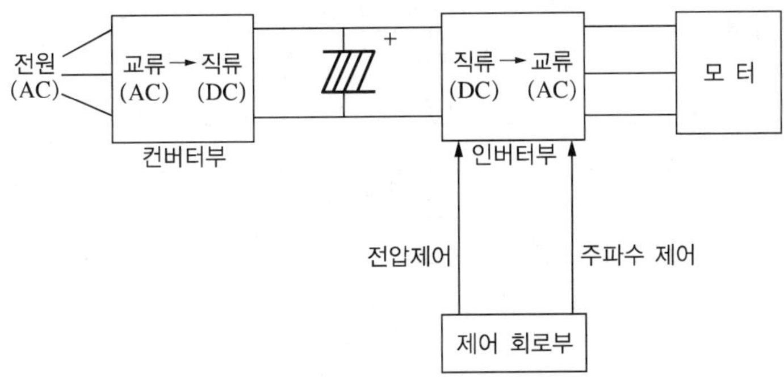

① **컨버터부**

일정한 전압을 출력

② **인버터부**

전압의 펄스폭을 제어하여 크기와 위상을 변화제어

③ **PWM의 종류**

㉠ 부동 펄스폭 제어

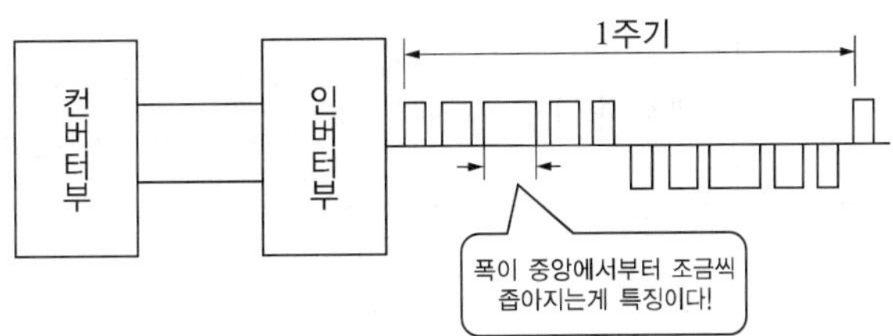

㉡ 동 펄스폭 제어

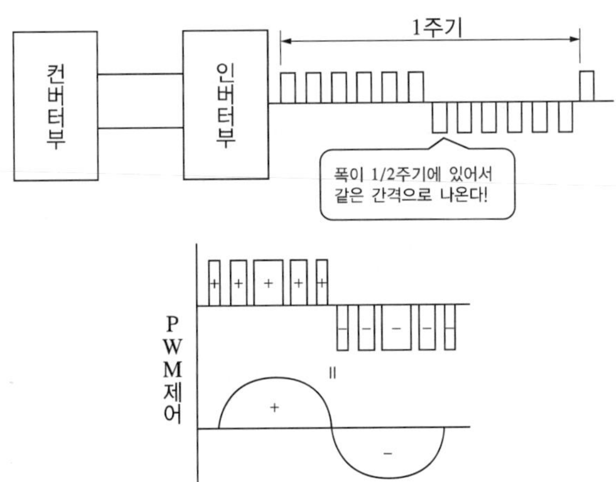

4 PAM과 PWM의 비교

순서	제어방식 항목	PWM 제어		PAM 제어
		부동간격 제어(PM)	동간격 제어(DM)	
1	출력 전압 파형	PWM 구형파		정현파
2	출력 전류 파형	정현파		구형파
3	적용 인버터	전압형 인버터		전류형 인버터
4	제어 회로	복 잡	간 단	간 단
5	모터 효율	○	△	×
6	인버터 효율	95[%] 정도		90[%] 정도
7	전원 효율	80 ~ 94[%]		90[%] 정도
8	진 동	○		△
9	전원 고조파	○		×
10	장 점	• 응답성이 좋다. • 전원역률이 높다. • 주회로가 간단하다. • 모터 효율이 높다. • 저속 진동영향이 작다. • 고속운전이 가능하다.	• 응답성이 좋다. • 전원역률이 높다. • 인버터 효율이 높다. • 회로가 간단하다.	• 고차 노이즈가 적다. • 내구성이 강하다.
11	단 점	• 고차 노이즈가 많다. • 과부하 내량이 적다.	• 전원이용률이 낮다. • 저속에서 진동이 크다. • 고차 노이즈가 크다.	• 전원역률이 낮다. • 응답성이 나쁘다. • 주회로가 복잡하다. • 저속에서 진동이 크다.

009 전력용 반도체

1 반도체(Semi-conductor)

1) 실리콘 원자

실리콘 원자는 14개의 전자를 가지고 있는데 그림과 같이 최외각에는 4개의 전자밖에 없어서 안정화를 위해서는 최소한 4개의 전자를 더 필요로 한다.

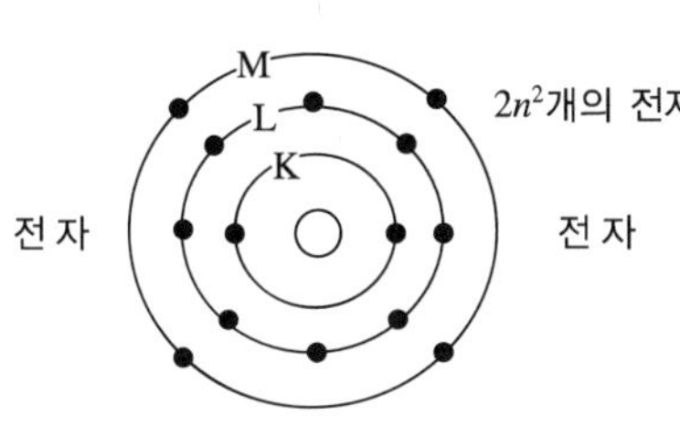

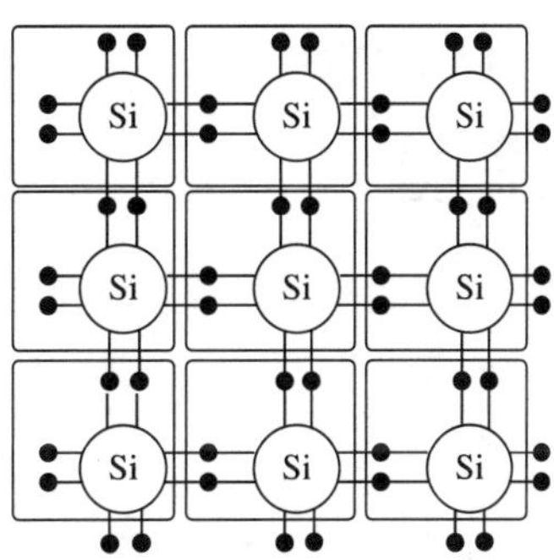

따라서 그림과 같이 이웃한 원자의 전자를 서로 공유함으로써 공유결합을 하여 8개를 채운다.

2) P형 반도체(Positive)

① 4가 원소인 실리콘에 미량의 3가 원소(붕소, 알루미늄)를 불순물로 첨가해서 만든 반도체로써 다음 그림과 같이 3가 원소는 실리콘과 공유결합을 하는데 전자 1 개가 부족하게 된다.

② 부족한 전자로 인하여 양의 성질을 띠게 된다.

③ 전하를 옮기는 캐리어로 정공(홀)이 사용되는 반도체

3) N형 반도체(Negative)

① 4가 원소인 실리콘에 미량의 5가 원소(비소, 안티몬, 인)를 불순물로 첨가해서 만든 반도체로써 다음 그림과 같이 5가 원소는 실리콘과 고유결합을 하는데 전자 1개가 남게 된다.

② 남은 전자로 인하여 음의 성질을 띠게 된다.

③ 전하를 옮기는 캐리어로 자유전자가 사용되는 반도체

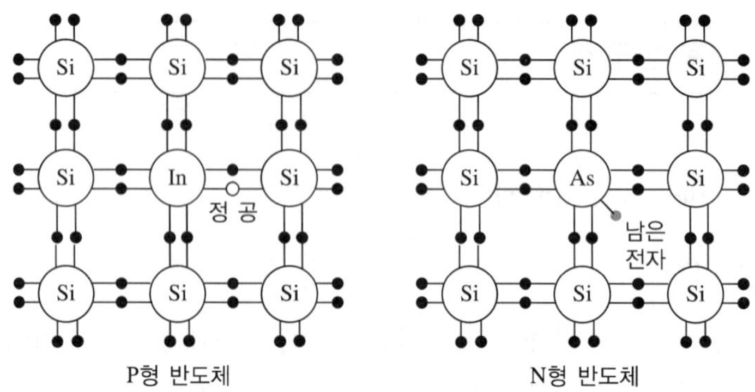

2 Thyristor(SCR)

1) SCR구조

PNPN 또는 NPNP 4층 구조로 되어 있는 정류기이다.

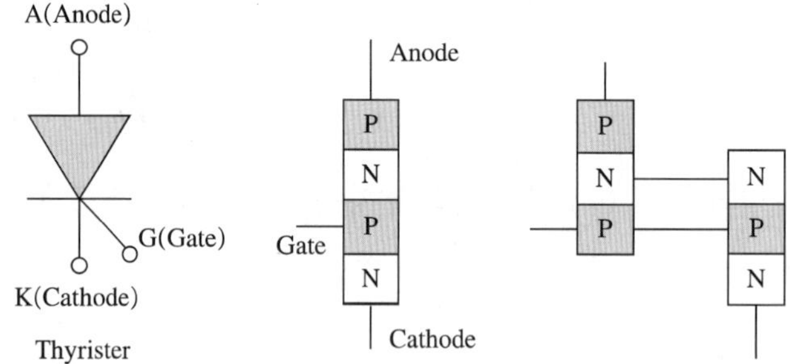

2) 특 징

① 자체 소호능력 없으며 대전류가 적합하다.

② 종류로는 쌍방향 사이리스터, 역도통 사이리스터, 광 사이리스터가 있다.

3 TRIAC(Triode AC Switch)

사이리스터 2개를 역병렬로 접속한 구조이다.

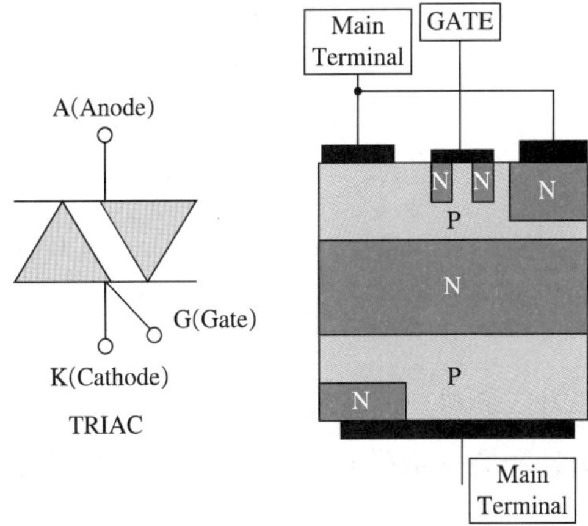

4 SSS(Silicon Symmetrical Switch)

① PNPNP 5층 구조로 하고 게이트를 없앤 구조이다.

② 양 단자 간에 순시전압을 가해서 구동한다.

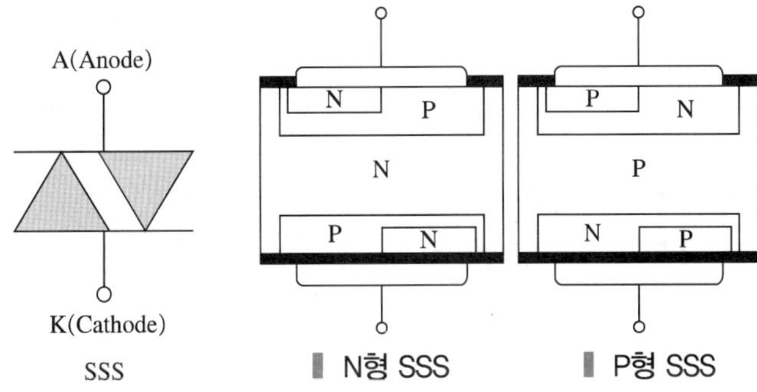

▌N형 SSS ▌P형 SSS

5 GTO(Gate Turn off Thyristor)

1) GTO 원리

GTO는 사이리스터의 단점을 보완하여 게이트에 부의 전류를 흘려주면 Turn Off된다.

2) 특 징

① 스위칭 속도가 느리다.

② 스파이크 전압 완화를 위해 다이오드, 저항기, 콘덴서를 이용한 부가회로가 필요하다.

③ 상기의 이유로 IGBT가 많이 사용된다.

6 POWER MOSFET(Metal Oxide Semiconductor Field Effect Transistor)

1) MOSFET 원리

게이트부에 전계를 가하여 동작시키는 전력용 반도체

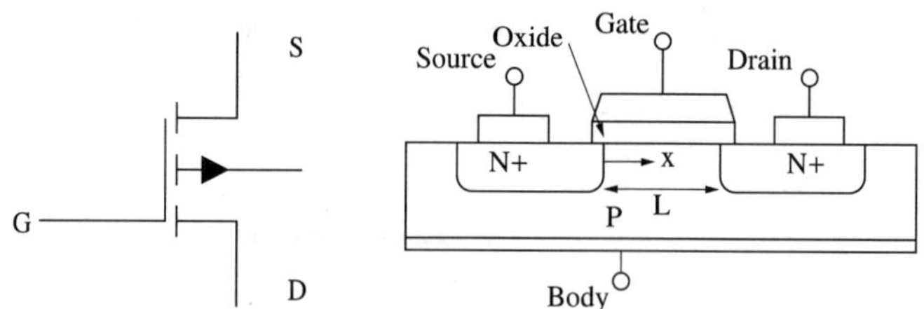

2) 특 징

① 전계를 가하기 때문에 전력 손실이 적고 스위칭 속도가 매우 빠르다.

② 종류는 N채널형, P채널형 있음

7 IGBT(Insulated Gate Bi-polar Transistor)

1) IGBT구조 및 원리

① Junction Transistor와 MOSFET의 장점을 조합한 트랜지스터

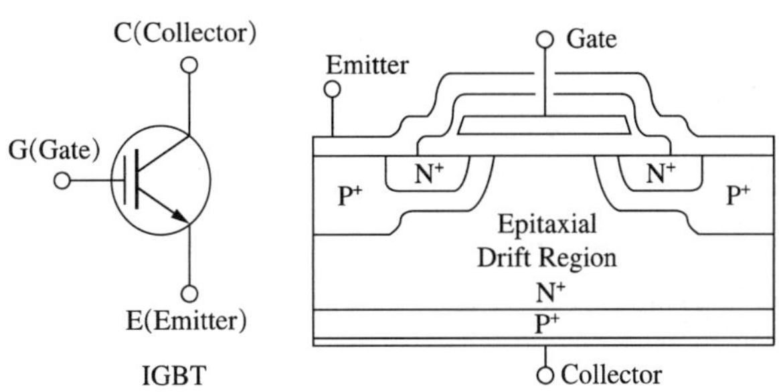

② Junction Transistor : 베이스가 2개 이상의 접합 전극에 끼워진 구조

③ Bi Polar Transistor : 전자, 정공이 모두 관여하는 트랜지스터

④ Uni Polar Transistor : 전자, 정공 중 한 개만이 관여하는 트랜지스터

2) 특 징

① Enhancement형 : 상시 부통 → (전계가 가해지면) → 도통

② Depression 형 : 상시 도통 → (전계가 가해지면) → 부통

③ 고전압 대전류용에 적합 : 철도차량용

④ 회로 구성 시 조립이 간단하다.

⑤ 스위칭 속도가 빠르고 소음이 없다.

⑥ 노이즈에 약하다.

8 IGCT(Integrated Gate Commutated Thyristor, 통합 게이트 정류 사이리스터)

1) 개 념

① 대용량의 전류를 제어할 수 있는 신형 반도체 소자이다.

② GTO와 비슷한 사이리스터의 일종으로, 제어단자(Gate) 신호로 켜고 끌 수 있으며 GTO에 비해 전도 손실이 적은 것이 특징이다.

③ 또한 IGCT는 GTO에 비해 조금 더 고속의 스위칭이 가능하다. 최고 400[kHz]까지의 스위칭이 가능하지만, 변환 손실이 크기 때문에 보통은 500[Hz] 정도로 스위칭한다.

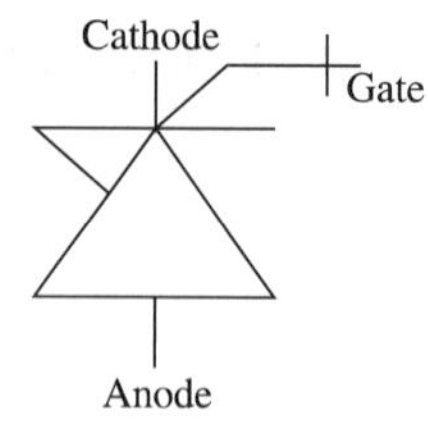

2) IGCT의 종류

① S-IGCT

발생한 역전압을 Symmetrical하게, 즉 순방향 전압이나 역방향 전압이 거의 비슷하게 막는 IGCT다. 전류 소스형 인버터에 쓰인다.

② A-IGCT

발생한 역전압을 거의 막지 못하고 Breakdown 하는 IGCT이다. 대략 버틸 수 있는 전압이 높아봐야 10[V] 내외로, 역전압이 거의 발생할 일이 없는 DC 초퍼 등에 쓰인다. 가격도 S-IGCT에 비해 싸다.

③ R-IGCT

발생한 역전압을 별도의 다이오드를 통해 그냥 도통시키는, Asymmetrical 한 동작을 하는 IGCT다. 반대로 연결하면 그냥 전기가 알아서 매우 잘 흐른다.

3) 장 점

① 운용 전압이 엄청나게 높다.

일반적인 GTO에 비해 훨씬 높은 구동전압, 기본적으로 5[kV] 정도를 깔고 가며 그 상황에서 도통 가능한 전류마저도 엄청나게 높다. 보통 3,000[A] 정도이고 높은 건 5,000[A] 정도다.

② 도통 면적이 매우 넓어 버스바 배선작업이 편리하다.

③ 보통 On/Off 제어 신호를 광 케이블로 입력받는다.

④ 전압 강하가 2 ~ 3[V] 정도로 그렇게 높은 편이 아니며, 도통 저항값도 대개 수 밀리옴 정도로 우수한 도통특성을 가진다.

⑤ 스너버 회로 없이 깔끔하게 동작이 가능하다.

⑥ 직·병렬 동작이 매우 편리하다. 단, 직렬로 하는 경우엔 공장에서 IGCT 소자를 직렬로 쌓아다가 패키징해서 준다.

4) 단 점

① 게이트 구동전류가 엄청나게 높다.

② 대전력을 매우 빠르게 스위칭하고, 게이트 전류마저도 매우 높아 구동 중 고조파의 발생이 좀 심각한 편이다.

③ 광 케이블을 써야 한다.

④ GTO보다 비싸다.

⑤ 냉각하기가 조금 애매하다.

⑥ 스위칭 주파수가 그렇게 높지 않다.

5) 사용장소

① 중전압 솔루션 인버터
그렇게 높은 주파수로 구동되지 않는 특성상 가장 부합한 솔루션이다.

② 직류 전동기를 사용하는 기관차의 초퍼

③ 교류 전동기를 사용하는 기관차의 인버터

④ HVDC 방식으로 송전하는 경우 154[kV]/345[kV] 변전소에서 교류를 IGCT로 정류한 다음 평탄화 시켜 목적지까지 전송하고 목적지에서 IGCT 인버터로 3상 교류를 만들어 전송하게 된다.

조명설비

010 조명설계의 에너지 절약대책

1 개 요

① 유가의 상승, 전력수요의 증가, 온실가스의무 부담 등 에너지 절약에 대한 중요성이 날로 증대되어 가고 있다.

② 조명설비는 건축물 전체 소비전력의 약 20 ~ 30[%] 정도의 큰 비중을 차지하고 있으며, 조명설비에서의 에너지 절약대책은 조명효과 유지를 기본으로 전재로 계획되는 것이 중요하다.

2 에너지 절약의 목적(필요성)

① 고효율 기기의 선정 및 보급

② 효율적인 운영 및 제어

③ 적절한 유지보수 및 관리

④ 전력비용 절감으로 원가 절감

⑤ 전력수급의 안정화

⑥ 온난화 대책에 기여하여 환경성 제고

3 검토항목(고려사항)

1) 정부의 에너지 절약 정책

① 에너지 이용 합리화법, 건축물 에너지 절약 설계기준

② 고효율 기자재 인증제도 및 보급 촉진 규정, 건축물 에너지 효율등급 인증제도

③ VA, ESCO 사업 등

2) 조명설비의 에너지 절약요소

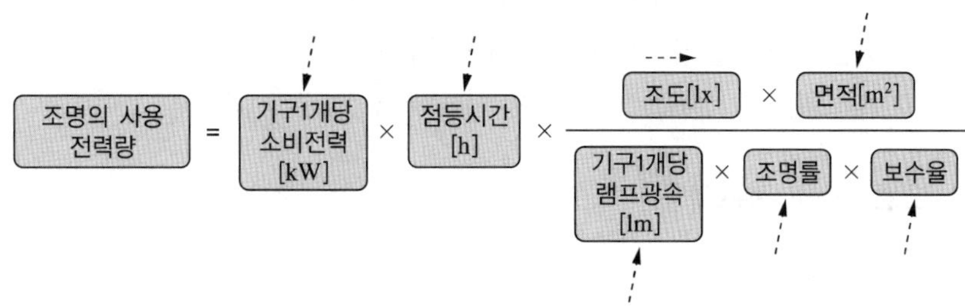

그림에서 화살표 방향은 조명에너지를 절감하기 위한 대책으로 높여야 하는 요소(↑), 낮추어야 하는 요소(↓)를 나타내는 것임

3) LCC 측면에서 검토

LCC 측면에서 에너지 절약 극대화 방안 계획, 설계단계부터 검토하여 VE를 실시한다.

4 조명설비의 에너지 절약설계

1) 조도의 선정

① 조명대상물은 용도, 중요도, 작업의 종류 등을 종합적으로 고려하려 KS A 3011의 적정 기준조도의 선정을 하여 필요 이상의 조도선정은 지양하여 에너지 절약

② 적절한 밝음의 분포(휘도) 유지, 균제도 유지, 눈부심을 고려한 조도선정 필요

2) 광원의 선정(고효율 기자재 인증품목 체계)

① 안정기 내장형광램프(전구식 형광등)

백열전구에 비하여 약 80[%] 절감효과, 수명 약 8배 이상 확보

② 슬립형 형광램프

㉠ 40[W] 형광램프 32[mm] 사용 대신, 26[mm] 32[W] 형광램프를 사용하면 약 20[%] 절감효과 기대

㉡ 40[W] 형광램프 32[mm] 사용 대신, 16[mm] T5(28[W]) 형광램프를 사용하면 약 30[%] 절감효과 기대

③ **삼파장 형광램프 사용**

㉠ 할로인산 칼슘형광체보다 희토류 형광체를 이용하여 연색성을 개선하면 10[%] 절감효과와 동일조도 40[%] 정도 밝게 느껴짐

㉡ FPL 36[W] 대신 32[W] 사용 가능하여 10[%] 에너지 절감

④ **고효율 HID램프사용**

기존 수은램프의 약 30[%] 절감

⑤ 백열램프, 할로겐램프 대신에 LED램프를 사용하면 에너지 절감

3) 조명기구의 선정

① **기구효율이 높은 조명기구 채택**

기구효율 = (조명기구로부터 나오는 광속/램프의 전광속) × 100[%]

② **고효율 안정기(형광램프, HID램프용)** : 10 ~ 30[%] 절전효과

③ **고조도 반사갓(형광램프, HID램프용)** : 등기구 반사효율 90[%] 이상, 콤팩트 FPL 87[%] 이상, HID램프용은 80[%] 이상

④ **조도 자동조절 조명기구**

인체 또는 주위밝기를 감지하여 자동점멸 또는 조도조절

⑤ 공조형 조명기구 채택(형광등 기구)하여 에너지 절약

4) 자동조명제어 시스템 채용

① **자연채광에 의한 창 측 조명제어**

㉠ 주간 시 주광센서에 의해 창 측 인공조명 자동소등 또는 감광제어

㉡ 자연광과 인공조명 조도 차이를 적절히 조화

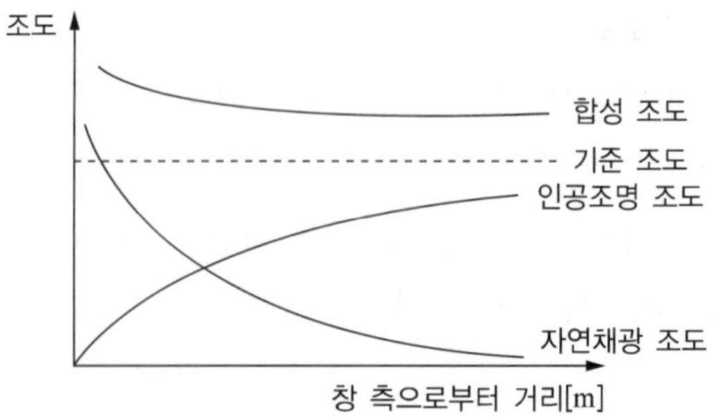

② **시간스케줄에 의한 조명제어**

사무실 사용 상태에 따라 전점등, 전소등, 부분소등, 감광제어

③ **조명 패턴제어**

사무실 용도와 시간대에 따라 최적의 조명 패턴 설정하여 시간 스케줄 프로그램과 연동제어

④ **재실감지기를 이용한 조명제어**

사무실 내 출입자 유무를 초음파 또는 적외선 센서 등에 의한 감지 자동 점등, 소등

⑤ **조광제어**

조도센서에 설정된 입력값을 근거로 조도를 제어 연속조광, 단조광 제어 방식 사용

⑥ **개별스위치 제어**

건물 전체 조명 및 국부적 개별스위치 채택하여 부분조명 가능하도록 제어

⑦ Demand Control과 연동
⑧ 수동조작가능, 사용상태 감시, 제어, 기록기능

5) 기 타

① 실내, 천장, 벽, 바닥 등을 밝은 색으로 마감하여 조명률 향상
② 조명용 전선, 적정전압유지 : 220[V] 조명기구 사용, 전압강하 2[%] 이하 유지
③ **옥외등 자동 점멸** : 광센서 타이머에 의한 자동점멸
④ 공동주택 지하주차장 자연채광 개구부 설치 시 주위밝기를 감지하여 자동점멸 또는 스케줄 제어
⑤ 적절한 램프교환 및 기구를 청소하여 설계조도의 저하방지
⑥ 태양광 가로등 채용, LED 가로등 채용
⑦ Latch Type Relay : 일괄 소등, 정전압 유지

011 Lighting Control 시스템

1 개 요

① 건물의 조명을 자동으로 감시 및 제어하는 시스템으로 유지보수 및 신축·증설이 용이하고 관리비용의 절감, 에너지 절약 등의 장점이 있다.

② 시스템에 조명설비 운영 계획을 설정하여 운영함으로서 인력 절감, 관리 효율 증대, 에너지를 절감하는 제어시스템이다.

③ 비상시(화재 또는 정전 시)에는 자동으로 조명을 제어하는 안전기능과 CCTV용 감시 카메라 등과 연계하여, 침입자를 감시할 수 있는 방범 기능 등 다양한 기능이 있으며, 프로그램 스위치, 포토센서, 재실센서의 각종 제어기들은 분산제어 기능이 있어 중앙감시장치 또는 타 제어기의 이상 발생 시에도 전혀 영향을 받지 않고 정상 동작한다.

④ 조명상태감시 및 스케줄 제어를 CCMS(Central Control Monitoring System)에 의해 다중 전송 방식에 의한 2심 전용 신호선(CVV-S)으로 다수의 조명 기구를 개별 또는 전체 그룹 제어할 수 있는 소프트웨어, 조명제어 패널, 프로그램 스위치로 구성된 운영시스템이다.

2 구성 및 원리

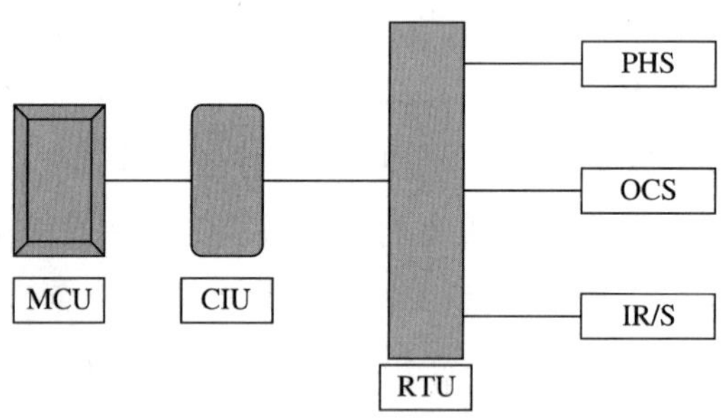

1) MCU(Main Control Unit)

① MCU는 제어 회로 수에 따라 하나의 통신선에 병렬로 RTU를 연결하여 사용하고 프로그램 설정이 가능한 독립 제어장치이므로 중앙관제장치 이상 시에도 자체 프로그램에 의해 정상으로 동작한다.

② 최대 16개의 RTU와 PSW를 연결할 수 있으며 조도 감지기, 재실 감지기 CCTV 등과 연동하여 제어할 수 있다.

2) CIU(Communication Interface Unit)

① CCMS와 LCP 사이의 데이터를 전송하기 위한 통신 인터페이스 장치로 CCMS로부터 제어 또는 전송신호를 받아 LCP를 제어하고 LCP로부터 릴레이, 그룹, 패턴 등의 상태 자료를 받아 CCMS에 전송하는 역할을 한다.

② 또한, 내부 데이터 메모리가 있어 한 대 이상의 CCMS와 동시에 데이터 전송이 가능하며 타 시스템과의 인터페이스를 위한 프로그램 메모리가 내장되어 있다.

3) RTU(Relay Terminal Unit)

① RTU는 제어부와 릴레이의 두 부분으로 구성되어 별도의 배선이 없으며 DIN Rail 방식으로 손쉽게 취부할 수 있다.

② 현재 릴레이를 한 번에 점등시킬 수 있도록 All-on 버튼이 내장되어 있다. 4개의 릴레이를 탑재하고 있으며 최대 16개까지 MCU에 연결할 수 있다.

4) PHS(Photo Sensor)

① 외부 주광의 영향을 받는 실내 창 측에 설치하여 실내 조도에 따라 창 측 회로를 단계별로 제어한다.

② MCU의 외부 입력 단자로 연결한다.

5) OCS(Occupancy Sensor)

① 재실 여부를 감지하여 조명회로를 점등시키고 특정 관제점과 연동 제어할 수 있도록 접점출력을 제공한다.

② MCU의 외부 입력 단자로 연결한다.

3 특 징

① 전송속도가 매우 빠르다(5[Mbps]).

② 다양한 프로그램 제어기능을 추가할 수 있다.

③ 시공이 간편하다.

④ 고장률이 거의 없다.

⑤ 타 시스템과 인터페이스가 가능하다.

SECTION 04 건축물 에너지 실제

012 대형건물의 에너지 절약 시 고려사항

1 개 요

① 대형건물이란 연면적 30,000[m^2] 이상의 건물을 말하며, 대형 건물의 에너지 절약은 전기설비 측면만이 아닌 기계설비, 건축적 측면 등 종합적으로 검토되어 유기적으로 시행되어야 한다.

② 대형건물의 에너지 절약 시 고려사항으로는 크게 전력관리측면, 전원설비측면, 배전설비측면, 조명설비측면, 동력설비측면, 심야전력 활용측면, Cogeneration 시스템으로 구분할 수 있다.

2 대형건물의 에너지 절약

1) 전력관리 측면

① 부하관리

최대전력과 평균전력의 차를 줄이는 부하율 개선과 최대전력을 억제하는 최대전력관리로 구분되며, 이것은 설비비 절감, 전력요금절감, 손실경감, 설비여유도 발생효과를 기대할 수 있다.

② 역률관리

설비의 무효전력을 보상하는 역률관리는 부하 측에 콘덴서를 설치하는 것이 효과적이나 초기 투자비를 감안하여 설치하여야 하며, 이것은 손실경감, 전력요금 경감, 설비여유도 증가, 전압강하 개선효과 등을 기대할 수 있다.

③ **전압관리**

전압이 1[%] 감소하면 광속은 백열전구 3[%] 저하, 형광등은 2[%] 저하되며, 유도전동기의 토크 2[%] 감소, 전열기의 열량은 2[%] 감소된다. 따라서 적정전압유지, 전압변동 최소화, 전압불평형 시정이 필요

2) 전원설비 측면

① **수변전설비 적정 위치 선정**

수변전설비를 사전에 검토하여 에너지를 절약하는 것으로 전압강하, 전력손실, 건설비, 보수성에 영향을 미치는 전원의 위치를 적정 장소에 선정

② **변압기 종류와 용도**

유입형, H종 건식, 가스절연, 몰드 변압기 중에서 에너지 절약 측면의 용도에 적합한 변압기 선정

③ **변압기 손실과 효율**

변압기는 연중 운전되므로 무부하손, 부하손을 검토하여 변압기를 선정

④ **변압기 적정용량 산정**

변압기를 부하에 적합하게 선정하여 최대의 효과를 얻을 필요가 있다.

⑤ **변압기 운전방식**

전력부하곡선에 따른 운전대수 제어, 소용량 변압기로 교체 등을 고려

⑥ **수전전압 강하방식 검토**

2단 강압 방식보다는 1단 강압 방식이 유리하나 현장에 부합되는 것을 검토하여 선정

3) 배전설비 측면

① **적정배전방식 선택**

동일부하 조건의 배전방식은 단상 3선식, 3상 3선식, 3상 4선식이 에너지 절감측면에서 유리

② **적정배선방식 선택**

전력손실을 줄일 수 있는 루프방식, 네트워크 방식 등 채용

③ **적정 배전선 굵기 선정**

전압강하, 전력손실 경감 효과 기대

④ **배전전압 적정화**

전압강하 대책, 전압변동 대책, 전압 불평형 대책, 부하 불평형 문제점 등을 고려하여 설계

4) 조명설비 측면

① 적정한 조도기준에 따라 설계

② **고효율 광원의 선정**

고압방전등 사용, LED 조명, 슬림화 형광등 사용 등

③ **고효율 조명기구의 선정**

기구효율이 높은 기구 선정

④ **에너지 절감 조명설계**

조명에너지 절약 요소, 적정 조명설계, 공조용 조명기구 등을 검토하여 선정

⑤ **에너지 절감 조명시스템 적용**

조명제어 시스템, 감광제어 시스템, 조광방식 시스템 검토

5) 동력에너지 측면

① **에너지 절약형 전동기**

고효율 전동기, 가변주파수 가변전압의 인버터 등 사용 검토

② **에너지 절약 전동기설비계획**

전동기 소비전력특성, 부하특성, 효율, 정격전압, 역률, 시퀀스 제어와 대수제어, 가변속 전동기 등을 검토

③ **적정한 전동기 용량 선정**

적정한 전동기 용량을 선정하여 에너지 절감

6) 심야전력 활용 측면

① 부하관리

최대부하 억제, 심야부하 창출, 최대부하 이동, 전략적 소비절약 및 부하증대, 가변부하 조성

② 심야부하 활용

축열식 온수기, 축열식 히트펌프, 양수 및 배수 등의 부하에 심야전력 활용으로 에너지 절감 및 전력요금 경감효과 기대

7) 열병합 발전기 채용

상용발전기 채택 시 가스터빈 및 가스발전기를 사용하여 폐열을 회수하여 냉방, 난방, 온수 사용하여 에너지 절감

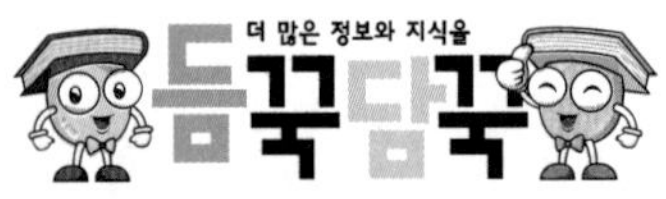

여기서 멈출 거예요? 고지가 바로 눈앞에 있어요.
마지막 한 걸음까지 시대에듀가 함께할게요!

Professional Engineer Building Electrical Facilities

제 2 장

신재생에너지 설비

SECTION 01 신에너지

SECTION 02 재생에너지

SECTION 01

신에너지

013 신재생에너지의 개념 및 종류

1 개 념

① 우리나라는 신에너지 및 재생에너지 개발, 이용, 보급 촉진법의 제2조에 의하여 기존의 화석 연료를 변환시켜 이용한다.

② 햇빛, 물, 지열, 강수, 생물유기체 등을 포함하여 재생 가능한 에너지를 변환시켜 이용하는 에너지로 정의하며 총 11개 분야로 구분하고 있다.

2 신재생에너지 종류

1) **재생에너지 :** 태양광, 태양열, 바이오, 풍력, 수력, 해양, 폐기물, 지열, 수열, 에너지 저장장치(10개 분야)

2) **신에너지 :** 연료전지, 석탄액화가스화 및 중질잔사유가스화, 수소에너지(3개 분야)

① **태양광에너지**

태양광발전시스템(태양전지, 모듈, 축전지 및 전력변환장치로 구성)을 이용하여 태양광을 직접 전기에너지로 변환시키는 기술

② **태양열에너지**

태양열이용시스템(집열부, 축열부 및 이용부로 구성)을 이용하여 태양광선의 파동 성질과 광열학적 성질을 이용 분야로 한 태양열 흡수 · 저장 · 열변환을 통하여 건물의 냉난방 및 급탕 등에 활용

③ **풍력 에너지**

풍력발전시스템(운동량변환장치, 동력전달장치, 동력변환장치 및 제어장치로 구성)을 이용하여 바람의 힘을 회전력으로 전환시켜 발생하는 유도전기를 전력계통이나 수요자에게 공급하는 기술

④ **연료전지**

수소, 메탄 및 메탄올 등의 연료를 산화(酸化)시켜서 생기는 화학에너지를 직접 전기에너지로 변환시키는 기술

⑤ **수소에너지**

수소를 기체 상태에서 연소 시 발생하는 폭발력을 이용하여 기계적 운동에너지로 변환하여 활용하거나 수소를 다시 분해하여 에너지원으로 활용하는 기술

⑥ **바이오 에너지**

태양광을 이용하여 광합성되는 유기물(주로 식물체) 및 동물성 유기물을 소비하여 생성되는 모든 생물 유기체(바이오매스)의 에너지

⑦ **폐기물 에너지**

사업장 또는 가정에서 발생되는 가연성 폐기물 중 에너지 함량이 높은 폐기물을 열분해에 의한 오일화 기술, 성형고체연료의 제조기술, 가스화에 의한 가연성 가스 제조기술 및 소각에 의한 열회수기술 등의 가공・처리 방법을 통해 연료를 생산

⑧ **석탄가스화, 액화**

석탄, 중질잔사유 등의 저급원료를 고온, 고압하에서 불완전연소 및 가스화 반응시켜 일산화탄소와 수소가 주성분인 가스를 제조하여 정제한 후 가스터빈 및 증기터빈을 구동하여 전기를 생산하는 신발전기술

⑨ **지 열**

지표면으로부터 지하의 수 [m]에서 수 [km] 깊이에 존재하는 뜨거운 물(온천)과 돌(마그마)을 포함하여 땅이 가지고 있는 에너지를 이용하는 기술

⑩ **소수력**

개천, 강이나 호수 등의 물의 흐름으로 얻은 운동에너지를 전기에너지로 변환하여 전기를 발생시키는 시설용량 10,000[kW] 이하의 소규모 수력발전

⑪ **해양에너지**

해수면의 상승・하강운동을 이용한 조력발전과 해안으로 입사하는 파랑에너지를 회전력으로 변환하는 파력발전, 해저층과 해수표면층의 온도차를 이용, 열에너지를 기계적 에너지로 변환 발전하는 온도차 발전

⑫ **수열에너지**

발전소의 엔진을 냉각하고 방류하는 온수를 회수하여 열원으로 사용하는 설비

⑬ **에너지 전력저장장치**

에너지를 적게 사용하는 심야시간대에 에너지를 저장하였다가 에너지를 많이 사용하는 낮에 사용하여 부하율을 개선하여 에너지를 절감할 수 있는 설비

014 연료전지

1 개 요

① 연료전지는 수소와 산소의 화학반응으로 생기는 화학에너지를 직접 전기에너지로 변환시키는 기술이다.

② $H_2 + \frac{1}{2}O_2 \rightarrow H_2O$ + 전기

③ 생성물이 전기와 순수(純水)인 발전효율 30 ~ 40[%], 열효율 40[%] 이상으로 총 70 ~ 80[%]의 효율을 갖는 신기술이다.

2 연료전지 발전원리

1) 전지원리

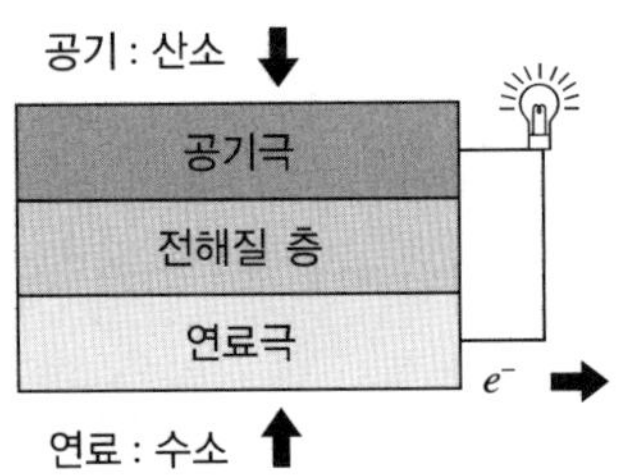

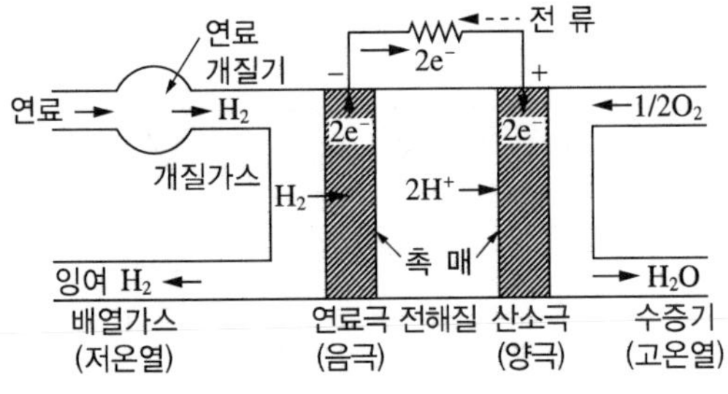

반응식	↓ 열 • Anode : H_2 + 촉매 → $2H^+ + 2e^-$ • Cathod : $\frac{1}{2}O_2$
Total	$\frac{1}{2}O_2 + 2H^+ + 2e^- \rightarrow H_2O + 241.8[J]$

① 연료 중 수소와 공기 중의 산소가 전기 화학 반응에 의해 직접 발전하는 방식이다.

② 연료극에 공급된 수소는 ㉠ 수소이온과 전자로 분리 → ㉡ 수소이온은 전해질 층을 통해 공기극으로 이동하고 전자는 외부회로를 통해 공기극으로 이동 → ㉢ 공기극 쪽에서 산소이온과 수소이온이 만나 반응생성물[물(H_2O)]을 생성 ⇒ 최종적인 반응은 수소와 산소가 결합하여 전기, 물 및 열이 생성된다.

2) System 구성

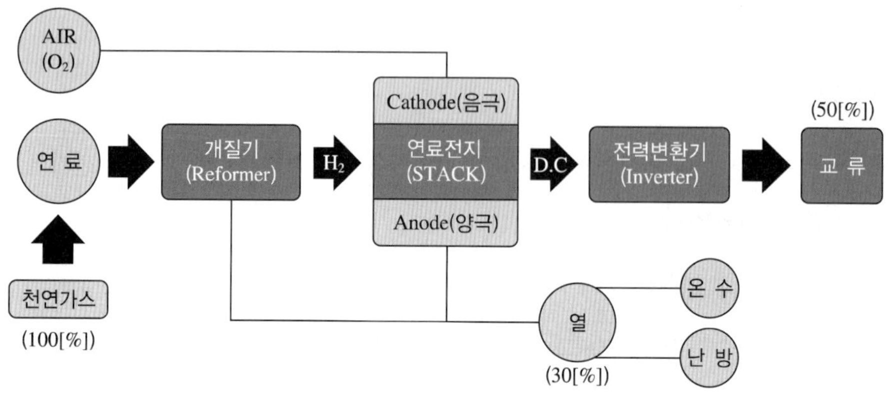

① **개질기**

천연가스 등에서 수소를 걸러내는 장치

② **연료전지**

수소와 산소를 결합시켜 물과 열을 만들어내고 열을 전기에너지로 만들어 내는 설비

③ **인버터**

직류를 부하에서 사용하는 교류로 바꾸어 내는 설비

3 종 류

구 분	인산형	용융탄산염형	고체전해질형
전해질	인 산	탄산염	지르코니아
온 도	170 ~ 200[℃]	650[℃]	1,000[℃]
연 료	LNG, LPG 등	LNG 등	LPG 등
발전효율	40[%]	45 ~ 55[%]	45 ~ 55[%]
특 징	저·고용량 대응	저용량에 부적합	고용량에 부적합
과 제	COST 저감	수명연장	세라믹 기술
사용 시기	1993년부터	2000년 이후	2005년 이후

4 특 징

1) 장 점

① **부하의 응답성이 높다.**
발전기에 비하여 신속하게 부하에 반응하여 공급이 가능

② **에너지 변환 효율이 높다.**
내연기관을 사용하지 않아 발전기에 비하여 에너지 변환 효율이 높다.

③ **송전손실이 낮다.**
발전기에 비하여 사용장소의 제한(진동, 크기, 연료 등)이 적어 부하 근처에 설치할 수 있어 전력공급 손실이 낮다.

④ **환경오염이 적다.**
발전기에 비하여 NOx, SOx 등이 적어 환경오염 방지에 유리하다.

⑤ **공사기간이 단축된다.**
공장에서 연료전지를 만들어와 현장에서는 조립만 하면 되므로 공사기간이 단축된다.

⑥ **입지의 제약이 적다.**
진동 및 크기와 연료에 의한 제약이 적어 입지의 제약이 적다.

2) 단 점

① 발전소 건설비용이 높다.
기존 화력발전소는 [kW]당 1,200[$] 소요되나, 연료전지는 3,000[$] 이상 필요

② 연료전지의 수명과 신뢰성을 향상시키는 기술적 연구 개발 필요

5 향후전망

① **가정용** : 수 ~ 수십[kW] 정도, 도시가스 이용 전력과 열 생산

② **호텔, 병원 등** : 수십 ~ 수천[kW] 정도, 열원 이용 발전효율 증대 및 Peak-cut

③ **분산형 전원** : 수천 ~ 수만[kW] 정도, 수용가 인근에 설치하여 전력비 절감

④ **화력발전 대체용** : 수백 [MW] 이상 규모로 석탄의 친환경 이용 및 첨두부하 제어용으로 적용

⑤ **기타** : 자동차 동력원, 이동용 전원 등에 이용

SECTION 02

재생에너지

015 태양광 설비 1

1 개 요

① 태양광 발전은 태양광을 직접 전기에너지로 변환시키는 기술
② 햇빛을 받으면 광전효과에 의해 전기를 발생하는 태양전지를 이용한 발전방식
③ 태양광 발전시스템은 태양전지(Solar Cell)로 구성된 모듈(Module)과 축전지 및 전력변환 장치로 구성됨

2 관련법

① 신재생 에너지 개발・이용・보급 촉진법
② 전기설비기술기준, 판단기준 제54조(태양전지 모듈 등의 시설)

3 태양광 발전시스템 구성 및 원리

1) 태양전지원리

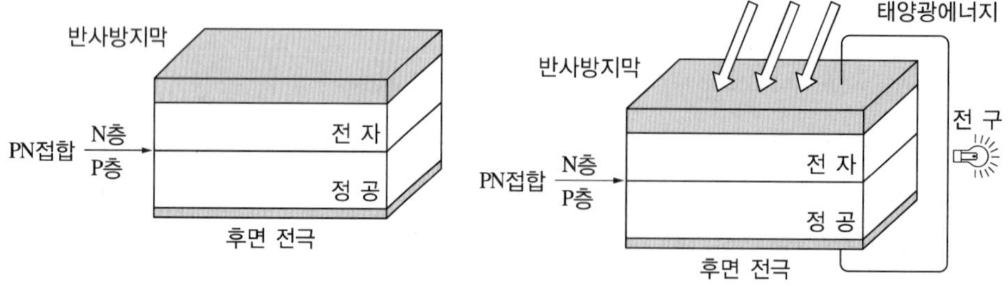

① N형, P형 반도체에 비대칭 접합하여 광전효과 이용
② 빛에너지 입사 시 내부에 전자와 정공쌍이 발생
③ 전자는 N형, 정공은 P형 측으로 이동하여 전극에 모여 전위차 형성
④ 양극에 부하 연결 시 전류가 흐른다.

2) 등가회로

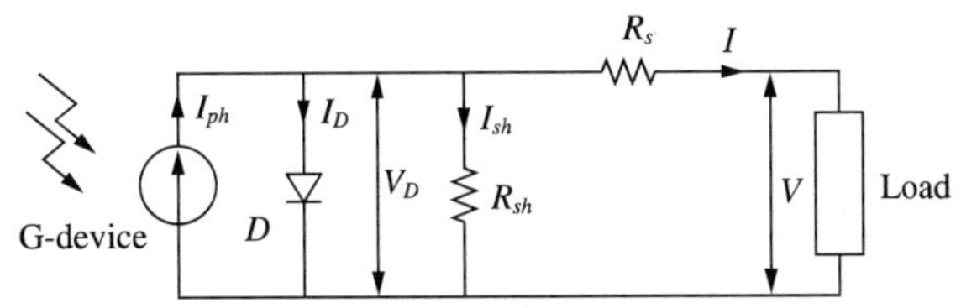

$$I = I_{ph} - I_D - I_{sh} = I_{ph} - I_o(e^{\frac{q(V+IR_s)}{nkT}} - 1) - \frac{V+IR_S}{R_{sh}}$$

여기서, I : 부하전류

I_{ph} : 광기전류

I_D : 다이오드 전류

I_{sh} : 병렬저항에 흐르는 전류

I_o : 다이오드 포화전류

q : 쿨롱의 상수

V : 부하전압

R_s : 직렬저항

n : 다이오드 이상 정수(1~2)

k : 볼츠만의 상수

T : 절대온도

R_{sh} : 병렬저항

3) 시스템 구성 및 원리

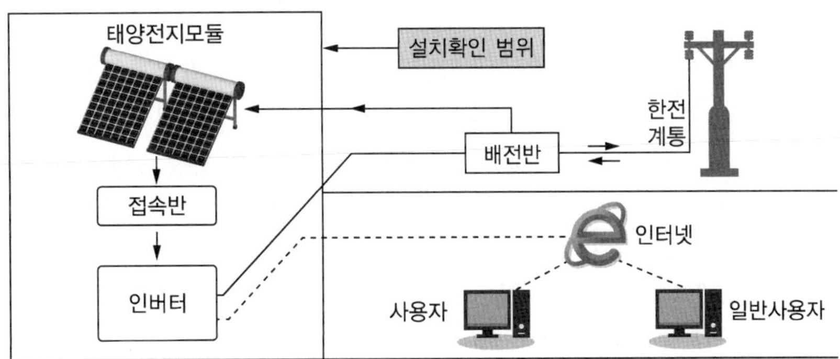

① **태양전지 집합체(태양전지 어레이)**

㉠ 태양에너지를 전기에너지로 변환하는 장치

㉡ 12[V] 단위로 직, 병렬 연결된 다수의 모듈로 구성

② **전압제어장치(충·방전 조절기)**

태양 전지판에서 발전된 직류전력을 축전지 및 인버터에 공급하는 장치

③ **계통 연계형 인버터**

직류전력을 교류전력으로 변환하여 부하에 공급 및 계통에 연계

④ **축전지**

발전전력을 충전하고, 야간 및 기상관계로 발전량 부족 시 부하에 전력을 공급하는 설치

4 분 류

구 분	독립형	계통 연계형	Hybrid형
개 요	• 발전전력을 축전지에 저장 • 부하에 공급	발전전력을 부하에 공급	계통연계형 + 독립형
구 성	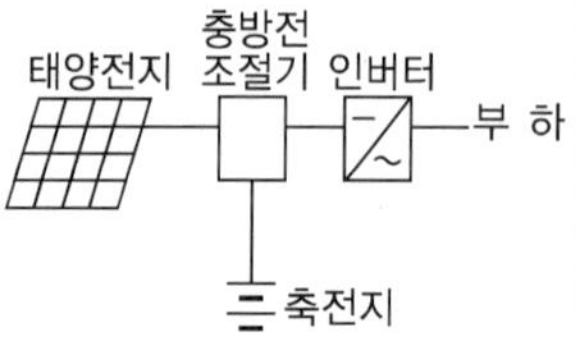 태양전지 / 충방전 조절기 / 인버터 / 부 하 / 축전지 계통연계가 없음	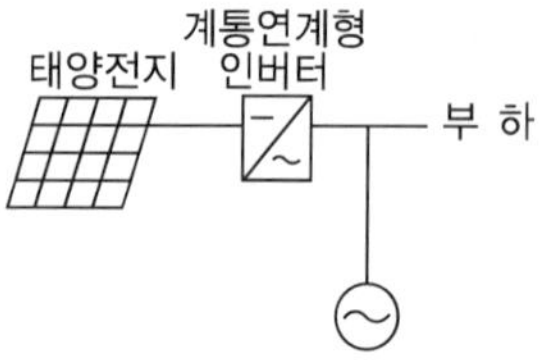 태양전지 / 계통연계형 인버터 / 부 하 축전지 없음	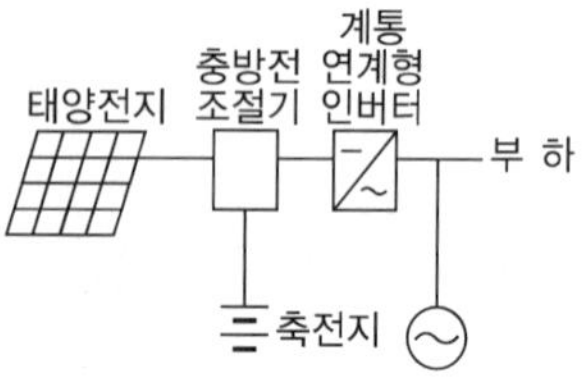 태양전지 / 충방전 조절기 / 계통 연계형 인버터 / 부 하 / 축전지
특 징	• 야간, 악천후 시 축전지에서 공급 • 주간시간 부하공급 및 축전지 충전 • 낙도, 산간, 벽지 등에 적합 • 태양광 가로등 무인등대 등 • 계통연계가 필요 없음	• 야간, 악천후 시 상용계통 전원 이용 • 주간시간 부하공급 및 잉여 전력 계통연계 판매 • 축전지 필요 없음	• 상시 : 상용계통 전원 및 발전전력 사용 • 비상시 : 발전전력 사용 • 국가기간시설, 병원, 방호 시설

5 특 징

1) 장 점

① 에너지원이 청정·무제한
② 필요한 장소에서 필요량 발전가능
③ 유지보수가 용이, 무인화 가능
④ 긴 수명(20년 이상)

2) 단 점

① 전력생산량이 지역별 일사량에 의존
② 에너지밀도가 낮아 큰 설치면적 필요
③ 설치장소가 한정적, 시스템 비용이 고가
④ 초기 투자비와 발전단가 높음

6 태양광 설치 시 고려사항

1) 설계 시 고려사항

① 태양전지판, 설치가능성 판단
② 전력수요 예정량 산정
③ 필요 태양전지 용량 선정
④ 태양전지 설치 면적 및 개수 결정

2) 시공 시 고려사항

① 충전부 노출이 되지 않게 하여 감전방지
② 염해, 낙뢰, 전식 및 부식 방지 대책
③ 풍압, 지진 등에 안전한 구조일 것
④ 태양 전지판 시공 중 발전에 주의(전자판 표면을 덮을 것)
⑤ 부하 측 전도 개폐기 시설, 과전류 보호 장치 시설
⑥ 배선은 배관 배선으로 하거나, 케이블 배선

3) 계통 연계 시 고려사항

① 전력품질의 유지, 동기화, 계통 이상 시 분리, 단독운전방지
② 전기방식이 동일하고, 고장 시 보호협조 검토

016 태양광 설비 2

1 종 류

종 류	벌크타입/웨이퍼 기반			박막형		
	단결정	다결정 실리콘	다결정 밴드타입	비결정 실리콘	CIGS/cdTe	고분자 유기체
장 점	고효율성	가격대비 고효율성	–	저비용	• 저비용 • 자동화 가능	낮은 생산 (연구 중)
단 점	제조비용 증가	–	–	낮은 효율성	낮은 효율성	낮은 효율성

1) 실리콘 반도체

① 단결정, 다결정, 다결정 박막(결정체)

② 아몰퍼스 Si(비결정체)

2) 화합물 반도체

GaAs, InP

3) 유무기 반도체

염료감응형, 고분자

2 등가모델

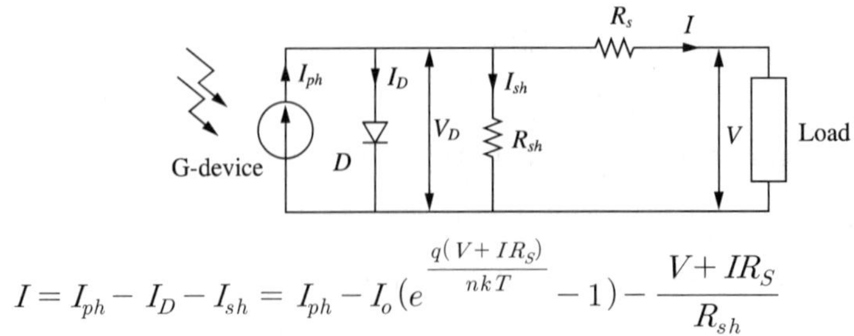

$$I = I_{ph} - I_D - I_{sh} = I_{ph} - I_o\left(e^{\frac{q(V+IR_S)}{nkT}} - 1\right) - \frac{V+IR_S}{R_{sh}}$$

여기서, I : 부하전류, I_{ph} : 광기전류, I_D : 다이오드 전류, q : 쿨롱의 상수

V : 부하전압, R_s : 직렬저항, n : 다이오드 이상 정수(1 ~ 2)

k : 볼츠만의 상수, T : 절대온도, R_{sh} : 병렬저항

3 전기적 특성

1) I-V 특성곡선

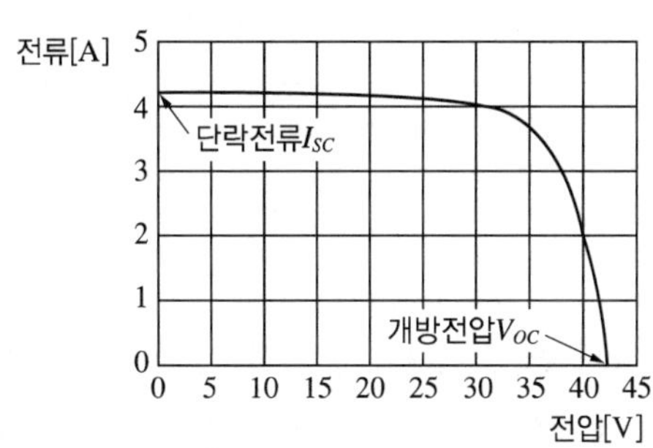

▌ 태양 전지 패널의 특성(x축의 조각이 V_{oc} : 개방 전압, y축의 조각이 I_{sc} : 단락전류)

① **단락전류(I_{sc})** : $I_{sc} = I_{\max}\ at\ V = 0$

㉠ 임피던스가 낮을 때 단락회로 조건에 상응하는 셀을 통해 전달되는 최대전류를 나타낸다.

㉡ 이상적 셀은 최대 전류값이 광자 여기에 의한 태양전지에서 생성한 전체 전류이다.

② **개방전압(V_{oc})** : $V_{oc} = V_{\max}\ at\ I = 0$

셀 전반의 최대 전압차이며 셀을 통해 전달되는 전류가 없을 때 발생

2) FF(Fill Factor)

① $\mathrm{FF} = \dfrac{P_{\max}}{P_t} = \dfrac{I_{mp} \cdot V_{mp}}{I_{sc} \cdot V_{oc}}$

단, $P_{\max}$: 최대 출력전력[W]

P_t : 최대 전력

I_{mp} : 최대 전력전류

V_{mp} : 최대 전력전압

I_{sc} : 단락전류

V_{oc} : 개방전압

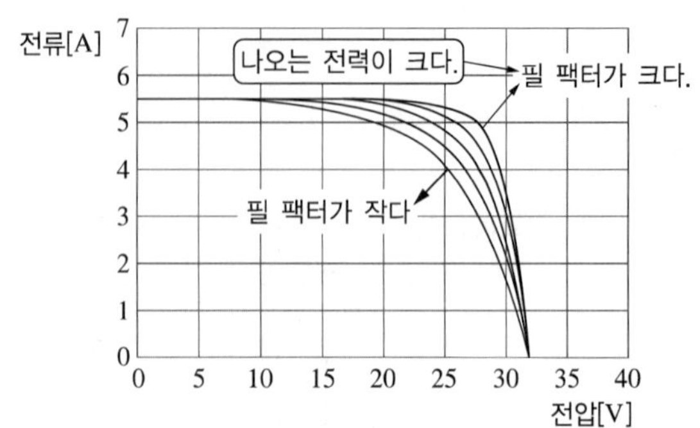

V_{oc}와 I_{sc}가 같더라도 $P_{\max}$가 큰 태양 전지는 어깨가 뾰족해진다.
(V_{oc}와 I_{sc}는 같으며 $FF = 0.6 \sim 0.8$까지 변화시킨 플롯)

② 최대전력을 개방전압과 단락회로 전류에서 출력하는 이론상 전력과 비교하여 계산

③ 태양전지 품질에 있어서 가장 중요한 척도이며, 정사각형 영역의 비로 해석할 수 있다.

④ **효율과 FF 관계**

$$n = \frac{P_{mpp}}{E \cdot A} = \frac{I_{mp} \cdot V_{mp}}{E \cdot A} = \frac{FF \cdot I_{sc} \cdot V_{oc}}{E \cdot A}$$

여기서, P_{mpp} : 최대 전력
E : 입사량
A : 태양전지의 면적
V_{oc} : 개방전압
I_{sc} : 단락전류

⑤ **FF 저하방지**

㉠ 도핑 농도를 크게 한다.

㉡ PN접합의 깊이를 $0.3 \sim 0.5[\mu\text{m}]$로 하고, 표면저항은 $50 \pm 5[\Omega]$ 정도 유지

㉢ 전극면적을 $1[\text{cm}^2]$당 $1[\Omega]$ 이하 값으로 최소화

017 태양전지 모듈 선정 시 고려사항

1 태양전지 모듈 선정 시 고려사항

1) 효 율

$$\text{변환효율} = \frac{P_{\max}}{A_t \times G} \times 100 = \frac{P_{\max}}{A_t \times 1{,}000[\text{W/m}^2]} \times 100[\%]$$

여기서, A_t: 모듈 전면적[m^2]

G : 방사속도[W/m^2]

$P_{\max}$: 최대 출력[W]

2) Power Tolerance

① 다수의 셀을 직렬 또는 병렬로 연결한 경우 각 모듈의 최대출력이 전압, 전류 특성 차이 등으로 이론상의 출력과 차이가 발생하는데 이를 검토한다.

② 모듈을 직렬로 구성할 경우 가장 낮은 전압이 발전되는 스트링이 다른 높은 전압을 발생하는 스트링에 영향을 미쳐 전체적으로 발전전압이 낮아지므로 이를 검토한다.

3) 신뢰성

모듈은 설치 후 내용 수명동안 사용이 가능토록 기계적, 전기적, 환경적으로 신뢰성을 갖추어야 한다.

4) 인 증

공인인증기관에 인증 받은 모듈을 사용한다.

5) 설치분류

① 양전지 모듈은 설치부위, 설치방식, 부가기능 등의 차이에 의해 분류한다.

② 축물의 설치 여건을 고려하여 선정한다.

2 태양광 발전 설치기준 및 고려사항

1) 태양광 전지판

① **설치용량** : 설계용량 이상으로 한다.

② **방위각**

㉠ 그림자의 영향이 없도록 정남향에 설치한다.
㉡ 건축물의 디자인에 부합되도록 현장여건을 고려한다.

③ **경사각** : 현장여건을 고려한다.
④ **음영** : 장애물에 의한 음영을 고려한다.
⑤ **방열** : BIPV 설치 시 방열을 고려한다.

2) 지지대 및 부속자재

① **상정하중 고려** : 자중, 적재하중, 적설, 풍압, 지진, 진동, 충격 등을 고려한다.
② 건축물의 방수 등에 문제가 없는 구조로 한다.
③ 녹방지 사항을 검토한다.

3) 인버터

① **정격용량**

㉠ 설계용량 이상의 인버터 선정
㉡ 모듈의 정격용량은 인버터 용량의 105[%] 이하로 한다.

② **입력전압 범위**

직렬군의 태양광 전지 개방전압으로 한다.

③ **설치장소**

㉠ 옥내, 옥외용을 구분하여 설치한다.
㉡ 옥내용을 옥외 설치 시 5[kW] 이상일 경우 가능하며 빗물침투방지를 하여야 한다.

④ **표시사항**

㉠ 모듈출력 : 전압, 전류, 전력
㉡ 인버터출력 : 전압, 전류, 전력, 역률, 누적발전량, 설치 후 최대 출력량

4) 배선 접속함

① 배 선

모듈 전용선 또는 TRF-XLPE 전선을 상용하고, 전선 피복 손상 방지를 위한 공법을 선정한다.

② 모듈구성

㉠ 각 직렬군은 동일한 단락전류를 가진 모듈로 구성한다.
㉡ 직렬군이 2병렬 이상일 경우에는 각 직렬군의 출력전압이 동일하도록 한다.

③ 경보장치를 설치한다.

④ 전압 강하

태양광 전지판에서 인버터 입력단 사이 및 인버터 출력단과 계통 연계점 사이

전선길이	전압강하
60[m] 이하	3[%]
120[m] 이하	5[%]
200[m] 이하	6[%]
200[m] 초과	7[%]

5) 역전류방지 다이오드(Blocking Diode)

① 목 적

태양전지 모듈에 타 태양전지 모듈이나 축전지에서 전류가 유입되는 전류를 방지하기 위해 설치

② 설치대상

1대의 인버터에 연결된 태양광전지 직렬군이 2병렬 이상일 경우 각 직렬군에 설치

③ **방열대책** : 환기구, 방열판
④ **용량** : 모듈 단락전류의 2배 이상으로 한고 현장에서 확인할수록 표시한다.

3 태양광 발전 시스템의 효율의 종류

구 분	내 용
최고 효율 (변환효율)	• 전력변환 시 최고의 변환효율을 나타내는 단위 • 일반적으로 부하 70[%]에서 최고의 변환효율 • $\eta_{\text{MAX}} = \dfrac{AC_{\text{POWER}}}{DC_{\text{POWER}}} \times 100[\%]$
유러피언 효율 (European Efficiency)	• 변환기의 고효율 성능척도를 나타내는 단위 • 출력에 따른 변환효율 비중을 달리하여 측정 • 예를 들면 $\eta_{EURO} = 0.03 \times \eta_{5[\%]} + 0.06 \times \eta_{10[\%]} + 0.13 \times \eta_{20[\%]} + 0.1 \times \eta_{30[\%]} + 0.48 \times \eta_{50[\%]}$ $+ 0.2 \times \eta_{100[\%]}$ [100%] 〈조건〉 출력 5[%] / 10[%] / 20[%] / 30[%] / 50[%] / 100[%]에서 효율을 측정 출력에 따른 비중 0.03/ 0.06/ 0.13/ 0.10/ 0.48/ 0.20 출력과 비중을 곱한 값을 합산하여 평균치를 계산
추적효율	• 태양광 발전시스템용 파워컨디셔너가 일사량과 온도변화에 따른 최대 전력점을 추적하는 효율 • 추적효율 $= \dfrac{\text{운전 최대 출력[kW]}}{\text{일조량과 온도에 따른 최대출력[kW]}} \times 100[\%]$

4 건물일체형 태양광 발전 (BIPV ; Building-Integrated Photovoltaic)

1) 건물 인체형 태양광 발전

BIPV란 건축물의 외피 마감재로 PV를 이용하는 것으로 PV가 전기 생산과 건축자재역할 및 기능을 수행한다.

2) BIPV의 구조

① 전면에 강화유리로 되어 있으며 중간에 공기층이 있는 것이 특징이다.

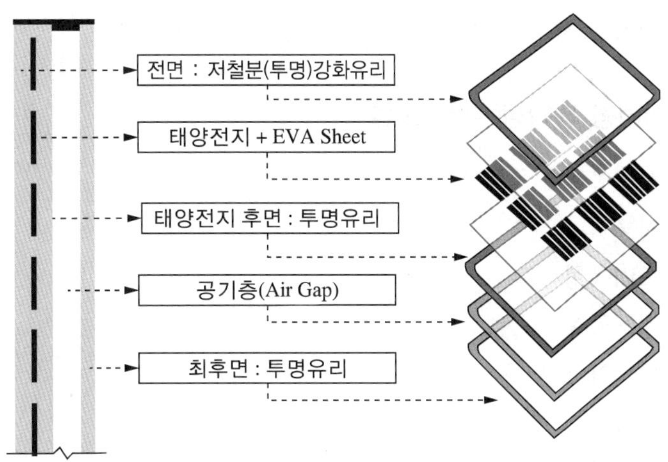

② 투광형 : 외관은 보기 좋으나 효율이 떨어진다.

③ 불투광형 : 투광하지 않으므로 채광성이 떨어지나 효율이 좋다.

3) BIPV 시스템 기능(등급)

① 통합 1등급 : PV모듈이 건물 전면, 상부면 기능을 갖는 모듈

② 통합 2등급 : PV모듈이 건물 외피를 구성할 수 있어야 한다.

③ 통합 3등급 : PV모듈이 건물 외피를 대체할 수 있도록 모든 기능을 갖추어야 한다.

4) BIPV 장단점

① 전력생산과 건물의 외피재료의 기능을 동시에 수행한다.

② 별도의 부지확보가 필요 없다.

③ 시공이 간편하다.

④ 건물의 미관을 해치지 않는다.

⑤ 모듈이 고가이며 효율이 떨어진다.

5) 시공 시 고려사항

① 일사량에 따른 발전성능
② 음영에 따른 발전성능
③ 온도에 따른 발전성능
④ 단락전류, 개방전압에 따른 발전성능
⑤ Power Condition System 설계

6) BIPV설치 공사

BIPV설치 공사는 커튼월의 설치공법에 따라 시공한다.

7) 건물일체형 태양광 발전 종류

① 경사지붕형
② 평지붕형
③ 아트리움형
④ 스팬드럴형
⑤ 비전글라스형
⑥ 발코니형
⑦ 수직차양형
⑧ 수평차양형

018 태양광 발전설비설계

1 개 요

① 태양광 발전은 태양광을 직접 전기에너지로 변환시키는 기술
② 햇빛을 받으면 광전효과에 의해 전기를 발생하는 태양전지를 이용한 발전방식
③ 태양광 발전시스템은 태양전지(Solar Cell)로 구성된 모듈(Module)과 축전지 및 전력변환장치로 구성됨

2 설계 FLOW

설치장소 검토(사전조사) → 태양전지 모듈 선정 → 인버터 선정 → 모듈수량 선정(직렬회로수, 병렬회로수)

3 설계 시 고려사항

1) 설치위치 결정 : 태양고도별 비음영지역 선정

① 주택용 도심지, 건축물 부근 수목빌딩 등 일사차단 고려
② 발전량 추정 : 약 10 ~ 20[%] 저하

2) 설치방법 결정

① 태양광 발전과 건물과의 통합수준
② BIPV(건물일체형 태양광모듈) 설치위치별 통합방법 및 배선방법 검토
③ 유지보수 적정성

3) 디자인 결정

① **경사각, 방위각 결정** : 잠향으로 보통 30°

② **구조, 안정성 판단** : 가대의 재질, 기계적 강도(자중 + 풍압최대하중), 가대 내용연수(스테인리스 30년 이상), 가대고정기초

③ 시공방법

4) 태양전지 모듈선정

① 설치형태에 따른 적합한 모듈선정

변환효율 : 통산 10 ~ 20[%] 정도

$$\frac{P_{max}}{A_t \times G} \times 100$$

여기서, A_t : 모듈전면적[m^2]

G : 방사속도(1,000[w/m^2])

② 전자재로서 적합성 여부

국내인증기관 모듈 사용

5) 모듈면적 및 시스템 용량결정

① 모듈 크기에 따른 설치면적 결정

② Array 구성방안 고려

6) 시스템 구성

① 성능, 효율

② 어레이 구성 및 결선방법 결정

③ 계통연계 방안 및 효율점 전력공급방안

④ 모니터링 방안

단위사업별 설비용량 50[kW] 이상 발전설비(수소, 연료전지 1[kW] 이상)
에너지 생산량/가동상태 확인 가능

7) Array

① 경제적 방법 고려

② 설치 장소에 따른 방식

8) 구성 요소별 설계

① 최대 출력 추종제어(MPPT)

태양전지 동작점 항상 최대 출력 추종변화, 최대 출력 발생하는 제어

② **역전류 방지**

전류의 역류방지를 위해 직렬 삽입소자

③ **최소 전압강하** : 3[%] 미만

④ 내외부 설치에 따른 보호기능

9) 발전시스템 : 독립형, 계통연계형

019 태양광 발전 파워컨디셔너(PCS)

1 태양전지전압과 파워컨디셔너

① 일반개인주택용 : 100 ~ 250[V] 정도
② 공공, 산업용 : 650 ~ 850[V] 정도
③ 태양전지 어레이의 출력전압도 이 범위가 되도록 선정하는 것이 필요하다.

2 회로방식

1) 상용주파 변압기를 사용하는 방식

① 태양전지의 직류 출력을 상용주파 변압기로 승압하는 방식
② 상용주파수 변압기를 이용하여 내부 신뢰성이나 Noise-Cut이 우수하다.
③ 회로가 간단하다.
④ 대용량에 적합하다.
⑤ 변압기로 인한 중량이 증가한다.
⑥ 효율이 저하되는 단점이 있다.

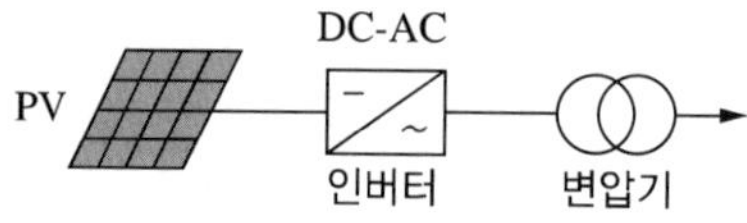

2) 고주파 변압기를 사용하는 방식

① 소형의 고주파 변압기로 절연하고 컨버터와 인버터를 사용하여 변환하는 방식
② 회로가 복잡하고 가격이 고가이다.
③ 소용량이다.
④ 특수구조가 아니면 사용하지 않는다.

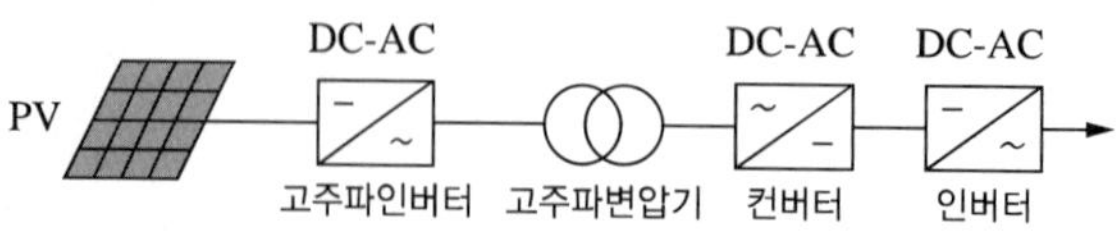

3) 변압기가 없는 방식

① DC-DC 컨버터로 승압하고 인버터에서 상용주파의 교류로 변환하는 방식
② 소형경량으로 가격적인 측면에서 안정되고 신뢰성이 높다.
③ 발전과 사용전원 사이가 비절연된다.
④ 효율이 높다.
⑤ 대용량에 적합하다.
⑥ 일본에서 많이 사용하는 방식이다.

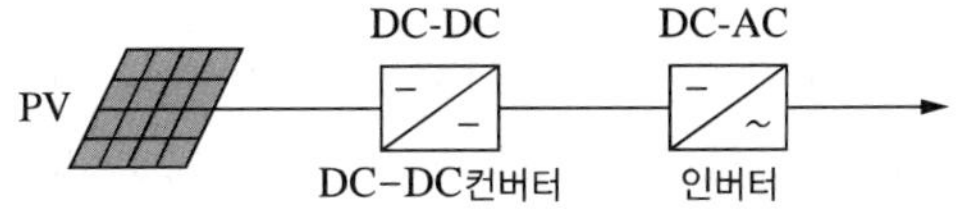

3 파워컨디셔너 기능

1) 자동운전 정지 기능

① 일사강도의 증대로 파워컨디셔너가 운전 가능한 조건이 되면 자동 발전 개시한다.
② 일몰 등 태양전지 출력이 적어지면 자동으로 정지, 대기상태가 된다.

2) 단독운전 방지기능

① 간접검출방식

구 분		원 리	적용성	
			교류 발전기	인버터
수동 방식	전압위상 도약 검출	전압위상의 급변 검출	○	○
	주파수변화율 검출	주파수의 급변 검출	○	○
	제3고조파 전압왜곡 검출	저압 한전계통 연계 시 주상변압기 여자에 의한 제3고조파 전압의 증가 검출	×	○
능동 방식	출력변동 방식	발전출력에 주기적인 미소진동을 줌	○	○
	부하변동 방식	발전기에 병렬로 단락 임피던스 단시간 삽입	○	○
	주파수 이동 방식	인버터 제어에 의해 주파수 자율적 분산	×	○

② **직접 전송차단 방식**

㉠ 통신회선을 이용하여 분산형 전원의 단독운전을 직접적으로 제어하여 차단하는 방식이다.

㉡ 한전차단기 개방 → 분산형 전원측에 신호 전송 → 분산형 전원을 분리

㉢ 신뢰성이 높다.

㉣ 통신설비가 필요하므로 설치 및 유지비용이 증가한다.

3) 최대전력 추종제어

① 최대 출력 추종(MPPT ; Maximum Power Point Tracking)제어 기능

② 태양전지 출력은 일사강도나 태양전지 온도에 따라 변동된다.

③ PCS는 항상 최대 점으로 운전할 수 있도록 직류전압을 변동시켜 제어한다.

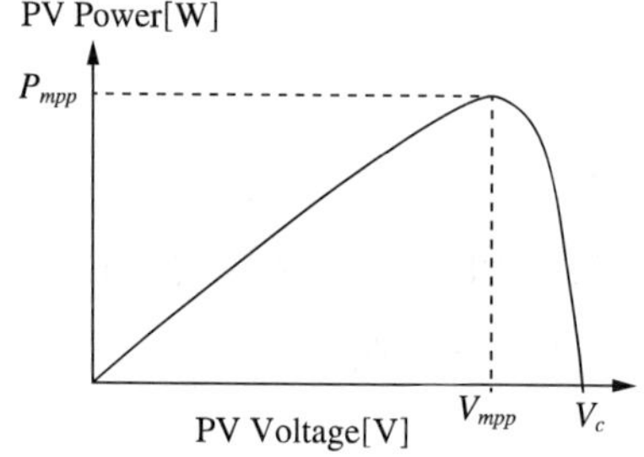

4) 자동전압 조정기능

① 역송전 운전을 행한 경우 수전점의 전압이 상승할 우려가 있다.

② 이를 방지하기 위해 자동전압조정기능을 설치한다.

③ **진상무효전력제어**

㉠ 일반적으로 역률 1로 운전한다.

㉡ 연계점의 전압이 상승하면 무효전력제어를 위해 역률(0.8까지)을 제어한다.

④ **출력제어**

진상무효전력제어에 의한 전압제어가 한계 시 태양광발전시스템의 출력을 제한하여 연계점의 전압상승을 방지한다.

5) 직류 검출기능

① 고주파변압기 절연방식이나 트랜스리스 방식에서 문제가 된다.

② 직류분이 존재하면 주상변압기의 자기포화 등 계통 측에 악영향을 미치게 된다.

③ 직류분이 정격교류출력전류의 0.5[%] 이하로 유지해야 한다.

④ 직류제어기능 문제시 파워컨디셔너를 정지시키는 보호기능이 내장되어 있다.

6) 지락 검출기능

① 트랜스리스 방식은 지락에 대한 안전대책이 필요하다.

② 지락전류에 직류성분이 중첩되어 통상의 누전차단기에서는 보호되지 않는 경우가 발생한다.

③ 파워컨디셔너 내부에 지락검출기가 설치되어 보호된다.

020 풍력에너지

1 개 요

① 풍력발전이란 공기의 유동이 가진 운동 에너지의 공기역학적(Aerodynamic) 특성을 이용하여 회전자(Rotor)를 회전시켜 기계적 에너지로 변환시키고 이 기계적 에너지로 전기를 얻는 기술이다.

② 풍력발전은 어느 곳에나 산재되어 있는 무공해, 무한정의 바람을 이용하므로 환경에 미치는 영향이 거의 없고, 국토를 효율적으로 이용할 수 있으며, 대규모 발전 단지의 경우에는 발전 단가도 기존의 발전 방식과 경쟁 가능한 수준의 신에너지 발전 기술이다.

③ 효율적으로 전기를 얻으려면 초당 5[m] 이상의 바람이 지속적으로 불어야 가능하므로, 대체로 사막이나 바다에 접해 있는 지역이 풍력 발전소를 건설할 만한 곳이 많다.

2 시스템 구성 및 원리

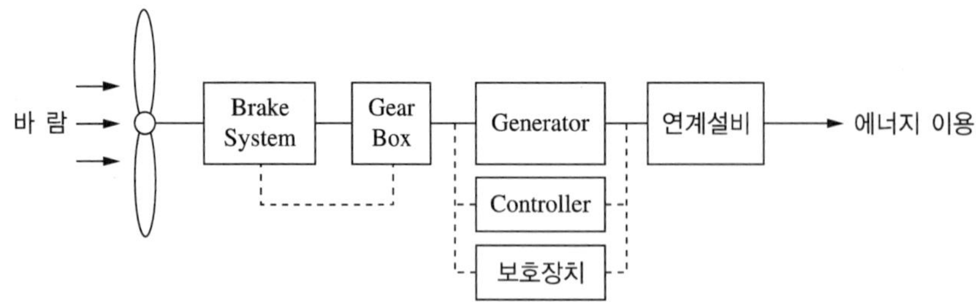

1) 기계장치부

바람으로부터 회전력을 생산하는 Blade(회전날개), Shaft(회전축)를 포함한 Rotor(회전자), 이를 적정 속도로 변환하는 증속기(Gearbox)와 기동・제동 및 운용 효율성 향상을 위한 Brake, Pitching & Yawing System 등의 제어장치부문으로 구성

2) 전기장치부

발전기 및 기타 안정된 전력을 공급하도록 하는 전력안정화 장치로 구성

3) 제어장치부

풍력발전기가 무인 운전이 가능토록 설정, 운전하는 Control System 및 Yawing & Pitching Controller와 원격지 제어 및 지상에서 시스템 상태 판별을 가능하게 하는 Monitoring System으로 구성

4) 기 타

① Yaw Control

바람방향을 향하도록 블레이드의 방향조절

② 풍력발전 출력제어방식

㉠ Pitch Control : 날개의 경사각(Pitch) 조절로 출력을 능동적 제어

㉡ Stall(失速) Control : 한계풍속 이상이 되었을 때 양력이 회전날개에 작용하지 못하도록 날개의 공기 역학적 형상에 의한 제어

3 풍력발전시스템 분류

구분	내용
구조상 분류 (회전축 방향 분류)	수평축 풍력시스템 : 프로펠러형
	수직축 풍력시스템 : 다리우스형, 사보니우스형
운전방식 분류	정속운전형 : Geared형
	가변속운전 : Gearless형
출력제어방식	Pitch(날개각) 컨트롤형
	Stall 컨트롤형
전력사용방식	계통연계(유도발전기, 동기발전기)
	독립전원(동기발전기, 직류발전기)

1) 회전축 방향에 따른 구분(구조상 분류)

① 수직축

㉠ 수직축 풍력발전기에는 원호형 날개 2~3개를 수직축에 붙인 다리우스형(Darrieus Type)과 2 ~ 4개의 수직 대칭익형 날개를 붙인 자이로밀형(Gyromill Type), 그리고 반원통형의 날개를 마주보게 한 사보니우스형(Savonius Type) 등이 있다.

㉡ 바람의 방향과 관계가 없어 사막이나 평원에 많이 설치하여 이용이 가능하지만 소재가 비싸고 수평축 풍차에 비해 효율이 떨어지는 단점이 있다.

② 수평축

㉠ 수평축 풍력발전기는 1개에서 4개까지의 날개를 가진 다양한 종류가 있지만, 현재 발전용으로 가장 많이 이용되고 있는 것은 3개의 날개를 가진 프로펠러형이다.

㉡ 간단한 구조로 이루어져 있어 설치하기 편리하나 바람의 방향에 영향을 받음

㉢ 중대형급 이상은 수평축을 사용하고, 100[kW]급 이하 소형은 수직축도 사용한다.

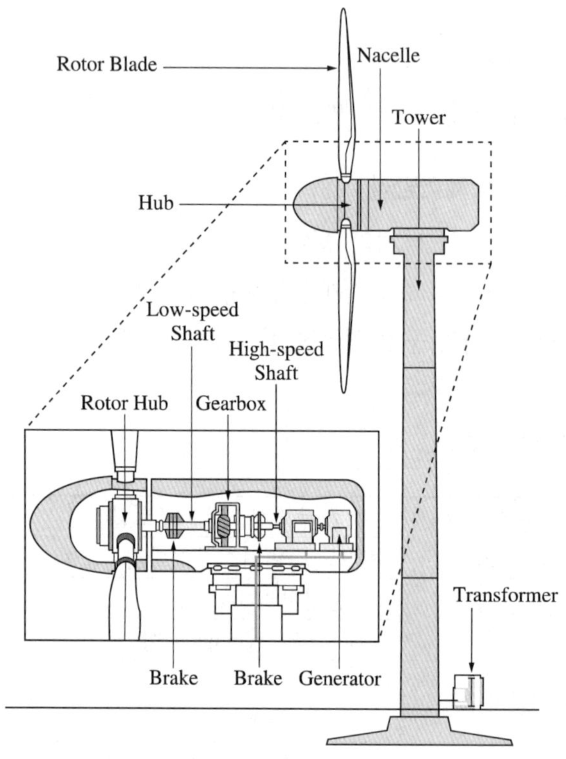

WIND CLASS IEC ⅡA

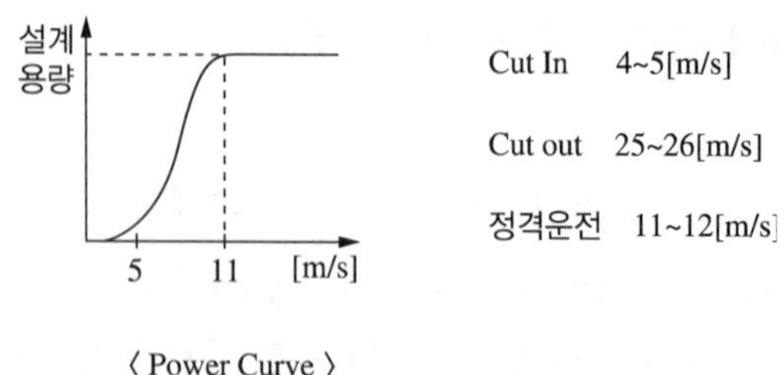

〈 Power Curve 〉

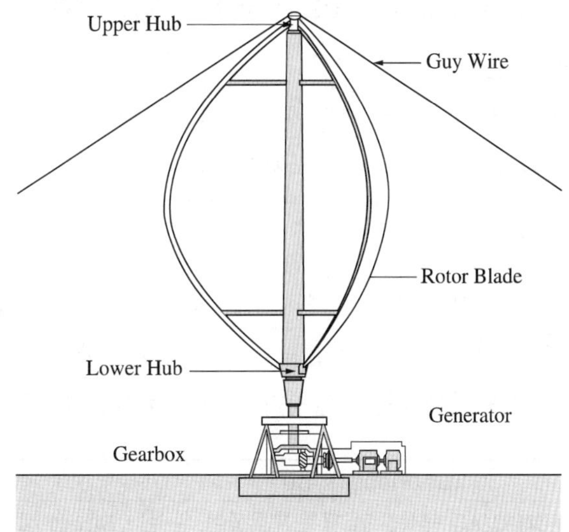

구 분	수직형	수평형
장 점	• 바람의 방향에 맞출 수 있는 Yawing 설비 불필요하다. • 기어박스 및 발전기가 하부에 설치되어 구조보완이 필요 없다. • 유지보수가 쉽다.	• 구조 간단 • 설치 용이 • 에너지 변환효율 우수
단 점	• 구조가 복잡하다. • 설치가 어렵다. • 에너지 변환 효율이 떨어진다.	• 바람의 방향에 맞출 수 있는 Yawing 설비 필요 • 기어박스 및 발전기가 상부에 설치되어 구조보완이 힘들다. • 기어박스 및 발전기가 상부에 설치되어 유지보수가 어렵다.
적용 장소	소형(100[kW]급 이하)	중대형급 이상

2) 운전방식 따른 구분(동력전달장치 구조에 따른 분류)

① Geared Type

발전기의 출력주파수를 계통의 상용주파수에 맞추기 위하여 로터의 회전속도를 증가시키기 위하여 Gearbox를 사용하는 풍력발전기이다.

② Gearless Type

㉠ 기어박스 없이 발전기와 로터를 직접 연결하는 풍력발전기이다.

㉡ 이러한 타입은 발전기의 출력을 계통이 요구하는 대로 제어하기 위하여 발전기 후단에 전력변환장치를 설치하게 되는 운전방식이다.

구 분	Gearless Type	Geared Type
장 점	• AC/DC/AC 방식으로 계통연계성이 우수 • 풍자원의 활용이 높음 • 증속기 제거로 신뢰성 향상 • 높은 풍속에서 고속회전으로 토크 감소	• Direct 계통연결 가능 • 발전기의 가격이 상대적으로 낮음 • 제작 시 및 보급 모델의 다양화 • 운전경험이 풍부
단 점	• 토크가 커서 발전기 중량 증대 • 유도발전기에 비해 가격이 높음 • 계통연결을 위해서 AC/DC/AC 변환필요	• 높은 풍속에서 에너지 캡처가 적음 • 유도 전동기의 효율 낮음 • Gearbox의 유지보수 및 신뢰성에 문제 • 소음의 증가
특 징	• 가변속도 운전 • 동기형 발전기	• 일정속도 운전 • 비동기형 유도발전기

3) 출력제한

① Stall 타입

㉠ 개념 : 블레이드 설계를 정격풍속 이상에서 발전기 출력이 증가하지 않고 정지풍속에서 Stall이 발생하도록 설계하는 방식이다.

㉡ 장단점

장 점	• 회전날개의 공기역학적 형상에 의한 제어방식으로 회전자를 이용하므로 Pitch 방식보다 많은 발전량 생산(고효율 실현) • 유압장치와 회전자 간의 기계적 링크가 없어 장기운전 시에도 유지보수 불필요
단 점	• 날개 피치각에 의한 능동적 출력제어 결여로 과출력 발생 가능성 • 회전날개 피치각이 고정되어 있어 비상제동 시 회전자 끝 부분만 회전되어 제동장치로서 작동하게 되므로 제품효율이 나쁠뿐 아니라 동시에 유압제동장치가 작동해야 하므로 주축 및 기어박스에 충격이 가해짐 • 계통 투입 시 전압강하나 In-Rush 전류로 인한 계통영향 소지 상존

② Pitch 타입

㉠ 개 념

- 블레이드의 깃각 제어를 통하여 정격풍속 이상에서는 일정한 출력이 발생하도록 제어한다.
- 정지풍속에서는 블레이드를 Feathering(회전)함으로써 발전기가 정지하도록 제어하는 방식이다.

㉡ 장단점

장 점	• 날개 피치각을 제어하는 방식으로서 적정출력을 능동적으로 제어 가능 • 피치각의 회전(Feathering)에 의한 공기역학적 제동방식을 사용하여 기계적 충격 없이 부드럽게 정지 및 계통투입 • 계통 투입 시에 전압강하나 유입전류(In-Rush) 최소화
단 점	• 날개 피치각 회전을 위한 유압장치 실린더와 회전자 간의 기계적 링크 부분의 장기간 운전 시 마모·부식 등에 의한 유지보수 필요 • 외부 풍속이 빠르게 변할 경우 제어가 능동적으로 이루어지지 않아 순간적인 Peak 등이 발생할 우려

4 장단점

1) 장 점

① 무한정의 청정에너지원이다.
② 화석연료를 대신하여 자원 고갈에 대비할 수 있다.
③ 풍력발전시설은 가장 비용이 적게 들고, 건설 및 설치기간이 짧다.
④ 풍력발전시설단지는 농사, 목축 등 토지 이용의 효율성을 높인다.

2) 단 점

바람이 항상 부는 것이 아니기 때문에 에너지를 저장하기 위한 충전기술이 사용되어야 하고, 이는 비용이 많이 든다.

021 건축물 구내 및 옥상 등에 설치한 풍력 발전설비

1 개 요

① 풍력 발전설비는 건축물 구내 및 옥상 등에 설치한 풍력발전기에 의해 발전하고, 부하에 전력을 공급하는 장치의 설계에 관하여 적용한다.

② 건축전기설비에서는 풍력 터빈으로부터 접속함, 인버터, 계통연계제어반, 배선 등의 설비를 포함한다.

③ 풍력발전설비공사에 사용하는 모든 기기 및 부속품은 KS 표준에 적합한 것을 사용

2 관련제도

① 신에너지 및 재생에너지개발 이용 보급촉진법

② 신재생에너지 설비의 지원 등에 관한 기준

3 풍력 발전설비

1) 타워시설

① 바람, 적설하중 및 구조하중에 견딜 수 있도록 구조상 안전을 검토한다.

② 타워는 발전기의 운전 중에 과도한 떨림이나 진동이 없도록 충분한 구조적 강도로 한다.

③ 타워의 높이는 회전하는 날개에 의해 지상의 사람이나 시설 등에 손상을 입히지 않도록 충분한 높이에 설치한다.

④ 태풍 등 과도한 풍속에 의해 발전설비 및 풍력타워의 넘어짐에 의해 주변의 시설이나 도로, 민가, 축사 등이 영향을 받지 않도록 충분한 이격거리를 확보한다.

2) 발전기

① 건축물의 설치 유효 공간, 연중 풍향 및 풍속, 경제성, 안전성 등을 고려하여 시스템을 선정한다.

② 풍력발전설비는 설치 가능위치와 발전효율을 고려하여 최적의 효율을 얻을 수 있도록 선정한다.

3) 제어 및 보호장치

① 풍력터빈에는 설비의 정상운전한계를 유지하도록 능동적 또는 수동적 방법으로 풍력터빈을 제어 및 보호하는 장치를 시설한다.
② KS C IEC 60204-1에 준하여 보호한다.

4) 나셀의 선정

① 나셀의 주요기기는 안정적인 시스템으로 선정한다.
② 각종 유압장치나 냉각장치 등에서 누유나 누수 등이 발생하지 않는 시스템으로 구축한다.

5) 인버터

① 정격용량은 인버터에 연결된 발전기의 정격출력 이상이어야 한다.
② 발전기 출력전압이 인버터 입력전압 범위 안에 있도록 한다.

6) 배 선

① XLPE 또는 TRF-XLPE를 사용한다(풍력발전기에서 옥내에 이르는 배선).
② 피복 손상이 발생되지 않는 공법을 사용한다.
③ 퓨즈, 과전류 보호장치 등을 구비한다.

7) 화재방호 설비 시설

500[kW] 이상의 풍력터빈은 나셀 내부에 화재 발생 시 이를 감지하고 소화할 수 있는 화재방호설비를 시설해야 한다.

8) 전원 개폐장치

풍력터빈은 작업자의 안전을 위하여 유지, 보수 및 점검 시 전원을 차단할 수 있도록 풍력터빈 타워기저부에 개폐장치를 시설해야 한다.

022 풍력발전시스템의 낙뢰 피해와 피뢰대책

1 개 요

① 풍력발전시스템이란 풍차를 이용해 풍력을 기계적 에너지로 변환시켜 발전하는 것을 의미한다.

② 회전자, 나셀(Nacelle), 동력전달장치, 증속기(Gear Box), 발전기, 철탑, 제어장치들로 구성된다.

2 피해 사례 및 양상

1) 블레이드 파손

① 낙뢰 피해 중 가장 심각하다.

② 장기간 발전기 정지에 따른 손실이 크다.

2) 접지전위 상승에 의한 기기 과전압

① 낙뢰 시 접지전위 상승으로 외부 접속기기에 과전압이 발생한다.

② 절연파괴가 생기고 과전류가 흘러 기기가 파손된다.

3 법적근거

① 전기설비기술기준 제6조의2(전기설비의 피뢰)

② 발전용 풍력설비 판단기준 제8조(피뢰설비)

③ IEC 61400-24(풍력발전기의 뇌 보호)

④ NFPA 780(풍력발전기의 피뢰시스템 시설 표준)

4 풍력발전기의 낙뢰 대책

1) 독립 피뢰철탑에 의한 대책

뇌운의 접근 방향이 한정된 경우(동계뢰)의 대책으로 풍향을 고려하여 피뢰철탑의 위치를 선정한다.

2) 블레이드의 피뢰대책

① 블레이드 자체를 기계적으로 강화한다.

② **블레이드 표면에 알루미늄 테이프를 접착한다.**

쉽게 벗겨지는 문제가 있지만 피뢰장치가 없는 블레이드에 적용이 용이하다.

③ **블레이드 외부에 도전성 물질을 첨가한다.**

전자장 차폐 효과와 유도전압 감소 효과가 있다.

④ **블레이드 내외부에 설치된 인하도선과 센서 배선 사이의 유도전압을 방지한다.**

광케이블 또는 꼬임전선을 사용한다.

3) 풍향 / 풍속계의 대책

피뢰침을 풍력발전기 나셀 상부에 부착하여 보호한다.

4) 나셀의 피뢰대책

① **금속 하우징** : 나셀 프레임의 여러 지점을 등전위본딩한다.
② **비금속 하우징** : 상부 돌침이 나셀 전체를 보호할 수 있도록 설치한다.

5) 접지시스템

① **통합접지 구현**

타워 기초 환상접지극 활용하여 10[Ω] 이하의 접지저항을 유지하도록 한다.

② **등전위 접지시스템**

대규모 풍력발전단지의 경우 개별 발전기 사이의 전위차가 없도록 한다.

6) 전력기기 제어기

① 금속 시스케이블, SPD, 내뇌 변압기를 적용한다.
② **제어기기** : 광케이블, 포토 커플러를 적용한다.

023 풍력발전설비의 검사사항

1 비상정지 및 안전장치 검사사항

1) 외관검사

① 전력변환장치(전력조절장치, 인버터, 정류기 등)의 일반규격 및 명판이 공사계획인가(신고)사항과 일치하는지 확인

② 배전반(보호 및 제어)의 각종 계기 및 기록계(Recorder), 표시등(Annunciator Lamp) 이상 유무, 이면배선의 정리 및 청결상태를 확인

③ 수송 중의 이상 유무, 페인팅 및 부착물 상태 등을 육안으로 검사

④ 필요한 개소에 소정의 접지가 되어 있는지 확인하고, 접지선의 접속 상태가 양호한지 확인

2) 보호 장치 시험

① 전력변환장치(인버터 등)의 보호계전기 등이 정정표에 따라 정정되어 있는지 현장 확인 후, 보호계전기 시험성적서를 검토한 후 각 계전기를 임의 작동시켜 연동상태를 확인

② 기타 보호 장치가 Interlock 도면대로 작동하는지 확인

3) 충전시험

제작사가 자체에서 실시한 전력조절장치의 충전(부동, 균등)시험을 확인하여 이상 유무를 확인

4) 인버터 병렬운전시험

인버터 병렬운전시험을 실시하여 부하별로 인버터 입·출력이 안정적으로 운전되고 제어 되는지를 확인

5) 제어회로 및 경보장치검사

전력변환장치(전력조절장치, 인버터, 정류기 등)의 각종 보호 및 제어 기능 등을 모의 작동시켜 경보상태를 확인

6) 시스템 기동·정지 시험

전력변환설비 시스템을 기동·정지시켜 순차적으로 제어가 가능한지 여부를 확인

7) 계통연계운전 시스템 확인

전력계통에 연계시켜 안정적으로 연속운전이 가능한지 여부를 확인

8) 축전지

① **시설상태 확인**
공사계획인가(신고) 사항대로 설치되고, 각 축전지의 연결 상태, 누액 및 단자 접속 상태 등을 확인

② **충전전압**
㉠ 공장에서 실시한 용량검사 내용을 확인
㉡ 초충전, 부동충전, 균등충전시험을 확인

③ **전해액면 축전지의 전해액면의 저하여부를 확인**

④ **환기시설 상태**
환기팬의 설치 및 배기상태를 확인

2 전력변환장치 검사사항

1) 외관 검사, 점검, 진단

① 전력변환장치(전력조절장치, 인버터, 정류기 등)의 일반규격 및 명판이 공사계획인가(신고)사항과 일치하는지 확인
② 배전반(보호 및 제어)의 각종 계기 및 기록계(Recorder), 표시등(Annunciator Lamp) 이상 유무, 이면배선의 정리 및 청결상태 확인
③ 수송 중의 이상 유무, 페인팅 및 부착물 상태 등을 육안으로 검사(점검)
④ 필요한 개소에 소정의 접지가 되어 있는지 유무와 접지선의 접속 상태가 양호한지 확인

2) 보호 장치 시험

① 전력변환장치(인버터 등)의 보호계전기 등이 정정표에 따라 정정되어 있는지 현장 확인 후, 보호계전기 시험 성적서를 검토한 후 각 계전기를 임의 작동시켜 연동상태를 시험

② 기타 보호 장치가 Interlock 도면대로 작동하는지 시험

3) 충전시험

제작사가 자체에서 실시한 전력조절장치의 충전(부동, 균등)시험을 확인하여 이상 유무 확인

4) 인버터 병렬운전시험

인버터 병렬운전시험을 실시하여 부하별로 인버터 입·출력이 안정적으로 운전·제어되는지 확인

5) 제어회로 및 경보장치검사

전력변환장치(전력조절장치, 인버터, 정류기 등)의 각종 보호 및 제어기능 등을 모의 작동시켜 경보상태 확인

6) 시스템 기동·정지 시험

전력변환설비 시스템을 기동·정지시켜 순차적 제어 가능 여부 확인

7) 계통연계운전 시스템 확인

전력계통에 연계시켜 안정적 연속운전 가능 여부 확인

8) 축전지

① **시설상태 확인** : 공사계획인가(신고)사항대로 설치되고, 각 축전지의 연결 상태, 누액 및 단자접속 상태 등을 확인

② **충전전압**

㉠ 공장에서 실시한 용량검사 내용을 확인

㉡ 초충전, 부동충전, 균등충전시험을 확인

③ **전해액면** : 축전지의 전해액면의 저하여부를 확인

④ **환기시설 상태** : 환기팬의 설치 및 배기상태를 확인

9) 전압변동

풍력 발전설비의 연계로 인한 저압 계통의 상시 전압변동(10[min] 평균값)은 3[%] 이하, 순시 전압변동(2[s] 이하)은 4[%] 이하로 한다.

024 해양에너지 발전

1 조류발전

1) 조류발전

조류의 에너지를 이용하여 발전하는 방식

2) 조류발전 특징

① 댐을 막을 필요가 없다.
② 선박이 다니기가 자유로우며 어류의 이동을 방해하지 않는다.
③ 주변 생태계에 영향을 주지 않는 친환경적 대체 에너지 시스템이다.

2 조력발전

1) 조력발전

조수간만의 차를 이용하여 발전하는 방식

2) 조력발전 종류

① **낙조식** : 썰물을 이용하는 방식
② **창조식** : 밀물을 이용하는 방식(시화호 250[MW], 수차 10대가 설치)

3) 조력발전 특징

① 생태계에 악영향을 미친다.
② 우리나라의 경우 천혜의 자연조건을 가지고 있다.

3 파력발전

1) 가동물체형

파랑이 물체에 주는 힘과 진동을 이용하여 발전하는 방식

2) 진동 수주형

파랑에 의한 수위의 변화를 이용하여 공기의 이동, 즉 기류를 발생시켜 이를 이용하는 방식

3) 수압면형

바다 내에서 파랑에 의한 수압의 변화를 이용하는 방식

4) 월파형

① 수심이 얕은 해역에서 파랑의 힘에 의해 제방에 유입되는 바닷물을 저장하여 낙차를 이용해 수차를 구동하는 방식

② 수차터빈이 파도의 운동을 직접 감당하지 않아 파랑 충격에 대한 위험이 적으며, 상대적으로 발생 전력의 변동이 작아 제어가 용이하다.

4 해양온도차 발전

1) 해양온도차 발전

해양의 표면온도와 심해의 온도차를 이용하여 발전하는 방식

2) 폐 사이클

프레온 암모니아 등의 2차 가스를 이용하여 해양온도차에 의해 터빈을 구동

3) 해양 온도차 발전 구성

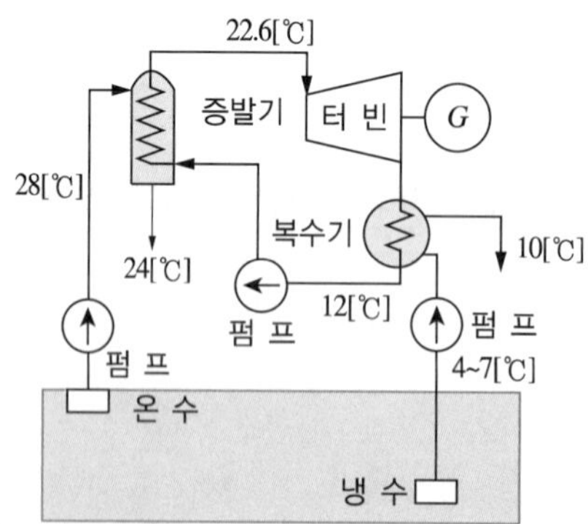

025 에너지 하베스팅

1 개 요

① 에너지 하베스트(Energy Harvest)이란 열, 진동, 음파, 운동, 위치에너지 등 주변에서 일상적으로 버려지거나 사용하지 않는 작은 에너지를 수확하여 사용 가능한 전기에너지로 변환하는 차세대 기술에너지 절약 및 친환경 에너지 활용기술을 말한다.
② 에너지 하베스트 기술은 에너지 절약 측면의 노력과 함께 친환경 에너지로서 미래의 새로운 에너지 자원으로 인식되고 있다.

2 에너지 하베스팅의 개념과 흐름도

1) 개 념

태양광, 진동, 열, 풍력 등과 같이 자연적인 에너지원으로부터 발생하는 에너지를 수확하여 유용한 전기에너지로 사용할 수 있도록 하는 기술

2) 흐름도

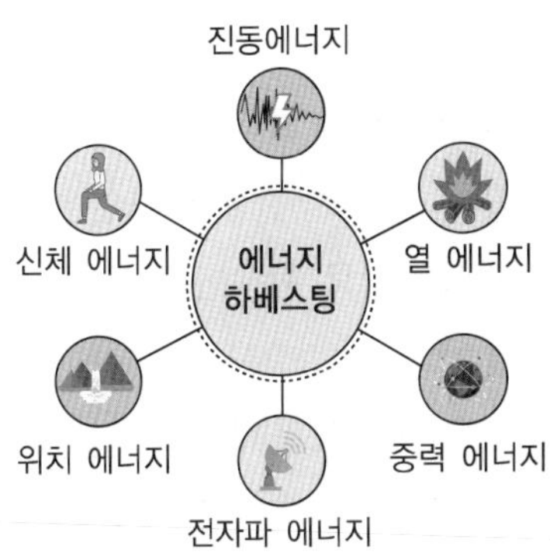

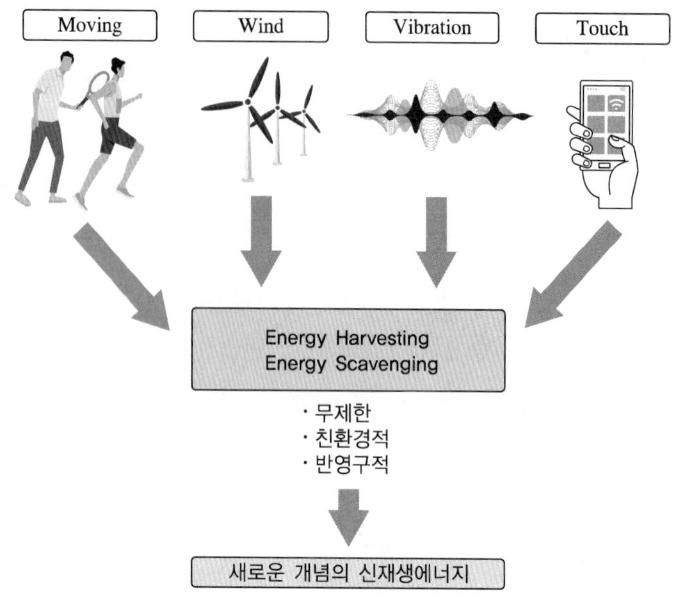

▮ 미활용 기계에너지(압력, 진동, 풍력 등)를 전기에너지로 변환, 활용하는 기술

3 에너지 하베스팅의 종류

1) 열에너지 하베스트

① **개 념**

화력 발전소 연료 연소 후 배열, 복수기 냉각수의 온배수 등에는 막대한 량의 잔열을 포함하여 배출하고 있다. 따라서 잔열과 자연온도와의 온도차를 이용한 열전대 발전방식을 적용하여 전기에너지로 회수한다.

② **특 징**

㉠ 온도차 에너지원은 현대사회의 생활환경은 물론 지하수, 지하공기, 체온 등 자연환경에서도 무궁무진 하다고 할 수 있다.

㉡ 열전소자를 이용한 열전대발전방식의 효율은 약 10[%] 정도, 운전시간에 따른 발전부품의 수명이 길고 신뢰도가 높다.

2) 진동 또는 충격 에너지 하베스트

① **개 념**

대형회전기나 구조물의 진동, 충격에너지를 압전소자를 응용하여 전기에너지로 변환한다.

② **특 징**

㉠ 압전소자를 이용한 발전방식은 비교적 발전효율도 높고 응용범위도 넓기 때문에 향후 실용 에너지로 전망이 밝다.

㉡ 사람이 보행 시 지면과의 충돌에너지를 신발에 장착된 압전소자를 이용하여 발전이 가능하다.

3) 중력 에너지 하베스트

① **개 념**

도로에 설치된 과속방지턱, 통행료 납부 톨게이트, 횡단보도 일시정지선에 공기 압력펌프를 설치하여 자동차의 중량을 이용해 압축된 공기를 별도의 탱크에 저장하여 압축공기발전을 실시한다.

② **특 징**

㉠ 중력에너지를 이용한 에너지 하베스트는 외국에서는 이미 상용화된 기술로 발표되고 있다.

4) 전자파 에너지 하베스트

① 공기 중에는 방송전파, 휴대전화 전파 등 수많은 전자파 에너지가 존재하고 있다.

② 이들을 수확하여 활용하는 경우 단시간 사용 무선 소세력 전자기기의 훌륭한 독립 에너지원으로 활용이 가능하다.

5) 신체 에너지 하베스트

① 신체에서 발생하는 에너지는 체온, 정전기, 운동에너지 등 매우 다양하다. 생체와 외기의 온도차를 이용하여 특수한 섬유로 발전을 실시하거나 도보 시 체중의 변화를 이용해 압전소자로 발전을 할 수 있다.

② 이러한 소규모 에너지는 사람이 일상적으로 소지하는 시계, 만보기, 신체 보조기구 등 소세력 전자제품의 독립 에너지원으로 유용하게 응용될 수 있다.

6) 위치 에너지 하베스트

① 수력발전소의 방수구 및 화력발전소의 냉각수 방수로에는 소량의 위치에너지와 운동에너지가 버려지고 있다.

② 소형 수차를 이용하여 배출 에너지를 전기에너지로 회수할 수 있다.

7) 광에너지

① 태양광 에너지는 무궁무진하나 아직 일부를 인류가 이용하고 있을 뿐이다.

② 광전소자의 대량생산과 효율의 향상이 필요할 뿐 향후 에너지 하베스트의 대표적인 에너지로 볼 수 있다.

③ 광에너지 하베스트는 신재생에너지 발전기술과의 경계가 모호한 실정이다.

4 압전의 구성 및 원리

1) 압전의 구성 및 원리

① 압전 물질인 PMN–PT를 사용하는 에너지 하베스팅 소자가 전기 에너지를 만들어내는 원리는 아래 그림과 같다.

② 기계적 에너지를 받지 않은 상태에서 PMN–PT 박막에 존재하는 쌍극자는 폴링(Poling)에 의해 소자의 표면에 수직으로 배열되어 있다.

③ 소자가 인장 응력을 받아 휘어지면 소자의 변형으로 인해 PMN–PT 박막 내부에 압전 전위가 형성된다.

④ 전자는 쌍극자에 의해 만들어진 전위의 균형을 맞추기 위하여 외부 회로를 통해 흐르며 결과적으로 위쪽 전극에 쌓이게 된다.

⑤ 소자에 작용하던 응력이 사라져 다시 처음 상태로 돌아가면 전하 또한 회로를 통해 처음 자리로 되돌아간다.

⑥ 전체적으로 소자에 압력이 가해지고 제거되는 반복적인 과정을 통해 양의 전기 신호와 음의 전기 신호가 번갈아 생기게 된다.

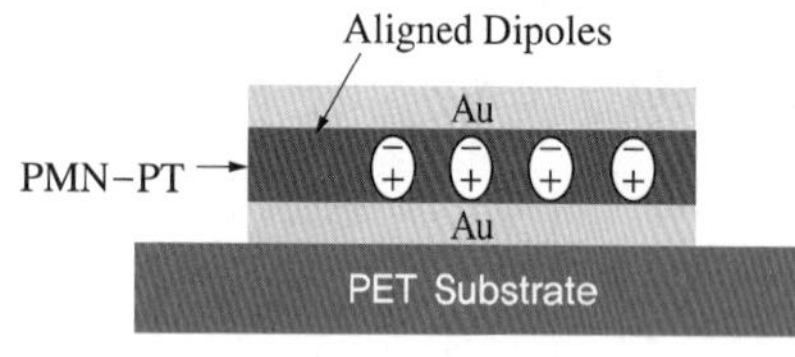

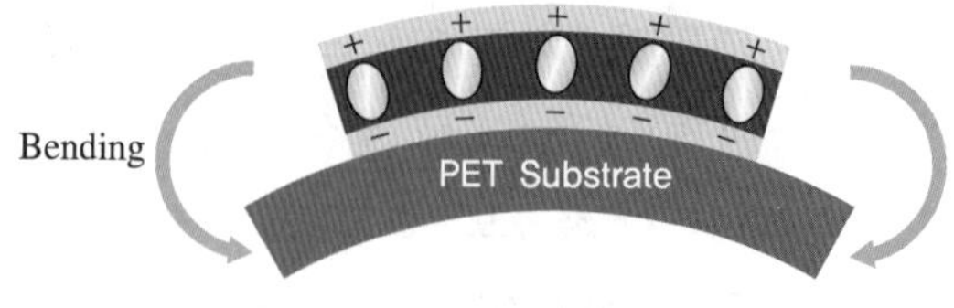

2) 압전발전의 흐름도

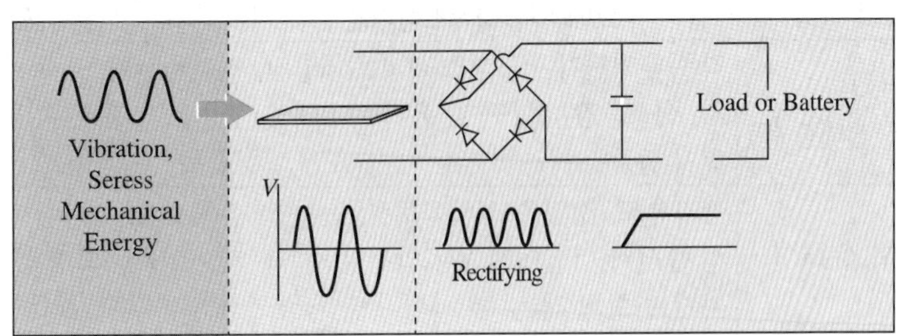

① 외부의 기계적 에너지를 압전재료에 전달

② 전달된 기계적 에너지를 압전재료를 이용하여 전기에너지로 변환

③ 변환된 에너지를 전기적인 회로를 통하여 슈퍼 캐퍼시터(Super-capacitor)나 2차 전지에 축전

5 압전효과

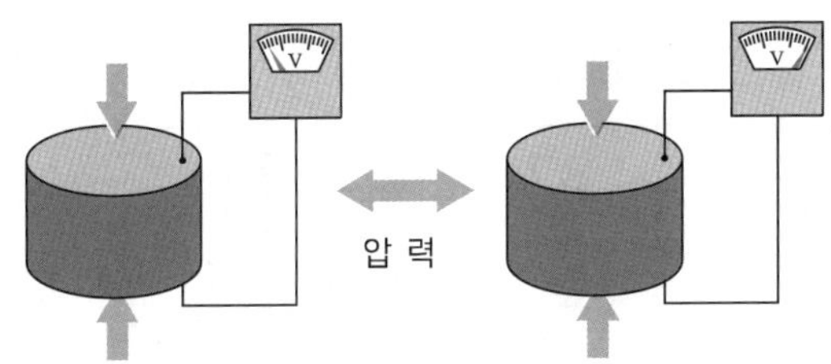

① 어느 물질에 일정한 압력을 가했을 때 전류가 생기는 현상

② 어릴 때 신었던 걸을 때 마다 불빛이 나는 신발

③ 우리가 걸어 다니거나 자동차 지나갈 때 누르는 압력이 전기에너지가 될 수 있다는 원리가 압전효과

6 기술동향

환경속의 에너지	주요에너지 하베스팅기술	실용화
가시광 (태양광, 실내광 등)	각종 태영전지(어모퍼스 실리콘 태양전지, 색소증감 태양전지, 유기박막 태양전지 등)	전자계산기, 손목시계, 잡화, 미용기, 스마트 휴지통, 옥외·옥내 환경 모니터링 등
역학적 에너지	전자유도, 정전유도(일렉트렛, 전기활성 폴리머,마찰대전 등), 압전발전, 역자기 변형 발전	손목시계, 화장실 자동수전, 테니스 라켓, 조명 등의 무선 스위치, 방화셧터, 산업기계 모니터링 등
열 에너지	열전발전, 열자기발전, 열광발전, 열용량 발전, 초전발전, 열기관 등	손목시계, 발전냄비, 산업기계 모니터링, 난방 라디에이터 자동제어, 카세트 가스히터, 하수도 범람검지 등
전자파 에너지	렉테나	광석 라이도, 유대 스트랩, 공기오염 센서 등
기 타	바이오 연료전지, 미생물 연료전지 등	복약 측정틀, 벽지의 환경센서 등

7 기존발전과 압전발전의 비교

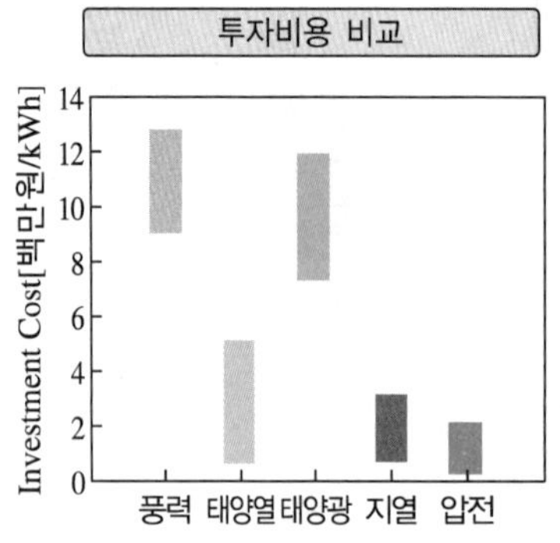

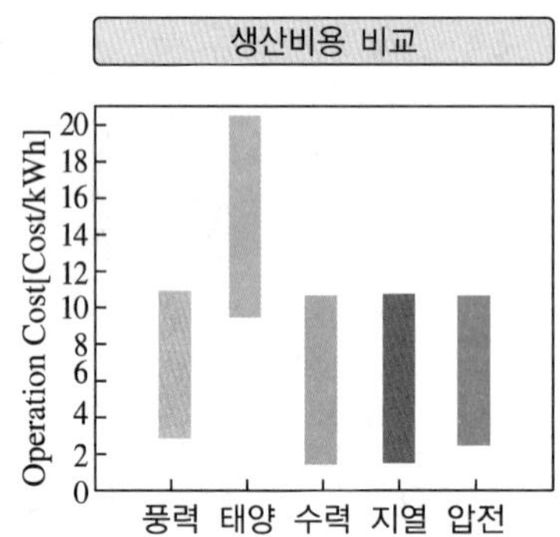

[압전 발전과 타 발전방식과의 비교]

	풍 력	태양광	지 열	수 력	화 력	압 전
설치비용 회수기간(년)	12 ~ 30	20 ~ 30	10 ~ 20	12 ~ 15	15 ~ 20	6 ~ 12
지속성	×	×	○	○	○	○
청정도	○	○	○	○	×	○
기술 성숙도	○	○	○	○	○	×
설치변경 용이도	×	×	×	×	○	○
도심지 설치 가능 여부	×	○	×	×	×	○

Professional Engineer Building Electrical Facilities

제 3 장

에너지 국가정책

026 에너지 절약을 위한 국가 및 공공기관의 각종제도 (= 에너지 관련 국내의 각종 제도)

1 개 요

① 교토의정서 협약사항 이행 및 화석연료 고갈과 CO_2 감축 등 에너지 절약 필요성 대두
② 정부는 지방자치 단체, 공공기관 차원의 각종 에너지 절약을 위한 방안을 정책화하여 적극 장려가 필요하다.

2 제도설명

1) 건축물 에너지 절약 설계기준

① 에너지 절약 설계기준, 에너지 절약계획서 작성 기준 및 완화기준
② 건축물 용도별 바닥면적에 따라 적용
③ 건축, 기계, 전기, 신재생 부분의 의무사항 및 권장사항
④ 에너지 성능지표 검토서(EPI) : 일반 60점, 공공기관 74점 이상

2) 녹색건축인증제도

① **인증등급** : 공동주택, 공동주택 외
최우수(그린 1등급), 우수(그린 2등급), 우량(그린 3등급), 일반(그린 4등급)

② **공동주택 인증항목** : 토지이용, 교통, 에너지, 재료 및 자원
수자원, 환경오염방지, 유지관리, 생태환경, 실내 환경 등 9항목

③ 공공기관 건축 10,000[m^2] 이상 건축물은 친환경 건축물 취득 의무화

3) 지능형 건축물 인증제도

① **인증대상** : 공동주택, 숙박시설과 문화집회 시설 외로 구분

② **배점기준**

㉠ 공동주택, 숙박시설 : 필수 + 평가(300) + 가산(30) = 330점
건축 및 기계, 전기 및 정보통신, SI 및 시설경영 각 100점

㉡ 문화 및 집회시설 외 : 필수 + 평가(600) + 가산(60) = 660점
건축계획 및 환경, 기계설비, 전기설비, 정보통신, 시스템 통합, 시설경영관리 각 100점

③ **인증등급 점수 및 완화기준**

인증등급	1등급	2등급	3등급	4등급	5등급
점 수	90	85	80	75	70
건축완화비율[%]	15	12	9	6	0

4) 건축물에너지 효율등급 인증제도

① **적용대상** : 신축 업무용 건축물, 신축 20세대 이상 공동주택

② **인증등급 및 배점**

㉠ 업무용 건물 : 연간 단위면적당 1차 에너지 소모량[kWh/m^2]

㉡ 공동주택 : 총에너지 저감률[%]

등 급	1	2	3	4	5
업무용 건물 [kWh/m^2 · 년]	300 미만	300 ~ 350	350 ~ 400	400 ~ 450	450 ~ 500
공동주택[%]	40[%] 이상	40 ~ 30	30 ~ 20	20 ~ 10	10 미만

5) 친환경 주택건설기준 및 성능

① **적용대상** : 20세대 이상 신축공동주택

② **주택성능 등급** : 소음, 구조, 환경, 생활환경, 화재가·소방 등 5개 항목

6) 신재생에너지 개발 이용 보급촉진 규정

① **공공기관 신재생에너지 설치 의무화**

연면적 1,000[m^2] 이상 총에너지 사용량의 10[%] 이상 신재생에너지 설치

② 신재생에너지 발전 의무 할당제도(RPS)
③ 신재생에너지 발전 차액 지원제도(FIT)

7) 에너지이용합리화법

① 에너지 사용 기자재 관련

㉠ 효율 관리 기자재 : 에너지 소비 효율 등급 표시
㉡ 대기 전력 저감대상 제품 : PC, TV 등 22개 품목 의무사항
㉢ 고효율 에너지 기자재 보급 촉진 규정

② 산업 및 건물관련

㉠ 에너지 전략 전문기업(ESCO)
㉡ 자발적 협약(VA)
㉢ 에너지 진단 : 연간 2,000[toe] 이상 5년마다 진단 의무화
㉣ 집단에너지 산업 : CES
㉤ 온실가스 에너지 목표 관리제

8) 공공기관 에너지이용합리화 추진에 관한 규정

① **업무시설 신, 증축** : 건축물 에너지 효율 등급 1등급 취득 의무화
② **공동주택 신, 증축** : 건축물 에너지 효율 등급 2등급 취득 의무화
③ 연면적 10,000[m^2] 이상 공공기관 5년마다 에너지 진단 의무화
④ 공공건물 냉방 28[℃] 이상, 난방 18[℃] 이하

027 에너지 절약 설계에 관한 기준(국토교통부 고시) = 인허가 과정 중 에너지 절약계획서

1 목 적

이 기준은 녹색건축물 조성지원법 규정에 의한 건축물의 효율적인 에너지 관리를 위하여 열손실 방지 등 에너지절약 설계에 관한 기준, 에너지절약계획서 및 설계 검토서 작성기준, 녹색건축물의 건축을 활성화하기 위한 건축기준 완화에 관한 사항 등을 정함을 목적으로 한다.

2 전기설비부문 에너지 절약설계에 관한 기준

1) 의무사항

① 수변전설비

변압기를 신설 또는 교체하는 경우에는 고효율변압기를 설치하여야 한다.

② 간선 및 동력설비

㉠ 전동기에는 대한전기협회가 정한 내선규정의 콘덴서부설용량기준표에 의거하여 역률개선용 콘덴서를 전동기별로 설치하여야 한다. 다만, 소방설비용 전동기 및 인버터 설치 전동기에는 그러하지 아니할 수 있다.

㉡ 간선의 전압강하는 대한전기협회가 정한 내선규정을 따라야 한다.

③ 조명설비

㉠ 조명기기 중 안정기내장형 램프, 형광램프, 형광램프용 안정기를 채택할 때에는 산업통상자원부 고시 효율관리기재 운용규정에 따른 최저 소비효율기준을 만족하는 제품을 사용하고 유도등 및 주차장 조명기기는 고효율에너지기자재 인증제품에 해당하는 LED 조명을 설치하여야 한다.

㉡ 공동주택 각 세대 내의 현관 및 숙박시설의 객실 내부입구, 계단실의 조명기구는 인체감지점멸형 또는 일정시간 후에 자동 소등되는 조도자동조절조명기구를 채택하여야 한다.

㉢ 조명기구는 필요에 따라 부분조명이 가능하도록 점멸회로를 구분하여 설치하여야 하며, 일사광이 들어오는 창 측의 전등군은 부분점멸이 가능하도록 설치한다. 다만, 공동주택은 그러하지 않을 수 있다.

㉣ 효율적인 조명에너지 관리를 위하여 층별, 구역별 또는 세대별로 일괄적 소등이

가능한 일괄소등스위치를 설치하여야 한다. 다만, 실내 조명설비에 자동제어설비를 설치한 경우와 전용면적 60[m^2] 이하인 주택의 경우, 숙박시설의 각 실에 카드키시스템으로 일괄소등이 가능한 경우에는 그러하지 않을 수 있다.

④ **대기전력자동차단장치**

㉠ 공동주택은 거실, 침실, 주방에 대기전력자동차단장치를 1개 이상 설치하여야 하며, 대기전력자동차단장치를 통해 차단되는 콘센트 개수가 거실에 설치되는 전체 콘센트 개수의 30[%] 이상이 되어야 한다.

㉡ 공동주택 외의 건축물은 대기전력자동차단장치를 설치하여야 하며, 대기전력자동차단장치를 통해 차단되는 콘센트 개수가 거실에 설치되는 전체 콘센트 개수의 30[%] 이상이 되어야 한다. 다만, 업무시설 등에서 OA Floor를 통해서만 콘센트 배선이 가능한 경우에 한해 자동절전멀티탭을 통해 차단되는 콘센트 개수를 산입할 수 있다.

⑤ 아래의 항목에 해당하는 공공건축물을 건축 또는 리모델링하는 경우 에너지성능지표 전기설비부문 8번 항목 배점을 0.6점 이상 획득하여야 한다.

㉠ 연면적이 3,000[m^2] 이상일 것

㉡ 용도가 업무시설 또는 교육연구시설일 것

㉢ 중앙행정기관・지방자치단체, 저탄소 녹색성장 기본법 시행령에 따른 공공기관 및 교육기관이 소유 또는 관리하는 건축물일 것

⑥ 공공기관 에너지이용 합리화 추진에 관한 규정을 적용받는 건축물의 경우에는 에너지성능지표 전기설비부문 8번 항목 배점을 1점 획득하여야 한다.

2) 권장사항

① **수변전설비**

㉠ 변전설비는 부하의 특성, 수용률, 장래의 부하증가에 따른 여유율, 운전조건, 배전방식을 고려하여 용량을 산정한다.

㉡ 부하특성, 부하종류, 계절부하 등을 고려하여 변압기의 운전대수제어가 가능하도록 뱅크를 구성한다.

㉢ 수전전압 25[kV] 이하의 수전설비에서는 변압기의 무부하손실을 줄이기 위하여 충분한 안전성이 확보된다면 직접강압방식을 채택하며 건축물의 규모, 부하특성, 부하용량, 간선손실, 전압강하 등을 고려하여 손실을 최소화할 수 있는 변압방식을 채택한다.

㉣ 전력을 효율적으로 이용하고 최대수용전력을 합리적으로 관리하기 위하여 최대수요전력 제어설비를 채택한다.

㉤ 역률개선용 콘덴서를 집합 설치하는 경우에는 역률자동조절장치를 설치한다.

㉥ 건축물의 사용자가 합리적으로 전력을 절감할 수 있도록 층별 및 임대 구획별로 전력량계를 설치한다.

② **동력설비**

㉠ 승강기 구동용 전동기의 제어방식은 에너지절약적 제어방식으로 한다.

㉡ 전동기는 고효율 유도전동기를 채택한다. 다만, 간헐적으로 사용하는 소방설비용 전동기는 그러하지 않을 수 있다.

③ **조명설비**

㉠ 옥외등은 고효율 에너지기자재 인증제품으로 등록된 고휘도방전램프(HID Lamp ; High Intensity Discharge Lamp) 또는 LED 램프를 사용하고, 옥외등의 조명회로는 격등 점등과 자동점멸기에 의한 점멸이 가능하도록 한다.

㉡ 공동주택의 지하주차장에 자연채광용 개구부가 설치되는 경우에는 주위 밝기를 감지하여 전등군별로 자동 점멸되거나 스케줄 제어가 가능하도록 하여 조명전력이 효과적으로 절감될 수 있도록 한다.

㉢ LED 조명기구는 고효율인증제품을 설치한다.

㉣ 조명기기 중 백열전구는 사용하지 아니한다.

㉤ KS A 3011에 의한 작업면 표준조도를 확보하고 효율적인 조명설계에 의한 전력에너지를 절약한다.

④ **제어설비**

㉠ 여러 대의 승강기가 설치되는 경우에는 군 관리 운행방식을 채택한다.

㉡ 팬코일유닛이 설치되는 경우에는 전원의 방위별, 실의 용도별 통합제어가 가능하도록 한다.

㉢ 수변전설비는 종합감시제어 및 기록이 가능한 자동제어설비를 채택한다.

㉣ 실내 조명설비는 군별 또는 회로별로 자동제어가 가능하도록 한다.

⑤ 사용하지 않는 기기에서 소비하는 대기전력을 저감하기 위해 도어폰, 홈게이트웨이 등은 대기전력저감 우수제품으로 등록된 제품을 사용한다.

⑥ 건물에너지관리시스템(BEMS)이 설치되는 경우에는 설치기준에 따라 센서・계측장비, 분석, 소프트웨어 등이 포함되도록 한다.

028 녹색건축물 인증기준

1 개 요

지속가능한 개발의 실현과 자원절약형이고 자연친화적인 건축물을 유도하기 위하여 국토교통부와 환경부 공동으로 친환경 건축물 인증제도 실시하고 있다.

2 관련 법규

① **친환경 건축물의 인증에 관한 규칙** : 국토교통부, 환경부 공동부령
② **친환경 건축물 인증기준** : 국토교통부 고시, 환경부 고시

3 적용대상

① 공동주택, 복합건축물, 업무, 판매, 학교, 숙박시설, 그 밖의 건축물
② 연면적 합계 10,000[m^2] 이상 공공청사 또는 공공업무시설은 우수(그린 2등급)등급 이상 유무

4 인증심사

① 인증 심사단 구성 인증기준에 따라 서류심사와 현장실사
② 심사내용, 심사점수, 인증여부 및 인증등급 포함한 인증심사 결과서 작성
③ 인증등급 : 최우수(그린 1등급), 우수(그린 2등급), 우량(그린 3등급), 일반(그린 4등급)

5 인증등급별 점수기준

구 분		최우수 (그린1등급)	우수 (그린2등급)	우량 (그린3등급)	일반 (그린4등급)
신 축	주거용 건축물	74점 이상	66점 이상	58점 이상	50점 이상
	단독주택	74점 이상	66점 이상	58점 이상	50점 이상
	비주거용 건축물	80점 이상	70점 이상	60점 이상	50점 이상
기 존	주거용 건축물	69점 이상	61점 이상	53점 이상	45점 이상
	비주거용 건축물	75점 이상	65점 이상	55점 이상	45점 이상
그린 리모델링	주거용 건축물	69점 이상	61점 이상	53점 이상	45점 이상
	비주거용 건축물	75점 이상	65점 이상	55점 이상	45점 이상

[비 고] 복합건축물이 주거와 비주거로 구성되었을 경우에는 바닥면적의 과반 이상을 차지하는 용도의 인증등급별 점수기준을 따른다.

6 인증심사기준

1) 인증심사 기준의 필수 항목에서 제시하고 있는 최소 평점 이상 반드시 취득

2) 인증심사기준(신축 주거용 건축물 예)

전문 분야	인증 항목	구분	배점	일반 주택	공동 주택
1. 토지이용 및 교통	1.1 기존대지의 생태학적 가치	평가항목	2	●	●
	1.2 과도한 지하개발 지양	평가항목	3	●	●
	1.3 토공사 절성토량 최소화	평가항목	2	●	●
	1.4 일조권 간섭방지 대책의 타당성	평가항목	2	●	●
	1.5 단지 내 보행자 전용도로 조성과 외부보행자 전용도로와의 연결	평가항목	2		●
	1.6 대중교통의 근접성	평가항목	2	●	●
	1.7 자전거주차장 및 자전거도로의 적합성	평가항목	2	●	●
	1.8 생활편의시설의 접근성	평가항목	1	●	●
2. 에너지 및 환경오염	2.1 에너지 성능	평가항목	12	●	●
	2.2 에너지 모니터링 및 관리지원 장치	평가항목	2	●	●
	2.3 신재생에너지 이용	평가항목	3	●	●
	2.4 저탄소 에너지원 기술의 적용	평가항목	1		●
	2.5 오존층 보호를 위한 특정물질의 사용 금지	평가항목	2	●	●

전문 분야	인증 항목	구분	배점	일반 주택	공동 주택
3. 재료 및 자원	3.1 환경성선언 제품(EPD)의 사용	평가항목	4	●	●
	3.2 저탄소 자재의 사용	평가항목	2	●	●
	3.3 자원순환 자재의 사용	평가항목	2	●	●
	3.4 유해물질 저감 자재의 사용	평가항목	2	●	●
	3.5 녹색건축자재의 적용 비율	평가항목	4	●	●
	3.6 재활용가능자원의 보관시설 설치	평가항목	1	●	●
4. 물순환 관리	4.1 빗물관리	평가항목	5	●	●
	4.2 빗물 및 유출지하수 이용	평가항목	4	●	●
	4.3 절수형 기기 사용	평가항목	3	●	●
	4.4 물 사용량 모니터링	평가항목	2	●	●
5. 유지관리	5.1 건설현장의 환경관리 계획	평가항목	2	●	●
	5.2 운영·유지관리 문서 및 매뉴얼 제공	평가항목	2	●	●
	5.3 사용자 매뉴얼 제공	평가항목	2	●	●
	5.4 녹색건축인증 관련정보제공	평가항목	3	●	●
6. 생태환경	6.1 연계된 녹지축 조성	평가항목	2		●
	6.2 자연지반 녹지율	평가항목	4	●	●
	6.3 생태면적률	평가항목	10	●	●
	6.4 비오톱 조성	평가항목	4		●
7. 실내환경	7.1 실내공기 오염물질 저방출 제품의 적용	평가항목	6	●	●
	7.2 자연 환기성능 확보	평가항목	2	●	●
	7.3 단위세대 환기성능 확보	평가항목	2	●	●
	7.4 자동온도조절장치 설치 수준	평가항목	1	●	●
	7.5 경량충격음 차단성능	평가항목	2	●	●
	7.6 중량충격음 차단성능	평가항목	2	●	●
	7.7 세대 간 경계벽의 차음성능	평가항목	2	●	●
	7.8 교통소음(도로, 철도)에 대한 실내·외 소음도	평가항목	2	●	●
	7.9 화장실 급배수 소음	평가항목	2	●	●

전문 분야	인증 항목		구분	배점	일반 주택	공동 주택
8. 주택성능 분야	8.1 내구성		–	–		●
	8.2 가변성		–	–		●
	8.3 단위세대의 사회적 약자배려		–	–		●
	8.4 공용공간의 사회적 약자배려		–	–		●
	8.5 커뮤니티 센터 및 시설공간의 조성수준		–	–		●
	8.6 세대 내 일조 확보율		–	–		●
	8.7 홈 네트워크 종합시스템		–	–		●
	8.8 방범안전 콘텐츠		–	–		●
	8.9 감지 및 경보설비		–	–		●
	8.10 제연설비		–	–		●
	8.11 내화성능		–	–		●
	8.12 수평피난거리		–	–		●
	8.13 복도 및 계단 유효너비		–	–		●
	8.14 피난설비		–	–		●
	8.15 수리용이성 전용부분		–	–		●
	8.16 수리용이성 공용부분		–	–		●
ID. 혁신적인 설계	1. 토지이용 및 교통	대안적 교통 관련 시설의 설치	가산항목	1	●	●
	2. 에너지 및 환경오염	제로에너지건축물	가산항목	3	●	●
		외피 열교 방지	가산항목	1	●	●
	3. 재료 및 자원	건축물 전과정 평가 수행	가산항목	2	●	●
		기존 건축물의 주요 구조부 재사용	가산항목	5	●	●
	4. 물순환 관리	중수도 및 하·폐수처리수 재이용	가산항목	1	●	●
	5. 유지관리	녹색 건설현장 환경관리 수행	가산항목	1	●	●
	6. 생태환경	표토재활용 비율	가산항목	1	●	●
	녹색건축전문가	녹색건축전문가의 설계 참여	가산항목	1	●	●
	혁신적인 녹색건축 계획 및 설계	녹색건축 계획·설계 심의를 통해 평가	가산항목	3	●	●

029 공공기관 에너지 이용 합리화 추진에 관한 규정

1 개 요

국가, 지방자치단체 등 공공기관의 에너지의 효율적 이용과 온실가스의 배출 저감을 위하여 공공기관이 추진하여야 하는 사항을 규정함을 목적으로 한다.

2 건물부문 에너지이용 합리화

1) 신축건축물의 에너지이용 효율화 추진

① 건축물 인증 기준이 마련된 건축물을 신축・재축하거나 연면적 1,000[m^2] 이상을 별동으로 증축하는 경우 : 건축물 인증 기준에 따른 제로에너지건축물 인증을 취득

② 공동주택을 신축・재축・개축하거나 별동으로 증축하는 경우 : 건축물에너지효율 1등급 이상을 의무적으로 취득하여야 한다.

③ 에너지절약계획서 제출대상 중 연면적 10,000[m^2] 이상의 건축물을 신축하거나 별동으로 증축하는 경우 : 건물에너지관리시스템(BEMS)을 구축・운영하여야 한다.

2) 에너지진단 및 ESCO 추진

① 건축 연면적이 3,000[m^2] 이상인 건축물을 소유한 공공기관은 5년마다 에너지진단 전문기관으로부터 에너지진단을 받아야 한다.

② 제로에너지건축물 인증을 취득하거나 건물에너지관리시스템 설치확인을 받은 건축물은 1회에 한해 에너지진단을 면제받을 수 있다.

③ 건물에너지관리시스템 운영성과확인 결과, 5[%] 이상의 에너지절감성과를 달성한 건축물은 에너지진단주기 2회마다 에너지진단 1회를 면제받을 수 있다.

④ 에너지진단 결과 에너지 절감 기대효과가 5[%] 이상이고 투자비회수기간이 10년 이하인 개선안은 에너지진단이 종료된 시점으로부터 2년 이내에 자체 개선사업 또는 ESCO 사업을 활용하여 개선하여야 한다.

3) 기존 건축물의 에너지 이용 효율화

① 공공기관이 소유하는 기존 건축물에 대하여 건축물 에너지효율등급 향상 등의 시설개선을 권고할 수 있다.

② 각 공공기관에서는 에너지이용 효율화 및 비용절감을 위해 가급적 건축물의 신축보다는 리모델링을 추진하여야 한다.

4) 신재생에너지 설비 설치

공공기관에서 건축물을 신축, 증축 또는 개축하는 경우에는 신재생에너지 설비를 의무적으로 설치하여야 한다.

5) 에너지 수급 안정 및 효율 향상을 위한 전력수요관리시설 설치

① 각 공공기관에서 연면적 1,000[m^2] 이상의 건축물을 신축하거나 연면적 1,000[m^2] 이상을 증축하는 경우 또는 냉방설비를 전면 개체할 경우 : 냉방설비용량의 60[%] 이상을 심야전기를 이용한 축냉식, 가스를 이용한 냉방방식, 집단에너지사업허가를 받은 자로부터 공급되는 집단에너지를 이용한 지역냉방방식, 소형 열병합발전을 이용한 냉방방식, 신재생에너지를 이용한 냉방방식 등 전기를 사용하지 아니한 냉방방식으로 냉방설비를 설치하여야 한다.

② 냉방설비를 증설 또는 부분 개체할 경우에는 전기를 사용하지 아니한 냉방방식의 냉방설비용량이 전체의 60[%] 이상이 되도록 유지하여야 한다.

6) 고효율에너지기자재 사용

① 에너지기자재의 신규 또는 교체 수요 발생 시 특별한 사유가 없는 한 부 고효율에너지기자재 인증제품 또는 에너지소비효율 1등급 제품을 우선 구매하여야 한다.

② 공공기관은 해당 기관이 소유한 건축물의 실내 조명기기를 보급목표에 따라 LED 제품으로 교체 또는 설치하여야 하며, 지하주차장을 우선적으로 검토하여야 한다.

③ 공공기관은 가로등, 보안등, 터널 등을 신규로 설치하거나 등기구 교체 시에는 고효율에너지기자재 인증제품 또는 에너지소비효율 1등급 제품을 사용하여야 한다.

④ 공공기관은 신축, 증축, 개축 시 신규 설치하는 지하 주차장의 조명기기는 모두 고효율에너지기자재 인증제품 또는 에너지소비효율 1등급 제품을 LED 또는 스마트 LED 제품으로 설치하여야 한다.

⑤ 공공기관은 전력피크 저감 등을 위해 계약전력 1,000[kW] 이상의 건축물에 계약전력 5[%] 이상 규모의 에너지저장장치(ESS)를 설치하여야 한다.

⑥ 공공기관이 건축물을 신축 또는 증축하는 경우에는 비상용 예비전원으로 에너지저장장치(ESS)를 우선적으로 적용하도록 노력한다.

7) 조명기기의 효율적 이용

① 건축물 미관이나 조형물, 수목, 상징물 등을 위하여 옥외 경관조명을 설치하여서는 아니 된다.

② 홍보전광판 등 옥외광고물은 심야(23 : 00 ~ 익일 일출 시)에는 소등하여야 한다.

③ 조명기구는 필요에 따라 부분조명이 가능하도록 점멸회로를 구분하여 설치하여야 하고, 일사광이 들어오는 창 측의 전등군은 부분점멸이 가능하도록 설치하여야 한다.

8) 대기전력저감

① 공공기관에서 컴퓨터 등 사무기기 및 가전기기 신규 구입 또는 교체 시 대기전력저감 프로그램 운용 규정에 따라, 에너지절약마크가 표시된 제품을 의무적으로 사용하여야 한다.

② 공공기관에서 건축물을 신축·증축 또는 개축하는 경우에는 대기전력저감프로그램 운용 규정에 따른 자동절전제어장치를 통해 제어되는 콘센트 개수가 거실에 설치되는 전체 콘센트 개수의 30[%] 이상이 되도록 하여야 한다.

③ 공공기관은 PC가 사용되지 않는 시간에 자동으로 전력을 절약하는 소프트웨어 제품을 의무적으로 도입하여야 한다.

9) 적정실내온도 준수 등

① 공공기관은 난방설비 가동 시 평균 18[℃] 이하, 냉방설비 가동 시 평균 28[℃] 이상으로 실내온도를 유지하여야 한다.

② ①의 내용에도 불구하고 비전기식 개별 냉난방설비와 비전기식 냉난방설비가 60[%] 이상 설치된 중앙집중식 냉난방방식인 경우에는 평균 실내온도 기준을 2[℃] 범위 이내에서 완화하여 적용할 수 있다.

③ 근무시간(09 : 00 ~ 18 : 00)중에는 개인난방기를 사용하여서는 아니된다.

10) 엘리베이터 합리적 운행

① 공공기관은 4층 이하 운행금지, 5층 이상 격층 운행, 시간대별 승강기 제한 운행, 운휴 시 조명등 자동점멸, 일정 층 이상·이하 구분, 군(群)관리 시스템 도입 등 기관별 특성에 맞는 방안을 마련하여 엘리베이터를 효율적으로 운행하여야 한다.

② 층 선택 취소기능을 의무적으로 추가하여 설치하여야 한다.

3 수송부분 에너지 이용 합리화

① 경차 및 환경 친화적 자동차 보급 활성화
② 승용차 운행 자제방안 강구

4 에너지 절약 교육 및 홍보

① 에너지절약, 신재생에너지 및 기후변화대응 교육
② 에너지절약, 신재생에너지 및 기후변화대응 홍보

5 추진실적 제출 및 실태점검

① 추진실적 자체평가

공공기관은 반기 1회 이상 자체적으로 에너지이용 합리화 추진 실적을 작성하여 점검 · 분석 · 평가하여야 한다.

② 추진실적 및 계획의 제출 · 보고

추진계획은 매년 1월 31일까지, 추진실적은 매년 3월31일까지 양식에 따라 산업통상자원부장관에게 제출하여야 한다.

③ 추진실적 점검 및 공표

점검을 연 2회 이상 실시하고, 그 결과를 관계기관에 통보하여야 한다.

④ 추진실적 평가 및 인센티브

우수한 기관에 대해 포상을 실시할 수 있다.

⑤ 추진실적 사후조치

추진실적을 검토한 후 추진실적이 미흡한 기관에 대하여 필요한 조치를 명할 수 있다.

⑥ 부처 간 협력

운용과 연계, 관련 부처와 협력하여 추진할 수 있다.

⑦ 민간투자사업 등

030 에너지 이용 합리화법

1 개 요

에너지의 수급(需給)을 안정시키고 에너지의 합리적이고 효율적인 이용을 증진하며 에너지 소비로 인한 환경피해를 줄임으로써 국민경제의 건전한 발전 및 국민복지의 증진과 지구온난화의 최소화에 이바지함을 목적으로 한다.

2 기본계획

① 에너지절약형 경제구조로의 전환
② 에너지이용효율의 증대
③ 에너지이용 합리화를 위한 기술개발
④ 에너지이용 합리화를 위한 홍보 및 교육
⑤ 에너지원간 대체(代替)
⑥ 열사용기자재의 안전관리
⑦ 에너지이용 합리화를 위한 가격예시제(價格豫示制)의 시행에 관한 사항
⑧ 에너지의 합리적인 이용을 통한 온실가스의 배출을 줄이기 위한 대책
⑨ 그 밖에 에너지이용 합리화를 추진하기 위하여 필요한 사항으로서 산업통상자원부령으로 정하는 사항

031 에너지 진단 운용규정 업무 시 고려사항

1 개 요

① 에너지 관련 전문기술 장비와 인력을 구비한 진단 기관으로부터 에너지 사용시설 전반에 걸쳐 에너지 이용 현황 파악, 손실 요일 발굴

② 에너지 절약을 위한 최적의 개선안 제시

2 관련규정

① 에너지 이용 합리화법

② 에너지 진단 운용 규정(산업자원부 고시)

③ 공공기관 에너지 이용 합리화 추진에 관한 규정(산업자원부)

3 에너지 진단업무 고려사항

1) 에너지 진단

① 설비별 운전상태 점검에 따른 효율성 향상 및 개선방안 제시

② 불합리한 에너지 낭비요인 파악 및 이용방안, 경제성 제시

③ 신재생에너지 적용방안 검토

④ 합리적인 에너지 사용모델 제시

2) 진단대상

① 연료, 열 및 전력의 연간사용량 합계 2,000[toe] 이상 사업장

② 광업, 가스제소 및 배관 공급업, 파이프라인 운송업

③ 에너지 관리공단 요청, 지식경제부 승인, 에너지 진단효과 적은 사업장

3) 진단기관

① 에너지 관련 전문기술, 장비와 인력을 갖추어야 한다.

② 산업통상자원부 장관이 에너지 진단을 전문적으로 수행할 능력 있다고 지정한 에너지 진단 전문기관

4) 진단주기

연간 에너지 사용량	20만[toe] 이상	20만[toe] 미만
에너지 진단 주기	전체진단 : 5년 부분진단 : 3년	5년

5) 진단시기 배정

① **최초 진단** : 2002 ~ 2006년까지 에너지 절감실적 고려 배정

② 에너지 다소비업장의 진단은 신고한 연도의 다음 연도

6) 진단범위(건물부문)

구 분	에너지 진단범위
건축물	구조체 열관류율 및 건물 냉·난방 부하 산출 외
난방 및 급탕설비	보일러 등 열전환 시설의 관리상태 및 성능시험 외
냉방 및 공조설비	기기분석 및 성능시험 외
수배전설비	수배전설비 통합관리, 배전설비운전관리, 최대 수요 및 역률분석
동력, 조명설비	• 동력시설 적정용량 및 이용실태 개선 • 램프, 안정기, 반사각 등 조명시설 개선 • 승강기 등 운행방식 합리화
기타 시설	• 각종 절전장치 적용 가능여부 • 폐열회수, 재활용 등 신재생 시스템 적용방안 • 에너지 시스템 합리화 방안, 중장기 에너지 절약 대책수립

7) 단계 및 세부진단 내용

구 분	세부진단내용
사전조사	• 에너지 이용시설 및 설비 관련 현황 파악 • 에너지 사용형태, 설비운용 현황 파악 • 진단일정, 각종 자료, 지원 사항, 보고서 제출일 등 협의
현장진단	• 설비별 에너지 사용 현황상세 파악 • 에너지 진단 세부 계획 수립 • 측정 장비에 의한 현장중심 진단 실시 • 운영 시스템 점검, 운전성능 및 상태 파악 • 손실요인 및 개선방안 토출과 투자 경제성 분석 • 개선방안 설명 및 에너지 관리기준 이행 실태 확인
분석 및 보고서 작성	• 개선방안 상세 설명 • 적용가능 신기술 및 참고자료 수집 • 기술적용 사례 등 시장 조사 • 진단보고서 작성 및 제출

8) 공공기관의 에너지 진단

① 연면적 10,000[m^2] 이상 공공기관 5년마다 에너지 진단 의무화

② 에너지 진단결과 에너지 절감효과 5[%] 이상, 투자비 회수 10년 이하이면 진단 종료 후 2년 이내 ESCO 사업 의무적 추진

032 대기전력 차단장치

1 개 요

① 인터넷, 셋톱박스 등 네트워크화로 상시 연결된 디지털 기기의 발달, 홈 네트워크 서비스 산업의 발달로 대기전력으로 소비되는 전력이 계속하여 늘어날 것이며, 대기전력을 절감하기 위한 국가정책 및 사용자의 인식 변화가 필요하다.

② 여기에서는 에너지 절감 설계기준 전기부문에서 설치를 의무화하고 있는 대기전력 차단장치에 대하여 설명한다.

2 관련법규

① 에너지이용합리화법

② 건축물 에너지 절약 설계기준(국토교통부)

③ 대기전력 저감 프로그램 운영규정(산업통상자원부)

3 대기전력의 정의

① 대기전력이란 외부의 전원과 연결만 되어 있고, 주기능을 수행하지 아니하거나 외부로부터 켜짐 신호를 기다리는 상태에서 소비되는 전력을 말한다.

② 예열기능이 있는 복사기, 비데 같은 기기에서는 예열상태로 대기상태의 소비전력

③ 대개는 TV, Audio, 비디오 등과 같이 리모컨으로 동작시키는 제품은 리모컨 수신 상태의 소비전력이 된다.

④ 측정방법 : 각 제품에 대한 오프모드 또는 무부하 모드 소비전력을 측정해야 하는 경우에는 KS C IEC 62301(가정용 전기기기의 대기전력 측정)을 따른다.

4 대기전력의 종류

구 분	정 의	전원상태
무부하 모드	플러그가 꽂혀 있는 상태에서 소비되는 전력	–
오프모드	전원버튼으로 꺼도 소비되는 전력(0 ~ 3[W])	S/W Off
수동대기모드	리모컨으로 전원을 꺼도 소비되는 전력(3[W] 수준)	S/W Off
능동대기모드	네트워크와 연결된 디지털 기기의 전원을 꺼도 외부와의 통신을 위해 소비되는 전력(20 ~ 40[W])	S/W Off
슬립모드	기기가 동작 중 사용하지 않은 상태에서 소비되는 전력	On/Standby

5 대기전력 차단장치

1) 설치대상(건축물 에너지 절약 설계기준)

① 공동주택

㉠ 거실, 침실, 주방에는 대기전력 차단장치 1개 이상 설치

㉡ 전체 콘센트 개수의 30[%] 이상 차단 가능할 것

② 공동주택 이외의 건축물

㉠ 대기전력 차단장치 설치

㉡ 전체 콘센트 개수의 30[%] 이상 차단 가능할 것

2) 정 의

일정 와트 이상의 전류가 흐르지 않을 경우 다시 자동으로 전기 흐름을 차단시켜 대기전력을 차단할 수 있도록 하는 장치를 말한다.

3) 원 리

① 모든 전자제품은 1 ~ 3단계의 신호 펄스가 존재하는데 이 신호체제가 변경될 때마다 초당 25,000회의 변동이 존재한다는 사실에 근거한다.

② 대기전력 차단회로를 적용하면 단 0.1초 안에 전파신호 변동과 관계없이 모든 신호를 감지하여 대기전력을 차단하는 원리이다.

4) 종 류

① **부하감지형**

컴퓨터, TV 등의 주전원이 오프 시 이를 감지하여 모니터, 스캐너, 프린터, 셋톱박스 등의 주변기기 전원을 자동으로 차단하는 장치

② **조도감지형**

내장된 조도감지장치가 조도를 감지하는 것으로 조도가 1[lx] 이하일 경우 연결된 기기의 전원을 자동으로 차단

③ **타이머형**

사용자가 설정한 시간에 연결된 기기의 전원을 자동으로 차단

④ **복합형**

부하, 조도, 인체감지 등을 이용하여 컴퓨터 등의 주 전원이 오프되었을 경우 이를 감지하여 설비의 전원을 자동으로 차단

⑤ **자동절전 멀티탭**

연결기기의 작동을 감지 또는 주위의 밝기를 감지하거나 일정시간을 설정하여 연결기기의 대기전력을 자동 차단

⑥ **자동차단 콘센트**

건물 매입형 배선용 꽂음 접속기로서 본 규정에서 정한 대기전력 자동 차단기능을 만족하는 제품

⑦ **자동차단 스위치(컨트롤러)**

2개 이상의 콘센트 또는 멀티탭이 연결되어 있고, 연결된 전체 콘센트 또는 멀티탭을 분리하여 전원을 켜고 끌 수 있는 일괄제어 기능과 개별콘센트 또는 멀티탭을 분리하여 전원을 켜고 끌 수 있는 개별 제어기능을 포함한 2가지 기능을 모두 갖춘 스위치

⑧ 기타 자동차단 콘센트, 자동차단스위치, 자동절전 멀티탭 등이 속하지 않은 제품으로서 제품의 외형에 관계없이 본 규정에서 정한 대기전력 자동차단기능을 만족하는 제품

5) 절전성능(= 대기전력자동 차단기능)

<table>
<tr><th>구 분</th><th>제어방식</th><th>대기전력 차단 시 소비전력</th><th>대기전력 차단기능 이행시간</th></tr>
<tr><td>자동절전 멀티탭</td><td rowspan="4">• 부하감지형
• 조도감지형
• 타이머형
• 복합형
(부하, 조도, 인체감지 등)</td><td rowspan="4">≤ 1[W]</td><td rowspan="4">≤ 3분</td></tr>
<tr><td>대기전력 자동차단 콘센트</td></tr>
<tr><td>대기전력 자동차단 스위치</td></tr>
<tr><td>기타 대기전력 자동차단장치</td></tr>
</table>

6) 특 징

① **사용하지 않는 전자기기 대기전력 차단** : 에너지 절감, 전력수급안정, 온실가스저감, 환경대책

② 스위치, 콘센트의 인체 접촉에 대한 감전보호

③ 낙뢰 등 이상전압 침입으로부터 전자기기 보호

④ 예약된 시간 또는 설정 조건 시 정확한 On/Off

033 신재생 에너지 공급의무화 제도 (RPS ; Renewable Portfolio Standard)

1 개 요

① 일정규모 이상(50만[kW])의 발전사업자(공급의무자)에게 총발전량의 일정비율 이상을 신재생에너지로 공급토록 의무화하는 제도가 RPS 제도이다.

② 신재생에너지 보급 확대 및 관련 산업 육성, 재정부담 완화를 위해 발전차액지원제도(FIT ; Feed-In Tariff)를 종료하고, RPS제도를 도입(12.1.1부터)하였다.

2 법적 근거

신재생에너지 개발·이용·보급 촉진법

3 사업 대상

① 2017년 기준 총 18개사가 해당된다.

② 한국수력원자력, 남동발전, 중부발전, 서부발전, 남부발전, 동서발전, 지역난방공사, 수자원공사, SK E&S, GS EPS, GS 파워, 포스코에너지, 씨지앤율촌전력, 평택에너지서비스, 대륜발전, 에스파워, 포천파워, 동두천드림파워

4 사업 내용

1) 연도별 의무공급량 비율

(신에너지 및 재생에너지 개발·이용·보급·촉진법 시행령 별표 3)

해당 연도	'12년	'13년	'14년	'15년	'16년	'17년	'18년	'19년	'20년	'21년	'22년	'23년 이후
비율 [%]	2.0	2.5	3.0	3.0	3.5	4.0	5.0	6.0	7.0	8.0	9.0	10.0

의무공급량 = 공급의무자의 총발전량(신재생에너지 발전량 제외) × 의무비율

2) 신재생에너지원별 가중치(REC ; Renewable Energy Certification)

① 발전사업자가 신재생에너지 설비를 이용하여 전기를 생산·공급하였음을 증명하는 인증서

② 공급의무자는 의무공급량을 신재생에너지 공급인증서를 구매하여 충당할 수 있다.

③ 공급인증서 발급대상 설비에서 공급된 [MWh] 기준의 신재생에너지 전력량에 대해 가중치를 곱하여 부여한다.

④ 가중치는 환경, 기술개발 및 산업 활성화에 미치는 영향, 발전원가, 부존잠재량, 온실가스 배출 저감에 미치는 효과 등을 고려하여 산업통상자원부장관이 정하여 고시. 공급인증서 가중치는 3년마다 재검토한다.

구 분	공급인증서 가중치	대상에너지 및 기준	
		설치유형	세부기준
태양광 에너지	1.2	일반부지에 설치하는 경우	100[kW] 미만
	1.0		100[kW]부터
	0.7		3,000[kW] 초과부터
	0.7	임야에 설치하는 경우	-
	1.5	건축물 등 기존 시설물을 이용하는 경우	3,000[kW] 이하
	1.0		3,000[kW] 초과부터
	1.5	유지 등의 수면에 부유하여 설치하는 경우	
	5.0	ESS설비(태양광설비 연계)	2018년부터 2020년6월30일까지
	4.0		2020년7월1일부터 12월 말일까지
기타 신재생 에너지	0.25	IGCC, 부생가스, 폐기물에너지(비재생폐기물로부터 생산된 것은 제외), Bio-SRF, 흑액	
	0.5	매립지가스, 목재펠릿, 목재칩	
	1.0	수력, 육상풍력, 조력(방조제 有), 기타 바이오에너지(바이오중유, 바이오가스 등)	
	1.0 ~ 2.5	지열, 조력(방조제 無)	고정형
			변동형
	1.5	수열, 미이용 산림바이오패스 혼소설비	
	2.0	연료전지, 조류, 미이용 산림바이오패스(바이오에너지 전소설비만 적용)	
	2.0	해상풍력	연계거리 5[km] 이하
	2.5		연계거리 5[km] 초과 10[km] 이하
	3.0		연계거리 10[km] 초과 15[km] 이하
	3.5		연계거리 15[km] 초과
	4.5	ESS설비(풍력설비 연계)	2018년부터 2020년 6월 30일까지
	4.0		2020년 7월 1일부터 12월 말일까지

3) 거래가격

① 가격 = (SMP가격 × 월 발전량) + (REC 입찰가격 × 가중치 × 월 발전량)

② SMP(System Marginal Price) : 한전에서 여러 발전사들로부터 매입하는 단가

5 발전차액 지원제도와 신재생에너지 의무할당제 비교

구 분	발전차액 지원제도(FIT)	신재생에너지 의무할당제(RPS)
가 격	• 가격이 결정되어 있음 • 전력량을 사업자가 결정	• 경쟁에 의한 가격결정 • 전력량을 사전에 설정
도입효과	보급목표량이 유동적임	의무할당으로 목표 달성 용이
비용효과	가격수준이 결정되어 있음	경쟁유발로 비용절감 가능
장 점	• 신규투자의 확실성 • 제도의 단순성	• 목표달성 불확실성 • 비용 최소화 유도
단 점	• 목표설정에 불확실성 • 생산자의 과도한 잉여	• 신규투자의 위험성 • 제도의 복잡성

034 에너지 효율등급 인증제도

1 개 요

건축물의 설계 및 시공단계에서부터 에너지를 저소비하는 에너지절약형 건축물을 보급함으로써 건축물 온실가스 배출량 감소 및 녹색건축물 확대를 통하여 저탄소 녹색성장 실현 및 국민의 복리향상에 기여함을 목적으로 에너지효율등급 인증을 수행한다.

2 인증대상

① 단독주택, 공동주택, 기숙사, 업무시설, 냉·난방 면적 500[m^2] 이상

② '14.09.01부터 공공건축물(3,000[m^2] 이상) 신축 및 별동 증축 시 의무

3 인증흐름도

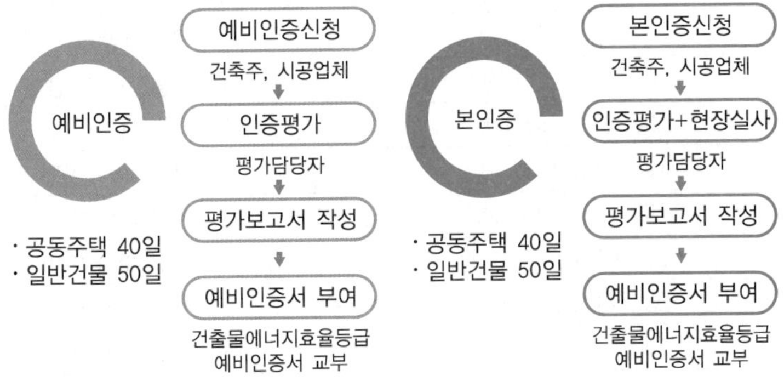

4 의무취득대상

① 중앙행정기관, 지방자치단체, 공공기관 및 교육기관, 시·도 교육청

② 신축, 재축, 별동 증축하는 건축물

③ 건축법시행령 별표 1 용도별 건축물의 종류(야영장 시설은 제외한다)에 따른 건축물

④ 연면적 3,000[m^2] 이상 공동주택 및 기숙사, 그 밖의 건축물 1,000[m^2] 이상

⑤ 에너지절약계획서 제출대상

5 관련법규

① 녹색건축물조성지원법 제17조
② 건축물 에너지효율등급 인증 및 제로에너지건축물 인증에 관한 규칙(국토교통부령 제623호, 산업통상자원부 고시 제2018-209호)
③ 건축물 에너지효율등급 인증 및 제로에너지건축물 인증기준(국토교통부 고시 제2018-675호)
④ 공공기관 에너지이용 합리화추진에 관한 규정(산업통상자원부 고시 제2019-188호)
⑤ 건축물 에너지절약설계기준(국토교통부 고시 제2017-811호)

6 인증등급

① 예비인증 / 본인증
② 연간 단위면적당 1차 에너지 소요량에 따라 10개 등급으로 구분(1+++ ~ 7등급)

등 급	주거용 건축물	주거용 이외의 건축물
	연간 단위면적당 1차 에너지 소요량 [kWh/m^2 · 년]	연간 단위면적당 1차 에너지 소요량 [kWh/m^2 · 년]
1+++	60 미만	80 미만
1++	60 이상 90 미만	80 이상 140 미만
1+	90 이상 120 미만	140 이상 200 미만
1	120 이상 150 미만	200 이상 260 미만
2	150 이상 190 미만	260 이상 320 미만
3	190 이상 230 미만	320 이상 380 미만
4	230 이상 270 미만	380 이상 450 미만
5	270 이상 320 미만	450 이상 520 미만
6	320 이상 370 미만	520 이상 610 미만
7	370 이상 420 미만	610 이상 700 미만

035 BEMS(Building Energy Management System)

1 개 요

건물에 의한 에너지 소비량은 선진국에서는 전체 소비량의 40[%]를 차지하고 우리나라에서도 전체 에너지 소비량의 24[%]를 차지함으로써 건축물 에너지 관리가 매우 중요하다.

2 BEMS란

① 건설기술, ICT 기술, 에너지기술을 융합 → 건물에 대한 각종 정보를 수집 → 데이터를 분석 → 건물에 최적의 환경을 제공 → 에너지를 효율적으로 관리하여 주는 시스템

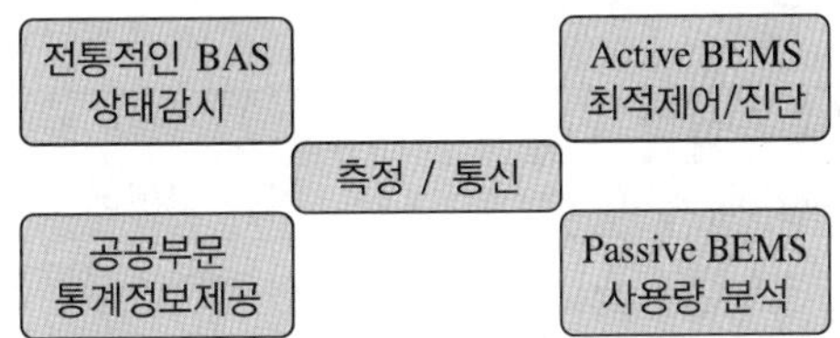

② 건물의 운영단계에 있어 에너지사용량의 세부 분석 및 냉난방 설비 등의 효율적인 운영을 위해 BEMS 도입으로 체계적인 관리가 필요하다.

③ 2017.1.1. 이후 건축 허가를 신청하는 건축물 중 에너지절약계획서 제출대상이고 연면적 10,000[m^2] 이상의 공공기관 건축물을 신축하거나 별동으로 증축하는 경우에는 BEMS를 구축하고 운영해야 한다.

3 BEMS 구성요건

분 류		내 용
시스템 기반	하드웨어	저가형 고성능 센서, 계측기기, 유무선 통신기기, 자동제어 기기
	소프트웨어	최적 제어 알고리즘 및 프로그램
전문인력		하드웨어 및 소프트 웨어 개발자, BEMS 운용 전문가

안심Touch

4 BEMS 기능

구 분	분 류	내 용
기본기능	가시화기능	• 데이터 표시기능 • 정보감시기능
선택기능	분석기능	• 데이터 및 정보 조회 기능 • 건물에너지 소비 현황 분석 기능 • 설비의 성능 및 효율 분석기능 • 실내외 환경 정보 제공 기능
	관리기능	• 에너지 소비량 예측 기능 • 에너지 비용 분석 기능 • 제어 시스템 연동 기능

5 건축물 관리 시스템

기술 구분	목 적
BAS(Building Automation System)	건물 설비에 대한 자동화 운용 및 중앙 감시
IBS(Intelligent Building System)	지능화된 건물 내 시스템의 통합 관리
FMS(Facility Management System)	건물의 경영에 대한 관리 기능 제공
BMS(Building Management System)	각 설비의 정보 관리 및 효율적인 운용
EMS(Energy Management System)	설비의 에너지 사용 절감
BEMS(Building Energy Management System)	에너지 사용 절감 및 체계적인 시설에 대한 운용

6 BEMS의 특징 및 접근방법

1) BEMS 특징

① 빌딩 환경에서는 시간의 경과 또는 사용자의 운용 방법에 따라 그 성능이 변화한다.
② 설비의 성능 유지 및 관리를 위해 효율적인 빌딩 에너지관리가 필수적이다.
③ 단순 설비 관리자에 의해서도 효율적인 관리가 이루어지는 시스템이 필요하다.

2) 기존 BAS기술 이용하는 방법

개별 BAS 설비를 이용 에너지 낭비를 줄이는 기능을 추가하여 에너지를 관리하는 기술을 응용하여 BEMS를 구축하여 운용한다.

3) 설비별 에너지 최적화 방법

기기별 세부 미터링 기기를 설치 → 에너지 사용량을 수집 → 에너지 낭비 요소를 도출하여 에너지 효율을 최적화하는 방법

7 BEMS 설치 확인

1) 근 거

에너지이용합리화법, 조세특례제한법, 공공기관 에너지이용 합리화 추진에 관한 규정, 에너지관리시스템 설치확인업무 운영규정

2) 인센티브

BEMS 설치 건물에 대한 공단의 설치확인 시 에너지 진단 면제(2회마다 1회 면제) 또는 세제감면(투자금액의 1 ~ 6[%])

3) 내 용

BEMS의 기본 기능에 대한 평가(9개 항목)를 통한 BEMS 설치 여부 확인(60점 이상, 모든 항목 최소기준 만족 필요)

4) 절차 및 소요기간

신청서류 접수일로부터 14일 내 현장심사 실시 후 확인서 발급
(서류 및 현장심사 관련 보완 불필요 시)

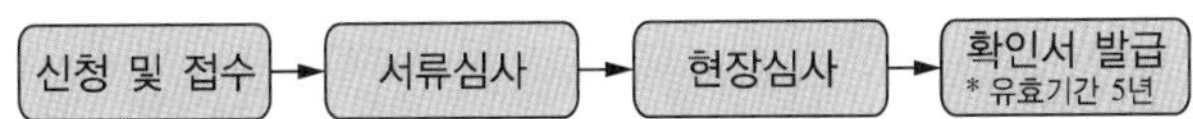

5) 수수료

건물 연면적별로 상이함

6) 기타 사항

설치계획 검토, 운영확인 등을 통한 BEMS 활용성을 제고한다.

8 BEMS 기술 동향

1) 국 내

① **고효율 건물에너지 감응형 EMM(Energy Monitoring & Management) 플랫폼 기술**

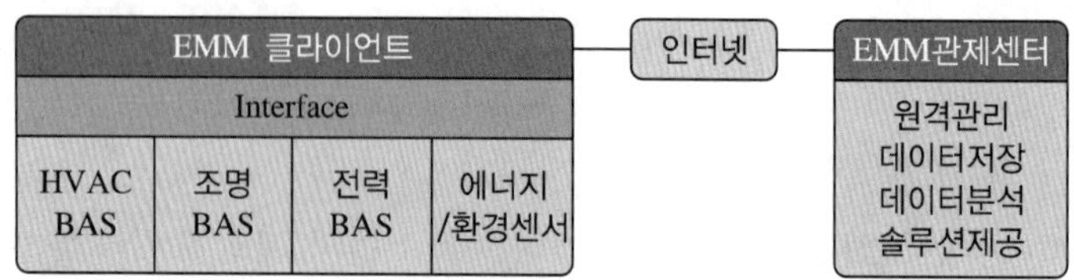

② **한국형 마이크로 에너지 그리드(K-MEG ; Korea Micro Energy Grid)**

㉠ 전기, 열, 가스 등 에너지원을 통합하여 고효율화하고자 하는 개념

㉡ 현재 기술을 개발해 운용 중에 있으며 향후에도 추가 대상지역을 넓힐 계획

2) 국 외

① 하니웰, 지멘스, 존슨컨트롤즈, 슈나이더를 중심으로 빌딩에너지 원격 관제 기술을 개발하여 시장진출을 추진하고 있다.

② **기술개발 내용**

㉠ BAS/BEMS 솔루션 에너지관리에 대한 응용서비스

㉡ 에너지 관리 플랫폼을 개발

036 제로 에너지 빌딩

1 개 요

① 제로 에너지 빌딩(Zero-energy Building) 또는 에너지 제로 하우스는 고성능 단열재와 고기밀성 창호 등을 채택, 에너지 손실을 최소화하는 '패시브(Passive)기술'과 고효율기기와 신재생에너지를 적용한 '액티브(Active)기술' 등으로 건물의 에너지 성능을 높여 사용자가 외부로부터 추가적인 에너지 공급 없이 생활을 영위할 수 있도록 건축한 빌딩을 말한다.

② 소비성 에너지나 오염 물질이 나오지 않고 태양열 에너지나 풍력 에너지, 지열 에너지 등을 사용한 집을 예로 들 수 있으며, 채광, 환기, 단열이 잘 되어 있는 집을 말하기도 한다.

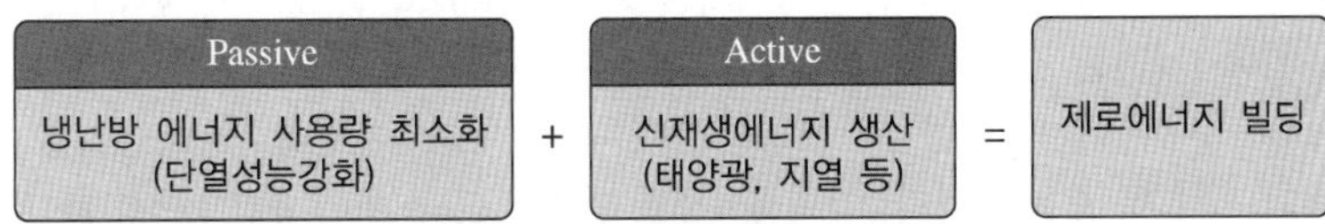

2 조 건

1) 고효율 저에너지 소비의 실현

단열, 자연 채광, 바닥 난방, 고효율 전자기기 사용 등을 통해 일상생활에 필요한 난방, 조명 등의 에너지 소비를 최소화하는 것이 가장 기본적인 조건이다.

2) 건물의 자체적인 에너지 생산 설비

① 태양광, 풍력 등 자체적인 신재생에너지 생산 설비를 갖추고 생활에 필요한 에너지를 자체적으로 생산하는 것이 필요하다.

② 에너지 절감이 제로 에너지 빌딩의 실현을 위한 필요조건이라면 신재생에너지에 의한 에너지 생산은 충분조건이라 할 것이다.

3) 전력망과의 연계

① 제로 에너지 빌딩이라면 자체 에너지 설비를 갖추기 때문에 전력망과의 연계는 필요하지 않다고 생각할 수 있다.

② 그러나 태양광, 풍력 등 신재생에너지는 계절이나 시간, 바람 등 외부 환경에 의해 에너지를 생산할 수 있는 양에 큰 편차가 존재한다.

③ 바람이 잘 불거나 햇빛이 강할 때는 필요 이상의 에너지를 제공하다가 막상 바람이 멈추거나 밤이 되면 에너지를 생산할 수 없게 된다.

④ 따라서, 기존 전력망과의 연계를 통해 에너지를 주고받는 과정이 필요하다.

3 적용기술

구 분	정책 개요	관련 규정
패시브 의무화	• 패시브 수준으로 신축건축물 단열기준강화('17년)	건축물의 에너지절약설계기준 별표 1
신재생 의무화	• 신축 · 증축 · 재축하는 1,000[m^2] 이상 공공건축물은 예상 에너지사용량의 30[%]를 신재생에너지설비로 공급('20년)	신재생에너지법 제12조제2항
LED 의무화	• 신축 공공건축물은 실내조명설비를 LED로 설치 • 기존 건축물의 실내조명설비도 LED로 교체('20년)	공공기관 에너지이용 합리화 규정 제11조
고효율 의무화	• 에너지기자재 수요발생시 고효율에너지 기자재인증 제품 또는 에너지소비효율 1등급 제품 우선 구매(旣시행)	공공기관 에너지이용 합리화 규정 제11조

4 기대효과(=장점)

① 미래의 에너지 가격 상승으로부터 자유롭다.

② 보다 균일한 실내온도를 통한 쾌적성이 향상된다.

③ 에너지 긴축을 위한 제한조건이 축소된다.

④ 에너지효율 증가로 인한 건축주의 총비용 감소한다.

⑤ 실질적인 생활비용이 절감된다.

⑥ 송전망 정전의 위험이 감소한다.

⑦ 신재생설비로 인한 신뢰성이 확보된다(태양광은 25년 수명 보장).

⑧ 신축 시 추후 리모델링과 비교하여 초과비용 발생이 최소화된다.

⑨ 에너지비용이 증가될수록 제로에너지 빌딩의 가치는 커진다.

⑩ 미래의 에너지 및 탄소배출 관련 법규 제한/세금 등에 대비할 수 있다.

5 문제점

① 초기 비용이 상승한다.
② 소수의 전문가만이 기술 및 경험을 보유하고 있다.
③ 건축물 재판매 시 높은 초기 비용에 대한 부담이 있을 수 있다.
④ 지구 온난화에 따른 기온의 상승 또는 하강에 대응할 미래의 능력이 제한될 수 있다.
⑤ 최적화된 외피가 구축되지 않을 경우, 냉난방에너지가 필요 이상으로 커질 수 있다.
⑥ 과도한 신재생에너지 시스템이 설치될 수 있다.

037 신 · 재생에너지설비의 지원 등에 관한 지침의 태양광설비 시공기준에서 태양광 모듈의 제품, 설치용량, 설치상태

1 태양광발전 모듈의 제품

태양광발전 모듈은 인증 받은 제품을 설치하여야 한다. 다만, BIPV형 모듈은 신재생에너지센터장이 별도로 정하는 품질기준에 따라 '발전성능' 및 내구성' 등을 만족하는 시험결과가 포함된 시험성적서를 센터로 제출할 경우, 인증 받은 설비와 유사한 형태의 모듈을 사용할 수 있다.

2 모듈 설치용량

모듈의 설치용량은 사업계획서 상의 모듈 설계용량과 동일하여야 한다. 다만, 단위 모듈당 용량에 따라 설계용량과 동일하게 설치할 수 없을 경우에 한하여 설계용량의 110[%] 이내까지 가능하다.

3 설치상태

① 모듈의 일조면은 정남향 방향으로 설치되어야 한다. 정남향으로 설치가 불가능할 경우에 한하여 정남향을 기준으로 동쪽 또는 서쪽 방향으로 45도 이내에 설치하여야 한다.
② 모듈의 일조시간은 장애물로 인한 음영에도 불구하고 1일 5시간[춘계(3~5월) · 추계(9~11월)기준] 이상이어야 한다. 전선, 피뢰침, 안테나 등 경미한 음영은 장애물로 보지 않는다.
③ 모듈 설치 열이 2열 이상일 경우 앞 열은 뒷 열에 음영이지지 않도록 설치하여야 한다.

Professional Engineer Building Electrical Facilities

제 4 장

신개념 에너지

038 스마트 그리드(Smart Grid)

1 개 요

① 스마트 그리드란 기존의 전력망에 IT 기술을 접목하여 전력공급자와 사용자가 양방향으로 실시간 정보를 교환함으로써 에너지 효율을 최적화할 수 있는 차세대 전력망을 말한다.

② 기존의 전력망에 ICT기술을 융합하여 에너지 효율을 최적화하는 지능형 전력망과 더불어 이를 기반으로 유관산업(중전, 통신, 가전, 건설, 자동차, 에너지 등) 간의 융합 및 시너지 기회를 제공하고 이를 촉진하기 위한 제반 플랫폼(법, 제도, 프로그램 등)을 갖춘 녹색성장 플랫폼을 말한다.

2 스마트 그리드의 목적

1) 전력공급 측면

① **전력수요의 분산** : 신규발전 투자비용 절감

② **신재생전원의 보급 확대**

㉠ 전력생산이 불규칙한 분산형 전원의 안전성 제고

㉡ 대규모로 전력망에 연결

③ 송배전 운용의 효율성 향상, 전력품질 향상, 설비투자의 최적화

2) 전력수요 측면

소비자에 의한 자발적인 에너지 절감, 온실가스 배출 절감, 소비시간 조정

▌스마트 그리드

3 스마트 그리드의 구성

1) 계층 구조

① 전력 레이어(층)

전력층은 발전에서 송전과 변전을 거쳐서 수용가에 이르는 물리적인 전력기반설비를 의미한다.

② 통신 레이어(층)

통신층은 전력수급 주체 간, 전력장치들 간의 정보를 교환할 수 있게 하는 인프라를 의미하며 LAN(Local Area Network, 근거리 통신망), WAN(Wide Area Network, 광역통신망), FAN(Field Area Network, 현장지원 정보망), AMI(Advanced Metering Infrastructure, 원격검침시스템), HAN(Home Area Network) 등이 존재한다.

③ 응용층(애플리케이션 레이어)

㉠ 스마트 그리드상에서 구동될 수 있는 서비스 영역의 단계를 의미한다.
㉡ 전력망 최적화, 수요반응, 스마트 계량기, 분산발전, 전력저장, 전기자동차, 에너지 관리시스템과 같은 다양한 응용들이 존재한다.

2) 한국형 스마트 그리드 구성요소

① 스마트 그리드 구성 1

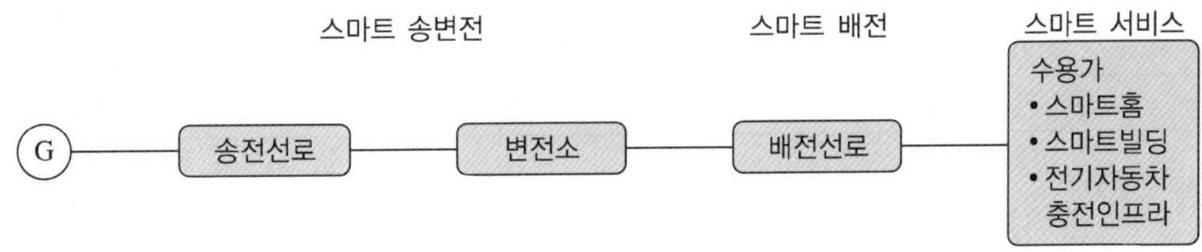

② 스마트 그리드 구성 2

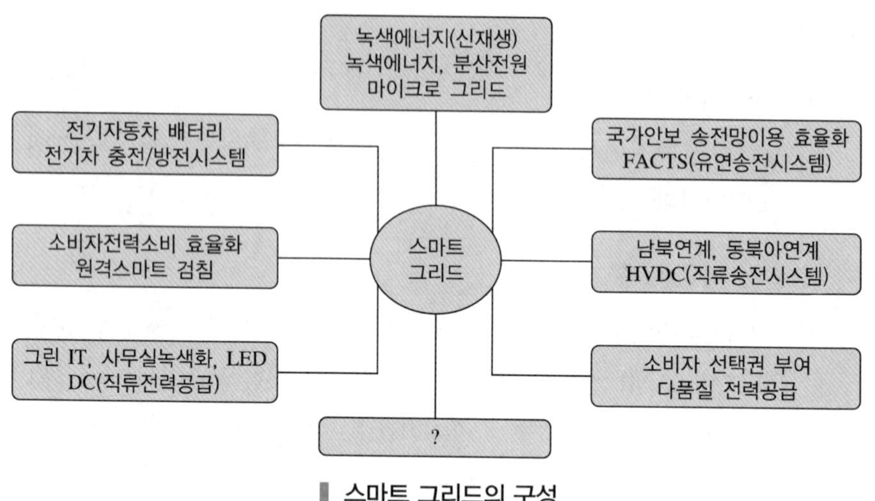

▌스마트 그리드의 구성

4 기존 전력망과 스마트 그리드의 비교

구 분	기존 전력망	스마트 그리드
전원공급방식	중앙전원	분산전원
구 조	방사형 구조	네트워크 구조
통신방식	단방향	양방향
기술기반	아날로그/전자식	디지털
점검/사고 복구	수 동	원격/자기치유
제어시스템	지역적 제어	광범위한 제어
고객 서비스	제한적	다양한 서비스

5 스마트 그리드의 5대 분야(= 로드맵)

1) 지능형 전력망(Smart Power Grid)

① **지능형 송전시스템** : FACTS, HVDC, 초전도기술, 디지털 변전시스템 기술 등
② **지능형 배전시스템** : 분산형전원, 스마트 개폐기
③ **지능형 전력기기** : FACTS, HVDC, 초전도기술, AMI, 스마트 개폐기
④ **지능형 전력통신망** : 유무선 전력통신망

2) 지능형 소비자(Smart Consumer)

① AMI기술 원격검침, 정보수집, 개별기기 능동적 제어기술
② **EMS기술** : 에너지 사용 모니터링, 제어기술
③ 양방향 통신 네트워크

3) 지능형 운송(Smart Transportation)

① **부품소재기술** : 전기자동차 핵심부품 및 소제, 전기모터, 배터리 등
② **충전인프라기술** : 급완속 충전기, 전기차 ICT 시스템
③ **V2G기술** : 전력망과 전기차 배터리 전원연계

4) 지능형 신재생(Smart Renewable)

① **마이크로 그리드 기술** : 분산형 전원과 부하의 통합적 관리
② **에너지 저장기술** : 배터리, 플라이휠, 압축공기 저장장치 등
③ **전력품질 보상기술** : 분산형 전원 출력변동, 전력조류 등 계통전압, 주파수 변동 억제
④ **전력거래 인프라 기술** : 실시간 전력 입찰 및 발전량 계량

5) 지능형 전력서비스(Smart Electricity Service)

① **실시간 요금제 기술** : 소비자에게 실시간 요금 정보전달, 전력수요 가격반응 유도
② **수요반응기술** : 소비자의 전력소비 조정유도, 신뢰도 향상, 비용절감
③ **전력거래기술** : 수요와 공급자의 자유로운 전력거래, 에너지 효용 극대화

6 스마트 그리드의 응용 서비스

1) 원격검침 시스템

① 전력사업자와 소비자간 양방향 통신이 가능하게 하는 기능을 갖추는 것뿐만 아니라 전력사업자가 유용한 기능들을 구동할 수 있게 해 주는 역할을 한다.

② 검침원이 필요 없는 생력화가 가능하고, 전력소비량을 실시간 알 수 있어 관리를 효율적으로 할 수 있다.

2) 수요반응

① 최대 전력수요를 줄이고 시스템의 긴급 상황 발생을 피하기 위하여 요금 및 인센티브 수단을 통하여 소비자의 전력소비 패턴을 합리적으로 변화시키는 행위를 말한다.

② 최적의 에너지 사용량을 유도하여 발전소, 선로, 설비 설치비용을 줄이고, 수용가에게는 요금혜택을 누릴 수 있는 서비스

3) 전력망 최적화

① 전력사업자와 전력망 운영자가 송배전망에 대한 디지털 제어를 할 수 있는 방향으로 전개

② 디지털 제어를 통해 전력사업자는 배전관리, 정전관리, 전력누수탐지, 자산관리, 부하관리, 전력망 안정화 등에서 효율성을 기대

4) 분산발전

① 친환경적인 에너지인 재생에너지를 용이하게 통합하여 효과를 극대화 필요

② 즉, 전력수요 변화에 유연성 있게 대처하여 전력계통의 안정성을 극대화할 수 있다.

5) 에너지 저장장치

① 대용량의 에너지 저장장치보다는 분산전원에서 직접 수용가에 전력을 공급해 줄 수 있는 소규모 분산장치 필요성이 커지고 있다.

② 발전소, 송전, 변전, 배전의 설비 등을 감소시킬 수 있어 효율성을 극대화할 수 있다.

6) 플러그인 하이브리드 전기자동차

① 플러그인 하이브리드 전기자동차(PHE ; Plug-in Hybrid Electric Vehicle)의 배터리는 스마트 그리드를 통해서 재생에너지 발전의 잉여 전력을 저장한다.

② 전력수요가 높아질 때 전력망으로 배터리에 저장된 전력을 송전하는 시스템으로 발전할 것이다.

7) 첨단 전력제어 시스템

전력사업자의 전력망 모니터링, 제어, 최적화를 위한 다양한 핵심 시스템, 응용, 백엔드 기술 인프라를 업그레이드하고, 지속적으로 통합하는 기능을 갖추어야 한다.

8) 스마트 홈과 네트워크

빌딩이나 주택 내부에 설치되어 있는 온도조절 장치, 난방장치, 조명, 에어컨 시스템과 같은 기기에 소프트웨어 및 네트워크 기능을 부가함으로써 전력사업자와 소비자 모두 혜택을 얻을 수 있다.

7 마이크로 그리드

1) 정 의

소규모, 모듈화 된 분산 발전 시스템이 배전망에 연결되어 구성된 새로운 형태의 저압 네트워크 전력시스템을 말한다.

2) 구성도

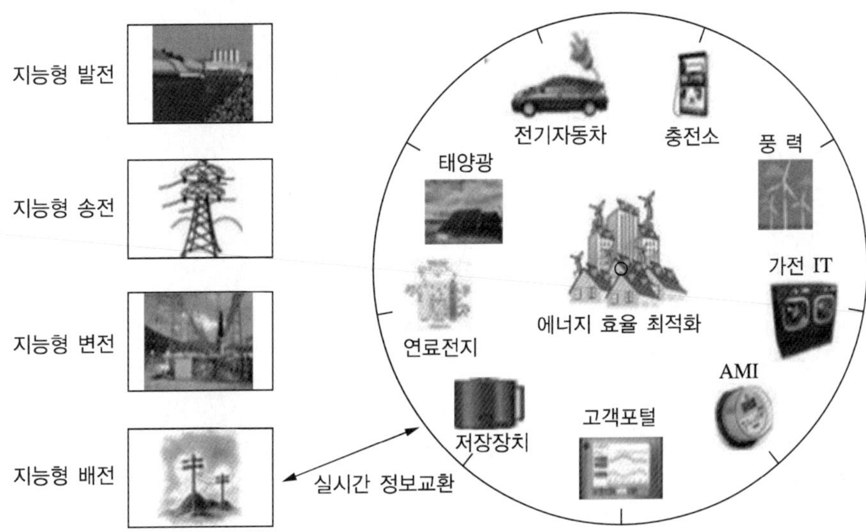

3) 마이크로 그리드의 특징

① 분산형 전원의 장점을 최대한 이용, 에너지 효율 향상
② 현재 집중적인 발전, 송전, 배전의 문제점 해결(전력손실, 입지 난 해소 등)
③ 전력품질 유지 어려움
④ 마이크로 그리드에 대한 연구 초기 단계

8 스마트 그리드의 문제점(개발방향)

① 범국가적 기반정비가 필요
② 마이크로 그리드의 부족
③ 실시간 요금제의 단계적 도입
④ 해킹 등의 보안문제
⑤ 스마트 미터 설치 미비
⑥ 전기차 급속충전에 대비한 전력공급 체계 확보

039 마이크로 그리드 (Micro Grid)

1 개 요

① 소규모 지역에서 자체적으로 전기를 생산, 저장, 소비는 새로운 개념의 전력 시스템을 의미한다.
② 어떠한 형태의 에너지원도 마이크로 그리드에 연결이 가능해야 하고 계통에 영향을 주어서는 안 된다.
③ 기존 전력 계통과 연계 또는 독립 운영이 가능하다.

2 마이크로 그리드 분류

1) 독립형 마이크로 그리드

① 전남 가사도에 설치 운영되고 있다.
② ESS를 이용 시 계통연계보다 경제적일 경우에 해당된다.
③ 소규모 전력망에 적용된다.

2) 연계형 마이크로 그리드

① 중간규모 전력망에 적용된다.
② 독립형보다 안정적이다.

3 마이크로 그리드 구성

1) 계통 연계형

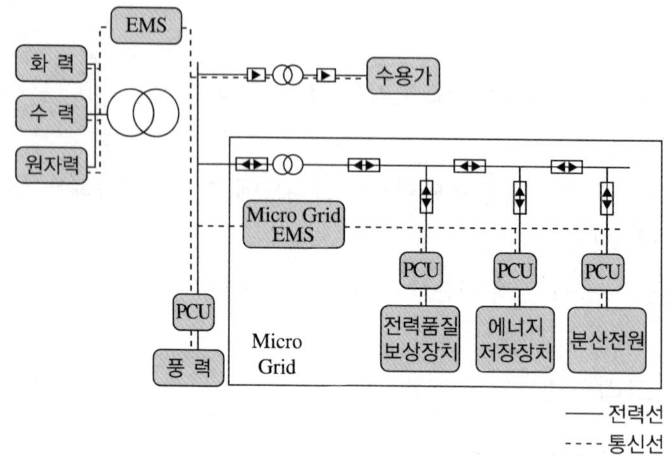

2) Micro Grid EMS(Energy Management System)

① 에너지를 효율적으로 관리하는 시스템

② **독립형 마이크로 그리드의 경우**

㉠ 안정적 운영이 목표

㉡ 전압, 주파수 관리

③ **연계형 마이크로 그리드의 경우**

㉠ 연계선로 제어

㉡ 통합적 에너지 생산 제어

3) 에너지 저장장치

① 생산, 수요 시간의 불일치로 인한 에너지 저장 장치 필요(주파수 보상 등에 사용)
② **전지형태** : 리튬, 수소 등
③ **열형태** : 빙축열, 흡수식 냉동기

4) 전력품질 보상장치

전압, 주파수를 제어

5) 분산전원

① **신재생 에너지** : 풍력, 태양광, 연료전지, 소수력 등

② **디젤, 가스터빈** : 열병합

6) PCU(Power Conditioning Unit)

① 인버터에 의해 DC ↔ AC 변환

② 배전선로의 전압과 공급되는 전압의 동기화

③ 계통연계 보호장치를 포함

4 마이크로 그리드 기능

① **에너지 이용 극대화** : 신재생, 저장장치

② **신재생 에너지 이용** : 송전손실 경감

③ **전력 품질개선** : 전압, 주파수 보상, 무정전 공급

④ **계통 연계 단순화** : 어떤 에너지원도 1점 접속

⑤ **에너지 거래** : 잉여 전력 판매

⑥ **통합 정보망 이용** : 수용가, 전력사업자, 기기 제작사

5 마이크로 그리드 구현방안

1) 마이크로 그리드 Islanding 상황 시

① **신재생 에너지에 의한 전력공급**

㉠ 주파수 유지

㉡ 중부하 시 부하공급 여부

② 고장전류 발생 시 고장 표시 여부

2) 마이크로 그리드 전원 복구 시

동기화 투입 여부를 확인한다.

6 결 론

지역단위의 마이크로 그리드 운영을 통하여 기술을 축적하고 이를 연계하여 범국가적인 스마트 그리드를 완성하는 것이 궁극적이 목표이다.

040 전기자동차 전원공급설비

1 개 요

① 자동차로 인하여 배출되는 CO_2는 전체 배출량의 약 20[%]의 큰 비중을 차지하고 있다.

② 에너지 비용의 절감, 온실가스 저감대책 등 저탄소 녹색성장의 실현을 위해 전기자동차 및 충전설비 인프라의 보급이 주목받고 있다.

2 관련 법규

① 전기설비 기술기준 53조, 판단기준 제286조

② KS C IEC 61851-1, 21, 22

3 전기자동차의 구성

1) 전기자동차

전기자동차란 배터리에서 공급되는 전기 에너지를 모터의 구동력으로 변환하여 주행하는 자동차이다.

2) 구성도

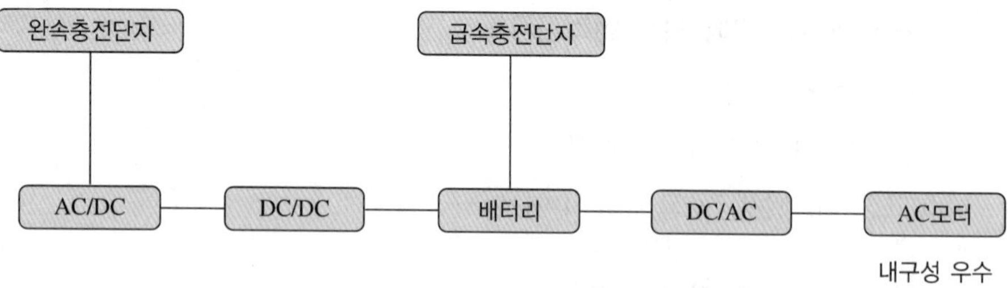

4 전기자동차 충전장치

1) 전기자동차 충전인프라

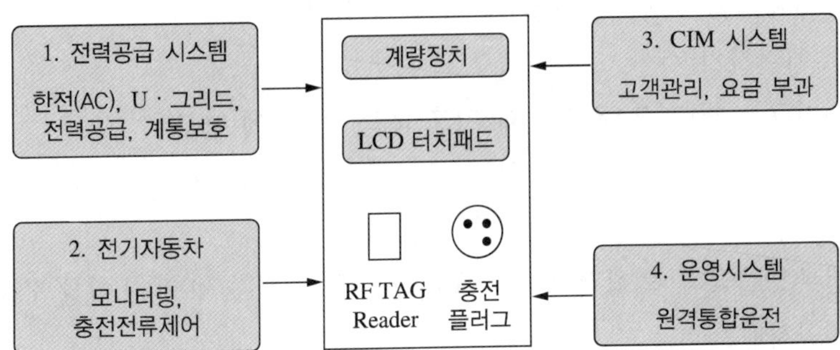

충전장치 : 전력변환, 차량인식

2) 충전장치의 종류

구 분	홈 충전기	완속 충전기	급속 충전기
전력변환장치	전기자동차 내장	전기자동차 내장	충전기 내장
공급전압	단상 220[V]	단상 220[V]	삼상 380[V]
공급용량	2[kW]	7.7[kW]	50[kW]
충전시간	6 ~ 8시간	4 ~ 6시간	10 ~ 30분
전력공급설비	불필요	불필요	필 요
사용목적	일반적인 충전	소모량 보충	최소량 보충
요금수준	낮 음	보 통	높 음
용 도	일반가정	공용주차장, 관광서, 쇼핑센터	주유소, 고속도로 휴게소

5 전기자동차 전원공급설비 시설기준(판단기준 제286조)

1) 저압전로

① 전용개폐기 및 과전류 차단기의 각 극에 설치
② 지락 차단장치 시설
③ 배선기구는 제170조(옥내), 제221조(옥측, 옥외)에 따름

2) 충전장치

① 충전부 노출금지, 외함접지(400[V] 미만 : 제3종 접지, 400[V] 이상 저압 : 특별 제3종 접지공사)
② 충분한 기계적 강도
③ 침수 위험 없는 곳에 시설, 옥외 시설시 IP×4 이상 보호등급
④ **분진, 가연성 가스 등 위험 장소** : 정상상태에서 부식, 감전, 화재, 폭발 위험방지
⑤ 전기자동차 전용표지 설치

3) 충전케이블 및 부속품(플러그와 커플러)

① 충전장치와 전기자동차의 접속은 연장코드 사용금지
② 충전케이블을 유연성 및 충분한 굵기

③ **커플러(커넥터와 접속구로 구성)**

㉠ 다른 배선기구와 대체 불가능한 구조
㉡ 극성구분하고 접지극이 있을 것(먼저 투입, 나중분리구조)
㉢ 잠금 또는 탈부착 기능
㉣ 커넥터 분리시 전원 자동차단(인터로크)
㉤ 커넥터와 플러그는 충분한 기계적 강도 있을 것

④ **충전장치의 부대설비**

㉠ 충전 중 차량 유동 방지장치, 물리적 충격에 대한 방호장치 시설
㉡ 충전 중 환기 필요 시 환기설비시설 후 환기설비표지 설치
㉢ 충전상태 표시장치 설치(쉽게 보이는 곳)
㉣ 적절한 밝기의 조명설비 설치

⑤ 그 밖의 관련 사항은 KS C IEC 61851-1,21,22 표준참조

6 전기자동차 충전용 전원설비 설계

1) 설계 FLOW

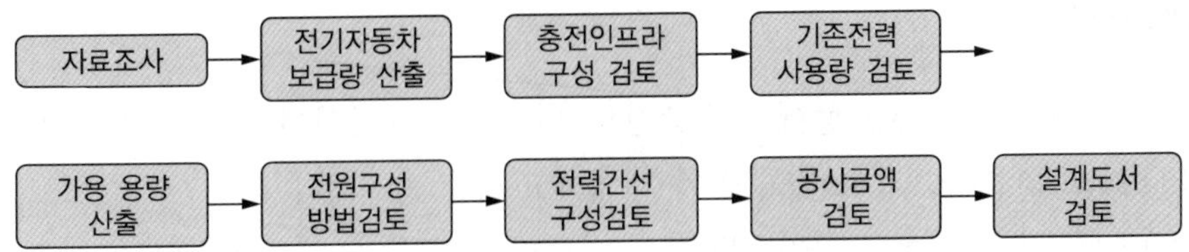

2) 충전기 수량

$$n_c = n_{sc} \times \alpha + n_{fc} \times \beta (\text{개})$$

여기서, n_c : 충전기 수량
n_{sc} : 완속충전기 수량
α : 완속충전기 1일 이용률
n_{fc} : 급속충전기 수량
β : 급속충전기 1일 이용률

041 전기자동차의 충전방식의 종류

1 DC콤보방식

① 완속 충전용 교류 모듈에 급속충전용 직류 모듈을 동시에 사용할 수 있는 방식이다.
② BMW i3나 쉐보레 스파크 EV가 채택하고 있는 방식이다.
③ 이 방식을 사용하면 공간 활용도나 커넥터 통합 등의 이점이 있다.

2 차데모방식

① 미국과 유럽 진영이 아닌 일본 도쿄전력을 중심으로 닛산, 미쓰비시, 후지 중공업, 도요타를 주축으로 개발된 충전방식이다.
② 현재 도요타와 닛산, 미쓰비시가 차데모 충전방식을 사용한다.
③ 직류방식만을 이용한 충전 방식으로 급속 충전을 목표로 개발됐기 때문에 교류 충전은 별도의 커넥터 등이 필요하여 공간 활용성이 떨어진다는 단점이 있다.

3 AC3상 방식

① 프랑스 르노가 내세우고 있는 방식이다.
② 별도의 직류 변환 어댑터가 필요 없다는 장점이 있다.
③ 낮은 전력을 이용하기 때문에 효율이 높고, 직류 변환 장치가 필요 없어 다른 충전방식에 비해 인프라 구축비용이 적고, DC콤보방식과 마찬가지로 하나의 케이블로 급속충전과 완속충전이 가능하다는 장점이 있다.

042 V2G(Vehicle to Grid)

1 개 요

V2G란 전기자동차와 계통을 연결한다는 의미로 스마트 그리드 구축 계획 5대 분야별 실행 로드맵 중 지능형 운송의 핵심이 된다.

2 V2G의 도입배경 및 개념

1) 도입배경

① 친환경적인 특성으로 인하여 주요 선진국(미국, 일본, 독일 등)을 중심으로 전기자동차는 많은 관심을 받고 있고, 연구개발 진행 중이다.

② 우리나라는 스마트그리드 로드맵의 지능형 운송 분야에 V2G 시스템이 포함되어 있으나, 전기자동차 및 V2G 시스템의 보급을 위해서는 우선적으로 전기자동차의 V2G에 대한 규정을 마련하는 것이 시급한 실정이다.

③ 그러나 현재 제정된 규정(기술기준 및 판단기준)들은 대부분 전기자동차 충전과 관련되어, V2G 설비는 충전뿐만 아니라 계통으로 전력을 공급하므로 이에 대한 규정 제정이 반드시 필요하다.

④ 따라서, 해외 선진국의 V2G 기술 동향과 국제 표준 등을 면밀히 파악하여 국내 실정에 맞는 기술기준제정이 요구되어진다.

2) V2G의 개념

① 전기자동차는 일반 자동차의 엔진 대신 배터리에 있는 전력으로 모터를 구동하여 움직인다.

② V2G는 그 배터리에 있는 전력을 평상시에는 차를 주행하는 데 사용한다.

③ 전력 사용이 많은 피크 발생 시에는 충전된 전력을 전력망을 통해 반대로 송전하여 에너지를 효율적으로 사용하는 것이다.

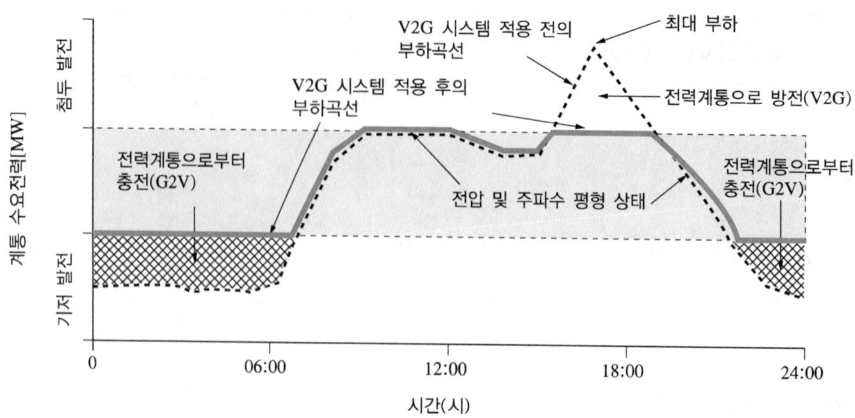

3 V2G의 구성도

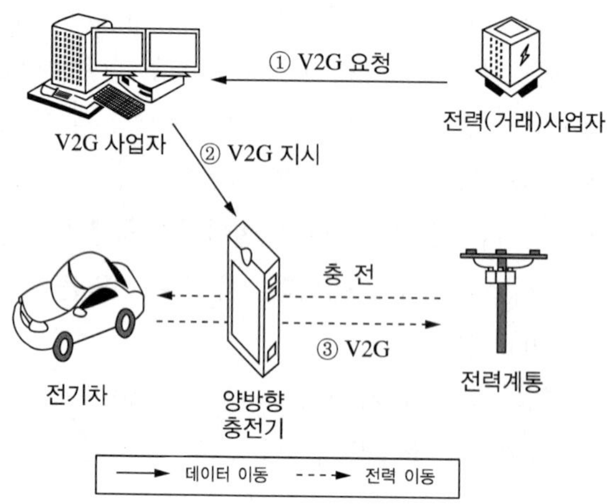

(SoC ; State of Charge)

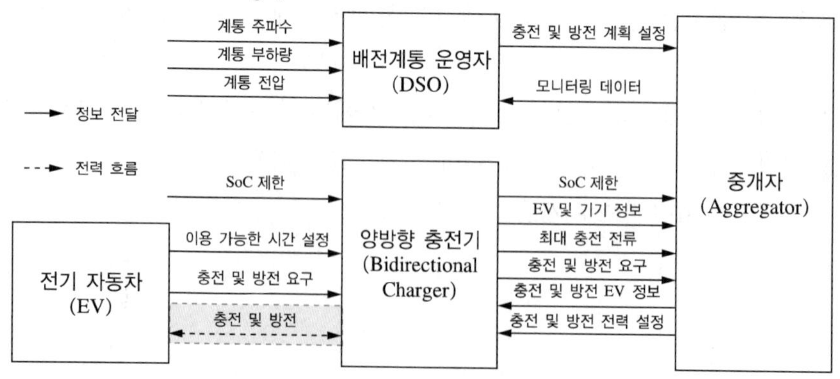

▌V2G 시스템 구성요소 간의 관계

4 V2G의 효과

① **운전자** : 피크 시에는 전력회사에 전력을 팔아서 고객은 돈을 벌 수 있다.

② **전력회사** : 발전소 가동률 감소 및 수요관리를 할 수 있다.

5 V2G의 기능(=활용분야 및 장점)

① 주파수 미 전압 조정

② 첨두부하 감소로 부하의 평준화 : Peak 부하 시 대에 계통으로 전력 공급

③ 신재생에너지 출력 안정화 : 배터리 충·방전 제약 조건을 고려하여 가능

④ 전력 예비력 공급 : 비상 시, UPS로 동작하여 전력 공급 가능

⑤ 화석연료 사용량 감소 : CO_2 등의 온실가스 감축에 기여

6 V2G로 인한 문제점

① 과부하 문제 : 대규모 전기자동차 충전 시 발생

② 전압 변동발생 : 불특정 다수의 지역에서 충·방전 시 발생

③ 역조류 발생 : 전압상승 및 보호시스템의 복잡성 증가

④ 전력품질문제 : 전압변동 및 고조파 발생 등으로 인한 문제

⑤ 전력계통 보호협조 문제 : 양방향 보호협조 시스템 도입 필요

⑥ 전력계통 안정도 문제 : 적절한 충전제어가 이루어지지 않을 경우 전압 붕괴 현상

7 V2G 시행의 문제점

1) 전기 자동차 보급

① V2G 시행의 가장 큰 문제는 적어도 수십만 대가 있어야 효과를 낼 수 있다.

② 전기 자동차 보급의 문제점 및 대책

㉠ 전기 자동차의 높은 가격 : 정부 보조금 및 기술 개발로 실현이 가능

㉡ 짧은 주행거리 : 기술 개발로 실현이 가능

㉢ 충전 인프라 부족 : 가장 큰 문제점이다.

2) 전기 자동차에 양방향 OBC(On Board Charger)장착이 필수

① **충전기** : 50[kW]급의 급속충전기, 완속 충전기가 있다.

② OBC : 완속 충전 시 AC를 승압하고 DC로 변환하여 전기차 배터리를 충전시키는 장치이다.

3) 전력 수요관리 시장의 형성이 미흡

4) 높은 배터리 가격

8 V2G 응용기술

① V2H(Home) : 정전 시 비상발전기용
② V2B(Building) : 정전 시 비상발전기용
③ V2D(Device) : 야외 캠핑 등에서 전자제품과 연계

9 결 론

① 현재 우리나라의 경우 제주 실증사업을 통하여 구현과 실증을 이미 완료한 상태다.
② V2G가 아직까지는 시장형성, 기술문제, 표준화 문제로 많은 걸림돌이 있지만 미래의 핵심성장 산업에는 이견이 없다.
③ 그러므로 우리나라도 국제적 협조를 통해 민첩하고, 일관된 정책 기조가 필요하다고 사료된다.

043 전력저장장치

1 개 요

① 점차 낮아지는 부하율 및 발전설비의 저부하 운전에 따른 효율 악화문제와 더불어 대용량 발전설비의 확대에 따른 예비율 확보 문제를 양수발전소가 담당하였다.

② 그러나 양수발전은 입지조건의 까다로움과 수용가와의 거리문제 및 효율이 비교적 낮아 확대설비가 어려운 실정으로 초전도 전력에너지 장치의 개발 필요성이 늘어나게 되었다.

③ 전력저장장치는 발전 공급량과 수요량의 격차를 효과적으로 조절하기 위한 설비이다.

④ 특히 신재생 분산전원의 경우 출력변동이 심하여 연속적 공급이 불가능하므로 과잉 공급 시 저장하였다가 수요가 늘어날 때 공급할 수 있는 시스템인 전력저장장치의 중요성이 대두되고 있다.

2 전력저장장치 필요성, 구비조건

1) 전력장치의 필요성

① 전력품질 보상

② 출력변동 표준화

③ 설비 이용률 향상

④ 예비력 확충 및 발전원가 절감

2) 구비조건

① 경제성, 신뢰성, 안정성

② 저장 밀도와 저장 용량이 커야 한다.

③ 장시간 저장이 가능

④ 높은 변환효율

3 구 성

잉여전력이나 야간의 저부하 시 생산된 전력을 저장하여 전력수요 Peak 또는 필요시 저장된 전력을 사용하여 에너지를 효율적으로 사용

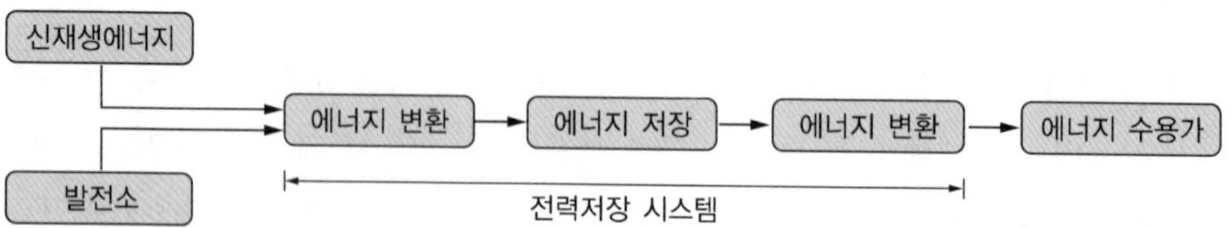

4 분류(종류)

1) 에너지 저장 형태에 따른 분류

① **열에너지** : 축열(빙축열, 심야온수 등)
② **전기화학** : 이차전지, 슈퍼 커패시터, 수소 저장
③ **전자기 에너지** : 초전도 코일
④ **역학적 에너지** : 양수발전, 압축공기 저장, 플라이 휠 저장

2) 종 류

종 류		장 점	단 점	비 고
이차전지	납축전지	• 저렴하다. • 모듈화 가능	• 저 에너지 밀도 • 짧은 수명 • 납사용 규제 가능성	기술안정성, 가장 보편적
	니켈수소전지 (Ni-MH)	고출력 밀도	• 저에너지 밀도 • 짧은 수명	HEV(Hybrid Electric Vehicle) 적용
	리튬전지 (Li-ion, Li-po)	• 고에너지 밀도 • 고전압	• 고 가 • 저출력 밀도 • 보호회로 필요	대용량, 긴 수명화 추진 중
	레독스 플로전지 (Redox Flow)	• 대형화 가능 • 용량증설유리 • 상온작동 • 초기 비용 낮음	저에너지 밀도	용량제한 없음 (15[MW] 보급완료)

종 류		장 점	단 점	비 고
이차 전지	나트륨-유황 전지 (NaS)	• 고출력 밀도 • 고효율	• 고온 작동형 (300[℃] 이상) • 고 가 • 부가장치 필요	운전단가 높음, 대용량 모듈화
초고용량 커패시터 (Super Capacitor)		• 고출력 밀도 • 반영구적 수명	• 저에너지 밀도 • 고 가	단시간용 적합
양수발전 (Pumped Hybrid)		• 긴 수명 • 대용량	• 초기 비용 고가 • 부가장치 • 제한지역 • 운전지연시간	운전단가 낮음
초전도 코일(SMES)		고출력 특성	초전도 냉각 시스템	대출력 가능
플라이휠 저장(SFES)		안정성 높음	고비용	
압축공기저장(CAES)		대형화 유리	• 입지조건 • 저효율	대용량 장수명
수소저장		• 대용량 • 긴 수명 • 효율우수	저내조 및 연료전지 시스템 필요	수소저장 탱크

5 전력저장 장치의 적용

① 이차전지

전자제품, 전기자동차 전원, 변동부하 보상, 신재생 및 계통 연계형 전력저장

② 슈퍼 커패시터

중대형 UPS, 분산전원시스템, 하이브리드 전원, 고품질 전원 공급용

③ 초전도 코일(SMES)

반도체 제조회사, 전력회사 및 군용, 공공업계 및 은행, 통신 데이터 센터

④ 플라이 휠 저장

UPS용, 계통 연계 에너지 저장

⑤ 압축공기 에너지 저장

100[MW] 이상 발전소용, 부하관리용

⑥ **양수발전**

원전의 잉여 전기 저장 및 공급, 부하관리용

⑦ **수소저장**

계통연계 에너지 저장, 부하관리용

6 결 론

① 신재생 에너지의 보급과 함께 스마트 그리드의 핵심으로 전력품질, 그리고 에너지 사용의 효율화를 극대화시킬 수 있는 전력저장장치이다.

② 저장장치의 고효율화, 고역률 변환장치 개발이 이루어져 보급되어야 하고 실용화가 앞당겨져야 한다.

044 ESS의 제어기술

1 ESS의 구성

① ESS는 배터리와 BMS, PCS, EMS 등으로 구성된다.
② 통합적인 관리와 통제, 제어를 하는 종합적인 시스템이다.

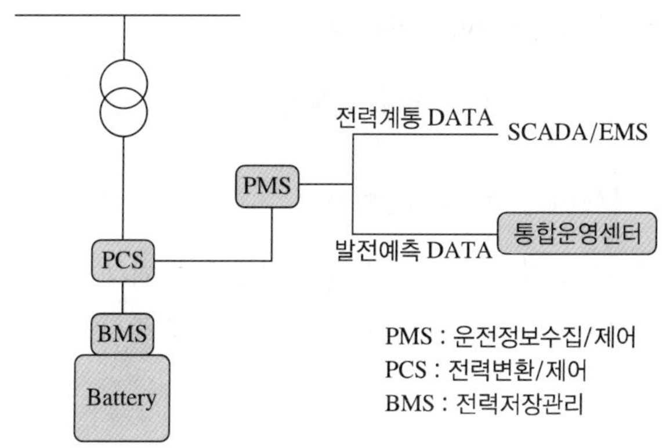

2 ESS의 구성별 특징

1) Battery

PCS를 거쳐 전기를 저장하였다가 필요할 때 전기를 방전하는 역할을 한다.

2) BMS(Battery Management System)

① 배터리의 충전상태를 제어, 보호기능을 수행한다.
② 배터리의 전압, 전류, 온도를 측정한다.
③ 배터리의 안전상태와 고장 유무를 진단한다.
④ 배터리의 온도와 셀 밸런싱을 제어한다.
⑤ PCS 및 운영시스템과 통신하여 배터리의 데이터를 제공하는 기능을 한다.

3) PCS(Power Conditioning System)

① 배터리로부터 저장된 직류전력을 교류로 변환하여 전력계통 및 부하에 전력을 공급한다.

② 전력계통으로부터 교류전력을 직류로 변환하여 배터리에 전력을 저장한다.

③ **분류** : 변전소 적용 ESS용 PCS, 신재생에너지 적용 ESS용 PCS, 수용가 적용 ESS용 PCS

4) EMS(Energy Conditioning System)

배터리, PCS, ESS를 모니터링하고 제어하기 위한 운영시스템을 의미한다.

5) PMS(Power Management System)

전력망에는 많은 수의 ESS가 설치되어 이를 네트워크 기술과 전력전자기술을 이용한 통합관리를 하여 수요 및 분산전원의 간헐성을 완충하는 장치이다.

045 이차전지를 이용한 전기저장장치의 시설

1 개 요

① 전기설비기술기준의 판단기준 제8장 지능형 전력망 제4절 이차전지를 이용한 전기저장장치의 신설하였다.
② 제295조 전기저장장치의 일반 요건, 제296조 제어 및 보호장치, 제297조 계측장치로 구성되어 있다.

2 전기저장장치 일반 요건

1) 충전부분은 노출되지 않도록 시설

① 감전에 대한 기본 보호를 한다.
② 기본절연, 이중절연, 격벽 또는 외함을 설치한다.

2) 접지공사

금속제 외함, 지지대는 접지공사를 한다.

3) 이차전지 시설장소

폭발성 가스 축적 방지를 위해 환기시설 및 적정한 온도 습도를 유지한다.

4) 보수점검

① 최소작업 공간을 60[cm] 이상 확보한다.
② 전압 120[V] 이상은 배터리 터미널 커버를 설치한다.
③ 노출된 충전부 사이는 최소 1.5[m] 이상 공간 확보를 한다.
④ 조명시설 : 수동제어가 가능하도록 시설한다.

5) 이차전지 지지물은 부식방지

부식성 가스, 용액으로부터 이차전지 지지물의 부식을 방지한다.

6) 안전한 구조

① 적재하중, 지진, 진동, 충격 등을 고려하여 구조를 결정한다.
② 앵커볼트 등을 이용하여 견고히 접속한다.

7) 침수의 우려가 없는 곳에 시설

3 제어 및 보호장치(전기저장 장치를 계통에 연계하는 경우)

1) 이상 시 자동적으로 계통과 분리

① 분산형전원의 이상 또는 고장 시 계통과 분리한다.
② 연계한 전력계통의 이상 또는 고장 시 계통과 분리한다.
③ 단독운전 상태 시 계통과 분리한다.

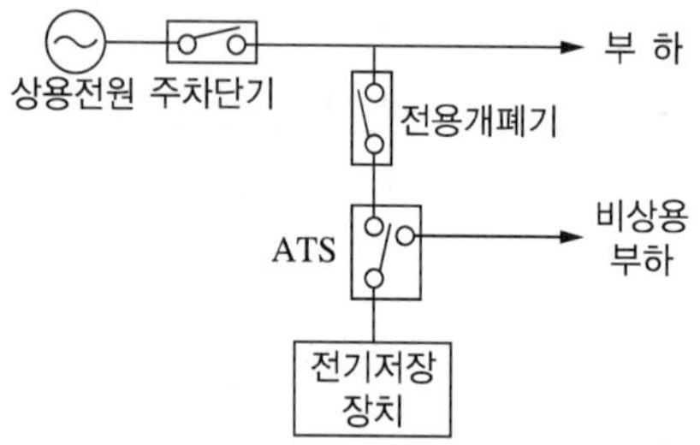

2) 전기저장장치가 비상용 예비전원 용도를 겸하는 경우

비상용부하에 전기를 안정적으로 공급할 수 있어야 한다.

3) 접속점에 개폐기를 시설

육안으로 확인 가능하도록 시설하여야 한다.

4) 전원 차단장치 시설

① 과전압, 과전류 발생 시 전원을 차단한다.
② 제어장치 이상 시 전원을 차단한다.
③ 이차전지 내부온도 상승 시 전원을 차단한다.

5) 직류차단기 설치

① 직류 단락전류를 차단하는 능력을 가진 것을 설치 시 “직류용” 표시를 한다.
② 직류전로 지락 시 자동차단 장치를 시설한다.

4 계측장치

1) 계측장치시설

① **이차전지** : 출력단자 전압, 전류, 전력, 충·방전 상태
② 주요변압기 전압, 전류, 전력

2) 경보장치 시설

발변전소 또는 이에 준하는 장소에서 전로가 차단 시 관리자가 확인할 수 있도록 경보 장치를 시설해야 한다.

046 전기설비기술기준 및 판단기준의 ESS의 안전강화

1 적용대상

20[kWh]를 초과하는 리튬・나트륨・레독스플로 계열의 이차전지를 이용한 전기 저장장치에 적용

2 일반인이 출입하는 건물과 분리된 별도의 장소

① 전기저장장치 시설장소의 바닥, 천장(지붕), 벽면 재료는 건축물의 피난・방화구조 등의 기준에 관한 규칙에 따른 불연재료로 한다. 단, 단열재는 준불연재료 또는 동등 이상의 것

② 전기저장장치 시설장소는 지표면을 기준으로 높이 22[m] 이내로 하고 해당 장소의 출구가 있는 바닥면을 기준으로 깊이 9[m] 이내로 한다.

③ 이차전지는 전력변환장치(PCS) 등의 다른 전기설비와 분리된 격실(이하 '이차전지실')에 다음 내용에 따라 시설한다.

㉠ 이차전지실의 벽면 재료 및 단열재는 제①호의 것과 동일한 재료로 한다.

㉡ 이차전지는 벽면으로부터 1[m] 이상 이격한다. 단, 옥외의 전용 컨테이너에서 적정거리를 이격한 경우는 제외한다.

㉢ 이차전지와 물리적으로 인접 시설해야 하는 제어장치 및 보조설비(공조설비 및 조명설비 등)는 이차전지실 내에 시설이 가능하다.

㉣ 이차전지실 내부에는 가연성 물질을 두지 않는다.

④ 한국전기설비규정에도 불구하고 인화성 또는 유독성 가스가 축적되지 않는 근거를 제조사에서 제공하는 경우에는 이차전지실에 한하여 환기시설을 생략할 수 있다.

⑤ 전기저장장치가 차량에 의해 충격을 받을 우려가 있는 장소에 시설되는 경우에는 충돌방지장치 등을 시설한다.

4 에너지저장장치를 일반인이 출입하는 건물의 부속공간에 시설하는 경우

① 전기저장장치 시설장소는 건축물의 피난・방화구조 등의 기준에 관한 규칙에 따른 내화구조로 한다.

② 이차전지 모듈의 직렬 연결체(이하 '이차전지 랙')의 용량은 50[kWh] 이하, 건물 내 시설 가능한 이차전지의 총용량은 600[kWh] 이하

③ 이차전지 랙과 랙 사이 및 랙과 벽 사이는 각각 1[m] 이상 이격한다. 단, 제①호에 의한 벽이 삽입된 경우 이차전지 랙과 랙 사이의 이격은 예외한다.

④ 이차전지실은 건물 내 다른 시설(수전설비, 가연물질 등)로부터 1.5[m] 이상 이격하고 각 실의 출입구나 피난계단 등 이와 유사한 장소로부터 3[m] 이상 이격한다.

⑤ 배선설비가 이차전지실 벽면을 관통하는 경우 관통부는 해당 구획부재의 내화성능을 저하시키지 않도록 충전(充塡)한다.

047 리튬이온 축전지

1 개 요

① 음극과 양극 사이를 리튬이온이 충·방전 시 왕복 이동시키는 원리를 이용한 전지이다.

② 충·방전의 어느 과정에 있어서도 금속상태의 리튬은 존재하지 않게 되므로 리튬이온 축전지라 한다.

2 리튬이온 축전지의 구조

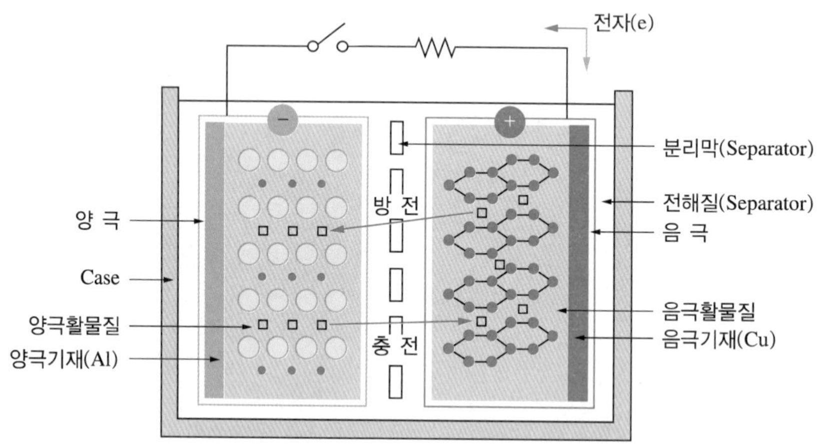

음극 : 탄소재료

양극 : 리튬금속산화물 $LiCoO_2$

3 리튬이온축전지의 충·방전의 메커니즘

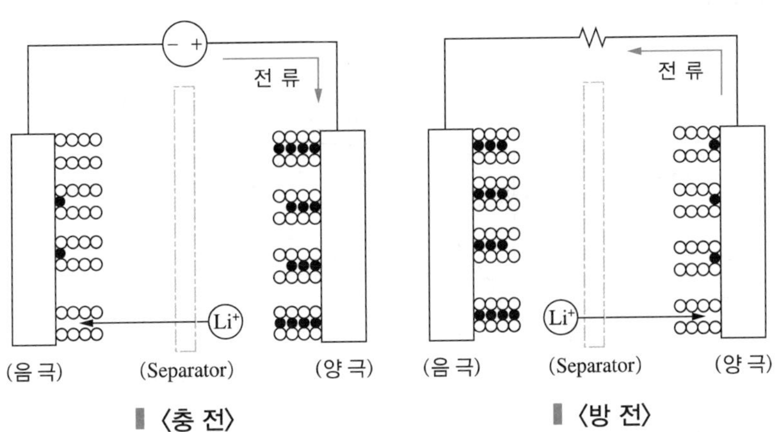

〈충 전〉 〈방 전〉

1) 충 전

① 양극으로부터 리튬이 Undoping되고, 음극의 탄소층간에 리튬이 Doping된다.

② **첫 충전** : $LiCoO_2 + C \Rightarrow Li_{1-x}CoO_2 + Li_xC$

③ **충전 시** : $Li_{1-x}CoO_2 + Li_xC \Rightarrow Li_{1-x+dx}CoO_2 + Li_{x-dx}C$

2) 방 전

① 음극의 탄소 층간으로부터 리튬이 Undoping 되고, 양극 층간에 리튬이 Doping된다.

② **방전 시** : $Li_{1-x+dx}CoO_2 + Li_{x-dx}C \Rightarrow Li_{1-x}CoO_2 + Li_xC$

4 리튬이온 축전지의 특징

① 에너지 밀도가 높다.

② 전압이 높다(3.7[V] 정도).

③ 자기방전이 적다(10[%/월] 이하).

④ Memory효과가 없다.

⑤ 방전곡선의 특징을 이용하여 잔존량 표시가 용이하다.

⑥ 충·방전 Cycle 특성이 우수하여 500회 이상의 충·방전 반복이 가능하다.

⑦ 금속리튬과 리튬합금을 사용하고 있지 않기 때문에 안전성이 높다.

5 리튬이온 축전지의 특성

1) 충전특성

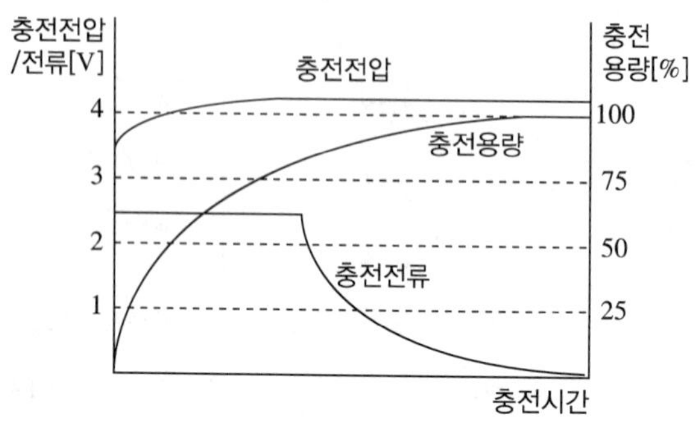

① **전지전압** : 서서히 상승하여 설정한 최대 충전 전압에 도달한다.

② **충전량** : 약 80[%]에 도달하면 정전압 충전으로 변환된다.

③ **충전전류** : 최대 충전 전압 도달 후 충전량이 100[%]에 도달할 때까지 감소한다.

2) 방전특성

① 초기 방전전압은 약 4[V] 정도이며, 평균적으로 약 3.6[V]이다.

② 니켈카드뮴 축전지의 3배 정도이다.

③ 방전곡선을 이용하여 전지의 잔존용량 표시가 용이하다.

④ 최대 설정전압은 4.2[V], 방전종지전압은 2.5[V]를 유지하는 것이 좋다.

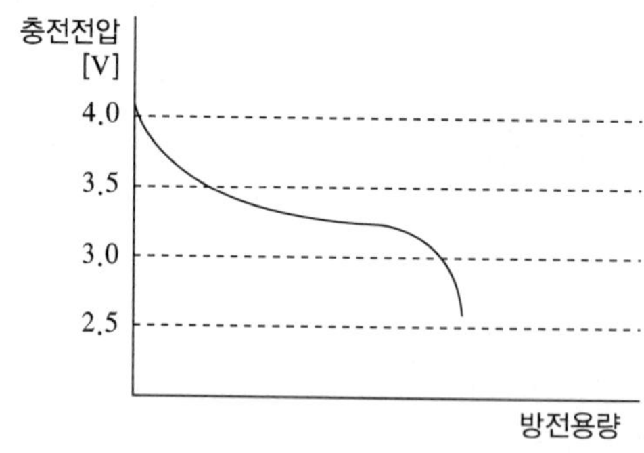

3) 방전온도특성

저온으로 방전하는 경우 전지전압이 저하되어 방전용량도 감소한다.

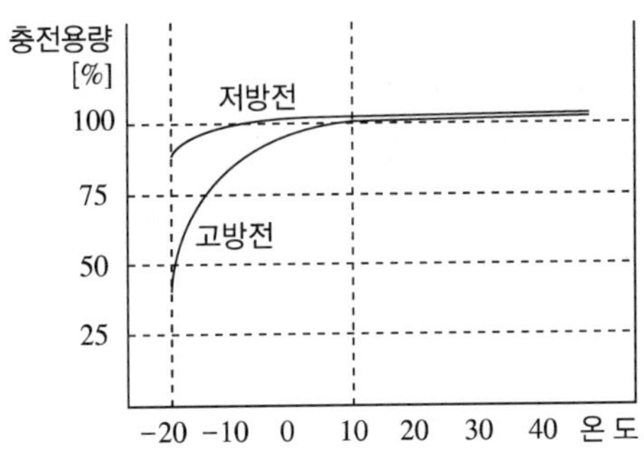

4) 자기방전특성

① 고온으로 보존하면 자기방전은 가속되어 잔존용량이 감소한다.

② 장기보존은 방전상태로 하여 저온 환경에서 보존하는 것이 좋다.

6 리튬이온축전지의 기타 고려사항

1) 리튬이온축전지의 제조

① **전극공정** : 전극을 제조하는 공정이다.

② **조립공정** : 탈수, 제진이 핵심공정이다.

③ **충·방전 공정** : 충·방전 용량 검사를 수행한다.

2) 리튬이온축전지의 안전기구

각 전지 내 전류차단장치, 안전밸브(내압 상승), 폴리스위치(Poly Switch : 가변저항)의 안전기구가 부착되어 있다.

3) 보호회로

① 과충전방지 회로

② 과방전방지 회로

③ 과전류방지 회로

4) 조전지

① 리튬이온축전지의 충·방전 심도는 전압에 의해 결정되기 때문에, 병렬접속의 조전지가 용이하다.

② 용량이 다른 전지가 병렬 접속되는 경우 전압이 높은 전지로부터 낮은 전지로 전류가 흘러 단자전압이 자동으로 동일해진다.

③ 접속편은 전기 저항이 충분이 작은 재료를 사용해야 한다.

048 리튬이온 전지의 ESS로 사용할 경우 안전의 문제점과 대책

1 머리말

① IT(Information Technology) 기술이 발달함에 따라 휴대전화, 노트북 그리고 비디오카메라 등의 휴대형 정보통신기기의 보급이 확대되고 있으며, 최근에는 드론, 전동휠, 전동킥보드, 전동자전거 등의 사용이 급증하고 있어 리튬이온 배터리의 수요가 폭발적으로 증가하고 있다.

② 이러한 리튬이온 배터리는 고에너지 밀도를 가지며, 형태를 자유롭게 제조할 수 있는 특징으로 인하여 그 활용범위가 매우 광범위한 장점이 있으나, 제조상의 결함, 사용상의 부주의, 미인증 제품의 사용 등으로 인한 화재 및 폭발의 위험성이 상존하고 있다.

③ 이 글에서는 이러한 리튬이온 배터리의 위험성과 그에 적합한 손실예방대책에 대해 언급하고자 한다.

2 리튬이온 배터리의 구조 및 원리

① 배터리는 전기화학작용에 의한 산화・환원반응을 통해 화학에너지를 전기에너지로 변화시키는 장치이다.

② 이를 위해서는 전기화학 반응이 일어날 수 있도록 배터리의 4개 구성 요소인 음극(Anode), 양극(Cathode), 전해질(Electrolyte), 분리막(Separator)이 다음 리튬이온 배터리의 일반적인 구조 그림과 같이 구성되어 있어야 한다.

③ 리튬이온 배터리는 리튬산화물로 양극(+)을 만들고 탄소화합물로 음극(−)을 만든다. 양극과 음극에서 리튬 이온이 이동할 수 있는 매개체 역할을 할 수 있도록 전해액을 넣어주며, 양극과 음극이 직접 접촉되는 것을 방지하기 위해 분리막을 설치한다.

④ 전해질로 액체전해질을 사용할 경우 이를 리튬이온 배터리(Lithium-Ion Batteries ; LIB)라 하며, 고분자 전해질을 사용하면 리튬폴리머 배터리(Lithium-Polymer Batteries ; LPB)라 부른다.

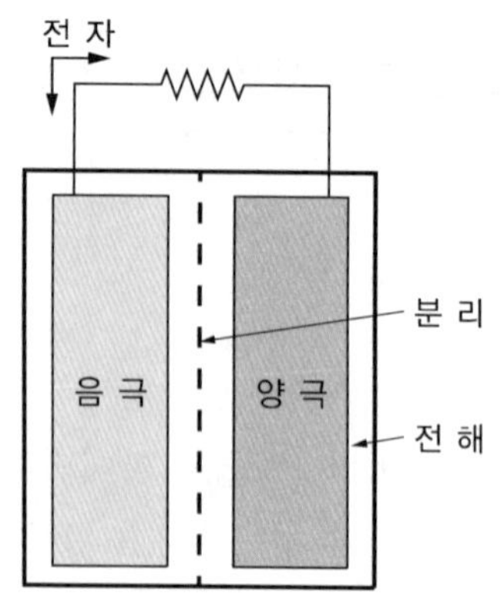

리튬이온 배터리의 일반적인 구조

⑤ 리튬이온 배터리의 충방전은 양극, 음극간을 리튬이온이 이동하여 삽입(Doping) 또는 탈리(Undoping)하여 전자의 주고받음을 행하는 원리에 의한다. 즉, 충전 시에는 양극 활물질인 $LiCoO_2$(리튬산화코발트)에서 탈리된 리튬이온과 전자가 각각 전해질과 외부 도선을 통하여 음극으로 이동하여 탄소 내에서 다시 결합하게 된다.

⑥ 양극활물질의 산화반응에 의해 발생된 전자와 리튬이온이 각각 외부회로와 전해질을 통해 음극으로 이동하여 음극활물질의 비자발적 환원이 일어나게 되며 그 결과 화학에너지로 저장되는 것이다.

⑦ 반대로 방전 시에는 자발적인 반응이 진행되며 충전된 두 개의 전극활물질의 전위차에 의해 양극활물질이 환원되고 음극활물질이 산화되는 반응이 일어난다. 방전 시 음극활물질의 자발적인 산화에 의해 제공된 전자는 외부회로를 통해 이동하면서 기기를 작동시킨 후 양극활물질을 환원시킨다.

⑧ 동시에 음극활물질에서 탈리된 리튬이온은 전해질을 통해서 이동하여 양극활물질로 삽입된다. 다음 리튬이온 배터리의 충・방전과정 그림은 $LiCoO_2$(리튬산화코발트)을 양극, 탄소를 음극으로 하는 리튬이온 배터리의 반응을 나타낸 것이다.

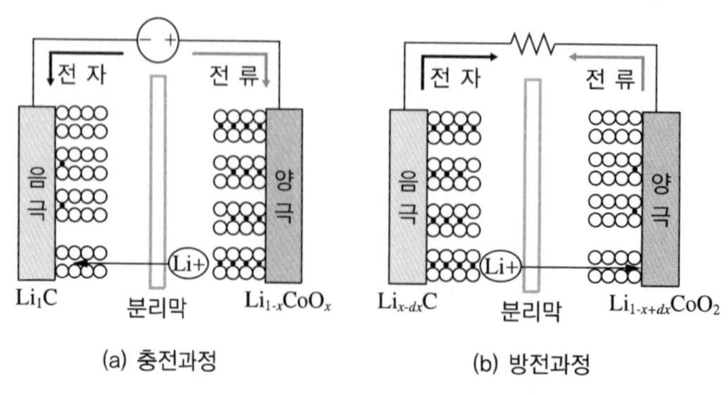

리튬이온 배터리의 충・방전과정

⑨ 제조공정에서 실시되는 첫 충전에 의해 양극의 $LiCoO_2$(리튬산화코발트)로부터 리튬이온이 음극의 탄소재로 이동한다.

첫 충전　$LiCoO_2 + C \rightarrow Li_{1-x}CoO_2 + Li_xC$

⑩ 그 후의 방전·충전 반응은 음극과 양극사이를 리튬이온이 이동하는 것에 의하여 일어나게 된다.

$$LiCoO_2 + Li_xC \underset{\text{방전}}{\overset{\text{충전}}{\rightleftarrows}} Li_{1-x+dx}CoO_2 + Li_{x-dx}C$$

3 위험성

1) 열적 위험

① 리튬이온 배터리의 내부 소재인 전해질과 전해질 첨가제는 약 60[℃] 부근에서 분해되기 시작하며, 온도가 더욱 상승하여 약 100[℃]까지 상승하면 리튬이온 배터리의 탄소 음극표면에 생성된 SEI(Solid Electrolyte Interphase)막이 분해되면서 내부에서 발열이 시작되며, 이로 인해 분리막이 용융되어 배터리의 내부단락이 발생될 수 있다.

② 분리막의 융점은 PE의 경우 125[℃], PP는 155[℃] 정도이다. 내부단락은 양극과 음극이 직접 접촉되는 현상으로서, 내부단락이 발생되면 음극으로부터 양극으로의 급격한 전자의 이동이 일어나면서 전기저항에 의한 줄열이 발생함과 동시에 음극피막 및 음극피막과 충전된 음극과 전해질의 화학반응에 의해 발열이 발생된다. 이것이 촉매제 역할을 하게 되어 결국 양극에서의 열에 의한 붕괴가 일어나고 폭발적인 발열반응이 발생한다.

2) 과충전에 의한 위험

① 과충전은 배터리의 정상적인 작동전압 이상으로 충전되는 현상으로서 충전기 또는 보호회로의 오동작으로 인해 발생되는 경우가 많다. 과충전 상태가 되면 양극의 전위가 상승하고 전위값이 전해질의 분해전위 이상이 되어 발열을 동반한 전해질의 산화발열반응이 발생된다.

② 또한 과충전 시 양극에서 리튬이온이 과도하게 석출되어 배터리 내부 전해질의 리튬이온 농도가 증가하게 된다. 양극에서 리튬이온이 70[%] 이상 빠져나와 음극에 삽입되지 못한 리튬이 전해질에 녹아 리튬의 농도가 일정수준 이상으로 높아지게 되면 포화수준을 넘긴 상태에서 수지상의 석출물이 생성된다. 이러한 수지상의 석출물이 배

터리 내에서 만들어지게 되면 분리막을 찢고 배터리 내부단락을 발생시키게 된다.

3) 과방전에 의한 위험

① 방전이란 음극인 흑연에서 리튬이온이 빠져나가는 현상이며, 과방전은 배터리의 방전 제한전압 이하까지 방전되는 현상이다.

② 흑연 속에서 리튬이 모두 빠져나간 후에도 계속 방전이 이루어지면 동박(Copper Foil)이 산화되면서 구리이온이 전해액으로 빠져나오게 된다.

③ 전해액에 녹아있는 구리 금속이온은 배터리 내에서 분리막을 뚫고 내부단락을 발생시킬 수 있다.

4) 고전류 방전에 의한 위험

① 방전은 음극에서 리튬이온이 탈리되어 양극으로 삽입되는 화학반응이며, 이러한 화학반응은 그 자체가 자발적인 발열반응이다.

② 방전에 의한 화학반응에 의해 배터리 내부에서 열이 발생되며, 배터리 내부의 리튬이온이 단위시간당 많은 전하량이 방전되는 경우 배터리 각 셀의 방열보다 발열이 더욱 높아 배터리는 열적 위험상태에 놓이게 된다.

5) 물리적 손상으로 인한 위험

① 리튬이온 배터리가 찍힘, 눌림, 꺾임, 과도한 압력 등의 물리적 손상을 입는 경우 배터리 내부에서 단락이 발생되어 화재로 진행될 수 있다.

② 이러한 물리적 손상의 원인은 생산과정에서 발생할 수도 있지만, 대부분 배터리를 사용하는 과정에서 사용자의 실수로 발생되는 경우가 더욱 많다.

6) 제조과정 중 위험

① 리튬이온 배터리의 제조공정은 크게 전극 제조공정, 전지 제조공정 그리고 화성공정으로 이루어져 있다. 화성공정은 최초 충전인 포메이션 공정, 전해액 채널을 안정시키는 에이징 공정, 이물질이 혼입된 불량 전지를 선별하는 공정으로 구성되며, 이 화성공정은 최장 28일 동안 이루어지는데 화성공정 중 보관하는 과정에서 화재 및 폭발사고가 종종 발생된다.

② 이러한 사고의 원인은 제조공정 중 이물질이 배터리 내부로 침투 또는 비정상적인 수지상 석출물 발생으로 인한 내부단락으로 추정된다.

4 손실예방대책

1) 열적 안정

① 리튬이온 배터리는 어떠한 촉발반응(Trigger)에 의해 발열, 발화 및 폭발 등의 위험한 상태가 초래될 수 있는데, 이러한 반응은 열과 밀접한 관계가 있다.

② 리튬이온 배터리가 고온의 환경에 보관되거나 방치되는 경우 배터리는 내부온도 상승에 따른 발열반응으로 화재 및 폭발위험에 놓이게 된다. 따라서 리튬이온 배터리는 여름철 차량의 내부, 전기장판의 상부 등 60[℃] 이상 고온으로 유지되는 장소에 보관하거나 방치하는 것을 피해야 한다.

2) 충전 및 방전

① 일반적으로 충전으로 인해 위험한 상태가 되는 경우는 충전기 자체의 고장 또는 보호회로의 불량 등이 원인인 경우가 대부분으로 사용자가 사고를 예측하기 매우 힘들다. 또한, 충전 중 자리를 비우거나 방치하는 경우가 대부분이기 때문에 리튬이온 배터리에서 화재가 발생되는 경우 대형화재로 진행될 수 있다.

② 이러한 사고를 방지하기 위하여 리튬이온 배터리를 충전하는 경우 반드시 자리를 지켜야 한다. 또한, 리튬이온 배터리를 사용 중 과도하게 방전시키는 경우 배터리의 전해질 내에 녹아내린 금속성분에 의해 내부단락이 발생될 수 있으므로 약 2.5[V] 일정 전압 이하가 되지 않도록 과도한 방전은 피해야 하겠다. 또한, 충전 및 방전 중 배터리의 형태가 부풀어 오르는 경우 즉시 충전 및 방전을 중지해야 한다.

3) 연소확대 방지

① 리튬이온 배터리는 화성공정에서 최장 28일을 포메이션 및 에이징을 목적으로 일정 습도 및 온도에서 보관하여야 하는데, 이 과정에서 화재 및 폭발사고가 종종 발생한다. 제조과정 중 생산된 불량 배터리는 화재 및 폭발을 일으킬 위험성을 갖고 있기 때문에 생산된 리튬이온 배터리는 화성공정 중 내화구조로 구획된 장소에 보관하거나 다른 시설물 등과 안전거리가 확보된 장소에 별도 보관할 필요가 있다.

② 일반 가정에서 사용되는 리튬이온 배터리는 불연재 용기(철제용기 등)에 보관할 필요가 있으며, 리튬이온 배터리가 장착된 제품은 가연물이 적은 베란다 등에 보관할 필요가 있다.

4) 물리적 손상방지

① 리튬이온 배터리가 물리적 손상을 입는 경우 내부단락에 의한 화재 및 폭발위험이 있으므로, 사용자는 리튬이온 배터리에 찍힘, 눌림, 꺾임 등의 물리적 손상을 주지 않도록 주의해야 한다.

② 또한, 제조과정에서 리튬이온 배터리의 외함이 쉽게 손상되지 않도록 별도의 보호커버 등을 설치할 필요가 있다.

5 맺음말

① 리튬이온 배터리는 현재까지 휴대형 IT기기들을 중심으로 발전되었으며, 향후 전기자동차, 전력저장장치, 국방 및 의료의 용도로까지 그 활용범위가 매우 광범위하지만, 물리적 손상과 전압 및 온도 등의 비정상적인 내부 에너지 변환에 따라 양극, 음극 그리고 전해질의 각 구성요소의 화학반응으로 인해 화재 및 폭발의 위험성이 비교적 높은 전지라고 할 수 있다.

② 따라서, 제조과정 중 화재 발생 위험이 큰 화성공정 중에는 생산된 리튬이온 배터리를 별도의 방화구획 된 장소에 보관할 필요가 있으며, 화재가 발생한 리튬이온 배터리의 경우 생산과정의 이력을 추적 관리할 필요가 있다. 또한, 안전장치인 보호회로가 장착된 리튬이온 배터리라 하더라도 고온환경에 보관하는 경우, 과도하게 충전 및 방전하는 경우 그리고 물리적으로 손상되는 경우 화재 및 폭발의 위험이 있으므로 사용자는 이러한 위험에 노출되지 않도록 각별히 주의하여 리튬이온 배터리를 사용해야 한다.

049 SMES(초전도 에너지 저장장치)

1 개 요

① 초전도에너지저장(SMES ; Superconducting Magnet Energy Storage) 시스템은 전기저항이 0(零)인 초전도마그넷에 전류를 흘려 자기(磁氣)에너지 형태로 에너지를 저장하는 방식이다.

② 초고속의 입·출력 특성 및 높은 효율과 설치면적의 제약이 적고, 반영구적인 수명은 물론 환경 친화적인 것을 특징으로 하는 차세대 최첨단 에너지 저장기술이다.

2 SMES 구성 및 원리

1) 원 리

초전도자기에너지저장의 기본원리는 고압의 인덕턴스에 전류를 흘려 다음 식의 전기에너지로 저장하였다가 사용하는 원리이다.

$$W_L = \frac{1}{2}LI^2[\mathrm{J}]$$

2) 구 성

임계온도까지 초저온상태에서 초전도화시켜 저장하여 사용하는 설비로 이론상으로는 무한대까지 저장이 가능하다.

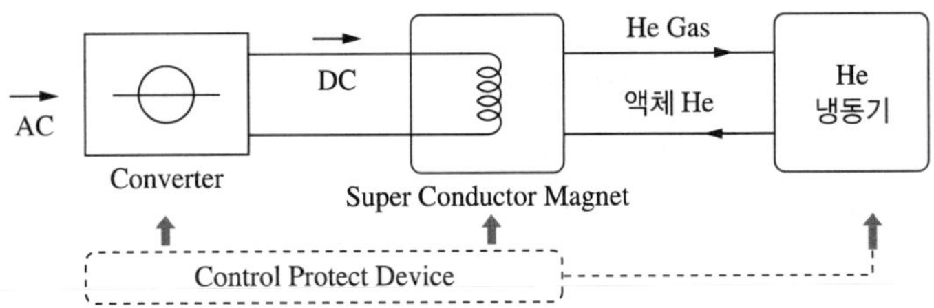

① **컨버터** : 교류를 직류로 변화시켜 주는 설비

② **슈퍼컨덕터 마그넷** : 전기를 저장시켜 주는 코일설비

③ **냉동기** : 초전도체는 임계온도까지 저하시켜야 저항이 제로가 되기 때문에 초저온 상태로 만들어주는 냉동설비

④ **제어설비** : 컨버터, 슈퍼컨덕터 마그넷, 냉동기 등을 감시, 제어, 기록을 할 수 있는 설비

3 종 류

1) 전력계통 안정용 SMES

① 계통에 고장이 발생한 경우, 현재는 속응여자방식, 제동저항, 긴급조속기 제어 등을 이용하고 있으나 장래에는 초전도에너지 저장장치의 속응성을 이용하여 잉여에너지를 흡수하거나 부족전력을 긴급 방출할 수 있으므로 계통의 안정도를 획기적으로 향상시킬 수 있을 것이다.

② 계통안정용은 일부하조정용보다 소규모로 지역별 분산형으로 배치하게 될 것이다.

2) 일부하 조정용 SMES

① 일부하의 변동에 추종 발전을 위하여 중간부하용 발전소의 빈번한 기동정지와 저부하운전으로 막대한 기동손실이 발생하고 열효율 저하는 물론 설비의 기계적 열화까지도 감수하여야 한다.

② 그러나 SMES는 정지형 기기로서 전력의 저장과 방출이 자유롭고 운전효율 또한 높아 전력계통의 계획 및 운영 측면에서 경제성과 신뢰성을 동시에 극대화할 수 있다.

4 특 징

① 전압이나 주파수의 변동 억제에 의한 전력품질의 유지 등에 효과

② 유효전력의 제어가 가능해 전력계통의 안정화에 보다 효과적으로 공헌

③ 운전효율이 90[%] 이상 향상되어 이산화탄소의 저감효과

④ 환경오염을 일으키는 폐기물 발생이 없으므로 지구환경의 보전에 기여

⑤ 응답성, 부하 추종성 우수

⑥ 정전류원이기 때문에 계통의 단락용량을 본질적으로 증가시키지 않음

⑦ 소규모 용량에서도 실용화가 가능

⑧ 입지선정에 제약 없음(지하화)

5 적용장소

① 반도체 제조, 은행, 병원, 전산센터 등의 보호용 전원으로 활용 가능

② 연속 공정을 갖고 있는 제지, 화학 및 철강 플랜트에 활용 가능

③ 신재생에너지의 대표주자인 태양광 및 풍력 발전의 경우 전력생산의 기후 변화에 따라 급변한다는 단점이 있다. 이를 극복하기 위해서는 발전능력과 소비 수요 사이 완충장치 역할을 할 전력품질보상용 전력저장장치의 도입이 긴요해질 전망이다.

050 초고용량 커패시터

1 개 요

① 초고용량 커패시터는 콘덴서 또는 전해액 커패시터에 비해 월등히 많은 용량을 가지는 에너지 저장 디바이스를 나타내는 용어로 슈퍼커패시터(Super Capacitor) 또는 울트라 커패시터(Ultra Capacitor)라 한다.

② 초고용량 커패시터는 많은 에너지를 모아두었다가 수십 초 또는 수분 동안에 높은 에너지를 발산하는 동력원으로 기존의 콘덴서와 이차 전지가 수용하지 못하는 성능 특성 영역을 채울 수 있는 유용한 부품이다.

③ 자동차 수명과 같은 Cycle Life와 고출력 특성으로 인하여 자동차의 가속, 시동용 전원으로서의 연구가 일본을 중심으로 많은 연구가 진행되고 있다.

2 구성 및 원리

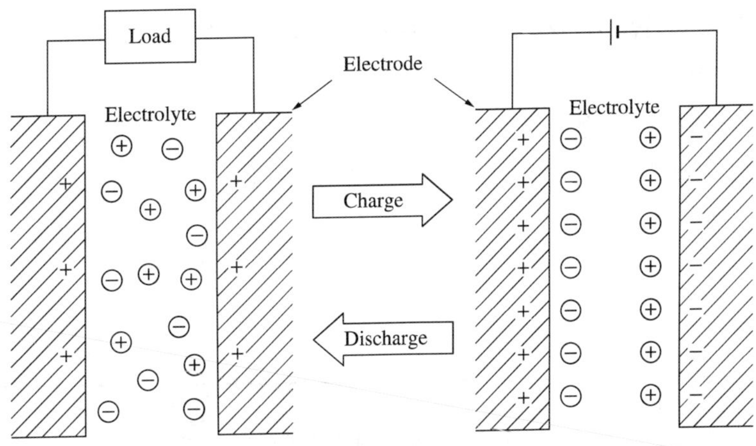

3 종 류

전극재료에 따른 전기화학 커패시터 분류

전극재료 / 특 성	활성탄소		금속산화물	전도성 고분자	
종 류	활성탄(분말, 섬유) 카본에어로젤 CNT		RuO_2, $Ni(OH)_2$, MnO_2, PbO_2	Poly-(aromatics) Supramolecules	
전해질	수용성	비수용성	수용성	수용성	비수용성
작동전압[V]	1	3	1 ~ 2	1	3
비에너지[Wh/kg]	1 ~ 3	2 ~ 10	0.8 ~ 2	3 ~ 15	
비출력[kW/kg]	0.8 ~ 5	0.5 ~ 3	< 10	4	
비표면적[m^2/g]	1,500 ~ 3,000		90 ~ 150	–	
비정전용량[F/g]	100 ~ 200	40 ~ 80	300 ~ 760	400 ~ 500	
메커니즘	전기이중층 전하흡착		Pseudocapacitance		
상대비용	Medium ~ High		Low ~ Very High	Low	

4 특 징

① 과충전/과방전을 일으키지 않기 때문에 전기회로가 단순화되고, 가격을 인하하는 요인을 제공한다.

② 전압으로부터 잔류용량의 파악이 가능하다.

③ 광범위의 내구온도특성(−30 ~ +90[℃])을 나타낸다.

④ 친환경적 재료로 구성되어 있다.

5 용 도

종 류	용 도
소용량(1[F] 이하)	• 휴대전화의 메모리 백업용 전원 • 가전기기(냉장고, 에어컨 등)의 메모리 백업용 전원 • 고정전화, 복사기의 메모리 백업용 전원
중용량(1 ~ 100[F]급)	• PC, 전자수첩 등의 보조전원 • 휴대전화의 전원모듈 • TV, 복사기 등의 순시정전 전원
대용량(1,000[F]급 이상)	• 하이브리드 전기승용차용 전원 • 연료전지 자동차용 보조전원 • 비상용 전원

051 이차전지

1 개 요

① 한 번 쓰고 버리는 일차전지와는 달리, 전기를 저장했다가 반복사용이 가능한 전지
② 4대 핵심소재(양극, 음극, 전해액, 분리막)을 중심으로 구성되며, 서로 다른 양·음극 소재의 전압 차이를 통해 전기를 저장하고 발생시키는 설비이다.

2 종 류

1) 납축전지

납축전지의 양극판은 이산화납(PbO_2)을 사용하며 가득 충전한 전지의 양극판은 적갈색이다. 음극판은 스펀지나 해면처럼 공극이 많은 납(Pb)을 사용하는데, 빛깔은 납 그대로 회색이다. 용액은 물에 황산을 희석한 것이다.

2) 니켈-수소전지

니켈수소전지는 충전과 방전을 반복할 수 있는 이차 전지로, 양극 활물질은 니켈산화물(Nickel Oxyhydroxide), 음극 활물질은 수소저장합금(Hydrogen Storage Alloy)인 금속수소화물(Metal Hydride), 전해액은 수산화칼륨을 주성분으로 하는 알칼리 수용액을 사용한 전지이다.

3) 리튬이온전지(Lithium Ion Battery)

① LIB(리튬이온전지, Lithium Ion Battery) 이차전지의 한 종류로서, 리튬이온이 분리막과 전해질을 통하여 양극(리튬산화물 전극)과 음극(탄소계 전극) 사이를 이동하며 에너지를 저장하는 장치
② 출력특성과 효율이 좋으나, [kWh]당 단가가 높아 주파수 조절(Frequency Regulation)과 같은 단기저장방식에 유리하다.

4) 레독스 플로전지(RFB ; Redox Flow Battery)

전해질 내 이온의 전기화학적 산화/환원 전위차를 이용하여 전기를 발전

5) 나트륨-유황전지(NaS)

① NaS 전지(나트륨황 전지) 음극에 나트륨 금속을, 양극에 황 등 나트륨과 반응하여 화합물을 형성하는 물질을 사용하는 전지

② 나트륨이온전도가 가능한 고체 전해질을 사용하는 전기에너지 저장장치로 단위 전지의 용량을 크게 만들 수 있어 대용량 전지 구성에 유리하며 나트륨과 황 등 가격이 저렴한 재료를 사용하여 경제성이 우수하다.

3 종 류

종 류	장 점	단 점	비 고
납축전지	• 저렴함 • 모듈화 가능	• 저에너지 밀도 • 짧은 수명 • 납사용 규제 가능성	• 기술안정성 • 가장 보편적
니켈-수소전지	고출력 밀도	• 저에너지 밀도 • 짧은 수명	HEV 적용
리튬전지	• 고에너지 밀도 • 고전압	• 고 가 • 저출력 밀도 • 보호회로 필요	• 대용량 추진 중 • 긴 수명화 추진 중
레독스 플로전지	• 대형화 가능 • 용량증설 유리 • 상온작동 • 초기 비용 낮음	저에너지 밀도	용량제한 없음
나트륨-유황전지	• 고출력 밀도 • 고효율	• 고온 작동형 • 고 가 • 부가장치 필요	• 운전단가 높음 • 대용량 • 모듈화

052 압축공기 에너지 저장장치(CAES)

1 개 요

① CAES는 잉여전력(심야전력이나 태양광, 풍력 등의 신재생에너지)을 이용해 공기를 압축하여 지하암반 공동에 저장한다.

② 저장된 압축공기는 필요시 LNG 등의 연료를 사용해서 가열 후 팽창시켜 터빈을 구동하여 전력을 발생하는 전력저장장치로 발전 시에 압축기의 구동이 불필요하게 되므로 동일한 연료량으로 일반적인 가스터빈 발전보다 더 많은 발전량을 얻을 수 있다.

저장형태	암반공동(경암)		암염층	대수층	천연갱도, 폐갱
	무복공식	복공식			
기밀성	수밀방식	Lining 방식	기밀성 양호	장시간 저장 시 지구화학적 반응을 통해 산소가 감소할 수 있음	기밀성 확보에 많은 대책이 요구됨
입 지	저장 공기압보다 큰 지하 수압을 확보할 수 있는 대심도	• 심도의 제약이 없음 • 천심도 및 도심, 도서지방에도 설치가능	우리나라에는 대상 암반이 없음	• 입지적인 제약이 큼 • 완만한 배사구조로서 넓은 지역이 바람직함 • 간극률 10[%], 투수계수 5×10^4[cm/sec] 이상	• 채굴이 끝난 광산의 갱도나 천연동굴을 이용 • 입지조건이 제한됨
시공성	기존 에너지 저장 기술과 유사	대형 대단면 라이닝 시공	• 경제적인 시공법 • 고압수로 암염을 용해시켜 공동 굴착	공동 굴착이 불필요	• 공동 굴착 불필요 • 발전시스템의 규모와 시방이 제한됨
개념도	발전소, 지하수위, 통기갱, 압축공기, 지하수유입	발전소, 통기갱, 라이닝, 압축공기	발전소, 통기갱, 암 염, 압축공기	발전소, 통기갱, 불투수성 Cap Rock, 압축공기, 다공질 대수층, 암 반	발전소, 수 갱, 압축공기, 천연공동, 암 반

2 분 류

1) 저장시설별

① **암반공동(경암)** : 지하암반에 인공적으로 공동을 굴착하여 저장하는 방식으로 공동 형상과 관련한 특별한 제약은 없다.

② **암염층** : 독일과 미국에서 실용화된 암염층에 시추공을 굴착하고 물을 주입하여 암염층 용해에 의한 공동을 형성해서 이용하는 방식

③ **대수층** : 대수층 상부에 상대적으로 저투수성의 덮개암(Cap Rock)이 발달한 지역에 시추공을 이용하여 압축공기를 주입하는 방식

④ **천연갱도, 폐갱** : 자연생성 동굴, 기존 광산의 폐갱도 및 노선변경에 따른 폐터널 등의 기존 공동을 활용하는 방식

2) 저장방식별

① 저장 압축공기 토출압력의 변동 유무에 따라 정압식과 변압식으로 분류된다.

② **정압식** : 압축공기의 입출력에 맞춰 지하수 혹은 해수를 보충하여 저장 공동 내 압력을 일정하게 유지하는 방식

③ **변압식** : 압력조절장치를 별도로 설치하지 않고 압축공기를 입출력에 따라 저장 공동 내압이 변화하도록 하는 방식

구 분	정압식	변압식
기밀성	지하수 및 암반의 기밀성에 의존	콘크리트 및 특수시트 등에 의한 라이닝 필요
공동용적	지하 공동 내에 저장된 공기는 전량 사용이 가능하므로 변압식에 비해 상대적으로 작음	저장 최대 공기압과 최소 공기압의 차에 의해 용적이 결정되므로 상대적으로 큼
시공성 (심도)	저장 공기압과 동일한 지하수압을 확보하기 위하여 대심도에 공동을 건설할 필요가 있음	• 저장압에 관계없이 심도의 제약이 없음 • 지질, 지반조건이 양호할 경우 비교적 지하천부에도 건설가능
안정성	암반의 응력변형특성은 굴착 시 및 점검 시에만 고려하면 됨	저장 및 발전에 수반하여 암반에 걸리는 응력이 변동하기 때문에 주변 암반과 시공 콘크리트에 대한 안정성 평가가 필요
시 설	동수갱, 저수지 등이 필요	–
기 타	용존 공기들이 분출되는 샴페인 현상에 대한 대책이 필요	

3 특 징

① 20[MV]급부터 수백[MV]급까지 대용량 에너지 저장이 가능하다.

② 유지 및 보수가 용이하다.

③ 출력이 높고 내구연한이 통상 30년 정도되어 수명이 길다.

④ 초기 비용이 많이 들어간다.

053 분산형 전원

1 개 요

1) 정 의

① 분산형 전원은 기존 전력회사의 대규모 집중전원과는 달리 비교적 소규모 전원으로 전력 수요처 인근에 분산배치가 가능한 전원을 말한다.

② 또한, 계통연계란 분산형 전원을 배전계통과 병렬운전을 하기 위해 전기적으로 연결하는 것을 말한다.

2) 목 적

① 대규모 전원의 보완으로 설비투자 감소
② 피크시간대 발전하여 전력수급안정과 설비 이용률 향상
③ 마이크로 그리드 인프라 구축 및 친환경 전원의 공급
④ 잉여전력을 전력회사에 판매하여 경제성 검토
⑤ 발전설비 점검, 고장 시 Back-up 가능

2 관련법규

① 기술기준의 판단기준 제281조
② 분산형 전원 배전계통 연계 기술기준

3 분산형 전원의 필요성

① 에너지 비용의 상승 및 유가의 상승
② 지구온난화 문제에 대한 대책
③ 전력수급의 안정, 발전소, 송배전계통 설비투자 감소
④ 신재생에너지, 스마트 그리드, 마이크로 그리드 등 차세대 기술 인프라 구축

4 분산형 전원의 분류

1) 분산형 전원의 종류

① **신에너지** : 연료전지, 석탄액화가스화, 수소에너지

② **재생에너지** : 태양광, 태양열, 풍력, 수력, 지열, 바이오, 폐기물, 해양에너지, 수열, 에너지 저장장치

③ 구역전기사업자의 발전설비

④ 집단에너지 사업자의 발전설비

⑤ **일반용 전기설비** : 저압 10[kW] 이하 발전기

⑥ 자가용 전기설비의 발전설비

2) 계통연계방식의 구분

구 분	종 류
연계방식	계통연계형, 독립운전형
운전의 주체	발전 사업자, 비발전 사업자
역조류	허용, 비허용

5 특 징

1) 대규모 전원의 보완

발전소, 변전소 등 시설투자 감소

2) 전력수요처 인근 배치

송전선로, 송전손실 저감

3) 피크 전력시간대 발전

전력수급 안정, 설비 이용률 향상

4) 신재생에너지 활용

친환경, 건설공사 기간 짧음

6 분산형 전원 계통 연계설비(전기설비 판단기준)

1) 저압 계통연계 시 직류유출방지 변압기의 시설

분산형전원을 인버터를 이용하여 배전사업자의 저압 전력계통에 연계하는 경우 인버터로부터 직류가 계통으로 유출되는 것을 방지하기 위하여 접속점과 인버터 사이에 상용 주파수 변압기(단권변압기를 제외한다)를 시설하여야 한다.

단, 다음의 내용을 모두 충족하는 경우에는 예외한다.

① 인버터의 직류 측 회로가 비접지인 경우 또는 고주파 변압기를 사용하는 경우

② 인버터의 교류출력 측에 직류 검출기를 구비하고, 직류 검출 시에 교류출력을 정지하는 기능을 갖춘 경우

2) 단락전류 제한장치의 시설

분산형전원을 계통연계하는 경우 전력계통의 단락용량이 다른 자의 차단기의 차단용량 또는 전선의 순시허용전류 등을 상회할 우려가 있을 때에는 그 분산형 전원 설치자가 한류리액터 등 단락전류를 제한하는 장치를 시설하여야 하며, 이러한 장치로도 대응할 수 없는 경우에는 그 밖에 단락전류를 제한하는 대책을 강구해야 한다.

3) 계통연계용 보호장치의 시설

① 계통연계 하는 분산형전원을 설치하는 경우 다음의 내용에 해당하는 이상 또는 고장 발생 시 자동적으로 분산형전원을 전력계통으로부터 분리하기 위한 장치 시설 및 해당 계통과의 보호협조를 실시하여야 한다.

㉠ 분산형전원의 이상 또는 고장

㉡ 연계한 전력계통의 이상 또는 고장

㉢ 단독운전 상태

② 연계한 전력계통의 이상 또는 고장 발생 시 분산형전원의 분리시점은 해당 계통의 재폐로 시점 이전이어야 하며, 이상 발생 후 해당 계통의 전압 및 주파수가 정상 범위 내에 들어올 때까지 계통과의 분리상태를 유지하는 등 연계한 계통의 재폐로방식과 협조하여야 한다.

③ 단순 병렬운전 분산형전원의 경우에는 역전력 계전기를 설치한다.

4) 특고압 송전 계통연계 시 분산형전원 운전제어 장치의 시설

분산형전원을 송전사업자의 특고압 전력계통에 연계하는 경우 계통안정화 또는 조류억제 등의 이유로 운전제어가 필요할 때에는 그 분산형전원에 필요한 운전제어 장치를 시설하여야 한다.

5) 연계용 변압기 중성점의 접지

분산형전원을 특고압 전력계통에 계통연계하는 경우 연계용 변압기 중성점의 접지는 전력계통에 연결되어 있는 다른 전기설비의 정격을 초과하는 과전압을 유발하거나 전력계통의 지락고장 보호협조를 방해하지 않도록 시설하여야 한다.

7 분산형전원 배전계통 연계기술기준(=한전)

1) 적용범위

이 기준은 분산형전원을 설치한 자가 해당 분산형전원을 한국전력공사의 배전계통에 연계하고자 하는 경우에 적용한다.

2) 설치기준

① 전기방식

㉠ 분산형전원의 전기방식은 연계하고자 하는 계통의 전기방식과 동일하게 함을 원칙으로 한다. 단, 3상 수전고객이 단상인버터를 설치하여 분산형전원을 계통에 연계하는 경우는 다음 표에 의한다.

[3상 수전 단상 인버터 설치기준]

구 분	인버터 용량
1상 또는 2상 설치 시	각 상에 4[kW] 이하로 설치
3상 설치 시	상별 동일 용량 설치

㉡ 분산형전원의 연계구분에 따른 연계계통의 전기방식

구 분	연계계통의 전기방식
저압 한전계통 연계	교류 단산 220[V] 또는 교류 삼삼 380[V] 중 기술적으로 타당하다고 한전이 정한 한 가지 전기방식
특고압 한전계통 연계	교류 삼상 22,900[V]

② 동기화

[계통 연계를 위한 동기화 변수 제한범위]

분산형전원 정격용량 합계[kW]	주파수 차 (Δf, [Hz])	전압 차 (ΔV, [%])	위상각 차 ($\Delta \Phi$, °)
0 ~ 500	0.3	10	20
500 초과 ~ 1,500	0.2	5	15
1,500 초과 ~ 20,000 미만	0.1	3	10

③ 한전계통 이상 시 분산형 전원 분리 및 재병입

㉠ 분 리

• 비정상 전압

[비정상 전압에 대한 분산형전원 분리시간]

전압 범위[주2](기준전압[주1]에 대한 백분율[%])	분리시간[주2][초]
$V < 50$	0.5
$50 \leqq V < 70$	2.00
$70 \leqq V < 90$	2.00
$110 < V < 120$	1.00
$V \geqq 120$	0.16

주 1) 기준전압은 계통의 공칭전압을 말한다.
2) 분리시간이란 비정상 상태의 시작부터 분산형전원의 계통가압 중지까지의 시간을 말하며, 필요할 경우 전압 범위 정정치와 분리시간을 현장에서 조정할 수 있어야 한다.

• 비정상 주파수

[비정상 주파수에 대한 분산형전원 분리시간]

분산형전원 용량	주파수 범위[주][Hz]	분리시간[주][초]
용량무관	$f > 61.5$	0.16
	$f < 57.5$	300
	$f < 57.0$	0.16

주) 분리시간이란 비정상 상태의 시작부터 분산형전원의 계통가압 중지까지의 시간을 말하며, 필요할 경우 주파수 범위 정정치와 분리시간을 현장에서 조정할 수 있어야 한다. 저주파수 계전기, 정정치 조정 시에는 한전계통 운영과의 협조를 고려하여야 한다.

㉡ 한전계통에의 재병입(再竝入, Reconnection)

• 한전계통에서 이상 발생 후 해당 한전계통의 전압 및 주파수가 정상 범위 내에 들어올 때까지 분산형전원의 재병입이 발생해서는 안 된다.

• 분산형전원 연계 시스템은 안정상태의 한전계통 전압 및 주파수가 정상범위로 복원된 후 그 범위 내에서 5분간 유지되지 않는 한 분산형전원의 재병입이 발생하지 않도록 하는 지연기능을 갖추어야 한다.

④ 전기품질

구 분	기 준
직류유입제한	최대정격 출력전류의 0.5[%]초과 직류
역 률	분산형전원의 역률은 90[%] 이상으로 유지
플리커	분산형전원은 빈번한 기동·탈락 또는 출력변동 등에 의하여 한전계통에 연결된 다른 전기사용자에게 시각적인 자극을 줄만한 플리커나 설비의 오동작을 초래하는 전압요동을 발생시켜서는 안 된다.
고조파	한전이 계통에 적용하고 있는배전계통 고조파 관리기준에 준용(THD 5[%] 이하)

⑤ 순시전압변동

㉠ 순시전압변동률 허용기준

변동빈도	순시전압변동률
1시간에 2회 초과 10회 이하	3[%]
1일 4회 초과 1시간에 2회 이하	4[%]
1일에 4회 이하	5[%]

㉡ 순시전압변동의 대책

- 계통용량 증설 또는 전용선로로 연계
- 상위전압의 계통에 연계

⑥ 단독운전

연계된 계통의 고장이나 작업 등으로 인해 분산형전원이 공통 연결점을 통해 한전계통의 일부를 가압하는 단독운전 상태가 발생할 경우 해당 분산형전원 연계 시스템은 이를 감지하여 단독운전 발생 후 최대 0.5초 이내에 한전계통에 대한 가압을 중지해야 한다.

⑦ 보호장치 설치

㉠ 분산형전원 설치자는 고장 발생 시 자동적으로 계통과의 연계를 분리할 수 있도록 다음의 보호계전기 또는 동등 이상의 기능 및 성능을 가진 보호 장치를 설치하여야 한다.

㉡ 역송병렬 분산형전원의 경우에는 제17조에 따른 단독운전 방지기능에 의해 자동적으로 연계를 차단하는 장치를 설치하여야 한다.

㉢ 인버터를 사용하는 저압계통 연계 분산형전원의 경우 그 인버터를 포함한 연계 시스템에 제㉠항 내지 제㉡항에 준하는 보호기능이 내장되어 있을 때에는 별도의 보호장치 설치를 생략할 수 있다.

㉣ 분산형전원의 특고압 연계 또는 전용변압기(상계거래용 변압기 포함)를 통한 저압 연계의 경우, 보호장치 설치에 관한 세부사항은 한전이 계통에 적용하고 있는 "계통보호업무처리지침" 또는 "계통보호업무편람"의 발전기 병렬운전 연계선로 보호업무 기준에 따른다.

㉤ 제㉠항 내지 제㉣항에 의한 보호장치는 접속점에서 전기적으로 가장 가까운 구내계통 내의 차단장치 설치점(보호배전반)에 설치함을 원칙으로 하되, 해당 지점에서 고장검출이 기술적으로 불가한 경우에 한하여 고장검출이 가능한 다른 지점에 설치하여야 한다.

㉥ Hybrid 분산형전원 설치자는 ES 설비 및 분산형전원에 제㉠항 내지 제㉡항에 준하는 보호기능이 각각 내장되어 있더라도 해당 Hybrid 분산형전원의연계 시스템 전체에 대한 보호기능을 수행할 수 있는 별도의 보호장치를 설치하여야 한다.

⑧ **변압기**

㉠ 직류발전원을 이용한 분산형전원 설치자는 인버터로부터 직류가 계통으로 유입되는 것을 방지하기 위하여 연계 시스템에 상용주파 변압기를 설치하여야 한다.

㉡ 단, 다음 조건을 모두 만족시키는 경우에는 상용주파 변압기의 설치를 생략할 수 있다.

- 직류회로가 비접지인 경우 또는 고주파 변압기를 사용하는 경우
- 교류출력 측에 직류 검출기를 구비하고 직류 검출 시에 교류출력을 정지하는 기능을 갖춘 경우

8 분산전원의 문제점

1) 분산전원이 배전전압에 미치는 영향

배전계통에서의 전압은 변전소에서의 LTC(Load Tap Changing) 변압기와 피더(Feeder)의 전압조정기(Voltage Regulator) 및 캐패시터 등에 의하여 조정되고, 각 나라별 또는 전력회사가 정해 놓은 적정유지 전압 범위 내에서 운전되어야 한다.

2) 전력 손실과 분산전원의 위치

3) 고조파의 증대

태양광 발전이나 연료전지와 같은 분산전원의 출력은 직류이므로 직류에서 교류로 변환하는 장치, 즉 인버터의 사용이 불가피하다. 배전선의 종합 전압 왜형률을 5[%], 특별고압계통의 종합 전압 왜형률을 3[%]로 설정하고 있다.

4) 단락용량의 증대

복합배전계통에서 단락사고가 발생하면 계통 전원뿐 아니라 분산전원도 사고전류의 공급원이 될 수 있으므로 분산전원을 도입하지 않은 경우보다 단락용량이 커질 가능성이 있으며 고장전류가 커져 케이블 소손의 우려도 있다. 따라서 단락전류를 억제하는 한류리액터의 설치를 하고 있다.

9 분산형 전원의 필요부하

① 배전계통과의 연계가 어려운 외딴 지역
② 부하변동 지역
③ 대규모부하 신설 지역
④ 대기오염에 민감한 지역
⑤ 새로운 전력시장 구조에서 분산전원의 잠재성

054 분산형 전원 배전계통 연계 기술 기준

1 분산형 전원 연계

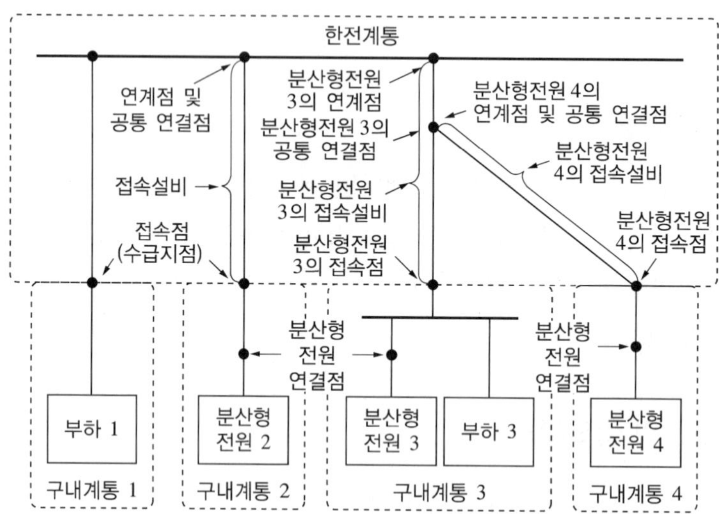

비고 1. 점선은 계통의 경계를 나타냄(다수의 구내계통 존재 가능)
2. 연계시점 : 분산형전원 3 ⟶ 분산형전원 4

1) 연계점

① **일반선로** : 한전계통에 연결되는 지점

② **전용선로**

㉠ 특고압 : 한전의 변전소 내 인출 개폐장치 단자

㉡ 저압 : 변압기의 2차 측 인하선 또는 단자

2) 접속설비

분산형 전원설비에 이르기까지의 전선로와 이에 부속하는 개폐장치 등의 설비

3) 접속점(책임한계점)

분산형 전원 설치자 측 전기설비가 연결되는 지점

4) 공통 연결점

다른 분산형 전원 또는 전기사용 부하가 존재하거나 연결될 수 있는 지점

5) 분산형 전원 연결점(Point of DR Connection)

분산형 전원이 해당 구내계통에 전기적으로 연결되는 분전반 등을 분산형 전원 연결점으로 볼 수 있다.

2 연계요건

1) 저압 선로

분산형 전원의 연계용량이 500[kW] 미만이고 배전용 변압기 누적 연계용량이 해당 배전용 변압기 용량의 50[%] 이하인 경우

저압 일반선로	분산형전원의 연계용량이 배전용 변압기 용량의 25[%] 이하	간소검토	저압 일반선로 누적연계용량이 해당 변압기 용량의 25[%] 이하
		연계용량평가	저압 일반선로 누적연계용량이 해당 변압기 용량의 25[%] 초과
저압 전용선로	• 분산형전원의 연계용량이 배전용변압기 용량의 25[%] 초과 • 기술요건에 적합하지 않은 경우		

㉠ 배전용변압기 누적연계용량이 해당 변압기 용량의 50[%]를 초과하는 경우 전용 변압기를 설치한다.

㉡ 분산형전원의 연계용량이 500[kW] 미만인 경우에도 특고압 계통에 연계 가능하다.

㉢ 동일한 발전구역 내 연계용량의 총합 500[kW] 이상도 저압 연계 가능하다.

㉣ 저압 연계하는 용량이 150[kW] 이상 500[kW] 미만인 경우 설치자가 배전용 지상 변압기의 설치공간을 무상으로 제공하며 전용으로 사용한다.

㉤ 연계용량이 250[kW] 미만이고 기설 배전용변압기 용량의 50[%] 이하에서 연계가 가능한 경우 : 기설 배전용변압기를 통해 저압 한전계통에 연계할 수 있다.

㉥ 교류 단상 220[V] 연계 용량은 100[kW] 미만이어야 한다.

㉦ 회전형 분산형 전원을 저압 한전계통에 연계할 경우 단순병렬 또는 전용변압기를 통하여 연계하여야 한다.

㉧ 저압 연계용 전용변압기는 무부하 손실이 적은 신품변압기를 신설해야 한다.

2) 특고압 선로

한전계통 변전소 주변압기의 분산형 전원 연계 가능 용량의 여유가 있는 경우

① 연계용량이 10,000[kW] 이하이고, 특고압 일반선로 상시 운전용량 이하인 경우

특고압 일반선로	간소검토	주변압기 누적연계용량이 주변압기 용량의 15[%] 이하이고 특고압 일반선로 상시 운전용량의 15[%] 이하
	연계용량 평가	주변압기 누적연계용량이 주변압기 용량의 15[%] 초과하거나 특고압 일반선로 상시 운전용량의 15[%] 초과
특고압 전용선로	기술요건을 만족하지 못하는 경우	

② 연계용량이 10,000[kW]를 초과하거나 특고압 일반선로 누적연계 용량이 해당 선로 상시 운전용량을 초과하는 경우

특고압 전용선로	개별 연계용량이 10,000[kW] 이하라도 특고압 일반선로 누적연계용량이 해당 특고압 일반선로 상시 운전용량을 초과하는 경우

㉠ 개별 연계용량이 10,000[kW] 초과 20,000[kW] 미만인 경우 접속설비를 대용량 배전방식에 의해 연계한다.

㉡ 전용선로 경과지 확보 문제 시 지중 배전선로 구성한다.

3) 협 의

기준에 명시되지 않은 사항은 분산형 전원 설치자와 한전이 협의하여 결정한다.

3 연계기술기준

1) 계통의 전기방식

구 분	연계계통의 전기방식
저압 한전계통 연계	교류 단상 220[V] 또는 3상 380[V] 중 한 가지 방식
특고압 한전계통 연계	교류 3상 22,900[V]

2) 한전계통 접지와의 협조

접지방식이 타 설비에 과전압을 유발하거나 지락고장 보호협조를 방해해서는 안 된다.

3) 동기화

분산형 전원 정격 용량[kW]	주파수[Hz]	전압[%]	위상[°]
0 ~ 500 이하	0.3	10	20
500 초과 ~ 1500	0.2	5	15
1,500 초과 ~ 20,000 미만	0.1	3	10

4) 비의도적인 한전계통 가압

한전계통이 가압되지 않을 때 가압해서는 안 된다.

5) 감시설비

분산형 전원 용량의 총합이 250[kW] 이상일 경우 전력품질(출력, 운전역률, 전압 등)을 감시할 수 있는 장치를 설치하여야 한다.

6) 분리장치

접속점에는 개방상태를 육안으로 확인할 수 있는 분리장치를 설치하여야 한다.

7) 연계 시스템의 건전성

① 전자기 장해로부터 보호

② 내서지 성능

8) 한전계통 이상 시 분산형 전원 분리 및 재병입

① 한전계통 고장 시 가압을 즉시 중지해야 한다.

② 한전계통 재폐로와 협조해야 한다.

③ 전압 이상 시 분리시간

기준전압(공칭전압)에 대한 비율[%]	분리시간(초)
$V < 50$	0.16
$50 \leq V \leq 88$	2.00
$110 < V < 120$	1.00
$V \geq 120$	0.16

④ **주파수 이상 시 분리시간**

분산형 전원 용량	주파수 범위[Hz]	분리시간(초)
30[kW] 이하	> 60.5	0.16
	< 59.3	0.16
30[kW] 초과	60.5	0.16
	< (57.0 ~ 59.8) 조정가능	(0.16 ~ 300) 조정가능
	< 57.0	0.16

⑤ **재병입** : 정상상태에서 5분간 유지 시 재병입한다.

9) 분산형 전원 이상 시 보호협조

분산형 전원 고장 시 파급방지를 위해 한전과 보호 협조해야 한다.

10) 전기품질

① 직류 : 0.5[%] 이하 유지
② 역률 : 90[%] 이상 유지
③ 플리커 : 플리커를 방지
④ 고조파 : 배전계통 고조파 관리기준을 초과하는 고조파 전류 발생 방지

11) 순시전압변동

① **특고압**

변동 빈도	순시전압변동률
1시간에 2회 초과 ~ 10회 이하	3[%] 이하
1일 4회 초과 ~ 1시간 2회 이하	4[%] 이하
1일 4회 이하	5[%] 이하

② **저 압**

㉠ 순시전압 변동률 6[%] 이하
㉡ 상시전압 변동률 3[%] 이하

12) 단독운전

단독운전 발생 후 최대 0.5초 이내에 가압을 중지하여야 한다.

13) 보호장치 설치

① 단락, 지락보호장치를 설치하여야 한다.
② 전압계전기, 주파수 계전기를 설치하여야 한다.

③ 단순 병렬 분산형 전원의 경우 역전력 계전기를 설치하여야 한다.

신재생 에너지를 이용하여 50[kW] 이하의 소규모 분산형 전원으로 단독운전 방지 기능을 가진 것을 단순병렬로 연계하는 경우에는 역전력 계전기 설치를 생략할 수 있다.

④ 역송병렬 분산형 전원의 경우 단독운전 방지장치를 설치하여야 한다.

⑤ 연계 보호기능이 내장된 인버터를 사용하여 연계하는 경우 보호장치를 생략할 수 있다.

2개 이상의 인버터 사용 시 별도의 보호장치를 설치하여야 한다.

14) 변압기

① 상용주파 변압기 설치

직류 발전원 인버터로부터 직류가 계통 유입되는 것을 방지하기 위해 설치한다.

② 상용주파 변압기 설치 예외(다음 조건을 모두 만족하는 경우)

㉠ 직류회로가 비접지인 경우 또는 고주파 변압기를 사용하는 경우
㉡ 교류 측에 직류검출기를 구비하여 직류 검출 시 교류 출력을 정지하는 경우

4 평가사항

1) 한전계통 전압의 조정

① 표준전압 및 허용오차의 범위 이내이어야 한다.
② 기술요건을 만족하지 못하는 경우 연계용량을 제한할 수 있다.
③ 기술요건 만족을 위해 유효, 무효전력을 조정 : 전압 이탈 시 계통에서 분리한다.

2) 저압계통 상시전압변동

① 전압 변동률은 3[%] 이하이어야 한다.

② 전압 변동 유지 불가능 시

㉠ 계통용량 증설
㉡ 전용선로로 연계
㉢ 상위 전압의 계통에 연계

③ 역송전력을 발생시키는 분산형 전원의 최대 용량은 변압기 용량 이하여야 한다.

3) 특고압계통 상시전압변동

① 전압변동 유지 불가능 시

㉠ 계통용량 증설
㉡ 전용선로로 연계
㉢ 상위 전압의 계통에 연계

② 주변압기 OLTC의 빈번한 동작을 야기해서는 안 된다.

4) 단락용량

① 단락용량이 다른 설치자 또는 전기 사용자의 차단기 차단용량을 상회할 우려가 있는 경우 한류 리액터 등의 단락전류 제한 설비를 설치하여야 한다.

② 조건을 만족하지 못하는 경우

㉠ 특고압 연계 시 : 다른 배전용 변전소 뱅크의 계통에 연계
㉡ 저압 연계 시 : 전용변압기를 통하여 연계
㉢ 상위 전압의 계통에 연계
㉣ 기타 단락 용량에 대한 대책을 강구한다.

Professional Engineer Building Electrical Facilities

엔지니어링 및 기타

제1장 엔지니어링 설비 및 기타

1. 본문에 들어가면서

① 건축전기설비에서 엔지니어링은 실제 현장에서 건축전기 관련 업무에 대한 것으로 설계, 감리, VE, CM 등을 말한다.

② 최근 설계에서는 BIM설계가 중요한 설계이고, 감리부분은 가장 많이 출제되는 엔지니어링 설비이며, VE와 CM도 최근 엔지니어링에서는 이슈가 되는 설비이다.

③ 근래에 출제되는 비율이 급격히 상승하고 있는 분야로 관심을 가져야 한다.

2. 엔지니어링 및 기타

① 설 계　　② 감 리　　③ VE　　④ CM

3. 엔지니어링 설비 출제분석

▎대분류별 출제분석(62회~122회)

구 분	전 원	배전 및 품질	부 하	반 송	정 보	방 재	에너지	엔지니어링 및 기타					총 계
								이 론	법 규	계 산	엔지니어링 및 기타	합 계	
출 제	565	185	181	24	59	101	158	28	60	86	45	219	1,492
확률(%)	37.9	12.4	12.1	1.6	4	6.8	10.6	1.9	4	5.8	3	14.7	100

▎소분류별 출제분석(62회~122회)

구 분	설 계	감 리	CM 및 VE	기 타	총 계
출 제	13	21	4	6	44
확률(%)	29.5	47.7	9.1	13.6	100

4. 출제 경향 및 접근 방향

Chapter 01 엔지니어링 설비 및 기타

		설계 및 BIM
1	69회 10점	전기설비 실시 설계 시 성과물을 분류하고 설명하시오.
2	69회 25점	대형 건물의 Renewal(대수선) 시 전기설비 설계 시 설계단계별 유의사항을 들고 설명하시오.
3	72회 10점	전력기술관리법의 규정에 의한 전력시설물의 설계도서 종류를 열거하시오.
4	74회 10점	전기설비 시공도를 작성하는 데 최소한 필요로 하는 건축도면 4종류를 열거하시오.
5	91회 25점	전기설비설계사무소에서 설계 완료 시 수요처에 납품하여야 할 설계도서에 대하여 설명하시오.
6	93회 10점	최근 IT기술발전으로 전력계통에 접목되어 설계기술의 정확도가 크게 개선되고 설계 시간의 단축에 크기 기여하고 있다. 설계에 사용되는 상용 프로그램을 3가지 이상 제시하고 사용가능한 기능들을 설명하시오.
7	88회 10점	BIM(Building Information Modeling)기법과 건축전기설비분야에서 활용할 수 있는 방안에 대하여 설명하시오.
8	91회 25점	최근 공공 시설물에 적용하고 있는 입체형 설계와 생애주기를 반영하는 고품질 건축기법인 BIM(Building Information Modeling)에 대하여 설명하시오.
9	110회 10점	건축전기설비공사의 공사시방서 명기사항
10	110회 25점	공사업자의 시공계획서와 시공상세도 포함사항
11	112회 10점	건축물 설계에서 건축설계자와 협의하여 평면계획에 포함되어야 할 전기설계내용
12	112회 25점	BIM설계
13	117회 10점	건축전기설비 설계기준에서 건축전기설비의 역할 3가지를 설명하시오.

		감 리
1	65회 25점	연면적 약 20,000[m^2]의 업무용 건물의 전력시설물에 대한 책임감리원이 수행해야 할 업무에 대하여 설명하시오.
2	71회 25점	전기공사 감리자 수행 업무에 관하여 설명하시오.
3	77회 10점	전력기술 관리법 운영요령이 개정되어 2005년 4월 1일부터 시행되고 있다. 보통 공종의 경우 감리원수 산출공식 및 공종별 할증에 대하여 기술하고 요율산정을 위한 직선보간법에 대하여 기술하시오.
4	84회 25점	전력기술관리법의 공사 감리에 대한 개념을 설명하고 감리원의 업무에 대하여 설명하시오.
5	88회 10점	전기시설물의 공사감리업무 중 기성부분검사 및 준공검사절차에 대하여 설명하시오.
6	93회 10점	전력기술관리법의 설계감리업무 수행지침에 의한 설계감리원의 업무 설명
7	97회 25점	건축전기설비에서 1) 설계감리에 대하여 그 대상과 업무범위 2) 시공감리 업무범위
8	108회 10점	공동주택 및 건축물의 규모에 따른 감리원 배치기준에 대하여 설명하시오
9	108회 25점	전력시설물의 감리대가 산출방법에서 정액적산방식과 직선보간법에 의한 요율산정방법에 대하여 설명하시오.
10	110회 25점	공사감리업무 수행지침에 따른 공사착공단계와 공사시행단계 감리업무
11	111회 10점	설계감리 대상이 되는 전력시설물의 설계도서와 설계감리 업무범위
12	111회 10점	공사감리에서 기성검사의 목적, 종류, 절차
13	113회 10점	전력기술관리법에 의한 설계감리를 받아야 하는 전력시설물의 대상
14	113회 10점	자가용 수전설비의 사용 전 검사에 시험성적서가 필요한 전기설비 대상기기
15	113회 25점	전력기술관리법에 의한 감리원 배치기준

16	113회 10점	전력시설물 공사감리업무 수행지침에 대하여 다음 사항을 설명하시오. 1) 공사감리의 정의 2) 감리원이 공종별 촬영하여야 하는 대상 및 처리방법
17	116회 25점	전력시설물 공사감리업무 수행지침에 따라 물가변동으로 인한 계약금액 조정 시 계약금액 조정방법, 지수조정률과 품목조정율의 개요 및 검토 시 구비서류에 대하여 설명하시오.
18	121회 25점	2.9[kV] 수배전반 제작 시 수행하여야 하는 감리업무 중 주요자재의 품질기준 및 공장검수시점의 품질 확인 사항에 대하여 설명하시오.
19	121회 25점	전력기술관리법에서 정하는 설계감리 내용 중 다음에 대하여 설명하시오. 1) 설계감리대상 및 설계감리 자격 2) 설계감리 예외사항 3) 설계감리 업무내용
20	121회 25점	건축물 동력제어반의 구성기기와 공사감리 시 검토 사항을 설명하시오.
21	122회 25점	건축물 지하층에 디젤엔진발전기를 설치할 경우, 전기공사감리 준공검사에 필요한 점검사항에 대하여 설명하시오.
		CM과 VE
1	71회 10점	가치공학(Valve Engineering)의 목적과 설계 VE, 시공 VE에 대하여 간략히 설명하시오.
2	89회 25점	건설 프로젝트(Project)의 설계 VE(Value Engineering)에 대하여 설명하시오.
3	110회 10점	설계 VE(검토사항, 실시시기 및 횟수, 단계별 업무절차 및 내용
4	115회 25점	건설사업관리(CM ; Construction Management)에 대하여 다음 사항을 설명하시오. 1) 필요성 2) 업무범위 3) CM과 감리비교 4) 자문형 CM과 책임형 CM의 비교
		초고층 및 기타
1	87회 10점	초고층 이상 건축물의 건설프로젝트를 수행계획, 설계, 시공, 유지보수 측면할 때 건축전기설비 측면에서 극복해야 할 핵심문제 3가지를 쓰시오.
2	90회 25점	초고층 빌딩의 간선 시공방법 중 간선의 재료별 특징을 비교 설명하시오.
3	93회 25점	초고층 빌딩의 대용량 저압 수직간선의 구비조건들을 제시하고 알루미늄 파이프 모선과 절연 부스덕트 방식을 비교 설명하시오.
4	96회 25점	초고층 빌딩의 계획 시 전기설비적인 고려사항과 특징
5	104회 25점	초고층 빌딩의 수직간선설비 설계 시 주요 검토 항목을 설명하고 문제점 및 대책, 고려하여야 할 사항에 대하여 설명하시오.
6	110회 25점	설계 및 시공 시 타 공정과 협의할 인터페이스 사항

Professional Engineer Building Electrical Facilities

제 1 장

엔지니어링 설비 및 기타

SECTION 01 엔지니어링

SECTION 02 기 타

엔지니어링

001 전기설계 프로그램의 종류

1 개 요

건축전기설비설계는 수작업 설계에서 CAD 및 설계응용 프로그램을 거친 후 BIM을 통하여 프로젝트를 효율적이고 생산적으로 관리하는 단계로 발전하고 있다.

2 전기설계 프로그램의 종류

1) Auto Cad

표준심벌 및 단순 명령어 정도의 기능만 사용하여 설계

2) Cadian Elect Office

설계, 각종 계산서, 내역서 작성 등이 가능한 패키지 프로그램

① Cad
② 물량산출
③ 내역서 작성
④ 각종 기기 용량계산서
⑤ 전압강하 계산

3) Elect Panel

① 승인도면 작도
② 분전반 제작도면 연동
③ 견적서 작성

4) Power Tool

전력계통 해석에 적합

① 고장계산
② 단락용량 검토
③ 보호장치 동작특성
④ 진단기능 등

5) Excel Program

① 차단용량 계산서
② 각종기기 용량계산서
③ 전력간선 계산서
④ 케이블 트레이 계산서
⑤ 전등, 전열 부하계산서
⑥ 조도계산서

6) 낙뢰 위험도 평가 프로그램(IEC 62305-2)

위험도 성분의 Data와 허용위험도 성분의 Data를 비교하는 프로그램으로 낙뢰의 위험성을 판단하는 프로그램

7) 접지설계 프로그램(CDEGS)

접지설계의 보폭 및 접촉전압의 Data와 접지저항을 비교하는 프로그램으로 접지의 위험성을 설계하는 프로그램

3 BIM(Building Information Modeling) 설계

1) 정 의

컴퓨터상의 가상공간(3D)에서 설계, 시공, 유지관리 등을 구현하는 기법

2) 프로그램의 종류

① Revit Mep(Auto Desk사)

㉠ 자동 3D모델생성
㉡ 전기, 기계설비 공학계산 가능
㉢ 국내 대부분 사용

② Archi Cad(Graphic Soft사)

㉠ 자동 3D모델생성
㉡ 전기, 기계설비 공학계산 가능
㉢ 유럽에서 주로 사용
㉣ MEP 취약

③ Bently Building Solutions Mech/Elec System(Bently System사)

㉠ 자동 3D모델생성
㉡ 설계, 시공, 유지관리 포함
㉢ 건축시뮬레이션 가능
㉣ 플랜트 분야에서 주로 사용

3) BIM 적용현황

① **관련규정**

㉠ 2012년 500억 이상 공공발주 : BIM시설 의무화
㉡ 2016년 공공기관 발주 시 전면 BIM 설계 예정

② **건축전기설비기술사회, 전력기술인 협회**

전기분야 BIM 표준 라이브러리 구축(KEBIM)

㉠ 라이브러리 카테고리 종류 : 배관, 트레이 등 12개
㉡ 라이브러리 속성 : 명칭, 카테고리, 설치기반 등 17개

③ **조달청**

시설사업 BIM적용 기본지침서 : 2017.12

㉠ 전기분야 BIM부재 입력대상
- 전기설비 공간검토 위한 수변전설비 등 주요장비
- 주요실에 대한 조명설비

㉡ 전력간선, 배선, 트레이, 전기소방은 제외

4) 향후 전망 및 대책

① 전기시스템의 변화에 따른 표준라이브러리의 지속적인 Data Upgrade 필요
② 지속적 교육에 의한 기술자 배출 필요
③ 민관 등에 설계 프로그램에 대한 홍보 필요

002 전기설계도서 및 인허가 종류와 절차

1 개 요

1) 설계도서

전력기술관리법에서는 전력시설물의 설치, 보수 공사에 관한 계획서, 설계도면, 설계설명서, 공사비 명세서, 기술계산서 및 이와 관련된 서류를 말한다.

2) 설계단계 구분

① 계획단계

㉠ 기본구상 : 여러 조건의 정리, 설계조건의 정리
㉡ 기본계획 : 설비등급 결정, 계획(안) 작성

② 설계단계

㉠ 기본설계 : 기본설계도서의 작성, 추정공사비의 파악
㉡ 기본계획 : 실시설계도서의 작성, 공사비 적산

2 설계 성과물

1) 기본설계

① 정 의

주요 설계수행지침, 예비설계, 개략적인 공사비 등을 포함한 기본적인 설계

② 종 류

㉠ 설계 계획서
㉡ 기본 설계도면
㉢ 공사비 내역서
㉣ 기타 사항 : 설계계산서, 시스템 선정 검토서, 협의 기록서

2) 실시설계

① **정 의**

기본설계의 검토, 설계지침, 설계도면, 설계설명서, 계산서, 예정공정표, 공사내역서, 공사비 등을 포함한 시공 목적의 설계

② **종 류**

㉠ 설계도서 : 설계도면, 공사시방서, 현장설명서(설계설명서), 물량내역서
㉡ 공사비 적산 : 산출서, 견적서
㉢ 설계계산서 : 용량계산서, 부하계산서, 간선계산서, 조도계산서, 기타 계산서
㉣ 기타 사항 : 협의 기록(관공서, 관계자, 설계, 심의 등)

3) 설계도서의 적용순서

① 특기 시방서
② 설계도면
③ 일반시방서, 표준시방서
④ 산출내역서
⑤ 승인된 시방도면
⑥ 관계법령 유권해석
⑦ 감리자 지시사항

3 인허가 종류 및 절차

1) 업무 흐름도

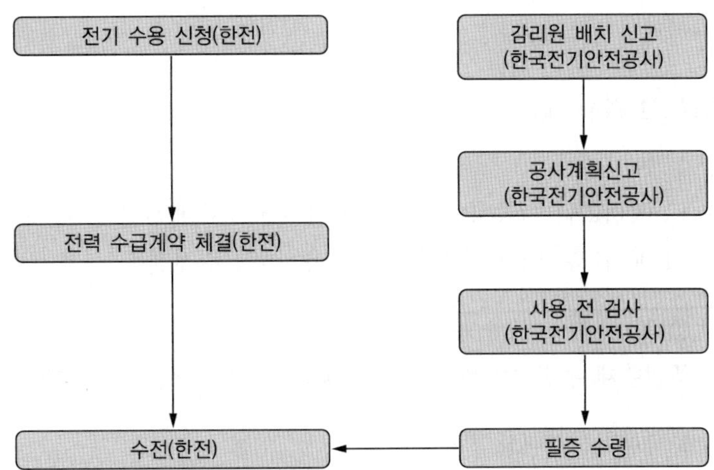

2) 인허가 종류

명 칭	법적 근거	처리기관
감리원 배치현황신고	전력기술관리법 시행령 제22조	한국전기기술인협회
전기안전관리자 선임신고	전기사업법 제73~74조	한국전기기술인협회
전기사업용 전기설비의 공사계획 인가 또는 신고	전기사업법 제61조 제1항(인가), 제2항(신고)	산업통상자원부 장관
자가용 전기설비의 공사계획 인가 또는 신고	전기사업법 제62조 제1항(인가), 제2항(신고) : 공사 개시 전에 공사계획을 시·도지사에게 신고	산업통상자원부 장관
사용 전 검사	전기사업법 제63조	한국전기안전공사
전기공급의 의무	전기사업법 제14조 및 시행규칙 제13조	한국전력공사 관할 지점
승강기 설치 신고	승강기안전관리법 제27조	–
승강기 설치검사	승강기안전관리법 제28조	한국승강기안전관리공단 이사장
소방시설착공신고 및 완공검사	소방시설공사업법 제13, 14조	관할 소방서장 소방본부장

3) 대 상

① 공사계획신고 대상

㉠ 수전설비 : 200,000[V] 미만 수전설비 1,000[kW] 미만 제외

㉡ 발전설비 : 75[kW] 이상(비상용 예비발전설비), 가스터빈-2,500[kW] 미만 (상용내연역 : 5,000[kW] 미만, 저압태양광 : 200[kW] 이하, 풍력 : 20[kW] 미만, 연료전지 : 20[kW] 이하)

② 사용 전 검사 대상

㉠ 신 설

- 1,000[kW] 이상의 경우 : 수전설비 + 구내배전설비
- 1,000[kW] 미만 자가용 전기수용설비 : 수전설비

㉡ 증 설

증설합계 수전설비용량 : 1,000[kW] 이상 경우(증설용량의 수용설비)

㉢ 공사계획신고대상 발전설비

003 실시설계

1 개 요

설계란 전력시설물 설치, 보수공사에 관한 계획서, 설계도면, 시방서, 공사 내역서, 기술 계산서 및 이와 관련된 서류(설계도서)를 작성하는 행위를 말한다.

2 설계도서의 종류

① **시방서 :** 표준, 특기, 자재
② **설계도면 :** 전력인입, 간선, 변전실 단선도, 평면도
③ 내역서
④ 설계 설명서
⑤ **착공계산서 :** 부하, 변압기 용량, 고장전류, 전압강하

3 설계도서 작성기준

① 누락 부분이 없을 것, 쉽게 이해할 수 있도록, 정확히 시공할 수 있도록, 상세할 것
② 유의, 특기사항은 기술설계설명서 구체화할 것
③ **신기술 적용 여부, 유지 관리 위한 부대시설 :** 계획서 및 예산서 명시
④ 산업통상자원부 장관은 필요한 경우 세부기준을 정할 수 있을 것

4 설계도서 작성

국가기술자격법에 의한 전기분야 기술사

5 전기설계 진행순서

1) 계획단계

① 기본기획

여러 요건 정리 : 지역환경, 현지상황, 배전선로 등 조사

② **기본계획**

설계조건/설비 등급 결정 : 건물용도, 부하조사, 수전용량, 수전전압, 예비전원, 배전전압, 보호협조, 감시제어 등

2) 설계단계

① **기본설계**

설계수행지침, 예비설계, 개략공사비 산정

② **실시설계**

기본설계검토, 실시설계도서, 공사비 적산

6 전기설비 실시설계 시 성과물

① 건축 및 기계설비의 설계도서에 의한 전기설비 도면작성
② 설계설명서 및 시방서
③ 각종 계산서 및 시방서
④ 각종 계산서 작성
⑤ 디자인적인 마무리
⑥ 공사기간의 산출 및 결정
⑦ 건축주 및 관련설계자의 의도를 반영한 설계내용 검토
⑧ 건축, 설비, 기계 등 설계자와의 공사구분의 한계 등 검토확인
⑨ 소요예산범위 내의 설계 적정성 여부 확인
⑩ 입찰, 발주 및 계약을 체결하기 위한 예정가격의 작성 및 기초조사

7 실시설계 완료 후 납품하여야 할 설계도서

1) 설계도면

① **공통도면**

도면전체를 공통으로 사용되는 범례 표기

② **계통도**

전원인입, 간선, 전화, TV 등

③ **평면도**

층별 기기배치, 배전도 등

④ **상세도**

기기상세도, 설치상세도 등

2) 시방서

① **표준 시방서**

표준공사에 대한 지침, 자재 기본적 기술사항

② **특기 시방서**

특수설비, 특수공법 등 구체적 설명

③ **자재 시방서**

자재의 제작기준, 제작 시 요구사항 구체적 표시

3) 내역서

① 공사비에 대한 산출 근거
② **항목** : 수량산출서, 용량산출서, 일위대가, 견적서, 내역서 등

4) 계산서

① 가장 중요항목 기술력 함축

② **부하계산서**

구체적인 부하계산 근거 제출

③ **변압기 용량계산서**

부하계산서에 부등률, 수용률, 부하율, 장래증설 고려

④ **발전기 용량계산서**

법적, 기능적 요구사항 확인하여 선정 및 계산

⑤ **축전지 용량계산서**

비상조명, 차단기 조작 전원, UPS 등의 각종 Factor 적용 계산

⑥ **간선계산서**

간선용량, 차단기 차단용량 등 안전성, 경제성 고려

⑦ **기 타**

전화(국선회선수), TV전계강도, OA용량, AMP용량 등

8 전기설비 인허가 FLOW

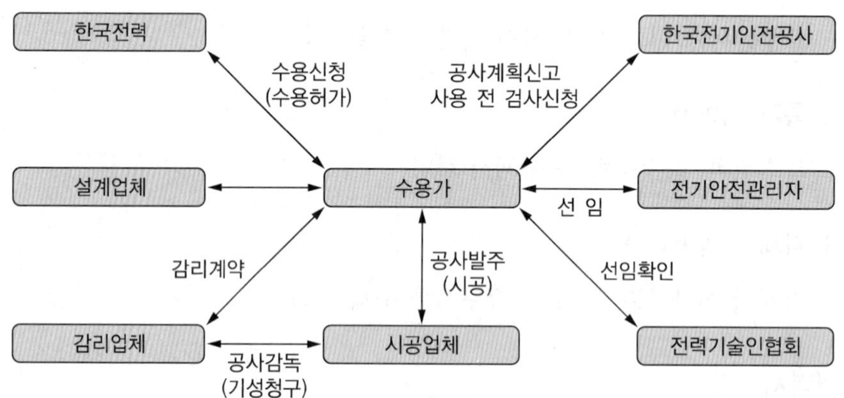

004 건축전기설비의 감리업무

1 개 요

① 공사감리란 발주자의 위탁을 받은 감리자가 설계도서, 기타 관계서류의 내용대로 시공되는지 여부를 확인하고, 품질, 시공, 안전관리 등에 대한 기술지도를 하여 관계 법령에 따라 발주자의 권한을 대행하는 것이다.
② 감리의 필요성은 부실공사의 방지, 품질향상, 안전시공 및 관리 등에 목적이 있다.

2 감리의 법적 체계

1) 전력기술관리법에 의한 공사감리(법 제12조)

전기사업법 제2조 규정에 의한 전력시설물의 공사감리

2) 건설기술진흥법에 의한 책임감리(법 제27조)

국가, 지방자치단체, 정부투자기관 및 대통령령으로 정하는 기관이 발주하는 일정 규모 이상의 공사감리

3) 건축법에 의한 공사감리(법 제25조)

건축법에 의한 건축물 및 주택법에 의한 공동주택 공사감리

3 전력시설물 감리종류 및 업무

1) 설계감리

① 개 요

설계감리란 전력시설물의 설치·보수 공사(이하 "전력시설물공사"라 한다)의 계획·조사 및 설계가 전력기술관리법 제9조에 따른 전력 기술기준과 관계 법령에 따라 적정하게 시행되도록 관리하는 것을 말한다.

② 설계감리 대상

㉠ 용량 80만[kW] 이상 발전설비
㉡ 전압 30만[V] 이상 송·변전설비

㉢ 전압 10만[V] 이상 수전설비, 구내 배전설비, 전력사용설비
㉣ 전기철도의 수전설비 · 철도신호설비 · 구내 배전설비 · 전차선설비 · 전력사용설비
㉤ 국제공항의 수전, 구내배전, 전력 사용설비
㉥ 층수 21층 이상, 연면적 5만[m^2] 이상의 건축물 전기설비

③ **설계감리 자격**

㉠ 종합설계업 등록을 한 자 또는 산업통상자원부령으로 정하는 기준에 해당하는 설계감리자로서 특별시장 · 광역시장 · 특별자치시장 · 도지사 또는 특별자치도지사의 확인을 받은 자가 수행한다. 이 경우 설계감리 업무에 참여할 수 있는 사람은 전기 분야 기술사, 고급기술자 또는 고급감리원 이상인 사람으로 한다.

㉡ 설계감리를 받으려는 자는 해당 설계도서를 작성한 자를 설계감리자로 선정하여서는 아니 된다.

㉢ 제㉡항 전단에도 불구하고 다음 내용의 어느 하나에 해당하는 자가 설치하거나 보수하는 전력시설물의 설계도서는 그 소속의 전기 분야 기술사, 고급기술자 또는 고급감리원 이상인 사람이 그 설계감리를 할 수 있다.

- 국가 및 지방자치단체
- 공공기관의 운영에 관한 법률에 따른 공기업
- 지방공기업법에 따른 지방공사 및 지방공단
- 한국철도시설공단법에 따른 한국철도시설공단
- 한국환경공단법에 따른 한국환경공단
- 한국농수산식품유통공사법에 따른 한국농수산식품유통공사
- 한국농어촌공사 및 농지관리기금법에 따른 한국농어촌공사
- 대한무역투자진흥공사법에 따른 대한무역투자진흥공사
- 전기사업법에 따른 전기사업자

④ **설계감리 예외사항**

주택법에 따른 공동주택의 전력시설물은 제외한다.

⑤ **설계감리 업무(전력기술관리법 시행령 제18조제5항, 산업자원통상부 고시 제2018-196호)**

㉠ 전력시설물공사의 관련 법령, 기술기준, 설계기준 및 시공기준에의 적합성 검토
㉡ 사용자재의 적정성 검토
㉢ 설계내용의 시공가능성에 대한 사전 검토

㉣ 설계공정의 관리에 관한 검토
㉤ 공사기간 및 공사비의 적정성 검토
㉥ 설계의 경제성 검토
㉦ 설계도면 및 설계설명서 작성의 적정성 검토
㉧ 주요 설계용역 업무에 대한 기술자문
㉨ 사업기획 및 타당성조사 등 전 단계 용역 수행 내용의 검토
㉩ 시공성 및 유지관리의 용이성 검토
㉪ 설계도서의 누락, 오류, 불명확한 부분에 대한 추가 및 정정 지시 및 확인
㉫ 설계업무의 공정 및 기성관리의 검토・확인
㉬ 설계감리 결과보고서의 작성
㉭ 그 밖에 계약문서에 명시된 사항

2) 공사감리(전력기술관리법 제12조)

① 감리대상

㉠ 모든 전력시설물(전기사업법 제2조 일반용 전기설비 제외)
㉡ 공사계획 인가 또는 신고대상 보수공사(전기사업법 제61, 62조)
㉢ 전압 600[V] 미만, 총공사비 5천만원 이상인 자가용 설비 보수공사

② 자체감리대상

㉠ 설계감리대상기관 시행 : 소속직원 중 감리원 수첩 교부받은 자 업무수행

㉡ 전기안전관리자 시행
- 비상용 예비발전설비 설치, 변경공사로 총공사비 1억원 미만
- 수용설비증설, 변경 공사로 총공사비 5천만원 미만 공사

㉢ 전기사업자 시행 : 총도급공사비 5천만원 미만 전력시설물 공사로 소속전력기술인이 감리업무 수행

③ 제외 대상

㉠ 일반용 전기설비
㉡ 임시전력(공급약관)
㉢ 보안을 요하는 군 특수설비
㉣ 소방법에 따른 비상전원, 비상조명등, 비상콘센트
㉤ 전기사업용 전기설비 중 인입선 및 저압배전설비

ⓑ 토목, 건축, 기계 부문설비

ⓢ 발전기 또는 전압 600[V] 이상의 변압기, 차단기, 전선로의 용량변경이 수반되지 아니하는 전력시설물의 보수공사

④ **통합감리(전력기술관리법 운영요령 제32조)**

ⓖ 동일 발주자가 발주하는 전력시설물공사 현장이 인접한 경우 하나의 공사현장으로 통합하여 감리용역 발주형태(3개소 이하)

ⓝ 공사현장 이동거리 30[km](특별시, 광역시 : 10[km]) 미만

⑤ **공사감리업무**

ⓖ 공사계획의 검토

ⓝ 공정표의 검토

ⓓ 발주자 · 공사업자 및 제조자가 작성한 시공설계도서의 검토 · 확인

ⓡ 공사가 설계도서의 내용에 적합하게 시행되고 있는지에 대한 확인

ⓜ 전력시설물의 규격에 관한 검토 · 확인

ⓑ 사용자재의 규격 및 적합성에 관한 검토 · 확인

ⓢ 전력시설물의 자재 등에 대한 시험성과에 대한 검토 · 확인

ⓞ 재해예방대책 및 안전관리의 확인

ⓙ 설계 변경에 관한 사항의 검토 · 확인

ⓒ 공사 진행 부분에 대한 조사 및 검사

ⓚ 준공도서의 검토 및 준공검사

ⓣ 하도급의 타당성 검토

ⓟ 설계도서와 시공도면의 내용이 현장 조건에 적합한지 여부와 시공 가능성 등에 관한 사전 검토

ⓗ 그 밖에 공사의 질을 높이기 위하여 필요한 사항으로서 산업통상자원부령으로 정하는 사항

4 감리제도 문제점 및 개선방향

1) 문제점

① 발주자의 불필요한 간섭 및 책임회피용 업무지시
② 시공 중 설계변경에 따른 시행착오
③ 품질보다 공사비 절감을 우선한 시공감리
④ 현장시공성을 무시한 설계

2) 개선방향

① 발주자의 불필요한 업무지시 지양 및 감리자의 자질향상
② 현실성 있는 설계 및 설계변경 지양
③ 공사비 절감과 품질관리의 합리적인 현장관리
④ 부실감리에 대한 책임강화

005 가치공학(VE ; Value Engineering)

1 개 요

① VE(Value Engineering)는 가치공학 또는 가치분석이라고도 하며, 일종의 원가 절감기법이다.

② 발주자가 요구하는 성능 및 품질을 확보하면서 최소의 비용으로 공사를 수행하기 위한 방법을 찾고자하는 과학적이고 체계적인 공사기법을 말한다.

③ 전 작업과정 및 현장에서 최저의 비용으로 각 공사 및 과정에서 요구되는 기능, 공기, 품질, 안정 등 필요한 요소를 철저히 분석하여 원가 절감요소를 찾아내는 개선 활동을 말한다.

④ 즉, 기능을 향상 또는 유지하면서 비용을 최소화하여 가치를 극대화시키는 것을 말한다.

2 관련 근거 및 적용대상

1) 관련 근거

① 건설기술진흥법 시행령 제38조의13

② 설계의 경제성 등 검토에 관한 지침(국토교통부 고시)

2) 적용대상

① 총공사비 100억 원 이상 건설공사의 기본설계, 실시설계

② 공사진행 중 공사비 증가 10[%] 이상 발생되어 설계 변경 요구되는 건설공사(물가변동으로 인한 설계변경 제외)

③ 기타 발주청 필요에 의한 건설공사

3 도입효과(목적)

① 기업 경쟁력 확보

② 기술력 축적

③ 기업체질개선의 도구

④ 원가절감

⑤ 조직력 강화

4 사용가치 척도의 기본식

$$V = \frac{F}{C},\ P_i = C - F$$

여기서, V : 사용가치의 척도
F : 필요한 기능을 위한 최저비용
C : LCC의 총비용
P_i : 개선가능금액

5 VE의 기본원칙

1) 제1원칙

사용자(발주자)중심의 원칙

2) 제2원칙

기능중심의 원칙

3) 제3원칙

창조에 의한 변경의 원칙

4) 제4원칙

Team Design의 원칙

6 수행단계

1) 준비단계

① 정보수집
② 사용자의 요구측정
③ 대상선정

2) 분석단계

① **기능분석** : 기능의 정의, 정리, 평가
② 아이디어 창출

③ 개략평가 및 구체화
④ 상세평가 및 대안 개발

3) 실행단계

① 실 시
② 후속조치

7 설계 VE와 시공 VE

1) 설계 VE

① 계획, 기본설계 및 실시설계 단계에서 발주자가 LCC절감을 위해 VE Team 구성하여 당초 설계를 재검토한 후 대체안 작성

② **추진절차**

사전조사 → 기초조사 → 대체안 모색 → VE 제안서 작성 및 제출

2) 시공 VE

① 공사계약 후 자발적으로 계약 내용을 검토하여 공사비의 절감을 가져오는 대체안 작성 후 계약변경 제안

② **추진철자**

VE 활동준비 → 테마 선정 → 기능정의 → 기능평가 → 대체안 작성 → 제안 → 실시 및 보고

8 VE의 실시 효과

1) VE 실시 효과

① LCC과정에서의 최적화 검토(최소의 비용, 최대 이익창출)
② 프로젝트 관련주체의 참여의 장 제공
③ 불필요기능, 비용의 제거
④ 기능, 품질 및 신뢰성 향상

2) VE 실시 시기에 따른 실시효과

① **계획, 설계 단계** : 참신한 구상이 쉽고, 수용여지 높음. 소요비용이나 기간에 비해 절감액이 큼

② **시공단계** : 수용할 여지 좁고, 검토가 어렵다. → VE 효과 감소

③ 시공단계보다 설계, 계획단계에서 검토하는 것이 효과적임

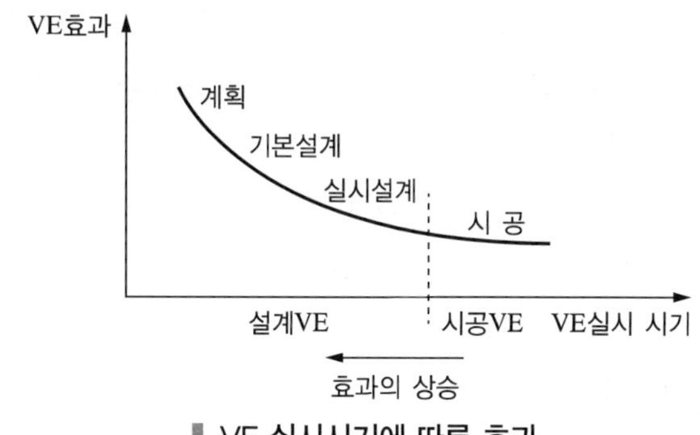

▮ VE 실시시기에 따른 효과

9 도입의 문제점

① 도입에 따른 인식부족

② 제도적인 미비

③ 건설업 종류의 다양성

④ 공사기간의 부족

⑤ 업체의 영세성

006 건설관리(CM ; Construction Management)

1 개 요

① CM(Construction Management)이란 건설사업의 공사비절감(Cost), 품질향상(Quality), 공사기간단축(Time)을 목적으로 발주자가 전문지식과 경험을 지닌 건설사업관리자에게 발주자가 필요로 하는 건설사업관리 업무의 전부 또는 일부를 위탁하여 관리하게 하는 새로운 계약발주방식 또는 전문관리기법이다.

② 건설사업관리라 함은 건설공사에 관한 기획, 타당성조사, 분석, 설계, 조달, 계약, 시공관리, 감리, 평가, 사후관리 등에 관한 관리업무의 전부 또는 일부를 수행하는 것을 말한다.

2 CM도입의 필요성

1) 건설시장의 개방과 글로벌화

2) 부실공사 방지

3) 3C양상의 건설공사

① 복합(Complex)
② 복잡(Complicated)
③ 경쟁(Competitive)

4) 사업의 효율성 극대화

3 CM 정착의 문제점

① 인식의 부족
② Software기술부족
③ 제도 미흡
④ 전문인력 부족

4 CM의 업무내용

1) 업무절차별

① 설계이전단계

㉠ 설계이전에 사업에 대한 타당성을 검토하는 업무 절차

㉡ 사업관리일반, 계약관리, 사업비관리, 공정관리, 설계관리, 품질관리, 안전관리, 환경관리 등을 업무

② 설계단계

㉠ 설계지침서 및 설계도서를 작성하는 업무절차 단계

㉡ 사업관리일반, 계약관리, 사업비관리, 공정관리, 설계관리, 품질관리, 안전관리, 환경관리 등을 업무

③ 계약 및 구매 단계

㉠ 설계 및 시공업체 등 관련업체와 구매 계약을 맺는 업무절차 단계

㉡ 사업관리일반, 계약관리, 사업비관리, 공정관리, 설계관리, 품질관리, 안전관리, 환경관리 등을 업무

④ 시공단계

㉠ 시공단계에서 관련된 업무를 보는 단계

㉡ 사업관리일반, 계약관리, 사업비관리, 공정관리, 설계관리, 품질관리, 안전관리, 환경관리 등을 업무

⑤ 시공이후 단계

㉠ 시공 후 원활한 인수인계를 하고 받는 관점에서 업무를 보는 단계

㉡ 사업관리일반, 계약관리, 품질관리

2) 업무내용별

① 사업관리일반

㉠ 사업수행계획서 보완 및 검토

㉡ 문서 및 자료 관리체계 수립

② 계약관리

㉠ 설계자 선정

㉡ 시공자 선정

③ **사업비관리**

타당성 검토 작업

④ **공정관리**

공정표 작성

⑤ **설계관리**

최상의 설계를 도출할 수 있는 관리

⑥ **품질관리**

사업의 사업비를 최소화 하면서 최상의 품질 돌출하기 위한 관리

⑦ **안전관리**

시공 전, 시공, 시공 후 인명과 재산상의 손실을 최소화하기 위한 안전관리

⑧ **환경관리**

시공 전, 시공 기간에 환경을 파괴하지 않고 목적 달성을 위한 관리

5 장단점

1) 장 점

① 공사기간 단축
② VE 기법의 적용
③ 적정품질확보
④ 원활한 의사소통
⑤ 발주자의 객관적인 의사결정
⑥ 관리기술 수준의 향상
⑦ 업무의 융통성

2) 단 점

① 총공사비에 대한 발주자의 Risk
② CM의 신중한 선택이 필요
③ CM Fee를 포함한 총공사비 증대

기 타

007 건축전기설비(IEC 60364)의 적용대상, 적용 제외 기기 및 설비, 적용시설

1 적용대상 및 적용제외 기기 및 설비

1) 적용대상

① 교류에 있어서 주파수는 50[Hz], 60[Hz], 400[Hz]이다.
특별한 목적에 따라 이 이외의 주파수를 사용하는 경우도 해당된다.

② 저압으로 공급되고 사용전압이 고압 또는 특별고압인 회로
(예 방전등, 전기집진기 등의 회로. 다만, 기기의 내부배선은 제외)

③ 기기장치의 규격에서는 특별한 상으로 하지 않은 배선과 케이블

④ 건축물 외부의 수용가설비

⑤ 전기통신 신호제어용 및 이와 유사한 기능을 하는 고정배선(기기 내부배선은 제외)

⑥ 증설 또는 변경과 기존설비에서 증설 또는 변경에 따라 영향을 받는 부분

2) 적용제외기기 및 설비

① 전기철도용기기

② 자동차의 전기기기

③ 선박의 전기설비

④ 항공기의 전기설비

⑤ 공공도로 조명용설비

⑥ 광산 내 설비

⑦ 전파장애 방지기기(다만, 설비의 안전에 영향을 미치는 경우는 제외)

⑧ 전기울타리

⑨ 건축물의 피뢰설비(전기설비에 영향을 미치는 경우에는 대기현상도 대상으로 한다)
예 피뢰기의 선정 등

⑩ 전기사업자의 배전계통
⑪ 전기사업자의 발전과 송전계통

2 적용시설

일반용 전기설비 및 자가용전기설비(고압 및 특별고압에 관한 부분은 제외)

① 주택시설
② 업무시설
③ 공공시설
④ 산업용시설
⑤ 산업용 및 원예용시설
⑥ 조립식 주택건축물
⑦ 이동식 숙박차량 정박지 및 이와 유사한 장소
⑧ 건축현장 박람회장 전시장과 기타임시시설
⑨ 마리나 및 레저용 선박
  ㉠ IEC60364에 의한 전압의 적용범위는 공칭전압이 교류 1,000[V] 또는 직류 1,500[V] 이하로 규정
  ㉡ 교류 600[V]를 초과하는 전압을 사용하는 전기설비는 전기설비기술기준 제305조 규정에 의한 IEC60364를 적용할 수 없다.

Professional Engineer Building Electrical Facilities

전기이론설비

제1장 전기이론설비

1. 본문에 들어가면서

건축전기설비에서 전기기초이론은 회로이론, 전기자기학, 전기기기, 전력공학 등으로 회로이론에서 가장 많이 출제되고, 전기기기는 부하설비로 편성되어 연동해서 보면 될 것이며, 전기자기학은 가끔씩 출제되는 부분이다.

2. 전기이론설비

① 회로이론
② 전기자기학
③ 전기기기
④ 전력공학

3. 출제 경향 및 접근 방향

Chapter 01 전기이론설비

1	95회 25점	다상교류계산
2	97회 10점	최대 전력 전달조건
3	97회 25점	다상교류 계산
4	100회 25점	과도현상
5	100회 10점	교류를 직류로 변환 정류회로
6	103회 10점	교류평형 임피던스 순시 전력합, 유효전력과 동일함 설명
7	108회 10점	전기회로와 자기회로의 차이점을 설명하시오.
8	111회 10점	교류회로에서 공진(정의, 직렬 및 병렬공진, 공진주파수)
9	114회 10점	간격이 d(m)인 평행한 평판사이의 정전용량을 구하시오. (단, 판의 면적은 S(m^2)이고, 면전하 밀도를 δ라 한다.)
10	114회 10점	무한히 긴 직선도선에 전류 I[A]가 흐를 때 도선으로부터 r[m] 떨어진 점에서의 자계의 세기 H[AT/m]를 구하시오.
11	114회 10점	코로나 임계전압과 코로나 방지대책에 대하여 설명하시오.
12	115회 25점	파동 방정식은 매질을 이동하며 일어나는 전자파의 특성을 해석할 수 있다. 맥스웰 방정식을 이용하여 파동방정식을 설명하시오.
13	116회 10점	교류자기회로 코일에 시변자속이 인가될 때 유도기전력을 설명하시오. (단, 자기회로는 포화와 누설이 발생하지 않는다고 가정)
14	116회 10점	다음 그림에서 t=0에서 스위치 S를 닫을 때 과도전류를 구하시오. 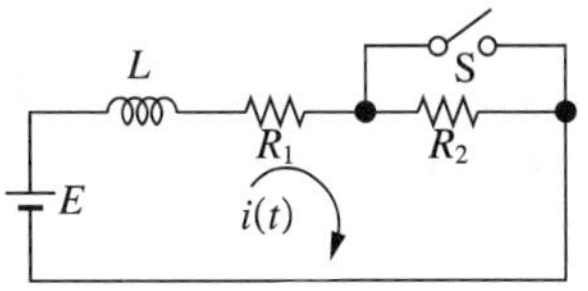
15	116회 25점	3상 유도전동기가 4극, 50[Hz], 10[HP]로 전부하에서 1,450[rpm]으로 운전하고 있을 때, 고정자 동손은 231[W], 회전 손실은 343[W]이다. 다음을 구하시오. 1) 축토크 2) 유기된 기계적 출력 3) 공극전력 4) 회전자 동손 5) 입력전력 6) 효율
16	116회 10점	교류자기회로 코일에 시변자속이 인가될 때 유도기전력을 설명하시오. (단, 자기회로는 포화와 누설이 발생하지 않는다고 가정)
17	117회 10점	다음 회로에서 저항 R_1, R_2에 흐르는 전류 I_1, I_2를 구하시오. 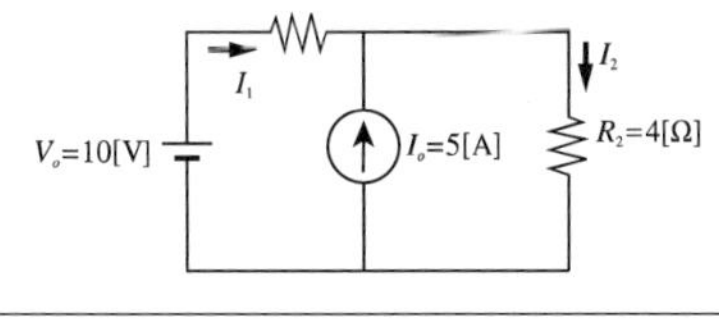

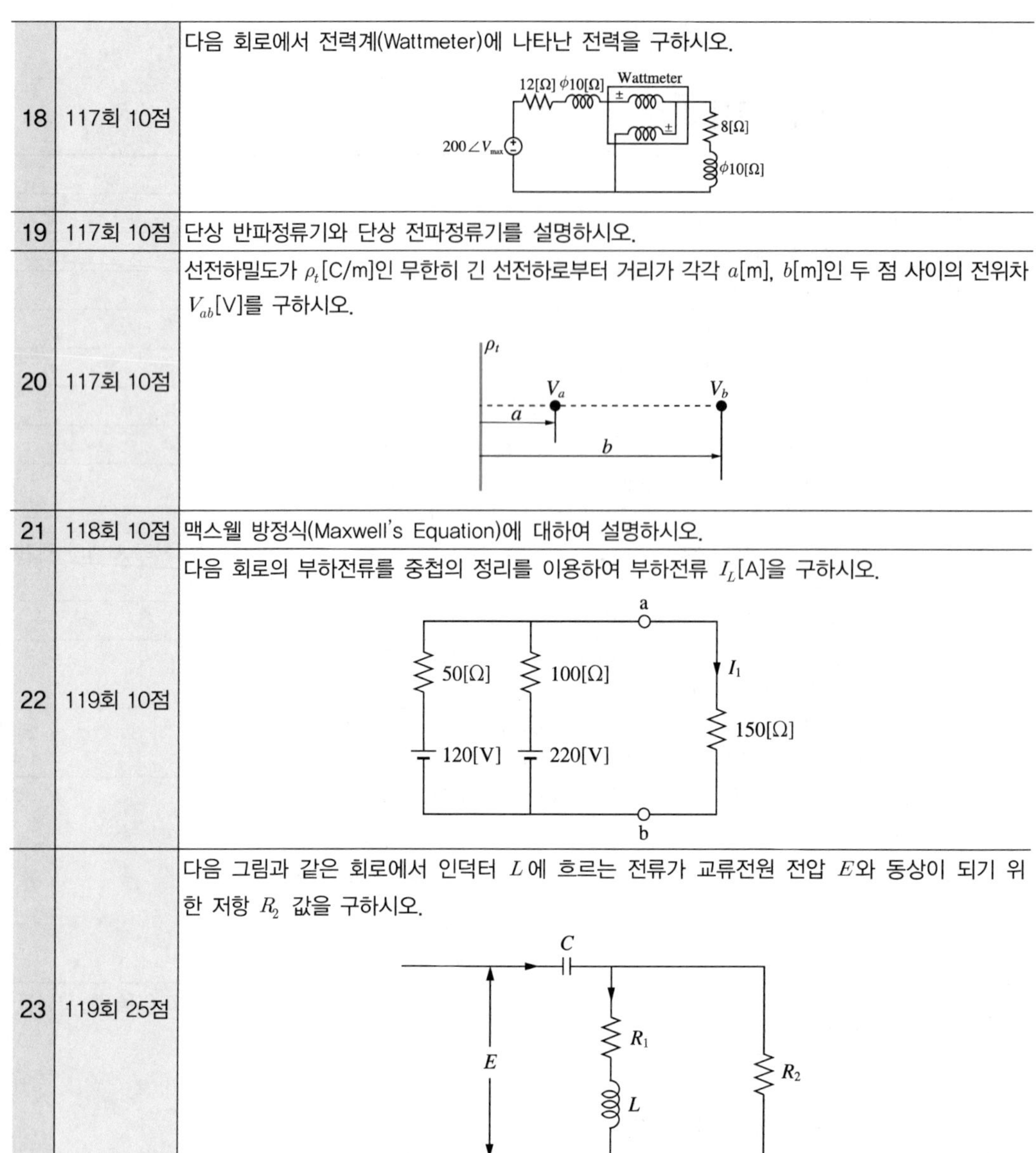

번호	회차	문제
18	117회 10점	다음 회로에서 전력계(Wattmeter)에 나타난 전력을 구하시오.
19	117회 10점	단상 반파정류기와 단상 전파정류기를 설명하시오.
20	117회 10점	선전하밀도가 ρ_t[C/m]인 무한히 긴 선전하로부터 거리가 각각 a[m], b[m]인 두 점 사이의 전위차 V_{ab}[V]를 구하시오.
21	118회 10점	맥스웰 방정식(Maxwell's Equation)에 대하여 설명하시오.
22	119회 10점	다음 회로의 부하전류를 중첩의 정리를 이용하여 부하전류 I_L[A]을 구하시오.
23	119회 25점	다음 그림과 같은 회로에서 인덕터 L에 흐르는 전류가 교류전원 전압 E와 동상이 되기 위한 저항 R_2 값을 구하시오.

Professional Engineer Building Electrical Facilities

제 1 장 전기이론설비

SECTION 01 전기이론의 기초 – 법칙

SECTION 02 전기이론의 기초 – 회로소자

SECTION 03 전기이론의 해석

전기이론의 기초 – 법칙

001 암페어의 오른나사법칙(Right Handed Screw Rule)

① 도체에 전류가 흐르면 그 주위에 자기장이 형성되는데, 이때 자기장의 방향을 나타내는 법칙

② 오른손 엄지 방향이 전류 방향이면 나머지 네 손가락을 감싸는 방향으로 자기장이 형성된다는 법칙

③ 오른손 엄지 방향이 자기장의 방향이면 나머지 네 손가락을 감싸는 방향으로 전류가 흐른다는 법칙

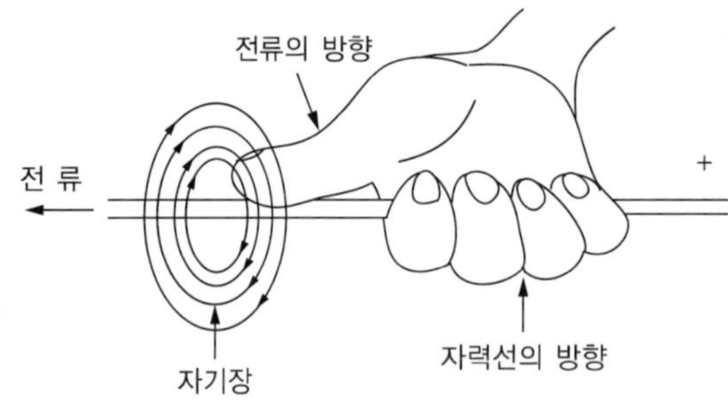

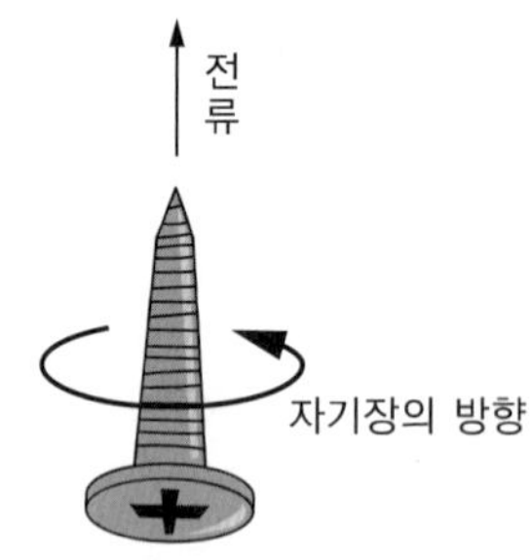

002 플레밍의 법칙(Fleming's Law)

1 오른손법칙

① 자기장 속에서 도선을 움직일 때 도선 내에 생기는 전류의 방향을 나타내는 법칙으로, 발전기의 원리를 나타낸다.

② $E = Bvl\sin\theta$[V]

여기서, E : 기전력[V]

B : 자속밀도 B[Wb/m]

v : 도체 운동속도[m/s]

l : 도체의 길이[m]

θ : 자계와 전류(도체)가 이루는 각

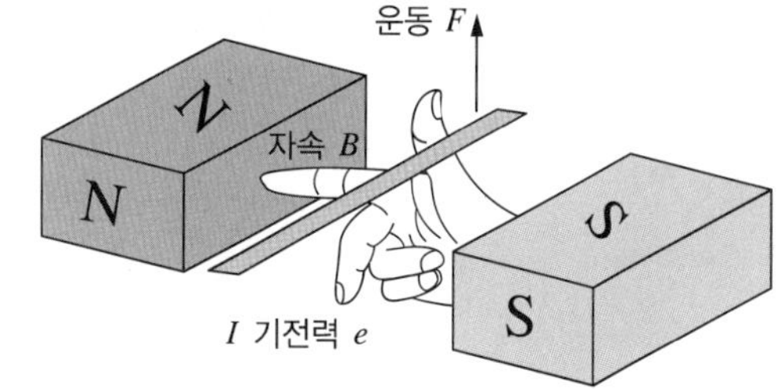

▌플레밍의 오른손 법칙

2 왼손법칙

① 자기장 속에 전류가 흐르는 도선을 둘 때 도선이 받는 힘의 방향을 나타내는 법칙으로, 전동기의 원리를 나타낸다.

② $F = BIl\sin\theta$[N]

여기서, F : 자화력[N]

B : 자속밀도 B[Wb/m]

I : 전류[A]

l : 도체의 길이[m]

θ : 자계와 전류(도체)가 이루는 각

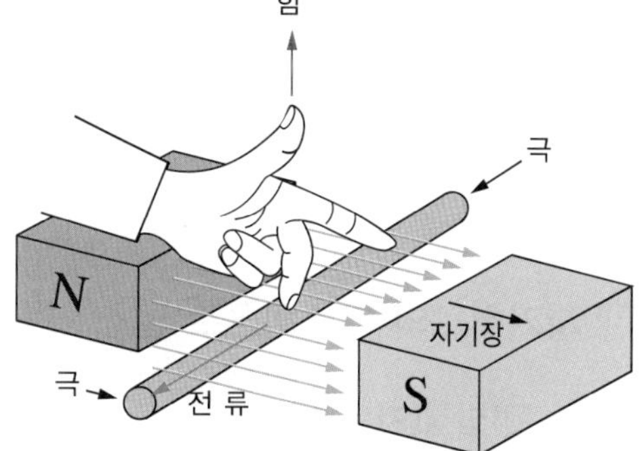

▌플레밍의 왼손 법칙

003 키르히호프 법칙(Kirchhoff's Law)

1 전기회로의 키르히호프 법칙

① 제1법칙(전류법칙)

임의의 결합점에 유출입하는 전류의 합은 0이다. 즉, 유입전류와 유출전류는 같다.

$$\sum_{i=1}^{n} I_i = 0$$

Σ 유입전류 = Σ 유출전류

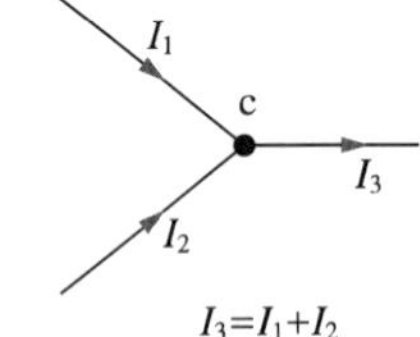

② 제2법칙(전압법칙)

폐회로 내에서 기전력의 합은 그 폐회로 내에서의 전기회로 전압강하의 합과 같다.

$$\sum_{i=1}^{n} E_i = \sum_{i=1}^{n} I_i R_i$$

2 자기회로의 키르히호프 법칙

① 제1법칙(자속법칙)

임의의 결합점에서 유출입하는 자속의 합은 0이다.

$$\sum_{i=1}^{n} \phi_i = 0$$

② 제2법칙(기자력 법칙)

폐자로 내에서 기자력의 합은 그 폐자로 내에서 자기저항과 자속의 곱의 합과 같다.

$$\sum_{i=1}^{n} F_i = \sum_{i=1}^{n} \phi_i R_{mi}$$

$$\sum_{i=1}^{n} N_i I_i = \sum_{i=1}^{n} \phi_i R_{mi}$$

004 쿨롱의 법칙(Coulomb's Law)

1 쿨롱의 법칙

① 전하를 가지고 있는 두 물체 사이에 작용하는 힘은 두 물체가 가지고 있는 전하량의 곱에 비례하고 거리의 제곱에 반비례한다.

② $F = K\dfrac{q_1 q_2}{r^2}$ [N]

여기서, F : 쿨롱력(Coulomb Force)[N]

K : 비례상수(쿨롱상수) $K = \dfrac{1}{4\pi\varepsilon}$

q_1, q_2 : 전하

r : 두 전하 사이의 거리

2 진공에서 쿨롱의 법칙

① 진공에서 유전율

$\varepsilon_o = \dfrac{10^7}{4\pi c^2} = 8.855 \times 10^{-12}$[F/m](빛의 속도 $c = 2.998 \times 10^8$[m/s])

② 진공에서 비례상수

$K = \dfrac{1}{4\pi\varepsilon_o} \fallingdotseq 9 \times 10^9$[Nm²/C]

③ 진공에서 쿨롱의 법칙

$F = \dfrac{1}{4\pi\varepsilon_o}\dfrac{q_1 q_2}{r^2} = 9 \times 10^9 \dfrac{q_1 q_2}{r^2}$[N]

005 비오-사바르의 법칙(Biot-Savart's Law)

1 폐회로 자계

폐회로 C에 전류 I가 흐를 때 dl(=AB)에 의한 점 P의 자계는

$$dH = \frac{1}{4\pi} \cdot \frac{I\sin\theta}{r^2} dl\,[\mathrm{AT/m}]$$

$$H = \int_l dH = \frac{I}{4\pi}\int_l \frac{\sin\theta}{r^2} dl\,[\mathrm{AT/m}]$$

여기서, r[m] : 선소 dl[m]과 점P 사이의 거리

θ : 전류 방향과 r이 이루는 각도

l[m] : 도선 전체의 길이

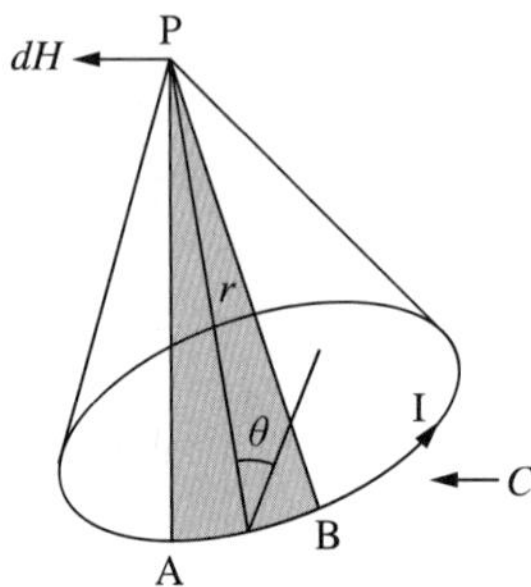

2 직선도체의 자계

전류 I가 흐르는 직선도체에서 r 만큼 떨어진 점의 자계

$$H = \frac{I}{2\pi r}[\mathrm{AT/m}]$$

006 줄의 법칙(Joule's Law)

1 전력량

저항 $R[\Omega]$의 전선에 전류 I[A]를 t초 동안 흘릴 때 공급되는 전기에너지를 전력량이라 하며, 그 단위를 [J] 또는 [Wh]로 표시한다.

1) 전 력

$$P = VI = I^2 R[\mathrm{J/s}]$$

2) 전력량

$$W = I^2 \cdot R \cdot t[\mathrm{J}]$$

2 줄의 법칙

1[J]은 0.24[cal]의 열량에 해당하므로 매 초당 발생하는 열량은 $Q = 0.24 I^2 R[\mathrm{cal/s}]$가 되며, t초 동안에 발생하는 전 열량은 $Q = I^2 R t[\mathrm{J}] = 0.24 I^2 R t[\mathrm{cal}]$가 된다.

SECTION 02

전기이론의 기초 – 회로소자

007 전류(I, Current)

1 전류의 정의

① 전류는 전자의 이동이다. 그러나 전류는 정공의 이동 방향을 기준으로 해서 양극에서 음극으로 흐르는 것으로 정의한다.

$$I[\mathrm{A}] = \frac{Q[\mathrm{C}]}{t[\mathrm{s}]}$$

② 1초 동안에 1쿨롱의 전하가 이동하는 것을 1[A]라 하며, M.K.S 단위에서 1Ampere라고 읽는다.

③ 1[m] 떨어진 평행한 2가닥의 도선에 각각 1[A]의 전류가 흐를 때 단위길이당 작용하는 전자력을 $2\pi \times 10^{-7}$[N]이라 정의한다.

2 전류의 종류

① **직류(DC ; Direct Current)**

전류의 값이 시간이 지나도 변하지 않고 일정한 상수값을 가지는 전류

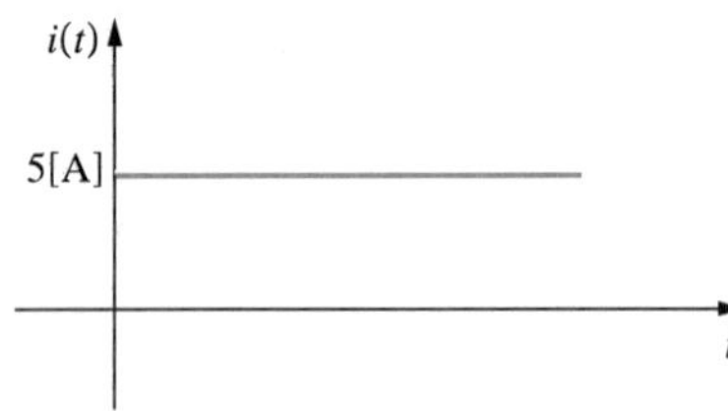

② **교류**(AC ; Alternative Current)

시간에 따라 그 위상이 주기적으로 변하는 전류

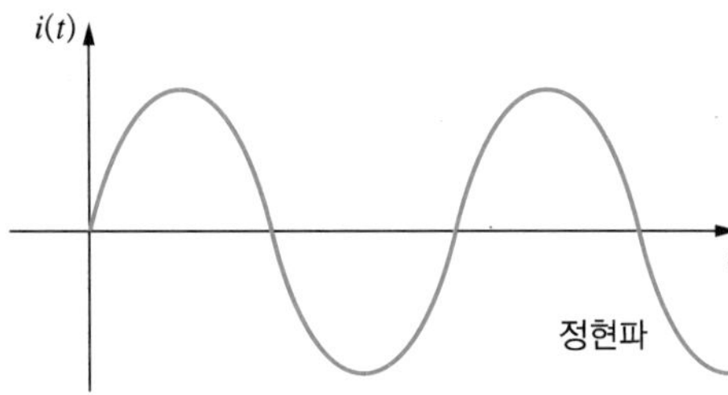

008 전압, 전위(V, Electric Potential)

1 전압, 전위차

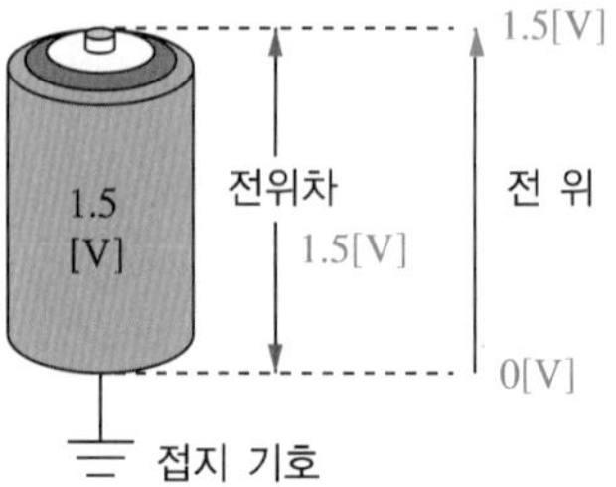

① 전압은 전자를 밀어주는 힘의 크기이다.

② 전위라는 용어는 전압과 유사하게 사용되나 기준전위를 정하고 그 기준전위를 기준으로 한 전위차를 의미한다.

③ 전압은 다음과 같이 나타낼 수 있다.

$$V[\mathrm{V}] = \frac{W[\mathrm{J}]}{Q[\mathrm{C}]}$$

2 전압의 종류

① 기준전압

$$\text{기준전압} = \frac{\text{공칭전압}}{1.1}$$

② 공칭전압

㉠ 선로를 대표하는 선간전압

㉡ 공칭전압 = 기준전압 × 1.1

㉢ 우리나라 표준 공칭전압(KS C 0501) : 110[V], 220[V], 380[V], 22,900[V] 등

③ 최고 전압(Maximum System Voltage)

㉠ 선로에 발생하는 최고 선간전압

㉡ $\text{최고 전압} = \text{기준전압} \times 1.15 = \frac{\text{공칭전압}}{1.1} \times 1.15$

④ 정격전압

㉠ 전기사용 기기 등에서 사용되는 기준전압

㉡ $\text{정격전압} = \text{기준전압} \times 1.2 = \frac{\text{공칭전압}}{1.1} \times 1.2$

⑤ 표준전압

공칭전압, 최고 전압을 의미

009 수동소자, 능동소자

1 수동소자

① 전력을 소비, 축적, 방출하는 소자

② 능동적 기능을 하지 못한다.

③ 저항, 인덕터, 커패시터가 있다.

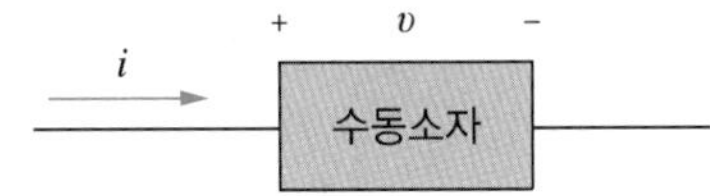

2 능동소자

① 작은 신호를 넣어 큰 출력 신호로 변화시킬 수 있는 소자

② 트랜지스터, 다이오드가 있다.

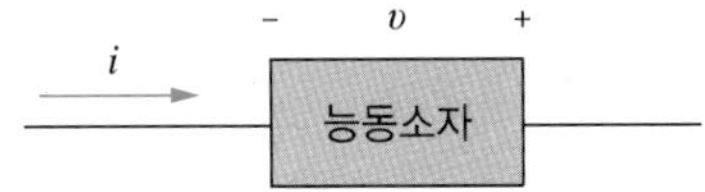

010 저항(R, Resistance)

1 저항의 정의

① 저항은 전류의 흐름을 방해하는 정도를 표시하는 양으로 정의한다.

$$R[\Omega] = \frac{V[\mathrm{V}]}{I[\mathrm{A}]}$$

② 1[Ω]의 저항은 1[V]의 전압이 가해졌을 때 1[A]의 전류가 흐르는 저항의 크기

2 도선의 저항

$$R = \rho\frac{L}{S}[\Omega]$$

여기서, S : 단면적[m^2]
L : 길이[m]
ρ : 도체의 고유저항[Ω · m]

3 저항에 영향을 주는 요인

① 온 도

ρ, L, S는 온도에 따라 변화하므로 저항 역시 온도에 따라 변화한다.

$$R = R_o(1 + \alpha\Delta T)[\Omega]$$

여기서, R_o: 기준온도에서의 저항
α : 기준온도에서의 온도계수
ΔT : 기준온도와의 차

② 주파수

교류의 경우 전류가 표면 가까이 흐르려고 하는데 이러한 성질을 표피효과라고 한다. 그러므로 교류가 직류보다 주파수가 높을수록 저항이 증가한다.

4 고유저항

고유저항이란 단위길이와 단위면적을 가지고 있는 물질의 고유한 저항특성을 의미하며 $1[m^3]$ 저항의 크기를 고유저항이라 한다. 기호는 ρ, 단위는 [Ω · m]이다.

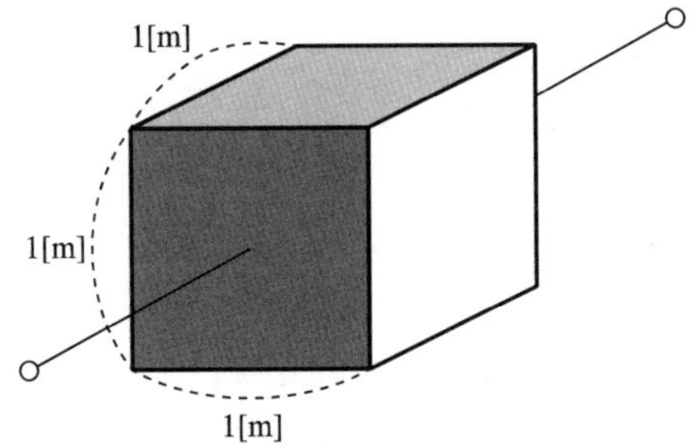

5 저항률

저항률이란 물질이 가지고 있는 저항특성을 말하며, 단위는 [Ω · m]를 사용한다. 대표적으로 대지저항률이 있다.

011 도전율(Conductivity)

1 도전율의 정의

고유저항의 역수를 도전율이라 한다.

2 IEC의 정의

표준연동(20[℃], 길이 1[m], 1[mm^2]의 균일 단면적을 갖는 표준연동의 저항을 1/58 [Ω/m-mm^2], 밀도 8.89[g/cm^3])를 100[%]로 하여, 이와 비교하여 백분율로 표시한다.

3 도전율 C[%]와 고유저항 ρ 사이의 관계식

$$\rho = \frac{1}{58} \times \frac{100}{C} [\Omega / \text{m} - \text{mm}^2]$$

012 임피던스(Z, Impedance)

1 임피던스의 정의

① 전류의 흐름을 방해하는 성질로서 교류에서 사용된다.

② 저항과 리액턴스의 합으로 나타낸다.

$$Z = R + jX = R + j\left(\omega L - \frac{1}{\omega C}\right)[\Omega]$$

2 임피던스의 필요성

① 직류회로에서 전류의 흐름을 제한하는 것은 저항뿐이지만, 교류회로에서는 전류를 제한하는 요소에 리액턴스가 추가되어 임피던스의 개념이 필요하다.

② 리액턴스에는 인덕턴스(코일)에 의한 유도성 리액턴스와 정전용량(콘덴서)에 의한 용량성 리액턴스가 있다.

③ 인덕턴스와 정전용량은 전력을 소비하지 않고 단지 전력을 저장했다 방출하는 과정을 되풀이할 뿐이다.

013 리액턴스(X, Reactance)

1 유도성 리액턴스(X_L)

① 인덕턴스 성분을 [Ω]의 단위로 나타낸 값

$$X_L = j\omega L = j2\pi f L[\Omega]$$

② 인덕턴스는 기호로 L을 사용하고 단위는 [H](Henry) 또는 [mH]를 사용한다.

2 용량성 리액턴스(X_C)

① 정전용량 성분을 [Ω]의 단위로 나타낸 값

$$X_C = \frac{1}{j\omega C} = \frac{1}{j2\pi f C}[\Omega]$$

② 정전용량은 기호로 C를 사용하고 단위는 [F](Farad) 또는 [μF]를 사용한다.

3 X_L, X_C의 관계

$$Z = R + jX = R + j\left(\omega L - \frac{1}{\omega C}\right)$$

- $\omega L > \frac{1}{\omega C}$: 지상
- $\omega L < \frac{1}{\omega C}$: 진상
- $\omega L = \frac{1}{\omega C}$: 공진

전기이론의 해석

014 전압원, 전류원

1 전압원

① **전압원**(Voltage Source)

㉠ 내부저항(임피던스)은 0이며, 일정한 전압을 공급하는 전원

㉡ 종류 : 직류전압원, 교류전압원

② **이상적인 전압원**(Ideal Voltage Source)

㉠ 외부 회로에 의해 어떤 영향도 받지 않고, 흐르는 전류의 크기 및 방향이 전혀 제한을 받지 않은 전압원

㉡ 내부 임피던스가 0인 전원

③ **정전압원**(Constant Voltage Source)

㉠ 부하저항이 변하여도 일정한 부하전압를 공급하는 전원

㉡ 부하저항이 변할 때 부하전압은 그대로이고 단지 부하전류만 바뀌는 전류원

2 전류원

① **전류원**(Current Source)

㉠ 내부 저항(임피던스)은 무한대이며, 일정한 전류를 공급하는 전원

㉡ 종류 : 직류전류원, 교류전류원

② **이상적인 전류원**(Ideal Current Source)

㉠ 외부 회로에 의해 어떤 영향도 받지 않고, 그 양단 전압의 크기 및 방향이 전혀 제한을 받지 않은 전류원

㉡ 내부 임피던스가 무한대(∞)인 전원

③ **정전류원**(Constant Current Source)

㉠ 부하저항이 변하여도 일정한 부하전류를 공급하는 전원

㉡ 부하저항이 변할 때 부하전류는 그대로이고 단지 부하전압만 바뀌는 전류원

015 선형 회로, 비선형 회로

1 선형 회로

① 전압과 전류의 파형이 시간의 변화에 따라 일정하게 변화하는 회로이다.

② 선형 소자 R, L, C가 비례관계를 갖는 것이다.

③ 선형 회로에서는 테브난의 정리, 노튼의 정리, 밀만의 정리, 중첩의 원리가 적용된다.

2 비선형회로

① 전압과 전류의 파형이 시간의 변화에 따라 일정하게 변화하지 않는 회로이다.

② 출력이 입력에 비례하지 않는 회로이다.

③ 전력전자소자(정류기, 인버터 등)에 의해 발생하는 고조파가 대표적이다.

016 회로망의 재정리

1 테브난의 정리(Thevenin's Theorem)

① 선형 회로에서 두 개의 단자를 지닌 전압원, 전류원, 저항의 어떠한 조합이라도 하나의 전압원 V와 하나의 직렬저항 R로 변환하여 전기적 등가를 설명하기 위한 정리

② AC 시스템에서 테브난의 정리는 단순히 저항이 아닌, 일반적인 임피던스로 적용할 수 있다.

③ 고장전류를 계산하는 데 사용된다.

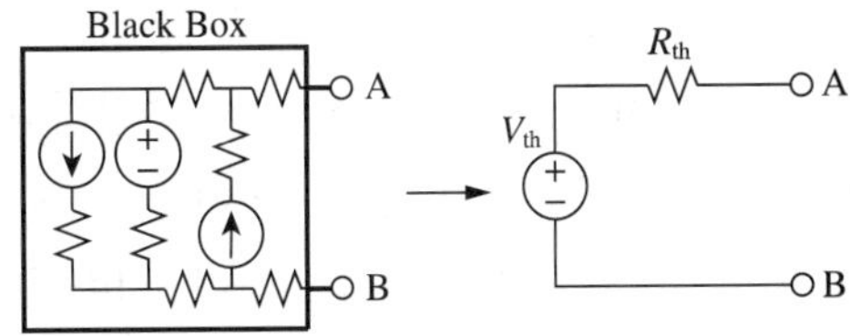

④ **회로에 흐르는 전류**

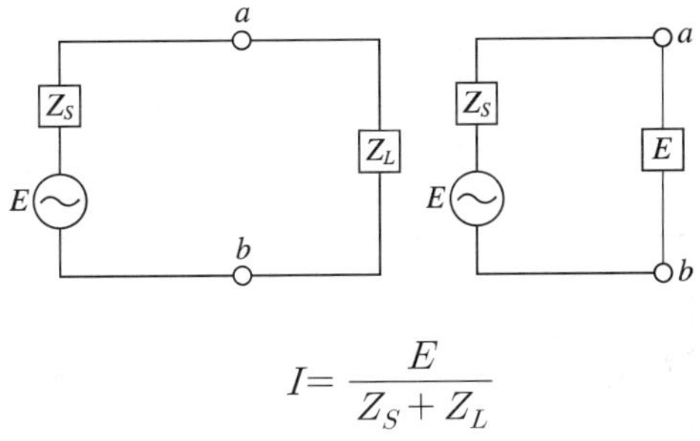

$$I = \frac{E}{Z_S + Z_L}$$

2 노튼의 정리(Norton's Theorem)

① 선형 전기회로에서 두 개의 단자를 지닌 전압원, 전류원, 저항의 어떠한 조합이라도 이상적인 전류원 I와 병렬저항 R로 변환하여 전기적 등가를 설명하기 위한 정리이다.

② AC 시스템에서 노튼의 정리는 단순히 저항이 아닌 일반적인 임피던스를 적용할 수 있다.

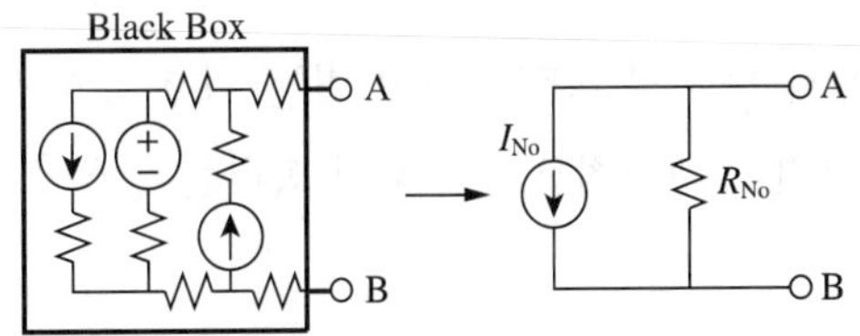

③ **회로에 흐르는 전류**

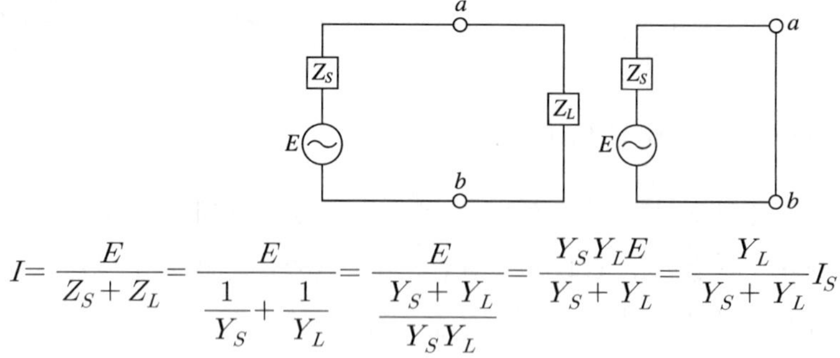

$$I=\frac{E}{Z_S+Z_L}=\frac{E}{\dfrac{1}{Y_S}+\dfrac{1}{Y_L}}=\frac{E}{\dfrac{Y_S+Y_L}{Y_SY_L}}=\frac{Y_SY_LE}{Y_S+Y_L}=\frac{Y_L}{Y_S+Y_L}I_S$$

3 밀만의 정리(Millman's Theorem)

① 선형 전기회로에서 내부 저항을 갖는 전압원이 병렬접속될 경우 양 단자에 나타나는 전압을 편리하게 구하는 방법을 제공하는 정리이다.

② AC 시스템에서 밀만의 정리는 단순히 저항이 아닌, 일반적인 임피던스를 적용할 수 있다.

③ a, b 사이에 나타나는 전압

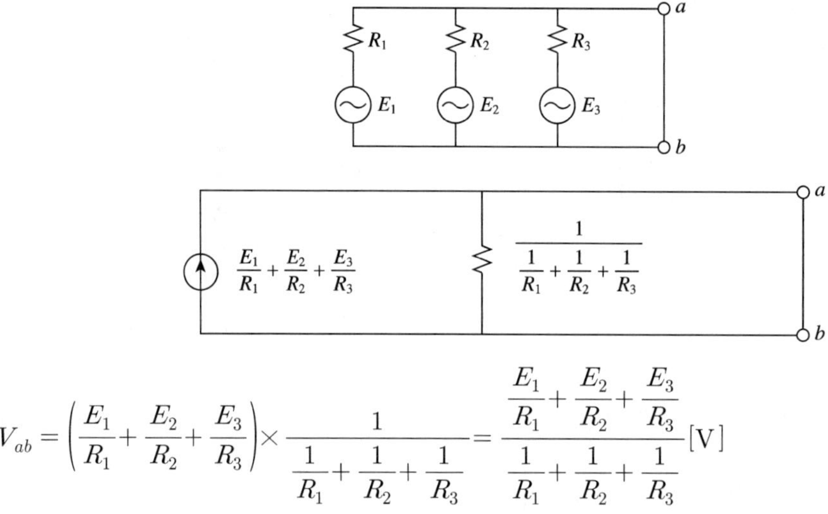

$$V_{ab}=\left(\frac{E_1}{R_1}+\frac{E_2}{R_2}+\frac{E_3}{R_3}\right)\times\frac{1}{\dfrac{1}{R_1}+\dfrac{1}{R_2}+\dfrac{1}{R_3}}=\frac{\dfrac{E_1}{R_1}+\dfrac{E_2}{R_2}+\dfrac{E_3}{R_3}}{\dfrac{1}{R_1}+\dfrac{1}{R_2}+\dfrac{1}{R_3}}[\text{V}]$$

4 중첩의 원리(Principle of Superposition)

① 선형 전기회로에서 다수의 독립전원이 있는 경우 주어진 소자의 전압이나 전류값을 구할 경우 독립전원을 개별적으로 구하여 합하는 방식을 중첩의 원리라 한다.

② **중첩의 원리 적용**

이때 다른 독립전원을 비활성화(전압원은 단락, 전류원은 개방)한다.

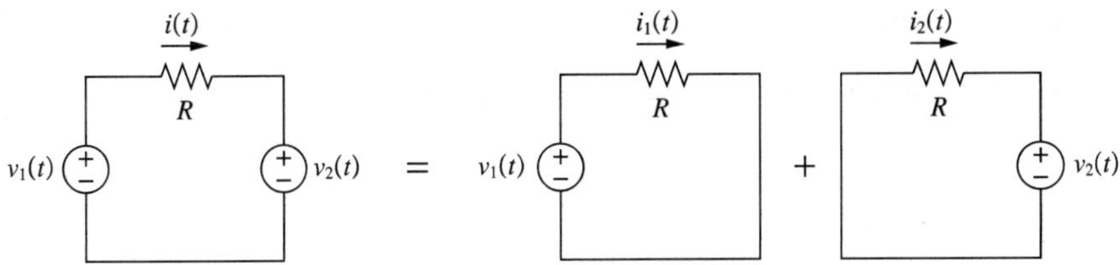

위의 그림에서 $i(t) = i_1(t) + i_2(t)$가 된다.

예제 01

다음 그림과 같은 회로에서 A, B점의 전압과 전류를 구하시오.

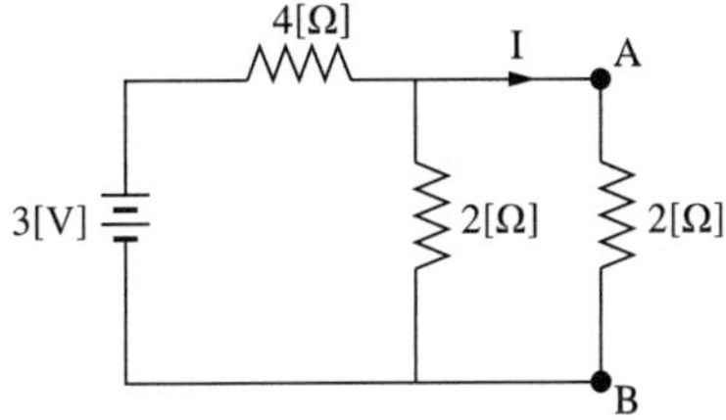

풀이

1 A, B점의 전압

밀만의 정리를 이용하여 전압을 구하면

$$V_{ab} = \frac{\frac{E_1}{R_1} + \frac{E_2}{R_2} + \frac{E_3}{R_3}}{\frac{1}{R_1} + \frac{1}{R_2} + \frac{1}{R_3}} = \frac{\frac{3}{4} + \frac{0}{2} + \frac{0}{2}}{\frac{1}{4} + \frac{1}{2} + \frac{1}{2}} = 0.6[\mathrm{V}]$$

2 A, B점의 전류

$$I = \frac{V_{ab}}{R_{ab}} = \frac{0.6}{2} = 0.3[\mathrm{A}]$$

예제 02

다음 회로에서 스위치 S를 닫기 직전의 전압 V_{OC}와 a-b점에서 전원 측을 쳐다본 등가 임피던스 Z_{eq}와 스위치 S를 닫은 후에 Z에 흐르는 전류를 구하시오.

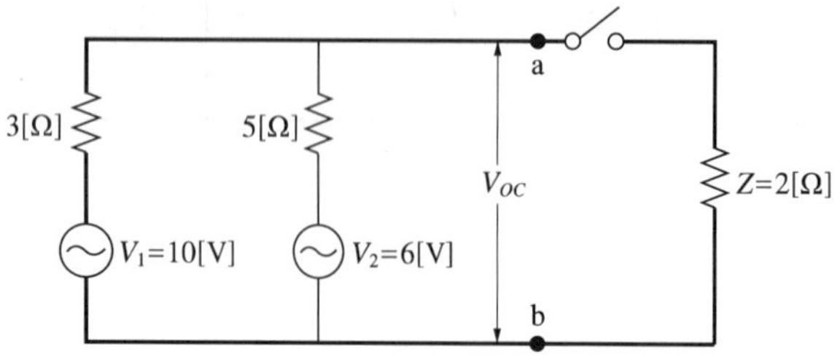

풀이

1 스위치 S를 닫기 직전의 전압 V_{OC}

밀만의 정리를 이용하면

$$V_{OC} = \frac{\frac{10}{3} + \frac{6}{5}}{\frac{1}{3} + \frac{1}{5}} = 8.5[V]$$

2 a-b점에서 전원 측을 바라본 등가 임피던스 Z_{eq}

병렬저항이므로

$$Z_{eq} = \frac{3 \times 5}{3+5} = 1.875[\Omega]$$

3 스위치 S를 닫은 후에 Z에 흐르는 전류

$$I = \frac{V_{OC}}{Z_{eq} + Z} = \frac{8.5}{1.875+2} = 2.19[A]$$

017 수동소자(R, L, C)의 페이저 해석

1 허수의 단위 j의 의미

$j = 1\angle 90°$

$j^2 = (1\angle 90°)^2 = -1$

$j^3 = (1\angle 90°)^3 = -j$

$j^4 = (1\angle 90°)^4 = 1$

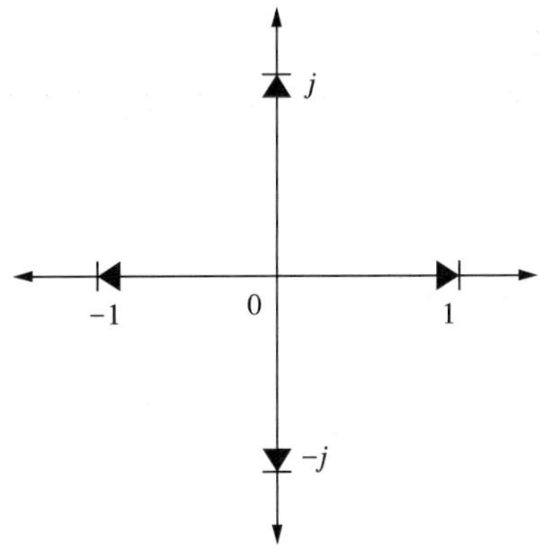

2 수동소자(R, L, C)의 페이저 해석

$Z_R = R[\Omega]$

$Z_L = j\omega L[\Omega] = \omega L\angle 90°[\Omega]$

$Z_C = \dfrac{1}{j\omega C} = -j\dfrac{1}{\omega C} = \dfrac{1}{\omega C}\angle -90°[\Omega]$

3 전류전압의 위상(Phase)

① 위상

㉠ 교류의 경우 $e = E_m \sin(\omega t + \theta)$에서 $\omega t + \theta$를 위상이라 한다. 주파수가 일정한 교류 회로에서는 일반적으로 θ만이 문제가 되므로 θ만 위상이라고도 한다.

ⓛ 다음 그림과 같이 전압 $e = E_m \sin\omega t$와 전류 $i = I_m \sin(\omega t - \theta)$의 위상차는 $\omega t - (\omega t - \theta) = \theta$가 된다.

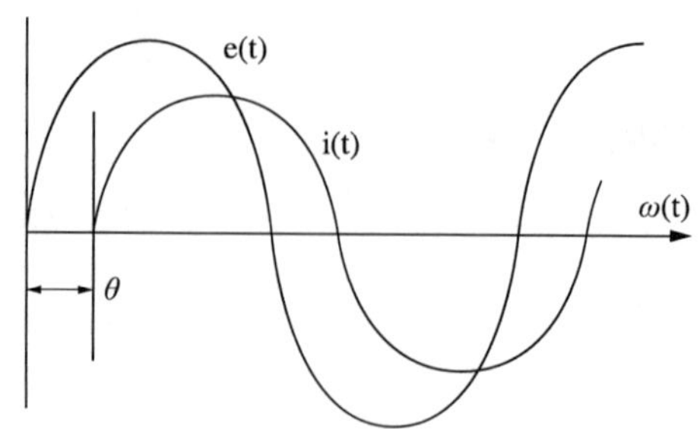

ⓒ 전압과 전류의 위상차에 의해 역률이 발생한다.

ⓓ 지상역률 : 일반 전력계통에서 전류가 전압보다 위상이 뒤진다.

ⓔ 진상역률 : 유전체에서 전류가 전압보다 위상이 앞선다.

참고정리

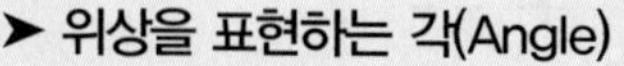

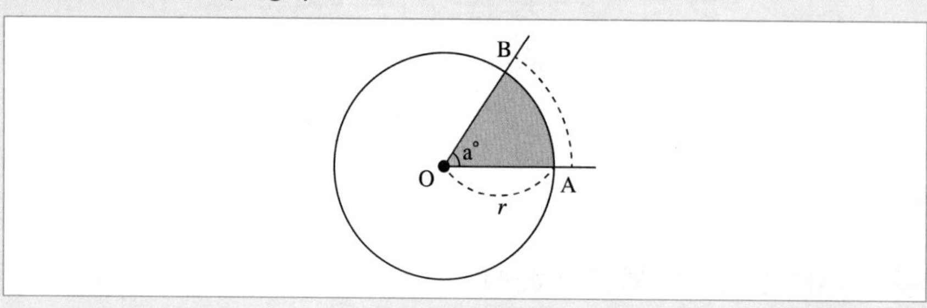

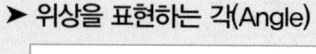

$$1\,\text{radian} = \frac{180^\circ}{\pi}$$

육십분법	30°	45°	60°	90°	180°	360°
호도법	$\frac{\pi}{6}$	$\frac{\pi}{4}$	$\frac{\pi}{3}$	$\frac{\pi}{2}$	π	2π

② 전류가 전압보다 위상이 뒤지는 이유(지상역률의 원인)

㉠ 이상적인 리액터를 가정하면, 다음 두 가지 방법으로 증명할 수 있다.

$$e = L\frac{di}{dt}$$

$$\int e\,dt = Li$$

$$i = \frac{1}{L}\int e\,dt = \frac{1}{L}\int E_m \sin\omega t\,dt$$

$$= -\frac{E_m}{\omega L}\cos\omega t$$

$$= \frac{E_m}{\omega L}\sin(\omega t - 90°)$$

$$= \frac{E_m}{\omega L}\sin\omega t\angle -90° = \frac{e}{j\omega L}$$

$$e = L\frac{di}{dt}$$

$$= L\frac{d}{dt}I_m \sin\omega t\,dt$$

$$= \omega L I_m \cos\omega t$$

$$= \omega L I_m \sin(\omega t + 90°)$$

$$= \omega L I_m \sin\omega t\angle 90°$$

$$= j\omega L i$$

㉡ 그러므로 전류가 전압보다 90° 위상이 뒤진다.

참고정리

➤ 삼각함수 미분

$y = \sin x$ $\quad y' = \cos x$

$y = \cos x$ $\quad y' = -\sin x$

➤ 변수 x 앞에 상수가 있는 경우

$y = \sin ax$ $\quad y' = (ax)'\cos ax = a\cos ax$

$y = \cos ax$ $\quad y' = -(ax)'\sin ax = -a\sin ax$

➤ 삼각함수 적분

$$\int \sin x\,dx = -\cos x$$

$$\int \cos x\,dx = \sin x$$

$$\int \cos ax\,dx = \frac{1}{(ax)'}\cdot \sin ax = \frac{1}{a}\sin ax$$

➤ 삼각함수 가법 정리

$\sin(x \pm y) = \sin x\cos y \pm \cos x\sin y$

$\cos(x \pm y) = \cos x\cos y \mp \sin x\sin y$

③ 전류가 전압보다 위상이 앞서는 이유(진상역률의 원인)

㉠ 이상적인 유전체를 가정하면

$$e = \frac{1}{C}\int I_m \sin\omega t\, dt$$

$$= -\frac{I_m}{\omega C}\cos\omega t$$

$$= \frac{I_m}{\omega C}\sin(\omega t - 90°)$$

$$= \frac{I_m}{\omega C}\sin\omega t \angle -90 = \frac{I_m}{j\omega C}$$

㉡ 그러므로 전류가 전압보다 90° 위상이 앞선다.

018 순시값, 평균값, 실훗값

1 순시값(Instantaneous Value)

① 교류전압과 전류는 시간에 따라서 수시로 그 크기와 부호가 바뀌기 때문에 시간의 함수로 표시하는 데 이를 순시전압 및 순시전류라 한다.

② 임의의 어떤 순간의 값

$e = E_m \sin\omega t$

$i = I_m \sin\omega t$

2 평균값(Root Mean)

① 정현파 교류의 1주기 또는 반주기를 평균한 값

② 정현파 평균값(계산 시 반주기로 계산함)

$$E_a = \frac{1}{\pi}\int_0^{\pi} E_m \sin\omega t d\omega t = \frac{E_m}{\pi}[-\cos\omega t]_0^{\pi}$$

$$= \frac{E_m}{\pi}[1-(-1)] = \frac{2}{\pi}E_m$$

③ 전류도 같은 방법으로 계산하면 $\frac{2}{\pi}I_m$이 된다.

3 실훗값(Root Mean Square)

① 교류의 값을 나타낼 때 교류와 동일한 일을 하는 직류의 크기로 바꾸어 나타냈을 때의 값

$I_{DC}^2 R = I_{AC}^2 R$

② 테스터로 교류전압을 측정했을 때 나타나는 값

③ 정현파의 전압 실횻값

$$E_{\mathrm{rms}} = \sqrt{\frac{1}{2\pi}\int_0^{2\pi} e^2 d\omega t} = \sqrt{\frac{1}{2\pi}\int_0^{2\pi} (E_m \sin\omega t)^2 d\omega t}$$

$$= \sqrt{\frac{{E_m}^2}{4\pi}\int_0^{2\pi}(1-\cos 2\omega t)d\omega t} = \sqrt{\frac{{E_m}^2}{4\pi}\left[\omega t - \frac{1}{2}\sin 2\omega t\right]_0^{2\pi}}$$

$$= \sqrt{\frac{{E_m}^2}{2}} = \frac{E_m}{\sqrt{2}}$$

④ 정현파의 전류 실횻값도 $\frac{I_m}{\sqrt{2}}$ 로 같은 값을 갖는다.

019 교류 순시전력

1 a상의 순시전력

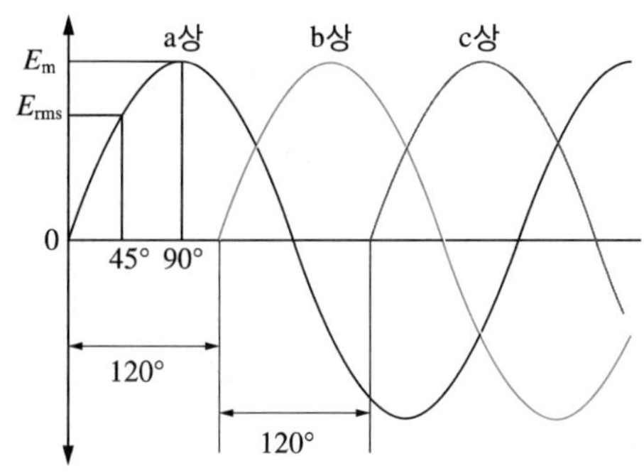

$$e_a = E_{am}\sin\omega t,\ i_a = I_{am}\sin(\omega t - \theta)$$

$$p_a = E_{am}I_{am}\sin\omega t\sin(\omega t - \theta) = 2E_aI_a\sin\omega t\sin(\omega t - \theta)$$
$$= E_aI_a\cos\theta - E_aI_a\cos(2\omega t - \theta)$$

여기서, $E_aI_a\cos\theta$: 일정한 전력

$E_aI_a\cos(2\omega t - \theta)$: 2배의 주파수로 변하는 전력

2 b상 순시전력

$$e_b = E_{bm}\sin(\omega t - 240°)$$

$$i_b = I_{bm}\sin(\omega t - 240° - \theta)$$

$$p_b = E_{bm}I_{bm}\sin(\omega t - 240°)\sin(\omega t - 240° - \theta)$$
$$= 2E_bI_b\sin(\omega t - 240°)\sin(\omega t - 240° - \theta)$$
$$= E_bI_b\cos\theta - E_bI_b\cos(2\omega t - 480° - \theta)$$

3 c상 순시전력

$$e_c = E_{cm}\sin(\omega t - 120°)$$

$$i_c = I_{cm}\sin(\omega t - 120° - \theta)$$

$$\begin{aligned} p_c &= E_{cm} I_{bm}\sin(\omega t - 120°)\sin(\omega t - 120° - \theta) \\ &= 2E_c I_c \sin(\omega t - 120°)\sin(\omega t - 120° - \theta) \\ &= E_c I_c \cos\theta - E_c i_c \cos(2\omega t - 240° - \theta) \end{aligned}$$

4 순시 전력의 합

$$\begin{aligned} P_3 = & E_a I_a \cos\theta - E_a I_a \cos(2\omega t - \theta) \\ & + E_b I_b \cos\theta - E_b I_b \cos(2\omega t - \theta - 480°) \\ & + E_c I_c \cos\theta - E_c I_c \cos(2\omega t - \theta - 240°) \\ = & \ 3EI\cos\theta \end{aligned}$$

020 최대 전력 전달

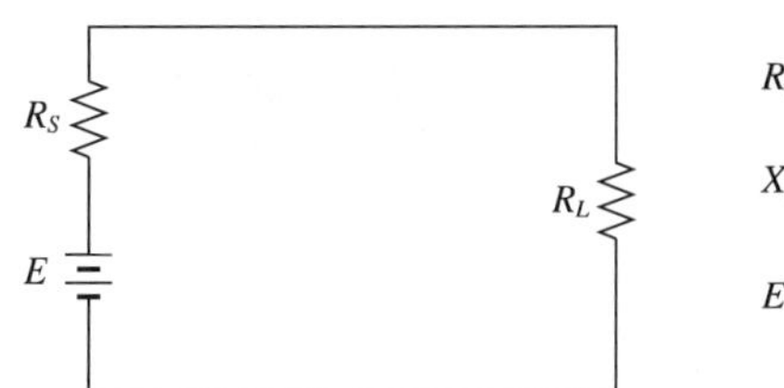

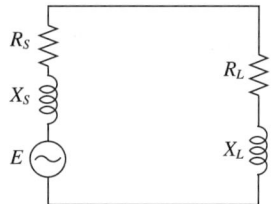

1 전원이 직류인 경우

$$I = \frac{E}{R_S + R_L}$$

$$P = I^2 R_L = (\frac{E}{R_S + R_L})^2 R_L$$

$$\therefore R_L = R_S$$

부하의 최대 전력은 $P = \frac{E^2}{4R}$

전체 전력의 반은 전원저항에서 소비되므로 전력효율은 50[%]밖에 안 된다.

2 전원이 교류인 경우

$$I = \frac{E}{(R_S + jX_S) + (R_L + jX_L)} = \frac{E}{\sqrt{(R_S + R_L)^2 + (X_S + X_L)^2}}$$

$$P = I^2 R_L = \frac{E^2}{(R_S + R_L)^2 + (X_S + X_L)^2} R_L$$

위의 식에서 변할 수 있는 것은 R_L과 X_L뿐이다.

R_L을 고정시키고 X_L를 변화시켜 부하전력을 최대로 하려면

$X_S + X_L = 0 \Rightarrow X_S = -X_L$

부하 전력 $P = \frac{E^2 R_L}{(R_S + R_L)^2}$

직류와 같이 미분하여 최대 전력을 구하면 $R_L = R_S$

그러므로,

$$R_S + jX_S = R_S - jX_L$$

즉, 부하임피던스와 전원 임피던스가 서로 공액 복소수일 때이다.

예제 01

다음 그림과 같은 회로에서 가감 시 전류를 최대로 하는 C값을 구하시오(단, E, r, R, L, f 는 불변).

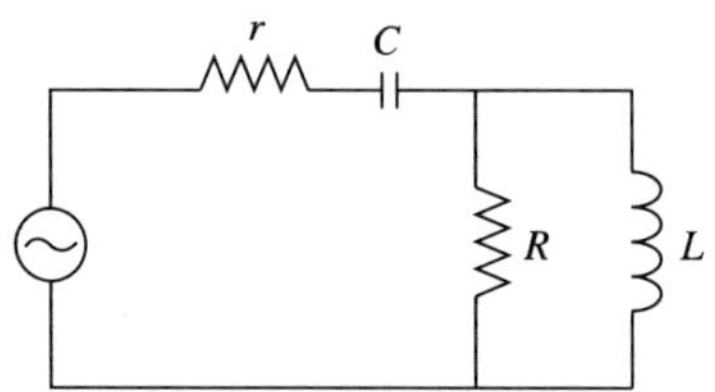

풀이

1 전류 최대 조건

$I = \dfrac{V}{Z}$ 이므로 Z가 최소일 때 전류는 최대가 된다.

2 회로의 임피던스

$$\begin{aligned} Z &= r - j\frac{1}{\omega C} + \frac{j\omega LR}{R + j\omega L} \\ &= r - j\frac{1}{\omega C} + \frac{(j\omega LR)(R - j\omega L)}{(R + j\omega L)(R - j\omega L)} \\ &= r - j\frac{1}{\omega C} + \frac{\omega^2 L^2 R + j\omega L R^2}{R^2 + \omega^2 L^2} \\ &= \left(r + \frac{\omega^2 L^2 R}{R^2 + \omega^2 L^2}\right) + j\left(\frac{\omega L R^2}{R^2 + \omega^2 L^2} - \frac{1}{\omega C}\right) \end{aligned}$$

3 전류를 최대로 하는 C값

허수부가 0이면 전류가 최대가 되므로

$\frac{\omega L R^2}{R^2+\omega^2 L^2} - \frac{1}{\omega C} = 0$이면

$C = \frac{R^2+\omega^2 L^2}{\omega^2 L R^2}$

021 유도결합 회로로(Inductively Coupled Circuit)

1 유도결합 회로의 개념

① 자속이 쇄교하는 형태나 크기에 따라서 회로 전체의 인덕턴스 값을 증가시키는 경우의 상호 인덕턴스는 (+)로, 회로 전체의 인덕턴스 값을 감소시키는 경우는 (−)로 계산한다.

㉠ (a)의 경우는 코일에서 발생하는 자속이 서로 더해지는 형태

㉡ (b)의 경우는 코일에서 발생하는 자속이 서로 상쇄되는 형태

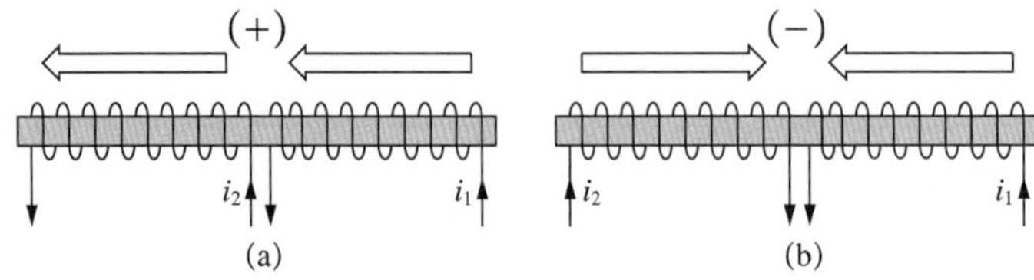

② 권선의 방향이 같은 방향(자속이 서로 더해지는 형태)

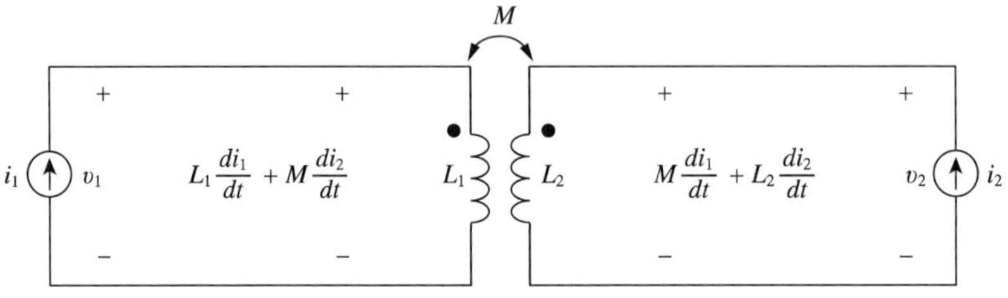

$$L_{(+)} = L_1 L_2 + 2M$$

③ 권선의 방향이 다른 방향(자속이 서로 상쇄되는 형태)

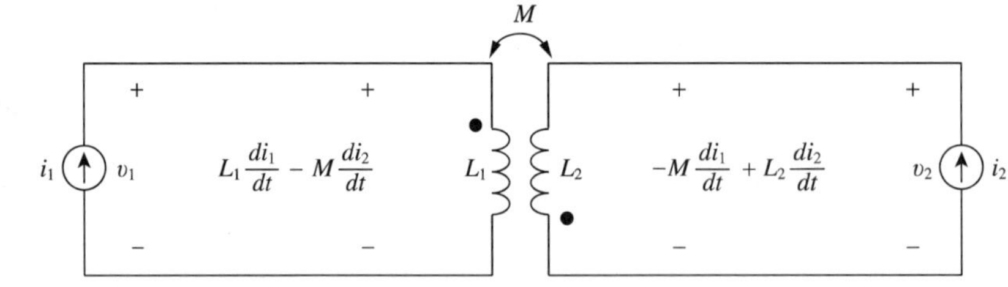

$$L_{(-)} = L_1 + L_2 - 2M$$

④ **상호 인덕턴스(M ; Mutual Inductance[H])**

$$M = \frac{L_{(+)} - L_{(-)}}{4}$$

⑤ **결합계수(k ; Coefficient of Coupling)**

$$k = \frac{M}{\sqrt{L_1 L_2}} \quad 0 \le k \le 1$$

022 평형 3상 회로

1 평형 3상 회로

3상 평형회로에서 전압 또는 전류의 합은 항상 0이 된다.

① **평형 3상 회로전압의 합이 0이 되는 이유**

다음 그림과 같이 3상 평형전압이 인가될 때

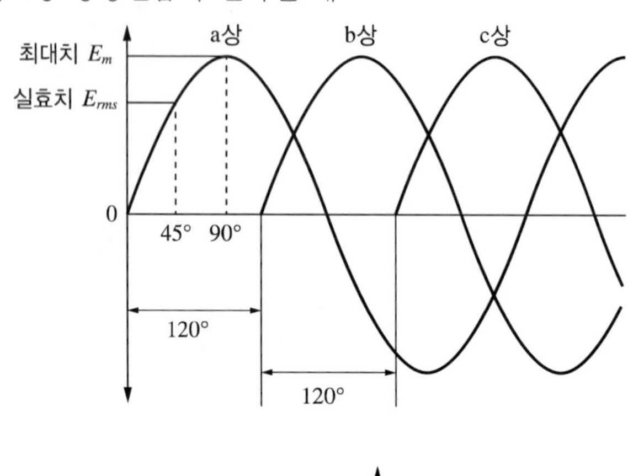

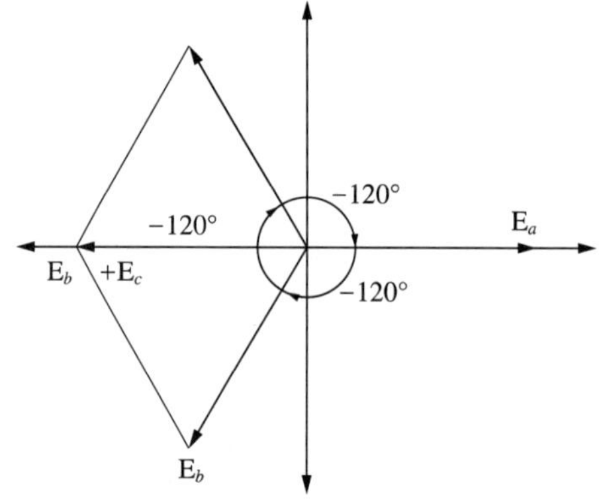

② **삼각함수로 증명**

㉠ 전압 순시값을 삼각함수로 표시하면 다음과 같다.

- $e_a = E_m \sin\omega t$
- $e_b = E_m \sin(\omega t - 120°)$
- $e_c = E_m \sin(\omega t - 240°)$

㉡ 각상 전압의 합은

$$e_a+e_b+e_c=E_m[\sin\omega t+\sin(\omega t-120°)+\sin(\omega t-240°)]$$
$$=E_m[\sin\omega t+(\sin\omega t\cos 120°-\cos\omega t\sin 120°)]$$
$$+(\sin\omega t\cos 240°-\cos\omega t\sin 240°)]$$
$$=E_m[\sin\omega t+(-0.5\sin\omega t-0.866\cos\omega t)+(-0.5\sin\omega t+0.866\cos\omega t)]$$
$$=0$$

그러므로 각 상 전압의 합은 0이 된다.

③ **극좌표, 복소수로 증명**

전압 순시값을 극좌표로 표시하면 다음과 같다.

$$E_a+E_b+E_c=E+E\angle-120^\circ+E\angle-240^\circ$$
$$=E+E\{\cos(-120)+j\sin(-120)\}+E\{\cos(-240)+j\sin(-240)\}$$
$$=E+E(-\frac{1}{2}-j\frac{\sqrt{3}}{2})+E(-\frac{1}{2}+j\frac{\sqrt{3}}{2})=0$$

참고정리

➤ **복소수의 표기**

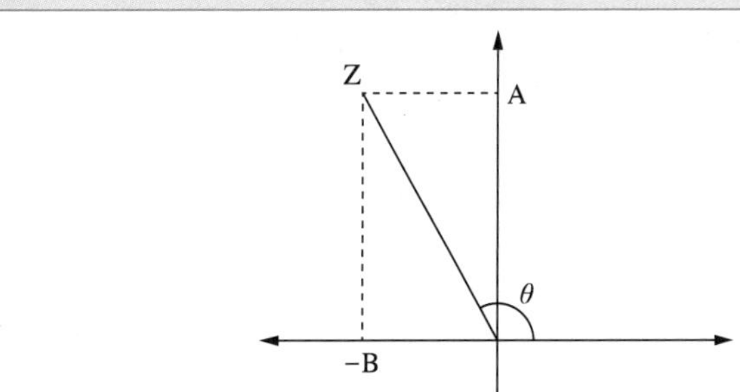

- 직각좌표로 표기 : $\vec{Z}=A+jB$
- 극좌표로 표기 : $\vec{Z}=|Z|\angle\theta$

  $|Z|=\sqrt{A^2+B^2}$

  $\theta=\tan^{-1}\left(\frac{B}{-A}\right)$
- 삼각함수로 표기 : $\vec{Z}=|Z|(\cos\theta+j\sin\theta)$
- 지수함수로 표기 : $\vec{Z}=|Z|e^{j\theta}$

참고정리

➤ 벡터(Vector)

1 벡터의 정의

크기와 방향을 표시하여 그 상태를 완전히 표현할 수 있는 물리량을 벡터라 한다.

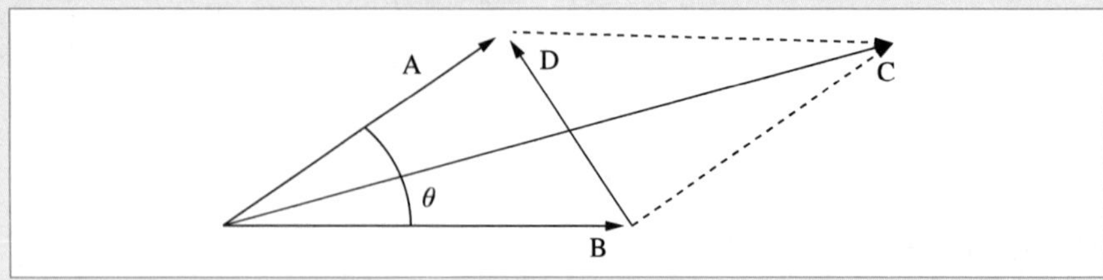

2 벡터의 합

- A+B=C
- A−B=A+(−B)=D

3 벡터의 곱

- 벡터의 내적(Scalar Product or Inner Product)

  $A \cdot B = |A||B|\cos\theta$, 스칼라량
- 벡터의 외적(Vector Product or Outer Product)

  $A \times B = AB\sin\theta$, 벡터량

➤ 스칼라(Scalar)

- 물리량을 크기만으로 표현할 수 있는 양을 스칼라라 한다.
- 길이, 속력, 질량, 온도 등이 있다.

023 비정현파 교류

1 파 형

① 파형률과 파고율

일반적으로 비정현파는 정현파 외에 여러 가지 파형이 중첩되어 있는데 이를 실효값으로 표현하면 파형의 특성을 알 수 없어 파형률과 파고율로 표현한다.

㉠ 파고율 $= \dfrac{\text{파고값}}{\text{실효값}}$, 비정현파의 파형의 평활도로 나타냄

㉡ 파형률 $= \dfrac{\text{실효값}}{\text{평균값}}$, 파형의 날카로운 정도를 나타냄

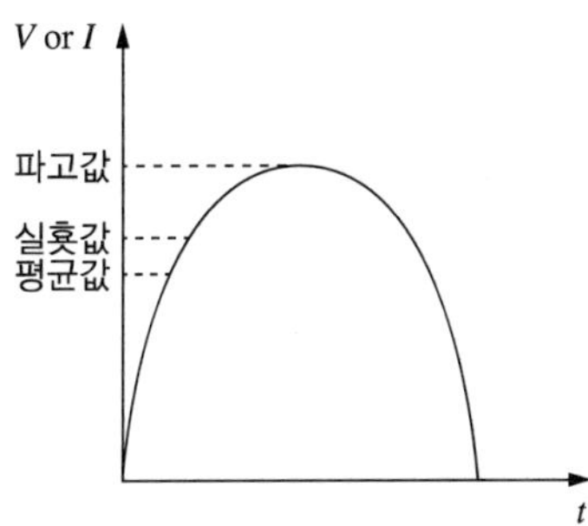

② 정현파의 파형률, 파고율

I_m 이면 그 실효값은 $I = \dfrac{I_m}{\sqrt{2}}$, 평균값은 $I_{av} = \dfrac{2}{\pi} I_m$ 이므로

㉠ 파형률 $= \dfrac{\dfrac{1}{\sqrt{2}} I_m}{\dfrac{2}{\pi} I_m} = \dfrac{\pi}{2\sqrt{2}} \fallingdotseq 1.11$

㉡ 파고율 $= \dfrac{I_m}{\dfrac{1}{\sqrt{2}} I_m} = \sqrt{2} \fallingdotseq 1.414$

③ **기타 파형의 파형률, 파고율**

명 칭	파 형	파형률	파고율
방형파		1.0	1.0
반원파		1.04	1.226
방물선파		1.10	1.370
정현파		1.11	1.414
삼각파		1.155	1.732

2 왜형율(THD ; Total Harmonics Distortion)

① **고조파**(Harmonics)

기본 주파수에 대해 2배, 3배, 4배와 같이 정수 배에 해당하는 물리적 전기량

② **종합 고조파 왜형율**(THD ; Total Harmonics Distortion)

기본파 성분에 포함된 고조파 성분의 비율

$$I_{THD} = \frac{\sqrt{\sum_{h=2}^{n} I_h^2}}{I_1}$$

$$V_{THD} = \frac{\sqrt{\sum_{h=2}^{n} V_h^2}}{V_1}$$

여기서, V_1, I_1 : 기본파의 전압 또는 전류의 실횻값

V_h, I_h : h차 고조파의 전압 또는 전류의 실횻값

③ **전류 총수요 왜형률**(TDD ; Total Demand Distortion)

고조파 전류와 최대 부하전류의 비

$$I_{TDD} = \frac{\sqrt{\sum_{n=2}^{\infty} I_h^2}}{I_L} \times 100$$

수용가 고조파 문제는 THD보다는 TDD가 중요해진다.

3 푸리에 급수

① **개 요**

푸리에 급수란 모든 주기함수는 사인, 코사인의 합으로 나타낼 수 있다는 것이다. 즉, 다음과 같은 함수로 나타낼 수 있다.

$$f(x)=a_0+\sum_{n=1}^{\infty}(a_n\cos nx+b_n\sin nx)$$

$$f(x)=\frac{1}{2\pi}\int_{-\pi}^{\pi}f(x)dx+\sum_{n=1}^{\infty}\left[\left(\frac{1}{\pi}\int_{-\pi}^{\pi}f(x)\cos nxdx\right)\cos nx+\left(\frac{1}{\pi}\int_{-\pi}^{\pi}f(x)\sin nxdx\right)\sin x\right]$$

② **푸리에 급수의 적용**

푸리에 급수는 비정형파를 다루는 데 유용한 해석방법이다.

024 공진현상

1 직렬공진(Series Resonance)

① 직렬공진회로

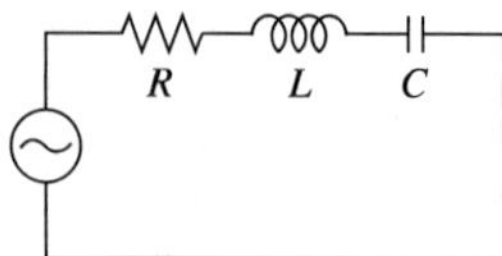

유도성 리액턴스 $X_L(j\omega L)$과 용량성 리액턴스 $X_C\left(\frac{1}{j\omega C}\right)$는 서로 상쇄하므로 $X_L = -X_C$ 일 때 회로의 임피던스는 저항 R만 남아 최대의 전류가 흐른다. 이를 직렬공진이라 한다.

$$Z = +jX = R + j\left(\omega L - \frac{1}{\omega C}\right) = R[\Omega]$$

② 직렬공진 주파수

공진 주파수는 리액턴스 부분이 0이 되어야 하므로 다음 식에 의해 구할 수 있다.

$$\omega L = \frac{1}{\omega C} \rightarrow 2\pi f L = \frac{1}{2\pi f C} \rightarrow f^2 = \frac{1}{(2\pi)^2 LC}$$

$$f = \frac{1}{2\pi}\sqrt{\frac{1}{LC}} = \frac{1}{2\pi\sqrt{LC}}$$

③ 직렬공진 특징

㉠ 임피던스가 최소

㉡ 전압과 전류가 동상

㉢ 역률이 100[%]

㉣ 전압 확대 가능성

2 병렬공진(Parallel Resonance)

① 병렬공진 회로

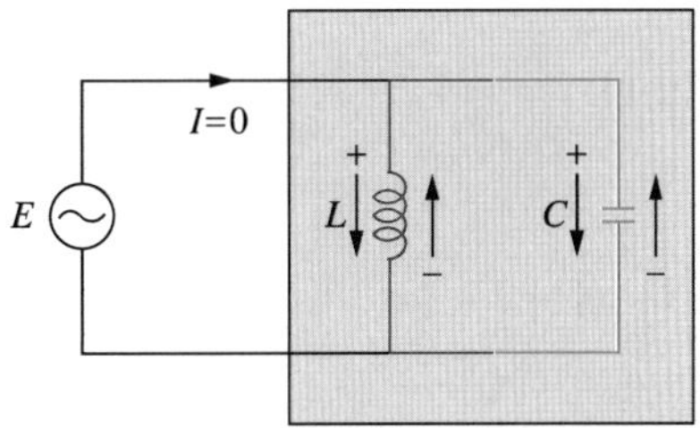

유도성 리액턴스 $X_L(jwL)$ 과 용량성 리액턴스 $X_C\left(\frac{1}{jwC}\right)$ 는 서로 상쇄하므로 $X_L = -X_C$ 일 때 회로의 어드미턴스는 최소가 되어 전류는 최소로 흐른다. 이를 병렬공진이라고 한다.

$$I = YE$$

$$\omega C = \frac{1}{\omega L} \text{ 이면 } I = J\left(\omega C - \frac{1}{\omega L}\right)E = 0$$

② 병렬공진 주파수

공진 주파수는 직렬공진과 마찬가지로 리액턴스 부분이 0이 되어야 하므로 다음 식에 의해 구할 수 있다.

$$\omega L = \frac{1}{\omega C} \rightarrow 2\pi f L = \frac{1}{2\pi f C} \rightarrow f^2 = \frac{1}{(2\pi)^2 LC}$$

$$f = \frac{1}{2\pi}\sqrt{\frac{1}{LC}} = \frac{1}{2\pi\sqrt{LC}}$$

상기 식에서와 같이 병렬공진 주파수와 직렬공진 주파수는 식이 같다.

③ 병렬공진 특징

㉠ 어드미턴스가 최소이므로 전류가 최소

㉡ 전압과 전류가 동상

㉢ 역률이 100%

㉣ 전류 확대 가능성

025 필터회로

1 수동필터(Passive Filter)

① 동조필터

㉠ 5차 및 7차에 동조한 필터

㉡ RLC 직렬회로로 구성

㉢ 단일 고조파에서 공진

㉣ n차 고조파 필터의 임피던스

$$Z_n = R_n + j\left(\omega_n L_n - \frac{1}{\omega_n C_n}\right)$$

㉤ 공진 주파수 선택도 : 필터효과는 R_n이 작을수록 좋다.

$$Q_n = \frac{\omega_n L_n}{R_n}$$

② 고차수 필터

㉠ 11차 이상을 흡수

㉡ 공진 주파수 선택도를 둔하게 하여 광범위한 고조파에 대응

㉢ 고차수 필터의 임피던스

$$Z_n = \frac{1}{j\omega_n C_n} + \frac{1}{\dfrac{1}{R_n} + \dfrac{1}{j\omega_n L_n}}$$

㉣ 공진 주파수 선택도 : 필터효과는 R_n이 클수록 좋다.

$$Q_n = \frac{R_n}{\omega_n L_n}$$

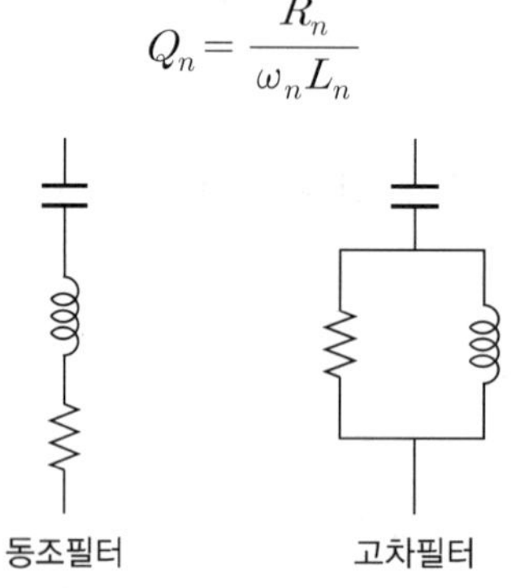

동조필터 고차필터

2 능동필터(Active Filter)

① 능동필터는 고조파 성분을 검출하여 정반대의 위상(180° 위상차)을 가진 고조파를 발생시켜 서로 상쇄시키는 방법

② GTO 사이리스터, Power Transistor 등으로 구성됨

③ 전압형과 전류형이 있음

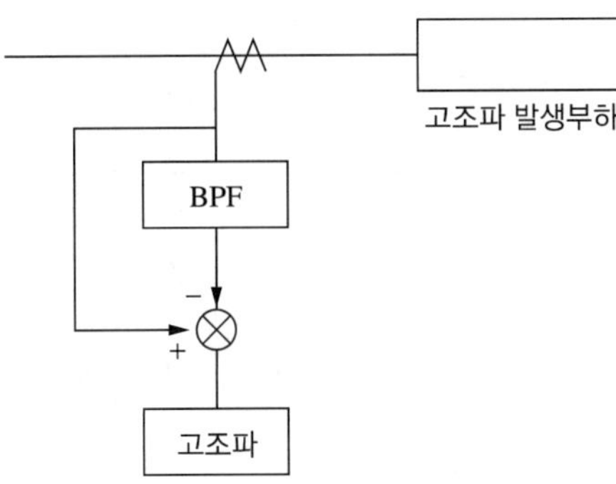

026 과도 현상

1 R–L 직렬회로

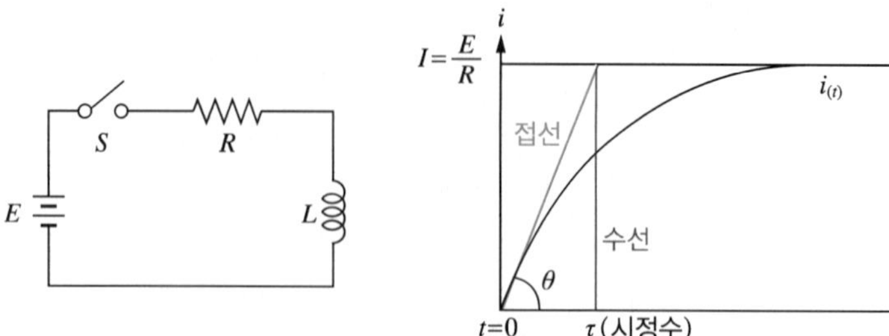

그림의 R–L 직렬회로에서 전압 인가시 과도현상에 대해 다음 식을 유도하시오.

① **전류식(i)**

② **시정수(τ)**

③ **전압식(ER, EL)**

④ **전력량식 (WR, WL, W)**

풀이

1) 전류식

① 라플라스 변환

$$Ri(t)+L\frac{di(t)}{dt}=E$$

$$\frac{R}{L}i(t)+\frac{di(t)}{dt}=\frac{E}{L}$$

$$\frac{R}{L}sI(s)+s^2I(s)=\frac{E}{L}$$

$$I(s)=\frac{\frac{E}{L}}{s\left(s+\frac{R}{L}\right)}$$

$$\alpha_1 = \lim_{s \to 0} s \frac{\frac{E}{L}}{s\left(s+\frac{R}{L}\right)} = \frac{E}{R}$$

$$\alpha_2 = \lim_{s \to -\frac{R}{L}} \left(s+\frac{R}{L}\right) \frac{\frac{E}{L}}{s\left(s+\frac{R}{L}\right)} = -\frac{E}{R}$$

$$I(s) = \frac{E}{R}\left(\frac{1}{s} + \frac{1}{s+\frac{R}{L}}\right)$$

$$i(t) = \frac{E}{R}\left(e^0 - e^{-\frac{R}{L}t}\right) = \frac{E}{R}\left(1 - e^{-\frac{R}{L}t}\right)$$

2) 시정수

$$\tan\theta = \frac{di(t)}{dt}\Big|_{t=0} = \frac{d}{dt}\left(\frac{E}{R}\left(1-e^{-\frac{R}{L}t}\right)\right)\Big|_{t=0} = -\frac{E}{R}\left(-\frac{R}{L}\right) = \frac{E}{L}$$

$$\tan\theta = \tau = \frac{L}{R}$$

3) 전압식

① 저항에 걸리는 전압

$$E_R = R\,i(t) = R\frac{E}{R}\left(1-e^{-\frac{R}{L}t}\right) = E\left(1-e^{-\frac{R}{L}t}\right)[\mathrm{V}]$$

② 인덕턴스에 걸리는 전압

$$E_L = L\frac{di(t)}{dt} = L\frac{d}{dt}\left(\frac{E}{R}\left(1-e^{-\frac{R}{L}t}\right)\right) = E\,e^{-\frac{R}{L}t}[\mathrm{V}]$$

4) 전력량식

$$W_R = \int_o^t E_R(t)i(t)dt$$

$$= \int_o^t E\left(1-e^{-\frac{R}{L}t}\right)\frac{E}{R}\left(1-e^{-\frac{R}{L}t}\right)dt$$

$$= \frac{E^2}{R}t + \frac{E^2L}{R^2}\left(2e^{-\frac{R}{L}t} - \frac{1}{2}e^{-\frac{2R}{L}t} - \frac{3}{2}\right)$$

$$W_L = \int_o^t E_L(t)i(t)dt$$

$$= \int_o^t Ee^{-\frac{R}{L}t}\,\frac{E}{R}\left(1-e^{-\frac{R}{L}t}\right)dt = \frac{E^2L}{R^2}\left(-e^{-\frac{R}{L}t} + \frac{1}{2}e^{-\frac{2R}{L}t} + \frac{1}{2}\right)$$

$$W = \int_o^t E(t)i(t)dt$$

$$= \int_o^t E\,\frac{E}{R}\left(1-e^{-\frac{R}{L}t}\right)dt = \frac{E^2}{R}t + \frac{E^2L}{R^2}\left(e^{-\frac{R}{L}t} - 1\right)$$

※ 인덕턴스에 저장되는 에너지

$$W_L = \int_o^\infty E_L(t)i(t)dt$$

$$= \int_o^\infty Ee^{-\frac{R}{L}t}\,\frac{E}{R}\left(1-e^{-\frac{R}{L}t}\right)dt = \left[\frac{E^2L}{R^2}\left(-e^{-\frac{R}{L}t} - \frac{1}{2}e^{-\frac{R}{L}t} + \frac{1}{2}\right)\right]_0^\infty$$

$$= \frac{1}{2}LI^2[\mathrm{J}]$$

2 R–C 직렬회로

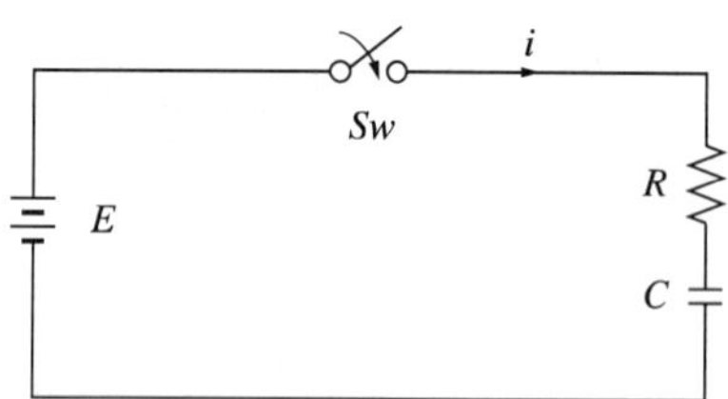

위의 그림과 같은 R–C 직렬회로에서 $t=0$ 인 순간에 스위치를 닫는 경우 흐르는 전류(i), 시정수(τ), 저항에 걸리는 전압(V), 콘덴서에 충전되는 전압(V)를 구하시오. 단, 콘덴서에 초기전압은 없다.

1) 전류식

라플라스 변환

$$R\,i(t)+\frac{1}{C}\int_0^t i(t)dt=E$$

$$i(t)+\frac{1}{RC}\int_0^t i(t)dt=\frac{E}{R}$$

$$s\,I(s)+\frac{1}{RC}I(s)=\frac{E}{R}$$

$$I(s)=\frac{\frac{E}{R}}{\left(s+\frac{1}{RC}\right)}$$

$$i(t)=\frac{E}{R}e^{-\frac{1}{RC}t}$$

2) 시정수

$$\tan\theta=\frac{di(t)}{dt}\Big|_{t=0}=\frac{d}{dt}\frac{E}{R}e^{-\frac{1}{RC}t}\Big|_{t=0}=\frac{E}{R}\left(-\frac{1}{RC}\right)=-\frac{E}{R^2C}$$

$$\tan\theta=\tau=RC$$

3) 전압식

① 저항에 걸리는 전압

$$E_R=R\,i(t)=R\frac{E}{R}e^{-\frac{1}{RC}t}=Ee^{-\frac{1}{RC}t}[\mathrm{V}]$$

② 콘덴서에 충전되는 전압

$$E_C=\frac{1}{C}\int_0^t i(t)dt=\frac{1}{C}\int_0^t\frac{E}{R}e^{-\frac{1}{RC}t}dt=E\left(1-e^{-\frac{1}{RC}t}\right)[\mathrm{V}]$$

4) 전력량식

$$W_R=\int_o^t E_R(t)i(t)dt$$

$$=\int_o^t Ee^{-\frac{1}{RC}t}\frac{E}{R}e^{-\frac{1}{RC}t}dt=\frac{1}{2}CE^2\left(1-e^{-\frac{2}{RC}t}\right)$$

$$W_C = \int_o^t E_C(t)i(t)dt$$

$$= \int_o^t E\left(1 - e^{-\frac{1}{RC}t}\right)\frac{E}{R}e^{-\frac{1}{RC}t}dt = E^2C\left(-e^{-\frac{1}{RC}t} + \frac{1}{2}e^{-\frac{2}{RC}t} + \frac{1}{2}\right)$$

$$W = \int_o^t E(t)i(t)dt$$

$$= \int_o^t E\frac{E}{R}e^{-\frac{1}{RC}t}dt = E^2C\left(1 - e^{-\frac{1}{RC}t}\right)$$

※ 콘덴서에 저장되는 에너지

$$W_C = \int_o^\infty E_C(t)i(t)dt$$

$$= \int_o^\infty E\left(1 - e^{-\frac{1}{RC}t}\right)\frac{E}{R}e^{-\frac{1}{RC}t}dt = E^2C\left[-e^{-\frac{1}{RC}t} + \frac{1}{2}e^{-\frac{2}{RC}t} + \frac{1}{2}\right]_0^\infty$$

$$= \frac{1}{2}CE^2$$

027 연가(Transposition)

1 개 요

선로정수의 평형 및 유도장해방지를 목적으로 전 송전전선의 길이를 3배수 등분하여 각상의 위치를 교환하는 것

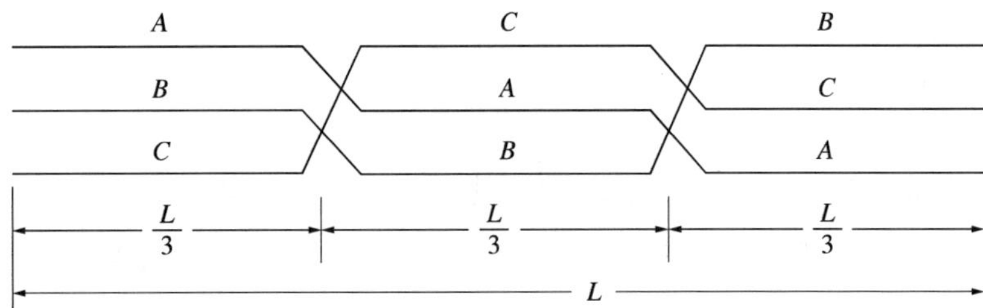

2 연가효과

① 직렬공진 방지
② 유도장해 감소
③ 선로정수(R, L, C, G) 평형

028 페란티 현상

1 개 요

수전단에 큰 부하가 걸려 있을 때는 문제가 없으나 경부하 또는 무부하인 경우에는 수전단 전압이 송전단 전압보다 높아지는데, 이를 페란티 현상이라 한다.

2 페란티 현상

다음 그림에서 I_c는 충전전류로, 수전단 전압 E_r보다 거의 90° 앞서게 되고, I_c R은 I_c에 평행하게, 그리고 I_cX는 I_cR에 수직으로 되어 결국 $E_s < E_r$이 된다.

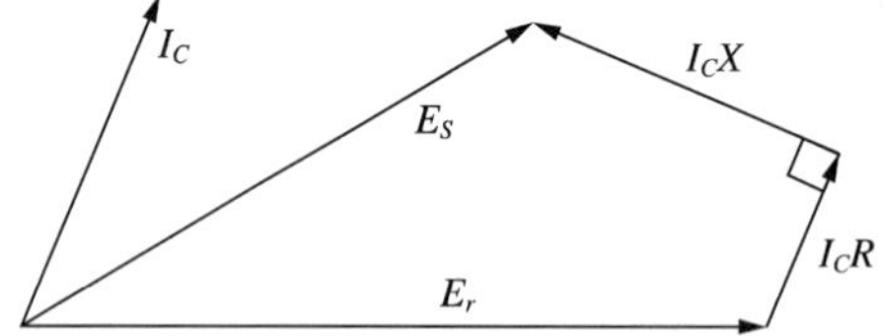

3 페란티 현상의 원인

① 송전선의 단위 길이당 정전용량이 큰 경우
② 송전선로의 길이가 긴 경우

4 페란티 현상의 문제점

① 피상전력이 증가
② 수전설비 이용량 감소
③ 선로 손실 발생
④ 송전용량이 감소하게 되고 심한 경우에는 송전이 불가능하게 되어 전력 붕괴를 유발
⑤ 보호계전기 오동작
⑥ 콘덴서의 부속기구인 직렬 리액터 과열
⑦ 차단기 용량 증대

5 페란티 현상의 대책

① **전력계통에서의 대책**

콘덴서, 분로리액터, 동기조상기를 사용하여 무효전력을 일정 범위로 유지

② **수전설비의 대책**

콘덴서의 자동제어를 통한 진상전류 제어

029 코로나(Corona)

1 코로나 방전의 개요

① **파열 극한 전위경도**

공기의 절연내력 20[℃] 1기압에서 직류 30[kV/cm], 교류 21.1[kV/cm]의 전위경도를 가하면 절연이 파괴되는데 이를 파열 극한 전위경도라 한다.

② **코로나 방전**

송전전로에서는 전위경도가 균일하지 않기 때문에 애자 근처의 전선에서만 부분적으로 파괴되고, 엷은 빛과 낮은 소리를 내면서 방전을 하게 된다.

2 임계전압

$$E_0 = 24.3 \times m_0 m_1 \delta d \log \frac{D}{r} [\text{kV}]$$

여기서, m_0 : 전선 표면계수(매끈한 단선 : 1, 거친 단선 : 0.98~0.93, 7본연선 : 0.87~0.83)

m_1 : 날씨계수(맑은 날씨 1.0, 안개 및 비 오는 날 0.8)

d : 전선 직경[cm]

r : 전선 반경[cm]

D : 선간거리[cm]

$$\delta(\text{상대공기밀도}) = \frac{b}{760} \times \frac{293}{273 + T}$$

여기서, T : 기온[℃]

b : 기압[mmHg]

3 코로나 손실

$$P_l = \frac{241}{\delta}(f + 25)\sqrt{\frac{r}{2D}} \times (E - E_0)^2 \times 10^{-5} [\text{kW/km/line}]$$

여기서, E : 전선의 대지전압[kV]

f : 주파수

E_d : 코로나 임계전압[kV]
r : 전선의 지름[cm]
D : 선간거리[cm]
δ : 상대공기밀도

4 코로나의 영향

① 코로나 손실로 송전용량 감소
② 코로나 잡음으로 전파장해 발생
③ 통신선에 유도장해
④ 전선의 부식
⑤ 소호 리액터의 능력 저하
⑥ 서지 감쇠효과 : 뇌 서지에 대한 감쇠효과는 대부분 코로나 방전에 의한 것이다.

5 코로나 방지대책

① 굵은 전선 사용
② 복도체 사용 : $\sqrt[n]{rS^{n-1}}$ (여기서, r : 소도체 반경, S : 소도체 간의 거리)
③ 매끈한 전선 표면
④ 아킹링, 아킹혼 사용 : 현수 애자련의 전위분포를 균등하게 한다.
⑤ 전선의 이격거리 증대
⑥ 반도체 유약 사용 : 핀애자의 경우 반도체 유약을 사용해서 임계전압을 높일 수 있다.
⑦ 가선금구 개량 : 전위경도를 완만하게 한다.

030 단락 전자력

1 단락전류의 정의

전로의 절연파괴로 인해 전류가 부하로 흐르지 않고 접촉된 단락점을 통해서 흐르는 전류가 단락전류이다.

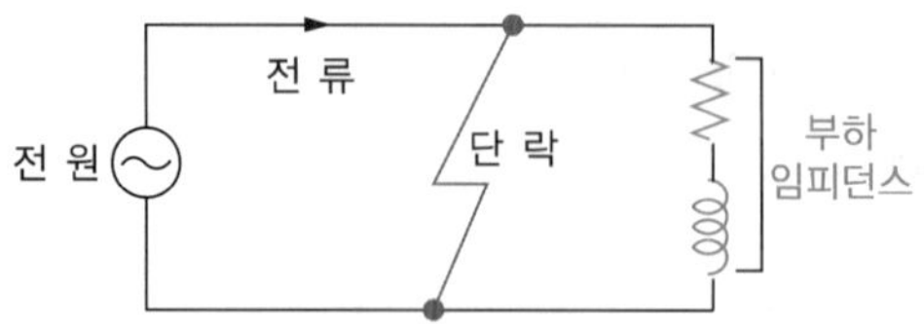

2 단락전자력의 방향

① 동일 방향으로 전류가 흐를 경우 흡인력 발생
② 다른 방향으로 전류가 흐를 경우 반발력 발생

3 도체(케이블) 상호 간에 발생하는 단락전자력

$$F = BI_2 l$$
$$= (\mu_0 H)(I_2\ l)$$
$$= (4\pi \times 10^{-7} \times \frac{I_1}{2\pi D})(I_2\ l)$$
$$= 2 \times 10^{-7} \times \frac{I_1 I_2}{D} [\mathrm{N/m}]$$

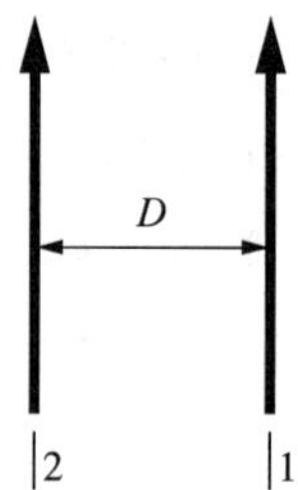

$$F = K \times \frac{I_m^2}{D} \times 2.04 \times 10^{-8} [\mathrm{kg/m}]$$

여기서, B : 자속밀도[Wb/m^2]
H : 자계[AT/m]
μ : 투자율[H/m]
l : 도체(케이블) 길이[m]
K : 도체(케이블) 배치에 따른 계수
D : 도체(케이블) 중심 간의 거리[m]
I_1, I_2 : 도체(케이블)에 흐르는 전류[A]

031 전력계통의 안정도

1 정태안정도

① 정태안정도

정상적인 운전상태에서 서서히 부하를 증가시켜 갈 경우 안정 운전을 계속할 수 있는 정도를 의미

② 출력에 따른 안정도

송전전력 : $P = \frac{EV}{X}\sin\delta$

여기서, E : 수전단 전압, V : 송전단 전압, X : 리액턴스

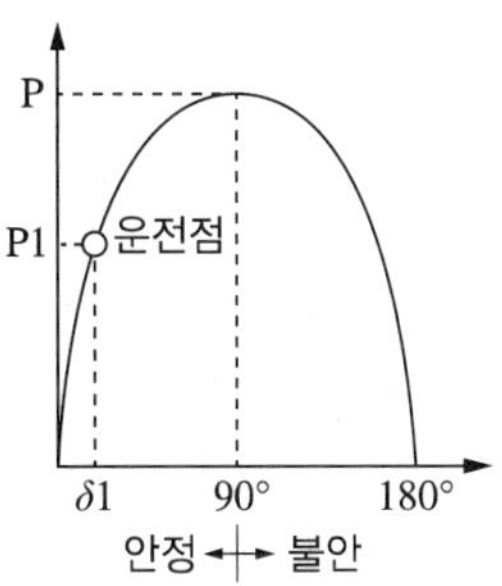

E, V, X 일정할 때 P 증가하면 δ가 증가

δ가 90°를 넘으면 불안정해짐

2 과도안정도

① 과도안정도

부하의 갑작스런 변화, 계통의 사고 등으로 계통에 충격이 가해졌을 때 계속 운전을 할 수 있는 정도를 과도안정도라 한다(수 초 이내).

② 과도안정도 조건

㉠ 송전전력 : $P = \frac{EV}{X}\sin\delta$, PT(발전기 출력), E 일정 시

㉡ 고장기간 동안 : V=0가 되어 P=0이므로 $P \ll PT$가 되어 발전기는 가속됨

㉢ 고장제거 후 : $P > PT$ 이면 발전기 감속하여 안정, $P < PT$ 이면 발전기 가속하여 불안정

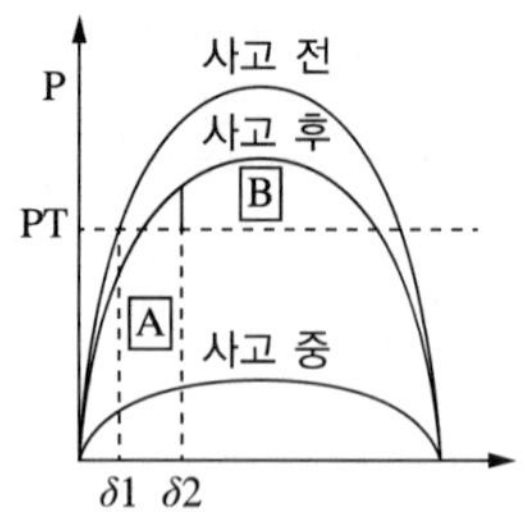

3 동태안정도

① 동태안정도

㉠ 컴퓨터, 전력전자기술 등을 응용한 전력기기 정밀제어로 과도안정도를 개선하여 안정도 한계 근접 운전

㉡ 과도안정도 이후 정상상태로 이행하는 과정에서 제어설비의 부적절한 동작이 불안정 초래

② 동태안정도 운전

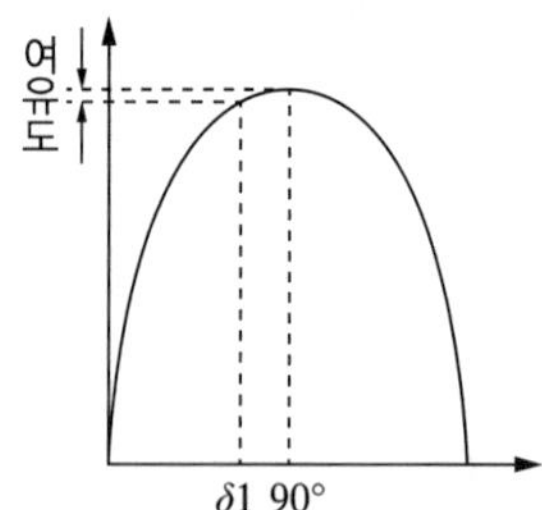

송전전력 $PT = P = \frac{EV}{X}\sin\delta$

여기서, PT : 발전소 조속기 입력제어

E : 발전소 여자기 전압제어

V : 송전계통의 조상설비 및 수용가의 전압제어 특성

4 전압안정도

① 전압안정도

장거리 대용량 송전계통의 송전전력 증가 시 계통전압 붕괴현상

② 전압안정도 저하의 메커니즘

송전전력(P) 증가 ⇒ 전압(V) 저하 ⇒ (계통 측) 전력설비 성능 저하, (수용가 측) 부하전류 증가 ⇒ 전압(V)이 저하되는 과정이 되풀이되어 전압안정도가 불안정해짐

5 저주파 진동

① **저주파 진동**

대용량 발전기의 속응성 여자기 적용으로 제동토크가 감소하여 작은 외란에도 발전기 동요가 지속되는 현상

② **동요 억제방안**

계통 안정화 장치(Power System Stabilizer) 운영

6 과도불안정의 발생원인과 영향

① **단락사고**

절연열화에서 기인하여 절연이 파괴

② **지락사고**

수목 접촉 및 절연파괴

③ **단선사고**

선로의 단선, 불확실한 투입, 퓨즈의 용단

④ **기동전류**

전압 플리커, Sag 발생

⑤ **2회선 중 1회선 차단**

회선사고 발생 시 수전단의 일부 부하를 제한하여 과도불안정 현상 발생

7 안정도 향상대책

① **계통의 직렬 리액턴스 감소**

㉠ 발전기 출력식에서 $P=\frac{EV}{X}\sin\delta$ 리액턴스 감소 시 안정도 향상

㉡ 발전기 변압기 리액턴스 감소

㉢ 직렬 콘덴서로 선로 리액턴스 보상

㉣ 복도체를 사용

② 전압변동의 억제

㉠ E, V 변동이 작으면 안정도 향상

㉡ 탭조정기를 사용하여 전압 변동 최소화

㉢ 유도전압조정기를 사용하여 전압 변동 최소화

㉣ 발전기 속응 여자방식 채택

㉤ 계통을 연계

㉥ 중간 조상방식을 채용

③ 사고 시 계통에 주는 충격의 최소화

㉠ 적당한 중성점 접지방식을 채용

㉡ 고속 차단하여 사고를 신속히 제거

㉢ 재폐로 방식을 채용

④ 고장 중 발전기의 기계적 입력과 전기적 출력 차이 최소화

㉠ 초고속 조속기를 사용

㉡ 초고속 스팀밸브를 사용

㉢ TCBR(Thyrister Controlled Braking Resister) 등을 사용하여 발전기 회로에 직렬로 삽입

032 이상전압 및 대책

1 이상전압의 종류

① 외 뢰

㉠ 외뢰 종류 : 직격뢰

㉡ 유도뢰(뇌운에 의한 유도뢰는 대략 50~100[kV] 정도)

② 내 뢰

㉠ 과도 이상전압

- 고주파 진동성으로 짧은 시간 내에 감쇄해 버리는 것
- 선로 충전전류, 무부하 여자전류의 차단 투입 시에 발생되는 전압
- 대지전압의 2~4배 정도

㉡ 지속성 이상전압

- 계통운전에 빈번하게 발생
- 기기 차체가 이 전압에 견딜 수 있도록 설계, 제작되므로 큰 문제가 없다.

2 이상전압의 방지대책

① 외 뢰

가공지선, 피뢰침, 피뢰기를 설치

② 내 뢰

피뢰기 또는 서지흡수기를 설치

안심Touch

033 역률(Power Factor)

1 역 률

① 역 률

㉠ 전압과 전류의 위상차에 의해 역률이 발생하며, 이는 유효전력과 무효전력으로 나뉘어진다.

㉡ 전기회로의 기본 구성은 R, L, C인데 R은 전력을 모두 소비하지만 L과 C는 저장 방출만을 반복한다.

㉢ L은 전류의 위상을 90° 늦게 하고 C는 전류의 위상을 90° 빠르게 하므로 위상차가 발생한다.

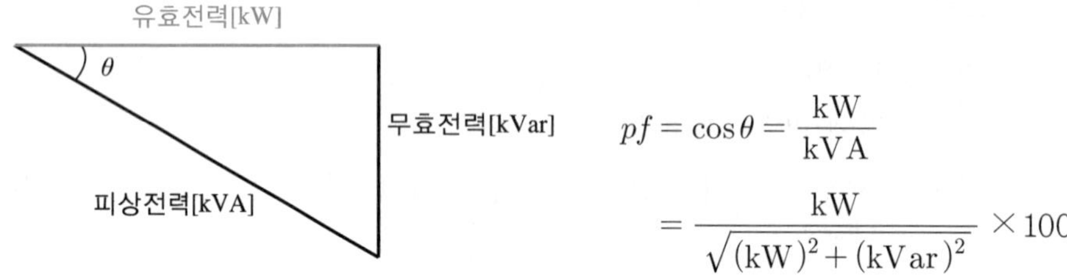

$$pf = \cos\theta = \frac{\text{kW}}{\text{kVA}} = \frac{\text{kW}}{\sqrt{(\text{kW})^2 + (\text{kVar})^2}} \times 100$$

㉣ 일반적으로 전력부하는 저항과 유도성 리액턴스로 구성되어 지상역률($\cos\theta$)에 의해 유효전력과 무효전력이 발생한다.

② 역률 개선 원리

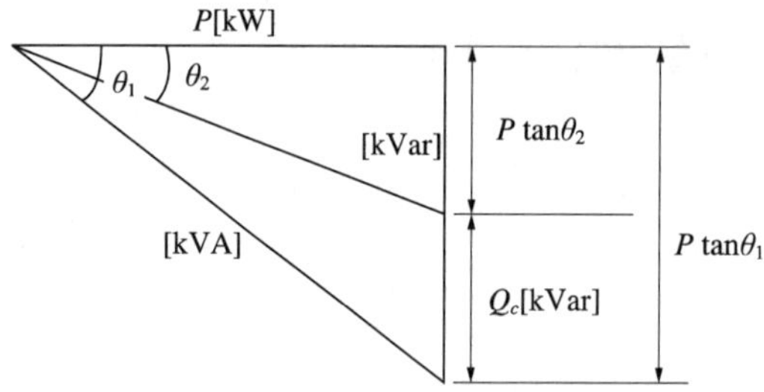

무효전력량을 감소시켜 각 θ를 작게 하는 것이 역률 개선의 기본

$Q = P(\tan\theta_1 - \tan\theta_2)[\text{kVar}]$

③ **역률개선방법**

㉠ 전압, 전류의 위상차를 작게 한다.

㉡ 피상전력에 대한 유효전력비를 크게 한다.

㉢ 전 전류에 대한 유효전류비를 크게 한다.

㉣ 임피던스에 대한 저항비를 크게 한다.

034 전력(Power)

1 유효전력(Active Power)

① 부하에서 유효하게 사용(실제로 일을 하여 소비)되는 전력

② $P= VI\cos\theta$[kW](피상전력에 역률을 곱한 값)

2 무효전력(Reactive Power)

① 교류에서 에너지를 소비하지 않고 L과 C 성분에 의해 왕복하지만, 실제로 아무 일도 할 수 없는 하는 전력

② L은 전류의 위상을 90° 늦게 하고 C는 전류의 위상을 90° 빠르게 하므로 위상차가 발생

③ $Q= VI\sin\theta$[kVar](피상전력에 무효율을 곱한 값)

3 피상전력(복소전력)

① 전원에서 공급되는 전력

② S[kVA]$=P$[kW]$+jQ$[kVar]

4 유효전력 단위

① 역률($\cos\theta$)이 100[%]이면

② 전력 $P= VI= I^2R$[W] or [J/sec]

③ 전력량 $W= VIt= I^2Rt$[J] 일반적으로 [Wh]로 표시함

④ 열량 $Q= 0.24I^2Rt$[cal]

035 무효전력(Reactive Power)

1 무효전력과 전압

① 무효전력은 적절한 전압을 일정하게 유지하기 위한 전력

② 전압이 큰 쪽은 역률이 나빠지고, 작은 쪽은 역률이 개선되어 적정 전압을 유지

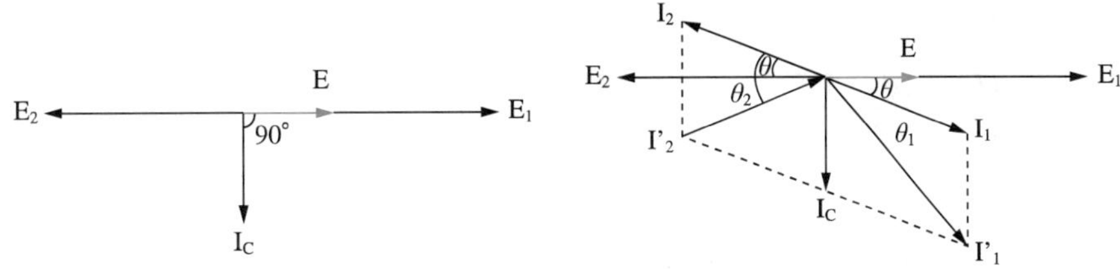

2 무효전력의 조정

① 무효전력의 소비가 늘면 송전과정에서 전압이 지나치게 낮아져 정전 발생

② 전력거래소에서는 전력계통의 안정과 효율적인 운영을 위해 조상설비 가동을 지시

③ 무효전력량을 조절하는 보조 서비스 운영

036 동기발전기의 병렬운전 조건과 병렬운전 순서

1 발전기 운전의 안정영역

동기운전의 조건

$$\frac{dP}{d\delta} > 0$$

$$\frac{dP}{d\delta} = \frac{d}{d\delta}\left(\frac{VE}{X}\sin\delta\right) = \frac{VE}{X}\cos\delta > 0$$

$\cos\delta > 0$이 되려면

$-\frac{\pi}{2} < \delta < \frac{\pi}{2}$이어야 한다.

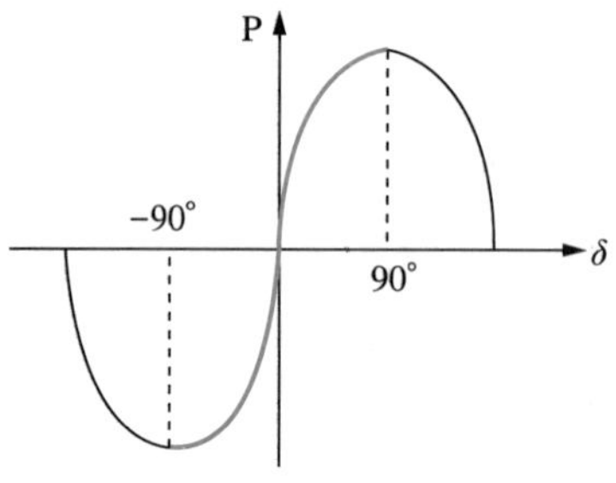

2 발전기 병렬운전의 조건

① **기전력의 파형이 같을 것**

발전기의 파형이 다르면 무효 순환전류가 흘러 발전기 손실 증가 및 과열한다.

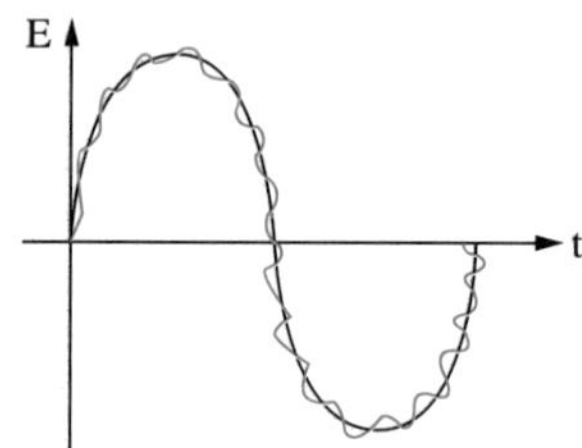

② **기전력의 크기가 같을 것**

㉠ 투입 시 전압차는 10[%] 이내로 하며 전원 측보다 약간 높게 투입하는 것이 좋다.

㉡ 기전력의 크기가 다르면 무효횡류가 흐른다.

㉢ 전압이 큰 쪽은 역률이 나빠지고, 작은 쪽은 역률이 개선된다.

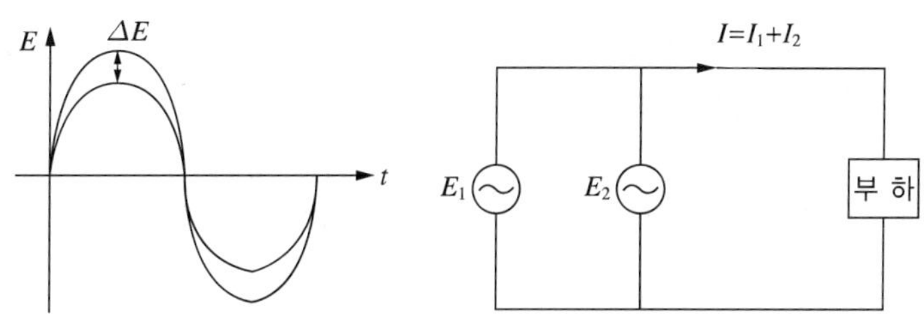

㉣ 무효횡류가 흘러 역률이 변하는 원리

- E_1 이 E_2 보다 크면($E_1 - E_2 = E$) 전압 E 에 의해 90° 위상이 뒤지는 I_c 가 발생한다.
- I_c 에 의해서 E_1 측은 역률이 원래보다 지상이 되고, E_2 측은 역률이 원래보다 진상이 된다.

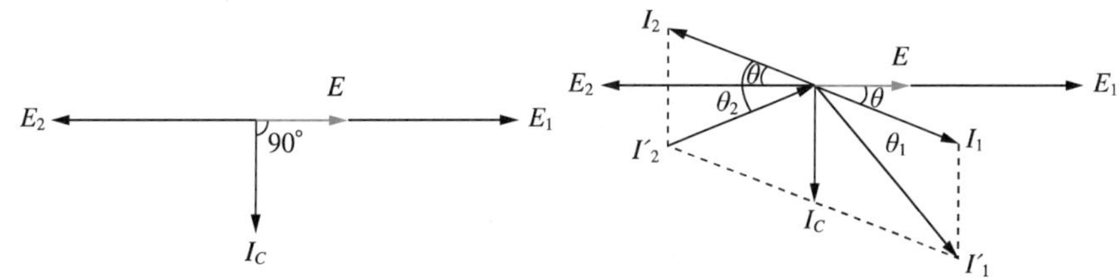

③ **위상이 같을 것**

㉠ 위상이 다르면 유효 횡류가 흐른다.

㉡ 위상이 반대가 되면 단락과 같다.

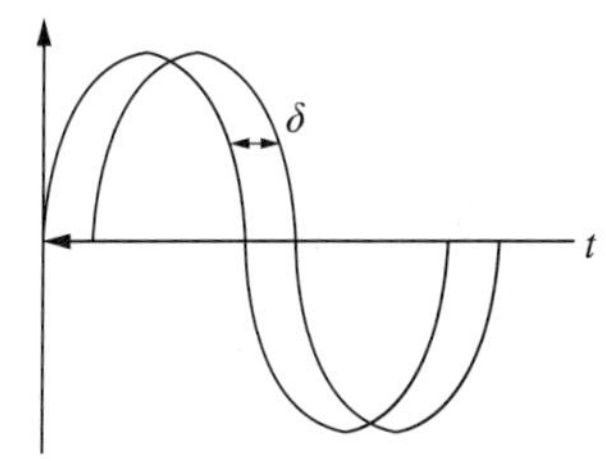

㉢ 유효 순환전류가 흐르는 원리

E_1 과 E_2 가 δ 만큼 위상이 발생하면 $E_1 - E_2 = E_s$ 이 된다.

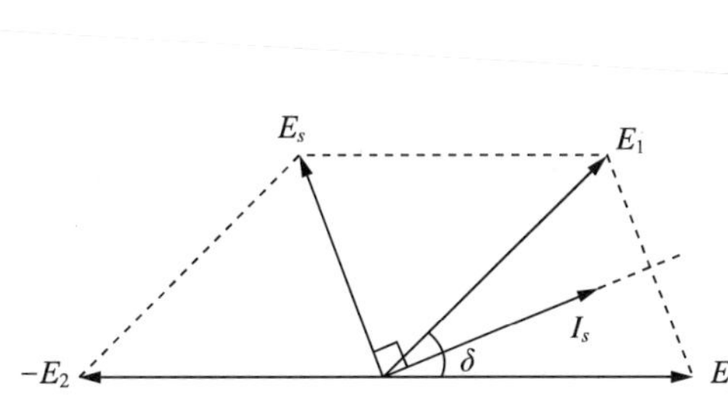

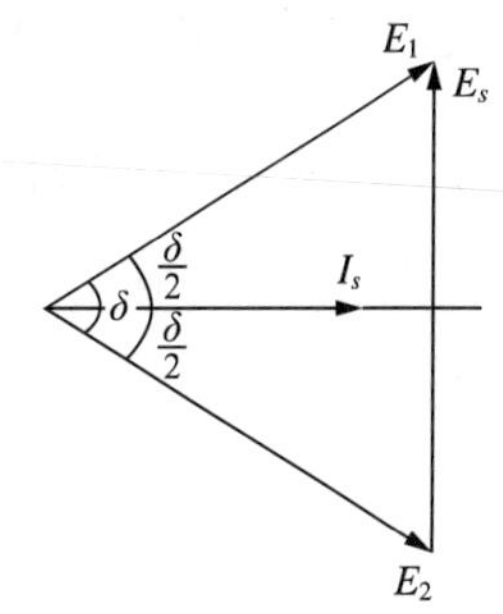

㉣ 유효 순환전류에 의해 동기화력이 발생한다.

- 전압이 높은 발전기(P_1)

$$P_1 = E_1 I_s \cos\frac{\delta}{2} = E_1 \frac{E_1}{Z_s} \sin\left(\frac{\delta}{2}\right)\cos\left(\frac{\delta}{2}\right) = \frac{E_1^2}{2Z_s}\sin\delta\,[\text{유출}]$$

- 전압이 낮은 발전기(P_2)

$$P_2 = E_2 I_s \cos\left(-\frac{\delta}{2}\right) = E_2 \frac{E_2}{Z_s} \sin\left(-\frac{\delta}{2}\right)\cos\left(-\frac{\delta}{2}\right) = -\frac{E_2^2}{2Z_s}\sin\delta\,[\text{유입}]$$

④ **기전력의 주파수가 같을 것**

유효·무효전류가 양 발전기에 주기적으로 흐르게 되어 난조의 원인이 된다.

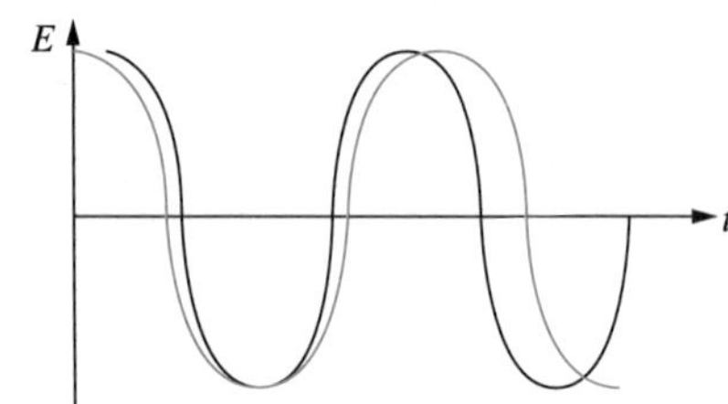

3 발전기 병렬운전의 순서

① 발전기를 정격 운전 속도로 상승

② 계자차단기 투입

③ 정격주파수, 정격전압으로 동기화

④ 주차단기 투입

⑤ 전압조정기 자동절환

⑥ 전력 수요 변동에 따른 대응운전

4 발전기 투입 시 고려사항

① 동기검정기를 이용하여 투입

② 동기화하여 투입하는 것이 이상적이나 실제로 전압, 위상, 주파수를 약간 높게 하여 투입

$V_g > V_s$, $\delta_g > \delta_s$, $f_g > f_s$

③ 계전전류(I_f) 증가 → 전압 증가 → 지상 → 무효전력 공급

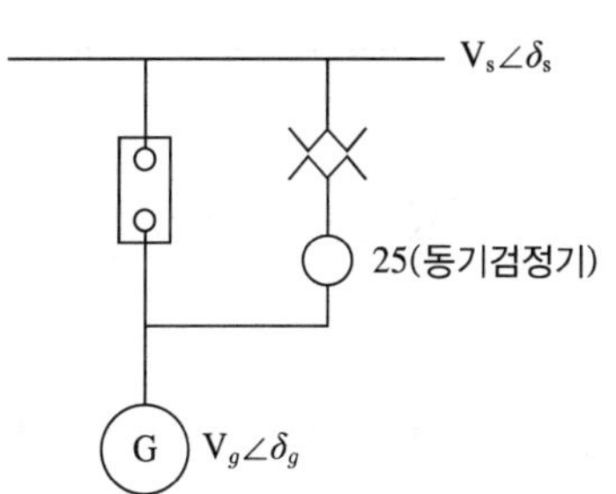

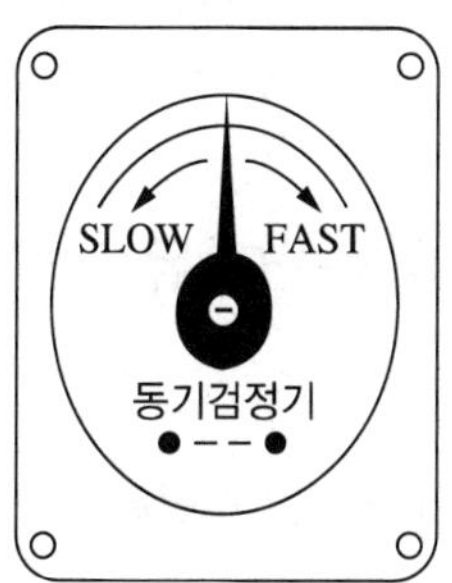

참고정리

➤ 동기발전기의 출력 유도

1 동기기 벡터도

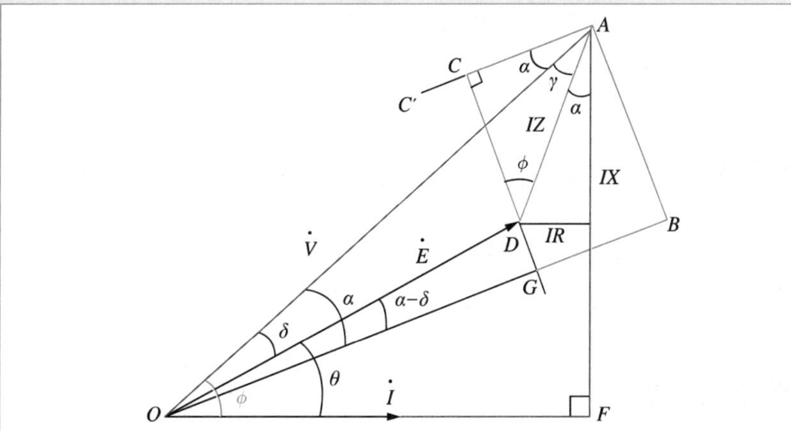

2 동기기 출력유도

$P_1 = VI\cos\phi[\text{W}]$

$IZ\cos\phi = V\sin\alpha - E\sin(\alpha-\delta)$

$I\cos\phi = \frac{1}{Z}[V\sin\alpha + E\sin(\delta-\alpha)]$($\alpha \fallingdotseq 0$, $Z = X$이면)

$P_1 = \frac{VE}{X}\sin\delta$

037 동기전동기 기동방법

1 제동권선을 이용하여 유도전동기로 기동하는 방법

① 가장 많이 사용

② 고정자 권선에 3상 전압을 인가(직류여자회로 개방), 제동권선이 유도전동기의 2차 도체 역할

2 3상 기동권선을 사용하는 방법

① 회전자 자극에 3상 권선을 감고, 슬립링을 통해 외부 저항에 연결함

② 권선형 유도전동기와 같은 방법으로 기동

③ 큰 기동토크를 얻을 수 있다.

3 기동용 보조전동기로 기동하는 방법

① 기동용 보조전동기를 별도로 설치하는 방법

② 유도전동기를 사용 시 극수가 2극 적은 것을 사용해야 한다.

4 저주파 기동법

① 저주파 저전압 전원을 기동하고 동기화한 후

② 전압 주파수를 서서히 올려 기동하는 방식

038 변압기 구성 및 원리

1 등가회로

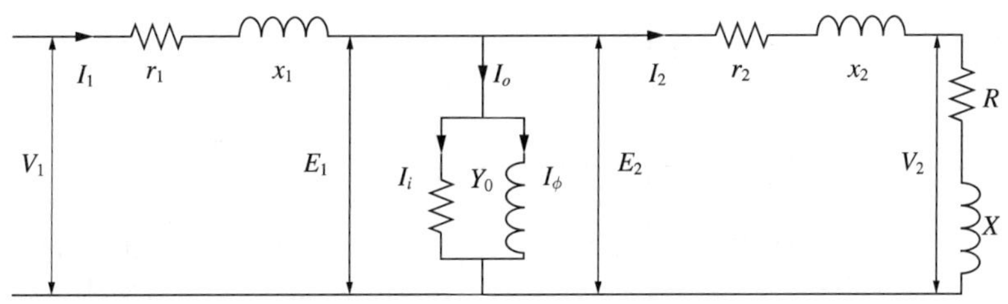

$$I_1 = I_0 + I_2$$

$$I_0 = I_i + jI_\phi$$

여기서, I_1 : 변압기 1차 전류

I_2 : 변압기 2차 전류

I_0 : 여자전류

I_i : 철손전류

I_Φ : 자화전류

2 벡터도

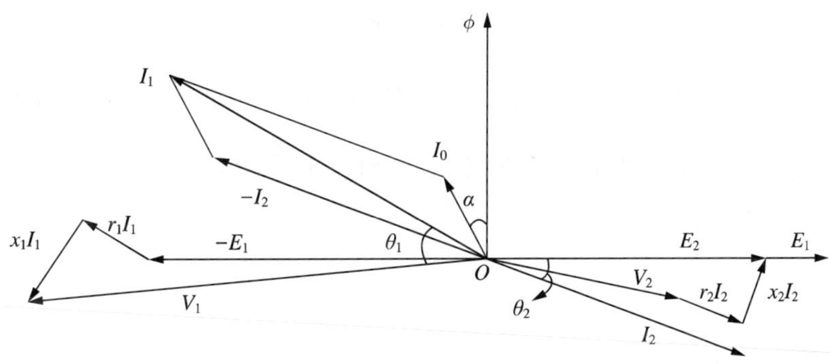

039 상전류 / 선전류

1 Y결선 선간전압

① Y결선이 다음 그림과 같을 때

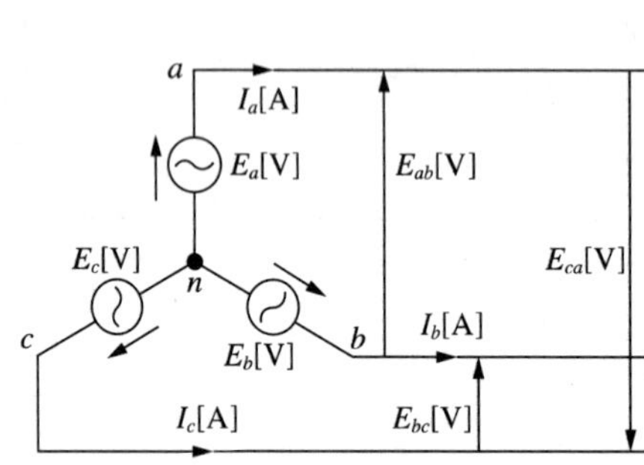

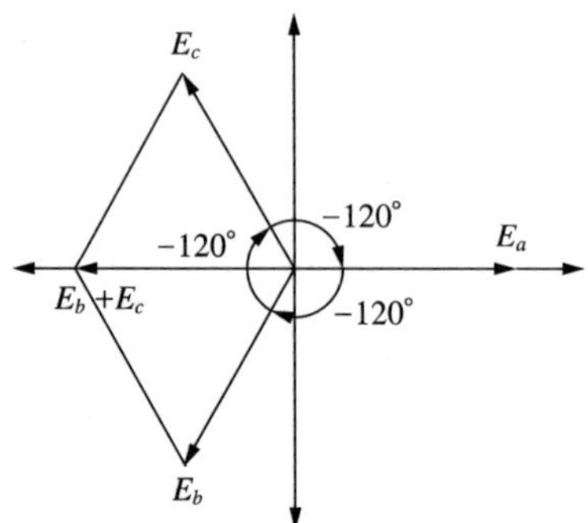

$E_{ab} = E_a - E_b$

$E_{bc} = E_b - E_c$

$E_{ca} = E_c - E_a$

② 대칭 3상 전원의 기전력은 E_a, $E_b = a^2 E_a$, $E_c = aE_a$ 이므로

$$E_{ab} = (1 - a^2)E_a = \sqrt{3}\left(\frac{\sqrt{3}}{2} + j\frac{1}{2}\right)E_a = \sqrt{3}\,E_a \angle 30°\,[\mathrm{V}]$$

$$E_{bc} = (a^2 - a)E_a = -j\sqrt{3}\,E_a = \sqrt{3}\,E_b \angle 30°\,[\mathrm{V}]$$

$$E_{ca} = (a^2 - 1)E_a = \sqrt{3}\left(-\frac{\sqrt{3}}{2} + j\frac{1}{2}\right)E_a = \sqrt{3}\,E_a \angle 150° = \sqrt{3}\,E_c \angle 30°\,[\mathrm{V}]$$

③ 선간전압은 상전압보다 $\sqrt{3}$ 배 크고 30°위상이 앞선다.

2 △결선 선전류

① △결선이 다음 그림과 같을 때

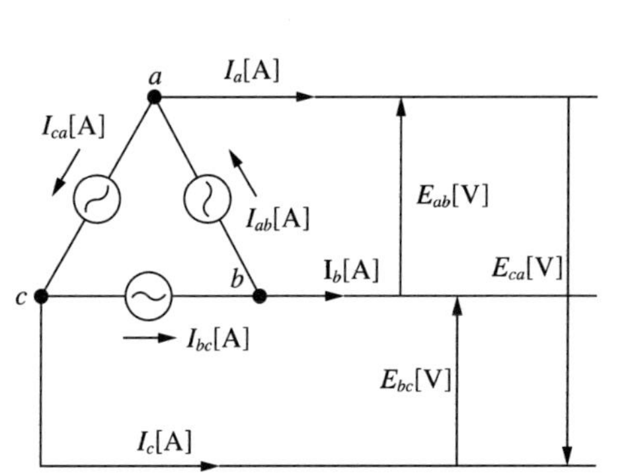

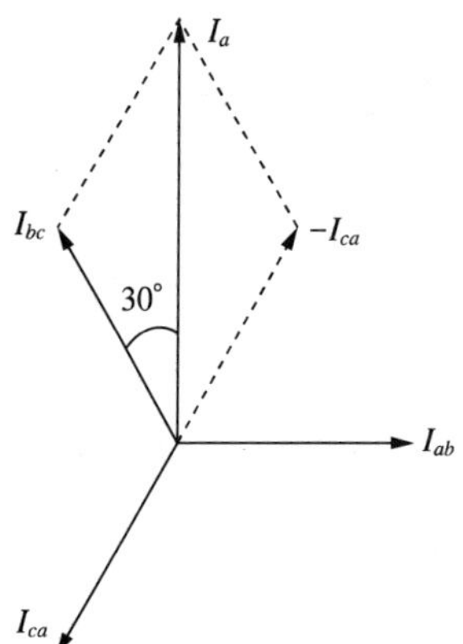

$I_a = I_{ab} - I_{ca}$

$I_b = I_{bc} - I_{ab}$

$I_c = I_{ca} - I_{bc}$

② 대칭 3상 전원의 기전력은 I_{ab}, $I_{bc} = a^2 I_{ab}$, $I_{ca} = aI_{ab}$이므로

$$I_a = (1-a)I_{ab} = \frac{\sqrt{3}}{2}(\sqrt{3}-j)I_{ab} = \sqrt{3}\,I_{ab}\angle -30°[\text{A}]$$

$$I_b = (a^2-1)I_{ab} = -\frac{\sqrt{3}}{2}(\sqrt{3}+j)I_{ab} = \sqrt{3}\,I_{ab}\angle -150° = \sqrt{3}\,I_{bc}\angle -30°$$

$$I_c = (a-a^2)I_{ab} = j\sqrt{3}\,I_{ab} = \sqrt{3}\,I_{ab}\angle 90° = \sqrt{3}\,I_{ca}\angle -30°[\text{A}]$$

③ 선전류는 상전류보다 $\sqrt{3}$ 배 크고 30°위상이 뒤진다.

참고정리

➤ a (Vector Operator)

$$a = 1\angle 120° = -\frac{1}{2} + j\frac{\sqrt{3}}{2}$$

$$a^2 = 1\angle 240° = -\frac{1}{2} - j\frac{\sqrt{3}}{2}$$

$$a^3 = 1\angle 360° = 1$$

$$\therefore 1 + a + a^2 = 0$$

040 변압기 손실과 효율

1 변압기 손실의 종류

① 부하손

㉠ 동손(=부하손=저항손)

㉡ 와류손 : 값이 적어 저항손에 포함

㉢ 표유부하손 : 값이 적어 저항손에 포함

② 무부하손

㉠ 철손 : 히스테리시스손, 와류손

㉡ 무부하시 동손 : 계산이 가능하나 값이 적어 무시

㉢ 유전체손 : 고압의 경우 일부 계산

㉣ 표유부하손 : 대용량 변압기의 경우 고려

2 변압기 손실

① 동손(=부하손=저항손)

$$P_c = K(I_1^2 r_1 + I_2^2 r_2)$$

여기서, K : 표피효과에 의한 실효저항 증가율

② 철 손

㉠ 히스테리시스손 : $P_h = \sigma_h f B_m^n$[W/kg], n=1.6~2 정도

㉡ 와류손 : $P_e = \sigma_e (K_f f t B_m)^2$[W/kg]

여기서, σ_e : 히스테리시스손 계수

σ_h : 와류손 계수

K_f : 파형률

f : 주파수

t : 두께

B_m : 자속밀도

③ **표유 부하손**

㉠ 대용량 변압기의 경우 상판의 발열 문제 발생

㉡ 부싱 부분에 비자성체 재료인 스테인레스판, 알루미늄판 설치

④ **변압기의 손실비**

$$손실비 = \frac{전부하\ 동손}{무부하손(철손)}$$

3 변압기 손실에 대한 개선 방향

① **권선개선**

㉠ 재료 : 초전도체

㉡ 방법 : 단권변압기

② **철심개선**

㉠ 재료 : 아몰퍼스

㉡ 형태 : 철심두께 얇게

4 변압기 효율

① **실측효율**

$$\eta = \frac{출력전압}{입력전력} \times 100[\%]$$

② **규약효율**

$$\eta = \frac{출력}{출력 + 손실} \times 100[\%] = \frac{입력 - 손실}{입력} \times 100[\%]$$

③ **전일효율**

㉠ 부하가 변동할 경우 효율을 종합적으로 계산하기 위해서 전일효율을 사용

㉡ $\eta = \frac{1일의 출력\ 전력량}{1일의 출력\ 전력량 + 1일의 손실\ 전력량} = \frac{P_d}{P_d + P_i \times 24 + P_{cd}}$

여기서, P_i : 철손

P_{cd} : 1일간의 동손

041 변압기 최대 효율 조건

1 전류기준(I_2)

① 규약효율을 적용하면

$$\eta = \frac{출력}{출력 + 손실} \times 100[\%]$$

$$\eta = \frac{VI_2\cos\theta}{VI_2\cos\theta + P_i + P_c} \times 100[\%]$$

여기서, P_i : 철손, P_c : 동손(I^2R)

$$= \frac{VI_2\cos\theta}{VI_2\cos\theta + P_i + I_2^2R} \times 100[\%]$$

분모, 분자를 I_2 로 나누어 주면

$$= \frac{V\cos\theta}{V\cos\theta + \dfrac{P_i}{I_2} + I_2R} \times 100[\%]$$

② 분모가 최소일 때 효율이 최대가 되므로

$$f(I_2) = V\cos\theta + \frac{P_i}{I_2} + I_2R$$

$f'(I_2) = -\dfrac{P_i}{I_2^2} + R = 0$ 이면 최소값이 되므로

$$\therefore\ P_i = I_2^2R$$

2 부하율 기준(m)

$$\eta = \frac{출력}{출력 + 손실} \times 100[\%]$$

$$\eta = \frac{mP\cos\theta}{mP\cos\theta + P_i + m^2P_c} \times 100[\%]$$

여기서, P : 변압기용량, P_i : 철손, P_c : 동손, m : 부하율

분모, 분자를 m(부하율)로 나누어 주면

$$= \frac{P\cos\theta}{P\cos\theta + \frac{P_i}{m} + mP_c} \times 100[\%]$$

분모가 최소일 때 효율이 최대가 되므로

$$f(m) = P\cos\theta + \frac{P_i}{m} + mP_c$$

$$f'(m) = -\frac{P_i}{m^2} + P_c = 0$$이면 최소값이 되므로

$$\therefore m = \sqrt{\frac{P_i}{P_c}}$$

 01

500[kVA] 변압기, 손실이 80[%] 부하에서 53.4[kW], 60[%] 부하에서 33.6[kW] 일 때

(1) 이 변압기의 40[%] 부하율에서 손실[kW]를 구하시오.

(2) 최고 효율은 부하율이 몇 [%]일 때인가?

풀이

1 40[%]일 때 손실

$$P_l = P_i + m^2 P_c$$

$$P_{80} = P_i + 0.8^2 P_c = 53.4[\text{kW}]$$

$$P_{60} = P_i + 0.6^2 P_c = 33.6[\text{kW}]$$

$$P_c = 70.7[\text{kW}]$$

$$P_i = 8.15[\text{kW}]$$

$$P_{40} = 8.15 + 0.4^2 \times 70.7 = 19.46[\text{kW}]$$

2 최고효율

최고효율은 철손과 동손이 같을 때 이므로 부하율은 m은

$P_i = m^2 P_c$

$8.15 = m^2 \times 70.7$

$m = 0.34$

예제 02

변압기 용량 5,000[kVA], 변압기의 효율은 100[%] 부하 시에 99.08[%], 75[%] 부하 시에 99.18[%], 50[%] 부하 시에 99.20[%]라 한다. 이와 같은 조건에서 변압기의 부하율 65[%]일 때의 전력손실을 구하시오. (단, 답은 소수점 첫째자리에서 절상)

풀이

1 전력손실에 계산

$P_l = P_i + m^2 P_c$

$P_i + P_c = 5000 \times (1 - 0.9908) \times 1 = 46$ ································· (1)

$P_i + 0.75^2 P_c = 5000 \times (1 - 0.9918) \times 0.75 = 30.75$ ················· (2)

$P_i + 0.5^2 P_c = 5000 \times (1 - 0.9920) \times 0.5 = 20$ ························· (3)

2 부하율이 65[%]일 때 전력손실

65[%]는 50[%]와 75[%]사이 이므로
식(2), 식(3)을 연립하여 푼다.

$P_c = 34.4$

$P_i = 11.4$

$P_l = 11.4 + 0.65^2 \times 34.4 = 25.934$

$\therefore$ 26[kW]

참고정리

식(1), 식(2)를 연립하여 풀면 아래와 같이 약간의 오차가 발생하나 미미하다.

$P_c = 34.8571$

$P_i = 11.1429$

$P_l = 11.1429 + 0.65^2 \times 34.8571 = 25.87$

$\therefore$ 26[kW]

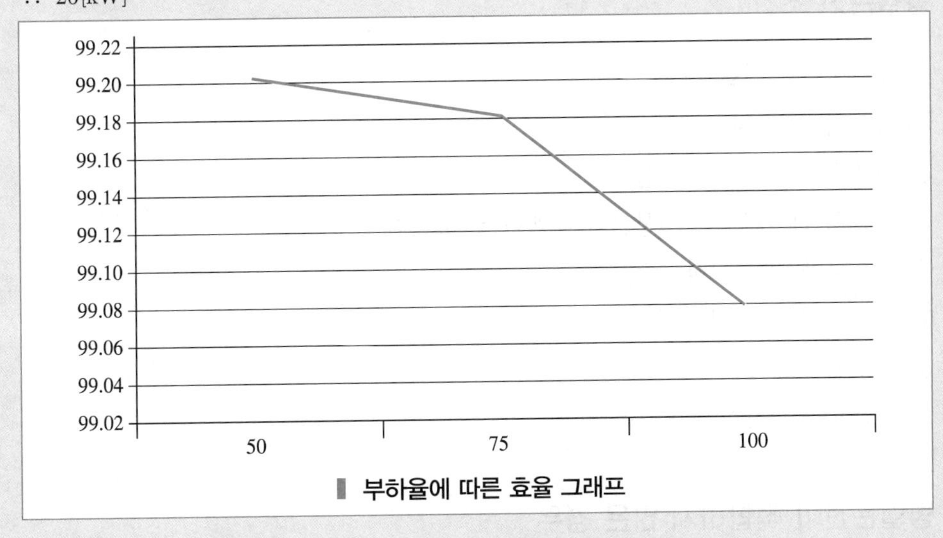

부하율에 따른 효율 그래프

042 변압기 병렬운전

1 병렬운전 목적

① 계통의 신뢰성 향상

② **메인터넌스의 효율성** : 1대 고장 시 점검 및 보수에 유리

2 병렬운전 조건

① 정격전압이 같을 것

② 극성이 같을 것

③ 퍼센트 임피던스가 같을 것

④ 퍼센트 임피던스중 저항분과 리액턴스 비가 같을 것

⑤ 용량비가 3 : 1 이하일 것

⑥ 온도 상승 한도가 같을 것

⑦ BIL이 같을 것

⑧ 3상의 경우 상회전이 같을 것

3 병렬운전이 적합하지 않은 경우

① 부하의 합계가 변압기 정격용량보다 큰 경우

② 병렬운전 중 순환전류가 정격전류의 10[%]를 초과한 경우

③ 순환전류와 부하전류치의 합이 정격부하의 110[%]를 넘는 경우

4 병렬운전 결선

가능결선	불가능한 결선
Y−Y　△−△,　　Y−△　△−Y △−△　△−△,　　Y−Y　Y−Y Y−△　Y−△,　　△−Y　△−Y	△−△　△−Y, △−Y　Y−Y

① Y-△

-30°위상차가 발생 하므로 역상 결선(a↔b)하여 180°위상차를 만든다.

그러므로 180°+(-30°) = 150°가 된다.

② △-Y

+30°위상차가 발생 하므로 상회전을 하여 (a→b b→c c→a) 120°의 위상차를 만든다. 그러므로 120° + 30° = 150°가 된다.

③ 결국 위상이 같으므로 병렬운전이 가능하다.

5 용량이 같은 변압기 부하분담

$$P_{T1} = \frac{Z_2}{Z_1 + Z_2} \times P$$

$$P_{T2} = \frac{Z_1}{Z_1 + Z_2} \times P$$

6 용량과 %Z가 다른 변압기 합성최대부하

$$P_{\max} \leq \%Z_a \left(\frac{P_a}{\%Z_a} + \frac{P_b}{\%Z_b} + \frac{P_c}{\%Z_c} \right)$$

043 병렬운전 변압기의 순환전류

1 2차 전압의 크기가 다른 경우

전압 크기에 따른 무효순환전류가 흘러 변압기를 과열시킨다.

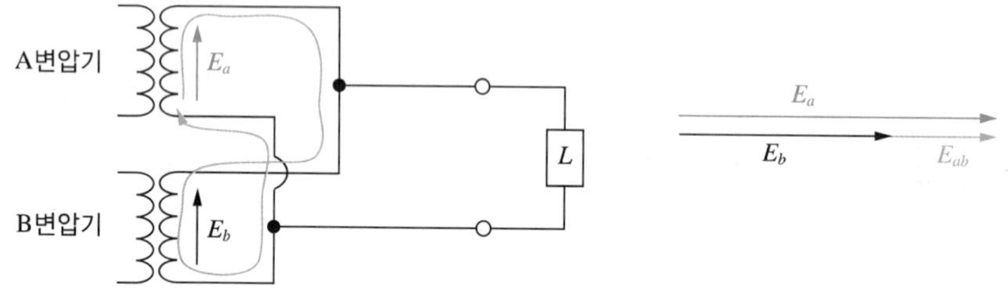

2 2차 전압의 위상이 다른 경우

전압 위상차에 따른 유효순환전류가 흘러 변압기를 과열시킨다.

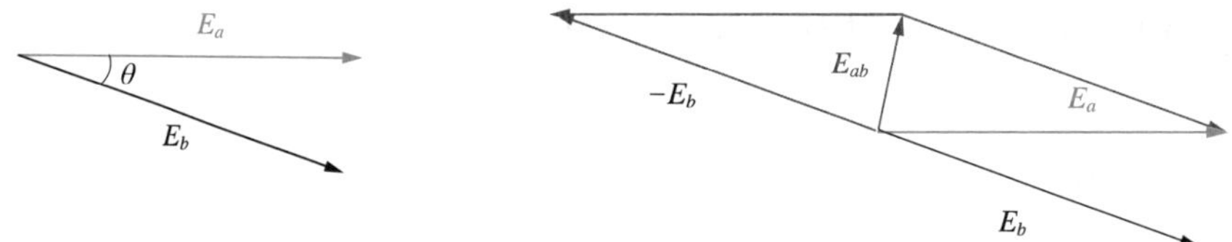

3 극성이 다른 경우

극성이 다르면 그림과 같이 단락과 같다.

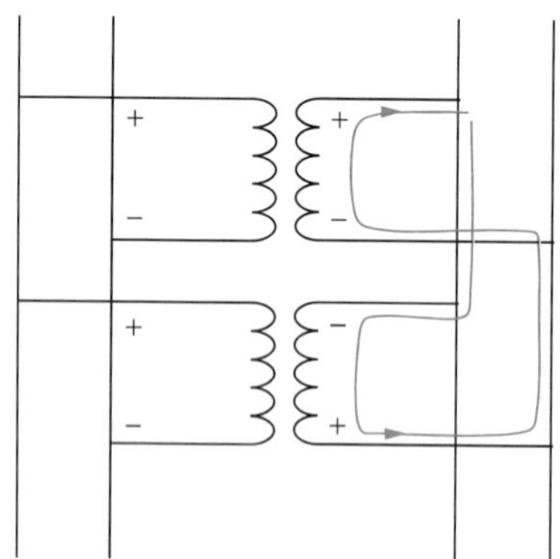

4 R과 X의 비가 다른 경우

아래 그림과 같이 전압차가 생기고 그에 따른 순환전류가 흐른다.

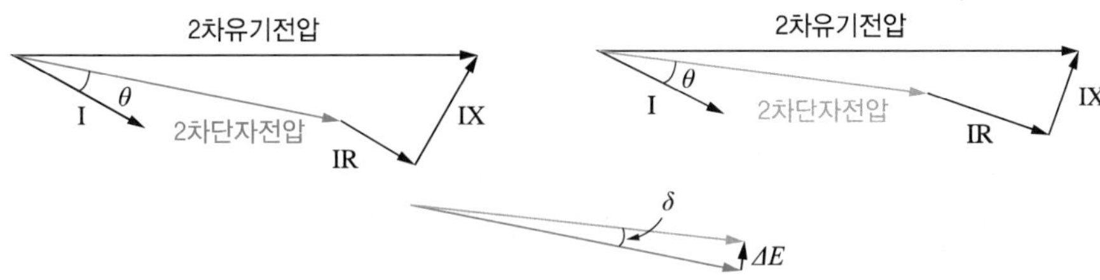

044 통합운전방법

1 개요

① 변압기의 운전대수가 최소가 되도록 변압기의 대수를 제어하는 방식
② 변압기가 항상 최고 효율점 근처에서 운전되도록 한다.

2 변압기 손실의 최소화를 위한 부하조건과 변압기 대수

① 변압기 n대 운전 시 전력손실

$$W_n = \sum_{n=1}^{n}[P_{in} + m_n^2 P_{cn}]$$

② 변압기 $n-1$대 운전 시 전력손실

$$W_{n-1} = \sum_{n=1}^{n-1}[P_{in} + m_n^2 P_{cn}]$$

③ 운전 중 임의의 1대를 정지하여 $(n-1)$로 운전하는 것이 전력손실이 적어지는 조건

$$W_n > W_{n-1}$$

3 통합운전조건

① **신뢰성 유지** : 통합운전 중 고장이 발생하여도 전력공급 신뢰도 유지
② **과부하 운전조건 만족** : 변압기 단시간 과부하 운전조건 만족
③ **손실경감** : 변압기 총합 손실 충분히 경감

045 특수변압기 종류

1 역 V결선

b상 코일의 b′점을 중성점에 접속하는 대신 b점을 중성점에 접속하면 2상의 전원으로 3상의 전원을 얻을 수 있다.

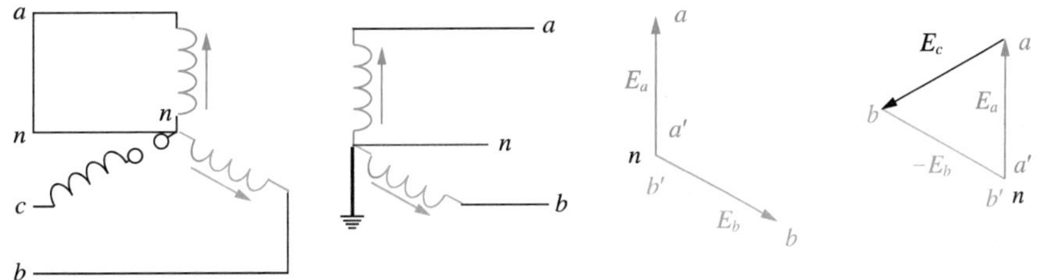

2 스코트 결선

Scott 결선 변압기는 변성비가 다른 단상변압기 2대를 이용하여 3상 전원을 Vector 각이 90°인 2개의 단상 전원으로 출력되도록 한 변압기

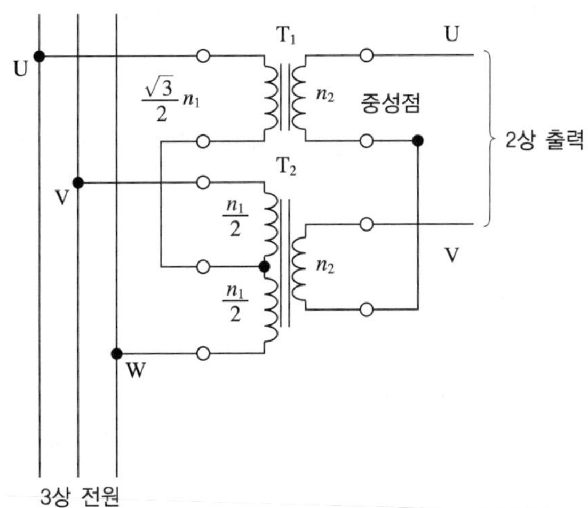

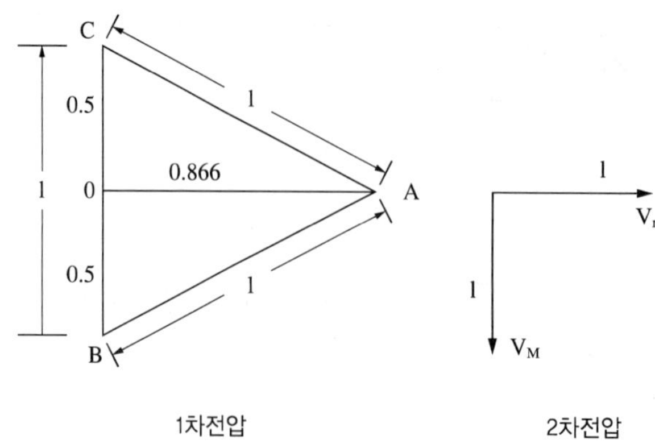

① Tr. 1에는 1차측 권수비 $\frac{\sqrt{3}}{2}n_1$에 결선

② Tr. 2에는 1차측 권수비 $\frac{n_1}{2}$에 결선

3 Y-Zig zag 결선 변압기

① 지락검출

㉠ 154[kV] 수전 시 22.9[kV]의 배전 계통

㉡ △결선 → 지락검출이 어려움 → zig-zag TR사용(중성점 접지)

② 연피손 저감

2차 권선을 △로 하여 케이블의 연피를 접지하는 접지용 변압기로 사용하면 연피손을 저감

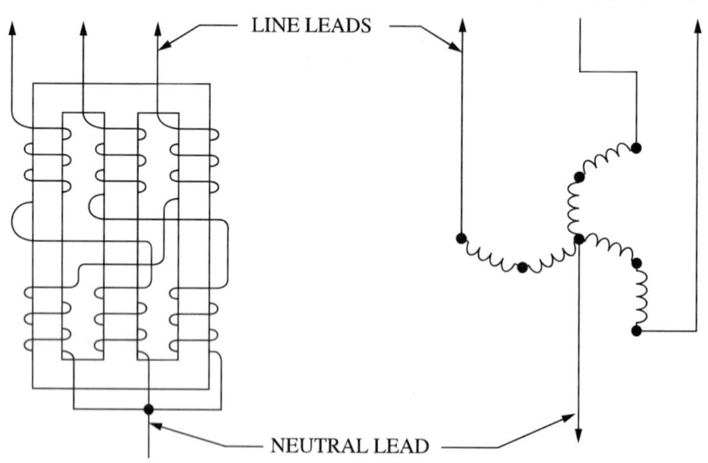

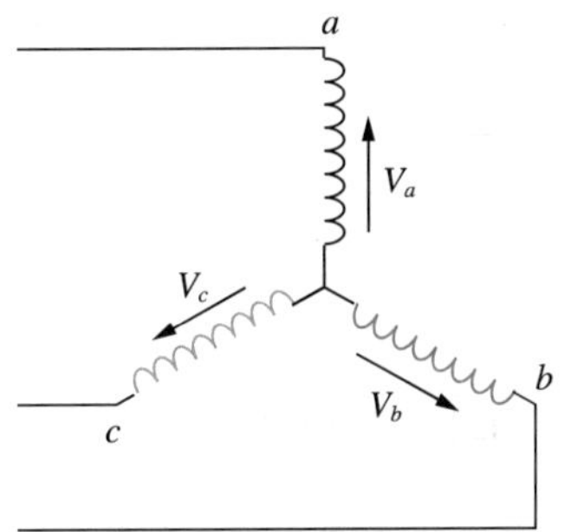
a
V_a
V_c
V_b
b
c

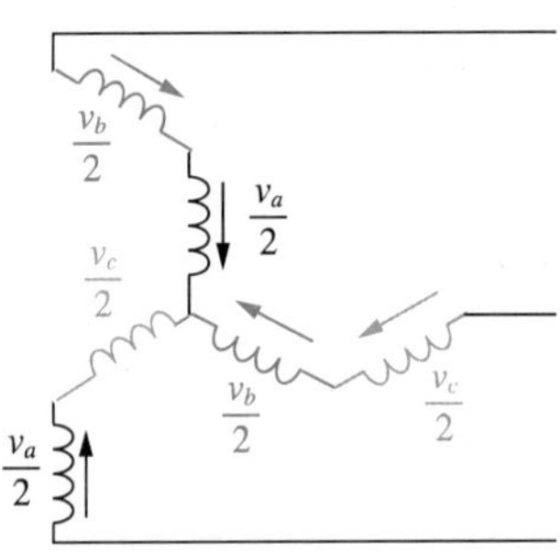
$\frac{v_b}{2}$
$\frac{v_a}{2}$
$\frac{v_c}{2}$
$\frac{v_b}{2}$
$\frac{v_c}{2}$
$\frac{v_a}{2}$

046 V-V결선

1 개 요

단상변압기 2대를 이용하여 3상 전압으로 변환하기 위한 결선법

2 V-V 결선도

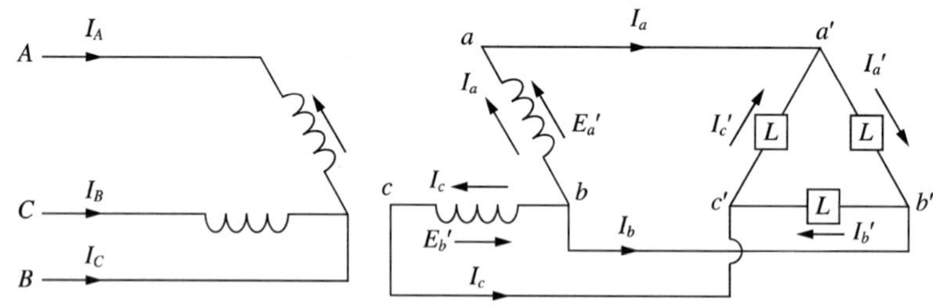

3 V-V 벡터도

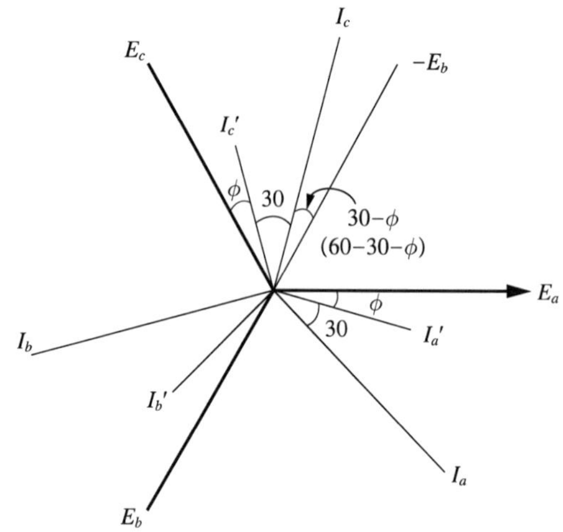

4 V-V 결선 변압기에 걸 수 있는 부하용량

① 평형 3상 전압 인가 시

$E_{ba} = E_{ca} = E_{bc} = E$

$I_a = I_b = I_c = I$이면

② **변압기 용량**

$$P = P_{ab} + P_{bc} = E_a I_a \cos(30+\phi) + E_b I_c \cos(30-\phi)$$
$$= EI(\cos(30+\phi) + \cos(30-\phi))$$
$$= \sqrt{3}\ EI\cos\phi$$

③ **변압기 출력**

$$\frac{P_V}{P_\triangle} = \frac{\sqrt{3}\,EI\cos\phi}{3\,EI\cos\phi} = 0.577$$

④ **변압기 이용률**

$$\frac{P_V}{P_\triangle} = \frac{\frac{\sqrt{3}\ EI\cos\phi}{2}}{\frac{3\,EI\cos\phi}{3}} = 0.866$$

5 전압변동율과 역률관계

평형 3상 부하에 있어서 V결선 뱅크의 전압 변동율은 상마다 다르고 역률(θ는 역률각)에 따라 변화한다.

$$\varepsilon_{ab} = \frac{IR\cos(30+\theta) + IX\sin(30+\theta)}{E}$$

$$\varepsilon_{bc} = \frac{IR\cos(-30+\theta) + IX\sin(-30+\theta)}{E}$$

$$\varepsilon_{ac} = \varepsilon_{ab} + \varepsilon_{bc}$$

6 V-V 결선이 유도전동기에 미치는 영향

① 각상의 전압강하가 다르기 때문에 유도전동기에는 불평형 3상 전압이 가해진다.

② 정상전류 이외에 역상 및 영상전류가 흐른다.

③ 역상전류는 역방향 토크를 발생시킴

④ 영상전류는 전동기 온도를 상승시킴

047 하이브리드 변압기

1 개 요

① Zig zag 권선을 6조의 다중 권취법으로 하여 변압기능 + 고조파감쇄 + 불평형개선의 1석3조 기능을 갖는 변압기를 의미

② 일반 변압기에 비해 고효율 · 저손실 · 저소음 기능을 향상시킴

2 변압기의 발전과정

구분	KS표준 변압기	아몰퍼스 변압기	저소음 고효율 변압기	하이브리드 변압기
코 어	규소강판	아몰퍼스 코어	자구 미세화	아몰퍼스, 자구미세화
기 능	변압기능	철손 감소	동손, 철손 감소	고조파, 불평형개선 역률향상

3 하이브리드 변압기 필요성

① **일반 변압기의 고조파 증가**

분산형 전원의 증가, 전력변환기기의 증가, OA기기의 증가

→ 고조파 증가 → 전력품질 저하 → 효율감소, 고조파로 인한 각종 문제 발생

② **그 외 고조파로 인한 문제**

㉠ 콘덴서 : 실효치 증가, 단자전압 상승, 실효용량 증가

㉡ 변압기 : 동손증가, 철손증가, 변압기 출력 감소

㉢ 발전기 : 댐퍼 권선 과열, 헌팅 발생

㉣ 케이블 : 중성선 과열

③ 변압기의 기능과 고조파 감쇄 능력이 같이 있어, 일반 변압기와 달리 고조파 저감장치를 따로 설치 할 필요가 없다.

4 하이브리드 변압기 구성

① **권선법/ 벡터도**

㉠ Zig zag 권선을 6조의 다중 권취법으로 하되 각상에서 정방향과 역방향의 권선비를 갖고 권선을 U상→ W상→ V상 순으로 반복 권취

㉡ 각상의 자속이 교번하는 과정에서 동차수 고조파를 상호 상쇄시키는 원리

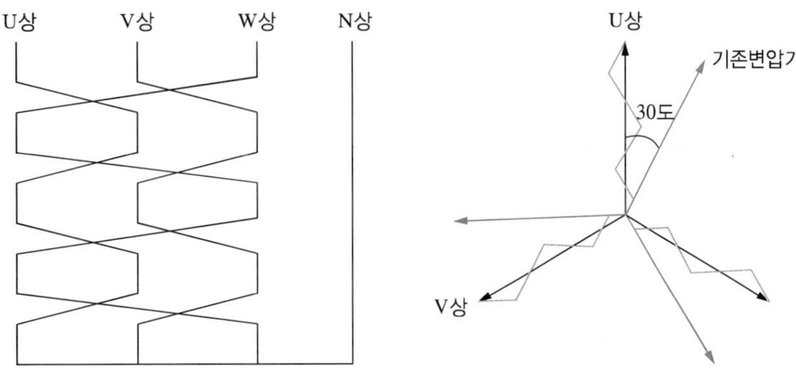

② **외형도**

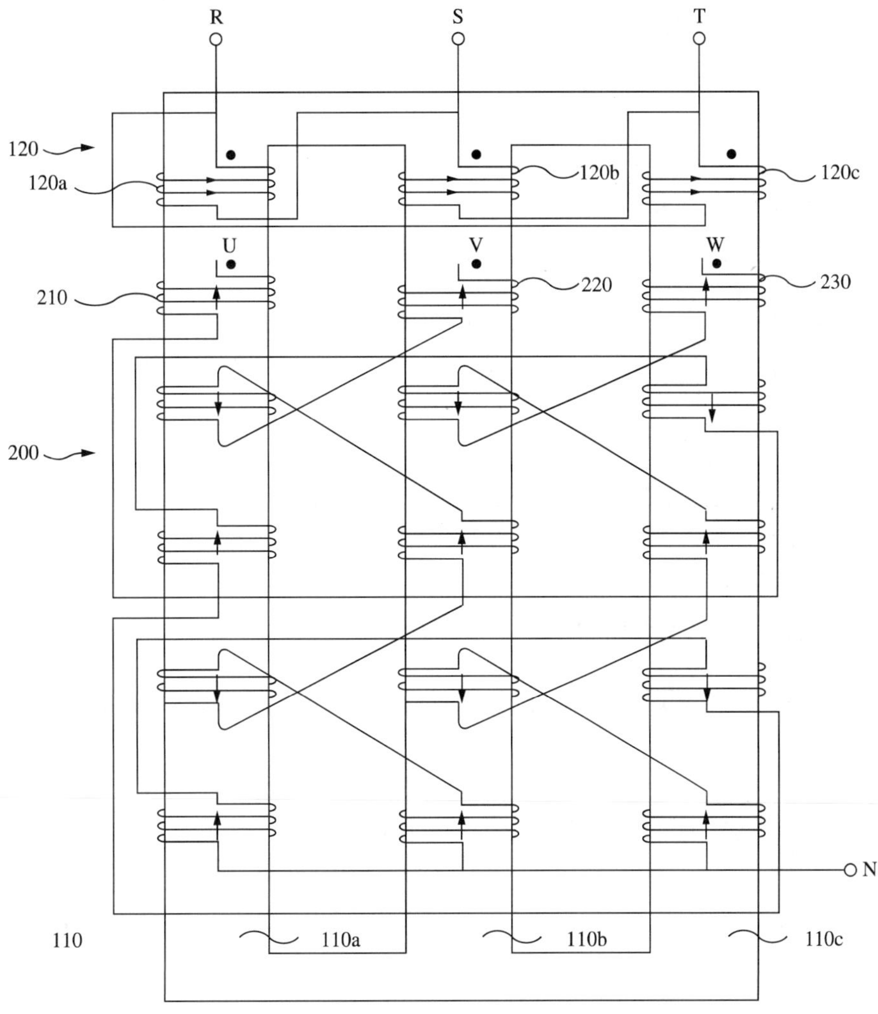

5 하이브리드 변압기효과

① 고효율 저손실

㉠ 고조파 : 70[%] 감소(5, 7, 11 고조파 감쇄)

㉡ 불평형 : 40[%] 감소

㉢ 손 실 : 6[%] 감소

② 소음 개선

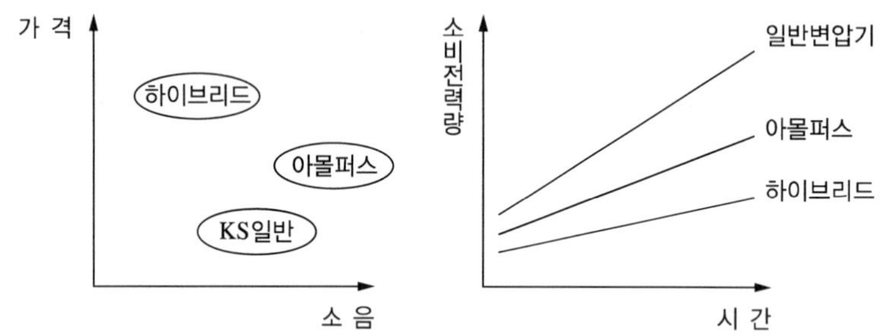

6 기존변압기와 비교

구 분	하이브리드	기존변압기
용 도	배전용 변압기	배전용 변압기
철 심	자구미세화, 아몰퍼스, 규소강판	자구미세화, 아몰퍼스, 규소강판
권선법	지그 재그 권선	일반 권선
기 능	변압기, 고조파감쇄, 불평형개선, 역률개선	변압기
고조파 예방	자체로 예방	필터, K-factor 변압기 사용
가 격	고가 (제품이 5[%] 커짐)	저가

7 K-factor 변압기와 비교

구 분	하이브리드	K-factor 변압기
용 도	변압기 + 고조파 감쇄 기능	고조파에 의한 변압기 권선의 온도 상승에도 견딜 수 있도록 내력을 증가 시킨 변압기 ㉠ △권선 : 권선 굵기 굵게 함 ㉡ Y 권선 : 중성점 접속부를 300[%]로 설계 ㉢ %Z : 표준변압기보다 낮게 설계

8 지그재그 권선 변압기와 비교

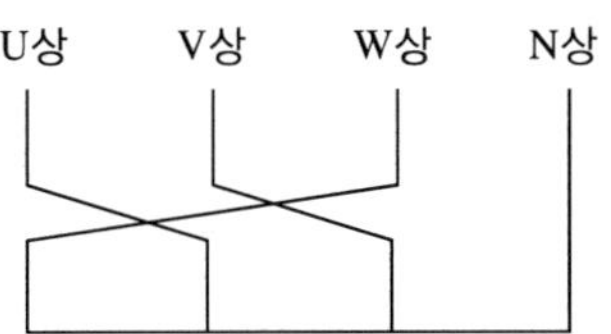

지그재그 권선 변압기 특징
영상 고조파 및 기계력 감소 효과
지그재그 권선은 불평형 개선 및 손실 감쇄 효과가 미미함

9 결 론

① **다기능성**

㉠ 변압기능+고조파감쇄+불평형개선의 1석3조 기능을 갖는 변압기

㉡ 일반 변압기에 비해 고효율·저손실·저소음 기능을 향상

② **친환경성**

전력품질을 개선시켜 전력손실을 줄임으로써 에너지 절약 및 탄소배출을 억제

③ **공간 절약**

변압기와 고조파필터가 융합된 일체형 제품으로써 설치 공간을 최소화

048 단권변압기

1 단권변압기의 용량

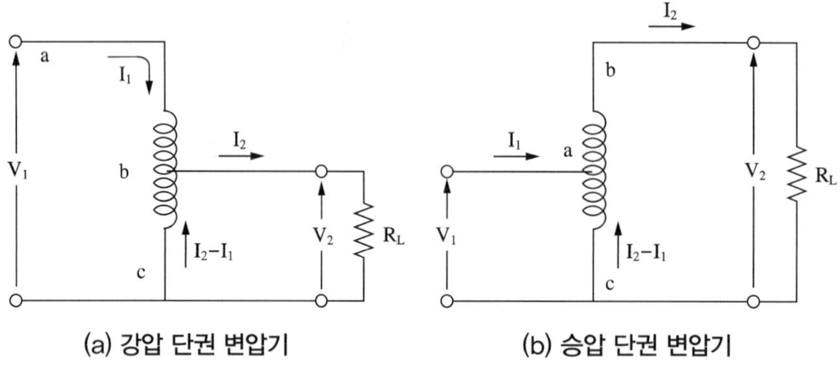

(a) 강압 단권 변압기 (b) 승압 단권 변압기

▌단권 변압기의 종류

2 자기용량과 부하용량

① 부하용량

$$P_L = E_1 I_1 = E_2 I_2$$

② 자기용량

$$P_S = E_1 I_1 - E_1 I_2 = E_2 I_2 - E_1 I_2$$

$$P_S = E_1 (I_1 - I_2) = I_2 (E_2 - E_1)$$

③ 자기용량과 부하용량의 비

$$\frac{P_S}{P_L} = \frac{I_2 (E_2 - E_1)}{E_2 I_2} = 1 - \frac{E_1}{E_2}$$

3 단권변압기 특징

① 장점

㉠ 권선이 생략되므로 중량, 가격이 감소한다.

㉡ 분로 권선에는 1차와 2차의 차전류가 흘러서 동손이 작다.

㉢ 효율이 높다(1,2차 전압차가 가까울수록 경제적임).

㉣ %Z가 $(1-\frac{E_1}{E_2})$배 작으므로 전압 변동률이 작다.

㉤ 자기용량 $P_S = P_n(1-\frac{E_1}{E_2})$이므로 작은 용량의 변압기로 큰 부하를 걸 수 있다.

② **단점**

㉠ 임피던스가 작으므로 단락전류가 크다.

㉡ 열적 기계적 강도를 크게 해야 한다.

㉢ 충격전압은 직렬권선에 걸리므로 적절한 절연설계가 필요하다.

㉣ 저압측도 고압측과 같은 절열수준이 필요

㉤ 초고압 계통에서는 1차 2차 모두 중성점 직접 접지 계통이어야 한다(지락전류 감소 목적으로 Floating 시키는 경우 중성점에 피뢰기를 설치해야 한다)

4 주요용도

① 가정용 소형 승압기(Booster)

② 실험용 슬라이닥

③ **전력 계통 변압기** : 단상 3권선 단권변압기 3대 YY△ 결선

049 초전도 변압기

1 개 요

초전도 권선을 사용하여 변압기 동손을 감소해 효율을 극대화한 변압기

2 초전도 변압기 구조

① 기본 구조는 일반 변압기와 크게 다르지 않음

② 초전도 권선을 냉각시키기 위한 극저온 용기 안에 초전도 권선을 설치 후 액체질소로 냉각

③ 냉각 효율 측면에서 철심은 상온 유지

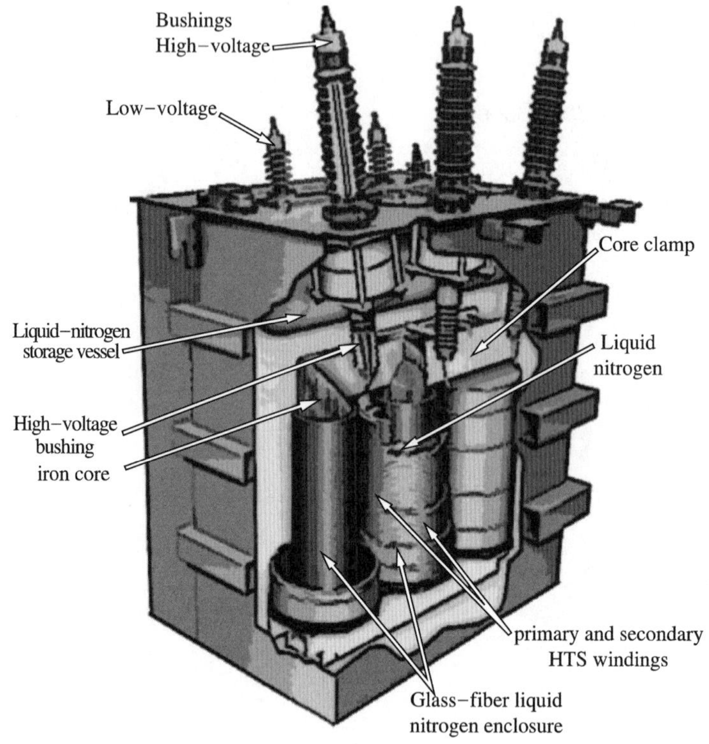

3 초전도 변압기 개발효과

① 변압기 전력 손실이 획기적으로 감소
② 변압기 수명이 증가
③ 30[MVA] 이상 변압기가 경쟁력이 있음

4 초전도 변압기 특징

① 변압기 손실
동손이 0이 되고 나머지 손실은 그대로 발생

② 냉각방식
㉠ 액체 질소 순환 방식
- 액체 질소를 순환 시키는 방식
- 구조가 복잡

㉡ 액체 질소 비순환 방식
- 액체질소를 순환하지 않고 지속적으로 공급하는 방식
- 구조가 간단하나 냉각 손실이 큼
- 대용량 변압기에 적합

③ 변압기 무게(30[MVA] 용량을 기준)
㉠ 일반 유입변압기 30톤
㉡ 순환방식 초전도 변압기는 24톤
㉢ 비순환방식의 경우 16톤

④ 전류특성
㉠ 임계전류에 의해 제한을 받음
㉡ 극저온에서 적용할 초고압 기기 개발 필요

5 초전도 변압기 장점

① 효율상승
동손이 감소하여 효율이 상승

② **부피감소**

냉각장치 등의 부대시설이 증가하나 동량을 20배~100배 정도 줄일 수 있어 부피가 감소한다.

③ **친환경**

㉠ SF6, 절연유 대신 질소 사용

㉡ 화재위험이 감소하고, SF6 사용 감소로 친환경적임

④ **과부하내량이 큼**

㉠ 절연열화가 안됨 : 변압기 수명이 증가

㉡ 200[%] 과부하에서도 양호한 특성

6 향후전망

① 초전도 변압기는 일반 변압기가 가지고 있는 용량과 수명의 한계를 극복할 수 있다.

② 향후 기술개발에 의해 초전도 변압기가 상용화 되면 전력계통의 신기원을 이룩할 수 있다.

③ 초전도 선재의 경우 대량화가 진행되면 경제성 문제도 해결될 수 있다.

050 콘덴서형 계기용 변압기(CPD ; Capacitor Potential Device)

1 개 요

콘덴서형 계기용 변압기란 철심형 변압기의 경우 전압이 높아지면(66[kV] 이상) 크기가 커져서 고가로 되므로 콘덴서를 이용해서 전압을 분압 하도록 한 계기용 변압기

2 CPD 구성 및 원리

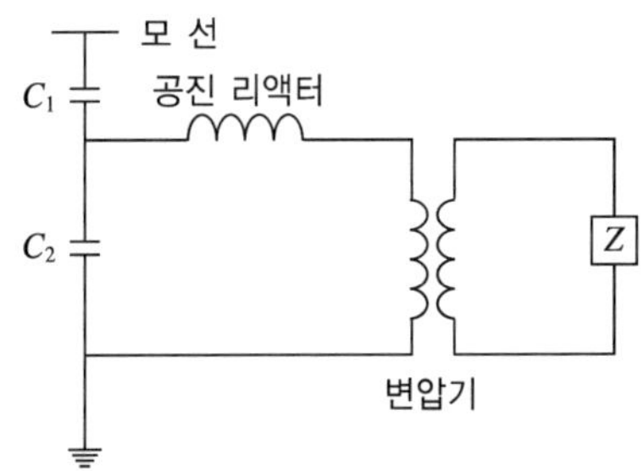

① 철심에 권선을 감아서 변압기 형태로 사용하는 전압 변성기는 고전압(66[kV] 이상)이 될수록 크기가 커져서 고가로 되므로 콘덴서를 이용해서 전압을 분압 하도록 한다.

② 공진 리액터와 $C_1 + C_2$를 공진 시켜 오차를 최소화 한다.

3 CPD 종류

① **CCPD(Coupling Capacitor Potential Device)결합콘덴서형**

변성특성이 뛰어남

② **BCPD(Bushing Capacitor Potential Device)부싱형**

㉠ 경제적이나 2차 부담이 적어야 한다.

㉡ 대지간 정정용량 이용

③ **공진리액터 접속위치에 따른 분류**

㉠ 1차 리액터형

㉡ 2차 리액터형

㉢ 누설 변압기형

4 CPD 특성

① 공진용 리액터를 탭에 의해 조정 : 탭조성 시 과도현상이 수반

② 고조파 함유가 높을 경우 정확한 측정이 곤란

③ 시스템이 복잡하다.

④ 변압기 권선 및 공진 리액터의 저항분을 작게 하여 CPD 특성을 개선한다.

051 3권선 변압기

1 3권선 변압기구조

한 개의 철심에 3개의 권선이 감긴 형태

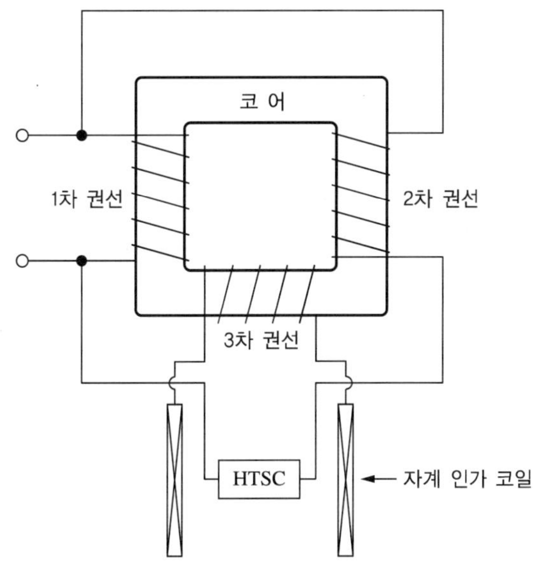

2 3권선 변압기용도

① 고조파 제거 필요시

② 발전소 내 전력 공급용으로 사용할 때

③ 2종 전원 필요시(2대 변압기 설치 못하는 경우)

④ 전압이 다른 두 계통에서 수전하여 3차 전력 공급 시

⑤ 유도장해 경감용

⑥ 전압변동 경감 대책용

⑦ Y-Y결선으로 절연비를 경감하고자 할 때

⑧ Y-Y결선으로 위상차를 없게 할 때

⑨ Y결선으로 중성점 접지하여 전위를 안정화 시킬 필요가 있을 때

3 3권선 변압기특징

① 1,2차 권선에 3차 권선을 설치한 변압기로 권수비에 따라 1조의 변압기로 2종류의 전압 2종류의 용량

② 3고조파를 권선 내에서 순환시키기 위해 △결선을 가지고 있다.

③ 2차 권선에 유도성 부하가 있는 경우 3차 권선에 진상용 콘덴서를 설치하면 1차회로의 역률을 개선

052 유도전동기

1 농형 유도 전동기 구성 및 원리

① 구성

㉠ 고정자

전기자 권선이 감겨져 회전자계를 인가한다.

㉡ 회전자

회전자계가 회전자와 쇄교하면, 아라고 원판의 원리에 의해 화살표 방향과 같이 맴돌이 전류가 흘러 토크를 발생한다.

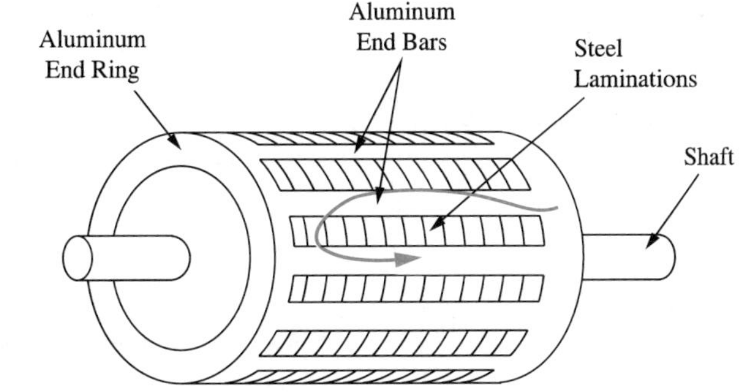

② 아라고 원판의 원리

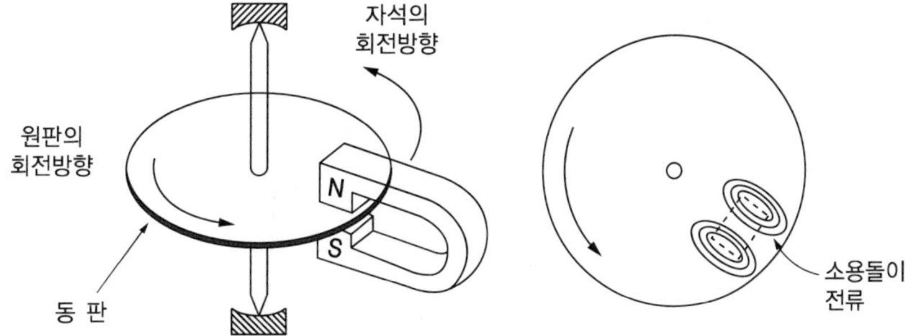

㉠ 그림과 같이 자석을 회전 시킬 때 자속이 도체를 통과

㉡ 도체에 기전력 발생(플래밍의 오른손 법칙)

㉢ 와전류(소용돌이 전류) 발생

㉣ 와전류와 자속의 상호 작용(플래밍의 왼손법칙)

㉤ 회전방향으로 도체(동판)가 회전 (회전 자계)

㉥ 동판은 자석보다 느린 속도로 회전(자속이 도체를 통과하지 않으면, 유도기전력이 발생되지 않기 때문)

③ 유도전동기 속도

$$N = \frac{120f}{P}(1-s)[\text{rpm}]$$

$$s = \frac{N_s - N}{N_s}$$

여기서, N_s : 동기속도, N : 속도, P : 극수, f : 주파수, s : 슬립

유도전동기는 고정자에 흐르는 전류와 회전자가 쇄교해야 하므로 슬립이 필연적으로 발생하고 동기속도보다 늦게 된다.

④ 유도전동기의 특성 곡선

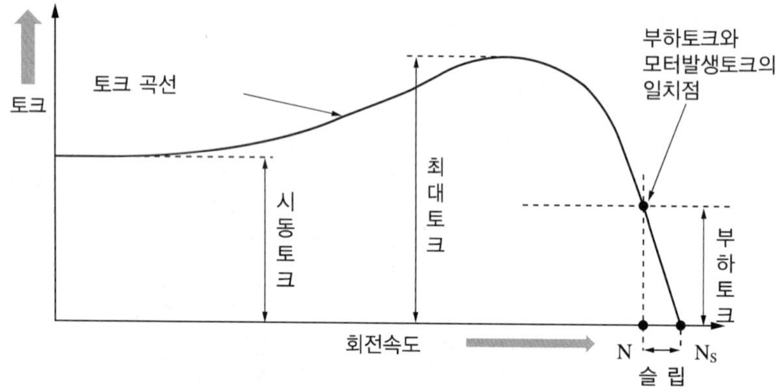

⑤ 유도기의 회전력 토크 곡선

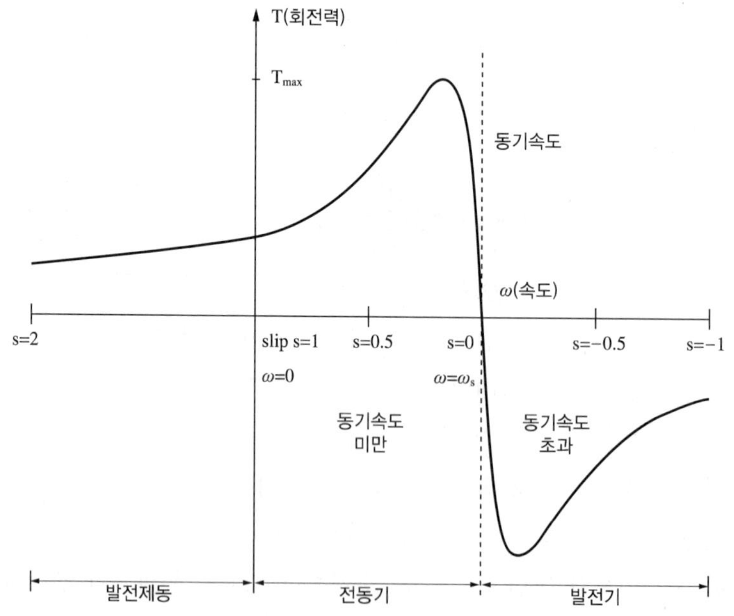

2 회전자계(Rotating Magnetic Field)

① **회전자계**

1점을 중심으로 자계가 회전하는 것

② **원리**

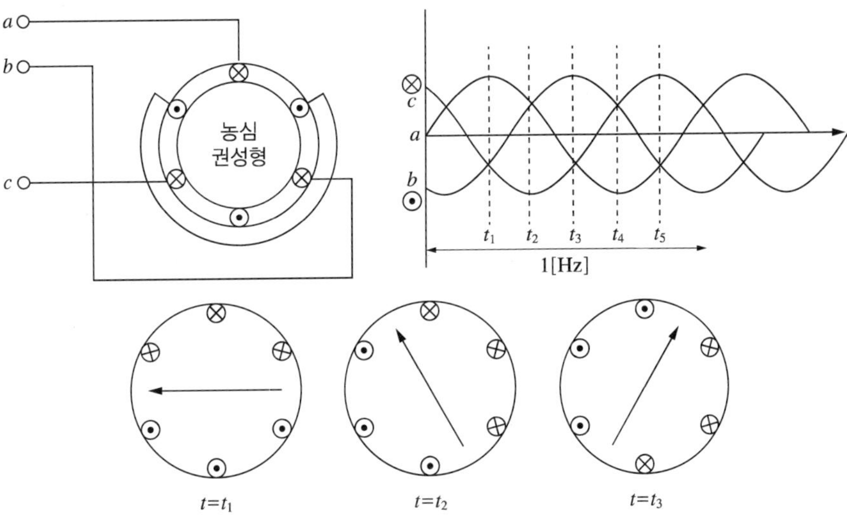

1상의 전류를 1[A]라 하면, 1[A]가 만드는 자속이 1[AT]이 되고, 1상의 자속은 1[H]가 되어, 1.5[H]의 회전자계가 발생한다.

90°	$I_a\sin(90)$ $I_b\sin(90+240)$ $I_c\sin(90+120)$	[H] −0.5[H] −0.5[H]
150°	$I_a\sin(150)$ $I_b\sin(150+240)$ $I_c\sin(150+120)$	0.5[H] 0.5[H] −[H]
210°	$I_a\sin(210)$ $I_b\sin(210+240)$ $I_c\sin(210+120)$	−0.[H] [H] −0.5[H]
270°	$I_a\sin(270)$ $I_b\sin(270+240)$ $I_c\sin(270+120)$	[H] 0.5[H] 0.5[H]
330°	$I_a\sin(330)$ $I_b\sin(330+240)$ $I_c\sin(330+120)$	−0.5[H] −0.5[H] [H]

③ 벡터도

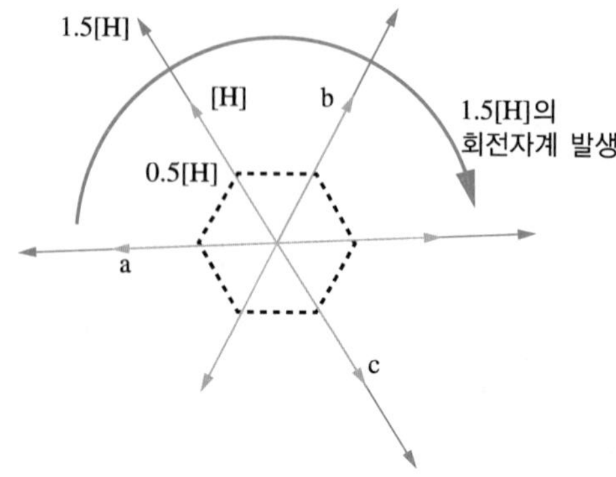

053 단상유도전동기의 기동방식

1 개 요

단상 유도전동기는 정지상태에서는 회전자계가 생기지 않기 때문에 어떤 형태로든 회전자계 또는 이동 자계를 만들어 주어야 기동이 가능해진다.

2 단상유도전동기의 기동방식

① 쉐이딩 코일형

㉠ 쉐이딩 코일형은 자극의 일부를 나누어 여기에 코일을 감은 것

㉡ 1차 권선에 전압이 가해지면 자극 철심내의 교번자속에 의해 쉐이딩코일에 단락전류가 흐르게 되는데 이 전류는 한 쪽 부분의 자속을 방해하도록 작용하기 때문에 한 쪽 부분의 자속은 다른 부분의 자속보다 시간적으로 늦어져서 이동자계가 형성

㉢ 수 십 와트 이하의 소형전동기에 사용

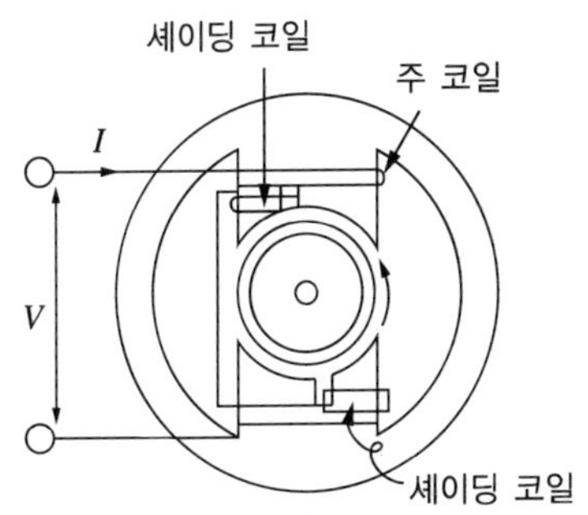

② 분상기동형

㉠ 분상기동형은 권선을 주권선과 기동권선으로 나누어 기동 시에만 기동권선이 연결되도록 한 것

㉡ 전압이 가해지면 리액턴스가 큰 주권선에 흐르는 전류는 리액턴스가 작은 기동권선에 흐르는 전류보다 위상이 뒤지게 되므로 이동자계가 형성되어 회전자는 이 이동자계에 의해서 회전을 시작

㉢ 회전속도가 정격속도의 75[%]정도에 달하면 원심력 스위치에 의해 기동권선은 분리

㉣ 분상기동형 유도전동기는 휀, 송풍기 등에 사용되고, 0.5[HP]까지의 정격에 사용

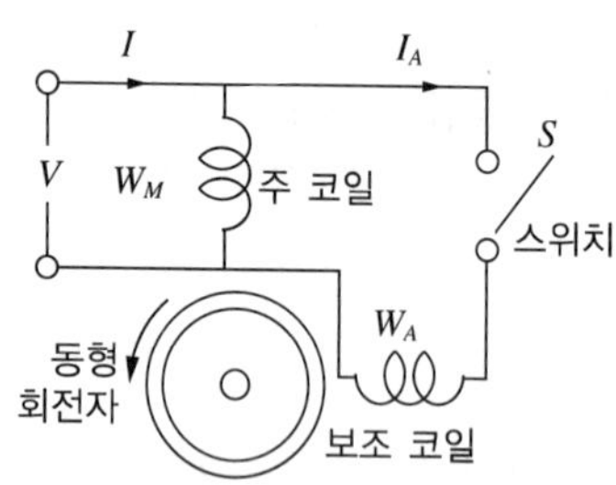

③ **콘덴서 기동형**

㉠ 기동권선 회로에 직렬로 콘덴서를 연결해서 주권선의 지상전류와 콘덴서의 진상전류로 인하여 두 전류 사이의 상차각이 커서 분상 기동형보다 더 큰 기동토크를 얻는다.

㉡ 콘덴서 기동형 전동기는 다른 단상 유도전동기에 비해서 효율과 역률이 좋고 진동과 소음도 적어 운전상태가 양호하다.

㉢ 정격은 일반적으로 1[HP]정도가 많이 사용하고 10[HP]까지도 사용

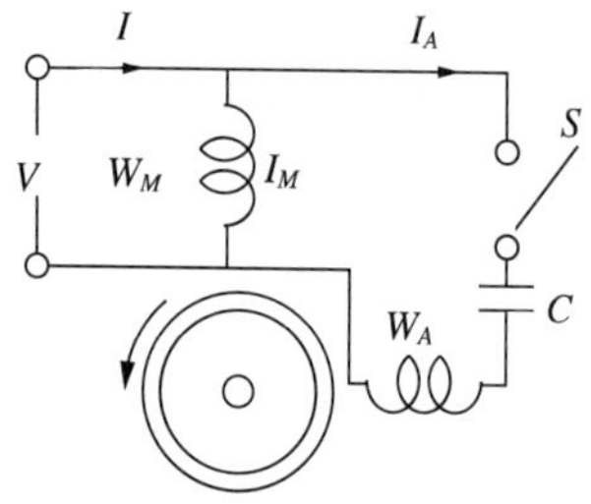

④ **반발 기동형**

㉠ 반발 기동형 단상유도전동기는 고정자에는 단상의 주권선이 감겨져 있고 회전자는 직류전동기의 전기자와 거의 같은 권선과 정류자로 구성

㉡ 브러쉬는 고정자 권선의 축과 각 ϕ만큼 위치해 있고, 해당 회전자 권선을 단락

㉢ 고정자가 여자되면 단락된 회전자 권선에 전압이 유기되고 이 전압에 의해 전류가 흐르고 이 전류에 의해 자계가 형성되어 고정자 권선이 만드는 자계와 상호작용으로 반발력이 발생

㉣ 반발전동기의 기동토크는 브러쉬의 위치를 적당히 하면 대단히 커지는데 보통 전부하 토크의 400~500[%] 정도

054 반도체(Semi-conductor)

1 실리콘 원자

① 실리콘 원자는 14개의 전자를 가지고 있는데 그림과 같이 최외각에는 4개의 전자밖에 없어서 안정화를 위해서는 최소한 4개의 전자를 더 필요로 한다.

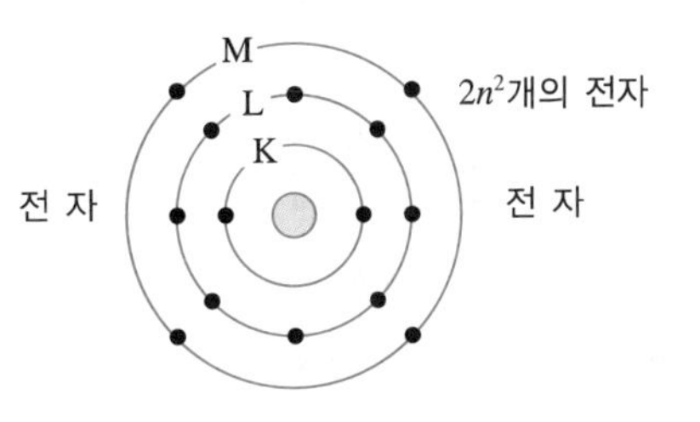

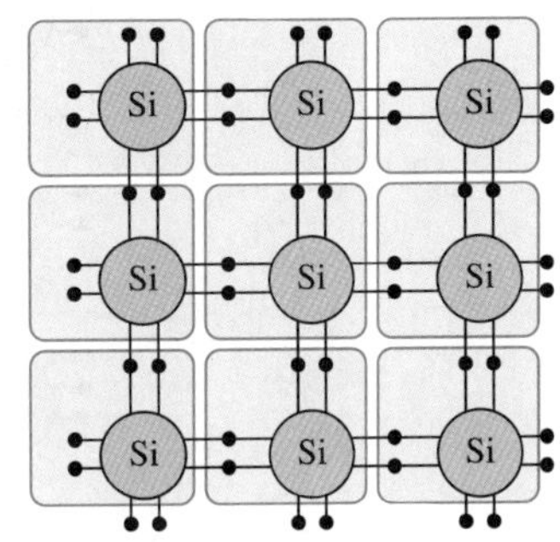

② 따라서 그림과 같이 이웃한 원자의 전자를 서로 공유함으로써 공유결합을 하여 8개를 채운다.

2 P형 반도체(Positive)

① 4가 원소인 실리콘에 미량의 3가 원소(붕소, 알루미늄)를 불순물로 첨가해서 만든 반도체로써 다음 그림과 같이 3가 원소는 실리콘과 공유결합을 하는데 전자 1개가 부족하게 된다.

② 부족한 전자로 인하여 양의 성질을 띤다.

③ 전하를 옮기는 캐리어로 정공(홀)이 사용되는 반도체

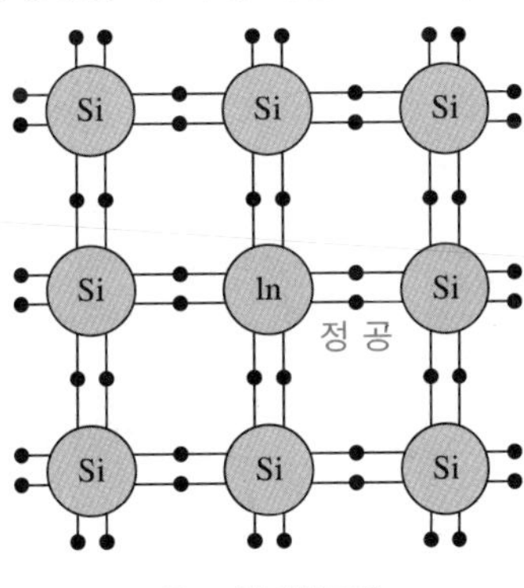

P형 반도체

3 N형 반도체(Negative)

① 4가 원소인 실리콘에 미량의 5가 원소(비소, 안티몬, 인)를 불순물로 첨가해서 만든 반도체로써 다음 그림과 같이 5가 원소는 실리콘과 고유결합을 하는데 전자 1개가 남게 된다.

② 남은 전자로 인하여 음의 성질을 띤다.

③ 전하를 옮기는 캐리어로 자유전자가 사용되는 반도체

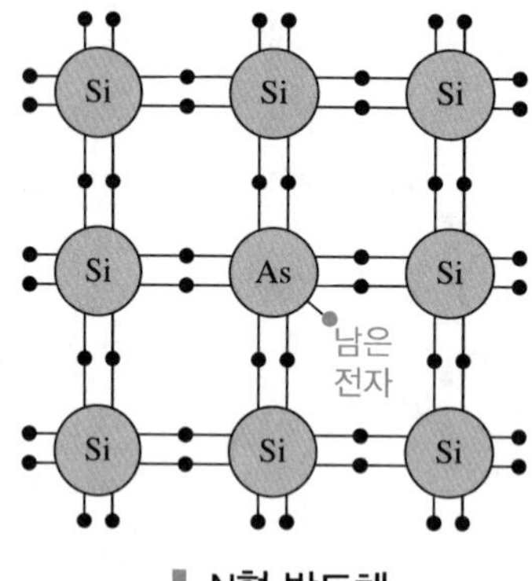

▌N형 반도체

055 정전유도(Electrostatic Induction)

1 정전유도

대전체를 대전되지 않는 절연체에 가까이 하면 가까운 곳은 반대의 전하가, 먼 곳은 동종의 전하가 발생하는데, 전하들이 분리해서 분포토록 유도하는 것을 정전유도라 한다.

2 선로에서의 정전유도

① 용량결합 또는 전계결합에 의해서 하나의 도체에서 다른 도체로 전압이 전달되는 것을 정전유도라 한다.

② A, B도체가 다음 그림과 같이 인접해 있을 때 A도체에 V_s 의 대지전압이 가해지면 정전용량에 의해서 V_S는 다음과 같이 유기된다.

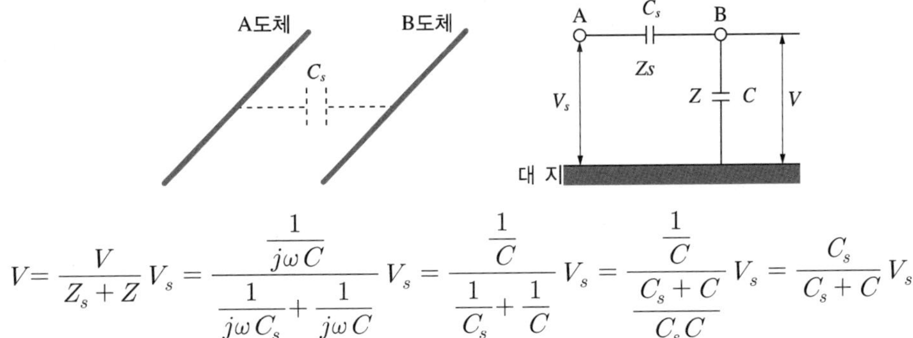

$$V = \frac{V}{Z_s + Z} V_s = \frac{\frac{1}{j\omega C}}{\frac{1}{j\omega C_s} + \frac{1}{j\omega C}} V_s = \frac{\frac{1}{C}}{\frac{1}{C_s} + \frac{1}{C}} V_s = \frac{\frac{1}{C}}{\frac{C_s + C}{C_s C}} V_s = \frac{C_s}{C_s + C} V_s$$

3 정전용량

① 물체가 단위 전압당 저장하는 전하의 양

$$C[\mathrm{F}] = \frac{Q[\mathrm{C}]}{V[\mathrm{V}]}$$

② 똑같은 모양을 가진 두 도체판으로 만들어진 평행판 정전용량은 다음과 같이 근사적으로 계산이 가능하다.

$$C = \frac{\varepsilon S}{d}[\mathrm{F : Farad}]$$

여기서, C : 정전용량[F], S : 면적[m^2], d : 거리[m], ε : 유전율[F/m]

056 전자유도(Electromagnetic Induction)

① 전자유도는 자계결합에 의한 유도결합의 작용으로, 하나의 도체로부터 다른 도체로 전압이 전달되는 것을 의미한다.

② 두 도체 A, B의 상호 인덕턴스가 M일 때 A도체에 전류 I_0가 흐르면 A도체 주위에 자계가 형성되고 이 자계에 의한 자속이 B도체의 인덕턴스와 쇄교하여 B도체에 전압이 유기된다.

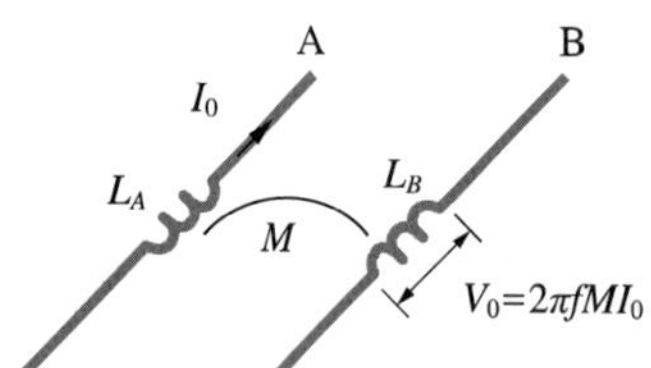

$$\nu = -M\frac{di}{dt} = -M\frac{d}{dt}(I_m \sin\omega t) = -\omega M I_m \cos\omega t$$

$$= \omega M I_m \sin(\omega t - 90°)$$

$$|V_0| = \omega M I_0 = 2\pi f M I_0$$

057 유전율(ε, Dielectric Constant, Permittivity)

1 유전율의 정의

같은 크기의 전계가 가해지고 있어도, 전극 사이에 있는 물질의 종류에 따라 통과하는 전속의 양이 달라지게 되는데, 물질이 전속을 통과시키는 정도를 표시하기 위해서 사용되는 것이 유전율이다.

$$\varepsilon = \varepsilon_o \varepsilon_r$$

여기서 ε_o : 진공의 유전율($\varepsilon_0 = 8.854 \times 10^{-12}$[F/m])

ε_r : 비유전율(진공 유전율에 대한 비)

2 유전율의 단위

$$\varepsilon = \frac{D}{E}[\mathrm{F/m}]$$

여기서, D : 전속밀도[C/m^2], E : 전계[V/m]

058 전기회로와 자기회로

1 전기회로와 자기회로 비교

전기회로		자기회로	
명 칭	단 위	명 칭	단 위
기전력	E[V]	기자력	F[AT]
전 계	E[V/m]	자 계	H[AT/m]
전 류	I[A]	자 속	ϕ[Wb]
전류밀도	I[A/m^2]	자속밀도	B[Wb/m^2]
전기저항	R[Ω]=[V/A]	자기저항	Rm[AT/Wb]
도전율	σ[℧/m]	투자율	μ[H/m]

2 자기회로와 전기회로의 차이점

① 옴의 법칙 적용 가능성

자기회로의 경우 히스테리시스 특성과 자기포화로 인해 항상 적용이 가능하지 않다.

② 누설자속 및 누설전류

자기회로의 투자율은 누설전류에 비해 매우 크다.

③ 손 실

전기회로의 경우 저항에 전류가 흐르면 손실이 발생하지만 자기회로의 경우 자기저항에 자속이 흘러도 손실이 발생하지 않는다.

059 자기여자현상(Self Excitation)

① 전동기 단자전압이 일시적으로 정격전압을 초과하는 현상을 의미한다.

② 전동기의 전원을 Off 하면 전동기는 발전기가 되어 콘덴서에 진상전류가 흐르게 되면 전기자 반작용에 의해 전동기는 증자작용을 일으켜 전동기의 단자전압이 상승한다.

③ 대책으로는 전동기 전원 Off 전에 콘덴서를 분리하거나 콘덴서 용량을 제한한다.

060 자기유도 1(Magnetic Induction)

1 자기유도 정의

어떤 물질에 자계를 가하면 물질이 자화되는데 이를 자기유도라 한다. 이렇게 자화되는 물질을 자성체라 한다.

2 자성체의 종류

① **상자성체**(Paramagnetic Substance) : 자계와 같은 방향으로 자화되는 물체
② **역자성체**(Diamagnetic Substance) : 자계와 반대방향으로 자화되는 물체
③ **강자성체**(Ferromagnetic Substance) : 상자성체 중 자화가 큰 물체

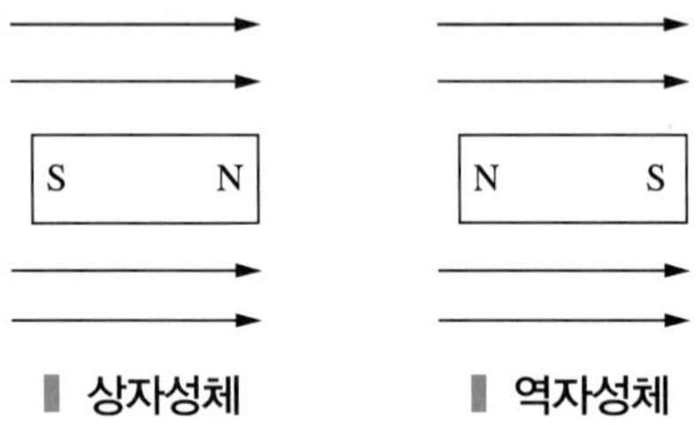

▌상자성체 ▌역자성체

061 자기유도 2(Self Induction)

코일에 흐르는 전류가 변화하면 그에 따라 자속이 변화하므로 코일 내에 유도기전력이 생기는데 이를 자기유도라 한다.

$$e = -L\frac{di}{dt} = -n\frac{d\theta}{dt}[\mathrm{V}]$$

여기서 e : 기전력[V]
L : 인덕턴스[H]
i : 전류[A]
θ : 자속[Wb]
n : 권수비

062 상호유도(Mutual Induction)

1 상호유도

유도적으로 결합되어 있는 두 개의 회로 중 한 회로에서 전류가 변화하면 다른 회로에 쇄교하는 자력선 수가 변화하므로 유도전류가 생기게 되는데 이를 상호유도라 한다.

2 결합계수(Coupling Coefficient)

유도결합된 두 회로 간의 결합의 정도를 표시하는 양을 결합계수(k)라 한다.

$$k = \frac{M}{\sqrt{L_1 L_2}}$$

여기서, M : 두 회로의 상호인덕턴스

L_1, L_2 : 두 회로의 자기 인덕턴스

k의 값 : $0 \leqq k \leqq 1$의 범위

무선회로에서는 k : 0.01 정도

철심을 사용한 변압기 : $k = 0.99$ 정도

063 여자전류(Exciting Current)

1 여자전류의 정의

자속을 발생시키기 위해 흘려 주는 전류를 여자전류라 한다. 일반적으로 여자전류는 자화전류와 철손전류를 포함한다.

2 공급하는 방식에 따른 분류

① **타여자**(Separate Excitation)
별도의 외부 전원을 이용하여 계자자속을 발생시키는 방식

② **자여자**(Self Excitation)
계자자극의 잔류자기(Residual Magnetism)를 기초로 하여, 자체 발생된 전압으로 계자자속을 형성시키는 방식

064 자기 히스테리시스(Magnetic Hysteresis)

1 자기 히스테리시스

강자성체를 자화할 경우에는 자속밀도(B)와 자계(H)는 자기포화현상에 의해 비가역적으로 움직이는데 이러한 현상을 자기 히스테리시스라고 한다.

2 자기 히스테리시스 루프(Magnetic Hysteresis Loop)

① **자화경력이 전혀 없는 철을 자화하는 경우의 경로**

0 → a → e의 곡선으로 변화

② **이후의 자계 변화에 따른 경로(+Hm과 −Hm 사이에서 순환적으로 변화)**

e → f → g → h → i → j → e의 루프를 따라 변화하는데, 이를 자기 히스테리시스 곡선이라 한다.

③ **a의 상태에서 H를 약간 감소시켰다가 a의 상태까지 다시 증가시키는 경우**

a → b → c → d의 루프를 따라 변화한다.

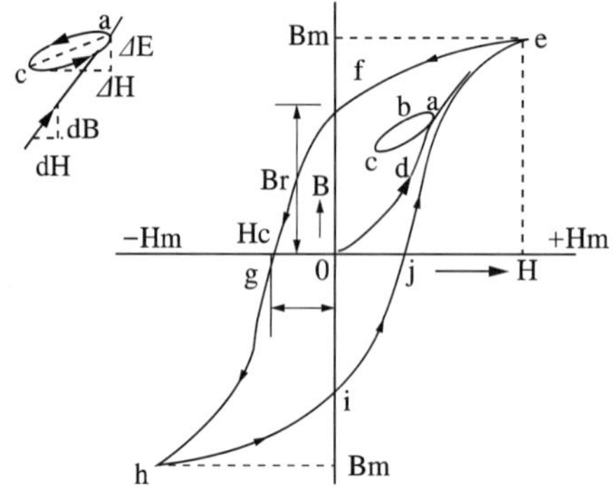

3 자속밀도와 자계와의 관계

① H = 0인 경우

Br=of만큼 남는데, Br을 잔류자속밀도(Remnant Flux Density)이라 한다.

② B = 0인 경우

Hc=og만큼 남는데, Hc를 보자력(Coercive Force)이라 한다.

065 패러데이의 전자유도법칙(Faraday's Law of Electromagnetic Induction)

1 패러데이의 전자유도법칙

자기선속의 변화가 기전력을 발생시킨다는 법칙

$$e = -L\frac{di}{dt} = -N\frac{d\theta}{dt}[\mathrm{V}]$$

여기서 e : 기전력[V]
L : 인덕턴스[H]
i : 전류[A]
θ: 자속[Wb]
N : 권수비

2 유기기전력 및 렌츠의 법칙

① 코일에 유기되는 전압은 자속의 시간에 대한 변화율 $\frac{d\theta}{dt}$ 와 코일의 권회수 N에 비례한다.

② 전류의 시간에 대한 변화율 $\frac{di}{dt}$ 와 코일의 인덕턴스 L[H]에 비례한다.

③ 위의 패러데이 법칙에 표기된 (−)부호를 의미하는 것으로, 코일에 유기되는 전압방향은 자속의 변화에 반대방향으로 생성된다는 것을 뜻한다.

066 변위전류(Displacement Current)

① 전기장을 변화시킴으로써 발생하는 자기장을 설명하기 위한 전류이다.

② 유전체로 이루어진 공간을 흐르는 전류로, 회로의 일부에 진공이나 유전체 등의 콘덴서가 삽입되는 경우에 나타난다.

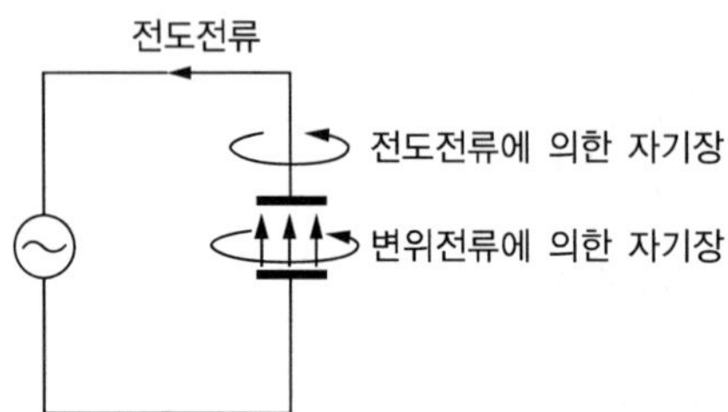

③ **변위전류**

$$i_d = \frac{\partial D}{\partial t}[\mathrm{A/m^2}]$$

여기서, D : 전속밀도($D = \varepsilon E[\mathrm{C/m^2}]$), E : 전계[V/m]

067 맥스웰 방정식(Maxwell's Equations)

1 맥스웰 방정식

① 전기와 자기의 발생, 전기장과 자기장, 전하 밀도와 전류 밀도의 형성을 나타내는 4개의 편미분 방정식이다.

② 맥스웰 방정식은 빛 역시 전자기파의 하나임을 보여 준다.

③ 각각의 방정식은 가우스 법칙, 가우스 자기법칙, 패러데이 전자기유도법칙, 앙페르 회로 법칙으로 불리는데, 이를 맥스웰이 종합하여 맥스웰 방정식을 완성하였다.

2 맥스웰 방정식 표현

적분형(실험식)	미분형	내 용
패러데이 전자기 유도법칙 $\oint_c E \cdot dl = -\frac{d}{dt}\int_s B \cdot dA$	$\dot{\nabla} \times \dot{E} = \frac{\partial B}{\partial t}$	• 자속의 시간적 변화는 기전력 발생 • 기전력 방향은 역기전력
암페어의 법칙 $\oint_c H \cdot dl = N \cdot I[\mathrm{AT}]$	$\dot{\nabla} \times \dot{H} = i_c + \frac{\partial D}{\partial t}$	변위전류도 자계를 형성
가우스의 법칙(전기장) $\oint_s D \cdot ds = Q[\mathrm{C}]$	$\dot{\nabla} \cdot \dot{D} = \rho$	• 고립전하 존재 • 전속밀도의 발산은 체적 전하밀도와 같다. • 전하가 없는 공간은 전속의 발산도 없다.
가우스의 법칙(자기장) $\oint_s B \cdot ds = 0[\mathrm{Wb}]$	$\dot{\nabla} \cdot \dot{B} = 0$	• 고립전하는 존재하지 않음 • 자속밀도의 발산은 항상 0이다. • 자속밀도의 발산은 항상 연속이다.

068 특성 임피던스(Characteristic Impedance) [=파동 임피던스, 서지 임피던스]

1 특성 임피던스의 정의

① 전압진행파와 전류진행파의 비를 특성 임피던스라 한다.

② 특성임피던스 $Z_o = \sqrt{\frac{Z}{Y}} = \sqrt{\frac{(R+j\omega L)}{(G+j\omega C)}}$ 이며, 일반적으로 $Z_0 = \sqrt{\frac{L}{C}}$ 로 표시한다.

③ 진행파에 대하여 선로의 특성을 나타내고 상용주파가 아닌 서지 및 통신에서만 적용한다.

④ 특성 임피던스는 비록 [Ω]값을 가지고 있어도 이를 이용하여 전력이나 전압, 전류 등을 구하는 회로 이론적으로 적용할 수 없다.

2 선로별 특성 임피던스 값

① 스피커 : 8[Ω]

② RF, 계측, 안테나 : 50[Ω]

③ 영상케이블 : 75[Ω]

④ UTP : 100[Ω]

⑤ STP : 120[Ω] 또는 150[Ω]

⑥ 평행 피더라인 음성용 등 : 300[Ω]

⑦ 2선식 통신선로(전기통신) : 600[Ω]

069 발전기식

1 a상, b상, c상 전압

$V_a = E_a - (V_0 + V_1 + V_2)$ ······(1) a상 전압

$V_b = a^2 E_a - (V_0 + a^2 V_1 + a V_2)$ ······(2) b상 전압

$V_c = a E_a - (V_0 + a V_1 + a^2 V_2)$ ······(3) c상 전압

2 영상, 정상, 역상전압

$V_0 = \frac{1}{3}(V_a + V_b + V_c)$ ······(4) 영상전압

$V_1 = \frac{1}{3}(V_a + a V_b + a^2 V_c)$ ······(5) 정상전압

$V_2 = \frac{1}{3}(V_a + a^2 V_b + a V_c)$ ······(6) 역상전압

3 발전기식

① **영상전압** : 식 (4)에 식 (1),(2),(3)을 대입하면 발전기의 영상전압이 산출된다.

$$V_0 = \frac{1}{3}\begin{pmatrix} E_a - (V_0 + V_1 + V_2) + \\ a^2 E_a - (V_0 + a^2 V_1 + a V_2) + \\ a E_a - (V_0 + a V_1 + a^2 V_2) \end{pmatrix} = -I_0 Z_0$$

② **정상전압** : 식 (5)에 식 (1),(2),(3)을 대입하면 발전기의 영상전압이 산출된다.

$$V_1 = \frac{1}{3}\begin{pmatrix} E_a - (V_0 + V_1 + V_2) + \\ a(a^2 E_a - (V_0 + a^2 V_1 + a V_2)) + \\ a^2(a E_a - (V_0 + a V_1 + a^2 V_2)) \end{pmatrix} = E_a - I_1 Z_1$$

안심Touch

③ **역상전압** : 식 (6)에 식 (1),(2),(3)을 대입하면 발전기의 영상전압이 산출된다.

$$V_2 = \frac{1}{3}\begin{pmatrix} E_a - (V_0 + V_1 + V_2) + \\ a^2(a^2E_a - (V_0 + a^2V_1 + aV_2)) + \\ a(aE_a - (V_0 + aV_1 + a^2V_2)) \end{pmatrix} = -I_2Z_2$$

④ **발전기식**

$V_0 = -I_0Z_0$

$V_1 = E_a - I_1Z_1$

$V_2 = -I_2Z_2$

070 전압강하(Voltage Drop)

1 전압강하의 정의

① 송전단 전압 V_s 와 수전단 전압 V_r 의 차($V_s - V_r$)로 표시

② 전압강하율 $\varepsilon = \dfrac{V_s - V_r}{V_r} \times 100\%$

2 전압강하의 계산

① 상전압을 기준으로 전압강하를 계산하면

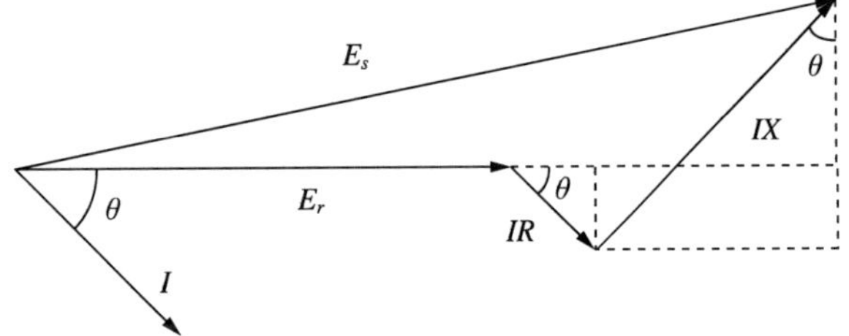

$$\Delta e = E_s - E_r$$
$$= IR\cos\theta + IX\sin\theta + j(IX\cos\theta - IR\sin\theta)[\mathrm{V}]$$

② 약산식을 적용하면

$$\Delta e = I(R\cos\theta + X\sin\theta)[\mathrm{V}]$$

③ 선간 전압강하는

$$\Delta e = \sqrt{3}(E_s - E_r)$$
$$= \sqrt{3}\, I(R\cos\theta + X\sin\theta)[\mathrm{V}]$$

071 시정수

① 제어대상(회로, 물체 등)이 외부로부터 입력에 얼마나 빨리 반응하는지를 나타내는 지표이다.

② RC회로에 전압인가 시 DC 전압의 63.2[%]에 도달하는 시간을 의미한다.

072 단위법(Per Unit) / 퍼센트 임피던스법(%Z)

발전기, 변압기, 전선로 등에 전류가 흐르면 자체의 임피던스에 의해 전압강하가 발생하는데 이 정격전류에 대한 전압강하를 정격전압의 비로 나타낸 것이 단위법이고, 백분율로 나타낸 것이 퍼센트 임피던스 법이다.

$$\%Z = \frac{IZ}{E}\times 100 = \frac{EIZ}{E^2}\times 100 = \frac{P_1[\mathrm{VA}]Z}{E[\mathrm{V}]^2}\times 100$$

$$= \frac{P_1[\mathrm{kVA}]\times 10^3 Z}{E[\mathrm{kV}]^2\times 10^6}\times 100 = \frac{P_1 Z}{10E^2} = \frac{3P_1 Z}{10\times(\sqrt{3}\,E)^2} = \frac{P_3 Z}{10E^2}$$

073 열전효과(Thermo-electric Effect)

1 개 요

Seebeck 효과, Peltier효과, Thomson 효과와 같이 열과 전기의 관계로 나타나는 것을 포괄하여 열전효과라 한다.

2 열전효과

① 제베크효과(Seebeck Effect)

두 종류의 금속으로 폐회로를 만들고 한 접합점에 온도차를 달리하면 기전력이 생겨서 전류가 흐르는 현상

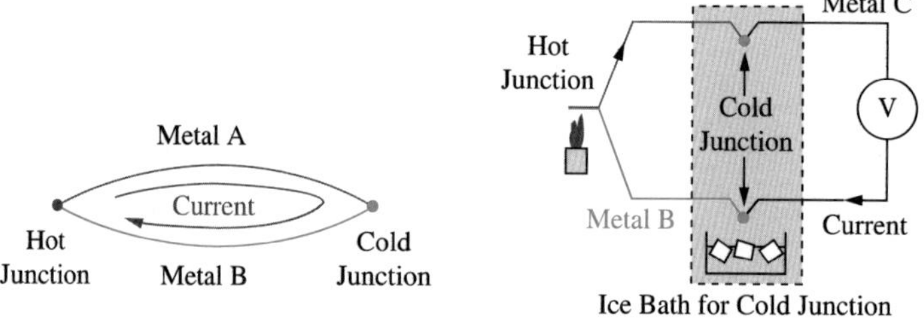

② 펠티어효과(Peltier Effect)

두 종류의 금속으로 폐회로를 만들고 전류를 흘려 주면 한 접점에서 열을 흡수하고, 다른 접점에서 발산시키는 현상

③ 톰슨효과(Thomson Effect)

동일한 금속의 두 점에 온도차가 있을 때 전류를 흘리면 열을 흡수 또는 발산시키는 현상

④ 열전효과 비교

종 류	금 속	조 건	결 과	적 용
Seebeck 효과	이종금속	두 접점 사이 온도차가 있는 경우	기전력이 발생하여 전기가 흐름	온도 측정
Peltier 효과	이종금속	회로에 전류를 흘릴 경우	접합부에서 열 발생 또는 흡수	냉동장치
Thomson 효과	동일 금속	온도차가 있으면서 전류를 흘릴 경우	온도의 차이점에서 열 발생 또는 흡수	Heat Pipe

074 핀치효과, 홀효과, 스트레치 효과

1 핀치효과(Pinch Effect)

① 액체도체에 전류를 흘리면 전류의 수직방향으로 자계가 형성되어 전자력에 의해 액체도체가 수축되고, 액체도체의 수축으로 인하여 전류가 흐르지 않게 되면 액체도체가 다시 원상태가 되는 일을 반복하는 현상

② 플라스마, 핵융합, MHD 발전에 이용되는 원리

2 홀효과(Hall Effect)

① 도체에 직류전류가 흐를 때 직각방향으로 자계를 가하면, 전류와 자계의 직각방향으로 기전력이 생기는 현상

② 직류검출 소자로 이용

3 스트레치 효과(Strech Effect)

자유로이 구부릴 수 있는 도체에 전류를 흘리면 도선 상호 간의 반발력에 의해 도선이 원형이 되는 현상

075 플라스마(Plasma)

1 플라스마 정의

방전관 내부에서 수은증기 등 금속증기가 전리되어 음이온(전자)과 양이온(양자)의 수가 거의 같은 상태로 된 경우를 플라스마라고 한다.

2 플라스마 특징

① 음이온과 양이온이 거의 같은 수이므로 공간전하효과가 없다.
② 전위경도는 금속증기의 압력 및 전류의 크기에 따라 달라진다.
③ 일반적인 플라스마는 발광한다.
④ 플라스마 가스는 자기유체발전(MHD)의 도전성 유체로 이용된다.

076 소음레벨(Noise Level)

1 음압단위(dB ; Decibell)

가청 주파수의 범위 : 20~20,000[Hz]

음의 크기(음압)의 단위로서는 데시벨(dB)이 많이 사용되나, 소음의 크기를 지칭할 경우에는 폰(Phon)을 사용하기도 한다.

2 음압 레벨(SPL ; Sound Pressure Level)

① 음압레벨은 상용로그를 취한 값인 Decibell로 나타내는데 음압레벨 기준은 0.0002[μbar]을 기준으로 해서 나타낸다.

$$SPL = 20\log\frac{P[\mu\text{bar}]}{0.0002[\mu\text{bar}]} = 20\log\frac{P[\text{Pa}]}{2\times10^{-5}[\text{Pa}]}[\text{dB}]$$

여기서, P : 음압

② 음압 200[μbar]을 [dB]로 나타내면

$$SPL = 20\log\frac{200[\mu\text{bar}]}{0.0002[\mu\text{bar}]} = 120[\text{dB}]$$

그러므로 음압 200[μbar]는 120[dB]이 된다.

3 음의 잔향

① 반사음의 감쇄 정도가 직접음보다 60[dB] 감쇄하는 데 걸리는 시간을 잔향시간이라 한다.

② 즉, $\frac{1}{1,000}$ 로 감쇄하는 데 걸리는 시간

$$-60[\text{dB}] = 20\log\frac{1}{1,000}$$

4 전력, 전류, 전압에 대한 이득

① **전력** : $dB = 10\log\dfrac{P_{out}}{P_{in}}[dB]$

② **전류** : $dB = 20\log\dfrac{I_{out}}{I_{in}}[dB]$

③ **전압** : $dB = 20\log\dfrac{V_{out}}{V_{in}}[dB]$

077 신뢰도

1 사고확률

$$p=\frac{R}{R+S},\ q=\frac{S}{R+S},\ p+q=1$$

여기서 p : 운전 상태에 있는 시간

q : 정지 상태에 있는 시간(사고확률)

2 신뢰도

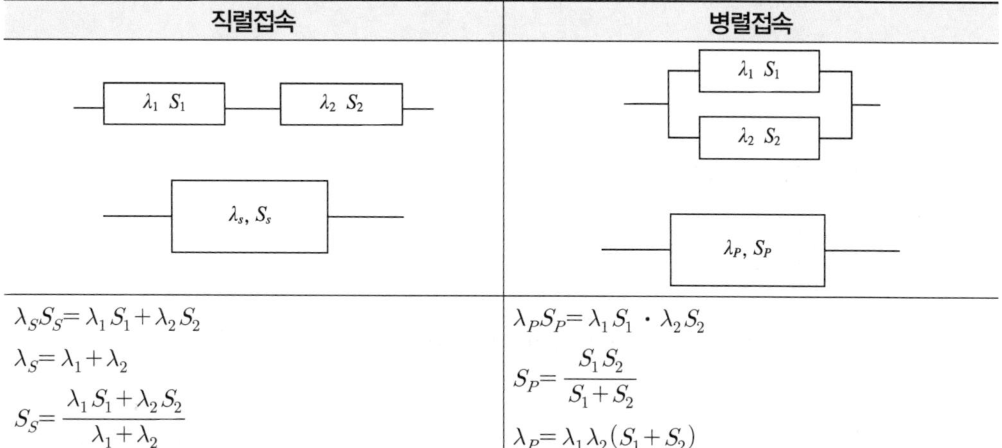

직렬접속	병렬접속
$\lambda_S S_S=\lambda_1 S_1+\lambda_2 S_2$ $\lambda_S=\lambda_1+\lambda_2$ $S_S=\dfrac{\lambda_1 S_1+\lambda_2 S_2}{\lambda_1+\lambda_2}$	$\lambda_P S_P=\lambda_1 S_1\cdot\lambda_2 S_2$ $S_P=\dfrac{S_1 S_2}{S_1+S_2}$ $\lambda_P=\lambda_1\lambda_2(S_1+S_2)$

여기서, λ : 대상 기간 중 사고 발생률

S : 평균 정전시간

3 각 설비가 절체시킬 수 있는 병렬접속

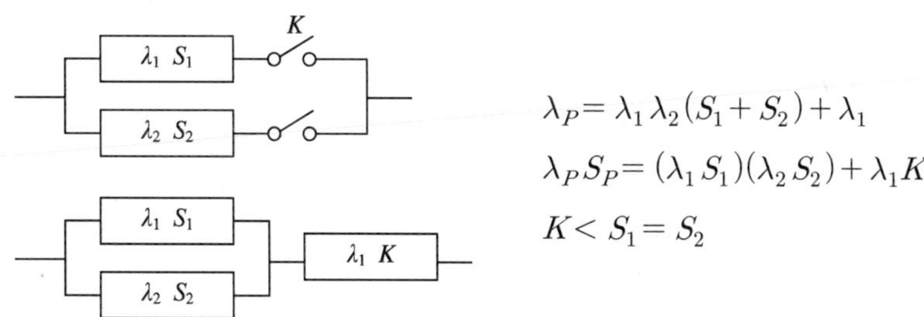

$$\lambda_P=\lambda_1\lambda_2(S_1+S_2)+\lambda_1$$

$$\lambda_P S_P=(\lambda_1 S_1)(\lambda_2 S_2)+\lambda_1 K$$

$$K< S_1=S_2$$

예제 01

3상 전원에서 각상 전압의 위상차가 120°씩이고 전압이 240, 200, 200[V]일 때 이 불평형 전압의 영상, 정상, 역상전압을 구하시오.

풀이

1 상전압

$$V_a = 240\angle 0[\text{V}]$$

$$V_b = 200\angle 240[\text{V}]$$

$$V_c = 200\angle 120[\text{V}]$$

2 영상, 정상, 역상전압

$$V_0 = \frac{1}{3}(V_a + V_b + V_c)$$

$$= \frac{1}{3}((240\angle 0) + (200\angle 240) + (200\angle 120)) = 13.33[\text{V}]$$

$$V_1 = \frac{1}{3}(V_a + aV_b + a^2V_c)$$

$$= \frac{1}{3}((240\angle 0) + a\times(200\angle 240) + a^2\times(200\angle 120)) = 13.33[\text{V}]$$

$$V_2 = \frac{1}{3}(V_a + a^2V_b + aV_c)$$

$$= \frac{1}{3}((240\angle 0 + a^2)\times(200\angle 240) + a\times(200\angle 120)) = 13.33[\text{V}]$$

예제 02

평형 Y결선된 부하의 각상의 저항값이 각각 10[Ω]일 때 선간전압이 각각 $V_{ab}=100\angle 0$[V], $V_{bc}=80.8\angle -121.44$[V], $V_{ca}=90\angle 130$[V]이면 a상의 전류를 구하시오.

풀이

1 △결선으로 저항환산

$Z_\Delta = 3\times Z_Y$이므로 다음과 같다.

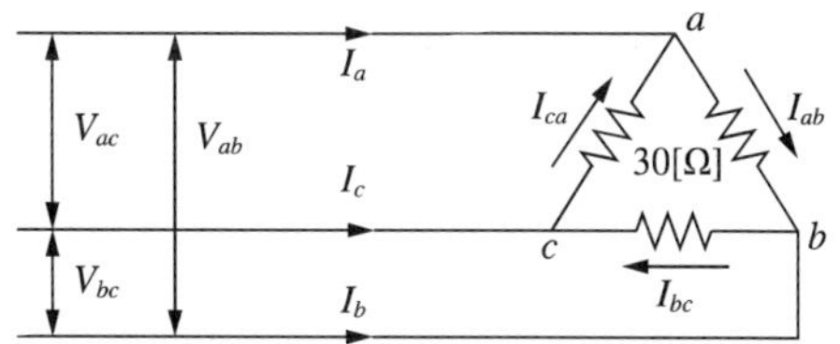

2 a상의 전류

$$I_a = I_{ab} - I_{ca}$$
$$= \frac{V_{ab}}{Z_{ab}} - \frac{V_{ca}}{Z_{ca}} = \left(\frac{100\angle 0}{30}\right) - \left(\frac{90\angle 130}{30}\right)$$
$$= 5.741\angle -23.6[\mathrm{A}] = 5.261 - j2.298[\mathrm{A}]$$

예제 03

다음과 같이 평형 Y결선 부하에 공급하는 3상 전로에서 b상이 개방(단선)되어 있고 부하측 중성선은 접지되어 있다.

불평형 선전류 $I_l = \begin{vmatrix} I_a \\ I_b \\ I_c \end{vmatrix} = \begin{vmatrix} 10 \angle 0° \\ 0 \\ 10 \angle 120° \end{vmatrix}$ [A]**일 때, 대칭분 전류와 중성선 전류(I_n)을 구하시오.**

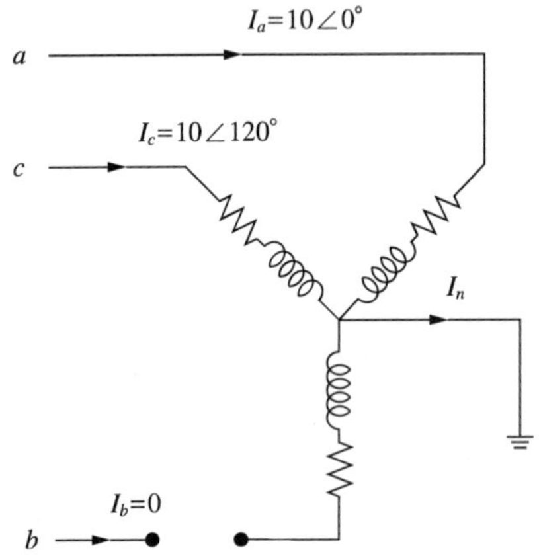

풀이

1 대칭분 전류

$$I_0 = \frac{1}{3}(I_a + I_b + I_c)$$

$$I_1 = \frac{1}{3}(I_a + aI_b + a^2 I_c)$$

$$I_2 = \frac{1}{3}(I_a + a^2 I_b + aI_c)$$

$$I_0 = \frac{1}{3}(10\angle 0 + 0 + 10\angle 120) = 3.333\angle 60$$

$$I_1 = \frac{1}{3}(10\angle 0 + (a \times 0) + (a^2 \times 10\angle 120)) = 6.667$$

$$I_2 = \frac{1}{3}(10\angle 0 + (a^2 \times 0) + (a \times 10\angle 120)) = 3.333\angle -60$$

2 중성선 전류

$$I_n = 3I_0 = I_a + I_b + I_c$$
$$= 3 \times \frac{10}{3} \angle 60 = 10 \angle 0 + 10 \angle 120 = 10 \angle 60$$

예제 04

다음 회로에서 I_1, I_2 의 전류값을 구하시오.

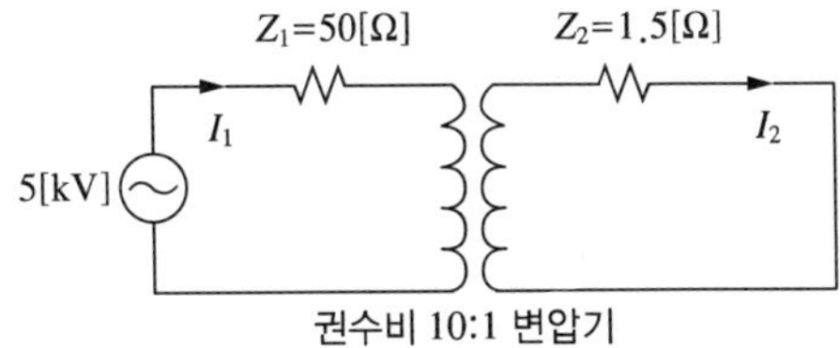

풀이

1 변압기 2차 권선의 임피던스를 1차 측으로 환산하면

$$Z_1 = n^2 \times Z_2 = 10^2 \times 1.5 = 150[\Omega]$$
$$Z = 50 + 150 = 200[\Omega]$$

$Z_1 = n^2 Z_2$ 가 되는 이유

$$V_1 = nV_2, \; I_1 = \frac{I_2}{n}$$

$$Z_1 = \frac{nV_2}{\frac{I_2}{n}} = n^2 Z_2$$

2 I_1, I_2의 전류

$$I_1 = \frac{5,000}{200} = 25[\mathrm{A}]$$

$$I_2 = aI_1 = 10 \times 25 = 250[\mathrm{A}]$$

예제 05

다음 그림과 같은 회로에서 단자 a, b에 10+j4[Ω]의 부하를 연결할 때 a, b 간에 흐르는 전류를 계산하시오.

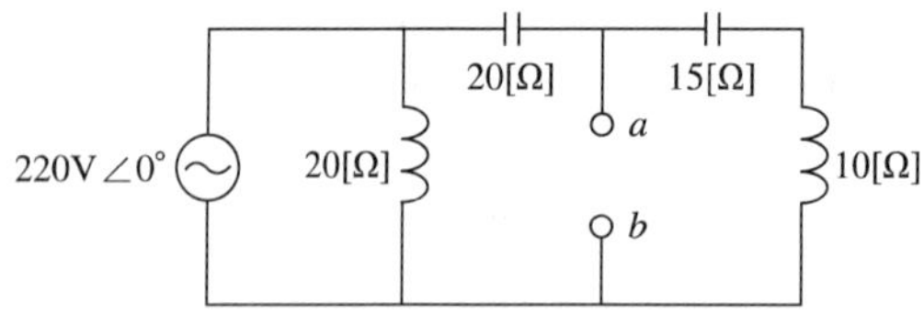

풀이

1 콘덴서 20[Ω]에 흐른 전류 I

c-d 사이에 걸린 20[Ω]의 리액턴스에 흐르는 전류의 크기와 무관하게 전원전압은 일정하므로

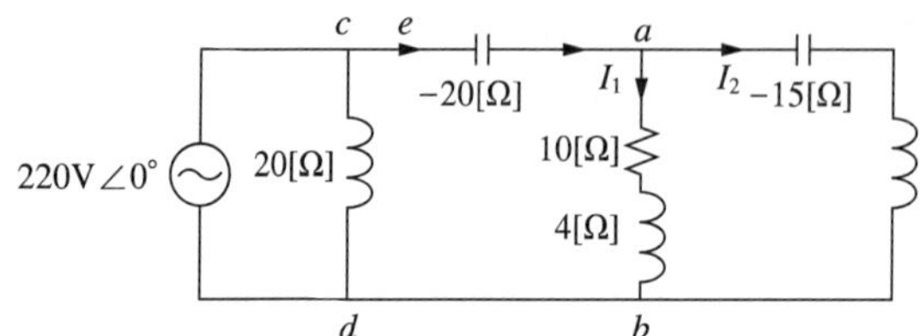

$$Z = -j20 + \frac{(10+j4)(-j15+j10)}{(10+j4)+(-j15+j10)} = 24.8759\angle -84.29°$$

$$I = \frac{E}{Z} = \frac{220\angle 0°}{24.8759\angle -84.29°} = 8.84\angle 84.29°$$

2 a, b에 흐르는 전류 I_1

$$I_1 = 8.84\angle 84.29° \times \frac{-j15+j10}{(10+j4)+(-j15+j10)} = 4.398\angle 0°$$

예제 06

다음 변압기 결선도와 같이 전압이 주어졌을 때 D-C 간 전압을 구하는 식을 쓰고 계산하시오.

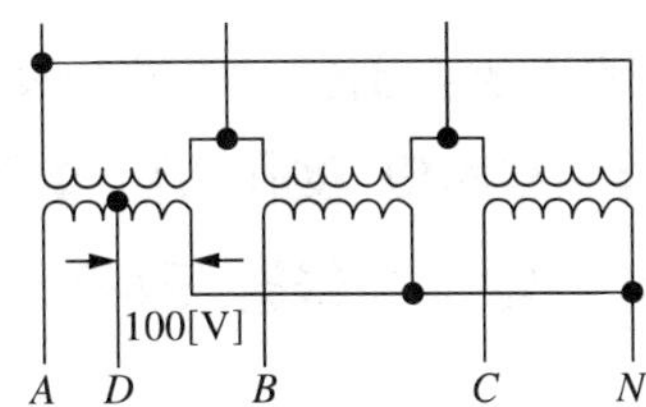

그림에서 N-A : 200[V]
N-B : 200[V]
N-C : 200[V]
N-D : 100[V]

풀이

1 벡터도를 작성하면

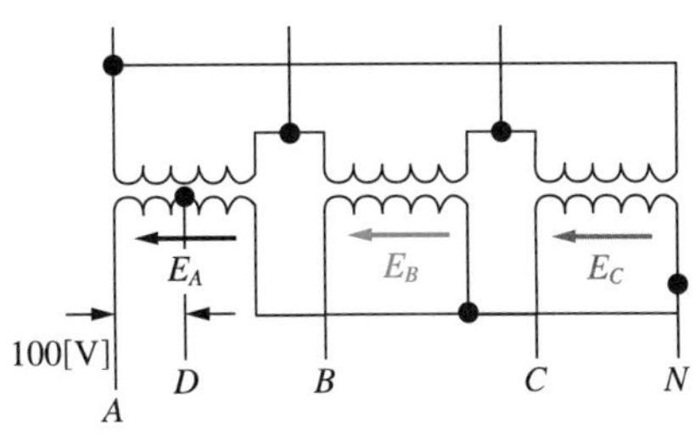

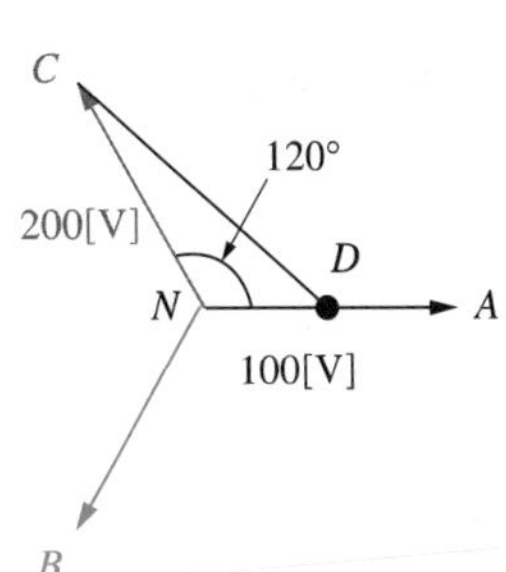

2 D–C 간의 전압

$$V_{DC} = V_{NC} - \frac{1}{2}V_{NA}$$

$$= 200\angle 120 - \frac{1}{2}200\angle 0$$

$$= 264.575\angle 139.107$$

예제 07

선당 저항이 3[Ω]이고 리액턴스가 5[Ω]인 3상 3선식 배전 선로에서 수전단 전압이 6,000[V]이고 240[kW] 역률 0.8인 유도부하와 80[kW], 역률 0.6인 유도 부하가 수전단에 접속되어 있다. 이 선로의 전압 강하율을 구하라.

풀이

1 부하전력

$$P = \frac{240[\mathrm{kW}]}{0.8}\angle -36.87 + \frac{80[\mathrm{kW}]}{0.6}\angle -53.13$$

$$= 429.63\angle -41.86[\mathrm{kVA}]$$

$$\theta_{0.8} = \cos^{-1}0.8 = 36.87(\text{지상})$$

$$\theta_{0.6} = \cos^{-1}0.6 = 53.13(\text{지상})$$

2 부하전류

$$I = \frac{429.63\angle -41.86}{\sqrt{3}\times 6} = 41.34\angle -41.86[\mathrm{A}]$$

3 약산 계산

① 전압강하

$$e = \sqrt{3} \times 41.34 \times (3\cos 41.85 + 5\sin 41.85) = 398.8[\text{V}]$$

② 전압강하율

$$\epsilon = \frac{398.87}{6,000} \times 100 = 6.65[\%]$$

4 정식 계산

① 전압강하

$$e = \sqrt{3} \times (41.34\angle -41.85) \times (3 + j5) = 417.524\angle 17.181[\text{V}]$$

② 전압강하율

$$\varepsilon = \frac{417.524}{6,000} \times 100 = 6.96[\%]$$

예제 08

다음 그림과 같이 병렬연결된 회로에서 R, X 부하가 선로(0.5+j0.4[Ω])를 통하여 전력을 공급받고 있다. 부하단 전압이 120[Vrms], 부하의 소비전력은 3[kVA], 진상역률 0.8이라면, 전원전압과 선로의 유효 및 무효 손실 전력을 구하시오.

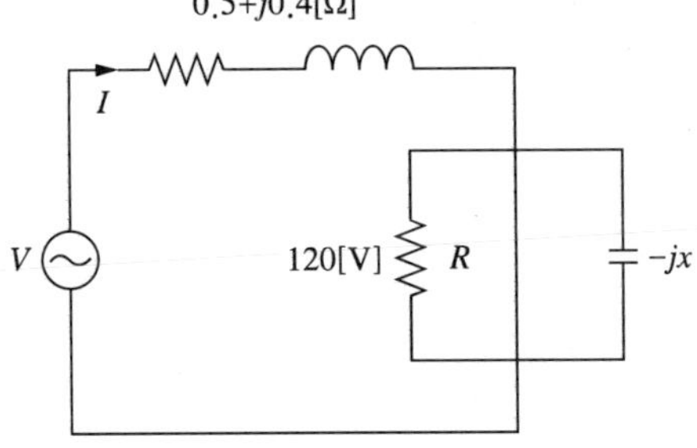

1 전원전압

① 전 류

$$I = \frac{3,000}{120} = 25\angle 36.87[\mathrm{A}]$$

$$\theta_{0.8} = \cos^{-1} 0.8 = 36.87(\text{진상})$$

② 전압강하

$$\begin{aligned} \triangle E &= I \times Z_l \\ &= (0.5 + j0.4) \times (25\angle 36.87) = 4 + j15.5[\mathrm{V}] \end{aligned}$$

③ 전원전압

$$E = 120 + 4 + j15.5 = 124 + j15.5[\mathrm{V}]$$

2 유효, 무효 전력손실의 전력

$$P_l = I^2 Z_l = 252 \times (0.5 + j0.4) = 312.5[\mathrm{W}] + j250[\mathrm{var}]$$

좋은 책을 만드는 길
독자님과 함께하겠습니다.

도서나 동영상에 궁금한 점, 아쉬운 점, 만족스러운 점이
있으시다면 어떤 의견이라도 말씀해 주세요.
시대고시기획은 독자님의 의견을 모아 더 좋은 책으로 보답하겠습니다.

www.sidaegosi.com

김성곤의 건축전기설비기술사 핵심 길라잡이

개정1판1쇄 발행 2021년 01월 05일 (인쇄 2020년 10월 19일)
초 판 발 행 2020년 01월 03일 (인쇄 2019년 09월 10일)

발 행 인 박영일
책 임 편 집 이해욱
편 저 김성곤

편 집 진 행 윤진영
표지디자인 조혜령
편집디자인 심혜림

발 행 처 (주)시대고시기획
출 판 등 록 제10-1521호
주 소 서울시 마포구 큰우물로 75 [도화동 538 성지 B/D] 9F
전 화 1600-3600
팩 스 02-701-8823
홈 페 이 지 www.sidaegosi.com

I S B N 979-11-254-8153-9(13500)

정 가 76,000원

(주)시대고시기획에서 제안하는

소방 시리즈 합격 로드맵

소방관련 시험에 대비, 출제 방향과 평가 영역을 철저히 분석, 파악하여
합격의 핵심을 잡았습니다.
(주)시대고시기획의 소방시리즈로 합격을 준비하세요.

합격의 공식

(주)시대고시기획은 항상
독자의 마음을 헤아리기 위해 노력하고 있습니다.
늘 독자와 함께하겠습니다.

사람이 길에서 우연하게 만나거나
함께 살아가는 것만이
인연은 아니라고 생각합니다.
책을 펴내는 출판사와 그 책을 읽는
독자의 만남도 소중한 인연입니다.

더 이상의 소방 시리즈는 없다!

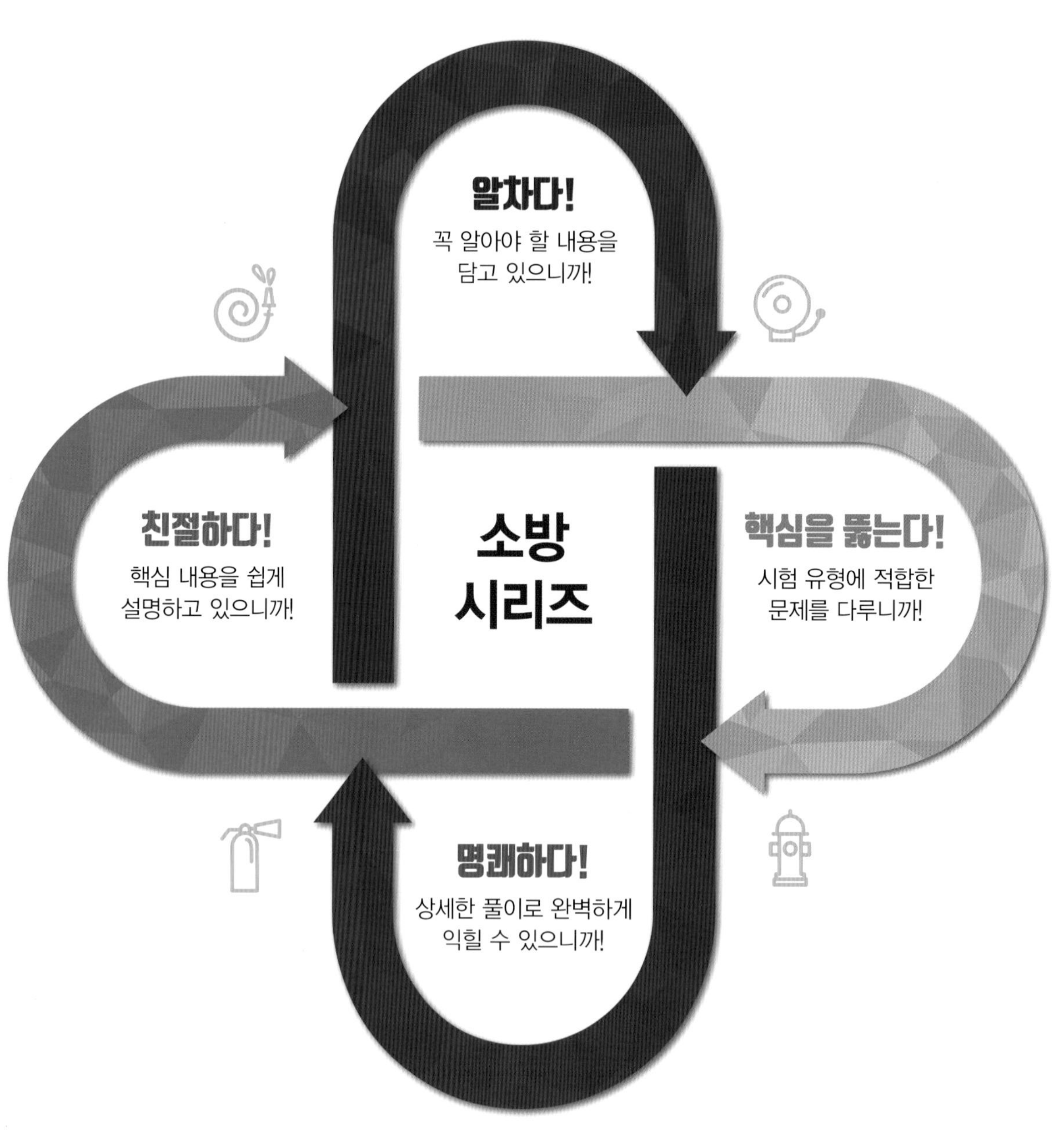

(주)시대고시기획의 소방 도서는...

현장실무와 오랜 시간 동안 저자의 노하우를 바탕으로 최단기간 합격의 기회를 제공합니다.
2021년 시험대비를 위해 최신개정법 및 이론을 반영하였습니다.
빨간키(빨리보는 간단한 키워드)를 수록하여 가장 기본적인 이론을 시험 전에 확인할 수 있도록 하였습니다.
연도별 기출문제 분석표를 통해 시험의 경향을 한눈에 파악할 수 있도록 하였습니다.
본문 안에 출제 표기를 하여 보다 효율적으로 학습할 수 있도록 하였습니다.

소방시설관리사

소방시설관리사 1차	4×6배판 /53,000원
소방시설관리사 2차 점검실무행정	4×6배판 /30,000원
소방시설관리사 2차 설계 및 시공	4×6배판 /30,000원

위험물기능장

위험물기능장 필기	4×6배판 /38,000원
위험물기능장 실기	4×6배판 /35,000원

소방설비기사 · 산업기사[기계편]

소방설비기사 기본서 필기	4×6배판 /33,000원
소방설비기사 과년도 기출문제 필기	4×6배판 /25,000원
소방설비산업기사 과년도 기출문제 필기	4×6배판 /25,000원
소방설비기사 기본서 실기	4×6배판 /35,000원
소방설비기사 과년도 기출문제 실기	4×6배판 /27,000원

소방설비기사 · 산업기사[전기편]

소방설비기사 기본서 필기	4×6배판 /33,000원
소방설비기사 과년도 기출문제 필기	4×6배판 /25,000원
소방설비산업기사 과년도 기출문제 필기	4×6배판 /25,000원
소방설비기사 기본서 실기	4×6배판 /36,000원
소방설비기사 과년도 기출문제 실기	4×6배판 /26,000원

소방안전관리자

소방안전관리자 1급 예상문제집	4×6배판 /19,000원
소방안전관리자 2급 예상문제집	4×6배판 /15,000원

소방기술사

김성곤의 소방기술사 핵심 길라잡이	4×6배판 /75,000원

소방관계법규

화재안전기준(포켓북)	별판 /15,000원

* 도서 가격은 변동될 수 있습니다.

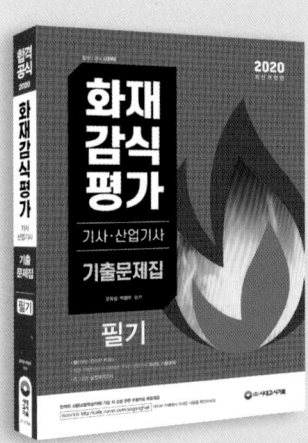